FAULHABER
FAULHABER Applikationen
Rock it
© SpaceX
D1943507

E-Book inside.

Mit folgendem persönlichen Code
können Sie die E-Book-Ausgabe
dieses Buches downloaden.

3r65p-6ycb0-
18200-g11kd

Registrieren Sie sich unter
www.hanser-fachbuch.de/ebookinside
und nutzen Sie das E-Book
auf Ihrem Rechner*, Tablet-PC
und E-Book-Reader.

Ley/Wittmann/Hallmann
Handbuch der Raumfahrttechnik

Wilfried Ley/Klaus Wittmann/Willi Hallmann (Herausgeber)

Handbuch der Raumfahrttechnik

5., aktualisierte und erweiterte Auflage

Mit 892 Bildern und 132 Tabellen

HANSER

Bibliografische Information der Deutschen Nationalbibliothek
Die Deutsche Nationalbibliothek verzeichnet diese Publikation in der Deutschen Nationalbibliografie; detaillierte bibliografische Daten sind im Internet über http://dnb.d-nb.de abrufbar.

ISBN 978-3-446-45429-3
E-Book-ISBN 978-3-446-45723-2

Einbandbild: NASA/ESA

www.hanser.de
Projektleitung/Lektorat: Dipl.-Ing. Volker Herzberg
Umschlagrealisation: Stephan Rönigk
Herstellung: le-tex publishing services GmbH, Leipzig
Satz: Manuela Treindl, Fürth
Druck und Bindung: Firmengruppe Appl, aprinta druck, Wemding
Printed in Germany

Vorwort

Liebe Leserin, lieber Leser,

die 1. Auflage des **Handbuchs der Raumfahrttechnik** erschien im Jahre 1988. In drei weiteren Auflagen wurde das Buch jeweils überarbeitet und aktualisiert. In den letzten 30 Jahren hat sich technisch, werkstoffkundlich, verfahrenstechnisch, aber auch politisch, auf dem Gebiet der Raumfahrttechnik und ihrer Nutzung Wesentliches verändert. Für die jetzt vorliegende fünfte Auflage wurde daher das Buch umfassend überarbeitet und auf den Stand des Jahres 2018 aktualisiert.

Die Herausgeber sind dabei so vorgegangen, wie sie auch bei der Entwicklung eines Raumfahrtsystems vorgehen würden: Nach der Festlegung des Missionszieles wird aus zahlreichen Komponenten ein Gesamtsystem integriert, das dann seinen Zweck erfüllen soll.

Beginnen wir also, wie bei jeder guten Mission, mit der übergeordneten Zielsetzung, dem *Mission Statement*: „Das Handbuch der Raumfahrttechnik soll Studierenden, Ingenieuren und Physikern sowie ambitionierten Raumfahrtinteressierten das Design, den Bau und den Betrieb eines Raumfahrtsystems verständlich machen und tiefer reichendes Wissen in den entsprechenden Spezialgebieten vermitteln."

Aus diesem *Mission Statement* ergeben sich die Anforderungen, dass das Buch:

- sowohl im Ganzen (mit etwas Ausdauer) zu lesen sein soll, aber auch in ausgewählten Teilgebieten befriedigende Einblicke und Informationen liefert,
- einen Überblick über ein Raumfahrtsystem in seiner Gesamtheit gibt,
- die zugrunde liegenden Verfahren für Design, Bau und Betrieb erläutert,
- Literaturhinweise zu den einzelnen Kapiteln enthält, die einer raschen Vertiefung des Wissens dienen können.

Die Herausgeber haben sich überlegt, wie diese Anforderungen erfüllt werden können. Dabei haben sie sich, auch mit Blick auf ihr eigenes Wissen, dagegen entschieden, das Buch ausschließlich selbst zu schreiben. Ein Raumfahrtsystem wird auch nicht vom Systemingenieur in allen Teilen selbst gebaut, sondern unterschiedlichste Komponenten und Bauteile werden sinnvoll zusammengesetzt. So haben wir zahlreiche Spezialisten angesprochen, Kapitel oder sogar Teilkapitel zu schreiben. Diese Kapitel enthalten das Fachwissen des jeweiligen Spezialisten, fügen sich aber trotzdem in diesem Buch zu einem Gesamtsystem zusammen, mit dem das *Mission Statement* (hoffentlich) erfüllt wird.

Bei der Integration der Beiträge wanderten die Herausgeber auf einem schmalen Grat. Zum einen sollte das Buch in seiner Gesamtheit lesbar, also „aus einem Guss" sein, zum anderen sollten die einzelnen Autoren die spezifische Herangehensweise in ihrer Disziplin reflektieren und so einem Studierenden einen Hinweis geben, was ihn bei einer entsprechenden Spezialisierung erwartet.

Die Herausgeber möchten sich hier bei allen Autoren für ihre Beiträge und Geduld bei der Einarbeitung von zahlreichen Änderungswünschen herzlich bedanken. Die Liste der Autoren auf den Seiten 8 bis 10 soll die Zuordnung der Autoren zu den einzelnen Kapiteln aufzeigen, damit auch klar wird, bei wem wir uns bedanken. Außerdem gibt sie dem Leser einen Überblick, welche Wissensträger in Deutschland und teilweise in Europa für Fachfragen ansprechbar sind.

Nach dem Erfolg der vierten Auflage wurde der Wunsch nach einer aktualisierten fünften Auflage des Handbuchs aus der Forschung und Industrie an den Carl Hanser Verlag herangetragen. Der Verlag hat, ohne zu zögern, alles in die Wege geleitet, diesen Wunsch in die Tat umzusetzen.

Die Herausgeber möchten sich hierfür beim Verlag für die sorgfältige Betreuung der Weiterentwicklung des Buches über einen langen Zeitraum bedanken. Der Dank gilt insbesondere Herrn *Volker Herzberg*. Weiterhin gilt der Dank Frau *Monika Ebke* (DLR Oberpfaffenhofen), die die Koordination zwischen Herausgebern, Autoren und dem Carl Hanser Verlag hervorragend gemeistert hat.

Das Konzept des Buches führte zu folgender Gliederung: Nach einer Einleitung mit historischem Überblick und der Charakterisierung von Missionstypen im 1. Kapitel folgt im 2. Kapitel ein Blick auf grundlegende Randbedingungen und Gesetzmäßigkeiten, die ein Raumfahrtsystem prägen. Die Kapitel 3 bis 7 charakterisieren die Segmente eines Raumfahrtsystems vom Transfersegment (Kapitel 3) über das Raumfahrzeug (Kapitel 4) und das Bodensegment (Kapitel 6) hin zu Nutzungsdisziplinen und Nutzlasten (Kapitel 7). Einige Besonderheiten von bemannten Missionen sind in Kapitel 5 behandelt. Die abschließenden Kapitel widmen sich den Aufgaben des Systemingenieurs (Kapitel 8) und des Managements bzw. behandeln die Qualitätssicherung und das Raumfahrtrecht (Kapitel 9).

Der Wunsch der Herausgeber, nicht nur einen Überblick über die Raumfahrt-Systemtechnik zu schaffen, sondern auch einen Einblick in die einzelnen Fachdisziplinen zu erlauben, hat zu einem erheblichen Umfang geführt, der einige Lesearbeit erfordert. Das haben die Herausgeber auch selbst erfahren.

Wir hoffen aber, dass die Faszination der Raumfahrt im Text immer wieder durchscheint und so das Lesen erleichtert wird.

Wilfried Ley, Klaus Wittmann, Willi Hallmann

Thomas Reiter und Alexander Gerst (Bilder: ESA)

Geleit

Wir Menschen sind eine Spezies von Entdeckern. Seit Jahrtausenden nutzen wir all unsere Möglichkeiten, um unseren Lebensraum zu erforschen. Und manche von uns geben sich nicht mit den scheinbar unüberwindbaren technologischen Einschränkungen zufrieden, die uns den Blick hinter die momentanen Umrisse unseres Horizontes erschweren. So wie vor Jahrmillionen der erste Fisch den Sprung an Land gewagt hat, so hat vor einem halben Jahrhundert die Menschheit den ersten Sprung in den Weltraum gewagt. Und dabei wird es nicht bleiben. Wenn man diese Zeiträume nebeneinanderstellt, dann wird klar, dass wir im Moment lediglich die ersten Augenblicke eines neuen Zeitalters erleben – dem Zeitalter der Weltraumfahrt. Diese ersten Schritte der Menschheit im Weltraum, sowohl robotisch als auch astronautisch, werden für viele Jahrtausende als eine der signifikantesten Entwicklungen der menschlichen Evolution bestehen, und wir alle – ob Techniker, Astronauten, Wissenschaftler oder Ingenieure – haben die Möglichkeit, in dieser jungen Disziplin unseren einzigartigen Beitrag zu leisten.

Seit dem Start des ersten künstlichen Erdsatelliten Sputnik vor 60 Jahren, im Oktober 1957, hat die Raumfahrt weltweit eine beachtliche Entwicklung durchlaufen. Ursprünglich eine Domäne von nur wenigen Nationen, sind heute mehr als 95 Länder weltweit in der Raumfahrt engagiert – und das mit steigender Tendenz. In gleich rasanter Weise hat sich die Raumfahrtindustrie in diesen Ländern entwickelt. Der Bau von Satelliten ist heute, abgesehen von den einzigartigen wissenschaftlichen Missionen in die Tiefen unseres Sonnensystems, weitgehend Routine, und auch deren Miniaturisierung schreitet stetig voran. In den kommenden Jahren werden Konstellationen von Satelliten unseren Planeten umkreisen und die weltweite Verfügbarkeit von Telekommunikations- und Erdbeobachtungsdiensten ganz erheblich ausweiten.

Eine Vielzahl von Diensten, die ihren Ursprung in der Raumfahrt haben, sind inzwischen nicht nur für hochindustrialisierte Länder, sondern auch für Entwicklungsländer unverzichtbar geworden. Der Datenstrom aus dem Weltraum steigt stetig an. Alleine von den Sentinel Satelliten des europäischen Copernicus Programms werden täglich über 1 Terabyte an Erdbeobachtungsdaten generiert, mit optischen Kommunikationsterminals an geostationäre Datenrelaissatelliten gesendet und von dort zu den Bodenstationen übertragen. Dieser frei zugängliche Strom von Rohdaten erzeugt bereits heute in Europa eine Vielzahl neuer Geschäftsmodelle und schafft damit neue Arbeitsplätze.

Auch die robotische und astronautische Exploration des Weltraums schreitet weiter voran. Die Ziele, die im Rahmen der europäischen Explorationsstrategie verfolgt werden, sind der niedrige Erdorbit, unser Mond und der Mars.

Im niedrigen Erdorbit wird die internationale Raumstation ISS für die Forschung in einem weiten Spektrum wissenschaftlicher Disziplinen genutzt. Das Columbus-Modul erfüllt seit dem Andocken im März 2008 in hervorragender Weise seinen Zweck als multidisziplinäres Laboratorium. Seit dem Beginn des letzten Jahrzehnts arbeiteten bisher 16 ESA Astronauten an Bord der ISS. Zusammen mit den Astronauten und Kosmonauten der ISS Partner wurden dabei über 2000 Experimente durchgeführt, darunter etwa 300 Experimente unter der Führung europäischer Wissenschaftler und Wissenschaftlerinnen. Darüber hinaus waren europäische Forscher an etwa 270 Experimenten anderer ISS-Partner beteiligt, was den Gewinn durch die internationale Zusammenarbeit eindrucksvoll hervorhebt. Gleichzeitig dient die ISS als Testplattform für die Entwicklung und Reifung von Technologien, die für zukünftige Explorationsmissionen erforderlich sind. So ist das hochentwickelte europäische Lebenserhaltungssystem, das Life Support Rack (LSR) an Bord, um die Besatzung mit Sauerstoff zu versorgen, das Kohlendioxid aus der Luft herauszufiltern und in einem sogenannten Sabattier-Reaktor wieder in seine Bestandteile aufzubrechen.

Der Mond rückt aus vielerlei Gründen als Explorationsziel wieder in den Fokus von Raumfahrtagenturen. Man kann ihn gewissermaßen als unseren 8. Kontinent ansehen. Viel können wir dort über die Entstehungsgeschichte unseres eigenen Planeten lernen, man vermutet Ressourcen in den höheren Breitengraden unseres Trabanten und es gibt Hinweise auf Wasservorkommen in den lunaren Polregionen. Zusätzlich bietet die erdabgewandte Seite des Mondes ganz besondere Bedingungen für Astronomie und die Suche und Verfolgung von Asteroiden, die unserem Planeten in Zukunft einmal gefährlich werden könnten. Im Rahmen einer Kooperation mit der NASA ist die europäische Raumfahrtagentur ESA an dem Bau des nächsten Transportsystems beteiligt, das Menschen mehr als 50 Jahre nach der ersten Mondlandung wieder in die Nähe dieses Himmelskörpers bringen soll. Das europäische Service Modul ESM wurde basierend auf dem sehr erfolgreichen und leistungsfähigen Raumtransporter ATV als Antriebsmodul für die amerikanische Orion Kapsel entwickelt. In Zusammenarbeit mit der russischen Raumfahrtagentur werden in Europa zwei essentielle Komponenten für eine robotische Mission zum Südpol des Mondes im Jahre 2021 entwickelt: ein optisches Navigationssystem, das eine präzise Landung auf ebener Fläche in der Nähe der Kraterränder ermöglichen-, sowie ein Bohrer und Analysesystem, das die Bestandteile von Proben aus einer Tiefe von bis zu 2 Metern nehmen und auswerten soll.

Auch was unseren Nachbarplaneten Mars betrifft, existieren in Europa ebenso wie auf internationaler Ebene vielfältige Aktivitäten. Im vergangenen Jahr erreichte die erste von zwei europäischen Sonden den Planeten. Der sogenannte Trace Gas Orbiter (TGO) wird unter anderem nach erfolgtem Aerobraking, das den Orbit auf eine Höhe von durchschnittlich 400 Kilometer verringern soll, mit einer bisher noch nicht dagewesenen Präzision das Spurengas Methan in der Marsatmosphäre messen. Im Jahr 2020 wird dann die zweite Sonde der Mission ExoMars, wiederum in enger Zusammenarbeit mit der russischen Raumfahrtagentur, einen robotischen Rover zur Marsoberfläche bringen. Zu hoffen ist, dass mit den vielfältigen Instrumenten an Bord dieses Rovers Anfang des kommenden Jahrzehnts die Frage beantwortet werden kann, ob es auf dem Mars einmal Leben gegeben hat oder sogar noch gibt.

Um auch in Zukunft die Herausforderungen in der erst wenige Jahrzehnte jungen Disziplin der Raumfahrt zu meistern, bedarf es exzellenter Ingenieurinnen und Ingenieure, die die Entwicklung der für die Missionserfüllung erforderlichen Technologien vorantreiben, den Betrieb von Satelliten in den Tiefen des Weltraums oder von Konstellationen in der Erdumlaufbahn ermöglichen und auch neue Ansätze entwickeln, um die Nutzbarkeit des erdnahen Orbits sicherzustellen. Auf ihren Schultern werden zukünftige Generationen von Raumfahrern und Raumsonden in den Weltraum fliegen. Das vorliegende Handbuch wird sowohl während des Studiums als auch im späteren Beruf als exzellente Referenz für die vielfältigen Aufgabenstellungen in der Entwicklung von Raumfahrtsystemen dienen.

Wir teilen mit allen Nutzern dieses Handbuchs die Begeisterung für die Raumfahrt und wünschen Ihnen bei ihren zukünftigen Projekten viel Spaß und Erfolg!

Herausgeber

Prof. Dr.-Ing. *Wilfried Ley*, ehemals Deutsches Zentrum für Luft- und Raumfahrt e. V. (DLR), Standort Köln und Fachhochschule Aachen

Prof. Dr. rer. nat. *Klaus Wittmann*, ehemals Deutsches Zentrum für Luft- und Raumfahrt e. V. (DLR), Standort Oberpfaffenhofen und Fachhochschule Aachen

Prof. Dr.-Ing. *Willi Hallmann*, ehemals Deutsches Zentrum für Luft- und Raumfahrt e. V. (DLR), Standort Köln und Fachhochschule Aachen

Autoren

Dr.-Ing. *Sven Abitzsch*, European Space Agency (ESA), ESTEC, Noordwijk, Niederlande, (Kapitel 9.3)

Dr.-Ing. *Rüdeger Albat*, European Space Agency (ESA) Paris, (Kapitel 3.3, 3.4)

Prof. Dipl.-Ing. *Christian Arbinger*, Galileo GfR Oberpfaffenhofen, (Kapitel 4.5)

Dipl.-Ing. *Wolfgang Bärwald*, Deutsches Zentrum für Luft- und Raumfahrt e. V. (DLR), Standort Berlin-Adlershof, (Kapitel 8.5)

Prof. Dr. rer. nat. *Ralf Anken*, Deutsches Zentrum für Luft- und Raumfahrt e. V. (DLR), Standort Köln, (Kapitel 7.7)

Dipl.-Ing. *Ralf Baumgartl*, Industrieanlagen-Betriebsgesellschaft mbH (IABG), Ottobrunn, (Kapitel 8.3)

Dr. rer. nat. *Heike Benninghoff*, Deutsches Zentrum für Luft- und Raumfahrt e. V. (DLR), Standort Oberpfaffenhofen, (Kapitel 7.8)

DI Dr. *Thomas Berger*, Deutsches Zentrum für Luft- und Raumfahrt e. V. (DLR), Standort Köln (Kapitel 7.7)

Dipl.-Ing. *Torsten Bieler*, European Space Agency (ESA), ESTEC Noordwijk, Niederlande, (Kapitel 9.3)

Prof. Dr.-Ing. *Joachim Block*, Deutsches Zentrum für Luft- und Raumfahrt e. V. (DLR), Standort Braunschweig, (Kapitel 4.1)

Dipl. Wirt Ing. *Klaus Bockstahler*, Airbus Defence & Space GmbH, Friedrichshafen (Kapitel 5.2)

Dr. *Volker Böhm*, OHB Systems AG, Weßling (Kapitel 9.2)

Prof. Dr.-Ing. *Klaus Brieß*, Technische Universität Berlin, (Kapitel 8, 8.1, 8.2, 8.5)

Prof. Dr. rer. nat. *Stefan Dech*, Deutsches Zentrum für Luft- und Raumfahrt e. V. (DLR), Standort Oberpfaffenhofen, (Kapitel 7.1)

Dr. rer. nat. *Erhard Diedrich*, Deutsches Zentrum für Luft- und Raumfahrt e. V. (DLR), Standort Oberpfaffenhofen, (Kapitel 7.1)

Dr. Ing. Dipl.-Phys. *Daniel Döring*, Industrieanlagen-Betriebsgesellschaft mbH (IABG), Ottobrunn (Kapitel 2.1)

Dipl.-Ing. *Julian Doyé*, LSE Space AG, Weßling, (Kapitel 4.3)

Dipl.-Ing. *Sabrina Eberle*, Deutsches Zentrum für Luft- und Raumfahrt e. V. (DLR), Standort Oberpfaffenhofen, (Kapitel 7.2)

Prof. Dr. rer. nat. *Ivan Egry*, Deutsches Zentrum für Luft- und Raumfahrt e. V. (DLR), Standort Köln, (Kapitel 7.5)

Prof. Dr. *Werner Enderle*, European Space Agency (ESA), European Space Operations Centre, Darmstadt, (Kapitel 7.3)

Dr. rer. nat. *Reinhold Ewald*, Universität Stuttgart, Institut für Raumfahrtsysteme, (Kapitel 5.1)

Dr. *Paolo Ferri*, European Space Agency (ESA), European Space Operations Centre (ESOC), Darmstadt, (Kapitel 6.1)

Prof. Dr. rer. nat. *Berndt Feuerbacher*, Past President, International Astronautical Federation (IAF), ehemals DLR, Standort Köln, (Kapitel 7)

Dr. iur. *Michael Gerhard*, Europäische Agentur für Flugsicherheit (EASA), Köln, und Fachhochschule Aachen, (Kapitel 9.4)

Dr. *Alexander Gerst*, European Space Agency (ESA), (Geleit)

Dr. *Michael Geyer*, Deutsches Zentrum für Luft- und Raumfahrt e. V. (DLR), Standort Oberpfaffenhofen, (Kapitel 6.2)

Dorothée Grevers, Charité – Universitätsmedizin Berlin, (Kapitel 7.6)

Andreas Grielhüsl, Industrieanlagen-Betriebsgesellschaft mbH (IABG), Ottobrunn, (Kapitel 8.3)

Dr.-Ing. *Anton Grillenbeck*, Industrieanlagen-Betriebsgesellschaft mbH (IABG), Ottobrunn, (Kapitel 2.1, 3.5, 8.3)

Dr. rer. nat. *Gerhard Grunwald*, Deutsches Zentrum für Luft- und Raumfahrt e. V. (DLR). Standort Oberpfaffenhofen, (Kapitel 7.8.1)

Prof. Dr. med. Dipl.-Geol. *Hanns-Christian Gunga*, Charité – Universitätsmedizin Berlin, (Kapitel 7.6)

Prof. Dr. Dr. h. c. *Donat-P. Häder*, Friedrich-Alexander-Universität Nürnberg-Erlangen, (Kapitel 7.7)

Dr. *Gerald Hagemann*, Airbus Safran Launchers GmbH, Taufkirchen, (Kapitel 3.3)

Dr.-Ing. *Oskar Josef Haidn*, Deutsches Zentrum für Luft- und Raumfahrt e. V. (DLR), Standort Lampoldshausen, (Kapitel 3.3)

Prof. Dr.-Ing. *Willi Hallmann*, ehemals Fachhochschule Aachen, (Kapitel 1.1)

Dr.-Ing. *Klaus Hannemann*, Deutsches Zentrum für Luft- und Raumfahrt e. V. (DLR), Standort Göttingen, (Kapitel 2.3)

Dr. (PhD.) *Nicolaus Hanowski*, European Space Agency (ESA), ESRIN, Frascati, Italien, (Kapitel 1, 1.1, 1.2)

Dr.-Ing. *Stefan Hässler*, ariane group, Lampoldshausen, (Kapitel 3.4)

Dr. rer. nat. *Jens Hauslage*, Deutsches Zentrum für Luft- und Raumfahrt e. V. (DLR), Standort Köln, (Kapitel 7.7)

Dipl.-Ing. *Martin Häusler*, Deutsches Zentrum für Luft- und Raumfahrt e. V. (DLR), Standort Weilheim, (Kapitel 6.3)

Dipl.-Ing. *Bernward Heese*, Airbus Safran Launchers GmbH Bremen, (Kapitel 3.2)

Priv. Doz. Dr. rer. nat. *Ruth Hemmersbach*, Deutsches Zentrum für Luft- und Raumfahrt e. V. (DLR), Standort Köln, (Kapitel 7.7)

Dipl.-Ing. *Christian Henjes*, Industrieanlagen-Betriebsgesellschaft mbH (IABG), Ottobrunn, (Kapitel 2.1, 8.3)

Prof. Dr.-Ing. *Gerhard Hirzinger*, Deutsches Zentrum für Luft- und Raumfahrt e. V. (DLR), Standort Oberpfaffenhofen, (Kapitel 7.8)

Prof. Dr.-Ing. *Felix Huber*, Deutsches Zentrum für Luft- und Raumfahrt e. V. (DLR), Standort Oberpfaffenhofen, (Kapitel 4, 4.6)

Dipl.-Ing. *Wolfgang Jung*, Deutsches Zentrum für Luft- und Raumfahrt e. V. (DLR), Standort Oberpfaffenhofen, (Kapitel 3.6)

Dr.-Ing. *Clemens, Kaiser*, EUMETSAT, Darmstadt (Kapitel 7.8)

Prof. Dr.-Ing. *Hakan Kayal*, Universität Würzburg, (Kapitel 8.4)

Dr.-Ing. *Peter Kern*, Airbus Defence and Space GmbH, Friedrichshafen, (Kapitel 5.2)

Prof. Dr. rer. nat. Dr. h. c. *Frank Kirchner*, Robotics Innovation Center, Bremen (Kapitel 7.8)

Prof. Dr. med. *Karl Kirsch*, ehemals Charité – Universitätsmedizin Berlin, (Kapitel 7.6)

Dipl.-Ing. *Joachim Klein*, Industrieanlagen-Betriebsgesellschaft mbH (IABG), Ottobrunn, (Kapitel 9.1)

Dr.-Ing. *Andreas Kohlhase*, OHB Systems AG, Bremen, (Kapitel 4.3)

Dr. *Rolf Kozlowski*, Deutsches Zentrum für Luft- und Raumfahrt e. V. (DLR), Standort Oberpfaffenhofen, (Kapitel 6.2)

Dipl.-Ing. *Jörg Krüger*, Airbus Safran Launchers GmbH, Lampoldshausen, (Kapitel 3.2, 3.5)

Dipl.-Ing. *Thomas Kuch*, Deutsches Zentrum für Luft- und Raumfahrt e. V. (DLR), Standort Oberpfaffenhofen, (Kapitel 6, 6.4)

Dr. rer. nat. *Holger Kügler*, Industrieanlagen-Betriebsgesellschaft mbH (IABG), Ottobrunn, (Kapitel 2.1, 8.3)

Dr. *Claudia Künzer*, Deutsches Zentrum für Luft- und Raumfahrt e. V. (DLR), Standort Oberpfaffenhofen, (Kapitel 7.1)

Prof. Dr. *Claus Lämmerzahl*, ZARM Uni Bremen, (Kapitel 7.5)

Dipl.-Ing. *Klaus Landzettel*, Deutsches Zentrum für Luft- und Raumfahrt e. V. (DLR), Standort Oberpfaffenhofen, (Kapitel 7.8)

Dipl.-Ing. *Günter Langel*, EADS Deutschland GmbH München-Ottobrunn, (Kapitel 3.3)

Dr.-Ing. *Jens Laßmann*, Airbus Safran Launchers GmbH, Bremen, (Kapitel 3, 3.1, 3.2)

Prof. Dr.-Ing. *Wilfried Ley*, ehemals Deutsches Zentrum für Luft- und Raumfahrt e. V. (DLR), Standort Köln und Fachhochschule Aachen, (Kapitel 2.1, 4, 4.2, 8.3, 8.4, 9)

Dr.-Ing. *José M. A. Longo*, ESA/ESTEC, Noordwijk, Niederlande, (Kapitel 2.3)

Dr.-Ing. *Bernhard Lübke-Ossenbeck*, OHB-System AG Bremen, (Kapitel 4.5)

Dipl.-Ing. *Helmut Luttmann*, Airbus Defence and Space GmbH, Bremen, (Kapitel 5, 5.1)

PD Dr. *Christoph Marquardt*, Max Planck Institute for the Science of Light, Erlangen, (Kapitel 7.2)

B. Sc. *David Miller*, Airbus Defence and Space GmbH, Friedrichshafen, (Kapitel 8.7)

Dr. rer. nat. habil. *Oliver Montenbruck*, Deutsches Zentrum für Luft- und Raumfahrt e. V. (DLR), Standort Oberpfaffenhofen, (Kapitel 2.2)

Dr. *Sven Oliver Opatz*, Charité – Universitätsmedizin Berlin, (Kapitel 7.6)

Dr.-Ing. *Kristian Pauly*, OHB Systems AG, Bremen, (Kapitel 8.6)

Dr. *Frank Pellowski*, OHB System AG Weßling, (Kapitel 9.2)

Dr.-Ing. *Willigert Raatschen*, Airbus Defence and Space GmbH, Friedrichshafen, (Kapitel 5.2)

Prof. Dr. *Lorenz Ratke*, Deutsches Zentrum für Luft- und Raumfahrt e. V. (DLR), Standort Köln, (Kapitel 7.5)

Prof. Dr.-Ing. *Hans-Günther Reimerdes*, Rheinisch-Westfälische Technische Hochschule (RWTH) Aachen, (Kapitel 2.4)

Dipl.-Ing. *Thomas Reiter*, European Space Agency (ESA), ESOC, Darmstadt, (Geleit)

Dipl.-Ing. *Reinhard Röder*, ehemals EADS Astrium GmbH Friedrichshafen, (Kapitel 4.2)

Dr.-Ing. *Dieter Sabath*, Deutsches Zentrum für Luft- und Raumfahrt e. V. (DLR), Standort Oberpfaffenhofen, (Kapitel 6.4)

Dipl.-Ing. *Steffen Scharfenberg*, European Space Agency (ESA), ESTEC, Noordwijk, Niederlande, (Kapitel 2.1)

M. Sc. *Fabian Schiemenz*, Airbus Defence and Space GmbH, Friedrichshafen, (Kapitel 8.7)

Dr.-Ing. *Reinhard Schlitt*, OHB-System AG Bremen, (Kapitel 4.3)

Dipl.-Ing. *Hans-Dieter Schmitz*, ehemals EADS Astrium Space Transportation Lampoldshausen, (Kapitel 4.4)

Dipl.-Ing. *Alf Schneider*, European Space Agency (ESA), ESTEC, Noordwijk, Niederlande, (Kapitel 8.3)

Dipl.-Ing. *Artur Scholz*, European Space Agency (ESA), ESOC, Darmstadt, (Kapitel 8.4)

Dipl.-Geophys. *Gunter Schreier*, Deutsches Zentrum für Luft- und Raumfahrt e. V. (DLR), Standort Oberpfaffenhofen, (Kapitel 7.1)

Dr. *Rüdiger Seine*, European Space Agency (ESA), European Astronaut Centre (EAC), (Kapitel 5.1)

Dipl.-Ing. *Josef Sommer*, Airbus Defence and Space GmbH, Bremen, (Kapitel 5.3)

Dr. rer. medic. *Alexander Stahn*, Charité - Perelman School of Medicine, Blockley Hall PA, USA, (Kapitel 7.6)

Mathias Steinach, Charité - Universitätsmedizin Berlin, (Kapitel 7.6)

Dipl.-Ing. *Peter Turner*, ehemals Deutsches Zentrum für Luft- und Raumfahrt e. V. (DLR), Standort Oberpfaffenhofen, (Kapitel 3.6, 4.7)

Dr. rer. nat. *Stephan Ulamec*, Deutsches Zentrum für Luft- und Raumfahrt e. V. (DLR), Standort Köln, (Kapitel 7.4)

Dipl.-Ing. *Dieter Ulrich*, Airbus Defence and Space GmbH, Friedrichshafen, (Kapitel 8.7)

Dr. rer. nat. *Manfred Warhaut*, ehemals European Space Agency (ESA), European Space Operations Centre (ESOC) Darmstadt, (Kapitel 6.1)

Dr. med. *Andreas Werner*, Zentrum für Luft- und Raumfahrtmedizin der Luftwaffe, Königsbrück, (Kapitel 7.6)

Dr.-Ing. *Carsten Wiedemann*, Technische Universität Braunschweig, (Kapitel 2.4)

Dipl.-Ing. *Klaus Wiedemann*, Deutsches Zentrum für Luft- und Raumfahrt e. V. (DLR), Standort Weilheim, (Kapitel 6.3)

Prof. Dr. rer. nat. *Klaus Wittmann*, ehemals Deutsches Zentrum für Luft- und Raumfahrt e. V. (DLR), Standort Oberpfaffenhofen, und Fachhochschule Aachen, (Kapitel 1, 1.1, 1.2, 2)

Dipl.-Inform. *Ralf Zimmermann*, Airbus Defence and Space GmbH, Friedrichshafen, (Kapitel 8.7)

Inhaltsverzeichnis

1 Einleitung

Klaus Wittmann und *Nicolaus Hanowski*

Das **Raumfahrtzeitalter** begann mit dem Start von Sputnik 1 im Oktober 1957 [1.1] und dem im Januar 1958 folgenden Start von Explorer 1 [1.2]. Die **Anfänge der orbitalen Raumfahrt** wurden also durch die damalige Sowjetunion und die USA gestaltet. Inzwischen werden in den meisten Industrieländern Raumfahrtprojekte durchgeführt. Daneben haben sich eine große Zahl von Schwellen- und Entwicklungsländern als Raumfahrtnationen etabliert. Im globalen Vergleich dominieren jedoch, gemessen an der Zahl der operationellen Raumfahrzeuge, die USA den Raumfahrtbereich.

Seit dem Beginn der Raumfahrt wurden mehr als 7 000 Satelliten, Sonden und bemannte Raumfahrzeuge in den Weltraum gebracht, von denen gegenwärtig etwa 1 700 in Betrieb sind und genutzt werden. Die Nutzung eines Raumfahrzeugs endet mit der Außerdienststellung bzw. dem Ausfall wichtiger Bordsysteme mit dem Wiedereintritt und dem Verglühen in der Erdatmosphäre oder der kontrollierten Rückkehr zur Erde. Die Zahl der jedes Jahr neu gestarteten Raumfahrzeuge schwankt zwischen 100 und 300. Die Tendenz ist jedoch deutlich ansteigend, da immer mehr Betreiber mit einem Start eine große Zahl sehr kleiner Satelliten (sog. Nano-Satelliten) in den Orbit bringen. Insgesamt steigt die Zahl der Raumfahrzeuge im Weltraum trotz der Wiedereintritte niedrig fliegender Satelliten weiter an.

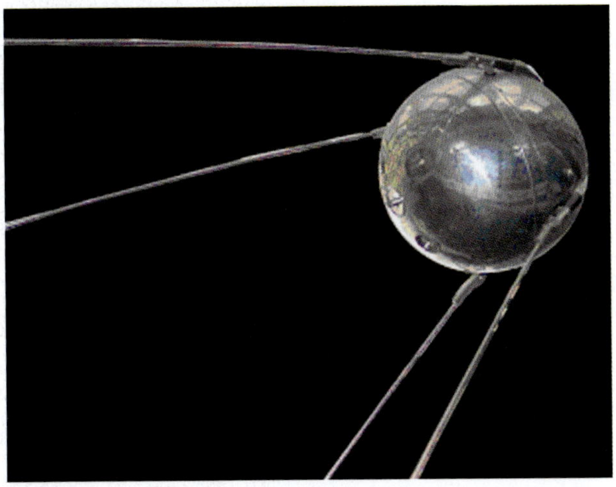

Bild 1.1: *Mit dem Start des ersten Erdsatelliten Sputnik 1 am 4. Oktober 1957 leitete die Sowjetunion das Raumfahrtzeitalter ein (Bild: ESA).*

Bild 1.2: *Im Jahr 1957 fand die Qualifizierung des Satelliten Explorer 1 für den Flug statt, für die hier Ingenieure des Jet Propulsion Laboratory einen Test vorbereiten. Explorer 1 war der erste Satellit mit wissenschaftlichen Messinstrumenten. Bei seiner Mission im Januar 1958 wurden Daten gewonnen, die auf einen Strahlungsgürtel um die Erde hindeuteten. Später wurde der Strahlungsgürtel nach James van Allen, dem wissenschaftlichen Betreuer der Mission, benannt. (Bild: NASA)*

Zusätzlich zur **staatlichen** bzw. **militärischen Raumfahrt** der Anfangsjahre hat sich ein bedeutender **kommerzieller Raumfahrtsektor** entwickelt. Dieser umfasst außer der Entwicklung und Herstellung von Trägersystemen, Raumfahrzeugen und Ausrüstung eine Vielzahl von Diensten und Produkten zum Beispiel in den Bereichen Kommunikation, Navigation, Erdbeobachtung und Meteorologie.

Raumfahrtmissionen werden nicht nur als nationale Projekte durchgeführt, sondern häufig durch multinationale Institutionen, wie die Europäische Weltraum-Agentur (ESA), oder internationale Firmen realisiert.

Kooperationen zwischen Nationen sowie zwischen staatlichen und kommerziellen Einrichtungen gewinnen an Bedeutung. So werden häufig öffentlich-industrielle Partnerschaften, die als **Public Private Partnerships** (PPP) bezeichnet werden, initiiert.

Ein Beispiel für ein PPP-Projekt ist die deutsche Tandem-X-Mission [1.3], bei der zwei Satelliten mit hochauflösendem X-Band-Radar zum Einsatz kommen, um ein hochgenaues Höhenmodell der Erdoberfläche zu erzeugen (Bild 1.3).

1

Bild 1.3: *Vom Deutschen Raumfahrt-Kontrollzentrum (GSOC) des DLR werden die beiden TerraSar X Satelliten zur hoch auflösenden Radar-Fernerkundung der Erde betrieben. Im Rahmen der TanDEM-X Mission bilden sie eine Konstellation zur Erstellung eines digitalen Höhenmodells der Erde. (Bild: DLR)*

Über die Jahrzehnte haben sich mehrere **Einsatzfelder** der Raumfahrt mit charakteristischen Randbedingungen herausgebildet. Zu diesen Feldern gehören die Erforschung und Exploration unseres Planetensystems (Bild 1.4) sowie die Astronomie und die physikalische Grundlagenforschung. Die schon früh entwickelte satellitengestützte Erdbeobachtung wird wissenschaftlich, kommerziell und militärisch sowie durch die Bereitstellung öffentlicher Dienste genutzt. Fernerkundungs-, Kommunikations- und Navigationssatelliten haben eine besonders große kommerzielle Bedeutung. In technologischen Missionen werden neue Systeme und Komponenten erprobt. Bemannte Missionen dienen gegenwärtig zum einen der Forschung, vor allem für Experimente unter reduzierter Schwerkraft, zum anderen zur Vorbereitung der Exploration des Weltraums. Sicherheitsrelevante und militärische Raumfahrtmissionen gewinnen zunehmend an Bedeutung, seit einiger Zeit auch in Deutschland. Mit Copernicus und Galileo (Bild 1.5, 1.6) realisiert die ESA gemeinsam mit der Europäischen Union zwei umfangreiche operationelle Systeme zur Erdbeobachtung und Navigation.

Bild 1.4: *Bei der Rosetta Mission der ESA gelang es erstmals, aus dem Orbit um einen Kometenkern ein umfassendes Mess- und Beobachtungsprogramm durchzuführen und mit dem Landegerät Philae die Oberfläche des Kernes zu charakterisieren. (Bild: ESA)*

Bild 1.5: *Die Satelliten der Missionen des Copernicus Programms der ESA dienen der hochgenauen und umfassenden Charakterisierung des Planeten Erde. (Bild: ESA)*

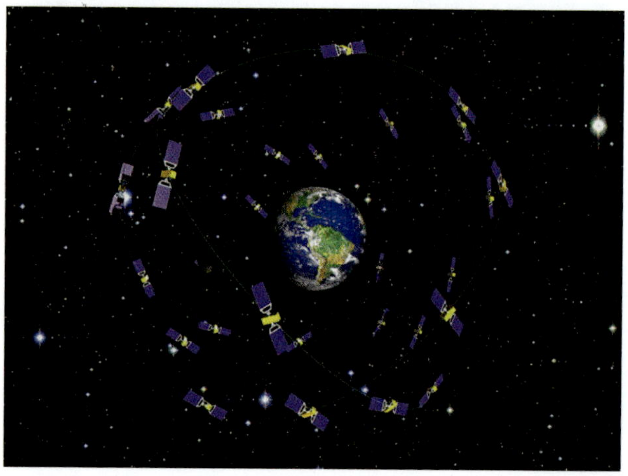

Bild 1.6: *Die europäische Galileo Konstellation dient der satellitengestützten Navigation. (Bild: ESA)*

Der direkte Nutzen aus diesen Einsatzfeldern der Raumfahrt hat sich über die Jahrzehnte enorm vergrößert. Für die **Wissenschaft** wurden grundlegende Erkenntnisse gewonnen und neue Forschungsbereiche eröffnet [1.4]. So ist beispielsweise die Überwindung der Erdatmosphäre mit ihrer blockierenden Wirkung für große Teile des Strahlungsspektrums eine wichtige Voraussetzung für ein neues Verständnis von der Entstehung und Entwicklung des Kosmos. Die Begrenzung von Bedrohungen und Schäden durch regionalen und globalen Umwelt- und Katastrophenschutz mit Hilfe von Satelliten ist von großer Bedeutung. Analyse und Vorhersage in diesen Bereichen wären ohne die Fortschritte in der Raumfahrt nur sehr eingeschränkt zu leisten, wobei die Potenziale bei weitem noch nicht ausgeschöpft sind. Das Gleiche gilt für die Bereiche Wirtschaft, Handel und Verkehr, aber auch für individuelle Aktivitäten des Einzelnen. So ist hier die Nutzung von **Erdbeobachtungs-, Kommunikations- und Navigationssatelliten** bereits selbstverständlicher Teil der Arbeits- und Lebensgestaltung.

Das große Engagement, mit dem in den unterschiedlichsten Ländern Raumfahrt betrieben wird, beruht auf der hohen Sichtbarkeit der mit ihr verbundenen technischen Leistung. Über die wachsende Bedeutung der Ergebnisse und Produkte von Raumfahrtmissionen hinaus werden auch die vielfältigen Innovationsmöglichkeiten und zahlreichen Nebenprodukte geschätzt, die mit der Raumfahrt verknüpft sind [1.5].

Dieses Buch hat das Ziel, die für die Raumfahrt eingesetzten Systeme und Prozesse praxisorientiert darzustellen. Weiterhin soll ein möglichst umfassender und übergreifender Blick auf den aktuellen Stand der Raumfahrttechnik gegeben werden. Dabei sollen die vielfältigen Abhängigkeiten zwischen den Einzelelementen verdeutlicht und Raumfahrtmissionen als integrierte Gesamtsysteme veranschaulicht werden.

Darüber hinaus soll das Buch als breit angelegte Referenz dienen und Anreize schaffen, basierend auf dem Verständnis des technisch bereits Möglichen, neue Konzepte und Ideen zu entwickeln. Mit der Realisierung sehr großer europäischer Programme und Projekte wie Copernicus und Galileo ist besonders auch in Deutschland ein Anstieg der Aktivitäten im Raumfahrtbereich zu verzeichnen. Die Vielzahl von neuen Anwendungen und die zunehmende Vernetzung von Technologien bieten enorme Entwicklungsmöglichkeiten für Unternehmen und faszinierende Perspektiven für Studenten. Gerade auch Hochschulen führen heute zahlreiche Satellitenprojekte mit Blick auf neue Technologien durch und sind damit als praxisnahe Akteure im Raumfahrtbereich noch sichtbarer geworden. Gemeinsam mit den industriellen und öffentlichen Raumfahrteinrichtungen bieten sie ein attraktives und inspirierendes Umfeld mit starker Ausstrahlung in die politische und gesellschaftliche Wahrnehmung.

Trotz der Faszination, die von der Raumfahrt ausgeht, besteht ein Mangel an **Fachkräften.** Das heißt, es muss alles getan werden, um das Studium der Luft- und Raumfahrttechnik so attraktiv und wirkungsvoll wie möglich für Studierende zu gestalten und eine entsprechende qualifizierende Ausbildung an Hochschulen und Universitäten zu gewährleisten.

In den folgenden Städten Deutschlands kann ein **raumfahrtbezogenes Studium** mit dem Abschluss als Bachelor oder Master absolviert werden (vgl. [1.6] und [1.7]):

Aachen:	RWTH, Fachhochschule
Berlin:	Technische Universität
Braunschweig:	Technische Universität
Bremen:	Universität, Hochschule
Dresden:	Technische Universität
Gießen:	Universität
Jena:	Hochschule
München:	Technische Universität, Universität der Bundeswehr, Fachhochschule
Ravensburg:	Duale Hochschule Baden-Württemberg
Stuttgart:	Universität
Würzburg:	Universität

Die 22 Mitgliedstaaten der Europäischen Weltraumorganisation (ESA) fördern Raumfahrtaktivitäten auf nationaler und europäischer Ebene. In Deutschland übernimmt das Deutsche Zentrum für Luft- und Raumfahrt (DLR) das Management der nationalen Projekte und die Koordination der deutschen Beiträge zu ESA-Programmen. Im Rahmen der Helmholtz Gemeinschaft führt das DLR das Forschungs- und Entwicklungsprogramm „Weltraum" durch.

Folgende **Institutionen und Organisationen** stellen wegen ihrer maßgeblichen Rolle für die deutsche und europäische Raumfahrt wichtige Anlaufstellen dar:

DLR:
Deutsches Zentrum für Luft- und Raumfahrt (Zentrale in Köln): 40 Forschungsinstitute und Einrichtungen an 20 Standorten in Deutschland, darunter zwei Betriebseinrichtungen im Raumfahrtbereich:

1. Raumflugbetrieb & Astronautentraining:
   - Deutsches Raumfahrt-Kontrollzentrum (GSOC) in Oberpfaffenhofen
   - Mobile Raketenbasis (MORABA) in Oberpfaffenhofen
   - Astronautentraining in Köln
   - Nutzerzentrum für Weltraumexperimente (MUSC) in Köln
2. Institut für Raumfahrtantriebe in Lampoldshausen

DGLR:
Deutsche Gesellschaft für Luft- und Raumfahrt (Zentrale in Bonn)

1

ESA:
European Space Agency (Zentrale in Paris) u. a. mit den Forschungs- und Betriebseinrichtungen

- European Space Operations Centre (ESOC) in Darmstadt
- European Space Research & Technology Centre (ESTEC) in Noordwijk, Niederlande
- European Space Research Institute (ESRIN) in Frascati, Italien
- European Astronaut Centre (EAC) in Köln
- European Space Astronomy Centre (ESAC) in Villafranca, Spanien
- European Centre for Space Applications and Telecommunications (ECSAT) in Harwell, Grossbritannien

EUMETSAT:
European Organization for the Exploitation of Meteorological Satellites in Darmstadt

CEAS:
Confederation of European Aerospace Societies in Brüssel, Belgien

Weitere Anlaufstellen für Studierende der Raumfahrttechnik sind auch die zahlreichen deutschen und europäischen **Raumfahrt-Industrieunternehmen.** Folgende Firmen sind als Mitglieder des Bundesverbands der Deutschen Luft- und Raumfahrtindustrie (BDLI) im Jahre 2017 im Bereich der Raumfahrtsysteme genannt ([1.8)]:

- Airbus Space & Defence: München, Friedrichshafen, Bremen
- ARIANE Group Bremen, Lampoldshausen, Ottobrunn, Trauen
- Astro- und Feinwerktechnik, Berlin-Adlershof
- IABG Industrieanlagen-Betriebsgesellschaft, Ottobrunn
- Jena-Optronik, Jena
- MT Aerospace (Unternehmen der OHB SE), Augsburg
- OHB - System, Bremen und Oberpfaffenhofen
- Spaceopal, München
- Telespazio Vega, Darmstadt und Gilching
- TESAT-Spacecom GmbH & Co. KG, Backnang
- Von Hoerner & Sulger GmbH, Schwetzingen

Diese und weitere Firmen haben zum Teil über viele Jahrzehnte die Kompetenzen aufgebaut, die der deutschen und europäischen Raumfahrt auch im globalen Maßstab eine hervorragende Stellung sichern.

Mit dem Verweis auf das wirtschaftliche Entwicklungspotenzial dieser Kompetenzen wird seit einiger Zeit auch wieder von der deutschen Politik ein stärkeres Gewicht auf die Raumfahrt gelegt. Es bleibt zu hoffen, dass sich die Erkenntnis von der ungeheuren technologischen Zugkraft der Raumfahrt weiter verstärkt und durch entsprechend gut geschulte und motivierte Fachkräfte in innovativen Projekten ihren Ausdruck finden wird.

Quellen und Literatur

[1.1] Anatoly Zak, Sputnik Design, russianspaceweb.com, 2015

[1.2] *McDonald, F.; Naugle, J. E.:* Discovering Earth's Radiation Belts - Remembering Explorer 1 and 3, American Geological Union Publications Volume 89 (39), 2008

[1.3] *Zink, M. et al.:* TanDEM-X: Das neue digitale Höhenmodell der Erde, Handbuch der Geodäsie, Springer Verlag, S. 1 bis 30, 2016

[1.4] *Feuerbacher, B.; Stoewer, H.:* Utilization of Space. Basics, Fields of Usage, Future Developments: Today and Tomorrow. Heidelberg: Springer-Verlag, 2005.

[1.5] 7 Gründe warum Deutschland Raumfahrt braucht. Berlin: Bundesverband der Deutschen Luft- und Raumfahrtindustrie e. V., 2006

[1.6] *Heidinger, K.; Griebler, A.:* Luft- und Raumfahrt, Sonderausgabe 2017, S. 7

[1.7] *Hallmann, W.:* Ingenieure, Wegbereiter der Zukunft. Düren: Hahne & Schloemer Verlag, 2006.

[1.8] *von Ammon, C.; Zehe, K.:* BDLI Mitgliederverzeichnis, Bundesverband der deutschen Luft- und Raumfahrtindustrie, 2017.

1.1 Historischer Überblick

Willi Hallmann, Nicolaus Hanowski, Klaus Wittmann

Im Mittelpunkt dieses Buches stehen die technischen Grundlagen der Raumfahrt. Trotzdem möchten wir in diesem Abschnitt auch eine knappe Übersicht über die historische Entwicklung geben. Das Dargestellte ist subjektiv ausgewählt und beschränkt sich auf eine eher europäische Perspektive beim Blick auf die natürlich weltweit stattfindende Raumfahrtentwicklung. In der Vorbereitung waren die Zeitschriften „DGLR- Luft- und Raumfahrt", und „Planet Aerospace" sowie [1.1.14] eine große Hilfe.

1.1.1 Die Entwicklung der Raketentechnik

Die Geschichte der Raumfahrt ist auch die Geschichte der **Rakete.** Denn nur sie ist in der Lage, die Anziehungskraft der Erde zu überwinden und sich im luftleeren Weltraum ohne Atmosphäre fortzubewegen.

Diese Erkenntnis war nicht immer selbstverständlich, wie ein Zitat von Max Valier (1895–1930) zeigt:

Vor Jahresfrist noch (1920) wurde das Problem des Raketenantriebs zu den Utopien gerechnet, und jeder, der sich mit Überzeugung dafür einsetzte, als Phantast verschrien und verlacht. Heute dagegen, seit den ersten erfolgreichen

Raketenwagenfahrten, wird das Publikum schon ungeduldig, weil es mit dem Vorstoß in den Weltraum nicht vorwärts geht.
Badische Zeitung, Karlsruhe, 1929

Hermann Ganswindt (1856–1934), geboren in Seeburg, Ostpreußen, war wohl einer der Ersten, der mit Überzeugung für die technische Ausführbarkeit eines Weltraumfahrzeugs eingetreten ist und eine durchdachte Konstruktion dazu vorlegte. Er hielt am 27. Mai 1891 seinen ersten öffentlichen Vortrag in der Berliner Philharmonie über seine Idee eines „Weltenfahrzeugs“ und erläuterte, wie ein Raumflug mit Hilfe des Rückstoßprinzips verwirklicht werden kann.

Im 20. Jahrhundert wurden die Visionen in die Realität umgesetzt. Raumfahrtpioniere legten die theoretischen Grundlagen und gingen erste praktische Schritte. Während Konstantin E. Ziolkowski (1857–1935) in Russland „Vater der Kosmonautik“ genannt wird, bezeichnen die Amerikaner Robert H. Goddard (1882–1945) als „Vater der Raketentechnik“. Hermann Oberth (1894–1989) ist für Europa der „Begründer der Astronautik“, wobei Wernher von Braun (1912–1977) als sein Meisterschüler sicherlich auch einen großen Teil der Pionierarbeit geleistet hat. Nicht nur Techniker waren von der Raumfahrtidee begeistert, auch Filmemacher und Künstler griffen die Idee auf. Fritz Lang, Regisseur des ersten Weltraumfilms „Frau im Mond“ (1928 uraufgeführt), führte u. a. die noch bis heute gebräuchliche Countdown-Zählweise ein.

1857 in Ischewskoje, Russland, geboren, stellte **Konstantin E. Ziolkowski** 1903 seine grundlegenden Ideen zur Raumfahrt in dem Werk: „Die Eroberung des Weltraums mit Rückstoßgeräten“ vor, 1911 beschrieb er einen von Menschen bewohnten Satelliten. Er legte das theoretische Fundament der Raumfahrttechnik, zwischen 1925 und 1932 verfasste er mehr als 60 Schriften zu diesem Thema.

1882 in Worchester, MA, USA geboren, veröffentlichte **Robert H. Goddard** ein Buch mit dem Titel: „Über eine Methode zum Erreichen extremer Höhen“. 1926 startete er die erste erfolgreich fliegende Flüssigkeitsrakete der Welt (Benzin-Flüssigsauerstoff). Während handelsübliche Raketen Ausströmgeschwindigkeiten von 300 m/s erzielten, konnte er mit Benzin-Flüssigsauerstoff Ausströmgeschwindigkeiten von ca. 2 400 m/s erreichen.

Hermann Oberth wurde 1894 in Hermannstadt, Siebenbürgen, geboren. In seinem Buch aus dem Jahre 1923 „Die Rakete zu den Planetenräumen“ beschrieb er seine Theorie über den Raketenantrieb im Vakuum.

Die von **Rudolf Nebel** (1894–1978) geführte Einrichtung eines Raketenstartgeländes in Berlin (1930) und der dortige Einsatz von Raketen mit Flüssigkeitstreibstoff waren bedeutende Schritte.

Die wesentlichen Grundlagen der „modernen Raumfahrt“ wurden dann in den Jahren von 1935 bis 1955 geschaffen. Wie so häufig in der Vergangenheit, wurde die technische Entwicklung durch den Krieg stimuliert, erst durch den zweiten Weltkrieg, dann durch den „kalten Krieg“.

Bild 1.1.1: *Porträts der Raumfahrtpioniere Ziolkowski (o. l.), Goddard (o. r.), Oberth (u. l.) und v. Braun (u. r.) (Bild: [1.1.10])*

Während des 2. Weltkrieges wurde die Rakete A4/V2 entwickelt (Bild 1.1.2).

Technische Daten der A4/V2

Höhe:	14,03 m
Durchmesser:	1,65 m
Startmasse:	12,9 t
Max. Geschwindigkeit:	5 760 km/h
Flugzeit (angetrieben):	70 s
Schub:	ca. 260 kN bei 2 000 m/s Ausströmgeschwindigkeit
Gipfelhöhe:	90 km
Reichweite:	330 km

Bild 1.1.2: *Übersicht über die Eigenschaften der im zweiten Weltkrieg eingesetzten Rakete A4/V2 (Bild: J. Horn).*

1

Militärische Entwicklungen in der Sowjetunion führten zur Konstruktion eines zweistufigen Interkontinentalträgers zum Transport von Sprengköpfen. Bekannt wurde diese Entwicklung unter der Bezeichnung R7 bzw. „Semjorka". Die Weiterentwicklung gipfelte später in der bewährten **Sojus-Rakete,** auch heute noch Russlands einziger Träger bemannter Flüge. Die Trägerrakete und die Progress-Raumschiffe gehen auf Sergei P. Koroljow zurück.

Im Mai 1945 begab sich **Wernher v. Braun** mit sechs Mitarbeitern in die Obhut der Amerikaner. Im Februar 1946 waren 118 Ingenieure und Techniker aus Deutschland in White Sands, USA. Wernher v. Braun entwickelte in Amerika anfänglich die **Mittelstreckenrakete** Hermes C und daraus die Muster Redstone und Jupiter. Grundlage sowohl der russischen als auch der amerikanischen Raketenentwicklung war ursprünglich der deutsche Träger A4/V2 aus dem zweiten Weltkrieg. Überlegungen um 1950, auch die Kernenergie als Raketenantrieb zu nutzen, sind heute in Vergessenheit geraten ([1.1.5], [1.1.6], [1.1.7]).

Zu einer der ersten Entwicklungsstufen bundesdeutscher Forschungspolitik gehörten 1951 die westdeutschen Forschungen und Erprobungen zur Raumfahrt. Es bildete sich die Norddeutsche Gesellschaft für Raumfahrt. Sie startete 1952 unter Alliierter Aufsicht zwei Versuchsraketen. 1954 wurde sogar ein deutsches „Luft- und Raumfahrtzentrum" gegründet ([1.1.3]).

1962 stellte man erstmals bescheidene 11 Millionen D-Mark für die Raumfahrt zur Verfügung. Anlass dazu war die Gründung der ESRO (Europäische Satellitenentwicklung) und der ELDO (Europäische Raketenentwicklung), denen die Bundesrepublik 1963 beitrat. Die wichtigsten Forschungseinrichtungen befanden sich in Belgien und den Niederlanden.

Bereits 1962 wurde auf europäischer Ebene mit der Entwicklung eines **Trägersystems** (EUROPA-Rakete) begonnen, mit dem Ziel, eine europäische Kapazität für den Transport von 100 kg schweren Nutzlasten in den 300-km-Orbit zu schaffen. Die erste Stufe bauten die Briten, die zweite Stufe die Franzosen und Deutschland die dritte Stufe. Die 3. Stufe ist im Raumfahrtmuseum Speyer ausgestellt. Wegen mehrerer Fehlstarts und auch aus politischen Gründen wurde das EUROPA-Raketen-Programm 1972 beendet.

Im Jahr 1975 gingen die ELDO und ESRO in der neu gegründeten **European Space Agency** (ESA) auf. Seitdem sind unter Verantwortung der ESA zahlreiche Raumfahrtprogramme mit hoher Komplexität vorbereitet und durchgeführt worden. Auch in diese Programme wurde eine Vielzahl deutscher Beiträge eingebracht.

So ist der europäische Zugang zum Weltraum über die Raketenfamilie **Ariane** (demnächst Ariane 6) sichergestellt worden.

Bild 1.1.3: *Ariane 1. Erster erfolgreicher Raketenstart am 24.12.1979 in Kourou (Bild: ESA).*

Wichtige Etappen waren dabei:

1979: Die erste Ariane-Trägerrakete (Ariane 1) startete erfolgreich vom Raumfahrtbahnhof Kourou in Französisch-Guayana (Bild 1.1.3). Die Firmen Aerospatiale, MATRA, ERNO, MBB und CASA waren maßgeblich an der Entwicklung und dem Bau des europäischen Satellitentransporters beteiligt.

1984: Die 49 m hohe Ariane 3 kam erstmalig zum Einsatz. Eine Version dieser Rakete ohne Feststoff-Booster war die Ariane 2.

1990: Aerospatiale erhielt von Ariane Space den Auftrag für die Lieferung von 50 Ariane 4-Trägerraketen.

1996 erfolgte der Jungfernflug der neuen europäischen Ariane 5, der aber nach 40 Sekunden Flugzeit fehlschlug. Die Ursache war ein Software-Fehler.

1997 fand der hundertste Start einer Ariane-Rakete statt. Insgesamt wurden 134 Satelliten und 26 Huckepack-Nutzlasten in den Orbit befördert.

1999 erfolgte der erste kommerzielle Einsatz von Ariane 5 mit dem Start des Röntgensatelliten XMM.

2003 erfolgte der letzte Start der Ariane 4 (Version 44L) mit Intelsat 907 als Nutzmasse, 4,7 t schwer. Bis zu diesem Zeitpunkt hatten 116 Ariane Trägerraketen von Kourou aus über 400 t Satellitennutzmasse ins All befördert, davon schlugen drei Starts fehl.

2005 startete die Ariane 5, mit der neuen Oberstufe ECA und 10 t Nutzlast. Es war der 164. Ariane-Start.

2006 erfolgte ein erneuter Start mit der Schwerlast-Version ECA. Es wurden ein französischer und ein japanischer Satellit ausgesetzt.

2008 wurde die Ariane 5, Version ES ATV, mit bis zu 21 t Nutzlast für den Erstflug des Automated Transfer Vehicles (ATV) zur ISS eingesetzt.

2014 beschlossen die Mitgliedstaaten bei der ESA Ministerratskonferenz die Entwicklung der Ariane 6.

2018 begann die Produktion des neuen wiederstartbaren Vinci-Triebwerks der Ariane 6.

Neben den USA, Russland und Europa wurden auch in anderen Staaten orbitale Raketen entwickelt und betrieben. Genannt seien Japan, Indien und China. So hat China zum Beispiel bereits 1956 mit einem Entwicklungsprogramm begonnen und 1970 einen ersten Satelliten gestartet. Die Raketenfamilie Long-March (LM) wurde für zahlreiche unbemannte Missionen und in der Version LM-2F ab 2003 auch für bemannte Missionen eingesetzt (Bild 1.1.4).

Bild 1.1.4: *Nachtstart der Long March 3B Rakete mit einem Wettersatelliten im Jahr 2016 (Bild: Xinhua).*

Zunehmend werden kommerziell entwickelte Raketen eingesetzt. Als Beispiel sei hier die von der 2002 gegründeten Firma SpaceX entwickelte Falcon Raketenfamilie genannt. Heute wird die Falcon 9 Rakete mit wiederverwendbarer Erststufe für viele Satellitenmissionen genutzt. Darüber hinaus wird das von SpaceX entwickelte Dragon Raumfahrzeug seit 2012 zur Versorgung der Internationalen Raumstation eingesetzt.

In einem weiteren Schritt des Entwicklungsprogramms der Falcon Raketenfamilie wird der Träger Falcon Heavy entwickelt. Dazu werden drei wiederverwendbare Erststufen aus der Falcon 9 Entwicklung modifiziert und zur Unterstufe einer Rakete für hohe Nutzlasten integriert. Damit soll der Transport von Nutzlasten bis zu 64 Tonnen in den Low Earth Orbit, 27 Tonnen in den Geo Transfer Orbit und 17 Tonnen zum Mars möglich werden. Im Februar 2018 erfolgte der Testeinschuss der Falcon Heavy in eine interplanetare Bahn mit einem Tesla Sportwagen als Dummy-Nutzlast (Bild 1.1.5 oben). Dabei konnten die zwei seitlichen Booster erfolgreich landen, während der mittlere Booster der Unterstufe verloren ging.

Bild 1.1.5: *Testflug der Falcon Heavy Rakete. Der obere Teil zeigt den Start der Rakete, der untere die Landung der zwei äußeren Booster 8 Minuten nach dem Start am Cape Canaveral (Bild: SpaceX).*

1

1.1.2 Die Entwicklung der unbemannten deutschen und europäischen Raumfahrt

Die Fähigkeit, Satelliten zu bauen und im Erdorbit zu betreiben, wird als Signal für die technische Kompetenz und den hohen Ausbildungsstand eines Landes verstanden. Mehr als 70 Länder haben oder hatten bereits eigene Satelliten im Einsatz. Deutschland war mit Azur (1969) das achte Land mit einem eigenen Satelliten.

Bereits in den 1960er- und 1970er-Jahren wurde die technische Basis für Raumfahrtaktivitäten in der deutschen Raumfahrtindustrie gelegt. Das entstehende Wissen auf Komponenten-, Subsystem- und Systemebene machte die nationalen Satellitenmissionen, die Beiträge zur Trägerentwicklung und die bemannten Missionen in Deutschland erst möglich. Heute entwickeln die deutsche Industrie und die Institute des Deutschen Zentrums für Luft- und Raumfahrt (DLR) neue Technologien und Betriebskonzepte und sind in Durchführungsaufgaben des deutschen Raumfahrtprogramms und internationaler Programme eingebunden. Das 1981 aus verschiedenen wissenschaftlichen Instituten der DDR hervorgegangene **Institut für Kosmosforschung** (IKF) war ebenfalls intensiv mit der Entwicklung von Raumfahrtsystemen und Komponenten befasst. Im Jahre 1992 ging das Institut in dem neu gegründeten DLR-Standort Berlin-Adlershof auf.

Die eigenständige Planung und Durchführung von Raumflugmissionen in Deutschland begann in den späten 60er-Jahren. Insbesondere bei den Trägerraketen war man jedoch auf die Verfügbarkeit amerikanischer Typen angewiesen. Viele der durchgeführten Satellitenprojekte waren Kooperationen, in denen Deutschland sich als kompetenter Partner, auch mit Führungsverantwortung, bewähren konnte. Wichtige Meilensteine der unbemannten Raumfahrt in Deutschland waren die in den Bildern 1.1.6 bis 1.1.20 dargestellten Missionen.

Inzwischen werden in Deutschland alle Arten von Satellitenmissionen entwickelt und durchgeführt. Als letzte Bereiche kamen nach der Jahrtausendwende der Bau und Betrieb von militärischen Aufklärungs- und Kommunikationssatelliten hinzu. Ebenso bedeutsam wie die Satelliten ist die erforderliche Infrastruktur am Boden für die Satelliten- und Nutzlast-Steuerung sowie für Datenempfang und Datenverarbeitung. Auch hier verfügt Deutschland über moderne und leistungsfähige Einrichtungen (z. B. Bodenstationen und Kontrollzentren) und über eine große Zahl von hervorragend ausgebildeten Fachkräften. Die Angebote der deutschen Raumfahrtindustrie für Bau und Nutzung von Raumfahrtsystemen sind weltweit konkurrenzfähig und in einigen Bereichen sogar führend (z. B. in der satellitengestützten Radartechnologie).

AZUR
Start: 8. November 1969
Masse: 72 kg, elektr. Leistung: 27 W
erste deutsche Satellitenmission

Bild 1.1.6: *AZUR diente der Erforschung der Strahlungsgürtel der Erde unter Systemführung der Bölkow GmbH. Der Satellit wurde von einer amerikanischen Scout-Rakete auf eine polare Umlaufbahn gebracht. Eine Besonderheit war, dass alle eingesetzten Materialien unmagnetisch sein mussten (Bild: DLR).*

DIAL/WIKA
Start: 11. März 1970
Masse: 63 kg, elektr. Leistung: 10 W
deutsch-französische Mission

Bild 1.1.7: *Mit der Mission DIAL/WIKA (WIssenschaftsKApsel) wurden vier Experimente (u. a. zur Bestimmung der Elektronendichte) im äquatornahen Orbit zum Einsatz gebracht. Der Satellit konnte nicht aktiv kommandiert werden. Die Mission endete nach etwas mehr als zwei Monaten. Der Start erfolgte mit einer Diamant-B (Bild: EADS).*

Aeros A und B
Start: 16. Dezember 1972 und 16. Juli 1974
Masse: 126 kg, elektr. Leistung: 55 W
deutsche Aeronomie-Missionen

Bild 1.1.8: *Die Aeros-Satelliten hatten eine zylindrische Struktur mit 0,9 m Durchmesser. Ziel der Missionen war es u. a., den Zustand und das Verhalten der obersten Atmosphärenschichten zu untersuchen. Insgesamt waren jeweils fünf Experimente an Bord der Satelliten untergebracht. Der Start erfolgte mit einer Scout-Rakete in eine polare Umlaufbahn (Bild: DLR).*

Helios A und B
Start: 10. Dezember 1974 und 15. Januar 1976
Masse: 371 kg, elektr. Leistung: 216/1000 W
deutsch-amerikanische Missionen zur Sonnenforschung

Bild 1.1.9: *Mit der Sonnensonde Helios A, die der Sonne auf 0,3 Astronomische Einheiten nahe kam, wurden erstmalig Analysen des interplanetaren Mediums in diesem Bereich vorgenommen. Die Sonde wurde in Deutschland gebaut und von deutschen und amerikanischen Wissenschaftlern genutzt. Rakete: Titan IIIE-Centaur (Bild: DLR).*

Symphonie A und B
Start: 19. Dezember 1974 und 27. August 1975
Masse: ca. 400 kg, elektr. Leistung: 300 W
deutsch-französische Kommunikationssatelliten

Bild 1.1.10: *Symphonie A, erster deutsch-französischer experimenteller Fernmeldesatellit. Ursprünglich geplant zur Übertragung der Olympischen Spiele 1972 aus München. Die Symphonie-Satelliten waren im geostationären Orbit 3-Achsen-stabilisiert. Sie wurden abwechselnd von einem deutschen und einem französischen Kontrollzentrum aus betrieben. Rakete: Thor-Delta (Bild: DLR).*
Anmerkung: Der Start durch eine amerikanische Trägerrakete schloss eine kommerzielle Nutzung aus – dies war das Hauptargument für eine europäische Trägerentwicklung.

AMPTE/IRM
Start: 16. August 1984
Masse: ca. 705 kg, elektr. Leistung: 60 W
deutsch-amerikanisch-englische Forschungsmission

Bild 1.1.11: *AMPTE/IRM (Ion Release Module) war der deutsche Beitrag zu drei gleichzeitig gestarteten Satelliten für die Untersuchung der Magnetosphäre. Vom Satelliten wurde Barium und Lithium ausgebracht und das Verhalten der daraus entstehenden Ionenwolken analysiert. Der Start erfolgt mit einer Delta-Rakete (Bild: NASA).*

TV-Sat 1 und 2
Start: 21. November 1987 und 8. August 1989
Masse: 2077 kg bzw. 1027 kg, elektr. Leistung: 3 kW
deutsche Kommunikationssatelliten

Bild 1.1.12: *Bei TV-Sat 1 und 2 handelte sich um direkt sendende Satelliten, deren Fernseh- und Radiosignale stark genug waren, um mit 50 cm großen Parabolantennen empfangen zu werden. Nach einem fehlgeschlagenen Entfaltungsmanöver wurde TV-Sat 1 noch vor der eigentlichen Betriebsaufnahme in einen sog. Friedhofsorbit gebracht. Die Starts erfolgten mit Ariane-Raketen (Bild: Aerospatiale).*

DFS-Kopernikus 1, 2 und 3
Start: 5. Juni 1989, 24. Juli 1990 und 12. Oktober 1992
Masse: 645/850/1400 kg, elektr. Leistung: 1,5 kW
deutsche Kommunikationssatelliten

Bild 1.1.13: *Die Fernmeldesatelliten DFS-Kopernikus wurden in Bremen für die deutsche Bundespost gebaut. Nach der vom Deutschen Raumfahrt-Kontrollzentrum durchgeführten Launch-and-Early-Orbit-Phase wurden die Satelliten für den Routinebetrieb nach Usingen übergeben. Trägerraketen waren Ariane 4 44L bzw. Delta II (Bild: MBB/ERNO).*

ROSAT
Start: 1. Juni 1990
Masse: 2421 kg, elektr. Leistung: 900 W
deutsch-amerikanisch-englisches Röntgenteleskop

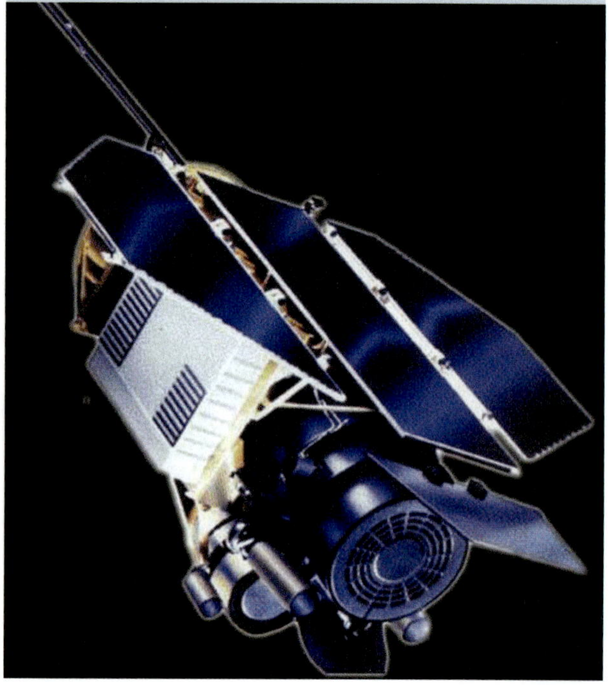

Bild 1.1.14: *Mit der ROSAT-Mission führte man sowohl eine vollständige Durchmusterung des Himmels nach Röntgenquellen als auch deren Detailanalysen durch. Der Satellit war 3-Achsen-stabilisiert und insgesamt fast 10 Jahre erfolgreich im Einsatz. Der Start erfolgte mit einer Delta II-Rakete (Bild: MPG).*

EXPRESS
Start: 15. Januar 1995
Masse: 765 kg
deutsch-japanische Wiedereintrittskapsel

Bild 1.1.15: *Die aus einem Service- und Wiedereintritts-Modul bestehende Sonde absolvierte wegen eines Fehlers der Trägerrakete nur drei Erdumläufe. Trotzdem konnten Flugdaten gewonnen und das intakte Wiedereintrittsmodul in Afrika geborgen werden. Der Start erfolgte mit einer japanischen M-3SII-Rakete (Bild: DLR).*

EQUATOR-S
Start: 2. Dezember 1997
Masse: 250 kg, elektr. Leistung: 80 W
deutscher Forschungssatellit

Bild 1.1.16: *Der Satellit Equator-S war ein Beitrag zum internationalen Solar-Terrestrial-Physics-Programm (ISTP). Er diente der Untersuchung von Plasma, Magnetfeld- und elektrischen Feldeigenschaften in unterschiedlichen Höhen. Die Systemführung lag beim Max-Planck-Institut für Extraterrestrische Physik. Trägerrakete: Ariane 4 (Bild: MPG).*

BIRD, TET, BIROS
Start BIRD: 22. Oktober 2001
Masse: 92 kg, elektr. Leistung: 40 W
deutscher Technologie-Satellit

Bild 1.1.18: *Mit dem DLR-Satelliten BIRD konnten zahlreiche neue Satellitenkomponenten erprobt werden. So lieferten die Infrarotkameras hervorragende Daten zur Detektion und Untersuchung von Bränden, vulkanischer Aktivität und thermalen Besonderheiten der Erdoberfläche. Der Start erfolgte mit einer indischen PSLV-Rakete (Bild: DLR). Auf Grundlage der Bird Technik wurden die Satelliten TET (Start 2012) und Biros (Start 2016) entwickelt (siehe große Abbildung vor Kapitel 2)*

CHAMP
Start: 15. Juli 2000
Masse: 522 kg, elektr. Leistung: 140 W
deutscher Erderkundungssatellit

Bild 1.1.17: *Mit dem Satelliten CHAMP werden sowohl das Schwerefeld der Erde als auch die physikalischen und chemischen Eigenschaften der Erdatmosphäre untersucht. Nutzlasten sind Beschleunigungsmesser, Magnetometer, GPS-Empfänger, Laser-Retro-Reflektoren und ein Ion-Drift-Meter. Die Trägerrakete war eine Kosmos-3M (Bild: Astrium/DLR/GFZ).*

GRACE 1 und 2
Start: 17. März 2002
Masse: jeweils 490 kg, elektr. Leistung: 620 W
deutsch-amerikanische Erderkundungssatelliten

Bild 1.1.19: *Die mit einem Abstand von ca. 200 km fliegenden Satelliten werden zur hochgenauen Vermessung des Schwerefelds der Erde genutzt. Dies wird durch die Bestimmung von Variationen im Abstand der beiden Satelliten im Mikrometerbereich erreicht. Träger: Rokot (Bild: Astrium/DLR).*

1

TerraSAR-X, TanDEM-X
Start TerraSAR-X: 15. Juni 2007
Masse: 1230 kg, elektr. Leistung: 800 W (gemittelt)
deutscher Erderkundungssatellit

Bild 1.1.20: *Der im Jahr 2007 gestartete Satellit TerraSAR-X wird durch den 2010 gestarteten nahezu baugleichen Satelliten TanDEM-X ergänzt, der hier im Integrationsraum abgebildet ist. So können in der Konstellation der beiden Satelliten hochaufgelöste Höhenprofile weltweit ermittelt werden (Bild: DLR. Siehe auch Bild 1.3).*

Die europäischen Satellitenaktivitäten wurden ab 1962 in der European Space Research Organisation ESRO durchgeführt, die 1975 in der europäischen Weltraumagentur ESA aufging. In der ESRO entstanden zahlreiche Nutzlasten für Höhenforschungsraketen sowie 7 Satelliten. Der Start des ersten europäischen Satelliten, ESRO 2B, erfolgte im Mai 1968. Der erste ESRO Satellit mit deutscher Beteiligung, der Highly Eccentric Orbit Satellite HEOS 1, startete im Dezember 1968 von Cape Canaveral mit einer Delta-E1 Rakete. In seiner fast 7 Jahre dauernden Mission lieferte er Messwerte zum Sonnenwind und zu dessen Wechselwirkung mit der Erdatmosphäre.

Bild 1.1.21: *Der Prototyp und zwei Flugmodelle des Satelliten HEOS 1 in der Integrationshalle bei ESTEC. Bild: ESA*

Seit 1975 werden große **europäische Raumfahrtprogramme** in den Bereichen Astronomie, Planetenerkundung, Erdbeobachtung, Kommunikation und Navigation von der European Space Agency (ESA) vorbereitet und durchgeführt. In den 50 Jahren ihres Bestehens hat die ESA vor allem Projekte realisiert, die die finanziellen Möglichkeiten jedes einzelnen der 22 Mitgliedsstaaten überschritten hätten.

Mit einem jährlichen Budget von knapp sechs Milliarden Euro (2017) kann die ESA an ihren europäischen Standorten viele Großprojekte und strategische Programmlinien vorantreiben. Für die kleineren europäischen Mitglieder ohne eigenes nationales Raumfahrtprogramm übernimmt die ESA auch die entsprechenden Aufgaben. In der ESA gilt das Prinzip des sog. Geo-Returns, wonach die Raumfahrtindustrie eines Mitgliedslandes Aufträge entsprechend der eingezahlten Beiträge erhält. Neben wissenschaftlichen Zielen und industriellem Wachstum bemüht sich die ESA mit ihren Programmen zunehmend auch zur Bewältigung globaler Herausforderungen, wie dem Klimawandel oder den 17 nachhaltigen Entwicklungszielen der Vereinten Nationen beizutragen. Die Programmdirektorate der ESA, wie z. B. die für Wissenschaft, Erdbeobachtung, Navigation und Telekommunikation werden dabei von den Querschnittsdirektoraten für Technologie und Betrieb unterstützt.

Tabelle 1.1.1 gibt eine Übersicht über die wichtigsten durchgeführten bzw. noch laufenden unbemannten Missionen der ESA. Mit Copernicus und Galileo hat die ESA im Auftrag und in Zusammenarbeit mit der Europäischen Union Programme von bisher einmaliger Größenordnung implementiert. Copernicus ist schon jetzt das weltweit größte Erdbeobachtungssystem und Galileo wird Europas Unabhängigkeit in der weltraumgestützten Navigation sichern, dabei jedoch mit dem Global Positioning System (GPS) der USA kompatibel sein. Mit zahlreichen europäischen Meteorologie-Satelliten z. B. der Meteosat- und der MetOp-Serie verfügt Europa auch über das leistungsfähigste meteorologische Satellitensystem der Welt. Der Bau dieser Satelliten erfolgt ebenfalls unter Leitung der ESA, während die 1983 gegründete Organisation EUMETSAT in Darmstadt den Betrieb gewährleistet.

Miniaturisierung und ständig steigende Rechenleistung erlauben inzwischen auch den Bau sehr kleiner Satelliten von wenigen Kilogramm Masse für unterschiedlichste Anwendungsbereiche (v. a. Kommunikation, Erdbeobachtung, Wissenschaft und Technologieerprobung). Satelliten werden heute häufig als System in Formationen oder in Konstellationen fliegend betrieben.

Die Datenraten in der Verbindung vom Satelliten zum Boden sind stark gewachsen und immer höhere Frequenzen werden verwendet. Auch Relay-Satelliten und optische Kommunikation kommen zum Einsatz. Die Verwendung von standardisierten Satellitenplattformen, wie sie z. B. auch in den interplanetaren Missionen der ESA zum

Einsatz gekommen sind, haben die Zuverlässigkeit erhöht und die Kosten reduziert. Die gestiegene Autonomie der Satelliten erlaubt es, immer mehr Satelliten im sog. Multi-Missionsbetrieb zu betreuen.

Wie bei den bemannten Missionen spielen internationale Kooperationen für die ESA eine besonders wichtige Rolle. Die Missionen Cassini und Exomars und das James Webb Space Telescope sind hierfür wichtige Beispiele.

Tabelle 1.1.1: *Die wichtigsten ESA-Missionen, geordnet nach Startdatum.*

Jahr	Missionsname	Missionsziel
1968	HEOS 1	Weltraumphysik
1975	COS-B	Gammastrahlen-Astronomie
1978	IUE	UV-Weltraumteleskop
1978	GEOS 2	Magnetosphärenerkundung
1983	EXOSAT	Röntgenastronomie
1985	Giotto	Kometen-Vorbeiflug
1989	Olympus	Experimentelle Kommunikation
1989	Hipparcos	Astrometrie
1990	Ulysses	Sonnenforschung
1991	ERS-1	Erdbeobachtung
1992	EURECA	Experiment-Plattform
1995	ISO	Infrarot-Weltraumteleskop
1995	SOHO	Sonnenforschung
1997	Huygens	Titan-Landesonde auf Cassini
1999	XMM-Newton	Röntgenastronomie
2000	Cluster	Magnetosphärenforschung
2002	INTEGRAL	Gammastrahlen-Astronomie
2002	ENVISAT	Erdbeobachtung
2003	SMART-1	Monderkundung
2003	Mars Express	Marserkundung
2004	Rosetta	Kometen-Rendezvous
2005	Venus Express	Venuserkundung
2009	SMOS	Erdbeobachtung
2009	Herschel-Planck	Infrarot-Astronomie/Kosmologie
2009	GOCE	Erdbeobachtung
2010	CryoSat	Erdbeobachtung
2013	SWARM	Erdbeobachtung
2013	Gaia	Astrometrie
2013	Alphasat	Kommunikation
2014	Sentinel 1A	Erdbeobachtung
2015	LISA PF	Experimentelle Physik
2015	Sentinel 2A	Erdbeobachtung
2016	Sentinel 1B	Erdbeobachtung
2016	Sentinel 3A	Erdbeobachtung
2016	ExoMars	Marserkundung
2017	Sentinel 2B	Erdbeobachtung
2017	Sentinel 5p	Erdbeobachtung

1.1.3 Die Entwicklung der bemannten Raumfahrt

Die bemannte Raumfahrt baut auf der großen Erfahrung der USA und der Sowjetunion aus den 60er- und 70er-Jahren des letzten Jahrhunderts auf. Als dritte Nation mit eigenständiger bemannter Raumfahrt kam 2003 mit der „Shenzou-5" Mission China hinzu. Europa und Japan entschieden sich für einen kooperativen Weg. Bemannte Missionen wurden zunächst in bilateraler Kooperation mit den Partnern USA und Russland, später bei der Internationalen Raumstation, in breiterer internationaler Kooperation durchgeführt.

Beginn der bemannten Raumfahrt in der Sowjetunion, den USA und Europa

Nach dem ersten Raumflug des Russen Juri Gagarin (1934–1968) mit einem Wostock-Raumschiff [1.15] im Jahre 1961 richteten sich die Anstrengungen der Sowjetunion und der USA schon bald auf eine **bemannte Mondlandung.** Mit der konsequenten Vorbereitung dieses Vorhabens, ausgehend vom Mercury-Programm, konnten die USA durch die nachfolgenden Programme Gemini und schließlich mit Apollo dieses Ziel erreichen. Im Juli 1969 standen Neil Armstrong und Edwin Aldrin als erste Menschen auf dem Mond. Die Sowjetunion beschränkte sich auf die robotischen Mondfahrzeuge und die Rückführung von Mondproben.

Noch während im Rahmen der Apollo-Missionen bis Ende 1972 insgesamt zwölf Astronauten den Mond betraten, liefen bei beiden Großmächten bereits die Aktivitäten für die Inbetriebnahme großer **bemannter Raumstationen.** Wichtige Meilensteine auf dem Weg zu einer für umfangreiche Forschungszwecke nutzbaren Station im Orbit waren:

Saljut 6/7: Die UdSSR brachte im April 1971 die erste Raumstation mit zwei Hauptkopplungsstutzen ins All. So kann die ISS als „Enkel" der Saljut 6/7 angesehen werden. Das in den 60er-Jahren für die Sojus Trägerrakete entwickelte Raumschiff Sojus [1.16] diente für den Transport von bis zu 3 Kosmonauten zur Raumstation und zurück zur Erde. Vom Erstflug 1967 (mit tödlichem Unfall bei der Landung) bis heute mehrfach weiterentwickelt, wurde es zum wichtigsten Transportsystem für die Mannschaften von permanent bemannten Raumstationen. Am 26. August 1978 flog Sigmund Jähn als Bürger der DDR in der sowjetischen Sojus 31 zusammen mit dem sowjetischen Kosmonauten Waleri F. Bykowski zur Orbitalstation Saljut 6.

Skylab: Die US-Station wurde am 14. Mai 1973 in einen Orbit von 432 km Höhe und 50° Inklination gebracht. Sie bestand aus einer umgebauten dritten Saturn 5-Stufe. Im Zeitraum vom 25. Mai 1973 bis 8. Februar 1974 wurde Skylab von drei Apollo-Kommandomodulen mit jeweils drei Astronauten für 28, 59 und 84 Tage angeflogen. Im Juli 1979, nach über 6 Jahren, trat sie in die Atmosphäre ein und verglühte über Australien.

1

Mir: Dies war eine modulare Raumstation, die aus verschiedenen, nacheinander gestarteten Stationsteilen zusammengesetzt war. Der Aufbau begann im Februar 1986 mit dem Basismodell. Es folgten die Andockmodule Kwant 1 (März 1987), Kwant 2 (Nov. 1989), Kristall (Kwant 3) (Mai 1990), Spektr (Mai 1995, das Andockmodul für den US-Space Shuttle) und Priroda (April 1996). Bis auf Kwant 1 betrug die Masse eines jeden Moduls 19 t. Im Juli 1995 dockte der erste Shuttle an die Mir an, nachdem der erste US-amerikanische Astronaut von Baikonur in einem Sojus-Raumschiff zur Mir flog. Die Raumstation wurde von 96 Kosmonauten besucht. Die längste Zeit an Bord verbrachte Waleri W. Poljakow mit insgesamt 679 Tagen, davon 438 Tage in einem Einsatz. Die deutschen Astronauten Ulf Merbold, Klaus-Dietrich Flade, Thomas Reiter und Reinhold Ewald besuchten die Station u. a. im Rahmen der deutsch-russischen Missionen Mir 92 und Mir 97 und der ESA-Missionen Mir 94 und Mir 95. Am 4. April 2000 startete die letzte Besatzung zur Mir. Am 23. März 2001 verglühte die 15 Jahre alte Station nach einem kontrollierten Wiedereintritt in die Erdatmosphäre. Von der insgesamt 124 t schweren Station stürzten ca. 19 t unverglühtes Material in den Pazifik. In ihrer 15-jährigen Geschichte umrundete die ursprünglich nur für eine Lebensdauer von 7 Jahren ausgelegte Mir die Erde 86 325 Mal in einer Höhe von 390 km [1.1.12].

Mit dem **Space Shuttle** (Erststart im April 1981) stand den USA ein in Teilen wieder verwendbares, sehr leistungsfähiges System zur Verfügung. Dieses spielte für den Transport von schweren Satelliten sowie Labormodulen und später auch von großen Komponenten für die Internationale Raumstation eine wichtige Rolle. Hohe Kosten und der Verlust der Shuttles „Challenger“ (1986) und „Columbia“ (2003) aus der aus insgesamt fünf Shuttles bestehenden Flotte führten zu dem Beschluss, das Space Shuttle Programm im Jahr 2011 auslaufen zu lassen.

In Europa wurden als Beitrag zum Space Shuttle Programm um 1980, unter Federführung von MBB, für die ESA das Labor **Spacelab** sowie die Plattform **SPAS** für die Shuttle Ladebucht entwickelt. Weiterhin wurde die vom Shuttle auszusetzende und wieder einfangbare freifliegende **EURECA**-Plattform gebaut.

Bei der Nutzung der Space Shuttle Missionen arbeiteten Einrichtungen der ESA eng mit nationalen Einrichtungen in Europa zusammen. Der erste westdeutsche Astronaut Ulf Merbold kam bei der ersten Spacelab-Mission (First Spacelab Payload FSLP, 1983, Bild 1.1.22) zum Einsatz. Zwei weitere Spacelab-Missionen wurden unter deutscher Projektführung durchgeführt, die erste und die zweite deutsche Spacelab Mission (D1 1985, Bild 1.1.23) und D-2 (1993). Die Missionen IML (International Microgravity Laboratory, 1994) und SRTM (Shuttle Radar Topography Mission, 2000) erfolgten in Kooperation mit den USA.

Bild 1.1.22: *Spacelab 1, das von MBB-ERNO in Bremen gebaute Raumlabor flog an Bord des Space Shuttles Columbia zum ersten Mal ins All. Ulf Merbold war als erster Astronaut der Bundesrepublik Deutschland bei dieser europäischen Mission mit 38 Experimenten dabei. Der Start erfolgte im November 1983 (Bild: NASA).*

Bild 1.1.23: *Die Spacelab-D1-Mission startete mit zwei deutschen Wissenschaftlern an Bord (Ernst Messerschmid und Reinhard Furrer). Das Missionsmanagement und der Nutzlastbetrieb lagen in deutscher Hand. Der Start erfolgte am 30. Oktober 1985 mit dem Space Shuttle Challenger (Bild: MBB-ERNO).*

Die Internationale Raumstation ISS

Etwas mehr als 40 Jahre nach dem ersten Raumflug startete am 20. November 1998 vom kasachischen Baikonur das erste Basiselement für den Aufbau der zukünftigen Internationalen Raumstation ISS (Bild 1.1.24).

Die Pläne gehen bis in die 1980er-Jahre zurück. Die Station war damals noch unter den Namen „Freedom“ oder „Alpha“ in Planung. Das Projekt ist eine Kooperation mehrerer Staaten, neben der NASA und der russischen Raumfahrtagentur Roskosmos sind auch europäische Staaten beteiligt. Die ESA unterschrieb im Jahre 1998 den Vertrag zur Mitarbeit beim Bau der Station. Weiterhin haben sich die kanadischen und japanischen Raumfahrtbehörden vertraglich gebunden.

Europas Beitrag besteht darin, als Partner der USA, Russlands, Japans und Kanadas das europäische **Labor-Modul Columbus** als Teil der Internationalen Raumstation

Bild 1.1.24: *Die Internationale Raumstation (ISS) im Mai 2010 (Bild: NASA).*

Bild 1.1.25: *Das Columbus-Modul an der Internationalen Raumstation (Bild: ESA/D. Ducros).*

zu betreiben und zur Versorgung der Raumstation das **Automated Transfer Vehicle** ATV zum Einsatz zu bringen. Im Jahre 2008 konnte das Columbus-Modul erfolgreich in die Internationale Raumstation integriert werden.

Die Raumstation war von Anfang an von Astronauten/Kosmonauten und gelegentlich von „Touristen" bewohnt. Inzwischen können sechs Astronauten auf Langzeitmissionen an Bord leben und arbeiten. Nach der Fertigstellung erreichte die Raumstation eine max. Größe von ca. 110 m × 90 m × 30 m. Nach derzeitiger Planung soll sie mindestens bis 2024 in Betrieb gehalten werden. Die Internationale Raumstation ist zurzeit das größte von Menschenhand geschaffene Objekt im Erdorbit. Die Station kreist in einer Höhe von etwa 350 km bei einer Bahnneigung von 51,6°. Ende Dezember 2006 schloss der Astronaut Thomas Reiter einen Langzeitaufenthalt auf der Internationalen Raumstation ab, der Anfang Juli 2006 im Rahmen der Astrolab-Mission begonnen hatte.

Das **Columbus-Programm** wurde 1986 durch eine Ministerratssitzung initiiert. Unter Columbus verstand man ursprünglich ein an die US-Station Space Station Freedom (SSF) angedocktes Labormodul und zunächst zusätzlich ein kleines, frei fliegendes Raumlabor, das aber über das Konzeptstadium nicht hinauskam. Der Name Columbus wurde von den Europäern im Hinblick darauf gewählt, dass sich 1992 die Entdeckung Amerikas durch Kolumbus von Europa aus zum 500. Mal jährte. Damit wurde die Hoffnung ausgedrückt, dass Columbus 1992 an die SSF andocken würde. Columbus sollte aber auch mit einer Ariane 5 gestartet werden können.

Während der Mission STS 122 (Februar 2008, Space Shuttle Atlantis) mit den ESA-Astronauten Hans Schlegel und Leopold Eyharts wurde das Columbus Modul zur Raumstation transportiert, montiert und in Betrieb genommen. Seitdem ist es als integraler Bestandteil der Internationalen Raumstation ein leistungsfähiges Labor im Weltraum. Der Betrieb des Columbus-Moduls wird vom Columbus-Kontrollzentrum des DLR in Oberpfaffenhofen durchgeführt.

In der ständig bemannten Raumstation arbeiten immer wieder europäische Astronauten, nach 2014 waren das Alexander Gerst (Blue Dot Mission, 2014), Samantha Cristoforetti (Futura-Mission, 2014–2015), Andreas Mogensen (Iriss-Mission, 2015), Timothy Peak (Mission Principia, 2015–2016), Thomas Pesquet (Mission Proxima, 2016–2017), Paolo Nespoli (VITA Mission) und Alexander Gerst (Mission Horizons).

Im Mittelpunkt der wissenschaftlichen Experimente auf der Raumstation ISS stehen Material- und Biowissenschaften unter reduzierter Schwerkraft (siehe Kapitel 7.5, 7.6 und 7.7) und Technologie- Experimente zum Beispiel aus dem Bereich der Robotik (Kapitel 7.8) und zur Vorbereitung von Explorationsmissionen (Kapitel 7.4).

Die erste Langzeitmission nach der Inbetriebnahme des Columbus Moduls war die OasISS Mission (2009) mit Frank de Winne, der mit einer Sojus Kapsel zur ISS und wieder zur Erde zurück flog. Während seines Aufenthalts besuchte Christer Fuglesang für eine zweiwöchige Mission die Raumstation. Als erster Europäer war Frank de Winne während der OasISS Mission Kommandant der Raumstation.

Auch bei allen folgenden Missionen diente die Sojus Kapsel für die Fahrten zur Raumstation und zurück. Nach Paolo Nespoli (Mission MagISStra 2010), Andre Kuipers

1

(Mission PromISSe 2011) und Luca Parmitano (Mission Volare 2013) erfolgte der erste Flug des deutschen Astronauten Alexander Gerst (Mission Blue Dot 2014). Neben seiner intensiven wissenschaftlichen Arbeit erstellte er in seiner „Freizeit“ Fotografien, die einen faszinierende Blick auf unseren blauen Planeten Erde bieten (Bild 1.1.26).

Bild 1.1.26: *Polarlichter fotografiert aus der Raumstation während der Bue Dot Mission (Bild ESA).*

Weitere Langzeitmissionen folgten mit Samantha Cristoforetti (Mission Futura 2014, Bild 1.1.27), Timothy Peak (Mission Principia 2015), Thomas Pesquet (Mission Proxima 2016) und Paolo Nespoli (Mission Vita 2017).

Zusätzlich arbeitete Andrea Mogensen (Mission IRISS, September 2015) während seiner Kurzzeitmission auf der ISS.

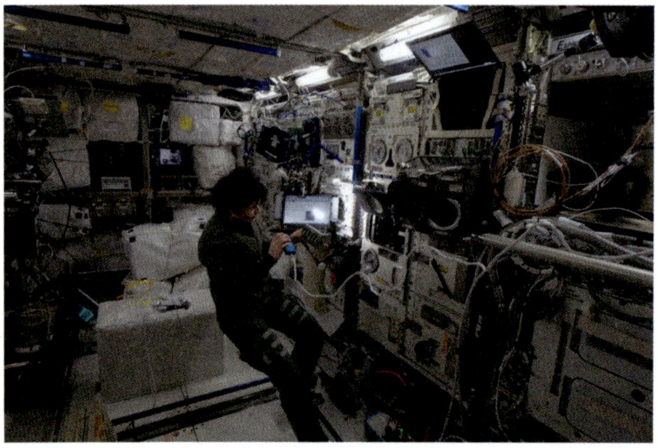

Bild 1.1.27: *Im Columbus Modul führte Samantha Cristoforetti ein Experiment zum Einfluss der reduzierten Schwerkraft auf Immunzellen durch. (Bild: ESA)*

Im Juni 2018 startete Alexander Gerst zu seinem zweiten Flug zur Internationalen Raumstation. Als zweiter europäischer und als erster Deutscher Astronaut übernahm er in der zweiten Hälfte der Mission Horizon die Rolle des Kommandanten der Raumstation. Die Bilder zeigen ihn beim Training für ein Experiment aus dem Bereich der Fluid-Physik (Bild 1.1.28), bei der Anpassung seines Sitzes für die Sojus Kapsel (Bild 1.1.29). Nach dem Rollout der Rakete zum Startplatz (Bild 1.1.30) stiegen am Starttag die Astronautin Serena Aunon Chancellor und die Astronauten Sergei Prokopyev und Alexander Gerst (Bild 1.1.31) in das Raumfahrzeug ein. Der Start erfolgte am 6. Juni 2018 (Bild 1.1.32), das Andocken und der Einstieg in die Raumstation zwei Tage nach dem Start (Bild 1.1.33).

Bild 1.1.28: *Alexander Gerst beim Training für ein Experiment aus dem Bereich der Fluid Physik (Bild ESA).*

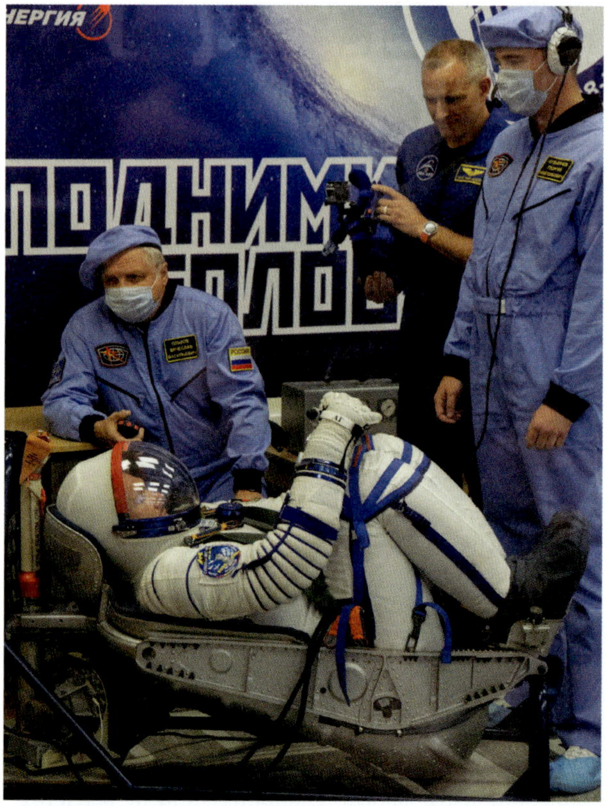

Bild 1.1.29: *Der Test zur Anpassung des Sitzes gibt einen Eindruck von der Sitzposition in der engen Sojus Kapsel (Bild ESA).*

Bild 1.1.30: *Rollout der Sojus Rakete mit dem Sojus MS 09 Raumschiff am 4. Juni 2018 (Bild ESA).*

Bild 1.1.31: *Einstieg der Astronautin Serena Aunon Chancellor und der Astronauten Sergei Prokopyev und Alexander Gerst in das Raumfahrzeug am 6. Juni 2018 (Bild ESA).*

Bild 1.1.32: *Start der Sojus Rakete zur Mission Horizons (Bild ESA).*

Bild 1.1.33: *Einstieg von Alexander Gerst in die Raumstation am 8. Juni 2018 (Bild ESA).*

Das Astronautenteam der ESA führt eine Liste der europäischen Astronauten seit Beginn der bemannten Raumfahrt (Tabelle 1.1.2, [1.1.18]).

1

Tabelle 1.1.2: *Liste der europäischen Astronauten im Weltraum (nach Startdatum der ersten Mission geordnet)*

Name	Herkunftsland	Mission (Startmonat)	Raumfahrzeug
Vladimir Remek	ČSSR/Tschechien	Interkosmos (März 1978)	Sojus 28, Saljut 6
Mirosław Hermaszewski	Polen	Interkosmos (Juni 1978)	Sojus 30
Sigmund Jähn	DDR / Deutschland	Interkosmos (August 1978)	Sojus 31, Saljut 6, Sojus 29
Georgi Iwanow	Bulgarien	Interkosmos (April 1979)	Sojus 33
Bertalan Farkas	Ungarn	Interkosmos (Mai 1980)	Sojus 36
Dumitru Prunariu	Rumänien	Interkosmos (Mai 1981)	Sojus 40
Jean-Loup Chrétien	Frankreich	Premier Vol Habité (Juni 1982) Aragatz (November 1988) 7th Shuttle Flight to Mir (September 1997)	Sojus T-6, Saljut 7 Sojus TM-7, Mir, Sojus TM-6 Space Shuttle STS-86
Ulf Merbold	Deutschland	Spacelab 1 (November 1983) Spacelab IML-1 (Januar 1992) EuroMir 94 (Oktober 1994)	Space Shuttle STS-9 Space Shuttle STS-42 Sojus TM-20, Mir, Sojus TM-19
Patrick Baudry	Frankreich	Spartan-1 (Juni 1985)	Space Shuttle STS-51 G
Reinhard Furrer	Deutschland	Spacelab D1 (Oktober 1985)	Space Shuttle STS-61 A
Ernst Messerschmid	Deutschland	Spacelab D1 (Oktober 1985)	Space Shuttle STS-61 A
Wubbo Ockels	Niederlande	Spacelab D1 (Oktober 1985)	Space Shuttle STS-61 A
Alexander P. Alexandrow	Bulgarien	Interkosmos (November 1988)	Sojus TM-5, Sojus TM-4
Helen Sharman	Großbritannien	Juno (Mai 1991)	Sojus TM-12, Mir, Sojus TM-11
Franz Viehböck	Österreich	Austromir (Oktober 1991)	Sojus TM-13, Mir, Sojus TM-12
Klaus-Dietrich Flade	Deutschland	Mir92 (März 1992)	Sojus TM-14, Mir, Sojus TM-13
Dirk Frimout	Belgien	Atlas-1 (März 1992)	Space Shuttle STS-45
Michel Tognini	Frankreich	Antares (Juli 1992)	Sojus TM-15, Mir, Sojus TM-14
Franco Malerba	Italien	Eureca-1, Tethered Satellite (Juli 1992)	Space Shuttle STS-46
Claude Nicollier	Schweiz	Eureca-1, Tethered Satellite (Juli 1992) Hubble 1st Servicing Mission (December 1993) Tethered Satellite Reflight, USMP-3 (Feb. 1996) Hubble 3rd Servicing Mission (Dezember 1999)	Space Shuttle STS-46 Space Shuttle STS-61 Space Shuttle STS-75 Space Shuttle STS-103
Hans Schlegel	Deutschland	Spacelab D-2 (April 1993) Columbus/ISS Assembly Flight (Februar 2008)	Space Shuttle STS-55 Space Shuttle STS-122, ISS
Ulrich Walter	Deutschland	Spacelab D-2 (April 1993)	Space Shuttle STS-55
Jean-Pierre Haigneré	Frankreich	Altair (Juli 1993) Perseus (Februar 1999)	Sojus TM-17, Mir, Sojus TM-16 Sojus TM-29, Mir (6-Monate)
Jean-François Clervoy	Frankreich	ATLAS-3, CRISTA SPAS 1 (November 1994) Hubble 3rd Servicing Mission (Dezember 1999)	Space Shuttle STS-66 Space Shuttle STS-103
Thomas Reiter	Deutschland	EuroMir 95 (September 1995) Astrolab (April 2006)	Sojus TM-22, Mir (6-Monate) STS-121, ISS, STS-116 (6 Mon.)
Maurizio Cheli	Italien	Tethered Satellite Reflight, USMP-3 (Feb. 1996)	Space Shuttle STS-75
Umberto Guidoni	Italien	Tethered Satellite Reflight, USMP-3 (Feb. 1996) 9th ISS flight (April 2001)	Space Shuttle STS-75 Space Shuttle STS-100
Jean-Jacques Favier	Frankreich	Spacelab LMS-1 (Juni 1996)	Space Shuttle STS-78
C. (André-Deshays) Haigneré	Frankreich	Cassiopée (August 1996) Andromède (Oktober 2001)	Sojus TM-24, Mir, Sojus TM-23 Sojus TM-33, ISS, Sojus TM-32
Reinhold Ewald	Deutschland	EuroMir 97 (Februar 1997)	Sojus TM-25, Mir, Sojus TM-24

Tabelle 1.1.2: (Fortsetzung) *Liste der europäischen Astronauten im Weltraum (nach Startdatum der ersten Mission geordnet)*

Name	Herkunftsland	Mission (Startmonat)	Raumfahrzeug
Jean-François Clervoy	Frankreich	6th Shuttle Flight to Mir (Mai 1997)	Space Shuttle STS-84
Léopold Eyharts	Frankreich	Pégase (Januar 2018) Columbus, ISS Exp. 16 (Februar 2008)	Sojus TM-27, Mir, Sojus TM-26 STS-122, ISS, STS-123
Pedro Duque	Spanien	SpaceHab (Oktober 1998) Cervantes (Oktober 2003)	Space Shuttle STS-95 Sojus TMA-3, ISS, Sojus TMA-2
Ivan Bella	Slowakei	Interkosmos (Februar 1999)	Sojus TM-29, Mir (6 Monate)
Michel Tognini	Frankreich	Chandra X-Ray Observatory (Juli 1999)	Space Shuttle STS-93
Gerhard Thiele	Deutschland	ShuttleRadarTopography Mission (Februar 2000)	Space Shuttle STS-99
Roberto Vittori	Italien	Marco Polo (April 2002) Eneide (April 2005) DAMA/ISS Assembly Flight (Mai 2011)	Sojus TM-34, ISS, Sojus TM-33 Sojus TMA-6, ISS, Sojus TMA-5 Space Shuttle STS-134, ISS
Philippe Perrin	Frankreich	ISS Assembly Flight UF-2 (Juni 2002)	Space Shuttle STS-111, ISS
Frank de Winne	Belgien	Odissa (Oktober 2002) OasISS (Mai 2009	Sojus TMA-1, ISS, Sojus TM-34 Sojus TMA-15, ISS (6 Monate)
André Kuipers	Niederlande	DELTA (April 2004) PromISSe (Dezember 2011)	Sojus TMA-4, ISS, Sojus TMA-3 Sojus TMA-03M, ISS (7 Monate)
Christer Fuglesang	Schweden	Celsius (Dezember 2006) Alissé/ISS Assembly Flight (August 2009)	Space Shuttle STS-116, ISS Space Shuttle STS-128, ISS
Paolo Nespoli	Italien	Esperia (Oktober 2007) MagISStra (Dezember 2010) Vita (Juli 2017)	Space Shuttle STS-120, ISS Sojus TMA-20, ISS (6 Monate) Sojus MS-05, ISS (6 Monate)
Luca Parmitano	Italien	Volare (Mai 2013)	Sojus TMA-09M, ISS (6 Monate)
Alexander Gerst	Deutschland	Blue Dot (Mai 2014) Horizons (Juni 2018)	Sojus TMA-12M, ISS (6 Monate) Sojus MS-09, ISS (6 Monate)
Samantha Cristoforetti	Italien	Futura (November 2014)	Sojus TMA-15M, ISS (7 Monate)
Andreas Enevold Mogensen	Dänemark	IRISS (September 2015)	Sojus TMA-18M, ISS, Sojus TMA-16M
Timothy Peak	Großbritannien	Principia (Dezember 2015)	Sojus TMA-19M, ISS (6 Monate)
Thomas Pesquet	Frankreich	Proxima (November 2016)	Sojus MS-03, ISS, ISS (6 Monate)

Der Transport von Treibstoff, Lebensmitteln und wissenschaftlicher Ausrüstung zur Internationalen Raumstation erfolgt mit unterschiedlichen Raumtransportern: Die russische Progress Kapsel wird seit 1978 zur Versorgung von Raumstationen eingesetzt. In der Ladebucht des Space Shuttle wurde der in Italien gebaute Multi-Purpose Logistics Module (MPLM) für die Versorgung der Raumstation eingesetzt (2001 bis 2011). Zwischen 2008 und 2015 leistete Europa mit 5 Flügen des Automated Transfer Vehicles (ATV) einen wichtigen Beitrag für die Versorgung der Raumstation. Der erste Start einer ATV-Mission erfolgte am 9. März 2008 (Mission „Jules Verne") dann folgten die Missionen „Johannes Kepler" 2011, „Edoardo Amaldi" 2012, „Albert Einstein" 2013 und „Georges Lemaitre" 2014.

Bild 1.1.34: *Das Automated Transfer Vehicle der ESA zur Versorgung der Internationalen Raumstation (Bild: ESA).*

Das ATV setzt sich aus drei Hauptelementen zusammen: Antriebsteil, Steuereinheit mit Bordcomputer und Nutzlastteil. Seine Aufgabe bestand darin, die Versorgung der ISS mit Nachschub (Nahrung/Wasser, Sauerstoff, Treibstoff, Experimentanlagen etc.) aufrechtzuerhalten. Technische Daten: Gesamtlänge: 10,3 m, Durchmesser: 4,48 m, max. Startmasse: 20,75 t, Nutzlast: 7,6 t, Missionsdauer: max. sechs Monate angedockt an ISS, Energieversorgung: über vier Solarpanele und acht wiederaufladbare Batterien.

Weitere Versorgungsflüge der Raumstation erfolgten mit dem japanischen HTV (2009) und den kommerziell entwickelten Frachttransportern Dragon (Firma Space-X, ab 2012) und Cygnus (Firma Orbital Sciences Corporation, ab 2014).

Bemannte Raumfahrt in China

Ab 2003 gehört China nach Russland und den USA zum Kreis der Nationen mit eigenständiger bemannter Raumfahrt [1.1.17] mit selbst entwickelten Raketen (Long March 2, LM2F) und Raumfahrzeugen (Shenzhou: chinesische Eigenentwicklung auf der Basis der Sojus-Technologie). Am 15. Oktober 2003 gelang es China, das erste bemannte Raumschiff „Shenzou-5" in eine Umlaufbahn um die Erde zu bringen. An Bord war der Raumfahrer, in China Taikonaut genannt, Yang Liwei. Es folgten die Missionen „Shenzhou-6" (2005) mit 2 Taikonauten und „Shenzhou-7" (2008) mit drei Taikonauten und dem ersten Weltraum-Ausstieg eines Taikonauten.

Die Missionen Shenzhou 8, 9 und 10 führten mit 3-Personen Besatzungen zur Mini-Raumstation Tiagong-1 (Himmelspalast). Mit dem nächsten bemannten Raumflug 2016 ist ein wichtiger Schritt hin zu einer ständig besetzten chinesischen Raumstation (geplant für 2022) erfolgt: Die beiden Taikonauten Jim Haipeng und Chen Dong starteten mit dem Raumschiff „Shenzhou-11" zur neuen chinesischen Raumstation Tiangong 2 mit der Rakete LM-2F aus der Wüste Gobi, vom Kosmodrom Jiuquan.

Nach dem ersten Flug der unbemannten Sonde Chang'e 1 zum Mond (2007) wurde das Programm mit einer Reihe von Chang'e Missionen erfolgreich fortgesetzt. Die erste chinesische unbemannte Mondlandung erfolgte mit Chang'e 3 (2013). Die Sonde Chang'e 5 soll eine Mondprobe zur Erde zurückführen. Ein bemanntes chinesisches Mondprogramm ist geplant.

Im August 2017 fand ein gemeinsames Überlebenstraining auf See von zwei ESA Astronauten (Matthias Maurer, Samantha Cristoforetti) und 16 chinesischen Astronauten in der Nähe der chinesischen Küstenstadt Yantai statt [1.1.19]. Die gemeinsame Arbeit zeigt das Potenzial für eine langfristige Kooperation von Europa und China im Bereich der bemannten Raumfahrt.

Kommerzielle bemannte Raumfahrt und Weltraumtourismus

Mit dem Flug von Dennis Tito (2001) zur MIR Station begann eine erste Phase des Weltraumtourismus. Zahlende Teilnehmer an Weltraummissionen wurden mit Shuttle Missionen oder Sojus Kapseln zur Raumstation transportiert.

Im Jahr 2004 fand der erste Testflug eines privat entwickelten bemannten Raumfahrzeugs statt, des SpaceShipOne der Firma Virgin Galactic. Das SpaceShip soll nach dem Ausklinken von einem Flugzeug eine suborbitale Mission mit Weltraumtouristen durchführen. Das Entwicklungsprogramm blieb nicht ohne tragische Unfälle. Im Jahr 2014 kam es zu einem tödlichen Unfall bei einem Testflug mit dem SpaceShipTwo VSS-Enterprize. Das Programm wurde aber weitergeführt und im Jahr 2016 absolvierte das neu entwickelte SpaceShipTwo VSS Unity seinen ersten erfolgreichen Testflug, einen Gleitflug.

Die Firma Spaxe-X hat mit der Entwicklung einer bemannten Version seines Dragon Raumtransporters (Dragon V2, Flug für 2018 geplant) begonnen, der auch für den Weltraum-Tourismus genutzt werden soll.

Die Firma Bigelow begann mit der Entwicklung von Modulen für eine private Raumstation. Das aufblasbare Bigelow Expandable Activity Module (BEAM) wurde 2016 mit einem Dragon Raumfrachter zur Internationalen Raumstation gebracht, erfolgreich entfaltet und soll über 2 Jahre getestet werden.

Bild 1.1.35: *Erster Flugtest (Pad Abort Test) des Sicherheitssystem der Dragon V2 Kapsel im Mai 2015 (Bild: SpaceX)*

Literatur

[1.1.1] *Puttkamer, J. v.:* Von Apollo zur ISS. München: Herbig-Verlag, 2001.

[1.1.2] *Hallmann, W.; Ley, W.:* Handbuch der Raumfahrttechnik. 2. Auflage. München: Carl Hanser Verlag, 1999.

[1.1.3] *Krieger, W.:* Technologiepolitik der Bundesrepublik Deutschland (1949–1990). Band IX, S. 242. Düsseldorf: VDI-Verlag, 1992.

[1.1.4] *Hornschild, K.; Neckermann, G.:* Die deutsche Luft- und Raumfahrtindustrie, Stand und Perspektiven. Frankfurt a. M.: Campus Verlag, 1988.

[1.1.5] *Reichel, R. H.:* Die heutigen Grenzen des Raketenantriebes und ihre Bedeutung für den Raumfahrtgedanken. VDI-Z. 1950, Bd. 92, Nr. 32.

[1.1.6] *Reichel, R. H.:* Raketenantriebe, VDI-Z, 1960, Bd. 102, Nr. 12.

[1.1.7] *Micheley, W.:* Bericht über den IX Internationalen Astronautischen Kongress 1958 in Amsterdam, VDI-Z 1958, Bd. 100. Nr. 36.

[1.1.8] *Miller, R.:* The Dream Machines. Molabor, Florida: Krieger Publishing Comp., 1993.

[1.1.9] Zeit im Flug: Eine Chronologie der EADS. Hamburg: EADS Edition, 2003.

[1.1.10] *Gierson, R. et al.:* DESK CALENDAR 1988, General Dynamics, Space System Division, 1988.

[1.1.11] *Messerschmid, E.; Bertrand, R. et al.:* Raumstationen, Systeme und Nutzung. Heidelberg: Springer Verlag, 1997.

[1.1.12] *Gilbert, L.; Rebrow, M.:* Das Thomas Reiter Kosmosbuch. Klitzschen: Elbe-Dnjepr-Verlag, 1996.

[1.1.13] *Engelhardt, W.:* Enzyklopädie der Raumfahrt, Frankfurt a. M.: Harry Deutsch Verlag, 2001.

[1.1.14] *Reinke, N.:* Geschichte der deutschen Raumfahrtpolitik. München: Oldenbourg Verlag, 2004.

[1.1.15] *Grahn, S.:* An Analysis of the Flight of Vostok, 2011, http://www.svengrahn.pp.se/histind/Vostok1/Vostok1X.htm.

[1.1.16] *Hall, R. D.; Shayler, D. J.:* Soyuz, a Universal Spacecraft., ISBN 1-85233-657-9, Springer Verlag, 2003.

[1.1.17] *Hallmann, W.; Sistemich, N.:* Einzelkämpfer in der Raumfahrt – Chinas Weg ins All, DGLR, Luft- und Raumfahrt, Ausgabe 2/April – Juni 2018.

[1.1.18] www.ESA.int/Our_Activities/Human_Spaceflight/Astronauts, 2017.

[1.1.19] ESA Bulletin 171, 2017

Bild 1.2.1: *Die drei Segmente eines Raumfahrtsystems: das Bodensegment mit Kontrollzentrum und Bodenstation (unten), das Transfersegment mit dem Träger (Mitte) sowie das Raumsegment mit dem Raumfahrzeug (oben) (Bilder: ESA/DLR).*

1.2 Raumfahrtmissionen

Klaus Wittmann und *Nicolaus Hanowski*

1.2.1 Raumfahrt-Systemsegmente

Ein typisches **Raumfahrtsystem** besteht aus drei **Systemsegmenten,** die entsprechend dem Missionsziel aufeinander abgestimmt werden (Bild 1.2.1). Die Gestaltung der Systemsegmente unter Berücksichtigung ihrer gegenseitigen Abhängigkeiten ist die zentrale Herausforderung zur erfolgreichen Realisierung von Raumfahrtmissionen.

Das **Raumsegment** beinhaltet das Raumfahrzeug mit seiner Nutzlast, das sich auf einer Umlaufbahn befindet. Das **Transfersegment** dient dem Transport des Raumfahrzeugs und dessen Nutzlast in den Weltraum durch einen Träger (typischerweise eine Rakete). Zur Steuerung und Überwachung des Raumfahrzeugs und seiner Nutzlast sowie zur Verteilung und Verarbeitung der Nutzlastdaten dient das **Bodensegment.** Die Auslegung des Boden- und Transfersegments und die mit ihrer Realisierung verbundenen Kosten werden vor allem durch technische und physikalische Parameter des Raumfahrzeugs und seiner Nutzlast beeinflusst. Diese hängen wiederum wesentlich vom Missionsziel und der Missionsdauer ab. Die drei Systemsegmente können weiter in sogenannte Systemelemente untergliedert werden (Bild 1.2.2).

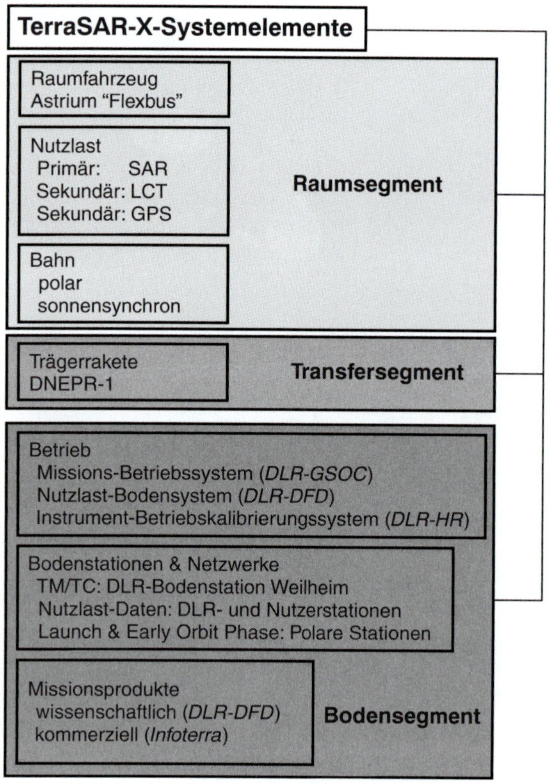

Bild 1.2.2: *Strukturierung eines Raumfahrtsystems in Systemelemente am Beispiel des deutschen Radar-Fernerkundungssatelliten TerraSAR-X (SAR = Synthetic Aperture Radar, LCT = Laser Communication Terminal, GPS = Global Positioning System).*

1.2.1.1 Das Raumsegment

Systemelement Nutzlast

Als eigentliches Element der Anwendung steht die **Nutzlast** im Mittelpunkt einer Raumfahrtmission. Erst ihr erfolgreicher Einsatz eröffnet den Weg zum Missionserfolg oder stellt ihn in Frage, selbst wenn alle anderen Subsysteme eines Raumfahrzeugs einwandfrei arbeiten. Die Nähe der Nutzlast zur Anwendung und damit zur eigentlichen Motivation für die Mission stellt sie auch an den Anfang des gesamten System-Design-Prozesses (Tabelle 1.2.1).

Die Nutzlast mit ihren charakteristischen Parametern Masse, Geometrie, Energie- und Kommunikationsbedarf bestimmt die Eigenschaften der sie tragenden **Satellitenplattform,** welche häufig auch als Satellitenbus bezeichnet wird. In der bemannten Raumfahrt kommt die Aufgabe hinzu, für die Lebenserhaltung der Besatzungen zu sorgen.

Systemelement Bahn

Eine wesentliche Bedeutung bei der Konzipierung eines Raumfahrtsystems besitzt auch das Systemelement **Bahn.** Die Bahn des Raumfahrzeugs wird durch das Missionsziel bestimmt. Erdumlaufbahnen stellen dabei mit über 95 % den größten Anteil an allen Raumfahrtmissionen dar. Dabei werden niedrige Erdorbits zwischen 300 km und 1 500 km Höhe zum Beispiel für **Erdbeobachtungssatelliten** und die **bemannte Raumfahrt** und der sog. geostationäre Orbit in ca. 36 000 km Höhe für **Kommunikationssatelliten** am meisten genutzt (Bild 1.2.3).

Tabelle 1.2.1: *Nutzlastübersicht mit Beispielen für den Einsatz auf Raumfahrzeugen.*

Nutzlast	Anwendung	Merkmal	Missionsbeispiele
• Kameras (UV/VIS/IR) Radar	• Erdbeobachtung • Überwachung • Wetter • Planetenerkundung • Astronomie	Nutzlast global bis hochauflösend	• EnMAP • SAR-Lupe • Meteosat • Mars-Express • Hubble Space Telescope
• Sensoren (nicht-abbildend)	• Erderkundung • Atmosphärenforschung • Planetenerkundung	große Vielfalt an Nutzlasten	• CHAMP • GRACE 1 und 2 • ENVISAT
• Experimentelle Komponenten Bauteile	• Validierung neuer Technologien	passiv bis robotisch	• BIRD • TerraSAR-X • ROCKVISS auf ISS
• Repeater/Transponder	• Fernsehen • Internet • Telefonie	große Satelliten/häufig im geostationären Orbit	• EUTELSAT • ASTRA • IRIDIUM
• Signalsender • Atomuhr	• Navigation • Positionsbestimmung	typisch sind mittelhohe Orbits	• GPS • Galileo • Glonass
• Lander • In-Situ-Analyse Instrumente • Rover	• Analyse von planetaren Oberflächen	Besonders komplexe Systeme bei bemannten Missionen	• Apollo • Viking • Giotto • Mars-Express • Philae/Rosetta

Tabelle 1.2.2: *Bahnübersicht für Raumfahrtmissionen mit Beispielen.*

Bahn	Anwendung	Merkmal	Missionsbeispiele
• LEO (Low Earth Orbit)	• Erdbeobachtung • Überwachung • Wetter • Technologie • Astronomie	300 bis 1 500 km Höhe	• CHAMP • SAR-Lupe • METEOSAT • BIRD • ROSAT
• MEO (Medium Earth Orbit)	• Kommunikation • Navigation	mehrere 1 000 km Höhe	• Globalstar • GPS • Galileo
• HEO (Highly Elliptical Orbit)	• Kommunikation Astronomie	wenige 100 km bis einige 100 000 km Höhe	• Molnija
• GTO (Geostationary Transfer Orbit)	• Einschussorbit der Träger von Kommunikationssatelliten	wenige 100 km bis 35 786 km Höhe	• EUTELSAT • ASTRA
• GEO (Geostationary Orbit)	• Kommunikation • Wetter	35 786 km Höhe	• EUTELSAT ASTRA • METEOSAT
• Lagrange-Punkte	• Astronomie • Grundlagenforschung	> 1 Mio. km Entfernung	• SOHO • JWST
• Interplanetare Bahn	• Planetenerkundung	z. T. mehrere Mrd. km Entfernung	• Mars-Express • Rosetta

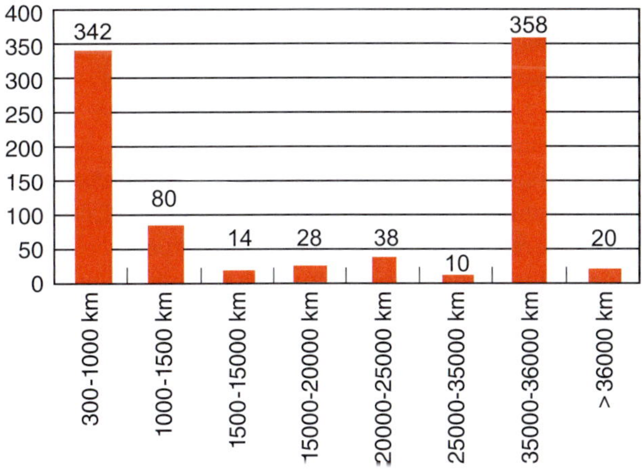

Bild 1.2.3: *Anzahl der operationellen Satelliten in den unterschiedlichen Orbithöhenbereichen (mittlere Orbithöhe).*

Flughöhen zwischen diesen Höhenbereichen, wie z. B. so genannte Medium Earth Orbits (MEO), werden z. B. für **Navigationssatelliten** (GPS, Galileo) genutzt. Die vergleichsweise wenigen interplanetaren Missionen, bei denen Raumflugkörper über Erdumlaufbahnen hinaus in planetare Bahnen gebracht werden, sind durch teilweise vieljährige Flugzeiten bis zum Erreichen des Zielobjekts oder des Zielorbits gekennzeichnet. Außer einigen Apollo-Missionen zum Mond, die bereits 1972 beendet wurden, sind diese Missionen unbemannten Raumflugkörpern vorbehalten geblieben.

Fliegen unbemannte Raumfahrzeuge in einer Erdumlaufbahn, bezeichnet man sie als **Satelliten.** Fliegen sie auf Bahnen jenseits eines Erdorbits, handelt es sich um **Raumsonden.** Bei bemannten Raumfahrzeugen spricht man je nach Funktion von Raumfähren, Raumschiffen und Raumstationen. Ballistische Flugkörper, die Höhen von weit über 1 000 km erreichen können, werden als **suborbitale Flugkörper** bezeichnet.

Systemelement Raumfahrzeug

Raumfahrzeuge haben sich in ihrer Entwicklung über mehr als 60 Jahre entsprechend den sich stetig erweiternden Anwendungsbereichen in ein großes Spektrum von Typen mit unterschiedlichsten Eigenschaften differenziert. Um jedoch ein nutzbringendes Raumfahrzeug unter Weltraumbedingungen einsetzen zu können, muss es immer wieder gleiche funktionale Eigenschaften erbringen. Die sich hieraus ergebende funktionale Untergliederung in Subsysteme stellt die gemeinsame Basis für das Design, die Herstellung und den Betrieb von Raumfahrzeugen dar. Die Komplexität der einzelnen Subsysteme hat sich über die Jahrzehnte zum Teil erheblich erhöht, dennoch hat sich die Logik ihrer jeweiligen Abgrenzung, aber auch ihrer Kompatibilität untereinander nur wenig verändert. Folgende Subsysteme von Raumfahrzeugen werden generell unterschieden (Bild 1.2.4):

Struktur:
Die unmittelbarste Charakteristik eines Raumfahrzeugs wird durch seine **mechanische Struktur** geprägt, die alle anderen Subsysteme beherbergt. Neben den rein statischen Eigenschaften der Struktur sind das oft die dynamischen Aspekte, wie Entfaltungs-, Rotations- und Schwenkvorgänge, mit zum Teil erheblichen Wirkungen auf andere Subsysteme.

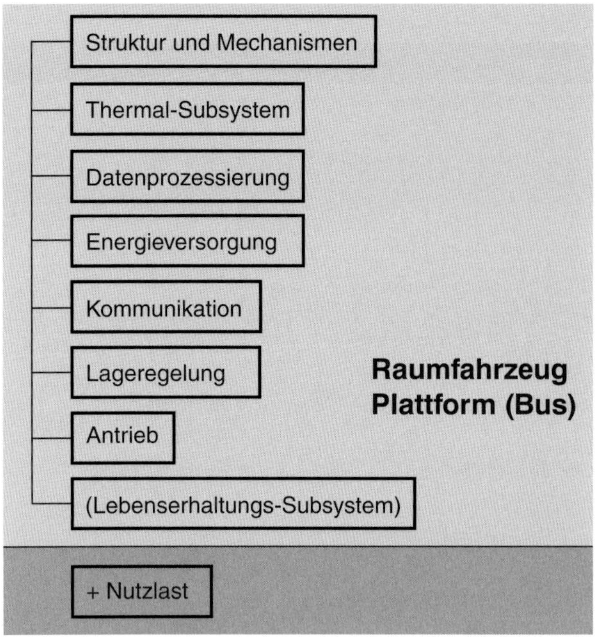

Bild 1.2.4: *Untergliederung des Systemelementes Raumfahrzeug in Subsysteme.*

Energieversorgung:
In diesem Subsystem liegt die Aufmerksamkeit auf der Sicherstellung und sinnvollen Verteilung der notwendigen **elektrischen Energie** für das Raumfahrzeug und seine Komponenten. Die Energiequellen können zum Beispiel Solargeneratoren, Batterien, Brennstoffzellen oder sog. Radioisotope Thermoelectric Generators (RTG) sein.

Thermal-Subsystem:
Die **Temperatur** der Bauteile des Raumfahrzeugs ist in einem definierten Bereich einzustellen. Dabei spielen nicht nur die temperaturbezogenen Toleranzen von Bauteilen eine wichtige Rolle, sondern auch die Effizienz von Komponenten unter verschiedenen Temperaturbedingungen (Solarpanele, Sensoren, etc.). Das Thermal-Subsystem stellt ein möglichst günstiges Gleichgewicht zwischen Wärmeaufnahme und Wärmeabgabe des Raumfahrzeugs durch eine passive (Alpha/Epsilon – Absorptionsvermögen/Emissionsvermögen) und/oder aktive (Louversysteme, heat pipes) Regelung ein.

Lageregelung:
Durch die Lageregelung wird die **Orientierung** des Raumfahrzeugs im Raum überwacht und gesteuert. In vielen Fällen ist dies eines der aufwendigsten Subsysteme mit einer Vielzahl von Kenngrößen, Sensoren sowie aktiven und passiven Steuerungskomponenten. Insbesondere Aktivitäten wie der Einsatz von Steuerdüsen oder das Beschleunigen von Drallrädern erfordern großes Verständnis der Orientierung und der dynamischen Eigenschaften des Raumfahrzeugs.

Kommunikation:
Zentrale Komponenten dieses Subsystems sind Sender, Empfänger und Antennen. In den Datenströmen zur und von der Erde oder zu anderen Raumfahrzeugen wird zwischen sog. Telemetrie zur Überwachung des Raumfahrzeugs, Kommandodaten zur Steuerung und sog. Nutzlastdaten unterschieden.

Datenprozessierung:
In diesem Subsystem erfolgt die Prozessierung und Formatierung der auf dem Raumfahrzeug erzeugten Daten. Kernelemente sind die entsprechenden Bordrechner und Peripheriekomponenten. Im Gegensatz zur Hardware des Datensystems lässt sich die Software an Bord eines Raumfahrzeugs noch nach dem Start durch sog. Software Uploads modifizieren.

Antrieb:
Dieses Subsystem ermöglicht die **aktive Änderung** der Flugbahn des Raumfahrzeugs durch entsprechende Triebwerke und Treibstoff. Mit der Anwendung elektrischer Antriebe müssen manchmal auch sehr lang andauernde Antriebsmanöver bewältigt werden. Typische Antriebsphasen mit chemischen Triebwerken liegen hingegen maximal im Minuten- oder Stundenbereich.

Lebenserhaltungs-Subsystem:
Dieses System hat sich aus den besonderen Anforderungen der bemannten Raumfahrt heraus entwickelt. Es ist auf diesen Bereich beschränkt und soll die körperliche Unversehrtheit und angemessene Aufenthaltsbedingungen von Menschen im Weltraum sicherstellen.

Neben dem Fokus auf der Funktions- und Leistungsfähigkeit der einzelnen Subsysteme sind die Berücksichtigung ihrer Kompatibilitäten untereinander und die Eigenschaften des Gesamtsystems besonders wichtig.

Sowohl in Design und Herstellung als auch im Betrieb kommt den **Systemingenieuren** und anderen **Systemexperten** die eigentliche Schlüsselrolle zu.

Erst durch die systematische Auslegung des Zusammenspiels zwischen Weltraum- und Bodensegment sowie die Anpassung der technischen Eigenschaften auf System- und Subsystemebene des Raumfahrzeugs und seiner Nutzlast lässt sich eine optimierte Raumfahrtmission realisieren.

1.2.1.2 Das Transfersegment

Das zweite Systemsegment in Raumfahrtmissionen beinhaltet den Träger, der das Raumfahrzeug in den Weltraum transportiert. Viele **Trägerraketen** sind schon seit Jahren auf dem kommerziellen Markt verfügbar. Auch Europa verfügt mit den Ariane-Raketen über ein leistungsfähiges und international wettbewerbsfähiges Produkt.

Maßgebliche Faktoren bei der Auswahl eines Trägers sind die zu erreichende Bahn, die Startmasse und die Abmessungen des Raumfahrzeugs. Wegen der hohen Entwicklungs- und Modifikationskosten für Trägerraketen ist die Typenvielfalt für ein Einsatzprofil jedoch meist auf einige wenige beschränkt. Dies bedeutet auch, dass bei den Trägern weit weniger Variablen zur Realisierung optimierter Optionen zur Verfügung stehen als beim Raumfahrzeug und dem Bodensystem. Jedoch bieten Mehrfachstarts von mehreren Raumfahrzeugen gleichzeitig und zusätzliche Antriebsstufen zum Erreichen bestimmter Orbits durch das Raumfahrzeug zusätzliche Spielräume. Auch der Mitflug von einem oder mehreren Kleinsatelliten im sog. Piggy-Back-Verfahren mit einer Hauptnutzlast ist möglich.

Für Raumfahrzeuge unter zwei Tonnen Masse und niedrige Erdorbits steht eine sehr breite Palette an Trägerraketen zur Verfügung. Diese werden inzwischen auch in Ländern wie Brasilien oder Indien gebaut und gestartet. Hingegen stehen am obersten Ende der Leistungsskala nur wenige Modelle zur Verfügung. So werden Satelliten von mehr als acht Tonnen Masse nur von der europäischen Ariane-Rakete, der chinesischen Long March Rakete sowie den US-amerikanischen Atlas V- und Delta IV- und Falcon-9-Trägerraketen in den geostationären Transferorbit (GTO) gebracht. Bei weniger als 5 t GTO-Nutzlast ermöglicht die Falcon-9-Rakete die Landung und Wiederverwendung der ersten Stufe. Für extreme Startmassen im Bereich von 25 Tonnen für den Transport in den niedrigen Erdorbit wurde bis 2011 der Space Shuttle eingesetzt. Für den Bereich hoher Nutzlasten wird von der Firma Space-X die Rakete Falcon Heavy entwickelt. Sie soll bis zu 64 t in den Low Earth Orbit, 27 t in den GTO und 17 t zum Mars transportieren. Durch den vermehrten Einsatz leistungsfähiger Kommunikationssatelliten dominieren entsprechend schwere Satelliten die Häufigkeitsverteilung bei den Nutzlasten für Trägerraketen (Bild 1.2.5).

Struktur und Mechanismen des Raumflugkörpers müssen dem Adapter der Trägerrakete angepasst sein.

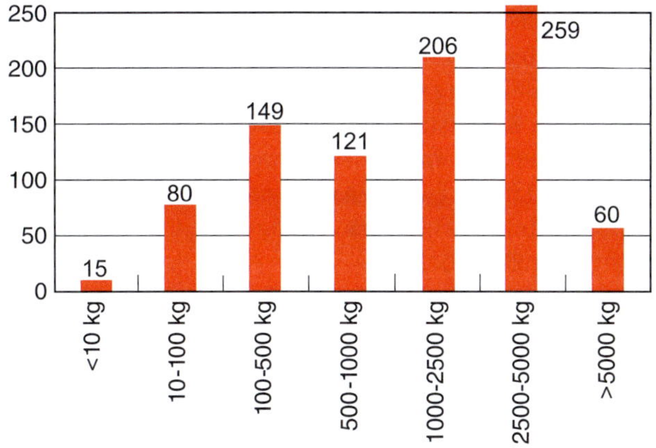

Bild 1.2.5: *Anzahl der operationellen Satelliten entsprechend ihrer Startmassen (betankt).*

1.2.1.3 Das Bodensegment

Neben dem Raumfahrzeug mit seiner Nutzlast und Umlaufbahn prägt das **Bodensegment** eine Raumflugmission. Ebenso wie das Raumfahrzeug verfügt auch das Bodensegment über sehr viele Freiheitsgrade in der Gestaltung, d. h. auch großes Optimierungspotenzial bezüglich Effizienz und Sicherheit. Im Gegensatz zum Raumfahrzeug lassen sich am Bodensegment auch nach dem Start eines Raumfahrzeugs noch weitreichende Änderungen vornehmen. Diese können zum Teil sehr umfangreich sein und über den Missionserfolg entscheiden. Meist sind sie jedoch mit erheblichem zusätzlichem Aufwand und Kosten verbunden.

Das Bodensegment lässt sich in zwei Systemelemente untergliedern: den Missionsbetrieb und das Bodenstationsnetzwerk.

Systemelement Missionsbetrieb

Der Missionsbetrieb wird meist in einem **Kontrollzentrum** gestaltet und durchgeführt. Mit diesem System wird das Raumfahrzeug überwacht und gesteuert sowie der entsprechende Datenverkehr organisiert. Darüber hinaus unterhält das Kontrollzentrum alle notwendigen Schnittstellen zum Hersteller des Raumfahrzeugs sowie zu dessen Nutzern und leitet alle relevanten Daten an diese weiter.

Zentraler Teil des Missionsbetriebs ist der **Flugbetrieb,** der meist von einem Kontrollraum aus durchgeführt wird (Bild 1.2.6). Dem Flugbetrieb kommt die Bewältigung der eigentlichen fliegerischen Aufgabe zu, das Raumfahrzeug in allen Missionsphasen so zu betreuen, dass es optimal und damit auch möglichst lange genutzt werden kann. Im Flugbetrieb sind die Betriebsspezialisten für die Subsysteme des Raumfahrzeugs organisiert. Diese analysieren anhand der Telemetriedaten aus dem Raumsegment unter der Regie eines verantwortlichen Ingenieurs den Status und die Trends der Mission, arbeiten Prozeduren ab, erzeugen Kommando-Sequenzen und führen Flugmanöver durch.

Bild 1.2.6: *Kontrollraum des Columbus-Kontrollzentrums als Teil des Raumflugbetriebs des DLR-Standortes Oberpfaffenhofen. Von hier aus werden europäische Aktivitäten auf der Internationalen Raumstation koordiniert und betreut (Bild: DLR).*

1

Die Missionsleitung erfolgt in enger Abstimmung mit oder aus dem Flugbetrieb heraus.

Die Aktivitäten des Betriebs variieren maßgeblich mit den unterschiedlichen Phasen der Vorbereitung und Durchführung einer Mission. Höhepunkt ist die sog. **Launch and Early Orbit Phase (LEOP),** in der das Raumfahrzeug nach dem Einschuss in Betrieb genommen wird und sein Überleben unter den extremen Bedingungen des Weltraums bzgl. Temperaturen, Vakuum, Strahlung etc. gesichert wird. Diese Flugphase ist im Vergleich mit den sich anschließenden Phasen des **In Orbit Testing (IOT)** und vor allem des Routinebetriebs in Bezug auf den Personal- und Ressourceneinsatz sehr viel aufwendiger.

Der Flugbetrieb greift auf die Datenverarbeitungseinrichtungen des Kontrollzentrums zurück. Die Datenverarbeitung garantiert die Verfügbarkeit und richtige Konfiguration aller für den Flugbetrieb notwendigen **Telemetriedaten** und Kommandos. Weitere Beiträge für den Flugbetrieb liefern die Flugdynamik und die Missionsplanung. Erstere ist insbesondere für die Orbitbestimmung und -vorhersage und andere Aspekte der Navigation verantwortlich. Letztere stellt die Werkzeuge zur Verfügung, die für Erstellung und Einsatz von Ablaufsplänen (Timelines, Schedules etc.) unter Aspekten wie Nutzerpriorität sowie physikalischen und technischen Randbedingungen notwendig sind. Bodendatenverarbeitung, Flugdynamik und Missionsplanung sind intensiv mit dem Flugbetrieb verzahnt und unterstehen der Koordination durch die Missionsleitung. In komplexen Missionen ist man bemüht, die relevanten Daten, Informationen und Produkte auf Plattformen allen Missionsbeteiligten bequem zugänglich zu machen.

Systemelement Nutzerbodenzentrum

Im engen Verbund mit dem Missionsbetrieb kommt häufig das **Nutzerbodenzentrum** zum Einsatz. Dieses übernimmt zum Beispiel in operationellen Erdbeobachtungsmissionen wesentliche Aufgaben für die Verarbeitung von unbearbeiteten Nutzerdaten hin zu fertigen Informationsprodukten. Datenveredelung, thematische Aufbereitung und Archivierung sind einige der relevanten Aspekte. Oft werden auch notwendige Aktivitäten für die Nutzlast, wie z. B. Kalibrierung und Konfigurationsänderungen, vorbereitet. Wesentliche Merkmale sind auch besonders an die Bedürfnisse von Nutzern (z. B. Wissenschaftler) und Kunden angepasste Schnittstellen während des Routinebetriebs und damit während der eigentlichen Nutzungsphase einer Raumfahrtmission.

Systemelement Bodenstationsnetzwerk

Mit den **Antennen** (Bild 1.2.7) von Bodenstationen wird die Funkstrecke von und zu den Raumfahrzeugen realisiert. Dabei können unterschiedliche Frequenzbänder genutzt werden, deren Vergabe einer internationalen Koordination unterliegt. Von einem angeschlossenen Kontrollzentrum erhalten Bodenstationen die Daten zur Steuerung der Raumfahrzeuge. Umgekehrt werden Zustands- und Nutzerdaten vom Raumfahrzeug über die Bodenstation an das Kontrollzentrum weitergeleitet. Daneben fallen Bodenstationen zusätzliche Aufgaben wie die Bahnvermessung (Tracking) des Raumfahrzeugs zu.

Bild 1.2.7: *Große (30 m) S-Band-Antenne der DLR-Bodenstation Weilheim (Bild: DLR).*

Auch das Einsatzprofil von Bodenstationen ist stark von der Missionsphase abhängig. In der Missionsvorbereitung stehen vor allem die Kompatibilität mit den Kommunikationskomponenten des Raumfahrzeugs und die Konfiguration der Datenschnittstellen im Mittelpunkt. Mit der Trennung vom Träger und Beginn der LEOP sind das Auffinden und ein möglichst häufiger bzw. langer **Kontakt** mit dem Raumfahrzeug von besonderer Bedeutung. So betragen die typischen Sichtbarkeiten von Satelliten im niedrigen Erdorbit für eine Bodenstation nur jeweils wenige Minuten. Danach verbleibt das Raumfahrzeug für einen Zeitraum von 90 Minuten bis hin zu einigen Stunden ohne Kontakt zum Boden. Um gerade in der kritischen LEOP häufigere und zum Teil lückenlose Kontakte mit dem Raumfahrzeug sicherzustellen, werden **globale Netzwerke von Bodenstationen** eingesetzt (Bild 1.2.8). Diese übernehmen sequentiell den notwendigen Datenverkehr, sodass die Lücken zwischen den Antennenüberflügen und damit zur Telemetrie-Überwachung bzw. zu der Steuerung nicht zu groß werden.

Für Bodenstationen in mittleren geografischen Breiten (z. B. DLR-Bodenstation Weilheim) werden auf polaren Bahnen fliegende Satelliten nur vier- bis sechsmal pro Tag mit ausreichender Höhe über dem Horizont (Elevation) sichtbar (Bild 1.2.9). Für Bodenstationen nahe den Polen der Erde ergeben sich hingegen fast bei jedem Umlauf Sichtbarkeiten mit ausreichender Elevation.

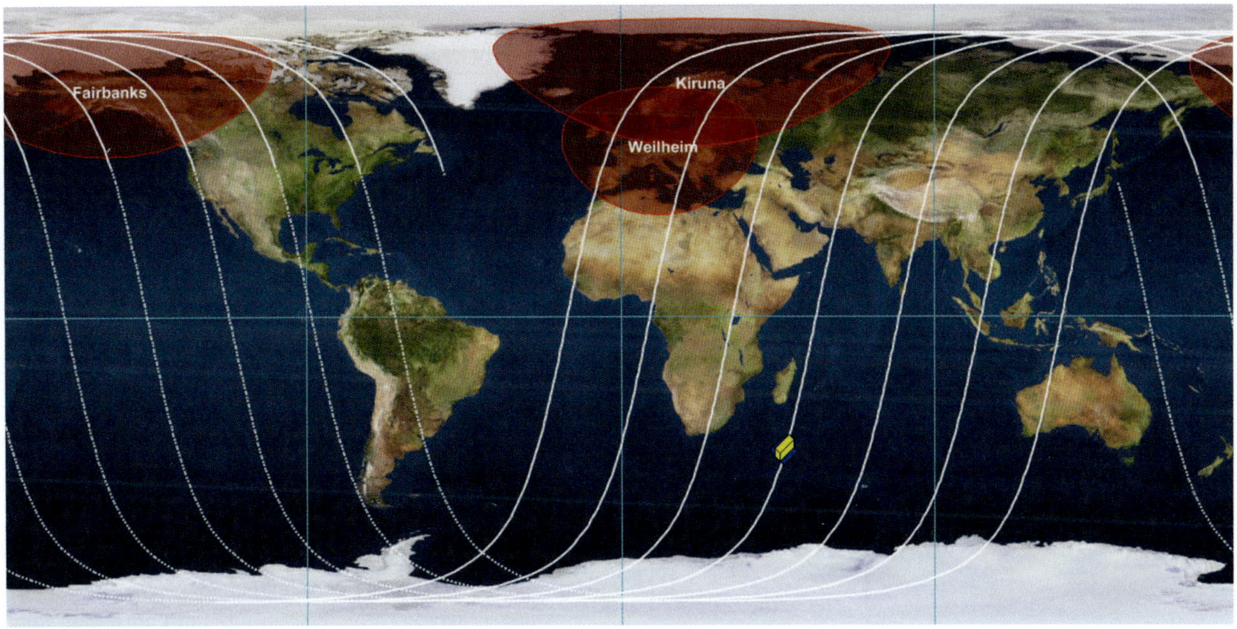

Bild 1.2.8: *Globale Bodenspurdarstellung für den auf einer polaren Umlaufbahn fliegenden DLR-Satelliten BIRD während der Launch and Early Orbit Phase (LEOP). Dargestellt sind auch die Sichtbarkeitshorizonte der zentralen DLR-Bodenstation Weilheim und weiterer zum BIRD-LEOP-Netzwerk gehörender, Bodenstationen in hohen geografischen Breiten (Kiruna, Schweden, und Fairbanks, Alaska). Mit diesen ist der Satellit mindestens einmal während eines 90-minütigen Umlaufs sichtbar, und so kann Telemetrie ausgelesen und der Satellit durch Kommandos gesteuert werden (Bild: DLR).*

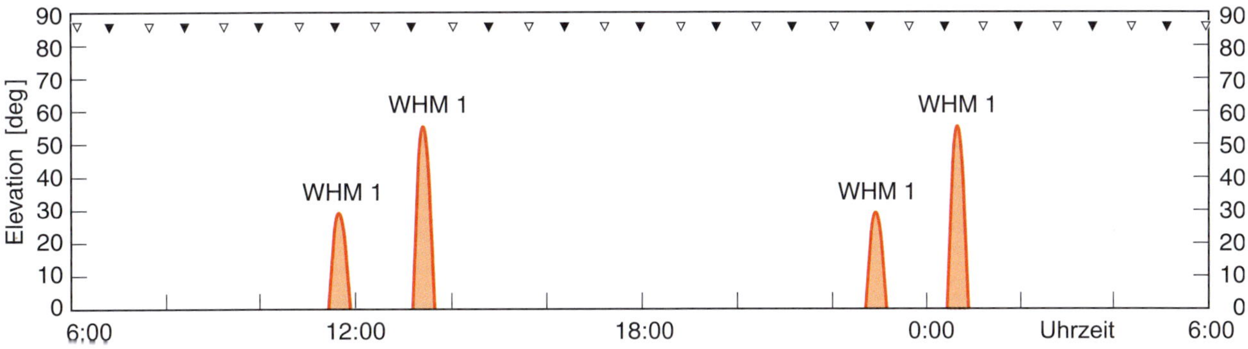

Bild 1.2.9: *Elevationsdarstellung für vier BIRD-Kontakte während eines Tages mit der DLR-Bodenstation Weilheim (jeweils zwei aufeinander folgende Passagen entsprechend Bild 1.2.8). Die Kontakte dauern jeweils weniger als 10 Minuten. Ein weitgehend störungsfreier Datenaustausch kann erst ab einer Elevation von mehr als fünf Grad erfolgen (Bild: DLR).*

Längere Kommunikationszeiten ermöglichen Relais-Satelliten, die vom geostationären Orbit aus mit den Satelliten im LEO kommunizieren können, wenn sie sichtbar sind (etwa während des halben Orbits des LEO-Satelliten) und die Daten kontinuierlich mit einer sogenannten Ankerstation des Relais-Satelliten austauschen. Das neu entwickelte European Data Relay Satellite Sytem (EDRS) ermöglicht im Bereich der Erdbeobachtung den Austausch großer Datenmengen nahezu in Echtzeit [1.2.7].

Neben der zeitlichen Verfügbarkeit der Kommunikationsverbindung bestimmt die **Kontrollschleifenzeit (Latency)** das Betriebskonzept. Sie wird ermittelt als Summe aller Zeiten für Signalübertragung und Rechenprozesse in der Schleife Telemetrie-Erzeugung – Telemetrie-Übertragung – Telemetrie-Prozessierung – Kommando-Erzeugung – Kommando-Übertragung – Kommando-Implementierung. Ist die Kontrollschleifenzeit länger als die im Raum benötigte Reaktionszeit, so sind autonome Betriebsfunktionen an Bord des Raumfahrzeugs erforderlich.

1.2.2 Auslegung der Systemsegmente für Raumfahrtmissionen

Ausgangspunkt für die Gestaltung des **Gesamtsystems** einer Raumfahrtmission ist die beabsichtigte Zielsetzung

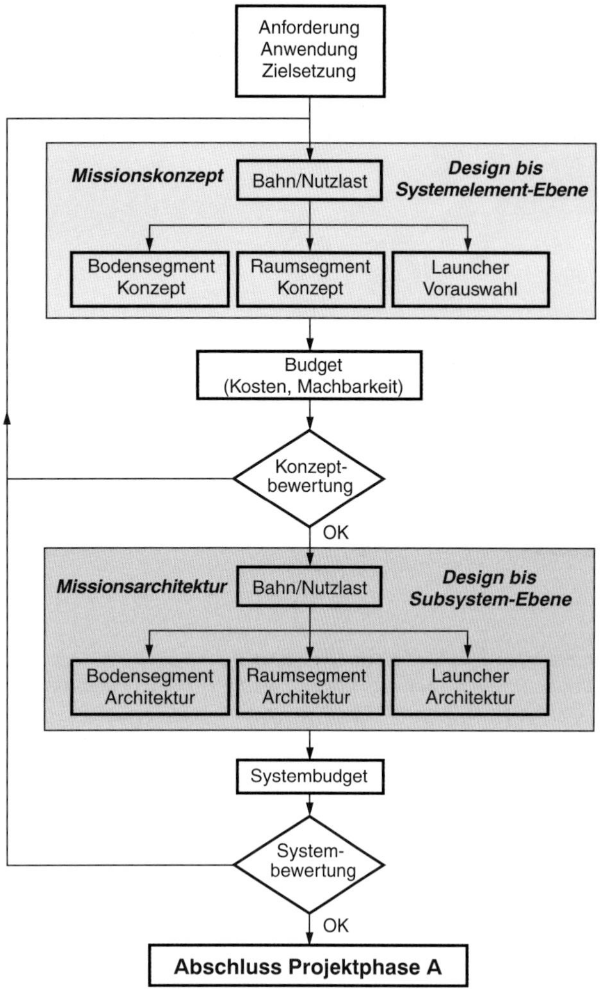

Bild 1.2.10: *Ablaufdiagramm für die Definition einer Raumfahrtmission (Projektphase A).*

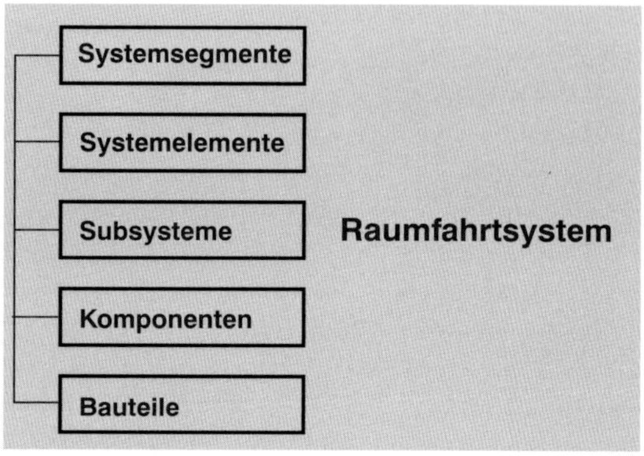

Bild 1.2.11: *Gliederung eines Raumfahrtsystems.*

bzw. Anwendung des Raumfahrzeugs und die sich daraus ergebenden Anforderungen (Bild 1.2.10). Zur Auslegung von Raumfahrtsystemen gibt es keine starre Prozedur. Über die hier beschriebenen Grundzüge werden wesentliche Aspekte in Kapitel 8 behandelt. Darüber hinaus beschreiben mehrere Standardwerke [1.2.2] bis [1.2.6] die wichtigsten Methoden für das System Engineering.

Das Missionsziel bestimmt die Mission. Damit steht meist die Beschreibung der **Nutzlast** am Anfang der Gesamtsystembeschreibung. Bei der Auslegung der Nutzlast stehen zunächst oft die quantitativen Eigenschaften, wie z. B. räumliche Auflösung (Erderkundung), Übertragungskapazität (Kommunikation) oder Signalgenauigkeit (Navigation), im Mittelpunkt. Jedoch sind Verfügbarkeit und Lebensdauer sowie das Zusammenspiel von Komponenten und operationelle Handhabbarkeit ebenfalls wichtige Aspekte. In Abhängigkeit von den Anforderungen an die Nutzlast werden die charakteristischen Parameter der Nutzlast (Masse, Volumen, Energiebedarf, Kommunikationsbedarf, mechanische Belastbarkeit etc.) abgeschätzt und weitere Anforderungen an das Raumfahrzeug und die Bahn (Genauigkeit der Ausrichtung, Überfluggebiete und -zeiten, Messgeometrie etc.) festgelegt.

Meist erarbeitet der Systemingenieur in einem sogenannten **Top Down Design** in der hierarchischen Gliederung eines Systems (Bild 1.2.11) zunächst die Konzepte für die oberen Ebenen (beginnend mit den Systemelementen). Im Laufe des Designprozesses wird eine größere Detailtiefe erreicht, und somit werden auch die unteren Ebenen der Systemhierarchie definiert.

Aus den Missionsanforderungen und den Charakteristika der Nutzlast lässt sich zunächst durch eine entsprechende Missionsanalyse eine **optimale Flugbahn** definieren. Diese kann sowohl ein geeigneter Erdorbit, eine interplanetare Bahn oder eventuell ein Orbit um einen anderen Himmelskörper sein. Obwohl sich bei der Bahnauswahl meist optimale Lösungen entwickeln lassen, sind weitere Optionen hilfreich, da sich im eigentlichen Systemdesign Gründe für die Wahl von nicht-optimalen Lösungen ergeben können. Typische Beispiele für solche Gründe sind die Verfügbarkeit von Bodenstationen oder Aspekte der Energieversorgung für das Raumfahrzeug.

Konvergieren die Vorstellungen bezüglich Nutzlast und Flugbahn, kann mit der Beschreibung des Raumfahrzeugs begonnen werden. Zunächst kann das Raumfahrzeug so beschrieben werden, dass die Anforderungen an die Subsysteme festgelegt werden. Ein erster Satz charakteristischer Parameter für das Raumfahrzeug und die Bahn kann festgelegt werden.

Mit der Kenntnis dieser charakteristischen Daten des Raumfahrzeugs (Volumen, Masse etc.) und der Bahn (Antriebsbedarf, Lage des Startplatzes etc.) wird eine erste Auswahl geeigneter **Trägerraketen** möglich. Analog werden Parameter von Raumfahrzeug (Kommunikationsbedarf, Grad der Autonomie etc.) und Bahn (z. B. Antennensichtbarkeiten) zur Auslegung des Bodensegments herangezogen. Damit ist ein erstes Missionskonzept für das Raumfahrtsystem erstellt.

Mit dem ersten **Missionskonzept** wird auch ein grober Abgleich mit den übergeordneten Randbedingungen der Mission wie Kosten und technische Realisierbarkeit möglich. Dies erfordert bereits ein vorläufiges Verständnis für die Eigenschaften und Kosten der in Frage kommenden Systemsegmente Raumfahrzeug, Träger und Bodensystem.

Nach der ersten Einschätzung von Machbarkeit und Kosten wird das Missionskonzept überarbeitet. Bildet sich nach einigen Iterationsschleifen ein stabiles Missionskonzept (oder mehrere anscheinend gleichwertige Missionskonzepte) heraus, dann kann die Missionsarchitektur erstellt werden, indem aus den Anforderungen an die Subsysteme das Subsystem-Design erarbeitet wird. Damit werden detaillierte Kosten- und Machbarkeitsanalysen möglich. Auf dieser Basis erfolgen dann meist weitere Iterationen der Missionsarchitektur bis zumeist mehrere stabile Alternativen definiert sind. Im Rahmen einer Systemanalyse wird daraufhin eine bevorzugte Alternative zur Realisierung ausgewählt.

Die zwei wesentlichsten Voraussetzungen für eine Konvergenz des Designs auf ein optimales Gesamtssystem sind die Transparenz des Designprozesses und die Vollständigkeit der einbezogenen System- und Subsystem-Aspekte. Beide Voraussetzungen können heute durch Methoden und Werkzeuge z. B. des **Concurrent Engineerings** insbesondere bei komplexen Missionen unterstützt werden. Dabei sind Spezialisten für alle relevanten Bereiche simultan in den Designprozess einbezogen, was zusätzlich die Effizienz erhöht. Erst mit einem klaren Ergebnis, das Bodensystem und Träger mit allen kritischen Aspekten einschließt, kann die Durchführbarkeit **(Feasibility)** einer Mission bestätigt werden. Für den Träger sind im Wesentlichen die Parameter zu erreichende Bahn, Masse und Volumen des Raumfahrzeugs sowie seine Verfügbarkeit, Zuverlässigkeit und Kosten ausschlaggebend.

An die Festlegung der Missionsarchitektur, die Gegenstand einer Phase-A-Studie ist, schließt sich typischer weise eine Phase-B- oder Definitions-Studie zur Definition der Komponenten und einzelnen Bauteile aller Subsysteme an, gefolgt von der endgültigen Kosten- und Machbarkeitsanalyse. Design, Bau, Integration, Test und Qualifikation werden in der Phase C/D zusammengefasst, der dann der Betrieb (Phase E) und schließlich die sichere Entsorgung des Raumfahrtsystems folgen.

Bei der Erstellung eines Missionskonzeptes können einige Erfahrungswerte hilfreich sein, die als Faustregeln formuliert werden können. So gilt oft:

1. Häufig entscheidet sich die Machbarkeit einer Mission an der Kompatibilität mit einem **finanziellen Budget.** Im Bodensegment werden die Kosten vom Umfang der Betriebsaufgabe und von der eingesetzten Infrastruktur dominiert. Beim Transfersegment gehen im Wesentlichen die Masse und Geometrie des Raumfahrzeugs mit seiner Nutzlast sowie der Antriebsbedarf in die Kostenermittlung ein. Beim Raumsegment werden die Kosten durch die Komplexität von Raumfahrzeug und Nutzlast beeinflusst. Eine Minimierung der Masse führt im Allgemeinen zu einer Steigerung der Komplexität, sodass auch hier eine Optimierung nötig wird. In allen Bereichen führt bereits vorhandene Erfahrung (verfügbare Betriebsprozesse, Erfahrung mit Trägersystemen, Serienfertigung von Satelliten und Nutzlasten) zu einer deutlichen Reduktion der Kosten.
2. Die Masse der unbetankten Raumfahrzeugplattform ist im Verhältnis zur Masse der von ihr getragenen Nutzlast zwischen drei- und zehnmal größer. Bei großen Kommunikationssatelliten liegt dieses **Massenverhältnis** häufig zwischen drei und fünf. Bei planetaren und sehr frühen Missionen sind bzw. waren die Massenverhältnisse stark zu Gunsten der Plattform verschoben.
3. Die Massenanteile der verschiedenen Subsysteme eines Raumfahrzeugs werden von der **Energieversorgung** und der **Struktur** dominiert. Beide Massenanteile zusammen machen zwischen einem Drittel und der Hälfte der gesamten Trockenmasse eines Raumfahrzeugs aus. Antrieb und Lageregelung folgen bzgl. ihrer Massenanteile als Nächstes.
4. Der **Betriebsaufwand** für Raumfahrzeuge variiert stark im **Verlauf einer Mission.** Der höchste Aufwand ist in der einige Tage dauernden Launch and Early Orbit Phase erforderlich, um die Subsysteme nach der Beanspruchung während des Aufstiegs und der Trennung von der Rakete auf die extremen Umweltbedingungen des Weltraums einzuregeln. Nach der Stabilisierung des Zustands des Raumfahrzeugs erfolgt eine Kommissionierungs- bzw. Testphase, bei der das Augenmerk hauptsächlich auf der Konfiguration der Nutzlast liegt. Der Betriebsaufwand hierbei ist immer noch relativ hoch im Vergleich zur sich anschließenden Routine- oder Regelbetriebsphase. In dieser z. T. vieljährigen Phase ist nur noch ein Bruchteil der Betriebsmannschaft der ersten beiden Phasen erforderlich, insbesondere wenn der Betrieb in einer sog. **Multi-Missionsumgebung** erfolgt, von der aus mehrere Raumfahrzeuge gleichzeitig betreut werden. Mit zunehmender Missionsdauer steigt der Betriebsaufwand nach einigen Jahren wieder an, da verschleißanfällige Komponenten der Subsysteme in ihrer Leistung nachlassen bzw. ausfallen. Typischerweise sind hiervon die Lageregelung und die Energieversorgung am stärksten betroffen. Generell nimmt jedoch auch die Zahl unvorhersehbarer Fehler zu, die, wenn sie eine bestimmte kritische Wirkung überschreiten, zu einer Destabilisierung des gesamten Raumfahrzeugs führen können. Der personelle Betriebsaufwand steigt dann auch wieder drastisch an und bleibt meist bis zum Ende der Mission auf relativ hohem Niveau, sodass man von einem unsymmetrischen „Badewannenprofil“ spricht.

1

1.2.3 Klassifizierung von Raumfahrtmissionen

Der ausschlaggebende Faktor für die Eigenschaften eines Raumfahrzeugs, des dazugehörigen Bodensegments und der Mission sind seine Anwendung und die sich daraus ergebenden Anforderungen. Neben Standardsystemen bei den Raumfahrzeugen, wie zum Beispiel einheitliche Plattformen mit unterschiedlichen Nutzlasten, sind auch für die Bodensegmente und bei den Trägern standardisierte Komponenten verfügbar. Im Folgenden sind die **neun charakteristischen Anwendungsbereiche** von Raumfahrtmissionen dargestellt und bezüglich ihrer wesentlichen Merkmale beschrieben.

1.2.3.1 Erdbeobachtung

Erdbeobachtungsmissionen werden sowohl mit kleinen als auch mit mittleren und großen Satelliten durchgeführt. Die Erdbeobachtung umfasst dabei die **Datengewinnung** mit Kameras und Sensoren, die in unterschiedlichen Wellenlängenbereichen wie dem Radarbereich, Infrarotbereich und dem visuellen Bereich arbeiten (Bild 1.2.12). Daneben kommen unterschiedlichste Messverfahren zur Bestimmung elektrischer, magnetischer, optischer und gravimetrischer Eigenschaften der Erde und ihrer Atmosphäre zum Einsatz. Die Flugbahnen für Erdbeobachtungsmissionen sind meist relativ erdnah (< 1 000 km) und weisen vorzugsweise sehr hohe Bahnneigungen auf, um die Erde mit hoher Auflösung und vollständig von Pol zu Pol beobachten zu können. Vielfach soll ein Ziel jeweils zu einer festen Tageszeit überflogen werden (ähnlicher Schattenwurf), um eine automatisierte Bildanalyse zu erreichen. Dazu muss die Bahnebene jeden Tag um etwa 1 Grad um die Erdachse rotieren **(sonnensynchrone Bahn)**. Diese Rotation kann durch eine Bahnstörung ausgelöst werden, die - hervorgerufen durch die Abplattung der Erdkugel - sich dann auswirkt, wenn die Bahn nicht genau über die Pole verläuft, sondern leicht geneigt ist (so auch in der TerraSAR-X-Mission). Soll das Objekt auch noch bei jedem Überflug aus demselben Winkel erfasst werden, so muss der Satellit nach einigen Umläufen wieder in seine alte Bahnspur zurückkehren **(Repeated Ground Track)**.

1.2.3.2 Wetterbeobachtung

Einen Sonderfall der Erdbeobachtung stellt die Wetterbeobachtung dar (Bild 1.2.13). Missionen zur Wetterbeobachtung sind seit den Anfängen der Raumfahrt ein kontinuierlich ausgebautes Anwendungsgebiet mit zahlreichen Satelliten, sowohl in niedrigen Umlaufbahnen als auch im geostationären Orbit. Kernaspekte sind die lokale, regionale und globale Analyse der Wetterlage, die Generierung von Daten als Input für Wettervorhersagemodelle und die Erforschung der Atmosphäre hinsichtlich der Eigenschaften und Entwicklungen des regionalen und globalen Klimas auf der Erde. Häufig sind abbildende Instrumente auf den Satelliten im Einsatz. Auch in der Wetterbeobachtung gewinnen kommerzielle Nutzungsszenarien weiter an Bedeutung.

Beispiel

TerraSAR-X:	Deutscher Radar-Erdbeobachtungssatellit (Bild 1.2.12)
Start:	Juni 2007
Masse:	1 200 kg
Flughöhe:	520 km
Bahnneigung:	97°
Startort:	Baikonur
Nutzlast:	hoch auflösendes X-Band-Radar

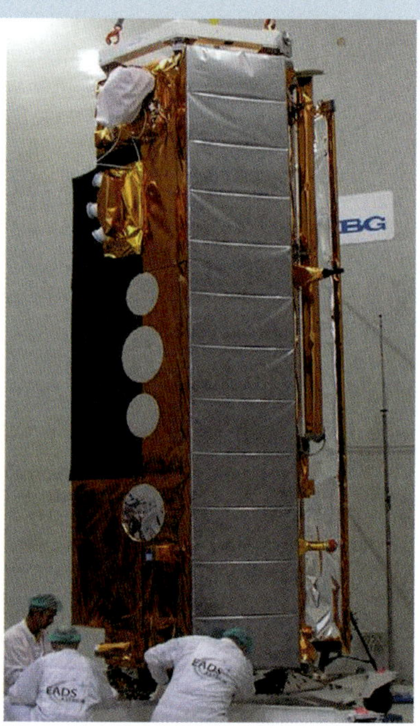

Bild 1.2.12: *Der TerraSAR-X-Satellit beim Abnahmetest vor dem Transport zum Startplatz. Die Nutzlast (X-Band-Radar) ist in den Hauptkörper des Satelliten integriert. Die Kommunikation erfolgt über eine Auslegerantenne, die rechts an der Seite im eingeklappten Zustand erkennbar ist (Bild: DLR).*

1.2.3.3 Technologieerprobung

Technologieerprobungsmissionen dienen dem Test und der **Validierung** von technischen Komponenten (Bild 1.2.14) und Verfahren unter Weltraumbedingungen. Dabei kann es sich zum einen um Satellitenbauteile und neue Nutzlasten für operationelle Anwendungen sowie neue Materialien oder robotische Bauelemente handeln. Zum anderen können beispielsweise neue Verfahren der Kommunikation und Navigation getestet werden. Technologieerprobung wird intensiv auch im Rahmen von bemannten Missionen durchgeführt. Schon seit den 70er-Jahren kommen hierfür

Beispiel

MetOp-A:	Europäischer Wettersatellit (Bild 1.2.13)
Start:	Oktober 2006
Masse:	4 093 kg
Flughöhe:	820 km
Bahnneigung:	99°
Startort:	Baikonur
Nutzlast:	13 Instrumente zur Wetterbeobachtung

Bild 1.2.13: *Auch der europäische MetOp-A-Satellit fliegt in einer sonnensynchronen und niedrigen Erdumlaufbahn. Er wird im Verbund mit einem amerikanischen NOAA-Wetterbeobachtungssatelliten eingesetzt. Dies dient zur optimierten Abdeckung der relevanten Beobachtungsbereiche (Bild: ESA).*

Weltraumlabormodule zum Einsatz. Neben Nutzungsplattformen wie der Internationalen Raumstation werden auch kleinere Raumfahrzeuge und zum Teil Mikrosatelliten mit weniger als 100 kg Masse auf niedrigen Umlaufbahnen verwendet.

1.2.3.4 Grundlagenforschung

Grundlagenforschungsmissionen dienen typischerweise der Untersuchung **astronomischer Objekte** oder **physikalischer Phänomene** im Zusammenhang mit kosmologischen Fragen oder Analysen zur relativistischen Physik (Bild 1.2.15). Die Bandbreite der hierfür eingesetzten Instrumente umfasst inzwischen das gesamte elektromagnetische Spektrum sowie hochpräzise experimentelle Anordnungen.

Beispiel

BIRD:	Deutscher Technologieerprobungssatellit (Bild 1.2.14)
Start:	Oktober 2002
Masse:	92 kg
Flughöhe:	580 km
Bahnneigung:	97°
Startort:	Sriharikota
Nutzlast:	Infrarotdetektoren, WAOSS-Kamerasystem, GPS-Navigationssystem, etc.

Bild 1.2.14: *Eine der Nutzlasten von BIRD. Es handelt sich um eine Zweikanal-Infrarotkamera als Teil eines umfangreichen Technologieerprobungspaketes auf dem DLR-Satelliten (Bild: DLR).*

Beispiel

ROSAT:	Deutscher Röntgenteleskop-Satellit (Bild 1.2.15)
Start:	Juni 1990
Masse:	2 426 kg
Flughöhe:	570 km
Bahnneigung:	58°
Startort:	Cape Canaveral
Nutzlast:	vierfach geschachteltes Wolter-Teleskop

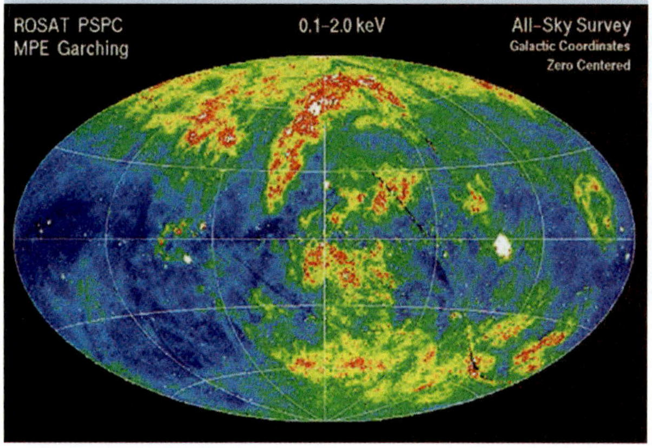

Bild 1.2.15: *Vollständige Abbildung des Himmels im Röntgenlicht (0,1 ... 2,0 keV) aus ROSAT-Beobachtungen des ersten halben Jahres von insgesamt nahezu 10 Jahren Betrieb (Bild: MPG).*

Insbesondere bei den Weltraumteleskopen, die in diese Kategorie fallen, handelt es sich um überaus große und komplexe Raumfahrzeuge. Im Verbund arbeitende Systeme, bestehend aus mehreren Satelliten, gewinnen mehr und mehr an Bedeutung. Die Umlaufbahnen für solche Missionen sind sehr unterschiedlich, in manchen Fällen, z. B. zur Vermeidung von magnetosphärischen Störungen, können sie sehr hoch (100 000 km) sein.

1.2.3.5 Kommunikation

Kommunikationssatelliten stellen den mit Abstand größten Anwendungsbereich für den **kommerziellen Einsatz** von Satelliten dar. Die notwendige elektrische Abstrahlleistung für eine definierte Region (Bild 1.2.16) und die typische treibstoffaufwendige Positionierung dieser Satelliten im geostationären Orbit bedingen eine große Dimensionierung mit Gesamtmassen von mehreren Tonnen. Dementsprechend können solche Satelliten nur von den stärksten verfügbaren Trägern in den sog. geostationären Transferorbit (Perigäum: ca. 500 km, Apogäum: ca. 36 000 km) gebracht werden. Die Änderung dieses Orbits in den eigentlichen geostationären Orbit erfolgt durch sog. **Apogäumsmanöver** unter Einsatz des Satellitenhaupttriebwerks in den ersten Tagen der Mission. Wegen der engen Besetzung des geostationären Orbits und dessen Unterteilung in Kontrollboxen sind die Anforderungen an die Flugdynamik hierbei besonders hoch. Durch mittlerweile Hunderte von Kommunikationssatelliten in diesem Orbitbereich besteht die Notwendigkeit, Satelliten am Ende der Lebensdauer (nominal ca. 15 Jahre) in den einige hundert Kilometer oberhalb befindlichen sog. Friedhofsorbit (grave yard) zu verbringen. Neben den geostationären Kommunikationssatelliten gibt es auch Systeme, die z. B. als Konstellationen (Iridium) auf niedrigeren Umlaufbahnen fliegen.

1.2.3.6 Navigation

Mit der zunehmenden Nutzbarmachung des amerikanischen **Global Positioning Systems (GPS)** seit den siebziger Jahren hat die Bedeutung dieser Anwendung rasant zugenommen. Von den Navigationssatelliten wird permanent ein Signal ausgestrahlt, aus dessen Laufzeit sich, unter Einbeziehung von mindestens vier Satelliten gleichzeitig, eine Position auf der Erde bestimmen lässt. Mittelhohe Umlaufbahnen, bei GPS sind es 20 183 km, gestatten auch eine Nutzung durch niedriger fliegende Satelliten.

Beispiel

EUTELSAT W5:	Kommunikationssatellit des europäischen Betreibers EUTELSAT (Bild 1.2.16)
Start:	November 2002
Masse:	3 170 kg
Flughöhe:	35 800 km
Bahnneigung:	0°
Startort:	Cape Canaveral
Nutzlast:	24 Ku-Band-Transponder

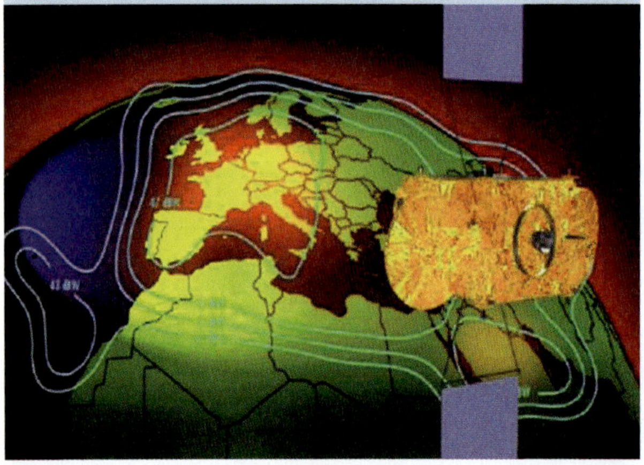

Bild 1.2.16: *Schematische Darstellung der sog. Antenna-Mapping-Ergebnisse von einem geostationären Kommunikationssatelliten. Die unregelmäßige Gestalt der Linien gleicher Einstrahlstärke ist kein Zufallsprodukt, sondern wird durch ein entsprechendes Antennendesign gezielt erzeugt. Am Ende der Positionierung in seiner vorgesehenen Kontrollbox wird durch Schwenken des Satelliten das Profil der Strahlungsleistung am Boden vermessen. Danach wird der Satellit in den Routinebetrieb überführt (Bild: DLR).*

Beispiel

Galileo:	Europäisches Navigationssatellitensystem (Bild 1.2.17)
Start:	2009
Masse:	680 kg
Flughöhe:	23 600 km
Bahnneigung:	56°
Startort:	Kourou
Nutzlast:	Navigationssignalsender und hochgenaue Uhr

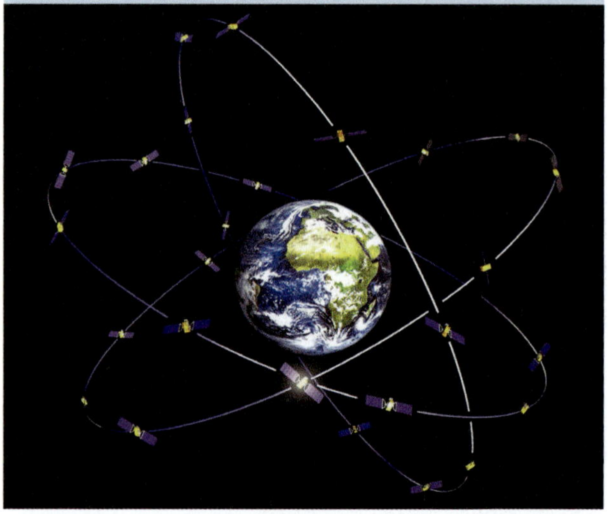

Bild 1.2.17: *Schematische Darstellung der Galileo-Konstellation mit 27 operationellen Satelliten und drei in Bereitschaft gehaltenen Ersatzsatelliten. Die Überwachung und Steuerung der Satelliten erfolgt aus Kontrollzentren in Deutschland (Oberpfaffenhofen) und Italien (Fucino) (Bild: ESA).*

Um einen globalen Navigationsservice sicherzustellen, sind Satellitenkonstellationen von bis zu 30 baugleichen Raumfahrzeugen notwendig. Neben anderen Systemen gewinnt das **Galileo-Navigationssystem** als europäisches System herausragende Bedeutung (Bild 1.2.17).

1.2.3.7 Militärische Missionen

Militärische Missionen umfassen Missionstypen mit Anwendungen in den Bereichen Kommunikation, Navigation, Erdbeobachtung, Technologieerprobung und Wetterbeobachtung. Jedoch unterscheiden sich die eingesetzten Raumfahrzeuge z. B. hinsichtlich der Datensicherheit (Verschlüsselung), der allgemeinen Geheimhaltung und in vielen Fällen bzgl. einer „Härtung" z. B. gegen elektromagnetische Störung. Hinzu kommt vermutlich eine kleine Zahl von Raumfahrzeugen mit Störungs- bzw. Zerstörungsfunktionen. Die enorme Vielfalt der militärischen Anwendungen bedingt eine ebenso große Vielfalt der eingesetzten Raumfahrzeuge und Umlaufbahnen. Im Bereich der hochauflösenden Erderkundung dominieren sehr niedrige Umlaufbahnen, die eine relativ kurze Lebensdauer der Satelliten bedingen. In Deutschland werden erstmalig mit den Satelliten der SAR-Lupe-Konstellation Missionen in diesem Anwendungsbereich durchgeführt (Bild 1.2.18).

1.2.3.8 Planetare Erkundung und Exploration

Die planetare Erkundung und Exploration ist mit Ausnahme der Apollo-Missionen zum Mond bis heute ein Aktivitätsfeld der unbemannten Raumfahrt geblieben. Über die Jahrzehnte sind Dutzende von **Raumsonden** zu allen Planeten (Pluto ausgenommen) (Bild 1.2.19) sowie zahlreichen Asteroiden und Kometen geflogen. In vielen Fällen kam es nicht nur zu Vorbeiflügen, sondern auch zum Einschwenken in Umlaufbahnen und Landungen auf den festen Oberflächen. Dabei wurden z. B. robotische Fahrzeuge auf dem Mars abgesetzt oder kometares Staubmaterial zur Erde zurückgeführt. Besondere Herausforderungen des **interplanetaren Raumfluges** sind z. T. erhebliche Signallaufzeiten (im Bereich von Stunden im äußeren Sonnensystem), lange Flugzeiten und die Navigation. Darüber hinaus ist vor allem die Energieversorgung im äußeren Planetensystem problematisch.

Beispiel

SAR-Lupe:	Deutsche Radar-Aufklärungssatellitenkonstellation (Bild 1.2.18)
Start:	Dezember 2006
Masse:	770 kg
Flughöhe:	490 km
Bahnneigung:	98°
Startort:	Plesetsk
Nutzlast:	hochauflösendes X-Band-Radar

Bild 1.2.18: *Die zur Radaraufklärung eingesetzten Satelliten der deutschen SAR-Lupe-Konstellation (Bild: OHB System).*

Beispiel

Rosetta:	Europäische Kometensonde (Bild 1.2.19)
Start:	März 2004
Masse:	3 100 kg
Flughöhe:	in planetarer Bahn mit mehrfachen Erd-, Mars- und Asteroiden-Vorbeiflügen
Startort:	Kourou
Nutzlast:	Lander mit Bohrer-Kameras, Spektrometer, etc.

Bild 1.2.19: *Konzeptionelle Darstellung des erfolgreichen Landemanövers auf dem Kometen 67P/Churyumov-Gerasimenko im Jahre 2014 (Bild: ESA).*

1

1.2.3.9 Bemannte Raumfahrt

Die besonderen Anforderungen der **Lebenserhaltung** bedingen einen wesentlich höheren Aufwand im Bereich der bemannten Raumfahrt. Grundsätzlich sind **Transportsysteme** wie der Space Shuttle und Sojus-Raumfahrzeuge von den **langfristig umlaufenden Systemen** (z. B. ISS) zu unterscheiden (Bild 1.2.20). Bei diesen ist man bemüht, den rein fliegerischen Aufwand, inklusive der Instandhaltung, immer weiter zugunsten einer wissenschaftlichen Nutzung zurückzudrängen. Bemannte Raumfahrt im Erdorbit wird typischerweise mit mittleren Bahnneigungen in relativ niedriger Höhe verwirklicht. Die Raumfahrzeuge sind entsprechend ihrer Nutzung oft um ein Vielfaches schwerer als die schwersten Satelliten.

Beispiel

Columbus:	Europäisches Weltraumlabor an der ISS (Bild 1.2.20)
Start:	Februar 2008
Masse:	10 275 kg
Flughöhe:	350 km
Bahnneigung:	51°
Startort:	Cape Canaveral
Nutzlast:	interne und externe Experimentmodule; Racks und Besatzung

Quellen und Literatur

[1.2.1] Union of Concerned Scientist Satellite Database: http://www.ucsusa.org/global_security/space_weapons/satellite_database.html, 2010.

[1.2.2] *Brown, Ch.:* Elements of Spacecraft Design (AIAA Education Series). American Institute of Aeronautics & Astronautics, 2002.

[1.2.3] *Fortescue, P. W.; Stark, J. P. W.; Swinerd, G.:* Spacecraft Systems Engineering. Wiley & Sons, 2003.

[1.2.4] *Griffin, M. D.; French, J. R.:* Space Vehicle Design (AIAA Education Series). American Institute of Aeronautics & Astronautics, 2004.

[1.2.5] *Pisacane, V. L.:* Fundamentals of Space Systems (Johns Hopkins University/Applied Physics Laboratory Series). Oxford University Press, 2005.

[1.2.6] *Wertz, J. R.; Larson, W. J.:* Space Mission Analysis and Design (Space Technology Library). Springer Netherland, 1999.

[1.2.7] ESA communications, EDRS, Das Europäische Datenrelais System, ISBN 978-92-9221-094-6, 2015

Bild 1.2.20: *Das von Oberpfaffenhofen aus betriebene europäische Columbus-Labormodul an der Internationalen Raumstation (Bild: ESA).*

2 Grundlagen

Klaus Wittmann

Die **Auslegung eines Raumfahrtsystems** erfordert ein Verständnis der Zusammenhänge zwischen dem Raumsegment und dem Transfersegment (Volumen, Masse, statische und dynamische Lasten etc.) sowie zwischen dem Raum- und dem Bodensegment (Betriebskonzepte, Kommunikation etc.). Diese Zusammenhänge werden in den Kapiteln 3 bis 7 detailliert erläutert.

In diesem Kapitel sollen zunächst aber die **Wechselwirkung** eines Raumfahrtsystems mit seiner Umgebung sowie seine Bewegung in dieser Umgebung dargestellt werden.

Das Raumfahrzeug ist den Bedingungen der irdischen Atmosphäre ausgesetzt, bis es nach dem Start den Weltraum erreicht. Die Bedingungen am Boden sind uns vertraut und können in gewissem Umfang kontrolliert werden. Sie werden hier nicht behandelt, haben aber Bedeutung zum Beispiel in Hinblick auf Reinheitsanforderungen bei der Integration und die Wetterbedingungen beim Start.

Die **Weltraumumgebung,** besonders der Einfluss der Sonne und der Erde, wird charakterisiert durch

- hochenergetische elektromagnetische Strahlung,
- Partikelstrahlung,
- Vakuum,
- die Kälte des Weltraumhintergrunds,
- Mikrogravitation,
- Restatmosphäre (in niedrigen Bahnen).

Einen Überblick über die Umgebungsbedingungen im Weltraum und ihre Wirkung auf das Raumfahrzeug und seine Nutzlast gibt Kapitel 2.1.

Die **Bewegung eines Raumfahrzeugs** im Weltraum wird durch die Gesetze der Bahnmechanik bestimmt. Kapitel 2.2 erläutert die Methoden zur Bahnbestimmung und Bahnvorhersage. Es beschreibt außerdem Manöver des Raumfahrzeugs zur Bahnänderung und mögliche Bahnstörungen. Charakteristische Bahnen für typische Missionsprofile werden vorgestellt. Die teilweise recht komplexe Herleitung der einzelnen mathematischen Beziehungen kann hier aus Platzgründen nicht erfolgen. Das Kapitel 2.2 hat aber das Ziel, die wichtigsten Zusammenhänge (und Formeln) darzustellen und so einen Überblick zu ermöglichen.

Kehrt ein Raumfahrzeug aus dem Weltraum zurück, gewinnt der Einfluss der Atmosphäre eine immer höhere Bedeutung. Das Kapitel 2.3 **Aerothermodynamik** stellt die dabei relevanten Zusammenhänge dar. Diese sind vor allem für die Auslegung eines Wiedereintrittskörpers von großer Bedeutung.

Zum Abschluss kehren wir im Kapitel 2.4 zu einem speziellen Aspekt der Weltraumumgebung zurück: **Mikrometeoriten** (natürliche Ursache) und **Space Debris** (von der Raumfahrt erzeugte Objekte und Partikel) können ein Raumfahrzeug gefährden. Deswegen beschreibt Kapitel 2.4 die Charakteristika von Mikrometeoriten und Space Debris und verschafft einen Überblick über die Modelle zur Berechnung des Gefährdungspotenzials. Strategien zur Vermeidung von Weltraummüll werden ebenfalls beschrieben und mögliche Schutzmaßnahmen erläutert.

2.1 Umgebung Weltraum

Christian Henjes, Holger Kügler, Wilfried Ley, Anton Grillenbeck und *Steffen Scharfenberg*

2.1.1 Raumfahrzeug und Weltraumumgebung

Im Weltraum wirken auf einen Raumflugkörper physikalische Bedingungen ein, die weit über die auf der Erde bekannten Anforderungen hinausgehen. Charakteristisch für die Weltraumumgebung sind **Hochvakuum, Solarstrahlung** (elektromagnetische Wellen), **Ultraviolett-, Röntgen- und Gammastrahlung** aus dem galaktischen Hintergrund, **hochenergetische Teilchen** (Elektronen, Protonen, Neutronen und Alpha-Teilchen), der **Kältehintergrund** des Weltraums, die **Mikrogravitation,** die **Bremswirkung der Atmosphäre** bei niedrigen Umlaufbahnen und die Beeinträchtigung durch **atomaren Sauerstoff.** Diese Bedingungen müssen bei der technischen Auslegung und Realisierung eines Raumflugkörpers berücksichtigt werden.

Die Atmosphäre, die einen Raumflugkörper umgibt – wesentlich gekennzeichnet durch Temperatur, Dichte, Geschwindigkeitsverteilung und Zusammensetzung – lässt sich unterteilen in die

- natürliche (physikalische) Atmosphäre,
- durch das Raumfahrzeug induzierte Atmosphäre,
- durch andere Raumfahrtmissionen bedingte Atmosphäre.

Gerade die natürlichen Bedingungen sind vom Ort der Missionsdurchführung abhängig. Man unterscheidet im Wesentlichen:

- den niedrigen Erdorbit (LEO),
- den mittleren Erdorbit (MEO),
- den geostationären Orbit (GEO),
- polare Orbits (z. B. sonnensynchron, Molnija-Orbit),
- den hochexzentrischen Orbit (HEO, GTO),
- Orbits um Lagrange-Punkte,
- den interplanetaren Raum,
- Planetenorbits und Bedingungen für Landung, Aufstieg und Bodenoperationen.

Die **natürliche Atmosphäre** (Erdatmosphäre) bewegt sich relativ zum Raumflugkörper mit der mittleren Orbitalgeschwindigkeit v_R (z. B. 7 800 m/s) und einer mittleren thermischen Geschwindigkeit $\overline{c}$ (z. B. $\overline{c}$ = 1 100 m/s für eine Bahnhöhe von 300 km). Der sich an der Bugseite aufbauende **dynamische Druck** mit

$$p_{\text{dyn}} = \left(\frac{v_R}{\overline{c}}\right)^2 \cdot p_{\text{stat}} = 50{,}3 \cdot p_{\text{stat}} \qquad (2.1.1)$$

übersteigt also den statischen Druck um den Faktor 50, während am Heck ein Windschatten entsteht, da der dynamische Druck p_{dyn} dort entschieden geringer ist als der statische Druck p_{stat}. Daraus ergibt sich eine Bremswirkung der Restatmosphäre auf den Raumflugkörper.

Die Strahlungsbedingungen für einen Raumflugkörper – selbst bei interplanetaren Missionen – sind im Wesentlichen durch die Einflüsse unserer Sonne definiert (Bild 2.1.1), welche sich aufteilen in:

- Sonnenwind als ionisiertes Gas aus Protonen und Elektronen, der außer an den Polkappen durch das Erdmagnetfeld abgeschirmt wird,
- von Sonnenflecken ausgehende Magnetfelder,
- radioaktive Strahlung,
- Solarstrahlung: Sichtbares Licht, UV- und Infrarotstrahlung (Solarkonstante 1 SK = 1 367 W/m^2). Diese beeinflusst maßgeblich den Thermalhaushalt eines Raumflugkörpers.

Die **induzierte Atmosphäre** stellt eine sich mitbewegende Gaswolke dar, die vom Raumflugkörper selbst erzeugt wird und in den Weltraum expandiert. Diese Gaswolke entsteht z. B. durch:

- Ausgasung von Bauteilen,
- Lecks von Druckbehältern,
- Abgase aus Steuersystemen/Triebwerken für Lageregelung und Manöver.

Bestandteile der induzierten Atmosphäre sind hauptsächlich Wasserdampf und hochmolekulare Substanzen aus Kunststoffen mit Kondensationswahrscheinlichkeiten nahe dem Wert 1. Sie können in niedrigen Bahnhöhen von 200–300 km mit den Gasteilchen der Anströmung in unmittelbarer Umgebung des Raumflugkörpers zusammenstoßen, teilweise auf den Raumflugkörper zurückgestreut werden und somit zur Selbstverunreinigung (Kontamination) optisch empfindlicher Bauteile (Solarzellen, Sensoren etc.) beitragen.

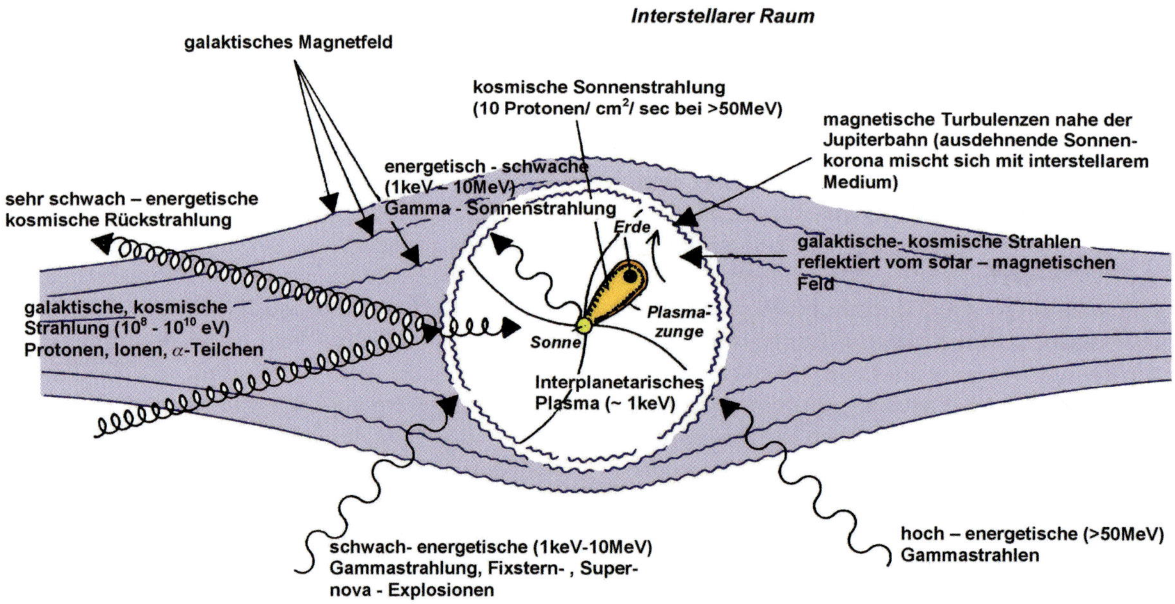

Bild 2.1.1: *Strahlungsfelder.*

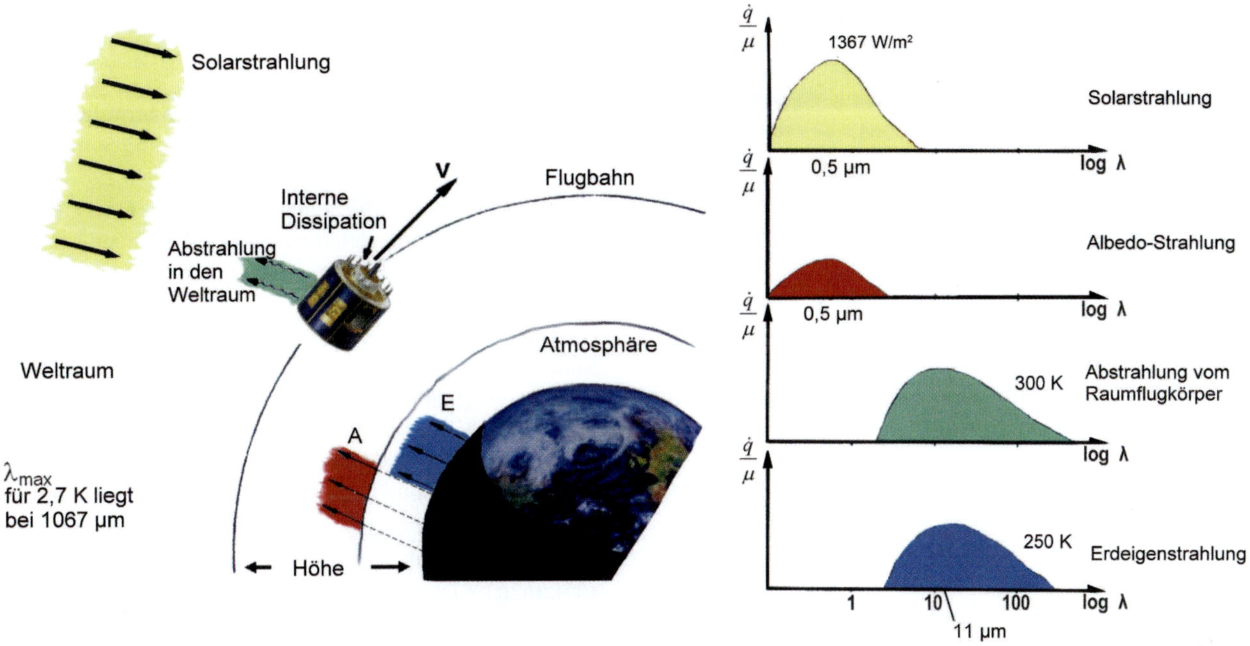

E = Erdeigenstrahlung, abhängig vom Abstand von der Erde
A = Albedo, von der Erde reflektierte Sonnenstrahlung, abhängig von der Atmosphäre, dem Inklinations- und dem Deklinationswinkel

Bild 2.1.2: *Umgebungsbedingungen für einen Raumflugkörper im erdnahen Orbit [2.1.15].*

2.1.2 Einfluss von Sonne und Weltraumhintergrund

2.1.2.1 Physik der Sonne

Die Eigenschaften des interplanetaren Raums werden wesentlich durch die **Sonne** bestimmt. Deshalb wird kurz deren physikalischer Aufbau dargestellt.

Im Zentralbereich der Sonne laufen bei einer Temperatur von $15 \cdot 10^6$ K **Kernfusionsprozesse** ab. Beim wichtigsten dieser Prozesse verschmelzen in mehreren Teilschritten 4 Wasserstoffkerne (Protonen) zu einem ^{4}He-Kern. Dabei werden pro ^{4}He-Kern 26,3 MeV Energie und 2 Neutrinos freigesetzt. Die bei den Reaktionen außerdem erzeugten Positronen werden von Plasma-Elektronen vernichtet und tragen damit zur Energiefreisetzung bei.

Die elektrisch neutralen Neutrinos verlassen die Sonne mit Lichtgeschwindigkeit und sind aufgrund ihrer extrem schwachen Wechselwirkung mit Materie für die Raumfahrt ohne Bedeutung.

Der Kernbereich der Sonne reicht von ihrem Mittelpunkt bis zu einem Radius von ca. $2{,}5 \cdot 10^5$ km. Danach schließt sich eine Schale an, die bis ca. $5 \cdot 10^5$ km reicht, in der die im Kernbereich erzeugte Energie durch Strahlungstransport in Richtung Sonnenrand durch das Sonnenplasma wandert. Dabei wird die in Form harter γ-Strahlung erzeugte Kernfusionsenergie durch fortwährende Absorption und Reemission thermalisiert, d. h. in Wärme umgewandelt. Auf der letzten Wegstrecke von $2 \cdot 10^5$ km bis zum Sonnenrand wird der Transport der Wärme von Konvektion übernommen.

Tabelle 2.1.1: *Kenndaten der Sonne.*

Radius	$6{,}96 \cdot 10^5$ km = R_S
Masse	$1{,}99 \cdot 10^{30}$ kg
Teilchen im Plasma	91 % H, 8 % He, 1 % sonstige
Massendichte im Mittel	$1{,}41 \cdot 10^3$ kg/m^3
Massendichte im Zentrum	$1{,}5 \cdot 10^5$ kg/m^3
Leuchtkraft	$3{,}86 \cdot 10^{26}$ W
Effektive Strahlungstemperatur	5 780 K
Solarkonstante	1,367 kW/m^2 ± 0,3 %
Entfernung von der Erde im Mittel	$1{,}496 \cdot 10^8$ km = 1 AE
Entfernung von der Erde im Perihel	$1{,}471 \cdot 10^8$ km
Entfernung von der Erde im Aphel	$1{,}521 \cdot 10^8$ km
Siderische Rotationsperiode am Äquator	24,8 Tage

Tabelle 2.1.2: *Kenndaten der Sonnenatmosphäre.*

	Temperatur (in K)	Höhe in km (von ... bis)	Emittiertes Spektrum
Photosphäre	3 900 ... 7 160	0 ... 200	UV, sichtbares Licht, NIR
Chromosphäre	4 200 ... 10 000	200 ... 2 500	UV, Hα
Korona	$1 \cdot 10^6 ... 2 \cdot 10^6$	2 500 ... 6 R_S	EUV, Röntgen, Radio

Die den Sonnenrand umgebende **Atmosphäre** gliedert sich in die drei Bereiche:

- Photosphäre,
- Chromosphäre,
- Korona.

Die **Korona** besitzt keine scharf definierte obere Grenze, sondern sie geht oberhalb von ca. 6 Sonnenradien in den Sonnenwind des interplanetaren Raums (Heliosphäre) über.

2.1.2.2 Die Sonnenstrahlung

Der weit überwiegende Teil der **Strahlungsenergie** wird von der nur 200 km dicken Photosphäre emittiert, die von der Erde aus als die Sonnenscheibe optisch wahrgenommen wird.

Vom nahen **UV** über den sichtbaren bis in den **infraroten** Bereich lässt sich das Sonnenspektrum näherungsweise durch das **Plancksche Strahlungsgesetz** eines **Hohlraum-Strahlers** beschreiben. In der Entfernung 1 AE vom Sonnenrand ist die spektrale Energieflussdichte (Bestrahlungsstärke) gegeben durch:

$$S_S(\lambda)\Big|_{1AE} = \left(\frac{R_S}{1\,\text{AE}}\right)^2 \cdot 2\pi \cdot h \cdot c_0^2 \cdot \frac{1}{\lambda^5} \cdot \frac{1}{e^{\left(\frac{h \cdot c_0}{\lambda \cdot k \cdot T}\right)} - 1} \qquad (2.1.2)$$

AE astronomische Einheit (Entfernung von der Erde im Mittel $1{,}496 \cdot 10^8$ km = 1 AE),
R_S aktueller Abstand Erde – Sonne,
λ Wellenlänge der Strahlung,
h $= 6{,}6261 \cdot 10^{-34}$ Js, Plancksches Wirkungsquantum,
k $= 1{,}3807 \cdot 10^{-23}$ J/K, Boltzmann-Konstante,
T Strahlungstemperatur,
c_0 $= 2{,}9979 \cdot 10^8$ m/s, Lichtgeschwindigkeit im Vakuum.

Die über alle Wellenlängen integrierte Energieflussdichte bei 1 AE Abstand von der Sonne wird als Solarkonstante SC bezeichnet. Aus Messungen außerhalb des Einflusses der Erdatmosphäre findet man folgenden Zahlenwert:

$$1\,\text{SC} = \int_0^\infty d\lambda \cdot S_S(\lambda)\Big|_{1\,\text{AE}} = 1\,367\,\frac{\text{W}}{\text{m}^2} \quad (\pm 0{,}3\,\%) \qquad (2.1.3)$$

In 1 AE Entfernung von der Sonne ist die Strahlung kollimiert. Die Strahlen weichen von der Richtung Sonnenzentrum – Beobachtungspunkt maximal um ± 0,27° ab. Für eine **kollimierte Strahlung** ist die spektrale Energieflussdichte die Strahlungsleistung pro Wellenlängenintervall, die auf eine senkrecht zur Strahlrichtung orientierte Flächeneinheit einfällt.

Für einen beliebigen Ort im Raum muss die von der Sonne empfangene **Energieflussdichte** Gl. (2.1.2) mit dem reziproken Quadrat der Entfernung dieses Orts von der Sonne skaliert werden. Die jahreszeitliche Entfernungsschwankung der Erde zwischen Perihel und Aphel bedingt eine entsprechende Variation der solaren Energieflussdichte auf der Erde. Die Energieflussdichte auf der Erde am Tag n eines Jahres – gezählt ab dem Periheldurchgang (3. Januar) – ist näherungsweise gleich:

$$S_S \approx S_S\Big|_{1\,\text{AE}} \cdot \left[1 + 0{,}033 \cdot \cos\left(2\pi \cdot \frac{n}{365}\right)\right] \qquad (2.1.4)$$

Um die solare **Strahlungstemperatur** T zu definieren, sind zwei Wege verbreitet. Aus dem Wienschen Verschiebungsgesetz

$$\lambda_{\text{max}} \cdot T = 2897\ \mu\text{m} \cdot \text{K} \qquad (2.1.5)$$

ergibt sich die Strahlungstemperatur aus der Wellenlänge λ_{max}, bei der die spektrale Energieflussdichte ihr Maximum hat. Für das Sonnenlicht liegt dieses Maximum bei 0,45 µm (blau). Hieraus folgt eine Temperatur von T = 6 400 K. Benutzt man hingegen die Stephan-Boltzmannsche Beziehung für die über alle Wellenlängen aufsummierte Energieflussdichte eines Hohlraum-Strahlers

$$S_S^{\text{total}} = \sigma \cdot T^4 \qquad (2.1.6)$$
$$\text{mit } \sigma = 5{,}67 \cdot 10^{-8}\ \text{W/(m}^2 \cdot \text{K}^4)$$

und setzt die Energieflussdichte gleich der auf die Sonnenoberfläche bezogenen Leuchtkraft der Sonne von $6{,}34 \cdot 10^7$ W/m², so erhält man die sogenannte effektive Strahlungstemperatur T_{eff} = 5 780 K.

Die beiden Definitionen der Sonnenstrahlungstemperatur führen deshalb zu unterschiedlichen Ergebnissen, weil das solare Spektrum nicht genau dem Typ eines Hohlraum-Strahlers entspricht.

Für die Abschätzung thermischer Wirkungen der Sonnenstrahlung auf Raumfahrzeuge ist meist die effektive Strahlungstemperatur besser geeignet.

Die **Solarkonstante** (bei 1 AE Sonnenabstand) variiert zeitlich um weniger als 0,3 %.

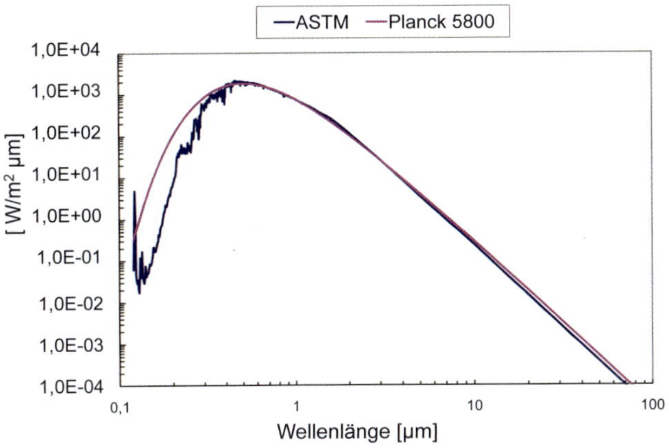

Bild 2.1.3: *Spektrale Energieflussdichte der Sonnenstrahlung in 1 AE Entfernung von der Sonne. Vergleich ASTM-Standardspektrum mit schwarzem Temperaturstrahler bei 5 800 K.*

Der absolut genommen unbedeutende Beitrag zur Sonnenstrahlung aus dem extremen UV- und weichen Röntgen-Bereich ($\lambda < 0{,}2$ µm), der hauptsächlich aus Chromosphäre und Korona stammt, variiert jedoch deutlich mit dem 11-jährigen Sonnenaktivitätszyklus und der Rotationsperiode der Sonne. Dieser Strahlungsanteil wird in der Thermosphäre der Erde absorbiert und hat dort einen starken Einfluss auf die Temperatur und damit auch auf das Dichteprofil der hohen Atmosphäre. Dieser Effekt muss bei der Abbremsung von Raumfahrzeugen im LEO berücksichtigt werden. Im Zusammenhang mit den als „flares" bezeichneten Ausbrüchen in der Chromosphäre, wird außer starker Radiostrahlung gelegentlich auch Röntgenstrahlung ($\lambda < 10^{-2}$ µm) emittiert, die mit einer Energieflussdichte von 10^{-6} ... 10^{-4} W/m^2 in der Erdumgebung ankommt.

Unmittelbare Folge der solaren Einstrahlung auf die Erde ist die sogenannte **Albedo-Rückstrahlung,** d. h. die vom besonnten Teil der Erdoberfläche bzw. der Atmosphäre diffus reflektierte Sonnenstrahlung. Für die Zwecke einer Thermalanalyse kann für die reflektierte Strahlung die Spektralverteilung der direkten Sonnenstrahlung angenommen werden. Der Reflexionsgrad liegt zwischen 0,05 und 0,6, abhängig von dem Teil der Erde, der zum jeweiligen Zeitpunkt vom Raumfahrzeug aus sichtbar ist (Wolken, Festland, Meer etc.). Als zeitlicher Mittelwert kann für die meisten Raumfahrzeugbahnen der Wert 0,3 angenommen werden.

Auch die Erdoberfläche strahlt gemäß des Stefan-Bolzmann-Gesetzes Wärme ab. Diese sogenannte **Erdeigenstrahlung** ist nur insofern eine Folge der Sonnenstrahlung als diese einen Großteil zum Wärmehaushalt der Erde beiträgt (der Rest stammt aus radioaktiven Zerfällen im Erdinneren). Auch die Intensität dieser Strahlung schwankt abhängig davon, welcher Ausschnitt der Erdoberfläche vom Raum her gesehen wird, und zwar zwischen 150 W/m^2 und 350 W/m^2. Als Mittelwert werden 230 W/m^2 angenommen.

Sowohl Albedo als auch Eigenstrahlung sind in den Raumbereichen, in denen sie aus thermalen Gründen berücksichtigt werden müssen, keine kollimierten Strahlungen.

2.1.2.3 Sonnenwind

Neben der elektromagnetischen Strahlung emittiert die Sonne auch Materie in Form des sogenannten Sonnenwinds. Die Sonne verliert dabei pro Sekunde ca. 1 Million Tonnen Wasserstoff. Der **Sonnenwind** ist ein neutraler Plasmastrom, der sich im Wesentlichen aus Protonen und Elektronen zusammensetzt. In der Erdumgebung und allgemeiner in der Ebene der Ekliptik lassen sich ein langsamer und ein schneller Sonnenwind unterscheiden. Während einer Sonnenrotationsperiode wird der erdnahe Weltraum abwechselnd vom langsamen und schnellen Sonnenwind überstrichen (Bild 2.1.4).

Das Plasma des Sonnenwinds ist kalt in dem Sinne, dass die Strömungsenergie die thermische Energie bei weitem übertrifft. Entlang der Feldlinien des solaren Magnetfeldes trifft der Sonnenwind auf die Magnetopause, den sonnenseitigen Rand der Magnetosphäre der Erde, und strömt dort um die Magnetopause herum weiter in den interplanetaren Raum.

Dabei überträgt der Sonnenwind einen Teil seiner kinetischen Energie auf den nachtseitig weit in den interplanetaren Raum ausgreifenden Schweif des Erdmagnetfelds. Die so sich ansammelnde magnetische Feldenergie entlädt sich von Zeit zu Zeit in sogenannten **magnetischen Teilstürmen.** In einem Teilsturm wird heißes Plasma im Schweifbereich der Magnetosphäre erzeugt, das teilweise in Richtung Erde bis in den Bereich geostationärer Umlaufbahnen geschleudert wird.

Neben dem ständig aus der Sonnenkorona abströmenden Sonnenwind kommt es gelegentlich zu einem sogenannten **koronalen Massenauswurf.** Dabei werden innerhalb weniger Stunden bis zu 10^{10} Tonnen Plasma in den interplanetaren Raum ausgeworfen. Falls diese Plasmawolke die Erdbahn kreuzt, führt dies zu besonders heftigen magnetischen Stürmen.

Tabelle 2.1.3: *Eigenschaften des Sonnenwinds in der Ekliptik bei Sonnenabstand 1 AE.*

Zusammensetzung	96 % Protonen, 4 % He^{++} (schwankend), Elektronen
Dichte	6 cm^{-3} (Protonen = Elektronen)
Protonenfluss	$3 \cdot 10^{12}$ m^{-2} s^{-1}
Temperatur	3 500 … 500 000 K
Freie Weglänge	10^8 km
Geschwindigkeit	200 … 400 km/s (langsam) 600 … 2 000 km/s (schnell)

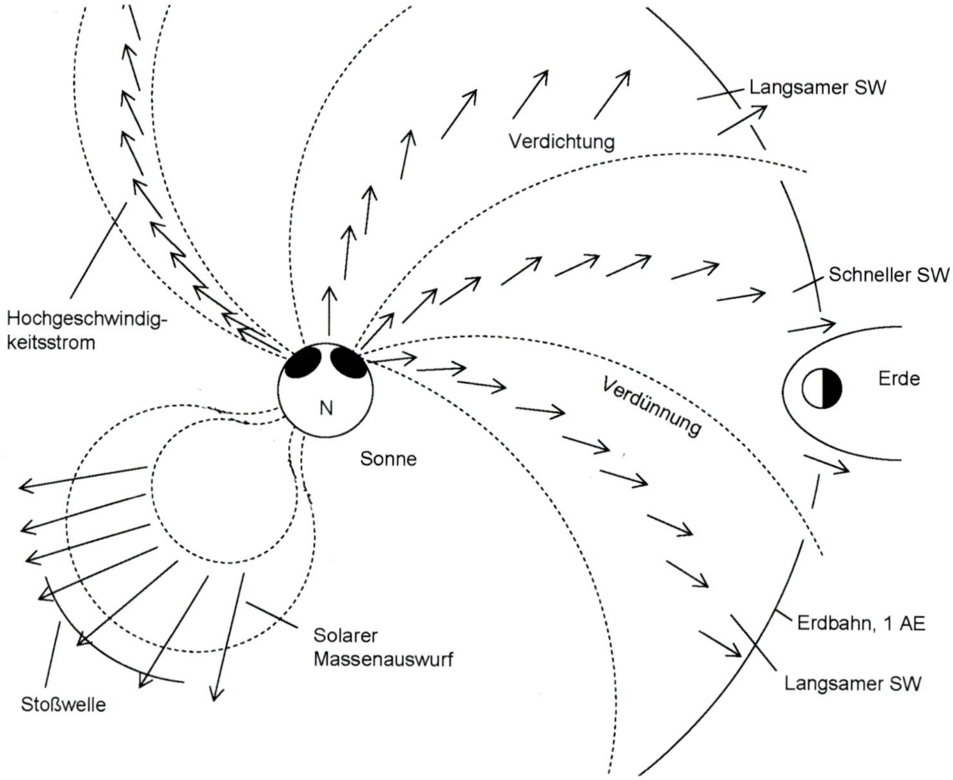

Bild 2.1.4: *Sonnenwind und interplanetares Magnetfeld in der Ekliptik [2.1.1].*

2.1.2.4 Energiereiche Teilchen

Unser Sonnensystem erreichen aus allen Richtungen (d. h. nicht korreliert zum Sonnenstand) hoch- und höchstenergetische Teilchen (überwiegend Protonen). Deren Energien reichen typisch von 100 MeV bis zu mehreren GeV. Es sind schon Einzelereignisse mit 10^{20} V nachgewiesen worden.

Im Zusammenhang mit einem koronalen Massenauswurf werden auch aus der Sonnenatmosphäre Protonen mit Energien von 1 bis über 100 MeV geschleudert. Da diese Eruptionen auf der Sonnenoberfläche räumlich begrenzt sind und nur wenige Stunden anhalten, erreichen diese Protonen nur dann die Erdumgebung, wenn die solaren Magnetfeldlinien, die vom Eruptionsgebiet ausgehen, gerade den erdnahen Weltraum überstreichen.

Tabelle 2.1.4: *Größenordung des Protonenflusses in der galaktischen Höhenstrahlung.*

Energie (in MeV)	1	10	100	1000	10000	100000
Fluss (in $m^{-2} \cdot sr^{-1} s^{-1} MeV^{-1}$)	10^{-2}	0,1	1	2	10^{-2}	10^{-5}

2.1.3 Einfluss der Erde

2.1.3.1 Die Erdatmosphäre

Die Atmosphäre der Erde wird in verschiedene Bereiche unterteilt. Geordnet nach dem Temperaturverlauf unterscheidet man Troposphäre, Stratosphäre, Mesosphäre und Thermosphäre (siehe Bild 2.1.5). Die oberen Schichtgrenzen erhalten jeweils den Namen der Schicht mit dem Zusatz „-pause".

In der **Troposphäre** spielt das Wetter, wie es in der Meteorologie mit Hoch- und Tiefdruckgebieten mit den dazugehörigen Wetterfronten definiert wird, eine große Rolle. Die Dynamik und Thermodynamik der Troposphäre wird wesentlich durch die nahe Erdoberfläche und die Erdrotation beeinflusst. Ebenso ist das Wasser in allen seinen Aggregatzuständen in der Troposphäre von großer Bedeutung. Die darüber liegende **Stratosphäre** ist dagegen trocken. Sie zeigt eine geringere vertikale Durchmischung und enthält die Ozonschicht. Die Strahlungsabsorption des Ozons bewirkt eine Temperaturzunahme bis zur Höhe von 50 km.

In der **Mesosphäre** (50 ... 80 km) nimmt die Temperatur wieder ab. An diese Temperaturabnahme ist eine geringere Abnahme der Dichte mit zunehmender Höhe als bei konstanter oder gar zunehmender Temperatur gekoppelt.

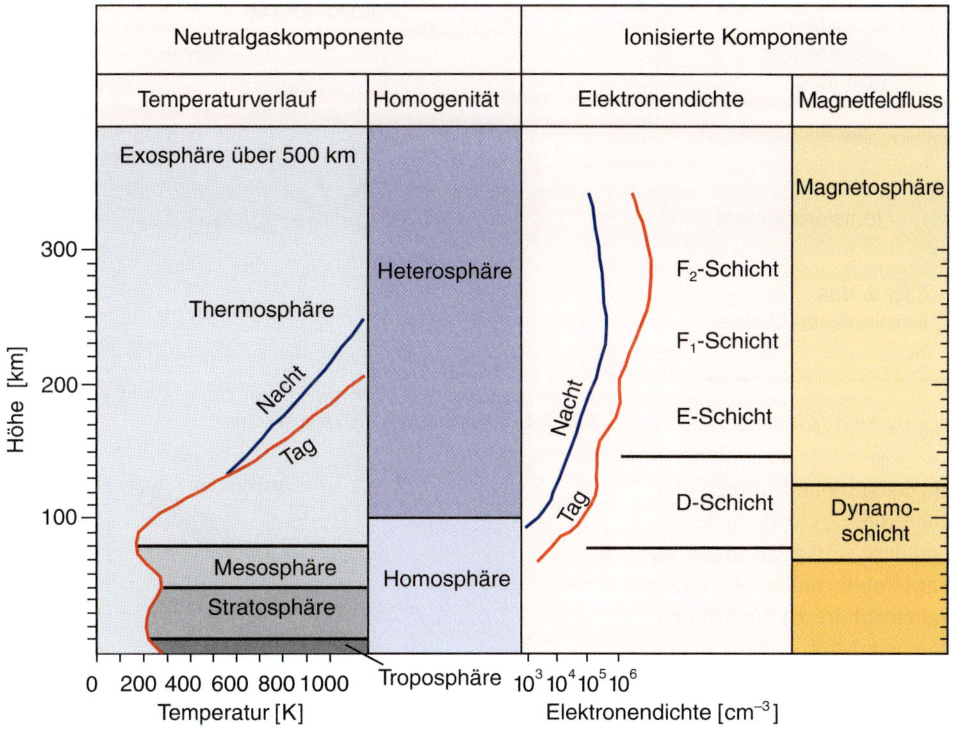

Bild 2.1.5: *Gliederung der Atmosphäre (schematisch).*

Die **Thermosphäre** ist das Gebiet mit wieder ansteigender Temperatur. Ab einer Höhe von etwa 130 km werden deutliche Unterschiede von Temperatur und Druck zwischen Tag und Nacht beobachtet.

In einem anderen Einteilungssystem wird zwischen der **Homo-** und der **Heterosphäre** unterschieden. Bis zu einer Höhe von 100 km ist das Neutralgas gut durchmischt. Die Mischungsverhältnisse der verschiedenen Luftbestandteile sind konstant, dies ist eine Folge der Turbulenz. Deshalb wird die Schicht häufig auch **Turbosphäre** und ihre obere Begrenzung Turbopause genannt.

In der darüber liegenden **Heterosphäre** sind die einzelnen Neutralgasbestandteile im Schwerefeld der Erde so verteilt, dass die prozentualen Anteile der leichteren Gase auf Kosten der schwereren nach oben zunehmen. Schließlich wird die Dichte so gering, dass die einzelnen Neutralgasteilchen Keplerbahnen im Schwerefeld der Erde beschreiben können, ohne mit anderen Teilchen zusammenzustoßen. Teilchen, deren Geschwindigkeit oberhalb der Fluchtgeschwindigkeit liegt, können in den interplanetaren Raum entweichen. Diesen Bereich nennt man **Exosphäre,** sie beginnt zwischen 500 und 600 km Höhe. Eine Möglichkeit das Schwerefeld der Erde zu verlassen, besteht jedoch nur für Neutralgasteilchen. Ionisierte Teilchen verhalten sich ganz anders.

Für die ionisierte Komponente der Atmosphäre existieren zwei Einteilungssysteme. Eines beruht auf dem Verlauf der Elektronenkonzentration mit der Höhe, ein anderes auf dem Einfluss des Erdmagnetfeldes auf die ionisierte Komponenten der Luft.

Auf geladene Teilchen, die sich quer zum Magnetfeld bewegen, wirkt eine ablenkende Kraft senkrecht zu Magnetfeld und Teilchengeschwindigkeit. Elektronen werden aufgrund ihrer kleineren Masse stärker von dieser Kraft beeinflusst als Ionen mit gleicher Geschwindigkeit. Der Anteil der ionisierten Teilchen vergrößert sich mit der Höhe. Bis zu einer Höhe von 70 km ist der ionisierte Anteil noch so gering, dass die ionisierten Teilchen von den Neutralgasteilchen mitgenommen werden. Oberhalb liegt der Bereich, in dem die Ionen noch völlig der Bewegung der Neutralgasteilchen folgen, die Elektronen aber in ihrer Bewegung quer zum Magnetfeld behindert werden. Dadurch entstehen elektrische Felder **(Dynamoschicht).**

Oberhalb von 130 km ist die Dichte des Neutralgases so weit abgesunken, dass auch Zusammenstöße zwischen Ionen und Neutralgasteilchen nur noch sehr selten auftreten. Dabei werden die Bewegungen aller ionisierten Teilchen im Wesentlichen vom Magnetfeld der Erde gesteuert. Diesen Bereich nennt man die **Magnetosphäre.** Geladene Teilchen können diesen Bereich nur schwer verlassen, da sie aufgrund der Wechselwirkung mit dem Magnetfeld entlang der Magnetfeldlinien geführt und an den magnetischen Polen hin und her gespiegelt werden. So entsteht das heiße, dünne Plasma, mit dem die Magnetosphäre gefüllt ist. Die Magnetosphäre selbst wird von einem dichten, kalten **Sonnenwind** mit Überschallgeschwindigkeit umströmt.

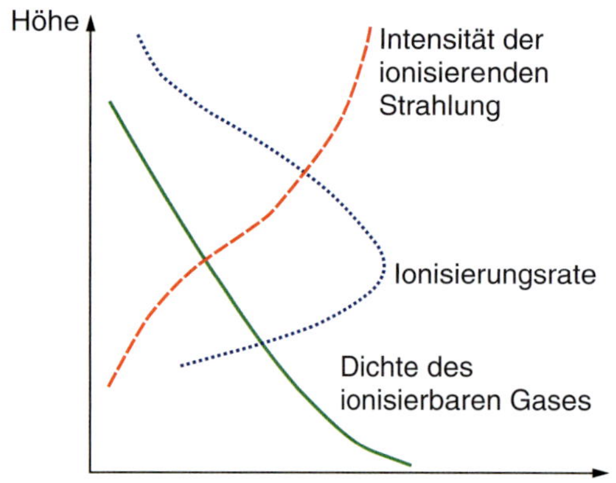

Bild 2.1.6: *Entstehung einer Ionosphärenschicht (schematisch).*

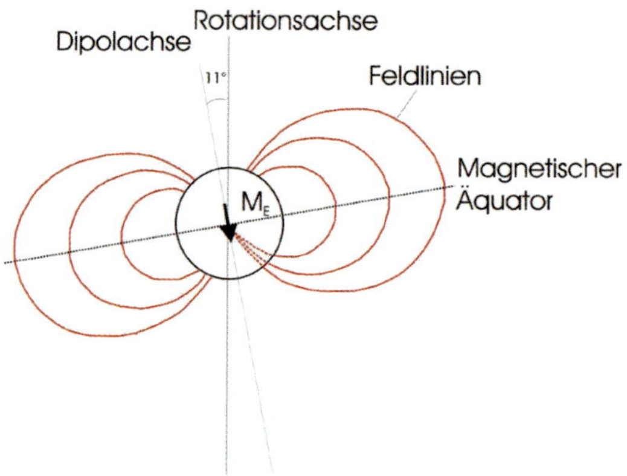

Bild 2.1.7: *Magnetisches Dipolfeld der Erde.*

Der Sonnenwind kann aufgrund des starken Erdmagnetfeldes die äußere Grenze der Magnetosphäre, die Magnetopause, nicht direkt durchdringen, sondern wird gezwungen, an der sogenannten Bugstoßwelle auf Unterschallgeschwindigkeit abzubremsen und die Magnetosphäre zu umströmen. Hierbei komprimiert der Sonnenwind mit seinem hohen kinetischen Druck die tagseitige Magnetosphäre, während die Nachtseite zu einem über die Mondbahn hinausreichenden Schweif verformt wird.

Der Verlauf der Elektronendichte mit der Höhe ergibt sich durch Überlagerung mehrerer Einzelffekte. Ihre Entstehung [2.1.3] wird in Bild 2.1.6 qualitativ erklärt.

Die Dichte des ionisierbaren Gases nimmt im Schwerefeld der Erde nach oben ab. Die Intensität der ionisierenden Strahlung ist dagegen oben am größten. Da Strahlung absorbiert und zur Ionisierung verbraucht wird, verringert sich die Strahlungsintensität nach unten hin. Die **Ionenproduktionsrate** ist mit dem Produkt beider Größen proportional und besitzt daher in ihrem Höhenverlauf ein ausgeprägtes Maximum.

Weil die Luft aus verschiedenen Gasen besteht, entstehen verschiedene Ionisationsschichten in unterschiedlichen Höhen, wobei die Ionisierung je nach Molekülart durch unterschiedliche Bereiche des Spektrums der einfallenden Strahlung bewirkt wird.

Das obige Schema gilt genauso für die Wärmeproduktion bei Absorption, für Dissoziation und alle anderen Prozesse, bei denen Strahlung auf die Luft einwirkt.

2.1.3.2 Magnetfeld der Erde

In einer einfachen Näherung kann das Magnetfeld der Erde als das Feld eines **magnetischen Dipols** betrachtet werden.

Bild 2.1.7 zeigt schematisch den prinzipiellen Aufbau. Dabei wird dem Dipol ein magnetisches Moment von etwa $7{,}7 \cdot 10^{22}$ A m^2 zugeordnet. Der magnetische Dipol ist um 11° gegen die Rotationsachse der Erde geneigt.

Befände sich die Erde mit ihrem Magnetfeld in einem teilchen- und feldfreien Raum, so bliebe die Dipolstruktur

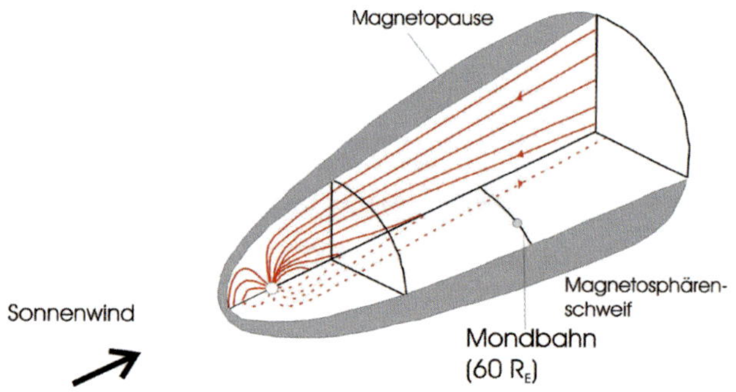

Bild 2.1.8: *Magnetosphäre, äußere Gestalt.*

des Erdmagnetfeldes auch im erdfernen Bereich erhalten. Dies ist jedoch nicht der Fall. Das Erdmagnetfeld ist in den Teilchenstrom von der Sonne, den Sonnenwind, eingebettet. Gleichzeitig überlagert es sich auch noch mit dem interplanetaren Magnetfeld. Diese Wechselwirkung bedingt die Begrenzung des Erdmagnetfeldes auf ein endliches Volumen, das als **Magnetosphäre** bezeichnet wird (siehe Bild 2.1.8).

Auf der sonnenzugewandten Seite besitzt die Magnetosphäre eine ellipsoidförmige Gestalt, wobei die geozentrische Entfernung des subsolaren Punktes etwa 10 Erdradien ($R_\oplus$, insgesamt etwa 64 000 km) beträgt.

Dabei werden Schwankungen dieser Distanz um einige Erdradien in Abhängigkeit von Eigenschaften des interplanetaren Mediums und hier insbesondere in Abhängigkeit von dem Anströmdruck des Sonnenwindes beobachtet. An der sonnenabgewandten Seite ist die Magnetosphäre weit auseinander gezogen und besitzt zylinderförmige Gestalt. Wegen der Ähnlichkeit mit einem Kometenschweif wird dieser Bereich als Magnetosphärenschweif bezeichnet. Die Länge des Schweifs ist nicht genau bekannt und höchstwahrscheinlich sehr variabel. Im Allgemeinen reicht sie jedoch beträchtlich über die Mondbahn (ungefähr 60 Erdradien) hinaus. Dabei nimmt der Radius des Schweifs mit wachsender Entfernung von der Erde zunächst zu und erreicht in 200 $R_\oplus$ Entfernung Werte zwischen 25 und 30 $R_\oplus$.

2.1.3.3 Bewegung geladener Teilchen in der Magnetosphäre

In der **Magnetosphäre** ist die Mehrzahl der vorhandenen Teilchen ionisiert und damit geladen. Auf diese geladenen, sich im Magnetfeld bewegenden Teilchen wirken zusätzliche geschwindigkeitsabhängige Kräfte. Um ihre **Bewegung** quantitativ erfassen zu können, geht man von der Kräftegleichgewichtsbeziehung für ein Einzelteilchen aus. Berücksichtigt werden dabei in einem sehr einfachen Modell die Trägheitskraft F_T, die geschwindigkeitsabhängige Magnetfeldkraft F_B (Lorentzkraft) und sonstige, geschwindigkeitsunabhängige äußere Kräfte F_S. Unberücksichtigt bleiben Reibungskräfte sowie die Rückwirkung der Teilchenbewegung auf das vorgegebene Magnetfeld, das als ein einfaches Dipolfeld angenommen wird. Gesucht werden demnach Lösungen der Bewegungsgleichung

$$m\frac{\mathrm{d}\boldsymbol{v}}{\mathrm{d}t} = \boldsymbol{F}_S + q(\boldsymbol{v} \times \boldsymbol{B}) \qquad (2.1.7)$$

m Masse des Teilchens S,
t Zeit,
q Ladung,
v Geschwindigkeit,
B das umgebende Magnetfeld

Zerlegt man diese Bewegungsgleichung in ihre feldlinienparallele und feldliniensenkrechte Komponente, so ergibt sich

$$m\frac{\mathrm{d}\boldsymbol{v}_{\text{parallel}}}{\mathrm{d}t} = \boldsymbol{F}_{S_{\text{parallel}}} \qquad (2.1.8)$$

$$m\frac{\mathrm{d}\boldsymbol{v}_{\text{senkrecht}}}{\mathrm{d}t} = \boldsymbol{F}_{S_{\text{senkrecht}}} + q(\boldsymbol{v} \times \boldsymbol{B}) \qquad (2.1.9)$$

Gl. (2.1.8) entspricht der „normalen" Bewegungsgleichung, wie sie auch für Neutralgasteilchen gilt, und kann bei zeitunabhängigen äußeren Kräften unmittelbar integriert werden:

$$\boldsymbol{v}_{\text{parallel}}(t) = \boldsymbol{v}_{\text{parallel}}(t_0) + \frac{\boldsymbol{F}_{S_{\text{parallel}}}}{m}(t - t_0) \qquad (2.1.10)$$

Die Lösung von Gl. (2.1.9) erweist sich als wesentlich schwieriger und hängt entscheidend von der Konfiguration des Magnetfeldes ab. Deshalb erweist es sich als günstig, die Gesamtbewegung in Einzelkomponenten zu zerlegen. Dies ist auch häufig möglich, da sich die Einzelkomponenten aufgrund ihrer Abläufe auf unterschiedlichen Zeitskalen als nahezu unabhängig voneinander verhalten. Es ergeben sich unter anderen die folgenden Spezialfälle:

(1) $F_{S_{\text{senkrecht}}} = 0$, $\boldsymbol{B}$ = homogen → Gyration
(2) $F_{S_{\text{senkrecht}}} = 0$, B-Gradient → Oszillation
(3) $F_{S_{\text{senkrecht}}} = 0$, B-Gradient senkrecht $\boldsymbol{B}$ → Drift
(4) $F_{S_{\text{senkrecht}}} \neq 0$, $\boldsymbol{B}$ = homogen → Drift

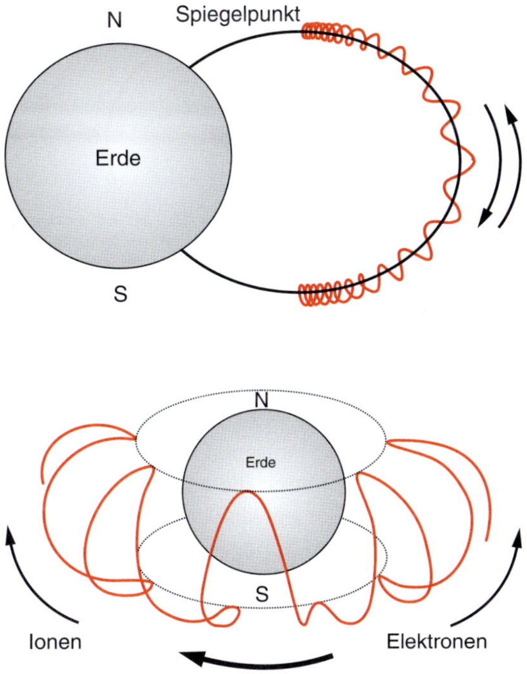

Bild 2.1.9: *Bewegung geladener Teilchen in der Magnetosphäre.*

Dabei sorgt ein senkrecht zur Bewegungsrichtung stehendes Magnetfeld für eine **Gyrationsbewegung** der Teilchen, sodass sich die geladenen Teilchen entlang der Magnetfeldlinien gyrierend bewegen. An den Polen wird das Magnetfeld stärker. Dadurch, dass die geladenen Teilchen aus einem inhomogenen magnetischen Feld herausgedrängt werden, entsteht eine **magnetische Flasche,** in der die Teilchen gefangen von Pol zu Pol gespiegelt werden.

Sie oszillieren von einem magnetischen Pol zum anderen und dringen nur bis zu einer Höhe, die von der Stärke des Magnetfelds bestimmt ist, in die Atmosphäre der Erde ein. Ferner entsteht durch die Krümmung der Magnetfeldlinien eine weitere azimutale Drift der geladenen Teilchen. Bei der hier betrachteten Dipolapproximation liegen die Spiegelpunkte der Teilchenbahnen auf Kreisen gleicher Höhe. In der Realität schwanken die Spiegelpunkthöhen entsprechend der jeweiligen lokalen Magnetfeldstärke. Besonders bekannt ist in diesem Zusammenhang die **Südatlantik-Anomalie** mit ihren auffällig schwachen Magnetfeldstärken. Hier können die geladenen Teilchen besonders tief in die Atmosphäre eindringen und u. a. durch Ionisation von Gasteilchen die bekannten Polarlichter hervorrufen.

2.1.3.4 Der Strahlungsgürtel (Van-Allen-Belt)

Die hochenergetische Teilchenpopulation eines **Strahlungsgürtels,** die – wie im letzten Kapitel gezeigt – in der inneren Magnetosphäre eingeschlossen ist, stellt eine potenzielle Gefahr für ein Raumfahrzeug dar. Hochenergetische Teil-

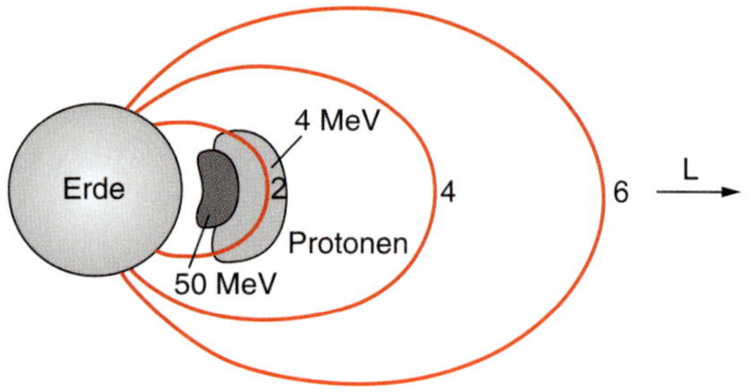

Bild 2.1.10: *Lage eines Strahlungsgürtels in der Magnetosphäre.*

chen können durch **Ionisation** Schäden insbesondere an elektrischen Bauteilen erzeugen. Eine solche häufig zunächst noch reversible Ionisation zum Beispiel in einem Halbleiterbauteil führt durch die zusätzliche Erzeugung von Ladungsträgern zu einem temporären Versagen dieses Bauteils. Ohne die Anwendung von Gegenmaßnahmen können hierdurch erhebliche irreversible Folgeschäden induziert werden, die bis zum Totalausfall des Raumfahrzeuges führen können.

Der Ort maximaler Teilchenflüsse in der Magnetosphäre hängt von Teilchenart, Teilchenenergie und magnetosphärischem Zustand ab. Unter dem Strahlungsgürtel sei im Folgenden die hochenergetische Komponente der Teilchenpopulation verstanden, wobei als untere Grenze etwa 1 MeV für Protonen und 50 keV für Elektronen gelten mag.

Als Beispiel ist in Bild 2.1.10 die **Verteilung des maximalen allseitigen Protonenflusses** bei Energien oberhalb von 4 bzw. oberhalb von 50 MeV skizziert (nach [2.1.1]). Für 4-MeV-Teilchen liegt das Maximum in der (magnetischen) Äquatorebene bei etwa $L = 1{,}8$ (ungefähr 5 000 km Höhe), für 50-MeV-Teilchen im Höhenbereich um 3 000 km (innerer Strahlungsgürtel). Maximale äquatoriale Flüsse betragen $10^{10}\ m^{-2}\ s^{-1}$ für 4-MeV-Teilchen und $10^{8}\ m^{-2}\ s^{-1}$ für 50-MeV-Teilchen. Für Elektronen werden dagegen maximale Flussdichten zwischen $L = 3$ und 4 beobachtet (äußerer Strahlungsgürtel). Die Eigenschaften der höherenergetischen Strahlungsgürtelteilchen sind relativ stabil.

2.1.4 Einfluss auf das Raumfahrzeug und die Missionsplanung

Missionsplanung und Raumfahrzeug sind auf die zu erwartende Weltraumumgebung (siehe Kapitel 2.1.1) hin auszulegen. Andererseits werden sich Missionsplanung und Raumfahrzeugentwurf die Weltraumumgebung soweit wie möglich für einen optimalen Einsatz jeglichen Aufwands (z. B. Kosten, Energie, Masse usw.) nutzbar machen. Daher bestimmt die Weltraumumgebung wie kaum eine andere Umweltbedingung den Entwurf eines technischen Geräts.

Abgesehen von sehr speziellen Bedingungen, wird die **Weltraumumgebung** mit folgendem Schema beschrieben:

- Gravitationsfelder,
- Magnetfelder,
- elektromagnetische Strahlung,
- Atmosphären,
- energiereiche Teilchenstrahlung,
- **Hochvakuum** und Plasma,
- Kontamination, Degradation,
- Festkörper-Interaktion.

Diese Punkte müssen bereits in der frühen Missionsplanung bewertet und auf ihre Auswirkungen auf die Mission geprüft werden, damit sie in die Planung der Flugbahn oder des Orbits, in das Massenbudget von thermischen und anderen Schutzmaßnahmen und in die Auswahl von Komponenten und Materialien einbezogen werden. Aufgrund der erworbenen Erfahrung kann der Entwurf von Raumfahrtgerät inzwischen auf eine Reihe von bewährten Methoden, Modellen und Daten zurückgreifen.

2.1.4.1 Gravitation und Magnetik

Die Bewegung eines Raumfahrtgeräts unter Weltraumbedingung wird im Wesentlichen von der **Gravitation** bestimmt. Ausgangspunkt jeder Bahnberechnung für ein Raumfahrzeug in dem Schwerefeld eines Zentralkörpers ist das Newtonsche Gravitationsgesetz in der Form

$$F = -\frac{G\,M\,m}{r^2} \tag{2.1.11}$$

F Gravitationskraft,
G Universelle Gravitationskonstante,
M Masse des Zentralkörpers,
m Masse des Raumfahrzeugs,
r Abstand der jeweiligen Massenschwerpunkte.

Diese Form gilt allerdings nur für
- von anderen Massen isolierte sphärische Körper,
- die Abwesenheit von Impulsübertragung (z. B. Restatmosphäre) und
- nicht-relativistische Umstände.

Schon bei einem nicht-sphärischen Raumfahrzeug bewirkt der Schwerkraftgradient ein Moment, welches die Achse des Raumfahrzeugs mit dem kleinsten Massenträgheitsmoment auf den Zentralkörper ausrichtet. Dieser Effekt wird bei geringer Ausrichtgenauigkeit (> 1°) für die sogenannte Schwerkraftgradienten-Lagekontrolle verwendet [2.1.6]. Umgekehrt heißt dies, dass ein aktives Lageregelungssystem diesen Umstand berücksichtigen muss.

Das Gravitationsgesetz in seiner einfachsten Form ist darüber hinaus nur in hinreichender Nähe zu einem Zentralkörper anwendbar. Sind Einflüsse anderer Himmelskörper nicht mehr vernachlässigbar, dann ist ein sogenanntes **Mehrkörpersystem** für die Bahnanalyse zu lösen.

Hinsichtlich dessen Komplexität ist auf die Spezialliteratur zu verweisen. Für sehr genaue Analysen eines Erdorbits sind neben den Gravitationseinflüssen von Mond und Sonne ggf. auch die Wirkungen der Planeten Venus, Mars, Jupiter und Saturn zu berücksichtigen.

Für den Fall, dass der Zentralkörper, wie die Erde, kein sphärisches Gravitationsfeld besitzt, benötigt man für akkurate Bahnberechnungen ein exakteres Modell des Gravitationspotenzials. Für die Erde wurden aus Satellitenbahnverfolgung, Höhenvermessung und Erdschwerebestimmungen inzwischen mehrere Modellbeschreibungen des Geopotenzials entwickelt. Deren Grundprinzip besteht darin, für ein Sphäroid das Gravitationspotenzial in eine unendliche Reihe in Längen- und Breitengradrichtung mittels Legendre-Polynomen zu entwickeln, welche ihrerseits die Laplacesche Differenzialgleichung für ein Gravitationspotenzial U im leerem Raum erfüllen: $\nabla^2 U = 0$. Legendre-Polynome eignen sich besonders, um eine Form anzunähern, die sich nur wenig von einer Kugelgeomtrie unterscheidet.

Damit wird das Geopotenzial ausgedrückt mit:

$$U(r,\varphi,\lambda) = \frac{GM}{r}\left(1 + \sum_{n=2}^{\infty}\sum_{m=0}^{n}\left(\frac{\alpha}{r}\right)^{n} \cdot P_{nm} \cdot \left[C_{nm}\cos(m\,\lambda) + S_{nm}\sin(m\,\lambda)\right]\sin\varphi\right) \qquad (2.1.12)$$

α Referenzachse des Ellipsoids,
n, m Grad und Ordnung des harmonischen Terms,
λ, φ geografische Länge und Breite,
C_{nm}, S_{nm} sphärische, harmonische Koeffizienten,
P_{nm} Legendre-Polynom erster Art.

Beispielsweise beschreiben die Harmonischen ($m = 0$, $n = 2$) den Einfluss der Abplattung der Pole.

Das aktuell von der ESA benutzte Modell des Gravitationspotenzials ist das EIGEN-GL04C-Modell (European Improved Gravity Model of the Earth by New Methods) [2.1.7]. Es ist von Grad und Ordnung 360 und basiert auf Ergebnissen der GRACE- und LAGEOS-Missionen. Die Auflösung dieses Modells wird mit einer Wellenlänge von 110 km angegeben und ist z. B. in der Lage, für einen Orbit in 600 km Höhe das Geoid mit einer Genauigkeit von 1 mm anzugeben [2.1.16]. Mit den Ergebnissen der GOCE-Mission wird das Modell noch weiter verfeinert.

Die zunehmende Kenntnis der Gravitationsfelder in Verbindung mit vorhandener Rechenleistung ermöglicht die Ausnutzung der Gravitationsfelder für schwierige Bahnmanöver gerade für interplanetare und erdbezogene Forschungsmissionen, wodurch die Mitnahme von Treibstoff für Bahnmanöver erheblich reduziert werden kann und spezielle Missionen erst möglich werden. Aktuelle Beispiele (2007) sind die Beschleunigung der Plutosonde NEW HORIZONS am Jupiter sowie das Abbremsen der

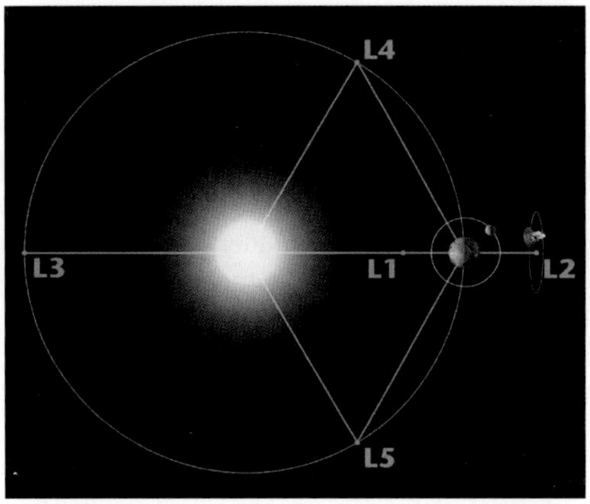

Bild 2.1.11: *Lagrange-Punkte im Sonne-Erde-System (Bild: NASA).*

Rosetta-Sonde am Mars als wichtige Manöver für das Erreichen einer Kometenbahn.

In der Schwerkraft-Konstellation Sonne – Erde, so wie in allen Mehrkörpersystemen, gibt es ausgezeichnete Punkte im interplanetaren Raum, auf denen sich die Gravitations- und Zentrifugalkräfte die Waage halten (potenzialfreie Zonen). Diese Punkte werden als **Lagrange-Punkte** bezeichnet und eignen sich als feste Beobachtungspunkte relativ zur Sonne und Erde, um die sich Raumflugkörper auf stabilen Bahnen bewegen können. So liegt der Punkt L1 auf einer Linie zwischen Erde und Sonne in etwa 1,5 Mio. Kilometer von der Erde. Er ist Heimat des Sonnenobservatoriums SOHO. L2 und L3 liegen auf der Verlängerung dieser Linie hinter der Erde (L2) bzw. hinter der Sonne (L3). Die Punkte L4 und L5 liegen auf der Erdbahn in 60^{0} Segmentabstand. L1 bis L3 sind metastabile Punkte, sogenannte **Sattelpunkte**. Ein Raumfahrzeug ist dort nur in einer Richtung stabil, in der orthogonalen Richtung hat es die Tendenz davonzudriften und muss daher permanent geringe Bahnkorrekturen durchführen. L4 und L5 werden als **stabile Punkte** bezeichnet, bildlich gesprochen sogenannte **„hilltops“**. Das Geheimnis ihrer Stabilität liegt in der Coriolis-Kraft, die das Raumfahrzeug beim Abdriften von der „Bergspitze“ in einen stabilen Orbit um den Lagrange-Punkt zieht. Bild 2.1.11 zeigt die Lage der Lagrange-Punkte im Sonne-Erde-System und veranschaulicht den Ziel- und Einsatzort L2 des Hubble-Nachfolgeteleskops JWST. Weitere Beispiele für Satelliten-Missionen zum L2 sind WMAP (NASA) und Herschel/Planck (ESA).

Bewegt sich ein Raumfahrzeug in einem Schwerefeld rein translatorisch und ohne Einfluss weiterer innerer (z. B. Antrieb) oder äußerer Kräfte (z. B. atmosphärische Abbremsung), dann herrscht auf dem Raumfahrzeug im Wesentlichen die Schwerelosigkeit infolge des „freien Falls“ im Gravitationsfeld. Die fast völlige Abwesenheit von Schwere an Bord hat einerseits Vorteile, andererseits sind besondere Gegebenheiten zu beachten. Zu den vorteiligen Effekten gehört, dass mechanische Bauteile und

Mechanismen in extremer Leichtbauweise ausgeführt werden können. Die Auslegungsgrenzen ergeben sich dann meist aus den Startlasten und den Forderungen nach sicherer Funktion. Andererseits stellt die Schwerelosigkeit besondere Anforderungen an die Handhabung von Flüssigkeiten an Bord (z. B. für Treibstoffe). Um unkontrolliertes **Schwappen** zu verhindern und die Zufuhr von Treibstoffen zu den Treibstoffleitungen zu gewährleisten, sind deshalb Vorspannkräfte vorzusehen. Geeignete Vorspannkräfte werden mithilfe der Oberflächenspannung der Flüssigkeiten selbst (Oberflächenspannungstanks), mit vorgespannten Membranen oder durch Spin erzeugt. Weiterhin ist die Funktion von Heatpipes zum Wärmetransport unter Schwerelosigkeit lageunabhängig, was allerdings die Überprüfung ihrer Fuktionsfähigkeit am Boden erschwert.

Die **Magnetik** stellt in physikalischer Hinsicht ein völlig anderes Naturphänomen als die Gravitation dar. Die für die Raumfahrt bedeutenden magnetischen Felder sind ebenfalls an natürliche Himmelskörper gebunden. Für die Entstehung dieser Magnetfelder sind – im Gegensatz zur Gravitation – primär innere magnetodynamische Effekte im Himmelskörper verantwortlich und nicht die Existenz des Himmelskörpers per se, und nicht alle Planeten verfügen über ein ausgeprägtes Magnetfeld. Einen sekundären Beitrag für das Magnetfeld leisten Plasmaströme in der Ionosphäre und die Interaktion des inneren Magnetfelds mit dem Sonnenwind. Aufgrund ihrer Entstehung sind Magnetfelder daher weder räumlich noch zeitlich konstant, weshalb ihre Beschreibung auch komplexer als die der Gravitationsfelder ist.

Ähnlich zu einem Gravitationsmodell gibt es auch **Modellbeschreibungen für Magnetfelder.** Bei der Erde sind in Abhängigkeit von der Erdentfernung mehrere Modelle zur Beschreibung erforderlich:

- einfache oder exzentrische Dipolmodelle, anwendbar für niedrige Umlaufbahnen [2.1.8], ein Referenzmodell ist das IGRF-10-Modell (International Geomagnetic Reference Field) [2.1.9],
- die Interaktion des Sonnenwinds mit dem Erdmagnetfeld bewirkt in dessen äußeren Schichten eine erhebliche Deformation: eine Kompression in Richtung der Sonne und eine Ausbildung eines Schweifs auf der sonnenabgewendeten Seite [2.1.10].

Für die Raumfahrt beziehungsweise für den Raumfahrzeugentwurf haben die Magnetfelder nun folgende Bedeutung:

- Die Bewegung eines Raumfahrzeugs in einem Magnetfeld bewirkt eine induzierte elektrische Spannung. Dies kann in einem Raumfahrzeug zu elektrischen Potenzialen in der Größe von einigen Volt führen. Bei geschlossenen Stromkreisen führt dies im Raumfahrzeug und im umgebenden Plasma zu Stromflüssen. In den sogenannten **Tethered-Satellitenmissionen** wird dieser Effekt bewusst zur Bordenergiegewinnung genutzt.
- Besitzt ein Raumfahrzeug ein **immanentes magnetisches Moment,** dann bewirkt ein äußeres Magnetfeld eine magnetische Kraft auf das Raumfahrzeug. Dieser Effekt wird bei speziellen Missionen zur Lageregelung eingesetzt und das Raumfahrzeug entlang des magnetischen Felds ausgerichtet.
- Die Ausbildung von Strahlungsgürteln und die Beschleunigung geladener Teilchen in Richtung der magnetischen Pole bewirken, dass bestimmte Satellitenbahnen erhöhter Strahlungsbelastung ausgesetzt sind (siehe Kapitel 2.1.4.4).

Von speziellen Missionen abgesehen, versuchen Raumfahrzeugentwurf und Orbitauslegung einen störenden Einfluss der Magnetfelder grundsätzlich zu vermeiden.

2.1.4.2 Elektromagnetische Strahlung

Die elektromagnetische Strahlung erreicht ein Raumfahrzeug aus allen Richtungen (omnidirektional) mit sowohl räumlich als auch zeitlich schwankenden Strahlungsintensitäten und Wellenlängen. Allerdings spielt für den Betrieb eines Raumfahrzeugs im Wesentlichen nur die von der Sonne emittierte elektromagnetische Strahlung eine Rolle. Ihre Wirkungen sind vielschichtig und stellen hohe Anforderungen an den Entwurfsprozess.

Man kann die Einflüsse der elektromagnetischen Strahlung auf ein Raumfahrzeug in unserem Sonnensystem in folgenden Kategorien zusammenfassen:

a) Thermischer Einfluss

Die Energie der einfallenden elektromagnetischen Strahlung wird vom Raumfahrzeug hauptsächlich in **Wärmeenergie** umgewandelt und ist damit der wichtigste äußere Parameter für seine **Wärmebilanz.** Für den Wärmehaushalt relevant sind direkte Sonnenstrahlung, reflektierte Sonnenstrahlung und Eigenstrahlung der Erde bzw. anderer Himmelskörper (siehe 2.1.2, 2.1.3).

Deshalb ist bereits im Entwurf eine genaue Analyse des zeitlichen Verlaufes von Amplituden, Einfallswinkeln und Wellenlängen der über die gesamte Missionsdauer zu erwartenden Energieflussdichten zu erstellen. Die gewonnenen Informationen werden beim Entwurf des Thermalkontrollsystems (TCS) des Raumfahrzeugs verarbeitet (siehe Kapitel 4.3). Eine besondere Herausforderung für das Thermalkontrollsystem stellen die extremen Temperaturgradienten zwischen sonnenzugewandter und sonnenabgewandter Seite beziehungsweise zwischen Sonnenphasen und Schattenphasen dar. Daraus resultierend ist die Längenausdehnung der verwendeten Materialien ein kritischer Entwurfsparameter.

Interstellare elektromagnetische Strahlungsquellen sind für den Wärmehaushalt von Raumfahrzeugen nicht relevant. Allerdings spielt die Temperatur der kosmischen

Hintergrundstrahlung (T = 2,7 K) für den Wärmehaushalt spezieller Forschungssonden (IR-Teleskope) eine den Entwurf bestimmende Rolle, da die Betriebstemperatur der Instrumente noch darunter liegen muss (z. B. Herschel/Planck).

b) Photochemische Effekte

Die Energieflussdichten der kurzwelligen solaren elektromagnetischen Strahlung (UV, Röntgen) sind innerhalb unseres Sonnensystems hoch genug, um eine **irreversible Veränderung der Molekülstruktur** der bestrahlten Materie hervorzurufen. Elektronen werden aus ihrer Atombindung gerissen und bewegen sich als freie Elektronen weiter. Für die außen liegenden Komponenten eines Raumfahrzeugs ergeben sich dadurch folgende Effekte:

Fotoelektrischer Effekt

Solarzellen wandeln die freiwerdenden Elektronen in elektrischen Strom unter Ausnutzung des **fotoelektrischen Effekts** (siehe Kapitel 4.2). Solargeneratoren sind die Grundlage des Energieversorgungssystems nahezu aller heutiger Raumfahrzeuge. Im Erdorbit erzeugen sie heute eine flächenbezogene Leistung von ca. 350 W/m^2. Aufgrund der größeren Entfernungen von der Sonne erzeugen Solargeneratoren jenseits der inneren Planeten nicht mehr genügend Strom zur Versorgung eines Raumfahrzeugs. Daher sind bei einigen Missionen zu den äußeren Planeten Generatoren auf der Basis von Radioisotopen an Bord (sogenannte RTGs).

Elektrostatische Aufladung

Ein unerwünschter Nebeneffekt als Konsequenz des Herauslösens von Elektronen aus der Atomstruktur der Außenhaut des Raumfahrzeugs ist die **elektrostatische Aufladung.** Es entsteht eine positive Ladung der beschienenen Seite gegenüber der nicht beschienenen Seite (Differential Charging). Der so erzeugte Elektronenstrom kann aber auch die negative Aufladung durch energiereiche Elektronen aus der Plasma-Umgebung (siehe Kapitel 2.1.4.4) teilweise kompensieren. Der Grad der Aufladung wird unter anderem bestimmt durch die Lage des Raumfahrzeugs relativ zur Sonne. Satelliten auf sonnensynchronen polaren Bahnen, bei denen eine Seite permanent zur Sonne gerichtet ist, sind gefährdeter als zum Beispiel spin-stabilisierte interplanetare Sonden.

Durch Sonneneruptionen (Solar Flares) kann der Anteil der kurzwelligen Strahlung auf das Tausendfache und teilweise darüber hinaus ansteigen [2.1.4]. Dies kann zu spontanen Entladungen über die Struktur des Raumfahrzeugs führen. Aber auch der Wechsel zwischen Sonnen- und Schattenphasen kann eine Entladung triggern. Weiterhin sind oft operationelle Ereignisse wie Bahnmanöver, das Einschalten der Downlink-Telemetrie oder vergleichbare elektronische Aktivitäten Auslöser von elektrostatischen Entladevorgängen [2.1.5]. Bei einem Entladevorgang fließen elektrische Ströme entweder über die Struktur (bei **Differential Charging**) oder sogar als Lichtbogen zwischen dem Raumfahrzeug und dem umgebenden Plasma **(Arcing).**

Mögliche Folgen dieser Entladevorgänge sind:

- **Degradation** von Solarzellen,
- Degradation optischer Sensoren,
- Beschleunigung des Zerfalls von Oberflächenbeschichtungen.

Als einfache Präventionsmaßnahme sollten für die äußere Struktur des Raumfahrzeugs soweit wie möglich leitende Materialien verwendet werden. Im Falle der Solargeneratoren kann dies aber nur in begrenztem Maße verwirklicht werden. In einem Kompromiss zwischen elektrischer Leitfähigkeit und optischer Transparenz wird für die Deckglasschicht der Solarzellen Indiumoxid verwendet. Dadurch kann der flächenbezogene elektrische Widerstand auf weniger als 5 000 Ω/cm^2 reduziert werden [2.1.4].

Elektrische Widerstandsänderung

Das Herauslösen von Elektronen aus ihrer Atombindung durch UV-Strahlung verursacht geringe Änderungen des elektrischen Widerstands von elektronischen Bauteilen.

Versprödung

Die Versprödung ist eine weitere Form der **Materialschädigung,** ausgelöst durch harte UV-Strahlung. Sie hat einen Einfluss auf die Steifigkeit der mechanischen Struktur und ist insbesondere relevant auf Komponentenebene bei Mechanismen bzw. mechanisch beanspruchten Teilen. Bei vielen Polymerwerkstoffen besteht eine besondere Neigung zur Versprödung [2.1.4].

Verdunkelung

Durch die Veränderungen auf atomarer Ebene findet bei vielen optisch transparenten Materialien eine **Verdunkelung (Darkening)** statt. Dazu zählen optische Linsen, Deckglasschichten von Solarzellen und auch der Klebstoff zwischen Deckglas und Solarzelle. Direkte Folgen davon sind eine geringere Ausleuchtung von optischen Instrumenten und Solarzellen sowie ein Anstieg der Betriebstemperatur von Solarzellen aufgrund des Anstiegs des für die Wärmebilanz wichtigen **α-ε-Verhältnisses** der Deckglasschicht.

Sowohl die geringere Zellausleuchtung als auch der Anstieg der Zelltemperatur führen zu geringerer Effizienz bei der Stromerzeugung.

2.1.4.3 Atmosphärische Einflüsse

Die atmosphärischen Einflüsse spielen naturgemäß nur in unmittelbarer Nähe zu Planeten oder Monden eine Rolle. Die Atmosphäre der Erde ist demnach nur relevant für Raumfahrzeuge im erdnahen Orbit (LEO, < 1 000 km).

Trotz der maximalen Ausdehnung der **Neutralgasatmosphäre** auf 120 km Höhe über der Erdoberfläche spürt ein Raumfahrzeug im erdnahen Orbit die wenn auch sehr dünne, aber dennoch vorhandene **Restatmosphäre** durch den von ihr ausgeübten aerodynamischen Widerstand **(Atmospheric Drag).**

Wie schon in Kapitel 2.1.1 erwähnt, entsteht beim Durchfliegen der Restatmosphäre ein Windschatten hinter dem Raumfahrzeug, also ein Gebiet mit noch wesentlich niedrigerem Umgebungsdruck. Dieses Gebiet kann für sehr spezielle Experimente mit hohen Anforderungen an das **Vakuum** genutzt werden.

Zusammensetzung und Dichte der Restatmosphäre sind stark an **geomagnetische und solare Ereignisse** gekoppelt, da diese die obere Atmosphäre erwärmen und damit ausdehnen. In 500 km Höhe zum Beispiel kann die Dichte der Atmosphäre zwischen solaren Minima und Maxima um den Faktor 100 variieren. Folglich ist auch der vom Raumfahrzeug erfahrene aerodynamische Widerstand starken Schwankungen unterworfen, welche in dem Missionsentwurf berücksichtigt werden müssen und in die Lebensdauerberechnung mit eingehen.

Ein Beispiel für die gravierenden Auswirkungen des schwankenden aerodynamischen Widerstands in niedrigen Erdumlaufbahnen ist der unkontrollierte Absturz des amerikanischen Forschungsmoduls **Skylab** (1979). Eine Periode außergewöhnlich hoher Sonnenaktivität hat damals zu einer unvorhergesehenen Zunahme des aerodynamischen Widerstands geführt und das Modul zum Wiedereintritt in die Erdatmosphäre gezwungen, noch bevor eine Rettungsmission gestartet werden konnte. Die Internationale Raumstation ISS verliert pro Tag im Orbit zwischen 100 m und 200 m an Höhe und muss deswegen regelmäßig mittels der Triebwerke eines angedockten Versorgungsschiffes, z. B. ATV, oder eigener Triebwerke auf ihre nominale Bahnhöhe gehoben werden **(Re-boost).**

Um Eigenschaften und Zustand der Restatmosphäre vorhersagen zu können, gibt es öffentlich zugängliche Tabellen. Daraus lässt sich der über den Missionsverlauf zu erwartende aerodynamische Widerstand berechnen, abhängig von der Querschnittsfläche des Raumfahrzeugs, Startdatum, Bahnhöhe und Bahnneigung (Inklination).

Der **atomare Sauerstoffanteil** in der Restatmosphäre bedeutet eine aggressive Umgebung für die Materialien eines Raumfahrzeugs. Dies resultiert nicht nur aus seiner chemischen Reaktionsfreudigkeit, sondern eher aus der Kombination dieser mit der hohen **Relativgeschwindigkeit** von ca. 8 km/s, mit der die Atome auf die Oberfläche auftreffen. Die bekannten Wirkungen sind Erosion, Formation stabiler Oxide, chemolumineszentes Glühen (Spacecraft Glowing). Durch **Erosion** entstehen flüchtige Produkte, welche eine Oberflächenrezession zur Folge haben und zur Eigenkontamination des Raumfahrzeugs beitragen. Besonders anfällige Stoffe sind Kapton, Polyethylen und reines Silber [2.1.4], [2.1.15]. Auf Solargeneratoren in hohem Umfang verwendetes Silber ist daher vor direktem Einfall zu schützen.

Zu den sekundären Folgen der Erosionsprozesse zählen die irreversible Degradation von Materialeigenschaften (optisch, thermisch, mechanisch, elektrisch), die Verschlechterung der Schmierfähigkeit von Schmierstoffen durch Oxidation und die mögliche Rissbildung in Oberflächenbeschichtungen.

Das primäre Interesse bezüglich der Wirkung des atomaren Sauerstoffs liegt auf den Raumfahrzeugen mit langer Lebensdauer (z. B. ISS) und speziell auf empfindlichen optischen Instrumenten, die unterhalb 500 km Bahnhöhe betrieben werden.

Die eintreffende kurzwellige Strahlung von der Sonne bewirkt eine Ionisierung von Teilen der oberen Atmosphärenschicht (**Fotoionisation**, siehe Kapitel 2.1.3). Die Dichte des so entstehenden Plasmas in der Ionosphäre erreicht ihr Maximum in 300 bis 400 km Höhe, wobei jedoch die Dichte der Neutralatmosphäre unterhalb 1 000 km bedeutend größer ist. Die **Ionosphäre** hat einen signifikanten Einfluss auf die Ausbreitung von Radiowellen. Radiowellen, deren Frequenz unter der **Plasma-Frequenz** $f_p \approx 9\,000\sqrt{n_e}$ liegt (n_e Elektronendichte in cm^{-3}), werden an der Ionosphäre reflektiert. Die zusätzliche Existenz des Erdmagnetfeldes führt zu einer Umkehr der Polarisation jeglicher die Ionosphäre passierender elektromagnetischer Strahlung [2.1.4].

Diese Effekte können negative Auswirkungen auf die Kommunikation mit Raumfahrzeugen haben.

Abgesehen von der Erosion durch atomaren Sauerstoff üben die Atmosphären anderer Himmelskörper ähnliche Kräfte aus. Zu erwähnen ist das kontrollierte Abbremsen von Orbitern in der Planetenatmosphäre **(Aerobreaking)** zum Erreichen der gewünschten Umlaufbahn um den Planeten bei gleichzeitiger beträchtlicher Reduktion des Treibstoffbedarfs (Mars Global Surveyor, Venus Express).

Die Interaktion eines Raumfahrzeugs mit der Atmosphäre während Start, Landung und Wiedereintritt wird in Kapitel 2.3 behandelt.

2.1.4.4 Energiereiche Teilchenstrahlung

Jedes Raumfahrzeug ist während seiner Mission einem permanenten Teilchenstrom mit variierenden Intensitäten ausgesetzt. Energiereiche Teilchen mit Energien im MeV-Bereich treffen mit hohen Geschwindigkeiten auf und verursachen dadurch eine Vielzahl von Gefahren und Störungen. Die Teilchenflussdichte und deren Auswirkungen werden deshalb bereits in der frühen Entwurfsphase berücksichtigt. So spielt diese Strahlungsumgebung in der Entwurfsphase eine Rolle bei der Auswahl des Orbits. Anhand von Modellen wird die zu erwartende Strahlungsdosis differenziert nach bestimmten Teilchenparametern ermittelt und den entsprechenden Wirkungen zugeordnet.

Energiereiche Teilchen erreichen das Raumfahrzeug aus folgenden Quellen:

- Strahlungsgürtel,
- solare Ereignisse,
- kosmische Teilchenstrahlung,
- sekundäre Teilchenstrahlung,
- andere Strahlungsquellen.

Energiereiche Elektronen und Protonen aus dem Sonnenwind werden vom Erdmagnetfeld eingefangen und konzentrieren sich in **Strahlungsgürteln** (Van-Allen-Gürteln). Der innere Strahlungsgürtel reicht aufgrund des zur Erdrotationsachse gekippten und versetzten Erdmagnetfeldes näher zu Erdoberfläche hin (bis ca. 500 km Höhe) und erzeugt somit im südatlantischen Raum die sogenannte Südatlantik-Anomalie. Durch sie wird die Dosis energiereicher Teilchen in erdnahen Orbits mit geringer Inklination dominiert. Dieses Phänomen muss beim Raumfahrzeug-Entwurf berücksichtigt werden. Die Strahlungsgürtel werden sowohl von erdnahen als auch von erdfernen Orbits (GEO und darüber hinaus) gekreuzt. In erdnahen Orbits überwiegt der Einfluss der Protonen, in erdferneren Orbits der der eingefangenen Elektronen. Raumfahrzeuge auf polaren Orbits mit Inklinationen > 80° sind aufgrund der Geometrie des Erdmagnetfeldes (siehe Kapitel 2.1.3) erhöhten Strahlungsdosen ausgesetzt. Die maximale **Strahlungsdosis (Equivalent Dose)** für Astronauten ist in diesen Orbits in ca. 5 ... 7 Tagen erreicht. Teilchen aus den Strahlungsgürteln verursachen die Degradation von elektronischen Komponenten und Solarzellen, die Degradation von Werkstoffen, elektrostatische Aufladung und sogenannte Single-Event-Phänomene. Dadurch reduzieren sie die Empfindlichkeit von besonders sensiblen optischen Instrumenten **(CCDs)**. Das Auftreffen hochenergetischer Teilchen kann weiterhin zur Freisetzung **radioaktiver Strahlung** führen (Aktivierung). Diese erhöht wiederum das **Hintergrundrauschen** in empfindlichen Messgeräten und stellt eine Gefahr für biologische Systeme dar.

Die **Degradation** elektronischer Komponenten beruht auf Gefügeänderungen durch einschlagende Teilchen. Dies kann über Ionisation oder die Versetzung von Atomen in der Kristallstruktur (Displacement oder **Bulk Damage**, z.B. bei Solarzellen) erfolgen.

Elektrostatische Aufladung des Raumfahrzeugs entsteht einerseits durch das Auftreffen und „Klebenbleiben" geladener Plasmateilchen (im Allgemeinen Elektronen) auf der Außenhaut **(Surface Charging)**, andererseits durch das Einlagern hochenergetischer geladener Teilchen in dielektrischen Materialien (Kabelisolationen, Leiterplatten) im Inneren des Raumfahrzeugs **(Deep dielectric Charging)**. Gerade letzteres Phänomen kann drastische Folgen haben, denn der resultierende Entladevorgang kann direkt über den elektrischen Schaltkreis erfolgen.

Single-Event-Phänomene entstehen durch den Einschlag eines einzelnen, hochenergetischen Teilchens. Schwere Ionen, Protonen oder Neutronen aus der kosmischen Teilchenstrahlung oder aus Sonneneruptionen zählen zu den potenziellen Verursachern. Auch Protonen aus dem inneren Strahlungsgürtel können indirekt Single-Event-Phänomene verursachen, indem sie durch ihren Einschlag schwere energiereiche Teilchen produzieren. Eine besondere Gefahr stellen diese Phänomene für elektronische Bauteile dar. In Abhängigkeit von der Dichte des Energieeintrags durch den Einschlag **(Linear Energy Transfer, LET)** wird der Grad der Zerstörung unterschieden in:

- Single Event Upset:
  temporäre Änderung des logischen Zustands eines IC (integrated circuit) mit der Folge von falschen Kommandos z. B. an das Lageregelungssystem,
- Single Event Latchup:
  Änderung des Zustands eines IC, die nur durch Rücksetzen (Reset) behoben werden kann,
- Single Event Burnout:
  Zerstörung eines IC.

Um das Gelingen einer Mission zu sichern, müssen in der Entwurfsphase geeignete Maßnahmen zum Schutz vor Single-Event-Phänomenen getroffen werden [2.1.4]. Bei Sonneneruptionen **(Solar Flares)** und koronalen Massenauswürfen **(Coronal Mass Ejections, CME)** werden riesige Mengen an hochenergetischen geladenen Teilchen in den interplanetaren Raum geschleudert. Dadurch entstehen kurzzeitig extreme Schwankungen in den Strahlungsdosen, die auf ein Raumfahrzeug einwirken.

Die **kosmische Teilchenstrahlung (Galactic Cosmic Ray, GCR)** setzt sich zusammen aus hochenergetischen Protonen (83 %), Alphateilchen (13 %), Elektronen (3 %) und Atomkernen mit Ordnungszahlen > 2 (1 %). Die kosmischen Teilchen haben Energien zwischen 100 MeV und 10^{20} MeV [2.1.4]. Obwohl die Intensität der intergalaktischen Teilchenstrahlung vergleichbar gering ist (Größenordnung einige Teilchen pro cm^2 pro s), stellt sie doch aufgrund des hohen Impulses der Teilchen eine besondere Gefahr für Raumfahrzeuge dar. Höchstenergetische Protonen treffen mit nahezu Lichtgeschwindigkeit auf und verursachen somit Schäden an empfindlichen Materialien, elektronischen Bauteilen oder biologischem Gewebe.

Die **sekundäre Teilchenstrahlung** bezeichnet diejenigen Teilchen, die durch den Einfall hochenergetischer Teilchen freigesetzt werden, um ihrerseits mit dem Raumfahrzeug zu interagieren und Störungen zu verursachen.

Andere Quellen energiereicher Teilchenstrahlung sind die durch Interaktion mit der oberen Atmosphäre freigesetzten Ionen und Neutronen sowie die Teilchenemissionen von radioaktiven Quellen an Bord des Raumfahrzeugs (z. B. Radio-Isotopen-Generatoren, RTGs).

2.1.4.5 Hochvakuum

Der sehr niedrige Umgebungsdruck im Weltraum außerhalb der Neutralatmosphäre (> 100 km Höhe) hat ebenfalls einen bestimmenden Einfluss auf Entwurf und Betrieb eines Raumfahrzeugs. So herrscht zum Beispiel in 500 km Höhe (LEO) nur noch ein **Umgebungsdruck** von 10^{-7} Pa. Auf der Höhe der geostationären Umlaufbahn (36 000 km) ist der Umgebungsdruck etwa gleich dem des interstellaren Raumes, nämlich 10^{-15} Pa. Eine Reihe von Mechanismen beziehungsweise physikalischen Vorgängen müssen diesbezüglich beleuchtet werden:

- Ausgasung/Sublimation,
- fehlende Konvektion,
- Änderung von Materialeigenschaften wie Festigkeit und Lebensdauer/Materialermüdung,
- Kaltverschweißen.

Durch den niedrigen Umgebungsdruck entweichen vom Material absorbierte Gasvorkommen und Wasserdampf. **Sublimation** beschreibt den Prozess des Verdampfens von Atomen/Molekülen aus der Oberfläche, sobald der Umgebungsdruck den spezifischen **Dampfdruck** des Materials erreicht beziehungsweise unterschreitet. Für das Entweichen von Gasen oder Teilchen aus der Oberfläche eines Materials steht der Oberbegriff **Ausgasung (Outgassing)**. Die Ausgasungsrate steigt mit der Umgebungstemperatur. Ausgasung geht einher mit **Massenverlust** und der Veränderung der Oberflächeneigenschaften von betroffenen Materialien.

Folgende Stoffe neigen besonders zum Ausgasen:

- Wasser,
- Lösungsmittel,
- Additive, z. B. Weichmacher,
- „Uncured Monomeric Material",
- traditionelle Schmierstoffe,
- Ablagerungen, die das Raumfahrzeug vor oder während der Mission kontaminiert haben.

Die Ausgasungsprodukte stellen eine Gefahr für empfindliche Komponenten, zum Beispiel optische Instrumente, Thermalbeschichtungen, Hochspannungsapparate, dar.

Im folgenden Kapitel 2.1.4.6 wird der Einfluss dieser Ausgasungsprodukte auf die **Eigenkontamination** des Raumfahrzeugs näher beleuchtet.

Auf der Erde verwendete traditionelle Schmierstoffe sind deshalb nicht für den Einsatz im Weltraum geeignet, da sie im Allgemeinen einen hohen spezifischen Dampfdruck besitzen und ihre Schmiereigenschaften oftmals auf absorbierten Gasen oder Wasser beruhen. Als Alternative finden Beschichtungen aus Graphit oder Molybdändisulfit (MoS_2) Anwendung.

Wärmetransport
Aufgrund der überaus geringen Dichte spielt der auf der Erde so wichtige Prozess der **Konvektion** im Weltraum lokal so gut wie keine Rolle. Der externe Wärmeausgleich zwischen Raumfahrzeug und Weltraumumgebung findet fast ausschließlich durch Wärmestrahlung statt. Intern wird die Wärmeenergie durch Strahlung und Leitung ausgetauscht. Dies ist eine große Herausforderung für den Entwurf des Temperaturkontrollsystems (TCS), besonders bei Raumfahrzeugen, bei denen überschüssige Wärme dissipiert werden muss.

Änderung der Materialeigenschaften
Festigkeit, Lebensdauer und Ermüdung von Materialien unterliegen Veränderungen in der **Hochvakuum**-Umgebung. Im Allgemeinen erhöht sich die Lebensdauer von mechanisch beanspruchten Bauteilen. Für viele Materialien verbessert sich das Ermüdungsverhalten um mehr als eine Größenordnung, obwohl für manche Werkstoffe (z. B. Nickel, Inconel 550) keine Aussage getroffen werden kann. Hierbei ist auf aktuelle Materialforschungsergebnisse zu verweisen. Materialverhalten im Hochvakuum ist ein aktueller Forschungsgegenstand auf der Internationalen Raumstation.

Sehr gut dokumentiert ist die Erhöhung der mechanischen Festigkeit von Glas bei fallendem Umgebungsdruck. Sie verdreifacht sich bei einem Abfall des Umgebungsdruckes von 1 bar auf 1 mbar.

Kaltverschweißen
Eng anliegende metallische Bauteile können durch das Entweichen der auf der Erde vorhandenen intermittierenden Gasschicht eine Verbindung eingehen. Besonders bei beweglichen Teilen wird dieser Effekt als kritisch betrachtet.

2.1.4.6 Kontamination

Kontamination von Raumfahrzeugen
Eine individuelle Vorhersage des Kontaminationsgrades ist sehr schwierig, da eine große Bandbreite an Stoffen mit sehr variablen Ausgasungscharakteristiken involviert ist. Die Komplexität eines Kontaminationsmodells wird darüber hinaus noch gesteigert durch die Interaktion der Ausgasungsprodukte mit Oberflächen, der Restgasatmosphäre und der elektromagnetischen Strahlung sowie der energiereichen Teilchenstrahlung. Eine Anleitung für eine missionsbezogene Kontaminationsanalyse findet man z. B. in [2.1.17].

Als Quellen einer **Kontamination** sind folgende Phänomene identifiziert:

- **Ausgasung** inklusive Zerfallsprodukte,
- Teilchenwolken aus **Verbrennungsprozessen** von Antriebssystemen **(Plumes),**
- Teilchenpopulationen infolge von Ionenbeschuss im Plasma **(Sputtering),**
- Einschlag von Mikrometeoriten und Space Debris,
- Auslösen pyrotechnischer Einheiten oder **Ausklinkmechanismen.**

Molekulare Ausgasungsprodukte zerfallen teilweise unter dem Einfluss von kurzwelliger Sonnenstrahlung, energiereicher Teilchenstrahlung, atomarem Sauerstoff und elektrostatischen Entladevorgängen. Die Zerfallsprodukte können ein vollkommen anderes Ad- und Desorptionsverhalten aufweisen. Aus diesen Betrachtungen wird ersichtlich, dass der Kontaminationsgrad eines Raumfahrzeugs zu einem gewissen Teil auch von der Aktivität der Sonne und der Interaktion mit dem Erdmagnetfeld mitbestimmt wird und damit über die Dauer der Mission variiert.

Als Präventionsmaßnahme gegen das Ausgasen im Weltraum werden Raumfahrzeuge vor ihrem Start in einer Thermal-Vakuum-Kammer **ausgebacken (Baking),** um den Ausgasungsprozess bereits auf der Erde künstlich zu starten. Dieser Vorgang ist in Kapitel 8.3.4 näher beschrieben.

Plumes sind **Gaswolken,** die beim Feuern der Triebwerke des Bahn- und Lageregelungssystems (Attitude and Orbit Control System, AOCS) entstehen und sich auf Oberflächen absetzen können.

Der Einschlag von Ionen löst Atome aus der Oberfläche und erzeugt eine Teilchenpopulation, die sich ihrerseits auf anderen Oberflächen absetzen kann **(Sputtering).** Elektrostatische Aufladung kann diesen Effekt verstärken, da durch ein negatives Potenzial weitere Ionen in Richtung Raumfahrzeug beschleunigt werden.

Das Hauptaugenmerk bei der Betrachtung der Kontamination liegt demnach auf der Degradation der Leistungsfähigkeit von Raumfahrzeug-Systemen beziehungsweise deren Untersystemen aufgrund von:

- **Stoffablagerungen** auf empfindlichen Oberflächen (hauptsächlich Ausgasung):
  - Einfluss auf thermo-optische Eigenschaften,
  - Einfluss auf Schmierstoffeigenschaften,
  - Einfluss auf elektrische Leitfähigkeit,
- **Glühen**, hervorgerufen durch atomaren Sauerstoff,
- Störungen im Sichtfeld optischer Sensoren:
  - Lichtabsorption,
  - Lichtablenkung **(Scattering),**
  - Hintergrundrauschen **(Background Noise).**

Stoffablagerungen auf thermisch ausgelegten Oberflächen beeinflussen das Emissions- und Absorptionsverhalten und führen daher zu Störungen, auf die das Temperaturkontrollsystem reagieren muss. Dies gilt auch für optisch ausgelegte Oberflächen (Linsen, Spiegel), wobei dort zusätzlich eine Beeinträchtigung der Lichtdurchlässigkeit von Linsen und des Reflexionsvermögens von Spiegeln eintritt. In Hochspannungsapparaten können durch Ablagerungen und Gase Kurzschlüsse entstehen. Deshalb wartet man, wenn möglich, so lange mit der Inbetriebnahme dieser Anlagen, bis die Intensität des Ausgasungsprozesses eine kritische Schwelle unterschritten hat (wenige Tage bis zu 1 Monat).

Kontamination durch Raumfahrzeuge

Wenn von Kontamination die Rede ist, sollten auch Überlegungen zur Kontamination **erdfremder Materie** durch ein irdisches Raumfahrzeug angestellt werden.

Es ist eine der wichtigsten Triebfedern des Menschen, seinen physischen und geistigen Horizont stetig zu erweitern auf der Suche nach neuem Lebensraum sowie auf der Suche nach dem Ursprung seiner Existenz. Dabei kommt es unvermeidlich zum Kontakt zwischen vorher biologisch voneinander isolierten Welten (Apollo: Mond, Viking: Mars, SMART-I: Mond, Huygens: Saturnmond Titan, Rosetta bzw. Philae: Komet Tschurjumow-Gerassimenko).

Es herrscht Konsens unter den Raumfahrt-Nationen, dass eine ungewollte biologische Kontamination anderer Himmelskörper durch irdische Raumfahrzeuge möglichst zu vermeiden ist, einerseits um die Messergebnisse auf der Suche nach **extraterrestrischen Lebensformen** nicht zu verfälschen, andererseits aber auch, um die Gefahr einer Zerstörung eventuell vorhandener Lebensformen zu minimieren.

Interplanetare Sonden und Landeeinheiten werden daher vor dem Start einer sehr gründlichen Reinigung unterzogen. Bestimmungen darin sind in den Dokumenten unter dem Begriff „Planetary Protection“ festgelegt. Für außerirdische Materie, die von **Rückkehrmissionen (Sample Return Mission)** auf die Erde gebracht wird, gelten ähnliche Regeln [2.1.18].

2.1.4.7 Mikrometeoriten und Weltraummüll

Ein weiterer die Umweltbedingungen bestimmender Faktor für Raumfahrzeuge sind die im interplanetaren Raum, besonders jedoch im Erdorbit vorhandenen Festkörperobjekte. Diese Objekte lassen sich in natürliche Objekte und vom Menschen hergestellte künstliche Objekte, sogenannter **Weltraummüll (Space Debris),** kategorisieren. Natürliche Objekte in Erdnähe umfassen Meteoriten, Mikrometeoriten, Kometen, Asteroiden und Staub. Von künstlichen Objekten spricht man bei ausgedienten Satelliten, Raketenstufen (teilweise explodiert) und deren Fragmenten, verlorenen Werkzeugen bis hin zu Farbresten.

Die Gefahr, von einem natürlichen Objekt getroffen zu werden, ist für Raumfahrzeuge im Allgemeinen vernachlässigbar klein. Eine Ausnahme bilden die periodisch wiederkehrenden **Meteoritenschauer** (Perseiden, Leoniden), deren Intensität um den Faktor 100 über der mittleren Intensität eines Jahres liegt. Dagegen stellt die hohe Anzahl künstlicher, vor allem kleiner, nicht verfolgbarer Objekte im Erdorbit eine permanente und ständig wachsende Gefahr für bemannte sowie unbemannte Raumfahrzeuge dar. Während die Objekte mit einer Größe > 10 cm durch Radaranlagen verfolgt werden können und eine exakte Positionsbestimmung möglich ist, ist ein Raumfahrzeug dem Aufprall kleinerer Objekte mehr oder weniger ausgeliefert.

Bei Relativgeschwindigkeiten von etwa 10 km/s können auch sehr kleine Fragmente im Submillimeter-Bereich erhebliche Schäden verursachen. Große Anstrengungen werden unternommen, um mehrschichtige Schutzschildmechanismen zu entwickeln, die auf der Fragmentierung und der Umwandlung der kinetischen Energie der auftreffenden Objekte in thermische Energie beruhen. Detaillierte Untersuchungen in Experiment und Simulation werden am Freiburger Ernst-Mach-Institut für Kurzzeitdynamik angestellt.

Kapitel 2.4 geht näher auf dieses Thema ein und stellt detaillierte Betrachtungen zu Schutzmaßnahmen, **Auftreffwahrscheinlichkeiten** und Risiken an.

Literatur

[2.1.1] *Prölss, G. W.:* Physik des erdnahen Weltraums. 2. Auflage. Heidelberg: Springer-Verlag, 2004.

[2.1.2] ESA/ESTEC: Space Engineering – Space Environment. ECSS-E-ST-10-04C.

[2.1.3] *Kertz, W.:* Einführung in die Geophysik II. BI-Hochschultaschenbücher Band 535, 1969 unveränderter Nachdruck, 1985.

[2.1.4] *Fortescue, P.; Stark, J.:* Spacecraft Systems Engineering. 3th Edition. Wiley-VCH, 2003.

[2.1.5] *Houston, A.; Rycroft, M.:* Keys to Space. International Space University, New York: McGraw-Hill, 1999.

[2.1.6] *Wiesel, W. E.:* Space Dynamics. McGraw-Hill, Hightstown, NJ, 1989.

[2.1.7] *Forster, C., et al.:* A Mean Global Gravity Field Model from the Combination of Satellite Mission and Altimetry Gravimetry Surface Data – EIGEN-GL04C, Geophysical Research Abstracts, Vol. 8, 03462, 2006.

[2.1.8] *Stern, D.:* Representation of Magnetic Fields in Space, Rev. Geophys. and Space Phys. 14, 199, 1976.

[2.1.9] IGRF-10, Liste der Modell-Koeffizienten auf der IAGA Web-Seite: http://www.ngdc.noaa.gov/IAGA/vmod/igrf.html.

[2.1.10] *Alekseev, I. I., et al.:* J. Geophys. Res., V. 106, No. A11, P. 25, 683–694 (2001).

[2.1.11] *Tribble, A. C.:* The Space Environment – Implications for Spacecraft Design. New Jersey/USA: Princeton University Press, 1995.

[2.1.12] *Anderson, B. J., Smith, R. E.:* Natural Orbital Environmental Guidelines For Use in Aerospace Vehicle Development. NASA Technical Memorandum 4527. Alabama/USA: Marshall Space Flight Centre (MSFC), 1994.

[2.1.13] *Ondoh, T.; Marubashi, K.:* Science of Space Environment. Leipzig: IOS Press/LSL.de, 2001.

[2.1.14] *Hastings, D.:* Spacecraft-Environment Interactions. Cambridge Atmospheric and Space Science Series.

[2.1.15] *Hallmann, W.; Ley, W.:* Handbuch der Raumfahrttechnik. 2. Auflage. München: Carl Hanser Verlag, 1999.

[2.1.16] *Flechtner, F., et al.:* The Benefit of EIGEN Gravity Field Models for Altimetry and Vice Versa, Proc. ESA Symposium „15 Years of Progress in Radar Altimetry", Venice, Italy, March 2006.

[2.1.17] ESA/ESTEC: Space Product Assurance – Cleanliness and Contamination Control, ECSS-Q-ST-70-01C.

[2.1.18] COSPAR/IAU: COSPAR Planetary Protection Policy, Huston, Texas, 2002/Amended 2005.

2.2 Bahnmechanik

Oliver Montenbruck

Schon lange vor dem Start des ersten Satelliten Sputnik 1 haben Astronomen und Himmelsmechaniker intensiv die Bewegung der Planeten und des Mondes studiert. Die daraus abgeleiteten **physikalischen Modelle** und Berechnungsverfahren eignen sich in vieler Hinsicht auch gut dazu, die **Bewegung künstlicher Erdtrabanten** zu beschreiben. Deren große Zahl und geringe Entfernung hat umgekehrt zu einem immer besseren Verständnis und zu genaueren Modellen der wirksamen Kräfte beigetragen. Konnte mit Sputnik erstmals die Birnenform der Erde nachgewiesen werden, erlauben es Satelliten wie die GRACE-Formation heute, sogar saisonale Schwankungen des Erdschwerefeldes nachzuweisen. Die bahnmechanische Beschreibung der Satellitenbewegung ist damit nicht nur für den Satellitenbetrieb selbst, sondern auch für die geophysikalische Forschung von großer Bedeutung.

Im folgenden Abschnitt sollen zunächst die grundlegenden **Gesetze der Bahnmechanik** von Satelliten im Schwerefeld der Erde dargestellt werden. Sie erlauben die Modellierung und **Vorhersage von Satellitenbahnen** und bilden gleichzeitig die Grundlage für die Bahnbestimmung, also die Ermittlung des jeweiligen Orbits aufgrund radiometrischer oder optischer Messungen. Neben den Verfahren der Ausgleichungsrechnung und Filterung werden hierzu auch die verschiedenen Sensoren und Messverfahren zur Navigation von Satelliten vorgestellt. Der letzte Abschnitt schließlich behandelt am Beispiel von Fernerkundungssatelliten und geostationären Satelliten exemplarisch Verfahren der Bahnauslegung und -haltung.

2.2.1 Bahnmodellierung

2.2.1.1 Kepler-Bahnen

Wie eingangs erläutert, folgt die Bewegung eines Erdsatelliten den gleichen grundlegenden Gesetzmäßigkeiten, die auch für die Bewegung der Planeten um die Sonne oder des Mondes um die Erde gelten. Sie wurden zunächst von Johannes Kepler aus Beobachtungen der Planetenpositionen abgeleitet und konnten später mit Hilfe des Newtonschen Gravitationsgesetzes physikalisch verstanden werden. Übertragen auf den Fall eines Satelliten im Erdschwerefeld lauten die drei sogenannten **Keplerschen Gesetze:**

1. Die Bahn eines Satelliten um die Erde ist eine Ellipse (oder allgemeiner: ein Kegelschnitt), deren einer Brennpunkt mit dem Erdmittelpunkt zusammenfällt.
2. Der Radiusvektor vom Erdmittelpunkt zum Satelliten überstreicht in gleichen Zeiten gleiche Flächen.

3. Die Quadrate der Umlaufzeiten zweier Satelliten verhalten sich wie die dritten Potenzen ihrer mittleren Abstände vom Erdmittelpunkt.

Das erste Keplersche Gesetz impliziert, dass die Bewegung eines Satelliten in einer **unveränderlichen Bahnebene** erfolgt, die durch den Mittelpunkt der Erde verläuft. Ursache hierfür ist, dass die Anziehung der Erde (in erster Näherung) immer zum Erdmittelpunkt gerichtet ist. Damit wirkt zu keinem Zeitpunkt eine Kraft senkrecht zum Positionsvektor $\boldsymbol{r}$ oder Geschwindigkeitsvektor $\boldsymbol{v} = \dot{\boldsymbol{r}}$ und eine einmal eingeschlagene Bahnebene kann nicht mehr verlassen werden. Auch der Flächensatz (2. Keplersches Gesetz) ist eine unmittelbare Folge dieses Umstands und besagt nichts anderes als die Erhaltung des Bahndrehimpulses in einem zentralen Kraftfeld.

Die elliptische Bahnform sowie die Abhängigkeit der Umlaufszeit von der Größe der Bahn sind dagegen eine Folge der quadratischen Abnahme der **Gravitationsbeschleunigung**

$$\ddot{\boldsymbol{r}} = -\frac{GM_\oplus}{r^2} \cdot \frac{\boldsymbol{r}}{r} \qquad (2.2.1)$$

mit der Entfernung vom Erdmittelpunkt (Newtonsches Gravitationsgesetz). Das Produkt aus Gravitationskonstante und Zentralmasse hat dabei für die Erde den Wert

$$GM_\oplus = 398\,600{,}4\ \text{km}^3/\text{s}^2.$$

Betrachtet man der Einfachheit halber eine Kreisbahn, dann folgt aus der Gleichheit von Gravitationskraft und Zentrifugalkraft unmittelbar das dritte Keplersche Gesetz

$$a^3\, n^2 = a^3 \left(\frac{2\,\pi}{T}\right)^2 = GM_\oplus \qquad (2.2.2)$$

als Zusammenhang zwischen der Umlaufszeit T (bzw. der Winkelgeschwindigkeit n) und dem mittleren Bahnradius a des Satelliten.

Für Satelliten in niedrigen Bahnhöhen (300 ... 1 000 km) ergeben sich somit **Umlaufzeiten** von 90 ... 100 Minuten, während ein geostationärer Satellit in 36 000 km Höhe gerade einen Tag für eine Erdumrundung benötigt (Bild 2.2.1).

Die drei Keplerschen Gesetze erlauben es ohne weitere Hilfsmittel, die Bahn eines Satelliten im Raum und die zeitliche Abhängigkeit der Bewegung zu beschreiben. Die Form und Größe einer elliptischen Bahn wird dabei durch ihre große und kleine Halbachse (a und b) beziehungsweise die **Exzentrizität**

$$e = \sqrt{a^2 - b^2}\,/a \qquad (2.2.3)$$

bestimmt. Wie in Bild 2.2.2 dargestellt, bezeichnet a den halben Durchmesser der Ellipse entlang der Verbindung

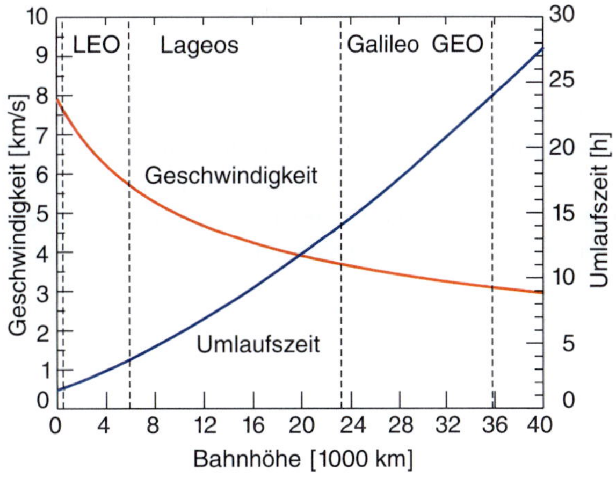

Bild 2.2.1: *Zusammenhang zwischen Bahnhöhe und Umlaufzeit eines Erdsatelliten.*

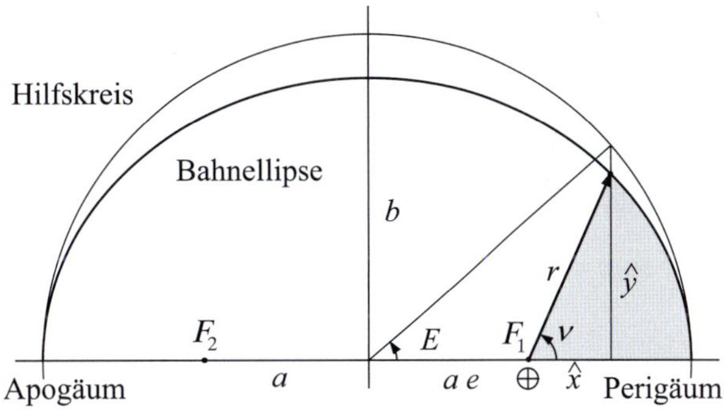

Bild 2.2.2: *Elliptische Satellitenbahn.*

der beiden Brennpunkte (F_1, F_2). Die große Halbachse stellt damit gleichzeitig auch den Mittelwert aus dem kleinsten und dem größten Erdabstand dar, der im sogenannten **Perigäum** bzw. **Apogäum** erreicht wird. Senkrecht zur Verbindung beider Punkte (der sog. **Apsidenlinie**) hat die Ellipse ihren kleinsten Durchmesser, der hier gerade $2\,b$ beträgt. Die Exzentrizität ist anschaulich ein Maß für die Abweichung von der idealen Kreisform und gibt an, wie weit die Brennpunkte vom Mittelpunkt der Ellipse entfernt sind.

Der Abstand des Satelliten vom Erdmittelpunkt variiert im Verlauf eines Umlaufs zwischen den Extremwerten $a\,(1 - e)$ (im Perigäum) und $a\,(1 + e)$ (im Apogäum). Für andere Bahnpunkte kann der Abstand aus der allgemeinen Kegelschnittgleichung

$$r = \frac{a\,(1-e^2)}{1+e\,\cos(\upsilon)} \qquad (2.2.4)$$

ermittelt werden, die den Zusammenhang zwischen dem Bahnradius r und der wahren Anomalie υ (d. h. dem Winkelabstand vom Perigäum) beschreibt.

Aufgrund des Flächensatzes ist die **Winkelgeschwindigkeit** des Satelliten auf einer elliptischen Bahn nicht

2

konstant. Die **wahre Anomalie** $v(t)$ schwankt daher periodisch um den als mittlere Anomalie bezeichneten durchschnittlichen Winkel M, der zu einer Zeit t nach dem Perigäumsdurchgang den Wert $M = n\,t$ hat. Lediglich bei Kreisbahnen sind die wahre und die mittlere Anomalie zu jeder Zeit identisch. Für elliptische Bahnen dagegen ist im Perigäum die Winkelgeschwindigkeit aufgrund der geringen Erdferne am größten und die wahre Anomalie eilt der mittleren Anomalie in diesem Punkt voraus. Mit zunehmendem Abstand verlangsamt sich die Bewegung des Satelliten dann wieder, bis im Apogäum beide Größen wieder übereinstimmen.

Über diese allgemeine Betrachtung hinaus kann aus der Kombination von Kegelschnittgleichung und Flächensatz der genaue **zeitliche Ablauf der Bahnbewegung** abgeleitet werden. Leider zeigt sich dabei aber, dass eine geschlossene Darstellung des Bahnortes als Funktion der Zeit nicht möglich ist und man stattdessen eine **implizite Beschreibung** wählen muss. Hierzu bedient man sich einer Hilfsgröße, der sogenannten **exzentrischen Anomalie** E. Wie in Bild 2.2.2 dargestellt, gilt allgemein der Zusammenhang

$$\hat{x} = r \cdot \cos v = a \cdot (\cos E - e) \qquad (2.2.5)$$
$$\hat{y} = r \cdot \sin v = a \cdot \sqrt{1-e^2}\,\sin E$$

zwischen den kartesischen Koordinaten $(\hat{x}, \hat{y})$ und der exzentrischen Anomalie. Andererseits lässt sich aus dem Flächensatz und der Kegelschnittgleichung die Beziehung

$$E - e \sin E = M = n\,t \qquad (2.2.6)$$

zwischen der exzentrischen Anomalie und der mittleren Anomalie M ableiten.

Diese als **Kepler-Gleichung** bekannte Beziehung kann zwar nur iterativ nach E aufgelöst werden. Sie erlaubt es ansonsten aber, für eine gegebene Zeit t (bzw. mittlere Anomalie M) zunächst die exzentrische Anomalie und dann die wahre Anomalie (somit also den Ort des Satelliten in seiner Bahn) zu bestimmen.

Als „Hausrezept" für die Auflösung der Kepler-Gleichung bietet sich das klassische **Newton-Verfahren** zur Nullstellensuche an. Ausgehend von einem Startwert $E_0 = M$ bestimmt man dabei schrittweise verbesserte Werte

$$E_{i+1} = E_i - \frac{E_i - e \sin E - M}{1 - e \cos E} \qquad (2.2.7)$$

bis sich das Ergebnis im Rahmen der gewünschten Genauigkeit nicht mehr ändert. Das Newton-Verfahren bietet in allen praktisch relevanten Fällen eine rasche Konvergenz und ist dabei einfach anzuwenden und zu verstehen. Bei hoch-elliptischen Bahnen ($e > 0{,}8$) kann alternativ auch der Startwert $E_0 = \pi$ gewählt werden, um die Konvergenz zu verbessern.

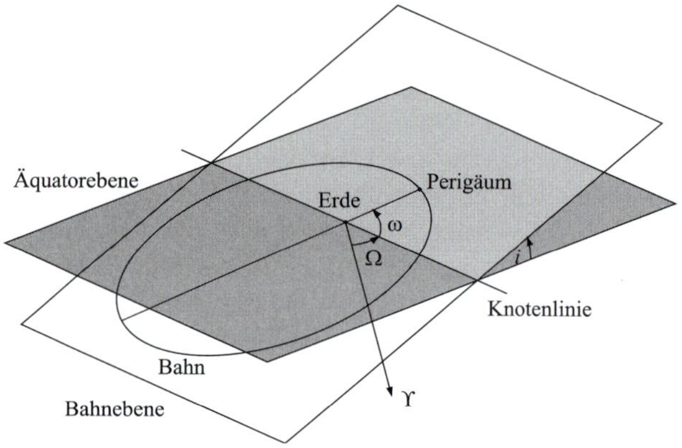

Bild 2.2.3: *Festlegung der räumlichen Lage der Satellitenbahn durch die drei Winkel Ω, i und ω.*

Hat man so zunächst den Ort des Satelliten $(\hat{x}, \hat{y})$ in seiner Bahn ermittelt, muss dieser noch durch eine geeignete Transformation in einem übergeordneten **Bezugssystem** dargestellt werden. Als natürliche Wahl für erdumlaufende Satelliten bietet sich hier ein Koordinatensystem an, das an der Äquatorebene der Erde orientiert ist. Die z-Achse fällt dabei mit der Drehachse der Erde zusammen, während als x-Achse der sogenannte **Frühlingspunkt** (♈) gewählt wird, der die Richtung zur Sonne bei Frühlingsanfang markiert.

Die Orientierung der Satellitenbahn relativ zu Äquator und Frühlingspunkt wird üblicherweise durch drei Winkel beschrieben, deren Bedeutung in Bild 2.2.3 veranschaulicht ist:

- Die Bahnneigung (oder **Inklination**) i misst den Winkel, um den die Bahnebene gegenüber der Äquatorebene geneigt ist.
- Der Bahnpunkt, in dem der Satellit die Äquatorebene von Süd nach Nord durchstößt, wird als **„aufsteigender Knoten"** bezeichnet, die Schnittlinie von Bahnebene und Äquatorebene als Knotenlinie.
- Die **„Rektaszension (oder Länge) des aufsteigenden Knotens"** Ω misst den Winkel zwischen dem Frühlingspunkt und dem aufsteigenden Knoten.
- Das **„Argument des Perigäums"** ω beschreibt schließlich den Winkel zwischen dem aufsteigenden Knoten und der Perigäumsrichtung.

Auf Grundlage dieser Definitionen lassen sich die äquatorialen Koordinaten $\boldsymbol{r} = (x, y, z)$ des Satelliten durch eine Folge von drei Drehungen aus den zuvor bestimmten Koordinaten $(\hat{x}, \hat{y})$ in der Bahnebene berechnen:

$$\boldsymbol{r} = \boldsymbol{R}_z(-\Omega)\,\boldsymbol{R}_x(-i)\,\boldsymbol{R}_z(-\omega) \cdot a \cdot \begin{pmatrix} \cos E - e \\ \sqrt{1-e^2}\,\sin E \\ 0 \end{pmatrix} \qquad (2.2.8)$$

Die Matrizen

$$\boldsymbol{R}_x(\alpha) = \begin{pmatrix} 1 & 0 & 0 \\ 0 & +\cos\alpha & +\sin\alpha \\ 0 & -\sin\alpha & +\cos\alpha \end{pmatrix}$$

und

$$\boldsymbol{R}_z(\alpha) = \begin{pmatrix} +\cos\alpha & +\sin\alpha & 0 \\ -\sin\alpha & +\cos\alpha & 0 \\ 0 & 0 & 1 \end{pmatrix}$$

beschreiben dabei elementare Drehungen um die x- bzw. z-Achse. Führt man die entsprechenden Rechenoperationen explizit aus, findet man daraus die alternative Formulierung

$$\boldsymbol{r} = r \cdot \begin{pmatrix} \cos u \cos\Omega - \sin u \cos i \sin\Omega \\ \cos u \sin\Omega + \sin u \cos i \cos\Omega \\ \sin u \sin i \end{pmatrix},$$

in der $u = \omega + v$ (das „Argument der Breite") den Winkel zwischen dem aufsteigenden Knoten und dem momentanen **Bahnort** bezeichnet.

Der Vollständigkeit halber sei an dieser Stelle noch die Beziehung

$$\boldsymbol{v} = \boldsymbol{R}_z(-\Omega)\,\boldsymbol{R}_x(-i)\,\boldsymbol{R}_z(-\omega) \cdot \frac{\sqrt{GM_\oplus\, a}}{r} \cdot \begin{pmatrix} -\sin E \\ \sqrt{1-e^2}\cos E \\ 0 \end{pmatrix} \quad (2.2.9)$$

zur Berechnung der **Geschwindigkeit** des Satelliten angegeben.

Insgesamt benötigt man also sechs unabhängige Größen, die sogenannten **Bahnelemente** oder **Kepler-Elemente**, um den Ort und die Geschwindigkeit des Satelliten zu jedem Zeitpunkt eindeutig zu beschreiben. Umgekehrt lassen sich einem gegebenen Orts- und Geschwindigkeitsvektor eindeutig die sechs Bahnelemente zuordnen [2.2.1], [2.2.2].

Tabelle 2.2.1: *Keplersche Bahnelemente.*

Bahnelement		Bedeutung
a	große Halbachse	Bahnform, Umlaufzeit
e	Exzentrizität	Bahnform
i	Bahnneigung	räumliche Orientierung
Ω	Rektaszension des aufsteigenden Knotens	räumliche Orientierung
ω	Argument des Perigäums	räumliche Orientierung
M	mittlere Anomalie	Ort in der Bahn

Beide Darstellungen sind letztlich äquivalent und haben je nach Anwendung unterschiedliche Vor- und Nachteile. Die Bedeutung der einzelnen Bahnelemente ist noch einmal in Tabelle 2.2.1 erläutert.

2.2.1.2 Die Bahn im erdfesten System

Die Beschreibung der Bahn über die sechs Kepler-Elemente ermöglicht eine einfache und anschauliche Darstellung der Satellitenbahn im Raum. Für viele Anwendungen in Erdbeobachtung und Kommunikation, aber auch für den Satellitenbetrieb selbst ist jedoch vorwiegend die Bewegung des Satelliten **relativ zur Erdoberfläche** von Interesse. Zu ihrer Beschreibung bedient man sich eines Koordinatensystems, das wie zuvor am Erdäquator ausgerichtet ist, dessen x-Achse nun aber zum Meridian von Greenwich zeigt.

Wie in Bild 2.2.4 gezeigt, unterscheiden sich das raumfeste (inertiale) und das erdfeste (rotierende) Bezugssystem im Wesentlichen durch eine **Rotation um die z-Achse,** die die tägliche Drehung der Erde widerspiegelt.

Der Winkel Θ zwischen Frühlingspunkt und Greenwich-Meridian wird dabei üblicherweise als **Sternzeit** bezeichnet und häufig im Stundenmaß (1^h entspricht 15°) ausgedrückt. 24 Stunden Sternzeit (ein Sterntag) entsprechen damit genau einer kompletten Drehung der Erde um ihre Achse. Dieser Zeitraum ist jedoch rund vier Minuten kürzer als ein Tag der bürgerlichen Zeitrechnung, der sich am Stand der Sonne orientiert. Ursache für diesen Unterschied ist die jährliche Bewegung der Erde um die Sonne, durch die sich die Position der Sonne am Himmel täglich um rund ein Grad verschiebt. Bis die Sonne nach einem (Sonnen-)Tag wieder ihren mittäglichen Höchststand erreicht, vergehen deshalb gerade vier Minuten mehr als die Dauer einer Erdumdrehung relativ zum räumlich festen Fixsternhimmel.

Für einfache Zwecke kann die Sternzeit zu gegebener **Weltzeit (UT1)** über die Gleichung

$$\Theta = 280{,}4606° + 360{,}9856473° \cdot d$$

bestimmt werden. Hierin bezeichnet d die Anzahl der seit dem Mittag des 1. Januar 2000 vergangenen Tage.

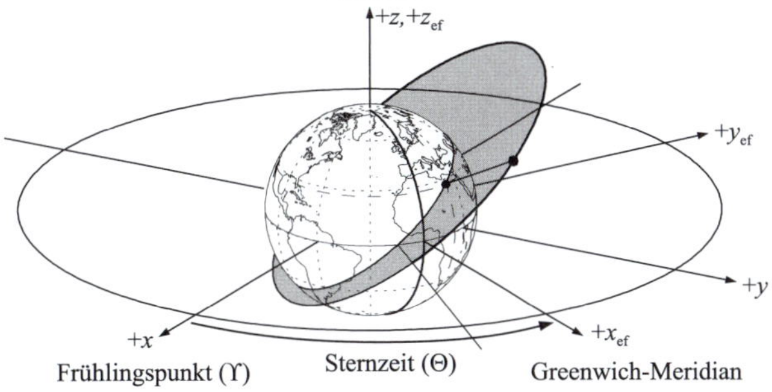

Bild 2.2.4: *Bahn eines Satelliten im äquatorialen Koordinatensystem.*

Strenggenommen stellt diese Gleichung (in einer etwas komplexeren Form) die Basis für die Definition der Weltzeit UT1 aus Beobachtungen der Erddrehung dar. Wegen Unregelmäßigkeiten in der Rotation der Erde wird üblicherweise die aus Atomuhren abgeleitete koordinierte Weltzeit (UTC) zur Zeitmessung verwendet. UT1 und UTC unterscheiden sich um maximal 0,9 s und können somit für einfache Bahnvorhersagen (Sichtbarkeitsberechnung, Bodenspurdarstellung, etc.) gleichgesetzt werden. Bei höheren Genauigkeitsanforderungen müssen die Unterschiede beider Zeitskalen aus Veröffentlichungen des International Earth Rotation Service [2.2.3] entnommen werden.

Unter Kenntnis der Sternzeit kann die erdfeste Position durch eine einfache Drehtransformation

$$\boldsymbol{r}_{\mathrm{ef}} = \boldsymbol{R}_z(\Theta)\cdot\boldsymbol{r}$$

aus den inertialen Koordinaten bestimmt werden. Bildet man hierzu die erste zeitliche Ableitung, so ergibt sich für die zeitliche Änderung der Ausdruck

$$\begin{aligned}\boldsymbol{v}_{\mathrm{ef}} &= \boldsymbol{R}_z(\Theta)\cdot\frac{\mathrm{d}}{\mathrm{d}t}\boldsymbol{r} + \frac{\mathrm{d}}{\mathrm{d}t}\boldsymbol{R}_z(\Theta)\cdot\boldsymbol{r} \\ &= \boldsymbol{R}_z(\Theta)\cdot\boldsymbol{v} - \begin{pmatrix}0\\0\\\omega_{\oplus}\end{pmatrix}\times\boldsymbol{r}_{\mathrm{ef}}\end{aligned} \qquad (2.2.10)$$

Die Geschwindigkeit im **rotierenden, erdfesten System** unterscheidet sich demnach von der **inertialen Geschwindigkeit** um einen Term, der von der Drehgeschwindigkeit

$$\omega_{\oplus} = 7{,}29212\cdot 10^{-5}\ \mathrm{rad/s}$$

der Erde und dem Abstand des Satelliten von der Drehachse abhängt. Beim Äquatorüberflug eines Satelliten im niedrigen Erdorbit beträgt der Unterschied rund 500 ... 600 m/s in Ost-West-Richtung. Die Bodenspur im erdfesten System weist damit im Allgemeinen auch eine etwas andere Neigung gegenüber dem Äquator auf, als seine (inertiale) Inklination erwarten lässt. Im Übrigen bestätigt man anhand der obigen Gleichungen leicht, dass die Geschwindigkeit eines geostationären Satelliten (r = 42 164 km, v = 3,075 km/s) im erdfesten System wie erwartet verschwindet.

In der obigen Diskussion des Übergangs von einem raumfesten zu einem erdfesten Bezugssystem wurde der Einfachheit halber lediglich die tägliche Rotation der Erde berücksichtigt. Für genauere Rechnungen muss zusätzlich dem Umstand Rechnung getragen werden, dass die Drehachse der Erde im Raum nicht feststeht. Aufgrund des Drehmomentes, mit dem Sonne und Mond die Erdachse aufzurichten versuchen, vollführt die Erdachse eine kegelförmige Bewegung um den Pol der Ekliptik. Diese als **Präzession** bekannte Bewegung hat eine Periode von 26 000 Jahren.

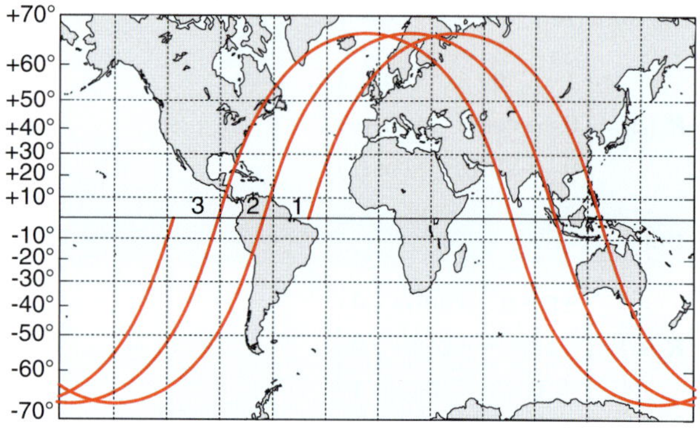

Bild 2.2.5: *Bodenspur eines Satelliten im niedrigen Erdorbit. Bei 14 ... 15 Umläufen pro Tag sind aufeinanderfolgende Äquatordurchgänge um rund 25° geografische Länge gegeneinander versetzt.*

Ihr überlagert sind kurzfristige Schwankungen, die als **Nutation** bezeichnet werden und zu Auslenkungen von rund 20″ um die mittlere Lage führen. Auch relativ zur Erdkruste selbst variiert die aktuelle Lage der Rotationsachse aufgrund der Polbewegung um etwa zehn Meter.

In dem Bemühen, trotz dieser Schwankungen einheitliche Bezugssysteme zu schaffen, wurden seitens verschiedener Organisationen das International **Celestial Reference System (ICRS)** und das **International Terrestrial Reference System (ITRS)** etabliert. Das ICRS orientiert sich an der Lage von Äquator und Frühlingspunkt zu Beginn des Jahres 2000. Es wird heute durch radioastronomische Positionsbestimmungen ferner Galaxien festgelegt. Entsprechend wird das erdfeste ITRS über ein Netz von Bodenstationen mit GPS-Empfängern und Teleskopen für Laserentfernungsmessungen realisiert. Der Übergang zwischen beiden Systemen wird durch eine Reihe von Transformationen (Präzession, Nutation, Erdrotation, Polbewegung) beschrieben, die hier aber aus Platzgründen nicht im Einzelnen dargestellt werden können. Interessierte Leser seien hierzu auf entsprechende Lehrbücher [2.2.1] [2.2.2] oder Monografien [2.2.4][2.2.5] verwiesen.

2.2.1.3 Bahnstörungen

Grundlage der Beschreibung einer Satellitenbahn durch die Keplerschen Gesetze ist die Annahme einer punktförmigen oder kugelförmigen Zentralmasse. Diese Annahme ist für die Erde in erster Näherung sicher gut erfüllt, bei genauerer Betrachtung zeigen sich aber eine Reihe verschiedener Abweichungen von diesem Idealbild. Zunächst fällt auf, dass die Erde aufgrund ihrer Rotation an den Polen einen rund 20 km kleineren Radius als am Äquator aufweist. Diese **Abplattung** und die damit verbundenen Abweichungen der Erdanziehung von einer reinen Zentralkraft führt unter anderem zu einer stetigen Änderung der Bahnebene eines Satelliten. Weitere Störkräfte rühren von der **Lufthülle**

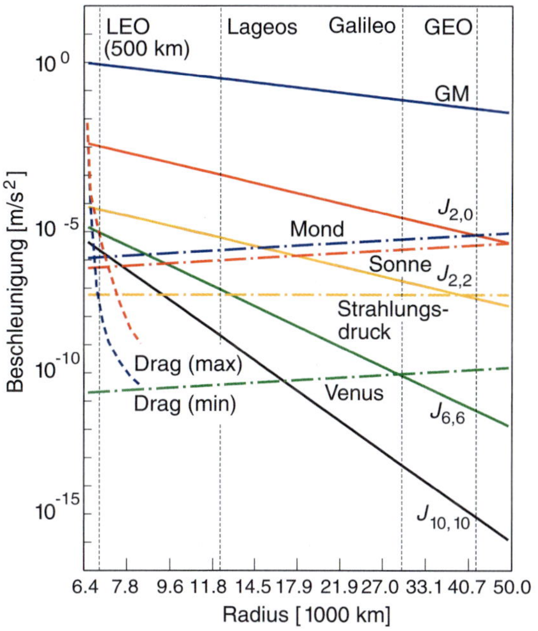

Bild 2.2.6: *Vergleich der Störbeschleunigungen auf einen Satelliten in verschiedenen Bahnhöhen. Gekennzeichnet sind der Einfluss der Erdgravitation (Zentralterm GM und harmonische Terme $J_{n,n}$), die Störungen punktförmiger Massen (Mond, Sonne, Venus) sowie der Einfluss von Strahlungsdruck und Luftwiderstand (Drag).*

der Erde her, die zu einer kontinuierlichen Abbremsung niedrig fliegender Satelliten und damit einhergehend zu einem Absinken der Bahnhöhe führt. Für höherfliegende Satelliten sind dagegen die **gravitativen Störungen** seitens der Sonne und des Mondes von Bedeutung. Für genaue Bahnrechungen sind insgesamt eine Vielzahl von Störkräften (inhomogene Massenverteilung der Erde, Strahlungsdruck, Gezeiten, relativistische Kräfte, etc.) zu berücksichtigen. Die Größenordnung der wichtigsten Störungen ist in Bild 2.2.6 illustriert.

Erdanziehung

Für die praktische Beschreibung der Erdanziehung bedient man sich einer Entwicklung des Gravitationspotenzials über Kugelflächenfunktionen. Allgemein hat das Potenzial an einem Punkt der geozentrischen Länge λ und Breite φ in der Entfernung r vom Erdmittelpunkt die Darstellung:

$$V = \frac{GM_\oplus}{r} \sum_{n=0}^{\infty} \sum_{m=0}^{n} \frac{R_\oplus^n}{r^n} P_{nm}(\sin\varphi) \cdot \left[C_{nm} \cos m\lambda + S_{nm} \sin m\lambda \right] \qquad (2.2.11)$$

Hierin steht $R_\oplus$ für den Äquatorradius der Erde, während P_{nm} die assoziierten Legendre-Polynome der Ordnung n und des Grades m bezeichnet. Die harmonischen Koeffizienten C_{nm} und S_{nm} des Gravitationsfeldes können aus Beobachtungen von Satellitenbahnen und ergänzend durch bodennahe Messungen der Schwerebeschleunigung bestimmt werden.

Waren frühere Modelle aus Satellitenbeobachtungen noch auf niedrige Dimensionen (z. B. 30 × 30) beschränkt, so lassen sich heute mit Missionen wie CHAMP und GRACE weit höher aufgelöste **Gravitationsfeldmodelle** bestimmen (z. B. GGM02 mit Koeffizienten bis 160 × 160 [2.2.7]).

Zu gegebenem Potenzial $V(\boldsymbol{r})$ erhält man die zugehörige Beschleunigung aus dem Gradienten

$$\ddot{\boldsymbol{r}} = \nabla V(\boldsymbol{r}) = \left(\frac{\partial V}{\partial x}; \frac{\partial V}{\partial y}; \frac{\partial V}{\partial z} \right) \qquad (2.2.12)$$

der am einfachsten mit Hilfe der in [2.2.8] beschriebenen Rekursionsrelationen berechnet werden kann. Für den Hauptterm $C_{00} = 1$ erhält man so gerade das Newtonsche Gravitationsgesetz, das die Anziehung eines kugelförmigen Körpers mit isotroper Massenverteilung beschreibt.

Die **Abplattung** der Erde spiegelt sich in dem führenden zonalen Koeffizienten $C_{20} = -J_2 = -1{,}082 \cdot 10^{-3}$ wider, der zu einer Störbeschleunigung der Größe

$$\begin{pmatrix} \Delta\ddot{x} \\ \Delta\ddot{y} \\ \Delta\ddot{z} \end{pmatrix} = -\frac{3}{2} J_2 \frac{R_\oplus^2}{r^5} \cdot \begin{pmatrix} x - 5\,x\,z^2/r^2 \\ y - 5\,y\,z^2/r^2 \\ 3\,z - 5\,z^3/r^2 \end{pmatrix} \qquad (2.2.13)$$

führt. Im Mittel über einen Umlauf resultiert hieraus ein Drehmoment, dem die Bahnebene durch eine langsame Drehung ausweicht. Je nach Bahnhöhe und -neigung ändert sich hierdurch die Rektaszension des aufsteigenden Knotens mit einer Geschwindigkeit

$$\Delta\dot{\Omega} = -\frac{3}{2} J_2\, n \frac{R_\oplus^2}{a^2\,(1-e^2)^2} \cos(i) \qquad (2.2.14)$$

die bis zu 8° pro Tag betragen kann. Ähnliche Variationen

$$\Delta\dot{\omega} = +\frac{3}{4} J_2\, n \frac{R_\oplus^2}{a^2\,(1-e^2)^2} \left[4 - 5\sin^2(i) \right] \qquad (2.2.15)$$

und

$$V\dot{M}_0 = +\frac{3}{4} J_2\, n \frac{R_\oplus^2}{a^2\,(1-e^2)^{3/2}} \left[2 - 3\sin^2(i) \right] \qquad (2.2.16)$$

weisen auch das Argument des Perigäums und die mittlere Anomalie auf. Daneben unterliegen alle sechs Bahnelemente periodischen Störungen, deren Amplitude größenordnungsmäßig $a\,J_2$, also rund 10 km, beträgt.

Für präzise Bahnvorhersagen müssen über J_2 hinaus viele weitere **Gravitationsfeldkoeffizienten** berücksichtigt werden, um die Anziehungskraft der Erde korrekt zu beschreiben. Zu bedenken ist dabei, dass der Beitrag von Termen des Grades n zur Beschleunigung mit der $(n + 2)$-Potenz der Entfernung vom Erdmittelpunkt abnimmt. So genügen für Satelliten in mittleren und großen Höhen (z. B. Navigationssatelliten und geostationäre Satelliten) meist

Feldkoeffizienten bis zu Grad und Ordnung 10 für eine exakte Bahnmodellierung. Für niedrige Flughöhen (400 km) und geodätische Anwendungen sind dagegen durchaus Terme bis 100 × 100 und mehr zu berücksichtigen.

Gravitation von Sonne und Mond

Neben der Erde üben auch andere Himmelskörper - allen voran Sonne und Mond - eine Beschleunigung auf einen Satelliten aus, die von der gravitativen Anziehung zweier Massen herrührt. Diese wirkt allerdings sowohl auf den Satelliten selbst als auch auf den Schwerpunkt der Erde. Somit wird letztlich nur die Differenz beider Anteile als **effektive Störbeschleunigung** wirksam.

Bezeichnet man mit M_s und r_s die Masse und den geozentrischen Ortsvektor des störenden Körpers, so ergibt sich die Störbeschleunigung zu

$$\Delta\ddot{\boldsymbol{r}} = +GM_s \frac{\boldsymbol{r}_s - \boldsymbol{r}}{|\boldsymbol{r}_s - \boldsymbol{r}|^3} - GM_s \frac{\boldsymbol{r}_s}{|\boldsymbol{r}_s|^3} \tag{2.2.17}$$

Hierbei ist die störende Masse als punktförmig angenommen, was für die praktische Berechnung von periodischen Satellitenbahnen um die Erde eine völlig ausreichende Näherung darstellt.

Befinden sich Erde, Satellit und Störkörper in einer Linie, so erhält man in erster Ordnung eine Störbeschleunigung der Größe

$$\Delta\ddot{\boldsymbol{r}} \approx +2\,GM_s \frac{\boldsymbol{r}}{|\boldsymbol{r}_s|^3} \tag{2.2.18}$$

die jeweils von der Erde weg gerichtet ist. Steht der Positionsvektor des Satelliten dagegen senkrecht zur Richtung des störenden Körpers, so ist die resultierende Beschleunigung nur halb so groß und nach innen gerichtet:

$$\Delta\ddot{\boldsymbol{r}} \approx -GM_s \frac{\boldsymbol{r}}{|\boldsymbol{r}_s|^3} \tag{2.2.19}$$

Dies ist noch einmal in Bild 2.2.7 veranschaulicht.

Vergleicht man die von Sonne (M_{Sonne} = 330 000 $M_{\oplus}$, r_{Sonne} = 150 Mio. km) und Mond (M_{Mond} = 1/81 $M_{\oplus}$, r_{Mond} = 400 000 km) ausgeübten Störkräfte, so erkennt man, dass der Einfluss des Mondes trotz seiner geringen Masse rund doppelt so hoch ist. Die obigen Gleichungen zeigen ferner, dass die Störbeschleunigung linear mit dem Abstand des Satelliten von der Erde anwächst. Sie sind also insbesondere bei der Modellierung von geostationären Satellitenbahnen zu berücksichtigen.

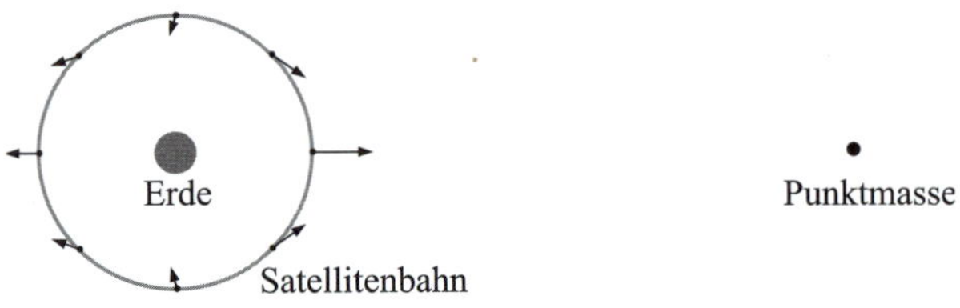

Bild 2.2.7: *Störbeschleunigung eines Satelliten durch eine weit entfernte Punktmasse.*

Luftwiderstand

Neben der Abplattung der Erde stellt für niedrig fliegende Satelliten die Abbremsung durch die Lufthülle der Erde die stärkste Störquelle dar [2.2.9]. Anders als die gravitativen Störungen hängt die wirksame Beschleunigung aber von der Masse m des Satelliten und seiner Querschnittsfläche A ab. Bei gegebener Dichte ρ der Lufthülle kann die Abbremsung im einfachsten Fall über die Beziehung

$$\Delta\ddot{\boldsymbol{r}} = -\frac{1}{2} C_D \frac{A}{m} \rho \cdot v_{rel}\, \boldsymbol{v}_{rel} \tag{2.2.20}$$

modelliert werden. Sie ist immer entgegengesetzt zum Geschwindigkeitsvektor $\boldsymbol{v}_{rel}$ relativ zur Atmosphäre gerichtet und wächst quadratisch mit der Geschwindigkeit an.

Der **Widerstandsbeiwert** (oder **„Drag"-Koeffizient**) C_D erfasst dabei die für jeden Körper unterschiedlichen Strömungsverhältnisse. Er muss für einen Satelliten üblicherweise im Rahmen der Bahnbestimmung kalibriert werden. Als grobe Näherung werden häufig Werte von 2,0 oder 2,3 verwendet. Alternativ hierzu kann der Widerstandsbeiwert aus aerodynamischen Modellrechnungen bestimmt werden, die die genaue Struktur des Satelliten und die Strömungsverhältnisse in der Hochatmosphäre berücksichtigen [2.2.10]. Diese sogenannten **Computational-Fluid-Dynamic-Berechnungen (CFD)** sind allerdings sehr aufwendig und können deshalb meist nur nach Ableitung vereinfachter Makromodelle für die praktische Berechnung von Satellitenbahnen genutzt werden.

Eine Übersicht über den **Dichteverlauf** der Erdatmosphäre zeigt Bild 2.2.8. Wie gut zu erkennen ist, nimmt die Dichte mit zunehmender Höhe schnell ab und kann für

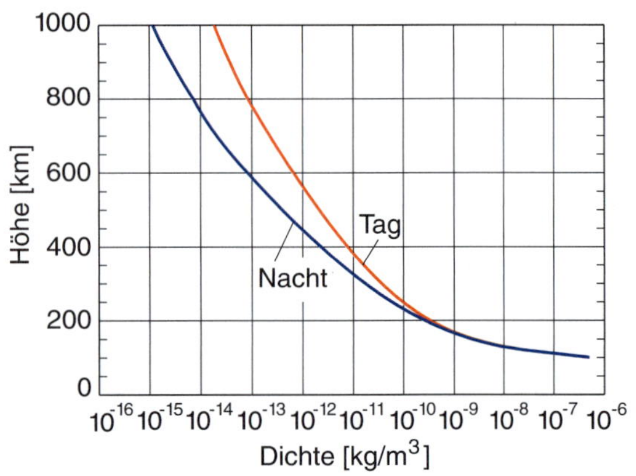

Bild 2.2.8: *Dichteverlauf der Atmosphäre als Funktion der Höhe für mittlere Solaraktivität.*

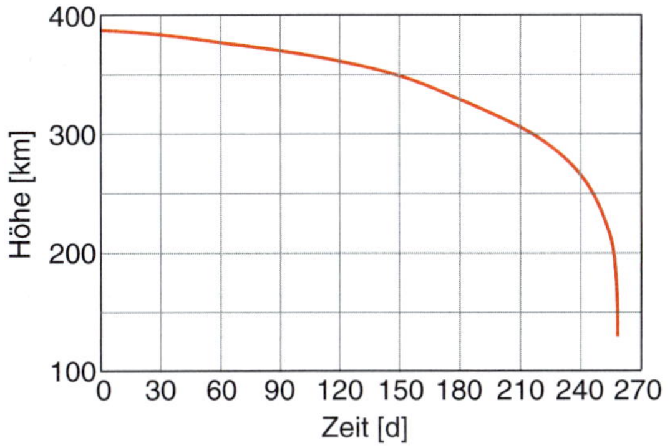

Bild 2.2.9: *Abnahme der Bahnhöhe von Starshine 1.*

Bahnen oberhalb von 1 000 km weitgehend vernachlässigt werden. Für Höhen unterhalb 250 km ist der Luftwiderstand dagegen so hoch, dass ohne regelmäßige Bahnanhebungsmanöver ein rascher Absturz des Satelliten unvermeidlich wäre. Deshalb werden im Interesse einer langen Lebensdauer nur sehr wenige Satelliten unterhalb von 400 km betrieben.

Insgesamt bewirkt die atmosphärische Reibung eine stetige **Abnahme der Bahnenergie** und damit der großen Halbachse. Bei einer Kreisbahn ergibt sich so eine kontinuierliche Verringerung der Bahnhöhe, die anfangs langsam, später aber immer schneller vonstatten geht (vgl. Bild 2.2.9). Bei stark elliptischen Bahnen erfolgt die Abbremsung dagegen überwiegend in der Nähe des Perigäums. Am niedrigsten Bahnpunkt taucht der Satellit in die tiefsten und damit dichtesten Atmosphärenschichten ein. Gleichzeitig ist die Geschwindigkeit hier am größten, was den wirksamen Luftwiderstand weiter verstärkt. Als Folge dieser ungleichmäßigen Abbremsung nimmt zunächst die Apogäumshöhe ab, bis die Bahn nahezu **zirkularisiert** ist.

Für die Beschreibung der atmosphärischen **Luftdichte** stehen heute verschiedene **Modelle** zu Verfügung, die eine typische Vorhersagegenauigkeit zwischen 10 % und 30 % bieten ([2.2.1][2.2.2][2.2.11]). Am bekanntesten sind dabei die Modelle der Jacchia-Reihe (Jacchia-70 und Weiterentwicklungen), die Familie der „Mass Spectrometer and Incoherent Scatter"-Modelle (MSIS-86, NRLMSIS) und die „Drag Temperature Models" (DTM-2000, DTM-2013). Bei der Auswahl eines geeigneten Modells ist neben der zu erwartenden Genauigkeit meist auch der erforderliche Rechenaufwand von Interesse. Modelle wie Jacchia-70, die sich auf die Beschreibung der gesamten Luftdichte beschränken, sind hier vorteilhafter als Modelle, die eine detaillierte Beschreibung der chemischen Zusammensetzung liefern.

Angesichts der bestehenden Unsicherheiten in der Dichtemodellierung und der mangelnden Vorhersagbarkeit des Widerstandsbeiwertes, muss im Rahmen einer Bahnbestimmung üblicherweise ein freier Skalenfaktor mit geschätzt werden, um die genannten Fehler zu kompensieren. Damit genügen bereits einfachere Dichtemodelle für eine gute Rekonstruktion der Bahn aus Beobachtungen. Umgekehrt ist bei einer reinen Bahnvorhersage ein höherer Modellierungsaufwand vonnöten, um die Satellitenbahn angemessen genau propagieren zu können.

Durch die Erwärmung der Sonne zeigt die Luftdichte eine ausgeprägte **Tag-Nacht-Variation,** wobei das Maximum rund zwei Stunden nach Mittag erreicht wird. Ferner zeigt sich, dass die Dichte der Erdatmosphäre starken Schwankungen unterliegt, die mit der **Solaraktivität** (extreme Ultraviolettstrahlung) und der **geomagnetischen Aktivität** korreliert sind. Für eine Modellierung der Dichte werden deshalb in allen Modellen Werte der solaren Radiostrahlung (Fluss $F_{10,7}$ bei einer Wellenlänge von 10,7 cm als indirektes Maß für die UV-Strahlung) sowie des geomagnetischen Index (K_p) benötigt. Beide Größen müssen aus Messungen bestimmt werden und lassen sich nur eingeschränkt vorhersagen. Einer Langzeitvorhersage von Satellitenbahnen in der Atmosphäre sind auch dadurch enge Grenzen gesetzt.

Strahlungsdruck

Eine zweite nicht-gravitative Kraft, die bei der Modellierung einer Satellitenbahn berücksichtigt werden muss, resultiert aus dem **Strahlungsdruck der Sonne.** Treffen Photonen der Energie E auf die Oberfläche eines Satelliten und werden dort absorbiert, so wird dabei ein Impuls der Größe $p = E / c$ übertragen. In der Umgebung der Erde, d. h. bei einer Entfernung von 1 AE = 149,6 Mio. km, beträgt der Strahlungsfluss Φ der Sonne im jahreszeitlichen Mittel rund 1 367 W/m². Aus dem Wert dieser sogenannten Solarkonstante und der Lichtgeschwindigkeit c folgt damit ein Druck von

$$P_0 = \frac{\Phi}{c} = 4{,}57 \cdot 10^{-6}\ \text{N/m}^2 \qquad (2.2.21)$$

Wird das Licht nicht absorbiert, sondern vollständig reflektiert, sind der Impulsübertrag und damit auch der resultierende Strahlungsdruck sogar doppelt so hoch. Bei einer der Sonne zugewandten Querschnittsfläche A und einer Masse m des Satelliten erhält man so eine Beschleunigung der Größe

$$\Delta\ddot{\boldsymbol{r}} = -(1+\varepsilon)\frac{A}{m} \cdot P_0 \cdot \left(\frac{1\,\text{AE}}{r_{\text{Sonne}}}\right)^2 \cdot \frac{\boldsymbol{r}_{\text{Sonne}}}{r_{\text{Sonne}}} \qquad (2.2.22)$$

die immer entgegengesetzt zum Richtungsvektor der Sonne wirkt. Hierin beschreibt die Reflektivität ε das Verhältnis von reflektiertem und einfallendem Sonnenlicht. An seine Stelle tritt häufig der sogenannte **Strahlungsdruckkoeffizient** $C_R = 1 + \varepsilon$, der ähnlich dem Widerstandsbeiwert im Rahmen der Bahnbestimmung kalibriert werden kann. Als erste Näherung wird häufig ein Wert von 1,3 verwendet.

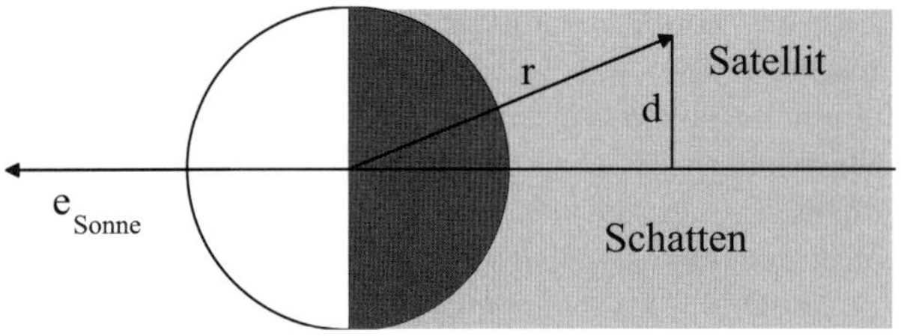

Bild 2.2.10: *Einfaches zylindrisches Modell des Erdschattens.*

2

Naturgemäß ist der Strahlungsdruck besonders für solche Satelliten von Bedeutung, die über große **Solarzellen** zur Energiegewinnung verfügen. Bei geostationären Satelliten mit Flächen von bis zu 50 m^2 stellt der Strahlungsdruck beispielsweise eine der wichtigsten Störungen dar, die bei der Bahnkontrolle berücksichtigt werden müssen. Er führt zu einer jahresperiodischen Variation der Exzentrizität, die durch regelmäßige Manöver kompensiert werden muss, um ein Verlassen des zugewiesenen Fensters im geostationären Orbit zu vermeiden (vgl. Kapitel 2.2.3.3).

Eine genaue Modellierung des Strahlungsdrucks ist aber auch bei Navigationssatelliten oder Erderkundungssatelliten mit hohen Anforderungen an die Bahnkenntnis von Bedeutung [2.2.12]. Hier bedient man sich zum Teil strahlungsoptischer Simulationen und Finite-Elemente-Modellen, um den Strahlungsdruck korrekt zu modellieren ([2.2.10][2.2.13]). So lassen sich die spezifischen Eigenschaften (Absorption, Reflexion, thermische Abstrahlung, etc.) einzelner Baugruppen und Materialien korrekt erfassen.

Als Teil der Strahlungsdruckberechnung ist schließlich auch zu beachten, ob oder in welchem Maß der Satellit überhaupt von der Sonne beschienen wird. Im einfachsten Fall genügt hierzu ein **zylindrisches Schattenmodell** (Bild 2.2.10). Der Satellit ist demnach unbeleuchtet, wenn er sich auf der Nachtseite der Erde befindet ($\boldsymbol{r} \cdot \boldsymbol{e}_{\mathrm{Sonne}} < 0$) und sein Abstand

$$d = \left| \boldsymbol{r} - (\boldsymbol{r} \cdot \boldsymbol{e}_{\mathrm{Sonne}})\, \boldsymbol{e}_{\mathrm{Sonne}} \right| \tag{2.2.23}$$

von der Schattenachse kleiner als der Erdradius $R_\oplus$ ist. $\boldsymbol{e}_{\mathrm{Sonne}}$ bezeichnet dabei den Einheitsvektor von der Erde zur Sonne. Genauere Schattenmodelle berücksichtigen über die obige Betrachtung hinaus die Abplattung der Erde sowie den endlichen Durchmesser der Sonne, der zu einer Aufspaltung in Halb- und Kernschatten führt [2.2.2].

2.2.1.4 Analytische Bahnmodelle

Mit Hilfe der Störungsrechnung kann die Wirkung der im letzten Abschnitt diskutierten Kräfte auf eine Satellitenbahn analytisch erfasst werden. Ähnlich dem Keplerschen Bahnmodell ermöglichen die daraus abgeleiteten Modelle eine direkte formelmäßige **Beschreibung der Bahnverlaufs** als Funktion der Bahnelemente. Die Störungsrechnung kann einerseits zur Bahnrechnung selbst eingesetzt werden, vermittelt andererseits aber auch eine gute Einsicht in die Wirkung individueller Störungsbeiträge ([2.2.14][2.2.15]).

Die Blütezeit analytischer Bahnmodelle fällt in die Jahre von 1950 bis 1970, als numerische Rechenanlagen nur sehr eingeschränkt verfügbar waren. Angesichts der Komplexität und der meist eingeschränkten Genauigkeit spielen analytische Bahnmodelle inzwischen eine deutlich kleinere Rolle. Sie sind jedoch neben theoretischen Untersuchungen immer dann von Vorteil, wenn die Bahn eines Satelliten zu beliebigen Epochen benötigt wird. Anders als die später beschriebenen numerischen Verfahren, erlauben es analytische Modelle, die Position des Satelliten auch für weit voraus- oder zurückliegende Epochen ohne Zwischenschritte zu ermitteln.

Variation der Elemente

Das eingangs diskutierte Keplersche Bahnmodell beschreibt die Bewegung eines Satelliten in einem zentralen Kraftfeld, dessen Stärke quadratisch mit der Entfernung vom Zentrum abfällt. Die Bahnelemente wie Halbachse, Bahnneigung und mittlere Anomalie zur Epoche sind dabei unveränderliche Größen, die die Bahn über alle Zeiten charakterisieren.

Analytische Bahnmodelle machen sich die Überlegung zunutze, dass sich kleine Abweichungen von einem idealen $1/r^2$-Kraftfeld demnach auch in kleinen zeitlichen Änderungen der Bahnelemente widerspiegeln müssen. Wie diese Änderungen im Einzelnen aussehen, wird zum Beispiel durch die **Gaussschen Störungsgleichungen** beschrieben. Zerlegt man die Störbeschleunigung $\boldsymbol{a}$ in drei orthogonale Komponenten entlang der radialen Richtung (R), senkrecht dazu in Bewegungsrichtung (T) sowie in Richtung der Bahnnormalen (N), dann ergeben sich die folgenden Ausdrücke für die **zeitliche Variation der Bahnelemente** ([2.2.1][2.2.15]):

$$\frac{\mathrm{d}a}{\mathrm{d}t} = \frac{2}{n\sqrt{1-e^2}} \left[e \sin v \cdot a_{\mathrm{R}} + \frac{p}{r} \cdot a_{\mathrm{T}} \right] \tag{2.2.24}$$

$$\frac{\mathrm{d}e}{\mathrm{d}t} = \frac{\sqrt{1-e^2}}{n\,a} \left[\sin v \cdot a_{\mathrm{R}} + (\cos E + \cos v) \cdot a_{\mathrm{T}} \right] \tag{2.2.25}$$

$$\frac{\mathrm{d}i}{\mathrm{d}t} = \frac{1}{n\,a^2\sqrt{1-e^2}}\, r \cos u \cdot a_{\mathrm{N}} \tag{2.2.26}$$

$$\frac{\mathrm{d}\Omega}{\mathrm{d}t} = \frac{1}{n\,a^2\sqrt{1-e^2}} \frac{r \sin u}{\sin i} \cdot a_{\mathrm{N}} \tag{2.2.27}$$

$$\frac{d\omega}{dt} = \frac{\sqrt{1-e^2}}{n\,a\,e}\left[-\cos v \cdot a_R + \left(1+\frac{r}{p}\right)\sin v \cdot a_T\right] - \cos i \cdot \frac{d\Omega}{dt} \qquad (2.2.28)$$

$$\frac{dM_0}{dt} = \frac{1}{n\,a^2\,e} \cdot \left[(p\cos v - 2\,e\,r)\cdot a_R - (p+r)\sin v \cdot a_T\right] \qquad (2.2.29)$$

Geht man zunächst von der ungestörten Bahn aus, so lassen sich damit die Störbeschleunigungen entlang der Bahn berechnen und – mit entsprechendem Aufwand – durch eine periodische Reihenentwicklung darstellen. Diese kann anschließend integriert werden, um eine analytische Beschreibung für die zeitliche Änderung der Bahnelemente zu erhalten. Bei Bedarf kann die so korrigierte Bahndarstellung noch einmal in die Störungsgleichungen eingesetzt werden, um Störungstheorien höherer Ordnung zu erhalten.

Ein bekanntes Beispiel stellt die von **W. M. Kaula** aufgestellte **Störungstheorie** [2.2.16] dar, die die Änderung der Bahn unter dem Einfluss des Erdgravitationsfeldes beschreibt. Die Störungen lassen sich dabei in periodische und säkulare (langfristig anwachsende) Änderungen der Bahnelemente einteilen (Bild 2.2.11).

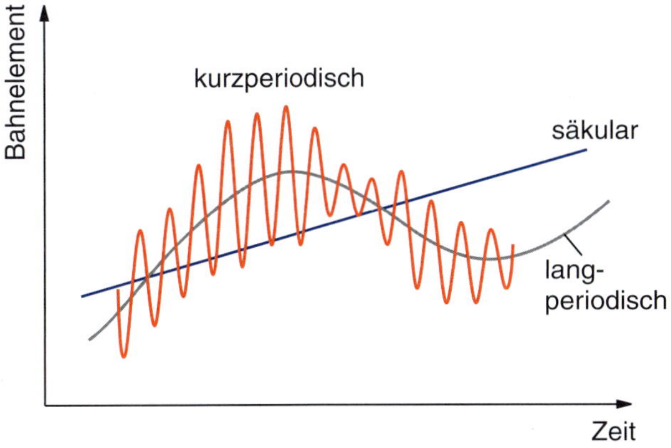

Bild 2.2.11: *Zeitlicher Verlauf von Störungen in den Keplerschen Bahnelementen.*

Als kurzperiodische Störungen bezeichnet man dabei Variationen mit der typischen Zeitskala eines Bahnumlaufs. Langperiodische Störungen reflektieren die Änderung der Perigäumslage unter dem Einfluss der Erdabplattung (vgl. Kapitel 2.2.1.3) oder monatliche und jährliche Anteile in den gravitativen Störungen von Sonne und Mond. Säkulare Störungen beschreiben schließlich die langfristigen Änderungen, die bei Mittelung über die zuvor genannten Zeitskalen verbleiben. Die Kaulasche Theorie zeigt unter anderem, dass säkulare Störungen durch das Erdgravitationsfeld nur in den Winkelelementen der Bahn auftreten. Störungen der Halbachse und der Exzentrizität sind dagegen auf periodische Anteile beschränkt.

Das SGP4-Modell

Eines der populärsten Bahnmodelle stellt sicher das „Simplified General Perturbations Model“ No. 4 (SGP4) dar ([2.2.17][2.2.18]). Es wurde ursprünglich für die Bedürfnisse des „North American Aerospace Defense Command“ (NORAD) entwickelt, zu dessen Aufgaben die permanente Überwachung erdnaher Flugkörper gehört. Im Rahmen dieser Tätigkeit werden routinemäßig Bahnelemente aller katalogisierten Satelliten bestimmt, die mit Einschränkungen auch zivilen Nutzern zugänglich sind. Besonders Radioamateure profitieren hiervon, da sie auf einfache Weise aktuelle Sichtbarkeitsvorhersagen für ihre Satelliten generieren können.

Die Verteilung der **NORAD-Bahnelemente** erfolgt in einem zweizeiligen Datenformat, was zu dem Beinamen „Two-line Elements“ (TLE) geführt hat. Die Bedeutung der einzelnen Felder in den TLE Datensätzen ist in Bild 2.2.12 beschrieben.

Bei der Verwendung der NORAD-Two-line-Bahnelemente ist zu beachten, dass es sich hierbei um **„mittlere“ Bahnelemente** handelt. Im Gegensatz zu **„oskulierenden“** (d. h. anschmiegenden) **Elementen,** die zu einem bestimmten Zeitpunkt die tatsächliche Position und Geschwindigkeit des Satelliten exakt wiedergeben, sind die mittleren Elemente frei von modellspezifischen periodischen Störungen. Sie zeigen damit einen wesentlich glatteren Verlauf als die oskulierenden Elemente. Andererseits dürfen die mittleren Elemente aber keinesfalls mit einem einfachen Keplerschen Bahnmodell verwendet werden, sondern nur mit dem analytischen Bahnmodell, das zu ihrer Erzeugung verwendet wurde.

Das SGP4-Modell, das bei NORAD für diesen Zweck eingesetzt wird, ist gegen 1970 entstanden und basiert auf einem analytischen Bahnmodell von Lane und Crawford. Dieses Modell verbindet seinerseits die Modellierung der **gravitativen Störungen** nach Brouwer [2.2.19] mit einem analytischen Modell zur Beschreibung des **Luftwiderstands.** Die Dichte der Atmosphäre in einer Höhe h wird dabei über ein Potenzgesetz der Form

$$\rho = 2{,}461 \cdot 10^{-8}\ \text{kg/m}^3 \left(\frac{42\ \text{km}}{h - 78\ \text{km}}\right)^4 \qquad (2.2.30)$$

beschrieben. Für den operationellen Einsatz wurde die vollständige Theorie von Lane und Hoots vereinfacht und in die noch heute gebräuchliche Form des SGP4-Modells gebracht. Insgesamt werden säkulare und periodische Störungen durch die zonalen Gravitationsfeldkoeffizienten J_2, J_3 und J_4 berücksichtigt. Die Darstellung der periodischen Störungen gilt strenggenommen aber nur für kreisnahe Bahnen.

2

```
.........|.........|.........|.........|.........|.........|.........
1 25544U 98067A   17180.92107657 +.00001371 +00000-0 +27994-4 0  9991
2 25544 051.6416 334.8545 0004735 341.6474 154.8950 15.54099405063738
.........|.........|.........|.........|.........|.........|.........
123456789012345678901234567890123456789012345678901234567890123456789
```

Zeile	Spalten	Erläuterung	Beispiel	Bedeutung
1	1	Zeilennummer (= 1)	1	1. Zeile
	3–7	NORAD-Katalognummer	25554	ISS (Zarya-Modul)
	8	Klassifizierung	U	nicht klassifiziert
	10–17	Internationale COSPAR-Satellitennummer (yynnnaaa), bestehend aus Jahr (yy), Startnummer (nnn) und Objekt (aaa)	98067A	Erstes Katalogobjekt zum 67. Start des Jahres 1998
	19–20	Epoche der Bahnelemente (Jahr)	17	2017
	21–32	Epoche Tag und Tagesbruchteile (UTC)	180.92107657	29. Juni, 22:06:21
	34–43	Änderungsrate der mittleren Bewegung (in [rev/d^2]) oder ballistischer Koeffizient B	+.00001371	0,00001371
	45–52	Änderungsrate (2. Ordnung) der mittleren Bewegung (in [rev/d^3]) (Dezimalpunkt zwischen Spalten 45 und 46; Exponent in Spalte 51–52)	+00000-0	0,0
	54–61	Luftwiderstandsterm B^* (in [$1/R_\oplus$]); (Dezimalpunkt zwischen Spalten 54 und 55; Exponent in Spalte 60–61)	+27994-4	$0{,}27994 \cdot 10^{-4}$
	63	Bahnmodell	0	SGP4-Modell
	65–68	Laufende Nummer des Datensatzes	999	999
	69	Prüfsumme der Zeichenwerten (modulo 10)	1	1
2	1	Zeilennummer (= 2)	2	2. Zeile
	3–7	NORAD-Katalognummer (Beispiel 16609)	25554	ISS (Zarya-Modul)
	9–16	Bahnneigung (in [°])	051.6416	51,6416°
	18–25	Rektaszension des aufsteigenden Knotens (in [°])	334.8545	334,8545°
	27–33	Exzentrizität (Dezimalpunkt zwischen Spalten 26 und 27)	0004735	0,0004735
	35–42	Argument des Perigäums (in [°])	341.6474	341,6474°
	44–51	Mittlere Anomalie (in [°])	154.8950	154,8950°
	53–63	Mittlere Bewegung (in [rev/d])	15.54099405	15.54099405 rev/d
	64–68	Umlaufnummer (modulo 100000)	06373	6373
	69	Prüfsumme der Zeichenwerten (modulo 10)	8	8

Bild 2.2.12: *Format der NORAD-Two-line-Elemente (Beispiel: Internationale Raumstation ISS).*

Neben dem SGP4-Modell kommt bei NORAD für hochfliegende Satelliten eine erweiterte Form des SGP4-Modells zum Einsatz, das als SDP4-Modell bezeichnet wird. Es erfasst zusätzlich Störungen durch die Gravitationskraft von Sonne und Mond sowie **Resonanzen,** die bei Bahnen mit einer Umlaufzeit von 12 h (GPS) und 24 h (geostationäre Satelliten) von Bedeutung sind. Das SDP4-Modell wird bei der Erzeugung von Two-line-Elementen eingesetzt, wenn die Umlaufzeit eines Satelliten mehr als 225 min beträgt (sog. „Deep Space"-Bahnen). Dieser Wert entspricht einer Bahnhöhe von etwa 6 000 km und dient auch den Nutzern der Two-line-Elemente als Unterscheidungskriterium für die Auswahl des korrekten Bahnmodells.

Die **Genauigkeit** des SGP4-Bahnmodells und der damit bestimmten Two-line-Bahnelemente ist in Bild 2.2.13 beispielhaft für einen niedrig fliegenden Satelliten (Bahnhöhe 400 km) gezeigt. In der Nähe der Epoche wird die wahre Bahn mit einer Genauigkeit von 1 ... 2 km wiedergegeben. Dieser Wert spiegelt die Größenordnung einer Reihe kurzperiodischer Störungen wieder, die im SGP4-Bahnmodell vernachlässigt werden. Er stellt damit eine natürliche Grenze für Bahnrechnungen mit diesem Modell dar.

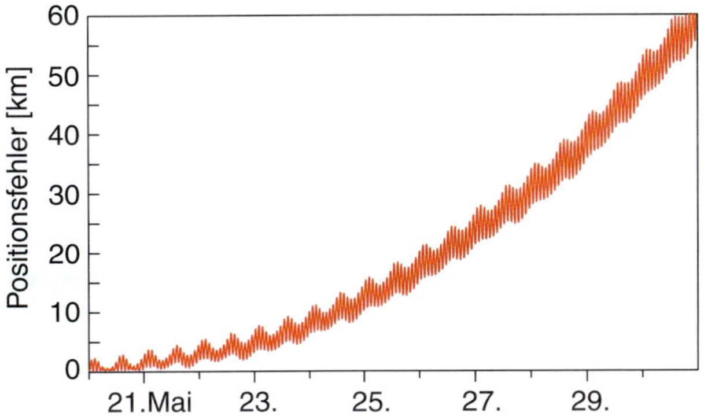

Bild 2.2.13: *Vorhersagegenauigkeit von Two-line-Bahnelementen am Beispiel des Satelliten CHAMP im Mai 2001.*

Im weiteren Verlauf erkennt man eine quadratische Zunahme des Fehlers. Dieser wirkt sich überwiegend in Flugrichtung aus und ist auf eine inkorrekte Berechnung der atmosphärischen Abbremsung zurückzuführen. Ursache sind hier aber weniger die Modellbeschränkungen als die mangelnde Vorhersagbarkeit der Atmosphärendichte. Nach einer Vorhersagezeit von einer Woche liegt die Abweichung im obigen Beispiel bei rund 20 km, was einem Unterschied in der Überflugzeit von knapp 3 s entspricht. Bei höheren Satellitenbahnen (800 km bis 1 300 km) sind die Fehler im Allgemeinen deutlich kleiner. Two-line-Elemente können hier selbst für Vorhersagen über mehrere Wochen gut eingesetzt werden.

2.2.1.5 Numerische Bahnvorhersage

Als Alternative zu den oben beschriebenen analytischen Modellen bietet sich der Einsatz rein numerischer Verfahren für die Berechnung von Satellitenbahnen an. Ausgehend von der bekannten Position und Geschwindigkeit zu einem Anfangszeitpunkt wird die Bewegung dabei durch numerische Integration schrittweise von einer Epoche zur nächsten vorhergesagt. Hierfür stehen eine Reihe verschiedener Ein- und Mehrschrittverfahren zur Verfügung, deren Grundlagen im weiteren Verlauf dieses Abschnitts vorgestellt werden.

Die Auswahl eines geeigneten Integrationsverfahrens hängt von der Exzentrizität der Bahn, der Länge des zu behandelnden Bahnbogens, der geforderten Genauigkeit sowie von verschiedenen anderen Aspekten ab. Ein „bestes" Verfahren kann es dabei naturgemäß nicht geben und Nutzer werden immer die für sie günstigste Alternative auswählen müssen. Allgemein kann festgestellt werden, dass Verfahren hoher Ordnung erforderlich sind, um große Schrittweiten zu ermöglichen und den Einfluss von Rundungsfehlern zu minimieren. Die theoretischen Grundlagen dieser Verfahren und ihre Umsetzung in Computerprogramme sind ausführlich in Lehrbüchern der numerischen Mathematik oder entsprechenden Monografien (siehe [2.2.20]) beschrieben. Für eine vergleichende Bewertung von numerischen Integrationsverfahren zur Satellitenbahnvorhersage sei ferner auf [2.2.2] und [2.2.21] verwiesen.

Bewegungsgleichung

Grundlage für die numerische Integration ist zunächst die Beschreibung der Bahn durch eine geeignete **Differenzialgleichung.** Wir beschränken uns hierbei auf eine Bewegungsgleichung der Form $\dot{\boldsymbol{y}} = \boldsymbol{f}(t, \boldsymbol{y}(t))$ für den aus Position und Geschwindigkeit zusammengesetzten Zustandsvektor

$$\boldsymbol{y}(t) = \begin{pmatrix} \boldsymbol{r}(t) \\ \boldsymbol{v}(t) \end{pmatrix} \tag{2.2.31}$$

Die Ableitung

$$f(t, \boldsymbol{y}(t)) = \begin{pmatrix} \boldsymbol{v}(t) \\ \ddot{\boldsymbol{r}}(t, \boldsymbol{r}, \boldsymbol{v}) \end{pmatrix} \tag{2.2.32}$$

des Zustandsvektors umfasst ihrerseits den Geschwindigkeits- und Beschleunigungsvektor. Anders als bei analytischen Bahnmodellen, die eine geschlossene formelmäßige Darstellung der Störbeschleunigung erfordern, unterliegt die numerische Behandlung weniger strengen Einschränkungen. Es genügt hier grundsätzlich, dass die Beschleunigung

$$\ddot{\boldsymbol{r}} = \boldsymbol{a}_{\text{Grav}} + \boldsymbol{a}_{\text{Sonne}} + \boldsymbol{a}_{\text{Mond}} + \boldsymbol{a}_{\text{Drag}} + \boldsymbol{a}_{\text{SolRad}} + \ldots \tag{2.2.33}$$

punktweise berechnet werden kann und abschnittsweise genügend glatt ist. Dies ist besonders für die Modellierung nicht-gravitativer Kräfte von Bedeutung, deren Berechnung häufig die Interpolation tabellarischer Größen beinhaltet.

Runge-Kutta-Verfahren

Zu den bekanntesten Methoden für die numerische Integration einer gewöhnlichen Differenzialgleichung zählt sicher die Familie der Runge-Kutta-Verfahren, die auf Arbeiten der beiden Mathematiker Carl Runge und Wilhelm Kutta zurückgeht. Ausgehend vom **Zustandsvektor** zur Zeit t wird ein Näherungswert zur Zeit $t + h$ als **gewichtetes Mittel**

$$\boldsymbol{y}(t+h) \approx \boldsymbol{y}(t) + h \sum_{i=1}^{m} b_i \, \boldsymbol{k}_i \tag{2.2.34}$$

von m Ableitungen

$$\boldsymbol{k}_i = \boldsymbol{f}\left(t + c_i \, h, \quad \boldsymbol{y}(t) + h \sum_{j=1}^{i-1} a_{ij} \, \boldsymbol{k}_j \right) \tag{2.2.35}$$

an verschiedenen Zwischenstellen berechnet. In jedem Schritt benötigt man dabei lediglich den Anfangswert $\boldsymbol{y}(t)$.

Gleichzeitig kann die **Schrittweite** h jeweils frei gewählt und den aktuellen Erfordernissen angepasst werden. Die Runge-Kutta-Verfahren zählen daher zur Klasse der Einschrittverfahren.

Die Koeffizienten a_{ij}, b_i und c_i sind so gewählt, dass eine möglichst gute Approximation der wahren Lösung entsteht. Man spricht in diesem Zusammenhang von einem **Verfahren *n*-ter Ordnung**, wenn der Fehler der numerischen Lösung weniger als h^{n+1} mit der Schrittweite anwächst. Hierzu sind im Allgemeinen $m > n$ Ableitungen erforderlich, lediglich bis zur vierten Ordnung sind Verfahren mit $m = n$ bekannt. Die Koeffizienten sind dabei nicht eindeutig über die Ordnung bestimmt, es gibt also durchaus unterschiedliche Runge-Kutta-Verfahren gleicher Ordnung.

Für das am weitesten verbreitete, klassische **Runge-Kutta-Verfahren vierter Ordnung** gilt die einfache Rechenvorschrift

$$\boldsymbol{y}(t+h) \approx \boldsymbol{y}(t) + \frac{h}{6}(\boldsymbol{k}_1 + 2\,\boldsymbol{k}_2 + 2\,\boldsymbol{k}_3 + \boldsymbol{k}_4) \quad (2.2.36)$$

mit

$$\boldsymbol{k}_1 = \boldsymbol{f}(t, \boldsymbol{y}(t))$$
$$\boldsymbol{k}_2 = \boldsymbol{f}(t + h/2, \boldsymbol{y}(t) + h\,\boldsymbol{k}_1/2)$$
$$\boldsymbol{k}_3 = \boldsymbol{f}(t + h/2, \boldsymbol{y}(t) + h\,\boldsymbol{k}_2/2)$$
$$\boldsymbol{k}_4 = \boldsymbol{f}(t + h, \boldsymbol{y}(t) + h\,\boldsymbol{k}_3)\,.$$

Für niedrig fliegende Erdsatelliten bieten sich bei Einsatz dieses Verfahrens Schrittweiten von rund 30 ... 60 s an. Bei wesentlich kleineren Werten erreicht man zwar eine genauere Approximation in jedem einzelnen Schritt, die akkumulierten Rundungsfehler dominieren dann aber bald und führen insgesamt zu einem schlechteren Ergebnis. Für genaue Bahnvorhersagen über viele Umläufe ist deshalb der Einsatz eines Verfahrens höherer Ordnung (z. B. DOPRI8 von Dormand und Prince; siehe [2.2.20]) unabdingbar. Andererseits kann das RK4-Verfahren sehr vorteilhaft für die **Echtzeitnavigation** an Bord eines Satelliten eingesetzt werden, wenn die vorhergesagte Bahn immer wieder durch unabhängige Messungen aktualisiert wird [2.2.21].

Mehrschrittverfahren

Mehrschrittverfahren verfolgen einen alternativen Ansatz zur Integration der Bewegungsgleichung, bei der Information aus zurückliegenden Epochen mit in die Vorhersage des nächsten Schritts einfließt. Neben der Möglichkeit, auf einfache Weise **hohe Ordnungen** zu erreichen, können die notwendigen Rechenschritte in Mehrschrittverfahren sehr einfach organisiert werden. Die Verfahren wurden deshalb bereits sehr früh erfolgreich für die Berechnung von Planeten und Kometen eingesetzt und haben später einen ganz natürlichen Platz in der Vorhersage von Satellitenbahnen gefunden.

Grundansatz der Mehrschrittverfahren ist die Darstellung des Zustandsvektors als Integral der Form

$$\boldsymbol{y}(t+h) = \boldsymbol{y}(t) + \int_t^{t+h} \boldsymbol{f}(\tau, \boldsymbol{y})\,\mathrm{d}\tau \quad (2.2.37)$$

Sind die Werte des Zustandsvektors und damit der Ableitungsfunktion an mehreren vorangehenden Zeitpunkten bekannt, dann kann der zeitliche Verlauf von f durch ein Polynom interpoliert (und extrapoliert) werden. Das Integral lässt sich dann auf einfache Weise auswerten und liefert eine genäherte Lösung für den Zustandsvektor $y\,(t + h)$ als Funktion von $y(t)$ und den bekannten Werten $f_i = f\,(t + i\,h)$ mit $i = 0, -1, -2, -3, \ldots$.

Im konkreten Fall des **Adams-Bashforth-Verfahrens** vierter Ordnung lauten diese Gleichungen

$$\boldsymbol{y}(t+h) = \boldsymbol{y}(t) + \frac{h}{24} \cdot (-9\,\boldsymbol{f}_{i-3} + 37\,\boldsymbol{f}_{i-2} - 59\,\boldsymbol{f}_{i-1} + 55\,\boldsymbol{f}_i) \quad (2.2.38)$$

Sie können durch einen auf Moulton zurückgehenden Verbesserungsschritt

$$\boldsymbol{y}(t+h) = \boldsymbol{y}(t) + \frac{h}{720}(-19\,\boldsymbol{f}_{i-3} + 106\,\boldsymbol{f}_{i-2} - 264\,\boldsymbol{f}_{i-1} + 646\,\boldsymbol{f}_i + 251\,\boldsymbol{f}_{i+1}) \quad (2.2.39)$$

fünfter Ordnung ergänzt werden. Das resultierende **„Prädiktor-Korrektor"-Verfahren** wertet an jeder Stelle die Ableitung des Zustandsvektors zweimal aus (benötigt also den doppelten Rechenaufwand pro Zeitschritt), erzielt jedoch eine wesentlich höhere Güte der Lösung und ermöglicht gleichzeitig eine Abschätzung des Integrationsfehlers in jedem Schritt.

Durch die Wiederverwendung bereits bekannter Rechengrößen sind Mehrschrittverfahren meist sehr effektiv. Dies ist besonders dann von Vorteil, wenn – wie im Fall einer Satellitenbahn – die Auswertung der Beschleunigung sehr komplexe und aufwendige Rechenschritte erfordert. Andererseits erfordert die Bestimmung der notwendigen Anfangswerte eine aufwendige **Startrechnung**, die den Einsatz dieser Verfahren kompliziert.

In der obigen Darstellung wurde stillschweigend davon ausgegangen, dass die Integration mit konstanter Schrittweite erfolgt. Die Koeffizienten des Adams-Bashforth-Moulton-Verfahrens sind dann Konstanten, was eine besonders einfache Anwendung ermöglicht. Wie in [2.2.22] ausführlich dargestellt, ist dies jedoch keine grundsätzliche Beschränkung. So unterstützt das von Shampine und Gordon entwickelte Verfahren DE variable Ordnungen und Schrittweiten und stellt damit ein leistungsfähiges und flexibles Werkzeug für die Behandlung vieler bahnmechanischer Probleme dar.

2.2.2 Bahnbestimmung

Die im Kapitel 2.2.1 behandelten Modelle erlauben es, bei gegebenen Bahnelementen oder einem anfänglichen Zustandsvektor die Bahn des Satelliten vorherzusagen. Aufgabe der Bahnbestimmung ist es, diese Parameter aus **Beobachtungen** des Satelliten zu ermitteln. Grundlegende Verfahren zur Lösung dieser Aufgabe wurden bereits lange vor dem ersten künstlichen Satelliten von verschiedenen Himmelsmechanikern, allen voran von Carl Friedrich Gauss, entwickelt. Anders als bei neuentdeckten Kleinplaneten oder Kometen ist die Bahn eines Satelliten aber meist nicht völlig unbekannt. Bereits vor dem Start wird die nominale Bahn im Rahmen der Missionsplanung festgelegt. Später wird der Satellit routinemäßig durch das Kontrollzentrum überwacht, sodass immer eine ungefähre Bahninformation vorliegt. Die Bahnbestimmung von Satelliten umfasst deshalb vorrangig die Verbesserung genäherter Ausgangswerte und nur in Ausnahmen (z. B. bei der militärischen Erfassung interkontinentaler Flugkörper oder der Überwachung von Weltraumschrott) eine klassische Erstbahnbestimmung.

Im weiteren Verlauf dieses Abschnitts werden die beiden wichtigsten mathematischen Verfahren zur **Verbesserung von Bahnparametern** aus Beobachtungen von Satelliten vorgestellt: die **Methode der kleinsten Quadrate** sowie die **Kalman-Filterung** [2.2.23]. Beide Verfahren sind im Kern verwandt, verfolgen jedoch unterschiedliche Zielsetzungen und haben sich unterschiedliche Anwendungen erschlossen. Die Ausgleichung nach der Methode der kleinsten Quadrate umfasst traditionell die gemeinsame Verarbeitung einer größeren Menge von Beobachtungen und ist deshalb primär für die nachträgliche Prozessierung am Boden geeignet. Der Kalman-Filter ist dagegen besonders gut zur Echtzeitverarbeitung geeignet, da immer nur die Messungen der jeweils aktuellen Epoche verarbeitet werden.

Vor der näheren Beschreibung der genannten Verfahren soll jedoch zunächst erläutert werden, welche **Messeinrichtungen** für die Beobachtung und Überwachung einer Satellitenbahn zur Verfügung stehen.

2.2.2.1 Tracking-Systeme

Für die Bahnvermessung von Satelliten kommen heute überwiegend **radiometrische Verfahren** zum Einsatz. Dabei werden Radiowellen verschiedenster Wellenlängen genutzt, um die Richtung zum Satelliten, seine Entfernung oder die Geschwindigkeit entlang der Sichtlinie zu messen [2.2.24]. Wurden zu Beginn der Raumfahrt noch häufig optische Kameras zur Positionsbestimmung verwendet, so ist der Einsatz von Teleskopen heute meist auf die Überwachungen von Weltraumschrott und inaktiven Satelliten beschränkt. Große Bedeutung für die hochpräzise Bahnbestimmung und die geodätische Forschung hat aber die Nutzung der **Laser-Entfernungsmessung**, die eine Positionsvermessung mit Zentimeter-Genauigkeit ermöglicht.

Bodenstationen

Bodenstationen dienen als Schnittstelle zwischen Satellit und Kontrollzentrum (Bild 2.2.14). Neben der Kommandierung und dem Empfang von Telemetriedaten können viele der dabei eingesetzten Antennen auch zur **Bahnvermessung** genutzt werden.

Im einfachsten Fall wird dabei die Richtung des einfallenden Signals bestimmt. Diese wird üblicherweise über die beiden Winkel Azimut und Elevation dargestellt (Bild 2.2.15). Der Azimutwinkel gibt an, wie weit die Antenne von Norden ausgehend um die Hochachse gedreht werden muss, um den Satelliten zu empfangen. Die Elevation beschreibt ergänzend den Winkel über dem Horizont. Zusammen legen beide Werte die Richtung zum Satelliten in einem lokalen Ost-Nord-Zenit-Koordinatensystem eindeutig fest.

Für die Durchführung der **Richtungsmessung** ist an Bord des Satelliten lediglich ein aktiver Sender erforderlich. Mit Hilfe eines großen Parabolspiegels werden die ausgesendeten Signale in der Empfangsantenne gebündelt, wobei

Bild 2.2.14: *15 m S-Band-Antenne (links) und 11 m Ku-Band-Antenne (rechts) der DLR Bodenstation in Weilheim (Bild: DLR).*

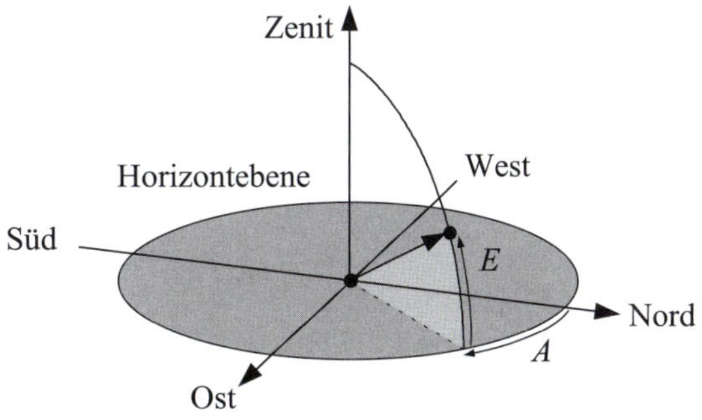

Bild 2.2.15: *Definition der Richtungswinkel Azimut (A) und Elevation (E).*

2

2

gleichzeitig eine starke Richtwirkung entsteht. Abhängig vom Antennendurchmesser D und der Wellenlänge λ des Signals, hat die Empfangskeule einen charakteristischen Öffnungswinkel von

$$\varphi = 1{,}22 \cdot \frac{\lambda}{D} \tag{2.2.40}$$

um die Blickrichtung der Antenne. Genaue Richtungsmessungen erfordern demnach große Antennen und kleine Wellenlängen. Im sogenannten S-Band, das für die Kommunikation mit Satelliten vorgesehen ist, wird mit Frequenzen von rund 2 GHz bzw. Wellenlängen im Bereich von 15 cm gearbeitet. Die Halbwertsbreite der Empfangskeule beträgt für eine 15-m-Antenne somit beispielsweise rund 0,7°, was nur sehr ungenaue Messungen ermöglichen würde. Die Genauigkeit lässt sich jedoch deutlich steigern, wenn anstelle eines einzelnen Sensors mehrere gegeneinander versetzte Detektoren in der Empfangseinheit der Antenne benutzt werden. Anstelle des (sehr flachen) Empfindlichkeitsmaximums kann dann die Differenz der Detektorsignale zur Richtungsfindung benutzt werden. Mit Hilfe dieses als **Monopulsradar** bekannten Verfahrens lassen sich im obigen Beispiel Genauigkeiten von besser als 0,01° erzielen. Dies liegt weit unter der nominalen Auflösung der Antenne, setzt aber auch gute Winkeldekoder und eine entsprechend stabile Montierung der Antenne voraus.

In einer Entfernung von 600 km entspricht die genannte Winkelmessgenauigkeit einem Positionsfehler von 100 m, bei geostationären Satelliten aber bereits rund 6 km. Abhilfe schaffen hier **Entfernungsmessungen,** die über eine Messung der Signallaufzeit realisiert werden. Anders als bei Winkelmessungen handelt es sich hier aber um ein aktives Verfahren, bei dem ein Signal am Boden ausgesendet, vom Satelliten zurückgeschickt und schließlich am Boden wieder empfangen wird. Um eine Laufzeitmessung zu ermöglichen, wird dem Trägersignal ein charakteristisches Muster aus überlagerten harmonischen Frequenzen (Tone-Ranging) oder quasizufälligen Bitfolgen (Pseudorandom-Noise-Ranging) aufgeprägt. Hiermit lassen sich typische Genauigkeiten von 1 ... 10 m erzielen.

An Bord des Satelliten wird für die Entfernungsmessung ein sogenannter Transponder benötigt, der das empfangene Signal verzögerungsfrei zurücksendet. Um gegenseitige Störungen oder eine Rückkopplung zu vermeiden, wird das Signal vor der Rücksendung zusätzlich auf eine andere Frequenz umgesetzt. Im S-Band sind beispielsweise Frequenzen von 2025 ... 2120 MHz für die Verbindung Boden-Satellit (Uplink) vorgesehen, während in der Gegenrichtung (Downlink) Frequenzen von 2200 ... 2300 MHz eingesetzt werden. Gemäß internationaler Übereinkünfte beträgt das Verhältnis der beiden Frequenzen dabei immer 221/240.

Als drittes unabhängiges Verfahren bieten viele Bodenstationen die **Messungen der Entfernungsänderung** aus der **Doppler-Verschiebung** des empfangenen Signals an. Entfernen sich Sender und Empfänger mit einer Geschwindigkeit $\dot{\rho}$ voneinander, dann wird ein ausgesendetes Radiosignal der Frequenz f aufgrund des Doppler-Effektes mit einer um

$$\Delta f = -f\,\frac{\dot{\rho}}{c} \tag{2.2.41}$$

veränderten Frequenz empfangen. Kennt man also die genaue Sendefrequenz, so lässt sich aus einer Messung der Dopplerverschiebung die Geschwindigkeit entlang der Sichtlinie ermitteln. Im Fall von Zweiwegmessungen über einen Transponder liegen die damit erzielten Genauigkeiten bei rund 0,1 ... 1 mm/s. Grundsätzlich sind Doppler-Messungen auch ohne Aussendung eines Signals der Bodenstation möglich (Einwegmessung). In diesem Fall ist die Messgenauigkeit aber durch die Stabilität der Sendefrequenz an Bord des Satelliten begrenzt.

Satellite Laser Ranging

Die Entfernungsmessung mit Hilfe von **Lasern** (Satellite Laser Ranging, SLR) stellt eine Alternative zu Mikrowellenverfahren dar, die sich durch eine besonders hohe Genauigkeit auszeichnet [2.2.25]. Sie wird besonders bei geophysikalischen Satellitenmissionen eingesetzt, wo sie neben der Bahnvermessung auch zur genauen Bestimmung von Stationsbewegungen dient. Der Betrieb der rund 40 weltweit verteilten SLR-Stationen wird über den International Laser Ranging Service (ILRS) koordiniert [2.2.26].

Für SLR-Messungen wird ein sehr kurzer Laserpuls über ein Teleskop gebündelt und zum Satelliten ausgesendet, Bild 2.2.16. Hier wird das Licht von einem Retroreflektor nach Art eines „Katzenauges" zum Boden zurückgeworfen und kann dort wieder mit dem gleichen Teleskop empfangen werden. Die Zeit zwischen Aussendung und Empfang kann über einen Zähler auf einige Picosekunden genau ermittelt werden, woraus sich bei bekannter Licht-

Bild 2.2.16: *1-m-Spiegelteleskop für Laser-Entfernungsmessungen der Sternwarte Zimmerwald (Bild: AIUB).*

geschwindigkeit dann die Entfernung ergibt. Durch das Zusammenfassen der Laufzeitmessungen aus einzelnen Pulsen zu Normalpunkten erreichen SLR-Stationen heute Genauigkeiten im Bereich von wenigen Millimetern.

DORIS

Das französische System DORIS (Doppler Orbitography and Radiopositioning Integrated by Satellite) basiert auf einem weltweiten Netz von **Radiosendern** (Bild 2.2.17), die ihre Signale mit hoher Frequenzstabilität aussenden [2.2.27]. Durch Vergleich mit einem Referenzoszillator an Bord des Satelliten kann damit die **Doppler-Verschiebung** und letztlich die Bahn des Satelliten bestimmt werden. Da die Messungen zunächst im Satelliten selbst gewonnen werden, unterstützt DORIS auch eine bordautonome Bahnbestimmung.

DORIS wurde seit den 1980er-Jahren speziell für die Bedürfnisse von Altimeter-Missionen entwickelt, die eine besonders genaue Bahnvermessung erfordern. Einzelne Doppler-Messungen mit DORIS erreichen eine Genauigkeit von rund 0,5 mm/s. Im Rahmen einer präzisen Bahnbestimmung kann damit die Höhe des Satelliten über der Erde auf bis zu einem Zentimeter genau ermittelt werden. Ein in den DORIS-Empfänger integriertes **Echtzeitnavigationssystem** (DIODE) liefert darüber hinaus bereits an Bord die Position des Satelliten mit einer Genauigkeit von rund 0,5 m [2.2.28].

GPS

Das „Global Positioning System“ (GPS) stellt eine Konstellation von rund 30 Satelliten dar, welche die Erde in einer Höhe von 20 200 km mit einer Umlaufzeit von 12 Stunden umkreisen [2.2.29]. Aufgabe des GPS-Systems ist es, Nutzern weltweit eine genaue Bestimmung ihrer **Position, Geschwindigkeit** und **Zeit** zu ermöglichen. Die Konstellation ist dazu so ausgelegt, dass von jedem Punkt der Erde (und des erdnahen Weltraums) mindestens vier GPS-Satelliten gleichzeitig empfangen werden.

Bild 2.2.17: *DORIS-Station auf der Insel Crozet (Bild: C. Bricaud/IPEV).*

Alle Satelliten nutzen identische Frequenzen (L1: 1 575,42 MHz und L2: 1 227,6 MHz), lassen sich jedoch durch ihren charakteristischen „Fingerabdruck“ unterscheiden. Anhand der empfangenen Signale kann ein GPS-Empfänger die Differenz zwischen Sende- und Empfangszeit ermitteln, die allerdings durch Gangfehler der Empfängeruhr verfälscht ist. Man spricht daher auch von Pseudoentfernungsmessung. Zusätzlich übermittelt jeder GPS-Satellit **Bahnelemente,** aus denen seine aktuelle Position ermittelt werden kann. Liegen insgesamt Messungen zu vier oder mehr Satelliten vor, kann daraus die Position und genaue Uhrzeit im Empfänger abgeleitet werden. Ferner erhält man aus Doppler-Messungen die aktuelle Geschwindigkeit des Empfängers.

Mitte der 1980er-Jahre wurden GPS-Empfänger erstmals auch auf niedrig fliegenden Erdsatelliten eingesetzt und haben sich heute als preisgünstiges und leistungsstarkes **Navigationssystem** etabliert. Anders als die zuvor beschriebenen Tracking-Verfahren liefern GPS-Empfänger nicht nur positionsabhängige Einzelmessungen, sondern ermöglichen zu jedem beliebigen Zeitpunkt eine direkte Bestimmung der Position im Raum. Die Verfügbarkeit aller Messungen an Bord des Satelliten stellt ferner einen wesentlichen Baustein zur autonomen Navigation von Satelliten dar (Bild 2.2.18).

Vergleichbar einem irdischen Empfänger ermöglichen GPS-Empfänger auf LEO-Satelliten heute **instantane Positionsmessungen** mit einer Genauigkeit von rund 10 m.

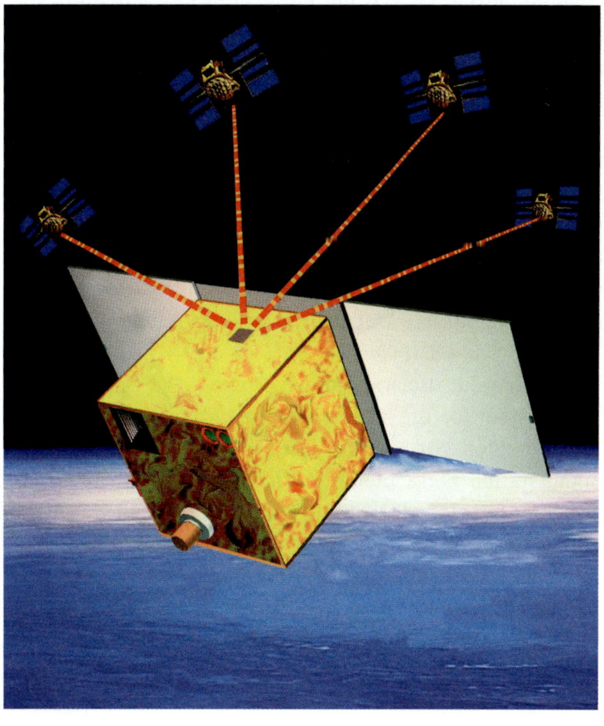

Bild 2.2.18: *Bahnvermessung von Satelliten mit Hilfe des Global Positioning System (GPS) (Bild: DLR).*

2

In Kombination mit einer dynamischen Bahnbestimmung können aus den elementaren Pseudoentfernungs- und Trägerphasenmessungen aber noch weit genauere Bahninformationen gewonnen werden. So werden heute bereits in vielen Erderkundungsmissionen auf Basis von GPS-Messungen Bahnbestimmungsgenauigkeiten von wenigen Zentimetern erreicht. Bei Satellitenformationen können durch differentielle Phasenmessungen sogar relative Positionen mit Genauigkeiten im Millimeterbereich bestimmt werden [2.2.30].

2.2.2.2 Beobachtungsmodell

Ziel der **Bahnbestimmung** (im Sinne einer Bahnverbesserung) ist es, die Abweichungen zwischen einer modellierten Bahn und den **Beobachtungen** zu minimieren. In Kapitel 2.2.1 wurde dazu bereits dargestellt, wie die Bahn des Satelliten über eine Reihe von Bahnelementen bzw. Anfangswerten sowie verschiedenen Modellparametern (z. B. Strahlungsdruck-Koeffizient oder Drag-Koeffizient) dargestellt werden kann. Für den Vergleich mit tatsächlichen Beobachtungen ist darüber hinaus ein **Modell des Messprozesses** erforderlich, soweit nicht (wie im Falle eines GPS-Empfängers möglich) unmittelbar dreidimensionale Positionsmessungen zur Verfügung stehen.

Allgemein bezeichnet im Folgenden z eine skalare (also eindimensionale) Messung, die von der Bahn des Satelliten abhängig ist. Entsprechend beschreibt die Funktion $g\,(t, y(t), \ldots)$ das Messmodell, das die Abhängigkeit der gemessenen Größe (z. B. der Entfernung des Satelliten) von der Messepoche t, dem Zustandsvektor $y(t)$ des Satelliten zur Epoche t sowie weiteren denkbaren Parametern (z. B. systematischen Laufzeitverzögerungen) widerspiegelt. Alternativ kann das Messmodell auch über den Zustandsvektor $y_0 = y(t_0)$ zu einer Anfangsepoche t_0 und Kräftemodellparameter $\boldsymbol{p}$ dargestellt werden, wofür wir die Funktion zur Unterscheidung als $h\,(t, y_0, \boldsymbol{p}, \ldots) = g\,(t, y(t), \ldots)$ bezeichnen. Das Residuum $z - g$ bzw. $z - h$ beschreibt unabhängig von der gewählten Darstellung, wie gut die modellierte Bahn die tatsächliche Beobachtung darstellt.

Winkel- und Entfernungsmessungen

Als Beispiel für die Aufstellung des **Messmodells** sollen im Folgenden Winkel- und Entfernungsmessungen einer Bodenstation betrachtet werden. Dazu bedient man sich zweckmäßig eines Koordinatensystems, dessen Ursprung im Fußpunkt der Antenne liegt und dessen Achsen in Ost-, Nord- und Zenitrichtung orientiert sind (vgl. Bild 2.2.15). Die Position des Satelliten in diesem sogenannten **topozentrischen Koordinatensystem** kann allgemein in der Form

$$\boldsymbol{s} = \boldsymbol{E} \cdot (\boldsymbol{U}(t) \cdot \boldsymbol{r}(t) - \boldsymbol{R}) \tag{2.2.42}$$

dargestellt werden. Hierin bezeichnet $\boldsymbol{R}$ die Koordinaten der Bodenstation in einem erdfesten geozentrischen System (z. B. ITRF), $\boldsymbol{r}$ die Position des Satelliten in einem inertialen geozentrischen System (z. B. ICRF) und $\boldsymbol{U}$ die zeitabhängige Transformation vom inertialen ins erdfeste System. Ferner beschreibt

$$\boldsymbol{E} = \begin{pmatrix} -\sin\lambda & +\cos\lambda & 0 \\ -\sin\varphi\cos\lambda & -\sin\varphi\sin\lambda & +\cos\varphi \\ +\cos\varphi\cos\lambda & +\cos\varphi\sin\lambda & +\sin\varphi \end{pmatrix} \tag{2.2.43}$$

die Transformation in das lokale Ost-Nord-Zenit-System in Abhängigkeit von der geografischen Länge (λ) und Breite (φ) der Station.

Betrachtet man andererseits die Entfernung ρ gemäß Bild 2.2.15 sowie die beiden Winkel Azimut (A) und Elevation (E), dann gilt für den topozentrischen Positionsvektor die Beziehung

$$\boldsymbol{s} = \begin{pmatrix} s_O \\ s_N \\ s_Z \end{pmatrix} = \rho \cdot \begin{pmatrix} \cos E \sin A \\ \cos E \cos A \\ \sin E \end{pmatrix} \tag{2.2.44}$$

Durch Auflösung nach den einzelnen Messgrößen erhält man hieraus schließlich die folgenden **Modellfunktionen** für Entfernungs- und Winkelmessungen:

$$\begin{aligned} g_\rho(t, r(t)) &= |\boldsymbol{s}|, \\ g_A(t, \boldsymbol{r}(t)) &= \arctan(s_O / s_N) \\ g_E(t, \boldsymbol{r}(t)) &= \arcsin(s_Z / |\boldsymbol{s}|) \end{aligned} \tag{2.2.45}$$

Alle Messungen lassen sich demnach über $s\,(t, \boldsymbol{r}(t))$ als Funktion der Messepoche t und der zugehörigen inertialen Satellitenposition $\boldsymbol{r}(t)$ darstellen. Ganz analog können auch die Funktionen $h_\rho\,(t, y_0, \boldsymbol{p})$, $h_A\,(t, y_0, \boldsymbol{p})$ und $h_E\,(t, y_0, \boldsymbol{p})$ formuliert werden, die den Zusammenhang zwischen den modellierten Beobachtungen und dem Anfangszustandsvektor y_0 sowie den Kräftemodellparametern $\boldsymbol{p}$ beschreiben.

Betont sei noch, dass in der obigen Darstellung verschiedene **Vereinfachungen** vorgenommen wurden. Für eine exakte Messmodellierung ist beispielsweise zu berücksichtigen, dass sich der Satellit während der Signalausbreitung bewegt. Seine Position zum Empfangszeitpunkt an der Station ist also geringfügig anders als die Position zur Aussendung eines Signals am Satelliten. Weiterhin erleidet das Signal beim Durchgang durch die Atmosphäre Verzögerungen und Ablenkungen. Die genannten Effekte lassen sich aber durch entsprechende Korrekturen im Messmodell berücksichtigen, ohne dass sich die grundsätzliche Betrachtung dadurch ändert.

2.2.2.3 Linearisierung

Die Modellfunktionen für die Bewegung des Satelliten und die Beschreibung der einzelnen Messungen sind im Allgemeinen zu komplex, um eine direkte Auflösung nach den Unbekannten $x = (y_0, p)$ zu ermöglichen. Es ist deshalb hilfreich, lediglich den Effekt **kleiner Abweichungen** von einem gegebenen **a-priori-Wert** zu studieren.

Im Falle aktiv betriebener Satelliten wird man zu Beginn einer Bahnbestimmung immer einen **genäherten Ausgangswert** für den Zustandsvektor y_0 (bzw. die Bahnelemente) zu einer Epoche t_0 zur Verfügung haben. Ein solcher Wert wird meist durch Vorhersage aus einer früheren Bahnbestimmung gewonnen. Selbst zu Beginn einer Satellitenmission steht immer eine ungefähre Bahninformation aus der geplanten Einschussbahn der Rakete zur Verfügung. Ganz entsprechend können auch für die **Modellparameter** p (wie Strahlungsdruck- und Drag-Koeffizient) sinnvolle Ausgangswerte aus früheren Bahnbestimmungen oder theoretischen Überlegungen gefunden werden.

Bezeichnet man diese Ausgangswerte als $x^{\text{ref}} = (y_0^{\text{ref}}, p^{\text{ref}})$, dann lässt sich die Modellfunktion für den Messwert h in eine Taylor-Reihe

$$h(t,\boldsymbol{x}) = h(t,\boldsymbol{x}^{\text{ref}}) + \left(\frac{\partial h}{\partial \boldsymbol{x}}\right)\cdot(\boldsymbol{x}-\boldsymbol{x}^{\text{ref}}) + \ldots \tag{2.2.46}$$

um x^{ref} bis zur ersten Ordnung entwickeln. Die Ableitung

$$\frac{\partial h}{\partial \boldsymbol{x}} = \frac{\partial h(t,\boldsymbol{y}_0,\boldsymbol{p})}{\partial(\boldsymbol{y}_0,\boldsymbol{p})} = \frac{\partial g(t,\boldsymbol{y}(t))}{\partial \boldsymbol{y}(t)}\cdot\begin{pmatrix}\dfrac{\partial \boldsymbol{y}(t)}{\partial \boldsymbol{y}_0} & \dfrac{\partial \boldsymbol{y}(t)}{\partial \boldsymbol{p}}\end{pmatrix} \tag{2.2.46a}$$

setzt sich dabei aus drei einzelnen Termen zusammen, nämlich

- der Ableitung $\partial g / \partial \boldsymbol{y}$ der modellierten Messung nach dem Zustandsvektor zum Zeitpunkt t der Messung,
- der Ableitung $\boldsymbol{\Phi} = \partial \boldsymbol{y} / \partial \boldsymbol{y}_0$ des Zustandsvektors zum Zeitpunkt der Messung nach dem Zustandsvektor zur Ausgangsepoche t_0 (sog. Übertragungsmatrix), sowie
- der Ableitung $\boldsymbol{S} = \partial \boldsymbol{y} / \partial \boldsymbol{p}$ des Zustandsvektors zum Zeitpunkt der Messung nach den Kräftemodellparametern (sog. Sensitivitätsmatrix).

Die **Ableitungen des Messmodells** können durch konsequentes Differenzieren der oben beschriebenen Modellfunktionen gewonnen werden. Dabei dürfen Anteile, die aus der Lichtlaufzeitkorrektur oder anderen kleineren Korrekturen resultieren, üblicherweise vernachlässigt werden. Ableitungen nach der Geschwindigkeit des Satelliten treten somit nur bei Dopplermessungen, nicht aber bei Entfernungs- oder Winkelmessungen auf. Für die Entfernungsmessung von einer Bodenstation erhält man beispielsweise aus den Gleichungen des vorangehenden Abschnitts die Ableitungen

$$\frac{\partial g_s}{\partial \boldsymbol{y}} = \begin{pmatrix}\dfrac{\partial g_s}{\partial \boldsymbol{r}} & \dfrac{\partial g_s}{\partial \boldsymbol{v}}\end{pmatrix} \tag{2.2.47}$$

mit $\dfrac{\partial g_s}{\partial \boldsymbol{r}} = \dfrac{\partial g_s}{\partial \boldsymbol{s}}\cdot\dfrac{\partial \boldsymbol{s}}{\partial \boldsymbol{r}} = (s_O / s \quad s_N / s \quad s_Z / s)\cdot \boldsymbol{E}\cdot\boldsymbol{U}$ sowie $\partial g_s / \partial \boldsymbol{v} = (0 \quad 0 \quad 0)$.

Führen die Ableitungen des Messmodells bereits auf recht unhandliche Ausdrücke, so gilt dies in noch stärkerem Maße für die Berechnung der **Übertragungsmatrix** und der **Sensitivitätsmatrix.** Will man alle Anteile des Kräftemodells korrekt berücksichtigen, so müssen beide Größen durch numerische Integration zweier Matrixdifferenzialgleichungen gewonnen werden. Für die in Kapitel 2.2.1.5 eingeführte Bewegungsgleichung lauten diese sogenannten **Variationsgleichungen**

$$\frac{\mathrm{d}}{\mathrm{d}t}\boldsymbol{\Phi}(t) = \begin{pmatrix}\boldsymbol{0} & \boldsymbol{1}\\ \partial \boldsymbol{a}/\partial \boldsymbol{r} & \partial \boldsymbol{a}/\partial \boldsymbol{v}\end{pmatrix}\cdot\boldsymbol{\Phi}(t) \tag{2.2.48}$$

mit $\boldsymbol{\Phi}(t_0) = \boldsymbol{1}$ und

$$\frac{\mathrm{d}}{\mathrm{d}t}\boldsymbol{S}(t) = \begin{pmatrix}\boldsymbol{0} & \boldsymbol{1}\\ \partial \boldsymbol{a}/\partial \boldsymbol{r} & \partial \boldsymbol{a}/\partial \boldsymbol{v}\end{pmatrix}\cdot\boldsymbol{S}(t) + \begin{pmatrix}\boldsymbol{0}\\ \partial \boldsymbol{a}/\partial \boldsymbol{p}\end{pmatrix} \tag{2.2.49}$$

mit $\boldsymbol{S}(t_0) = 0$

Sie hängen ihrerseits von den partiellen Ableitungen der Beschleunigung $\boldsymbol{a}$ nach der Position und Geschwindigkeit des Satelliten sowie nach den Kräftemodellparametern ab. Die genaue Berechnung dieser Terme ist in [2.2.2] ausführlich geschildert. Sieht man von der Komplexität der resultierenden Terme und der Dimension des Problems ab, so erfolgt die numerische Behandlung der Variationsgleichungen ansonsten nach demselben Prinzip und mit denselben Verfahren wie die Integration der Bewegungsgleichung. Um den rechnerischen Aufwand in Grenzen zu halten, sind bei der Formulierung der Variationsgleichungen aber meist eine Reihe von Vereinfachungen zulässig, wie etwa eine Reduktion von Grad und Ordnung des Gravitationsfeldes.

2.2.2.4 Ausgleichung nach der Methode der kleinsten Quadrate

Schätzproblem

Bei der Ausgleichung nach der Methode der kleinsten Quadrate (engl.: least-squares method) versucht man, diejenigen Modellparameter zu finden, für die die **Summe der quadratischen Abweichungen** zwischen Modell und Beobachtung minimal wird. Allgemein gesprochen stellt dies ein **Optimierungsproblem** dar, das aber durch Linearisierung um genäherte Ausgangswerte auf die Lösung eines überbestimmten Gleichungssystems zurückgeführt werden kann.

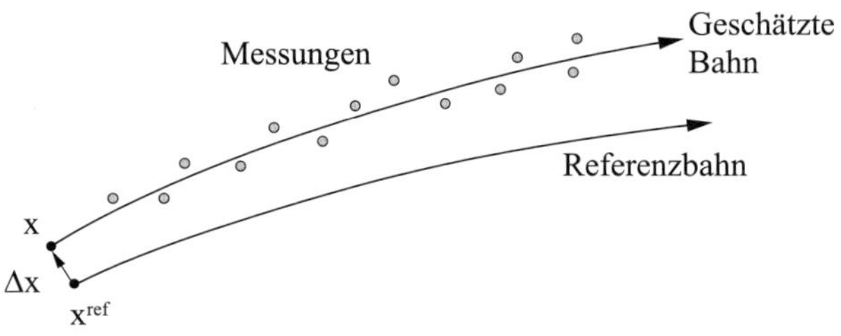

Bild 2.2.19: *Ausgleichung der Bahnparameter nach der Methode der kleinsten Quadrate.*

In der Anwendung auf Bahnbestimmungsprobleme bedeutet dies, dass man zunächst mit Hilfe der Ausgangswerte $\boldsymbol{x}^{\text{ref}} = (\boldsymbol{y}_0^{\text{ref}}, \boldsymbol{p}^{\text{ref}})$ die Bahn des Satelliten vorhersagt und für jeden Messzeitpunkt die entsprechenden modellierten Beobachtungen berechnet. Aus den Abweichungen zwischen den gemessenen und modellierten Beobachtungen (den sog. Residuen) und den jeweiligen partiellen Ableitungen wird dann eine Korrektur $\Delta\boldsymbol{x} = \boldsymbol{x} - \boldsymbol{x}^{\text{ref}}$ berechnet, sodass die Summe

$$J = \sum_i (z_i - h_i(t_i, \boldsymbol{x}))^2 = |\boldsymbol{z} - \boldsymbol{h}(\boldsymbol{x})|^2 \qquad (2.2.50)$$

der **Residuenquadrate** über alle Beobachtungen ihren kleinstmöglichen Wert erreicht (Bild 2.2.19). Zur Vereinfachung der weiteren Darstellung sind dabei alle Beobachtungen in den Vektor $\boldsymbol{z} = (z_i)_{i=1,\ldots,n}$ der gemessenen Werte und einen entsprechenden Vektor $\boldsymbol{h}$ der modellierten Werte zusammengefasst.

Betrachtet man nur lineare Änderungen um die Referenzwerte, besteht die Aufgabe der Ausgleichungsrechnung darin, das Minimum einer quadratischen Funktion

$$J \approx |\Delta\boldsymbol{z} - \boldsymbol{H}\,\Delta\boldsymbol{x}|^2 = (\boldsymbol{H}\,\Delta\boldsymbol{x} - \Delta\boldsymbol{z})^T\,(\boldsymbol{H}\,\Delta\boldsymbol{x} - \Delta\boldsymbol{z}) \qquad (2.2.51)$$

von $\Delta\boldsymbol{x}$ zu bestimmen. Die **Jacobi-Matrix** $\boldsymbol{H} = \partial\boldsymbol{h} / \partial\boldsymbol{x}$ beschreibt darin die Ableitungen der modellierten Beobachtungen nach den Schätzparametern, während $\Delta\boldsymbol{z} = \boldsymbol{z} - \boldsymbol{h}(\boldsymbol{x}^{\text{ref}})$ die Residuen der Beobachtungen bezüglich der Referenzbahn bezeichnet. Aus der Minimumbedingung $\partial J / \partial\Delta\boldsymbol{x} = 0$ findet man für das linearisierte Problem dann die gesuchte Lösung

$$\Delta\boldsymbol{x} = (\boldsymbol{H}^T\,\boldsymbol{H})^{-1}\,(\boldsymbol{H}^T\,\Delta\boldsymbol{z}) \qquad (2.2.52)$$

Nachdem man diese Korrektur an den Ausgangswerten angebracht hat, wird die damit modellierte Bahn die Beobachtungen bereits deutlich besser darstellen. Durch die Vereinfachungen, die bei der Linearisierung gemacht werden, findet man aber nur selten direkt in einem Schritt das gewünschte Minimum der Residuenquadratsumme. Der gesamte Prozess kann aber natürlich mehrfach wiederholt werden, um das Ergebnis schrittweise zu verbessern. Je nach Qualität der Ausgangswerte genügt meist eine Handvoll Iterationen, um das Minimum der Residuenquadratsumme auf besser als 1 % seines Wertes zu bestimmen.

Hingewiesen sei noch darauf, dass die Lösung des Schätzproblems auch ohne Matrixinversion direkt aus dem linearen Gleichungssystem

$$(\boldsymbol{H}^T\,\boldsymbol{H})\,\Delta\boldsymbol{x} = (\boldsymbol{H}^T\,\Delta\boldsymbol{z}) \qquad (2.2.53)$$

(den sogenannten **Normalgleichungen**) berechnet werden kann. Hierfür stehen geeignete numerische Verfahren wie Gauss-Elimination oder LR-Zerlegung zur Verfügung, die deutlich weniger Rechenoperationen als eine Matrixinversion erfordern ([2.2.31][2.2.32]). Diese Vorgehensweise ist immer dann von Nutzen, wenn nur die Lösung des Ausgleichungsproblems selbst, aber nicht die weiter unten beschriebene Kovarianzinformation benötigt wird.

Gewichtung

In der Praxis werden in einer Bahnbestimmung oft unterschiedliche **Arten von Beobachtungen** (also zum Beispiel Winkel- und Entfernungsmessungen) oder Messungen mit **unterschiedlicher Qualität** (zum Beispiel von zwei verschiedenen Stationen) verarbeitet. Dieser Umstand kann auf einfache Weise durch eine geeignete Gewichtung der Messungen berücksichtigt werden. Geht man allgemein davon aus, dass die i-te Messung einen normalverteilten Fehler mit Standardabweichung σ_i aufweist, so ergibt sich die optimale Lösung des Bahnbestimmungsproblems aus der Minimierung der gewichteten Residuenquadratsumme

$$J = \sum_i \left(\frac{z_i - h_i(t_i, \boldsymbol{x})}{\sigma_i}\right)^2 = (\boldsymbol{z} - \boldsymbol{h}(\boldsymbol{x}))^T\,\boldsymbol{W}(\boldsymbol{z} - \boldsymbol{h}(\boldsymbol{x})) \qquad (2.2.54)$$

Die **Gewichtsmatrix** $\boldsymbol{W} = \text{diag}(1/\sigma_1^2, \ldots, 1/\sigma_n^2)$ ist dabei eine Diagonalmatrix, deren Elemente die inversen Varianzen der statistischen Messfehler darstellen. Berücksichtigt man die Gewichtung bei der Bestimmung des Minimums, so findet man für die Lösung des linearen Ausgleichungsproblems allgemein die Beziehung

$$\Delta\boldsymbol{x} = (\boldsymbol{H}^T\,\boldsymbol{W}\,\boldsymbol{H})^{-1}\,(\boldsymbol{H}^T\,\boldsymbol{W}\,\Delta\boldsymbol{z}) \qquad (2.2.55)$$

Kovarianz der Lösung

Neben der Lösung des Bahnbestimmungsproblems selbst ist in vielen Anwendungen auch die zu erwartende **Genauigkeit** der Lösung von großem Interesse. So müssen etwa im Vorfeld einer Mission Aussagen darüber getroffen werden, welche Bodenstationen oder Messeinrichtungen erforderlich sind, um die Satellitenbahn mit einer vorgegebenen Güte bestimmen zu können. Entsprechende Aussagen lassen sich aus der **Kovarianzmatrix** der Lösung gewinnen. Sie ist über den Erwartungswert

$$\boldsymbol{P} = \mathrm{E}\left((\Delta\boldsymbol{x} - \overline{\Delta\boldsymbol{x}})(\Delta\boldsymbol{x} - \overline{\Delta\boldsymbol{x}})^T\right) \quad (2.2.56)$$

definiert und beschreibt im Wesentlichen die Streuung der Lösung um ihren Mittelwert.

Betrachtet man die Fehler der Messungen als Zufallsvariablen, dann ist auch die daraus berechnete Lösung $\Delta\boldsymbol{x}$ des Ausgleichungsproblems selbst wieder eine zufallsverteilte Größe. Im Fall normalverteilter Messfehler mit Mittelwert null folgt wegen der Linearität des Problems zunächst, dass der **Erwartungswert** $\overline{\Delta x} = \mathrm{E}(\Delta x)$ für die Lösung des Ausgleichungsproblems im Mittel immer der wahren Bahn entspricht. Die Bahnbestimmung weist also keine systematischen Fehler auf, solange dies auch für die Messungen selbst gilt. Weiter lässt sich zeigen, dass die Kovarianz der Lösung durch die Matrix

$$\boldsymbol{P} = (\boldsymbol{H}^T\,\boldsymbol{W}\,\boldsymbol{H})^{-1} \quad (2.2.57)$$

gegeben ist, die bereits als Teil des Ausgleichungsproblems bestimmt wurde.

Als einfaches Maß für die Genauigkeit der Bahnbestimmung kann man zunächst die **Diagonalelemente** $P_{ii} = \sigma^2(x_i)$ der Kovarianzmatrix betrachten. Diese enthalten die Quadrate der **Standardabweichung** des einzelnen Schätzparameters. Sie geben also beispielsweise an, welche Unsicherheit der anfängliche Positionsvektor oder die geschätzte Halbachse der Bahn aufweist. In die Berechnung dieser Fehler geht lediglich die angenommene Genauigkeit der Messungen (über die Gewichtsmatrix W) sowie die Art der Messungen und deren Verteilung (über die Ableitungsmatrix H) ein. Die Kovarianzmatrix kann also nur statistische Aussagen liefern, nicht aber den Einfluss einzelner Ausreißer oder systematische Messfehler erfassen. Eine korrekte Interpretation der Ergebnisse erfordert deshalb angemessene Vorsicht und Erfahrung. Grundsätzlich lässt sich daran aber erkennen, ob die Bahn durch die Beobachtung gut festgelegt ist oder ob einzelne Parameter aufgrund schlechter Verteilung der Beobachtungen nicht ausreichend genau bestimmbar sind.

A-priori-Information
Im Allgemeinen übersteigt in einer Bahnbestimmung die Zahl der Beobachtungen deutlich die Zahl der Unbekannten. Man hat also prinzipiell ein **überbestimmtes Gleichungssystem** vorliegen, dessen Lösung nach der Methode der kleinsten Quadrate bestimmt wird. Leider garantiert die Überbestimmtheit aber nicht immer, dass die Werte aller Schätzparameter auch zuverlässig bestimmt werden können. Hat man beispielsweise nur Messungen eines einzelnen Überflugs des Satelliten über die Bodenstation vorliegen, so kann die große Halbachse damit nur unzureichend bestimmt werden. Liegen dagegen Messungen zweier aufeinanderfolgender Passagen vor, ist die Umlaufszeit und damit auch die große Halbachse sehr gut festgelegt. Entscheidend für die Qualität der Bahnbestimmung ist also weniger die reine Anzahl der Messungen als eine gute zeitliche und räumliche Verteilung. Wo dies nicht immer zu gewährleisten ist, kann man sich aber auf andere Art behelfen und **unabhängige Informationen** in die Parameterschätzung einbringen. Ist etwa die Streuung bekannt, mit der ein Satellit seitens der Rakete in seine Bahn eingeschossen wird, so kann dieses Wissen neben den eigentlichen Messungen in der Bahnbestimmung berücksichtigt werden.

Vollständig beschrieben wird diese Zusatzinformation allgemein durch den **a-priori-Wert** $\boldsymbol{x}^{\mathrm{ap}} = (\boldsymbol{y}_0^{\mathrm{ap}}, \boldsymbol{p}^{\mathrm{ap}})$ der Schätzparameter sowie die zugehörige **Kovarianz** $\boldsymbol{P}^{\mathrm{ap}}$. Durch Minimierung der kombinierten Kostenfunktion

$$J = \left|\boldsymbol{z} - \boldsymbol{h}(\boldsymbol{x})\right|^2 + (\boldsymbol{x} - \boldsymbol{x}^{\mathrm{ap}})^T\,\boldsymbol{P}^{\mathrm{ap}}(\boldsymbol{x} - \boldsymbol{x}^{\mathrm{ap}}) \quad (2.2.58)$$

erhält man daraus die Lösung

$$\Delta\boldsymbol{x} = (\boldsymbol{H}^T\,\boldsymbol{W}\,\boldsymbol{H} + \boldsymbol{P}^{\mathrm{ap}})^{-1} \cdot (\boldsymbol{H}^T\,\boldsymbol{W}\,\Delta\boldsymbol{z} + \boldsymbol{P}^{\mathrm{ap}}\,(\Delta\boldsymbol{x} - \Delta\boldsymbol{x}^{\mathrm{ap}})) \quad (2.2.59)$$

der Bahnbestimmung mit a-priori-Information. Ganz analog zum einfachen Ausgleichungsproblem wird die Kovarianz dieser Lösung wieder durch die Normalgleichungsmatrix

$$\boldsymbol{P} = (\boldsymbol{H}^T\,\boldsymbol{W}\,\boldsymbol{H} + \boldsymbol{P}^{\mathrm{ap}})^{-1} \quad (2.2.60)$$

beschrieben.

A-priori-Information und Messungen werden in dieser Formulierung völlig gleichberechtigt nebeneinander behandelt. Damit ist es unter anderem möglich, mehrere aufeinanderfolgende Datenbögen miteinander zu verbinden, ohne alle Messungen unmittelbar gemeinsam zu verarbeiten. Hierzu wird jeweils das Ergebnis einer vorangehenden Bahnbestimmung als a-priori-Information in die nachfolgende Bahnbestimmung eingebracht. Die a-priori-Werte und ihre Kovarianz beschreiben dabei das Wissen über die Bahn, das in allen früheren Messungen enthalten ist. Am Ende steht so ein Bahnbestimmungsergebnis, das Information aus einem großen Datenbogen berücksichtigt, auch wenn unmittelbar nur eine kleine Menge neuer Messungen prozessiert wird.

2.2.2.5 Kalman-Filterung

Führt man die obigen Überlegungen weiter aus, so ergibt sich daraus eine alternative Form der Bahnbestimmung, die als Kalman-Filterung bezeichnet wird. Die Beobachtungen werden dabei nicht mehr in größeren Blöcken, sondern immer **epochenweise** verarbeitet. Gleichzeitig werden die Schätzparameter (wie Bahnelemente oder Zustandsvektor) nicht auf eine gewählte Anfangsepoche, sondern auf den Zeitpunkt der jeweils letzten Messung bezogen.

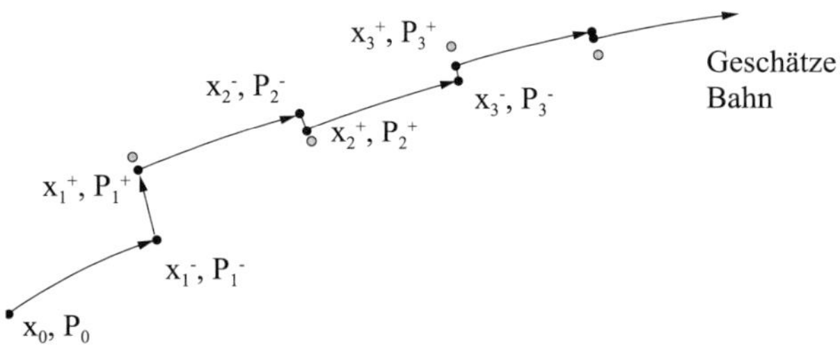

Bild 2.2.20: *Bahnbestimmung durch Kalman-Filterung.*

Die Kalman-Filterung ist damit besonders für die **Echtzeitverarbeitung** von Interesse und wird voranging in bordautonomen Navigationssystemen eingesetzt.

Der Prozess der Kalman-Filterung setzt sich aus zwei elementaren Schritten zusammen:

- Ausgehend vom letzten bekannten Wert des Zustandsvektors und seiner Kovarianz werden im **Prädiktionsschritt** (engl. *time update*) zunächst beide Größen bis zum Zeitpunkt der nächsten Messung vorhergesagt.
- Anschließend wird im **Korrekturschritt** (engl. *measurement update*) aus dieser a-priori-Information und den aktuellen Beobachtungen eine optimale Schätzung des Zustandsvektors und seiner Kovarianz zur neuen Epoche ermittelt.

Beide Schritte werden jeweils hintereinander durchgeführt und kontinuierlich wiederholt (Bild 2.2.20).

Ausgangspunkt des Prädiktionsschritts ist die Kenntnis des Zustands $\boldsymbol{x}_i^+$ und der zugehörigen Kovarianz $\boldsymbol{P}_i^+$ zu einer Epoche t_i. Die Notation „+" deutet dabei an, dass es sich um die Werte *nach* einem vorangegangenen Korrektionsschritt handelt. Im Unterschied dazu werden Werte *vor* Durchführung des Korrektionsschritts durch ein hochgestelltes Minus-Zeichen gekennzeichnet. Mit Hilfe der bekannten Kräftemodelle und eines numerischen Integrationsverfahrens kann der Zustandsvektor nun zur nächsten Epoche t_{i+1} propagiert werden. Neben dem Zustandsvektor $\boldsymbol{x}_{i+1}^-$ liefert die Integration der Variationsgleichungen dabei zusätzlich die **Übertragungsmatrix**

$$\boldsymbol{\Phi}_{i+1} = \partial \boldsymbol{x}_{i+1} / \partial \boldsymbol{x}_i \tag{2.2.61}$$

Sie gibt an, wie sich kleine Änderungen des Zustandsvektors am Beginn des Vorhersageintervalls auf den Zustandsvektor am Ende des Intervalls auswirken und dient dazu, die Streuung der Anfangswerte linear fortzupflanzen. Man erhält so die vorhergesagte Kovarianz

$$\boldsymbol{P}_{i+1}^- = \boldsymbol{\Phi}_{i+1}\, \boldsymbol{P}_i^-\, \boldsymbol{\Phi}_{i+1}^T \tag{2.2.62}$$

die die erwartete Unsicherheit des Zustandsvektors vor der Verarbeitung neuer Messungen angibt. Als Besonderheit bietet der Kalman-Filter an dieser Stelle die Möglichkeit, auch **statistische Fehler** in der Vorhersage selbst mit zu berücksichtigen. Dazu wird die Kovarianz um einen Anteil $\boldsymbol{Q}$ vergrößert, der das sogenannte **Prozessrauschen** beschreibt und Fehlern im Kräftemodell oder der numerischen Integration Rechnung trägt:

$$\boldsymbol{P}_{i+1}^- = \boldsymbol{\Phi}_{i+1}\, \boldsymbol{P}_i^-\, \boldsymbol{\Phi}_{i+1}^T + \boldsymbol{Q}_i \tag{2.2.63}$$

Kleine Werte von $\boldsymbol{Q}$ reflektieren dabei eine hohe Güte des Bahnmodells und erlauben dem Filter, die Bahn über viele Epochen hinweg zu glätten. Demgegenüber führt ein hohes Prozessrauschen dazu, dass die geschätzte Bahn immer durch die jeweils jüngsten Messungen bestimmt ist und eine hohe statistische Unsicherheit aufweist. Durch die Wahl des Prozessrauschens kann also das „Gedächtnis" des Filters gesteuert und den jeweiligen Verhältnissen angepasst werden. Meist sind aber eine Reihe von Simulationen und etwas Fingerspitzengefühl erforderlich, um einen optimalen Betrieb eines Kalman-Filters zu gewährleisten.

Der Korrekturschritt des Kalman-Filters entspricht im Wesentlichen der im letzten Abschnitt beschriebenen **Schätzung mit a-priori-Information.** Dabei werden der vorhergesagte Zustandsvektor und seine Kovarianz durch die neu hinzugenommenen Messungen verbessert:

$$\boldsymbol{x}_{i+1}^+ = \boldsymbol{x}_{i+1}^- + \boldsymbol{K}_{i+1} \cdot (z_{i+1} - g_{i+1}) \tag{2.2.64}$$

Wie stark der Zustandsvektor dabei korrigiert wird, hängt zum einen vom Residuum $z_{i+1} - g_{i+1}$ der Beobachtung ab, zum anderen aber von der relativen Gewichtung von a-priori-Information und Beobachtung. Diese Gewichtung bestimmt den sogenannten **Kalman-Gewinn** (engl. *Kalman-gain*) des Filters, der sich zu

$$\boldsymbol{K}_{i+1} = \boldsymbol{P}_{i+1}^-\, \boldsymbol{G}_{i+1} \cdot (\sigma_{i+1}^2 + \boldsymbol{G}_{i+1}\, \boldsymbol{P}_{i+1}^-\, \boldsymbol{G}_{i+1}^T)^{-1} \tag{2.2.65}$$

ergibt. Der Zeilenvektor $\boldsymbol{G}_{i+1} = \partial g_{i+1} / \partial \mathrm{x}_{i+1}$ bezeichnet dabei die Ableitung der modellierten Beobachtungen nach dem aktuellen Zustandsvektor und σ_{i+1} die Standardabweichung der Messfehler. Zusätzlich kann auch die Kovarianz

$$\boldsymbol{P}_{i+1}^+ = (1 - \boldsymbol{K}_{i+1}\, \boldsymbol{G}_{i+1}) \cdot \boldsymbol{P}_{i+1}^- \tag{2.2.66}$$

des geschätzten Zustands nach der Messwertkorrektur mit Hilfe des Kalman-Gewinns dargestellt werden. Auch wenn die Formulierung des Korrekturschritts im Kalman-Filter auf den ersten Blick wenig Ähnlichkeit mit den in Kapitel 2.2.2.4 vorgestellten Beziehungen für die Schätzung mit a-priori-Information hat, sind beide Ausdrücke letztlich mathematisch gleichwertig. Der Kalman-Filter benötigt für die Aktualisierung der Schätzung aber keine großen Matrixoperationen.

Kennzeichnend für die Kalman-Filterung ist nicht nur eine epochenweise Verarbeitung der einzelnen Messungen, sondern auch die Schätzung des Zustandsvektors zur jeweils aktuellen Zeit. Der Kalman-Filter unterscheidet sich damit von der klassischen Bahnbestimmung nach der Methode der kleinsten Quadrate, bei der die Bahnelemente bzw. die Position und Geschwindigkeit zu einer einmal gewählten Anfangsepoche bestimmt werden. Ein Nachteil der sequentiellen Prozessierung liegt allerdings in dem Umstand, dass in die Schätzung des aktuellen Zustandsvektors immer nur vergangene oder aktuelle, aber naturgemäß keine zukünftigen Messungen eingehen. Demgegenüber liefert die Methode der kleinsten Quadrate eine optimale Ausgleichung aller Beobachtungen eines gegebenen Datenbogens. Sie wird deshalb meist für die nachträgliche Bahnbestimmung am Boden bevorzugt, bei der keine harten Echtzeitanforderungen bestehen.

2.2.3 Bahnauslegung und -haltung

Der dritte und letzte Abschnitt des Kapitels Bahnmechanik befasst sich mit der Bahnauslegung und Bahnhaltung erdumlaufender Satelliten. Nach einer Diskussion einfacher Manöver für den Transfer zwischen verschiedenen Bahnen werden die praktisch besonderes wichtigen Fälle sonnensynchroner Fernerkundungssatelliten sowie geostationärer Kommunikationssatelliten näher vorgestellt.

2.2.3.1 Hohmann-Transfer

Für eine Vielzahl von Anwendungen sind das Erreichen und Halten einer im voraus festgelegten Bahn wesentliche Voraussetzungen für den Missionserfolg. Beispiele hierfür sind etwa Kommunikationssatelliten, die nur in einer bestimmten Höhe und genau über dem Äquator die gewünschte geosynchrone Bewegung vollführen. Auch bei Fernerkundungssatelliten müssen Bahnneigung und Bahnhöhe vorgegebene Werte einhalten, um die erforderlichen Beleuchtungsverhältnisse und Überflugspuren einzuhalten.

Aufgrund der Einschussdispersion gängiger Trägerraketen sowie unvermeidlicher Bahnstörungen kann eine vorgegebene Idealbahn nicht auf Anhieb und nicht dauerhaft erreicht werden. Man bedient sich deshalb sogenannter **Bahnmanöver,** um Abweichungen von der Nominalbahn zu korrigieren. Dabei wird mit Hilfe eines Systems von Schubdüsen die Geschwindigkeit $\boldsymbol{v}$ des Satelliten um einen gewählten Wert Δv geändert. Im Idealfall erfolgt diese Änderung so schnell, dass die Manöverdauer vernachlässigbar kurz gegen die Umlaufzeit ist. Nach einem solchen impulsförmigen Manöver fliegt der Satellit auf einer neuen Bahn, die durch andere Bahnelemente gekennzeichnet ist. Gemeinsam ist der alten und neuen Bahn aber der Punkt $\boldsymbol{r}$, in dem das Manöver ausgeführt wurde. Durch das Manöver werden somit nur drei Bahnelemente (bzw. drei linear unabhängige Kombinationen von Bahnelementen) geändert, während die übrigen Bahnparameter konstant bleiben. Will man alle sechs Bahnelemente korrigieren, sind deshalb mindestens zwei unabhängige, zeitlich versetzte Manöver erforderlich.

Grundsätzlich lassen sich zwei Arten von Manövern unterscheiden. Liegt die Änderung $\Delta\boldsymbol{v}$ der Geschwindigkeit selbst in der Bahnebene, dann sind davon Größe und Form der Bahn (a, e) sowie die Perigäumslage (ω, M) betroffen. Andererseits können die Inklination und die Knotenlinie (i, Ω) durch Schübe senkrecht zur Bahnebene verändert werden.

Wichtige Spezialfälle sind **Schub- und Bremsmanöver,** die direkt im Perigäum oder Apogäum ausgeführt werden. Unabhängig von der Exzentrizität einer Satellitenbahn verläuft die Bewegung im erdnächsten und erdfernsten Punkt immer senkrecht zum Bahnradius. Eine Änderung des Geschwindigkeitsvektors in Flugrichtung (Schub) oder Anti-Flugrichtung (Bremsen) ändert dann ausschließlich die Halbachse und die Exzentrizität der Bahn.

Im Einzelnen gelten für die Geschwindigkeiten im Perigäum (v_p) und Apogäum (v_a) die Beziehungen

$$v_p = \sqrt{GM_\oplus \left(\frac{2}{r_p} - \frac{2}{r_p + r_a} \right)} \quad (2.2.67)$$

und

$$v_a = \sqrt{GM_\oplus \left(\frac{2}{r_a} - \frac{2}{r_p + r_a} \right)} \quad (2.2.68)$$

auf deren Grundlage sich einfache Bahnmanöver berechnen lassen.

Ein bekanntes Beispiel hierfür ist der sogenannte **Hohmann-Transfer** für den Übergang zwischen zwei Kreisbahnen. Um etwa einen Satelliten aus einer niedrigen Erdumlaufbahn (LEO) in einen geostationären Orbit anzuheben (Bild 2.2.21), müsste seine Geschwindigkeit beispielsweise zunächst von 7,7 km/s auf rund 10 km/s erhöht werden. Die zusätzliche Energie erlaubt es dem Satelliten, auf einer langgestreckten Ellipse eine Höhe von rund 36 000 km zu erreichen. Im erdfernsten Punkt ist seine Geschwindigkeit dabei auf 1,6 km/s abgesunken. Erhöht man diese nun noch einmal um 1,4 km/s, so wird die Bahn auch am gegenüberliegenden Punkt weiter angehoben und erreicht damit schließlich die gewünschte Kreisform.

In der Praxis werden geostationäre Satelliten meist direkt von einer Trägerrakete in den hochelliptischen Transferorbit eingeschossen, sodass lediglich **Apogäumsmanöver** erforderlich sind. Diese werden aber meist auf mehrere Teile aufgespalten, um die einzelnen Manöverzeiten kurz zu halten.

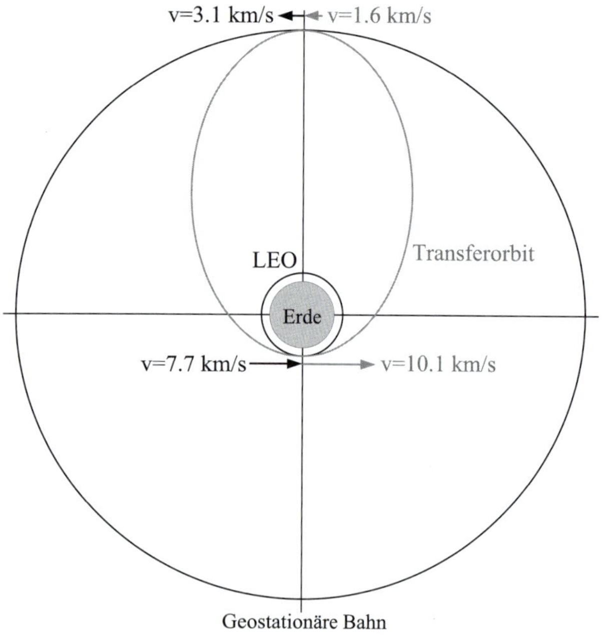

Bild 2.2.21: *Hohmann-Transfer in den geostationären Orbit.*

Es mag im obigen Beispiel zunächst verblüffen, dass die zweimalige Anhebung der Geschwindigkeit durch die Manöver insgesamt zu einer Verringerung der Bahngeschwindigkeit führt. Dieses Paradoxon erklärt sich aus dem Zuwachs an potenzieller Energie bei der Bahnanhebung, macht es aber nicht immer ganz leicht, den Effekt von Schub- und Bremsmanövern intuitiv vorherzusagen.

2.2.3.2 Fernerkundungssatelliten

Eine große Zahl von Satelliten im niedrigen Erdorbit dient zur regelmäßigen Überwachung und Kartierung der Erdoberfläche in den verschiedensten Spektralbereichen. Dabei ist es üblich, die Umlaufszeit so mit der Drehung der Erde zu synchronisieren, dass der Satellit nach einer gewissen Zahl von Umläufen immer wieder dieselben Orte überfliegt (sog. *repeat orbit*). Für optische Beobachtungen möchte man außerdem sicherstellen, dass die Beleuchtungsverhältnisse bei verschiedenen Aufnahmen desselben Gebiets möglichst wenig variieren (sog. *sonnensynchrone Bahn*). Hieraus ergeben sich Bedingungen für die Auswahl der Halbachse und die Neigung der Satellitenbahn, die im Rahmen einer Missionsanalyse berücksichtigt werden müssen.

Ohne besondere Maßnahmen würden sich im Laufe eines Jahres völlig unterschiedliche Stellungen der Sonne zur Satellitenbahn ergeben. Schuld daran ist zum einen die jährliche Bahn der Erde um die Sonne, zum anderen aber die durch die Abplattung der Erde bedingte Knotenwanderung. In einem Jahr ändert sich die Rektaszension der Sonne um 360°. Für eine inertial feststehende Bahn wächst damit der Winkel zwischen der Knotenlinie und der auf den Äquator projizierten Sonnenrichtung täglich um rund 1° (oder genau 0,985647°) an. Bei der Bahnauslegung eines Fernerkundungssatelliten kann man sich nun den Umstand zunutze machen, dass die Bahnebene selbst eine prograde (d. h. nach vorne gerichtete) Rotation aufweist, wenn die Bahnneigung mehr als 90° beträgt. Bei einer Neigung von etwa 98° ist die tägliche Knotenwanderung für Bahnen von 700 ... 900 km Höhe gerade so groß, dass sie der Änderung der Sonnenrichtung im Mittel die Waage hält. Solche **sonnensynchronen Bahnen** ermöglichen (annähernd) konstante Beleuchtungsverhältnisse beim Überflug von Gebieten mit gleicher geografischer Breite. Insbesondere zeichnen sich sonnensynchrone Bahnen durch eine **feste lokale Ortszeit** bei Überflug des Äquators aus. Gängig ist zum Beispiel eine Ortszeit von 10:30 Uhr am Vormittag. Diese gewährleistet einen genügend hohen Sonnenstand (und damit eine ausreichende Bildhelligkeit), gleichzeitig aber auch einen ausreichenden Schattenwurf (und damit kontrastreiche Bilder). Da sonnensynchrone Satelliten naturgemäß auf nahezu polaren Bahnen umlaufen, ergibt sich außerdem eine optimale Abdeckung eines großen Teils der Erde. Beispiele verschiedener Fernerkundungssatelliten auf sonnensynchronen Bahnen sind in Tabelle 2.2.2 zusammengestellt. Neben Angaben zur Bahnhöhe und Umlaufzeit sind dort auch der Wiederholzyklus der Bodenspur und die lokale Ortszeit des Knotendurchgangs aufgeführt.

Aus den in Kapitel 2.2.1.3 vorgestellten Beziehungen für die **säkulare Knotendrift** ergibt sich für kleine Exzentrizitäten ($e \ll 1$) die Bedingung

$$\Delta\dot{\Omega} = -\frac{3}{2} J_2 \, n \frac{R_\oplus^2}{a^2} \cos(i) = 0{,}985647\,°/\mathrm{d} \qquad (2.2.69)$$

Tabelle 2.2.2: *Bahnparameter verschiedener sonnensynchroner Fernerkundungssatelliten.*

	ALOS	Landsat 5	Envisat	SPOT	IRS-1A
Bahnhöhe (a)	692 km	705 km	800 km	832 km	904 km
Umlaufszeit (T)	98,5 min	99 min	100,6 min	101 min	103,2 min
Inklination (i)	98,16°	98,2°	98,55°	98,7°	99°
Wiederholzyklus (K Tage)	46	16	35	2	22
Umläufe pro Zyklus (N)	671	233	501	369	307
Ortszeit des Knotendurchgangs	10:30	09:30	10:00	10:30	10:00

für eine sonnensynchrone Bahn. Mit ihrer Hilfe kann zu gegebener Halbachse die Bahnneigung bestimmt werden, für die die Knotendrehung gerade die tägliche Wanderung der Sonne entlang des Äquators kompensiert.

Die Bahnhöhe oder Halbachse selbst wird ihrerseits über die gewünschte Umlaufzeit beziehungsweise den geforderten Abstand benachbarter Bodenspuren für einen **repeat orbit** festgelegt. Bezeichnet man die **drakonitische Umlaufzeit** (also die Zeit zwischen aufeinanderfolgenden Äquatorüberflügen) als T_Ω, dann beträgt der Abstand benachbarter Bodenspuren in östlicher Länge gerade

$$\Delta\lambda = (\Delta\dot{\Omega} - \dot{\Theta}) \cdot T_\Omega \tag{2.2.70}$$

Damit sich nach N Umläufen ein wiederkehrendes Bodenspurmuster ergibt, das die Erde je K-mal überdeckt, muss also die Bedingung

$$N \cdot (\Delta\dot{\Omega} - \dot{\Theta}) \cdot T_\Omega = -K \cdot 360° \tag{2.2.71}$$

für die Umlaufzeit T_Ω erfüllt sein. Allerdings ist zu beachten, dass sich die mittlere drakonitische Bewegung

$$n_\Omega = n + \Delta\dot{\omega} + \Delta\dot{M} \tag{2.2.72}$$

aufgrund der säkularen Änderung der Perigäumslage und der mittleren Anomalie um den Wert

$$\Delta\dot{\omega} + \Delta\dot{M} \approx +\frac{3}{2} J_2\, n \frac{R_\oplus^2}{a^2} \left[4\cos^2(i) - 1\right] \tag{2.2.73}$$

von der ungestörten mittleren Bewegung

$$n = \sqrt{\frac{GM_\oplus}{a^3}} \tag{2.2.74}$$

unterscheidet. Unter Berücksichtigung dieses Unterschieds lässt sich aus den obigen Gleichungen schließlich auch die Keplersche Umlaufzeit und damit die gesuchte Halbachse a ermitteln.

Entsprechen die Bahnhöhe und die Exzentrizität nach dem Einschuss des Satelliten nicht genau den Vorgaben, so können beide Werte anschließend durch Manöver in Flugrichtung oder Antiflugrichtung korrigiert werden. Die Vorgehensweise entspricht dabei grundsätzlich dem zuvor beschriebenen Hohmann-Transfer.

Ebenso können die Bahnneigung und die Knotenlage durch Manöver senkrecht zur Flugrichtung an die Missionsanforderungen angepasst werden, Bild 2.2.22. Ein **impulsförmiges Manöver** der Größe Δv_N in Richtung der Bahnnormalen bewirkt dabei eine Drehung der Bahn um den Winkel

$$I = \arctan(\Delta v_N / v) \approx \Delta v_N / v \tag{2.2.75}$$

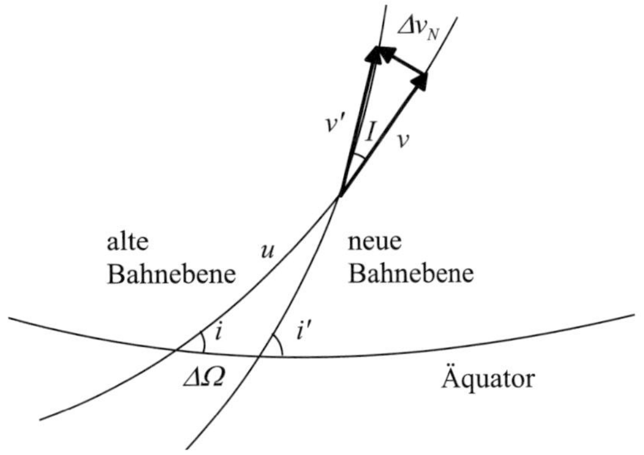

Bild 2.2.22: *Inklinationsmanöver.*

Bei einer Bahngeschwindigkeit von etwa 7 500 m/s wäre demnach ein Manöver von rund 130 m/s erforderlich, um die Bahnebene um 1 ° zu verändern.

Je nachdem, bei welchem Argument der Breite das Manöver durchgeführt wird, wirkt sich der Impuls senkrecht zur Bahnebene auf die Bahnneigung oder die Knotenlage aus. Für eine Kreisbahn gilt dabei in erster Näherung

$$\Delta i = \frac{\Delta v_N}{v} \cdot \cos(u) \qquad \Delta\Omega \cdot \sin i = \frac{\Delta v_N}{v} \cdot \sin(u) \tag{2.2.76}$$

Eine reine **Inklinationsänderung** ergibt sich also lediglich bei einem Manöver, das direkt im aufsteigenden (oder absteigenden) Knoten durchgeführt wird.

Auch nach Erreichen der nominalen Missionsbahn sind in halbregelmäßigen Abständen kleinere **Korrekturmanöver** erforderlich, um natürliche Bahnstörungen auszugleichen. Dies betrifft in erster Linie den Einfluss des **Luftwiderstandes**, der zu einem langsamen Absinken der Bahn und damit einer Änderung der Umlaufzeit führt. Als Folge hiervon kommt es zu einer Verschiebung der Bodenspur eines Fernerkundungssatelliten, die meist nur innerhalb eines Bandes von etwa 1 km toleriert werden kann.

Unter der vereinfachenden Annahme einer **konstanten atmosphärischen Reibung** nimmt die große Halbachse

$$a(t) = a_0 + \dot{a}_0(t - t_0) \tag{2.2.77}$$

im Verlauf der Zeit mit der konstanten Rate

$$\dot{a}_0 = -C_D \frac{A}{m} \rho \cdot n\, a^2 \tag{2.2.78}$$

ab. Die lineare Abnahme der Halbachse führt ihrerseits zu einer kontinuierlichen Verkürzung der Zeit zwischen aufeinanderfolgenden Äquatorüberflügen und damit zu einer quadratischen Verschiebung des aufsteigenden Knotens in östlicher Richtung (Bild 2.2.23). Entfernt sich die

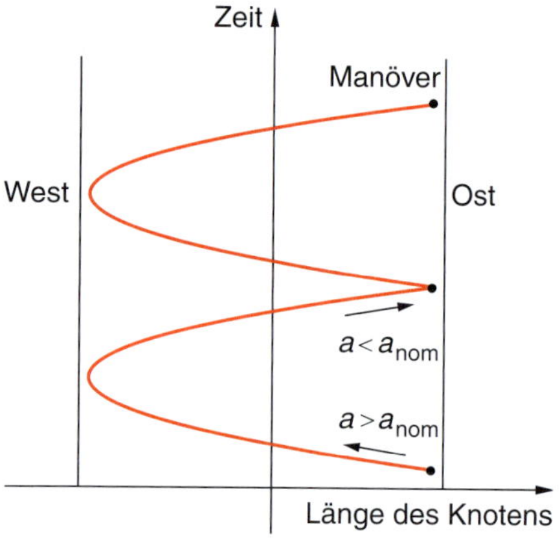

Bild 2.2.23: *Kontrolle des aufsteigenden Knotens eines Fernerkundungssatelliten.*

Bodenspur des Satelliten zu weit von ihrer Nominallage, so kann die Drift durch ein Bahnanhebungsmanöver gestoppt und umgekehrt werden. Idealerweise wird dieses Manöver so geplant, dass der Scheitelpunkt der Knotenwanderung gerade am westlichen Fensterrand zu liegen kommt und so die Zeit zwischen den Manövern maximiert wird [2.2.33].

In der Praxis ist die Annahme einer konstanten atmosphärischen Reibung allerdings nur ungenügend erfüllt. Je nach Sonnenaktivität kann die Dichte der Atmosphäre deutlichen Schwankungen unterliegen. Entsprechend weicht auch die tatsächliche Bewegung des aufsteigenden Satelliten von der idealisierten Parabelform ab, und es müssen bei Bedarf zusätzliche oder alternative Korrekturmanöver eingelegt werden. Dies ist in Bild 2.2.24 beispielhaft für den Satelliten TOPEX gezeigt.

Mit der Verfügbarkeit von GPS-basierten Navigationsdaten an Bord vieler Fernerkundungssatelliten steigt auch das Interesse an einer **bordautonomen Bahnkontrolle.** Neben einer Vereinfachung des Bodenbetriebs lassen sich damit bei geeigneter Auslegung des Antriebssystems auch bessere Kontrollgenauigkeiten erzielen. Erfolgreiche Experimente zur autonomen Bahnkontrolle der Satelliten EO-1 und Demeter sind in [2.2.35] und [2.2.36] beschrieben.

2.2.3.3 Geostationäre Satelliten

Geostationäre Satelliten zeichnen sich dadurch aus, dass sie nahezu fest über einem gegebenen Punkt der Erde stehen. Voraussetzung dafür ist, dass sie sich auf einer kreisnahen, äquatorialen Bahn bewegen und ihre Umlaufzeit gleich der Dauer einer Erdrotation ist. Aus dem dritten Keplerschen Gesetz ergibt sich hierfür eine Halbachse von

$$a = \sqrt[3]{GM_{\oplus}\left(\frac{23^{\mathrm{h}}\,56^{\mathrm{m}}}{2\pi}\right)^2} = 42\,162{,}8\ \mathrm{km} \qquad (2.2.79)$$

Aufgrund der Erdabplattung ist die radiale Anziehungskraft am Äquator allerdings geringfügig schwächer als für

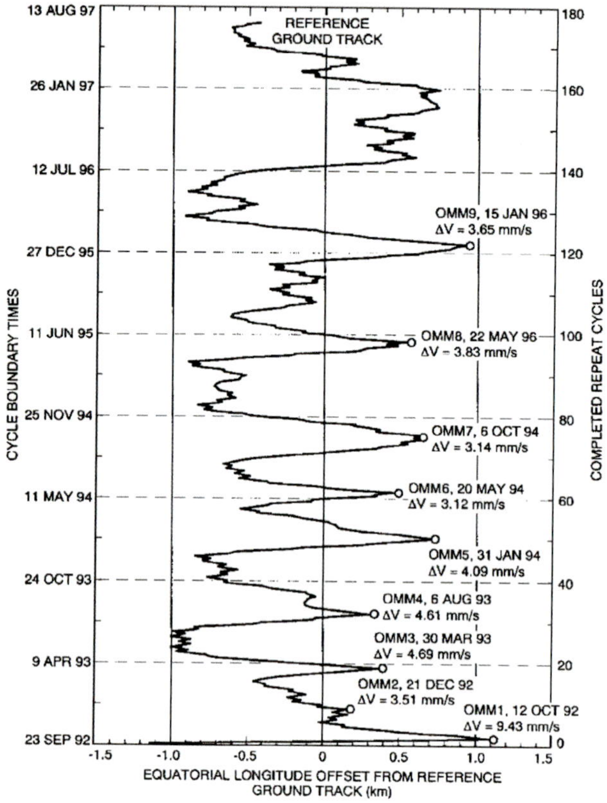

Bild 2.2.24: *Kontrolle der Bodenspur des TOPEX Satelliten (Bild: aus [2.2.34], © AIAA).*

eine kugelförmige Erde. Tatsächlich liegt der **geosynchrone Bahnradius** deshalb bei einem rund 1,5 km größeren Wert von $a_{geo} = 42\,164{,}3$ km.

Für die Beschreibung einer (nahe-)geostationären Satellitenbahn bietet es sich an, anstelle der klassischen Keplerschen Bahnelemente sechs alternative Parameter zu verwenden. Hierzu zählt zunächst die **mittlere geografische Länge** $l = (\Omega + \omega + M) - \Theta$ des Satelliten, die aus der Rektaszension des aufsteigenden Knotens (Ω), dem Argument der Breite (ω) und der mittleren Anomalie (M) sowie der Sternzeit (Θ) gebildet wird. Sie wird ergänzt durch die **Driftrate** $D = \mathrm{d}l/\mathrm{d}t$, die als zeitliche Ableitung der mittleren Länge definiert ist und an die Stelle der großen Halbachse tritt. Abweichungen von einer idealen Kreisbahn werden durch den **Exzentrizitätsvektor**

$$\boldsymbol{e} = \begin{pmatrix} e_x \\ e_y \end{pmatrix} = e \cdot \begin{pmatrix} \cos(\Omega + \omega) \\ \sin(\Omega + \omega) \end{pmatrix} \qquad (2.2.80)$$

beschrieben. Seine Länge entspricht der Exzentrizität der Bahn und seine Richtung gibt die Rektaszension des Perigäums an. Ganz analog lässt sich schließlich der **Inklinationsvektor**

$$\boldsymbol{i} = \begin{pmatrix} i_x \\ i_y \end{pmatrix} = i \cdot \begin{pmatrix} \cos\Omega \\ \sin\Omega \end{pmatrix} \qquad (2.2.81)$$

bilden, der ein Maß für die Bahnneigung und die Richtung der Knotenlinie angibt.

Im Idealfall eines streng geostationären Satelliten wäre l konstant und gleich der dem Satelliten zugewiesenen geografischen Länge. Die übrigen Elemente wären dagegen – entsprechend einer geosynchronen Kreisbahn in der Äquatorebene – identisch zu null.

Praktisch lässt sich dieser Fall jedoch nie realisieren, da verschiedene periodische und langfristige **Störungen** die Bahn kontinuierlich verändern ([2.2.37][2.2.38]):

- Die **unregelmäßige Form des Erdkörpers** bewirkt eine langsame Beschleunigung eines geostationären Satelliten entlang seiner Bahn. Betrag und Vorzeichen dieser Beschleunigung hängen ihrerseits vom Ort über dem Äquator ab. Maximalwerte von $\pm 0{,}002°/\mathrm{d}^2$ werden zum Beispiel über Südamerika, Ostafrika und Indonesien erreicht (vgl. Bild 2.2.25). Bei östlichen Längen von 75°, –105°, 162° und –12° verschwindet die Beschleunigung, wobei aber nur die ersten beiden Punkte stabile Gleichgewichtslagen ermöglichen.
- Aufgrund der **gravitativen Störungen** der Erde, der Sonne und des Mondes weist der Exzentrizitätsvektor periodische Schwankungen um seinen Mittelwert auf. Diese haben eine typische Amplitude von 10^{-4} bei Zeitskalen von einem Tag und einem Monat. Die mittlere Exzentrizität unterliegt darüber hinaus dem langfristigen Einfluss des Strahlungsdrucks, der zu einer kreisförmigen Bewegung des Exzentrizitätsvektors in der (e_x, e_y)-Ebene führt. Der Radius dieses Kreises hängt vom Flächen-Massen-Verhältnis ab und kann bei modernen Satelliten mit großen Solarpanelen Werte bis zu $7 \cdot 10^{-4}$ annehmen.
- Der **Inklinationsvektor** weist eine **mittlere Drift** von 0,75 ... 0,95° pro Jahr in $+i_y$-Richtung auf, der periodische Schwankungen in beiden Achsen mit einer Periode von zwei Wochen und sechs Monaten überlagert sind.

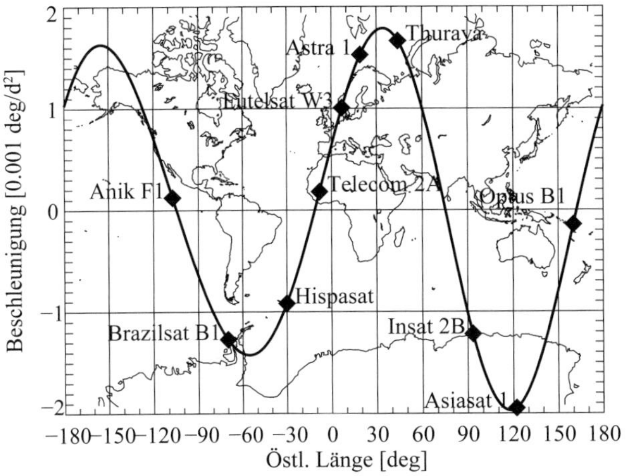

Bild 2.2.25: *Beschleunigung geostationärer Satelliten in Richtung der östlichen Länge (Bild: DLR).*

Diese Störungen gehen auf die Anziehungskräfte der Sonne und des Mondes zurück, die ein permanentes Drehmoment auf die Satellitenbahn ausüben und so die Orientierung der Bahnnormalen verändern.

Gemäß internationaler Übereinkünfte müssen die meisten geostationären Satelliten in einem engen Fenster gehalten werden, dessen Ausdehnung in geografischer Länge und Breite nicht mehr als ±0,1 ° beträgt. Auf diese Weise lassen sich gegenseitige Störungen der Funkstrecken vermeiden und der begrenzte Platz im geostationären Ring kontrolliert nutzen.

Ohne weiteres Zutun würde es unter dem Einfluss der verschiedenen Störkräfte meist nur wenige Wochen dauern, bis ein geostationärer Satellit seine rund 150 km × 150 km große Kontrollbox verlassen würde. Um dies zu verhindern, werden in einem regelmäßigen Zyklus von etwa zwei Wochen **Bahnkontrollmanöver** durchgeführt. Die Nord-Süd-Manöver dienen dabei zur Kontrolle des Inklinationsvektors (also der Bahnebene), während die Ost-West-Manöver die Exzentrizität und die Drift des Satelliten steuern.

Die Wirkung impulsförmiger Manöver in radialer (R), östlicher (E) und nördlicher (N) Richtung auf die Bahnelemente eines geostationären Satelliten werden in erster Näherung durch die Gleichungen

$$
\begin{aligned}
\Delta D &= -\frac{3}{a}\,\Delta v_E \\
\Delta l &= -\frac{2}{v}\,\Delta v_R + \tau \cdot \Delta D \\
\Delta e_x &= \frac{1}{v}(+\Delta v_R \sin\alpha + 2\,\Delta v_E \cos\alpha) \\
\Delta e_y &= \frac{1}{v}(-\Delta v_R \cos\alpha + 2\,\Delta v_E \sin\alpha) \\
\Delta i_x &= \frac{1}{v}\,\Delta v_N \cos\alpha \\
\Delta i_y &= \frac{1}{v}\,\Delta v_N \sin\alpha
\end{aligned}
\qquad (2.2.82)
$$

beschrieben [2.2.39]. Hierin sind $a = 42\,164$ km und $v = 3{,}0$ km/s der Bahnradius und die Geschwindigkeit des Satelliten. Der Winkel α bezeichnet die Rektaszension des Satelliten beim Manöver und τ die seit dem Manöver vergangene Zeit.

Man erkennt leicht, dass Schübe in Nord-Süd-Richtung nur den Inklinationsvektor beeinflussen. Die übrigen Elemente können sowohl durch radiale wie auch durch Ost-West-Manöver korrigiert werden. Da radiale Geschwindigkeitsänderungen weniger effektiv sind, wird auf Düsen in dieser Richtung normalerweise verzichtet. Häufig erzwingt jedoch die Anordnung von Antennen oder Solarzellen eine nichtoptimale Ausrichtung der Schubdüsen. In diesem Fall müssen die tatsächlichen Schubvektoren in der Manöverplanung entsprechend berücksichtigt werden.

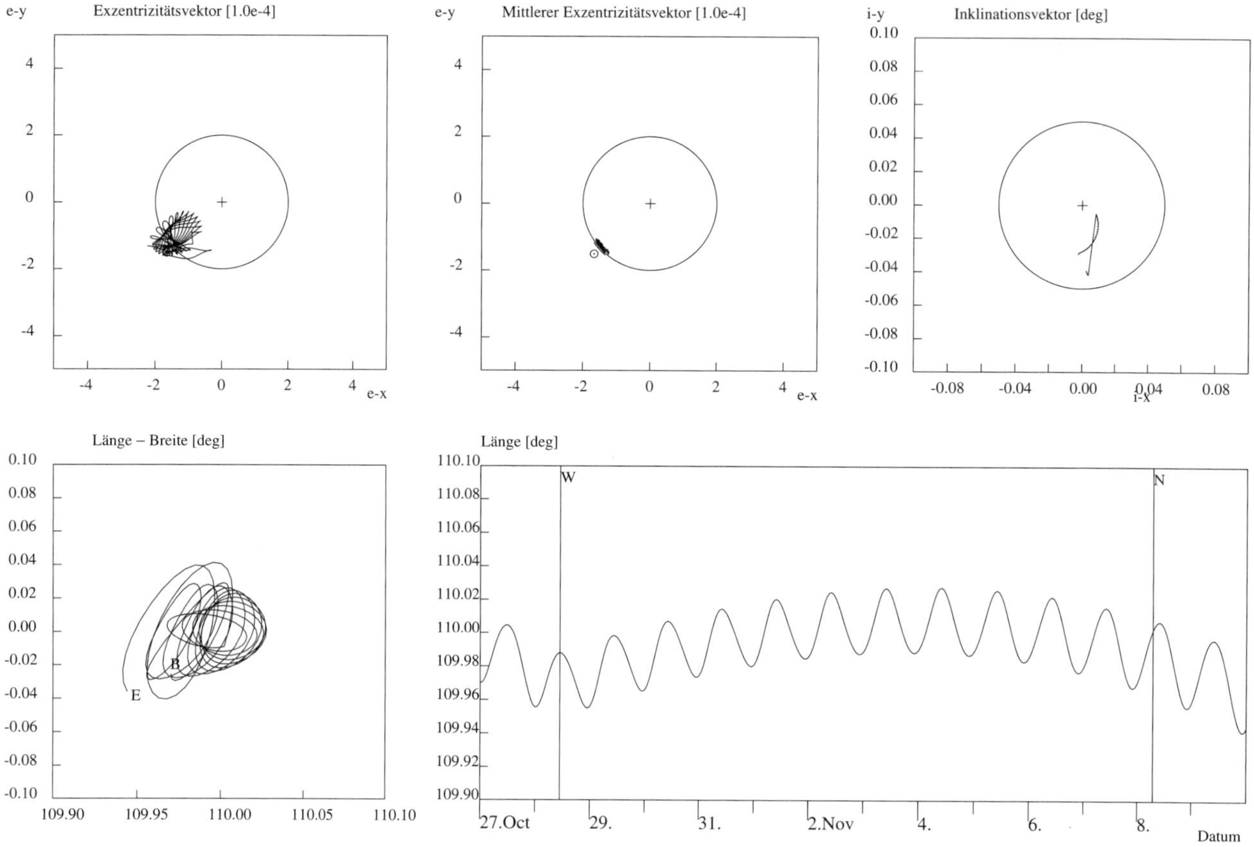

Bild 2.2.26: *Bahnkontrolle eines geostationären Satelliten bei 110° östlicher Länge. Die Abbildung zeigt oben den Verlauf des oskulierenden und des mittleren Exzentrizitätsvektors (links und Mitte) sowie des Inklinationsvektors (rechts). Im unteren Teil sind die Bewegung des Satelliten im Kontrollfenster sowie die zeitliche Variation der geografischen Länge dargestellt. Markiert sind darin auch die Zeitpunkte eines West-Manövers zur Längenkontrolle und eines Nord-Manövers zur Kontrolle der Bahnneigung (Bild: DLR).*

Als Beispiel zeigt Bild 2.2.26 das Ergebnis einer **Manöverplanung** für einen (fiktiven) Satelliten bei 110° östlicher Länge. Bei einer angenommenen Masse von 700 kg und einer Fläche von 10 m^2 beträgt der Radius des natürlichen Exzentrizitätskreises nur $2 \cdot 10^{-4}$ rad. Entsprechend klein sind mit einer Amplitude von 0,011° die tagesperiodischen Schwingungen des Satelliten in Ost-West-Richtung. Zur Längenkontrolle genügt in diesem Fall ein einfaches West-Manöver von 8 cm/s. Es senkt die Halbachse geringfügig ab und bewirkt eine Drift in Ostrichtung, die später von den natürlichen Störungen des Erdschwerefeldes wieder umgekehrt wird. Gegen Ende des 14-tägigen Positionshaltungszyklus wird ferner ein Nord-Manöver von 2 m/s durchgeführt, das der Wanderung des Inklinationsvektors unter dem Einfluss von Sonne und Mond entgegenwirkt. Die Neigungen der Satellitenbahn gegen die Äquatorebene und damit auch die tägliche Breitenschwankung können so unterhalb von 0,05° gehalten werden.

Für eine vertiefte Darstellung der Manöverplanung geostationärer Satelliten muss an dieser Stelle auf entsprechende Lehrbücher ([2.2.37][2.2.38]) und Aufsätze ([2.2.39][2.2.40]) verwiesen werden. Man beachte dabei, dass sich in der Literatur keine völlig einheitliche Notation für die Bahnelemente geostationärer Satelliten etabliert hat. Dies führt besonders im Fall des Inklinationsvektors zur Verwirrung, da hier zwei grundsätzlich verschiedene Konventionen (mit um 90° gegeneinander gedrehten Achsen) in Gebrauch sind.

Kurz angesprochen sei abschließend noch die Frage der **Kopositionierung** mehrerer geostationärer Satelliten in einem gemeinsamen Kontrollfenster. Sie kann am besten durch eine Separation der Exzentrizitäts- und Inklinationsvektoren realisiert werden, wie sie 1989 erstmals für die Satelliten TDF-1/-2 und TVSat-2 vorgeschlagen wurde [2.2.41]. Die e/i-Vektor-Trennung erlaubt eine sichere Separation auch mehrerer Satelliten und ist insbesondere unempfindlich gegen Fehler bei der Manöverausführung. Man erreicht dies, indem man das relative Perigäum und die Knotenlinie jedes Paares von Satelliten so ausrichtet, dass immer eine Trennung in radialer oder normaler Richtung garantiert ist. Ein eindrucksvolles Beispiel bildet die Positionierung von bis zu acht ASTRA-Satelliten bei 19,2° Ost, die in [2.2.42] beschrieben ist.

Literatur

[2.2.1] *Vallado, D. A.:* Fundamentals of Astrodynamics and Applications. New York: McGraw-Hill, 1997.

[2.2.2] *Montenbruck, O.; Gill, E.:* Satellite Orbits – Models, Methods and Applications. Heidelberg: Springer Verlag, 2000.

[2.2.3] IERS: http://hpiers.obspm.fr.

[2.2.4] *Seidelmann, P. K. (ed.):* Explanatory Supplement to the Astronomical Almanac. Mill Valley, California: University Science Books, 1992.

[2.2.5] *McCarthy, D. D.; Petit, G.:* Paris: IERS Conventions 2003, Observatoire de Paris, 2003.

[2.2.6] *Abramowitz, M.; Stegun, I. A.:* Handbook of Mathematical Functions. New York: Dover, 1965.

[2.2.7] *Tapley, B.; Ries, J.; Bettadpur, S.; Chambers, D.; Chen, M.; Condi, F.; Gunther, B.; Zang, Z.; Nagel, P.; Pastor, R; Pecker, T.; Poole, S.; Wang, F.:* GGM02 – An Improved Earth Gravity Field Model from GRACE. Journal of Geodesy, 79: 467–478, 2005.

[2.2.8] *Cunningham, L. E.:* On the Computation of the Spherical Harmonic Terms needed during the Numerical Integration of the Orbital Motion of an Artificial Satellite. Celestial Mechanics 2: 207–216, 1970.

[2.2.9] *Doornbos, E.:* Thermospheric density and wind determination from satellite dynamics. Springer, Heidelberg (2012).

[2.2.10] *Klinkrad, H.; Fritsche, B.:* Orbit and Attitude Perturbations due to Aerodynamics and Radiation Pressure. Noordwijk, The Netherlands: ESA Workshop on Space Weather; 11–13 Nov. 1998, ESTEC, 1998.

[2.2.11] *Marcos, F. A.; Bowman, B. R.; Sheehan, R. E.:* Accuracy of Earth's Thermospheric Neutral Density Models. Keystone Colorado: AIAA/AAS Astrodynamics Specialist Conference and Exhibit, 21–24 Aug. 2006, AIAA 2006-6167, 2006.

[2.2.12] *Cerri, L.; Berthias, J.; Bertiger, W.; Haines, B.; Lemoine, F.; Mercier, F.; Ries, J.; Willis, P.; Zelensky, N.; Ziebart, M.:* Precision orbit determination standards for the Jason series of altimeter missions. Marine Geodsy 33 (S1): 379–418, 2010.

[2.2.13] *Adhya, S.; Ziebart, M.; Sibthorpe, A.; Arrowsmith, P.; Cross, P.:* Thermal force modeling for precise prediction and determination of spacecraft orbits. Navigation 52(3): 131–144, 2005.

[2.2.14] *Beutler, G.:* Methods of Celestial Mechanics. Heidelberg: Springer Verlag, 2004.

[2.2.15] *Taff, L. G.:* Celestial Mechanics: A Computational Guide for the Practitioner. Hoboken, N. J.: JohnWiley & Sons; 1985.

[2.2.16] *Kaula, W. M.:* Theory of Satellite Geodesy: Applications of Satellites to Geodesy. Waltham, Mass.: Blaisdell Publishing Company, 1966. Reprint: Dover Publications.

[2.2.17] *Hoots, F. R.; Roehrich, R. L.:* Models for propagation of NORAD element sets. Aerospace Defense Command, United States Air Force: Project Spacecraft Report No. 3, Dec. 1980. 2. Auflage: Kelso T. S., 1988.

[2.2.18] *Hoots, F. R.; Schumacher, P. W.; Glover, R. A.:* History of Analytical Orbit Modeling in the U.S. Space Surveillance System. Journal of Guidance, Navigation and Control 27/2: 174–185, 2004.

[2.2.19] *Brouwer, D.:* Solution of the Problem of Artificial Satellite Theory without Drag. Astronomical Journal 64: 378–397, 1959.

[2.2.20] *Hairer, E.; Nørsett, S. P.; Wanner, G.:* Solving Ordinary Differential Equations I. Heidelberg: Springer Verlag, 1987.

[2.2.21] *Montenbruck, O.; Gill, E.:* State Interpolation for On-board Navigation Systems. Aerospace Science and Technology 5: 209–220, 2001.

[2.2.22] *Shampine L. F.; Gordon M. K.:* Computer Solution of Ordinary Differential Equations. San Francisco: Freeman and Comp., 1975. Deutsch u. d. T.: Computerlösung gewöhnlicher Differentialgleichungen. Wiesbaden: Vieweg Verlag, 1984.

[2.2.23] *Tapley, B.; Schutz, B.; Born, G. H.:* Statistical orbit determination. Academic Press, 2004

[2.2.24] *Hartl, Ph.:* Fernwirktechnik der Raumfahrt. Heidelberg: Springer Verlag, 1977.

[2.2.25] *Combrinck, L.:* Satellite laser ranging. In: Sciences of Geodesy-I. Springer Berlin Heidelberg: 301–338, 2010.

[2.2.26] *Pearlman, M. R.; Degnan, J. J.; Bosworth, J. M.:* The International Laser Ranging Service. Advances in Space Research, Vol. 30, No. 2: 135–143, 2002.

[2.2.27] *Auriol, A.; Tourain, C.:* DORIS system: the new age. Advances in Space Research 46(12): 1484–1496, 2010.

[2.2.28] *Jayles, Ch.; Vincent, P.; Rozo, F.; Balandreaud, F:* DORIS-DIODE: Jason-1 has a Navigator on Board. Marine Geodesy 27: 753–771, 2004.

[2.2.29] *Misra, P.; Enge, P.:* Global Positioning System (GPS): Theory and Applications. Lincoln, Mass.: Ganga-Jamuna Press, 2001.

[2.2.30] *Montenbruck, O.; D'Amico, S.:* GPS based relative navigation. In: Distributed Space Missions for Earth System Monitoring, Springer New York, 2013, 185–223.

[2.2.31] *Schwarz, H. R.:* Numerische Mathematik. Stuttgart: B. G. Teubner Verlag, 1988.

[2.2.32] *Press, W. H.; Flannery, B. P.; Teukolsky, S. A.; Vetterling, W. T.:* Numerical Recipes in C – The Art of Scientific Computing. 2. Auflage. Cambridge: Cambridge University Press; Cambridge, 1992.

[2.2.33] *Bhat, R. S.; Frauenholz, R. B.; Cannell, P. E.:* TOPEX/Poseidon Orbit Maintenance Maneuver Design. Stowe, Vermont: AAS/AIAA Astrodynamics Specialist Conference, Aug. 7–10. AAS-89-408: 645–676, 1989.

[2.2.34] *Frauenholz, R. B.; Bhat, R. S.; Shapiro, B. E.; Leavitt, R. K.:* Analysis of the TOPEX/Poseidon Operational Orbit: Observed Variations and Why. Journal of Spacecraft and Rockets 35(2): 212–224, 1998.

[2.2.35] *Guinn, L:* Autonomous Navigation Flight Demonstration Results for the New Millennium Program EO-1 Mission. Monterey, California: AIAA/AAS Astrodynamics Specialist Conference and Exhibit. AIAA-2002-4983, Aug. 5–8, 2002.

[2.2.36] *Grondin, M.; Issler, J-L.; Charmeau, M-C.; Lamy, A.; Laurichesse, D.; Raizonville, P.; Clair, M-A.; Mehlen, C.; Boyer, C.; Wilhelm, N.; Favaro, H.:* Autonomous Orbit Control with GPS On Board the DEMETER Spacecraft. Noordwijk: NAVITEC'2006, 11–13 December 2006.

[2.2.37] *Soop, E. M.:* Handbook of Geostationary Orbits. Dordrecht, Boston, London: Kluwer Academic Publishers, 1994.

[2.2.38] *Sidi, M. J.:* Spacecraft Dynamics & Control. Cambridge: Cambridge University Press, 1997.

[2.2.39] *Eckstein, M. C.:* Geostationary Orbit Control Considering Deterministic Cross Coupling Effects. Dresden: 41. Congress of the International Astronautical Federation, Oct. 6–12, 1990. IAF-90-326, 1990.

[2.2.40] *Campan, G.; Alby, F.; Dufor, F.; Fremeaux, C.; Gautier, H.; Moury, M.; Agrotis, L.; Duhamel, T.; Perdu, M.:* Geostationary satellite station keeping. In: Spaceflight Dynamics, Part 2: 1489–1549. Toulouse: Cepadues-Editions, 1995.

[2.2.41] *Eckstein, M. C.; Rajasingh, C. K.; Blumer, P.:* Colocation Strategy and Collision Avoidance for the Geostationary Satellites at 19 Degrees West. Toulouse: International Symposium on Space Flight Dynamics, 6–10 Nov. 1989. CNES, 1989.

[2.2.42] *Wauthier, P.; Bischops, E.; Francken, Ph.; Hooge, M.; Laroche, H.:* On the co-location of eight Astra satellites. Biarritz: International Symposium on Space Flight Dynamics, 26–30 June 2000.

2.3 Aerothermodynamik und Wiedereintritt

Klaus Hannemann und *José Longo*

2

Aerothermodynamik ist eine der Fachdisziplinen der Luft- und Raumfahrttechnik, die sich speziell in den letzten 50 Jahren sehr stark weiterentwickelt hat. Vor dem Flug des sowjetischen Sputnik 1 im Jahr 1957, dem ersten künstlichen Satelliten in einer Erdumlaufbahn, war kein Fachbuch über Aerothermodynamik und Wiedereintritt verfügbar. In der Zwischenzeit sind zahlreiche Bücher erschienen, und jährlich beschäftigen sich mehrere Konferenzen mit diesem Thema. Die vorliegende Behandlung der Aerothermodynamik und des Wiedereintritts beschränkt sich auf einen Überblick der maßgeblichen physikalischen und chemischen Phänomene und stellt grundlegende Zusammenhänge bereit. Literaturstellen, die den Einstieg in ein vertiefendes Studium dieses vielschichtigen Themas erlauben, sind am Ende des Abschnitts angegeben.

2.3.1 Einleitung

Die Aerothermodynamik kann als Erweiterung der klassischen Aerodynamik von Fluggeräten hin zu **höheren Geschwindigkeiten** aufgefasst werden. Während sich die klassische Aerodynamik vorwiegend mit Flugzeugen befasst, die mit einer Geschwindigkeit in der Größenordnung der Schallgeschwindigkeit fliegen, dient die Aerothermodynamik der Analyse des Fluges mit einem Vielfachen der Schallgeschwindigkeit. Obwohl keine streng definierte Grenze existiert, werden Strömungen mit einer **Mach-Zahl** $M = v/a$ (v und a bezeichnen die Fluggeschwindigkeit beziehungsweise die Schallgeschwindigkeit in m/s) **von** $M \geq 5$ im Allgemeinen als **Hyperschallströmungen** bezeichnet. Beim Wiedereintrittsflug eines Raumfahrzeugs in die Erdatmosphäre werden Fluggeschwindigkeiten über dem 25-fachen der Schallgeschwindigkeit erreicht.

Durch den mit steigender Fluggeschwindigkeit steigenden Energieinhalt der Strömung gewinnt die **Erwärmung** des Raumfahrzeugs und der Luft, die das Vehikel umgibt, immer mehr an Bedeutung, und die Aerodynamik muss um thermodynamische Aspekte – daher Aerothermodynamik – ergänzt werden. Ähnliche Effekte wie beim Wiedereintritt treten im Rahmen von interplanetaren Missionen beim Eintritt in hinreichend dichte **Atmosphären anderer Planeten** auf. Einer der wesentlichen Unterschiede ist dabei die Zusammensetzung der Atmosphären. Im Vergleich zur Erdatmosphäre, die aus 78 Vol.-% Stickstoff, 21 Vol.-% Sauerstoff und 1 Vol.-% Edelgasen, überwiegend Argon, besteht, setzt sich beispielsweise die Atmosphäre des Mars aus 95 Vol.-% Kohlendioxid sowie einem 5%igen Anteil, der vorwiegend aus Stickstoff, Argon und geringen Anteilen von Sauerstoff und Kohlenmonoxid besteht, zusammen. Die folgenden Diskussionen beschränken sich auf den Wiedereintritt in die Erdatmosphäre.

Für den **Abbremsvorgang** eines Raumfahrzeugs beim Wiedereintritt ist bei Vehikeln mit einer Größe, wie sie für bemannte Missionen eingesetzt werden, das Bremsen durch aerodynamische Kräfte die einzige infrage kommende Lösung, und zwar sowohl aus ökonomischer als auch aus technischer Sicht. Entlang der Wiedereintrittsbahn durchfliegt ein Raumfahrzeug Bereiche, in denen ganz unterschiedliche **strömungsmechanische** wie auch **chemische Vorgänge** eine Rolle spielen. Neben der korrekten Behandlung dieser Phänomene ist die Untersuchung der Aerothermodynamik eines Raumfahrzeugs eng mit einer Anzahl zusätzlicher Disziplinen, wie z. B. der Flugmechanik oder der Strukturmechanik, verbunden und somit ein multidisziplinäres Unterfangen. Basierend auf den aerothermodynamischen Eigenschaften eines Vehikels wird unter anderem das aerodynamische Verhalten bestimmt, die Flugbahn festgelegt und die für den Wärmeschutz notwendige Materialauswahl getroffen.

Als Werkzeuge zur Bestimmung aerothermodynamischer Daten kommen Windkanäle mit einer Vielzahl unterschiedlicher Messtechniken, numerischer Berechnungsverfahren und Flugversuchen zum Einsatz.

2.3.2 Globale Energiebetrachtungen

Wegen der extrem hohen Geschwindigkeit und der damit verbundenen kinetischen Energie von Raumfahrzeugen erscheint deren aerodynamische Abbremsung in der Atmosphäre zunächst nur schwer umsetzbar zu sein. Eine einfache Abschätzung der **orbitalen Bahngeschwindigkeit** folgt aus dem Gleichsetzen der Zentrifugalkraft mit der Schwerkraft. Hieraus folgt für die Bahngeschwindigkeit auf einem erdnahen Orbit (siehe auch Kapitel 2.2):

$$v_u = \sqrt{g_h \cdot (h_u + R_\oplus)} \sim \sqrt{g_h \cdot R_\oplus} \tag{2.3.1}$$

v_u Bahngeschwindigkeit (in m/s),
g_h Erdbeschleunigung (in m/s^2),
h_u Flughöhe (in m),
$R_\oplus$ Radius der Erde (in m)

Für die Bahngeschwindigkeit der Internationalen Raumstation in einer Flughöhe von $h \approx 400$ km folgt somit $v_u \approx 7\,900$ m/s. Müsste beim Wiedereintritt die gesamte kinetische Energie e_{kin} in Form von Wärme von der Wand des Raumfahrzeugs aufgenommen werden, würde eine maximale integrale **spezifische Wärmemenge** von

$$\bar{q}_w \approx e_{kin} = v_u^2 / 2 \approx 31\,\text{MJ/kg} \tag{2.3.2}$$

resultieren. Ein Vergleich dieser Wärmemenge mit der, die notwendig ist, um einige der Elemente, die beim Bau von Raumfahrzeugen verwendet werden, zum **Schmelzen bzw. Verdampfen** zu bringen (Tabelle 2.3.1), zeigt, dass kein Stoff existiert, der diesen hohen thermischen Belastungen standhalten würde. Zu reinem Kohlenstoff sei angemerkt, dass er zwar erst bei einer sehr hohen Temperatur sublimiert, allerdings in der Atmosphäre verbrennen würde.

Eine Abschätzung der **Temperatur im Staubereich** eines Raumfahrzeugs unter der Annahme, dass sich die Luft wie ein zweiatomiges, kalorisch perfektes Gas verhält, führt zu

$$h \approx v_\mathrm{u}^2 / 2 \approx 31\,\mathrm{MJ/kg}; \quad T = h / c_p \approx 31\,000\,\mathrm{K} \tag{2.3.3}$$

h spezifische Enthalpie (in J/kg),
T Temperatur (in K),
c_p spezifische Wärmekapazität bei konstantem Druck (in J/(kg K))

Tabelle 2.3.1: *Notwendige Energie zum Schmelzen bzw. Verdampfen verschiedener Elemente.*

Element	Schmelzwärme (in MJ/kg)	Verdampfungswärme (in MJ/kg)	Schmelztemperatur (in K)
Aluminium	0,40	10,9	933
Wolfram	0,19	4,5	3695
Titan	0,32	8,8	1941
Molybdän	0,41	6,2	2896
Silizium	1,8	13,6	1683
Beryllium	1,35	32,44	1551
Kohlenstoff	-	59,5	3820

Ein Vergleich der spezifischen Enthalpie h der Luft im Staubereich mit der Dissoziationsenergie der Hauptbestandteile von Luft – 15 MJ/kg für Sauerstoff und 34 MJ/kg für Stickstoff – zeigt, dass sich die Zusammensetzung der Luft bei den obigen Bedingungen durch ablaufende Dissoziations- und Ionisationsreaktionen ändern wird. Die durch die hohe Temperatur bedingte hohe Translationsenergie der Luftpartikel sorgt bei Partikelkollisionen dafür, dass der Energieaustausch so hoch ist, dass sogenannte **Hochtemperatureffekte** resultieren. Diese werden im folgenden Abschnitt genauer diskutiert. Die globale Auswirkung dieser endothermen Prozesse ist eine starke Absenkung der Gastemperatur im Staubereich. Diese Diskussion zeigt bereits, dass in der Realität nicht die gesamte beim Bremsvorgang umgesetzte Energie von der Struktur des Raumfahrzeugs absorbiert wird. Ein großer Anteil der Energie wird von der Luft, die das Vehikel umgibt, aufgenommen und durch die Strömung wegtransportiert. In erster Näherung lässt sich der Anteil der **kinetischen Energie,** der beim Aufheizen der Oberfläche durch Reibung zum Tragen kommt, wie folgt abschätzen [2.3.1]:

$$Q_\mathrm{w} = 1/2 \cdot (C_\mathrm{f} / C_\mathrm{d}) \cdot 1/2 \cdot m \cdot v_\mathrm{u}^2 \tag{2.3.4}$$

Q_w integrale Wärmemenge (in J),
C_f gemittelter Wandschubspannungskoeffizient eines Vehikels,
C_d Widerstandsbeiwert,
m Masse eines Vehikels (in kg)

Das bedeutet, dass die an die Oberfläche abgegebene Wärme von der kinetischen Energie des Fahrzeugs im Orbit und dem Verhältnis von **Reibungswiderstand** zu **Gesamtwiderstand,** bestehend aus Druckwiderstand und Reibungswiderstand, abhängt. Da der Reibungswiderstand turbulenter Grenzschichten ca. 2- bis 3-mal größer als der laminarer Grenzschichten ist, ist zu seiner Reduktion z. B. anzustreben, dass der laminar-turbulente Umschlag der Grenzschicht möglichst spät einsetzt. Weiterhin wird deutlich, dass Vehikel, bei denen der Druckwiderstand den Reibungswiderstand übersteigt, eine geringere integrale Wärmebelastung erfahren.

Die in der obigen Abschätzung auftretende Abhängigkeit der integralen Wärmemenge vom Reibungswiderstand soll zum Anlass genommen werden, zusätzlich auf einen allgemeinen Zusammenhang von großer praktischer Bedeutung hinzuweisen. Von Reynolds wurde 1875 erkannt, dass zwischen dem Impuls-, Energie- und Stofftransport eine Analogie besteht. Für Grenzschichtströmungen von Fluiden mit $Pr = Sc = 1$ und verschwindendem Druckgradienten entlang der Oberfläche besagt diese **Reynolds-Analogie,** dass der durch die Stanton-Zahl St gegebene dimensionslose Wandwärmefluss $q_\mathrm{w,gas}$ (siehe auch Kapitel 2.3.4) durch $St = C_\mathrm{f} / 2$ bestimmt werden kann.

Pr Prandtl-Zahl, $Pr = \mu \cdot c_p / \kappa$,
Sc Schmidt-Zahl, $Sc = \mu / (\rho \cdot D)$,
μ dynamische Viskosität (in N s/m^2),
κ Wärmeleitfähigkeit (in W/(m K)),
ρ Dichte (in kg/m^3),
D Diffusionskoeffizient (in m^2/s),
St Stanton-Zahl, $St = q_\mathrm{w,gas} / (\rho_\infty \cdot V_\infty \cdot (h_0 - h_\mathrm{w}))$,
$q_\mathrm{w,gas}$ Wandwärmefluss (in W/m^2),
h_0 spezifische Totalenthalpie (in J/kg),
h_w spezifische Enthalpie an der Wand (in J/kg)

Erweiterungen dieser Beziehung für Strömungen, die von den obigen Voraussetzungen abweichen, sind beispielsweise in [2.3.2] gegeben.

2

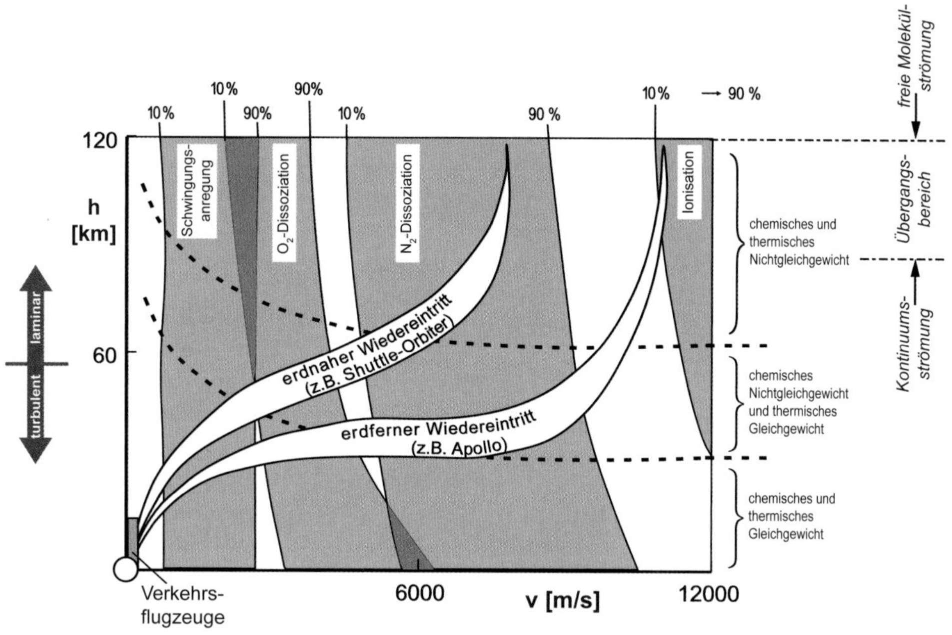

Bild 2.3.1: *Überblick der strömungsmechanischen und chemischen Vorgänge entlang von Wiedereintrittsbahnen.*

2.3.3 Strömungsmechanische und chemische Phänomene beim Wiedereintritt

In Bild 2.3.1 sind die wichtigsten strömungsmechanischen und chemischen Vorgänge, die beim Wiedereintritt in die Erdatmosphäre auftreten, im Überblick dargestellt. Zwei unterschiedliche Wiedereintrittskorridore werden hierbei betrachtet. Diese beziehen sich darauf, dass sich ein Raumfahrzeug entweder auf einer erdnahen Umlaufbahn in bis zu 400 km Flughöhe oder auf dem Rückkehrflug von einer interplanetaren oder Mondmission befindet. Bezogen auf die unterschiedlichen Missionen wird daher zwischen einem **erdnahen** und einem **erdfernen Wiedereintritt** unterschieden. Neben der unterschiedlichen Geschwindigkeit zu Beginn des Wiedereintritts unterscheiden sich die beiden Korridore auch dadurch, dass für den erdnahen Wiedereintritt ein geflügeltes Vehikel und für den erdfernen Wiedereintritt eine Kapsel als Referenzkonfiguration genommen wurde. Auf deren unterschiedliche aerodynamische Eigenschaften wird in der Folge noch eingegangen.

Die in Bild 2.3.1 angegebenen Übergänge hängen von den gewählten Referenzgrößen ab und variieren bei der Betrachtung verschiedener Konfigurationen. Ferner sind die Übergangsprozesse tatsächlich fließend und nur symbolisch mit festen Grenzen eingetragen.

Auf dem Weg von der Umlaufbahn bis zur Abbremsung in der oberen Atmosphäre befindet sich ein Raumfahrzeug zunächst im Gebiet der **freien Molekülströmung,** bevor es nach einem Übergangsbereich den Bereich der **Kontinuumsströmung** erreicht. Zur Charakterisierung dieser Bereiche dient die **Knudsen-Zahl** *Kn*,

$$Kn = \lambda / L$$

λ mittlere freie Weglänge (in m),
L charakteristische Länge (in m)

das Verhältnis der mittleren freien Weglänge zu einer charakteristischen Länge des Vehikels. Eine Strömung wird als freie Molekülströmung betrachtet, wenn der Weg λ, den ein Luftpartikel zwischen zwei Kollisionen zurücklegt, ein Vielfaches dieser charakteristischen Länge beträgt. Für den Orbiter des US Space Shuttles ist dies aufgrund der abnehmenden Dichte der Atmosphäre der Fall, wenn er sich in einer Flughöhe von über 150 km befindet. Im Falle von $Kn \leq 0{,}01$ liegt eine Kontinuumsströmung vor, d. h., die mittlere freie Weglänge ist deutlich kleiner als die charakteristische Länge. Durch die unterschiedliche Anzahl von Partikeln, die in den unterschiedlichen Bereichen auf ein Raumfahrzeug treffen, ändern sich die aerodynamischen Eigenschaften, und die zur mathematischen Beschreibung notwendigen Gleichungen müssen angepasst werden (z. B. [2.3.2]; siehe auch Kapitel 2.3.7).

Reibungseffekte spielen eine entscheidende Rolle beim Entwurf eines Hyperschallvehikels. Auf den speziell für stumpfe Wiedereintrittskonfigurationen wichtigen Wärmeübergang an der Oberfläche des Vehikels wird in der Folge noch detaillierter eingegangen. Der Parameter, der den Einfluss der Reibung auf ein Strömungsfeld charakterisiert, ist die **Reynolds-Zahl:**

$$Re = \rho \cdot v \cdot L/\mu$$

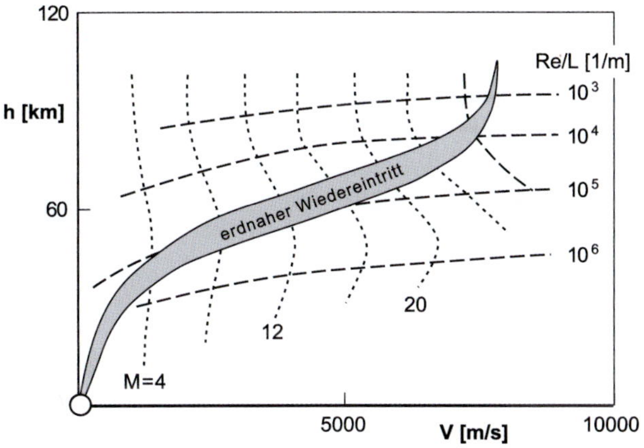

Bild 2.3.2: *Variation der Mach- und Reynolds-Zahl (bezogen auf eine Referenzlänge von 1 m) entlang eines typischen Wiedereintrittskorridors.*

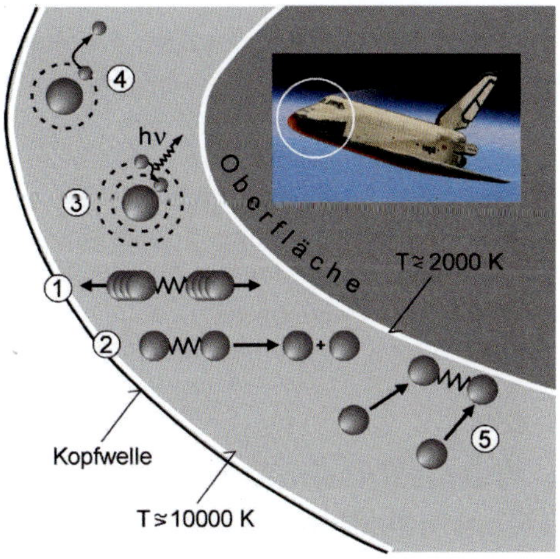

Bild 2.3.3: *Überblick der wesentlichen Hochtemperatureffekte in der Stoßschicht vor einem Wiedereintrittsvehikel.*

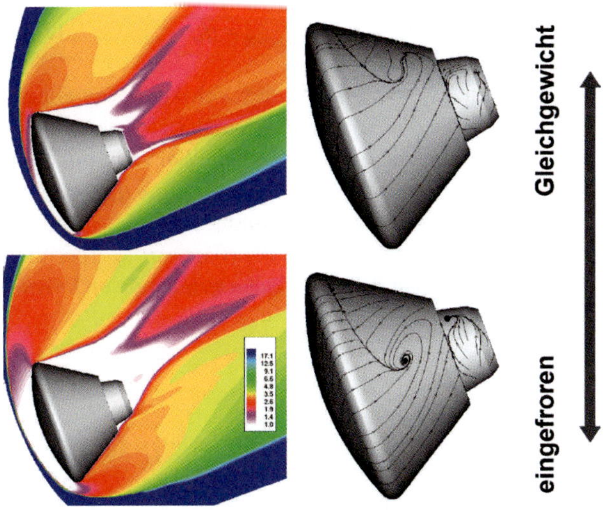

Bild 2.3.4: *Einfluss des Gaszustands auf die Umströmung einer Kapselkonfiguration bei M = 24 und einem Anstellwinkel von α = 20°.*

Wie in Bild 2.3.2 zu erkennen ist, variiert die Reynolds-Zahl über mehrere Größenordnungen entlang einer Wiedereintrittstrajektorie. Dies hat beispielsweise zur Folge, dass die Wandgrenzschicht eines Wiedereintrittsvehikels zunächst laminar ist. Nach dem Überschreiten einer kritischen Reynolds-Zahl vollzieht sich der Umschlag von einer laminaren zu einer turbulenten Wandgrenzschicht. Hiermit verbunden ist eine höhere Schubspannung und entsprechend der Reynolds-Analogie ein erhöhter Wandwärmeübergang.

Durch den hohen Energieinhalt von Wiedereintrittsströmungen wird die das Raumfahrzeug umgebende Luft stark aufgeheizt. Die hinter dem **Bugstoß,** der sich vor dem Raumfahrzeug ausbildet, auftretenden **Hochtemperatureffekte** sind schematisch in Bild 2.3.3 dargestellt. Im Nasenbereich der Konfiguration ist der Bugstoß am stärksten, und die Temperaturerhöhung über den Stoß erreicht ihr Maximum. In Abhängigkeit von der Temperatur hinter dem Stoß kommt es zur Anregung von **Schwingungsfreiheitsgraden in den Molekülen** (1), und es laufen **Dissoziationsreaktionen** der Sauerstoff- und Stickstoffmoleküle ab (2). Bei weiter steigender Temperatur stellt die **Strahlung des Gases** (3) eine weitere Komponente für die Aufheizung des Raumfahrzeugs dar, und es tritt **Ionisation der Luftbestandteile** (4) auf. Letzteres führt zu dem sogenannten **„Black-Out-Effekt“,** d. h. einer Störung der direkten Radiokommunikation zwischen der Bodenstation und dem Raumfahrzeug. Die beschriebenen Hochtemperatureffekte werden durch den Energietransfer von der durch den Aufheizvorgang erhöhten Translationsenergie der Luftpartikel zu anderen Energieformen ermöglicht. Da dieser Transfer von Energie durch Kollisionen der Luftpartikel umgesetzt wird, benötigt er eine gewisse Zeit. Die Zeit, die nötig ist, um den beispielsweise durch die lokale Temperatur und Dichte vorgegebenen Gleichgewichtszustand zu erreichen, wird als **Relaxationszeit** bezeichnet. Die **Damköhler-Zahl** $D = t_S / t_R$ charakterisiert, ob dieser Zustand erreicht wird. Für den Fall $D \gg 1$ ist die charakteristische Zeit der Strömung, d. h. die Verweilzeit t_S eines Partikels in einem gewissen Strömungszustand, groß gegenüber der Relaxationszeit t_R, und die Strömung ist im Gleichgewicht. Der andere Extremfall $D \ll 1$ charakterisiert eine eingefrorene Strömung, da der Relaxationsprozess nicht ablaufen kann, und $D \approx 1$ beschreibt den Fall einer Strömung im Nichtgleichgewicht.

Anhand von Bild 2.3.1 ist ersichtlich, dass für den Wiedereintritt Bereiche existieren, in denen die Strömung bezüglich der thermischen (Anregung innerer Freiheitsgrade wie Schwingung) und chemischen Relaxation im Nichtgleichgewicht sein kann, wie auch solche, in denen die Strömung im Gleichgewicht ist.

Der Einfluss, den die **chemisch reagierende Strömung** um eine Wiedereintrittskapsel-Konfiguration auf die Strömungstopologie hat, ist in Bild 2.3.4 zu erkennen.

Die dargestellte Verteilung der Mach-Zahl in der Symmetrieebene und die Wandschubspannungslinien resultieren aus numerischen Berechnungen der dreidimensionalen, reibungsbehafteten Umströmung der Kapsel, die im europäischen Flugexperiment „Atmospheric Re-entry Demonstrator" (ARD) benutzt wurde. Dieses Wiedereintrittsflugexperiment wurde im Jahr 1998 mit einer Ariane-5-Rakete durchgeführt [2.3.3]. Zur Verdeutlichung des Einflusses chemischer Reaktionen wurde die Umströmung der Kapsel bei einer Flug-Mach-Zahl von $M = 23$ und einer Höhe von 65 km unter der Annahme der beiden Grenzfälle – einer Strömung im Gleichgewicht und einer eingefrorenen Strömung – berechnet [2.3.4]. Die Unterschiede zwischen beiden Lösungen sind anhand der unterschiedlichen Strömungstopologie deutlich zu erkennen. Charakteristisch für den Unterschied zwischen einer chemisch eingefrorenen und einer chemisch reagierenden Strömung um einen stumpfen Körper ist, dass der **Stoßabstand** durch die chemischen Reaktionen und den damit verbundenen Anstieg der Dichte in der Stoßschicht gegenüber einer eingefrorenen Strömung stark reduziert ist. Hieraus ergeben sich für die gefrorene Strömung ein niedrigerer Oberflächendruck und daher geringere Kräfte und Momente. Für das Beispiel in Bild 2.3.4 unterscheiden sich die aerodynamischen Beiwerte um 50 % für das Nickmoment, 20 % für die Auftriebskraft und 5 % für den Widerstand.

Abhängig von den Eigenschaften der Vehikeloberfläche kann die in Form von Dissoziationsenergie in den Atomen gespeicherte Energie wieder an die Oberfläche abgegeben werden und so zu einer zusätzlichen Aufheizung führen. Dies wäre bei einer **katalytischen Oberfläche** der Fall, d. h. einer Oberfläche, an der **Rekombinationsreaktionen** ablaufen (siehe (5) in Bild 2.3.3) [2.3.5]. Im Falle einer nichtkatalytischen Oberfläche tritt diese zusätzliche Erwärmung nicht auf. Aus diesem Grund werden für das Thermalschutzsystem von Raumfahrzeugen Materialien gewählt, die möglichst **nichtkatalytische Eigenschaften** haben [2.3.6]. Beispiele hierfür sind Siliziumkarbid (SiC), das hochtemperaturbeständig ist und gleichzeitig eine für ein keramisches Material hohe Wärmeleitfähigkeit hat, oder der Verbundwerkstoff Kohlenstoff-Siliziumkarbid (C-SiC).

Die Ergebnisse von Strömungsfeldberechnungen unter der Berücksichtigung von chemischem Nichtgleichgewicht um den in Bild 2.3.5 dargestellten Hyperboloiden machen deutlich, dass der **Wärmefluss** im Staupunkt einer Wiedereintrittskonfiguration bei Vorliegen einer nichtkatalytischen Wand um ca. 50 % niedriger sein kann als bei einer komplett katalytischen Wand [2.3.7]. Die Geometrie des Hyperboloiden wurde so gewählt, dass bei einer axialen Anströmung in etwa die Verhältnisse auf der luvseitigen Symmetrielinie des US Space Shuttle Orbiters wiedergegeben werden. Die numerischen und im Flug gemessenen Daten entsprechen einer Flughöhe von ca. 86 km bei einer

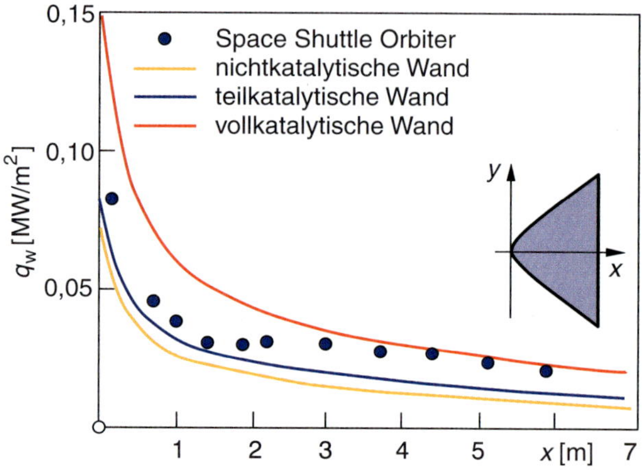

Bild 2.3.5: *Einfluss der Wandkatalyzität auf den Wärmefluss einer Wiedereintrittskonfiguration in 86 km Höhe.*

Mach-Zahl von $M = 27$. Der Vergleich der gemessenen und berechneten Daten deutet darauf hin, dass sich die Eigenschaften des Wärmeschutzsystems des Orbiters bei ungefähr $x = 3$ m von teilkatalytisch zu nahezu vollkatalytisch ändern. In diesem Bereich ist der absolute Wert des Wandwärmeflusses allerdings bereits stark reduziert.

Weiterführende Diskussionen der in diesem Abschnitt angesprochenen Phänomene können beispielsweise in [2.3.2], [2.3.6], [2.3.8], [2.3.9] gefunden werden.

2.3.4 Wärmeflussbilanz und Thermalschutzsysteme

Die **Wärmeflussbilanz** an der Oberfläche eines mit Hyperschallgeschwindigkeit fliegenden Vehikels lässt sich wie folgt schreiben:

$$q_{\text{gas,leit}} + q_{\text{gas,diff}} + q_{\text{gas,strahl}} - q_{\text{w,strahl}} = q_{\text{w}} \qquad (2.3.5)$$

Der sich an der Oberfläche des Vehikels einstellende Wärmefluss in die Struktur q_w setzt sich aus Anteilen zusammen, die auf der gasseitigen Wärmeleitung und Diffusionsprozessen im Gas $q_{\text{w,gas}} = q_{\text{gas,leit}} + q_{\text{gas,diff}}$ (siehe auch Kapitel 2.3.2), der Gasstrahlung $q_{\text{gas,strahl}}$ und der Wärmeabstrahlung der heißen Oberfläche $q_{\text{w,strahl}}$ beruhen. Der Wärmefluss an der Oberfläche aufgrund von Wärmeleitung im Gas

$$q_{\text{gas,leit}} = -\kappa \cdot (\partial T / \partial y)_{\text{w}}$$

y Koordinate in Wandnormalenrichtung (in m)

wird durch das Fouriersche Gesetz gegeben. Die in chemisch reagierenden Strömungen auftretenden Gradienten der Spezieskonzentrationen resultieren in einem Energietransport durch Diffusion. Der Beitrag zum **Wandwärmeübergang** kann durch

$$q_{\text{gas,diff}} = -\rho \cdot \sum_i D_{im} \cdot h_i \cdot (\partial c_i / \partial y)_{\text{w}}$$

D_{im} Diffusionskoeffizient von Spezies i (in m^2/s),
h_i spezifische Enthalpie von Spezies i (in J/kg),
c_i Massenbruch von Spezies i (in $kg_i/kg_{\text{mischung}}$)

beschrieben werden. Diesem Ausdruck liegt zugrunde, dass der **Diffusionsmassenstrom** der einzelnen Spezies durch das Ficksche Gesetz gegeben ist. Der Diffusionskoeffizient D_{im} beschreibt hierbei den Diffusionsprozess von Spezies i in die Gasmischung, die aus den übrigen Spezies des mehrkomponentigen Gemisches besteht [2.3.2]. Die Beziehungen für die Wärmeleitung im Gas und die Diffusion beruhen auf der vereinfachenden Annahme, dass die Vorgänge lokal als eindimensional betrachtet werden können.

Der thermisch am höchsten belastete Teil eines Wiedereintrittsfahrzeugs ist im Allgemeinen der Staupunktsbereich der stumpfen Nase. Hierfür wurden Beziehungen abgeleitet, die eine Abschätzung der gasseitigen Beiträge zum Wandwärmefluss ermöglichen. Unter der Annahme, dass sich der Bereich zwischen dem Bugstoß und dem Grenzschichtrand im Gleichgewicht befindet, haben Fay und Riddell **Korrelationen** für den durch **Wärmeleitung** und **Diffusion** im Gas herrührenden Anteil angegeben (siehe beispielsweise [2.3.2]). Für den Fall einer gefrorenen Grenzschicht und einer nichtkatalytischen Oberfläche ergibt sich mit:

$$q_{\text{gas,leit}} + q_{\text{gas,diff}} = \tag{2.3.6}$$

$$0{,}76 \cdot Pr^{-0{,}6} \cdot (\rho_{\text{e}}\, \mu_{\text{e}})^{0{,}4} \cdot (\rho_{\text{w}}\, \mu_{\text{w}})^{0{,}1}$$

$$\sqrt{1 / R \cdot (2\,(p_{\text{e}} - p_{\infty}) / \rho_{\text{e}})^{0{,}5}} \cdot (1 - h_{\text{D}} / h_{0\text{e}})$$

R Nasenradius (in m),
p Druck (in Pa),
h_{D} Bildungsenthalpie der Mischung, $h_{\text{D}} = \sum_i c_{i\text{e}} \cdot h_{\text{f}\,i}$ in (J/kg),
$\Delta h_{\text{f}\,i}$ Bildungsenthalpie von Spezies i (in J/kg),
$h_{0\text{e}}$ spezifische Totalenthalpie am Grenzschichtrand (in J/kg)

Hierbei bezeichnen die Indizes w, e und ∞ die Wand, den Grenzschichtrand bzw. die Anströmung und h_{D} die am Grenzschichtrand vorhandene und als Bildungsenthalpie gespeicherte Energie. Weitere Korrelationen dieser Form für andere Gas- bzw. Oberflächenzustände sind in [2.3.2] zu finden. Eine einfache ingenieurmäßige Approximation des gasseitigen Wärmeflusses wurde von Detra und Hidalgo (siehe [2.3.6]) mit

$$q_{\text{w,gas}} = 11{,}03 \cdot 10^7 \cdot 1 / \sqrt{R} \cdot (\rho_{\infty} / \rho_{\text{MH}})^{0{,}5} \cdot (v_{\infty} / v_{\text{u}})^{3{,}15} \tag{2.3.7}$$

$q_{\text{w,gas}}$ gasseitiger Wärmefluss (in W/m^2),
ρ_{MH} Dichte auf Meereshöhe (in kg/m^3)

angegeben. Ein wichtiger Aspekt, der aus den letzten beiden Korrelationen entnommen werden kann, ist, dass der gasseitige Wärmefluss an der Wand aufgrund von Leitung und Diffusion proportional zu $1/\sqrt{R}$ ist und somit durch Wahl eines möglichst großen Nasenradius reduziert werden kann.

Ein weiterer Mechanismus, der zur Aufheizung der Oberfläche eines Wiedereintrittsfahrzeugs beitragen kann, ist die **Gasstrahlung.** Für ein optisch dünnes Gas, d. h. ein Gas, das lediglich Strahlung emittiert, aber nicht absorbiert, und unter der Annahme, dass der Abstand des Bugstoßes, der sich vor dem Raumfahrzeug ausbildet, klein gegenüber dem Nasenradius ist, kann der auf die Oberfläche treffende Wärmefluss mit

$$q_{\text{gas,strahl}} = E_{\text{strahl}} / 2 \cdot R \cdot (\rho_{\infty} / \rho_{\text{BS}}) \tag{2.3.8}$$

$q_{\text{gas,strahl}}$ Wandwärmefluss aufgrund von Strahlung (in W/m^2),
E_{strahl} Leistungsdichte der Gasstrahlung (in $J/(s\ m^3)$),
ρ_{BS} Dichte hinter dem Verdichtungsstoß (in kg/m^3)

bestimmt werden. Hierbei ist E_{strahl} die pro Sekunde und Einheitsvolumen vom Gas emittierte Strahlungsenergie, die im Staupunkt des Vehikels zum Wärmefluss beiträgt. Eine ingenieurmäßige Abschätzung des Wandwärmeflusses aufgrund von Gasstrahlung ist in [2.3.6] mit

$$q_{\text{gas,strahl}} = 7{,}9 \cdot 10^{11} \cdot R \cdot (\rho_{\infty} / \rho_{\text{MH}})^{1{,}5} \cdot (v_{\infty} / 10^4)^{12{,}5} \tag{2.3.9}$$

angegeben. Diese Korrelationen machen deutlich, dass der Einfluss der Gasstrahlung direkt proportional zum Nasenradius des Vehikels ist. Durch Vergrößerung des Nasenradius nimmt der Abstand der Kopfwelle zu, wodurch sich das Volumen des strahlenden Gases in der Stoßschicht vergrößert und somit zu einer erhöhten Strahlungswärmebelastung der Oberfläche führt. Beim Entwurf eines Wiedereintrittsvehikels liegen hinsichtlich der Reduktion des Wärmeflusses aufgrund von Leitung und Diffusion im Gas und aufgrund von Gasstrahlung sich widersprechende Kriterien vor. Wie sich das Niveau der beiden Wärmeflussquellen verhält bzw. welcher Anteil für den Entwurf bestimmend ist, hängt von der Emissivität des Gases und der Fluggeschwindigkeit des Vehikels ab. Bei einem Wiedereintritt von einer erdnahen Umlaufbahn sind beispielsweise in einer Flughöhe von 100 km die maßgeblichen Parameter so, dass der Wärmefluss aufgrund von Gasstrahlung weniger als 0,1 % des Wärmeflusses, hervorgerufen durch Wärmeleitung und Diffusion im Gas, beträgt. Allerdings ist beim Wiedereintritt von einer interplanetaren Mission (v_{u} > 11 200 m/s) der Wärmefluss aufgrund von Gasstrah-

2

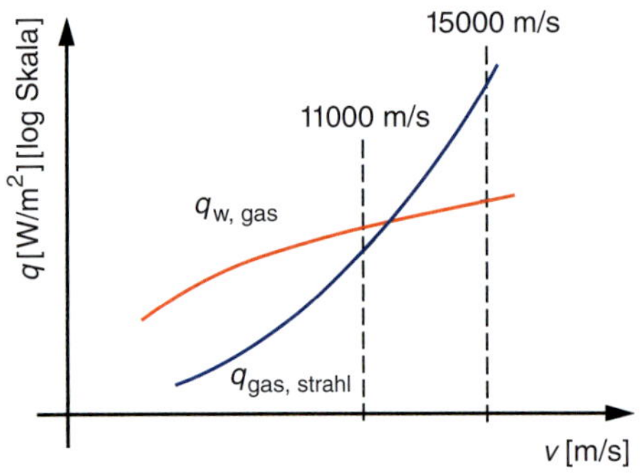

Bild 2.3.6: *Beitrag zum Wärmefluss durch Wärmeleitung und Diffusion bzw. Gasstrahlung beim Wiedereintritt.*

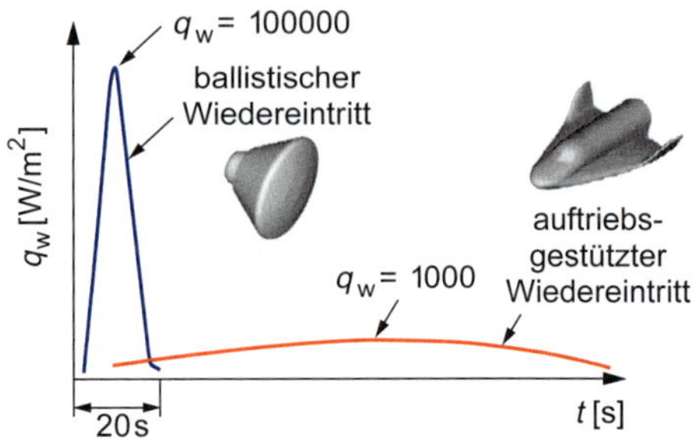

Bild 2.3.7: *Skizze des zeitlichen Verlaufs des maximalen lokalen Wärmeflusses auf einer Kapsel mit ballistischer Flugbahn und einem auftriebsgestützten Raumgleiter.*

lung dominant. Bei den Apollo-Rückkehrmissionen vom Mond betrug der Strahlungsanteil knapp die Hälfte des Anteils von Wärmeleitung und Diffusion. Eine schematische Darstellung dieser Zusammenhänge ist in Bild 2.3.6 gegeben [2.3.1].

Der Wärmefluss, der pro Flächeneinheit von der heißen Wand eines Raumfahrzeugs abgestrahlt wird, kann in Anlehnung an das **Stefan-Boltzmann-Gesetz** mittels

$$q_{\mathrm{w,strahl}} = \varepsilon \cdot \sigma \cdot T_{\mathrm{w}}^4$$

ε Emissionsgrad der Oberfläche, $0 \leq \varepsilon \leq 1$,
σ Stefan-Boltzmann-Konstante, $\sigma = 5{,}67 \cdot 10^{-8}\ \mathrm{W/(m^2\ K^4)}$

bestimmt werden. Siliziumkarbid hat beispielsweise einen Emissionsgrad von $\varepsilon \approx 0{,}9$. Die **Wandwärmeabstrahlung** ist ein sehr effizientes passives Kühlsystem. Beim Wiedereintrittsflug werden ca. 80 % des durch das Abbremsen des Vehikels erzeugten Wärmeflusses auf die Oberfläche wieder abgestrahlt und durch die Strömung wegtransportiert.

Neben der **Strahlungskühlung** der Wand gibt es noch weitere Möglichkeiten zur **passiven Kühlung** von Raumfahrzeugen. Diese werden im Folgenden qualitativ diskutiert. Die **Wärmesenke** ist eine Technik, bei der die aufgenommene Wärme im Körper gespeichert wird, ohne eine Materialschädigung nach sich zu ziehen. Hierbei kommen beispielsweise Wärmespeicher in Form von Luftkammern oder Wasserspeicher zum Einsatz. Bei sehr hohen thermischen Belastungen wird die **Ablationskühlung** benutzt. Durch endotherme Zersetzung, Abschmelzung und Verdampfung des Hitzeschutzschildes wird bei der Ablationskühlung die durch das Abbremsmanöver entstehende Wärme verbraucht. Die sich hierbei ausbildende Schmelz- und Dampfschicht wirkt als Thermalschutzsystem und verhindert einen zu großen Wärmefluss auf das Raumfahrzeug. Stoffe, die für Ablationskühlung eingesetzt werden, haben einen hohen Schmelzpunkt, eine hohe Schmelz- und Verdampfungswärme und eine geringe Wärmeleitfähigkeit. Als Material für einen ablativen Hitzeschutz kommt beispielsweise faserverstärkter Kunststoff oder Graphit zum Einsatz. Bei der Ablationskühlung wird das Hitzeschutzmaterial verbraucht. Bedingt durch die extrem hohen thermischen Belastungen bei interplanetaren Missionen ist diese Kühlungsart jedoch die einzige technisch umsetzbare Lösung. Beim Eintritt in die Jupiteratmosphäre hatte die Kapsel der Galileo-Raumsonde eine Geschwindigkeit von ca. (50 ... 60) · 10^3 m/s, wodurch sich die ablative, kohlenstoffverstärkte Schutzschicht auf bis zu 8 800 K erhitzte.

Für die **Auswahl des Thermalschutzsystems** eines Raumfahrzeugs ist es notwendig, die geplante Flugbahn zu kennen (Kapitel 2.3.5). Wie in Bild 2.3.7 dargestellt, können zwei verschiedene Arten von Raumfahrzeugen lokal einen ähnlichen integralen Wärmeeintrag in die Struktur erfahren, dabei jedoch ganz unterschiedlichen maximalen Belastungen unterliegen. Der integrale Wärmeeintrag ist durch die Fläche unter dem skizzierten Verlauf des maximalen lokalen Wärmeflusses als Funktion der Zeit gegeben. Entlang ballistischer Eintrittsbahnen von Kapselkonfigurationen, die nahezu keinen Auftrieb erzeugen, treten über einen kurzen Zeitraum extrem hohe Wärmeflüsse auf. Entlang der Flugbahn eines auftriebsgestützten Raumgleiters treten dagegen wesentlich niedrigere Werte über einen längeren Zeitraum auf.

In Bild 2.3.8 sind die Anwendungsgrenzen der drei diskutierten passiven Kühlmethoden in Abhängigkeit von der Flugdauer des Wiedereintrittsflugs und dem maximalen Wärmefluss aufgetragen. Mit steigender akkumulierter Wärmemenge steigt die Dimensionierung des Thermalschutzes an. Somit nimmt auch, wie in Bild 2.3.9 dargestellt, das Gewicht des Thermalschutzes zu. Dieser ist ein kritischer Entwurfsparameter von Raumfahrzeugen. Für ein Vehikel wie den US Space Shuttle Orbiter, der für Rückkehrmissionen von erdnahen Umlaufbahnen, wie beispielsweise die von der Internationalen Raumstation, ausgelegt wurde, beträgt das Gewicht des Thermalschutzes ungefähr die Hälfte der Gesamtnutzlast. Für die Kapsel der Galileo-Raumsonde, die für den Eintritt in die Jupiter-Atmosphäre entworfen wurde, betrug das Gewicht des Thermalschutzes ca. die Hälfte des Gesamtgewichts.

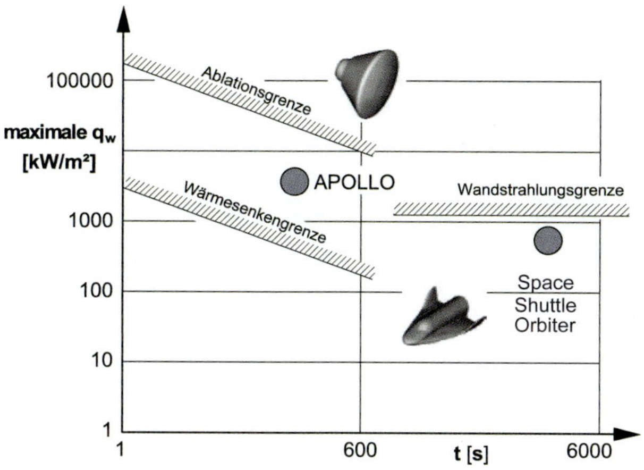

Bild 2.3.8: *Anwendungsgrenzen verschiedener passiver Kühlungskonzepte in Abhängigkeit von der Flugdauer und dem maximalen Wärmefluss.*

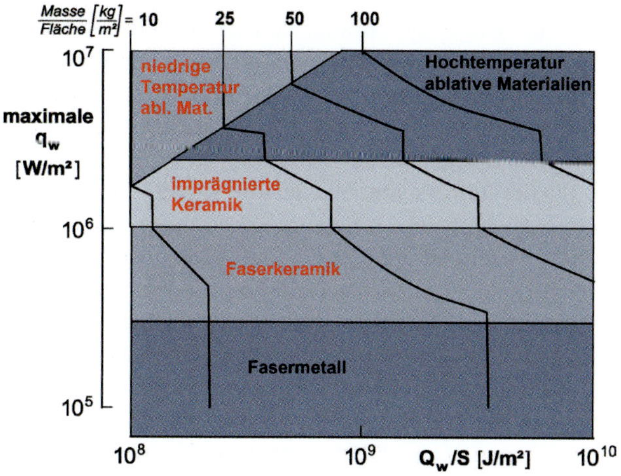

Bild 2.3.9: *Gewicht des Thermalschutzes bei Verwendung verschiedener Konzepte in Abhängigkeit vom maximalen Wärmefluss und von der auf die Vehikeloberfläche bezogenen akkumulierten Wärme (nach [2.3.10]).*

2.3.5 Wiedereintrittsbahn

Die Bestimmung der Wiedereintrittsbahn hängt von den **physikalischen Eigenschaften der Atmosphäre** ab. Diese sind die Grundlage jeder Bahnberechnung und liegen z. B. in Form von Standardatmosphären vor [2.3.1].

Nach dem Newtonschen Gesetz lassen sich die folgenden **Bewegungsgleichungen** für ein Wiedereintrittsvehikel ableiten (siehe z. B. [2.3.1], [2.3.11]):

$$W \cdot \sin\theta - D = m \cdot \mathrm{d}v / \mathrm{d}t \qquad (2.3.10)$$

$$L - W \cdot \cos\theta = -m \cdot v^2 / R \qquad (2.3.11)$$

W Gewichtskraft, $W = m \cdot g$ (in N),
m Masse (in kg),
D Widerstand (in N),
L Auftrieb (in N),
θ Flugbahnwinkel (in °),
R Radius der Bahnkrümmung (in m)

Die erste Gleichung beschreibt die Kräftebilanz entlang der Flugbahn und die zweite Gleichung diejenige senkrecht zur Flugbahn. Mit der Definition für den Widerstand

$$D = 1/2 \cdot \rho \cdot v^2 \cdot C_d \cdot S$$

S Referenzfläche (in m²)

lässt sich die Bewegungsgleichung entlang der Flugbahn in

$$-1/g \cdot \mathrm{d}v/\mathrm{d}t = (W/(C_d \cdot S))^{-1} \cdot \rho\, v^2 / 2 - \sin\theta \qquad (2.3.12)$$

umformen. Mit

$$L = 1/2 \cdot \rho \cdot v^2 \cdot C_l \cdot S$$

C_l Auftriebsbeiwert

für den Auftrieb ergibt sich für die Gleichung senkrecht zur Flugbahn:

$$\cos\theta - 1/g \cdot v^2 / R = \left(W/(C_d \cdot S)\right)^{-1} \cdot C_l / C_d \cdot \rho\, v^2 / 2 \qquad (2.3.13)$$

Die Lösung dieser Gleichungen wird durch den **ballistischen Koeffizienten** $W/(C_d \cdot S)$ und die die aerodynamische Güte einer Konfiguration beschreibende **Gleitzahl** C_l / C_d bestimmt. Für eine rein ballistische Flugbahn, d. h. $C_l = 0$, ist für einen gegebenen Flugbahnwinkel der ballistische Koeffizient der einzige bestimmende Faktor. Auftriebsgestützte Konfigurationen haben Gleitzahlen von $C_l / C_d \approx 1$ und ballistische Konfigurationen sind durch $C_l / C_d \ll 1$ charakterisiert. Aus den hier angegebenen Gleichungen lässt sich die gesamte Flugbahn, d. h. die Geschwindigkeit als Funktion der Flughöhe, die maximale Verzögerung, die Höhe, in der die maximale Verzögerung auftritt, etc. bestimmen [2.3.1], [2.3.11].

In Bild 2.3.10 ist die Variation einiger relevanter **Strömungsparameter** entlang einer Wiedereintrittsbahn qualitativ aufgetragen. Neben der Dichte und der Geschwindigkeit treten hier die zwei Größen $\rho \cdot v^2$ und $\rho \cdot v^3$ auf, die für die aerodynamische und die Wärmeflussbetrachtung von großer Bedeutung sind. Aus der Definition des aerodynamischen Widerstandes wird deutlich, dass dieser mit $\rho \cdot v^2$ skaliert. Aus der Definition des dimensionslosen Wärmeflusses aufgrund von Wärmeleitung und Diffusion im Gas, der Stanton-Zahl (siehe Kapitel 2.3.2) und der üblichen Vereinfachung für Hyperschallströmungen, dass die spezifische Totalenthalpie $h_0 \approx v_\infty^2 / 2$ und $h_0 \gg h_w$ ist, folgt

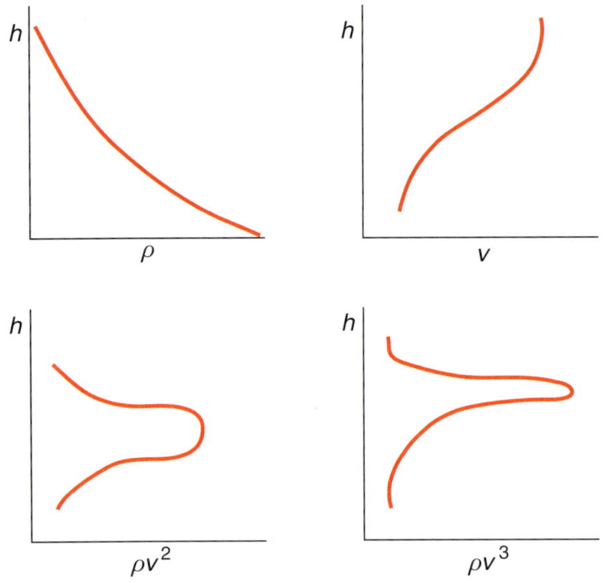

Bild 2.3.10: *Parametervariation entlang einer Eintrittsbahn.*

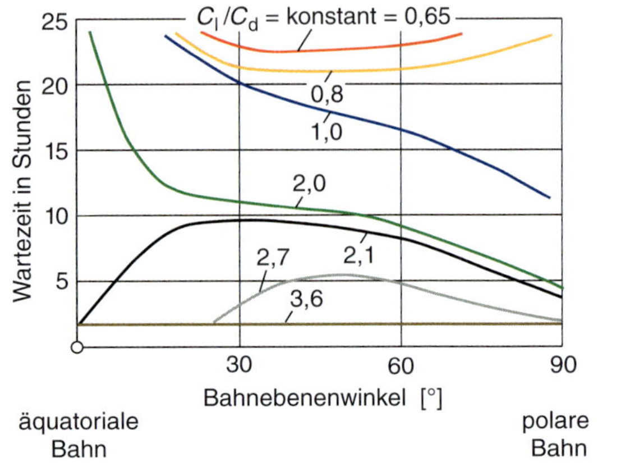

Bild 2.3.11: *Wartezeit zwischen zwei aufeinanderfolgenden potenziellen Deorbitmanövern in Abhängigkeit von der Gleitzahl und dem Winkel der Bahnebene.*

$q_{\mathrm{w,gas}} = 1/2 \cdot \rho_\infty \cdot v_\infty^3 \cdot \mathrm{St}$. Dies bedeutet, dass der Wärmefluss mit $\rho \cdot v^3$ skaliert. Aus Bild 2.3.10 wird deutlich, dass beide Größen, der Widerstand, der eine Belastung der Vehikelstruktur hervorruft, wie auch der Wärmefluss, ein Maximum während des Wiedereintritts durchlaufen. Für den Entwurf von Raumfahrzeugen ist hierbei wichtig, dass die Maxima der strukturellen und thermischen Belastung nicht in der gleichen Flughöhe auftreten.

Die bisher realisierten Wiedereintrittsflüge basieren aus ökonomischen Gründen auf antriebslosen Vehikeln. Grundsätzlich kann hierbei zwischen zwei Arten von Wiedereintrittsbahnen unterschieden werden. Zum einen ist dies die **ballistische Bahn,** wie sie beispielsweise von den Apollo- oder Sojus-Kapseln geflogen wurde bzw. noch geflogen wird. Wie oben bereits erwähnt, ist eine ballistische Bahn dadurch definiert, dass das Raumfahrzeug keinen Auftrieb erzeugt. Genau genommen trifft dies auf die hier erwähnten Kapseln nicht ganz zu; der erzeugte Auftrieb ist jedoch so gering, dass die geflogenen Bahnen einer ballistischen sehr nahe kommen. Der zweite Typ von Wiedereintrittstrajektorie ist die **auftriebsgestützte Bahn,** wie sie z. B. vom US Space Shuttle Orbiter geflogen wurde. Ballistische Trajektorien sind im Allgemeinen sehr steil und ein Kompromiss zwischen den für bemannte Missionen noch akzeptablen Bremsbeschleunigungen und den tolerierbaren thermischen und mechanischen Belastungen. Bei bemannten Missionen wird eine Bremsbeschleunigung vom Zehnfachen der Erdbeschleunigung als obere Grenze angesehen. Systeme, die nahezu ballistische Bahnen fliegen, nutzen stumpfe Kapselkonfigurationen, ablative Wärmeschutzsysteme und Fallschirme für die Landung. Ein Nachteil hierbei ist, dass die Reichweite quer zur Bahnebene eingeschränkt ist. Eine wesentlich flachere Trajektorie, die gleichzeitig zu einer Reduktion des maximalen Wärmeflusses führt (siehe Bild 2.3.7), resultiert bei dem Einsatz von Wiedereintrittskonfigurationen, die Auftrieb erzeugen. Weitere Vorteile eines auftriebsgestützten Wiedereintritts sind eine höhere Reichweite quer zur Bahnebene und eine Verbesserung der Landegenauigkeit.

Wie bereits erwähnt, ist die **Gleitzahl** ein entscheidender Parameter zur Charakterisierung von Wiedereintrittsbahnen. Neben der erzielbaren Reichweite in Längs- und in Querrichtung, bezogen auf die Umlaufbahnebene, hängt von ihr auch die Wahl des möglichen Zeitpunkts ab, um auf einer Umlaufbahn das sogenannte **De-Orbitmanöver** einzuleiten, d. h. den Wiedereintritt, zu beginnen. Dies ist speziell aus sicherheitstechnischen Gründen ein wichtiger Punkt. In Bild 2.3.11 ist die Wartezeit zwischen zwei aufeinanderfolgenden potenziellen Deorbitmanövern zur Vorbereitung der Landung an einem vorgegebenen Punkt auf der Erde in Abhängigkeit von der Gleitzahl und dem Winkel der Bahnebene dargestellt. Mit steigender Gleitzahl nimmt die Wartezeit stark ab. Raumfahrzeuge mit kleiner Gleitzahl – im Wesentlichen Kapselkonfigurationen – können lediglich einmal pro 24 Stunden zu einem bestimmten Landepunkt zurückfliegen. Der US Space Shuttle Orbiter hat bei einer maximalen Gleitzahl von $C_l / C_d \approx 2$ dagegen mehrmals pro Tag die Möglichkeit, zur Erde zurückzukehren. Um von einer Umlaufbahn aus jeden Punkt der Erde erreichen zu können, muss die auf den Bahnradius bezogene Reichweite quer zur Bahnebene mindestens $\pi / 2$ betragen. Um dies zu ermöglichen, muss die Konfiguration eine Gleitzahl von $C_l / C_d = 3{,}5$ haben [2.3.12].

Die Faktoren, die den **Wiedereintrittskorridor** einer auftriebsgestützten Konfiguration begrenzen, sind in Bild 2.3.12 dargestellt. Die obere Grenze ist durch die aerodynamischen Eigenschaften des Vehikels, d. h. die Gleitzahl, vorgegeben. Die untere Begrenzung wird durch

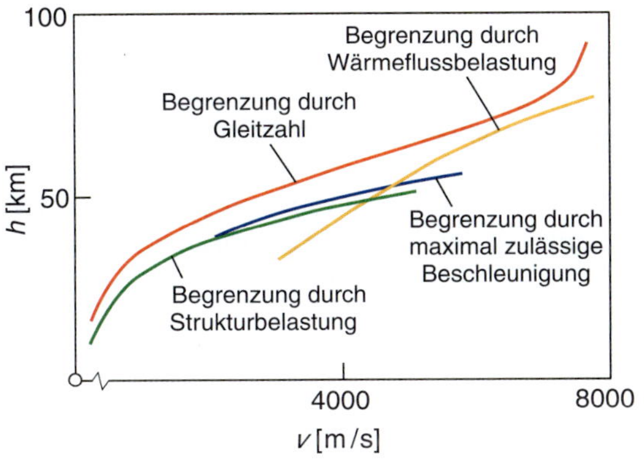

Bild 2.3.12: *Grenzen des Wiedereintrittskorridors für einen auftriebsgestützten Raumgleiter.*

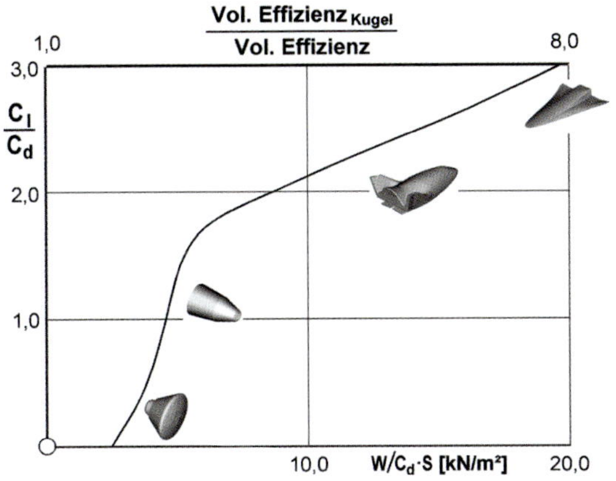

Bild 2.3.13: *Gleitzahl und volumetrische Effizienz verschiedener Konfigurationen, bezogen auf die einer Kugel, in Abhängigkeit vom ballistischen Koeffizienten.*

den maximalen Wärmefluss bei hohen Fluggeschwindigkeiten, die maximale Beschleunigungsbelastung für die Besatzung während des Bremsvorgangs bei mittleren Geschwindigkeiten und die strukturelle Belastungsgrenze des Vehikels bei niedrigen Geschwindigkeiten vorgegeben.

Wiedereintrittsfahrzeuge mit großer Gleitzahl haben in der Regel eine niedrige volumetrische Effizienz, d. h. ein ungünstiges Verhältnis von Oberfläche zu Volumen. In Bild 2.3.13 ist dargestellt, dass Konfigurationen wie Kapseln oder Kugel-Kegel-Zylinder mit hoher volumetrischer Effizienz eine niedrige Gleitzahl haben. Ferner ist in Bild 2.3.13 verdeutlicht, dass für Wiedereintrittskonsfigurationen Gleitzahlen über 3 nur schwer realisierbar sind.

Ein weiterer wichtiger Aspekt beim Entwurf von Hyperschallkonfigurationen ist natürlich die **aerodynamische Stabilität.** Bezüglich dieses Aspektes sei hier zwecks einer vertieften Diskussion auf die Spezialliteratur wie beispielsweise [2.3.1], [2.3.11] verwiesen.

2.3.6 Aerodynamische Betrachtungen

Für die Bestimmung **aerodynamischer Lasten** werden hier einige Beziehungen vorgestellt, die auf **Oberflächenneigungsmethoden** beruhen. Der Einsatzbereich dieser Methoden beschränkt sich auf die Bestimmung aerodynamischer Parameter für Raumfahrzeuge, die mit Hyperschallgeschwindigkeit und einem Anstellwinkel von 10 ... 50° fliegen. Dies ist der für Wiedereintrittskonfigurationen mit einer Gleitzahl von $C_l/C_d = 1 ... 3$ wichtigste Bereich. Für sehr viel geringere Geschwindigkeiten und Anstellwinkel ist die Ermittlung der aerodynamischen Kräfte komplexer und wird im Rahmen diese Abschnitts nicht behandelt.

Die **aerodynamischen Kräfte und Momente,** die auf ein Vehikel wirken, hängen primär von seiner **Form** ab. Für den Hyperschallflug kann die resultierende Druckverteilung auf einen Körper mittels einfacher Modelle abgeschätzt werden. Für Strömungen sehr hoher Mach-Zahl ist die totale spezifische Enthalpie ungefähr gleich der spezifischen kinetischen Energie, und die statische Enthalpie kann vernachlässigt werden. Unter diesen Voraussetzungen wird die von der Strömung auf eine Oberfläche ausgeübte Kraft ausschließlich durch die kinetische Energie der Strömungspartikel verursacht. Ein entsprechendes **mathematisches Strömungsmodell** wurde von Isaac Newton entwickelt (siehe z. B. [2.3.2]). Es besagt, dass die Strömungspartikel ihren Impuls senkrecht zur Oberfläche verlieren, wenn sie auf diese auftreffen und anschließend tangential zur Wand abströmen. Mit diesen Annahmen kann die dimensionslose Differenz zwischen dem Oberflächendruck und dem statischen Druck der Anströmung durch die Beziehung

$$C_p = k \cdot \sin^2 \delta \tag{2.3.14}$$

C_p Druckbeiwert, $C_p = (p - p_\infty)/(½ \cdot \rho_\infty \cdot V_\infty^2)$,
δ Winkel zwischen Oberfläche und Anströmung (in °)

bestimmt werden. In der ursprünglichen Theorie von Newton wurde der **Formfaktor** $k = 2$ gesetzt. Dies ist nur für den Grenzwert unendlich hoher Mach-Zahl und ein Verhältnis der spezifischen Wärmen von $\gamma = 1$ gültig. Wird ein stumpfer Wiedereintrittskörper betrachtet, so liegt bei $\delta = 90°$ der Staupunkt der Konfiguration, an dem der maximale Wert für C_p auftritt, d. h. $C_p = C_{p\,\max}$. Der im Staupunkt auftretende Druck lässt sich durch den Ruhedruck hinter einem senkrechten Verdichtungsstoß, dem sogenannten Pitotdruck, abschätzen. Damit ergibt sich für den Formfaktor für die sogenannte modifizierte Newton-Methode $k = C_{p\,\max}$ mit:

$$\begin{aligned} C_{p\,\max} &= (p_{t2} - p_\infty) / (0{,}5 \cdot \rho_\infty \cdot v_\infty^2) \\ &= 2 / \gamma\, M_\infty^2\, (p_{t2} / p_\infty - 1) \end{aligned} \tag{2.3.15}$$

p_{t2} Pitotdruck (in Pa),
γ Adiabatenexponent, $\gamma = c_p/c_v$

Der Formfaktor hängt somit von der Flug-Mach-Zahl und dem Verhältnis der spezifischen Wärmen γ ab. Diese Abhängigkeit ist in Bild 2.3.14 dargestellt.

In Bild 2.3.15 ist der **Druckbeiwert** eines Kegels mit einem halben Öffnungswinkel von 15°, resultierend aus einer exakten Lösung der Euler-Gleichung und der Newton-Methode, als Funktion der Mach-Zahl dargestellt. Beide Lösungen nähern sich mit wachsender Mach-Zahl an. Dies verdeutlicht, dass die Newton-Methode vor allem für Hyperschallströmungen geeignet ist. Ein zweiter Aspekt, der aus Bild 2.3.15 deutlich wird, ist das **Mach-Zahl-Unabhängigkeitsprinzip** von Hyperschallströmungen. Solange das Verhältnis der spezifischen Wärmen γ des Gases konstant bleibt, ist ab einer Anström-Mach-Zahl von ungefähr $M \approx 7$ der Druckbeiwert unabhängig von der Mach-Zahl [2.3.13]. Daraus folgt, dass auch der Auftrieb und der Druckwiderstand unabhängig von der Mach-Zahl sind.

Die bisher diskutierte Methode zur Bestimmung des Oberflächendrucks ist nur im **Kontinuumsbereich der Trajektorie** einsetzbar, d. h. in einem Flughöhenbereich unterhalb von ca. 90 km, in dem relativ hohe dynamische Drücke wirken. Für niedrige dynamische Drücke bzw. in größerer Flughöhe ist die Kontrolle eines Vehikels nur mit Hilfe von kleinen Steuertriebwerken möglich, da die aerodynamischen Kontrollflächen aufgrund des geringen dynamischen Drucks nicht effizient arbeiten. Die Ermittlung aerodynamischer Beiwerte im Bereich **verdünnter Strömungen** ist nur mittels **numerischer Methoden** wie der „Direct Simulation Monte Carlo"-Methode (DSMC) (Kapitel 2.3.7) oder in geeigneten Windkanälen, sogenannten **Vakuumwindkanälen,** möglich [2.3.9], [2.3.14]. Zur Bestimmung aerodynamischer Beiwerte entlang der gesamten Wiedereintrittstrajektorie werden zwischen dem Bereich verdünnter Strömungen und den Kontinuumsströmungen **semiempirische Brückenfunktionen,** die aus Berechnungen oder Messwerten abgeleitet werden, verwendet. In Bild 2.3.16 ist ein Beispiel dieser Vorgehensweise für die Beschreibung der Gleitzahl im Bereich von 50 bis 200 km Flughöhe schematisch dargestellt. Die Brückenfunktion nähert sich asymptotisch sowohl dem freimolekularen Wert (rechter, mit DSMC berechneter Grenzwert) als auch der mit der Newton-Methode bestimmten, kontinuumsmechanischen Gleitzahl (linker Grenzwert) an.

Die auf eine komplette Konfiguration wirkenden Kräfte werden durch Integration des Wanddruckes über die gesamte Oberfläche bestimmt. Eine charakteristische Eigenschaft des Hyperschallfluges ist es, dass im Gegensatz zum Flug im Trans- bzw. niedrigen Überschall vor allem die **Vehikelunterseite** durch die dort auftretenden hohen Drücke für die Erzeugung des Auftriebes verantwortlich ist. Daher wäre in der Praxis eine angestellte flache Platte die effektivste Unterseite für ein Wiedereintrittsvehikel. Mit Hilfe der Druckverteilung, die mit der ursprünglichen Newton-Methode bestimmt wurde, resultiert für eine ebene Platte folgender Zusammenhang für die Auftriebs- und Widerstandskoeffizienten:

$$C_l = 2 \cdot \sin^2 \alpha \cdot \cos \alpha \quad (2.3.16)$$

$$C_d = 2 \cdot \sin^3 \alpha \quad (2.3.17)$$

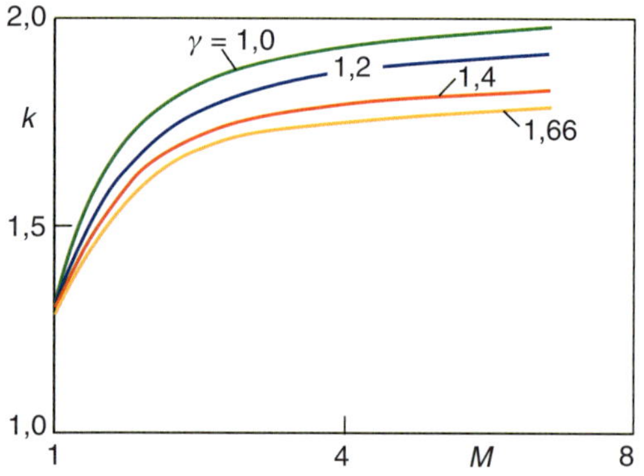

Bild 2.3.14: *Formfaktor k als Funktion der Anström-Mach-Zahl und γ.*

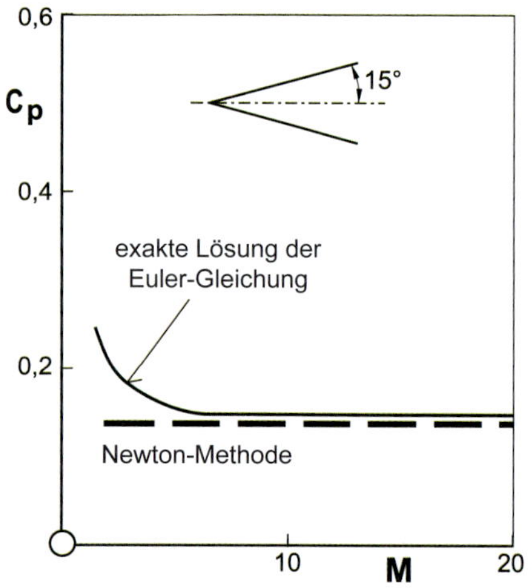

Bild 2.3.15: *Druckbeiwert eines Kegels, resultierend aus einer exakten Lösung der Euler-Gleichung und der Newton-Methode.*

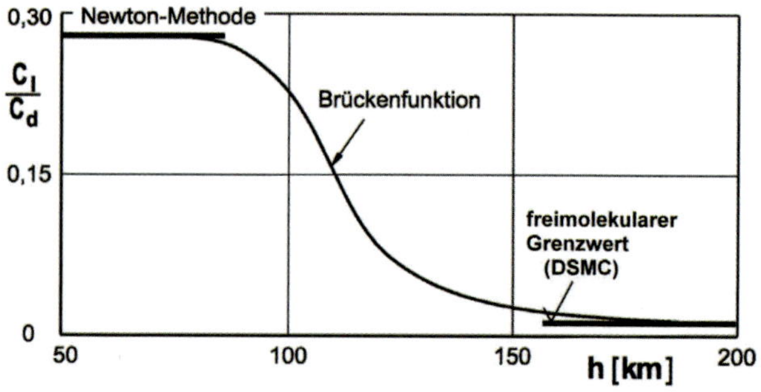

Bild 2.3.16: *Semi-empirische Beschreibung der Gleitzahl eines Vehikels im Bereich 50 bis 200 km durch eine Brückenfunktion.*

Aus der Ableitung der Beziehung für C_l nach dem Anstellwinkel α ergibt sich für den Anstellwinkel mit **maximalem Auftrieb** $\alpha_{C_{l,max}} = 54{,}7°$. Dieser Wert stellt trotz der vereinfachenden Voraussetzungen, die der Newton-Methode zugrunde liegen, eine realistische Abschätzung dar und liegt im Bereich der Anstellwinkel, für den tatsächlich fliegende, auftriebsgestütze Wiedereintrittsvehikel den maximalen Auftriebskoeffizienten erzielen.

Im Gegensatz zu den Betrachtungen zum Wärmefluss in die Struktur eines Wiedereintrittsvehikels spielt bezüglich der aerodynamischen Eigenschaften solcher Konfigurationen der Reibungseinfluss nur eine untergeordnete Rolle. Bezüglich des **Druckwiderstands** lassen sich beim Hyperschallflug grundlegende Unterschiede zum Unterschallflug festhalten. Bei letzterem wird der Druckwiderstand maßgeblich durch die Größe des Nachlaufs bestimmt. Dagegen ist bei Über- und Hyperschallvehikeln die **Nasenform** der entscheidende Faktor. Aus Sicht der Reduktion des Druckwiderstands werden daher für den Unterschallflug konzipierte Vehikel mit spitz zulaufenden Hinterkanten und Über- bzw. Hyperschallkonfigurationen mit spitzen Nasen ausgestattet. Diese Überlegungen sollen die prinzipiellen Abhängigkeiten darstellen und gelten in erster Linie für Hyperschallflugzeuge, mit denen eine gewisse Reichweite erzielt werden soll. Es sei daran erinnert, dass z. B. aus Gründen des Thermalhaushalts bzw. der Thermalgrenzen von zurzeit eingesetzten Materialien bei Wiedereintrittsvehikeln noch stumpfe Nasen gewählt werden. Ein weiterer Aspekt betrifft die **Flügelform.** Während im Unterschall Flügel mit gerader Vorderkante bevorzugt werden, da sie einen niedrigeren induzierten Widerstand und höheren Auftrieb erzeugen, haben Hyperschallvehikel mit hoher Gleitzahl eine lange, schlanke, gepfeilte Geometrie mit scharfen Vorderkanten. Die Deltaflügelform mit runden Vorderkanten, wie sie beispielsweise beim US Space Shuttle Orbiter verwendet wurde, ist ein Kompromiss, der erlaubt, bei kleinen Fluggeschwindigkeiten ausreichend Auftrieb zu generieren, im Hyperschall eine zufriedenstellende Gleitzahl zu erreichen und den Anforderungen bezüglich des Thermalhaushaltes zu genügen [2.3.2], [2.3.15]. Die Lage des Druckpunkts beim Deltaflügel variiert ebenfalls mit der Mach-Zahl. Während im Unterschall der Druckpunkt bei ca. ½ der Flügeltiefe liegt, befindet sich dieser im Hyperschall ungefähr im Zentrum der Flügelfläche. Dies ist eine Konsequenz aus der Tatsache, dass der Druck entlang der Unterseite des Flügels nahezu konstant ist.

Diese Diskussion zeigt, dass der Entwurf eines Hyperschallflugzeugs oder eines Wiedereintrittsvehikels, das die Fähigkeit haben soll, auf einem konventionellen Flughafen zu landen, stark unterschiedlichen Anforderungen bezüglich einer optimalen Aerodynamik im Unterschall bzw. Hyperschall genügen muss [2.3.12]. Die grundlegenden Unterschiede sind in Bild 2.3.17 schematisch zusammengestellt.

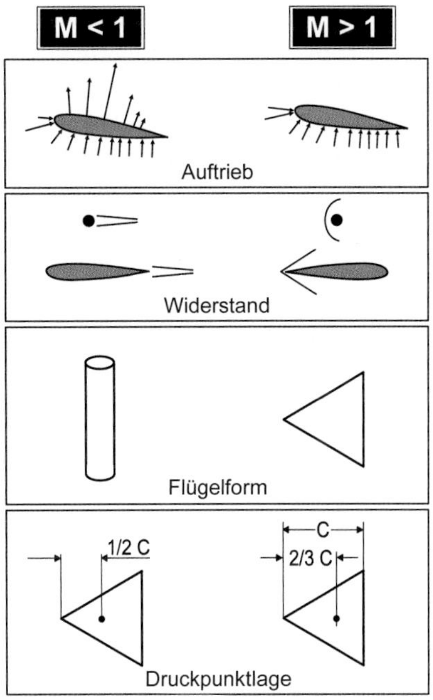

Bild 2.3.17: *Einfluss der Mach-Zahl auf die Vehikelaerodynamik und Vehikelform [2.3.12].*

2.3.7 Werkzeuge zur Bestimmung aerothermodynamischer Daten

Der detaillierte Entwurf von **Hyperschall- oder Wiedereintrittskonfigurationen** wird mit experimentellen Daten, die aus Windkanaluntersuchungen und Flugexperimenten resultieren und mittels Daten numerischer Strömungsfeldanalysen durchgeführt. Da Flugversuche die realistischsten Bedingungen zur Erzeugung experimenteller Daten bieten, sind diese von großer Bedeutung für den Entwicklungsprozess [2.3.16]. Hyperschall- und Wiedereintrittsflugexperimente sind allerdings sehr komplex, im Allgemeinen teuer und deren Wiederholrate gering. Aus diesen Gründen sind die Hauptquellen aerothermodynamischer Daten Windkanalexperimente und numerische Berechnungen.

Die **experimentelle Untersuchung von Hyperschall- und Wiedereintrittsströmungen** in bodengebundenen Anlagen wird in einer Vielzahl verschiedener Anlagentypen durchgeführt. Der Grund hierfür ist der umfangreiche Bereich von Strömungsbedingungen und Phänomenen, die mit dem Hyperschallflug einhergehen, und die Tatsache, dass kein Anlagentyp existiert, mit dem alle relevanten Strömungsparameter simultan reproduziert werden können. Daher kommt bei der experimentellen Untersuchung von Hyperschallströmungen das Prinzip der **partiellen Simulation** zum Einsatz. Dies bedeutet, dass unterschiedliche Phänomene in unterschiedlichen Anlagentypen untersucht werden. Beispiele hierfür sind die Reproduktion der Mach- und Reynolds-Zahl in sogenannten kalten Hyperschallanlagen, die Verifikation und Qualifizierung von heißen Raumfahrtvehikelstrukturen in lichtbogenbeheizten Anlagen und die Untersuchung des Einflusses von chemisch reagierenden Strömungen um Wiedereintrittsvehikel auf deren Aerodynamik in Stoßkanälen. Einen Überblick über die verschiedenen Typen von Hyperschallanlagen ist beispielsweise bei [2.3.17], [2.3.18] oder [2.3.19] zu finden.

Ein Beispiel, das die partielle Simulation verdeutlicht, ist, dass die **Mach-Zahl in Windkanälen** durch Reduktion der Temperatur bzw. der Schallgeschwindigkeit in der Anströmung erreicht werden kann. Obwohl so in diesen kalten Hyperschallanlagen bezüglich der Mach-Zahl die Werte des Fluges reproduziert werden können, ist die Geschwindigkeit in der Messstrecke wesentlich geringer als diejenige im Flug (siehe Bild 2.3.18 und Bild 2.3.19).

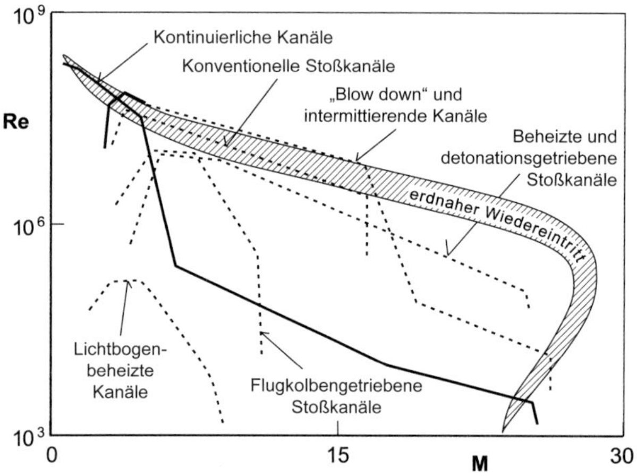

Bild 2.3.18: *Einsatzbereich von Windkanälen, bezogen auf Mach- und Reynolds-Zahl; durchgezogene Linien repräsentieren kalte und gestrichelte Linien heiße Hyperschallanlagen mit h_0 > 2 MJ/kg. Die angegebene Reynolds-Zahl wurde mit dem Radius der Messstrecke gebildet.*

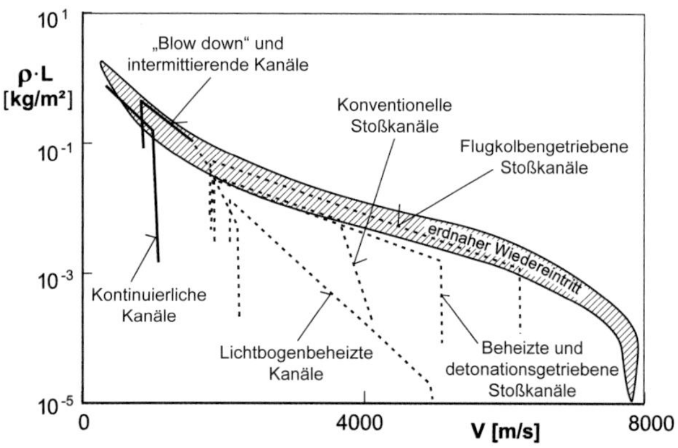

Bild 2.3.19: *Einsatzbereich von Windkanälen als Funktion des binären Skalierungsparameters und der Geschwindigkeit; durchgezogene Linien repräsentieren kalte und gestrichelte Linien heiße Hyperschallanlagen mit h_0 > 2 MJ/kg.*

Wie in Kapitel 2.3.3 beschrieben, ist eine Charakteristik von Hyperschallströmungen, dass die kinetische Energie der Strömung groß genug ist, um beispielsweise in der Stoßschicht eines Wiedereintrittsvehikels Hochtemperatureffekte hervorzurufen. Diese Effekte können in kalten Hyperschallanlagen nicht reproduziert werden.

Der **hohe Energieinhalt** von Wiedereintrittsströmungen wurde am Anfang dieses Kapitels bereits abgeschätzt. Erwartungsgemäß bringt die experimentelle Reproduktion solcher Strömungen technische Probleme mit sich. Betrachten wir eine Hyperschallversuchsanlage, in der beispielsweise eine Strömung von 6 000 m/s in einer Messstrecke mit 1 m² Querschnittsfläche und einer Dichte von 0,003 kg/m³ erzeugt werden soll, wäre bereits eine Leistung von 300 MW erforderlich. Zusätzlich erfordert die **korrekte Modellierung** der mit den Dissoziationsreaktionen hinter dem Bugstoß einhergehende **Relaxationslänge,** dass der binäre Skalierungsparameter $\rho \cdot L$ der Flugbedingung in der Versuchsanlage reproduziert wird. Der binäre Skalierungsparameter ist das Produkt aus der Dichte ρ der Anströmung multipliziert mit einer charakteristischen Länge L [2.3.20]. Für **Windkanaluntersuchungen** bedeutet dies, dass die Dichte der Anströmung umso größer sein muss, je kleiner das Windkanalmodell gewählt wird. Entlang einer Wiedereintrittsbahn herrscht beispielsweise in einer Höhe von 70 km eine Dichte von ca. 10^{-4} kg/m³, und ein typischer geometrischer Skalierungsfaktor von 30 führt zu einer geforderten Dichte in der Anströmung des Windkanals von 0,003 kg/m³. Falls eine Strömung mit 6 000 m/s in einer Hyperschalldüse durch Expansion des Testgases von einem Reservoir ohne weitere Zuführung von Energie erzeugt wird, sind eine totale spezifische Enthalpie von ca. 23 MJ/kg und ein Reservoirdruck von ca. 90 MPa erforderlich. Diese Bedingungen führen zu einer **Ruhetemperatur von 10 000 K.** Dies bedeutet, dass Anlagen benötigt werden, in denen zugleich hohe Reservoirtemperaturen wie auch hohe Reservoirdrücke generiert werden können. Der Einsatzbereich einiger typischer Hyperschallanlagen bezüglich der Reproduktion der Fluggeschwindigkeit und des binären Skalierungsparameters ist in Bild 2.3.19 dargestellt. Durch die hohen thermischen Belastungen der Windkanalkomponenten können Strömungen mit den oben beschriebenen Anforderungen lediglich in Kurzzeitanlagen experimentell erzeugt werden. Dieser Zusammenhang ist in Bild 2.3.20 verdeutlicht. Die kurzen Messzeiten in der Größenordnung von Millisekunden, wie sie in Stoßkanälen üblich sind, stellen besondere Anforderungen an die Messtechniken, die in diesen Anlagen eingesetzt werden. Die Komplexität von Hochenthalpieströmungen erfordert ferner, dass experimentelle Programme in enger Abstimmung mit numerischen Untersuchungen durchgeführt werden [2.3.21].

Ein weiterer Aspekt experimenteller aerothermodynamischer Untersuchungen ist die **Qualifizierung neuer Ma-**

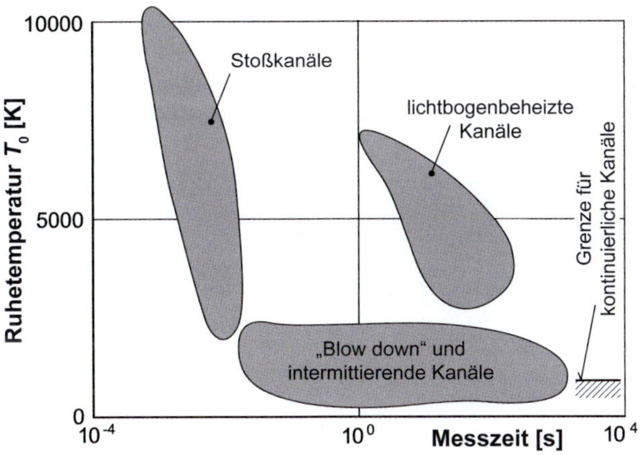

Bild 2.3.20: *Erreichbare Ruhetemperatur und verfügbare Messzeit verschiedener Typen bodengebundener Hyperschallversuchsanlagen.*

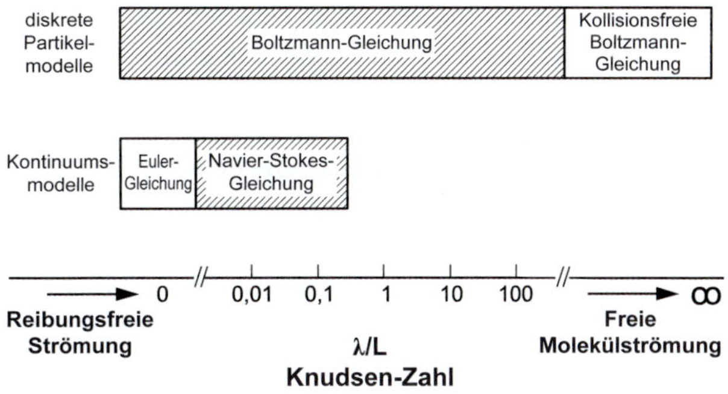

Bild 2.3.21: *Gültigkeitsbereich der mathematischen Modellierung in Abhängigkeit von der Knudsen-Zahl.*

terialien für Wärmeschutzsysteme oder die Entwicklung neuartiger Kühlkonzepte unter realistischen Flugbedingungen. Dies bedeutet, dass die Oberfläche des Windkanalmodells ähnlich hohe Temperaturen – in der Größenordnung von 2 000 K – annehmen muss. Für diese Untersuchungen sind vor allem **lichtbogengeheizte Windkanäle** geeignet, da sie, wie in Bild 2.3.20 dargestellt, über eine deutlich längere Messzeit als Stoßkanäle verfügen und sich somit die geforderten Oberflächenbedingungen einstellen können.

Die in den Bildern 2.3.18 bis 2.3.20 eingetragenen Grenzen des Einsatzbereiches der verschiedenen Anlagentypen sollen lediglich der Verdeutlichung grundsätzlicher Unterschiede dienen. Der Einsatzbereich spezieller Anlagen aus den erwähnten Gruppen kann im Detail von den hier gezeigten Grenzen abweichen. Ferner dient die eingetragene Trajektorie einer auftriebsgestützten Wiedereintrittskonfiguration aus einer erdnahen Umlaufbahn lediglich als Orientierungshilfe. Bei der Betrachtung eines anderen Typs von Wiedereintrittsvehikel oder Wiedereintrittsbahn muss berücksichtigt werden, dass sich der Bezug des Einsatzbereichs der verschiedenen Anlagentypen zu dieser Trajektorie ändert.

Bezüglich der **numerischen Berechnungen** von aerothermodynamischen Problemstellungen sind Ansätze verschiedener Komplexität möglich. Diese reichen von empirischen oder halbempirischen Korrelationen über Oberflächenneigungsmethoden (Newton-Methode etc.) bis hin zu aufwendigen und detaillierten Berechnungen von dreidimensionalen stationären und instationären Strömungsfeldern. Eine Übersicht über die zum Einsatz kommenden Berechnungsmethoden ist in Tabelle 2.3.2 gegeben. Die Verfahren der ersten und zweiten Stufe werden vorwiegend für erste qualitative Abschätzungen und im Vorentwurfsprozess eingesetzt.

Beim Wiedereintrittsflug durchfliegt ein Raumfahrzeug Bereiche, in denen verschiedene physikalische und chemische Phänomene zu berücksichtigen sind (siehe auch Bild 2.3.1). Ein Beispiel hierfür ist der in Kapitel 2.3.3 beschriebene Übergang von der freimolekularen Strömung zur Kontinuumsströmung. Aus dem Diagramm in Bild 2.3.21 wird deutlich, dass der gesamte Knudsen-Zahl-Bereich, der entlang einer Wiedereintrittstrajektorie relevant ist, nur durch die **Boltzmann-Gleichung** abgedeckt wird. Die direkte numerische Lösung der Boltzmann-Gleichung ist sehr aufwendig, und im Allgemeinen kommen Partikelverfahren wie die **„Direct Simulation Monte Carlo"-Methode (DSMC)** zur Anwendung [2.3.22].

Tabelle 2.3.2: *Vergleich der verschiedenen Stufen aerothermodynamischer numerischer Berechnungsverfahren.*

Stufe	Mathematische Modelle	Einsatzbereich	Komplexität	Computerzeit
0	Empirische Beziehungen	Qualitative Vorhersagen	Algebraische Gleichungen	Sekunden
1	Oberflächenneigungsverfahren	Quantitative Vorhersagen im Vorentwurf	Algebraische Gleichungen	Minuten
2	Euler-Gleichung	2-D, 3-D; Kontinuumsbereich, reibungsfreie Strömungen; keine Ablösung	Partielle Differenzialgleichungen	Stunden
3	Navier-Stokes- und Boltzmann-Gleichung	2-D, 3-D; reibungsbehaftete Strömungen; Abhängig von der Validierung der Modelle zur Beschreibung der Turbulenz, der Hochtemperatureffekte und der Partikelkollisionen	Partielle Differenzialgleichungen, stochastische Modelle	Stunden bis mehrere Tage

Für praktikable, d. h. ökonomische Berechnungen werden diese Verfahren vor allem im freimolekularen Bereich, im Übergangsbereich und beginnenden Kontinuumsbereichs eingesetzt.

Im Bereich der dichteren Atmosphäre ist die Verwendung der Navier-Stokes- und Euler-Gleichung effizienter [2.3.23], [2.3.24]. Sowohl DSMC-Verfahren wie auch Verfahren zur Lösung der Navier-Stokes- und Euler-Gleichung wurden erweitert, um Hochtemperatureffekte, d. h. thermische und chemische Relaxtionsprozesse, zu modellieren. Neben den Prozessen im Strömungsfeld ist hierbei auch die korrekte Modellierung der Wandkatalyzität von Bedeutung. Die direkte numerische Berechnung von turbulenten, anwendungsorientierten Strömungen ist mit Navier-Stokes-Verfahren derzeit nicht möglich. Zur Schließung des Gleichungssystems muss in diesen Fällen auf die auf semiempirischen Ansätzen beruhenden **Turbulenzmodelle** zurückgegriffen werden. Zur Validierung der Hochtemperaturmodelle wie auch der Turbulenzmodelle sind geeignete experimentelle Daten notwendig. Die Validierung sollte üblicherweise für verschiedene Klassen von Strömungen jeweils neu durchgeführt werden, um Unsicherheiten bei den Vorhersagen der numerischen Strömungsfeldberechnungen zu minimieren.

Es lässt sich zusammenfassen, dass detaillierte aerothermodynamische Untersuchungen nur unter Verwendung von komplexen numerischen Verfahren, mit denen Berechnungen auf Höchstleistungsrechnern durchgeführt werden und parallel laufenden Experimenten in kalten und heißen Hyperschallanlagen möglich sind. Die Validierung der Extrapolationsstrategie der in Windkanälen erzielten experimentellen und der dazugehörenden numerischen Daten auf den Flugzustand muss durch gezielte Flugexperimente erfolgen. In Bild 2.3.22 [2.3.4] ist der prozentuale Anteil der drei Werkzeuge zur Erzeugung aerothermodynamischer Daten für den Konfigurationsentwurf und die anschließende Konfigurationsanalyse aufgetragen. Als Beispiel sei hier genannt, dass für den Entwurf des US Space Shuttle Orbiters 25 000 Windkanalstunden aufgewendet wurden.

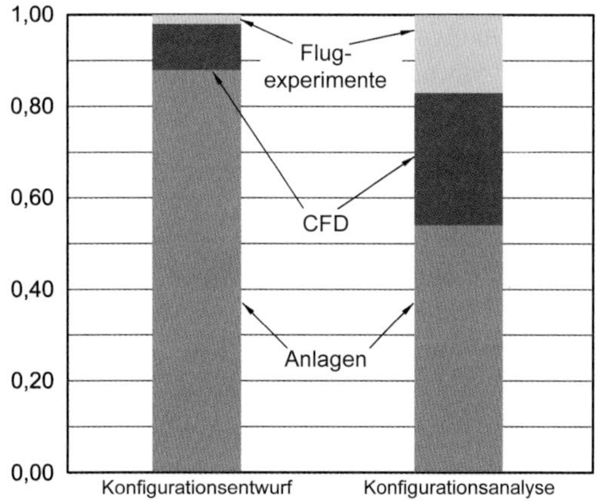

Bild 2.3.22: *Prozentualer Anteil der drei Werkzeuge zur Erzeugung aerothermodynamischer Daten für den Konfigurationsentwurf und die Konfigurationsanalyse.*

Literatur

[2.3.1] *Anderson, J. D. (Jr.):* Introduction to Flight. McGraw-Hill, 1989.

[2.3.2] *Anderson, J. D. (Jr.).:* Hypersonic and High Temperature Gas Dynamics. McGraw-Hill International Editions, 1989.

[2.3.3] *Isakeit, D.; Watillon, P.; Wilson, A.; Cazaux, C.; Bréard, G.; Leveugl, T.:* The Atmospheric Reentry Demonstrator. European Space Agency Report BR-138, 1998.

[2.3.4] *Longo, J. M. A.:* Modelling of Hypersonic Flow Phenomena, RTO-EE-AVT 116 „Critical Technologies for Hypersonic Vehicle Development Technology", AC/323 (AVT-116) TP/90, Research and Technology Organization (NATO), 2006.

[2.3.5] *Scott, C. D.:* Wall Catalytic Recombination and Boundary Conditions in Nonequilibrium Hypersonic Flows – with Application. Aachen: The Third Joint Europe/US Short Course in Hypersonics, RWTH Aachen, 1990.

[2.3.6] *Hirschel, E. H.:* Basics of Aerothermodynamics, Progress in Astronautics and Aeronautics. Heidelberg: Springer-Verlag, 2005.

[2.3.7] *Brück, S.; Kordulla, W.; Eggers, Th.; Orlowski, M.; Longo, J. M. A.:* The Effect of Catalycity on the Heating of the X-38 Shape. University of Clear Lake, USA: Proceedings of the 8th Annual Thermal and Fluids Analysis Workshop Spacecraft Analysis and Design, 1997.

[2.3.8] *Park, C.:* Nonequilibrium Hypersonic Aerothermo-dynamics. John Wiley & Sons, 1990.

[2.3.9] *Hallmann, W.; Ley, W.:* Handbuch der Raumfahrttechnik. München: Carl Hanser Verlag, 1988.

[2.3.10] *Kolodziej, P.:* Strategies and Approaches to TPS Design. RTO-EE-AVT 116 "Critical Technologies for Hypersonic Vehicle Development Technology", AC/323 (AVT-116) TP/90, Research and Technology Organization (NATO), 2006.

[2.3.11] *Regan, F. J.:* Re-Entry Vehicle Dynamics. AIAA Education Series, 1984.

[2.3.12] *Hankey, W. L.:* Re-Entry Aerodynamics. AIAA Education Series, 1988.

[2.3.13] *Bertin, J. J.:* Hypersonic Aerothermodynamics. AIAA Education Series, 1994.

[2.3.14] *Koppenwallner, G.; Legge, H.:* Drag of Bodies in Rarefied Hypersonic Flow. In: Moss, J. N.; Scott, C. D. (eds.): Thermophysical Aspects of Reentry Flows, Vol. 103 of Progress in Astronautics and Aeronautics, pp. 44–59, New York: AIAA, 1985.

[2.3.15] *Whitmore, S. A.; Dunbar, B. J.:* Orbital Space Plane: Past, Present, and Future. AIAA 2003-2718, AIAA International Air and Space Symposium and Exposition: The Next 100 Years. Dayton, Ohio, July 14–17, 2003.

[2.3.16] *Miller, J.:* The X-Planes X-1 to X-45, Midland Counties Publications, 2001.

[2.3.17] *Lukasiewicz, J.:* Experimental Methods of Hypersonics. New York: Marcel Dekker, Inc., 1973.

[2.3.18] *Lu, F. K., Marren, D. E. (Eds.):* Advanced Hypersonic Test Facilities. Progress in Astronautics and Aeronautics, Volume 198, 2002.

[2.3.19] *Stalker, R. J.:* Modern Development in Hypersonic Wind Tunnels. The Aeronautical Journal, pp. 21–39, January, 2006.

[2.3.20] *Stalker, R. J.:* Hypervelocity Aerodynamics with Chemical Nonequilibrium. Ann. Rev. Fluid Mech., 21, pp. 37–50, 1989.
[2.3.21] *Hannemann, K.:* High Enthalpy Flows in the HEG Shock Tunnel. Experiment and Numerical Rebuilding, AIAA 2003-0978, 41st Aerospace Sciences Meeting and Exhibit, Reno, Nevada, January 6–9, 2003.
[2.3.22] *Bird, G. A.:* Molecular Gas Dynamics and the Direct Simulation of Gas Flows. Oxford: Oxford University Press, 1994.
[2.3.23] *Laney, C. B.:* Computational Gasdynamics. Cambridge: Cambridge University Press, 1998.
[2.3.24] *Toro, E. F.:* Riemann Solvers and Numerical Methods for Fluid Dynamics, A Practical Introduction. Third Edition. Heidelberg: Springer-Verlag, 2006.

2.4 Mikrometeoriden und Space Debris

Hans-Günther Reimerdes und *Carsten Wiedemann*

Raumfahrzeuge sind während ihrer Missionen nicht allein, sondern gemeinsam mit Mikrometeoriden und **Weltraumtrümmern** (Space Debris oder Orbital Debris) im Weltraum unterwegs. Dabei besteht die Gefahr unerwünschter Kollisionen. Diese können selbst bei kleinen Partikeln wegen der hohen Einschlaggeschwindigkeiten (10 km/s oder höher) zu erheblichen Schäden bzw. zum Verlust des Raumfahrzeugs führen. Während die Mikrometeoriden natürlichen Ursprungs sind, resultieren Weltraumtrümmer aus den Raumfahrtaktivitäten der letzten 60 Jahre. Die Gefährdung, die von Weltraumtrümmern ausgeht, nimmt stetig zu und ist insbesondere für bemannte Missionen in erdnahen Umlaufbahnen (LEO) erheblich größer als die, die aus Mikrometeoriden resultiert. Das hat zur Folge, dass heute Raumfahrzeuge für bemannte und vermehrt auch solche für unbemannte Missionen durch geeignete Maßnahmen gegen einschlagende Objekte zu schützen sind. Des Weiteren sollen zukünftige Missionen so geplant werden, dass sie möglichst nicht zur Zunahme von Weltraumtrümmern beitragen.

2.4.1 Die Umgebungsbedingungen

2.4.1.1 Mikrometeoriden

Die Mikrometeoriden resultieren aus dem Zerfall bzw. dem Zerbrechen von Kometen und Asteroiden und bewegen sich auf Umlaufbahnen um die Sonne. Sie passieren die Erde. Man geht davon aus, dass die Gesamtmasse an Mikrometeoriden, die sich in der Erdumgebung befinden (unterhalb von 2 000 km Höhe), ca. 200 kg beträgt [2.4.1]. Es wird zwischen zeitlich konstanten **zufälligen Flüssen (Sporadic Fluxes)** und regelmäßig **wiederkehrenden Strömen (Streams)** unterschieden [2.4.2]. Etwa 10 % des gesamten Flusses resultieren aus den Strömen. Da diese in kurzen Zeiträumen auftreten, kann ihr Fluss in dieser Zeit ein Vielfaches des zeitlich konstanten betragen. Als Beispiel sind die Leoniden zu nennen.

Die Dichte der Partikel variiert von 0,15 g/cm^3 bis 8 g/cm^3. Die Kollisionsgeschwindigkeiten relativ zur Erde liegen zwischen 11 km/s und 70 km/s, der Mittelwert beträgt etwa 17 km/s [2.4.1].

Basierend auf Beobachtungen von der Erde aus, auf Messungen während der Mission von Satelliten oder Plattformen mit geeigneten Detektoren und auf der Erfassung von Einschlägen in die Oberfläche zur Erde zurückgeführter Raumfahrzeuge wurden unterschiedliche **Modelle zur Beschreibung der Umgebungsbedingungen** entwickelt. Die Komplexität der Modelle nimmt mit wachsender Erkenntnis zu. Ein Modell, welches für manuelle Analysen und Abschätzungen geeignet ist, kommt von Grün et al. [2.4.3]. Es wird auch von der NASA zur Beschreibung der Mikrometeoriden-Umgebung für die Internationale Raumstation (ISS) verwendet [2.4.1]. Das Mikrometeoriden-Modul des im Auftrag der ESA entwickelten MASTER-Modells [2.4.4] ist erheblich komplexer und basiert auf dem Divine-Modell [2.4.5], welches von Staubach [2.4.6] erweitert wurde.

2.4.1.2 Space Debris

Während die Anzahl von Mikrometeoriden im Raum annähernd konstant bleibt, nimmt die Anzahl der Weltraumtrümmerteile infolge der fortlaufenden Raumfahrtmissionen weiter zu. Es verbleiben unzählige Objekte im Weltraum, und ihre Zahl vergrößert sich ständig. Ursache für Space Debris sind aus Starts resultierende, im Weltraum verbleibende Objekte wie Oberstufen, Satelliten und Nutzlasten. Dazu kommen während der Missionen **freigesetzte Objekte** wie Sprengbolzen, Federn, Spannbänder oder abgeworfene Teile wie Schutzkappen optischer Sensoren. Beim Abbrennen von Feststofftriebwerken (Solid Rocket Motor, SRM) entstehen Staub- und Schlackepartikel. Durch Fragmentationen, die durch Explosionen einzelner Objekte im Raum sowie durch Kollisionen hervorgerufen werden, vergrößert sich die Anzahl der Partikel fortlaufend. Degradationen der Oberflächen infolge atomaren Sauerstoffs oder durch Solarstrahlung führen zur Ablösung von Farbpartikeln oder von Beschichtungen. Bei Einschlägen von kleinen Partikeln bilden sich durch Auswurf von Teilchen (Ejecta) Krater in den getroffenen Oberflächen. Bild 2.4.1 zeigt die unterschiedlichen Trümmerteile im erdnahen Weltraum und die für sie typischen Größenbereiche. Diesen unterschiedlichen Quellen von Space Debris steht ein **Selbstreinigungseffekt** gegenüber. Atmosphärischer Restwiderstand und solarer Strahlungsdruck sorgen dafür, dass Objekte langsam an Höhe verlieren, in die Erdatmosphäre eintreten und verglühen [2.4.7]. Diese Effekte sind aber nicht in der Lage, den entstehenden Müll zu kompensieren, sodass eine Zunahme von Trümmerteilen zu beobachten ist.

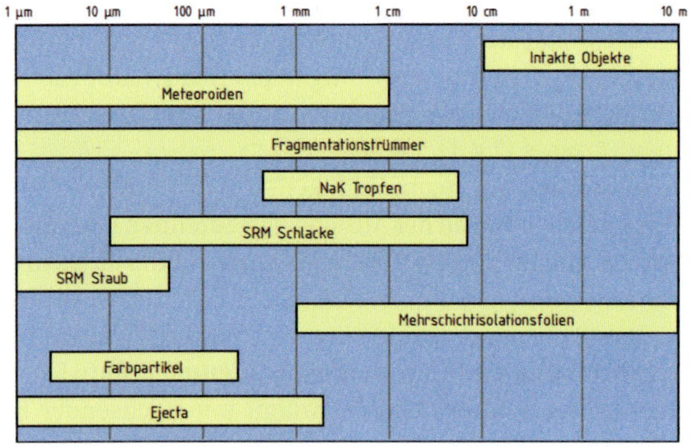

Bild 2.4.1: *Größe von Trümmerteilen in erdnahen Umlaufbahnen.*

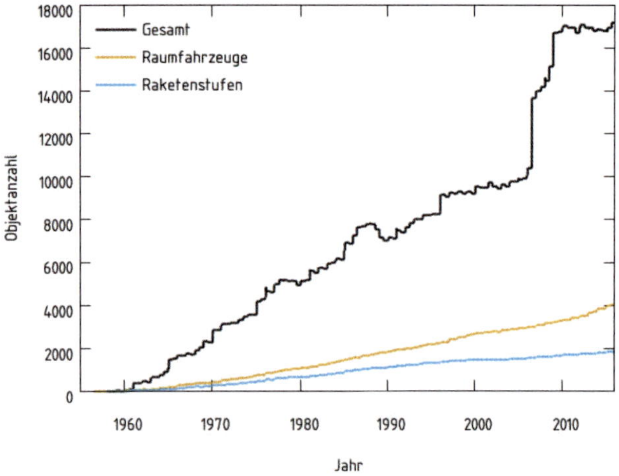

Bild 2.4.2: *Fortlaufend beobachtete Objekte [2.4.9].*

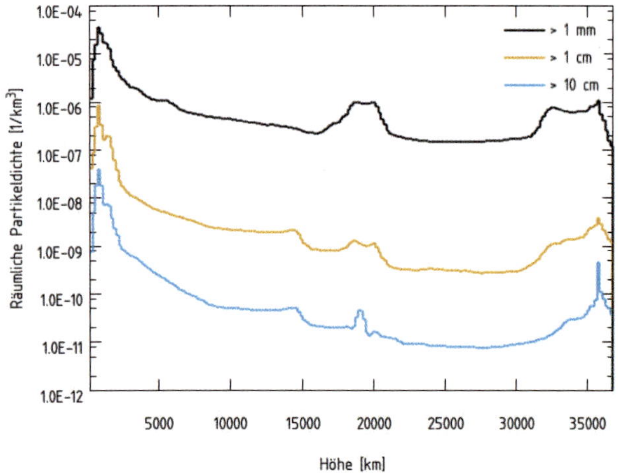

Bild 2.4.3: *Partikeldichte über der Höhe (MASTER 2009).*

Die wichtigste Quelle von **Daten über Trümmerteile** in Erdumlaufbahnen kommt aus Beobachtungen des US Space Command [2.4.8]. Hier werden Teile, die größer als 10 cm sind, beobachtet sowie deren Bahn verfolgt und katalogisiert. Der Katalog beinhaltet 2016 17 500 Objekte (Bild 2.4.2) [2.4.9]. Davon sind 4 000 Raumfahrzeuge, 2 000 Stufen von Trägerraketen und 11 500 Trümmerteile, die vornehmlich durch Explosionen entstanden sind. Die Anzahl der beobachteten Objekte nimmt ständig zu.

Aus Bild 2.4.2 ist zu erkennen, dass die Anzahl der Trümmerteile in den Jahren 2007 und 2009 sehr stark zugenommen hat. Dies ist das Ergebnis eines chinesischen Anti-Satelliten-Tests (Januar 2007) und einer Kollision zwischen den Satelliten Iridium 33 und Cosmos 2251 (Februar 2009). Es wird geschätzt, dass ca. 750 000 Objekte größer als 1 cm und ca. 170 Millionen Partikel größer als 1 mm die Erde umkreisen. Unterhalb von 0,1 mm Größe gehen die Zahlen in die Billionen [2.4.4]. Bild 2.4.3 zeigt die Anzahl der Partikel unterschiedlicher Größe pro Kubikkilometer als Funktion der Höhe (berechnet mit MASTER 2009 [2.4.4]). Zu erkennen sind ausgeprägte Maxima in den vornehmlich genutzten erdnahen Umlaufbahnen, den 12-Stunden- und den 24-Stunden-Bahnen. In erdnahen Umlaufbahnen ist der Anteil von Space Debris erheblich größer als der von Mikrometeoriden. Ausnahme sind Partikel kleiner als 0,1 mm; hier überwiegen noch die Mikrometeoriden.

Die **Dichte** der Partikel entspricht der von in Raumfahrzeugen verwendeten Werkstoffen. Sie liegt zwischen 1,8 g/cm^3 und 8,9 g/cm^3. Etwa 50 bis 60 % der Trümmerteile haben eine Dichte von 2,8 g/cm^3 (Aluminium und Glas) [2.4.1]. Die Geschwindigkeit von Space Debris um die Erde entspricht der Umlaufgeschwindigkeit ihrer Bahn (ca. 7 ... 8 km/s in erdnahen Umlaufbahnen).

Zur Beschreibung der **Space-Debris-Umgebung** wurden in den vergangenen Jahren **Modelle** entwickelt, die es gestatten, das Risiko abzuschätzen, das für geplante Missionen besteht. Zu nennen sind hier das ESA MASTER-Modell [2.4.4] und die ORDEM-Modelle (Orbital Debris Environment Model) der NASA [2.4.11]. Diese Modelle sind den sich ständig verändernden Verhältnissen anzupassen, werden immer besser, aber auch immer komplexer. Sie erfordern heute entsprechend aufwendige Rechenprogramme zur Bestimmung der Umgebungsbedingungen. Den Modellen liegen Radar- und Teleskopbeobachtungen von der Erde aus und Messungen an Bord von Raumfahrzeugen zugrunde. Weiterhin wird die Analyse von Oberflächen zurückgeholter Raumfahrzeuge einbezogen.

2.4.2 Zukünftige Entwicklung und Vermeidungstechniken

Aus Kapitel 2.4.1.2 geht hervor, dass Weltraumtrümmer immer mehr zunehmen und damit auch die Gefährdung zukünftiger Missionen ansteigt. Experten befürchten ein Szenario [2.4.12], bei dem die Dichte von Objekten eine **kritische Größe** annimmt. Diese ist dann erreicht, wenn Kollisionen der Teile untereinander eine Kettenreaktion auslösen und damit einen exponentiellen Zuwachs von Bruchstücken generieren. Vor diesem Hintergrund beraten die Verantwortlichen der Raumfahrtagenturen in internationalen Gremien über Maßnahmen zur Vermeidung unerwünschter Zuwächse, entwickeln entsprechende Strategien und Empfehlungen [2.4.13].

Ausgangspunkt für Überlegungen zum Umgang mit der Space-Debris-Problematik sind **Vorhersagen** der Entwicklung in den nächsten 50 bis 100 Jahren. Erste wichtige Hinweise gab D. Rex, der die zukünftige Entwicklung von Trümmerteilen bereits Anfang der 80er-Jahre des 20. Jahrhunderts zum Gegenstand umfangreicher Forschungsarbeiten machte [2.4.7]. Dabei wurde auch der Grundstein für die Entwicklung des in Kapitel 2.4.1 erwähnten MASTER-Umgebungsmodells gelegt. In [2.4.10] wird gezeigt, dass in erdnaher Umgebung bei Fortschreibung der gegenwärtigen Raumfahrtaktivitäten (Business as Usual) ein etwa linearer Anstieg von Objekten größer als 10 cm auf das 2,5-fache des heutigen Zustands in hundert Jahren zu erwarten ist (Bild 2.4.4). Bei Teilen größer als 1 cm wird ein Anstieg auf das 5-fache im gleichen Zeitraum vorhergesagt (Bild 2.4.5), wobei die Zunahme vornehmlich aus Kollisionen resultieren wird.

Nach [2.4.7] ist sicher, dass der erdnahe Weltraum bei Fortsetzung der Raumfahrt wie bisher dauerhaft überfüllt sein wird, sodass ein Zustand erreicht wird, der keine weitere Nutzung zulässt. Diese Perspektive führt zu Überlegungen, wie diese dramatische Zunahme vermieden werden kann. Eine Reinigung des Weltraums durch **Einsammeln von Objekten** würde eine sehr hohe Anzahl von speziellen Missionen erfordern und ist aus Kostengründen nicht realisierbar. Gegenwärtig werden zwei wesentliche Maßnahmen bereits praktiziert bzw. als sinnvoll angesehen [2.4.10]:

- **Vermeidung von Explosionen** auf Umlaufbahnen durch Passivierung nicht aktiver Stufen und Satelliten,
- Entfernung von Objekten aus der Umlaufbahn **(De-Orbiting).**

Explosionen haben bisher wesentlich zum Weltraumschrott beigetragen. Um diese in Zukunft zu vermeiden, ist der restliche Treibstoff bei ausgedienten Raketenoberstufen und Satelliten abzulassen. Man spricht von **Passivieren,** das heute bereits vielfach praktiziert wird. Damit lässt sich die Anzahl von Explosionstrümmern stark reduzieren. Da die passiven Objekte weiter im Raum bleiben, wird die Kollisionsgefahr damit noch nicht wirksam reduziert. Um hier Abhilfe zu schaffen, sollten Raketenoberstufen und Satelliten durch gezielte Bremsmanöver am Ende ihrer aktiven Mission zum Absturz gebracht werden **(De-Orbiting).**

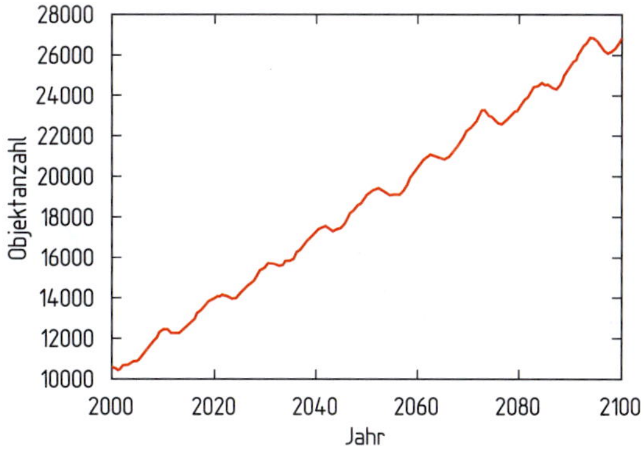

Bild 2.4.4: *Prognose der Entwicklung von Objekten größer als 10 cm [2.4.10].*

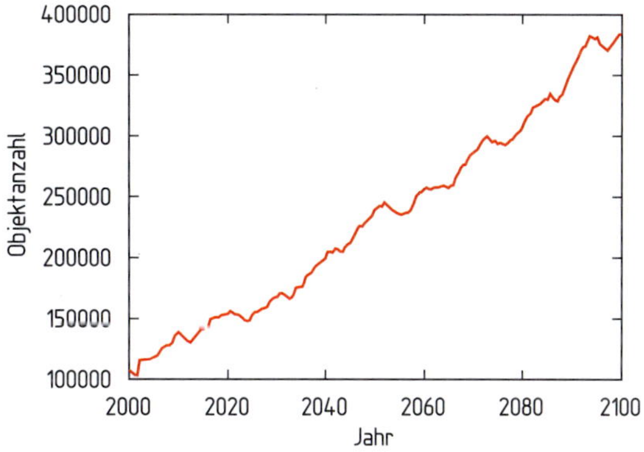

Bild 2.4.5: *Prognose der Entwicklung von Objekten größer als 1 cm [2.4.10].*

Damit würde es wirkungsvoll gelingen, Umlaufbahnen für zukünftige Missionen frei zu machen [2.4.7]. Diese Maßnahme führt jedoch mit zunehmender Höhe der Umlaufbahn zu einer erheblichen Kostensteigerung und ist aus ökonomischen Gründen nicht durchführbar. Ein Kompromiss ist das Absenken der Bahn durch einen Bremsschub, sodass der in niedrigeren Höhen vorhandene Bremseffekt durch den Widerstand der Restatmosphäre ein langsames Eintauchen in die Erdatmosphäre besorgt. Analysen der ESA/ESOC [2.4.10] zeigen die erwartete Auswirkung der Passivierung (Bild 2.4.6) und von De-Orbiting (Bild 2.4.7) auf die Entwicklung von Partikelzahlen in den nächsten 100 Jahren.

Aus diesen und ähnlichen Untersuchungen resultiert die Empfehlung, grundsätzlich zu passivieren und neue Missionen so zu planen, dass De-Orbiting innerhalb von 25 Jahren erfolgt. De-Orbiting ist mit vertretbaren Zusatzkosten nur für Missionen in erdnahen Umlaufbahnen realisierbar. In höheren Bahnen, wie den für die Telekommunikation wichtigen geostationären Bahnen (GEO), ist keine Selbstreinigung vorhanden. Eine Alternative, hier die Zunahme von Objekten zu bremsen, ist das Verbringen von ausgedienten Satelliten in sogenannte **Friedhofsbahnen,** die 300 ... 400 km oberhalb der genutzten Bahnen liegen.

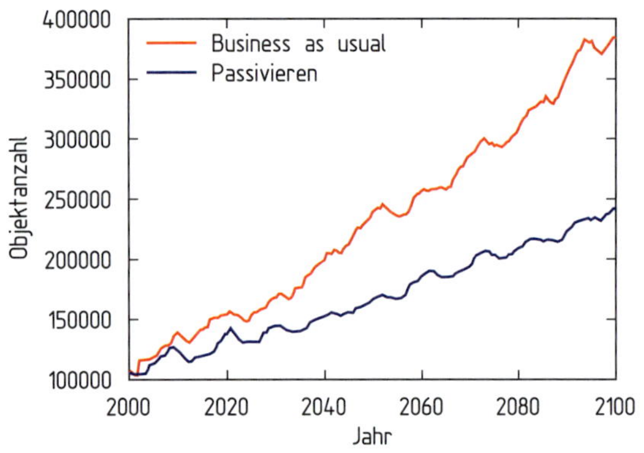

Bild 2.4.6: *Prognose der Entwicklung von Objekten größer als 1 cm bei konsequenter Passivierung [2.4.10].*

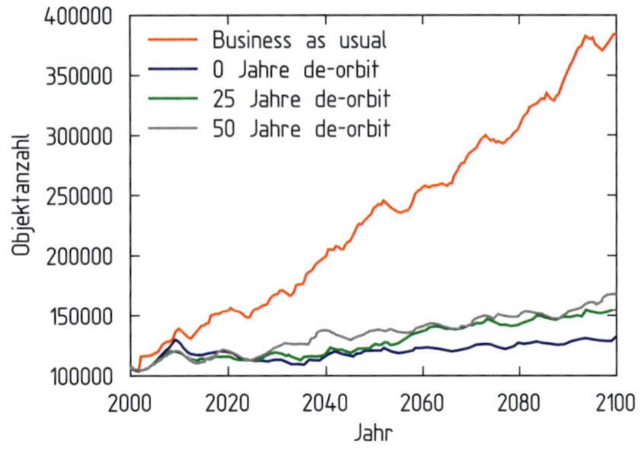

Bild 2.4.7: *Prognose der Entwicklung von Objekten größer als 1 cm bei De-Orbiting [2.4.10].*

2.4.3 Impaktflüsse und Impaktrisiko

Um die Gefahr, die von Mikrometeoriden und von Space Debris ausgeht, analysieren zu können, wird eine möglichst gute **Beschreibung der Umgebung** benötigt. Diese soll in der Lage sein, nicht nur die jetzigen Verhältnisse wiederzugeben, sondern auch die zukünftige Entwicklung vorherzusagen. Während die hierzu entwickelten Modelle zu Beginn noch sehr einfach waren [2.4.2] [2.4.14], steigt deren Komplexität mit zunehmender Erkenntnis. Dies gilt insbesondere für Space Debris, da sich hier eine ständige Veränderung der Umgebungsbedingungen durch die fortlaufende Weltraumnutzung ergibt. Die Vorhersagen der unterschiedlichen Modelle werden in internationalen Gremien (Inter-Agency Space Debris Coordination Committee, IADC) miteinander verglichen, um möglichst zu einem gemeinsamen Verständnis zu kommen.

Die wichtigste Größe für die Berechnung des Risikos, mit dem Raumfahrzeuge von Partikeln getroffen werden, ist der akkumulierte **Fluss** F **(Flux).** Er ist definiert als Anzahl von Partikeln pro Fläche und pro Zeit. Akkumulierter Fluss bedeutet, dass er für alle Partikel mit einem Durchmesser größer als d angegeben wird. Mit dem Fluss kann durch Multiplikation mit der Missionsdauer T und der Fläche A des untersuchten Raumfahrzeugs die Anzahl der zu erwartenden Partikel N berechnet werden:

$$N = F\,A\,T \tag{2.4.1}$$

Die **Wahrscheinlichkeit** von n Einschlägen wird basierend auf einer Poisson-Verteilung berechnet:

$$p_n = \frac{N^n}{n!}\,\mathrm{e}^{-N} \tag{2.4.2}$$

Damit ergibt sich die Wahrscheinlichkeit, keinen Einschlag zu haben, zu:

$$p_0 = \mathrm{e}^{-N} \tag{2.4.3}$$

Die Wahrscheinlichkeit von Einschlägen wird somit:

$$p_i = 1 - p_0 = 1 - \mathrm{e}^{-N} \tag{2.4.4}$$

Ist N sehr viel kleiner als 1, gilt näherungsweise:

$$\mathrm{e}^{-N} = 1 - N \tag{2.4.5}$$

$$p_0 = 1 - N \tag{2.4.6}$$

$$p_i = N = F\,A\,T \tag{2.4.7}$$

Man unterscheidet den Fluss F_c, der auf die Querschnittsfläche A_c bezogen wird, und den Fluss F_s bezüglich der Oberfläche A_s des Raumfahrzeugs. Für **nicht-konkave Geometrien** gilt [2.4.1]:

$$F_c = 4\,F_s \tag{2.4.8}$$

Sind die Geometrie des Raumfahrzeugs und die Missionsdauer bekannt, kann für eine geforderte Wahrscheinlichkeit p_0 ohne Einschlag bzw. ohne Fehler der **Partikelfluss** berechnet werden, welcher gerade noch diese Anforderung erfüllt:

$$F_s = \frac{(1 - p_0)}{A_s\,T} \tag{2.4.9}$$

Mit dem bekannten Fluss als Funktion des Partikeldurchmessers ist damit die Partikelgröße zu bestimmen, die nicht zu einem Fehler führen darf, gegen die das Raumfahrzeug also zu schützen ist. Diese einfache Berechnung berücksichtigt noch nicht, dass die Teilflächen, aus denen die Geometrie eines Raumfahrzeugs zusammensetzt ist, unterschiedlichen Partikelflüssen ausgesetzt sein werden.

Der Fluss auf eine Teilfläche A_i kann ein Vielfaches k_i (Flussfaktor) des mittleren Flusses sein. Damit gilt für die Anzahl der erwarteten Partikel auf ein Raumfahrzeug, das aus i Teilflächen zusammengesetzt ist:

$$N = F_s\, T \sum_i k_i\, A_{s_i} \tag{2.4.10}$$

Der Faktor k_i hängt von der Lage der Teilfläche A_i im Raum, von der Flugrichtung und von der Richtungsverteilung des Flusses ab. Um das **Impaktrisiko** analysieren zu können, müssen die Umgebungsmodelle folgende Daten für die Umlaufbahn mit der Höhe H, der Exzentrizität e und der Inklination i über der Missionsdauer liefern:

- akkumulierter Fluss über dem Durchmesser,
- Geschwindigkeitsverteilung,
- Richtungsverteilung.

Im Folgenden werden einige wichtige Eigenschaften der Mikrometeoriden- und der Space-Debris-Umgebung in den erdnahen Umlaufbahnen erläutert, wie sie von unterschiedlichen Modellen beschrieben werden [2.4.3] [2.4.4] [2.4.11].

2.4.3.1 Mikrometeoriden

Die von Mikrometeoriden ausgehende Gefährdung ist erheblich geringer als das Risiko, welches sich durch Space Debris ergibt. Aus diesem Grund wird im Rahmen dieses Handbuchs das verhältnismäßig einfache Modell von Grün et al. [2.4.3] vorgestellt.

Es wird angenommen, dass der **Fluss** aus allen Richtungen gleichmäßig verteilt auf die Erde gerichtet ist. Infolge des Gravitationsfelds der Erde nimmt der Partikelfluss vom tiefen Raum aus (F_{ip}) zur Erde hin zu. Dieses wird durch einen **Fokussierungsfaktor** $G_\oplus$ berücksichtigt:

$$G_\oplus = 1 + \frac{R_\oplus}{r} \tag{2.4.11}$$

$R_\oplus$ Erdradius + 100 km (Erdatmosphäre),
r Radius der Umlaufbahn (Erdradius + Höhe H).

Ein Raumfahrzeug auf einer Umlaufbahn um die Erde wird von dieser teilweise gegen Einschläge von Mikrometeoriden geschützt. Diese **Abschirmung** nimmt mit abnehmender Höhe der Umlaufbahn zu und wird durch den Schirmfaktor s_f beschrieben:

$$s_f = \frac{(1+\cos\eta)}{2} \tag{2.4.12}$$

mit $\sin\eta = \dfrac{R_\oplus}{r}$.

Der von der Höhe der Umlaufbahn H abhängige Fluss ist damit:

$$F_h = s_f\, G_\oplus\, F_{ip} \tag{2.4.13}$$

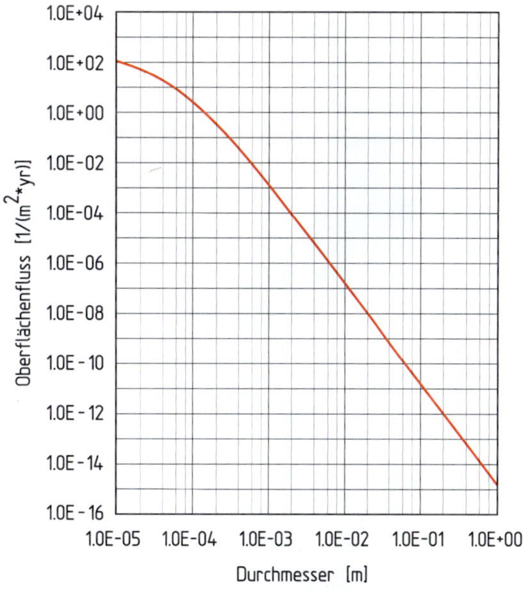

Bild 2.4.8: *Akkumulierter Oberflächenfluss F_{sip} über dem Partikeldurchmesser von Mikrometeoriten (interplanetarer Raum, nach [2.4.3]).*

Die **Geschwindigkeit** der Mikrometeoriden relativ zur Erde beträgt zwischen 11 und 72 km/s mit einem Mittelwert von 17 km/s [2.4.1]. Das Modell gibt den Fluss als Funktion der Masse an. Mit der Annahme einer Dichte von 1 g/cm^3 und Kugelform der Partikel ergibt sich der in Bild 2.4.8 dargestellte, auf die Oberfläche bezogene, **interplanetare Fluss** F_{sip} pro Jahr.

Obwohl angenommen wird, dass die Mikrometeoriden gleichmäßig verteilt aus allen Richtungen auf die Erde gerichtet sind, ergibt sich für ein Raumfahrzeug auf einer Umlaufbahn ein **richtungsabhängiger Fluss.** Dies zeigt Bild 2.4.9. Hier ist der Flussfaktor k über der Oberfläche eines kugelförmigen Raumfahrzeugs dargestellt. Dieses fliegt in 400 km Höhe auf einer Kreisbahn mit erdfester Orientierung. Durch die Bewegung des Fahrzeugs im Partikelfeld ergibt sich eine Konzentration an den Flächen, deren Normale in Flugrichtung zeigen. Die Flächen, die nach hinten zeigen, erfahren dagegen erheblich kleinere Flüsse. Aufgrund der Abschirmung durch die Erde sind die Flüsse auf die unteren Flächen ebenfalls sehr klein.

2.4.3.2 Space Debris

Die **Space-Debris-Umgebung** ist für Raumfahrzeuge in erdnahen Umlaufbahnen erheblich gefährlicher als die der Mikrometeoriden. Außerdem kann diese nicht mehr so stark vereinfacht werden, da der Partikelfluss durch vermehrte Raumfahrtaktivitäten in ausgewählten Umlaufbahnen (Höhe, Inklination) ausgeprägte Richtungen und Konzentrationen aufweist. Diese sind durch die Modelle zu beschreiben. Das führt zu sehr komplexen Berechnungen, die nur noch mit umfangreichen Programmsystemen zu

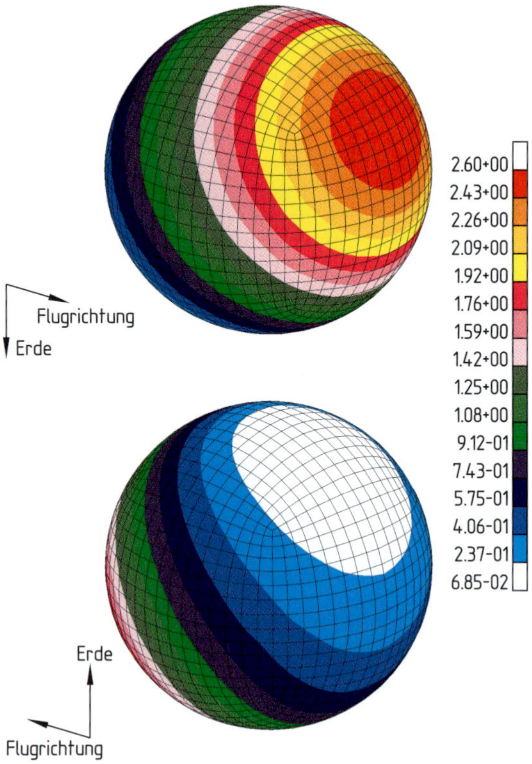

Bild 2.4.9: *Flussfaktor k über der Oberfläche eines Raumfahrzeugs in der Mikrometeoriten-Umgebung (H = 400 km).*

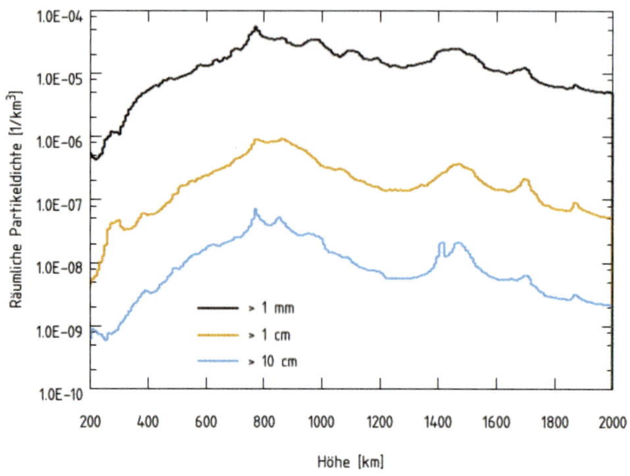

Bild 2.4.10: *Space-Debris-Partikeldichte über der Höhe (MASTER 2009).*

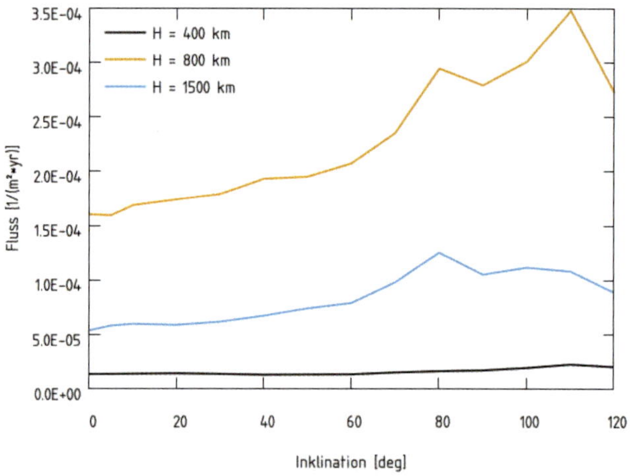

Bild 2.4.11: *Space-Debris-Partikelfluss über der Inklination (MASTER 2009).*

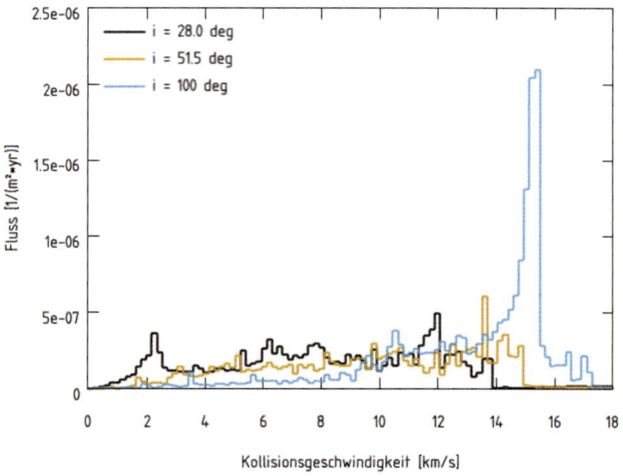

Bild 2.4.12: *Kollisionsgeschwindigkeiten bei unterschiedlichen Inklinationen (MASTER 2009).*

bearbeiten sind. An dieser Stelle sollen einige wesentliche Eigenschaften der Space-Debris-Umgebung erläutert werden. Dabei wird auf Daten zurückgegriffen, die mit MASTER 2009 [2.4.4] der ESA und ORDEM2000 [2.4.11] der NASA berechnet wurden.

Bild 2.4.10 zeigt die **räumliche Dichte von Partikeln** größer als 1 mm, größer als 1 cm und größer als 10 cm von 200 bis 2 000 km **Höhe.** Es bilden sich bei ca. 800 km und bei ca. 1 500 km Höhe Konzentrationen von Partikeln. Die Anzahl der Partikel ist dort etwa 10-mal größer als in der 400-km-Umlaufbahn der Internationalen Raumstation (ISS). Eine große Zahl von Missionen in polaren Bahnen hat dazu geführt, dass in Bahnen mit **Inklinationen** von 80 ... 120° größere Partikelflüsse auftreten als zwischen 20 und 60° (Bild 2.4.11). Daraus folgt, dass die mittlere Kollisionsgeschwindigkeit auf Bahnen mit zunehmender Inklination zunimmt (Bild 2.4.12). Diese beträgt ca. 10 ... 12 km/s. Die maximale Kollisionsgeschwindigkeit beträgt unter der Annahme von Kreisbahnen das Zweifache der Umlaufgeschwindigkeit, die in 400 km Höhe 7,7 km/s beträgt.

Für die Umlaufbahn der Internationalen Raumstation (ISS) mit H = 400 km und i = 51,6° errechnet ORDEM2000 für das Jahr 2010 den in Bild 2.4.13 dargestellten Fluss (auf die Oberfläche bezogen) über dem Partikeldurchmesser. Zum Vergleich ist hier der Mikrometeoridenfluss ebenfalls eingetragen.

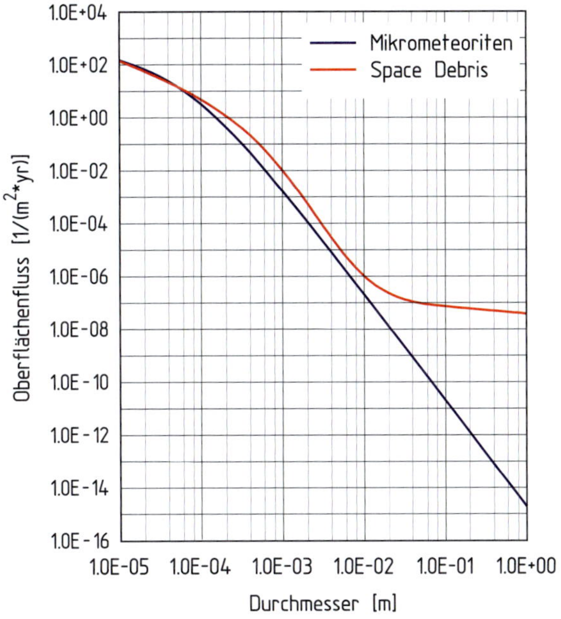

Bild 2.4.13: *Akkumulierter Oberflächenfluss F_s über Partikeldurchmesser im Jahr 2010 (H = 400 km, i = 51,6°, ORDEM2000, [2.4.3]).*

In Bild 2.4.14 ist der **Flussfaktor** wiederum für ein kugelförmiges Raumfahrzeug in der Space-Debris-Umgebung dargestellt. Das Ergebnis basiert auf ORDEM2000 für Partikel mit einem Durchmesser größer als 1 cm. Auch hier ergeben sich für die Flächen in Flugrichtung die höchsten Flüsse. Da ein Großteil der Partikel auf Kreisbahnen bzw. auf Bahnen mit kleiner Exzentrizität fliegt, erfahren die Flächen parallel zur Erdoberfläche und die hinteren Flächen nur sehr wenige Einschläge.

2.4.3.3 Impaktrisiko

Aus Bild 2.4.13 geht hervor, dass das Impaktrisiko infolge von Space Debris größer ist als das infolge von Mikrometeoriden, wenn die Partikel größer als 0,1 mm sind. Mit den bekannten Flüssen als Funktion des Durchmessers kann mit Hilfe von Gleichung (2.4.7) abgeschätzt werden, in welchen Zeitabständen statistisch mit **Einschlägen von Partikeln bestimmter Größe** zu rechnen ist. Es wird ein Raumfahrzeug mit einer Oberfläche von 150 m^2 in einer erdnahen Umlaufbahn mit H = 400 km und i = 51,6° angenommen. Es ergeben sich die in Tabelle 2.4.1 angegebenen, von der Partikelgröße abhängigen Zeitintervalle. Diese Zeitabstände stellen statistisch ermittelte Größen dar. Auch wenn der statistisch ermittelte Zeitabstand sehr groß ist (Partikel größer als 1 cm), kann ein entsprechendes Ereignis innerhalb einer kurzen Zeit auftreten. Dies hat die Kollision des Satelliten CERISE mit einem katalogisierten Fragment einer Ariane-Oberstufe relativ kurz nach dessen Start gezeigt [2.4.15].

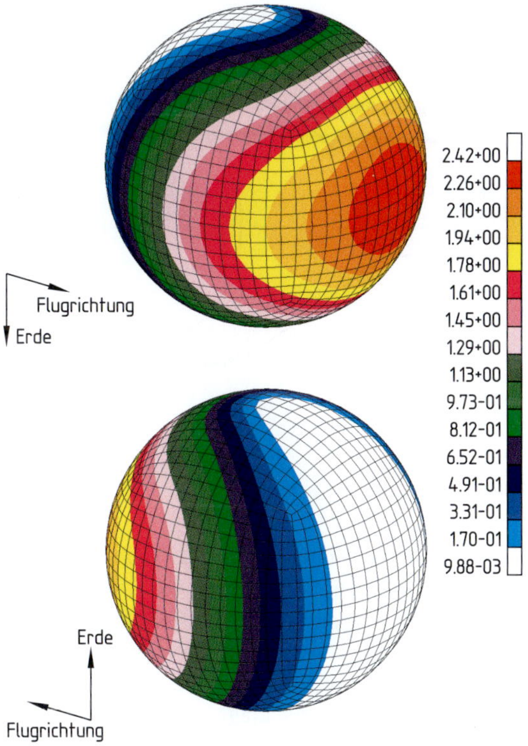

Bild 2.4.14: *Flussfaktor k über der Oberfläche eines Raumfahrzeugs in der Space-Debris-Umgebung (H = 400 km, i = 51,6°).*

Tabelle 2.4.1: *Zeitabstand zwischen Einschlägen von Objekten.*

d	> 0,1 mm	> 1 mm	> 1 cm
Mikrometeoriden	0,68 Tage	3,43 Jahre	34 347 Jahre
Space Debris	0,49 Tage	0,53 Jahre	4 444 Jahre

2.4.4 Schutzmaßnahmen für Raumfahrzeuge

Partikel, die mit Geschwindigkeiten von 10 km/s oder größer auf metallische Strukturen aufschlagen, erzeugen einen **Krater,** der je nach Material etwa 3- bis 5-mal so tief ist wie der Partikeldurchmesser [2.4.16]. Eine dünne Wand wird durchschlagen, wenn die Kratertiefe 60 % der Wanddicke entspricht. Bereits ein 1-mm-Partikel ist in der Lage, eine Wand aus Aluminium von 5 mm Dicke zu durchschlagen. Die Struktur eines Raumfahrzeugs wird, damit sie den mechanischen Belastungen standhält, Wanddicken von 1 ... 2 mm haben. Daraus wird ersichtlich, dass Schutzmaßnahmen erforderlich werden, wenn Impaktrisiken bestehen.

2.4.4.1 Schutzkonzepte

Das einfachste Schutzkonzept ist die Erhöhung der Wanddicke der äußeren Struktur des Raumfahrzeugs. Das führt

2

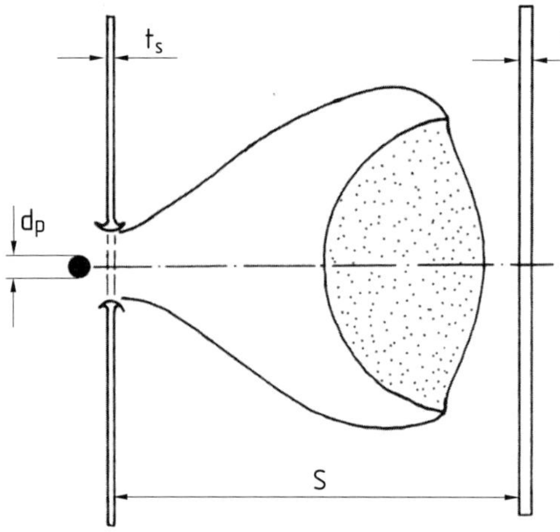

Bild 2.4.15: *Wirkung eines Schutzschilds.*

sehr schnell zu einer unvertretbaren Erhöhung der Strukturmasse. Wesentlich effektiver ist die Anordnung eines **Schutzschilds.** Dies wurde bereits 1947 von Whipple vorgeschlagen [2.4.17], man spricht auch vom **Whipple-Schild.** Die Schutzwirkung beruht darauf, dass ein Partikel, wenn er das Schutzschild durchschlägt, wegen der auftretenden hohen Drücke und Temperaturen in kleinste Teilchen zertrümmert wird, die sogar schmelzen oder verdampfen können [2.4.18], [2.4.19]. Die so entstehende Trümmerwolke expandiert zwischen dem Schild und der geschützten Struktur (Bild 2.4.15). Die Einschlagenergie wird auf eine größere Fläche verteilt und ist damit weniger schädigend. Insbesondere für die bemannten Module der Internationalen Raumstation wurden in den letzten 15 Jahren Schutzkonzepte mit einem oder mehreren Schutzschilden entwickelt [2.4.20], [2.4.21], [2.4.22], [2.4.23], die in der Lage sind, gegen Partikel mit einem Durchmesser von 1 cm zu schützen. Zusätzlich zu einem äußeren Schutzschild wird dabei ein innerer Schild vorgesehen.

Die oben beschriebenen Konzepte sind vor allem zum Schutz von bemannten Raumfahrzeugen vorgesehen, um eine ausreichende Sicherheit der Besatzung zu gewährleisten. Bei unbemannten Raumfahrzeugen, deren Oberflächen meist kleiner sind und die geringere Sicherheitsanforderungen haben, reicht es aus, Schutzkonzepte vorzusehen, die Partikel von 2 ... 3 mm Durchmesser abwehren können. Die Zusatzkosten, die durch den Schutz entstehen, sollten möglichst niedrig sein. Als sinnvolle Lösung bietet sich hier an, die tragende Struktur als **Sandwichplatten** auszuführen. Diese zeigen nicht nur gute strukturelle Eigenschaften bei geringem Gewicht, sondern bieten auch eine bessere Schutzwirkung als monolithische Strukturen. Im Vergleich zu einer **Doppelwand** ist ein Sandwich jedoch weniger effektiv, da der innenliegende Kern die Expansion der Partikelwolke zwischen den Decklagen behindert. Des Weiteren wirken vor der Struktur angeordnete **Vielschichtisolierungen (MLI),** die zur passiven Temperaturkontrolle eingesetzt werden, wie ein Schutzschild. Im Rahmen einer Technologiestudie, die im Auftrag der ESA/ESTEC durchgeführt wurde [2.4.24], sind kostengünstige Schutzkonzepte entwickelt worden. Dieses sind Weiterentwicklungen von MLI und von Sandwichplatten, um deren Schutzwirkung zu steigern.

2.4.4.2 Bemessung von Schutzmaßnahmen

Zur Bemessung von Schutzmaßnahmen muss neben der Kenntnis der Mikrometeoriden und der Space-Debris-Umgebung das Verhalten der Schutzkonzepte bekannt sein. Dieses wird durch **Schadensgleichungen (Ballistic Limit Equations)** beschrieben. Mit den Umgebungsmodellen, der Geometrie des Raumfahrzeugs, den Schadensgleichungen und den Missionsdaten kann die Bemessung der Schutzmaßnahmen im Rahmen einer Schadensvorhersage erfolgen.

Schadensgleichungen

Schadensgleichungen beschreiben das Verhalten von Schutzkonzepten bzw. von Strukturen oder Komponenten bei Impakt von Objekten. Sie sollten die Größe, die Masse, die Geschwindigkeit und die Richtung des einschlagenden Partikels ebenso berücksichtigen wie die Geometrie und das Material der Schutzanordnung. Wegen der komplexen physikalischen Phänomene, die bei **Hochgeschwindigkeitsimpakts** auftreten, basieren die Schadensgleichungen vornehmlich auf Versuchsergebnissen. Dabei besteht das Problem, dass die in Experimenten erzielbaren **Impaktgeschwindigkeiten** kleiner sind als die im Weltraum auftretenden. Extrapolationen über die im Versuch realisierbaren Geschwindigkeiten hinaus erfolgen entweder mit Hilfe **vereinfachter physikalischer Modelle** oder – in letzter Zeit zunehmend – mittels **numerischer Simulationen.** Die aus Versuchen gewonnenen Daten sind bei Weitem nicht ausreichend, um universelle Schadensgleichungen für alle Schutzkonzepte zu entwickeln. Eine Zusammenfassung existierender Schadensgleichungen gibt das IADC Protection Manual [2.4.25]. Hier sind auch Versuchsmöglichkeiten und deren Grenzen dokumentiert. An dieser Stelle werden Schadensgleichungen für Einwand- und Zweiwandsysteme angegeben. Gleichungen für komplexere Konfigurationen werden häufig auf der Basis dieser Gleichungen entwickelt, also an entsprechende Versuchsergebnisse angepasst. Die Schadensgleichungen gelten für kugelförmige Partikel.

Einwandstrukturen

Das Verhalten von Einwandstrukturen beim Hochgeschwindigkeitsimpakt hängt von der Festigkeit bzw. Zähigkeit der getroffenen Struktur ab. Es soll hier in **duktile und spröde Werkstoffe** unterschieden werden. Die in Raumfahrtstrukturen verwendeten Metalle sind duktil, während Glas und auch Faserverbundwerkstoffe sprödes Verhalten zeigen.

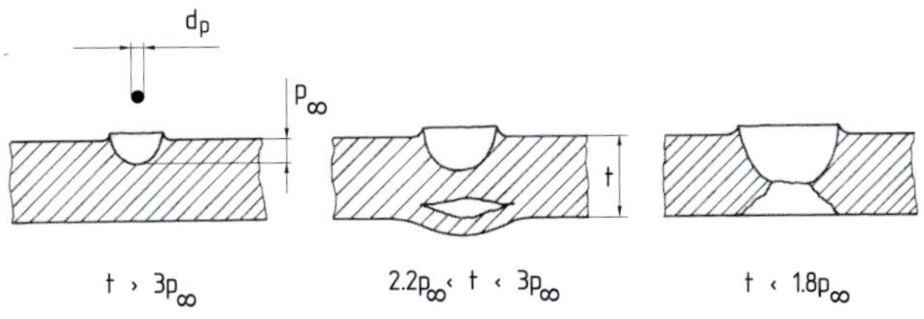

Bild 2.4.16: *Impakt auf Einwandstrukturen.*

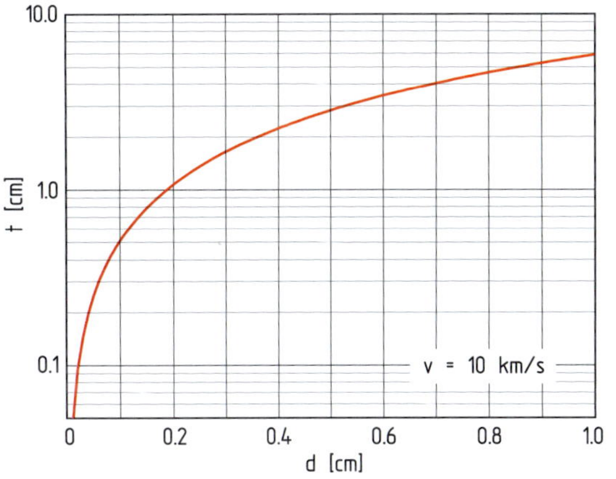

Bild 2.4.17: *Erforderliche Wanddicke bei Einwandstrukturen, Space Debris.*

Metalle: Schlägt ein Partikel in eine sehr dicke Metallwand ein, entstehen hohe Drücke und hohe Temperaturen, die das getroffene Material sowie das Partikel zerbrechen und zum Schmelzen bringen. Es entsteht ein Krater, dessen Volumen ein Vielfaches des Partikelvolumens beträgt (Bild 2.4.16). Dabei wird Material gegen die Impaktrichtung ausgeworfen (Ejecta). Die hohen Drücke laufen als Stoßwelle in das Material hinein und schwächen sich dabei mit der Lauflänge in Dickenrichtung ab. An der Rückseite wird die Stoßwelle reflektiert und läuft als Zugwelle zum Krater zurück. Ist die getroffene Wand dünn, sind die Zugspannungen in der reflektierten Welle so hoch, dass sich das Material an der Rückseite spaltet **(Spallation)** und abplatzen kann **(Detached Spall).** Abplatzendes Material stellt dabei ebenfalls eine Gefährdung dahinterliegender Komponenten dar.

Die **Kratertiefe** p_∞ (in cm) in sehr dickem Material ist nach Cour-Palais [2.4.26]:

$$p_\infty = 5{,}24\, H^{-1/4} \left(\frac{\rho_p}{\rho_t}\right)^{\alpha} \left(\frac{v_n}{C}\right)^{2/3} d^{19/18} \qquad (2.4.14)$$

d Partikeldurchmesser (in cm),
H Brinellhärte der Wand,
ρ_p Dichte des Partikels (in g/cm^3),
ρ_t Dichte der Wand (in g/cm^3),
v_n Geschwindigkeit normal zur Oberfläche (in km/s),
C Schallgeschwindigkeit des Wandmaterials (in km/s).

Der Exponent α ist 1/2 für $\rho_p / \rho_t < 1{,}5$ und 2/3 für $\rho_p / \rho_t \geq 1{,}5$. Ist die Dicke der getroffenen Struktur **kleiner als die dreifache Kratertiefe** p_∞, ergeben sich die in Bild 2.4.16 dargestellten Fehler. Eine dünne Wand wird gerade nicht perforiert, wenn für die Wanddicke t gilt:

$$t = 1{,}8\, p_\infty \qquad (2.4.15)$$

In Bild 2.4.17 ist die erforderliche Dicke einer Aluminiumwand (Al 2024-T3) bei einer Einschlaggeschwindigkeit von 10 km/s als Funktion des Durchmessers eines Aluminiumpartikels (Space Debris) dargestellt.

Glas: Sprödes Material mit geringen Zugfestigkeiten reagiert **sehr empfindlich** auf Einschläge. Das führte dazu, dass nach den Space Shuttle Missionen immer wieder Impaktschäden in den Fenstern gefunden wurden, die einen Austausch erforderlich machten [2.4.26]. Im Unterschied zu den Metallen bildet sich ein flacher Krater und es wird mehr Material gegen die Impaktrichtung ausgeworfen [2.4.25]. Des Weiteren ist eine sehr große Wanddicke erforderlich, um Abspalten von Material an der Rückseite zu verhindern. Nach [2.4.25] gilt für die **Kratertiefe in Glas:**

$$p = 0{,}53\, \rho_p^{1/2}\, v_n^{2/3}\, d^{1{,}06} \qquad (2.4.16)$$

Die erforderliche Dicke zur Vermeidung durchgehender Risse ist:

$$t_c = 0{,}14\, p\, v_n^{1{,}28} \qquad (2.4.17)$$

und damit kein Material von der Rückseite abplatzt, gilt für die Wanddicke:

$$t_s = 7\, p \qquad (2.4.18)$$

Faserverstärkte Kunststoffe: Die faserverstärkten Kunststoffe zeigen ebenfalls ein sprödes Verhalten. Hier treten bei Impakt insbesondere an der Rückseite Delaminationen der Einzelschichten auf, deren Abmessungen erheblich größer als die des lokal entstehenden Kraters sind [2.4.28]. Allgemeingültige Schadensgleichungen für diesen Werkstoff sind noch nicht verfügbar.

Doppelwandstrukturen

Die **Geometrie** einer Doppelwandstruktur geht aus Bild 2.4.18 hervor. Ein Schutzschild ist in einem Abstand S (Spacing) von der zu schützenden Struktur (back-up wall) angeordnet. Die Effektivität dieses Schutzkonzepts hängt von der Einschlaggeschwindigkeit ab. Es werden drei typische Geschwindigkeitsbereiche unterschieden (Bild 2.4.18). Bei kleinen Geschwindigkeiten reichen die beim Durchschlagen des Schutzschilds entstehenden Drücke nicht aus, das Partikel zu zertrümmern. Es liegt

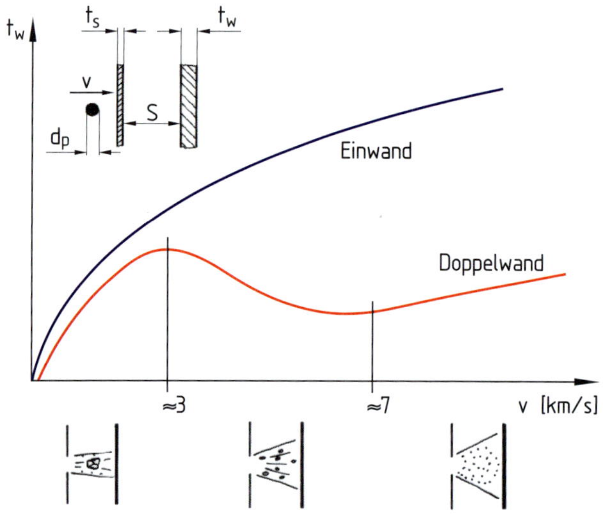

Bild 2.4.18: *Geschwindigkeitsabhängige Wirkung von Schutzschilden.*

praktisch keine Schutzwirkung vor. Ab einer **Grenzgeschwindigkeit,** die vom Material des Schilds und des Partikels abhängt, wird das Partikel zertrümmert. Dieser Prozess nimmt mit steigender Geschwindigkeit zu. Die erforderliche Rückwanddicke nimmt gleichzeitig ab. Ab einer weiteren Grenzgeschwindigkeit wird das Partikel bzw. werden seine Fragmente so stark aufgeheizt, dass die Trümmerwolke schmilzt und verdampft. Sie stellt eine verteilte Flächenlast für die Rückwand dar, deren Impuls mit der Geschwindigkeit zunimmt. Nach Christiansen [2.4.20] sind die Grenzgeschwindigkeiten für Schutzschilde und Partikel aus Aluminiumlegierungen v_{lim1} = 3 km/s und v_{lim2} = 7 km/s. Die Schadensgleichungen werden für die Geschwindigkeitsbereiche 0 bis v_{lim1} und größer als v_{lim2} angegeben. Im mittleren Geschwindigkeitsbereich wird zwischen den beiden Grenzgeschwindigkeiten linear interpoliert. Bei schrägen Impakts ist die Komponente des Geschwindigkeitsvektors normal zur Oberfläche v_n maßgeblich für die Bestimmung des Geschwindigkeitsbereichs.

Für Doppelwandstrukturen aus Aluminiumlegierungen sind die **Schadensgleichungen von Christiansen** [2.4.20], die an dieser Stelle angegeben werden, als Standard anzusehen. Es wird der **kritische Partikeldurchmesser** d_p (in cm) berechnet, der von der gegebenen Schutzschildanordnung abgewehrt werden kann.

$v_n < 3$ km/s:

$$d_p = \left(\frac{t_w \left(\frac{\sigma_w}{40} \right)^{1/2} + t_s}{0{,}6\,(\cos\alpha)^{5/3}\,\rho_p^{1/2}\,v^{2/3}} \right)^{18/19} \qquad (2.4.19)$$

t_s Schilddicke (in cm),
t_w Wanddicke (in cm),

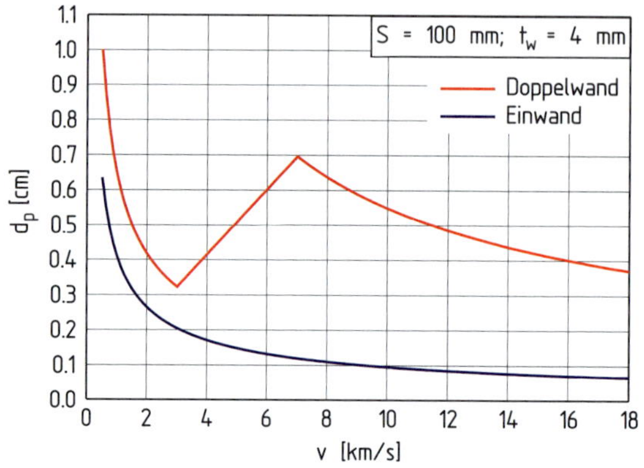

Bild 2.4.19: *Kritischer Partikeldurchmesser – Space Debris.*

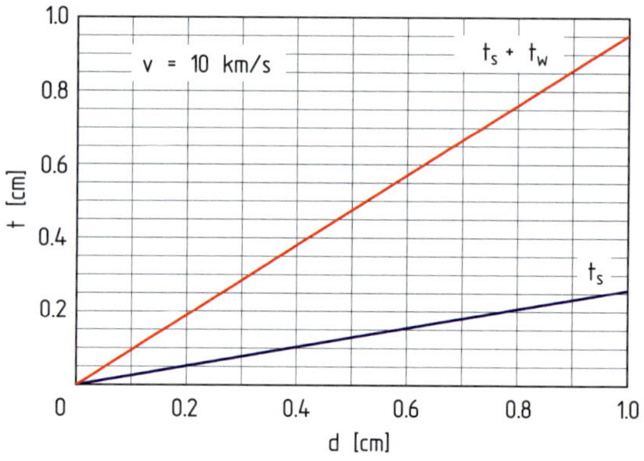

Bild 2.4.20: *Erforderliche Wanddicken bei Doppelwandstrukturen – Space Debris.*

S Schildabstand (in cm),
α Einschlagwinkel,
σ_w Streckgrenze (in ksi).

$v_n > 7$ km/s:

$$d_p = 3{,}918\, t_w^{2/3}\, \rho_p^{-1/3}\, \rho_s^{-1/9}\, v_n^{-2/3}\, S^{1/3} \left(\frac{\sigma_w}{70} \right)^{1/3} \qquad (2.4.20)$$

Die Gleichungen gelten für den Fall, dass sich kein Material an der Rückseite der zweiten Wand ablöst. Damit sie gültig sind, muss der Schutzschild im Vergleich zur Größe des Partikels folgende Bedingung erfüllen:

$$t_s \geq 0{,}25\, d_p\, \frac{\rho_p}{\rho_s} \qquad (2.4.21)$$

Für eine Doppelwandstruktur mit einem 2 mm dicken Schutzschild, der in 100 mm Abstand vor einer 4 mm dicken Rückwand angeordnet ist, ergeben die Gleichungen (2.4.19) und (2.4.20) den in Bild 2.4.19 dargestellten Verlauf des **kritischen Partikeldurchmessers über der Geschwindigkeit** (Space Debris). Der ebenfalls in das

Diagramm eingetragene Verlauf für eine Einwandstruktur mit 4 mm Wanddicke zeigt den Vorteil eines Schutzschilds bei Geschwindigkeiten oberhalb von 3 km/s.

Hat man ein Schutzkonzept so auszulegen, dass es gegen einen vorgegebenen Partikel schützt, können die Gleichungen (2.4.19) und (2.4.20) umgestellt werden, um die erforderlichen **Wanddicken** zu berechnen. In Bild 2.4.20 sind die Wanddicken als Funktion des Partikeldurchmessers für eine Impaktgeschwindigkeit von 10 km/s dargestellt. Der Abstand zwischen den Wänden beträgt jeweils das 20-fache des Partikeldurchmessers. Die Struktur besteht aus Aluminium (Al 7075) und die Dichte des Partikels beträgt 2,8 g/cm^3 (Space Debris).

Offene Fragen

Die oben angegebenen Gleichungen sind die Grundlage für die Entwicklung neuer Schadensgleichungen. In [2.4.29] wird eine Modifikation gegeben, die es erlaubt, den Einfluss der Schutzschilddicke auf die Schutzwirkung zu beschreiben. Damit kann mittels mathematischer Optimierungen eine **massengünstige Schutzschildanordnung** ausgelegt werden [2.4.30]. Schadensgleichungen für komplexe Schutzsysteme mit mehr als einem Schutzschild [2.4.20] oder für Sandwichstrukturen [2.4.31] sind ähnlich aufgebaut. Hier werden die Grenzgeschwindigkeiten, die Faktoren und die Exponenten an die Ergebnisse einiger Versuche mit diesen Konfigurationen angepasst. Dies geschieht typischerweise bei der Bearbeitung von Projekten, für die Schutzkonzepte zu entwickeln sind. Das führt auf Gleichungen, die nicht allgemein gültig sind und nur auf ähnliche Konfigurationen anwendbar sind.

Die heute verwendeten Schadensgleichungen gelten für kugelförmige Partikel. Neue Arbeiten zeigen, dass die Schutzwirkung eines Schilds bei Partikeln, die keine Kugeln sind, geringer ist [2.4.32]. Hier ist zu erwarten, dass zukünftige Schadensgleichungen noch einen **Formfaktor** erhalten. Welche Formen mit welcher Häufigkeit zu erwarten sind, muss dann zusätzlich von den Umgebungsmodellen beschrieben werden.

Eine weitere Unsicherheit der verwendeten Schadensgleichungen ist das Verhalten bei **Impaktgeschwindigkeiten** oberhalb der heute vorhandenen Testmöglichkeiten ($v > 8$ km/s). Obwohl man in der Lage ist, numerisch auch höhere Geschwindigkeiten zu simulieren [2.4.33], basiert das Ergebnis dieser Berechnungen auf der richtigen Beschreibung des Materialverhaltens. Dieses kann zuverlässig nur experimentell bestimmt werden, sodass man auch hier an die Grenzen der Versuchstechnik stößt.

Schadensvorhersage

Ein Raumfahrzeug in der Mikrometeoriden- bzw. Space-Debris-Umgebung ist so auszulegen, dass während der Missionszeit eine vorgegebene **Überlebenswahrscheinlichkeit** erreicht wird. Diese ist die Wahrscheinlichkeit, dass kein Einschlag erfolgt, der zum Fehler führt. Die Bemessung der Schutzanordnung kann dabei in zwei Schritten erfolgen:

- Vorauslegung mittels Abschätzungen,
- numerische Berechnung mit Rechenprogrammen zur Schadensvorhersage.

In beiden Fällen werden Umgebungsmodelle und Schadensgleichungen benötigt.

Vorauslegung

In einem ersten Schritt kann mit der geforderten Überlebenswahrscheinlichkeit, der Missionsdauer und der Oberfläche des Raumfahrzeugs der **mittlere Partikelfluss** bestimmt werden (Gleichung 2.4.9). Die Umgebungsmodelle geben den Partikeldurchmesser, der zu diesem Fluss führt. Dieses ist die **Partikelgröße,** deren Einschlag keinen Fehler zur Folge haben darf. Mit der Kenntnis des Strukturaufbaus kann mit den Schadensgleichungen und den mittleren Impaktgeschwindigkeiten abgeschätzt werden, ob ausreichender Schutz gegen die gefundene Partikelgröße vorhanden ist. Andernfalls muss ein geeigneter Schutz konstruiert werden. Fliegt das Raumfahrzeug mit einer festen Orientierung zur Erde, ist zu beachten, dass der Fluss von der **Orientierung der Oberflächen** abhängig ist. Es kann bereits genügen, nur die Flächen mit einem hohen Flussfaktor k zu schützen. Eine günstige Schutzanordnung ergibt sich dann, wenn die Anzahl der erwarteten Einschläge mit Fehler pro Fläche gleichmäßig auf der Oberfläche des Raumfahrzeugs verteilt ist. Es ergibt sich für die Teilfläche i folgender Fluss:

$$F_{S_i} = \frac{1 - p_0}{k_i \, A_S \, T} \qquad (2.4.22)$$

Damit kann der Partikeldurchmesser d_i bestimmt werden, gegen den das Schutzkonzept der Teilfläche i zu dimensionieren ist.

Nachweisrechnung

Die vorgestellte Vorauslegung berücksichtigt nicht die Geschwindigkeitsverteilung und den Einschlagwinkel der Partikel. Des Weiteren wird die Orientierung der Teilflächen im Raum nicht oder nur näherungsweise berücksichtigt. Bei komplexen Geometrien können außerdem Teilbereiche durch davor liegende Strukturen gegen Einschläge abgeschattet werden. Diese Einflüsse werden durch **Rechenprogramme zur Schadensvorhersage** berücksichtigt. Hier werden die **Geometrie** des Raumfahrzeugs und dessen **Lage** im Raum durch Oberflächenelemente beschrieben. Den Oberflächen werden je nach Wandaufbau Schadensgleichungen zugewiesen. Aus den Umgebungsmodellen wird bestimmt, welche Partikel aus den unterschiedlichen Richtungen mit welcher Geschwindigkeit auf das Raumfahrzeug bzw. in die einzelnen Teilflächen einschlagen.

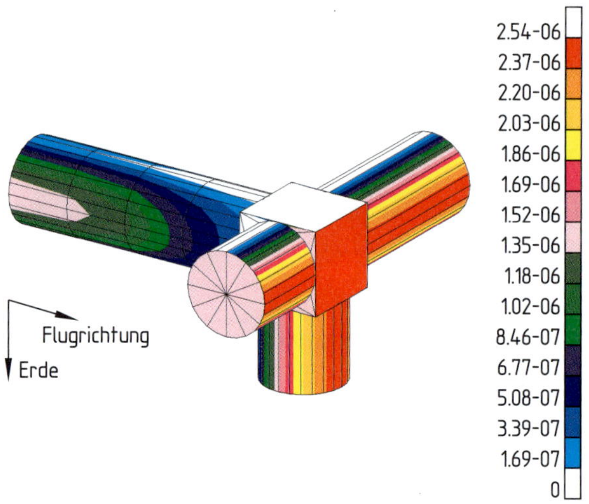

Bild 2.4.21: *Erwartete Anzahl von Partikeln pro Fläche (Space Debris, d_p > 1 cm) auf ein Raumfahrzeug.*

Das Ergebnis der Berechnungen ist die Anzahl der Einschläge mit Fehler für die einzelnen Flächen (Bild 2.4.21) und die Überlebenswahrscheinlichkeit des Raumfahrzeugs. Das Bild zeigt deutlich, dass das in Längsrichtung angeordnete Modul durch die vorderen, quer zur Flugrichtung angeordneten Module zusätzlich gegen Einschläge geschützt wird. Führt das vorgesehene Schutzkonzept nicht zu einer ausreichenden Überlebenswahrscheinlichkeit, kann mit Hilfe der Ergebnisse identifiziert werden, an welcher Stelle eine Verbesserung des Schutzes vorzunehmen ist. In Verbindung mit einer mathematischen Optimierung und geeigneten Schadensgleichungen [2.4.30] kann das Schutzkonzept so optimiert werden, dass die geforderte Überlebenswahrscheinlichkeit mit einer minimalen Zusatzmasse erzielt wird.

2.4.5 Planung von Missionen

Mit Blick auf Mikrometeoriden und Space Debris sind zwei wesentliche Aspekte bei der Planung von Missionen zu beachten. Diese sind zum einen die Vermeidung von neuem Weltraummüll und zum anderen die Reduzierung des Risikos durch Einschläge von Partikeln.

Vermeidung von Space Debris: Um den Zuwachs von Space Debris zu vermeiden bzw. zu begrenzen, sind folgende Aspekte bei der Missionsplanung zu beachten. Es soll sichergestellt werden, dass das neue Raumfahrzeug nicht länger als 25 Jahre im Orbit verbleibt. Je nach Bahnhöhe ist ein Eintauchen in die Erdatmosphäre in dieser Zeit oder ein abschließender Verbleib in einer Friedhofsbahn vorzusehen. Bei der Wahl des Trägers ist darauf zu achten, dass dieser die Standards zur Vermeidung erfüllt. Dazu gehört das Passivieren von Oberstufen und deren Rückführung zur Erde. Feststofftriebwerke sollten so konstruiert sein, dass sie keine bzw. nur sehr wenig Schlacke und Staub freisetzen. Missionsbedingte Objekte sollen nicht entstehen. Dies bedeutet, Verschlusskappen, Verkleidungen oder Sprengvorrichtungen sind so am Raumfahrzeug anzubringen, dass sie nach Gebrauch nicht in den Weltraum gelangen. Zum Schutz der Oberflächen sollen duktile Farben bzw. duktile Beschichtungen verwendet werden, um das Abplatzen von Partikeln zu minimieren.

Reduzierung des Risikos: Um das Risiko von Partikeleinschlägen zu minimieren, soll das Raumfahrzeug so klein und kompakt wie möglich gebaut werden. Wenn die geplante Mission es erlaubt, sollten die Höhe und die Inklination der Umlaufbahn so gewählt werden, dass die zu erwartenden Partikelflüsse möglichst klein sind. Handelt es sich um kurze Missionen sollen Zeitfenster gewählt werden, in denen keine Meteoridenströme zu erwarten sind. Fliegt das Fahrzeug mit einer festen Ausrichtung, bezogen auf die Erdoberfläche, ist eine Orientierung vorteilhaft, bei der Flächen, die hohen Flüssen ausgesetzt sind, möglichst klein sind. Ein länglicher Zylinder oder Quader sollte folglich nicht so orientiert werden, dass die Längsachse senkrecht zur Erdoberfläche zeigt. Die Sicherheit kann durch die Verwendung von Mehrwandsystemen gegenüber den Einwandsystemen erheblich erhöht werden. Dabei kann bei Satelliten die Außenhülle zusammen mit der Wand von Boxen ein Zweiwandsystem bilden. Eine Sandwichstruktur ist einer Einwandstruktur vorzuziehen. Sie stellt mit den beiden Decklagen ebenfalls ein Zweiwandsystem dar. Dieses ist wegen des Kerns aber weniger effektiv als eine Doppelwand mit freiem Zwischenraum. Empfindliche und kritische Komponenten wie relevante Nutzlasten, Druckbehälter, Batterien, elektrische Leitungen, Rohre und Radiatoren sollten im Inneren bzw. weit weg von kritischen Oberflächen (mit hohen Flüssen) angeordnet werden. Erlaubt die Architektur des Raumfahrzeugs dies nicht, sind diese Komponenten ggf. zusätzlich zu schützen.

Literatur

[2.4.1] *Anonymus*: Space Station Program Natural Environment Definition for Design. NASA SSP 30425 Rev. B, 1993.

[2.4.2] *Cour-Palais, B. G.*: Meteoroid Environment Model – 1969. NASA SP-8013, NASA Space Vehicle Design Criteria, 1969.

[2.4.3] *Grün, E.; Zook, H. A.; Fechtig, H.; Giese, R. H.*: Collisional Balance of the meteoritic complex. Icarus, Vol. 62, pp. 244–272, 1985.

[2.4.4] *Flegel, S.; Gelhaus, J.; Möckel, M.; Wiedemann, C.; Kempf, D.; Krag, H.; Klinkrad, H.*: Maintenance of the ESA MASTER Model, Final Report, ESA Contract no. 21705/08/D/HK, Darmstadt, Germany, 2011.

[2.4.5] *Devine, E.; Grün, E.; Staubach, P.*: Modeling the Meteoroid Distributions in Interplanetary Space and Near Earth. ESA SD-01 Proc. 1st European Conference on Space Debris, pp. 245–250, 1993.

[2.4.6] *Staubach, P.*: Upgrade of the DISCOS Meteoroid Model. Final Report, ESA Contract no. 10463/93/D/CS, Darmstadt, Germany, 1996.

[2.4.7] *Rex, D.:* Die mögliche Überfüllung erdnaher Umlaufbahnen durch die Raumfahrt. In: Carolo-Wilhemina Mitteilungen II/1996 der Technischen Universität Braunschweig, 1996.

[2.4.8] *Chamberlain, S. A.; Slauenwhite, T. A.:* United States Space Command Surveillance Network Overview. ESA SD-01 Proc. 1st European Conference on Space Debris, pp. 37–42, 1993.

[2.4.9] *Anonymus:* NASA Orbital Debris Quarterly News, Volume 20, Issue 1 & 2, Januar/April 2016.

[2.4.10] *Klinkrad, H. (Editor).:* ESA Space Debris Mitigation Handbook. 2nd Edition, Issue 1.0, 2003.

[2.4.11] *Liou, J.-Ch.; et al.:* The New NASA Orbital Debris Engineering Model ORDEM2000. NASA/TP-2002-210780, 2002.

[2.4.12] *Eichler, P.; Rex, D.:* Debris Chain Reactions AIAA-90-1365. AIAA/NASA/DOD Orbital Debris Conference: Technical Issues & Future Directions, Baltimore MD, USA, April 1990.

[2.4.13] *Rex, D.:* The Role of the Scientific and Technical Subcommittee of the UN-COPUOS for the Space Debris Work of the United Nations. ESA SP-393 Proc. 2nd European Conference on Space Debris, pp. 759–762, 1997.

[2.4.14] *Kessler, D. J.; et al.:* Orbital Debris Environment for Spacecraft Designed to Operate in Low Earth Orbit. NASA TM-100471, 1989.

[2.4.15] *Alby, F.; Lansard, E.; Michal, T.:* Collision of CERISE with Space Debris. ESA SP-393 Proc. 2nd European Conference on Space Debris, pp. 589–596, 1997.

[2.4.16] *Kinslow, R. (Editor):* High-Velocity Impact Phenomena. New York, London: Academic Press, 1970.

[2.4.17] *Wipple, F. L.:* Meteorites and Space Travel. Astron. Journ., Vol. 52, p. 131, 1947.

[2.4.18] *Cour-Palais, B. G.:* Space Vehicle Meteoroid Shielding Design. ESA SP-153, pp. 85–92, 1979.

[2.4.19] *Gehring, J. W.; et al.:* Experimental Studies Concerning the Meteoroid Hazard to Aerospace Material and Structures. J. Spacecraft, Vol. 2, pp. 731–737, 1965.

[2.4.20] *Christiansen, E. L.:* Design and Performance Equations for Advanced Meteoroid and Debris Shields. Int. J. of Impact Engineering, Vol. 14, pp. 145–156, 1993.

[2.4.21] *Reimerdes, H.-G.; Stecher, K.-H.; Lambert, M.:* Ballistic Limit Equations for the Columbus Double-bumper Shield Concept. ESA SD-01 Proc. 1st European Conference on Space Debris, pp. 433–439, 1993.

[2.4.22] *Christiansen, E. L.; Kerr, J. H.:* Mesh Double Bumper Shield: A Low-weight Alternative for Spacecraft Meteoroid and Orbital Debris Protection. Int. J. of Impact Engineering, Vol. 17, pp. 477–486, 1995.

[2.4.23] *Destefanis, R.; Faraud, M.:* Testing of Advanced Materials for High Resistance Debris Shielding. Int. J. of Impact Engineering, Vol. 20, pp. 209–222, 1997.

[2.4.24] *Turner, R. J.; et al.:* Cost-effective Debris Shields for Unmanned Spacecraft. Int. J. of Impact Engineering, Vol. 26, pp. 785–796, 2002.

[2.4.25] *Schäfer, F.; et al.:* The Inter-Agency Space Debris Coordination Committee (IADC) Protection Manual. ESA SP-587 Proc. 4th European Conference on Space Debris, pp. 39–46, 2005.

[2.4.26] *Cour-Palais, B. G.:* Hypervelocity Impact Investigations and Meteoroid Shielding Experience Related to Apollo and Skylab. NASA Conference Publication 2360, Orbital Debris, pp. 247–275, 1982.

[2.4.27] *Hyde, J. L.; et al.:* A History of Meteoroid and Orbital Debris Impacts on the Space Shuttle. ESA SP-473 Proc. 3rd European Conference on Space Debris, pp. 191–196, 2001.

[2.4.28] *Nagao, Y.; et al.:* Hypervelocity Impact Studies Simulating Debris Collisions on Composite Materials. ESA SP-587 Proc. 4th European Conference on Space Debris, pp. 413–418, 2005.

[2.4.29] *Reimerdes, H.-G.; Nölke, D.; Schäfer, F.:* Modified Cour-Palais/Christiansen Damage Equations for Double-wall Structures. Int. J. of Impact Engineering, Vol. 33, pp. 645–654, 2006.

[2.4.30] *Wohlers, W.; Reimerdes, H.-G.:* Analytical Optimization of Protection Systems. Int. J. of Impact Engineering, Vol. 29, pp. 803–819, 2003.

[2.4.31] *Taylor, E. A.; et al.:* Hypervelocity Impact on Spacecraft Honeycomb: Hydrocode Simulation and Damage Law. Int. J. of Impact Engineering, Vol. 29, pp. 691–702, 2003.

[2.4.32] *Hiermaier, S. J.; Schäfer, F.:* Simulation of Ellipsoidal Projectile Impact on Whipple Shields. Int. J. of Impact Engineering, Vol. 29, pp. 333–343, 2003.

[2.4.33] *Fahrenthold, E. P.; Park, Y.-K.:* Extension and Validation of a Hybrid Particle-Finite Element Method for Hypervelocity Impact Simulation. Int. J. of Impact Engineering, Vol. 29, pp. 237–246, 2003.

GALILEO
15-16-17-18
arianespace
service & solutions
esa
esa
cnes
cnes

3 Trägersysteme

Jens Laßmann

Wissenschaftliche Forschung und kommerzielle Nutzung des Weltraums erfordern ein Transportsystem, das inner- und außerhalb der Erdatmosphäre Nutzlasten in eine vorgegebene Flugbahn befördert. Physikalische Grundlage der dazu verwendeten Trägerraketen ist das **Rückstoßprinzip,** nach dem Änderungen der Bewegung durch entsprechend entgegengesetzte Kräfte erzeugt werden. Dieser Vortriebsimpuls, auch Schub genannt, wird von einem Raketenantrieb erzeugt.

Der Aufbau einer Trägerrakete ist von diesem Prinzip her einfach, von der **technischen Ausführung** her jedoch recht komplex. Sie besteht im Wesentlichen aus Treibstoffbehältern, Triebwerken, Strukturelementen, Navigations- und Steuereinrichtungen, Stufentrennsystemen, Lageregelungssystemen und einer Flugdatenerfassung und -übermittlung. Die Treibstoffe, das sind der Brennstoff und der Sauerstoffträger, werden in der Brennkammer des Triebwerks gezündet und entwickeln durch chemische Reaktionen hocherhitzte Gase, die durch eine Düse expandieren und den Schub erzeugen.

Für den **Antrieb** werden feste oder flüssige Treibstoffe verwendet, in Sonderfällen auch beide gemeinsam. Bei festen Treibstoffen werden die Verbrennungskomponenten miteinander vermischt und in eine zylindrische Form gegossen. Einmal gezündet, wird der gesamte Block kontinuierlich abgebrannt, eine Unterbrechung des Verbrennungsvorgangs ist nicht möglich. Bei flüssigen Treibstoffen werden Brennstoff und Sauerstoffträger getrennt in die Brennkammer gefördert und dort zur Reaktion gebracht. Der Zustrom kann geregelt oder abgeschaltet werden, sodass eine Wiederzündung möglich ist.

In der 2. Hälfte des 20. Jahrhunderts wurden Trägersysteme zur Erkundung des erdnahen Raums, des Monds und der Planeten des Sonnensystems entwickelt. Sehr bald begann auch die erdbezogene Nutzung von Satelliten für die Wettervorhersage, Kommunikation und Erdbeobachtung sowie die astronautische Weltraumfahrt, die im Jahre 1969 mit der Landung auf dem Mond einen ersten Höhepunkt erlebte.

Trägersysteme werden nach unterschiedlichen Gesichtspunkten entwickelt. Da sind zunächst strategische und hoheitliche Aspekte, wie der autonome Zugang zum Weltraum. Es sind aber auch Marktprognosen sowie die technologischen Standards von Industrie und Forschung für die Konzeption des Trägersystems entscheidend.

Die derzeit eingesetzten Trägerraketen decken den Bedarf des weltweiten **Satelliten-Transports** ab. Derzeit werden pro Jahr etwa 100 Trägerraketen gestartet. Nur etwa 20 davon sind rein kommerzielle Starts. 80 Prozent der weltweiten Starts sind nationale institutionelle Starts, die den jeweiligen strategischen Zielen dienen. Neben den großen geostationären Satelliten der 3-6-t-Klasse werden zunehmend kleinere Satelliten bis 1 t gestartet. Durch die großen Entwicklungsschritte der digitalen Datenverarbeitung sowie der technologischen Fortschritte bei elektrischen Antrieben werden sich in den nächsten Jahren die Anforderungen an die Trägersysteme stark ändern. Ein Überangebot an kommerziell verfügbaren Trägerraketen wird zu weiteren starken Preisreduktionen führen.

Für zukünftige Weltraumprogramme wie **Mond- und Mars-Exploration** ist das Transportsystem nicht mehr als das technologisch kritische Element anzusehen, unter der Voraussetzung, dass diese Programme mit den bewährten und qualifizierten Trägerraketen durchgeführt werden können. Die meisten sind Einweg- bzw. Verlustgeräte. Für jeden Start wird ein neuer Träger benötigt. Astronauten werden mittels spezifischer Transportkapseln befördert, die mit Hitzeschutzschildern und Fallschirmsystemen wieder auf die Erdoberfläche zurückkehren können. Ein wiederverwendbares Trägersystem, wie das US-Amerikanische Space Shuttle wird wegen der sehr hohen Betriebskosten heute nicht mehr betrieben. Stattdessen gibt es heute Trägerraketen, die die Unterstufen wiederverwenden, um die Startpreise niedrig zu halten.

Für zukünftige Transportsysteme stellen sich folgende Herausforderungen: zum einen die eines geringen Startpreises, einer möglichst großen Flexibilität bezüglich der Nutzlastkapazität und der Zielorbits sowie die Fähigkeit zum Transport von Astronauten, möglicherweise auch die Kombination aus allen Aufgaben.

In den folgenden Kapiteln wird eine detaillierte Einführung in die Theorie, Technologie und den Aufbau von gegenwärtigen und zukünftigen Transportsystemen, Stufen und Teilsystemen gegeben. Es werden der Antriebsbedarf für verschiedene Missionen, die unterschiedlichen Antriebssysteme, die Entwicklungs- und Qualifikationsphilosophien für Komponenten und das gesamte Trägersystem beschrieben. Abschließend werden Anforderungen und Aufbau von Startanlagen sowie Entwurf und Einsatzgebiete von Höhenforschungsraketen behandelt.

3.1 Gesamtsysteme

Jens Laßmann

Die Anforderungen an **Trägersysteme** weichen deutlich von denen an herkömmliche Land-, Wasser- oder Luftfahrzeuge ab. Ein wesentlicher Unterschied ist, dass diese Systeme noch nicht oder nur in sehr geringem Umfang **wiederverwendbar** sind. Die Falcon Trägerrakete der Firma SpaceX fliegt bei einigen Missionen die erste Stufe zurück und verwendet diese erneut. Selbst beim US Space Shuttle, der seit 2011 nicht mehr fliegt, kehrte nur der Orbiter zurück und wurde wiederverwendet. Bezogen auf die Startmasse waren dies weniger als 3 %. Grund hierfür ist, dass die Leistungsanforderung an ein Trägersystem im Vergleich zu anderen Transportsystemen extrem ist und die „Einweg-Lösung" technologisch beherrscht und auch wirtschaftlich attraktiv ist.

Verständlicher werden die **extremen Anforderungen** mithilfe des Grundlagenkapitels 3.1.2, das der Einführung folgt. Die notwendigen Elemente eines Trägersystems werden danach vorgestellt und verdeutlichen gleichzeitig die Komplexität des Gesamtsystems und die resultierenden Anforderungen im Detail. Entsprechend den extremen Anforderungen und der Komplexität des Systems sind die Entwicklungsarbeiten für Trägersysteme umfangreich, sowohl vom zeitlichen als auch vom finanziellen Aufwand. Die notwendige Logik dafür soll zusammen mit dem Überblick heutiger Trägersysteme das Verständnis abrunden. Am Ende steht der Ausblick auf zukünftige Entwicklungen.

3.1.1 Einführung

Trägersysteme werden für den Transport von Satelliten, Sonden und Raumfahrzeugen in den Weltraum eingesetzt. Entsprechend den kosmischen Bahngeschwindigkeiten müssen Trägersysteme hohe Geschwindigkeiten erzielen, und die beschleunigte Nutzlast ist dann vergleichsweise klein. Z. B. für den Start in eine niedere Erdumlaufbahn muss die Nutzlast auf nahezu 8 km/s beschleunigt werden. Die Nutzlast beträgt in diesem Fall typischerweise 1 ... 5 % der Startmasse des Trägersystems.

Nutzlasten können ganz unterschiedlicher Natur sein. Im Allgemeinen wird unterschieden nach:

- wissenschaftlichen Sonden und Satelliten,
- Anwendungssatelliten für
  - Telekommunikation,
  - Erdbeobachtung und Meteorologie,
  - Navigation,
- Systemen für bemannte Missionen.

Seit dem ersten Satellitenstart – UdSSR, Sputnik 1, 04.10.1957 – hat sich die Anzahl und Art der weltweit durchgeführten Starts von Trägerraketen deutlich verändert. Am Anfang war die militärische Erdbeobachtung zusammen mit staatlichen Prestigeprojekten von großer Bedeutung und hat die **Anzahl der Starts** innerhalb von zehn Jahren bis auf ca. 140 pro Jahr steigen lassen. Danach hat sich der Trend, hauptsächlich wegen der Einführung von elektronischer Bildaufzeichnung und Übertragung, umgekehrt. Der kontinuierliche Rückgang hat zu einer heutigen jährlichen Startanzahl von ca. 60 geführt. Betrachtet man die verschiedenen Raumfahrtaktivitäten und Trägerentwicklungen, so ist ein Trend wieder hin zu steigenden Startzahlen zu erkennen.

Heute spielt der Start von **Telekommunikationssatelliten** in die geostationäre Umlaufbahn bzw. in eine Übergangsellipse dorthin mit 30 ... 40 % die größte Rolle. Die Mehrzahl dieser Satelliten wird von kommerziellen Unternehmen betrieben und das mit dem Start verbundene Risiko und die Kosten sind Elemente in einem wirtschaftlichen Geschäftsplan.

Astronautische Missionen werden derzeit nur von Russland und China durchgeführt. Mit weniger als 10 Missionen pro Jahr sind diese von der Anzahl her weniger bedeutungsvoll. Allerdings sind sie wegen des hohen erforderlichen Aufwands zur Vorbereitung und Durchführung von großer Bedeutung für die staatlichen Budgets und die industriellen Arbeiten. Die USA bereiten mit dem SLS-ORION Programm die Rückkehr zur eigenständigen astronautischen Raumfahrt vor. Der erste Start mit Astronauten an Bord soll 2020 stattfinden.

Eine Unterscheidung zwischen **militärischen und zivilen Missionen** wird zunehmend schwieriger. Auf der einen Seite benutzen Militärs zunehmend kommerziell betriebene Satelliten, zumindest für die Telekommunikation, auf der anderen Seite vermischt sich zunehmend rein militärische Nutzung mit Aufgaben wie Terrorismusbekämpfung und Katastrophenschutz. Aktive Waffensysteme sind bis heute nicht oder zumindest nur in sehr geringem Umfang in Erdumlaufbahnen transportiert worden. Wegen der vergleichsweise einfachen Ortung und Zerstörung von Satelliten wird erwartet, dass sich dies nicht grundlegend ändern wird.

Entsprechend den Nutzlasten führen **Trägersysteme** verschiedene Missionen durch. Der Start in eine niedere Erdumlaufbahn ist der erste Schritt. In Kombination von angetriebenen und Freiflug-Missionsphasen können höhere Umlaufbahnen, der Mond oder interplanetare Ziele erreicht werden. Interstellare Missionen (mit überschaubaren Missionszeiten) sind bisher außerhalb der Leistungsfähigkeit der Trägersysteme. Dafür wären neue Antriebstechnologien notwendig. In den 70er-Jahren gestartete Sonden (Pioneer und Voyager) sind – unter Verwendung von raketengetriebenen Trägersystemen und Gravitationsmanövern an

Planeten – am weitesten in den Weltraum vorgestoßen. Voyager 1 hat nach etwa 30 Jahren Flugzeit eine Entfernung von 100 Astronomischen Einheiten (d. h. 100-mal die Entfernung Sonne – Erde) oder etwa 14 Lichtstunden erreicht. Proxima Centauri, der nächste Nachbar unserer Sonne ist ca. 4 Lichtjahre, also sehr viel weiter entfernt.

Aber auch der Flug nach innen, zu unserer Sonne, hat seine Grenzen. Realistisch betrachtet, d. h. unter Berücksichtigung einer sinnvollen Anzahl von Stufen und einer konkreten Nutzlast, ist es nicht möglich, die Sonne direkt zu erreichen und beispielsweise kritische Materialien wie radioaktiven Abfall dorthin zu schaffen. Die Geschwindigkeit der Erde auf ihrer Bahn um die Sonne von 29,8 km/s ist eine extrem hohe und derzeit unüberwindbare Hürde.

Trägersysteme sind komplexe Maschinen, die typischerweise aus mehreren Stufen bestehen und oft unterschiedliche Antriebssysteme benutzen. Entsprechend aufwendig sind die Entwicklung und die Tests. Dafür sind umfangreiche Entwicklungsbudgets und -zeiten erforderlich. In Europa arbeiten eine Vielzahl von Ländern und Firmen an der Entwicklung und Produktion der ARIANE- und Vega-Raketen. Der **politische Wille** ist fast immer der Startpunkt für die Entscheidung zur Entwicklung eines Trägersystems. Entwicklung und Tests von Trägersystemen werden weltweit mit staatlichen Mitteln finanziert. Selbst amerikanische Firmen SpaceX und Blue Origin sind keine Ausnahmen. SpaceX hat zwar mit privatem Investment angefangen, die Falcon Trägerrakete zu entwickeln, allerdings wurde auch dort auf staatlich entwickelte Technologien und staatlich finanzierte Infrastruktur zurückgegriffen.

Der politische Wille zur Investition ist auch an das Ziel geknüpft, die jeweilige nationale Industrie mit technologisch interessanten Aufträgen zu versorgen. Deshalb gibt es im europäischen Zusammenspiel die sogenannte **Geo-Return-Regel,** die den Rückfluss der in die Europäische Raumfahrtagentur ESA eingebrachten Mittel in die jeweilige nationale Industrie sicherstellt.

Die industriellen Konstellationen haben sich seit den ersten Trägerstarts ebenfalls verändert. Unverkennbar ist der Trend zur Kommerzialisierung und Rationalisierung. Einige wenige Systemfirmen arbeiten mit einer Vielzahl von Zulieferfirmen zusammen. Die bedeutendste Komponente oder das bedeutendste Teilsystem von Trägerraketen bzw. deren Stufen ist das Antriebssystem. Die Hersteller von Feststoffantrieben sind typischerweise auch gleichzeitig Hersteller für militärische Raketenantriebe. Im Bereich der Flüssigraketenantriebe sind die Hersteller meistens mit Flugtriebwerksherstellern zusammengeschlossen. Insgesamt beschäftigen Entwicklung und Betrieb von Trägersystemen in Europa etwa 7 000 Menschen. Ein kleiner Teil davon – etwa 100 – arbeitet bei ARIANESPACE, der europäischen kommerziellen Betreibergesellschaft für die ARIANE-Rakete und in Zukunft auch für den neuen kleineren Träger Vega. Außerdem startet ARIANESPACE zusammen mit Mitarbeitern der russischen Herstellerfirma die Sojus-Rakete ab Ende 2010 vom europäischen Startplatz im südamerikanischen Kourou.

ARIANESPACE hat sich als erste **Betreibergesellschaft** (auch Startdienstleister genannt) auf den Start von kommerziellen Satelliten konzentriert. Der Erfolg hat Europa geholfen, die erforderliche staatliche Finanzierung für den Erhalt der notwendigen Infrastruktur – oft auch als Fixkosten bezeichnet – niedrig zu halten. Zur für die Produktion und den Betrieb notwendige Infrastruktur gehören die Startanlagen einschließlich Bahnverfolgung, Wetterbeobachtung und Datenübertragung während des Starts. Außerdem müssen die in der Industrie notwendigen spezifischen Anlagen zur Fertigung, Integration und zum Test hinzugerechnet werden.

Dass die Fixkosten ähnlich wie die Entwicklungskosten staatlich finanziert werden müssen, ist ein Ergebnis der historischen Entwicklung. Zwischenzeitlich ist durch ein Überangebot an Trägersystemen und durch die niedrigen Preise der Markt für kommerzielle Trägerraketenstarts soweit abgesunken, dass ARIANESPACE daraus keinen wesentlichen Anteil für die Deckung der Fixkosten mehr erbringen kann. Deswegen hat Europa 2014 beschlossen, eine neue Trägerrakete zu entwickeln, die durch niedrige Betriebskosten international konkurrenzfähig werden soll.

3.1.2 Grundlagen

Eine Nutzlast in die vorgesehene Bahn zu bringen, ist die prinzipielle Aufgabe und die Berechnung der Leistungsfähigkeit ist die Basis der Auslegung. Der Aufstieg im Gravitationsfeld der Erde und das Erreichen einer Erdumlaufbahn ist die primäre Missionsaufgabe von Trägersystemen. Für die heute üblichen raketengetriebenen Trägersysteme liefert die Raketengrundgleichung zusammen mit dem Prinzip der Stufung eine erste, allerdings für die Entwicklung nicht hinreichende Abschätzung der Leistungsfähigkeit.

3.1.2.1 Nutzlasten und Missionen

Mit der Nutzlastmasse und der Zielbahn lässt sich eine einfache **Missionsanalyse** durchführen. Kern der einfachen Missionsanalyse ist die notwendige Forderung an das Trägersystem, den für die Durchführung der Mission erforderlichen Geschwindigkeitsbedarf Δv zu decken.

Dieser wird maßgeblich von der geforderten **Zielbahngeschwindigkeit** bestimmt. Mit zu berücksichtigen sind aber auch

- die Anfangsgeschwindigkeit durch Erdrotation,
- der Gravitationsverlust,
- der Verlust durch Luftwiderstand und
- Umlenkverluste.

Details dazu sind in den folgenden Grundlagenkapiteln zu finden.

Das **Geschwindigkeitsvermögen** des Trägersystems muss mindestens dem Geschwindigkeitsbedarf der Mission entsprechen. In die Berechnung des idealen Geschwindigkeitsvermögens des Trägersystems mithilfe der Raketengrundgleichung gehen ein:

- Nutzlastmasse,
- Stufenanzahl,
- Antriebsleistungsfähigkeit (je Stufe),
- Strukturmasse und Treibstoffreste (je Stufe).

Die Herleitung der Theorie und die Formeln sind ebenfalls in den folgenden Kapiteln zu finden.

3

Ein weiterer wichtiger Bestandteil der Missionsanalyse sind **Reserven.** Eine einfache, aber Erfolg versprechende Logik ist: Je einfacher die Abschätzung, umso größer müssen die vorgehaltenen Reserven sein. Begründet in den Unsicherheiten der Abschätzungen lassen sich Reserven definieren für:

- Nutzlastmasse,
- Geschwindigkeitsbedarf der Mission,
- Antriebsleistungsfähigkeit (je Stufe),
- Strukturmasse (je Stufe).

Im Rahmen der Verbesserung der Leistungsberechnung durch detaillierte Simulation eines Trägersystems können dann die Reserven verringert werden. Diese numerischen Simulationen sind typischerweise Mischungen aus theoretisch (aus Mechanik, Thermodynamik, Aerodynamik, Reaktionschemie etc.) ableitbaren Gesetzmäßigkeiten und empirischen Ansätzen unter Nutzung vorhandener Erfahrungen. Beispiele zu den Erfahrungen sind den folgenden Kapiteln zu entnehmen.

3.1.2.2 Impuls und Raketengrundgleichung

Raketen nutzen ihre mitgeführte Treibstoffmasse, um Vortrieb und Geschwindigkeit zu erzeugen. Mit diesem Prinzip sind sie weitgehend unabhängig von ihrer Umgebung und deshalb die geeignete Antriebsart, um in den Weltraum zu gelangen. Ausgehend vom Impulserhaltungssatz bewirkt das Ausstoßen eines Masseteilchens $\mathrm{d}m$ mit der Geschwindigkeit c einen entgegengesetzten Impuls an der Rakete, nämlich eine Geschwindigkeitsänderung $\mathrm{d}v$ der Raketenmasse m:

$$m \cdot \mathrm{d}v = c \cdot \mathrm{d}m \quad (3.1.1)$$

Ist die Ausströmungsgeschwindigkeit c konstant und wirken auf die Masse keine weiteren Kräfte, so lassen sich die Variablen trennen und zur **Raketengrundgleichung** integrieren, die 1903 von dem russischen Forscher K. Ziolkowski aufgestellt wurde:

$$v = c \cdot \ln \frac{m_0}{m_e} \quad [\mathrm{m/s}] \quad (3.1.2)$$

v Geschwindigkeitszuwachs,
m_0 Anfangsmasse der Rakete,
m_e Masse bei Brennschluss.

Die Forderung nach konstanter Ausströmgeschwindigkeit gilt mit guter Näherung für chemische Raketenantriebe, die in Trägersystemen verwendet werden.

Aus dem Impulserhaltungssatz lässt sich auch die **Schubkraft** F der Rakete als Produkt des Massenstroms $\dot{m}$ und der Ausströmgeschwindigkeit c ableiten:

$$F = \dot{m} \cdot c \quad [\mathrm{N}] \quad (3.1.3)$$

Mit der Schubkraft und der Masse der Rakete lässt sich die Beschleunigung b berechnen.

$$b = F / m \quad [\mathrm{m/s^2}] \quad (3.1.4)$$

Für alle Kraft- und Beschleunigungsbetrachtungen muss berücksichtigt werden, dass Schub-, Luftwiderstands-, Auftriebs- und dergleichen Kräfte äußere Kräfte sind. Die Gravitationskraft hingegen ist eine eingeprägte Kraft, und ihre Wirkung auf die Schnittkräfte in einer Rakete und auf deren Bewegung muss deshalb differenziert betrachtet werden.

3.1.2.3 Stufung

Eine einzelne Raketenstufe hat nicht das Geschwindigkeitsvermögen, um orbitale Geschwindigkeit zu erreichen, bzw. die transportierbare Nutzlast wird dann verschwindend klein. Durch Stufung lässt sich diese Begrenzung überwinden. Das ideale Geschwindigkeitsvermögen der einzelnen Stufen summiert sich dann zum **Gesamtgeschwindigkeitsvermögen** v_G:

$$v_G = v_1 + v_2 + v_3 \ldots \quad (3.1.5)$$

Bei der Bestimmung des Antriebsvermögens mithilfe der Raketengrundgleichung muss für die unteren Stufen bei Bestimmung der Anfangsmasse und der Masse bei Brennschluss auch die Masse der oberen Stufen berücksichtigt werden. Der Geschwindigkeitszuwachs der unteren Stufen verringert sich dadurch, in der Summe ergibt sich aber ein größeres Geschwindigkeitsvermögen bzw. eine größere Nutzlastleistung. Diese Steigerung hat aber Grenzen. Die maximale Leistung einer gestuften Trägerrakete ergibt sich in erster Näherung bei folgender **Stufenzahl:**

$$n_{opt} = 1{,}12 \cdot v / \overline{c} \quad (3.1.6)$$

$\overline{c}$ ist dabei der Mittelwert der Ausströmgeschwindigkeiten der Stufen. Nachdem die Gleichung typisch eine reale Zahl als Ergebnis liefert, muss diese auf die nächste ganze Zahl gerundet werden.

Mit den bisher gezeigten Gleichungen lässt sich die Leistungsfähigkeit von Trägerraketen in erster Näherung berechnen. Dafür notwendig sind noch Anhaltswerte für die enthaltenen Parameter.

Für die Abschätzung der **Ausstoß- oder Strahlgeschwindigkeit** können drei charakteristische Gruppen von Antrieben gebildet werden:

- Feststoffantriebe: $c \approx 2\,500$ m/s,
- Mittelenergetische Flüssigantriebe: $c \approx 3\,000$ m/s,
- Hochenergetische Flüssigantriebe: $c \approx 4\,000$ m/s.

Daraus ergibt sich der **gewichtsspezifische Impuls** durch die Beziehung:

$$I_{sp} = c \,/\, g_0 \quad [\mathrm{s}] \qquad (3.1.7)$$

als hauptsächlich im angelsächsischen Sprachraum gebräuchliche Leistungsangabe für Antriebe.

Notwendig für die Berechnung der Massenverhältnisse ist der **Strukturmassenanteil.** Dieser variiert typisch zwischen 5 % und 15 % je nach Größe der Stufe und der verwendeten Antriebs- bzw. Treibstoffart.

Tendenziell ist es sinnvoll, Feststoffantriebe für die Startphase und hochenergetische Flüssigantriebe für Oberstufen zu verwenden. Erstere eignen sich gut, um den Startschub zu erzeugen, und die hochenergetischen, d. h. raketentechnisch effizienteren Oberstufen erleichtern die Arbeit der darunterliegenden Stufen. Der Vorteil der Investition in mit hochenergetischen Treibstoffen angetriebene Oberstufen besteht deshalb auch in einer Reduzierung der Massen der darunterliegenden Stufen.

3.1.2.4 Aufstiegsbahn und Antriebsbedarf

Der Aufstieg von Trägersystemen erfolgt zunächst **senkrecht.** Dies ist durch die technische Machbarkeit und das dynamische Verhalten während der Startphase bedingt. Für das Abheben beim Start ist es natürlich erforderlich, dass der Schub mindestens dem Startgewicht entspricht. Ein 10 ... 20 % höherer Startschub hilft, die Rakete – die flugdynamisch instabil ist – in ihrer Fluglage durch korrigierendes Schwenken der Triebwerke zu stabilisieren und gleichzeitig Geschwindigkeit aufzubauen. Noch höherer Startschub ist nicht sinnvoll. Zum einen muss zusätzlich in Triebwerke investiert werden und zum anderen wird die Beschleunigung gegen Brennschluss noch höher, d. h., wenn der Großteil des Treibstoffs verbraucht ist, wird die dann leichte Rakete stark beschleunigt.

Zum Erreichen einer horizontalen Umlaufbahn ist es notwendig, die Rakete nach dem Start leicht zu **neigen.** Danach kann die Schubrichtung wieder optimal, d. h. tangential zur Flugrichtung, ausgerichtet werden. Die Gravitationskraft hilft dann, die Flugbahn in Richtung Horizontale zu drehen. Die Anfangsneigung muss mit dem Beschleunigungsverlauf und der Zielbahn so abgestimmt werden, dass bei Brennschluss die gewünschte Bahngeschwindigkeit und Fluglage erreicht werden.

Der **Geschwindigkeitsbedarf** für die Mission von Trägersystemen ergibt sich hauptsächlich aus der Differenz der Anfangs- und Endgeschwindigkeit. Für die Anfangsgeschwindigkeit ist die Erdrotation zu berücksichtigen, die abhängig von der geographischen Breite des Startplatzes und der Richtung der Flugbahn anzusetzen ist. Die Endgeschwindigkeit ist die Zielbahngeschwindigkeit.

Beim Aufstieg von der Erdoberfläche in eine niedere Erdumlaufbahn muss das Trägersystem im Gravitationsfeld der Erde aufsteigen. Dadurch entsteht der sogenannte **Gravitationsverlust.** Dieser entspricht nicht nur der in die Nutzlast investierten Gravitationsenergie, sondern dabei ist auch die Gravitationsenergie zu berücksichtigen, die in die nach oben transportierten Teile des Trägers und insbesondere in die Abgase investiert wurde. Freiflugphasen im außeratmosphärischen Teil des Aufstiegs von Trägersystemen können helfen, die Gravitationsverluste zu reduzieren. **Luftwiderstands- und Lenkverluste** führen zu zusätzlichem Geschwindigkeitsbedarf. Am Ende müssen noch **Reserven** für unvorhergesehene Bahnstörungen und -ungenauigkeiten vorgehalten werden.

Der Geschwindigkeitsbedarf zum Erreichen einer niederen (≈ 200 km Höhe) Erdumlaufbahn addiert sich dann wie folgt:

- Bahngeschwindigkeit: 7,9 km/s,
- Erdrotation am Startort (–): 0 ... 465 m/s,
- Gravitationsverlust (+): 1 ... 1,5 km/s,
- Luftwiderstandsverlust (+): 100 ... 150 m/s,
- Lenkverluste (+): 20 ... 50 m/s,
- Leistungsreserve (+): 1 ... 2 %,
- **Total:** 8,6 ... 9,8 km/s.

Für weiterführende Missionen wie sonnensynchrone Bahnen (SSO), die geostationäre Umlaufbahn (GEO) bzw. die Transferbahn dorthin (GTO), Mondmissionen oder Fluchtmissionen aus dem Erdgravitationsfeld ergeben sich entsprechend höhere Geschwindigkeitsbedarfe. Werte für den Start vom europäischen Startplatz im südamerikanischen Kourou sind in der Tabelle 3.1.1 zu finden.

3

Tabelle 3.1.1: *Geschwindigkeitsbedarfe für verschiedene Zielbahnen beim Start vom Weltraumbahnhof Kourou.*

Ausgangspunkt	Zielbahn	Inklination	Antriebsbedarf
Kourou	LEO: 200 km	5°	9 km/s
Kourou	SSO: 700 km	98°	9,7 km/s
Kourou	GTO: 200/36 000 km	0° (äquatorial)	11,6 km/s
Kourou	Mond (Aufschlag)		12,0 km/s
Kourou	Flucht		12,5 km/s
Kourou	Mondumlaufbahn		≈ 13 km/s
Kourou	Marsumlaufbahn		≈ 15 km/s

3

3.1.3 Baugruppen

Ein Trägersystem besteht aus einer Reihe von Baugruppen, deren primäre Aufgabe darin besteht, im gemeinsamen Zusammenwirken Nutzlasten in den Weltraum zu befördern. Prinzipiell teilt man ein Trägersystem in das Fluggerät, auch Trägerrakete genannt, und das Bodensegment ein.

Das **Fluggerät,** das in den nächsten Kapiteln genauer beschrieben wird, lässt sich wiederum in Baugruppen einteilen:

- Boosterstufen,
- Raketenstufen mit den Triebwerken,
- Instrumentenabteil,
- Nutzlastadapter,
- Mehrfachstartvorrichtung,
- Nutzlastverkleidung.

Boosterstufen mit schubstarken Antrieben dienen der zusätzlichen Beschleunigung der Rakete in der ersten Flugphase, um die starken Gravitationsverluste auszugleichen. Hier finden vor allem Feststoffantriebe und mittelenergetische Flüssigkeitsantriebe Verwendung.

Im Allgemeinen bilden zwei bis vier Stufen die **Antriebseinheiten** einer Trägerrakete. Sie bestehen aus Treibstofftanks, Fördersystem, Triebwerken, Lageregelungssystem und Übergangsstrukturen mit dem Stufentrennsystem. Antriebe und Treibstoffe der einzelnen Stufen können verschiedenartig sein. Eine leistungsoptimierte Trägerrakete verfügt über schubstarke Unterstufen und eine Oberstufe mit hohem spezifischem Impuls.

Stufen einer Rakete können parallel angeordnet sein, wie beispielsweise Erst- und Boosterstufen oder sie werden seriell übereinander angeordnet und somit sequenziell gezündet.

Kontrolle, Steuerung und Regelung der Trägerrakete im Flug erfolgt autonom, entweder für jede Stufe durch ein individuelles Steuersystem (z. B. Sojus) oder durch eine zentrale Steuerungseinheit in der Oberstufe (z. B. ARIANE 5) für das gesamte Fluggerät.

Die **Nutzlast** wird im sogenannten Nutzlastraum befördert, zu dem die Adapterstrukturen, Mehrfachstartvorrichtung und Nutzlastverkleidung zählen. Adapterstrukturen sind die Schnittstelle zwischen der Rakete und der im Durchmesser kleineren Nutzlast. Großraketen wie die ARIANE 5 verfügen über Mehrfachstartvorrichtungen, die den Transport und das voneinander unabhängige Aussetzen mehrerer Satelliten in einem Flug ermöglichen. Auf diese Weise kann über den Größeneffekt ein attraktiver Startpreis angeboten werden.

Die Trägerrakete alleine ermöglicht noch nicht den Start einer Nutzlast. Ohne das **Bodensegment** mit seiner spezifischen Infrastruktur kann eine Trägerrakete nicht betrieben werden. Diese Bodenanlagen bestehen im Wesentlichen aus:

- Trägerintegrationsgebäude,
- Gebäude zur Nutzlastvorbereitung,
- Startplattform,
- Startzone mit Startturm, Blitzableitern, Abgasschurren und Treibstoff-, Gas- und Wasserversorgung,
- Kontrollzentrum für Trägerrakete und Nutzlast,
- Telemetrieempfangsanlagen entlang der Trajektorie des angetriebenen Flugs,
- Radaranlagen,
- Wettervorhersagezentrum,
- Produktionsanlagen für kryogene Treibstoffe,
- Lagertanks für Treibstoffe und Gase.

Daneben muss der Startplatz über eine **Infrastruktur** zur Anlieferung von Raketenstufen, Nutzlast, Treibstoffen und Gasen verfügen. Auch müssen das Betriebspersonal und die Kundenvertreter in der Nähe leben können. Das heißt, Hotels, Restaurants und Lebensmittelversorgung, aber auch Schulen und andere soziale Einrichtungen müssen vorhanden sein.

3.1.4 Projektphasen

Ein typisches Trägerraketenprojekt lässt sich über die verschiedenen Phasen seines Lebenszyklus beschreiben. Voraussetzung zum Start einer Entwicklung ist das Vorhandensein notwendiger Technologien. Die Reife von Berechnungsmethoden, Fertigungsprozessen und Materialien kann mittels des **Technology Readiness Level (TRL)** beschrieben werden und sollte zum Beginn einer Entwicklung mindestens den Level 6 von 9 erreicht haben. Technologieentwicklungen bis zur Einsatzreife können lange Zeit in Anspruch nehmen. So hat beispielsweise die Entwicklung einer schweißbaren Aluminiumlegierung zur Herstellung der Tanks für kryogenen Sauerstoff der ARIANE etwa 10 Jahre gedauert.

Konzeptentwicklung als erster Schritt einer konkreten Trägerentwicklung startet unabhängig von der

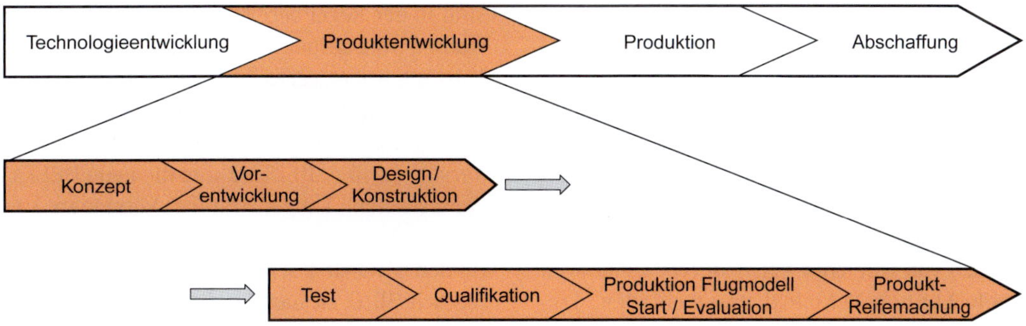

Bild 3.1.1: *Lebenszyklus eines Trägerprojektes.*

Technologiereife und dient primär der Ideenfindung und grundsätzlichen Programmvorbereitung. Basierend auf verschiedenen Konzepten wird ein Programmvorschlag erarbeitet, der im Falle einer öffentlich finanzierten Entwicklung zur Angebotsaufforderung seitens der Agenturen führt. Die Dauer einer Konzeptphase ist an die Entscheidungszyklen der öffentlichen Auftraggeber gekoppelt und beträgt zwischen vier und zehn Jahren.

Erste konkrete Entwicklungsarbeit wird in der **Vorentwicklungsphase** geleistet. Ausgehend von einem übergeordneten Lastenheft wird das Trägersystem ausgelegt und werden verschiedene technische Lösungen gegeneinander abgewogen. Diese Phase dauert etwa 20 % der Entwicklungszeit und findet ihren Abschluss in einem **Preliminary Design Review (PDR).** Die Konstruktion des Trägers und seiner Untersysteme sowie der analytische Nachweis der Integrität und Funktionalität des Trägers finden in der Designphase statt. Entwicklungstests zur Kalibrierung der mathematischen Modelle können diese Arbeiten unterstützen. Diese zweite konkrete **Entwicklungsphase** umfasst etwa 30 % der Entwicklungszeit und schließt mit einem **Critical Design Review (CDR)** ab.

Der folgende Schritt dient der **Qualifizierung** des Trägers am Boden. Tests zum Nachweis der mechanischen Integrität, der Funktionsweise von Triebwerken, des hydraulischen und elektrischen Systems auf Komponenten- und Untersystemebene sowie des Gesamtsystems werden durchgeführt. Basierend auf diesen Tests werden sämtliche mathematischen Modelle validiert und Vorhersagen zum Verhalten des Trägers am Boden und im Flug gemacht. Diese Phase nimmt 40 % der Entwicklungszeit ein und wird durch eine **Qualification Commission** abgeschlossen. Außerdem wird das Qualifikationszertifikat von allen Beteiligten (Auftraggeber, Zulassungsbehörde und Entwickler/Auftragnehmer) unterzeichnet.

Parallel zur Qualifikationsphase beginnt die **Produktion** der ersten Flugeinheiten. Nach dem Erststart folgt eine Phase intensiver Auswertung von Messdaten, die im Flug gewonnen wurden. Dieser Vergleich von Vorhersage und Flugmessung dient einer letzten Korrelation der Modelle, um in der Betriebsphase eventuell auftretende Bauabweichungen analysieren zu können. Dadurch können sichere Aussagen getroffen werden, ob solch ein abweichendes Bauteil akzeptabel ist oder verschrottet werden muss. Typischerweise werden jetzt kleinere Änderungen am Träger vorgenommen, um abweichendes Verhalten zu korrigieren und ausreichend robust für den Serienbetrieb zu sein. Einschließlich des Erstfluges dauert diese abschließende Entwicklungsphase noch einmal 10 % der Entwicklungszeit. Insgesamt dauert eine Trägerentwicklung bis zur Serienreife etwa 10 Jahre.

Im **Betrieb** sollten möglichst wenig Änderungen am Träger vorgenommen werden, um die Qualifikation nicht in Frage zu stellen. Zudem wird durch immer gleich bleibende Fertigungsprozesse ein großer Beitrag zur Zuverlässigkeit des Trägersystems geleistet. Parallel zur Serienfertigung wird oftmals ein produktionsbegleitendes Testprogramm durchgeführt, um die Qualifikation kritischer Komponenten wie Triebwerke im Laufe der Zeit zu überprüfen.

Zum **Ende der Betriebsphase** muss die Produktion des Trägers und seiner Komponenten eingestellt werden. Dabei muss Vorsorge getroffen werden, dass auch für den letzten zu startenden Träger noch ausreichend Ersatzteile zur Verfügung stehen, um bei eventuellen Montagefehlern die Mission nicht zu gefährden. Diese Abschaffungsphase ist zudem geprägt von nachlassender Aufmerksamkeit in der Produktion und dem Abwandern von erfahrenen Mitarbeitern in andere Projekte, was das Risiko eines Fehlstarts erhöht. In dieser letzten Phase des Lebenszyklus (Bild 3.1.1) sollte der Aufwand für die Qualitätsprüfung deutlich gesteigert werden.

3.1.5 Trägersysteme

Trägersysteme sind der Schlüssel zum Weltraum und haben daher bis heute eine große strategische Bedeutung. Derzeit werden zivile Träger von folgenden Staaten betrieben: Russland und Ukraine (seit 1957), USA (seit 1958), Europa (seit 1965), Japan (seit 1970), China (seit 1970), Indien (seit 1980), Israel (seit 1990), Iran (seit 2008), Nord Korea (seit 2012), Süd Korea (seit 2013) und Neuseeland (seit 2017).

Weitere Trägerraketen sind in Argentinien, Australien, Brasilien und Indonesien in der Entwicklung.

Eine Einteilung der Trägersysteme kann nach unterschiedlichsten Kriterien erfolgen. Nach der Stufenzahl unterscheidet man **Einstufer (SSTO: Single Stage To Orbit)** von **Mehrstufern** (meistens zweistufig nach LEO oder dreistufig nach GTO). Nach der Wiederverwendbarkeit werden nicht-wiederverwendbare **(ELV: Expendable Launch Vehicles)** von voll- oder teilwiederverwendbaren **(RLV: Reusable Launch Vehicles)** unterschieden. Träger aller Typen können vertikal starten **(VTO: Vertical Take-Off)**, geflügelte auch horizontal **(HTO: Horizontal Take-Off)**. Weiter können alle Typen grundsätzlich auch Personen befördern. Astronautische Träger brauchen mindestens ein Rückkehrsystem, außerdem werden an die Zuverlässigkeit besondere Ansprüche gestellt. Auch eine Einteilung in kommerzielle und institutionell angebotene Träger ist gebräuchlich.

3

3.1.5.1 Aktuelle Trägersysteme

Ausgehend von der Tatsache, dass derzeit die meisten Trägerstarts dem Transport von Satelliten und Sonden dienen, wird hier eine Einteilung nach der Nutzlastkapazität in einen GEO-Transferorbit vorgenommen: Kleinträger bis 3 000 kg, mittlere Träger zwischen 3 000 kg und 6 000 kg und Schwerlastträger ab 6 000 kg.

Kleinträger werden überwiegend für den Transport von Nutzlasten in niedrige Erdumlaufbahnen (LEO: Low Earth Orbit) eingesetzt. Kleinträger sind in der Regel technisch weniger komplex und daher oft der Einstieg in den Raumtransport. Staaten, die nicht zu den ersten Raumfahrtnationen zählen, den Raumtransport aber aus strategischen Überlegungen zur nationalen Aufgabe machten, sind immer zuerst mit Kleinträgern erfolgreich: Israel mit SHAVIT, Indien mit PSLV und GSLV sowie Italien mit VEGA seien hier als Beispiele aufgeführt. Kommerzieller Raumtransport folgt dem gleichen Prinzip, wie Orbital Sciences mit PEGASUS-XL und Minotaur sowie SpaceX mit FALCON 1, FALCON 9 und FALCON Heavy zeigen. Ferner gibt es eine Klasse von Kleinträgern, die auf Basis ehemaliger Interkontinentalraketen betrieben werden. Diese neue Nutzung ehemaliger Waffensysteme wurde durch internationale Abrüstungsabkommen ermöglicht und betrifft derzeit ausschließlich russische Systeme wie ROCKOT, KOSMOS-3M, DNEPR, SCHTIL, START-1, STRELA und VOLNA. Die Kleinträger-Version der chinesischen Rakete „Langer Marsch“ basiert ebenfalls auf Bauelementen strategischer Raketen.

Mittlere Träger decken die gesamte Breite der genutzten Bahnen ab: niedrige Erdorbits (auch polare Bahnen), mittlere Erdorbits (MEO: Medium Earth Orbits), GEO-Transferbahnen, GEO-stationäre Bahnen und Erdfluchtmissionen. Trägersysteme mittlerer Nutzlastkapazität sind in der Regel bereits seit Jahrzehnten im Einsatz und werden trotz oftmals existierender Nachfolger mit größerer Leistung weiter verwendet, da sie für spezielle Nutzlasten optimiert sind (z. B. SOJUS, die neben dem Satellitentransport auch über eine für den Personentransport verwendete Version verfügt; DELTA 2 und die neue DELTA 4 sowie die chinesischen „Langer Marsch“-Versionen 2 und 3. Diese transportieren in der Regel nur institutionelle Nutzlasten für den national geschützten Markt. Die chinesische Langer Marsch 2F/G ist darüber hinaus auch für den astronautischen Flug qualifiziert, was China nach Russland und den USA zur dritten Nation macht, die Personen in den Weltraum und zurück zur Erde befördern kann.

Schwerlastträger sind hauptsächlich für den Transport von Kommunikationssatelliten in GEO-Transferorbits im Einsatz oder werden für spezielle Missionen mit großen Nutzlastmassen verwendet. Schwerlastträger dominieren auch den kommerziellen Markt für Nutzlasttransporte. Mit der Gründung von ARIANESPACE im Jahr 1980 begann die Kommerzialisierung des Raumtransports. Heute werden nahezu alle existierenden Schwerlastträger kommerziell vermarktet. Diesen heiß umkämpften Markt teilen sich ARIANESPACE mit der ARIANE 5ECA, SpaceX mit FALCON 9, United Launch Alliance mit der ATLAS 5 und International Launch Services mit PROTON. Einzig chinesische Träger und die US-amerikanische DELTA Heavy werden nicht am kommerziellen Markt angeboten.

Im Folgenden werden einige repräsentative aktuelle Trägersysteme näher beschrieben.

ELECTRON (Bild 3.1.2, Tabelle 3.1.2) ist ein rein kommerziell entwickelter Träger für den Transport kleiner Satelliten in einen sonnensynchronen Erdorbit. Die Neuseeländische Firma Rocket Lab entwickelt und betreibt diesen 2-stufigen Träger, der von Kerosin und Flüssigsauerstoff angetrieben wird. Eine Reihe von Innovationen trägt dazu bei, dass der Elektron Launcher neben der geringen Startmasse auch einen sehr niedrigen Startpreis hat. So ist Elektron der erste Träger, der Treibstofftanks aus Kohlenstoff-Komposite-Kunststoffen für beide Treibstoffkomponenten verwendet und der elektrisch angetriebene Turbopumpen im Triebwerk verwendet. Nahezu alle Teile des Triebwerks werden im 3-D Druckverfahren herstellt. Rocket Lab startet von der Halbinsel Mahia in Neuseeland vom firmeneigenen Startplatz.

PEGASUS-XL (Bild 3.1.3, Tabelle 3.1.2) ist ein dreistufiger Feststoffträger. PEGASUS wird von einem umgebauten Passagierflugzeug aus gestartet. Dadurch kann mit kleinerem Startschub und wegen der größeren Höhe des „Startortes“ auch mit einer längeren Düse und damit besserem spezifischem Impuls in der Erststufe geflogen werden. Des Weiteren erlaubt das Flugzeug als „Startplattform“ eine hohe Flexibilität hinsichtlich des Startplatzes sowie einen optimalen Einschuss in die vorgesehene Inklination der Zielbahn. PEGASUS wird von den USA eine besondere

Bild 3.1.2: *ELECTRON (Bild: Rocket Lab).*

Bild 3.1.3: *PEGASUS-XL unter einem Trägerflugzeug (Bild: OSC).*

Bild 3.1.4: *PSLV-C32 (Bild: ISRO).*

strategische Rolle zugesprochen, da im Bedarfsfall schnell und flexibel kleine Nutzlasten zur Überwachung platziert werden können. Da PEGASUS wegen seines vergleichsweise hohen Startpreises nicht konkurrenzfähig ist, wird er derzeit ausschließlich zum Transport institutioneller Nutzlasten verwendet.

PSLV (Bild 3.1.4, Tabelle 3.1.2) ist ein 4-stufiger Träger für Nutzlasten in den niedrigen Erdorbit sowie zum Start interplanetarer Sonden. Die indische Raumfahrtorganisation ISRO entwickelt und betreibt diesen Träger auch in einer stärkeren Version für geostationäre Satelliten (GSLV). PSLV und GSLV werden vom Satish Dhawan Space Center in Andhra Pradesh gestartet.

VEGA (Bild 3.1.5, Tabelle 3.1.2) ist ein weiteres Beispiel für die komplette Neuentwicklung eines Kleinträgers. Ursprünglich ein Entwicklungsprojekt der italienischen Raumfahrtbehörde ASI, ist VEGA inzwischen ein ESA-Projekt. Italien knüpft dabei an die Trägererfahrung an, die es in den 80er-Jahren mit dem Start von in Lizenz produzierten US-amerikanischen SCOUT-Raketen gesammelt hatte. VEGA ist ein dreistufiger Feststoffträger, der über ein mit lagerfähigen Treibstoffen betriebenes Nutzlast-Orientierungssystem verfügt. VEGA startet wie ARIANE 5 vom CSG in der Nähe von Kourou, Französisch-Guayana, und wird von ARIANESPACE kommerziell betrieben.

Bild 3.1.5: *VEGA (Bild: ESA).*

Tabelle 3.1.2: *Kleinträger.*

	ELECTRON	PEGASUS-XL	PSLV-CA	VEGA
1. Stufe	Flüssigtreibstoffstufe	Orion 50S-XL	Feststoffstufe	P80 FW
Länge/Durchmesser	k. A./1,2 m	10,27 m/1,28 m	20 m/2,8 m	7,7 m/3 m
Startmasse	k. A.	16 383 kg	k. A.	87 438 kg
Treibstoffmasse	k. A.	15 014 kg	130 200 kg	80 000 kg
Treibstoffe	LOX/Kerosin	HTPB/AP	HTPB/AP	HTPB-Al/AP
Brenndauer	k. A.	68,6 s	105 s	105 s
Hauptantrieb	9 × Rutherford	Feststoffmotor	1 x.S139	Feststoffmotor
Schub (Vak/SL)	192 kN/162 kN	594 kN/486,7 kN	k. A./4 800 kN	2 092 kN/1 440 kN
I_{sp} (Vak/SL)	333 s/303 s	295 s/k. A.	269 s/237 s	k. A./280 s
Anmerkung	CFK Treibstofftanks	Start von Trägerflugzeug; geflügelt		
2. Stufe	Flüssigtreibstoffstufe	Orion 50-XL	Flüssigtreibstoffstufe	Zefiro 23
Länge/Durchmesser	k. A./1,2 m	3,11 m/1,28 m	12,8 m/2,8 m	7,5 m/1,897 m
Startmasse	k. A.	4 341 kg	k. A.	25 900 kg
Treibstoffmasse	k. A.	3 926 kg	42 000 kg	24 000 kg
Treibstoffe	LOX/Kerosin	HTPB/AP	N204/UDMH′	HTPB/AP
Brenndauer	k. A.	89,4 s	158 s	71 s
Hauptantrieb	9 × Rutherford	Feststoffmotor	1 × Vikas	Feststoffmotor
Schub (Vakuum)	22 kN	153 kN	799 kN	959 kN
I_{sp} (Vakuum)	333 s	289 s	293 s	289 s
Anmerkung	CFK Treibstofftanks			
3. Stufe		Orion 38	Feststoffstufe	Zefiro P9
Länge/Durchmesser		1,34 m/0,97 m	3,6 m/2 m	3,6 m/1,9 m
Startmasse		896 kg	k. A.	10 500 kg
Treibstoffmasse		77 kg	7 600 kg	9 500 kg
Treibstoffe		HTPB-Al/AP	HTPB/AP	HTPB/AP
Brenndauer		68,5 s	83 s	116 s
Hauptantrieb		Feststoffmotor	1 × S-7	Feststoffmotor
Schub (Vakuum)		34,6 kN	240 kN	230 kN
I_{sp} (Vakuum)		283,7 s	295 s	294 s
Anmerkung				
4. Stufe			Flüssigtreibstoffstufe	AVUM
Länge/Durchmesser			3 m/1,3 m	1,8 m/1,9 m
Startmasse			k. A.	719 kg
Treibstoffmasse			2 100 kg	370 kg
Treibstoffe			MON/MMH	Hydrazin/NTO
Brenndauer			425 s	620 s
Hauptantrieb			2 × L-2-5	1 × Heißgasantrieb + 6 × Kaltgasantrieb
Schub (Vakuum)			12,2 kN	2,2 kN
I_{sp} (Vakuum)			308 s	317 s
Anmerkung				Lagekontrolle für die Nutzlastorientierung
Nutzlastverkleidung				
Volumen	k. A.	1,95 m^3	k. A.	19,68 m^3
Masse	k. A.	170 kg	k. A.	k. A.
Länge/Durchmesser	6,73 m/2,52 m	2,139 m/1,16 m	k. A.	6,3 m/3,0 m
Nutzlast	225 kg SSO 500 km	345 kg LEO 90°	1 100 kg SSO 662 km	1 500 kg LEO 90°

Tabelle 3.1.3: *Träger mittlerer Nutzlastkapazität.*

	SOJUS FG/Fregat	CZ-4B Langer Marsch	FALCON 9	H-2A	DELTA IV-M
Boosterstufen	4 × Flüssigantriebsstufe			4 × SRB-A	2 × GEM-60
Länge/Durchmesser	19,6 m/2,68 m			15,1 m/2,5 m	
Startmasse	43 400 kg			75 200 kg	33 789 kg
Treibstoffmasse	39 600 kg			65 100 kg	29 920 kg
Treibstoffe	LOX/Kerosin RG-1			HTPB	HTPB/AP
Brenndauer	118 s			k. A.	90 s
Hauptantrieb	1 × RD-107A			Feststoffmotor	Feststoffmotor
Schub (Vak/SL)	k. A./810 kN			k. A./2 245 kN	608,1 kN/k. A.
I_{sp} (Vak/SL)	319 s/257 s			k. A./281 s	278 s/273 s
Anmerkung	4-Kammer-Triebwerk				
1. Stufe	1 × Flüssigkeitsstufe	1 × Flüssigkeitsstufe	1 × Flüssigkeitsstufe	1 × Flüssigkeitsstufe	1 × CBC
Länge/Durchmesser	27,14 m/2,95 m	24,66 m/3,35 m	42,6 m/3,66 m	37,2 m/4,0 m	k. A./5,0 m
Startmasse	101 900 kg	192 700 kg	433 100 kg	113 600 kg	226 400 kg
Treibstoffmasse	95 400 kg	183 200 kg	410 900 kg	100 000 kg	199 640 kg
Treibstoffe	LOX/Kerosin RG-1	UDMH/NTO	LOX/Kerosin	LOX/LH_2	LOX/LH_2
Brenndauer	286 s	170 s	162 s	397 s	251 s
Hauptantrieb	1 × RD-108A	1 × DaFY6-2	9 × Merlin 1D	1 × LE-7A	1 × RS-68
Schub (Vak/SL)	k. A./780 kN	k. A./2 961 kN	k. A./7 607 kN	1 080 kN/840 kN	3 317 kN/2 910 kN
I_{sp} (Vak/SL)	319 s/248 s	k. A./260 s	311 s/282 s	443 s/k. A.	410 s/360 s
Anmerkung	4-Kammer-Triebwerk		drosselbar/ subcooled LOX		
2. Stufe	1 × Block L	1 × Flüssigkeitsstufe	1 × Flüssigkeitsstufe	1 × Flüssigkeitsstufe	1 × Centaur
Länge/Durchmesser	6,7 m/2,66 m	10,41 m/3,35 m	12,6 m/3,66 m	9,2 m/4,0 m	12,2 m/4,0 m
Startmasse	25 200 kg	39 600 kg	111 500 kg	19 600 kg	24 170 kg
Treibstoffmasse	22 800 kg	35 600 kg	107 500 kg	16 600 kg	21 280 kg
Treibstoffe	LOX/KerosinT-1	UDMH/NTO	LOX/Kerosin	LOX/LH_2	LOX/LH_2
Brenndauer	240 s	127 s	397 s	534 s	850 s
Hauptantrieb	1 × RD-0110	1 × YF-22	1 × Merlin 1D Vac.	1 × LE-5B	1 × RL-10B-2
Schub (Vakuum)	297,9 kN	742 kN	943 kN	141 kN	110 kN
I_{sp} (Vakuum)	325 s	296,7 s	348 s	447 s	466 s
Vernier-Antrieb		4 × YF23	4 × RD-8		
Schub (Vakuum)			78 kN		
I_{sp} (Vakuum)			342 s		
Anmerkung	4-Kammer-Triebwerk mit 5 Verniers		drosselbar mehrfach zündbar		
3. Stufe	Fregat	1 × Flüssigkeitsstufe			
Länge/Durchmesser	1,5 m/3,35 m	1,92 m/2,9 m			
Startmasse	6 350 kg	15 150 kg			
Treibstoffmasse	5 350 kg	14 152 kg			
Treibstoffe	UDMH/NTO	UDMH/NTO			
Brenndauer	877 s	135 s			
Hauptantrieb	1 × S5.92	1 × YF-40			
Schub (Vakuum)	19,6 kN	100 kN			
I_{sp} (Vakuum)	331 s	306 s			
Anmerkung	20 Zündungen				
Nutzlastverkleidung	Type S				
Masse	1 045 kg	k. A.	1 700 kg	1 716 kg	1 677 kg
Länge/Durchmesser	5,87 m/3,44 m	6,51 m/3,0 m	13,228 m/5,263 m	9,12 m/4,6 m	10,32 m/4,53 m
Nutzlast	1 200 kg GTO	550 kg GTO 4 680 kg LEO	8 300 kg GTO	3 800 kg GTO 10 000 kg LEO 30°	5 300 kg GTO

Bild 3.1.6: *SOJUS (Bild: ESA).*

Bild 3.1.7: *Langer Marsch CZ-2F (Bild: cmse.gov.cn).*

SOJUS (Bild 3.1.6, Tabelle 3.1.3) ist die weltweit erfolgreichste Trägerrakete mittlerer Nutzlastkapazität. Seit 1966 wurden mehr als 1 200 SOJUS-Raketen vom russischen Startplatz Baikonur aus gestartet. SOJUS ist eine Weiterentwicklung der sowjetischen Interkontinentalrakete R-7, speziell zum Transport von Kosmonauten in einen niedrigen Erdorbit. Die Basis-Version verfügt über 2,5 Stufen mit semi-kryogenen Treibstoffen. Um die erste Stufe sind vier ebenfalls mit lagerfähigen Treibstoffen betriebene Booster-Stufen angeordnet. Ursprünglich für den Transport von Menschen in den Weltraum qualifiziert, nimmt sie diese Aufgabe auch heute noch wahr, indem das bemannte SOJUS-Modul die dritte Stufe bildet. Als Oberstufe für den Transport von Satelliten wird die bis zu 20-mal wiederzündfähige FREGAT verwendet. SOJUS wird international kommerziell von ARIANESPACE vermarktet. Seit 2011 wird SOJUS auch vom europäischen Startplatz CSG in Französisch-Guayana gestartet. Dazu wurden eine neue Startanlage errichtet und der Träger mit neuer Elektronik ausgestattet, um den hohen Sicherheitsstandards in CSG zu entsprechen. Als technische Besonderheit dieses Trägers kann die „heiße" Stufentrennung genannt werden. Im Gegensatz zu den meisten anderen Trägern erfolgt die Stufentrennung bereits in der Schubabbauphase und nach Zündung des Triebwerks der nächsten Stufe. Auf diese Weise wird kein System zur Vorbeschleunigung benötigt, um die Treibstoffe vor der Zündung am Tankauslass zu orientieren.

CZ-4B (Chang Zheng, „Langer Marsch") (Tabelle 3.1.3) ist derzeit das Arbeitspferd der chinesischen Raumfahrt. Primär für den Transport der nationalen chinesischen Nutzlasten eingesetzt, wird diese Rakete zusammen mit der etwas stärkeren CZ-3 auch am kommerziellen Markt angeboten. Exportbeschränkungen vieler Industrienationen grenzen jedoch diese Verwendung stark ein. Darüber hinaus ist die freie Kapazität durch die starke Binnennachfrage stark eingeschränkt. Ursprünglich eine Weiterentwicklung der Interkontinentalrakete DF-5, ist die CZ-4B ein dreistufiges Trägersystem, das mit lagerfähigen Treibstoffen betrieben wird. Seit 1999 ist dieser Träger in der Version CZ2-F auch für den Transport von Menschen in den Weltraum qualifiziert (Bild 3.1.7). Die Oberstufe wird dazu durch ein Orbital- und Rückkehrmodul ersetzt. Zusätzlich werden vier ebenfalls mit lagerfähigen Treibstoffen betriebene Flüssigbooster zur ersten Stufe hinzugefügt. Satelliten-Missionen werden vom chinesischen Startplatz Taiyuan, astronautische Missionen vom Startplatz Juiquan aus geflogen.

FALCON 9 (Bild 3.1.8, Tabelle 3.1.3) ist ein zweistufiges, mit semi-kryogenen Treibstoffen betriebenes Trägersystem. Das US-amerikanische Unternehmen SpaceX entwickelt und betreibt diesen Träger, der sowohl von Cape Canaveral als auch von Vandenberg aus gestartet werden kann. Die erste Stufe wird von 9 Triebwerken angetrieben und kann je nach Mission zum Startplatz zurückfliegen

Bild 3.1.8: *FALCON 9 (Bild: NASA).*

Bild 3.1.9: *H-2A (Bild: JAXA).*

oder auf einer im Meer schwimmenden Plattform landen. Diese Erststufen können wiederverwendet werden, was sich in niedrigen Startpreisen wiederspiegelt. Mit Hilfe der DRAGON Kapsel versorgt SpaceX auch die Internationale Raumstation und kann von dort auch Nutzlasten wieder zur Erde zurückführen. Geplant ist, die Falcon 9 mit einer weiterentwickelten DRAGON Kapsel zur Beförderung von Astronauten einzusetzen. Darüber hinaus gibt es noch eine Schwerlastversion, die Falcon Heavy. Sie setzt sich zusammen aus der Falcon 9 als zentrales Segment und 2 Falcon 9 Unterstufen als Boosterstufen. Alle 3 Erststufen können zum Startplatz zurückfliegen und wiederverwendet werden.

H-2A (Bild 3.1.9, Tabelle 3.1.3) ist eine Weiterentwicklung der japanischen Trägerrakete H-2, die ihrerseits einen großen technologischen Sprung für Japan gegenüber der H-1 darstellt. Die H-2A wurde mit dem Schwerpunkt der Kostenreduktion und der gesteigerten Verfügbarkeit entwickelt. Die H2-A setzt sich aus einer kryogenen Erststufe, zwei oder vier Feststoffboostern und einer kryogenen Oberstufe zusammen. Die Erststufe wird von einem Hochdruck-Staged-Combustion-Cycle-Triebwerk angetrieben und zählt damit zu den technologisch anspruchsvollsten Stufen, die verwirklicht wurden. Die H2-A wird außer im japanischen Binnenmarkt auch kommerziell global angeboten. Eingeschränkte Startfenster und damit zusammenhängend kleine jährliche Startraten sind jedoch kommerziell wenig attraktiv. Japans Startplatz Tanegashima darf nur zweimal pro Jahr für einen Zeitraum von drei Wochen betrieben werden. In der übrigen Zeit muss die Fischerei vor der Küste ungestört bleiben.

DELTA IV-M (Bild 3.1.10, Tabelle 3.1.3) ist Teil einer Trägerfamilie, die sowohl das mittlere Nutzlastsegment als auch, in der Version DELTA IV-H, den Schwerlastbereich abdeckt. Sie besteht aus einer neu entwickelten kryogenen Erststufe, die mit zwei Feststoffboostern kombiniert werden kann. Die ebenfalls kryogene Oberstufe ist eine Adaption der US-amerikanischen Centaur, die bei diversen amerikanischen Trägersystemen zum Einsatz kam und kommt. Die Delta-IV-Erststufe verwendet darüber hinaus ein bezüglich der Herstellungskosten optimiertes Triebwerk. In der Version DELTA IV-H werden anstelle der Feststoffmotoren zwei weitere Erststufen als Booster verwendet. Hier zeigt sich die starke Flexibilität des Konzepts für die unterschiedlichsten Nutzlastgrößen. Die DELTA IV kann sowohl vom Kennedy Space Center in Florida als auch von der Vandenberg Air Force Base in Kalifornien aus gestartet werden.

ARIANE 5 (Bild 3.1.11, Tabelle 3.1.4) ist ein 2,5-stufiges Trägersystem primär zum Transport schwerer Nutzlasten in eine GEO-Transferbahn. Die Fähigkeit, pro Start zwei Satelliten mit einer Gesamtmasse von 11 000 kg zur geosta-

Bild 3.1.10: *DELTA IV-M (Bild: USAF).*

Bild 3.1.11: *ARIANE 5 (Bild: ESA).*

tionären Bahn zu befördern, begründet den kommerziellen Erfolg der ARIANE, die von ARIANESPACE betrieben und international vermarktet wird. Die ARIANE 5 ECA besteht aus einer kryogenen Erststufe und zwei Feststoffboostern sowie einer mit flüssigem Wasserstoff und flüssigem Sauerstoff betriebenen Oberstufe. ARIANE 5 wird vom europäischen Startgelände CSG in Französisch-Guayana in der Nähe von Kourou gestartet. Aufgrund der Nähe des Startplatzes zum Äquator (5° nördlicher Breite) hat die ARIANE 5 gegenüber amerikanischen und russischen Trägern einen Leistungsvorteil.

PROTON (Bild 3.1.12, Tabelle 3.1.4) ist nach ARIANE 5 und Falcon 9 der dritte bedeutende Träger zum Transport kommerzieller Nutzlasten in den GTO. Proton ist ein vierstufiger Träger, der vom russischen Startplatz Baikonur aus gestartet wird. Im Gegensatz zu den Raketen der SOJUS-Klasse wird die PROTON senkrecht integriert und zum Startplatz transportiert. Die ersten drei Stufen werden mit lagerfähigen Treibstoffen betrieben, wobei auch die

Bild 3.1.12: *PROTON (Bild: NASA).*

Triebwerke der einzelnen Stufen sich hauptsächlich in der Länge der Düsen unterscheiden. Als vierte Stufe kommen alternativ der BLOCK D mit einem semi-kryogenen Antrieb oder die bis zu 20-mal wiederzündfähige BREEZE-Oberstufe zum Einsatz. PROTON wird von der Betreibergesellschaft ILS kommerziell vermarktet.

ATLAS V (Bild 3.1.13, Tabelle 3.1.4) ist neben DELTA IV-H der zweite amerikanischer Schwerlastträger, der einen garantierten Zugang zum Weltraum für strategische Nutzlasten ermöglicht. Die semi-kryogene ATLAS-V-Erststufe wird von einem russischen Mehrkammertriebwerk angetrieben. Je nach Nutzlastmasse sorgen 2, 4, oder 5 Feststoffbooster für zusätzlichen Startschub. Als Oberstufe kommt die kryogene Centaur mit einem RL-10-Triebwerk zum Einsatz. Obwohl sie von Lockheed-Martin kommerziell angeboten wird, ist ihr Marktanteil wegen des hohen Preises gering. ATLAS V wird vom Kennedy Space Center in Florida aus gestartet.

STS (Bild 3.1.14, Tabelle 3.1.4). Das Space Transportation System (Space Shuttle) war ein teil-wiederverwendbares Trägersystem, bestehend aus einem geflügelten Orbiter einschließlich der kryogenen Haupttriebwerke, einem externen Wasserstoff- und Sauerstofftank, der nicht wiederverwendet wurde und zwei Feststoffboostern, deren ausgebrannte Stahlgehäuse geborgen wurden, um sie wieder zu verwenden. Der Orbiter bot bis zu sieben Astronauten Platz und verfügte über eine große, durch zwei Tore verschlossene Ladebucht. Gegen Ende seines Betriebs wurde das STS fast ausschließlich zum Aufbau und zur Versorgung der Internationalen Raumstation eingesetzt. Sämtliche kommerziellen Nutzlasttransporte wurden nach dem Challenger-Unglück eingestellt. Aufgrund des hohen Alters der drei verbliebenen Orbiter (Endeavour, Atlantis und Discovery) wurde das STS im Jahr 2011 ausgemustert und wird in naher Zukunft durch ein Nachfolgesystem ersetzt.

Bild 3.1.13: *ATLAS V (Bild: NASA).*

Bild 3.1.14: *Space Transportation System mit Space Shuttle „Endeavour" (Bild: NASA).*

3

Tabelle 3.1.4: *Schwerlastträger.*

	ARIANE 5E/CA	PROTON K/DM3	ATLAS V 551	STS Space Shuttle
Boosterstufen	2 × EAP		5 × SRB Block-B	2 × SRB
Länge/Durchmesser	31 m/3 m		20,4 m/1,5 m	45,46 m/3,77 m
Startmasse	273 000 kg		46 300 kg	590 000 kg
Treibstoffmasse	240 000 kg		42 600 kg	502 000 kg
Treibstoffe	HTPB-Al/AP		HTPB/AP	k. A.
Brenndauer	140 s		k. A.	123,6 s
Hauptantrieb	1 × P240		Feststoffantrieb	Feststoffantrieb
Schub (Vak/SL)	k. A/6 360 kN		1 655 kN	11 790 kN/k. A.
I_{sp} (Vak/SL)	273 s/k. A.		k. A.	267,3 s/k. A.
Anmerkung	Fallschirmbergung möglich			Fallschirmbergung zur Wiederverwendung
1. Stufe	1 × EPC	1 × Flüssigkeitsstufe	1 × CCB	1 × External Tank
Länge/Durchmesser	30,7 m/5,4 m	21,18 m/4,1 m	32,46 m/3,81 m	47 m/8,4 m
Startmasse	185 500 kg	450 000 kg	305 566 kg	750 000 kg
Treibstoffmasse	171 400 kg	419 410 kg	284 289 kg	721 000 kg
Treibstoffe	LOX/LH_2	UDMH/NTO	LOX/Kerosin	LOX/LH_2
Brenndauer	540 s	120 s	250 s	
Hauptantrieb	1 × Vulcain 2	6 × RD-253	1 × RD-180	
Schub (Vak/SL)	1 350 kN/k. A.	1 470 kN/k. A.	4 152 kN/k. A.	
I_{sp} (Vak/SL)	433 s/k. A.	316 s/285 s	337,8 s/311,3 s	
Anmerkung			2-Kammer-Triebwerk	
2. Stufe	1 × ESC-A	1 × Flüssigkeitsstufe	1 × Centaur III	Space Shuttle Orbiter
Länge/Durchmesser	4,7 m/5,4 m	17,05 m/4,1 m	11,89 m/3,05 m	37,24 m/17,25 m
Startmasse	19 200 kg	167 830 kg	22 760 kg	80 000 kg
Treibstoffmasse	14 600 kg	156 113 kg	20 830 kg	14 200 kg
Treibstoffe	LOX/LH_2	UDMH/NTO	LOX/LH_2	UDMH/NTO
Brenndauer	970 s	210 s	900 s	522 s
Hauptantrieb	1 × HM7b	4 × RD-0210	1 × RL-10A-4-1	3 × SSME
Schub (Vak/SL)	62,8 kN/k. A.	582 kN/k. A.	99,2 kN/k. A.	2 278 kN/1 834 kN
I_{sp} (Vak/SL)	444 s/k. A.	327 s/k. A.	450,5 s/k. A.	452,5 s/364 s
Anmerkung				Geflügelter, wiederverwendbarer Orbiter
3. Stufe		1 × Flüssigkeitsstufe		
Länge/Durchmesser		4,11 m/4,1 m		
Startmasse		50 747 kg		
Treibstoffmasse		46 562 kg		
Treibstoffe		UDMH/NTO		
Brenndauer		230 s		
Hauptantrieb		1 × RD-0210		
Schub (Vakuum)		582 kN		
I_{sp} (Vakuum)		327 s		
Anmerkung		4 Verniers RD-0214		
4. Stufe		Block D/DM		
Länge/Durchmesser		6,28 m/3,7 m		
Startmasse		18 350 kg		
Treibstoffmasse		15 200 kg		
Treibstoffe		LOX/Kerosin		
Brenndauer		600 s		
Hauptantrieb		1 × RD-58M		
Schub (Vakuum)		87 kN		
I_{sp} (Vakuum)		353 s		
Anmerkung		7 Zündungen		
Nutzlastverkleidung				
Masse	2 900 kg	k. A.	2 255 kg	k. A.
Länge/Durchmesser	15,87 m/5,4 m	7,29 m/3,88 m	11,86 m/5,1 m	18,6 m/4,7 m
Nutzlast	9 000 kg GTO	4 350 kg GTO 2 600 kg GEO	k. A.	24 400 kg LEO 28°

3.1.5.2 Konzepte für die Zukunft

Derzeit befindet sich eine Reihe von Trägersystemen in der Entwicklung. Der Schwerpunkt dieser Entwicklungen liegt in der Reduktion der Startpreise für kommerzielle und institutionelle Missionen.

2014 hat Europa beschlossen, ein neues Trägersystem zu entwickeln mit dem Ziel, die Startpreise im Vergleich zur ARIANE 5 zu halbieren. Dazu wurde die ARIANEGROUP als Zusammenschluss des Trägerentwicklers und der Triebwerksentwickler gegründet. Wie ihre Vorgängerin ist die neue ARIANE 6 (Bild 3.1.15) ein 2,5-stufiger Träger mit kryogener Unter- und Oberstufe sowie mehreren Feststoffboostern. Diese Feststoffbooster sind identisch mit einer Weiterentwicklung der Erststufe der VEGA Rakete. Als Antwort auf einen sich schnell ändernden Transportmarkt wird eine große Missionsflexibilität mittels zwei verschiedener Versionen (ARIANE 62 mit 2 Feststoffboostern und ARIANE 64 mit 4 Feststoffboostern) sowie durch eine wiederzündfähige Oberstufe erreicht. ARIANEGROUP wird die ARIANE 6 über ihre Betreiberfirma ARIANESPACE am Markt vertreiben.

Russland entwickelt eine neue Trägerfamilie, die Proton ersetzen soll. Angara wird in 2 Versionen entwickelt: eine 3-stufige Trägerrakete für mittlere Nutzlasten (Angara 1.2) und eine Schwerlastversion mit 4 Boostern (Angara 5 – Bild 3.1.16). Die 4 Booster sind identisch mit der Erststufe der Angara 1.2. Die Angara soll vom neuen russischen Startplatz Vostochny Cosmodrome sowie von Plesetzk aus gestartet werden. Zwei erfolgreiche Testflüge wurden 2014 von Plesetzk aus durchgeführt.

In den USA werden derzeit diverse Trägerraketen neu entwickelt. Die NASA entwickelt mit Lockheed-Martin als Hauptauftragnehmer das Space Launch System (SLS – Bild 3.1.17). Basierend auf Elementen des Space Shuttle Programms wird dieser Schwerlastträger zusammen mit der ORION Kapsel in der Lage sein, Astronauten auf Missionen jenseits des Mondes und zur Erde zurück zu befördern. Das SLA wird die stärkste Rakete weltweit werden. Der Gesamtschub wird den der Saturn V übertreffen. Das SLS soll in der Lage sein, 130 t in den niedrigen Erdorbit zu befördern und damit anspruchsvolle Explorationsmissionen zu starten.

United Launch Alliance (ULA) entwickelt einen Nachfolger für Atlas 5 und Delta 4 in einer „private-public partnership" mit der US Regierung. Dieses Schwerlastträgersystem wird primär für US nicht-astronautische, institutionelle Missionen der NASA und des Militärs entwickelt. Der 2-stufige Vulcan Träger (Bild 3.1.18) bestehend aus einer semi-kryogenen Erststufe und einer kryogenen Oberstufe soll mit bis zu 6 Feststoffboostern versehen werden.

Bild 3.1.15: *ARIANE 6 (Bild:ARIANEGroup).*

Bild 3.1.16: *Angara (Bild: Khrunichev).*

Bild 3.1.17: *Space Launch System mit ORION (Bild: NASA)*

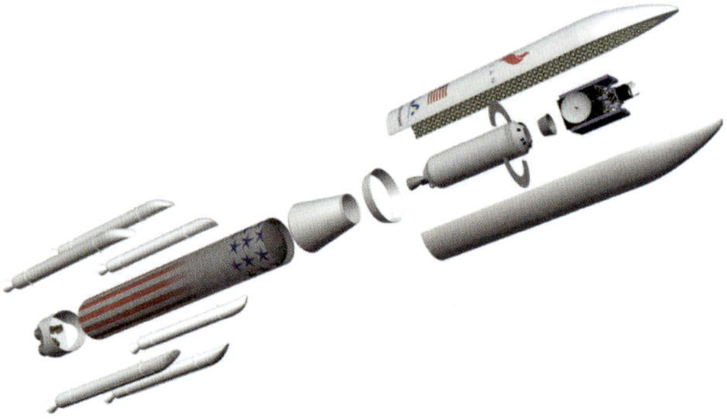

Bild 3.1.18: *VULCAN (Bild: US Government).*

In der **Wiederverwendung** steckt ein großes Potenzial zur zukünftigen Weiterentwicklung des Raumtransports. Die Wiederverwendung des Trägersystems spart Produktionskosten, allerdings erhöht sich durch die notwendige Rückkehr auch gleichzeitig die Komplexität von Fahrzeug und Mission. Demnach sind typische Zielsetzungen für wiederverwendbare Raumtransportsysteme:

- Kostenreduzierung,
- höhere Zuverlässigkeit,
- Rücktransport von Nutzlasten zur Erde.

Die **höhere Zuverlässigkeit** ergibt sich nicht direkt aus der Wiederverwendung, sind die Mission und das Trägersystem wegen der notwendigen Rückkehr doch komplexer. Eine deutliche Kostenreduzierung lässt sich allerdings nur bei hoher Wiederverwendungsrate und damit bei sehr hoher Zuverlässigkeit des Systems erreichen. Wegen des zusätzlichen Aufwands, das Fahrzeug bzw. die Stufen für die Wiederverwendung zur Erde zurückführen zu müssen, beschränkt sich die Wiederverwendung derzeit auf die Unterstufen. Die Geschwindigkeit der Unterstufen bei Brennschluss erfordert noch keinen spezifischen Thermalschutz. Das Rückführen von Oberstufen, die bereits Orbitalgeschwindigkeit erreichen, ist weitaus komplexer. Die sehr hohen Fluggeschwindigkeiten müssen abgebremst werden, wofür Hochtemperaturthermalschutz, Fallschirmsysteme oder aerodynamische Flächen notwendig sind.

Neben SpaceX mit seinen Trägerraketen Falcon 9 und Falcon Heavy entwickelt auch die Firma Blue Origin ein teilweise wiederverwendbares Trägersystem. Dieser als New Glenn (Bild 3.1.19) bezeichnete Träger mit einer wiederverwendbaren Erststufe und einer bzw. zwei Verlust-Oberstufen wird derzeit rein privat finanziert und soll bis zu 13 t in einen GTO befördern. Testflüge mit der wiederverwendbaren Unterstufe wurden 2015 und 2016 erfolgreich durchgeführt. New Glenn ist für die Beförderung von Astronauten ausgelegt und verfolgt das Ziel, touristische Raumfahrt zu ermöglichen.

Bild 3.1.19: *New Glenn (Bild: Blue Origin).*

Als Analogie zu Flugzeugen kann ein voll wiederverwendbarer einstufiger Raumtransporter angesehen werden, der seine Nutzlast – im Allgemeinen zusammen mit einer nicht wieder verwendbaren Oberstufe – in niederer Erdumlaufbahn absetzt. Verschiedene und vom Aufwand her teilweise sehr umfangreiche amerikanische und europäische Technologie- und Demonstrationsprogramme haben allerdings gezeigt, dass für die Realisierung des voll wiederverwendbaren Einstufers noch erhebliche technologische Fortschritte im

- **Strukturleichtbau** (Tanks und Hochtemperatur-Wärmeschutzsystem) und in der
- **Antriebsleistungsfähigkeit** (Raketen- und luftatmende Antriebe)

notwendig sind, um dieses Ziel zu erreichen. Auf absehbare Zeit sind nur gestufte und teilwiederverwendbare Raumtransporter realisierbar.

Der zwischen 1981 und 2011 betriebene Space Shuttle war der erste Schritt in die Wiederverwendung. Es war ein gestuftes System und nur zu einem begrenzten Anteil (Orbiter) wiederverwendbar. Mit dem Space Shuttle konnten weder Kostenreduzierung noch höhere Zuverlässigkeit realisiert werden. Die Rückkehr zur Erde hat allerdings den Rücktransport von Nutzlasten ermöglicht.

Für zukünftige Entwicklungen gibt es eine breite Palette von Variationsmöglichkeiten, die zu einer Vielfalt an denkbaren Lösungen führt. Allerdings sind die wesentlich beeinflussenden Parameter begrenzt:

- Teil- oder volle Wiederverwendung (zu berücksichtigen ist: für eine Vielzahl der Missionen werden nicht wiederverwendbare Oberstufen benötigt),
- Anzahl der Stufen (SSTO, TSTO),
- Start- und Landemethode (horizontal, vertikal, mit/ohne Antrieb, mit Flügeln),
- Antrieb (Rakete, luftatmender Antrieb, Mischformen).

Die Beherrschung eines routinemäßigen, zuverlässigen und kosteneffizienten Betriebs eines wiederverwendbaren Trägersystems benötigt neben der Technologie umfangreiche **Betriebserfahrung**. Entsprechend müssen Technologie und Betriebserfahrung parallel weiterentwickelt werden. Es ist zu erwarten, dass mehrere „Generationen" von Trägersystemen erforderlich sind, um „Routinebetrieb" zu erreichen.

Die Theorie für zukünftige Entwicklungen wird in **Systemkonzepten** zusammengefasst. Auf dem Weg zur Optimierung von Konzepten für zukünftige Trägersysteme spielen numerische Simulationen eine wichtige Rolle. Damit lassen sich heute sehr umfangreiche und detaillierte Analysen zu einer Gesamtsystembetrachtung zusammenfassen. Die NASA hat ein dezentrales, d. h. in den verschiedenen NASA-Zentren anteilig betriebenes **Simulationsprogramm** entwickelt, das über Internetverbindungen vernetzt ist. Die erreichbare Komplexität ist enorm und wird durch die Anzahl der modellierten Parameter (zuletzt ca. 70 000) nur ansatzweise beschrieben. Die Simulationen sind ein Beitrag dazu, das Verständnis möglicher zukünftiger Trägersysteme zu verbessern.

Doch schon bei der Definition des Optimierungsziels ist eine Festlegung erforderlich, die nicht allen Gesichtspunkten einer späteren Entwicklungsentscheidung gerecht werden kann. Es besteht die Möglichkeit einer Leistungsoptimierung, d. h. bei gegebener Nutzlast und Zielbahn die Startmasse des Trägersystems zu minimieren. Minimale Startmasse muss aber nicht minimale Kosten bedeuten, und bei minimalen Kosten können dies die Kosten einer Mission oder die des kompletten Lebenszyklus einschließlich Entwicklung sein. In der Realität wird aber nicht alles neu entwickelt. Die Nutzung vorhandener Komponenten spart Entwicklungskosten, kann aber andere Komponenten und im Endeffekt das Gesamtsystem mit Randbedingungen belegen, die zu suboptimalen Lösungen führen.

Für eine Entwicklungsentscheidung spielen auch Kriterien eine Rolle, die nicht in einer technischen und Kostensimulation erfassbar sind. Eine rationale Auswahl erfordert Entscheidungskriterien und deren Gewichtung. Am Ende wird die Gewichtung der Entscheidungskriterien oft zur eigentlichen Entscheidung.

3

Literatur

[3.1.1] FEDERAL AVIATION ADMINISTRATION. The Annual Compendium of Commercial Space Transportation: 2018.

[3.1.2] *Krebs, G. D.:* Gunter's Space Page, space.skyrocket.de, 1996–2018.

[3.1.3] *Wade, M.:* astronautix.com, 1997–2017.

[3.1.4] EUROCONSULT. Satellite Communications & Broadcasting Market Survey. 2018 edition.

[3.1.5] *Koelle, D. E.:* Handbook of Cost Engineering for Space Transportation – Ref. 3. TCS Ottobrunn, 2010.

[3.1.6] *Isakowitz, S.; Hopkins, J.:* International Reference Guide to Launch Systems. Fourth Edition. AIAA Publication, 2004.

[3.1.7] *Huzel D. K.; Huang, D. H.:* Modern engineering for design of liquid-propellant rocket engines. Volume 147, Progress in Astronautics and Aeronautics. AIAA Publication 1992.

[3.1.8] *Koelle, H. H. et al.:* Handbook of Astronautical Engineering. New York: McGraw Hill, 1963.

[3.1.9] *Fischer, H. M.:* Europas Trägerrakete ARIANE. Lemwerder: Stedinger Verlag, 2002.

3.2 Stufentechnologien

Jens Laßmann, Bernward Heese und *Jörg Krüger*

In diesem Kapitel werden Technologien und Auslegungskriterien beschrieben, die für Raketenstufen und ihre Teilsysteme verfügbar sind und eingesetzt werden. Die Antriebssysteme von Raketenstufen werden im Kapitel 3.3 detailliert dargestellt. Die Schnittstelle zwischen dem Fördersystem der Stufe und dem Antrieb liegt i. Allg. bei den Eingangsventilen des Triebwerks. Auf Feststoffstufen wird nicht näher eingegangen, da sie sich von den Feststoffantrieben, die im Kapitel 3.3.2.3 beschrieben sind, nur geringfügig unterscheiden.

3

3.2.1 Einführung/Übersicht

Wie eingangs dargestellt, bestehen Trägersysteme typischerweise aus **mehreren Stufen.** Hierdurch wird für die heute verwendeten chemischen Antriebssysteme erst eine Optimierung entsprechend der Ziolkowski-Gleichung möglich. Nach dem Ausbrennen jeder einzelnen Stufe wird diese abgeworfen und das Triebwerk der nächsten Stufe gezündet. Einerseits reduziert sich dadurch die Trockenmasse der Rakete, andererseits ist jede Stufe auf ihre missionsspezifischen Erfordernisse auch im Design optimierbar. Mit der Stufung werden Treibstoffmasse und Triebwerksschub der einzelnen Stufen bestimmt, wodurch sich weitgehende Konsequenzen für die Definition der Stufenarchitektur, die Treibstoffkombination und das Antriebssystem ergeben. Nachfolgend werden Unterscheidungskriterien und Charakteristiken von Trägersystemstufen vorgestellt.

Position der Stufe
Während die **unteren Stufen** im Hinblick auf Schub bzw. Leistung optimiert sind, werden Kickstufen und **Oberstufen** im Hinblick auf Energieausbeute optimiert. Deshalb kommen bei letzteren vor allem kryogene Treibstoffe zum Einsatz (hohe Austrittsgeschwindigkeit des Abgases), während für Unterstufen oftmals Feststofftreibstoffe (hoher Schub, hoher Austrittsmassenstrom, aber kleiner spezifischer Impuls) verwendet werden. Deshalb sind **Kickstufen** nur dann sinnvoll, wenn sie entweder einen wesentlich höheren spezifischen Impuls bieten als der Apogäumsmotor des Satelliten oder eine höhere Genauigkeit bei der Platzierung im Orbit erreichen. **Transferstufen** für Mond oder planetare Missionen sind im Gegensatz zu Oberstufen deutlich mehr an die thermalen Bedingungen im Orbit angepasst. Um eine vorhandene Superisolation während des Aufstiegs zu schützen, befinden sich Transferstufen deshalb in der Regel unter der Nutzlastverkleidung.

Unterstufen weisen eine größere Länge und oftmals auch einen größeren Durchmesser auf als Raketenoberstufen. Das größere Volumen ist notwendig, um den für den Aufstieg notwendigen hohen Schub und den daran gekoppelten hohen Treibstoffmassenstrom sicherzustellen (siehe auch Kapitel 3.1).

Booster können sowohl Flüssigtreibstoffe als auch Festtreibstoffe verwenden. Sie werden oftmals parallel zur Unterstufe betrieben. Bei Ariane 4 wurde durch die Verwendung unterschiedlicher Kombinationen von Flüssig- und Festtreibstoffboostern eine hohe Flexibilität der Nutzlastkapazität erreicht. Sowohl die amerikanische Altas V als auch die Delta IV verwenden sogenannte Common Core Booster (CCB) bei ihren Schwerlastversionen. Hierbei werden leistungsschwächere Feststoffbooster (bei der Delta IV M GEM-60-Booster) durch Flüssigkeitsbooster gleicher Bauart wie die Hauptstufe ersetzt. Hierdurch sinken die Produktionskosten (Lernkurve, Anzahl gleicher Bauteile) sowie die Beschleunigungslasten für die Nutzlast. Allerdings entwickelt der Launcher nur sehr langsam die notwendige Endgeschwindigkeit (lange Brennzeit der Unterstufe und der Booster), und die Steuerung des Schubes ist deutlich aufwendiger als bei der Verwendung von Feststoffboostern. Bei Delta IV soll ein sogenanntes „Cross Feeding" eingesetzt werden, wobei Treibstoff während des Aufstiegs kontinuierlich von den Boostern in die Primärstufe gepumpt wird, wodurch eine gleichmäßige Entleerung aller Tanks entsprechend dem Flugprofil gewährleistet werden kann.

Chemische Treibstoffe
Flüssigkeitstreibstoffe bedingen ein komplexeres Stufendesign als Feststofftreibstoffe, da hier zusätzliche Einbauten und Steuerorgane (z. B. Ventile, Pumpen, Energieversorgung, Messsystem) für das Treibstofffördersystem, das Treibstoffbedrückungssystem und für die Betankung notwendig sind. **Festtreibstoffe** werden wesentlich häufiger bei Boostern oder Unterstufen eingesetzt als bei Oberstufen, aufgrund der geringeren Flexibilität bezüglich der Einschussgenauigkeit und des hohen bereitgestellten Schubs. Nach der Zündung von Festtreibstoffstufen ist normalerweise keine Beeinflussung der Brenndauer (typischerweise bei 2 min) mehr möglich, da diese durch die Geometrie des Treibsatzes bereits beim Design bzw. der Fertigung festgelegt ist. Bei den heute verwendeten Hochleistungsträgern STS oder Ariane 5 kommen große **Festtreibstoffbooster** zum Einsatz, die im Falle von z. B. Ariane 5 bis zu 92 % des gesamten Startschubes aufbringen. Die Ariane-5-Booster EAP gehören mit ca. 37 Tonnen Trockenmasse, einer Höhe von 31 m und einer Beladung von 241 Tonnen zu den leistungsfähigsten Feststoffboostern weltweit. Trägersysteme wie VEGA oder PEGASUS versuchen durch den breiten Einsatz von Feststoffboostern, bei hoher Zuverlässigkeit einen niedrigen Startpreis

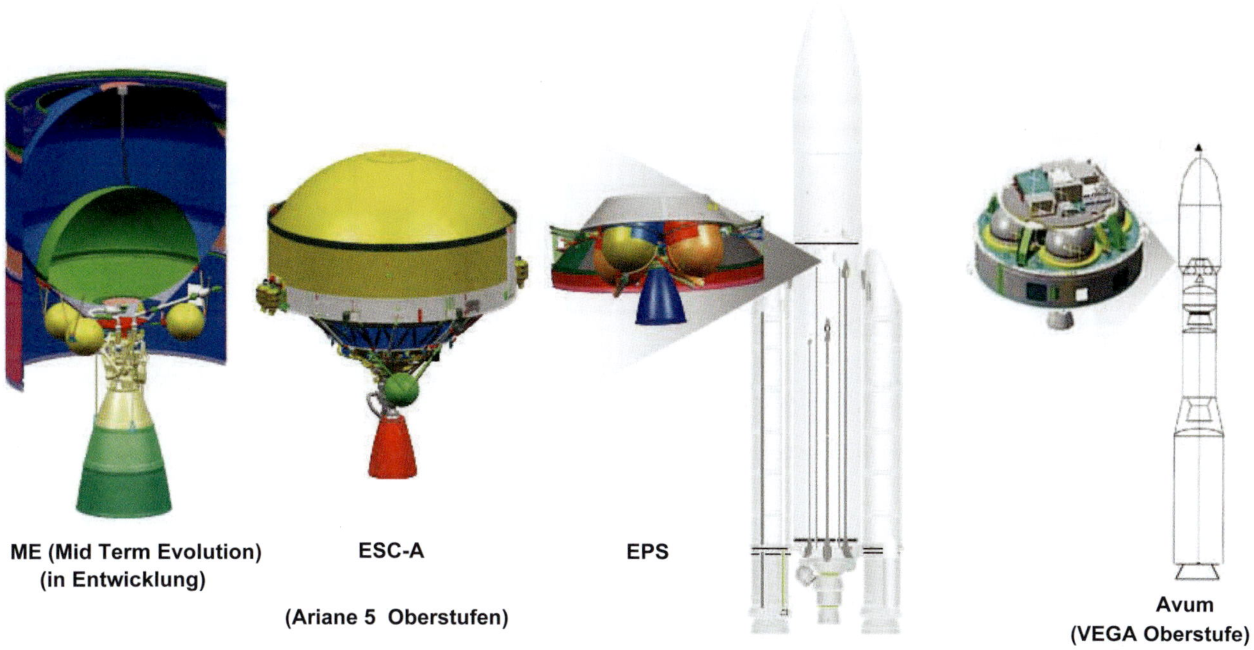

Bild 3.2.1: *Oberstufen im Einsatz oder Planung bei europäischen Trägersystemen Ariane 5 und VEGA (Bild: EADS).*

zu realisieren. Exotischere Antriebskonzepte wie zum Beispiel **solarthermische oder elektrische Antriebe** sind nur im Weltraum effizient und kommen deshalb nur für Oberstufen, Kickstufen oder Transferstufen zum Einsatz. Luftatmende Konzepte beziehen den Oxidator während des Aufstiegs aus der Atmosphäre und sind deshalb nur für Unterstufen eine Option, die zurzeit nicht zum Einsatz kommt (siehe auch Kapitel 3.1).

Anzahl der Zündungen

Die meisten Trägersysteme vermeiden den Einsatz von **wiederzündbaren Stufen,** da diese erneute Zündung des Haupttriebwerks eine große Herausforderung und mögliche Fehlerquelle darstellt. Da aber oftmals die geographische Position des Startplatzes nicht ideal bezüglich der angestrebten Satellitenbahn liegt, muss die Oberstufe aufgrund der begrenzten Leistungsfähigkeit des Trägersystems dann doch erneut gestartet werden. Beispiele sind hier der Direkteinschuss in einen GEO-nahen Orbit oder der Abstieg der Stufe zum Wiedereintritt in die Erdatmosphäre. Die mit kryogenen Treibstoffen betriebene Centaur-Oberstufe des Delta- und Atlas-Trägersystems ist wiederzündbar, ebenso die mit lagerfähigen Treibstoffen betriebene Oberstufe EPS der Ariane 5 und die Breeze- bzw. Block-DM-Oberstufe der russischen Proton. Die zukünftige Oberstufe der Ariane 6 wird diese Fähigkeit ebenso bereitstellen.

Wiederverwendbarkeit

Die meisten heute eingesetzten Trägersysteme nutzen nicht wiederverwendbare Stufen. Komplett wiederverwendbare Raketen existieren zurzeit nicht.

Die Firma SpaceX aus den USA hat in 2016 erfolgreich den Versuch unternommen, eine Unterstufe auf einem schwimmenden Ponton zu landen. Seitdem wird die Falcon 9 Unterstufe regelmäßig zum Startplatz zurückgeflogen oder auf der Schwimmplattform gelandet und einige Male wiederverwendet. Für Oberstufen kommt aktuell der Wiederverwendbarkeit keine Bedeutung zu, da ein Hitzeschild für den Wiedereintritt der Oberstufe zu aufwendig sein würde und die Nutzlast-Leistung zu stark reduzieren würde.

Tankarchitektur

Bei Flüssigkeitssystemen kommen selten ein, oft aber mehrere Treibstofftanks zum Einsatz (Bild 3.2.2). Grundsätzlich kann unterschieden werden zwischen Architekturen, bei denen alle Tanks (1) zentral übereinander angeordnet sind, bei denen (2) die Tanks entweder toroidal und zentral angeordnet sind oder (3) deren Tanks exzentrisch auf einer Kreislinie um die Längsachse der Stufe platziert sind. Daneben stellt sich auch die Frage, welcher der beiden Treibstoffe näher am Triebwerk platziert werden soll. Um den **Schwerpunkt** nach oben zu verlagern, ist es bei kryogenen Treibstoffen hilfreich, den Wasserstofftank näher zum Triebwerk hin zu verlagern, um über die größere Tankhöhe des Wasserstoffs und das größere Gewicht des Sauerstoffs eine effektivere Schubvektorkontrolle zu ermöglichen. Trotzdem wurde gerade bei kryogenen Oberstufen oftmals genau die umgekehrte Anordnung verwirklicht (z. B. Centaur- oder ESC-A-Oberstufe), da durch einen am Wasserstofftank hängenden, schwereren Sauerstofftank sich der kleinere dimensionierende Lastfall und damit eine **kleinere Masse** der Stufe ergibt.

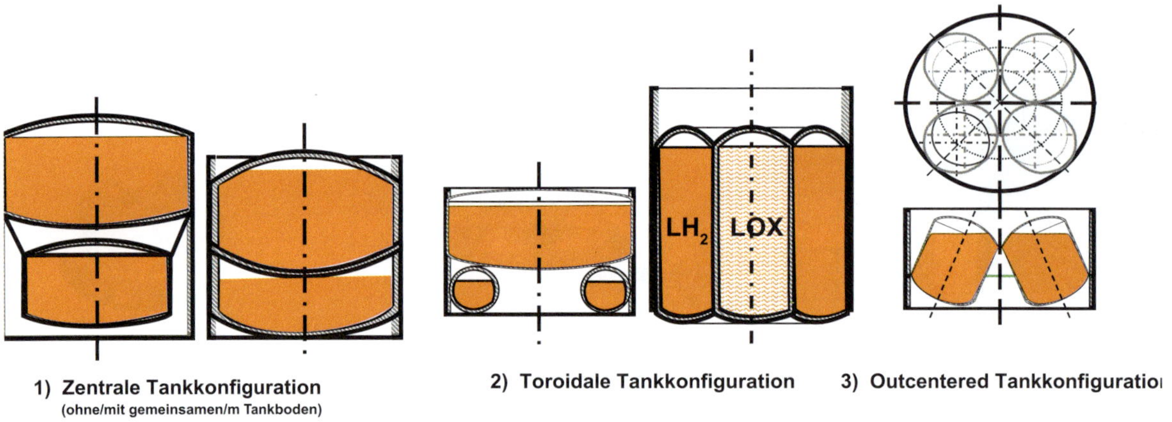

Bild 3.2.2: *Typische Tankarchitekturen von Flüssigkeitsstufen (Bild: ArianeGroup).*

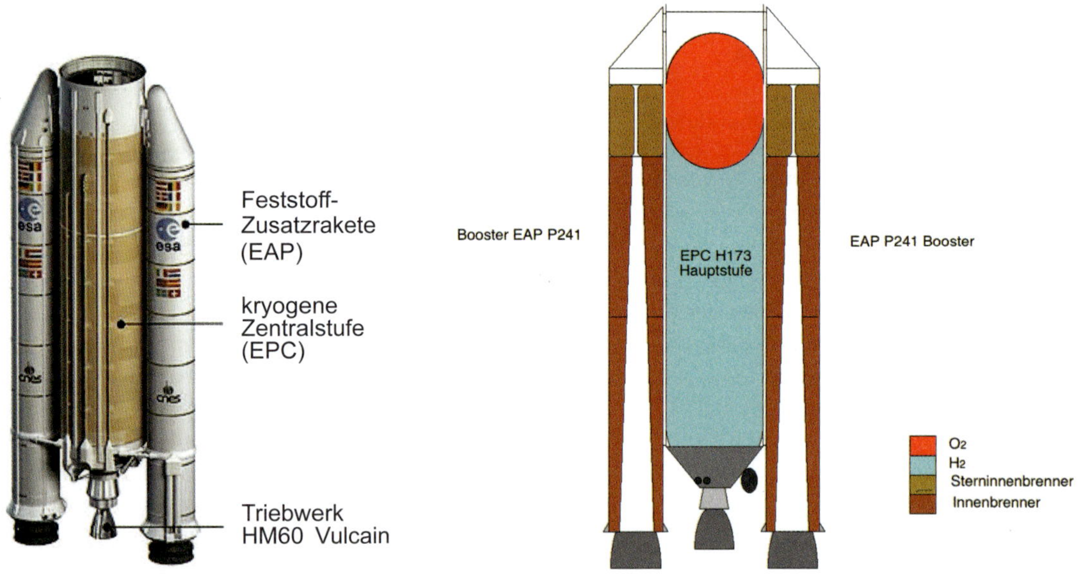

Bild 3.2.3: *Typischer Aufbau der Booster und Unterstufen am Beispiel Ariane 5 (Bild: ESA).*

Bei Feststoffstufen und -boostern dient das **Motorgehäuse** gleichzeitig zur Lagerung und als Brennraum des Treibstoffs. Bei größeren Feststoffboostern, z. B. Ariane EAP wird die Stufe aus Fertigungs-, Transport- und Sicherheitsgründen in einzelnen Segmenten hergestellt und erst kurz vor der Integration in den Träger zusammengefügt.

Autonomie der Stufe

Während bei amerikanischen und europäischen Trägersystemen der Bordcomputer und die Avionik zumeist zentral in der Oberstufe des Trägers untergebracht werden, benutzen russische Trägersysteme oftmals einen autonomen Ansatz mit der Avionik auf jeder einzelnen Stufe. Diese Autonomie kann auch das Reaktionskontrollsystem (z. B. für Rollkontrolle) oder die Energieversorgung (z. B. mittels Batterien) betreffen. Auf dem Ariane-Trägersystem wird nur ein niederer Grad an Autonomie verwirklicht, um sowohl die Trägermasse gering als auch die Systemzuverlässigkeit hoch zu halten.

Massenindex

Da während des Betriebs des Stufenmotors kontinuierlich Treibstoff verbraucht wird, nimmt die Gesamtmasse der Rakete stetig ab. Bei konstant bleibendem Schub wird die Beschleunigung der Rakete deshalb bis zum Brennschluss der Stufe beständig zunehmen. Nach der **Ziolkowski-Gleichung** hängt der Geschwindigkeitszuwachs Δv einer Rakete von der Ausströmgeschwindigkeit und vom Massenverhältnis $M_0 / (M_0 - M_P)$ ab, mit M_0 als Raketenmasse zum Zeitpunkt der Zündung und M_P der genutzten Treibstoffmasse zwischen Brennschluss und Zündung. Je mehr **Treibstoffmasse** eine Stufe bei gleicher **Trockenmasse** befördern kann, umso mehr kann

Tabelle 3.2.1: *Masse von Stufensubsystemen.*

Prozentuale Massenanteile der Stufensubsysteme an der Gesamtmasse (1)			
Subsystem	**Oberstufen (5)**	**Unterstufen (5)**	**Feststoffstufen (6)**
Strukturindex (Trockenmasse zu Treibstoffbeladung)	5,3 bis 23 %	6,4 bis 12 %	5,3 bis 18 %
Triebwerk und Triebwerksaggregate (inkl. Düse)	8 bis 12 %	2 bis 10 %	20 bis 30 %
Treibstofftanks (inkl. Isolation und Ausrüstung)	30 bis 40 % (4)	40 bis 60 %	55 bis 85 %(Case)
He-Tanks des Bedrückungssystems	3 bis 4 %	6 bis 9%	-
Stufenzwischenstruktur (unteres I/F)	10 bis 17 %		-
Stufenzwischenstruktur (oberes I/F)	5 bis 9 %		6 bis 9 %
Triebwerksschubrahmen	0,6 bis 2 %		-
Avionik und Ausrüstung	3 bis 5 %	0,3 bis 1 % (3)	-
Aktuatoren für Schubvektorsteuerung	0,5 bis 1 %		-
Leitungen	1,5 bis 2,5 %		-
Lageregelungssystem	0,4 bis 1,8 %		-
Andere Strukturen, Verkabelung und thermale Isolation	10 bis 30 %	5 bis 20 %	2 bis 4 %
Nicht nutzbare Treibstoffmasse	0,5 bis 2 %	2 bis 10 %	
	der beladenen Treibstoffmasse (2)		
Leistungsreserve	1 bis 2,2 %	0,1 bis 1,0 %	0

(1) bezogen auf die Trockenmasse am Boden, die Stufentrockenmasse vor der Zündung des Triebwerks beträgt typischerweise zwischen 10 und 18 % (Strukturindex) der Treibstoffmasse
(2) die nutzbare Treibstoffmasse abzüglich Reste nach dem Ausschalten des Triebwerks und Margins für den Triebwerksbetrieb beträgt ca. 92 bis 98 % der am Boden beladenen Treibstoffmasse
(3) bei autonomer Stufe
(4) Einbauten zum Treibstoffmanagement haben hiervon einen Anteil von ca. 1 bis 2 % der Tankmasse
(5) flüssig: kryogen oder lagerfähig
(6) kleinere Werte für Oberstufen mit Feststoffantrieb, für Feststoffantriebe ist die Trockenmasse fast linear abhängig von der Beladung

die Rakete beschleunigt werden, d. h. umso größer ist die Endgeschwindigkeit bei Brennschluss der Stufe. Darum sollte die Trockenmasse einer Stufe generell so gering wie nur möglich sein. Damit kann dieser Wert als Indikator für die Qualität der Leistungsoptimierung von Stufen benutzt werden. Grundsätzlich sind die technologischen Anstrengungen bei einer Oberstufe größer als bei einer Unterstufe, da die Treibstoffmasse geringer ist und die Masse bis zum Ende der Mission mit befördert werden muss. Um die Leistung eines Trägersystems zu bestimmen, ist die Massenbestimmung ein wichtiger Ausgangspunkt, für Überschlagsrechnungen finden sich in Tabelle 3.2.1 Angaben zu den Massenanteilen von Stufensubsystemen.

3.2.2 Missionsprofile und Betrieb

Typische Missionsprofile

Das typische Missionsprofil einer mehrstufigen Rakete umfasst den Flug der Unterstufe(n), die Trennung von der Unterstufe, die Flugphasen der Zwischenstufen (sofern vorhanden) und schließlich die Flugphase der Oberstufe, deren Mission mit dem Brennschluss noch nicht abgeschlossen ist, da nach Brennschluss das Aussetzen der Nutzlast erfolgt. Erst nach dem erfolgreichen Aussetzen der Nutzlast und dem Einleiten des Passivation-Manövers ist die Mission abgeschlossen.

Ein typisches Missionsprofil am Beispiel von Ariane 5 ist in Bild 3.2.4 dargestellt.

Der gegenwärtige Trend bei Neuentwicklungen von Raketenoberstufen geht zu wiederzündbaren Oberstufen, was bedeutet, dass sich nach dem ersten Brennschluss der Oberstufe noch weitere Antriebsphasen anschließen können, die durch ballistische Flugphasen getrennt sind. Ein Missionsprofil der Ariane 5, welches Wiederzündungen beinhaltet, ist in Bild 3.2.5 dargestellt.

Dem Start einer Rakete geht die **Betankung** der Stufentanks mit den flüssigen Treibstoffen und Druckgasen voraus. Bei lagerfähigen Treibstoffen wird eine Raketenstufe bereits einige Tage oder sogar Wochen vor dem Starttermin aufgetankt, bei kryogenen Stufen wird der Betankungsvorgang erst am Startplatz begonnen und bis wenige

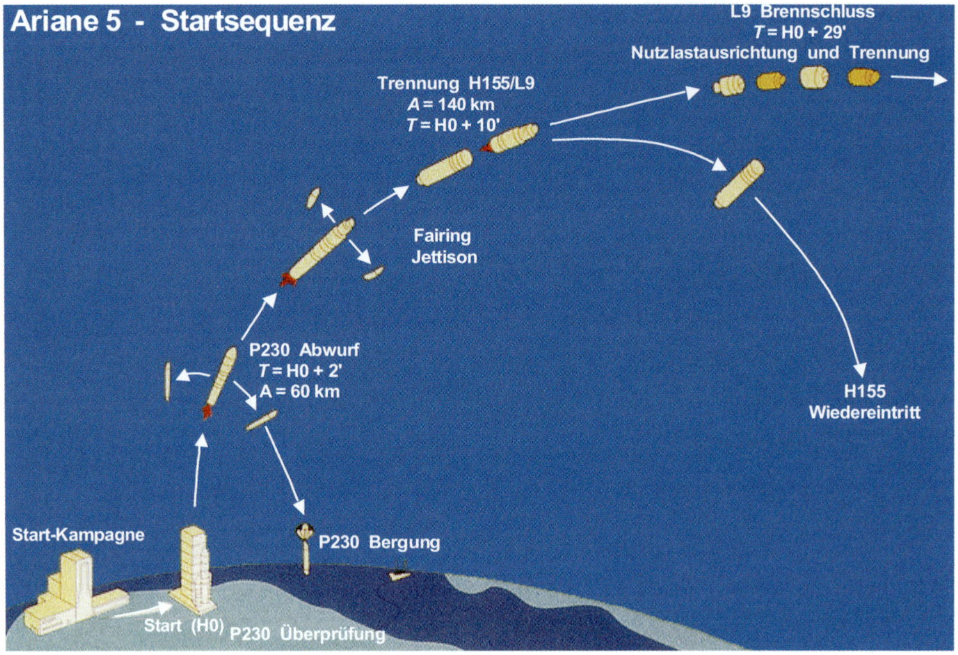

Bild 3.2.4: *Missionsprofil der Ariane 5 (Bild: ESA).*

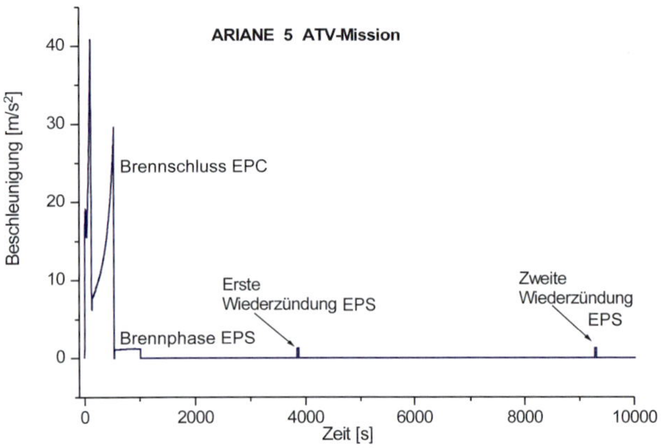

Bild 3.2.5: *Missionsprofil der Ariane 5 mit Wiederzündungen der Oberstufe EPS (Bild: ArianeGroup).*

Sekunden vor dem Abheben durchgeführt, um verdampfte Treibstoffmengen sofort zu ersetzten. Weiterhin muss bei kryogenen Unterstufen vor der Zündung eine Abkühlung der Treibstoffleitungen sowie der Turbopumpen und des Triebwerks auf die späteren Betriebstemperaturen stattfinden. Die Durchführung dieses sog. **Chill downs** unter Atmosphärenbedingungen stellt besondere Herausforderungen an die thermische Isolation und das Ventilierungssystem der Stufe. Ohne das Chill down würde der Treibstoff beim Eintritt in das Triebwerk schlagartig verdampfen und zu einer Fehlfunktion führen. Der **Zündvorgang** des Flüssigkeitsantriebs wird computerunterstützt überwacht, und das Abheben wird erst dann freigegeben, wenn alle Parameter des Triebwerks im nominalen Bereich sind.

Während des **Unterstufenfluges** wird bereits die Zündung der nächsten Stufe vorbereitet. Wird die nächste Stufe mit lagerfähigen Treibstoffen betrieben, werden die Tankdrücke endgültig auf den Betriebsdruck geregelt. Wenn die nächste Stufe mit kryogenen Treibstoffen betrieben wird, wird während des Unterstufenfluges das Abkühlen des Fördersystems und des Triebwerkes eingeleitet; die dabei anfallenden Treibstoffdämpfe werden über spezielle Ventile in die Umgebung abgelassen.

Die **Trennung** von Unterstufe und Zwischen- oder Oberstufe ist ein komplexer Vorgang, der neben der mechanischen Trennung der Stufen auch ein Abstandsmanöver zwischen den getrennten Stufen erfordert.

Am Ende der Mission, nachdem alle Nutzlasten ausgesetzt sind, leitet die sog. **Passivation** die Außerbetriebnahme der Stufe ein. Damit wird die gezielte Druckentlastung von Treibstoff- und Druckgastanks bezeichnet. Sie dient der Vermeidung einer ungewollten Explosion der Oberstufe in ihrer Umlaufbahn, in der sie sich noch mehrere Monate aufhalten kann. Ein gezieltes Deorbitation-Manöver dient zur Entfernung der Stufe aus der Transferbahn und reduziert damit das Risiko einer gefährlichen Trümmerbildung (z. B. durch Explosion) auf einem vielfach besuchten Orbit oder in der Nähe von Satellitenbahnen.

Für den Fall, dass die Rakete unerlaubt von ihrer Flugbahn abweicht oder gefährliche Störungen im Antriebsverhalten zeigt, wird die Rakete neutralisiert, d. h. gesprengt. Dies wird jedoch nur während des Aufstiegs von der Erde vor Erreichen der Transferbahn durchgeführt, da danach die Einzelteile und Splitter als Space Debris eine Gefahr für andere Raumfahrzeuge darstellen würden.

Ballistische Phasen und Wiederzündungen

Es zeichnet sich für die kommenden Jahre ein steigender Bedarf an mehrfach **wiederzündbaren Oberstufen** ab, die Satelliten nahe ihres Zielorbits aussetzten können, sodass der Treibstoffvorrat des Satelliten nicht für einen Transferimpuls oder für eine starke Zirkularisation eingesetzt werden muss. Weitere Anwendungen für die Wiederzündung sind z. B. Versorgungsflüge zur Raumstation, bei der die Oberstufe die Transferbahn zur Station wieder verlassen muss.

Die Fähigkeit, eine Wiederzündung durchzuführen, bedeutet für eine Raketen-Oberstufe:

- das Triebwerk muss wiederzündbar sein,
- die Treibstoffe müssen dem Triebwerk für die Wiederzündung in geeigneter Form (z. B. Druck und Temperatur) zur Verfügung gestellt werden,
- die Stufe muss über eine längere Zeit betriebsbereit gehalten werden (Energieversorgung, Treibstoffverluste),
- die Stufe muss navigieren und Bahnstörungen ausgleichen, um die erforderliche Einschussgenauigkeit sicherzustellen (Lageregelung, Avionik).

Die Fähigkeit zur Wiederzündbarkeit wird essentiell vom Triebwerk selbst und der vorhandenen **Treibstoffkombination** bestimmt. Bei nicht-hypergolen Treibstoffen ist ein zusätzlicher Zündmechanismus für die Brennkammer und für den eventuell vorhandenen Gasgenerator erforderlich.

Zur Zündung selbst und während des Anfahrens muss ausreichend Treibstoff zur Versorgung des Triebwerks zur Verfügung stehen. Werden die flüssigen Treibstoffe in den Leitungen und am Tankboden nicht zurückgehalten, sind diese nach einer antriebslosen Flugphase infolge der Schwerelosigkeit zumeist willkürlich im Tank verteilt.

Bild 3.2.6: *Beim Abschalten des Haupttriebwerks sich entwickelnde Flüssigkeitsverteilung im Treibstofftank (Bild: ArianeGroup).*

Für eine Wiederzündung müssen die Treibstoffe, oder zumindest ein ausreichender Teil davon, zum Betrieb des Triebwerks am Tankauslass zur Verfügung stehen.

Grundsätzlich gibt es für die **Positionierung der Treibstoffe** zwei Möglichkeiten:

- Der Tank der Stufe ist aufgrund geeigneter Design-Maßnahmen in der Lage, selbstständig und ausreichend Treibstoff am Tankauslass und im Fördersystem zu sammeln, z. B. durch spezielle Einbauten (PMD) in Oberflächenspannungstanks oder durch den Einsatz von Membrantanks (nicht für kryogenen Einsatz).
- Der Treibstoff muss durch gezielte Lageregelungsmanöver mittels Kleintriebwerken am Tankauslass gesammelt werden.

Nach erfolgter Zündung wird die Oberstufe durch den Schub des Triebwerks beschleunigt, wodurch auch der Resttreibstoff zum Tankauslass gelangt. Speziell bei Haupttriebwerken mit hohem Schubniveau kann beim Brennschluss durch die sich schlagartig ändernde Beschleunigung ein massives Schwappen **(Geysir-Effekt)** einsetzen, welcher mit starker Blasenbildung verbunden ist und die Treibstoffqualität für eine Versorgung des Triebwerks zunächst ungeeignet macht. Ähnlich wirken auch Manöver zur Änderung der Fluglage oder beim Aussetzen eines Satelliten, die immer mit einer Drehung der Stufe oder einem Gegenimpuls bei der Separation von der Nutzlast verbunden sind. Hierbei wird der Treibstoff zum Schwappen angeregt.

Die **ballistische Flugphase,** die einer Wiederzündung vorausgeht, kann, abhängig von ihrer Dauer, bereits einen großen Einfluss auf die Konzeption der Oberstufe haben. Selbst geringe kontinuierliche Verbräuche aller Art (z. B. Druckgas für Ventilsteuerung, Treibstoff-Abdampfverluste, Elektrizität für die Navigation oder Datenerfassung) erfordern zusätzliche Speicherkapazitäten.

Die Dauer der ballistischen Flugphase und die durch Fluglage, Orbit und Startzeit vorgegebenen thermalen Umgebungsbedingungen beeinflussen den **Wärmehaushalt** der Oberstufe, speziell ihrer Treibstoffe, erheblich. Der direkten Sonnenstrahlung ausgesetzte Bauteile erwärmen sich kontinuierlich und erfordern eine geeignete thermale Isolation zum Schutz. Bauteile in kalter Umgebung müssen unter Umständen ebenso isoliert oder sogar geheizt werden. Die Orientierung zur Sonne ist oft aufgrund anderer Zwänge (z. B. Navigation, Satelliten, Treibstoffschwappen in Tanks) nur begrenzt während dieser Missionsphase beeinflussbar.

Die thermische Umgebung beeinflusst insbesondere die in den Tanks mitgeführten kryogenen Treibstoffe. Ein Wärmeeintrag führt zu einem Anstieg der Treibstofftemperatur und zur Verdampfung (Verluste). Zu warme Treibstoffe sind für das Triebwerk nicht nutzbar (siehe Kapitel 3.2.3, Kavitation), dieses muss unter Umständen vorzeitig abgeschaltet werden. Für die Auslegung der

3

thermischen Tankisolation muss zu den Einflüssen am Boden und dem atmosphärischen Aufheizen während des Aufstiegs als Auslegungskriterium auch ein wirksames Gleichgewicht zwischen eingebrachtem Wärmestrom und effizienter Verdunstungskühlung über alle Flugphasen und Treibstoffpositionen während der ballistischen Flugphase berücksichtigt werden.

Aufgrund der begrenzten Leistung heutiger Isolationsmaterialien ist oftmals eine gezielte Druckabsenkung in den Tanks vor der Wiederzündung nicht zu vermeiden. Bei Druckentlastung stellt sich im Treibstoff dann die Temperatur ein, die zum abgesenkten Druckniveau korrespondiert (Verhalten entlang der Sättigungskurve des flüssigen Treibstoffs). Dieses Manöver führt ebenso zu erheblichen Verdampfungsverlusten.

Daneben ist zu berücksichtigen, dass die Tankdrücke nach der Druckabsenkung wieder auf Drücke, die zum Zünden des Triebwerkes erforderlich sind, angehoben werden müssen; dazu müssen Druckgase z. B. Helium mitgeführt werden, die eine Wiederbedrückung der Treibstofftanks ermöglichen.

3.2.3 Baugruppen/Subsysteme/ Technologien

Die wesentlichen Subsysteme von Raketenstufen werden nachfolgend beschrieben. Eine erste Einteilung kann entsprechend Tabelle 3.2.2 erfolgen.

Antriebssystem

Das Antriebssystem stellt das wesentliche Subsystem einer Stufe dar. Es umfasst alle Komponenten, die zur **Schuberzeugung** beitragen. Bei chemischen Flüssigkeitsstufen unterscheidet man folgende thermodynamische Zyklen im Hauptstrom- oder Nebenstrombetrieb: druckgasgeförderter Zyklus **(Pressure Fed Cycle), Gasgenerator-Zyklus** und gestufte Verbrennung im Nebenstrom **(Staged Combustion Cycle)**. Details zu den Kreisläufen finden sich im Kapitel 3.3, Antriebssysteme. Die **Anzahl der Triebwerke** ist ein wesentlicher Designtreiber für die funktionalen Anforderungen an den Tank und das mechanische Interface zur Stufe, das über das sogenannte Schubgerüst sichergestellt wird. Der Turbopumpeneinlass wird als funktionale Grenze zwischen triebwerks- und stufenseitigem Antriebssystem angesehen. Eine hohe Anzahl an Triebwerken schränkt den verfügbaren Raum für die Platzierung zusätzlicher Hilfsaggregate und Versorgungstanks massiv ein. Die Schubvektorkontrolle und die Leitungsverlegung für das Treibstofffördersystem werden komplex. Trotzdem wurden z. B. bei der Atlas-Centaur-Oberstufe auch Antriebssysteme mit zwei Motoren verwirklicht (siehe Bild 3.2.7).

Wesentlich häufiger wurden Konzepte mit mehreren Triebwerken in Unterstufen entwickelt, so zum Beispiel bei der Ariane 4 (4 × Viking V), der Zenit 3 (4 × RD-171) oder bei Falcon 9 (9 × Triebwerke Merlin 1C). Antriebssysteme von Trägersystemen werden in Kapitel 3.3 ausführlicher beschrieben.

Tabelle 3.2.2: *Stufensubsysteme.*

Subsystem	Varianten und Unterscheidungsmerkmale
Antriebssystem	• gewählter Triebwerkszyklus, bei Flüssigkeitsantrieben Düsenkonzept • Anzahl der Triebwerke
Treibstoff-Fördersystem	• druckgasgefördert • pumpengefördert
Tankbedrückungs-system	• durch Inertgas (kalt, warm, superkritisch) • verdampfende Flüssigkeiten • verdampfter Treibstoff • Gasgeneratoren • Inertgasspeicherung/-produktion
Tank/Treibstoff-lagersystem	• Tankform • gemeinsame und separate Tankböden • Verstärkungen, Verrippungen und Versteifungen
Strukturen	• Stufenzwischenstrukturen, Tankzwischenstrukturen • Verkleidungen und Fairing • Nutzlastadapter • Schubgerüsttragwerke/Schalenbauweise
Reaktionskontroll-system	• Kaltgassysteme, Heißgassysteme • Lageregelung, Treibstoffpositionierung
Avionik, Energieversorgung	• Computer, Telemetrie, Navigation • Batterien und Akkumulatoren
Stufentrennungs-system	• Separationsschnur • Pyrojacks • Heißgassysteme
Schubvektor-kontrolle und Aktuatoren	• durch schwenkbares Haupttriebwerk • durch Schubvariation eines von mehreren Haupttriebwerken (Clusterring) • durch zusätzliche Kleintriebwerke • durch Beeinflussung der Triebwerks-strömung • aerodynamische Flossen
Ventil Kontrollsystem	• pneumatisch • elektrisch

Tabelle 3.2.3: *Stufenantriebssysteme.*

Stufe	Triebwerk	Zyklus	Treibstoffe
Atlas V	RD-180	Staged Combustion	LOX/RP
Shuttle	SSME	Staged Combustion	LOX/LH_2
Ariane 5 EPC	Vulcain 2	Gas Generator	LOX/LH_2
Ariane 5 EPS	Aestus	Pressure Fed	MMH/NTO
Ariane 5 ESCA	HM7B	Gas Generator	LOX/LH_2
Ariane 6 ULPM	Vinci	Expander Cycle	LOX/LH_2

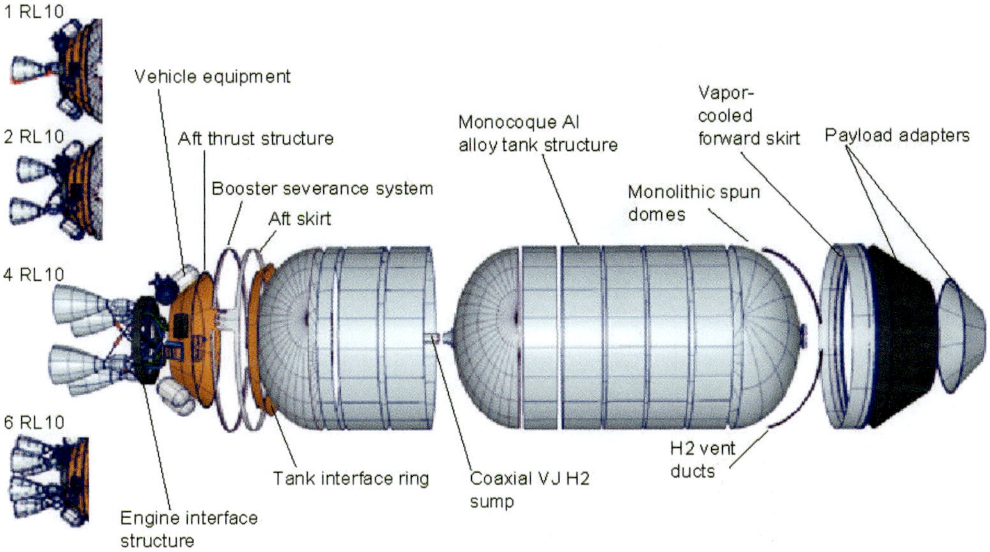

Bild 3.2.7: *Geplante Ausbaustufen der Atlas Centaur für erweiterte Missionsdauern (Bild: AIAA 2005-6738).*

Treibstoff-Fördersystem

Bei mit Flüssigtreibstoffen betriebenen Stufen lassen sich im Hinblick auf den Transport der Treibstoffe vom Tank zum Triebwerk zwei wesentliche Prinzipien unterscheiden: Druckgasförderung und Pumpenförderung. Die **Druckgasförderung** zeichnet sich durch eine geringere Zahl an Aggregaten aus. Da der Tankdruck direkt linear in die Bestimmung der Tankwandstärke eingeht, würde bei großen Tanks (z. B. erforderlich bei kryogenen Treibstoffen mit geringen Dichten) hieraus eine erhebliche Erhöhung der Stufenmasse resultieren. Deshalb kommt eine Druckgasförderung eher bei kleinen Stufen zur Anwendung. Bei den **Pumpenfördersystemen** kommen im Wesentlichen sogenannte Turbopumpen zum Einsatz. Bei den heute überwiegend in Oberstufen verwendeten hochenergetischen Treibstoffen handelt es sich zumeist um verflüssigte Gase, die sich bei der Verwendung im Sättigungszustand auf der Dampfdruckkurve befinden. Die leicht siedenden Flüssigkeiten sind extrem sensitiv bezüglich Wärmelasten, die via Tankstruktur oder Leitungen eingetragen werden. Ist der Wärmeeintrag vor der Turbopumpe zu hoch, kann am Pumpeneinlass spontane Dampfbildung einsetzen. Diese sogenannte **Kavitation** kann zur irreversiblen Zerstörung der Pumpe führen und muss deshalb vermieden werden. Um diese Effekte zu vermeiden, kommen manchmal Vorpumpen (Boost Pumps) innerhalb des Tanksumpfes zum Einsatz. Hierdurch wird der notwendige Vordruck vor den Turbopumpen bereitgestellt, und gleichzeitig kann der Druck im Treibstofftank auf niedrigem Niveau gehalten werden.

Tankbedrückungssystem

Das Tankbedrückungssystem versorgt die Treibstofftanks mit den erforderlichen **Druckgasen,** um den nötigen Vordruck für die Triebwerkspumpen (1 ... 5 bar) bzw. bei Druckgasförderung den Eintrittsdruck der Triebwerke (10 ... 30 bar) zu gewährleisten. Die Stufentanks werden entweder bereits am Boden (bei Unterstufen) oder während des Aufstiegs auf den für das Triebwerk notwendigen Mindestdruck bedrückt. Während des Betriebs des Stufenmotors muss ständig Druckgas nachgefördert werden, um das durch die entnommene Treibstoffmenge freigewordene Tankvolumen mit Gas bei konstantem Druck zu füllen. Typischerweise beträgt das Anfangsgasvolumen im Treibstofftank abhängig von der Tankform vor dem Einschalten des Stufenmotors 1 ... 7 % (bei Oberstufen) bzw. 5 ... 25 % (bei Unterstufen und Boostern) des Tankvolumens, abhängig vom transienten Druckabfall in der Startphase des Triebwerks. Als **Bedrückungsgas** werden Inertgase, gasförmige Verbrennungsprodukte der Treibstoffe oder Treibstoffdämpfe eingesetzt. Letztere werden entweder vom Haupttriebwerk bzw. einem separaten Gasgenerator bezogen oder durch das geregelte Einbringen einer hypergolen Flüssigkeit in den Tankgasraum erzeugt. Inertgas muss entweder in gasförmigem oder flüssigem Zustand mitgeführt werden. Üblich ist hier die gasförmige Speicherung von Helium in Hochdrucktanks (> 200 bar) bei Umgebungstemperatur (300 K) oder Tieftemperatur (77 ... 150 K). Helium wird allerdings auch als superkritisches Fluid bei sehr tiefen Temperaturen 4,2 ... 10 K) zum Beispiel auf der Unterstufe EPC der Ariane 5 eingesetzt. Generell sollte das Bedrückungsgas mit hoher Enthalpie dem Treibstofftank zugeführt werden, um den Verbrauch gering zu halten. Bei Pumpenförderung und der Verwendung kryogener Treibstoffe wird üblicherweise auf der Wasserstoffseite verdampfter Wasserstoff zur Bedrückung eingesetzt, auf der Sauerstoffseite meist Helium. Verbrennungsprodukte werden vorwiegend bei kleineren, militärischen Raketen verwendet.

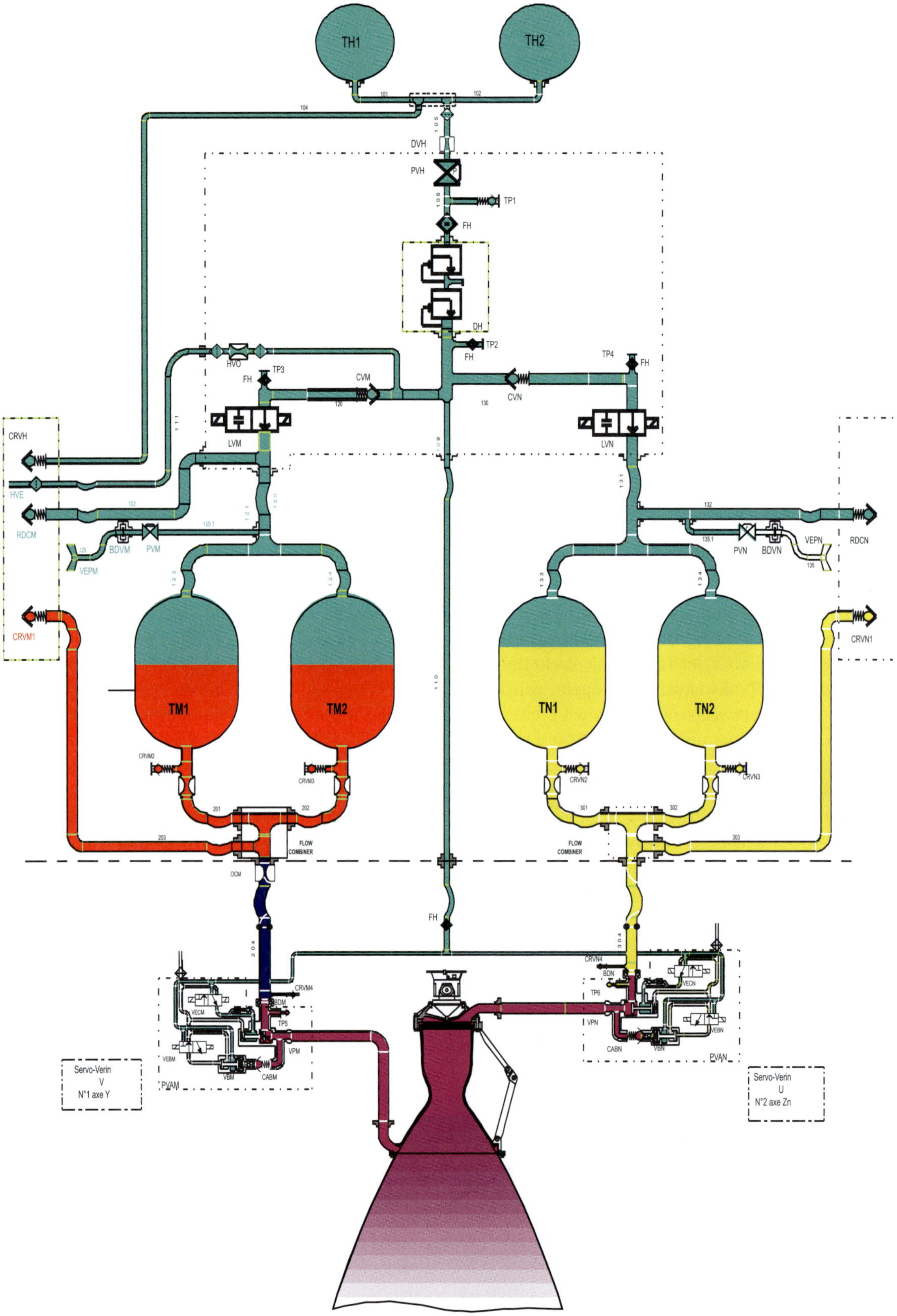

Bild 3.2.8: *Typisches Treibstoff-Fördersystem am Beispiel der Ariane 5 EPS (Bild: ARIANESPACE).*

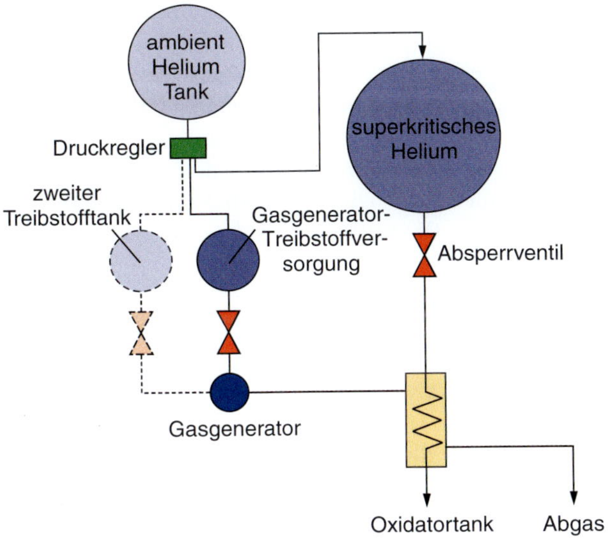

Bild 3.2.9: *Druckgassystem mit superkritischer Lagerung von Helium.*

Treibstofftanks

Die **Stufentanks** übernehmen die Speicherung der Treibstoffe, bis diese im Triebwerk zur Schuberzeugung verbrannt werden. Bei Feststoffantrieben ist der Tank integraler Bestandteil des Antriebssystems. Aufgrund des üblicherweise großen Treibstoffvolumens (besonders im Falle von kroygenem Wasserstoff mit einer Dichte um 70 kg/m^3) tragen die Treibstofftanks zu einem erheblichen Anteil an der Gesamtstrukturmasse der Stufe bei (siehe auch Tabelle 3.2.1). Deshalb werden sie meist mit dünner Wandstärke in **Schalenbauweise** hergestellt. Für kryogene Medien werden zurzeit ausschließlich metallische Werkstoffe und hier vor allem Aluminium-Legierungen verwendet (Titan ist nur begrenzt kompatibel mit Sauerstoff, Tanks aus Kohlefaserstrukturen stehen noch am Anfang der technologischen Entwicklungsphase). Meist trägt der Druck im Inneren des Behälters zur Stabilisierung während des Aufstiegs gegen die üblicherweise auftretenden Biege- und Drucklasten (Ballonprinzip) bei. Die Tankwand wird in der Regel zur Abstützung der mechanischen Trägerlasten genutzt, weshalb die Behälterwand und angrenzende Strukturen im Lastpfad mittels Rippen oder Ringen versteift werden. Im Falle der Lagerung von kryogenen Treibstoffen müssen die Tanks sehr gut **isoliert** sein, um Verdampfungsverluste des aufwendig verflüssigten Gases gering zu halten (siehe Kapitel 3.2.2). Bei gemeinsamen Tankböden kann entweder eine innere Isolation oder ein evakuierter Tankboden (wie bei der H10-Oberstufe der Ariane 4) zum Einsatz kommen. Üblicherweise werden kryogene Tanks außen mit Isolationsschäumen geringer Wärmeleitung und Verbundisolationsmaterialien (MLI-Folien und Vliese) isoliert, deren Optimierung wegen der aerodynamischen Lasten in der Start- und Aufstiegsphase sehr aufwendig ist.

Im Inneren des Tanks befinden sich neben Leitungen zur Bedrückung, zur Beladung und für die Versorgung des Triebwerks auch Einbauten zur Treibstoffpositionierung (PMD), Schwapp- und Wirbelunterdrückung, Instrumentierung für Temperatur, Druck, Füllgrad und eventuell zusätzliche Vorpumpen zur Erhöhung des Förderdrucks.

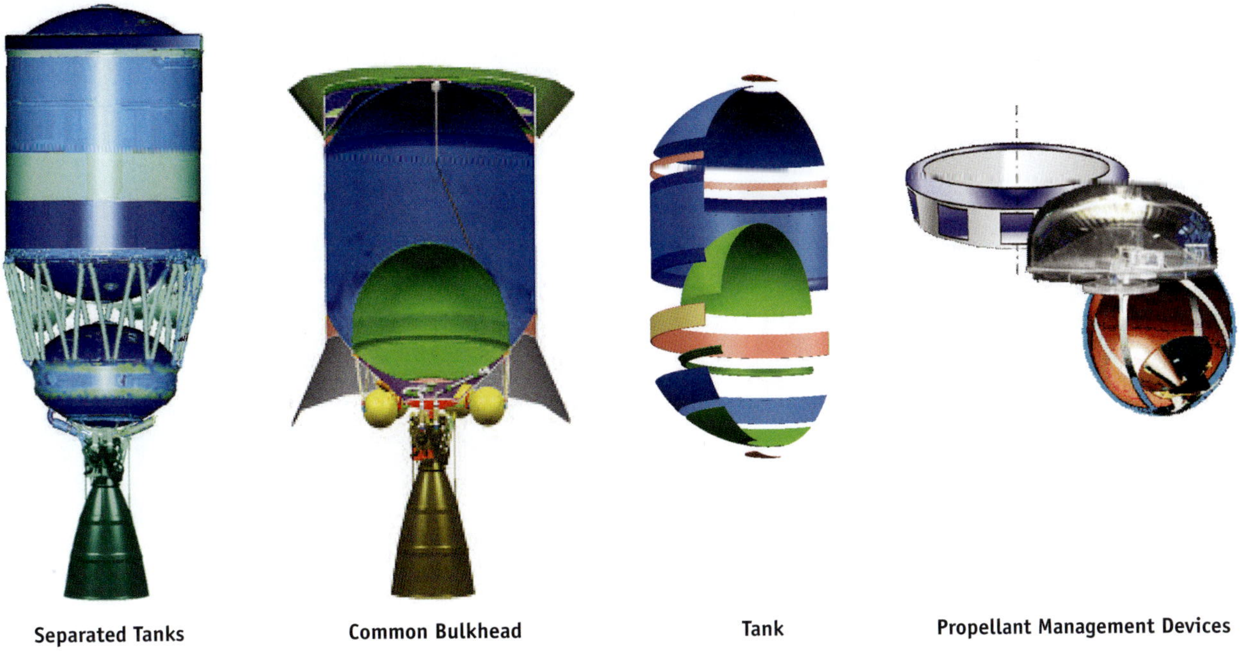

Bild 3.2.10: *Treibstofftank mit separaten Tanks, gemeinsamem Tankboden und Treibstoffmanagement-Einbauten für die Flüssigkeitspositionierung (Bild: ArianeGroup).*

Gemeinsame Tankböden können dazu beitragen, die Stufenhöhe und die Trockenmasse der Stufe gering zu halten. Bei der Verwendung kryogener Treibstoffe muss wegen der Temperaturdifferenz zwischen Wasserstoff (20 K) und Sauerstoff (90 K) für eine geeignete thermale Isolation zwischen den beiden Tankbereichen gesorgt werden. Bei einem druckstabilisierten gemeinsamen Tankboden muss durch ein geeignetes Druckregelungssystem während aller Boden- und Flugphasen eine permanent positive Tankdruckdifferenz von der konkaven zur konvexen Seite des Tanks sichergestellt werden. Oftmals kommen Tanks unter einer zusätzlichen Verkleidung (unter Fairing oder einer sog. Shroud) zum Einsatz. Diese dient am Boden und während des Aufstiegs zum Schutz der empfindlichen thermalen Isolation, die für Weltraumbedingungen optimiert wurde. Tanks unter der Verkleidung besitzen einen kleineren Durchmesser und führen deshalb bei gleichem Volumen zu deutlich größerer Bauhöhe (Einfluss auf die Bodenanlage) und zu komplexerem Strukturdesign.

In der Zukunft könnten Treibstofftanks auch aus Kohlefaserwerkstoffen bestehen, was mit einer interessanten Massenreduktion verbunden wäre. NASA/Boeing Studien haben gezeigt, dass der Einsatz von Kohlefasermaterialien eine Massen- und Kostenreduktion von bis zu 30 % liefern könnte. Entscheidende Entwicklungsziele im Zusammenhang mit Kohlefasermaterialien sind die Dichtheit der Tanks gegen Diffusion von Treibstoffdämpfen als auch die Verträglichkeit des Kohlefaser-Materials zu den Treibstoffen selber, insbesondere zu flüssigem Sauerstoff (LOX). Es gibt vielversprechende Ansätze für den Einsatz von Kohlefaser als Material für Treibstofftanks, die in den nächsten Jahren verfolgt werden und möglicherweise bereits für eine Weiterentwicklung der Oberstufe der Ariane 6 Anwendung finden.

Strukturen

Neben den Tanks für die Treibstoffe und mitgeführten Inertgase und Hilfsstoffe sind weitere Strukturen auf der Stufe integriert: zwischen zwei Stufen **(Interstage Structure)**, zwischen Treibstofftanks **(Intertank Structure)**, als Gehäuse für die Stufen-Avionik **(Vehicle Equipment Bay)**, als Nutzlastadapter, als Nutzlastverkleidung **(Fairing)** oder als Triebwerks-Schubträger **(Engine Thrust Frame)**. Prinzipiell können diese Strukturen in Schalenbauweise oder als Rahmentragwerk ausgeführt werden. Es werden metallische Werkstoffe oder Kohlenfaserbauteile eingesetzt. Metallische Strukturen bieten den Vorteil der einfachen Befestigung von Geräten, Einbauten und Leitungen, während bei Verwendung von Faserverbünden zusätzliche Schraub- und Nieteinsätze benötigt werden. Vorteilhaft ist auch die geringere Wärmeleitung von Faserverbund-

Schubträger der 1. Stufe der Zenit 1 mit vier RD-170-Triebwerken (Bild: NPO Energomash).

Schubträger der Ariane-Oberstufe ESC-A mit HM7B-Triebwerk (Bild: ESA).

Bild 3.2.11: *Ausführungen von Triebwerks-Schubträgern.*

werkstoffen. Tragwerke sind wiederum bei nicht zu kurzen oder zu flachen Strukturen die beste Wahl. Bei zu großer Stablänge müssen Maßnahmen zur Schwingungsdämpfung getroffen werden. Bei flachen Einbauwinkeln oder kurzen Stäben müssen die lateralen Lasten speziell (z. B. mittels Quer- oder Ringträger) abgefangen werden. Bild 3.2.11 zeigt am Beispiel zweier Triebwerks-Schubträger typische Auslegungsvarianten.

Reaktionskontrollsystem

Das Einsatzgebiet von Reaktionskontrollsystemen (RCS) durch **Kleintriebwerke** erstreckt sich von der Lagekontrolle über die Bereitstellung einer Vorbeschleunigung zur Zündung des Haupttriebwerks, die Positionierung der flüssigen Treibstoffe und eines Geschwindigkeitsinkrements zur Separation von Stufen und Nutzlasten bis zur Durchführung von Manövern zu kleineren Änderungen des Orbits. Zu den Kleintriebwerken finden sich nähere Informationen im Kapitel 4.4. Prinzipiell wird zwischen Kaltgas- und Heißgassystemen unterschieden. Eine Besonderheit ist die Nutzung der Haupttreibstoffe für die Lageregelung, entweder indem diese Treibstoffe verbrannt werden oder indem der Druck aus dem Gasraum der Treibstofftanks über kleine Düsen expandiert wird. Dieses Konzept wird häufig bei kryogenen Stufen eingesetzt, bei denen so die fortwährenden Verdampfungsverluste genutzt werden (siehe Kapitel 3.2.2).

Tabelle 3.2.4: *Beispiele von eingesetzten Reaktionskontroll-Subsystemen für Oberstufen.*

Trägersystem Oberstufe	Haupt-treibstoff	RCS Treibstoffe	RCS Schub [N]
Ariane 5 EPS, EPS-V Ariane 5 ESC-A	NTO/MMH LOX/LH_2	N_2H_4 GH_2 solid	6/8 × 400 6 × 58 4 × 3750
Atlas Centaur (V400,V500, Atlas IIIA/B)	LOX/LH_2	N_2H_4	8 × 40 4 × 26,7
H2-A 2nd stage	LOX/LH_2	N_2H_4	6 × 50 2 × 50 (4 × 50) (2 × 4)
Proton M/Angara 3/5 Breeze M	NTO/UDMH	NTO/UDMH	4 × 396 12 × 13,3
Sojus T, TM, TMA	NTO/UDMH	NTO/UDMH NTO/UDMH H_2O_2	14 × 137 12 × 24,5 6 × 67

Avionik und Energieversorgung

Die Avionik und Teile der Energieversorgung werden zumeist auf einer speziellen Plattform, der **Vehicle Equipment Bay,** untergebracht und können zentral für die Rakete oder dezentral (auf jeder Stufe) angelegt sein. Wesentliche Bestandteile der Avionik sind der Onboard-Computer, das Flugsteuersystem, die Telemetrie, das Bahnverfolgungssystem (Tracking) und die Systeme zur Startplatzsicherheit.

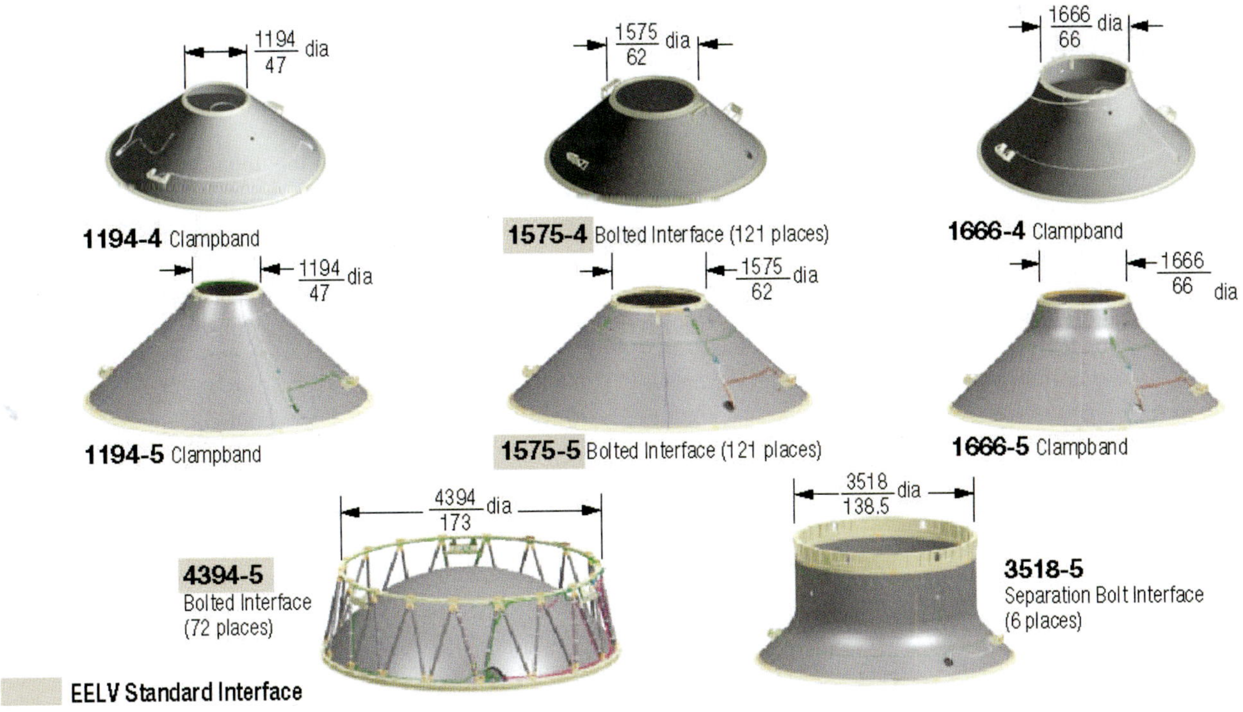

Bild 3.2.12: *Varianten des Delta-IV-Nutzlastadapters (Bild: Boeing).*

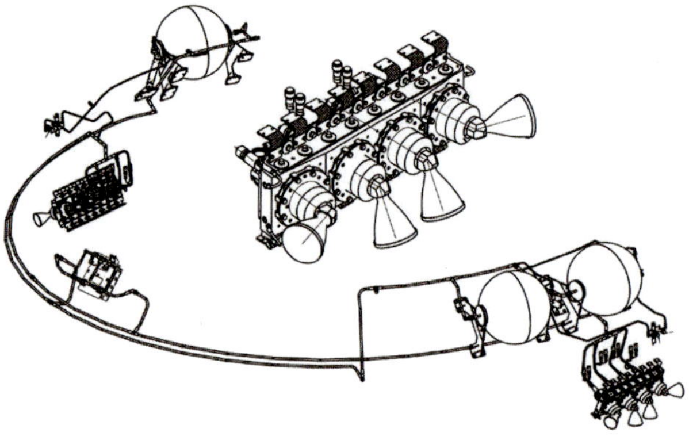

Bild 3.2.13: *Bei Ariane EPS eingesetztes Heißgas-Lageregelungssystem SCA (Bild: ESA).*

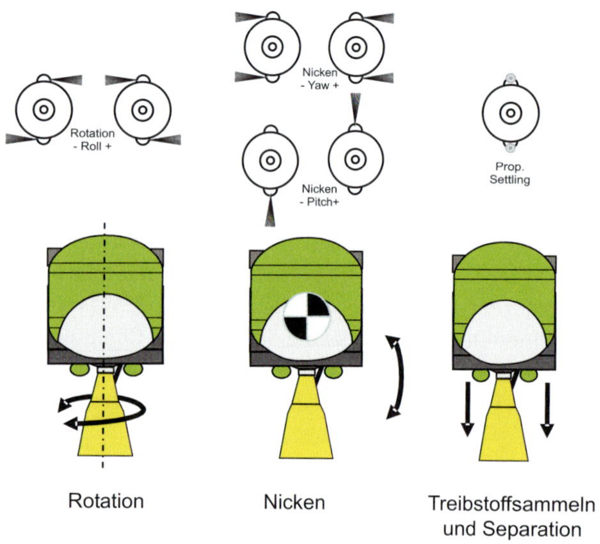

Bild 3.2.14: *Prinzip der Reaktionskontrolle für Oberstufen (Bild: ArianeGroup).*

Die **Flugsteuerung** ist verantwortlich für die Lageregelung und Flugstabilisierung, die Schubvektorsteuerung, die Navigation und Flugführung (Guidance) sowie die Ansteuerung und Überwachung von Vehikeloperationen (Monitoring, Treibstoffmanagement, pyrotechnische Kommandolinie, Health Monitoring). Meist wird ein Inertialsystem (IMU, Kreisel) zur **Positions- und Lagebestimmung** eingesetzt. Das **Telemetrie-System** dient zur Übertragung von digitalen und analogen Daten meistens im S-Band-Bereich zu den Bodenstationen und von dort weiter zum Missionskontrollzentrum. Bei einigen Trägersystemen kommen bereits Relais-Satelliten (TDRSS) für die Kommunikation zum Einsatz. Oft wird eine Teilredundanz, für sicherheitsrelevante Bauteile jedoch eine Vollredundanz angewendet. Moderne Trägersysteme nutzen GPS/GLONASS zur Bestimmung und zum Abgleich der Flugkörperposition aus dem IMU. Das System zur **Range Safety** dient zur Sicherung der Bodenanlage und der Umgebung des Startgeländes. Dazu werden bestimmte Betriebsparameter des Trägers ständig überwacht und im Falle von Anomalien oder beim Überschreiten von vorgegebenen Grenzwerten Maßnahmen wie das Abschalten des Triebwerks bis hin zur kontrollierten Zerstörung des Trägers eingeleitet (Neutralisation, siehe Kapitel 3.2.2).

Die **Energieversorgung** wird von Batterien übernommen, die bis kurz vor dem Start geladen werden. Die Ariane 5 ECA verwendet 60-V-Silberoxid-Zink-Batterien mit einer verfügbaren Stromstärke von 17 A für 65 Minuten. Daneben werden wiederaufladbare Nickel-Cadmium-Batterien für die pyrotechnischen Anlagen, das Sicherheitssystem, die Telemetrie und den Antrieb von Ölpumpen für die Stellmotoren der Schubvektorkontrolle eingebaut. Wie bei terrestrischen Anwendungen geht auch hier der Trend zum Einsatz von Lithiumionen-Akkumulatoren. Teilweise kommen auch sog. chemo-thermische Batterien zum Einsatz, die über eine kurze Zeit sehr hohe Leistungen bereitstellen.

Stufentrennsysteme

Die Trennung der Raketenstufen wird üblicherweise durch **pyrotechnische Systeme** ausgelöst. Eine in die Interstage-Struktur integrierte Sprengschnur wird bei der Stufentrennung kontrolliert innerhalb von Millisekunden gezündet, während gleichzeitig die beiden Stufensegmente durch Federn voneinander abgestoßen werden. Darüber hinaus werden oft zusätzliche Kleintriebwerke eingesetzt, die den Restträger beschleunigen und von der ausgebrannten Stufe entfernen oder aber die ausgebrannte Stufe gegen die Flugrichtung abbremsen.

Schubvektorkontrolle und Aktuatoren

Die Flugbahn von Raketen muss während ihres Betriebs kontrolliert und angepasst werden. Störungen während des Aufstiegs zum Beispiel durch Wind müssen ebenso kompensiert werden wie eine unbalancierte Lage des Raketenschwerpunkts (bzgl. Druckpunkt bzw. Schubvektor). Dafür wird bei Raketen üblicherweise ein **Schubvektorkontrollsystem** eingesetzt. Während die aerodynamische Flossensteuerung (entweder im Flugwind oder in der Triebwerksströmung) heute nur noch bei kleinen ballistischen Raketen eingesetzt wird, sind zur Schubkontrolle eingesetzte **Kleintriebwerke** nur bei im Vergleich zum Haupttriebwerk ausreichend hohem Schubniveau und effizienter Positionierung wirksam. Die Beeinflussung des Schubvektors durch **Einspritzen von Flüssigkeit** in den divergenten Teil der Triebwerksdüse wird heute lediglich bei Feststoffboostern bzw. -stufen durchgeführt. **Schwenkmechanismen** – meistens eine kardanische Aufhängung, ein Kugelgelenk oder ein Falz – werden zusammen mit elektromechanischen oder hydraulischen **Aktuatoren** sowohl bei Feststoffstufen als auch bei Flüssigkeitsstufen eingesetzt. Ihr Vorteil gegenüber anderen Konzepten ist eine verschwindend geringe Schubreduktion durch das

Schwenken. Die Oberstufe der Ariane 5 ESC-A setzt ein hydraulisch-mechanisches System ein, während bei der Centaur bei der Zweitriebwerksversion hydraulische und bei der Eintriebwerksversion elektromechanische Aktuatoren genutzt werden. Werden schwenkbare Triebwerke bei Flüssigkeitsantrieben verwendet, so müssen flexible oder gelenkige Leitungen für das Treibstoff-Fördersystem eingesetzt werden, die das Schwenken erlauben. Einige russische Stufen benutzen den Treibstoff zur Steuerung der Aktuatoren anstatt einer separaten Hydraulikflüssigkeit. Im Falle von mehreren Triebwerken oder großen Strap-on-Boostern wie bei Ariane 5 werden diese häufig auch zur Rollkontrolle des Trägers um dessen Längsachse während des Aufstiegs eingesetzt.

Pneumatisches Kontrollsystem

Das pneumatische Kontrollsystem stellt den Massenstrom und Druck zur Schaltung von Ventilen bereit. Dieses wird vor allem bei kryogenen Systemen aus Sicherheitsgründen anstelle mit einem elektrischen System dann mit Inertgas (i. d. R. Helium) betrieben, das bei eventuellen Leckagen die Gefahr von gefährlichen zündfähigen Gemischen reduziert.

3.2.4 Systemauslegung

Die **Auslegung einer Stufe** muss zum einen die Vorgaben aus der Gesamtsystemauslegung wie Hauptabmessungen, Leistungsanforderungen, Umgebungs- und Betriebslasten berücksichtigen, zum anderen die stufeninternen Teilsysteme wie Treibstofftanks, Antriebssystem, Strukturen, Fördersystem und Steuereinheiten zu einer optimalen Einheit integrieren. Der Stufenentwickler ist in der Folge verantwortlich für die Vorgaben und Spezifikationen der Entwicklung von Stufenkomponenten wie Ventile, Rohrleitungen und Thermalisolationen. Im Folgenden werden die Konzeptionierung und Auslegung einer Stufe und der wichtigsten Stufensubsysteme beschrieben.

3.2.4.1 Auslegung des Gesamtsystems

Die Anforderungen an die einzelnen Stufen, d. h. Trockenmasse, Schub des Triebwerks, Art und Menge des Treibstoffs sowie Abmessungen, werden im Rahmen von **Trägersystem-Untersuchungen** ermittelt und an die einzelnen Entwickler in Form eines Lastenheftes weitergegeben.

Mit diesen Hauptanforderungen erfolgt die Auslegung der Stufen. Von zentraler Bedeutung ist die **Tankarchitektur**, da sie unmittelbare Auswirkungen auf die Stufengröße und die Trockenmasse hat. Die Größe der Tanks wird mit Hilfe der Treibstoffbilanz (Tabelle 3.2.5) bestimmt. Das Mischungsverhältnis von Oxidator und Brennstoff hängt von der gewählten Treibstoffkombination und dem gewählten Triebwerk ab. Nach Addition der transienten Triebwerksverbräuche bei Zündung und Brennschluss ergibt sich die mindestens notwendige Beladungsmasse an Treibstoffen. Unter Berücksichtigung von Zuschlägen für das Gasvolumen, die Tankeinbauten und die Treibstoffreserve errechnet sich dann das erforderliche Tankvolumen.

Tabelle 3.2.5: *Treibstoffbilanz der Ariane 5 EPS.*

Einzelmengen	N_2O_4 [kg]	MMH [kg]
Verbrauch bei Zündung	3,5	1,5
Verbrauch im normalen Betrieb	6362,0	3105,0
Leistungsreserve	148,0	101,0
Verbrauch bei Brennschluss	7,0	2,5
Restmengen in Tanks und Leitungen	25,5	11,0
Eingetankte Treibstoffmenge	6546	3221

Anschließend wird die Druckverteilung im Fördersystem analysiert und das Bedrückungssystem festgelegt.

Das **Bedrückungssystem** wird häufig mit dem pneumatischen System für die Ventilansteuerungen kombiniert. Die Aktivierung der pneumatischen Ventile erfolgt durch den Onboard-Computer des Flugsteuerungssystems.

Die Bestimmung der Druckgasmasse erfolgt aus der Massenäquivalenz des Druckgases in den „leeren" Treibstofftanks am Ende der Mission, ergänzt durch Zuschläge für Sekundärverbräuche und -verluste.

Die einfachste Möglichkeit, die Treibstofftanks mit Druckgas zu versorgen, ist die Entnahme aus einem Hochdruckbehälter (oft Helium) und die Entspannung mittels eines oder mehrerer Druckregler auf das erforderliche Druckniveau. Dieses Verfahren hat den Nachteil, dass sich das Druckgas bei Entnahme infolge Expansion kontinuierlich abkühlt, was die Bedrückungseffizienz reduziert und die erforderlich Menge an Druckgas erhöht. Bei anderen Verfahren werden verflüssigte Gase wie Wasserstoff oder Helium am laufenden Triebwerk erwarmt und den Treibstofftanks als Druckgas zugeführt (siehe Kapitel 3.2.3).

Begleitend zu den Überlegungen zur Auslegung des Antriebssystems wird eine **Massenbilanz** (Tabelle 3.2.6) der Stufe erstellt, welches sämtliche Einzelmassen der Stufensubsysteme zusammenfasst. Dieses Massen-Budget wird im ersten Schritt aus Handrechnungen, Katalogwerten und durch Skalieren von Bauteilen aus bekannten, ähnlichen Raketenstufen ermittelt und im Laufe der Entwicklung kontinuierlich den aktuellen Masse-Bewertungen angepasst. Können die Anforderungen zur Trockenmasse nicht erfüllt werden, wird das bisherige Stufendesign überprüft und nach Masseneinsparungen gesucht. Dieser Prozess ist iterativ und kann dazu führen, dass zunächst getroffene Designentscheidungen überarbeitet werden müssen.

3

Tabelle 3.2.6: *Massenbilanz der Ariane 5 EPS.*

Untersysteme	Masse [kg]
Strukturen	342,3
Treibstofftanks	422,0
Antriebssystem (inkl. Triebwerk)	339,2
Leitungen	28,2
Elektrisches System	23,3
Pyrotechnisches System	11,1
Befestigungen	55,4
Thermal Isolation	34,9
Gesamtmasse	1256,4

3

3.2.4.2 Einflüsse auf die Systemauslegung

Bei der Auslegung der Stufensysteme sind vielfältige stufeninterne und externe Einflüsse zu berücksichtigen. Nachfolgend werden einige der wichtigsten Einflüsse näher beschrieben.

Lasten

Bei Lasten wird zwischen mechanischen und thermischen Lasten unterschieden; beide Arten werden noch weiter nach Umgebungs- und Betriebslasten unterteilt. Die Bestimmung der Lasten erfolgt, entsprechend der Art ihrer Entstehung, sowohl auf Träger- als auch auf Stufenebene. Grundsätzlich muss eine Raketenstufe so dimensioniert sein, dass sie sämtlichen Lasten (inkl. Sicherheitsfaktoren) während des Betriebs standhält. Transportlasten sollen für das System nicht dimensionierend sein und müssen deshalb durch geeignete Maßnahmen minimiert werden (z. B. Luftkissentransport).

Mechanische Lasten

Die mechanischen Lasten für die Hauptstrukturen jeder Stufe werden auf Trägerebene ermittelt, da sich die Bestimmung der Lasten aus Wechselwirkungen der einzelnen Stufen und dem Flugprofil ergibt. Die in solchen Untersuchungen ermittelten Anforderungen sind die Vorgaben für die statischen und dynamischen Lastannahmen für die Stufenentwicklung.

Die Kombination der externen Lasten mit den selbstinduzierten und den Betriebslasten jeder Stufe erfolgt auf Stufenebene. Dabei werden den externen Lasten die stufeninternen Lasten aus z. B. dem Tankdruck und dem Betrieb des Triebwerks überlagert und daraus ein dimensionierender Lastfall ermittelt.

Thermische Lasten

Bei den thermischen Umgebungslasten ist zwischen den Lasten am Boden und denen in den Flugphasen zu unterscheiden. Am Boden ist die Rakete den **thermischen Bedingungen am Startplatz** ausgesetzt: Klima, Wetter/Wind, Sonneneinstrahlung.

In der Aufstiegsphase kommt es infolge von Luftreibung an der Außenhaut zu einer **Aufheizung.** Sofern diese Aufheizung zu höheren Temperaturen auf der äußeren Hülle der Rakete führt, müssen die Strukturen von außen isoliert werden. Besondere Beachtung gilt den Protuberanzen, die die Außenhaut beim Aufstieg besonders stark aufheizen (bezüglich der Treibstofferwärmung siehe Kapitel 3.2.2).

In der angetriebenen Flugphase der Oberstufe wirken die **Wärmestrahlung** der heißen Triebwerksdüse (> 1000 K) und die thermischen Weltraumbedingungen auf die Stufe. Abhängig von der Bauform der Oberstufe ist der Wärmestrahlung der Düse besondere Bedeutung zuzumessen, da sich alle Komponenten im Sichtwinkel der Düse deutlich aufheizen. Oftmals wird deshalb am Triebwerk ein Hitzeschild angebracht, das den Sichtwinkel der heißen Düsen verkleinert und so den Isolationsbedarf reduziert.

In der Phase des Aussetzens der Nutzlast wirken dann nur noch die Wärmelasten aus den Weltraumbedingungen, die je nach Positionierung und Orientierung der Bauteile zur Sonne lokal zu einer Erwärmung oder Abkühlung führen. Nicht zu vernachlässigen ist die Dissipation von insbesondere elektrischen Bauteilen (z. B. Antennen), die auch in der Wärmebilanz benachbarter Bauteile berücksichtigt werden muss.

Einflüsse der Fluiddynamik in Tanks und Leitungen

Die Fluiddynamik in den Treibstofftanks umfasst im Wesentlichen die thermodynamischen Zustände in der Gasphase des Treibstofftanks, das Schwappen und die Lage der Treibstoffe und besonders bei kryogenen Treibstoffen eventuelle Unterkühlung und Aufheizung der Treibstoffe an der Tankwand. Zur verfeinerten Auslegung sind Tests unverzichtbar.

Die **thermodynamischen Zustände** in der Gasphase haben über die Gastemperatur unmittelbare Auswirkungen auf die benötigte Menge an Druckgas. Zur detaillierten Bestimmung der Druckgasmenge wird üblicherweise ein thermodynamisches Tankmodell erstellt. Die wesentlichen Parameter sind die Kompression des Druckgases und der Wärmeaustausch der Gasphase mit dem Treibstoff und den Tankwänden.

Das **Schwappen von Treibstoff,** angeregt durch interne oder externe Lasten, hat sowohl Auswirkungen auf die Flugbahn als auch auf die thermodynamischen Zustände in den Treibstoffen. Um ein Schwappen der Treibstoffe zu vermeiden oder zumindest zu reduzieren, können speziell geformte Tankeinbauten eingesetzt werden. Die Geometrie dieser Tankeinbauten orientiert sich an den physikalischen Eigenschaften des Treibstoffes, der Tankform und -größe, dem Füllgrad und der erforderlichen Dämpfung. In Bild 3.2.15 ist die Antischwapp-Vorrichtung am Tankauslass der Ariane-5-Oberstufe EPS dargestellt.

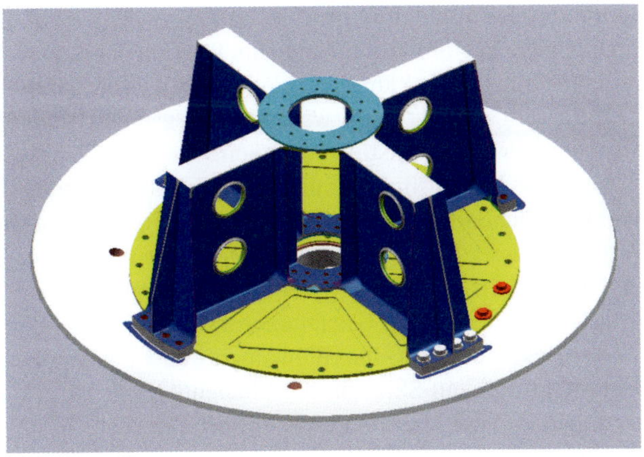

Bild 3.2.15: *Antischwapp-Vorrichtung der Ariane-5-Oberstufe EPS (Bild: ArianeGroup).*

Die **Fluiddynamik in Leitungen** ist weniger komplex. Bei lagerfähigen Treibstoffen ist die Anwendung von eindimensionalen Ansätzen zu Rohrströmungen in den meisten Fällen ausreichend. Bei kryogenen Treibstoffen sind bei transienten Vorgängen zusätzlich 2-Phasen-Strömungen zu betrachten.

Einflüsse der Aerodynamik und Trajektorie

Aerodynamik, im eigentlichen Verständnis, spielt bei einem Träger keine ausgeprägte Rolle, da der Auftrieb durch den Schub geleistet wird und keine weiteren Auftriebselemente vorhanden sind. Dagegen kommt dem **Staudruck** beim Durchfliegen der Atmosphäre durchaus Bedeutung zu, da sich Verluste durch Luftwiderstand direkt im Antriebsbedarf niederschlagen und zu einer Erhöhung der Oberflächentemperatur führen. Zum Schutz der Nutzlast vor Staudruck und Aufheizung und zur Minimierung des Luftwiderstands beim Aufstieg ist die **Raketenspitze (Fairing)** aerodynamisch geformt. Hat der Staudruck ausreichend abgenommen, wird das Fairing abgeworfen, um die Raketenmasse im Flug zu reduzieren.

Pollution/Cleanliness/Leckage

Unter dem Titel **„Pollution“** werden Verschmutzungen zusammengefasst, die von der Rakete oder einzelnen Stufen ausgehen und in eine Umlaufbahn freigesetzt werden. Im Mittelpunkt der Betrachtung steht dabei die mögliche Verschmutzung der **Nutzlast.** Entsprechend orientieren sich die externen Reinheitsanforderungen an dem Bedarf der Nutzlast. Verschmutzungen der Nutzlast, z. B. der Solarpaneele, müssen vermieden werden, um die Funktion der Nutzlast nicht zu beeinträchtigen. Verschmutzungen der Nutzlast können erst nach dem Abwerfen der Nutzlastverkleidung auftreten und in der Phase des Aussetzens der Nutzlast, wenn keine axiale Beschleunigung mehr auftritt. Ursache von Verschmutzungen sind kleine Partikel, aber häufiger auch Moleküle, die durch Ausgasen von Materialien der Oberstufe freigesetzt werden. Auch der Betrieb von RCS-Triebwerken kann die Ursache von Verschmutzungen sein.

„Cleanliness“ betrifft den internen Reinheitsgrad der Stufe. Die fehlerfreie Funktionsweise des **Antriebssystems** einer Raketenstufe kann nur dann sichergestellt werden, wenn der interne Reinheitsgrad der beteiligten Komponenten, wie Tanks, Rohrleitungen, Ventile und Triebwerke, den Anforderungen genügt. Der erforderliche Reinheitsgrad orientiert sich dabei an dem Bedarf von Ventilen und des Triebwerks, um ihre Funktion zu gewährleisten. Diese Reinheitsanforderungen sind anschließend vom gesamten Förder- und Bedrückungssystem sicherzustellen. Dies bedeutet, dass die Rohrleitungen, Komponenten und auch die Tanks speziell gereinigt werden müssen und ein Reinheitsnachweis durchgeführt werden muss. Reinheitsanforderungen werden als erlaubte Partikel pro Volumen Reinigungsflüssigkeit überprüft. Typische Reinheitsanforderungen für Rohrleitungen im Antriebssystem von Raketenstufen sind in Tabelle 3.2.7 dargestellt.

Tabelle 3.2.7: *Erlaubte Partikel in 100 ml Reinigungsflüssigkeit.*

Partikel Größe [µm]	Anzahl
≤ 25	unbegrenzt
26 … 50	≤ 15
51 … 100	≤ 5
101 … 200	≤ 1
> 201	0

Der Einsatz von **Filtern** innerhalb des Fördersystems wird aufgrund des Risikos von teilweiser oder vollständiger Verstopfung und dem damit verbundenen undefiniertem Anstieg der hydraulischen Druckverluste möglichst vermieden.

Unter **„Leckagen“** wird das Austreten von Druckgasen oder Treibstoffen aus Leitungen und ihren Verbindungselementen bezeichnet. Die Auswirkungen von Leckagen sind unterschiedlich; während es sich bei Leckagen im Druckgassystem nur um unerwünschte Verluste handelt, können bei Leckagen im Treibstoffsystem explosionsfähige Gemische in geschlossenen Volumina entstehen. Für unvermeidbare Undichtheiten ist eine Gesamtbilanz mit den betreffenden Leckmengen zu erstellen. Maßnahmen, die Leckagen zu minimieren, sind der Einsatz von geeigneten Verbindungselementen und die Überprüfung der Verbindungen bei der technischen Abnahme der Komponenten oder des Leitungssystems. Übliche Dichtheitsanforderungen bei der Abnahme von Verbindungselementen bei Verwendung von Helium liegen im Bereich von 10^{-5} cm^3/s. Können Leckagen nicht vermieden werden, ist eine geeignete Menge Inertgas notwendig, um diese Leckstellen zu spülen und zu verdünnen.

3

3.2.4.3 Teilsystem-Auslegung

Thermische Auslegung

Das Ziel der thermischen Auslegung von Raketenstufen ist es, akzeptable Temperaturbedingungen für sämtliche Komponenten während aller Boden- und Flugphasen sicherzustellen. Dies beginnt mit der Analyse der Wärmequellen und -senken und umfasst im Anschluss – sofern möglich – eine geeignete Positionierung von Bauteilen.

Nachdem die Stufenkonfiguration ausreichend detailliert ist, wird ein **„Thermisch-Mathematisches Modell"** erstellt, das sämtliche Hauptkomponenten beinhaltet. Im Anschluss werden mit den Umgebungsbedingungen Thermalrechnungen durchgeführt, deren Ergebnis eine Temperaturverteilung als Funktion der Zeit für alle Bauteile ist. Die Auswertung der minimalen und maximalen Temperaturen identifiziert den Bedarf an Maßnahmen für das thermale Design. Wenn Komponenten bereits in der Bodenphase ihre zulässigen Temperaturbereiche überschreiten, wird häufig mit warmen oder kalten Spülgasen, meistens Stickstoff oder Helium, gearbeitet, um die Komponenten zu temperieren. Diese Spülgase werden von der Bodenanlage am Startplatz zur Verfügung gestellt und stehen nach dem Start nicht mehr zur Verfügung. In der Flugphase verbleibt meist nur der Einsatz von Isolationen oder kapazitiven Kühlelementen. Wegen des zusätzlichen Energiebedarfs werden nur in besonderen Fällen auch elektrische Heizer eingesetzt.

Thermofunktionale Auslegung

Die thermofunktionale Auslegung von Tanks und Treibstoffleitungen ist eine Besonderheit von **kryogenen Stufen.** Im Mittelpunkt der Betrachtung steht die Aufwärmung der Treibstoffe durch Wärmeeinträge, die zum Anstieg des Dampfdrucks und zur Abnahme der Dichte führen. Letztere führt zu einer Verschiebung des Mischungsverhältnisses im Triebwerk, was zur Reduktion des spezifischen Impulses und auch zur Erhöhung der Verbrennungstemperatur führt. Während die Reduktion des spezifischen Impulses lediglich die Stufenleistung beeinträchtigt, kann der Anstieg der Verbrennungstemperatur zur Zerstörung der Brennkammer führen. Zu warmer Treibstoff am Einlass in die Turbopumpen erfordert das sofortige Abschalten des Triebwerks (Kavitation). Aus den erwähnten Gründen können in den Tanks zu warme Treibstoffmengen verbleiben (thermal residuals), die dann nicht für den Antrieb der Rakete zur Verfügung stehen und deshalb minimiert werden müssen. Parameter, die zur Reduktion des Wärmeeintrages beitragen, sind die Stufenarchitektur, die Tankform und geeignete thermische Isolationen auf der Außen-, ggf. sogar auf der Innenseite der Tankwand.

Geometrische Auslegung und Design

Nachdem die Stufung des Trägers, die Position der Steuereinheiten und die Tankkonfiguration sowie die Übergangsstrukturen festgelegt sind, wird mit der geometrischen Auslegung der Raketenstufe begonnen.

Auch die Unterbringung von **Stufenausrüstung** unterliegt vergleichenden Studien (Trade-offs). Trotzdem ist die Unterbringung von Komponenten ein iterativer Vorgang, da sich mögliche geometrische Wechselwirkungen zwischen Komponenten erst in der Gesamtanordnung herausstellen.

Der **Designprozess** einer Komponente oder Baugruppe beginnt mit Layout-Skizzen, die hinsichtlich der Anforderungen und der Masse kritisch bewertet werden. Wenn alle Anforderungen erfüllt sind, wird von dem betrachteten Bereich eine Definitionszeichnung erstellt, die bereits wesentliche Detailinformationen beinhaltet. Abschließend werden Interface-Zeichnungen, Herstellungszeichnungen sowie Zeichnungen für die Integration erstellt. Das beschriebene Vorgehen ist für jede Baugruppe ähnlich. Ist eine Komponente zu Beginn einer Entwicklung in ihrer Definition noch nicht festgelegt, wird zunächst mit geometrischen Platzhaltern gearbeitet, die die Hauptabmessungen und Anschlüsse beschreiben. Entsprechend dem Entwicklungsfortschritt der Komponente wird der Platzhalter schrittweise gegen die konkrete Definition der Komponente ausgetauscht.

Um die späteren **Produktionskosten** niedrig zu halten, ist bereits im Anfangsstadium auf den Einsatz von preisgünstigen Designlösungen zu achten (Design to Cost). Ebenfalls muss der spätere Integrationsprozess frühzeitig berücksichtigt werden, um später eine problemlose Endmontage sicherzustellen. Eine Definitionszeichnung der Ariane-5-Oberstufe EPS ist in Bild 3.2.16 dargestellt, Bild 3.2.17 zeigt das fertige Produkt nach Abschluss der Entwicklung.

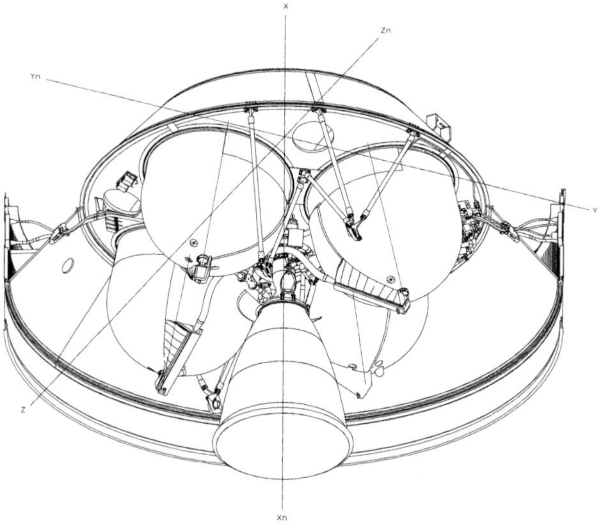

Bild 3.2.16: *Definitionszeichnung der Ariane-5-Oberstufe EPS (Bild: ArianeGroup).*

Bild 3.2.17: *Ariane-5-Oberstufe EPS nach der Entwicklung (Bild: ESA).*

Mechanische Auslegung

Nachdem die **Hauptstrukturen** in ihrer Definition feststehen, werden diese mit den **Lastanforderungen** aus der Trägeranalyse und den Betriebslasten der Stufe mittels mathematischer Modelle detailliert ausgelegt. Das Ergebnis der Auslegungen sind die Festlegung der Geometrie und die Auswahl der lokalen Materialstärke. Die **Materialauswahl** selbst ist oftmals durch Fertigungsrandbedingungen oder Kostenaspekte begrenzt oder sogar vorgegeben.

Nach der Definition des Designs sämtlicher Hauptstrukturen werden statische und später dynamische mechanische **mathematische Modelle** der Stufenelemente erstellt. Mit dem statischen Modell der Stufe werden unter Berücksichtigung der Stufenlasten die Sicherheitsfaktoren gegen Überlastung bestimmt. Mit dem dynamischen Modell werden unter Berücksichtigung der dynamischen Schwingungsanregung an den Stufen-Schnittstellen die mechanischen Antworten an allen relevanten stufeninternen Positionen bestimmt. Das Ergebnis der Rechnung liefert die dort auftretenden lokalen Lasten z. B. zwischen Leitungen und Komponenten, die wiederum Grundlage für weitere lokale mechanische Auslegungen sind.

Weiterhin sind bei der mechanischen Auslegung von Raketenstufen auch Lasten zu berücksichtigen, die durch **Schocks, Vibrationen** oder **akustische Anregungen** verursacht werden. Diese Lasten stellen häufig eine besondere Herausforderung dar und sind für empfindliche Bauteile manchmal nur mit speziell konzipierten Dämpfungselementen lösbar. Die Gültigkeit der erstellten Modelle wird in späteren Bauteil-, Subsystem- oder Systemtests unter möglichst realistischen Belastungen, Umgebungs- und operationellen Bedingungen nachgewiesen (siehe Kapitel 3.5).

Auslegung der Flugregelung und -steuerung

Die Flugregelung und -steuerung wird meistens von einer **zentralen Steuereinheit** (Onboard-Computer) für den gesamten Träger durchgeführt. Die Steuereinheit arbeitet nach einem Soll-Ist-Vergleich der vorher errechneten Flugbahn und gleicht Abweichungen infolge von Störungen durch Korrekturen aus, die von Steuerelementen umgesetzt werden. Die wichtigsten Steuerelemente sind die Schubvektorsteuerung und das Lageregelungssystem (siehe Kapitel 3.2.3). Die Anforderungen werden vom Trägersystem festgelegt und beinhalten Vorgaben zum Schubniveau, minimalen Schubimpuls sowie Gesamtimpuls.

Das System erfasst ständig Informationen, die Auskunft über den ordnungsgemäßen **Betriebszustand** der Stufe geben. Hierzu gehört die Überwachung der Trägerbeschleunigung, des Brennkammerdrucks, des Tankfüllstands und der Flugbahnregelung. Sind diese Parameter außerhalb des vorhergesehenen Bereichs, kann ein vorzeitiger Brennschluss der betroffenen Stufe eingeleitet werden.

Stufenoptimierung und Leistungsberechnung

Die Leistungsberechnung eines Trägers beruht auf der **Nutzlastmasse** in einem vorgegebenen Orbit. Dazu werden die relevanten Daten wie Trockenmasse, Schwerpunkt, Schubcharakteristik etc. sämtlicher Stufen in ein **Trajektorie-Programm** eingegeben und die Flugbahnparameter ermittelt. Wenn die vorgegebene Nutzlastmasse nicht erreicht ist, wird nach Maßnahmen zur Erhöhung der Trägerleistung gesucht, z. B. die Reduktion der Trockenmasse und die Optimierung von Betriebsparametern wie Schubniveau, Mischungsverhältnis, Treibstoffrestmassen oder spezifischer Impuls. Ziel der Optimierung wird es sein, die Masse jeder Raketenstufe bei Brennschluss zu minimieren. Neben der Trockenmasse sind auch die Treibstoffrestmengen bei Brennschluss von großem Einfluss. Dies betrifft besonders kryogene Stufen, da sie infolge von Wärmeeinträgen thermische Restmengen bilden.

3.3 Antriebssysteme

Dirk Rüdeger Albat, Oskar Josef Haidn,
Günter Langel und *Gerald Hagemann*

Raketenantriebe werden nach der Treibstoffart unterschieden: **Flüssigkeits- und Feststoffantriebe** sowie, als Kombination der beiden, **Hybridantriebe,** wobei sich Erstere in Einstoff- und Zweistoffsysteme untergliedern. Einstoffsysteme existieren als reine Kaltgasantriebe oder bedienen sich einer katalytischen, exothermen Zersetzung des Treibstoffs, z. B. Hydrazin (N_2H_4) . Zwar unterscheiden sich einzelne Systeme durchaus deutlich, gleichwohl kann man sie abhängig von Missionsprofil und Stufung des Trägers grob in vier Klassen unterteilen: **Booster, Haupt- und Oberstufenmotoren** sowie **Satelliten- und Lageregelungsantriebe.** Generell sind Raketenmotoren Höchstleistungsgeräte, in denen Energien freigesetzt werden, die jene in Kraftwerken um ein Mehrfaches übertreffen können. Während in Feststoffantrieben über 30 GW erzielt werden, erreichen Flüssigkeitsmotoren Leistungen zwischen 3 und 10 GW. Ermöglicht wird dies durch hohe Treibstoffdurchsätze von über 1 000 kg/s.

Bild 3.3.1: *Vulcain-2-Triebwerk der Ariane 5 am Prüfstand P5 (Bild: DLR, ESA).*

3.3.1 Theorie des chemischen Antriebs

Das Grundkonzept des chemischen Raketenantriebs beruht letztlich in der Freisetzung der in den zugeführten Treibstoffen gespeicherten Energie in einer Brennkammer zunächst in thermische Energie sowie der Beschleunigung und dem anschließenden Ausstoß der entstehenden Verbrennungsprodukte in einer sich an die Brennkammer anschließenden Düse.

3.3.1.1 Grundlagen

Die **Raketengleichung** gemäß Formel 3.1.2, erstmals aufgestellt 1903 von Ziolkowski, beschreibt die Gesetzmäßigkeiten des Raketenantriebs. Unter Annahme einer idealen, reibungsfreien, stationären und eindimensionalen Strömung eines idealen Gases mit vernachlässigbarer Eintrittsgeschwindigkeit, Wärmefreisetzung bei konstantem Druck und adiabaten Wänden, siehe Bild 3.3.2, ergibt sich der **Schub** F zu:

$$F = \dot{m}\, u_a + (p_a - p_\infty)\, A_a \quad [\mathrm{N}] \qquad (3.3.1)$$

u_a Geschwindigkeit der Gase im Austrittsquerschnitt der Düse A_a,
p_a der dort vorliegende Druck,
p_∞ Umgebungsdruck,
$\dot{m}$ Treibstoffdurchsatz pro Zeiteinheit.

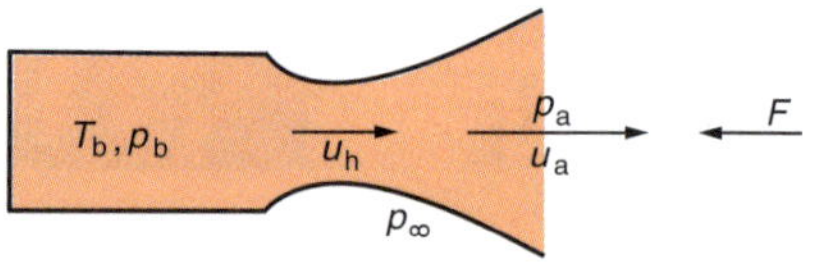

Bild 3.3.2: *Prinzip einer idealen Rakete.*

Der erste Term in (3.3.1) stellt den **Impulsbeitrag** und der zweite den **Druckbeitrag** zum Schub F dar. Weiter gelangt man mit $c = u_a + (p_a - p_\infty)\, A_a / \dot{m}$ oder $c = C_F\, c^*$ zu:

$$F = \dot{m}\, c \quad \text{oder} \quad F = \dot{m}\, C_F\, c^* \qquad (3.3.2,\ \text{s. a. } 3.1.3)$$

F Schub in N,
C_F Schubbeiwert,
c effektive Austrittsgeschwindigkeit in m/s, wird auch als idealer spezifischer Impuls in Ns/kg bezeichnet, ein Maß für den Energieinhalt der Treibstoffe und ihre Umwandlung in Schub,
c^* charakteristische Geschwindigkeit.

Der häufig im angelsächsischen Sprachraum verwendete Begriff **gewichtsspezifischer Impuls** ist

$$I_{sp} = c / g_0 \quad [\mathrm{s}] \qquad (3.3.3)$$

g_0 Gravitationskonstante.

Es ist sinnvoll, die charakteristische **Geschwindigkeit** c^* und den **Schubbeiwert** C_F genauer zu betrachten, da daraus detaillierte Hinweise über relevante Stoffdaten und Betriebsparameter gewonnen werden können. So setzt c^* den Brennkammerdruck ins Verhältnis zu den Treibstoffen und gibt Auskunft über den erzielten Verbrennungswirkungsgrad. Gl. (3.3.4) verdeutlicht, dass c^* mit steigender Temperatur T_b der Brennkammergase zunimmt, mit wachsendem Molekulargewicht M und Isentropenexponenten k aber abnimmt.

$$c^* = \left[\frac{1}{k} \left(\frac{k+1}{2} \right)^{\frac{k+1}{k-1}} \frac{R\,T_b}{M} \right]^{1/2} \quad (3.3.4)$$

$$C_F = \left\{ \frac{2k^2}{k-1} \left(\frac{2}{k+1} \right) \left[1 - \left(\frac{p_a}{p_b} \right)^{\frac{k-1}{k}} \right] \right\}^{1/2} + \left(\frac{p_a}{p_b} - \frac{p_\infty}{p_b} \right) \varepsilon \quad (3.3.5)$$

ε Expansionsverhältnis der Querschnittsflächen Düsenende zu Brennkammerdüsenhals,

R allgemeine Gaskonstante.

Der Schubbeiwert C_F wächst mit sinkendem k. Ausschlaggebend sind das Verhältnis von Austritts- zu Brennkammerdruck und die Differenz zwischen Austritts- und Umgebungsdruck. Obwohl hohe Austrittsgeschwindigkeiten wünschenswert sind, mindert eine Expansion der Gase unterhalb des Umgebungsdrucks letztlich den Schubbeiwert.

Tabelle 3.3.1 zeigt typische Wertebereiche der aufgeführten Kenngrößen für verschiedene Raketentriebwerke.

Tabelle 3.3.1. *Wertebereiche typischer Kenngrößen.*

T_b [K]	p_b [MPa]	M [kmol/kg]	c^* [m/s]
2000 ... 3900	1 ... 26	2 ... 30	900 ... 2500
ε [–]	k [–]	C_F [–]	I_{sp} [Ns/kg]
15 ... 280	1,1 ... 1,6	1,3 ... 2,9	1500 ... 4800

3.3.1.2 Treibstoffe

Anhand der oben abgeleiteten Zusammenhänge für die charakteristische Geschwindigkeit und den Schubbeiwert kann eine erste **Klassifizierung von Raketentreibstoffen** vorgenommen werden. Anzustreben ist also eine hohe Verbrennungstemperatur, ein geringer Isentropenexponent sowie ein kleines Molekulargewicht der Verbrennungsgase. Aus Systemgründen können darüber hinaus noch andere Größen wie Dichte und Temperatur der Treibstoffe sowie die Art des Triebwerks oder der Mission von Bedeutung für die Treibstoffwahl sein. Generell gilt für Oberstufentriebwerke die **Treibstoffkombination** von Sauerstoff und Wasserstoff als optimal, während für Erststufen- und Unterstufentriebwerke bzw. Boostertriebwerke, die überwiegend bei Umgebungsdruck arbeiten, entweder die Kombination Sauerstoff/Kerosin – LOX/Kerosin – oder **Feststofftriebwerke** bevorzugt werden.

Obwohl viele Treibstoffkombinationen möglich sind, werden hier nur die gebräuchlichsten genannt. Für weitergehende Daten wird auf [3.3.1] verwiesen. Hypergole Kombinationen aus N_2O_4 und Mischungen von N_2H_4 und dessen Derivaten wurden trotz ihres gegenüber anderen Kombinationen schlechteren spezifischen Impulses lange Zeit wegen der guten Lagereigenschaften und der nicht benötigten Zünder bevorzugt, obwohl sie wegen ihrer toxischen und aggressiven Eigenschaften durchaus Handhabungsprobleme haben. Für Flüssigbooster hat sich jedoch mittlerweile die Kombination LOX/Kerosin (LOX: flüssiges O_2) durchgesetzt, und deren bekannteste Vertreter sind das F1-Triebwerk der Saturn V, das RD-180 Triebwerk der Atlas V oder die Merlin Triebwerksfamilie der Falcon. Sowohl in den USA, Japan als auch in Europa wird seit einigen Jahren Methan als Treibstoff für die Anwendung in Raketentriebwerken untersucht. Dies gilt sowohl für die Trägersysteme als auch für Orbital-Antriebssysteme.

Gründe für diese Überlegungen liegen darin, dass es sich bei „LOX/Methan" um eine sog. „Green Propellant"-Treibstoffkombination handelt, die aufgrund der physikalischen Eigenschaften von Methan in der Handhabung sowohl im Betrieb als auch am Boden als weniger komplex und damit kostengünstiger im Vergleich zu Wasserstoff oder klassischen lagerfähigen Treibstoffen gesehen wird. Weiterer Vorteil von Methan ist die Nähe zu Erdgas, so daß für die Herstellung bzw. Bereitstellung Standardkomponenten aus der Gasindustrie verwendet werden können. Methan lässt sich zudem generativ aus der Verbindung von Wasserstoff und Kohlendioxid herstellen. Es ist jedoch zu bedenken, dass für den Einsatz dieser Treibstoffkombination eine komplett neue Infrastruktur zu erstellen ist. Der spezifische Impuls von LOX/Methan liegt zwischen dem von LOX/Kerosin und LOX/Wasserstoff.

LOX/Methan ist mittlerweile als Referenztreibstoff für neue Raketentriebwerke und Trägersysteme (hier vor allem in den USA, aber auch in Europa) ausgewählt. In Europa wurde durch umfangreiche Tests in den letzten Jahren das Potenzial von Methan hinsichtlich Leistungsvermögen als auch Potenzial für die mehrfache Wiederverwendbarkeit von Triebwerken demonstriert, siehe z. B. Bild 3.3.3.

In den nächsten Jahren wird sich zeigen, ob diese neue Variante als Raketentreibstoff Anwendung findet. Zurzeit laufen Studien und Vorversuche auf experimenteller Basis, die allerdings sehr vielversprechend sind.

Der Einfluss von **Mischungsverhältnis und Treibstoffkombination** auf den **spezifischen Impuls** eines

Bild 3.3.3: *Test eines LOX/Methan Demonstratortriebwerks am Prüfstand P3.2 (Bild: DLR, ArianeGroup).*

Triebwerks ist in Bild 3.3.4 dargestellt. Deutlich sind drei unterschiedliche Treibstoffklassen auszumachen. Mit weitem Abstand führt LOX/Wasserstoff (im Bild LOX/LH_2), gefolgt von den einfachen Kohlenwasserstoffen, wobei mit steigendem Kohlenstoffgehalt der spezifische Impuls sinkt. Daran schließen sich die Alkohole an, deren Leistungseinbußen weitere 10 % betragen und die in etwa gleichwertig sind mit den hypergolen Kombinationen. Zum Vergleich sind auch zwei Kombinationen mit 90 % Wasserstoffperoxid eingetragen, die wiederum einen etwa 10 % schlechteren spezifischen Impuls aufweisen.

3.3.2 Raketenantriebstypen: Feststoffmotoren und Flüssigkeitsantriebe

Im Kapitel 3.3.2.1 werden zunächst Feststoffantriebe diskutiert, bevor dann in den folgenden Kapiteln Flüssigantriebe, deren Komponenten und Testeinrichtungen besprochen werden.

3.3.2.1 Feststoffantriebe

Feststoffantriebe werden dort eingesetzt, wo hohe Zuverlässigkeit und Verfügbarkeit sowie einfache Lagerung gefordert sind. Sie werden genutzt als **Gasgeneratoren** zum Anfahren der Turbopumpen von Flüssigkeitstriebwerken, als **Beschleunigungsraketen** zur Trennung ausgebrannter Raketenstufen oder als Zusatz- oder **Hauptantriebsstufen** des Trägersystems. Ihr Hauptvorteil liegt im einfachen Aufbau aus nur wenigen Komponenten: Motorgehäuse, Thermalschutz, Treibstoff, Düse und Zündsystem; ihr Nachteil ist der geringe spezifische Impuls. Typische Werte von 2 450 ... 2 900 Ns/kg liegen etwa bis zu 40 % unter denen kryogener Flüssigantriebssysteme. Außerdem ist das Strukturgewicht von Feststoffsystemen relativ hoch, da die Motorgehäuse sowohl als Tank auch als Brennkammer dienen und daher für hohe Arbeitsdrücke ausgelegt

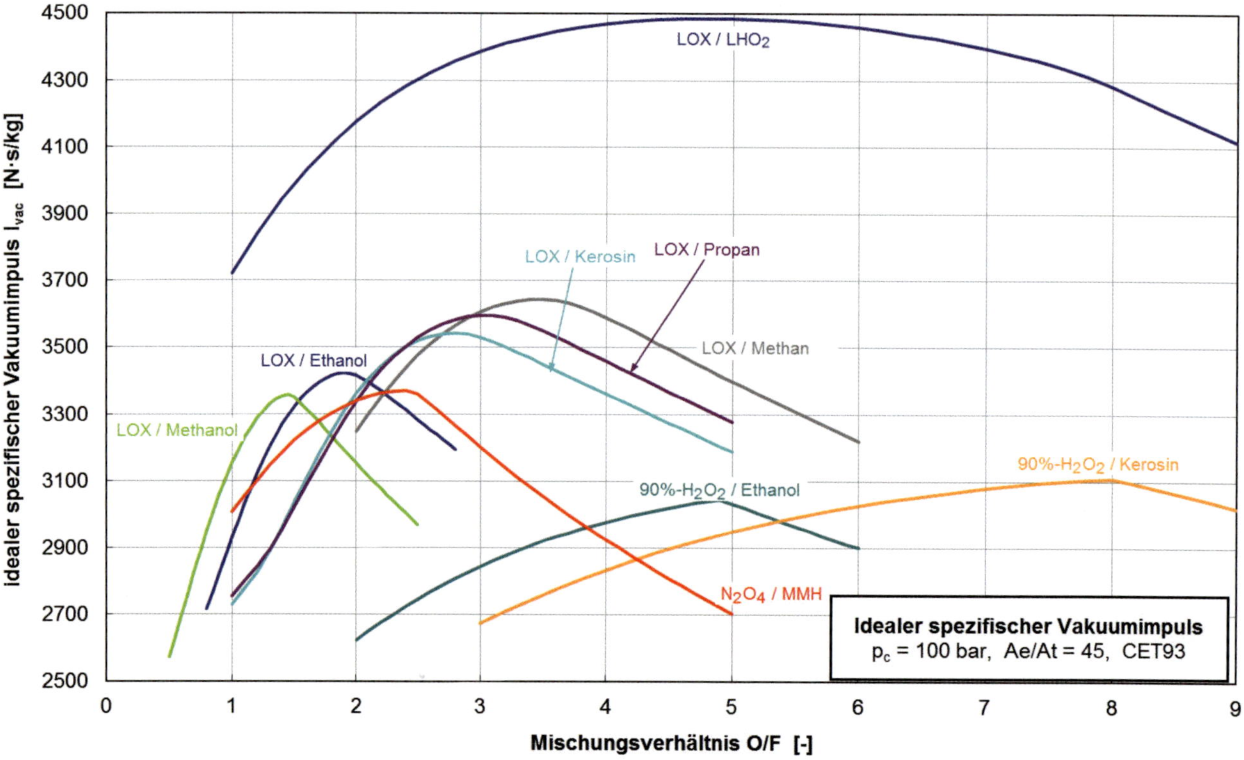

Bild 3.3.4: *Spezifischer Impuls verschiedener Treibstoffkombinationen.*

werden. Das Haupteinsatzgebiet der Feststoffantriebe liegt deshalb im **Hochschubbereich** und bei Erststufen: Die hohe Energiedichte von Feststoffantrieben erlaubt hohe Massenströme und damit hohen Schub bei relativ kompakten Abmessungen. Dies ist bei Erststufen oft wichtiger als der spezifische Impuls.

Treibstoffkomponenten und -erzeugung

Feststoffantriebe sind **Einstoffsysteme** – Treibstoff und Oxidator werden gemeinsam in einer gummiartigen Masse gemischt, welche nach der Zündung autonom, also ohne äußeren Einfluss, abbrennt. Die Ariane 5, siehe Bild 3.3.5, benutzt Ammoniumperchlorat (NH_4ClO_4) als Oxidator, Kunstharz (Polybutadien) als Brennstoff und Aluminium als energiesteigerndes Element zur Erhöhung der Gastemperaturen und des spezifischen Impulses. Abbrandgeschwindigkeiten von bis zu 8 mm/s sind häufig. Zur Herstellung des Treibstoffs werden die Komponenten zunächst in Kesseln vermengt, wobei ein zähflüssiger Treibstoff mit einem honig-ähnlichen Fließverhalten entsteht. In einer Füllanlage wird der Treibstoff unter Vakuum in das mit einem Formkern versehene Motorgehäuse gefüllt, um Blasenbildung im Treibstoff zu vermeiden und einen präzis definierten Abgaskanal festzulegen. Danach wird der Treibstoff über eine Polymerisation ausgehärtet. Die nachfolgende Schrumpfung beim Abkühlen erlaubt die sichere Entfernung des Kernes.

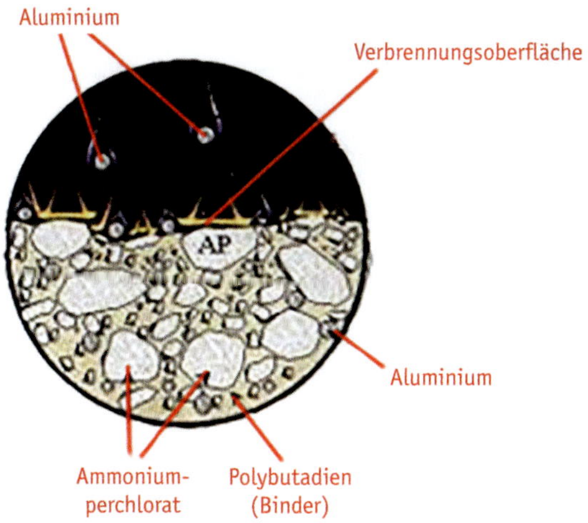

Bild 3.3.5: *Treibstoffkomponenten.*

Brenntypen und Einsatzgebiete

Der zu erzeugende Schubverlauf kann durch die verfügbare Abbrandfläche direkt beeinflusst werden. Man unterscheidet dabei die folgenden Brenntypen, siehe Bild 3.3.6:

Neutrale Brenntypen haben als Stirnbrenner eine konstante kreisförmige Brennfläche und erzeugen damit durch einen gleichbleibenden Massenstrom einen konstanten Schubverlauf. Dieser Typ wird vor allem bei kurzen Brennzeiten eingesetzt (Stufentrennung), da das Motorgehäuse während der gesamten Brenndauer mit Heißgasen beaufschlagt wird und die Kühlung zu überhöhtem Gewicht führen würde.

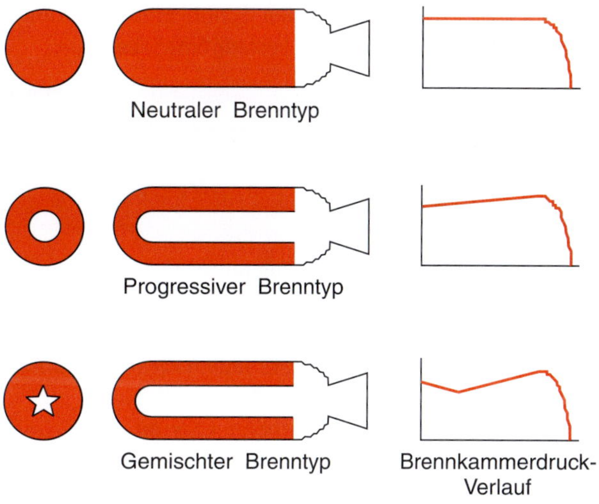

Bild 3.3.6: *Brenntypen von Feststofftriebwerken.*

Progressive Brenntypen kombinieren Stirnbrenner zusätzlich mit zylindrischen inneren Brennkanälen. Beim Abbrand in diesen erweitert sich die Brennfläche und erzeugt so einen konstant steigenden Schubverlauf. Dieser Brenntyp hat ähnliche Nachteile wie der Stirnbrenner und wird vor allem für Oberstufen verwendet.

Gemischte Brenntypen erlauben eine optimale Anpassung an die Erfordernisse der gewählten Flugbahn. So kann eine Kombination von Stern- und Zylinderbrenner optimale Voraussetzungen für Erststufen bieten: Die hohe Abbrandfläche des Sterns stellt den zum Start erforderlichen hohen Schub zur Verfügung, nach dem Ausbrennen des Sterns verringert sich die Abbrandfläche und damit der Schub. Staudruck, Beschleunigung und Gravitationsverluste bleiben in den gewünschten Grenzen. Bild 3.3.7 zeigt einen Schnitt durch das vordere Segment des Ariane 5 Boosters, in dem deutlich der Brenntyp „Gemischter Typ" erkennbar ist.

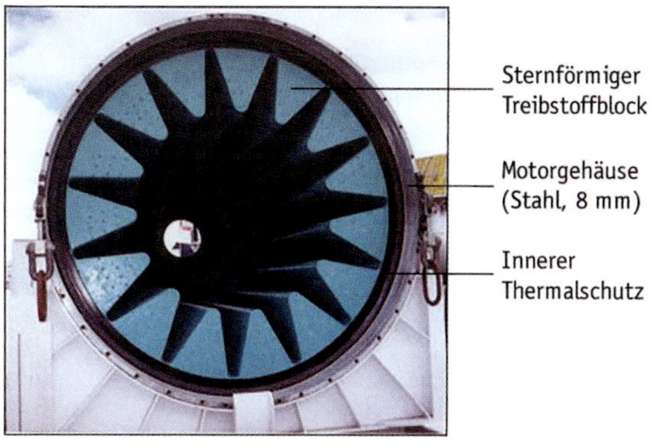

Bild 3.3.7: *Vorderes Segment des Ariane 5 Boosters (Bild: ESA).*

Der nach Gl. (3.3.1) für den Schub mitbestimmende **Massenstrom** ergibt sich bei Feststoffantrieben aus:

$$\dot{m} = \rho \, A_b \, v_{ab} \qquad (3.3.6)$$

ρ Treibstoffdichte,
A_b Abbrandfläche,
v_{ab} Abbrandgeschwindigkeit.

Aus der Kombination beider Gleichungen wird ersichtlich, dass zur Erzeugung eines hohen Startschubs hohe Treibstoffdichten, Abbrandflächen, Geschwindigkeiten und Austrittsdrücke notwendig sind. Jedem dieser Parameter sind dabei Grenzen gesetzt.

Hohe Drücke führen zu erhöhten Strukturgewichten, hohe Abbrandflächen verringern den Füllungsgrad des Boosters (Verhältnis von Innenvolumen zu Treibstoffmasse) und erhöhen ebenfalls das Strukturgewicht. Der **Abbrandgeschwindigkeit** sind ebenfalls Grenzen gesetzt. Zu hohe Abbrandgeschwindigkeiten können zu Erosion führen. Dabei reißt der Heißgasstrom Treibstoffbrocken aus der Oberfläche, was zu einer abrupten Vergrößerung von Abbrandfläche, Innendruck und Schub führen kann. Im schlimmsten Fall kann das das Bersten des Boostergehäuses zur Folge haben.

Ariane 5 Feststoffbooster

Die beiden Ariane 5 Booster stellen mit etwa 13 MN mehr als 90 % des Startschubes zur Verfügung. Jeder Booster besteht aus drei Segmenten, hat eine Leermasse von etwa 31 t und ist mit etwa 240 t Treibstoff befüllt, die nach 132 s ausbrennen und den Träger auf eine Geschwindigkeit von 2 km/s in 69 km Höhe beschleunigen. Bild 3.3.8 stellt einen Booster der Ariane 5 dar, links im Schnitt und rechts auf dem Testgelände in Kourou. Das **Motorgehäuse** besteht aus 8 mm dickem Stahl, der durch den bis zu 12 cm dicken ablativen Thermalschutz innen von den Verbrennungsgasen isoliert ist.

Die **Schubdüse**, siehe Bild 3.3.9, ist aus Faserverbundstoffen gefertigt und zur Steuerung des Trägers schwenkbar ausgelegt. Bei der Auslegung der Schubdüse mussten folgende Besonderheiten beachtet werden: Die Temperaturen im Bereich des Düsenhalses betragen etwa 3 300 K, die verbrannten Gase fließen mit einer Durchflussrate von etwa 2 t pro Sekunde durch die Düse und im Gasstrom enthalten sind Aluminium- oder Aluminiumoxidpartikel, die aufgrund ihrer hohen Geschwindigkeit bei Kontakt mit der Düseninnenfläche sehr abrasiv wirken können. Der Durchmesser des Düsenhalses weitet sich durch Materialabtragung während der Brenndauer um mehrere Millimeter. Die Düse muss zur Steuerung des Trägers um etwa 7 Grad schwenkbar sein, und die Schwenkmomente sollen dabei nicht zu hoch sein, um die zur Schwenkung aufzuwendende Energie in Grenzen zu halten. Der Schwenkmechanismus muss druckdicht sein, damit die Verbrennungsgase nur innerhalb der Schubdüse strömen. Dies führt zu einem relativ komplizierten Aufbau über Lamellen mit akkordeonförmigen Außenwänden.

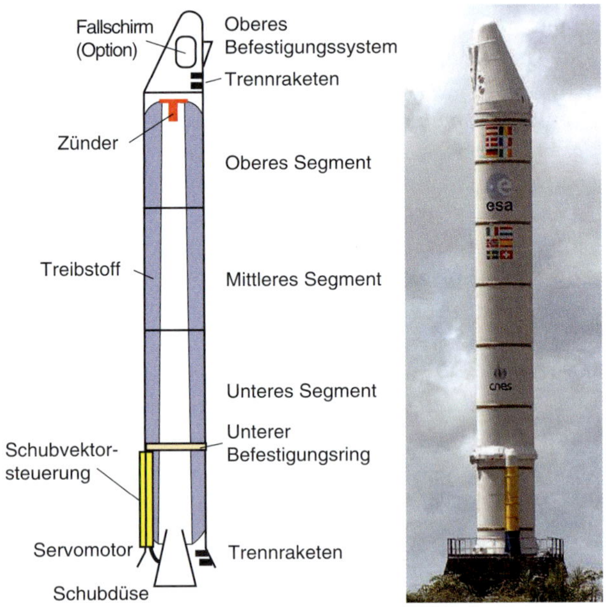

Bild 3.3.8: *Ariane 5 Booster (Bild: ESA).*

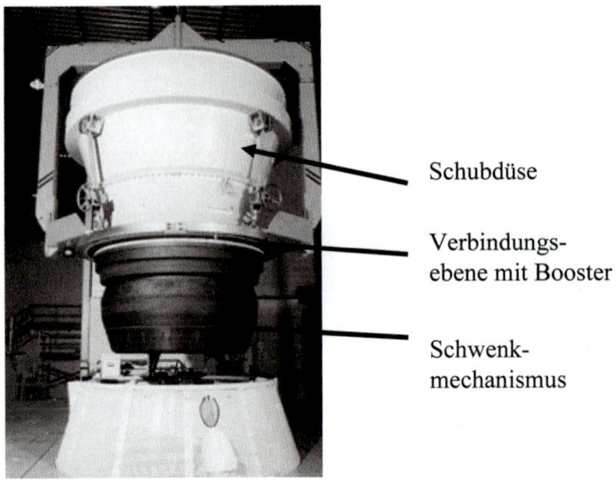

Bild 3.3.9: *Schubdüse (Bild: ESA).*

3.3.2.2 Triebwerkstypen für Flüssigtreibstoffe

Die Triebwerkstypen werden hinsichtlich der **Treibstoffförderung** unterschieden, die vier wesentlichen Typen sind in Bild 3.3.10 dargestellt. Während die Mehrzahl der Triebwerke mit **Turbopumpen** arbeitet, fördern nur Triebwerke kleiner Leistung durch **Lagertankbedrückung**. Wichtig für die Beurteilung ist der Einfluss der Parameter Kammerdruck, Expansionsverhältnis und Impulswirkungsgrad auf die Leistung (spez. Impuls). Expansionsverhältnis und Impulswirkungsgrad bestimmen die Motorleistung, nicht der Brennkammerdruck. Letzterer dimensioniert jedoch die Triebwerksabmessungen, siehe Bild 3.3.11.

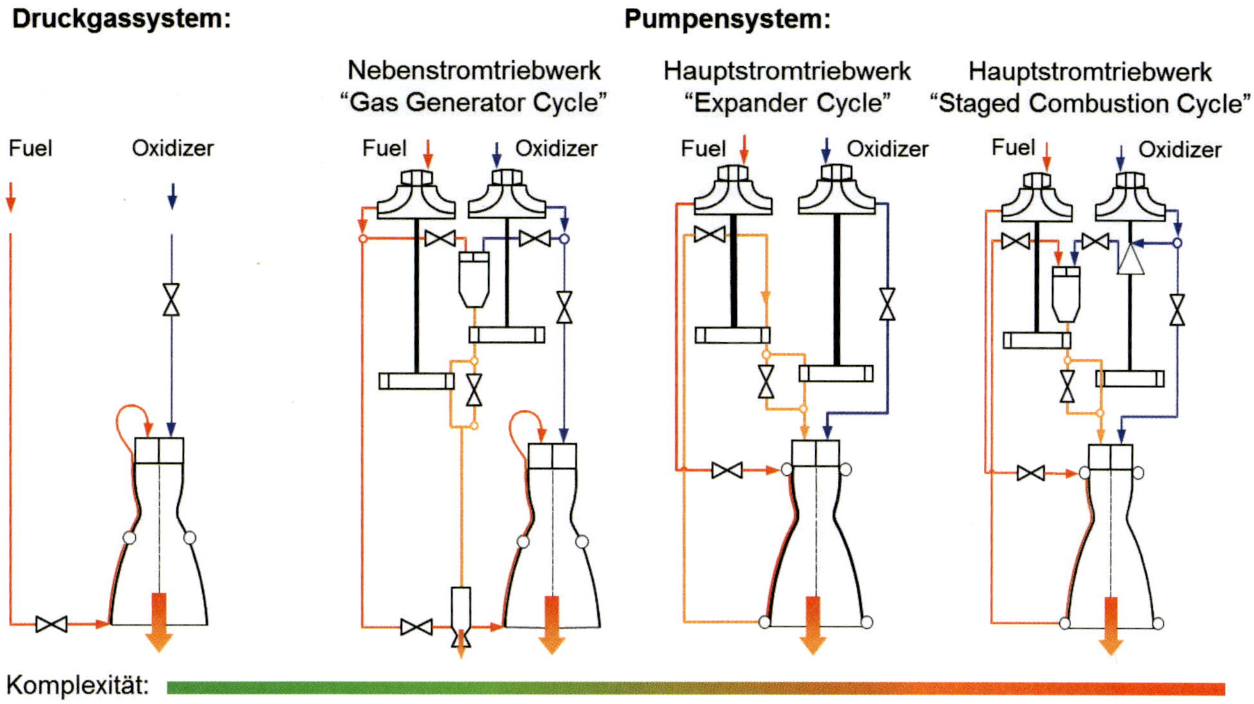

Bild 3.3.10: *Triebwerkssysteme.*

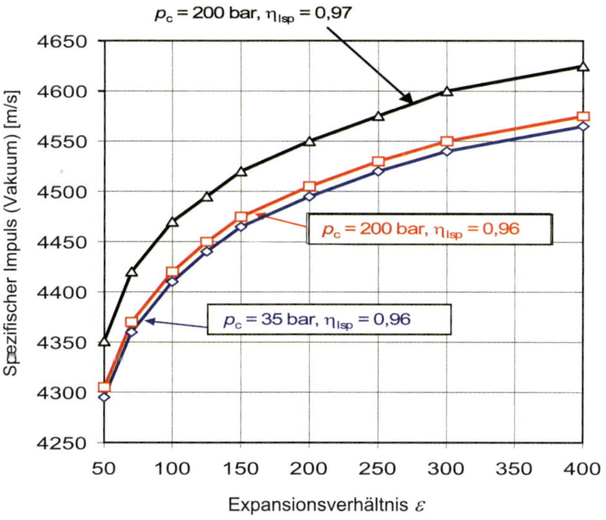

Bild 3.3.11: *Spezifischer Impuls als Funktion des Expansionsverhältnisses ε (Druck und Wirkungsgrad als Parameter).*

3.3.2.2.1 Druckgassysteme

Druckgasbetriebene Motoren unterscheidet man nach **Eigen- oder Fremdbedrückung.** Erstere geschieht durch Verdampfung einer Treibstoffkomponente durch Wärmezufuhr und wird häufig bei Einstoffsystemen angewandt, letztere durch ein Hochdruckgas (Helium), welches in Lagertanks gespeichert wird. Derartige Triebwerke sind durch die Tanktechnologie begrenzt und werden nahezu ausschließlich in Oberstufen mit hypergolen Treibstoffen verwendet.

3.3.2.2.2 Pumpensysteme

Tabelle 3.3.2 vergleicht verschiedene Triebwerksversionen. Für den **Pumpenantrieb** benutzt man das Turboladerprinzip. In einer kleinen Brennkammer (wird als Gasgenerator oder Vorbrennkammer bezeichnet) wird ein Heißgas erzeugt, das über eine Turbine entspannt wird, welche die meist auf der gleichen Welle sitzende Pumpe antreibt und die Treibstoffe auf den nötigen Druck bringt. Wird das Turbinenabgas auch durch die Hauptbrennkammer geleitet, spricht man von einem Hauptstromtriebwerk, sonst von einem Nebenstromtriebwerk. **Gasgeneratoren** oder Vorbrennkammern unterscheidet man nach oxidator- und treibstoffreicher Betriebsweise. Üblich ist treibstoffreicher Betrieb. Allein russische Systeme, die LOX/Kerosin verwenden, arbeiten sauerstoffreich, und es gab weltweit nur das RD-270-Triebwerk, das beide Betriebsmodi benutzte.

Das Expandertriebwerk ist ein Sonderfall, weil die Energie für den Turbinenbetrieb nicht über einen Gasgenerator, sondern durch den in den Brennkammerkühlkanälen aufgeheizten Treibstoff erzeugt wird.

Im Folgenden werden typische Triebwerksklassen näher erläutert.

Tabelle 3.3.2: *Vergleich von Triebwerkskreisläufen.*

	Nebenstromtriebwerk, Gasgeneratorzyklus	Hauptstromtriebwerk, Gestufte Verbrennung	Expandertriebwerk
Vorteile	• Einfache Schnittstelle zwischen Brennkammer und Turbine • Unabhängige Subsystementwicklung möglich • Moderater Pumpenaustrittsdruck	• Hoher Brennkammerdruck möglich ohne Verlust von spez. Impuls • Kompakte Turbinenbauweise • Kein getrennter Turbinenauslass	• Einfaches Triebwerkdesign • Nur Zündung der Hauptbrennkammer; • Geringe Turbineneintrittstemperatur
Nachteile	• Impulsverlust wegen Gasgenerator • Geringer Turbinenwirkungsgrad • Zusätzlicher Leistungsverlust durch höheres Mischungsverhältnis	• Nur integrale Entwicklung wegen komplexer Schnittstellen zwischen Turbopumpe und Brennkammer • Hoher Pumpenenddruck • Komplexer Triebwerksstart	• Brennkammerdruck < 100 bar • Nur integrale Entwicklung wegen komplexer Schnittstellen zwischen Turbopumpe und Brennkammer • Hoher Pumpenenddruck

Tabelle 3.3.3: *Kennwerte typischer Flüssigbooster.*

Typ	Treibstoff	Schub [MN]	Impuls [Ns/kg]	Druck [MPa]	Zyklus
RD-170	LOX/Kerosin	7,65	3 040	25,1	HS
RD-180	LOX/Kerosin	3,82	3 050	25,5	HS
RD-107	LOX/Kerosin	0,81	2 520	5,9	HS
F-1	LOX/RP1	6,91	2 590	6,6	GG
MA-5A	LOX/RP1	1,84	2 580	4,4	GG
RS-27	LOX/RP1	0,91	2 580	4,8	GG
RD-253	N_2O_4/UDMH	1,47	2 796	14,7	HS
YF-20	N_2O_4/UDMH	0,76	2 540	7,4	GG
Viking VI	N_2O_4/UH25	0,68	2 473	5,9	GG
RS-68	LOX/LH_2	2,91	3 532	9,7	GG
Merlin1D	LOX/Kerosin	815	3 050	9,7	GG

Zyklus-Abkürzungen siehe Tabelle 3.3.5.

Tabelle 3.3.4: *Kennwerte typischer Hauptstufentriebwerke.*

Typ	Treibstoff	Schub [MN]	Impuls [Ns/kg]	Druck [MPa]	Zyklus
RD-108	LOX/Kerosin	0,78	2 433	5,1	HS
RD-191	LOX/Kerosin	2,05	3 306	25,6	HS
Viking V	N_2O_4/UH25	0,68	2 443	5,9	GG
RS-25 (SSME)	LOX/LH_2	1,834	3 551	20,5	HS
RD-0120	LOX/LH_2	1,45	3 473	20,6	HS
LE-7	LOX/LH_2	1,080	4 346	14,5	HS
Vulcain 2.1	LOX/LH_2	1,35	4 248	11,5	GG
BE-4	LOX/Methan	2,4	4 248	13,4	HS

Boostertriebwerke

Boostertriebwerke werden am Boden gezündet, haben eine Brenndauer von 1 ... 3 min und stellen sehr hohe Anforderungen an den Schub (bis zu 8 000 kN). Die erzielten spezifischen Impulse sind eher moderat und liegen bei Feststoffsystemen im Bereich 250 ... 295 s, bei Flüssigantrieben können auch 330 s erreicht werden. Die meist paarweise angeordneten Feststoffbooster haben hohe Anforderungen an ein übereinstimmendes Schubprofil, um einen gleichmäßigen Brennschluss zu erreichen. Charakteristische Daten typischer Boostertriebwerke von Flüssigantrieben finden sich in Tabelle 3.3.3.

Hauptstufentriebwerke

Hauptstufentriebwerke arbeiten vom Boden bis ins Vakuum mit Brennzeiten zwischen 400 und 600 Sekunden, jedoch häufig mit einem etwas geringeren Schub (≈ 2 000 kN), aber bei deutlich höherem spezifischem Impuls als Boosterantriebe. Tabelle 3.3.4 zeigt Kennwerte typischer Triebwerke und Bild 3.3.12 mit dem Vulcain 2 bzw. Vulcain 2.1 einen typischen Vertreter eines Hauptstufentriebwerks.

Bild 3.3.12: *Hauptstufentriebwerk Vulcain 2.1 (Bild: ArianeGroup).*

Tabelle 3.3.5: *Kennwerte typischer Oberstufentriebwerke.*

Typ	Treibstoff	Schub [kN]	Impuls [Ns/kg]	Druck [MPa]	Zyklus
11D58M	LO_2/Kerosin	84	3855	4,4	HS
RD-0210	N_2O_4/UDMH	582	3208	14,8	HS
AESTUS	N_2O_4/MMH	30	3188	1,0	DG
YF-75	LOX/LH_2	79	4316	3,7	GG
LE-5	LOX/LH_2	122	4436	3,8	Exp
HM7B	LOX/LH_2	63	4356	3,5	GG
VINCI	LOX/LH_2	180	4562	6,1	Exp
RL-10B	LOX/LH_2	110	4571	4,4	Exp

Abkürzungen:
HS: Hauptstromkreislauf
DG: Druckgasförderung
GG: Gasgeneratorkreislauf
Exp: Expandertriebwerk

Bild 3.3.13: *VINCI Oberstufentriebwerk für Ariane 6 (Bild: ArianeGroup).*

Zu erkennen sind die **Schubdüse** und die Abführung der Turbinenabgase. Während bei Vulcain 2 (Hauptstufentriebwerk der Ariane 5, siehe Bild 3.1.11) die Abgase in die Schubdüse zum Zweck der Filmkühlung eingeblasen werden, werden diese bei dem Vulcain 2.1 Triebwerk (Hauptstufentriebwerk der Ariane 6, siehe Bild 3.1.15 und Bild 3.3.12) aus Produktionskostengründen durch einfachere Rohrleitungen letztlich entspannt. Die beiden Turbopumpen sind links und rechts zu erkennen, die Brennkammer und der Einspritzkopf bleiben hinter Rohrleitungen und Messkabeln verborgen.

Oberstufentriebwerke

Oberstufentriebwerke werden im Vakuum gezündet und haben einen deutlich geringeren Schub (typisch < 200 kN), aber sehr hohe Anforderungen an den spezifischen Impuls (> 4 600 Ns/kg für H_2/O_2). In Tabelle 3.3.5 sind wesentliche Kennwerte einiger Triebwerke zusammengefasst. Bild 3.3.13 zeigt das VINCI-Triebwerk, das sich zurzeit der Drucklegung des Buches in der Qualifikation befindet. Es wird in der neuen Oberstufe der Ariane 6 zum Einsatz kommen und ist wiederzündbar. Neuartig für europäische Entwicklungen ist der gewählte „Expander"-Triebwerkskreislauf.

Der Erstflug der Ariane 6 ist für das Jahr 2020 vorgesehen. Die Ariane 6 wird in zwei Varianten angeboten, der Ariane 62 mit zwei Feststoffboostern und der Ariane 64 mit 4 Feststoffboostern. Dieses Familienkonzept wird zudem auf die Europäische Vega-C Rakete ausgedehnt, deren Erststufe dem Ariane 6 Feststoffbooster entspricht.

Satelliten- und Lageregelungstriebwerke

Das Anforderungsprofil für Satelliten- und Lageregelungstriebwerke wird weniger von der Leistung als von der Zuverlässigkeit bestimmt. Den höchsten Schub haben **Apogäumsmotoren** (< 600 N), wesentlich kleinere Leistung (< 10 N) werden von **Lageregelungstriebwerken** verlangt, die zudem mit einer sehr langen Lebensdauer im Puls- und Dauerbetrieb arbeiten. Satelliten- und Lageregelungsantriebe sind im Kapitel 4.4 beschrieben.

3.3.3 Komponenten von Flüssigantrieben

Ein Raketentriebwerk besteht aus mehreren Komponenten, die in Funktion und Wechselwirkung extrem eng miteinander gekoppelt sind und ihrerseits wieder aus mehreren Teilen zusammengesetzt sind: Schubkammer mit Treibstoffverteiler, Einspritzkopf, Zünder, Brennkammer und Düse; Gasgenerator und Turbopumpe.

3.3.3.1 Einspritzkopf

Die Hauptfunktionen eines Einspritzkopfs umfassen neben der **Treibstoffzuführung** und dessen homogener Verteilung auf die einzelnen Einspritzelemente auch die **Entkopplung von Subsystemen**, um Schwingungen und Instabilitäten zu vermeiden. Neben der Dämpfung und Angleichung von Sekundärströmungen, die von der Turbopumpe herrühren, entkoppeln die Einspritzelemente durch den auftretenden Druckverlust weitgehend Treibstoffverteiler und Brennkammer. Typische Werte für den Druckverlust liegen zwischen 15 % und 25 % des Brennkammerdrucks. Zusätzlich enthält der Einspritzkopf je nach Treibstoffkombination auch die notwendige Zündvorrichtung. Weitere Einzelheiten zum Schwingungsverhalten und deren Problemlösung werden später beschrieben.

Zündsystem

In den Einspritzkopf eines Raketentriebwerks ist der Zünder integriert, der mit dem dazugehörigen System dazu dient, dass der Motor mit der notwendigen Energie versorgt wird, um die in den Brennraum eingespritzten Treibstoffe zu zünden. Bild 3.3.14 zeigt ein neues Zündsystem, das auf den Einsatz von Laserstrahlen setzt. Dieses fortschrittliche System, das Kosteneffizienz mit mehrfacher Wiederzündbarkeit verbindet, wird im FLPP – Future Launcher Preparatory Programm der ESA mit Industriepartnern untersucht.

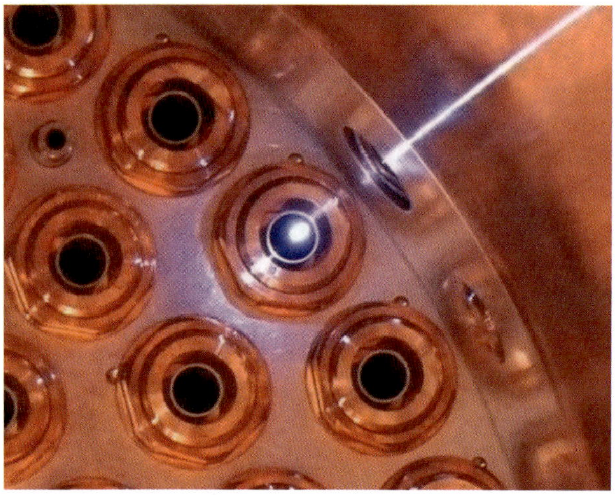

Bild 3.3.14: *Laser-Zünder für Raketentriebwerke (Bild: CTR, ArianeGroup und ESA).*

Die Aufgabe einer Zündeinrichtung ist es, zum richtigen Zeitpunkt am richtigen Ort die notwendige Zündenergie hinreichend lange zur Verfügung zu stellen. Dabei muss die lokale Treibstoffmischung innerhalb der **Zündgrenzen** liegen und die zugeführte Energie ausreichen, um die Treibstoffe zu verdampfen und über die Zündtemperatur zu erwärmen. Im unmittelbaren Umfeld müssen Bedingungen herrschen, die eine Ausbreitung der Flamme ermöglichen. Berücksichtigt man, dass die Treibstoffe oft bei Temperaturen weit unter 100 K im flüssigen Zustand gelagert werden, ist leicht nachvollziehbar, dass während des Anfahrvorgangs **Wärmetransporteffekte** die Treibstoffausbreitung maßgeblich beeinflussen. Dies stellt hohe Anforderungen an die Genauigkeit der Zündsequenz.

Ein **Zündverzug** von nur wenigen Millisekunden kann aufgrund zu großer Treibstoffakkumulation in der Brennkammer zu **Druckspitzen** während der Zündung führen, die für die Brennkammer oder eine andere Komponente im Antriebssystem gefährlich werden können. Zusätzlich bergen solche Druckspitzen das Risiko der Initiierung von Brennkammerinstabilitäten, die fast immer zum Versagen des Triebwerkes und damit zum Verlust der Mission führen. Die Entwicklung eines Zündsystems muss aus den oben genannten Gründen exakt auf das jeweilige Triebwerk und speziell den Einspritzkopf zugeschnitten sein. Klassische Zündsysteme basieren auf pyrotechnischen Zündern, hypergolen Zündern oder Zündkerzen.

Einspritzelemente

Je nach Treibstoffkombination und Anwendung unterscheidet man bei Einspritzelementen vier Grundkonzepte von Injektoren: Dralleinspritzung (Swirl Injection), Pralleinspritzung (Impinging), Paralleleinspritzung (Showerhead) und Koaxialeinspritzung (Coaxial Injection).

Dralleinspritzung

Bei der Dralleinspritzung werden beide Treibstoffkomponenten mit einer ausgeprägten **Tangentialkomponente** eingespritzt. Dabei sind die Einspritzöffnungen von Oxidator und Brennstoff meist koaxial angeordnet. Bild 3.3.15 zeigt ein typisches Beispiel eines solchen Injektors.

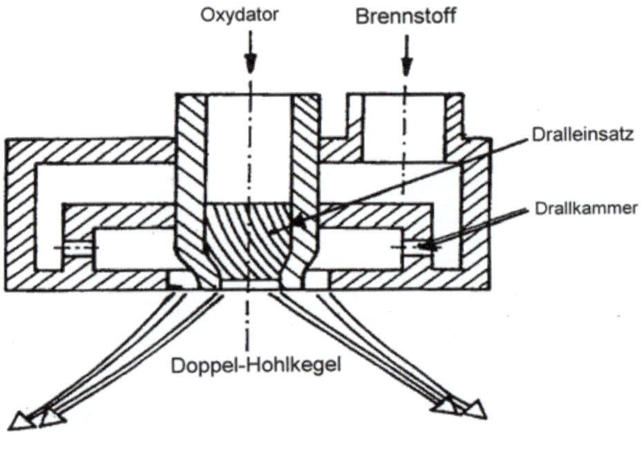

Bild 3.3.15: *Dralleinspritzsystem.*

Dieses Einspritzverfahren ist gekennzeichnet durch eine gute Treibstoffaufbereitung und Verbrennung, verbunden mit einer induzierten Rezirkulationszone im Zentrum. Ein weiterer Vorteil bei der Anwendung der Doppel-

Hohlkegel-Dralleinspritzung bei Kleintriebwerken ist die Erzeugung eines Kühlfilms an der Brennkammerwand durch das Einspritzelement selbst, ohne zusätzliche Filmkühlung. Nachteilig sind die Empfindlichkeit gegenüber Herstelltoleranzen und die starken Interferenzen zwischen Ausbrenngrad und thermischer Wandbelastung. Da sich diese Form der Einspritzung speziell für **kleinere Durchsätze** eignet, ist diese Technologie bei allen Triebwerken zur **Satellitenpositionierung und Lageregelung** bei ArianeGroup als Zweistoffsystem Basis der Antriebssysteme im Schubbereich 10 ... 500 N. Drallelemente der beschriebenen Art werden aber auch, besonders in Russland, für Multielementsysteme in Großtriebwerken eingesetzt.

Pralleinspritzung

Die Pralleinspritzung eignet sich vor allem für schlecht verdampfende Treibstoffe (z. B. MMH/N_2O_4) bei kurzen Brennkammerlängen. Dabei geschieht die Aufbereitung der Treibstoffkomponenten durch **Gegeneinanderspritzen** zweier oder mehrerer Strahlen unter einem Winkel von ca. 120°. Man arbeitet dabei z. B. mit „like on like Impinging" (Strahlen gleicher Komponenten werden gegeneinander gespritzt). Durch die Anzahl und geometrische Anordnung der Einspritzbohrungen entsteht eine Vielzahl von Kombinationsmöglichkeiten. Bild 3.3.16 zeigt typische Beispielkonfigurationen.

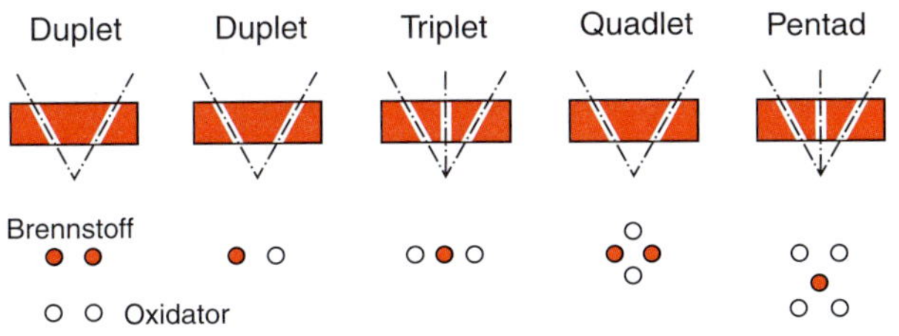

Bild 3.3.16: *Variationen der Pralleinspritzung*

Des Weiteren neigt die Pralleinspritzung zu **Verbrennungsinstabilitäten.** Typische Beispiele für die Anwendung der Pralleinspritzung sind die Triebwerke der Träger Thor, Atlas, Saturn für die Treibstoffkombination LOX/Kerosin, sowie Titan II und die Mondlandegeräte, die $N_2O_4/UDMH\text{-}N_2H_4$ nutzen. Wie die Dralleinspritzung ist auch die Pralleinspritzung empfindlich gegenüber Herstelltoleranzen. Auch besteht das Risiko einer hohen und ungleichförmigen Belastung von Brennkammer und Einspritzkopf-Frontplatte.

Paralleleinspritzung

Die Paralleleinspritzung ist das Verfahren mit dem **geringsten Herstellungsaufwand.** Auch ist die thermische Belastung von Einspritzkopf-Frontplatte und Brennkammer gering. Da aber die Treibstoffstrahlen nur axial eingebracht werden, geschieht die Mischung und Aufbereitung der Treibstoffe nur durch die Turbulenzen in der Brennkammer. Daher sind eine **schlechte Treibstoffdurchmischung** und folglich ein schlechter **Ausbrenngrad** vorprogrammiert. Die Paralleleinspritzung ist ein Verfahren, welches prinzipiell für alle flüssigen Treibstoffe anwendbar ist. Für die Ausbildung des Einzelelements, bestehend aus zwei oder mehr Einspritzbohrungen, gibt es eine Vielzahl von Varianten.

Koaxialeinspritzung

Bei der Koaxialeinspritzung, beispielhaft gezeigt in Bild 3.3.17, werden beide Treibstoffkomponenten in **koaxialer Form** und in **direktem Kontakt** miteinander eingebracht. Dabei geschieht die Treibstoffaufbereitung durch eine möglichst große Differenzgeschwindigkeit und die dadurch auftretenden Scherkräfte beider Komponenten. Daher ist eine gute Treibstoffaufbereitung möglich. Weitere Vorteile sind die geringen funktionalen Interferenzen zwischen den Elementen, die gute Skalierbarkeit über die Elementzahl und die niedrige thermische Belastung der Einspritzkopf-Frontplatte. Tabelle 3.3.6 zeigt typische Betriebsdaten für Ausführungen von Einspritzelementen in koaxialer Bauweise.

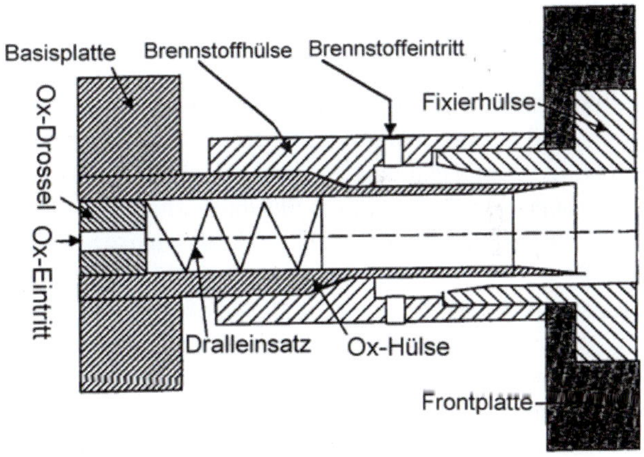

Bild 3.3.17: *Koaxialeinspritzung.*

Tabelle 3.3.6: *Typische Daten koaxialer Einspritzelemente bei koaxialer Treibstoffeinspritzung für kryogene und lagerfähige Treibstoffkombinationen.*

Kryogene Treibstoffkombinationen		Lagerfähige Treibstoffkombination	
H_2-Geschwindigkeit	300 m/s	MMH-Geschwindigkeit	14 m/s
LOX-Geschwindigkeit	15 m/s	NTO-Geschwindigkeit	12 m/s
Durchsatz/Element	500 g/s	Durchsatz/Element	70 g/s
Diffusoraustritts-winkel	6°	Diffusoraustritts-winkel	0°
Recess	3,5 mm	Recess	3,5 mm

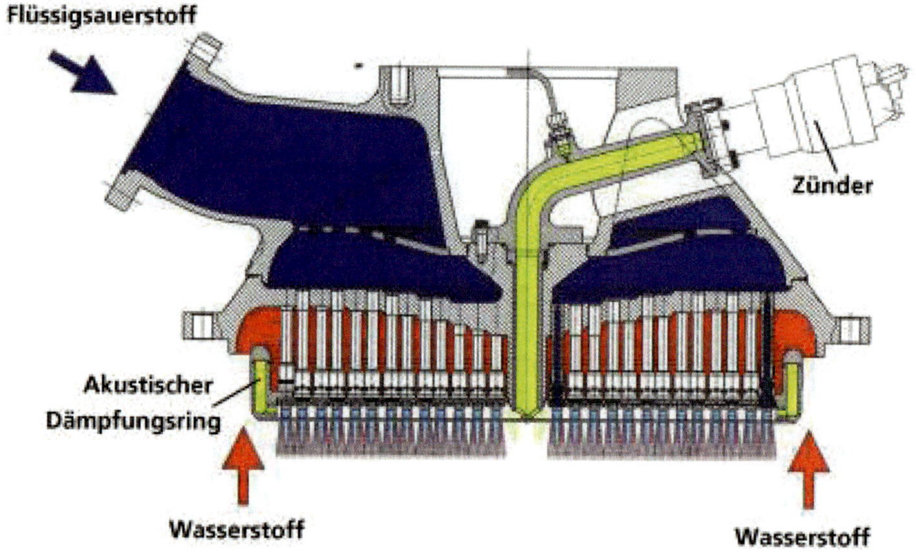

Bild 3.3.18: *Einspritzkopf des Vulcain-Motors.*

Die entscheidenden Vorteile der koaxialen Einspritzung sind die **sehr gute Skalierbarkeit** sowie der **hervorragende Ausbrenngrad.** Ferner garantiert diese Bauweise eine hohe Reproduzierbarkeit im Fertigungsprozess und eine damit verbundene geringe Ausschussrate. Nicht zuletzt deshalb kommt die koaxiale Einspritzung nahezu bei allen Triebwerken zum Einsatz, die mit der kryogenen Treibstoffkombination LOX/LH_2 sowie mit LOX/Methan arbeiten.

Bild 3.3.18 zeigt den Einspritzkopf des Vulcain-Triebwerks mit Zünder, Sauerstoffverteiler, Basisplatte mit den Einspritzelementen, Frontplatte und akustischem Absorberring mit Helmholtz-Resonatoren. Als weitere Beispiele seien hier nur die Triebwerke des Space Shuttles (SSME, in der Weiterentwicklung als RS-25 für das SLS Transportsystem) und der Delta IV (RS 68) genannt. Auch das sich zurzeit der in Entwicklung befindende kryogene Oberstufentriebwerk VINCI für die Ariane 6 ist mit koaxialen Elementen ausgestattet.

Durch eine geeignete Kombination von Drallelementen für den Oxidator mit Prallelementen für den Brennstoff kann das koaxiale Einspritzsystem auch für nicht kryogene Treibstoffkombinationen angewandt werden. Ein Beispiel hierfür ist die Anwendung beim Aestus-Triebwerk in der Oberstufe der Ariane 5 G/GS-Version.

Der bei der Verbrennung erreichte **Wirkungsgrad** wird fast ausschließlich durch die Güte der **Treibstoffaufbereitung** und hier speziell der **Zerstäubung** bestimmt. Das dominierende physikalische Phänomen der Zerstäubung liegt in den destabilisierenden, aerodynamischen Kräften, die mit mehreren dimensionslosen Kennzahlen beschrieben werden können. Von diesen sind das Geschwindigkeitsverhältnis der Treibstoffe, deren Reynolds-Zahlen, die Weber-Zahl und das Impulsstromverhältnis u_g / u_l der Treibstoffe besonders wichtig.

$$Re = \frac{\rho\, d\, u}{\mu}; \qquad We = \rho_g \frac{(u_g - u_l)^2}{\sigma}; \quad J = \frac{(\rho\, u^2)_g}{(\rho\, u^2)_l} \tag{3.3.7}$$

Von großer Bedeutung ist weiterhin, dass speziell bei Sauerstoff der Treibstoff unterhalb dessen kritischer Temperatur, aber über dem kritischen Druck eingespritzt wird. Dies hat zur Folge, dass der Atomisierungsprozess zumindest in Injektornähe von thermodynamischen Effekten mitbestimmt wird.

Entwicklungslogik

Um die Entwicklungsziele sicherzustellen und zu verifizieren, werden drei Methoden angewendet: **Ähnlichkeit und Vergleichbarkeit, Analyse** und **Test.** Die letzte Methode ist mit Sicherheit die teuerste, sie ist aber die, die in den letzten Jahrzehnten am konsequentesten angewendet wurde, um den Anforderungen an den Nachweis der Zuverlässigkeit gerecht zu werden. Eine Analyse der Entwicklungsansätze der letzten Jahre zeigt, dass sich die Verhältnisse leicht zugunsten der **Analyse** verschoben haben. Der Grund hierfür liegt zunächst einmal darin, dass sich komplexe physikalische Vorgänge, wie etwa das Beschreiben von Verbrennungsvorgängen, durch geeignete **numerische Verfahren** heute durch die Verbesserung in der Informationstechnik genauer beschreiben lassen und damit der Grad der Vorhersagegenauigkeit deutlich gesteigert wurde. Ein weiteres Argument ist der angestiegene **Kostendruck** in den Entwicklungsprogrammen, der den Umdenkprozess zwangsläufig einleitete und ihn in der Zukunft sicherlich weiter vorantreibt.

Die Vorstellung, dass man im Raketentriebwerksbau gänzlich ohne Test auskommen wird, ist und bleibt jedoch

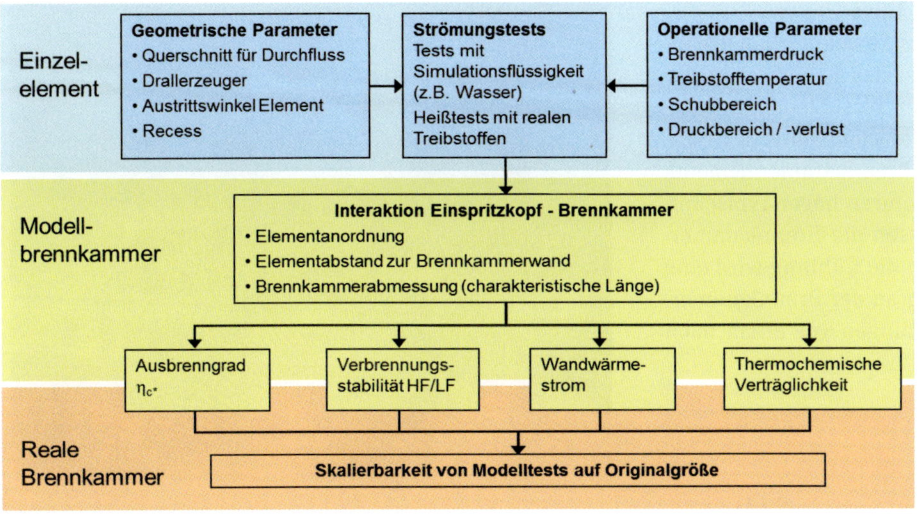

Bild 3.3.19: *Einspritzkopf-Entwicklungsmethodik.*

eine Illusion. Auch wenn wie oben erwähnt der analytische Nachweis auf dem Vormarsch ist, so bleibt letztlich die abschließende Verifikation durch einen Heißtest unumgänglich. Es müssen also Vorgehensweisen gefunden werden, die einerseits den Forderungen nach Kostenreduktion und schnelleren Durchläufen gerecht werden, aber andererseits das Niveau der Zuverlässigkeit der Entwicklungsergebnisse nicht infrage stellen. Für die Entwicklung eines Einspritzkopfs ist in Bild 3.3.19 eine **Entwicklungslogik** dargestellt, um dem oben formulierten Ziel gerecht zu werden.

Es werden **Tests auf Einzelelementebene** sowie **kombinierte Tests** unter Verwendung eines Modellmaßstabs für Einspritzkopf und Brennkammer durchgeführt. Dabei sind die Versuchsträger so mit Messaufnehmern – Thermoelementen, statischen und dynamischen Druckaufnehmern, Beschleunigungssensoren, Dehnmessstreifen – bestückt, dass die **Eingangsparameter** und damit die Randbedingungen für die **Rechenprogramme** die größtmögliche Vorhersagegenauigkeit haben. Die Antriebsentwicklung bei ArianeGroup verfolgt diese Logik schon seit Jahren. So konnte etwa beim Vergleich der vorhergesagten mit der im Triebwerkstest gemessenen Temperaturerhöhung im Brennkammerkühlkanal des neuen kryogenen Expandermotors eine **Vorhersagegenauigkeit** von kleiner zwei Prozent bei einer absolut gemessenen Temperatur von 250 K erreicht werden. Dieses Ergebnis ist sehr ermutigend und trifft in dieser Größenordnung auch für andere Leistungsdaten zu. Zurzeit wird untersucht, wie sich unter Nutzung von statistischen Methoden dieser Prozess weiter optimieren lässt.

3.3.3.2 Brennkammer und Düse

Die wichtigsten Komponenten eines Raketenmotors sind neben der Turbopumpe die Brennkammer und die Düse. Der konvergente sowie der erste Teil der Expansionsdüse ist Teil der Brennkammer Der Übergang zwischen dem konvergenten und divergenten Teil der Brennkammer, der Düsenhals, ist die thermisch höchstbeanspruchte Stelle. Brennkammer und Düse bilden zusammen mit dem Einspritzkopf die Schubkammer (Bild 3.3.20).

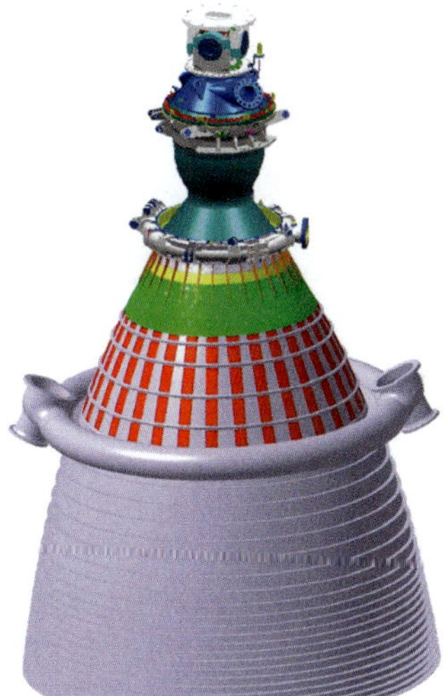

Bild 3.3.20: *Schubkammer des Vulcain 2 (Bild: ArianeGroup).*

Brennkammer

Die Hauptfunktion der Brennkammer liegt in der **effizienten Verbrennung,** dem Umsetzen von chemischer in thermische und weiter in kinetische Energie und in der **Beschleunigung** der heißen Verbrennungsgase auf Schallgeschwindigkeit im Brennkammerhals. Die Herausforderungen im Design liegen in der genauen Vorhersage des Wirkungsgrads, des Wärmeübergangs, der entsprechenden Kühlung und der geforderten Lebensdauer der Komponenten sowie in der Optimierung der Kontur und der Auslegung der Schnittstellen zu anderen Komponenten.

Kühlung von Brennkammer und Düse

Die größte Herausforderung bei der Auslegung von Brennkammer- und Düsenbauweisen ist das Beherrschen der Kühlung. Vor der Erläuterung der verschiedenen Kühlmethoden wird in Bild 3.3.21 der Mechanismus des **Wärmeübergangs** am Beispiel eines Brennkammerelements gezeigt. Die Verbrennungstemperaturen liegen typischerweise bei ca. 3 600 K. Daher müssen die Brennkammermaterialen gekühlt werden. Durch die Kühlung wird eine heißgasseitige Materialtemperatur an der Brennkammerwand erreicht, die den Anforderungen vor allem nach Lebensdauer genügt.

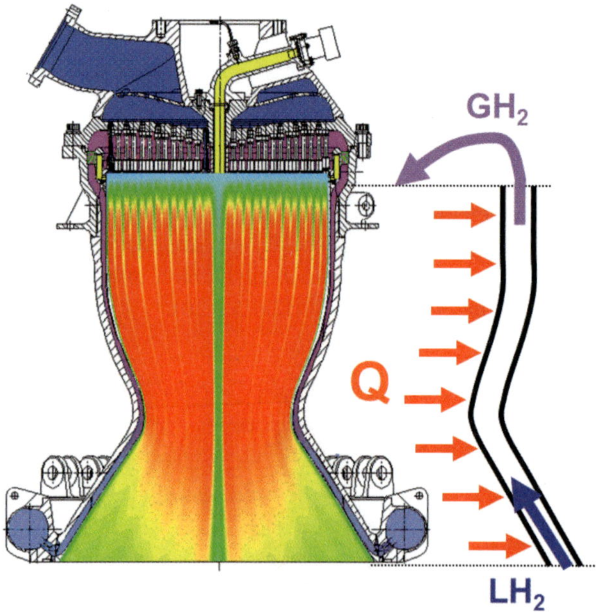

Bild 3.3.21: *Brennkammer-Wärmeübergangsmnagement (Bild: ArianeGroup).*

Bild 3.3.22: *Brennkammerrohling mit Kühlkanälen (Bild: ArianeGroup).*

Bild 3.3.23: *Schnitt durch eine regenerativ gekühlte Brennkammerwand (Bild: ArianeGroup).*

Die „klassische" Brennkammerkühlmethode ist die **Regenerativkühlung.** Eine Treibstoffkomponente wird durch **Kühlkanäle,** die entlang der Brennkammerwand angeordnet sind, geleitet und so vorgewärmt über die Einspritzelemente der Brennkammer zugeführt. Für die Auslegung der Kühlkanäle, die wesentlich den Wärmeübergang, aber auch den Druckverlust bestimmen, ist sowohl der heißgas- als auch der kühlmittelseitige Wärmeübergang von herausragender Bedeutung. Ein typisches Beispiel von Kühlkanälen zeigen die Bilder 3.3.22 und 3.3.23, die einen Brennkammerrohling mit gefrästen Kühlkanälen sowie einen Schnitt durch die Vulcain-Brennkammerwand darstellen.

Da der Wärmeübergang auf der Heißgasseite und jener auf der Kühlmittelseite über die Wärmeleitung in der Struktur verbunden sind, kann das gesamte **Wärmetransportproblem** nur gekoppelt gelöst werden.

Eine vollständige **numerische Lösung** ist aus einer Reihe von Gründen auf absehbare Zeit nicht zugänglich. Gründe hierfür sind neben den sehr unterschiedlichen Längen- und Zeitskalen (Brennkammer ≈ 1 m, Einspritzelement und Grenzschicht ≈ 10^{-4} m) und dem chemischen Nichtgleichgewicht der Übergang von Unterschall- zu Überschallströmung, der noch nicht voll verstandene Prozess der Fluidzerstäubung sowie die schwierige und umfangreiche thermodynamische Beschreibung einiger Teilprozesse, kryogene Flüssigkeiten und reale Gase bei extrem tiefen Temperaturen sowie generell Zustände in der Umgebung des kritischen Drucks oder der kritischen Temperatur.

Zusätzlich dissoziiert der Wasserdampf wegen der hohen Temperaturen, was in der kühleren Grenzschicht durch Rekombination zu einer entsprechenden Wärmetönung führt. Auch können wegen des Silbergehalts der verwendeten Kupferlegierung katalytische Reaktionen, die ihrerseits ebenfalls den Wärmeübergang beeinflussen können, nicht ausgeschlossen werden. Aus den oben genannten Gründen werden üblicherweise für die Berechnung des Wärmeübergangs Korrelationen in Form von **Nusselt-Beziehungen** verwendet. Die übliche Form einer solchen Korrelation ist die **Bartz-Gleichung**, die den **heißgasseitigen Wärmeübergang** beschreibt:

$$Nu = 0{,}062\, Re^{0,8}\, Pr^{0,3} \qquad (3.3.8)$$

$$(10^7 < Re < 10^8, \quad Pr \approx 0{,}5)$$

Tabelle 3.3.7: *Koeffizienten für den kühlmittelseitigen Wärmeübergang einer einfachen Bartz-Gleichung.*

	K	a	b	
CH_4	0,0023	0,8	0,4	$Re \approx 10^6 \dots 10^7$, $Pr \approx 1$
Kerosin	0,005	0,95	0,4	$Re < 2 \cdot 10^4$
	0,023	0,8	0,4	$Re > 2 \cdot 10^4$
LH_2	0,62	0,8	0,3	$Re \approx 10^6 \dots 10^7$, $Pr \approx 1$

Diese gibt es in vielen Modifikationen, mit denen versucht wird, messbare lokale Größen zu erfassen und deren Einfluss auf den Wärmeübergang zu berücksichtigen.

$$\alpha_g = \left[\frac{0{,}026}{D_t^{0,2}}\left(\frac{\mu^{0,2}\, c_p}{Pr^{0,6}}\right)_{ns}\left(\frac{(p_c)_{ns}\, g}{c^*}\right)\left(\frac{D_t}{R}\right)\right] \cdot \left(\frac{A_t}{A}\right)^{0,9} \sigma \qquad (3.3.9)$$

mit

$$\sigma = \left[\frac{1}{2}\frac{T_{wg}}{(T_c)_{ns}}\left(1+\frac{k-1}{2} M a^2\right)+\frac{1}{2}\right]^{-0,68} \cdot \left[1+\frac{k-1}{2} M u^{2}\right]^{-0,12} \qquad (3.3.10)$$

$$Pr = \frac{4\,k}{9\,k-5} \quad \text{und} \quad \mu = (46{,}6 \cdot 10^{-10})\, M^{0,5}\, T^{0,6} \qquad (3.3.11)$$

Auch bei der Berechnung des **kühlmittelseitigen Wärmeübergangs** werden Nusselt-Korrelationen angewandt, die sich je nach Kühlmittel in der Art ihrer Koeffizienten unterscheiden:

$$Nu = K\, Re^a\, Pr^b \qquad (3.3.12)$$

Es gibt diese Korrelationen auch in der Form:

$$Nu = K\, Re^a\, Pr^b \left(\frac{T_w}{T_b}\right)^n \left(1+\frac{2\,D}{L}\right)^m \qquad (3.3.13)$$

oder als:

$$Nu = K\, Re^a\, Pr^b \left(\frac{\rho}{\rho_w}\right)^c \left(\frac{\mu}{\mu_w}\right)^d \left(\frac{k}{k_w}\right)^e \cdot \left(\frac{\bar{c}_p}{c_p}\right)^f \left(\frac{p}{p_{cr}}\right)^g \left(1+\frac{2\,D}{L}\right)^m \qquad (3.3.14)$$

Die Koeffizienten für verschiedene Brennkammerdrücke, Temperaturen, Wärmestromdichten und Kühlmittel sind der Fachliteratur zu entnehmen. Mit den genannten Koeffizienten und Exponenten in den Gleichungen (3.3.9) bis (3.3.14) wird versucht, die folgenden Einflüsse auf den Wärmeübergang zu beschreiben:

- **Geometrie** (Kühlkanal, Kühlkanaländerung und -krümmung),
- **Chemie** (katalytischer Effekt an der Oberfläche, Wärmefreisetzung durch Rekombination dissoziierter Moleküle in der Grenzschicht, Pyrolyse des Kühlmittels),
- **Thermodynamik** (Realgasverhalten, Nähe zum kritischen Punkt, veränderliche Stoffdaten),
- **Strömungsmechanik** (Turbulenz, Stratifizierung).

Auch muss berücksichtigt werden, dass all diese Korrelationen auf experimentellen Daten beruhen, die ihrerseits wieder durch den experimentellen Aufbau und die eingesetzte Messtechnik einen unbekannten Fehler aufweisen können, der dann in diesen Koeffizienten enthalten ist.

Filmkühlung

Filmkühlung als alleinige Kühlmethode wird fast ausschließlich in Satellitentriebwerken mit geringen Leistungen und Brennkammerdrücken eingesetzt. Die Regenerativkühlung erreicht ihre Grenzen in Brennkammern mit Wärmestromdichten jenseits von etwa 80 MW/m² und muss dann durch Filmkühlung unterstützt werden.

Neben dem Sonderfall des Injektortrimmings, bei dem die äußere, wandnahe Injektorreihe mit erheblichem Treibstoffüberschuss versorgt wird, wird bei vielen Hochdrucktriebwerken ein **Kühlfilm** durch zahlreiche schlitzförmige Öffnungen in der Brennkammerwand gelegt. Generell besteht das Hauptproblem der Auslegung einer Filmkühlung in der Vorhersage der **Wirkungslänge,** d. h. der Stabilität des Films. Die angegebene Gleichung gilt prinzipiell für alle Einsatzfälle von Filmkühlung:

$$\frac{T_{aw} - T_{wg}}{T_{aw} - T_{co}} = e^{-\left(\frac{\alpha_g}{F\, c_{pc}\, \eta_c}\right)} \qquad (3.3.15)$$

Es gilt weiter zu unterscheiden zwischen Filmen, die neben der Kühlwirkung im Wesentlichen dazu dienen, die Wand in der Nähe des Einspritzkopfs vor schädlichen, oxidatorreichen Gasen zu schützen, und Filmen, die allein zu Kühlzwecken häufig direkt vor den Düsenhals gelegt werden.

Einen Kühlfilm am Einspritzkopf haben das SSME und das Vulcain 2, während das RD-171 sowohl am Einspritzkopf als auch vor dem Düsenhals einen Filmleger hat. Alle diese Triebwerke sind zusätzlich bereits regenerativ gekühlt.

Transpirationskühlung
Ein Sonderfall der Filmkühlung ist die Transpirations- oder **Effusionskühlung,** eine Methode, bei der ein geringer Teil des Treibstoffs durch eine poröse Brennkammerwand zugeführt wird, um sicherzustellen, dass die zulässige Temperatur des Wandmaterials nicht überschritten wird. Während Sintermetalle nur wenig Vorteile bieten – die Temperatur bleibt gleich und aus Festigkeitsgründen ist mit einem etwas höherem Gewicht zu rechnen – haben faserverstärkte Keramiken Potenzial sowohl zur Gewichtsreduktion als auch zu höheren zulässigen Temperaturen.

$$\frac{T_{aw}-T_{co}}{T_{wg}-T_{co}} = [1+\{1{,}18\,(Re_b)^{0,1}-1\}-Y]\,Y^{Pr_m} \qquad (3.3.16)$$

mit $Y = e^{37\left(\frac{G_c}{G_g}\right)(Re)^{0,1}}$.

Ablativkühlung
Ablativkühlung ist eine Sonderform der Filmkühlung und wurde früher vor allem im Bereich des Düsenhalses bei Antrieben mit niedrigen Drücken und kurzer Brenndauer eingesetzt. Das Funktionsprinzip basiert auf einem Zusammenspiel folgender Phänomene: Der **Wärmeeintrag** verdampft das Wandmaterial und führt in Verbindung mit einer endothermen Reaktion zur Etablierung eines **wandnahen Kühlfilms.** Materialien für ablativ gekühlte Brennkammern sind Strukturen aus C/C oder SiC, die getränkt sind mit heterozyklischen Kohlenwasserstoffen, in die zusätzlich Additive wie Quarz oder Wolfram integriert sein können. Oft haben ablativ gekühlte Triebwerke zusätzlich eine Filmkühlung, um im Bereich des Einspritzkopfes die Injektor-Wand-Wechselwirkung zu reduzieren und generell die Wandtemperatur zu senken.

Das Viking Triebwerk der Ariane 4 und das RS-68 der Delta IV haben einen ablativ gekühlten Düsenhals. Beiden Triebwerken gemeinsam sind die ähnlich kurzen Brennzeiten, 205 s und 250 s, und die niedrigen Brennkammerdrücke von 59 bar bzw. 97 bar. Die **Auslegung** ist so spezifisch von den verwendeten Materialien und Additiven sowie spezifischen Brennkammerbedingungen abhängig, dass auf die Angabe einer expliziten Methode verzichtet wird. Die Auslegung kann in Anlehnung an eine Feststoffrakete erfolgen, die Parameter sind jedoch experimentell zu bestimmen.

Strahlungskühlung
Neben der Kühlung in Kühlkanälen, bei Düsen häufig mit offenem Kreislauf (Dump Cooling), gibt es mit der Strahlungskühlung eine weitere Methode. Während der Einsatz in Brennkammern auf Satellitentriebwerke begrenzt ist, wird diese Methode bei Düsen häufig eingesetzt. Sie erfordert neben geeigneten Materialien für den Betrieb in der Atmosphäre einen Oxidationsschutz. Die **Auslegung** erfolgt mit

$$q = \varepsilon\,\sigma\,T_{wg}^4 \qquad (3.3.17)$$

ε Emissionskoeffizient,
σ Stefan-Boltzmann-Strahlungskonstante,
T_{wg} max. zulässige heißgasseitige Wandtemperatur.

Das Triebwerk selbst sowie die Versorgungs- und Messtechnik müssen durch Schutzvorrichtungen gegen den hohen Wärmeeintrag geschützt werden.

Düsen
Die Hauptaufgabe der Düse liegt in der möglichst optimalen **Entspannung** der heißen Verbrennungsgase auf die **größtmögliche Geschwindigkeit,** um ein Maximum an Schub zu erzeugen, siehe Gl. (3.3.1). Glockenförmige Düsen mit parabolischer Kontur, wie in Bild 3.3.24 dargestellt, erzeugen mit minimalem Verlust eine möglichst achsparallele Ausströmung.

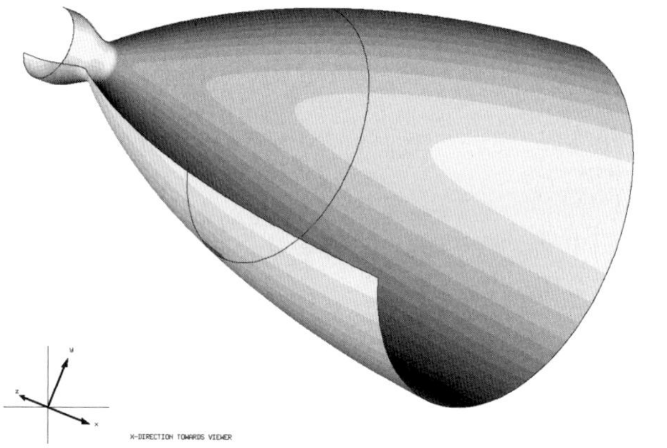

Bild 3.3.24: *Typische Glockendüse.*

Generell kann zwischen zwei unterschiedlichen Konturfamilien unterschieden werden: **klassische ideale Düsen,** deren Kontur sich an Windkanaldüsen orientiert und deren Länge den vorliegenden Druckverhältnissen angepasst ist, und **schuboptimierte Düsen,** deren Kontur sich durch eine etwas stärkere Erweiterung nach dem Düsenhals auszeichnet, die deshalb bei gleichem Expansionsverhältnis etwas kürzer sind und damit einen Gewichtsvorteil haben. Diese Kontur ist aufgrund interner Strömungsphänomene in den transienten Betriebsphasen anfälliger für Seitenkräfte und muss deshalb eine widerstandsfähigere Struktur haben.

Ein Grundproblem der Schubdüsen von Hauptstufentriebwerken ergibt sich aus deren **langen Brennzeiten.**

Beim Start am Boden ist der Druck am Austritt der Düse kleiner als der Umgebungsdruck (Überexpansion) und damit der Schub kleiner als der optimale Schub. Wird das Expansionsverhältnis zu groß, kommt es zur Strömungsablösung in der Düse, was gefährliche Seitenkräfte zur Folge hat. Während des Aufstiegs verringert sich kontinuierlich der Außendruck bis bei identischem Innen- und Außendruck der optimale Schub erreicht wird. Im weiteren Verlauf des Aufstiegs sinkt dann der Außendruck kontinuierlich unter den Düsenaustrittsdruck (Unterexpansion) und der Abstand zum optimalen Schub vergrößert sich. Die Verluste zu Beginn und Ende können, wie Bild 3.3.25 zeigt, je nach Brenndauer jeweils 10 bis 15 % erreichen.

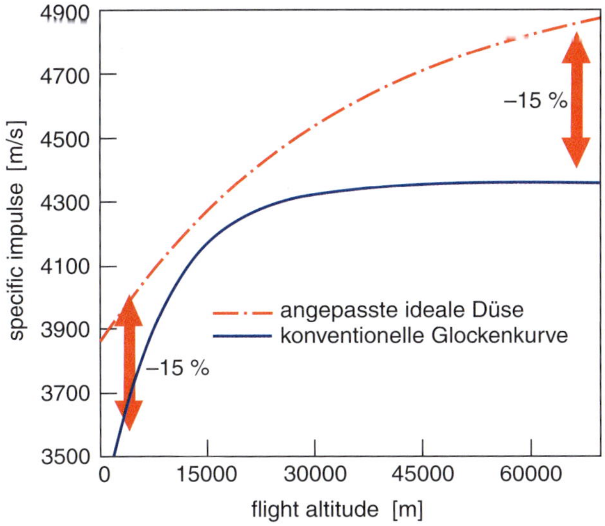

Bild 3.3.25: *Einfluss einer nicht angepassten Düse auf den spezifischen Impuls als Funktion der Flughöhe (Bild: NASA/DLR).*

Die Auslegung der Düse ist also immer ein Kompromiss zwischen **sicherem Betrieb** unter Bodenbedingungen und **großem spezifischen Impuls** in der Höhe. Wie Bild 3.3.25 verdeutlicht, könnten mit einer adaptiven Düse wesentlich höhere spezifische Impulse erzielt werden. Wohl ist technisch eine kontinuierlich adaptive Düse nicht zu erzeugen, gleichwohl gibt es mehrere Möglichkeiten, das aufgezeigte Verbesserungspotenzial zumindest teilweise zu realisieren: die sogenannte **Zweiglockendüse,** bei der die Strömung abhängig von der Höhe, also vom Gegendruck, umschlägt, eine in der Höhe während des Betriebs **ausfahrbare Düse,** siehe Bild 3.3.26 a), sowie ein **innere Düse,** die in entsprechender Höhe abgeworfen wird, siehe Bild 3.3.27. Während die im Bild 3.3.26 a) dargestellte Variante der Zweiglockendüse nur für Erststufentriebwerke geeignet ist, aber noch nie im Flug eingesetzt wurde, hat das Oberstufentriebwerk RL-10B ausfahrbare Düsen der Variante b). Diese werden allerdings vor der Zündung des Triebwerks ausgefahren. Dadurch können die Bauhöhe und damit das Gewicht des Trägers reduziert werden.

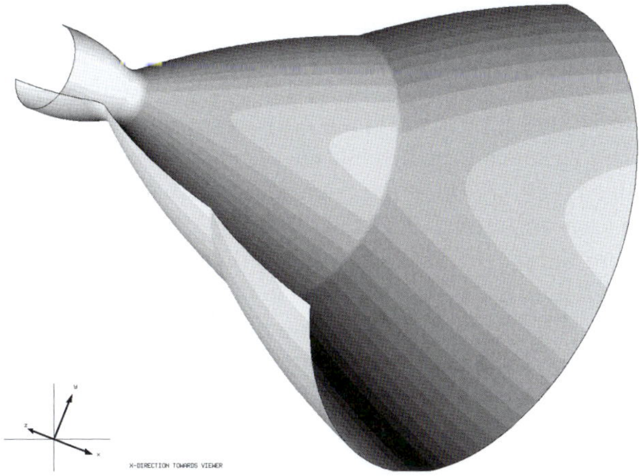

a)

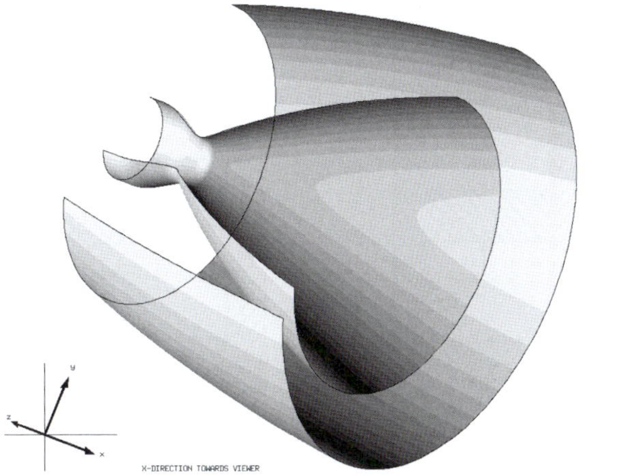

b)

Bild 3.3.26: *Zweiglockendüse (oben) und ausfahrbare Düse (unten).*

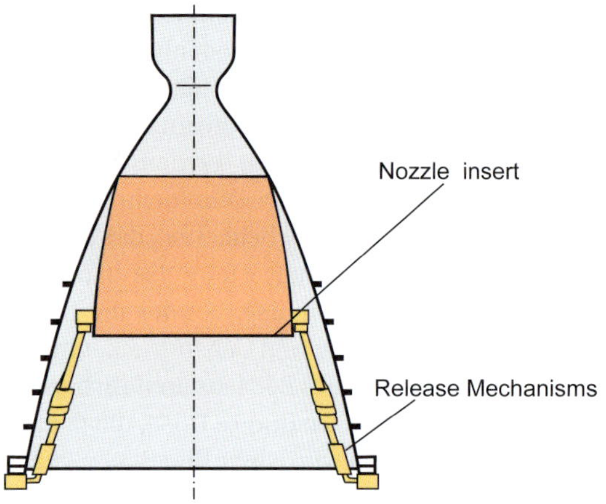

Bild 3.3.27: *Düse mit abwerfbarem Innenteil.*

Eine Vielzahl fortschrittlicher Düsenkonzepte wurde theoretisch und experimentell untersucht. Große Trägersysteme verwenden weltweit aber nach wie vor klassische Glockendüsen. Ein wesentlicher Grund dafür ist unter anderem die komplexe Strömungsinteraktion bei fortschrittlichen Düsen, die zu erheblichen mechanischen und thermischen Belastungen führen kann.

In heute verwendeten Raketentriebwerken werden prinzipiell zwei **Bauweisen** eingesetzt: eine aus Röhrchen zusammengeschweißte oder gelötete Variante, siehe Bild 3.3.29, oder eine integrale Bauweise, bei der Kühlkanäle in einen innenliegenden Konus gefräst werden, der dann durch Verschweißen oder Verlöten mit einem Abdeckkonus verbunden wird, wie in Bild 3.3.28 dargestellt. Beide Ausführungen werden sowohl als offene als auch als geschlossene Zyklen ausgeführt: Ersteres bedeutet, dass das Kühlmittel in die Brennkammer zurückgeführt wird, letzteres, dass das Kühlmittel am Ende der Düse austritt.

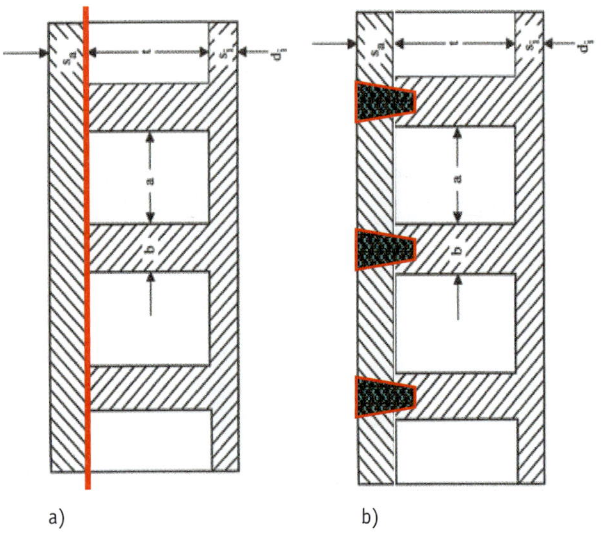

Bild 3.3.28: *Bauweisen gekühlter Düsen.*

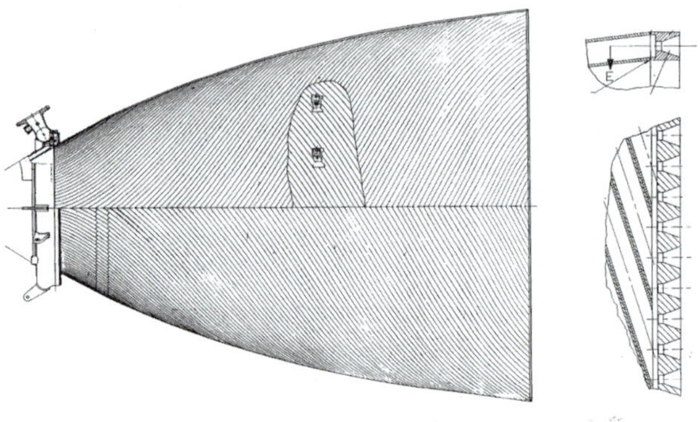

Bild 3.3.29: *Düse mit Kühlkanälen.*

Bauweisen von Raketenbrennkammern

Die Bauweise einer Raketenbrennkammer hängt vor allem von der Art der Kühlung ab. So lassen sich bei Triebwerken mit kurzen Brennzeiten und niedrigen bis moderaten Wärmestrombelastungen mittels der Film- oder Ablativkühlung einfache **Stahlbauweisen** mit spezieller Beschichtung bzw. Ablativeinsätzen realisieren. Als Beispiel wird hier die Schubkammer des Viking-Triebwerks erwähnt. Höhere Brennkammerdrücke, eine hochenergetische Treibstoffkombination und längere Brennzeiten erfordern die bereits dargestellte Regenerativkühlung und damit eine wesentlich **komplexere Bauweise.** In der Regel werden die **Brennkammern zweigeteilt** hergestellt, wobei beide Teile auch unterschiedliche Funktionen übernehmen:

- Der innere Teil der Brennkammer, der sogenannte **Brennkammer-Liner,** besteht aus einem Werkstoff mit hoher Wärmeleitfähigkeit, z. B. einer Kupferlegierung.
- Der äußere Teil der Brennkammer bildet die lasttragende Struktur.

Diese beiden Teile sind in Bild 3.3.23 verdeutlicht. Die Kühlkanäle sind in das Linermaterial integriert. Eine typische Materialkombination basiert auf einer Kupferlegierung für den Liner und hochfestem Nickel für den lasttragenden Mantel.

Stand der Technik für Brennkammern von Hochleistungstriebwerken ist folgende **Fertigungstechnologie:** Der Brennkammerliner wird zunächst als Schmiedegussteil hergestellt. Die Kühlkanäle werden dann in den Brennkammerliner gefräst. Um das Verblocken der Kanäle im weiteren Fertigungsprozess zu vermeiden, werden diese zunächst mit Wachs gefüllt und dann mit einer dünnen, galvanisch aufgetragenen Kupferschicht verschlossen. Darauf wird der lasttragende Mantel aus Nickel galvanisch aufgetragen. Das Wachs wird durch moderates Erhitzen herausgetrieben. Ein- und Auslassverteiler für das Kühlmittel werden durch Elektronenstrahlschweißen auf dem Mantel befestigt. Diese Fertigungstechnologie wurde von der Firma MBB, heute ArianeGroup in den 60er-Jahren entwickelt und patentiert. Die Brennkammern des RS-25

(SSME), Merlin 1C, aber auch die von Vulcain 1 und Vulcain 2, werden so gefertigt.

Alternativ zur galvanisch aufgebrachten Mantelstruktur kann diese auch auf den Brennkammerliner aufgelötet werden. Diese Fertigungstechnologie ist vor allem bei russischen Triebwerken weit verbreitet, aber auch das relativ neue Triebwerk RS-68 verwendet diese Lötbauweise für die Herstellung der Brennkammer. Der 3-D Druck, d. h. das schichtweise Verschmelzen von Metallpulver z. B. durch Laserstrahlen, bietet für Brennkammerkomponenten Möglichkeiten einer vereinfachten Herstellung. Dieses wird z. B. bei Ariane 6 für Teile des Einpritzkopfes verwendet, wodurch die Anzahl der zu integrierenden Komponenten von einigen hundert, einzelnen Einspritzelementen auf ein einziges Bauteil reduziert wird.

3.3.3.3 Gasgeneratoren

Die Hauptaufgabe eines Gasgenerators (bei Nebenstromtriebwerken spricht man von Gasgeneratoren, bei Hauptstromtriebwerken ist die Bezeichnung Vorbrennkammer üblich) besteht in der Bereitstellung der für den Antrieb der Turbine benötigten heißen Gase. Die **Leistung der Turbine** hängt, wie Gl. (3.3.18) zeigt, allein von den thermodynamischen Daten des Treibgases (c_p, κ, T_1) sowie vom verfügbaren Druckverhältnis p_2 / p_1 ab.

$$P = \eta \dot{m} c_p T_1 \left[1 - \left(\frac{p_2}{p_1} \right)^{\left(\frac{\kappa - 1}{\kappa} \right)} \right] \qquad (3.3.18)$$

Während bei Nebenstromtriebwerken der **Turbinenaustrittsdruck** p_2 nicht direkt vom Druck in der Schubkammer abhängt und weit darunter liegt, muss er bei Hauptstromtriebwerken weit über dem Schubkammerdruck liegen, häufig beträgt er sogar das 2- bis 3-fache desselben, siehe Tabelle 3.3.8. Wegen der extrem hohen mechanischen und dynamischen Belastung liegen die Temperaturen der Gase am Eintritt in die Turbine häufig unter 900 K. Wichtig ist eine gleichmäßige **Temperaturverteilung**, um eine thermische Überlastung der Turbinenschaufeln zu verhindern.

Tabelle 3.3.8: *Typische Gasgeneratorkenndaten.*

	Vulcain 2	SSME	LE-7	RD-0120	RD-180
T [K]	875	940/870	810	846	820
p_{GG} [MPa]	10,1	35/36	21,0	42,4	55,6
r_{of} [-]	0,9	0,89/0,8	0,55	0,81	54
$\dot{m}$ [kg/s]	9,7	80/30	53	78,6	887
P [MW]	5/14	56/21	4,5/19	62	93,5
p_c [MPa]	11,6	20,6	12,7	21,8	25,7

Um den Unterschied zwischen LOX/H_2- und LOX/Kerosin-Triebwerken zu verdeutlichen, sind in Tabelle 3.3.8 typische Kenngrößen wie Druck, Temperatur, Mischungsverhältnis und Treibstoffmassenstrom sowie die Turbinenleistung und der Druck in der Hauptbrennkammer je eines europäischen, amerikanischen, japanischen und russischen, mit Wasserstoff arbeitenden Hauptstufentriebwerks dargestellt, dazu das mit Kerosin betriebene Triebwerk RD-180. Im Gegensatz zu den westlichen Triebwerken in Tabelle 3.3.8 operieren die russischen Triebwerke mit nur einem Gasgenerator und nur einer Turbine für den Antrieb der Pumpen. Eine **Analyse der Betriebsweisen** zeigt in westlichen Motoren zyklusunabhängig ausschließlich Systeme mit Brennstoffüberschuss. Die Gasgeneratoren des Hauptstromtriebwerks RS-25, des Nebenstromtriebwerks Vulcain 2 und des Hauptstromtriebwerks LE-7 arbeiten mit Wasserstoffüberschuss, ebenso das Hauptstromtriebwerk RD-0120. Im Gegensatz dazu weisen alle LOX/Kerosin-Triebwerke russischer Bauart einen Gasgenerator mit Sauerstoffüberschuss auf. Dies ist ein Ergebnis der Systemoptimierung des Triebwerks. Bei LOX/LH_2 wird bei Brennstoffüberschuss die kleinere Molmasse des Gasgeneratorgases und damit eine höhere spezifische Wärmekapazität c_p erzielt, dieser Vorteil übertrifft den Nachteil des kleineren Turbinenmassenstroms $\dot{m}$, siehe Gl. (3.3.18). Im Gegensatz dazu wird bei LOX/Kerosin aufgrund der hohen Molmasse von Kerosin die kleinere Gasmolmasse mit Sauerstoffüberschuss erzielt, hier können dann beide Vorteile (hohe spez. Wärmekapazität c_p und höherer Turbinenmassenstrom) gleichzeitig genutzt werden. Ausschlaggebend für die russische Betriebsweise ist auch, dass Kerosin bei Treibstoffüberschuss Ruß bildet und Ablagerungen in Turbine und Einspritzkopf unerwünscht sind.

Für die Zuführung der Treibstoffe bei brennstoffreichem Betrieb werden häufig Einspritzelemente ähnlich denen der Hauptbrennkammer verwendet. Bei sauerstoffreicher Einspritzung mit sehr hohen Mischungsverhältnissen von über 50 wird, um eine stabile Verbrennung zu erreichen, eine 2-Zonen-Verbrennung realisiert. Stromab der ersten heißen Zone (2 000 K) wird der restliche Sauerstoff hinzugemischt. Ziel ist ein gleichmäßiges Temperaturprofil am Turbineneintritt. Das Problem der Materialkompatibilität von Gasgenerator, Rohrleitungen und Turbine gegenüber heißem, sauerstoffreichem Gas kann durch entsprechende Passivierung oder Beschichtung gelöst werden.

3.3.3.4 Turbopumpe

Bezüglich der **Treibstoffförderung** lassen sich Flüssigtriebwerke in **druckgasgeförderte** und **pumpengetriebene** Systeme unterscheiden. Erstere sind in ihrem Brennkammerdruck durch die Tankmasse beschränkt. Pumpen ermöglichen bei moderatem Tankdruck (3 bis 8 bar) Brennkammerdrücke von über 200 bar. Hohe Brennkammerdrücke, wie bei Motoren für Unterstufen gefordert, führen zwangsläufig zum Einsatz von Turbopumpentriebwerken, damit die Triebwerksmasse bei den großen Schubanforderungen in Grenzen gehalten werden kann.

Bei der Auslegung eines **Triebwerks mit Turbopumpe** muss gewährleistet sein, dass die Treibstoffe, um Kavitation zu vermeiden, oberhalb eines Minimaldrucks an den Pumpen anliegen. Die Pumpen, in der Regel über eine oder mehrere Turbinen angetrieben, fördern den Treibstoff in ausreichender Menge und erforderlichem Mischungsverhältnis vom Tank über Leitungen, Ventile, Kühlkanäle und Einspritzkopf in die Brennkammer. Durch eine entsprechende Regelung werden die gewünschten operationellen Betriebspunkte eines Triebwerks gewährleistet.

3

Bestandteile einer Turbopumpe

Bild 3.3.30 zeigt die Sauerstoffpumpe des Vulcain-2-Triebwerks. Die wichtigsten Komponenten und Systeme einer Turbopumpe sind Pumpe und Turbine, Gasgenerator oder Vorbrennkammer, Schmiersystem, Lager, Dichtungen, Getriebe sowie Einlauf- und Auslaufkanäle und Leitungen. Hier wird nur auf die wichtigsten Komponenten der Turbopumpe eingegangen. Detaillierte Informationen zu Schmierung, Dichtungen, Lagerungen und Achsschubverhalten sind in der fachspezifischen Literatur zu finden. Eine Turbopumpe kann entsprechend der Anforderung aus einer **ein- oder mehrstufigen Pumpe** bestehen, welche von einer ein- oder mehrstufigen Turbine angetrieben wird. Aus Platz- und Gewichtsgründen werden bis auf wenige Ausnahmen Radialpumpen verwendet. Aus denselben Gründen wird die Turbine meist als Axialvariante ausgeführt. Dadurch lassen sich bei sehr kompakter Bauweise Leistungen von teilweise mehr als 10 MW realisieren.

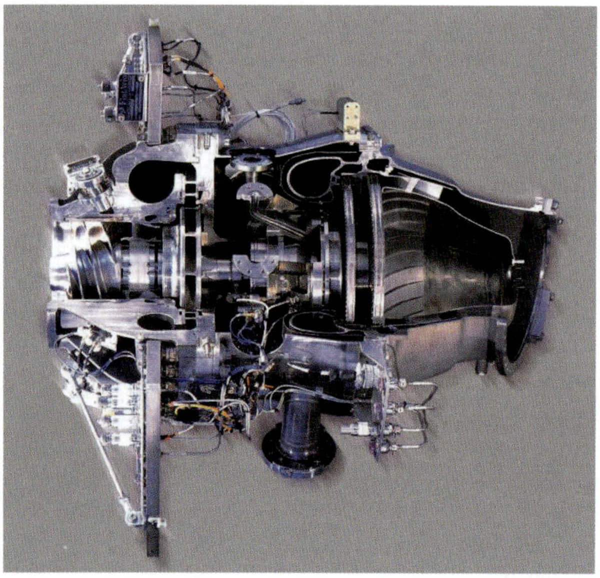

Bild 3.3.30: *Sauerstoffpumpe Vulcain 2 der Ariane 5 (Bild: ESA).*

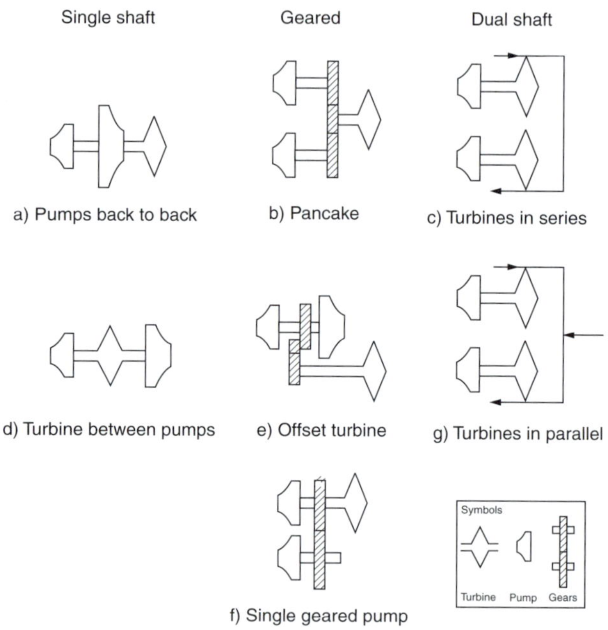

Bild 3.3.31: *Anordnung von Turbopumpen.*

Bild 3.3.31 zeigt verschiedene Turbopumpenausführungen. Die kompakteste Bauweise stellt die einwellig ausgeführte Turbopumpe dar. Jedoch erfordert dieses Konzept in der Auslegung einen Kompromiss hinsichtlich der gewählten **Pumpendrehzahl,** die für beide Pumpen identisch ist. Um diesem Nachteil zu begegnen, wird über ein Getriebe die Drehzahl der Pumpen angepasst. Bei einer zweiwelligen Ausführung lässt sich für jede Treibstoffseite die optimale Drehzahl und Leistung einstellen. Eine der großen Herausforderungen von Auslegung und Konstruktion einer Turbopumpe besteht neben dem Beherrschen der **Rotordynamik** in der Kontrolle des großen **Temperaturgefälles.** Auf der Pumpenseite befinden sich oft kryogene Flüssigkeiten, auf der Turbinenseite das heiße Treibgas.

Pumpen

Bei inkompressibler, stationärer Betrachtung ergeben sich die wesentlichen Pumpenentwurfsparameter wie folgt:

Druckerhöhung pro Stufe in Pa:

$$\Delta p = p_{\text{out}} - p_s$$

Spezifische Stutzenarbeit in J/kg:

$$Y = \Delta p / \varphi = c_{u2}\, u_2 - c_{u1}\, u_1$$

Förderhöhe in m:

$$H = Y / g$$

Umfangsgeschwindigkeit in m/s:

$$u = \pi\, d\, n / 60$$

Druckziffer:

$$\Psi = 2\,Y / u^2$$

Durchflussziffer:

$$\varphi = c_{\mathrm{m}} / u$$

Spezifische Drehzahl in min^{-1}:

$$n_{\mathrm{s}} = n \frac{\sqrt{\dot{V}}}{H^{0,75}}$$

Spezifischer Durchmesser in m:

$$d_{\mathrm{s}} = d \frac{(H)^{0,25}}{\sqrt{\dot{V}}}$$

Saugspezifische Drehzahl in min^{-1}:

$$n_{ss} = n \frac{\sqrt{\dot{V}}}{(\mathrm{NPSH_R})^{0,75}}$$

$NPSH_{\mathrm{R}}$ in m:

$$NPSH_{\mathrm{R}} = \lambda_{\mathrm{c}} \frac{c_{\mathrm{m1}}^2}{2\,g} + \lambda_{\mathrm{w}} \frac{w_1^2}{2\,g}$$

Wirkungsgrad:

$$\eta = Y_{\mathrm{eff}} / Y_{\mathrm{th}}$$

Leistung in W:

$$P = \dot{m}\,Y / \eta$$

Förderhöhe und **-strom** sowie **Drehzahl** sind die charakteristischen Pumpenparameter, die weitgehend Bauart und Laufradtyp bestimmen. Die angegebenen Relationen stellen die spezifischen Kenngrößen in einen Zusammenhang zu diesen Parametern, den realen Abmessungen und dem Betrieb einer Pumpe bzw. Pumpenstufe. Der **Wirkungsgrad** η entsprechend dem Auslegungspunkt ist in Bild 3.3.32 angegeben.

3

Turbinen

Die verwendeten **Axialturbinen** können ein- oder mehrstufig ausgeführt sein (Bild 3.3.33). Jede Stufe besteht aus Stator und Rotor. In Strömungsrichtung ist als erstes der Stator mit seinen feststehenden Leitschaufeln angeordnet, in dem die Entspannung und damit die Beschleunigung des

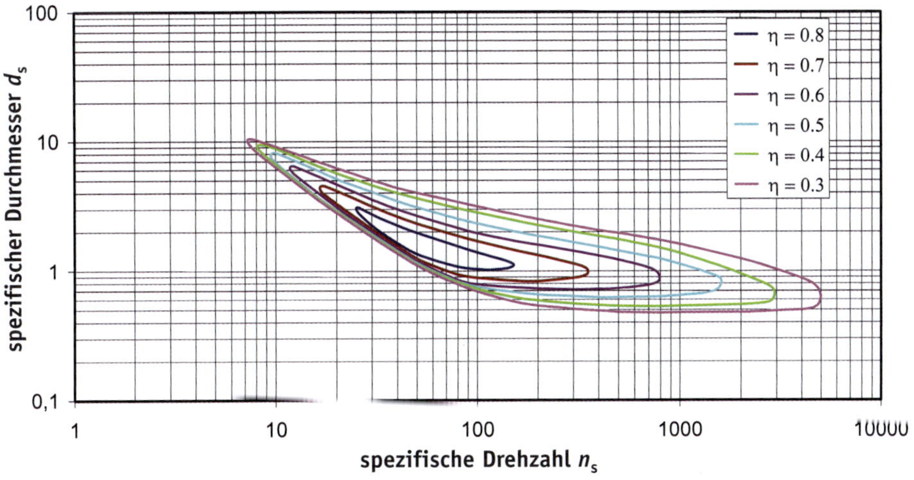

Bild 3.3.32: *Spezifisches Pumpendiagramm n_s – d_s.*

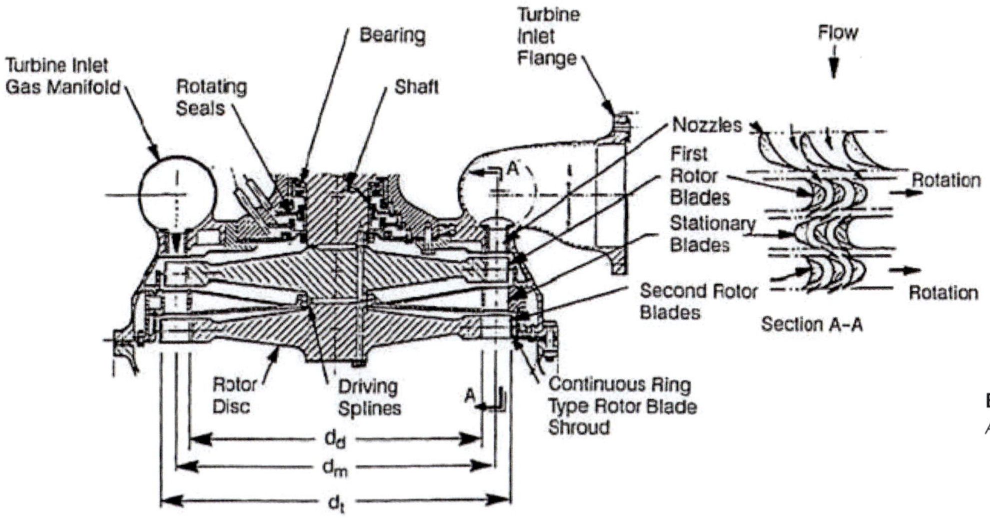

Bild 3.3.33: *Schnitt durch eine Axialturbine (Bild: Huzel).*

Fluids stattfindet. Darauf folgt der **Rotor,** dessen Schaufeln durch die auftreffenden Gaskräfte in Drehung versetzt werden. Hier wird die kinetische in mechanische Energie umgesetzt. Man unterscheidet bei den Axialturbinen zwischen Impuls- und Reaktionsturbinen.

Impulsturbine
In der Impulsturbine werden die Gase im Stator entspannt und auf eine hohe Geschwindigkeit beschleunigt. Der auf die Schaufeln wirkende Impuls bewirkt die Drehung des Rotors. Der Strömungsquerschnitt zwischen den Rotorschaufeln ist konstant, und das Gas erfährt lediglich eine Umlenkung. Im Idealfall (reibungsfrei) wird das Gas im Rotor nicht entspannt, der statische Druck bleibt konstant, der **Reaktionsgrad** beträgt null. Der Reaktionsgrad beschreibt, wie groß das Druckgefälle im Rotor im Verhältnis zum Gesamtdruckverhältnis der Stufe (Stator und Rotor) ist. Die Impulsturbine, häufig in Nebenstromtriebwerken, d. h. bei hohem Druckgefälle und geringem Massenstrom, eingesetzt, gibt es in zwei Auslegungsvarianten: **geschwindigkeitsangepasst (velocity compounded)** oder **druckangepasst (pressure compounded).** Bei der ersten Variante findet die Entspannung des Gases nur im ersten Stator statt, im Rotor und in jedem weiteren Stator wird die Strömung nur umgelenkt. Bei der zweiten Variante hingegen wird das Fluid jeweils im Stator einer Stufe entspannt und im Rotor nur umgelenkt.

Reaktionsturbine
In dieser Turbine wird die Entspannung auf Stator und Rotor verteilt. Die Strömungskanäle zwischen den Rotorschaufeln besitzen einen konvergenten Querschnitt und bewirken dadurch eine Entspannung des Gases. Bei einem **Reaktionsgrad** von 100 % kommt die Antriebskraft der Welle vollständig von der Gasexpansion im Rotor. Zwar lassen sich für jeden Reaktionsgrad entsprechende Schaufeln konstruieren, doch wird meistens eine Ausführung mit einem Reaktionsgrad von 50 % verwendet. Die Reaktionsturbine findet vor allem bei Hauptstromtriebwerken Verwendung, um den Druckabfall zwischen Pumpe und Brennkammer zu minimieren.

Kennfeld einer Turbine
Der **Turbinenwirkungsgrad** ist eine Funktion der Stufenanzahl und des Verhältnisses u / c_0 - mit u der Umfangsgeschwindigkeit des mittleren Durchmessers und c_0 der Geschwindigkeit, die das Fluid bei isentroper Entspannung vom Eintrittszustand bis auf den statischen Austrittsdruck der Turbine annehmen würde - das für n Stufen lautet:

$$\frac{u}{c_0} = \frac{\sqrt{\sum_1^n u_i^2}}{c_0} \qquad (3.3.19)$$

Außerdem ist der Wirkungsgrad von der Turbinenart abhängig, d. h. davon, ob es sich um eine Reaktions- oder Impulsturbine handelt. Bild 3.3.34 gilt exemplarisch für den Auslegungspunkt einer einstufigen Turbine. Die Kurven berücksichtigen jedoch keine Verluste zwischen Gehäuse und Schaufeln **(Tip Clearance).**

Um diesen Rechnung zu tragen, sind die Wirkungsgrade auf etwa 90 ... 95 % der in den Diagrammen abgebildeten Werte zu reduzieren. Wie aus den obigen Kennlinien ersichtlich ist, steigt der Wirkungsgrad mit zunehmendem Geschwindigkeitsverhältnis u / c_0. Einen Zusammenhang zu der zulässigen Umfangsgeschwindigkeit der Schaufeln, welche durch die Temperatur und die zulässige Spannung des Werkstoffes beschränkt wird, folgt aus Bild 3.3.35.

3.3.4 Sonderprobleme

Lebensdauer von Schubkammern
Die Schubkammern von Triebwerken sind während des Betriebs hohen thermischen und mechanischen Belastungen ausgesetzt, die sich aus inneren und äußeren Lasten zusammensetzen. Zu den **inneren Lasten** zählen der Innendruck, der daraus resultierende Schub, die Thermalbelastungen entlang der Heißgaswand und in den Kühlkanälen. Beispielsweise werden im Betrieb Temperaturen von ca. 20 K bis ca. 3 800 K erreicht. Mechanische Lasten werden u. a. durch das abrupte Schwenken des Triebwerks im Betrieb zur Lagekontrolle und durch Seitenlasten in der Düse beim Anfahren aufgebracht.

Zu den **äußeren Lasten** zählen vor allem die Druckpulsationen in der Atmosphäre, von der das Triebwerk umgeben ist (Buffeting), sowie die durch die Strahlung der Boosterabgase verursachte Erwärmung der äußeren Triebwerksoberfläche.

Die extremen thermischen und mechanischen Belastungen können zu zwei grundsätzlich unterschiedlichen Versagensformen führen:

- Versagen durch **Ermüdung (Fatigue),**
- Versagen durch plötzliche **Überbeanspruchung (Rupture).**

Zum **Ermüdungsversagen** tragen zyklische, wiederkehrende Belastungen bei, die je nach Häufigkeit zwischen LCF (Low Cycle Fatigue) und HCF (High Cycle Fatigue) differenziert werden. Ermüdung wird durch das Kriechen von Material (Creep Damage) unter hohen plastischen Dehnungen über längere Betriebszeiten noch verstärkt. Weiterhin verschlechtert Materialoxidation durch den vorhandenen Restsauerstoff einer unvollständigen Verbrennung die Lebensdauer der heißen Brennkammer.

Die Brennkammerinnenwand ist in der Regel in einer Schubkammer das am höchsten beanspruchte Bauteil mit der geringsten Lebensdauererwartung. Das Schadensbild

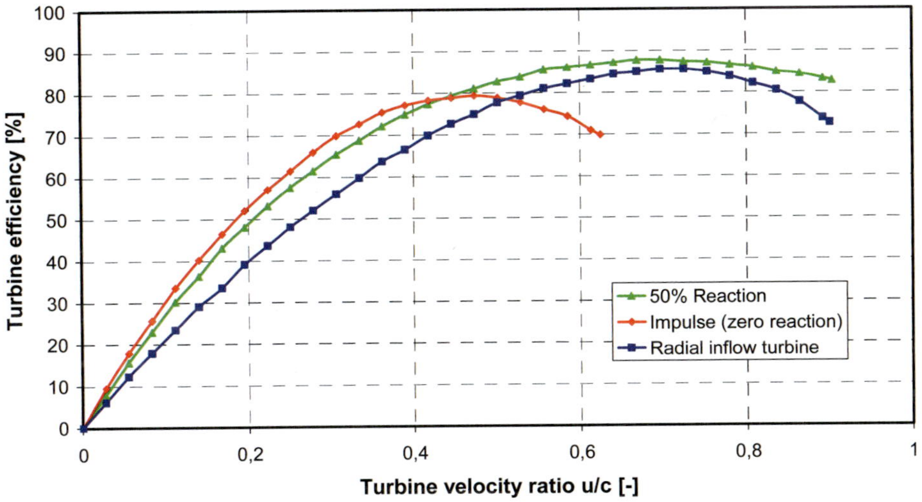

Bild 3.3.34: *Wirkungsgradkennfeld einer einstufigen Turbine.*

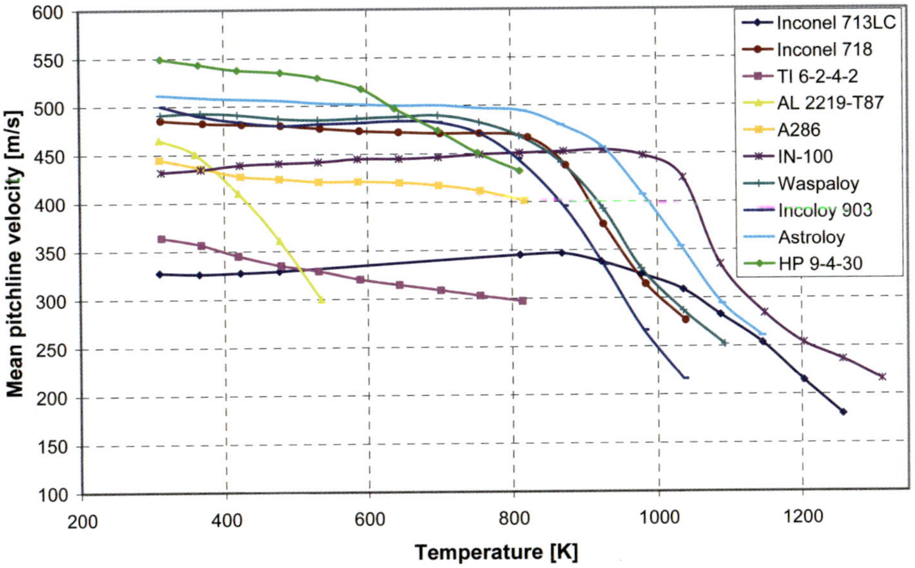

Bild 3.3.35: *Temperaturabhängigkeit von Turbinenwerkstoffen.*

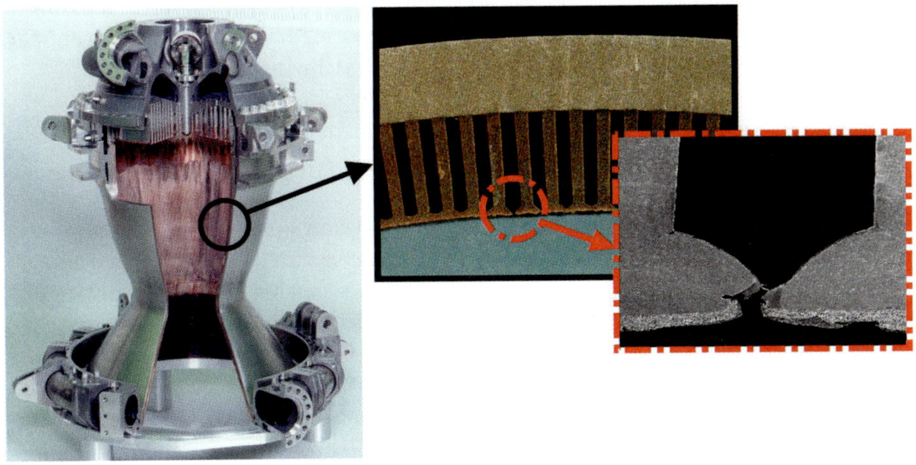

Bild 3.3.36: *Dog-House-Effekt (Bild: ArianeGroup).*

ist vom Ermüdungsversagen dominiert. Die extremen Temperaturunterschiede zwischen Innenwand und Kühlkanal erzeugen hohe plastische Dehnungen, welche im zyklischen Betrieb letztlich zum sogenannten **Dog-house-Effekt** führen, d. h. zum Aufreißen eines Kühlkanals (siehe Bild 3.3.36).

Der entstandene Riss wird durch das austretende Kühlmedium in dem Rissbereich stark abgekühlt, wodurch ein Rissfortschritt während des Betriebs praktisch unterbunden wird. Die Gefahr einer Funktionsstörung während des Betriebs wird dadurch geringer, ist aber bei einer Wiederzündung sehr groß.

Klassisches Beispiel für eine Belastung durch eine **plötzliche Überbeanspruchung** sind die Seitenlasten, die beim Anfahren des Triebwerks in der Düsenerweiterung infolge unsymmetrischer Strömungsablösung erzeugt werden. Diese Lasten können bis zu 10 % des nominellen Schubs betragen.

Schwingungen in Antriebssystemen

Das Antriebssystem einer Raketenstufe ist wegen seiner hohen Energiedichte und seiner geringen inneren Verluste ein nahezu **ungedämpftes System.** Dies führt dazu, dass in der Entwicklung besonderes Augenmerk darauf gelegt werden muss, ein Antriebssystem zu konzipieren, welches Schwingungen vermeidet.

Schwingungen treten dann auf, wenn es entweder im Antriebssystem zu Wechselwirkungen zwischen Tank und Triebwerk kommt oder wenn Druckoszillationen im Triebwerk selbst entstehen.

Das Auftreten solche Phänomene kann zum Verlust von Stufen und somit der gesamten Mission führen.

Im Wesentlichen unterscheidet man drei Schwingungstypen.

POGO-Schwingungen

Unter POGO-Schwingungen versteht man Schwingungen, die durch **Resonanzen** zwischen Triebwerk, Struktur der Stufe und den in den Tanks gelagerten Treibstoffen hervorgerufen werden. In Abhängigkeit von der Stufengröße befinden sich die auftretenden Frequenzen im Bereich von 80 bis 100 Hz. POGO-Schwingungen können durch sogenannte **Anti-POGO-Systeme** vermieden werden, die als Dämpfungsglied in die Förderleitung zwischen Tank und Triebwerk eingebaut werden.

Hydraulische Schwingungen im Antriebssystem

Dieses auch als **Chugging** bezeichnete Phänomen ist eine niederfrequente hydraulische Schwingung zwischen den Leitungen des Fördersystems und dem Triebwerk. Der Frequenzbereich liegt zwischen 100 und 800 Hz.

Im Kapitel 3.3.3.1 (Einspritzkopf) wurde bereits darauf eingegangen, dass ein wesentliches Merkmal der Auslegung darin besteht, durch Einstellung eines möglichst hohen Einspritzdruckverlusts eine Kopplung zwischen der Flüssigseite des Fördersystems und der Gasseite in der Brennkammer zu vermeiden. Druckgassysteme sind dabei deutlich anfälliger als Pumpensysteme, weil hier durch die Pumpe eine größere Entkopplung gewährleistet ist.

Brennkammerschwingungen

Beim Verbrennungsprozess in Flüssigtriebwerken werden neben den niederfrequenten auch hochfrequente Schwingungen durch die Kopplung des Reaktionsvorgangs mit der Eigenfrequenz des Brennraums erzeugt. In diesen Schwingungsbereichen kann es in bevorzugten Frequenzbändern zu Resonanzen kommen, die zu **instabilen Verbrennungsprozessen** führen, der sog. **Combustion Instability.** Dabei werden Schwingungen mit sehr hohem Energieinhalt erzeugt, die zur Zerstörung der Brennkammer führen können. Dieses dynamische Verbrennungsverhalten ist seit vielen Jahren Gegenstand intensiver Forschung, sowohl im Hinblick auf ihre mathematische Beschreibung als auch auf intensive experimentelle Untersuchungen.

Solche Ereignisse treten nicht nur im stationären Betrieb auf, sondern auch während der **Transitionsphasen** in der Anfahrphase bzw. beim Abschalten des Triebwerks. Durch die plötzlich auftretenden großen Druckschwankungen in der Brennkammer werden hohe Beschleunigungen induziert, diese führen zu schlagartigem hohem Wärmetransport an die Brennkammerwand. Die hohen mechanischen Lasten und der erhöhte Wärmetransport an die Brennkammerwand verursachen in wenigen Millisekunden ein Versagen des Kühlmechanismus und eine Zerstörung des Triebwerks durch Schmelzen der Brennkammerwand und damit in den meisten Fällen einen Verlust der Mission.

Ein wesentlicher Bestandteil einer Triebwerksentwicklung bezieht sich auf den experimentellen Nachweis der **stabilen Verbrennung.** Zur Erhöhung der Funktionssicherheit werden zusätzlich Dämpfungseinrichtungen wie akustische Resonatoren oder symmetrisch angeordnete Ablenkbleche (Baffles) eingesetzt.

Im Ariane-Programm wird die dynamische Stabilität aller eingesetzten Triebwerke in einem Abnahmeversuch nach der Herstellung nachgewiesen.

Es ist noch darauf hinzuweisen, dass mit größerem Brennkammerdurchmesser die Anfälligkeit gegenüber instabilen Verbrennungsschwingungen steigt.

3.3.5 Testanlagen für Raketenantriebe

Bei der Entwicklung von Antriebssystemen werden häufig die einzelnen Komponenten parallel entwickelt und getestet und erst später auf entsprechenden Prüfständen als Subsysteme oder als Gesamtsystem fertig qualifiziert. Das Risiko, beim Versagen einer Komponente Motor oder Prüfstand zu beschädigen, ist zu groß. Im europäischen Testzentrum des DLR in Lampoldshausen gibt es neben Prüfständen im Labor- und Kleinmaßstab für Komponenten auch Systemprüfstände für Schubkammern für Boden- und Oberstufentriebwerke. Bild 3.3.37 zeigt ein Luftbild des Testgeländes mit den Prüfständen P1, P2, P3, P4, P5 und P8 sowie den entsprechenden Treibstoff- und Wasservorrattanks.

Bild 3.3.37: *Europäisches Forschungs- und Testzentrum des DLR in Lampoldshausen (Bild: ArianeGroup).*

Ferner werden in der Produktionsphase mit allen Flüssigraketentriebwerken Abnahmetests durchgeführt, bevor die Triebwerke dann für die eigentliche Flugmission freigegeben und verwendet werden. In Europa gibt es zwei Testzentren für Flüssigraketentriebwerke, in Vernon (Frankreich) und in Lampoldshausen (Deutschland). Während das Testzentrum in Vernon rein industriell durch ArianeGroup betrieben wird, ist das Testzentrum in Lampoldshausen im Besitz des DLR.

Bild 3.3.37 zeigt ein Luftbild des Testgeländes des DLR, und Bild 3.3.38 ein entsprechendes Luftbild des ArianeGroup Testgeländes in Vernon.

Bild 3.3.38: *ArianeGroup Testzentrum in Vernon (Bild: Arianegroup).*

Grundsätzlich unterscheidet man Systemprüfstände nach der Triebwerksart, die getestet wird, in **Boden- und Höhensimulationsanlagen.** Erstere dienen zum Test von Booster- und Hauptstufentriebwerken, letztere werden für die Qualifikation von Oberstufen-, Apogäums- und Satellitentriebwerken eingesetzt. Charakteristisch für Höhensimulationsprüfstände sind die Anlagen für die Erzeugung und Aufrechterhaltung des **Vakuums** während des Motorbetriebs. Generell wird keine Komponente und kein Subsystem fliegen, ohne dass zuvor in eingehenden Tests nachgewiesen wurde, dass die Spezifikation erfüllt und die notwendigen Sicherheiten erreicht wurden. Es gilt das Prinzip: Fliege, wie getestet wurde, und teste, wie geflogen wird. Dies ist allerdings nicht immer zu realisieren, da die jeweiligen Bedingungen nicht zu 100 % reproduziert werden können. So sinkt beispielsweise während des Aufstiegs der Umgebungsdruck und damit die Drucklast auf die Außenkontur der Düse kontinuierlich ab. Derartige Änderungen sind für große Triebwerke auf einem Prüfstand nur durch großen Aufwand zu realisieren, und deshalb wird häufig darauf verzichtet. Daneben können typische Bedingungen am Startplatz, wie gleichzeitiger Betrieb mehrerer Triebwerke oder Startvorbereitungen, am Prüfstand kaum realisiert werden. Bild 3.3.39 zeigt den ESA Prüfstand P5 in Lampoldshausen, der baugleich mit dem Prüfstand PF50 in Vernon ist. Auf beiden Prüfständen wurden alle Triebwerke der Vulcain Familie entwickelt und qualifiziert, in Vernon finden zudem alle Abnahmetests statt.

Bild 3.3.39: *Triebwerksprüfstand P5 in Lampoldshausen (Bild: DLR).*

Deutlich ist im unteren Teil das Abgasleitsystem mit der unmittelbar darüber befindlichen Testzelle zu sehen, in der das Triebwerk montiert ist. Der Sauerstofftank ist über der Testzelle angeordnet, um sicherzustellen, dass der Druck am Einlass der Turbopumpe exakt den Startbedingungen entspricht. Der Wasserstofftank befindet sich hinter der Mauer im linken Teil des Bildes und sitzt mit 2/3 seiner Länge unter der Erde. Zum Schutz von Prüfstand und Abgasleitsystem werden etwa 2,5 m^3/s Wasser benötigt.

Bild 3.3.40: *Höhensimulationsprüfstände P4.1 und P4.2 (Bild: DLR).*

Eine typische **Höhensimulationsanlage** zeigt Bild 3.3.40 anhand des Prüfstands P4.1, an dem das kryogene Oberstufentriebwerk VINCI der Ariane 6 entwickelt und getestet wird. Anhand des Schnitts durch den Prüfstand P4.1, siehe Bild 3.3.41, kann das Funktionsprinzip einer Höhensimulationsanlage gut erläutert werden. Die Längenskala im linken unteren Teil der Abbildung demonstriert eindrucksvoll die Dimensionen der Anlage. Im Prüfstandsgebäude befinden sich die Treibstoffversorgung des Triebwerks, das Triebwerk selbst und der wassergekühlte Kerndiffusor. Daran schließen sich die Ejektoren und der Kondensator an, der nach unten hin zum Wasserreservoir offen ist. Um die Niederdruckbedingungen um das Triebwerk herum während des Betriebs aufrechterhalten zu können, müssen die heißen Triebwerksabgase kontinuierlich abgekühlt und rückverdichtet werden. Da mit Pumpen diese Volumenströme ökonomisch kaum bewältigt werden können, wird das Abgas nach dem Prinzip der Wasserstrahlpumpe mit großen Mengen heißem Dampf, der sich mit Überschall in einem Ejektor bewegt, aus der Anlage abgesaugt. So werden, um die heißen Triebwerksgase (knapp 34 kg/s) aus der Anlage entfernen zu können, etwa 250 kg Heißdampf je Sekunde benötigt. Dieser wird in insgesamt fünf Triebwerken erzeugt, die mit Sauerstoff und Alkohol arbeiten und leicht treibstoffreich betrieben werden und in die die notwendige Menge an Wasser zusätzlich eingespritzt wird, um leicht überhitzten Dampf zu erzeugen. Dafür und für die Abkühlung der Abgase und die Kühlung der Anlage selbst, werden insgesamt 2 500 l/s Wasser benötigt. Zusätzlich muss, um den Druck im System halten zu können, das Wasser im System vor Testbeginn auf etwa 280 K abgekühlt werden.

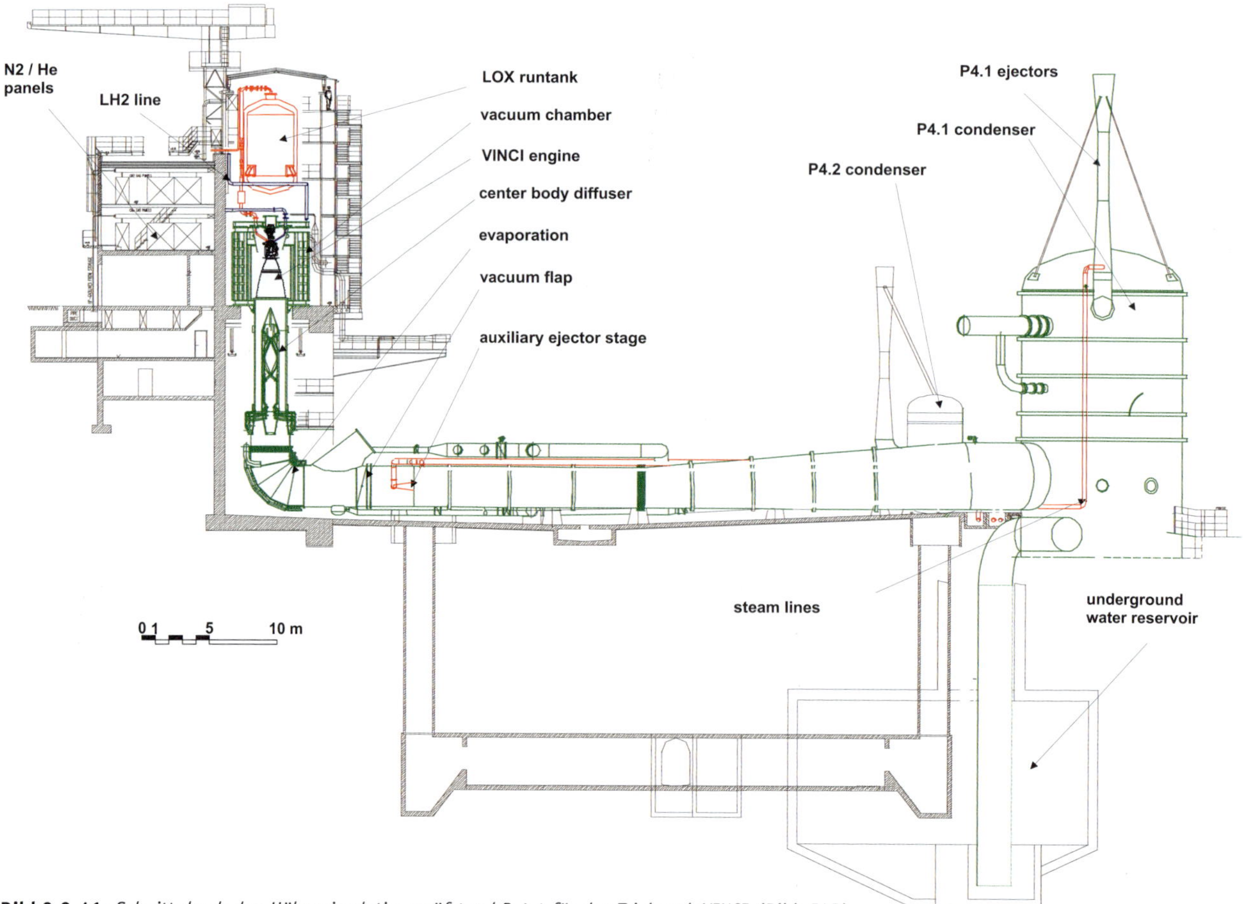

Bild 3.3.41: *Schnitt durch den Höhensimulationsprüfstand P 4.1 für das Triebwerk VINCI (Bild: DLR).*

Neben den erwähnten Triebwerksprüfständen sind noch folgende Komponenten- und Subscale-Prüfstände verfügbar: Für Untersuchungen im Bereich der Schubkammertechnologien auf Subscale-Level nutzt die europäische Industrie den kryogenen Forschungs- und Technologieprüfstand P8, der es erlaubt, zukünftige Subsysteme und Komponenten unter realistischen Temperaturbedingungen auch bei einem Druckniveau von annährend 300 bar zu testen. Ebenfalls in Lampoldshausen stehen dem DLR und der ArianeGroup mit dem P3 der einzige europäische LOX/LH_2-Fullscale-Prüfstand für Brennkammern zur Verfügung. Die Prüfstände P2 und P4.2, an denen komplette Antriebssysteme und Stufen für lagerfähige Treibstoffe unter Boden- und Höhenbedingungen getestet werden können, tragen wesentlich zum Erhalt der Systemkompetenz „Oberstufenentwicklung" bei.

3.3.6 Zukünftige Antriebe

Das Kapitel Antriebe konzentriert sich bewusst ausschließlich auf zurzeit fliegende Systeme und Komponenten sowie deren Design und Auslegungsmethoden. Aufgrund der erreichten und teilweise überschrittenen Grenzen der Belastbarkeit von Teilkomponenten sind chemische Raketenantriebe nur noch begrenzt in ihrer Leistungsfähigkeit zu steigern. Die zurzeit limitierenden Komponenten sind die Turbopumpen und die Brennkammer und dies wegen der enormen gekoppelten thermischen und mechanischen, statischen sowie dynamischen Lasten. Selbst bei größeren Verbesserungen auf der Materialseite durch ultraleichte Hochtemperaturmaterialien mit geringen thermischen Expansionskoeffizienten sind die zu erwartenden Performance-Steigerungen nur gering. Wenn man konkrete **Verbesserungsmöglichkeiten** sucht, sind folgende Optionen denkbar: Verbesserung der **Kühlmethoden** zur Senkung der Druckverluste, Erhöhung der **Turbineneintrittstemperaturen,** Erhöhung der **Umfangsgeschwindigkeiten** der Turbopumpen und Sicherstellung der Materialkompatibilität bei oxidatorreicher Vorverbrennung. Wie in Kapitel 3.3.3.2 zum Thema Düsen näher beschrieben, scheint der nächste logische Schritt zur Verbesserung der Leistung von Erststufenmotoren in einer **Höhenanpassung der Schubdüse** zu liegen.

Fast seit den Anfängen der kommerziellen Raumfahrt werden konzeptionell und im Modellmaßstab auch experimentell **Kombinationsantriebe** untersucht, mit dem Ziel, während der Aufstiegsphase in der Atmosphäre den Sauerstoff in der Luft zu nutzen, um damit den spezifischen Impuls zu erhöhen, da das Startgewicht des Trägers entsprechend reduziert werden kann. Neuere Untersuchungen bei der NASA haben gezeigt, dass für eine sinnvolle Anwendung von Kombinationsantrieben eine Trennmachzahl zwischen Unter- und Oberstufe von 12 erreicht werden sollte. Diese erfordert jedoch eine Überschallströmung und -verbrennung in der Schubkammer zwischen Mach 4 und Mach 8. Ein Antrieb, der über einen derart weiten Machzahlbereich positiven Schub generieren soll, konnte bisher noch nicht einmal im Modellmaßstab näherungsweise realisiert werden. Deshalb werden auch die Trägersysteme der nächsten Generation ausschließlich mit konventionellen chemischen Raketenantrieben fliegen.

Literatur

[3.3.1] *Huzel, D. K.; Huang, D. H.:* Modern Engineering for Design of Liquid-Propellant Rocket Engines. Progress in Astronautics and Aeronautics Vol. 147, American Institute of Aeronautics and Astronautics.

[3.3.2] *Yang, V.; Anderson, W. (Eds.):* Liquid Rocket Engine Combustion Instability. Progress in Astronautics and Aeronautics Vol. 169, American Institute of Aeronautics and Astronautics.

[3.3.3] *Kuo, K. (Ed.):* Recent Advances in Spray Combustion: Spray Atomization and Droplet Burning Phenomena Volume 1. Progress in Astronautics and Aeronautics Vol. 166, American Institute of Aeronautics and Astronautics.

[3.3.4] *Kuo, K. (Ed.):* Recent Advances in Spray Combustion: Spray Combustion Measurements and Model Simulation Volume 2. Progress in Astronautics and Aeronautics Vol. 171, American Institute of Aeronautics and Astronautics.

[3.3.5] *Sutton, G. P.:* History of Liquid Propellant Rocket Engines. American Institute of Aeronautics and Astronautics, 2006.

[3.3.6] *Isakovic, S. J.; Hopkins Jr. J. P.; Hopkins, J. B.:* International Reference Guide to Space Launch Systems. 3rd Ed. AIAA, 1999.

[3.3.7] *Sutton, G. P.:* Rocket Propulsion Elements. 3rd Edition. New York, London: Wiley and Sons, 1963.

[3.3.8] NASA Facts, Next Generation Propulsion Technology: Integrated Powerhead Demonstrator, Technology. FS-2005-01-05-MSFC, Pub 8-40355, 2005.

[3.3.9] *Cai, C.; Jin, P.; Yang, L.; Du, Z.; Xu, K.:* Experimental and Numerical Investigation of Gas-Gas Injectors for Full Flow Stage Combustion Cycle Engine. AIAA-2005-3745, 2005.

[3.3.10] *Davis, J. A.; Campell, R. L.:* Advantages of a full-flow staged combustion cycle engine system. AIAA-1997-3318, 1997.

[3.3.11] *Wade, M.:* Encyclopedia Astronautica. www.astronautix.com

[3.3.12] *Cannon, J. L.:* Turbomachinery for Liquid Rocket Engines. Liquid Propulsion Systems – Evolution and Advancements. American Institute of Aeronautics and Astronautics, Professional Development Short Course, 2003.

[3.3.13] *Liang, K.; Yang, B.; Zhang, Z.:* Investigation of heat transfer and cooking characteristics of hydrocarbons fuels. Journal of Propulsion and Power, Vol. 14, No. 5, 1998.

[3.3.14] *Hammond, W.:* Space Transportation: A System Approach to Analysis and Design. American Institute of Aeronautics and Astronautics, 1999.

[3.3.15] *Newell, J. F.; Rajagopal, K. R.:* Probabilistic Methodology – A Design Tool for the Future, 1999.

[3.3.16] *May, L.; Burkhardt, W. M.:* Transpiration Cooled Throat for hydrocarbon Rocket Engines. NASA KEE6-FR, 1991.

[3.3.17] *Meinert, J.; Huhn, J.; Serbest, E.; Haidn, O. J.:* Turbulent Boundary Layers with Foreign Gas Transpiration. Journal of Spacecraft and Rockets, 2001, Vol. 38, No. 2, pp. 191–198.

[3.3.18] *Keener, D.; Lenertz, J.; Bowerson, R.; Bowman, J.:* Transpiration Cooling Effects on Nozzle Heat Transfer and Performance. Journal of Spacecraft and Rockets, Vol. 32, No. 6, 1995, pp. 981–985.

[3.3.19] *Hagemann, G.; Immich, H.; Nguyen, T.; Dumnov, G. E.:* Advanced Rocket Nozzles. Journal of Propulsion and Power, Vol. 14, No. 5, pp. 620–634, 1998.

[3.3.20] *Korte, J. J.; Salas, A. O.; Dun, H. J.; Alexandrov, N. M.; Follet, W. W.; Orient, G. E.; Hadid, A. H.:* Multidisciplinary Approach to Aerospike Nozzle Design. NASA TM 110326, 1997.

[3.3.21] *Frey, M.; Hagemann, G.:* Critical Assessment of Dual-Bell Nozzles. Journal of Propulsion and Power, Vol. 15, No. 1, pp. 137–143, 1999.

[3.3.22] *Haidn, O. J.; Greuel, D.; Herbertz, A.; Ortelt, M.; Hald, H.:* Application of Fiber Reinforced C/C Ceramic Structures in Liquid Rocket Engines. SPACE CHALLENGE IN XXI CENTURY. *Assovskiy, I. G.; Haidn, O. J. (Eds).* Moscow: Torus Press, 2005, pp. 46–72.

[3.3.23] *Sebald, T.; Beyer, S.; Gawlitza, P.; Mai, H.; Pompe, W.:* Advanced Thermal Barrier Coatings for High Heat Fluxes in Thrust Chambers of Liquid Rocket Engines. 4th International Conference on Launcher Technology Space Launcher Propulsion, 2002, Liège.

[3.3.24] *Schulz, U.; Fritscher, K.; Peters, M.; Greuel, D.; Haidn, O. J.:* Fabrication of TBC-armoured rocket combustion chambers by EB-PVD methods and TLP. Science and Technology of Advanced Materials, 6, 2005, pp. 101–110.

[3.3.25] *Stark, R.; Haidn, O. J.; Böhm, C.; Zimmermann, H.:* Cold Flow Testing of Dual-Bell Nozzles in Altitude Simulation Chambers. Proc. of EUCASS European Conference for Aerospace Sciences, Moscow, 2005.

[3.3.26] *Hagemann, G.; Knab, O.:* Raumfahrtantriebe I und II. Unterlagen Vorlesung TU München Lehrstuhl für Flugantriebe, fortlaufend seit dem Sommersemester 2008, bzw. Wintersemester 2009.

[3.3.27] *Schmidt, G.:* Technik der Flüssigkeits-Raketenantriebe. Daimler Chrysler Aerospace, 1999.

[3.3.28] *Silvestri, S.; Kirchberger, C.; Schlieben, G.; Celano, M. P.; Haidn, O. J.:* Experimental and Numerical Investigation of a Multi-Injector GOX/GCH4 Combustion Chamber, Transactions of the JSASS, Aerospace Technology Japan, Vol. 16, Issue 5, pp. 374–381, 2018.

[3.3.29] *Chemnitz, A.; Sattelmayer, T.; Roth, C.; Haidn, O. J.; Daimon, Y.; Keller, R.; Gerlinger, P.; Zips, J.; Pfitzner, M.:* Numerical Investigation of Flow and Combustion in a Single-Element GCH4/GOX Rocket Combustor: Aspects of Turbulence Modeling, Journal of Propulsion and Power, Vol. 34; pp. 864–877, 2017.

[3.3.30] *Silvestri, S.; Celano, M. P.; Kirchberger, C.; Schlieben, G.; Haidn, O. J.; Knab, O.:* Investigation on Recess Variation of a Shear Coax Injector for a Single Element GOX/GCH4 Combustion Chamber, Transactions of the JSASS, Aerospace Technology Japan, Vol. 14 (2016), 2016.

[3.3.31] *Yu, N.; Zhang, Y.; Li, F.; Dai, J.:* „Numerical and Experimental Investigations of Single-Element and Double-Element Injectors using Gaseous Oxygen/Gaseous Methane“, Aerospace Science and Technology, Vol. 75, pp. 24–34. doi: 10.1016/j.ast.2017.12.039.

[3.3.32] *Kato, T.; Terakado, D.; Nanri, H.; Morito, T.; Masuda, I.:* „Subscale Firing Test for Regenerative Cooling LOX/Methane Rocket Engine“, 7th European Conference for Aeronautics and Space Science EUCASS 2017-381, Milan, Italy 2017.

[3.3.33] *Simontacchi, P.; Edeline, E.; Blasi, R.; Sagnier, S.; Ravier, N.; Espinosa-Ramos, A.; Breteau, J.:* Prometheus: Precursor of New Low-Cost Rocket Engine Family, 69th International Astronatical Congress, IAC-18-C4.1.2, Bremen, October 2018

3

3.4 Startinfrastruktur

Dirk Rüdeger Albat und *Stefan Hässler*

In diesem Kapitel werden neben dem Startplatz mit seinen notwendigen Anlagen auch die Startvorbereitung von Transportsystemen und Nutzlasten sowie die erforderlichen peripheren Einrichtungen beschrieben.

Die Initiative privater Unternehmen in den USA seit Anfang des neuen Jahrtausends hat eine neue Dimension des globalen Wettbewerbs losgetreten, der sich aufgrund der strategischen und betriebswirtschaftlichen Bedeutung unmittelbar auf die Startstandorte und die dort etablierten industriellen Prozesse auswirkt.

Wegen der unmittelbaren Wechselwirkungen erfolgt die Auslegung der Startanlagen, wenn möglich, simultan zur Gestaltung des Raumtransporters und des operationellen Konzepts für dessen Betrieb. Am Beispiel der aktuell in Planung befindlichen Infrastruktur für den Start der Ariane 6 werden die Auswirkungen auf die Definition der Anforderungen an die Infrastruktur und auf die Systemgestaltung aufgezeigt.

3.4.1 Wesentliche Elemente

Systemisch besteht das Transportsystem (Launch System) aus dem Träger (*Launcher System*) sowie der Bodeninfrastruktur (Launch Base), die ihrerseits die Startanlagen (*Launch Complex*) und die Umgebung des Weltraumbahnhofs (*Launch Range*) umfasst. Trotz individueller Auslegung ist eine Reihe von wesentlichen Elementen der Infrastruktur für alle Startplätze unverzichtbar und zumindest ähnlich realisiert.

Zum Launch Complex Ariane 6 am Weltraumbahnhof Kourou gehören:

- das Trägerkontrollzentrum zur Überwachung aller betriebsnotwendigen Systeme des Trägers und der Bodenanlagen sowie des Countdowns,
- die Einrichtungen für die finale Vorbereitung und Betankung der Nutzlasten,
- das Gebäude und die Einrichtungen zur Integration und zum Test des aus den beiden Raketenstufen (bei Ariane 6 Antriebsmodule genannt) bestehenden Zentralkerns,
- der Startplatz (Launch Zone) mit einem Serviceturm zur finalen Integration des Trägers, die elektrischen, mechanischen und fluidmechanischen Verbindungen des Trägers mit dem Bodensegment, der Starttisch, der Versorgungsmast, Abgaskanäle für Booster und Haupttriebwerk, Blitzschutz- und Lichtmaste, Treibstoff und Sauerstofflager, Schutzeinrichtungen, ein Wasserturm sowie Aufbereitungsanlagen für kontaminiertes Wasser und ein Pool zur Wasserstoffneutralisierung.

Die Launch Range des Weltraumbahnhofs wird von allen von dort startenden Trägern (Ariane 5, Ariane 6, Vega und Sojus) geteilt. Sie umfasst:

- das Startkontrollzentrum,
- die Infrastruktur zur Vorbereitung der Nutzlasten,
- die Sicherheitseinrichtungen zur Überwachung der Bodenoperationen,
- die Einrichtungen zur Flugüberwachung sowie
- die Einrichtungen des Sicherheitssystems, der Lager- und Transportlogistik, der Energie- und Wasserversorgung und des Umweltschutzes sowie industrielle Produktionsstätten und Labore.

3.4.2 Aufgaben und Anforderungen

Bei der Auswahl des Standortes und der Auslegung der Startanlage sind umfangreiche funktionale Anforderungen zu berücksichtigen. Daneben spielen aber auch strategische und wirtschaftliche Aspekte eine wichtige Rolle.

Abgeleitet von der missionsgetriebenen Analyse stehen zwei Primärfunktionen im Vordergrund: Zum einen ist sicherzustellen, dass die im Zielkatalog vorgesehenen Nutzlasten ihre angestrebten Orbits erreichen. Zum anderen soll den Kunden ein wettbewerbsfähiger Service angeboten werden, entsprechend seiner Prioritäten und unter Minimierung der Einschränkungen für ihn und seine Nutzlast.

Um einen weiten Bereich von Orbits wirtschaftlich erreichen zu können, ist die geographische Lage von Bedeutung. So bieten Startanlagen in Äquatornähe Vorteile für geostationäre Bahnen, weil kaum Bahnneigungskorrekturen notwendig sind, und weil die Rotationsgeschwindigkeit der Erde ausgenutzt werden kann. Topographie und Bodenbeschaffenheit des Standortes sollten die wirtschaftliche Erstellung der notwendigen Infrastruktur gestatten. Der Startplatz erfordert einen soliden Untergrund, um unabhängig von Jahreszeit und Witterung den besonderen Belastungen und Präzisionsanforderungen während der Vorbereitungen und dem Start Stand zu halten. Hügel im Umland ermöglichen die optimale Positionierung von Antennen zu weit reichendem Empfang von Bordtelemetrie und zur Bahnverfolgung. Das Klima am Startplatz sollte einen regelmäßigen Startbetrieb ermöglichen. Startplätze mit limitierter und voraussagbarer Häufigkeit von Gewittern oder Höhen-Scherwinden gestatten hohe Verfügbarkeitsraten. Das Risiko von Wirbelstürmen am Startplatz sollte minimal sein, und er sollte möglichst auch nicht in von Erdbeben gefährdeten Gebieten liegen.

Als Folge der strategischen Bedeutung und der hohen Erstellungs- und Instandhaltungskosten ist eine voraussehbare politische und soziale Stabilität der Region ein wesentliches Kriterium bei der Standortwahl. Die Infrastruktur rund um den Startplatz sollte den unkomplizierten Transport des Trägers, der Nutzlasten, der Vorbereitungsteams und aller Betriebsmittel von den verschiedenen Herstellungsorten zur Startanlage erlauben. Während des gesamten Lebenszyklus – d. h. von der Planungsphase bis zur Stilllegung der Anlagen – ist die Einhaltung nationaler und internationaler gesetzlicher Rahmenbedingungen (in Kourou speziell FSOA und ESA Space Debris ADMIN) sicherzustellen. Zum Schutz vor Gefährdungen für Menschen und Umwelt müssen Produktions- und Starteinrichtungen genügend Raum haben, um entsprechend dem jeweiligen Gefährdungspotential definierte Zonen zu bieten. Die Auswahl des Startplatzes muss Flugbahnen erlauben, die nicht über bewohnte Gebiete führen. Hierzu werden häufig Standorte in unmittelbarer Küstennähe gewählt. Weiter sind die operativen und strategischen Anforderungen unterschiedlicher Nutzlasten und die Kompatibilität mit dem Betrieb anderer Trägersysteme am jeweiligen Startplatz zu beachten.

Logistisch müssen die Startinfrastrukturen die folgenden Aufgaben abdecken:

- Ankunft, Entladung, Transport und Lagerung der Trägermodule, der Nutzlasten und aller nicht vor Ort produzierten Betriebsmittel,
- Integration und Test von Nutzlasten und Träger,
- Betankung von Nutzlasten und Träger mit Treibstoffen und anderen Betriebsmitteln, Aufladung der Bordbatterien,
- Integration der Nutzlast in den Träger,
- Transport des integrierten Verbunds von Trägern und Nutzlast zu der Startanlage (bei räumlicher Trennung oder Clean-Pad-Konzept),
- Letzte Startvorbereitungen, wie zum Beispiel die kryogene Betankung des Trägers und Inbetriebnahme aller Bordsysteme am Starttag selbst.

Spezifische Besonderheiten während der Startkampagnen und der Wartungsarbeiten betreffen insbesondere den Einsatz von Feststoff-Boostern oder von kryogenen Treibstoffen sowie die mögliche Wiederverwendung von Trägern oder Stufen. Weiter sind für die Durchführung von bemannten Missionen umfangreiche Sonderregeln bei der Dimensionierung zu beachten.

3.4.3 Konzepte

Die Dimensionierung der Startanlagen zielt auf eine Balance aus Flexibilität und Wirtschaftlichkeit. Die vorhandenen Ressourcen müssen die zeitgleiche Handhabung unterschiedlicher Nutzlasten und Träger erlauben. Der Betrieb mehrerer Transportsysteme am selben Weltraumbahnhof – wie zum Beispiel in Kourou – erhöht einerseits die Komplexität des Systems, schafft allerdings andererseits wirtschaftlich nutzbare Synergien.

Mit Blick auf den Kundennutzen zielen die Serviceanbieter darauf, die Auswirkungen von Verspätungen bei

Träger oder Nutzlast zu minimieren. Voraussetzung hierfür ist eine ausreichende Flexibilität hinsichtlich Marktschwankungen und eine hohe Reaktionsgeschwindigkeit bei organisatorisch oder technisch bedingten Änderungen.

In den letzten 50 Jahren haben sich folgende Konzepte für Startanlagen herauskristallisiert:

Das **„All-in-One"-Konzept:** Trägerintegration, Test und Startvorbereitung finden direkt am Startplatz auf dem Starttisch statt. Erstellungskosten und -zeiten der Bodeninfrastruktur werden so minimiert, mögliche Startraten sind allerdings ebenfalls begrenzt. Ausweichmöglichkeiten bei Verspätungen sind nicht gegeben, und bei Startunfällen ist das Risiko sehr hoch, dass die gesamte Vorbereitungsinfrastruktur in Mitleidenschaft gezogen wird. Dieses Konzept wurde vor allem in den 50er- bis 70er-Jahren angewandt, in Europa zum Beispiel für Ariane 1 bis 3. Vereinzelt findet dieses Konzept heute noch bei Kleinträgern Anwendung. Ein aktuelles Beispiel für das „All-in-One"-Konzept ist die Startanlage für den europäischen Vega-Träger. Diese Anlage befindet sich an der Stelle der ersten Ariane-Startanlage „ELA-1".

Sie vereinigt alle Vorteile dieses Konzepts: Optimale Erstellungskosten und Bauzeit, beste Zugangsmöglichkeiten zu Träger und Nutzlasten bis kurz vor dem Start (s. Bild 3.4.1).

Dagegen steht die **räumliche Trennung** zwischen Trägervorbereitung und Startaktivitäten: Die Nachteile des „All-in-One"-Konzepts führten in den 70er-Jahren zu Überlegungen der räumlichen Trennung von Vorbereitungs- und Startanlagen. Dabei wird die Startanlage nur zu den eigentlichen Startaktivitäten genutzt. Sowohl Träger als auch Nutzlasten werden räumlich getrennt vorbereitet. Dies erlaubt deutlich erhöhte Startraten und flexiblere Startkampagnen durch die parallele Vorbereitung mehrerer Träger und Nutzlasten. In den USA fand dieses Konzept Anwendung zum Start der Space Shuttles, in Europa für Ariane 4 und in der damaligen UdSSR für Sojus, Proton, Zenit und andere Träger. In ähnlicher Form wird aktuell in Französisch-Guayana bei dem Bau der Startanlage für die Sojus-Trägerrakete verfahren. Die Startkampagne einer Sojus beginnt dort in einem Integrations- und Testgebäude, genannt **MIK**, in dem Sojus-Träger und die Fregat-Oberstufe für den Start vorbereitet werden. Der Träger wird dann in horizontaler Position zu der Startrampe gefahren und dort etwa vier Tage vor dem Start in die vertikale Startposition gebracht. Einen Tag später wird dann die Oberstufe auf den Träger integriert. Die Nutzlasten werden getrennt vom Träger in einem eigenen Gebäude auf den Start vorbereitet und zusammen mit der Nutzlastverkleidung im Startgelände auf den Träger montiert.

Damit diese Arbeiten unter kontrollierten Umgebungsbedingungen stattfinden können, umschließt ein beweglicher Serviceturm die Startrampe, der vor dem Start zurückgefahren wird, siehe Bild 3.4.2.

Bild 3.4.1: *Vega-Startanlage (Bild: ESA).*

Bild 3.4.2: *Sojus-Startanlage in Kourou (Bild: CNES).*

Das **„Clean Pad"-Konzept** (90er-Jahre, zum Beispiel Ariane 5) versucht mit einem Minimum an Infrastruktur auf dem Startgelände auszukommen. Ein erheblicher Teil der Infrastruktur wird in den (fahrbaren) Starttisch und Startmast integriert, und nur die unbedingt erforderlichen Installationen verbleiben am Startplatz. Nachteil dieses Konzepts ist, dass der Träger am Startplatz nicht modifiziert werden kann und schon kleine Reparaturen den zeitaufwendigen Rücktransport zum Vorbereitungsgebäude erfordern.

3.4.4 Ein ausgeführtes Beispiel: Ariane 5

Im Folgenden wird die notwendige Infrastruktur am Beispiel einer Ariane-5-Startkampagne dargestellt:

Die **Vorbereitung der Nutzlasten** erfolgt in **Reinräumen** (siehe Bild 3.4.3) mit den entsprechenden mechanischen und elektrischen Einrichtungen: Nach dem Transport vom Hersteller zum Startgelände wird die Nutzlast entladen und an die Bodentestanlage angeschlossen, damit der Betreiber alle mechanischen und elektrischen Funktionen der Untersysteme überprüfen kann. Nach letzten Dichtigkeits- und Funktionstests werden die Treibstofftanks und Hochdruckgasbehälter befüllt. Diese Test- und Vorbereitungsphase wird von Kundenteams selbst durchgeführt, der Betreiber der Startinfrastruktur bietet logistische Hilfe (Transportmittel, Klimaanlagen, elektrische Versorgung, Werkstätten, Umkleideräume, etc.). Zum Abschluss dieser Phase wird die Nutzlast gewogen, um sicherzustellen, dass der geplante Gewichtsbereich eingehalten wurde, und die Nutzlast wird zur Integration in den Träger dem Startbetreiber übergeben. Die Dauer dieses Vorbereitungszyklus einer Nutzlast variiert zwischen vier und acht Wochen.

Bild 3.4.3: *Nutzlastvorbereitung (Bild: ESA).*

Die Vorbereitung des Trägers erfolgt im **Integrations- und Testgebäude.** In diesem Gebäude werden die einzelnen Stufen mit einem Kran aus den Transportcontainern entnommen, aufgerichtet und mechanisch und elektrisch bordseitig und mit der Bodenanlage verbunden. An diese Integrationsphase schließt sich eine ausführliche Testphase an, mit Dichtigkeitstests aller Verbindungen, um Lecks im Tank- und Antriebssystem auszuschließen, sowie Funktionstests aller Systeme.

Für einen großen Träger der Ariane-5-Klasse dauert dieser Teil der Startkampagne etwa 20 Arbeitstage.

Im Anschluss an die Integrations- und Testphase wird der Träger zum Gebäude zur Nutzlastintegration und Vorbetankung gefahren, wie im Bild 3.4.4 dargestellt.

Bild 3.4.4: *Integrationsgebäude Ariane 5 (Bild: ESA).*

Nutzlastintegration in den Träger: Träger und Nutzlasten verbleiben etwa 8 Tage im Endmontagegebäude, wo die folgenden Arbeiten ausgeführt werden:

- Montage der unteren Nutzlast samt Nutzlastadapter direkt auf den Träger,
- Zusammenbau von oberer Nutzlast, Trägerstrukturen und Nutzlastverkleidung,
- Beförderung dieses oberen Verbundes in die 90 m hohe Endmontagehalle und Montage auf den Träger (siehe Bild 3.4.5),
- Test aller elektrischen und mechanischen Verbindungen,
- Generalprobe des Countdowns: Dabei wird das reibungslose Zusammenspiel der kompletten Startinfrastruktur (Träger, Kontrollzentren, Empfangsstationen für Bordtelemetrie, Bahnverfolgungsstationen, etc.) mittels eines fiktiven Countdowns und Flugs getestet,
- Betankung der Oberstufe (falls lagerfähige Treibstoffe verwendet werden, wie z. B. bei der EPS).

Der Träger ist jetzt bereit zum Transport zum Startplatz, der etwa 3 km vom Endmontagegebäude entfernt ist (Bild 3.4.6).

Am **Startplatz** erfolgt die Betankung der kryogenen Stufen, der Ablauf des Countdowns und der Start. Die Anlage besteht aus:

Bild 3.4.5: *Nutzlastmontage auf die Oberstufe (Bild: ESA).*

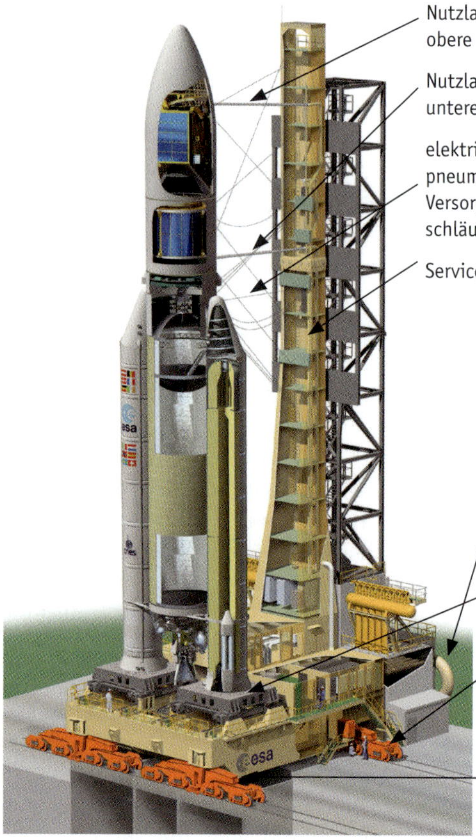

Bild 3.4.6: *Startanlage Ariane 5 (Bild: ESA).*

- Abgaskanälen (je ein Kanal pro Booster und ein Kanal für das Haupttriebwerk),
- einem 90 m hohen Wasserturm zur Bereitstellung eines hohen Wasserstromes: Kurz vor dem Start werden Wasserfontänen auf den Starttisch geleitet, um die beim Start auftretenden akustischen Lasten zu mindern,
- Verbindungsleitungen zu den kryogenen Bodentanks und zum Trägerkontrollzentrum.

Das **Trägerkontrollzentrum** und der **Countdown:** Der Träger wird ca. 12 Stunden vor dem Start zum Startplatz transportiert. Die zum Start nötigen Operationen dauern etwa 8 Stunden und werden von dem etwa 3 km entfernten Kontrollzentrum (Bild 3.4.7) aus geleitet. Aus Sicherheitsgründen verfügt das Kontrollzentrum über eine eigene, autonome Sauerstoff- und Stromversorgung und bunkerartig verstärkte Wände und Dächer. Alle Aktivitäten der Vorbereitung werden von dort aus geleitet:

- H0 – 6 h: Beginn des **Countdowns,** Vorbereitung der Bodenanlage zur Betankung und Füllung der Bodenleitungen, Räumung des Startgeländes,
- H0 – 5 h: Betankungsstart für kryogene Hauptstufe,
- H0 – 4 h: Betankungsstart für kryogene Oberstufe,
- H0 – 1 h: Lösen der mechanischen Sicherungen der pyrotechnischen Systeme,
- H0 – 7 min: Beginn der automatischen Startsequenz.

(H0 ist der Zeitpunkt der Zündung des Triebwerks.)

Bild 3.4.7: *Trägerkontrollzentrum Ariane 5 (Bild: ESA).*

Diese Sequenz wird vollautomatisch von zwei redundanten Rechnern durchgeführt und beinhaltet folgende Aufgaben:

- Start des Flugprogramms, Inbetriebnahme der Steuerungssysteme,
- Inbetriebnahme der elektrischen Bordversorgung und Entkoppelung des Trägers von der Bodenversorgung,
- Bedrückung der Treibstofftanks auf Flugdruck,
- Isolierung des Trägers von Versorgungsleitungen und Dichtigkeitstests der Absperrventile,

- Herunterkühlen der Brennkammer des Haupttriebwerkes mittels Bordtreibstoffen,
- Start der Wasserbeaufschlagung am Starttisch,
- Öffnen der Oberstufenbetankungsarme.

Ab H0 - 4 s übernimmt der On-Board-Computer des Trägers die Leitung der letzten Kontrollen, den Start des Haupttriebwerks, die Diagnose der Triebwerksbetriebsdaten und die Zündung der Feststoffbooster, welche den Start des Trägers einleiten.

Das Startkontrollzentrum
Während die Aktivitäten im Trägerkontrollzentrum am Starttag denen von Piloten in einem Flugzeug-Cockpit ähneln, die ihre Checklisten abarbeiten, erfüllt das Startkontrollzentrum (Bild 3.4.8) mehr die Rolle des Towers eines Flughafens.

Bild 3.4.8: *Startkontrollzentrum (Bild: ESA).*

Hier wird die **Koordinierung sämtlicher beteiligter Teilsysteme** gewährleistet:
- Empfangsstationen zur Echtzeitübertragung der Borddaten (Telemetrie),
- Bahnverfolgung, Flugsicherheit, Bodenenergie,
- Synchronisierung der Zeitsignale an allen beteiligten Orten,
- Video- und Bildübertragung,
- Datenübertragung und Kommunikation zwischen den beteiligten Zentren,
- Nutzlastüberwachung und Koordination,
- Kommandobrücke des Missionsdirektors,
- Wetterstation.

Verbindungsrouten erlauben Transporte zwischen allen Gebäuden (Bild 3.4.9). Träger und Starttisch werden über Schienensysteme zwischen den Vorbereitungsgebäuden und dem Startgelände transportiert. Der gesamte Verbund aus Träger, Starttisch und mobiler Klimaanlage (notwendig zur Konditionierung der Nutzlasten) wird dabei von einem LKW gezogen. Die Transportgeschwindigkeit beträgt etwa 3 km/h.

Bild 3.4.9: *Bodentransport Ariane 5 (Bild: ESA).*

Bild 3.4.10: *Produktionsanlage für flüssigen Wasserstoff Ariane 5 (Bild: Air Liquide Spatial Guyane).*

Bild 3.4.11: *Wetterstation (Bild: ESA).*

Betriebsmittel (Helium, Stickstoff, Wasser, Treibstoffe etc.) werden teilweise vor Ort erzeugt und in Tanks gelagert (Bild 3.4.10).

Eine **Wetterstation** (Bild 3.4.11) erlaubt die Bewertung der Wetterbedingungen bei allen Transporten und am Starttag. Die Erlaubnis zum Transport oder Start eines Trägers ist an bestimmte Wetterkriterien wie erlaubte maximale

Bild 3.4.12: *Empfangsstation (Bild: ESA).*

Windgeschwindigkeiten oder Gewitterwahrscheinlichkeit gebunden.

Zur Ermittlung der Wetterdaten werden unter anderem folgende Messmethoden eingesetzt:

- Bodenwindmessungen in Höhen von 0 bis 100 m werden über Windmasten durchgeführt.
- Windmessungenen in 100 bis 500 m Höhe werden mittels Dopplersonaren durchgeführt. Dabei werden verschiedene Messfrequenzen emittiert und die Frequenzverschiebungen der reflektierten Wellen gemessen. Die ermittelten Frequenzverschiebungen erlauben eine Aussage über die damit verbundenen Windgeschwindigkeiten.
- Höhenwindmessungen im Bereich von 500 bis 10 000 m mittels Lasern oder Messballonen beobachten die in der Flugphase gefährlichen Scherwinde.
- Radarmessungen erlauben die kontinuierliche Beobachtung von Wolkendicke und Niederschlagsintensität und verbessern erheblich die Vorhersagequalität zur Einschätzung von Gewitterrisiken. Im Zweifelsfall werden gelegentlich kurz vor dem Start noch Wetterballone eingesetzt, um die getroffenen Diagnosen zu bestätigen.

Nach dem Start dienen **Bahnverfolgungseinrichtungen** zur Dokumentation und Echtzeitanalyse des Flugwegs: Von Beginn des Flugs bis zum Ende der Raketenmission werden Träger und Nutzlasten kontinuierlich verfolgt. Dazu werden sowohl Telemetrieantennen, optische Mittel, Radarsender als auch Infrarot- und optische Kameras eingesetzt. Flugbahn und Flugverhalten werden so ununterbrochen bewertet, um gefährliche Flugzustände identifizieren und im Extremfall den Träger ferngesteuert sprengen zu können, um jedes Risiko für bewohnte Gebiete auszuschalten.

3.4.5 Neue Herausforderungen: Ariane 6

Die besondere Motivation zur Reduktion der Servicekosten zeigt sich bei der Auslegung des Operationsplans, der wichtigsten Grundlage der Planung einer Startkampagne. Gegenüber Ariane 5 wird eine um 2/3 reduzierte Kampagnenzeit angestrebt. Ein kompletter Launch-Zyklus umfasst 20 Phasen und beginnt nach vorangegangener Produktion wesentlicher Elemente des Trägers in Europa mit der Verschiffung komplett funktional getesteter Stufen - bei Ariane 6 Module genannt - nach Kourou. Lediglich die Feststoff-Booster werden aus vorgefertigten Gehäusen weitgehend in Kourou hergestellt. Gemäß der Auslegung moderner Produktionssysteme folgt die Dimensionierung dem standardisierten Durchlauf stabilisierter Materialflüsse, bei deutlicher Reduktion der früher üblichen Sicherheitszuschläge. Der erhöhten Produktivität und der damit einhergehenden Kostenreduktion steht eine Einschränkung der Flexibilität gegenüber, die im verbleibenden Umfang insbesondere den Interessen des Kunden vorbehalten bleibt.

Am Weltraumbahnhof sind logistisch 3 Hauptströme zu koordinieren:

- Eine Woche vor dem Starttermin startet die Vorbereitung der Nutzlasten. Die hierzu erforderliche Infrastruktur wird nahezu unverändert von Ariane 5 übernommen.
- 6 Tage vor dem geplanten Starttermin beginnt in einem gesonderten Gebäude die Integration des sogenannten Central Core, bestehend aus Ober- und Unterstufe. Die Integrationsprozesse erfolgen in horizontaler Position, ohne Verwendung komplexer Hebesysteme. Anders als bei Ariane 5 erfolgt der Transport zur Lauch Zone ebenfalls horizontal.
- Ein Tag später startet der Transport der Feststoff-Booster zum Startplatz. Diese wurden zuvor in einer aus Sicherheitsgründen räumlich entkoppelten Zone ebenfalls in horizontaler Position integriert.

Nach Vorbereitung des Launch Komplexes und der Launch Range erfolgt in einem hierzu konzipierten Serviceturm zunächst die Positionierung des Zentralkerns, bestehend aus den beiden Antriebsmodulen, auf den Boostern sowie die Verbindung des Trägers mit dem Bodensegment.

Die Startvorbereitungen und der Countdown folgen weitgehend dem Beispiel der Ariane 5. Allerdings erlauben Simulationsanlagen in Europa eine deutliche Reduktion des Aufwands vor Ort. Ebenfalls bei der Revalierung des Startgeländes und der Infrastruktur sind die Prozesse deutlich verschlankt und höher automatisiert. Aufwendige manuelle Operationen werden durch technische Weiterentwicklungen und eine Vereinfachung der industriellen Struktur schneller, zuverlässiger und kostengünstiger. Die geplante Kapazität des Produktionssystems liegt bei durchschnittlich 12 Trägern pro Jahr. Im Einzelfall erlaubt die Dimensionierung der Startanlagen zwei Starts innerhalb von 2 Wochen durchzuführen.

Bild 3.4.13 zeigt eine Simulation der Ariane 6 Startanlagen (ELA 4). Das Konzept ist Folge einer konsequenten Orientierung an der Architektur des Trägers und des

Bild 3.4.13: *Ariane 6 Startanlagen (Simulation: CNES).*

operationellen Konzepts. Basierend auf den Erkenntnissen des Betriebs der Ariane 5, Vega und Soyouz Träger wurden insbesondere mit Blick auf die Betriebskosten wesentliche Optimierungen umgesetzt. Hierzu gehören zum Beispiel:

- eine um 40 % reduzierte Zahl der funktionalen Elemente (Ventile und Sensoren),
- eine Reduktion des Heliumverbrauchs sowie eine partielle Rückgewinnung,
- ein hohes Maß an Standardisierung und Automatisierung der Kontrollanlagen sowie der Logistikeinrichtungen
- optimierte Belüftungssysteme, die den notwendigen Klimatisierungsaufwand limitieren,
- erosionsoptimierte Geometrie und Dimensionierung der Abgaskanäle, deren Ausrichtung und die relative Positionierung der Infrastruktur,
- die Optimierung der Bunkersysteme sowie
- eine schnelle und automatisierte Schmutzwasserbehandlung.

3.4.6 Übersicht über bestehende Startanlagen

Insgesamt sind weltweit über 20 Startplätze gebaut worden (siehe Bild 3.4.14). Von den wichtigsten sind die geogra-

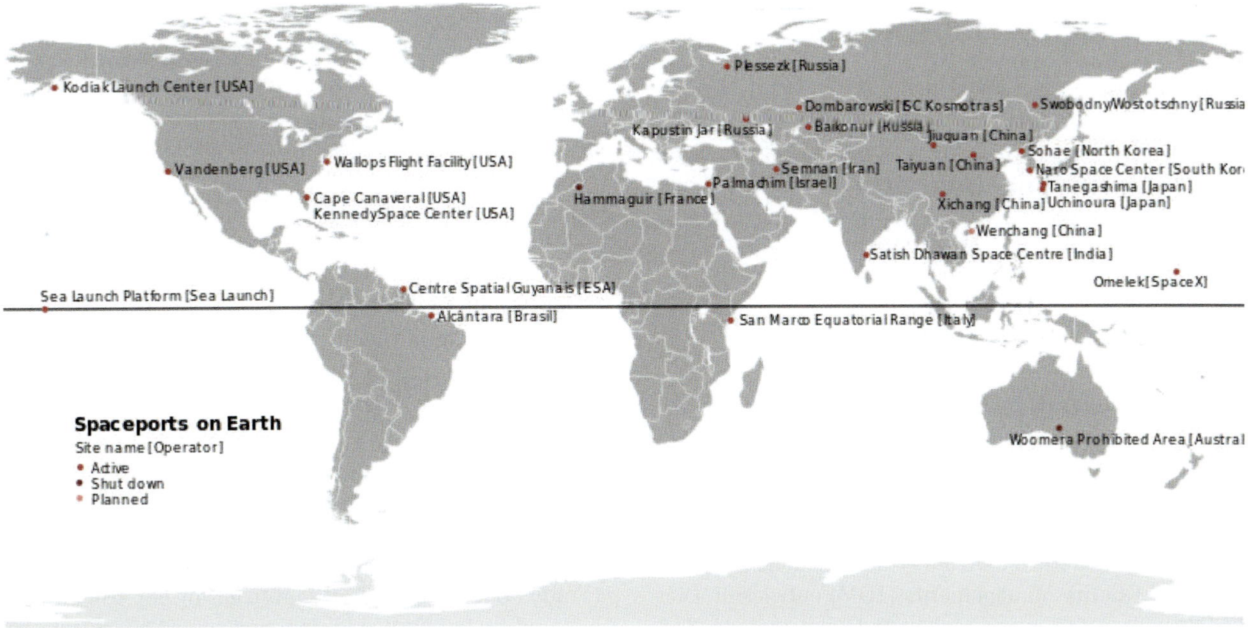

Bild 3.4.14: *Weltweite Startplätze (Bild: Wikipedia).*

Tabelle 3.4.1: *Geographische Koordinaten von Startanlagen.*

Startanlage	Koordinaten	Trägersysteme
Kourou (Französisch-Guayana)	5° N, 53° W	Ariane 5, Vega, Sojus
Cape Canaveral (USA)	29° N, 81° W	STS, Titan, Atlas
Vandenberg (USA)	35° N, 121° W	Titan, Atlas, Delta
Baikonur (Russland)	46° N, 63° E	Proton, Sojus, Zenit
Plesetsk (Russland)	63° N, 41° E	Sojus, Kosmos, Rockot
Sriharikota (Indien)	14° N, 80° E	PSLV, GSLV
Jiuquan (China)	41° N, 100° E	CZ (Long March)
Tanegashima (Japan)	30° N, 131° E	H2, H2A

phischen Koordinaten und die gestarteten Trägerraketen angegeben (Tabelle 3.4.1).

Seit April 2016 ist ein neuer russischer Startplatz/Kosmodron in Wostotschny (im Gebiet Amur 8 000 km östlich von Moskau, 2 000 km von der Mongolei). Die kommerzielle Nutzung ist ab 2018 geplant. Der Weltraumbahnhof soll schrittweise die Kapazität von Baikonur übernehmen und Russland die jährliche Pacht in Höhe von 122 M€ einsparen.

Die CNES baut zurzeit einen neuen Startplatz für die Ariane 6 Rakete, die die Ariane 5 ablösen soll. Diese Startanlage ist so konzipiert, dass deutlich geringere Operationskosten möglich werden (z. B. Horizontaltransport zum Starttisch per Truck).

3.5 Qualifikationsprozess

Jörg Krüger und *Anton Grillenbeck*

3.5.1 Einführung/Übersicht

Entwicklungsphase von Trägersystemen

Die Entwicklung eines Trägersystems beginnt mit der Formulierung einer Zielvorgabe für eine Reihe von wesentlichen Parametern wie:

- Zuverlässigkeit,
- Nutzlastkapazität und Orbitalbahnen,
- maximale Entwicklungskosten,
- Produktions- bzw. Operationskosten,
- erwartete Startrate in der Produktionsphase.

Trägersysteme werden üblicherweise nach den Prinzipien des **Total Quality Managements (TQM)** entwickelt. Dies bedeutet, dass die Zuverlässigkeit und Robustheit des Trägers im Vordergrund steht. Spielen andere Parameter eine gleichwertige Rolle, spricht man von **Design to Value** oder von **Design to Cost,** wenn nach einem Optimum zwischen Entwicklungskosten, Produktionskosten und Operationsbzw. Startkosten gesucht wird. Für zivile Trägersysteme werden die technischen Anforderungen mit programmatischen Randbedingungen verknüpft wie:

- ein Schlüssel für die Beteiligung von Firmen bestimmter Nationalität (sogenannter Geo-Return im ESA-Bereich),
- die Verwendung einer speziellen oder neuen Technologie, in die vorher investiert wurde (Antriebe, Materialien, Komponenten),
- Verfügbarkeit zu einem bestimmten Zeitpunkt (z. B. um ein geplantes Satellitensystem im Orbit zu platzieren),
- Start von einem bestimmten Startplatz,
- Verwendung bereits vorhandener Elemente oder Technologien.

Der institutionelle Kunde und Entwicklungsauftraggeber für zivile Trägersysteme – in Europa die ESA – erstellt für das gesamte Trägersystem (Flugeinheit und Bodenanlagen) die Missions- und programmatischen Anforderungen (z. B. Durchlaufzeiten, Kosten). Der Hauptauftragnehmer ArianeGroup komplettiert das **Lastenheft** zusammen mit den kommerziellen Ankerkunden aus der späteren Nutzungsphase. Diese Anforderungen werden dann vom Hauptauftragnehmer des Flugsegments durch ein **Pflichtenheft** (Spezifikation) beantwortet. Die CNES als Zertifizierungsbehörde erstellt begleitende Standards für die Sicherheit der Nutzung der Startanlage und die Sicherheit beim Raketenaufstieg. Deren Erfüllung ist vor dem Erstflug durch ArianeGroup nachzuweisen. Mitarbeiter von ESA, DLR und CNES stellen während der Trägersystementwicklung die Bauaufsicht und sichern dadurch die Zertifizierung vor dem Jungfernflug.

Die Spezifikation des Trägers wird zum Beginn der Entwicklung erstellt, um die Funktionen und die Leistung des Systems fest zu legen. Danach werden die Funktionen des Gesamtsystems auf die einzelnen Produkte heruntergebrochen und deren Funktionen und Leistungsvermögen beschrieben (Bild 3.5.1).

Hierzu werden die Funktionen für den gesamten Lebenszyklus des Produkts analysiert und hieraus zunächst qualitativ die Lasten und Anforderungen bzw. deren Verknüpfungen dargestellt. In einem zweiten Schritt werden diese Lasten, Anforderungen und Schnittstellenbedingungen dann mit Werten ausgestattet, die entweder in der Spezifikation, den dimensionierenden generellen Lastannahmen oder in den Schnittstellendokumenten niedergelegt werden.

In der ersten Phase des Projekts steht neben der Durchführung von Konzeptstudien und vergleichenden Studien **(Trade-offs)** vor allem die Quantifizierung der Anforderungen und Lasten für das System und seine Subsysteme im Vordergrund. Dieser Trade-off beinhaltet auch die Prüfung

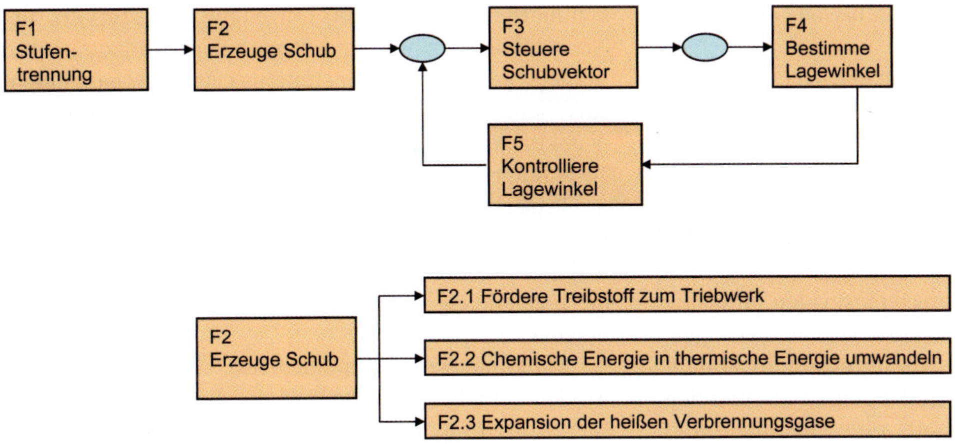

Bild 3.5.1: *Aufbau eines Funktionsbaums zur funktionellen Beschreibung des zu entwickelnden Produkts.*

inwieweit bewährte Komponenten bestehender Systeme, ggf. nach Anpassung, weiter verwendet werden können. Der weitere Prozess folgt weitgehend dem bekannten **V-Modell:** Definition der Anforderungen, Design und Dimensionierung, Fertigung, Test und Verifikation. Während der Entwicklung werden die Anforderungen und Lasten immer weiter von Trägersystemebene auf Stufenebene, dann auf Subsystemebene und schließlich auf Komponentenebene detailliert. Gegen Ende der Entwicklung müssen die Entwickler dann, beginnend von einzelnen Komponenten über jede Integrationsebene bis zurück zum Gesamtsystem, Integrität und Funktion nachweisen. Die notwendigen Maßnahmen zur Verifikation sind wesentlicher Gegenstand der Betrachtungen in diesem Kapitel.

Das **System Engineering** nimmt eine zentrale Rolle bei der Entwicklung von Trägersystemen ein, da dort sowohl das System definiert wird, als auch die Verifikation bereits von der Konzeptionsphase an als fester Bestandteil des Qualifikationsprozesses organisiert wird.

Kernaufgaben des System Engineerings sind neben der Festlegung einer projektglobalen Margin-Philosophie die Durchführung folgender Aufgaben und die Erstellung der damit verbundenen Dokumentation (in Klammern die Bezeichnung im Ariane-Programm):

- Spezifikation der Systemleistung (ST – Technical Specification),
- Definition des Gesamtsystems (DF – Functional Definition File),
- Spezifikation der System-Schnittstellen (SI – Interface Control Document),
- vergleichende Analyse und Systemauswahl (DJ – Justification File),
- Identifikation kritischer Elemente des Systems (Critical Point List),
- Festlegung von Verifikationsansatz und -methode (PVE – Requirement Verification Plan),
- Festlegung des Messplans für die Flugqualifikation und Flugauswertung (FAP – Flight Assessment Plan).

Mit dem Beginn der Entwicklung von Ariane 6 und der integrierten vertikalen Integration der ArianeGroup wird vom klassischen V Modell etwas abgewichen und mehr im Sinne eines Spiral Entwicklungsmodells entwickelt (PDCA Plan-Do-Check-Act Modell), d. h. an die Stelle von fixen Anforderungen von oben nach unten und Interfacespezifikationen, werden die Anforderungen während Entwicklung/Prototypenbau iterativ und im Dialog zwischen den Produktverantwortlichen gemeinsam definiert und verfeinert. Hierdurch verspricht man sich eine deutlich beschleunigte Entwicklungszeit.

Das System Engineering verknüpft alle anderen für die Entwicklung notwendigen Fachdisziplinen. Hierbei stehen die Charakterisierung der Lasten, das Materialverhalten, der Systementwurf und die Integration von Komponenten in das Gesamtsystem im Zentrum der Betrachtungen. Die Ermittlung der Lasten (Umgebungslasten und Operationslasten) ist aufgrund der vielen Variations- und Kombinationsmöglichkeiten hierbei die größte Herausforderung für die spätere Qualifikation.

Technische Qualifikation des Trägersystems

Die Qualifikationsphilosophien für die verschiedenen Fachrichtungen können unterschiedlich sein. Bei der Auslegung von **mechanischen Systemen** wird mit sehr engen Sicherheitsmargen gearbeitet, um bei geforderter Zuverlässigkeit eine geringe Masse und damit eine hohe Nutzlastleistung zu erreichen. Beginnend mit der Herstellung des Rohmaterials, müssen alle Prozesse zuverlässige und gleichbleibende Kenndaten liefern und die Materialien sehr umfassend charakterisiert werden. Besondere Aufmerksamkeit gilt der Bewertung des **Ermüdungsversagens** und der Rissfortschritt- und Wachstumsvorhersage. Üblicherweise werden Zyklenzahlen und dynamische Lastannahmen konservativ hoch angesetzt. Für die Auslegung wärmetechnischer Systeme, der Thermalanalyse, wird meist mit dem sogenannten Worst-Case-Ansatz gearbeitet, wobei auch die ungünstigste Kombination von mehreren

Systemzuständen und Umgebungseinflüssen die Funktion nicht gefährden darf.

Mit dem Beginn der Einwicklung der Ariane 6 Rakete wird in Europa verstärkt Wert darauf gelegt, eine zentrale Datenbank für alle Material und Design Charakteristiken immer aktuell zu halten (Virtual Engineering Data Base). Diese Datenbank soll dann auch mit allen Ergebissen der thermalen und strukturellen Analyse befüllt werden.

Meistens müssen während der Auslegungs- und Analysephase iterativ mehrere Berechungszyklen durchlaufen werden, als Reaktion auf erforderliche Änderungen. Nur ein robustes **Margin-Risiko-Management** erlaubt einerseits Konvergenz zwischen der Auslegung und den Anforderungen und andererseits eine Leistungs- und Entwicklungskostenoptimierung. Eine steigende Systemmasse kann z. B. durch Reserven im Schubvermögen der Unterstufe oder dem spezifischen Impuls der Oberstufe ausgeglichen werden.

Funktionelle und strukturelle Verifikation

Die Verifikation soll sicherstellen, dass das Produkt in allen Details der **Spezifikation** entspricht und alle **Sicherheitsfaktoren** positiv sind. Im Wesentlichen sind das der Nachweis der geforderten Leistung unter realen Einsatzbedingungen, die Erfüllung aller Anforderungen beim Herstellungsprozess sowohl für die Hardware als auch für die Software und die Bestätigung, dass Bodenanlagen und Startoperationen durch Maßnahmen der Risikoreduktion analysiert wurden.

Ein weitgehender Teil der **Verifikationsmaßnahmen** ergibt sich bereits aus der strikten und vollständigen Anwendung eines qualifizierten Entwicklungsprozesses: Analyse der Anforderungen über den Lebenszyklus, Ableitungen der Lasten usw., bis hin zu den Nachweisen. Methoden der Verifikation sind bei Trägersystemen Analyse und Simulation, Test, Demonstration, Analogie, Inspektion oder Qualifikationsflug. Oftmals werden Kombinationen dieser Methoden eingesetzt. Vor allem Analyse und Test werden schrittweise und einander ergänzend während der Entwicklung auf allen Subsystemebenen durchgeführt, weil Simulations- und Analysemodelle stets validiert werden müssen und kritische Annahmen und Hypothesen durch experimentelle oder statistische Ansätze abzusichern sind.

Verifikation durch Analogie wird meistens zusammen mit Analysemethoden verwendet. Es wird gezeigt, dass ein Bauteil sich gleichartig verhält wie ein Bauteil, das bereits für ein anderes Projekt unter übereinstimmenden oder höheren Anforderungen bzw. Lasten qualifiziert wurde. Dies setzt voraus, dass alle Informationen aus der vorangegangenen Qualifikation zur Verfügung stehen, inklusive der genauen Hardwarekonfiguration und des Einsatzbereichs. Andernfalls sind zusätzliche Tests notwendig.

Demonstrationstests werden mit aktuell eingesetzter Hardware oder Software in einem Simulator oder einer simulierten operationellen Umgebung durchgeführt. Im Ariane-Programm werden z. B. nach der Qualifikation des Trägers weiterhin Demonstrationstests im sogenannten ARTA-Programm durchgeführt. Dabei werden Bauteile aus der aktuellen Produktion stichprobenartig repräsentativen Tests unterzogen.

Typische **Inspektionsmethoden** sind zerstörungsfreie visuelle Prüfungen, Röntgenuntersuchung, Wägung, Dichtheitsprüfung etc. Ein Teil der Inspektion beinhaltet auch die regelmäßige Überprüfung der Herstellungsprozesse und der Anlagen.

Abnahmetests (**Acceptance Test**, siehe Tabelle 3.5.1) werden auf allen Systemebenen durchgeführt. Im Gegensatz zu den detaillierten und umfangreichen Qualifikationstests werden diese auch während der späteren Produktions- und Betriebsphase zur Risikobegrenzung durchgeführt. Sie weisen nach, dass sich ein Bauteil/System im spezifizierten Toleranzbereich im Hinblick auf die Funktionalität bewegt und frei von Defekten und Integrationsfehlern ist. Die aufgebrachten Lasten der Abnahmetests liegen deutlich unter den dimensionierenden Lasten der Qualifikationstests. Diese werden auch angewandt im Falle eines Startabbruchs und der Überholung des Trägersystems zwecks Austauschs einer Komponente.

Üblicherweise unterscheidet man zwischen mechanischen und funktionalen **Qualifikationstests** sowie zwischen Boden- und Flugqualifikation. Qualifikationstests am Boden können durchgeführt werden an Prototypen, an Proto-flight-Geräten oder an skalierten Modellen. Tests können auf bestimmte dimensionierende Flugphasen begrenzt sein oder für den gesamten Lebenszyklus durchgeführt werden. Sie können für nur eine bestimmte Belastung oder die Kombination von Lastfällen ausgelegt werden. Einige Tests werden bis zum Versagen des Bauteils, andere im nominalen Einsatzbereich durchgeführt. In der Regel ist es schwierig, die Zuverlässigkeit des Systems aus einem einzelnen Qualifikationstest zu bestimmen, selbst dann, wenn dies ein Versagenstest ist.

Nicht alle **Flugbedingungen** lassen sich auf einer Testanlage simulieren, dies gilt insbesondere für kombinierte Lasten, auch sind nicht alle zu verifizierenden Größen immer einer direkten Messung zugänglich. Diese Daten müssen dann über repräsentative andere Parameter oder eine Überhöhung von anderen Testparametern, z. B. der Zyklenzahl, erschlossen werden. Tests dienen auch dazu, die Bewertung der vorhandenen Sicherheitsfaktoren zu konsolidieren und die operationelle bzw. funktionale Charakteristik zu bestimmen. Qualifikationstests erlauben das Justieren und Verifizieren der analytischen Modelle, die später für die Flugvorhersage benutzt werden sollen.

Typische **Lastfälle für Qualifikationstests** (siehe Tabelle 3.5.2) sind das Verhalten bei statischen Lasten, unter hohen Beschleunigungen, bei Vibrationen, unter akustischen Anregungslasten, bei mechanischen oder thermischen

Potential Failure Mechanism	Primary Acceptance Tests to Precipitate Failure Mechanism									
	Functional	Wear-in	Vibration or Acoustic	Shock	Thermal Cycle	Thermal Vacuum	Leakage	Proof Pressure	Proof Load	EME
Parameter Drift	x		x		x	x				
Electrical Intermittants			x	x	x	x				x
• Solder Joints										x
• Loose Wires										x
• Connectors										x
Latent Defective Parts	x		x	x	x	x				
Parts Shorting			x							
Chafed/Pinched Wires			x							x
Adjacent Circuit Board Contact			x	x						
Parameters Changing Due to Deflections			x		x	x				x
Loose Hardware			x	x						x
Moving Parts Binding		x				x				
Leaky Gaskets/Seals					x	x	x			x
Lubricants Changing Characteristics		x			x	x				
Material Embrittlement				x	x	x				
Outgasing/Contamination			x	x	x	x				
Degradation of Electrical or Thermal Insulation						x				x
Corona Discharge/Arcing						x				x
Defective Pressure Vessels								x		
Structural Defects									x	
Defective Wiring	x									x
Defective Tubing							x			

Tabelle 3.5.1: *Typische Abnahmetests.*

Schocks, Druckgradienten, Vakuumbedingungen, aerodynamischer Flatteranregung, unter Einfluss von Partikeln oder Strahlung. Näheres hierzu im Kapitel 3.5.3.

Trifft man bei den Qualifikationstests auf Probleme, so gilt allgemein, dass diese auf der **niedrigstmöglichen Integrationsebene** gelöst werden müssen, d. h. Bauteilebene statt Komponentenebene. Ist der Verifikationsprozess nicht konsequent genug durchgeführt worden und ein Fehler erst mehrere Integrationsebenen höher aufgetreten, muss meistens eine zeitraubende Analyse des Ausfallgrunds durchgeführt werden.

Startfreigabe

Damit ein Trägersystem für den Start zertifiziert und freigegeben werden kann, müssen verschiedene Voraussetzungen erfüllt sein. Die **Verifikation** muss abgeschlossen sein, es sei denn, der Erstflug dient der Verifikation. Die **Konfiguration** des Trägers soll eingefroren und vollständig bekannt sein. Auf Systemebene sind Leistung und Gesamtfunktion z. B. durch Stufenheißlauftest geprüft und alle offenen Risiken bekannt und bewertet. Alle Subsysteme haben sowohl ihre mechanische als auch ihre funktionelle Verwendbarkeit gezeigt. Materialien, Fertigungs- und Produktionsprozesse müssen abgenommen werden. **Fehlerbaumanalysen** (FMECA) werden durchgeführt, um nach dem Ursachen-Wirkungsprinzip die Fehlerkette von Komponentenebene bis auf höchste Systemebene zu verstehen. Bild 3.5.2 zeigt einige Beispiele von Berechnungen der Zuverlässigkeit.

Die Startfreigabe für einen Erstflug kann gegeben werden, wenn die geforderte Zuverlässigkeit durch entsprechende Testergebnisse und statistische Betrachtungen belegt werden und die Operationen zur Startvorbereitung verifiziert sind.

Tabelle 3.5.2: *Typische Qualifikationstests zur Identifikation von Fehlerquellen und Risiken.*

Potential Failure Mechanism	Primary Qualification Tests to Identify Failure Mechanism									
	Functional	Vibration or Acoustic	Shock	Thermal Cycle	Thermal Vacuum	Acceleration	Leakage	Proof and Burst Pressure	EME	Life
Mounting broken/loose	x	x	x			x			x	
Broken Part		x	x	x	x					
Shorted Part	x	x			x				x	
Defective Part	x	x		x	x				x	
Defective Board	x	x		x	x				x	
Broken/Shorted/Pinched Wires	x	x		x	x				x	
Defective/Broken Solder	x	x		x	x				x	
Contamination		x	x	x	x					
Leaky Gaskets/Seals/RF					x		x		x	
Incorrect Wiring/Routing Design	x	x							x	
Relay/Switch Chatter		x	x						x	
Adjacent Circuit Board Contact		x	x						x	
Premature Wearcut		x								x
Electromagnetic Interference									x	
Insufficient Design Margin	x	x	x			x		x	x	
Corona Discharge/Arcing					x					x
Inadequate Tiedown of Tubing/Wiring		x				x			x	
Inadequate Thermal Design				x	x					
Brittle Material Failure			x							
Inadequate Fatigue Life		x		x						x

Type branch	Block diagram representation	System reliability #
Series	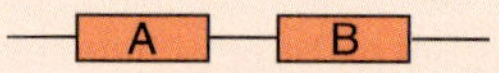	$R_S = R_A + R_B$
Parallel	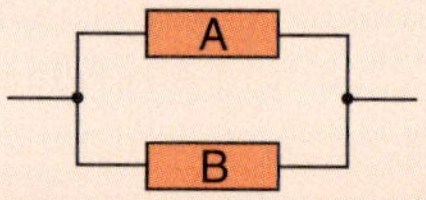	$R_S = 1 - (1-R_A)(1-R_B)$
Series-parallel	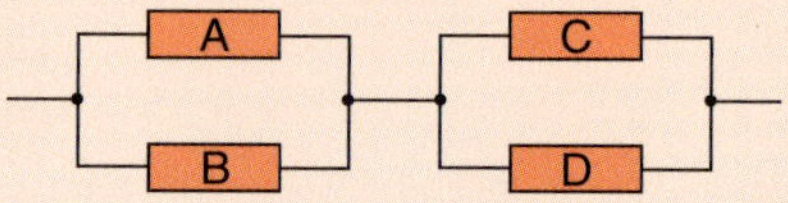	$R_S = [1-(1-R_A)(1-R_B)] + [1-(1-R_C)(1-R_D)]$
Parallel-series	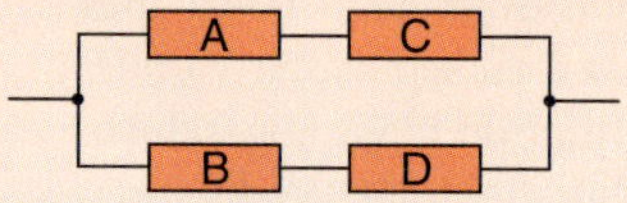	$R_S = 1-[1-(R_A + R_B)] + [1-(R_C + R_D)]$

Bild 3.5.2: *Berechnung von einfachen Kombinationen und Ketten von Ausfallwahrscheinlichkeiten.*

Das **Versagen eines Trägers** kann nicht nur zu dem Verlust des Vehikels und der Nutzlast führen, sondern auch zur Zerstörung der Startanlage. Dies erklärt auch den großen Aufwand, der einerseits beim Nachweis der korrekten und fehlerfreien Funktion des Gesamtsystems aufgewendet wird, andererseits die zahlreichen Sicherheitsmaßnahmen und Prüfungen, die vor dem Abheben einer Trägerrakete durchgeführt werden.

3.5.2 Qualifikationskategorien

Der gesamte Qualifikationsprozess für ein Trägersystem umfasst neben dem Träger auch das **Bodensegment,** d. h. alle für die Startvorbereitungen und den Start erforderlichen Operationen und Anlagen. Für die Nachweise der Funktionstüchtigkeit und der Einsatzbereitschaft (Mission Readiness) des Bodensegments sind prinzipiell dieselben Vorgehensweisen wie für Raumfahrtgeräte anzuwenden. Allerdings stehen hierbei andere Anforderungen und Testverfahren im Vordergrund, um die Funktion aller Einrichtungen und ihre Gesamtsystemkohärenz, die Kommunikation und Telemetrie, alle operationellen Prozeduren und vor allem die Entscheidungsprozesse auf ihre Einsatztauglichkeit zu prüfen. Daher werden die Qualifikationsmaßnahmen im Zusammenhang mit dem Bodensegment als Verifikation der Betriebstauglichkeit bezeichnet.

Für den Träger selbst ist der Startpunkt für jeden Qualifikationsprozess eine **Verifikationsmatrix,** die zur besseren Übersicht in Anforderungskategorien umgesetzt wird. Diese Kategorien können projektspezifisch unterschiedlich sein, typisch sind:

- Mechanik,
- Temperatur,
- elektromagnetische Verträglichkeit,
- Mission,
- Konfiguration,
- Navigation und Lenkung,
- Antrieb,
- Energieversorgung,
- Kommunikation,
- Daten-Management,
- Flugoperationen,
- Bodenoperationen,
- Unterstützung,
- menschliche Faktoren.

3.5.3 Mechanische Qualifikationsmaßnahmen

Beispielhaft werden nun die mechanischen Tests zum Nachweis der Tauglichkeit eines Startgeräts betrachtet. Dies erscheint von besonderem Interesse, weil aufgrund der Größe besondere Anforderungen an die Planung und Durchführung dieser Qualifikationsmaßnahmen gestellt werden.

Das Ziel der mechanischen Qualifikation ist der Nachweis,

a) dass die erwarteten **statischen und dynamischen Lasten** mit ausreichender Sicherheit getragen werden,
b) dass die **dynamischen Eigenschaften** der Struktur mit den analytischen Modellen korrekt beschrieben werden, was von besonderer Bedeutung für die Fluglastenberechnung ist,
c) dass funktionelle **Strukturbaugruppen** die erwarteten statischen oder dynamischen Eigenschaften aufweisen,
d) dass die Funktion des **Startgeräts** unter den statischen und dynamischen Lasten gewährleistet ist.

Die für diesen Zweck eingesetzten **mechanischen Tests** (Vibrationstest, Statiktest, Akustiktest, Pyroschock und Modaltest) sind in Kapitel 8.3 eingehender beschrieben. Hier wird vor allem ihre Anwendung für Trägersysteme dargestellt, die in der Testphase neben der Widerstandsfähigkeit auch den Funktionsnachweis erbringen müssen.

Aufgrund der Größe eines Trägers sind die entsprechenden Qualifikationsmaßnahmen auf die **Hauptbaugruppen** (Stufen) oder kleinere Einheiten beschränkt. Aus diesem Grund ist darauf zu achten, dass im Zuge der Gesamtqualifikation sichergestellt wird, dass alle untergeordneten Baugruppen separat qualifiziert werden, sofern ihre Qualifikation in einem höheren Integrationszustand nicht mehr möglich ist. So erfolgt z. B. die Qualifikation von Treibstoffleitungen an der Leitung selbst, auch wenn diese später im Qualifikationsmodell der Stufe eingebaut sind.

Damit ein Trägersystem in den verschiedenen Hauptbaugruppen separat getestet werden kann, ist es notwendig, dass die Bedingungen an den **Schnittstellen** exakt beschrieben und in den Tests berücksichtigt worden. Daneben sind die unterschiedlichen **Füllraten der Tanks** in den Antriebsstufen hinsichtlich ihrer statischen und dynamischen Wirkung zu berücksichtigen sowie deren Änderung während der Mission. Darüber hinaus ändern sich die Randbedingungen nach einer **Stufentrennung** von einer eingespannten in eine freie Verbindung, und durch den geänderten Antrieb in der Stufenfolge ändert sich der Kraftfluss im Träger grundlegend. Dies kann zur Konsequenz haben, dass mehrere Konfigurationen untersucht werden müssen.

Aufgrund der Größe der Strukturen, der Schnittstellenproblematik und der sich im Flug ändernden Konfiguration erfordern mechanische Tests an Trägersystemen stets eine umfangreiche Planung, die Herstellung von adäquaten **Strukturmodellen** zu einem frühen Zeitpunkt, einen hohen Aufwand zur Vorbereitung von Testanlagen, zum Teil mit der Anfertigung von speziellen Einspann- und Belastungseinrichtungen, und dementsprechend auch lange Vor- und Nachbereitungszeiten.

Am Beispiel der Entwicklung des Ariane-5-Trägers werden einige der mechanischen Tests und deren primäre Ziele aufgezeigt.

Statiktests: Messung der Spannungsverteilung speziell in der Nähe der Einleitungspunkte der Boosterkräfte in die dünnwandigen Strukturen; experimentelle Verifikation der Steifigkeitsmatrizen für die Zentral- und die Oberstufe in den elementaren Druck- und Biegelastfällen; Nachweis des Berstdrucks für die Treibstofftanks der Zentralstufe, Nachweis der Belastungsgrenzen und der Dämpfungseigenschaften der elastischen Verbindungselemente zwischen Booster und Zentralstufe unter kombinierter Druck-, Temperatur- und dynamischer Beanspruchung.

Vibrationstests: Dynamische Qualifikation des Haupttriebwerks, da dieses neben seinen eigenen Betriebslasten auch erheblichen Vibrationslasten am unteren Ende der Zentralstufe ausgesetzt ist; Vibrationstest an der Oberstufe zur Verifikation der dynamischen Belastbarkeit und des Schwingungs- und Dämpfungsverhaltens der Oberstufentanks; experimentelle Überprüfung der Effektivität von Vibrationsdämpfern für den Haupttank der Oberstufe. Bild 3.5.3 zeigt die Oberstufe ESC-A während des Vibrationstests.

Pyroschocktests: Schockwellenausbreitung in der Oberstufe infolge der Stufentrennung und der Abtrennung der Beschleunigungsraketen sowie bei den Trennvorgängen von Nutzlast und Nutzlastverkleidungen.

Bild 3.5.3: *Vibrationstest an der Ariane-ESC-A-Oberstufe (Bild: IABG).*

Akustiktest: Messung des Schallabsorptionsvermögens der Nutzlastverkleidung und Wirkungsnachweise von Maßnahmen zur Verringerung der Schallbelastung an den Nutzlasten; Schalltest an der Oberstufe zur Verifikation der Schallbelastung am Ort der elektronischen Steuerungssysteme in der Oberstufe.

Modaltest: Messung des Eigenschwingungsverhaltens aller Hauptkomponenten (Booster, Zentralstufe und Oberstufe unter Einbeziehung der Nutzlasten) für verschiedene Flugzustände, Tankfüllstände und Einspannbedingungen (eingespannt – frei und frei – frei); dynamische Charakterisierung von Dämpfungselementen der Tankaufhängung in der Oberstufe sowie experimenteller Nachweis des Dämpfungsverhaltens der Koppelelemente zwischen Booster und Zentralstufe unter voller Last und dynamischer Anregung, dynamisches Antwortverhalten am Einbauort der Trägheitsnavigationsplattformen infolge modaler Strukturantworten, Schwingungsverhalten einer Trägerrakete auf dem Starttisch bei Windanregung und Bewertung der Effektivität von Dämpfungsmechanismen.

Funktionstests unter dynamischer Beanspruchung: Dynamisches Verhalten der Oberstufe während der transienten Vorgänge bei Zündung und Brennschluss des Oberstufenantriebs; Funktion der Tankbedrückungsanlagen und der Druckregelkreise unter akustischer Anregung.

Diese Beispiele mögen genügen, um die Vielfalt der mechanischen Untersuchungen und Qualifikationsmaßnahmen darzustellen. Es bleibt anzumerken, dass einige Parameter beim Test im Labor nicht oder nur eingeschränkt realisiert werden können. Hierunter fallen z. B. die Verwendung von Ersatzstoffen für kryogene, entzündliche oder toxische Treibstoffe sowie die Einstellung von geringeren Tankdrücken als die, die während des Fluges mit der Folge von veränderten Massen- und Steifigkeitsverteilungen vorgenommen werden können. Diese Unterschiede sowie mechanische Einspannbedingungen, sofern diese nur angenähert simuliert werden können, müssen daher in den mathematischen Modellen entsprechend berücksichtigt werden. Daher ist es naheliegend, auf den ersten Flügen zusätzliche Messungen durchzuführen, um die erreichten Qualifikationsergebnisse weiter abzusichern.

3.5.4 Funktionelle Qualifikationsmaßnahmen

Die funktionalen Qualifikationsmaßnahmen umfassen sowohl die thermale und thermo-funktionale als auch die das Antriebssystem betreffende Verifikation. Das **thermale Engineering** bestimmt die Wärmeflüsse und Temperaturen der Strukturen, Komponenten und Treibstoffe. Darüber hinaus wird das thermale Design des Trägers festgelegt.

Besondere Herausforderung ist die Bestimmung der Wärmeflüsse durch die aerodynamische Aufheizung, Interaktion mit Triebwerksausströmungen und die Bestimmung der Treibstofftemperaturen im Tank (insbesondere bei Kopplung mit fluid-dynamischen Effekten). Die Aufgaben des thermalen Engineerings am Verifikationsprozess liegen in der Bestimmung der repräsentativen Thermalumgebung für Strukturtests und thermo-funktionalen Tests, in der Ermittlung von Testbedingungen und Instrumentierung, ferner in der Analyse des thermalen Verhaltens beim Test, der Untersuchung von Fluganomalien, der Auswertung und Korrelation von Boden- und Flugtestdaten mit den analytischen Modellen und der Überprüfung der Effizienz des thermalen Designs.

Aus dem Bereich der **thermo-funktionalen Verifikation** kommen Tests zur Befüllung und zur Entleerung der Treibstoffe und bei kroygenen Treibstoffen die Bestimmung der sich hierbei einstellenden Treibstofftemperaturen, Bedrückungssequenzen der Treibstofftanks, Befüllung/Entleerung des Bedrückungssystems, Bestimmung der Druckverluste in Leitungen und Untersuchungen von dynamischen Strömungseffekten, Ermittlung der Massenströme für die Gasspülung der Hohlräume in der Stufe, Bestimmung der Gasströme für die lokale Konditionierung der Ausrüstung, Ermittlung von Leckageströmungen, Bestimmung von Expansionsströmungen zur Evakuierung von Leitungen und die Überprüfung der Effizienz von Operationen und Designlösungen hinzu. Schließlich werden vorhandene Analysemodelle mit den Messergebnissen abgeglichen und angepasst.

Die **Qualifikation des Antriebssystems** bezieht sich einerseits auf die transienten und anderseits auf die stationären Betriebsphasen des Triebwerks. Hierbei werden sowohl die einzelnen Komponenten (z. B. Pumpen, Zünder, Brennkammer) als auch das Gesamtsystem Triebwerk verifiziert. Der Test des Gesamttriebwerks wird **Hot-firing-Test** genannt. Er kann nur das Triebwerk, aber auch die gesamte Stufe umfassen. Bei der Vorbereitung und Durchführung dieser Tests ist ein intensiver Austausch zwischen verschiedenen Ingenieurdisziplinen erforderlich, da zum Beispiel aufgrund der Strömungen im Triebwerk strukturmechanische Schwingungsanregung an der Düse, aber auch der Rohrleitung angeregt werden kann (POGO). Das Triebwerk verursacht hohe thermale Belastungen (Strahlung, Abgasstrahl) für die Komponenten des Triebwerks und für die Umgebung. Die analytischen Modelle der komplexen verfahrenstechnischen Prozesse sind meist unzureichend für die Verifikation des Antriebssystems. Deshalb wird in sogenannten **Entwicklungstests** das Verhalten von Komponenten und Teilkreisläufen verifiziert, wobei vor allem Wasser- oder Gasströmungstests angewendet werden. Die Entwicklung von Antriebssystemen ist aufgrund der komplexen Zusammenhänge stark empirisch getrieben, weshalb in der Regel eine relativ große Reihe von Entwicklungstests durchgeführt werden muss. Während der **Triebwerksqualifikation** wird das gesamte Einsatzfeld (Operation Box) des Motors abgefahren und speziell das Anfahren und Abschalten untersucht (transiente Phasen). Instabilitäten beim Zünden oder später bei der Verbrennung können schnell zum Verlust des Triebwerks führen, da bei der Verbrennung des Treibstoffs hohe Energien umgesetzt werden. Ungleichmäßiges Ausströmen kann zu sogenannten Hotspots führen, die das Düsenhalsmaterial aufschmelzen lassen. Bei Unterstufen- oder Boostertriebwerken muss besonders auf die Lasten durch Vibration und akustische Schwingungsanregung geachtet werden, die leicht zu Ermüdungsversagen von Düse oder Triebwerkskomponenten führen können. Ist das Triebwerk regenerativ gekühlt, so muss die Funktion des Kühlsystems nachgewiesen werden, bevor ein Heißlauftest durchgeführt wird. Schließlich müssen bei kryogenen Flüssigkeitsantrieben auch spezielle Funktionen wie z. B. das Herabkühlen der Leitung und Aggregate auf Treibstofftemperatur (Chill down) geprüft werden. Eine besondere Problematik bei Hot-firing-Tests ist der Umstand, dass Unterstufentriebwerke gegen sich ändernde Umgebungsdrücke betrieben und getestet werden müssen. Ähnliches gilt für Oberstufentriebwerke, die im Orbit unter Vakuumbedingungen gezündet und betrieben werden. Letztendlich findet deshalb die Abschlussqualifikation fast immer mit einem Qualifikationsflug statt.

3

Nach der Qualifikation

Nach dem erfolgreichen Qualifikationsflug beginnt die Konsolidierung des Trägersystems. Einerseits können Erkenntnisse aus dem Flug noch zu Veränderungen in der Hardware führen, andererseits wird begonnen, die Instrumentierung für den nächsten Flug auf das Wesentliche zu reduzieren. Auch muss für die beginnende Serienproduktion die Konfiguration des Trägersystems eingefroren werden, um eine generische Qualifikation zu erreichen.

Nun wird auch der **Produktionsprozess** stabilisiert und wo erforderlich weiter optimiert. Immer wieder kommt es während der Produktion zu einem Herstellerwechsel für ein Bauteil. Deshalb müssen hier dann spezielle Abnahmetests sicherstellen, dass Güte und Qualität nach der Produktionsverlagerung den Anforderungen entsprechen. Ein besonderes Augenmerk richtet sich in dieser Phase auch auf die Untersuchung von Bauabweichungen und Fluganomalien. Es muss der Nachweis erbracht werden, dass trotz Abweichung von der Spezifikation einer Komponente das Gesamtsystem innerhalb des spezifizierten Funktionsbereiches qualifiziert bleibt.

Muss ein Trägersystem auf **spezielle Missionsanforderungen** eingestellt werden, die nicht mit der generischen Qualifikation abgedeckt sind, ist eine Nachqualifikation von Untersystemen oder des Gesamtsystems erforderlich.

3.6 Höhenforschungsraketen

Wolfgang Jung und *Peter Turner*

Höhenforschungsraketen oder Raketensonden (engl.: Sounding Rockets) sind in der Regel ungesteuerte ballistische (sub-orbitale) Flugkörper. Für Experimente mit besonderen Anforderungen oder Flugbahnen werden auch vereinzelt gesteuerte Raketenstufen benutzt.

Der englische Begriff „Sounding Rocket" leitet sich aus dem nautischen Sprachgebrauch ab, wobei „to sound" oder „to take a sounding" gleichbedeutend für „messen" oder „eine Messung durchführen" steht. In den meisten Publikationen wird die englische Bezeichnung **Sounding Rocket** benutzt.

Im Allgemeinen besteht die Höhenforschungsrakete aus einem mit Festtreibstoff gefüllten Antriebsteil und der eigentlichen wissenschaftlichen Nutzlast. Darin befinden sich je nach Experimentziel die verschiedensten Experimentiervorrichtungen, Lageregelungs- und Hochfrequenz-Übertragungssysteme, welche die Messdaten zurück zur Bodenstelle senden.

Höhenforschungsraketen sind relativ kostengünstig, die Projektlaufzeiten sind kurz, und sie sind nahezu an jedem vom Projektziel vorgegebenen Platz auf der Erde einsetzbar.

Höhenforschungsraketen überbrücken den Höhenbereich zwischen Ballonexperimenten (bis etwa 45 km) und Satelliten (2 000 km), wobei es im oberen Höhenbereich ab 150 km zu Überschneidungen kommt. Um große Höhen zu erreichen, werden mehrstufige Antriebssysteme (bis zu vier Stufen) benötigt.

Mit Höhenforschungsraketen können Wissenschaftler ihre Messungen zu festgelegten Zeiten und in vertikalen Höhenprofilen durchführen oder während besonderer Naturphänomene (z. B. Polarlichter) innerhalb kürzester Vorbereitungszeit starten.

Das **Flugprofil** einer ungesteuerten Rakete folgt in einer ersten Annäherung einer Parabel. Die gesamte Flugzeit ist in den meisten Fällen kleiner als 30 Minuten. Für die meisten Experimente wird die Antriebsstufe nach dem Ausbrand von der Nutzlast getrennt. Danach beginnt die Messphase im Aufstieg bis zur Gipfelhöhe und während des Abstiegs bis zum Wiedereintritt in die dichtere Atmosphäre (ab ca. 100 km). Viele Nutzlasten werden mit einem Fallschirmbergungssystem geborgen und nach einer Wiederaufbereitung erneut eingesetzt. Durch dieses Verfahren können Proben unversehrt zurück zur Erde gebracht und durch die erneute Nutzung der Experimentiereinrichtung erhebliche Kosten eingespart werden.

Anfang der 60er-Jahre begann das Max-Planck-Institut für Physik und Astrophysik im Rahmen des nationalen deutschen Höhenforschungsprogramms ein langjähriges und intensives Forschungsprogramm mit Raketensonden mit dem Ziel, Metalldampfwolken in der Hochatmosphäre zu erzeugen. Die ersten Starts erfolgten mit französischen Forschungsraketen des Typs Centaure, Dragon und Rubis in Hammaguir (Algerische Sahara) und erzielten Flughöhen von bis zu 2 000 km. In den Folgejahren wurden die französischen Raketen von der englischen Skylark-Serie, der kanadischen Black Brant und ausgemusterten militärischen Raketenmotoren abgelöst. Auch die europäischen Startplätze in Kiruna (Schweden) und Andenes (Norwegen) erfuhren zunehmend Nachfragen von einer Vielzahl von Instituten und Universitäten.

Bild 3.6.1: *Start einer Scout-Feststoffrakete (Bild: NASA-LaRC).*

3.6.1 Aufbau einer Höhenforschungsrakete

Raketensonden sind mit Messinstrumenten bestückte Forschungsraketen und bestehen aus zwei Hauptteilen, dem Antrieb und der Nutzlast. Der **Antrieb** besteht aus ein- oder mehrstufigen Festtreibstoffmotoren. Häufig werden militärische und kommerzielle Raketenmotoren kombiniert (z. B. Black-Brant-Serie), um möglichst kostengünstige Forschungsträger bereitzustellen. Die **Nutzlast** lässt sich in Servicesysteme und Experimentmodule unterteilen.

3.6.1.1 Antriebe

Eine **Feststoffrakete** ist ein Triebwerk mit einem Antriebssatz aus festem Material. Es werden sowohl reduzierende als auch oxidierende Komponenten als feste Stoffe gebunden verwendet. Bei der **Flüssigkeitsrakete** werden sowohl der Oxidator als auch der reduzierende Treibstoff in flüssiger Form mitgeführt, gemischt und verbrannt. Die Kombination aus beiden Typen nennt man **Hybridrakete**.

Bei modernen heterogenen Verbundtreibstoffen wird als Oxidator meist Ammoniumperchlorat (NH_4ClO_4) eingesetzt, das beim Verbrennungsprozess $4\ H_2O + N_2 + 2\ O_2 + Cl_2$ ergibt, wobei in der Praxis auch Salzsäure (HCl) als unerwünschtes Nebenprodukt gebildet wird. Sauerstoff und Chlor reagieren mit Aluminium zu Al_2O_3 und $AlCl_3$ sowie mit dem polymeren Binder (z. B. Hydroxyl-terminiertes Polybutadien, HTPB) zu H_2O und CO_2. Der Massenanteil des Aluminiums beträgt bis zu 30 %.

Feststoffraketen auf der Basis von Nitrocellulose und Nitroglycerin, sog. homogenen oder Doppelbasistreibstoffen, finden in der Praxis nur noch selten Anwendung.

Sieht man von Anwendungen mit schwenkbaren Düsen ab, kommen Feststoffraketen gänzlich ohne bewegliche Teile oder zusätzliche Vorrichtungen für Brennstoffpumpen oder Leitungen aus. Der in den Druckbehälter gegossene und ausgehärtete Treibstoff ist namensgebend für den Antrieb, fest und somit wesentlich einfacher zu handhaben als flüssige oder gasförmige Treibstoffe. Er kann in dieser Form weder entweichen und so möglicherweise gesundheits- bzw. umweltschädlich wirken, noch mit Rohr- oder Behälterwandungen chemisch reagieren. Auch Instabilitäten durch schwappenden Flüssigtreibstoff (**Pogo-Effekt**) fallen beim Festtreibstoff weg.

Durch die geometrische Formgebung (Bild 3.6.2) des Treibsatzes können die **Abbrandcharakteristik** (die Schubentwicklung über der Zeit) sowie die **Brenndauer** sehr einfach beeinflusst werden. So sind auch Schubkräfte erzielbar, die im Allgemeinen größer als die von Flüssigtriebwerken sind. Nebenbei bringen die meisten Treibsatzformen mit sich, dass sich der Schwerpunkt der Rakete während des Abbrands verhältnismäßig wenig ändert, was sich positiv auf die Flugstabilität auswirkt.

Durch diese Vorteile sind Feststoffraketen zuverlässig im Gebrauch, leistungsstark sowie preiswert zu entwickeln, herzustellen, zu warten und zu verwenden.

Subsysteme

Zu den weiteren Subsystemen des Antriebs gehören neben dem Motor auch Leitwerk und – abhängig von den Anwendungen – Drehimpulssystem, Stufenverbindung sowie Entdrall- und Separationssystem.

Um die notwendige Flugstabilität zu gewährleisten, werden ungesteuerte Raketensonden mit **Leitwerken** ausgerüstet. Die Stabilisierungsflossen der Leitwerke sind dabei in Flugrichtung zwischen 0,3 und 0,6° geneigt. Diese Neigung zwingt die Rakete in Verbindung mit der aerodynamischen Anströmung, um ihre Längsachse zu rotieren. Die Endrotation nach Ausbrand aller Stufen liegt bei 3 bis 5 Umdrehungen pro Sekunde. Durch diese Rotation wird der Einfluss von Schubexzentrizitäten minimiert und die Abweichung vom vorausberechneten Auftreffpunkt reduziert.

Um die Genauigkeit der ballistischen Flugbahn weiter zu verbessern, können spezielle **Drehimpulssysteme** eingesetzt werden. Diese bestehen ebenfalls aus kleinen Festtreibstoffmotoren, die so angeordnet werden, dass sie nach der Zündung eine Drehung um die Längsachse erzeugen. Somit wird der Rotationsaufbau der Stabilisierungsflossen sofort nach Verlassen der Startschiene bei geringer Fluggeschwindigkeit der Höhenforschungsrakete unterstützt. Nach Ausbrand dieser Motoren (1 bis 2 s) erreicht die Raketensonde eine anfängliche Drehrate von ca. 270°/s die sich mit zunehmender Fluggeschwindigkeit bis zur gewünschten Drehrate kontinuierlich erhöht.

Bild 3.6.2: *Treibstoffgeometrie S30 (Bild: DLR/DCTA).*

Bild 3.6.3: *Starttriebwerk (S31) mit Leitwerk und Drehimpulssystem (Bild: DLR/DCTA).*

3

Diese Rotation kann nach Ausbrand aller Stufen (z. B. für Schwerelosigkeitsexperimente) mithilfe eines **Jo-Jo-Systems** abgebaut werden. Dabei wickeln sich zwei an Drahtseilen befestigte Massen mit der Drehrate ab und reduzieren diese innerhalb von 2 s auf ca. ± 5°/s.

Stufentrennsysteme können sowohl aktiv als auch passiv (durch Widerstandsseparation) ausgelegt werden. Die Nutzlast wird mit einem aktiven pneumatischen Separationssystem, ausgelöst durch pyrotechnische Ventile, von der verbleibenden Raketenstufe getrennt. Zuerst wird ein V-förmiger Klemmring geöffnet, der die Nutzlast mit dem Raketenmotor fest verbindet. Anschließend drücken mehrere Stößel die Nutzlast mit einer Relativgeschwindigkeit von 2 bis 4 m/s ab. Die Trennung erfolgt in der Regel oberhalb von 70 km Flughöhe, um Beeinflussungen der Atmosphäre auf die Lage der Nutzlast im Raum zu vermeiden.

3

3.6.1.2 Nutzlasten

Als **Nutzlast** kann man vereinfachend alle Bestandteile der Raketensonde bezeichnen, die sich oberhalb des Raketenmotors befinden. Sie unterteilt sich in Experimentiereinheit und Servicesysteme.

Experimentiereinheit(en)

Die Experimente einer typischen Nutzlast für Schwerelosigkeitsforschung sind in autonomen Experimentiereinheiten (Modulen) untergebracht. Jedes dieser Module verfügt über eine eigene Energieversorgung, eine Datenerfassung und eine Experimentsteuerung. Ferner besitzt jedes Modul eine eigene Bodenanlage zur Experimentsteuerung, Datenerfassung und Energieversorgung für Test und Countdown. Dieses dezentrale Konzept erhöht die Redundanz, steigert die Erfolgsrate der Experimente und bietet eine Flexibilität während der Integrations- und Testphase.

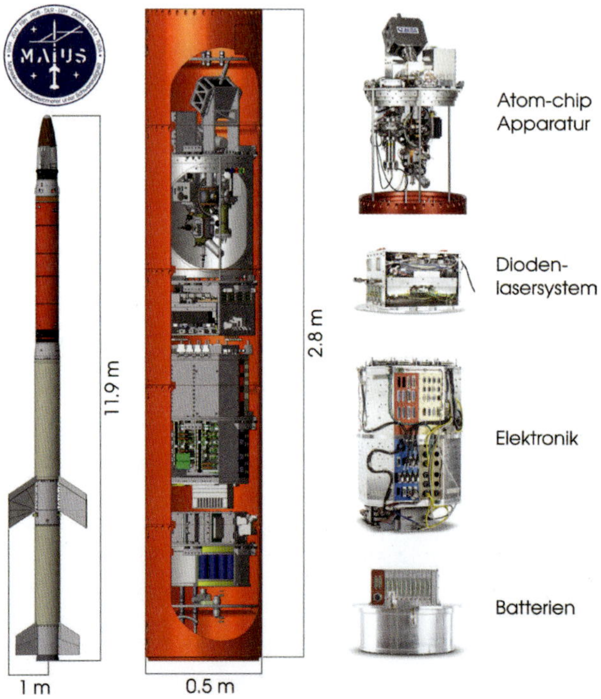

Bild 3.6.4: *MAIUS-1 Experimentaufbau (Bild: Leibniz Universität Hannover).*

Die Module befinden sich in zylindrischen Behältern. Im Allgemeinen entspricht ihre Länge der Bauhöhe der jeweiligen Experimente. Im Innern der Module ist eine Plattform elastisch aufgehängt, auf der das Experiment aufgebaut ist. Unterhalb der Plattform befinden sich die Energieversorgung, die Steuerung und die Messelektronik. Die Module können nach dem Flugeinsatz überholt oder auf neue Experimente umgerüstet und danach wieder eingesetzt werden.

Servicesysteme

Neben den wissenschaftlichen Experimentiersektionen besteht die Nutzlast aus weiteren Servicesystemen, die im Folgenden beschrieben werden.

Die **Telemetriesektion** ist das „zentrale Nervensystem" der Nutzlast. Über eine Hochfrequenz-Funkverbindung werden alle Daten zur Bodenstation gesendet. Die übermittelten Daten setzten sich aus Housekeeping und von den Experimenten gemessenen Daten zusammen. Für den Nutzer besteht die Möglichkeit, über eine Funkverbindung von der Bodenstation zur Nutzlast mit Steuerkommandos in den Experimentablauf einzugreifen

Ist für die erfolgreiche Experimentdurchführung eine visuelle Überwachung in Echtzeit notwendig, werden die Fernsehbilder über ein zusätzliches TV-Modul oder über das Telemetrie-Modul zum Boden übertragen. Diese Bilder werden auf Monitoren beobachtet, der Versuchsablauf wird über Telekommandos gesteuert. Jedes TV-Modul ist mit 4 Antennen und einem Antennenumschaltsystem ausgestattet, um sicherzustellen, dass für die Übertragung zur Bodenstation immer die Antenne mit der besten Ausrichtung zur Bodenstation ausgewählt werden kann. Dadurch lässt sich das Link-Margin um ca. 10 dB verbessern.

Zur Nutzlast wird auch das **Fallschirmbergungssystem** gerechnet, das oft in der Spitze untergebracht ist. Es sind sowohl Land- als auch Wasserbergungssysteme im Einsatz. Das zweistufige Fallschirmbergungssystem besteht aus einem Stabilisierungs- und einem Hauptfallschirm, die automatisch ab einer Höhe von etwa 5 km sequenziell geöffnet werden, um die Bremsbeschleunigungen durch die großen Luftkräfte zu minimieren.

Das **Lageregelungssystem** für exoatmosphärische Anwendungen kontrolliert die Nutzlastorientierung von Nick-, Quer- und Rollachse unterhalb vordefinierter Grenzen von 0,1°/s und 1,5°/s. Dies wird dadurch erreicht, dass die Störkräfte mit gegensätzlichen Kaltgas-Schüben (z. B. Stickstoff) kompensiert werden. Kreisel liefern die Eingangssignale zur Steuerung des Systems. Bei Schwere-

Bild 3.6.5: *Steuer- und Lenksystem S19 (Bild: RUAG Space).*

losigkeitsflügen werden Lageregelungssysteme eingesetzt, welche die verbleibenden Restbeschleunigungen ($\leq 10^{-5}$ g) nach Abwickeln des Jo-Jo-Systems durch Reduzierung der Drehraten minimieren.

Das **Steuer- und Lenksystem** übernimmt die Steuerung während der Brennphase. Die Hauptaufgabe ist die Verbesserung der Flugbahngenauigkeit. Mit einem Steuersystem ist es möglich, höhere Elevationen bei stärkeren Winden zu fliegen. Kreisel detektieren Nick- und Querwinkel, und pneumatische Servo-Aktuatoren drehen Paare von Vorflügeln („Canards"), um die Flugbahn während der Brennphase zu korrigieren. Aus Gewichts- und Kostengründen werden Steuer- und Lenksysteme ausschließlich auf Startplätzen mit limitierter Landezone eingesetzt, z. B. am Startplatz White Sands in New Mexico.

3.6.1.3 Auslegung

Da eine ungesteuerte ballistische Rakete den aerodynamischen und atmosphärischen Einflüssen unterliegt, muss die Auslegung (Konfiguration) besonders berücksichtigt werden, um einen stabilen Flugverlauf zu gewährleisten.

Nach dem Start dreht sich eine beschleunigende, ungesteuerte ballistische Rakete in den Wind. Dieses Manöver wird durch aerodynamische Kräfte verursacht, die auf den Flugkörper wirken. Treffen Windkräfte seitlich auf den Flugkörper, verändert sich die effektive Anströmung. Diese Änderung verursacht einen Auftrieb von Flugkörper und Leitwerk. Die Auftriebskraft greift im **Druckpunkt**, dem Schwerpunkt aller aerodynamischen Kräfte, an. Aus Stabilitätsgründen wird der Druckpunkt (in Flugrichtung) so konfiguriert, dass er immer hinter dem Massenschwerpunkt liegt. Die Auftriebskraft produziert ein Drehmoment um den Massenschwerpunkt und dreht den Flugkörper in Richtung der Anströmung. Nachdem der neue Flugpfad mit der effektiven Anströmung ausgerichtet ist, wird keine weitere Auftriebskraft erzeugt. Die Rakete fliegt mit dieser Ausrichtung weiter. Dieser **Wetterhahn-Effekt** wird im englischen Sprachraum mit dem Begriff „**Weather Cocking**" bezeichnet.

Den Abstand zwischen Druck- und Massenschwerpunkt, dividiert durch den größten Raketendurchmesser, bezeichnet man als **statische Stabilität** des Flugkörpers mit der dimensionslosen Einheit **Kaliber**. Als grobe Annäherung sollte der Flugkörper eine statische Stabilität von 1,5 Kaliber während der gesamten Antriebsphase nicht unterschreiten. Damit werden auch die aeroelastischen Effekte (der Flugkörper ist kein starrer Körper) berücksichtigt, die zu einer Reduzierung der Stabilität beitragen.

In der Praxis müssen diese Vorgaben teilweise unterschritten werden, da wissenschaftliche Anforderungen spezielle Wiedereintrittskonfigurationen verlangen. Um die notwendige Flugstabilität dennoch zu erreichen, finden rechenaufwendige numerische Strömungssimulationen (CFD) ihren Einsatz, um die Druckpunktvorhersage in Abhängigkeit von Mach-Zahl und Anstellwinkel zu bestimmen. Die Wanderung des Massenschwerpunkts während der Brennphase lässt sich hingegen sehr gut experimentell bzw. rechnerisch bestimmen.

Bei der Auslegung von neuen Raketensonden wird zunächst die Wiedereintrittskonfiguration, in der Regel die Nutzlast, entworfen. Anschließend wählt man das passende Trägersystem aus, das in der Lage ist, die Nutzlastmasse in die geforderte Flughöhe bzw. auf eine bestimmte Endgeschwindigkeit zu bringen. Schließlich wird die Stabilität der Konfiguration mithilfe von verschiedenen Leitwerksauslegungen optimiert.

3.6.2 Anwendungen

Höhenforschungsraketen lassen sich vielfältig einsetzen. Ihr Einsatzspektrum überspannt alle naturwissenschaftlichen Bereiche. Im Folgenden werden verschiedene wissenschaftliche Projekte vorgestellt, wobei der Schwerpunkt auf europäischen Experimenten liegt. Es sei jedoch darauf hingewiesen, dass die NASA ebenfalls ein umfangreiches Höhenforschungsprogramm mit jährlich bis zu 20 Starts betreibt. Neben den wissenschaftlichen Anwendungen werden Höhenforschungsraketen auch im militärischen Bereich als Zieldarstellungsobjekte eingesetzt.

3.6.2.1 Atmosphärenphysik

Aeronomie ist die Physik der oberen Atmosphäre, in der mithilfe von Raketensonden direkte (in-situ) Messungen in der Troposphäre, der unteren Stratosphäre, der Mesosphäre und der unteren Thermosphäre durchgeführt werden können.

Raketensonden haben den großen Vorteil, dass die interessierenden Messgrößen mit ansonsten unerreichter räumlicher Auflösung (im Zentimeter-Bereich) erforscht werden können. Die Raketensonden werden zum Studium turbulenter Strukturen in der mittleren Atmosphäre sowie zum Nachweis von kleinsten Aerosolpartikeln eingesetzt, die vom Boden nicht bzw. nur sehr eingeschränkt beobachtet werden können.

Die Instrumente sind in der **Nutzlastspitze** untergebracht und werden noch in der Aufstiegsphase exponiert. Als Beispiel ist in Bild 3.6.6 der Partikeldetektor ECOMA (**E**xistence and **C**harge state **O**f **M**eteoric smoke particles in the middle **A**tmosphere) dargestellt.

Bild 3.6.6: *ECOMA-Partikeldetektor (Bild: IAP).*

Der ECOMA-Partikeldetektor ist ein raketengestütztes Instrument, das am Leibniz-Institut für Atmosphärenphysik (IAP) entwickelt wurde, um die Konzentration kleinster Meteorstaubpartikel (im Nanometer-Bereich) zu messen. Bei dem Detektor handelt es sich um eine Kombination aus einem Faraday-Käfig und einer Xenon- Blitzlampe, die zur Fotoionisation der nachzuweisenden Partikel dient.

3.6.2.2 Weltraumwissenschaften

Die Physik des Weltraums (**Extraterrestrik**) befasst sich mit der Astrophysik und Kosmologie. Viele Experimente werden oberhalb der dichten Atmosphäre mit Satelliten und Stratosphärenballonen, aber auch mit Raketensonden durchgeführt.

Die Astronomie der Röntgenstrahlen begann 1962 mit dem Start einer Raketensonde. An Bord befand sich ein Geiger-Zähler, der die ersten Röntgenstrahlen eines astronomischen Objekts außerhalb des Sonnensystems detektierte, obwohl man ursprünglich die Röntgenstrahlung des Mondes erforschen wollte.

Mit Raketensonden kann sehr kurzfristig auf besondere astronomische Ereignisse, wie z. B. die Supernova 1987A in der großen Magellanschen Wolke, reagiert werden. Innerhalb von nur 6 Monaten wurden ein Raketenstart in Woomera (Australien) geplant, die Experimente gebaut, die Raketensysteme zum Startplatz gesendet und der Start durchgeführt. Dabei wurde zum ersten Mal eine Photonen zählende CCD-Kamera eingesetzt, wie sie in Bild 3.6.7 zu sehen ist.

Bild 3.6.7: *Photonen zählendes CCD-Instrument (Bild: Penn State Universität).*

3.6.2.3 Schwerelosigkeitsforschung

In Europa gibt es zurzeit fünf verschiedene Raketenprogramme für Experimente unter Schwerelosigkeit: TEXUS, MAPHEUS und MAIUS (DLR) sowie MASER und MAXUS (ESA). Im Folgenden wird das Programm **TEXUS** (Technologische Experimente unter Schwerelosigkeit) exemplarisch dargestellt. TEXUS ist das weltweit erfolgreichste und am längsten bestehende Raketenprogramm für wissenschaftliche Versuche und Technologieerprobungen unter Schwerelosigkeit. Es ist Bestandteil des Weltraumprogramms der Bundesrepublik Deutschland seit 1976.

Beim TEXUS-Programm wird die Zeit verminderter Schwerkraft zur Durchführung der Experimente während des ballistischen Flugs einer Nutzlast genutzt. Diese wurde bis 2005 mit einer britischen Skylark 7 (zweistufige Höhenforschungsrakete) vom Raketenstartplatz Esrange bei Kiruna/Nordschweden auf eine Gipfelhöhe von 250 km befördert.

Während des parabolischen Flugs ergibt sich ab etwa 110 km Bahnhöhe für ca. 6 Minuten eine reduzierte Schwerelosigkeit von $\leq 10^{-5}$ g. Bild 3.6.8 zeigt den schematischen Ablauf des Raketenflugs.

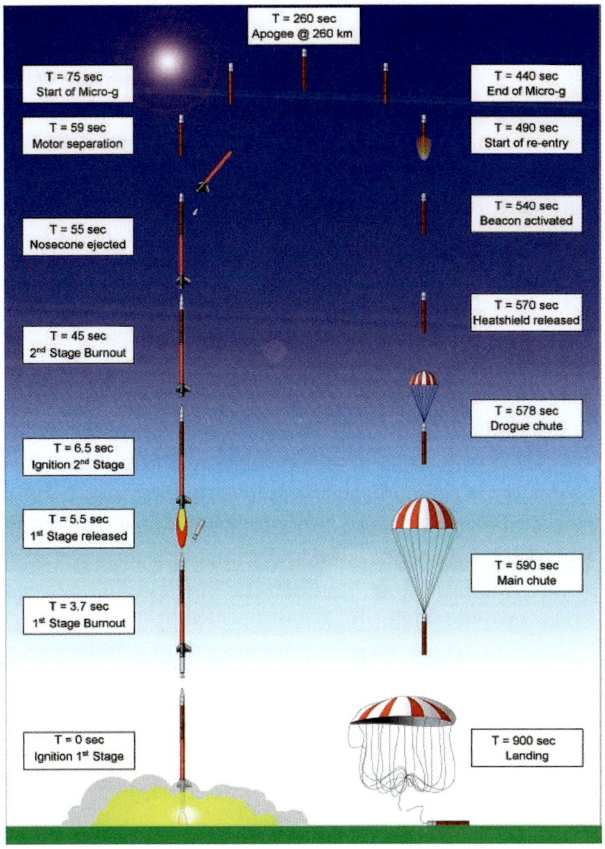

Bild 3.6.8: *Ablauf des TEXUS-Raketenfluges (Bild: ESA).*

Nach dem Ausbrand der ersten Stufe (nach ca. 5,5 s) und der zweiten Stufe (nach 45 s) wird die Nutzlast im weiteren Verlauf der Aufstiegsbahn von der Rakete getrennt. Kurz vor der Trennung wird die Drehrate der Raketensonde mit dem Jo-Jo-System weitgehend abgebaut. Die verbleibende Restdrehrate wird mit dem Lageregelungssystem eliminiert, sodass während des weiteren Flugs (freier Fall) keine Beschleunigungskräfte auf die Experimente wirken. Die Mikrogravitationszeit bei TEXUS von ca. 6 Minuten, abhängig von der Nutzlastmasse, wird durch das Wiedereintauchen in die Erdatmosphäre beendet. Nach der automatischen Aktivierung des Fallschirmsystems landet die Nutzlast mit ca. 8 m/s im Landegebiet. Die Nutzlast wird mithilfe von Peilsendern (UHF und GPS/Iridium) geortet, von einem Hubschrauber geborgen und in der Regel innerhalb von einer Stunde zum Startplatz zurückgebracht.

Der Ablauf der jeweiligen Experimente (Funktion, Daten, Temperaturverläufe) während der Zeit verminderter Schwerkraft wird unmittelbar mittels Telemetrie auf die Registriergeräte am Boden übertragen und kann dort verfolgt und aufgezeichnet werden. Vorteilhaft für den experimentierenden Wissenschaftler sind vor allem die kurzen Vorbereitungszeiten. In der Regel werden für den Entwurf und die Konstruktion der Flug-Hardware, deren Einbau in das Raketenmodul, die Durchführung der für die Gewährleistung der technischen Funktionsfähigkeiten erforderlichen Tests, für den Transport zum Raketenstartplatz und den dortigen Zusammenbau der Experimente weniger als ein Jahr beansprucht. Dies ergibt sich nicht zuletzt durch die gegenüber der bemannten Raumfahrt deutlich geringeren Sicherheitsanforderungen an die Experimente und ist einer der Gründe, warum sich das Höhenforschungsraketen-Programm TEXUS als bevorzugte Möglichkeit zur Durchführung von Experimenten unter verminderter Schwerkraft durchgesetzt hat.

Der Nachfolger der Skylark 7 ist die deutsch-brasilianische **VSB-30**, ebenfalls eine zweistufige Raketensonde, bestehend aus dem Starttriebwerk S31 und dem Marschtriebwerk S30. Das MAXUS-Programm hingegen verwendet den amerikanischen CASTOR IVB Motor mit einer Treibstoffmasse von 10 t bei einem Durchmesser von 1 m. Der CASTOR-IVB-Raketenmotor verfügt über eine schwenkbare Düse und ist im Gegensatz zu den bisher vorgestellten un-

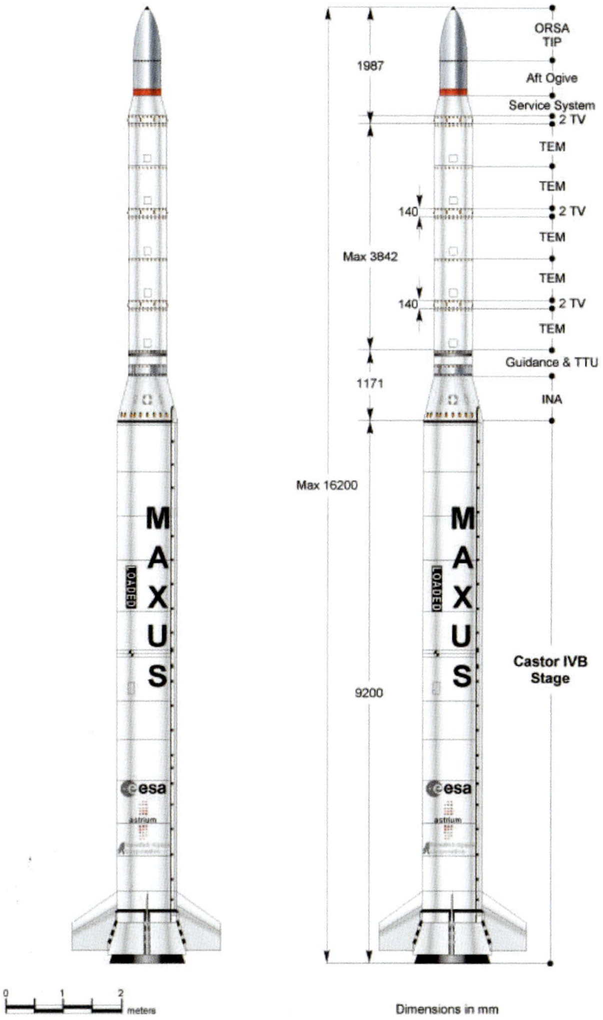

Bild 3.6.9: *MAXUS (Bild: ESA).*

gesteuerten Raketensonden nicht rollstabilisiert. Die Steuerung der Düse erfolgt mittels eines Lageregelungssystems, das die Raketensonde stabilisiert und entlang einer vorher berechneten Flugbahn navigiert, um die Genauigkeit des Landepunktes zu erhöhen. MAXUS bietet für 12 bis 13 min Schwerelosigkeitsbedingungen und erreicht dabei eine Gipfelhöhe von 750 km. Der nominelle Landepunkt befindet sich in nur 75 km Entfernung vom Startplatz. Die reine wissenschaftliche Nutzlastmasse beträgt bis zu 480 kg (gegenüber 260 kg bei einer TEXUS-Nutzlast). Der Aufbau einer MAXUS-Raketensonde ist in Bild 3.6.9 dargestellt.

3

3.6.2.4 Hyperschalltechnologien

Die Hyperschallforschung mit Raketensonden gliedert sich in zwei Hauptbereiche:

- Test neuartiger Konturen und Materialien für Thermalschutzsysteme,
- Scram-Jet (Supersonic Combustion Ram Air)-Triebwerksentwicklung.

Thermalschutzsysteme
Mit dem **SHEFEX** (Sharp Edge Flight Experiment)-Programm hat sich das Deutsche Zentrum für Luft- und Raumfahrt (DLR) zum Ziel gesetzt, neue Thermalschutzkonzepte für rückkehrende Raumfahrzeuge zu testen, deren Herstellungs- und Wartungskosten zu reduzieren und gleichzeitig die Eignung eines scharfkantigen facettierten Designs für die aerothermodynamische Auslegung zu verifizieren.

SHEFEX-I startete am 28. Oktober 2005 und diente der Untersuchung dieses neuen strukturellen und aerodynamischen Konzepts asymmetrischer Vorkörper. Zusätzlich wurden Sensoren getestet, die es ermöglichen, Messdaten aus Plasma-Schockwindkanälen und rechnerische Vorhersagen mit realen Flugdaten zu vergleichen.

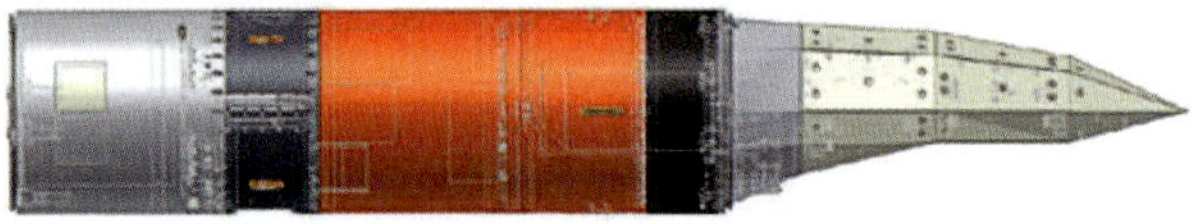

Bild 3.6.10: *SHEFEX-I-Wiedereintrittskonfiguration (Bild: DLR).*

Bild 3.6.11: *SHEFEX-II-Rakete (Bild: DLR).*

Der Schwerpunkt des SHEFEX-II-Experiments liegt auf der aktiven Kontrolle der Nutzlast in der Wiedereintrittsphase, um homogene Anströmbedingungen für die weiteren Experimente zu erzielen. Neben der automatisierten aerodynamischen Kontrolle werden Kernexperimente zur Sensorik und zur aktiven Thermalschutzkühlung, Hochtemperaturantennen und Passagierexperimente in der Nutzlast integriert.

Scram-Jet-Triebwerksentwicklung
Prinzipiell funktioniert ein Scram-Jet-Triebwerk wie ein herkömmliches Düsentriebwerk. Ein Gemisch aus Luftsauerstoff und Treibstoff (z. B. Wasserstoffgas) wird in der Brennkammer verbrannt und erzeugt beim Austritt aus dem Triebwerk einen in umgekehrter Richtung wirksamen Schub. Bei herkömmlichen Strahltriebwerken sorgen Turbinen für die notwendige Verdichtung der angesaugten Luft. Beim Scram-Jet genügt wegen der hohen Geschwindigkeit, mit der die Luft einströmt, bereits eine speziell geformte Einlassgeometrie für die Komprimierung.

Für alle Hyperschallanwendungen bieten Raketensonden im Vergleich zu Windkanälen hohe Geschwindigkeiten über einen langen Zeitraum an. Für die Versuche mit Scram-Jet-Triebwerken werden Wiedereintrittsgeschwindigkeiten zwischen Mach 7 und 8 gefordert, bei Thermalschutzsystemen Mach 8 und größer.

Bild 3.6.12: *Scram-Jet-Triebwerk des HIFiRE-Programms (Bild: DST Group, Australien).*

3.6.2.5 Studentenexperimente

NASA (RockOn!) und DLR/SSC (REXUS) betreiben eigene wissenschaftliche Nachwuchsförderprogramme für Studenten mithilfe von Raketensonden.

Das Programm **REXUS** (Rocket Experiments for University Students) bietet Studenten die Möglichkeit, wissenschaftliche und technologische Experimente im Rahmen kleiner Projekte auf Raketen durchzuführen. Sie beginnen mit der Idee und Planung und enden mit der Veröffentlichung der Ergebnisse. Dazwischen konstruieren und testen die Studenten die Experimentausrüstung, führen die Versuche mit der Rakete durch und werten die gewonnenen Daten im Anschluss aus. Dabei ist ein fester Zeitplan mit definierten Meilensteinen vorgegeben. Die gesamte Projektlaufzeit

Bild 3.6.13: *Startbereite REXUS-Raketensonde (Bild: DLR).*

für ein REXUS-Experiment beträgt ein Jahr. Die Deutsche Raumfahrt-Agentur und das Zentrum für Angewandte Raumfahrttechnologie und Mikrogravitation (ZARM) unterstützen und begleiten die ausgewählten Studentengruppen während der gesamten Projektzeit. Die Studenten arbeiten bei der Durchführung ihrer Experimente mit EuroLaunch, einer Kooperation der Mobilen Raketenbasis (MORABA) des DLR und der Swedish Space Cooperation (SSC), sowie dem ZARM zusammen. EuroLaunch führt jährlich zwei Starts von REXUS-Raketensonden des Typs Improved Orion durch. Dabei durchfliegt die Sonde drei Schichten der Atmosphäre (Tropo-, Meso-, Stratosphäre), und erreicht die Thermosphäre in einer Höhe von maximal 100 km.

Die Rakete kann bei Bedarf mit einem Jo-Jo-System ausgestattet werden, sodass auch Experimente in reduzierter Schwerkraft möglich sind. Die Raketensonden bieten während des ballistischen Fluges Experimentzeiten von bis zu fünf Minuten, die Phase reduzierter Schwerkraft dauert ungefähr eineinhalb Minuten an.

Im Rahmen des Programms STERN (Studentische Experimental-Raketen) fördert und berät das DLR deutsche Hochschulstudenten der Luft- und Raumfahrttechnik eigene Raketen einschließlich der Antriebseinheit zu planen, zu bauen und vom Raumfahrtzentrum Esrange Space Center bei Kiruna in Nordschweden zu starten. Am Ende einer dreijährigen Projektlaufzeit ist gefordert, dass die Rakete eine Flughöhe von mindestens drei Kilometern sowie Schallgeschwindigkeit erreicht und über ein Bergungssystem verfügt. Die Teilnehmer können selbst entscheiden, ob sie kommerzielle Feststoff-Raketenmotoren in der höchsten Leistungsklasse, oder Eigenentwicklungen im Bereich Flüssigkeitsantriebe, Heißwasser (Dampf) oder Hybrid verwenden. Als Nutzlast dient eine Telemetrie-Einheit, die alle wichtigen Bahnparameter wie Beschleunigung, Geschwindigkeit und Flughöhe bereits während des Fluges zur Erde funkt und deren Flugdaten anschließend von den Studenten ausgewertet werden können. Innerhalb des Projekts müssen die zukünftigen Absolventen zeitlich und inhaltlich festgelegte Meilensteine erfüllen und an Überprüfungen sogenannten Reviews teilnehmen, in denen sie ihr Design gegenüber Fachexperten präsentieren und rechtfertigen. Die Studenten durchlaufen somit alle üblichen Prozesse eines realen Projekts in der Raumfahrttechnik beziehungsweise bei der Entwicklung eines neuen Trägersystems. Am 08. November 2016 hat das Team HEROS3 der Universität Stuttgart den europäischen Höhenrekord für studentische Raketen mit rund 30 km erzielt.

3.6.3 Missionsablauf

Der typische Zyklus einer Mission beginnt mit der Auswahl des Trägersystems und des Startplatzes, nachdem zuvor die wissenschaftlichen Anforderungen definiert wurden.

3.6.3.1 Trägerauswahl

Die Nutzlastmasse und die gewünschte Gipfelhöhe bestimmen die Auswahl des Trägersystems. Bild 3.6.14 zeigt häufig verwendete Höhenforschungsraketen.

Die Anpassung bestehender Systeme an neue, herausfordernde wissenschaftliche Anforderungen hinsichtlich der Flugbahnprofile bzw. spezieller Wiedereintrittskonfigurationen verlangt den Umbau und die Re-Qualifikation bestehender Trägersysteme (Leitwerk, Stufenverbindung, Thermalschutz). Dieser aufwendige Entwicklungsprozess wird heute nur noch von der NASA und der Mobilen Raketenbasis des DLR durchgeführt.

3.6.3.2 Startplätze

Die Startplätze, auf denen regelmäßig Raketensonden gestartet werden, sind im Allgemeinen mit der dazu notwendigen Infrastruktur ausgestattet. Dazu gehören die temperaturkontrollierten Startanlagen mit ihren bis zu 30 m langen Führungsschienen. Diese Schienen führen die Raketensonde nach dem Start, um die Abweichungen vom berechneten Landepunkt zu verringern. Das Trägervehikel an der **Startrampe** ist per Steuerleitungen (Umbilical) mit dem Bunker (Blockhouse) verbunden. Weiterhin befinden sich im Startareal (Launching Area) Labore, in denen die wissenschaftlichen Proben hergestellt und präpariert

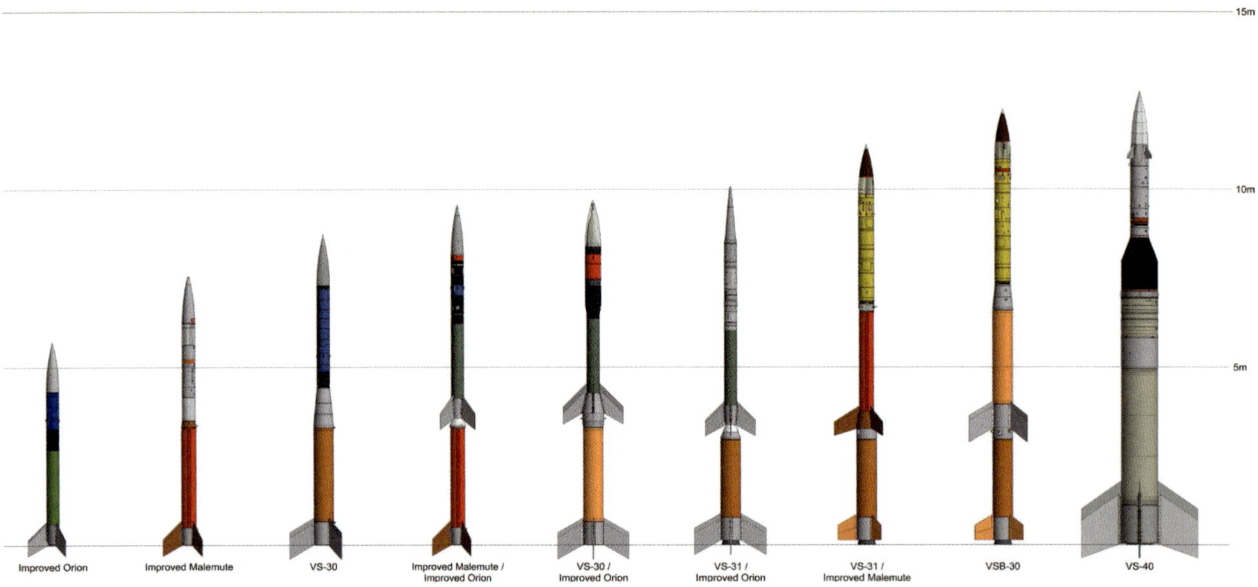

Bild 3.6.14: *Auswahl von Raketensonden (Bild: DLR).*

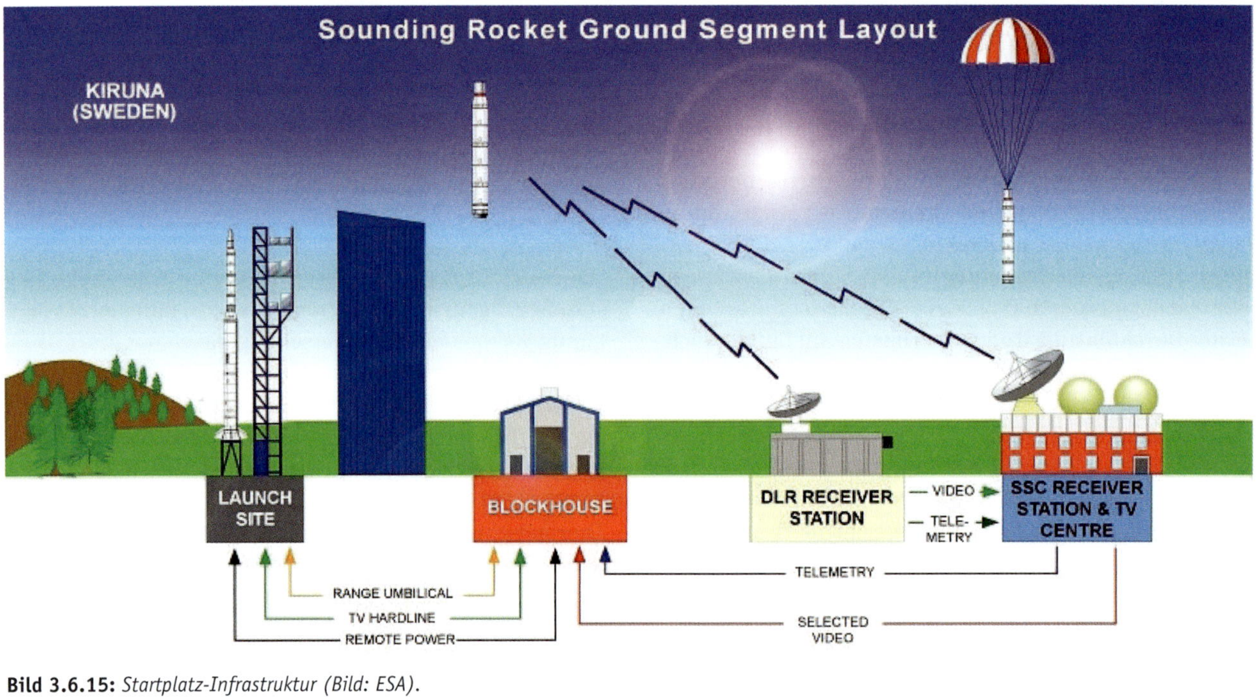

Bild 3.6.15: *Startplatz-Infrastruktur (Bild: ESA).*

werden. In großen Hallen findet der Zusammenbau der Nutzlast und der Raketensysteme statt. Anschließend werden diese an die Führungsschiene der Startrampe integriert. In sicherer Entfernung, aber dennoch im Sichtbereich der Raketensonde, befinden sich Telemetrie- und Telekommandostation zur Daten- und Videoübertragung sowie eine Radarstation zur Bahnverfolgung. Häufig sind diese Systeme redundant ausgelegt. Die Landbergung wird mit Hubschraubern durchgeführt, für die Wasserbergung stehen zusätzlich Schiffe bereit.

Zur Messung der Bodenwinde stehen lokale Windmasten mit bis zu 100 m Höhe zur Verfügung. Der gesamte Höhenbereich bis ca. 30 km wird mit Wetterballonen gemessen. Der Countdown, die Startfreigabe und die Flugkontrolle erfolgen durch das Operationszentrum in Abstimmung mit der Flug- und Bodensicherung.

In Europa stehen für die Durchführung von Höhenforschungsraketenmissionen die permanenten Startplätze in Esrange Space Center (Kiruna, Schweden) und Andøya Space Center (Andenes, Norwegen) zur Verfügung.

Die Mobile Raketenbasis (MORABA) ermöglicht mit ihrer vollständig mobilen Infrastruktur weltweite Starts. In den USA werden die Raketensonden vor allem von der White Sands Missile Range (WSMR) sowie der Wallops Flight Facility (WFF) gestartet. Weltweit gibt es mehr als 20 permanente Startplätze für Raketensonden.

3.6.3.3 Missionsvorbereitung

Der Nutzlast-Missionszyklus variiert von Experiment zu Experiment und hängt stark von der Komplexität der Hardware und den notwendigen Genehmigungsprozessen ab.

Die Raumfahrtagenturen schreiben zunächst eine Ankündung zur Mitfluggelegenheit für die Wissenschaftler aus (Announcement of Opportunity). Die Zeit bis zum Beginn der Mission beträgt in der Regel 12 bis 24 Monate.

Nach der Annahme des Angebots erfolgt die Zuteilung der Experimente zu einer bestimmten Flugmission. Im Anschluss werden die Experimentanforderungen analysiert, und es wird mit dem Entwurf der Flughardware begonnen. Über vorläufige Designbesprechungen (Preliminary Design Reviews, PDR), Entwicklungstests bis hin zur kritischen Designbesprechung (Critical Design Review, CDR) durchläuft das Experiment alle Meilensteine eines Raumfahrtprojekts. Nachdem die Messproben beim Modulhersteller eingegangen sind, erfolgt die Abnahme auf Modulebene (Module Acceptance Reviews, MAR).

Der Nutzlast-Zusammenbau, Integration und Test (Assembly, Integration and Test, AIT) findet ca. 5 Wochen vor dem geplanten Start der Mission statt. Alle angelieferten Module durchlaufen im Rahmen des AIT mechanische und elektrische Eingangsuntersuchungen. Anschließend werden sie schrittweise zusammengebaut und sequenziell getestet.

Die Reihenfolge der **Nutzlastsystemtests** während des AIT (auch Umwelttest genannt), ist:

1. Modul-Funktionstest,
2. Auswuchten und Rundlauf,
3. Masse- und Trägheitsmomentenbestimmung,
4. elektrischer Systemtest Teil 1,
5. elektromagnetischer Interferenztest,
6. Vibrationstest in allen Achsen,
7. elektrischer Systemtest Teil 2,
8. Flugsimulationstest.

Nach den erfolgreichen Systemtests findet die Flugabnahmebesprechung (Flight Acceptance Review, FAR) statt. Als Ergebnis erteilt der Auftraggeber das „Go" für den Transport der Nutzlast zum Startplatz und zum Missionsbeginn. Die endgültige Flugbahnberechnung und Stabilitätsbetrachtung werden nach Abschluss der physikalischen Messungen durchgeführt.

Die Abnahme der Raketenmotoren erfolgt gesondert mit dem jeweiligen Hersteller, und das Trägersystem wird unabhängig von der Nutzlast im Vorlauf der Mission zum Startplatz verschickt. Die abschließenden Vorbereitungen auf dem Startplatz verlaufen in chronologischer Reihenfolge (Tabelle 3.6.1).

Tabelle 3.6.1: *Missionsablauf*

Start (Tage)	Aktion
−13	Anreise des Projektteams
−12	Auspacken und Eingangskontrolle der Hardware
−11 bis −7	Vorbereitung der Experimentmodule, der Servicesysteme und der Trägersysteme
−7	Verträglichkeitstest mit dem Startplatz
−6	Übergreifender Nutzlasttest
−5	Nutzlastintegration, Integration des Trägersystems an die Startrampe
−4	Telemetrie- und Flugsimulationstests der Nutzlast
−3	Nutzlastintegration an das Trägersystem, Vorbereitung des Bunkers
−2	Abschließender und letzter Nutzlasttest auf der Startrampe
−1	Probecountdown
0	Start

Die Missionsvorbereitung endet mit der Startfreigabebesprechung (Flight Readiness Review, FRR). Bei diesem Treffen müssen alle Stationsverantwortlichen inklusive des Auftraggebers das „Go" für den Start erteilen. Der Countdown kann somit beginnen.

3.6.3.4 Startdurchführung

Am Starttag wird zunächst durch die Flugsicherung ein Wetterballon zur Messung der momentanen Windbedingungen gestartet. Das Ergebnis dieser Windmessung ermöglicht die Aussage, ob die Raketensonde unter den gegebenen Bedingungen sicher gestartet werden kann. Kriterium ist der resultierende Anstellwinkel in Verbindung mit dem berechneten Staudruck, um die vorgegebenen Fluglasten nicht zu überschreiten. Lassen die Windverhältnisse einen Start zu, gibt das Operationszentrum den Countdown frei. Zeitgleich beginnen die Probenvorbereitungen in den Laboren der Wissenschaftler sowie die schrittweise Scharfschaltung der Sicherungssysteme an der Raketensonde durch die Startmannschaft. Im weiteren Verlauf des Countdowns werden die zusätzlichen Stationen (Telemetrie, Telekommando und Radar) und die Kommunikation untereinander und mit der Nutzlast getestet.

Raketensonden lassen späte Einschübe von kritischen Proben, z. B. biologischen Experimenten, zu. In der Regel können diese bis zu 30 min vor dem Start in die Experimentvorrichtung integriert werden (Late Access). Kurz vor der Zündung der Raketensonde werden alle verbliebenen

Bild 3.6.16: *Start einer Black Brant 10 von einer mobilen Startrampe des DLR in Frankreich (Bild: DLR).*

Sicherungssysteme scharf geschaltet. Im weiteren Verlauf bis zum Start werden regelmäßig Wetterballone gestartet, um stabile Windverhältnisse festzustellen. Mit den Informationen aus den Wetterballonen und Windmastsensoren wird eine aktuelle Flugbahnvorhersage berechnet. Dabei werden von der Flugsicherung die Parameter zur Einstellung der Startrampe (Azimut und Elevation) ermittelt, die nötig sind, um den vorberechneten Landepunkt mit hinreichender Genauigkeit zu treffen. Nach der Übermittlung der Einstellparameter werden die Startrampe justiert, die Aufzeichnungsgeräte gestartet und die Zündfreigabe erteilt.

Nach der Zündung und dem Start folgt die Raketensonde automatisch einem Flugprofil, wie bereits im Kapitel 3.6.2.3 beschrieben.

Im Anschluss an die Landung am Fallschirm werden die kritischen Proben noch am Landeort aus den Experimentvorrichtungen geborgen, um möglichst umgehend (innerhalb einer Stunde) per Hubschrauber zur wissenschaftlichen Auswertung in die Labore am Startplatz transportiert (Early Retrieval) zu werden. Anschließend wird die Nutzlast zur Auf- und Vorbereitung für den Wiederflug zum Hersteller verschickt. Der Missionszyklus kann von Neuem beginnen.

3.6.4 Kommerzielle suborbitale Raumfahrzeuge

Der Anstieg der Entwicklung von suborbitalen Raumfahrzeugen wird größtenteils dem 10M USD Ansari X-Prize gutgeschrieben. Die Bedingung für den Gewinn des Preises war: „Als Erster mit einem Fluggerät, einem Piloten und zwei Personen oder entsprechendem Ballast eine Höhe von mehr als 100 Kilometern zu erreichen und den Flug mit demselben Fluggerät innerhalb von 14 Tagen zu wiederholen". Der Preis wurde 2004 von Mojave Aerospace Ventures gewonnen, mit einem Fahrzeug von Scaled Composites namens SpaceShipOne. Es motivierte 26 Teams über 100M USD zu investieren, um den Preis zu gewinnen. Mojave Aerospace Ventures Sieg zeigte Investoren und Verbrauchern, dass private suborbitale Flüge möglich sind.

Bild 3.6.17: *SpaceShipOne mit Trägerflugzeug (Bild: NASA).*

Der Innovationsfokus der Branche ist nicht alleine darauf gerichtet wie man den Weltraum erreicht, sondern wie dies zuverlässig und sicher bei einem attraktiven Kundenpreis gelingt. Um erfolgreich zu sein, müssen Unternehmen das Raumfahrtdesign, die Herstellung und den Betrieb neu erfinden.

3.6.4.1 Wiederverwendbare Raumfahrzeuge

Raumfahrzeuge, die den Weltraum erreichen, in der Weltraumumgebung operieren, sicher zur Erde zurückkehren und wiederverwendet werden können heißen RLV (engl. Reusable Launch Vehicles). sRLV (engl. Suborbital RLV) sind Raumfahrzeuge, deren Geschwindigkeit nicht ausreicht, um in eine nachhaltige Umlaufbahn um die Erde einzutreten. Sie können für einen kurzen Zeitraum im Weltraum verweilen und wieder eintreten, aber alle sind entworfen, um wiederverwendet zu werden. Die hier genannten suborbitalen Dienstleister zielen darauf ab, die Höhe von 100 Kilometern, die sogenannte Kármán-Linie, zu erreichen oder diese zu übertreffen.

Gegenwärtige Konzepte für suborbitale Raumfahrzeuge sehen einen horizontalen Start und eine horizontale Landung (HTHL) vor, ähnlich wie konventionelle Flugzeuge oder Senkrechtstart und vertikale Landung (VTVL). HTHL sRLV ermöglichen eine bessere Manövrierbarkeit beim Fliegen in der Atmosphäre. Die Raumfahrzeuge verwenden entweder Raketen oder Fallschirme um die Landung vertikal zu unterstützen oder Flügel, um wie ein Segelflugzeug oder ein konventionelles Flugzeug zu landen.

3.6.4.2 Absatzmarkt

RLV-Unternehmen versuchen, einen preisgünstigen und regelmäßigen Zugang zum Weltraum für Kunden und Nutzlasten anzubieten. Bis heute kommt das in die Unternehmen investierte Geld meistens von privaten Geldgebern (z. B. SpaceX-Elon Musk, Blue Origin-Jeff Bezos). Zusätzlich gewähren NASA, das amerikanische Verteidigungsministerium und die FAA Zuschüsse und vergeben Verträge an diese boomende Industrie. Es gibt immer noch erhebliche Unsicherheit darüber, wie Suborbitalmärkte sich entwickeln und reifen werden. Vorauszahlungen von Kunden und Einkäufe von Starts signalisieren jedoch frühes Marktinteresse. sRLV bieten für bestimmte Anwendungen einige Vorteile gegenüber bestehenden Start- und Forschungsoptionen.

3.6.4.3 Gegenüberstellung

Im Bereich der Schwerelosigkeitsforschung können sRLV (z. B. New Shepard von Blue Origin) am ehesten mit Parabelflügen verglichen werden, da die zu erzielende Restbeschleunigung ebenfalls im Bereich von mehreren Hundertstel der Erdschwere liegt (Milli-g). Das rund dreiminütige Experimentfenster befindet sich zwischen 60 km und 100 km (Apogäum) und damit immer noch innerhalb der Atmosphäre. Traditionelle Höhenforschungsraketenprogramme beginnen Schwerelosigkeitsexperimente deshalb erst ab 110 km, da die geforderten Restbeschleunigungen unterhalb von 10^{-4} g nur so zu erzielen sind (Mikro-g). sRLV sind bedingt durch ihre räumliche Ausdehnung, freifliegenden Passagieren und erforderlichen Lageregelungsmanövern dazu nicht in der Lage. Ihr Vorteil, wenn operationell, liegt vielmehr in der kurzen Wiederflugzeit, geringeren Startbeschleunigungen und der möglichen Interaktion Mensch-Experiment während des Flugs, ähnlich den Parabelflugmissionen. Die Einstiegskosten sind niedrig, da freier Platz als Mitfluggelegenheit angeboten wird. Höhenforschungsraketen können dieselbe Qualität zu gleichen Kosten bieten, da die Verwendung von ausgesonderten militärischen Motoren die Einsparungen bei der Wiederverwendbarkeit von sRLV kompensiert (siehe REXUS-Programm: Improved Orion). Unbemannt haben Höhenforschungsraketen den Vorteil, dass für Menschen sicherheitskritische Experimente wie der Einsatz von Hochtemperatur-Schmelzöfen, radioaktiven Proben, genmodifizierten Zellen zu geringeren Kosten realisiert werden können.

Bild 3.6.18: *New Shepard System (Bild: Blue Origin).*

3.6.5 Ausblick

Raketensonden werden auch künftig ein wichtiges Forschungsmittel sein. Obwohl seit über fünfzig Jahren im Einsatz, werden bestehende Systeme kontinuierlich an die gestiegenen und sich ändernden wissenschaftlichen Anforderungen angepasst.

In Zukunft ist geplant, das hohe Leergewicht der heutigen Feststoffraketen zu reduzieren. Dabei wird der Werkstoff Stahl durch kohlefaserverstärkte Kunststoffe ersetzt. Dadurch wird die Leermasse der Feststoffraketen um ca. 50 % gesenkt. Diese Masseneinsparung kann genutzt werden, um größere Gipfelhöhen zu erreichen oder um mehr Nutzlastmasse in die gleichen Höhenregionen zu befördern.

Um Hyperschalltriebwerke wirkungsvoller zu testen, müssen Flugbahnen mit niedrigen Elevationen (kleiner 60°) geflogen werden. Dies ermöglicht eine lange Verweilzeit der Raketensonde in den dichten Atmosphärenschichten. Dabei treten jedoch hohe Wärmelasten auf, die mit keramischen oder neuen ablativen Werkstoffen reduziert werden müssen. Zudem können Oberstufen vor ihrer exoatmosphärischen Zündung neu ausgerichtet werden, um hohe Geschwindigkeiten über einen möglichst langen Zeitraum anbieten zu können. SHEFEX-II zum Beispiel fliegt für etwa 60 s mit Geschwindigkeiten von mehr als Mach 10. In konventionellen Windkanälen können diese Bedingungen nur für wenige Millisekunden mit skalierten Modellen erzeugt werden.

3

Literatur

[3.6.1] Tätigkeitsbericht 1963–1965 des Instituts für extraterrestrische Physik am Max-Planck-Institut für Physik und Astrophysik. MPI-PAE Extraterrestrik 22/66, Januar 1966.

[3.6.2] Jahresberichte des Max-Planck-Instituts für Physik und Astrophysik, Institute für Astrophysik und extraterrestrische Physik. 8 München 23, Föhringer Ring 6, 1964 ff.

[3.6.3] *Graaf, W.:* Solar Eclipse of 20 July 1966, Centaure Sounding Rocket Experiments. ESLAB, ESRO SN-56, May 1966.

[3.6.4] European Sounding-Rocket and Related Research at High Latitudes. ESRO SP-97, Nov. 1973, Proceedings 1st ESA-ESP/PAC Symposium.

[3.6.5] *Büdeler, W.:* Raumfahrt in Deutschland: Forschung-Entwicklung-Ziele. ECON Verlag, 1976.

[3.6.6] *Haerendel, G.:* Stand und Ergebnisse des deutschen Höhenforschungsprogramms. Raumfahrtforschung Heft 1/1976.

[3.6.7] The ESRO Sounding-Rocket Launching Range in Kiruna. ESRO Bulletin No. 4, 1966.

[3.6.8] ESRO publications SP (Special Projects) and SN (Scientific Notes), Development, Launch and In-flight Performance of ESRO Sounding Rockets and Payloads. Vol. 1 (SP-76, Nov. 1975) to Vol. V (SP-79, Feb. 1974).

[3.6.9] European Sounding-Rocket and Related Research at High Latitudes. ESRO SP-107, Feb. 1975, Proceedings 2nd ESA Symposium.

[3.6.10] ESA Symposia on Sounding Rocket and Balloon Programmes and Related Research. SP-115 (1976), SP-135 (1978), SP-152 (1980), SP-183 (1982), SP-229 (1985), SP-270 (1987), SP-291 (1989), SP-317 (1991), SP-355 (1993), SP-370 (1995), SP-397 (1997), SP-437 (1999), SP-471 (2001), SP-530 (2003), SP-590 (2005), SP-647 (2007), SP-671 (2009), SP-700 (2011), SP-721 (2013), SP-730 (2015), 2017.

[3.6.11] *Seibert, G.:* The History of Sounding Rockets and Their Contribution to European Space Research. European Space Agency, HSR-38, November 2006.

[3.6.12] *Büdeler, W.:* Geschichte der Raumfahrt. Siegloch Edition 1979/1982.

[3.6.13] *Eaton, D.:* From small beginnings ... The Story of ESRO's Sounding Rocket Programme. ESA BR-60 (1989).

[3.6.14] *Franke, B.:* Forschungsraketen, Technologische Experimente unter Schwerelosigkeit, durchgeführt mit TEXUS, Mini-TEXUS und MAXUS. Lemwerder: Stedinger Verlag, 1976–2006.

[3.6.15] *Turner, P.:* Einmal ins All und zurück, DLR, 40 Jahre Mobile Raketenbasis. ISBN: 978-3-00-022037-1.

[3.6.16] *Reinke, N.:* Geschichte der deutschen Raumfahrtpolitik 1923–2002. Forschungsinstitut der deutschen Gesellschaft für Auswärtige Politik, München: Oldenburg Verlag, 2004.

[3.6.17] Sounding Rocket Program Handbook (SRPH), Suborbital Projects and Operations Directorate, Sounding Rockets Program Office, NASA, Goddard Space Flight Center, Wallops Flight Facility, July 2015.

[3.6.18] *Brand, R. H.:* Britain's First Space Rocket: The Story of the Skylark, New Forest Electronics, 2014. ISBN: ISBN-10: 0992989604, ISBN-13: 978-0992989606. https://www.amazon.co.uk/Britains-First-Space-Rocket-Skylark/dp/0992989604.

[3.6.19] *Seedhouse, E.:* Suborbital: Industry at the Edge of Space Springer, 2014.

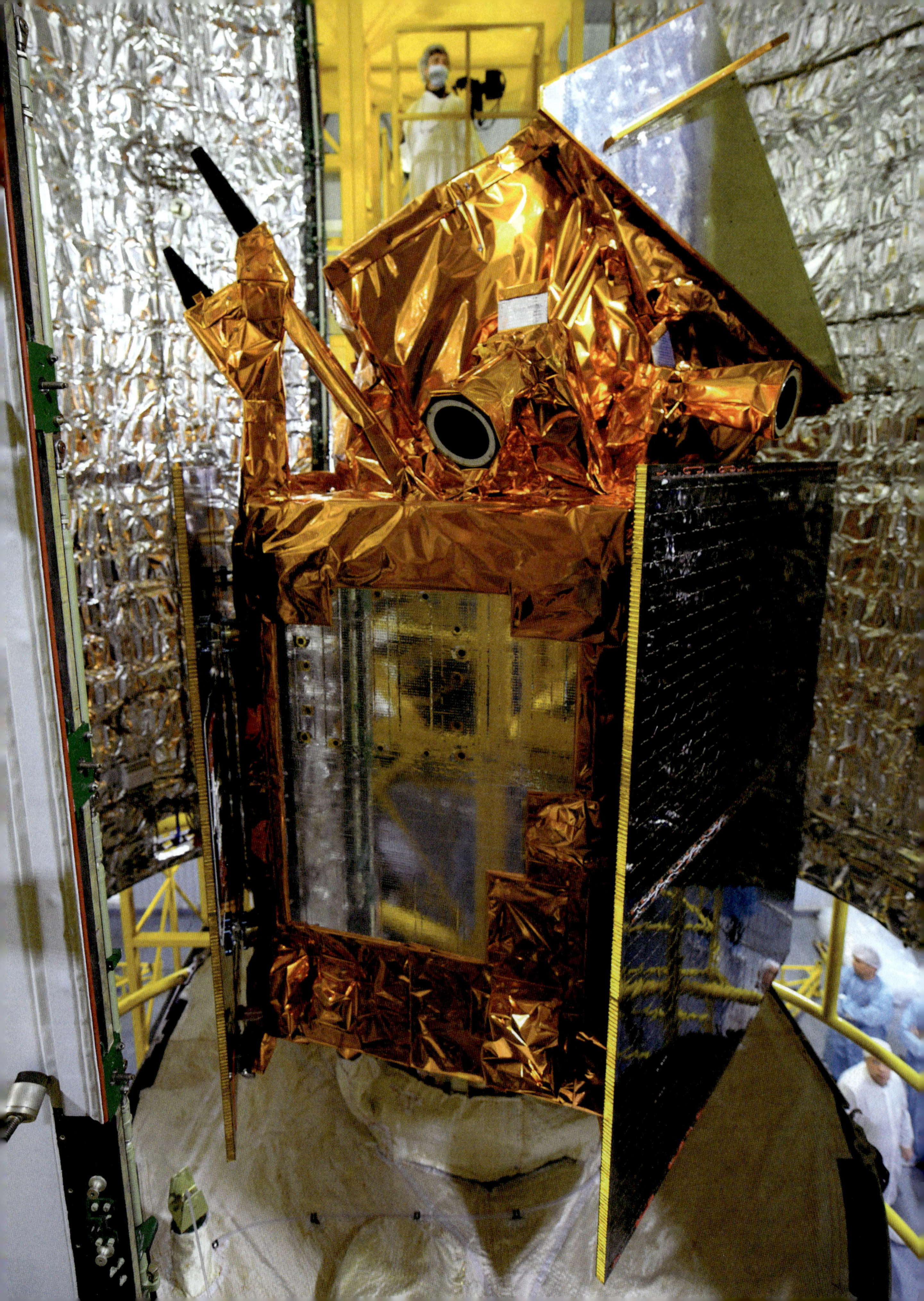

4 Raumfahrzeug-Subsysteme

Wilfried Ley und *Felix Huber*

Die Auslegung eines Raumfahrzeugs wird entscheidend durch seine **Aufgabe** – seine Mission – bestimmt. Aus der detaillierten Analyse der Definition der Weltraummission müssen die Anforderungen an das Gesamtsystem, bestehend aus Raum-, Transfer- und Bodensegment, abgeleitet werden.

Diese **Gesamtsystemanforderungen** stellen dann die Grundlage zur Auslegung der Systemelemente dar. In diesem Kapitel werden die wesentlichen und grundsätzlich notwendigen Subsysteme des Systemelements „Raumfahrzeug" behandelt.

Das **Raumfahrzeug,** bei Satelliten häufig auch Satellitenbus genannt, trägt die Nutzlast und wird an deren Anforderungen angepasst (siehe Kapitel 1.2). Daraus ergeben sich typische Konfigurationen für das Raumfahrzeug. Beispiele für einen spin-stabilisierten Satelliten, einen 3-Achsen-stabilisierten Satelliten (heute die häufigste Konfiguration) und ein frei konfiguriertes, an eine Spezialaufgabe angepasstes Raumfahrzeug sind in Bild 4.1 dargestellt.

Unabhängig von der Konfiguration wird das Raumfahrzeug aus einer Kombination typischer Subsysteme gebildet. Hier hat sich eine Einteilung in Subsysteme eingebürgert, die auch in diesem Kapitel reflektiert wird: Die integralen Subsysteme erstrecken sich über den gesamten Satelliten. Hierzu zählt man die Struktur, die Thermalkontrolle und die Verkabelung (Harness). Die Service-Subsysteme bestehen aus der Energieversorgung, dem Telemetrie- und Telekommandosystem nebst Bordrechner und der Lage- und Bahnregelung. Ein quasi-Subsystem ist schließlich die Nutzlast.

Die **Struktur** und die der Struktur zugeordneten Mechanismen sind konfigurationsbestimmend für das Raumfahrzeug und müssen in der Frühphase des Projekts festgelegt werden, denn eine grundlegende Änderung ist zu einem späteren Zeitpunkt nicht mehr möglich. Die Auslegung des Raumfahrzeugs müsste quasi von vorne begonnen werden. Die in diesem Unterkapitel behandelten Mechanismen sind vorwiegend solche, die unmittelbar mit der Strukturmechanik des Gesamtsystems eng verbunden sind. Damit stellt die Struktur quasi den Rohbau des Raumfahrzeugs dar, in den alle anderen Subsysteme integriert werden müssen und der die statischen und dynamischen Lasten während des Starts aufnehmen muss (dimensionierender Lastfall).

Im nächsten Unterkapitel wird die **Energieversorgung,** die zum Betrieb der Nutzlast, der Plattform mit ihren Subsystemen und auch der Kommunikation und Datenübertragung notwendig ist, diskutiert. Zur Energieversorgung gehören die Energieerzeugung, die Energieaufbereitung, die Energiespeicherung und die Verteilung im Raumfahrzeug. Neben der am häufigsten genutzten Solarenergie wird auch in die nukleare und chemische Energieversorgung sowie in die wichtigsten Batteriearten zur Energiespeicherung eingeführt. Die Auslegung der Energieversorgung und die Sicherstellung der Stromversorgung über die gesamte Dauer sind von zentraler Bedeutung für eine Weltraummission.

Ein Raumfahrzeug ist, sobald es seine Reise in den Weltraum beginnt, einerseits der Kälte des Weltraums und andererseits der direkten ungefilterten Strahlung der Sonne ausgesetzt. Neben den daraus resultierenden

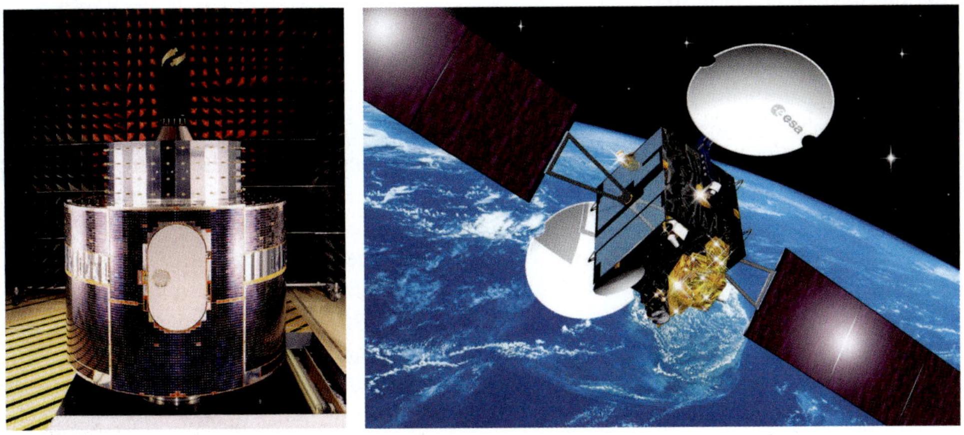

Bild 4.1: *Raumfahrzeug-Konfigurationen. Beispiele für einen spin-stabilisierten Satelliten (Meteosat, linkes Bild), einen 3-Achsen-stabilisierten Satelliten (Artemis, rechtes Bild) und ein frei konfigurierbares Raumfahrzeug (Space Shuttle, großes Bild linke Seite) (Bilder: ESA, NASA).*

Temperaturschwankungen sind zusätzlich die **Temperaturgradienten,** die aus den wechselnden Sonneneinstrahlungsrichtungen resultieren, zu beachten. Die meisten der beim Bau verwendeten Materialien und Komponenten sind nur für viel moderatere, erdähnliche Temperaturbereiche geeignet und vertragen häufig nur minimale Gradienten. Zusätzlich entwickeln alle aktiven Subsysteme Wärme, die ebenfalls in Betracht gezogen werden muss. Deshalb ist es notwendig, in dem Raumfahrzeug eine Umgebung zu schaffen, die sicherstellt, dass alle Subsysteme und Komponenten in den jeweils zulässigen Toleranzen betrieben werden. Dazu müssen die Temperaturen im Fahrzeug überwacht und durch passive oder aktive Maßnahmen geregelt werden. Dieses **Thermalkontrollsystem** wird anhand von konkreten Beispielen gezeigt.

Während die ersten Raumfahrzeuge nur im Weltraum ausgesetzt wurden und über kein eigenes Antriebssystem verfügten, benötigt der weitaus überwiegende Anteil der Fahrzeuge heute **Antriebssysteme,** um ihren Orbit anpassen oder verändern zu können. Dazu dienen Triebwerke, die auf thermodynamischen oder elektrodynamischen Prozessen basieren. Je nach Mission und Antriebsart sind die Treibstoffmengen auszulegen. Zum Beispiel ist für den Übergang von einem Transfer-Orbit zu einem geostationären Orbit ein Antrieb erforderlich. Etwa die halbe Satellitenmasse ist als Treibstoff notwendig, wenn chemische Treibstoffe verwendet werden. Ansonsten dienen die Antriebe zur Bahnerhaltung oder für gezielte Bahnmanöver. Bei der Verwendung von elektrischen Antrieben reduziert sich die mitgeführte Treibstoffmenge deutlich. Die mitgeführte Treibstoffmenge und der ökonomische Umgang damit sind entscheidend für die Lebensdauer der Mission. Eine Restmenge sollte am Ende der Mission immer zur Verfügung stehen, um durch eine gezielte Maßnahme das Raumfahrzeug aus seinem Orbit zu entfernen.

Neben der Erhaltung der Flugbahn ist die Einhaltung einer genauen **Lage des Raumfahrzeugs** von entscheidender Bedeutung für den Erfolg vieler Missionen. Die frühen Raumfahrzeuge wurden nur durch Rotation um ihre eigene Achse stabilisiert. Heute müssen die meisten Raumfahrzeuge eine genau definierte Lage erhalten und beibehalten bzw., wie z. B. die Erdbeobachtungssatelliten, genau auf Ziele ausgerichtet werden. Ein **Bahn- und Lageregelungssystem** muss deshalb die Lage des Fahrzeugs messen und eine Ausrichtung erlauben. In dem Unterkapitel zur Lageregelung wird dargestellt, wie aus der Messung der aktuellen Lage und Bewegung eine Ziellage und -bewegung erreicht wird, unter der Verwendung von Sensoren wie Kreisel, Beschleunigungsaufnehmer, Sternsensoren, Satellitennavigation etc. und Aktuatoren wie Dralläder und Magnetspulen.

Mit seiner **Nutzlast** und den verschiedenen Subsystemen stellt ein Raumfahrzeug ein **vernetztes System** dar, das durch einen oder mehrere **Bordrechner** gesteuert wird. Häufig sind Nutzlast und Plattformaufgaben auf zwei oder mehrere Systeme verteilt, die jedoch miteinander kommunizieren. Die Rechner sind untereinander und mit allen Messgeräten, Sensoren, Aktuatoren und sonstigen Modulen des Raumfahrzeugs verbunden. Das Steuerungssystem ist verantwortlich für eine größtmögliche Autonomie des Raumfahrzeugs. Daraus folgt neben einer notwendigen z. T. hohen Rechenleistung häufig eine hohe Softwarekomplexität. Das Subsystem muss zusätzlich hochverlässlich, fehlertolerant und möglichst selbstheilend sein – und dieses auf kleinstem Raum, mit geringer Masse und unter den extremen Umgebungsbedingungen des Weltraums. Die **Verkabelung** verbindet die elektrischen Komponenten störungsfrei untereinander und kann durch viele Stecker einen erheblichen Anteil an der Masse des Systems ausmachen.

Ein Raumfahrzeug erfüllt jedoch nur dann seine Mission, wenn es mit einer **Bodenstation** zur Satellitenkontrolle und zum Datenempfang in Verbindung steht. Je nach Missionsanforderungen verfügt es deshalb über ein Kommunikationssystem, dessen Übertragungsleistung, Zuverlässigkeit und Kompatibilität die Anbindung an die Erde sicherstellen. Daher wird die Bodenstation oftmals als achtes Subsystem betrachtet.

Die komplexen Subsysteme eines Raumfahrzeugs dürfen nicht unabhängig voneinander betrachtet werden. Sie alle stehen miteinander in Verbindung, sind verknüpft und beeinflussen sich gegenseitig. Deshalb folgt jeder Subsystemdefinition ein iterativer Prozess zur Optimierung des Gesamtsystems durch den Einsatz optimierter Untersysteme (siehe Kapitel 1.2 und 8). Der Erfolg einer Weltraummission wird deshalb durch das komplexe Zusammenspiel aller einzelnen Subsysteme bestimmt. In den folgenden Unterkapiteln werden diese im Einzelnen behandelt.

4.1 Struktur und Mechanismen

Joachim Block

In Auflistungen und Organigrammen der Subsysteme eines Raumfahrzeugs erscheint die **Struktur** sehr oft an vorderster Stelle, in der Regel gefolgt von Thermalkontrolle oder Energieversorgung. Diese „führende" Stelle hat nichts mit einer etwa die anderen Subsysteme überragenden Wichtigkeit zu tun, sondern mit der zeitlichen Abfolge im Entwurfsprozess: So wie der Rumpf beim Schiffbau zwischen Kiellegung und Stapellauf, so ist die Struktur eines Raumfahrzeugs zu einem frühen Zeitpunkt konfigurationsbestimmend und muss auch zuerst qualifiziert werden. Nicht umsonst ist das erste Qualifikationsmodell eines Satelliten gewöhnlich das **Struktur-Thermal-Modell** (STM). Genügt es den Anforderungen nicht, so muss unter Umständen die gesamte Konfiguration mit allen mechanischen Schnittstellen noch einmal grundlegend geändert werden, was später nicht mehr möglich ist, ohne das Projekt womöglich um Jahre zu verzögern. Hingegen sind Nachbesserungen etwa bei den elektronischen Subsystemen, meist auch noch später im Entwicklungsprozess möglich, ohne den Gesamtablauf infrage zu stellen.

Bei den in diesem Kapitel ebenfalls behandelten **Mechanismen** stehen diejenigen im Vordergrund, die unmittelbar mit der Strukturmechanik des Gesamt-Raumfahrzeugs verknüpft sind und von daher eine gemeinsame Betrachtung mit der Struktur erfordern. Es sind dies die Mechanismen, die die Verriegelung, Entriegelung, Entfaltung und aktive Beweglichkeit wesentlicher Raumfahrzeugteile (z. B. Antennen, Solarzellen-Panels, Auslegerarme) gegenüber der Primärstruktur bewirken.

4.1.1 Die Primärstruktur des Raumfahrzeugs

Als **Primärstruktur** definiert man die lasttragende Zelle des Raumfahrzeugs, die dessen globale **Festigkeit** und **Steifigkeit** bestimmt und auf der alle anderen Einheiten befestigt sind. Aus der Steifigkeit der Primärstruktur und der Massenverteilung der darauf montierten Nutzlasten und Systemeinheiten ergibt sich auch das **Resonanzverhalten** unter dynamischer Belastung, d. h. die Lage der **Eigenfrequenzen,** die schon in einem frühen Stadium des Designprozesses (wenigstens annähernd) rechnerisch bestimmt und auf Verträglichkeit mit den Spezifikationen der Trägerrakete überprüft werden müssen.

4.1.1.1 Designtreiber und dimensionierende Lastfälle

Wie in Bild 4.1.1 veranschaulicht, ergeben sich aus dem Missionszweck schon zu Projektbeginn in Phase A erste, zunächst noch grobe Vorstellungen von der Grundkonfiguration der Struktur: So wird etwa ein freifliegender Satellit, der im Wesentlichen elektronische Nutzlasten enthält, grundsätzlich anders aussehen als ein Weltraumteleskop, das um einen Tubus herum konstruiert werden muss oder als ein Planetenlander mit Landebeinen oder Airbags. Die sich aus den Anforderungen der missionsbestimmenden großen Nutzlasten ergebenden (zunächst vor allem geometrischen) **Designtreiber** müssen dann mit den Beschränkungen der vorgesehenen Trägerrakete in Einklang gebracht werden. Muss der Platz unter dem Fairing noch mit anderen Satelliten geteilt werden, so müssen auch diese Beschränkungen von Anfang an berücksichtigt werden.

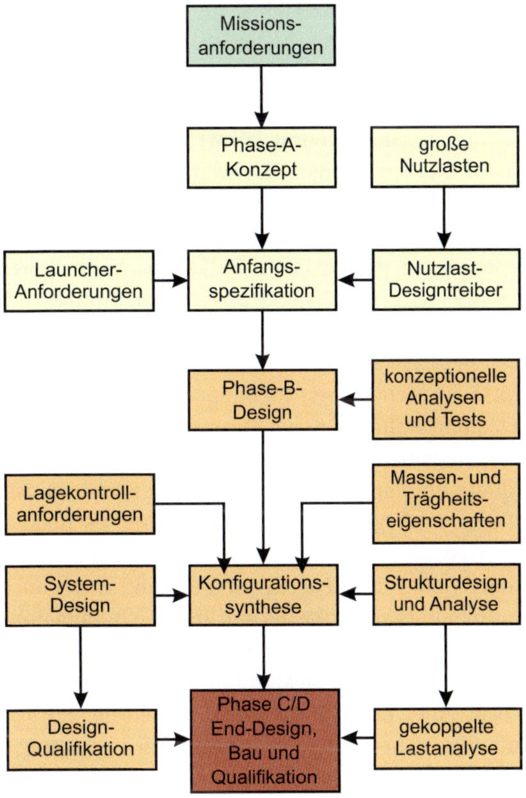

Bild 4.1.1: *Typischer Struktur-Designprozess (nach [4.1.1]).*

Die hieraus resultierende Anfangsspezifikation der Raumfahrzeugstruktur muss so früh wie möglich mit Hilfe eines ersten **Finite-Elemente-Modells** eingehenden numerischen Analysen unterzogen werden, die vor allem die grundsätzliche Tauglichkeit des Strukturkonzepts nachweisen und etwaige „Showstopper" eliminieren sollen, solange die Konstruktion noch flexibel genug für größere Änderungen ist. Bis in die 1990er Jahre hinein war dies eine typische Aufgabe für die Projektphase B. Heute ist es üblich geworden, im Zuge eines Concurrent-Engineering-Designs die Grundkonfiguration der Struktur in einem interaktiven Prozess mit den anderen Subsystemen schon sehr frühzeitig zu entwickeln. Parallel dazu bleiben Tests mit sog. **„Breadboard-Modellen"** wichtig, d. h. mit Hardware, die noch nicht zu den offiziellen Qualifikationsmodellen zählt und daher auch noch keiner Konfigurationskontrolle unterliegt. Diese „Breadboard-Tests" können das Vertrauen in das gewählte Strukturkonzept entscheidend erhöhen und „böse Überraschungen" bei den STM-Tests vermeiden helfen; vor allem wenn wichtige Aspekte des Strukturdesigns sich einer realistischen Vorab-Modellierung entziehen.

Danach werden die Auswirkungen der aufmontierten Nutzlasten und Systemeinheiten auf die **Massenverteilung** und die **Trägheitsmomente** wie auch die Anforderungen der Lagekontrolle immer genauer einbezogen, sodass die Gesamtkonfiguration auf Systemebene zuverlässig modelliert und rechnerisch analysiert werden kann. In der Projektphase C/D mündet dieser Prozess schließlich in die Festlegung des endgültigen Designs sowie dessen experimentelle Qualifikation ein, die in der Regel mit einem **Struktur-Thermal-Modell** (STM) erfolgt. Anschließend folgt der Bau der übrigen Hardware-Modelle bis hin zum Flugmodell (FM).

Zu den **dimensionierenden Lastfällen** zählt bei allen Missionen die **dynamische Belastung** beim Start: Die durch die Raketentriebwerke generierten **sinusförmigen, zufallsverteilten** (random) und **akustischen Anregungen** stellen neben den **quasistatischen** Beschleunigungen die hauptsächlichen Beanspruchungen für die Struktur als Ganzes dar, während **Schocklasten,** wie sie beim Feuern von Sprengbolzen (etwa bei der Stufentrennung) entstehen, vor allem für empfindliche Mechanismen kritisch sind.

Da es zu Beginn des Entwurfsprozesses noch nicht möglich ist, die Auswirkungen der verschiedenen zu erwartenden dynamischen Lasten auf die Struktur wie auch auf die aufmontierten Nutzlasten und anderen Systemeinheiten im Detail zu berechnen, wird eine **quasistatische Designlast** vorgegeben (auch **Design Limit Load** genannt), meist in Form einer logarithmischen Darstellung. Sie ist von vornherein so bemessen, dass nach aller Erwartung auch die dynamischen Beanspruchungen mit abgedeckt werden. Bild 4.1.2 zeigt als Beispiel eine frühe Vorgabe für die Entwicklung von Nutzlasten für die spätere Merkur-Mission BepiColombo [4.1.2]. Der Masse jeder Einheit auf dem Raumfahrzeug wird eine Beschleunigung zugeordnet, die „ausgehalten" werden muss und als Zielgröße der Dimensionierung dient, in der Regel noch mit zusätzlich vorgeschriebenen **Sicherheitsfaktoren** (vgl. Kapitel 4.1.3.3). Für die Primärstruktur, die sämtliche aufmontierten Einheiten tragen können muss, gilt natürlich die Gesamtmasse des Raumfahrzeugs.

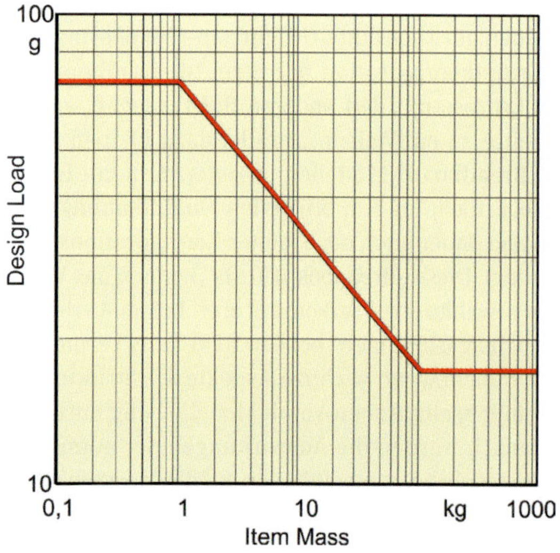

Bild 4.1.2: *Vorgabe einer quasistatischen Designlast.*

Beim freien Flug im Weltraum treten für die vergleichsweise kompakte Primärstruktur kaum noch mechanischkritische Belastungen auf; auch die Massenkräfte bei Steuermanövern zur Bahnkorrektur sind in der Regel vernachlässigbar. Anders verhält sich dies für entfaltete Sekundärstrukturen mit großen Abmessungen, z. B. ausladende Arme mit Solarzellen-Panels oder große Antennen (vgl. Kapitel 4.1.2). Die Manöverlasten unter Erdschwere, die während der Montagearbeiten und Transporte am Boden auftreten, sollten auf keinen Fall kritisch werden können; dies wird durch ein geeignet konstruiertes **Mechanical Ground Support Equipment (MGSE)** sichergestellt.

Bei extraterrestrischen Missionen können noch ganz andere Lastfälle dimensionierend sein. So kann etwa bei der Airbag-gestützten Landung einer Sonde auf dem Mars die transiente mechanische Belastung durch den Landestoß weit kritischer sein als sämtliche Startlasten. Bei Forschungsmissionen in sonnennahe oder sonnenferne Regionen des Sonnensystems können die thermischen Anforderungen an die Struktur, insbesondere die Notwendigkeit einer hocheffektiven thermischen Isolierung verschiedener Strukturteile voneinander, design-entscheidender werden als die mechanischen Anforderungen. Auch thermoelastische Verspannungen müssen dann berücksichtigt werden.

4.1.1.2 Auswahl der Strukturwerkstoffe

Um die mechanischen und thermischen Anforderungen an die Raumfahrzeugstruktur mit möglichst geringer Masse erfüllen zu können, kommt es entscheidend auf die richtige Auswahl der **Strukturwerkstoffe** an [4.1.3]. Tabelle 4.1.1 gibt einen globalen Überblick über die wichtigsten Eigenschaften der gängigsten Werkstoffgruppen in der Raumfahrttechnik.

a) Metallische Legierungen

Wie im Flugzeugbau, so nehmen auch in der Raumfahrt die klassischen **Aluminiumlegierungen** nach wie vor den führenden Platz unter den metallischen Strukturwerkstoffen ein, gefolgt von **Titanlegierungen** [4.1.4] [4.1.5]. Für Spezialanwendungen gewinnen daneben neuartige Werkstoffe an Bedeutung, zum Beispiel die mechanisch exzellenten und ultraleichten **Berylliumlegierungen,** die allerdings nur höchst problematisch zu verarbeiten sind, vor allem wegen ihrer extremen Toxizität.

Abgesehen von Kleinteilen (z. B. Titanschrauben) sind die entsprechenden Halbzeuge meist Bleche und Profile. Noch immer werden auch Metallbauteile mit komplexer Geometrie, vor allem Gerätegehäuse aus Aluminium, „aus dem Vollen" gefräst (siehe Kapitel 4.1.1.3). Sie bekommen allerdings zunehmend Konkurrenz durch im 3D-Druckverfahren hergestellte Integralbauteile.

Tabelle 4.1.1: *Ausgewählte Werkstoffeigenschaften im Überblick (gemittelte Herstellerangaben).*

Strukturwerkstoff	Zugfestigkeit [MPa]	Steifigkeit [GPa]	Dichte [kg/m³]	Thermische Ausdehnung
Unidirektionale Laminate mit Epoxidmatrix:	(jeweils mit 60 % Faservolumengehalt)			leicht < 0 in Faserrichtung, > 0 quer dazu; in Geweben annähernd ≈ 0
• mit HT-Kohlefasern (high tenacity) unterteilt in HS und VHS ((very) high strength)	HS: ≈ 2 100 VHS: > 2 100	120 … 150	1 500	
• mit HM-Kohlefasern (high modulus) inklusive UHM-Fasern (ultra high modulus)	1 400 … 2 300	HM: > 310 UHM: > 395	1 600	
• mit Aramidfasern (Kevlar/Twaron)	1 400 … 2 000	um 75	1 400	
• mit Glasfasern (S-Glas)	um 2 000	um 50	um 1 800	$5 \cdot 10^{-6}$/K
Aluminium (hochfeste Legierungen)	310 … 450	um 70	2 750	$23 \cdot 10^{-6}$/K
Titan (Grade 4)	700	110	4 450	$9 \cdot 10^{-6}$/K
Beryllium	320	300	1 860	$11 \cdot 10^{-6}$/K
AlBeMet (mit 62 % Beryllium)	262	193	2 100	$14 \cdot 10^{-6}$/K
Carbon/Carbon	200 … 260	um 90	um 1 850	sehr klein

b) Faserverbundwerkstoffe

Die Entwicklung immer besserer **Kohlenstofffasern** [4.1.6] in den letzten Jahrzehnten hat maßgeblich dazu beigetragen, dass **CFK-Laminate,** bei denen hochfeste bzw. hochsteife Kohlenstofffasern in eine ausgehärtete duromere Matrix (meist Epoxidharz) eingebettet sind, heute ein Rückgrat der Strukturtechnologie in der Raumfahrt darstellen [4.1.7] [4.1.8]. Laminate mit thermoplastischer Matrix spielen wegen ihrer geringen Wärmebeständigkeit in der Raumfahrt nur eine Nebenrolle.

Ebene Laminate werden meist aus vorimprägnierten Faserlagen **(Prepregs)** hergestellt, während bei stärker gekrümmten und komplexer geformten Bauteilen das noch trockene CFK-Gelege bzw. -Gewebe auf einer entsprechenden Negativform mit dem noch flüssigen Matrixharz durchtränkt wird. Bei Körpern, die annähernd rotationssymmetrisch sind (Zylinder, Tanks) wird der in einem Tränkbad mit dem Matrixharz benetzte Faserstrang auf einen Wickelkern gewickelt (**Faserwickeltechnik,** Filament Winding Technique). In allen Fällen erfolgt die Aushärtung in einem Autoklaven.

Gelegentlich werden auch **Glasfasern** oder die aus aromatischen Polyamiden bestehenden **Aramidfasern** verwendet (letztere meist unter den Markennamen **Kevlar, Twaron** oder **Nomex**), vor allem dort, wo die gute elektrische und thermische Leitfähigkeit der Kohlenstofffasern unerwünscht ist.

Eine der gängigsten Kombinationen von Faserverbundwerkstoffen mit Metallen in ein und derselben Struktur stellen Sandwichplatten mit CFK-Deckschichten und einem Wabenkern aus Aluminium dar (siehe Kapitel 4.1.1.3). Für viele Anwendungen sind sie die strukturmechanisch optimale Lösung.

c) Faser-Metall-Verbunde

Hierzu gehören die als FML (Fibre Metal Laminates) bezeichneten **Hybridwerkstoffe** aus dünnen metallischen Blättern, die schichtweise mit Lagen aus Kohlenstoff-, Glas- oder Aramidfasern kombiniert werden (GLARE, ARALL u. Ä.) sowie **Metallmatrix-Werkstoffe** (MMC, Metal Matrix Composites), die die mechanischen Vorteile der Faserverbunde mit der weit höheren Temperaturbeständigkeit einer Metallmatrix kombinieren, wenn auch um den Preis höheren Gewichts. Sie bilden bereits die Brücke zu den ausgesprochenen Hochtemperaturwerkstoffen.

d) Hochtemperaturwerkstoffe

Für extrem hohe Temperaturen, wie sie beim Hyperschallflug durch die Atmosphäre auftreten, etwa beim Wiedereintritt zukünftiger wiederverwendbarer Raumtransporter, werden keramische **CMC-Verbunde** (Ceramic Matrix Composites), **C/C-Verbunde** (Carbon/Carbon compounds) und **C/SiC-Verbunde** (mit Siliziumkarbidmatrix) entwickelt.

e) Sinterwerkstoffe

Diese Werkstoffe haben in den letzten Jahren einen enormen Bedeutungszuwachs erfahren, weil sie beim sogenannten Additive Layer Manufacturing bzw. 3D-Druckverfahren Verwendung finden [4.1.9] [4.1.10] (siehe Kapitel 4.1.1.3).

4.1.1.3 Bauweisen

a) Differentialbauweise

Im Gegensatz zu den Integralbauweisen, bei denen die Gesamtstruktur im Idealfall monolithisch zusammenhängend hergestellt oder doch wenigstens am Ende nur aus wenigen, relativ großen Stücken zusammengesetzt wird, beruht die Differentialbauweise auf dem Zusammenbau einer großen

Bild 4.1.3: *Haut und Stringer in Differentialbauweise (Bild: DLR).*

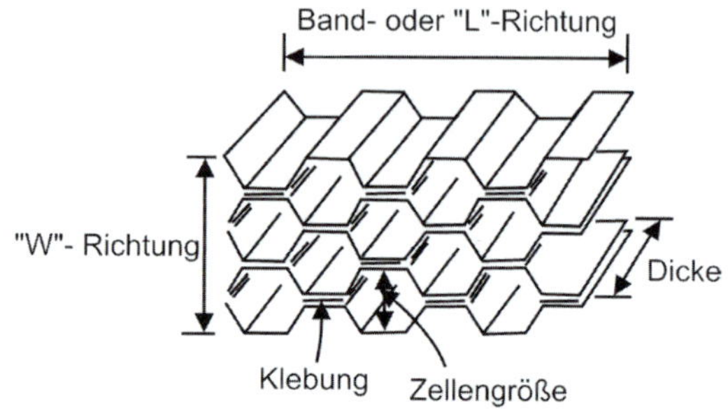

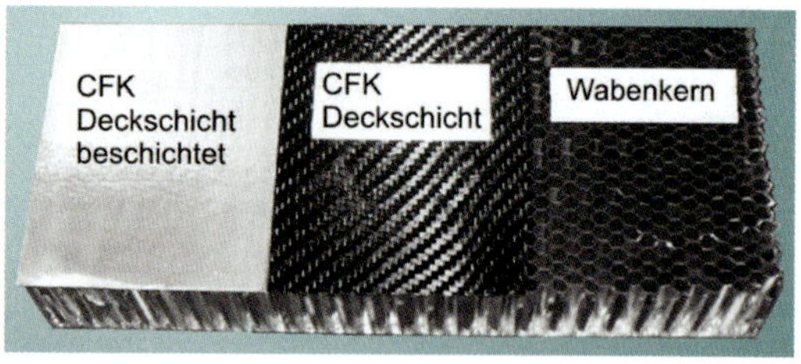

Bild 4.1.4: *Aufbau eines Sandwichs mit Wabenkern (Bild: DLR).*

Anzahl relativ einfacher Einzelteile. In der Frühzeit der Raumfahrt war dies die vorherrschende Strukturbauweise. Vorgeformte Einzelteile aus konventionellen Werkstoffen, z. B. Schalen und Profile aus Aluminiumblech, wurden miteinander vernietet, verschraubt oder verklebt (Bild 4.1.3), ebenso wie bei den Flugzeugen der damaligen Zeit. Derart hergestellte Strukturen haben zwar den Vorteil, dass die Ausbreitung von Rissen in den einzelnen Komponenten in der Regel durch deren Rand begrenzt wird (auch durch innere Ränder wie Lochleibungen), so dass Risse sich nicht sogleich durch die gesamte Struktur fortpflanzen. Als Nachteile stehen dem jedoch das relativ hohe Strukturgewicht und vor allem der hohe Fertigungsaufwand gegenüber, so dass die traditionelle Differentialbauweise in der Raumfahrttechnik heute eher in den Hintergrund getreten ist.

b) Sandwichbauweise

Heute herrscht bei der Konstruktion und Fertigung von Raumfahrzeugstrukturen die Sandwichbauweise vor. Sandwichplatten bestehen aus zwei parallelen **Deckschichten** (Face Sheets), vorzugsweise aus **Aluminiumlegierungen** oder **CFK-Laminaten,** die mit einem dazwischenliegenden **Sandwichkern** flächig verklebt sind. In den allermeisten Fällen handelt es sich dabei um einen **Wabenkern** (Honeycomb Core) mit hexagonalen Zellen; aber auch wellblechartig geformte Kerne, Kerne mit Zickzackprofil oder solche aus Hartschaum werden gelegentlich verwendet.

Das bevorzugte Kernmaterial ist Aluminium, wogegen das im Flugzeugbau ebenfalls häufig verwendete Aramidfaser-Papier (**Nomex**) im Hinblick auf die Umgebungsbedingungen im Weltraum seltener gewählt wird.

Bild 4.1.4 zeigt den prinzipiellen Aufbau einer Sandwichplatte mit einem Wabenkern aus hexagonalen Zellen. Ihre mechanischen Eigenschaften, insbesondere ihre **Festigkeit** und **Steifigkeit** unter Zug-, Druck-, Schub- und Biegebelastung, hängen außer von den Werkstoffparametern des Deckschicht- und Kernmaterials entscheidend von der Deckschichtdicke, der Kerndicke, der Zellengröße und der Dicke der Zellwände ab. Hierbei ist zu beachten, dass aufgrund des Herstellungsprozesses des Wabenkerns aus einzelnen dünnen Bändern, die dann gefaltet und an den in Bild 4.1.4 gezeigten Stellen miteinander verklebt werden, die mechanischen Eigenschaften in Längsrichtung (L, length) von denen in der Querrichtung (W, width) leicht abweichen.

Da bei der Verklebung des Wabenkerns mit den Sandwich-Deckschichten ein Klebfilm verwendet wird, der sich in die Kehlnähte zwischen der Innenseite der Deckschicht und den senkrecht darauf stehenden Zellwänden schmiegt und dort aushärtet, wären die Zellen hermetisch abgeschlossen, wenn nicht für ihre **Entlüftung** Sorge getragen würde. Durch die Perforation des Bandmaterials bei der Kernherstellung mit winzigen Löchern oder Schlitzen wird sichergestellt, dass die eingeschlossene Luft beim Aufstieg nach dem Start schnell genug entweichen kann.

Die Vielzahl der Sandwichparameter (insbesondere, wenn auch die Deckschicht selbst nicht isotrop ist, sondern ein multidirektionaler Faserverbund) ermöglicht eine Fülle von „maßgeschneiderten“ Sandwicheigenschaften, macht deren Berechnung jedoch relativ aufwändig. Es würde den Rahmen dieses Handbuchs sprengen, den entsprechenden Formelapparat, ausgehend von einigen allgemeinen Grundgleichungen auf ein praktisch anwendbares Niveau zur **Sandwichberechnung** herunterzubrechen und hier wiederzugeben. Deshalb sei auf die zwar schon betagten, aber immer noch ausgezeichneten Bücher von Plantema [4.1.11] und Allen [4.1.12] verwiesen; für die Dimensionierung von Faserverbund-Deckschichten auf Altenbach et al. [4.1.13], Michaeli et al. [4.1.14].

Raumfahrzeug-Strukturen können in verschiedenen Grundformen aus Sandwichplatten zusammengesetzt werden. Im einfachsten Fall, der in Bild 4.1.5 [4.1.15] dar-

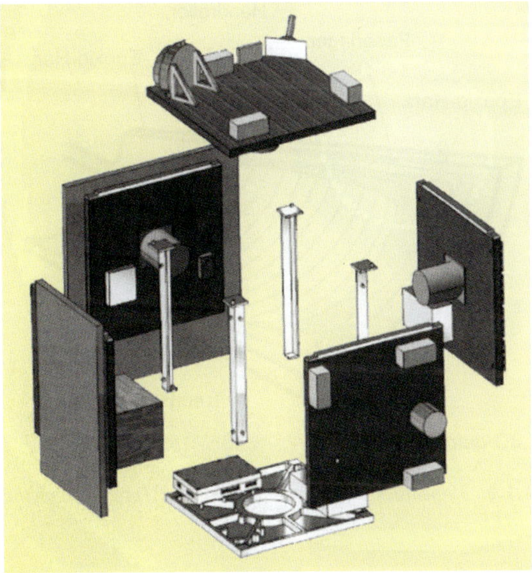

Bild 4.1.5: *Kleinsatellitenstruktur aus Sandwichplatten (Bild: DLR).*

Bild 4.1.6: *Strukturaufbau des Rosetta-Orbiters (Bild: ESA).*

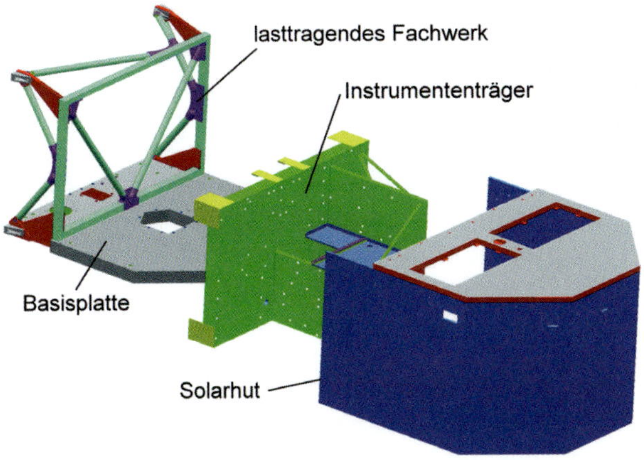

Bild 4.1.7: *Struktur des Rosetta-Landers „Philae" (Bild: DLR).*

gestellt ist und für viele Kleinsatelliten angewandt wird, besitzt die Struktur die Form eines Würfels oder Quaders, dessen sechs Seiten aus fünf Sandwichplatten sowie einer etwas massiveren Grundplatte bestehen. Diese Konfiguration lässt sich mühelos auseinanderklappen und kann daher sehr einfach integriert werden. Alle Nutzlasten und Systemeinheiten sind auf den Innenseiten der Seitenwände montiert; eine Innenstruktur gibt es nicht.

Größere Satelliten benötigen indes eine Zentralstruktur. Hier wird die Sandwichbauweise gerne mit einem Zentralrohr mit kreisrundem Querschnitt kombiniert, dessen Fertigung vorzugsweise in **Faserwickeltechnik** (Filament Winding Technique) erfolgt. Mit einer entsprechenden Auskleidung kann ein solches Zentralrohr in idealer Weise als Treibstofftank genutzt werden. Die Sandwichplatten umschließen es und bilden dabei einzelne Kammern (compartments) zur Unterbringung der Nutzlasten. Bild 4.1.6 zeigt ein noch nicht vollständig zusammengesetztes Strukturmodell des Orbiters für die Kometenmission Rosetta der ESA. Da die vordere mittlere Sandwichplatte noch fehlt, erkennt man das Zentralrohr sowie die Position der „hard points" für die spätere Montage des Rosetta-Landers „Philae" an den Schnittpunkten von zwei (am Ende drei) aufeinander senkrecht stehender Sandwichplatten.

Im Gegensatz zu diesem klassischen Aufbau ist die in Bild 4.1.7 skizzierte Primärstruktur des Rosetta-Landers ein gutes Beispiel für eine Sandwichstruktur, die nicht nur vorrangig von mechanischen, sondern gleichzeitig von thermischen **Designtreibern** abhängt. Da der Lander vom Orbiter aus auf einer Kometenoberfläche (also in einer extrem kalten Umgebung) abgesetzt werden sollte, sind alle kälteempfindlichen Nutzlasten und Systemeinheiten auf einem mit MLI (Multi-Layer Isolation) umhüllten Instrumententräger montiert, der seinerseits aus mehreren Sandwichplatten besteht. Mit der Außenstruktur, nämlich der Basisplatte und dem lasttragenden Fachwerk, ist der Instrumententräger nur durch dünnwandige Elemente aus **Kevlar** verbunden, welche die MLI durchdringen und mehrheitlich entlang der Hauptlastpfade angeordnet sind, die die Massenkräfte zu den vier Aufhängungspunkten am Orbiter leiten. Der den gesamten Aufbau überwölbende Solarhut, der mit Sonnenzellen, Kameras und Absorbern bestückt ist, ist trotz extremen Leichtbaus ein integraler Bestandteil der lasttragenden Primärstruktur.

Bei manchen Satelliten werden die Sandwichplatten auch etagenartig übereinander angeordnet und durch ein Fachwerk aus Stäben miteinander verbunden, das neben der Steifigkeit in der Längsachse des Satelliten eine hohe Verwindungssteifigkeit sicherstellen muss. Ein Beispiel zeigt Bild 4.1.8.

Bild 4.1.8: *Struktur des Wettersatelliten MSG-1 (Bild: ESA).*

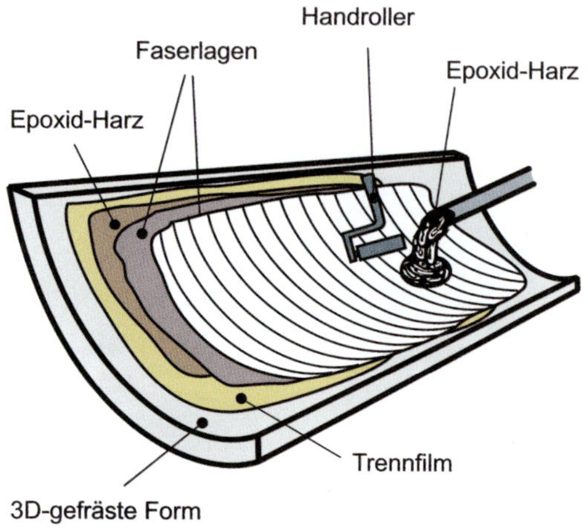

Bild 4.1.9: *3D-gedruckte Lasteinleitung in eine Faserverbundstruktur (Bild: DLR).*

c) CNC-Frästeile

Für die Fertigung monolithischer Metallbauteile kommt als Herstellungsverfahren vor allem das Fräsen „aus dem Vollen" infrage, während das Gießen für Raumfahrtanwendungen nur in extremen Ausnahmefällen eine Rolle spielt. Durch das Aufkommen der **CNC-Fertigungstechnik** sind integrale Frästeile heute ungleich präziser, schneller und kostengünstiger herstellbar als zu Beginn des Raumfahrtzeitalters.

Zwar sind bei größeren Abmessungen Strukturen in Sandwichbauweise eindeutig leichter als monolithische Metallstrukturen, weil beim Fräsen aus dem Vollmaterial die stehenbleibenden Wände nicht beliebig dünn sein können. Das gilt auch für die sogenannten **Isogrid-Strukturen,** die eine sandwichähnliche Topologie aufweisen (vorzugsweise wählt man dabei drei um je 60° gegeneinander versetzte Scharen paralleler Rippen, die ein Netz von gleichseitigen dreieckigen Zellen bilden). Gleichwohl werden heute die Gehäuse vieler Raumfahrzeug-Nutzlasten mit einer CNC-Maschine aus einem Aluminiumblock gefräst und dann chemisch oberflächenbehandelt (iridiert bzw. chromatiert).

d) 3D-Druckverfahren

Innerhalb der vergangenen 10 Jahre wurden entscheidende Fortschritte bei den **Additive Layer Manufacturing**-Prozessen in Bezug auf die darstellbaren Bauteilabmessungen, die Materialkennwerte und die Herstellungskosten gemacht [4.1.9] [4.1.10] (Bild 4.1.9).

Im Bereich der Kunststoffe sind das Fused Deposition Modeling [FDM] und das Selektive Lasersintern [SLS] zu nennen. Für die Verarbeitung von Metallen sind insbesondere das Selektive Laserschmelzen [SLM], das Wire and Arc Additive Manufacturing [WAAM] und der Aluminiumguß in 3D-gedruckte Sandformen relevant. Mit Blick auf die mechanische Leistungsfähigkeit bieten die Verfahren zur Herstellung metallischer Bauteile das höchste Potenzial. Hier muss allerdings beachtet werden, dass die Bauteile nach dem ersten Herstellungsschritt noch einer thermischen Nachbehandlung unterzogen werden müssen, um die bestmöglichen Materialeigenschaften zu erreichen.

Diese Verfahren können in Zukunft eine dezentrale, bedarfsoptimierte Ersatzteilversorgung ermöglichen, wie sie besonders bei zukünftigen, längeren Raumfahrtmissionen und in extraterrestrischen Basen (Mond, Mars) nötig sein wird.

e) Faserverbundstrukturen

Faserverbunde spielen nicht nur als Deckschichten von ebenen Sandwichplatten eine wichtige Rolle (s. o.), sondern auch in Form von gekrümmten Schalen. Schon eindimensional gekrümmte Schalen sind ja als Sandwich nur schwierig herzustellen, zweidimensional gekrümmte auf der Basis eines in ebener Form vorliegenden Kernmaterials praktisch gar nicht.

Ohne Probleme lässt sich dagegen eine zweidimensional gekrümmte Negativ-Form hochgenau mit Hilfe einer CNC-Maschine herstellen und anschließend als Laminierform verwenden. Solange die benötigte Wandstärke nicht größer ist als einige Millimeter, können auf einer solchen Form selbst im einfachen Handlaminierverfahren durchaus Bauteile hoher Qualität gefertigt werden, weil die gleichmäßige Durchdringung des Fasermaterials mit dem Laminierharz (Epoxid) und die Vermeidung von Lunkern von erfahrenem Fachpersonal unmittelbar beobachtet werden kann. Auf die fertige gekrümmte Schale können anschließend Versteifungsrippen geklebt werden.

Bei dickwandigeren Strukturen müssen indessen automatisierte Injektionstechniken wie die verschiedenen Spielarten des **RTM-Verfahrens** (Resin Transfer Moulding) zum Einsatz gelangen [4.1.16] [4.1.17] [4.1.18]. Bei diesen Verfahren wird durch Steuerung des Fließverhaltens und der Viskosität des Harzes sowie durch gezielt aufgebrachte Druckniveaus sichergestellt, dass das Fasergelege bzw. Fasergewebe auch noch in größerer Tiefe gleichmäßig mit dem Laminierharz durchdrungen wird. Ebenso ist die **Aushärtung** im Autoklaven qualitätsentscheidend (Bild 4.1.10).

Bild 4.1.10: *Im Mikrowellen-Autoklaven ausgehärtetes CFK-Panel (Bild: DLR).*

Bild 4.1.11: *Rumpfschale einer NetLander-Sonde (Bild: DLR).*

Als Beispiel einer integral hergestellten Raumsonden-Struktur zeigt Bild 4.1.11 die CFK-Rumpfschale einer 33 kg schweren Mars-Landesonde (Projekt NetLander [4.1.19]), die aus einem nur ca. 3 mm dicken Gewebe aus hochmoduligen Kohlenstofffasern bestand und Aufpralltests bis zu 180 g unbeschadet überstand.

4.1.1.4 Ausgasung, Degradation und Oberflächenschutz

Die Umgebungsbedingungen im Weltraum stellen besondere Ansprüche an die Struktur eines Raumfahrzeugs [4.1.20]. Die wesentlichen Herausforderungen sind:

- das vorherrschende **Hochvakuum,**
- **kurzwellige Strahlung** von der Sonne und aus dem galaktischen Hintergrund (Ultraviolett-, Röntgen- und Gammastrahlung),
- **hochenergetische Teilchen** (Protonen, Neutronen, Elektronen, Alpha-Teilchen) des Sonnenwindes sowie aus den **Van-Allen-Strahlungsgürteln** der Erde,
- **atomarer Sauerstoff** (im erdnahen Raum).

Das Hochvakuum führt dazu, dass Strukturwerkstoffe, die leichtflüchtige Bestandteile enthalten, diese durch **Ausgasung** verlieren, weil der entsprechende äußere Dampfdruck gleich Null ist. Metalle sind hiervon nicht betroffen, aber bei Kunststoffen müssen die Ausgasungseigenschaften in allen Fällen geprüft werden. Eine zu starke Ausgasung führt nicht nur zur Austrocknung und zu einer unter Umständen kritischen Versprödung des betreffenden Materials, sondern die Ausgasungsprodukte können sich auch auf anderen Teilen des Raumfahrzeugs niederschlagen. Insbesondere können ausgegaste Wassermoleküle als Eis auf den Objektiven von Kameras, auf Spiegeln und anderen empfindlichen Sensoren kondensieren und diese blind machen.

Deshalb müssen Strukturwerkstoffe an Bord von Raumfahrzeugen strengen Ausgasungskriterien genügen, die in einer entsprechenden ECSS-Norm [4.1.21] festgelegt sind und mit Hilfe von **Ausgasungstests** nachgewiesen werden (Bild 4.1.12).

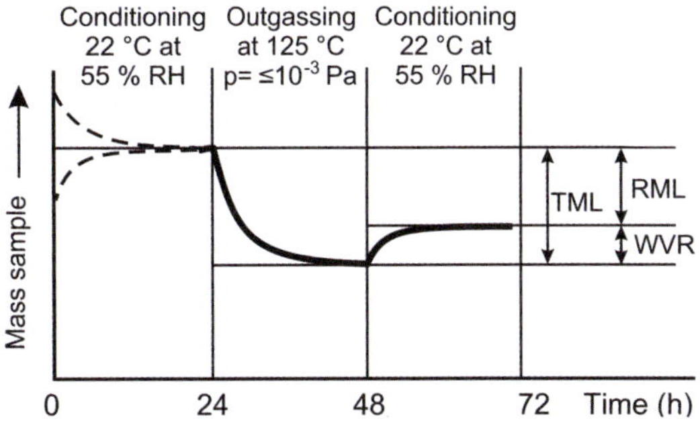

Bild 4.1.12: *Ausgasungstest nach ECSS-Q-ST-70-02C.*

Nach vorheriger Konditionierung unter normaler Raumtemperatur und Feuchte lässt man das Probenmaterial für 24 Stunden bei 125 °C im Vakuum ausgasen. Durch Wägung unmittelbar vorher und nachher wird der totale Massenverlust **(Total Mass Loss, TML)** bestimmt. Durch anschließende erneute Konditionierung lässt man die Probe wieder Wasserdampf aufnehmen **(Water Vapour Regained, WVR)**, sodass der bleibende Massenverlust **(Recovered Mass Loss, RML)** bestimmt werden kann. Mit einer empfindlichen Kollektorplatte in der Messanordnung kann zusätzlich der Anteil fester Bestandteile bestimmt werden, der bei der Ausgasung ausgeschieden wird **(Collected Volatile Condensable Material, CVCM)**. Sofern nicht anders spezifiziert, gilt als Eignungskriterium für Raumfahrt-Werkstoffe TML < 1 % und CVCM < 0,1 %. In der Umgebung optischer Instrumente wird sogar RML < 0,1 % und CVCM < 0,01 % gefordert.

Bei der **Degradation** des Materials durch kurzwellige Strahlung und hochenergetische Partikel, die die molekularen Bindungen im Werkstoff zerstören bzw. verändern, muss die Gesamtdosis abgeschätzt werden, der das Raumfahrzeug während seiner Missionsdauer ausgesetzt sein wird. Diese hängt natürlich außer von der Missionsdauer selbst sehr stark davon ab, ob sich das Raumfahrzeug im erdnahen Raum innerhalb der **Van-Allen-Strahlungsgürtel** befindet, ob es sich im geostationären Orbit oder im freien äußeren Weltraum aufhält, ob die Missionsdauer mit Phasen starker Aktivität im Rahmen des elfjährigen Sonnenzyklus koinzidiert usw.

Wiederum sind **Faserverbundwerkstoffe** mit ihrer polymeren Matrix anfälliger für die zersetzende Wirkung hochenergetischer Photonen oder Teilchen [4.1.22] als **metallische Legierungen.** Ein Schutz ihrer Oberfläche ist daher unumgänglich. Wenigstens gegenüber den Wirkungen der kurzwelligen elektromagnetischen Strahlung bieten immerhin bereits die üblichen, primär zur thermischen Isolierung dienenden Satellitenumhüllungen aus metallisch beschichteter Kaptonfolie bzw. MLI einen recht wirksamen Schutz, wenn auch hochenergetische Partikel diese Umhüllung durchschlagen. Dünne metallische Schutzschichten können auch direkt auf CFK-Laminate auflaminiert werden, ohne dass die unterschiedlichen Wärmeausdehnungskoeffizienten zu Rissen oder Falten führen (vgl. die beschichtete Deckschicht in Bild 4.1.4). Durch eine vorherige chemische bzw. elektrochemische Behandlung der Metallfolien (Iridierung, Chromatierung) wird verhindert, dass sich an ihrer Oberfläche eine nichtleitende Oxidschicht ausbildet.

Eine metallisch leitende und gut reflektierende Oberfläche ist nicht nur als Schutz des darunter liegenden Materials gegen Degradation wertvoll, sondern verhindert auch örtliche elektrische Ladungskonzentrationen auf der Struktur. Das Problem der **Oberflächenladung** (Surface Charging) ist insbesondere im geostationären Orbit relevant, wo die Plasmaumgebung zu lokal stark unterschiedlicher Aufladung verschiedener Teile des Raumfahrzeugs führen kann [4.1.23]. Spannungen von etlichen Kilovolt können sich aufbauen und zu zerstörerischen Entladungen führen, wenn sie nicht durch „Erdung“, d. h. leitende Verbindung der verschiedenen Oberflächenpartien untereinander, verhindert werden.

Bei Missionen im erdnahen Raum sollte schließlich die degradierende Wirkung **atomaren Sauerstoffs** auch für die Struktur nicht von vornherein vernachlässigt, sondern sicherheitshalber abgeschätzt werden, wenngleich der Effekt vor allem für empfindliche Sensoren von Belang ist. Atomarer Sauerstoff entsteht durch die Dissoziation von Sauerstoffmolekülen in den Ausläufern der Erdatmosphäre durch die UV-Strahlung der Sonne, wobei mit zunehmender Bahnhöhe die Abhängigkeit vom Aktivitätszyklus der Sonne stark zunimmt [4.1.23].

4.1.1.5 Inserts

Um Nutzlasten, Geräteeinheiten anderer Subsysteme und Sekundärstrukturen aller Art auf der Primärstruktur befestigen zu können, bedarf es einer Vielzahl von Anschraubungspunkten. Handelt es sich um eine integral gefertigte monolithische Struktur, so bringt man entsprechende Bohrungen an, in die dann Gewinde geschnitten bzw. Gewindeeinsätze eingefügt werden können. Bei Strukturen in Differentialbauweise kann man Mutternkäfige oder andere Gewindeträger anschweißen, ankleben oder annieten (je nach Werkstoff).

Inserts im eigentlichen Sinne sind jedoch Gewindeeinsätze in Sandwichplatten. Sie stellen die bei weitem vorherrschende Form der Befestigung von Geräten u. Ä. auf Raumfahrzeugen dar. Grundsätzlich unterscheidet man **durchgehende Inserts** (sog. „Through-the-Thickness Inserts“), bei denen die Schraube durch die ganze Sandwichplatte hindurchgeht und eine auf der anderen Seite befindliche Einheit gegen diese Platte presst und **einseitig montierte Inserts** (sog. „Blind Inserts“), bei denen die anzuschraubende Einheit und der Schraubenkopf auf derselben Seite liegen.

Es gibt eine Vielzahl von Bauformen für Inserts [4.1.24]. Die Standard-Bauform eines einseitig montierten Inserts wird durch sogenanntes **Potting** in die Sandwichplatte eingesetzt (siehe Bild 4.1.13, Mitte). Dabei wird zunächst eine Bohrung eingebracht, die etwas tiefer reicht, als es der Inserthöhe entspricht. Optional werden die angebohrten Wabenkernzellen dann an ihrem stehengebliebenen oberen Rand mit etwas zähflüssigem Epoxidharz verschlossen, damit sich das anschließend injizierte Harz nicht in den „Tiefen“ des Sandwichs verlieren kann. Bei relativ dünnen Sandwichplatten lohnt dies natürlich nicht; hier wird der Wabenkern fast oder ganz bis zur unteren Deckschicht aufgebohrt.

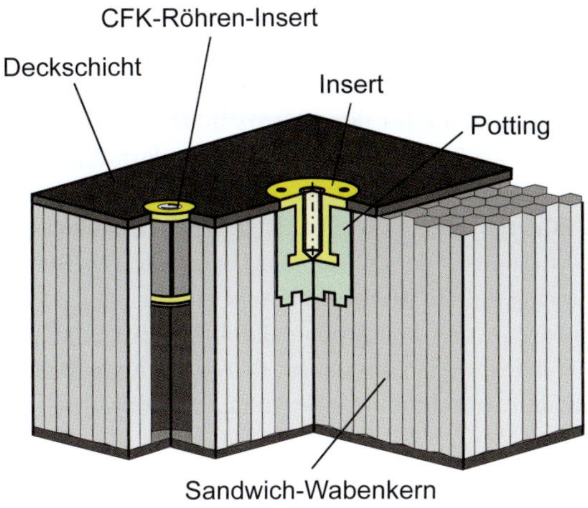

Bild 4.1.13: *Inserts im Sandwich.*

Nach dem Einsetzen und Ausrichten des Inserts mit einem passenden Justierwerkzeug wird durch eines von zwei Löchern in der Insertkappe solange Harz injiziert, bis es aus dem anderen wieder hervorquillt und der Freiraum um den zentralen Schaft des Inserts bis hin zum Rand der Bohrung komplett gefüllt ist. Nach dem Aushärten trägt jedes einzelne fertige Insert dieser Bauart für Gewindegrößen von M3 bis maximal M6 mit etwa vier bis sieben Gramm zur Strukturmasse bei und liefert dafür eine Anschraubmöglichkeit, die mit einigen Kilonewton belastbar ist.

Bild 4.1.13 zeigt im linken Teil ein alternatives Design, das **CFK-Röhren-Insert.** Für gewisse Kombinationen von Sandwich-Parametern weist es ein günstigeres Verhältnis von Masse und Belastungsfähigkeit auf als das konventionelle Design. Die Sandwichplatte wird hier auf ganzer Dicke durchbohrt, aber mit einem geringeren Durchmesser als beim Potting. Die untere Deckschicht kann optional mit durchbohrt werden. In die mit Epoxidharz ausgestrichene Bohrung wird dann eine in Umfangsrichtung faltbare, hochsteife und ebenfalls mit Epoxidharz benetzte CFK-Röhre so eingesetzt, dass sie genau zwischen die beiden Deckschichten passt. Ein Justierwerkzeug entfaltet diese CFK-Röhre nach dem Einsetzen, richtet sie senkrecht zur Oberfläche aus und positioniert sie exakt unter dem Bohrungsrand, während sie auf ganzer Länge mit dem Wabenkern verklebt. Nach dem Aushärten wird dann eine formschlüssig mit einer CFK-Hülse ummantelte Aluminiumbuchse mit dem gewünschten Gewinde eingeklebt [4.1.25].

Beide in Bild 4.1.13 skizzierten Inserts liegen mit ihrer Kappe, d. h. mit der Anschraubfläche für Geräte, bündig in einer Ebene mit der Sandwich-Deckschicht (der englische Fachbegriff ist **Flush-mounted Insert**). Für die meisten Insert-Bauformen gibt es jedoch auch die Möglichkeit, mittels erhöhter Insertkappen die Montageebene über das Niveau der Deckschicht zu heben (**Protruding Inserts,** siehe Bild 4.1.14). Diese Variante ermöglicht es, durch

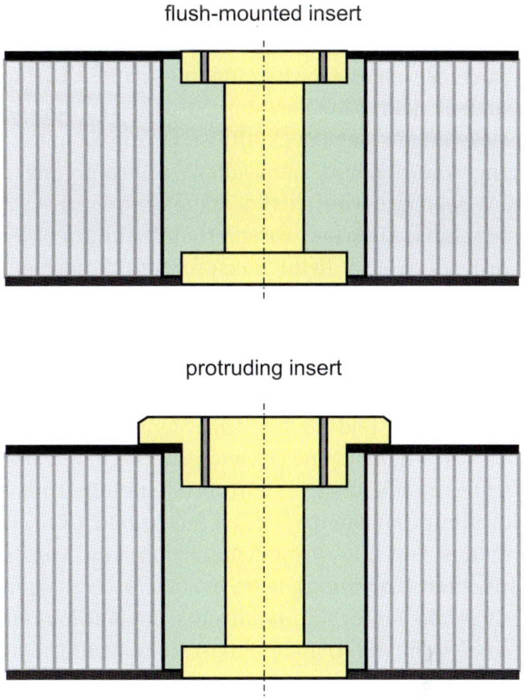

Bild 4.1.14: *Bündige und erhöhte Montage von durchgehenden Inserts.*

späteres hochpräzises Abschleifen eine durchgehende, von allen lokalen Ungenauigkeiten der Sandwichoberfläche unabhängige Montageebene herzustellen.

Alle Inserts müssen so verdrehsicher in die Struktur eingesetzt werden, dass sie sich bei der späteren Gerätemontage nicht lösen können, wenn die **Schrauben** mit dem für die jeweilige Gewindegröße spezifizierten Drehmoment angezogen werden. Man verwendet in der Regel Titanschrauben (TiAl6V4) mit gerolltem Gewinde und einem Kopf mit Innensechskant. Da besonders die **zufallsverteilten dynamischen Lasten** beim Start zum Losdrehen der Schrauben führen können, werden die Gewinde in den Inserts oftmals mit Sicherungen versehen, z. B. mit Gewindeeinsätzen (Helicoils) aus Bronze.

4.1.1.6 Fertigung und Integration

Wie in Kapitel 4.1.1.3 bereits beschrieben, hängt die Wahl der **Fertigungstechnologie,** die beim Rohbau der Primärstruktur einzusetzen ist, von der Bauweise und vom Werkstoff ab. Dieser Rohbau ist in jedem Falle ein „schmutziger" Prozess, ganz gleich, ob es sich nun um das Laminieren einer integralen CFK-Schale, die Bearbeitung von Sandwichplatten oder die zerspanende Bearbeitung und das anschließende Vernieten von Blechteilen handelt.

Der qualitative Schritt vom Rohbauteil zur Raumfahrzeug-Struktur, die danach zur mechanischen Grundlage der gesamten weiteren Integration des Raumfahrzeugs wird, beinhaltet drei Maßnahmen:

1. **Reinigung:** Diese ist verbunden mit der Verlagerung aller weiteren Aktivitäten in einen **Reinraum** (Clean Room). Sie umfasst die Beseitigung aller losen Schmutzpartikel, Bohrspäne usw. durch Ausblasen mit reinem Stickstoff aus der Druckluftpistole, sogenanntes **Purging**, sowie die Entfernung aller Verunreinigungen auf der Oberfläche durch rückstandsfreies Abwaschen, meist mit Isopropanol. Faserverbundstrukturen werden vor Beginn dieser Reinigungsprozeduren noch einmal bei etwa 90 °C getempert.
2. **Verifikation:** Hierzu gehört das genaue Auswiegen der Struktur bzw. der Primärbauteile, aus denen sich die Struktur zusammensetzt sowie deren genaue optische Vermessung (Bild 4.1.15). Außerdem werden die Lage des Schwerpunkts und ggf. auch die Trägheitsmomente in allen drei Raumachsen experimentell bestimmt.
3. **Konfigurationskontrolle:** Die Struktur wird nach der für das jeweilige Projekt maßgeblichen Vorschrift etikettiert **(Labelling).** Jedes monolithisch zusammenhängende Teil erhält damit eine eindeutig zuzuordnende Kennung. Demontierbare Teile werden separat etikettiert.

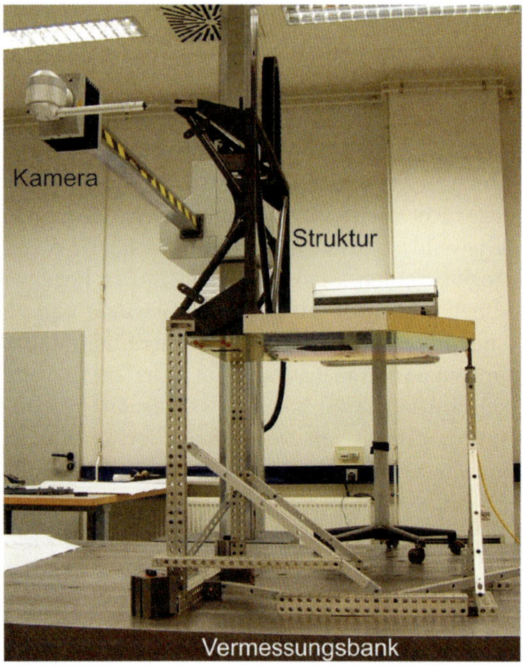

Bild 4.1.15: *Optische 3D-Strukturvermessung (Bild: DLR).*

Um die fertige Struktur für die nachfolgenden Integrationsarbeiten zugänglich und positionierbar zu machen, muss sie in einem ihrer Geometrie angepassten tragenden Gestell aufgehängt werden. Dieses Gestell ist das Kernstück des sogenannten **MGSE (Mechanical Ground Support Equipment)** und in der Regel viel massiver und steifer als die Struktur selbst. Es erlaubt das Drehen und Schwenken des sich in der Entstehung befindenden Raumfahrzeugs unter normaler irdischer Schwere und verhindert, dass leichte Strukturteile, die für den Einsatz in der Schwerelosigkeit dimensioniert sind, unter der Last der darauf montierten Einheiten deformiert werden. Den für die Befestigung am MGSE vorgesehenen mechanischen Schnittstellen auf der Struktur kommt daher besondere Bedeutung zu. Sie sollten auf jeden Fall so ausgewählt und ausreichend zahlreich sein, dass auch bei großen Satelliten mit ausladender Geometrie ausgeschlossen ist, dass die Manöverlasten am Erdboden zum dimensionierenden Lastfall werden.

4.1.2 Sekundäre und entfaltbare Strukturen

Sekundärstrukturen unterscheiden sich von der Primärstruktur dadurch, dass sie nicht für die „globalen" mechanischen Eigenschaften des Raumfahrzeugs als Ganzem bestimmend sind, sondern im Wesentlichen nur für das lokale Eigenverhalten der Bordsysteme oder Nutzlasten, die an ihnen befestigt sind. Immerhin haben sie aber doch solche Formen und Abmessungen, dass sie im **Finite-Elemente-Modell** des Raumfahrzeugs identifizierbar repräsentiert sein sollten (und nicht nur als „verschmierte Masse" oder Punktmasse) und dass ihr mechanisches Verhalten bei der Analyse explizit betrachtet werden sollte. Noch kleinere Strukturen, z. B. kompakte Boxen oder Kabelschellen, bezeichnet man als **Tertiärstrukturen,** die wir hier aber nicht näher betrachten wollen. **Entfaltbare Strukturen** wie Solarpanels oder Booms gehören grundsätzlich zu den Sekundärstrukturen.

4.1.2.1 Gerätehalterungen und Isolierungen

Gerätehalterungen, die hinsichtlich ihrer Größe oder ihrer mechanischen Funktion (z. B. als ein nicht vernachlässigbarer Hebelarm) das Kriterium einer Sekundärstruktur erfüllen, können ebenso wie Tertiärstrukturen (Boxen, Schellen) an Inserts oder Schraublöchern in der Primärstruktur angeschraubt werden. Sie können aber auch monolithisch mit dieser verbunden sein, wie das Beispiel in Bild 4.1.16 zeigt. Im letzteren Fall gehören sie rein formal, d. h. hinsichtlich ihres **Labellings,** zur Primärstruktur, da sie nicht demontierbar sind.

Bei Verwendung von **Faserverbundwerkstoffen** (vorzugsweise CFK) lassen sich solche Halterungen sehr leicht in der gewünschten Lage und Orientierung im Raum fixieren, sofern man eine präzise 3D-Bauform oder Helling zur Verfügung hat, in der nicht nur die Primärstruktur selbst definiert eingebettet ist, sondern die auch die Interface-Flächen für die später anzumontierenden Geräte simuliert.

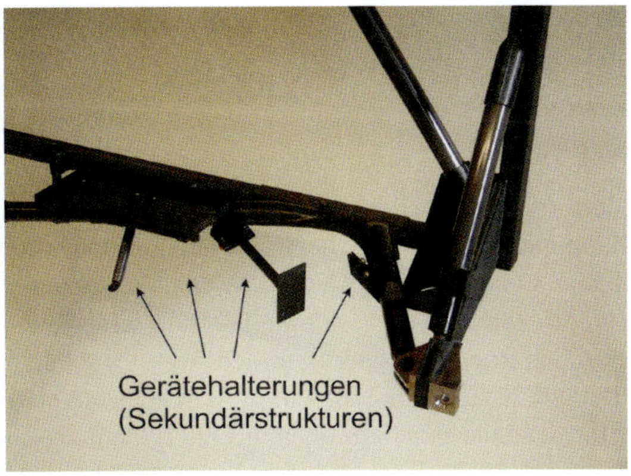

Bild 4.1.16: *Sekundärstrukturen zur Gerätebefestigung an einem lasttragenden Fachwerk (Bild: DLR).*

Die vorgefertigten Verbindungsstücke zwischen diesen Geräte-Interfaces und der Primärstruktur klebt man dann „weich" an und lässt sie in der Bauform passend aushärten. So erreicht man mit einer hohen Sicherheit, dass die im Zuge der AIV-Maßnahmen anzumontierenden Einheiten nachher auch wirklich spannungsfrei passen.

Anspruchsvoller sind Strukturen zum Aufständern bzw. Aufhängen von Geräteeinheiten, die thermisch isoliert werden müssen. Bild 4.1.17 zeigt hierzu als Beispiel eine Aufständerung für Elektronikeinheiten, die für das Marsprojekt NetLander entwickelt wurde [4.1.26].

Die thermisch zu isolierenden Einheiten werden auf einer Platte montiert, die mit der Primärstruktur nur über dünnwandige Faserverbundelemente aus **Glasfasern** zusammenhängt, um den Wärmeverlust zu minimieren. Um dennoch die hohen mechanischen Belastungen (Landestoß!) aufnehmen zu können, sind die Tragfunktionen für Zugkräfte, Druckkräfte und Schubkräfte entkoppelt. Die zur Verschraubung dienenden Insertkappen auf der Sekundärseite (warm) sind mit ihren Gegenstücken auf der Primärseite (kalt) vernäht, und zwar mit Fasersträngen aus **Kevlar**, die man vor der Vernähung mit Epoxidharz tränkt und im straffgezogenen Zustand aushärten lässt.

4.1.2.2 Entfaltbare Panels

Neben den oben diskutierten Halterungen sind entfaltbare Panels die wohl häufigsten sekundären Strukturen auf Raumfahrzeugen, insbesondere **Solarpanels,** die zur Energieversorgung dienen.

Die klassische Anordnung solcher Solarpanels ist beispielhaft in Bild 4.1.18 und 4.1.19 dargestellt. Die ESA-Raumsonde Venus Express trägt an zwei gegenüberliegenden Seiten ihrer würfelförmigen Primärstruktur je zwei rechteckige Solarpanels, die nach innen, zur Primärstruktur hin, an einem spitz zulaufenden Träger befestigt sind. Dieser wiederum ist an ein Drehgelenk (**BAPTA** = Bearing and Power Transfer Assembly) innerhalb der Primärstruktur angeschlossen, das die Drehung der gesamten Solarpanel-Anordnung um ihre Längsachse bewirkt, sodass stets die richtige Neigung relativ zur Sonne eingestellt werden kann.

Die einzelnen Elemente sind durch **Federgelenke** miteinander verbunden, die sich nach der Entriegelung im Weltraum öffnen und im aufgeklappten Zustand einrasten (vgl. Kapitel 4.1.5.3). Bis kurz vor dem Start, d. h. bis kurz

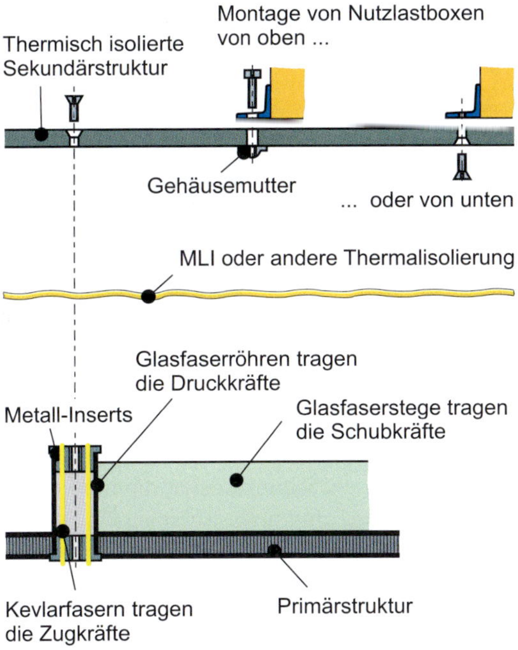

Bild 4.1.17: *Thermisch isolierende Aufständerung.*

Bild 4.1.18: *Entfaltete Solarpanels der Raumsonde Venus Express (Bild: ESA).*

Bild 4.1.19: *Arretierte Solarpanels der Raumsonde Venus Express (links und rechts) (Bild: ESA).*

vor dem Aufsetzen des Fairings der Trägerrakete, trägt üblicherweise jeder Stapel von zusammengeklappten Solarpanels noch ein von außen darüber geschraubtes **Schutzpanel,** um versehentliche Beschädigungen der Sonnenzellen zu verhindern (vgl. die Ausschnittvergrößerung in Bild 4.1.19).

Strukturell bestehen Solarpanels üblicherweise aus relativ leichten Sandwichplatten, auf denen die Sonnenzellen-Arrays und die zugehörige Verdrahtung aufgeklebt sind. Während der **dynamischen Belastung** beim Start hängt ihr strukturmechanisches Verhalten im Wesentlichen von ihrer Arretierung in den **Launch Locks** ab (vgl. Kapitel 4.1.5.1). Die Federgelenke zwischen den einzelnen Panels werden dabei als „weich" betrachtet und spielen praktisch keine Rolle.

Anders ist die Situation im Weltraum, sobald die gesamte Anordnung ausgeklappt ist; insbesondere wenn es sich nicht nur um zwei Solarpanels auf jeder Seite handelt (wie im obigen Beispiel der „sonnennahen" Mission Venus Express), sondern um mehrere. Bei der „sonnenfernen" Kometenmission Rosetta etwa waren auf beiden Seiten des Raumfahrzeugs fünf große Solarpanels hintereinander angeordnet, sodass eine Spannweite von insgesamt 32 Metern erreicht wurde. Selbst ganz geringe Beschleunigungen durch Flugmanöver sowie Störungen können unter solchen Umständen niederfrequente Schwingungen der Größenordnung 1 Hertz anfachen. Die Steifigkeit (und damit die ersten Eigenfrequenzen) sowie die Dämpfungseigenschaften einer entfalteten Anordnung von Solarpanels mit arretierten Federgelenken bedürfen daher stets einer gezielten Analyse. Zu den Grundlagen hierzu vgl. Sarafin et al. [4.1.27].

4.1.2.3 Booms

Mit dem englischen Begriff **„Boom"** bezeichnet man in der Raumfahrttechnik üblicherweise alle Formen von ausklappbaren Armen oder Auslegern, mit denen Instrumente, Sensoren, Antennen o. Ä. in eine Position außerhalb des eigentlichen Raumfahrzeugs gebracht werden sollen.

Handelt es sich dabei um einen Arm aus starren Gliedern mit dazwischen befindlichen Federgelenken, so ist dies grundsätzlich nichts anderes als die eindimensionale Variante des oben beschriebenen Stapels aus Solarpanels: Das mechanische Verhalten beim Start hängt im Wesentlichen von der Qualität und Position der Arretierungen **(Launch Locks)** ab, während die Dynamik der Konfiguration im entfalteten Zustand außer durch die mechanischen Eigenschaften der Boomglieder selbst durch die Masse der ausgefahrenen Nutzlast (z. B. Magnetometer) sowie durch die Steifigkeit der Gelenke bestimmt wird.

Eine besondere Herausforderung sind Booms für die Entfaltung wirklich großer, ultraleichter Gebilde wie Sonnensegel, große Antennen oder Reflektoren oder auch Solarzellen-Arrays, die nicht mehr in der herkömmlichen Weise mittels starrer Elemente aufgespannt werden, sondern deren Träger erst nach der Entfaltung im Raum ihre endgültige Form einnehmen. Ein Beispiel für diese sogenannten **Gossamer Structures** zeigt Bild 4.1.20.

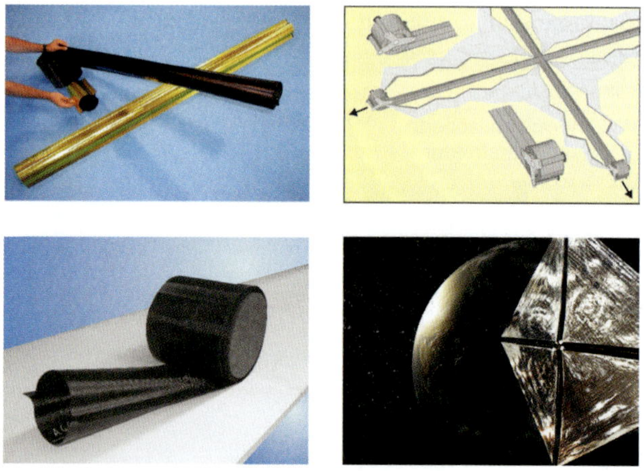

Bild 4.1.20: *Entfaltungskonzept für einen Sonnensegler auf der Basis aufrollbarer CFK-Booms (Bild: DLR).*

Es handelt sich um **Sonnensegler,** die nur vom Lichtdruck der Sonne auf eine große verspiegelte Folie angetrieben werden und auf diese Weise Langzeitmissionen im Sonnensystem ausführen können. Hierzu waren ultraleichte Booms zu entwickeln, die während der Integration und der Startphase in einem sehr kleinen Stauvolumen untergebracht werden konnten [4.1.28] [4.1.29].

Wie in Bild 4.1.20 dargestellt, bestehen die Booms aus zwei sehr dünnen langen Halbschalen aus CFK, die bei Abwesenheit äußerer Kräfte auf Grund ihrer beim Aushärten „eingefrorenen" Spannungen ein halbkreisförmiges Profil annehmen, das seitlich in zwei Fügungsflanschen ausläuft. Verklebt man nun zwei solcher Halbschalen spiegelbildlich miteinander, so ergibt sich eine lange Röhre mit zwei seitlichen Ausläufern. Dieses Gebilde kann flachgedrückt und wie ein Rollbandmaß auf einer Spule aufgewickelt werden, ohne den Spannungszustand zu zerstören. Beim Abrollen von der Spule bewirkt die gespeicherte Formänderungsenergie wiederum die Entfaltung. Mit einer geeigneten Mechanik kann man nun mehrere dieser Booms radial von einem Zentralkörper aus in den Raum hinausstrecken und dabei ein dünnes Sonnensegel oder auch andere ultraleichte Gebilde aufspannen.

Die Belastbarkeit der Booms hängt wegen ihrer Dünnwandigkeit vor allem von ihrer Beulstabilität ab, die durch einen Laminataufbau aus kombinierten 0°- und ±45°-Schichten sehr günstig beeinflusst wird. Außerdem hilft dieser Aufbau, die Verkrümmung der Booms bei einseitiger thermischer Belastung im Weltraum zu minimieren. Sehr geringe Wärmeausdehnungskoeffizienten in Längsrichtung tragen entscheidend dazu bei. Das spezifische Gewicht der Booms liegt bei nur etwa 100 g/m.

Da solche Booms im Verhältnis zu ihrer Masse eine riesige Oberfläche besitzen, ist der Wärmeaustausch durch Strahlung der dominierende thermale Effekt. Deshalb wird es bei zukünftigen Anwendungen entscheidend auf die Oberflächenbeschichtung ankommen, die als Schutz vor **Degradation** ohnehin unerlässlich ist. Die Aufbringung von beschichteter Kaptonfolie wurde an kürzeren Abschnitten bereits erfolgreich erprobt. Auch das Entfaltungskonzept insgesamt wurde unter Null-g-Bedingungen bei mehreren Parabelflügen erfolgreich verifiziert [4.1.30] [4.1.31]

4.1.3 Strukturmechanische Modellierung und Analyse

4.1.3.1 Finite-Elemente-Modelle und Modalmodelle

Raumfahrzeug-Strukturen sind viel zu komplex aufgebaut, als dass man ihr mechanisches Verhalten einigermaßen genau analytisch beschreiben könnte. Allenfalls einige ganz globale Eigenschaften können überschlägig „von Hand" abgeschätzt werden (was immerhin in Phase-A-Studien durchaus sinnvoll ist).

Deshalb werden die strukturmechanischen Berechnungen, wie es in den Ingenieurwissenschaften heute allgemein üblich ist, mit Hilfe der **Finite-Elemente-Methode (FEM)** durchgeführt. Bei der FEM wird die reale Struktur durch ein diskretes mathematisches Modell abgebildet, das aus einer Vielzahl geometrisch einfacher und endlicher (finiter) Elemente besteht, die an definierten Knotenpunkten miteinander verbunden sind. Bei den einfachen (linearen) finiten Elementen sind diese **Knoten** mit den Eckpunkten des Elements identisch. Die Elemente können ein-, zwei- oder dreidimensional sein. Entsprechend den ihnen zugewiesenen mechanischen Eigenschaften unterscheidet man **Stab- und Balkenelemente, Platten- und Schalenelemente, Volumenelemente** und andere mehr.

Es würde den Rahmen dieses Kapitels völlig sprengen, alle diese Elemente und die ihnen innewohnenden Idealisierungen hier zu beschreiben, deshalb sei auf die umfängliche Fachliteratur verwiesen, beispielhaft auf die ausgezeichnete Monografie von Bathe [4.1.32]. Zu jeder etablierten FEM-Software (z. B. **NASTRAN, ANSYS, ABAQUS, ASKA**) existiert darüber hinaus eine detaillierte spezifische Beschreibung der in dem betreffenden Programmpaket verfügbaren Elemente.

Bei der Erstellung des FE-Modells kann man sich eines eventuell bereits vorhandenen **CAD-Modells** als Hilfsmittel bedienen, um nicht die gesamte Geometrie der Struktur von Grund auf neu darstellen zu müssen. Allerdings ist die Sichtweise des Konstrukteurs von der des Strukturanalytikers oft verschieden: So mag etwa ein dünnwandiges Schalentragwerk im FE-Modell am besten durch Schalenelemente idealisiert werden, mit denen zweidimensional gerechnet wird, indem einfach eine Plattenbiegesteifigkeit und eine Membransteifigkeit des ebenen Spannungszustands überlagert werden. Der CAD-Konstrukteur hingegen kann für das gleiche Bauteil „solids", also Volumenelemente wählen, weil die Erstellung technischer Zeichnungen und/oder die Erfordernisse der Fertigung es notwendig machen. In jedem Fall muss die Konversion vom CAD-Modell zum FE-Modell sehr kritisch überprüft werden.

Offensichtlich hängt die mit einer FE-Rechnung erzielbare Genauigkeit von der Feinheit der Elementierung ab. Da ein sehr feingezogenes Netz den Modellierungs- und Rechenaufwand stark erhöht, wird man es auf die Umgebung kritischer Schnittstellen, wesentlicher Lastpfade und anderer wichtiger Punkte beschränken. Andererseits kann man in Regionen, in denen „nichts passiert", zum Beispiel auf ausgedehnten Platten, das Netz unbedenklich etwas weitmaschiger spannen.

Selbstverständlich muss das FE-Modell der Raumfahrzeug-Struktur stets die darauf montierten Einheiten mit einschließen; eine mechanische Analyse der „nackten" Struktur wäre sinnlos. Relativ kleine und leichte Einheiten **(Tertiärstrukturen)** können dadurch idealisiert werden, dass man ihre Masse als im Schwerpunkt konzentriert annimmt und diesen dann mit gedachten starren, selbst aber masselosen Verbindungen (sog. **Rigid Beam Elements**) an Knotenpunkten auf der Struktur anschließt, die den realen Insertpositionen am nächsten kommen (vgl. Bild 4.1.22).

4

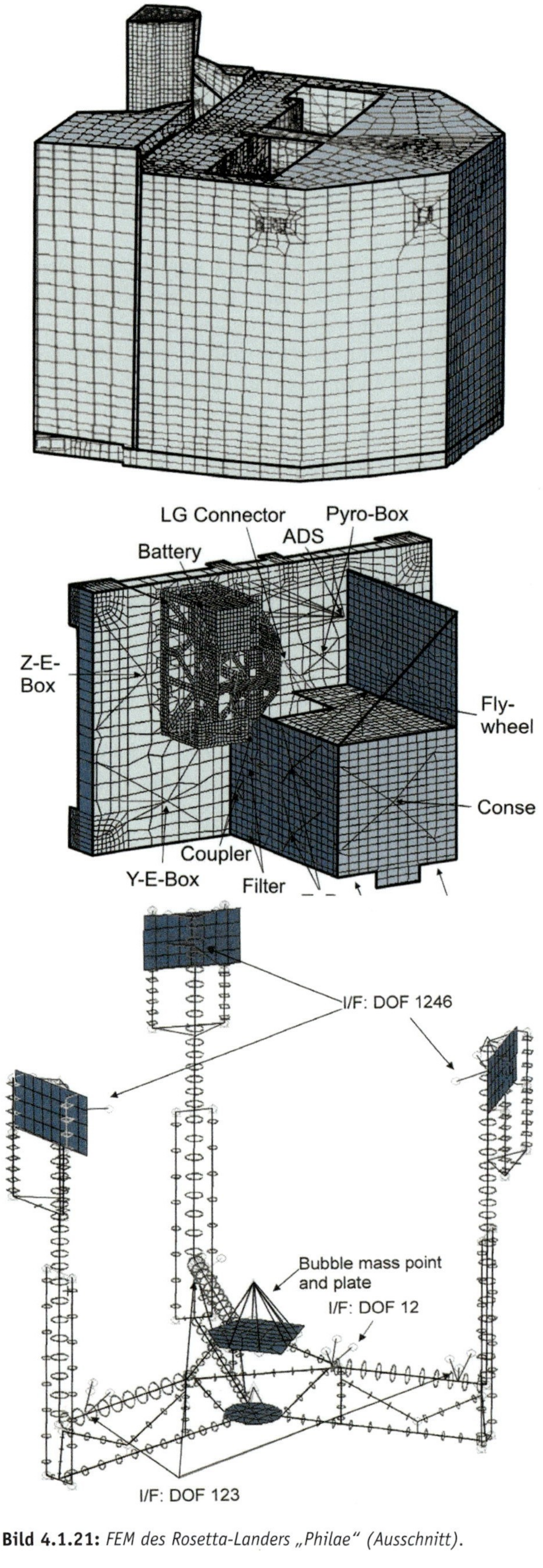

Bild 4.1.21: *FEM des Rosetta-Landers „Philae" (Ausschnitt).*

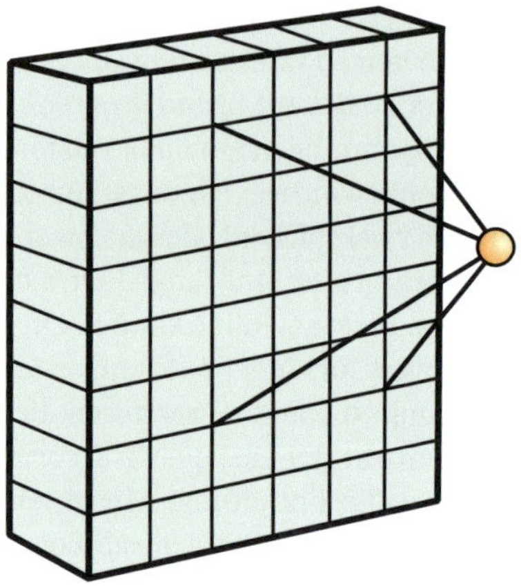

Bild 4.1.22: *FEM-Idealisierung kleiner Einheiten.*

Hat man hingegen eine relativ schwere und kritische Untereinheit abzubilden, so muss diese im Detail modelliert werden. Unter Umständen wird vom Hersteller dieser Einheit verlangt, ein eigenes FE-Submodell mitzuliefern, das dann in das FE-Modell der Struktur implementiert werden kann.

Ein Beispiel hierfür ist die Batteriehalterung auf dem Instrumententräger des Rosetta-Landers „Philae" (vgl. Bild 4.1.21 Mitte). Ursprünglich nach dem gleichen Schema wie in Bild 4.1.22 idealisiert, führte eine Massenerhöhung der Batterie zu negativen **Margins of Safety** (**MoS**, vgl. Kapitel 4.1.3.3) an einigen Gerätefüßen und zu einem kritischen dynamischen Verhalten. Daraufhin wurde von der Lieferfirma ein FE-Modell der Batterie mitsamt ihrer Halterung verlangt, das in das übergeordnete FE-Modell eingebaut werden konnte und als Grundlage der notwendigen konstruktiven Verbesserungen diente.

Massen, die sich nur schwer lokalisieren lassen bzw. nicht zur Steifigkeit der Struktur beitragen, werden als sogenannte **„Non-Structural Mass"** behandelt. Sie werden auf den betreffenden Strukturteilen wie ein Belag verschmiert. Dies trifft etwa für Folien, MLI, Kabelstränge und Sonnenzellen-Arrays zu.

Um nun mit dem FE-Modell arbeiten zu können, führt man alle Berechnungsgrößen auf Werte in den Knoten zurück, indem man Materialparameter wie die verschiedenen Elastizitäts- und Schubmodule in das Programm eingibt. Man erhält ein Gleichungssystem zwischen den Knotenverschiebungen und den Kräften in den Knotenpunkten. Dieses Gleichungssystem kann sehr umfänglich sein. Aber die Physik, die dahinter steckt, ist im einfachsten Fall das lineare Elastizitätsgesetz (Hookesches Gesetz), bei der dynamischen Analyse ergänzt um Terme, die die Trägheit und die Dämpfung beschreiben. Wichtig sind die Randbedingungen, die festlegen, ob die Struktur irgendwo fest eingespannt ist, ob sie frei schwingen kann oder welche Lagerbedingungen sonst gelten.

Vor dem eigentlichen Einsatz wird in der Regel eine **Modellverifikation** durchgeführt. Im Zuge eines sog. „Mass Properties Checks“ werden zunächst Masse, Schwerpunkt und Trägheitsmomente bezüglich der Hauptträgheitsachsen ermittelt, sodass sie auf Plausibilität überprüft werden können. Bei NASTRAN schließen sich z. B. ein „Rigid Body Check“, ein „Residual Strain Energy Check“ und ein „Static Load Check“ an. Alle diese Tests sind letztlich Prüfungen auf Selbstkonsistenz des FE-Modells.

Außer der Finite-Elemente-Methode gibt es noch andere prinzipiell mögliche Methoden der diskreten mathematischen Modellierung, insbesondere die sogenannte **Finite-Differenzen-Methode (FDM)** und die Randelemente-Methode, englisch **Boundary Element Method (BEM)** [4.1.33]. Beide sind bei der strukturmechanischen Analyse aber weniger gut einsetzbar als die FEM. Die FDM eignet sich ausgezeichnet zur Berechnung instationärer Temperaturverteilungen und hat daher auch in der Raumfahrttechnik ihren festen Platz. Die BEM ist für manche Spezialprobleme wie die Bestimmung von Spannungskonzentrationen an Rissen oder Kerben am vorteilhaftesten.

Die oben beschriebenen FE-Modelle bezeichnet man auch als physikalische FE-Modelle, weil sie (in mehr oder weniger guter Näherung) die tatsächliche Konfiguration der Struktur im Raum widerspiegeln. Soll diese Struktur aber in eine größere, übergeordnete Einheit integriert werden, so sind für die Strukturanalyse dieser größeren Einheit die Details der eingehängten Komponente gar nicht von Belang. Interessant ist dann nur, wie die eingehängte kleine Einheit als Ganzes auf die Schnittstellen mit der übergeordneten großen Einheit einwirkt.

Bei statischen Analysen kann man das physikalische FE-Modell der eingehängten Einheit durch eine **reduzierte Steifigkeitsmatrix** darstellen. Bei dynamischen Analysen genügt es, die globale „Antwortfunktion“ der eingehängten Komponente auf eine gegebene Anregung zu ermitteln. Die entsprechenden Modelle nennt man **Modalmodelle.** Sie werden mit Methoden wie der **Craig-Bampton-Methode** aus dem physikalischen FE-Modell generiert.

Die Verantwortung für die Erstellung des FE-Modells und für die damit durchgeführten numerischen Analysen liegt in der Regel beim Subsystem Struktur (d. h. bei der für die Struktur verantwortlichen Institution), auch wenn das FE-Modell selbst immer das Raumfahrzeug-Gesamtsystem abbildet.

4.1.3.2 Resonanzverhalten und Eigenmoden

Das **Resonanzverhalten** der Struktur, d. h. die spektrale Lage der **Eigenmoden** und die Amplitude bei gegebener Anregung (die sog. „Strukturantwort“), wird mit Hilfe des FE-Modells zunächst numerisch bestimmt.

Man berechnet für jede der Anregungen in den drei Raumrichtungen (x, y, z) die „Antworten“ in allen drei Richtungen, wie das Beispiel in Bild 4.1.23 zeigt, erhält also insgesamt $3 \times 3 = 9$ Antwortkurven. Zunächst muss nachgewiesen werden, dass die ersten globalen **Eigenfrequenzen** jenseits des spezifizierten Grenzwerts (z. B. 100 Hz) liegen, um auszuschließen, dass das Raumfahrzeug in kritische Resonanz mit den Anregungen der Raketentriebwerke gerät. „Global“ ist eine Eigenfrequenz bzw. ein Schwingungsmode dann, wenn ein erheblicher Teil der **modalen Masse** an der Schwingung beteiligt ist. Sind hingegen nur wenige Prozent der modalen Masse an einer Schwingungsmode beteiligt, so ist diese „lokal“ und meist auf irgendeine identifizierbare Untereinheit beschränkt. Die Aussage hinsichtlich der beteiligten modalen Masse liefert das FE-Programm automatisch.

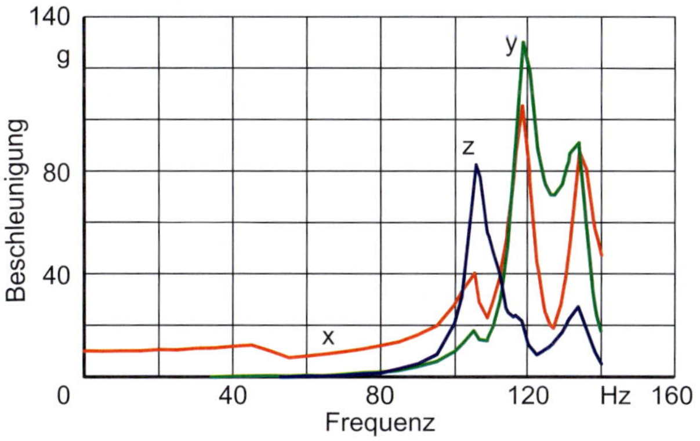

Bild 4.1.23: *Spektrale Strukturantwort (x-Anregung).*

Im Zuge der **Strukturtests,** die im Rahmen des AIV-Programms ablaufen, werden die tatsächlichen spektralen Antwortfunktionen der Struktur bzw. des gesamten, vollintegrierten Raumfahrzeugs immer wieder experimentell bestimmt, nämlich bei den sogenannten **„Low-Level-Sinus-Tests“,** die vor, zwischen und nach sämtlichen Qualifikationstests durchgeführt werden, um die fortdauernde Integrität des Raumfahrzeugs zu verifizieren (vgl. Kapitel 4.1.4). Diese Ergebnisse nutzt man, um das FE-Modell der Realität anzupassen. Die Modellparameter werden solange iterativ variiert, bis die Aussage des FE-Modells den experimentellen Befunden genau entspricht **(„Model Updating“).**

4.1.3.3 Festigkeitsnachweis und Margins of Safety (MoS)

Nach der Analyse der Eigenfrequenzen bzw. Eigenmoden rückt der **Festigkeitsnachweis** der Struktur in den Mittelpunkt der Betrachtungen. Für alle Strukturteile und für alle relevanten Verbindungs- und Schnittstellen (Inserts, Streben usw.) muss nachgewiesen werden, dass die berechneten zulässigen Lasten (d. h. die Festigkeiten) an der betreffenden Stelle größer sind als die sich aus dem Design ergebenden maximalen Kräfte, wobei letztere noch mit einem oder mehreren Sicherheitsfaktoren zu multiplizieren sind (siehe Tabelle 4.1.2).

Tabelle 4.1.2: *Übliche Sicherheitsfaktoren (Beispiel).*

Materialien	Plastizität (yield)	Bruchlast (ultimate)	Beulen (buckling)
konventionell	1,25	1,5	2,0
unkonventionell	1,5	2,0	2,0
Inserts & Joints	1,5	2,0	n/a

Zusätzlicher Sicherheitsfaktor	mit spez. Test	ohne spez. Test
Biegung, Strukturinserts	1,1	2,0
Zuglast auf Wabenkern	1,65	verboten
bei ultimate/yield < 1,2	1,0	1,7

Das genannte Verhältnis sollte also größer als eins sein. Da nun aber ein Vorzeichenwechsel noch viel augenfälliger ist als das Schwanken eines Zahlwerts um eins, definiert man den sogenannten Sicherheitswert (**Margin of Safety, MoS**) pragmatisch als

$$MoS = \frac{\text{allowable load}}{\text{design load} \times \text{safety factors}} - 1$$

Dieser Wert wird für alle relevanten Verbindungen und Schnittstellen auf der Struktur bestimmt; insbesondere auch für alle Inserts, an denen Bauteile von nicht vernachlässigbarer Größe und Masse angeschraubt sind. Ist der MoS-Wert negativ, fällt dies sofort ins Auge, sodass ggf. Korrekturmaßnahmen ergriffen werden können.

Tabelle 4.1.3 zeigt am Beispiel der oben bereits diskutierten Batteriehalterung auf dem Rosetta-Lander „Philae" die Identifikation einiger negativer MoS-Werte in Folge einer erheblichen Gewichtssteigerung der Batterie. Sie führte zur Anforderung eines FE-Modells der Batterie samt Halterung zwecks genauerer Analyse sowie zu anschließenden konstruktiven Verbesserungen.

4.1.3.4 Modellierung kritischer Schnittstellen

Es gibt strukturelle Schnittstellen, deren mechanische Eigenschaften das gesamte Verhalten der angeschlossenen Struktur massiv beeinflussen. Dazu gehören insbesondere die Verankerungen der Struktur auf einem übergeordneten Fahrzeug, d. h. das „Interface" des Satelliten zum Adapter der Trägerrakete, des Subsatelliten zum Satelliten, des Landers zum Orbiter usw.

Hier reicht es nicht aus, das Netz der finiten Elemente besonders fein zu ziehen. Man kann auch nicht ohne Weiteres eine völlig starre Verbindung annehmen, sondern muss eine Federkonstante ansetzen, die sich bis zur Auswertung der Strukturtests nicht wirklich bestimmen lässt (Bild 4.1.24). Erst der empirische Vergleich der Bewegungen des Raumfahrzeugs mit den Starrkörperbewegungen der auf dem Rütteltisch montierten tragenden Unterlage, die mit speziellen Beschleunigungsaufnehmern (sogenannten „Piloten") gemessen werden, schafft hier Klarheit. Deshalb ist es wichtig, die Strukturtests mit einer realistischen, tragenden Unterstruktur durchzuführen und die Raumfahrzeugstruktur nicht einfach beliebig starr auf den Rütteltisch zu montieren (Bild 4.1.25).

Ähnliches gilt für Deckel und Verschlüsse auf der Struktur selbst, die nur auf einer Seite einen festen Anschlag besitzen, auf der anderen aber lediglich durch einen niederhaltenden Mechanismus begrenzt werden. Um wirklichkeitsfremdes Modellieren zu vermeiden, empfiehlt es sich, mit einem Breadboard-Versuch an vereinfachter Hardware zunächst Klarheit über die realen Elastizitätsverhältnisse zu schaffen.

Tabelle 4.1.3: *Margins of Safety an einigen Gerätefüßen (Beispiel: Entwicklung der Batterie des Rosetta-Landers „Philae").*

Einheit/Gerät	Fuß-Nr.	max. Kraft [N] (Zug, Druck)	max. Last [N] (Schub)	MoS	Maßnahmen
Batterie mit Halterung	1	1237	587	−0,068	
	2	1237	587	−0,068	
	3	1111	593	0,024	negative MoS an 4 von 6 Schnittstellen führen zu einer Vermehrung der Füße und konstruktiven Verbesserungen
(ursprünglich mit 6 Füßen an Inserts angeschraubt, dann um > 5 kg schwerer geworden)	4	1409	713	−0,187	
	5	1409	713	−0,187	
	6	1111	593	0,024	

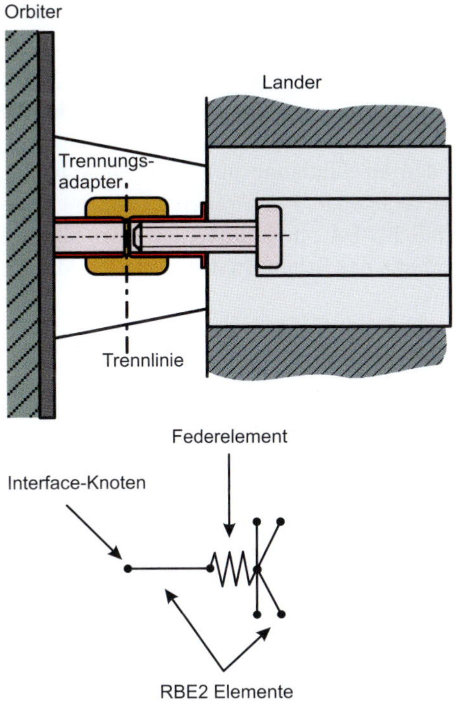

Bild 4.1.24: *FE-Modellierung der Schnittstellen zwischen Orbiter und Lander bei Rosetta.*

Bild 4.1.25: *Strukturtests am Rosetta-Lander „Philae" (Bild: IABG).*

4.1.4 Qualifikation der Raumfahrzeugstruktur

Die Struktur eines Raumfahrzeugs gehört neben der Thermalkontrolle zu denjenigen Subsystemen, die zum frühestmöglichen Zeitpunkt im Projektablauf qualifiziert werden müssen. Der Grund hierfür liegt auf der Hand: Gelingt die Qualifikation nicht, so muss unter Umständen die gesamte Konfiguration umstrukturiert werden, mit schwerwiegenden Folgen für Entwicklungsablauf und -kosten auch der übrigen Subsysteme sowie der Nutzlasten. Demgegenüber sind die Auswirkungen von Fehlentwicklungen oder Schwachstellen bei anderen Subsystemen (etwa im Bereich der Elektronik) leichter isoliert zu halten und können auch leichter durch eine „Delta-Qualifikation" beseitigt werden als gerade im Fall der Struktur.

Die Qualifikation erfolgt in der Regel mit einem **Struktur-Thermal-Modell (STM),** dem ersten der „offiziellen" Qualifikationsmodelle, meist zu Beginn der Projektphase C/D. Ein STM unterliegt bereits in vollem Umfang der Konfigurationskontrolle, anders als vorangegangene **„Breadboardmodelle".**

Das STM muss das Raumfahrzeug im voll integrierten Zustand repräsentieren, d. h., alle darauf montierten Einheiten müssen durch Modelle („Massendummies") dargestellt werden, die hinsichtlich Masse, Schwerpunkt, Trägheitsmoment, äußerer Form und Oberfläche sowie hinsichtlich ihrer mechanischen Anschlüsse völlig realistisch sind. (Für die Thermaltests muss auch ihre Wärmeabgabe realistisch simuliert werden.)

Bild 4.1.26 verdeutlicht den Ablauf der Strukturtests am Beispiel der sinusförmigen Belastung. Das STM wird in jeder Achsenrichtung (x, y, z) separat getestet. Zunächst wird mit niedriger Anregung (etwa 0,5 g) ein sog. **„Low-Level-Sinus-Test"** durchgeführt, bei dem man langsam (z. B. mit 2 Oktaven pro Minute) die Frequenz bis etwa 2 000 Hz hochfährt und den Resonanzverlauf ermittelt. Dann wird die Belastung stufenweise bis zum **Qualifikations-Level (Q–Level)** gesteigert; allerdings sind diese echten Belastungstests in der Regel auf den Frequenzbereich bis etwa 100 Hz beschränkt.

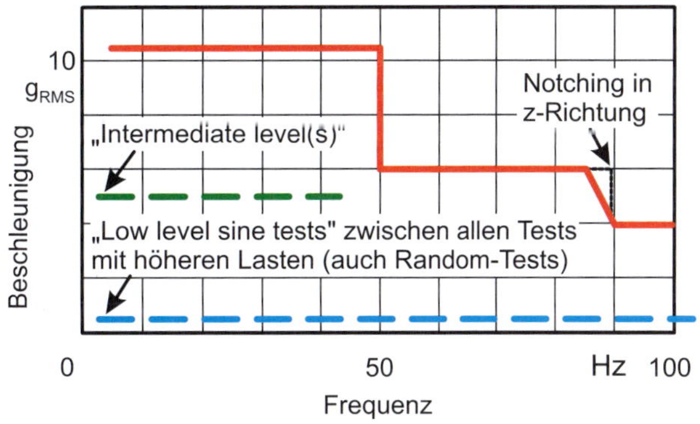

Bild 4.1.26: *Lastniveaus bei den Strukturtests (Beispiel).*

Dazwischen und danach werden immer wieder Low-Level-Sinus-Tests durchgeführt, um die fortdauernde Integrität der Struktur zu verifizieren. Falls sich nämlich zwischen zwei Low-Level-Tests, die einem echten Belastungstest vorausgehen bzw. nachfolgen, die Resonanzstellen verschieben würden, so wäre dies ein Anzeichen für innere Schäden, also für eine zunehmende „Weichheit" der Struktur. Der gemessene Verlauf des abschließenden Low-Level-Sinus-Tests dient später als Grundlage für das **Model Updating** des FE-Modells.

Bei **sinusförmiger** Belastung wird für jede Achsenrichtung der vorgeschriebene Verlauf der Anregungsamplitude als Effektivwert (RMS) über der Frequenz in Vielfachen der Erdbeschleunigung angegeben, also in g_{RMS} (vgl. Bild 4.1.26). Auch die **quasistatische** Belastung wird in g angegeben.

Bei **zufallsverteilter** (random) und **akustischer** Anregung sowie unter **Schocklasten** [4.1.34] wird statt einer Beschleunigung eine spektrale Leistungsdichte **(Power Spectral Density, PSD)** vorgegeben, die pragmatisch in g^2/Hz gemessen wird. Zumindest bei Random-Tests werden jeweils vorher und nachher auch Low-Level-Sinus-Tests durchgeführt.

Bei kritischen Resonanzüberhöhungen kann unter bestimmten Umständen die Amplitude der Anregung auf Q–Level ausschnittweise reduziert werden. Der Soll-Verlauf der Beschleunigung (gemessen in g) bzw. der PSD (gemessen in g^2/Hz) über der Frequenz bekommt dann im Vergleich zum ursprünglichen Verlauf eine Kerbe; deshalb spricht man ganz bildlich vom **Notching.** Dies bedarf jedoch in jedem einzelnen Fall einer besonderen Genehmigung des von der Projektleitung eingesetzten „Test Review Boards" bzw. des Auftraggebers.

Der **Qualifikations-Level (Q-Level)** ist in der Regel 1,5-mal so hoch wie der sogenannte **Acceptance Level (A–Level),** der die beim Start tatsächlich zu erwartende dynamische Belastung immer noch mit hinreichender Sicherheit abdeckt.

Anders als das STM wird das **Flugmodell (FM)** nur noch auf A-Level getestet. Ansonsten ist der Testablauf für das Flugmodell aber der gleiche: Das FM wird nacheinander in den drei Achsenrichtungen (x, y, z) auf dem Rütteltisch aufgespannt (vgl. Bild 4.1.25) und den vorgeschriebenen Sinus- und Random-Belastungen unterzogen, immer wieder von Low-Level-Sinus-Tests unterbrochen. Akustische Tests und Schocktests sind projektbezogen optional, werden in der Praxis beim FM aber oft weggelassen.

4.1.5 Mechanismen

Bei den nachfolgend betrachteten **Mechanismen** beschränken wir uns auf solche, die mit der Strukturmechanik des Raumfahrzeugs unmittelbar verknüpft sind, indem sie der Trennung einzelner Segmente voneinander, der Verriegelung und Entriegelung oder aber der Entfaltung und aktiven Beweglichkeit wesentlicher Raumfahrzeugteile dienen. Mechanismen innerhalb von Nutzlasten (z. B. im Inneren wissenschaftlicher Instrumente) wollen wir hingegen nicht näher betrachten.

Eine grundlegende Anforderung an alle Mechanismen auf Raumfahrzeugen ist die hohe Autonomie bzw. das sichere Funktionieren ohne menschliche Nachhilfe. Nur in Ausnahmefällen, etwa auf der Internationalen Raumstation (ISS), sind Astronauten zugegen, die im Bedarfsfall einem klemmenden Mechanismus auf die Sprünge helfen könnten. In den meisten anderen Fällen hingegen gibt es keine Eingriffsmöglichkeit, und ein versagender Mechanismus kann durchaus das Scheitern der gesamten Mission nach sich ziehen.

Während bei vielen Mechanismen für den einmaligen Gebrauch die Wartezeit vom Start bis zum Auslösen nur Minuten oder Stunden, allenfalls einige Tage beträgt, müssen Stelltriebe oft viele Jahre lang unter Weltraumbedingungen kontinuierlich funktionsfähig bleiben. Im Falle extraterrestrischer Missionen gilt das Kriterium der Langzeit-Funktionalität aber auch für Trennungs-, Entriegelungs- und Federmechanismen, die selbst nach jahrelangem Reiseflug und ggf. in einer extremen Umwelt am Missionsziel auf Anhieb funktionieren müssen.

4.1.5.1 Pyromechanismen

Pyromechanische Trennungsmechanismen dienen der zuverlässigen und schnellen Separation verschiedener Segmente des Raumfahrzeugs voneinander bzw. der Durchtrennung von Kabel- oder Seilverbindungen. Im Falle starrer Verbindungen spricht man von **Sprengbolzen (Pyrobolts),** bei Kabeln oder Seilen benutzt man die englischen Begriffe **„Cablecutter"** oder **„Pyroknife".** Üblich ist auch der übergreifende Terminus **„Ordnance Devices".**

Die konstruktive Vielfalt, mit der diese Mechanismen auf dem Markt angeboten werden, ist ziemlich groß. In allen Fällen wird in einer Reaktionskammer eine kleine Sprengladung gezündet, deren Explosionsdruck über einen Kolben (oder das Pendant eines Kolbens) auf ein Schneidwerkzeug drückt, mit dem dann ein starrer Bolzen oder ein Kabel durchtrennt wird.

Da eine Sprengladung sehr hohe Kräfte bzw. Drücke freisetzt, kann der Mechanismus für die meisten raumfahrttechnischen Anwendungen recht klein sein. Die größten Sprengbolzen (Pyrobolts) braucht man im Allgemeinen für die Stufentrennung bei Trägerraketen.

Dort kommt es auch entscheidend auf das zweite Merkmal der Sprengbolzen (neben der freigesetzten Kraft) an, nämlich auf die Kurzzeitigkeit der Reaktion. Raketenstufen, die über mehrere Sprengbolzen miteinander verbunden sind, müssen die Verbindung buchstäblich „auf einen Schlag" lösen können. Diese Gleichzeitigkeit ist nur auf pyrotechnischer Basis vernünftig realisierbar.

Beim Zünden entstehen unvermeidlich **Schockwellen** in der Struktur, die im Frequenzbereich von mehreren Kilohertz eine Amplitude von einigen Tausend g erreichen können. Typisch für das „Fernfeld" in einiger Entfernung vom Pyro ist ein Anstieg bis zu einer „Kniefrequenz" von etwa 5 kHz mit anschließendem langsamen Abfall der Amplitude [4.1.34]. Bei der Analyse und Qualifikation des Raumfahrzeugs müssen diese Schockwellen unbedingt berücksichtigt werden. Insbesondere empfindliche Instrumente können durch Schocklasten beschädigt werden und bedürfen ggf. einer dämpfenden Lagerung [4.1.35].

Bild 4.1.27 zeigt das auf lauter pyromechanischen Mechanismen beruhende Trennungskonzept für den Airbag einer Marssonde (Projekt NetLander [4.1.19]), das unmittelbar auf eine Entwicklung der Fa. Babakin für die russische Mission Mars-96 zurückgeht.

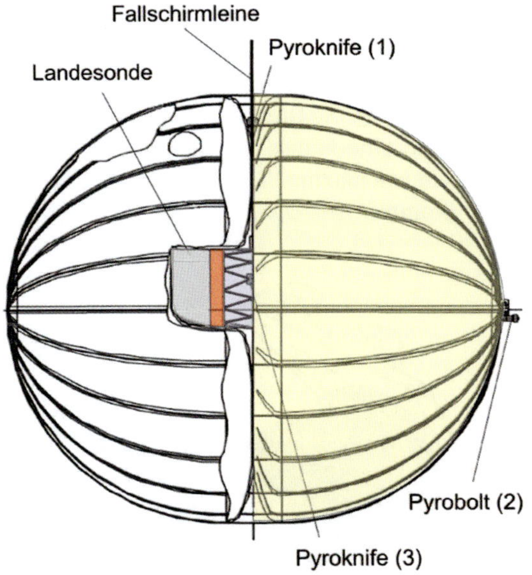

Bild 4.1.27: *Pyromechanische Airbag-Auftrennung einer Marssonde (Bild: CNES).*

Die beiden Kalotten des Airbags, die die eigentliche Landesonde umgeben, sind zu einer einzigen Kugel zusammengeschnürt. Nach der Abtrennung der Fallschirmleine durch ein „Pyroknife" nahe der Oberseite trennt ein Sprengbolzen nach erfolgreicher Landung sämtliche den Airbag einschnürenden Seile auf einmal, was augenblicklich das seitliche Aufspringen der beiden Airbag-Kalotten zur Folge hat. Die nachfolgende pyromechanische Auftrennung der Seile und Riemen im Inneren, die die Landesonde umgeben, führt schließlich zu deren Absetzen auf dem Boden.

Außer den Trennungsmechanismen im eigentlichen Sinne gibt es auch **Entriegelungsmechanismen,** insbesondere **Bolzenzieher („Pinpuller"),** denn ein Großteil aller Startverriegelungen **(Launch Locks)** von Panels, Booms, Antennen usw. (Bild 4.1.28) beruht auf Stiften zur Arretierung, die einen Federmechanismus oder einen motorgetriebenen Entfaltungsmechanismus formschlüssig festhalten. Hier kommt es darauf an, den Arretierungsstift zuverlässig und klemmfrei aus seinem Widerlager zu ziehen, damit die Entfaltung unbehindert vonstatten gehen kann.

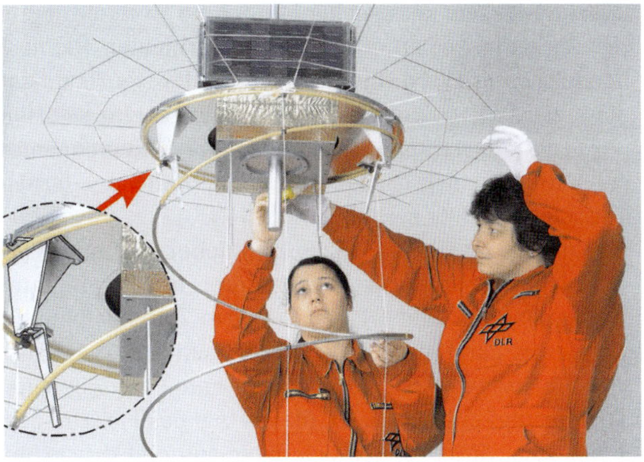

Bild 4.1.28: *Entriegelung einer Helixantenne (Bild: DLR).*

Wenn die Entriegelung an mehreren Stellen gleichzeitig erfolgen muss, wählt man meist pyromechanisch betriebene Bolzenzieher (Pinpuller), um zu vermeiden, dass die zu entfaltende Struktur an einem Ende schon frei, am anderen Ende aber noch arretiert ist, wobei ja Verklemmungen oder gefährliche Schlackerbewegungen auftreten könnten.

Äußerlich sind pyromechanische Bolzenzieher von solchen mit nicht-explosivem Antrieb (siehe unten) oftmals kaum zu unterscheiden. Die Reaktion findet in einer zylindrischen Kammer statt, woraufhin ein Bolzen schlagartig hinter eine Flanschplatte gezogen oder aus ihr herausdrückt wird.

Alle pyromechanischen Mechanismen unterliegen besonderen Sicherheitsvorschriften und dürfen erst kurz vor dem Start „scharf" gemacht werden. Auf Satelliten und Raumsonden dürfen sie oftmals auch erst dann an Bord gebracht und gegen nicht-scharfe Platzhalter ausgetauscht werden. In jedem Fall erfordern sie besondere Zugänglichkeitsbedingungen.

4.1.5.2 Nicht-explosive Aktuatoren und Launch Locks

Ist die Kurzzeitigkeit bzw. Gleichzeitigkeit (bei mehreren Trennstellen) kein vorrangiges Kriterium, können auch nicht-explosive Aktuatoren eingesetzt werden. Ebenso wie bei den pyromechanischen Vorrichtungen, nur eben langsamer, wird dort eine chemische Reaktion gezündet oder eine Phasenumwandlung eingeleitet, die aus einer Reaktionskammer heraus Druck auf einen Kolben ausübt. Mit diesem Druck können dann Bolzen oder Seile durchtrennt, aber auch Verriegelungsstifte gezogen werden, Schockbelastungen werden vermieden.

Bei dem in Bild 4.1.24 gezeigten Beispiel, den vier Trennungsadaptern des Rosetta-Landers „Philae", handelte es sich um sog. **Non-Explosive Actuators (NEAs),** die immerhin Schraubverbindungen der Gewindegröße M9 zu durchtrennen hatten. Die Trennung wurde kurz nach dem Start durchgeführt, um thermoelastische Verspannungen während des zehnjährigen Reiseflugs (und eventuell daraus resultierendes späteres Klemmen) zu vermeiden. Dennoch handelte es sich bei dieser Auftrennung der vier Hauptlastpfade zwischen Orbiter und Lander nicht um eine sofortige physische Separation. Beide Raumfahrzeug-Komponenten blieben über einen leichteren Haltemechanismus (cruise latch) miteinander verbunden.

Zu den zuverlässigsten **Bolzenziehern (Pinpullern)** mit nicht-explosivem Antrieb gehören die sogenannten **Wachsmotoren** (Bild 4.1.29). In einem Zylinder befindet sich festes Paraffin, in welches ein elektrisches Heizelement, meist ein PTC-Thermistor (eventuell in doppelter Ausführung) eingebettet ist. Man bringt das Paraffin zum Schmelzen, dieses dehnt sich dabei aus und drückt mit großer Kraft gegen einen Kolben, der seinerseits den Aktuatorstift betätigt. Je nach Konstruktion kann der Stift gezogen oder gedrückt werden. Entsprechende mechanische Umlenkungen erlauben Entriegelungsbewegungen aller Art. Natürlich gibt es auch elektromagnetisch betriebene Pinpuller. Hinsichtlich der entfalteten Kraft im Verhältnis zur notwendigen Stromstärke und zur erforderlichen Größe sowie der Sicherheit gegen Klemmen sind Wachsmotoren aber überlegen, solange es nicht auf Schnelligkeit ankommt.

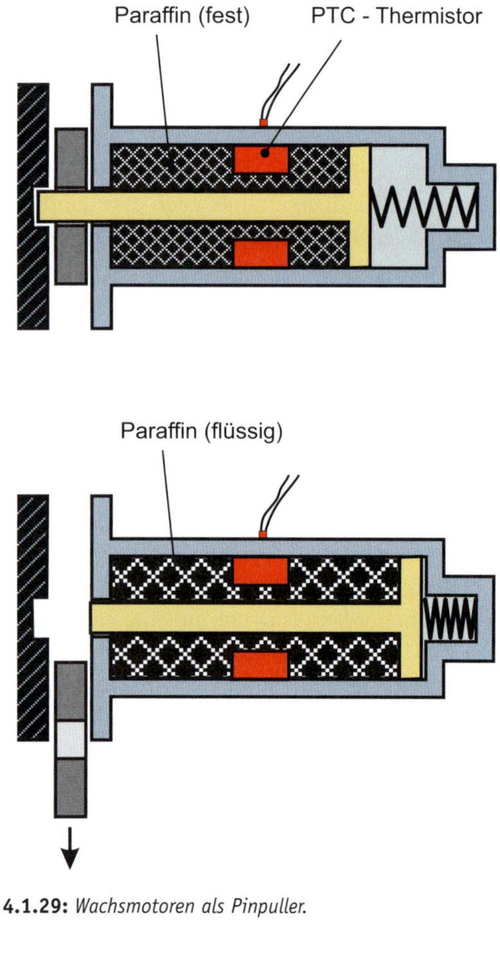

Bild 4.1.29: *Wachsmotoren als Pinpuller.*

Pinpuller und andere Launch Locks sind heute in großer Formenvielfalt als **„Components-off-the-shelf (COTS)“** auf dem Markt erhältlich und müssen nicht mehr für jede Mission neu entwickelt werden.

4.1.5.3 Federmechanismen

Die oben betrachteten Pinpuller sind sehr häufig symbiotisch mit **Federmechanismen** verbunden. Sie entriegeln eine vorgespannte Druck- oder Drehfeder, in aller Regel aus Federstahl und geben damit die Entfaltung der angeschlossenen Einheit (Boom, Panel, Antenne o. Ä.) frei.

Das in Bild 4.1.30 abgebildete **Drehfedergelenk** ist ein typisches Beispiel. Es wurde zum Öffnen der übereinander gestapelten Solarzellen-Deckel (Petals) für einen Marslander (Projekt NetLander [4.1.19]) von der Fa. Pfeil Trawid entwickelt [4.1.36]. Die Drehfeder hat einen Durchmesser von 21,8 mm, eine Länge von 32 mm und erzeugt ein Drehmoment von maximal 2,1 Nm. Das komplette Gelenk wiegt 68 Gramm.

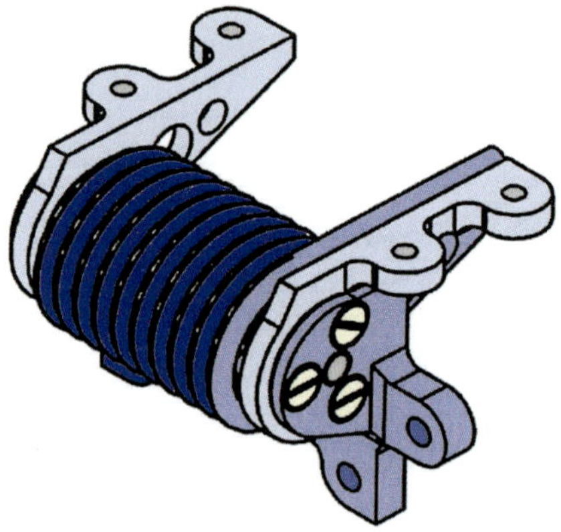

Bild 4.1.30: *Typisches Drehfedergelenk.*

Da das bewegte Bauteil (in diesem Beispiel das an dem oberen Flansch angeschraubte auszuklappende Solarzellen-Petal) während der Drehbewegung der Feder beschleunigt wird, würde es am Anschlag mit maximaler Geschwindigkeit, d. h. mit maximalem Drehimpuls, auftreffen. Starke Nachschwingungen, unter Umständen auch Beschädigungen, wären die Folge. Deshalb ist im Inneren des Drehfedergelenks eine **Drehmomentbremse** untergebracht, die mit zunehmendem Öffnungswinkel in Aktion tritt.

Wie aus der Explosionszeichnung (Bild 4.1.31) ersichtlich, dreht sich bei der Öffnung der Drehfeder ein nockengeführter Zylinder in einer Führungshülse mit und schiebt dabei eine **Belleville-Feder** (Tellerfeder) zusammen, sodass die Drehbewegung bis zum Erreichen der Endposition (Einrastposition) wirkungsvoll gedämpft wird. Federgelenke dieses Typs haben sich in der Raumfahrttechnik allenthalben bewährt.

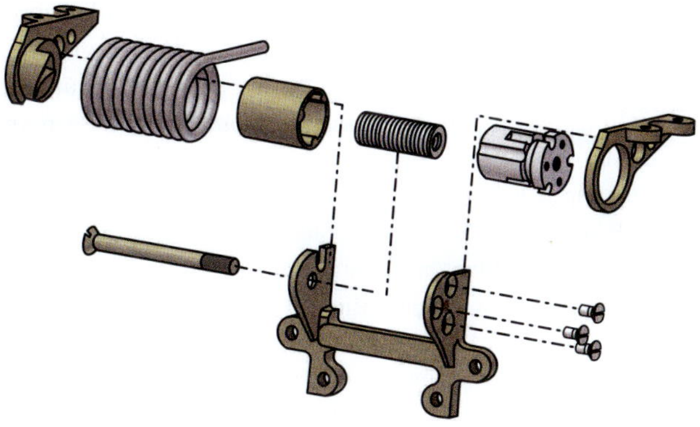

Bild 4.1.31: *Innenaufbau des Drehfedergelenks.*

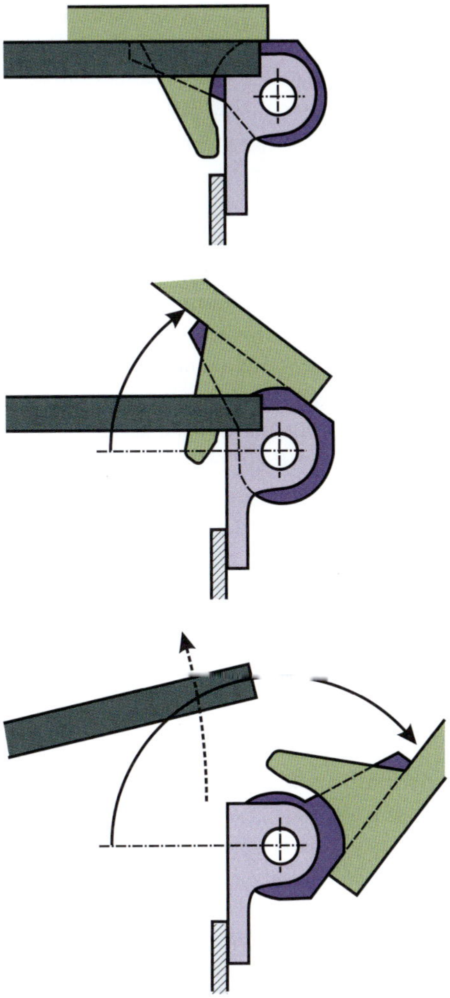

Bild 4.1.32: *Sequentielle Entriegelung von Petals beim Aufklappen mit Federgelenken.*

Da in vielen Anwendungsfällen mehrere gleichartige Entfaltungsvorgänge nacheinander stattfinden müssen (z. B. bei der sequentiellen Entfaltung von Solarpanels), müssen die Federmechanismen und ihre Entriegelungen effektiv in Reihe geschaltet werden können.

Sind die bewegten Teile räumlich voneinander getrennt, so wird man jedes einzelne Federgelenk mit einem **Pinpuller** (entweder mit pyromechanischem, elektromagnetischem oder Wachsmotor-Antrieb) versehen. Die Kontrolle der zeitlichen Abfolge der einzelnen Entriegelungen erfolgt dann elektrisch. Beispielsweise kann ein Endschalter bei vollendeter Entfaltung eines Panels oder Boom-Gliedes jeweils die Entriegelung des nachfolgenden einleiten.

Sind die bewegten Teile eng benachbart, so kann die Kontrolle auch rein mechanisch erfolgen. In dem oben angeführten Beispiel der radialen sequentiellen Entfaltung von Solarzellen-Petals einer kleinen Mars-Landesonde ist an jedem Petal innerhalb der Flansche des Drehfedergelenks ein Zapfen angebracht, der im geschlossenen Zustand das nächstuntere Petal arretiert. Hat sich das Federgelenk dann bis zu einem bestimmten Winkel geöffnet, wird das nachfolgende Petal freigegeben (Bild 4.1.32).

Federgelenke können auch in Kombination mit elektrischen Gelenkantrieben eingesetzt werden. Die hier als Beispiel diskutierten Solarzellen-Petals für die Marssonde NetLander waren von einem sehr viel massiveren äußeren Deckel überwölbt, der nicht nur als Solarzellenträger fungierte, sondern auch als Auflagefläche für eine eventuell notwendige Aufrichtbewegung dienen sollte (vgl. Bild 4.1.11). Der Antrieb dieses äußeren Deckels musste natürlich elektrisch sein, weil das zum Aufrichten notwendige Drehmoment 25-mal größer war als das zum bloßen Öffnen erforderliche. Letzteres war aber der als wahrscheinlich anzusehende Fall, da die nominelle Landeposition aufrecht war.

Um nun für den nominellen Fall (aufrechte Lage) das Gelingen der Mission nicht vom Funktionieren des motorgetriebenen Gelenks abhängig zu machen (Vermeiden eines sog. „**Single Point Failures**"), wurde der Gelenkachse noch ein Drehfedergelenk aufgesetzt, das den Deckel im Falle eines Motorversagens wenigstens öffnen konnte (siehe Bild 4.1.33).

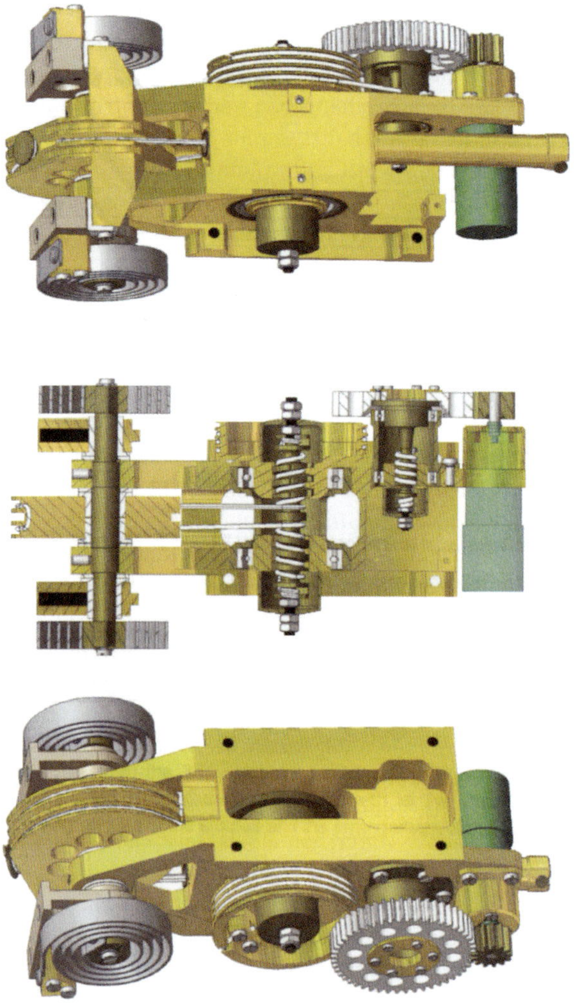

Bild 4.1.33: *Motorgetriebenes Seilzuggetriebe mit zusätzlichen Drehfedern (Bild: Pfeil Trawid).*

4.1.5.4 Elektromotoren und Stelltriebe

Bild 4.1.33 zeigt als Musterbeispiel die im obigen Abschnitt angesprochene Kombination von motorgetriebenem Gelenk und Federgelenk [4.1.36], siehe auch Bild 4.1.11. Die notwendige starke Untersetzung zwischen dem relativ kleinen **Elektromotor** (rechts im Bild) und dem eigentlichen Gelenk (links, mit aufgesetzten Federn) wird dabei in vier Stufen erreicht:

Dem Motor selbst ist ein **Planetengetriebe** aufgesetzt, das am äußeren Ende ein Zahnrad aus Titan trägt. Im zweiten Schritt der Untersetzung überträgt dieses sein Drehmoment auf ein größeres Zahnrad aus PEEK. Durch die Materialkombination Titan/PEEK sind Reibungsprobleme zwischen den beiden Zahnrädern praktisch ausgeschlossen. Die dritte und die vierte Stufe des Getriebes sind **Seilwinden,** die einen 1,6 mm dicken Dyneema-Faden aufspulen. Seilwinden sind in diesem Fall, in dem zwar große Drehmomente erzeugt werden müssen, aber am Ende kurze Zugwege ausreichen, viel günstiger als Zahnradgetriebe. Die Gelenkwelle vollführt ja insgesamt nur eine halbe Umdrehung. Bei den mit Zahnrad-Paarungen erreichbaren Untersetzungsverhältnissen brauchte man ansonsten entweder mehr Achsen oder auf jeder Stufe ein viel größeres Zahnrad.

Selbstverständlich eignen sich solche Seilzuggetriebe nur für Einweg-Mechanismen. Bei **Stelltrieben,** die kontinuierlich und in beiden Richtungen arbeiten müssen, verwendet man allgemein Zahnrad- oder Schneckengetriebe, die sich von vergleichbaren Getrieben für terrestrische Anwendungen nur durch besonderen Leichtbau und durch die im Weltraum zu beachtenden besonderen tribologischen Aspekte unterscheiden (vgl. hierzu Kapitel 4.1.5.7).

Bei den üblicherweise in Raumfahrt-Mechanismen eingesetzten **Elektromotoren** lassen sich vier Hauptkategorien unterscheiden [4.1.37]:

1. Gleichstrommotoren mit Bürstenkontakt zur Erzeugung nennenswerter Drehmomente, die im Kern aus einem Stator mit Permanentmagneten, einem Rotor mit Kommutator und einem Schleifring mit Bürsten bestehen. Diese höchst konventionelle Anordnung eignet sich als „Arbeitspferd“ mit eng begrenzter Laufzeit, denn Bürstenkontakte werden unter Weltraumbedingungen sehr schnell unbrauchbar.
2. Bürstenlose Gleichstrommotoren, die nur um einen eng begrenzten Winkel rotieren können, aber dafür extrem einfach aufgebaut sind, weil sie keinen Schleifkontakt benötigen. Sie können z. B. für Schwenk- und Ausrichtbewegungen eingesetzt werden, für die man kein Getriebe (wie das oben beschriebene) braucht, weil das benötigte Drehmoment hinreichend klein ist.
3. Bürstenlose Gleichstrommotoren, die keinen Kommutator brauchen, weil die Magnetspulen auf der nichtrotierenden Motorkomponente sitzen. Obwohl man diese Bauart als „continuous-rotation, brushless DC Motor“ **(BDC-Motor)** bezeichnet, arbeitet sie strenggenommen mit Wechselstrom, indem sie den ankommenden Gleichstrom in Abhängigkeit von der Winkelstellung der Achse passend in Phasen zerlegt [4.1.37]. Der große Vorteil dieser Bauart ist die relative Unempfindlichkeit gegenüber Weltraumbedingungen. Bürstenlose Gleichstrommotoren haben deshalb in der Raumfahrt die weiteste Verbreitung gefunden. Meist werden sie schon bei der Herstellung integral mit einem Planetengetriebe kombiniert.
4. **Schrittmotoren,** wie sie auch bei terrestrischen Anwendungen benutzt werden, um die axiale Bewegung in genau abgemessenen Schritten steuern zu können.

Kleine Verstellwege können auch von **adaptiven Strukturelementen** bewerkstelligt und geregelt werden. Aktuatoren und Sensoren, die wie ein Implantat in die Struktur des

Raumfahrzeugs oder in die betreffende Sekundärstruktur (Fachwerk, Halterung o. Ä.) eingebettet sind, können elektrisch kontaktiert und in einen elektronischen Regelkreis eingebunden werden, der hochpräzise Lage- und Konturänderungen erlaubt, und zwar sowohl statisch als auch dynamisch (**„Smart Structures“**).

Die größte Anwendungsvielfalt lässt sich dabei mit **piezokeramischen Materialien** (z. B. Bariumtitanat, Blei-Zirkonat-Titanat u. a.) erreichen, die zunächst meist in Form dünner Plättchen vorliegen, aber zu sogenannten **Stapel-Aktuatoren** übereinander gestapelt werden können. Je nach räumlicher Orientierung der (Piezo-)Kristallachsen zu den makroskopischen Dimensionen des Aktuators lassen sich in Abhängigkeit von der angelegten Spannung Streckungen, Kontraktionen und Biegungen erzeugen. Andere adaptive Materialien wie etwa **Formgedächtnislegierungen** spielen gegenüber den Piezokeramiken bisher nur eine Nebenrolle, insbesondere weil sie nur langsam auf elektrische Ansteuerungen reagieren können und daher für dynamische Anwendungen (z. B. für die aktive Schwingungsdämpfung) weitgehend ausscheiden.

Bild 4.1.34 zeigt schematisch die Einbettung eines piezokeramischen Aktuators in ein **CFK-Laminat** [4.1.38]. Nur in dieser festen Einbettung ist das extrem spröde piezokeramische Material (in diesem Falle PZT, d. h. Blei-Zirkonat-Titanat) vor Bruch geschützt und wird damit technisch überhaupt einsetzbar. Die mit dem Aktuator erzielten Verformungen werden über die elastischen Eigenschaften der Einbettungsstruktur auf die Gesamtstruktur übertragen.

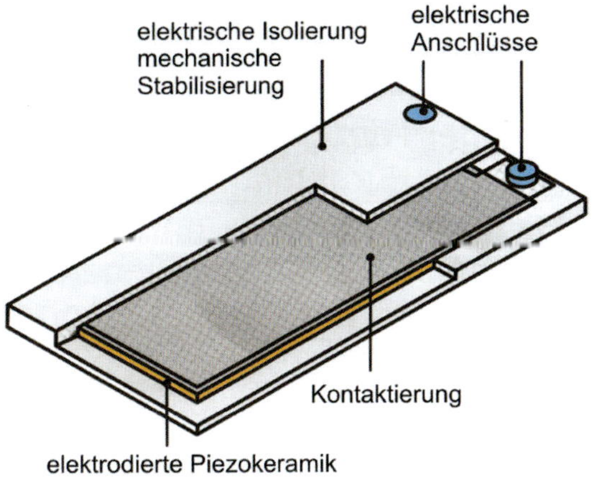

Bild 4.1.34: *In CFK eingebetteter Piezo-Aktuator.*

Optische Spiegel für astronomische Anwendungen (Weltraumteleskope, Interferometrie) oder für den Einsatz als Laserreflektoren müssen extrem präzise Konturen besitzen. Passive Trägerstrukturen stoßen bei dieser Aufgabe zunehmend an ihre Grenzen, weil Störungen aller Art (z. B. unterschiedliche thermische Ausdehnung) niemals auszuschließen und auf passive Weise nicht völlig zu kompensieren sind. Bei den für zukünftige Missionen bereits heute absehbaren Anforderungen an derartige Spiegel wird eine kontinuierliche aktive Konturregelung unabdingbar sein und es liegt auf der Hand, dass es extrem aufwendig wäre, hierzu eine Vielzahl von Motoren und Stelltrieben auf dem Raumfahrzeug zu installieren. Tatsächlich sind diese verzichtbar, da die Verformungsamplituden ja sehr klein sind.

Für die in Bild 4.1.35 abgebildete, im Durchmesser 600 mm große Spiegelstruktur wurden 180 Aktuatoren vorgesehen, die auf 36 Ringsegmenten mit radial zunehmender Größe verteilt wurden. Vorstudien zeigten, dass dieses Konzept einem vergleichbaren rein passiven Konzept (mit einer thermisch praktisch invarianten Trägerstruktur aus C/SiC) qualitativ überlegen ist [4.1.39].

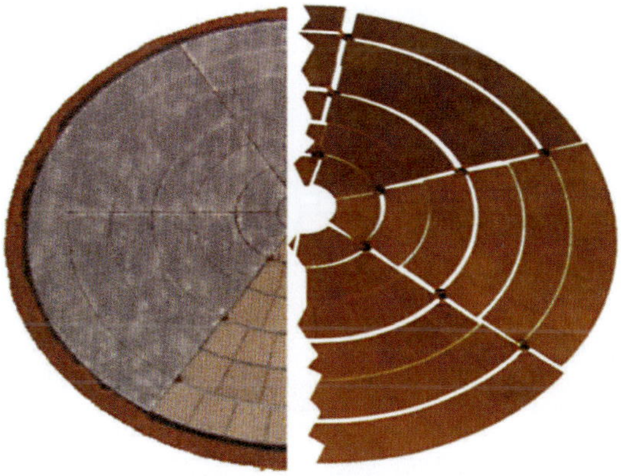

Bild 4.1.35: *Adaptive Konturregelung der Trägerstruktur eines Satellitenspiegels.*

Die Möglichkeit, mit Hilfe adaptiver Strukturelemente auch Schwingungen wirkungsvoll zu dämpfen, wird in Zukunft vielleicht zu **„adaptiven Interfaces“** zwischen Trägerraketen und Satelliten führen, die deren dynamische Belastung entscheidend verringern könnten.

4.1.5.5 Dralläder und Kreisel

Die aktive Kontrolle des Drehimpulses in allen drei Raumrichtungen spielt für die Lageregelung von Raumfahrzeugen eine entscheidende Rolle und erfordert daher Mechanismen, die unmittelbar mit der Primärstruktur verbunden sind.

In den Anfangsjahren der Raumfahrt waren viele Satelliten drallstabilisiert, d. h. sie bekamen von der Oberstufe ihrer Trägerrakete einen so hohen Drehimpuls mit, dass dieser im Orbit erst einmal weitgehend vernichtet werden musste, um den Satelliten einsatzfähig zu machen. Die zylindrische Grundform vieler der damaligen Satelliten begünstigte hierfür den Einsatz sogenannter **Yo-Yo-Systeme**, bei denen der überschüssige Drehimpuls zentrifugal auf Gewichte an abgewickelten Seilen übertragen wurde, die dann fortgeschleudert wurden.

Heute verlässt man sich vorrangig auf **Drallräder** bzw. **Kreisel** an Bord, um die Kontrolle des Drehimpulses zu gewährleisten. Die zur Lageregelung im erdnahen Raum ebenfalls vielfach eingesetzten **Magnetorquer,** die die Feldlinien des Erdmagnetfeldes zur aktiven Lageausrichtung ausnutzen, betrachten wir hier nicht weiter, da sie keine Mechanismen sind, sondern rein elektromagnetisch arbeiten.

Kreisel und Drallräder (**Momentum Wheels**) sind als „Components-off-the-shelf" (COTS) in großer Vielfalt und in den verschiedensten Größen erhältlich. Bild 4.1.36 zeigt einen typischen Aufbau. Der Rotor ist so geformt, dass seine Masse zum größten Teil an der Peripherie liegt, um damit ein maximales Trägheitsmoment zu erzielen. Die inneren Teile sind so leicht wie möglich; hier wäre Masse nur Verschwendung. Der Antrieb erfolgt meistens mit einem bürstenlosen Elektromotor. Die Lagerung muss sehr leichtgängig sein und über lange Zeiträume unter Weltraumbedingungen funktionieren, vgl. hierzu Kapitel 4.1.5.7.

Die kleinsten handelsüblichen Kreisel sind nur wenige Zentimeter groß; einen der größten je gebauten Typen zeigt Bild 4.1.37.

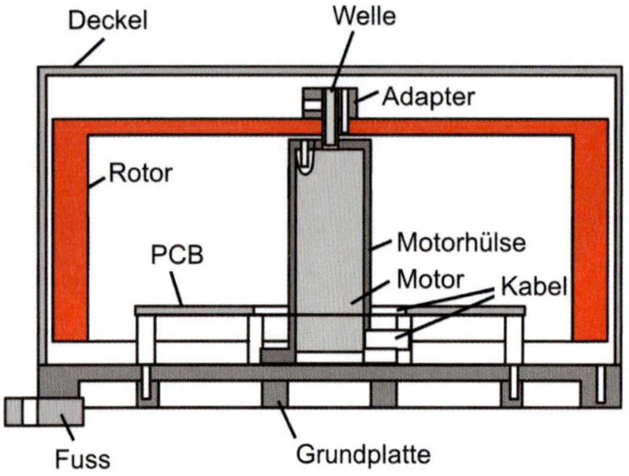

Bild 4.1.36: *Kreisel zur Lagestabilisierung, vereinfachter Schnitt.*

Bild 4.1.37: *Gyroskop der ISS (Bild: NASA).*

4.1.5.6 Tribologische Materialien

Bauelemente, die sich berühren und relativ zueinander bewegt werden, bilden ein **tribologisches System** oder kurz **Tribosystem** (siehe Bild 4.1.38). Die Eigenschaften dieses Systems werden maßgeblich durch einen eventuell vorhandenen Schmierstoff und die Umgebungsbedingungen bestimmt, in der Raumfahrt also durch das vorherrschende Vakuum. Als Eingangsgrößen wirken Last und Geschwindigkeit auf das Tribosystem ein; Ausgangsgrößen sind Reibung und Verschleiß. Für die Reibung wird vereinfachend angenommen (**Reibungsgesetze**):

1. Die Reibung ist proportional zur Normalkraft. Über das Verhältnis von Reibkraft F_R zu Normalkraft F_N wird ein Reibwert μ definiert, es gilt $F_R = \mu \cdot F_N$.
2. Die Reibkraft ist unabhängig von der Größe der Kontaktfläche.
3. Die Reibkraft ist unabhängig von der Geschwindigkeit.

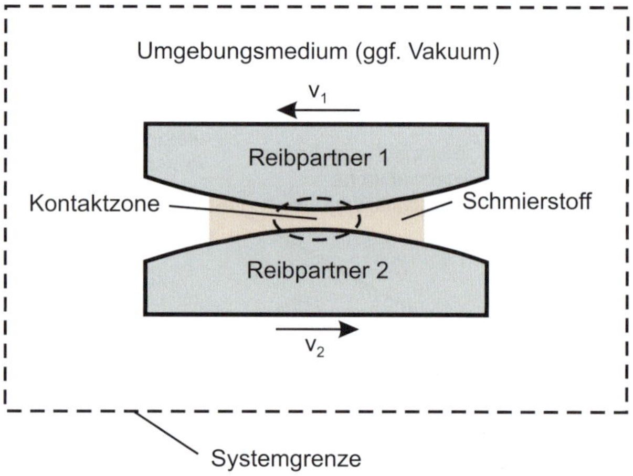

Bild 4.1.38: *Tribologisches System.*

Reibung entsteht durch **Adhäsion** und **Abrasion** zwischen Oberflächen und wird beeinflusst durch deren Härte, Elastizität und Rauheit. Die oben formulierten Reibungsgesetze stellen eine Vereinfachung für ausreichend lange Messzeiträume und Maßstäbe dar; für im Milli- oder Nanosekundenbereich oder bei kleinen Maßstäben im Mikro- oder Nanobereich gelten sie nur eingeschränkt. Man spricht von einer Skalenabhängigkeit der Reibungsgesetze. Abweichende Reibkräfte treten auch unter Vakuumbedingungen auf, weil die unter Atmosphärenbedingungen praktisch immer vorhandene Oxid- und Adsorptionsschicht auf der

Oberfläche fehlt, die eine schützende und reibungsmindernde Funktion besitzt. Tribologische Materialien sollen nicht nur einen möglichst niedrigen Reibwert aufweisen, sondern dieser soll über ihre Lebensdauer hinweg auch nur gering schwanken. Antriebe müssen für den maximal auftretenden Reibwiderstand ausgelegt werden, minimale Reibung ermöglicht kleine, gewichtssparende Antriebe. Die Unabhängigkeit der Reibung von der Geschwindigkeit gilt nicht für Flüssigkeiten, hier steigt die innere Reibung mit der Geschwindigkeit an. Bei Tribosystemen, die mit flüssigen Schmierstoffen geschmiert werden, ist die Reibung daher geschwindigkeitsabhängig [4.1.40] [4.1.41].

Neben der Reibung ist **Verschleiß** die zweite wichtige Größe zur Beschreibung eines tribologischen Systems. Verschleiß kann wie Reibung durch Adhäsion und Abrasion bedingt sein, aber auch andere Verschleißformen wie Ermüdungsverschleiß, Erosion oder tribochemische Reaktionen sind bekannt.

Verschleiß ist ähnlich wie Reibung eine Systemeigenschaft und kann durch kleine Änderungen anderer Systemeigenschaften überproportional verändert werden. Er steigt in der Regel mit der Last an, ist proportional dem Verschleißweg und sinkt mit zunehmender Härte der beteiligten Oberflächen. Nach Geometrie und Material der Reibpartner hat der Schmierstoff als ein weiteres Konstruktionselement entscheidenden Einfluss auf Reibung und Verschleiß. Für Tribosysteme in der Raumfahrt sind nach jeder Änderung der Konstruktion oder der vorgesehenen Betriebsbedingungen erneute Tests erforderlich, denn die Komplexität selbst einfacher Tribosysteme macht es derzeit unmöglich, Reibung und Verschleiß unter Weltraumbedingungen mit der erforderlichen Genauigkeit zu berechnen.

Tribologische Systeme in der Raumfahrttechnik sind Gegenstand intensiver Forschung, da es gegenüber erdgebundenen Systemen einige Besonderheiten gibt. Dazu zählen der Betrieb im Vakuum, der Einfluss großer Temperaturschwankungen, Strahlung und die Vibrationsbelastung während des Starts. So liegt im geostationären Orbit der Umgebungsdruck bei 10^{-13} mbar, für die unmittelbare Umgebung eines Satelliten in dieser Höhe ist der Druck durch Ausgasung etwas höher (ca. 10^{-10} mbar). Werkstoffe für Raumfahrtanwendungen müssen daher bekanntlich vakuumtauglich sein, d. h., sie müssen eine geringe **Ausgasung** aufweisen und möglichst resistent gegenüber der Schädigung und Alterung durch Strahlung und hochenergetische Partikel sein (vgl. hierzu Kapitel 4.1.1.4).

Dies ist bei Metallen in der Regel gegeben, bei Polymeren hingegen problematisch, da Monomere und Additive leicht entweichen. Letzteres gilt ebenfalls für die verwendbaren Schmierstoffe. Es kommen daher entweder Trockenschmierstoffe oder hochmolekulare Flüssigkeiten mit einer geringen Verdampfungsrate in Frage.

Durch den Eintritt in den Erdschatten und durch Drehbewegung kann es zu Temperaturunterschieden von mehreren Hundert Kelvin kommen. Dies muss nicht nur bei der Konstruktion von Mechanismen und Lagerungen berücksichtigt werden, große Temperaturunterschiede erschweren auch die Wahl eines passenden flüssigen Schmierstoffs. Schmierstoffe auf Basis von Ölen verfestigen sich bei niedrigen Temperaturen, während hohe Temperaturen das Verdampfen beschleunigen und den Schmierstoff dadurch austrocknen lassen. Der Einfluss von Vakuum und Temperatur auf den Reibwiderstand wird in Thermal-Vakuumtests (T-V-Tests) untersucht, problematisch bleibt aber die Vorhersage des Reibverhaltens über längere Zeiträume. Man versucht daher, flüssigkeitsgeschmierte Systeme, wie z. B. Lagerungen von Drallrädern, zu klimatisieren.

Die mechanische Belastung ist im Orbit auf Grund der fehlenden Schwerkraft geringer als auf der Erde. Auf Lager wirken bei Beschleunigung Massenkräfte und gegebenenfalls Vorspannkräfte, die aufgebracht wurden, um Bauteile während der Startphase zu schützen. Infolge der Vibrationen während der Startphase können Schäden durch aufeinander schlagende Oberflächen (Brinellierungen) eintreten, was vor allem bei Wälzlagern kritisch ist. Abhilfe schafft eine federnde Vorspannung gegeneinander beweglicher Teile oder die Verwendung dämpfender Werkstoffe.

Wie auch für ordgebundene Anwendungen steht vor der Auslegung und Konstruktion von Mechanismen die Wahl des Kontakt- oder Lagerprinzips. Grundsätzlich kann nach Bauart zwischen Gleit- und Wälzkontakten unterschieden werden. Während einfache, langsam bewegte sowie selten bzw. nur einmalig beanspruchte Mechanismen in der Regel durch **Gleitlager** verbunden werden, besitzen permanent bewegte Einheiten meistens **Wälzlager.** Entsprechend sind in Satelliten die Gelenke zur Entfaltung der Solarzellen-Panels als Gleitlager ausgeführt, während die Antriebe zur Nachführung (Solar Array Drive Mechanism, SADM) wälzgelagert sind. Ebenfalls wälzgelagert sind Kreisel zur Energiespeicherung oder zur Lageregelung.

Als Werkstoffe für tribologisch beanspruchte Bauteile werden Metalle, Polymere, Verbundwerkstoffe und Keramiken eingesetzt. Da die Qualifizierung neuer Materialien nur mit großem Aufwand möglich ist, werden möglichst bekannte und erfolgreich eingesetzte Materialien verwendet, zum Beispiel gehärtete Stähle wie AISI 52100 (100Cr6) oder AISI 440C (102CrMo17). AISI 440C ist ein korrosionsbeständiger Luftfahrtstahl, der je nach Wärmebehandlung einen Temperaturbereich von −270 °C bis +300 °C abdeckt. Neben diesen Stahlwerkstoffen werden auch neue stickstofflegierte Wälzlagerstähle (z. B. X30CrMoN15.1) eingesetzt, die im Wälzkontakt eine hohe Verschleißbeständigkeit aufweisen und die sich in Luftfahrtanwendungen bereits bewährt haben. Stähle haben eine hohe Festigkeit, hohe Duktilität, große Härte und sind verhältnismäßig leicht zu verarbeiten, ihr Nachteil ist ein relativ hohes spezifisches Gewicht. Aluminiumlegierungen und Titanlegierungen sind leichter, aber wegen

4

ihrer geringen Härte für eine tribologische Beanspruchung nur geeignet, wenn die Oberfläche durch Beschichtungen gegen Verschleiß geschützt wird. Dies gilt vor allem für Titan, das im Vakuum eine große Streuung des Reibwertes im Gleitkontakt aufweist und das zum **Kaltverschweißen** neigt. Tribologisch beanspruchte Bauteile aus Titan werden beschichtet oder geschmiert. Weichmetalllegierungen wie Bronze oder Messing werden als Werkstoffe für Käfige in Wälzlagern verwendet. Als Schutzschichten zur Verschleißminderung werden bei weichen Metallen Titancarbid (TiC), Titannitrid (TiN), Wolframcarbid (WC) und Kohlenstoffschichten (DLC, WC/C) eingesetzt. Diese werden durch PVD- oder CVD-Beschichtungsverfahren aufgebracht. Aus Kupferlegierungen (Bronze, Messing) werden ebenfalls gleitbeanspruchte Bauteile gefertigt, die mit weichen Metallschichten (Silber, Blei) beschichtet werden können. Eine Übersicht über tribologische Materialien in der Raumfahrt und Auswahlstrategien bieten [4.1.44] und [4.1.46].

4

4.1.5.7 Schmierung von Lagern und Mechanismen

Im Weltraum besteht eine erhöhte Gefahr des **Verschweißens** zwischen metallischen Oberflächen, da sich, anders als in sauerstoffhaltiger Atmosphäre, keine schützende Oxidschicht auf der Oberfläche ausbilden kann und da der Einschlag hochenergetischer Partikel die Entstehung lokaler interatomarer Bindungen fördert. Umso wichtiger ist daher die Trennung der Oberflächen durch Schmierstoffe oder Schichtsysteme. Grundsätzlich wird zwischen **Trockenschmierstoffen** und **Flüssigschmierstoffen** (Fluiden) unterschieden. Flüssigkeiten bilden einen Schmierfilm zwischen den Kontaktpartnern, der sich abhängig von Geschwindigkeit, Viskosität und Last einstellt. Die Mindestdicke des Schmierfilms hängt ab von der Rauheit der Oberflächen, die für metallische und keramische Oberflächen einen Mittenrauwert *Ra* von 0,02 ... 0,1 µm hat. Grundsätzlich wird eine möglichst glatte Oberfläche mit einer geringen Rauheit gefordert; es wird allerdings beobachtet, dass sich bei Oberflächen mit Rauheiten kleiner 0,05 µm der Schmierfilmaufbau verschlechtern kann. Schmierstoffe, deren Viskosität sich bei hohem Druck erhöht, werden als strukturviskose Schmierstoffe bezeichnet, sie ermöglichen die Trennung der Oberflächen in hoch belasteten Wälzlagern. Im Wälzlager wird die Last über eine sehr kleine, nur wenige Quadratmillimeter große Fläche übertragen. Die maximalen in der Kontaktzone auftretenden Pressungen werden nach Hertz berechnet und als **Hertzsche Pressungen** bezeichnet, sie erreichen Werte bis zu 4 000 N/mm^2. Wälzlager werden üblicherweise in einem Bereich von 2 000 ... 3 000 N/mm^2 betrieben; unter diesen Bedingungen muss der Schmierfilm die Oberflächen von Wälzkörper und Laufbahnen trennen. Für die Berechnung der notwendigen Schmierstoffviskosität und die Wahl eines geeigneten Schmierstoffs existieren Rechenvorschriften, die auch als Rechnerprogramme zur Verfügung stehen [4.1.42], [4.1.46].

Der Verlauf der Reibung bei konstanter Last und Viskosität über der Temperatur wird durch eine **Stribeck-Kurve** beschrieben (Bild 4.1.39). Für Flüssigkeitsschmierung kann zwischen Festkörper- oder Trockenreibung, Mischreibung und dem Bereich eines vollständig trennenden Schmierfilms unterschieden werden. Für viele Reibpaarungen ist der Übergang aus der Ruhe in eine Bewegung mit einem plötzlichen Abfall der Reibung verbunden. Die Reibkraft, die zur Überwindung des Ruhezustandes benötigt wird, wird als **Haftreibung** bezeichnet. Trockenschmierstoffe laufen immer im Bereich der Trockenreibung, für sie wird eine möglichst geringe Differenz zwischen Haftreibung und Festkörperreibung gefordert. Lager, die im Bereich der Vollschmierung betrieben werden, laufen praktisch verschleißfrei. Durch Alterungsvorgänge im Schmierstoff ist die Lebensdauer eines vollgeschmierten Lagers aber dennoch begrenzt, die Abschätzung der Schmierstofflebensdauer ist allerdings sehr schwierig. Lebensdaueruntersuchungen von Schmierstoffen sind langwierig und aufwendig. Da die Betriebsbedingungen die Alterung beeinflussen, sind Schnelltests nur eingeschränkt möglich.

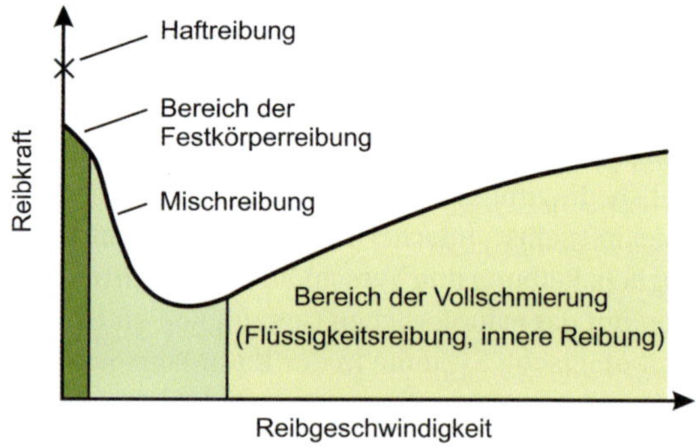

Bild 4.1.39: *Stribeck-Kurve.*

In Tabelle 4.1.4 sind die wesentlichen Eigenschaften von Trockenschmierstoffen und flüssigen Schmierstoffen gegenübergestellt, weiterführende Angaben finden sich in [4.1.45]. Trockenschmierstoffe werden bei hohen oder sehr niedrigen Temperaturen eingesetzt. Die Gefahr, durch Ausgasung umliegende Oberflächen zu kontaminieren, ist bei ihnen sehr gering, ein Kriechen des Schmierstoffes und eine Benetzung umliegender Bauteile kommt nicht vor. Die voraussichtliche Lebensdauer kann durch Kurzzeittests bestimmt werden; sie hängt vor allem von der aufgebrachten Last und dem Verschleißweg ab.

Typische Trockenschmierstoffe zur Verbesserung des Reibverhaltens sind weiche Metallschichten aus Silber, Blei oder Gold und Schichten aus Molybdändisulfid (MoS_2), Polytetrafluorethylen (PTFE) oder Graphit. Metallschichten können galvanisch oder durch Abscheiden (PVD-Beschichtung) aufgebracht werden [4.1.46].

Tabelle 4.1.4: *Vergleich Trockenschmierstoffe – flüssige Schmierstoffe.*

Trockenschmierstoffe	Fluide
keine Ausgasung im Vakuum	Ausgasung abhängig vom Dampfdruck
großer Temperaturbereich	Viskosität, Verdampfung abhängig von der Temperatur
kein Kriechen, keine Dichtungen notwendig	Kriechneigung, Dichtungen notwendig
Reibung unabhängig von der Geschwindigkeit	Reibung abhängig von der Drehzahl (Stribeck Kurve)
Abrieb verursacht Schwankungen des Reibwertes	gleichmäßiger Reibwert
Lebensdauer abhängig von Reibverschleiß bzw. vom Verschleißweg	Lebensdauer abhängig von Schmierstoffalterung

Trockenschmierstoffe wie MoS_2 können ebenfalls durch **Physical Vapor Deposition (PVD)** aufgebracht werden, ein Beschichtungsverfahren, bei dem festes Material verdampft und in Richtung des Substrats beschleunigt wird. Das Material schlägt sich auf der Oberfläche nieder und bildet dort eine zusammenhängende Schicht. Schmieraktive MoS_2-Schichten haben eine Dicke von wenigen Mikrometern. MoS_2 besitzt wie Graphit eine lamellenartige Schichtstruktur. Die MoS_2-Lamellen richten sich unter Druck parallel zueinander aus und gleiten übereinander. Dieser Effekt wird unter Vakuum wie auch unter Atmosphärenbedingungen beobachtet, allerdings ist der Reibwert in der Atmosphäre um ein Mehrfaches größer, entsprechend steigt der Verschleiß an. Untersuchungen MoS_2-beschichteter Bauteile werden daher unter Schutzgasatmosphäre (z. B. mit Stickstoff) durchgeführt. Ein gegenteiliger Effekt wird bei Trockenschmierstoffen auf Graphitbasis beobachtet, hier sinkt der Reibwert bei Vorhandensein von Luftfeuchtigkeit. Für Raumfahrtanwendungen ist daher MoS_2 einer der am häufigsten verwendeten Trockenschmierstoffe. Neben maschinellen Beschichtungsverfahren gibt es auch die Möglichkeit, MoS_2 manuell aufzubringen. Dabei wird der Trockenschmierstoff als Pulver mit einem weichen Tuch oder einem Pinsel aufgebracht. MoS_2 ist ein Trockenschmierstoff, der sowohl für Wälzkontakte als auch für Gleitkontakte verwendet wird. Insbesondere Wälzlager, deren Laufbahnen mit MoS_2 beschichtet sind, werden vor dem Einbau in einer Einlaufprozedur auf ihren Reibwert überprüft. Dabei kommt es erst nach einer gewissen Zeit, in der sich die MoS_2-Lamellen unter Last ausrichten, zu einem minimalen Reibwert, der dann über die Lebensdauer der Schicht anhält. Die Lebensdauer einer MoS_2-Schicht wird begrenzt durch abrasiven Verschleiß. Lager, die mit MoS_2 beschichtet sind, werden daher oft mit Käfigen ausgerüstet, die ebenfalls eine Trockenschmierung ermöglichen (z. B. aus PTFE).

Trockenschmierfähige Polymere werden in gleitbeanspruchten Kontakten verwendet. Häufig kommt PTFE zum Einsatz, das gegebenenfalls durch Glasfasern verstärkt und dem in einigen Fällen MoS_2 beigemischt wird. Die niedrige Reibung PTFE-geschmierter Komponenten wird auf den Transfer von geringen Mengen PTFE auf den Gegenkörper erklärt (Transferschmierung). Der Reibwert ändert sich im Vakuum praktisch nicht. Anders als bei den meisten anderen Trockenschmierstoffen ist der Haftreibwert gleich dem Gleitreibwert. PTFE eignet sich daher gut bei gering belasteten, langsam bewegten Mechanismen, für die eine geringe Startreibung gefordert wird. PTFE kann bis zu einer Temperatur von 280 °C eingesetzt werden, die Belastung sollte unterhalb einer Pressung von 800 N/mm^2 liegen. Einsatzgebiete sind Gleitlager und Gelenke, aber auch Wälzlagerkäfige, da diese ebenfalls einer Gleitbeanspruchung ausgesetzt sind. Neben PTFE werden Polyimide für mechanisch höher belastete Bauteile eingesetzt, ihre Gleiteigenschaften sind allerdings schlechter als die von PTFE. Polyamide werden dagegen seltener benutzt. Polymere werden meistens ohne zusätzliche Beschichtungen eingesetzt, ihre Tragfähigkeit ist allerdings deutlich geringer als die metallischer Werkstoffe.

Neben der Trennung der Oberflächen durch Trockenschmierstoffe werden auch Werkstoffkombinationen untersucht, deren Neigung zum adhäsiven Verschleiß durch die Verwendung unterschiedlicher Werkstoffklassen minimiert wird. Geeignet sind vor allem Paarungen von Keramik zu Metall und von Keramik zu Polymeren. Lager aus Stahlringen und Wälzkörper aus Keramik werden als Hybridlager bezeichnet; sie laufen mit geringsten Schmierstoffmengen und teilweise auch in niedrigviskosen Medien. Bild 4.1.40 zeigt ein Hybrid-Schrägkugellager für den Trockenlauf.

Bild 4.1.40: *Hybrid-Schrägkugellager mit Silberbeschichtung für den Trockenlauf (Bild: CEROBEAR GmbH).*

4

Untersuchungen an vollständig trocken laufenden Lagern im Vakuum zeigen, dass Hybridlager unter bestimmten Bedingungen ganz ohne Schmierstoff betrieben werden können. Die Wälzkörper sind dabei aus Siliziumnitrid (Si_3N_4) oder aus Zirkondioxid (ZrO_2). So wurde durch die Umstellung von Stahlwälzlagern auf Hybridwälzlager in den Turbopumpen des Space-Shuttle-Hauptantriebs die Lebensdauer der Lager um das 60fache gesteigert [4.1.44]. Eine Schmierung erfolgt in dieser Anwendung nur durch das zu pumpende Medium, die Lager laufen bei -253 °C im flüssigen Wasserstoff.

Für Anwendungen mit hohen Geschwindigkeiten und hohen Anforderungen an Zuverlässigkeit und Lebensdauer müssen nach wie vor flüssige Schmierstoffe eingesetzt werden. Bei der Auslegung von Lagerungen wird versucht, diese möglichst im Bereich der Vollschmierung zu betreiben. Dazu müssen Lagergröße und Geometrie, Lasten, Drehzahlen und Schmierstoff aufeinander abgestimmt werden. Starke Abweichungen vom optimalen Betriebspunkt führen zu höherer Reibung und meistens zu Verschleiß, falls das Lager im Bereich der Mischreibung betrieben wird. Schmierstoffe für Raumfahrtanwendungen sollten eine möglichst geringe Verdampfungsrate im Vakuum haben. Man setzt daher bevorzugt hochmolekulare, schwerflüchtige Schmierstoffe ein. Die wichtigsten Vertreter sind Öle und Fette auf Basis von perfluorierten Polyethern (PFPE), seltener werden Polyalphaolefine (PAO) verwendet, konventionelle Schmierstoffe aus Kohlenwasserstoffen werden kaum eingesetzt. PFPE-Schmierstoffe neigen allerdings unter bestimmten Bedingungen zu einer beschleunigten Alterung in Folge chemischer Reaktionen zwischen Schmierstoff und Material der Reibpartner. Beschleunigend auf die Schmierstoffalterung wirken der Betrieb im Mischreibungszustand, Aluminium- und Titanoberflächen, niedrig legierte Stähle, hohe Lasten und hohe Temperaturen. Dagegen kann durch die Verwendung von Keramik oder hochlegierten Stählen, bei geringen Lasten und moderaten Temperaturen die Lebensdauer von PFPE-Schmierstoffen verlängert werden. PFPE-Schmierstoffe haben eine gute Adhäsion gegenüber metallischen Oberflächen, sie neigen zum Kriechen. Kriechen kann durch konstruktiv ausgeführte Kriechsperren (Labyrinthe) oder durch haftfähige Lacke mit niedriger Oberflächenenergie vermieden werden. Einen ausführlichen Überblick über verwendete Schmierstoffe und ihre Handelsnamen bietet [4.1.45].

4

Literatur

[4.1.1] *ESA/ESTEC (Hrsg.)*: Aide Memoire on Structural Materials and Space Engineering. ESA-PSS-03-212. Issue 1. Noordwijk, 1995.

[4.1.2] *ESA/ESTEC (Hrsg.)*: BepiColombo Experiment Interface Document, Part A (EID-A). SCI-PB-RS-1140 (Draft), Noordwijk, 2004.

[4.1.3] *ESA/ESTEC (Hrsg.)*: Structural Materials Handbook. ECSS-E-HB-32-20 (2011).

[4.1.4] *ASM International (Hrsg.)*: Metals Handbook. 10th Edition, Vol. 2: Properties and Selection: Non-ferrous Alloys and Special Purpose Materials. Materials Park (Ohio), 1999.

[4.1.5] *Hussey, R.; Wilson, J. (Hrsg.)*: Light Alloys Directory and Handbook. London: Chapman and Hall, 1998.

[4.1.6] *Starr, T.*: Carbon and High Performance Fibres Directory. 6th Edition. London: Chapman and Hall, 1995.

[4.1.7] *ASM International (Hrsg.)*: ASM Handbook, Vol. 21: Composites. Materials Park (Ohio), 2006.

[4.1.8] *Menges, G.; Haberstroh, E.; Michaeli, W.; Schmachtenberg, E.*: Werkstoffkunde Kunststoffe. 5. Auflage. München: Carl Hanser Verlag, 2011.

[4.1.9] *Ngo, T. D.; Kashani, A.; Imbalzano, G.; Nguyen, K.; Hui, D.*: Additive manufacturing (3D printing): A review of materials, methods, applications and challenges. Elsevier, Composites Part B: Engineering, Volume 143 (2018).

[4.1.10] *Srivatsan, T. S.; Sudarshan, T. S.*: Additive Manufacturing: Innovations, Advances, and Applications. CRC Press (ISBN 978-1-498-714785), 2015.

[4.1.11] *Plantema, F. J.*: Sandwich Construction. New York, London, Sydney: John Wiley & Sons, 1966.

[4.1.12] *Allen, H. G.*: Analysis and Design of Structural Sandwich Panels. Oxford, London: Pergamon Press, 1969.

[4.1.13] *Altenbach, H.; Altenbach, J.; Rikards, R.*: Einführung in die Mechanik der Laminat- und Sandwichtragwerke. Stuttgart: Deutscher Verlag für Grundstoffindustrie, 1996.

[4.1.14] *Michaeli, W.; Huybrechts, D.; Wegener, M.*: Dimensionieren von Faserverbundkunststoffen. München, Wien: Carl Hanser Verlag, 1994.

[4.1.15] BEOSAT Projektunterlagen der Arbeitsgemeinschaft ERIG am Institut für Luft- und Raumfahrtsysteme der TU Braunschweig, 2006.

[4.1.16] *Menges, G.; Michaeli, W.; Mohren, P.*: How to Make Injection Molds. München, Wien: Carl Hanser Verlag, 2001.

[4.1.17] *Kleineberg, M.; Herbeck, L; Schöppinger, C.*: Advanced Liquid Resin Infusion – A New Perspective for Space Structures. Proceedings, Europ. Conf. on Spacecraft Structures, Materials and Mechanical Testing. Toulouse, Dec. 11–13, 2002.

[4.1.18] *Frauenhofer, M.; Ströhlein, T.; Fabig, S.; Dilger, K.; Herbeck, L.; Böhm, S.*: Induction Technique in Manufacturing Preforms. In: Mechanics of Composite Materials 44(5). New York: Springer, 2008.

[4.1.19] *Marsal, O.; Venet, M.; Counil, J. L.; Ferri, F.; Harri, A. M.; Spohn, T.; Block, J.*: The NetLander Geophysical Network on the Surface of Mars: General Mission Description and Technical Design Status. Acta Astronautica 51 (2002) 1–9, pp. 379–386.

[4.1.20] *Dunn, B. D.*: Materials and Processes for Spacecraft and High Reliability Applications. Springer Internat. Publishing (ISBN 978-3-319-23361-1), 2016.

[4.1.21] *ESA/ESTEC (Hrsg.)*: Thermal vacuum outgassing test for the screening of space materials. ECSS-Q-ST-70-02C. Noordwijk, 2000.

[4.1.22] *Rabek, J. F.*: Polymer Photodegradation. London: Chapman and Hall, 1994.

[4.1.23] *Gorney, D. J. et al.:* The Space Environment and Survivability. In: *Larson, W. J.; Wertz, J. R. (Eds.):* Space Mission Analysis and Design. 2nd Edition. Dordrecht; Boston; London: Kluwer Academic Publishers; und Torrance (CA): Microcosm Inc., 1992.
[4.1.24] *ESA/ESTEC (Hrsg.):* Insert Design Handbook. ECSS-E-HB-32-22A, Noordwijk, 2011.
[4.1.25] *Block, J.; Brander, T.; Lambert, M.; Lyttinen, J.; Marjoniemi, K.; Schütze, R.; Syvänen, L.:* Carbon fibre tube inserts. In [4.1.24], S. 322–327.
[4.1.26] *Romberg, O.; Bodendieck, F.; Block, J.; Nadalini, R.; Schneider, N.:* NetLander Thermal Control. Proceedings, 5th Internat. Conf. on Low-Cost Planetary Missions, ESTEC, Noordwijk, Sept. 24–26, 2003.
[4.1.27] *Sarafin, T. P.; Larson, W. J. (Hrsg.):* Spacecraft Structures and Mechanisms – from Concepts to Launch. Dordrecht, Boston, London: Kluwer Academic Publishers; and Torrance (CA): Microcosm Inc., 1995.
[4.1.28] *Herbeck, L.; Leipold,, M.; Sickinger, C.; Eiden, M.; Unckenbold, W.:* Development and Test of Deployable Ultra-Lightweight CFRP Booms for a Solar Sail. Proceedings (ESA SP-468), Europ. Conf. on Spacecraft Structures, Materials and Mechanical Testing. Noordwijk, Nov. 29 – Dec. 1, 2000.
[4.1.29] *Sickinger, C.:* Verifikation entfaltbarer Composite-Booms für Gossamer-Raumfahrtsysteme. Diss Techn. Univ. Braunschweig. Aachen: Shaker Verlag, 2008.
[4.1.30] *Block, J.; Straubel, M.; Wiedemann, M.:* Ultralight Deployable Booms for Solar Sails and other large Gossamer Structures in Space. IAC-09-C2.2.7. International Astronautical Congress, Daejon/Korea, Oct. 12–16, 2009.
[4.1.31] *Straubel, M.; Sinapius, M.; Langlois, S.:* On-Ground Rigidized Deployable Masts for Large Gossamer Space Structures. 11th Europ. Conf. on Spacecraft Structures, Materials and Mechanical Testing (ECSSMMT), Toulouse, Sept. 15–17, 2009.
[4.1.32] *Bathe, K. J.:* Finite-Elemente-Methoden. *(Übersetzt von Zimmermann, P.).* 2. Auflage. Berlin, Heidelberg, New York: Springer-Verlag, 2002.
[4.1.33] *Mayr, M.; Thalhofer, U.:* Numerische Lösungsverfahren in der Praxis. München, Wien: Carl Hanser Verlag, 1993.
[4.1.34] *Piersol, A. G.; Paez, T. L. (Eds.):* Harris' Shock and Vibration Handbook. 4th Edition. New York: McGraw-Hill, 2010.
[4.1.35] *Cruise, A. M.; Bowles, J. A.; Patrick, T. J.; Goodall, C. V.:* Principles of Space Instrument Design. Cambridge: Cambridge University Press, 1998.
[4.1.36] *Pfeil, D.:* NetLander Petal Opening and Uprighting Mechanisms. Abschlussbericht Phase B. Giesen/Hildesheim, 2002.
[4.1.37] *Phinney, D. D.; Britton, W. R.:* Developing Mechanisms. In: *Sarafin, T. P.; Larson, W. J. (Hrsg.):* Spacecraft Structures and Mechanisms – from Concepts to Launch. Dordrecht Boston London: Kluwer Academic Publishers; and Torrance (CA): Microcosm Inc., 1995.
[4.1.38] *Wierach, P.; Monner, H. P.; Schönecker, A.; Dürr, J. K.:* Application Specific Design of Adaptive Structures with Piezoceramic Patch Actuators. In: *McGowan, A.-N. (Hrsg.):* Smart Structures and Materials 2002, SPIE Proceedings Vol. 4698, 2002.
[4.1.39] *Dürr, J. K.; Herold-Schmidt, U.; Zaglauer, H.; Scheulen, D.; Sippel, R.:* Smart Composites for Adaptive Satellite Mirrors. Proceedings, Adaptronic Congress, Potsdam, 4.–5. April 2000.
[4.1.40] *Czichos, H.; Habig, K.-H.:* Tribologie-Handbuch. Wiesbaden: Springer Vieweg Verlag, 4. Aufl., 2015.
[4.1.41] *Möller, U. J.; Boor, U.:* Schmierstoffe im Betrieb. Düsseldorf: VDI Verlag, 2004.
[4.1.42] *Fusaro, R.:* Preventing Spacecraft Failures due to Tribological Problems. NASA/TM-2001-210806.
[4.1.43] *Jones, W.; Jansen, M.:* Space Tribology. NASA/TM-2000-209924 Glenn Research Center, May 2001.
[4.1.44] *Bursey R. et al.:* Advanced Hybrid Rolling Element Bearings for the Space Shuttle Main Engine High Pressure Alternate Turbopumps – 32nd AIAA/ASME/SAE/ASEE Joint Propulsion Conference. Lake Buena Vista, FL, USA: July 1996.
[4.1.45] *AEA Technology (Hrsg.):* Space Tribology Handbook, ESTL, Warrington 1997.
[4.1.46] *Mertz, J.:* Praxishandbuch moderne Beschichtungen. München, Wien: Carl Hanser Verlag, 2001.

4.2 Energieversorgung

Reinhard Roeder und *Wilfried Ley*

Die elektrische Energieversorgung wird für den Betrieb von allen aktiven Raumfahrzeugsystemen und -geräten benötigt. Das elektrische **Energieversorgungssystem (EVS)** eines Raumfahrzeugs schließt die Energieerzeugung, Energieaufbereitung, die Energiespeicherung, den Stromleitungsschutz und die Stromverteilung an die Verbraucher über Niederspannungsbordnetze ein. Die Bordnetze versorgen die Raumfahrzeuge in Leistungsbereichen von einigen 10 W bis derzeitig ca. 50 kW im Spannungsbereich von 20 bis 125 V. Die voll ausgebaute Internationale Raumstation ISS mit einer Leistung von 110 kW bildet bisher eine Ausnahme.

Die **Hochspannungstechnik** in Raumfahrzeugen kommt im zunehmenden Maße bei der Versorgung elektrischer Triebwerke zum Einsatz.

Das EVS muss die Versorgung der angeschlossenen Stromverbraucher während aller Missionsphasen des Raumfahrzeugs unter allen angetroffenen Weltraum-Umweltverhältnissen zuverlässig und wartungsfrei sicherstellen.

Eine zumindest bei unbemannten Raumfahrzeugen wichtige Anforderung besteht darin, die Energieversorgung in jedem möglichen **Ausfallmodus** des Raumfahrzeugs völlig autonom, ohne Betreiberintervention, aufrechtzuerhalten, denn der Verlust der Raumfahrzeugenergie führt fast immer zum irreversiblen Gesamtausfall des Raumfahrzeugs. Die Rückführung des Raumfahrzeugs in den Nominalbetrieb durch Bodenoperationen ist nach einem Ausfall nur möglich, wenn das Telekommunikationssystem und die Bahn- und Lageregelung des Raumfahrzeugs funktionsfähig bleiben.

All dieses erfordert ein gut durchdachtes, robustes und zuverlässiges EVS, das zudem in all seinen Funktionen testbar ist.

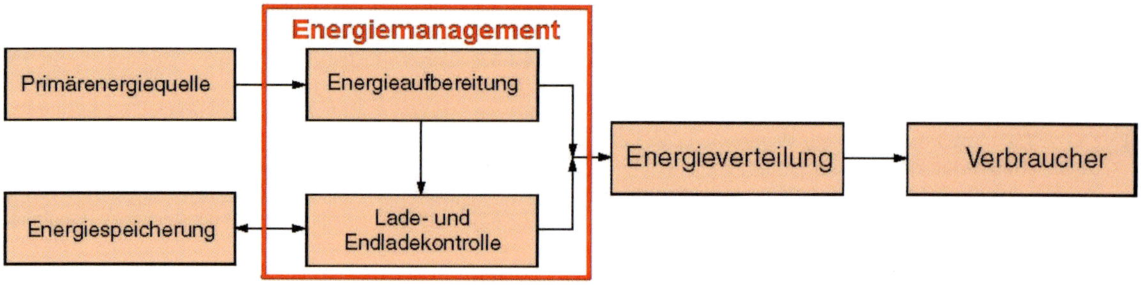

Bild 4.2.1: *Wesentliche Funktionsblöcke eines Energieversorgungssystems in Raumfahrzeugen.*

Ein EVS kann, wie in Bild 4.2.1 dargestellt, allgemein in vier **Funktionsblöcke** unterteilt werden, nämlich in Energiequelle, Energiespeicher, Energiemanagement und Energieverteilung.

4

4.2.1 Energieerzeugung

Raumfahrzeuge mit elektrischer Energie zu versorgen, kann auf vielfältige Weise erfolgen. Dabei muss zwischen zwei grundsätzlichen Arten von Energieversorgungssystemen unterschieden werden:

1. Energie wird von außen zugeführt (bis jetzt lediglich in Form von Sonnenenergie),
2. die Energiequelle wird mitgeführt.

Die **Umwandlung von Primärenergie** in elektrische Energie erfolgt entweder direkt durch den Fotoeffekt in Solarzellen sowie chemoelektrisch in galvanischen Elementen (Batterien und Brennstoffzellen) oder indirekt durch Umwandlung von solarer oder nuklearer Energie in thermische Energie, wobei die Wandlung von Wärmeenergie in elektrische Energie statisch mit Thermo- und Thermionikelementen erfolgen kann. Eine dritte Möglichkeit ist die dynamische Umwandlung, d. h. über kinetische Energie, mit Magneto-Hydro-Dynamik-Generatoren (MHD) oder turboelektrischen Wärmekraftmaschinen mit Gasturbinen (Brayton-Zyklus oder Stirling-Motor) und Dampfturbinen (Rankine-Zyklus).

Obwohl mit schlechtem Wirkungsgrad behaftet, benutzen alle bisher geflogenen EVS mit nuklearen Energiequellen **thermoelektrische Wandler,** weil sie einfach und zuverlässig sind.

Das **solardynamische System** mit der Umwandlung von solarer Energie in thermische Energie ist eine Wandler-Energiequellen-Kombination, die trotz der günstigen Flächenleistung (d. h. erzeugte Energiemenge pro sonnenbeschienener Flächeneinheit) durch entscheidende Wirkungsgradverbesserung und kostengünstigere Produktion von Solarzellen vorläufig zurückgestellt wurde.

4.2.2 Energiequellen

Raumfahrzeugmissionen benötigen gewöhnlich eine Energiequelle, die Energie über sehr viele Orbitzyklen erzeugen muss, um elektrische Lasten zu versorgen und Batterien aufzuladen. Während Trägerraketen **Primärbatterien** als Energiequelle für ihre elektrischen Lasten benutzen, weil deren Energieversorgung meistens weniger als eine Stunde benötigt wird (beziehungsweise in einigen Fällen ungefähr 4 Stunden), wäre für einen Raumfahrzeugbetrieb über Wochen, Monate und Jahre der Energieinhalt von Batterien allein zu gering. Bild 4.2.2 veranschaulicht, welche **Arten von Energiequellen** dafür in Frage kommen.

Zukünftige lunare oder planetare Basen und Langzeitmissionen erfordern äußerst leistungsstarke Energiequellen bis hin zu regenerativen Lebenserhaltungssystemen, deren Leistungsanforderungen weit über denen heutiger Energieversorgungssysteme (wie z. B. bei der ISS mit zurzeit 110 kW) liegen.

Als mögliche **Primärenergieträger,** die zur Energieversorgung von Raumfahrtmissionen infrage kommen, gelten die Sonne (elektromagnetische Solarstrahlung, solare Korpuskularstrahlung), der interplanetare Raum (interplanetares Magnetfeld, kosmische Strahlung) und die Planeten (chemische Energieträger, Kernenergie, physikalische Energieträger mit Windenergie, Gezeiten, Geowärme, Magnetfelder).

Diese Alternativen reduzieren sich allerdings bei der Zugrundelegung von physikalisch und technisch sinnvoller Nutzung auf:

- elektromagnetische Solarstrahlung,
- Kernenergie (Radionuklide, Kernspaltung),
- planetare Magnetfelder (elektrodynamischer Tether = seilgefesselte Satelliten-Systeme).

Die augenblicklichen und in naher Zukunft dominierenden Energieversorgungssysteme basieren auf der Umwandlung der elektromagnetischen Solarstrahlung, die durch folgende Prozesse erfolgen kann:

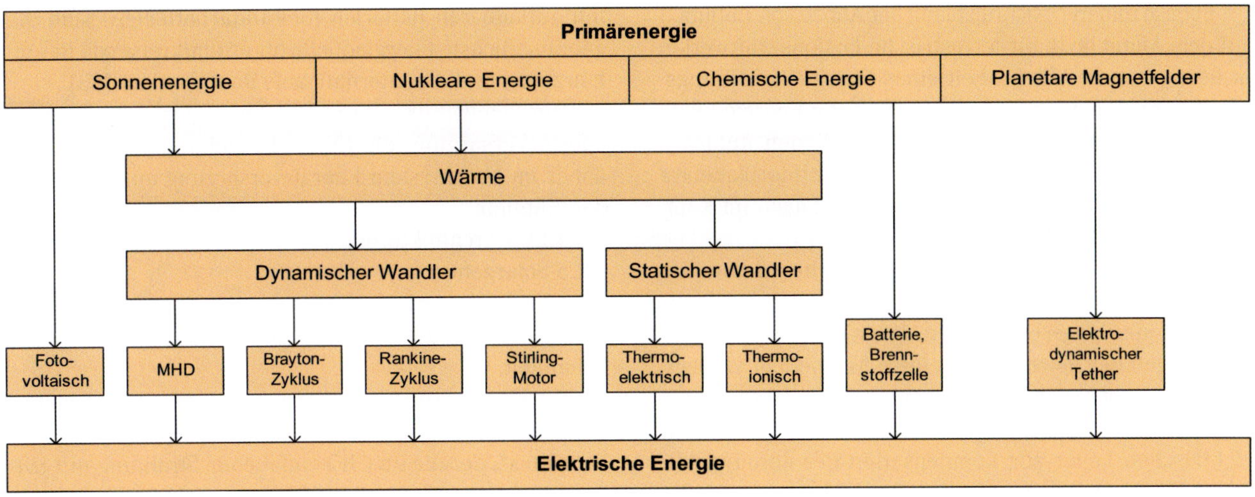

Bild 4.2.2: *Möglichkeiten zur Erzeugung von elektrischer Energie.*

- fotovoltaische Energiewandlung,
- fotochemische Prozesse,
- fotoelektrochemische Prozesse,
- fotobiologische Prozesse,
- Wärme (direkte Wärmenutzung, thermodynamische Prozesse),
- Strahlungsdruck.

Das fotovoltaische Energieversorgungssystem besteht aus den Hauptkomponenten:

- Energiewandlung,
- Energieaufbereitung,
- Energieverteilung,
- Energiespeicherung

und wird im Detail im gesamten restlichen Kapitel behandelt.

Die in Kapitel 4.2.2.2 – Solardynamik – näher erläuterte Nutzung fotochemischer, fotoelektrochemischer und fotobiologischer Prozesse konnte sich bisher in der Energieaufbereitung nicht durchsetzen.

Die Wärme kann zur direkten Wärmenutzung oder für den thermodynamischen Kreisprozess mit den bei den Energiewandlungsschritten Wärme-Drehmoment und Drehmoment-Strom dienen.

Für ein Energieversorgungssystem eines Raumfahrzeugs kommt der **solare Strahlungsdruck** (Sonnensegel, Segeln im Weltraum) nicht infrage.

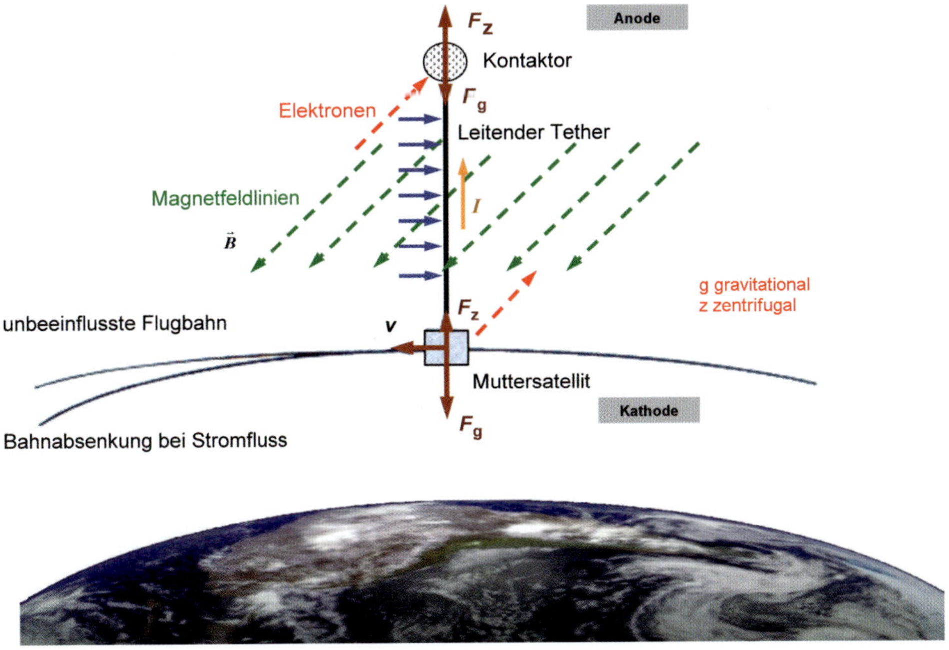

Bild 4.2.3: *Elektrodynamischer Tether [4.2.22].*

Ebenso unberücksichtigt bleibt der Abbau von Helium 3 auf dem Mond (evtl. für terrestrische Fusionskraftwerke) in Bezug auf die Möglichkeit eines Energieversorgungssystems für Raumfahrzeuge. Als mögliche Energiequelle für die elektrische Energieversorgung dienen nukleare Systeme für überwiegend militärische oder interplanetare Missionen. Nähere Erläuterungen hierzu folgen im Kapitel 4.2.2.3 - Nukleare Energieerzeugung.

Seilgefesselte Satelliten-Systeme (Tethered Satellite Systems) mit elektrisch leitendem Seil können zur Energiegewinnung eingesetzt werden, da ein induzierter Stromfluss wegen der Bewegung in einem Magnetfeld vorliegt. Sie können aber auch der Schuberzeugung dienen, wobei die resultierende Kraft wegen des Stromflusses durch einen elektrischen Leiter zur Kompensation des aerodynamischen Widerstands genutzt wird. Der elektrodynamische Tether befindet sich auf einer kreisförmigen Bahn im LEO bei einer Geschwindigkeit von ca. 7,6 km/s, abhängig von der Bahnhöhe. Zwei Tether-Satellitenmissionen wurden von der NASA zusammen mit Italien durchgeführt, die leider wegen technischen Versagens nicht den endgültigen Nachweis des physikalischen Prinzips erbringen konnten.

Tether-Anwendungen mit elektrisch nicht-leitendem Seil dienen der Aerothermodynamik (Windkanal im Orbit), der Atmosphärenforschung (Temperaturverteilung, chemische Zusammensetzung, Auftreten von Turbulenzen) und z. B. der Nutzlastrückführung von Weltraumexperimenten an Bord der Internationalen Raumstation.

4

4.2.2.1 Fotovoltaik

Solargeneratoren (SG) aus fotovoltaischen Solarzellen-Anordnungen (PVA = Photovoltaic Assembly) in Verbindung mit aufladbaren Batterien (**Sekundärbatterien**) sind die gebräuchlichste Energiequelle für erdumkreisende Raumfahrzeuge und die Internationale Raumstation (ISS).

Die Fotovoltaik nimmt bei der praktischen Primärenergieversorgung die führende Stellung ein und wird daher im Untersystem Energieversorgung ausführlich in den Kapiteln
4.2.4 EVS-Architekturen,
4.2.5 Solargenerator,
4.2.6 Energiespeicher,
4.2.7 Grundsätzliche EVS-Designbetrachtungen
behandelt.

Erwähnt werden soll hier der Vollständigkeit halber der immer wiederkehrende Vorschlag des **„Solar Power Satellites“**, der die im GEO einfallende Strahlung mit Hilfe von riesigen Solarzellenflächen in elektrische Energie bzw. Mikrowellenenergie oder Laserstrahlung umwandelt, diese gebündelt zu Empfangsantennenanlagen auf der Erde sendet, wieder in elektrische Energie umwandelt und ins Netz einspeist. Akzeptanzprobleme bezüglich des Transportszenarios und der Finanzierbarkeit haben jedoch bisher der Realisierung im Wege gestanden.

4.2.2.2 Solardynamik

Eine effiziente Alternative zur Umwandlung der von der Sonne ausgesandten elektromagnetischen Strahlung als natürlich verfügbare Energiequelle im Weltraum stellt neben der Fotovoltaik die Solardynamik dar. Das solardynamische Energieversorgungssystem sieht neben dem konventionellen thermodynamischen Kreisprozess mit einem geschlossenen Kreis des Arbeitsmediums einen thermisch-mechanisch-elektrischen Energiewandler vor.

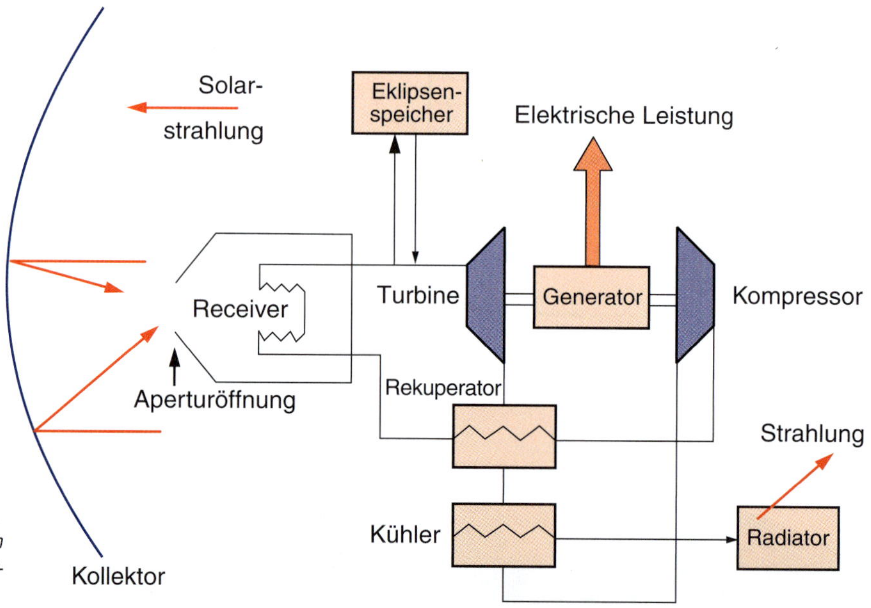

Bild 4.2.4: *Blockschaltbild des thermischen Kreislaufs eines solardynamischen Energieversorgungssystems.*

Bei der **solardynamischen Energieumwandlung** wird die nahezu parallel einfallende (Kollimationswinkel 32 Bogenminuten) Solarstrahlung von einem quasi-rotationsparaboloiden Kollektor auf einen Strahlungsempfänger (Receiver) reflektiert, der sich mitsamt seiner Öffnung (Apertur) im Brennpunkt des Paraboloids befindet und die reflektierte Sonnenenergie an ein Arbeitsmedium überträgt. Diese sogenannte Prozesswärme wird zur Arbeitsabgabe in einer **Wärmekraftmaschine** genutzt und die überschüssige Restwärme über einen Radiator in den Weltraum abgestrahlt. Durch den Generator wird die Wellenleistung der Wärmekraftmaschine als elektrische Leistung zur Verfügung gestellt. Wie in Bild 4.2.4 dargestellt, besteht eine Solardynamikanlage aus folgenden Komponenten:

- Kollektor,
- Receiver/Absorber mit Apertur,
- Eklipsenspeicher,
- Wärmekraftmaschine (Turbine, Kompressor, Rekuperator, Kühler),
- Generator,
- Radiator,
- Leistungsregelung,
- Nachführmechanismus.

Als **raumfahrttaugliche Kreisprozesse** seien erwähnt:

- Stirling-Prozess (hermetisch gekapselter thermisch-mechanischer Energiewandler mit äußerer Wärmezufuhr),
- Brayton-(Joule-)Prozess (Gasturbine mit einphasigem Arbeitsmedium),
- Hochtemperatur-Rankine-Prozess (Dampfturbine mit zweiphasigem Arbeitsmedium),
- organischer Rankine-Prozess (ORC) für den Mitteltemperaturbereich.

Aus dem *T-S*-Diagramm (*T* = Temperatur in Kelvin; *S* = Entropie) des idealen **Brayton-Kreisprozesses** mit Wärmotauscher ergibt sich der **thermische Wirkungsgrad** zu:

$$\eta_{\text{th}} = \frac{q_{\text{zu}} - |q_{\text{ab}}|}{q_{\text{zu}}} = 1 - \frac{|q_{\text{ab}}|}{q_{\text{zu}}} = 1 - \frac{T_5 - T_1}{T_4 - T_2} \tag{4.2.1}$$

Für die **isentrope Kompression** und Expansion lautet die thermodynamische Beziehung für ideale Gase:

$$\frac{T_1}{T_2} = \frac{T_5}{T_4} = \left(\frac{P_1}{P_2}\right)^{\frac{\kappa-1}{\kappa}} \tag{4.2.2}$$

und der thermische Wirkungsgrad folgt aus

$$\eta_{\text{th}} = 1 - \frac{T_1}{T_2} = \left(\frac{P_1}{P_2}\right)^{\frac{\kappa-1}{\kappa}} \tag{4.2.3}$$

Der geschlossene Gasturbinenprozess arbeitet als regenerativer Brayton-Prozess mit einem He-Xe-Gasgemisch. Der thermisch-mechanische Wirkungsgrad kann durch eine Erhöhung der oberen Prozesstemperatur deutlich verbessert werden.

Als **Kollektoren** werden Konzentratoren mit sehr hoher optischer Qualität und Konzentrationsverhältnissen > 1 000 angestrebt.

Aufgrund des sehr hohen Leistungsbedarfs (110 kW) der ersten operationellen Ausbaustufe der Internationalen Raumstation hatte die NASA Ende der 80er-Jahre für einige Monate an den Einsatz von solardynamischen Energieversorgungssystemen gedacht, um der Forderung nach möglichst geringer Kollektorfläche nachzukommen.

Solardynamische EVS-Anlagen werden wegen ihrer im Vergleich zur Solargeneratoren 2- bis 3-fach höheren Flächenleistung zielstrebig auf höhere Zyklenfestigkeit, Zuverlässigkeit und Lebensdauer weiterentwickelt, um sie für Hochleistungs-Raumfahrzeuge in erdnahen Umlaufbahnen von 200 ... 400 km Bahnhöhe zu verwenden, denn eine geringere Sonnenkollektorfläche ist auch geringeren Störmomenten durch die Restatmosphäre der Erde ausgesetzt. Das solardynamische EVS mit seinen rotierenden Aggregaten stört jedoch andererseits den Mikrogravitationslevel.

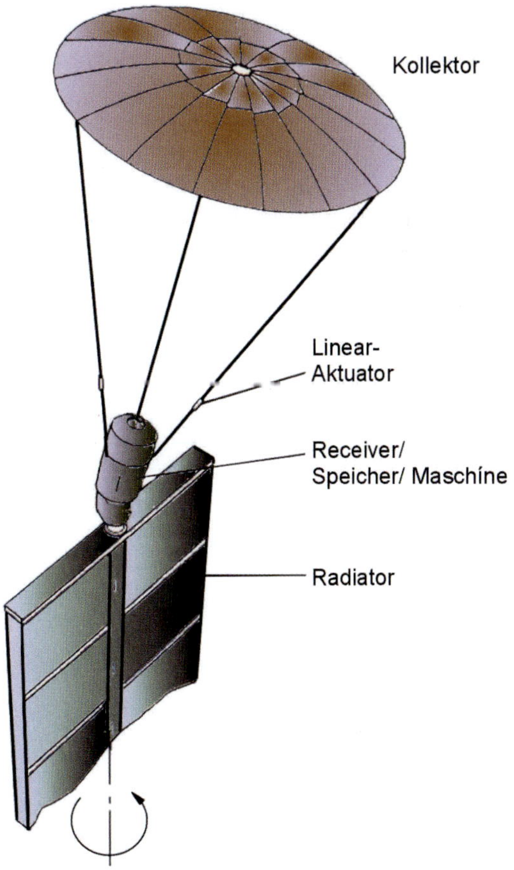

Bild 4.2.5: *Aufbaubeispiel einer solardynamischen Energieversorgungseinheit.*

Der **Primärenergiespeicher** wandelt die dem Tag-Nacht-Zyklus unterliegende Energiezufuhr in einen konstanten Wärmestrom für den thermisch-mechanisch-elektrischen Wandler um. Neben dem sensiblen Speicher, der die hohe spezifische Wärmekapazität einiger Stoffe und Verbindungen nutzt, gilt der Latentwärmespeicher, dessen Kapazität durch die Schmelzenthalpie des Speichermediums festgelegt ist, als zukünftige Lösung.

Ein weiteres Speichersystem ist der Schwungradspeicher, bestehend aus einem rotierenden Festkörper, dessen spezifischer Energieinhalt (Wh/kg) mit dem Quadrat der Winkelgeschwindigkeit ω wächst. Zur Aufrechterhaltung der konstanten elektrischen Spannung muss allerdings ein großer Regelungsaufwand betrieben werden. Außerdem ist die Drehzahl aufgrund der hohen Fliehkräfte begrenzt.

4.2.2.3 Nukleare Energieversorgung

Die statische und dynamische Umwandlung von nuklear erzeugter Wärmeenergie wird hauptsächlich in Raumfahrzeugen mit militärischen Missionen im niedrigen LEO zu Aufklärungs- und Überwachungszwecken eingesetzt. Weiterhin wird diese Technik genutzt bei interstellaren Missionen (unbemannte Deep-Space-Missionen), in denen die Sonnenintensität durch die Distanz zur Sonne so gering ist, dass der PVA-Flächenbedarf zu einer ungünstigen Raumfahrzeuggeometrie führt, oder auch bei Missionen mit unverträglich hoher, PVA-schädigender kosmischer Strahlungsintensität.

Nukleare Energieversorgungssysteme umfassen , wie in der Übersicht Bild 4.2.6 gezeigt, Radioisotopenbatterien und nukleare Reaktoren, die sich wiederum unterteilen in statische Systeme mit direkter Energieumwandlung und dynamische Systeme auf der Basis thermodynamischer Prozesse.

RTGs (Radioisotope Thermoelectric Generators) der **SNAP-Baureihe (System for Nuclear Auxiliary Power)** mit direkter Energiewandlung liegen bei einem Wirkungsgrad η = 5 ... 10 % und niedrigen Leistungen (P_{el} = 1 kW) und wurden bei den Satellitenmissionen Galileo und Ulysses mit der GPHS (General Purpose Heat Source) als Standard-Wärmequelle eingesetzt, die auch bei katastrophalen Flugabbrüchen sicher sein soll.

RTGs, bei denen die Energieumwandlung über **thermodynamische Prozesse** erfolgt (DIPS = Dynamic Isotope Power System), werden in Brayton- oder ORC-Prozessen eingesetzt bei einem Gesamtwirkungsgrad von η = 18 bis 25 % und einem elektrischen Leistungsbereich von 1 ... 10 kW_{el}.

Nukleare Reaktoren mit **direkter Energiewandlung** benutzen thermodynamische, thermoionische und AMTEC-Wandler (Alkali Metal Thermoelectric Converter) mit einem Wirkungsgrad η = 10 ... 19 %. Bei dynamischen Energiewandlern werden Wirkungsgrade von η = 18 ... 25 % bei elektrischen Leistungen von P_{el} > 20 kW erzielt.

Der amerikanische Experimentalreaktor der Baureihe SNAP 10-A (1965, 43 Betriebstage im Orbit) verwendete ebenso wie die sowjetischen RORSAT-Satelliten einen **thermoelektrischen Energiewandler,** während die sowjetischen TOPAZ-Reaktoren mit einem **thermionischen Energiewandler** arbeiten – ähnlich wie die Entwicklung des SP-100-Reaktors mit einer Leistung von 100 kW_{el}. Diese Kernreaktoren verwenden hoch angereichertes Uran 235 bzw. Uranoxid als Brennstoff, dessen Halbwertzeit $7{,}1 \cdot 10^8$ Jahre beträgt.

Mit Unterstützung der DARA wurde 1995 von einer deutsch-russischen Forschergruppe die Studie „Advanced Interplanetary Missions Using Nuclear-Electric-Propulsion" (Topas-25-Reaktor) im Rahmen des Vorhabens CONNEP (Contributions to Nuclear Electrical Propulsion for Advanced Space Missions) durchgeführt. In der nun laufen-

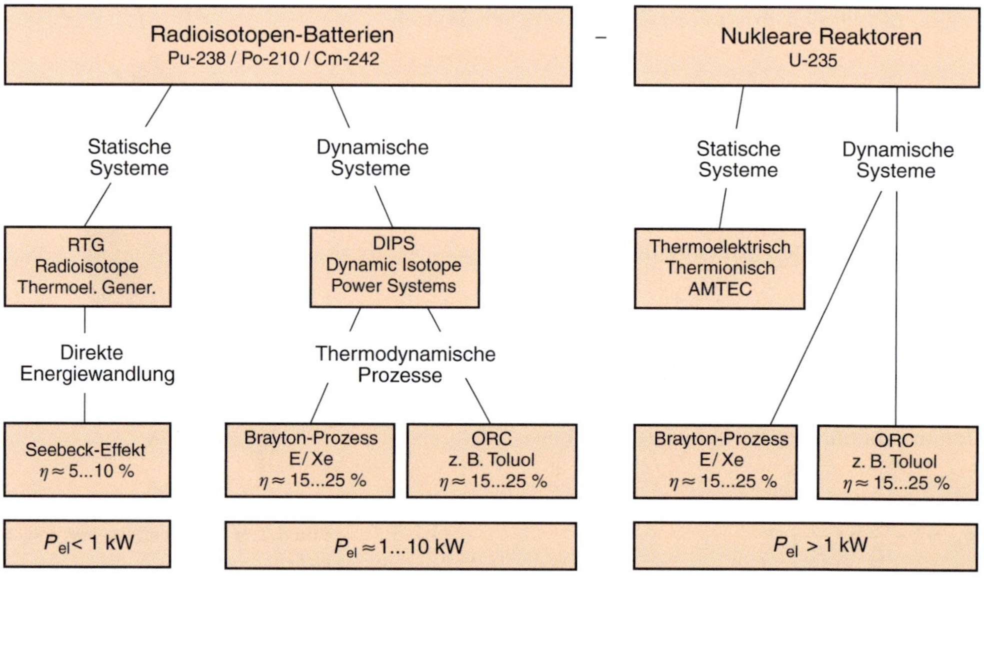

Bild 4.2.6: *Übersicht über nukleare Energieversorgungssysteme.*

den Ergänzungsuntersuchung CONSEP (Contributions to Solar Electric Propulsion for Advanced Space Missions) werden auf der Basis der weiterentwickelten deutschen RIT-Technologie (Radiofrequency-Ionen-Triebwerk) die Alternativen Nuclear Energy Propulsion und Solar Energy Propulsion sowohl hinsichtlich des Flugkörpers als auch bezüglich einer Missions- bzw. Bahnanalyse einander gegenübergestellt.

Den **Vorteilen** von nuklearen Energieversorgungssystemen wie

- kontinuierliche Energieversorgung ohne zusätzlichen Speicher für Schattenphasen,
- hohe Zuverlässigkeit,
- externe Energiequelle nicht erforderlich,
- Resistenz gegen hohe Partikelflussraten z. B. im Van-Allen-Gürtel und Jupiter-Orbit,
- kompakte Bauweise mit kleinen Radiatorflächen,
- lange Lebensdauer

stehen jedoch gravierende **Akzeptanzprobleme** wie

- Entsorgung des radioaktiven Materials bei erdnahen Missionen (Endlagerung, Wiedereintritt),
- zusätzliche Sicherheitsmaßnahmen während der Startphase und in der Aufstiegsphase,
- Abschirmung der radioaktiven Strahlung,
- Wiedereintritt eines Reaktors

gegenüber.

4.2.2.4 Chemische Energie/Brennstoffzelle

Obwohl bisher selten und dann meistens in bemannten Raumfahrtmissionen eingesetzt, kann vor allem auch der **Brennstoffzelle** als Ersatz für Sekundärbatterien eine Zukunft in der unbemannten Raumfahrt eingeräumt werden. Sofern sie sich für die Raumfahrtauglichkeit mit hoher Lebensdauer qualifiziert, verspricht sie durch ihre potenziell hohe Energiedichte (Ed in Wh/kg: Wattstunden pro Kilogramm Gewicht) von bisher erreichten gut 600 Wh/kg Gewichts- und Kostenersparnis.

Dieser Vorteil wird allerdings durch einen schlechten Wirkungsgrad von weniger als 60 % erheblich beeinträchtigt. Der geringe Wirkungsgrad führt zu einer sehr großen Wärmeentwicklung in einem Raumfahrzeugsystem, dessen Leistungsfähigkeit des Thermalhaushalts üblicherweise auf den Nutz- und Servicelastbetrieb zugeschnitten ist.

Die Brennstoffzelle beruht auf der Technologie der **Umkehrung der Wasserelektrolyse,** bei der die Gase Wasserstoff und Sauerstoff durch Stromfluss bereitgestellt werden.

Bild 4.2.7 zeigt den prinzipiellen **Aufbau einer Brennstoffzelle,** die aus zwei Elektroden, die mit Wasserstoff und Sauerstoff versorgt werden, und dem Elektrolyten die benötigte Elektrizität liefert. Der Elektrolyt (z. B. Phosphorsäure) verbindet die beiden Elektroden miteinander. Die Elektronen fließen über den äußeren Stromkreis und leisten Arbeit, wogegen der Ladungstransport in der Zelle durch die Bewegung der Ionen im Elektrolyten erfolgt mit der Gesamtreaktion:

$$H_2 + ½\,O_2 \rightarrow H_2O$$

Der Prozess der **elektrochemischen Reaktion** entspricht dem in normalen Batterien bzw. Säureakkumulatoren, wobei die Gase Wasserstoff und Sauerstoff kontinuierlich zugeführt und die Reaktionsprodukte sowie die Reaktions- und Verlustwärme aus dem Elektrolyten und der Zelle entfernt werden müssen. Die verschiedenen Brennstoffzellen lassen sich mit steigender Betriebstemperatur unterscheiden in Niedertemperatur-, Mitteltemperatur- und Hochtemperatur-Brennstoffzellen.

Überdies gibt es noch Unterschiede zwischen wässrigen, alkalischen und sauren Elektrolyten, sowie Polymermembranzellen und Systemen mit Karbonatschmelzen oder keramischen Oxiden als Elektrolyt.

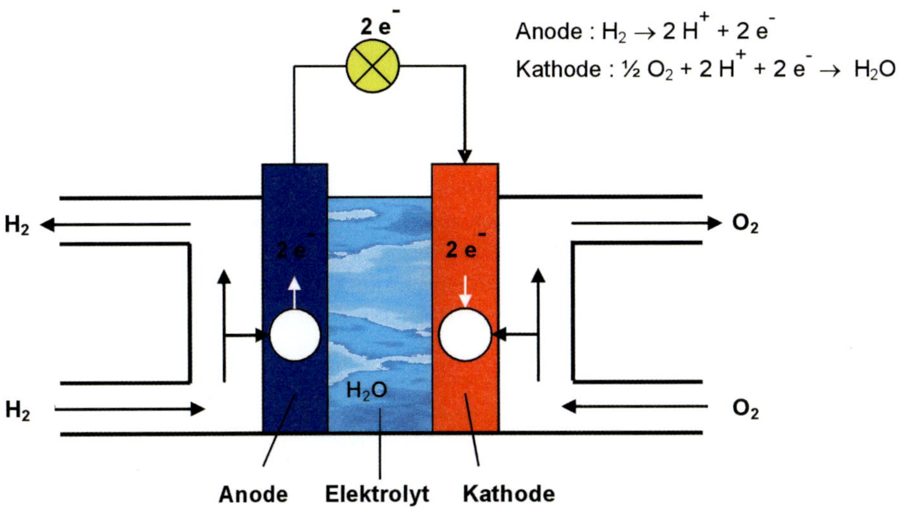

Bild 4.2.7: *Prinzipieller Aufbau einer Brennstoffzelle mit saurem Elektrolyten.*

Tabelle 4.2.1: *Technische Daten der Brennstoffzellen des Space Shuttle Orbiters.*

Leerlaufspannung einer Zelle	ca. 1,2 V
Spannung unter Nennlast	0,9 V
Nennlast (100 mA/cm^2)	40,0 A
Elektrodenfläche	400 cm^2
Elektrodendurchmesser	225 mm
Elektrodendichte	2,0 ... 2,5 mm
Arbeitsgase	H_2 (flüssig), O_2 (flüssig)
Betriebsdruck der Gase	40 ... 60 bar
Betriebstemperatur	200 ... 230 °C
Zellenzahl des Batterieblocks	31
Nennspannung	28 V
Nennleistung	1,12 kW
Gewicht eines Blocks Die Anlage besteht aus 3 Einheiten mit je 110 kg Gewicht und 2 Gastanks zu je 240 kg, insgesamt 810 kg.	110 kg
Flugdauer	10 Tage
Verbrauchte elektrische Energie während der Flugdauer	500 kWh
Energiedichte	617,3 Wh/kg
Leistungsdichte für die Flugdauer	4,15 W/kg
Dauerleistung eines einzelnen Zellenblocks	2,3 kW
Spitzenleistung eines einzelnen Zellenblocks	6 kW
Nennlast eines Zellenblocks	82 A
Dauerleistung der Gesamtanlage	14 kW
Spitzenleistung der Gesamtanlage	36 kW
Elektrische Energie für eine 3-Tage-Mission:	1 000 kWh
Brennstoffverbrauch während einer 3-Tage-Mission:	
• Wasserstoffgas (kryogen, flüssig)	ca. 480 kg
• Sauerstoffgas (kryogen, flüssig)	ca. 480 kg
• Reaktionswasser abgegeben	ca. 600 Liter

Das Energieversorgungssystem des Space Shuttle Orbiters besteht aus drei autonom arbeitenden Brennstoffbatterien, die eine merkliche Weiterentwicklung (20 kg leichter; 6- bis 8-fache Wirkungsgradsteigerung) des Wasserstoff-Sauerstoff-Brennstoff-Batteriesystems nach Bacon (Apollo-Batterien) darstellen. 2 Zellenblöcke, die elektrisch parallelgeschaltet sind und mechanisch zu einer Baugruppe gehören, mit jeweils 32 Einzelzellen in Serienschaltung, ergeben eine 28-V-Brennstoffbatterie.

4.2.3 Entwicklungsprozess zur Auslegung einer optimierten EVS-Architektur

Um aus der begrenzten Zahl der in der Raumfahrt gebräuchlichen EVS-Architekturen eine robuste, zuverlässige und insbesondere anwendungsoptimierte EVS-Architektur für eine vorgesehene Raumfahrzeugmission herzustellen, ist eine bestimmte Reihenfolge von Arbeitschritten entsprechend dem Ablauf in Bild 4.2.8 notwendig.

Das Resultat einer belastbaren **Analyse der EVS-Anforderungen,** verbunden mit einem auf Optimierung ausgerichteten Raumfahrzeugdesign, führt nicht nur zu einer angepassten Auslegung der Energiequellen, sondern auch zu Gewichtsverringerung und reduzierten **Raumfahrzeug-Systemkosten.** Dies wird eindrucksvoll durch die folgenden, momentan gültigen Kostenansätze gezeigt, die sich in der Zukunft selbstverständlich ändern können:

- 15 ... 150 € pro Gramm Gewicht von unbemannten Raumfahrzeugen,
- 300 ... 1 200 € pro Watt installierter BOL-Solargeneratorleistung (der Kostenbereich gilt jedoch kaum für Solargeneratoren zum Betrieb in Umgebungen mit extrem niedrigen, aber insbesondere nicht für Solargeneratoren zum Betrieb in Umgebungen mit extrem hohen Sonnenintensitäten und Temperaturen, den sogenannten High Intensity High Temperature (HIHT) und Low Intensity Low Temperature (LILT) Anwendungen,
- 50 ... 400 € pro Wattstunde BOL-Batterie-Energie,
- 30 000 ... 160 000 € pro Modul der Energieaufbereitungs- und Energieverteilungselektronik.
- HIHT- und LILT-Solargeneratoren werden zu deutlich höheren Kosten hergestellt, zum Beispiel ca. 3 500 € pro Watt bei einem HIHT-Solargenerator für eine Merkurmission mit einer gegenüber einer erdnahen Satellitenumlaufbahn zehnfach höheren Sonnenintensität als Umgebung. Größte Kostentreiber sind hierbei die Solarzellen, denn für diese Anwendung musste jede einzelne Solarzelle umfangreichen und aufwändigen Eignungstests und Auswahlverfahren unterzogen werden, um auch bei der geforderten Qualifikationstemperatur von 230 °C, der extremen UV-Strahlung und den zur Temperaturreduktion extrem flach eingestellten Einfallswinkeln der Sonnenstrahlung ihre Tauglichkeit nachzuweisen.
- Auch um geeignete Solarzellen für LILT-Anwendungen auszusortieren, ist ein enormer Aufwand erforderlich. Nur müssen hierfür Solarzellen mit sehr hohen internen Verlustwiderständen gefunden werden, um auch

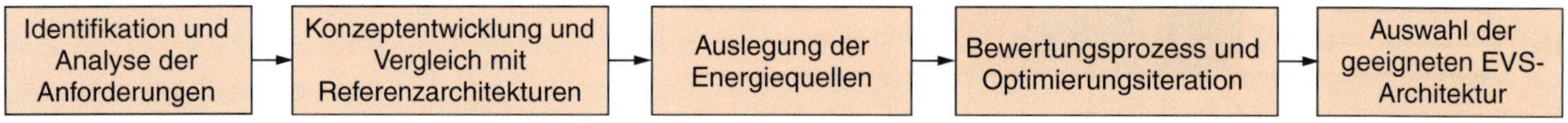

Bild 4.2.8: *Arbeitsablauf zum EVS-Entwicklungsprozess.*

bei extrem niedriger Betriebstemperatur wenig Nebenschlussstrom innerhalb der Zelle zu gewährleisten [4.2.26]. Hinsichtlich Lieferbarkeit geeigneter Solarzellen sowohl für HIHT- als auch für LILT-Anwendungen zeichnet sich ein deutscher Hersteller aus.

Identifikation der EVS-Designanforderungen

Die EVS-Designanforderungen werden im Wesentlichen bestimmt durch:

- den **Energiebedarf** des Raumfahrzeugs in allen missionsabhängigen Betriebsmodi, der auch unter Fehlerbedingungen und insbesondere unter Berücksichtigung der durch die mehrjährige Missionslebensdauer unter den vorliegenden Umweltbedingungen hervorgerufenen Degradation der Energiequellen gedeckt werden muss;
- **Orbitparameter** wie Höhe, Neigung, lokale Zeit (definiert durch den aufsteigenden oder fallenden Orbitschnittpunkt mit dem Erdäquator) und den daraus resultierenden Zeitdauern der Sonnenlicht- **(Sunlit)** und Schattenphase **(Eklipse)** pro Orbit; solare Energiesysteme müssen deshalb so ausgelegt werden, dass im Sunlit neben der Versorgung der Stromverbraucher genügend überschüssige Energie gespeichert wird, um die Versorgung der Verbraucher auch in der Eklipse oder in anderen Fällen unzureichender solarer Strahlungsenergie sicherzustellen;
- die optimale Ausnutzung der vorhandenen **Solargenerator- und Batterie-Energie,** wann immer der Energiebedarf des Raumfahrzeugs dies erfordert,
- bestimmte Anforderungen der Stromverbraucher an die **Qualität der Energieverteilung** hinsichtlich Versorgungsspannungsbereich, Stabilität bei Lastwechsel, Quellenimpedanz und Störspannungen.

Überdies muss das EVS so konzipiert werden, dass dessen volle Funktionalität auch im Falle einer **Fehlerbedingung** beziehungsweise in bemannten Raumfahrzeugen im Falle eines Doppelfehlers innerhalb eines Einzelteils, eines Stromkreises oder jedes möglichen anderen Elementes noch gegeben ist.

Nicht selten werden Solargenerator- und Batterietechnologie sowie die Bordnetztopologie bereits durch vorliegende Pflichtenhefte (Spezifikationen) vorgegeben.

Andere signifikante Anforderungen sind

- EVS-Designoptimierung mit dem Ziel, niedrige wiederkehrende **Flugkomponenten-Kosten** zu erreichen, oder, wo immer möglich, sogenannte Off-the-Shelf-Komponenten (COTS) einzusetzen,
- Nachweis von **Raumfahrterprobung** durch in der Raumfahrt bereits erfolgreich eingesetzte Komponenten, um Versicherungskosten zu verringern,
- höchste praktizierbare numerische und funktionelle Zuverlässigkeit des EVS durch Anwendung passender **Redundanzkonzepte,** um Missionsanforderungen von 15 Jahren und mehr zu erfüllen, jedoch ohne überzogenen Umfang,
- an funktioneller und menschlicher **Sicherheit** orientiertes Design,
- ein **ausbaufähiges Architekturkonzept,** das eine sinnvolle Erhöhung des Raumfahrzeug-Energiebedarfs zulässt,
- Einsatz eines Designs, das unter voll flugrepräsentativen Bedingungen **testbar** ist,
- erhöhte **Widerstandsfähigkeit** gegen kosmische Teilchenstrahlung.

Die größtmögliche funktionelle Zuverlässigkeit ist auch erforderlich, um die Anzahl der Versicherungsansprüche, resultierend aus Ausfällen von EVS-Komponenten, zu verringern, wobei Solargeneratoren den größten Beitrag dazu liefern. Typische Solargeneratorprobleme sind: Elektrostatische Entladeeffekte, Materialermüdung und Ausfälle von Verbindungen (auch elektrischen) durch ständige Temperaturzyklen, zu dünne elektrische Isolierung, Fehlanpassung von Ausdehnungskoeffizienten, Überhitzung, Nachdunkeln von Deckgläsern,

Bezogen auf einen Satelliten mit fotovoltaischer Energiequelle beträgt gemäß [4.2.23] der von Solargeneratoren verursachte Anteil der Versicherungsansprüche 38 %, gefolgt von der Nutzlastelektronik mit 13 % und 11 % bei Batterien.

Alle Anforderungen müssen sorgfältig analysiert und ausgewertet werden. Falls die vorgegebenen Anforderungen dem EVS-Ingenieur nicht ausreichen, um die jeweils erforderliche EVS-Architektur und die Auslegung der Energiequellen festzulegen, müssen fehlende Designanforderungen und Parameter aus EVS-Designstandards, Raumfahrttechnik-Handbüchern und durch den Vergleich mit Referenzarchitekturen entnommen und vervollständigt werden.

4.2.4 EVS-Architekturen

Das erforderliche Konzept der **Energie-Aufbereitung und -Verteilung (EAV)** bestimmt maßgeblich die EVS-Architektur. Stand der Technik sind EAV-Konzepte mit geregelter (konstanter) und ungeregelter (variierender) Bordnetzspannung oder, als Kombination von beiden, das semigeregelte Bordnetz und das Hybridbordnetz. Dabei wird die von der vorwiegend fotovoltaischen Energiequelle (FVE) des Raumfahrzeugs erzeugte Primärenergie entweder mit direktem Energietransfer (DET) oder durch indirekte Energieübertragung entsprechend dem jeweiligen aktuellen Energiebedarf auf den Hauptversorgungsbus des Bordnetzes geführt.

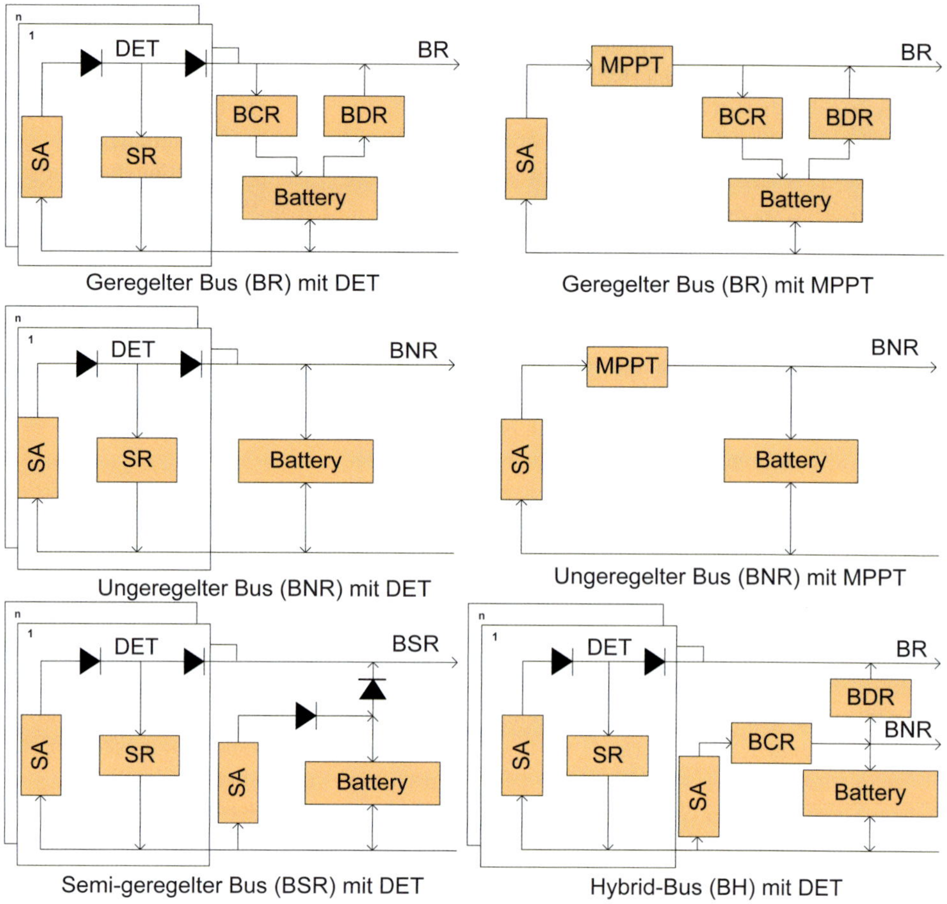

Bild 4.2.9: *Die gängigen EVS-Architekturen in Raumfahrzeugen (SA = Solar Array).*

Die genau auf den momentanen Energiebedarf am Hauptversorgungsbus abgestimmte Energiezufuhr mit DET wird durch **regelungstechnische Systeme** erreicht wie z. B.:

- **Shuntregelung** (Ableitung überschüssiger Primärenergie durch Nebenschlussschaltung von FVE-Teilen),
- **Solarzellenstrang-Zuschaltung** (Zuschaltung von FVE-Teilen entsprechend der benötigten Primärenergie),
- **Serienregelung** (über einen Linearregler zugeführte Primärenergie).

Bei der indirekten Energieübertragung wird dem Hauptversorgungsbus die Energie über Gleichspannungswandler zugeführt, die so geregelt werden, dass sie in Abhängigkeit vom erforderlichen Energiebedarf den entsprechenden Arbeitspunkt auf der Leistungskennlinie der Energiequelle extrahieren, bis hin zu deren Leistungsmaximum. Deshalb wird dieses Regelungsprinzip auch **Maximum Power Point Tracking (MPPT)** bzw. Leistungs-Maximalwert-Nachführung genannt.

Hauptversorgungsbuskonzepte

Im Allgemeinen werden Gleichspannungs (dc)-Hauptversorgungsbusse konzipiert, und nur in Ausnahmefällen bedient man sich der Wechselspannung zur Versorgung von Verbrauchern.

Geregelter Versorgungsbus

Der klassische, vollständig geregelte Versorgungsbus (BR) erfordert einen **wirkungsvollen Regelkreis** für die drei Arbeitsbereiche **Primärenergieumwandlung und -transfer** mit DET oder MPPT, **Energiespeicherung** (Batterieaufladung) und **Sekundärenergietransfer** (Batterieentladung), um in jedem dieser drei Regelungsmodi und in allen Lastfällen am Versorgungsbus eine permanent stabilisierte Busspannung anbieten zu können.

Bei Raumfahrzeugen gebräuchliche BR-Spannungen sind:

- 28 Vdc für Busleistungen bis zu 2,5 kW,
- 50 Vdc für Busleistungen bis zu 8,0 kW,
- 100 Vdc und 124 Vdc (ISS-Versorgung) für Busleistungen über 8 kW.

Es wird empfohlen, dass die **Busspannung** zumindest bei Raumfahrzeugen mit Busleistungen ab 1 000 W 20 Vdc nicht unterschreiten und generell 125 Vdc nicht übersteigen sollte. Busspannungen unter 20 Vdc führen leicht zu unhandlichen Stromdichten, während bei Busspannungen über 125 Vdc im Raumfahrzeug leicht gefährliche Potenzialgradienten erzeugt werden, die besonders während der Testverläufe im Teildruckbereich zu Ionisierung von Luftmolekülen (Plasmabildung) führen und dadurch Korona- und Lichtbogenentladungen hervorrufen.

Weiter zu berücksichtigen ist auch, dass die größte Auswahl an **COTS-Komponenten** für Betriebsspannungen von 28 ... 50 Vdc zu finden ist und tendenziell die Verfügbarkeit von 100 V-Komponenten zunimmt.

In den USA wird die Entwicklung und Qualifikatiion von EVS mit Busspannungen bis 300 V stark vorangetrieben, mit dem Ziel, Hochleistungssatelliten von 30 bis 100 kW Busleistung auszurüsten, um zum Beispiel weltraumgestütztes hoch auflösendes Radar (Space-Based Radar) bei handlichen Stromdichten betreiben zu können.

Einschränkendere Standards, wie die Dokumente ESA PSS-02-10 und ECSS-E-ST-20C, empfehlen die nächstliegende Busspannung oberhalb von

$$\sqrt{P(V)} \quad \text{für LEO} \qquad (4.2.4)$$

und

$$\sqrt{0{,}5\,P(V)} \quad \text{für GEO} \qquad (4.2.5)$$

(mit P = Primärbusleistung).

Vorteile des BR (vollständig geregelter Versorgungsbus)

- hervorragend geeignet für EVS mit **zwei und mehr Batterien,** besonders wenn direktes Parallelschalten der Batterien nicht erlaubt ist, wie es für die Nickel-Cadmium-(NiCd-) und Nickel-Wasserstoff-(NiH_2-)Technologie gegeben ist, da beim BR-Konzept jede einzelne Batterie über eine Batterielade-(BCR-) und Entlade-Elektronik (BDR) separat betrieben wird und somit die Anzahl der Versorgungsbusse von der Anzahl der Batterien unabhängig ist,
- **lineares Erhöhungspozential** bezüglich Versorgungsbusleistung durch Einsatz zusätzlicher Elektronik-Module für die Konvertierung von nachträglich aufgestockter Solargenerator- und Batterieenergie,
- potenziell 1 ... 4 % höherer **Wirkungsgrad** der vom BR versorgten Netzteile (Gleichspannungswandler) der angeschlossenen Verbraucher gegenüber einer Versorgung mit ungeregelter Busspannung, da die Wandler weniger Eingangsfilteraufwand erfordern und im Arbeitspunkt optimiert betrieben werden,
- **direkte Versorgung** von Verbrauchern ohne eigenes Netzteil ist immer möglich,
- kein DET-typisches **Power-Lockup** (gemeint ist die Zurückhaltung bzw. Bindung von erzeugter Primärenergie (Solargeneratorleistung) durch Klemmung des Versorgungsbusses auf Batteriespannungsniveau),
- niedrige und kontrollierte **Quellenimpedanz** bis ca. 100 kHz in allen Betriebsmodi des Versorgungsbusses,
- vereinfachtes **thermisches Design** des Raumfahrzeugs (elektrische Heizkreise liefern bei fester Spannung konstante Heizleistung),
- gute **EMV-Eigenschaften wegen** der Lastregelung und der niedrigen Busimpedanz,
- eine **Analyse** der Busspannungsvariation, insbesondere zur Bestimmung der minimalen Busspannung, ist nicht erforderlich.

Nachteile des BR

- höheres **EVS-Gewicht** und höhere **Kosten** wegen zusätzlicher Batterielade- und Entladeregler,
- höherer **Regelkreisaufwand** zur Regelung der Versorgungsbusspannung,
- es wird mehr **Solargeneratorleistung** benötigt zum Ausgleich von
  - ca. 3 ... 13 % Verlustleistung im BDR (Batterie-Entladeregler),
  - ca. 3 ... 10 % Verlustleistung im BCR (Batterie-Laderegler),
- der BDR muss in der Lage sein, während der Batterieentladung alle auftretenden **Spitzenlasten** am Bus abzudecken,
- Anwendung von **passiven Sicherungen mit hohem Nennstrom** in der Busspannungsversorgung ist heikel, da entweder die Hauptbus-Filterkapazität (unwahrscheinlich) oder der BDR fähig sein muss, den erforderlichen Sicherungsauslösestrom liefern zu können.

Anwendungsbewertung

Die Versorgung von Verbrauchern direkt vom BR wird überwiegend nicht angewendet, da entweder innerhalb des Verbrauchers verschiedene interne Hilfsversorgungsspannungen benötigt werden oder verwendete OTS-Komponenten zwecks vielseitigem Einsatz generell mit eigenen Netzteilen für einen großen Eingangsspannungsbereich ausgestattet sind.

Wenn keine weiteren Vorteile des BR zur Geltung kommen, die dessen Nachteile wettmachen, sind in diesen Fällen Kosteneinsparungen durch den BR nicht erkennbar.

Standard-Anforderungen an die Qualität eines BR

Busspannungsregulierung: ± 0,5 % der Nominalspannung im stationären Zustand

Spannungsvariation bei Lastwechsel: ± 1 % bei Lastwechsel von bis zu 50 % der Nominallast und maximal ± 5 % der Nominalspannung bei allen Einschwingvorgängen

4

Im Falle einer Sicherungsauslösung darf das Überschwingen der Busspannung nach Beseitigung der Überlast nicht mehr als 10 % vom Nominalwert betragen.

Induzierter Spannungsripple: < 0,5 % peak-to-peak der nominalen Busspannung

Was ist Power-Lockup?

Power-Lockup am Beispiel eines DET-geregelten Solargenerators (SG) ist ein Betriebszustand, in dem der SG zwar in der Lage ist, die Lastbedingungen am Versorgungsbus zu erfüllen, aber durch eine direkt am Versorgungsbus anliegende, zu niedrige Batteriespannung (z. B. nach Batterieentladung am Ende einer Orbitschattenphase) zu einem **Arbeitspunkt mit geringerer Leistung** gezwungen wird.

Liegt dieser Arbeitspunkt im ungünstigsten Fall unterhalb des Leistungsbedarfs am Versorgungsbus, wird die Batterie zur Deckung des Leistungsbedarfs weiterhin entladen, wodurch sich die Busspannung weiter verringert. Ohne eingeleitete Maßnahmen zur nötigen Entlastung des Versorgungsbusses würde die Batterie bis zu ihrer völligen Entladung beansprucht werden, was letztlich zum Verlust aller aktiven Funktionen im Raumfahrzeug führt, mit dem „vorgezogenen" Missionsende des Raumfahrzeugs als Folge.

Power-Lockup ist in jeder EVS-Topologie möglich, in der eine relativ hochohmige Stromquelle (Solargenerator) direkt mit einer niederohmigen Spannungsquelle (Batterie) verbunden wird, wie es beim ungeregelten Versorgungsbus in Kombination mit einem DET-geregelten Solargenerator der Fall ist.

Power-Lockup tritt nicht auf bei Anwendung der MPPT-Regelung.

Ungeregelter Versorgungsbus

Das Konzept des ungeregelten Versorgungsbusses (BNR) verfolgt hauptsächlich die **Vereinfachung des Bordnetzes,** ist jedoch mit der Anforderung an die angeschlossenen Verbraucher verbunden, **Busspannungsänderungen** von bis zu ± 20 % zu tolerieren. Die von der Batteriespannung dominierte unstabilisierte Busspannung ist direkt abhängig von der Anzahl und vom Typ der in Reihe geschalteten Batteriezellen. Die gebräuchlichen, jedoch nicht standardisierten **BNR-Gleichspannungsbereiche** sind:

- 28 Vdc ± 6 V für Busleistungen bis 2 kW,
- 35 Vdc ± 7 V für Busleistungen bis 3,5 kW,
- 42 Vdc ± 8 V für Busleistungen bis 5 kW.

Höhere Spannungsbereiche werden gewöhnlich nicht benutzt, können jedoch ebenfalls bis 125 Vdc angewendet werden.

Vorteile des BNR (ungeregelter Versorgungsbus)

- Einsparung von **EVS-Gewicht** und **-Kosten,** da keine zusätzlichen Batterieladeregler (BCR) und Batterieentladeregler (BDR) erforderlich sind; dieser Vorteil ist besonders ausgeprägt beim Betrieb des Versorgungsbusses an kurzen, aber hohen Spitzenlasten oder an Impulslastprofilen von Radarinstrumenten. Die BDR eines geregelten Versorgungsbusses müssten für diese Spitzenlasten ausgelegt sein, während beim BNR jede Spitzenlast oberhalb der erzeugten und zur Verfügung stehenden Primärleistung ohne weitere Entladekontrolle direkt von der Batterie abgedeckt wird,
- es wird weniger **Solargeneratorleistung** benötigt, da die Verlustleistungen von BCR und BDR entfallen,
- höhere numerische und funktionelle **Zuverlässigkeit** des EVS aufgrund von geringerem Elektronikaufwand.

Nachteile des BNR

- Fast alle Stromverbraucher benötigen ein **eigenes Netzteil** für ihre interne Versorgung,
- ca. 1 ... 4 % niedrigerer **Wirkungsgrad** der vom BNR versorgten Netzteile im Verbraucher gegenüber einer Versorgung mit geregelter Busspannung wegen höherem Eingangsfilteraufwand aufgrund des variierenden Eingangsspannungsarbeitspunkts,
- **Mehraufwand** am Hauptversorgungsbusfilter zwecks Erfüllung der Qualitätsanforderungen an elektromagnetische Verträglichkeit (EMV) und Busspannung,
- die **nutzbare Primärenergie/Solargeneratorleistung** wird ohne zusätzliche Maßnahmen von der momentanen Batteriespannung bestimmt (siehe Beschreibung des Power-Lockups),
- bis zu 50 % höhere **Leistungsverluste** an Versorgungskabeln oder bis 25 % höheres **Kabelgewicht** bei Verwendung größerer Leitungsquerschnitte zur angemessenen Reduzierung der Verluste,
- ungeeignet für EVS-Konzepte mit **zwei und mehr** NiCd- oder NiH_2-Batterien,
- eine Analyse der Busspannungsvariation zur Bestimmung der minimalen Busspannung ist erforderlich.

Anwendungsbewertung

- Der BNR ist die **bevorzugte Lösung für LEO-Anwendungen,** in denen der Einsatz von Batterieladereglern eine beträchtliche Gewichts- und Kostenauswirkung hat, weil die erforderliche Batterieladeleistung durchaus Werte im Bereich der abzugebenden Busleistung annehmen kann.
- Der BNR ist ausgezeichnet geeignet für die Versorgung von Raumfahrzeugen mit **Impulslastprofilen und wechselnden Spitzenlasten.**
- Der BNR-Hauptversorgungsbus ist auch gut geeignet für Raumfahrzeuge, die **Wechselspannungsversorgungen** für einzelne Verbraucher anwenden.

Semigeregelter Versorgungsbus

Der semigeregelte Versorgungsbus BSR wird als **Kompromiss** zwischen den beiden bereits vorgestellten Versionen BR und BNR angenommen, mit der Absicht, einerseits das Gewicht und die Kosten des BDR für einen geregelten Bus zu vermeiden, andererseits die Power-Lockup-Bedingungen eines DET-geregelten Solargenerators weitestgehend zu eliminieren.

Die **BSR-Bordnetzeigenschaften** sind eine permanent stabilisierte Busspannung in den Perioden mit genügender Solargeneratorleistung im Sunlit (Tageslichtperiode eines Orbits) und eine direkt von der aktuellen Batteriespannung dominierte Busspannung in Perioden, in denen die erzeugte Solargeneratorleistung nicht ausreicht, um den Leistungsbedarf am Versorgungsbus zu decken, wenn also die Batterie zur Deckung des Leistungsbedarfs mitwirkt (z. B. Eklipse, Verlust der Sonnenausrichtung des Solargenerators).

Vorteile

- Ein im geregelten Modus **stabilisierter Versorgungsbus** mit einem Solargeneratorbetrieb **im optimalen Arbeitspunkt,** sobald die zugeführte Solargeneratorleistung den Busleistungsbedarf übersteigt. Der Arbeitspunkt des Solargenerators und somit die nutzbare Solargeneratorleistung wird dann nicht mehr durch die momentane Batteriespannung dominiert (keine Gefahr von Power-Lockup),
- **Gewichts- und Kostenersparnis,** da kein zusätzlicher BDR notwendig ist,
- könnte auf Bussysteme mit **zwei und mehr** NiCd- oder NiH_2-Batterien **angepasst** werden.

Nachteile

- Alle Stromverbraucher, die es nicht erlauben, nur bei geregelter Busspannung betrieben zu werden, benötigen **eigene Netzteile,**
- niedrigerer **Wirkungsgrad** der Gleichspannungswandler im unstabilisierten Busbetrieb,
- **Mehraufwand** am Hauptversorgungsbusfilter aus **EMV-Gründen,**
- höherer **Regelkreisaufwand** zur Regelung der Versorgungsbusspannung,
- es muss **zusätzliche Elektronik** für das Hinzuschalten der Batterieladesektion des Solargenerators eingesetzt werden, um nach dem Eklipse-Sunlit-Übergang diese Teile der Solargeneratorleistung nicht sofort zur Batterieladung zu verwenden, sondern um mit der gesamten verfügbaren Solargeneratorleistung zunächst den Hauptversorgungsbus zu speisen, damit der Busleistungsbedarf gedeckt wird und jede überschüssige Leistung für das Einsetzen der Busspannungsregelung sorgen kann. Sobald die Regelung einsetzt, wird der Sollarbeitspunkt am Solargenerator eingestellt, die Batterieladesektion vom Hauptbus genommen und zur Batterieladung verwendet. Zur Entkopplung der Batterie von der höheren Spannung des Hauptversorgungsbusses im Regelungsbetrieb sorgen gewöhnlich Leistungsdioden, die natürlich im Batterieentladebetrieb Verlustleistung erzeugen (nämlich Batterieentladestrom × Diodenflussspannung) und folglich den Gesamtwirkungsgrad der Busleistungsregelung mindern.

Anwendungsbewertung

Der BSR ist besonders für geostationäre Raumfahrzeuge mit **geringerer Leistungsaufnahme in der Eklipse** geeignet.

Die Vorteile gegenüber dem ungeregelten Versorgungsbus reduzieren sich, wenn das Raumfahrzeug auch während der Eklipse eine Energieversorgung zum vollen Nutzlastbetrieb aufbringen muss.

Hybrid-Versorgungsbus

Merkmale

Das Hybridbuskonzept wurde entworfen, um die Lücke zwischen dem BR und dem BNR zu füllen. Ein Teil des Solargenerators speist hierbei über einen Leistungsregler einen permanent geregelten Versorgungsbus. Der Leistungsregler übernimmt die zwei Arbeitsbereiche Primärenergieumwandlung und -transfer und Batterieentladeregelung (siehe Beschreibung der BR-Arbeitsweise).

Die zweite Solargeneratorsektion speist über eine Batterieladestromregelung einen BNR.

Die typische Anwendung eines Hybridbusses ist ein Raumfahrzeug mit einer **Kombination aus statischen und bedeutenden dynamischen Bordnetzlasten** mit starken und schnellen Laständerungen, wie bei Radarinstrumenten gegeben. Dabei werden die statischen Lasten vom BR versorgt, während der BNR die dynamischen Lasten speist.

Vorteile

Impulslasten oder andere elektromagnetisch störende dynamische Buslasten hoher elektrischer Leistung und „ruhige" statische Lasten werden von separaten Versorgungsbussen gespeist. Die **Trennung der Lastarten** vereinfacht die erforderlichen Maßnahmen zur **elektromagnetischen Sauberkeit** des Bordnetzes.

Nachteile

Genau wie beim BR werden mit dem DET- oder MPPT-Regler, dem BCR und dem BDR auch hier **drei verschiedene Regler** benötigt. Die Aufteilung der verfügbaren elektrischen SG-Leistung in zwei Sektionen muss sorgfältig vorgenommen werden, da sich die beiden Busse ohne zusätzlichen schaltungstechnischen Aufwand nicht gegenseitig mit überschüssiger Energie puffern können.

Anwendungsbewertung
Der Hybridbus könnte leicht durch eine einfachere EVS-Architektur ersetzt werden, die für die dynamischen Bordnetzlasten einen BNR bereitstellt, aus dem mit einem zusätzlichen Gleichspannungswandler die gewünschte permanent geregelte Busspannung erzeugt wird.

Besonderheiten
Bei der Aufbereitung von hohen elektrischen Leistungen für Nutzlasten mit Radarinstrumenten oder auch elektrischen Triebwerken kommt es durchaus vor, dass der wirkungsgradbedingte elektrische Energieverlust (Dissipation) in einer einzelnen zentralen EAV-Einheit die resultierende zu hohe Wärmestromdichte an deren Einbauort auf einer Satellitenplattform nicht ausreichend abgeleitet werden kann und deshalb besondere, meistens teuere, Maßnahmen wie der Einsatz von Wärmerohren (Heat Pipes) erforderlich wird, die auch in Schwerelosigkeit arbeiten.

Als Alternative bietet sich eine Lastaufteilung auf zwei (theoretisch auch mehr als zwei) dezentrale EAV-Einheiten an, um die lokale Dissipation zu reduzieren und jeweils eine handhabbare Wärmestromdichte zu erreichen, die dann individuell ohne zusätzliche Maßnahme abgeführt werden kann.

Weitere Vorteile
Dezentrale EAV-Einheiten können nahe den Hauptstromverbrauchern installiert werden und bewirken durch kürzere Leitungslängen zwischen Stromquelle und Verbraucher nicht nur geringere Verlustleistung an den Leitungswiderständen der Versorgungskabel, sondern sparen auch Kabelgewicht ein.

Darüber hinaus wird durch geringe Leitungswiderstände erreicht, dass die von hohen Spitzenstromlasten verursachte und andere Stromverbraucher störende Welligkeit (Ripple) der Busspannung möglichst gering gehalten wird. Solche Lastpunkt-Stromversorgung, auch Point-Of-Load-Supply genannt, wird besonders gern für die Versorgung von Imaging-Radarinstrumenten mit ihrer typischerweise hohen Spitzenstrombelastung des Versorgungsbusses während der Bildaufnahme (Image Taking) eingesetzt.

Desweiteren kann die Aufteilung des EAV-Gesamtgewichts auf mehrere Komponenten die Auslegung des Raumfahrzeugschwerpunktes erleichtern.

Nachteile
Eine EVS-Architektur mit zwei EAV-Einheiten verlangt eine Doppelung der Funktionen wie Spannungs- und Leistungsregelung, Daten- und Kommunikations-Endgerät zur Anbindung an das Datenkontrollsystem des Raumfahrzeugs, Batterietrennelektronik, geräteinterne Hilfsversorgung, Energieversorgungs-Passivierungselektronik. Letzteres wird seit einigen Jahren häufig gefordert, um Energiequellen und Energiespeicher von LEO-Satelliten mit Bahnhöhen unter 2 000 km am Missionsende dauerhaft zu deaktivieren bzw. zu entleeren.

Die einzelnen Versorgungsbusse der zwei EAV-Einheiten können entweder durchgehend getrennt als Doppelbussystem (Dualbus) betrieben, oder zu einem Einzelbussystem (Monobus) zusammengefasst werden.

Für beide Konzepte gibt es Vor- und Nachteile.

Monobus

Vorteile
- Die beiden EAV-Einheiten können sich gegenseitig mit überschüssiger Leistung puffern, sodass die Dimensionierung der Primärstromquelle (SA) und der Batterieenergie pro Strombus keine strenge und ausgewogene Budgetierung pro einzelnen Bus erfordert
- Die große Flexibilität bei der Konfiguration der Stromverteilungsausgänge pro EAV-Gerät ermöglicht die Verwendung identischer Gerätedesigns und sorgt für einfache Austauschbarkeit.

Nachteile
- Implementierung des wie in Kapitel 4.2.7.4 beschriebenen bevorzugten Erdungskonzeptes führt leicht zur Überschreitung der üblicherweise erlaubten Grenzwerte für Gleichtaktspannungen im elektrischen System des Raumfahrzeugs, was dann die Genauigkeit von elektrischen Sensormesswerten und Signalen erheblich verschlechtert.
- Ausgleichströme zwischen getrennt geführten Erdungssystemen mit getrennter Erdung in Nähe des jeweiligen EAV-Gerätes induzieren ein magnetisches Moment (Bm) in die elektrisch leitende Struktur des Raumfahrzeuges, welches sein Lageregelungssystem nachteilig beeinflussen kann.
- Ungleiche Regelungsmodi bei der Spannungs- und Leistungsregelung beider EAV-Geräte (z. B. eine individuelle Batteriestromregelung in einem der Geräte ruft eine Spannungsdifferenz zwischen den beiden Busregelungssternpunkten hervor), erfordern zusätzliche schaltungstechnische Maßnahmen dagegen.
- Zusätzliche Verkabelung für die elektrische Verbindung beider Gerätebusse.

Dualbus

Vorteile
- Die für den Monobus beschriebenen Nachteile treffen hier nicht zu.

Nachteile
- Die für den Monobus beschriebenen Vorteile werden hier nicht geboten.
- Elektrische Tests zur Überprüfung der Busleistung und der Betriebseigenschaften müssen zweimal durchgeführt werden.

Hochspannungsversorgung

In zunehmendem Maße werden Hochspannungsversorgungen für die Speisung von solarelektrischen Antrieben (Solar Electric Propulsion (SEP)) für Satelliten gefordert. Bei Neuaufträgen für kommerzielle Kommunikationssatelliten haben sich bereits 50 Prozent der Kunden für einen rein elektrischen Antrieb entschieden (Stand: 2017). Je nach SEP-Charakteristik, ob elektrothermal, elektrostatisch, oder elektromagnetisch, sind dazu Versorgungsspannungen zwischen 300 V und 15 000 V und Anschlussleistungen von 0,3 ... 100 kW bereitzustellen.

Bei diesen Hochspannungsversorgungen handelt es sich gewöhnlich um vom Hauptversorgungsbus gespeiste Sekundärspannungswandler.

Detaillierte Designbeschreibungen, Auslegungs- und Anwendungsrichtlinien können im Handbuch ECSS-E-HB-20-05A Space engineering – High voltage engineering and design handbook gefunden werden.

4.2.5 Solargenerator

4.2.5.1 Solarzellen-Technologien

Einleitend soll kurz auf die Grundlagen des sog. **Sperrschichtfotoeffekts** hingewiesen werden. In einem Fotoelement sind für die Umwandlung von Licht in elektrische Energie im Wesentlichen zwei Prozesse maßgebend: einmal die Absorption der Lichtstrahlung in einem Halbleiterkristall und die damit verbundene Erzeugung von Elektron-Lochpaaren und zum anderen die Trennung dieser erzeugten Elektronen und Löcher im elektrischen Feld einer Sperrschicht, die zu einer Foto-EMK bzw. einem Fotostrom führt. Charakteristisch für ein solches **Fotoelement** ist ein **großflächiger Halbleiterkristall,** in dem dicht unter der Oberfläche ein pn-Übergang angeordnet ist. Durch Bestrahlung mit Lichtquanten (Photonen) werden oberhalb und unterhalb des pn-Übergangs Elektron-Loch-Paare erzeugt. Die Minoritätsträger, d. h. die Elektronen im p-Bereich und die Löcher im n-Bereich, die durch Diffusion zur pn-Sperrschicht gelangen, werden durch das dort bestehende elektrische Feld über den pn-Übergang hinweggetrieben. Dadurch wird der n-Bereich negativ und der p-Bereich positiv aufgeladen und es bildet sich eine Foto-EMK bzw. in einem äußeren Stromkreis ein Fotostrom.

Eine **Solarzelle** wird durch die folgenden Parameter gekennzeichnet:

- **Kurzschlussstrom** I_{sc} ($V = 0$; Lastwiderstand $R = 0$),
- **Leerlaufspannung** V_{oc} ($I = 0$; $R = \infty$),
- **Strom im Leistungsmaximum** der Zelle I_{mp},
- **Spannung im Leistungsmaximum** der Zelle V_{mp},
- **Füllfaktor** $(I_{sc} \times V_{oc}) / (I_{mp} \times V_{mp})$.

Weitere wichtige Eigenschaften sind die Veränderungen der oben genannten Parameter durch Temperatur und kosmische Strahlung (Elektronen, Protonen und Alphapartikel).

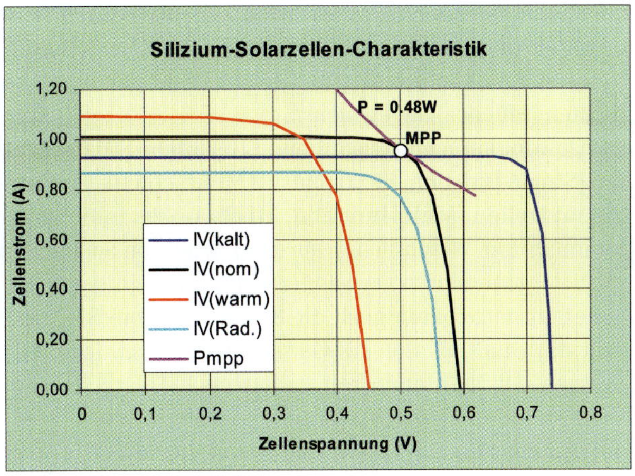

Bild 4.2.10: *Typische Strom-Spannungs-Kennlinie einer Siliziumzelle.*

Das Diagramm (Bild 4.2.10) zeigt das typische **Strom-Spannungs-Kennlinienverhalten (IV-Kennlinie)** von Solarzellen, in diesem Fall das einer Standard-Siliziumzelle mit einer aktiven Fläche von 26 cm² und einem Konversionswirkungsgrad von 13,5 %. Der **„Maximum Power Point“ (MPP)** liegt bei 0,48 W. Dass es sich hierbei tatsächlich um den MPP handelt, verdeutlicht die den MPP tangierende Kennlinie der Konstanten $P = 0{,}48$ W, denn nur im MPP wird die nominale *IV*-Kennlinie IV_{nom} berührt. Kurzschlussstrom I_{sc} und Maximum-Power-Point-Strom I_{mp} nehmen proportional mit der Photonenintensität zu. Beide Ströme steigen linear geringfügig mit der Temperatur. Die Leerlaufspannung V_{oc} und die Maximum-Power-Point-Spannung V_{mp} steigen logarithmisch mit der Photonenintensität und fallen linear mit steigender Temperatur stark ab (vergleiche den Verlauf der Kennlinien IV_{kalt} und IV_{warm}, die beide eine Temperaturänderung um jeweils 68 °C, bezogen auf IV_{nom}, bezogen auf Nominaltemperatur beschreiben).

Die maximale Leistung erhöht sich annähernd linear mit der Intensität der Lichtstrahlung und sinkt stark mit steigender Temperatur. Kosmische Partikelstrahlung verringert die Strom- und Spannungswerte, abhängig von Flussdichte und Energie der auftreffenden Partikel. Die **Verringerungsfaktoren (Remaining Factors R)** werden

Tabelle 4.2.2: *Verringerungsfaktoren R einer Siliziumzelle für verschiedene Partikelflussdichten bei 1 MeV Elektronenbestrahlung.*

Partikelfluss	BOL	3,0 E+14	1,0 E+15	3,0 E+15
Parameter	Nominal	*R*	*R*	*R*
V_{oc} [mV]	628	0,914	0,888	0,851
I_{sc} [mA/cm²]	45,8	0,882	0,846	0,758
V_{max} [mV]	528	0,912	0,885	0,844
I_{max} [mA/cm²]	43,4	0,876	0,837	0,757

4

vom Solarzellenhersteller für jeden Zellentyp durch Tests ermittelt und, bezogen auf eine normierte Partikelstrahlungsenergie von 1 MeV, für verschiedene Partikelflussdichten (Fluence) angegeben.

Obwohl mit monokristallinen **Einschicht-Siliziumzellen (Single-Junction, SJ-Si)** und mit **Mehrschicht- Galliumarsenidzellen (Multi-Junction, MJ-GaAs)** derzeitig in der Raumfahrt im Wesentlichen nur zwei Arten von Solarzellen für Solargeneratoren verwendet werden (in einigen Solargeneratornachbauten noch die Single-Junction-(SJ-GaAs-) und die Dual-Junction-(DJ-GaAs-)Galliumarsenidzellen), müssen der Vollständigkeit halber noch Solarzellen aus Gallium-Indium-Phosphit (GaInP) und Dünnfilmzellen aus amorphem Silizium (a-Si), Cadmiumtellurid (CdTe) und Copper-Indium-Gallium-Selenide (CIGS) genannt werden. Raumfahrttaugliche CIGS-Dünnfilmzellen liefern ca. 9 % Wirkungsgrad unter AM0-Bedingungen und erlangen aufgrund bekannter geringer Strahlungsempfindlichkeit, geringem Gewicht und geringeren Kosten bereits Akzeptanz bei Kleinleistungssatelliten.

Raumfahrtqualifizierte Produktionslinien von MJ-GaAs-Zellen bedienen sich derzeitig der 3J-GaAs-Zelle (mit drei übereinanderliegenden pn-Sperrschichten), auch TJ-GaAs-(Triple-junction-)Zelle genannt. Metamorphe 4J-GaAs und 5J-GaAs-Solarzellenprototypen sind bereits erfolgreich im Labor getestet und befinden sich im Qualifikationsprozess. Der amerikanische Hersteller SolAero liefert seine metamorphe 4-Schicht-Zelle IMM4J raumfahrtqualifiziert, die sich jedoch wegen der doppelt so hohen Kosten gegenüber der 3J-GaAs-Zelle derzeitig am Markt nicht durchsetzen kann.

Während die Si-Solarzellen nur das sichtbare Sonnenlichtspektrum in elektrische Leistung wandeln, sind die MJ-GaAs-Solarzellen, wie im Diagramm (Bild 4.2.11) dargestellt, auch im Ultraviolett(UV)- und im Infrarot-Bereich (IR) des Sonnenlichtspektrums empfindlich.

Der **Hauptunterschied** zwischen beiden Zellenarten ist die **viel höhere Spannungslage** der MJ-GaAs-Zellen (4,5-mal höher bei 3J-GaAS), während ihre Stromabgabe niedriger ist (ca. 0,4-mal bei 3J-GaAS). Der niedrigste Fotostrom einer der drei elektrisch seriell verschalteten Einzelzellen der MJ-Zelle bestimmt den gelieferten Gesamtstrom.

Der aus derzeitigen Produktionslinien von 3J-GaAs-Zellen erhältliche typische **Wirkungsgrad** von 30 % muss verglichen werden mit maximal erreichbaren 17 % einer sogenannten Hi-Eta-Si-Zelle. Mit der SolAero IMM4J werden 33 % Wirkungsgrad erreicht. Mit 5J- und 6J-GaAs-Laborzellen werden experimentell Wirkungsgrade von 34 bis 37 % erzielt.

Wegen der viel besseren **Leistungsdaten** der MJ-GaAs-Solarzellen (siehe Gegenüberstellung in Bild 4.2.12) muss erwartet werden, dass in wenigen Jahren vom Einsatz der Si-Solarzellen ganz abgesehen wird. Neue Satellitenentwicklungen verwenden heute schon fast ausschließlich MJ-GaAs-Zellen. Die Überlegenheit der MJ-GaAs-Zelle wird

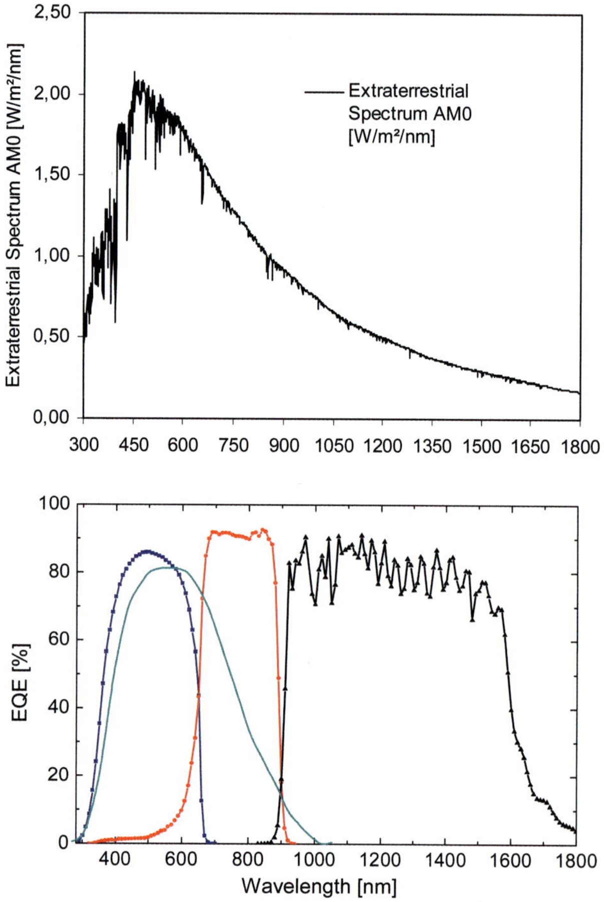

Bild 4.2.11: *AM0-Sonnenlichtspektrum im oberen Bild im Vergleich zur gestaffelten Lichtempfindlichkeit (EQE = External Quantum Efficiency) einer TJ-GaAs-Zelle (blaue, rote und schwarze Kurve). Die grüne Kurve zeigt die typische Lichtempfindlichkeit einer Si-Zelle (Bild: [4.2.7]).*

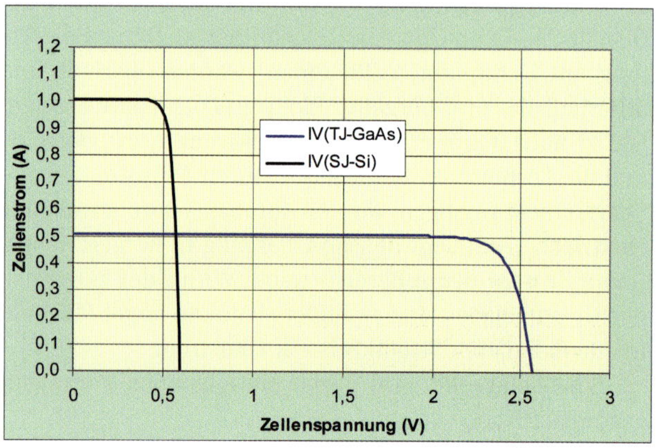

Bild 4.2.12: *IV-Kennlinienvergleich zwischen TJ- und Si-Zelle.*

noch durch ihre geringere Empfindlichkeit gegen kosmische Strahlung verstärkt. Letzteres wird durch herstellerspezifische Anpassungsverfahren der Kristallgitterstrukturen (lattice match) unterschiedlicher Halbleitermaterialien einer Zelle erreicht [4.2.26]. Hierbei hebt sich besonders ein deutscher Hersteller hervor und hat sich aufgrund dessen momentan (Stand: April 2017) zum Weltmarktführer von sehr strahlungsresistenten MJ-GaAs-Solarzellen erhoben.

Nach einer 15-jährigen GEO-Mission sind die typischen **EOL-Wirkungsgrade** (bei 28 °C Referenzbetriebstemperatur):

- Hi-Eta-Si: 12,0 % (30 % Degradation),
- TJ-GaAs: 26,5 % (11,5 % Degradation).

4.2.5.2 Silizium-Solarzellen

Die **Standard-Si-Zellen** mit einer Materialstärke von 0,18 mm bauen auf ein p-dotiertes Silizium-Grundmaterial mit einer flachen pn-Sperrschicht auf. Der **BOL**-Wirkungsgrad bewegt sich zwischen 12 % und 14 %.

Das Ergebnis ihrer Weiterentwicklung war die 0,1 mm starke **Hi-Eta Si-Zelle (Hi-Eta)** mit einer strukturierten Oberfläche, die durch die erzielte Oberflächenvergrößerung mehr Sonnenlicht absorbiert. Die strukturierte Oberfläche wird verwirklicht, indem man Pyramidenstrukturen von ungefähr 0,02 mm Tiefe in die Zellenoberfläche ätzt. Bild 4.2.13 zeigt das **Aufbauprinzip** mit strukturierter Oberfläche, antireflektierender Doppelschicht (DLAR), Passivierung und reflektierender Aluminiumschicht auf der Rückseite.

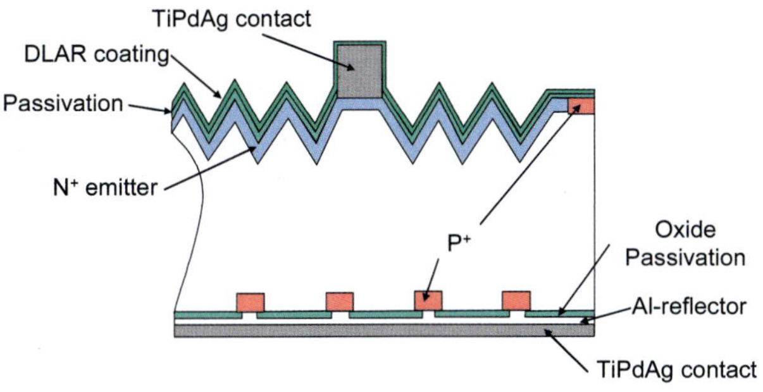

Bild 4.2.13: *Grundsätzlicher Aufbau einer Hi-Eta Si-Zelle.*

4.2.5.3 Multijunction Gallium-Arsenid auf Germanium-Solarzellen (GaAs/Ge)

Bild 4.2.14 zeigt das Aufbauprinzip der gebräuchlichen 3J-GaAs-Zellen. Die **einzelnen Halbleiterschichten** einer MJ-GaAs/Ge-Zelle werden durch Epitaxialprozesse auf einer 0,14 mm starken Germaniumscheibe (Ge-Wafer) aufgebracht.

Analog dazu wird z. B. bei einer 4J-GaAs-Solarzelle lediglich eine vierte Einzelzelle aus Indium-Gallium-Arsenid seriell hinzugefügt, deren p-n-Übergang die Spannungslage um eine weitere Raumladungszone erhöht und damit auch die Arbeitspunktspannung der Solarzelle.

Da sich gleichzeitig, aber jedoch in geringerem Maße, der Gesamtfotostrom durch die Solarzelle verringert, wird deren Wirkungsgrad insgesamt erhöht.

Eine weitere Möglichkeit, den Wirkungsgrad der Solarzelle zu erhöhen, wird durch Integration eines Bragg-Reflektors erzielt. Das in eine Solarzelle eingedrungene Licht wird durch Reflexion an den inneren Grenzflächen des Bragg-Reflektors daran gehindert, diese zu verlassen, bevor es absorbiert werden kann. Der Einsatz einer solchen Lichtfalle erlaubt als weiteren Nutzeffekt, dünnere lichtabsorbierende Halbleiterschichten einzusetzen und ist deshalb besonders für Dünnschichtsolarzellen interessant.

Dieses Prinzip, von einem deutschen Hersteller patentiert, wird bei dessen metamorphischen 4J-GaAs-Solarzelle mit 32 % Wirkungsgrad eingesetzt, die demnächst raumfahrtqualifiziert verfügbar sein soll [4.2.26].

Da der sowohl als Licht absorbierende Einzelzelle als auch als Trägermaterial (Substrat) dienende Ge-Layer im Vergleich zu den übrigen Halbleiterschichten sehr dick ist und deshalb das Solarzellengewicht dominiert, werden z.B. bei der Inverted Meta-Morphic (IMM) Zellentechnologie Fertigungsprozesse angewandt, wo nach Aufbringung aller einzelnen Halbleiterschichten das Substrat anschließend wieder entfernt wird.

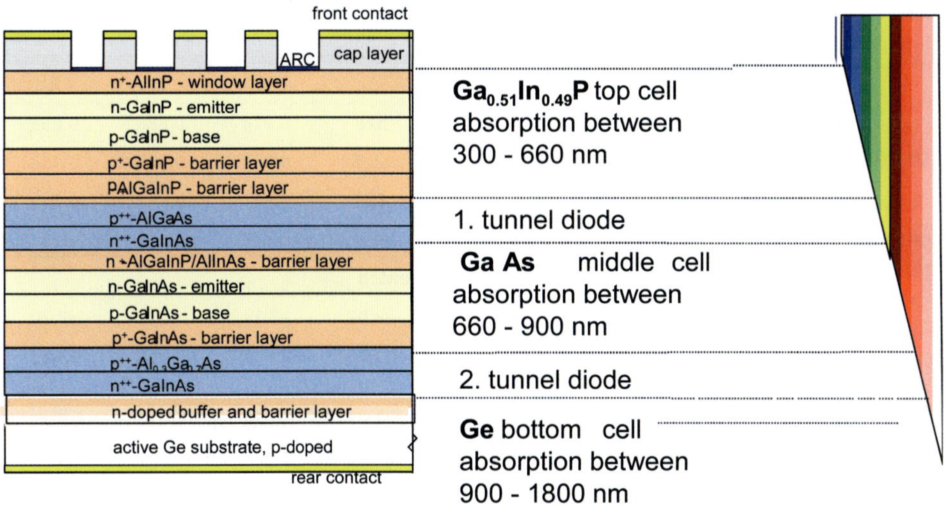

Bild 4.2.14: *Typische Anordnung der einzelnen Lagen (Layer) einer aus drei übereinander liegenden Einzelzellen bestehenden TJ-GaAs/Ge-Solarzelle mit Angabe ihres licht-absorbierenden Spektralbereichs.*

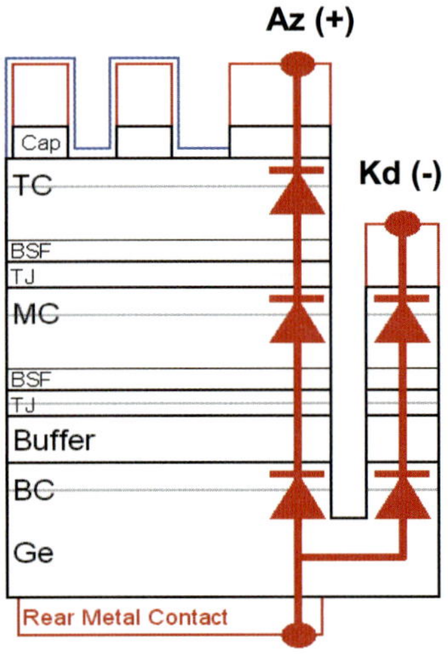

Bild 4.2.15: *Interne Shuntdiode.*

Bild 4.2.16: *Serienschaltung von Solarzellen mit integrierten Shuntdioden.*

Wegen der durch die charakteristisch geringe Sperrspannung gegebenen Empfindlichkeit gegen den Betrieb in Sperrrichtung muss jede Einzelzelle durch eine interne (integrierte) oder externe **Bypassdiode** geschützt werden. Das bevorzugte Konzept ist eine integrale Shuntdiode, die realisiert wird, indem man einen kleinen Teil der Solarzellenfläche (ca. 7 mm^2) durch MESA-Radierung vom Rest der Zelle trennt. Von diesem getrennten Teil wird die obere Zelle (Top Cell, TC) weggeätzt, um die Dioden-Flussspannung (Forward Voltage) der Serienschaltung aus den beiden anderen Zellen (Bild 4.2.15), der mittleren (Middle Cell, MC) und der unteren Zelle (Bottom Cell, BC), zu verringern. Die übrig bleibende sogenannte Bypassdiode wird der benachbarten Solarzelle als Schutzdiode zugeschaltet (Bild 4.2.16).

4.2.5.4 Elektrische Kennwerte von Solarzellen

Aus der Vielzahl der für die Raumfahrt qualifizierten Solarzellentypen der verschiedenen Hersteller lassen sich aus deren Kenndaten bei gleicher Zellentechnologie (z. B. SJ-Si, Hi-Eta, oder TJ-GaAs) nur geringfügige Unterschiede herauslesen. Deshalb werden hier nur die Kenndaten der beiden Beispiele Hi-Eta- und TJ-GaAs/Ge-Zellen gezeigt.

Bild 4.2.17: *Typische 8 × 4 cm^2-Rechteckform einer TJ-GaAs-Solarzelle mit gekappten Ecken (optimierte Form zur bestmöglichen Ausnutzung der Ge-Wafer-Fläche bei 100 mm Waferdurchmesser) und der integrierten Bypassdiode, gekennzeichnet durch den roten Pfeil.).*

4.2.5.5 Berechnung der Solargeneratorleistung

Aus den verfügbaren Kennwerten, wie in den Tabellen 4.2.3 und 4.2.4 angegeben, lassen sich das Temperaturverhalten und die strahlungsabhängige Degradation der *IV*-Kennlinie jedes Zellentyps berechnen und damit die *IV*-Kennlinie des gesamten Solargenerators. Bezieht man dann noch die allgemein bekannten Verlustfaktoren (Loss Factors) ein, wie den eines Zellendeckglases ($K_{CG} \approx 0{,}99$), Zellenfehlanpassung ($K_{CM} \approx 0{,}99$), Parameterkalibration ($K_{PC} \approx 0{,}97$), UV- und Mikrometeoriten (typ. 0,25 % pro Jahr) und berücksichtigt die durch die Jahreszeit bedingten Sonnenintensitätsunterschiede (Winter Solstice, $WS = 1{,}033$; Summer Solstice $SS = 0{,}968$) ein, lassen sich die zur Erzeugung einer geforderten BOL- oder EOL-Solargeneratorleistung erforderliche Anzahl von Solarzellen und bei Einsatz eines realistischen Zellenbelegungsfaktors (Cell Coverage Factor) die erforderliche Solargeneratorfläche berechnen. Auch die zur Anpassung an einen benötigten Strom- und Spannungsverlauf bzw. Arbeitspunkt erforderliche Anzahl von in Serie geschalteten Solarzellen zu

Tabelle 4.2.3: *Kenndaten einer Hi-Eta-Siliziumzelle des Herstellers Azur Space.*

Elektrische Kenndaten (ϑ = 28 °C)		Partikelfluss		
	Nominal	3,0 E+14	1,0 E+15	3,0 E+15
Parameter		**R**	**R**	**R**
V_{oc} [mV]	628	0,914	0,888	0,851
I_{sc} [mA/cm²]	45,8	0,882	0,846	0,758
V_{mp} [mV]	528	0,912	0,885	0,844
I_{mp} [mA/cm²]	43,4	0,876	0,837	0,757
Temperaturkoeffizienten				
$dV_{oc}/d\vartheta$ [mV/K]	−2,02	−2,14	−2,17	−2,20
$dI_{sc}/d\vartheta$ [mA/cm²/K]	0,030	0,045	0,055	0,059
$dV_{mp}/d\vartheta$ [mV/K]	−2,07	−2,22	−2,19	−2,25
$dI_{mp}/d\vartheta$ [mA/cm²/K]	0,022	0,023	0,027	0,035

Tabelle 4.2.4: *Kenndaten einer Triple-Junction-Galliumarsenidzelle des Herstellers Azur Space.*

Elektrische Kenndaten (ϑ = 28 °C)		Partikelfluss		
	Nominal	3,0 E+14	5,0 E+14	1,0 E+15
Parameter		R	R	R
V_{oc} [mV]	2700	0,957	0,946	0,934
I_{sc} [mA/cm^2]	17,24	0,993	0,985	0,963
V_{mp} [mV]	2411	0,956	0,944	0,930
I_{mp} [mA/cm^2]	16,71	0,990	0,979	0,955
Temperatur-Koeffizienten				
$dV_{oc}/d\vartheta$ [mV/K]	−6,2	−6,5	−6,6	−6,7
$dI_{sc}/d\vartheta$ [mA/cm^2/K]	0,0119	0,0109	0,0116	0,0126
$dV_{mp}/d\vartheta$ [mV/K]	−6,7	−6,8	−7,1	−7,2
$dI_{mp}/d\vartheta$ [mA/cm^2/K]	0,008	0,0066	0,008	0,0093

Definition: Die Nominalwerte beziehen sich auf das extra-terrestrische AM0-Sonnenlichtspektrum (siehe Bild 4.2.11) bei einer Zellentemperatur von 28 °C (301 K) und einem Sonnenspektrum AM0 WRC (Air Mass Zero World Radiation Center) von 1367 W/m^2 wie bei 1 AE (mittlere Erde-Sonne-Distanz) außerhalb der Erdatmosphäre gegeben.

Hinweis: Zwischenwerte für die vom Partikelfluss abhängigen Parameter lassen sich leicht ermitteln, indem aus den im Herstellerdatenblatt angegebenen Zahlenwerten ein Kennliniendiagramm erzeugt wird, um darin die benötigten Zwischenwerte durch Interpolation ablesen zu können.

einem String (Spannungseinstellung) und die Anzahl der parallel zu schaltenden Strings zu einem Array (Stromeinstellung) lassen sich so berechnen. Mit dem folgenden vereinfachten Model (nach H. S. Rauschenbach) lässt sich der Array-Arbeitspunktstrom (I_{op}) in Abhängigkeit von der Arbeitspunktspannung (V_{op}) berechnen, und wenn man V_{op} im Bereich von V_{op} = 0 bis V_{op} = V_{oc} variiert, erhält man die *IV*-Kennlinie des Arrays.

$$I_{op} = I_{sc} \cdot A_{cell} \cdot Np \cdot \left\{ 1 - Cb \cdot \left[e^{-\left(\frac{V_{op}}{Ca \cdot V_{oc} \cdot Ns}\right)} - 1 \right] \right\} \qquad (4.2.6)$$

mit

$$Ca = \frac{\dfrac{V_{mp}}{V_{oc}} - 1}{\ln\left(1 - \dfrac{I_{mp}}{I_{sc}}\right)} \qquad (4.2.7)$$

und

$$Cb = \left(1 - \frac{I_{mp}}{I_{sc}}\right) \cdot e^{-\left(\frac{V_{mp}}{Ca \cdot V_{oc}}\right)} \qquad (4.2.8)$$

Ergänzt man die Variablen V_{mp}, V_{oc}, I_{mp} und I_{sc} mit ihren in den Herstellerdatenblättern zu findenden strahlungsabhängigen „Remaining Factors R" und ihren ebenfalls strahlungsabhängigen Temperaturkoeffizienten, wie im nachfolgenden Beispiel für Ca dargestellt, ergibt sich der **temperatur- und strahlungsabhängige Verlauf der Strom-Spannungs-Kennlinie (IV-Kennlinie)** des Arrays:

$$Ca(\vartheta, R) = \frac{\dfrac{V_{mp} \cdot R(V_{mp}) + dV_{pm} / d\vartheta \cdot (\vartheta - \vartheta_0)}{V_{oc} \cdot R(V_{oc}) + dV_{oc} / d\vartheta \cdot (\vartheta - \vartheta_0)} - 1}{\ln\left[1 - \dfrac{I_{mp} \cdot R(I_{mp}) + dI_{mp} / d\vartheta \cdot (\vartheta - \vartheta_0)}{I_{sc} \cdot R(I_{sc}) + dI_{sc} / d\vartheta \cdot (\vartheta - \vartheta_0)}\right]} \qquad (4.2.9)$$

Die Schreibweise für die Gleichung der *IV*-Kennlinie des Arrays ist dann:

$$\begin{aligned} I_{op}(\vartheta, R) &= [I_{sc} \cdot R(I_{sc}) + dI_{sc} / d\vartheta \cdot (\vartheta - \vartheta_0)] \qquad (4.2.10) \\ &\times A_{cell} \cdot Np \cdot \\ &\times \left\langle 1 - Cb(\vartheta, R) \cdot \left\{ e^{\left[\frac{V_{op}}{Ca(\vartheta, R) \cdot [V_{oc} \cdot R(V_{oc}) + dV_{oc}/d\vartheta \cdot (\vartheta - \vartheta_0)] \cdot Ns}\right]} - 1 \right\} \right\rangle \end{aligned}$$

Die elektrische Leistung des Arrays ist dann

$$P_{op} = I_{op} \cdot V_{op}.$$

Das Ergebnis muss dann noch je nach Kenntnisstand mit den bereits erwähnten Verlustfaktoren und dem saisonalen Sonnenintensitätsfaktor multipliziert werden.

Die **elektrische Leistung** des Arrays im Summer Solstice nach fünf Betriebsjahren im Orbit und unter Berücksichtigung der Verlustfaktoren wird dann wie folgt berechnet:

$$P_{op} = V_{op} \cdot I_{op} \cdot K_{CG} \cdot K_{CM} \cdot K_{PC} \cdot (1 - 0{,}0025)^5 \cdot 0{,}968 \qquad (4.2.11)$$

Auch besteht natürlich die Möglichkeit, den die Solarleistung mindernden Einfluss einer gegebenenfalls vorhandenen **Winkelabweichung** von der idealen rechtwinkligen Ausrichtung der Array-Ebene zur Sonne (Inklinationswinkel φ) zu berechnen. Die elektrische Leistung nimmt mit dem Kosinus der Winkelabweichung ab:

$$P_{op}(\varphi) = I_{op} \cdot V_{op} \cdot \cos(\varphi) \qquad (4.2.12\,a)$$

Allerdings muss die Anwendung des Kosinusgesetzes für die $P_{op}(\varphi)$ Berechnung durch ein Kosinus-Korrekturgesetz (nach G. LaRoche in [4.2.10]) wie folgt geändert werden:

$$P_{op}(\varphi) = I_{op} \cdot V_{op} \cdot K_{mp} \cdot \cos(\varphi) \qquad (4.2.12b)$$

mit K_{mp} als Kosinus-Korrekturgesetz

$$K_{mp} = \left[1 - (1 - \cos(\varphi))^{K(\varphi)}\right]$$

mit $K(\varphi) = 4$ für $\varphi \leq 45°$

und $K(\varphi) = 1 + \frac{\varphi}{15}$ für $\varphi > 45°$

Neue messtechnisch gewonnene Erkenntnisse im Rahmen der Solarzellentests für die Merkurmission BepiColombo ergaben, dass insbesondere bei Verwendung von MJ-GaAs-Zellen auch der Brechungsindex des jeweiligen Materials auf dem Weg des Strahlengangs durch die Solarzelle für die Berechnung in das Kosinus-Korrekturgesetz einzubeziehen ist, um noch genauere Ergebnisse zu erzielen, was in [4.2.25] nachgelesen werden kann.

In [4.2.25] wird ebenfalls eindeutig bestätigt, dass das Aufbringen eines Deckglases auf die Solarzelle ein verbessertes Winkelverhalten durch verbesserte Lichtfalleneigenschaften gegenüber der blanken Zelle bewirkt und dass eine Antireflexbeschichtung (AR-Beschichtung) auf der sonnenzugewandten Seite der Solarzelle, die in [4.2.10] beschriebene Totalreflexion des einfallenden Sonnenlichts bei Inklinationswinkeln von 85° und mehr nicht angewendet werden muss.

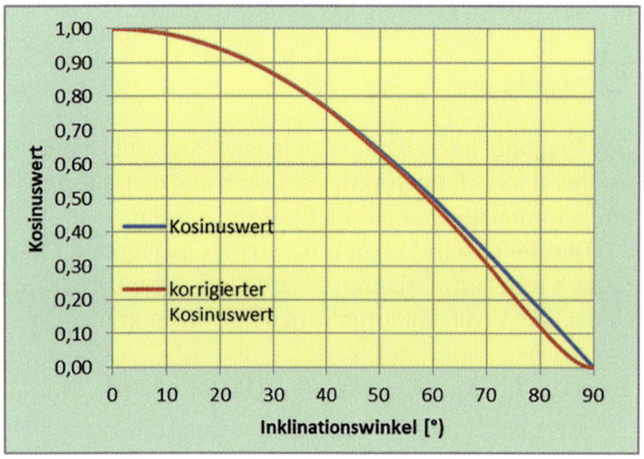

Bild 4.2.18: *Vergleich: Kosinus- zu Kosinuskorrektur-Wert.*

Dass sich bei geringerer Sonneneinstrahlung auch die **Betriebstemperatur** des Arrays verringert, wird bei Anwendung von (4.2.9) vernachlässigt.

Konventionen zu den Formeln (4.2.9) bis (4.2.12):

A_{cell}: Aktive Fläche der Solarzelle in cm^2.
Np: Anzahl der parallelen Solarzellenstrings
Ns: Anzahl der in Serie geschalteten Solarzellen
φ: Winkel zwischen der Senkrechten zur aktiven Arrayfläche und der Bahnebene der Sonne (Einfallsebene der Sonnenstrahlung).

Bild 4.2.19 veranschaulicht die berechneten **Kennlinien** für Strom, Spannung und Leistung eines Solargenerators mit den Kennwerten:

Ns: 25
Np: 100
A_{cell}: 26 cm^2
V_{mp}: 2,277 V
V_{oc}: 2,565 V
I_{mp}: 0,016 A/cm^2
I_{sc}: 0,0168 A/cm^2
AM0 (28 °C), BOL (R = 1)

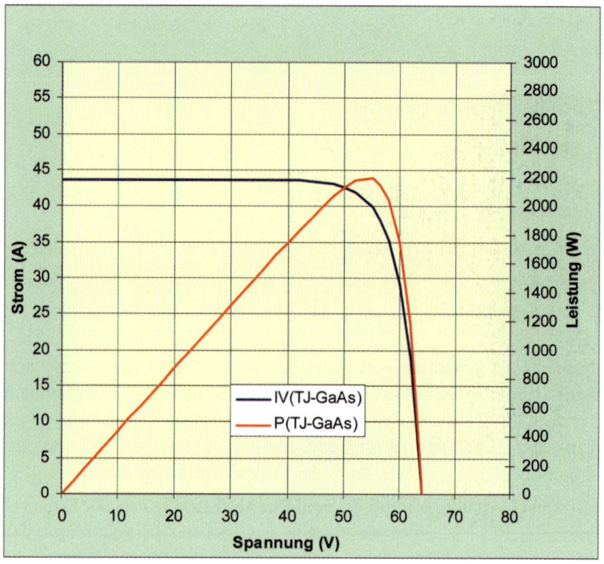

Bild 4.2.19: *Beispiel einer berechneten IV-Kennlinie eines Arrays und der dazugehörigen Leistung.*

4.2.5.6 Solargenerator-Technologien

Unterschiedliche Raumfahrzeug-Missionsanforderungen können unterschiedliche Solargenerator-Konfigurationen erfordern. Die gebräuchlichen Konfigurationen sind:

- direkt auf Außenflächen des Satellitenkörpers montierte Strings bzw. Arrays **(Body-mounted Arrays),**
- **entfaltbare flexible Arrays,** z. B. motorgetrieben ausrollbar wie Markisen,
- **entfaltbare massive (starre) Arrays,** z. B. in rechteckiger Flügelform.

Sowohl die entfaltbaren flexiblen als auch die entfaltbaren steifen Arrays werden in den meisten Fällen um die Entfaltachse voll drehbar (360°) ausgeführt. Damit lässt sich die Array-Ebene zu jeder Zeit rechtwinklig zur Sonne ausrichten, um die größtmögliche Lichteinstrahlung in maximale elektrische Leistung umzuwandeln.

Für kommerzielle Hochleistungs-Solargeneratoren der Leistungsklasse ab 7 kW wurde bisher in allen Fällen die Konfiguration mit zwei entfaltbaren steifen Arrays (Flügel) bevorzugt, wobei jeder dieser Flügel aus 4 bis 6 klappbaren Panels besteht. Satelliten der Leistungsklasse ab 2 kW EOL verwenden ausschließlich drehbare Arrays.

Bei wissenschaftlichen und Erdbeobachtungssatelliten findet man häufig auch Kombinationen aus „Body-mounted" und entfaltbaren Arrays vor.

Die spezifische elektrische Leistung eines entfaltbaren starren Solargenerators von Telekommunikationssatelliten, die derzeitig vornehmlich 3J-GaAs-Zellen aus Produktionslinien mit 30 % Wirkungsgrad verwenden (Bild 4.2.20), liegt bei ca. 100 W/kg Begin of Life (BOL) - Air Mass Zero (AM0). Das Verhältnis der elektrischen Leistung zur benötigten Arrayfläche beträgt ca. 305 W/m² (BOL-AM0). Mit flexiblen Arrays werden derzeitig bis zu 150 W/kg erzielt.

Bild 4.2.20: *Hochleistungs-Kommunikationssatellit ARTEMIS (Bild: ESA).*

4.2.5.7 Reihenschaltung von Solarzellen

Die Anzahl der in Serie geschalteten Solarzellen (Stringlänge) wird, wie bereits bekannt, von der EVS-Architektur bestimmt, oder genauer gesagt von dem für das gewählte Versorgungsbuskonzept benötigten Spannungsarbeitspunkt des Arrays. Die Stringlänge muss so gewählt werden, dass die erforderliche **Arbeitspunktspannung** (V_{op}) im Falle eines DET-geregelten Arrays etwas niedriger (ca. 3 bis 5 %) ist als V_{mp} (EOL).

Mit dieser Maßnahme wird eine Auslegungsunsicherheit bezüglich V_{op} (Ungenauigkeit in der Analyse der Array-Betriebstemperatur, Drift der elektrischen Kennwerte der Regelkreiskomponenten, usw.) aufgefangen, die dazu führen könnte, dass die Arbeitspunktspannung V_{op} über den MPP hinaus in Richtung Leerlaufspannung V_{oc} driftet und letztlich nicht mehr genügend elektrische Leistung vom Array entnommen werden kann.

Solch eine Bedingung ist bei Einsatz der **MPPT-Regelung** selbstverständlich kein Auslegungskriterium. Hier musste hingegen bis 2016 die Stringlänge so gewählt werden, dass V_{mp} während der Leistungsentnahme aus dem Array immer ca. 10 % höher ist als die maximale Versorgungsbusspannung (gilt für MPPT-Regelung mit Stepdown- bzw. Buck-Konverter) bzw. immer ca. 10 % niedriger ist als die minimale Busspannung (gilt für MPPT-Regelung mit Step-up- bzw. Boost-Konverter). Die 10 % Spannungsspielraum werden für ein lineares Regelverhalten des MPPT benötigt.

Von der ESA/ESTEC konzipert und in 2010 durch deren Fördermittel auf den Weg gebracht, wurde in 2016 von einem deutschen Hersteller die Regelung der Solargeneratorleistung mit einem kombinierten Buck-Boost-Konverter, dem so genannten B2R Converter, raumfahrttauglich qualifiziert.

Dieser Konvertertyp bietet eine äußerst flexible Lösung, um eine hohe Unabhängigkeit zwischen dem Betriebsspannungsbereich eines Solargenerators und der Busspannung zu erzielen. Der beste Wirkungsgrad eines solchen Konverters wird erzielt, wenn die Differenz zwischen dessen Eingangs- und Ausgangsspannung möglicht gering gehalten werden kann, also im nominalen Betriebszustand der Leistungsregelung die Solargeneratorsopannung kaum von der Busspannung abweicht.

Eine in einen Solarzellenstring eingebettete abgeschattete Zelle ohne Bypass-Diode kann mit Rückwärtsstrom bis in ihren Lawinenstrombereich betrieben werden, sobald der betroffene String im Stromzweig seiner IV-Kennlinie betrieben wird, wie z. B. durch Shunt- oder Boost-Leistungsregelung.Eine hohe Verlustleistung in der betroffenen Zelle kann die Folge sein und zu einem lokalen Temperaturextrem (Hotspot) führen, der in vielen Fällen schwere Schäden verursacht.

4.2.5.8 Parasitäre Kapazitäten und Induktivitäten

Sowohl die **Stabilität** des SG-Leistungsreglers als auch dessen **Verlustleistung** kann durch die **elektrodynamische Ausgangskennlinie des SG** stark beeinflusst werden. Die Hauptrolle spielt hierbei in allen Arbeitspunkten die kapazitive Reaktanz der (Coulombschen) Ausgangskapazität, während der dynamische Widerstand R_d erst bei Arbeitspunktspannungen um V_{mp} und darüber nennenswert wirksam wird. Die Kenntnis dieser Parameter erlaubt einen präziseren Schaltungsentwurf der Leistungsregelung und eine an die elektrischen Ausgangsparameter des Solargenerators angepasste Nachbildung des für die Satellitenfunktionstests verwendeten Solargenerator-Simulators.

Es ist unbedingt zu empfehlen, vom SG-Hersteller die Quellenimpedanz $Z_{section}$ jeder elektrisch separat zum EAV-Gerät geführten SG-Leistungs-Sektion anzufordern, bestehend aus:

- effektiver Ausgangskapazität C_p
- differentiellem Quellenwiderstand $R_p = dv/di$ in den zwei linearen Bereichen der IV-Kennlinie:
  1. Strombereich zwischen I_{sc} und I_{mp}
  2. Spannungsbereich zwischen V_{mp} und V_{oc}
- effektiver Ausgangsinduktivität L_s und wirksamem Ausgangswiderstand R_s (beides einschließlich Verdrahtung bis zur Schnittstelle der Leistungsübergabe an das nächste EVS-Gerät)

4

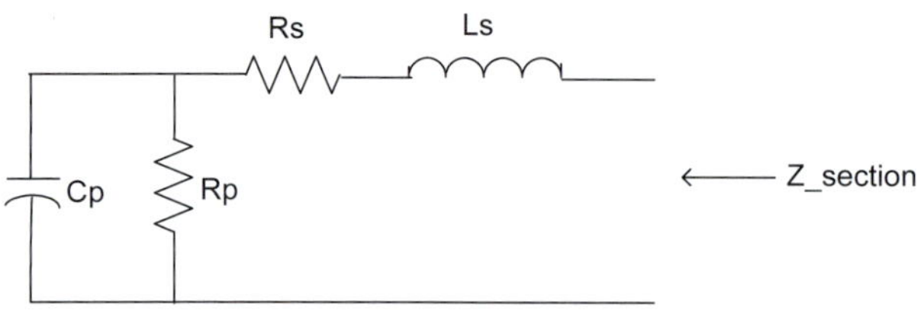

Bild 4.2.21: *Elektrisch äquivalenter Schaltkreis für die Quellenimpedanz einer Solargeneratorsektion.*

4.2.5.9 Betriebstemperaturen

Entfaltetes Array

- LEO, sonnensynchroner Dawn-Dusk-Orbit: ca. 70 °C für Galliumarsenid-Zellen
- LEO mit erheblicher IR- und Albedo-Einkopplung: durchschnittlich ca. 80 °C für Galliumarsenid
- MEO (z. B. Navigationssatelliten wie GPS, GNSS, Galileo): 65 °C
- GEO (Telekommunikations-Satelliten): ca. 60 °C
- Interplanetare Flugbahnen
  - HIHT-Anwendung bis 230 °C (Europäische Merkurmission)
  - LILT-Anwendung bis -130 °C (Europäische Jupitermission)

Body-mounted Array

Ca. 10 ... 20 °C über den Werten für entfaltete Solargeneratoren, also 90 ... 100 °C für LEO-Missionen.

Bei großem „Earth View Factor", d. h., wenn sich die Erde voll im Sichtbereich (Field of View, FOV) der PVA befindet, können auch maximal 115 ... 120 °C auftreten.

Die Betriebstemperaturen für Arrays bestückt mit Siliziumzellen liegen ca. 10 ... 15 °C niedriger.

4.2.5.10 Elektrostatische Aufladung, Entladung und Durchschlagseffekte

Aufladungen während des sogenannten „Solar Substorm" können Satelliten veranlassen, insbesondere im Sunlit elektrostatische Potenziale von mehreren hundert bis tausend Volt zwischen benachbarten Oberflächen der Raumfahrzeug-Außenhaut zu entwickeln.

In Anwesenheit einer Ladungsträgerumgebung lädt sich das Raumfahrzeug-Chassis mit einer Rate von bis zu -5 V/s negativ auf. Auf der zur Sonne ausgerichteten Vorderseite des Solargenerators werden durch Fotoemission die normalerweise nicht leitenden Oberflächen der Zellendeckgläser entladen, während andere Bereiche, z. B. die im Schatten der Solarzellenkanten liegenden Zwischenräume zwischen den einzelnen Zellen, negativ aufgeladen bleiben.

Es baut sich so mit einer Rate von ungefähr 3 V/s allmählich ein **Spannungspotenzial von mehreren hundert Volt** auf.

Bei ausreichend hoher Spannungsdifferenz kann das zu **primären Lichtbogenentladungen** führen. Diese Entladungen führen zwar wenig Energie und sind für sich allein harmlos, können aber Plasma aus der molekularen Zellenstruktur herauslösen, welches sich in den Zellenzwischenräumen absetzt. Mehrere hundert Entladungsvorgänge führen dann zu einer **Plasmadichte,** die wiederum einen relativ niederohmigen elektrischen Pfad zur Nachbarzelle herstellt. Ist die Differenz der nominalen Arbeitspunktspannungen der benachbarten Zellen groß genug und fließt ein entsprechender Fotostrom durch die Zellen, kann über den Plasmapfad ein stehender **sekundärer Lichtbogen** (Secondary Sustained Arc) entstehen, mit dem Verhalten ähnlich dem eines Kurzschlusses. Die Energie des Lichtbogens ist zumeist groß genug, um durch Verdampfung von Solarzellenmaterial und darunterliegender Isolation für dauerhafte Schäden (Ausfall von Strings) zu sorgen [4.2.4], [4.2.5], [4.2.6].

Da sich die primären Lichtbogenentladungen nur mit leitender, ansonsten sehr nachteiliger Beschichtung der gesamten Array-Oberfläche vermeiden lassen, müssen die Bedingungen für die sekundären Lichtbögen eliminiert werden.

Das wird durch entsprechende **Maßnahmen in der Stringauslegung** erreicht. Dabei muss dafür gesorgt werden, dass die Spannungsdifferenz zwischen benachbarten Zellen in Abhängigkeit vom Abstand (Gap) der Zellenränder den Überschlag-Schwellenwert nicht erreicht und dass der treibende Strom gering genug bleibt. Dies wird durch eine Entkopplungsdiode in Serie zu jedem einzelnen String erreicht, und erst nach der Diode werden die Strings zu einem Array parallel geschlossen. Tabelle 4.2.5 liefert die analytisch ermittelten ungünstigsten Randbedingungen für stehende sekundäre Lichtbögen.

Tabelle 4.2.5: *Randbedingungen für stehende sekundäre Lichtbögen (Secondary Sustained Arcs).*

String-Strom [A]	Differenzspannung Gap = 0,9 mm [V]	Differenzspannung Gap = 0,7 mm [V]	Differenzspannung Gap = 1,1 mm [V]
0,3	101,4	93,8	109,1
0,5	68,2	63,5	73,0
1,0	43,3	40,8	45,9
1,5	35,0	33,3	36,8
2,0	30,9	29,5	32,3
2,5	28,4	27,2	29,6
3,0	26,7	25,7	27,8
3,5	25,6	24,6	26,5
4,0	24,7	23,8	25,5
4,5	24,0	23,2	24,8
5,0	23,4	22,7	24,2
5,5	23,0	22,2	23,7
6,0	22,6	21,9	23,3
6,5	22,3	21,6	22,9
7,0	22,0	21,4	22,6

4.2.6 Energiespeicher

Die Energiespeicherung ist ein wesentlicher Bestandteil des EVS eines Raumfahrzeugs. Jedes Raumfahrzeug, das seine primäre elektrische Energie nur aus Sonnenenergie gewinnt, benötigt einen Energiespeicher, der die Versorgung der elektrischen Lasten auch während der Eklipsen oder anderer Phasen unzureichender Sonneneinstrahlung sicherstellt.

Die Energiespeicherung wird gewöhnlich durch eine **Batterie** verwirklicht, obgleich sporadisch auch schon andere Energiespeichersysteme wie **Schwungräder** und **Brennstoffzellen** angewendet wurden.

Eine Batterie besteht aus einzelnen elektrochemischen Zellen, die zur Vervielfachung der Zellenspannung in Serie geschaltet werden. Baugleiche und in ihren elektrischen Kennwerten genau abgestimmte Batteriezellen wie z. B. die Lithium-Ionen-Zellen dürfen zur Erhöhung der elektrischen Kapazität auch parallelgeschaltet werden.

Batterien bestehen entweder aus Primär- oder Sekundärzellen. In den folgenden Kapiteln sind in der Regel mit dem Begriff „Batterien" die wiederaufladbaren Sekundärbatterien (also Akkumulatoren) gemeint.

In **Primärzellen** wird die chemische Energie in elektrische Energie umgewandelt. Anders als in Sekundärzellen, kann dieser Konvertierungsprozess in Primärzellen nicht umgekehrt werden. Primärbatterien lassen sich also nicht aufladen, womit sich ihr Einsatz als Hauptenergiespeicher auf Raumfahrzeuge mit kurzen Missionsdauern von einigen Tagen bis wenigen Wochen beschränkt. Die gebräuchlichsten Primärzellentypen sind Silber-Zink-, Lithium-Thionyl-Chlorid-, Lithium-Schwefeldioxid-, Lithium-Monofluorid- und Thermal-Zellen.

Eine **Sekundärbatterie** hingegen erlaubt, abhängig von der jeweiligen Entladetiefe, der Nachlademethode und der Betriebstemperatur, mehrere Tausend bis Zehntausend Lade- und Entladezyklen, womit sie in Raumfahrzeugen über viele Missionsjahre als Energiespeicher nutzbar ist, wie z. B. in LEO-Missionen von 7 Jahren und mehr mit bis zu 15 Sonnen- und Schattenphasen täglich. In sieben Betriebsjahren wird die Batterie also mit 15 (Orbits) mal 365 (Tage) mal 7 (Jahre), also mit 38 325 Zyklen beaufschlagt.

4.2.6.1 Sekundärbatterie-Technologien

Nachladbare Batterien für Energiespeichersysteme in Raumfahrzeugen stützen sich auf die drei Technologien **Nickel-Cadmium- (NiCd), Nickel-Wasserstoff- (NiH_2)** und **Lithium-Ionen-Zellen (Li-Ion)**. Die zwei hauptsächlich verwendeten Technologien sind die über mehr als zwei Jahrzehnte in der Raumfahrt etablierte NiH_2-Batterie und die neue, seit 2002 in der Raumfahrt zunehmend eingesetzte Li-Ionen-Batterie. Für gegenwärtige Raumfahrzeugprojekte wird die NiCd-Batterie nicht mehr eingesetzt (letzter bekannter Einsatz war in 2016), und auch der Einsatz von NiH_2-Batterien ist mittlerweile sehr begrenzt. Selbst bei reinen Nachbauten von etablierten Satellitenplattformen werden häufig bisher verwendete NiH_2-Batterien durch Li-Ionen-Batterien ersetzt.

Im Jahr 2010 begann die Industrie mit der Entwicklung von raumfahrttauglichen Li-Polymer-Produkten. Das bisherige Ergebnis mit Li-Polymer-Zellen (LiPo-Zelle) sind bis zu 180 Wh/kg bei einem breiteren Betriebstemperaturbereich und hohen Entladestromraten, aber mit einer deutlich niedrigeren Zyklenlebensdauer von nur ca. 300–400 Lade-/Entladezyklen bei gebräuchlichen Entladetiefen. Ein weiteres Defizit wird durch das Einbetten der Zelle in ein raumfahrttaugliches Metallgehäuse anstelle der kommerziellen Plastikbeutelvariante erzeugt, was ihre Energiedichte auf Werte reduziert, mit denen die neue Generation von raumfahrtqualifizierten Li-Ionen-Zellen bestens konkurrieren kann.

Eine deutlich höhere Energiedichte wäre mit einer von Sion Power™ hergestellten Lithium-Sulfur-Zelle (Li-S-Zelle) erreichbar. Diese Zelle, die ebenfalls in einem Plastikbeutel eingebettet ist, liefert eine Energiedichte von etwa 310 Wh/kg und von ca. 200 Wh/kg, in einem raumfahrttauglichen Metallgehäuse.

4

Bild 4.2.22: *NiH_2-Batterie mit 20 Zellen in Serie.*

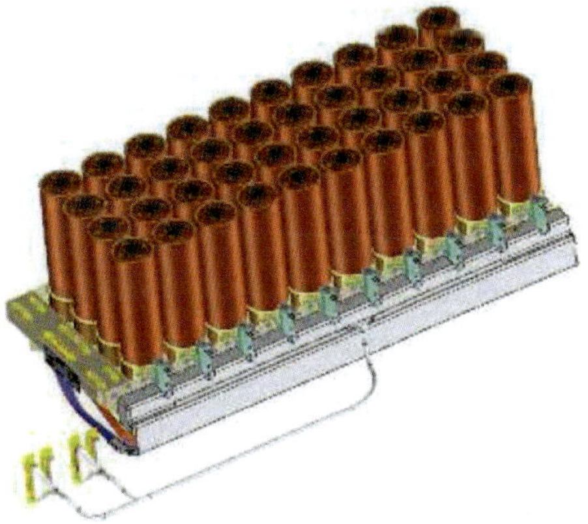

Bild 4.2.23: *Li-Ionen-Batterie mit Großzellen in p-s-Topologie mit zehn Zellenpaketen in Serie zu je vier parallel geschalteten Zellen pro Paket (4p10s-Topologie). Jedem der zehn Zellenpakete ist ein sogenannter Bypass-Schalter (hellblaues Element neben jedem Zellenpaket) parallel geschaltet, der ein fehlerhaftes Zellenpaket per Kurzschluss überbrücken kann.*

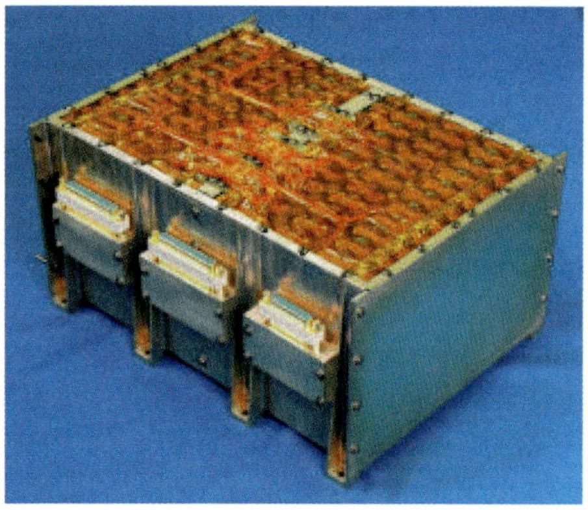

Bild 4.2.24: *Li-Ionen-Batterie mit Kleinzellen in s-p-Topologie mit 44 parallelen Zellenpaketen zu je 8 in Serie geschalteten Zellen pro Paket (8s44p-Topologie).*

Die Li-S-Zelle kann jedoch nur mit einer geringen Zyklenzahl von einigen 10 Zyklen dienen. Außerdem ist der Hersteller (noch) nicht auf Raumfahrtanwendungen fokussiert, sondern konzentriert sich auf unbemannte Luftfahrzeuge (UAV), portable Energiequellen für Militäranwendungen und Elektrofahrzeuge.

Die Li-Po- und die Li-S-Zellentechnologie werden aus den beschriebenen Gründen in diesem Kapitel nicht weiter betrachtet.

Eigenschaften und Lebensdauer

Batterielebensdauer

Dass Sekundärbatterien eine begrenzte Lebensdauer haben, liegt am Auftreten unerwünschter chemischer und physikalischer Veränderungen, wie dem Verlust von aktiven Materialien, die die elektrische Leistung der Batterie irreversibel verschlechtern [4.2.8].

Die **Kalenderlebensdauer** (Calendar Life) ist die verstrichene Zeit, nach der eine Batterie oder eine bestimmte Rate ihrer Kapazität unbrauchbar wird [4.2.8], unabhängig davon, ob die Batterie aktiv betrieben wird oder inaktiv ist. Sie äußert sich nennenswert nur bei Li-Ionen-Zellen.

Die **Zyklenlebensdauer** (Cycle Life) einer Batterie wird definiert als die Anzahl der Lade-Entlade-Zyklen, die eine Batterie durchführen kann, bevor Teile ihres nominellen Energieinhalts unterhalb einer nutzbaren Batteriespannung fallen. Dieses Absinken der Batteriespannung ist ein allmählicher Prozess, der hauptsächlich mit einem kontinuierlichen Anstieg des Zelleninnenwiderstands erklärt wird [4.2.8].

Die Zyklenlebensdauer hängt direkt von der **Entladetiefe (Depth of Discharge DOD)** ab, mit welcher die Batterie während ihres operationellen Betriebes beaufschlagt wird. So ergeben sich z. B. Zyklenlebensdauern von einigen tausend Zyklen mit 85 % DOD (nachweislich geeignet für bisher 18 Betriebsjahre von GEO- und MEO-Satelliten) und mehr als 100 000 Zyklen bei 10 % DOD. Für LEO-Anwendungen sind bisher 50 % DOD bei 7 Betriebsjahren durch beschleunigte Zyklenlebensdauertests nachgewiesen worden [4.2.27].

Gute Praxis für die Raumfahrtanwendung ist der Ansatz, für NiCd und NiH_2 kontinuierliche Entladetiefen bis 85 % und für Li-Ionen von 70 ... 75 % zuzulassen, wobei letztere auch bis 85 % Entladetiefe betrieben werden können, wenn deren lebensdauerabhängigen Kapazitätsverluste durch besondere Maßnahmen wie Lithiumreserve verringert werden, aber auch durch besondere Betriebsmodi wie

- regelmäßiger Zellladungsausgleich
- Begrenzung der Betriebstemperatur während des Batterieladung auf 15 °C bis 25 °C
- Reduzierung der Ladeendspannung in der ersten Hälfte der operationellen Betriebsdauer (Missionsdauer) und darüber hinaus auf einen Wert, mit dem nicht mehr als 85 % bis 90 % der Vollladekapazität der Batterie erzielt werden, um dann zum Missionsende wenn nötig auf die maximale Ladeendspannung zu erhöhen

Die Zyklenlebensdauer ist bei NiCd und NiH_2 als ungefähr gleich anzusehen. Li-Ionen-Zellen tendieren bei Entladetiefen über 50 % vergleichsweise (Bild 4.2.25) zu etwas geringeren Zyklenzahlen.

Für raumfahrtqualifizierte Sekundärbatterien kann in guter Näherung die Zyklenlebensdauer für

NiCd- und NiH_2 [4.2.28]:

$$CL = 207\,829 \cdot \exp(-0{,}0272 \cdot DOD\,[\%]) \qquad (4.2.13\,a)$$

Li-Ionen [4.2.28]:

$$CL = 890\,000 \cdot \exp(-0{,}0547 \cdot DOD\,[\%]) \qquad (4.2.13\,b)$$

berechnet werden.

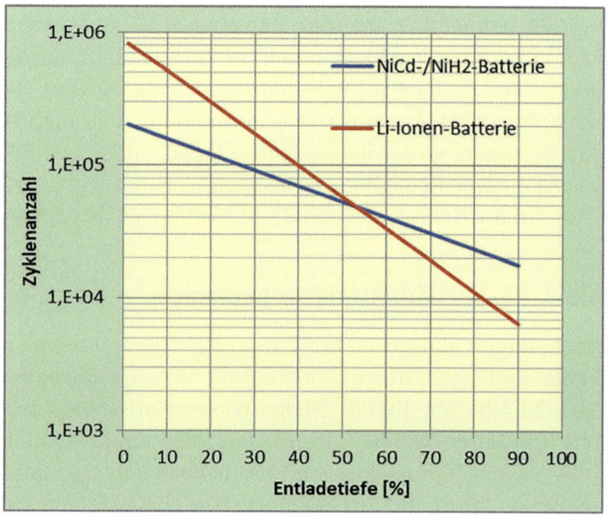

Bild 4.2.25: *Vergleich der typischen Zyklenlebensdauern von NiCd-/NiH_2-Batterien und Li-Ionen-Batterien [4.2.27] mit positiver Elektrode auf Nickel-Kobald-Basis.*

Die Formeln (4.2.13 a) und (4.2.13 b) liefern ausschließlich Näherungsrechnungen zur Bestimmung der Zyklenlebensdauer und decken keine lebensdauerabhängigen Kapazitätsverluste ab, die wiederum von den Zyklenzahl- und DOD-Betriebswerten abhängig sind. Um mit guter Näherung die Zyklenlebensdauer zu berechnen, ist es deshalb praktikabel, die mittlere DOD der Batterie im Verlauf der gesamten Missionsdauer, oder, bei sich häufig ändernden Betriebsbedingungen, die mittlere DOD aller Missionsdauerbruchteile (lifetime fractions) einzusetzen.

Für Li-Ionen-Zellen haben die meisten Batteriehersteller Algorithmen zur Berechnung der Kapazitätsverluste (Capacity Fading) als Funktion der Kalender- und Zyklenlebensdauer entwickelt und diese in eine firmeneigene Simulationssoftware zur Modellierung der Batteriekapazität eingebettet, welche sie aber nur selten ihren Kunden als proprietäre Software zur Verfügung stellen.

Bekannt sind Simulationssoftware-Werkzeuge wie

- LIFE (Lithium-Ion Fade Evaluator) der Herstellers *ABSL Space Products, UK*
- SLIM (SAFT Lithium-Ion Model) des Herstellers *SAFT SA, France*
- BLAST (Battery Lifetime Analysis and Simulation Tool) der *NREL (National Renewable Energy Laboratory), USA*

Wenn kein herstellereigenes Simulationswerkzeug verfügbar ist, können folgende mathematische Beziehungen hinreichend gute Berechnungsmöglichkeiten für das Capacity Fading CF liefern:

$$CF\,[\%] = \text{Calender Loss}\,[\%] + \text{Cycling Loss}\,[\%] \qquad (4.2.14)$$

$$CF = ka\,\sqrt{Zeitdauer} + kc\,\sqrt{Zyklenanzahl}\,,$$

mit

Zeitdauer: Anzahl der Kalendertage der erforderlichen Batterielebensdauer und

Zyklenzahl: Anzahl der Lade-/Entladezyklen während der geforderten Batterielebensdauer

Für große Li-Ionen-Zellentypen mit Kapazitäten von 20 Amperestunden (Ah) und mehr (z. B. SAFT VES-, SAFT VL- und GS YUASA-Varianten):

$$ka\,(\text{Temperatur}\,[\theta/°\text{C}]) = \qquad (4.2.15\,\text{a})$$
$$0{,}0009\cdot\theta^2 - 0{,}0129\cdot\theta + 0{,}1533$$

$$kc\,(DOD) = 0{,}005\cdot DOD\,[\%] + 0{,}021 \qquad (4.2.16\,\text{a})$$

Für SAFT VES16 Li-Ionen-Zellen in LEO-Missionen

$$ka\,(\text{Ladestatus}\,[SOC/\%];\ \text{Temperatur}\,[\theta/°\text{C}]) = \qquad (4.2.15\,\text{b})$$
$$(3{,}722\cdot E-06\cdot SOC\,[\%]^2 + 7{,}504\cdot E-04\cdot SOC\,[\%])$$
$$\cdot\exp(0{,}0155\cdot\theta)$$

$$kc\,(DOD) = 0{,}0019\cdot DOD\,[\%] - 0{,}0017 \qquad (4.2.16\,\text{b})$$

Für ABSL 18650 Li-Ionen-Zellen

$$ka\,(\text{Ladestatus}\,[SOC/\%];\ \text{Temperatur}\,[\theta/°\text{C}]) = \qquad (4.2.15\,\text{c})$$
$$(8{,}883\cdot E-06\cdot SOC\,[\%]^2 + 1{,}554\cdot E-03\cdot SOC\,[\%])$$
$$\cdot\exp(0{,}0173\cdot\theta) + 0{,}0009$$

$$kc\,(DOD) = 0{,}004\cdot DOD\,[\%] - 0{,}0009 \qquad (4.2.16\,\text{c})$$

Ladestatus (*State-Of-Charge*) *SOC* = 1 - *DOD*

Li-Ionen-Zellen mit Lithiumreserve (ein auf Nickel basierendes Oxid induziert einen Lithiumüberschuss in der negativen Elektrode) erlauben proportional zum Überschuss eine höhere DOD oder bieten eine verlängerte Lebensdauer, d. h. die Lithiumreserve kompensiert einen gewissen Teil der lebensdauerabhängigen Kapazitätsverluste.

Die **Lagerlebensdauer** (Shelf Life) beschreibt die Zeitspanne, in der eine inaktive Batterie gelagert werden kann, ohne dass ihre nach einem vorgeschriebenen Reaktivierungsprozess wieder aufgebaute elektrische Kapazität unterhalb der spezifizierten Nennkapazität liegt.

Temperatureffekte

Überhöhte Betriebs- und Lagerungstemperaturen können die Batterielebensdauer beträchtlich reduzieren.

Je wärmer die Batterie, desto schneller laufen die chemischen Reaktionen ab. Das ist zwar verbunden mit einer Erhöhung der Leistungsfähigkeit der Batterie, aber gleichzeitig auch mit der Zunahme unerwünschter chemischer Effekte, die zu einer Verkürzung der Kalenderlebensdauer führen [4.2.8]. Außerdem bewirkt der negative Temperaturkoeffizient der Zellenspannung bei einer Temperaturerhöhung eine geringere Betriebsspannung. Bei konstanter Versorgungsbuslast und folglich konstanter Entladeleistung an der Batterie erhöht eine Verringerung der Batteriespannung den Batterie-Entladestrom und damit auch die Entladetiefe, da die Entladetiefe eine Funktion der aus der Batterie entnommenen Ladungsmenge in Amperestunden (Ah) ist. Wie bereits bekannt, wird durch größere Entladetiefe (DOD) die Zyklenlebensdauer verringert.

Entladetiefe

Die Beziehung zwischen Zyklenlebensdauer und DOD ist im Vorangegangenen hinreichend diskutiert worden. Die empirisch ermittelte mathematische Beziehung ist eine **Exponentialfunktion**, deren Funktionswert sich erhöht, je geringer die DOD ist.

Daraus leitet sich die wichtige Lektion für den Batterie-Entwickler ab, signifikante Erhöhungen der Zyklenlebensdauer durch sorgfältiges Thermal-Design zu ermöglichen.

Die Hersteller von Batteriezellen sollten entweder ausreichende Daten zur Analyse der zulässigen Zyklenzahl als Funktion der DOD zur Verfügung stellen können oder besser gleich die mathematische Beziehung selbst angeben.

Von Mikrozyklen mit Entladetiefen unter 0,1 %, wie sie bei Impulslasten vorkommen, wird die Zyklenlebensdauer nicht beeinträchtigt.

Zellenspannnungseffekte

Jede Batteriezellentechnologie hat einen charakteristischen **Betriebsspannungsbereich.** Die Definition des nutzbaren Spannungsbereichs ist eine Konsequenz der Schwellwerte für das Einsetzen der nicht wünschenswerten chemischen Reaktionen, die außerhalb des sicheren Arbeitsbereichs stattfinden. Sobald alle aktiven Chemikalien im Verlauf des Ladeprozesses in gespeicherte Energie umgewandelt sind, die Batteriezelle also völlig aufgeladen ist, führt jede weitere Zuführung von Ladeenergie nur noch zum **Aufheizen der Zelle.** Bei lang anhaltender oder häufiger Überladung treten insbesondere in Li-Ionen-Zellen unerwünschte irreversible Reaktionen auf, die unweigerlich zu deren Schädigung führen. Die stetige Zunahme der Zellentemperatur durch Überladen wird von einer Zunahme des Zelleninnendrucks begleitet, sodass unkontrolliertes Laden zum Bersten oder zur **Explosion der Zelle** führen kann, wobei gefährliche Chemikalien freigesetzt werden oder Feuer entsteht [4.2.8]. Tests mit Li-Ionen-Zellen haben ergeben, dass Überladung durch Erhöhung der Zellen-Ladeendspannung um 0,1 bis 0,3 V die Zyklenlebensdauer um bis zu 80 % reduziert. Auch schon wenige Tiefentladungen von Li-Ionen-Zellen unterhalb des vom Hersteller spezifizierten Wertes (typisch sind 2,5 bis 2,7 V) können zu dauerhaften Schäden führen.

NiCd-Zellen sind etwas weniger empfindlich gegen Überladung. Ein ständiges Überladen von 5 ... 10 % bewirkt nur einen geringen Temperaturanstieg von weniger als 10 °C. Noch unempfindlicher gegen ständiges Überladen um bis zu 20 % ist die NiH_2-Zelle. Ein Ladefaktor (k-factor) von 1,2 wird sogar benutzt, um die einzelnen Zellen einer NiH_2-Batterie in ihrer Kapazität anzugleichen (Cell Balancing).

Schutzschaltungen und angepasste Ladeverfahren müssen dafür sorgen, dass die Batteriezellen in ihrem empfohlenen Betriebsbereich betrieben werden. Eine vernünftige Sicherheitsspanne sollte in der Auslegung eingeschlossen sein.

Memory-Effekt

Der sogenannte „Memory Effect" (Erinnerungseffekt) ist ein weiterer Effekt der sich ändernden Morphologie einer Batteriezelle mit zunehmendem Alter. NiCd- und weniger ausgeprägt NiH_2-Zellen „erinnern sich", welche gleichbleibende **Energiemenge** in vielen vorangegangenen Entladungen aus der Batterie entnommen wurde und nehmen dann nur eine entsprechende Menge an Ladeenergie an. Was tatsächlich geschieht, ist, dass wiederholte flache Aufladungen **Änderungen an der kristallinen Struktur** der Elektroden verursachen, die den Innenwiderstand der Zelle erhöhen. Damit werden sowohl die Lade- als auch die Entladeendspannung früher erreicht, was praktisch die **Batteriekapazität** verringert. Lange langsame Aufladungen wie „Trickle Charge" und überhöhte Betriebstemperaturen fördern dieses Verhalten [4.2.8]. Periodisches Rekonditionieren der auf Nickel basierenden Batteriezellentechnologien ermöglicht eine **Rückgewinnung** der durch den Memory-Effekt eingebüßten Kapazität. Besser ist es jedoch, sofern möglich, die Batterie nach wenigen 100 Zyklen mit geringer DOD einige 10 Zyklen mit höherer Lade- und Entladeenergie zu zyklieren.

Rekonditionierung und Kapazitätsrückgewinnung

Häufig ist es möglich, die volle Kapazität durch eine oder besser mehrere tiefe Entladungen mit einem niedrigen kontrollierten Strom auf eine Zellenspannung unter 1 V wieder herzustellen [4.2.8]. Die Rekonditionierung mit Li-Ionen-Zellen durch Tiefentladung auf niedriges Zellspannungsniveau ist, wie vorher schon erwähnt, nicht erlaubt.

Batterieladeverfahren

Die häufigsten Batterieausfälle oder frühzeitigen Degradationen werden durch ungeeignete Ladeverfahren verursacht. Der Einsatz eines gut ausgelegten und angepassten Ladereglers ist für einen sicheren und langlebigen Batteriebetrieb zwingend. Geeignete Ladereglerkonzepte werden im nachfolgenden Kapitel beschrieben.

Wechselwirkungen zwischen Batteriezellen

Diese können in Multizellenbatterien durch ungleiche **Temperaturbedingungen** an den einzelnen Zellen oder in Verbindung mit Kennwertestreuung durch **Herstellungstoleranzen** auftreten. **Ungleichmäßige Alterung** kann einige Zellen veranlassen, weniger Ladeenergie als andere anzunehmen.

In einer Serienschaltung von Batteriezellen führen solche Effekte in einer schwachen Zelle zum **vorzeitigen Erreichen der Ladeendspannung,** während die übrigen Zellen mit nominalen Kennwerten den Zustand der Vollladung noch nicht erreicht haben. Wird der Ladezustand der schwachen Zelle ignoriert und zwecks Vollladung der übrigen Zellen weitere Ladeenergie zugeführt, wird die schwache Zelle überladen und möglicherweise geschädigt [4.2.8]. Beendet man die Batterieladung sobald die schwache Zelle ihre Ladeendspannung erreicht hat, was auf jeden Fall der richtige Ladebetrieb ist, wird die Batterie-Nennkapazität zwar nicht mehr erreicht, einzelne Batteriezellen aber nicht gestresst.

Auch im **Entladebetrieb** mindert eine schwache Zelle die verfügbare Kapazität, denn sie erreicht analog zum Ladeverhalten bereits ihre Entladeendspannung, wenn die übrigen Zellen noch weiter entladen werden können. Eine Fortsetzung der Entladung führt zur Tiefentladung der schwachen Zelle und bei Li-Ionen-Zellen sehr schnell zur Schädigung.

4

Vorzeitiger Ausfall

Die wahrscheinlichste Ursache des vorzeitigen Ausfalls einer Batterie ist es, sie **Betriebsbedingungen** zu unterwerfen, für die sie nicht geeignet ist. Abgesehen von physikalischem Missbrauch werden die folgenden Betriebsbedingungen als Missbrauch angesehen [4.2.8]:

- **Überhöhter Entladestrom:** Die Richtlinien für gute Zyklenlebensdauer sind ein Entladedauerstrom ≤ 1 C und ein Impulsentladestrom ≤ 2 C (mit C als Stromwert äquivalent zur Nennkapazität der Batterie). Einige Hersteller bieten auch Li-Ionen-Zellen mit hoher Leistungsdichte aber geringerer Energiedichte an. Diese erlauben kontinuierliche Entladeströme von 4 C bis 11 C, allerdings auf Kosten einer deutlich geringeren Zyklenlebensdauer.
- **Überhöhter Ladestrom:** Die Richtlinien für gute Zyklenlebensdauer sind ein Volladestrom ≤ 0,8 C und eine Ladungserhaltung (Trickle Charge) bei NiCd ≤ C/100 und bei NiH_2 ≤ C/60.
- Zu niedrige und zu hohe **Betriebstemperaturen.** Die Richtlinien für angepasste Temperaturen sind in Tabelle 4.2.6 aufgeführt, wobei die darin angegebenen Temperaturbereiche keine Betriebsgrenzwerte darstellen. So werden von einigen Herstellern Li-Ionen-Zellen für den erweiterten Temperaturbereich von -20 °C bis +60 °C raumfahrtqualifiziert angeboten. Jedoch ist der Betrieb im oberen Temperaturbereich immer verbunden mit geringerer Zyklenlebensdauer und erhöhtem Capacity Fading und bei Betrieb im unteren Temperaturbereich erhöht sich der Zelleninnenwiderstand ganz erheblich, was mit einer Verringerung der Betriebsspannung einhergeht.
- Verwendung eines **Ladereglers,** der für die Ladekontrolle einer anderen Zellentechnologie ausgelegt wurde.
- **Überladung** und **Tiefentladung.**
- Exzessive **Vibration** und **mechanischer Schock.**

Tabelle 4.2.6: *Temperaturbereiche für optimalen Batteriebetrieb.*

Temperaturbereiche	NiCd & NiH_2	Li-Ionen
Betrieb	-10 °C bis +25 °C	-10 °C bis +35 °C
Leerlauf	-15 °C bis +35 °C	-20 °C bis +40 °C
Ladeoptimum	-10 °C bis +10 °C	+15 °C bis +25 °C
Entladeoptimum	+10 °C bis +25 °C	0 °C bis +30 °C

Zellladungsausgleich

Wie bereits bei den Zellenspannungseffekten kennengelernt, tolerieren Li-Ionen-Zellen kein Überladen und keine Tiefentladung unterhalb der vom Hersteller spezifizierten Spannungswerte. Ungleiche Eigenschaften der einzelnen Batteriezellen untereinander können jedoch, wie bei den Wechselwirkungen zwischen Batteriezellen beschrieben, zu diesen Betriebsbedingungen führen. Um dies zu vermeiden, bedient man sich bei Li-Ionen-Zellen des sogenannten Verfahrens des **Cell Balancings (Zellladungsausgleich).** Unterschieden wird zwischen aktivem und passivem Cell Balancing. Das aktive Cell Balancing macht die Ladekontrolle von Li-Ionen-Batterien deutlich komplexer. Das jeweilige Prinzip wird im nachfolgenden Kapitel Batterieladeregelung beschrieben.

Bei parallelgeschalteten Batteriezellen ist die Forderung nach Cell Balancing weniger ausgeprägt, da parallelgeschaltete Zellen zur Selbstbilanzierung neigen.

Selektion von Zellen

Um auf Produktionstoleranzen zurückzuführende Probleme zu vermeiden, ist bei der Zusammenstellung von Zellen zu einem Batteriepaket nach besonderen Auswahlkriterien vorzugehen, wie die Verwendung von Zellen aus dem gleichen Fertigungslos und die prüftechnische Klassifizierung bezüglich geringer Streuung der elektrischen Kennwerte [4.2.8].

4.2.6.2 Vergleich der Batterietechnologien

Ein Vergleich der Batterietechnologien beruht auf deren physikalischen Proportionen und elektrischen Merkmalen. Außer den unterschiedlichen **Leistungsmerkmalen** verlangt auch die Zellenchemie unterschiedliche **Betriebsbedingungen.** Im Vorangegangenen haben wir bereits die wichtigsten Parameter kennen gelernt.

Die **NiH_2-Zelle,** mit einer **robusten und beständigen Chemie** ausgestattet, erlaubt nicht nur Tiefentladung und Überladung (sofern für ausreichende Wärmeabfuhr gesorgt und der Zelleninnendruck von bis zu $70 \cdot 10^3$ hPa ständig überwacht wird), sondern toleriert auch den Rückstrom mit der Umpolung der Zellenspannung als Folge. Derzeitig ist NiH_2 das System mit der weitaus größten In Orbit-Betriebserfahrung und hat dabei hervorragende Zyklenlebensdauern nachgewiesen. Ähnlich, jedoch mit weniger Überladungs- und Rückstromtoleranz, kann die NiCd-Zelle eingestuft werden.

Die **Li-Ionen-Zelle** muss vor all diesen Operationen geschützt werden und verlangt deshalb ein hochentwickeltes **Batteriemanagementsystem.** Trotz dieses kostspieligen Mehraufwands für einen sicheren Raumfahrtbetrieb der Li-Ionen-Zellen bieten diese mit mindestens doppelt so hoher **Energiedichte** (Wattstunden pro Gewichtseinheit, Wh/kg), der verhältnismäßig geringen Spannungsvariation zwischen Vollladung und Entladung, dem hohen Ladewirkungsgrad, der geringen Verlustleistung (geringe Wärmeentwicklung) und nicht zuletzt dem geringen Volumen (Wh/Liter) viele Argumente für ihren derzeitig dominierenden Einsatz in Raumfahrzeugen.

Insbesondere Energiespeichersysteme kleiner Satelliten unterliegen zwangsläufig den Forderungen nach geringem Volumen und niedrigem Gewicht. Die **NiH_2-Technologie** erfuhr im Verlauf ihrer Raumfahrtanwendung viele **Neuentwicklungen zur Verbesserung der Energiedichte.** Die Entwicklungsstufen führten von Einzellen mit separatem Druckbehälter (Individual Pressure Vessel, IPV) über Doppelzellen-Druckbehälter (Common Pressure Vessel, CPV) bis zu Druckbehältern mit 22 bis 28 eingebauten Zellen (Single Pressure Vessel, SPV). All diese Verbesserungen konnten jedoch den alles entscheidenden **Vorteil der Li-Ionen-Zellentechnologie** mit ihrer nominalen (mittleren) Zellenspannung von 3,6 V (gegenüber 1,25 V bei NiH_2 und 1,2 V bei NiCd) nicht wettmachen.

Die Tabellen 4.2.7 und 4.2.8 liefern den Vergleich auf Zellen- und Batterieebene.

Im Gegensatz zu NiH_2-Zellen entwickeln raumfahrtqualifizierte Li-Ionen-Zellen der einzelnen Hersteller unterschiedliche **Lade- und Entladeeigenschaften.** Besonders der wichtigste Parameter in diesem Regime, die **Zellenspannung** als Funktion des Ladezustands (State of Charge, SOC) und damit auch als Funktion von DOD, verläuft, wie in den nachfolgenden Diagrammen (Bild 4.2.26 und Bild 4.2.27) dargestellt, recht unterschiedlich.

Bei Li-Ionen-Zellen gleichen Typs eines Herstellers sind die elektrischen Betriebswerte jedoch sehr koinzident

Tabelle 4.2.7: *Zellentechnologien und ihre Energiedichten bei Nominalspannung im Vergleich.*

Parameter	NiCd	NiH_2-IPV	NiH_2-CPV	Li-Ionen (Standard)	Li-Ionen (SOTA*)
Energiedichte [Wh/kg]	37	44	51	120 ... 155	170 ... 180
Ladewirkungsgrad η_{ch} [%]	0,83	0,83	0,835	0,95 ... 0,96	0,96
Nominalspannung $V_{c\text{-nom}}$ [V]	1,2	1,25	2,5	36	3,6 ... 3,7
Ladeendspannung Vc_{EOC} [V]	1,5 bei 10 °C	1,55 bei 10 °C	3,1 bei 10 °C	4,1 ... 4,2 bei 20 °C	4,1 bei 20 °C

*) SOTA: State-of-the-Art/neuester Stand der Technik

Tabelle 4.2.8: *Batterietechnologien im Vergleich.*

Parameter/ Kriterium	NiCd	NiH_2	Li-Ionen
Energiedichte	28 ... 32 Wh/kg	35 ... 50 Wh/kg	90 ... 145 Wh/kg
Spezifisches Volumen	14 ... 18 l/kWh	22 ... 30 l/kWh	6 ... 9 l/kWh
Zyklenlebensdauer f_{cycle} (DOD)	gut	exzellent	exzellent bis gut bei Entladetiefen unter 50 %, gut bis befriedigend bei Entladetiefen über 50 % (siehe Bild 4.2.25)
Entladespannungslage	befriedigend	gut	exzellent
Batteriemanagement-Aufwand	nominal (= 100 %)	reduziert (= 60 %)	hoch (= 150 %) bis reduziert*)
Wiederkehrende Kosten pro Wh	170 €	300 € (IPV) 220 € (CPV)	70 ... 120 €

*) reduziert: wenn aktives „Cell Balancing" nicht erforderlich ist

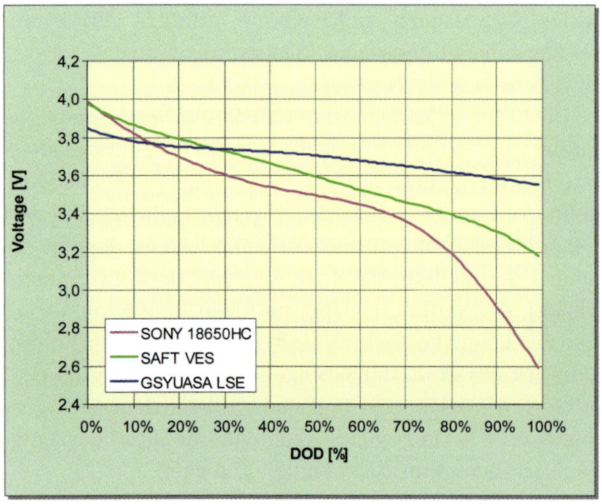

Bild 4.2.26: *Entladespannungen als Funktion der DOD.*

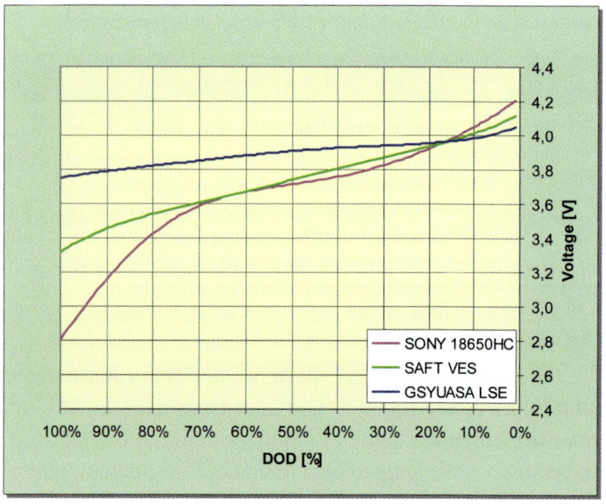

Bild 4.2.27: *Ladespannungen als Funktion der DOD.*

und erlauben deshalb, anders als NICd- und NiH_2-Zellen, das Parallelschalten von Zellen, so dass die elektrische Verschaltung von Zellen entweder in s-p- oder p-s-Topologie erlaubt ist (siehe Bildunterschriften zu Bild 4.2.23 und Bild 4.2.24), was wiederum das Auslegen der erforderlichen Batteriekapazität vereinfacht.

4.2.6.3 Berechnungsgrundlagen zur Auslegung von Batterien

Bevor die erforderliche Batteriekapazität für eine bestimmte Raumfahrzeugmission berechnet werden kann, muss der **Bedarf** des Raumfahrzeugs an **gespeicherter Energie** für alle missionsabhängigen Betriebsmodi auch unter Fehlerbedingungen und unter Berücksichtigung der durch die Missionslebensdauer hervorgerufenen Degradation der Batterie selbst ermittelt werden.

Es wird angenommen, dass die **Summe aller Anschlussleistungen am Versorgungsbus** (P_{bus}) für den Batterieentladefall des zu erfassenden längsten Entladezeitraums (t_{dch}), das ist gewöhnlich die Eklipse eines Orbits, erfasst ist, entweder durch die Addition konstanter Einzellasten oder durch Mittelwertbildung von Lastprofilen z. B. mit Hilfe eines Tabellenkalkulationsprogramms. Die Leistungsverluste der Energieverteilung aufgrund von Spannungsabfällen an den Versorgungskabeln (P_d) werden, genau wie die Leistungsverluste (P_C) durch die Energieaufbereitung im EVS selbst, ebenfalls ermittelt.

Weiterhin sind die **Missionsdauer** und die **Orbitparameter** bekannt, aus denen sich die mittlere Eklipsendauer (t_{ae}) und die Anzahl der Batterieentladungen durch Eklipsen (N_E) im Verlauf der Mission ermitteln lassen.

Bevor nun die **erlaubte Entladetiefe DOD** festgelegt wird, muss noch untersucht werden, ob und wie viele Batterieentladungen noch durch Lastspitzen am Versorgungsbus im Sunlit auftreten und durch eine sinnvolle DOD-Mittelwertbildung als Bruchteil einer gesamten Zyklenlebensdauer (Cycle Life Fraction) berücksichtigt werden müssen.

Auch elektrische Antriebe, die immer häufiger in geostationären Satelliten für deren Transfer in den bestimmungsmäßigen Orbit und alle In-Orbit Manöver genutzt werden, beaufschlagen die Batterie mit zusätzlichen Cycle Life Fractions.

Ebenfalls einzuplanen ist unbedingt eine **Zyklenlebensdauerreserve** von mindestens 30 %. Dies bedeutet, dass der Term 207829 in (4.2.13 a) für NiCd- und NiH_2-Batterien und der Term 890000 in (4.2.13 b) für Li-Ionen-Batterien-mit 0,7 zu multiplizieren ist.

Berechnungsablauf

Für die **Gesamtleistungsaufnahme** des Raumfahrzeugs folgt

$$P_R\,[\mathrm{W}] = P_{bus} + P_d + P_C \qquad (4.2.17)$$

Die **entnommene Batterieenergie**

$$E_{dis}\,[\mathrm{Wh}] = P_R \cdot t_{dch}\,[\mathrm{s}] / (3\,600\,[\mathrm{s}] \cdot \eta_{ch}) \qquad (4.2.18)$$

mit η_{ch} als Entladewirkungsgrad, wie z. B. durch den Einsatz eines BDR in einem EVS mit einem geregelten Versorgungsbus (BR) gegeben. In Gl. (4.2.18) können natürlich auch andere Zeitschritte als Sekunden eingesetzt werden.

Die erforderliche nominelle Batterieenergie ist

$$E_{bat}\,[\mathrm{Wh}] = E_{dis} / (DOD\,[\%] / 100) \qquad (4.2.19)$$

Falls systemseitig eine Energiereserve für unvorhergesehene Raumfahrzeugmanöver ohne Unterstützung der Primärenergiequelle spezifiziert ist, muss E_{bat} um diesen Wh-Wert erhöht werden.

Mit E_{bat} muss nun die nötige **Nennkapazität** ($C_{b\text{-}nom}$) der Batterie berechnet werden, wofür die während der Batterieentladung auftretende mittlere Batterieentladespannung benötigt wird, die sich in guter Näherung durch Multiplikation der Anzahl der in Serie geschalteten Batteriezellen (*Ns*) mit der Nominalspannung (Tabelle 4.2.7) berechnen lässt. *Ns* ist das abgerundete ganzzahlige Verhältnis aus der erforderlichen maximalen Batteriespannung ($V_{b\text{-}max}$) und der maximalen Zellenspannung zum Ladeende (Vc_{EOC}). $V_{b\text{-}max}$ ist wiederum direkt abhängig von der gewählten EVS-Architektur und deren Busspannung.
Die **Anzahl** der in Serie geschalteten Batteriezellen:

$$Ns = \text{integer}\,(V_{b\text{-}max} / Vc_{EOC}) \qquad (4.2.20)$$

Die **Nennkapazität** der Batterie mit der Nominalspannung $V_{c\text{-}nom}$ aus Tabelle 4.2.7:

$$C_{b\text{-}nom} = E_{bat} / (Ns \cdot V_{c\text{-}nom}) \qquad (4.2.21)$$

Soll eine Li-Ionen-Batterie eingesetzt werden, muss noch das mit (4.2.14) bis (4.2.16) errechnete **Capacity Fading (CF)** berücksichtigt werden, um die tatsächlich zu installierende BOL-Batteriekapazität $C_{b\text{-}BOL} = C_{b\text{-}nom}/(1 - CF\,[\%]/100)$ festzulegen

4.2.6.4 Batterieladeregelung

Nickel-Cadmium- und Nickel-Wasserstoff-Batterie

Spannung-Temperatur-Methode (VT-Methode):
Diese Methode wendet zur Batterieaufladung in Stufen einstellbare, **Temperatur und Ladestrom kompensierte Ladeendspannungen** an. Das Bild 4.2.28 zeigt ein Auslegungsbeispiel für eine NiH_2-Batterie mit 16 Zellen in Serie. Die Kompensation des Zellenspannungs-Temperaturkoeffizienten (*TK*) ist bei NiCd und NiH_2 wegen des nicht zu vernachlässigenden negativen *TK* unbedingt nötig, um die Vollladung der Batterie ohne ständige Überwachung des Ladespannungsverlaufs zu erreichen und dabei auch permanente Überladung zu vermeiden. Mit der Ladestromkompensation soll erreicht werden, dass der durch den Ladestrom verursachte Spannungsabfall am sich mit

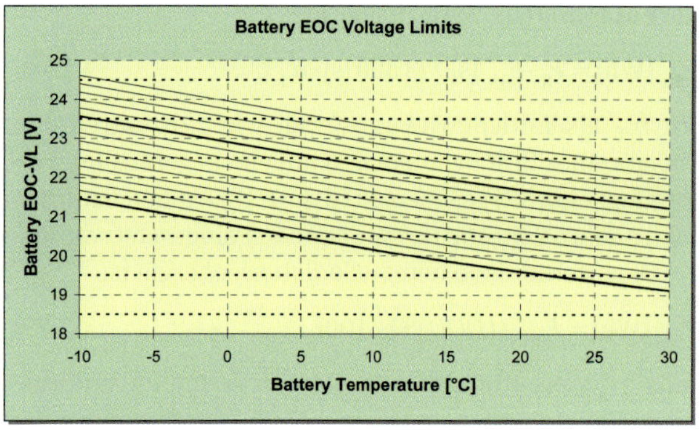

Bild 4.2.28: *Einstellbare VT-Ladeendspannungenstufen.*

zunehmender Zyklenzahl erhöhenden Innenwiderstand der Batterie ausgeglichen wird. Andernfalls würde bei gleichbleibender Ladeendspannung der sich ebenfalls erhöhende ladestromabhängige Spannungsabfall ein vorzeitiges Erreichen der Ladeendspannung bewirken.

Die typischen **Innenwiderstandserhöhungen** für langjährige Batteriebetriebsdauern liegen bei 15 ... 30 %. Wird außerdem berücksichtigt, dass bei Batterien mit großer Kapazität oder mit geringer Anzahl von in Serie geschalteten Zellen der Innenwiderstand bei ca. 20 ... 40 Milliohm liegt, kann bei Ladeströmen bis ca. 30 A auf die Ladestromkompensation durchaus verzichtet werden.

Amperestunden-Integration (Ah-Integration):

Das Produkt aus Entladestrom (I_{dch}) und Entladezeit (t_{dch}) wird durch das Produkt aus Ladestrom (I_{ch}), Ladezeit (t_{ch}) und Ladefaktor ausgeglichen. Der **Ladefaktor** (k) ist stufenweise wählbar:

$$I_{dch} \cdot t_{dch} = k \cdot I_{ch} \cdot t_{ch} \qquad (4.2.22)$$

Zellendruckabhängige Ladekontrolle (nur für NiH_2 geeignet):

Die linear-proportionale Abhängigkeit des Zelleninnendrucks vom Ladezustand (SOC) wird entweder durch einen Druckgeber oder ein Dehnungsmessgerät gemessen und in ein temperatur-kompensiertes Analogsignal umgewandelt, das den tatsächlichen Ladezustand der Zelle oder Batterie anzeigt. Diese Methode ist für die Ladekontrolle von Batterien mit einigen Hundert bis zu einigen Tausend Lade-Entlade-Zyklen ohne In-Orbit-Nacheichung ausreichend.

Lithium-Ionen-Batterie

Als **Ladekontrolle** für Li-Ionen-Batterien mit Zellen, die kein periodisches Cell Balancing erfordern, kann ähnlich wie bei NiCd und NiH_2 ein Ladespannung und Ladestrom kontrollierendes Konzept angewendet werden, wobei allerdings eine sehr präzise Spannungserfassung notwendig ist. Sofern die verwendete Li-Ionen-Zellentechnologie Cell Balancing erfordert – das ist überwiegend der Fall, um höhere Zyklenlebensdauer und größere Entladetiefen erlauben zu können, muss die präzise Spannungserfassung für jede einzelne Zelle bzw. Zellenparallelschaltung vorgesehen werden, um jegliche Überladung zu vermeiden (siehe Thema Zellspannungseffekte im vorhergehenden Kapitel). Sobald an der ersten Zelle die erlaubte Ladeendspannung erreicht ist, muss der Ladestrom so reduziert werden, dass die erlaubte Ladespannung an jeder Zelle konstant gehalten und zu keiner Zeit überschritten wird. Wird die Ladung unter dieser Bedingung fortgesetzt, wird erreicht, dass die Quellenspannung (die historische Bezeichnung ist die elektromotorische Kraft EMK) der Batteriezelle weiterhin auf ihr zur Vollladung erlaubtes Maximum ansteigen kann, während der Ladestrom sich kontinuierlich bis auf Null reduziert (Taper-Charge-Prinzip). Sowohl Temperatur- als auch Ladestromkompensation sollten besser nicht eingesetzt werden, da schon geringe Anpassungsfehler zu stressender Überladung führen können.

Aktives Cell Balancing bedient sich elektronischer Hardware-Funktionen, die entweder direkt in der Batterie integriert sind, oder von einem separaten Gerät zugeschaltet werden. Die Hardware-Funktionen werden vorzugsweise vom Datenmanagementsystem des Raumfahrzeuges mit darin eingearbeiteten Software-Kontrollprozeduren aktiviert, seltener aber auch von der Bodenstation.

Das aktive Cell Balancing leitet den Ladestrom an voll geladenen Zellen vorbei, während Zellen mit niedrigem Ladezustand weiterhin geladen werden, bis auch diese die Vollladung erreichen.

Da es unpraktisch und bezüglich Hardware aufwändig ist, eine separate Aufladung für jede einzelne Zelle vorzusehen, wird der Zellladungsausgleich sequentiell vorgenommen. Unter Berücksichtigung der Ladezeiten für jede einzelne Zelle oder Zellenpaket, gestaltet sich der Prozess zum Cell Balancing sehr zeitaufwändig.

Aktives **Cell Balancing** sollte nach jeder Eklipsensaison (GEO) oder alle 4 ... 6 Monate während der Eklipse durchgeführt werden.

Die autonom arbeitende passive Cell Balancing Hardware, die parallel zu jeder Zelle geschaltet ist, erfordert keine Interaktion zu dessen Aktivierung, sondern wird zellenspannungsabhängig aktiviert, belastet aber im inaktiven Zustand jede Zelle dauerhaft mit Ruhestrom.

4.2.7 Grundsätzliche EVS-Designbetrachtungen

4.2.7.1 Busspannung

Wenn keine Anforderung an eine bestimmte Busspannung vorliegt, sollten die im Kapitel Hauptversorgungsbusse beschriebenen gebräuchlichen Busspannungen von Raumfahrzeugen als Richtwerte einbezogen werden, da für diese Spannungsbereiche viele OTS-Geräte verfügbar sind.

Auf jeden Fall müssen aber bestimmte Unter- und Überspannungskriterien für den Versorgungsbus berücksichtigt werden.

Bei einem geregelten Bus sollten bei **Unterspannung** von mehr als 10 % unter dem erlaubten Minimalwert alle unwesentlichen Buslasten automatisch ausgeschaltet werden. Sollen zum Schutz des Versorgungsbusses Sicherungen in den Anschlussleitungen zu den Verbrauchern eingesetzt werden, sollte eine **Verzögerungszeit** von mindestens 50 ms bis zum Auslösen der Lastabschaltung bei Unterspannung eingearbeitet sein, um den Sicherungen im Kurzschlussfall genügend Zeit zum Auslösen zu geben.

Im Falle eines ungeregelten Busses sollten alle unwesentlichen Buslasten bei einer Batteriespannung abgeworfen werden, die einem Ladezustand der Batterie entspricht, der ausreicht, die Versorgung aller wesentlichen Buslasten bis zum Erreichen eines abgesicherten Betriebsmodus des Raumfahrzeugs sicherzustellen.

Eine andere, häufig spezifizierte Anforderung ist es, dass der Versorgungsbus die Fähigkeit hat, sich nach einem temporären, aber auch langlebigen Spannungszusammenbruch **(Shut-down)** von selbst zu erholen, sofern die Ursache für den Shut-down beseitigt ist und genug Solargeneratorenergie angeboten wird.

4.2.7.2 Aufbereitung der Solargeneratorenergie

Die Grundfunktionen von DET und MPPT als die maßgeblichen Methoden des Energietransfers vom Solargenerator zum Versorgungsbus wurden im Kapitel Hauptversorgungsbuskonzepte bereits beschrieben und ihre Eignung für alle Busvarianten dargestellt. Deshalb werden hier nur die Vor- und Nachteile gegenübergestellt.

Direkter Energie-Transfer

Vorteile

Die DET-Elektronik ist einfach, gewichts- und kostensparend.

Nachteile

Die installierte SG-Leistung muss genügend **Reserve** einschließen, denn:

- Busspannung und tatsächliche Batteriespannung bestimmen den **Arbeitspunkt** auf der *IV*-Kennlinie des SG-Teils, das zwecks Energiespeicherung direkt (ohne BCR) mit der Batterie verknüpft ist. Beim BNR ist das der gesamte SG. Besonders bei niedriger Batteriespannung (z. B. nach Batterieentladung) kann nicht alle vorhandene SG-Leistung transferiert werden, da eine niedrige Batteriespannung den SG-Arbeitspunkt in Richtung niedrige Betriebsspannung verschiebt. Da der SG-Arbeitspunkt im DET-Betrieb generell im Bereich des Kurzschlussstroms I_{sc} eingestellt ist, wird durch die Absenkung der Arbeitspunktspannung die verfügbare SG-Leistung proportional verringert. Erst mit zunehmender Batterieladespannung erhöht sich die SG-Leistung bis zum Erreichen der Ladeendspannung der Batterie.
- Der SG-Arbeitspunkt muss auf **EOL-Betriebsbedingungen** justiert und optimiert werden, wodurch ein Teil der höheren BOL-Leistung, wie in Bild 4.2.29 durch $P_{BOL} - P_{EOL}$ dargestellt, vergeudet wird.
- Wegen der notwendigen Arbeitspunktoptimierung ist **keine Flexibilität in der Stringlängenwahl** für den SG vorhanden (Die Gründe dafür sind im Kapitel „Reihenschaltung von Solarzellen" näher beschrieben).
- **Temperaturänderungen** sowie nicht genau analysierte Arbeitspunkttemperaturen führen ebenfalls zu Abweichungen vom optimalen SG-Arbeitspunkt.
- **Funktion und Stabilität des Regelungssystems** zur SG-Energieaufbereitung können durch die elektrodynamische Ausgangskennlinie des SG stark beeinflusst werden, wobei die parasitäre Ausgangskapazität des SG eine dominierende Rolle spielt. Durch Shuntschaltung hervorgerufener Ladungsaustausch über der SG-Ausgangskapazität verursacht eine Verzögerung der Antwortzeit im Regelkreis. Dadurch werden erhöhte Ausgleichströme und Verluste verursacht.

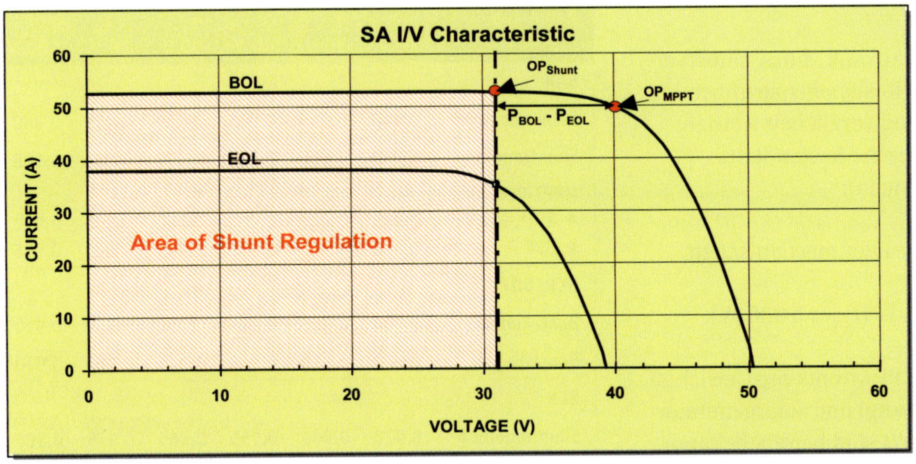

Bild 4.2.29: *Leistungsanpassung am Solargenerator mit DET (S/A = Solar Array).*

Maximalwert-Regelung (MPPT)

Vorteile

- Da mit dieser Methode der MPP des Solargenerators automatisch detektiert wird, kann die **maximale vorhandene SG-Leistung,** wann immer benötigt, unabhängig von SG-Spannung, -Strom und -Temperatur abgenommen werden. Dadurch kann zwischen 8 % und 25 % an installierter SG-Leistung eingespart werden.
- Die MPPT-Regelung verfügt über ausgezeichnete **Flexibilität** hinsichtlich Stringlayout des Solargenerators in Bezug auf Stringlänge, Zellengröße und Zellentyp.
- Die **MPPT-Regelung** kann die Lösung sein, wenn die Sonnenintensität während der Mission starken Schwankungen unterliegt (interplanetarische Mission).
- **Pulsbreitengesteuerte Gleichspannungswandler (PWM)** für die MPPT-Regelung sind bezüglich des elektro-dynamischen Verhaltens des SG weitestgehend unempfindlich. Dieser Aspekt wird immer mehr zum Thema wegen der sich immer weiter erhöhenden SG-Ausgangskapazitäten. Gründe dafür ergeben sich aus dem Einsatz von MJ-Solarzellen (es werden deutlich weniger Zellen zu einem String in Serie geschaltet), durch die Entwicklung von immer dünneren Halbleiterschichten der Solarzellen und aus dem sich ständig erhöhenden Bedarf an SG-Leistung durch immer leistungsfähigere Raumfahrzeuge.

Nachteile

Die MPPT-Regelung erfordert mehr **Schaltkreisaufwand** als der direkte Energietransfer (DET). Dies ist mit höherem **Gewicht** und höheren **Kosten** verbunden.

Für eine ungefähre Abschätzung der Gewichtsauswirkung eines MPPT im Vergleich zu DET, können folgende Faustregeln angewendet werden:

- MPPT-geregelter Energietransfer:
  2,5 g/W (bei 28 V Ausgangsspannung),
  2,2 g/W (bei 50 V), 2,0 g/W (bei 100 V),
- DET-geregelter Energietransfer:
  42 g · P_{SG} (BOL)/V_{bus}
  mit P_{SG} als maximal zu transferierende SG-Leistung.

Der Mehraufwand an MPPT-Elektronik muss selbstverständlich mit den Gewichts- und Kosteneinsparungen am Solargenerator mit MPPT-Regelung verglichen werden:

- Body-mounted SG, nur elektrische Bestandteile (ohne Struktur und Mechanismen):
  5,5 ... 6 g/W,
- drehbarer SG-Flügel inklusive aller mechanischen Bestandteile:
  25 g/W (P_{SG} < 1 200 W), 17 g/W (P_{SG} > 5 000 W).

Die durchschnittlichen Kosten für Elektronik pro Gewichtseinheit (ca. 70 000 bis 90 000 € pro kg) und Solargeneratorleistung pro Watt (ca. 800 € pro W) sind bereits bekannt.

4.2.7.3 Spannungswandler und Leistungsregler

Jeder Spannungswandler und Leistungsregler, das sind zum Beispiel die für die Solargenerator-Leistungsregelung (Solar Array Regulator, SAR) verwendeten Serienregler, Shuntregler und MPPT-Regler oder die Batterielade- (BCR) und -entladeregler (BDR) erzeugen bei der Konvertierung von elektrischer Energie aufgrund eines vorhandenen Wirkungsgrades (η) **Verlustleistung,** die bei der Auslegung der Solargeneratorleistung und Batterieenergie einbezogen werden muss. Wenn zum Beispiel die Batterie den Leistungsbedarf am Bus über einen BDR deckt, wird die Batterie zusätzlich zur Busleistung P_{BUS} auch noch mit den Konvertierungsverlusten im BDR belastet. Somit gilt $P_{BAT} = P_{BUS}/\eta$. Das Blockdiagramm in Bild 4.2.30 veranschaulicht die möglichen **Reglervarianten** in einer EVS-Architektur und Tabelle 4.2.9 liefert die typischen Wirkungsgrade.

Für **Buck- und Boost-Regler** in Sekundärspannungswandlern, das sind Wandler mit galvanischer Trennung (Transformator gekoppelt) zwischen Eingangs- und Ausgangsstromkreis, können die Tabellenwerte, um ca. 2 ... 3 % verringert, ebenfalls angewendet werden.

Beim Reglerdesign muss außerdem noch auf **Regelkreisstabilität** und Minimierung von **elektromagnetischen Störquellen** geachtet werden.

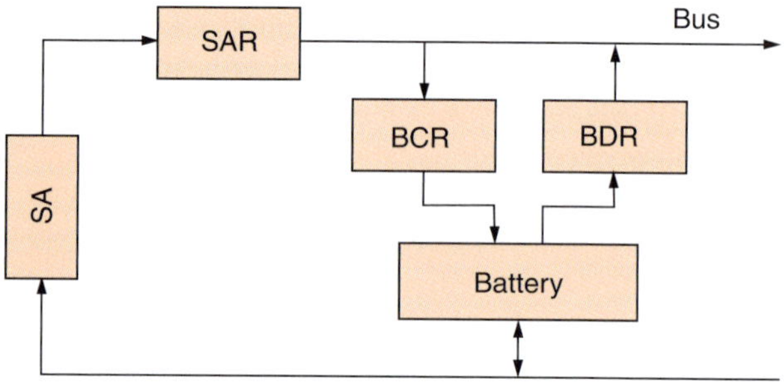

Bild 4.2.30: *EVS-Reglervarianten.*

Tabelle 4.2.9: *Wirkungsgrade von Leistungsreglern.*

Reglertyp	η 20 V	η 30 V	η 40 V	η 50 V	η 70 V	η 100 V
SAR						
Serienregelung	0,940	0,955	0,965	0,970	0,975	0,980
Shuntregelung	0,940	0,960	0,970	0,977	0,982	0,988
MPPT-Regelung						
• Buck-Regler	0,930	0,941	0,952	0,960	0,966	0,970
• B2R	0,930	0,940	0,950	0,955	0,960	0,965
BCR/BDR						
Buck-Regler	0,900	0,920	0,935	0,950	0,960	0,970
Boost-Regler	0,870	0,910	0,930	0,945	0,960	0,970
BCR						
Shuntregelung	0,920	0,940	0,955	0,965	0,975	0,980

4.2.7.4 Erdungskonzept

Allgemein wird in Raumfahrzeugen das sogenannte **„Distributed Single Point Grounding"-Erdungssystem (DSPG)** angewendet. In diesem System werden alle Versorgungsbus-Rückleitungen vom Verbraucher zu einem Sternpunkt (Common Grounding Point, CGP) am Minuspotenzial des Hauptversorgungsbusses zusammengeführt. Vom CGP wird eine sehr kurze leitende Verbindung zum nächstmöglichen Punkt auf der elektrisch leitenden Gehäusestruktur des Raumfahrzeugs hergestellt. Ausnahmen von diesem Konzept werden grundsätzlich nur für Hochfrequenzgeräte zugelassen, da bei solchen Geräten aus Abschirmungsgründen die Rückleitung der Stromversorgung auf das elektrisch leitende Gehäuse gelegt wird.

Einige kommerzielle Raumfahrzeugdesigns rechtfertigen die Anwendung einer Versorgung über Stromschienen in Kombination mit einem Rückleitungskonzepts über die elektrisch leitende Satellitenstruktur, die gleichzeitig den Erdungsbezug darstellt, mit folgenden Argumenten:

- Verringerung des Gewichts der Stromversorgungskabel da keine Rückleitungen benötigt werden
- Vereinfachung der Auslegung stromversorgter Elektrogeräte, verbunden mit verbesserter EMV, da keine Gleichtaktstörungen auf den Versorgungsstromleitungen auftauchen können.

Der genannten Vereinfachung der Geräteauslegung und der verbesserten EMV kann nicht uneingeschränkt zugestimmt werden, da eine Stromversorgung über Stromschienen in Verbindung mit Strukturrückleitung

- das magnetische Moment innerhalb des Raumfahrzeugs drastisch erhöhen kann
- Stromhin- und -rückleitungen nicht verdrillt werden können, sodass insbesondere von Stromschienen eine Antennenwirkung ausgeht, indem von ihnen elektrische Felder sowohl abgestrahlt, als auch empfangen werden
- zwar elektromagnetische Gleichtaktstörungen eliminiert, jedoch auf Kosten erhöhter elektromagnetische Gegentaktstörungen

Es muss also immer das Für und Wieder dieses Konzepts für jeden einzelnen Anwendungsfall sorgfältig analysiert und gewichtet werden.

4.2.7.5 Maßnahmen zum Schutz des Energieversorgungsbusses

Ebenso wie die Verbraucher durch entsprechende Vorkehrungen gegen Unter- und Überspannung am Hauptversorgungsbus geschützt werden, muss der Bus selbst vor Überlastung und Kurzschluss durch einen Verbraucher geschützt werden. Dazu wird jede einzelne Stromversorgungszuleitung entweder mit einem **passiven Sicherungselement** oder mit einer **aktiven elektronischen Strombegrenzungsschaltung** geschützt. Solche aktiven Strombegrenzungsschaltungen sind die sogenannten LCL (Latching Current Limiter), FCL (Fold-back Current Limiter) und SSPC (Solid-State Power Controller).

Verwendung von Sicherungen

Die Verwendung von Sicherungen zum Schutz von Versorgungsleitungen ist im Allgemeinen eine delikate Angelegenheit, die eine sorgfältige **Typenauswahl** erfordert sowie die besonders gründliche **Analyse der Auslösebedingungen** in Bezug auf Strom und Energie. In Raumfahrtprogrammen der ESA soll die Verwendung von Sicherungen vermieden werden.

Verwendung von aktiven Strombegrenzern

LCL: Der LCL ist ein kommandierbarer Halbleiterschalter, der Überstrom an seinem Ausgang für eine definierte Zeit auf einen definierten Wert begrenzt (typisch sind ca. 160 % vom Nennstrom für 5 ... 10 ms.

Wenn der Überstrom diese Bedingungen übersteigt, wird die Last abgeschaltet. Der LCL bleibt solange ausgeschaltet, bis ihn ein Einschaltkommando wieder aktiviert.

FCL: Dieser Halbleiterschalter ist nicht kommandierbar. Er ist in der Lage, Überstrombedingungen von gewöhnlich 10 ... 25 % seines Nennstroms unbefristet zu halten. Wird dieses Limit überstiegen, fällt der FCL-Ausgangsstrom auf einen niedrigeren Wert bei niedriger Ausgangsspannung zurück, schaltet den angeschlossenen Verbraucher jedoch nicht aus. Sobald die Überlastbedingungen beseitigt sind, schaltet der FCL automatisch in seinen Nominalbetrieb zurück.

SSPC: Dieser kommerzielle Schaltkreis ist in seiner Funktion dem LCL sehr ähnlich. Seine Anwendung in Raumfahrzeugen fällt jedoch meistens dem Mangel an nachweisbarer Raumfahrtqualifikation zum Opfer.

4.2.7.6 Energieverteilung

Für die Energieverteilung in unbemannten Raumfahrzeugen werden im Allgemeinen folgende Regeln angewandt:

- Vom **Hauptversorgungsbus** gespeiste Verbraucher werden **einzeln versorgt.** Das bedeutet, dass auch redundante Geräte oder Gerätefunktionen mit eigenem Versorgungsnetzteil über separate Versorgungsleitungen angeschlossen werden.
- Jeder **Versorgungszuleitung** wird eine gleichermaßen ausgelegte **Rückleitung** zugeordnet.
- **Versorgungskabel** sind so entworfen, dass alle Primär- und Sekundärenergie mit minimalem Spannungsabfall und geringen Verlusten verteilt wird, auch unter Spitzenlastbedingungen.
- Die **Rückleitungen** der Versorgungskabel von Verbrauchern, die mit Signalfrequenzen von weniger als 10 MHz arbeiten, müssen direkt zum CGP geführt werden.

4

- Die **Primärenergieverteilung** des Raumfahrzeugs schließt nicht weniger als zwei einzeln kommandierbare Ein-Aus-Schalter innerhalb einer einzelnen Versorgungsleitung ein. Die Ein-Aus-Schalter sind vorzugsweise Halbleiterschalter oder alternativ Stromimpuls-Relais (Latch Relays).
- Sofern ein Relais verwendet wird, muss die **Überstromschutzschaltung** zwischen Relaiskontakt und dessen Anschluss an den Hauptversorgungsbus geschaltet sein.
- Die **Betriebsstromdichte** über einen Relaiskontakt beträgt nur 50 % des zulässigen Relaiskontakt-Nennstroms.

4.2.7.7 Datenmanagment

State-of-the-art Kommunikation und Datenaustausch zwischen den EVS-Geräten und der Befehls- und Datenverwaltungseinheit (Command and Data Management Unit (CDMU)) bzw. Bordcomputer (On-Board Computer (OBC)) des Raumfahrzeugs ist ein raumfahrtqualifizierter Datenbus, konfiguriert als bidirektionale serielle und aus Redundanzgründen kreuzgekoppelte Datenverbindung, entweder für symmetrische oder asymmetrische Signalübertragung. Verwendet werden standardisierte und vielseitig konfigurierbare Datenschnittstellen, die als Remote-Terminal (RT) auf EVS-Geräteseite und als Bus-Controller (BC) auf der CDMU/OBC-Seite konfiguriert sind, sowie ein standardisiertes Datenformat und Datenprotokoll als Softwaremedium. Für Raumfahrzeug-Datenverbindungen werden in der Regel folgende asynchrone Datenbusstandards angewendet:

- Symmetrisch: RS-422 (EIA-422), RS-485 (EIA-485), MIL-STD-1553B (MIL-Bus), SpaceWire und CAN-Bus
- Asymmentrisch: RS-232, TTC-B-01

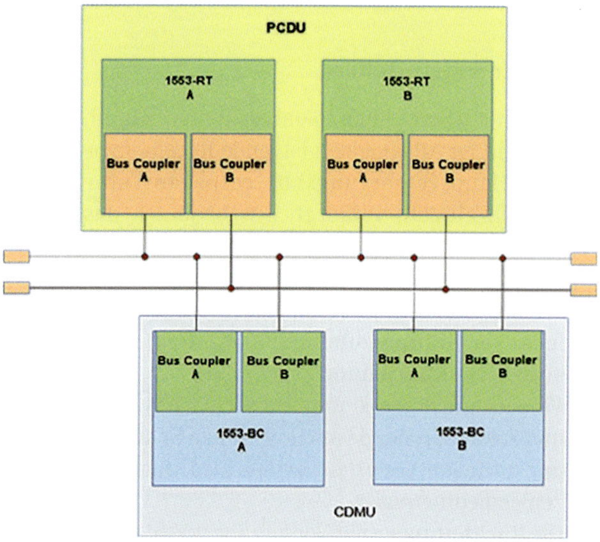

Bild 4.2.31: *Beispielschema einer redundanten und kreuzgekoppelten MIL-Bus-Datenverbindung.*

Literatur

[4.2.1] ECSS-E-ST-20C: Space engineering, electrical and electronic.
[4.2.2] ESA PSS-02-10, Vol. 1: Power Standard.
[4.2.3] ESA PSS-02-10, Vol. 2: Rationale for the Power Standard.
[4.2.4] *Mank, J. H.:* Spacebus 3000B Solar Array ESD Test & Evaluation Report SB3R-DSS-TR-1430-0001. Friedrichshafen, Deutschland: EADS Astrium GmbH.
[4.2.5] *Mank, J. H.:* Possible Anomalies on Solar Arrays due to Electrostatic Charging in GEO. Presentation to ESTEC, Noordwijk, 02. February 1999. Friedrichshafen, Deutschland: Astrium GmbH, 1999.
[4.2.6] *Katz, I.; Davis, V. A.* (Maxwell Technologies Inc., San Diego, CA); *Snyder, D. B.* (NASA Lewis Research Center, Cleveland, OH), *Robertson, E. A.* (Space Systems/Loral, Palo Alto, CA 94303): ESD Initiated Failures on High Voltage Satellites.
[4.2.7] ASTM G173-03 Table: Extraterrestrial Spectrum.
[4.2.8] M Power Solutions Ltd. The Electropedia - Battery and Energy Technologies. Webseite: www.mpoweruk.com/life.htm.
[4.2.9] *Cosculluela, V.; King, S.; Roeder, R.:* Engineering Handbook for Electrical Power Systems ENS.05.00033.ASTR. Astrium, Earth Observation, Navigation & Science.
[4.2.10] *La Roche, G.:* Solargeneratoren für die Raumfahrt: Grundlagen der photovoltaischen Solarkollektoren-Technik für Raumfahrtanwendungen. Braunschweig, Wiesbaden: Vieweg Verlag, 1997.
[4.2.11] *Patel, M. R.:* Spacecraft Power Systems. Boca Raton, Florida/USA: CRC-Press, 2004.
[4.2.12] *Thekaekara, M. P.:* Solar Energy Outside the Earth's Atmosphere. Pergamon Press: Solar Energy, Vol. 14, pp. 109–127, 1973.
[4.2.13] *Bogus, K.:* Solar Constant, AMO Spectral Irradiance and Solar Cell Calibration. ESA: Technical Memorandum TM-160, 1975.
[4.2.14] *Fröhlich, C.; Wehrli, C.:* Reference extraterrestrial spectral Irradiance Distribution. Davos/Schweiz: World Radiation Center.
[4.2.15] *Fröhlich, C.:* Contemporary Measures of Solar Constant. Boulder, Colorado/USA: Associated University Press: The Solar Output and its Variations, pp. 93–109, 1977.
[4.2.16] NASA: Space Vehicle Design Criteria (Environment). Technical Report No. SP-8005, 1980.
[4.2.17] *Hyder, A. K. et al.:* Spacecraft Power Technologies. London: Imperial College Press/World Scientific Publishing Co, 2003.
[4.2.18] *Larson, W. J.; Wertz, J. R.:* Space Mission Analysis and Design, Space Technology Library: Spacecraft Subsystem Power. 3rd Edition, 1998.
[4.2.19] *Berlin, P.:* Satellite Platform Design. Lulea and Umea, Schweden: Department of Space Science of the University Lulea and Umea. 4th Edition, 2005.
[4.2.20] *Griffin, M. D.; French, J. R.:* Space Vehicle Design. Washington, USA: AIAA, Education Series, 1991.
[4.2.21] *Messerschmid, E.; Fasoulas, S.:* Raumfahrtsysteme. Heidelberg: Springer-Verlag, 2. Auflage, 2004.
[4.2.22] Hallmann, W.; Ley, W.: Handbuch der Raumfahrttechnik. 2. Auflage, München: Carl Hanser Verlag, 1999.
[4.2.23] Frost & Sullivan and Airclaims.
[4.2.24] ECSS-E-HB-20-05A: Space engineering - High voltage engineering and design handbook.
[4.2.25] *Brandt, C.; Hülsheger, T.; Bar, C.; Caon, A.; Andreev, T.:* The influence of high light inclination angles on the performance of GaInP2/GaAs/Ge triple junction solar cells.
[4.2.26] *Strobl, G.:* Director Business Development at Azur Space Solar Power GmbH Germany - various supporting technical information on solar cell technology for space.
[4.2.27] EaglePicher Technologies, LLC, USA - various supporting technical information on battery technology for space.
[4.2.28] *Borthomieu, Y.:* Space and DefenseProduct Manager at, SAFT SA, France - various supporting technical information on battery technology for space.
[4.2.29] ABSL Space Products, Publication: Progress on the Space Qualification of the High Energy ABSL 18650NL Cell.

4.3 Thermalkontrolle

Andreas Kohlhase, Reinhard Schlitt
und *Julian Doyé*

4.3.1 Einleitung

Thermalkontrolle bedeutet im Wesentlichen, dass die Temperaturen aller mechanischen, elektrischen und elektronischen Komponenten eines Raumfahrzeugs während aller Missionsphasen innerhalb **thermisch zulässiger Betriebsgrenzen** bleiben müssen. Technologien und Techniken, die eingesetzt werden, um dieses Ziel zu erreichen, richten sich u. a. nach dem betrachteten Temperaturbereich, der nach [4.3.1] wie folgt aufgeteilt wird:

- < 200 K: kryogener Bereich
- 200 bis 470 K: konventioneller Bereich
- > 470 K: Hochtemperaturbereich

Verschiedene thermische Vorgänge haben in den genannten Temperaturbereichen unterschiedliche Bedeutung. Der Wärmeaustausch durch Leitung und Strahlung soll im **kryogenen Bereich** möglichst niedrig sein, um Wärmeaufnahme in kryogene Systeme zu reduzieren. Typische Anwendungen sind optische Systeme im Infrarotbereich oder Raketenstufen, deren Treibstoffe in Form von flüssigem Sauerstoff und Wasserstoff mitgeführt werden. Bei **Hochtemperatursystemen** (z. B. Wiedereintrittskörpern) spielt eine geringe Wärmeleitung ebenfalls eine Rolle. Zusätzlich werden jedoch vor allem Wärmeschutzsysteme eingesetzt, die auf Ablation beruhen, d. h., ein Schutzschild verzehrt sich bei hohen Temperaturen durch Verdampfung an der Oberfläche, sodass die hierbei freigesetzte Verdampfungswärme nicht mehr in das Wärmeschutzsystem eingeleitet wird. Die überwiegende Anzahl der heutigen Raumfahrtsysteme arbeitet im **konventionellen Temperaturbereich,** da die eingesetzte Elektronik für Temperaturen zwischen etwa -40 °C und +50 °C entwickelt und qualifiziert wird. Hierzu gehören wissenschaftliche Satelliten, Erdbeobachtungssysteme, Kommunikationssatelliten, planetare und interplanetare Sonden sowie Landegeräte und bemannte Systeme. Der genannte Temperaturbereich trifft für Komponenten zu, die im Inneren des Satelliten montiert werden. Für externe Geräte gelten in der Regel weit größere Bereiche (z. B. Antennen: -170 ... +90 °C, Solarzellen: -160 ... +120 °C).

In den nächsten Kapiteln wird in detaillierter Form auf thermische Grundlagen, die Entwicklungsschritte Analyse und Test sowie auf Beispiele für Thermaltechnologien eingegangen. Die Beschreibung der verwirklichten Thermalkontrollsysteme für einen Satelliten und für eine bemannte Plattform schließt das Kapitel ab. Dabei werden auch die typischen Betriebsabläufe beschrieben.

4.3.2 Thermische Grundlagen

4.3.2.1 Umweltbedingungen

Die folgenden Angaben beziehen sich auf Raumflugkörper in einer Erdumlaufbahn und gelten sinngemäß auch für andere Planeten.

Einerseits sind bei Satelliten Einflüsse außerhalb der Atmosphäre thermisch relevant, da auch Körper im niedrigen Erdorbit lediglich eine Wechselwirkung mit einer geringen Anzahl von Atomen und Molekülen der Restatmosphäre erfahren. Eine **konvektive Wärmeübertragung** kann daher für den Thermalentwurf vernachlässigt werden. Andererseits können Wärme produzierende Quellen innerhalb eines Raumflugkörpers die Auslegung eines Kühlsystems erfordern. In diesem Fall wird die überschüssige Wärme durch erzwungene Konvektion zu leistungsstarken Radiatorflächen transportiert, um eine Überhitzung zu vermeiden.

Ein Satellit kann also nur durch **Strahlung** mit seiner Umgebung in Wechselwirkung treten. Die gewünschten Temperaturen lassen sich durch geschickte Kontrolle der Wärmeflüsse innerhalb des Satelliten und vom Satelliten zur Umgebung erreichen. Komponenten können Wärme durch Strahlung und Leitung aufnehmen bzw. abgeben, wobei sich der Austausch durch Strahlung über geeignete **thermo-optische Oberflächen** und durch Leitung über Materialien mit angepasster Wärmeleitfähigkeit beeinflussen lässt. Bei Wärmeleitung in Mehrkomponentensystemen spielt auch die Wahl der **thermischen Kontaktwiderstände** eine Rolle. Die im Raumflugkörper erzeugte (Verlust-)Wärme muss an die Umgebung abgestrahlt werden, wobei die Hintergrundtemperatur des Weltraums T_H = 2,7 K beträgt. Hierzu dienen auf der Außenseite des Satelliten angebrachte **Radiatoren** mit thermo-optischen Eigenschaften, die ein hohes Emissionsvermögen im Infrarotbereich und ein geringes Absorptionsvermögen im gesamten Spektralbereich aufweisen. Zu berücksichtigen ist außerdem die **absorbierte Energie aus der Umgebung,** die sich bei einem Satelliten in einer Erdumlaufbahn neben der direkten Sonneneinstrahlung aus der von der Erde reflektierten Sonnenstrahlung (Albedo) und aus der Infrarotstrahlung der Erde als warmem Körper ergibt (Bild 4.3.1).

Die **Energiebilanz** eines Satelliten kann demnach vereinfacht entsprechend Bild 4.3.2 dargestellt werden.

Dabei ist das Wärmeleck der Isolation entweder als Wärmeeintrag oder als Wärmeverlust zu betrachten, je nachdem, ob die äußere Temperatur über oder unter der des Satelliten liegt. Eine physikalische Gleichgewichtstemperatur stellt sich demnach im Satelliten ein, wenn die Summe der empfangenen Energien inklusive der dissipativen Energien gleich ist mit der, die in die Umgebung abgestrahlt wird.

4

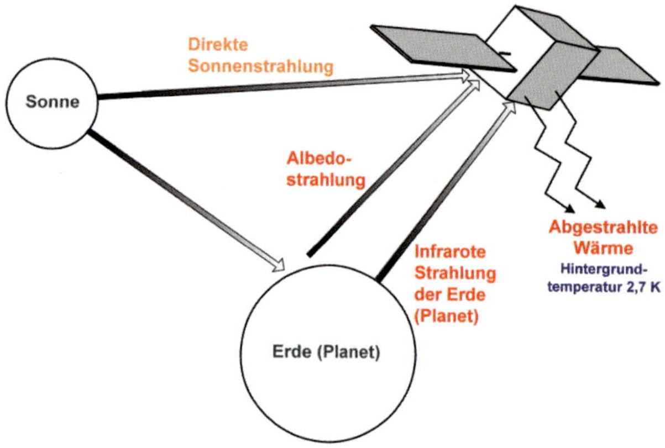

Bild 4.3.1: *Thermische Strahlungsbedingungen für einen Satelliten im erdnahen Bereich.*

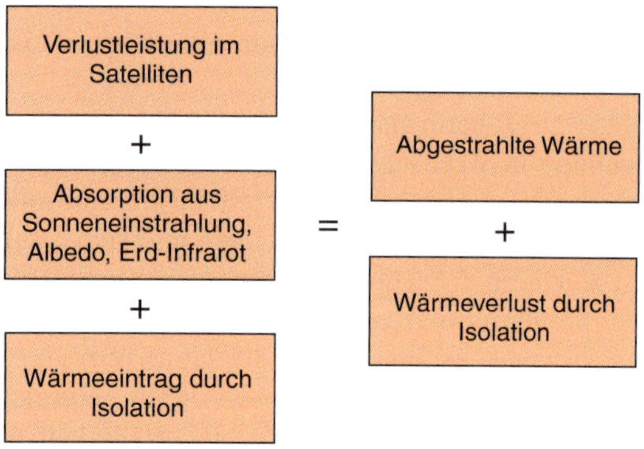

Bild 4.3.2: *Energiebilanz des Satelliten in einer niedrigen Erdumlaufbahn.*

Die **Thermalkontrolle** garantiert spezifizierte Arbeitstemperaturen für alle Satellitengeräte und erfüllt somit Serviceaufgaben für die übrigen Subsysteme. Die entsprechenden Nahtstellen zu Komponenten, Geräten und dem Satellitensystem sind exemplarisch in Bild 4.3.3 dargestellt.

Die nahe der Erde eingestrahlte solare Energie wird durch die **Solarkonstante** S charakterisiert. Sie ist nach [4.3.2] definiert als die Strahlung, die auf eine Flächeneinheit pro Zeiteinheit auftrifft, wobei das Flächenelement senkrecht zur Linie von der Sonne angeordnet ist und sich außerhalb der Atmosphäre im Abstand von 1 AE von der Sonne befindet. Da die Erde die Sonne auf einer elliptischen Bahn umkreist, ist der Wert der Solarkonstante für einen Erdumlauf nicht konstant [4.3.3]. In Abhängigkeit von der Jahreszeit lässt sich die global auf die Erde eingestrahlte Sonnenleistung pro m^2 wie folgt berechnen:

$$S = S_0\left[1 + 0{,}033\cos\left(360° \frac{n}{365}\right)\right] \qquad (4.3.1)$$

n Tag des Jahres ($n = 1 \rightarrow$ 3. Januar)
S_0 = 1 367 W/m^2; derzeit mittlere Solarkonstante, bezogen auf 1 AE (149 597 870 691 m ± 30 m)

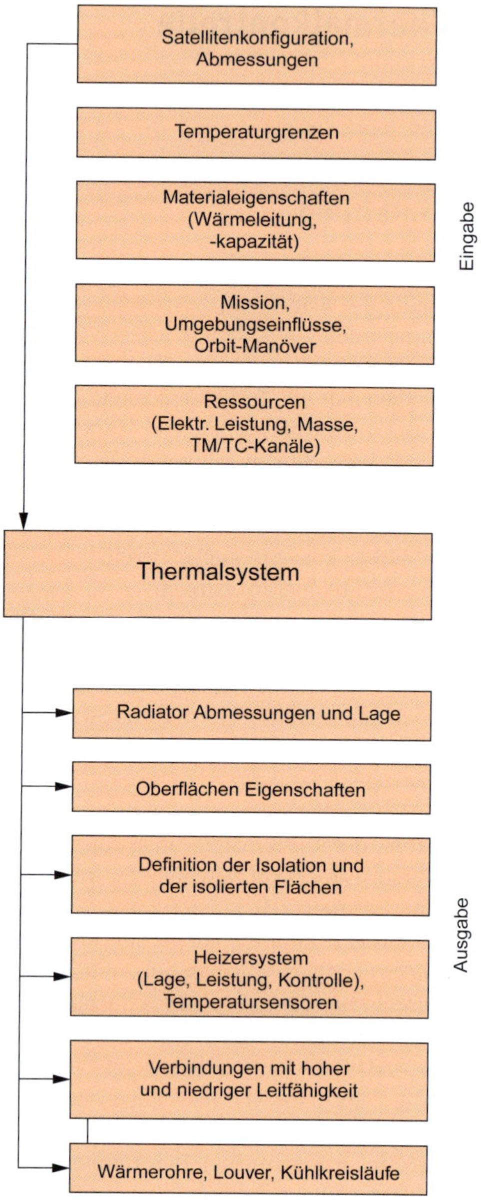

Bild 4.3.3: *Nahtstellen der Thermalkontrolle.*

Demzufolge herrscht im Perihel (3. Januar) eine maximale Einstrahlung von 1 428 W/m^2 und im Aphel (4. Juli) eine minimale Einstrahlung von 1 316 W/m^2.

Die von einem Planeten reflektierte und auf einen Satelliten auftreffende Sonnenstrahlung bezeichnet man als **Albedo.** Sie beträgt für die Erde 30 % der solaren Strahlung, wobei die spektrale Verteilung der Sonnenstrahlung angenommen wird. Albedo-Strahlung ist zu berücksichtigen, wenn ein Teil der Erdoberfläche von der Sonne beschienen wird. Sie kann kurzzeitig zwischen den Werten 5 % und 60 % schwanken, wobei die Größe der von der Sonne beschienenen Erdoberfläche, der **solare Zenitwinkel** (Winkel zwischen den Vektoren Erdmittelpunkt – Satellit und Erdmittelpunkt – Sonne) und die Inklination

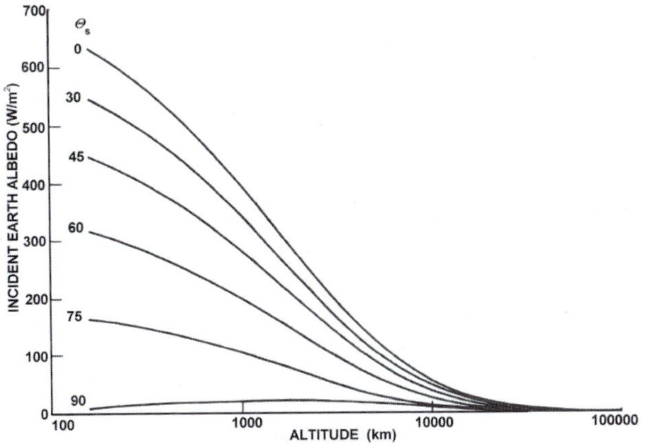

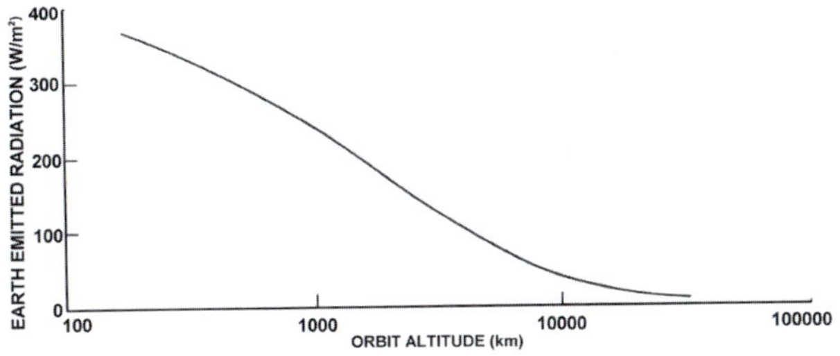

Bild 4.3.4: *Auftreffende Albedo-Strahlung (oben) und Infrarotstrahlung (unten), bezogen auf die Querschnittsfläche eines sphärischen Satelliten in Abhängigkeit von der Orbithöhe [4.3.5].*

der Umlaufbahn eine Rolle spielen. Wegen der thermischen Kapazität der externen Satellitenmaterialien haben die Albedo-Schwankungen meist keinen großen Einfluss auf die Satellitentemperatur. Die Auswirkungen werden sich am ehesten an der äußeren Schicht der Satellitenisolation mit geringer Kapazität bemerkbar machen und sind dort jedoch unkritisch. Die empfangene Albedo-Strahlung nimmt mit der Orbithöhe stark ab und kann bei geostationären Satelliten vernachlässigt werden. Die Verhältnisse sind in Bild 4.3.4 (oben) aufgetragen, wobei θ_S der Winkel zwischen der Linie Erde - Sonne und der Linie Erde - Satelliten bedeutet.

Die von der Erde ausgehende Strahlung **(Erdschein)** liegt im **Infrarotbereich** und entspricht einer Schwarzkörper-Temperatur von etwa 250 K. Die mittlere Strahlungsenergie liegt im erdnahen Orbit bei 230 W/m^2. Sie kann zwischen 150 W/m^2 und 350 W/m^2 schwanken. Wie in Bild 4.3.4 (unten) dargestellt, reduziert sich auch hier der Einfluss mit der Orbithöhe. Einige Werte sind in Tabelle 4.3.1 angegeben. Die Zahlenwerte in dieser Tabelle bedeuten, dass zum Beispiel für eine Inklination der Umlaufbahn von 90° die von der Erde ausgehende IR-Strahlung in 97 % der Fälle bei 250 W/m^2 liegt. Der Ausdruck Perzentil bedeutet die Wahrscheinlichkeit, dass ein gegebener Wert für Albedo- bzw. Infrarotstrahlung nicht überschritten wird. Alle Werte in Tabelle 4.3.1 sind für einen 0°-Zenit-Winkel korrigiert.

Tabelle 4.3.1: *Albedo- und Infrarotstrahlung (Perzentil-Werte).*

Inklination der Umlaufbahn	3 %	50 %	97 %
Albedo-Strahlung			
30°	0,14	0,18	0,22
60°	0,17	0,23	0,32
90°	0,18	0,25	0,34
Infrarotstrahlung			
30°	227	246	265
60°	211	233	255
90°	205	227	250

Die Häufigkeit der Abweichungen von Durchschnittswerten für Albedo- und Infrarotstrahlung sind in [4.3.2] und ausführlicher in [4.3.4] enthalten.

In bemannten Systemen sind die Umweltbedingungen sehr unterschiedlich und die Wärmerzeugung innerhalb des Raumflugkörpers oft so stark, dass geschlossene und thermisch gekoppelte Wärmeträgerkreisläufe zum Einsatz kommen, um die Wärme an Radiatoren abzuführen.

4

4.3.2.2 Wärmeübertragung durch Strahlung

Wärmestrahlung ist der Transport von Energie mittels elektromagnetischer Wellen im Bereich von etwa 100 nm bis 100 μm Wellenlänge. Bei der Emission strahlt ein Körper proportional der Fläche F und der vierten Potenz der Temperatur T in den Halbraum über seiner Oberfläche diffus ab. Diese Abstrahlung ist abhängig von den Oberflächeneigenschaften des strahlenden Körpers und wird durch das **Emissionsvermögen** oder auch die **Emissivität** ε berücksichtigt. Es gilt für die emittierte Leistung P_ε

$$P_\varepsilon = \sigma\, \varepsilon\, T^4\, F \tag{4.3.2}$$

$\sigma = 5{,}67 \cdot 10^{-8}$ W/(m^2 K^4) Stefan-Boltzmann-Konstante

Wenn ein Körper einer Strahlung ausgesetzt ist, wird ein Teil absorbiert, ein Teil reflektiert, und ein Teil geht durch den Körper hindurch. Es gilt für die auftreffende Energie

$$\alpha + \beta + \gamma = 1 \tag{4.3.3}$$

α solares Absorptionsvermögen,
β Reflexionsvermögen,
γ Transmissionsvermögen.

Bei Satelliten spielt die Transmission praktisch keine Rolle, da alle thermisch relevanten Materialien nicht durchscheinend sind. Für die absorbierte Leistung P_α gilt

$$P_\alpha = \alpha\, S\, F_p \tag{4.3.4}$$

S Bestrahlungsstärke bzw. solare Flussdichte,
F_p projizierte Fläche

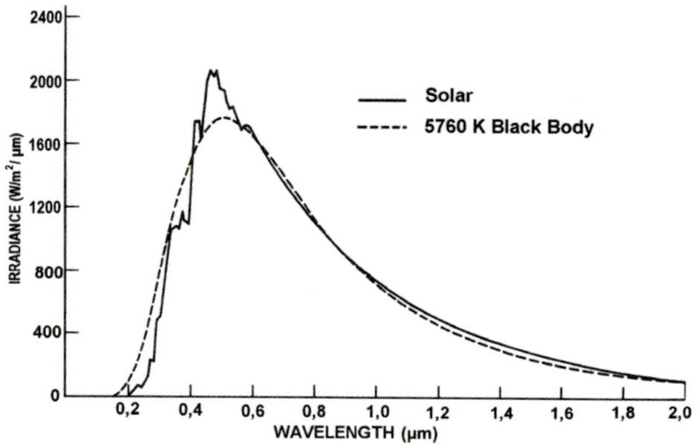

Bild 4.3.5: *Solares Spektrum und spektrale Strahlungsflussdichte eines Schwarzen Körpers bei 5 760 K [4.3.5].*

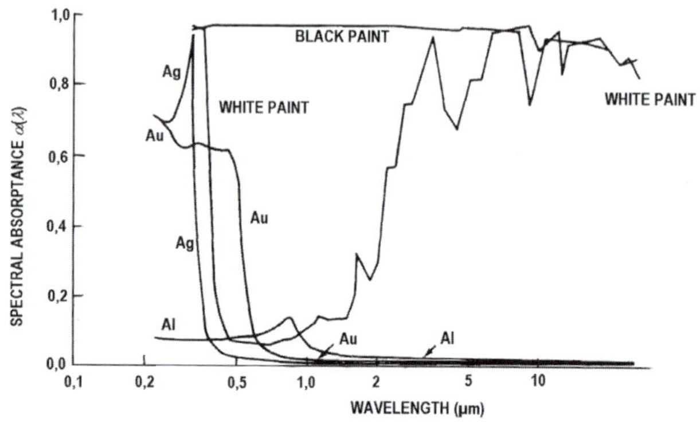

Bild 4.3.6: *Solare Absorption einiger typischer Satellitenoberflächen [4.3.5].*

Das **Kirchhoffsche Strahlungsgesetz** besagt, dass eine beliebige Oberfläche Strahlung in dem Maße absorbiert, wie es auch die Strahlung emittiert, solange die spektrale Verteilung der absorbierten Strahlung mit der der emittierten übereinstimmt, also

$$\alpha_\lambda = \varepsilon_\lambda \qquad (4.3.5)$$

In der Praxis haben jedoch die Symbole α und ε eine unterschiedliche Bedeutung.

Unter dem Begriff **(solares) Absorptionsvermögen** versteht man die Fähigkeit einer Oberfläche, Strahlung mit der spektralen Verteilung der Sonne zu absorbieren. Die solare Energie, die sich mit der Strahlung eines Schwarzen Körpers mit 5 760 K vergleichen lässt, erstreckt sich über einen weiten spektralen Bereich (Bild 4.3.5). 97 % der gesamten Strahlungsenergie liegen im Wellenlängenbereich von λ = 0,2 ... 2,8 µm mit einem Maximum bei etwa 0,48 µm.

Für diesen Wellenlängenbereich ist das mittlere solare Absorptionsvermögen α definiert. Die spektrale Strahlungsflussdichte E_λ (Irradiance) kann mit dem **Planckschen Strahlungsgesetz** formuliert werden. Integration über alle Wellenlängen und der Strahldichte über den Halbraum liefert die Gesamtenergie bzw. die Strahlungsflussdichte in W/m^2 gemäß dem Stefan-Boltzmann-Gesetz.

Die **(thermische) Emissivität** hängt von der Temperatur ab, mit der der Körper strahlt. Jedoch können für den in Satelliten auftretenden Temperaturbereich Werte von etwa 300 K mit ausreichender Genauigkeit angenommen werden. Gemäß dem **Wienschen Verschiebungsgesetz** liegt die Strahlung folglich im Bereich des infraroten Spektrums mit einem Maximum bei ca. 8 µm. Im infraroten Bereich (λ = 1 ... 100 µm) liegen 95 % der gesamten Strahlungsenergie im Wellenbereich von λ = 5 ... 50 µm, womit das mittlere thermische Emissionsvermögen ε definiert wird.

In der Raumfahrttechnik werden verschiedene **Oberflächenbeschichtungen** eingesetzt, um einen bestimmten Einfluss auf das thermische Verhalten zu erreichen. In Bild 4.3.6 ist die solare Absorption einiger gebräuchlicher Oberflächen über der Wellenlänge aufgetragen.

Aus Bild 4.3.6 erkennt man, dass die Absorption der speziellen, in der Satellitentechnik eingesetzten weißen Farbe **(White Paint)** im Bereich der höchsten solaren Energie (0,48 µm) sehr gering, jedoch im Infrarot-Bereich (> 1 µm) sehr hoch ist. Entsprechend der Beziehung (4.3.5) bedeutet dies, dass diese Fläche sehr wenig Sonnenenergie absorbiert, jedoch sehr viel Energie im Infrarotbereich emittiert. Im Endeffekt wird sich eine solche Fläche auch unter direkter Sonneneinstrahlung stark abkühlen, so dass sie sich als Wärmesenke (Radiator) im Satelliten eignet. Schwarze Farbe **(Black Paint)** hat im gesamten Spektralbereich ein hohes α und ε. Diese Oberfläche wird deshalb im Inneren eines Satelliten benutzt, um einen guten Wärmeaustausch über Strahlung zu gewährleisten. Silberbeschichtungen (Ag) haben ab 0,4 µm geringe Absorptionskoeffizienten, Gold (Au) aber erst ab 0,7 µm.

Für die in Bild 4.3.6 dargestellten Materialien sind die α- und ε-Werte in Tabelle 4.3.2 zusammengestellt.

Tabelle 4.3.2: *Solare Absorption und infrarote Emissivität der in Bild 4.3.6 dargestellten Materialien, nach [4.3.5].*

Oberflächenbeschichtung	Solare Absorption (α)	Emissivität bei senkrechter Einstrahlung und 300 K (ε_N)	Hemisphärische Emissivität bei 300 K (ε_H)	α / ε_H
White Paint	0,21	0,91	0,86	0,244
Black Paint	0,97	0,92	0,87	1,11
Vapor-Deposited Aluminum	0,08	0,018	0,024	3,23
Gold (Au)	0,19	0,015	0,020	9,5
Silver (Ag)	0,05	0,010	0,013	3,9

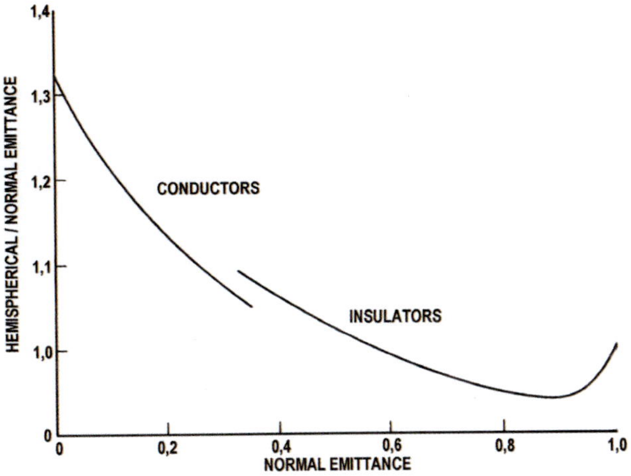

Bild 4.3.7: *Verhältnis der hemisphärischen zur normalen Emissivität [4.3.5].*

Die Emissivität bei senkrechter Einstrahlung kann man direkt mit Reflexionsmessungen bestimmen. Die hemisphärischen Werte, die üblicherweise in der Thermalkontrolle verwendet werden, lassen sich grafisch aus Bild 4.3.7 bestimmen [4.3.5]. Vielfach werden auch hemisphärische Emissivitäten von Herstellern spezieller Oberflächenbeschichtungen spezifiziert, die dann vorzuziehen sind.

Die Bedeutung des Verhältnisses von Absorption zur Emission bei Satellitenoberflächen lässt sich durch einfache Beispiele veranschaulichen: Wenn ein Körper im Orbit nur der Sonnenstrahlung ausgesetzt ist, reduziert sich die **Leistungs- bzw. Wärmebilanz** zu

$$P_\alpha = P_\varepsilon \qquad (4.3.6)$$

Substituiert man Beziehung (4.3.6) durch die Gleichungen (4.3.2) und (4.3.4), erhält man nach Umformen

$$T = \sqrt[4]{\frac{S}{\sigma}\frac{F_\mathrm{P}}{F}\frac{\alpha}{\varepsilon}} \qquad (4.3.7)$$

Die Beziehung (4.3.7) ist in Bild 4.3.8 als Funktion der beiden Verhältnisse α/ε und F_p/F dargestellt.

$F_\mathrm{p}/F = 1$ ebene Fläche (Rückseite isoliert)
$F_\mathrm{p}/F = 1/\pi$ Zylinder (isolierte Endflächen)
$F_\mathrm{p}/F = 1/4$ Kugel

Aus Bild 4.3.8 erkennt man, dass ein kugelförmiger Körper ($F_\mathrm{p}/F = 1/4$) mit weißer, schwarzer oder Aluminium-Oberfläche die Temperaturen 195 K, 285 K oder 370 K annimmt. Insbesondere wird die Eigenschaft der weißen Farbe mit der niedrigsten Temperatur deutlich. Auf diesen Körper könnte eine erhebliche Zusatzwärme (Verlustwärme im Falle eines Satelliten) aufgebracht werden, um die Temperatur in den Bereich operativer Elektronik zu bringen.

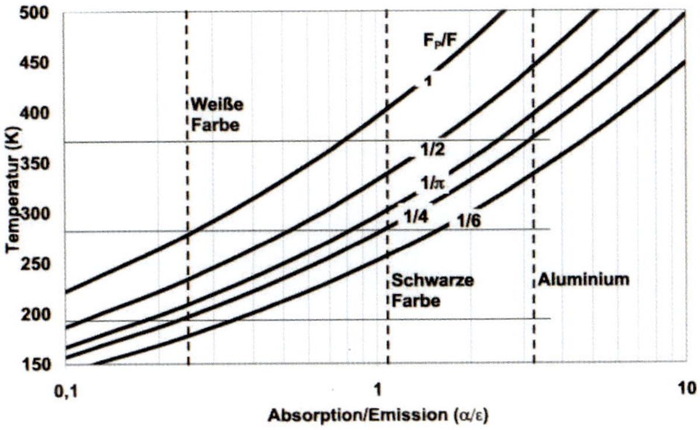

Bild 4.3.8: *Temperatur in Abhängigkeit von den Verhältnissen α/ε und F_p/F.*

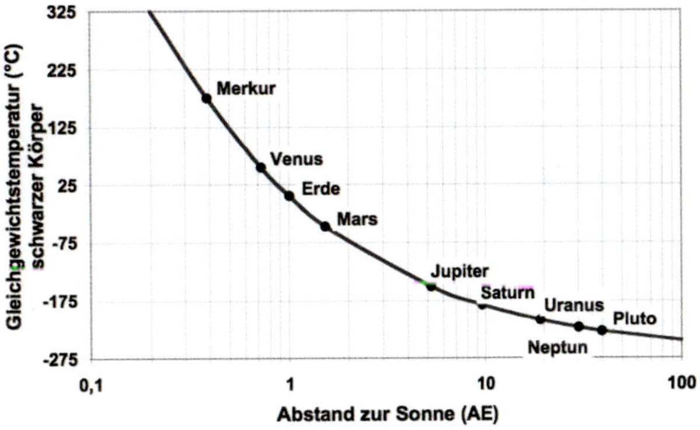

Bild 4.3.9: *Temperatur einer schwarzen Kugel in verschiedenen Abständen zur Sonne.*

Die Verhältnisse für Körper in verschiedenen Entfernungen von der Sonne können nach der Gl. (4.3.7) berechnet werden, indem die solaren Intensitäten entsprechend der Entfernung zur Sonne eingesetzt werden. Die **Strahlungsintensität** ist umgekehrt proportional zum Entfernungsquadrat ($\sim 1/r^2$), was Bild 4.3.9 verdeutlicht, in dem die Temperatur einer schwarzen Kugel als Funktion der Entfernungen zur Sonne dargestellt ist.

Zur Temperaturbestimmung von Geräten, die im Strahlungsaustausch mit der Umgebung stehen, kann es nützlich sein, eine **effektive Temperatur des Strahlungshintergrunds** zu definieren. Sie ist äquivalent der Strahlungstemperatur eines virtuellen schwarzen Körpers, mit der die Strahlungsbelastung auf einen Körper bestimmt wird.

Die Hintergrundtemperatur T_H bezieht sowohl natürliche Strahlung (Sonne, Albedo und Infrarot) als auch den Strahlungsaustausch mit anderen Gegenständen ein. Gemäß Beziehung (4.3.6) kann wie folgt bilanziert werden:

$$P_{\mathrm{S},i} + P_{\mathrm{A},i} + P_{\mathrm{IR},i} = \sigma \sum_{j=1}^{n} r_{ij}\,(T_j^4 - T_i^4) + \sigma\,\varepsilon\,T_\mathrm{H}^4\,F \qquad (4.3.8)$$

$P_{S,i}$ absorbierte solare Strahlung auf Körper i,
$P_{A,i}$ absorbierte Albedo-Strahlung auf Körper i,
$P_{IR,i}$ absorbierte Infrarotstrahlung auf Körper i,
T_i Temperatur von Körper i,
T_j Temperatur von Körper j,
r_{ij} Strahlungskopplung zwischen Körper i und j,
F Oberfläche des Hintergrundstrahlers.

Das Umformen von Gl. (4.3.8) ergibt

$$T_H = \sqrt[4]{\frac{P_{S,i}}{\sigma\,\varepsilon\,F} + \frac{P_{A,i}}{\sigma\,\varepsilon\,F} + \frac{P_{IR,i}}{\sigma\,\varepsilon\,F} - \frac{\sum_{j=1}^{n} r_{ij}\,(T_j^4 - T_i^4)}{\varepsilon\,F}} \quad (4.3.9)$$

Auf die Strahlungskopplung wird in Kapitel 4.3.3.2 noch etwas näher eingegangen. Die Hintergrundtemperatur für die thermische Strahlung, die nach Gl. (4.3.9) nur für Gleichgewichtsbedingungen gültig ist, bietet eine einfache Möglichkeit, **Parameterstudien** durchzuführen und Randbedingungen für thermische Tests in Vakuumkammern zu definieren, ohne langwierige Berechnungen anzustellen.

4

4.3.2.3 Wärmeleitung

Unter Wärmeleitung versteht man den Transport von Wärme zwischen zwei Punkten in einem Festkörper infolge eines Temperaturgradienten. Ursache ist der Transport kinetischer Energie zwischen Molekülen, sodass Wärmeleitung in gleicher Weise auch innerhalb von Flüssigkeiten und Gasen stattfindet. Die notwendige Anwesenheit von Molekülen macht Wärmeleitung im Vakuum unmöglich. Der **Wärmetransport** ergibt sich aus der Beziehung

$$\dot{Q} = \frac{dQ}{dt} = \lambda\,F\,\frac{\Delta T}{d} \quad (4.3.10)$$

$\dot{Q}$ zugeführte/abgegebene Leistung durch Wärmeleitung oder Wärmefluss pro Zeiteinheit,
λ Wärmeleitfähigkeit,
F Querschnittsfläche des Wärmepfads, senkrecht zur Verbindungslinie zwischen Punkt 1 und 2 des Festkörpers,
ΔT Temperaturgradient zwischen Punkt 1 und 2 des Festkörpers,
d Abstand der Punkte 1 und 2 oder Dicke des Materials.

Wird Gl. (4.3.10) nach der Fläche differenziert, erhält man die **Wärmeflussdichte,** also den Wärmestrom pro Zeit- und Flächeneinheit

$$\dot{q} = \frac{d\dot{Q}}{dF} = \lambda\,\frac{\Delta T}{d} \quad (4.3.11)$$

Der **thermische Widerstand** R_{th} (in K/W) als ebenfalls brauchbare Materialeigenschaft ist definiert als

$$R_{th} = \frac{d}{\lambda\,F} \quad (4.3.12)$$

und durch Einsetzen geht Gl. (4.3.10) über in

$$\dot{Q} = \frac{\Delta T}{R_{th}} \quad (4.3.13)$$

Ein **Wärmestrom** $\dot{Q}$ verhält sich ähnlich einem **elektrischen Strom** I im Ohmschen Gesetz, wobei die Temperaturdifferenz ΔT der elektrischen Spannung U und der thermische Widerstand R_{th} dem elektrischen Widerstand R_{el} entspricht. $U = R_{el} \cdot I$ verhält sich also sich wie $\Delta T = R_{th} \cdot \dot{Q}$. Folglich können thermisch-mathematische Modelle wie elektrische Schaltungen aufgebaut werden. Zum Beispiel lässt sich ein Wärmestrom durch drei hintereinander angeordnete Materialien wie folgt bestimmen:

$$\dot{Q} = \frac{\Delta T}{R_{th,1} + R_{th,2} + R_{th,3}} \quad (4.3.14)$$

Thermischer Kontaktwiderstand

Gl. (4.3.12) setzt einen perfekten Kontakt zwischen den Materialien voraus. In realen Raumfahrtsystemen müssen jedoch Rauigkeiten und Unebenheiten zwischen verschiedenen Elementen bedacht werden. Entsprechend geht Gl. (4.3.13) über in

$$\dot{Q} = \frac{\Delta T}{R_1 + R_{ct,1} + R_2 + R_{ct,2} + R_3} \quad (4.3.15)$$

R_{ct1}, R_{ct2} thermischer Kontaktwiderstand

Der **Kontaktwiderstand** wird als das Verhältnis zwischen der Temperaturdifferenz und der übertragenen Wärme definiert oder

$$R_{ct} = \frac{\Delta T}{\dot{q}\,F} \quad (4.3.16)$$

F sichtbare Kontaktfläche

In der Literatur wird vielfach die **thermische Kontakt-Leitfähigkeit** mit

$$h_{ct} = \frac{1}{R_{ct}\,F} \quad (4.3.17)$$

definiert. Die **Vorgänge beim Wärmetransport** zwischen zwei sich berührenden Körpern sind sehr komplex und hängen u. a. von folgenden Parametern ab:

- Rauigkeit der berührenden Flächen im Mikrobereich und Unebenheiten im Makrobereich,
- Spaltdicke,
- Vorhandensein eines Füllmediums im Spalt (Vakuum, Leitpaste, Folie, etc.),
- Wärmeleitfähigkeit der kontaktierenden Materialien und des Füllmediums,

- Härte der Materialien (bestimmt den Druck, unter dem sich die Spitzen der rauen Oberflächen plastisch verformen),
- Elastizitätsmodul und Dicke der Materialien (beeinflusst die elastische Deformation zum Abbau der Unebenheiten),
- Temperatur im Kontaktbereich (beeinflusst die Materialeigenschaften).

Wegen dieser Komplexität ist eine einheitliche Theorie zur Berechnung des Wärmeübergangs nicht verfügbar. Verschiedene theoretische Ansätze sind in [4.3.6] enthalten. In der Entwicklung des **Thermalkontrollsystems** greift man üblicherweise auf Test- und Erfahrungswerte zurück.

Aufgrund der **Rauigkeit** der sich berührenden Körper haben die Flächen im Mikrobereich eine zerklüftete Struktur, sodass sich im Grunde nur Mikro-Spitzen der beiden Oberflächen berühren, wobei die Anzahl dieser Kontakte statistisch mit Abnahme der Rauigkeit steigt. Durch Erhöhung des Anpressdrucks werden sich einige Spitzen plastisch verformen, sodass die Kontaktfläche insgesamt vergrößert wird. In Bereichen, die nicht miteinander in Berührung stehen, kann Wärmetransport über Strahlung oder Wärmeleitung durch ein eingeschlossenes Gas erfolgen (meist Luft in terrestrischen Anwendungen). Wegen der geringen Dicken der Gasschicht kann der Wärmetransport trotz der schlechten Wärmeleitfähigkeit der Gase beträchtlich sein (die geringen Abmessungen bewirken auch, dass Wärmeübertragung durch Konvektion nicht stattfindet).

Bei Raumfahrtanwendungen im Vakuum ist der Beitrag des Wärmetransports durch ein Gas nicht gegeben. Um jedoch den Bereich der Flächen ohne direkten Kontakt zur Wärmeübertragung zu nutzen, platziert man in den Kontaktbereich dünne folienartige **Füllmaterialien.** Diese „Interface Filler“ haben einen möglichst großen Wärmeleitkoeffizienten und eine angepasste Härte, sodass sich die im Mikrobereich zerklüftete Oberflächenstruktur gut in das Füllmaterial einarbeiten kann und ein ganzflächiger Kontakt entsteht. Der erzielbare Wärmetransport hängt zusätzlich vom lokalen Anpressdruck der beiden Flächen ab. Elektronikgehäuse werden meist am Umfang angeschraubt, sodass sich auch hier die höchsten Wärmeflüsse ergeben. Dies ist vorteilhaft für Gehäuse, deren Seitenwände zum Abtransport der elektrischen Verlustleistung genutzt werden.

In Tabelle 4.3.3 werden Testergebnisse von einer 152×279 mm^2 großen Plattenverbindung gezeigt, die am Rand mit 16 Schrauben aus rostfreiem Stahl zusammengepresst ist. Die Versuche wurden mit zwei Al 6063-T6 Platten von jeweils 7,94 mm Dicke durchgeführt. „Calgraph“ (Graphitfaser-Folie) wurde als Füllmaterial verwendet. Es ist deutlich zu sehen, dass sowohl ein höheres Anzugsmoment als auch höhere Testtemperaturen den Wärmeübertragungskoeffizienten oder die Wärmeleitzahl erhöht.

Tabelle 4.3.3: *Wärmeleitzahl bei geschraubter Verbindung und „Calgraph“ als Füllmaterial [4.3.7].*

Anzugsmoment [Nm]	Temperatur [°C]	Wärmeleitzahl [W/m^2 K]
1,13	−34	284
1,13	+71	369
2,26	−34	329
2,26	+71	397

In der europäischen Raumfahrtindustrie wird vielfach die Graphitfolie SIGRAFLEX® der Firma SGL CARBON AG eingesetzt, die auch in der ESA „Preferred Materials List“ enthalten ist (Bild 4.3.10).

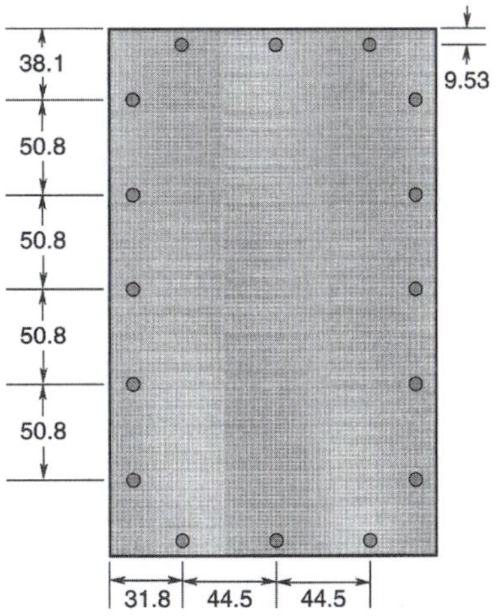

Bild 4.3.10: *SIGRAFLEX®-Folie als Füllmaterial im Kontaktbereich (Bild: [4.3.6]).*

Die Folie ist 0,2 mm dick und hat Wärmeleitfähigkeiten von 150 W/(m K) parallel und 4 ... 6 W/(m K) senkrecht zur Oberfläche. Mit diesem Füllmaterial lassen sich für gängige Elektronikgehäuse Kontaktleitwerte von 500 W/(m^2 K) erreichen. Bei kleinen Flächen (etwa 20 mm × 20 mm) steigt dieser Wert bis auf 1 000 W/(m^2 K).

4.3.2.4 Wärmetransport durch erzwungene Konvektion

Bei einer Konvektion wird thermische Energie oder Enthalpie von einem Ort zu einem anderen mithilfe eines strömenden Wärmeträgers übertragen. Im Fall einer erzwungenen Konvektion bedarf es eines geschlossenen Systems mit kontrollierter Strömung. Bei einem Kühlprozess nimmt der Wärmeträger bei niedriger Temperatur und niedrigem Druck Wärme auf und gibt sie bei höherer Temperatur und höherem Druck wieder ab. Diese Aufnahme- bzw. Abgabefähigkeit der Wärme wird von einer thermodynamischen Kennzahl, der dimensionslosen **Nusselt-Zahl** Nu definiert:

$$Nu = \frac{\alpha X}{\lambda_l} \quad (4.3.18)$$

α Wärmeübergangskoeffizient an das strömende Fluid,
X charakteristische Länge (im Fall eines durchströmten Rohres der Durchmesser),
λ_l Wärmeleitfähigkeit des Fluids.

Betrachtet man nun den Wärmeübergang in einem Rohr, so lässt sich die Wärmestromdichte $\dot{q}$ mit einem über den gesamten Rohrabschnitt gemittelten Wärmeübergangskoeffizienten $\overline{\alpha}$ analog zur Wärmeleitung in einem Festkörper berechnen:

$$\dot{q} = \overline{\alpha}\,(T_W - T_\infty) = \frac{Nu_m - \lambda_l}{D}(T_W - T_\infty) \quad (4.3.19)$$

Nu_m mittlere Nusselt-Zahl,
T_W Temperatur der Rohrwand,
T_∞ Temperatur des Fluids in größerer Entfernung zur Wand,
D Durchmesser des Rohrabschnitts.

In der Wärmesenke ist demzufolge die Wärmestromdichte am größten, weil hier die Temperaturdifferenz zwischen (aufgewärmtem) Fluid und Rohrwand am größten ist. Während des Transports der Energie zur Wärmesenke sollte diese Differenz möglichst klein sein, um einen Wärmestrom an die Umgebung (z. B. an die Luft eines bemannten Moduls) zu vermeiden.

Je nach Strömungseigenschaften des Fluids, Geometrien des Rohrquerschnitts und thermischen Eigenschaften der Rohrleitung ergeben sich unterschiedliche mittlere Nusselt-Zahlen, die beispielsweise in [4.3.6] aufgelistet sind. Für eine Rohrströmung mit laminarer Grenzschicht und konstanter Rohrwandtemperatur ist ein Nu_m-Wert von 3,66 ermittelt worden.

4.3.2.5 Mathematisches Thermalmodell

In den bisherigen Kapiteln ist die Temperaturverteilung in einem Festkörper als zeitinvariant ($\partial T/\partial t = 0$) angenommen worden. Ein Raumfahrzeug besteht indes aus einer komplexen Struktur mit verschiedenen Bauteilen und Komponenten. Weil es für einen inhomogenen Körper bezüglich der Temperaturverteilung keine analytische Lösung gibt, wird die Struktur in **diskrete Massen- und Flächenanteile** zerlegt, die **Knoten** genannt werden. Mit Hilfe dieser Knoten lässt sich das mathematische Thermalmodell erstellen, mit dem man die Temperaturverteilung in einem Raumflugkörper auch zeitvariant berechnen kann.

Die **Wärmeenergie** Q ist der Temperatur T proportional und wird durch die Beziehung definiert:

$$Q = m\,c\,T \quad (4.3.20)$$

c spezifische Wärmekapazität,
m Masse des Knotens bzw. der Wärmesenke.

Wird Gl. (4.3.20) nach der Zeit differenziert, erhält man die Beziehung

$$\frac{\partial Q}{\partial t} = m\,c\,\frac{\partial T}{\partial t} \quad (4.3.21)$$

Bilanziert man empfangene und abgegebene Energien in einem Knoten i, so erweitert sich Gl. (4.3.21) zu

$$m_i\,c_i\,\frac{\partial T_i}{\partial t} = (\alpha_i\,\dot{q}_{A,i}\,e_{A,i} + \varepsilon_i\,\dot{q}_{IR,i}\,e_{IR,i} + \alpha_i\,S\,e_{S,i}) \cdot F_i + \sum \Delta\dot{Q} + \dot{Q}_i \quad (4.3.22)$$

$\dot{q}_A$ Albedo-Flussdichte,
$\dot{q}_{IR}$ Erdeigenstrahlungs-Flussdichte,
S solare Flussdichte,
F Strahlungsoberfläche,
$e_{A,IR,S}$ Sicht- oder Konfigurationsfaktoren,
$\dot{Q}$ Dissipationsleistung.

Der Term $\Sigma\Delta(\dot{Q})$ ist die den betrachteten Knoten i aus anderen Knoten des thermischen Modells zugeführte oder an diese abgegebene Leistung mit den Komponenten für Wärmeleitung und Wärmestrahlung. Das mathematische Thermalmodell besteht folglich aus einem **Gleichungssystem** von nicht-linearen, gewöhnlichen Differenzialgleichungen 1. Ordnung der Form

$$\dot{\boldsymbol{x}} = \boldsymbol{f}(t,\boldsymbol{x}) \quad \boldsymbol{x} = (x_1,\ldots,x_n)^T, \quad \boldsymbol{f} = (f_1,\ldots,f_n)^T \in \Re^n \quad (4.3.23)$$

für n unbekannte **Knotentemperaturen**, das mit numerischen Berechnungsverfahren gelöst werden muss. Gl. (4.3.20) gilt für sogenannte **Randknoten**, also für Knoten, die dem äußeren Strahlungsfeld ausgesetzt sind. Für alle inneren Knoten des Satelliten gilt

$$S = \dot{q}_A = \dot{q}_{IR} = 0 \quad (4.3.24)$$

womit sich Gl. (4.3.20) zu

$$m_i\,c_i\,\frac{\partial T_i}{\partial t} = \sum \Delta\dot{Q} + \dot{Q}_i \quad (4.3.25)$$

vereinfacht. Für innere, strukturelle „Knoten" fällt außerdem die Dissipationsleistung weg ($\dot{Q} = 0$).

Für den vorläufigen Entwurf in den Definitionsphasen kommt man in der Regel mit einer geringen **Anzahl von Knoten** aus (< 50). Erst in den Entwicklungsphasen muss die Anzahl deutlich erhöht werden (100 bis zu 500), um die einzelnen Wärmeströme genau zu untersuchen und zu bewerten. Die letztendliche Anzahl der Knoten hängt von der Komplexität der Struktur und von der Erfahrung des Thermalingenieurs ab. Grundsätzlich kann man sagen: „So viele Knoten wie nötig, so wenige wie möglich".

Der eigentliche Aufwand besteht in der Ermittlung von Wärmeleitzahlen und Strahlungsfaktoren, um die Knoten bzw. Gleichungen thermisch zu koppeln. Hierauf und auf andere Aspekte bei der Entwicklung eines Thermalsystems wird im nächsten Kapitel näher eingegangen. Die Bestimmung der geometrischen Sicht- oder Konfigurationsfaktoren sei hier nicht näher erläutert, kann aber in einschlägiger Fachliteratur nachgelesen werden, z. B. [4.3.8].

4.3.3 Entwicklung des Thermalsystems

4.3.3.1 Übersicht

Entsprechend dem Fortschritt eines Raumfahrtprojekts und parallel zur Systementwicklung des gesamten Raumfahrzeugs erfolgt die Entwicklung eines Thermalsystems in zwei Schritten (Bild 4.3.11, Bild 4.3.12).

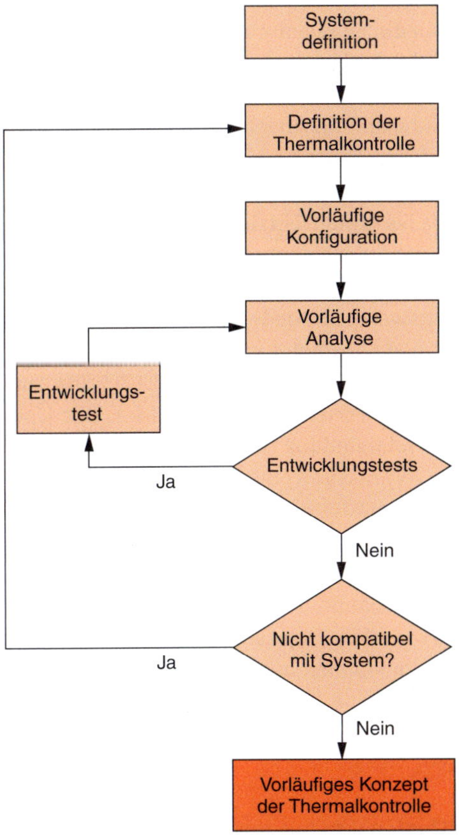

Bild 4.3.11: *Entwicklungsschritte für ein vorläufiges Thermalsystem (nach [4.3.9]).*

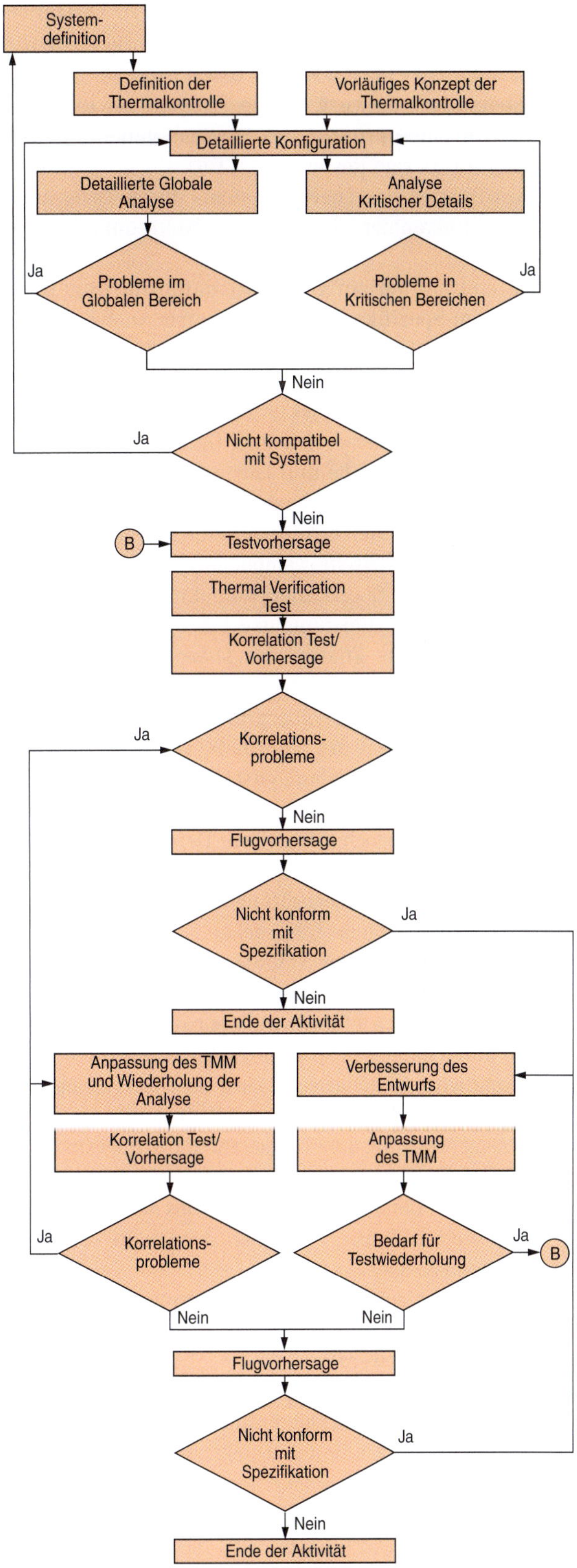

Bild 4.3.12: *Entwicklungsschritte für ein endgültiges Thermalsystem (nach [4.3.9]).*

- Vorläufiger Entwurf, der im Rahmen der vorläufigen Entwurfsüberprüfung des Systems vorgestellt wird (Preliminary Design Review bzw. PDR),
- Endgültiger Entwurf, der im Rahmen der kritischen Entwurfsüberprüfung des Systems genehmigt wird (Critical Design Review bzw. CDR),
- Verifikation des Thermalsystems durch Tests in der Vakuumkammer mit simulierter Weltraumumgebung.

Basierend auf vorläufigen **Systemanforderungen** und **Subsystem-Spezifikationen** werden erste Analysen durchgeführt und eine vorläufige thermische Konfiguration definiert. Mehrere Iterationen sind in der Regel notwendig, da zu Beginn eines Projekts die Systemanforderungen einer Evolution unterworfen sind. Der vorläufige Entwurf bestimmt bereits Größe und Lage von Radiator- und Isolationsflächen, definiert Lage und elektrische Leistung von thermischen Heizern, beschreibt thermische Anforderungen an elektrische Komponenten (thermo-optische Eigenschaften der Oberflächen, Kontaktflächen, Verteilung der Orte mit Verlustleistung, usw.).

4

Die detaillierte Analyse des Thermalsystems startet üblicherweise mit aufdatierten Anforderungen, die aus der vorläufigen Entwurfsüberprüfung des Systems stammen. Die **Definition des Thermalsystems** wird auf der Basis eines detaillierten analytischen Gesamtmodells des Satelliten weitergeführt, wobei kritische Bereiche parallel durch kleinere, jedoch mit großem Detail erarbeitete Modelle behandelt werden. Der **endgültige Entwurf** wird in die kritische Systemüberprüfung (CDR) eingebracht und für die Fertigungsphase freigegeben.

Die Verifikation aller Anforderungen wird schließlich durch einen **Thermal Balance Test** abgeschlossen, der generell dann durchgeführt wird, wenn das thermische Verhalten durch komplexe Strahlungs- und Leitungsvorgänge bestimmt wird. Üblicherweise wird der gesamte Satellit in Flugkonfiguration den simulierten Weltraumbedingungen ausgesetzt (Vakuum, tiefe Temperatur). Testziele sind unter anderem:

- Erhalt von Daten zur **Verifikation** des mathematischen Satellitenmodells im Rahmen der Qualifikation des Thermalsystems,
- Demonstration der Eignung des thermischen Entwurfs,
- Verifikation, dass die Anforderungen an das Thermalsystem erfüllt werden,
- Aufschluss über die Empfindlichkeit des Thermalentwurfs gegenüber **Parameteränderungen,** insbesondere Materialeigenschaften und elektrische Verlustleistung der elektrischen Komponenten.

Um diese Ziele zu erreichen, wird das Testobjekt in ein Temperaturgleichgewicht gebracht und die dann gemessenen Temperaturen mit den analytischen Testvorhersagen verglichen. In der Regel werden extrem kalte und warme Orbitfälle simuliert. Bei Testobjekten mit komplexen Geometrien, Öffnungen an der Oberfläche oder in Fällen, in denen die absorbierte Sonnenenergie mit Unsicherheiten behaftet ist, wird zusätzlich die Simulation der Sonneneinstrahlung empfohlen. (Die großen europäischen Testanlagen sind mit entsprechenden Einrichtungen ausgestattet.)

4.3.3.2 Analyseverfahren

Wie bereits in Kapitel 4.3.2.3 erwähnt, lassen sich thermische Probleme in **Analogie zu elektrischen Gesetzmäßigkeiten** und Netzwerken lösen (Ohmsches Gesetz, Kirchhoffsches Gesetz). Solche Netzwerke werden mit partiellen Differenzialgleichungen beschrieben, für die es verschiedene numerische Lösungsansätze gibt. Die diskrete Approximation mittels eines Netzwerks hat einige Vorteile sowohl bei numerischen als auch in experimentellen Lösungen. Ein **Netzwerkmodell** folgt für stationäre Fälle einem System algebraischer Gleichungen mit einer finiten Anzahl von Variablen, das mit Standardtechniken gelöst werden kann. Transiente Fälle resultieren in Differenzialgleichungen erster Ordnung, die numerisch integriert werden.

In der Raumfahrt werden insbesondere Finite-Differenzen-Methoden und Finite-Elemente-Methoden eingesetzt. Bei beiden Verfahren werden zu untersuchende Systeme in Netzwerke von Subelementen unterteilt, denen jedoch unterschiedliche Eigenschaften zugeordnet sind.

In Bild 4.3.13 ist die Zerlegung eines einfachen Körpers für die Berechnung nach der **Finite-Differenzen-Methode** in drei Subelemente angedeutet, wobei jedes Element eine mittlere Temperatur T und eine Wärmekapazität K besitzt.

Letztere wird aus den thermischen Eigenschaften des Materials berechnet. Bei dieser Methode werden die Eigenschaften der Subelemente einschließlich der Temperatur im Mittelpunkt des Elements angenommen. Man nennt diese Vorgehensweise **Methode der konzentrierten Parameter** oder **lumped parameter method** und erhält durch Interpolation der Punkt-Ergebnisse (Bild 4.3.13c) eine Annäherung an die ideale Verteilung (Bild 4.3.13a). Der Übergang in eine Stufendarstellung (Bild 4.3.13b) wird vermieden. Die Methode ist praktisch eine Finite-Differenzen-Annäherung an die übergeordnete Differenzialgleichung (4.3.20).

Die bisher betrachteten Subelemente besitzen eine endliche thermische Masse bzw. Kapazität und werden Diffusionsknoten genannt. In thermischen Software-Paketen (z. B. ESATAN) werden insgesamt drei Knotentypen genannt:

- Diffusionsknoten mit endlicher thermischer Masse,
- Arithmetische Knoten ohne thermische Masse,
- Grenz- bzw. Randknoten mit unbegrenzter thermischer Masse.

Der **Diffusionsknoten** repräsentiert das Ergebnis einer thermischen Analyse als Temperatur, die auf dem Wärmefluss basiert, der in oder aus dem Knoten fließt.

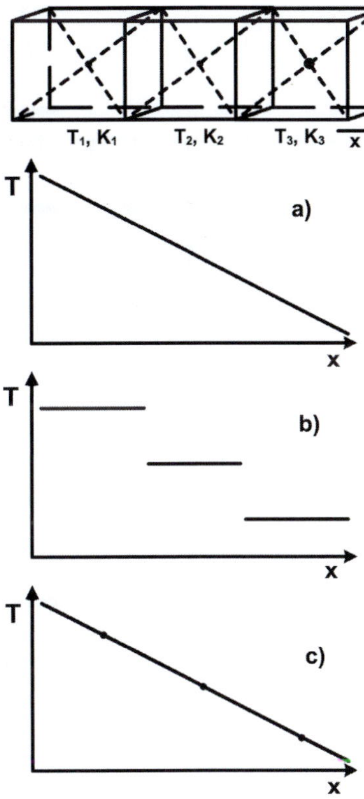

Bild 4.3.13: *Zerlegung eines Körpers in Subelemente.*

Arithmetische Knoten ohne thermische Masse sind eigentlich physikalisch nicht sinnvoll, jedoch hilfreich, um Oberflächen in einem Modell darzustellen oder um Komponenten mit sehr geringer Masse zu berücksichtigen (Schrauben, Folien, Isolationen mit geringer Masse oder kleine Fluid-Mengen in Rohren). Arithmetische Knoten, die üblicherweise im Verhältnis zur Gesamtzahl der Knoten eine kleine Untermenge ausmachen, nehmen die Temperatur der unmittelbaren Umgebung an.

Randknoten (boundary nodes) definieren in einem Modell Linien, Oberflächen und Punkte mit konstanter Temperatur und zwar unabhängig von der Wärmemenge, die sie aufnehmen oder abgeben. Sie verkörpern z. B. die Hintergrundtemperatur eines Satelliten (Weltraum als Wärmesenke, Planetentemperatur) oder im Verhältnis zu anderen Knoten sehr große Massen (Flüssigkeit in einem großen Tank).

Die Einteilung eines Körpers in Knoten bzw. in Volumenelemente erfolgt auf der Grundlage der zu erwartenden Ergebnisse, wobei auch die Minimierung der Rechenzeit eine Rolle spielen kann. Üblicherweise gelten folgende Kriterien:

- Identifikation von Orten, für die Temperaturen ermittelt werden sollen,
- Geforderte Verifikation von Temperaturgradienten und -verläufen,
- Berücksichtigung der geometrischen Komplexität (mögliche Vereinfachungen),
- Physikalische Plausibilität,
- Genauigkeit der Ergebnisse vs. Rechenzeit.

Da diese Faktoren alle ineinander wirken, beruhen problembezogene Vorgehensweisen auf Erfahrung, verbunden mit ingenieurmäßigem Urteilsvermögen. In praktischen Fällen wird man den Volumenelementen einfache geometrische Formen zuordnen, deren Eigenschaften (Oberflächen, Volumina, Masse, Kapazitäten) ohne Schwierigkeiten zu berechnen sind (Quader, Rechtecke, usw.). Komplexe Strukturen können durch einfache Formen angenähert werden, wobei sich die Methode der Näherung an der geforderten Genauigkeit der Ergebnisse ausrichtet. Auch hier arbeitet der Ingenieur aufgrund relevanter Erfahrungen.

Die Technik der **konzentrierten Parameter-Methode** wird nachfolgend an einem einfachen Beispiel erläutert, das aus [4.3.10] entnommen wurde.

Es wird eine metallische Platte entsprechend Bild 4.3.14 angenommen. Die Seiten A und D besitzen feste Temperaturen von 50 °C und 0 °C, während die übrigen Seiten B, C, E und F isoliert sind. Die Platte mit den Abmessungen, wie in Bild 4.3.14 angegeben, hat die Dicke d, die thermische Leitfähigkeit λ, die spezifische Wärmekapazität c und die Dichte ρ. Gesucht werden die stationäre Temperaturverteilung und das transiente Verhalten bei einer Anfangstemperatur von 0 °C zum Zeitpunkt $t = 0$. Zunächst wird die Platte in quadratische Elemente aufgeteilt, wobei wegen der gewählten Geometrie die Rand- und Eckelemente halbe, viertel und dreiviertel Quadrate darstellen.

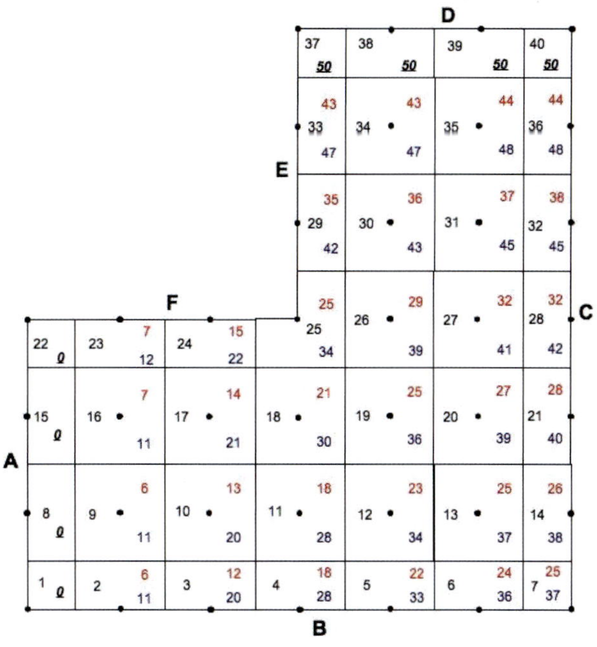

Bild 4.3.14: *Beispiel einer Knotenaufteilung für eine Platte.*

Die Knoten sind mit einem Abstand von s = 50 mm in den Zentren der Elemente angeordnet. Knoten sind zusätzlich an den Rändern der Platte angeordnet, um hier Festtemperaturen als Randbedingung zu definieren. Durch diese Festlegungen (Knotenabstand gleich Elementseitenlänge) errechnen sich Wärmeleitungen und Kapazitäten wie folgt:

Wärmeleitung in der Plattenmitte:

$$L_\mathrm{m} = \frac{\lambda\, d\, s}{s} = \lambda\, d \qquad (4.3.26)$$

Wärmeleitung am Plattenrand:

$$L_\mathrm{r} = \frac{\lambda\, d \frac{s}{2}}{s} = \frac{\lambda\, d}{2} \qquad (4.3.27)$$

Die Wärmekapazitäten, die für instationäre Rechnungen benötigt werden, berechnen sich aus den Materialeigenschaften und zwar für Mittelknoten:

$$K_\mathrm{m} = d\, s\, s\, \rho\, c = c\, \rho\, s^2\, d \qquad (4.3.28)$$

für Randknoten (halbe Elementfläche):

$$K_\mathrm{r} = d\, s \frac{s}{2} \rho\, c = \frac{c\, \rho\, s^2\, d}{2} \qquad (4.3.29)$$

für Eckknoten 25 (viertel Elementfläche):

$$K_\mathrm{e} = d \frac{s}{2} \frac{s}{2} \rho\, c = \frac{c\, \rho\, s^2\, d}{4} \qquad (4.3.30)$$

für den Eckknoten (dreiviertel Elementfläche):

$$K_\mathrm{el} = \frac{3\, c\, \rho\, s^2\, d}{4} \qquad (4.3.31)$$

Nach Durchnummerierung der Knoten entsprechend Bild 4.3.14 entsteht eine Diskretisierung der Platte in 40 Knoten mit 66 Konduktoren (Bild 4.3.15).

Dieses Beispiel wurde mit dem Software-Paket ESATAN basierend auf folgenden Randbedingungen analysiert:

- Material: reines Aluminium (thermische Leitfähigkeit λ = 204 W/(m K), spezifische Wärmekapazität c = 879 J/(kg K), Dichte ρ = 2 700 kg/m^3),
- Dicke der Platte d = 2 mm,
- Randknoten 1, 8, 15 und 22 mit 0 °C als feste Temperatur,
- Randknoten 37, 38, 39 und 40 mit 50 °C als feste Temperatur.

Ergebnisse:

1. Stationäres Temperaturfeld (ohne Abstrahlung)
   Ergebnis: obere rote Zahlen in Bild 4.3.14

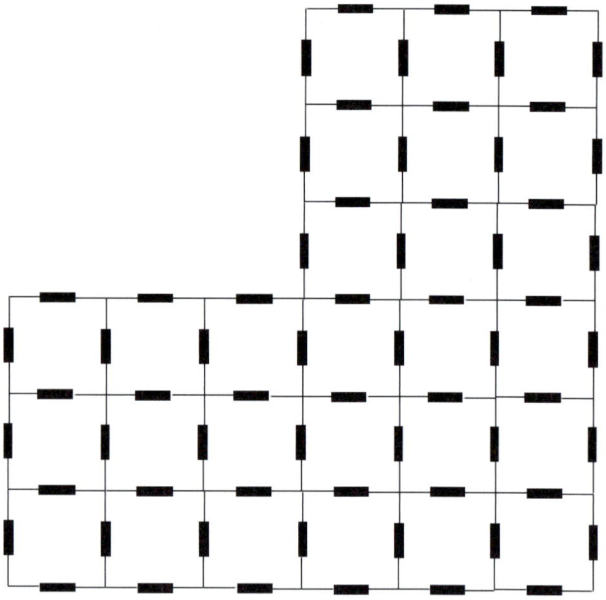

Bild 4.3.15: *Konduktoren des Knotenmodells aus Bild 4.3.14.*

2. Stationäres Temperaturfeld mit zusätzlicher Sonneneinstrahlung auf einer Seite mit α = 0,2 und einseitiger Abstrahlung mit ε = 0,8
   Ergebnis: untere blaue Zahlen in Bild 4.3.14
3. Instationäres Temperaturverhalten für den Fall, dass zu Anfang alle Knotentemperaturen bei 0 °C liegen
   Ergebnis: Nach 6 Minuten erreicht die Platte stationäres Verhalten mit Temperaturen wie unter 1. angegeben.

Thermische Software-Pakete arbeiten in der Regel mit drei verschiedenen Leitwerten:

GL-Leitwert = Linearer Leitwert nach Beziehung (4.3.11) zwischen den Knoten i und j mit den Temperaturen T_i und T_j:

$$\Delta \dot{q}_{ij}^{c} = k_{ij}\, (T_i - T_j) \qquad (4.3.32)$$

k_{ij} Wärmeleitfaktor zwischen Konten i und j.

Lineare Leitwerte repräsentieren den Wärmetransport durch Festkörper und andere Prozesse, die linear behandelt werden können, wie Konvektion, Kondensation und Verdampfung.

GR-Leitwert = Leitwert bei thermischer Strahlung gemäß Beziehung (4.3.1), ausgedrückt als Wärmeflussdichte:

$$\Delta \dot{q}_{ij}^{\mathrm{rad}} = \sigma\, h_{ij}\, (T_i^4 - T_j^4) \quad \text{mit} \quad h_{ij} = \varepsilon_i\, \varepsilon_j\, e_{ij} \qquad (4.3.33)$$

h_{ij} ist also der Strahlungsformfaktor, der sowohl die effektive Emissivität als auch den Sichtfaktor zwischen beiden Knoten i und j enthält. Die Details, wie mit diesen Informationen ein Eingangsdatensatz für einen handelsüblichen Computer-Lösungscode (z. B. ESATAN) geschrieben, die

Lösungsmethode spezifiziert und die Ergebnisse dargestellt werden, sind in den relevanten Benutzerhandbüchern beschrieben.

GF-Leitwert = Repräsentiert den Wärmefluss in oder aus einem Knoten aufgrund der Strömung eines Fluids in einem Rohr. Hierbei wird angenommen, dass das Fluid in einen Knoten i mit der Temperatur T_u des stromaufwärts gelegenen Knotens u eintritt und mit der eigenen Temperatur T_i verlässt. Der Wärmefluss kann daher wie folgt geschrieben werden:

$$\Delta \dot{q}_i^{fl} = w\, c\, (T_u - T_i) = l\, (T_u - T_i) \qquad (4.3.34)$$

w Massenflussdichte
l GF-Leitwert

Temperaturberechnungen lassen sich auch mit der **Finite-Elemente-Methode** durchführen, die jedoch meist für Strukturanalysen herangezogen wird. Klassische Anwendungen finden sich im Grenzbereich zwischen thermischen und strukturellen Problemstellungen, zum Beispiel für das Ermitteln thermo-mechanischer Spannungen und thermisch bedingter Verzüge in Strukturen. Bei der FE-Methode wird ein **feinmaschiges Netz von Subelementen** über die zu analysierende Struktur gelegt. Ein-, zwei- und dreidimensionale Elemente können genutzt werden, die wie in Bild 4.3.16 gezeigt, verschiedene Geometrien annehmen. Jedes Element hat Elementknoten an den Ecken (und nicht im Zentrum, wie bei der Finite-Differenzen-Methode).

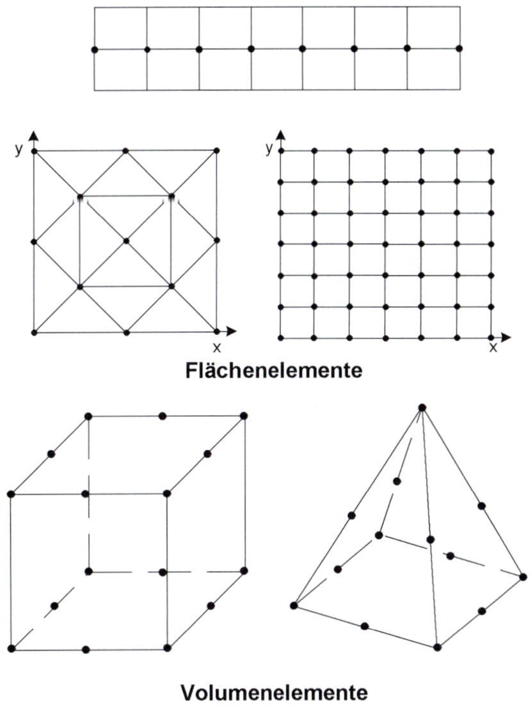

Bild 4.3.16: *Knoten- und Elementdefinition bei der FEM.*

Parameter (z. B. Temperaturen) werden üblicherweise für die Randknoten spezifiziert oder berechnet und bei verschiedenen Werten interpoliert, d. h., Eigenschaften eines Elements sind nicht konstant (im Gegensatz zum isothermen Knoten bei der Finite-Differenzen-Methode).

Die FE-Methode berechnet einen expliziten Ausdruck für die Temperatur, basierend auf bekannten Funktionen, die den bestimmenden Differenzialgleichungen und den Randwerten eines Elements genügen. Die Methode ist sehr vielseitig. Es lassen sich statische, dynamische, thermische und elektromagnetische Probleme lösen, ebenso nichtlineare Probleme (Verformungen, nicht-lineare Materialeigenschaften, Kontaktprobleme).

Dass die FE-Methode in der Thermalanalyse weniger gebräuchlich ist, hat seine Gründe. Da die Genauigkeit der Ergebnisse einer FE-Analyse mit der Anzahl der Elemente bzw. mit der Feinmaschigkeit des Netzes steigt, benötigt ein Finite-Elemente-Modell üblicherweise mehrere hundert Elemente, um adäquate Ergebnisse zu erbringen. Dies ist ein Nachteil bei der Berechnung thermischer Probleme, da, wie weiter oben gezeigt wurde, jedem Element (Knoten) als Ergebnis eine Temperatur zugeordnet wird, die aber in dieser Anzahl für ein thermisches Analyseergebnis nicht benötigt werden.

Diffusionsknoten (Knoten mit Masse) und Randknoten sind auch bei der FE-Methode üblich, jedoch können arithmetische Knoten (solche ohne Masse) nicht eingesetzt werden. Auch kann die FE-Methode einem größeren Körper (zum Beispiel einem elektronischen Gerät) nicht einen einzelnen Knoten zuweisen, so wie es für das Finite-Differenzen-Verfahren gebräuchlich ist. Für typische thermische Analysen wird ein FE-Modell deshalb immer sehr viel größer als notwendig sein. Auch gekrümmte Oberflächen, wie Konusse und Zylinder, benötigen weit mehr finite Oberflächenelemente, um die Konfiguration zu beschreiben als bei der Finite-Differenzen-Methode. Bei letzterem Verfahren genügt oft ein 360°-Knoten, was bei der FE-Methode nicht möglich ist. Während bei Strahlungsaustausch nach der Monte-Carlo-Methode die wahre Oberflächenbeschreibung von gekrümmten Flächen akzeptiert wird, werden bei der FE-Methode diese Flächen durch ebene Elemente oder durch eine polynomische Anpassung angenähert. Dadurch kann die Genauigkeit bei der Bestimmung der Strahlungsaustauschfaktoren beeinträchtigt werden, was wiederum durch Erhöhung der Elementanzahl zu kompensieren ist. Die Kombination von erhöhter Anzahl der Oberflächenelemente und resultierenden Austauschfaktoren kann außerdem die Komplexität und Dauer einer Thermalrechnung beträchtlich erhöhen.

4

4.3.3.3 Verifikation durch Test

Nach der analytischen Entwurfsphase und dem Bau der Hardware schließt sich die Testphase an, in der nachgewiesen wird, ob die Hardware die spezifizierten Anforderungen erfüllt. Man unterscheidet meist drei Test-Kategorien:

Entwicklungstests werden bereits sehr früh im Programm absolviert, um neue technische Konzepte auf ihre Brauchbarkeit zu überprüfen und Risiken zu reduzieren, bevor mit dem Bau der Flughardware begonnen wird. Erfahrungen, die in Entwicklungstests gewonnen werden, fließen in Testprozeduren für Qualifikations- und Abnahmetests ein.

Mit **Qualifikationstests** wird formal nachgewiesen, dass der Entwurf und der Herstellprozess Flughardware produzieren, die den gestellten Anforderungen genügt. Mit diesen Tests werden Abnahmetestprozeduren einschließlich Testverfahren, Instrumentierung und notwendige Software validiert. Um diese Zielsetzung zu erreichen, sind die Testbedingungen härter als die zu erwartenden Flugbedingungen. Qualifikationshardware wird deshalb nicht geflogen.

Abnahmetests (im Englischen „acceptance tests") sind ebenfalls formale Tests, die die Eignung eines Liefergegenstands für seinen Verwendungszweck als Flughardware demonstrieren. Die Tests sollen bezeugen, dass die spezifizierten Anforderungen eingehalten werden und dass keine verdeckten Fehler aufgrund der handwerklichen Ausführung und der getroffenen Materialauswahl vorliegen.

In den genannten Testkategorien werden verschiedene thermische Tests durchgeführt:

Im **thermischen Zyklentest** wird das Testobjekt wechselweise kalten und warmen Temperaturen ausgesetzt. Auf Geräteebene wird dieser meist in Luft oder unter Stickstoffgas ausgeführt. Die dabei entstehende Konvektion hilft, einen schnellen Wechsel zwischen den Temperaturextremen zu erreichen. Der mit zyklischen Temperaturwechseln erzeugte thermische Stress soll verborgene Schwachstellen im Material und etwaige Fehler während der Integration des Testobjekts aufdecken. Als zweites Testziel werden Funktionstests durchgeführt, die bei den extremen Temperaturniveaus erfolgreich sein müssen.

Im **thermischen Vakuumtest** wird das Testobjekt ebenfalls Temperaturzyklen ausgesetzt. Da hier die Konvektion unterbunden ist, repräsentiert dieser Test am ehesten die wirklichen Weltraumbedingungen, sodass realistische Funktionstests durchgeführt werden können. Da hier der Wechsel zwischen den extremen Temperaturen weniger schnell vonstatten geht (fehlende Konvektion), hat die Einwirkung von thermischem Stress eine untergeordnete Bedeutung.

Der **thermische Gleichgewichtstest** (im Englischen „thermal balance test") wird üblicherweise auf Subsystem- oder Systemebene durchgeführt und ist meist Teil des vorher beschriebenen thermischen Vakuumtests. Er ist der wichtigste Test für das thermische Subsystem und hat zwei bedeutende Aufgaben:

- Verifikation des thermischen Entwurfs,
- Korrelation mit dem mathematischen Simulationsmodell.

Bei diesem Test werden für Flugbedingungen, die für den Entwurf des Thermalsystems bestimmend sind, Gleichgewichtstemperaturen ermittelt und diese mit den analytischen Vorhersagen, die mit dem mathematischen Thermalmodell errechnet wurden, verglichen. Nach erfolgter Korrelation können mit dem so verifizierten mathematischen Modell die **Temperaturvorhersagen** für die Flug-

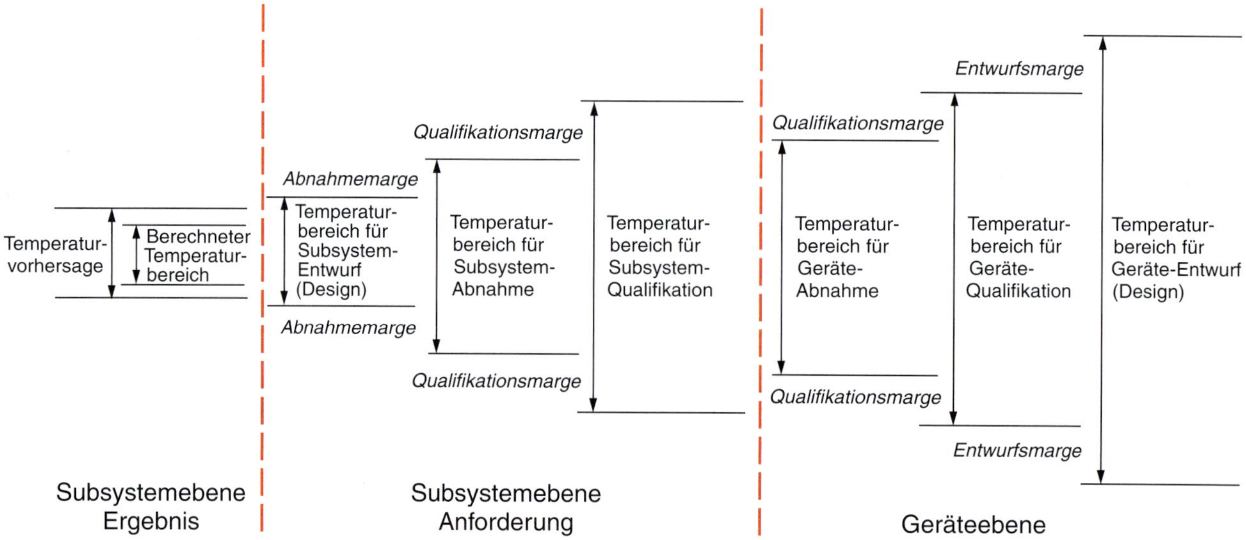

Bild 4.3.17: *Temperaturdefinitionen auf Geräte- und Systemebene (nach [4.3.9]).*

phase des Raumfahrzeugs durchgeführt werden. Testfälle beinhalten meist warme und kalte Flugbedingungen, um alle Aspekte des Subsystementwurfs abzudecken, einschließlich Betrieb des Heizersystems, Dimensionierung der Radiatoren und kritischer Wärmeflüsse. Für komplexe Satellitenkonfigurationen kann in den großen europäischen Testkammern zusätzlich die Sonneneinstrahlung simuliert werden. In letzter Zeit wird diese Möglichkeit wegen der hohen Kosten immer weniger genutzt. Dieser Trend wird unterstützt durch die hohe Qualität und Zuverlässigkeit heutiger Computer-Simulationsprogramme, die Effekte der Sonneneinstrahlung auf Satelliten mit hoher Sicherheit vorhersagen können. Bei der Festlegung der Testtemperaturen werden die spezifizierten Bandbreiten für die operationellen und nicht-operationellen Temperaturen und die Grenztemperatur für das Einschalten der Geräte zugrunde gelegt. Sie sind in Bild 4.3.17 definiert.

4.3.4 Technische Lösungen

4.3.4.1 Überblick

Zur Optimierung des Thermalhaushalts wird eine Kombination von Techniken eingesetzt, die an ausgewählten Stellen des Raumfahrzeugs den Wärmefluss durch Leitung und Strahlung vermindern oder verstärken bzw. durch erzwungene Konvektion deutlich erhöhen. Die wichtigsten Verfahren sind folgende:

- Verminderung des Strahlungsaustauschs durch **Mehrlagenisolation (MLI),**
- Verstärkung bzw. Verminderung des **Strahlungsaustauschs** durch **Oberflächen** mit hohen bzw. niedrigen Absorptions- und Emissionskoeffizienten (z. B. schwarze Farbe bzw. metallische Oberflächen),
- Optimierung des **Abstrahlverhaltens** von Radiatoren durch **Oberflächen** mit geringem Absorptionsvermögen im solaren Spektrum und gleichzeitig hohem Emissionsvermögen im infraroten Bereich,
- Beeinflussung des Abstrahlverhaltens durch Geometriegestaltung und Stabilisation (Beipiel HELIOS A und B),
- aktive Beeinflussung des Abstrahlverhaltens von Radiatoren durch Einsatz von **jalousieartigen Blenden** (Louver), die sich aufgrund einer vorbestimmten Temperatur automatisch öffnen oder schließen, oder durch elektrisch veränderbare Emissionskoeffizienten,
- Verwendung von **Materialien** mit hoher thermischer Leitfähigkeit (Aluminium, hoch leitende Kohlefasern) und solchen mit geringer thermischer Leitfähigkeit (Kunststoffe),
- Einsatz von **Zwei-Phasen-Kühlkreisläufen** zum effizienten Wärmetransport zwischen entfernten Bereichen im Satelliten (Wärmerohre, Loop Heat Pipes),
- Verwendung von **Heizelementen** zur Temperaturregulierung und -stabilisierung von dedizierten Bauteilen,
- Aufnahme, Transport und Abgabe von Wärme durch einen geschlossenen Kühlkreislauf, der von einer Pumpe angetrieben wird und dessen Wärmeträger in der Regel ein inkompressibles Fluid ist.

Im Folgenden wird auf die wichtigsten dieser Verfahren näher eingegangen.

4.3.4.2 Thermische Isolation

Thermische Isolationen werden eingesetzt, um den Wärmefluss zwischen zwei Temperaturbereichen zu vermindern. Es können homogene Materialien mit geringer Wärmeleitfähigkeit eingesetzt werden (Kunststoffe, Schäume), die die Wärmeleitung vermindern, oder Mehrlagenisolationen, die den Wärmeaustausch durch Strahlung reduzieren, da jede Lage als Strahlungsschild wirkt.

Mehrlagenisolation (MLI), die sehr häufig in der Thermalkontrolle von Raumfahrzeugen eingesetzt wird, reduziert den Wärmefluss von und zu einer Komponente und vermindert Temperaturfluktuationen bei variierenden externen Strahlungsverhältnissen. Typische Anwendungen sind:

- Reduktion des Wärmeflusses in einen kryogenen Treibstofftank, um Verdampfungsverluste zu minimieren,
- Reduktion von Wärmeverlusten einer Komponente, um die Heizleistung zu verringern, die notwendig ist, um die Komponente in den spezifizierten Temperaturgrenzen zu halten,
- Isolation eines Satelliten, um den Wärmeverlust während Schattenphasen zu vermindern und den Wärmeeintrag bei direkter Sonneneinstrahlung zu reduzieren. Dadurch wird die interne Temperaturvariation aufgrund der wechselnden Umwelteinflüsse stark vermindert.

Thermische Isolation kann auch durch konstruktive Maßnahmen erreicht werden, wenn Kräfte oder Momente in einem isolierten System von einem Ort hoher Temperatur zu einem Ort tiefer Temperatur oder umgekehrt übertragen werden müssen. Bei dieser nicht konventionellen Isoliertechnik wird die Isolierwirkung von Kugelkontaktflächen ausgenutzt, d. h., handelsübliche Wälzlagerkugeln aus Stahl oder Glas werden als „Schicht" zwischen zwei oder mehrere Metallplatten oder zylindrisch angeordnete Röhren verspannt [4.3.11]. Je nach Bauart, Krafteinwirkung und Materialeigenschaft ergeben sich unterschiedliche thermische Widerstände bzw. Wärmeflüsse.

MLI besteht aus mehreren Lagen **Kunststofffolien** (Polyester oder Polyamide), die zur Verminderung der Wärmeleitung durch Kunststoffnetze getrennt werden. Zur Reduktion des thermischen Strahlungsaustauschs sind die Folien beidseitig mit Aluminium beschichtet ($\varepsilon \leq 0{,}025$).

4

Die Dicke der Folien liegt zwischen 15 und 50 µm, die der Aluminiumschicht bei etwa 25 nm. MLI erzeugt ihre gute Isolationswirkung im Vakuum, da hier die Wärmeleitung über Gas vermieden wird. Die Folien werden deshalb perforiert, um während des Evakuierens die MLI nicht zu beschädigen und den verbleibenden Restdruck zu vermindern. Er sollte unter 10^{-8} Pa liegen.

Theoretisch lässt sich die **Emissivität** einer evakuierten MLI mit n Folien, die sich nicht berühren, also bei der weder Gasleitung noch Festkörperleitung stattfindet, wie folgt berechnen:

$$\varepsilon = \frac{1}{\frac{1}{\varepsilon_1} + \frac{1}{\varepsilon_2} - 1} \left(\frac{1}{n+1} \right) \tag{4.3.35}$$

wobei ε_1 und ε_2 die Emissivitäten der beiden Folienseiten bedeuten. In der Praxis stellen sich diese idealen Verhältnisse nicht ein, und man definiert eine **effektive Emissivität** ε^* bzw. eine **effektive Wärmeleitfähigkeit** k^*, die sich aus Testergebnissen ableiten:

$$\varepsilon^* = \frac{\dot{Q}}{F\,\sigma\,(T_w^4 - T_k^4)} \tag{4.3.36}$$

$$k^* = \frac{d\,(\dot{Q}/F)}{T_w - T_k} \tag{4.3.37}$$

$\dot{Q}$ Wärmetransport durch die MLI
F Oberfläche der MLI
T_W, T_K Temperatur der warmen und kalten MLI Seite
d Dicke der MLI

In Tabelle 4.3.4 sind für MLI mit verschiedener Folienanzahl und Temperatur gemessene Werte für ε^* und k^* zusammengefasst.

Jedoch sind die theoretischen und gemessenen Werte, die auf der Basis von großen und flachen MLI-Matten basieren, nicht ausreichend, um die tatsächliche Effektivität der MLI im integrierten Zustand vorherzusagen, da folgende Faktoren die Isolationswirkung einer MLI verschlechtern:

Tabelle 4.3.4: *Effektive Leitfähigkeit und Emissivität von 10- und 20-lagigen MLI [4.3.12].*

T* (in °C)	10 Lagen		20 Lagen	
	k* W/(m² · K)	ε*	k* W/(m² · K)	ε*
−85	$0{,}5 \cdot 10^{-2}$	$2{,}7 \cdot 10^{-3}$	$0{,}4 \cdot 10^{-2}$	$2{,}2 \cdot 10^{-3}$
−45	$1{,}4 \cdot 10^{-2}$	$3{,}6 \cdot 10^{-3}$	$1{,}0 \cdot 10^{-2}$	$2{,}5 \cdot 10^{-3}$
+10	$2{,}1 \cdot 10^{-2}$	$3{,}6 \cdot 10^{-3}$	$1{,}3 \cdot 10^{-2}$	$2{,}3 \cdot 10^{-3}$
+50	$2{,}9 \cdot 10^{-2}$	$3{,}8 \cdot 10^{-3}$	$2{,}1 \cdot 10^{-2}$	$2{,}6 \cdot 10^{-3}$
71	$3{,}9 \cdot 10^{-2}$	$4{,}2 \cdot 10^{-3}$	$2{,}8 \cdot 10^{-2}$	$3{,}0 \cdot 10^{-3}$

T^* durchschnittliche Temperatur der MLI

- Verbleibende **Restgase** zwischen den Folien, die auch durch ständiges Ausgasen des Materials entstehen können,
- **Kompression** der MLI während des Installationsvorgangs und durch Temperaturänderung bedingte Kontraktion,
- **Überlappungen** einzelner MLI-Matten, MLI-Nähte und Säume, Druckstellen durch Umlenkungen,
- Befestigungs- und Erdungsmethode,
- Anzahl, Größe und Lage von **Perforationen,** die zur besseren Evakuierung benutzt werden.

Generell sinkt die Effektivität einer MLI mit der Komplexität der zu isolierenden Konfiguration bzw. mit der Anzahl und der geringen Größe der Einzel-MLI-Matten sowie mit der Anzahl der notwendigen Überlappungen. Zur Illustration dieses Sachverhaltes sind in Bild 4.3.18 theoretische Werte mit verschiedenen Testwerten von installierten MLI verglichen.

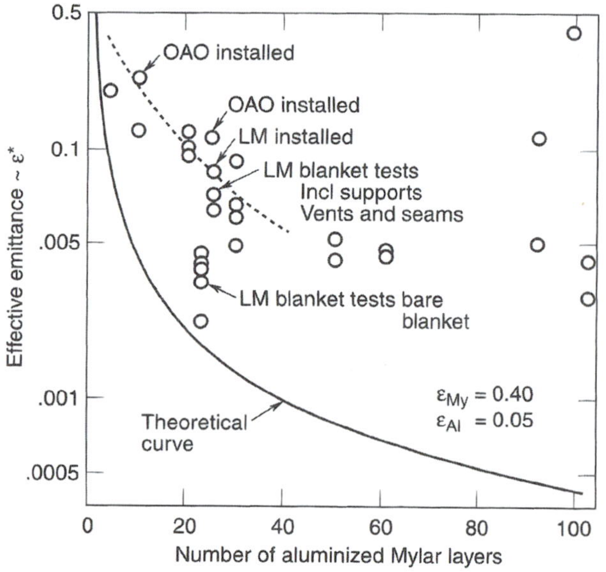

Bild 4.3.18: *Effektive MLI-Emissivität in Abhängigkeit von der Anzahl der Lagen [4.3.6].*

In der Praxis wird in der Entwicklungsphase eines Satelliten zunächst mit **effektiven Emissivitäten** zwischen 0,01 und 0,03 gerechnet, wobei der höhere Wert für komplexe Konfigurationen zugrunde gelegt wird. Ein Fehler in der Bewertung der MLI-Effektivität wirkt sich vor allem im Temperaturniveau des Satelliten aus. Basierend auf Ergebnissen des thermischen Vakuumtests hat man dann Gelegenheit, dieses Niveau durch Trimmen der MLI im Bereich der Radiatoren anzupassen.

In Missionen zu Planeten, die eine eigene Atmosphäre besitzen, lässt sich die beschriebene, für das Vakuum optimierte MLI nicht einsetzen. Auf dem Mars herrscht zum Beispiel eine CO_2-Atmosphäre von 6 ... 10 mbar.

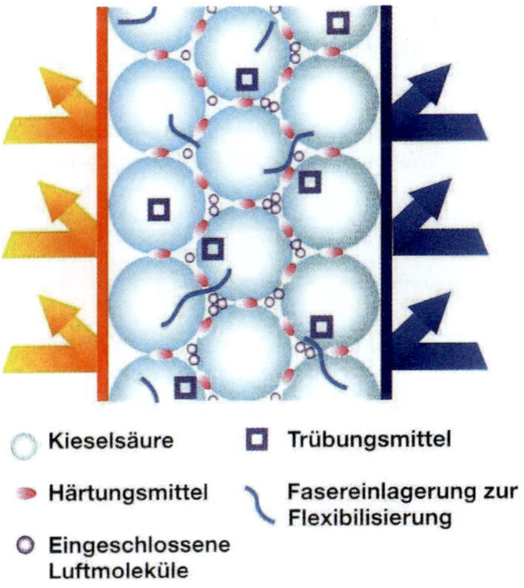

Bild 4.3.19: *Funktion des auf Kieselsäure basierenden Isolationssystems [4.3.13].*

Für diesen Anwendungsfall lässt sich eine Isolation mit **mikroporöser Molekularstruktur** einsetzen, die in neuerer Zeit für den terrestrischen Einsatz entwickelt wurde (Vakuum-Isolationspaneele für die Bauindustrie). Sie basiert auf pulverförmiger, hoch disperser Kieselsäure, bei der Moleküle nur Punktkontakt haben und zusätzlich durch ein Härtungsmittel getrennt sind (Bild 4.3.19). Dadurch wird die Festkörper-Wärmeleitung stark minimiert [4.3.13]. Die Abmessungen der verbleibenden Hohlräume sind geringer als die freie Weglänge des eingeschlossenen Niederdruck-Gases, sodass auch die dem Gas zuzuordnende Wärmeleitung praktisch unterbunden wird. Zusätzlich wird durch Zugabe von pulvrigem Infrarot-Trübungsmittel auch der Wärmetransport durch Strahlung minimiert.

Thermische Tests haben in der Tat ergeben, dass bis zu einem Gasdruck von etwa 10 mbar die Wärmeleitfähigkeit auf einem sehr niedrigen und konstanten Wert von knapp 4 mW/(m K) verbleibt (Bild 4.3.20).

Durch Verpressen des Materials lassen sich Platten und Formstücke herstellen, die durch Fräsen und Bohren

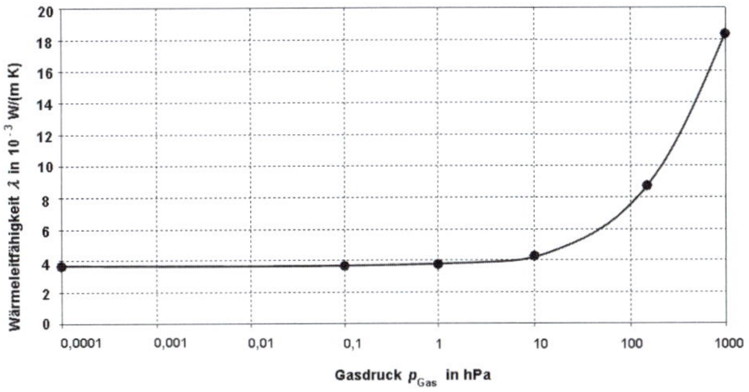

Bild 4.3.20: *Einfluss des Gasdrucks auf die thermische Leitfähigkeit von Kieselsäure-Isolation [4.3.13].*

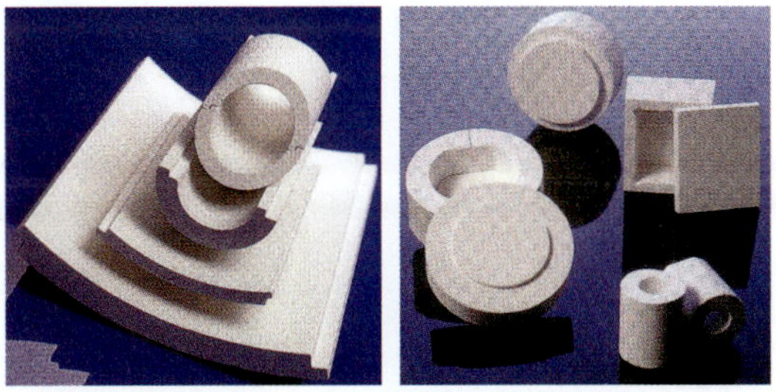

Bild 4.3.21: *Isolationsformstücke [4.3.13].*

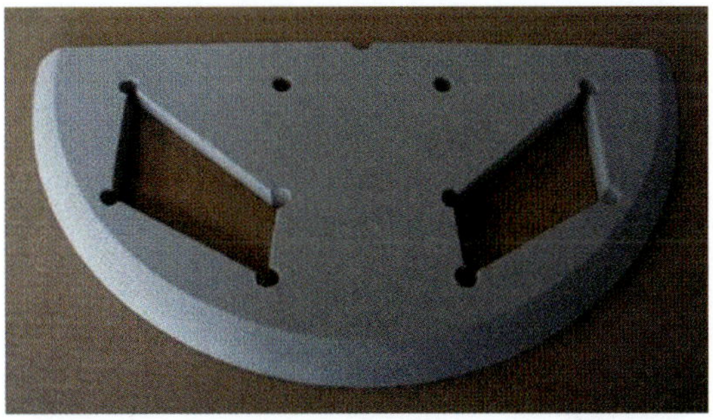

Bild 4.3.22: *Durch Fräsen bearbeitetes Isolationswerkstück.*

zu beliebigen **Isolationsstücken** verarbeitet werden können (Bild 4.3.21). Bild 4.3.22 zeigt die Bodenplatte eines Isolationsaufbaus für eine Mars-Sonde [4.3.14].

4.3.4.3 Zwei-Phasen-Kühlkreisläufe

Bei Zwei-Phasen-Kühlkreisläufen wird die Verdampfungswärme einer Flüssigkeit zwischen einer Verdampfungs- und einer Kondensationszone übertragen. Die einfachste Form einer solchen Vorrichtung ist das **Wärmerohr** (die englische Bezeichnung **Heat Pipe** ist auch im deutschen Sprachbereich gebräuchlich).

Nach Bild 4.3.23 besteht ein Wärmerohr aus einem hermetisch abgeschlossenen, zylindrischen Rohr, in dem an der Innenwand eine Kapillarstruktur (Docht) angeordnet ist. Nach dem Evakuieren wird das Wärmerohr mit einer **Wärmeträgerflüssigkeit** gefüllt, wobei die Menge so bemessen wird, dass gerade die Kapillarstruktur gesättigt ist. Leitet man nun Wärme in den Verdampfer und kühlt den Kondensatorbereich, strömt der entstehende Dampf zur Kühlzone und kondensiert dort unter Wärmeabgabe. Das Kondensat wird anschließend durch die Kapillarkraft der Dochtstruktur in den Verdampfungsbereich zurückgeführt.

Wärmerohre arbeiten völlig passiv und ohne äußere Energiezufuhr. Da Verdampfung und Kondensation bei etwa der gleichen Temperatur stattfinden, kann Wärme mit sehr kleiner Temperaturdifferenz übertragen werden. In der Praxis stellen sich Temperaturunterschiede aufgrund der radialen Widerstände in der Verdampfungs- und Kondensatorzone und durch die Druckverluste im strömenden Fluid ein.

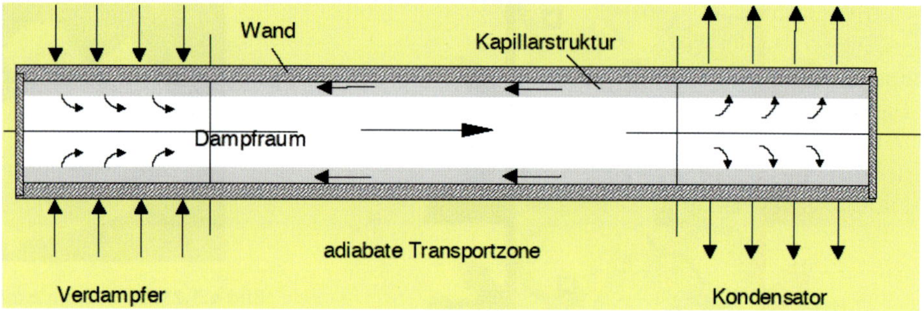

Bild 4.3.23: *Arbeitsprinzip eines Wärmerohrs [4.3.15].*

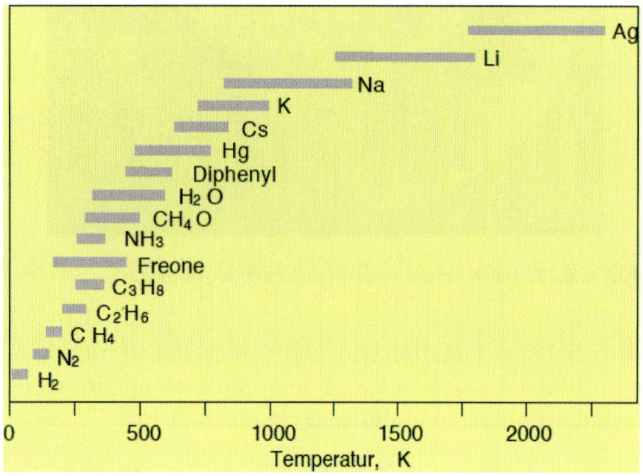

Bild 4.3.24: *Operationelle Temperaturbereiche einiger Wärmerohrflüssigkeiten [4.3.15].*

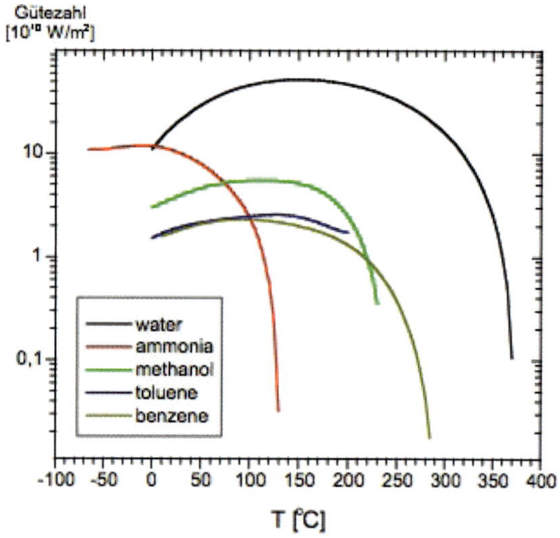

Bild 4.3.25: *Gütezahl einiger Wärmerohrflüssigkeiten.*

Der **Temperaturbereich**, in dem Wärmerohre arbeiten, ist theoretisch nach unten durch den Gefrierpunkt und nach oben durch den kritischen Punkt der verwendeten Flüssigkeit begrenzt. In Bild 4.3.24 sind diese Bereiche für einige Flüssigkeiten angegeben.

Ein weiteres Kriterium für die Leistungsfähigkeit eines Wärmerohrs sind die **thermo-hydraulischen Eigenschaften** der eingesetzten Flüssigkeit. Flüssigkeiten mit hoher Verdampfungswärme κ, Dichte ρ und Oberflächenspannung τ sowie niedriger dynamischer Viskosität η sind am besten geeignet. Zur Beurteilung wird die **Gütezahl** G eingeführt:

$$G = \frac{\kappa \rho \tau}{\eta} \qquad (4.3.38)$$

Sie ist für einige Flüssigkeiten in Bild 4.3.25 über der Temperatur aufgetragen. Aus dieser Abbildung ist auch die starke Temperaturabhängigkeit der Flüssigkeitseigenschaften ersichtlich. Als Faustformel gilt, dass Flüssigkeiten für den mittleren Temperaturbereich die größte Leistungsfähigkeit bei ihrem normalen Siedepunkt (1 bar) besitzen.

Die Wahl der **Wärmerohrflüssigkeit** wird auch aufgrund ihrer **Kompatibilität zum Wandmaterial** des Wärmerohrs bestimmt. Aus der Literatur sind Materialkombinationen bekannt, die nicht zu Korrosion bzw. Bildung von nicht-kondensierbaren Gasen führen. Die Informationen zur Kompatibilität von Materialien in Tabelle 4.3.5 sind aus [4.3.16] entnommen.

Tabelle 4.3.5: *Kompatibilität von Wärmerohrmaterialien.*

Wandmaterial	Wasser	Azeton	Ammoniak	Methanol
Kupfer	KE	KE	EE	KE
Aluminium	GEA	KL	KE	EE
Rostfreier Stahl	GEH	WK	KE	GEH
Nickel	WK	WK	KE	KL

KE Kompatibilität durch erfolgreichen Einsatz nachgewiesen
KL Kompatibilität in der Literatur bestätigt
WK Wahrscheinlich kompatibel
EE Einsatz wird nicht empfohlen
KU Kompatibilität unbekannt
GEA Gas entsteht bei allen Temperaturen
GEH Gas entsteht bei hohen Temperaturen

Die Leistungsfähigkeit eines Wärmerohrs hängt entscheidend von der Größe des **Kapillardrucks** ab, der mit der eingesetzten Kapillarstruktur erzeugt werden kann. Dampf und Flüssigkeit bilden ein geschlossenes Strömungssystem, wobei der Druckgewinn durch Kapillarität den Druckverlusten in der Flüssigkeits- und Dampfströmung gegenübersteht. In allen Operationszuständen gilt

$$\Delta p_c = \Delta p_f + \Delta p_d \tag{4.3.39}$$

Δp_c Kapillardruck
Δp_f Druckverlust in der Flüssigkeit
Δp_d Druckverlust im Dampf

Der Kapillardruck Δp_c, d. h. die Druckdifferenz an einer gekrümmten Flüssigkeitsfläche mit dem Krümmungsradius r, berechnet sich allgemein aus:

$$\Delta p_c = 2\frac{\tau}{r} \tag{4.3.40}$$

Nimmt die Wärmezufuhr ins Wärmerohr zu, erhöhen sich die Geschwindigkeiten in der Dampf- und Flüssigkeitsströmung und damit die Druckverluste. Das Wärmerohr versagt, wenn die Strömung abbricht, d. h. wenn die Druckverluste in der Strömung größer werden als der Druckgewinn durch Kapillarität.

Gebräuchliche **Kapillarstrukturen** sind u. a. offene **Axialrillen** oder eine Kombination aus mehreren **metallischen Drahtnetzen** (Bild 4.3.26), die an der Innenwand des Wärmerohrs angebracht sind.

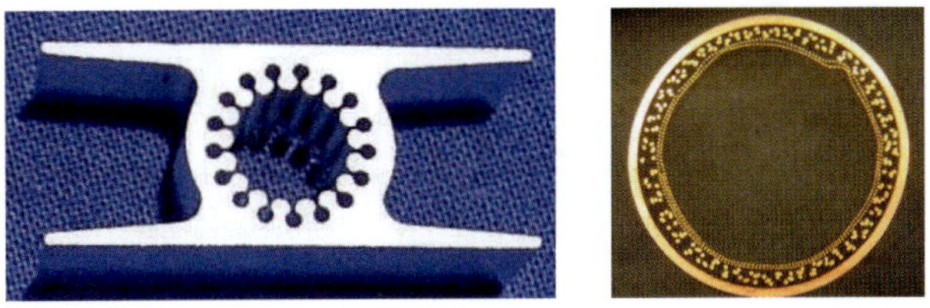

Bild 4.3.26: *Kapillarstrukturen: Axialrillen (links), Drahtnetz-Lagen (rechts).*

Axialrillen haben den Vorteil, dass sie durch ein Strangpressverfahren direkt in das Profil eingebracht werden können und so eine hohe Reproduzierbarkeit besitzen. Von den gebräuchlichen Werkstoffen lassen sich Axialrillenprofile nur aus einigen weichen Aluminiumlegierungen mit dem Strangpressverfahren herstellen. **Aluminium** als eingeführter, leichter Strukturwerkstoff ist nach Tabelle 4.3.5 mit **Ammoniak** kompatibel. Wärmerohre mit dieser Materialkombination arbeiten im Temperaturbereich von etwa -40 ... +80 °C und sind mit Axialrillen ausgestattet, die am häufigsten verwendeten Wärmerohrtypen in der Raumfahrt. Typische Anwendungen sind in Radiatorstrukturen eingebettete Rohre (Bild 4.3.27) und Nord-Süd-Verbindungen in Satelliten (Bild 4.3.28).

Bild 4.3.27: *Wärmerohrprofil, integriert in eine Sandwich-Struktur.*

Bild 4.3.28: *Wärmerohre verbinden die Nord- und Südseite des deutschen Rundfunksatelliten TV-Sat [4.3.17].*

Um thermische Radiatoren besser auszunutzen, werden neuerdings Nutzlastkomponenten entwickelt, die bei Temperaturen von 100 ... 200 °C arbeiten. Da für diesen Bereich Ammoniak-Aluminium-Wärmerohre nicht geeignet sind, ist die Entwicklung von **Wasser-Kupfer-Wärmerohren** begonnen worden [4.3.18]. Diese nach Tabelle 4.3.5 kompatible Kombination arbeitet entsprechend Bild 4.3.24 im gewünschten Temperaturbereich. Die bewährten Axialrillen werden hier mit einem galvanischen Verfahren hergestellt, indem Kupfer auf eine Aluminium-Negativform mit äußeren Axialrillen aufgebracht wird. Nach Herauslösen der Negativform mit einem chemischen Verfahren verbleibt ein dünnwandiges Kupferprofil, das aus Festigkeitsgründen in ein Aluminiumprofil eingelassen wird (Bild 4.3.29). Die beiden Hälften des Aluminiumprofils werden durch Strangpressen hergestellt und können mit integrierten Flanschen zur Anbindung an Satellitenstrukturen ausgestattet sein.

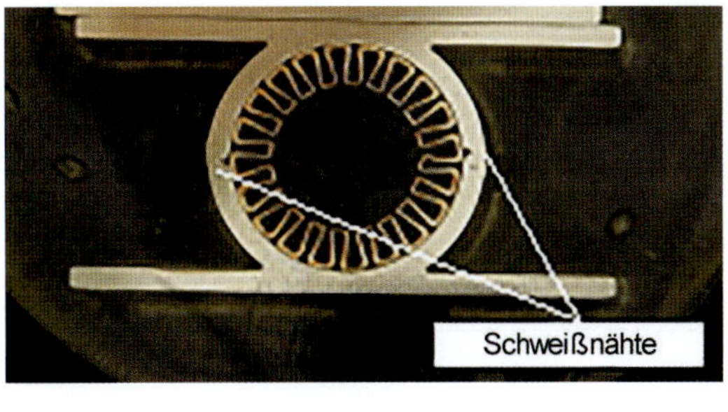

Bild 4.3.29: *Wasser-Kupfer-Wärmerohr.*

4

Die bisher vorgestellten Wärmerohre besitzen auf der gesamten Länge Kapillarstrukturen, deren Konstruktion widersprüchliche Kriterien zu erfüllen hat. Zum einem müssen die kapillar-wirksamen Abmessungen (Poren, Rillenbreite) klein sein, um große Kapillarkräfte zu erzeugen. Zum anderen erzeugen diese dichten Strukturen große Druckverluste in der strömenden Flüssigkeit, sodass hier jeweils ein Optimum gefunden werden muss. Die resultierende Kapillarkraft ist aber meist so gering, dass Wärmerohre nicht gegen die Schwerkraft arbeiten können, was bei Satellitentests eine genaue Ausrichtung des Testobjekts notwendig macht.

Diese Einschränkungen vermeiden die so genannten **Kreislauf-Wärmerohre** oder **Loop Heat Pipes** (LHP). Nach Bild 4.3.30 ist die Kapillarstruktur in diesen Geräten nur im Verdampfer angeordnet. Bei Wärmeeingabe in den Verdampfer strömt der entstehende Dampf in einem glatten, dünnen Rohr zum Kondensator, kondensiert dort und wird als Flüssigkeit in einem zweiten Rohr zurück zu einem Reservoir geleitet, das mit dem Verdampfer eine Einheit bildet. Wegen der örtlichen Begrenzung der Kapillarstruktur auf den Verdampfer, können sehr kleine Poren mit hoher Kapillarität eingesetzt werden, ohne hohe Druckverluste zu erzeugen. Heutige LHP (Bild 4.3.31) können mit beliebiger Ausrichtung zur Schwerkraft für Wärmeübertragungsraten von 1 ... 2 kW ausgelegt werden.

Die Führung des Fluids in getrennten Rohren lässt auch eine intelligente Steuerung des **Dampfstroms** in Abhängigkeit der Verdampfertemperatur zu. Entsprechend Bild 4.3.32 wird in der Dampfleitung ein Regelventil eingebaut, das Teile des Dampfstroms zum Radiator oder zurück zum Reservoir leitet.

Das **Ventil** (Bild 4.3.33) arbeitet über einen eingebauten Federbalg gegen einen Regeldruck, der entsprechend der zu regelnden Temperatur am Verdampfer eingestellt wird. Steigt die Verdampfertemperatur über einen vorbestimmten Regelwert, bewirkt der entsprechende Sättigungsdruck des Fluids, dass der Ventilschaft den Auslass zum Radiator weiter öffnet, sodass eine größere Menge Dampf im Radiator kondensiert. Dadurch fällt die Verdampfertemperatur. Wird die Regeltemperatur unterschritten, strömt eine größere Dampfmenge am Radiator vorbei über den Bypass zum Verdampfer zurück.

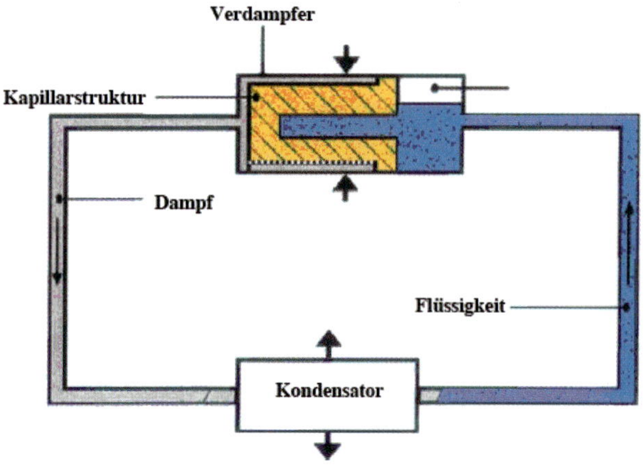

Bild 4.3.30: *Arbeitsprinzip einer Loop Heat Pipe.*

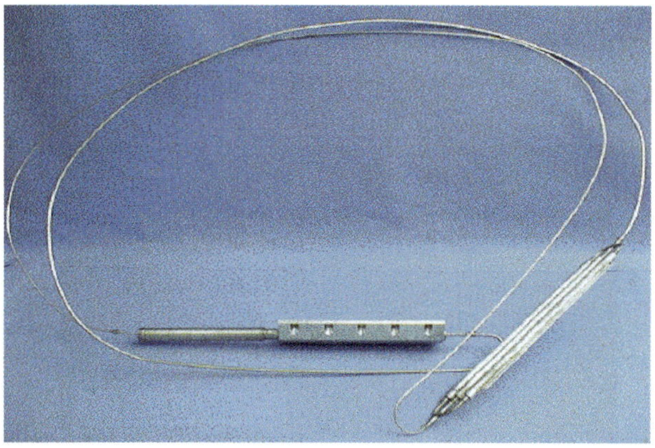

Bild 4.3.31: *Loop Heat Pipe (Bild: TAIS ltd.).*

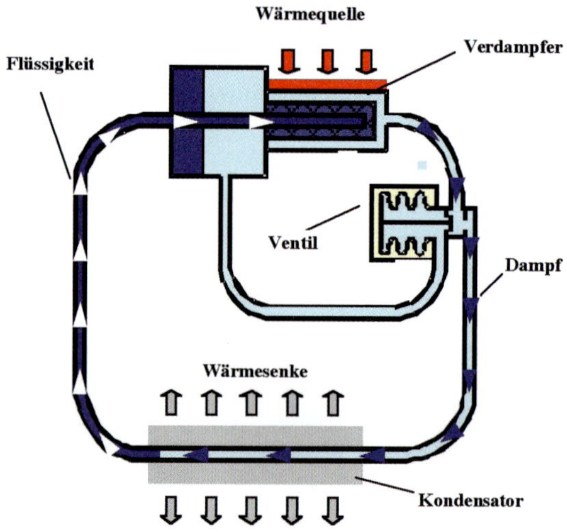

Bild 4.3.32: *LHP mit Regelventil.*

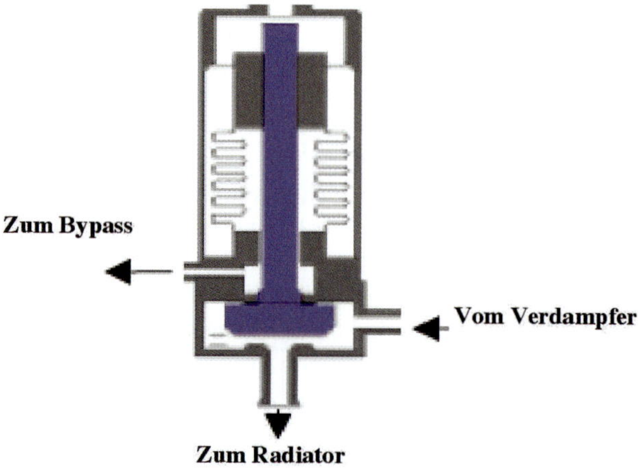

Bild 4.3.33: *LHP-Regelventil.*

4.3.4.4 Thermische Oberflächen

Alle sichtbaren Oberflächen eines Satelliten absorbieren oder emittieren thermische Strahlung und beeinflussen dadurch den Wärmehaushalt. Wichtig sind dabei die **Absorption der Sonnenenergie** und die **Emissivität im Infrarotbereich.** Im Inneren eines Satelliten sind alle Oberflächen meist mit schwarzer Farbe behandelt ($\alpha = \varepsilon = 0{,}8$), um einen guten Strahlungsaustausch zu gewährleisten.

Die äußere sichtbare Folie der MLI besteht aus Kapton (DuPont Markenname für Polyimid) mit mittleren Absorptions- und Emissionseigenschaften. In erdnahen Umlaufbahnen wird so genanntes **Beta Cloth** verwendet (ein Gewebe aus Beta-Silica-Fasern), da Kapton durch atomaren Sauerstoff degradiert.

Von großem Einfluss auf den Wärmehaushalt sind die thermo-optischen Eigenschaften der **Radiatoroberflächen.** Sie sollen unter direkter Sonneneinstrahlung wenig solare Energie absorbieren, jedoch ein großes Emissionsvermögen im Infrarotbereich haben. Eingesetzt werden sogenannte **Second Surface Mirrors** (SSM), die auch unter dem Namen **Optical Solar Reflectors** (OSR) bekannt sind. Sie bestehen zur Erzielung hoher Emissivität aus durchsichtigem Material (Quarzglas oder Teflon), das auf der Rückseite mit hochreflektierendem Silber oder Aluminium metallisiert ist, um die solare Absorption zu verringern (Bild 4.3.34).

Quarz-SSM werden als Plättchen verarbeitet, die eine ähnliche Größe wie Solarzellen haben (die für Solarzellen gebräuchlichen Quarz-Deckgläser werden auch für SSM eingesetzt), während **Teflon-SSM** als Folienstreifen verlegt werden. Beide Bauformen werden mit Acryl- oder Silikonkleber an der Radiatoroberfläche befestigt. Ergänzend zu Tabelle 4.3.4 sind in Tabelle 4.3.6 die α- und ε-Werte der genannten Oberflächen mit und ohne Alterung zusammengefasst.

Zur weiteren Verbesserung der Radiatoreigenschaften werden **jalousieartige Aufbauten** eingesetzt, deren Lamellen mit einem **bimetallischen Mechanismus** angetrieben werden (Bild 4.3.35).

Wenn die Temperatur ansteigt, zieht sich der bimetallische Aktuator zusammen, was zu einer Drehung der Lamelle in den offenen Zustand führt. In diesem Zustand wird die Wärmeabstrahlung erhöht. Bei einer Reduktion der Temperatur drehen sich die Lamellen in den geschlossenen Zustand, und abstrahlende Wärme von der darunterliegenden Radiatorfläche wird von den polierten Lamellen zurückreflektiert.

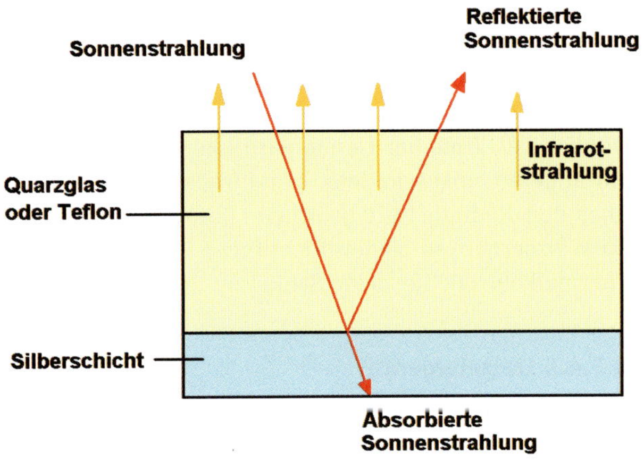

Bild 4.3.34: *SSM/OSR-Beschichtung.*

Tabelle 4.3.6: *α- und ε-Werte der gebräuchlichsten thermischen Oberflächen.*

Produkt	α Ohne Alterung	α Mit (5 Jahre)	ε Ohne Alterung	ε Mit (5 Jahre)
Quarz-SSM	0,08	0,2	0,8	0,8
Teflon-SSM	0,08	0,13	0,78	0,75
Weiße Farbe	0,26	0,44	0,88	0,88
Schwarze Farbe	0,96	0,91	0,91	0,84
Polyimid (Kapton)	0,4	0,67	0,7	0,73
Beta Cloth	0,24	0,35	0,88	0,88

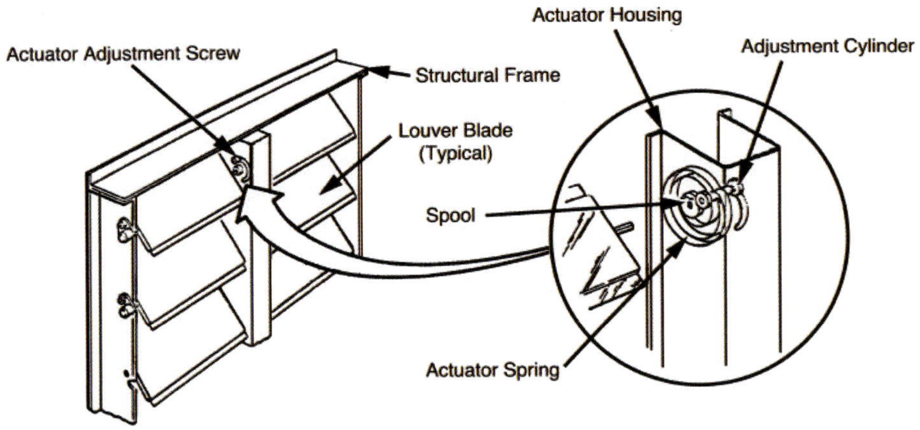

Bild 4.3.35: *Arbeitsprinzip der thermischen Jalousien (Bild: [4.3.19]).*

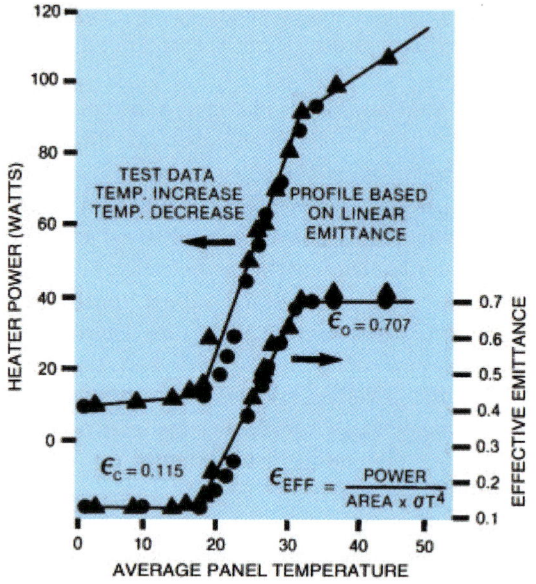

Bild 4.3.36: *Leistungsdaten einer thermischen Jalousie [4.3.19].*

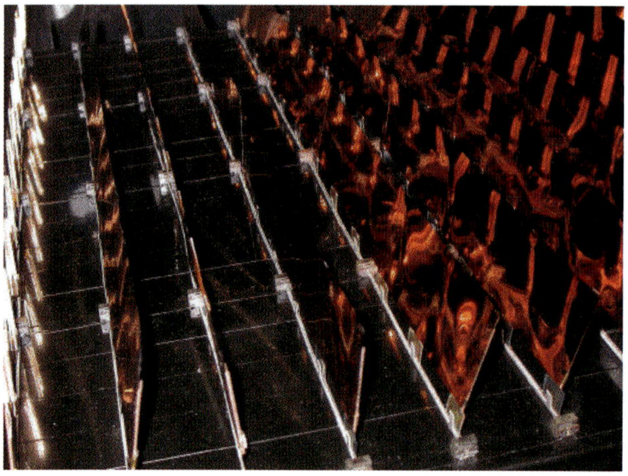

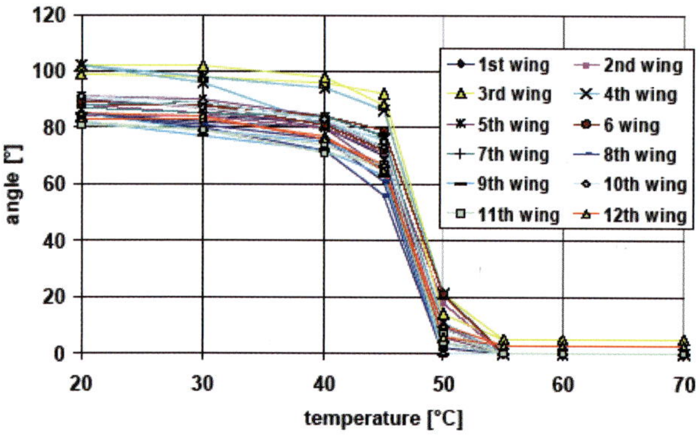

Bild 4.3.37: *Thermische Jalousie, die bei hohen Temperaturen schließt [4.3.20].*

Jalousieaufbauten können für verschiedene Temperaturdifferenzen zwischen den Zuständen ganz offen und ganz geschlossen gebaut werden. Üblich sind Differenzen zwischen 10 °C und 20 °C.

Typische **Leistungswerte** einer thermischen Jalousie sind in Bild 4.3.36 gegeben [4.3.19]. Die **effektive Emissivität** ist hier als das Verhältnis zwischen abgestrahlter Wärme von einer mit Lamellen bestückten Oberfläche und der von einer äquivalenten schwarzen Fläche definiert. Danach wird die maximal mögliche Emissivität einer Fläche mit einer völlig offenen Jalousie um etwa 30 % vermindert.

Während die in Bild 4.3.35 und Bild 4.3.36 dargestellten Lamellen bei steigender Temperatur öffnen, werden neuerdings auch Jalousien entwickelt, die sich bei niedrigen Temperaturen aufstellen, also hohe Abstrahlwärme des Radiators zulassen [4.3.20]. Wie in Bild 4.3.37 dargestellt, nehmen die Lamellen zwischen Temperaturen von 20 °C und 40 °C einen Winkel zur Radiatorfläche von etwa 80° ein. Bei etwa 45 °C beginnt der Schließvorgang, der bei 55 °C abgeschlossen ist. Die spezifische Emissivität, entsprechend der weiter oben gegebenen Definition, wurde für diesen Jalousie-Typ mit 86,5 % gemessen.

Diese Lösung kann auf den Ost- und Westseiten eines geostationären Satelliten angewendet werden, die periodisch der direkten Sonneneinstrahlung ausgesetzt sind. In einer praktischen Anwendung werden die Ost-/Westpaneele mit dissipierenden Geräten bestückt und mit Wärmerohren verbunden. Ist eine Seite der Sonne ausgesetzt, schließen die Lamellen und verhindern solare Absorption. Die Verlustwärme der Geräte wird über die Wärmerohre zur anderen, abgeschatteten Seite transportiert und dort über den Radiator mit geöffneter Jalousie abgestrahlt. Da Wärmerohre in beiden Richtungen arbeiten, ist diese Thermalkontrolle für beide Seiten des Satelliten möglich.

4.3.4.5 Heizelemente

Heizelemente werden benötigt, wenn eine untere thermische Betriebsgrenze eines Bauteils unbedingt eingehalten werden muss und nicht genügend Dissipationswärme erzeugt oder von der solaren Strahlung absorbiert werden kann. Ein Heizer ist im Prinzip nur ein **elektrischer Widerstand.** Strom wird durch einen dünnen Draht geleitet, der durch seinen spezifischen Widerstand elektrische Energie in Wärme umwandelt. Der Heizdraht, der meistens aus Kupfer besteht, ist zum Schutz und zur Isolation in eine thermoplastische Kunststofffolie eingebettet. Bild 4.3.38 zeigt den schematischen Aufbau eines solchen Heizelements.

Je nach Einsatz sind Heizer entweder ständig im Betrieb, werden mittels Sensoren ein-/ausgeschaltet, oder sie werden über eine Rückkopplung gesteuert, die die Stromstärke variiert. Dadurch wird eine konstante Bauteiltemperatur erzielt. Heizer werden nach [4.3.21] in folgenden Subsystemen eingesetzt:

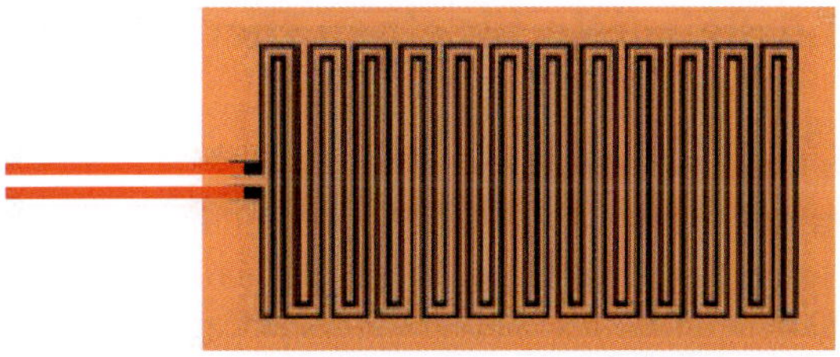

Bild 4.3.38: *Schematischer Aufbau eines Heizelements.*

- **Nutzlast:** als Wärmequelle zum Ausgleich wechselnder Betriebszustände,
- **AOCS:** Sensoren befinden sich im Allgemeinen an thermisch exponierten Stellen des Satelliten, zur Aufrechterhaltung der Betriebstemperatur sind Heizer erforderlich,
- **TMTC:** Ähnliches gilt für das Antennensystem,
- **Energieversorgung:** Batterien müssen sehr enge Temperaturgrenzen einhalten,
- **Antriebssystem:** Hydrazinsysteme benötigen Temperaturen > 9 °C, Zweistoffsysteme und Feststoffmotoren mindestens 0 °C. Die Komplexität von Tanks, Triebwerken und Rohrleitungen machen Heizer erforderlich.

Die Heizelemente können vom Boden ein- und ausgeschaltet werden. Die **Temperaturüberwachung** erfolgt durch Telemetrie und die **Steuerung** der Heizer durch Telekommando. Sie können aber auch automatisch an Bord des Satelliten kontrolliert und geregelt werden. Bei dieser Variante bieten sich folgende Möglichkeiten an:

- Mechanische Relais, überwacht von einem Mikroprozessor,
- Mechanische Schalter, die durch ein Bimetall gesteuert werden,
- Elektrische Schalter, kontrolliert durch eine HCU (Heater Control Unit) oder PCDU (Power Control and Distribution Unit) und gesteuert durch einen Regelkreis.

Für einen autonomen Regelkreis sind Stellwerte zum Ein- und Ausschalten gewöhnlich voreingestellt. Sich verändernde thermische Bedingungen erfordern mitunter die Anpassung der Stellwerte per Telekommando.

4.3.4.6 Pumpkühlkreisläufe

Pumpkühlkreisläufe ermöglichen den Transport einer größeren Menge thermischer Energie von einem Punkt zum anderen mittels erzwungener und flüssiger Konvektionskühlung. Bild 4.3.39 zeigt einen vereinfachten Pumpkreislauf, bestehend aus einer Kreislaufpumpe, einem Schnittstellen-Wärmetauscher und einer Wärmequelle.

In Wasserkreisläufen werden vorzugsweise Impellerpumpen eingesetzt, die sich durch eine gute Dichtwirkung am Pumpgehäuse und eine starke Ansaugwirkung in der

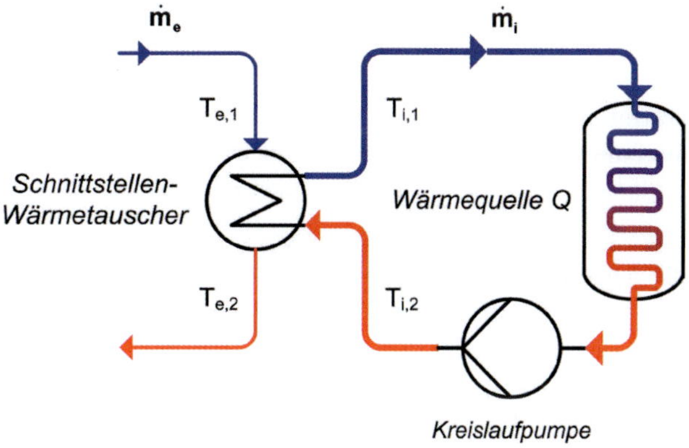

Bild 4.3.39: *Schematische Darstellung eines vereinfachten Pumpkreislaufsystems (Bild: DLR).*

Ansaugöffnung auszeichnen. Die Pumpe führt dem Fluid mithilfe des Impellers wieder Energie zu, wandelt also kinetische Energie in Druckenergie um. Ein Wärmetauscher aus Rohrleitungen und/oder von Kühlmittel durchströmten Platten leitet Wärme von einem Wärmeträger zum anderen, ist also eine thermale Schnittstelle von einem Kühlkreislauf zum anderen. An der Wärmequelle *Q* des inneren Kreislaufs i nimmt das Kühlmittel die Energie auf und transportiert sie mithilfe der Kreislaufpumpe bis zur ersten Wärmesenke, dem **Schnittstellen-Wärmetauscher**. Das inkompressible Kühlmittel wird wieder gekühlt in den Kreislauf zurückgeführt, sobald es die Energie durch den Wärmetauscher an den externen Kreislauf e abgegeben hat. Dieser ist in der Regel auch ein Pumpkreislauf, der die an dem Wärmetauscher aufgenommene Wärme zur nächsten Wärmesenke transportiert. Wärmequellen sind z. B. Wärme erzeugende elektronische Geräte. Weitere Wärmequellen können Nutzlast- oder kondensierende Wärmetauscher sein, die die Atemluft in der Kabine konditionieren.

Die Verlustenergie Y_V einer realen quasi-inkompressiblen Strömung innerhalb einer Rohrleitung unter schwerelosen Bedingungen kann durch die Bernoullische Strömungsgleichung ausgedrückt werden:

$$\left(\frac{p_1}{\rho}+\frac{v_1^2}{2}\right)-\left(\frac{p_2}{\rho}+\frac{v_2^2}{2}\right)=Y_{V12} \qquad (4.3.41)$$

p statischer Druck,
v Strömungsgeschwindigkeit innerhalb der Rohrleitung,
ρ Dichte des inkompressiblen Fluids.

Die Verlustenergie zwischen den Punkten 1 und 2 geht immer zulasten der Druckenergie, weil die Strömungsgeschwindigkeiten mit den Querschnitten durch die Kontinuitätsgleichung gekoppelt sind. Geschwindigkeiten sind deshalb durch den Strömungsverlust nicht beeinflussbar.

Dieser wird durch Reibung und Turbulenzen verursacht und in Wärme und unbedeutende Schallenergie umgewandelt. Unter der Annahme eines Rohrabschnitts mit stationären Bedingungen und unter Verwendung der allgemeingültigen Rohrkennzahlen und Verlustfaktoren lässt sich Gl. (4.3.41) wie folgt umschreiben:

$$\Delta p = p_2 - p_1 = -\rho\, Y_V = -\rho \frac{\overline{v}^2}{2}\left(f \frac{L}{D} + \zeta \right) \tag{4.3.42}$$

$\overline{v}$ mittlere Strömungsgeschwindigkeit einer laminaren oder turbulenten Geschwindigkeitsverteilung,
f Rohrreibungszahl für laminare oder turbulente Strömung,
L Länge des Rohrabschnitts,
ζ experimentelle Widerstandszahl für Armaturen.

Laminare oder turbulente Strömungsverluste verursachen demnach immer einen Druckverlust Δp, der von der Kreislaufpumpe auszugleichen ist. Erhöht sich z. B. die Verlustenergie einer in Reihe geschalteten Rohrleitung, so muss die Pumpe dem mit einer reduzierten Strömungsgeschwindigkeit entgegenwirken. Besteht das Rohrsystem aus verschiedenen geraden Abschnitten und Einbauteilen, wie Krümmern, T-Stücken oder Armaturen, so muss analog zur Elektrotechnik je nach Schaltung der Leitungen (parallel oder in Reihe) die algebraische Summe der Einzelverlustenergien Y_{Vi} gebildet werden. Die Gesamtverlustenergie und damit der gesamte Druckabfall sind ein wichtiger Treiber zur Auslegung der Kreislaufpumpe. Auf Kriterien und Richtlinien für den Entwurf eines Rohrleitungssystems, einer Kreislaufpumpe und eines Wärmetauschers wird hier nicht weiter eingegangen. Sie sind beispielsweise in [4.3.6] genauer dargelegt. Ein Entwurf für einen kondensierenden Wärmetauscher wird in Kapitel 5.2.1.5 vorgestellt.

Je nach thermischen Betriebsanforderungen und strömungstechnischen Eigenschaften wie dynamische Viskosität, spezifische Wärmekapazität oder Wärmeübertragungskoeffizient werden unterschiedliche Kühlmittel eingesetzt. Aber auch Kriterien wie Giftigkeit, Brennbarkeit oder Korrosionsfähigkeit spielen bei der Auswahl eine Rolle. In bemannten Raumfahrtsystemen haben sich Wasser, Ammoniak und halogenierte Kohlenwasserstoffe (wie Freon) bewährt. Wasser ist wegen seines Gefrierpunkts nur bei Betriebstemperaturen oberhalb von 0 °C verwendbar. Weil es eine hohe spezifische Wärmekapazität besitzt und bis 100 °C unter Normdruck (100 kPa) keine Zustandsänderung erfährt, ist Wasser ein bevorzugtes Kühlmittel. Ammoniak ist trotz seiner hohen Giftigkeit ein geeigneter Wärmeträger für Betriebstemperaturen unterhalb von −33 °C, weil es dann unter Normdruck im flüssigen Zustand vorliegt. Es ist daher als Wärmeträger für ein Kühlsystem außerhalb eines Raumfahrzeugs gut geeignet.

4.3.5 Beispiele für einen Thermalentwurf

4.3.5.1 TerraSAR-X

TerraSAR-X ist ein deutscher Fernerkundungssatellit, dessen primäre Nutzlast ein aktives Radargerät ist. Nähere Informationen über den Satelliten sind in Kapitel 8.7 zusammengefasst. Die Wahl einer Dämmerungsbahn (18:00 Uhr Lokalzeit des aufsteigenden Knotens) liefert gute Voraussetzungen für den Entwurf des Energieversorgungs- und Thermalsystems: Die Solarflächen sind fast senkrecht zur Sonne ausgerichtet, und es entstehen nur im Zeitraum um die Sommer-Sonnenwende Eklipsen mit einer Maximaldauer von 22 min.

Die treibenden Anforderungen an den **thermischen Entwurf** des Satelliten ergeben sich aus der Wahl einer sonnensynchronen Bahn und den verschiedenen Lagen der Primärnutzlast relativ zur Sonne (Bild 4.3.40):

- die Temperaturen der Bauteile und der Radarantenne in der nominellen Lage innerhalb der operativen Betriebsgrenzen zu halten,
- das Aufheizen der Radarantenne auf der zur Sonne schauenden Lage (Sun-Side Looking) weitgehend zu begrenzen,
- die Heizleistung in der Sicherheitslage (Safe Mode) zu minimieren.

Variationen in den Umweltbedingungen, Orientierungen, Betriebszeiten bzw. -häufigkeiten und den damit verbundenen Dissipationsraten der Bus- und Instrumenteinheiten führen zu den in der Tabelle 4.3.7 zusammengefassten **Hauptauslegungslastfällen.** Mit dem „heißen" bzw. „kalten Szenario" ist die Häufigkeit gemeint, mit der das Radargerät benutzt wird. Im **„heißen Szenario"** sollen bis zu 70 Aufnahmen pro Umlauf gemacht werden, und für jede Aufnahme muss eine 3-stufige Aufwärmsequenz durchlaufen werden. Der heiße Betrieb dient also zur Bestimmung der maximalen Temperaturen und damit zur Auslegung der Radiatoren in der nominalen Lage, während der sehr eingeschränkte Betrieb von elektronischen Komponenten in der Sicherheitslage zur Auslegung des Heizersystems dient. Je nach technischen Eigenschaften ergeben sich unterschiedliche **thermische Betriebsgrenzen** für Bus- und Instrumenteinheiten.

Man unterscheidet hier zwischen operativen, nichtoperativen und nominellen Grenzen. Die **operativen Grenzen** kennzeichnen den Bereich, in dem elektrische oder elektronische Baugruppen ohne Schädigung eingeschaltet werden können. Mit der unteren und oberen **nominellen Betriebsgrenze** ist jener Temperaturbereich gemeint, in dem ein elektrisches oder elektronisches Instrument die Funktionsanforderungen erfüllt. Die nominellen Grenzen entsprechen meistens den operativen. Die **nicht-operativen** gelten für den ausgeschalteten Zustand und für mechani-

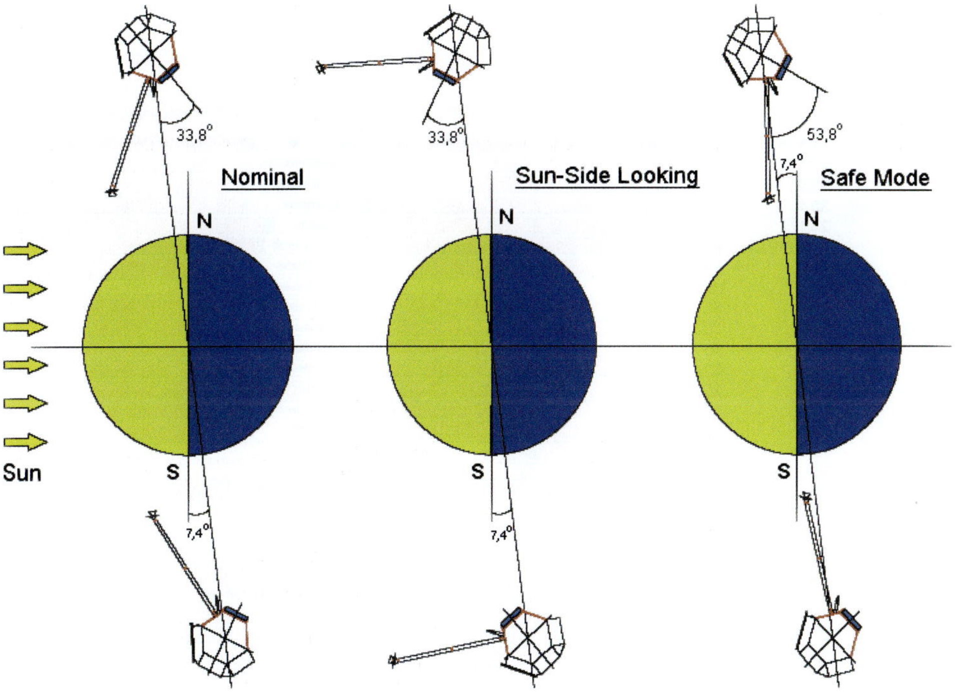

Bild 4.3.40: *Die drei Hauptlagen von TerraSAR-X innerhalb der Bahnebene relativ zur Sonne: Nominal, Sun-Side Looking und Safe Mode (Bild: DLR).*

Tabelle 4.3.7: *Definition thermischer Lastfälle für den Thermalentwurf von TerraSAR-X (Hauptauslegungslastfälle).*

Parameter	Heißer Lastfall	Kalter Lastfall	Heizerdimensionierung
Zweck	Bestimmung der max. Temperatur Radiatorauslegung	Bestimmung der min. Temperatur	Heizerdimensionierung Bestimmung der min. Temperatur
Zeitpunkt	03.01.	04.07.	04.07.
Deklination der Sonne	–23,4°	+23,4°	+23,4°
Solarkonstante	1428 W/m²	1316 W/m²	1316 W/m²
Temperatur der Erdoberfläche	257 K	246 K	246 K
Albedo-Faktor	0,35	0,20	0,20
Eklipsendauer	–	22 min	22 min
Lage	Nominal	Nominal	Safe Mode
Dissipation der Einheiten	Heißes Szenario	Kaltes Szenario	Safe Mode

sche Bauteile. Bei einigen elektrischen oder elektronischen Baugruppen sind letztere nur für die Lagerung und den Transport relevant, weil sie während der ganzen Missionszeit angeschaltet bzw. aktiv sind wie beispielsweise der Bordcomputer, die Batterie oder das Solarpanel.

Für die **Heizerauslegung** und speziell für die Bestimmung der Heizleistung im Rahmen der Thermalanalyse werden die Stellwerte anfänglich 10 °C oberhalb der unteren operativen oder nominellen Betriebsgrenze gesetzt, um Unsicherheiten in der Berechnung abzudecken. Operationell sind die Stellwerte der Heizer jedoch typischerweise auf 3 °C oberhalb der minimalen Betriebsgrenze gesetzt. Die **thermische Analyse** mit dem **Knotenmodell** muss nun klären, ob die Temperaturen in allen nominellen Lastfällen und Betriebsszenarien innerhalb der für die Thermalkontrolle relevanten operativen bzw. nichtoperativen Grenzen bleiben. Das in Bild 4.3.41 dargestellte Balkendiagramm zeigt das Ergebnis dieser Analyse für ausgewählte, sich im Betrieb befindende Baugruppen des Satelliten. Der schwarze Balken deckt den Bereich der thermischen Vorhersage ab, während durch die roten Balken der zulässige Temperaturbereich gekennzeichnet wird. Der grüne Bereich stellt die zu berücksichtigende Unsicherheitsspanne der Temperaturvorhersage dar. Wie zu erkennen ist, liegt die Unsicherheitsspanne der unteren Grenze bei heizerkontrollierten Baugruppen nur bei 3 °C, da die Temperatur aktiv gehalten werden kann. Für die übrigen Komponenten gilt eine Unsicherheitsspanne von 5 °C, wenn deren Thermalverhalten ausreichend per Test verifiziert wurde. Ansonsten werden 10 °C berücksichtigt.

Item	Lower Limit	Predicted low	Predicted high	Upper Limit
TRM	-20	-6,0	35,9	60
PPC	-25	-4,8	27,9	50
PCFN	-20	-3,9	24,6	60
WG	-80	-7,5	29,9	80
LAA	0	24,4	27,8	50
DCE	-10	4,4	41,5	50
RFE	-10	12,1	35,9	50
ACE	-10	0,3	30,1	50
SSMM	-20	6,1	24,1	40
IPDU	-25	-1,2	35,3	45
RPS	-25	0,8	32,6	60
XDL Antenna	-135	6,3	33,0	150
MOD	-15	8,6	29,6	55
TWT	-15	6,5	41,0	70
EPC	-15	8,7	30,2	55
WGS, ISO & FILT	-15	2,3	33,7	55
LCT HP I/F	-25	11,3	19,3	25
IGOR Receiver	-10	16,8	36,5	50
IGOR LNA	-30	6,1	26,5	50
POD Antennas	-90	-40,4	-0,3	100
ROA Antennas	-90	-14,2	12,0	100
LRR	-50	-9,3	19,1	50
Structure	-100	-6,6	35,7	110
XDL Antenna Boom	-135	3,0	19,0	100
OBC	-25	-11,7	33,3	50
RFEA	-20	-7,3	35,3	50
S-Band Antennas	-100	-36,6	69,9	100
RW	-10	1,2	33,2	50
MTQ	-40	2,6	27,3	60
MAG	-30	3,8	25,6	50
STE	-20	8,4	33,1	50
STH	-40	-31,7	-26,7	20
GPS Antennas	-110	-27,7	35,0	110
GPS Filter / Amplifier	-30	-17,6	26,5	50
IMU	-40	2,0	5,8	60
PROP	10	13,8	34,0	45
Solar Array	-80	-51,0	128,6	130
PCDU	-25	-2,3	37,4	55
Battery	0	5,5	26,5	35

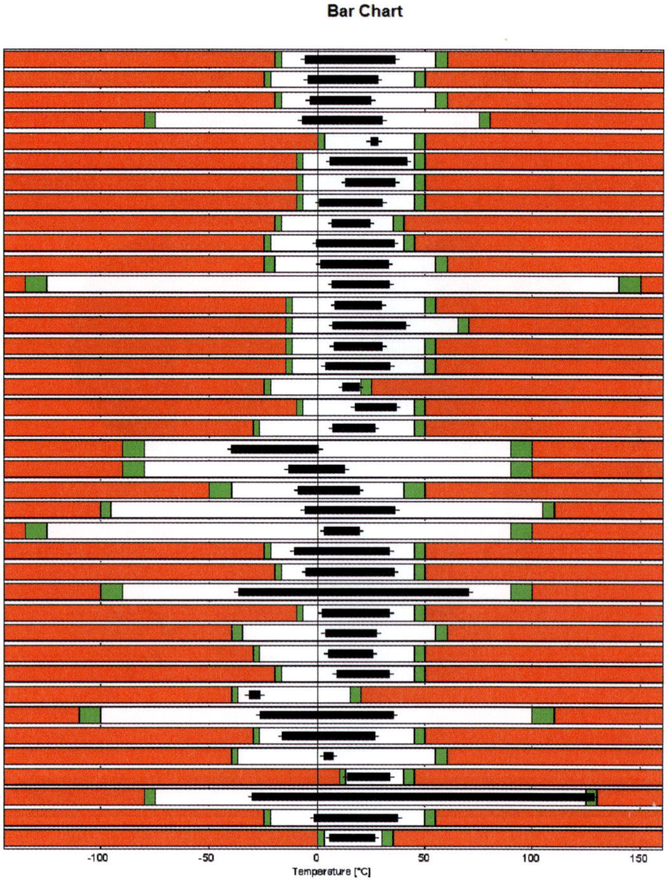

Bild 4.3.41: *Operationelle Betriebsgrenzen von TerraSAR-X-Baugruppen mit den vorhergesagten Temperaturbereichen (schwarze Balken) (Bild: DLR).*

Ein **Überheizungsszenario** wird ausgeschlossen, obwohl ein zu langer oder zu häufiger Betrieb der Radarantenne eine Überhitzung herbeiführen könnte.

Neben den thermischen Betriebsgrenzen gibt es natürlich auch Anforderungen einiger Komponenten an Temperaturstabilität und räumliche Gradienten.

Bild 4.3.42 und Bild 4.3.43 zeigen beispielhaft den **vorhergesagten Temperaturverlauf** einzelner thermischer Knoten im heißen Lastfall über drei Umläufe. In Bild 4.3.42 repräsentieren die Knoten elektronische Komponenten des Radargeräts und in Bild 4.3.43 repräsentieren sie Module der Batterie und Teile der PCDU.

Man erkennt deutlich die starke Temperaturschwankung jener Einheiten, die in dem Zeitintervall an- und ausgeschaltet werden. Dagegen zeichnen sich Komponenten, die ständig angeschaltet sind, durch einen nahezu konstanten Verlauf aus. Außerdem ist die Temperaturkorrelation zwischen schaltbaren Einheiten und der Batterie bzw. der PCDU deutlich sichtbar. Das Einschalten von elektronischen Komponenten führt zu einer erhöhten Aktivität der PCDU und zu einer Belastung und Entladung der Batterie, was in beiden Fällen die Erzeugung von zusätzlicher Wärme zu Folge hat.

Auf der Grundlage der Lastfälle, der vorgegebenen Struktur, Bus- und Nutzlastinstrumente und der thermischen Analyse ist für TerraSAR-X folgende, detaillierte Thermalkonfiguration entworfen worden:

- **thermische Isolation** des Satelliten durch MLI und geeignete Oberflächenbeschichtungen auf Bus- und Instrumentenebene,
- **Wärmeabstrahlung** in den Raum durch die Verwendung von **Folienradiatoren** wie im Bild 4.3.44 dargestellt. Das Flächenverhältnis von MLI zu Folienradiatoren ist so gewählt, dass im heißen Lastfall die mittlere Temperatur der elektronischen Einheiten 30 °C nicht überschreitet.

Die äußere Schicht der dem Weltraum ausgesetzten MLI besteht aus einer mit SiO_2 beschichteten Kapton-Folie (gelber Bereich) mit einem Verhältnis von α/ε = 0,34/0,62. Die MLI im Sichtbarkeitsbereich der Sternsensoren (schwarze Fläche) ist mit schwarzer Farbe beschichtet (α/ε = 0,95/0,90), um Streulichteffekte zu minimieren. Die Radiatoren (rote Fläche) bestehen aus einer unperforierten, 127 μm dicken, auf der Innenseite versilberten Teflon-Folie mit einem Verhältnis von α/ε = 0,12/0,75. Zwischen hochdissipativen

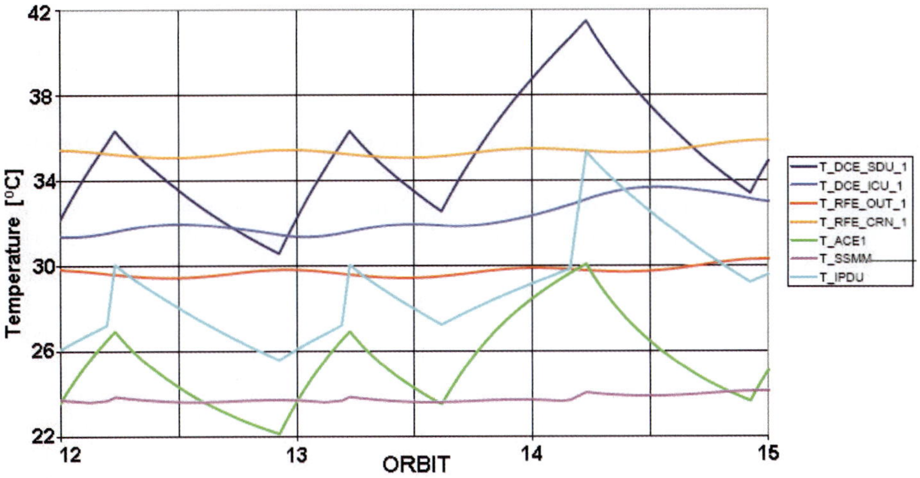

Bild 4.3.42: *Temperaturprofil thermischer Knoten von elektronischen Baugruppen des Radargeräts im heißen Lastfall (Bild: DLR).*

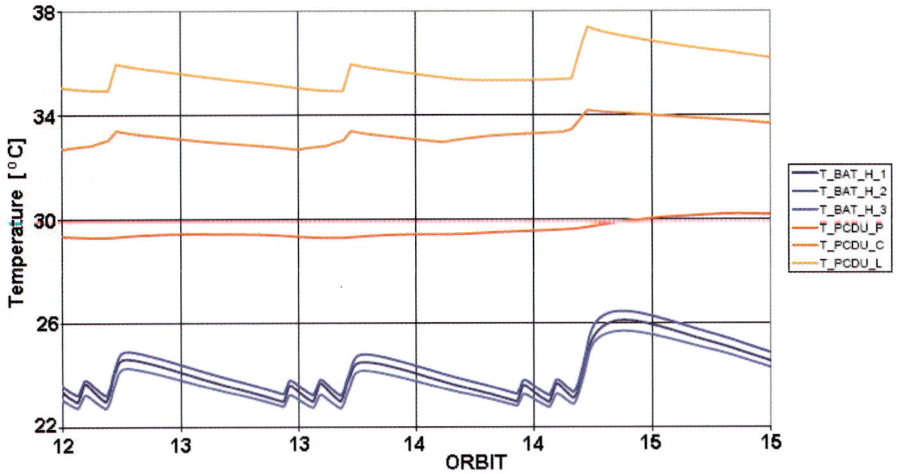

Bild 4.3.43: *Temperaturprofil thermischer Knoten von der Batterie und der PCDU im heißen Lastfall (Bild: DLR).*

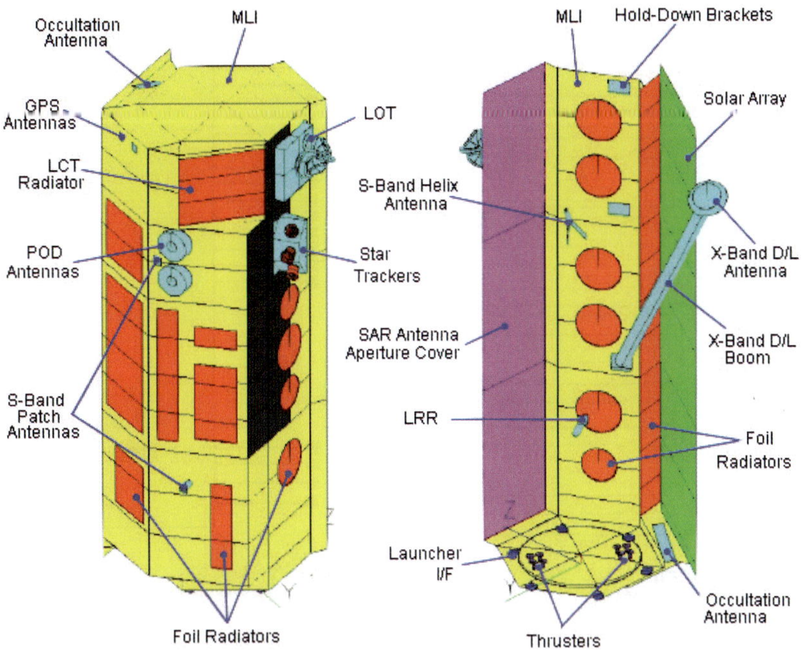

Bild 4.3.44: *Äußere Konfiguration der MLI und Folienradiatoren von TerraSAR-X (Bild: DLR).*

4

elektronischen Einheiten und ihrer tragenden Struktur befindet sich eine thermisch leitende Silikon-Elastomer-Isolation, um den Kontaktwärmeübergang zu verbessern.

- Verwendung von **Wärmerohren** zur Erzielung einer hohen **Wärmetransportleitung.**

Die sekundäre Nutzlast des Satelliten, das Laser Communication Terminal (LCT), erzeugt beim Betrieb so viel Wärme, dass diese über Wärmerohre zu einem dedizierten Radiator transportiert werden muss. Der LCT-Radiator ist durch eine MLI auf der Innenseite und durch Isolationselemente an den Montagepunkten von der Satellitenstruktur thermisch entkoppelt.

- Implementierung eines **elektrischen Heizsystems** zur Temperaturkontrolle und -stabilisierung der (Nutzlast-) Instrumente und anderer Komponenten. Das Heizsystem besteht aus unabhängig voneinander kontrollierbaren Heizerschaltkreisen wie in Bild 4.3.45 gezeigt,
- **Steuerung** der Heizkreise mittels Software und zugehörigen Temperatursensoren.

Die **Temperaturregulierung** wird vom OBC (On-Board Computer) kontrolliert. Die gemessenen Temperaturen werden mit den kommandierten Stellwerten der aktiven Regelkreise verglichen und die Heizer von der PCDU entweder an- oder ausgeschaltet. Aus Sicherheitsgründen sind nahezu alle Heizer und deren Schaltkreise so verteilt, dass beim Ausfall eines Heizers oder einer ganzen Heizergruppe ein anderer Heizer bzw. eine andere Gruppe die Heizfunktion übernehmen kann, was eine **Redundanz** darstellt. Nahezu jeder Heizer aus dem Modul 1 hat also einen Partner aus dem Modul 2. Jede Heizergruppe wird von einem **Sperrstromschalter** (LCL – Latching Current Limiter) geschützt und kontrolliert, und jedem Heizkreis ist ein nomineller sowie ein Ersatzsensor für den Fehlerfall zugeordnet. Insgesamt werden 150 Sensoren eingesetzt. 114 Sensoren dienen zur Temperaturüberwachung und -kontrolle. 36 gehören zum Lageregelungssystem und sind Teil des **CESS (Coarse Earth and Sun Sensor).** Neben diesen 150 Thermalsensoren auf Bus- und Instrumentenebene gibt es noch spezielle Instrument-Thermalsensoren, die für Kalibrierungszwecke eingesetzt werden. Aufgrund dieser Funktion sind sie eher dem Instrumentenbetriebs- und Kalibrierungssystem zugeordnet.

Obwohl die Thermalkontrolle mittels Heizersystems vom OBC autonom durchgeführt wird, ist eine routinemäßige Überwachung der Temperaturen möglich. Betriebsbedingte und technische Randbedingungen erfordern bisweilen ein aktives Eingreifen in den Kontrollprozess vom Boden. Dazu werden ein geeignetes Überwachungssystem und eine Konfigurationssoftware benötigt, worauf im nächsten Kapitel etwas näher eingegangen wird.

Betrieb des TerraSAR-X-Thermalkontrollsystems

Die Komponenten des Antriebs- und Lageregelungssystems, des Energieversorgungssystems und insbesondere die elektronischen Komponenten des Radargeräts benötigen für ihre Funktion bzw. nominelle Leistung eine Betriebstemperatur, die nach der Trennung von der Trägerrakete

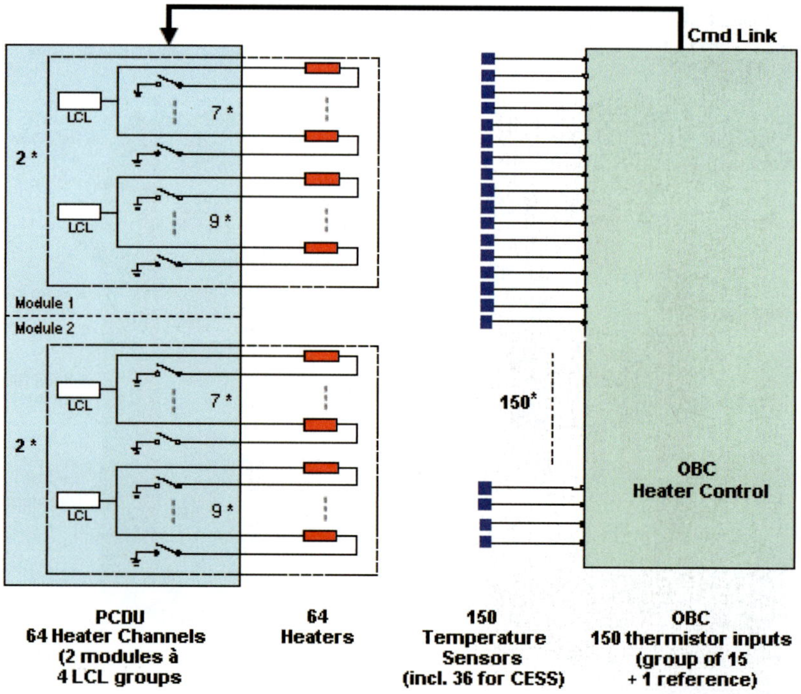

Bild 4.3.45: *Funktioneller Entwurf des aktiven Heizerkontrollsystems von TerraSAR-X (Bild: DLR).*

unter Umständen noch nicht erreicht ist. Deshalb ist es notwendig, dass man gerade in der LEOP (Launch and Early Orbit Phase) eine selektive und schrittweise **Erwärmung** der Subsystem- und Nutzlastkomponenten durchführt. Theoretisch könnte man sofort alle verfügbaren Heizer anschalten und warten, bis alle Temperaturen im nominellen Bereich sind. Doch das würde die Batterie gerade im kalten Zustand überlasten und eine sehr schnelle Entladung verursachen, womit der Anschaltprozess essenzieller Baugruppen von Subsystemen (OBDH – On Board Data Handling, AOCS – Attitude and Orbit Control System) gefährdet wäre. Außerdem kann man die Dissipationswärme der Instrumente nutzen, um Heizleistung bzw. Energie zu sparen. Aus diesem Grunde sind für TerraSAR-X folgende **Aufwärmschritte** mit den entsprechenden Konfigurationstabellen zur Festlegung der Heizerstellwerte definiert worden:

- Tabelle 1 mit Survival-/Sicherheitslimits (SURV),
- Tabelle 2 mit Standby-Limits (NOM1),
- Tabelle 3 für den Radar/XDA-Betrieb mit operativen Limits (NOM2),
- Tabelle 4 für den Radar/XDA-Betrieb mit nominellen Limits (NOM3).

In der **SURV-Tabelle** werden die Stellwerte für das Antriebssystem hochgesetzt, um die Temperatur der Durchlassventile für Steuerdüsen und Treibstoff hinreichend über dem unteren Limit zu halten. Die Stellwerte in der **NOM1-Tabelle** bewirken ein Aufwärmen der Batterie und von AOCS-Baugruppen. Die der Steuerdüsenventile und die des Treibstoffes werden indes wieder heruntergesetzt. Erst in der **NOM2-Tabelle** werden die operativen Heizerstellwerte für die nutzlastrelevanten Komponenten hochgesetzt. In der **NOM3-Tabelle** sind nominelle Stellwerte definiert, um eine noch bessere Leistung des Radarinstruments und der X-Band-Sendeantenne (XDA – X-Band Downlink Assembly) zu gewährleisten.

Die Verwendung von **Konfigurationstabellen** zur Kontrolle aller 64 Regelkreise vereinfacht den Betrieb am Boden erheblich, weil nur ein einziges Kommando ausgeführt werden muss, um die Tabelle zu aktivieren. Mit einem Formalparameter kann die Tabelle selektiert werden. Jede Tabelle enthält die Definition des Kontrollsensors, des Kontrollstatus, der An- und Ausschaltlimits sowie die Regelfrequenz (LF – Loop Frequency) für jeden Heizkreis bzw. für jede Reihe (Line). Die Regelfrequenz kann entweder auf 1/32 Hz oder 1/16 Hz per Kommando eingestellt werden. Die kleinere Frequenz wird der Gruppe 0 zugewiesen und die höhere der Gruppe 1.

Die Überwachung der (Sub-)Systeme erfolgt mit Hilfe eines speziellen **Telemetriesystems,** das die Mess- bzw. Haushaltsdaten prozessiert und auf alphanumerischen, grafischen und synoptischen Anzeigeseiten (kombinierte Darstellung von grafischen Objekten, Texten und numerischen Werten) darstellt (siehe Kapitel 6.2). Für die Darstellung der Regelkreiseinstellungen gibt es 2 alphanumerische Anzeigeseiten. Bild 4.3.46 zeigt die erste Seite, auf der die Einstellungen für die 32 Hauptregelkreise der NOM1-Konfigurationstabelle tabellarisch dargestellt werden.

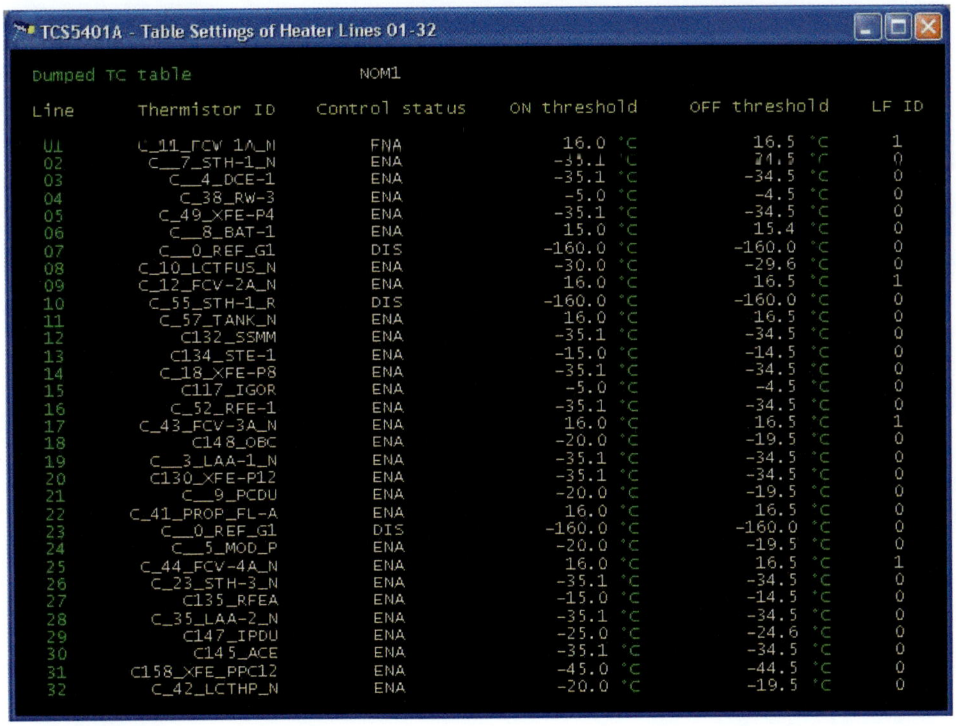
TCS5401A - Table Settings of Heater Lines 01-32

Dumped TC table NOM1

Line	Thermistor ID	Control status	ON threshold	OFF threshold	LF ID
01	C_11_FCV 1A_N	FNA	16.0 °C	16.5 °C	1
02	C__7_STH-1_N	ENA	-35.1 °C	[illegible] °C	0
03	C__4_DCE-1	ENA	-35.1 °C	-34.5 °C	0
04	C_38_RW-3	ENA	-5.0 °C	-4.5 °C	0
05	C_49_XFE-P4	ENA	-35.1 °C	-34.5 °C	0
06	C__8_BAT-1	ENA	15.0 °C	15.4 °C	0
07	C__0_REF_G1	DIS	-160.0 °C	-160.0 °C	0
08	C_10_LCTFUS_N	ENA	-30.0 °C	-29.6 °C	0
09	C_12_FCV-2A_N	ENA	16.0 °C	16.5 °C	1
10	C_55_STH-1_R	DIS	-160.0 °C	-160.0 °C	0
11	C_57_TANK_N	ENA	16.0 °C	16.5 °C	0
12	C132_SSMM	ENA	-35.1 °C	-34.5 °C	0
13	C134_STE-1	ENA	-15.0 °C	-14.5 °C	0
14	C_18_XFE-P8	ENA	-35.1 °C	-34.5 °C	0
15	C117_IGOR	ENA	-5.0 °C	-4.5 °C	0
16	C_52_RFE-1	ENA	-35.1 °C	-34.5 °C	0
17	C_43_FCV-3A_N	ENA	16.0 °C	16.5 °C	1
18	C148_OBC	ENA	-20.0 °C	-19.5 °C	0
19	C__3_LAA-1_N	ENA	-35.1 °C	-34.5 °C	0
20	C130_XFE-P12	ENA	-35.1 °C	-34.5 °C	0
21	C__9_PCDU	ENA	-20.0 °C	-19.5 °C	0
22	C_41_PROP_FL-A	ENA	16.0 °C	16.5 °C	0
23	C__0_REF_G1	DIS	-160.0 °C	-160.0 °C	0
24	C__5_MOD_P	ENA	-20.0 °C	-19.5 °C	0
25	C_44_FCV-4A_N	ENA	16.0 °C	16.5 °C	1
26	C_23_STH-3_N	ENA	-35.1 °C	-34.5 °C	0
27	C135_RFEA	ENA	-15.0 °C	-14.5 °C	0
28	C_35_LAA-2_N	ENA	-35.1 °C	-34.5 °C	0
29	C147_IPDU	ENA	-25.0 °C	-24.6 °C	0
30	C145_ACE	ENA	-35.1 °C	-34.5 °C	0
31	C158_XFE_PPC12	ENA	-45.0 °C	-44.5 °C	0
32	C_42_LCTHP_N	ENA	-20.0 °C	-19.5 °C	0

Bild 4.3.46: *Alphanumerische Anzeigeseite zur Darstellung der Einstellungen der 32 Hauptregelkreise (Bild: DLR).*

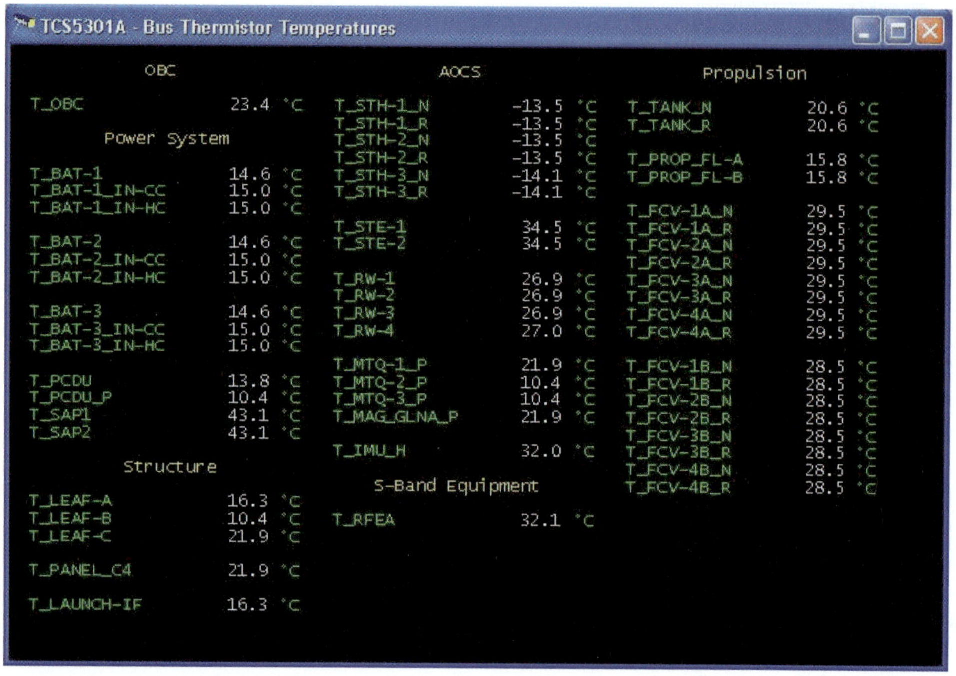

Bild 4.3.48: *Alphanumerische Anzeigeseite zur Darstellung der gemessenen Temperaturen auf Busebene (Bild: DLR).*

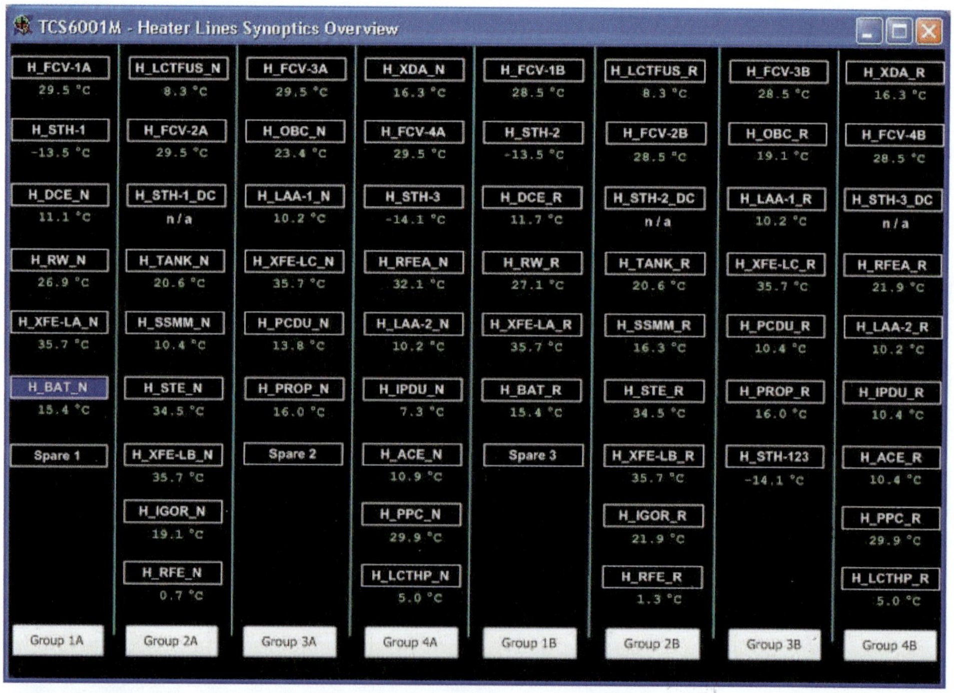

Bild 4.3.47: *Synoptische Anzeigeseite zur übersichtlichen Darstellung aller Heizer- bzw. Regelkreisaktivitäten (Bild: DLR).*

Um die Regelkreisaktivitäten für die Flugkontrolle übersichtlich zu gestalten, ist vom Thermalkontrollingenieur eine Seite entworfen worden, die die Schaltzustände der Heizer und die gemessenen Temperaturen synoptisch und gruppenweise darstellt. Bild 4.3.47 zeigt einen momentanen Zustand des Heizerkontrollsystems im NOM1-Thermalkontrollmodus. Schaltet die PCDU einen oder mehrere Heizer an, so wird das zugehörige grafische Objekt blau.

Zwecks Übersichtlichkeit sind Bus- und Instrumentsensoren in zwei Seiten aufgeteilt, die wiederum die Sensoren in Subsysteme, Baugruppen oder Instrumente einteilen. Bild 4.3.48 zeigt die Anzeigeseite für die Temperaturen der Busthermalsensoren.

Oft ist es notwendig, **Temperaturvariationen** über einen kurzen Zeitraum in Echtzeit zu überwachen. Dafür sind grafische Anzeigeseiten entworfen worden, die den

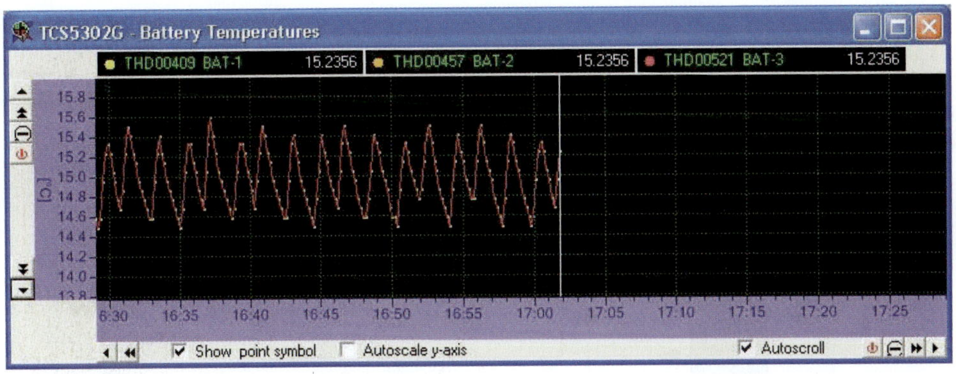

Bild 4.3.49: *Grafische Anzeigeseite zur Darstellung von Batterie-Temperaturvariationen als Funktion der Zeit (Bild: DLR).*

Temperaturverlauf ausgesuchter Sensoren als Funktion der Zeit aufzeichnen. Bild 4.3.49 zeigt den typischen Temperaturverlauf an der Batterie, der durch den Regulierungsprozess, also durch das An- und Ausschalten des Heizers, entsteht.

Der in Bild 4.3.49 aufgezeichnete Verlauf des Regulierungsprozesses ist simuliert. Im wirklichen Flugbetrieb stehen nur 5 ... 10 min für die Echtzeit-Telemetrie während eines Kontakts zur Verfügung.

Mitunter kann es **Notfallsituationen** geben, auf die der Thermalkontrollingenieur entsprechend reagieren muss, um die ordnungsgemäße Funktion des Kontrollsystems wiederherzustellen. Dies betrifft das elektrische Heizsystem, weil nur in dieses vom Boden aus eingegriffen werden kann. Das Ablösen eines Teils der MLI von der Struktur wäre auch denkbar und könnte ein thermisches Problem nach sich ziehen. Ein direktes Eingreifen ist aber nicht möglich. Notfälle im Heizsystem können auftreten, wenn entweder Sensoren und/oder Heizer ausfallen. **Fehlerhafte Sensoren** machen sich durch eine falsche Temperaturanzeige bemerkbar. Die Ursachen sind in der Regel:

- Ablösung des Sensors von der Oberfläche,
- Kabelbruch,
- Kurzschluss.

Beim Kabelbruch wird der maximale Wert der Temperatur-Kalibrierungskurve und beim Kurzschluss der minimale Wert angezeigt.

Ein **fehlerhafter Heizer** macht sich im Prinzip dadurch bemerkbar, dass er entweder ständig an ist oder sich nicht mehr ausschalten lässt. Die Ursachen sind:

- Ablösung des Heizers von der Oberfläche,
- offener Schaltkreis durch einen Heizerdefekt,
- ständig geschlossener Schaltkreis durch Fehlfunktion der PCDU,
- Kurzschluss.

Löst sich ein Heizer ab, so wird in den meisten Fällen der Stell- bzw. Sollwert nicht mehr erreicht, weil die Wärme nicht mehr in die zu heizende Baugruppe strömen kann. Ist der Heizer oder der Schaltkreis defekt, so fließt kein Strom mehr. Beim Unterschreiten des Stellwertes bleibt der angezeigte Strom bzw. die Heizleistung auf null, obwohl der OBC „ON" kommandiert hat. Lässt sich ein Heizer per Kommando nicht mehr ausschalten, so ist dies auf eine fehlerhafte PCDU zurückzuführen.

4.3.5.2 Columbus

Das Columbus-Labor ist seit Februar 2008 Teil der Internationalen Raumstation ISS. Allgemeine Informationen über das Thermalkontrollsystem von Columbus sind im Kapitel 5.2.1.10 zu finden. Die Inbetriebnahme des Labors wird ausführlich in [4.3.22] beschrieben, erste betriebliche Erfahrungen mit System-Komponenten sind in [4.3.23] veröffentlicht.

Die Schnittstellen des zentralen Thermalbusses der ISS legen nach [4.3.24] folgende Randbedingungen für die Auslegung des Columbus-Kühlkreislaufs fest:

- Entwurf eines Wasserkreislaufs zur Kühlung der Aggregate und Nutzlasten,
- Regulierung der Kabinenlufttemperatur und -feuchtigkeit durch einen kondensierenden Wärmetauscher (Condensing Heat Exchanger, CHX),
- Bereitstellung von Wasseranschlüssen zum Niedrigtemperatur-Schnittstellenwärmetauscher (Low Temperature Interface Heat Exchanger, LT IFHX) im gemeinsamen Andockmechanismus (Common Berthing Mechanism, CBM),
- Bereitstellung von Wasseranschlüssen zum Mitteltemperatur-Schnittstellenwärmetauscher (Medium Temperature Interface Heat Exchanger, MT IFHX) im gemeinsamen CBM,
- MT- und LT-Wärmetauscher sind im Wasserkreislauf in Reihe zu schalten, d. h., der LT-Wärmetauscher bekommt als Vorlauf das bereits vorgekühlte Wasser des MT-Wärmetauschers.

Aus den unterschiedlichen Anforderungen zur Konditionierung der Kabinenluft und zur Kühlung der Aggregate und Nutzlasten ergibt sich die Notwendigkeit, einen Wasserkreislauf mit zwei Temperatursektionen zu entwerfen.

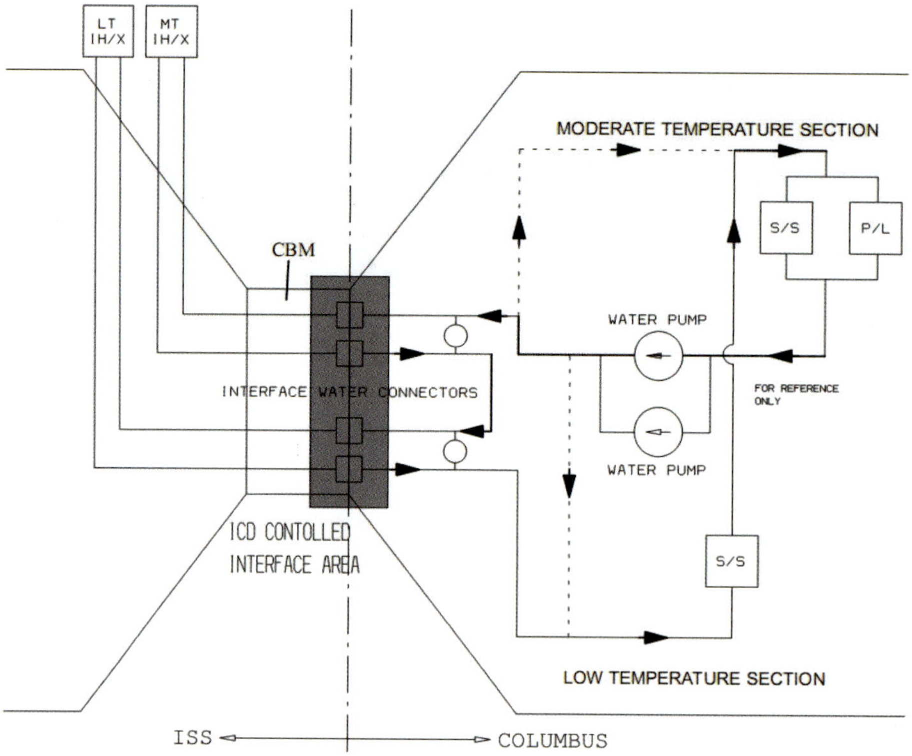

Bild 4.3.50: *Konzeptioneller Entwurf des Columbus-Wasserkühlkreislaufs mit den Anschlüssen zu den Wärmetauschern des externen Kühlsystems der ISS (Bild: ASTRIUM).*

Im Niedrigtemperaturbereich muss ein kondensierender Wärmetauscher zum Einsatz kommen, der der Luft die Dissipationswärme entzieht und sie entfeuchtet. Zur Kondensatbildung muss die Temperatur des Kühlblocks stets unterhalb der Taupunkttemperatur der Luft bleiben. Um eine Kondensatbildung an den Leitungen des Niedrigtemperaturbereichs zu vermeiden, müssen diese entsprechend isoliert werden, um den Wärmestrom an die Umgebung gemäß Gl. (4.3.27) zu minimieren. Der andere Temperaturbereich, der oberhalb der Taupunkttemperatur liegen sollte, wäre dann für die Kühlung der elektronischen Geräte und Nutzlasten zuständig. Dieser Entwurf ist in Bild 4.3.50 schematisch dargestellt.

Im kondensierenden Wärmetauscher findet der erste Wärmeaustausch mit der Luft statt. Er ist mit den Wärme erzeugenden Komponenten des **Plenums**, den **Systemen (System, S/S)** und **Nutzlasten (Payload, P/L)**, in Reihe geschaltet. Das vom Plenum weiter aufgewärmte Wasser wird durch eine Pumpe zu den LT- und MT-Wärmetauschern transportiert. Sie sind – wie bereits erwähnt – Bestandteil des externen Kühlsystems der ISS (siehe auch Kapitel 5.2.1.10). Die Verlustwärme wird also stufenweise an die Wärmesenken abgegeben, bevor das Kühlmittel wieder gekühlt in den Kreislauf zurückfließt. Ein alternatives Konzept wäre der Entwurf von zwei thermisch entkoppelten Pumpkühlkreisläufen, also einem Kreislauf, der mit dem LT- und einem, der mit dem MT-Wärmetauscher gekoppelt ist. Der Vorteil eines **Doppelkühl-Kreislaufsystems** ist, dass Wärmeinjektionen in den einen Kreislauf den Wärmehaushalt des anderen nicht beeinflussen können. Der Nachteil ist, dass sie technisch etwas aufwendiger und teurer sind. Tabelle 4.3.8 fasst die Ressourcen zusammen, die der ISS-Thermalbus dem Columbus-Wasserkühlkreislauf zur Verfügung stellt.

Tabelle 4.3.8: *Vom ISS-Thermalbus bereitgestellte Ressourcen für den Columbus-Wasserkühlkreislauf [4.3.24].*

	LT-Wärmetauscher	MT-Wärmetauscher
Wasseraustritts-Temperaturbereich	1,1 … 6,1°C	1,1 … 14,4°C
Wärmaufnahme einzelner Wärmetauscher bei Ausfall des anderen ISS-Thermalkreislaufs	4,2 kW	6 kW
Maximale Wärmaufnahme	22 kW	

Der maximal an beiden Wärmetauschern aufgenommene Wärmestrom darf den Wert von 22 kW nicht überschreiten. Der ISS-Thermalbus besteht wiederum aus zwei unabhängigen **Ammoniakkühlkreisläufen**. In dem einen Kühlkreislauf ist der Columbus-LT-Wärmetauscher mit dem MT-Wärmetauscher des japanischen Moduls JEM (Japanese Extended Module) in Reihe geschaltet (siehe Bild 5.2.15) und in dem anderen der JEM-LT-Wärmetauscher mit dem Columbus-MT-Wärmetauscher. Fällt der eine ISS-Thermalkreislauf aus, so kann der LT-Wärmetauscher für Columbus nur 4,2 kW aufnehmen. Fällt der andere aus, so stehen 6 kW Aufnahmeleistung am MT-Wärmetauscher für Columbus zur Verfügung. Für den letztendlichen Entwurf müssen nun geeignete Regelmechanismen gefunden werden, um insbesondere Temperaturen und Reibungsverluste kontrollieren bzw. regulieren zu können.

Unter der Annahme sämtlicher Systemanforderungen und nach der Durchführung der Thermalanalysen ist für das europäische Forschungslabor ein geschlossener Wasserkühlkreislauf mit folgenden Merkmalen entworfen worden:

- ein **CHX** mit 2 parallelen Wärmeübertragerblöcken (gekühlt und ungekühlt/warm), um die Kabinenlufttemperatur zu regulieren. Er ist damit Bestandteil des Luftkonditionierungssystems.
- 21 in Reihe geschaltete **Kühlplatten** (Cold Plate, CP) als Wärmesenke für die Wärme erzeugenden Geräte,
- zwei redundante **Impeller-Wasserpumpen** (Water Pump Assembly, WPA), um mit der aktiven im Wesentlichen
  - die Wasserzirkulation aufrechtzuerhalten,
  - eventuelle Volumenänderungen des Kühlmittels zu kompensieren,
  - den Druckabfall über das gesamte Plenum, die CHX- sowie Plenum-Vorlauftemperatur zu regulieren,
- vier **3-Wege-Wassermischventile** (Water Modulating Valve, WMV), von denen zwei als Stellglieder für die Regulierung der CHX- und Plenum-Vorlauftemperatur verwendet werden,
- vier **Wassertemperatur-Sensorblöcke** (Wet Temperature Sensor Block, WTSB), von denen zwei Paare als Messglieder zur Messung der Vorlauftemperaturen benutzt werden,
- drei **Druckdifferenz-Sensorblöcke** (Delta Pressure Sensor Block, DPSB), von denen zwei Drucksensoren als Messglieder zur Messung der gesamten Plenum-Druckdifferenz gebraucht werden,
- zehn **Wasserfluss-Modulationsventile** (Water Flow Selection Valve, WFSV) zur kontinuierlichen Regulierung des Wasserflusses zu den 10 Nutzlastschränken (International Standard Payload Rack, ISPR). Diese müssen im Plenum parallel zu den 21 Kühlplatten geschaltet werden, weil sonst eine einzelne Kühlmittelversorgung nicht möglich wäre.
- zehn **Öffnungs- und Schließventile** (Water On-Off Valve, WOOV), um Haupt- oder Nebenleitungen zu isolieren oder hinzuschalten zu können,
- Isolierung der Kühlmittelleitungen im Niedrigtemperaturbereich durch spezielle, nicht expandierende Schaumstoffschichten, die einerseits die Leitung thermisch isolieren, aber auch den Tau absorbieren können.

Die zentralen Mess- und Stellglieder des Thermalkontrollsystems sind folglich redundant ausgelegt. Auch aus Wartungsgründen ist bei einigen Komponenten wie bei der Wasserpumpe Redundanz notwendig. Der gesamte Entwurf des Wasserkühlkreislaufs ist in Bild 4.3.51 schematisch dargestellt.

Die restlichen, nicht für die Regelkreise benötigten Sensoren werden zur Überwachung der Vitalparameter verwendet. Sie sind Bestandteil des sog. **Vitalkontrollsystems**, das die lebenswichtigen Funktionen des Moduls überwacht.

Erhöht sich beispielweise die Wärmelast im kondensierenden Wärmetauscher, so erhöht sich auch die Auslauftemperatur bei gleichem Massenstrom und damit die Enthalpiedifferenz. Um die Vorlauftemperatur am Plenum konstant zu halten, schickt die Kontrolleinheit der Wasserpumpe ein Kommando zum Mischventil, um den Kühlmittelzufluss aus der warmen Nebenstromleitung zu reduzieren. Das gleiche Regelprinzip wird zur Kontrolle der CHX-Vorlauftemperatur angewendet. Wird im Plenum per Kommando ein Wasserfluss-Modulationsventil zur Kühlung eines bestimmten Experimentalschranks geöffnet, reduziert sich gemäß dem Kirchhoffschen Widerstandsgesetz die Gesamtrohrreibungszahl und damit die Gesamtverlustenergie. Die verringerte Druckdifferenz wird von der Pumpe ausgeglichen, indem sie die Drehzahl und damit Strömungsgeschwindigkeit und Massenstrom erhöht, bis sich wieder eine Druckdifferenz in einem bestimmten Regelbereich eingestellt hat.

Betrieb des Columbus-Kühlsystems

Das Kühlsystem wird von dem Columbus-Systems-(COL-SYSTEMS-)Flugbetriebsingenieur im Columbus-Kontrollzentrum überwacht und gesteuert (siehe auch Kapitel 6.4.1). Zu den Routineaktivitäten zählen im Wesentlichen

- Steuerung des Kühlwasserflusses durch die Experimentalschränke,
- Instandhaltung des Wasserkreislaufs,
- Überwachung des Kühlsystemzustands, z. B. des Stickstoffdrucks oder der Wassermengen in den Wasserpumpen.

Die Aggregate im Experimentalschrank erzeugen beim Betrieb Wärme, die über einen internen Kühlkreislauf zu dem **Nutzlast-Wärmetauscher** des Experimentalschranks transportiert wird. Dieser ist mit dem Columbus-Kühlkreislauf thermisch gekoppelt. Bevor ein Experiment gestartet wird, muss der COL-SYSTEMS-Ingenieur ein Kommando schicken, das das zugehörige WFSV mithilfe eines Motors schrittweise öffnet, um den externen Kühlmittelzufluss zu ermöglichen. Je nach Kühlungsanforderung wird das WFSV in eine bestimmte Position kommandiert, die den gewünschten Massendurchsatz durch das ISPR erreicht. Bei voller Öffnung bzw. Schließung des Ventils besteht die Gefahr des Festsetzens. Um dies zu verhindern, kommandiert

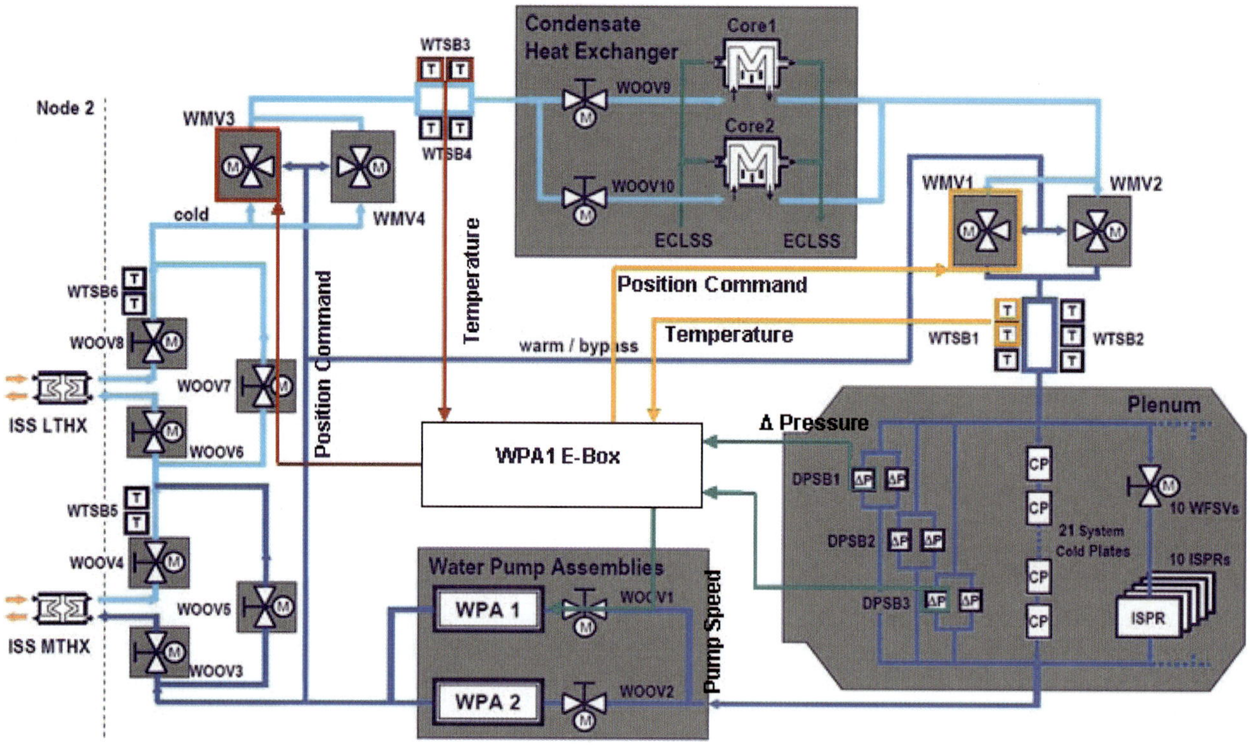

Bild 4.3.51: *Finaler Entwurf des Columbus-Wasserkühlkreislaufs mit seinen drei aktiven Regelmechanismen (Bild: Trainingsmaterial ESA/EAC).*

der Operator das Ventil minimal aus der extremen Endposition heraus. Nach Beendigung des Experiments wird das zugehörige Ventil per Kommando wieder geschlossen.

Jedes Mal, wenn eine Kühlkreislaufkomponente (z. B. ein defektes Ventil) oder ein ISPR ausgetauscht oder eine andere Armatur (z. B. um eine Wasserprobe zu entnehmen) an das Leitungssystem angeschlossen bzw. entfernt wird, werden kleinste Luftblasen durch die Rohranschlüsse in den Wasserkreislauf injiziert. Eine zu große Gasmenge in den Leitungen kann zur Degradation oder Zerstörung der Wasserpumpe führen. Deshalb werden diese Instandhaltungsaktivitäten von der Bodenkontrolle gezählt, um die injizierte Gasmenge abzuschätzen.

Diese Abschätzung muss erfolgen, da die vorhandenen Sensoren keine Aussage über den Gasgehalt geben. Wenn eine kritische Menge erreicht ist, müssen die Wasserleitungen in Zusammenarbeit mit den Astronauten entgast werden. Dafür wird die aktive WPA durch die Astronauten mit einem **Hydrocyclon** verbunden und aktiviert. Das Kühlmittel wird in dem Gerät in Rotation versetzt, um das leichtere Wasser-Gas-Gemisch von dem reinen und schweren Wasser zu trennen. Das Gemisch wird in einem Behälter gesammelt und von dem Astronauten entsorgt. Vor dem Impellereinlass jeder Pumpe ist ein Filter angebracht, um Schmutzpartikel aus dem Kühlmittel herauszufiltern. Je mehr Partikel sich im Filter ansammeln, desto größer wird die Filterdruckdifferenz. Wird der Impellereinlassdruck zu gering, besteht ebenfalls Kavitationsgefahr. Die Druckdifferenz über den Filter wird deswegen vom Boden aus überwacht. Wird eine kritische Druckdifferenz erreicht, muss der COL-SYSTEMS-Operator die redundante Pumpe aktivieren und die laufende Pumpe deaktivieren, damit die Astronauten den verstopften Filter an der inaktiven Pumpe austauschen können. Eine Aktivierung der redundanten Pumpe wird auch aus anderen Wartungsgründen regelmäßig durchgeführt. Auch eine periodische Bewegung der WFSVs und WOOVs ist notwendig, um einem Festhaken des Mechanismus vorzubeugen. Ist also ein Ventil für eine längere Zeit nicht benutzt worden, muss es per Kommando kurz geöffnet und geschlossen werden. Je nach Ventil bestehen dadurch kurzfristige Einschränkungen des Nutzlastbetriebes, weshalb diese Aktivitäten sorgfältig koordiniert werden müssen.

Um **Volumenänderungen** im Kühlkreislauf zu kompensieren (wie bereits im Kapitel 4.3.5.2 erwähnt), ist jede Pumpe mit einem Akkumulator ausgestattet, der mit Stickstoff beaufschlagt wird. Der Stickstoffdruck wird mithilfe von Drucksensoren gemessen und befindet sich mit dem Wasserdruck des Kühlkreislaufs im Gleichgewicht. Eine Membran trennt die Gas- von der Wasserkammer. Durch undichte Stellen entweicht Stickstoff in die Kabine, und der Druck im Akkumulator sinkt. Wird ein bestimmter Gaskammerdruck unterschritten, muss der Betriebsingenieur die Gaskammer bedrucken, indem er ein Stickstoffventil per Kommando öffnet und wieder schließt, wenn sich der nominelle Druck eingestellt hat. Stickstoff wird von dem Lebenserhaltungssystem des amerikanischen Segments der ISS bereitgestellt (siehe auch Kapitel 5.2.1.2). Wird eine kritische Obergrenze des Gaskammerdrucks überschritten (unterhalb der maximalen Druckbelastbarkeit des Systems), wird eine automatische Kontrollprozedur in Gang gesetzt, die Columbus in einen **Überlebensmodus** schickt, in dem fast alle Bordsysteme inklusive der Wasserpumpen deaktiviert sind. Dieser Überlebensmodus kann auch durch andere Fehlerszenarien erreicht werden, wie z. B. durch einen Wasserverlust im System. Die Überwachung der akkumulierten Wassermengen in beiden Wasserkammern mithilfe von Mengensensoren ist eine essenzielle Aufgabe der **Kühlkreislauf-Thermalkontrolle**.

Das Volumen in der aktiven Wasserkammer und damit auch der Druck in der aktiven Gaskammer schwanken normalerweise in Abhängigkeit von der thermischen Belastung des Kühlkreislaufs. Eine plötzliche Veränderung der Wassermenge über die normal zu erwartenden Grenzen hinaus ist ein eindeutiger Hinweis auf einen Fehler im System. Ein Wasserverlust ist ein Hinweis auf ein Leck irgendwo im Wasserkreislauf. Die genaue Stelle eines Lecks zu finden und zu isolieren, ist eine gemeinsame Aufgabe der Astronauten und des Bodenpersonals. Die Zunahme der Wassermenge wie auch des Wasserdrucks ist ein Indikator für ein Leck in den Schnittstellen-Wärmetauschern, wodurch Ammoniak in den Columbus-Wasserkreislauf eindringen würde. Dieses Szenario stellt eine lebensgefährliche Situation für die Astronauten dar, da das Ammoniak in die Kabinenluft gelangen könnte. Der Druck im externen Kühlkreislauf ist wesentlich höher als der maximale Betriebsdruck des internen Kühlsystems, was in diesem Falle zu einem Bruch der Wasserleitungen führen könnte. Im Falle eines solchen Lecks muss die Besatzung sofort gewarnt werden, damit diese Rettungsmaßnahmen einleiten kann (Aufsetzen von Gasmasken und Evakuierung der gefährdeten Bereiche). Diese Warnung erfolgt entweder über die Bodenkontrolle oder über eine automatische Warnung im Falle des Überschreitens eines kritischen Drucks. Die Reaktion auf eine solche Warnung ist über Prozeduren vordefiniert. Dabei wird u. a. der betroffene Schnittstellen-Wärmetauscher auf der Ammoniakseite isoliert bzw. umgangen, um ein weiteres Einströmen von Ammoniak in den Wasserkreislauf am Leck zu unterbinden. Der COL-SYSTEMS-Ingenieur kommandiert Columbus schließlich in den **Überlebensmodus**, um Druck aus dem System zu nehmen und damit ein Austreten von Ammoniakgasen durch die Dichtungen und Leitungen des Kühlkreislaufes zu verhindern. Unter Umständen kann zu einem späteren Zeitpunkt eine **Außenbordaktivität** durchgeführt werden, um den geborstenen IFHX auszutauschen.

Literatur

[4.3.1] ECSS-E-30 Part 1B, 2007: Space Engineering, Mechanical – Part 1: Thermal Control, Veröffentlichung in Vorbereitung.

[4.3.2] Space Environment, ECSS-E-10-04A, 2000.

[4.3.3] *Hallmann, W.; Ley, W.*: Handbuch der Raumfahrttechnik. 2. Auflage. München: Hanser, 1998.

[4.3.4] *Anderson, B. J.; Smith, R. E.*: Natural Orbital Environment Guidelines for Use in Aerospace Vehicle Development. NASA TM 4527, June 1994.

[4.3.5] NASA SP-8105, Spacecraft Thermal Control, May 1973.

[4.3.6] *Gilmore, D. G. (Ed.)*: Spacecraft Thermal Control Handbook, Vol. 1: Fundamental Technologies. 2nd Edition, 2002.

[4.3.7] *Welch, J. W.; Ruttner, L. E.*: An Experimental and Computational Analysis of the Thermal Interface Material Calgraph. Paper AIAA-89-1658, 24th Thermophysics Conference (1989).

[4.3.8] *Hallmann, W.*: Die Bedeutung der Formfaktoren in der Raumfahrt-Thermodynamik und ihre Ermittlung mittels Formfaktometer. Z. Flugwiss. Weltraumforsch. 2, Heft 2, 1978.

[4.3.9] ECSS-E-30 Part 1A, 25. April 2000: Space Engineering, Mechanical – Part 1: Thermal Control.

[4.3.10] ESATAN Engineering Manual, EM-ESATAN-056, October 2006.

[4.3.11] *Hallmann, W.*: Thermische Entkopplung eines Schrägkugellagers im Hochvakuum. Vakuum-Technik, 24. Jahrgang, Heft 3, 1975.

[4.3.12] Angaben des Herstellers Austrian Aerospace.

[4.3.13] Prospektmaterial des Herstellers Wacker Chemie GmbH. für das Produkt Wacker WDS®

[4.3.14] *Romberg, O. et al.*: Netlander Thermal Control. Acta Astronautica 59 (2006) 946–955.

[4.3.15] *Stephan, P.*: Vorlesung „Höhere Wärmeübertragung – Verdampfung und Kondensation“. Technische Universität Darmstadt.

[4.3.16] *Dunn, P. D.; Reay, D. A.*: Heat Pipes. 4th Edition. Pergamon, 1994.

[4.3.17] *Fischer, H.-M*: Europäische Nachrichten-Satelliten, Von Intelsat bis TV-Sat. Lemwerder: Stedinger Verlag, 2006.

[4.3.18] *Schlitt, R. et al.*: Development of a Light-Weight Copper/Water Heat Pipe. 14th International Heat Pipe Conference, Florianópolis, Brazil, April 22–27, 2007.

[4.3.19] Thermal Control Louvers. Orbital Technical Service division, undated.

[4.3.20] *Reichenberger, K.; Matovioc, J.*: Development, Manufacturing and Verification of Micro-Electro-Mechanical Louvers. undated.

[4.3.21] *Renner, U.; Nauck, J.; Balteas, N.*: Satellitentechnik: Eine Einführung. Berlin: Springer, 1988.

[4.3.22] *Uhlig, T.; Nitsch, A.; Kehr, J.*: Wie Columbus fliegen lernte. München: Carl Hanser Verlag, 2010.

[4.3.23] *Kohlhase, A.; Porth, N.; Doyé, J.*: Operational Engineering of the Columbus Thermal and Environmental Control System: Achievements, Optimizations. Paper AIAA-2010-1907, SpaceOps 2010 Conference, Huntsville.

[4.3.24] EADS Astrium GmbH: Astrium Columbus Documentation. COL-RIBRE-MA-0045, Chapter 6, Dec. 2006.

4.4 Satellitenantriebssysteme

Hans Dieter Schmitz

Dieses Kapitel schließt neben den Satelliten auch **interplanetare Sonden** mit ein, da sie sich aus der Sicht der Antriebe von Erdsatelliten nur unwesentlich unterscheiden. Ferner werden ähnliche Systeme bei Launchern zur Rollkontrolle bzw. zur Lageregelung verwendet. Auf die Unterschiede wird in den folgenden Kapiteln jeweils eingegangen.

4.4.1 Grundlagen der Satellitenantriebe

Die ersten Erdsatelliten, wie z. B. Sputnik oder Explorer, verfügten über keine eigenen Antriebssysteme. Sie wurden durch **Rotation** um die Längsachse stabilisiert, was für die Erfüllung ihrer Aufgaben ausreichte. Die ersten geostationären Nachrichtensatelliten aber erforderten den Einsatz von Antriebssystemen zur notwendigen Lage- und Bahnkontrolle.

4

4.4.1.1 Antriebssystem-Aufgaben

Die in die Satelliten integrierten Antriebssysteme haben je nach Typ und Einsatzgebiet im Wesentlichen folgende Aufgaben [4.4.1] [4.4.2]:

- **den Apogäumseinschuss:** Der Träger bringt den Satelliten auf eine elliptische Transferbahn. Zum Erreichen der kreisförmigen Umlaufbahn wird im erdfernsten Punkt, dem Apogäum, der chemische Apogäumsmotor aktiv, um in drei bis vier Manövern mit einem Schub von 400 ... 500 N die kreisförmige Umlaufbahn zu erreichen. Bei Verwendung eines elektrischen Antriebssystems wird dieses kurz nach dem Aussetzen aktiviert und bringt den Satelliten auf einer spiralförmigen Bahn auf den Zielorbit.
- **die Bahnregelung:**
  - Erzeugung einer Drift in der Bahnebene zum Erreichen der gewünschten Position (Längengrad) über der Erde;
  - Erhaltung der gewünschten Position, das Ost-West-Stationkeeping;
  - Inklinationskontrolle, also die Beseitigung einer Bahnneigung relativ zur Äquatorebene, das Nord-Süd-Stationkeeping;
  - Einschuss bzw. Aufspiralen in den „Graveyard-Orbit".

  Die Bahnregelung erfolgt mit 10 N- bis 22 N-chemischen Triebwerken oder bei Verwendung von elektrischen Triebwerken (Hall Effekt oder Radio Frequenz Triebwerke) im 100 mN- bis 250 mN-Bereich.
- **die Lageregelung:**
  - Orientierung des Satelliten, z. B. Antennen auf die Erde oder Solargeneratoren auf die Sonne;
  - aktive Stabilisierung um alle drei körperfesten Achsen sowie Beseitigung von Lagestörungen während oder nach Bahnmanövern;
  - Kontrolle der Drehzahl von drall- oder spin-stabilisierten Satelliten bzw. Kontrolle der Drehzahl von Drallrädern.

  Die Lageregelung erfolgt mit < 1 N- bis 22 N-chemischen Triebwerken oder elektrischen Triebwerken im Bereich von 100 mN bis 250 mN.

  Elektrische Antriebssysteme im 1 mN- bis 10 mN-Bereich sind besonders geeignet für hochpräzise Lageregelungsaufgaben (z. B. LISA – Laser Interferometer Space Antenna, NGGM- Next Generation Gravity Mission), z. B. für die Vermessung von Gravitationswellen aufgrund ihres niedrigen G-jitter Spektrums.
- Bei Sonden besteht ein zusätzlicher Aufgabenbereich des bordeigenen Antriebssystems in Form von
  - punktuellen **Kurskorrekturen** während des mehrjährigen Flugs,
  - **Bremsmanövern** beim Erreichen des Ziels, z. B. zum Einschwenken in die Umlaufbahn um einen Planeten. Diese werden heute immer mit chemischen Antriebssystemen durchgeführt.

Vielfältige **Störfaktoren** machen eine Bahn- und Lageregelung notwendig, z. B. die Restatmosphäre bei erdnahen Satelliten, die Magnetfelder von Erde und Mond, der Strahlungsdruck der Sonne, selbst verursachte Störungen durch Solargeneratorbewegungen, Schwerpunktsfehler beim Betrieb von Bahnregelungstriebwerken, Schwappen des Treibstoffs in Tanks etc.

Für Konstellationen (> 300 Satelliten, Masse < 300 kg) im erdnahen Raum und sogenannten Cube- bzw. Nanosatelliten (Masse unter 50 kg) werden zunehmend sehr preiswerte (low cost) elektrische Antriebssysteme im Bereich von 1 mN bis 20 mN angewendet (z. B. Snecma PPS1350G mit 3 mN bei 1,5 kW, Fakel SPT-100, ArianeGroup Arclight 15 mN). Sie dienen hier z. B. zur Kompensation des Luftwiderstands, Lage- und Positionskontrolle. Einsatz finden hier vor allem Hall-Effekt Triebwerke, RIT (Radiofrequenz) Ionentriebwerke oder FEEP (Field-emission electric propulsion).

4.4.1.2 Stabilisierungsverfahren

Einen wesentlichen Einfluss auf den Entwurf und die Konfiguration des Antriebssystems hat auch das Stabilisierungsverfahren des Satelliten. Unterschieden werden [4.4.4]:

- die Spin- oder Drallstabilisierung und
- die Drei-Achsen-aktiv-Stabilisierung.

Ein **spin-stabilisierter Satellit** dreht sich – z. B. mit 90 U/min – um seine Hauptachse, ein Verfahren, das z. B. bei den Satelliten Intelsat III bis VI angewendet wurde ebenso wie bei den europäischen Meteosat-Wettersatelliten.

Die Triebwerke für Bahn- und Lageregelung werden

- **radial** (möglichst durch den Schwerpunkt wirkend) angeordnet und müssen im Pulsmode betrieben werden oder
- **axial** in Richtung der Hauptachse angeordnet und können bei ausreichend hoher Spinrate je nach Manövertyp im Dauerbetrieb arbeiten.

Ein **drei-Achsen-aktiv-stabilisierter Satellit,** heute die häufigste Art der Stabilisierung, erfordert eine aufwendige Triebwerksanordnung und -steuerung, erlaubt andererseits die Integration von Antennen und Solargeneratoren außerhalb des Zentralkörpers. Sie erfolgt mit Drallrädern in Kombination mit dem Antriebssystem, dessen Aufgabe u. a. die Kontrolle der Drehzahl der Drallräder ist, das sogenannte momentum dumping.

4.4.2 Antriebssystemtypen

Die aktuell gebräuchlichsten Antriebstypen sind Kaltgas-, Einstoff-, Zweistoff- und elektrische Antriebssysteme. Jedes dieser Systeme hat einen Anwendungsbereich, der im Wesentlichen durch den jeweiligen Satellitentyp bestimmt wird. Charakteristische Größen sind die Masse, der Antriebs-/Treibstoffbedarf, die Zuverlässigkeit und die Lebensdauer. Alle in den folgenden Unterkapiteln gezeigten Bilder sind nur vereinfachte Prinzipskizzen [4.4.1] [4.4.2] [4.4.4].

4.4.2.1 Kaltgassysteme

Kaltgassysteme [4.4.1] [4.4.2] waren das Standardantriebssystem für Satelliten in den 60er-Jahren des letzten Jahrhunderts. Sie stellen definitiv die **einfachste** und bis heute die **kostengünstigste Antriebsart** dar, denn sie verwenden inerte, nicht toxische Gase als Treibstoff, die unter hohem Druck gelagert werden. Bild 4.4.1 (links) zeigt das vereinfachte Flussschema, bestehend aus Gastank, Druckminderer und Kaltgastriebwerken.

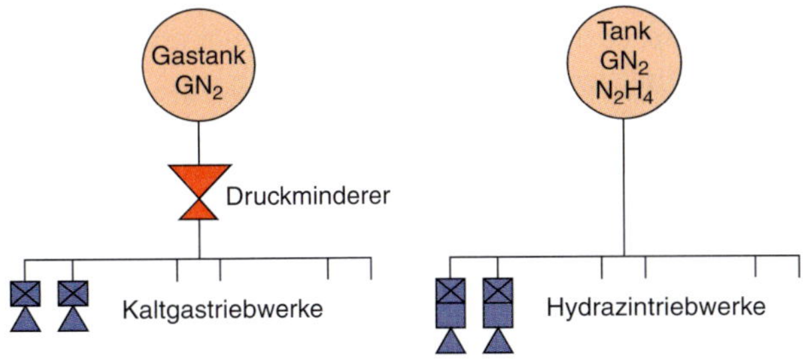

Bild 4.4.1: *Prinzipschema eines Kaltgassystems (links) und eines Hydrazinsystems (rechts).*

Das verwendete Gas, z. B. Stickstoff oder Argon wegen des niedrigen Molekulargewichts, wird in einem Druckminderer auf den Betriebsdruck der Kaltgastriebwerke reduziert. Teilweise wird der Einsatz von Kaltgassystemen (Xenon) in Kombination mit elektrischen Antriebssystemen (z. B. Hall Effekt Triebwerke) für niedrig fliegende Satelliten bzw. Konstellationen (z. B. OneWeb) zur aktiven Kollisionskontrolle und Debris Avoidance geprüft. Das Kaltgastriebwerk selbst, bestehend aus einem Magnetventil und einer Düse, verwendet das Gas als Treibstoff im Puls- oder Dauerbetrieb. Die wesentliche Aufgabe der Kaltgassysteme an Bord von Satelliten ist die Lageregelung. Für **Minisatelliten** werden heute auch Kompaktsysteme mit z. B. Butan als Treibstoff entwickelt und geflogen [4.4.13].

Bei kryogenen **Raketenoberstufen** wird häufig das Gas (z. B. ein Helium-Wasserstoff-Gemisch) aus den Treibstofftanks als Arbeitsmedium verwendet.

4.4.2.2 Einstoffsysteme

Mit zunehmender Satellitenmasse wurden leistungsfähigere Antriebssysteme benötigt, um die notwendige Treibstoffmenge reduzieren zu können. Einstoffantriebssysteme – anfangs **Wasserstoffperoxid** (H_2O_2) und nach der Verfügbarkeit eines geeigneten Katalysators **Hydrazin** (N_2H_4) – brachten die gewünschte Leistungssteigerung um den Faktor 2 bis 3 [4.4.1] [4.4.2]. Bild 4.4.1 (rechts) zeigt das Prinzipschaltbild eines Hydrazinsystems.

Im einfachsten Fall befinden sich Treibstoff „Hydrazin" und Druckgas „Stickstoff", z. B. getrennt durch eine Membran, gemeinsam im Treibstofftank, verbunden über das Leitungssystem mit dem oder den Triebwerk(en), wobei ein Triebwerk im Wesentlichen aus den Komponenten Ventil, Einspritzteil, Katalysatorbett und Düse besteht. Aufgrund der höheren Leistung erfüllen Einstoffsysteme die Aufgaben von **Bahn- und Lageregelung,** da diese Triebwerke neben Dauerbetrieb auch Pulse mit niedrigen Impulsbits liefern können. Der nichttoxische Treibstoff Wasserstoffperoxid und umweltfreundliche Hydrazin Derivate (z. B. ADN) erleben zurzeit eine Renaissance (CleanSpace Initiative) trotz im Vergleich zu Hydrazin geringerer Leistung aufgrund der preisgünstigen Operationen am Boden.

4.4.2.3 Zweistoffsysteme

Der nächste Schritt in der Evolution der Satellitenantriebssysteme war verbunden mit erheblich höheren Kosten und gesteigerter Komplexität, aber gegenüber den Einstoffsystemen auch mit einer Leistungssteigerung von 25 bis 30 %. Anfangs nur für Aufgaben der **Bahnregelung** und zum **Apogäumseinschuss** gedacht, übernahmen Zweistofftriebwerke auch die **Lageregelung** aufgrund der erfolgreichen Entwicklung von Triebwerken mit sehr niedrigen Schüben von 10 bis 22 N [4.4.1] [4.4.2] [4.4.4].

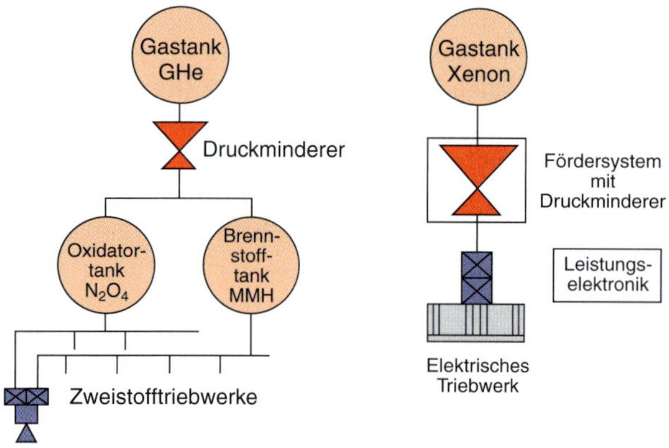

Bild 4.4.2: *Prinzipschema eines Zweistoffsystems (links) und eines elektrischen Antriebssystems (rechts).*

Zweistoffsysteme entsprechend Bild 4.4.2 (links) benötigen zwei Treibstofftanks für **Oxidator** und **Brennstoff** sowie mindestens einen **Hochdruck-Gastank** mit Druckminderer. Zweistofftriebwerke bestehen aus den beiden Ventilen (für Oxidator und Brennstoff), dem Einspritzkopf, der Brennkammer und der Düse. Auch hier gibt es Initiativen, umweltfreundliche Treibstoffe auf Basis von Wasserstoffperoxid und Sauerstoff oder Wasserstoff/Sauerstoff (mit Brennstoffzelle) zu qualifizieren.

4

4.4.2.4 Elektrische Systeme

Elektrische Triebwerke verwenden **ionisierbare Gase** als Treibstoff. Genauer gesagt, dient das Gas als Stützmasse, um elektrisch geladene Teilchen zu erzeugen und zu beschleunigen. Obwohl die Entwicklung elektrischer Triebwerke bereits vor 30 Jahren eingeleitet wurde und die ersten Triebwerke im Westen zwischen 1980 und 1990 zum Einsatz kamen – in der damaligen UdSSR sogar schon erheblich früher –, werden sie erst seit Ende der 90er-Jahre kommerziell genutzt [4.4.26] [4.4.27]. Ihr Einsatzgebiet ist die Bahnregelung und hier vornehmlich die **Inklinationskontrolle,** also das Nord-Süd-Stationkeeping (NSSK). In interplanetaren oder Kometenmissionen werden elektrische Antriebe auch als **Hauptantrieb** zum Erreichen hoher Δv eingesetzt (z. B. Deep Space 1, Hayabusa, SMART 1, BepiColombo, Dawn, AlphaBus, SGEO, NeoSat, Boeing 702SP Eutelsat 115). Wegen der Toxizität wurde das früher verwendete Quecksilber inzwischen weitgehend durch das Edelgas Xenon ersetzt. Alternativen hierzu sind Krypton (geringere Leistung) oder Jod (höhere Systemkomplexität und Preis). Xenon wird in Hochdrucktanks gelagert, durch Druckminderer auf den Betriebsdruck der Triebwerke gebracht und mittels spezieller durchsatzregelnder Fördersysteme den Triebwerken zugeführt. Elektrische Triebwerke haben im Vergleich zu den chemischen Triebwerken einen sehr **niedrigen Schub** im Millinewton- bis maximal 1 N-Bereich, aber eine Leistung (ISP), die mindestens um den Faktor 10 bis 20 höher ist. Dementsprechend ermöglichen sie eine erhebliche Reduzierung der benötigten Treibstoffmenge (kleiner Tank führt zu kleineren Satelliten). Der Schub elektrischer Antriebe wächst mit der auf dem Satelliten verfügbaren elektrischen Energie. Aufgrund höherer Effizienz von Solargeneratoren, erhöhter Leistungsdichte von Batterien steht heute genügend elektrische Leistung auf dem Bus zur Verfügung. Elektrische Antriebe ermöglichen daher eine reduzierte Satellitenmasse bzw. -volumen. So lassen sich voll elektrische Satelliten deutlich günstiger im Orbit platzieren als solche mit chemischen Antriebssystemen. Erkauft wird dies durch lange Manöver- und Transferzeiten.

Bild 4.4.2 (rechts) zeigt den prinzipiellen Aufbau eines elektrischen Antriebssystems.

4.4.2.5 Feststoffsysteme

Feststofftriebwerke haben für Satelliten nur eine zeitlich begrenzte Rolle gespielt. Ihr Einsatz beschränkte sich auf die Verwendung als **Apogäumsmotor** etwa von 1970 bis 1990. Sie wurden danach von Zweistoff-Apogäumsmotoren abgelöst, die wegen der Wiederzündbarkeit einen Einschuss in mehreren Manövern mit erheblich höherer Effektivität und Genauigkeit erlauben. In jüngster Zeit werden wieder für militärische Einsatzzwecke hybride Treibstoffe (Kombinationen von flüssigem und festem Treibstoff) geprüft.

4.4.2.6 Antriebe ohne Treibstoff

Für Satelliten und Sonden gibt es Überlegungen, Antriebe ohne Treibstoff zu verwenden. Eine mögliche Lösung stellt das Sonnensegel dar. Es soll den Strahlungsdruck des Lichts ausnutzen, der je nach Mission in Sonnennähe durchaus nennenswert ist. Bisher wurden außer der japanischen Sonde IKAROS im Wesentlichen nur Testmissionen durchgeführt, die mehr oder weniger erfolgreich waren. Hierzu gehört z. B. das europäische Projekt **Deorbitsail** unter der Leitung des britischen Surrey Space Centers. Projektidee ist, dass ein durch ein Sonnensegel angetriebener Satellit an einem ausgedienten Satelliten ankoppeln und diesem einen schnellen Widereintritt ermöglichen soll.

IKAROS, entwickelt im Auftrag der JAXA durch NEC Toshiba Space Systems Ltd. bildet einen der ersten erfolgreichen Einsätze einer Sonde mit Sonnensegel.

Die im Mai 2010 gestartete Sonde diente dem Nachweis dieser Sonnensegel-Technologie. Wichtigste Nachweiskriterien waren:

- die Entfaltung des Sonnensegels (140 m^2),
- die Lageregelung der Sonde mit Hilfe aufgebrachter Flüssigkristalle sowie
- die Energieversorgung durch auf dem Sonnensegel applizierte Dünnfilm-Solarzellen.

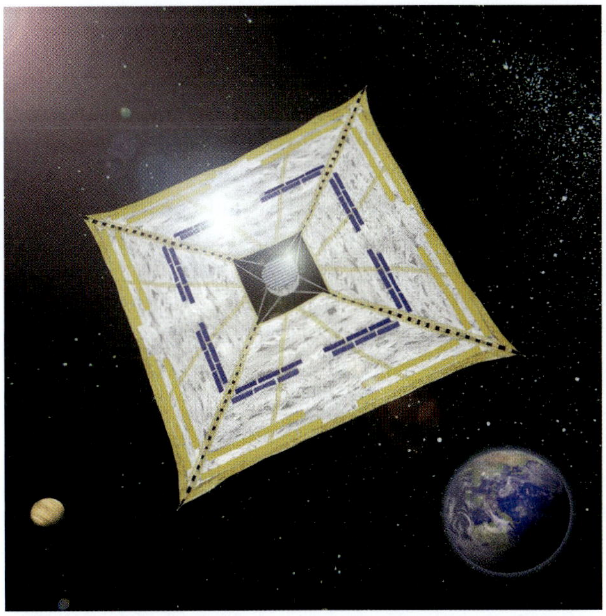

Bild 4.4.3: *Die IKAROS Sonde mit entfaltetem Sonnensegel (Bild:JAXA).*

Anfang Dezember 2010 passierte IKAROS den Planeten Venus und schwenkte in einen Orbit um die Sonne [4.4.33] [4.4.34] [4.4.35] ein. Aufgrund der ungünstigen Orientierung des Sonnensegels schaltete sich Ende 2011 das Bordsystem der Sonde ab.

Die EU fördert ein CubSat Projekt (DeOrbitSail), bei dem der Einsatz eines Sonnensegels zum Deorbiting und Wiedereintritt in die Erdatmosphäre für niedrig fliegende Satelliten geprüft werden soll. Leider ließ sich bisher das Segel noch nicht im Orbit entfalten.

4.4.2.7 Vor- und Nachteile verschiedener Antriebssysteme

Kriterien zum Vergleich verschiedener Antriebssysteme sind zahlreich. Hierzu gehören vor allem Faktoren wie

- Gesamtgewicht (Trockenmasse plus Treibstoff),
- Bedarf an elektrischer Energie,
- Komplexität und Zuverlässigkeit,
- chemische Reinheit,
- Toxizität und Kosten für Operationen am Boden,
- Triebwerksschub.

Für die verschiedenen Aufgaben werden z. B. Schübe benötigt, deren Größenordnungen in Tabelle 4.4.1 angegeben sind.

Mit Kaltgastriebwerken lassen sich **Schübe** etwa von 0,1 bis 2,0 N, mit Einstofftriebwerken von 0,5 bis 400 N, mit Zweistofftriebwerken von 10 bis über 1 000 N und mit elektrischen Triebwerken von 0,01 bis zu einigen Newton (in Abhängigkeit der verfügbaren elektrischen Leistung) erreichen.

Tabelle 4.4.1: *Schubbereiche für punktförmige Manöver mit chemischen Antriebssystemen.*

Aufgabe	Schub (N)
Lageregelung	< 1 bis 22 N
Bahnregelung	10 bis 22 N
Apogäumseinschuss/Bremsmanöver	400 bis 500 N
Kurskorrekturen	10 bis 500 N

Während alle chemischen Antriebssysteme nur einen geringen Bedarf an elektrischer Leistung haben, benötigen elektrische Antriebssysteme einen erheblichen **Energieaufwand,** der in hohem Maße von der Höhe des Schubs und vom spezifischen Impuls abhängt. Solange dieser Energiebedarf durch solare Strahlung gedeckt werden kann, haben elektrische Antriebe den Vorteil, nicht die gesamte kinetische Energie für die Beschleunigung des Satelliten beim Raketenstart mitführen zu müssen.

Ein weiteres entscheidendes Kriterium bei der Auswahl eines geeigneten Antriebssystems ist der **spezifische Impuls** (I_{sp}), der über den mitzuführenden Treibstoff entscheidet (siehe Kapitel 4.4.3). Aus dem Geschwindigkeitsinkrement (Δv in m/s), das einem Satelliten oder einer Sonde im Verlauf der gesamten Mission mitgegeben werden muss, sowie dem spezifischen Impuls errechnet sich aus der Raketengrundgleichung die notwendige Treibstoffmasse:

$$m_p / m_s = 1 - \exp(-\Delta v / I_{sp})$$

Das Verhältnis von Treibstoffmasse m_p zu Satellitenmasse m_s zeigt Bild 4.4.4.

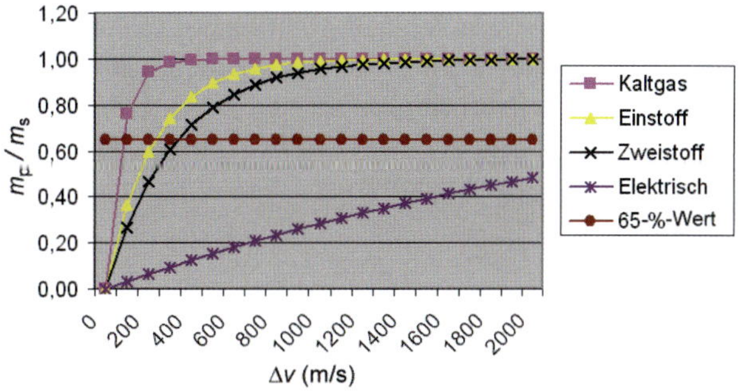

Bild 4.4.4: *Verhältnis Treibstoff- zu Satellitenmasse für verschiedene Antriebssysteme.*

65 % ist ein guter Mittelwert für den Treibstoffanteil von chemischen Antriebssystemen an der gesamten Satellitenstartmasse. Die übrigen 35 % werden benötigt für alle Satellitenuntersysteme und die Nutzlast, wobei z. B. auf das Antriebssystem 5 bis 6 % entfallen. Der genannte Treibstoffanteil von 65 % bedeutet aber, dass die verschiedenen Antriebssysteme maximal den **Geschwindigkeitsbedarf** entsprechend Tabelle 4.4.2 decken können.

Tabelle 4.4.2: *Realisierbares Geschwindigkeitsinkrement* Δv.

Antriebssystem	Δv (m/s)
Kaltgassystem	≤ 74
Einstoffsystem	233
Zweistoffsystem	340
elektrisches System	> 1 000 (HET), 3 140 (GIE)

Ist für ein bestimmtes Projekt ein höherer Δv-Bedarf notwendig, so ist dies nur erreichbar durch

- Verminderung der Nutzlast,
- Anwendung neuer gewichtssparender Technologien,
- Verwendung eines leistungsfähigeren Antriebssystems, also z. B. eines Zweistoffsystems statt eines Einstoffsystems,
- Verwendung von elektrischen Antrieben, die die Sonnenenergie nutzen oder
- Wahl eines entsprechend stärkeren Launchers (z. B. direkter Einschuss in GEO).

4

Die vorangegangene Betrachtung bedeutet nicht, dass einem geplanten Satelliten, etwa einem schweren Nachrichtensatelliten, nicht z. B. mit einem Zweistoffsystem ein Δv von etwa 2 360 m/s mitgegeben werden kann. Sie besagt vielmehr, dass dieser Satellit etwa 2 400 bis 2 500 kg wiegen wird.

Die **Lageregelung** erfordert häufig sehr geringe Impulse, um eine Lagekorrektur um eine bestimmte Achse möglichst treibstoffsparend durchführen zu können. Bestimmt wird ein solches minimales Impulsbit durch die Höhe des Schubes und die minimale Betriebsdauer des Triebwerks. Hier sind Kaltgas- und Einstofftriebwerke aufgrund ihres niedrigen Schubes im Vorteil. Aber auch Zweistofftriebwerke mit Schüben um 10 N und schnell schaltenden Ventilen im 2 bis 5 ms-Bereich können die Anforderungen der Lageregelung vor allem für aktuelle schwere Satelliten weitestgehend befriedigen.

Wissenschaftliche Satelliten mit speziellen Anforderungen an die **chemische Reinheit** bevorzugen Kaltgas zur Lageregelung, da bei Einstoff- oder Zweistofftriebwerken Verunreinigungen von z. B. optischen Instrumenten oder Sensoren durch Katalysatorpartikel oder unverbrannte Treibstoffe nicht völlig ausgeschlossen werden können. Kann aufgrund des benötigten Δv auf Einstoff oder Zweistoff nicht verzichtet werden, so müssen die Triebwerke so positioniert werden, dass eine potenzielle Verunreinigung minimiert werden kann.

Weitere wesentliche Kriterien sind **Komplexität** und **Zuverlässigkeit.** In Kapitel 4.4.6 werden die verschiedenen Antriebssysteme im Detail diskutiert. Je höher die Zahl der Komponenten, je komplexer die eingesetzte Technologie, desto schwieriger ist es, die für lang andauernde oder aufwendige Missionen notwendige Zuverlässigkeit zu implementieren. Die Forderung nach hoher Zuverlässigkeit kann nur entwurfstechnisch durch Einbau von Redundanzen bzw. durch umfangreiche Entwicklungs- und Qualifikationstests jeder Komponente bzw. auch des gesamten Antriebssystems erfüllt werden.

4.4.3 Treibstoffe

Neben der Auslegung und Optimierung der Triebwerke eines Antriebssystems entscheidet vor allem die Wahl der Treibstoffe über die Leistungsfähigkeit, da die Leistung des Triebwerks allein nicht über die Gesamteffizienz eines Antriebssystems entscheidet. Hier sind neben dem spezifischen Impuls Parameter wie Dichte, Gefrierpunkt, Toxizität und Lagerfähigkeit ebenfalls von Bedeutung. Die wesentlichen **Eigenschaften der Treibstoffe** für chemische und elektrische Antriebssysteme sind in Tabelle 4.4.3 zusammengefasst, wobei bei Satelliten die **Lagerfähigkeit** für Langzeitmissionen eine entscheidende Voraussetzung ist [4.4.4] [4.4.20].

Tabelle 4.4.3: *Charakteristische Daten lagerfähiger Gase und Treibstoffe.*

Treibstoff / Parameter	Stickstoff (N_2)	Wasserstoffperoxid (H_2O_2) (rein)	Hydrazin (N_2H_4)	Monomethylhydrazin (MMH)	Unsymmetrisches Dimethylhydrazin (UDMH)	Distickstofftetroxid (N_2O_4)	Xenon (Xe)
Spezifischer Impuls (N·s/kg)	700	1 700	2 300	3 200	3 200	3 200	35 000
Dichte (kg/dm³)	0,00125	1,447	1,008	0,876	0,793	1,447	0,0059
Gefrierpunkt (°C)	-210	-0,41	1,55	-52,3	-57,2	-11,2	-111,7
Korrosion/ Materialverträglichkeit	sehr stabil	reagiert katalytisch	reagiert katalytisch	reagiert katalytisch	reagiert katalytisch	stark säurebildend mit Wasser	sehr stabil
Toxizität/ Gesundheitsrisiko	-	ätzend	giftig, karzinogen	giftig, karzinogen	giftig, karzinogen	sehr giftig, ätzend	-
Entflammbarkeit	-	explosive Selbstzersetzung	hypergol mit Oxidatoren	hypergol mit Oxidatoren	hypergol mit Oxidatoren	hypergol mit Brennstoffen	-

Kaltgasmedien

Stickstoff ist die erste Wahl für Kaltgassysteme, da es im Gegensatz zu Helium oder Wasserstoff gut lagerbar und die Gefahr einer Leckage wegen der Molekülgröße gut beherrschbar ist. Nur in Ausnahmefällen, wenn Stickstoff wegen der wissenschaftlichen Mission nicht infrage kommt, wird z. B. auf Argon ausgewichen.

Einstoff-Treibstoffe

Wasserstoffperoxid (H_2O_2) – in hoher Konzentration auch als HTP (High Test Peroxide) bekannt – wurde Anfang der 1960er-Jahre in Einstofftriebwerken verwendet. Als **Katalysator** agierten Strukturen z. B. aus Silber oder Platin, die H_2O_2 exotherm in Wasser und Sauerstoff zersetzen. Das fundamentale Problem dieser Systeme bestand in der **ungenügenden Lagerfähigkeit** von H_2O_2 über einen langen Zeitraum, da es selbst unter günstigsten Bedingungen zur Selbstzersetzung neigte und damit einen stetigen Druckanstieg verursachte. Trotz entsprechender Maßnahmen, wie Abblasventile, führte das Phänomen zu kompletten Ausfällen der Antriebssysteme bei den US-Satelliten ATS 1 und Syncom 1. Inzwischen kann HTP in Konzentration über 98 % stabil gelagert werden. Testläufe mit einem 1 N-Triebwerk wurden 2017 in Lampoldshausen durch ArianeGroup durchgeführt.

Hydrazin (N_2H_4) war die Lösung des obigen Problems, brachte gleichzeitig noch eine ca. 30%ige Leistungssteigerung gegenüber H_2O_2. Der Umstieg auf Hydrazin wurde durch die Entwicklung des **Katalysators Shell 405** möglich, der selbst während langer Missionen eine zuverlässige spontane exotherme Zersetzung entsprechend $3\ N_2H_4 \rightleftharpoons 4\ NH_3 + N_2$ mit anschließender endothermer Dissoziation des NH_3 in Wasserstoff und Stickstoff garantierte. 1967 und 1968 waren ATS III und Intelsat III die ersten Satelliten mit Hydrazin-Antriebssystemen. Die beiden Viking-Missionen von 1975 führten zu einer modifizierten Hydrazinqualität. Bei Tests mit dem Bremstriebwerk der Landestufe wurden im Abgasstrahl Wasserstoff-Zyanide entdeckt, die mögliche Lebensspuren bereits bei der Landung hätten töten können. Verursacht wurden diese Gase durch die Pyrolyse von im Hydrazin enthaltenem Anilin. Deswegen wurde das ursprüngliche „monopropellant grade" durch drastische Reduktion der Anilin-, Eisen-, Kohlenstoff- sowie Wasseranteile modifiziert zu „high purity grade"-Hydrazin. Die Reduktion des Anilinanteils hatte den unerwarteten, aber positiven Effekt, die Kaltstartfähigkeit der Triebwerke erheblich zu verbessern.

Zweistoff-Treibstoffe

Satelliten mit immer höheren Startmassen führten zur Suche nach leistungsfähigeren Antriebssystemen. Gegenüber Hydrazin ermöglichen Zweistoffsysteme eine Reduktion der notwendigen Treibstoffmenge um ca. 25 %. Aus einer Reihe von Brennstoffen und Oxidatoren kristallisierten sich **UDMH** bzw. **MMH** als geeignete Brennstoffe und N_2O_4 als Oxidator heraus. In der damaligen UdSSR wurde UDMH bevorzugt, die westliche Welt entwickelte die Triebwerke mit MMH als Brennstoff. Auch N_2H_4 wird in einigen Fällen als Brennstoff verwendet, wie in Kapitel 4.4.6.2 „Dual Mode System" näher ausgeführt wird. Während die Symphonie-Satelliten – die ersten überhaupt mit Zweistoffsystemen – für die Bahnregelung und den Apogäumsmotor noch **Aerozin 50** (50 % Hydrazin und 50 % UDMH) verwendeten, hat sich für alle späteren Systeme das einfacher zu handhabende MMH durchgesetzt. Eine gewisse Besonderheit stellt der Oxidator dar, denn zur Vermeidung von Spannungsrisskorrosion in den aus einer Titanlegierung gefertigten Treibstofftanks wird dem Oxidator N_2O_4 (NTO = nitrogen tetroxide) 1 bis 3 Gewichtsprozent Stickstoffoxid (NO) zugefügt. Diese Mischung firmiert unter dem Namen **MON 1** bzw. **MON 3** (MON = Mixed Oxides of Nitrogen) und wird inzwischen in der 1 %- oder 3 %-Variante in fast jedem Zweistoffsystem verwendet.

Elektrische Triebwerke benötigen Treibstoffe, die leicht ionisierbar und leicht verdampfbar sind sowie ein hohes Molekulargewicht haben. So fiel die erste Wahl in den Jahren 1960 bis 1980 auf **Quecksilber,** das zwar die obigen Kriterien bis auf die leichte Ionisierbarkeit erfüllt, aber wegen seiner Giftigkeit fallen gelassen werden musste. Daher konzentrierten sich die Entwicklungsarbeiten an elektrischen Triebwerken auf das inerte, farb- und geruchlose Edelgas **Xenon,** das bereits gasförmig vorliegt und in Hochdrucktanks gelagert werden kann. Es hat ein hohes Molekulargewicht und kann relativ leicht ionisiert werden. Inzwischen werden auch Krypton, Jod und sogenannte Diamondoide aus Preis- und Verfügbarkeitsgründen als Alternative untersucht.

Umweltverträgliche Treibstoffe (Green Propellants)

Unter dem Stichwort „Green Propellants" wird sowohl für Trägerraketen als auch für Satellitenantriebe seit etwa 15 Jahren nach umweltfreundlicheren und besser handhabbaren Treibstoffen gesucht.

Einer der Favoriten unter den Alternativen ist das bereits erwähnte **Wasserstoffperoxid** (H_2O_2), das bei der Zersetzung keine umweltbelastenden Stoffe liefert. Allerdings bringen Wasserstoffperoxid oder andere „grüne Treibstoffe" wie z. B. Butan, **Wasser** oder das als **Lachgas** bekannte N_2O (Entwicklungen und Flugeinsätze bei SSTL in Großbritannien) nicht die von Hydrazinsystemen bekannte Leistung [4.4.13] [4.4.21] [4.4.22].

Eine Hydrazin gleichwertige oder überlegene Alternative, **ADN (Ammonium Dinitramide)**, wird seit 1997 von ECAPS, Teil der Swedish Space Corporation entwickelt. Dieser Treibstoff, LMP-103S, ist eine Mischung aus Ammonium Dinitramide, Methanol, Ammoniak und Wasser. Er wird im Gegensatz zu Hydrazin nicht zersetzt, sondern verbrannt und hat einen vergleichbaren theoretischen spezifischen Impuls und eine um 24 % höhere Dichte. Die Verbrennungstemperatur ist jedoch erheblich höher als die Zersetzungstemperatur von Hydrazin. Deshalb müssen aufwändige und teure Brennkammermaterialien verwendet werden. [4.4.23]. Untersuchungen haben ergeben, dass die meisten in Hydrazinsystemen verwendeten Materialien auch mit LMP-103S verträglich sind.

Der erste Flug eines Antriebssystems mit LMP-103S erfolgte an Bord des Technologie-Demonstrations Satelliten PRISMA, der im Auftrag der Swedish Space Corporation entwickelt wurde. Alle mit dem Treibstoff in Kontakt kommenden Komponenten waren kommerziell verfügbare Hydrazin-Komponenten. Ein Membrantank versorgte zwei 1 N-Triebwerke mit dem Treibstoff.

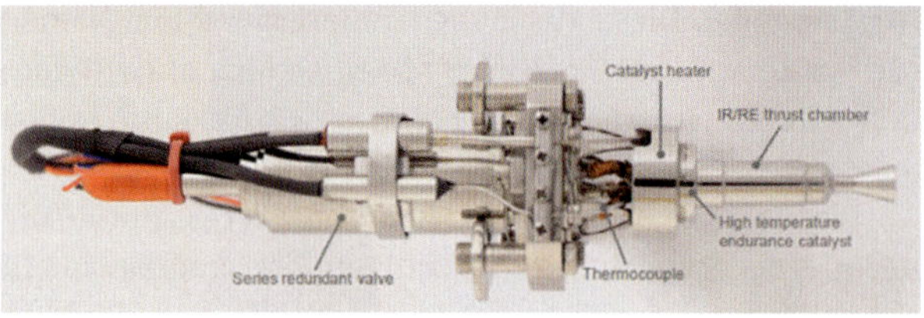

Bild 4.4.5: *1 N-Triebwerk des PRISMA Satelliten (Bild: ECAPS AB).*

Der Start des Satelliten erfolgte Mitte Juni 2010 und der erste Einsatz des Antriebssystems mit LMP-103S erfolgte Ende Juni desselben Jahres. Im Lauf der 5-jährigen Mission wurden die beiden Triebwerke erfolgreich im Dauer-, Puls- und Einzelpulsmodus betrieben. Dieser Einsatz an Bord von Prisma war der erste Flug eines Antriebssystems mit umweltverträglichem Treibstoff [4.4.47] [4.4.48] [4.4.49].

Neben dem Leistungsnachweis des Antriebssystems selbst zeigte sich auch, dass das Handling bei der Betankung bzw. der Transport des Treibstoffs zum Startplatz gegenüber Hydrazin erheblich einfacher war.

Für das **Satellitensystem SkySat C** hat das Unternehmen Terra Bella zahlreiche Antriebssysteme mit je vier 1 N-Triebwerken bei ECAPS AB bestellt, von denen sich bereits 11 Einheiten im Orbit befinden. Das komplette Antriebssystem zeigt Bild 4.4.6. Außerdem ist ein nächster Einsatzfall des 1 N-Triebwerks geplant an Bord der von ArianeGroup gebauten Myriade Satelliten.

Außer dem 1 N-Triebwerk befinden sich weitere Triebwerke mit Schüben von 5 N, 22 N, 50 N und 200 N in Entwicklung.

Auch **HAN (Hydroxylammonium Nitrate)** wird als vielversprechender Kandidat genannt, der ebenfalls die Leistung von Hydrazin übertrifft. Der entsprechende Treibstoff mit der Bezeichnung AF-M315E wurde vom Air Force Research Laboratory (AFRL) in den USA entwickelt. Er soll gegenüber Hydrazin einen um 12 % höheren spezifischen Impuls liefern und eine um 45 % höhere Dichte aufweisen [4.4.46].

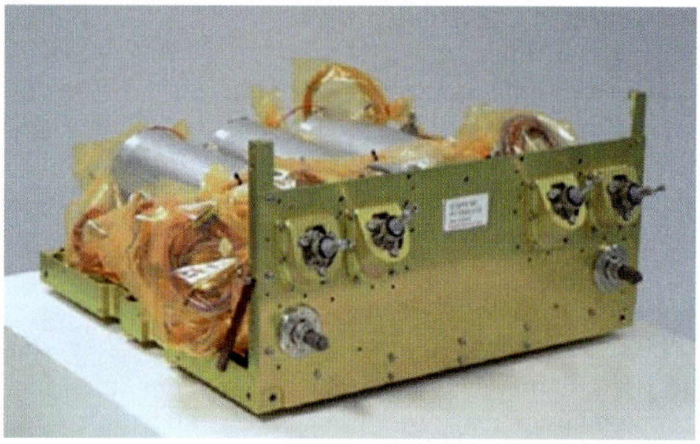

Bild 4.4.6: *Antriebssystem der Satelliten SkySat C (Bild: ECAPS AB).*

Im Auftrag der NASA befindet sich eine Technologie-Demonstrationsmission unter dem Namen Green Propellant Infusion Mission (GPIM) bei Ball Aerospace in Entwicklung, die ein von Aerojet Rocketdyne entwickeltes Antriebssystem im Flug erproben soll. Das System enthält vier 1 N- und ein 22 N-Triebwerk. Beide Triebwerkstypen sind im Gegensatz zu konventionellen Hydrazintriebwerken mit Einsitz-Ventilen ausgerüstet. Dies erscheint möglich, da AF-M315E eine höhere Viskosität als Hydrazin aufweist und damit eine geringere Leckgefahr besteht. Da der Treibstoff außerdem einen verschwindend geringen Dampfdruck aufweist, kann eine Druckerhöhung durch Selbstzersetzung ausgeschlossen werden [4.4.44] [4.4.45].

Wasser (H_2O) ist das umweltverträglichste und am einfachsten zu handhabende Medium und wäre deshalb ein idealer Treibstoff. Dieser Gedanke hat die Firma ArianeGroup und die Firma Tethers Unlimited Inc. zur Entwicklung eines Antriebssystems veranlasst, in dem Wasser elektrolytisch in H_2 und O_2 zerlegt wird und diese beiden Gase in einem Zweistofftriebwerk als Treibstoff verwendet. Das so genannte HYDROS Antriebssystem soll in Nanosatelliten für Orbit-Manöver und Stationkeeping verwendet werden. In Entwicklung befindet sich ein 1 N-Triebwerk für Puls- und Dauerbetrieb, das einen spezifischen Impuls von 300 s liefern soll [4.4.50] [4.4.51].

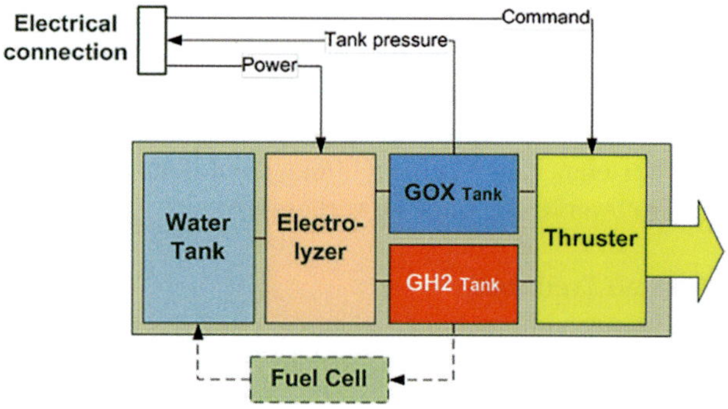

Bild 4.4.7: *Funktionsschema eines Antriebssystems mit Wasser-Elektrolyse (Bild:ArianeGroup)*

Die in Antriebssystemen verwendeten Materialien unterliegen einem intensiven Screening bezüglich ihrer Verträglichkeit mit den Treibstoffen, mit denen sie je nach Einsatzfall für 15 Jahre und mehr bei variierenden Drücken und Temperaturen in Kontakt stehen, wobei die Treibstoffe im flüssigen oder auch dampfförmigen Zustand vorliegen können. Dies gilt für metallische Werkstoffe z. B. im Hinblick auf Spannungsrisskorrosion ebenso wie für Elastomere z. B. im Hinblick auf katalytische Eigenschaften. Diese Problematik führte u. a. dazu, dass die Einführung und Verwendung von umweltverträglichen Treibstoffen ein langwieriger Prozess ist.

Ob die aus den Green Propellants möglicherweise erwachsenden Vorteile ausreichen, um die zuverlässigen und leistungsfähigen Hydrazinsysteme völlig zu ersetzen, wird die Zukunft zeigen.

4.4.4 Förderverfahren und Treibstofflagerung

Bei allen in Kapitel 4.4.2 genannten Antriebssystemen werden die Treibstoffe in Tanks gelagert, aus denen sie zu den Triebwerken gefördert werden.

In einem **Kaltgassystem** ist das Gas im Tank unter Hochdruck bei ca. 300 bar gelagert, wird in einem Druckminderer auf ca. 1 bis 5 bar reduziert und den Triebwerken zugeführt.

Bei **Einstoff- bzw. Zweistoffsystemen** muss im Gegensatz zum Kaltgassystem für eine **aktive Förderung** des Treibstoffs aus den Tanks zu den Triebwerken gesorgt werden. Grundsätzlich werden zwei Prinzipien unterschieden:

- Förderung bei sich reduzierendem Druck und
- Förderung bei konstantem Druck.

4.4.4.1 Blow-Down-Betrieb

Die Förderung bei sich ständig reduzierendem Druck wird mit dem Begriff **Gleitdruck-** bzw. **Blow-Down-Betrieb** bezeichnet. In dieser Betriebsart wird der Tank sowohl mit dem Treibstoff, z. B. Hydrazin, gefüllt als auch mit dem Druckgas, z. B. Stickstoff oder Helium, entsprechend Bild 4.4.8 (links).

Der Druck im Tank zu Anfang der Mission (BOL) entspricht zumeist dem maximalen **Betriebsdruck** der Triebwerke, bei Hydrazintriebwerken z. B. ca. 22 bis 30 bar. Beim Betrieb eines oder mehrerer Triebwerke wird Treibstoff aus dem Tank entnommen, und der Druck im Tank reduziert sich entsprechend der Treibstoffentnahme. Mit abnehmendem Förderdruck reduziert sich der Schub der Triebwerke. Am Ende der Mission (EOL – End of Life) entspricht der Druck dem minimalen Betriebsdruck der Triebwerke, bei Hydrazintriebwerken ca. 5,5 bar. Um dies zu erreichen, muss das Gasvolumen im Treibstofftank etwa 25 % des gesamten Tankvolumens betragen. Die Triebwerke müssen also in der Lage sein, über einen Druckbereich von 4 : 1, dem **Blow-Down-Verhältnis,** reproduzierbar arbeiten zu können. Die Lageregelung muss sich bei der Konzipierung der Algorithmen auf diese sich kontinuierlich verändernden Schub- und Impulsbitwerte einstellen, die aber für das Triebwerk aus den Abnahme- und Qualifikationstestdaten genau bekannt sind. Blow-Down-Systeme sind nur dann sinnvoll, wenn der Treibstoffbedarf nicht zu hoch ist, da sonst der Tank selbst oder die Zahl der benötigten Tanks zu groß wird.

Einen Sonderfall des Blow-Down-Konzepts stellt das System mit **Wiederbedrückung** entsprechend Bild 4.4.8 (rechts) dar. Es wird immer dann angewendet, wenn im Verlauf der Mission, d. h. nach einer bestimmten Absenkung des Tankdrucks und damit des Triebwerkschubs, eine höhere Triebwerksleistung erforderlich ist.

In einem Zusatztank befindet sich z. B. Helium, das zu einem bestimmten Zeitpunkt in der Mission durch Öffnen zumeist eines pyrotechnischen Ventils zu einer Druckerhöhung im Treibstofftank und damit auch einer Erhöhung des Triebwerkschubs führt. Der Zeitpunkt in der Mission und Druck und Volumen im Zusatztank müssen so bemessen sein, dass bei der Wiederbedrückung der maximale Betriebsdruck des Treibstofftanks nicht überschritten wird [4.4.1].

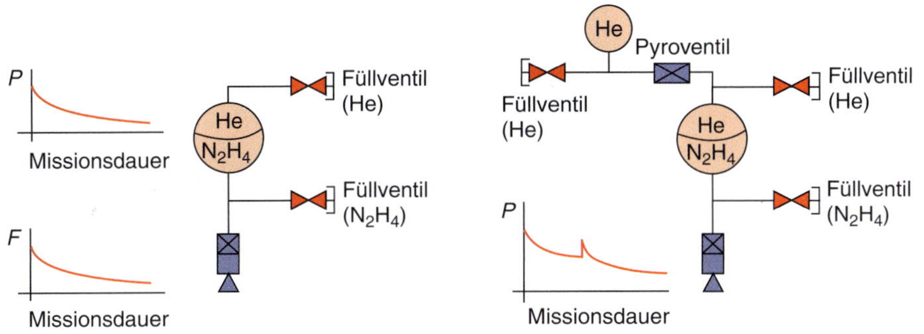

Bild 4.4.8: *Blow-Down-Betrieb (links) und Blow-Down mit Wiederbedrückung (rechts).*

4.4.4.2 Förderung bei konstantem Druck

Während bei Antriebssystemen für Trägerraketen die Förderung des Treibstoffs mittels Pumpen üblich ist, hat sich das aus verschiedenen Gründen bei Satelliten nicht durchgesetzt, obwohl es entsprechende Entwicklungen in der Vergangenheit gegeben hat. Wesentliche Gründe dürften neben der Miniaturisierung insbesondere auch die geforderte Zuverlässigkeit über eine Lebensdauer von bis zu 15 Jahren sein.

In einem System, das **druckreguliert** betrieben wird, werden die Treibstofftanks mit **Druckgas** (Helium, seltener Stickstoff) aus einem separaten Tank über einen Druckminderer bedrückt und der Druck so von BOL bis EOL konstant gehalten. Damit sind natürlich auch die Betriebsbedingungen, also der Druck vor dem Triebwerk, während der gesamten Mission konstant. Da diese Betriebsart vor allem bei Zweistoffsystemen angewendet wird, zeigt das Bild 4.4.9 eine typische Konfiguration für diese Antriebsart.

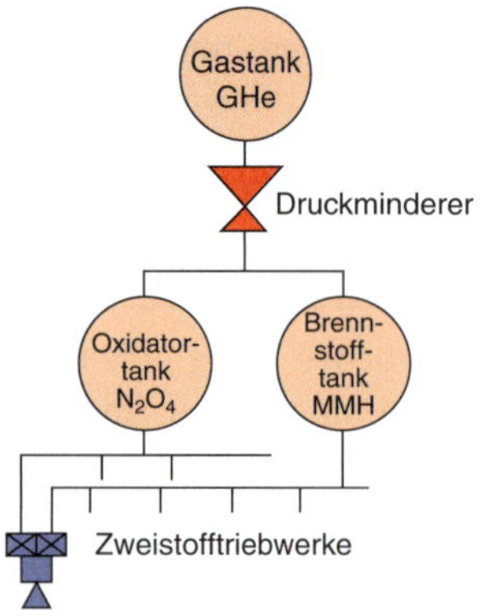

Bild 4.4.9: *Druckgeregeltes Zweistoffsystem.*

Die Treibstofftanks können während der Startvorbereitung zu 95 % gefüllt werden. Die restlichen 5 % – mit Druckgas befüllt und auf 4 bar bedrückt – genügen, um Druckerhöhungen durch einen evtl. Temperaturanstieg zu tolerieren. Sind nach der Trennung des Satelliten vom Launcher, aber noch vor der endgültigen Druckbeaufschlagung aus dem Druckgastank, Lageregelungsmanöver erforderlich, so empfiehlt sich bei der Startvorbereitung eine Bedrückung auf 10 bis 14 bar.

Nach dem Start werden die Treibstofftanks auf ihren **Betriebsdruck** von ca. 17 bar durch Befüllung aus dem oder den Druckgastanks gebracht, wobei der Druckminderer während der kompletten Mission für die Einhaltung des Betriebsdrucks sorgen muss. Dies gilt vor allem für interplanetare Sonden, nicht aber für kommerzielle Nachrichtensatelliten, wie in Kapitel 4.4.6.2 näher erklärt wird.

Die Folge eines geregelten Drucks ist nicht nur die Konstanz des Schubs und Impulsbits, sondern auch des **spezifischen Impulses** während der Mission. Da die Triebwerke fast bei ihrem maximalen Betriebsdruck arbeiten, ist auch der spezifische Impuls hoch und damit der Treibstoffverbrauch niedriger als im Blow-Down-Betrieb. Erkauft wird diese Leistungsoptimierung aber durch mehr Komplexität, wie in Kapitel 4.4.6.2 gezeigt wird [4.4.1]. Ein Vorteil des druckgeregelten Systems ist die Tatsache, dass die Tanks nur unwesentlich größer werden, als für die Lagerung des Treibstoffs notwendig ist. In vielen Fällen wird bei geostationären Nachrichtensatelliten nach Abschluss der Apogäumsmanöver der Druchgastank und der Apogäumsmotor durch Schließen von zumeist pyrotechnischen Ventilen vom übrigen System isoliert, um Probleme durch Leckagen in diesen Bereichen zu vermeiden. Der Bereich zwischen Apogäumsmotor und Absperrventil wird druckentlastet, um einen Druckaufbau bei Temperaturanstieg zu verhindern. Alle missionsbedingten Bahn- und Lageregelungsmanöver erfolgen nun im Blowdown Betrieb im Druckbereich zwischen 17 bar und 12 bar.

4.4.4.3 Treibstofflagerung

Bei der Konzipierung eines Satelliten-Antriebssystems stehen zwei Aspekte im Vordergrund, und zwar:

a) Welche Triebwerke stehen zur Verfügung?
b) Gibt es geeignete Tanks zur Treibstofflagerung?

Dieses Kapitel befasst sich mit dem zweiten Aspekt, der Treibstofflagerung.

Unproblematisch ist die Lagerung von Gasen bzw. dem Medium für elektrische Triebwerke (Xenon). Sie erfolgt z. B. in Kugeltanks, die für hohe Drücke bis zu ca. 300 bar Betriebsdruck ausgelegt sind und in den Polen gelagert in der Satellitenstruktur fixiert werden. Die Tanks haben nur eine einzige Verbindung zum Rohrleitungssystem für die Betankung mit Gas bzw. die Entnahme im Betrieb. Verwendet werden reine **Titantanks** aus der wärmebehandelten Legierung Ti 6Al 4V bzw. vermehrt auch sogenannte **Wickeltanks** [4.4.12] [4.4.18] [4.4.19]. Diese bestehen aus einem Titantank mit sehr geringer Wandstärke, dem Liner, zur Erzielung einer optimalen Dichtigkeit.

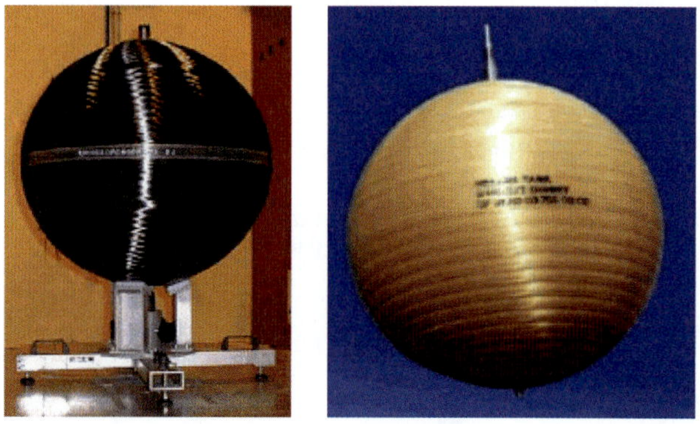

Bild 4.4.10: *Hochdruck-Wickeltanks (Kohlefaser bzw. Kevlar) (Bild: ArianeGroup).*

Der Liner wurde in der Vergangenheit mit Kevlar und wird aktuell mit Kohlefaser umwickelt, mit einem Kunstharz (epoxy resin) getränkt und danach im Autoklaven ausgehärtet, wodurch der Tank erst die geforderte Festigkeit erhält. Zunehmend werden Aluminium-Tanks untersucht, die bei Konstellationen von erdnahen Satelliten beim Wiedereintritt in die Erdatmosphäre komplett verglühen und damit keine Gefahr für den Boden darstellen (Anti debris initiative, ESA clean Space Initiative, Demisable Structure Initiative).

Die Lagerung von Treibstoff im Weltraum erfordert andere Technologien, da Schwerelosigkeit die Orientierung des Treibstoffs im Tank entscheidend beeinflusst. Hierfür werden Systeme zur Attraktion und Beeinflussung der Treibstoffe und der Oberfläche unter Schwerelosigkeit untersucht (PMD Propellant Management Device, LRD Liquid Retension Device).

Bei **spin-stabilisierten Satelliten** mit einer ausreichend hohen Drehzahl übernimmt die Zentrifugalkraft die Orientierung des Treibstoffs, wie in Bild 4.4.11 verdeutlicht.

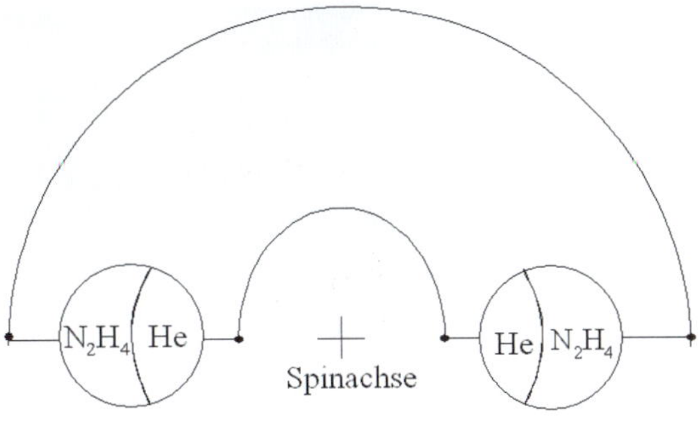

Bild 4.4.11: *Treibstofforientierung bei Spin.*

Obwohl der Tank im Betrieb mit zwei Anschlüssen zum Rohrleitungssystem auskommen würde, ist eine Anforderung nicht erfüllt, nämlich die der Enttankbarkeit am Boden z. B. im Fall eines Startabbruchs. Dieses Problem kann entweder durch einen dritten, um 90 Grad versetzten Tankauslass (wie bei der zweiten Generation der Meteosat Satelliten) gelöst werden oder durch eine spezielle Tankkonfiguration, dem **Tropfentank** (Bild 4.4.12 links), der im Hydrazinsystem des Satelliten Hipparcos bzw. der Kometensonde Giotto eingesetzt wurde. Bei korrektem Einbau ist der untere Auslass auch gleichzeitig der außen liegende, also für die Förderung zu den Triebwerken wie für eine Enttankung geeignet [4.4.15] [4.4.18].

Bei **nicht spin-stabilisierten Satelliten oder Sonden** muss ein **Treibstoff-Orientierungsverfahren** gefunden werden, das nicht nur bei völliger Schwerelosigkeit einwandfrei funktioniert, sondern auch gegenüber Störbeschleunigungen, z. B. verursacht durch den Betrieb der eigenen Triebwerke, möglichst unempfindlich ist.

Eine Lösung zur Orientierung des Treibstoffs bzw. Trennung von Treibstoff und Druckgas stellen die Membran- bzw. Bladdertanks dar. Sie sind immer dann einsetzbar,

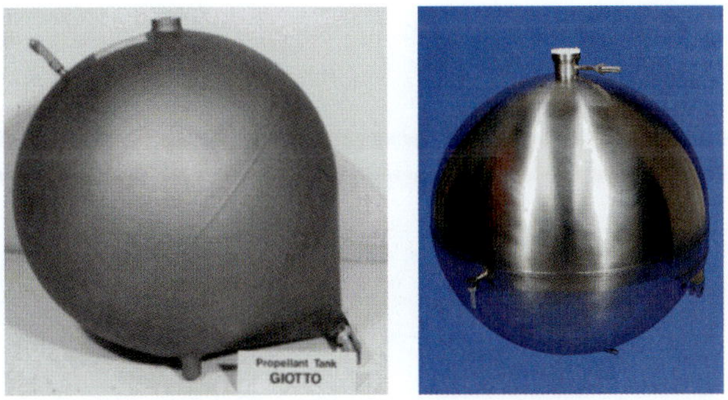

Bild 4.4.12: *Giotto- (tear drop) & MSG-Tank (Bild: ATK PSI & ArianeGroup).*

wenn ein Material verfügbar ist, das mit dem Treibstoff verträglich ist. Während dieses Material für Hydrazin vorhanden ist, gibt es bisher trotz einiger vielversprechender Entwicklungen noch keine **oxidatorverträglichen Materialien,** aus denen sich Membranen oder Bladder einwandfrei hätten fertigen lassen.

ATK PSI Operations, USA, ist das weltweit führende Unternehmen, das in den vergangenen 5 Jahrzehnten die Entwicklung und Produktion von **Membrantanks** dominiert und viele Tausend Tanks erfolgreich zum Einsatz gebracht hat. Im Auftrag der US Air Force entwickelte die Firma TRW in den 1970er-Jahren ein hydrazinverträgliches Material mit dem Namen AF-E-332, das das bis dahin verwendete, weniger hydrazinverträgliche EPT-10 ersetzte. Membranen, wie sie von ATK PSI für sphärische Tanks gefertigt werden, haben eine halbkugelförmige Konfiguration (Bild 4.4.13), besitzen auf der Innenfläche zum Pol hin verlaufende Rippen und am Außenumfang eine Lippe, die zur Befestigung am Tankäquator dient. Inzwischen werden Membrantanks auch von der israelischen Firma Raphael und von ArianeGroup in Deutschland hergestellt.

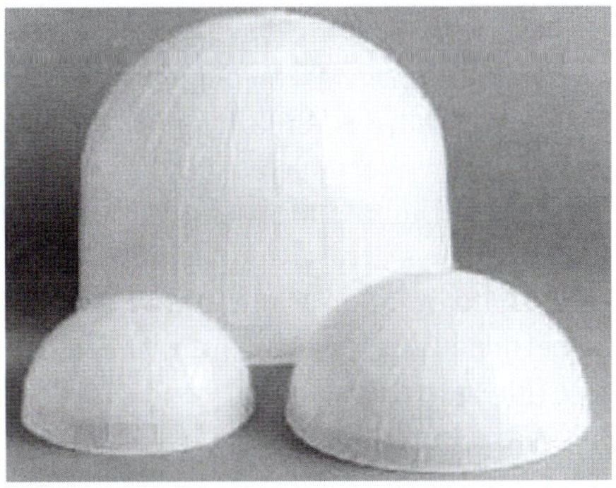

Bild 4.4.13: *Membranen verschiedener Größen (Bild: ATK PSI) [4.4.18].*

Bei der Endintegration des Tanks wird die Membran in die untere Tankhalbschale eingeführt, mit einem Klemmring gehalten, die obere Tankhalbschale aufgesetzt und alle drei Bauteile, die beiden Halbschalen und der Klemmring, in einem Schweißprozess miteinander verbunden.

4

Bild 4.4.14: *Membrantank (Bild: ATK PSI).*

Membrantanks haben eine Reihe von Vorteilen. Da sie für bis zu 100 Füll- und Entleerzyklen qualifiziert sind, lassen sie sich sowohl auf Komponenten- als auch auf Subsystem- und Systemebene einwandfrei testen. Sie verhindern in hohem Umfang Treibstoffschwappen und orientieren den Treibstoff auch bei relativ hohen Störbeschleunigungen. Egal, ob der Tank nur zu 40 % oder zu 90 % gefüllt ist, ob der Tankauslass am Boden gegen die Schwerkraft positioniert ist, er ist in dieser Lage enttankbar und vermag auch im Orbit den Treibstoff gegen die Richtung von Störbeschleunigungen zu orientieren und auszutreiben. Bei der Entleerung des Tanks stülpt sich die Membrane um und liegt schließlich an der Innenwand der unteren Tankhalbschale an. Die Rippen sorgen nun dafür, dass auch der Resttreibstoff zwischen ihnen zum Auslass gefördert wird, sodass eine hohe Austreibrate von mehr als 99,5 % garantiert werden kann.

Allerdings sind Tanks mit **Elastomermembrane** nicht ganz frei von Nachteilen. Zu diesen gehört die Gasdurchlässigkeit bzw. **Permeabilität.** Helium wandert durch das Membranmaterial und geht im Treibstoff in Lösung, bis dieser heliumgesättigt ist. In der entgegengesetzten Richtung durchdringen Hydrazindämpfe die Membrane und befinden sich damit im Druckgasbereich des Tanks bzw. des Antriebssystems. Dies ist solange unkritisch, wie alle Komponenten oberhalb des Tanks hydrazinverträglich sind. Außerdem sollte der Wärmehaushalt des Satelliten dafür sorgen, dass diese Dämpfe nicht einfrieren und auf diese Weise Komponenten schädigen können.

Eine Alternative zu den Membrantanks sind die **Bladdertanks**, bei denen der Treibstoff innerhalb einer zylindrischen Blase (Bladder) orientiert wird und die Förderung des Treibstoffs durch ein im Zentrum des Tanks befindliches perforiertes Zentralrohr erfolgt. Wie beim Membrantank befinden sich Druckgas und Treibstoff im gleichen Tank, wobei das Gasvolumen etwa 25 % des Tankvolumens einnimmt, um z. B. bei Blow-Down-Systemen das Entspannungsverhältnis von 4 : 1 zu erreichen. Wird Treibstoff beim Feuern von Triebwerken entnommen, so wird sich der Bladder um das Standrohr pressen und so für einen guten Austreibwirkungsgrad sorgen.

Das Unternehmen ARDE Inc. (heute Pratt & Whitney Rocketdyne) hat sich auf die Entwicklung und Produktion von **Metallmembrantanks** spezialisiert. Die wesentlichen Gründe für den Einsatz von Metallmembranen sind:

- Langzeit-Lagerung ohne Permeationsproblem,
- Lagerung von Treibstoffen, die mit Membranen oder Bladdern aus Kunststoffen unverträglich sind und
- rigorose Anforderungen an Treibstoffschwappen bzw. Schwerpunktswanderung.

Bild 4.4.15 zeigt die Zeichnung eines Metallmembrantanks und einen aufgeschnittenen Tank, der einen Blick auf die Membran zulässt.

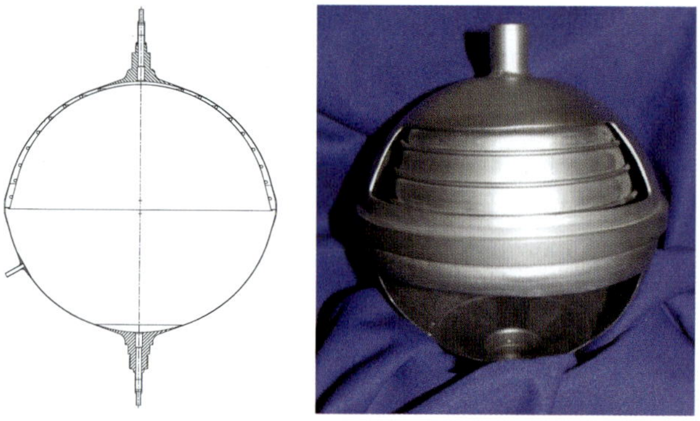

Bild 4.4.15: *Zeichnung und Hardware eines Metallmembrantanks (Bild: ARDE Inc.) [4.4.14].*

Im Gegensatz zur Elastomermembrane weist die Metallmembran Rippen in konzentrischen Kreisen auf, die ein kontinuierliches **Umstülpen** der Membrane sicherstellen. Der Vorgang des Umstülpens ist im folgenden Bild 4.4.16 in zwei verschiedenen Fortschrittsgraden dargestellt. Die Metallmembran stellt eine völlige Dichtigkeit zwischen Treibstoff und Druckgas sicher und ist im Gegensatz zu den Elastomermembrantanks auch mit den Treibstoffen für Zweistoffsysteme einsetzbar. Sie erreichen einen Austreibwirkungsgrad von ca. 97 %. Einer der wesentlichen Nachteile der Metallmembrane ist die Tatsache, dass der Umstülpvorgang nur einmal durchführbar ist. Das bedeutet, dass eine Verifikation im Rahmen der diversen Abnahmetests kein Umstülpen der Membrane beinhalten kann und darf. Ebenso führt ein Start mit nur teilweise gefüllten Tanks zu Schwierigkeiten.

Bild 4.4.16: *Teilweise und komplett umgestülpte Metallmembran (Bild: ARDE Inc.).*

Als konkurrenzfähige Alternative zu den Membrantanks haben sich sowohl für Einstoff- als auch für Zweistoffsysteme die **Oberflächenspannungstanks** gezeigt [4.4.13] [4.4.15] [4.4.16] [4.4.17] [4.4.18]. Motivation für die intensive Entwicklung dieser Tanks war die Tatsache, dass die Satelliten immer größer und schwerer wurden und nach leistungsfähigeren Antriebssystemen verlangten. Zweistoffsysteme waren die Antwort auf diese Forderung, und für den Oxidator gab es keine zuverlässige Lösung im Bereich der Membrantanks, da die Metallmembrane sich bei den kommerziellen Nachrichtensatelliten nicht hat durchsetzen können.

Obwohl Oberflächenspannungskräfte relativ unbedeutend sind, spielen sie in schwereloser Umgebung bei der Orientierung von Flüssigkeiten eine entscheidende Rolle. Oberflächenspannungstanks verfügen über Einbauten, die PMDs (**P**ropellant **M**anagement **D**evices), die in der Lage sind, den Treibstoff kontinuierlich zum Auslass hin zu fördern. Diese Einbauten nutzen die Oberflächenspannung in sich verjüngenden Spalten durch Verwendung von Leitblechen, von aus vielen Blechen gebildeten schwammartigen Strukturen sowie von Flüssigkeitsfallen, die je nach Konstruktion wieder befüllbar sind.

Die jeweils **notwendigen Einbauten** hängen von einer Reihe von Faktoren ab. Hierzu zählen u. a.:

- Treibstofftyp (Hydrazin, MMH, NTO),
- Teil- oder Komplettbefüllung beim Start,
- horizontaler Transport am Boden im gefüllten Zustand,
- Störbeschleunigungen im Orbit und Richtung der Beschleunigung,
- Durchflussrate beim Betrieb des/der Triebwerke,
- Zeitpunkt und Menge der ersten Treibstoffentnahme,
- benötigte Treibstoffmenge zur Recovery nach Triebwerksfehlern zur Wiederherstellung der Satellitenlage.

Für den Hydrazintank des Satelliten Globalstar (Bild 4.4.17), dessen Bahn- und Lageregelung mit 1 N-Triebwerken erfolgt, wobei maximal 4 Triebwerke gleichzeitig feuern und eine Störbeschleunigung von ca. $1 \cdot 10^{-3}$ g erzeugen, reicht ein PMD bestehend aus 4 symmetrisch angeordneten Leitblechen.

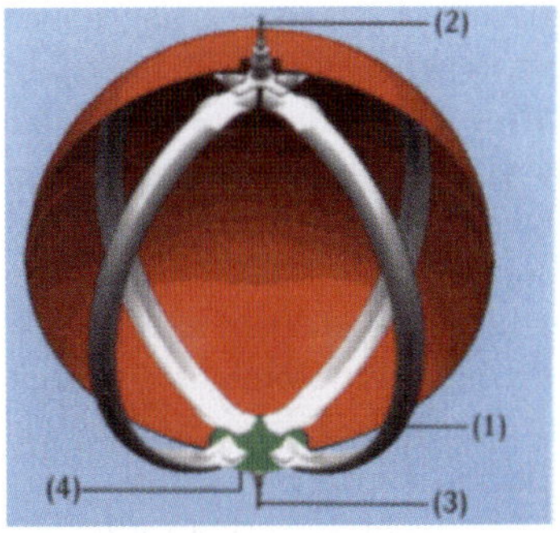

(1) Leitbleche
(2) Druckgas-Einlass
(3) Treibstoff-Auslass
(4) Sumpfplatte

Bild 4.4.17: *Hydrauliktank mit PMD aus Leitblechen (Bild: ArianeGroup).*

Je höher die Anforderungen an den Tank, desto komplexer sind auch die notwendigen Einbauten.

Bei hohen **Austreibraten,** verbunden mit Störbeschleunigungen in wechselnden Richtungen, reichen simple Leitbleche nicht mehr, um den Treibstoff zu orientieren. Trägerraketen wie Sojus oder Proton werden nach der Integration des Satelliten in die Oberstufe **horizontal transportiert,** was eine neue und schwer zu realisierende Anforderung an das PMD darstellt. In unmittelbarer Nähe des Tankauslasses muss sich nun ein wieder befüllbares Reservoir (PRR = **P**ropellant **R**efillable **R**eservoir) befinden, dessen Inhalt für die ersten Manöver ausreicht, bis die Wiederbefüllung in einer Phase niedriger Störbeschleunigung abgeschlossen ist.

Bild 4.4.18 zeigt ein modernes PRR im Detail, das alle Anforderungen an „state-of-the-art-Tanks" erfüllt.

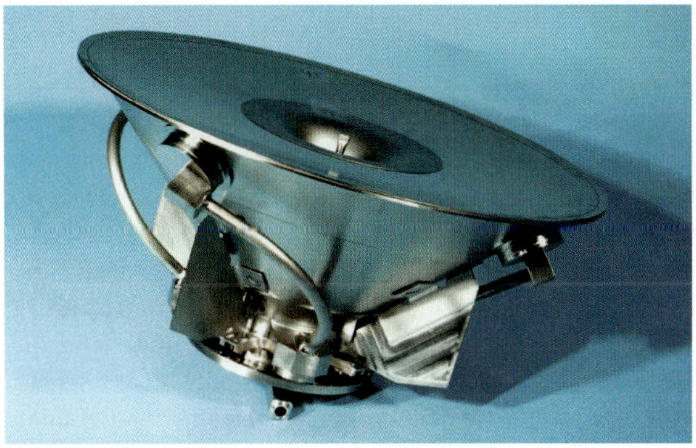

Bild 4.4.18: *Wieder befüllbares PRR (Bild: ArianeGroup).*

Die aus Festigkeitsgründen optimale **Tankkonfiguration** ist der Kugeltank mit einer Befestigung im Satelliten in der Äquatorebene. Um allerdings mit der Trägerrakete, z. B. Ariane 5, einen Doppelstart zu ermöglichen, müssen Satelliten eine möglichst niedrige Bauhöhe aufweisen. Daher sollten die Treibstofftanks ebenfalls eine geringe Bauhöhe haben, was zwangsläufig eine Abweichung von der idealen Kugelform mit sich bringt. Der in Bild 4.4.19 gezeigte Tank ist ein gutes Beispiel für Tanks mit „Cassini-Dom-Halbschalen". Mit Hilfe eines unterschiedlich hohen zylindrischen Zwischenstücks kann dieser Tank mit einem Volumen zwischen 700 und 1 108 dm^3 realisiert werden. Dieser Tank wurde in verschiedenen Satelliten eingebaut, u. a. in Artemis, Arabsat 2, Cesasat, Eutelsat W24, Arabsat BSS, Thaicom 3, Sinosat, Sirius usw.

Bild 4.4.19: *Zweistoff-Treibstofftank-OST 22/X (Bild: ArianeGroup).*

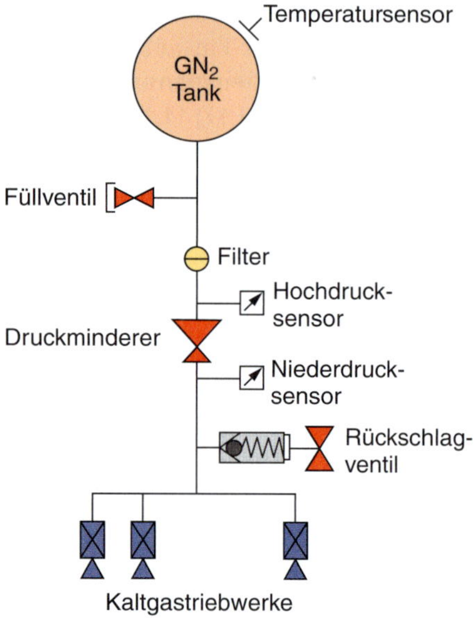

Bild 4.4.20: *Flussschema eines Kaltgassystems.*

4.4.5 Kaltgas-Antriebe

Kaltgassysteme wurden bei den ersten Satelliten weitestgehend zur Lageregelung verwendet, da ihre Funktionsweise und ihr Aufbau relativ einfach und ihre Zuverlässigkeit sehr gut waren. In der heutigen Zeit kommen sie nur noch dann zum Einsatz, wenn der notwendige **Gesamtimpuls** niedrig ist, extrem hohe **Ausrichtgenauigkeiten** gefordert sind, die nur mit sehr niedrigen Schüben oder Impulsbits erreichbar sind, oder wenn sich chemische Treibstoffe aus Gründen der **chemischen Reinheit** der Sensoren oder wissenschaftlichen Nutzlast verbieten. Die europäischen Satelliten Hipparcos (wegen der hohen Ausrichtanforderungen der astrometrischen Nutzlast), ASTRO-SPAS, CHAMP und GRACE sowie EURECA (aus Gründen der mikro-g-Experimente) und auch die Nachrichtensatelliten Symphonie hatten Kaltgassysteme für die Lageregelung an Bord.

Die Lagerung des Treibstoffs, z. B. Stickstoff, erfolgt in einem oder mehreren Hochdrucktanks bei Drücken bis zu 300 bar. Ausschlaggebend ist weniger der Tank als die übrigen im Hochdruckteil befindlichen Komponenten, wie Ventile und vor allem Druckminderer.

Bild 4.4.20 zeigt das komplette Flussschema eines Kaltgassystems. Auf der Tankschale ist mindestens ein **Temperatursensor** appliziert, der zwei Aufgaben hat:

- **Messung der Tanktemperatur** während der Betankung, um das spezifizierte Temperaturmaximum beim Druckaufbau nicht zu überschreiten und
- **Angabe der Tanktemperatur** während der Mission, um zusammen mit dem Tankdruck mittels der PVT-Methode (Druck-Volumen-Temperatur) eine Mengenbestimmung durchführen zu können.

Die **Betankung** und gegebenenfalls auch die Enttankung erfolgt über das Füllventil und die Druckmessung über den Hochdrucksensor. Ein Hochdruckfilter schützt den **Druckminderer** vor einer möglichen Verunreinigung. Die meisten Druckminderer haben einen integrierten Einlassfilter, der ihn auch während der Abnahmetests vor Partikeln schützt. Die Aufgabe des Druckminderers ist die Reduzierung des Hochdrucks, also z. B. 300 bar, auf den Betriebsdruck der Kaltgastriebwerke, z. B. einen Wert zwischen 1 und 5 bar. Entscheidend für den Niederdruck ist der Schub, der mit den Kaltgastriebwerken realisiert werden soll, da der Schub direkt proportional zum Druck ist. Im Satelliten Hipparcos kamen Triebwerke zum Einsatz, die bei einem Betriebsdruck von 1,5 bar einen Schub von 20 mN lieferten.

Unterhalb des Druckminderers befindet sich der **Niederdrucksensor,** der Auskunft über den Betriebsdruck vor den Triebwerken gibt. Das ist dann von Bedeutung, wenn der Regeldruck vom Vordruck des Druckminderers abhängt, also nicht während der Mission konstant ist, sondern einer bestimmten Kennlinie folgt.

Für einen **Schutz** des Niederdruckteils im Falle eines Lecks oder Versagens des Druckminderers sorgt ein Rückschlagventil, das sich bei einem Druck von etwa 6 bar öffnet und das Gas abbläst. Gegen ein Leck des Rückschlagventils schützt eine Berstmembran, die knapp oberhalb von 6 bar bricht. Sollte dieser Fall eintreten, so ist durch um 180 Grad versetzte Düsen sichergestellt, dass das Abblasen des Gases keine Störmomente erzeugt. Da inzwischen Druckminderer entwickelt wurden, die zwei identische Reglerstufen mit einem um ca. 0,5 bar unterschiedlichen Regeldruck in Serie geschaltet aufweisen, ist ein Totalausfall eines Druckminderers relativ unwahrscheinlich, sodass auf die Einheit Rückschlagventil, Berstmembran und Abblasdüsen verzichtet werden könnte, falls nicht Sicherheitsauflagen am Boden dies dennoch erfordern.

Dass auch aktuell Kaltgassysteme ihre Anwendung finden, beweisen z. B. die Satelliten CHAMP und GRACE sowie der Satellit TanDEM-X, der neben einem Hydrazinsystem auch ein Kaltgassystem zur Konstellationshaltung mit dem Partnersatelliten TerraSAR-X benötigt.

4.4.5.1 Kaltgastriebwerke

Wie bereits erwähnt, bestehen Kaltgastriebwerke aus einem Magnetventil und einer Düse und weisen damit von allen Triebwerken den einfachsten Aufbau auf.

Den größten Teil des Triebwerks nimmt das **Magnetventil** ein. Im Einlass – im Bild 4.4.21 rechts – befindet sich ein konischer Filter zum Schutz des Ventils gegen Verunreinigung aus dem System.

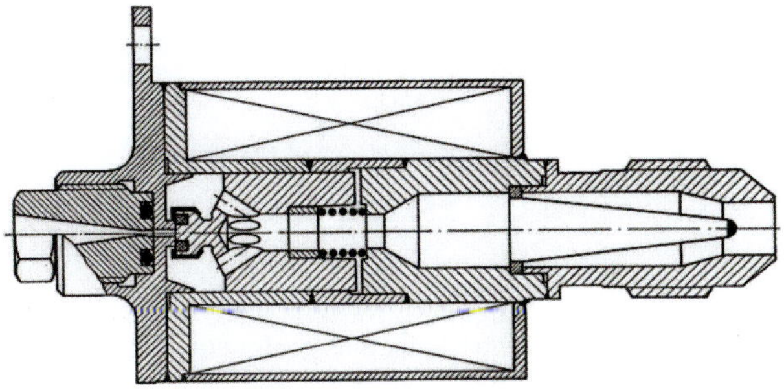

Bild 4.4.21: *Querschnitt durch ein Kaltgastriebwerk (Bild: ArianeGroup).*

Im zylindrischen Teil – im Bild 4.4.21 links – befindet sich eine **konische Düse.**

Um bei einem Betriebsdruck von 1,5 bar einen Schub von 20 mN zu erreichen, muss die Düse einen engsten Querschnitt von unter 0,3 mm aufweisen.

Wenn das Ventil elektrisch aktiviert wird, baut sich ein Magnetfeld auf, das zu einer Bewegung des Ankers führt und bei einem Hub von ca. 0,3 mm das Gas zur Düse strömen lässt. Sobald die elektrische Aktivierung endet, schließt das Ventil vor allem durch die Energie der Spiralfeder. Die Kraft der Feder bewirkt auch, dass das Ventil im geschlossenen Zustand in hohem Maße leckdicht ist, was mit einem Elastomer im Dichtungsbereich erreicht wird.

Um möglichst geringe **Impulsbits** zu erzielen, müssen Magnetventile in wenigen Millisekunden öffnen und schließen können. Öffnungs- und Schließzeiten von z. B. 10 ms ermöglichen bei einem Schub von 20 mN minimale Impulsbits in der Größenordnung von $2 \cdot 10^{-4}$ Ns. Um im Rahmen einer Mission die Aufgaben der Feinstlageregelung zu übernehmen, wie dies z. B. bei Hipparcos erforderlich war, werden die Triebwerke für Pulszahlen von einer Million und mehr und Dauerbetriebszeiten von einigen 10 Stunden qualifiziert.

Dieses Kaltgastriebwerk wurde neben Hipparcos auch zur Lageregelung der Plattformen EURECA und ASTROSPAS verwendet.

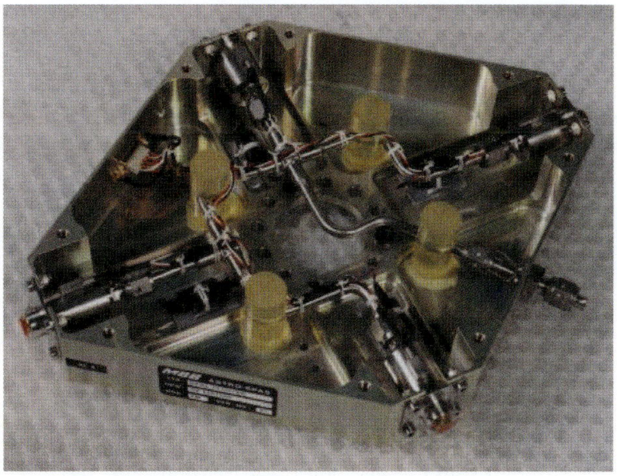

Bild 4.4.22: *Cluster mit vier Kaltgastriebwerken der ASTROSPAS-Plattform (Bild: ArianeGroup).*

Kaltgastriebwerke mit erheblich höheren Schüben kommen auch in Raketenoberstufen zur Rollkontrolle zum Einsatz, wobei Gase aus den Treibstofftanks als Arbeitsmedien Verwendung finden.

Eine Sonderform des Kaltgastriebwerks ist das **Resistojet,** bei dem das Arbeitsmedium, bevor es in der Düse expandiert, durch elektrische Widerstandsheizer aufgeheizt wird. Die erhöhte Enthalpie des Mediums führt zu einer höheren Austrittsgeschwindigkeit und damit je nach erreichter Temperatur zu einer Erhöhung des spezifischen Impulses um 35 bis 40 % und der damit verbundenen Reduzierung des Gasbedarfs. Voraussetzung für diese Leistungssteigerung ist die Verfügbarkeit ausreichender elektrischer Leistung. Auf das Resistojet wird als Sonderform des elektrothermischen Hydrazintriebwerks in Kapitel 4.4.6.1 näher eingegangen.

4.4.5.2 Entwurfsaspekte

Als **Arbeitsmedien** für Kaltgassysteme kommen die Gase Helium, Stickstoff, Freon, Wasserstoff und Argon infrage. Mit Ausnahme von Wasserstoff sind alle Gase bereits verwendet worden. Tabelle 4.4.4 enthält die charakteristischen Daten dieser Gase.

Tabelle 4.4.4: *Kennwerte verschiedener Kaltgase.*

Gas	M in g/mol	κ	I_{sp} in N · s/kg
Wasserstoff	2	1,4	2845
Helium	4	1,659	1726
Stickstoff	28	1,4	700
Freon 14	88	1,22	480
Argon	40	1,667	490
N_2O (Lachgas)	44	1,27	660

Betrachtet man ausschließlich den spezifischen Impuls, so wäre Wasserstoff ein ideales Arbeitsmedium. Die geringe Dichte führt aber zu extremen Tankgrößen, was Wasserstoff für Satellitensysteme disqualifiziert. Bei Raketenoberstufen wie z. B. bei Ariane 5 ESC-A wird Wasserstoff & Helium als Kaltgas eingesetzt, da es als Primärtreibstoff sowieso an Bord ist.

Auch Helium ist für Langzeitmissionen kritisch, da die Leckdichtigkeit problematisch ist. In der Praxis hat sich daher Stickstoff durchgesetzt, da er ungiftig, umweltfreundlich und gut zu handhaben ist (Argon wird in seltenen Fällen für wissenschaftliche Missionen gefordert).

Auf der Basis eines für eine bestimmte Mission berechneten Geschwindigkeitsbedarfs oder Δv und einer maximalen Satellitenmasse m_s errechnet sich nach der Raketengrundgleichung die notwendige **Treibstoffmasse** m_p zu [4.4.1], [4.4.2], [4.4.4]:

$$m_p = m_s \cdot [1 - \exp(-\Delta v / I_{sp})] \qquad (4.4.1)$$

mit m_p und m_s in kg, Δv in m/s und I_{sp} in N · s/kg = m/s.

Sollte der Gesamtimpuls vorgegeben sein, so berechnet sich die notwendige Treibstoffmasse zu:

$$m_p = I_{ges} / I_{sp}$$

mit I_{ges} in N · s und I_{sp} in N · s/kg.

Zur berechneten Mindestgasmenge müssen Zuschläge für potenzielle Leckverluste, Betankungsungenauigkeiten und Reserve berücksichtigt werden.

Die Berechnung der **Tankgröße** erfolgt über das Gasgesetz:

$$P \cdot V_T = m_G \cdot R \cdot T \cdot Z \qquad (4.4.2)$$

P in N/m² max. Tankdruck,
V_T in m³ Tankvolumen,
R in m²/(s² K) Gaskonstante,
T in K Gastemperatur,
Z Kompressibilitätsfaktor.

Für Stickstoff darf „Z" auf keinen Fall vernachlässigt werden, denn bei 20 bar und 293 K beträgt der Faktor 0,9954, während er bei 280 bar und 293 K 1,1182 beträgt, was einem um mehr als 11 % erhöhten Volumen entspricht.

Aus V_T lassen sich je nach Tankform, ob sphärisch oder zylindrisch, die Tankabmessungen ermitteln.

4.4.6 Chemische Antriebe

Im engeren Sinn können Kaltgassysteme ebenfalls zu den chemischen Antriebssystemen gezählt werden. Im Folgenden wird der Begriff „chemische Antriebe" auf Einstoff- und Zweistoffsysteme eingegrenzt.

4.4.6.1 Systeme mit Mono-Treibstoffen

Einstoffsysteme verwenden nur eine Treibstoffkomponente, deren Moleküle zur **Selbstzersetzung** neigen, wobei die Zersetzung katalytisch oder thermisch eingeleitet werden kann. Da dies ein exothermer Vorgang ist, entstehen heiße Gase, die zur Schuberzeugung durch eine Düse entspannt werden. Die einzigen Treibstoffe, die in Einstoffsystemen zum Einsatz kamen bzw. kommen, sind **Wasserstoffperoxid** und **Hydrazin** und ADN. Die Kennwerte dieser Monergole sind in Tabelle 4.4.5 erfasst.

ADN bringt den Nachteil, dass bei der üblichen Tankpassivierung am Ende der Lebensdauer explosive Salze entstehen können, die ein Gefährdungspotenzial (Debris) darstellen.

Tabelle 4.4.5: *Kennwerte von Mono-Treibstoffen.*

Monergol	Dichte (g/cm³)	I_{sp} (N · s/kg)
Hydrazin	1,008	2300
LMP-103 (ADN)	1,24	2300
Wasserstoffperoxid	1,45	1700

H_2O_2

Auf Grund der Verfügbarkeit eines geeigneten **Katalysators** zur Zersetzung von Wasserstoffperoxid (H_2O_2) auf Silber- bzw. Platinbasis, der für Hydrazin Anfang der 1960er-Jahre noch nicht verfügbar war, basierten die ersten Satelliten mit Einstoff-Antriebssystemen auf der Verwendung dieses Monergols, und die amerikanischen Satelliten Syncom und ATS 1 wurden mit diesen Systemen ausgerüstet. Dem Treibstoff H_2O_2 haftete in der Vergangenheit allerdings selbst unter den günstigsten Lagerbedingungen das Problem der langsamen **Selbstzersetzung** und Selbstbedrückung an. Außerdem lag dieser Treibstoff in der heute verfügbaren hohen **Reinheit und Konzentration** noch nicht vor. Daher mussten die damaligen Systeme mit **Abblasventilen** ausgestattet werden, wie in Kapitel 4.4.5 „Kaltgasantriebe" beschrieben. Diese Überdruckventile erwiesen sich als sehr unzuverlässig, sodass durch Fehler dieser Ventile mehrere Satelliten ihren Antrieb verloren. Ein Vorteil von H_2O_2 muss allerdings erwähnt werden: Es zählt auf Grund seiner **Umweltfreundlichkeit** zu den „green propellants", denn es zerfällt bei der katalytischen Zersetzung in heißen Wasserdampf und Sauerstoff.

N_2H_4 Wasserfreies Hydrazin

Aus den oben angegebenen Gründen wechselte man unmittelbar nach erfolgreicher Entwicklung des Katalysators Shell 405 zu Hydrazin als Einstofftreibstoff. Hydrazin brachte den zusätzlichen Vorteil der guten **Handhabbarkeit,** einer niedrigen, gut beherrschbaren **Eigenzerfallsrate,** einer guten **Materialverträglichkeit** und gegenüber H_2O_2 einer 40%igen Steigerung des **spezifischen Impulses.**

Die Zersetzung von Hydrazin erfolgt nach folgendem Schema:

$3\ N_2H_4 \rightarrow 4\ NH_3 + N_2$ (exothermer Vorgang) (4.4.3)

$4\ NH_3 \rightarrow 2\ N_2 + 6\ H_2$ (endothermer Vorgang) (4.4.4)

Aufgrund der Dissoziation des Ammoniaks (NH_3) und der dabei verbrauchten Energie muss dieser Prozess für Hydrazintriebwerke minimiert und bei der Dimensionierung des Katalysatorbetts berücksichtigt werden, um den Zersetzungsgasen nicht zu viel Energie zu entziehen. Bei einer 100%igen NH_3-Dissoziation würde sich der spezifische Impuls um ca. 18 % reduzieren.

Katalysatoren zur Hydrazinzersetzung

Der Durchbruch des Hydrazins zum bevorzugten Einstofftreibstoff basiert auf der erfolgreichen Entwicklung des **Shell 405-Katalysators** im Jahr 1964 [4.4.11]. Gefordert waren eine fast unbegrenzte spontane Wiederstartfähigkeit und hohe Leistung mit guter mechanischer und thermischer Stabilität.

Alle z. Z. zum Einsatz kommenden Katalysatoren benutzen ein **Al_2O_3-Granulat** als Trägermaterial und **Iridium** als Katalysator. Entscheidend für die Leistungsfähigkeit ist u. a. die Verteilung der Mikro- und Makroporen des verwendeten Trägermaterials. Der Träger wird je nach Bedarf in unterschiedlichen Korngrößen angeliefert und vor der Weiterverarbeitung einem Rundungsprozess unterzogen, um die Körner abriebfester zu machen und in der Zersetzungskammer des Triebwerks eine möglichst hohe Packungsdichte zu erreichen. Zum eigentlichen Katalysator wird das Granulat nach einem wiederholten Imprägniervorgang mit einer Iridiumchlorid-Lösung, wobei jedem Imprägnierschritt ein Trocknungsschritt folgt. Die Zahl der Imprägnierschritte ist so bemessen, dass etwa 33 bis 35 Gewichtsprozent Iridium auf das Granulat aufgetragen wird. Am Ende des Fertigungsprozesses steht eine Reduktion des Katalysators im Wasserstoffstrom bei einer bestimmten Temperatur. Um den hochaktiven Katalysator handhabbar zu machen, muss er schonend oberflächenoxidiert werden. Seit dem Jahr 2003 wird dieser Katalysator für raumfahrttechnische Anwendungen von der Firma Aerojet gefertigt.

Bild 4.4.23 zeigt Rasterelektronenmikroskop-Aufnahmen von Katalysatorkörnern in 100-facher Vergrößerung.

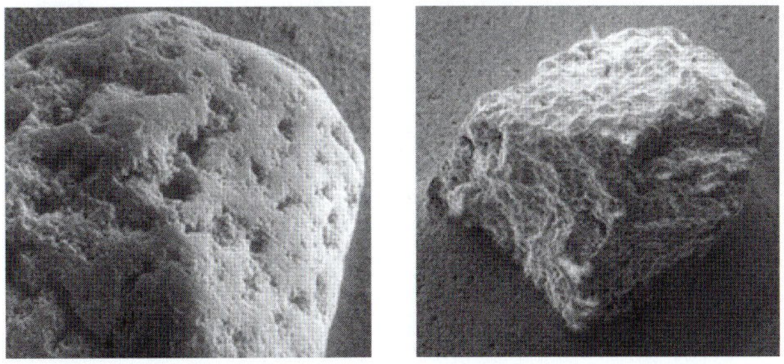

Bild 4.4.23: *Katalysatorkorn Shell 405 (links) und KC 12 GA (rechts) (Bild: ArianeGroup).*

Um bei der Entwicklung und Fertigung von Hydrazintriebwerken nicht völlig von den USA abhängig zu sein, entschied die GfW (heute DLR) im Jahr 1972, einen eigenen Katalysator zu entwickeln [4.4.9]. An dieser Entwicklung waren die Firmen

- Kali Chemie in Hannover (heute Solvay GmbH),
- ERNO in Bremen (heute ArianeGroup) und
- das Institut des DLR in Trauen

beteiligt.

Kali Chemie entwickelte den Katalysator mit der Kurzbezeichnung **KC 12 GA**, der von dem DLR in Trauen den verschiedensten Tests zum Nachweis der Reaktionsfähigkeit und Stabilität unterworfen wurde. Die Qualifikation des Katalysators wurde in drei verschiedenen Triebwerken, einem 22 N-, einem 0,5 N- sowie einem 2 N-Triebwerk, durchgeführt.

Inzwischen erfolgt die Produktion des Katalysators **H-KC 12 GA** durch das Unternehmen W. C. Heraeus in Hanau, die ebenfalls einen in der Raumfahrt eingesetzten Ruthenium-Iridium-Katalysator fertigen. Damit liegt die Produktion aller in der europäischen Raumfahrt genutzten Katalysatoren in den Händen von W. C. Heraeus.

Neben den beiden genannten Katalysatoren wurde auch von CNES und ESRO (heute ESA) der sogenannte CNESRO-Katalysator entwickelt, der ausschließlich in den Triebwerken der SEP (heute Teil der ArianeGroup und nicht mehr produziert) zum Einsatz kam. Sowohl der Katalysator als auch diese Triebwerke werden nicht mehr gefertigt.

Das Thema Katalysator kann nicht abgeschlossen werden, ohne den Punkt **Schädigung** zu behandeln. Schädigung bedeutet die Reduzierung oder im ungünstigsten Fall den völligen Verlust der katalytischen Aktivität. Ob die im Folgenden genannten Schädigungen eintreten können, hängt von der Qualität der Auslegung der Katalysatorbetten und des Katalysatorladens sowie den Betriebsszenarien im Verlauf der Mission ab. Mögliche Schäden sind:

- Lückenbildung während der Abnahme- und Startvibration,
- Auswaschungen durch zu hohen partiellen Massenstrom und Verlust von Iridium als aktive Oberfläche,
- Zerbrechen von Katalysatorpartikeln durch hohe lokale Temperaturgradienten,
- Verbacken des Katalysatorbetts z. B. durch Ansammlung von Katalysatorabrieb.

Hydrazintriebwerke

An Hand der Querschnittszeichnung eines 2 N-Triebwerks sollen Aufbau und Funktionsweise verdeutlicht werden [4.4.5] [4.4.6] [4.4.7]. Der detaillierten Beschreibung wird eine Vorbemerkung vorausgeschickt: Im Gegensatz zu Zweistofftriebwerken, in denen eine chemische Reaktion von zwei Treibstoffkomponenten – Oxidator und Brennstoff – erfolgt, verfügen Einstofftriebwerke nicht über eine **Brennkammer**, sondern über eine **Zersetzungskammer.**

4

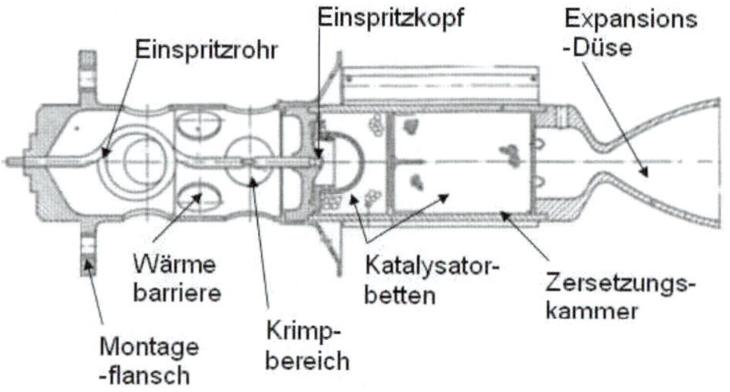

Bild 4.4.24: *Querschnitt durch ein 2,0 N-Hydrazintriebwerk (ohne Ventil) (Bild: ArianeGroup).*

Nach dem Öffnen des Magnetventils – in Bild 4.4.24 nicht gezeigt –, das den Durchfluss kontrolliert, fließt der Treibstoff durch das **Einspritzrohr** zum **Einspritzkopf.** In den meisten Fällen ist das Einspritzrohr, das bei Triebwerken mit sehr niedrigem Schub einem Kapillarrohr von 0,1 bis 0,2 mm Durchmesser ähnelt, S-förmig oder sogar zur Spirale gebogen. Dies unterstützt die Durchflusskalibrierung und soll dem Rohr die notwendige Flexibilität verleihen, um die durch die Temperaturunterschiede zwischen Einlassseite und Einspritzkopf entstehenden Spannungen elastisch auffangen zu können. Die Fügung zwischen Einspritzrohr und Wärmebarriere auf der linken und der Kopfplatte auf der rechten Seite erfolgt entweder durch eine Hochtemperaturlötung oder ein Vakuumschweißverfahren.

Das fertige **Einspritzteil,** bestehend aus Wärmebarriere, Einspritzrohr und Kopfplatte, wird einer Durchflusskalibrierung unterzogen, um später einen Schub des Triebwerks mit einer Toleranz von 3 % garantieren zu können. Hierzu wird der Querschnitt des Einspritzrohrs im Krimpbereich mit einem Spezialwerkzeug langsam reduziert, bis der gleichzeitig gemessene Durchsatz den dem geforderten Schub entsprechenden Wert erreicht.

Bei dem gezeigten 2 N-Triebwerk besteht der Einspritzbereich aus einem Duschkopf mit mehreren Einspritzbohrungen, der integraler Bestandteil der Kopfplatte ist. Diese Bohrungen sind so angeordnet, dass der Treibstoff möglichst gleichmäßig auf das Katalysatorbett trifft. Einspritzkopf und Katalysatorbett sind im vorliegenden Fall durch ein halbkugelförmiges Sieb getrennt. Dieses Sieb und die konstruktive Anordnung der Bohrungen sollen verhindern, dass Katalysatorabrieb eine oder mehrere Bohrungen blockieren kann.

Wie das Bild 4.4.24 verdeutlicht, verfügt das Triebwerk über zwei verschiedene **Katalysatorbetten** unterschiedlicher Korngrößen, die wiederum durch ein Sieb voneinander getrennt sind. Das erste Katalysatorbett besteht aus einem etwas gröberen Katalysator von unter 1,0 mm Korngröße, in dem die Zersetzung des noch flüssigen oder z. T. verdampften Hydrazins eingeleitet wird, während das zweite Bett feineren Katalysator von < 0,7 mm enthält. Im zweiten Bett findet die völlige Zersetzung des gesamten Hydrazins statt, allerdings auch die teilweise Dissoziation des Ammoniaks. Bei der Auslegung der Katalysatorbetten muss eine im Verlauf der Mission auftretende Schädigung (z. B. Verlust von Iridium) des ersten Bettes berücksichtigt werden, d. h. ein Wandern der vorderen Zersetzungsfront in Richtung Mittelsieb. Die Länge des zweiten Bettes kann also nicht nur unter dem Gesichtspunkt der Minimierung der Ammoniakdissoziation (also so kurz wie möglich) bestimmt werden, sondern muss auch die Lebensdauer und Missionsanforderungen berücksichtigen.

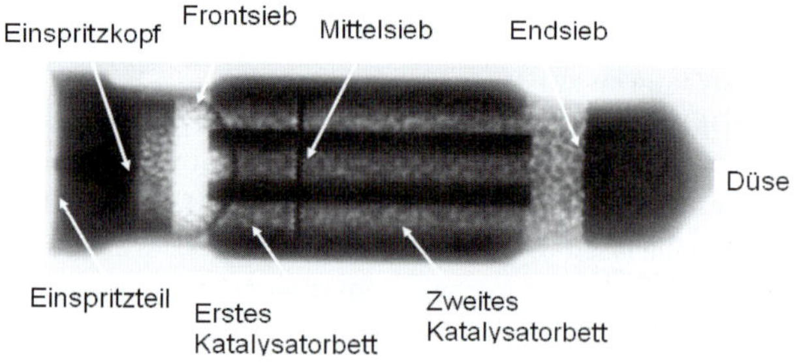

Bild 4.4.25: *Röntgenfoto eines Katalysatorbetts (Bild: ArianeGroup).*

Ein charakteristischer Wert bei der Auslegung von Katalysatorbetten ist die **Bettbelastung,** berechnet aus dem Quotienten von maximalem Durchsatz und dem Querschnitt der Zersetzungskammer. Typische Werte liegen bei 0,015 bis 0,060 g/s mm^2.

Während des Betriebs werden auf der Zersetzungskammer bei max. Betriebsdruck Temperaturen von ca. 950 °C gemessen. Die Zersetzungsgase expandieren durch die Glockendüse, je nach Betriebsart im Dauer- oder Pulsbetrieb.

Die in Bild 4.4.26 gezeigten Triebwerke sind flugfertig ausgerüstet mit Magnetventil, Katalysatorbettheizern und einem Temperatursensor zur Kammertemperaturmessung. Das Triebwerk rechts ist bereits mit einem Isolationsmantel versehen, der Wärmeverluste bei der Aufheizung der Zersetzungskammer reduzieren bzw. beim Betrieb die Umgebung des Triebwerks vor den hohen Temperaturen schützen soll [4.4.3] [4.4.6].

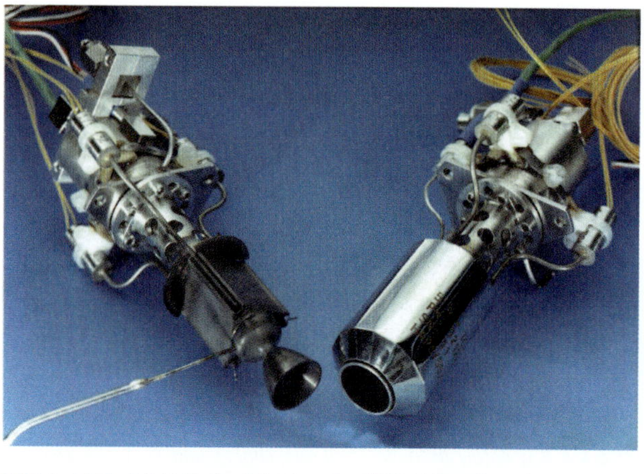

Bild 4.4.26: *5,0 N-Hydrazintriebwerke (Bild: ArianeGroup).*

Aufgabe der **Katalysatorbettheizer** ist es, den Katalysator vor dem Feuern auf einer Temperatur von 150 bis 200 °C zu halten, um extreme Kaltstarts mit hohen Temperaturgradienten zu vermeiden und den Katalysator zu schonen. Dennoch sind die Triebwerke auch bei Raumtemperatur startfähig und für die je nach Mission notwendige Anzahl von Kaltstarts qualifiziert.

Elektrothermische Hydrazintriebwerke und Arcjets

Die Notwendigkeit, den Treibstoffanteil an der Gesamtmasse des Satelliten zu reduzieren, führte zu Triebwerkstypen, bei denen die Enthalpie der Zersetzungsgase durch Erhöhung der Abgastemperatur gesteigert wurde. Höhere Abgastemperatur bedeutet höhere Austrittsgeschwindigkeit und bewirkt damit einen höheren spezifischen Impuls.

Besonders erfolgreich bei der Entwicklung **elektrothermischer Hydrazintriebwerke** und **Hydrazin-Arcjets** war die Firma Aerojet [4.4.8] [4.4.10] [4.4.24]. Bild 4.4.27 zeigt das elektrothermische Hydrazintriebwerk MR-501B, das dem vorab bereits erwähnten Resistojet der Kaltgasantriebe ähnelt.

Das Triebwerk besteht aus einem **Hydrazin-Gasgenerator** (in Bild 4.4.27 links) und einer Kammer mit einem integrierten **Widerstandsheizer** und der **Expansionsdüse** (in Bild 4.4.27 rechts). Im Gasgenerator wird wie im Triebwerk Hydrazin katalytisch zersetzt. Die Zersetzungsgase werden aber nicht direkt zur Düse geleitet, sondern zuerst in der zweiten Kammer durch den Widerstandsheizer auf eine Temperatur von ca. 2 000 K aufgeheizt, bevor sie die Düse erreichen.

Das Triebwerk liefert bei einem Blow-Down-Verhältnis von 3,5 : 1 einen Schub von 0,37 N bis 0,18 N. Bemerkenswert ist aber der spezifische Impuls, der bei einer elektrischen Leistung von ca. 500 Watt 2 940 N · s/kg beträgt.

Zum Betrieb von zwei Triebwerken wird eine **Elektronik** benötigt, die den Anfahrstrom vom Einschalten des Widerstandsheizers bis zum Erreichen der Betriebstemperatur auf 30 A begrenzt.

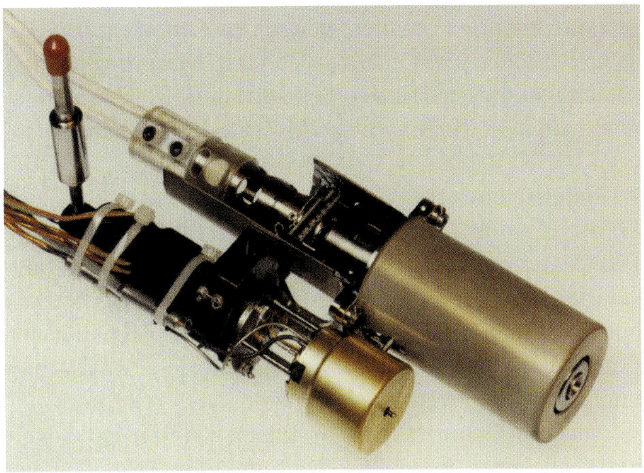

Bild 4.4.27: *Elektrothermisches Hydrazintriebwerk (Bild: Aerojet).*

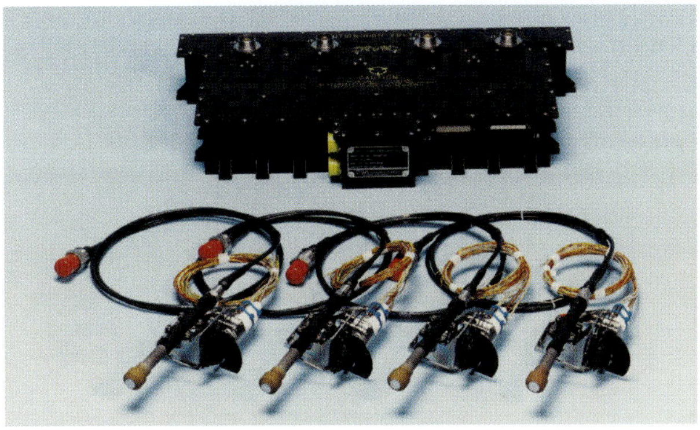

Bild 4.4.28: *Low Power Hydrazine Arcjet (Bild: Aerojet).*

Bild 4.4.28 zeigt das Arcjet MR-510 inklusive Elektronik und Kabel.

Der Aufbau des **Arcjet-Triebwerks** ähnelt dem des elektrothermischen Hydrazintriebwerks, denn es besteht ebenfalls aus einem Hydrazin-Gasgenerator zur Erzeugung der Zersetzungsgase. Die Aufheizung erfolgt aber nicht durch ein Widerstandsheizelement, sondern durch einen **Lichtbogen** im eigentlichen Arcjet. Die elektrische Leistung, die natürlich abhängig ist von dem gewünschten Schub, liegt im 1 bis 2 kW-Bereich für einen Schub von 200 bis 300 mN. Mit dieser aufgewendeten elektrischen Leistung kann ein spezifischer Impuls bis zu 6 000 N · s/kg erreicht werden.

Die Entwicklung eines Hydrazin-Arcjets erfordert Fähigkeiten auf den Gebieten Triebwerksbau und Leistungselektronik. Wegen der hohen Temperaturen des Arcjets – im Lichtbogen bei 10 000 K – sind die Aspekte der Materialauswahl und des Wärmehaushalts von eminenter Bedeutung.

Hydrazin-Antriebssysteme

Einstoffantriebssysteme mit Hydrazin als Treibstoff kommen seit den 1970er-Jahren mit großem Erfolg zum Einsatz. Je nach Aufgabe und Lebensdauer führt die Berücksichtigung von Redundanzen zu unterschiedlich komplexen Systemen.

Die erste kommerzielle Anwendung des Katalysators Shell 405 fand in den 22 N-Triebwerken des **spin-stabilisierten Intelsat-III-Satelliten** statt, der von TRW (heute Northrop Grumman) entwickelt und gebaut wurde und zu dem die Firma ERNO Raumfahrttechnik GmbH (heute ArianeGroup) zwei komplette Flugeinheiten beitrug.

Trotz der **Redundanz** (zwei identische Halbsysteme) weist das System eine geringe Komplexität auf. In jedem Halbsystem befinden sich ein axial und ein radial angeordnetes Triebwerk, ein Füllventil zur Be- und Enttankung mit Hydrazin bzw. Stickstoff, ein Drucksensor und ein Filter. Beide Halbsysteme sind miteinander verbunden, wobei ein pyrotechnisches Ventil bei nominalem Betrieb für die Trennung der beiden Halbsysteme sorgt.

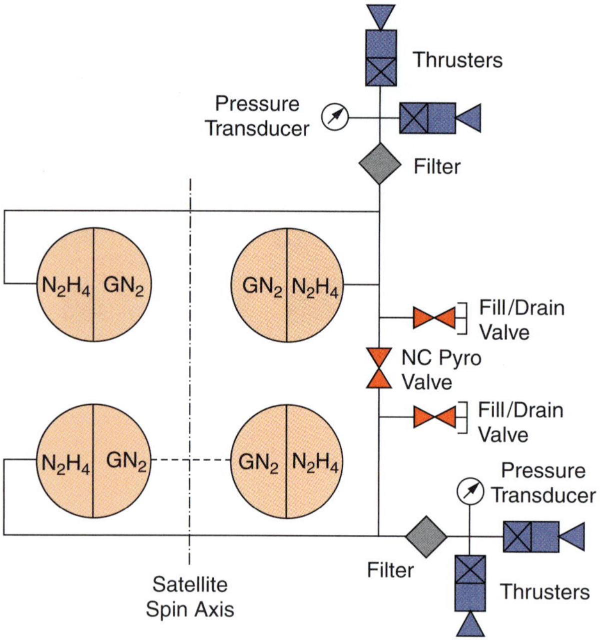

Bild 4.4.29: *Flussschema des Antriebssystems Intelsat III (Bild: ArianeGroup).*

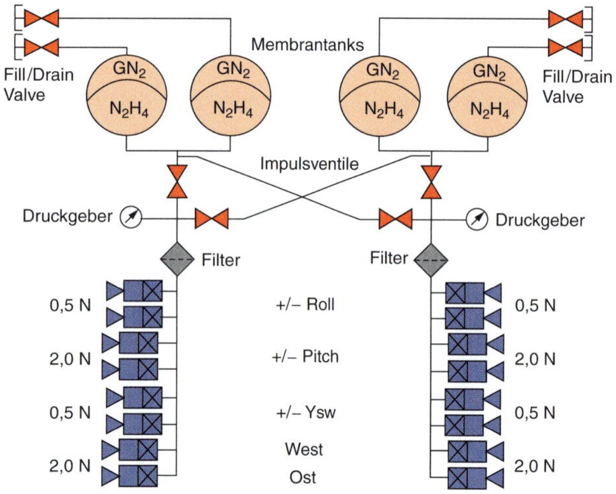

Bild 4.4.30: *Antriebssystem ECS/MARECS (Bild: ArianeGroup).*

Fällt ein Triebwerk aus, so kann das redundante Halbsystem die Aufgabe übernehmen. Andererseits kann durch Öffnen des pyrotechnischen Ventils der Treibstoff des Halbsystems mit fehlerhaftem Triebwerk auch in dem redundanten Halbsystem Verwendung finden, sofern es sich bei dem Fehler nicht um ein Leck handelt.

Bild 4.4.30 präsentiert das Flussschema des Antriebssystems der Satelliten ECS und Marecs, drei-Achsen-aktiv-stabilisierte Nachrichten- bzw. Wettersatelliten.

Auch hier sorgen zwei Halbsysteme in der sogenannten H-Schaltung für Redundanz, wobei geeignetes Schalten der Impulsventile es ermöglicht, den Treibstoff aus jedem Tankpaar jedem Triebwerksast zuzuleiten bzw. einen fehlerbehafteten Triebwerksast zu isolieren.

Das Antriebssystem des Telecom 1 entspricht dem ECS-Flussschema mit Ausnahme größerer Membrantanks.

Wegen der geringen Komplexität und hohen Zuverlässigkeit werden Hydrazinsysteme auch zur Rollkontrolle und Lageregelung von Trägerraketen eingesetzt, z. B. bei Atlas II, Titan IV, Delta III, H-2A und Ariane 5. Das SCA-System (Système de Contrôle d'Attitude) verfügt je nach Ausbaustufe über 6 bis 8 Triebwerke mit 400 N Schub.

Bild 4.4.31: *Antriebssystem Telecom 1 (Flugsystem) (Bild: ArianeGroup).*

4.4.6.2 Systeme mit Bi-Treibstoffen

Von allen rein chemischen Antriebssystemen liefern Zweistoffsysteme die höchste Leistung [4.4.1] [4.4.3]. Dies gilt vor allem für die **Treibstoffkombination** LH_2/LOX, wie im Kapitel Trägerantriebe beschrieben. Für Satellitenantriebssysteme haben sich MMH und N_2O_4 als besonders geeignet erwiesen. Die charakteristischen Daten dieser beiden Treibstoffe finden sich in Tabelle 4.4.3. MMH reagiert hypergol, zündet spontan im Kontakt mit N_2O_4, sodass Zünder nicht erforderlich sind. Diese Eigenschaft ermöglicht diesen Triebwerken auch den Betrieb im Pulsmode mit sehr kurzen Pulszeiten im 7- bis 10-ms-Bereich.

Zweistofftriebwerke

Während beim Einstofftriebwerk das Know-how in der Dimensionierung des Katalysatorbettes und dem Katalysatorladen liegt, bestehen die Herausforderungen eines optimal arbeitenden Zweistofftriebwerks im Design des **Einspritzsystems.** Dieses Design entscheidet über Leistung und stabiles Verbrennungsverhalten eines Triebwerks.

Diverse Einspritzkonfigurationen wurden entwickelt und realisiert, z. B. Doublet, Self Impinging, Triplet, Showerhead sowie Dralldüsen.

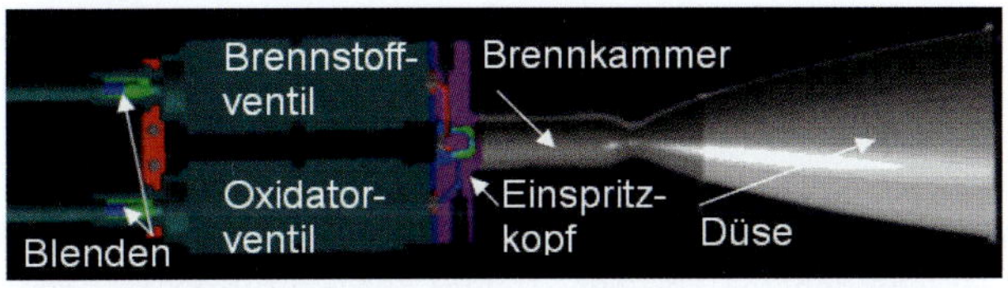

Bild 4.4.32: *Komponenten eines Zweistofftriebwerks (Bild: ArianeGroup).*

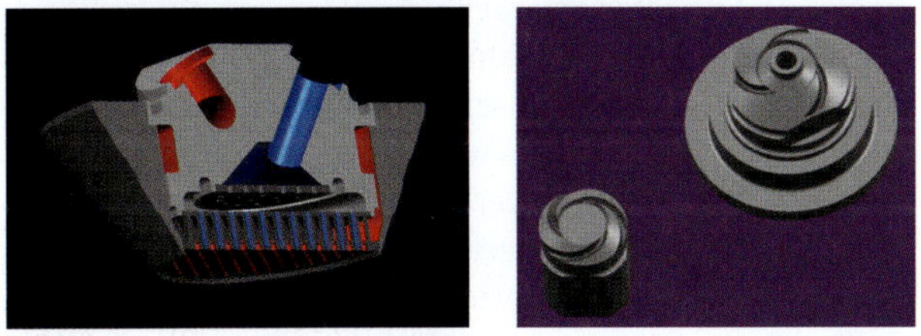

Bild 4.4.33: *Shower Head (links) und Swirl Injector (rechts) (Bild: ArianeGroup).*

Bild 4.4.33 veranschaulicht, dass Bohrungen und Kanäle mit höchster Präzision gefertigt werden müssen, um die extremen Anforderungen an Reproduzierbarkeit und Leistung zu erfüllen. Daneben entscheiden Faktoren wie Einhaltung des Mischungsverhältnisses, Durchmischung von Oxidator und Brennstoff sowie Kühlung von Einspritzkopf und Brennkammerwänden über die Leistung, Stabilität und Lebensdauer des Triebwerks.

Bei Verbrennungstemperaturen von bis zu 3 000 K kommt der Kühlung des Triebwerks eine große Bedeutung zu. Angewendete **Kühlverfahren** in den für Satelliten entwickelten Triebwerken sind:

- Filmkühlung,
- Strahlungskühlung und
- Regenerativkühlung,

wobei letztere kaum mehr Anwendung findet. In der heutigen Generation von Triebwerken werden Film- und Strahlungskühlung kombiniert, da inzwischen Werkstoffe verfügbar sind, die auch höheren Temperaturanforderungen genügen.

Wegen der hohen Temperaturen und der **Aggressivität der Treibstoffe** – vor allem des Oxidators – in der Brennkammer kommt der Materialauswahl eine hohe Bedeutung zu. Folgende Verfahren bzw. Materialien werden zum Schutz der Brennkammer-Innenwand eingesetzt:

a) Niob mit einer Beschichtung aus Siliziden,
b) Platin (ohne Beschichtung verwendbar),
c) Rhenium mit einer Iridiumbeschichtung mittels chemischer Gasphasenabscheidung (CVD).

Von den drei genannten Verfahren ist a) das mit dem geringsten Potenzial, aber mit über 50 Jahren Einsatzerfahrung, b) das zuverlässigste, da es bei maximaler Temperaturbelastung von 1 600 K ohne Beschichtung auskommt und c) das mit dem größten Potenzial, da es sehr hohe Temperaturen (> 2 000 K) verkraftet und damit maximale Leistung verspricht (eine Steigerung des spezifischen Impulses von > 5 %).

Für die Treibstoffkombination N_2O_4/MMH beträgt das Mischungsverhältnis 1,65. Eine exakte individuelle Kalibrierung der Durchflüsse von Oxidator und Brennstoff mittels Blenden, wie in Bild 4.4.32 dargestellt, ist daher von großer Bedeutung. Auf Grund der unterschiedlichen Dichten führt dieses Mischungsverhältnis zu identischen Tankgrößen und vermeidet so die Entwicklung unterschiedlich großer Tanks.

In Kapitel 4.4.1.1 sind die verschiedenen Aufgaben von Satellitenantriebssystemen aufgezählt worden. Moderne Antriebssysteme müssen neben der Bahn- und Lageregelung auch den Apogäumseinschuss übernehmen. Die **Schubgrößen** für die verschiedenen Aufgaben sind recht unterschiedlich. Für den Apogäumseinschuss werden in der Regel 400 N- bis 500 N-Triebwerke verwendet, während für Bahn- und Lageregelung 1 N- bis 22 N-Triebwerke zum Einsatz kommen. Die in Bild 4.4.34 gezeigten Triebwerke verwenden die Treibstoffkombination MON/MMH.

Bild 4.4.34: *400 N-Apogäumsmotor Typ S400-12 bzw. S400-15 (Bild: ArianeGroup).*

Brennkammer und **Düsenhals** sind aus einer Platinlegierung gefertigt und damit hochtemperaturfest und unempfindlich gegen Oxidation.

Der **spezifische Impuls** beträgt 3 150 N · s/kg. Da der Trend zu immer leistungsfähigeren und damit schwereren Nachrichtensatelliten ungebrochen und damit der Treibstoffbedarf für den Apogäumseinschuss hoch ist, werden große Anstrengungen unternommen, um die Leistung des Apogäumsmotors zu erhöhen. Eine Steigerung um 20 oder 30 N · s/kg bringt eine Treibstoffreduzierung von 15 bis 20 kg.

Daher ist die durch die iridiumbeschichtete Rhenium-Brennkammer erreichte Leistungssteigerung durchaus von Bedeutung.

Der Apogäumseinschuss erfolgt im Normalfall in drei Manövern. Danach hat der Apogäumsmotor seine Aufgabe erfüllt. Bei interplanetaren Sonden kann sich hingegen der Einsatz über viele Jahre erstrecken, betrachtet man Kurskorrekturmanöver im Verlauf des Fluges und das Bremsmanöver zum Einschuss z. B. in eine Planetenumlaufbahn bei Erreichen des Ziels.

Auch das in Bild 4.4.35 gezeigte Triebwerk zur Lage- und Bahnregelung verfügt über eine Brennkammer aus Platin. Mit einem Vakuumschub von 10 N und einem spezifischen Impuls von 2 855 N · s/kg gehört es zu den leistungsfähigsten Triebwerken seiner Art. Es ist – inzwischen fast Standard – mit zwei **Ventilen** ausgerüstet. Das erste stromaufwärts gelegene Ventil ist ein bistabiles Impulsventil, mit dem das Triebwerk vom restlichen Antriebssystem beim Start oder auch in jeder anderen Missionsphase isoliert werden kann. Das stromabwärts gelegene Ventil ist ein monostabiles Magnetventil, mit dem das Triebwerk im Dauer- bzw. Pulsbetrieb geschaltet werden kann. Im vorliegenden Fall bilden beide Ventile eine bauliche Einheit.

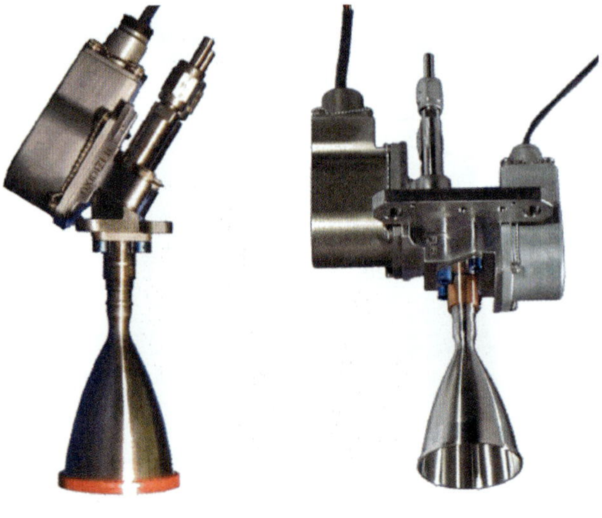

Bild 4.4.35: *10 N-Triebwerk für Lage- und Bahnregelung (links: single seat, rechts: dual seat valve) (Bild: ArianeGroup).*

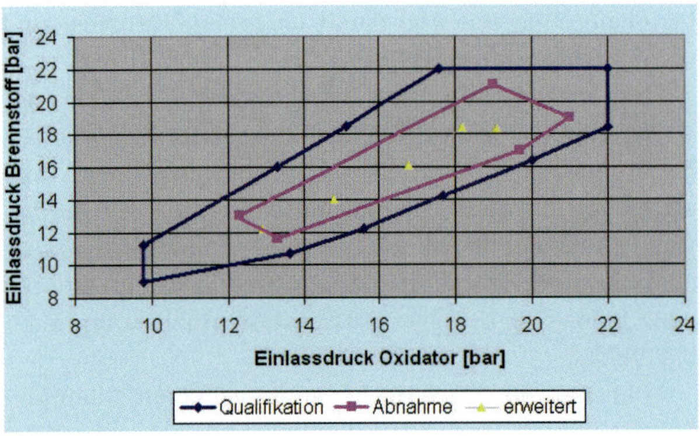

Bild 4.4.36: *Betriebsbereich eines 10 N-Triebwerks (Bild: ArianeGroup).*

Einen typischen **Betriebsbereich** für Oxidator- und Brennstoffeinlassdrücke zeigt Bild 4.4.36.

Im Rahmen der Qualifikation eines 10 N-Triebwerks wurden mit einer Einheit umfangreiche Tests im Dauerbetrieb (bis zu 60 h) und im Pulsbetrieb (bis zu 10^6 Pulse verschiedenster An-/Aus- Zeiten) durchgeführt und dabei auch das Kennfeld von Bild 4.4.36 verifiziert.

Zweistoff-Antriebssysteme

Der erste mit einem Zweistoffsystem ausgerüstete Satellit war der deutsch-französische Nachrichtensatellit **„Symphonie"** [4.4.3]. Allerdings waren der Apogäumsmotor und die Bahnregelungstriebwerke in jeweils eigenständigen Antriebssystemen integriert. Eine erhebliche Effizienzsteigerung und Kostenreduzierung brachte der Schritt hin zum **Unified Propulsion System UPS.** Es wurde zum ersten Mal in den Nachrichtensatelliten TV-SAT und TDF integriert. Der Begriff „unified" erklärt sich aus der Tatsache, dass Apogäumsmotor und Lage- und Bahnregelungstriebwerke aus einem gemeinsamen Treibstoff-Tanksystem versorgt werden.

Bild 4.4.37: *Zweistoffsystem, integriert in die Satellitenstruktur (Bild: ArianeGroup).*

Zweistoffsysteme (siehe Bild 4.4.38) der Größenordnung heutiger Nachrichtensatelliten mit über 2 000 kg Treibstoff, von denen ca. 80 % für den Apogäumseinschuss

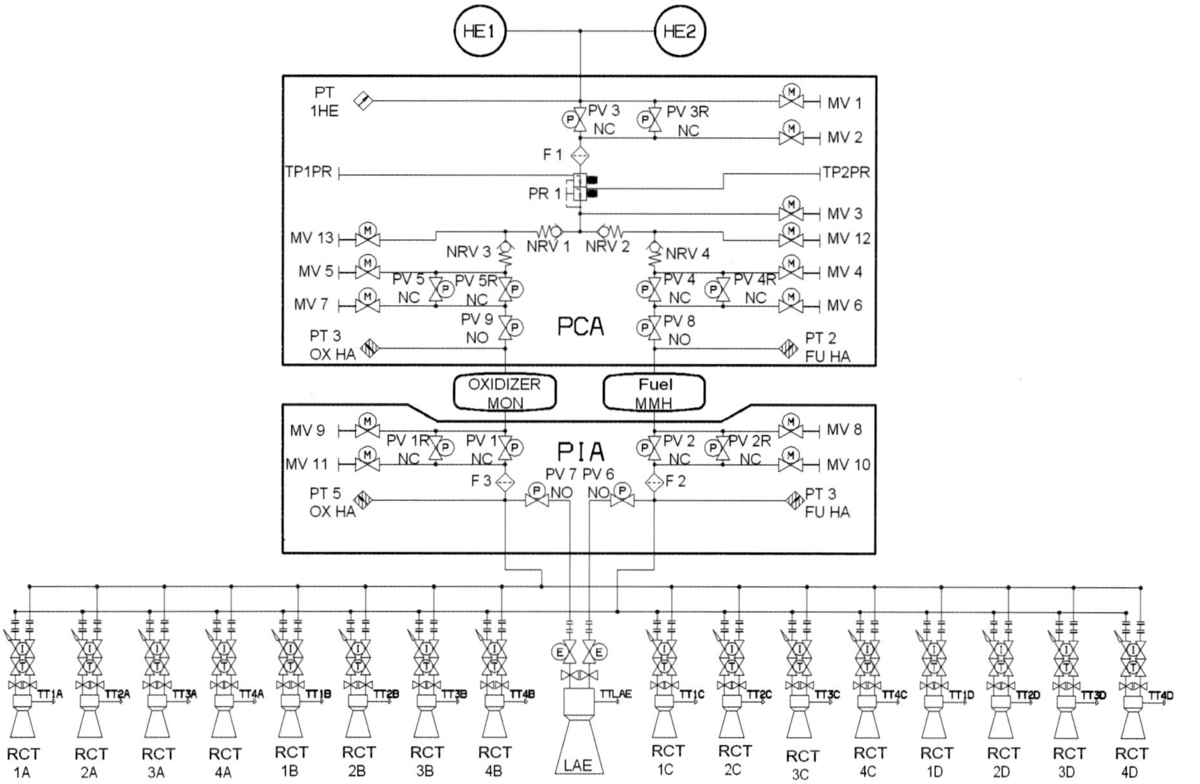

Bild 4.4.38: *Flussschema eines Zweistoffsystems (Alphabus Plattform) (Bild: ArianeGroup).*

aufgewendet werden, sind in der Transferphase **druckgeregelt,** d. h., das notwendige Druckgas Helium wird in einem oder mehreren Gastanks gelagert.

Die Reduzierung auf den Betriebsdruck der Triebwerke erfolgt mit einem **Druckminderer** (PR1). Heutige Druckminderer verfügen über eine interne Redundanz, d. h., zwei Druckminderer sind in Serie geschaltet. Während des Starts ist der Druckminderer gegen den Hochdruck durch redundante geschlossene pyrotechnische **Ventile** (PV3/3R) geschützt. Auch unterhalb der beiden Tanks befinden sich geschlossene pyrotechnische Ventile (PV1/2), um die Triebwerke am Boden aus Sicherheitsgründen treibstofffrei zu halten. Nach der Druckbeaufschlagung der Tanks und dem Öffnen aller bisher geschlossenen pyrotechnischen Ventile ist das System betriebsbereit und der Apogäumseinschuss kann erfolgen. Auf Grund der Druckregelung sind die Betriebsbedingungen für alle Apogäumsmanöver konstant. Hat der Satellit die geostationäre Bahn erreicht, werden die beiden bisher offenen pyrotechnischen Ventile (PV8/9) geschlossen und die komplette Druckgasversorgung vom Rest des Systems isoliert. Daraus folgt, dass die während der eigentlichen Mission notwendigen Bahn- und Lageregelungsmanöver nun in einem Blow-Down-Modus erfolgen. Da aus den Tanks bereits eine große Treibstoffmenge entnommen und durch Helium aufgefüllt wurde, ist das Blow-Down-Verhältnis niedriger als 2 : 1.

Die in Bild 4.4.38 dargestellten Triebwerke sind mit Doppelsitzventilen ausgerüstet. Daher bilden diese zusammen mit den geschlossenen pyrotechnischen Ventilen (PV4/5) die aus Sicherheitsgründen am Boden geforderte dritte Barriere.

Bei dem in Bild 4.4.37 dargestellten Antriebssystem befinden sich die beiden Treibstofftanks – z. B. Tanks entsprechend Bild 4.4.19 – im Zentralrohr, die 10 N-Triebwerke an ihren Positionen entsprechend der jeweiligen Funktion und der Apogäumsmotor unterhalb der Plattform zusammen mit dem Druckgastank. Die 10 N-Triebwerke zur Bahnregelung bilden übrigens eine Redundanz im Falle eines Fehlers des Apogäumsmotors und sind für entsprechend hohe Betriebszeiten qualifiziert.

Dual-Mode-System

Dual-Mode-Systeme **kombinieren** die hohe Leistung von Zweistoff-Apogäumsmotoren mit der Zuverlässigkeit und Einfachheit von Einstoffsystemen. Als Konsequenz wird nicht MMH, sondern Hydrazin als Brennstoff verwendet.

Die Lageregelung wird mit den Hydrazintriebwerken durchgeführt, gegebenenfalls auch die Bahnregelung.

Für die Bahnregelung gibt es allerdings noch zwei andere Alternativen, entweder a) die Entwicklung eines z. B. 22 N-Zweistofftriebwerks ebenfalls mit Hydrazin als Treibstoff oder b) den Einsatz eines Hydrazin-Arcjets.

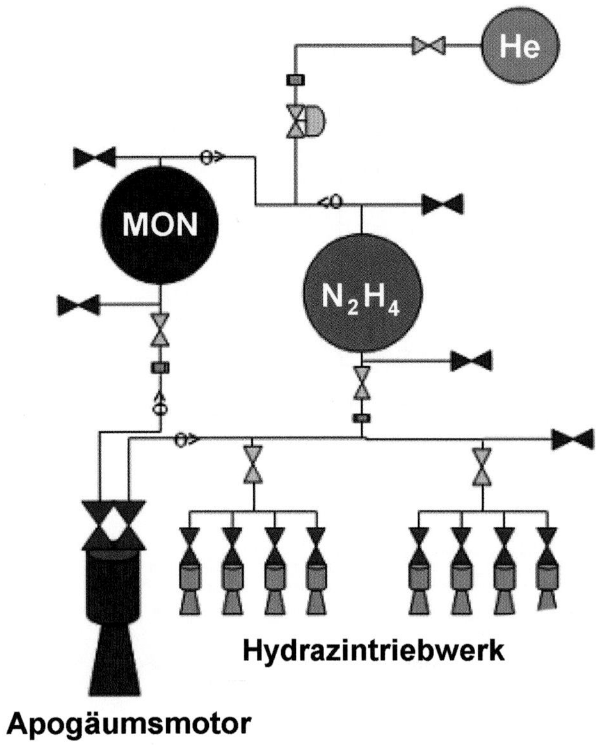

Bild 4.4.39: *Prinzipschaltbild eines Dual-Mode-Systems.*

Dies ist wegen des hohen spezifischen Impulses die günstigere, aber auch kostspieligere Lösung.

Die Firma Royal Ordnance UK (heute NAMMO AS) hat sowohl zwei Apogäumsmotoren (LEROS 1-Serie) als auch ein 22 N-Bahnregelungstriebwerk für N_2H_4 als Treibstoff entwickelt.

Dual-Mode-Apogäumsmotoren sind auch in den USA (z. B. bei Rocketdyne/Aerojet) sowie in Japan (z. B. bei IHI) entwickelt worden. MON/N_2H_4 ist wegen der gegenüber MMH kritischeren Kennwerte, vor allem der niedrigeren Grenze der thermischen Zersetzung von Hydrazin, eine kritische Treibstoffkombination und erschwert die Triebwerksentwicklung erheblich. Der spezifische Impuls dieser Treibstoffkombination liegt allerdings mit 327 s höher als der von MON/MMH.

Das ideale **Mischungsverhältnis** für MON/N_2H_4-Triebwerke beträgt 1,1. Hiermit geht der Vorteil gleich großer Tanks für Oxidator und Brennstoff verloren, denn der Bedarf an Hydrazin ist erheblich größer als der von MON.

Daraus resultieren unterschiedliche Tankgrößen bzw. ein Tank für den Oxidator und zwei oder mehr Tanks für den Brennstoff, so z. B. realisiert im Antriebssystem für den Mars Global Surveyor der NASA.

Der Mercury Planetary Orbiter, einer der beiden Satelliten der Bepi Colombo Mission der ESA, verfügt über ein Dual Mode System. Ein Zweistoffsystem mit der Treibstoffkombination NTO und Hydrazin dient dem Einschuss in die Umlaufbahn um den Merkur und verwendet hierzu vier Zweistofftriebwerke mit 22 N Schub. Ein Hydrazinsystem mit vier Einstofftriebwerken mit einem Schub von 5 N dient der Lageregelung während des Transfers in die Merkurumlaufbahn und der wissenschaftlichen Mission. Der Oxidator NTO ist in einem Tank gelagert, das Hydrazin in einem Haupttank und zwei zusätzlichen Hilfstanks. Als Druckgas dient Helium. BepiColombo ist im Oktober 2018 erfolgreich gestartet [4.4.36].

4.4.7 Elektrische Antriebe

Rein chemische Antriebe sind „energiebegrenzt“, da die chemischen Treibstoffe nur einen festen Energiebetrag pro Einheit enthalten, der die erreichbare Austrittsgeschwindigkeit der erzeugten Gase und damit den spezifischen Impuls limitiert. Elektrische Antriebe sind **„nicht energiebegrenzt“.** Sie können die verfügbare elektrische Leistung verwenden, um das Arbeitsmedium auf extrem hohe Austrittsgeschwindigkeit zu beschleunigen und damit sehr hohe spezifische Impulse zu erzielen. Sie sind aber sehr wohl „in der Leistung begrenzt“, entsprechend dem, was Batterien, Solargeneratoren usw. zur Verfügung stellen können.

4.4.7.1 Triebwerkstypen und -Prinzipien

Bei den elektrischen Antrieben unterscheidet man drei Hauptgruppen [4.4.26] [4.4.27] [4.4.28]:

- elektrothermische Antriebe,
- elektrostatische Antriebe,
- elektromagnetische Antriebe.

Die elektrothermischen Antriebe wurden bereits in Kapitel 4.4.6.1 beschrieben. Aufbau und Funktionsprinzipien der **elektrostatischen** und **elektrodynamischen** werden im Folgenden beschrieben und in Bild 4.4.40 dargestellt.

In **elektrostatischen** Triebwerken wird ein Gas mittels eines elektrischen Feldes **ionisiert.** Beispiele hierfür sind die Ionentriebwerke (Typ RIT im Englischen GIE Gridded Ion Engines genannt), Kolloidtriebwerke und Feldemissionstriebwerke (Typ FEEP). Der positiv geladene Teilchenstrom muss durch Zugabe von Elektronen außerhalb der Beschleunigungsstrecke neutralisiert werden.

Beim **R̲adiofrequenz-I̲onen-T̲riebwerk RIT** (Bild 4.4.41 links), das 1962 von Prof. Dr. Horst Löb erstmals beschrieben wurde, wird das Plasma elektrodenlos mittels Hoch-(Radio)-Frequenz erzeugt, um das Problem der Kathodenzerstäubung im Entladungsgefäß zu umgehen. Die Beschleunigung der Ionen erfolgt mittels eines an Hochspannung liegenden Gittersystems. Außerhalb dieser Gitter werden durch den Neutralisator Elektronen zugeführt, um den Abgasstrahl zu neutralisieren und eine Aufladung

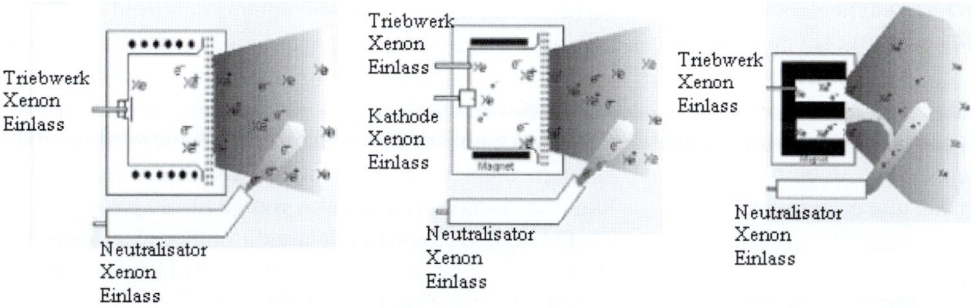

Bild 4.4.40: *Aufbau und Funktionsprinzip der Radiofrequenz-, Kaufman- und Hall-Effekt-Triebwerke.*

Bild 4.4.41: *RIT 10 & T5 (links), zwei Ionentriebwerke des Satelliten Artemis (Bild: ArianeGroup).*

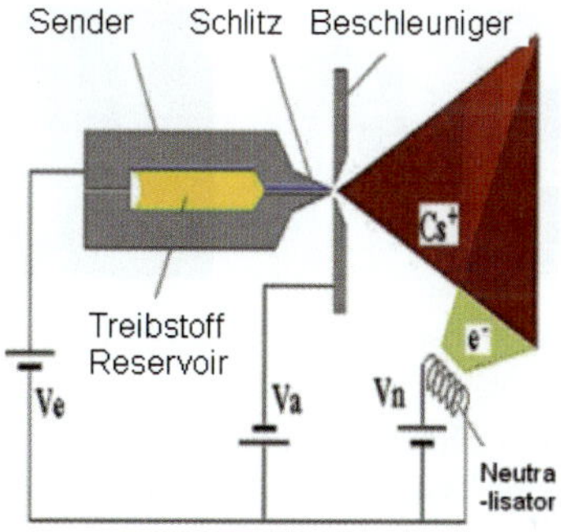

Bild 4.4.42: *FEEP-Triebwerk, Schlitz-Design.*

des Satelliten zu verhindern. Triebwerke des RIT-Typs realisieren spezifische Impulse, die um einen Faktor 10 bis 20 besser sind als die von chemischen Antrieben, liegen also bei einem Schub von 0,1 bis 220 mN oberhalb von 35 000 N · s/kg.

Ebenfalls zu den elektrostatischen Antrieben wird das **Kaufman-Triebwerk** gezählt, dessen Entwicklung bereits um 1960 begann. Beim Kaufman-Triebwerk (Bild 4.4.40 Mitte) wird mit Hilfe einer Lichtbogenentladung ein Plasma erzeugt, und auch hier werden die Ionen durch ein Gitter extrahiert.

Ein Magnetfeld hält das Plasma von den Wänden fern und erhöht die Ionenausbeute. Im Gegensatz zum RIT sind drei Xenon-Versorgungen notwendig, was das Triebwerk komplexer macht.

Beide Triebwerkstypen – RIT und Kaufman-Triebwerk – zeichnen sich durch einen sehr engen Abgasstrahl mit einem vollen Öffnungswinkel von weniger als 25 Grad aus.

Das **Feldemissionstriebwerk (FEEP)** ist ein elektrostatisches Triebwerk. Es ist in der Lage, sehr niedrige, im µN-Bereich liegende Schübe mit einem hohen spezifischen Impuls zu realisieren.

Außerdem zeichnet es sich durch hohe Genauigkeit und Steuerbarkeit aus, erfordert aber auf Grund seiner kleinen Abmessungen erhebliche Anforderungen an Fertigung und Kontrolle.

Die niedrigen Schübe prädestinieren diesen Antrieb z. B. für Satelliten oder Plattformen mit Experimenten in einer weitgehend störungsfreien µg-Umgebung. Diese Triebwerke werden bei Cube und Nano Satelliten als Cluster eingesetzt.

Beim Schlitz-Design entsprechend Bild 4.4.42, das Cäsium als Treibstoff verwendet, besteht der Sender aus zwei Metallplatten mit einem Treibstoffreservoir. Auf jeder Seite der beiden Platten befinden sich exakt gefertigte Blätter oder Folien, die einen Abstand von 1 µm haben und so einen sehr feinen Schlitz bilden.

Der Treibstoff fließt durch den engen Kanal und bildet eine freie Oberfläche am Ende des Schlitzes. Unmittelbar vor dem Auslass des Schlitzes ist eine Beschleunigungselektrode positioniert. Wird ein elektrisches Feld zwischen Sender und Beschleuniger in Höhe von > 100 V/m angelegt, so ionisieren die Atome an der Spitze spontan, und es entsteht ein Ionenstrahl, der einem Schub zwischen 0,1 und 100 µN entspricht. Der spezifische Impuls des FEEP erreicht Werte von 60 000 N · s/kg [4.4.31].

Hall-Effekt-Triebwerke

Bei diesem Triebwerk wird ein ionisiertes Gas ebenfalls durch ein elektrisches Feld beschleunigt. In einem Hall-Effekt-Triebwerk (HET) oder SPT (Stationary Plasma Thruster) (Bild 4.4.40 rechts) wird der Treibstoff (Xenon) durch ein elektrisches Feld beschleunigt. Ein ringförmiger Kanal mit einem quer angelegten Magnetfeld dient gleichzeitig als Plasma-Erzeugungs- und Beschleunigungsstrecke. Mit HET können Schübe zwischen 20 und 1 000 mN erzeugt werden. Bei einer elektrischen Leistung von 1 500 Watt und einem spezifischen Impuls um 16 000 N · s/kg liefern sie einen Schub von etwa 80 mN. Im Gegensatz zu den Gitter-Ionentriebwerken beträgt der Austrittswinkel des Abgasstrahls der Hall-Effekt-Triebwerke relativ ungünstige 45 Grad [4.4.30].

Bereits in den Jahren 1950 bis 1960 begann in der damaligen UdSSR die Entwicklung von SPTs bei den Firmen Design Bureau Fakel und TsNIIMASH; über 200 Triebwerke dieses Typs kamen seitdem zum Einsatz.

Die Mondsonde SMART-1 der ESA wurde mit einem Hall-Effekt-Triebwerk der Firma Snecma Moteurs vom Typ PPS 1350 (Bild 4.4.43) ausgerüstet und erfolgreich in eine Mondumlaufbahn gebracht.

Bild 4.4.43: *Hall-Effekt-Triebwerk Snecma PPS 1350 (Bild: Safran).*

4

Elektromagnetische Antriebe

Gepulste Plasma-Triebwerke (PPT = Pulsed Plasma Thruster) gehören zu der Kategorie elektrischer Triebwerke, die extrem niedrige Impulsbits liefern, also nicht im Dauerbetrieb, sondern ausschließlich im Pulsmodus betrieben werden. Das PPT-System erzeugt kurze Energieimpulse, die festen Treibstoff - üblicherweise Teflon - verdampfen, ionisieren und anschließend beschleunigen. Wegen des Pulsbetriebs mit einer Frequenz von etwa 1 Hz beträgt der mittlere Bedarf an elektrischer Leistung nur einige Watt. Die Energieimpulse werden von einem Kondensator innerhalb von Mikrosekunden abgegeben. Aufgeladen wird er dann wieder in der Zeit zwischen den Pulsen.

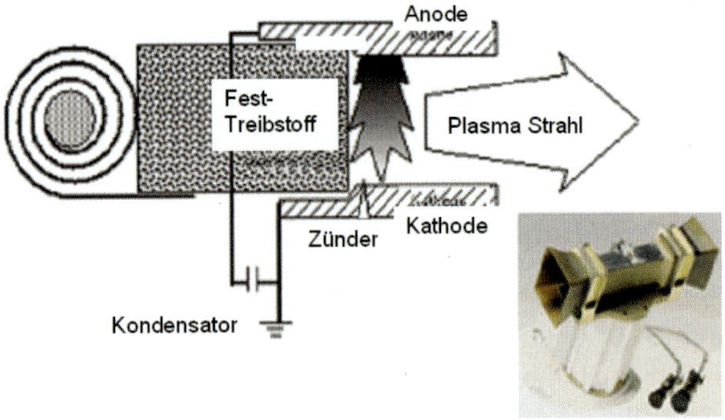

Bild 4.4.44: *Prinzipskizze und Hardware eines gepulsten Plasma-Triebwerks (PPT) (Bild: Aerojet).*

Magnetoplasmadynamische Triebwerke

MPDs gehören zu der Kategorie elektrischer Triebwerke, die in Zukunft sehr hohe Schübe bei Leistungen von bis etwa 1 MW liefern sollen. MPD-Triebwerke werden in Deutschland am Institut für Raumfahrtsysteme (IRS) der Universität Stuttgart untersucht. Bei diesen sogenannten MPD-Eigenfeldtriebwerken erfolgt die Treibstoffbeschleunigung und somit die Schuberzeugung aufgrund der Wechselwirkung eines Lichtbogenstromes zwischen Kathode und Anode mit dem eigeninduzierten Magnetfeld. Bei Fremdfeldtriebwerken wird die magnetische Beschleunigung durch ein starkes, von außen angelegtes Magnetfeld erzeugt. Dies ermöglicht den Bau von MPD-Triebwerken kleinerer Leistung im Bereich von 10 bis 30 kW.

Die MPD-Triebwerke mit lavaldüsenförmiger Geometrie sind eine Kombination aus thermischem Lichtbogentriebwerk und eigentlichem magnetoplasmadynamischem Beschleuniger. Ein wesentlicher, bei niedrigen Stromstärken sogar überwiegender Teil des Triebwerksschubes resultiert aus der ohmschen Aufheizung des Treibstoffes im Lichtbogen und der anschließenden nahezu adiabatischen Entspannung in der Lavaldüse.

4.4.7.2 Aufbau eines elektrischen Antriebssystems

Folgende Aussagen gelten für elektrische Antriebssysteme:

- Die erzielbare **Beschleunigung** liegt heute im mikro- bis milli-g-Bereich.
- Die **Masse** eines elektrischen Antriebssystems kann ein Zehntel eines chemischen Antriebssystems betragen, vor allem bei hohen Gesamtimpuls-Anforderungen.
- Der **Transfer** vom GTO zum GEO kann mit elektrischen Systemen Wochen bis Monate dauern. Diese Verzögerung passte bisher nicht in das Betriebskonzept der Satellitenbetreiber.

Als **Arbeitsmedium** wird heute generell Xenon für fast alle elektrischen Triebwerke verwendet. Es wird als Flüssigkeit unter superkritischen Bedingungen gelagert. Typische Lagerdrücke sind 150 bar bei 60 °C und einer Dichte von 1,83 g/cm^3.

Den Aufbau eines elektrischen Antriebssystems am Beispiel eines RIT-Triebwerks zeigt Bild 4.4.45. Neben dem Hochdrucktank und dem Triebwerk gibt es zwei wesentliche weitere Baugruppen.

Die erste ist eine mechanische oder elektromechanische, die **Durchflusskontrolleinheit.** Rein mechanisch besteht sie aus einem Druckminderer mit einer Blende. Elektromechanisch besteht sie aus Magnetventilen, Druckgebern, einem kleinen Puffertank und einer Steuerelektronik, zusammengefasst zu einem elektronischen Druckregler.

Die zweite Baugruppe ist die **Elektronik,** bestehend aus der Hochfrequenz-Elektronik und der Elektronik zur Steuerung der Stromversorgung des Triebwerks.

Eine dritte in Bild 4.4.45 nicht gezeigte Baugruppe bezieht sich auf eine während der Mission notwendige Regelung der Triebwerksausrichtung, der sogenannte **Gimbal-Mechanismus.** Vor allem die Schwerpunktwanderung des Satelliten infolge des fortschreitenden Treibstoffverbrauchs kann zu Abweichungen von einigen Grad führen.

Daher werden Triebwerke – wie beim Satelliten ARTEMIS geschehen (Bild 4.4.41) – mittels Gimbal-Mechanismus von Zeit zu Zeit während der Mission neu ausgerichtet.

Ein kritischer Aspekt elektrischer Triebwerke ist die **elektromagnetische Verträglichkeit** auf Grund der teilweise hohen Spannungen und beträchtlichen elektrischen Leistung. Dennoch sind in der Regel standardmäßige Abschirm- und Filtermaßnahmen ausreichend.

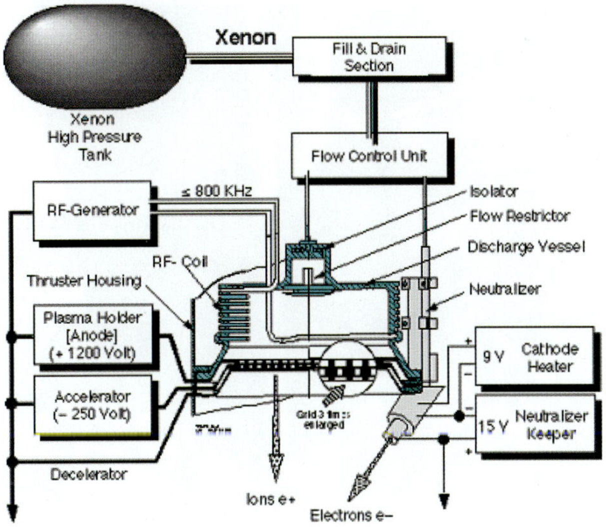

Bild 4.4.45: *Flussschema eines RIT-Antriebssystems (Bild: ArianeGroup).*

Aufgrund ihrer hohen Leistungsfähigkeit beginnen sich elektrische Triebwerke für bestimmte Aufgaben wie z. B. die Bahnkontrolle (das Nord-Süd-Stationkeeping) bei großen Nachrichtensatelliten durchzusetzen. Das RIT 10 der ArianeGroup und das T5 (UK) fliegen noch immer auf ARTEMIS, Boeing verwendet seit 2012 die XIPS-Triebwerke auf ihren Nachrichtensatelliten. (2017 wurde ein Produktionsvertrag mit der ArianeGroup für den Einsatz von RIT Triebwerken auf der 702 Satelliten Plattform beschlossen). Die europäische Spacebus 4000 Plattform von Thales Alenia Space und Eurostar 3000 der ArianeGroup verwenden das Hall-Effekt-Triebwerk SPT 100 und SPT 140 von Fakel.

4.4.7.3 Satelliten mit rein elektrischem Antrieb

Das wesentlichste Argument gegen den Einsatz elektrischer Antriebe bestand bis dato in der Tatsache, dass das Erreichen der geostationären Umlaufbahn mit einem Zweistoff-Apogäumsmotor nur ca. eine Woche, aber auf Grund des niedrigen Schubs der elektrischen Triebwerke mehrere Monate dauert. Dies verzögerte die Verfügbarkeit und Nutzung der Satellitennutzlast für kommerzielle Zwecke und war deshalb für Satellitenbetreiber lange nicht akzeptabel. Daher erfolgte 1997 der erste Einsatz eines Ionentriebwerks an Bord eines kommerziellen Nachrichtensatelliten des Typs HS-601 HP ausschließlich zur Nord-Süd-Korrektur. Verwendet wurde ein XIPS Triebwerk der Firma Hughes (heute L3) mit einem Sieb-Durchmesser von 13 cm.

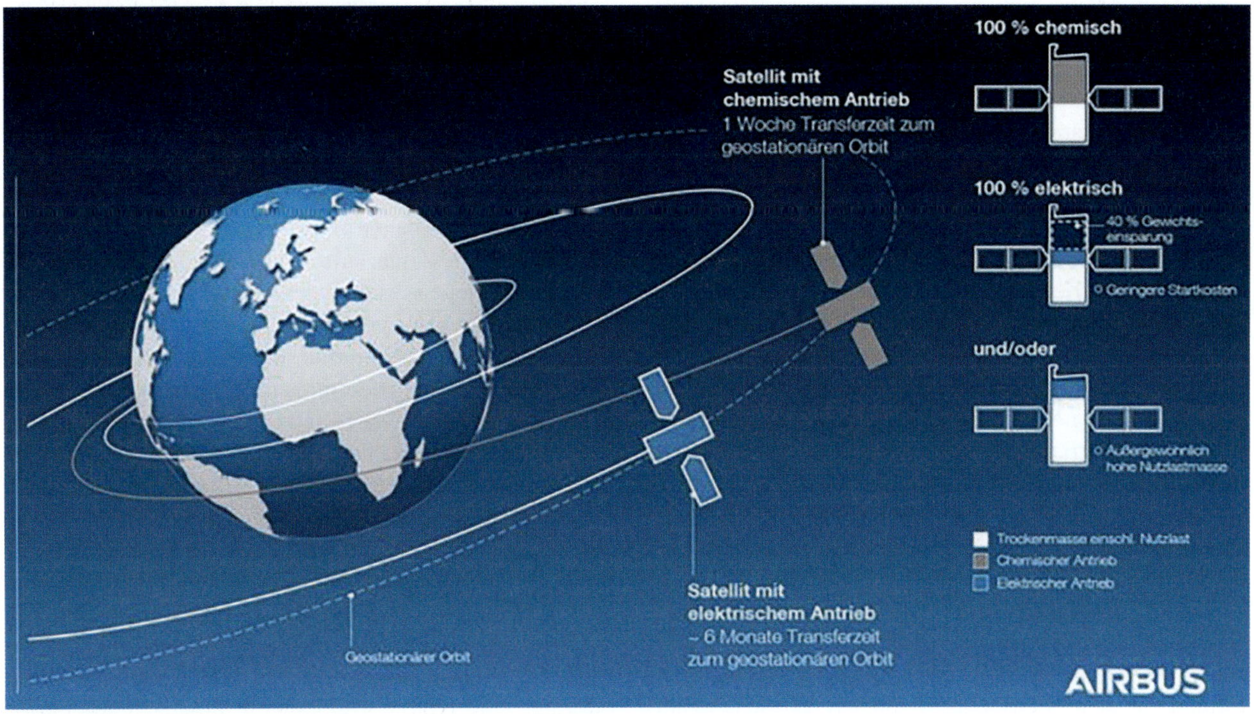

Bild 4.4.46: *Vergleich chemischer gegenüber rein elektrischen Antrieben (Bild:ArianeGroup).*

Und für den Transfer vom GTO zur geostationären Bahn wurde nach wie vor ein Zweistoffsystem mit Apogäumsmotor verwendet. Von allen Satellitenuntersystemen liefert der Antrieb den größten Anteil an der Gesamtmasse, sodass der Schritt hin zu rein elektrischen Antrieben vor allem zur Reduktion der Treibstoffmasse ein sehr logischer ist und deutliche Einsparungen bei den Startkosten mit sich bringt.

Boeing hat es nun Dank der Verfügbarkeit des XIPS 25 geschafft, vom chemisch-elektrischen zum rein elektrischen Antrieb zu kommen. Der Satellitenbus trägt den Namen 702SP (SP für Small Platform). Zu diesem Design führte vor allem der ständige Kampf zur Gewichtsreduktion, denn dadurch reduzieren sich die Startkosten und machen die Auswahl eines geeigneten Launchers einfacher. Am 15. Juni 2016 brachte eine Falcon 9 Trägerrakete zwei Boeing Satelliten des Typs 702SP (ABS 3A und Eutelsat 117 West B) erfolgreich in die geostationäre Transferbahn. Mit Hilfe seiner vier Triebwerke vom Typ XIPS 25 erreichte ABS 3A sechs Monate später die endgültige Orbit Position [4.4.37] [4.4.38].

Auf Grund der niedrigen Satellitenmasse können zwei Satelliten übereinander angeordnet und mit einer Trägerrakete gestartet werden. Die andere Variante ist, dem Satellitenbetreiber eine Erhöhung der Nutzlast anzubieten und damit einen höheren Gewinn während der Mission oder Redundanzen zu ermöglichen.

Während das XIPS 13 bei einer elektrischen Leistung von 450 Watt nur einen Schub von 18 mN liefert, beträgt der Schub des XIPS 25 bei einer elektrischen Leistung von 2 000 Watt 69 mN und 4 150 Watt sogar 165 mN.

Das von ArianeGroup angebotene Triebwerk wird mit 200 mN bei 4 300 W die Leistung nochmals deutlich erhöhen und gleichzeitig eine Schubanpassung während des Betriebes ermöglichen.

In Europa hat sich die ArianeGroup der Herausforderung zum rein elektrischen Antrieb für kommerzielle Nachrichtensatelliten verschrieben. Anfang Juni 2017 brachte eine Ariane 5 den Satelliten Eutelsat 172B in eine geostationäre Umlaufbahn. Auch er verfügt über einen rein elektrischen Antrieb für alle Aufgaben wie Bahnanhebung, Bahn- und Lageregelung, Drallradentsättigung und gegebenenfalls auch am Ende der Mission das Anheben der Bahn in den sogenannten Graveyard Orbit. EUTELSAT 172B basiert auf der Satellitenplattform Eurostar E3000, die auf Grund der elektrischen Triebwerke ca. 40 % leichter ist als bei Verwendung eines chemischen Antriebs. Bei einer Startmasse von 3 550 kg kann der Satellit aus der kostengünstigen unteren Ariane 5 Doppelstartposition gestartet werden [4.4.39] [4.4.40].

Das PPS 5000 wird von der französischen Firma Safran entwickelt und gefertigt und verfügt über eine Leistungsaufnahme von bis zu 5 kW. Drei Triebwerke dieses Typs wurden vor dem ersten Einsatz intensiv getestet, wobei Feuerzeiten von mehr als 4 600 h erreicht wurden.

Bild 4.4.47: *Eutelsat 172B (Bild: Airbus Safran Launcher).*

Auf Grund des hohen Schubs von 135 mN je Triebwerk gelingt der Transfer auf die endgültige Position innerhalb von etwa vier Monaten.

Ausrichtmechanismen

Um alle vorab aufgezählten Aufgaben eines rein elektrischen Antriebssystems erfüllen zu können, ist es in vielen Fällen erforderlich, elektrische Triebwerke auf Mechanismen zu montieren, die die Schubachse dieser Triebwerke um einen bestimmten Winkelbereich verändern können. Die Triebwerke benötigen hierzu also einen EPPM (Electric Propulsion Pointing Mechanism). Er unterstützt die Triebwerke in der Startphase durch einen Hold-Down Mechanismus und reduziert die mechanischen Lasten durch spezielle Dämpfungselemente. Nach dem Lösen des Hold-Down-Mechanismus im Orbit kann die Ausrichtung des Triebwerks durch den EPPM verstellt werden. Für hybrid betriebene Telekommunikations-Satelliten, die mit elektrischen und chemischen Triebwerken betrieben werden, sind typisch 4 EPPMs mit 2 Achsen und einem Schwenkbereich < 15° eingesetzt worden [4.4.41] [4.4.42].

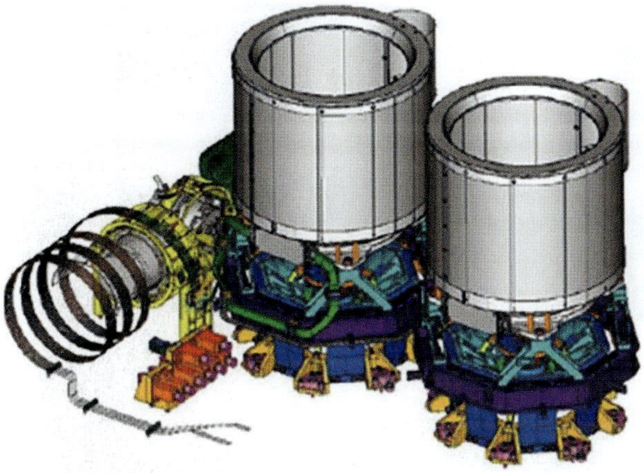

Bild 4.4.48: *Electric Propulsion Pointing Mechanism (EPPM) für einen Telecom-Satelliten (Bild: RUAG Space).*

Für voll elektrisch betriebene Satelliten, bei denen sämtliche Manöver, insbesondere auch das „Orbit Raising" durch den elektrischen Antrieb durchgeführt werden, sind 2 oder 4 EPPMs mit bis zu 3 Achsen und Schwenkbereichen bis zu 120° erforderlich. Eine weitere Funktion des EPPMs ist die Unterstützung des thermalen Haushalts der Triebwerke durch gezielten Einsatz von Radiatoren, Thermistoren und Heizern sowie thermaler Isolation.

Das Transfer-Modul der Wissenschafts-Mission Bepi Colombo ist mit vier QinetiQ T6 Triebwerken ausgerüstet. Jedes der Triebwerke ist - wie in Bild 4.4.49 gezeigt - auf einem eigenen TPM (Thruster Pointing Mechanism) montiert. Er fixiert das Triebwerk während des Starts, richtet das Triebwerk während der Mission korrekt aus und sorgt für die Versorgung mit elektrischer Energie und dem Arbeitsmedium Xenon [4.4.43].

RUAG Space entwickelt bzw. liefert Pointing Mechanismen für hybrid sowie für voll-elektrisch angetriebene Telecom Satelliten sowie für wissenschaftliche Missionen und für fast alle Triebwerke, die aktuell zum Einsatz kommen. Qualifiziert wurden sie für:

- Fakel SPT 100 (Plasma) und SPT 140 (Plasma),
- Snecma PPS 1350 (Plasma) und PPS 5000 (Plasma),
- EADS ROS 2000 (Plasma),
- QinetiQ T6 (Ion),
- MMS/QinetiQ EIT (Ion) und
- ArianeGroup RIT (Ion).

4.4.8 Komponenten für chemische Antriebssysteme

Neben den wichtigsten Antriebskomponenten, den Tanks und den Triebwerken, sollen die übrigen Komponenten zum besseren Gesamtverständnis hier erwähnt, aber nicht detailliert beschrieben werden.

In modular aufgebauten Antriebssystemen befinden sich diese Komponenten zu sogenannten Baugruppen entsprechend ihrer Funktion im System integriert.

Diese Baugruppen - siehe Bild 4.4.51 - sind:

a) die Einheit zur **Druckbeaufschlagung,** die PCA oder „Pressure Control Assembly" und
b) die Einheit zur **Treibstoffisolation,** die PIA oder „Propellant Isolation Assembly".

Bei einem geostationären Nachrichtensatelliten hat die PCA ihre Aufgabe nach dem Apogäumseinschuss erfüllt, während sie bei einer Sonde z. B. im Fall von Cassini bis zum Ende der mehrjährigen Mission aktiv ist. Daher ist die Komponente Druckminderer mit einer internen Redundanz versehen.

Die in das „Pressure Control Assembly" integrierten hochauflösenden **Druckgeber** werden während der Mission zur Bestimmung der Treibstoffrestmenge mittels der Methode der Druckänderung bei bekanntem Gasvolumen

Bild 4.4.49: *Produktion der TPMs des BepiColombo Mercury Transfer Moduls (Bild: RUAG Space).*

Bild 4.4.50: *Redundanter Druckminderer (Bild: VACCO Industries).*

4

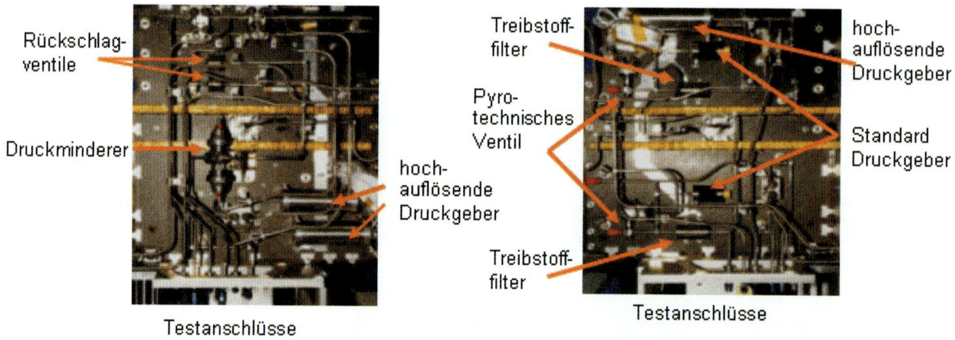

Bild 4.4.51: *Pressure Control Assembly (links) und Propellant Isolation Assembly (rechts) (Bild: ArianeGroup).*

verwendet. Die Genauigkeit der Sensoren beträgt 0,02 % des Maximaldrucks im Vergleich zu 0,3 % beim Standarddruckgeber. Je genauer diese Restmengenbestimmung ist, desto länger kann der Satellit seine Mission durchführen, bevor er mit dem verbliebenen Resttreibstoff von der operationellen Position in der geostationären Umlaufbahn in einen sogenannten „graveyard“-Orbit (Friedhofsorbit) gebracht wird.

Die **pyrotechnischen Ventile** gibt es, wie in Kapitel 4.4.6.2 beschrieben, in einer im Normalfall geöffneten (NO normally open) und im Normalfall geschlossenen (NC normally closed) Version. Der entscheidende Vorteil dieser Komponente ist die Eigenschaft, im geschlossenen Zustand vollständige Dichtigkeit zu garantieren.

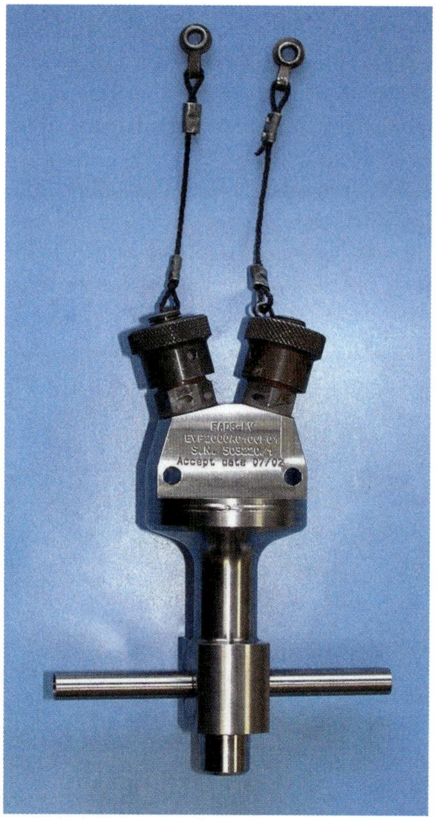

Bild 4.4.52: *Pyrotechnisches Ventil (Bild: ArianeGroup).*

Aufgrund dieser Eigenschaft ist dieser Ventiltyp besonders geeignet, Bereiche eines Antriebssystems zu isolieren. Dies geschieht zur Sicherheit am Boden bei der Handhabung eines bereits betankten Satelliten oder während der Mission zur Isolation eines nicht mehr benötigten, evtl. für Leckage anfälligen Bereichs des Antriebssystems (z. B. Isolation des Apogäumsmotors nach erfolgreichem Einschuss in die geostationäre Umlaufbahn).

Eine moderne Alternative zur Isolation von Bereichen des Antriebssystems stellt das Shape Memory Alloy (SMA, Formgedächtnismaterial) dar. Dieser Ventiltyp wird 2018 unter ESA Vertrag bei ArianeGroup qualifiziert. Er bietet neben Kostenvorteilen weitere Vorteile wie Vermeidung von Verunreinigungen durch explosive Zünder bzw. deren notwendigen Austausch wegen Alterung bei einem erheblich verspäteteten Start.

Filter werden sowohl in der PCA (Helium-Filter) wie in der PIA (Treibstofffilter) verwendet. Filter des in Bild 4.4.53 gezeigten Typs bestehen aus chemisch geätzten Titanscheiben, zu Paketen von 500 und mehr Scheiben gepackt, die hochrein integriert werden können, komplett verschweißt sind und damit höchste Filterqualität garantieren. Üblich sind Filter mit der Fähigkeit, Komponenten je nach Position im Antriebssystem vor Verunreinigungen von 2 ... 40 µm absolut zu schützen.

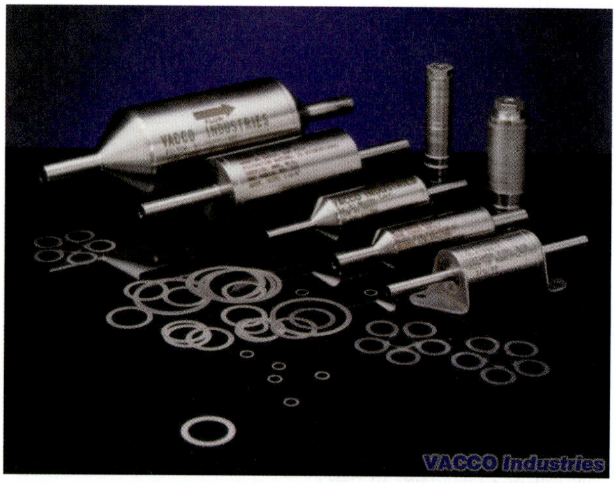

Bild 4.4.53: *Treibstoff- und Gasfilter (Bild: VACCO Industries).*

4.4.9 Bodenanlagen und Services

Die Aufgaben der Hersteller von Antriebssystemen beschränken sich nicht nur auf die Entwicklung von Komponenten oder kompletten Antriebssystemen sowie deren Integration und Test, sondern beinhalten auch die notwendigen Bodenanlagen z. B. zur Be- und gegebenenfalls auch Enttankung sowie die antriebsrelevanten Tätigkeiten im Rahmen der Startvorbereitung.

Treibstoffaufbereitung
Während MMH im Anlieferungszustand verwendet werden kann, muss der Oxidator, der als N_2O_4 geliefert wird, durch Zumischung von NO zu MON 1 oder MON 3 aufbereitet werden.

Hydrazin muss bei Anlieferung als „Monopropellant Grade" durch entsprechende Destillationsprozesse in den Zustand „High Purity Grade" überführt werden; d. h., vor allem die Anteile von Anilin, Wasser und Eisen werden erheblich reduziert.

Ausrüstung für Test und Betankung
Kleinere und größere Bodengeräte werden für Tests auf Komponenten-, Untersystem- und Systemebene benötigt. Hierzu gehören Vorrichtungen zur Ausrichtung der Triebwerke, um die Abweichung der notwendigen Schubrichtung – z. B. durch den Schwerpunkt – möglichst gering zu halten.

Es werden Anlagen für **Druck- und Lecktests** benötigt, sowohl für den Hochdruck- als auch den Niederdruckbereich, zur Leckmessung an den einzelnen Komponenten bzw. am Gesamtsystem.

Jede einzelne Schweißnaht wird einer **Röntgenprüfung** und unter Umständen auch einer Eindringrissprüfung unter ultraviolettem Licht (penetrant inspection) unterzogen.

Für alle Betankungs- und Enttankungsvorgänge wird eine umfangreiche **Bodenausrüstung** benötigt, sei es, um das Antriebssystem vor Vibrations- oder Beschallungstests mit Simulationsflüssigkeit zu betanken oder während der Startvorbereitung das System mit Druckgas und Treibstoffen zu befüllen.

Bild 4.4.54 zeigt die gesamte für die Betankung eines Zweistoffsystems notwendige Anlage, bestehend aus den Treibstoff-Transportbehältern, den einzelnen Geräten für Oxidator-, Brennstoff- und Druckgasbetankung sowie den notwendigen Transportcontainern. Ähnliche Anlagen, aber weniger aufwendig, bestehen für die Hydrazin- bzw. Xenonbetankung.

Umfangreich ist ferner die **Sicherheitsausrüstung des Betankungspersonals,** bestehend aus säurefesten Anzügen mit Beatmungsanlage und Kommunikationseinrichtung.

Nicht zu vernachlässigen ist der Aufwand im Hinblick auf den **Transport** der Bodengeräte und des Treibstoffs zur Startanlage, da Flugtransport für die Treibstoffe aus Sicherheitsgründen nicht in Frage kommt. Die verfahrensmäßigen Unterschiede beim Transport nach Kourou, zum Kennedy Space Center oder nach Baikonur sind sehr groß, sollen aber hier nicht diskutiert werden.

Zahlreiche Komponenten wie Druckgeber, Triebwerksventile, Impulsventile usw. erfordern elektrische Tests, für die ebenfalls spezielles Gerät notwendig ist. Zu diesen Tests zählen:

- Kalibrierung der Druckgeber,
- Messung von Öffnungs- und Schließzeiten von Ventilen,
- Messung der Widerstände von Heizern, z. B. Katalysatorbett- oder Ventilheizern,
- Verifikation von Temperatursensoren
- Dichtheitsmessung von Ventilen
- Funktionsprüfung von Druckminderern usw.

Bild 4.4.54: *Zweistoffsystem-Betankungsanlage (Bild: ArianeGroup).*

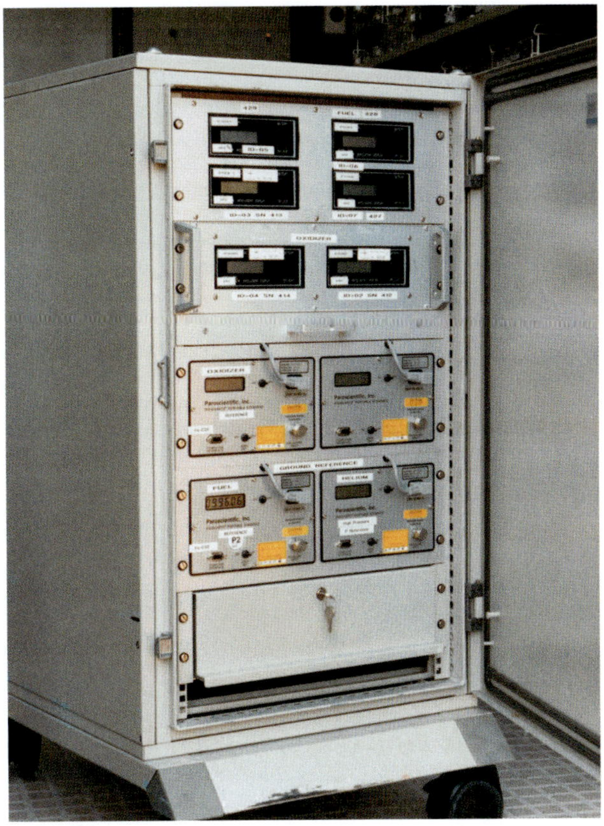

Bild 4.4.55: *Unit Tester für elektrische Tests (Bild: ArianeGroup).*

Üblicherweise werden die für die Durchführung dieser Tests notwendigen Geräte in einem sogenannten „Unit Tester“ zusammengefasst.

Literatur

[4.4.1] *Brown, C. D.:* Spacecraft Propulsion. AIAA Education Series, 1996 inkl. Software.

[4.4.2] *Erichsen, P.:* Performance Evaluation of Spacecraft. Propulsion Systems in Relation to Mission Impulse Requirements.

[4.4.3] *ArianeGroup:* Internetadresse unter Stichwort: Space Propulsion; Hydrazine & Bipropellant Thrusters, Ion Propulsion.

[4.4.4] *Institut für Raumfahrtsysteme IRS:* Grundlagen der Raumfahrtsysteme. Vorlesung WS 2004/2005 und Vorlesung SS 2006 zur Lage- und Bahnregelung von Raumflugkörpern.

[4.4.5] *Rocket Research Corporation:* Monopropellant Hydrazine Design Data.

[4.4.6] *TRW Systems:* Propulsion System Thrusters and Components.

[4.4.7] *Aerojet, Redmond Operations:* Hydrazine Handbook.

[4.4.8] *The University of Michigan:* The Past and Future of Rocket Engine Propulsion. Part II: Electrothermal Systems.

[4.4.9] *Schmitz, H. D.; Tiedtke, P.:* Qualification test results of German ‚KC IR 12 GA‘ catalyst for spontaneous hydrazine decomposition. AIAA-1977-848, 1977.

[4.4.10] *Aerojet:* MR 501 B Electrothermal Hydrazine Thruster. http://www.astronautix.com/engines/mr501b.htm.

[4.4.11] *Wucherer, E.; Cook, T.; Stiefel, M.:* Hydrazine Catalyst Production – Sustaining S-405 Technology. AIAA-2003-5079, 2003.

[4.4.12] *Kawahara, G.; McCleskey, S. F.:* Titanium Lined, Carbon Composite Overwrapped Pressure Vessel. AIAA Paper 96-2751.

[4.4.13] *Tam, W. H.; Ballinger, I.; Jaekle, D. E.:* Conceptual Design of Space Efficient Tanks. AIAA Paper 2006-5058.

[4.4.14] *Tam, W. H.; Ballinger, I.; Jaekle, D. E.:* Propellant Tank with Surface Tension PMD for Tight Center-of-Mass Propellant Control. AIAA Paper 2008-4942.

[4.4.15] *ArianeGroup:* Internetadresse unter Stichwort: Space Propulsion; Propellant Tanks, Valves, Regulators.

[4.4.16] *ATK PSI Operations:* Propellant Management Device Conceptual Design and Analysis. Vanes AIAA 91-2172, 1991.

[4.4.17] *ATK PSI Operations:* Design & Development of a Communications Satellite Propellant Tank AIAA 95-2529, 1995.

[4.4.18] *ATK PSI Operations:* http://www.psi-pci.com/.

[4.4.19] *Benedic, F.; Leard, J.-P.; Leloch, Ch.:* Helium High Pressure Tanks at EADS Space Transportation New Technology with Thermoplastic Liner. 1st Symposium on Potentially Disruptive Technologies and their Impact in Space Programs. Marseille, France – 4 to 6 July 2005.

[4.4.20] *Vaughan, Ch.:* Propulsion Overview.

[4.4.21] *Surrey Satellite Technology LTD:* Water Resistojet for Small Satellites SSTL-9003-03. 26-02-2002.

[4.4.22] *Surrey Satellite Technology LTD:* Nitrous Oxide Resistojet SSTL900204 26042006.

[4.4.23] *Anflo, K.; Persson, S.; Thormählen, P. et al.:* Flight demonstration of an ADN-based propulsion system. Proceedings of the 57th IAC/IAF/IAA (International Astronautical Congress), Valencia, Spain, Oct. 2–6, 2006, IAC-06-C4.1.08.

[4.4.24] *Smith, W. W.; Smith, R. D.; Davies, S. D. et al.:* Low Power Hydrazine Arcjet Flight Qualification; IIWC-93-48, presented at the 23rd International Electric Propulsion Conference.

[4.4.25] *Blinov, N.; Gorshkov, O.; Rizakhanov, R.; Shagayda, A.:* Hall Effect Thruster with High Specific Impulse. ESA SP-555.

[4.4.26] *Martinez-Sanchez, M.; Pollard, J. E.:* Spacecraft electric propulsion – an overview. *Journal of Propulsion and Power.* Vol. 14, No. 5, pp. 688–693, 1998.

[4.4.27] *Pollard, J. E.; Jackson, D. E; Marvin, D. C; Jenkin, A. B. et al.:* Electric propulsion flight experience and technology readiness. AIAA Paper 93-2221, 1993.

[4.4.28] Low Thrust Hall Effect Thruster System. Busek Co. Inc.

[4.4.29] *ArianeGroup:* Internetadresse unter Stichwort: Space Propulsion; Launch Support.

[4.4.30] *Welander, B.:* Life and Operating Range Extension of the BPT-4000 Qualification Model Hall Thruster, AIAA 2006-5263, 2006.

[4.4.31] *Genovese, A.:* 5000h Endurance Test of an indium FEEP 2x2 Cluster AIAA 2006-4827, 2006.

[4.4.32] *Fischer, H.-M.:* Europäische Nachrichten-Satelliten – Von Intelsat bis TV-SAT. Lemwerder: Stedinger Verlag, 2006.

[4.4.33] *IKAROS*: http://global.jaxa.jp/countdown/f17/overview/ikaros_e.html.

[4.4.34] *Solar Sailing*: https://en.wikipedia.org/wiki/Solar_sail.

[4.3.35] *Sonnensegel*: https://www.bernd-leitenberger.de/sonnensegel.shtml.

[4.4.36] The Challenge of Design and Development of a Dual-mode Propulsion System for BepiColombo ESA Exploration Mission to Mercury. AIAA 2011-5833.

[4.4.37] Finding a Way: Boeing's All Electric Propulsion Satellite. AIAA Paper 2013-4126.

[4.4.38] Performance of XIPS Electric Propulsion in On-Orbit Station Keeping of the Boeing 702 Spacecraft. AIAA Paper 2002-4348.

[4.4.39] EUTELSAT ELECTRIC PROPULSION PERSPECTIVE. EPIC Workshop, Brussels, 25–28 November 2014.

[4.4.40] *Axel Nantes*: Ariane-5-Start: Eutelsat 172B und ViaSat 2 im All. Raumfahrer.net 04. Juni 2017.

[4.4.41] Electric Propulsion Pointing Mechanisms Info von RUAG Space.

[4.4.42] A Piezo-Actuated High-Precision Flexible Parallel Pointing Mechanism: Conceptual Design, Development, and Experiments. IEEE Transactions on Robotics (Volume: 30, Issue: 1, Feb. 2014).

[4.4.43] *Christian Neugebauer, Paul Janu, Rudolf Schermann*: Electric Propulsion Pointing Mechanism For BEPI COLOMBO

[4.4.44] AIAA 2013-3849 GPIM AF-E-M315E Propulsion System.

[4.4.45] Ball Aerospace & Technologies Corp. Green Propellant Infusion Mission (GPIM) Overview.

[4.4.46] Aerojet Rocketdyne Enabling High Performance Green Propulsion for SmallSats.

[4.4.47] Anders Larsson and Niklas Wingborg (2011). Green Propellants Based on Ammonium Dinitramide (ADN).

[4.4.48] SSC07-X-2 Flight Demonstration of New Thruster and Green Propellant Technology on the PRISMA Satellite.

[4.4.49] Concluding a 5 year In-Space Demonstration of an ADN-Based Propulsion System on Prisma.

[4.4.50] Airbus Space and Defense Development and Test of a 3D printed Hydrogen Peroxide Flight Control Thruster.

[4.4.51] TETHERS UNLIMITED Water Electrolysis Thruster Green Propellant, High-Thrust Propulsion for Orbit-Agile CubeSats.

4.5 Lageregelung

Christian Arbinger und *Bernard Lübke-Ossenbeck*

Im folgenden Kapitel sollen, nach einer Erklärung des Fachgebietes Lagebestimmung und Lageregelung, die Anforderungen an die Lageregelung dargestellt werden. Verschiedene Arten der Lagebeschreibung, wie Richtungskosinus-Matrix, Euler-Darstellung und Quaternionen werden erläutert. Es folgt eine Beschreibung der Lagedynamik mit Erläuterung der Euler-Differenzialgleichungen, der vorhandenen Störmomente und der Lagevorhersage (Propagierung). Im Weiteren werden verschiedene Sensoren und Aktuatoren für die Lageregelung dargestellt und ihre wesentlichen Eigenschaften erläutert. Abgeschlossen wird das Kapitel durch praxisorientierte Methoden der Lageregelungsverifikation.

4.5.1 Einführung und Übersicht

Das **Lageregelungssystem** (ACS = Attitude Control System) bestimmt und regelt die Lage bzw. Ausrichtung eines Raumfahrzeugs im Raum. Dabei wird die Lage immer in Bezug zu einer Referenz angegeben, sei es in Form von Richtungsvektoren in einem Referenz-Koordinatensystem oder als Winkel zu definierten Referenzachsen.

Die Lage eines Raumfahrzeugs ist im Allgemeinen unabhängig von der Position. Im deutschen Sprachgebrauch ist daher die „Lageregelung" klar von Bahn- und Orbitregelung zu unterscheiden.

Die Lageregelung besteht aus einem geschlossenen **Regelkreis** von

- Messung bzw. Bestimmung der aktuellen Lage,
- Vergleich mit Führungswerten,
- Ansteuerung von Aktuatoren durch einen Regler mit dem Ziel, die Führungswerte zu erreichen.

Hierbei können das Einnehmen und Einhalten einer vorgegebenen Winkellage oder die Regelung einer bestimmten Drehbewegung angestrebt werden.

Die Ausführung der Lageregelung kann in verschiedenen Modi erfolgen:

a) unter Sicherheitsaspekten als robuste **Grobregelung (Safe Mode),**
b) mit dem Ziel bester Performance als **Feinregelung (Science Mode, Precise Mode),**
c) oder als **Übergangsmodus** wie z. B. zur Dämpfung und Regelung von Drehgeschwindigkeiten oder zur Zielausrichtung (Akquisitionsmanöver).

4.5.1.1 Bedeutung für den Satellitenbus

Das System „Satellit" wird im Allgemeinen in die System-Elemente „Satelliten-Nutzlast" und „Satellitenbus" eingeteilt. Der Satellitenbus wird häufig auch als „Plattform" oder „Service Modul" bezeichnet.

Die Lageregelung ist ein wichtiger Bestandteil des Systementwurfs. Anforderungen der Satelliten-Mission und der Nutzlast bestimmen indirekt die erforderlichen Eigenschaften der **Lagesensorik** und Lageaktuatorik, jedoch immer unter der Maßgabe, dass die elementaren Funktionen des **Satellitenbusses** sichergestellt sind. Diese liegen in erster Linie in:

- der Sicherung der **Energieversorgung,** d. h. einer stabilen Ausrichtung der Solargeneratoren zur Sonne,
- der Sicherung **thermaler Umgebungsbedingungen** durch Ausrichtung des Satellitenkörpers zu Sonne und Erde
- und ggf. der Lageeinstellung und Lageeinhaltung für Bahnmanöver.

Für eine genaue und zuverlässige Lageregelung müssen die Lageanforderungen im gesamten Satellitendesign berücksichtigt werden (d. h. hinsichtlich Massenverteilung, möglicher Strukturschwingungen, thermo-elastischer Verformungen, Alterung, Temperaturen, elektro-magnetischer Kompatibilität (EMC) etc.).

4.5.1.2 Bedeutung für die Nutzlast

Die Funktion und Leistungsfähigkeit der meisten Nutzlasten ist eng an die Lagebestimmung und -regelung gekoppelt, sei es die Ausrichtung eines Teleskops zur Erdbeobachtung, die Ausrichtung von Antennen für Kommunikationssatelliten oder die Ausrichtung wissenschaftlicher Nutzlasten.

Hierbei spielen besonders Aspekte der Genauigkeit und Stabilität eine Rolle, in vielen Fällen auch die Fähigkeit, **Schwenkmanöver** mit hoher Genauigkeit zu einem vordefinierten Winkelprofil durchzuführen.

Häufig werden auch von der Lageregelung erzeugte spezielle Telemetriewerte für eine Nachprozessierung der Nutzlastdaten zur Verfügung gestellt.

4.5.1.3 Anwendungsgebiete

Ein Lageregelungssystem ist auf nahezu allen Missionen (ob bemannt oder unbemannt) implementiert. Unterschieden wird zwischen einer „passiven" und einer aktiven Lageregelung. Passive Lageregelung bedeutet eine Einstellung der Lage durch physikalische Gegebenheiten, d. h. ohne gezielte Aktivierung von Stellgliedern. Bei der aktiven Lageregelung übernehmen Aktuatoren die Steuerung der Lage des Raumflugkörpers, wie später in diesem Kapitel näher beschrieben wird. Je nach Missionstyp sind die Anforderungen an die Lageregelung unterschiedlich.

Während der Mission findet an Bord des Satelliten eine Echtzeit-Lagebestimmung statt, welche kontinuierlich erfolgt und die Eingangswerte für die verschiedenen Betriebsmodi der Lageregelung (Safe Mode, Science Mode etc.) ermittelt. Diese Art der Lagebestimmung ist aufgrund der in Echtzeit lediglich begrenzt zur Verfügung stehenden Lage-Messwerte ungenauer als eine „post facto" Lagebestimmung, die nachträglich am Boden durchgeführt werden kann. Dazu werden die Gesamtheit der Messwerte und Zusatzdaten verwendet, um die Fehlerquellen, die bei der Lagebestimmung bestehen, zu minimieren. Wissenschaftliche Nutzlasten des Satelliten (z. B. Teleskope, Radarsensoren oder optische Kameras) erfordern im Allgemeinen eine Nachprozessierung der Lagedaten am Boden, um die maximale Auflösung der Instrumente zu unterstützen.

4.5.2 Anforderungen an die Lageregelung

Die Art und die Auslegung eines Lageregelungssystems werden in erster Linie durch die funktionellen Anforderungen des Satellitenbusses und der Nutzlast bestimmt.

Neben den funktionellen Anforderungen entstehen Anforderungen an die Performance der einzelnen Prozesse:

- **Genauigkeit,** zu unterteilen in Echtzeitgenauigkeit und Genauigkeit der Lagekenntnis (post facto). Die Genauigkeit wird als ±-Intervall oder häufiger in Form von σ-Werten angegeben (Beispiel: „0,1°, 3 σ" bedeutet, dass in 99,7 % der Fälle die Abweichungen geringer als 0,1° sind). Definitionen und Metriken für diese Genauigkeiten können den ECSS Standards (z. B. „APE" für die Ausrichtgenauigkeit oder „AKE" für die Genauigkeit der Lagekenntnis) entnommen werden.
- **Stabilität** bezeichnet die Genauigkeit, mit der die Winkelgeschwindigkeit eingehalten wird.
  Stabilitätsanforderungen sind in der Regel von der Nutzlast abgeleitet und werden meist als zulässige Winkelabweichung bezogen auf ein festes Zeitintervall angegeben (entspricht „RPE" in den ECSS Standards).
- **Agilität,** sie bezeichnet die Geschwindigkeit des Wechsels zwischen den Lagezuständen.

Weiterhin bestimmen folgende generelle Anforderungen und Randbedingungen die Auslegung des Lageregelungssystems:

- Realisierungskosten,
- Lebensdauer (Design Lifetime), bei Satelliten typischerweise 5 bis 15 Jahre,
- Zuverlässigkeit des kompletten Lageregelungssystems, z. B. 95 % über 10 Jahre,
- „No Single Point Failures", d. h. der Ausfall *einer* beliebigen Komponente muss verkraftet werden,
- Kompatibilität zu den anderen Subsystemen des Satelliten, z. B. bezüglich elektromagnetischer Eigenschaften oder zu Vibrationen,
- Randbedingungen bezüglich Masse, Bedarf an elektrischer Energie und Thermalhaushalt,
- Bahnparameter des Raumflugkörpers,
- Vorgaben des Kunden, Ausschluss bestimmter Komponenten.

Tabelle 4.5.1: *Funktionelle Anforderungen an ein Lageregelungssystem.*

Anforderung durch	Funktionelle Anforderung	Qualität
Energieversorgung	• Ausrichtung der Solargeneratoren, statisch	grob
Thermalsubsystem	• Ausrichtung von Radiatoren	grob
Orbit Control System	• Ausrichtung des Haupttriebwerks • Akzeptanz hoher Störmomente • ggf. Nachführung bei langer Manöverdauer	genau
Optische Nutzlasten	• Ausrichtung von Teleskopen • ggf. Schwenk- und Rotationsmanöver, Zielverfolgung • Bereitstellung von Lagedaten für Postprocessing	sehr genau
Kommunikations-Nutzlasten	• Ausrichtung von „High-Gain-Antennen" • ggf. Durchführung von Schwenkmanövern	genau
Wissenschaftliche Nutzlasten	• Ausrichtung von Instrumenten • ggf. Schwenk- und Rotationsmanöver, Zielverfolgung • Bereitstellung von Lagedaten für Postprocessing	grob bis hoch genau
Notfallmodi	• Ausrichtung der Solargeneratoren • Stabilisierung der Lage	grob
Akquisitionsmodi	• Abbau hoher Drehraten • Lageerstbestimmung	z. B. 10°/s z. B. innerhalb von 100 s
Satellitenbetrieb	• Autonomie • FDIR (Fehlererkennung und -korrektur)	z. B. über 3 Tage z. B. automatische Umschaltung der HW-Konfiguration oder der Betriebsmodi

4.5.3 Lagebeschreibung

Die Lage eines Raumflugkörpers wird über die **Winkelabweichung** der Achsen zweier kartesischer Koordinatensysteme definiert. Im Folgenden werden typische, in der Raumfahrt verwendete **Koordinatensysteme** definiert. Das Kapitel zeigt verschiedene Lage-Darstellungsarten auf und stellt die Parametrierung der Satellitenlage dar.

4.5.3.1 Koordinatensysteme

Zur mathematischen Darstellung der Lage eines Körpers ist es notwendig, zwei dreidimensionale kartesische Koordinatensysteme zu definieren. Diese werden als Referenzsystem und Körpersystem bezeichnet. Während das Referenzsystem unabhängig von der Lagebewegung des zu betrachtenden Körpers ist, wird das Körpersystem fest im Satelliten verankert und dreht sich bei allen Bewegungen mit.

Unter dem mathematischen Begriff der Lage wird nun die Winkelabweichung der beiden Koordinatensysteme zueinander verstanden. Dabei ist der Abstandsvektor dieser beiden Koordinatensysteme (von Ursprung **Referenzsystem** zu Ursprung **Körpersystem**) nicht relevant. Es geht nur um die Verdrehung der beiden Systeme. Bild 4.5.1 verdeutlicht diese Beschreibung. Das Referenzsystem ist dargestellt durch die Vektoren x, y, z, das Körpersystem durch die Vektoren $\boldsymbol{u}, \boldsymbol{v}, \boldsymbol{w}$.

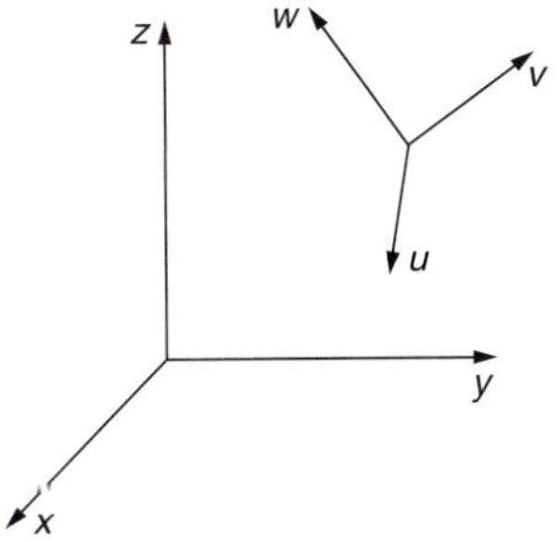

Bild 4.5.1: *Lagebeschreibung durch Koordinatensysteme.*

Bei der Betrachtung von Raumflugkörpern in der Erdumlaufbahn finden folgende Referenzsysteme häufig Verwendung:

- **Inertiales Referenzsystem mit Ursprung im Erdmittelpunkt (ECI):**
  +x-Achse zeigt zum Frühlingspunkt,
  +z-Achse zeigt zum Himmelsnordpol,
  +y-Achse bildet mit +x- und +z-Achse ein Rechtssystem,
- **Erdfestes Referenzsystem mit Ursprung im Erdmittelpunkt (ECEF):**
  +x-Achse zeigt zum Schnittpunkt des Äquators mit dem Meridian von Greenwich,
  +z-Achse zeigt zum Himmelsnordpol,
  +y-Achse bildet mit +x- und +z-Achse ein Rechtssystem,
- **Bahnfestes Referenzsystem mit Ursprung im Massenschwerpunkt des Raumflugkörpers:**
  +z-Achse zeigt zum Erdmittelpunkt (Nadir-Richtung),
  +y-Achse zeigt in Richtung der negativen Bahnnormalen,
  +x-Achse bildet mit +y- und +z-Achse ein Rechtssystem

Das körperfeste Koordinatensystem wird häufig bei Raumflugkörpern an den Figur-Achsen (d. h. entlang der Körperachsen) des Satelliten ausgerichtet. Diese fallen bei symmetrischen Körpern in etwa mit den Hauptträgheitsachsen zusammen. Der Winkelunterschied zwischen diesen Achsensystemen kann aus den Deviationsmomenten des Massenträgheitstensors abgeleitet werden. Bild 4.5.2 zeigt eine repräsentative Darstellung eines Körpersystems mit den zugehörigen Lagewinkeln. Diese Winkel werden im Folgenden näher definiert.

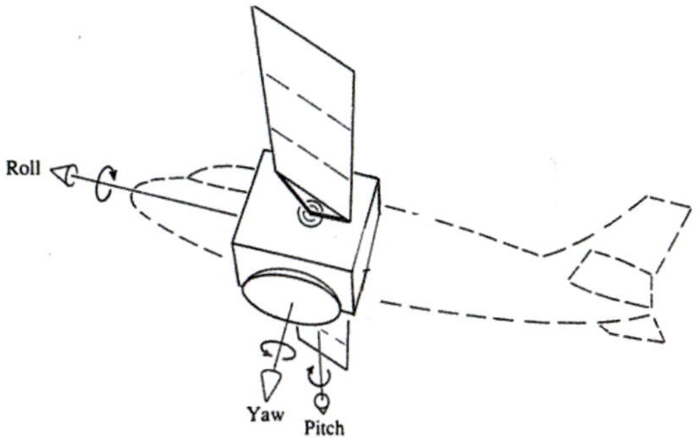

Bild 4.5.2: *Körperfestes Koordinatensystem.*

4.5.3.2 Richtungskosinus-Matrix

Wie bereits im vorherigen Abschnitt definiert, ist unter der Lage eines Raumflugkörpers die räumliche Orientierung eines Referenzsystems gegenüber einem Körpersystem zu verstehen. Die Lage wird dabei durch eine 3×3-Transformations- oder Lagematrix A dargestellt.

Die Elemente der Lagematrix beschreiben die Skalarprodukte der entsprechenden Koordinatensystemachsen und stellen somit den Kosinus der Winkelabweichung dar. Die folgende Formel zeigt die Richtungskosinus-Matrix anhand der in Bild 4.5.1 dargestellten Koordinatensysteme:

$$\boldsymbol{A} = \begin{bmatrix} u \cdot x & u \cdot y & u \cdot z \\ v \cdot x & v \cdot y & v \cdot z \\ w \cdot x & w \cdot y & w \cdot z \end{bmatrix} \quad (4.5.1)$$

Diese Matrix hat die Eigenschaft, Vektoren, dargestellt im Referenzsystem, in das Körpersystem zu transformieren. Dazu gilt folgende Beziehung:

$$\boldsymbol{x}_{\mathrm{B}} = [\boldsymbol{A}]\, \boldsymbol{x}_{\mathrm{R}} \quad (4.5.2)$$

x_{R} Vektor im Referenzsystem,
x_{B} Vektor im Körpersystem,
A Lagematrix (orthogonal und symmetrisch).

4

Ausgehend von dieser Darstellung können aufeinanderfolgende Drehsequenzen beschrieben werden durch:

$$\boldsymbol{A}_{1-3} = \boldsymbol{A}_{2-3}\,\boldsymbol{A}_{1-2} \tag{4.5.3}$$

A_{1-3} Gesamtdrehsequenz von Zustand 1 nach 3,
A_{1-2} Teildrehung von Zustand 1 nach 2,
A_{2-3} Teildrehung von Zustand 2 nach 3.

Die Vorteile der Lagedarstellung über Matrizen sind, dass es keine Singularitäten gibt und dass keine trigonometrischen Rechenoperationen notwendig werden. Wie oben dargestellt, gibt es eine einfache Rechenvorschrift für mehrfache Drehungen.

Jedoch hat diese Darstellung in der Raumfahrt-Praxis eine geringe Anwendung. Während einer Raumflugmission überprüft der Lage-Systemingenieur im Kontrollzentrum die Lagedaten des Satelliten nach dem Empfang an der Bodenstation auf dem Telemetrie-Bildschirm. Dafür ist die Darstellung in Matrix-Form ungeeignet, da daraus nicht direkt die Winkelabweichung der beiden Koordinatensysteme erkenntlich ist. Für den Satellitenbetrieb werden als Darstellungsform eher die im folgenden Kapitel beschriebenen Euler-Winkel verwendet.

4

4.5.3.3 Euler-Winkel

Zur besseren Visualisierung der Lage sind die Euler-Winkel geeignet. Diese drei Winkelgrößen können aus der Lagematrix berechnet werden.

Mit den **Euler-Winkeln** können die drei Grunddrehungen um die Koordinatensystemachsen (x, y, z) beschrieben werden:

Drehung um die x-Achse mit Winkel φ:

$$\boldsymbol{A}_x = \begin{bmatrix} 1 & 0 & 0 \\ 0 & \cos\varphi & \sin\varphi \\ 0 & -\sin\varphi & \cos\varphi \end{bmatrix} \tag{4.5.4}$$

Drehung um die y-Achse mit Winkel θ:

$$\boldsymbol{A}_y = \begin{bmatrix} \cos\theta & 0 & -\sin\theta \\ 0 & 1 & 0 \\ \sin\theta & 0 & \cos\theta \end{bmatrix} \tag{4.5.5}$$

Drehung um die z-Achse mit Winkel ψ:

$$\boldsymbol{A}_z = \begin{bmatrix} \cos\psi & \sin\psi & 0 \\ -\sin\psi & \cos\psi & 0 \\ 0 & 0 & 1 \end{bmatrix} \tag{4.5.6}$$

Eine besondere Bezeichnung dieser Winkel, abgeleitet aus den Steuerwinkeln in der Luftfahrt, findet in der Raumfahrt Anwendung, um die Abweichungen des Raumflugkörpers von der Soll-Lage anzugeben. Die Winkel sind namentlich in Bild 4.5.2 aufgeführt und lauten in der englischsprachigen Darstellung **Roll** (φ), **Pitch** (θ) **und Yaw** (ψ). Roll definiert eine Winkelablage um die Längsrichtung (x-Achse). Der Pitch-Winkel beschreibt eine Drehung um die Querachse (y-Achse) und der Yaw-Winkel entspricht einer Drehung um die Hochachse (z-Achse). Wichtig ist eine klare Definition dieser Winkelzuweisungen, um eine eindeutige Beschreibung zu erhalten. Lage-Definitionen und Metriken werden zu Beginn eines Raumfahrt-Projekts in der Standard Dokumentation festgeschrieben, auch um das Risiko späterer Fehlinterpretationen zu minimieren.

4.5.3.4 Quaternionen

Eine weitere Lage-Darstellungsmöglichkeit sind Quaternionen. Diese hyperkomplexen Zahlen stellen in Bezug auf Speicherbedarf und numerische Stabilität ein Optimum der Lagebeschreibung dar. Jede Rotationssequenz kann äquivalent durch eine einfache Drehung um eine feste Rotationsachse dargestellt werden. Ein Quaternion ist definiert durch:

$$\boldsymbol{q} = \left[e_x \sin\left(\frac{\phi}{2}\right),\ e_y \sin\left(\frac{\phi}{2}\right),\ e_z \sin\left(\frac{\phi}{2}\right),\ \cos\left(\frac{\phi}{2}\right) \right]^T \tag{4.5.7}$$

e_x, e_y, e_z Komponenten des Einheitsvektors, entlang der Rotationsachse
ϕ Drehwinkel um diese Achse.

Analog zur Lagematrix können Drehsequenzen als einfache lineare Operation (ohne trigonometrische Funktionen) beschrieben werden:

$$\boldsymbol{q}_{1-3} = \boldsymbol{q}_{1-2} \otimes \boldsymbol{q}_{2-3} \tag{4.5.8}$$

$$\boldsymbol{q}_{1-3} = \begin{bmatrix} q_{4(2-3)} & q_{3(2-3)} & -q_{2(2-3)} & q_{1(2-3)} \\ -q_{3(2-3)} & q_{4(2-3)} & q_{1(2-3)} & q_{2(2-3)} \\ q_{2(2-3)} & -q_{1(2-3)} & q_{4(2-3)} & q_{3(2-3)} \\ -q_{1(2-3)} & -q_{2(2-3)} & -q_{3(2-3)} & q_{4(2-3)} \end{bmatrix} \boldsymbol{q}_{1-2} \tag{4.5.9}$$

q_{1-3} Gesamtdrehsequenz von Zustand 1 nach 3,
q_{1-2} Teildrehung von Zustand 1 nach 2,
q_{2-3} Teildrehung von Zustand 2 nach 3.

Damit können mit **Quaternionen** alle Drehsequenzen, wie bei der Lagematrix, beschrieben werden.

Nachteil der Quaternionen-Darstellung ist die schlechte physikalische Veranschaulichung. Quaternionen sind eine rein mathematische Betrachtung, sie finden im Satellitenbetrieb bei der Visualisierung der Telemetrie-Parameter keine Anwendung. In der On-Board-Software und zur Post-Prozessierung kommen sie jedoch in der Raumfahrt oft zur Verwendung.

4.5.4 Lagedynamik

4.5.4.1 Lagekinematik und -dynamik

Die Lage ist nun definiert, und verschiedene Lage-Darstellungsarten sind erklärt. Zur Lageanalyse gehört auch die Änderung der Lage mit einer Betrachtung der **Lagekinematik** und der **Lagedynamik.**

Kinematische Bewegungsgleichung
Die kinematische Bewegungsgleichung leitet sich aus der Betrachtung der Änderung der Lagematrix über die Zeit ab. Diese Änderung wird beschrieben durch:

$$\frac{\mathrm{d}}{\mathrm{d}t}[\boldsymbol{A}] = [\Omega][\boldsymbol{A}] \qquad (4.5.10)$$

mit

$$[\Omega] = \begin{bmatrix} 0 & \omega_z & -\omega_y \\ -\omega_z & 0 & \omega_x \\ \omega_y & -\omega_x & 0 \end{bmatrix} \qquad (4.5.11)$$

Die Terme ω_x, ω_y, ω_z sind die Winkelgeschwindigkeiten um die jeweiligen Achsen des körperfesten Koordinatensystems.

Bei der kinematischen Lagebetrachtung wird die Änderung der Lage ohne die Modellierung der auftretenden Momente, die zu der Lageänderung führen, betrachtet. Um die Lage kinematisch zu propagieren, ist eine Bestimmung und Messung der Drehraten notwendig. Dazu geeignete Sensoren werden im Kapitel 4.5.6 beschrieben.

Dynamische Bewegungsgleichungen
Im Gegensatz zur kinematischen Lagebetrachtung werden bei der dynamischen Lagemodellierung auch die auftretenden Kräfte, die die zur Lageänderung führenden Momente erzeugen, betrachtet.

Grundlegend für die Betrachtung von dynamischen Lageänderungen ist eine Definition der dafür wichtigen physikalischen Größen. Der **Drehimpuls** oder **Drall** beschreibt die Richtung und Geschwindigkeit einer Drehbewegung um einen Referenzpunkt.

$$\boldsymbol{H} = \int_m \boldsymbol{r} \times \boldsymbol{v}\,\mathrm{d}m \qquad (4.5.12)$$

H Drehimpuls oder Drall,
r Ortsvektor zum Massenelement,
v Geschwindigkeitsvektor im Massenschwerpunkt,
$\mathrm{d}m$ Massenelement.

Bild 4.5.3 verdeutlicht den Drehimpuls einer Drehbewegung.

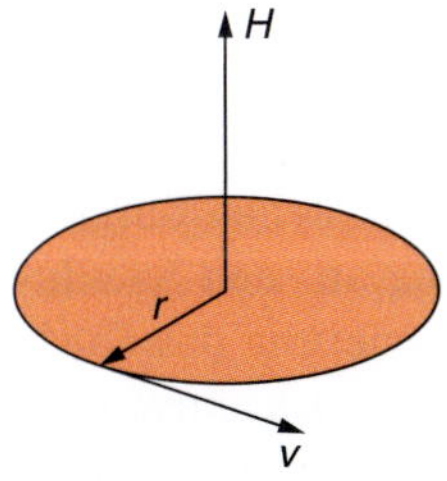

Bild 4.5.3: *Darstellung des Drehimpulses.*

Unter der Annahme des Satelliten als Starrkörper ergibt sich:

$$\boldsymbol{H} = \boldsymbol{I}\,\omega \qquad (4.5.13)$$

I Trägheitstensor,
ω Winkelgeschwindigkeit des Satelliten.

Die positive Drehrichtung des Vektors $\boldsymbol{\omega}$ im mathematischen Sinne kann durch die Rechte-Hand-Regel bestimmt werden.

Bei der Beschreibung der Drehung eines Körpers um seinen Massenschwerpunkt gilt im Inertialsystem:

$$\frac{\mathrm{d}}{\mathrm{d}t}\boldsymbol{H} = \sum \boldsymbol{M} \qquad (4.5.14)$$

Das bedeutet, dass die Gesamtänderung des Drehimpulses gleich der Summe der auf den Körper einwirkenden Momente M ist. In einem körperfesten Koordinatensystem ergibt sich:

$$\frac{\mathrm{d}}{\mathrm{d}t}\boldsymbol{H} + \omega \times \boldsymbol{H} = \sum \boldsymbol{M} \qquad (4.5.15)$$

Die Darstellung dieser Gleichung in Komponentenschreibweise lautet:

$$\begin{aligned} \dot{H}_x + \omega_y\,H_z - \omega_z\,H_y &= M_x \\ \dot{H}_y + \omega_z\,H_x - \omega_x\,H_z &= M_y \\ \dot{H}_z + \omega_x\,H_y - \omega_y\,H_x &= M_z \end{aligned} \qquad (4.5.16)$$

Diese Gleichungen bilden die Grundlage für die dynamischen Bewegungsgleichungen, auch **Euler-Kreiselgleichungen** genannt.

Das Gesamtmoment M ist die Summe von inneren und äußeren Momenten, die auf den Raumflugkörper einwirken. Im nächsten Abschnitt werden einige auftretende Störmomente näher beschrieben.

4.5.4.2 Störmomente

Zur dynamischen Lagemodellierung des Raumflugkörpers müssen auch die auf den Satelliten einwirkenden Störmomente betrachtet werden. Es kann unterschieden werden zwischen **internen und externen Momenten.**

4

Interne Momente werden erzeugt durch bewegliche Komponenten des Raumflugkörpers (z. B. Treibstoffschwankungen, Strukturmechanismen, Lagerreibung, Solarpanels). Externe Momente entstehen durch das Einwirken der Weltraumumgebung auf den Satelliten und führen zu einer langsamen Änderung des Satelliten-Drehimpulses (Angular Momentum). Das aktive Gegenwirken in Bezug auf die Wirkung externer Störmomente wird Momentum Management genannt. Die jeweilige Größe dieser Momente hängt im Wesentlichen von der Bahn und Lage des Satelliten ab sowie von den physikalischen Eigenschaften des Raumflugkörpers. Es werden nur die betragsmäßig größten und bedeutendsten externen Störmomente betrachtet.

Gravitationsmoment

Die einzelnen Massenelemente des Satelliten erfahren entsprechend ihrer Position leicht unterschiedliche zentripetale Beschleunigungen und im Schwerefeld der Erde leicht unterschiedliche Anziehungskräfte, woraus insgesamt ein pendel-ähnliches Moment entsteht.

Dieses aus Gravitationsunterschieden resultierende Moment kann im körperfesten Koordinatensystem durch folgende Beziehung ausgedrückt werden:

$$M_{grav} = 3 \frac{GM}{r_S^3} [\boldsymbol{r}_S \times (\boldsymbol{I}_S \, \boldsymbol{r}_S)] \tag{4.5.17}$$

GM Gravitationskonstante der Erde (siehe Kap 2.2.1.1),
r_S Positionsvektor des Satelliten,
I_S Trägheitstensor.

Aus dieser Gleichung lassen sich folgende Eigenschaften des Gravitationsmoments ableiten:

- Das Moment ist senkrecht zur lokalen Vertikalen.
- Das Moment ist umgekehrt proportional zur dritten Potenz des geozentrischen Abstands des Raumflugkörpers.
- Das Moment resultiert aus dem Unterschied der Hauptträgheitsmomente des Raumfahrzeugs entlang des Positionsvektors.

Störmoment durch Solarstrahlung

Die auf die Oberfläche des Satelliten einfallenden Photonen der Sonnenstrahlung erzeugen eine Kraft, welche in einem Moment um den Massenschwerpunkt des Satelliten resultiert. Der **solare Strahlungsdruck** ist nahezu unabhängig von der Bahnhöhe des Satelliten in einem Erdorbit. Die Hauptfaktoren, welche dieses Störmoment bestimmen, sind:

- die Intensität der einfallenden Strahlung,
- die Oberflächengeometrie und optischen Eigenschaften des Raumflugkörpers,
- die Orientierung des Sonnenvektors relativ zum Raumflugkörper.

Die einwirkende Kraft wird vereinfachend beschrieben durch:

$$\boldsymbol{F}_{sol} = \frac{S}{c} (1 + r) \, A \, (-\boldsymbol{e}_{sun}) \tag{4.5.18}$$

S Mittlere Solarkonstante (1 367 W/m^2) im erdnahen Orbit,
c Lichtgeschwindigkeit im Vakuum,
A Projektionsfläche des Satelliten in Sonnenrichtung,
r Reflexionskoeffizient,
e_{sun} Einheitsvektor in Sonnenrichtung.

Damit ergibt sich das Störmoment durch Solarstrahlung zu:

$$\boldsymbol{M}_{sol} = (\boldsymbol{r}_A - \boldsymbol{r}_S) \times \boldsymbol{F}_{sol} \tag{4.5.19}$$

M_{sol} Störmoment durch Solarstrahlung,
F_{sol} Kraft durch den solaren Strahlungsdruck,
r_A Kraftangriffspunkt im Flächenschwerpunkt,
r_S Positionsvektor des Satelliten.

Störmoment durch aerodynamischen Widerstand

Bei niedrigfliegenden Satelliten (Low Earth Orbit – LEO) ist der Reibungseffekt durch die **Restatmosphäre** nicht zu vernachlässigen. Für Satelliten mit einer Bahnhöhe unter 400 km ist dieses Störmoment dominierend. Die Kraft, erzeugt durch den Aufprall von atmosphärischen Teilchen auf die Oberfläche des Raumflugkörpers, kann in erster Näherung als Stoß ohne Reflexion (mit einem Beiwert) modelliert werden.

Das resultierende Störmoment ist beschrieben durch:

$$\boldsymbol{M}_{aero} = (\boldsymbol{r}_A - \boldsymbol{r}_S) \times \boldsymbol{F}_{aero} \tag{4.5.20}$$

wobei

$$\boldsymbol{F}_{aero} = -\frac{1}{2} \rho(\boldsymbol{r},t) \, C_D \, A \, \dot{r}^2 \cdot \frac{\dot{\boldsymbol{r}}}{\dot{r}} \tag{4.5.21}$$

C_D aerodynamischer Beiwert,
A Projektionsfläche des Satelliten in Flugrichtung,
$\rho(r,t)$ Atmosphärendichte in Abhängigkeit von Ort und Zeit,
$\dot{\boldsymbol{r}}$ Geschwindigkeitsvektor des Satelliten,
$\dot{r}$ Betrag der Geschwindigkeit.

Die Kraft wirkt entgegen der Flugrichtung des Satelliten.

Magnetisches Störmoment

Das magnetische Störmoment resultiert aus der Interaktion zwischen dem magnetischen Restfeld **(Dipolmoment)** des Raumflugkörpers und dem Erdmagnetfeld. In der Satellitendesignphase wird darauf geachtet, z. B. durch Anbringung von geeigneter Abschirmung und Berücksichtigung bei der Verlegung der Kabelstränge das magnetische Restmoment des Satelliten zu minimieren. Das resultierende magnetische Störmoment berechnet sich aus:

$$\boldsymbol{M}_{mag} = \boldsymbol{m}_S \times \boldsymbol{B}_{Erde} \tag{4.5.22}$$

m_S magnetisches Dipolmoment des Satelliten [$A \cdot m^2$],
B_{Erde} Flussdichtevektor des Erdmagnetfelds [T].

Das ungefähre Verhältnis der auf einen Satelliten in einer 1 000-km-Bahn wirkenden Störmomente ist:

$$\boldsymbol{M}_{\text{grav}} : \boldsymbol{M}_{\text{mag}} : \boldsymbol{M}_{\text{sol}} : \boldsymbol{M}_{\text{aero}} = 1000 : 250 : 2 : 0{,}5$$

Weitere Störmomente

Im vorherigen Abschnitt sind die betragsmäßig wichtigsten externen Störmomente beschrieben. Es wirken aber auch interne Störmomente, die bei der Auslegung der Lageregelung berücksichtigt werden sollten. Interne Störmomente sind zum Beispiel:

- Treibstoffschwankungen in den Tanks,
- sich bewegende Strukturteile,
- Crew-Bewegungen bei bemannten Missionen,
- Lagerreibung, z. B. in Reaktionsrädern.

Eine exakte Modellierung und Vorhersage dieser Störmomente ist sehr schwierig. Ihre Maximalwerte sollten abgeschätzt und bei der Auslegung des Lageregelungskreises berücksichtigt werden, um eine stabile und sichere Regelung mit ausreichenden Margen zu gewährleisten.

4.5.5 Lagebestimmung und -regelung

4.5.5.1 Lagebestimmung

Unter Lagebestimmung wird die Berechnung der aktuellen **Satellitenlage** (Drei-Achsen-Lage) unter Verwendung von geeigneten Messungen (siehe Kapitel 4.5.6) verstanden. Die von den verschiedenen Sensoren erzeugten Rohmessungen werden nach einer geeigneten Filterung zusammengeführt. Danach berechnet ein Lagebestimmungsalgorithmus die aktuelle Drei-Achsen-Lage des Raumflugkörpers. Verschiedene Lagebestimmungsmethoden finden dazu ihre Anwendung und sind in der weiterführenden Literatur beschrieben. In diesem Kapitel soll beispielhaft die algebraische Lagebestimmung beschrieben werden.

Die **algebraische Methode** basiert auf der Drehmatrix-Darstellung der Lage. Zwei Vektoren, $\boldsymbol{u}$ und $\boldsymbol{v}$, definieren ein orthogonales Koordinatensystem mit den Basisvektoren $\boldsymbol{q}$, $\boldsymbol{r}$ und $\boldsymbol{s}$ mit:

$$\boldsymbol{q} = \boldsymbol{u}$$
$$\boldsymbol{r} = \frac{\boldsymbol{u} \times \boldsymbol{v}}{|\boldsymbol{u} \times \boldsymbol{v}|} \qquad (4.5.23)$$
$$\boldsymbol{s} = \boldsymbol{q} \times \boldsymbol{r}$$

unter der Voraussetzung, dass $\boldsymbol{u}$ und $\boldsymbol{v}$ nicht parallel sind.

Zu einer gegebenen Zeit bilden zwei durch Lagesensoren gemessene Vektoren, $\boldsymbol{u}_\text{b}$ und $\boldsymbol{v}_\text{b}$, das körperfeste Koordinatensystem, wie oben beschrieben, und damit die Raumflugkörper-Matrix A_b:

$$\boldsymbol{A}_\text{b} = [\boldsymbol{q}_\text{b} \vdots \boldsymbol{r}_\text{b} \vdots \boldsymbol{s}_\text{b}] \qquad (4.5.24)$$

Diese beiden Vektoren können zum Beispiel der Sonnenvektor, gemessen durch einen Sonnensensor, und der Erdvektor, gemessen durch einen Erdsensor, sein. Nun müssen diese beiden Vektoren noch in das Referenzsystem transformiert werden, gegenüber diesem die Lage ausgedrückt werden soll (Wiederholung: Die Lage ist die Winkelabweichung zwischen einem Referenzsystem und dem Körpersystem). Diese Referenzvektoren $\boldsymbol{u}_\text{r}$ und $\boldsymbol{v}_\text{r}$ bilden die Referenzmatrix A_r durch

$$\boldsymbol{A}_r = [\boldsymbol{q}_r \vdots \boldsymbol{r}_r \vdots \boldsymbol{s}_r] \qquad (4.5.25)$$

Wie im Kapitel 4.5.3.2 definiert, ist die Richtungskosinus-Matrix durch folgende Koordinatentransformation bestimmt:

$$\boldsymbol{A}\,\boldsymbol{M}_\text{r} = \boldsymbol{M}_\text{b} \qquad (4.5.26)$$

Diese Transformation wandelt die Spaltenvektoren von M_r in die Spaltenvektoren von M_b. Die Gleichung kann nach der Richtungskosinus-Matrix A aufgelöst werden:

$$\boldsymbol{A} = \boldsymbol{M}_\text{b}\,\boldsymbol{M}_\text{r}^{-1} \qquad (4.5.27)$$

Da M_r orthonormal ist, folgt daraus:

$$\boldsymbol{A} = \boldsymbol{M}_\text{b}\,\boldsymbol{M}_\text{r}^\text{T} \qquad (4.5.28)$$

Die algebraische Methode mit zwei Vektoren wird auch als **deterministische Lagebestimmung** bezeichnet. Diese einfache Methode hat den Nachteil, dass die Genauigkeit der Lagebestimmung stark von dem Messfehler der beiden Vektoren abhängt. Im Allgemeinen stehen zum gleichen Zeitpunkt aber mehrere Messungen zur Verfügung. Durch Anwendungen der **„Methode der kleinsten Fehlerquadrate“** werden bessere und stabilere Lagelösungen erzielt. Dabei wird eine Kostenfunktion aufgestellt, und durch die verschiedenen Messungen wird diese Funktion minimiert und eine Lösung generiert. Komplexere Methoden verwenden für den Lagebestimmungsalgorithmus einen erweiterten Kalman-Filter. Dabei werden auch Informationen der vorangegangenen Beobachtungen (Messungen) sowie das dynamische Verhalten des Raumflugkörpers berücksichtigt, um eine optimale Schätzung der Lageparameter zu erhalten. In der weiterführenden Literatur sind Kalman-Filter für Lageanwendungen beschrieben.

Bei der Lagebestimmung ist auch der Begriff der **Lagevorhersage (Lagepropagierung)** wichtig. Dabei wird unter der Verwendung der kinematischen oder dynamischen Bewegungsgleichungen der Lagezustand in der Zukunft vorhergesagt. Auch im Bodenbetrieb der Satellitenmission wird eine Lagevorhersage gemacht, um zum Beispiel bei Bahnmanövern oder im wissenschaftlichen Betrieb die benötigten Telekommandos generieren zu können.

4.5.5.2 Lageregelung

Unter der **Lageregelung** versteht man die Messung, Bestimmung und zielgerichtete Steuerung der Lage eines Raumfahrzeugs. Bild 4.5.4 zeigt das Blockschema eines typischen Lageregelungskreises.

Der Satellit soll eine gewünschte Lage einnehmen. Diese gewünschte Lage kann entweder über einen an Bord des Satelliten implementierten Algorithmus berechnet werden oder vom Kontrollzentrum am Boden an den Satelliten hochgeladen werden. Die gewünschte Lage wird mit der gemessenen, aktuellen Lage verglichen. Daraus ergibt sich die **Lageabweichung**. Diese Abweichung geht in den Lageregler. Dort werden über einen Algorithmus (Regelgesetz) Kommandos für die Stellglieder (Aktuatoren) generiert und weitergeleitet. Die Lageaktuatoren üben ein Moment auf den Satelliten aus und verändern damit die Lage. (Parallel wirken Störmomente auf den Raumflugkörper.) Der Satellit nimmt eine neue, aktuelle Lage ein. Diese wird von den Lagesensoren gemessen. Damit schließt sich der Lageregelungskreis.

Für den Lageregelungsalgorithmus kommen verschiedene Ansätze infrage. Am häufigsten wird der sogenannte Proportional-, Integral- und Differential-Regler (PID-Regler) verwendet. Der PID-Regler reagiert auf das Fehlersignal ε (Lageabweichung) wie folgt:

$$u(t) = K_P\, \varepsilon(t) + K_I \int \varepsilon(t)\, dt + K_D\, d\varepsilon(t) / dt \qquad (4.5.29)$$

$u(t)$ Reglerausgang in der Zeitdomäne,
$\varepsilon(t)$ Fehlersignal (Lageabweichung),
K_P, K_I, K_D Reglerparameter für PID-Regler.

Während der Entwicklung des Raumflugkörpers ist es sehr wichtig, ein besonderes Augenmerk auf die Auslegung und Funktionalität des Lageregelungssystems zu legen, da der Erfolg einer Mission wesentlich von der Güte der Lageregelung abhängt. Dazu werden die Elemente des Lageregelungssystems modelliert und softwaretechnisch abgebildet, wobei die aktuellen Satellitenkenndaten als Parameter eingehen. Eine ähnliche (jedoch dazu unabhängige) Modellierung wird in Kapitel 4.5.8 für die Verifikation beschrieben.

4.5.6 Lagesensorik

4.5.6.1 Generelle Aspekte für Lagesensoren

Lagesensoren stellen Messwerte zum aktuellen **Lagestatus** bereit. Dabei wird die Lage entweder absolut (bezüglich eines Referenzkoordinatensystems) oder als relative Information (z. B. einzelne Winkel oder Lageänderungen) übergeben.

Die Bestimmung der **absoluten Lage** kann aus der Richtung zweier linear unabhängiger Vektoren eines Referenzsystems erfolgen. An Bord können gemessen werden:

- Magnetfeldvektor,
- Richtungsvektor zur Sonne,
- Richtungsvektoren zu Sternen,
- Richtungsvektor zum Mittelpunkt der Erde (bzw. Winkel zum Horizont),
- Richtungsvektoren zu den GNSS-Satelliten des GPS-Systems.

Die Genauigkeit der dreiachsigen Lagebestimmung ist abhängig von der Genauigkeit der Einzelmessung und der Stellung der gemessenen Vektoren zueinander.

Neben der direkten, absoluten Lagemessung können **Winkelunterschiede** und **Drehraten** inertial bestimmt werden.

Der Vorteil der **inertialen Messung** liegt darin, dass der Messwert kontinuierlich und unabhängig von äußeren Größen zur Verfügung steht. Die Lagebestimmung mit inertialen Sensoren benötigt jedoch einen regelmäßigen Abgleich mit absoluten Lagemessungen (Lagestützung).

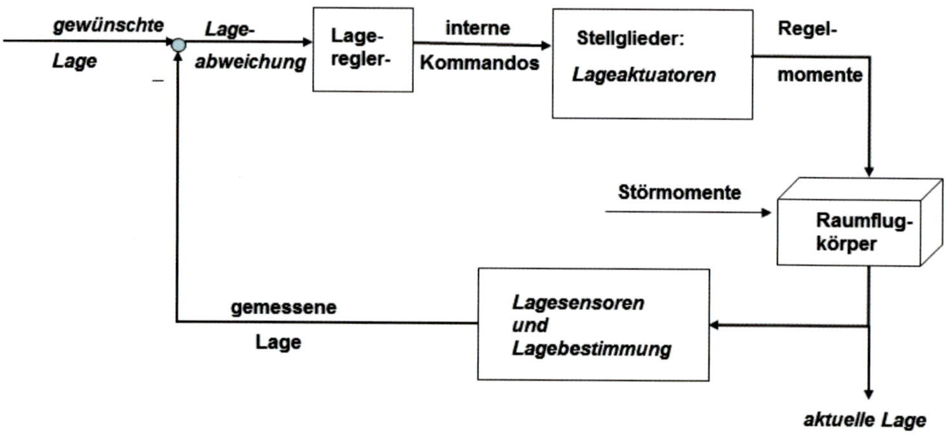

Bild 4.5.4: *Lageregelungskreis.*

Tabelle 4.5.2: *Messverfahren von Lagesensoren.*

Verfahren	Beispiele	Eigenschaften
Direkt	Sternsensor	• 3 Achsen, hohe Genauigkeit
	GNSS-Lagemessung	• 3 Achsen, mittlere Genauigkeit
Indirekt	Magnetometer, Erdsensor, Sonnensensor	• einfaches Verfahren • hohe Zuverlässigkeit • Umrechnung der Messungen erforderlich
Inertial	Gyroskop, Kreisel	• benötigt Lagestützung • hohe Genauigkeiten über kurze Zeiträume • sehr hohe Winkelauflösung • Messung erfolgt unabhängig von äußeren Quellen

Lagemessfehler

Wie bei jeder Messung enthält auch das Ergebnis der Lagemessung systematische und zufällige Fehleranteile.

Systematische Fehler beruhen auf Wirkungen, die durch sekundäre Einflüsse (wie z. B. der Temperatur, Temperaturgradienten) entstehen. Sofern solche Einflussgrößen bekannt sind, können systematische Fehleranteile weitgehend kompensiert werden.

Zufällige Fehleranteile entstehen durch unbekannte bzw. nicht mehr vorhersehbare Einflüsse auf die Messung (z. B. Messrauschen). Sie können daher auch nicht kompensiert, jedoch durch Mittelung (bzw. Filterung) reduziert werden. Hierbei handelt es sich um einen Kompromiss zwischen Aktualität (d. h. Zeitverhalten) und Genauigkeit.

Parametrisierung von Fehlern

Messfehler sind Abweichungen vom idealen Sensorverhalten. Sie können durch folgende Parameter klassifiziert werden:

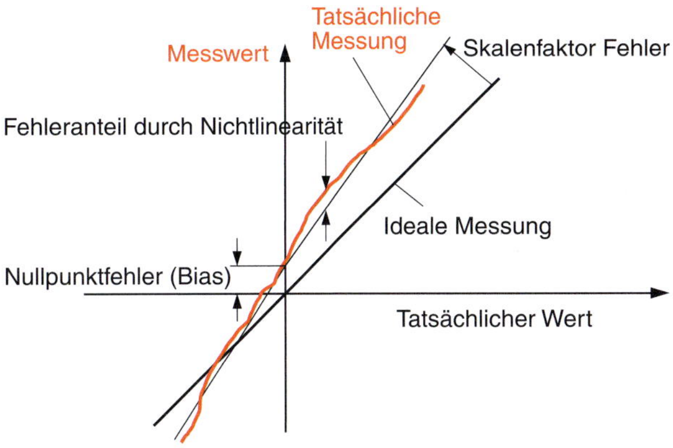

Bild 4.5.5: *Fehlerparametrisierung.*

- Nullpunktfehler (Bias),
- Skalenfaktorfehler,
- Nichtlinearität,
- Asymmetrie (z. B. unterschiedliche Skalenfaktoren für den positiven und negativen Bereich),
- Rauschen des Messwertes,
- Quantisierungsfehler.

Zufällige Fehler ergeben sich im Allgemeinen als Summe unterschiedlicher Einflüsse, sie werden daher häufig über die Standardabweichung (mit dem Parameter „σ") beschrieben.

Zeitverhalten

Ein weiterer Fehler entsteht durch die zeitliche Zuordnung des Messwertes und spielt naturgemäß für dynamische Vorgänge eine Rolle. Wichtige Kennwerte sind:

- **Totzeit:** Messwert und Messung sind zeitlich verschoben, meist als Folge digitaler Signalverarbeitung.
- **Verzögerungszeit:** Der Messwert wird kontinuierlich während eines Intervalls gebildet, in dem sich der zu messende Wert ändert. Dabei werden Änderungen verzögert angezeigt, sodass periodische Verläufe mit geringerer Amplitude erscheinen. Die Verzögerungszeit wird häufig auch als „Bandbreite" der Messung angegeben. Die Bandbreite entspricht der Frequenz, bei der noch der halbe Effektivwert (ca. 70 % der Amplitude) einer sinusförmigen Eingangsgröße angezeigt wird.

4.5.6.2 Sternsensoren

Sternsensoren (Star Tracker, Star Sensor) bestimmen die inertiale Lage durch Identifikation eines **Sternmusters.** Sie bestehen aus einem Kamerateil (meist separiert als Sensorkopf) und einer nachgeschalteten Elektronik zur Bilddatenverarbeitung und Lageberechnung.

Zur eindeutigen, dreiachsigen Lagebestimmung reicht die Identifikation von 2 Sternen aus, tatsächlich wird für die Erstakquisition (unter Ausschluss möglicher Mehrfachlösungen) im Allgemeinen ein Muster aus 4 Sternen benötigt. Aus der Lage des identifizierten Musters innerhalb des Sternkatalogs kann nun eindeutig auf die Lage des Sternsensors umgerechnet werden.

Genauigkeit

Die erzielbare Genauigkeit wird bestimmt von

- der **Brennweite** des Objektivs (typisch 30 ... 50 mm),
- der **Pixelauflösung** des Detektors (typisch 0,02°),
- der **Signalstärke** der sichtbaren Sterne (mv 5 bis mv 6,5, erreichbar bei großer Apertur) und dem Rauschen des Detektors,
- der eingestellten **Fokussierung** und dem Interpolationsverfahren,
- der **Anzahl** der verarbeiteten Sterne (typisch 3 ... 15).

4

Aus der Geometrie der Abbildung ergibt sich um die Achsen senkrecht zur optischen Achse eine etwa 5- bis10-fach bessere Genauigkeit als um die optische Achse.

Die Genauigkeit guter Sternsensoren liegt im Bereich einiger Bogensekunden.

Technische Ausführung

Vor dem Objektiv befindet sich die sogenannte **Baffle,** eine Lichtfalle, die das seitlich einfallende Streulicht von Erde und Sonne abblockt. Bei Baffle-Längen von ca. 200 mm kann die optische Achse bis auf etwa 30° an die Sonne herangeführt werden **(Sun Exclusion Angle).** Bedeutsamer noch ist der **Albedo Exclusion Angle,** der den Toleranzwinkel für reflektiertes Licht darstellt. Er liegt für die obige Baffle bei etwa 25°, hierdurch wird es möglich, dass im „Low Earth Orbit" Sternsensoren in der erdabgewandten Hemisphere frei von Störungen durch Albedo eingesetzt werden können.

Ohne Baffle wäre das schwache Sternlicht über große Winkelbreiche von Streulicht überstrahlt.

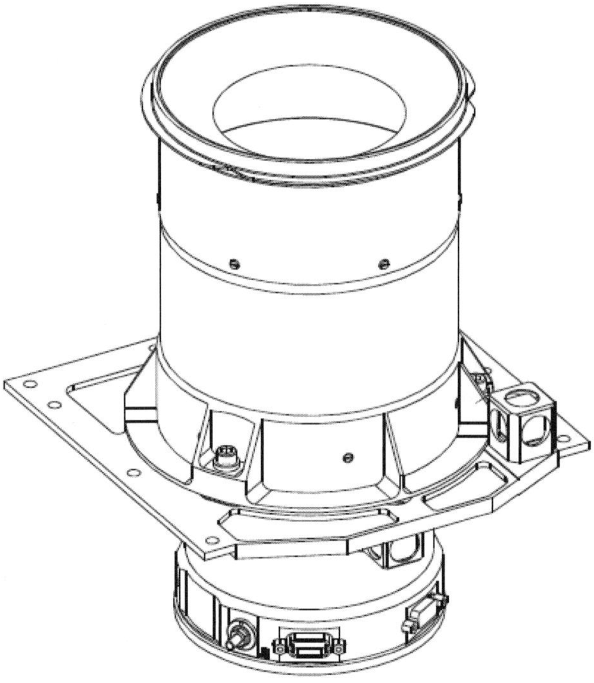

Bild 4.5.6: *Sensorkopf mit Baffle (Bild: Jena-Optronik).*

Ein lichtstarkes Objektiv projiziert das Sternmuster auf den **CCD-Chip.** Der Fokus ist so eingestellt, dass sich das Licht eines Sterns über mehrere Pixel verteilt. Hierdurch kann der „Schwerpunkt" dieser Verteilung, d. h. die eigentliche Position des Sterns auf dem Chip, mit Hilfe von „Interpolation" mit Sub-Pixel-Genauigkeit bestimmt werden.

CCD-Chips sind als Detektoren einerseits sehr lichtempfindlich, können jedoch auch leicht durch **harte Strahlung** geschädigt werden. Dies gilt besonders für die von der Sonne stammende Protonenstrahlung, die die Kristallstrukturen des Chips bleibend verändert, sodass sich der Bildhintergrund zunehmend vergröbert. Dieser Effekt tritt bei tiefen Temperaturen weniger stark in Erscheinung, daher werden häufig Peltier-Elemente zur Kühlung des Detektors eingesetzt.

Active Pixel Sensoren (APS) zeigen sich gegenüber CCD-Sensoren als weniger strahlungsempfindlich, sie bieten darüber hinaus Vorteile in der Signalverarbeitung durch die Möglichkeit, den Detektor an spezifischen Stellen auszulesen.

Anwendung

Sternsensoren sind heute wegen ihrer Genauigkeit und der in drei Achsen verfügbaren Lageinformation die dominierende Technologie für die Lagebestimmung in Satelliten.

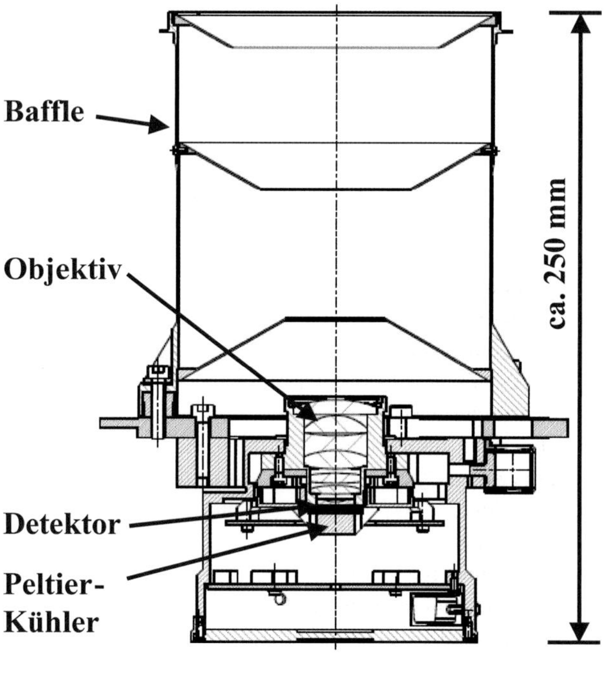

Bild 4.5.7: *Schnittbild eines Sternsensorkopfs (Bild: Jena-Optronik).*

Durch den Einbau mehrerer, gleichzeitig aktiver Sensoren (bzw. Sensorköpfe) in verschiedenen Richtungen können einerseits die Blendung durch Erde, Sonne und Mond reduziert, anderseits die Genauigkeit der Lagebestimmung (durch Auswahl und Kombination der jeweils genauesten Messachsen) weiter verbessert werden.

Tabelle 4.5.3: *Typische Werte für einen Sternsensor mittlerer Genauigkeit.*

Eigenschaften	Wert	Erläuterungen
Genauigkeit (EOL)	LOS 0,025°, 3-Sigma Quer 0,003°, 3-Sigma	EOL = End of life (ca. 10 Jahre), Drehraten < 0,1°/s LOS = Line of Sight = Optische Achse
Temperaturstabilität	0,003°	Temperaturbereich –30 °C bis +30 °C
Update-Rate	8 Hz	–
Baffle	30° Sun Exclusion Angle 25° Albedo Exclusion Angle	Winkelabstand der einfallenden Strahlung zur optischen Achse
FOV	ca. 18° × 13°	FOV = Field of View = Sichtfeld
Temperaturbereich	–45 °C bis +35 °C (Kopf) –45 °C bis +50 °C (E-Box)	Temperatur am Montage-Interface
Masse	3,7 kg	Komplett: Kopf, E-Box, Harness
Leistungsaufnahme	8 W (Kühler aus) 14 W (Kühler an)	Bei 20 °C Umgebungstemperatur

4.5.6.3 Sonnensensoren

Sonnensensoren messen die Richtung zur Sonne und liefern somit eine zweiachsige Lageinformation. Man unterteilt **grob messende Sonnensensoren** (Coarse Sun Sensors, Sun Present Sensors) und **genau messende Sonnensensoren** (Fine Sun Sensors).

Coarse Sun Sensors bestehen in vielen Fällen aus Solarzellen, die mit möglichst freiem Sichtfeld auf den verschiedenen Seiten des Satelliten angebracht sind. Durch Messung und Vergleich der von den einzelnen Zellen gelieferten Ströme lässt sich die Richtung der größten Beleuchtungsstärke bestimmen, wobei Erd-Albedo als Störung toleriert werden kann. Mit dieser einfachen Messung werden Genauigkeiten von 10 bis 20 Grad erreicht, die zur Sicherstellung des elementaren Thermal- und Energiehaushalts eines Satelliten im Allgemeinen ausreichen.

Einfachheit, Robustheit und die Unabhängigkeit von der aktuellen Satellitenlage prädestinieren dieses Messprinzip für Lageakquisitions- und Notfallmodi.

Bild 4.5.8: *Redundante Solarzellen auf einer Trägerstruktur, als Teil eines „Coarse Sun Sensors" (Bild: OHB-System).*

Fine Sun Sensors zielen auf eine genaue Messung der Sonnenrichtung. Der Einfluss des diffusen Albedo-Lichts wird weitgehend beseitigt, indem das gerichtete Sonnenlicht über Blenden oder Schlitze auf den eigentlichen Detektor fällt. Bei den Detektoren kann es sich z. B. um eine Aneinanderreihung von Fotozellen oder um ein CCD handeln. Entsprechend ist das Gesichtsfeld dieser Sensoren auf bspw. 60° × 60° begrenzt.

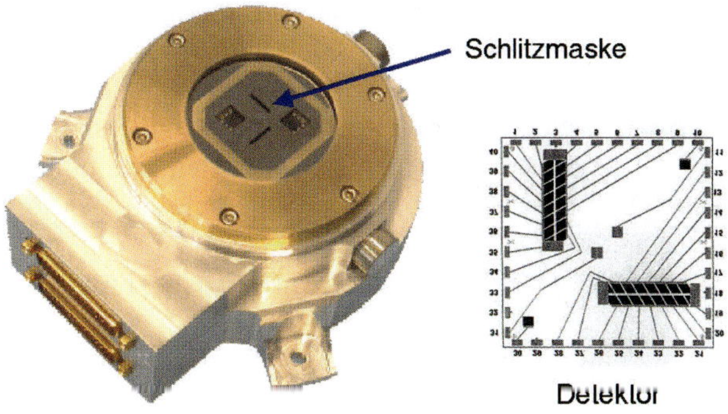

Bild 4.5.9: *Fine Sun Sensor (Bild: Jena-Optronik).*

Sonnensensoren zeichnen sich durch hohe Zuverlässigkeit aus und stellen (außerhalb des Erdschattens) selbst bei höheren Drehraten ein sehr stabiles Lagesignal zur Verfügung.

Tabelle 4.5.4: *Typische Werte für Sonnensensoren.*

Gesichtspunkt	Fine Sun Sensor	Coarse Sun Sensor
Lage-Messgenauigkeit	0,01°	10°
Leistungsaufnahme	1 W	0 W, Anschluss an AD-Wandler
Masse	1 kg	0,02 kg
Einsatzbereich	Sun Pointing	Orientierung, Notfallmodi

4.5.6.4 Erdsensoren

Bei vielen Satelliten wird die Nutzlast zur Erde orientiert, wobei sich der Satellit selbst zum Koordinatensystem des Orbits ausrichtet. Erdsensoren detektieren die Lage des **Erdhorizonts** und bieten somit eine direkte Möglichkeit, die Lage-Winkel um die Roll-Achse und um die Nick-Achse (engl. Pitch) zu bestimmen.

Die Messung erfolgt im **infraroten Spektrum** bei ca. 15 µm (CO_2-Strahlungsband) und ist somit über den ganzen Orbit verfügbar. Sofern Sonne oder Mond in das Sichtfeld gelangen, sind temporär Störungen möglich.

Neben der eigentlichen Messgenauigkeit, die stark von der Temperatur abhängt, entstehen folgende systematischen Fehler:

- Die **ungleichmäßige Strahlungsverteilung** innerhalb der Erdatmosphäre bewirkt in Abhängigkeit von der Jahreszeit Abweichungen von 0,05 ... 0,1°.
- Durch die **Abplattung** der Erde variiert der Winkel zwischen Erdhorizont und Erdmittelpunkt, je nachdem, ob die Messung im Bereich des Äquators oder der Pole erfolgt. Unkorrigiert kann daraus ein systematischer Fehler von 0,3° resultieren.

In Gebrauch sind statische und „scannende" Bauformen.

Bild 4.5.11: *Drei statische Erdsensoren auf einem „Bracket". Vorteile der Anordnung: Einfache thermische Kontrolle, gleiche thermische Bedingungen, 2-von-3-Redundanz, weitgehende Kompensation von Offset-Fehlern (Bild: Goodrich).*

Statische Erdsensoren

Bei statisch arbeitenden Erdsensoren befindet sich der Erdhorizont **permanent** im Sichtfeld des Sensors. Die Wärmestrahlung der Erde wird über eine Germanium-Linse auf 2 Wärmedetektoren (Felder A und B) abgebildet. Durch den Vergleich der von beiden Feldern erzeugten Spannungen kann die Lage des Erdhorizonts innerhalb des Sensors errechnet werden.

Das Space Field liefert einen Vergleichswert und zeigt gleichzeitig die Polarität der Messung an.

Für eine **zweiachsige Messung** müssen mindestens 2 Sensorköpfe den Erdhorizont an unterschiedlichen Stellen abtasten. Da die Sensoren über ein eingeschränktes Sichtfeld verfügen und am Satelliten fest installiert werden, ist dieses Messprinzip bei hochelliptischen Bahnen weniger geeignet.

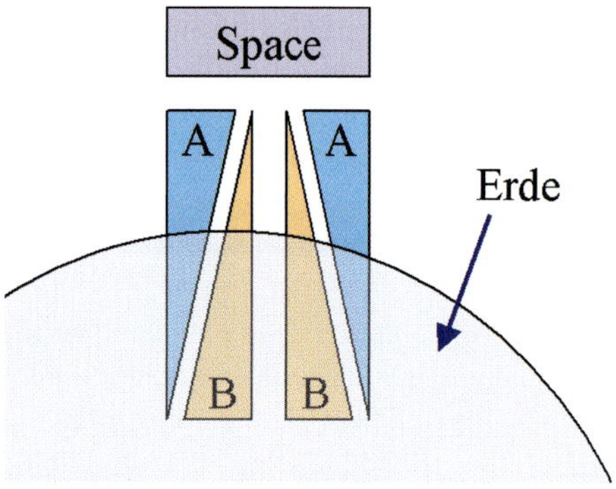

Bild 4.5.10: *Messprinzip statischer Erdsensoren.*

Scannende Erdsensoren

Beim scannenden Sensor überstreicht das Bild des Erdhorizonts den Detektor. Der Scan wird entweder durch einen **rotierenden Spiegel** ausgeführt (Conical Earth Sensor) oder entsteht beim „spin-stabilisierten Satelliten" automatisch.

Da im Gegensatz zum statischen Sensor stets der Wechselpunkt des Horizontsignals ausgewertet wird, fallen die konstanten Fehleranteile im Signal heraus, scannende Erdsensoren zeichnen sich daher durch **höhere Genauigkeiten** aus.

Die Zeitspanne zwischen den Horizontsignalen entspricht dem Winkel um die **Roll-Achse** des Satelliten. Aus der Phasenlage der Horizontsignale ergibt sich der Winkel um die **Nick-Achse** (siehe Bilder 4.5.12 und 4.5.13).

Spezielle Bauformen existieren für **dreiachsenstabilisierte Satelliten** im GEO. Hier wird die Infrarotstrahlung über einen vorgelagerten, oszillierenden Spiegel auf die Detektoren abgebildet.

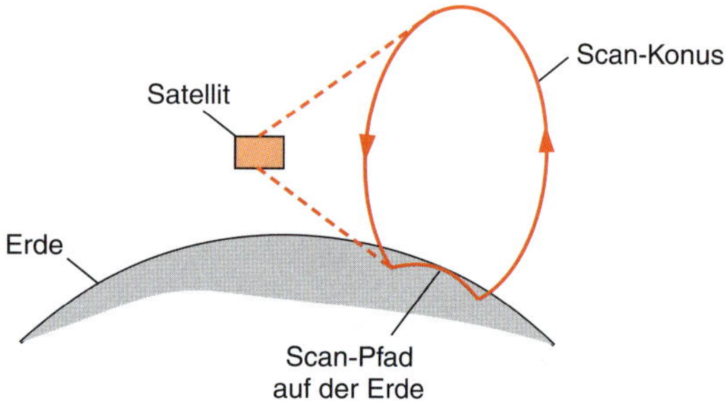

Bild 4.5.12: *Scan-Geometrie (Bild: Ithaco).*

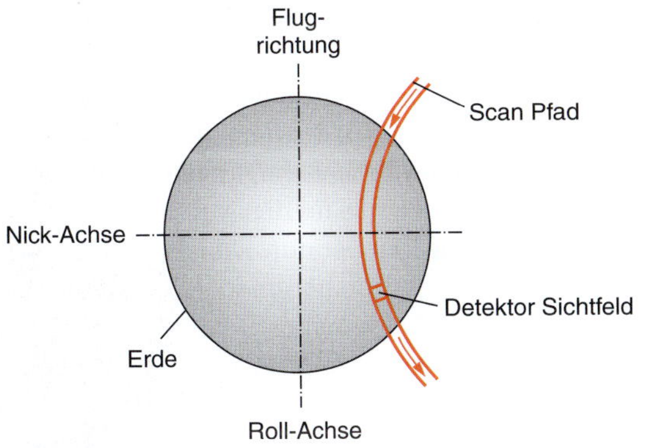

Bild 4.5.13: *Messprinzip scannender Erdsensoren, Zusammenhang von Detektorsignal zu Roll- und Nick-Achse des Satelliten (Bild: Ithaco).*

Bild 4.5.14: *Conical Earth Sensor (Bild: Sodern).*

Tabelle 4.5.5: *Typische Werte statischer und scannender Erdsensoren.*

Bauformen	statisch	scannend	Erläuterungen
Genauigkeiten	1°, 3 σ	Bias: 0.05°, 3 σ Rauschen: 0.05°	nach Kompensation systematischer Fehleranteile
Gesichtsfeld	20° (x 15°)	Roll 30° Nick 20°	im Low Earth Orbit (LEO)
Messachsen	1	2	-
Masse	0,2 kg	3,5 kg	-
Leistungsaufnahme	0,35 W	7,5 W	ohne Thermalregelung

Anwendungen

Der Vorteil von Erdsensoren liegt in der direkten Messung des **Roll- und Nick-Winkels.** Verfügt der Satellit über ein Drallrad, die die Richtung der Nick-Achse im Raum stabilisiert, so kann über eine längere Zeitspanne indirekt auch der Winkel um die **Gier-Achse** bestimmt werden – denn die inertialen Lagen von Roll-Achse und Gier-Achse tauschen sich nach einem Viertel des Orbits aus. Der vormals nicht messbare Fehler um die Gier-Achse ist durch das Drallrad konserviert und ist nun über den Roll-Winkel messbar. Diese Methodik kommt z. B. bei geostationären Satelliten zur Anwendung.

Der Nachteil des Erdsensors liegt in seiner prinzipiell begrenzten Genauigkeit. Er wird mehr und mehr von Sternsensoren abgelöst, die ein dreiachsiges Signal mit sehr viel höherer Genauigkeit zur Verfügung stellen.

4.5.6.5 Magnetometer

Die Messung des **Magnetfeldes** kann mittels verschiedener physikalischer Effekte relativ einfach realisiert werden. Magnetometer (bzw. Magnetsonden) sind daher preisgünstige und zuverlässige Elemente. Bei dem am häufigsten verwendeten Messprinzip, dem Fluxgate Sensor, werden ohne spezifische Nachkalibrierung Richtungs-Messgenauigkeiten zwischen 1° und 0,1° erreicht. Dabei ist zu beachten, dass die Messung durch Temperatureinflüsse und durch das eigene magnetische Feld des Satelliten starke Offset-Komponenten bekommen kann.

Bild 4.5.15: *Sensorkopf mit 2 senkrecht zueinander angeordneten „Biaxial Ring Core Fluxgate"-Elementen. Jedes Element erlaubt die Messung von 2 Komponenten des Magnetfeldvektors (Bild: SAIC/Nanotesla).*

Tabelle 4.5.6: *Typische Werte von Fluxgate-Magnetometern für die Lageregelung.*

Gesichtspunkt	Wert	Erläuterungen
Magnetfeld Messgenauigkeit	0,5°	Orthogonalität: bei Nachkalibrierung: 0,05°
Messbandbreite	40 Hz	Grenzfrequenz für 50 % des Effektivwertes (siehe Kapitel 4.5.6.1)
Leistungsaufnahme	0,3 W	-
Masse	0,5 kg	Sensorkopf + Verbindungskabel + Elektronik-Box
Einsatzbereich	LEO	LEO = Low Earth Orbit

Im Allgemeinen wird das sensitive Element als **Sensorkopf** separat an einem Ausleger (Boom) des Satelliten angebracht. Hierfür sprechen folgende Gründe:

- Die Messung wird weniger stark durch das eigene statische Magnetfeld des Satelliten gestört. Dieses gilt in noch höherem Maße für variable Anteile, die durch Ströme im Satelliten oder durch Aktivitäten der Nutzlast entstehen.

- Die Magnetometer-Elektronik kann an einer freien Position im Inneren des Satelliten angeordnet werden und unterliegt somit nur moderaten Temperatureinflüssen.
- Die Gefahr unbeabsichtigter Magnetisierung des Sensorkopfes während des Einbaus, der Tests und des Betriebs ist geringer.

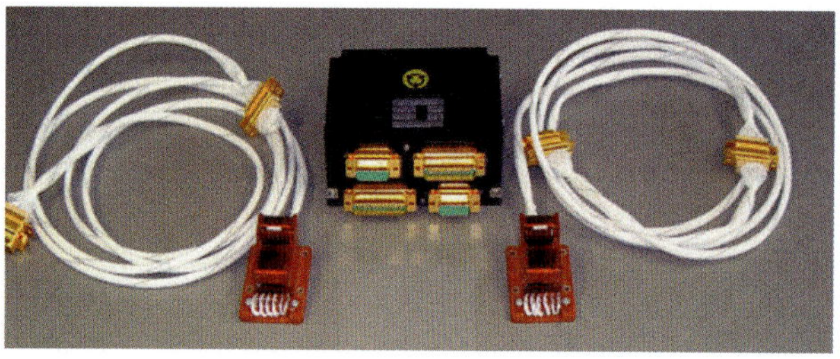

Bild 4.5.16: *Redundantes Magnetometer, bestehend aus intern redundanter Elektronik-Box und zwei Sensorköpfen (Bild: OHB-System).*

4

Magnet Torquer werden häufig zusammen mit Magnetometern eingesetzt. Sie erzeugen ein so starkes Feld, dass die Magnetfeldmessung auch noch an der Stelle des Auslegers verfälscht wird. In solchen Fällen ist ein **Pulsbetrieb** sinnvoll (z. B. für 600 ms aktiv, 400 ms passiv), die Magnetfeldmessung findet zum Ende der passiven Zeitscheiben statt. Es ist zu beachten, dass der Messvorgang hinreichend schnell, d. h. „punktuell“ erfolgt. Entsprechend sollte das Magnetometer über eine hohe Messbandbreite (> 20 Hz) verfügen.

4.5.6.6 Gyroskope, Kreisel

Gyroskope (oder Kreisel) messen **Drehungen bezüglich des Inertialsystems.** Ihr großer Vorteil gegenüber anderen Sensoren liegt in der völligen Unabhängigkeit von äußeren Quellen. Das Kreiselsignal ist somit kontinuierlich und in der Regel in sehr guter Auflösung verfügbar. Kreisel eignen sich daher besonders für die Stabilisierung von Drehprozessen und zur Überbrückung von Zeitspannen ohne direkte Lagemessungen.

Der Messwert wird entweder über das Winkelinkrement des letzten Messzeitraums oder als momentane Winkelgeschwindigkeit ausgegeben. Zur kontinuierlichen Bestimmung der Lage aus Gyro-Messwerten ist zunächst ein durch direkte Messung bestimmter Anfangswert erforderlich, der dann mit den Gyro-Messwerten propagiert wird. Die Lage kann auch als „Blended Solution“, d. h. als Mischform von direkter Lagemessung und Kreiselwerten, errechnet werden.

Gyro-Messungen unterliegen der sogenannten Drift, die in erster Näherung durch folgende Fehlerkategorien beschrieben werden kann:

- **Nullpunktfehler (oder Bias):** Der Nullpunktfehler ist der Wert, der bei einer inertialen Drehrate von 0°/s ausgegeben wird. Dieser Fehler hat sowohl quasistatische Anteile, die sich im Bereich von Tagen oder von Einschalten zu Einschalten ändern, als auch durch äußere Einflüsse hervorgerufene Beiträge (z. B. durch Magnetfelder oder Beschleunigungen).
  Die Haupteinflussgröße für den Nullpunktfehler ist im Allgemeinen die Temperatur. Kreisel verfügen daher über eine interne Temperaturregelung und sollten zudem im Satelliten an einer Stelle mit geringen zeitlichen und örtlichen Temperaturgradienten angebracht werden.
  Die Stabilität des Nullpunktfehlers ist ein wesentliches Qualitätskriterium für einen Kreisel.
- **Skalenfaktor-Fehler:** Der Skalenfaktor-Fehler im engeren Sinn beschreibt (nach Abzug der Nullpunktfehler) die relative Abweichung der tatsächlichen Drehrate zu der ausgegeben Drehrate (entspricht dem Steigungsfehler der Zuordnungsgeraden). Er wird in PPM angegeben.
  Der Skalenfaktorfehler wird bedeutsam, wenn große Winkelbereiche ohne zwischenzeitliche Lagestützung propagiert werden. Wie der Nullpunktfehler wird auch der Skalenfaktorfehler im Wesentlichen durch die Temperatur beeinflusst.
- **Signal-Rauschen (Noise):** Das zufällige Signal-Rauschen ist bei Kreiseln im Allgemeinen sehr gering, spielt aber eine Rolle, wenn für die Lagebestimmung eine Vielzahl von Kreiselinkrementen integriert (aufsummiert) werden. Die Summe dieses Fehlers bildet den sogenannten „Random Walk“, dessen Unsicherheit proportional zur Wurzel aus der Anzahl der Messungen (bzw. der Zeit) anwächst.
- Konstante oder langsam veränderliche Fehleranteile werden häufig durch kontinuierliche Vergleichsmessungen mit den driftfreien Lagesensoren z. B. Sternsensoren an Bord des Raumfahrzeugs bestimmt und dann im Rahmen der Signalverarbeitung weitgehend kompensiert.

Bauformen

In Raumfahrzeugen werden folgende Kreisel-Bauformen eingesetzt:

- mechanische Kreisel,
- hemisphärische Resonatoren (HRG),
- faseroptische Kreisel (FOG),
- Ring-Laser-Kreisel (RLG).

Mechanische Kreisel

Die Drehratenmessung mechanischer Kreisel basiert auf dem **gyroskopischen Effekt:** Ein achsensymmetrischer, fester Körper, wird in Drehung versetzt und verfügt somit über einen Drehimpuls (Drall). Der Drehimpuls ist eine inertiale Größe, er kann allein durch Drehmomente beeinflusst werden:

$$M = \dot{H}_g \qquad (4.5.30)$$

$\dot{H}_g$ Drehimpulsvektor der rotierenden Masse,
M Drehmoment, das auf die rotierende Masse einwirkt.

Solange keine **Drehmomente** wirken, ist der Drehimpuls in Betrag und Richtung konstant, d. h., der Drehimpulsvektor bildet eine inertiale Referenz. Bei entsprechend „momentenfreier" kardanischer Lagerung der rotierenden Masse können die Lagewinkel relativ zur Drallachse direkt abgelesen werden.

Technisch weniger aufwendig ist es jedoch, den „Drallvektor" mit der Drehbewegung mitzuführen und das dabei wirkende Drehmoment zu messen.

Bei der einachsigen Messung der Drehrate besteht der Kreisel aus einem Rotor, der orthogonal zu seiner Spinachse drehbar und elastisch gelagert ist (siehe Bild 4.5.17). Bei Drehung um die dritte Achse entsteht ein **Präzessionsmoment,** das zu einer Neigung der Drehimpulsachse führt. Der Neigungswinkel ist proportional zur Drehgeschwindigkeit.

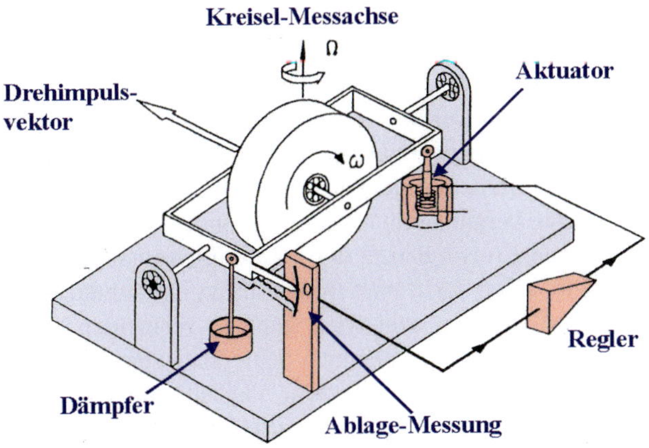

Bild 4.5.17: *Prinzip der Drehratenmessung mechanischer Kreisel (Bild: Lawrence).*

Bild 4.5.18: *Technische Ausführung eines mechanischen Kreisels (Bild: Kearfott).*

Die Messgenauigkeit kann erhöht werden, indem die **Neigung (Ablage)** über einen Regler kontinuierlich auf „null" gehalten wird. Das vom Regler eingestellte Kompensationsmoment entspricht der zu messenden Drehrate.

Mechanische Kreisel können sehr gute Genauigkeitswerte erreichen (z. B. 0,001 °/h, 3 σ).

Oszillierende Drehratensensoren basieren auf der Messung der Veränderung der Schwingungsebene von z. B. kleinen keramischen Balken (ähnlich einer Stimmgabel), die über einen Piezoantrieb in Schwingung versetzt werden. Diese Sensoren können kostengünstig als MEMS (Micro Electrical Mechanical Systems, hier: Gyro als Chip) hergestellt werden, finden jedoch bei größeren Satelliten wegen ihrer noch relativ geringen Messgenauigkeit kaum Verwendung.

Eine Sonderstellung nimmt der **Hemisphärische Resonator (HRG)** ein. Hier wird (statt eines Balkens oder einer Gabel) eine offene Schale, vergleichbar mit einem Weinglas, in Schwingung versetzt. Die sich ausbildende Schwingungsform zeigt ein träges Verhalten gegenüber Drehungen – die daraus resultierenden Verschiebungen der Form können mit hoher Genauigkeit bestimmt werden und bilden ein Maß für die Drehung des Sensors.

HRGs unterliegen kaum Verschleiß- und Alterungsprozessen, es können ähnlich hohe Genauigkeiten wie bei mechanischen oder Laser-Gyros erreicht werden.

Faseroptische Kreisel (FOG)

Ein FOG ist ein **passiver Laserkreisel,** aufgebaut als Spule aus einer Monomode-Lichtleitfaser, in die Laserlicht von außen eingekoppelt wird.

Das Laserlicht wird mit einem halbdurchlässigen Spiegel in zwei Strahlen getrennt und in verschiedene Enden derselben Glasfaser geleitet. Sie durchlaufen die Glasfaser in entgegengesetzter Richtung – bei Drehung des Kreisels werden hierfür leicht unterschiedliche Zeiten benötigt. Beide Anteile gelangen dann wieder auf den halbdurchlässigen Spiegel und überlagern sich.

Der aus der Drehung resultierende Phasenunterschied ist proportional zur Drehrate und bewirkt eine Verstärkung oder Abschwächung des überlagerten Lichts.

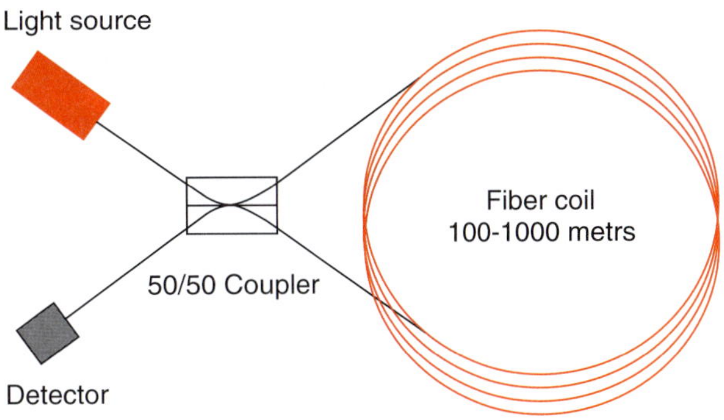

Bild 4.5.19: *Prinzip des faseroptischen Kreisels (Teldix).*

4

Tabelle 4.5.7: *Typische Werte für Kreisel.*

Bauform	mechanische Kreisel	HRG	RLG	FOG*)	Erläuterungen
Nullpunktdrift	0,01°/h	0,01°/h	0,01°/h	1°/h	1 σ, nach Kompensation
Skalenfaktor-Fehler	50 ppm	30 ppm	10 ppm	1 000 ppm	1 σ, nach Kompensation
Random Walk	0,005°/sqrt(h)	0,0005°/sqrt(h)	0,01°/sqrt(h)	0,3°/sqrt(h)	1 σ
Degradation	Verschleiß	nein	Alterung	ja	–
Bewegliche Teile	ja	nein (oszillierend)	nein (Dither)	nein	–

*) Spezielle FOCs verfügen über wesentlich bessere Werte und übertreffen teilweise die Genauigkeiten der anderen Bauformen.

FOGs sind leicht, benötigen relativ wenig elektrische Leistung und zeichnen sich durch z. T. sehr hohe Genauigkeiten aus. In der Vergangenheit gestaltete die Degradation der optischen Elemente den Einsatz auf Satelliten problematisch, heute kann diese Schwierigkeit technisch gelöst werden.

Ring-Laser-Kreisel (RLG)
Durch z. B. drei Spiegel, siehe Bild 4.5.20, wird ein in sich geschlossener optischer Pfad gebildet, in dem sich ein laseraktives Gas befindet. Bei Anregung entstehen zwei gegensinnig umlaufende Strahlen, die sich zu einer stehenden Welle überlagern und als inertiale Referenz betrachtet werden können. Bei Drehung erscheint – aus Perspektive des Gyros – der gegen die Drehung laufende Strahl bei leicht reduzierter Wellenlänge und der mit der Drehung laufende Strahl bei etwas größerer Wellenlänge. Durch teilweise Auskopplung und Überlagerung beider Lichtstrahlen kann am Detektor eine Schwebung gemessen werden, deren Frequenz proportional zur Drehrate ist.

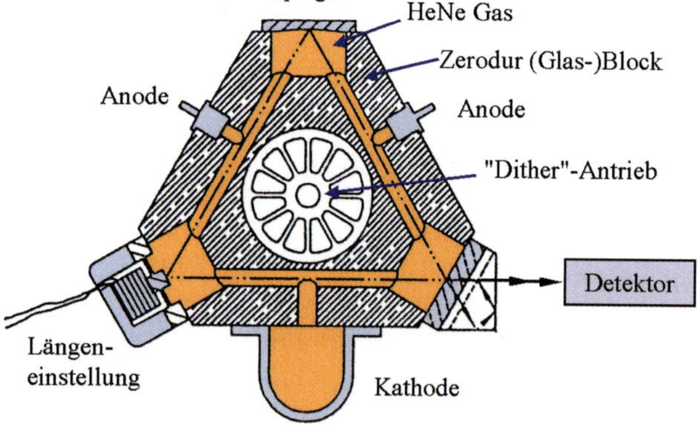

Bild 4.5.20: *Funktionsschema eines Ring-Laser-Gyros (Bild: Lawrence).*

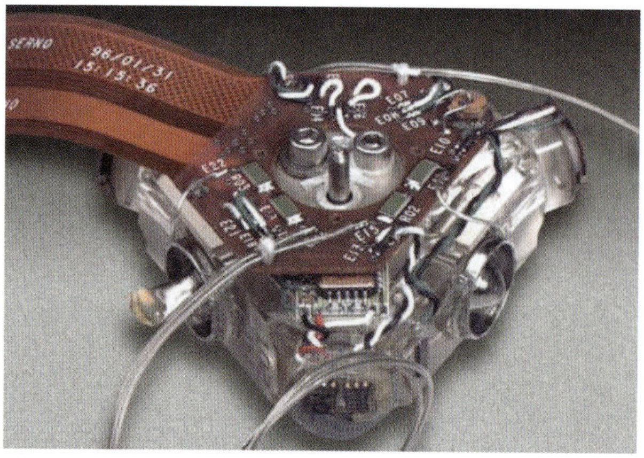

Bild 4.5.21: *Ring-Laser-Kreisel-Glasblock (ca. 5 cm) mit elektrischer Zuleitung (Bild: Honeywell).*

Probleme
Qualitativ hochwertige Kreisel erfordern ein sehr aufwendiges Herstellungs- und Kalibrierverfahren, sie sind daher sehr teure und empfindliche Messinstrumente.

In der Vergangenheit waren besonders bei Langzeitmissionen Kreisel häufig der Grund für Anomalien oder Ausfälle, daher sucht man ihren Einsatz in Raumfahrzeugen zu reduzieren oder sogar ganz zu vermeiden (Gyro Less Spacecraft). Zwar können heute über Sternsensoren (und spezifische Lagefilter) eine Vielzahl von Prozessen der Lageregelung ausgeführt werden, jedoch besteht bei höchsten Anforderungen an Verfügbarkeit, Stabilität und Agilität zu Kreiseln praktisch noch keine Alternative.

4.5.6.7 GNSS als Lagesensor

Obwohl **GNSS-Empfänger** primär die Position bestimmen, ist prinzipiell mit ihnen auch eine Lagebestimmung möglich. Dies soll am Beispiel von GPS verdeutlich werden.

Die **Lagebestimmung** mittels GPS basiert auf der Auswertung von GPS-Signalen, die simultan an unterschiedlichen Positionen empfangen werden. Die Verbindungslinie zweier Empfangsantennen wird als **Baseline** bezeichnet. Die Trägerwelle des GPS-Signals überstreicht beide Antennen zu leicht unterschiedlichen Zeiten. Der resultierende Phasenunterschied ist technisch messbar, er entspricht dem Kosinus des Winkels zwischen der Antennen-Baseline und der Richtung zum sendenden GPS-Satelliten.

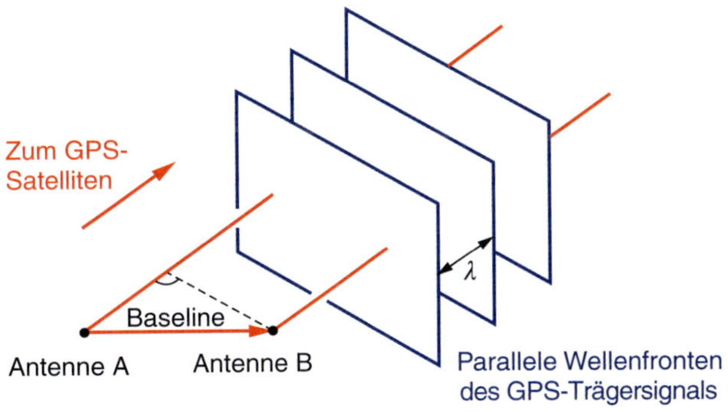

Bild 4.5.22: *Prinzip der GPS-gestützten Lagebestimmung (Bild: nach R. Bock).*

Aus der Kombination von Messungen über verschiedene GPS-Satelliten kann die Richtung der Baseline im Raum vollständig bestimmt werden – und somit über zwei unabhängige Baselines die **dreiachsige Lage** des Satelliten. Hierzu werden mindestens 3 Empfangsantennen benötigt, die nicht auf einer Linie liegen.

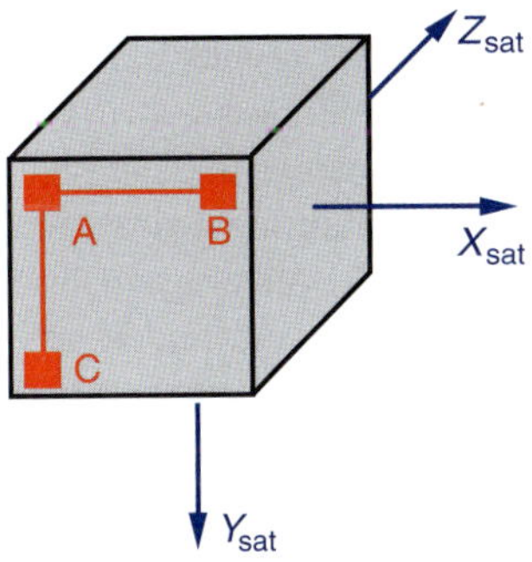

Bild 4.5.23: *Positionierung von z. B. drei GPS-Empfangsantennen (A, B, C) auf dem Satelliten (Bild: nach R. Bock).*

Tabelle 4.5.8: *Typische Werte der GPS-gestützten Lagebestimmung.*

Gesichtspunkt	Wert	Erläuterungen
Lage-Messgenauigkeit	0,1°	jeweils 1,5-m-Baseline, ruhender Messaufbau
Leistungs-aufnahme	7 W	inklusive Positionsbestimmung
Masse	3 kg	inklusive Positionsbestimmung Einzelreceiver, 4 Antennen mit LNA und Harness
Einsatzbereich	LEO	Studien: Anwendung im GEO noch möglich

Der Vergleich der Trägerphasen setzt ein gleichzeitig verfügbares und authentisches Signal an allen Empfangsantennen voraus. Für das Satellitendesign ist daher zu beachten, dass die Antennen jeweils über das gleiche Sichtfeld verfügen und das zu empfangene Signal durch Reflexion oder Abschattungen (wie z. B. von Satellitenaufbauten) verfälscht werden kann.

Die erreichbaren Genauigkeiten der Lagebestimmung hängen wesentlich von der Länge der Baseline ab. Die tatsächliche Lagegenauigkeit variiert mit der Geometrie der sichtbaren Satellitenkonstellation und mit der Lage der Erde im Sichtbereich der Empfangsantennen.

Die Lagebestimmung selbst erfolgt nach Ausschluss von Mehrdeutigkeiten durch den Prozessor des GPS-Receivers. Dieser verfügt gleichzeitig über Informationen zur aktuellen Position des Satelliten sowie auch zu den Positionen der einzelnen GPS-Satelliten.

Das Verfahren der GPS-gestützten Lagebestimmung ist vergleichsweise neu. Es kann technisch leicht umgesetzt werden und bietet daher noch hohes Potenzial hinsichtlich erreichbarer Leistungswerte und möglicher Anwendungen. Dies gilt im gleichen Maße für entsprechende Empfänger des Galileo-Systems, sowie für andere GNSS-Systeme.

4.5.7 Lageaktuatorik

4.5.7.1 Generelle Aspekte für Aktuatoren

Die Lage eines Satelliten kann nur über **Drehmomente** (im Folgenden kurz als „Momente" bezeichnet) beeinflusst werden. Das Moment stellt die Lage jedoch nicht direkt ein, sondern bewirkt eine Änderung des Drehimpulses, der über das Massenträgheitsmoment mit der Winkelgeschwindigkeit verknüpft ist. Für den einachsigen Fall gilt:

$$\ddot{\varphi} = \frac{M}{I} \tag{4.5.31}$$

$\ddot{\varphi} = \dot{\omega}$ Änderung der Winkelgeschwindigkeit,
M (Dreh-) Moment,
I Massenträgheitsmoment.

Der Lagewinkel (φ) ergibt sich erst nach zweifacher Integration des Moments. Geräte, die gezielt Momente erzeugen, können als Aktuatoren für die Lageregelung genutzt werden.

Tabelle 4.5.9: *Charakteristika gebräuchlicher Aktuatoren.*

Aktuator	Momente	Erläuterungen
Triebwerke	sehr hohe Momente, quantisiert	äußeres Moment, hoher Aufwand
Magnet-Torquer	wenige mN·m, nur in 2 Achsen	äußeres Moment, geringer Aufwand
Reaktionsräder	ca. 200 mN·m, stufenlos	inneres Moment
Dralläder	ca. 50 mN·m, hoher Dralloffset	inneres Moment, Stabilisierung
Control Moment Gyros	Temporär sehr hohe Momente	inneres Moment, hoher Aufwand

Äußere und innere Momente
Äußere Momente entstehen im Austausch mit der Umgebung. Das nutzbare Moment wirkt auf das Raumfahrzeug, sein Gegenmoment verbleibt außerhalb und braucht für die Lageregelung nicht weiter betrachtet zu werden.

Innere Momente liegen vor, wenn das Nutzmoment und sein Gegenmoment im Raumfahrzeug verbleiben. Dieses ist z. B. bei **Reaktionsrädern** der Fall:

Das nutzbare Moment des Reaktionsrads wirkt auf den Satellitenkörper und sein Gegenmoment beschleunigt die Schwungmasse des Rads. Innere Momente schichten somit den Drehimpuls innerhalb des Raumfahrzeugs um, können seinen Betrag und seine inertiale Richtung insgesamt jedoch nicht ändern.

Äußere Störgrößen integrieren sich bei fester Lage zu einem Stördrall, der regelmäßig durch äußere Momente entladen werden muss **(Momentum Management).**

Erforderliche Eigenschaften der Aktuatoren
Bei aktiver dreiachsiger Lageregelung sind die Genauigkeitsanforderungen an die Aktuatoren weniger hoch als an die Sensoren. **Abweichungen in der Skalierung** des Moments bewirken eine leicht unterschiedliche Regelverstärkung und sind im Allgemeinen tragbar. Ähnliches gilt für Bias-Fehler und kleinere Alignment-Fehler. Diese werden indirekt durch den Regelprozess ausgeglichen. (Bei einer Regelung um nur eine Körper-Achse ist das Alignment des Aktuators jedoch gesondert zu betrachten.)

Bedeutsamer sind **nichtlineare Eigenschaften** wie Quantisierung, sprunghafte Änderungen von Reibmomenten oder Umschaltvorgänge. Sie wirken als nicht kompensierbare Störgrößen und reduzieren die erreichbare Stabilität der Regelung.

Sehr wohl sind auch mögliche „Nebenwirkungen“ der Aktuatoren auf den Satelliten zu beachten, z. B. durch Magnetfelder oder Vibrationen.

Weitere Aktuator-Elemente
Folgende Elemente erzeugen Momente entweder passiv oder verwandeln unter speziellen Bedingungen „Störmomente“ in Nutzmomente. Sie können daher im weiteren Sinn als Aktuatoren bezeichnet werden.

Nutationsdämpfer
Gedämpft bewegliche Masse, die bei Änderung des Drehvektors Energie aus dem Drehprozess zieht. Wird als passives Element in spin-stabilisierten Satelliten zum Abbau von Nutation eingesetzt.

Gravity Gradient Boom
Ausleger mit einer Masse an seinem Ende. Das nach außen abnehmende Schwerefeld bewirkt ein geringes Moment, das den Ausleger radial zum Gravitationsfeld auszurichten sucht. Wird zur passiven Stabilisierung der Nadir-Ausrichtung kleinerer Satelliten angewandt.

Stellmechanismen, Sonnensegel
Steuerung des Winkels der Solarpanels und somit gezielte Beeinflussung des Störmoments durch den Sonnendruck. Dieses Verfahren wird gelegentlich bei geostationären Satelliten zum „Momentum Management“ eingesetzt.

4.5.7.2 Reaktionsräder, Dallräder, Control Moment Gyros

Die Wirkung von Reaktionsrädern, Drallrädern und Control Moment Gyros basiert auf dem physikalischen Axiom der **Drehimpulserhaltung.** Der Drehimpuls(-vektor) ist konstant, solange kein Drehmoment wirkt.

Technisch wird der Drehimpuls (wie bei einem Kreisel) durch ein rotierendes „Schwungrad“ realisiert. Drehmomente in der Rotationsachse ändern den Betrag des Drehimpulses, Drehmomente quer zur Rotationsachse ändern seine Richtung. Da zur Richtungsänderung bleibende und vergleichsweise hohe Drehmomente erforderlich sind, entsteht durch den Drehimpuls ein stabilisierender Effekt.

Von außen betrachtet bewirkt das Aufbringen eines Drehmomentes ein entgegengesetzt wirkendes Reaktionsmoment, das für die Lageregelung genutzt werden kann.

Beim Reaktionsrad entsteht das Reaktionsmoment durch Beschleunigen (oder Abbremsen) des Schwungrades. Dieses erfolgt über einen Elektromotor, der eine praktisch stufenlose Einstellung des Momentes ermöglicht.

Das für die Lageregelung nutzbare Moment ist der Drehimpulsänderung des Schwungrades entgegengesetzt und folgt der Gleichung:

$$\boldsymbol{M} = -\dot{\boldsymbol{H}}_R = -I_R \cdot \omega_R \tag{4.5.32}$$

H_R Drehimpuls des (Schwung-) Rades,
I_R Massenträgheitsmoment des Schwungrades,
ω_R Winkelgeschwindigkeit des Schwungrades.

An dieser Stelle können drei Fälle unterschieden werden:

1. Die Drehzahl des Rades ist gering. Durch Beschleunigen oder Abbremsen des Rotors entsteht das Reaktionsmoment entlang der Radachse. Räder, die für diesen Betriebsmodus ausgelegt sind, werden als **Reaktionsräder (Reaction Wheels)** bezeichnet.
2. Die Drehzahl des Rades und somit der in ihm enthaltene Drehimpuls sind hoch. Erfährt nun das frei bewegliche Rad ein Moment quer zur Rotationsachse, so entsteht eine Präzessionsbewegung, die ihrerseits das erzeugende Moment kompensiert. Das Rad übt somit für die Querachsen eine stabilisierende Wirkung aus. Räder, die für diesen Betriebsmodus ausgelegt sind, werden als **Drallräder (Momentum Wheels)** bezeichnet.

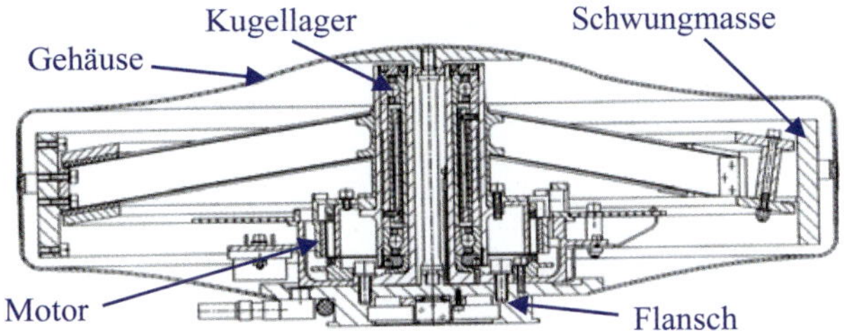

Bild 4.5.24: *Ansicht und Schnittbild eines Drallrades (Bilder: Teldix).*

3. Das Drallrad kann in einem Rahmen gelagert werden, der Kippbewegungen quer zur Radachse erzwingt. Je nach Kippgeschwindigkeit entstehen (als Umkehrung der Drallstabilisierung) sehr hohe Drehmomente. Räder dieser Bauart werden als **Control Moment Gyros** (CMG) bezeichnet.

Störwirkungen
Zur exakten Lagerung der Schwungmasse werden heute relativ robuste Kugellager eingesetzt, die einerseits die Startbelastungen überstehen, anderseits für den Betrieb folgende „Nebenwirkungen" und Einschränkungen mit sich bringen:

1. Mikrovibrationen, verursacht durch das Abrollen der Kugeln und durch Bewegungen des Lagerkäfigs (Laufgeräusch), sie führen im Allgemeinen zu Resonanzen innerhalb der starren Schwungmasse und können sich in axialer Richtung wesentlich verstärken.
2. Schwingungen, verursacht durch die direkte Übertragung der Unwuchten der rotierenden Schwungmasse auf das Radgehäuse (typische Unwuchten: statisch $< 1\ \text{g} \cdot \text{cm}$ bzw. dynamisch $< 10\ \text{g} \cdot \text{cm}^2$),
3. Umkehr des Reibmoments bei Drehzahl-Nulldurchgang (typisch: $10\ \text{mN} \cdot \text{m}$).

Reaktionsräder und Drallräder
Reaktionsräder und Drallräder sind mechanisch gleich aufgebaut, unterscheiden sich jedoch in der **Auslegung des Motors** und der **Schwungmasse.** Aufgrund des angestrebten Reaktionsmomentes verfügen Reaktionsräder über stärkere Motoren, die jedoch geringere Drehzahlen entwickeln. Da ihr Betrieb im gesamten verfügbaren Drehzahlband erfolgt, ist das Schwungrad meist aus einem Stück gefertigt, dieses gewährleistet eine im Mittel geringere Unwucht. Drallräder werden aufgrund des Gewichtsvorteils und der besseren inneren Dämpfung meist als Speichenräder ausgeführt.

Das Gehäuse wird bis zu einem Restdruck evakuiert, der einerseits die Verdampfung des Schmiermittels der Kugellager verhindert, anderseits die Rotation nicht behindert.

Die zur Ansteuerung des Motors erforderliche Elektronik befindet sich im Allgemeinen im Gehäuse, kann jedoch bei Rädern mit starker Beanspruchung als getrennte „Wheel Drive Elektronik (WDE)" zur besseren Wärmeabführung auch getrennt angeordnet werden.

Die Drallkapazität der am Markt verfügbaren Reaktionsräder reicht von 0,1 N m s bis zu 250 N m s, ihre maximalen Drehmomente reichen bis zu ca. 300 mN m. Spezielle Ausführungen erreichen 1 000 N.

Control Moment Gyro (CMG)
CMGs sind drehbar gelagerte Drallräder. Man unterscheidet **Single Gimbal CMGs**, bei denen die Drehung des Rades um nur eine seiner Querachsen erfolgt und **Dual Gimbal CMGs,** bei denen ähnlich einer kardanischen Aufhängung zwei Achsen einstellbar sind.

Durch die Drehungen quer zur Drallrichtung entstehen Drehmomente, die um 2 Größenordnungen hoher sein können als die üblichen Reaktionsmomente eines Drall- oder Reaktionsrades. Daher kann mit CMGs vor allem die Agilität eines Satelliten gesteigert werden.

Bild 4.5.25: *Control Moment Gyro (Bild: Honeywell).*

Tabelle 4.5.10: *Charakteristische Werte für Reaktionsräder, Drallräder und CMGs.*

Aktuator	Reaktionsrad	Drallrad	CMG	Erläuterungen
Drallkapazität	15 N·m·s	50 N·m·s	15 N·m·s	bei Nominaldrehzahl
Drehmomente	200 mN·m	50 mN·m	45 000 mN·m	Maximalwerte
Masse	7 kg	8 kg	15 kg	–
Leistungsaufnahme	10 W	15 W	25 W	Elektrischer Verbrauch bei Betriebsdrehzahl (Steady State). Temporäre Verbrauchswerte bei maximalem Reaktionsmoment liegen erheblich höher.

Die erzeugten Momente ändern ihre Richtung mit der Winkelstellung der Radachse. Daher können Momente in einer Achse auch im Verbund mehrerer CMGs (Cluster) nicht kontinuierlich aufgebracht werden. Aus demselben Grund entstehen für bestimmte Winkelstellungen der einzelnen CMGs Richtungen, in denen keine Momente erzeugt werden können (Singularitäten).

Für eine **dreiachsige Regelung** werden mindestens drei Single Gimbal CMGs benötigt. (Hierbei wird davon abgesehen, die über Drehzahländerung möglichen geringen axialen Reaktionsmomente für die Regelung zu nutzen.)

CMGs beanspruchen im Satelliten ein hohes Volumen und sind im Vergleich zu Reaktionsrädern relativ schwer. Sie werden daher vorzugsweise in größeren Satelliten eingesetzt.

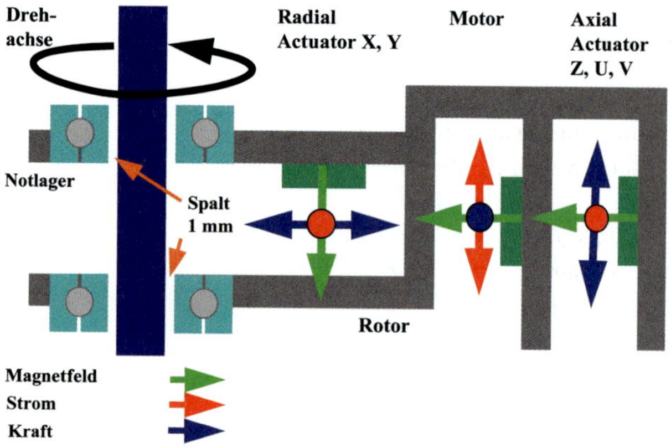

Bild 4.5.26: *Schematische Darstellung der magnetischen Lagerkräfte eines 5-achsigen Magnetrades (Bild: Teldix).*

Magnetrad

Die exakte Lagerung der Schwungmasse ist beim Magnetrad vollständig durch magnetische Kräfte realisiert. Im Unterschied zu einem starren Kugellager werden die Position und Lage der Schwungmasse über eine Regelung stetig an ihre Sollwerte angepasst. Daraus resultiert eine weiche und einstellbare Übertragung von Kräften und Momenten mit folgenden Vorteilen:

a) Die magnetische Lagerung reduziert Mikrovibrationen und Schwingungen etwa um den Faktor 10 gegenüber kugelgelagerten Reaktionsrädern.
b) Bei magnetischen Rädern entfällt die Lagerreibung, über den gesamten Drehzahlbereich liegt ein kontinuierlicher glatter Momentverlauf vor. Hierdurch ist eine präzisere Kontrolle von Schwenkvorgängen möglich.
c) Die magnetische Lagerung ermöglicht innerhalb eines engen Winkelbereichs das Aufbringen von Kippmomenten bzw. Quermomenten mit einem etwa 10-fach höheren Wert gegenüber dem Reaktionsmoment des Motors.

Der Bedarf an elektrischer Leistung ist im Vergleich zu Drallrädern relativ hoch. Magneträder kommen daher vor allem für Missionen in Betracht, bei denen ihre extreme Laufruhe im Vordergrund steht.

4.5.7.3 Triebwerke für die Lageregelung

Triebwerke kommen zum Einsatz, wenn mittlere oder hohe Drehmomente (wie z. B. für die Lageregelung bei Orbitmanövern) bereitgestellt werden müssen. Das nutzbare Drehmoment entsteht durch Triebwerksschub und Hebelarm zum Massenschwerpunkt. Drehmomente von 0,1 bis 10 N m (und höher) lassen sich problemlos realisieren.

Tabelle 4.5.11: *Typische Werte für Triebwerke zur Lageregelung.*

Triebwerke	Einstoff-Hydrazin	Kaltgas	Erläuterung
Schub	1 N	0,1 N	–
Massendurchsatz	450 mg/s	130 mg/s	bei Nominalschub
Drehimpulsbit	0,3 N·m·s	0,001 N·m·s	für 1-m-Hebelarm
Leistungsaufnahme	20 W	10 W	Einstoff-Hydrazin: Vorheizen erforderlich
Masse	0,4 kg	0,1 kg	ohne Leitungssystem

Im erdfernen Raum bieten Triebwerke häufig die einzige Möglichkeit, hinreichend große externe Drehmomente zu erzeugen. Es sind jedoch die folgenden Aspekte zu beachten:

Treibstoff

Triebwerke benötigen Treibstoff, der im Allgemeinen aus den bereits an Bord befindlichen Tanks entnommen wird. Gewöhnlich handelt es sich um Hydrazine, entweder als „Einstoff" (Mono-Prop) oder als Zweistoff (Bi-Prop, Hydrazin und Oxidator). Zweistoff Systeme verfügen über einen um 30–40 % höheren spezifischen Impuls und werden vor allem bei geostationären Satelliten für den Transfer, die späte Bahnerhaltung (Station Keeping) und Momentum Management eingesetzt. Der nominale Schub der Triebwerke (RCTs) für Bahnerhaltung und Lageregelung liegt bei etwa 10 N. Da der Treibstoffdurchsatz für Einstoff- sowie für Zweistoff-Triebwerke relativ gering ist, fällt der Anteil bei den einzelnen Manövern der Lageregelung nicht ins Gewicht. Eine kontinuierliche und genaue Lageregelung allein mit Triebwerken über längere Zeitspannen wäre jedoch wegen des hohen Treibstoffbedarfs nicht sinnvoll.

Kaltgas als Treibstoff

Bei wissenschaftlichen Missionen besteht seitens der Nutzlast häufig die Anforderung, mögliche Kontamination oder auch Störungen des Magnetfeldes a priori auszuschließen. Meist handelt es sich um Missionen kurzer oder mittlerer Dauer, bei denen die (post facto) Lagekenntnis im Vordergrund steht. In diesen Fällen bietet sich eine Lageregelung über Kaltgastriebwerke an.

Bild 4.5.27: *Kaltgas-Triebwerk mit Piezo-Ventil (Bild: RTG Aero-Hydraulic Inc.).*

Impulsbit

Das Zu- und Abschalten des Schubes erfordert jeweils eine bestimmte Zeitspanne, sodass sich das für die Lageregelung gewünschte Drehmoment nicht stufenlos dosieren lässt. Dies führt zu einem minimalen Impuls, dem sogenannten Impulsbit, das die erreichbare Stabilität der Lageregelung begrenzt. Das Drehimpulsbit spielt insbesondere bei der Lageregelung mit Hydrazin-Triebwerken eine Rolle.

Genauigkeit der Lageregelung

Bei kontinuierlich geforderter hoher Regelgenauigkeit entsteht ein Regelprozess mit ständigem Wechsel zwischen positiven und negativen „Impulsbits" – und damit verbunden eine häufige Aktivierung der Triebwerke. Neben hohem Treibstoffverbrauch besteht durch gepulsten Dauerbetrieb die Gefahr der Anregung von Schwingungen in Satellitenstrukturen (z. B. den Solarpanels). Ein Verfahren zur Verminderung der Schaltzyklen und des Verbrauchs besteht in der Regel darin, ein Triebwerk nur dann zu aktivieren, wenn die Winkelabweichung ein Limit überschreitet. Der Prozess „pendelt" dann innerhalb des sogenannten „limit-cycle", der andererseits die Regelgenauigkeit entsprechend begrenzt.

Zahl der Triebwerke

Um unbeabsichtigte Auswirkungen auf die Position zu vermeiden, sollten Triebwerke für die Lageregelung paarweise entgegengesetzt betrieben werden.

4.5.7.4 Magnet-Torquer

Magnet-Torquer bestehen aus einer Spule, durch die ein elektrischer Strom geleitet wird. Der so erzeugte **magnetische Dipol** erfährt im Magnetfeld der Erde (wie eine Kompassnadel) ein Drehmoment. Magnet-Torquer sind als einfache „Luftspulen" (Dipol < 10 A·m^2) oder als Kernspulen mit einem weichmagnetischen Kernmaterial ausgeführt.

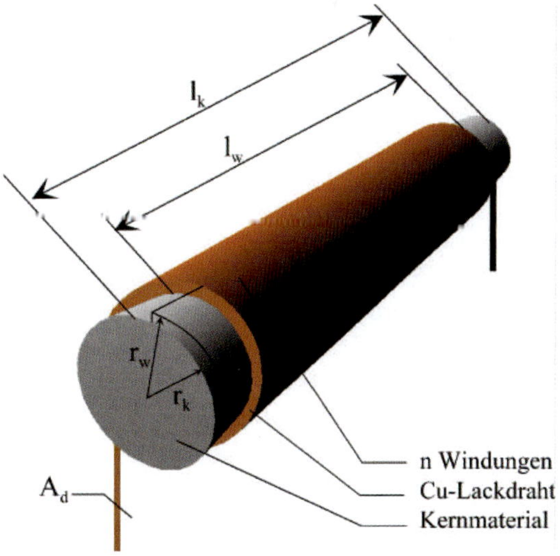

Bild 4.5.28: *Aufbau eines Magnet-Torquers mit weichmagnetischem Kernmaterial. (Bild: ZARM, Bremen).*

Nutzbares Drehmoment

Das für die Lageregelung nutzbare Drehmoment entsteht aus der Wechselwirkung des magnetischen Dipols im Magnetfeld der Erde.

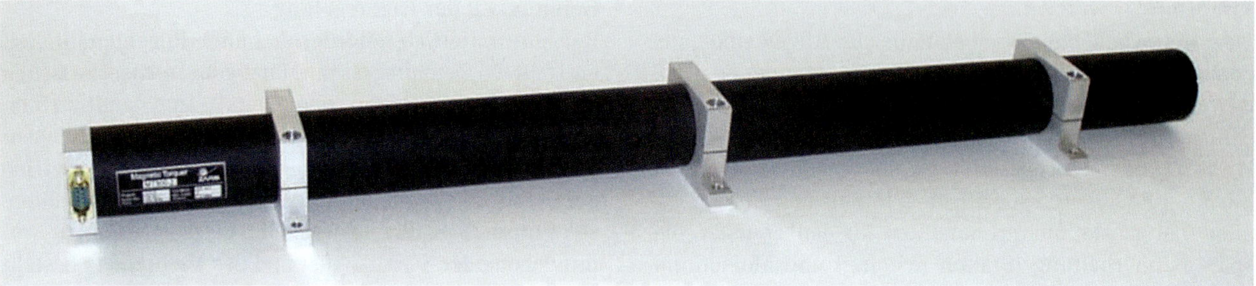

Bild 4.5.29: *Magnet-Torquer (250 A·m²) mit Weicheisenkern (Bild: ZARM, Bremen).*

Tabelle 4.5.12: *Typische Werte für Magnet-Torquer.*

Auslegung	Luftspule (0,3 m × 0,3 m)	Kernspule (0,85 m)	Erläuterung
Typisches Dipolmoment	5 A·m²	200/220 A·m²	Kernspule: linear/maximal
Nutzbares Drehmoment	75 ... 250 µN·m	3000 ... 10000 µN·m	nominal, im erdnahen Orbit (LEO)
Remanenz des Torquers	–	< 0,5 %	Bleibender Dipol nach Abschaltung
Masse	0,8 kg	5 kg	–
Leistungsaufnahme	1,5 W	3 W	bei 28 V, 100 % Duty cycle
Typische Anwendung	Satelliten < 50 kg	Satelliten > 100 kg	erdnahe und polare Orbits

4

$$\boldsymbol{M}_{\mathrm{D}} = \boldsymbol{D} \times \boldsymbol{B} \tag{4.5.33}$$

M_{D} Drehmomentvektor in N·m,
D Vektor des Dipolmomentes in $\mathrm{A \cdot m^2}$,
B Flussdichte(vektor) des Erdmagnetfeldes in Tesla.

Beispiel: Ein Magnet-Torquer, dessen Dipol ($50\ \mathrm{A \cdot m^2}$) am Äquator ($B = 20\ \mu\mathrm{T}$) nach Osten gerichtet ist, erfährt ein Drehmoment (1 000 µNm).

Anwendung

Magnet-Torquer erzeugen relativ geringe Drehmomente, und diese nur innerhalb einer Ebene senkrecht zum momentanen Erdmagnetfeld.

Bei polaren Bahnen gleicht sich dieser Umstand durch die Richtungsänderung des Erdmagnetfelds nach etwa einem Orbit-Viertel aus. Insofern eignen sich Magnet-Torquer gut für das „Momentum Management" (d. h. Drallentladung und Abbau von Störmomenten) für Satelliten im LEO.

Magnet-Torquer zeichnen sich gegenüber Triebwerken dadurch aus, dass sie für ihren Betrieb lediglich elektrischen Strom benötigen. Durch ihre einfache Bauform sind sie sehr kostengünstig und zuverlässig.

4.5.8 Verifikation der Lageregelung

Die Lageregelung zählt zu den komplexesten Subsystemen an Bord eines Satelliten. Sie ist im Allgemeinen redundant aufgebaut und besteht aus einer Vielzahl von Elementen: den unterschiedlichen Sensoren und Aktuatoren, ihren thermalen und mechanischen Schnittstellen zum Satelliten, den elektrischen und Datenschnittstellen zum Bordrechner, der Software für die eigentliche Lageregelung und den operationellen Schnittstellen zum Bodensegment.

Häufig verfügt die **Satellitensoftware** über ein Modul, mit dem zyklische Prüfungen zur Fehlererkennung vorgenommen werden und das in kritischen Fällen auf alternative Modi oder redundante Hardware umschaltet. Dieses Modul wird als **FDIR (Failure Detection, Isolation and Recovery)** bezeichnet. Die damit verbundenen autonomen Prozesse betreffen die Lageregelung direkt oder mittelbar und sind sorgfältig zu verifizieren.

Weiterhin besteht die Möglichkeit, dass sich ACS-Elemente elektrisch oder magnetisch untereinander beeinflussen (z. B. können Magnet-Torquer die Magnetfeldmessung verfälschen) oder dass ACS-Elemente den übrigen Satelliten stören und umgekehrt. Diese Aspekte werden unter dem Stichwort **EMC (Electro-Magnetic Compatibility)** oder **EMI (Electro-Magnetic Interference)** zusammengefasst.

Die Betrachtung von Test- und Verifikationsmethoden schärft gleichzeitig auch den Blick dafür, wie und in welchem Kontext die einzelnen Anforderungen gemeint sind. Sie kann daher als Unterstützung für die Entwicklung angesehen werden und sollte somit möglichst früh im Projekt ansetzen. Das „Requirements Engineering" fordert daher, dass die Methodik der Verifikation für jede der Anforderungen bereits in den Spezifikationen festgelegt wird.

Tabelle 4.5.13 fasst die wichtigsten Verifikationsschritte mit ihren wesentlichen Gesichtspunkten zusammen.

Tabelle 4.5.13: *Gesichtspunkte für die Verifikation eines Lageregelungssystems.*

Verifikation	Aspekte	Methode/Durchführung
HW-ACS-Elemente	spezifizierte Leistungswerte (inkl. EMC-Anforderungen)	Test separat durch den Hersteller der Elemente
	Funktionen im Satelliten	Test am Satelliten, qualitativ
HW-Schnittstellen	Achsenzuordnung, Ausrichtung	Messung am Satelliten
	Polarität	Test am Satelliten
	thermisch	Analyse und Thermal-Vacuum-Test des Satelliten
	elektrisch	Test, Messung am Satelliten
EMC, EMI	ACS-Elemente untereinander	Test, Messung am Satelliten
	ACS im Satelliten (Emission, Susceptibility)	Test, Messung am Satelliten
	mögliche Konfigurationen (Redundanz)	Test, Messung am Satelliten
SW-Schnittstellen	Formate, Timing, Konvertierung	SW-Simulator, Tests am Satelliten
	ACS-Telemetrie, Telekommando	SW-Simulator
Prozesse der Lageregelung		
Betrieb	operationelle Abläufe	SW-Simulator, HILT
FDIR	Fehlererkennung, Fehlerkorrektur	SW-Simulator, HILT
Lageregelung	Stabilität der Prozesse	Analyse, SW-Simulator, HILT, Teststand
	Prozessabweichung, Regelfehler	Analyse, SW-Simulator, HILT, Teststand
	Prozessabläufe, Prozessdauer	SW-Simulator, HILT, Teststand

Tests gestalten sich als schwierig, sobald physikalische Abläufe und die davon abhängenden Prozesse geprüft werden sollen, denn die physikalischen Gegebenheiten des Orbits liegen im Labor nicht vor. Anderseits sind vor dem Start die wesentlichen Eigenschaften des geschlossenen Regelkreises wie Eigenfrequenzen, Regelabweichung und vor allem die Stabilität nachzuweisen.

Die Verifikation dieser Eigenschaften kann gestaffelt in folgenden Schritten erfolgen:

- analytisch,
- Software-Simulation,
- Hardware-in-the-Loop-Test (HILT),
- Teststand, Gaslagertests.

4.5.8.1 Analytische Verifikation

Bei der analytischen Methode werden allen Elementen des Regelkreises zunächst vereinfachte **physikalische Modelle** (Übertragungsfunktionen) zugeordnet. Die gesamte Kette der Lageregelung kann dann in Form einer zumeist linearen **Differenzialgleichung** formuliert und dann analytisch gelöst werden. Eine elegante und häufig anwendbare Lösungsmethode stellt hierbei die Laplace-Transformation dar.

Der Vorteil der analytischen Lösungen liegt in ihrer geschlossenen Form, aus der man direkt die Stabilität des Regelkreises berechnen und Richtlinien zur Einstellung und Optimierung des Reglers ableiten kann.

Andererseits arbeiten prozessorbasierte Regler heute mit komplexen Algorithmen und Verzweigungen, für die eine Vereinfachung und Linearisierung nicht mehr zulässig ist bzw. die zu einer nicht mehr repräsentativen, d. h. falschen Modellierung führte. Hierbei bieten sich Methoden der Software-Simulation an.

4.5.8.2 Software-Simulation

Für die verschiedenen Elemente des Regelkreises werden **Software-Modelle** erstellt, die neben den physikalischen Eigenschaften auch komplexe Vorgänge wie bedingte Modewechsel, Schaltvorgänge und Algorithmen abbilden können. Die Software des Reglers (Controllers) kann hierbei authentisch eingefügt werden.

Das Modell des geschlossenen Regelkreises ergibt sich dann durch die Verkettung der einzelnen Modelle. Die Lösung erfolgt numerisch (d. h. durch den Ablauf der Simulation) und bezieht sich auf die eingestellten Anfangswerte und Parameter. Es handelt sich somit immer um eine spezielle Lösung für einen bestimmten Fall.

Über **Simulationsreihen** mit systematischer Variation der Parameter oder mit sogenannten **Monte-Carlo-Simulationen** lässt sich das Verhalten für den allgemeinen Fall ermitteln. Die heute verfügbare Rechenkapazität erlaubt dabei eine detaillierte Untersuchung selbst komplexer Regelungen.

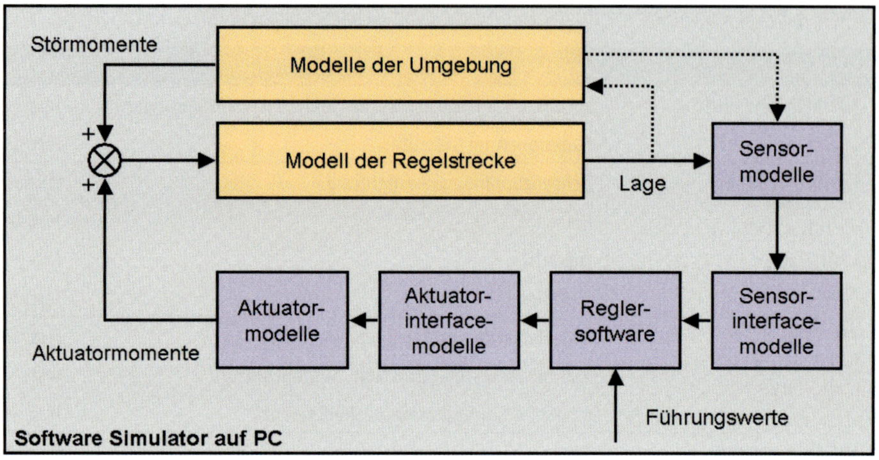

Bild 4.5.30: *Software-Simulator für die Lageregelung.*

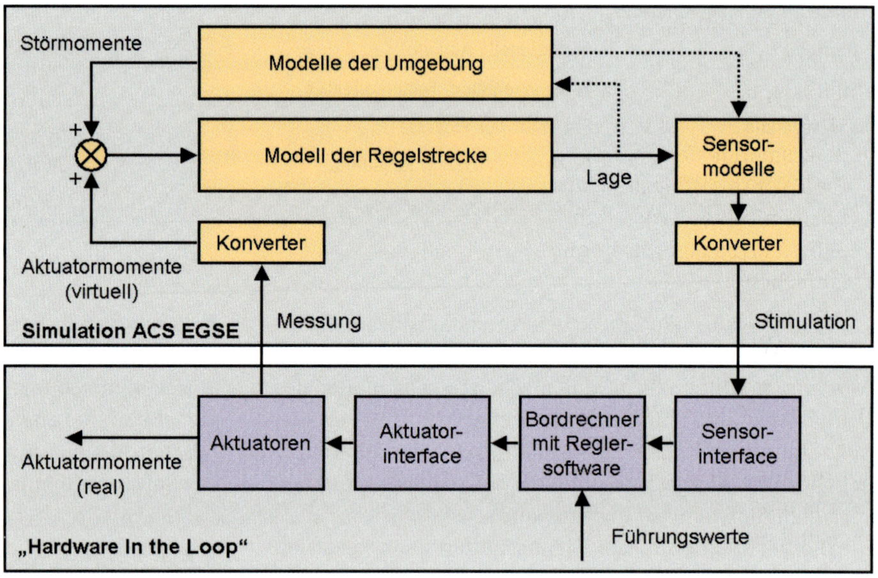

Bild 4.5.31: *Schema des Hardware-in-the-Loop-Tests.*

Simulation ist eine gängige Methode für die Verifikation des Entwurfs. Einige Simulationswerkzeuge (z. B. Matlab/Simulink) erlauben sogar umgekehrt den Entwurf von Regel-Algorithmen und generieren daraus einen ausführbaren Code, der dann direkt auf den Bordrechner übertragen werden kann – mit entsprechenden Kostenvorteilen in der Entwicklungsphase.

4.5.8.3 Hardware-in-the-Loop-Test

Anstelle von SW-Modellen werden beim Hardware-in-the-Loop-Test möglichst viele Elemente des Regelkreises als Hardware in die Simulation eingebracht. Dies gilt besonders für den **Bordrechner** mit allen seinen Interface-Karten und der originalen Flug-Software.

Entsprechend läuft der Test (auch hinsichtlich Datenaustausch und Prozessierung) in Echtzeit. Hardware-in-the-Loop-Tests sind daher speziell für die Verifikation des bereits implementierten Lageregelungssystems zweckmäßig.

Ein wichtiger Gesichtspunkt für die Verifikation liegt darin, dass bei genauer Definition von Aktuator- und Sensor-Schnittstellen der ACS-Simulator für die Regelstrecke und für die Umgebungseinflüsse getrennt von der Erstellung der Satellitenregelung entwickelt werden kann.

Eine solche Entwicklung kann z. B. durch eine Fremdfirma, ein Institut oder bei entsprechender Trennung im eigenen Haus erfolgen.

Die Unabhängigkeit der Verifikation von der Entwicklung reduziert das Risiko von Doppelfehlern (z. B. Polaritätsfehlern, Achsenvertauschung, Skalierungsfehlern), die sich im Test aufheben und daher unerkannt blieben.

4.5.8.4 Testmodelle und Testumgebung

Für Tests und Verifikation der Lageregelung kommen folgende Modelle und Aufbauten in Betracht:

Software Validation Facility (SVF)
Der Satellit und seine Umgebung werden über Software modelliert, die in der Regel auf einem oder mehreren industrieüblichen Rechnern (z. B. PCs, Workstations) ausgeführt wird. Dieser Aufbau enthält die Flugsoftware des Satelliten inkl. der AOCS Module, jedoch nicht zwingend Sensor-, Aktuator- oder Bordrechner-Hardware. Somit können die für die Lageregelung spezifischen Funktionen der Software getestet und auf Software-Modul Ebene verifiziert werden.

Avionics Validation Model (AVM)
Das AVM enthält die elektrischen Einheiten des Satelliten oder deren Emulatoren als „Hardware in the Loop". Im Unterschied zur SVF werden hier die Eingänge der Sensoren stimuliert, die AOCS Software läuft auf einer repräsentativen Bordrechner Hardware und die Betriebszustände der Aktuatoren werden über EGSE-Interfaces registriert. Anhand der so verfügbaren Messungen und der simulierten Umwelteinflusse werden vom EGSE-Simulator die Lage des Satelliten errechnet und dann die Sensoren des Satelliten entsprechend stimuliert. Hierdurch wird der Regelkreis geschlossen.

Das AVM ermöglicht den Test von „Funktionen" der Lageregelung (d. h. Datenakquisition, Filterung, Regelung, Ansteuerung von Aktuatoren) und deren Vernetzung bei realistischem Zeitverhalten und den originalen Eigenschaften der beteiligten Einheiten. Hierrüber ist eine geschlossene Verifikation der „funktionalen" Anforderungen der Lageregelung möglich.

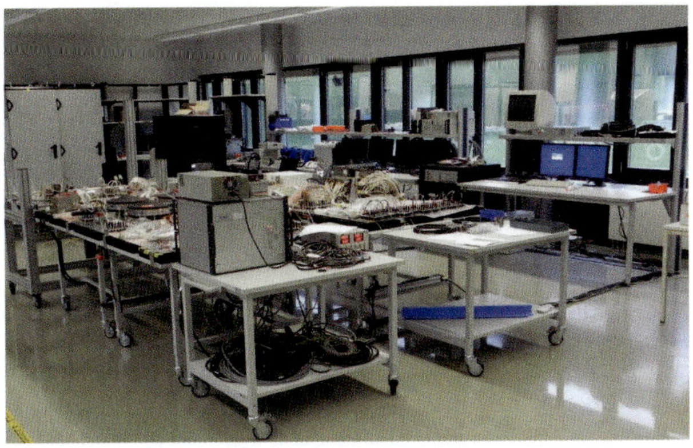

Bild 4.5.32: *AVM Laboraufbau, EGSE im Hintergrund (Bild: OHB-System)*

Tests mit Satellitenmodellen (EM, FM, PFM)
Die finale Verifikation und Validierung der Lageregelung erfolgt mit den vollständigen Satellitenmodellen, in der Regel mit dem Proto-Flight-Model für „Qualifikation" oder mit den Flugmodellen für „Acceptance".

Die Testkonfiguration ist ähnlich zu der des AVM, unter Einbeziehung aller Flugeinheiten des AOCS und meist über die volle Redundanz. Entsprechend sind in der Auslegung die Zugänge wie „Access Panel" oder „Safe & Arm Plug's" als Test Interfaces für jedes Flugmodell vorzusehen.

In Kombination mit der Analyse lassen sich auch die notwendigen Daten für die Verifizierung der „Leistungsanforderungen (z. B. Anteil der Kontroll-Genauigkeit an der Richtungsgenauigkeit oder Stabilität) bestimmen.

Gaslager Teststand
Einen Schritt weiter führt der Test des fertigen Lageregelungssystems auf einem Gaslagertisch. Dieses ist nur unter bestimmten Einschränkungen realisierbar:

a) Für Sensoren (wie z. B. Sternsensoren oder Erdsensoren) können Umgebungsbedingungen des Weltraums und deren Abhängigkeit von der aktuellen Lage gar nicht oder nur annähernd (wie z. B. für Magnetometer oder Sonnensensoren) hergestellt werden, wobei die Lagepropagation über Gyros ohne Einschränkungen möglich ist. Der geschlossene Regelkreis kann somit nur zum Teil mit den originalen Sensorfunktionen getestet werden.
b) Bedeutsame Störmomente liegen im Bereich weniger mNm, bei kleineren Satelliten im Bereich von 100 µNm. Testaufbauten unterliegen selbst bei idealer Lagerung einer minimalen Reibung und werden durch Bewegung der Umgebungsluft oder durch mikroelastische Dehnung des Aufbaus beeinflusst. Die nutzbaren Winkelbereiche sind überdies durch den Aufbau begrenzt. Daher kann der Regelprozess nur qualitativ getestet und verifiziert werden.
c) Bei einer ausbalancierten dreiachsigen Lagerung befindet sich der Drehpunkt in der Regel im Satelliteninneren. Die Lageregelung kann daher im Allgemeinen nur mit einem speziell dafür vorgesehenen Engineering-Modell geprüft werden.

In speziellen Fällen, z. B. für die Qualifikation neuer Methoden oder Algorithmen, Tests von CMGs etc., sind die genannten Einschränkungen jedoch tragbar.

Literatur

[4.5.1] *Wertz, J. R.:* Spacecraft Attitude Determination and Control. Dordrecht, Niederlande: Kluwer Academic Publishers, 1997.

[4.5.2] *Wertz, J. R.:* Mission Geometry; Orbit and Constellation Design and Management. Dordrecht, Niederlande: Kluwer Academic Publishers; 2001.

[4.5.3] *Thomson, W. T.:* Introduction to Space Dynamics. New Vork: Dover Publications, 1986.

[4.5.4] *Sidi, M. J.:* Spacecraft Dynamics & Control. Cambridge, NewYork: Cambridge University Press, 1997.

4.6 Datenmanagement

Felix Huber

Das Datenmanagement (on-board data handling, OBDH) eines Satelliten beinhaltet die Gesamtheit der Funktionen, die nötig sind, um Daten und Kommandos zwischen einem Satellit und der Bodenstation auszutauschen. Ursprünglich war das Datenmanagement ein Teil des TT&C mit teilweise hart verdrahteten Multiplexern („Kommutator") für Kommandos und Telemetriedaten. Durch die Verfügbarkeit von leistungsfähigen Rechnern konnte das System allerdings immer flexibler gestaltet werden und auch Rechenleistung für andere Subsysteme bis hin zur Nutzlast zur Verfügung stellen, sodass es inzwischen ein eigenes unabhängiges Subsystem darstellt. Da der Bordrechner (on-board computer, OBC) auch andere Aufgaben übernimmt, werden Datenmanagement und Bordrechner oftmals synonym verwendet, streng genommen ist aber der Bordrechner nur ein Teil des Subsystems. Mit dem Aufkommen von konfigurierbaren System-on-a-Chip-Lösungen mit sog. Softcores wird diese Grenze noch mehr verschwinden.

4

Zu den Aufgaben des Datenmanagements gehören:

- der Empfang, die Dekodierung und Ausführung von Telekommandos,
- die eventuelle Speicherung von Telekommandos bei zeitlichen und/oder räumlichen Abhängigkeiten,
- die Erzeugung von diskreten und analogen Ein-/Ausgabesignalen, entweder über dedizierte Leitungen oder über Busse,
- die Aufnahme, Formatierung und Speicherung von Telemetrie, entweder direkt oder von anderen Systemen,
- die Weiterleitung des Telemetriestroms an das Kommunikationssystem,
- das Speichermanagement für den Massenspeicher, auch für Nutzlastdaten,
- die Erzeugung eines Zeitrasters für die externen Module,
- optional: Rechenleistung für das Bahn- und Lageregelungssystem und für Nutzlasten.

Die einzelnen Funktionen des Datenmanagements bestehen aus:

1. **TM/TC-Encoder und -Decoder:** Das Kommunikationssystem liefert bzw. erhält die Daten als pulscodemodulierten (PCM) Datenstrom, aus dem der Takt und die eigentlichen Daten wieder zurückgewonnen werden müssen und über ein Bussystem dem Rechner zur Verfügung gestellt werden. Oftmals werden hier auch die Zeitsignale generiert (Sekundenpulse, Frequenznormale, Watchdog-Funktionen).
2. **Bordrechner:** Dies ist der eigentliche aktive Teil des Datenmanagements. Der Bordrechner muss extreme Fehlertoleranz aufweisen, daher werden mehrfach redundante strahlungsfeste Systeme eingesetzt. Der Rechner kommuniziert mit den anderen Modulen über mehrere Busse, die auch über Kreuz verschaltet werden können, um Teilausfälle zu kompensieren.

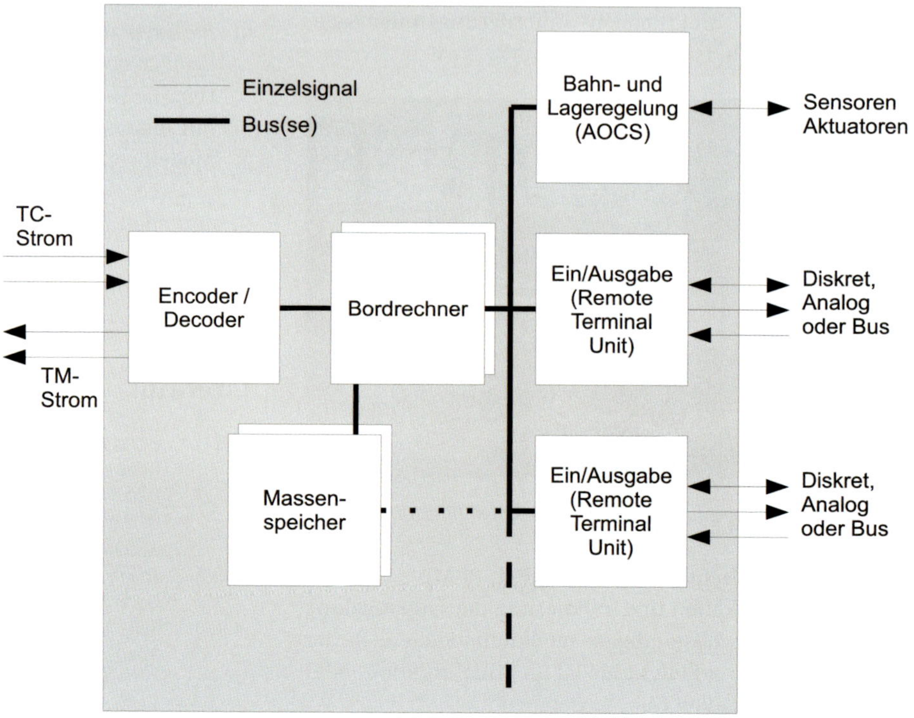

Bild 4.6.1: *Blockschaltbild Datenmanagement.*

3. **Massenspeicher:** Das Betriebssystem und eventuelle Aktualisierungen, Telemetrie und Nutzlastdaten werden in einem strahlungsfesten Lese- und Schreib-/Lesespeicher mit eingebauter Fehlerkorrektur abgelegt. Der Speicher ist oftmals über mehrere Busse mit dem Rechner und den Ein-/Ausgabemodulen verbunden, um einen direkten und damit schnellen Zugriff zu erzielen.
4. **Ein-/Ausgabemodul**, auch **Remote Terminal Unit** genannt: Zur Kommunikation mit der Peripherie werden die Daten, die mit dem Rechner getauscht werden müssen, in einzelne Signale gewandelt bzw. aus diesen erzeugt. Das können reine Ein- bzw. Auskommandos sein (diskrete Signale) oder analoge Werte (Spannungen) oder Bussignale („intelligente Sensoren").
5. Bereitstellung von Rechenleistung für die Bahn- und Lageregelung und der entsprechenden Schnittstellen für die Sensoren und Aktuatoren.

4.6.1 Bordrechner-Architektur

Bordrechner bzw. die Mikroprozessoren können dem Prinzip der **von-Neumann-Architektur** (gemeinsamer Speicher für Befehle „das Programm" und auch für Daten) oder der Harvard-Architektur (Bild 4.6.3, getrennte Busse für Programm und Daten) folgen. Der Speicher ist linear aufgebaut und kann nur lesbar (ROM-Code, Firmware) oder schreib- und lesbar sein. In letzterem Fall können sowohl Daten als auch das Programm verändert werden. Bei der von-Neumann-Architektur ergibt sich die Zuordnung, an welcher Adresse Daten oder Programme stehen, allein

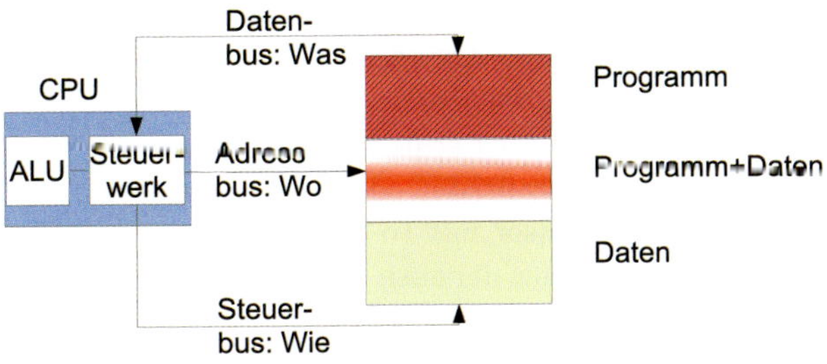

Bild 4.6.2: *Prinzip der von-Neumann-Architektur.*

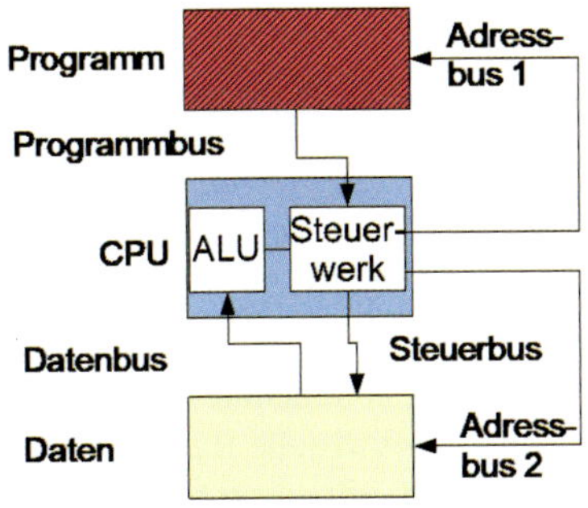

Bild 4.6.3: *Prinzip der Harvard-Architektur.*

aus der Steuerung des Zugriffs. Dies birgt den Nachteil, dass durch Fehler auch der Programmcode überschrieben werden kann. Bei der Harvard-Architektur gibt es durch die getrennten Bereiche unterschiedliche Befehle für Programm- und Datenzugriff. Diese Architektur ist daher sicherer, benötigt aber mindestens zwei Busse. Auch kann der Prozessor parallel auf Daten und Programmcode zugreifen. Bei der von-Neumann-Architektur gleicht man diesen Geschwindigkeitsnachteil durch einen schnellen Zwischenspeicher (Cache) aus. Die Änderung des Programmcodes zur Laufzeit gestattet es, bei Programmierfehlern nur Teile des Speichers zu ändern oder bei Ausfall von Speicherzellen die entsprechenden Zellen mit neutralen Kommandos (NOPs) zu maskieren.

Die **Zentraleinheit** (central processing unit, CPU), oftmals vereinfacht auch als „der Prozessor" bezeichnet, holt die Befehle sequenziell aus dem Speicher. Die CPU besteht hierzu aus einem Steuerwerk, das die Signale für die Busse generiert und die Befehle decodiert und dem Rechenwerk (arithmetic logic unit, ALU) zuführt, welches die Rechenoperationen und logischen Verknüpfungen durchführt. Dies können je nach Komplexität der ALU Additionen und Boolesche Operatoren sein, aber auch Multiplikationen bis hin zu Fließkommaarithmetik, die ansonsten durch Software nachgebildet werden müssen.

Zusätzlich zur CPU, dem Speicher und den Bussen besitzt ein von-Neumann-Rechner noch ein **Ein-/Ausgabewerk**, damit eine sinnvolle Signalkette Eingabe – Verarbeitung – Ausgabe erzeugt werden kann. Diese Peripherie kann dabei über einen eigenen **Steuerbus** eingebunden sein (I/O-mapped peripherals) oder in den Adressraum des Speichers eingeblendet werden (memory-mapped peripherals), sodass sich die Peripherie dem Programm wie eine ganz normale Datenzelle darstellt. Diese Methode hat allerdings den Nachteil, dass bei einer Erweiterung des Systems Lücken im Speicher auftreten, die durch die unveränderlich festgelegten Adressen der Peripherie entstehen. Der eigene Steuerbus hat diese Probleme nicht, benötigt aber andere Befehle für die Ein-/Ausgabe als für den Speicherzugriff, sodass der Programmcode komplizierter wird.

Neben diesen synchronen Funktionen, die allein vom Programm deterministisch gesteuert werden, gibt es die sog. Unterbrechungen (Interrupts). Die Unterbrechungsanforderung kann durch externe Signale (Zeitgeber, Datenempfang) und durch spezielle Befehle ausgelöst werden. Der Prozessor unterbricht die laufende Programmausführung, sichert den Zustand des Programmzeigers und setzt die Ausführung an einer vorgegebenen Stelle fort, dem Interrupt-Handler. Nach der Rückkehr von der Unterbrechung wird das Hauptprogramm an der alten Stelle fortgesetzt. Da diese Unterbrechungen jederzeit auftreten können, spricht man von asynchronen Funktionen. In zeitkritischen Situationen können manche Unterbrechungen unterbunden werden (maskable Interrupt), es gibt aber auch Unterbrechungen, die immer ausgeführt werden (non-maskable-interrupt, NMI). NMIs werden z. B. ausgelöst bei Speicherfehlern, falschen Opcodes oder ungültigen mathematischen Operationen. Auch das Reset-Signal ist ein NMI, der nicht unterdrückt werden kann.

Bei den Prozessoren unterscheidet man zwischen Architekturen mit komplexem Befehlssatz (**CISC**), die auch verkettete Operationen in einem Befehl codieren können und solche mit einfachen Befehlen (**RISC**), die nur wenige, aber dafür schnelle Instruktionen haben. Während bei den CISC-Rechnern die internen Speicherzellen (Register) oftmals feste Bedeutungen haben und nicht für jede Operation zur Verfügung stehen, haben die RISC-Prozessoren viele gleiche Register, die sämtliche in allen Operationen verwendet werden können. Dieser sog. **orthogonale Befehlssatz** erlaubt eine wesentlich flexiblere Ausnutzung der Ressourcen mit einer nur geringen Anzahl von Befehlen. Dies erleichtert den Bau von optimierenden Compilern ganz erheblich.

Bei beiden Architekturen gibt es verschiedene Registerbreiten zwischen 8 und 32 Bit sowohl für die Rechenregister als auch das Adressregister. Oftmals ist auch der externe Busanschluss kleiner als die Registerbreite, sodass die Zugriffe in mehreren Teilen erfolgen müssen. Das **Adressregister** bestimmt durch seine Breite den maximal möglichen Adressraum, bei 16 Bit sind dies nur 64 kByte. Eventuell muss daher mit mehreren umschaltbaren Speicherbänken gearbeitet werden. Die kleineren Architekturen mit 16-Bit-Registern bieten zusätzlich oftmals noch die Möglichkeit, durch eine breitere ALU 32-Bit-Arithmetik durchzuführen, dabei werden dann jeweils zwei 16-Bit-Register kombiniert, um z. B. zwei 16-Bit-Zahlen zu einer 32-Bit-Zahl zu multiplizieren.

Tabelle 4.6.1: *In der Raumfahrt eingesetzte Prozessoren.*

Typ	Architektur	Typische Eigenschaften
1750	RISC	16 Bit, 32-Bit-ALU
ERC32	RISC	32 Bit, 32/64 Bit Fließkomma, eingebautes RAM-Interface mit Fehlerkorrektor, 300 kRad
LEON 3/4	RISC	32/64 Bit, Hardwaremultiplikation und -division, SEU-fest, Daten- und Befehlscache in Harvard-Architektur
ARM Core	RISC	64/32 Bit, doppelt genaues Fließkomma, diverse Hersteller (IP Bibliothek), von-Neumann und Harvard
x86	CISC	32 Bit, Zweiwege-Adressierung, doppelt genaues Fließkomma, nicht strahlungsfest
Black Fin	RISC	32 Bit CPU, 16 Bit DSP, zwei 40 Bit ALUs, Barrel Schieberegister, Cache in Harvard-Architektur

Ein weiteres Kriterium für die Leistungsfähigkeit eines Prozessors sind die **Adressierungswege**: Wenn bei einer binären Operation die beiden Quellregister unabhängig vom Zielregister gewählt werden können, spricht man von einer **Dreiwege-Adressierung**, ansonsten von einer **Zweiwege-Adressierung**. Bekanntestes Beispiel einer Zweiwege-Adressierung sind die Intel x86-Prozessoren, die neben der festen Zuordnung von Registern keinen so kompakten Code erzeugen wie andere Architekturen.

Die immer schneller werdenden Schaltkreise stießen relativ rasch auf ein Problem, das als **von-Neumann-Flaschenhals** bekannt ist: Da sich Programmcode und Daten den Bus teilen müssen, hängt die Verarbeitungsgeschwindigkeit nur noch vom Buszugriff ab. Um dies auszugleichen, fügt man zwischen Prozessor und Hauptspeicher einen schnellen Zwischenspeicher (**Cache**) ein, der Code und Daten puffert. Beim ersten Zugriff speichert der Cache einen Datenblock, und bei weiteren Zugriffen (Cache hit) erfolgt der Zugriff sehr schnell. Wenn allerdings das Datum nicht im Cache steht, muss erst der Inhalt des Caches zurückgeschrieben und anschließend neu beladen werden (Cache miss). Dieser Vorgang dauert länger als ein direkter Zugriff. Die Verarbeitungsgeschwindigkeit hängt davon ab, wie oft ein Cache-Treffer vorkommt. Typischerweise wird der Prozessor dadurch um den Faktor zwei schneller, allerdings muss man bei der Auslastung des Prozessors eine Reserve einplanen, falls es zu häufigen Cache Misses kommt. Die ESA schreibt daher vor, dass ein Prozessor nur zu 50 % ausgelastet werden darf, zusammen mit dem Faktor zwei der Cache-Beschleunigung führt dies das Cache-Prinzip ad absurdum, und man könnte gleich ohne Cache arbeiten.

Der „klassische" Prozessor ist der Ende der 1970er-Jahre nach militärischen Anforderungen entwickelte 1750A bzw. später 1750B. Obwohl er bereits seit Ende der 1990er-Jahre als veraltet gilt, ist er doch noch zu finden, z. B. in Steuerungen für Drallräder oder Sternenkameras. Der 1750 ist ein Prozessor mit 16-Bit-Registern und einem RISC-Instruktionssatz, der auch 32-Bit-Arithmetik ermöglicht. Er hat allerdings durch die 16-Bit-Register nur den beschränkten Adressraum von 64 kByte und muss daher durch Segmentierung einen größeren Adressraum erzeugen. Der 1750 sollte für Neuentwicklungen nicht mehr eingesetzt werden. Die ESA hat als Abhilfe einen 32-Bit-Prozessor auf Basis der SPARC V7-Architektur entwickelt, der als sog. IP-Core (intellectual property) als Hardware-Beschreibung verfügbar ist und von Atmel als IC gefertigt wird. Die aktuelle Weiterentwicklung hiervon ist der LEON3 bzw. LEON4, ein 32-Bit bzw. 64-Bit-Prozessor auf Basis der SPARC V8-Architektur. Die FT-Versionen sind strahlungstolerant. Die LEON3 Versionen sind sowohl als integrierter Schaltkreis als auch als virtuelle Hardware-Beschreibung verfügbar und können damit direkt in benutzerspezifische Schaltkreise mit eingebaut werden.

In programmierbaren Logikbausteinen (FPGA) werden oftmals auch ein oder mehrere Prozessorkerne mit eingebaut, z. B. ARM Kerne. ARM Kerne sind 32 und 64 RISC Architekturen, die seit 1985 stetig weiterentwickelt werden und nur in Form von IP-Bibliotheken auf den Markt kommen, d.h. der Chiphersteller integriert den Kern direkt im Schaltkreis.

Selbst ein strahlungsfester Prozessor kann nicht garantieren, dass es nicht zu einem Absturz kommt, wenn es z. B. im Moment des Decodierens eines Befehls zu einem Treffer kommt. Daher sind ausgeführte Systeme zumindest doppelt ausgelegt, um im Fehlerfall auf den Ersatzrechner umschalten zu können. Für die Dauer des Umschaltens ist das System allerdings kurzzeitig ohne Steuerung. Wenn dies nicht tolerierbar ist, muss mit mindestens vier Rechnern das **Byzantinische Prinzip** verwirklicht werden. Der Name soll von byzantinischen Feldherren stammen, die nach dieser Methode einen Verräter (= fehlerhafter Rechner) in ihren Reihen entlarven konnten. Byzantinische Algorithmen dienen dazu, mit solchen Fehlern umgehen zu können. Das heißt, jeder Prozessor bekommt die Daten der anderen, und wenn nicht mehr als x Prozessoren fehlerhaft sind, dann kann man mit $3x + 1$ Prozessoren ein korrektes Ergebnis bestimmen“ [4.6.1]. Solange nicht mehr als ein Fehler auftritt, kann also immer der fehlerhafter Knoten bestimmt und neu gestartet werden. Ein Beispiel für ein Rechnersystem nach diesem Prinzip ist der DMS-R-Rechner im russischen Segment der ISS, der für die Systemsteuerung zuständig ist.

4.6.2 Strahlungfestigkeit, Temperaturprobleme

Die **Strahlungsfestigkeit** ist entscheidend für die Zuverlässigkeit der Prozessoren im All. Hier sind vor allem zwei Kriterien entscheidend: die Gesamtdosis und transiente Einzelfehler (SEU). Letztere führen zu Bitfehlern in den Speicherzellen, die durch Fehlerkorrektur und redundante Register ausgeglichen werden können, oder zum sog. **Latch-Up**, bei dem sich der Schaltkreis intern kurzschließt und innerhalb kürzester Zeit zerstört wird. Die Latch-Up-Freiheit wird entweder durch das Design oder durch Schutzschaltungen sichergestellt, wobei das Design nur bis zu einer Maximalenergie der einfallenden Strahlung garantiert ist. Oftmals wird daher nur noch von Strahlungstoleranz und nicht mehr von Strahlungsfestigkeit gesprochen.

Die **Gesamtdosis** (total dose) sagt aus, ab wann die internen Sperrschichten der Halbleiter durch die akkumulierte Strahlenwirkung so weit degeneriert wurden, dass die normale Funktion versagt. Abhängig von der Orbithöhe und Missionsdauer kann die folgende Einstufung vorgenommen werden (Tabelle 4.6.2):

Tabelle 4.6.2: *Klassifizierung der Strahlungsfestigkeit.*

Gesamtdosis	Orbit	Strahlungshärte
< 10 kRad	LEO mit guter Abschirmung (ISS)	wenig
10 … 100 kRad	LEO	mittel
100 … 200 kRad	GEO, Sonden	hoch
> 200 kRad	Sonnensonden, Merkur, Venus	sehr hoch

Teilweise erholen sich die Bauteile wieder, wenn sie vollkommen abgeschaltet sind, da dann die Ladung in den Sperrschichten wieder abfließen kann. Speziell bei Systemen mit kalter Redundanz wird dadurch die Lebensdauer erheblich verlängert.

Durch den Wegfall der Konvektion bzw. durch den Betrieb im Vakuum kann die Abwärme der Bauteile nur noch durch Strahlung und Kontaktwärmeleitung abgeführt werden. Dies führt dazu, dass die Sperrschichten in Halbleitern und insbesondere freie Leiter, wie sie in Schmelzsicherungen vorkommen, zu heiß werden. Gegebenenfalls müssen deshalb Wärmebrücken auf die Bauteile montiert werden, welche die Abwärme zum Gehäuse und anschließend zur Primärstruktur leiten. Beim Vorhandensein von Restgas kann es durch Vergrößerung der mittleren freien Weglänge (Paschenkurve), zu Überschlägen und Lichtbögen kommen. Insbesondere sind hier die Kontakte von Relais und Steckern zu nennen. Alle diese Effekte bedingen, dass die Bauteile nur mit verringerten Lasten betrieben werden dürfen (**derating**), um nicht vorzeitig zerstört zu werden.

Einen groben Anhaltspunkt liefert die Tabelle 4.6.3 (teilweise entnommen aus [4.6.2]).

Tabelle 4.6.3: *Typische Unterlastung.*

Bauteiltyp	Empfohlene Unterlastung
Kondensatoren	60 % der Nennspannung
Widerstände	60 % der Nennleistung
Halbleiter	50 % der Nennleistung 75 % der Nennspannung Maximale Sperrschichtentemperatur: 110 °C
Mikroschaltkreise	75 % der Nennleistung 80 % der Nennspannung Maximale Sperrschichtentemperatur: 100 °C
Induktivitäten, Spulen	50 % der Nennspannung 60 % der Nenntemperatur
Relais und Stecker	50 % des Nennstromes
Sicherungen, freie Drähte	50 % des Nennstromes

Eine Absenkung der Betriebsspannung bei Mikroschaltkreisen ist natürlich nur dann möglich, wenn das Datenblatt dies zulässt. Zu beachten ist ferner, dass viele Schaltkreise bei verringerter Versorgungsspannung ein verändertes Timing und eine verringerte maximale Taktfrequenz haben. Daher ist die Rechenleistung ebenfalls herabgesetzt.

4.6.3 Busse

Die einzelnen Komponenten des OBDH und die Sensoren und Aktuatoren sind untereinander durch dedizierte Einzelleitungen verbunden oder durch Bussysteme (intelligenter Sensor). Einzelleitungen können diskrete Signale führen (Status an/aus, Pyro zünden etc.) oder analoge Werte, die durch die Ein-/Ausgabe-Blöcke gewandelt werden müssen. Einzelleitungen haben einen erhöhten Verdrahtungsaufwand, sind aber bei kritischem Zeitverhalten parallel benutzbar und benötigen nur eine einfache Peripherie.

Im Gegensatz dazu haben Busse einen geringeren Verdrahtungsaufwand, erfordern aber eine intelligente Peripherie. Streng genommen hat ein Bus mindestens drei Teilnehmer, die alle parallel an einer Signalleitung angeschlossen sind. Es hat sich aber eingebürgert, auch bei einer reinen Punkt-zu-Punkt-Verbindung von einem Bus zu sprechen. Die interne Verdrahtung von Prozessoren, die als virtuelle Hardware-Beschreibung vorliegen, ist ebenfalls als Bus ausgeführt. Dies sind meist proprietäre Spezifikationen. Diese werden, da sie nur innerhalb des Schaltkreises existieren, hier nicht weiter beschrieben.

4.6.3.1 Serielle asynchrone Schnittstelle RS232, RS422 und RS485

RS232 (RS = request for standardization) ist eine asynchrone serielle Vollduplex-Punkt-zu-Punkt-Verbindung (engl. UART), die ursprünglich für die Anbindung von Modems und Terminals konzipiert wurde. Sie arbeitet minimal mit einer 3-Draht-Verbindung und relativ hohen Spannungspegeln von ±12 ... 15 Volt. Da diese Spannungen in modernen Bauteilen nicht mehr vorkommen, wird oft direkt mit den Spannungen der Schaltkreise (3,3 V oder 5 V) gearbeitet. Streng genommen entspricht dies aber nicht mehr der Norm. Da RS232 mit asymmetrischen Signalen arbeitet, ist die Störfestigkeit nicht besonders hoch, und es können nur relativ kurze Leitungslängen und niedrige Bitraten realisiert werden. Hinzu kommt noch, dass RS232 die Impedanz der Leitungen nicht vorschreibt und es daher zu Reflexionen kommen kann. Auch dies verringert die maximale Bitrate, die noch sicher übertragen werden kann. Trotzdem ist RS232 noch sehr verbreitet, da die Implementierung in der Peripherie sehr einfach ist und viele Prozessoren mehrere UARTS fest eingebaut haben. Im einfachsten Fall kann man hier mit einem Terminalprogramm direkt auf den Rechner oder die Peripherie zugreifen.

Wenn eine erhöhte Störfestigkeit erzielt werden muss, so kann man auf RS242 (Punkt-zu-Punkt) oder RS485 (Multi-Punkt) ausweichen. Beide Schnittstellen arbeiten wahlweise im Voll- oder Halbduplexmodus und verwenden differenzielle Signale mit einer definierten Leitungsimpedanz und Terminierungswiderständen. Das System ist daher unempfindlich gegen Einstrahlung von außen und erlaubt hohe Bitraten.

Allen drei Schnittstellen ist gemeinsam, dass sie seriell und asynchron arbeiten: Ausgehend vom Ruhezustand werden zunächst ein Startbit gesendet, zwischen 5 und 8 Datenbits, ein optionales Prüfbit und ein oder zwei Stoppbits. Anschließend kann eine beliebig lange Pause eingefügt werden. Im Gegensatz zu anderen Schnittstellen wird hier das niederwertigste Bit zuerst gesendet. Im optimalen Fall benötigt man also für acht Datenbits noch zwei Steuerbits, sodass man nur 80 % der Bruttobitrate erreichen kann.

4.6.3.2 CAN-Bus (Controller Area Network)

Der CAN-Bus wurde ursprünglich von Bosch für die Vernetzung in Kraftfahrzeugen mit hohen Störpegeln entwickelt [4.6.3] und wird aufgrund dieser Robustheit auch zunehmend im Satellitenbau verwendet. So ist z. B. der Systembus zur Nutzlaststeuerung im russischen Segment der Raumstation ISS als redundanter CAN-Bus ausgeführt. Da in Kraftfahrzeugen das Bordnetz durch die Zündung und andere Elektronik starke Störungen aufweist und es andererseits aber Nachrichten gibt, die unbedingt rechtzeitig übermittelt werden müssen, ist der CAN-Bus auf eine besonders hohe Störfestigkeit und Wiederholungsfreiheit ausgelegt.

Der **CAN-Bus** ist ein asynchroner serieller Bus, der mit differenziellen Signalen arbeitet, die sogar der Spannungsversorgung überlagert sein dürfen. Vielfach wird allerdings mit eigenen Leitungen oder sogar mit Glasfasern gearbeitet. Der Bus kann mit verschiedenen maximalen Bitraten arbeiten, im Lowspeed-Modus bis 125 kbit/s, im Highspeed-Modus mit 1 Mbit/s. Bei elektrischer Übertragung werden verdrillte Adern (twisted pair) mit genau definierter Impedanz (ca. 120 Ω) und Terminierungswiderständen verwendet. Die Bits auf der Leitung werden durch eine normale bzw. invertierte Spannung zwischen den Leitungen dargestellt, sodass der Bus immer gleichspannungsfrei arbeitet. Die Codierung unterscheidet dabei zwischen den rezessiven 1-Bits und den dominanten 0-Bits. Ein dominantes Bit setzt sich dabei gegenüber dem rezessiven Bit immer durch, im Ruhezustand ist der Bus auf logisch 1 und daher rezessiv.

CAN kennt keine Adressen oder Knoten, sondern nur das Prinzip von Nachrichten, die von 0 bis zur maximalen Größe (11 bit bzw. 29 bit) durchnummeriert sind und bis zu 8 Bytes an Nutzdaten enthalten können. Jeder Teilnehmer am Bus kann Nachrichten generieren, und alle Teilnehmer hören alle Nachrichten. Um Verzögerungen durch eine Buskollision zu vermeiden, wird die Arbitrierung über die dominanten Bits durchführt: Zunächst ist der Bus im Ruhezustand, d. h. rezessiv. Ein Teilnehmer, der senden möchte, prüft dies zunächst und legt anschließend seine Ausgangstreiber auf rezessiv (1-Bit) oder dominant (0-Bit). Gleichzeitig prüft er, ob der Bus den erwarteten Wert angenommen hat. Wenn nicht, bricht er die Übertragung ab und wartet, bis der Bus wieder frei ist. Wenn nun zufällig mehrere Teilnehmer gleichzeitig senden wollen, so setzt sich immer der Teilnehmer durch, der gerade ein 0-Bit senden möchte. Daher haben die Nachrichten mit niedrigerer Nummer Priorität und setzen sich auch im Kollisionsfall auf dem Bus unmittelbar ohne Verzögerung durch.

Die Nachrichten selbst werden durch mehrere Verfahren gesichert. Zunächst wird das Datenpaket mit einer Prüfsumme versehen, welche die Rate von nicht erkannten Fehlern auf 10^{-11} drückt. Außerdem werden in der Codierung noch Stopfbits (bit stuffing) eingefügt, indem nach fünf gleichen Bits automatisch ein komplementäres Bit eingefügt wird, welches der Empfänger wieder verwirft. Während der Übertragung prüft jeder Teilnehmer, ob die Daten stimmig sind, und erzeugt bei einem Fehler einen Fehlerrahmen aus sechs dominanten Bits, die von allen anderen Teilnehmern erkannt werden, da sie die Stopfbit-Regel verletzen. Am Ende einer Übertragung erzeugt jeder Teilnehmer, der die Nachricht erhalten hat, ein dominantes Bestätigungsbit. Bleibt es aus, so kann der Sender erkennen, dass eine Unterbrechung der Verkabelung vorliegt. Dieser Mechanismus löst auch das Problem der Busblockade, wenn ein Teilnehmer den Bus durch permanente 0-Bits unbrauchbar macht: Jeder Teilnehmer, der ständig Fehler erkennt, die andere nicht sehen, schaltet sich nach einer gewissen Zeit auf passiv und trennt sich elektrisch vom Bus.

In seiner Grundform deckt der CAN-Bus nur die unteren beiden Ebenen im OSI-Modell ab, für den Tausch größerer Datenmengen wurden daher CANopen und CANaerospace entwickelt, die auch die oberen Protokollebenen mit abdecken.

4.6.3.3 I2C-Bus

Der I2C-Bus (inter integrated circuit) ist ein Bus, der ursprünglich entwickelt wurde, um die Anzahl der Leitungen für die Peripherie, die an einen Mikroprozessor angeschlossen wird, zu verringern. Mittlerweile gibt es jedoch eine Vielzahl von Modulen, die auch extern an den Bus angeschlossen werden, insbesondere EEPROM-Speicherbausteine und Messwertaufnehmer (AD- und DA-Wandler). Der I2C-Bus ist ein multimaster-fähiger Bus, der keine besonderen Treiber benötigt, sondern direkt mit den Signalen der digitalen Logikbausteine arbeitet (0 V und 5 V bzw. 3,3 V). Um keine Kurzschlüsse zu erzeugen, wenn zwei Teilnehmer gleichzeitig den Bus treiben wollen, wird mit einem offenen Kollektor gearbeitet, d. h., jeder

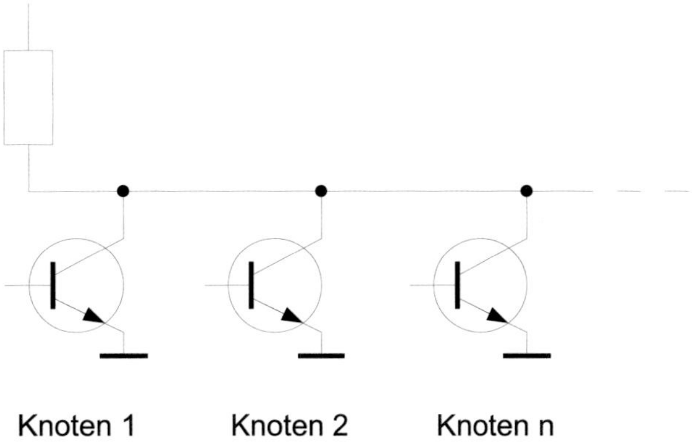

Bild 4.6.4: *I2C-Bus mit offenem Kollektor.*

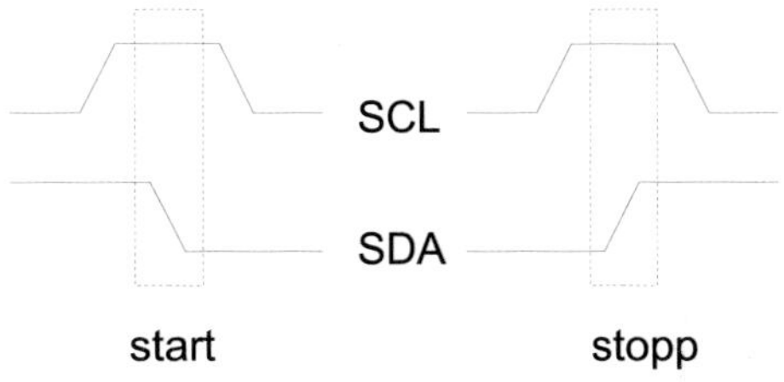

Bild 4.6.5: *Start- und Stopp-Signale beim I2C-Bus.*

Teilnehmer kann den Bus zwar auf Null-Pegel ziehen, aber der 1-Pegel wird durch einen Widerstand (pull-up) erzeugt (wired-and).

Da der I2C-Bus mit asymmetrischen Signalen und offenem Kollektor arbeitet, sind die Datenraten ursprünglich nur sehr niedrig (100 kbit/s bzw. 400 kbit/s) und die maximalen Leitungslängen nur sehr kurz.

Der Bus benutzt eine Datenleitung (serial data, SDA) und eine Taktleitung (serial clock, SCL), die vom jeweiligen Master getrieben und von den Slaves abgehört werden. Die Daten werden seriell synchron auf den Bus gelegt und dürfen sich nur ändern, wenn der Takt auf null ist. Eine Verletzung dieser Regel wird verwendet, um auf dem Bus die Start- und Stopp-Signale zu erzeugen: Während der Takt logisch eins ist, bewirkt eine fallende Flanke auf SDA ein Startsignal und belegt den Bus, eine steigende Flanke ist das Stopp-Signal und gibt den Bus wieder frei. Das Stopp-Signal ist eigentlich nur für Multimaster-Busse nötig, viele Speicherbausteine verwenden es jedoch, um interne Prozesse anzustoßen, sodass das Stopp-Signal immer erzeugt werden sollte.

Die Datenworte werden als 8-bit-Werte plus ein Acknowledge-Bit auf den Bus gegeben, wobei die Datenbits immer vom Sender gesteuert werden und das Acknowledge-Bit immer vom Empfänger als 0-bit generiert wird. Ein Ausbleiben des Acknowledge-Bits signalisiert das Ende der Übertragung. Zu Beginn schickt der Master ein Byte, bestehend aus einer 7-Bit-Busadresse und einem 1-Bit-Schreib/Lese-Signal auf den Bus, und der angesprochene

Schaltkreis bestätigt dies mit dem Acknowledge-Bit. Es können daher bis zu 128 Knoten adressiert werden, wobei einige Adressen für Spezialfälle reserviert sind. Später wurde diese Adressierung auf 10 Bit erweitert, um mehr Knoten ansteuern zu können.

Nach der Adressierung können die Daten direkt übertragen werden, oder es werden – je nach Baustein – weitere Adressbytes übertragen. Diese Adressbytes sind nicht mit der Bus-Adresse zu verwechseln, sondern stellen vielmehr eine interne Adresse des Bausteins dar. Zum Lesen eines Speicherchips sind daher zwei Adressierungen nötig. Zunächst wird im Schreibmodus der Baustein adressiert und die Startadresse innerhalb des Speichers übertragen. Nach einem Stopp- und Start-Signal wird der Baustein erneut adressiert, und zwar diesmal im Lesemodus, anschließend werden so lange Daten geliefert, bis der Sender (!) durch das Weglassen des Acknowledge-Bits signalisiert, dass er keine weiteren Daten mehr möchte. Der Speicherchip erhöht mit jedem Lesen automatisch intern den Adresszähler, sodass mit einer Adressierung der gesamte Speicher ausgelesen werden kann.

Der I2C-Bus hat ebenfalls das Problem der Busblockade, nämlich dann, wenn ein Baustein die SDA-Leitung ständig auf Massepegel hält. Sofern der Baustein nicht wirklich defekt ist, kann diese Blockade gelöst werden, indem die SCL-Leitung neun Mal getaktet wird. Spätestens jetzt wird das Acknowledge-Bit erzeugt und der Bus ist wieder frei. Erschwerend kann hinzukommen, dass der Baustein durch Takt-Dehnung (clock stretching) auch die Taktleitung auf Massepegel halten kann. In diesem Fall hat der Master keine Möglichkeit mehr, die Busblockade zu beenden. Daher muss bei kritischen Anwendungen jeder Baustein mit einer Punkt-zu-Punkt-Verbindung angeschlossen werden, sodass nur ein Teilausfall stattfindet. Das Problem der Busblockade haben alle Busse, die mit statischen Pegeln arbeiten, es ist nicht nur auf den I2C-Bus beschränkt.

4.6.3.4 SPI-Bus

Der SPI-Bus (serial peripheral interface) ist ähnlich wie I2C ein einfacher Bus ohne spezielle Leitungstreiber, der für Mikroprozessoren entwickelt wurde. Er arbeitet synchron seriell mit asymmetrischen Signalen und hat entsprechende Beschränkungen bezüglich der Taktrate und Leitungslänge. SPI hat 4 Signale:

- **SCLK** ist die Taktleitung, die parallel an jeden Teilnehmer angeschlossen ist und nur vom einzigen Master bedient werden darf.
- eine **Chipselect-Leitung** für jeden Slave, die logisch 0 aktiv ist und durch den Master gesteuert wird,
- **MOSI** (master out, slave in) ist dic Datenleitung, über die der Master seine Daten ausgibt,
- **MISO** (master in, slave out) ist die Datenleitung, über die der Master die Daten empfängt.

Wenn jeder Teilnehmer eine eigene Chipselect-Leitung besitzt, dann werden alle MOSI- und MISO-Leitungen parallel geschaltet. Es darf dann immer nur ein Baustein ausgewählt werden, um Buskonflikte zu vermeiden. Mit jedem Takt wird ein Bit vom Master zum Slave übertragen und ein Bit vom Slave zum Master.

Um Leitungen zu sparen, können gleiche Bausteine kaskadiert werden, d. h., diese Teilnehmer sind in einer Kette verbunden und haben eine gemeinsame Chipselect-Leitung. Der Master sendet die Daten von seinem MOSI-Ausgang zum MOSI-Eingang des ersten Teilnehmers. Dieser sendet die Daten von seinem MISO-Ausgang zum MOSI-Eingang des nächsten Teilnehmers usw., bis sie schließlich wieder beim Master ankommen.

Intern wandeln die Slaves die seriellen Daten mit einem Schieberegister wieder in ein internes Datenwort um, die Registerbreite ist allerdings nicht festgelegt und muss dem Master bekannt sein, damit er den Baustein richtig bedienen kann. Ähnlich wie bei I2C gibt es als Bausteine häufig einfache Schaltkreise wie Speicher, AD-Wandler oder Echtzeituhren, die keine großen Datenmengen übertragen müssen.

4.6.3.5 SpaceWire

Um den Bedarf an schnellen, sicheren Bussen für die Raumfahrt zu decken, wurde von der ESA der SpaceWire entwickelt [4.6.4]. **SpaceWire** ist ein serieller Vollduplex-Punkt-zu-Punkt-Bus mit bis zu 200 Mbit/s und der Möglichkeit der Paketweiterleitung durch Router. Er wurde aus dem Firewire-Bus für PCs und digitale Videokameras mit Anpassungen an die Anforderungen der Raumfahrt bezüglich Störfestigkeit, Stromverbrauch und Sicherheit entwickelt.

Von Firewire übernommen wurde die physikalische Codierung der Datenbits mit Data Strobe Encoding. Bei Data Strobe Encoding gibt es ein Daten- und ein Strobe-Signal, aber keine Taktleitung. Das Strobe-Signal ändert immer dann seine Polarität, wenn es keinen Wechsel beim Datensignal gibt, d. h., es ändert sich immer nur eines der beiden Signale. Dies maximiert die Zeit, innerhalb der die Daten stabil anliegen müssen, um fehlerfrei erkannt zu werden. Außerdem kann der Takt durch eine Exklusiv-ODER-Verknüpfung der beiden Signale wiedergewonnen werden, sodass eine einfache und damit schnelle Hardware gebaut werden kann.

Verbessert wurde die Störfestigkeit durch die Verwendung von differenziellen Signalen LVDS (low voltage differential signaling) und die Trennung der Sende- und Empfangsleitungen. Firewire sieht für die Übertragung nur Halbduplex vor, daher werden die Data- und Strobe-Leitungen abwechselnd von beiden Teilnehmern mit entsprechend aufwendiger Hardwarelogik gesteuert. Bei SpaceWire sind diese Signale jeweils für Senden und

Empfangen getrennt mit einer zusätzlichen Abschirmung, sodass sich insgesamt neun Leitungen ergeben, die eine besonders hohe Störfestigkeit ergeben. Zusätzlich sind bei SpaceWire auch Empfehlungen für raumfahrtqualifizierte neunpolige Stecker gegeben, sodass es keine Schnittstellenprobleme gibt.

Da das Protokoll von SpaceWire relativ komplex ist, aber gut in Hardware realisiert werden kann, gibt es nicht nur fertige Schaltkreise, sondern auch wieder IP-Cores, die in Form von kundenspezifischen Schaltkreisen oder in programmierbaren Logikbausteinen direkt verwendet werden können.

Der SpaceWire bedient zunächst nur die unteren Schichten des OSI-Modells, aber es sind auch Entwicklungen im Gange, die oberen Schichten (Transport und Vermittlung) zu implementieren. Hauptanwendungen für SpaceWire sind große Massenspeicher und Breitband-Telemetriesysteme.

4.6.3.6 MIL-STD-1553

Der MIL-STD-1553 ist ebenfalls ein Feldbus, der bereits 1973 im Auftrag der US- Luftwaffe entwickelt wurde und sich zu einem Standard in der Satellitentechnik entwickelt hat. Durch die niedrige Bitrate und den hohen Aufwand für die Implementierung wird er aber immer weniger eingesetzt.

Der Bus ist ein synchroner serieller Bus mit einer Bitrate von ursprünglich 1 Mbit/s auf einem verdrillten Adernpaar oder einer Koaxialleitung. Der Bus ist typischerweise doppelt oder mehrfach redundant ausgelegt, wobei alle Kabel dieselbe Information tragen. Die Aufkopplung der Geräte an den Bus erfolgt mithilfe von Transformatoren, sodass der Bus gleichspannungsfrei und blockadesicher ist. Hierzu müssen die Daten und der Takt manchester-codiert (bi phase) auf den Bus gelegt werden. Durch die synchrone Übertragung ohne extra Taktsignal sind die Anforderungen an die Kurzzeitstabilität besonders hoch.

Die einzelnen Daten werden als 16-Bit-Worte mit einem 3-Bit-Synchronisationsfeld und einem Prüfbit versendet. Die Rahmensynchronisation erfolgt durch eine zeitliche Pause zwischen den Datenworten, ebenso wie der Zugang zum Bus. Geräte müssen spätestens nach 4 ... 12 µs antworten oder die Nachricht wird als nicht zugestellt betrachtet. Diese harten Timingvorgaben machen den Bus echtzeitfähig für harte Echtzeit. Die Systeme sind nur aber schlecht in Software realisierbar und entsprechend groß und schwer ist die nötige Hardware und daher für kleinere Geräte oftmals größer als das Gerät selbst.

Ein MIL-STD-1553-System besteht immer aus einem Bus-Controller und bis zu 31 Knoten (remote terminals), die die Schnittstelle zu anderen Geräten oder anderen Bussen darstellen.

4.6.4 Betriebssysteme

Da die Prozessoren der Bordrechner nur wenig Leistung haben sollen und dementsprechend mit niedriger Taktfrequenz arbeiten, sind kleine und effiziente Betriebssysteme essentiell. Ein modular aufgebautes Betriebssystem erlaubt es, nur die benötigten Funktionen zu laden und damit toten Code (d. h. Code, der im Speicher steht, aber niemals aufgerufen wird) zu vermeiden. So hat der Kern des Echtzeit-Betriebssystems QNX 4.25 eine Größe von nur 32 kByte und erlaubt Reaktionen auf externe Ereignisse in weniger als 5 µs. Der Begriff Echtzeit ist hierbei etwas irreführend, genau genommen muss von „rechtzeitig" gesprochen werden, da jede Signalverarbeitung in Software eine nicht genau vorhersagbare Verzögerung verursacht. Eine wirkliche deterministische Echtzeit gibt es daher nur in Hardware. Echtzeit darf auch nicht mit schnell verwechselt werden, vielmehr muss die Geschwindigkeit dem Problem angepasst sein. Prinzipiell unterscheidet man:

- **keine Echtzeit:** Eine Anwendung kann theoretisch nie zur Ausführung kommen, wenn das System entsprechend ausgelastet ist.
- **weiche Echtzeit:** Eine Anwendung kommt normalerweise nach einer vorher bestimmten endlichen Zeit zur Ausführung, dies kann jedoch nicht immer garantiert werden
- **harte Echtzeit:** Eine Anwendung kommt immer nach einer vorher bestimmten maximalen Zeit zur Ausführung. Dies ist in Software nur sehr schwer realisierbar und benötigt sehr zuverlässige Hardware.

Betriebssysteme für die Raumfahrt sollen fernwartbar sein, um bei Bedarf nur Teile des Systems tauschen zu können, und sollen außerdem die Möglichkeit bieten, direkt Daten im Speicher zu manipulieren, damit die Änderungen zunächst einmal nicht permanent sind. Hier muss entweder die Hardware entsprechend gebaut sein oder das Betriebssystem bietet von sich aus den Prozessen Zugriff auf den gesamten Speicher, indem es den linearen Adressraum in Form eines virtuellen Gerätes zur Verfügung stellt. Die Fernwartbarkeit setzt zwingend die Möglichkeit des Remote-Logins voraus, die im einfachsten Fall über ein serielles Terminal erfolgen kann.

Durch die Modularität vereinfacht sich die Entwicklung von Gerätetreibern, da diese in einem eigenen Adressraum getrennt von den anderen Prozessen laufen und so bei einem Absturz nicht den Rest des Systems in Mitleidenschaft ziehen können. Das extreme Beispiel ist hier wieder QNX, bei dem der Kern nur den Task-Switcher und die Speicherverwaltung enthält. Alle anderen Dienste inklusive Gerätemanager laufen als eigenständige Prozesse und kommunizieren über Inter-Prozess-Kanäle.

Beispiele für Betriebssysteme

- **QNX:** Entwickelt bereits 1982 für die Intel-Prozessoren und später erweitert für andere Architekturen, verfolgt QNX konsequent den Ansatz des Mikrokernels für ein Echtzeit-Betriebssystem. Alle Treiber sind wie die Anwenderprogramme Prozesse mit eigenem Prozessraum und können auch wie solche entwickelt werden. QNX ist zwar ein proprietäres Betriebssystem, aber der Quellcode ist veröffentlicht und kann eingesehen werden. QNX wird z. B. in diversen Nutzlaststeuerungen im russischen Teil der ISS eingesetzt.
- Wind River **VxWorks:** Ebenfalls ein proprietäres Echtzeit-Betriebssystem für eingebettete Systeme. Das System kann sich nicht selbst übersetzen, vielmehr muss mit einem Host-Rechner unter einem anderen System mit einem Cross-Compiler gearbeitet werden, der dann den Code für das Zielsystem erzeugt. VxWorks ist daher nicht so modular wie QNX und benötigt jeweils für die Zielarchitektur angepasste Treiber. VxWorks wurde unter anderem bei einigen Marsmissionen eingesetzt.
- Speziell für die LEON-Prozessoren ist **RTEMS** zu nennen, das ebenfalls als Quellcode vorliegt. RTEMS bietet keinerlei Speichermanagement zum Schutz der Programme oder die Möglichkeit, mehrere Prozesse zu starten. Vielmehr stellt es eine Umgebung für einen einzelnen Prozess mit mehreren Pfaden (single process, multi threaded) zur Verfügung und eignet sich daher ebenfalls besonders für eingebettete Systeme.
- **RTLinux** ist eine Echtzeiterweiterung für Linux, die den gesamten Linux-Kern als Prozess laufen lässt. Externe Unterbrechungen, die für die deterministische Echtzeit nötig sind, werden direkt in der Erweiterung abgearbeitet, der Rest wird an den normalen Kern weitergeleitet. RTLinux ist ebenfalls als Quellcode verfügbar, hat aber in der Raumfahrt noch keine größere Verwendung gefunden.
- Rodos ist ein vom DLR entwickeltes Echtzeitbetriebssystem, das vor allem für eingebettete Systeme entwickelt wurde. Rodos ist aufgebaut mit einer mehrschichtigen Rahmenstruktur (Framework) mit präemptivem Multitasking.

4.6.5 Rechner mit rekonfigurierbarer Logik

4.6.5.1 Logikbausteine

Rekonfigurierbare Logik hat ihre Ursprünge in den immer komplexer werdenden Schaltungen und dem damit einhergehenden Platzbedarf für die Bauteile. Daher wurde die Vielzahl individueller Einzelfunktionen auf eine gemeinsame mathematische Beschreibung reduziert: Alle logischen Operationen lassen sich auf eine Form bringen, bei der ein Gleichungssystem aus Multiplikationen (UND-Verknüpfung) und Additionen (ODER-Verknüpfung) entsteht. Die Verknüpfungen lassen sich in Form einer Matrix individuell aktivieren oder sind fest vorgegeben. Diese kombinatorische Logik erzeugt dann aus einem Eingangsvektor nach einer gewissen Laufzeit das Ergebnis als Ausgangsvektor. Nachteilig ist allerdings, dass sich bei reiner kombinatorischer Logik der Ausgangsvektor ändert, sobald sich der Eingangsvektor ändert. Um dies zu vermeiden, muss die kombinatorische Logik durch das Hinzufügen von Speicherelementen (Flip-Flops) zu einer sequenziellen Logik erweitert werden.

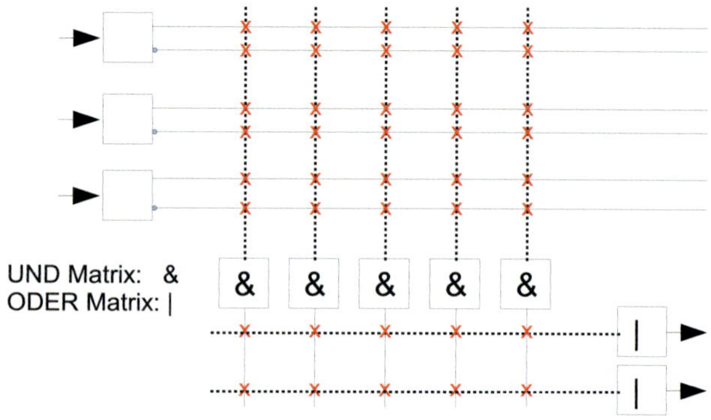

Bild 4.6.6: *Normierte Darstellung von Logikfunktionen, die roten Kreuze stellen mögliche Verbindungen dar.*

Je nach Art der vorgegebenen und freien Verbindungen lassen sich unterschiedliche Bausteine erzeugen:

1. PROM/MaskenROM: UND-Matrix fest („Adressdecoder"), ODER-Matrix frei („Datenbits")
2. PLA (programmable logic array): UND-Matrix und ODER-Matrix frei, reine kombinatorische Logik
3. PAL (programmable array logic): UND-Matrix frei, ODER-Matrix fest, Flip-Flops am Ausgang, sequenzielle Logik

Während ROM-Bausteine auch heute noch Verwendung finden, stießen die PLAs und PALs schnell an ihre Grenzen und wurden durch größere Anordnungen, die CPLDs (complex programmable logic devices) ersetzt. CPLDs enthalten intern mehrere Makrozellen mit jeweils UND-Matrix, ODER-Matrix und Flip-Flops. Diese Zellen sind durch statische Busse fest miteinander verknüpft und können meist einmalig („im Werk") programmiert werden.

Diese Einschränkung wurde schließlich durch die **FPGAs** (field programmable gate arrays) aufgehoben. Der Begriff „Field" deutet an, dass der Baustein vor Ort programmiert wird und nicht bei der Herstellung der Geräte. Technisch realisiert wird dies durch schaltbare Verknüpfungen und dynamische Busse, die beim Start von einem internen oder externen ROM geladen werden. Intern gliedert sich ein FPGA in konfigurierbare einfache Logikblöcke (CLB), bei denen die UND- und ODER-Matrix

Bild 4.6.7: *Hauptplatine des ACES-Phasen- und Frequenzmessers mit zwei FPGAs und Peripherie (Bild: TZ Raumfahrt).*

durch eine Tabelle ersetzt wurde (**look-up table, LUT**), und einem Flip-Flop am Ausgang. Durch die Tabelle mit typischerweise vier Eingängen erzielt man eine konstante Laufzeit, unabhängig von der Logikfunktion. Bei komplexeren Ausdrücken mit mehr als vier Eingangsvariablen können diese Tabellen auch kaskadiert werden. Um den quadratischen Anstieg bei $n \times (n - 1)$ Verknüpfungen zwischen den CLBs zu vermeiden, gibt es nur noch kurze, mittlere und lange Busse, die die CLBs verbinden. Zusätzlich gibt es noch globale Taktleitungen, bei denen durch das Design und die Herstellung garantiert ist, dass alle Flip-Flops im FPGA synchron schalten. Damit spielen die unterschiedlichen Laufzeiten der Signale keine Rolle mehr, solange sie innerhalb eines Taktzyklus liegen. Dies legt die maximal mögliche Taktfrequenz des Designs fest.

Mit FPGAs ließen sich erstmalig komplexe Abläufe direkt in Hardware ausführen und nachträglich aktualisieren oder zur Laufzeit ändern. Erzeugt werden diese Konfigurationen durch Zeichnen von Schaltplänen oder durch formale Beschreibung auf Registerebene (register transfer level, RTL).

4.6.5.2 Hardware-Beschreibungssprachen

Mit zunehmender Komplexität der Logikbausteine war eine Beschreibung der Funktionen durch Schaltpläne nicht mehr möglich und es wurden Hardwarebeschreibungssprachen entwickelt. Typische Vertreter auf Registerebene sind VHDL und Verilog. Hierzu wird die Konfiguration der Bausteine durch eine **funktionale** Beschreibung auf Registerebene erzeugt, vergleichbar mit Maschinensprache. Der Nutzer hat hier die volle Kontrolle über die erzeugte Logik, muss aber alle Signale und komplexen Ablaufsteuerungen selbst erzeugen. Oftmals werden Funktionen wie Fließkommaberechnungen oder ganze Module in Form von Bibliotheken eingebunden, sog. IP-Cores.

Durch die Größe der FPGAs ist es inzwischen aber auch möglich, die Konfiguration in einer Hochsprache zu beschrieben. Hier ist die Sprache C günstig, da sie im Hinblick auf eine hardwarenahe Programmierung entwickelt wurde. Der Compiler erzeugt aus dem Quellcode für jede Anweisung entsprechende Logikblöcke indem er die Terme in kleinere Einheiten zerlegt. Allerdings hat der Nutzer hier keinen Einfluss auf das Timing, da der Compiler entscheidet, in wie viele Takte ein Ausdruck zerlegt wird: untimed-C. Trotzdem ist schon ein erheblicher Geschwindigkeitszuwachs möglich, da eine dedizierte Hardware erzeugt wird.

Noch einen Schritt weiter geht **Handel-C**, eine Erweiterung zu C, die Ende der 1990er-Jahre an der University of Oxford entwickelt wurde. Im Gegensatz zu den sonstigen Hardware-Beschreibungssprachen bietet sie eine **verhaltensbasierte** Beschreibung (behavioral design) auf Hochsprachenebene. Damit können auch komplexe Algorithmen in kurzer Zeit in eine Hardwarebeschreibung umgewandelt werden. Handel-C vereint dabei transparent die implizit parallele Ausführung von Hardware mit dem typischerweise sequenziellen Ablauf von Algorithmen. Der Compiler übernimmt dabei die Generierung einer **Zustandsmaschine**, die diesen sequenziellen Ablauf erzeugt. Ermöglicht wird dieses Verhalten, indem Handel-C ein genau definiertes Timing mit genau einem Taktzyklus pro Zuweisung festlegt (timed-C) und eine explizite Parallelisierung durch den Benutzer. Die Synchronisation zwischen mehreren Prozessen wird dabei ebenso automatisch durch Compiler erzeugt.

Weil der Nutzer nun eine Abstraktionsebene höher arbeitet, können Algorithmen direkt implementiert und getestet werden. Aus demselben Quellcode wird dabei wahlweise eine taktzyklus-genaue Simulation erzeugt, die sich mit klassischen Mitteln debuggen lässt, oder es wird die endgültige Hardwarebeschreibung synthetisiert. Durch die direkte Umwandlung der algorithmischen Beschreibungen in Hardware-Funktionen, die prinzipiell immer und gleichzeitig zur Verfügung stehen, entfällt die Notwendigkeit einer Ressourcenverwaltung, also eines Betriebssystems. Der Geschwindigkeitszuwachs durch die direkte Verarbeitung in Hardware ist immens, je nach Implementierung ist ein Faktor 100 zu erreichen. Dies ist nicht allein auf die Abarbeitung in Hardware zurückzuführen, sondern auch, dass sich Funktionen implizit erzeugen lassen ohne dass Logik generiert wird. Ein Beispiel ist das Bit-Reversal bei einer FFT, wo die Daten mit gespiegelten Adressen im Speicher umsortiert werden müssen. In Hardware werden einfach die Adressleitungen „rückwärts“ verdrahtet: dies erzeugt weder Logik noch benötigt es Taktzyklen. Viele Probleme, die bei software-basierten Systemen auftreten können und nur schwer überprüft werden können, entfallen:

- echte Parallelität, keine Taskwechsel,
- keine Latenzzeiten in der Interruptbehandlung,

- prinzipiell keine Wettlaufsituationen (race conditions),
- streng deterministisches Zeitverhalten,
- keine Änderung der Verarbeitungsgeschwindigkeit oder des Zeitverhaltens bei höherer Auslastung.

Speziell der letzte Punkt ermöglicht es, Funktionen und Komponenten einzeln zu entwickeln und getrennt zu testen, sogar das nachträgliche Hinzufügen von Funktionen ist möglich, ohne dass das System erneut komplett getestet werden muss. Durch das taktgenaue Verhalten können neue Redundanzkonzepte gebaut werden, die im laufenden Betrieb ein Umschalten auf die Ersatzhardware ermöglichen, ohne dass es zu Unterbrechungen des Betriebs kommt.

Eine Anwendung einer reinen Hardwaresteuerung ist Phasen- und Frequenzmessung des ACES (Atomic Clock Ensemble in Space) Experiments. Die Steuerung besteht hier in der synchronen und ultrapräzisen Phasenregelung der beiden Atomuhren und einer gleichzeitigen Messung des Phasenrauschens. Ein klassischer softwarebasierter Ansatz hätte nicht die geringe Leistungsaufnahme erreicht.

Bei dynamischen Funktionen ist es besser ein gemischtes Konzept zu verfolgen mit einem softwarebasierten Teil für die übergeordneten Funktionen und einem hardwarenahen Teil für timing- und geschwindigkeitskritische Funktionen. Die Software konfiguriert dabei das FPGA zur Laufzeit mit wechselnden Funktionen und greift dann auf diese Funktionen wie bei einem mathematischen Koprozessor zu. Dies können komplexe Berechnungen sein, aber auch Busprotokolle für die Peripherie. Der Vorteil ist hierbei, dass Funktionen zur Laufzeit geladen werden und nicht in Form von dedizierten ICs festgelegt sind. Damit kann die Hardware ohne Änderung für verschiedene Missionen eingesetzt werden, lediglich die Pegelwandler auf den Ein-/Ausgabemodulen müssen angepasst werden. Dieses Konzept setzt der Bordrechner der mobilen Raketenbasis MORABA um.

4.6.6 Software-Entwicklung

Wie schon erwähnt, kann es bei Software zu Wettlaufsituationen kommen, die sehr schwer zu entdecken sind, weil sie nur in Kombination von bestimmten Konstellationen oder erst später durch Änderungen in einem anderen Teil als dem untersuchten Bereich auftreten. Daher ist es für die Fehlerverfolgung unabdingbar, einen bestimmten Zustand der Software wieder herstellen zu können. Dazu wurden Revisions-Kontrollsysteme entwickelt, die alle Änderungen des Quellcodes verfolgen. Das erste System dieser Art war RCS, es verwaltet jeweils einzelne Dateien in einer Verlaufsdatei, die nur die Änderungen zum letzten Stand sichert. Nachteilig war hier aber, dass keine ganzen Projekte verwaltet werden können, daher wurde das **Concurrent Versions System** (CVS) eingeführt. CVS verwaltet ein komplettes Projekt in einem zentralen Bereich, dem Repository. Die Nutzer können über das Netzwerk die Daten auslesen, lokal verändern und zurückschreiben. Eventuelle mehrfache Änderungen löst das System soweit wie möglich automatisch auf. Durch automatisch erzeugte Metadaten sind diese Änderungen verfolgbar, und es kann dadurch ein ganz bestimmter Zustand jederzeit wieder hergestellt werden. Normalerweise wird dazu bei Erreichung eines Meilensteins ein symbolischer Name („Tag") vergeben, der die Zusammenfassung aller momentanen Versionsnummern darstellt. Typischerweise wird dies vor einem Test gemacht. Wenn dann bei späteren Versionen Fehler auftreten, so kann durch eine binäre Suche in den Versionen schnell festgestellt werden, wo der Fehler auftrat. CVS kann hierzu alle Änderungen zwischen zwei Versionen darstellen.

Nachteilig bei CVS ist, dass es keine ganzen Verzeichnisse verwalten kann und die Daten immer auf einem zentralen Server abgelegt werden müssen. Diese Einschränkungen wurden durch **Git** aufgehoben. Unter Git hat jeder Benutzer eine komplette Kopie der Datenbank inklusive aller Metadaten und kann somit leichter neue Versionen („Branches") erzeugen. Zusätzlich basieren bei Git alle Revisionen, die erzeugt werden, auf der kompletten Vorgeschichte, sodass Fehler oder gar absichtliche Manipulationen in der Revisionsgeschichte erkannt werden. Da es keine zentrale Datenbank gibt, müssen unter Git die Versionen von Zeit zu Zeit zwischen den Nutzern synchronisiert werden, hierzu wird ein eigenes Protokoll benutzt, das auch Konflikte bei Mehrfachänderungen aufzeigt.

Test von Software

Da jede Änderung in einer Software prinzipiell durch Änderung des Zeitverhaltens einen Einfluss auf das gesamte System haben kann, ist es nicht möglich, zunächst mit einer speziellen Version mit Fehlerausgabe zu arbeiten und anschießend diese Funktionen zu deaktivieren. Es wird somit entweder durch die notwendige neue Kompilierung eine andere Software erzeugt oder es entsteht toter Code. **Toter Code** sind Funktionen, die zwar vorhanden sind und Speicher belegen, aber nicht aufgerufen werden. Zum toten Code kann man auch Funktionen rechnen, die zwar aufgerufen werden, deren Ergebnis aber nicht weiter verwendet wird. Dies verbraucht nicht nur Rechenleistung, sondern kann auch durch Fehler zu einem Absturz des gesamten Systems führen. So ist der Absturz der Ariane 501 auf einen Fließkommaüberlauf in einer toten Funktion zurückzuführen, die für den eigentlichen Betrieb nicht nötig gewesen wäre.

Beim Test von Software wird daher nur die Datenausgabe mit den zu erwartenden Werten auf Schnittstellenebene verglichen. Insbesondere sind folgende Punkte nachzuweisen:

- Rechnen alle Funktionen richtig?
- Was passiert bei Vollauslastung/Überlast?
- Wurden alle Funktionen auch wenigstens einmal aufgerufen?
- Wie groß ist die Fehlertoleranz bei falschen Eingangsdaten?

Speziell die letzten beiden Punkte sind schwer zu erfüllen, weil dazu wieder interne Testroutinen eingebaut werden müssten. Es ist daher nötig, mit der echten Hardware zu arbeiten, um auch das richtige Zeitverhalten zu erzeugen, die Tests relative lange laufen zu lassen (Tage bis Wochen) und mit hoher Wahrscheinlichkeit alle Programmteile einmal aktiviert zu haben. Speziell für die Überprüfung der Fehlertoleranz gibt es Prüfprogramme, die zufällig Daten verfälschen und sich das Antwortverhalten und die Datenkonsistenz ansehen. Im günstigsten Fall stürzt das Programm einfach nur ab und antwortet nicht mehr. Dies ist der klassische Denial-of-Service-Attack, der zwar keinen Einbruch in das System ermöglicht, aber die Nutzbarkeit unterbinden würde. Durch Protokollierung der falschen Daten kann anschließend zurückverfolgt werden, wie der Fehler auftritt. Auf Quellcode-Ebene warnen diese Programme oftmals schon vor möglichen Problemen, z. B. wenn Funktionen verwendet werden, die die Größe von Puffern nicht überprüfen.

Literatur

[4.6.1] *Lamport, L. et al.:* The Byzantine Generals Problem. In ACM Transactions on Programming Languages and Systems, Vol. 4, pp. 382–401, 1982.

[4.6.2] *NASA:* Reliability Practice No. PD-ED-1201, (keine Jahresangabe).

[4.6.3] http://esd.cs.ucr.edu/webres/can20.pdf (September 1991).

[4.6.4] http://spacewire.esa.int.

4.7 Kommunikationstechnik

Peter Turner

In diesem Kapitel wird ein Auszug aus dem Bereich der Kommunikationstechnik für Raumfahrtanwendungen vorgestellt. Die nachfolgenden Betrachtungen sind teilweise auf Satelliten bezogen, aber auch grundsätzlich für andere Anwendungen gültig.

Dazu ist es nötig, einige grundlegende Prinzipien der Nachrichtentechnik in Kürze anzusprechen, um die Zusammenhänge und physikalischen Randbedingungen besser verstehen zu können. Hierfür sind vor allem die Betrachtung der theoretischen Kanalkapazität und die Einflüsse des allgegenwärtigen thermischen Rauschens von grundlegender Bedeutung.

Die Anforderungen an das Übertragungssystem hinsichtlich Kapazität, Zuverlässigkeit und Kompatibilität zu bestehenden Bodenstationen sind entscheidend für die Architektur des Bordsegments. Sie bestimmen die Größe und Charakteristik der Bordantennen, die nötige Sendeleistung und Empfindlichkeit der Empfänger. Auch die Codierung und Modulation stehen in engem Zusammenhang mit der Übertragungsleistung und der erreichbaren Qualität und Datensicherheit.

Abschließend wird das voll redundante Kommunikationssystem des DLR-BIRD-Satelliten besprochen, das sich seit 2001 im Orbit bewährt hat.

Die in dem nachfolgenden Kapitel betrachteten Themen können nur einen kleinen Einblick in das weite Feld der Kommunikationstechnik geben.

4.7.1 Einleitung

Satelliten sind heute ein zentraler Bestandteil der täglichen Kommunikation. Interkontinentale Telefon- und Datenverbindungen ebenso wie Fernsehbilder werden täglich genutzt und unterliegen ständig dem Wettbewerb[1] verschiedener Anbieter. Folglich ist die **Effizienz des Kommunikationssystems** ein maßgeblicher Parameter für die Auslegung der Systeme. Möglichst viele Kunden sollen gleichzeitig die Satellitenverbindung nutzen können, und man versucht, in gegebenen Frequenzzuteilungen die maximal mögliche Kanalanzahl unterzubringen. Durch moderne Modulationsverfahren kommt man diesen Vorgaben ständig näher. Begrenzende Faktoren sind die verfügbare Primärleistung (z. B. 7 kW bei ASTRA 2A) des Satellitenbusses, der damit verbundene Thermalhaushalt und die

[1] Besonders durch interkontinentale Unterseekabel mit Glasfasertechnik und Übertragungsbandbreiten von bis zu 160 Terabit/s.

4

verschiedenen Vorschriften hinsichtlich der abgestrahlten Hochfrequenz.

Im Gegensatz zu Datenverbindungen macht sich bei geostationären Satelliten für Sprachverbindungen die Laufzeit der Signale störend bemerkbar, insbesondere bei zusätzlich auftretendem **Echo.** Moderne Technik ist in der Lage, einen Teil dieser Echos zu unterdrücken, kommt aber bei Verbindungen über zwei Satelliten durch die Verdoppelung der Signallaufzeit an die Grenze des Möglichen.

Moderne Kommunikationssatelliten haben eine **Nutzungsdauer** von bis zu 15 Jahren, wobei die Lebensdauer meistens durch den zu Ende gehenden Treibstoffvorrat für die Lage- und Positionsregelung bestimmt ist. Die Lebenszeit von moderner Elektronik und Baugruppen ist meistens wesentlich länger und wird durch aufwendige und kostenintensive Tests nachgewiesen. Auch werden wichtige Komponenten (z. B. Sender, Empfänger, Transponder) redundant ausgelegt und können im Bedarfsfall aktiviert werden.

Die eingesetzte Technik an Bord des Satelliten muss kompatibel mit den Sende- und Empfangsanlagen des Bodensegments sein, das je nach Anforderung aus vielen weltweit verteilten Einzelstationen bestehen kann.

Für kurzlebige (< 5 Jahre) Forschungssatelliten werden in zunehmendem Maße wesentlich kostengünstigere Kommunikationskonzepte und COTS-Komponenten aus anderen Bereichen der Raumfahrttechnik eingesetzt.

Als Beispiel ist am Ende des Kapitels das Sende- und Empfangssystem des DLR-Forschungssatelliten Bi-spectral Infrared Detection (BIRD) beschrieben, dessen Technologie aus dem Gebiet der Höhenforschungsraketen kommt und bis zur Einstellung des offiziellen Betriebs durch das DLR am 31.12.2008 fehlerfrei gearbeitet hat.

4.7.2 Frequenzbänder

Neben den nationalen Behörden legt die ECSS in Europa die Frequenzen für alle Kommunikationsanwendungen fest. Auch die ITU ist für die Einteilung und Koordination der Frequenzen zuständig, wodurch sich teilweise Überlappungen und unterschiedliche Bandeinteilungen für die zugeteilten Bereiche ergeben. Weiter ist zu berücksichtigen, dass für die verschiedenen Weltzonen gesonderte Frequenzzuteilungen existieren. Viele für die Satellitenkommunikation benutzte Frequenzbänder werden auch für terrestrische Anwendungen verwendet. Wegen der ständig zunehmenden Anzahl der Dienste und wegen der Störungen durch den „Man-made Noise" weicht man auf immer höhere Frequenzen aus. **Detaillierte Frequenzauflistungen** finden sich in den jeweiligen Publikationen der ECSS und der ITU (Artikel 8, Radio Regulations). Eine weitere Aufschlüsselung ist auch in Kapitel 6.3 zu finden.

Tabelle 4.7.1: *Auszug aus den zugeteilten Frequenzbändern für verschiedene Satellitendienste.*

Band	Frequenz [MHz]	Dienst	Richtung
S	2025 ... 2120	SR, SO, EES	Erde – Space
	2200 ... 2300	SR, SO, EES	Space – Erde
X	7145 ... 7235	SR, SO	Erde – Space
	8025 ... 8400	EES	Space – Erde
	8400 ... 8500	SR	Space – Erde
K_u	10,7 ... 11,7	FSS	
	12,5 ... 12,75	BSS	Space – Erde
	11,7 ... 12,2	SMS	Erde – Space
	14000 ... 15350	SR	
	16600 ... 17100	SR	
K_a	25500 ... 27000	EES	Space – Erde
	31800 ... 32300	SR	Space – Erde
	34200 ... 34700	SR	Erde – Space
	37000 ... 38000	SR	Space – Erde
	40000 ... 40500	SR, EES	Erde – Space

4.7.2.1 Atmosphärische Dämpfung

Da die **physikalische Größe** (effektive Fläche) der Antenne in direktem Zusammenhang mit der Wellenlänge steht, ermöglichen höhere Frequenzen (= kürzere Wellenlängen) den Einsatz von relativ kleinen Parabolantennen (z. B. für die ASTRA-Fernsehsatelliten). Allerdings ist dabei zu berücksichtigen, dass bei höheren Frequenzen ($f > 1$ GHz) **Abschattungen durch Hindernisse** (fehlende freie Sicht zum Satelliten) eine immer größere Rolle spielen und im Extremfall zu einem totalen Verlust der Verbindung führen. Für sehr hohe Frequenzen ($f > 20$ GHz) sind die durch Wasserdampf und Sauerstoff hervorgerufenen **Absorptionsbänder** zu berücksichtigen, die einen ökonomischen Einsatz dieser Bänder wegen der hohen Streckendämpfung verbieten.

4.7.2.2 Maximale Leistungsflussdichte auf dem Erdboden

Jedes von einem Satelliten abgestrahlte Signal unterliegt den Vorschriften der ECSS. Neben den möglichen Modulationen und Sendebandbreiten ist die EIRP **(Equivalent Isotropic Radiated Power)** zu limitieren, um auf der Erdoberfläche die geforderte, von der Welleneinfallselevation abhängige, maximale Leistungsflussdichte pro m^2 in einer Bandbreite von 4 kHz nicht zu überschreiten. Diese Vorschrift dient in erster Linie dem Schutz von bodengebundenen Übertragungseinrichtungen (z. B. Richtfunkstrecken).

Ab einer Elevation zum Satelliten von 5° darf die Leistung linear von −155 dB bis auf −144 dB ab 25° Elevation ansteigen.

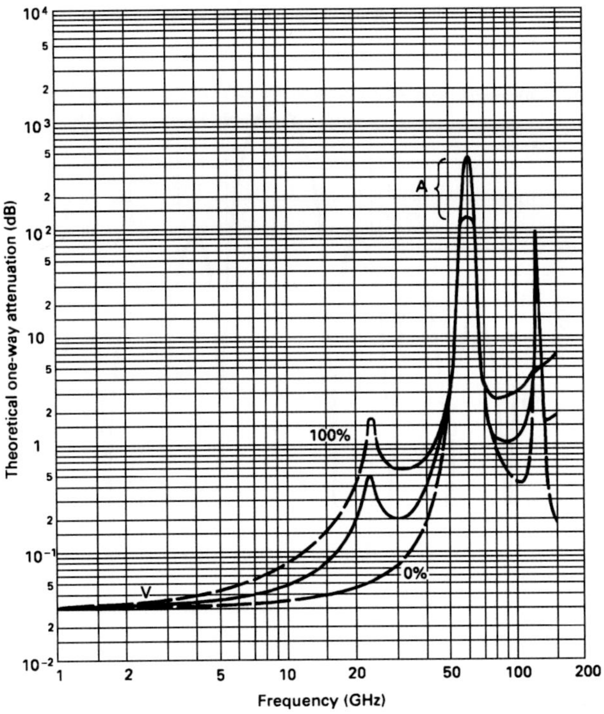

Bild 4.7.1: *Theoretische Einwegdämpfung für den senkrechten Durchgang einer vertikal polarisierten Welle durch die Atmosphäre (USA-Standard-Atmosphäre für den 45. Breitengrad). Die durchgezogene Linie zeigt den Dämpfungsverlauf für einen mittleren Wasserdampfgehalt, die unterbrochenen Linien zeigen die Dämpfung für 0 % und 100 % Sättigung. Der mit „A" markierte Dämpfungsverlauf stellt den Fehlerbereich bei 60 GHz dar. (Bild: CCIR Report 390-4).*

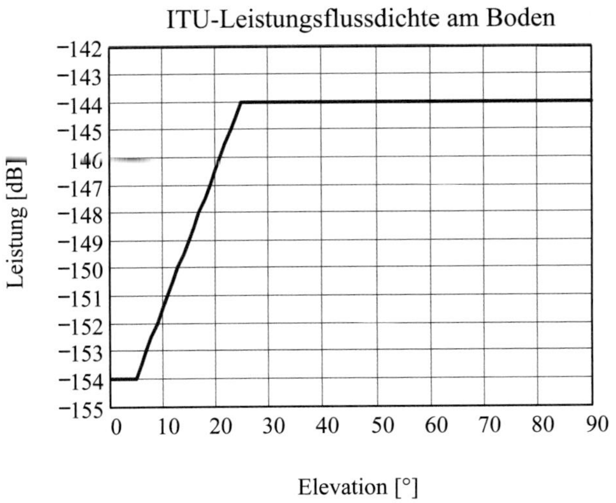

Bild 4.7.2: *Maximale erlaubte Leistungsflussdichte für das S-Band nach ITU, die ein vom Satelliten abgestrahltes Signal auf der Erdoberfläche annehmen darf.*

4.7.3 Kanalkapazität

Claude Shannons Theorem [4.7.1] zeigt, dass ein kontinuierliches, bandbegrenztes Signal nur ein endliches Potenzial zur fehlerfreien Übertragung von Informationen hat.

In einem bandbegrenzten Übertragungskanal der Bandbreite B [Hz] mit der mittleren thermischen Rauschleistung N [W] und Gaußscher Verteilung ist die **maximale fehlerfreie Datenrate** R [Hz] einer Information mit der Signalleistung S [W] durch die folgende Beziehung gegeben:

$$R = B \cdot \log_2\left(1+\frac{S}{N}\right) \quad [\text{bit/s}] \qquad (4.7.1)$$

Dies ist die Grenze des Möglichen (vergleichbar mit dem 2. Gesetz der Thermodynamik) und dient zur Ermittlung der Effizienz von realen Übertragungssystemen.

Bei vorgegebener Bandbreite kann man die mögliche Datenrate durch eine höhere Senderleistung steigern. Da die Kapazität aber nur mit dem Logarithmus Dualis des Signal-zu-Rausch-Verhältnisses zunimmt, ist der Preis für diesen Weg hoch.

In den meisten praktischen Anwendungen ist die Signalleistung durch vorgegebene Umstände begrenzt (Wirkungsgrad des Senders, Batteriekapazität). Um möglichst nahe an die maximale Übertragungsrate zu kommen versucht man, die **Rauschleistung** so klein wie möglich zu halten.

Durch Umstellen der Shannon-Formel kann man den **Grenzwert der Kanalkapazität** für eine konstante Signalleistung ermitteln:

$$\frac{S}{N} = \frac{S}{k\,T\,B} \text{ und daraus } B = \frac{S}{k\,T} \cdot \frac{N}{S} \qquad (4.7.2)$$

k Boltzmann-Konstante = 1,3806505 · 10^{-23} J/K,
T Temperatur in K.

Nach Einsetzen von B in die Shannon-Formel erhalten wir

$$R = \frac{S}{k\,T} \cdot \frac{N}{S} \cdot \log_2\left(1+\frac{S}{N}\right) \quad [\text{bit/s}] \qquad (4.7.3)$$

Der Grenzwert dieses Ausdrucks ist

$$\lim_{\frac{S}{N}\to 0}(R) = 1{,}443\,\frac{S}{k\,T} \qquad (4.7.4)$$

Das Ergebnis besagt, dass man bei gegebener Signalleistung S und konstanter Rauschenergie kT die höchste fehlerfreie Übertragungsrate mit einer **unendlich hohen Bandbreite** B (S/N = 0) erhält.

Diese Bedingung kann in der Praxis nicht verwirklicht werden, aber bereits mit einem Signal-zu-Rausch-Verhältnis von -10 dB erreicht man über 95 % der maximal möglichen Übertragungsrate.

Verschiedene Modulationsarten wie z. B. CDMA verteilen die verfügbare Signalleistung auf eine große Bandbreite und kommen somit der von Shannon aufgezeigten Grenze sehr nahe.

4.7.4 Antennen

Die Antenne ist ein passives (reziprokes) Element zur Ankopplung einer elektrischen Welle (geführt in einem Hohlleiter oder Kabel) an den freien Raum. Somit besteht für die folgenden Betrachtungen kein Unterschied zwischen Sende- und Empfangsantenne.

4.7.4.1 Parabolantenne mit hoher Richtwirkung

Zur leichteren Vorstellung betrachten wir eine Sendeantenne. Direkt am Strahler befindet sich ein Induktionsfeld mit rasch abnehmenden Feldkomponenten. Das anschließende Strahlungsfeld lässt sich in zwei Zonen unterteilen:

- **Nahfeld** oder **Fresnel-Zone,**
- **Fernfeld** oder **Fraunhofer-Zone.**

Ein Parabolspiegel mit dem Durchmesser D weist die gleichen **Beugungserscheinungen** auf wie eine kreisrunde Blende, die mit einer ebenen Wellenfront erregt wird. Um bei Messungen des Antennendiagramms diese störenden Effekte zu vermeiden, muss sichergestellt werden, dass auf die zu vermessende Antenne eine **ebene Welle** der Sendeantenne einfällt.

Der Übergangsbereich zwischen den beiden Zonen liegt im Abstand r und ist abhängig vom Durchmesser D der Antenne und der Betriebsfrequenz (Wellenlänge λ):

$$r = 2\,D^2 / \lambda \quad \text{in m} \tag{4.7.5}$$

Beispiel:
Für die korrekte Messung des Antennendiagramms einer S-Band-3-m-Parabolantenne mit einem Bakensender muss die Sendeantenne ≥ 135 m entfernt sein.

4.7.4.2 Antennengewinn der Parabolantenne

Bei Empfang einer einfallenden Welle mit der **Leistungsflussdichte** [W/m^2] in der Antennenebene steht die empfangene Leistung am Ausgang der Antenne zur Verfügung. Es ist offensichtlich, dass diese Leistung mit der Antennenfläche A und dem Wirkungsgrad η der Empfangsantenne zusammenhängen muss.

Jede reale Antenne hat eine **Hauptkeule** in der Empfangs- und Senderichtung und eine Anzahl von (meistens unerwünschten) Nebenkeulen.

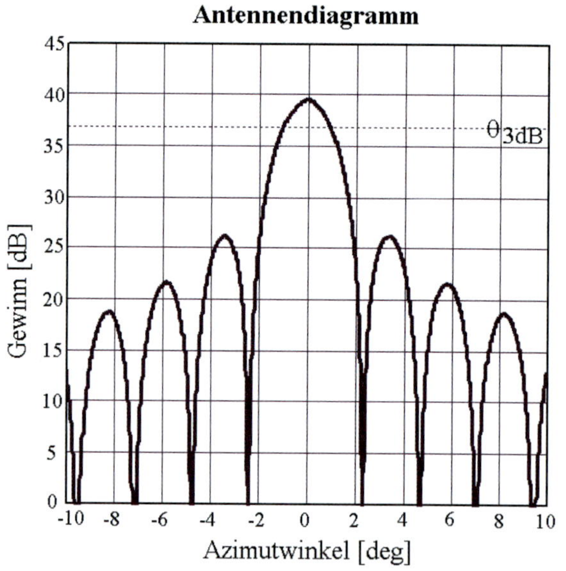

Bild 4.7.3: *Berechnetes Antennendiagramm einer 5-m-Parabolantenne (η = 0,6) mit Markierung der –3 dB Keulenbreite.*

Der **Gewinn** G **(Direktivität)** einer Antenne in den Richtungen θ (Azimut) und ϕ (Elevation) mit dem Antennendiagramm $P(\theta, \phi)$ wird durch die folgende Formel beschrieben:

$$G_A(\theta,\phi) = \frac{P(\theta,\phi)}{\frac{1}{4\pi}\int_0^{4\pi}\int_0^{4\pi} P(\theta,\phi)\,d\theta\,d\phi} \tag{4.7.6}$$

Relativ zu einem isotropen Kugelstrahler[2] mit $G = 1$ ist der Antennengewinn:

$$G_A = \frac{4\,\pi\,A_{eff}}{\lambda^2} \quad \text{oder} \quad G_A = 10\,\log_{10}(G) \quad [\text{dBi}] \tag{4.7.7}$$

$A_{eff} = A\,\eta$ effektive Fläche der Antenne

Der Wert G gibt die Richtwirkung der Antenne gegenüber einer kugelförmigen Wellenausbreitung an.

Reale Parabolantennen haben einen Wirkungsgrad η von 50 ... 70 % (Monopuls-Autotracking-Empfang/Senden oder nur Empfang/Senden). Die Hauptfaktoren für den **Wirkungsgrad** einer Antenne sind ohmsche Verluste, Reflexionsverluste, mechanische Blockierung durch die Aufhängung des Primärstrahlers oder auch Abweichungen des Parabols von der idealen Form.

Die effektive Antennenfläche eines isotropen Strahlers ist die Fläche eines Kreises mit der Wellenlänge λ als Umfang.

2 Der isotrope Kugelstrahler ist eine hypothetische verlustlose Antenne, die in alle Richtungen gleichmäßig abstrahlt. Die gesamte Leistung wird auf die Kugeloberfläche $4\,\pi\,r^2$ verteilt (r = Radius der Kugel).

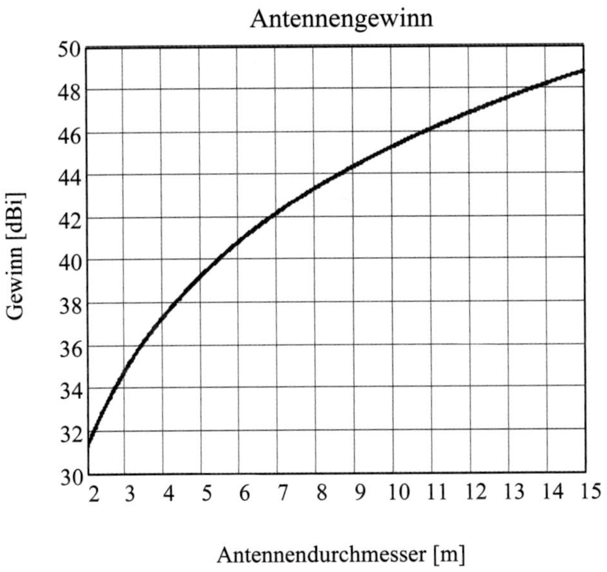

Bild 4.7.4: *Theoretischer Gewinn einer S-Band-Parabolantenne in Abhängigkeit des Antennendurchmessers für λ = 0,133 und η = 0,6.*

4.7.4.3 Keulenbreite der Parabolantenne

Eine oft benutzte Näherungsformel für die Keulenbreite einer Parabolantenne erhält man durch die folgenden Betrachtungen und die Annahme, dass die gesamte Leistung in einem gleichförmigen Kegel mit dem Winkelradius θ [rad] abgestrahlt wird.

Der Antennengewinn G_A ist das Verhältnis der gesamten Kugeloberfläche $4\,\pi\,r^2$ zu der Grundfläche des Kegels, dessen Spitze in der Kugelmitte ist (Radius der Kugel ist gleich Höhe des Kegels).

$$G_A \approx \frac{4\,\pi\,r^2}{r^2\,\theta^2\,\pi} = \frac{4}{\theta^2} \quad (\theta \ll 2\,\pi) \tag{4.7.8}$$

Dadurch ergibt sich eine weitere **Definition des Antennengewinns:** G gibt an, wie oft der Raumwinkel der Antennenkeule in $4\,\pi$ passt.

Durch Gleichsetzen und Umstellen der beiden Formeln für G nach $2\,\theta$ ergibt sich mit η = 100 % und dem Antennendurchmesser D die nachstehende Näherung für die Keulenbreite der Antenne **(Half Power Beamwidth)**:

$$2\,\theta = \frac{4\,\lambda}{\pi\,D} = 1{,}27\,\frac{\lambda}{D} \quad \text{[rad]} \tag{4.7.9}$$

Beispiel:
Theoretischer Gewinn einer 5-m-S-Band-Monopuls-Auto-Tracking-Antenne (λ = 0,133 m) und Breite der Empfangskeule in Grad (Bild 4.7.3):

Die physikalische Fläche der Antenne beträgt $A = \pi\,D^2/4$ = 19,64 m². Bei einem Wirkungsgrad von η = 0,6 ist die effektive Antennenfläche 11,78 m². Damit errechnet sich der Antennengewinn zu $G_A = 10\,\log_{10}(8\,369) \approx 39{,}2$ dBi bei einer Keulenbreite von $2\,\theta \approx 1{,}9°$.

4.7.4.4 Polarisation

Die Polarisation einer elektromagnetischen Welle wird durch die **Richtung der elektrischen Feldkomponente** (orthogonal zur Ausbreitungsrichtung) beschrieben. Neben der linearen Polarisation (vertikal oder horizontal) wird in der Satellitenkommunikation oft die zirkulare Polarisation verwendet, wobei der elektrische Feldvektor E einen Kreis beschreibt.

Je nach Rotationsrichtung (rechts- oder linksdrehend in Ausbreitungsrichtung gesehen) unterscheidet man zwischen einer **RHCP-Welle** (Right Hand Circular Polarized) oder einer **LHCP-Welle** (Left Hand Circular Polarized). Als Axialverhältnis der Antenne wird das Spannungsverhältnis bezeichnet:

$$AR = E_{max} \,/\, E_{min} \tag{4.7.10}$$

Bei einer idealen zirkularen Polarisation ist $AR = 1$, für $AR > 1$ ergibt sich eine elliptische Polarisation. Die Empfindlichkeit einer zirkular polarisierten Antenne gegenüber der orthogonalen Polarisation wird durch den Wert **XPD (Cross Polarization Discrimination)** charakterisiert:

$$XPD = 20\,\log_{10}\left(\frac{AR+1}{AR-1}\right) \quad \text{[dB]} \tag{4.7.11}$$

Moderne Kommunikationsantennen haben sehr hohe XPD-Werte, um gleichzeitig mit der gleichen Sendefrequenz, aber mit orthogonaler Polarisation Daten übertragen zu können. Bei DBS-Satelliten (Direct Broadcast Satellite) im geostationären Orbit ergibt sich dadurch eine Verdoppelung der Sendekanäle im jeweiligen Frequenzband.

4.7.5 Thermisches Rauschen

Gaußsches Thermalrauschen ist überall gegenwärtig und spielt auch in der Kommunikationstechnik eine zentrale Rolle. Jedes übertragene Nutzsignal wird von einem störenden Rauschsignal begleitet, und jedes Glied in der Übertragungskette fügt dem Signal einen zusätzlichen Rauschanteil dazu. Dadurch verschlechtert sich das Signal-zu-Rausch-Verhältnis des Übertragungssystems, und es ist nötig, die Quellen und Ursachen bei der Auslegung eines Kommunikationssystems zu berücksichtigen, um sicherzustellen, dass am Empfänger ein brauchbares Nutzsignal ankommt.

Die zufälligen Bewegungen der freien Elektronen in einem Widerstand R (abhängig von seiner Temperatur) erzeugen an den Anschlüssen eine **Rauschspannung** mit dem quadratischen Mittelwert

$$\overline{v^2} = 4\,k\,T\,R\,\mathrm{d}f \qquad (4.7.12)$$

k Boltzmann-Konstante = 1,3806505 · 10^{-23} J/K,
df Frequenz in Hz,
T Temperatur des Widerstands in K

Diese Betrachtung ist bis zu einer Frequenz $f \leq 4$ GHz gültig. Für höhere Frequenzen sind die Gesetze der Quantenphysik zu berücksichtigen. In Taub-Schilling [4.7.2] wird das Thema Rauschen ausführlich behandelt.

Die maximal verfügbare **mittlere Rauschleistung** N eines verlustbehafteten elektrischen Zweipols in der Bandbreite B erhält man bei Leistungsanpassung durch Abschluss mit der konjugiert komplexen Quellenimpedanz:

$$N = k\,T\,B \quad [\mathrm{W}] \qquad (4.7.13)$$

4.7.5.1 Antennentemperatur

Um sich diesen Begriff leichter vorstellen zu können, unternehmen wir das folgende Gedankenexperiment: Eine Antenne befindet sich in einem großen abgeschlossenen Raum mit der Wandtemperatur T. Wenn sich dieses System im thermischen Equilibrium befindet, herrscht im Inneren ein **Hohlraumstrahlungsgleichgewicht** mit der Temperatur T.

Der Ausgang der Antenne ist mit ihrem Wellenwiderstand R abgeschlossen (Leistungsanpassung). Mit einem Drehspulinstrument wird die Spannung $\overline{v^2}$ in der Bandbreite B (f_1 bis f_2) an den Anschlussklemmen gemessen. Durch Umstellen der Formel nach T erhalten wir

$$T_{\mathrm{Ant}} = \frac{\overline{v^2}}{4\,k\,R\,B} \qquad (4.7.14)$$

und die am Ausgang der Antenne verfügbare mittlere Rauschleistung ist $N_{\mathrm{Ant}} = k\,T\,B$ [in W].

Bei realen Parabolantennen mit kleinem Öffnungswinkel θ entspricht die **effektive Antennentemperatur** T_{Ant} der Temperatur der Fläche, auf die die Keule gerichtet ist. Bei hohen Elevationswinkeln der Antenne hat unterhalb von 1 GHz das **kosmische Rauschen** den größten Anteil, während bei höheren Frequenzen der Anteil des atmosphärischen **Absorptionsrauschens** drastisch zunimmt und dadurch die erzielbare Systemgüte begrenzt. Für Frequenzen unterhalb von 10 GHz liegen die tatsächlichen Antennenrauschtemperaturen je nach Elevation in einem Bereich von 150 K bis 15 K ($5° \leq El \leq 90°$).

Eine auf die Erde ausgerichtete (Nadir) Satellitenempfangsantenne hat im Idealfall eine Temperatur $T \approx 290$ K (Umgebungstemperatur). Die effektive Empfangstemperatur kann aber während des Überflugs des Satelliten über besiedeltem Gebiet durch „Man-made Noise" wesentlich höher sein.

4.7.5.2 Systemrauschtemperatur

Die **Qualität** einer Satellitenempfangsanlage ist durch das Verhältnis des Antennengewinns G_{A} gegenüber einem isotropen Strahler dividiert durch die Systemrauschtemperatur T_{sys} bestimmt, die sich aus der Antennen- und Empfängerrauschtemperatur und aus den zusätzlich durch die Übertragungsverluste entstehenden Rauschtemperaturen zusammensetzt.

Mit der nachstehenden Formel lässt sich die **Systemrauschtemperatur der gesamten Empfangskette**, wie im Bild 4.7.5 dargestellt, berechnen:

$$T_{\mathrm{Sys}} = T_{\mathrm{A}} \cdot L_1 + (1 - L_1) \cdot 290 + (NF_1 - 1) \cdot 290 + \frac{\left(\dfrac{1}{L_2} - 1\right) \cdot 290}{g_1} + \frac{(NF_2 - 1) \cdot 290}{g_1 \cdot L_2} \qquad (4.7.15)$$

Als mittlere physikalische Temperatur der Kabel sind 290 K (≈ 17 °C) angenommen.

Aus der Formel wird ersichtlich, dass es wichtig ist, die Verluste vor der Verstärkung möglichst klein zu halten, um deren Anteil an der Temperaturerhöhung zu minimieren. Ebenso wichtig ist der Einsatz eines geeigneten Vorverstärkers mit einer geringen Rauschzahl (NF_1, *Noise Figure*) und einem ausreichend hohen Verstärkungsfaktor g_1, um die anschließenden Kabelverluste zu kompensieren.

Beispiel (Bild 4.7.5):
Die Antennen-Temperatur $T_{\mathrm{A}} = 40$ K, der Verlust der Feedleitung: $L_1 = -0{,}5$ dB, der Vorverstärker hat eine Rauschzahl $NF_1 = 0{,}6$ dB bei einer Verstärkung von $g_1 = 38$ dB, der Verlust der Anschlussleitung zum Telemetrieempfänger und die Rauschzahl des Empfängers im S-Band. Daraus ergibt sich eine rechnerische Systemrauschtemperatur von $T_{\mathrm{sys}} = 117{,}4$ K. Durch die relativ hohe Verstärkung des Antennenverstärkers ist der Beitrag des Kabels $L_2 < 0{,}5$ K. Bei einem Gewinn der Empfangsantenne von $G_{\mathrm{A}} = 40$ dB (bezogen auf den Antennenausgang) beträgt somit die Empfangsgüte (Figure of Merit) des Systems:

$$\frac{G_{\mathrm{A}}}{T_{\mathrm{sys}}} = 40 - 0{,}5 - 10\,\log_{10}(117{,}4) \approx 18{,}8 \quad [\mathrm{dBK}^{-1}] \qquad (4.7.16)$$

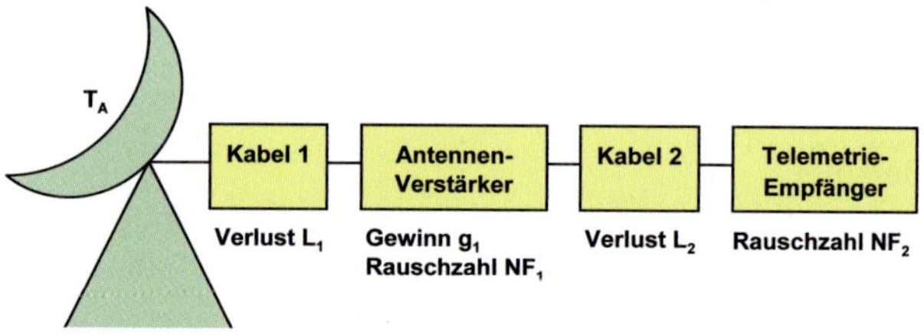

Bild 4.7.5: *Beispiel einer Bodenstation, bestehend aus einer Empfangsantenne, einem verlustbehafteten Kabel vor dem Antennenvorverstärker und einem zweiten Kabel zum Anschluss des Telemetrieempfängers.*

4.7.6 Modulationsarten

4.7.6.1 Frequenzmodulation (FM)

Bei der Frequenzmodulation lenkt das Modulationssignal die Trägerfrequenz um den Betrag Δf_T **(Frequenzhub)** aus. Der Wert der Auslenkung ist nur von der Amplitude des Modulationssignals abhängig:

$$\Delta f_T = \beta\, f_S \tag{4.7.17}$$

Der Wert β wird als **Modulationsindex** bezeichnet, und f_S ist die höchste Signalfrequenz oder **Bandbreite** des modulierenden Signals.

Bei einem frequenzmodulierten Trägersignal entstehen Seitenbänder im Abstand von $n \cdot \pm f_S$, deren Amplituden mit den **Bessel-Funktionen** erster Ordnung beschrieben werden können. J_0 ist die Trägerfrequenz, J_n sind die Amplituden der Seitenbänder.

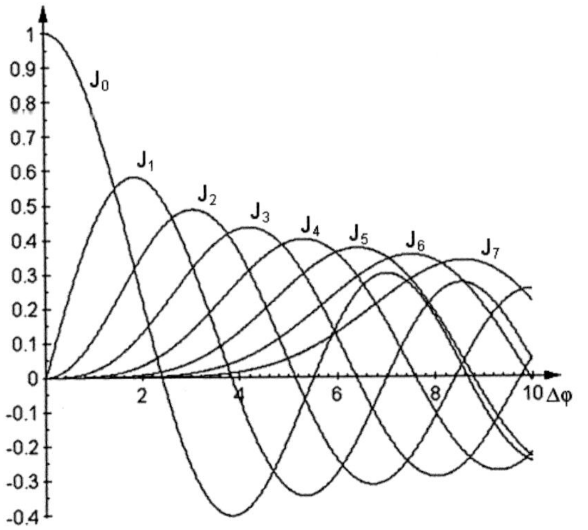

Bild 4.7.6: *Das Diagramm zeigt die Bessel-Funktionen 1. Ordnung für J_0 bis J_7 in Abhängigkeit von β = 0 bis 10.*

Die Bandbreite B des Trägersignals lässt sich mit der bekannten **Carson-Formel**

$$B = 2\,(\beta + 1)\, f_S \tag{4.7.18}$$

berechnen. Alle Seitenschwingungen außerhalb dieser Bandbreite beinhalten weniger als 1 % der Sendeleistung und können somit vernachlässigt werden, wobei aber zu berücksichtigen ist, dass die oben angestellten Betrachtungen nur für sinusförmige Modulationssignale zutreffen. Bei Frequenzmodulation mit einem bandbegrenzten Modulationssignal (Gaußsche Verteilung) ist die resultierende Bandbreite durch die nachstehende Formel gegeben:

$$\operatorname{erf}\left(\frac{B}{2\sqrt{2}\,\Delta f_{rms}}\right) = 0{,}99 \tag{4.7.19}$$

Durch Umstellen nach B erhält man

$$B = 2\sqrt{2} \cdot 1{,}825\,\Delta f_{rms} = 5{,}16\,\Delta f_{rms} \tag{4.7.20}$$

Δf_{rms} quadratischer Mittelwert des Frequenzhubs

4.7.6.2 Signal-Rausch-Leistung bei Frequenzmodulation

Bei der Frequenzmodulation ist die Signal-Rausch-Leistung S_0/N_0 vom **Phasenhub** β und dem Verhältnis von empfangener Signalleistung S_i zur Rauschleistung $\gamma\, f_s$ abhängig:

$$\frac{S_0}{N_0} = \frac{3}{2}\beta^2 \frac{S_i}{\gamma\, f_s} \tag{4.7.21}$$

S_i empfangene Signalleistung,
$\gamma = k\,T$ spektrale Rauschleistungsdichte,
f_S Modulationsfrequenz.

Aus dieser bekannten FM-Formel könnte man ableiten, dass durch eine Erhöhung des Phasenhubs β die Signal-Rausch-Leistung beliebig verbesserbar ist. Dies wäre richtig, wenn man bei FM nicht das Phänomen des **Threshold-Effekts** bei endlicher Signalleistung berücksichtigen müsste. Per Definition ist der Threshold bei dem Wert von $S_i/\gamma\, f_s$ erreicht, bei dem die Kurve von S_0/N_0 um 1 dB von ihrem linearen Verlauf abweicht. Um den Threshold-Effekt bei niedrigen Werten von $S_i/\gamma\, f_s$ zu berücksichtigen, muss die allgemeine Formel um den Ausdruck im Nenner erweitert werden.

$$\frac{S_0}{N_0} = \frac{\frac{3}{2}\beta^2 \frac{S_i}{\gamma\, f_s}}{1 + \left(12\frac{\beta}{\pi}\right)\frac{S_i}{\gamma\, f_s}\, e^{-\frac{S_i}{\gamma\, B_{IF}}}} \tag{4.7.22}$$

B_{IF} Bandbreite des ZF-Filters

Die **spektrale Rauschleistungsdichte** $G_{FM}(f)$ eines FM-modulierten Trägersignals ist in erster Annäherung durch die nachstehende Formel gegeben [4.7.3]:

$$G_{FM}(f) = \frac{\gamma\, f^2}{2\, S_i}\, \Pi\left(\frac{f}{B_T}\right) \tag{4.7.23}$$

B_T Bandbreite der Trägerfrequenz

Man sieht daraus, dass die spektrale Rauschleistungsdichte mit dem Quadrat der Frequenz zunimmt. Dies ist besonders störend bei der Übertragung von Sprache oder Musik, da im Allgemeinen die Amplituden der höheren Frequenzkomponenten des Signals abnehmen. Dies führt zu einer Verschlechterung des Verhältnisses von Signal- zu Rauschleistung.

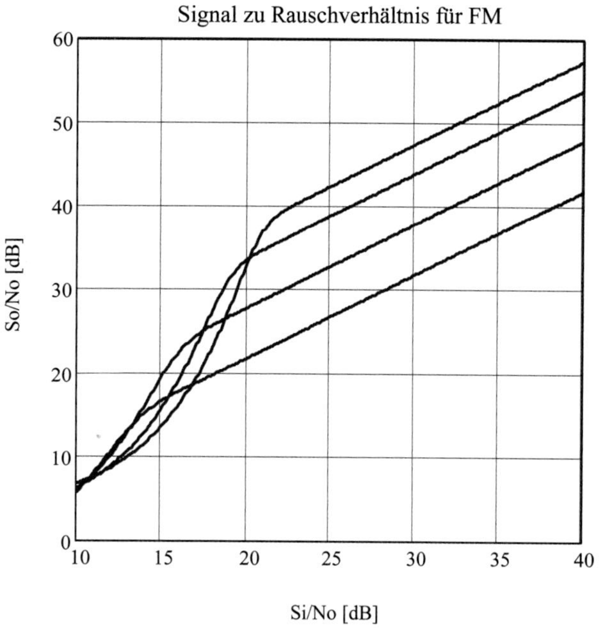

Bild 4.7.7: *Die Kurven zeigen die Signal-Rausch-Leistung in Abhängigkeit von der Eingangsleistung und den Phasenhüben β = 1, 2, 4, 6. Der Einsatz des Thresholds ist deutlich zu erkennen, und man sieht, dass bei S_i / N_o = 15 dB und β = 1 (unterste Kurve) das Ausgangsverhältnis S_o / N_o höher ist als bei β = 6 (oberste Kurve).*

Nach Integration der Rauschleistungsdichtefunktion über die Bandbreite des Videofilters $B_v = \pm f_v$ erhält man die **Rauschleistung** N_D:

$$N_D = \int_0^{B_v} G_{FM}(f)\,df = \frac{\gamma B_v^3}{3 S_i} \qquad (4.7.24)$$

4.7.6.3 Präemphase und Deemphase

Durch eine geeignete **Vorverzerrung** (Präemphase = Anhebung der höheren Frequenzen) des Modulationssignals kann bei FM die Signal-Rausch-Leistung entscheidend verbessert werden. Die Anhebung der Signalamplituden durch einen Hochpass mit der Übertragungsfunktion $H_{Pr}(f)$ bewirkt für die höheren Frequenzkomponenten einen höheren Frequenzhub.

Nach dem Demodulator muss die Vorverzerrung mit der inversen Übertragungsfunktion (Absenkung der höheren Frequenzen mit einem Tiefpass) rückgängig gemacht werden. Dies ist die Voraussetzung für die originalgetreue Wiedergabe des übertragenen Signals:

$$H_{De}(f) = \frac{1}{H_{Pr}(f)} \qquad (4.7.25)$$

Die Übertragungsfunktion des einfachen RC-Tiefpasses ist durch

$$H_{De}(f) = \frac{1}{1 + j\dfrac{f}{f_1}} \quad \text{mit} \quad f_1 = \frac{1}{2\pi RC} \qquad (4.7.26)$$

gegeben, und wir erhalten die veränderte spektrale Rauschleistungsdichte

$$G_{De}(f) = G_{FM}(f) \cdot \left|H_{De}(f)\right|^2 \qquad (4.7.27)$$

nach dem **Deemphasis-Netzwerk.**

Der **Verbesserungsfaktor** für FM nach Integration der Rauschleistungsdichte $G_{De}(f)$ über die Bandbreite B_v ist

$$\frac{N_{D_{Pr}}}{N_D} = \frac{3 f_1^3}{B_v^3}\left[\frac{B_v}{f_1} - \tan^{-1}\left(\frac{B_v}{f_1}\right)\right] \qquad (4.7.28)$$

Beispiel:
In Europa benutzen die FM-Rundfunksender (UKW) ein Präemphasis-Netzwerk (Hochpass) mit der Zeitkonstante RC = 50 µs. Damit erhält man die Eckfrequenz f_1 = 3,183 kHz für das Deemphasisfilter. Die Amplituden der Nutzfrequenzen und der Rauschsignale oberhalb von f_1 werden mit 6 dB/Oktave abgesenkt.

Bei der Rundfunkübertragung (Mono) mit einer Bandbreite von B_v = 15 kHz führt dies zu einer Verbesserung der Signal-Rausch-Leistung von ≈ 10 dB.

Für die Übertragung von analogen Bilddaten aus Höhenforschungsraketen und Raumfahrzeugen zur Beobachtung von Experimenten unter Schwerelosigkeit werden Sender im S-Band mit Frequenzmodulation benutzt. Dabei ist die Übertragungsfunktion des Prämodulationsfilters durch die CCIR-Empfehlung 405-1 für PAL (G) vorgegeben. (CCIR ist ein internationaler beratender Ausschuss für den Funkdienst.)

Die Übertragungsfunktion des Deemphasisfilters wird durch die folgende Funktion beschrieben:

$$H_{Pr}(f) = \sqrt{K}\,\sqrt{1 + \left(\frac{f}{A}\right)^2} \cdot \left(\sqrt{1 + \left(\frac{f}{B}\right)^2}\right)^{-1} \qquad (4.7.29)$$

CCIR 405-1 für PAL-G:
K = 12,59, A = 1,565 MHz, B = 0,313 MHz.

Bei der Übertragung von Fernsehbildern mit Frequenzinhalten bis zu 5 MHz beträgt die durchschnittliche Verbesserung der Bildqualität 2 dB.

$$\frac{N_{D_{Pr}}}{N_D} = \frac{3 K B^2}{A^2 B_v^3} \times \left\{(A^2 - B^2)\left[B_v - B\tan^{-1}\left(\frac{B_v}{B}\right)\right] + \frac{B_v^3}{3}\right\} \qquad (4.7.30)$$

Eine Verbesserung von 2 dB erscheint auf den ersten Blick relativ wenig, und man fragt sich, ob der damit verbundene Aufwand gerechtfertigt ist. Die notwendigen Schaltungen im Sender sowie im Videoempfänger bestehen aus einigen wenigen passiven Bauteilen. Um die gleiche Bildqualität ohne eine Prä-/Deemphasis zu erhalten, müsste entweder die Senderleistung um den Faktor 1,6 erhöht (z. B. 16 W anstatt 10 W) oder eine größere Antenne (z. B. 6,3 m anstatt 5 m) für den Empfang des Sendesignals verwendet werden.

Nach Berücksichtigung dieser Zahlen kommt man schnell zu der Einsicht, dass sich der Einsatz von Präemphasis und Deemphasis durchaus lohnt.

4.7.6.4 Phasenmodulation (PM)

Im Gegensatz zur Frequenzmodulation lenkt das Modulationssignal bei Phasenmodulation die Trägerphase um den Betrag β **(Phasenhub)** aus. Der Wert der Auslenkung ist nur von der Amplitude des Modulationssignals abhängig: $\beta = \Delta f_T / f_S$. In den meisten praktischen Anwendungen wird $\beta < 1{,}57$ [rad] zur Vermeidung von Mehrdeutigkeiten verwendet. Bei einer Tonmodulation mit einem sinusförmigen Signal ist das erzeugte Trägersignal für FM und PM gleich.

Es ist interessant anzumerken, dass der **Empfang** eines PM-Signals mit einem FM-Empfänger und einem dem Demodulator nachgeschalteten linearen RC-Tiefpass (Integrator) möglich ist.

4.7.6.5 Frequency Shift Keying (FSK)

Bei der **nicht-kohärenten FSK** wird die Ausgangsfrequenz des Trägers zwischen zwei diskreten Frequenzen im Rhythmus der Modulationsfrequenz (Mark und Space) verschoben. Die **kohärente FSK** (auch binär-FSK) hat keinen Phasensprung des Ausgangssignals beim Wechsel der Frequenzen.

4.7.6.6 Quadrature Phase Shift Keying (QPSK)

Die **QPSK-Modulation** entsteht durch die Phasenumtastung von zwei frequenzgleichen, um 90° zueinander versetzten Trägersignalen. Die somit entstehenden vier Phasenlagen des Trägers sind:

$$45° \equiv \text{Binär } 00,\quad 135° \equiv \text{Binär } 01,$$
$$225° \equiv \text{Binär } 11,\quad 315° \equiv \text{Binär } 10.$$

Dadurch lassen sich im Gegensatz zu BPSK (Binary Phase Shift Keying) gleichzeitig zwei Informationsbits (= ein Symbol) übertragen.

Mit acht Phasenwerten erhält man die 8PSK-Modulation, und PM ist somit eine (analoge) Phasenmodulation mit unendlich vielen Phasenwerten.

4.7.6.7 Bitfehlerwahrscheinlichkeiten für verschiedene Modulationsarten

Zur Berechnung der Wahrscheinlichkeit des Auftretens eines Bitfehlers bei der Datenübertragung wird im Allgemeinen die **komplementäre Fehlerfunktion** benutzt:

$$\operatorname{erfc}(x) = 1 - \frac{2}{\sqrt{\pi}} \int_0^x e^{-u^2}\, du \tag{4.7.31}$$

$x = E_b / N_0$ Energie pro Bit E_b zu Rauschleistungsdichte N_0.

Die Grenzwerte der komplementären Fehlerfunktion sind 1 für $x = 0$ und 0 für $x = \infty$. Eine tabellarische Auflistung der Funktionswerte findet sich in [4.7.3].

Nachfolgend sind für einige ausgewählte Modulationsarten die Formeln zur Berechnung der Bitfehlerwahrscheinlichkeit aufgelistet.

PSK (BPSK) oder Basisband

$$P_e = \frac{1}{2} \operatorname{erfc}\left(\sqrt{\frac{E_b}{N_0}}\right) \tag{4.7.32}$$

FSK (kohärent)

$$P_e \approx \frac{1}{2} \operatorname{erfc}\left(\sqrt{0{,}6\frac{E_b}{N_0}}\right) \tag{4.7.33}$$

FSK (nicht kohärent)

$$P_e = \frac{1}{2} e^{-\frac{1}{2}\frac{E_b}{N_0}} \tag{4.7.34}$$

BFSK (Binary Frequency Shift Keying)

$$P_e = \frac{1}{2} \operatorname{erfc}\left(\frac{1}{\sqrt{2}} \frac{E_b}{N_0}\right) \tag{4.7.35}$$

DPSK (Differential Phase Shift Keying)

$$P_e = \frac{1}{2} e^{-\frac{E_b}{N_0}} \tag{4.7.36}$$

QPSK

$$P_e \approx \operatorname{erfc}\left(\sqrt{\frac{1}{2}\frac{E_S}{N_0}}\right) \tag{4.7.37}$$

E_S Energie pro Symbol

4

Die QPSK-Modulation hat bei gleicher Bitrate, Übertragungsbandbreite und Senderleistung die doppelte Bitfehlerwahrscheinlichkeit wie BPSK, aber auch die doppelte Übertragungskapazität.

PCM-RNRZ-L-FM

$$P_e = \frac{1}{2}\,\text{erfc}\left[\sqrt{\left(1-\frac{\sin(2\,\pi\,\beta)}{2\,\pi\,\beta}\right)\frac{E_b}{2\,N_0}}\right] \qquad (4.7.38)$$

15 Bit PN-Code,
β Modulationsindex

Es ist zu beachten, dass alle angegebenen Formeln für einen Übertragungskanal mit additivem weißem Gaußschem Rauschen (AWGN) gelten.

Beispiel:
Für die BPSK-Modulation ergibt sich für ein E_b / N_0 = 10,53 dB eine Bitfehlerwahrscheinlichkeit von 10^{-6}, gleichbedeutend mit einem falschen Bitwert pro 1 Million übertragenen Bits.

Aus der Formel sieht man, dass selbst bei totalem Verlust der Übertragung am Ausgang des Empfängers im Mittel jedes 2. Bit richtig ist.

Je nach Anforderung werden für Satelliten-Kommunikationssysteme **zulässige Bitfehlerraten** im Bereich von 10^{-4} bis 10^{-7} gefordert.

Bei der Auslegung der Systeme sind zusätzliche **Implementierungsverluste** (z. B. Interferenzen durch Nachbarkanäle, Empfänger, Bitsynchronizer) in der Größenordnung von 1 bis 1,5 dB zu berücksichtigen.

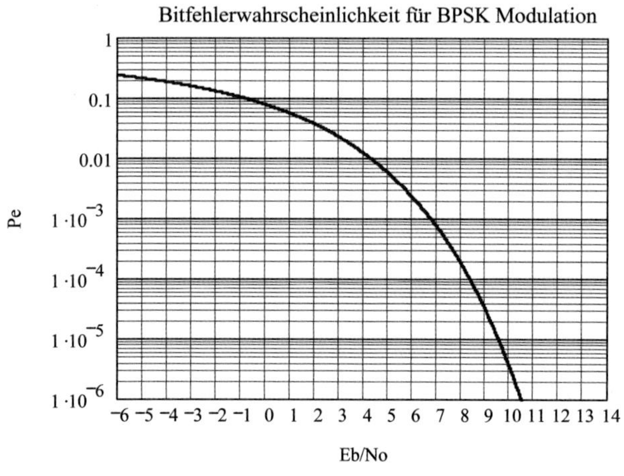

Bild 4.7.8: *Dargestellt ist die Bitfehlerwahrscheinlichkeit P_e in Abhängigkeit vom Verhältnis von Energie pro Bit zu Rauschleistung E_b/N_0 für eine Übertragung im Basisband oder für BPSK-Modulation.*

4.7.7 Pulscodemodulation (PCM)

Pulscodemodulation bezeichnet die **digitale Darstellung eines analogen Signals.** Dabei wird der analoge Signalwert in regelmäßigen Zeitabständen festgehalten und in einen Digitalwert mit einer vorgegebenen Auflösung (Anzahl von Bits) quantisiert. Dabei lässt sich bei endlicher Auflösung der analoge Wert nur mit einem **Quantisierungsfehler** darstellen.

Es muss auch sichergestellt werden, dass die Abtastfrequenz f_S mindestens doppelt so hoch ist wie die höchste, im Nutzsignal enthaltene Frequenz, um **Aliasing-Artefakte**[3] zu vermeiden. In der Praxis findet man Quantisierungen von 8 bit bis 16 bit, gleichzusetzen mit Auflösungen von 40 mV bis 0,15 mV bei einer angenommenen Amplitude des analogen Signals von 10 V.

$$f_S \geq 2\,f_N \qquad (4.7.39)$$

(Nyquist-Shannon-Sampling-Theorem)

Aneinandergereiht ergeben die quantisierten Werte einen seriellen Datenstrom, der aus einer Anzahl von Wörtern besteht. Um die Rückwandlung der analogen Daten im Empfänger zu ermöglichen, wird einer fest vorgegebenen Anzahl von Wörtern ein bekanntes **Synchronisationswort** vorangestellt. Diese Einheit wird als **PCM-Format** bezeichnet.

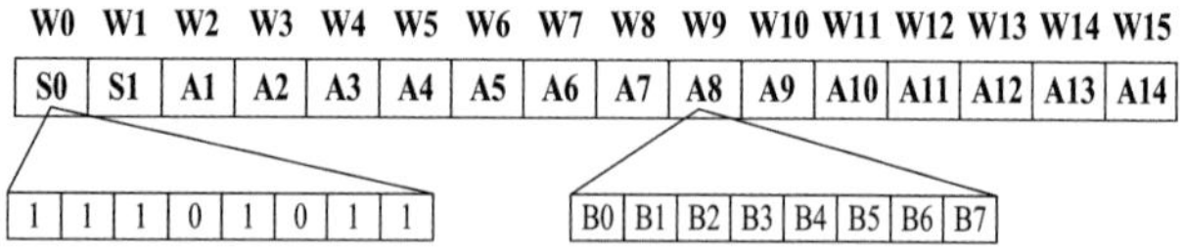

Bild 4.7.9: *PCM-Rahmen mit 2 Synchronisationswörtern (S0, S1) und 14 Datenwörtern (analog Kanal A1 bis A14) mit einer Auflösung von 8 Bit/Wort. Die Synchronisationswörter sind durch den „Barker-Code" für 16 Bit zu $EB90_{hex}$ vorgegeben.*

Beispiel:
Bei einer angenommenen Bitrate von f_b = 128 kHz ist die Wortfrequenz 16 kHz und die Abtastfrequenz 1 kHz für jedes analoge Signal (A1 bis A14).

Codierung für die Übertragung

Für die Übertragung des seriellen **PCM-Formats** wird je nach Anwendung eine Reihe von Codierungen verwendet. Die gebräuchlichsten Codes sind in Bild 4.7.10 bis Bild 4.7.13 dargestellt.

[3] Bei Aliasing werden Frequenzen des Nutzsignals, die > $2\,f_s$ sind, auf einen Frequenzbereich $0 \leq f \leq f_s / 2$ gefaltet, d. h., das zu digitalisierende Analogsignal muss bandbegrenzt werden, um keine störenden Signalanteile bei der Rückwandlung zu erhalten.

Beim **Non Return to Zero Level-Code** (NRZ-L) wird der digitale Bitwert 0 durch den Pegel 0 und der digitale Bitwert 1 durch den Pegel 1 übertragen.

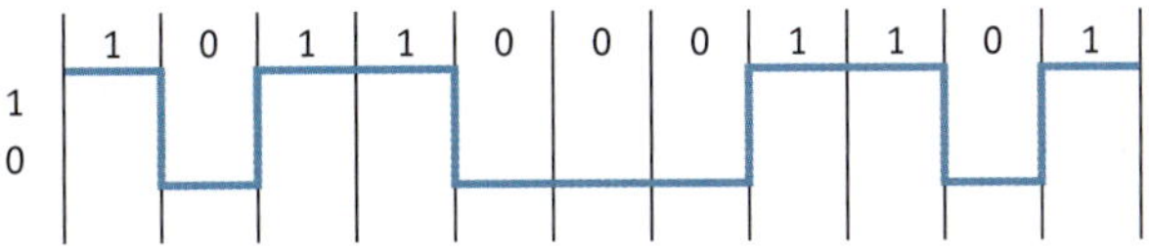

Bild 4.7.10: *NRZ-L.*

Beim **Non Return to Zero Mark-Code** (NRZ-M) wird der digitale Bitwert 0 durch keinen Wechsel des Pegels und der digitale Bitwert 1 durch einen Wechsel des Pegels übertragen.

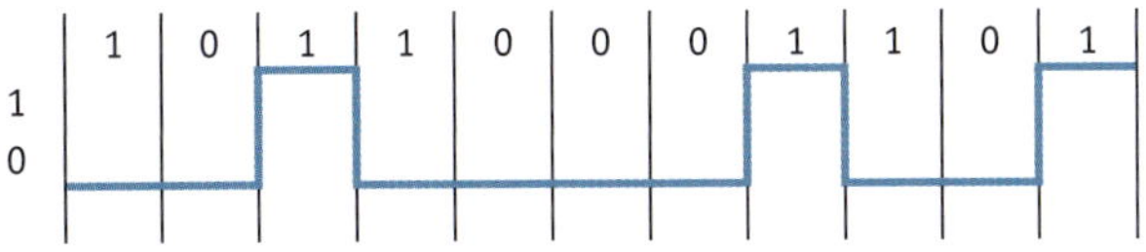

Bild 4.7.11: *NRZ-M.*

Beim **Non Return to Zero Space-Code** (NRZ-S) wird der digitale Bitwert 0 durch einen Wechsel des Pegels und der digitale Bitwert 1 durch keinen Wechsel des Pegels übertragen.

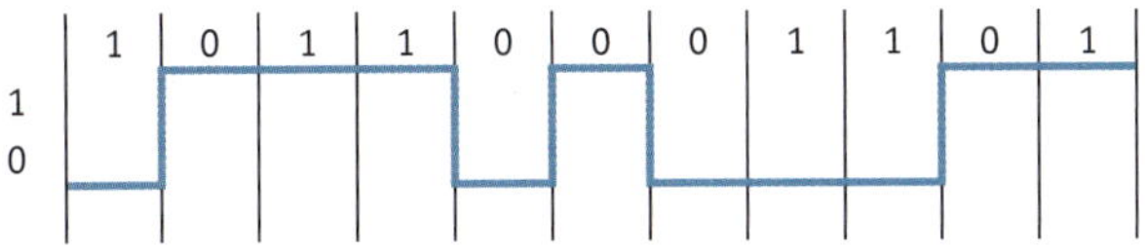

Bild 4.7.12: *NRZ-S.*

Der **Bi-Ø-L-Code** (auch als Manchester-Code bekannt) ist die logische „Exklusiv-Oder"-Verknüpfung des Clock-Signales mit dem Bitwert.

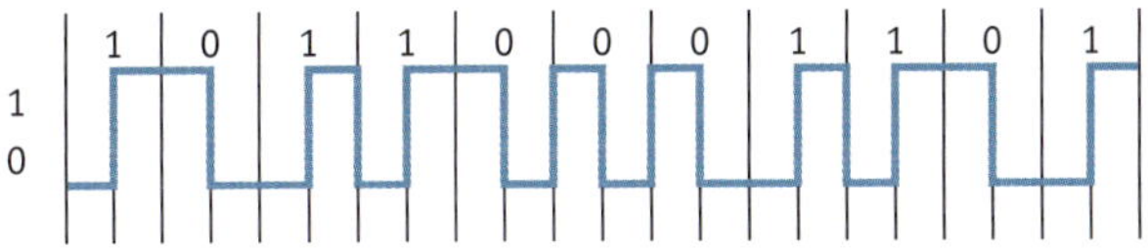

Bild 4.7.13: *Bi-Ø-L.*

In jeder Bitmitte erfolgt dadurch ein Wechsel des Pegels. Dieser Code hat im Gegensatz zu den NRZ-Codes keinen Gleichspannungsanteil, hat aber den Nachteil der doppelten Bandbreite. In der Praxis wird das zu übertragende Signal vor dem Modulator mit einem Bessel-Tiefpassfilter 6. Ordnung mit einer Eckfrequenz $f_{-3\,\mathrm{dB}} = 1{,}5\,f_\mathrm{b}$ bandbegrenzt.

Neben den gezeigten Beispielen gibt es noch eine Fülle von weiteren Codierungsmöglichkeiten (z. B. Miller- oder Delay-Modulation-Code, Miller-Squared-Code), die aber in der Praxis kaum noch Anwendungen finden.

Bei der Verwendung von NRZ-Codes für die Datenübertragung besteht die Wahrscheinlichkeit, dass es je nach Dateninhalt zu langen „0"- oder „1"-Folgen kommt. Der daraus resultierende **Gleichspannungsanteil** des Modulationssignals kann für den Sender, aber auch für die Synchronisation des Bitsynchronizers Probleme bereiten. Um Abhilfe zu schaffen, wird z. B. das NRZ-L-Signal mit einem rückgekoppelten Schieberegisters in ein Pseudo-Random-RNRZ-L-Signal gewandelt.

Die damit maximal erzielbare **Pseudo-Random-Länge** (PR-Länge) ist $2^{15} - 1 = 32\,767$ Bits. Die analoge **Decodierschaltung** ist selbstsynchronisierend, braucht aber dafür 15 fehlerfreie Bits in Folge. Einzelne Bitfehler nach der Codierung haben im Decodierprozess zwei weitere Bitfehler zur Folge. Die jeweilige Bitfehlerwahrscheinlichkeit der Modulationsart ist somit mit dem Faktor 3 zu multiplizieren.

Um die Unterschiede zwischen NRZ-L und Bi-Ø-L besser zu verdeutlichen, ist in Bild 4.7.15 der normalisierte Verlauf der **Leistungsdichten** für PR-PCM dargestellt. Man sieht, dass für die Übertragung von NRZ-L eine Gleichspannungskopplung notwendig ist, Frequenzkomponenten oberhalb der Bitfrequenz aber nicht mehr berücksichtigt werden müssen. Die Frequenzanteile für die Bi-Ø-L-Codierung haben keinen Gleichspannungsanteil, sind aber in Richtung der Bitfrequenz verschoben. Dies führt zu einer Verdoppelung der nötigen Übertragungsbandbreite.

Die Hüllkurve zeigt, dass für NRZ-L die höchsten Werte bei $f < 0{,}5\,f_\mathrm{b}$ und für Bi-Ø-L bei $f \approx 0{,}75\,f_\mathrm{b}$ liegen.

Die Berechnung der Bandbreite des Trägersignals mit der Carson-Formel führt bei RNRZ-L-PCM-FM zu falschen Ergebnissen, da sich das modulierende Signal aus vielen Frequenzen mit verschiedenen Amplituden zusammensetzt.

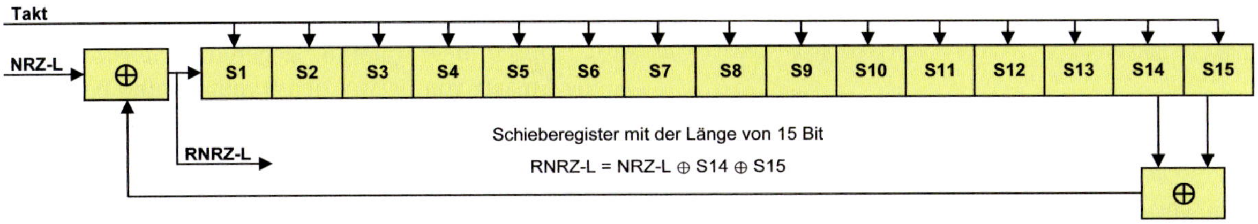

Bild 4.7.14: *Schematische Darstellung der logischen Schaltung eines 15-Bit-Codierers (nach IRIG 106), realisiert mit einem 15-Bit-Schieberegister und 2 Exklusiv-Oder-Gattern.*

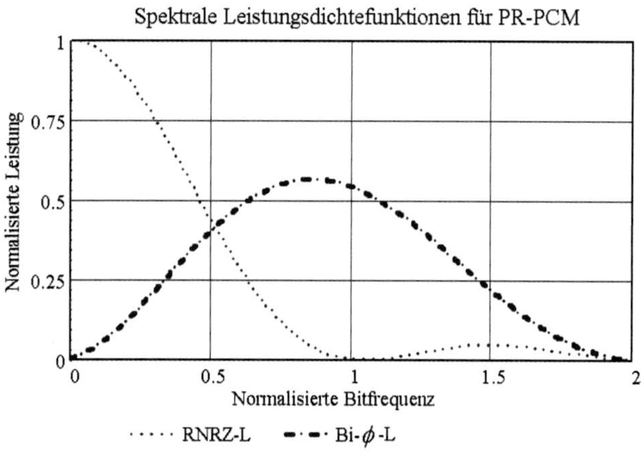

Bild 4.7.15: *Spektrale Leistungsdichtefunktion für RNRZ-L und Bi-Ø-L.*

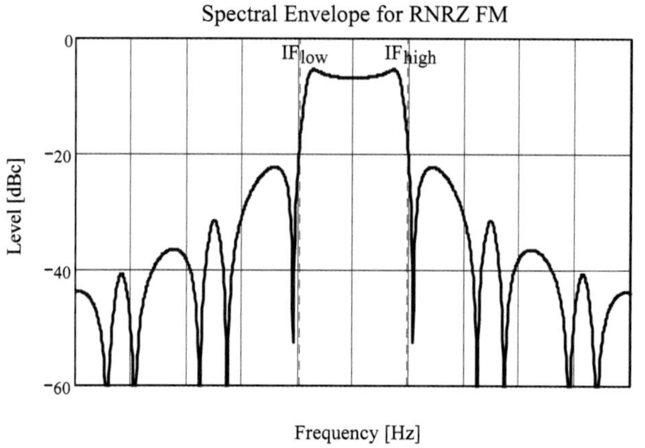

Bild 4.7.16: *Hüllkurve eines HF-Trägers der mit RNRZ-L (ohne vorherige Filterung) frequenzmoduliert ist.*

Empirische Messungen mit dem Spektrumanalysator ergeben die folgenden realen **Bandbreiten** in Abhängigkeit von β und der Bandbegrenzung des Modulationssignals:

$$B = 1{,}16\, f_b \quad (\beta = 0{,}35,\ B_{Pr} = 0{,}7\, f_b) \tag{4.7.40}$$

$$B = 1{,}57\, f_b \quad (\beta = 0{,}40,\ B_{Pr} = 0{,}7\, f_b) \tag{4.7.41}$$

B_{Pr} Bandbreite eines vierpoligen Prämodulationsfilters mit Bessel-Charakteristik.

Ausführliche Informationen über verschiedene Modulationsformen sind im IRIG Standard 106-04 enthalten [4.7.4].

4.7.8 Paket-Telemetrie

Moderne Telekommunikationssatelliten übertragen ihre Daten nach einem CCSDS-Standard. Dabei wird die zur Verfügung stehende Bandbreite in virtuelle Kanäle aufgeteilt. Somit haben die individuellen Datenquellen (Experimente oder House-Keeping), je nach Datenanfall, die Möglichkeit, auf die maximale **Übertragungsbandbreite der Telemetrie** zuzugreifen. Um die Übertragungsqualität zu sichern, werden die Daten durch einen Reed-Solomon-Encoder-Block codiert und vor dem Convolutional Encoder durch ein rückgekoppeltes 8-Bit-Schieberegister in ein serielles PR-NRZ-L-Format gewandelt. Die Übertragung der Daten erfolgt in einem Transferrahmen, der aus einer festen Anzahl von 8-Bit-Worten und vorangestellten Synchronisationsbits besteht.

Ein großer Teil dieser **komplexen Codierung** und Formatierung wird durch spezielle, integrierte Hardware-Komponenten übernommen, die für den Einsatz unter Weltraumbedingungen qualifiziert sind. Für moderne CPLDs (Complex Programmable Logic Device) sind fertige Programme in der Programmiersprache Verilog HDL (Verilog Hardware Description Language) für den CCSDS-Übertragungsstandard erhältlich.

Durch den Einsatz dieser Codierungen kommt man nahe an die theoretische Übertragungskapazität des Kanals (Shannons Theorem), und für das Linkdesign steht ein Netto-Codierungsgewinn > 5 dB zur Verfügung.

4.7.9 Code Division Multiple Access (CDMA)

Im Gegensatz zur FDMA (Frequency Division Multiple Access), bei der man versucht, die Sendebandbreite zu minimieren, wird bei CDMA die Sendeleistung über eine große Bandbreite verteilt (siehe Kapitel 4.7.3). Alle Nutzer senden ihre Signale gleichzeitig in einem **Multiple-Access-Kanal** mit der **Spread-Spectrum-Modulation.** Bei dieser Technik wird das Nutzsignal mit einer **Pseudo-Random-Sequenz** multipliziert (dadurch gespreizt), und als Ergebnis erhält man ein dem Rauschen ähnliches Übertragungsspektrum.

Um dieses Signal zu demodulieren, benötigt der Empfänger eine exakte Kopie der verwendeten Pseudo-Random-Sequenz. Damit wird in einem Kreuzkorrelator das empfangene Signal kontinuierlich verglichen und nur bei Übereinstimmung der Sequenz ein maximales Ausgangssignal erzeugt. Da jeder Nutzer einen einzigartigen und unverwechselbaren Code verwendet, können gleichzeitig alle Nutzer den Datenkanal trotz gegenseitiger Interferenzen benutzen.

Durch diese Toleranz gegenüber Störungen erlaubt der Einsatz von CDMA, den **Kanalabstand** bei Satelliten, aber auch bei Mobiltelefonen ohne Qualitätsverlust zu verringern. Ein weiterer Vorteil besteht darin, kleinere Antennen einsetzen zu können, ohne dadurch Störungen durch benachbarte Satelliten in Kauf nehmen zu müssen.

4.7.10 Koppelnetzwerke

Oft ist es nötig, zwei Sender über eine gemeinsame Antenne zu betreiben. Dazu wählt man ein Koppelnetzwerk mit möglichst niedriger Durchgangsdämpfung und hoher Sperrdämpfung für den jeweils anderen Kanal. Das gebräuchlichste Netzwerk ist die **Filterweiche,** mit der sich hohe Güten erzielen lassen. Ein entscheidender Nachteil der Filterweiche sind die auftretenden Spannungsüberhöhungen in den einzelnen Filterkreisen und das damit verbundene Risiko der **Spannungsüberschläge** (Koronaeffekt bei Drücken von 10^3 Pa bis 10^2 Pa). Um diese Gefahr zu vermeiden, ist es notwendig, das Bauteil entweder hermetisch dicht zu gestalten oder aber (für Satelliten) eine vollständige Ausgasung vor Inbetriebnahme zu gewährleisten. Für Anwendungen auf Höhenforschungsraketen ist wegen des kurzen Aufenthalts in der Vakuumumgebung eine gesicherte Ausgasung meistens unmöglich.

Für diese Anwendungen ist die **Leitungsweiche** eine attraktive Lösung. Sie besteht aus zwei hintereinander geschalteten 90°-Kopplern (Vierpolen), bei denen die eine Verbindung direkt, die andere Verbindung über eine Umwegleitung erfolgt.

Wählt man die elektrische Länge l_e der Umwegleitung so, dass sich für die Frequenz f_1 0° Phasenverschiebung

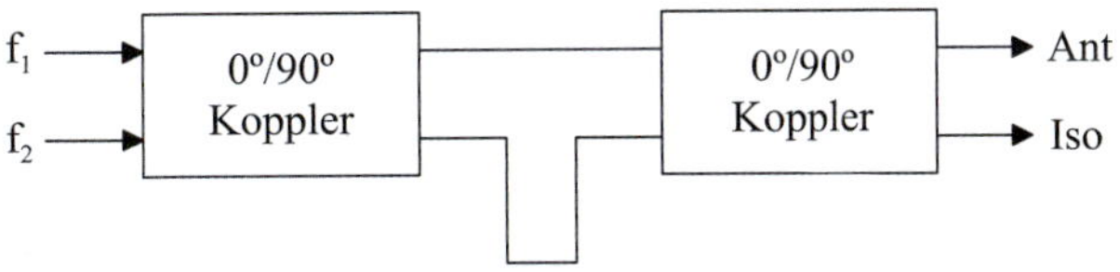

Bild 4.7.17: *Prinzipieller Aufbau der Leitungsweiche.*

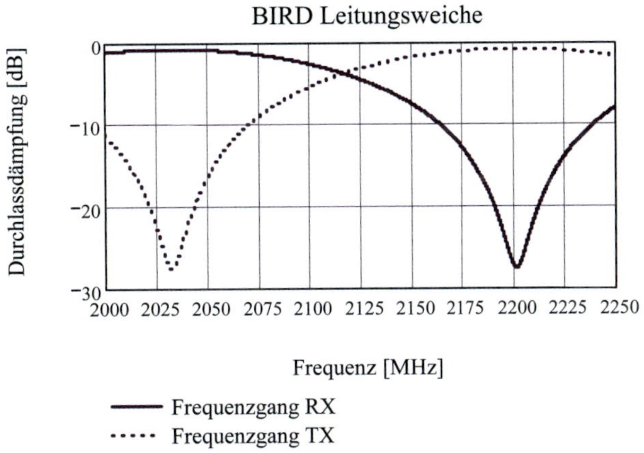

Bild 4.7.18: *BIRD-Leitungsweiche. Mit a = 0,1 dB und d = 0,4 dB ist die Einfügedämpfung ≈ 0,8 dB bei einer Sperrdämpfung von ≈ 27 dB. Der flache Kurvenverlauf im Durchlassbereich zeigt die Breitbandigkeit dieser Kopplungstechnik.*

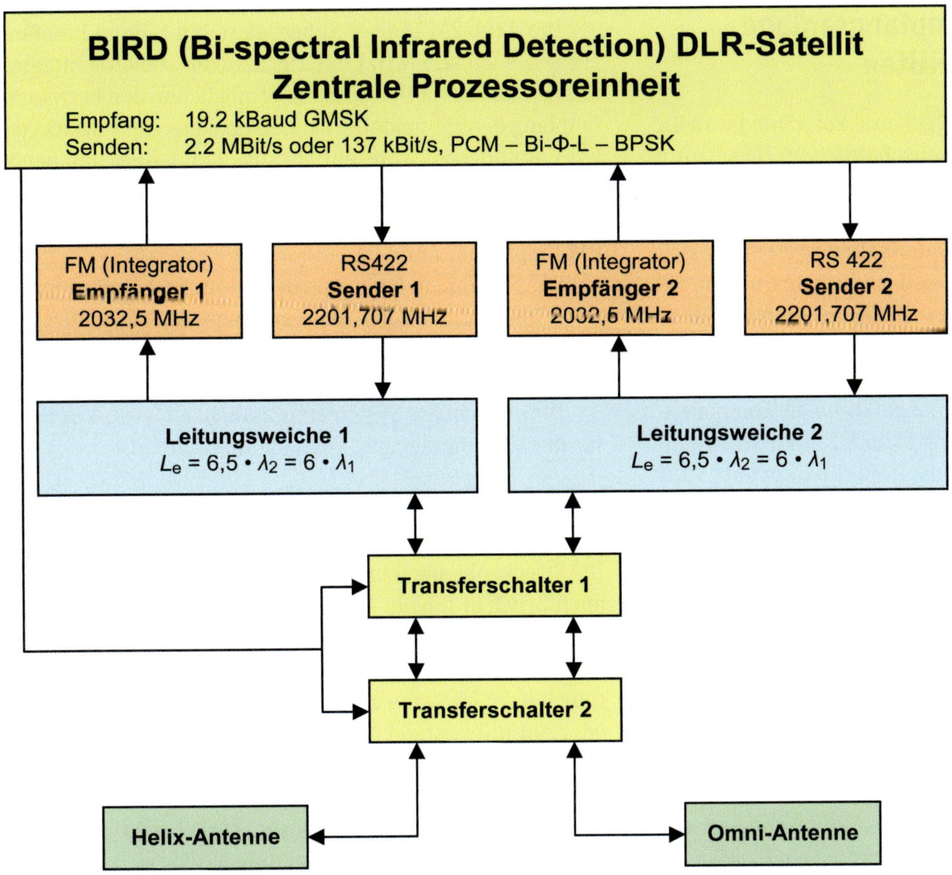

Bild 4.7.19: *Blockdiagramm des redundanten BIRD-Sende- und Empfangssystems mit einer High-Gain-Helixantenne für die Übertragung der Bilddaten und einer Low-Gain-omnidirektionalen Antenne, um den Zugriff auf den Satelliten bei unkontrollierten Lagen zu gewährleisten (Bild: DLR).*

und gleichzeitig für die Frequenz f_2 180° Phasenverschiebung ergibt, so werden beide Signale (mit geringen Verlusten) auf den Antennenanschluss *Ant* geleitet.

$$l_e = (n + 0{,}5) \cdot \lambda_2 = n \cdot \lambda_1 \quad (4.7.42)$$

$n \in G$ und möglichst klein, Abweichungen davon ergeben einen Phasenfehler ϕ und damit zusätzliche Verluste.

Die anstehende **Signalleistung** an den Ports ist:

$$P_{\text{Ant}} = \frac{1}{4} \cdot \left|V_{f_1}\right|^2 \cdot a^4 \cdot \{1 + 2 \cdot d \cdot \cos[\phi(f_1)] + d^2\} \quad (4.7.43)$$

$$P_{\text{Iso}} = \frac{1}{4} \cdot \left|V_{f_1}\right|^2 \cdot a^4 \cdot \{1 - 2 \cdot d \cdot \cos[\phi(f_1)] + d^2\} \quad (4.7.44)$$

a Durchlassdämpfung eines 90°-Kopplers,
d Kabeldämpfung der Umwegleitung.

Wegen der kleinen physikalischen Abmessungen, aber auch aus wirtschaftlichen Gründen wurde diese Kopplungsart für den DLR-Satellit BIRD gewählt, um jeweils einen S-Band-Sender und einen S-Band-Empfänger mit niedrigen Verlusten auf eine gemeinsame Antenne zu koppeln (siehe Bild 4.7.19).

4.7.11 Sende- und Empfangsanlage des BIRD-Satelliten

Der vom DLR entwickelte und gebaute Forschungssatellit wurde neben der reinen wissenschaftlichen Zielsetzung auch als Plattform für die **Erprobung von neuer Raumfahrttechnologie** gesehen. Dies ermöglichte den Einsatz von Komponenten für das Kommunikationssystem, die sich auf Höhenforschungsraketen vielfach bewährt haben. Da bei Raketenmissionen die Verweilzeit im Weltraum sehr kurz (< 20 Minuten) ist und Herstellerangaben zur Strahlungsfestigkeit im Allgemeinen nicht erhältlich sind, waren zusätzliche Tests notwendig. Alle gefährdeten Komponenten wurden mit einer Gesamtdosis von > 15 krad in Testanlagen des Hahn-Meitner-Instituts in Berlin bestrahlt. Dies entsprach der berechneten Strahlungsbelastung über die geplante Lebensdauer des BIRD-Satelliten ohne Berücksichtigung der zusätzlichen Abschirmwirkung der Aluminium-Gehäuse und -Strukturen. Die nominelle Orbithöhe wurde auf ≈ 580 km festgelegt, und für den Betrieb wurden die DLR-Bodenstationen Weilheim und Neustrelitz bestimmt.

4.7.11.1 Auslegung

Um mögliche Ausfälle einzelner Komponenten kompensieren zu können, ist das Empfangs- und Sendesystem redundant ausgelegt. Jeweils ein Sender und ein Empfänger sind über eine Leitungsweiche mit geringer Durchgangsdämpfung (< 0,8 dB) auf den gemeinsamen Antennenport gekoppelt. Die dabei benötigte physikalische Länge der Umwegleitung beträgt wegen des großen Frequenzabstandes zwischen Empfang und Senden nur ungefähr 61 cm bei $n = 6$. Beide Empfänger sind permanent in Betrieb, die Sender können wahlweise selektiert werden. Durch den HF-Transferschalter 1 (Kreuzschalter) kann jede Sende-Empfangseinheit entweder auf die Helixantenne ($G \geq 0$ dBi) oder auf die omnidirektionale Antenne ($G \geq -10$ dBi) geschaltet werden. Der Transferschalter 2 ist nur als Ersatz für das Versagen des ersten Schalters vorgesehen. Die Sperrdämpfung der Leitungsweiche liegt bei ≈ 27 dB und ist für eine ausreichende Entkopplung des Sende- und Empfangszweiges ungenügend. Mit je einem einfachen Saugkreis am Senderausgang $f_{\text{sperr}} = f_{\text{RX}}$ und am Empfängereingang $f_{\text{sperr}} = f_{\text{TX}}$ lässt sich die Entkopplung auf > 50 dB steigern, sodass kein zusätzliches störendes Breitbandrauschen des Senders oder ein zu hoher Sendepegel am Empfängereingang vorhanden ist.

Die Modulation für die S-Band-Sender (f_{TX} = 2 201,707 MHz) ist für beide Bitraten (2,2 Mbit/s für Bilddaten und 137,5 kbit/s für House-Keeping-Daten) PCM-Bi-Ø-L-BPSK. Die Up-Link-Modulation ist GMSK-PM mit einer konstanten Bitrate von 19,2 kbit/s und Forward Error Correction, implementiert mit dem Halbduplex GMSK-Packet-Data-Modem CMX909 von Consumer Microcircuits Limited.

Die True-FM-Doppel-Superheterodyn-S-Band-Empfänger (f_{RX} = 2 032,5 MHz) mit zusätzlicher linearer Integratorstufe nach dem Demodulator ermöglichen den korrekten Empfang der PM-modulierten Datenpakete. Der Einsatz von FM-Empfängern ist wesentlich kostengünstiger und benötigt keine aufwendige Synchronisation und Verifikation der korrekten Einrastung auf das Sendesignal, wie es für PM-Empfänger nötig ist.

Für die Dimensionierung der Durchlassbandbreite der Zwischenfrequenzfilter der Empfänger ist zusätzlich zur Modulation die Dopplerverschiebung des ankommenden Sendersignals zu berücksichtigen (≈ ±50 kHz).

Die erreichbare Systemempfindlichkeit ist ausreichend für die Kommandierung von Satelliten im LEO.

4.7.11.2 Streckenbilanz

Die Streckenbilanz (Link-Budget) für den BIRD-Satelliten ist ausführlich in Tabelle 4.7.2 gelistet. Es ist zu beachten, dass für alle angenommenen Werte die Worst-Case-Bedingungen berücksichtigt werden, wie z. B. eine reduzierte Senderleistung bei der höchsten anzunehmenden Betriebstemperatur oder ein ungünstiger Wert des Antennendiagramms. Für die Empfangs- und Sendeantenne sind die Werte einer experimentellen 2-m-Bodenstation gewählt. Bei diesen Vorgaben muss keine **Reserve im Linkdesign** berücksichtigt werden, da alle operationellen Bodenstationen über wesentlich hö-

Tabelle 4.7.2: *Streckenbilanz für das BIRD-Sendesystem.*

Bordsegement				
Senderleistung	P	5 W	7 dBW	
Sendefrequenz	f_{TX}	2 201,7 MHz		Wellenlänge λ = 0,136 m
Modulationsindex	β	1,57 rad		Phasenhub ($\pi/2$), f_S = 2,2 MHz
Verluste an Bord	L		1,5 dB	Verursacht durch Koppler und Antennenkabel
Antennengewinn	G		0 dBi	Schlechtester Wert, ermittelt aus dem gemessenen Antennendiagramm (Nadir ± 66°)
EIRP (Equivalent Isotropic Radiated Power)	$EIRP$		5,5 dBW	$EIRP = P - L + G$
Streckensegment				
Elevation	EL	5°		Elevation, ab der ein Datenempfang gesichert sein soll
Bahnhöhe	Alt	600 km		nominell 580 km
Maximale Entfernung	d	2 328 km		Bei der gewählten Elevation
Funkfelddispersion (Freiraumdämpfung)	FD		166,6 dB	$FD = 20 \log_{10} (4\,\pi\, d / \lambda)$
Atmosphärische Verluste	L_{Atm}		0,5 dB	
Signalleistung an der Antenne			−161,6 dBW	
Bodensegment				
Empfangsgüte der Bodenstation (gemessener Wert)	$\frac{G}{T}$		8 dB/K	Figure of Merit (Antennengewinn der 2-m-Bodenstation – Systemrauschtemperatur)
Boltzmann-Konstante	k	$1{,}38 \cdot 10^{-23}\ \frac{\text{Ws}}{\text{K}}$	$-228{,}6\ \text{dB}\ \frac{\text{Ws}}{\text{K}}$	
Signal-Rausch-Leistungsdichte	$\frac{S}{k\,T}$		74,9 dBHz	$\frac{S}{k\,T} = EIRP - FD - L_{Atm} + \frac{G}{T} + 228{,}6$
Bandbreite des ZF-Filters	B_{IF}	6 MHz	67,8 dBHz	BPSK-Modulation
Signal-Rausch-Leistung	S / N		7,2 dB	$S / N = S / k\,T - B_{IF}$
Endergebnis				
Bitenergie zu Rauschleistungsdichte	E_b / N_0		11,5 dB	$S / N = S / k\,T - f_b$
Implementierungsverluste	L_I		1 dB	Demodulator und Bitsynchronizer
Reserve für $P_e \le 10^{-6}$	Margin		0 dB	Minimales $E_b / N_0 \ge 10{,}53$ dB
Signal-Rausch-Leistung für die Synchronisation des Trägers	S / N		7,2 dB	
Reserve			7,2 dB	Mindestens 0 dB für „Auto-Akquisition" des BPSK-Demodulators erforderlich

here Empfangs- und Sendegüten verfügen. Die Differenz kann direkt zu der jeweiligen Reserve addiert werden.

Zur **Übertragung** der wissenschaftlichen Daten ist die Helixantenne während eines Kontaktes mit der Bodenstation lotrecht auf die Erde ausgerichtet. Beim Aufgang des Satelliten über dem Horizont (0°-Elevation der Empfangsantenne) ist der Aspektwinkel auf das Antennendiagramm ≈ 24° (Elevationswinkel Φ des Antennendiagramms der Helixantenne). Zur Vereinfachung der Berechnung werden alle Werte in logarithmischer Form benutzt, da sich dadurch Multiplikationen zu Additionen und Divisionen zu Subtraktionen vereinfachen (siehe Kapitel 6.3.4.8).

Mit Bild 4.7.2 lässt sich überprüfen, ob die Bedingung der maximalen Leistungsflussdichte nach ITU eingehalten wird. Das Ergebnis zeigt, dass es unter günstigen Bedingungen möglich ist, die Bilddaten von BIRD mit einer 2-m-Parabolantenne ab einer Elevation von ≥ 5° zu empfangen. Für den Up-Link ist eine vom Boden abgestrahlte EIRP von 45 dBW ausreichend (≈ 34 W HF-Leistung an der Sendeantenne).

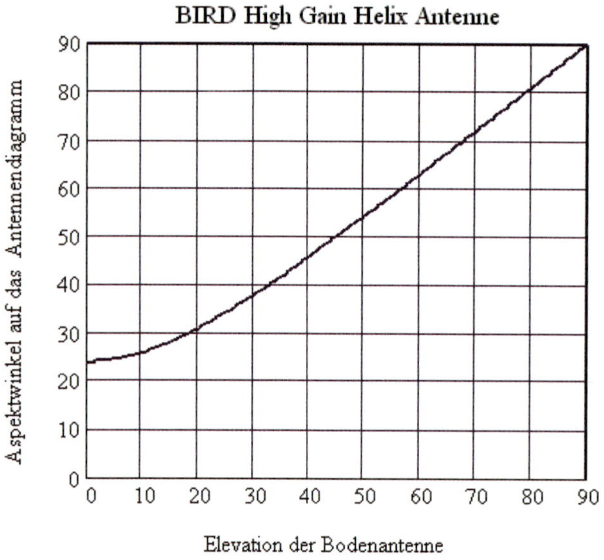

Bild 4.7.20: *Aspektwinkel als Funktion der Elevation.*

4.7.11.3 Ausblick

Inspiriert durch die sehr erfolgreiche BIRD-(Bi-Spectral Infra-Red Detection)Satellitenmission wird der Satellitenbus TET (Technologieerprobungsträger) im Rahmen des Programms On-Orbit Verification (OOV) zur Verifikation von neuen Technologien im Weltraum entwickelt. Die aus der BIRD-Mission gewonnene Systemerfahrung sowie die hohe Zuverlässigkeit dieses Satellitenbusses sind eine ideale Voraussetzung für die erfolgreiche und kostengünstige Verifikation neuartiger Techniken und Technologien für die Raumfahrt.

Die TET-Satelliten haben eine nominelle Nutzlastkapazität von 50 kg. Die Missionsdauer der Satelliten ist wie ursprünglich bei BIRD mit einem Jahr veranschlagt, wobei aber auch eine längere Missionsdauer möglich sein wird. Als Orbit ist der LEO (Low Earth Orbit) vorgesehen.

Die Grundstruktur des TET-Satelliten leitet sich vom Konzept des BIRD ab (Bild 4.7.21). Die Simulations- und Softwaretechnik des TET-Satelliten ist eine Erweiterung der BIRD-Lageregelungssoftware, angepasst an die Erfordernisse des TET-1-Satellitenbusses. Dieser neue Satellitenbus unterscheidet sich von seinem Vorgänger durch ein verändertes Onboard-Datenmanagement sowie Änderungen in der Sensorik und Aktuatorik des Satelliten und einer neuen Nutzlast. Die Softwareerweiterungen betreffen im Wesentlichen neue Regelungsstrategien zur Erfüllung der Missionsanforderungen.

Durch das objektorientierte Design der BIRD-Lageregelungssoftware können große Teile der Software für den Einsatz bei TET wieder verwendet werden. Auch die Hardwarearchitektur stimmt weitgehend mit der des BIRD-Satelliten überein.

Die Entwicklung und der Bau des Satelliten TET-1 werden im Auftrag des DLR durch ein Industriekonsortium durchgeführt.

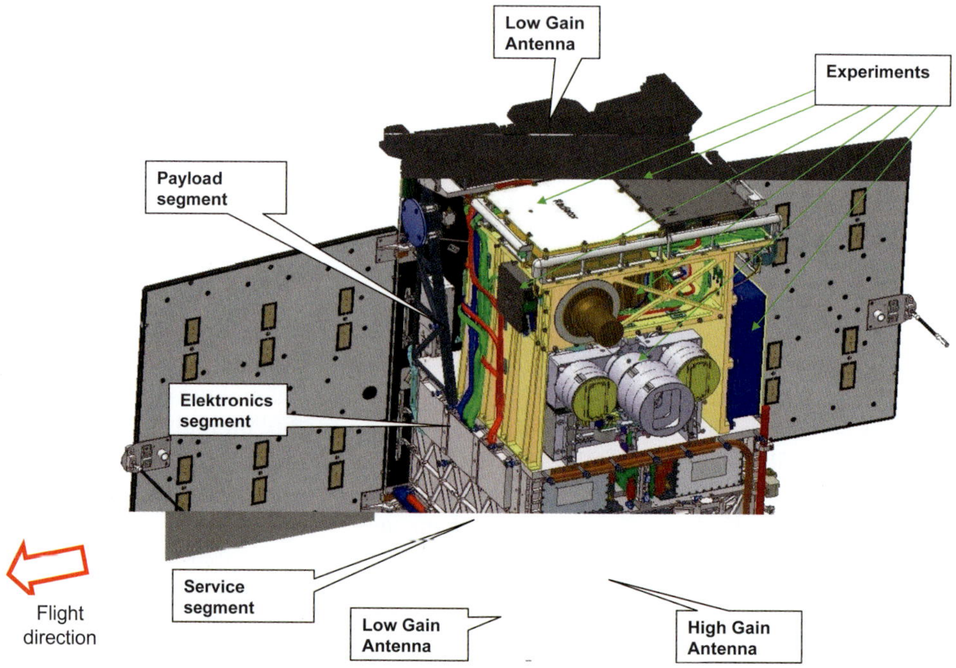

Bild 4.7.21: *TET-1-Orbit-Konfiguration (Bild: Kayser-Threde, DLR).*

Tabelle 4.7.3: *TET-Systemparameter*

Parameter	Kenndaten
Orbittyp	LEO
Mittlere Orbithöhe	450 ... 850 km (TBD)
Orbitdeklination	53° bis sonnensynchron (TBD)
Ausrichtgenauigkeit	5 arcmin
Jitter	2 arcmin/s
Mögliche Ausrichtungen der Nutzlasten	Sonne, Erde, Nadir, Zenit, Flugrichtung, Deep Space
Lageregelung/Bahnkontrolle	drei-Achsen-stabilisiert
Nutzlastleistung	max. 20 W (Dauerleistung)
Spitzenleistung	160 W für 20 min (innerhalb Tagesphase, 5-mal pro Tag)
Temperaturbereich	−10 ... +30 °C (TBC)
Nominale Batteriespannung	20 V (min: 18 V, max. 24 V)
Maximaler Strom	8 A
Nutzlast-Datenrate	2,2 Mbps
Datenspeicher	512 MByte
Abmessungen (L × B × H)	639 mm × 546 mm × 821 mm
Envelope (L × B × H)	650 mm × 550 mm × 880 mm
Nutzlastvolumen (L × B × H)	460 mm × 460 mm × 420 mm
Brutto-Nutzlastmasse	50 kg
Gesamtmasse	120 kg

Literatur

[4.7.1] *Shannon, C. E.:* Communication in the Presence of Noise. Proceedings of the IRE, Vol. 37, 1949.

[4.7.2] *Taub, H.; Schilling, D. L.:* Principles of Communication Systems. New York: McGraw-Hill, 1971.

[4.7.3] *Abramowitz, M.; Stegun, I. A.:* Handbook of mathematical functions. 10. Auflage. National Bureau of Standards Applied Mathematical Series, 1972.
Freie Kopie im Internet: http://www.math.hkbu.edu.hk/support/aands/toc.htm.

[4.7.4] *Range Commanders Council; Telemetry Group; Inter Range Instrumentation Group (IRIG):* Standard 106-04, Part 1. New Mexico: U.S. Army White Sands Missile Range, May 2004.

[4.7.5] *Carlson, A. B.:* Communication Systems. An Introduction to Signals and Noise in Electrical Communication. 2. Auflage. Kogakusha: McGraw-Hill, 1975.

[4.7.6] *Viterbi, A. J.:* Principles of Coherent Communication. New York: McGraw-Hill, 1966.

[4.7.7] *Consultive Committee for Space Data Systems (CCSDS):* Recommendation CCSDS 101.0-B-6, Telemetry Channel Encoding. Blue Book Issue 6, October 2002, (http://www.ccsds.org).

[4.7.8] European Cooperation For Space Standardization (ECSS); Space Engineering, Communications Working Group; ESA Publications Division; ESTEC. Noordwijk, The Netherlands.

[4.7.9] *Gibbel, M.:* Thermal/Vacuum versus Thermal Atmospheric Testing of Spaceflight Electronic Assemblies. Albuquerque, New Mexico: NASA Conference Publication 3096, 16th Space Simulation Conference, November 5–8, 1990.

[4.7.10] *Richaria, M.:* Satellite Communication Systems. New York: McGraw-Hill, 1999.

[4.7.11] *Schwartz, M.:* Information Transmission, Modulation and Noise. 2. Auflage. New York: McGraw-Hill, 1970.

[4.7.12] *Shannon, C. E.:* A Mathematical Theory of Communication. Bell System Technial Journal, Vol. 27, 1948.

5 Aspekte bemannter Missionen

Helmut Luttmann

In den folgenden Abschnitten werden die Aspekte der bemannten Missionen aufgeführt. Der Mensch im Weltraum erhöht signifikant die Flexibilität in Forschung und Technologie, die durch Robotikanwendungen bisher nicht erreichbar ist.

Dies erlaubt auch, Aufgaben durchzuführen, für die nicht alle Schritte und Details vor der Mission geplant werden können. Auch während der Durchführung der Experimente besteht eine Kommunikationsverbindung (Sprache, Video, Daten) mit den Wissenschaftlern auf der Erde, um sofort auf alle Gegebenheiten reagieren zu können.

Das bedeutet aber nicht, dass alle Aktivitäten durch den Menschen ausgeführt werden müssen. Bei den Standardaktivitäten wird im Gegenteil ein hoher Automatisierungsgrad erreicht. Für die Außenarbeiten gibt es mittlerweile Robotik-Systeme für Arbeiten, die anfangs nur durch Astronauten/Kosmonauten/Taikonauten ausgeführt werden konnten. Auch das unbemannte europäische Automated Transfer Vehicle (ATV) hat vollkommen automatisch die Internationale Raumstation angeflogen.

Damit der Mensch im Weltraum arbeiten kann, sind aufwendige Unterstützungsfunktionen notwendig, die weit über den Aufwand für die reine Forschung hinausgehen. Das hat allerdings auch den Vorteil, dass Forschungsprojekte wesentlich flexibler durchgeführt werden können und Änderungen während des Ablaufs möglich sind.

Die wesentlichen Kriterien sind robustes Systemdesign, Sicherheit, Zuverlässigkeit und Fehlertoleranz. Dies wird durch die Auswahl spezieller Komponenten, Einbau von Redundanzen und spezielle Entwicklungen erreicht. Aber auch der Schutz vor der Weltraumumgebung ist ein wesentlicher Aspekt. Teile der Systemauslegung sind Warn-(Caution and Warning), Flucht-(Safe Haven) und Rettungssysteme.

Die Atmosphäre an Bord des Raumfahrzeugs muss in Bezug auf Druck, Zusammensetzung und Temperatur den Anforderungen der Astronauten gerecht werden. Der Mensch befindet sich in einer kompletten Schutzhülle mit einer Sauerstoffversorgung, Temperaturkontrolle und Luftfeuchtigkeit. Kohlendioxid und andere Stoffe, die durch die Menschen, Geräte oder Experimente erzeugt werden, müssen herausgefiltert werden. Alle Systeme müssen so ausgelegt sein, dass sie das Leben der Menschen unterstützen, allerdings auch so, dass sich der Mensch im Weltraum nicht darum kümmern muss. Die Anwesenheit des Menschen erfordert einen höheren Grad an Komplexität für Systeme und Nutzlasten, die nicht direkt der Unterstützung des Menschen dienen.

Die **Bedienelemente** müssen so gebaut sein, dass sie die speziellen Bedingungen der Schwerelosigkeit und des begrenzten Raums berücksichtigen und ein effizientes Arbeiten ermöglichen. Alle Systeme müssen einfach und sicher zu bedienen sein. Alle Materialien werden so ausgewählt, dass sie keine schädlichen Gase erzeugen oder zu Verletzungen führen können.

Ein **Logistiksystem** ist notwendig, um den Menschen im Weltraum mit Sauerstoff, Nahrung, Kleidung etc. zu versorgen. Außerdem ist eine Raumstation mit Ersatzteilen und Gebrauchsartikeln sowie Nutzlasten und Treibstoff zu versorgen.

Zwanzig Jahre Internationale Raumstation haben allerdings auch zu vielen neuen Erkenntnissen geführt, die eine Reduktion der Komplexität zulassen und viele neue Möglickeiten eröffnen. Besonders im Wartungskonzept wurden sehr konservative Ansätze genutzt, weil man die Möglichkeiten von Mensch und Maschine im Weltraum noch nicht genau kannte. Heute ist eine viel größere Flexibilität möglich und erlaubt die Nutzung moderner kommerzieller Systeme im Betriebs-, Nutzungs- oder Forschungsbereich. Im Bereich der Sicherheit und der Unterstützung der Präsenz des Menschen wird allerdings der konservative Ansatz beibehalten.

In den folgenden Kapiteln werden drei Themenschwerpunkte behandelt:

- Der Mensch im Weltraum,
- Lebenserhaltungssysteme,
- Rendezvous und Docking.

Der erste Teil befasst sich mit dem **Menschen im Weltraum**. Der Alltag im Weltraum stellt sehr hohe Anforderungen an die Astronauten. Daraus abgeleitet gibt es Auswahlverfahren und Programme, um die Raumfahrer auf die Missionen vorzubereiten. Das technische Trainingskonzept wird am Beispiel ISS und Columbus erläutert. Dazu gehören die Planung des Trainings, die Entwicklung des Trainingsmaterials und die Ausbildung der Instruktoren, die Trainingsdurchführung sowie die wesentliche Trainingsinfrastruktur, d. h. Anlagen und Gebäudeeinrichtungen, Modelle und Simulatoren.

Der zweite Teil beschreibt die Technik, mit der der Mensch im Weltraum unterstützt wird. Zum Begriff **Lebenserhaltungssystem** gehören alle Komponenten, die es dem Menschen im Weltraum ermöglichen, unter angenehmen atmosphärischen Bedingungen zu arbeiten. Dazu gehören die Systeme, die die Lebensbedingungen erzeugen, aber auch die Warnsysteme, um eventuellen Gefahren vorzubeugen. Es werden die benötigten Funktionen, die technischen Bestandteile, das Funktionsprinzip und die Auslegung beschrieben.

Der dritte Teil erläutert das Thema **Rendezvous und Andocken**. Für den Betrieb der Internationalen Raumstation sind zahlreiche Versorgungsflüge nötig, die die sichere Annäherung und das Andocken des Versorgungsschiffes erfordern. Auch in zukünftigen Missionen der bemannten, aber auch der unbemannten Raumfahrt, wird die Technik von Rendezvous und Andocken eine Schlüsselfunktion für den Zusammenbau großer und komplexer Raumfahrzeuge im Orbit besitzen. Mittlerweile gibt es mehrere Systeme, die die Internationale Raumstation mit Nachschub versorgen. Die meisten werden allerdings nur in die Nähe der Station manövriert und mit einem Roboterarm an die Station gebracht. Die letzte Entwicklungsstufe dieser Technik ist in Europa für das Automated Transfer Vehicle ATV erreicht worden. Das ATV war der größte unbemannte Versorgungstransporter der Raumstation. Im angedockten Zustand wurde er auch eingesetzt zu Manövern zum Anheben der Raumstation (re-boost) und zum Ausweichen vor Debris-Teilen. In fünf erfolgreichen Missionen flog er die Station mit einer im Vorfeld sorgfältig geplanten Strategie vollautomatisch an und dockte ebenfalls automatisch, zur Sicherheit überwacht durch die Astronauten.

5.1 Der Mensch im Weltraum

Reinhold Ewald und *Rüdiger Seine*

In der bemannten Raumfahrt stehen die Astronauten (westliche Benennung), Kosmonauten (nach russischer Lesart) oder Taikonauten (chinesische Benennung) im Mittelpunkt der Mission. In diesem Kapitel werden die Zusammensetzung und Aufgabenteilung der Besatzungen (Kapitel 5.1.1) beschrieben und ein Überblick über das Training der Besatzungen (Kapitel 5.1.2) und die dafür nötige Infrastruktur (Kapitel 5.1.3) gegeben. Wie in der Luftfahrt wird die Besatzung auch häufig als Crew bezeichnet, so wie es auch in diesem Buch übernommen wurde, weil es sich im täglichen Sprachgebrauch eingebürgert hat.

5.1.1 Die Besatzungen der Internationalen Raumstation

Die Internationale Raumstation (ISS) ist auf absehbare Zeit[1] die einzige **permanent bemannte Station** im Weltraum. Sie steht deshalb im Mittelpunkt der Beschreibung von Zusammensetzung und Aufgaben der Besatzungen und ihrer Mitglieder. Auch das tägliche Leben an Bord und die Methoden des Arbeitens im Team sind hier am Beispiel der Internationalen Raumstation behandelt.

5.1.1.1 Zusammensetzung und Auswahl der Mannschaft

Die Crews der Internationalen Raumstation bestanden während der Ausbauphase aus **bis zu drei Besatzungsmitgliedern.** Mit den letzten Space-Shuttle-Flügen (bis 2011) wurden die Lebenserhaltungssysteme ausgebaut und die nötige Anzahl von Crewkabinen im US-Orbitalsegment installiert. Die ISS unterstützt in der laufenden Phase, in der Besatzungen mit Sojus Kapseln zur ISS fliegen, auf Dauer eine Besatzung von sechs Astronauten. Die Größe der Raumstation und die Vielfalt von Serviceaufgaben erfordern eine minimale Besatzungsgröße von drei Astronauten allein für den laufenden Unterhalt. Die kontinuierliche Arbeit mit den wissenschaftlichen Experimenten ist bei einer Besatzung mit sechs Astronauten effektiv.

Mit Inbetriebnahme der unter NASA Auftrag entwickelten Commercial Crew Raumfahrzeuge (projektiert 2019 ff.) können auch noch mehr Besatzungsmitglieder an Bord sein, da sie mit den zusätzlichen Raumfahrzeugen auch eine schnelle Rettungsmöglichkeit zur Verfügung haben.

Die jeweilige **Zusammensetzung der Besatzungen** wird durch die an der Raumstation beteiligten Partner USA, Russland, Europa (vertreten durch die ESA), die kanadische Raumfahrtagentur CSA und Japans Raumfahrtagentur JAXA in einem internationalen Gremium, dem Multilateral Crew Operation Panel (MCOP), ausgehandelt. Dieses Panel lässt Astronauten zum ISS-Training zu und benennt die Besatzungen sowie die Reserve-Besatzungen. Die Crews der Internationalen Raumstation werden **Expeditionen** zugeordnet. Dies sind Kernbesatzungen von minimal zwei Personen, die in einem Raumfahrzeug gemeinsam zur Raumstation fliegen und von dort gemeinsam zurückkehren. Für den Flug zur Raumstation und für die Rückkehr wird die Sojus-Kapsel genutzt.[2] Die Zusammensetzung einer solchen Expeditionsbesatzung ist vom Prinzip bestimmt, dass die „großen“ Partner USA und Russland, allein schon wegen der Verantwortung für ihre jeweiligen Stationssegmente,

1 Stand 2018; Planungen für eine Deep Space Station werden wohl erst Mitte der 2020er Jahre Realität, die ISS Lebensdauer ist mit 2028 angegeben.

2 Zeitraum 2006 bis 2018; danach TBD.

SYSTEMS/OPERATIONS	System Qualifications & Responsibilities				СИСТЕМЫ/ОПЕРАЦИИ
	Segment	Astronaut A	Astronaut B	Astronaut C	
Complex Operations					**Комплексные операции**
Node 2 Vestibule Outfitting	ISS	S	S	–	
Columbus Vestibule Outfitting	ISS	S	–	S(P)	
ELM-PS Vestibule Outfitting	ISS	S	–	–	
JEM Vestibule Outfitting	ISS	S	–	–	
Command & Data Group CDG					**Группа управления бортовой аппаратурой (CDG)**
Operations Local Area Network (Ops LAN)	ISS	S(P)	O	O	Локальная вычислительная сеть по операциям (Ops LAN)
Command & Data Handling (CDH)	USOS	S(P)	O	O	Система выдачи команд и обработки данных (C&DH)
Onboard Computer System (БВС)	ROS	O	S	O	Бортовая вычислительная система (БВС)
Onboard Equipment Control System (СУБК/А)	ROS	O	S	O	Система управления бортовым комплексом/бортовой аппаратурой (СУБК/А)
Data Management System (DMS)	EOS	O	U	S	
Command & Data Handling (CDH)	JOS	O	U	–	

Bild 5.1.1: *Auszug aus einer Crew Qualification and Responsibilities Matrix (CQRM). (S: Specialist, O: Operator, U: User, P: Prime, USOS: US Onboard System, ROS: Russian Onboard System, EOS: European Onboard System, JOS: Japanese Onboard System).*

stets mit mindestens einem Besatzungsmitglied vertreten sein wollen. Mit der Ankunft eines substantiellen Beitrages in Form eines druckbeaufschlagten Moduls (USA, Russland, Europa, Japan) oder eines Stationswerkzeugs wie dem Space Station Robotic Manipulating System (SSRMS, von Kanada gebaut) wurde die jeweilige **ISS-Partnerschaft** wirksam, und die Stationsressourcen stehen dem neu hinzugekommenen Partner im Verhältnis seines Beitrags zur Verfügung. Dies gilt auch für die Crewzeit und das Recht, eigene Astronauten in die Expeditionsmannschaften zu entsenden. Die Ausgestaltung dieses Rechts obliegt dann dem MCOP.

Mit der Ankunft des Columbus-Labormoduls im Februar 2008 erwarb also Europa für die ESA etwa 8,5 % der **Ressourcenrechte** für das US-Segment und kann über die Jahre eigene Astronauten für Expeditionen einplanen. Je nach Rechnung können also alle anderthalb bis zwei Jahre ESA-Astronauten für die Dauer einer Expedition zur ISS geschickt werden.

5.1.1.2 Entwicklung der Crew-Aufgaben

Die Internationale Raumstation übertrifft die ehemalige Raumstation MIR in Masse, bewohnbarem Volumen und Komplexität erheblich. Für die Crew an Bord bedeutet diese Komplexität eine Vielzahl von Spezialaufgaben, die in der sogenannten **Crew Qualification and Responsibilities Matrix (CQRM)** erfasst werden. Um in der zur Verfügung stehenden Trainingszeit der Crew alle nötigen Qualifikationen zu vermitteln, müssen bei jedem Besatzungsmitglied Kompromisse in der Tiefe der Kenntnisse gemacht werden. Dies ist eine Weiterentwicklung des Konzepts, wie es auch für die Aufgabenverteilung an Bord des Space Shuttles üblich war. Im Space Shuttle war die **fliegerische Aufgabe** den Kommandanten (CDR) und den Piloten (PLT) übertragen, unter Mithilfe von **Missionsspezialisten,** die auf dem Flug- und Mitteldeck saßen. Diese minimal fünf Besatzungsmitglieder deckten alle Aufgaben vollständig ab, die mit den technischen Systemen des Space Shuttles zu tun haben. Hinzu kamen bei Flügen mit sehr komplexer Nutzlast zwei bzw. maximal drei **Nutzlastspezialisten,** deren Training sich auf den sicheren Mitflug und die Arbeit mit den wissenschaftlichen Experimenten, den transportierten Satelliten und den technologischen Erprobungen beschränkte. Nachher übernahmen Missionsspezialisten auch diese Aufgaben. Eine weitere Gruppe von Space-Shuttle-Besatzungsmitgliedern waren **Astronauten mit speziellen Aufgaben** wie z. B. die des Astronaut Educator, also Astronauten mit vornehmlich edukativem Auftrag.

Im **russischen System** decken die Sojus-Kommandanten (Sojus CDR) und der Bordingenieure (Sojus FE) die fliegerischen Aufgaben ab. Auf dem dritten Sitz der engen Sojus-Kapsel befindet sich entweder ein „Spaceflight Participant" genannter Tourist, ein professioneller Astronaut einer Raumfahrtagentur oder ein zusätzliches ISS-Besatzungsmitglied. Einmal an Bord der ISS bilden Sojus CDR und Sojus FE entweder die neue Expeditionsmannschaft oder sie fliegen mit dem Kurzzeitbesucher wieder zurück. Dies war der Fall bei den „Taxi-Flüge" genannten Sojus-Austauschmissionen in den frühen Raumstationsphasen.

Für die Raumstationsbesatzungen sind zwei Positionen definiert: die der **Stationskommandanten** (ISS CDR) und die der **Flugingenieure** (englisch Flight Engineer, daher abgekürzt FE-1, FE-2, usw.). Die Autorität des ISS CDR ist im Space Station Code of Conduct[3] beschrieben und für alle ernannten ISS-Besatzungsmitglieder für den Zeitraum ihres Trainings und des Flugs verpflichtend festgeschrieben. Die ISS CDR wiederum sind dem ISS Flight Director im Johnson Space Center (JSC) in Houston/USA für alle Aspekte der sicheren und erfolgreichen Missionsdurchführung verantwortlich. Während alle Partnerkontrollzentren für ihre Raumstationsbeiträge weitgehend operationell selbst verantwortlich sind, ist die Rolle des ISS Flight Director im JSC auch gegenüber der ISS-Crew hervorgehoben. Dies reflektiert den überwiegenden Beitrag der USA beim Aufbau der ISS. Beide Positionen, ISS-Kommandant und die bis zu fünf Flugingenieure, teilen die während der Expeditionszeit auszuführenden Routine- und Spezialaufgaben unter sich auf. Ein Beispiel für eine solche CQRM zeigt das Bild 5.1.1.

Alle anstehenden Aufgaben für eine Expedition werden lange im Voraus in verschiedenen Dokumenten[4] von den beteiligten Partnern gesammelt und verhandelt. Daraus ergeben sich die großen **Meilensteine** für jede Expedition sowie die verschiedenen Trainingsanforderungen. Wird ein Crewmitglied zeitaufwendig zum Spezialisten für besonders schwierige Reparaturen oder Überholungen ausgebildet, muss gleichzeitig garantiert sein, dass die benötigten Ersatzteile für diese Reparatur auch rechtzeitig zur Raumstation geschickt worden sind.

[3] Der ISS Crew Code of Conduct wurde im MCOP ausgehandelt und von allen Partneragenturen verabschiedet. Er regelt neben den Fragen der Autorität an Bord auch Fragen der Haftung, des anzuwendenden Rechts und der Gerichtsbarkeit zurück auf der Erde, ethische Aspekte und die Verpflichtung der Expeditionsmitglieder, ihre Stellung als ISS-Besatzungsmitglied nicht zur persönlichen Bereicherung zu nutzen.

[4] Die wichtigsten solcher Dokumente sind der Tactical Plan und das Increment Description and Requirements Document, das die NASA für jedes Increment (= Zeit einer Expedition an Bord der Raumstation) mit den Partnern verhandelt. Die Prioritäten für aufwendige Aufgaben werden ebenfalls festgelegt.

Die Idee der Internationalen Raumstation sieht vor, dass in **einem Labor ohne Abgrenzungen** allen Partnern die Laboreinrichtungen, Werkzeuge und die Crew im Rahmen der prozentualen Beteiligung frei zur Verfügung stehen. So sollte es im Prinzip keinen Unterschied für die geplanten Experimentvorhaben machen, ob sie von einem japanischen oder einem europäischen Astronauten im Columbus-Modul ausgeführt werden. In der Praxis hat sich jedoch herausgestellt, dass trotz der mechanischen Koppelung der Segmente die Station deutlich in einen russischen Teil und einen Teil getrennt ist, der operationell von den USA und den Partnern Kanada, Europa und Japan betrieben wird. Allein der Erhaltungsaufwand des russischen Segments nimmt die Crewzeit mindestens eines Kosmonauten vollkommen in Beschlag. Die US-Astronauten werden vornehmlich auf die Arbeit, Wartung und Reparatur der Systeme im US-Orbitalsegment trainiert und zu diesen Arbeiten eingesetzt. Trotzdem ist die Internationale Raumstation das bedeutendste funktionierende zivile Projekt in kontinental überspannender Zusammenarbeit.

5.1.1.3 ISS-Crew-Alltag

Der Alltag an Bord der Internationalen Raumstation ist das Ergebnis eines langen Planungsprozesses. Parallel zum Crewtraining wird zwischen den internationalen Planungsteams der Katalog von Aufgaben definiert, die durch die Expedition in den jeweiligen Wochen wahrgenommen werden sollen. Wenn die Crew startet, liegt diese Sammlung (das sogenannte **On-Orbit Summary**) zusammen mit einer etwas genaueren Aufteilung der einzelnen Arbeiten auf die Tage der nächsten Wochen vor. Die Tagespläne, die auch die Crew an Bord auf ihren Computern sieht, sind auf vier oder fünf Tage genau, können aber noch dem Verlauf der Aktivitäten angepasst werden. Der endgültige Plan wird jeweils am Vorabend nach Abstimmung zwischen den internationalen Planungsgruppen an Bord geschickt. Änderungen, die danach aufkommen, werden in den Planungskonferenzen mit der Crew besprochen. Diese Planungskonferenzen am Morgen und Abend bilden die Fixpunkte des Alltags an Bord. Nach dem Wecken um 6 Uhr GMT[5] bis zur Planungskonferenz etwa zwei Stunden später haben die Astronauten persönliche Zeit und machen sich mit dem Tagesplan vertraut.

Nach der 15-minütigen Planungskonferenz, an der alle Besatzungsmitglieder und Kontrollzentren teilnehmen,

[5] Die gesamte Crew folgt einem gemeinsamen Tagesablauf ohne Schichtarbeit. Die Uhren an Bord der ISS werden nach der Greenwich Mean Time GMT gestellt, die auch nicht im Sommer geändert wird. Dies ist ein Kompromiss, der den beteiligten Kontrollzentren eine einheitliche Planungsroutine ermöglichen soll. Wegen der sechzehn Erdumrundungen pro 24 h spielen Tag und Nacht auf der Erde an Bord der ISS natürlich keine Rolle für das subjektive Zeitempfinden.

folgen die Astronauten ihrem individuellen **Tagesplan** bis zur gemeinsamen Mahlzeit am Mittag. Dasselbe geschieht ebenso am Nachmittag bis zur Planungskonferenz am Abend. In die Zeiten vormittags oder nachmittags werden auch zwei Stunden Fitnesstraining eingepasst. Diese enthalten auch die notwendige Zeit für den Kleidungswechsel und die Körperpflege. Nach diesem Arbeitstag hat die Crew Zeit für das Abendessen und die Vorbereitung des nächsten Tages. Wegen der Vielzahl von Ersatzteilen, Experimenten und Gebrauchsgegenständen, die überall an Bord verstaut sind, ist es ratsam, Dinge, die am nächsten Tag gebraucht werden, schon vorher zusammenzusuchen. Jetzt ist auch Zeit, E-Mails zu beantworten, Eintragungen nachzuholen, für die am Tag keine Zeit war oder mit Freunden und der Familie zu telefonieren. Über die Breitbandkommunikationsleitung, die über die Relaissatelliten zur Erde geht, kann die Crew **Telefongespräche** führen. Das ist ein großer Schritt vorwärts gegenüber den Zeiten der Raumstation MIR, als Kommunikation überhaupt nur während der Überflüge über sowjetischen Bodenstationen möglich war. Die maximale Arbeitszeit an Werktagen ist auf acht Stunden begrenzt, inklusive der Vor- und Nachbereitung und des Sports. Die Einhaltung dieser Zeiten wird vom internationalen Team der ISS-Ärzte **(ISS Crew Surgeons)** überwacht. Störungen der Ruhezeiten z. B. durch unvermeidbare Experimentarbeiten müssen durch entsprechende Freizeit kompensiert werden. Trotzdem berichten die Mitglieder der Langzeitbesatzungen, dass sie sich eigentlich nie „außer Dienst" fühlen, was angesichts des ungewöhnlichen Arbeitsplatzes und der lebensfeindlichen Umgebung um sie herum verständlich ist.

Schon aus der Erfahrung mit der russischen Raumstation MIR war klar, dass eine **Überarbeitung** der Crew ein stets lauerndes Risiko darstellt. Daher wird, anders als bei kurzzeitigen Flügen des Space Shuttles mit dem europäischen Labor „Spacelab", nicht in Schichten gearbeitet. Während der Schlafzeiten der Crew übernehmen die Bodenstationen per Telemetrie/Telekommando die Kontrolle über die Station. Hinweis- und Warntöne werden nach Möglichkeit unterdrückt, und mit der Problemlösung wird bis zum nächsten Morgen gewartet. Samstags werden normalerweise höchstens zwei Stunden mit technischen und Forschungsarbeiten zugebracht. Weiterhin stehen Reinigungsarbeiten auf dem Programm. Sonntags ist dienstfrei und insbesondere Zeit für Videokonferenzen mit der Familie und Freunden.

5.1.1.4 Die ISS-Crew als Arbeitsteam

Zwei Kriterien für eine **Zusammenstellung einer ISS-Expeditionscrew** wurden schon erwähnt. Zum einen muss die Ausgewogenheit der Anwesenheit von Astronauten der verschiedenen Partnerorganisationen nach Maßgabe der jeweiligen Anteile an der ISS sichergestellt sein. Zum anderen muss die Crew insgesamt alle notwendigen Qualifikationen abdecken, wie sie sich aus der **Crew Qualifikations- und Anforderungsmatrix** ergeben. Das beliebige Zusammenbringen von Fachspezialisten zu einem Team, das sich dann fast vollkommen abgeschlossen für einige Zeit aufgabenorientiert bewähren muss, garantiert nicht den Erfolg. Hierzu liegt viel empirisches Material in vergleichbaren Situationen vor wie z. B. Überwinterteams in Polarstationen, Bergseilschaften oder allgemein Expeditionsteams in abgelegenen Gegenden der Welt. Die Diskussion um die richtige Crewzusammensetzung umfasst dabei alle gängigen Kriterien wie die optimale Anzahl[6], gemischte Crews[7] oder Hierarchie- und Senioritätsfragen[8]. Es gibt kein Rezept, das eine harmonische und erfolgreiche Crewzusammenstellung garantiert. Und doch lassen sich einige Charakteristika ausmachen, die besonders erfolgreiche ISS-Crews bei ihrer Arbeit positiv unterstützt haben.

Die Astronautenauswahl

Die meisten derzeitigen Astronauten in den Teams der USA, Europas (ESA) und Japans sind zunehmend für Langzeitmissionen an Bord der ISS rekrutiert worden, nachdem Programme, die zur Zeit ihrer Rekrutierung im Vordergrund standen, abgeschlossen waren. Beispiele waren das Space-Shuttle-Programm mit Kurzzeitflügen (auch mit dem Spacelab) sowie das Columbus-Precursor-Programm mit der Betonung auf meist kurzfristiger Laborarbeit. Einzig Russland mit der Erfahrung von der MIR-Station hat seine Rekrutierungskriterien und die Zusammensetzung der Crews nicht wesentlich geändert. Symptomatisch für die im Übergang zur ISS relativ neuen Anforderungen an die Astronauten waren die anfänglichen Schwierigkeiten der NASA, Kandidaten für die Expeditionen an Bord der MIR-Station zu finden. Auch heute noch sind die lange Trainingszeit für einen Flug zur ISS und die besonderen Aufgaben an Bord der ISS im Vergleich zu einer kurzen Mission weitaus stärker herausfordernd. Zudem berücksichtigte die Auswahl bis zur Jahrtausendwende typischerweise vorwiegend nationale Programme, weniger aber die Fähigkeit, im internationalen Umfeld zu arbeiten.

---

6 Durch die Wahl der Sojus-Kapsel als Rettungsraumschiff und die Kapazität der ISS sind Expeditionscrews nur zu zweit, dritt oder zu sechst (setzt 2 angedockte Sojus-Kapseln voraus) denkbar.

7 Mehrere Langzeitastronautinnen haben inzwischen demonstriert, dass in Anbetracht der geleisteten Arbeit an Bord alles für eine gemischte Crew spricht. Man muss sich allerdings der trivialen Aufmerksamkeit der Medien bewusst sein.

8 Hierzu muss man bemerken, dass die ISS zivilen wissenschaftlich-technischen Zwecken dient und daher im Normalfall mit weitgehend flachen Hierarchien auskommt. Erst bei Notfällen und bei der Übernahme der Sicherheitsverantwortung an Bord sind die Kommandanten entscheidend gefragt.

Die kulturelle Komponente
Eine Erfahrung der russisch-amerikanischen Zusammenarbeit auf der MIR-Raumstation (MIR-Shuttle) war der augenscheinliche Beweis, wie wichtig das gute Beherrschen wenigstens einer **gemeinsamen Sprache** für die Teamarbeit ist. Die an Bord der MIR dominante Sprache war das Russische, aber auch heute, wo Englisch die Hauptsprache der ISS ist, harmonieren die Besatzungen umso besser, je mehr gerade Amerikaner und Russen von der jeweilig anderen Bord-Boden-Kommunikation und voneinander verstehen. Das Patentrezept heißt vor dem Flug weitgehende und längere sprachliche Immersion im jeweiligen Land, was jedoch in natürlicher Konkurrenz zum Trainingsfluss steht und zum Wunsch nach einem weiteren Leben mit der Heimatfamilie. Aber auch mit dem Überwinden der Sprachbarriere ist es nicht getan: Der Umgang mit der Technik, die Reparaturstrategie, die Lagerhaltung an Bord, die verschiedenen Freiräume, die die Kontrollzentren den Crewmitgliedern einräumen, sind Beispiele für unterschiedliche Herangehensweisen im Westen und im Osten an den Gesamtkomplex des Betriebs einer Raumstation. Wer hier Erfolg haben will, muss extrem flexibel mit seiner **Arbeitsmethodik** sein und die unterschiedlichen Führungsstile der Kontrollzentren kennen und antizipieren lernen. Vorbeugend sind Trainingseinheiten zum Crew Resource Management nützlich, die ähnlich wie in einem Flugzeugcockpit helfen, die Grenzen zwischen ordnender Hierarchie und individuellem Urteilsvermögen erkennen zu lassen.

Der innere Faktor
Nach einer anfänglichen **Euphoriephase**, die etwa drei oder vier Wochen anhält, setzt bei Langzeitexpeditionen die **Routinephase** ein. Diese ist durch Arbeitswiederholungen, vielleicht erste Misserfolge, besonders aber durch die Monotonie des Tagesablaufs geprägt, der durch die nie aussetzende Notwendigkeit zur Erhaltung der körperlichen Fitness, die genaue Reglementierung durch den Zeitplan und die sensorische und kommunikative Beschränkung bestimmt ist. Dies gilt auch für die bald empfundene Monotonie bei der Essensauswahl, trotz einer Vielzahl von Varianten, die auch vorher auf der Erde verkostet und nach Präferenz zusammengestellt wurden. Diese Phase kann durch externe Faktoren, wie die Ankunft eines Transportraumschiffs, oder durch einen bevorstehenden Außenbordeinsatz aufgelockert werden. Auch werden die Bodenkontrollzentren auf Anzeichen von Stimmungstiefs achten und reagieren, denn damit steigt auch die Wahrscheinlichkeit und Häufigkeit von operativen Fehlern. Umweltfaktoren wie der CO_2-Gehalt der Atemluft können sehr individuell die Arbeitsleistung erheblich beeinträchtigen. Dies ist besonders bei den ersten Erfahrungen mit einer Ein-Jahres-Crew in den Vordergrund getreten. Gegen Ende des Flugs mit den Aktivitäten des Zusammenpackens und Dokumentierens, die hohe Konzentration erfordern, ist dann das Stimmungstief überwunden und die Vorfreude auf die Rückkehr überwiegt. Entscheidend für das Gelingen ist jedoch der Wille jedes einzelnen Mitglieds einer solchen Langzeitcrew, jeden Moment des Flugs als Bestandteil auf dem Weg zum Gesamterfolg zu akzeptieren und in gewisser Weise auch als selbstgewählten Berufsweg positiv einordnen zu können. Ein Hoffen auf Publizität, Karrieresprung und entsprechende Belohnung nach dem absolvierten Flug hat sich als nicht tragfähig genug erwiesen, um die manchmal unerwartet frustrierende Monotonie der Aufgabe an Bord gegenüber den idealisierenden Vorerwartungen richtig einzuordnen. So hat sich die Suche nach dem „Right Stuff", der Astronauten der frühen Jahre auszeichnen sollte, zu einer Suche nach dem „Right Staff" gewandelt, also nach einer Crew, die technisch exzellent ist, aber persönlich auch so viel inneren Motivationsvorrat mitbringt, um derart gefestigt gemeinsam auch schwierige Phasen des Flugs durchzustehen.

Auf dem Weg zum Mars: „Poexali k Marsu"
So würde heute der abgewandelte Slogan Yuri Gagarins heißen, „auf zum Mars"! Die Unterschiede zum heutigen Raumflugschema sind für die Crews einer zukünftigen Marsmission vielfältig, zwei stechen jedoch heraus. Zum Unterschied zu den Flügen ins Erdorbit kann man Marsflüge nicht innerhalb einiger Stunden (Low Earth Orbit wie die ISS) oder Tage (Mondtrajektorien, wie z. B. bei Apollo 13) abbrechen und zur Erdoberfläche zurückbringen. Auch steigt die Latenzzeit der Kommunikation mit wachsender Entfernung. Bis zu 25 min und mehr braucht im Extremfall eine Nachricht von der Erde zum Raumschiff im Marsorbit, die Antwort ebenso lange. Das bedeutet für die Crew einen hohen Grad an Autonomie und Entscheidungsnotwendigkeit. Medizinische Probleme müssen mit Bordmitteln ebenso aufgefangen werden wie Diskussionen über das weitere technische Vorgehen. Hier sind die klassischen Beispiele der irdischen Expeditionsgeschichte noch immer aktuell: Shackelton, Scott, Amundsen sind nur einige der Namen, deren Geschichten für Durchhalten und Erfolg oder Fehlentscheidungen und Misserfolg stehen. Die Motivationslage einer Crew auf dem Weg zum Mars darf vor allem nicht ausschließlich von dem Ziel beherrscht werden, der oder die Erste auf dem Mars zu sein. Anders als bei den Apollomissionen ist die ausgedehnte Flugzeit zum Mars die größte Herausforderung. Mit Flugzeiten von je 8 Monaten hin und zurück plus einer ausgedehnten Aufenthaltszeit auf und um den Mars beläuft sich die Gesamtdauer bis zur Rückkehr auf zwei Jahre und mehr. Wenn der triumphale Empfang zurück auf der Erde noch mehr als ein Jahr weg ist, wird die Zeit beim Rückflug lang, speziell wenn keine wissenschaftlichen oder technischen Erprobungsaufgaben mehr auszuführen sind. Mit dem ersten Ein-Jahres-Aufenthalt einer ISS Crew im Jahre 2015/2016 und dem

Rekordaufenthalt von Valerie Poliakov auf der Station MIR 1994/1995 (438 Tage) ist die Datenbasis für die nötige psychologische, logistische und organisatorische Unterstützung eines solch langen Marsflugs noch schmal. Eine internationale Besatzung hat im Experiment MARS 500 für einen simulierten Marsflug über 520 Tage in einem Komplex von engen, tauchtank-ähnlichen Wohnmodulen im Institut für Biologisch-Medizinische Fragestellungen in Moskau verbracht, inklusive der Isolationssituation durch Kommunikationsverzögerungen und einem durchgespielten Abstieg auf den Mars aus einer Umlaufbahn. Da hierbei sogar nur drei der sechs Studienteilnehmer zur „Oberfläche" gelangten, war die Monotonie des Aufenthalts und damit die Schwierigkeit, sich eine anhaltend positive Einstellung zu dem Projekt zu erhalten, für die im „Marsorbit" verbliebenen drei Teilnehmer nochmals erschwert. Der insgesamt konfliktarme und erfolgreiche Ausgang der Studie – im Gegensatz zu teilweise als gescheitert zu bezeichnenden kürzeren Vorstudien – gibt erste Hinweise auf die Kriterien, nach denen eine Besatzung für eine Marsmission zusammengestellt werden sollte. Dringend ist dabei für ausreichend sinnvolle und befriedigende Tätigkeiten während der langen Flugphasen zu sorgen, der Ruhm der ersten, zweiten, dritten ... Fußstapfen auf dem Mars reicht nach Meinung des Autors nicht als Motivationsvorrat für die Gesamtdauer einer konfliktfreien Mission. Hier soll nicht auf die noch zu lösenden technischen Probleme eines solchen Langzeitflugs eingegangen werden: Die Vorsorge gegen die Strahlungsbelastung der Besatzungsmitglieder, die Garantie der Rückkehr und das Funktionieren des Lebenserhaltungssystems sind laufende Technologieentwicklungsvorhaben u. a. auch an Bord der Raumstation, mit dem Ziel, das jeweilige z. T. noch niedrige Technologiebereitschaftsniveau auf lange Sicht bis in den Anwendungsbereich zu heben.

5.1.2 Das Astronautentraining

Dem Raumflug von Astronauten geht ein umfangreiches, mehrjähriges Ausbildungsprogramm voraus. Die Flugvorbereitung und das Training umfassen einen längeren Zeitraum als der eigentliche Raumflug selbst. Dies gilt sowohl für nationale Programme, als auch für das multinationale International Space Station (ISS) Programm.

Im Zeichen internationaler Raumfahrt-Kooperationen erfolgt die Ausbildung an verschiedenen **Ausbildungszentren** der an den Programmen beteiligten Raumfahrtagenturen. Beim Internationalen Raumstationsprogramm ist das Astronautentraining ein komplexes, weltumspannendes Projekt mit Trainingszentren in Houston (USA), im Sternenstädtchen bei Moskau (Russland), in Tsukuba bei Tokio (Japan), in Montreal (Kanada) und im europäischen Astronautenzentrum (EAC) der ESA in Köln. Zusätzlich wird ein kleiner Teil des Trainings an den jeweiligen Startplätzen in Cape Canaveral und Baikonur durchgeführt. Die Trainingsprogramme sind international eng abgestimmt und stark verzahnt, um ein möglichst effektives Training zu gewährleisten. Das Training für die bemannten chinesischen Missionen im Rahmen des Shenzhou-Programmes wird in Bejing durchgeführt.

5.1.2.1 Das mehrstufige Astronautentrainingsprogramm

Das Astronautentraining ist in mehrere Ausbildungsstufen untergliedert. Einzelne Ausbildungsphasen sind abhängig von der jeweils geplanten **Flugdauer** (Langzeitflug, Kurzzeitflug), vom **Transportfahrzeug** (Sojus oder neue kommerziell entwickelte Raumfahrzeuge) und der **Aufgabenstellung während des Flugs** (wissenschaftliche Zielsetzung oder z. B. Einsatz als Bordingenieur). Nachfolgend wird anhand der Ausbildung für das Internationale Raumstationsprogramm das Trainingskonzept im Detail erläutert.

Jeder Partner bildet alle ISS-Astronauten an den Elementen aus, die die eigene Raumfahrtagentur zum ISS-Programm beiträgt. So ist z. B. die Europäische Raumfahrtagentur zuständig für das

- Systemtraining am Columbus-Forschungslabor,
- ESA-Nutzlast-Training (Biolab, European Drawer Rack, European Physiology Module, Fluid Science Laboratory und verschiedene kleinere Nutzlasten),
- bereits ausgelaufene Automated Transfer Vehicle (ATV) Training.

Das dreistufige ISS-Trainingsprogramm ist zwischen den Programmpartnern USA, Russland, Kanada, Japan und Europa (vertreten durch die ESA) bis ins Detail abgestimmt (Bild 5.1.2).

Um Dauer und Kosten in Grenzen zu halten, beschränkt sich das Training auf die Vermittlung von Kenntnissen und Fertigkeiten, die zur Bewältigung der Aufgaben an Bord der ISS benötigt werden. Ein detailliertes Training einzelner Aktivitäten wird nur für wenige, sicherheitsrelevante oder besonders komplexe Tätigkeiten (z. B. Außenbordeinsätze) durchgeführt.

Das Basistraining (Basic Training)

Jede Raumfahrtagentur ist für das Basistraining der eigenen Astronauten verantwortlich. Das Basistraining schließt sich unmittelbar an die Auswahl einer neuen Astronautenklasse an. Es wird in der Regel als Vollzeittraining durchgeführt. Die Dauer dieses Trainings liegt je nach Raumfahrtagentur zwischen einem und zwei Jahren, umfasst ca. 1 600 Ausbildungsstunden und verfolgt die folgenden drei Ziele:

1. den neuen Astronautenkandidaten einen guten **Überblick** über ihr zukünftiges Arbeitsfeld zu vermitteln,

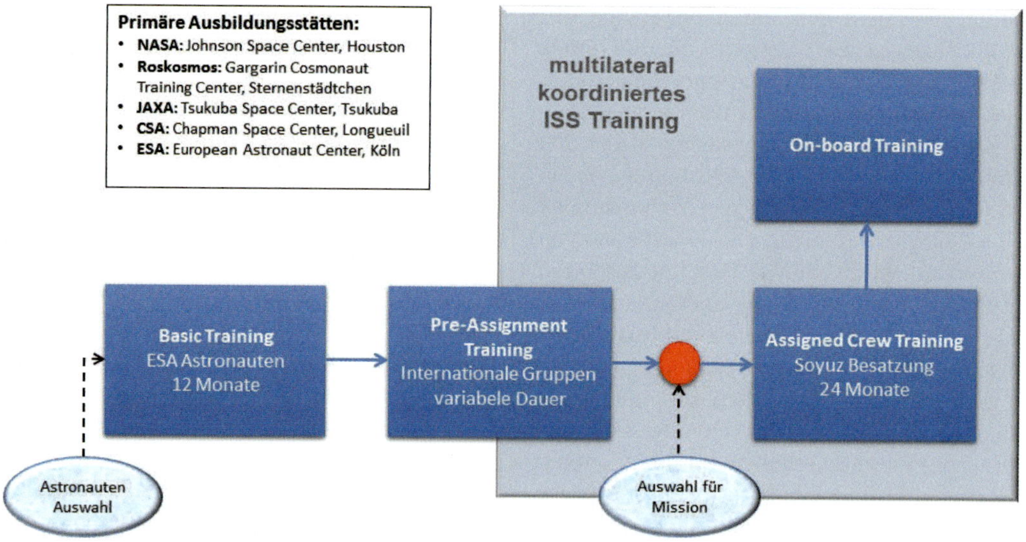

Bild 5.1.2: *Die dreistufige Astronautenausbildung im Internationalen Raumstationsprogramm.*

2. **grundlegende Kenntnisse,** Fertigkeiten und Fähigkeiten auf verschiedenen Feldern der bemannten Raumfahrt zu vermitteln, die für den späteren astronautischen Werdegang von besonderer Bedeutung sind,
3. **Wissensunterschiede** aufgrund unterschiedlicher Ausbildung und beruflicher Vorerfahrung einzelner Astronauten weitgehend auszugleichen.

Das Basistraining ist in die folgenden vier Ausbildungsblöcke unterteilt:

A) Eine **allgemeine Einführung** dient einer ersten Orientierung. Die Astronautenkandidaten erhalten Informationen über die verschiedenen Raumfahrtagenturen, einen Überblick über die historische Entwicklung bemannter und unbemannter Raumfahrtprogramme, das Raumfahrtrecht und alle wesentlichen aktuellen Programme und Entwicklungen sowie über wesentliche internationale Vereinbarungen. Dieser Ausbildungsteil beinhaltet Besuche verschiedener Standorte der eigenen Raumfahrtagentur sowie Kurzaufenthalte an den Trainingszentren der internationalen Partnerorganisationen.

B) Der Ausbildungsteil **„Grundlagen der bemannten Raumfahrt“** beinhaltet ausgewählte Lektionen zu den Themen Aerodynamik, Antriebe, Orbitmechanik, Navigation und Lageregelung, Thermalkontrolle, Materialien und Strukturen, Elektrotechnik und IT-Technologien. Hier werden auch die Nutzungsdisziplinen vorgestellt, in welche die Astronauten eingebunden sind, wie z. B. Forschung unter Schwerelosigkeit (Humanphysiologie, Materialwissenschaften, Flüssigkeitsphysik), Erd- und Sternenbeobachtung. Dieser Ausbildungsblock dient v. a. dem Ausgleich unterschiedlicher Vorkenntnisse der einzelnen Astronauten. Kandidaten werden von der Teilnahme an einzelnen Lektionen freigestellt, wenn sie entsprechende Vorkenntnisse besitzen.

C) Der Unterrichtsblock **„Systeme und Betrieb der ISS“** gibt zunächst einen detaillierten Überblick über die Dokumentation zum ISS-Programm einschließlich der internationalen Vereinbarungen und der daraus resultierenden Aufgabenverteilung. Danach werden die Bord- und Bodensysteme der ISS sowie die grundlegenden Betriebskonzepte vorgestellt. Der Ausbildungsteil vermittelt einen detaillierten Einblick in die Systeme und den Betrieb der beteiligten Raumtransportfahrzeuge (Sojus, Progress, ATV, HTV und kommerzielle Raumfahrzeuge). Folgende ISS-Systeme werden im Einzelnen vorgestellt:

Bodensysteme:
- Starteinrichtungen und Startvorbereitung,
- Entwicklungs- und Testzentren,
- Kontrollzentren, Missionskontrolle und Bord-Boden-Interface.

Bordsysteme:
- Missionskonzepte und Raumtransport-Systeme,
- ISS-Struktur und Aufbau,
- Lageregelung,
- Thermalkontrolle,
- Stromversorgung,
- Kommandierung und Datenverteilung,
- Kommunikation und Tracking,
- Lebenserhaltungssysteme,
- Robotik,
- Systeme für Außenbordeinsätze (EVA),
- Crew Support Equipment,
- Nutzlastsysteme.

D) Der letzte Unterrichtsblock des Basistrainings dient dem **Training spezieller Fertigkeiten,** die für die zukünftige Karriere der angehenden Astronauten von ganz besonderer Bedeutung sind. Es handelt sich dabei im Wesentlichen um das Training spezieller psychomotorischer und kognitiver Fertigkeiten.

Trainingsinhalte sind:

1. generisches Robotik-Training,
2. einführendes Tauchtraining für Außenbordeinsätze im Raumanzug (EVA),
3. Umgang mit den besonderen psychologischen Anforderungen während eines Langzeitflugs (Human Behaviour and Performance, HBP),
4. russisches Sprachtraining,
5. Überlebenstraining zu Wasser und zu Land.

Ein multilateral abgestimmtes Dokument legt verbindliche Mindeststandards für das Basistraining fest. Das gewährleistet einen vergleichbaren Ausbildungstand der Astronauten bei Beginn der nächsten Ausbildungsphase.

Jede Agentur kann zusätzliche, optionale Inhalte hinzufügen, um besondere nationale Anforderungen abzudecken.

Weiterführendes ISS-Training (Pre-Assignment Training)
Das Pre-Assignment Training findet einzeln oder in Kleingruppen statt; bevorzugt werden bereits multinationale Gruppen trainiert. Die Ausbildungsphase erstreckt sich über einen sehr variablen Zeitraum, der wesentlich von der Anzahl der zur Verfügung stehenden Fluggelegenheiten abhängt. Das eigentliche Training wird in dieser Phase mit anderen Tätigkeiten kombiniert: so unterstützen Astronauten parallel die Bodenkontrollteams oder Entwicklungsarbeiten für zukünftige Projekte.

Das Pre-Assignment Training vertieft die Inhalte des Basic Trainings im Bereich der speziellen Fertigkeiten: Robotik, Außenbordeinsätze im Raumanzug (EVA), Russisch sowie Teamkompetenzen (HBP). Die ESA hat ein spezielles, vorbereitendes Unterwassertraining entwickelt, das die Komplexität des Außenbordeinsatzes im Raumanzugs mit einfachen Mitteln simuliert. Der Umgang mit vielfältigen Stressfaktoren einer Weltraummission wird mithilfe einer mehrtägigen Expedition in eine Höhle praktiziert: der ESA CAVES Kurs erlaubt einer multinationalen Gruppe von Astronauten Einblicke in Verhaltensweisen und Lösungsstrategien bei psychologischen Extremsituationen.

Operationelle Fähigkeiten werden beim Flugtraining unterschiedlicher Komplexität aufgebaut. Zusätzlich wird generisches Training (d. h. wiederkehrende Standardaufgaben) an ISS Systemen und Anlagen angeboten. Jedes Training führt wie im Basic Training zu einer vordefinierten Qualifikation, die eine vergleichbare Dokumentation des Ausbildungsstandes ermöglicht. Flugspezifische Trainingsinhalte werden im Advanced Training ausgespart. Sie sind Gegenstand der letzten Ausbildungsphase.

Das Missionstraining (Increment Specific Training)
Das Missionstraining markiert die letzte Ausbildungsphase des Astronautentrainings. Es beginnt unmittelbar nach der Nominierung einer Raumstationsbesatzung für eine ISS-Mission. Das etwa 24-monatige Missionstraining ist auf die **nominierte Flugbesatzung** zugeschnitten. Im Gegensatz zu früheren Trainingsansätzen wird für die ISS keine Ersatzmannschaft (Back-Up Crew) vorbereitet. Stattdessen werden im Rahmen des Missionstrainings bereits 6 Monate vor dem Start ausreichend Qualifikationen aufgebaut, damit die Besatzung im unwahrscheinlichen Fall frühzeitig als Ersatzmannschaft eingesetzt werden kann. Dieses Konzept wird als Single Flow to Launch (SFTL) bezeichnet.

Die Crew wird für sämtliche vorgesehenen generischen Aufgaben und die missionsspezifischen Aufgaben, die im Flugplan festgelegt sind, vorbereitet. Dies beinhaltet das Training für weitere Ausbaumaßnahmen der Raumstation, wie z. B. das Andocken, Testen und die Inbetriebnahme eines Forschungslabors. Alle ISS Astronauten durchlaufen dabei Trainingsphasen bei sämtlichen Partneragenturen, da jede Agentur für das Training ihrer eigenen Beiträge zur ISS verantwortlich ist. Die Astronauten wechseln im etwa 6-wöchigen Abstand zwischen den Trainingszentren.

Weitere Trainingsinhalte sind die Durchführung geplanter **Wartungs- und Reparaturaufgaben** sowie das Training für die Durchführung der **Experimente**, die während des Aufenthalts der Crew auf der Station geplant sind. Ebenfalls umfangreich ist das Training für die Durchführung komplexer operationeller Aktivitäten wie z. B. geplante **Außenbordeinsätze im Raumanzug (EVA).** Dieses Training beinhaltet mehrfaches Wiederholen des gesamten EVA-Ablaufprotokolls und dient dem Einprägen der komplexen Ablaufsequenz und der Optimierung des Zusammenspiels und der Kommunikation zwischen den beiden EVA-Astronauten, um ein Maximum an Sicherheit und Effizienz zu gewährleisten.

Während des Missiontrainings wird auch Zeit für trainingsfremde Missionsvorbereitungen bereitgestellt: Medizinische Untersuchungen und physische Trainingsprogramme stellen sicher, dass die Astronauten bei bestmöglicher Gesundheit ihren Aufenthalt auf der ISS antreten. Für humanbiologische Experimente werden Vergleichsdaten (Baseline Data) erhoben, die es den Wissenschaftlern ermöglichen, Veränderungen des menschlichen Organismus während des Raumflugs zu untersuchen.

In der letzten Phase des Missionstrainings werden vorhersehbare **Fehlersituationen (Offnominals),** deren Vermeidung, Fehleranalyse und die adäquate Reaktion auf System-, Hard- oder Software-Fehler trainiert. Ein weiterer Aspekt ist das Training von ISS-Notfallsituationen wie z. B. Feuer oder schneller Druckverlust. An diesen Übungen nimmt die gesamte Mannschaft teil, um im Ernstfall eine klare Aufgabenteilung, gute Kommunikation und schnelle Entscheidungsfindung in kritischen Situationen zu gewähr-

5

leisten. Zum Abschluss des Missionstrainings bestätigen die beteiligten Trainingsorganisationen im Rahmen der „Certification of Flight Readiness“, dass die Flug- und die Ersatzmannschaften das Training erfolgreich abgeschlossen haben und aus Trainingssicht für die Durchführung des Flugprogramms vorbereitet sind. Gleichzeitig wird immer auch der Ausbildungsstand der Folgebesatzung überprüft, die gegebenenfalls als Ersatzmannschaft eingesetzt wird.

Nicht immer werden die in Bild 5.1.2 grafisch dargestellten drei Ausbildungsphasen nacheinander durchlaufen. Nach jedem Ausbildungsschritt besteht die Möglichkeit, dass einzelne Astronauten zeitlich befristet in andere Aufgaben wie z. B. die Unterstützung von Projekten eingebunden werden. Während dieser Phasen wird in begrenztem Umfang Auffrischungstraining angeboten, um psychomotorische und kognitive Fertigkeiten (Fremdsprachen, manuelle Geschicklichkeit) und vorhandene Lizenzen (z. B. Tauchlizenz, Flugschein) zu erhalten.

Onboard Training

Auch an Bord der Raumstation besteht die Notwendigkeit, in begrenztem Umfang weiter zu trainieren. Es handelt sich dabei um Erhaltungstraining für wichtige Fertigkeiten und Fähigkeiten wie sie z. B. bei der Handhabung des ISS-Roboterarms gefordert sind.

So wurde einige Tage vor dem **Andocken** des ATV an die Station das gesamte Rendezvous- und Docking-Manöver mit einem an Bord befindlichen Simulator wiederholt, um die Crew optimal auf das bevorstehende Manöver vorzubereiten. Auch Notfallübungen (Feuer, Druckabfall) werden regelmäßig durchgeführt, in die neben der Crew auch die Bodenkontrollteams aller beteiligten Kontrollzentren eingebunden sind.

Weniger kritische oder optionale Trainingsinhalte werden nicht fest eingeplant, sondern der Besatzung kurz vor einer Aktivität als Just-in-Time-Training (JiTT) angeboten. Als Medium dienen in der Regel kurze Videos oder Präsentationen, die die wichtigsten Punkte der auszuführenden Tätigkeit hervorheben und so eine Auffrischung des teilweise über ein Jahr zurückliegenden Trainings am Boden ermöglichen. Die ESA hat mit 3D Visual Training ein Trainingsformat entwickelt, das die Nutzung der dreidimensionalen Konstruktionszeichnungen zur Erstellung von Trainingsmaterial ermöglicht. Der Astronaut kann die ihm angebotene Darstellung dann auf seine eigene Perspektive anpassen. Durch den Einsatz von JiTT kann die Effizienz der Crew deutlich gesteigert werden.

5.1.2.2 Trainingsorganisation und Methoden

Die Trainingsentwicklung ist abhängig von der Verfügbarkeit verschiedener Produkte und Geräte (z. B. Flugprozeduren, Trainingssimulatoren und Mockups), die meist von anderen Organisationseinheiten, basierend auf dem Anforderungskatalog der Trainingsorganisation, bereitgestellt werden. Die Trainingsorganisationen sind zuständig für die Entwicklung und Implementierung der Trainingsprogramme, Trainingspläne und der sogenannten Courseware-Entwicklung, d. h. der Trainingsinhalte, Trainingswerkzeuge und Trainingsmaterialien (wie z. B. Arbeitsbücher, Handouts oder computerbasierte Trainingsprogramme). Die Auswahl von Trainingsinstruktoren, deren Training und Zertifizierung fallen ebenfalls in die Zuständigkeit der Trainingsorganisationen.

Trainingsentwicklung

Aufgrund der Komplexität des multilateralen Raumstationsprogramms haben sich die Raumstationspartner auf ein einheitliches Konzept für die Trainingsentwicklung und Implementierung verständigt. Das **Instructional System Development (ISD)** stellt eine sehr strukturierte Methode der Trainingsentwicklung dar, die auf Erkenntnissen der Lernpsychologie basiert (siehe Bild 5.1.3).

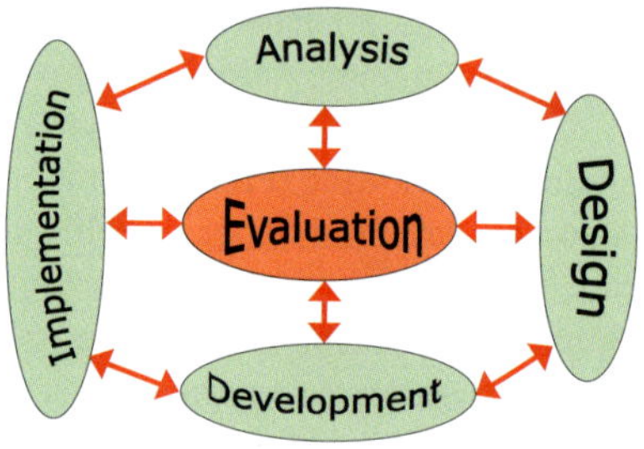

Bild 5.1.3: *Phasen der Trainingsentwicklung gemäß Instructional System Development (ISD).*

In der ersten Phase der Trainingsentwicklung werden alle Aufgaben, die von Astronauten auszuführen sind, analysiert und in Kenntnisse, Fertigkeiten und Fähigkeiten unterteilt. In der Designphase werden basierend auf den identifizierten Aufgaben **Lernziele** definiert, die unter Berücksichtigung der erforderlichen Voraussetzungen auf Unterrichtstunden und Kurse verteilt werden, sodass ein Trainingsprogramm entsteht. In dieser Phase werden bereits die geeigneten Unterrichtsmethoden, die erforderlichen Trainingsgeräte und Materialien sowie die Teststrategie ausgewählt und festgelegt. Dann erst beginnt die eigentliche **Courseware-Entwicklung** für die Unterrichtseinheiten. Die Trainingsimplementierung ist mit einem formalisierten Feedback-Prozess gekoppelt, bei dem die Astronauten die Qualität der Lektionen, der Trainingsgeräte, des Unterrichtsmaterials und auch die Fachkenntnisse und die Unterrichtsvermittlung durch die Instruktoren bewerten. Weiterhin wird jede Trainingsentwicklungsphase mit einem formalen Review beendet, sodass der gesamte Prozess einer regelmäßigen Evaluierung unterliegt, die dazu beiträgt, Defizite frühzeitig zu identifizieren und diese bereits in der nächsten Entwicklungsphase zu beseitigen.

Die Trainingsentwicklung wird mit einem offiziellen **Training Readiness Review** unter Beteiligung von Astronauten und Trainingsspezialisten der Raumstationspartner abgeschlossen. Dabei wird jede Lektion einschließlich der Unterrichtsmaterialien, der Trainingsgeräte und der beteiligten Instruktoren für das ISS-Training freigegeben.

Das Training wird nach der Rückkehr der Astronauten von einer Mission nochmals thematisiert. Im Rahmen der standardisierten Abschlußbesprechungen (Debrief) zur Evaluierung der Mission werden die Astronauten nach der Nützlichkeit einzelner Trainingskomponenten und -methoden befragt. Dabei wird besonderer Wert auf die praktische Anwendung des Trainings an Bord gelegt. Die gewonnenen Resultate fließen in den zyklischen Instructional System Design Prozess ein und tragen zur stetigen Verbesserung des Trainings bei. Das ISS Trainingsprogramm konnte aufgrund des Feedbacks nach den Missionen in mehreren Stufen deutlich verkürzt werden.

Der Aufwand für Entwicklung und Zertifizierung einer Unterrichtstunde Astronautentraining durch einen gut ausgebildeten Instruktor liegt bei durchschnittlich 100 Stunden.

5.1.2.3 Crew-Qualifikationen

Das Training aller ISS-Systeme ist in 3 Qualifikationen unterteilt:

- **User Level:** Der Astronaut erhält eine Familiarisierung und lernt alles, was für die Sicherheit und die Tagesroutine an Bord erforderlich ist.
- **Operator Level** (beinhaltet User Level): Training nominaler Betriebsabläufe, die sich oft wiederholen, und nicht-nominaler Ereignisse, die eine schnelle Crewreaktion erfordern.
- **Specialist Level** (beinhaltet Operator Level): Training von selten erforderlichen Betriebs- und Wartungsarbeiten und missionsspezifischen Arbeiten.

Das Programm des Columbus-Systemtrainings (Bild 5.1.4) verdeutlicht die Zuordnung der Lektionen und Kursblöcke zu den verschiedenen Qualifikationsstufen. Das Advanced Training umfasst systemübergreifende Einführungslektionen zu Design, Topologie, operationellen Konzepten und Überwachungs- und Kommandierungsmöglichkeiten sowie einen systemspezifischen Kurs, der Systemkenntnisse und grundlegende Systemfertigkeiten aller fünf Columbus-Systeme vermittelt (DMS: Data Management System, EPDS: Electrical Power Distribution System, TCS: Thermal Control System, ECLSS: Environmental Control and Life Support System und COMMS: Communications System). In den Trainingskursen zum Operator und Specialist Level werden die jeweiligen Systemkenntnisse vertieft. Jede der 3 Qualifikationsstufen wird mit einer praktischen Übung abgeschlossen, in der der Astronaut die erlernten Fähigkeiten in einer Simulation demonstriert.

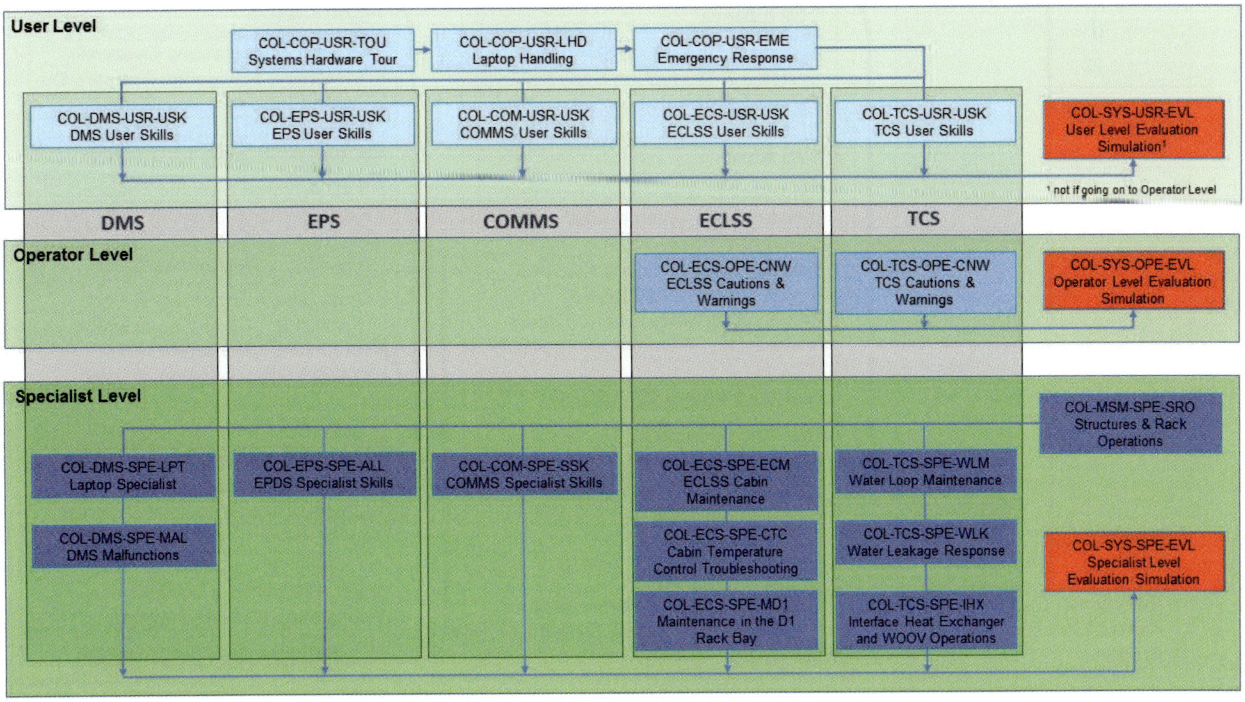

Bild 5.1.4: *Das Columbus-Systemtraining.*

Aufgabenorientierte Astronautenausbildung

Die erforderlichen **Minimalqualifikationen,** die bei einer Raumstationsbesatzung vorhanden sein müssen, sind für jedes ISS-Bordsystem festgelegt. So verlangt das Columbus-Modul z. B. eine Mindestqualifikation von einem Spezialisten, einem Operator und einem User bei einer Dreimannbesatzung. Basierend auf diesem Anforderungskatalog, dem genauen Flugprogramm und den Vorerfahrungen und speziellen Eignungen der nominierten Besatzungsmitglieder, wird bereits vor Trainingsbeginn eine detaillierte **Aufgabenverteilung (Crew Qualification and Responsibility Matrix; CQRM;** siehe Bild 5.1.1) für die Mission festgelegt. Das Training für jedes Besatzungsmitglied wird ganz individuell auf den Aufgabenkatalog (und die dafür erforderlichen Qualifikationen) maßgeschneidert.

Integrierter ISS-Trainingsplan

Um eine hohe Trainingseffizienz zu erreichen, wird von den Raumstationspartnern ein integrierter Trainingsplan erarbeitet, der eine adäquate Trainingssequenz an den verschiedenen Trainingszentren gewährleistet, Redundanzen vermeidet und den bereits erreichten Trainingsstand berücksichtigt.

Bild 5.1.5 zeigt den integrierten Trainingsablauf für das europäische **ATV-Training.** Da der ATV-Betrieb von amerikanischen und russischen Systemen unterstützt wird, werden erste fachliche Voraussetzungen für den Betrieb des ATV und für das Rendezvous und Docking bereits in den USA und in Russland implementiert, bevor die Crew ihr ATV-Training in Köln beginnt. Da das ATV an das russische Servicemodul andockt und während der angedockten Phase auf russische Systeme (z. B. zum Umpumpen von Flüssigkeiten aus den ATV-Tanks in die Station) zurückgreift, werden auch nach dem ersten einwöchigen Trainingsblock in Köln weitere ATV-relevante Trainingsinhalte in Russland unterrichtet, die Vorbedingung für den zweiten Trainingblock in Köln sind. An diesen Block schließen einige Trainingswiederholungen und abschließende Simulationen an, die in Kooperation zwischen der ESA und dem russischen Ausbildungszentrum in Russland implementiert werden.

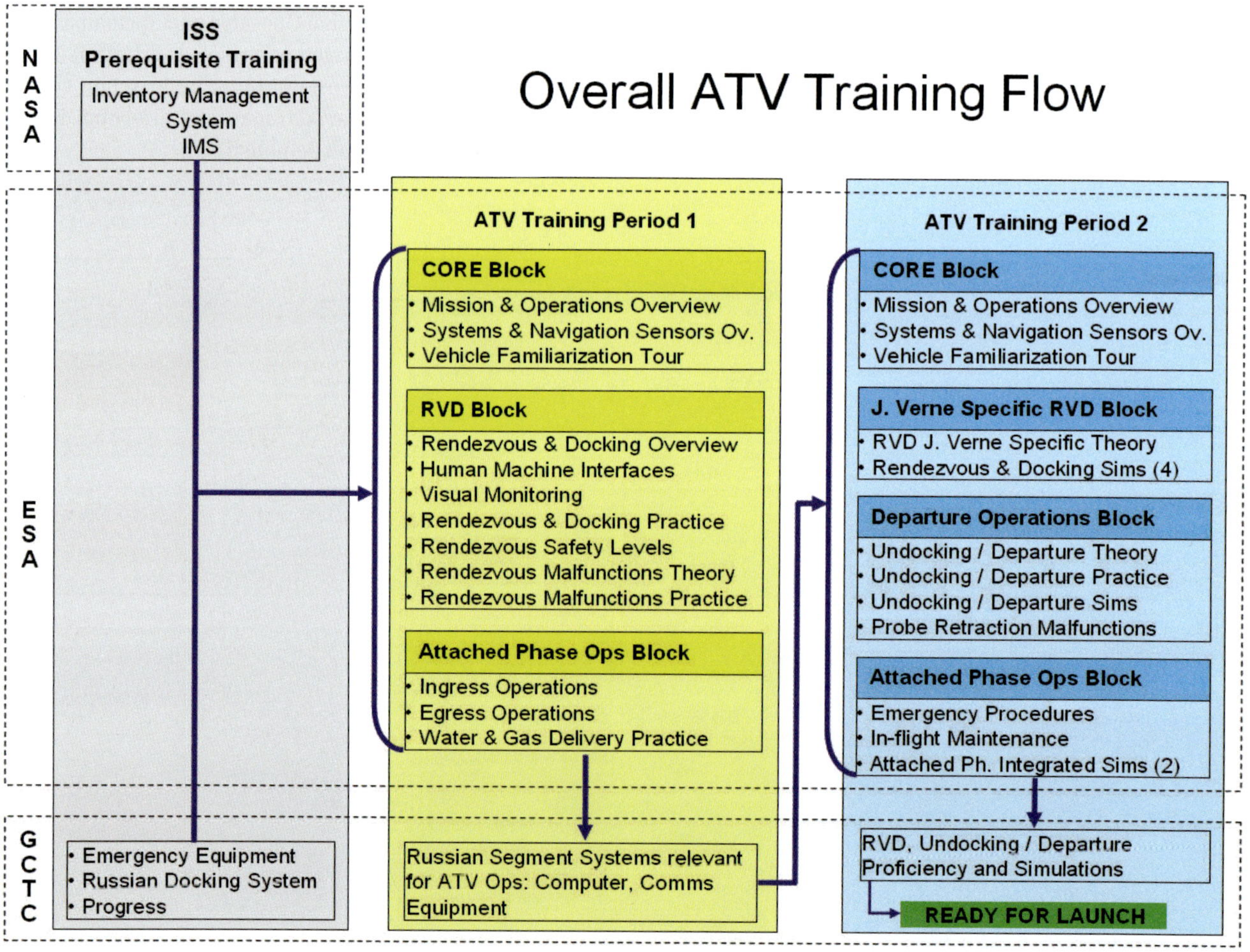

Bild 5.1.5: *Das ATV-Trainingsprogramm (Bild: ESA).*

5.1.3 Trainingsinfrastruktur im Europäischen Astronauten-Zentrum (EAC)

Das Training im EAC hat in der Hauptsache zwei Zielgruppen: Astronauten und Personal von Kontrollzentren. Hinzu kommt die Gruppe der Ausbilder und Instruktoren, die durch verschiedene Trainingsprogramme für ihre Aufgaben als Astronautentrainer zertifiziert werden müssen.

Für alle in Kapitel 5.1.2 erläuterten Ausbildungsphasen des Astronautentrainings steht im EAC die entsprechende Trainingsinfrastruktur bereit.

5.1.3.1 Allgemeine Trainingsinfrastruktur

Die allgemeine Trainingsinfrastruktur besteht aus Klassenräumen, die mit **moderner Medientechnik** ausgerüstet sind. Im EAC gibt es insgesamt drei Klassenräume. Sie werden für theoretische Unterrichtseinheiten, sowohl für Astronauten als auch für Bodenpersonal genutzt. Die nachfolgend aufgeführten Komponenten der allgemeinen Trainingsinfrastruktur sind vollständig vernetzt und besitzen zentralisierte Wartungs- und Serviceeinrichtungen:

- EAC Video Distribution and Archiving System ViDAS,
- EAC Voice Communication System VoCS.

Das **EAC Video Distribution und Archiving System** (ViDAS) basiert auf einer digitalen Video Matrix, die einen Videotransfer über lange Distanzen durch Glasfaser und im Nahbereich über Kupfer ermöglicht. Alle Trainingseinrichtungen sind mit mehreren Video- und Audio-Eingängen ausgestattet. Dies gestattet die Aufzeichnung des Unterrichts sowie die Einbindung von separaten Bildschirmaufzeichnungen. In Echtzeit besteht die Möglichkeit, die Videosignale extern als „Live-Stream" zur Verfügung zu stellen.

Die Archivierungskomponente des Systems ist ein „Broadcast Logger", der in professionellen TV Studios verwendet wird. Bis zu 20 vorselektierte Quellen werden in einem Ringspeicher 24/7 aufgezeichnet und stehen für etwa 20 Tage zur Extraktion von Videoclips zur Verfügung. Dieses Verfahren garantiert Flexibilität bezüglich zeitlicher Veränderungen bei gleichzeitiger Minimierung und Optimierung des final archivierten Materials.

Das **EAC Voice Communication System** (VoCS) besteht aus kommerziellen Komponenten, die für Training und Operations im ISS Programm adaptiert wurden. Neben isolierter Nutzung innerhalb des Astronauten Zentrums, kann das lokale VoCS an das ISS Bodensegment angebunden und für europäische und internationale Simulationen genutzt werden. Im Gegensatz zum klassischem Set-Up in Kontrollzentren, die weitestgehend auf drahtlose Lösungen verzichten, wird im EAC ein Schwerpunkt auf Mobilität gelegt, ohne hierbei die Datensicherheit zu vernachlässigen. Erweiterungen des Systems erlauben sogar die Nutzung für eine Kommunikation unter Wasser.

5.1.3.2 Infrastruktur für das Columbus-System-Training

Für das Columbus-System-Training steht eine komplexe Infrastruktur bereit. Die Hauptkomponenten sind:

- Columbus Mockup (COL-MU),
- Columbus Trainer Europe (COL-TRE).

Das **COL-MU** ist eine qualitativ hochwertige Nachbildung des Columbus-Moduls in Originalgröße. Alle Schnittstellen, die der Astronaut bedienen muss, sind im COL-MU so originalgetreu wie möglich nachgebildet, sowohl in ihrem Aussehen als auch in ihrer Handhabung. Im COL-MU werden alle manuellen Tätigkeiten, die zur Aktivierung und Deaktivierung des Moduls dienen, sowie Wartungstätigkeiten wie der Austausch von Baugruppen und Ähnliches trainiert. Zu diesem Zweck ist jede Komponente, z. B. spezielle Steckverbindungen, Filter, Transportsicherungen usw., einmal in flugähnlicher Konfiguration vorhanden. Komponenten, die mehrfach vorkommen, sind im Regelfall nur einmal in hoher Qualität vorhanden.

Bild 5.1.6: *COL-MU (Bild: EAC).*

Der **COL-TRE** (siehe Bild 5.1.7) ist ein **Simulator**. Er besteht aus verschiedenen Komponenten:

- Vital Layer (Original-Hardware des System-Computers im „Flight System", DIFA) mit der Originalversion der Flugsoftware,
- Simulationsumgebung (Verhaltensmodelle für z. B. Temperaturen, Kühlkreisläufe usw.),
- Simulatorsteuerung (Steuerung des Ablaufs, Setzen von vordefinierten Fehlerzuständen),
- Mensch-Maschine-Interface-Computer (MMI),
- portable Workstation (PWS),
- Payload-Simulatoren (siehe Nutzlast-Simulatoren).

5

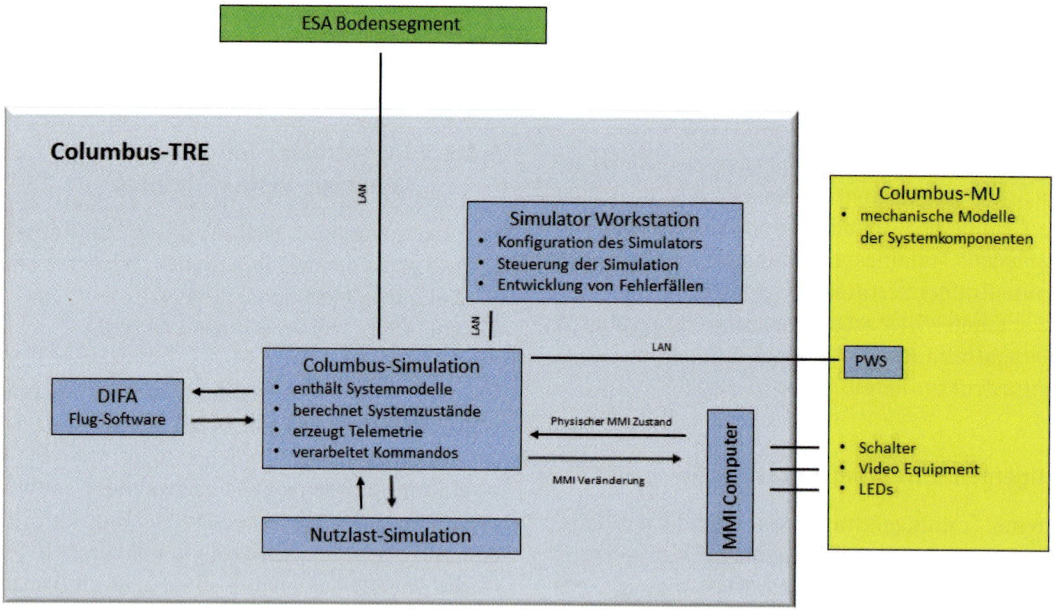

Bild 5.1.7: *Schematischer Aufbau des COL-TRE (Bild: EAC).*

Der **Vital Layer** besteht aus flugidentischer Hardware und einem Prozessor-Core für die Flugsoftware. Dieses System bedient auch die columbusinterne Kommunikationsinfrastruktur, wie den MIL-Bus und das sogenannte On-Board LAN. Das System kommuniziert mit dem **Mensch-Maschine-Interface (MMI-System)** und dem PWS. Der **PWS-Laptop** bildet die Schnittstelle zwischen dem Astronauten und dem Columbus-System. Der PWS-Laptop beinhaltet eine Software mit einer grafischen Benutzeroberfläche, mit der die Astronauten alle wesentlichen Funktionen des Columbus-Systems bedienen und überwachen können. Der Laptop wird in der MECO (Mechanical Configuration) an die entsprechenden Schnittstellen (Stromversorgung und Datenverbindung) angeschlossen. Auf dem Laptop befindet sich die originale PWS-Software, die auch beim Flugmodell verwendet wird. In Verbindung mit der Verwendung der originalen Vital-Layer-Software und -Hardware wird eine authentische Simulationsumgebung garantiert, die auch leicht an die Veränderungen der Software im Flugsystem angepasst werden kann.

Bild 5.1.8: *Gerhard Thiele mit PWS (Bild: EAC).*

Das MMI steuert weitere Einheiten im Columbus-MU, wie Lichtschalter, LED Anzeigen und Video-Equipment, die dem Astronauten zusätzliche Informationen über den Systemzustand vermitteln.

Zwischen dem Vital Layer und den äußeren Schnittstellen befindet sich die **Simulationsumgebung.** Sie ermöglicht zu Trainingszwecken eine Manipulation des Datenaustauschs zwischen diesen Schnittstellen, sodass bestimmte Werte oder Aktionen manipuliert und gezielt Fehlerzustände erzeugt werden können. In der Simulationsebene befinden sich die Simulationsmodelle für die Umweltdaten und die Ressourcen, wie Strom, Kühlung, Gase, Vakuum.

Der COL-TRE produziert die vollständige Telemetrie für den Datenstrom (Low-Rate und Medium-Rate). Nahezu die gesamte Telemetrie kann auf dem PWS von dem Astronauten eingesehen werden. Einige Daten sind lediglich auf den Bodenkontrollsystemen sichtbar. Der Col-TRE verarbeitet eingehende Kommandos in realistischer Weise und simuliert so den Zustand des Columbus-Systems kontinuierlich. Das Trainingspersonal kann die Simulation beeinflussen, um Fehlerszenarien darzustellen. Der Astronaut oder das Bodenteam können dann die Behebung des Problems durchführen.

In Simulationen für das Bodenpersonaltraining wird eine Datenverbindung über das ESA IGS (Interconnecting Ground Sub-network) mit dem Kontrollzentrum in Oberpfaffenhofen und anderen europäischen Zentren hergestellt.

5.1.3.3 Nutzlast-Training und Simulationsinfrastruktur

Im Columbus-Forschungslabor befinden sich vier große europäische Nutzlast-Module:

- EPM: European Physiological Module,
- EDR: European Drawer Rack,
- Biolab: Biological Laboratory,
- FSL: Fluid Science Laboratory.

Zusätzlich werden zahlreiche kleinere Experimente mit eigenständiger, direkter Anbindung im Columbus betrieben.

Die Infrastruktur für das Nutzlasttraining besteht aus Trainingsmodellen unterschiedlicher Komplexität: Stand-alone-Nutzlasttrainer mit Instruktorkonsolen für die genannten vier großen Nutzlast-Module sowie einfachere, funktionale oder lediglich mechanische Modelle für die übrigen Experimente. Die Trainingsmodelle für humanphysiologische Experimente sind häufig voll funktionsfähig, weil sie auch für die Erhebung der Vergleichsdaten vor und nach dem Flug genutzt werden.

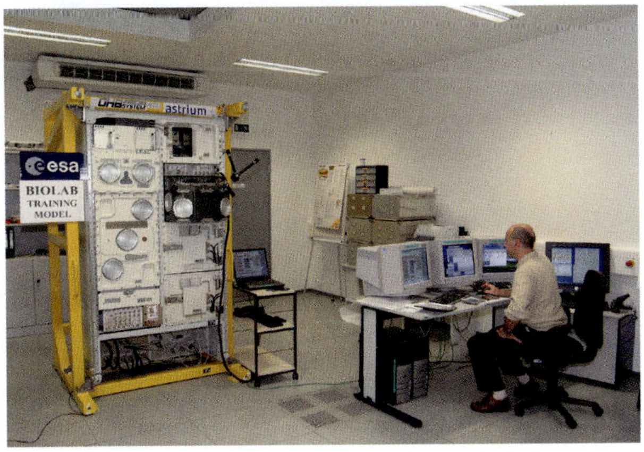

Bild 5.1.9: *Biolab-Stand-alone-Nutzlasttrainer (Bild: ESA).*

Die **Stand-alone-Nutzlasttrainer** befinden sich in separaten Trainingsräumen und bieten ein qualitativ hochwertiges Modell der tatsächlichen Flughardware. Im Vergleich zum Columbus-System sind hier deutlich mehr MMIs (Schalter, Anzeigen, Kabelverbindungen usw.) vorhanden. Auch hier sind alle MMIs exakt repräsentiert und in ihrer elektrischen und manuellen Funktionalität entsprechend der Flughardware vorhanden. Zu den jeweiligen Trainingsracks gehört eine Instruktorstation, an der wesentliche Funktionen der MMIs überwacht und zu Trainingszwecken manipuliert werden können, um z. B. dediziert Fehler in das System einspielen zu können. Auch bei den Nutzlasten bildet ein Laptop die Schnittstelle des Astronauten zu den Nutzlasten ab. Die entsprechenden Laptops mit der originalen Software für die jeweiligen Nutzlasten sind an den Trainingsmodellen vorhanden.

Integriert in den COL-TRE sind **Nutzlast-Simulatoren**, die für das Bodenpersonaltraining genutzt werden.

Simulationen

Ein wichtiger Bestandteil jeder Weltraummission ist das **Bodenkontrollteam.** Jeder der internationalen Partner im ISS-Programm ist für den Betrieb und die Missionskontrolle seiner Beistellungen verantwortlich. Darüber hinaus übernehmen die einzelnen Partner auch die Verantwortung für die Gesundheit der Astronauten an Bord der ISS. In Europa werden diese Aufgaben zentral vom Columbus-Kontrollzentrum (COL-CC), den Nutzlastzentren (USOCs), und dem ATV-Kontrollzentrum (ATV-CC) wahrgenommen. Das EAC ist neben dem Astronautentraining auch für das Training und die Zertifizierung des Columbus-Bodenkontrollteams verantwortlich. Das gesamte Bodenpersonal muss ähnlich dem Astronautentraining einen mehrstufigen Trainings- und Zertifizierungsprozess durchlaufen, bevor es aktiv an den Missionen teilnehmen kann. Ein wichtiger Bestandteil dieses Prozesses sind die Simulationen. Es gibt drei verschiedene Simulations-Modi:

- Stand-alone-Training und Simulationen,
- Europäische Simulationen,
- Joint Multi-Segment Training Simulationen.

Bei den **Stand-alone-Simulationen** wird ein lokaler Simulator des ausbildenden Zentrums benutzt. Diese Simulationen dienen vor allem der Ausbildung an einem bestimmten System oder einer bestimmten Nutzlast. Zusätzlich wird der Umgang mit der jeweiligen Zentrumsinfrastruktur geübt.

Bei den **Europäischen Simulationen (ES)** wird der COL-TRE des EAC verwendet. Der COL-TRE sendet in diesem Modus seine Telemetrie analog dem Flugmodell. Das Bodenpersonal kann die Telemetrie des Low- und Medium-Rate-Datenstroms auf ihren Konsolen im Columbus-Kontrollzentrum (COL CC) beobachten und den COL-TRE wie die Flugeinheit kommandieren. Die Nutzlast-Simulatoren des Col-TRE erzeugen den entsprechenden Datenstrom für das Bodenpersonal an den USOCs. Der High-Rate-Datenstrom, der die wissenschaftlichen Daten enthält, wird nicht erzeugt. Für bestimmte Simulationen werden aber statische Daten im High-Rate-Datenstrom übertragen. Die gesamte Sprachkommunikation wird über das Voice-Communication-System (VoCS) des COL-CC abgewickelt und ist wichtiger Bestandteil des Trainings. Abhängig vom jeweiligen Simulationsskript und den geplanten Lernzielen befindet sich auch ein Crewmitglied im COL-Mockup und führt die entsprechenden Bordaktivitäten durch. Dabei wird er von Videokameras beobachtet, und die Bilder werden ebenfalls zu den teilnehmenden Zentren übertragen. Bei allen Verbindungen (Daten, Sprache und Video) wird anhand des vorliegenden Zeitplans, der sogenannten „Timeline", Acquisition of Signal (AOS, Kommunikation möglich) und Loss of Signal (LOS, keine Kommunikation möglich) simuliert.

Die Kontrolle des Simulationsablaufs erfolgt durch die Instruktoren des EAC. Sie überwachen die Einspielung von Fehlerfällen, die Kommunikationsabläufe und Fehlerbewältigung durch die Bodenkontrollteams. Die Instruktoren vervollständigen die Simulationsumgebung indem sie die „Rolle“ der NASA Bodenkontrolle in der Sprachkommunikation übernehmen.

Bei den **Joint Multi-Segment Trainings (JMST) Simulationen** wird das europäische Bodensegment mit dem NASA-Bodensegment über das IGS verbunden. Als Datenquelle für die Simulationen wird der COL-TRU (Columbus Trainer US) am Johnson Space Center in Houston benutzt. Er ist im Wesentlichen baugleich mit dem COL-TRE, verfügt aber nicht über Nutzlastsimulatoren. Dafür ist er in die NASA Space Station Training Facility (SSTF) eingebunden. In dieser Abschlussphase werden hauptsächlich Aktivitäten trainiert, die eine koordinierte Zusammenarbeit mehrerer Kontrollzentren erfordern (z. B. Aktivierungs- und Deaktivierungsphasen, gemeinsame Nutzlastaktivitäten sowie ISS-Notfälle). In diesen Simulationen sind neben dem Johnson Space Center häufig auch das Marshal Space Flight Center in Huntsville sowie das japanische Kontrollzentrum in Tsukuba beteiligt.

Während der Europäischen und Joint Multi-Segment Trainings-Simulationen werden das Verhalten und die Reaktionen der Bodenkontrolle von Instruktoren überwacht. Unmittelbar nach Ende der Simulation wird eine gemeinsame Nachbesprechung der Kontrollteams zum Verlauf des Trainings abgehalten. Darüber hinaus erhält jedes Mitglied der Bodenkontrolle noch ein individuelles Feedback, das Beobachtungen und Verbesserungsvorschläge enthält.

5.1.3.4 Infrastruktur für das Training zur Raumfahrzeugsteuerung und für Extravehicular Activities

Rendezvous- und Dockingprozesse spielen eine wichtige Rolle für den Betrieb der Internationalen Raumstation. Zwar ist das ATV-Programm mittlerweile beendet, die mit dem ATV-Training gewonnen Erfahrungen werden auch für zukünftige Projekte relevant sein. Daher werden hier die Trainingseinrichtungen für das ATV dargestellt.

Automated Transfer Vehicle (ATV) Training
Für das ATV-Training sind zwei Einrichtungen im EAC installiert:

- das ATV-Mockup und
- der ATV Crew Trainer (ACT).

Das **ATV-Mockup** besteht aus dem sogenannten **Cargo-Teil (Pressurized Part)** des ATV und dem **russischen Service-Modul (Svesta)**. Die beiden Module sind in originaler Größe in der angedockten Konfiguration aufgebaut. Der Antriebsteil des ATV fehlt in dieser Konfiguration, da die Crew kein Interface zu diesem Teil hat. Im ATV-Mockup werden Cargo-Operationen trainiert. Hierzu sind alle MMIs in hoher Qualität vorhanden. Darüber hinaus ist das Modul mit einem kompletten Satz Transportbehälter, den sogenannten Cargobags, ausgestattet. Die Crew trainiert hier das Be- und Entladen des Moduls, den Umgang und die Prozeduren für das Umpumpen von Treibstoff, Wasser und Gasen sowie die Notfallprozeduren (Feuer, Leckage des ATV). Das Service-Modul ist nur mit den notwendigsten MMIs ausgestattet, z. B. mit dem Equipment zur Kommunikation und dem ATV Crew Work Place. Alle anderen Tätigkeiten und Crew Interfaces im russischen Teil der ISS werden im Gagarin Cosmonaut Training Center in der Nähe von Moskau trainiert.

Bild 5.1.10: *ATV-Mockup (Bild: EAC).*

Der **ACT** ist ein komplexer Simulator für das Rendezvous- und Docking-Manöver des ATVs. Das ATV soll im Regelfall vollautomatisch an die Station an- und abdocken. Jedoch wird dieser Vorgang sowohl von der Crew an Bord der ISS als auch vom Bodenpersonal im ATV-Kontrollzentrum in Toulouse, Frankreich, beobachtet. Hierzu werden vom ATV entsprechende Telemetrie der Lageregelung und einer Vielzahl von Sensoren sowie Videobilder der Onboard-Kameras übertragen. Die Crew kann diese Telemetrie und die Videobilder am ATV Crew Work Place beobachten. An diesem Panel besteht auch die Möglichkeit, Telemetrie und die verschiedenen Kameras auszuwählen. Der ATV Crew Work Place ist sowohl in dem ATV-Trainingsraum als auch im Service-Modul installiert.

Der ACT generiert mit einem exakten Modell der Flugdynamik und einer Version der originalen Flugsoftware diese Telemetriedaten und Computergrafiken, die den Kamerabildern entsprechen. Der ACT mit seinen MMIs ist somit ein Beispiel für die Verwendung von Virtual-Reality-Technologien im Bereich Astronautentraining.

Zusätzlich zum ACT gibt es eine **grafische Simulation** des ATV-Flugs auf einer Workstation. Hier kann der Astronaut mit einer virtuellen Kamera, die über einen Joystick gesteuert wird, jede beliebige Beobachtungsposition einnehmen und sich einen Überblick über die Manöver verschaffen.

Neutral Buoyancy Facility (NBF)
Im EAC befindet sich das größte **Tiefwasserbecken** Europas. Das Becken hat eine Ausdehnung von 22 m × 17 m und ist 10 m tief. Zu der Anlage gehört auch ein Kran, mit dessen Hilfe lebensgrosse Modelle des Columbus Forschungslabors und einer Luftschleuse im Becken versenkt werden können. Die Taucheinsätze werden von einem vollständig ausgestatteten Kontrollraum geleitet.

Das Becken wird für das Basistraining der Astronauten genutzt, um sie auf **Außenaktivitäten (Extravehicular Activities, EVA)** vorzubereiten. Zur Ausbildung gehören eine Tauchausbildung (SCUBA – Self-Contained Underwater Breathing Apparatus) und ein EVA-Grundlagen-Training. Das EVA-Training wird mit einem SSDS-System durchgeführt, bei dem die Atemluft, zusammen mit den Leitungen für Sprachkommunikation, durch einen Schlauch zu einer Vollgesichtsmaske geführt wird. Es besteht eine bidirektionale Sprachverbindung zwischen dem Kontrollraum und den Tauchern sowie zwischen den Tauchern. Eine Anzahl von fest installierten und beweglichen Kameras überwacht und dokumentiert die Tätigkeiten unter Wasser. Sowohl das Audio- als auch das Videosystem der NBF sind komplett in die EAC-Systeme VoCS und ViAS integriert.

Bild 5.1.11: *NBF- und SSDS-System (Bild: EAC).*

Literatur

[5.1.1] US Air Force Instruction Manual AFMAN 36-2234, Instructional System Development (ISD), 1993.

[5.1.2] Station Program Implementation Plan (SPIP), Vol. 7: Training, rev. A, 1997.

[5.1.3] *Bolender, H.; Bessone, L.; Schoen, A.; Stevenin, H.:* EAC trains its first international astronaut class, ESA Bulletin 112, pp. 50–55, November 2002.

[5.1.4] *Bolender, H.; Bessone, L.; Schoen, A.; Stevenin, H.:* Training ISS: EAC training its first international astronaut class, On Station no. 11, pp. 12–13, December 2002.

[5.1.5] *Bolender, H.; Clervoy, J.-F.; Schoen, A.:* ATV Ahoy! – Crew Training for the first ATV, On Station no. 86, pp. 15–17, November 2004.

[5.1.6] *Damian, K.; Tognini, M.:* The European Astronaut Centre, a look back at 15 years of astronautical expertise. ESA Bulletin 123, 2005.

[5.1.7] *Eichler, P.; Seine, R.; Khanina, E.; Schoen, A.:* Astronaut training for the European contributions Columbus module and ATV, Acta Astronautica 59, pp. 1 146–1 152, 2006.

[5.1.8] *Bolender, H.; Stevenin, H.; Bessone, L.; Torres, A.:* Preparing for Space – EVA Training at the European Astronaut Centre, ESA Bulletin 128, pp. 32–40, November 2006.

5

5.2 Lebenserhaltungssysteme

Klaus Bockstahler, Willigert Raatschen und *Peter Kern*

5.2.1 Aufgaben und Komponenten eines Lebenserhaltungssystems

5.2.1.1 Einleitung

Das Lebenserhaltungssystem eines Habitats, sei es eine Raumstation, ein Raumtransporter oder eine Basisstation auf einem Planeten, hat die Aufgabe, eine Umgebung und Ressourcen bereitzustellen, um Menschen über die Dauer einer Mission gesund und sicher am Leben zu erhalten.

Auf der Erde stellt die **Biosphäre** das Lebenserhaltungssystem des Menschen dar. In Bezug auf den Stoffaustausch stellt die Erdbiosphäre nahezu ein geschlossenes System dar, sie ist allerdings auf den Energieaustausch mit dem Weltraum bezogen ein offenes System [5.2.2]. Somit ist es die Aufgabe des Lebenserhaltungssystems, einmal die biologische Autonomie der Menschen in der isolierten Umgebung sicherzustellen, zugleich aber auch eine

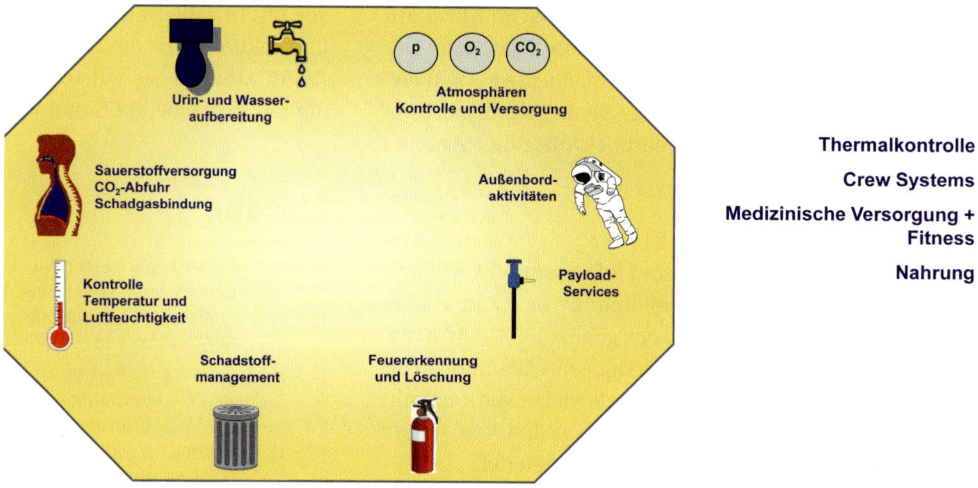

Bild 5.2.1: *Klassische Aufgaben eines Lebenserhaltungssystems, rechts: verwandte Funktionen (Bild: ASTRIUM).*

physiologisch akzeptable Umgebung zu schaffen, die den Aufenthalt angenehm macht. Hierzu gehören die Beachtung von Vibrations- und Geräuschpegeln, der Schutz vor ionisierender und nicht-ionisierender Strahlung, Elektromagnetismus sowie die Berücksichtigung von Schwerkraft- bzw. Schwerelosigkeitseinflüssen. Der thermische Komfort, eine angemessene Luftqualität sowie ein sicherer Umgang mit allen Geräten im Habitat selbst sind ebenfalls wichtig.

Nun ist die Definition, welche Funktionen zu einem Lebenserhaltungssystem gehören, unterschiedlich.

Bei den Russen beinhaltet das Lebenserhaltungssystem z. B. die Lagerung und Aufbereitung von Nahrungsmitteln, Kühl- und Gefrierschränke, Außenbordaktivitäten, die Ganzkörperpflege und Housekeeping-Funktionen. Bei der NASA fallen diese Bereiche unter die „Crew Systems".

Weiterhin gibt es Unterschiede im Verständnis einzelner Teilfunktionen des Lebenserhaltungssystems, auf die hier nicht näher eingegangen werden soll.

Bild 5.2.1 zeigt die klassischen Funktionen eines Lebenserhaltungssystems im Überblick und rechts daneben verwandte Funktionen, die üblicherweise nicht zum Lebenserhaltungssystem gehören, aber der Vollständigkeit halber mit erläutert werden.

Die folgenden Ausführungen werden das Lebenserhaltungssystem auf der Internationalen Raumstation (ISS) als das derzeit einzig existente, ständig bewohnte Weltraumhabitat näher beschreiben. Die Einzelfunktionen sind auf Raumtransporter oder Mond- bzw. Marshabitate übertragbar, wo allerdings die technische Umsetzung und Ausführung sehr verschieden sein kann. Außerdem kann die Kritikalität einer Einzelfunktion sehr unterschiedlich sein. Während z. B. bei Außenbordaktivitäten auf der ISS der Eintrag von Verunreinigungen eine untergeordnete Rolle spielt, wird die Eintragung von Staub und evtl. bakteriologischen oder biologischen Spurenelementen auf dem Mars einen sehr hohen Stellenwert und damit einen großen Einfluss auf die technische Umsetzung haben.

5.2.1.2 Die Atmosphäre

Die Sicherstellung einer adäquaten Atmosphäre übernimmt das **Atmosphere Control and Supply System (ACS).** Die Anforderungen an das ACS-System sind:

1. die Überwachung des Gesamtdrucks,
2. die Überwachung des Sauerstoff(O_2)-Partialdrucks,
3. die Speicherung und Zufuhr von Stickstoff (N_2) und O_2,
4. die Ermöglichung eines Druckausgleichs zwischen benachbarten Modulen,
5. die Detektion eines (schnellen) Druckabfalls mit der Auslösung von Gegenmaßnahmen.

Tabelle 5.2.1 gibt einen Überblick für Partial- und Gesamtdrücke auf der ISS.

Tabelle 5.2.1: *Anforderungen an die Druckhaltung in der ISS.*

Parameter	Anforderungen
Gesamtdruck	97,9 bis 102,7 kPa 95,8 kPa Minimum
O_2-Partialdruck	19,5 bis 23,1 kPa
N_2-Partialdruck	< 80 kPa
Maximale Druckdifferenz zwischen innen und außen, bei Überschreitung Öffnen der Überdruckventile	103,4 kPa

5.2.1.3 Druckkontrolle, Abgabe und Ventile

Bild 5.2.2 zeigt die Anordnung von Ventilen in der Außenhaut am Beispiel des europäischen **Columbus-Moduls** an der ISS. Zwei **Überdruckventile (Positive Pressure Relief Valves)** blasen automatisch Luft aus dem Modul nach außen ab, sobald ein Druck von 103,4 kPa im Inneren überschritten wird. Jedes Überdruckventil besteht aus jeweils zwei in Reihe geschalteten Ventilen. Das innere Ventil ist ein rein mechanisch-pneumatisch arbeitendes Überdruckventil. Das nachgeschaltete Ventil ist immer geöffnet und kann,

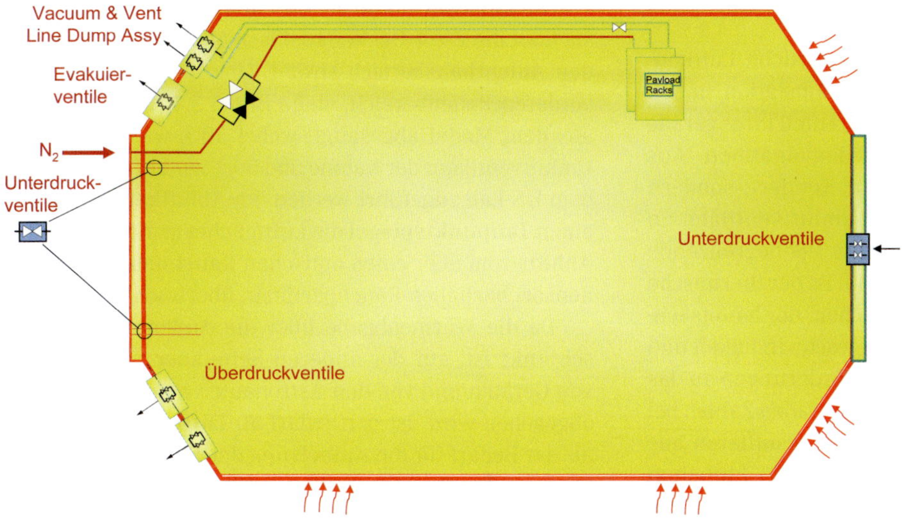

Bild 5.2.2: *Ventile in der Außenhaut eines Moduls der ISS (hier Columbus) einschließlich der Ventile zur Abfuhr von Gasen aus Experimenten (Bild: Airbus).*

sollte das innere Ventil undicht oder beschädigt sein, sowohl elektrisch als auch manuell geschlossen werden.

Von den vier **Unterdruckventilen (Negative Pressure Relief Valves)** im Columbus-Modul sind zwei an der geschlossenen Stirnseite eingebaut, während die anderen beiden im Frisch- und Fortluftkanal (IMV-duct, Inter Modular Ventilation) untergebracht sind. Letztere wurden nach dem Andocken von Columbus an die Raumstation gegen IMV-Ventile ausgetauscht.

Die Unterdruckventile wurden für den Transport von Columbus von Bremen zum Kennedy Space Center benötigt, für den Fall, dass der Außendruck um mehr als 26 bis 33 hPa über dem Innendruck liegen sollte, aber auch für den Fall eines Launchabbruchs während des Shuttle-Starts mit anschließender Notlandung.

Die Unterdruckventile arbeiten rein mechanisch. Um evtl. spätere Probleme mit der Dichtigkeit zu vermeiden, wurde nach dem Andocken an die Raumstation von außen dort ein Dichtdeckel aufgeschraubt.

Um im Brandfall das Modul schnell zu evakuieren, sind wiederum zwei elektrisch zu öffnende Ventile (Cabin Depress Valves) redundant in der Außenhaut vorgesehen. Das Außenrohr ist beheizt, um eine Eisbildung beim Ausströmen der warmen feuchten Luft zu vermeiden.

Ein **Druckausgleichsventil (Pressure Equalization Valve)** ist in der Verbindungstür zum Nachbarknoten integriert. Es wurde manuell betätigt, um nach dem Andocken vor dem Öffnen der Tür einen Druckausgleich herzustellen. Es konnte außerdem dazu benutzt werden, Luftproben zu Analysezwecken zu entnehmen. Die **Abgasleitung (Ventline Dump Assy)** dient dazu, Prozessgase von Experimenten nach außen ins Weltall abzuführen. Außerdem werden Abgasleitungen zur Abfuhr des ausgefilterten Kohlendioxids und des bei der **Elektrolyse** entstehenden Wasserstoffs benötigt. Die Enden der Abgasleitungen müssen so ausgeführt sein, dass beim Ablassen kein zusätzlicher Impuls auf die Raumstation ausgeübt wird. Meistens sind die Enddüsen so weit von der Modulhülle entfernt, dass sich keine Abgasreste an der Außenhülle ablagern können. Hochvakuum für Experimente wird mit der Vakuumleitung und den zugehörigen Vakuumleitungsventilen (Vacuumline Assy) zur Verfügung gestellt. Die Abgasventile und **Vakuumventile** sind baugleich mit den Cabin Depress Valves, wobei die Ausblasleitung allerdings nicht beheizt ist. Alle elektrisch betriebenen Ventilpärchen werden aus Redundanzgründen von verschiedenen Stromkreisen und Steuerungseinheiten versorgt bzw. angesteuert.

5.2.1.4 Überwachung der Luftzusammensetzung

Die Luft in der ISS hat die gleiche Zusammensetzung wie auf der Erde, etwa 79 % Stickstoff (N_2) und 21 % Sauerstoff (O_2). Der Sauerstoff wird von den Astronauten und evtl. vorhandenen Tieren veratmet und muss dementsprechend nachgeführt werden, siehe auch Kapitel 5.2.1.6. Weiterhin kann Luft über Leckagen entweichen und so den Gesamtdruck absenken. Über die Messung des O_2-Partialdrucks wird Sauerstoff nachgeführt. Über die Messung des Gesamtdrucks bemisst sich die Menge an nachzuführendem Stickstoff, der gasförmig in Drucktanks enthalten ist.

Die Messung der **Sauerstoffkonzentration** erfolgt im Columbus über einen im Zuluftkanal befindlichen **Sauerstoffsensor.** Weiterhin gibt es von jedem Modul auf US-Seite eine **Probenahmeleitung** (Trace Gas Sample Line) zum US-Lab. Eine Gesamtschematik mit allen Modulen der ISS zeigt Bild 5.2.17. Dort wird mit einem **Massenspektrometer** (Major-constituent Analyzer, MCA) die Luft auf ihren Gehalt an **Stickstoff** (N_2), Sauerstoff (O_2), **Wasserstoff** (H_2), **Kohlendioxid** (CO_2), **Methan** (CH_4) und **Wasserdampf** (H_2O) analysiert. Über die Messung des N_2-Partialdruckes kann sehr schnell eine Leckage in der Außenhülle festgestellt werden.

5.2.1.5 Lüftung und Luftkonditionierung

Da es unter Schwerelosigkeit keine natürliche Luftkonvektion gibt, würde die Luft in einer Raumstation stehen und Astronauten würden einen großen Anteil ihrer gerade ausgeatmeten CO_2-haltigen Luft wieder einatmen. Aus diesem Grunde ist Lüftung nicht nur Komfort, sondern überlebensnotwendig, weshalb der Umluftventilator in Bild 5.2.3 auch redundant ausgeführt ist. Der begrenzende Faktor für das Maß an Lüftung im Modul ist der thermische **Behaglichkeitsbereich** für den Menschen, der hauptsächlich durch die Lufttemperatur, die Luftgeschwindigkeit und die Luftfeuchte bestimmt wird. Die Anforderungen an das Raumklima enthält Tabelle 5.2.2. Die ungeraden Zahlen bei Lufttemperatur und Luftgeschwindigkeit resultieren aus der Umrechung von englisch-amerikanischen Einheiten in SI-Einheiten.

Tabelle 5.2.2: *Anforderungen an die Lüftung im Columbus-Modul.*

Lufttemperatur	18,3 ... 26,7 °C, vom Astronauten einstellbar
Luftfeuchte	25 ... 75 % r. F.
Luftgeschwindigkeit	0,076 ... 0,203 m/s in 67 % des Modulvolumens 0,036 ... 1,016 m/s an allen Stellen

Bild 5.2.3 zeigt das **Lüftungskonzept** im Columbus-Modul.

Über den Frischlufteinlass (IMV Zuluft) wird die zentral im US-Lab aufbereitete Luft über den IMV-Zuluftventilator dem Modul zugeführt. Der Volumenstrom beträgt 220 m^3/h und ist für nominell 3 Astronauten im Columbus ausgelegt. Um allerdings ausreichend hohe Luftgeschwindigkeiten im Modul selbst zu erreichen, muss noch einmal genauso viel Luft über den **Umluftventilator** rezirkuliert werden.

Bevor die Luft dem Modul zugeführt wird, durchströmt sie einen **Partikelfilter** (HEPA), wird anschließend im **Wärmetauschermodul** gekühlt und ggf. entfeuchtet, bevor sie über die 2 × 4-**Deckenauslässe** gleichmäßig verteilt in den Aufenthaltsbereich strömt. Über ein Abluftgitter im vorderen Bodenbereich, siehe Bild 5.2.4, wird die Abluft aus dem Modul abgesaugt, wobei 50 % wieder über den Umluftventilator der Kabine und 50 % zur Luftaufbereitung dem **US-Lab** zugeführt werden. Im Abluftkanal wird über einen **Taupunktspiegel** die Luftfeuchte gemessen und der Abluftstrom über einen optischen **Rauchdetektor** (Smoke Sensor) bezüglich Rauchpartikeln überwacht.

Da die Wärmeabgabe über die Außenhülle sehr beschränkt ist, auf der anderen Seite aber viel Abwärme von Geräten und von den Astronauten an die Kabinenluft abgegeben wird, ist der Bedarf an **Luftkühlung** häufiger als der Bedarf für die Aufheizung der Kabinenluft. Die dominierenden **Feuchtequellen** auf einer Raumstation sind die Astronauten, die Feuchtigkeit ausatmen und schwitzen, sowie feuchte Tücher oder **Wäsche,** die in der Kabine getrocknet werden. Um die maximale Luftfeuchtigkeit von 75 % r. F. nicht zu überschreiten, muss die Kabinenluft entfeuchtet werden. Dies geschieht mit dem **kondensierenden Wärmetauscher,** der die Luft kühlt und entfeuchtet.

Der obere Grenzwert für die relative Feuchte ist so gewählt, dass sich kein Kondensat an der Innenoberfläche der Außenhülle bilden kann. Hohe Materialfeuchten und Kondensat würden zu **Mikrobenwachstum** und **Schimmelpilzbefall** führen, wie es auf der MIR-Raumstation in großem Ausmaß der Fall war. Der untere Feuchtegrenzwert von 25 % r. F. wurde so gewählt, dass das Risiko einer elektrostatischen Aufladung mit anschließender Funkenbildung durch zu trockene Luft minimal ist und die Schleimhäute der Astronauten nicht austrocknen.

Der kondensierende Wärmeaustauscher im Columbus, siehe Bild 5.2.5, ist ein Luft-Wasser-Wärmetauscher und besteht aus zwei identischen Überträgerblöcken. Kaltes Wasser aus dem Niedrigtemperatur-Wasserkreislauf (Low Temperature Loop, LTL) der ISS strömt wasserseitig ein und

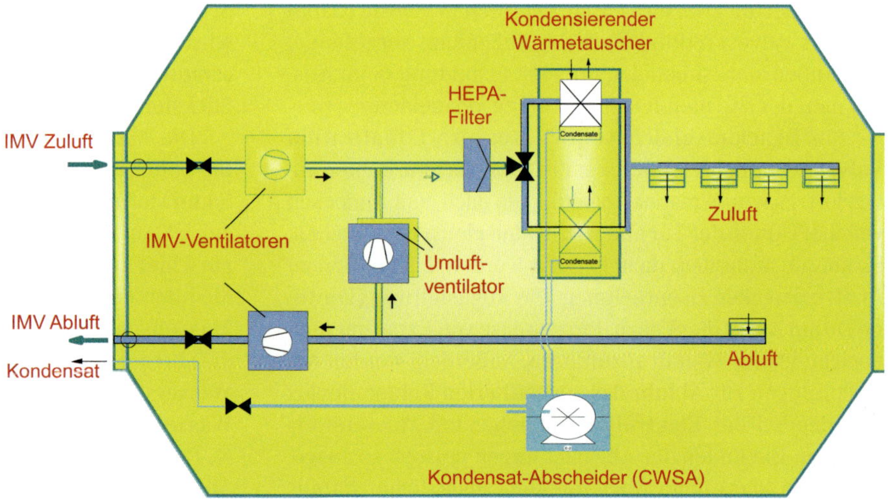

Bild 5.2.3: *Schema der Luftverteilung und -konditionierung im Columbus-Modul (Bild: Airbus).*

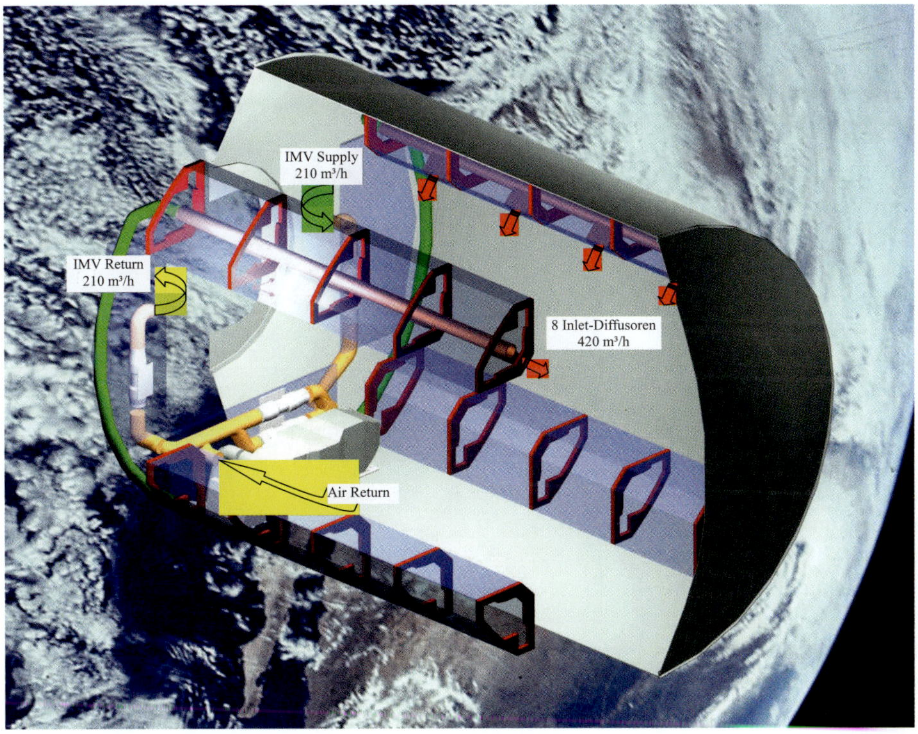

Bild 5.2.4: *Luftkanalverlegung mit Luftauslässen im europäischen Columbus-Modul der ISS (Bild: Airbus).*

kühlt die Kabinenluft herunter. Das **Temperaturregulierventil** (Temperature Control Valve, TCV) ist eigentlich nur eine Luftklappe, die den einströmenden Luftstrom auf die beiden Überträgerblöcke aufteilt. Es wird jetzt immer nur einer der zwei Überträgerblöcke mit **Kühlwasser** durchströmt. Ist der Kühlbedarf groß, so führt das TCV viel Luft durch den gekühlten Block und umgekehrt. Aktiv aufgeheizt werden kann die Kabinenluft nicht. Die **Wärmelasten** sind in der Regel ausreichend, um die Lufttemperatur zu erhöhen.

Bei der Kühlung von feuchter Luft entstehen normalerweise an den kalten Oberflächen eines Wärmetauschers Wassertröpfchen, die unter Schwerelosigkeit vom Luftstrom mitgerissen würden, am Luftauslass zurück in die Kabine strömen und in den elektrischen Geräten zu Kurzschlüssen führen können. Deshalb ist es außerordentlich wichtig, das im Wärmetauscher anfallende **Kondensat** sicher abzuführen. Die im Columbus-Modul angewendete Technik zeigt Bild 5.2.5.

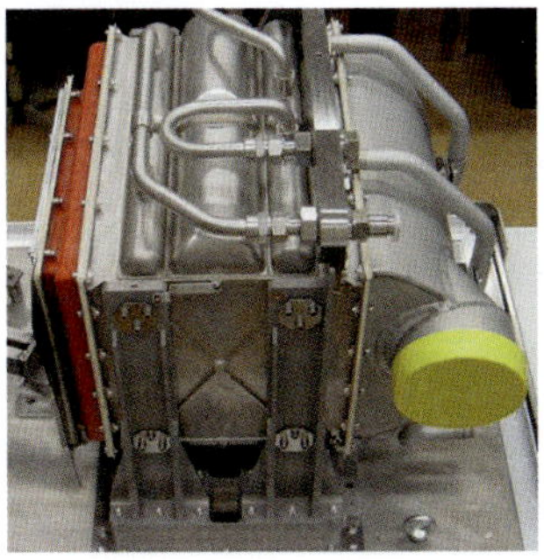

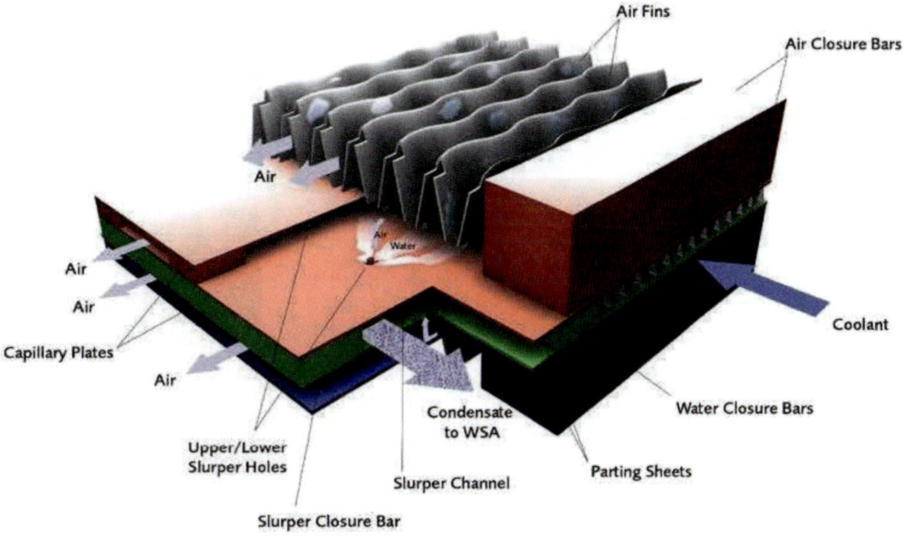

Bild 5.2.5: *Links: Im Columbus-Modul eingesetzter Wärmetauscher; Foto ohne Thermalisolierung; rechts: Schematische Darstellung des Aufbaus des Columbus Wärmeaustauschers mit der gezielten Abfuhr des Kondensats über die Slurper-Sektion (Bilder: Airbus).*

Die Luftlamellen, an denen die Kondensattröpfchen gebildet werden, sind mit einem bioziden, hydrophilen Coating versehen. Die hydrophile Schicht von weniger als 2 μm Stärke lässt das Wassertröpfchen sofort als Film auf der Lamellenoberfläche zerfließen. Der Flüssigkeitsfilm wird dann über den Luftstrom zum Lamellenende transportiert, wo er dann über **Kapillarkräfte** zwischen die Kapillarbleche gesaugt und dort über Löcher als Kondensat-Luft-Gemisch mit Hilfe des **Wasserabscheiders** (Condensate Water Separator Assembly, CWSA) abgesaugt wird. Ein **Flüssigkeitströpfchensensor** (Liquid Carry over Sensor, LCOS) hinter dem Wärmetauscher meldet, wenn Wassertröpfchen im Luftstrom sind.

Um ein Mikrobenwachstum auf der feuchten Oberfläche des Wärmeaustauschers zu vermeiden, enthält das Coating als biozide Substanz Silberoxid, das ganz langsam über die Lebensdauer von 10 Jahren an das Kondensat abgegeben wird und somit ein Wachstum von Mikroorganismen sicher verhindert. Zusätzlich wird in Abständen von 3 bis 4 Wochen die Kühlung von dem einen auf den anderen Wärmeübertragerblock umgeschaltet. Damit kann der feuchte Block trocknen, dies verhindert zusätzlich die Bildung von Mikroorganismen.

Der Kondensatabscheider in Bild 5.2.3 ist ein **Zentrifugalabscheider,** der das Kondensat zur Aufbereitung zurück ins US-Lab fördert.

Während die Module auf US-Seite (US-Lab, **Node 2+3, JEM, Columbus**) alle ihren eigenen kondensierenden Wärmetauscher haben, wird die Luft in den russischen Modulen (**FGB1, SM, MLM**) zentral im SM gekühlt und entfeuchtet.

Bild 5.2.6: *Das amerikanische CO_2-Bindegerät CDRA (Bild: HONEYWELL).*

Im amerikanischen US-Labormodul (US-Lab) wird ab 2018 mit dem von den Europäern entwickelten geschlossenen **Lufterneuerungssystem (Life Support Rack – LSR)**, siehe Bild 5.2.7, eine andere Technologie benutzt.

Bild 5.2.7: *Das europäische Lufterneuerungssystem (Life Support Rack (LSR) (Bild: Airbus).*

5.2.1.6 Luftaufbereitung und Schadgasbindung

Die Aufbereitung der Atemluft, die Filterung und Entsorgung von Schadgasen sowie die Kontrolle der Zusammensetzung der Luft und die Notfallversorgung im Fall des Ausfalls einer wichtigen Komponente sind Aufgaben des **Atmosphere Revitalization Systems.**

a) Kohlendioxidbindung

Ein Astronaut atmet am Tag im Durchschnitt ziemlich genau 1 kg Kohlendioxid aus. Bei sechs Astronauten auf der ISS müssen somit 6 kg pro Tag oder 2 190 kg CO_2 pro Jahr aus der Kabinenluft gefiltert und entsorgt werden. Hierzu sind im US-Lab die **CDRA,** das amerikanische Carbon Dioxide Removal Assembly (siehe Bild 5.2.6) und auf russischer Seite **VOSDUKH** zuständig. Beide Systeme nutzen zur Bindung von CO_2 die Adsorptionsfähigkeit von **Zeolithen** aus. Jedes System hat zwei Betten. Während Bett 1 adsorbiert, wird Bett 2 desorbiert und umgekehrt. Vor der Adsorption muss die Kabinenluft entfeuchtet werden. Die **Desorption** erfolgt über Erwärmung und Evakuierung in den Weltraum.

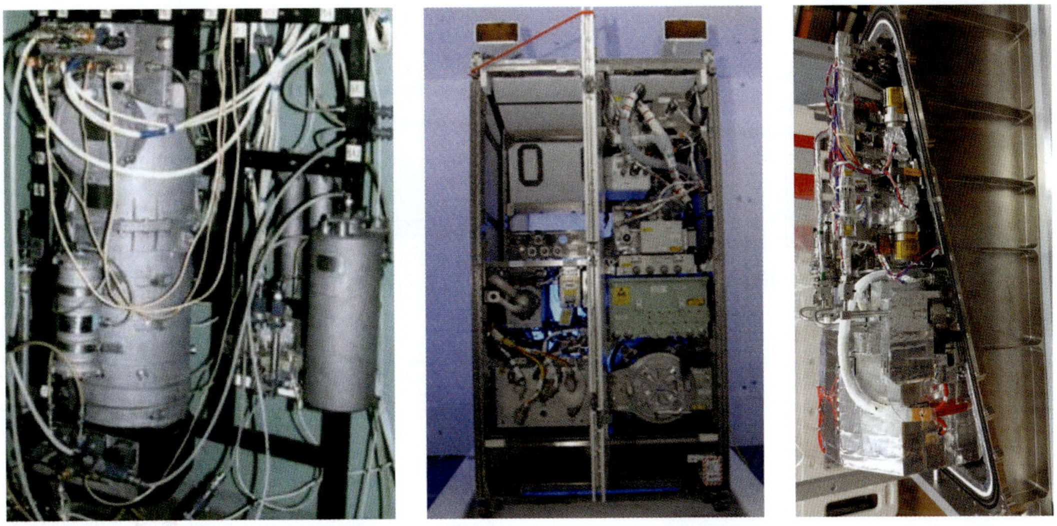

Bild 5.2.8: *Links: russischer Elektrolyseur ELEKTRON (Bild: Niichimmash); mitte: amerikanischer Elektrolyseur (Bild: Hamilton Sundstrand Space Systems); rechts: europäischer Elektrolyseur (Bild: Airbus).*

Die CO_2-Bindung beim **LSR** basiert auf der Adsorptionsfähigkeit von Kohlendioxid an **Festaminen**. Dabei wird zwischen drei Betten gezykelt, d. h. es ist immer mindestens ein Bett in der Adsorptionsphase, während über ein anderes desorbiert wird. Die Dreibett-Konfiguration wurde gewählt, um bei überlappendem Betrieb der Betten im ‚Closed-Loop'-Betriebsmodus einen kontinuierlichen CO_2-Volumenstrom zu einem dem CO_2-Adsorber nachgeschalteten Sabatier-Reaktor des ACLS zu gewährleisten.

Bei Festaminen muss die Luft nicht speziell entfeuchtet oder vorbehandelt werden, weil die Bindefähigkeit nur gering von der Luftfeuchte beeinflusst wird. Die **Regeneration** eines mit CO_2 gesättigten Bettes erfolgt über leicht überhitzten Wasserdampf (105 °C bis 110 °C). Der Wasserdampf durchströmt die Aminschüttung in einer Art Kolbenströmung, wobei er das desorbierte CO_2 vor sich herschiebt. Der Vorteil der **Wasserdampfdesorption** liegt darin, dass die Desorption bei Umgebungsdruck (etwa 1 bar) stattfindet und das desorbierte CO_2 zur Schließung des **Sauerstoffkreislaufs**, siehe Kapitel 5.2.1.6, leicht weitergenutzt werden kann. Wird Vakuum zur Desorption benötigt, dann wird bei der Verwendung von Space-Vakuum das CO_2 außenbords entsorgt und ist zur Weiterverarbeitung verloren oder es sind Zusatzaggregate wie Vakuumpumpe und CO_2-Kompressor notwendig, um es wieder nutzen zu können.

b) Sauerstoffversorgung

Die Versorgung mit **Atemsauerstoff** auf der ISS erfolgt in erster Linie über die **Elektrolyse** von Wasser. Als erstes Back-up-System stehen **Sauerstoffkerzen** (Solid Fuel Oxygen Generator, SFOG) zur Verfügung, als zweites Back-up-System gibt es auf US-Seite je zwei Sauerstoffdruckbehälter auf dem US-Airlock.

Sauerstoff wird weiterhin für die medizinische Versorgung und für die Atemmasken, für die Anschlüsse in jedem Modul vorhanden sind, bereitgestellt. Atemmasken werden in Notfällen getragen, wenn Schadstoffe z. B. über einen Brand freigesetzt werden.

Der Hochdrucksauerstoff aus den Drucktanks wird hauptsächlich zur Vorbereitung der Astronauten für Außenbordaktivitäten benötigt, siehe hierzu Kapitel 5.2.1.9.

Bei der Wasserelektrolyse wird flüssiges Wasser H_2O in seine molekularen Bestandteile Wasserstoff H_2 und Sauerstoff O_2 unter Zuführung von elektrischer Energie zerlegt.

$$2\,H_2O \rightarrow 2\,H_2 + O_2$$

Die Elektrolyse von Wasser kann technisch über verschiedene Elektrolyseverfahren durchgeführt werden, wobei es für Raumfahrtanwendungen drei qualifizierte Verfahren gibt. RSA[9] setzt die **alkalische Elektrolyse** mit umgepumpter Kalilauge ein, wie sie auch schon auf der Raumstation MIR benutzt wurde.

Die NASA hat einen Elektrolyseur [5.2.3] basierend auf der **PEM[10] Technologie** entwickelt, während ESA die **Fixed Alkaline Elektrolyse (FAE)** [5.2.4] einsetzt. Bild 5.2.8 zeigt Fotos der verschiedenen Elektrolyseure.

c) Sauerstoffrückgewinnung

Bei einem offenen Stoffkreislauf wird das desorbierte Kohlendioxid wie auch der bei der Elektrolyse anfallende Wasserstoff in das Weltraumvakuum abgeblasen. Mit Hilfe des **Sabatierprozesses** lässt sich ein guter Teil beider Stoffströme nutzen, wodurch der Stoffkreislauf geschlossener wird (mehr hierzu in Kapitel 5.2.2).

9 RSA – Russian Space Agency.
10 PEM – Proton Exchange Membrane.

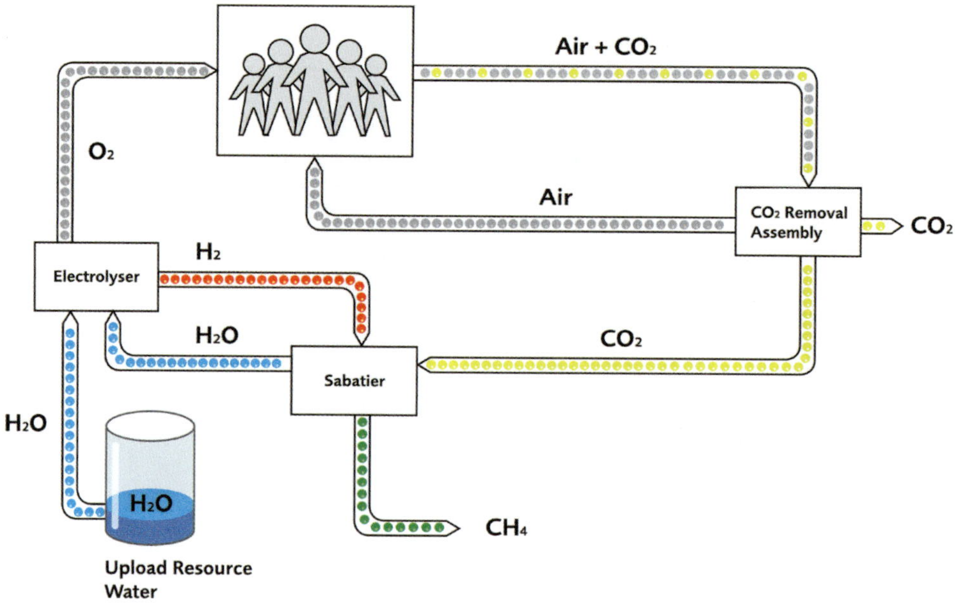

Bild 5.2.9: *Schematische Darstellung der Sauerstoffrückgewinnung unter Einbindung eines Sabatierreaktors (Bild: Airbus).*

Bild 5.2.9 zeigt die Einbindung des Sabatierprozesses ins Lebenserhaltungssystem. Das Kohlendioxid wird mit dem Wasserstoff bei Temperaturen zwischen 300 °C und 500 °C über eine Katalysatorschüttung geleitet, woraus sich dann Wasserdampf und Methan CH_4 bilden:

$$CO_2 + 4\,H_2 \rightarrow CH_4 + 2\,H_2O$$

Die Reaktion ist exotherm und bedarf nur zum Start der Energiezufuhr. Das gebildete Wasser kann wieder dem Elektrolyseur zugeführt werden. Das Methan wird auf der ISS aktuell nicht weiter verwendet und ins Weltall abgeblasen.

In zukünftigen Entwicklungen soll das Methan stattdessen zwischengespeichert und über Methantriebwerke z. B. für die periodisch notwendige Anhebung der Bahnhöhe einer orbitalen Raumstation verwendet werden. Alternativ soll das Methan einem Pyrolyse-Prozess zugeführt werden, s. Unterpunkt d).

Der Umsetzungsgrad bezüglich des Wasserstoffs liegt je nach Betriebspunkt zwischen 90 und 100 %. Der Reaktor wird im Unterdruck betrieben, um eventuelle Wasserstoffleckagen in die Kabine zu vermeiden.

Bild 5.2.10: *Sabatier-Reaktorstufen als Bestandteil von LSR (Bild: Airbus).*

d) Methan-Pyrolyse

Will man keinen zusätzlichen Wasserstoff mit auf eine Raumstation nehmen, dann lässt sich theoretisch nur etwa 58 % des Kohlendioxids im Sabatierreaktor durch Elektrolyse und Wasserstoff umsetzen (siehe auch Kapitel 5.2.2). Eine vollständige Schließung des Sauerstoff- und Wasserstoffhaushalts lässt sich über eine nachgeschaltete **Pyrolyse** des Methans erreichen. Hierbei wird das Methan bei hohen Temperaturen unter Energiezufuhr in seine Bestandteile Kohlenstoff und Wasserstoff aufgespalten. Der Wasserstoff wird jetzt wiederum dem Sabatierreaktor zugeführt; diese Menge reicht aus, um den gesamten CO_2-Strom umzusetzen. In Bild 5.2.11 ist der Gesamtprozess nochmals veranschaulicht. Mögliche Pyrolyse-Prozesse werden in Bild 5.2.12 aufgezeigt; ausgewählte Prozessaufbauten sind in Bild 5.2.13 dargestellt.

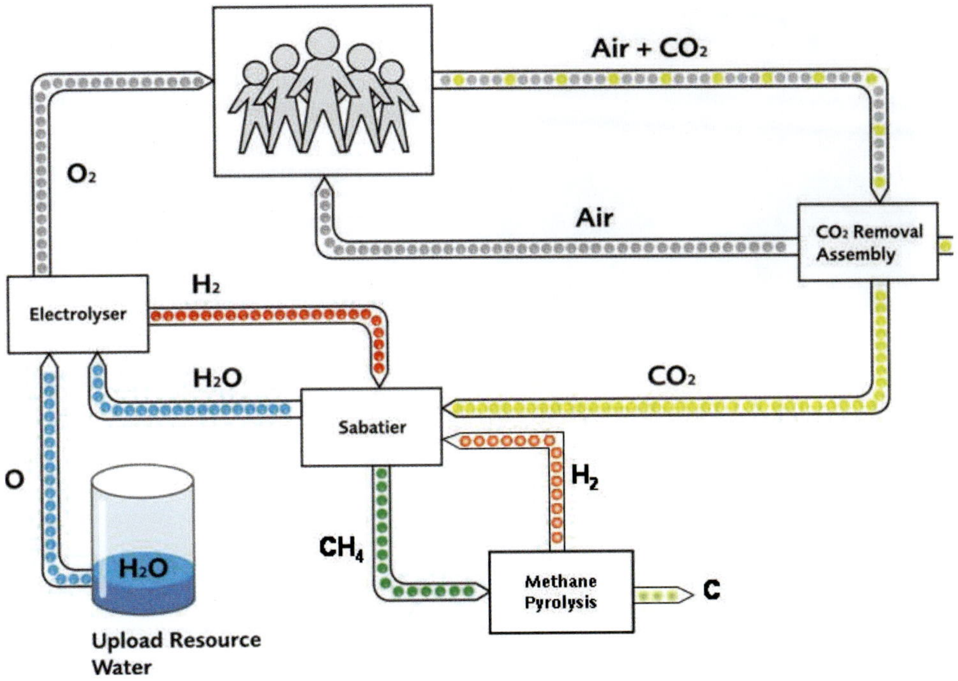

Bild 5.2.11: *Geschlossener Wasserstoff- und Sauerstoffkreislauf in einem bemannten Habitat (Bild: Airbus).*

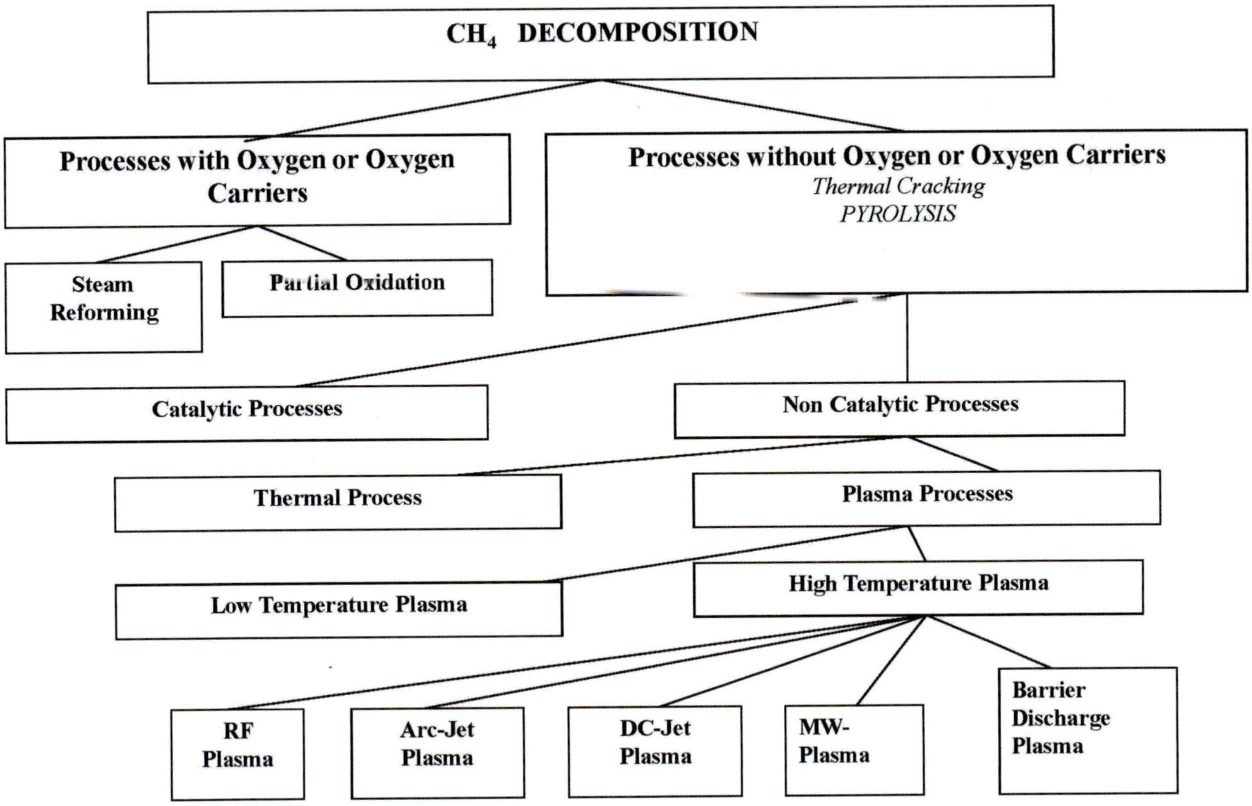

Bild 5.2.12: *Übersicht möglicher Pyrolyse-Prozesse zur Aufspaltung von Methan (Bild: Airbus).*

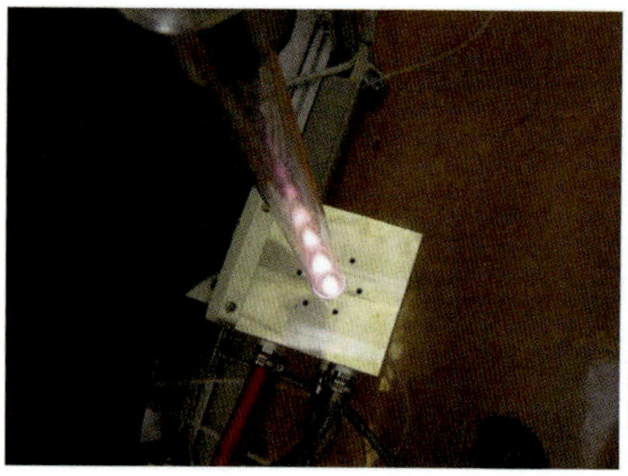

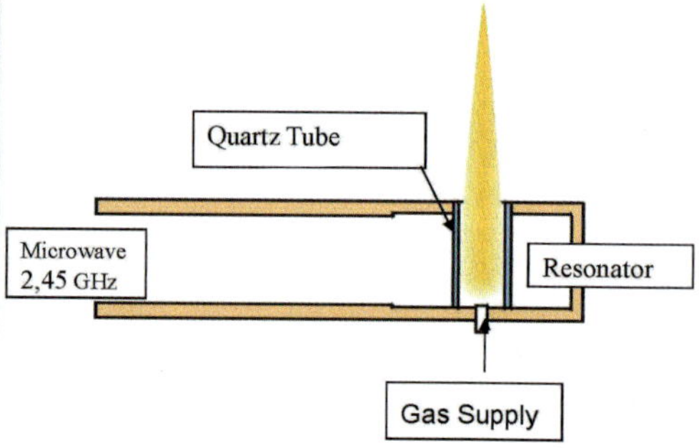

Bild 5.2.13: *Methanpyrolyse-Testreaktoren – links: Katalytischer Reaktor; rechts: Mikrowellenplasma-Testaufbau (Bilder: Airbus).*

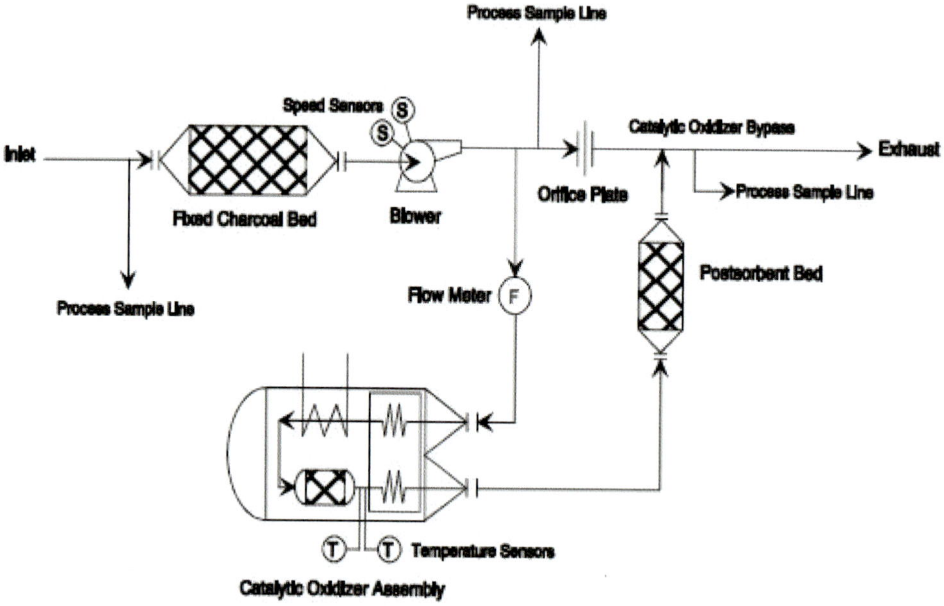

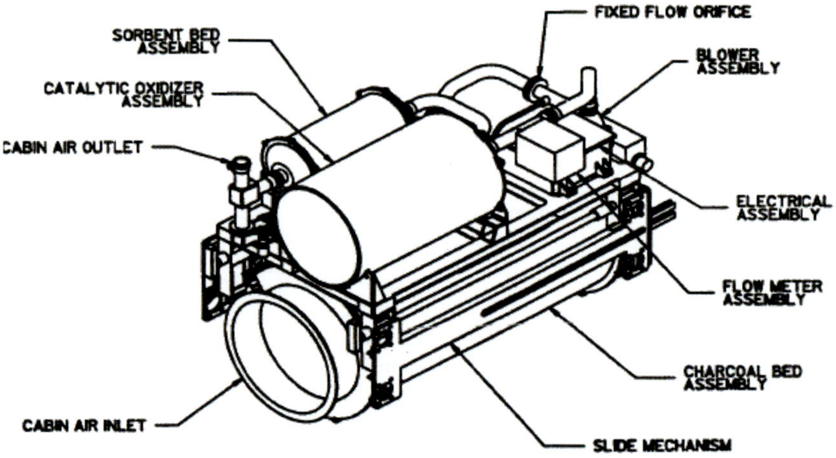

Bild 5.2.14: *Schadgasbindung im USOS auf der ISS, oben: vereinfachtes Prozessdiagramm; unten: Flughardwarekonfiguration.*

e) **Partikel- und Schadgasbindung, Schadgasüberwachung**

Partikel werden über **High Efficiency Particle Filter** (HEPA, Klasse EU6) vor Eintritt der Luft in den kondensierenden Wärmetauscher ausgefiltert.

Schadgase[11] in einem geschlossenen Habitat werden von Menschen an die Raumluft abgegeben, Materialien gasen aus, Prozesse (säubern, kleben, löten, Nahrungsaufbereitung usw.) können ebenso Gase freisetzen wie auch Leckagen z. B. von Kühlsystemen. Über Außenbordaktivitäten könnten auch Reaktionsprodukte von den Lageregelungsdüsen über den Raumanzug ins Modulinnere transportiert werden.

Der theoretische und reale Schadstoffcocktail auf einer Raumstation ist deshalb recht breit. Bei dem auf der ISS im United States On-Orbit Segment (USOS) angewendeten Verfahren in Bild 5.2.14 werden Schadgase mit höherem Molekulargewicht an imprägnierter Aktivkohle adsorbiert. Schadgase mit niedrigem Molekulargewicht wie CO_2, CH_4, H_2 und andere Kohlenwasserstoffe werden über einen **Hochtemperaturkatalysator** zu Wasserdampf und Kohlendioxid verbrannt. Da die Gefahr besteht, dass z. B. Freone aus dem russischen Kühlkreislauf bei den hohen Katalysatortemperaturen in toxische Nebenprodukte zersetzt werden, ist dem Hochtemperaturkatalysator noch ein **Lithiumhydroxidbett** nachgeschaltet.

Partikelfilter und **Aktivkohle**- sowie **LiOH-Kartuschen** werden in definierten Intervallen als Verbrauchsmaterial ersetzt.

Zur Schadgasüberwachung dient ein **Massenspektrometer** im US-Lab. Über Probenahmeleitungen zum Columbus-Modul, zum JEM sowie zum Knoten 2 und 3 wird im Minutentakt die Luft in jedem Modul auf ihren O_2-, N_2-, CO_2-, H_2-, CH_4- und H_2O-Gehalt analysiert. In besonderen Fällen kann auch in einem Modul allein im 2-Sekunden-Takt gemessen werden.

Zur Erfassung aller weiteren **flüchtigen organischen Substanzen** diente bis August 2008 der VOA (Volatile Organic Analyzer). Er bestand aus einer gaschromatischen **Gastrennung** mit anschließender Gasanalyse per IMS (Ionenmobilitätsspektrometer).

5.2.1.7 Wasser- und Urinaufbereitung

Es fallen durch die Entfeuchtung der Kabinenluft etwa 1,5 l Wasser und weiterhin 1,3 l Urin pro Tag und pro Astronaut an. Die Aufbereitung dieser Abwassermenge ist eine der wichtigsten Aufgaben eines Lebenserhaltungssystems.

Die Bestandteile des **Wassermanagementsystems** sind deshalb:

1. das Brauchwasserabblassystem, das gebraucht wird, um im Fall einer defekten (oder während der Zusammenbauphase noch nicht vorhandenen) Wasseraufbereitungsanlage überschüssiges Wasser in den Weltraum abblasen zu können,
2. Wasserbehälter zur Speicherung von Kondensat aus der Luftentfeuchtung, von Waschwasser, von Frischwasser und ggf. von Brennstoffzellenwasser, falls ein Versorgungsfahrzeug Brennstoffzellen (wie beim Space Shuttle) besitzt und das produzierte Wasser an die Raumstation oder das Habitat abgibt,
3. das Wasserverteilungsnetz, das in der Regel aus drei separaten Netzwerken besteht:
   a) Das Kondensatwassernetz, in das alles Wasser aus den verschiedenen Habitatbereichen oder Modulen bis zur zentralen Wasseraufbereitung zusammengeführt wird,
   b) das Abwassernetz zur Zusammenführung von Waschwasser (Mundhygiene, Körper waschen, Nassrasur), Abwasser aus dem Raumanzug, Abwasser von Tierexperimenten und Urin
   c) das Frischwassernetz zur Trink- und Prozesswasserversorgung (Außenbordanzug, Elektrolyseur),
4. die Wasseraufbereitung,
5. die Urinaufbereitung,
6. die Qualitätsüberwachung des Frischwassers.

a) **Wasserbehälter**

Die Wasserbehälter sind meist **Blasentanks** in einem Aluminiumbehältnis oder auch einer flexiblen Außenhülle. Über das Einblasen von Luft oder Stickstoff wird der Tank entleert.

b) **Wasseraufbereitung**

Zur Aufbereitung der Abwässer aus Kondensat und Waschwasser wird zunächst das Wasser entgast, anschließend werden Partikel über einen Filter abgeschieden und wird das Wasser dann über Sorptions- und **Ionenaustauscherbetten** geleitet, um Schadstoffe aus dem Wasser zu entfernen. Anschließend wird das Wasser erhitzt und über einen Katalysator geleitet, um organische Bestandteile mit niedrigem Molekulargewicht und organische Säuren zu oxidieren. Hierzu muss Sauerstoff zugeführt werden. Nach der Abkühlung des Wassers passiert dieses noch einmal ein Ionenaustauscherbett, in dem Nebenprodukte des Oxidationsprozesses entfernt werden. Überschüssiger Sauerstoff wird über eine Membranstufe entfernt und anschließend ein Mittel zur Haltbarmachung des Wassers (Jod oder Silberoxid) beigegeben.

c) **Abfuhr und Aufbereitung der Verdauungsprodukte**

Zur Aufbereitung des Urins erfolgt zunächst eine Vorbehandlung bei Umgebungstemperatur mit anschließender Nachbereitung in der Wasseraufbereitungsanlage. Die Vorbehandlung besteht aus der Zugabe von Ozon und Schwefelsäure, um eine Ammoniakbildung des Urins

[11] Hiermit sind alle Gase außer O_2, CO_2 und Wasserdampf gemeint.

bei Lagerung und Zwischenlagerung zu unterdrücken. Ozon und Schwefelsäure sind meist zum leichteren Austausch in Tablettenform zusammen mit einem Filter in einem Schlauchstück eingearbeitet. Der Urin wird dann verdampft, komprimiert und über eine anschließende Destillationskolonne kondensiert, um reines Wasser zu erhalten. Dieses wird dann in der Wasseraufbereitungsanlage nachbehandelt.

Bild 5.2.15 zeigt den prinzipiellen Aufbau einer **Raumfahrttoilette,** die unter Schwerelosigkeit funktionieren muss. In der oberen Abbildung ist ein Kompaktor für den Stuhlgang dargestellt. Nach Hochheben des Toilettendeckels schaltet sich ein Ventilator ein, der Luft in den Kompaktor einzieht, um ein Austreten von Geruchsstoffen zu vermeiden. Der Stuhl wird von einem Plastikbeutel aufgenommen, der üblicherweise für 25 bis 30 Stuhlgänge reicht. Wenn der Plastiksack voll ist, wird er mit einem Clip verschlossen und kann anschließend entsorgt werden. Die eingesaugte Luft wird über einen Geruchsfilter wieder in die Kabine zurückgeführt. Die Lüfter sind meist redundant ausgeführt.

Die Schemazeichnung darunter zeigt die Funktion des Urinals. Der Urin wird in der Regel in einen Schlauch gelassen. Auch hier wird Luft über den Schlauch eingesaugt, um Gerüche und Tropfen sicher abzusaugen. Jede(r) Astronaut(in) hat aus hygienischen Gründen einen eigenen Adapter. Nach Durchströmen der Ozon- und Schwefelsäuretabletten wird das Urin-Luft-Gemisch getrennt. Die Luft strömt wieder über den **Bakterien- und Geruchsfilter** zurück in die Kabine und der Urin zum Urinprozessor. Fotos von der russischen und der amerikanischen Toilette auf der ISS zeigt Bild 5.2.16.

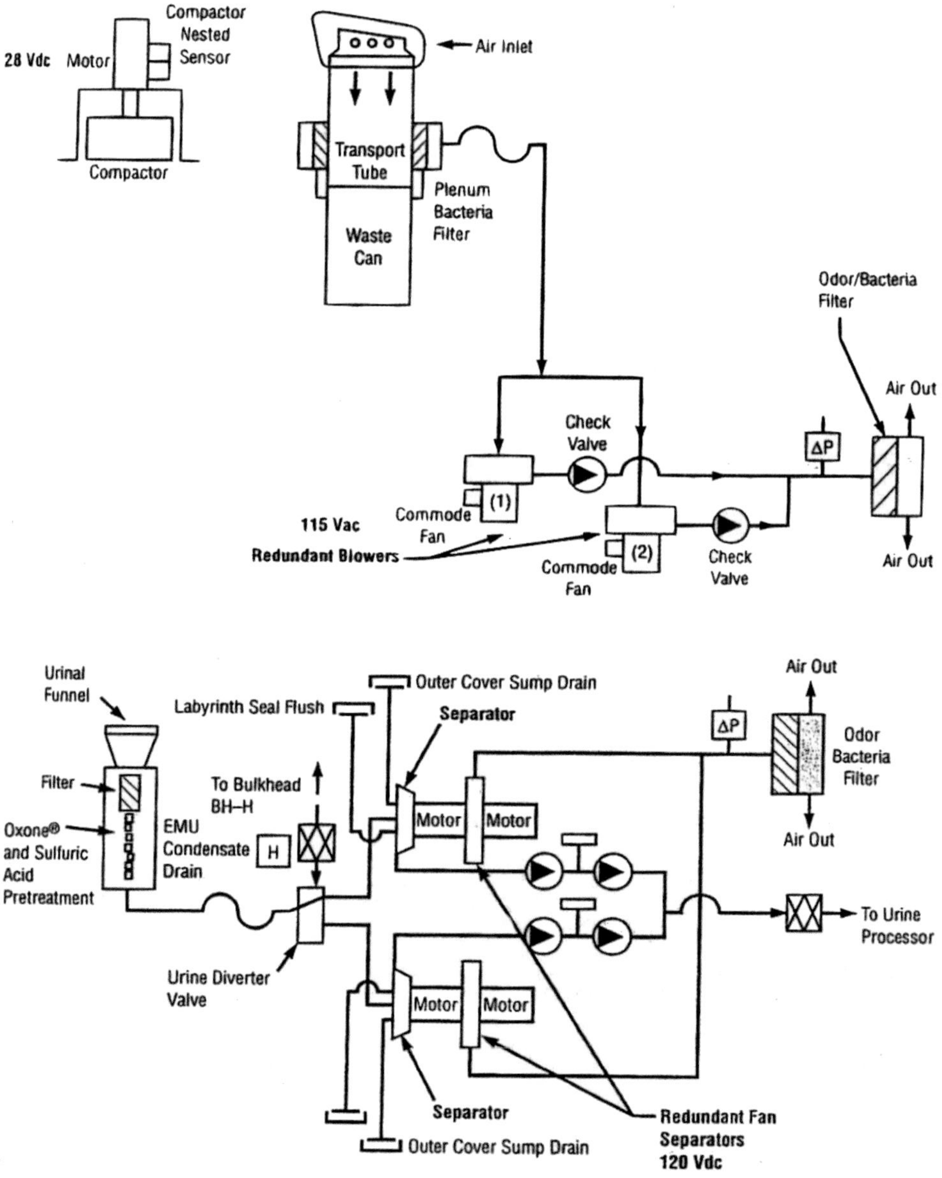

Bild 5.2.15: *Schema einer Raumfahrttoilette; oben: zur Ermöglichung des Stuhlgangs; unten: zur Urinaufnahme (Bild: P. O. Wieland).*

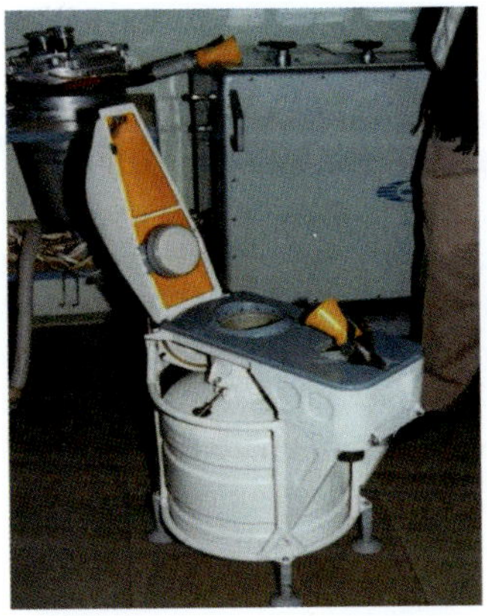

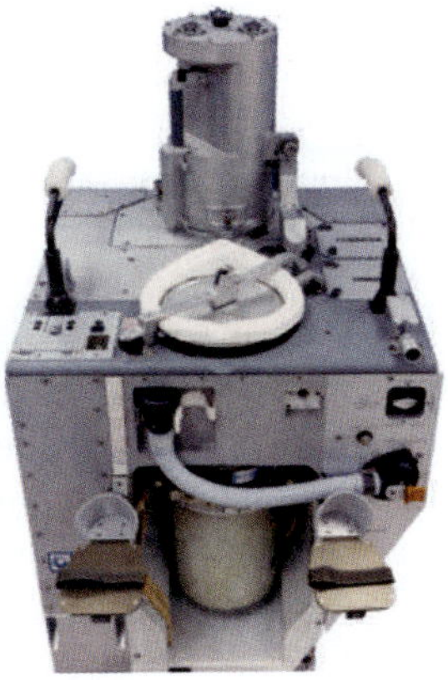

Bild 5.2.16: *links: Bild der Toilette im russischen Teil der ISS; rechts: Bild der Toilette im amerikanischen Teil der ISS.*

d) Wasseraufbereitung auf der ISS

Auf der russischen Seite wird zwischen **Trinkwasser** und **technischem Wasser** unterschieden. Das Trinkwasser wird ausschließlich aus dem Kondensat der Luftfeuchte und dem Waschwasser gewonnen, ist mit Mineralstoffen versetzt und wird ausschließlich zum Trinken benutzt, während das technische Wasser aus aufbereitetem Urin besteht und ausschließlich zur Elektrolyse und zur Toilettenspülung verwendet wird.

Auf amerikanischer Seite werden Kondensat, Waschwasser und der vorgereinigte Urin in ein- und derselben Wasseraufbereitungsanlage gereinigt, und es gibt nur Trinkwasserqualität, sowohl zum Trinken, zum Waschen als auch für den Elektrolyseur. Einziger Unterschied ist, dass das Wasser zum Trinken zusätzlich mit Mineralien versetzt ist.

Während im russischen Bereich das Wasser mit Silberoxid langzeitstabilisiert wird, benutzt man auf amerikanischer Seite Jod, um es haltbar zu machen. Die Wassernetze auf der russischen und der amerikanischen Seite sind leitungsmäßig nicht miteinander verbunden, weil mit Jod und mit Silberoxid versetzte Wässer nicht kompatibel sind. Eine Vermischung führt zur Ausfällung von Silberjodid und damit zu Verklumpungen im Rohrleitungssystem. Für künftige Raumstationen soll deshalb ein einheitlicher Stabilisator eingesetzt werden. Aktuell wird hierfür Silberoxid favorisiert.

e) Qualitätsüberwachung des Wassers

Neben der Sensorik in der Endstufe der Wasseraufbereitungsanlage wird die **Wasserqualität** über **Leitfähigkeitsmessungen,** Jod- bzw. Silberoxidgehaltbestimmung und pH-Wertmessung überprüft.

5.2.1.8 Branderkennung und -bekämpfung

Zur schnellen Detektion eines Feuers sind die Module einer Raumstation in einzelne Abschnitte unterteilt. Dabei handelt es sich im Wesentlichen um Subsystem- oder Payload-Racks, die separat durchlüftet werden und mit Rauchsensoren versehen sind. Meist sind noch zusätzliche Rauchsensoren im Modul selbst und in den Lüftungskanälen vorhanden. Neben der Wärmeabfuhr in den Racks wird hierdurch eine schnelle Detektion eines Feuers erreicht. In Subsystem- oder Payload-Racks, die nicht separat durchlüftet sind, wird die Temperatur in ausgewählten Bereichen überwacht und aus einem unerwarteten Temperaturanstieg auf ein mögliches Feuer geschlossen.

Meist sind noch zusätzliche Rauchsensoren im Modul selbst und in den Lüftungskanälen vorhanden. Außerdem kann ein Feueralarm manuell ausgelöst werden. Bei Feueralarm ertönt ein akustisches Warnsignal und über LED-Anzeigen wird auf die Gefahr eines Feuers visuell hingewiesen. Der Alarmplan sieht für die Astronauten vor, sofort Atemmasken anzulegen und den über Anzeigetafeln angezeigten Brandherd aufzusuchen. Folgende Maßnahmen werden automatisch bzw. manuell ausgeführt:

- das betroffene Rack wird stromlos geschaltet, um Zündquellen zu isolieren und die Racklüftung auszuschalten,
- der **Luftaustausch** zwischen dem betroffenen Modul und den Nachbarmodulen wird unterbunden,
- **Feuerlöschmaßnahmen** werden ergriffen,
- die Zufuhr von Sauerstoff und Stickstoff wird abgeschaltet,
- das CO_2-Bindegerät wird abgeschaltet,
- die **Luftqualitätsüberwachung** über Analysegeräte wird auf Stand-by geschaltet,
- eine Isolierung (Schließen der Türen zu benachbarten Modulen) und Evakuierung des betroffenen Moduls (Ablassen der Kabinenluft ins Space-Vakuum) wird veranlasst, dies kann in der Regel nur von der Crew oder vom Mission Control Center ausgelöst werden.

Bei der ISS ist auf amerikanischer Seite jedes einzelne Rack ein separater **Brandabschnitt,** d. h., die Racks sind lufttechnisch über Schotten und Tücher voneinander getrennt. Jedes Rack hat einen oder mehrere kleine Öffnungen, in die die Düse des tragbaren Feuerlöschers eingeschoben und ein Rackbrand lokal gelöscht werden kann. Das **Feuerlöschmittel** in den tragbaren Feuerlöschern auf der ISS ist Kohlendioxid, CO_2.

Auch nach einem Feuer sollte ein Modul wieder wohnbar gemacht werden können. Das ausgebrachte CO_2 aus den Feuerlöschern wird von der CO_2-Bindeanlage wieder aus der Kabinenluft entfernt. Sollte das Modul zur Feuerlöschung oder zur Abfuhr der entstandenen Schadgase evakuiert worden sein, so besteht auch hier die Möglichkeit, es wieder zu bedrucken und wohnbar zu machen.

5.2.1.9 Außenbordaktivitäten

Highlights der Außenbordaktivitäten sind sicherlich die Reparatur und Betankung von Satelliten im Orbit, das Einfangen von Satelliten für die spätere Reparatur am Boden und natürlich der Zusammenbau der Internationalen Raumstation.

a) Das Airlock

Für Aktivitäten außerhalb einer Raumstation oder eines Orbiters oder auch auf einem Planeten sind Raumanzüge notwendig. Bei einem Innendruck von 1 bar ist der Anzug zu prall gefüllt und würde Bewegungen unmöglich machen. Deshalb ist der Innendruck auf ca. 300 mbar abgesenkt. Zur Gewöhnung des Körpers und des Kreislaufsystems an den niedrigen Luftdruck verbringen die Astronauten vor dem Austritt ins Weltall eine bestimmte Zeit in einer **Luftschleuse,** in der der Druck vom Kabinendruck auf den Atmosphärendruck des Planeten oder auf Vakuum abgesenkt wird. Die Zeiten sind so gewählt, dass sich auch der Körper an den neuen Umgebungszustand gewöhnen kann. Die Schleuse ist meist zweigeteilt in ein Geräteabteil und in das eigentliche Schleusenabteil. Im Geräteabteil sind die Raumanzüge untergebracht, dort können sportliche Übungen durchgeführt werden und das An- und Ablegen der Raumanzüge erfolgen.

Im Geräteabteil setzen die Astronauten dann die **Sauerstoffmasken** auf und atmen reinen Sauerstoff ein. Um den Blutkreislauf zu aktivieren, treten sie etwa 10 Minuten lang auf einem Tretfahrrad. Über eine Zeitdauer von insgesamt 50 Minuten wird dabei der Kabinendruck von 100 kPa auf etwa 30 kPa abgesenkt. Während dieser Zeit beginnt der Stickstoff, aus dem Blut und aus dem Körper zu entweichen. Jetzt setzen die Astronauten die Atemmasken ab und legen die Raumanzüge an. Über Schläuche und Kabel wird der Raumanzug versorgt, wobei der Anzuginnendruck bis auf ca. 300 mbar abgesenkt und mit reinem Sauerstoff versorgt wird. Dann wird die Schleuse bis auf Außendruck evakuiert und der Außenbordspaziergang kann beginnen.

b) Der Raumanzug

Der Raumanzug (siehe Bild 5.2.17), auch **Extravehicular Mobility Unit (EMU)** genannt, versorgt den Astronauten mit allem, was zum Leben erforderlich ist, und ermöglicht ihm, mit dem Anzug im Weltall zu arbeiten. Die EMU besteht aus zwei Untersystemen, dem Lebenserhaltungssystem und dem Raumanzug selbst.

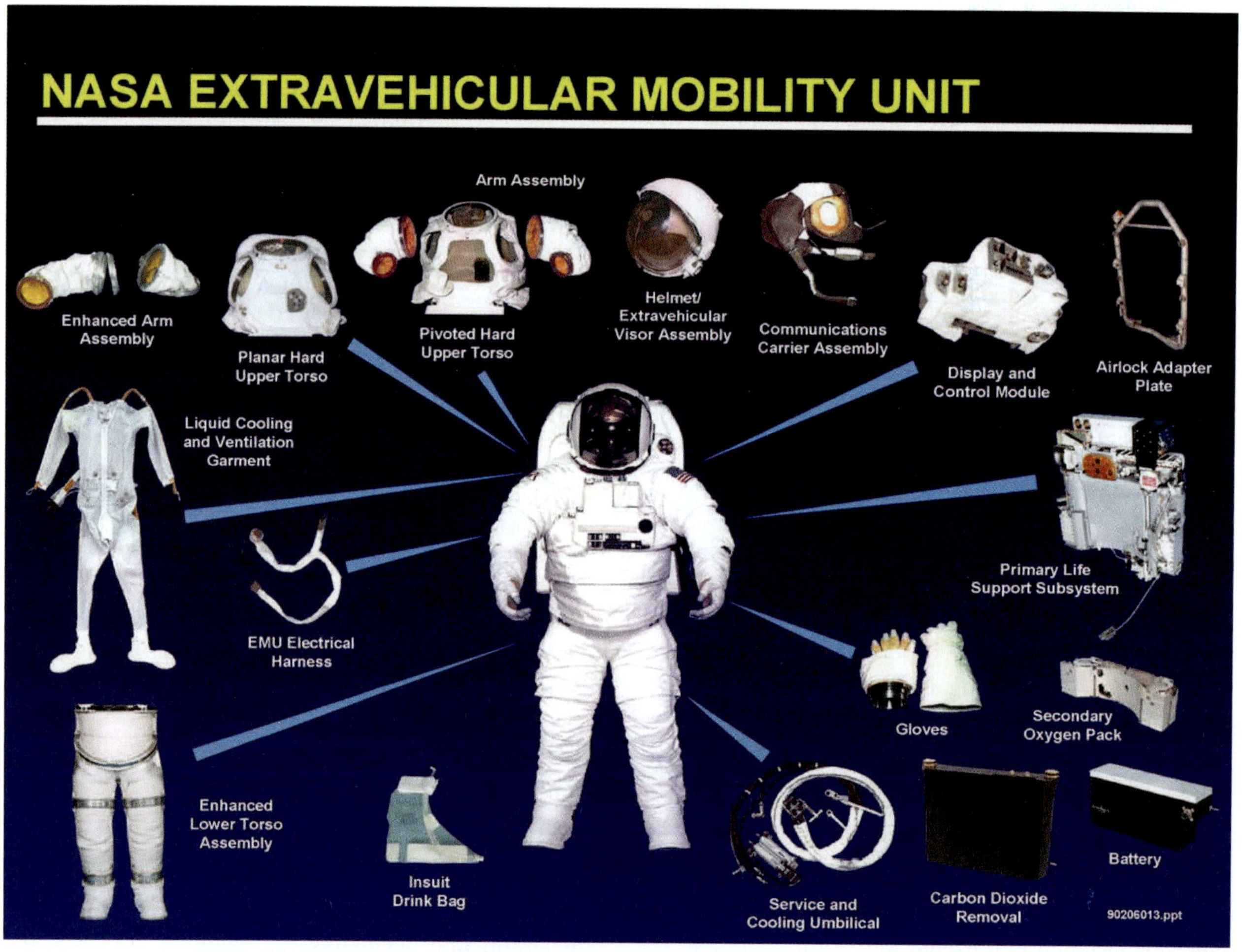

Bild 5.2.17: *Ein Raumanzug mit seinen Einzelfunktionen (Bild: Hamilton Sundstrand Space Systems).*

Das Lebenserhaltungssystem erfüllt hierbei folgende Funktionen:

- Zufuhr von Atemsauerstoff und Druckregelung des Raumanzugs,
- Thermalkontrolle im Anzug durch geregelte Kühlung des zirkulierenden Wassers in der Hülle des Raumanzugs,
- Entfeuchtung, Geruchs- und Schadgasabfuhr einschließlich CO_2-Bindung aus dem zirkulierenden Sauerstoff,
- Kommunikationsmöglichkeit für den Astronauten.

Frische Luft, in diesem Fall reiner Sauerstoff, strömt im Helm hinter dem Kopf aus, strömt über das Gesicht und dann hinunter in den Anzug. Sauerstoff, Kohlendioxid und Wasserdampf vom Ausatmen werden von dem Strom mitgeführt, der an den Ellenbogen des Astronauten und an den Füßen abgesaugt und zur Aufbereitung dem mobilen Lebenserhaltungssystem zugeführt wird. Zunächst strömt die Luft durch eine **Aktivkohlekartusche,** in der Schadgase gebunden werden, und anschließend durch eine **Lithiumhydroxid**-Kartusche, wo der ausgeatmeten Luft das Kohlendioxid entzogen wird. Über einen nachgeschalteten Sublimator wird die Luft gekühlt, wobei Feuchtigkeit ausfällt und von einer Slurpersektion über einen rotierenden **Wasserseparator** vom Luftstrom getrennt und in einen Wassertank gefördert wird. Der Sauerstoffstrom wird jetzt gemessen und der verbrauchte Anteil aus den Sauerstofftanks nachgespeist. Die Zirkulation des Sauerstoffs wird von einem Ventilator übernommen (Volumenstrom ca. 10 m^3/h).

5.2.1.10 Thermalkontrolle

Von den Lebenserhaltungsaggregaten wie dem kondensierenden Wärmeaustauscher, dem Elektrolyseur, dem CO_2-Bindesystem, aber insbesondere der meist wassergekühlten

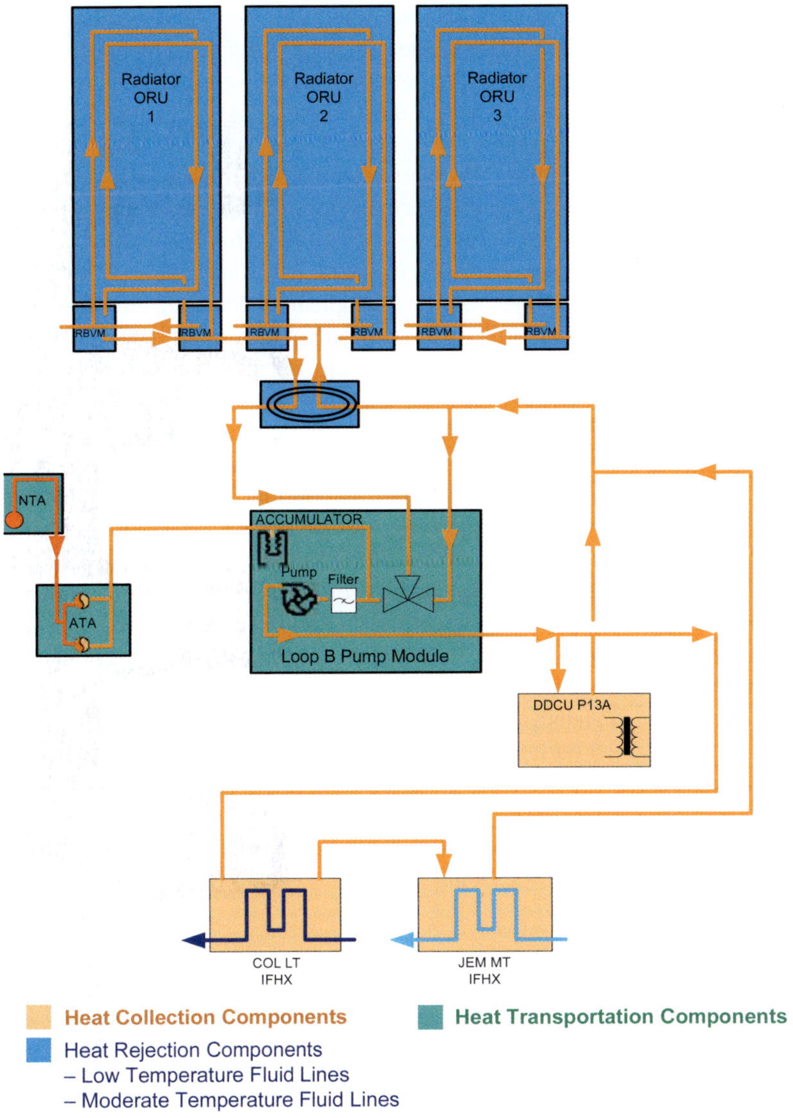

Bild 5.2.18: *Schema des Kühlwasserkreislaufs im USOS am Beispiel der ISS.*

5

Elektronik wird Wärme erzeugt, die über Wärmestrahlung ins Weltall abgeführt werden muss. Bild 5.2.18 zeigt am Beispiel der Internationalen Raumstation das Thermalsystem.

Hier wird zwischen zwei Wärmeträgerkreisläufen unterschieden. Es gibt einen **Low Temperature Loop (LTL)** mit Wasser als Wärmeträgermedium, der mit Vorlauftemperaturen zwischen 1 °C und 6 °C arbeitet und im Wesentlichen den kondensierenden Wärmetauscher speist, mit dem die Luft im Modul gekühlt und entfeuchtet wird. Das zweite Kreislaufsystem ist der **Moderate Temperature Loop (MTL),** ebenfalls mit Wasser als Wärmeträgermedium mit einer Vorlauftemperatur von ca. 18 °C und einer maximalen Rücklauftemperatur von 49 °C. Bei diesem Temperaturniveau müssen die Leitungen nicht gegen anfallendes Kondensat auf der Rohroberfläche isoliert sein. Mit diesem Wasser werden meist die Elektronik und andere Aggregate gekühlt, die mit dem höheren Temperaturniveau zurechtkommen. Auf der ISS ist ein MT-Wärmetauscher einfach hinter einen LT-Wärmetauscher in Reihe geschaltet, d. h., der MT-Wärmetauscher bekommt als Vorlauf das erwärmte Rücklaufwasser des LT-Wärmetauschers.

Die MTL- und LTL-Wärmetauscher sind auf amerikanischer Seite Wasser-Ammoniak-Wärmetauscher. Das **Ammoniak** dient als Wärmeträgermedium für den äußeren Kühlkreislauf, der über Radiatoren nun letztendlich die Gesamtwärme ins Weltall abstrahlt. Die Ammoniakvorlauftemperatur wird über ein Drei-Wege-Ventil geregelt. Beim USOS sind die Gleichstromtransformatoren außen angebracht, und die Abwärme wird direkt an das Ammoniak übertragen.

Auf russischer Seite wird als internes Wärmeträgermedium **TRIOL,** eine Soleflüssigkeit, und als Wärmeträgermedium für den äußeren Kreislauf das Kältemittel **FREON** benutzt.

5.2.1.11 Crew Habitation Systems

Unter Crew Habitation Systems werden alle die Dinge verstanden, die in direktem Zusammenhang mit dem Arbeiten und Wohlbefinden von Astronauten stehen. Hierzu gehören

- **Körperhygiene,**
- die Einrichtung und Funktionalität der Küche und die **Nahrungsaufbewahrung,**
- die Sammlung, Verwertung und **Entsorgung** von menschlichem Abfall,
- die **medizinische Versorgung,**
- die persönlichen Gegenstände eines Astronauten,
- **Mobilitätshilfen** und Befestigungen, Festhaltepunkte und -leisten,
- Einrichtungen und Festmachpunkte zum Schlafen,
- **Kleidung,**
- **Strahlenschutzüberwachung,**
- technische Vorgaben zur Sicherstellung der Wartbarkeit und Reparierbarkeit (**Handgriffe,** Zugänglichkeit, max. **Oberflächentemperaturen,** Sicherheit vor Stromschlag, keine scharfe Kanten wegen Verletzungsgefahr etc.) von Anlagen und Geräten,
- **Lärm- und Geruchskontrolle,**
- Inventarisierungssystem,
- die Ausblickmöglichkeiten,
- Einrichtungen und Abteilungen für eine Privatsphäre,
- die Beleuchtung,
- Freizeitgestaltung,
- **Sportgeräte.**

5.2.1.12 Nahrung

Während die ersten Astronauten ihre Nahrung noch aus Tuben quetschen mussten, ist der Speiseplan nach mehr als 40 Jahren bemannter Raumfahrt viel abwechslungsreicher geworden. Das Essen unter Schwerelosigkeit ist nicht trivial. Zucker, Salz oder Pfeffer in Puderform verbietet sich, weil man die Körner nur schwer auf die Nahrung bringen kann und sie sich von der Luft getragen in Filtern absetzen würden. Nahrung, die krümelt, wird nicht verwendet, weil die Krumen in die Augen kommen könnten und auch die Modulfilter verschmutzen würden. Auf der ISS steht kein Kühlschrank zur Trinkwasserkühlung oder Nahrungskühlung zur Verfügung, sodass die Haltbarkeit auch bei Temperaturen zwischen 20 und 28 °C gewährleistet sein muss. Es besteht jetzt aber die Möglichkeit, Nahrung und Wasser in einem Kühlschrank zur Aufbewahrung wissenschaftlicher Proben zu kühlen. Die Nahrung muss möglichst platzsparend geformt sein, um eine hohe Packungsdichte in den Vorratsschränken zu erreichen.

Astronauten nehmen vier Mahlzeiten pro Tag zu sich. Nahrungsspezialisten haben die Speisen in Absprache mit jedem einzelnen Astronauten so ausgewählt, dass ein ausgeglichener **Kalorien-, Vitamin- und Mineralienhaushalt** im Körper gewährleistet ist. Der Kalorienverbrauch schwankt je nach Person und Geschlecht zwischen 1 900 und 3 200 Kalorien. Die Nahrung besteht aus Früchten, Nüssen, Hühnchen, Rind, Meeresfrüchten, Süßigkeiten und vielem mehr und ist meist über Erhitzung, Trocknung oder Strahlung haltbar gemacht. Es gibt auf der ISS eine Warmwasserversorgung, über die Nahrung mit Wasser versetzt und essbar gemacht wird. Tabelle 5.2.3 zeigt beispielhaft einen Speiseplan der ISS-Astronauten mit einem kleinen Zusatzsnack am Abend.

Tabelle 5.2.3: *Der Speiseplan der ISS-Crew am 22.03.2002.*

MEAL 1
Chicken w/Eggs (T)
Rossiyskiy Cheese (T)
Grape-Plum Juice (R)
Strawberry Tea w/Sugar (R)
MEAL 2
Pork Goulash (T)
Pickled Cucumber/Meat
Soup (R)
Spiced Pike Perch (T)
Mashed Potatoes/Onions (R)
Table Bread (IM)
Grape-Plum Juice (R)
MEAL 3
Chicken Fajitas (T)
Corn (R)
Tomatoes & Eggplant (T)
Candy Coated Peanuts (NF)
Lemon-Lime Drink (B)
MEAL 4
Cinnamon Roll (NF)
Crackers (NF) x2
Lemonade (B) x2

(B) = Beverage
(T) = Thermostabilized
(R) = Rehydratable
(I) = Irradiated
(IM) = Intermediate Moisture
(NF) = Natural Form

5.2.2 Bilanzen

5.2.2.1 Sauerstoffverbrauch und Kohlendioxidproduktion eines Astronauten

Die Menge des für einen Menschen notwendigen Sauerstoffs hängt von seiner Größe und insbesondere von seinem Aktivitätsgrad ab. Von Interesse bei der Auslegung eines Lebenserhaltungssystems sind Tagesmittelwerte. Hier haben sich über Messungen die Auslegungswerte sehr gut bestätigt.

Pro Person und Tag braucht ein Astronaut 0,85 kg O_2. Um diese Menge Sauerstoff über die Spaltung von Wasser zu erzeugen, werden exakt 0,956 kg Wasser, also etwa ein Liter pro Tag und Person benötigt.

Schaut man sich die Sauerstoffbilanz beim Menschen etwas genauer an,

$$\xrightarrow{0{,}85\ \text{kg}\ O_2}$$

$$\xrightarrow{1\ \text{kg}\ CO_2} \left\langle \begin{array}{l} 0{,}727\ \text{kg}\ O_2 \\ 0{,}273\ \text{kg C} \end{array} \right.$$

so wird nicht der gesamte Sauerstoff in Form von CO_2 wieder ausgeatmet, sondern ca. 15 % werden im Körper umgesetzt u. a. auch in Wasser, das dann wieder in Form von Schweiß oder Urin abgegeben wird. Der sogenannte **Respirationsindex** $R = \frac{O_{2_{\text{ausgeatmet}}}}{O_{2_{\text{eingeatmet}}}}$ hängt im Wesentlichen vom Fettgehalt der Nahrung ab und beträgt bei der heutigen Astronautennahrung $R = 0{,}85 = \frac{0{,}727\ \text{kg}}{0{,}85\ \text{kg}}$.

5.2.2.2 Das offene Lebenserhaltungssystem

Für kurze Missionen von wenigen Tagen ist es häufig sinnvoll, **nicht-regenerative Systeme** einzusetzen, weil sie vom Anlagenaufwand einfacher und von der Launch-Masse her leichter sind. Im einfachsten Fall wird der Sauerstoff im Drucktank, kryogen oder in Form von **Sauerstoffkerzen** mitgeführt und kontinuierlich der Kabine zugeführt.

Das Kohlendioxid wird über Lithiumhydroxid-Kartuschen gebunden und die von den Astronauten abgegebene Feuchte aus der Luft wird über ein Adsorbens wie z. B. Silicagel oder einen kondensierenden Wärmetauscher gebunden. Kennzeichnend für ein offenes System ist, dass ausgeschiedene Stoffe wie CO_2, Abwasser und Urin nicht recycelt, sondern entsorgt werden. CO_2 und Wasser lässt man außenbords abströmen, Urin wird gesammelt und meist beim Wiedereintritt einer unbemannten Versorgungsstufe mit verglüht.

5.2.2.3 Das geschlossene Lebenserhaltungssystem

Von einem geschlossenen Lebenserhaltungssystem spricht man, wenn Ausscheidungsprodukte auf einer Raumstation wieder aufbereitet und dem Kreislauf zugeführt werden. Hierbei gibt es unterschiedliche Stufen der **Kreislaufschließung.**

a) Kondensataufbereitung

Die einfachste und wichtigste Kreislaufschließung ist die Aufbereitung des Kondensats aus der Luftfeuchte.

Bild 5.2.19 zeigt, dass ein Astronaut etwa 2,1 l Wasser pro Tag trinkt. Weitere 0,5 l Wasser sind bereits in der Nahrung enthalten. Zur Körperpflege werden weitere 0,2 l gebraucht. Eine Zusammenstellung enthält Tabelle 5.2.4.

Tabelle 5.2.4: *Wasserbedarf und Wasserzufuhr bezogen auf einen Astronauten pro Tag.*

Bedarf an Wasser Liter/(Pers. Tag)		Zufuhr von Wasser Liter/(Pers. Tag)	
Trinken	2,1 l	Kondensat	1,5 l
H_2O in Nahrung	0,5 l	aus Urinaufbereitung	1,44 l
Hygiene	0,2 l	von Sabatier-Reaktor	0,45 l
WC-Spülung	0,3 l	H_2O in Nahrung	0,5 l
Sauerstofferzeugung	0,95 l	Feuchteverlust	0,16 l
Summe	**4,05 l**		**4,05 l**

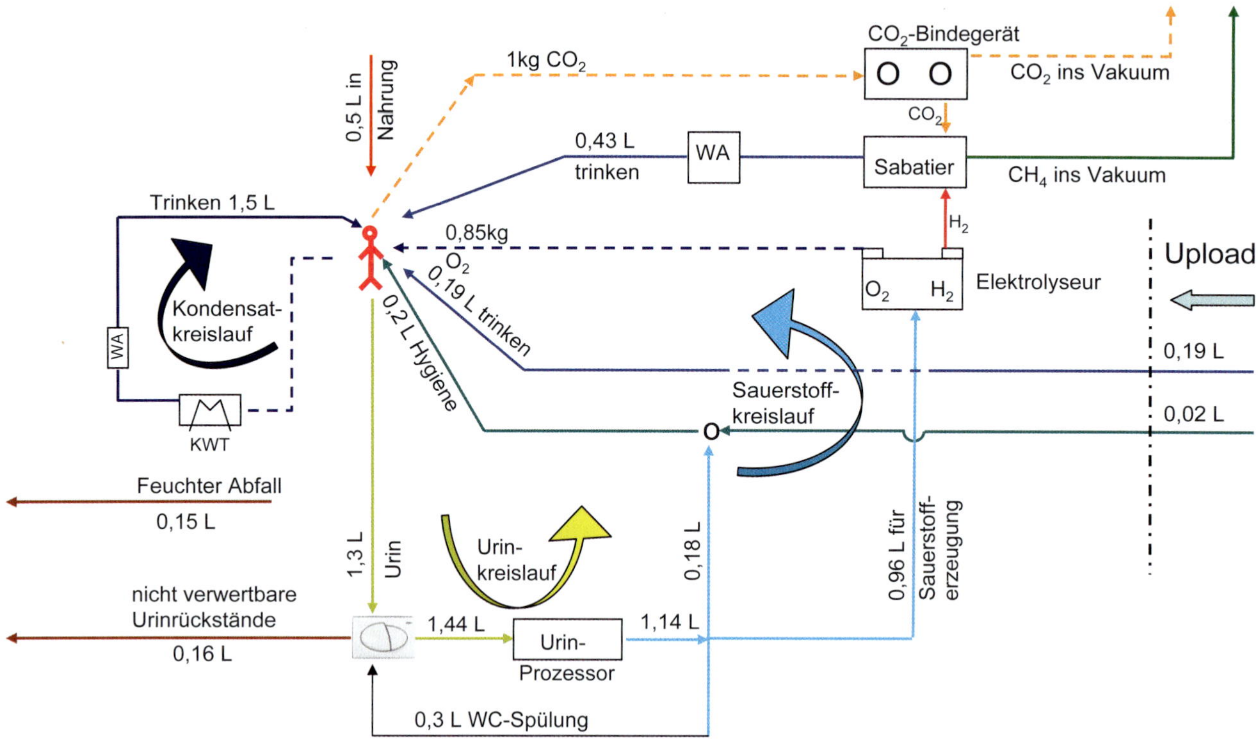

Bild 5.2.19: *Bilanz zur Schließung des Wasser- und Sauerstoffkreislaufs auf der ISS.*

In Bild 5.2.19 erkennt man auch, dass insgesamt 1,5 l von insgesamt 4,05 l Wasserverbrauch über den Kondensatkreislauf zurückgewonnen werden können; das entspricht einem **Regenerationsgrad** von 37 %.

b) Urinaufbereitung

Pro Astronaut werden im Durchschnitt 1,3 l Urin täglich abgegeben. 0,3 l Wasser werden hierzu zur **WC-Spülung** verbraucht. Der Aufbereitungsgrad beträgt 90 %, wodurch (1,3 l + 0,3 l) · 0,9 = 1,44 l Wasser zurückgeführt werden können. Hierdurch erhöht sich der Regenerationsgrad auf 73 %.

c) Sauerstoffkreislauf

Der Sauerstoffkreislauf wird dadurch geschlossen, dass man die zwei bislang nicht verwerteten Stoffströme, nämlich das ausgeatmete Kohlendioxid und den bei der Elektrolyse entstehenden Wasserstoff, über einen Sabatier-Reaktor in Wasser und Methan (CH_4) umsetzt:

$$CO_2 + 4\,H_2 \rightarrow CH_4 + 2\,H_2O$$

Zur Umsetzung des gesamten Wasserstoffes wird rein stöchiometrisch 58 % des vorhandenen CO_2 benötigt. Die übrigen 42 % CO_2 können, wie auf der ISS, nicht weiter umgesetzt werden und werden ins Weltall entsorgt. Ist kein zusätzlicher Wasserstoff, z. B. aus dem Treibstoffvorrat, vorhanden, lässt sich über den Sabatierreaktor nicht mehr Sauerstoff zurückgewinnen. Das produzierte Wasser beträgt ca. 0,45 l pro Astronaut und Tag, womit sich der Regenerationsgrad auf 84 % erhöht.

d) Wasserstoffkreislauf

Nun ließe sich alles Kohlendioxid im **Sabatierreaktor** nutzen, würde man den Wasserstoff, der im Methan gebunden ist, über die **Methanpyrolyse** abspalten und wieder dem Sabatierreaktor zuführen. Hierdurch ließen sich zusätzlich 0,32 kg Wasser pro Astronaut und Tag gewinnen, wodurch sich der Regenerationsgrad auf 92 % erhöht.

5.2.2.4 Vom offenen zum geschlossenen Lebenserhaltungssystem

In Bild 5.2.20 ist die inkrementelle Entwicklung von offenen zu geschlossenen Lebenserhaltungssystemen dargestellt, in Abhängigkeit von der bemanntem Missionsdauer und der Nachversorgungsmöglichkeit am Zielort der Mission.

Die weiter geschlossenen Lebenserhaltungssysteme werden auf der Internationalen Raumstation für die Versorgung der Astronauten eingesetzt. Daneben dient ihr Betrieb – mit der ISS als „Testbed" – der weiteren Entwicklung und dem Nachweis der Brauchbarkeit der darin eingesetzten Technologien für künftige Explorationsmissionen, die über den erdnahen Orbit hinausgehen.

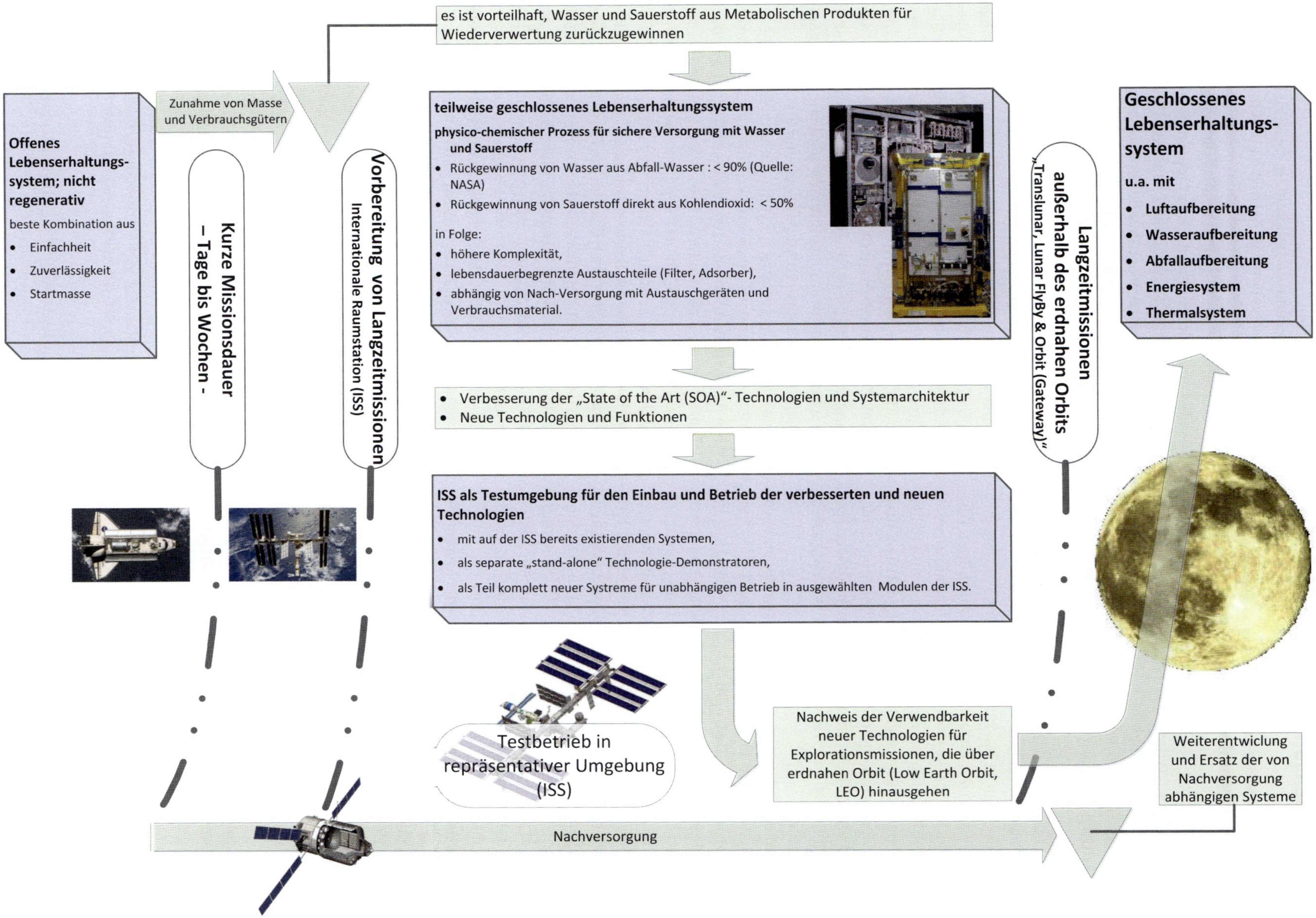

Bild 5.2.20: *Inkrementelle Entwicklung von offenen zu geschlossenen Lebenserhaltungssystemen (Bild: Airbus).*

5.2.3 Das Lebenserhaltungssystem der ISS

5.2.3.1 ECLS-Designphilosophie

Wegen der Wichtigkeit des Lebenserhaltungssystems für eine bemannte Raumstation müssen das Design und die Herstellung von hoher Qualität sein. Zusätzlich zur einwandfreien Funktion sind weitere Qualitätsanforderungen wie hohe Haltbarkeit, Wartungsfreundlichkeit, Reparaturfreudigkeit, Sicherheit, gute Fehlererkennung und gute Mensch-Maschine-Schnittstelle von großer Bedeutung. So müssen Systeme für eine Lebensdauer entwickelt werden, die einmal der gesamten Operationsphase der Mission entspricht und die auch die Aufbauphase mit einschließt. Um Wartungs- und Reparaturarbeiten gefahrlos und mit einfachen Mitteln durchführen zu können, dürfen maximale Oberflächentemperaturen nicht überschritten werden, und es müssen Anforderungen an die Oberflächenrauhigkeit, Etikettierung sowie die Beschaffenheit von Knöpfen, Hebeln, die Ausführung und Anbringung von Warnsignalen etc. erfüllt werden.

Bei den damit verbundenen Sicherheitsanalysen wird unterschieden zwischen Fehlern, die Leib und Leben der Astronauten bedrohen **(catastrophic)**, leichte Verletzungen oder Beschädigungen benachbarter Systeme bewirken können (critical) oder vernachlässigbare Konsequenzen nach sich ziehen. So ist ein Bruch tragender Struktur, ein Zerplatzen von Druckbehältern, der mögliche Kontakt mit Hochspannung oder mit schwer gesundheitsschädlichen Substanzen grundsätzlich als „catastrophic" einzustufen. Bei der sicherheitstechnischen Auslegung von Systemen wird deshalb verlangt, dass mögliche „Catastrophic Failures" zweifach fehlertolerant und mögliche „Critical Failures" einfach fehlertolerant zu verhindern sind.

Zum **Brandschutz** sind folgende Anforderungen zu erfüllen:

1. manuelle Aktivierung eines Feueralarms innerhalb von 60 s nach Detektion,
2. die Isolation eines Feuers darf nicht zum Verlust einer Funktion führen, die zu der Gefahrenstufe „catastrophic" führen könnte,
3. an potenziellen Brandherden müssen sich Feuerlöscher befinden,
4. das Löschmittel muss materialverträglich sein, darf 1-h-Grenzwerte der Schadgasgrenzwerte nicht überschreiten, darf nicht korrosiv sein und es muss einschl. evtl. entstehender Nebenprodukte über das Schadstoffbindesystem aus der Luft entfernbar sein,
5. es müssen sich in festen Abständen Atemmasken und Feuerlöscher befinden.

Nun kann die **Designphilosophie,** mit der man diese Anforderungen erfüllt, recht unterschiedlich sein. Beim Bau der ISS war die amerikanische Vorgehensweise, möglichst **redundante Systeme** zu haben (d. h. zwei identische Subsysteme, von denen eines in Betrieb ist und das zweite nur bei Ausfall des ersten angeschaltet wird) oder auch der Parallelbetrieb zweier gleicher Subsysteme zu realisieren, die aber nur mit reduzierter Kraft laufen. Bei der ISS sind deshalb z. B. zwei CO_2-Scrubber – einer im US-Labormodul und einer im Knoten 3 – enthalten. Die Vorgehensweise der russischen Kollegen war vornehmlich, ein **technologisch anderes Ersatzsystem** bei Ausfall einer Hauptkomponente zu haben. So sind z. B. für den Fall eines Defekts am russischen CO_2-Scrubber Lithiumhydroxidkartuschen zur CO_2-Absorption vorgesehen und bei Ausfall des Elektrolyseurs werden Sauerstoffkerzen zur Sauerstoffproduktion abgebrannt, bis ein Ersatzgerät nachgeliefert worden ist. Diese Designphilosophie ist möglich, da die ISS regelmäßig über Progress- und Sojus-Raketen versorgt wird. Bei Missionen zum Mond oder Mars wird man hier umdenken müssen.

Im Zusammenhang mit einer fehlertoleranten Auslegung kommt der Begriff **Design for Minimum Risk** in Betracht: Eine schwer gesundheitsschädliche Flüssigkeit, die damit eine „katastrophale" Bedrohung für die Astronauten darstellt, muss zweifach fehlertolerant eingeschlossen werden, oder anders ausgedrückt, die mögliche Berührung des Astronauten mit dieser Flüssigkeit ist zweifach fehlertolerant zu verhindern. Dies wäre z. B. durch drei ineinanderliegende Gehäuse möglich: beim Bruch von zwei Gehäusen (zweifacher Fehler) würde immer noch ein verbleibendes Gehäuse die Berührung mit der Flüssigkeit verhindern. Es ist aber auch erlaubt, die Flüssigkeit nur mit einem Gehäuse einzuschließen, dieses aber derart massiv auszulegen (Design For Minimum Risk, DFMR), dass ein Bruch dieses Gehäuses nach dem Stand der Technik nicht glaubhaft ist.

Die meisten Geräte des Lebenserhaltungssystems sind null-fehlertolerant, d. h., bei einem Fehler am Gerät ist die Funktion nicht mehr gegeben (ein Fehler z. B. am Elektrolyseur würde zum Ausfall der Sauerstoffproduktion von diesem Gerät führen), allerdings geht dann entsprechend der Designphilosophie entweder ein Schwesteraggregat in Betrieb oder ein anderes Gerät stellt die Funktion sicher. Ausnahmen bestätigen auch hier wieder die Regel. So sind z. B. die Funktionen Lüftung zwischen den Modulen, Lüftung innerhalb eines Moduls, die Wärmeabfuhr und Überwachung der Modulatmosphäre ein-fehlertolerant.

Es gibt auch weitere Unterschiede in der Designphilosophie bei einzelnen Aggregaten. So besteht z. B. der amerikanische Elektrolyseur aus mehreren ORUs[12] die im Fehlerfall ausgetauscht werden können, d. h., die NASA legt einen Schwerpunkt auf die Reparierfähigkeit der Geräte.

[12] ORU: Orbital Replacement Unit, das sind mehrere zusammengebaute Einzelkomponenten, die als ein Teil betrachtet und ausgetauscht werden.

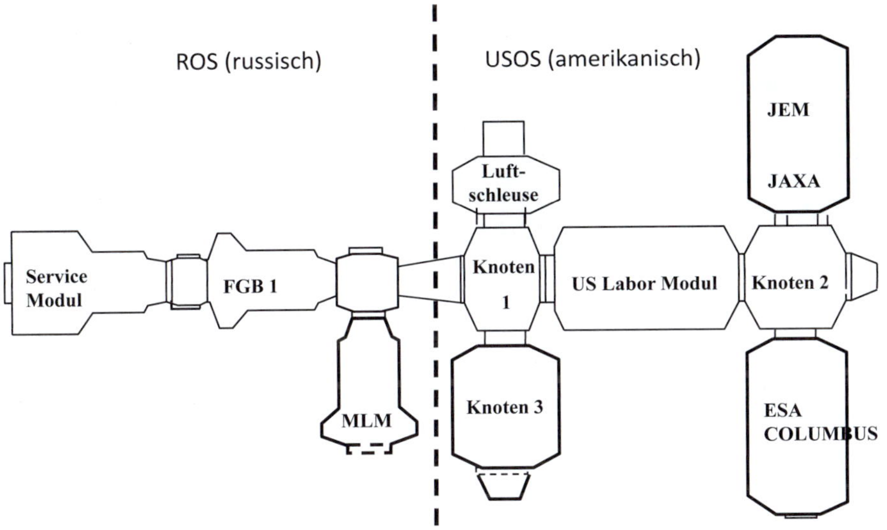

Bild 5.2.21: *Endkonfiguration der ISS.*

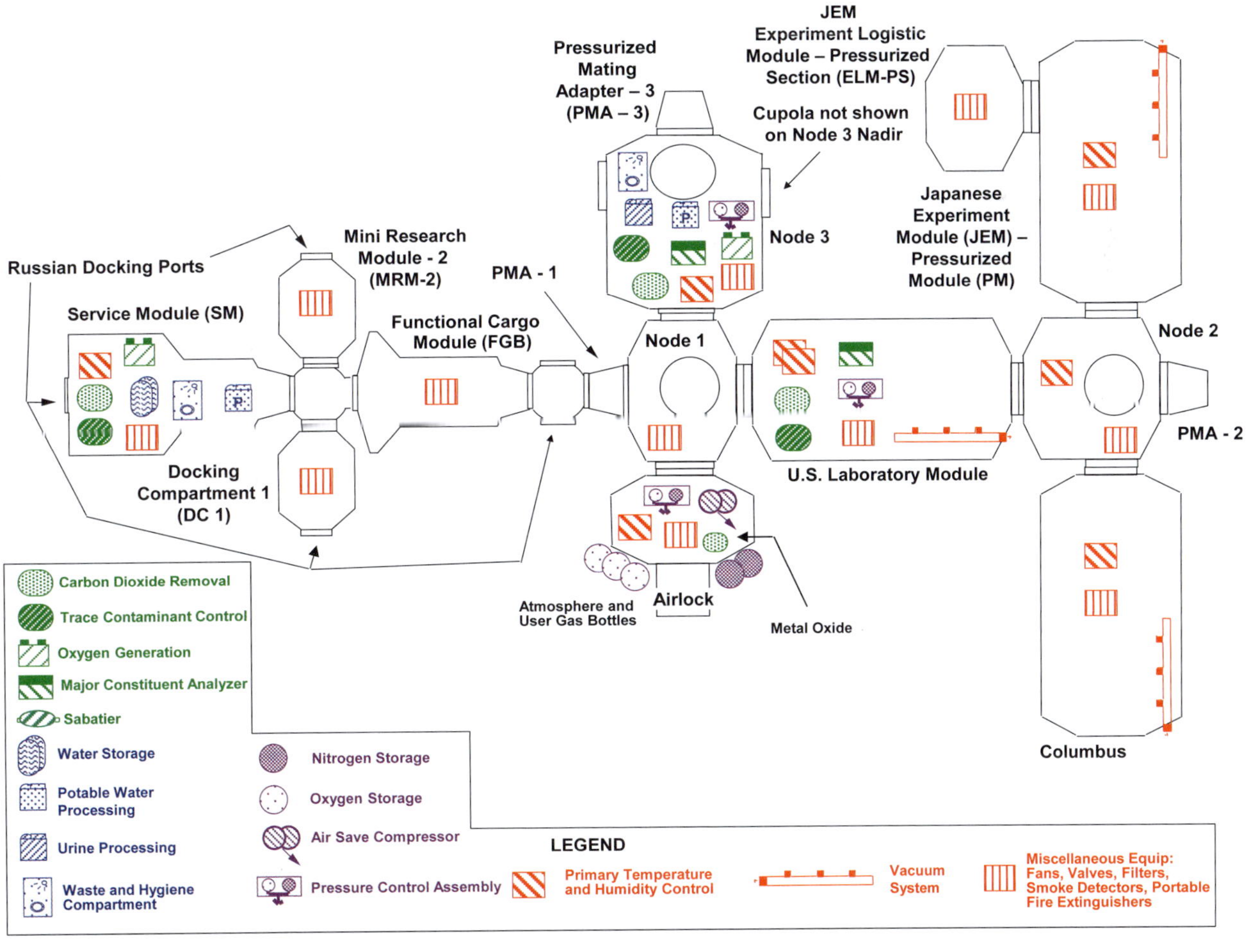

Bild 5.2.22: *Verteilung der einzelnen Lebenserhaltungsfunktionen auf der ISS.*

Tabelle 5.2.5: *Transportsysteme von und zur ISS.*

Transportsystem	ISS-Partner	Transportgüter	Payloadmasse in kg	Missionsintervall und -dauer
Space Shuttle (STS) mit MPLM[13] oder Expresspalette (wurde eingestellt)	NASA	Upload und Download: • Module • maximal vier Astronauten • Wasser, O_2, N_2 • allgemeine Güter • ISPR[14] für Experimente und Systeme • Ersatzteile	6 979 bis 7 811	5- bis 6-mal pro Jahr
Progress	RSA	Nur Upload: • Treibstoff, Lebensmittel, Wasser, O_2, N_2, Ersatzteile	2 500	5-mal pro Jahr
Soyus	RSA	Upload und Download: • drei Astronauten • ca. 30 kg Sonstiges		2-mal pro Jahr
ATV (wurde eingestellt)	ESA	Nur Upload: • Treibstoff, Wasser, O_2, N_2, Lebensmittel, Ersatzteile, Experimente	6 537	alle 15 Monate
HTV	JAXA	Nur Upload: • Wasser, O_2, N_2, Lebensmittel, Ersatzteile • allgemeine Güter • ISPR für Experimente und Systeme • Ersatzteile	3 090	
Kommerzielle Transportsysteme	kommerziell	• Upload und Download (abhängig vom kommerziellem System) • Treibstoff, Lebensmittel, Wasser, O_2, N_2, Ersatzteile, Experimente		

5

Obwohl auch die russischen Kollegen auf die Wasserelektrolyse zur Sauerstofferzeugung setzen, ist der russische Elektrolyseur auf der Raumstation nicht so konzipiert, dass er im Orbit repariert werden kann; er muss komplett ausgetauscht werden.

Weiterhin achtete die NASA darauf, möglichst Verbrauchsgüter zu minimieren und regenerative Technologien einzusetzen, z. B. bei der Kondensat- und Urinaufbereitung zur Trinkwassergewinnung und der Sauerstofferzeugung mittels Elektrolyse.

5.2.3.2 ECLS-Gesamtsystem

Bild 5.2.21 zeigt die Konfiguration der ISS. Die Module rechts gehören zum **USOS (United States on Orbit Segment)** und die Module links zum **ROS (Russian on Orbit Segment)**. Columbus und JEM sind reine Forschungslabore und haben nur die minimal benötigte ECLS-Grundausstattung. Die Hauptfunktionen der Luft- und Wasseraufbereitung sind im Knoten 3 untergebracht.

Einen Gesamtüberblick über die Verteilung der einzelnen Lebenserhaltungssysteme zeigt Bild 5.2.22.

5.2.3.3 Versorgung der ISS und Entsorgung

Zur Versorgung der ISS mit Lebensmitteln, Wasser, Sauerstoff und Stickstoff, Treibstoff, Verbrauchsgütern, Ersatzteilen und wissenschaftlichen Experimenten sowie Astronauten sind regelmäßige Versorgungsflüge notwendig. Hierzu stehen die in Tabelle 5.2.5 aufgelisteten **Transportsysteme** zur Verfügung bzw. sind in der Entwicklung.

5.2.3.4 Komplementäre, dezentrale Konfigurationen

Die Vielfalt aktueller wie geplanter Transportsysteme und Habitat-Konfigurationen führt zu einem Umdenken, weg von zentralisierten Rack-Konfigurationen einzelner Systeme, die mit dem Space Shuttle oder mit dem HTV transportiert (siehe hierzu Tabelle 5.2.5) und an definierten ISPR-Positionen der Habitate installiert werden konnten. Zudem bieten geschlossene Lebenserhaltungssysteme wie das europäische Lufterneuerungssystem ACLS (ab 2018 LSR genannt) eine Vielzahl an komplementären Funktionseinheiten und Schnittstellen zu weiteren Systemen von Raumstationen.

In künftigen Habitaten werden deshalb vornehmlich dezentralisierte Konfigurationen komplementärer Systeme realisiert werden. In Bild 5.2.23 sind exemplarisch komplementäre Funktionseinheiten und Schnittstellen des Lufterneuerungssystems ACLS dargestellt.

---

13 MPLM Multi Purpose Logistics Module.

14 ISPR International Standard Payload Rack, Standard Einschub-Struktur für Systeme und Experimente.

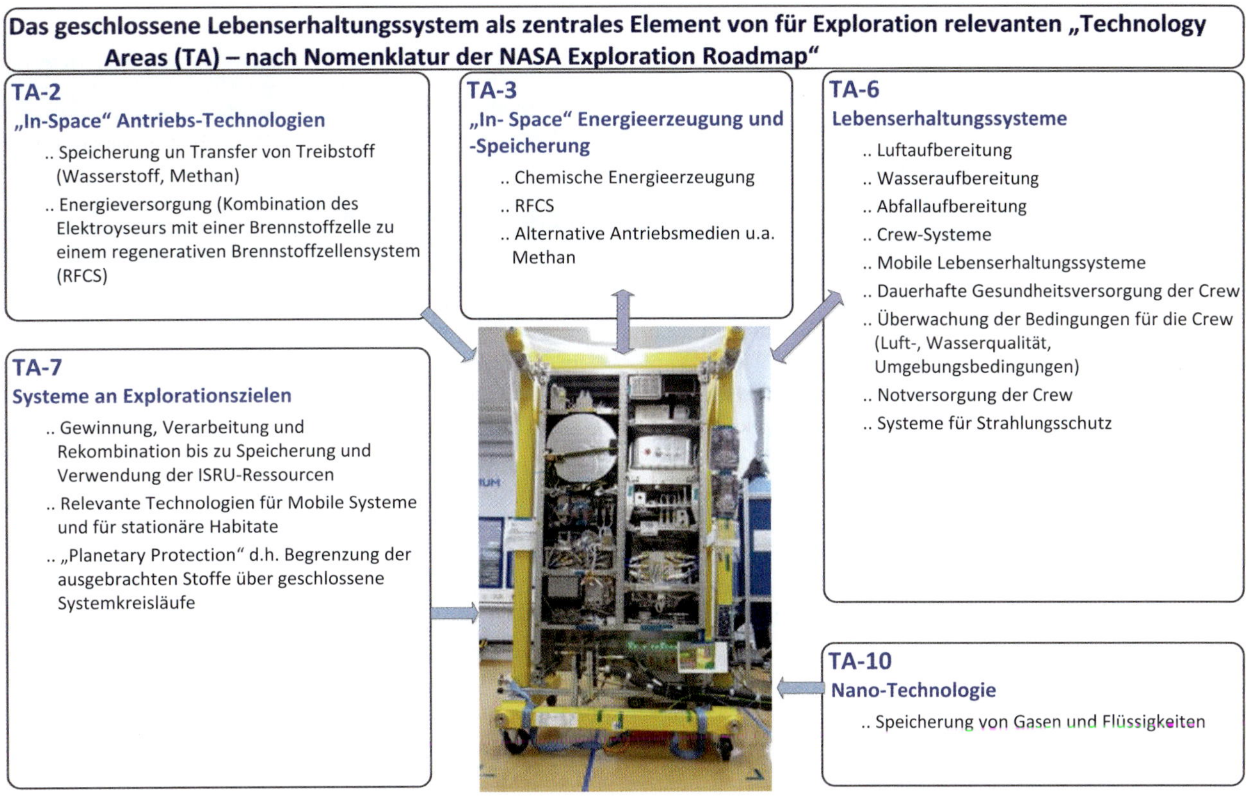

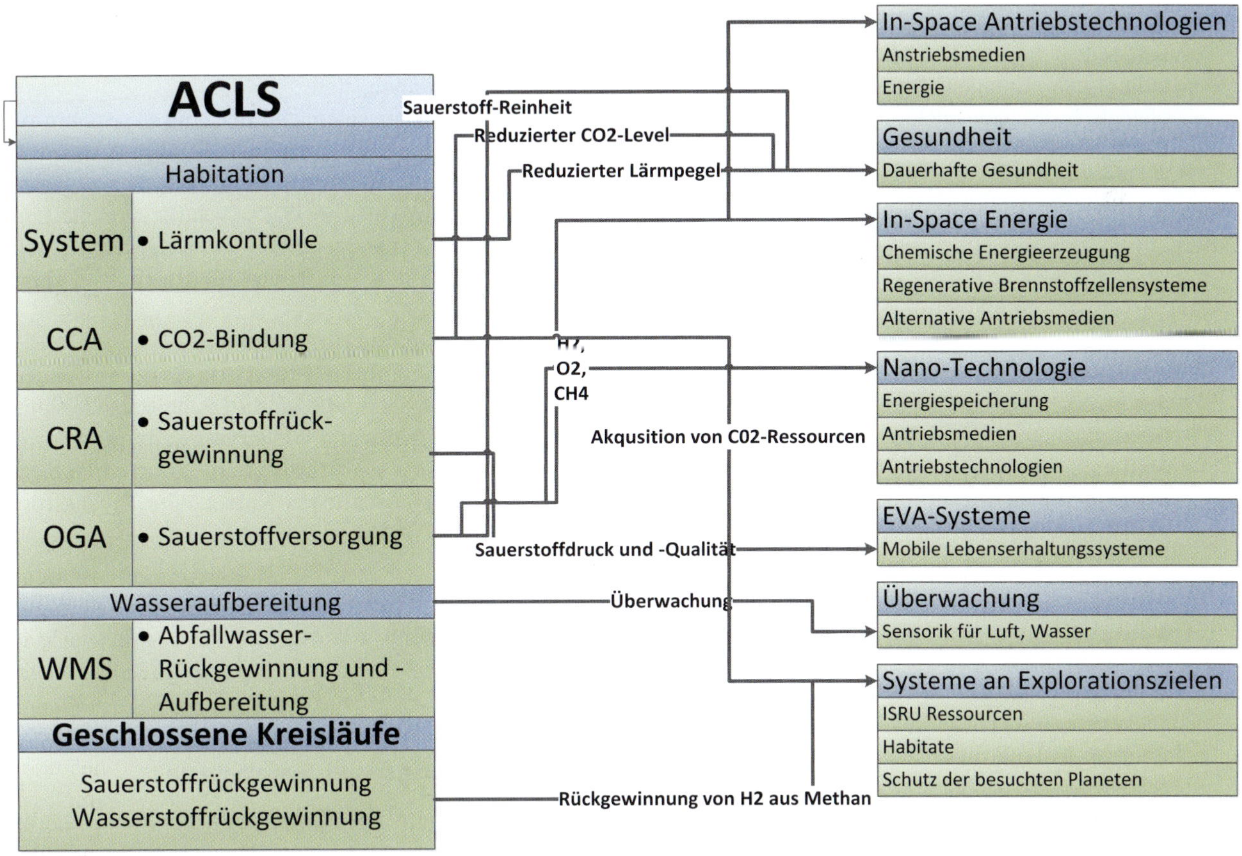

Bild 5.2.23: *links: das geschlossene Lufterneuerungssystem als Zentrales Element komplementärer Systeme; rechts: Schnittstellen komplementärer Funktionseinheiten (Bild: Airbus).*

Das Lufterneuerungssystem bietet über die Funktion Sauerstoffversorgung einen Elektrolyseur, über den

- nominell über die direkte Sauerstoffabgabe an die Kabine die Astronauten mit Sauerstoff versorgt werden,
- komplementär
  - in Kombination mit einer Brennstoffzelle und Speichertanks für Wasser, Wasserstoff und Sauerstoff ein Regeneratives Brennstoffzellensystem (Regenerative Fuel Cell System, RFCS) die Aufgabe einer Batterie übernimmt,
  - der über einen Kompressor weiter verdichtete
    - Sauerstoff für die Befüllung der Tanks von Lebenserhaltungssystemen mobiler EVA-Einheiten und medizinischer Versorgungseinheiten genutzt wird,
    - Wasserstoff und Sauerstoff von Antriebssystemen genutzt wird.

Über die Funktion CO_2-Bindung bietet das Lufterneuerungssystem einen Adsorber, über den

- nominell das von den Astronauten in die Kabine ausgeatmete CO_2 gebunden wird,
- komplementär
  - durch dessen Ergänzung um einen dem Adsorber-Bett vorgeschalteten, kondensierenden LTL-Wärmetauscher die Kabinenluft entfeuchtet wird,
  - durch dessen Ergänzung um ein Schadstoffbinde-Bett zudem die sich in der Kabine befindenden Volatile Organic Compounds (VOC) gebunden werden,
  - biologische Systeme mit CO_2 versorgt werden (siehe hierzu Kapitel 5.2.4).

Über die Funktion Sauerstoff-Rückgewinnung bietet das Lufterneuerungssystem einen Sabatier-Reaktor, über den

- nominell das aus der Kabine gebundene CO_2 mit dem Wasserstoff aus dem Elektrolyseur zu Wasser re-kombiniert wird,
- komplementär
  - das erzeugte Methan über einen Kompressor weiter verdichtet und von einem Antriebssystem mit Methantriebwerk genutzt wird,
  - das in In-Situ Resource Utilisation (ISRU)- Systemen zum Beispiel aus der Mars-Atmosphäre gewonnene CO_2aufbereitet und der Sauerstoff für Lebenserhaltungs-, für Antriebs- und für Energiesysteme genutzt wird.

Über die Funktion Wasseraufbereitung bietet das Lufterneuerungssystem eine Vielzahl von Komponenten, über die

- nominell das im Lufterneuerungssystem für die Dampf-Desorption des CO_2 benötigte Prozesswasser aufbereitet wird,
- komplementär die Komponenten der Wasseraufbereitung für die gesamte Wasseraufbereitung des Raumfahrtsystems genutzt werden, zum Beispiel für die Entfernung von Ionen, für die Filterung, das Entgasen und die UV-Behandlung des aus der Kabinenluft abgeschiedenen Kondensats.

5.2.4 Biologische Lebenserhaltungssysteme

5.2.4.1 Einleitung

Die bisherigen Lebenserhaltungssysteme basieren alle auf physikalisch-chemischen Prozessen. Der Nachschub an Sauerstoff und Nahrung wurde für die gesamte Mission von der Erde mitgebracht.

Ein solches Vorgehen ist für Missionen im erdnahen Orbit mit der Möglichkeit von Versorgungsflügen recht attraktiv.

Für die kommenden Programme mit bemannten Langzeitmissionen zu Mond und Mars sind die gegenwärtigen rein technischen Lebenserhaltungssysteme nicht mehr optimal, da man sie - insbesondere eine Marsmission - nicht oder nicht effizient mit zusätzlichen Versorgungsflügen unterstützen kann.

Ein solches Szenario macht den Einsatz von regenerativen Hybridsystemen einschließlich biologischer Systemkomponenten oder Services notwendig. Typische Aufgaben, die mittels biologischer oder biotechnologischer Verfahren gelöst werden können, sind:

- Fixierung des ausgeatmeten CO_2 und Erzeugung von Sauerstoff mittels Fotosynthese (z. B. Einsatz von Pflanzen oder Algenreaktoren),
- Reinigung der Luft von VOCs (Volatile Organic Compounds) aus Ausgasprodukten oder freigesetzten Metaboliten durch den Einsatz von **Biofiltern** oder **Algenreaktoren,**
- Produktion von Nahrungsmitteln,
- Aufarbeiten von Abwasser und Urin für die direkte Nutzung oder als Nährstoffe für die biologischen Systeme,
- Abbau, Aufschluss und Wiederverwendung von nichtessbaren Resten von Nahrungsmitteln, unverdaulichen Resten der menschlichen Nutzer oder Prozessrückstände.

Zu den Grundlagen der biologischen Lebenserhaltungssysteme gibt es eine Vielzahl an Literatur, [5.2.2], [5.2.5], [5.2.6], [5.2.7]

5.2.4.2 Terrestrische Entwicklungen, Erfahrungen auf Systemebene

Erste Experimente mit relativ einfachen, aber operationell robusten geschlossenen Ökosystemen wurden in der Sowjetunion zwischen 1950 und 1960 durchgeführt.

Tabelle 5.2.6: *Überblick der NASA zu wesentlichen Projekten zum Thema Biologische Lebenserhaltungssysteme von 1990 bis 2017.*

1.	Advanced Life Support System Test Bed (**BIO-Plex**) (NASA/JSC, USA)
2.	**Biosphere II** Test Facility (Space Biosphere Ventures in Tucson, Arizona, USA)
3.	Micro-Ecological Life Support System Alternative (MELiSSA) (ESA, Europa), mit seinen fünf „Compartments" 1. Multi-Spezies anaerobischer Komposter, 2. Foto-heterotrophisches Bakterien-„Compartment" zur Adsorption von flüchtigen organischen Säuren, 3. aerobisches Nitrifikations-„Compartment" zur Oxidation von Ammonium 4. Fotosynthese-„Compartment" (Mikro-Algen und höhere Pflanzen) zur Produktion von Nahrung und zur Aufbereitung von Wasser und Luft 5. „Human Crew Compartment"
4.	Advanced Life Support Systems Integration Test Bed (**ALSSIT**) (NASA/JSC, USA)
5.	Controllo Ambientale Biorigenerativo (**CAB**), Bioregenerative Life Support Program (ASI, Italien)
6.	Closed Ecological Experimental Facility (**CEEF**) in Japan
7.	Experimental Mini-Ecosystems (**MES**) und **BIOS-3**, Institut für Bio-Physik in Sibirien, Russland
8.	**Lunar Palace 1**, Beihang Universität in Peking, China (Permanent Astrobase Life-support Artificial Closed Ecosystem (**PALACE**) einschließlich „Crew Cabin"- Modul und Pflanzen-Kultivier-Modul)

Sie wurden am Institut für Biophysik in Krasnojarsk (Sibirien) unter der Leitung von Prof. Josef Gitelson im **BIOS-Programm** auf bemannte Systeme bis zur Anlage BIOS-3 ausgeweitet. In dem geschlossenen System befanden sich 2 bis 3 Probanden für einen Zeitraum von bis zu sechs Monaten [5.2.8]. Die Regeneration der Luft erfolgte mittels Fotosynthese durch einen **Chlorella-Algenreaktor** und in bis zu drei „Pflanzen-Kammern" („**Phytotron**"), die auch der **Nahrungsproduktion** dienten. Proteinhaltige Nahrungsmittel, wie Fleisch, wurden aber von extern zugeführt. Die Anlage erlaubte das Recycling von Brauchwasser und Urin. Abfälle wurden mittels katalytischer Verbrennung aufgeschlossen und so dem biologischen Kreislauf für die Wiederaufarbeitung zugeführt. Die Fäkalien wurden getrocknet, aber nicht aufgearbeitet. Der Kreislauf war großteils, aber nicht vollständig, geschlossen (ca. 85 %).

Die einzige bemannte Großanlage für ein geschlossenes biologisches Lebenserhaltungssystem ist **BIOSPHERE-2** in Arizona. Sie basiert auf einer Kombination verschiedener Klimazonen wie Wüste, Mangrovenwald, Ozean, Regenwald und dem Crew Habitat. Es wird durch eine umfangreiche Betriebstechnik („Technisphere") ergänzt und unterstützt.

Diese Anlage kann bis zu 8 Probanden mittels eines geschlossenen Systems [5.2.9] mit Luft, Nahrungsmitteln und Wasser versorgen. Obwohl es in der Anfangsphase einige technische Probleme und eine teilweise unzureichende Versorgung mit Nahrungsmitteln gab, ist Biosphere-2 heute das am längsten permanent funktionierende Lebenserhaltungssystem.

Tabelle 5.2.7: *Überblick der NASA von 2017 zu den wesentlichen Bereichen künftiger Forschung zu biologischen Systemen.*

1.	Die **Dynamik des Massen-Austausches** (Stabilitäts-Analysen und detaillierte Modelle zur Dynamik des Massenaustauschs)
2.	Die **Kapazität eines Ökosystems** für einen Menschen; wieviel Technologie, Bio-Diversität, Hierarchie, Energie ist erforderlich
3.	Die Rolle der **mikrobiellen Artengemeinschaft in Pflanzensubstraten**
4.	Die verbesserte **Schließung des Nährstoff-Kreislaufes**; Balance des Nährstoff-Kreislaufes von der Produktion von Nahrung bis zur Mineralisierung von Abfällen (MELiSSA, CEEF, Lunar Palace 1, and BIOS-3)
5.	**Aquatische Pflanzen als Nahrungsmittel** für die Astronauten
6.	**Automatisierungs- und Steuerungssysteme**; integrierte Steuerungssysteme, die auf nicht-nominelle oder unerwartete Ereignisse reagieren und Korrekturen einleiten, ohne dass der Mensch eingreifen muss
7.	Verbesserung der **Zuverlässigkeit** mechanischer Komponenten und Verbesserung der **Robustheit** gesamter Systeme

Auch die NASA hat seit Mitte der 80er-Jahre intensiv an diesem Thema gearbeitet. Die Schwerpunkte waren:

- die Produktion von Nahrungsmitteln,
- Sauerstoffproduktion durch **Fotosynthese,**
- Schadstoffbindung mittels Pflanzen und symbiotischen Mikroorganismen,
- Recycling von Brauchwasser und Urin.

Einen Überblick der NASA zu den wesentlichen Projekten gibt Tabelle 5.2.6. In Tabelle 5.2.7 sind die von NASA avisierten wesentlichen Bereiche künftiger Forschung zum Thema zusammengefasst.

5.2.4.3 Fluganlagen

Seit Beginn der Raumfahrt werden sehr viele Experimente mit Pflanzen zur Untersuchung von ausgewählten Komponenten und Verfahren für biologische Lebenserhaltungssysteme durchgeführt.

Einen guten Überblick über die Anlagen, deren schrittweise technische Verbesserungen und die Ergebnisse der Experimente gibt Javier Casado [5.2.7] wieder. Die Sammlung umfasst Anlagen auf den ersten russischen Raumstationen Salut (1971), die MIR-Missionen bis hin zu den Aktivitäten auf der ISS (bis 2006).

Anfang 2019 wird auf der ISS als Technologiedemonstrator ein in Deutschland entwickelter, in Bild 5.2.24 dargestellter PhotoBioReaktor (PBR) zum Einsatz kommen.

5

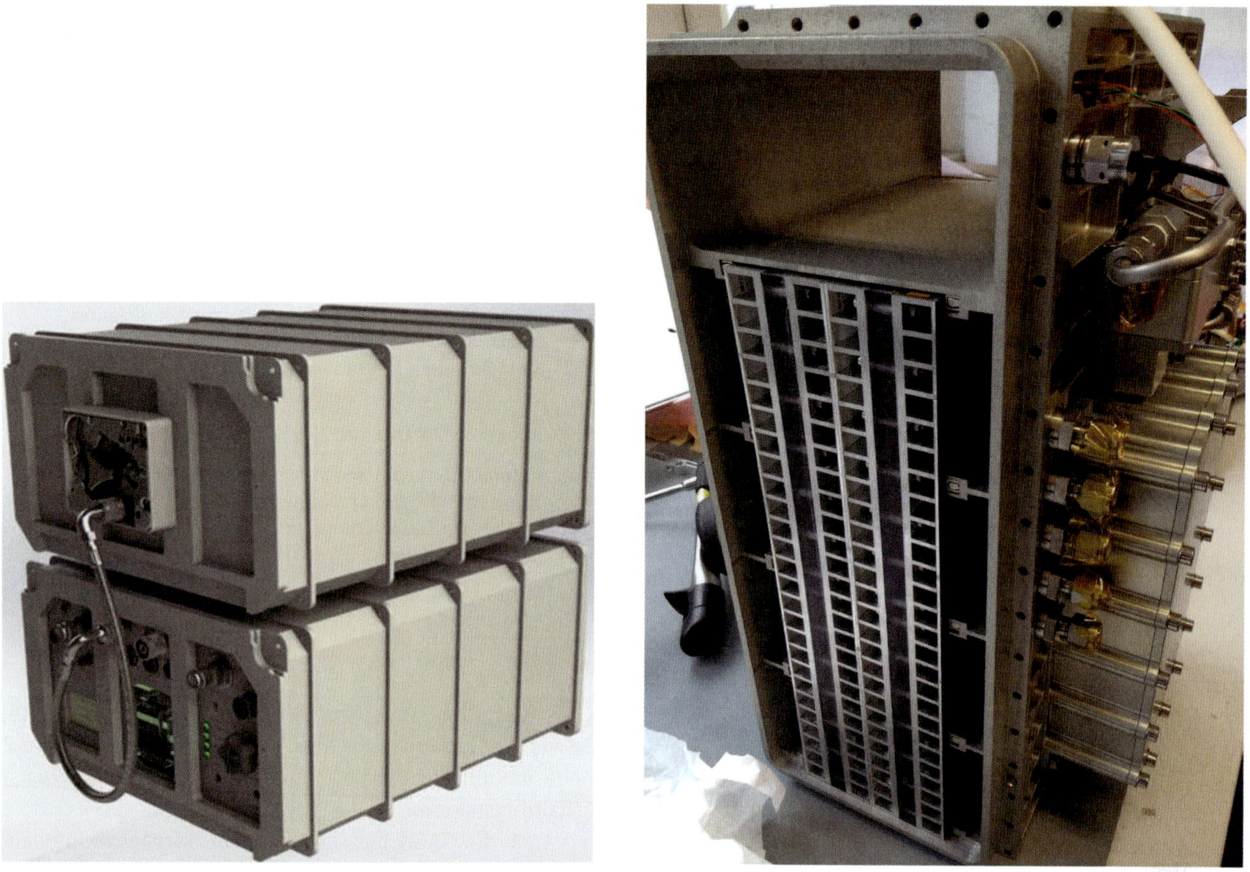

Bild 5.2.24: *In Deutschland entwickelter PhotoBioReaktor (PBR) für den Betrieb auf der ISS über eine CO_2-Schnittstelle zum Europäischen Lufterneuerungssystem LSR (links: CAD-Darstellung der beiden Locker-Einschübe des PBR; rechts: Foto der Prozess-Einheit während der Integration) (Bilder: Airbus).*

Über eine Hybrid-Schnittstelle zu dem von den Europäern entwickelten Lufterneuerungssystem LSR werden die sich darin befindenden Algen mit CO_2 versorgt. Der im Photobioreaktor erzeugte Sauerstoff wird an die Kabinenluft abgegeben.

5.2.4.4 Offene Punkte

Die meisten Arbeiten betrachten schwerpunktmäßig die technische und die verfahrenstechnische Seite der biologischen Lebenserhaltungssysteme. Dabei werden die biologischen Systeme mit relativ großem technischen Aufwand (siehe z. B. MELiSSA, Bild 5.2.25) unterstützt. In den meisten Fällen sind ihre operationelle Stabilität und Toleranz gegenüber Störungen ohne externe Kontrolle recht gering.

Dagegen gibt es nur sehr wenige Arbeiten über zusätzliche, operationell bedingte Probleme beim Langzeitbetrieb dieser Systeme. Typische Beispiele sind:

A) Bei Langzeitmissionen ist der zuverlässige und operationell robuste Betrieb ein Muss. Dies wird normalerweise durch den Einsatz **redundanter** oder sehr zuverlässiger Systeme erreicht. Es ist grundsätzlich möglich, die biologischen Komponenten oder aber auch ganze Systeme redundant aufzubauen. Dabei ergeben sich folgende Fragen:

a) Wenn System A in Betrieb ist und die Crew versorgt, was ist während dieser Zeit die **Nährstoffquelle** für das redundante System B? Die Crew und die von ihr erzeugten Abfallprodukte scheiden aus. Denn falls das verwendete Primärsystem A kontaminiert werden sollte, hätte man ja parallel auch das redundante System B beeinflusst und es stände damit nicht mehr als optimales kontaminationsfreies System zur Verfügung.
b) Falls aber das redundante System B nur auf Sparflamme läuft, wie schnell kann es in seiner **Leistungsfähigkeit** hochgefahren werden, um die Recycling-Prozesse effizient durchzuführen? Schon ein einfacher Biofilter für die biologische Reinigung der Abluft benötigt einige Tage, um aktiviert werden zu können. Aquarien werden über einige Wochen hinweg hochgefahren, bis sie einen stabilen Zustand erreicht haben.
c) Wie kann man ein kontaminiertes oder kollabiertes biologisches System im Orbit **reinigen** oder sterilisieren und danach neu konfigurieren?

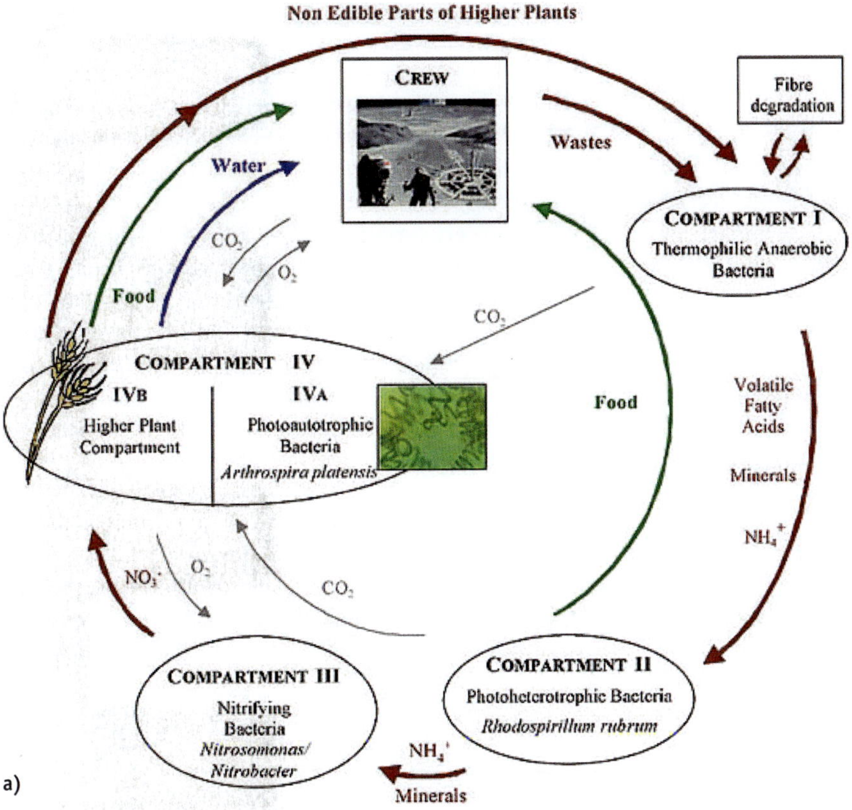

a)

b)

Bild 5.2.25: *MELiSSA-Funktionsmodell:*
a) Prinzipaufbau des regenerativen Systems;
b) MELiSSA Labor (Bilder: ESA).

d) Wie werden die dazu notwendigen **biologischen Startkulturen** vorher gelagert, um bei Bedarf ausreichend biologisch aktiv zu sein?

e) Wie wird die biologische Unbedenklichkeit der technischen Anlage vor der Wiederverwendung zuverlässig überprüft? Dabei ist es nicht ausreichend, einfach nur die Anlage zu sterilisieren. Man muss sicherstellen, dass die Anlage danach keine ausgasenden Rückstände abgibt, dass alle Materialien kompatibel mit dem **Sterilisierungsprozess** sind, dass die Rückstände der toten biologischen Materien z. B. Zellwände, von Bakterien entfernt werden, da diese als probandenspezifische Pyrogene für die Crew sehr gefährlich werden können. Eigentlich sollte man Pyrogenfreiheit anstreben.

B) Während der bemannten Langzeitmissionen wird der Akkumulation von **Schadstoffen und Metaboliten** in der regenerativen Umwelt eine wichtige Bedeutung zukommen. Typische Stoffe sind Ausgasprodukte der technischen Einrichtungen und der Geräte sowie metabolische Abbauprodukte der biologischen Systeme und der Natur.

a) So wird z. B. **Ethylen** von Pflanzen selbst produziert. Als Pflanzenhormon steuert es verschiedene Phasen/Effekte beim Pflanzenwachstum, z. B. das Wachstum, die Blüte, die Fruchtreifung, auch den Tod der Pflanze.

Manche Pflanzen verwenden das produzierte Ethylen, um damit die Annäherung an Wände positiv zu detektieren oder um mechanische Kollisionen zu vermeiden. Für andere Pflanzen wirkt das Ethylen als Hormon, das das Wachstum negativ beeinflusst [5.2.7]. Andere Pflanzen benötigen Ethylen, um die Reifung der Früchte einzuleiten.

b) Ein anderer Punkt ist, dass die Crew vermehrt **Medikamente** einnehmen wird. Typische Beispiele sind Antibiotika, Kontrazeptiva oder auch Zytostatika. Diese Pharmaka werden durch den menschlichen Körper nicht vollständig abgebaut. Einige der Metaboliten stellen bereits heute schon ein signifikantes Problem für die Wasserbereitung und -versorgung auf der Erde dar. Dabei ist die Recyclingdauer in der Natur viel länger und die Möglichkeiten der Abbauprozesse sind viel höher.

C) Ein weiterer wichtiger Punkt ist die Kontrolle der **biologischen Kontamination** der Luft, des Wassers, der Nahrungsmittel und der Oberflächen.

a) Dabei ist es nicht ausreichend, die Kontamination als solche zu identifizieren, zu typisieren und zu quantifizieren. Auch die Kenntnisse der dynamischen Veränderungen der Populationen sind nicht ausreichend.
b) Aus operationeller Sicht ist es am Wichtigsten, die geeigneten Methoden zur **Dekontamination** und Reinigung vor einer Anwendung positiv zu identifizieren und ihre Wirksamkeit zu verifizieren. Nach der großflächigen Anwendung dieser Methoden muss deren Wirksamkeit durch geeignete On-board-Analytik oder -Diagnostik verifiziert werden.
c) Für eine erfolgreiche Dekontamination ist aber das Abtöten oder **Deaktivieren der mikrobiologischen Belastung** nicht ausreichend. Selbst Teile der Zellhüllen von toten biologischen Organismen sind als Pyrogene oder Endotoxine ein hohes Gesundheitsrisiko für die Crew.
d) Es gibt mittlerweile **In-vitro-Pyrogentests,** mit denen die objektive Empfindlichkeit von Einzelpersonen auf solche Belastungen geprüft werden kann.
Es bleibt aber die offene Frage, was man operationell tut, wenn man feststellt, dass Teile der Crew sensitiv auf die Umgebung reagieren und die Gefahr von **Gesundheitsschäden** besteht. Dieses Problem kann man nicht durch Tests vor dem Flug ausschließen, da die Empfindlichkeit sich erst während der Mission durch die Akkumulation von Schadstoffen ergeben kann.

D) Offen ist die Frage der genetischen Stabilität von biologischen Systemen. Aus Multigenerationsexperimenten mit Pflanzen hat man Hinweise gewonnen, dass deren biologische Leistungsfähigkeit sich verändert. Dieser Punkt ist für die Auslegung und den Einsatz von biologischen Komponenten für Lebenserhaltungssysteme von besonderer Wichtigkeit.

Experimente zur Klärung dieser Frage werden in der Anlage **European Modular Cultivation System (EMCS)** unter genau kontrollierten Umweltbedingungen auf der ISS durchgeführt.

E) Für den erfolgreichen, robusten Betrieb von biologischen Komponenten als Teil von Lebenserhaltungssystemen scheint die Verwendung mehrerer **gekoppelter, synergistischer, biologischer Systeme** klare Vorteile zu bieten:

a) ihre operationellen Reserven und Toleranz gegenüber Störungen sind verbessert,
b) externe Kontrolle wird durch biologisches Feedback ersetzt.

F) Ein wichtiger Punkt ist auch die **psychologische Akzeptanz** von Lebenserhaltungssystemen durch die Crew. Von den russischen MIR-Missionen wird berichtet, dass die Crew zu den dort wachsenden Pflanzen sprach. Wer spricht schon mit dem Manometer einer physiko-chemischen Anlage?

Literatur

[5.2.1] *Kurmazenko, E. A.; Samsonov, N. M.; Gavrilov, L. I.; Farafonov, N. S.; Belavencev, J. E.; Pavlova, N. V.; Proshkin, V. J.:* Offnormal Situations of the Electron-VM Oxygen Generation System Operation Aboard International Space Station. International Conference on Environmental Systems, Rome, Italy, 11–14 July 2005, Paper ICES 2005-01-2803.

[5.2.2] *Eckar, P.:* Spaceflight Life Support and Biospherics. Space technology Library Microcosm Press, Torrance, California & Kluwer Academic Publishers Dodrecht/Boston/London 1996.

[5.2.3] *Bagdigian, R.; Cloud, D.:* Status of the International Space Station Regenerative ECLSS Water Recovery and Oxygen Generation Systems. International Conference on Environmental Systems, Paper ICES 2005-01-2779. Rome, Italy, 11–14 July, 2005.

[5.2.4] *Knorr, W.:* The FAE Electrolyser Flight Experiment FAVORITE. International Conference on Environmental Systems, Paper ICES 2003-01-2629. Vancouver, British Columbia, Canada, 7–10 July, 2003.

[5.2.5] *N. N.:* Regenerative Life Support – Inputs and Outputs. From: Space Station Freedom Design Parameters – NASA SSP 30362, 1990.

[5.2.6] *Czupalla, M.:* Conceptual Design of a Life Support System for long-term Human Mars Missions based on a Bio-regenerative Approach. Diplom-Arbeit, Fachhochschule Aachen, 2004.

[5.2.7] *Casado, J.:* Agriculture in Space. Spaceflight, Vol. 48, No. 5, p. 180–189, May 2006.

[5.2.8] *Gitelson, I. I.; Terskov, I. A.; Kovrov, B. G. et al.:* Long-term experiments on man's stay in biological life-support system. Adv Space Res. 1989; 9(8): 65–71, 1989.

[5.2.9] *Nelson et al.:* Crop Yields and light, energy efficiency in a closed ecological system. Laboratory Biosphere Experiments with wheat and sweet potatoes.

5

5.3 Rendezvous und Docking

Josef Sommer

5.3.1 Einleitung

Das erste „Rendezvous and Docking", die erste **Kopplung zweier Raumfahrzeuge im All,** fand am 16. März 1966 statt, als Neil Armstrong und Dave Scott in einer Gemini-Kapsel an ein unbemanntes „Agena"-Fahrzeug mittels manueller Steuerung andockten. Mit dem Betrieb und der Versorgung amerikanischer, russischer und jetzt der Internationalen Raumstation (ISS) wurde die Kopplung zu einem Quasi-Standardmanöver. Dass es sich dabei nach wie vor um ein schwieriges und riskantes Manöver handelt, zeigen die kleineren und größeren Pannen (z. B. musste im März 2014 eine Sojus Kapsel wegen einer defekten Korrekturdüse 34 (statt 4) Mal um die Erde fliegen, bevor sie an die ISS andocken konnte), die sich dabei immer wieder einstellen. Deshalb gibt es an der Raumstation ein Backup-System, mit dem die Astronauten im Bedarfsfall die Kontrolle des sich annähernden Fahrzeugs übernehmen können.

Aufgrund des zunehmenden Kostendrucks startete die NASA 2005 eine Initiative zum Aufbau kommerzieller Transport- und Versorgungssysteme (COTS, Commercial Orbital Transportation Systems), die den Space Shuttle (das Programm wurde nach 30 Jahren in 2011 eingestellt) in der Versorgung der Internationalen Raumstation (ISS) ersetzen sollten. SpaceX (‚Dragon', Erstflug Mai 2012) und Orbital ATK (‚Cygnus', Erstflug September 2013) entwickelten unbemannte Systeme, die automatisch an die Raumstation fliegen und dort von dem stationseigenen Roboterarm (Canadarm2) eingefangen und an einen Common Berthing Mechanismus (CBM) am amerikanischen Teil der Raumstation angedockt werden. Auch die Europäer mit ihren Beiträgen zur Internationalen Raumstation haben ein automatisches RVD-System entwickelt, das erstmals in dem **Automated Transfer Vehicle (ATV)** eingesetzt wurde. Dabei handelt es sich um ein Versorgungssystem, das automatisch direkt an den russischen Teil der ISS andockt, d. h. anders als die amerikanischen Systeme, ohne Verwendung eines stationseigenen Roboterarms. Fünf dieser Systeme wurden gebaut. Sie wurden nach den großen europäischen Physikern Jules Vernes, Johannes Kepler, Edoardo Amaldi, Abert Einstein und Georges Lemaître benannt und halfen in der Zeit zwischen März 2008 und Juli 2014, während der Umstelllung der amerikanischen Transportsysteme, die Versorgung der ISS sicherzustellen.

Neben der Versorgung der Raumstation werden Kopplungsmanöver im All auch bei der Reparatur von Satelliten (Hubble Spacetelescop), beim Zusammenbau großer Systeme im All sowie für Mond- und Marsmissionen benötigt, bei denen Proben zur Erde zurückgebracht werden sollen. Rendezvous und Docking bildet damit eine Schlüsseltechnologie für die Raumfahrt.

Im Folgenden sollen die Probleme und Lösungen bei der Kopplung von Systemen in einer planetaren Umlaufbahn aufgezeigt und beschrieben werden. Dabei wird vor allem auf das europäische ATV-Konzept zurückgegriffen.

5.3.2 Die RVD-Mission

Beim Rendezvous unterscheidet man typischerweise das (a) „Phasing", den (b) „Far Range Approach", den (c) „Final Approach" und das eigentliche (d) „Docking". Bei einer Mission zur Raumstation schließt sich nach erfolgtem Service die (e) „Separation and Departure" und das (f) „Deorbitation" an.

Das **Phasing** dient vornehmlich der Synchronisation der Umlaufbahnen (Anomalie, Exzentrizität, Halbachse) von Ziel- (Target) und Verfolgerfahrzeug (Chaser). Dabei werden eine Reihe von Transfermanövern durchgeführt, deren Ausführungsfehler durch kleinere Trim-Manöver korrigiert werden. Aufgrund der relativ langen Zeiträume zwischen den Geschwindigkeitsinkrementen kann die Berechnung dieser Manöver am Boden erfolgen.

Mit Erreichen der Zielbedingungen (Zeit, Ort und Geschwindigkeit) beginnt der **Far Range Approach.**

Der Übergabepunkt ist nicht fest, sondern hängt von den Leistungsdaten des Onboard-RVD-Systems ab. Innerhalb dieser Phase wird von absoluter auf relative Navigation und Flugführung umgeschaltet.

Mit Beendigung dieser Phase befindet sich das anzudockende Fahrzeug in unmittelbarer **Nähe des Ziels,** sodass zusätzliche Anforderungen wie z. B. die Einhaltung vordefinierter Korridore, an die weitere Annäherung gestellt werden. Außerdem erlaubt die notwendige Präzision nicht länger die Kontrolle vom Boden, sondern erfordert eine **Onboard-Kontrolle.** Bei bemannten Systemen kann das manuell oder automatisch erfolgen.

Das eigentliche **Docking-Manöver** hängt vom verwendeten Kopplungsmechanismus ab. Bei der ISS werden der russische Mechanismus (Probe and Drogue) und der amerikanische Mechanismus (Androgenous Peripheral Docking System, APDS) unterschieden. Für nicht bemannte Missionen, z. B. zum Mars, kann man auf einen druckbeaufschlagten Kanal verzichten, wodurch sich der Mechanismus erheblich vereinfacht.

In erster Näherung entspricht **Separation and Departure** der Umkehrung des Final Approach. Die Raumstation muss in einem bestimmten Korridor verlassen werden und erst bei einem ausreichenden Sicherheitsabstand darf ein größeres Deorbitation-Manöver ausgeführt werden.

Die Gemeinsamkeiten und Unterschiede der aktuellen, mit der Internationalen Raumstation (ISS) rendezvousfähigen Fahrzeuge werden im Folgenden skizziert. In der japanischen Lösung für HTV endet die Annäherung mit

5

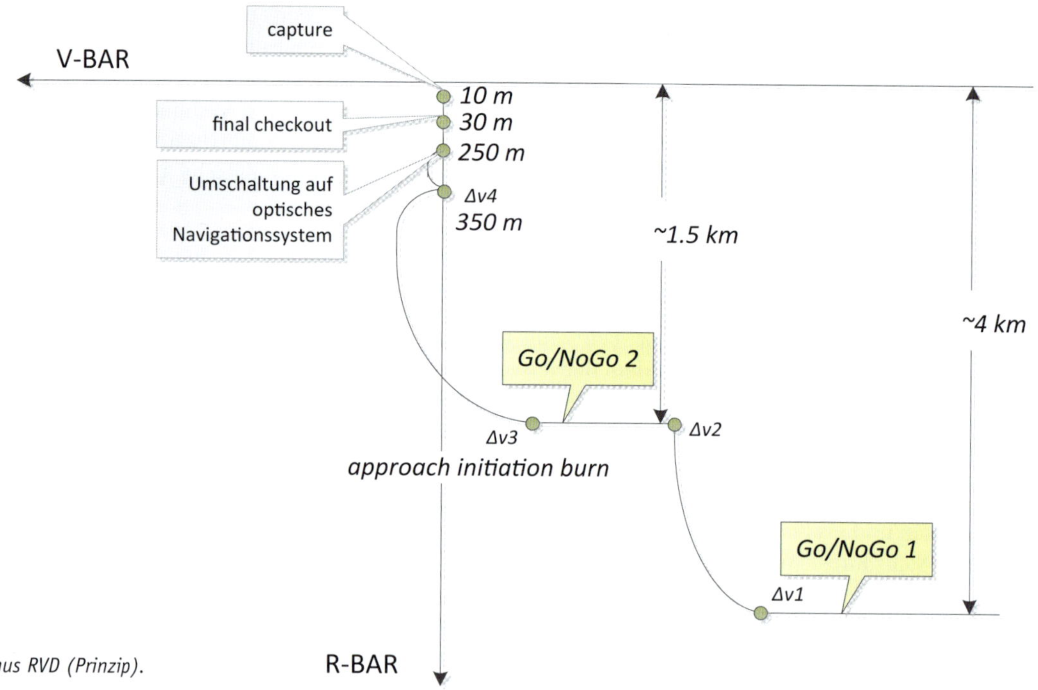

Bild 5.3.1: *Dragon/Cygnus RVD (Prinzip).*

dem „Berthing", einem Haltepunkt im Greifbereich des Roboterarms auf der Raumstation. Das eigentliche Docking wird dann von der Station aus kontrolliert und hier nicht näher beschrieben.

5

5.3.2.1 Dragon/Cygnus (USA)

Auch bei den amerikanischen Systemen wird das **Phasing** vom Boden aus gesteuert und kontrolliert. Ähnlich wie beim ATV nähern sich beide Systeme dann von einem Orbit 4 km unterhalb der ISS von hinten an. In einer Entfernung von etwa 28 km wird eine bidirektionale Kommunikation mit der ISS aufgebaut. Das erlaubt die Umschaltung von Absoluter- auf die sehr viel genauere Relativ-GPS Navigation. Mit den ersten beiden Manövern (Hohmann Transfer, siehe Kapitel 5.3.3) wird die Höhendifferenz auf 1,5 km verringert. Dadurch verringert sich die realtive Driftgeschwindigkeit. In dieser Phase werden die Systeme noch einmal überprüft und Testkommandos gesendet, um sicher zu stellen, daß die ISS Crew notfalls in den Annäherungsprozess eingreifen kann. Nach Freigabe vom Boden (GO/NOGO) erfolgt der ‚Approach Initiation Burn', mit dem der Transporter auf eine Trajektorie zum R-Bar approach gebracht wird, etwa 350 m unterhalb der Raumstation. Dieser Teil der Annäherung wird von der ISS Crew aus der Cupola überwacht und kann durch Kommandos angehalten oder abgebrochen werden. In einem radialen Abstand von etwa 250 m wird für etwa 15 min angehalten und auf ein optisches Navigationssystem umgeschaltet. Dieses System benötigt keine Zielmarkierungen sondern arbeitet mit einem Laserbasierten 3D Sensor und einem Infrarotsensor. Mit Hilfe eines komplexen Bildverarbeitungsalgorithmus werden die Bilder mit einen Modell der Raumstation verglichen und so relative Position und Geschwindigkeit berechnet. Sind alle Systeme OK erfolgt eine weitere Annäherung bis auf 30m. In dem 10 minütigen Haltepunkt werden die Systeme ein letztes Mal überprüft, um dann den ‚capture point' 10 m unterhalb der Station 20 min später zu erreichen. Hier wird der Transporter dann vom Canadarm2 eingefangen (siehe Bild 5.3.1).

Die Missionsplanung stellt sicher, dass die Endannäherung immer bei Tageslicht erfolgt.

5.3.2.2 Sojus und Progress (Russland)

Das **Phasing** für Sojus und Progress erfolgt im Wesentlichen auf einer Kreisbahn. Zum Erreichen und Verlassen dieses Phasing-Orbits werden vom Boden kommandierte **Hohmann-Manöver** ausgeführt. Durch geeignete Knotenkorrekturen wird Koplanarität mit dem Zielfahrzeug eingestellt. Der Far Range Approach erfolgt automatisch und beginnt mit einem Bahntransfermanöver, dessen Zielpunkt etwa 1,5 km vor dem Zielfahrzeug und auf dessen Umlaufbahn liegt. Zur Navigation wird das **RF-System „Kurs"** verwendet, das Distanz, Peilwinkel und Geschwindigkeitsinformationen liefert.

Der **Final Approach** erfolgt mit der Sonne im Rücken (30 bis 60 Grad), sodass der Docking-Port gut beleuchtet ist. Fliegt das Zielfahrzeug nicht erdorientiert, ist der Docking-Port i. Allg. nicht parallel zur Flugrichtung. In diesem Fall führt Sojus/Progress ein „Fly-around"-Manöver durch und positioniert sich in einem Abstand von 200 bis 400 m gegenüber dem Docking-Port.

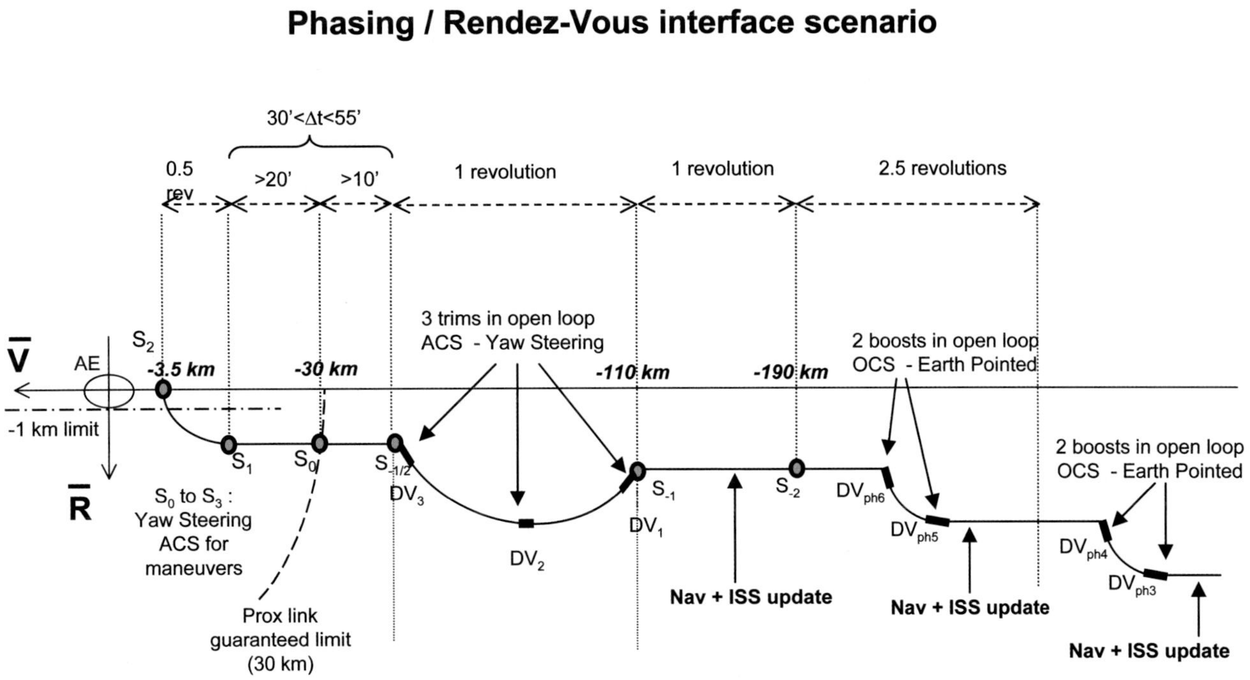

Bild 5.3.2: *Die ATV-RVD-Mission (Bild: ESA).*

Auch der anschließende Final Approach erfolgt automatisch entlang einer aufgeprägten geradlinigen Trajektorie und endet mit der Kopplung bei einer Geschwindigkeit von 0,1 bis 0,3 m/s.

Sojus, bei einer Masse von etwa 7 t, ist ausgerüstet mit einem **Haupttriebwerk** von 3 000 N, 14 Triebwerken von 130 N Schub zur Kontrolle der translatorischen Bewegungen und 12 Lageregelungstriebwerken.

5.3.2.3 ATV (Europa)

Europa leistet mit dem ATV (Automated Transfer Vehicle) einen wichtigen Beitrag zum zukünftigen Betrieb der Internationalen Raumstation. Der Jungfernflug des ersten Fahrzeugs dieser Art mit Namen Jules Vernes fand vom März bis September 2008 statt. Am 3. April erfolgte die Kopplung an der russischen Seite der Station, d. h. in -V-Bar. Die Mission endete am 29. September desselben Jahres mit einem kontrollierten Wiedereintritt in die Erdatmosphäre in 120 km Höhe. In einer Höhe von ca. 75 km zerbrach der Servicer, und die nicht verglühten Überreste fielen in ein unbewohntes Gebiet des Pazifiks.

Das nachfolgend skizzierte Annäherungsszenario von ATV berücksichtigt die Vorgaben der NASA für Raumfahrzeuge, die die Raumstation besuchen (vgl. [2]).

Wie bei den anderen Systemen auch, wird das **Phasing** vom Boden kontrolliert. Dabei werden bei der Berechnung der Manöver Onboard-GPS-Messungen verwendet, die zum Boden telemetriert werden. Am Ende dieser Phase befindet sich das ATV auf einer Kreisbahn etwa 6 km unterhalb der ISS und driftet in Richtung der Station (siehe $S_{-1/2}$ in Bild 5.3.2). Der **Far Range Approach** beginnt mit dem Aufbau der **Kommunikationsverbindung** mit der ISS (Local Link), über den u. a. GPS-Messdaten von der ISS empfangen werden. Diese erlauben eine hochpräzise relative Positions- und Geschwindigkeitsbestimmung und bilden die Grundlage für die automatische Berechnung der notwendigen Manöver, um den Punkt S_2 etwa 3,5 km hinter der Raumstation auf deren Umlaufbahn zu erreichen.

Dieser Punkt darf erst verlassen werden, wenn von der Raumstation eine Freigabe zur weiteren Annäherung erteilt wird. Im ersten Schritt, dem sog. **Closing** wird der Relativabstand auf ca. 300 m verkürzt. Die weitere Annäherung erfolgt im Final Approach entlang einer aufgeprägten geradlinigen Bewegung in Richtung Docking-Port. Im Nahbereich wird dann eine **RVD-Kamera** zur Navigation verwendet.

Die Bahnmanöver einschließlich des De-orbitation-Manövers für den gezielten Wiedereintritt in die Erdatmosphäre (siehe auch [5.3.10]) werden mit den 4 Haupttriebwerken von jeweils 490 N Schub ausgeführt. Die kleineren Manöver und die Lageregelung des 20-t-Fahrzeugs erfolgen mit den 28 ACS-Triebwerken von jeweils 220 N.

5.3.3 Grundlagen der Bahndynamik

Die Grundlagen der Bahndynamik, insbesondere die Bewegungsgleichungen der Relativdynamik, werden ausführlich beschrieben in [5.3.1]. Hier soll nur kurz auf die **Freiflugtrajektorien** relativ zum Ziel eingegangen werden, weil sie

5

das Annäherungsprofil und die Sicherheitsanforderungen wesentlich bestimmen.

In einem Koordinatensystem (Bild 5.3.3), dessen Ursprung im Schwerpunkt des Zielfahrzeugs liegt, wird die Relativbewegung auf einer Kreisbahn näherungsweise durch folgende **Differenzialgleichungen (Euler-Hill)** beschrieben:

$$\ddot{x} = \frac{F_x}{m} + 2\,\omega\,\dot{z}$$
$$\ddot{y} = \frac{F_y}{m} - \omega^2\,y \qquad \omega = \frac{2\,\pi}{T_{\text{Orbit}}} \tag{5.3.1}$$
$$\ddot{z} = \frac{F_z}{m} - 2\,\omega\,\dot{x} + 3\,\omega^2\,z$$

T_{orbit} orbitale Umlaufzeit des Zielfahrzeugs,
m Masse des sich annähernden Fahrzeugs,
F_k die auf das Fahrzeug wirkende Kraft entlang den Achsen des Koordinatensystems (Schubkräfte, Störungen).

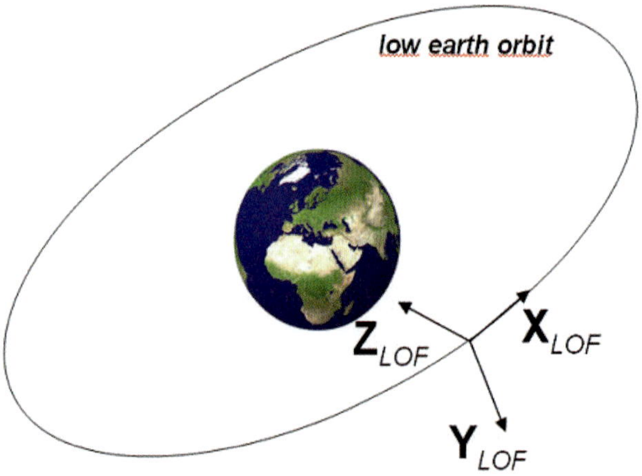

Bild 5.3.3: *Koordinatensystem (rotierend).*

Man erkennt sofort, dass die Bewegung in der Bahnebene (x-z) von der Bewegung außerhalb der Bahnebene (y) entkoppelt ist. Eine **geschlossenen Lösung** dieses Gleichungssystems findet man in [5.3.1]. Die Lösung unter der Annahme **konstanter Beschleunigungen** ist nachfolgend beschrieben.

Für die Bewegung außerhalb der Bahnebene erhält man eine **ungedämpfte Schwingung** mit der Umlauffrequenz, deren Amplitude durch den Anfangswert wie folgt bestimmt ist:

$$y_{\max} = \sqrt{\left(\frac{\dot{y}_0^2}{\omega^2} + y_0^2\right)} \tag{5.3.2}$$

Die Bewegung in der Bahnebene entspricht einer **Zykloide,** deren Radius der Halbachsendifferenz der beiden Umlaufbahnen entspricht und deren beschreibender Punkt durch die **Exzentrizität der Chaser-Bahn** bestimmt ist:

$$\begin{aligned}
x(t) &= \left(\frac{4\,\dot{x}_0}{\omega} - 6\,z_0\right)\sin(\omega\,t) - \frac{2\,\dot{z}_0}{\omega}\cos(\omega\,t)\\
&\quad + (6\,\omega\,z_0 - 3\,\dot{x}_0)\,t + \left(x_0 + \frac{2\,\dot{z}_0}{\omega}\right)\\
&\quad + \gamma_z\,\frac{2}{\omega^2}\,[\omega\,t - \sin(\omega\,t)]\\
&\quad + \gamma_x\left\{\frac{4}{\omega^2}\left[1 - \cos(\omega\,t)\right] - \frac{3}{2}\,t^2\right\}\\
z(t) &= \left(\frac{2\,\dot{x}_0}{\omega} - 3\,z_0\right)\cos(\omega\,t) + \frac{\dot{z}_0}{\omega}\sin(\omega\,t)\\
&\quad + \left(4\,z_0 - \frac{2\,\dot{x}_0}{\omega}\right) + \gamma_x\,\frac{2}{\omega^2}\left[\sin(\omega\,t) - \omega\,t\right]\\
&\quad + \frac{\gamma_z}{\omega^2}\left[1 - \cos(\omega\,t)\right]\\
y(t) &= y_0\,\cos(\omega\,t) + \frac{\dot{y}_0}{\omega}\sin(\omega\,t)\\
&\quad + \frac{\gamma_y}{\omega^2}\left[1 - \cos(\omega\,t)\right]
\end{aligned} \tag{5.3.3}$$

Nach [5.3.3] entsprechen diese Gleichungen für $\gamma_i = 0$ (keine äußeren Kräfte) einer **Wanderellipse,** deren große Halbachse doppelt so groß ist wie die kleine Halbachse und deren Mittelpunkt

$$x_C = x_0 + \frac{2\,\dot{z}_0}{\omega} \qquad z_C = \frac{2\,\dot{x}_0}{\omega} - 4\,z_0 \tag{5.3.4}$$

sich in x-Richtung mit der Geschwindigkeit

$$v_C = 6\,\omega\,z_0 - 3\,\dot{x}_0 \tag{5.3.5}$$

bewegt. Die **kleine Halbachse** ergibt sich aus:

$$b = \sqrt{\left[\frac{\dot{z}_0^2}{\omega^2} + \left(2\,\frac{\dot{x}_0}{\omega} - 3\,z_0\right)^2\right]} \tag{5.3.6}$$

Die **große Halbachse** ist $a = 2\,b$.

Für $z_C = 0$ wird auch die **Driftgeschwindigkeit** $v_C = 0$. Es stellt sich eine elliptische Bewegung im Abstand von x_C zum Zielfahrzeug ein. Für $z_C > 0$ (unterhalb der Zielbahn)

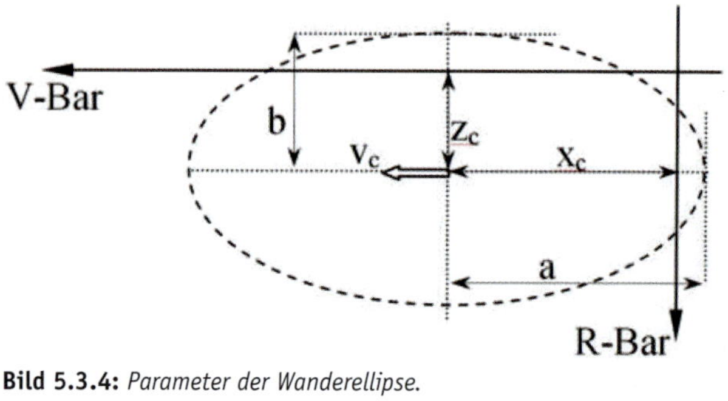

Bild 5.3.4: *Parameter der Wanderellipse.*

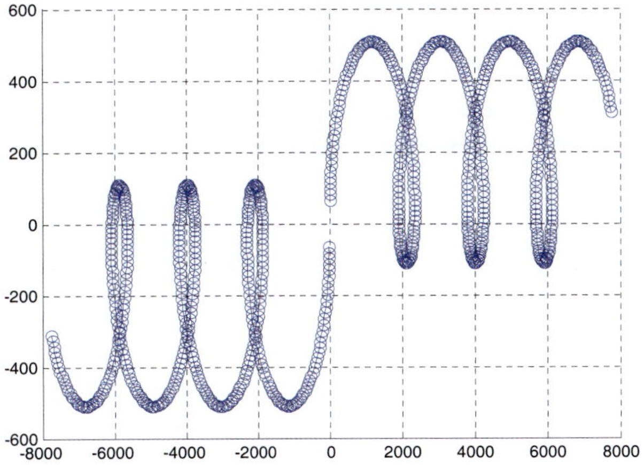

Bild 5.3.5: *Relativbewegung in der Bahnebene.*

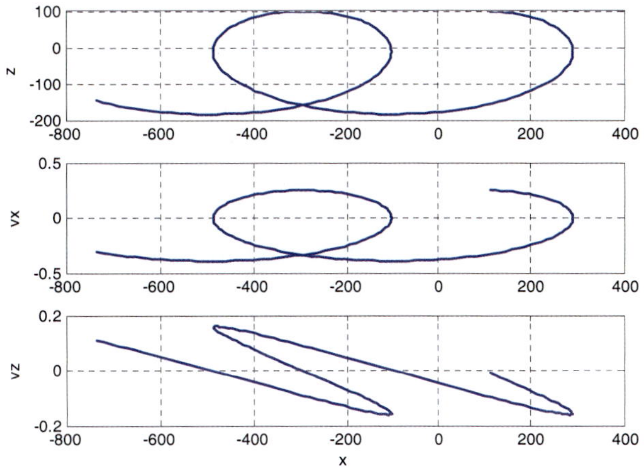

Bild 5.3.6: *Freiflugtrajektorie.*

bewegt sich das Verfolgerfahrzeug (Chaser) im Mittel schneller als das Zielfahrzeug (Target), für $z_C < 0$ (oberhalb der Zielbahn) ist es im Mittel langsamer. Bild 5.3.5 zeigt einen typischen Verlauf für beide Fälle mit einem Anfangswert von z_0 = 50 m bzw. -50 m und einem z_0 von 0,3 m/s bzw -0,3 m/s.

Ist $b = 0$, befinden wir uns auf einer **Kreisbahn,** deren Driftgeschwindigkeit $v_C = 1{,}5\,\omega\, z_0$ entspricht.

Wird darüber hinaus $z_0 = 0$, befinden wir uns auf einem **Haltepunkt** auf dem Zielorbit, d. h., es gibt keine Bewegung relativ zum Ziel, ideale Bedingungen für einen Wartepunkt.

Bei der Wahl der **Annäherungsstrategie** ist man nun bemüht, unter Einhaltung von Sichtbarkeitsbedingungen (Kommunikation, Sensorik) und Manöverbeschränkungen eine Trajektorie zu finden, die bei Ausfall des Antriebs- und/oder des Flugregelungssystems unter Einbeziehung aller Unsicherheiten nicht zur Kollision mit dem Ziel führt. Das heißt, der Abbruch der Annäherung soll, soweit wie möglich, zu einer **Freiflugtrajektorie** führen, die im Mittel vom Ziel weg führt. Das Prinzip lässt sich mit Hilfe der Zykloide leicht verstehen. Betrachten wir eine Freiflugtrajektorie zusammen mit den Geschwindigkeiten wie in Bild 5.3.6.

Nehmen wir an, wir befinden uns in dem Punkt (-480,0) links neben dem in (0,0) gelegenen Ziel.

Durch Aufprägen eines radialen Geschwindigkeitsimpulses von Δv_1 gelangt man auf die blaue Freiflugtrajektorie. Sie führt zunächst in Richtung Ziel, kehrt dann aber bei etwa 100 m um und entfernt sich vom Ziel. Da z_c hier negativ ist, ist auch v_c negativ, sodass sich der Abstand pro Umlauf vergrößert. Wird also das zweite Manöver Δv_2 nicht oder nur teilweise ausgeführt, befindet man sich auf einer kollisionsfreien Trajektorie. Bei korrekter Ausführung des Manövers stellt sich ein Haltepunkt in größerer Nähe des Ziels ein.

Eine Folge solcher Manöver mit nicht notwendig gleichen Distanzsprüngen nennt man **V-Bar-Hopping.**

Das gleiche Prinzip lässt sich auch für die Radialbewegung anwenden. Nehmen wir an, wir befinden uns im Punkt (-300, -160). Wir gelangen auf die blaue Trajektorie von Punkt 2 nach 1, wenn in x eine negative (-0,33 m/s) und in z eine positive Geschwindigkeit (0,1 m/s) aufgeprägt wird. Es erfolgt eine Bewegung von unten nach oben, die im Punkt 1 durch ein geeignetes Manöver gestoppt wird oder einen zweiten „Hop" einleitet. Entsprechend bezeichnet man eine Sequenz solcher Manöver als **R-Bar-Hopping.**

Beide Verfahren wurden vom Shuttle beim Rendezvous mit der Raumstation angewendet. Die neuen amerikanischen Transportsysteme verwenden das R-Bar Hopping. (vgl. Bild 5.3.4).

Können die erforderlichen Geschwindigkeitsänderungen in hinreichend kurzer Zeit erfolgen, lassen sich die Manöver näherungsweise aus der oben gegebenen Lösung (für $\gamma_i = 0$) der linearen Bewegungsgleichungen bestimmen. Schreibt man die Gleichungen in eine **Zustandsraumbeschreibung** um

$$\vec{x}(t_E) = \begin{bmatrix} \phi_{11}(t_E,t_0) & \phi_{12}(t_E,t_0) \\ \phi_{21}(t_E,t_0) & \phi_{22}(t_E,t_0) \end{bmatrix} \vec{x}(t_0) \qquad (5.3.7)$$

$$\vec{x} = [x, z, \dot{x}, \dot{z}]^T,$$

lässt sich bei gegebener Anfangsposition, gewünschter Endposition und geforderter Transferzeit $(t_E - t_0)$ über die Transitionsmatrix ϕ die erforderliche **Anfangsgeschwindigkeit** und damit das Delta zur aktuellen Geschwindigkeit berechnen.

$$\begin{bmatrix} \Delta v_x \\ \Delta v_z \end{bmatrix} = \phi_{12}^{-1}\left(\begin{bmatrix} x_E \\ z_E \end{bmatrix} - \phi_{11}\begin{bmatrix} x_0 \\ z_0 \end{bmatrix}\right) - \begin{bmatrix} \dot{x}_0 \\ \dot{z}_0 \end{bmatrix} \qquad (5.3.8)$$

Die Größe des zweiten Impulses im Zielpunkt ergibt sich aus der Endgeschwindigkeit nach dem Transfer und der geforderten Geschwindigkeit im Zielpunkt (0 für einen Haltepunkt). Auch der aus der Bahnmechanik bekannte energieoptimale **Hohmann-Transfer** von einer Kreisbahn auf eine andere Kreisbahn lässt sich so näherungsweise berechnen, wenn man als Transferzeit die halbe Umlaufzeit der Zielbahn vorgibt. Die Berechnung der Manöver zur Kontrolle der Bewegung außerhalb der Bahnebene erfolgt analog.

Die gewünschten Geschwindigkeitsänderungen werden durch geeignete **Kommandierung der Triebwerke** erzeugt. Da sie keinen variablen Schub erzeugen, muss eine Brennzeit kommandiert werden, die sich dabei näherungsweise aus

$$t_{\text{Brenn}} = m \frac{\Delta v}{F_{\text{Schub}}} \tag{5.3.9}$$

ergibt. Der zugehörige Treibstoffverbrauch errechnet sich aus

$$m_{\text{b}} = m_0 \, e^{\frac{-\Delta v}{I_{\text{SP}} \, g_0}} \tag{5.3.10}$$

m_0 Fahrzeugmasse vor dem Manöver,
m_{b} Fahrzeugmasse nach dem Manöver,
g_0 Erdbeschleunigung,
I_{SP} spezifischer Impuls der verwendeten Triebwerke.

Stehen nur verhältnismäßig kleine Triebwerke und damit nur geringe Beschleunigungen zur Verfügung, führt die Annahme einer impulsiven Geschwindigkeitsänderung zu unzulässig großen Fehlern. In diesem Fall muss auf die Lösung für $\gamma_i \neq 0$ zurückgegriffen und der Transfer in Intervalle unterteilt werden (siehe [5.3.3]). Eine Sonderstellung nimmt dabei der Transfer bei konstanter Beschleunigung in tangentialer oder radialer Richtung über einen Umlauf ein.

Für den **tangentialen Fall** ergibt sich ein Übergang ähnlich dem Hohmann-Transfer, nur dass die Transferzeit jetzt einem Umlauf entspricht. Die gewünschte Änderung in der Bahnhöhe Δz bestimmt den Beschleunigungslevel

$$\gamma_x = \frac{-\omega^2 \, \Delta z}{4\,\pi} \tag{5.3.11}$$

Die radiale konstante Beschleunigung entspricht einem V-Bar-Hop, aber auch hier ist die Transferzeit ein Umlauf. Der Beschleunigungslevel bestimmt die Transferdistanz Δx

$$\gamma_z = \frac{\omega^2 \, \Delta x}{4\,\pi} \tag{5.3.12}$$

In beiden Fällen entspricht das Integral der Beschleunigung dabei der erforderlichen Geschwindigkeitsänderung für einen impulsiven Transfer.

Einfluss der Restatmosphäre:
Für niedrige Erdumlaufbahnen bewirkt die Erdatmosphäre eine nicht zu vernachlässigende Störung, insbesondere bei Betrachtungen über längere Zeiträume. Die Dichte hängt in erster Näherung von der Höhe ab, wird aber auch von der Sonnenaktivität (F10.7) und dem geomagnetischen Index beeinflusst. (Zum Beispiel ist $\rho = 10^{-11}$ kg/m^3 für 400 km Bahnhöhe). Die **aerodynamische Beschleunigung** ergibt sich aus

$$a_{\text{air}} = \frac{A\,c_{\text{D}}}{m} \frac{\rho}{2} v^2 \tag{5.3.13}$$

A ist die in Geschwindigkeitsrichtung wirksame Fläche des Flugkörpers, m seine Masse und c_{D} der Widerstandsbeiwert. Für das Rendezvous ist der Unterschied dieses Luftwiderstands zwischen den beiden Flugkörpern entscheidend. Den Einfluss über mehrere Umläufe zeigt Bild 5.3.7 für eine ATV- und ISS-Konfiguration.

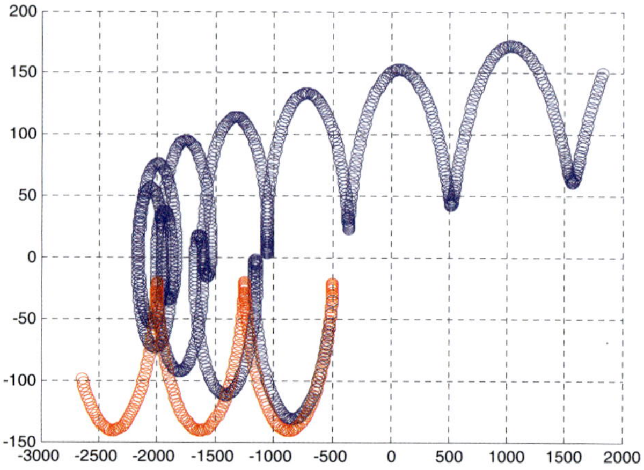

Bild 5.3.7: *Freiflugtrajektorie mit (blau) und ohne (rot) Airdrag.*

Man erkennt deutlich, dass sich schon nach wenigen Umläufen die ursprüngliche negative Drift umkehrt und das Raumfahrzeug zurückfliegt.

Da der **Luftwiderstand** in erster Näherung konstant ist, lässt er sich in der Lösung der Euler-Hill-Gleichungen direkt in γ berücksichtigen.

5.3.4 Die Sicherheitsanforderungen

In [5.3.2] sind Schnittstellen und Anforderungen an neue Raumfahrzeuge definiert, die an die Internationale Raumstation fliegen (gelten nicht für existierende Systeme). Bild 5.3.8 zeigt die Sicherheitszonen.

In den **Approach Ellipsoide (AE)** darf nur, wer die Freigabe vom Kontrollzentrum der ISS hat. Zur Überwachung des sich annähernden Systems wird deshalb gefordert, dass das Fahrzeug sich 90 Minuten (etwa ein Umlauf) vor dem Eintritt auf einer vordefinierten Bahn (oder einem Haltepunkt) befindet. Der Punkt, an dem eine Trajektorie zum Eintritt in den AE initiiert wird, heißt AI (Approach Initiation).

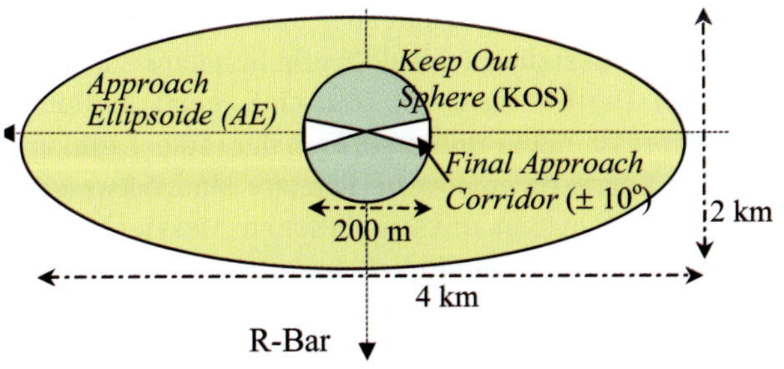

Bild 5.3.8: *ISS-Sicherheitszonen.*

Vor Erreichen des Punktes AI muss sichergestellt sein, dass alle Freiflugtrajektorien (inkl. 3 σ-Unsicherheiten) für mindestens 24 h nicht in den AE dringen.

Innerhalb der **Keep Out Sphere (KOS)** darf sich das Fahrzeug nur in dem 10°-Kegel relativ zum gewünschten Docking-Port bewegen.

Auf Anforderung von der ISS muss das Fahrzeug in der Lage sein, die Annäherung abzubrechen und zu einem sicheren Haltepunkt zurückzukehren. Dabei muss es bis zu 34 h Wartezeit überbrücken (1 Tag + Crew Shift)

Die Manöver innerhalb des AE sollen nicht länger als 10 h dauern **(Crew Shift).**

Beim Abflug von der Station muss bis zum Verlassen des AE die Entfernung monoton steigen. Der AE muss innerhalb von 90 Minuten verlassen und darf nicht wieder durchkreuzt werden.

Das Fahrzeug muss in der Lage sein, eine drohende Kollision zu erkennen und automatisch ein **Ausweichmanöver** (Collision Avoidance Manoeuvre, CAM) einleiten, das das Fahrzeug auf eine Freiflugtrajektorie bringt, die für mindestens 24 h außerhalb des AE bleibt. Wird dieses Manöver außerhalb der KOS ausgeführt, darf die KOS nicht durchkreuzt werden.

Neben diesen operationellen und Missionsanforderungen gibt es ein Reihe von Designanforderungen zur Gewährleistung der ISS-Sicherheit, deren wichtigste sicherlich die Forderung nach einer **Zweifehlertoleranz** bzgl. Kollisionsrisiko liegt. Das bedeutet, dass zwei unabhängige Fehler im System oder in der Kontrolle des Systems nicht zu einer Trajektorie mit Kollisionsrisiko führen dürfen, oder das System nach beliebigen zwei Fehlern noch immer in der Lage sein muss, ein CAM auszuführen.

Für die Überwachung und **Kommunikation** mit dem Rendezvous-Fahrzeug stellt die Raumstation einen bi-direktionalen sogenannten „Proximity Link“ zur Verfügung.

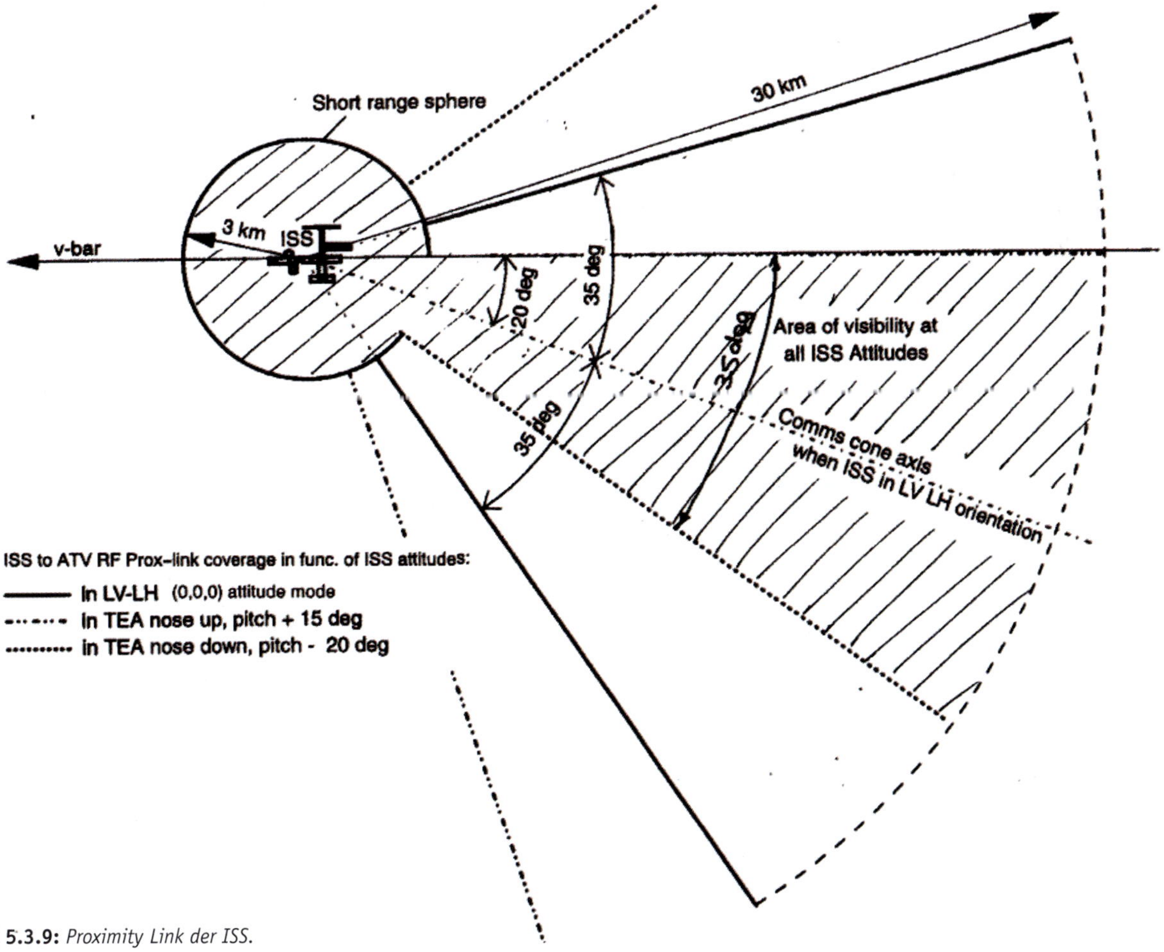

Bild 5.3.9: *Proximity Link der ISS.*

Bild 5.3.9 zeigt den Kommunikationsbereich für die Annäherung an den russischen Docking-Port auf der V-Bar-Seite. Über diese Verbindung müssen der Station kontinuierlich Informationen über den Systemzustand gesendet werden.

Bild 5.3.10: *ATV-Rendezvous mit der ISS (Bild: ESA).*

5.3.5 Das ATV-RVD-System

Die **ATV-Annäherungsstrategie** lässt sich unter den oben beschriebenen Bedingungen und der Relativbewegungsdynamik leicht verstehen. Der Punkt AI entspricht dem Punkt S_2 in Bild 5.3.11. Dabei ist S_2 so gewählt, dass er etwa 100 m über dem V-Bar liegt, sodass sich eine negative Drift (weg von der ISS) bei Ausfall aller Systeme einstellt. Das kostet zwar zusätzlich Treibstoff, erhöht aber die passive Sicherheit. Der Übergang von S_1 nach S_2 heißt „Homing" und entspricht einem Hohmann-Transfer (halber Umlauf) mit zwei Korrekturmanövern. Letztere sind notwendig, weil sich neben den unvermeidlichen Messfehlern in Position und Geschwindigkeit immer auch Fehler bei der Ausführung der Manöver ergeben. Die notwendigen Geschwindigkeitsinkremente lassen sich nach den oben gegebenen Gleichungen näherungsweise leicht berechnen.

Bei erteilter Freigabe zum Rendezvous erfolgt die erste grobe Annäherung über einen **V-Bar-Hop.** Auch das sog. Closing sieht zwei Korrekturmanöver vor und hat einen Punkt S_3 vor dem Approach Corridor außerhalb der KOS zum Ziel. Durch die Wahl einer Transferzeit von weniger als einem halben Umlauf wird sichergestellt, dass sich auch hier bei Ausfall aller Systeme eine mittlere Drift weg von der ISS einstellt. Wie schon S_2 bildet auch der Haltepunkt S_3 ein flexibles Element in dem zeitlichen Ablauf des Rendezvous.

Die weitere Annäherung muß innerhalb eines **10°-Kegels** erfolgen, dessen Spitze in dem nominellen Punkt des Docking-Ports liegt. Manöver unter Ausnutzung der Bahndynamik (Hopping) sind nur noch sehr eingeschränkt möglich, sodass das Fahrzeug von nun an in einem geschlossenen Regelkreis entlang einer geradlinigen Trajektorie geführt wird.

Die **Annäherungsgeschwindigkeit** folgt dabei dem in Bild 5.3.12 gegebenen Profil. Sie wird kleiner mit kleiner werdendem Abstand. Bei etwa 40 m ist die Docking-Geschwindigkeit erreicht.

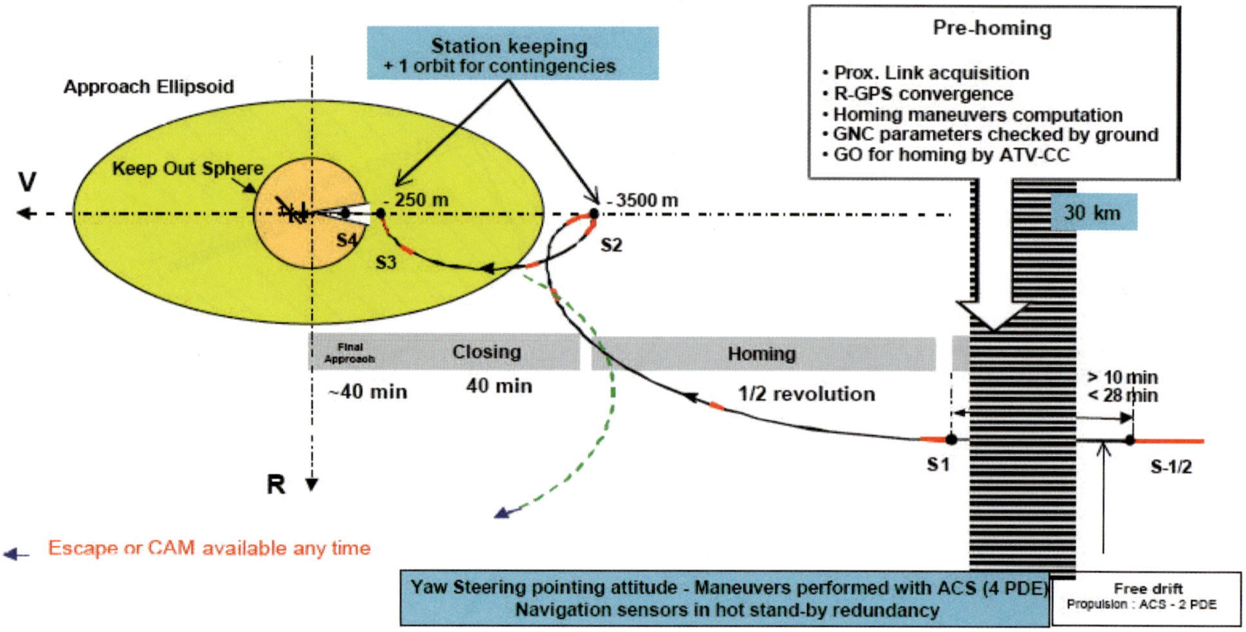

Bild 5.3.11: *ATV Proximity Operations (Bild: [5.3.5]).*

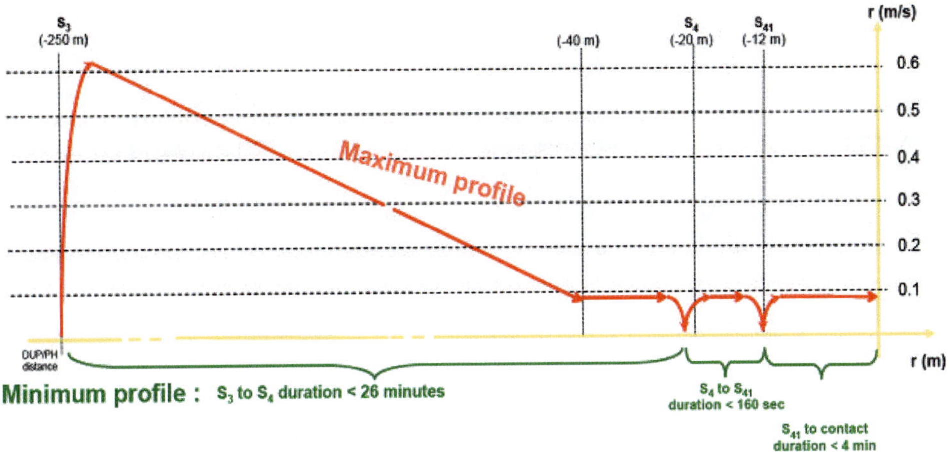

Bild 5.3.12: *Geschwindigkeits-profil.*

Bis zum Punkt S_4 ist die Trajektorie auf die mittlere Lage des Docking-Ports ausgerichtet. Störungen durch die Restatmosphäre, durch Gravitation und des Erdmagnetfeldes zwingen die ISS jedoch zu unregelmäßigen **Lagekorrekturmanövern.** Mit dieser Lagebewegung bewegt sich auch der Docking-Port. Deshalb muss auf den letzten Metern die Navigation und Regelung relativ zum sich bewegenden Docking-System stattfinden. Auch die relative Lage muss jetzt stimmen und auf den Docking-Adapter ausgerichtet werden. Dann wird das ATV in Richtung Docking-Port auf 0,1 m/s beschleunigt. Das ist die Geschwindigkeit, für die der **„Probe and Drogue"-Docking-Mechanismus** ausgelegt ist.

Beim ersten mechanischen Kontakt werden die hinteren Triebwerke noch einmal kurz gefeuert, um ein Zurückspringen zu verhindern und die mechanische Verriegelung zu unterstützen. Dann wird die Restbewegung gedämpft, die Sonde eingezogen und eine Feinjustierung zum Schließen der Schnittstellenverbindungen durchgeführt. Nach Abschluss des Dockings wird der innere Teil herausgenommen und erlaubt den Zugang von der Station ins ATV.

Nach einem (nominell) sechsmonatigen Aufenthalt wird das ATV für die **Rückkehr** vorbereitet. Das System wird hochgefahren, der Docking-Port geschlossen und die Trennung kommandiert. Einen ersten Impuls liefert

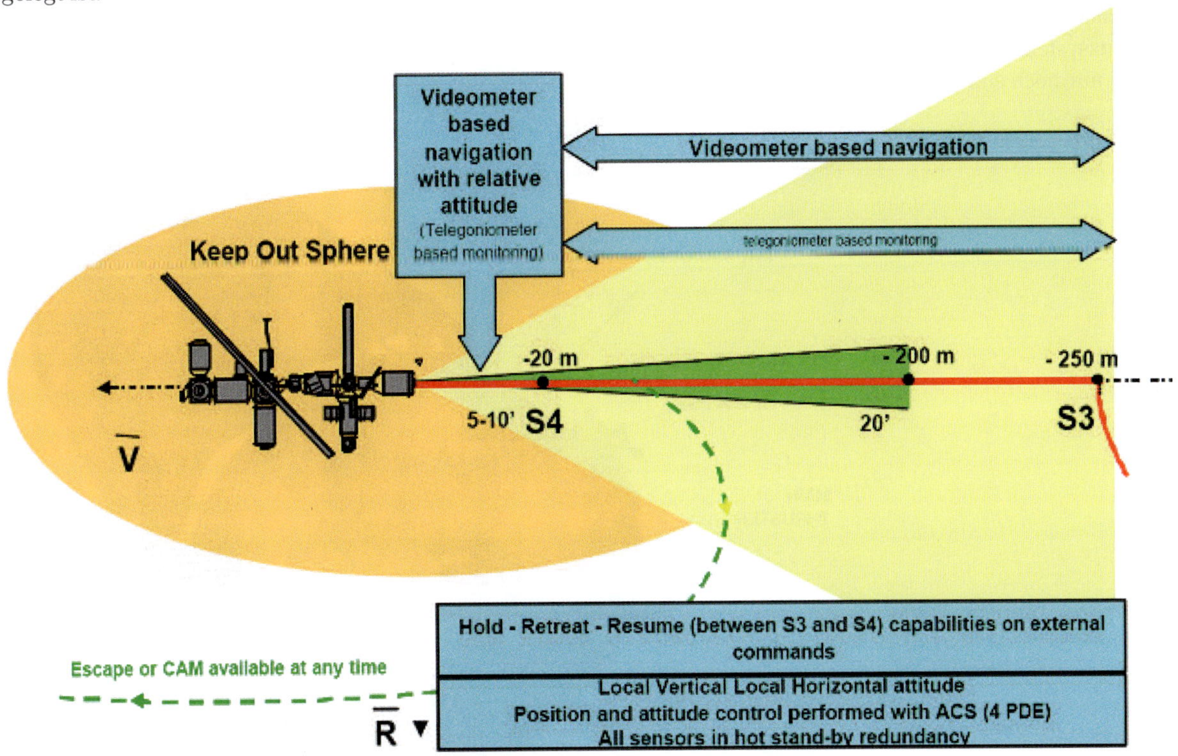

Bild 5.3.13: *ATV Final Approach (Bild: [5.3.5]).*

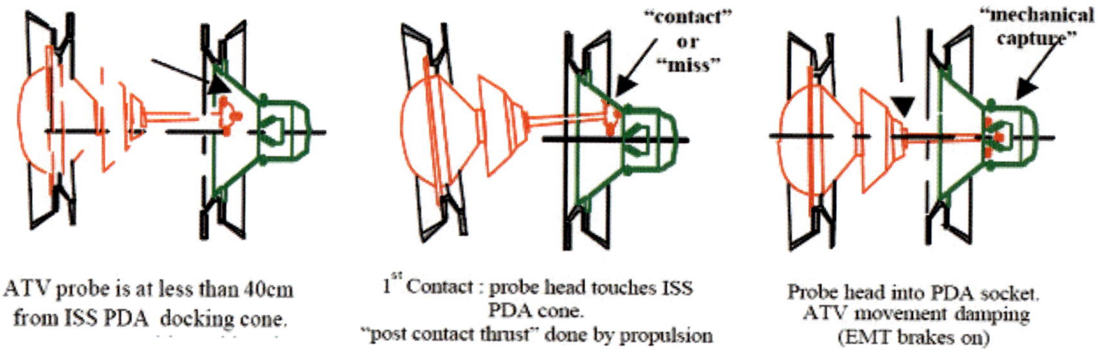

Bild 5.3.14: *Docking-Vorgang.*

der Docking-Mechanismus. Zum Verlassen des AE wir dann ein Bremsmanöver ausgeführt, das das ATV auf eine **Freiflugtrajektorie** bringt, ähnlich der grün gestrichelten Kurve in Bild 5.3.13 (CAM). Anschließend erfolgt der Übergang auf eine Wiedereintrittsbahn, entlang der das ATV zum größten Teil in der Atmosphäre verglüht und nur kompakte Teile, wie z. B. die Batterien, im Südpazifik die Erdoberfläche erreichen.

Die Forderung nach **Zweifehlertoleranz** für das CAM führt zu sehr komplexen kreuzverschalteten Systemen mit aufwendigen Überwachungseinheiten und Sicherheitsvorkehrungen. Das operationelle System ist **einfehlertolerant** ausgeführt, das heißt, nach einem beliebigen Fehler ist das System noch in der Lage, ein Rendezvous durchzuführen. Das beinhaltet die Fähigkeit, ein Escape Maneuver, ein dem CAM ähnliches Manöver, durchzuführen. Das unabhängige Sicherheitssystem zur Durchführung des CAM muss damit ebenfalls nur noch einfehlertolerant sein.

Für das ATV ergibt sich aus dieser Strategie folgendes Systemkonzept:

Es gibt drei unabhängige Rechner, die sich über ein geeignetes „Voting" selbst überwachen. Bei einem Fehler wird der defekte Rechner deaktiviert. Da man jetzt bei einem weiteren Fehler nicht sicher sein kann, welcher der beiden verbliebenen richtig arbeitet, muss die Sicherheit von einem zusätzlichen, unabhängigen System gewährleistet werden. Das ist die **MSU (Monitoring and Safety Unit).** Sie besteht aus zwei heißredundanten Rechnern mit eigener Energieversorgung und eigenem Zugriff auf das Antriebssystem. Sie hat eine unabhängige Verbindung zum TM/TC und erhält Lageinformationen über unabhängige Sensoren.

5.3.5.1 Das Antriebssystem

Das ATV-Antriebssystem verwendet Zweistoffdüsen (MON, MMH) mit zwei unterschiedlichen Schublevels, den Lage-

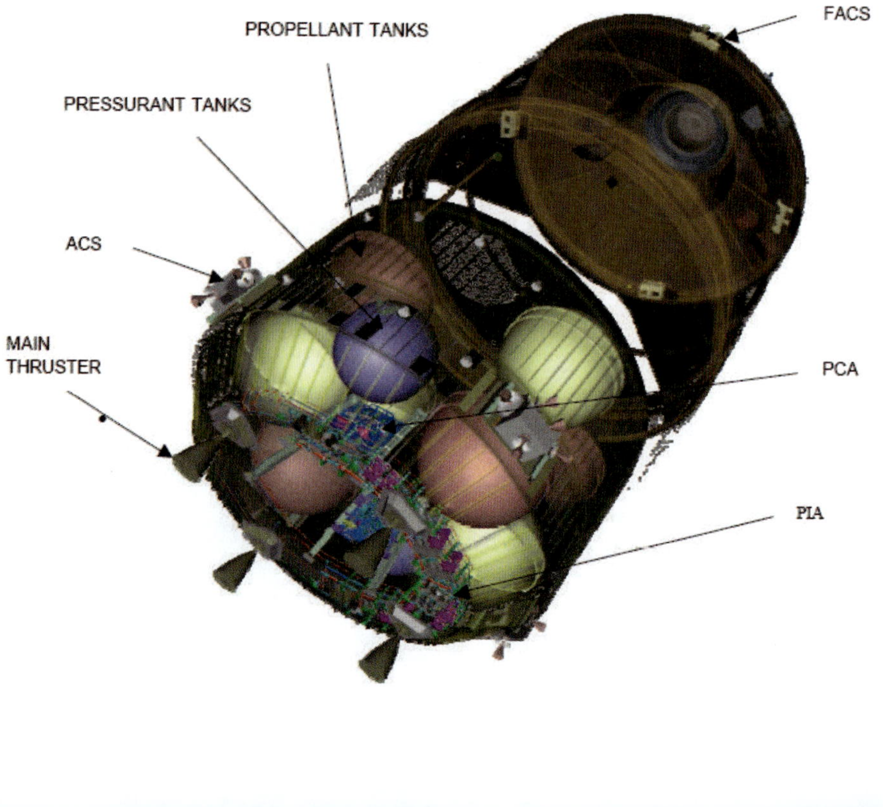

Bild 5.3.15: *ATV-Antriebssystem (Bild: ESA).*

regelungstriebwerken mit jeweils 220 N und den Bahnmanövertriebwerken mit einem Schub von 490 N.

Die vier **490-N-Haupttriebwerke** sind am hinteren Teil angebracht und parallel zur Körperlängsachse ausgerichtet. Bahntransfermanöver von bis zu 75 m/s erfordern Brennzeiten von mehr als 30 Minuten bei einem Treibstoffbedarf von etwa 500 kg (I_{SP} = 311).

Die 8 **Tanks** (2 × 4) bieten Platz für bis zu 6 960 kg Treibstoff, davon sind allerdings 4 t für das Anheben der Raumstation vorgesehen. Diese „Boost up“ sind notwendig, damit die Raumstation aufgrund des Widerstands durch die Restatmosphäre nicht zur Erde zurückfällt. Die 2 Helium-Tanks (310 bar) bilden das Druckreservoir, um die Treibstofftanks unter konstantem Druck (18 bar) zu halten, damit sich der Schub der Triebwerke nicht ändert.

Es gibt 28 **Lageregelungstriebwerke.** Sie verteilen sich auf 4 Cluster zu je 5 Triebwerken im hinteren Teil (ACS) und vier Cluster zu je zwei Triebwerken im vorderen Bereich (FACS) vom ATV. Sie werden von 4 Steuerelektroniken (PDE, Propulsion Drive Electronic) kontrolliert, sodass nach einem beliebigen Fehler noch alle 6 Freiheitsgrade geregelt werden können und nach zwei Fehlern das CAM noch immer ausgeführt werden kann. Für das CAM werden mindestens 4 Düsen in x-Richtung benötigt. Deshalb enthält jede PDE eine separate Steuereinheit für jeweils 2 Triebwerke von den 8, die für das CAM vorgesehen sind.

Für die Genauigkeit der Regelung des ATV ist die Ausführung von sehr kurzen Impulsen wichtig. Die minimale Impulsdauer der 220-N-Lageregelungstriebwerke beträgt 25 ms. In diesem Betrieb ist der spezifische Impuls von nominell 286 s erheblich kleiner (180 s), d. h., der Treibstoffverbrauch über das Integral der Impulse steigt.

5.3.5.2 Flugführung und Flugregelung

Das Flugführungssystem (GNC) besteht aus den drei Hauptfunktionen Guidance, Navigation und Control. Während des Rendezvous ist die **Guidance** für die Berechnung der nominellen Trajektorie, d. h. die Vorgabe von Sollposition und -lage verantwortlich. Ihr zugrunde liegen die in 5.3.3 beschriebenen Prinzipien. Für den Nahbereich werden die Trajektorien, ähnlich wie in der Robotertechnik, aus einfach zu berechnenden Segmenten zusammengesetzt (konstante Beschleunigung, konstante Geschwindigkeit, lineare Geschwindigkeitsänderung über eine Distanz, vgl. auch Bild 5.3.12).

Zur Sicherung der **Energieversorgung** werden 4 Solargeneratoren verwendet. Da sie sich nur um eine Achse drehen lassen, fliegt das ATV im sog. Yaw Steering Mode. Dabei wird es durch positionsabhängige Drehung des ATV um die z-Achse (Richtung Erdmittelpunkt) den Solargeneratoren ermöglicht, sich auf die Sonne auszurichten (vgl. Bild 5.3.16).

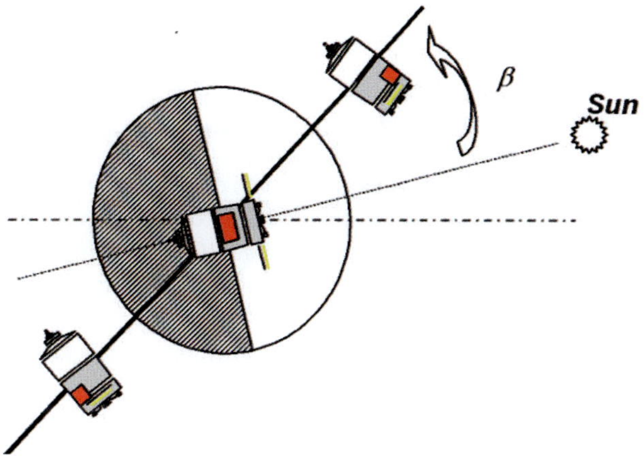

Bild 5.3.16: *Yaw Steering.*

Da sich für kleines β (Winkel zwischen Bahnebene und Sonne hängt ab von der Jahreszeit und der Lage des Bahnknotens) sehr große Drehraten ergeben würden, wird dieses Konzept nur für $\beta > 10°$ angewendet.

In der **Navigation** wird mit Hilfe von Kalman-Filtern der Zustandsvektor (Position, Geschwindigkeit, Lage und Winkelgeschwindigkeit) optimal geschätzt. Mit Ausnahme der letzten Meter sind dabei die translatorischen Freiheitsgrade von den rotatorischen entkoppelt.

Die Lageschätzung stützt sich auf 4 Kreisel mit jeweils zwei Freiheitsgraden und zwei Sternsensoren. Zur Vermeidung von Singularitäten greift man bei der Formulierung der Kinematik auf Quaternionen zurück (siehe [5.3.6]). Wie bei Satelliten ist ein Notfallmode, der „Survival Mode“ definiert, dessen Hauptanforderung die Sicherstellung der Energieversorgung und die Kommunikationsmöglichkeit mit der Bodenstation ist. Für diesen Fall stehen der MSU zwei Sonnensensoren zur Verfügung.

Die Positionsschätzung liefert die absolute Position und Geschwindigkeit. Die absoluten Größen stützen sich auf zwei GPS-Empfänger (9 Kanal). Für die Überwachung von Manövern stehen 3 Zweiachsen-Beschleunigungsmesser zur Verfügung.

Mit dem Aufbau des „Local Link“ stehen dem ATV auch die GPS-Messungen der ISS zur Verfügung. Durch Verwendung von Messungen zu gleichen GPS-Satelliten lassen sich gemeinsame Fehler eliminieren, und man erhält eine hochgenaue Navigation „relativ“ zur ISS. Für den Nahbereich reicht diese Genauigkeit noch nicht. Deshalb wird ab etwa 200 m Entfernung eine Laser-Kamera (das Videometer) eingesetzt, die zunächst Entfernung und Peilwinkel zum Docking-Port liefert und im Nahbereich (< 40 m) zusätzlich die relative Lage berechnet.

Zur unabhängigen Überwachung der Annäherung werden noch zwei laserbasierte Telegoniometer mitgeführt. Wie die Videometer liefern sie Peilwinkel und Distanz.

Die **Lageregelung** erfolgt wie bei einem Satelliten autonom. Die erforderlichen Momente werden durch kurze Impulse der Düsen des Antriebssystems aufgebracht. Um Treibstoff zu sparen, wird in den Freiflugphasen ein Modus aktiviert, in dem innerhalb eines Kontrollintervalls höchstens eine Düse gefeuert wird.

Bei den Manövern unterscheidet man kleine Korrekturmanöver und große Transfermanöver. Letztere benutzen die vier Haupttriebwerke aus dem Bahnkontrollsystem (OCS) und erfordern eine Ausrichtung tangential zur Bahn, d. h., diesen Manövern ist in der Regel ein Lagedrehmanöver (Slew) vorgeschaltet.

Die **Ansteuerung der Lageregelungstriebwerke** ist nicht trivial. Der Regler erzeugt aus der Abweichung zwischen Soll- und Istwert eine sich kontinuierlich ändernde Anforderung von Schubkräften (Positionsregelung) und Drehmomenten (Lageregelung). Dieser Kraft-Momentenvektor muss umgesetzt werden in eine geeignete Auswahl und Kommandierung der Düsen. Das geschieht in der Thruster Management Function (TMF). Da die Triebwerke nur vollen Schub oder gar keinen Schub liefern, wird nicht mit dem Kraft-Momentenvektor, sondern mit dem Impuls gerechnet. Die maximale Impulsbreite entspricht dem Abtastintervall des diskreten Regelkreises.

Es ergibt sich ein lineares Optimierungsproblem der Form

$$\begin{bmatrix} f_{1x} & f_{2x} & \cdots & f_{nx} \\ f_{1y} & f_{2y} & \cdots & f_{ny} \\ f_{1z} & f_{2z} & \cdots & f_{nz} \\ t_{1x} & t_{2x} & \cdots & t_{nx} \\ t_{1y} & t_{2y} & \cdots & t_{ny} \\ t_{1z} & t_{2z} & \cdots & t_{nz} \end{bmatrix} \cdot \begin{bmatrix} u_1 \\ u_2 \\ \vdots \\ u_n \end{bmatrix} = \alpha \cdot \begin{bmatrix} F_x \\ F_y \\ F_z \\ T_x \\ T_y \\ T_z \end{bmatrix}$$

$$\text{mit } |u_i| \le 1 \text{ und } 0 \le \alpha \le 1$$

oder

$$\underline{A} \cdot \underline{u} = \alpha \cdot \underline{C},$$

das mit Hilfe eines Simplexalgorithmus ([5.3.8]) zu einer treibstoffoptimalen Lösung führt. Die Komponenten u_i geben dabei die prozentuale Öffnungsdauer des jeweiligen Triebwerks an, die, multipliziert mit der Abtastzeit, dann das Kommando an die PDE ergibt.

Dieses Verfahren ist sehr flexibel vor allem auch im Hinblick auf Konfigurationsänderungen (missions- oder fehlerbedingt), birgt aber die Gefahr von sehr vielen Iterationsschritten in der Optimierung und damit zu nicht deterministischem Zeitverhalten. Bricht man nach einer bestimmten Anzahl von Optimierungsschritten einfach ab, kann nicht gewährleistet werden, dass die Lösung wenigstens in der Nähe des Optimums liegt.

Alternativ dazu kann man eine feste Zuordnung von Triebwerken zu bestimmten Kommandos treffen und in Form von Tabellen ablegen. Da diese Tabellen nur Gültigkeit für eine bestimmte Triebwerkskonfiguration haben, müssen für jede mögliche Konfiguration, d. h. für jeden Fehlerfall, eigene Tabellen erstellt und in der Software abgelegt werden. Außerdem liefert das Verfahren i. Allg. nur suboptimale Lösungen, ist damit ungenauer und führt zu höherem Treibstoffverbrauch. Allerdings gibt es in vorhersagbarer Weise immer eine Lösung, weshalb diesem Verfahren in der sicherheitskritischen Anwendung vom ATV der Vorzug gegeben wurde.

5.3.6 Verifikation und Test

Da die Weltraumbedingungen (Vakuum, Schwerelosigkeit, Temperatur- und Beleuchtungsverhältnisse etc.) am Boden nur teilweise nachgestellt werden können, ist man bei der Verifikation auf **Simulationen** und Simulatoren ([5.3.4]) angewiesen. Dreh- und Angelpunkt dabei ist die korrekte mathematische Modellierung der Umgebung und aller Einflussgrößen der Bewegungsdynamik sowie der Systemkomponenten, die nicht Bestandteil des Testaufbaus sind (z. B. optische Stimuli eines Sternsensors oder Simulation eines GPS-Signals).

Die Bahnmechanik einschließlich der Störgrößen wie Luftwiderstand, Unregelmäßigkeiten des Gravitationsfeldes, Erdmagnetfeld, Sonnenaktivität, Ionosphäreneinfluss auf RF-Signale etc. ist sehr genau bekannt. Auch Flexibilitäten in der Struktur oder das Schwappen des Treibstoffs lassen sich recht gut modellieren. Allerdings gibt es immer Unsicherheiten, und es müssen selbst bei genauer Kenntnis des Modells häufig vereinfachende Kompromisse gemacht werden, um den Grenzen der Rechenleistung oder der Komplexität und den Kosten des Testaufbaus Rechnung zu tragen. Dabei ist die Verifikation der Test- und Simulationsanlagen häufig genauso aufwendig wie die Verifikation des Rendezvous-Systems selbst.

Der ultimative Test bleibt jedoch der eigentliche Flug oder ein eigens konzipierter **Demonstrations- und Testflug.** Wegen der damit verbundenen hohen Kosten wurde beim ATV darauf verzichtet und stattdessen ein Reihe von Tests in den Erstflug eingebaut.

So wurde noch vor der Rendezvousphase ein CAM-Manöver kommandiert (aber keine Düsen gefeuert), sowohl von der Bodenkontrollstation als auch von der Raumstation. Die erste Annäherung wurde dann per Bodenkommando in der KOS unterbrochen und ein Rückzug zum Punkt S_3 (außerhalb der KOS) eingeleitet. Hier wurde ein Escape-Manöver vom Boden aus initiiert und ausgeführt.

Ein neuer Versuch begann mit einem neuen Phasing. Auch dieser Annäherungsversuch wurde unterbrochen, diesmal durch ein Kommando von der Raumstation kurz vor dem Docking (20 m vor dem Ziel). Erst beim dritten Versuch wurde dem ATV die Kopplung gestattet.

Auch wenn der Erstflug ein voller Erfolg war, gab es eine Reihe kleinerer Fehlfunktionen, die jedoch die Mission niemals in Gefahr brachten. Stellvertretend seien hier Probleme mit dem Latch Valve in der Tankdruckregelung und die Degradierung der MLI (Multi Layer Insulation) durch inadäquate Belüftung im Cargo Carrier erwähnt.

Mit diesem erfolgreichen Erstflug bis hin zum Verglühen in der Erdatmosphäre (siehe [5.3.10]) konnten die RVD-Systeme und die operationellen Prozeduren als qualifiziert betrachtet werden.

5.3.7 Ausblick

Auch nach den erfolgreichen ATV-Missionen gehen die Entwicklungen um das Thema RVD weiter. Dabei geht es um die Verbesserung der Systemintegration und der Autonomie (kleiner, leichter, leistungsfähiger) insbesondere mit Blick in Richtung Servicing, das im Wesentlichen drei Zielrichtungen umfasst:

1. **Lebensdauerverlängerung:** An Satelliten, deren Treibstoffvorräte aufgebraucht, die aber sonst noch operationell sind, wird ein Modul angekoppelt, das die Lageregelung des Satelliten für weitere Jahre übernimmt.
2. **Entsorgung ausgedienter Satelliten:** Der Wunsch nach Entfernung aus dem Orbit betrifft vor allem zwei Erdumlaufbahnen: den geostationären Orbit (vor allem Kommunikations- und Wettersatelliten) und die polaren Umlaufbahnen in etwa 800 km Höhe (Erdbeobachtungs- und Aufklärungssatelliten).
3. **Reparatur:** Das Versagen einfacher Mechanismen (z. B. Ausfahren des Solargenerators) kann die operationelle Inbetriebnahme von komplexen und teuren Satelliten verhindern. Mit einem geeigneten Manipulatorsystem an Bord könnte ein **Servicer** dieses Problem lösen.

Allen Zielrichtungen gemein ist die Notwendigkeit eines Navigationssystems, das keine Unterstützung seitens des Zielflugkörpers benötigt, d. h. in dem oben beschriebene ATV System müssen das GPS System und die Zielmarkierungen ersetzt werden. Eine entsprechende Entwicklung wurde im nationalen Rahmen vor allem in dem Projekt **DEOS** (Deutsche Orbitale Servicing Mission, vgl. [5.3.13]) voran getrieben. Dieses Projekt deckte alle drei Zielrichtungen ab. Für die Entsorgung in niedrigen Erdumlaufbahnen wird dabei nicht ein höher gelegener Orbit (**Graveyard**) wie im GEO, sondern der gezielte Wiedereintritt in die Erdatmosphäre beabsichtigt. Bild 5.3.17 zeigt das prinzipielle Szenario. Der Servicer ist mit einem Manipulatorsystem ausgerüstet, das den Zielsatelliten an geeigneter Stelle greift, dann das gekoppelte System versteift und so für den Einschuss in die Erdatmosphäre vorbereitet. In dieser verglüht dann das System und trägt so nicht länger zum Weltraummüll bei (Gefahr von Kollisionen, die Anzahl der Weltraumtrümmer beträgt schon jetzt mehr als 600 000).

Verglichen mit dem oben beschriebenen ATV-Rendezvous und -Docking gibt es einen entscheidenden Unter-

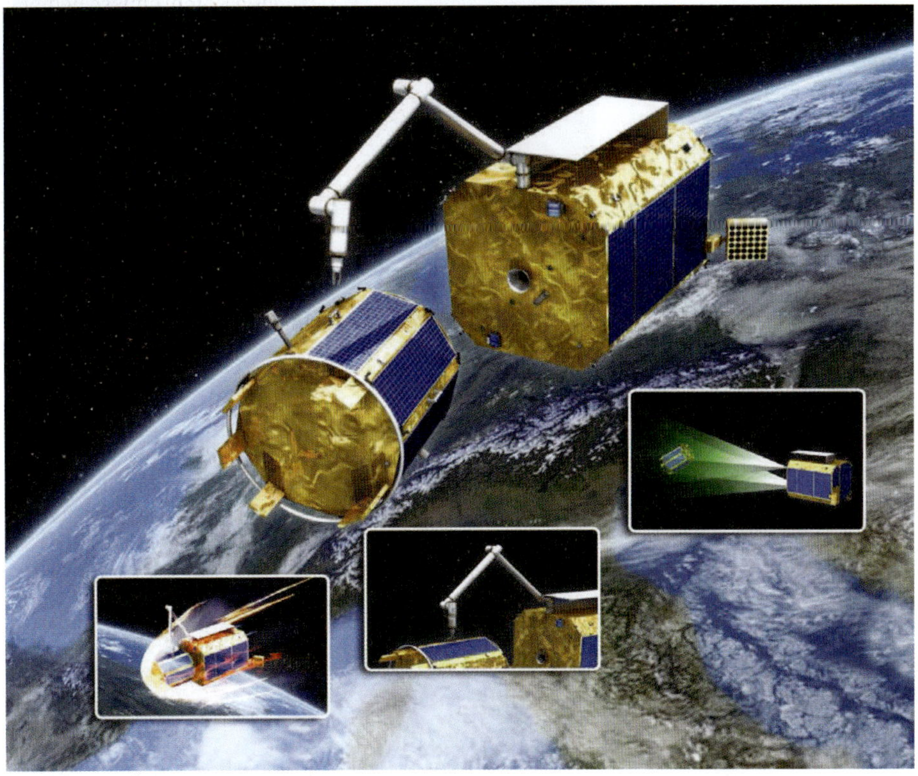

Bild 5.3.17: *DEOS – Satelliten-Service (Bild: [5.3.14]).*

schied: das Ziel ist im Allgemeinen unkooperativ (jedoch nicht unbekannt). Das hat vor allem zwei Konsequenzen:

- es bietet keine Unterstützung bei der Navigation während der Annäherung,
- es hat i. Allg. keine definierte Lage, d. h., es taumelt.

Der erste Punkt erfordert eine andere Sensorik. In größerer Entfernung vor der Annäherung wird beim ATV das sehr leistungsfähige Relativ-GPS verwendet, das allerdings eine Kommunikationsverbindung zum Zielsatelliten (hier die Raumstation) erfordert. Beim unkooperativen Rendezvous wird das durch optische Sensoren (Kameras und Laserscanner) ersetzt. Weil spezielle Markierungen für die Bilderkennung und -auswertung sowie Reflektoren für den Laser nicht vorhanden sind, werden hohe Anforderungen an die Onboard-Bildverarbeitung und den Laserscanner (LIDAR) gestellt, die weit über die Erfordernisse von ATV hinausgehen. Kameras benötigen ein beleuchtetes Ziel. Für den Fernbereich (ab ca. 20 km) ist das Objekt mit der Kamera lediglich als Lichtpunkt sichtbar. Aus der sich daraus ableitenden Richtungsinformation lässt sich aber zusammen mit bekannten kleinen Schubmanövern die Relativposition berechnen und so das Relativ-GPS in dem ATV Szenario ersetzen. Wird als Beleuchtungsquelle die Sonne genutzt, liefern Kameras im Erdschatten keine Messinformation für die Navigation. Eine aktive Beleuchtung, selbst mit kurzen Lichtblitzen, erfordert eine hohe Energie und ist nur auf kurzen Distanzen anwendbar. Kameras liefern im Erdschatten keine Messinformation für die Navigation. Laserscanner funktionieren auch im Erdschatten und werden deshalb vorzugsweise als primärer Navigationssensor eingesetzt. Allerdings ist auch hier die Reichweite ohne Reflektoren am Zielsatelliten recht eingeschränkt (< 1,5 km), wenn auch deutlich größer als bei der aktiv beleuchteten optischen Kamera.

Diese Techniken wurden im Rahmen des DEOS Projekts bis zur Designreife (PDR Status) entwickelt, konnten aber bisher nicht in Flugsysteme umgesetzt werden (das DEOS Projekt wurde Ende 2014 aus Budgetgründen eingestellt).

Parallel zum DEOS Projekt begann die ESA in 2010 im Rahmen des ‚Clean Space' Programms mit ersten Untersuchungen für eine Mission zur Entsorgung des etwa 8 t schweren Erdbeobachtungssatelliten ENVISAT. Neben der ungewöhnlichen Größe kommt hier erschwerend hinzu, daß sich der Satellit mit einer Taumelrate von bis zu 4 Grad/sec dreht. Da das Missionsziel Entsorgung und nicht Servicing hieß, wurden auch Einfangtechniken untersucht, die keine Kopplung im Sinne von Rendezvous und Docking erforderten. Dazu zählten das Einfangen mit einem Netz oder auch das Harponieren. Letztlich wurde doch das Konzept des Greifens mit einem Robotikarm, ähnlich dem DEOS Konzept, ausgewählt, u. a. weil das Risiko weitere Trümmerteile beim Einfangen zu erzeugen als gering eingestuft wurde und weil die Kontrolle zweier durch ein einfaches langes Seil verbundener Satelliten für ein gezieltes Wiedereintrittsmanöver sehr schwierig nachzuweisen ist.

Allerdings machen es die Taumelbewegung und die Größe des Zielsatelliten erforderlich, dass sich der Servicer in seiner Bewegung mit der des Zielsatelliten synchronisiert. Dazu wird in sicherer Entfernung (~ 50 m) der Drehimpulsvektor bestimmt. In einem geeigneten ‚fly around' Manöver wird dann diese Inertial feste Achse angeflogen. Anschließend erfolgt eine weitere Annäherung entlang dieser Achse. Im Nahbereich (~ 15 m) werden dann Lage und Position relativ zum Zielsatelliten geregelt, das heißt der Servicer fliegt synchron mit dem taumelnden Envisat. Die Relativbewegung wird dadurch nahezu null und der Arm kann den Zielsatelliten an der Struktur fassen, mit der der Zielsatellit mit dem Träger während des Starts verbunden war (launcher interface ring). Da jeder Satellit eine derartige Strukturschnittstelle besitzt, kann dieses System im Prinzip für beliebige Zielsatelliten verwendet werden.

Bild 5.3.18: *e.deorbit – Greifen des Envisat ([5.3.14]).*

Zum Zeitpunkt dieser Überarbeitung hatte das e.deorbit Projekt das SRR (System Requirements Review) erfolgreich abgeschlossen, d. h. das Konzept und Analysen zeigen die Machbarkeit. Bis zur geplanten Missionsdurchführung im Jahr 2023 müssen die angesprochenen und im Labor erprobten Technologien bis zu Flugmodellen weiter entwickelt werden. Die Finanzierung dafür ist noch keineswegs gesichert.

In jüngster Zeit bekommt der ‚in orbit servicing' Gedanke wieder mehr Auftrieb. Insbesondere der Service von geostationären Satelliten zur Verlängerung der Lebensdauer ist auch von kommerziellem Interesse. Die oben angesprochenen Technologien sind auch hierfür notwendig und werden der Weiterentwicklung einen zusätzlichen Schub geben.

Literatur

[5.3.1] *Fehse, W.:* Automated Rendezvous and Docking of Spacecraft. Cambridge Aerospace Series, 2003.

[5.3.2] Interface Definition Document for International Space Station Visiting Vehicles, SSP 50235, 25.01.1999.

[5.3.3] *Mueller, D.:* Relative motion in the docking phase of orbital rendezvous. AMRL-TDR-62-124.

[5.3.4] *Sommer, J.:* The functional engineering simulator for the ATV RVD mission with the ISS. ESA workshop SESP, 1998.

[5.3.5] *Mosenkis, R.:* ATV Executive Summary, ATV-AS-PRE-1057.

[5.3.6] *Wertz, J. R.:* Spacecraft Attitude Determination And Control. D. Reidel Publishing Company, 1986.

[5.3.7] *Junkins, J. L.; Turner; J. D.:* Optimal Spacecraft Rotational Maneuver. Elsevier, 1984.

[5.3.8] Numerical Recipes: http://numerical.recipes/.

[5.3.9] http://www.esa.int/esaMI/ATV/ESAE021VMOC_0.html.

[5.3.10] http://www.esa.int/esaMI/ATV/SEMI696EJLF_0.html.

[5.3.11] *Uhlig, T.; Nitsch, A.; Kehr, J.:* Wie Columbus fliegen lernte. München: Carl Hanser Verlag, 2010.

[5.3.12] EADS Astrium: High integrated multi-range rendezvous control system & autonomous rendezvous and capture GNC test facility (HARVD). ESA contract no. 19983. 06. NL. GNC.

[5.3.13] *Kaiser, C.:* SMART-OLEV – an orbital life extension vehicle for servicing commercial spacecrafts in GEO. Acta Astronautica, Vol. 63, 2008.

[5.3.14] *Reintsema, D. et. al.:* DEOS – The German Robotics Approach to Secure and De-Orbit Malfunctioned Satellites from Low Earth Orbits. i-SAIRAS, 2010.

[5.3.15] Rendezvous GNC for an uncooperative target, European Control Conference, July 2015, Linz, Austria; *J. Sommer* et al.

[5.3.16] Coupled Control Of Chaser Platform And Robot Arm For The E.Deorbit Mission; ESA GNC 2017, Salzburg; *J. Telaar* et al.

5

DLR
GSOC

6 Missionsbetrieb

Thomas Kuch

In der Betriebsphase, nach dem Abheben der Trägerrakete und dem Beginn der Mission, zeigt es sich, ob alle Überlegungen richtig waren und somit die Mission erfolgreich ist. Besonders in der frühen Missionsphase und in kritischen Momenten einer Mission ist das Interesse der Öffentlichkeit groß, wird die Faszination der Raumfahrt spürbar. Dabei steht der Missionsbetrieb im Mittelpunkt, entscheidet oft über Erfolg oder Misserfolg.

Das Ziel, neue unbekannte Wege zu entdecken, bringt immer wieder neue Ideen der Wissenschaftler, Ingenieure und Techniker hervor, sodass keine Mission wie die andere abläuft. So sehr die Spannung in bestimmten Missionsphasen auch in Zukunft vorhanden sein wird, so sehr ist es das Ziel einer sorgfältigen **Missionsvorbereitung,** möglichst viele Betriebsszenarien bereits vor dem Start der Raumfahrtmission erfassen zu können. Hierzu wird je nach Komplexität der Mission bereits einige Jahre vor dem geplanten Start des Raumfahrzeugs mit der gezielten Vorbereitung begonnen.

Da ein großer Teil des Betriebs des Raumsegments vom Boden aus gesteuert wird, ist die Verknüpfung von Hardware, Software und eingesetztem Personal nirgends so präsent wie im Missionsbetrieb. Hier gilt es, die Betriebsinfrastruktur mit zahlreichen Antennen, Rechnersystemen, Kommunikationsverbindungen, Kontrollräumen zu definieren, das Design festzulegen sowie das System zu implementieren und zu integrieren. Insbesondere die Schnittstellen zwischen den einzelnen Komponenten des Bodensegments, aber auch vor allem die zum Raumsegment erfordern große und vor allem rechtzeitige Aufmerksamkeit. Nicht zuletzt nehmen die vorzubereitenden Betriebsprozesse und -prozeduren einen beträchtlichen Anteil der Vorbereitungszeit ein. Hier werden möglichst viele denkbare Fehlerfälle bereits durchdacht und die erforderlichen Korrekturmaßnahmen festgelegt. Da niemals alle Fehlerfälle erfasst werden können, ist auch das Verhalten bei unvorhergesehenen Ereignissen zu definieren, um in diesem Fall schnell die bestmögliche Vorgehensweise zu finden.

Dem Aufbau des Bodensegments für den Betrieb folgt eine intensive **Test- und Validierungsphase,** in der Systeme, aber auch die Betriebsprozeduren und das Betriebspersonal selbst überprüft und für den eigentlichen Einsatz zertifiziert werden. Über Training und Simulationen wird so nach und nach das Risiko auf ein vertretbares Maß reduziert.

Im Nachfolgenden wird zunächst anhand des Satellitenbetriebs die komplexe Aufgabe beschrieben, wie der Betrieb vorbereitet und dann abhängig vom Missionstyp die Satellitenüberwachung und -steuerung durchgeführt wird. Die zugehörige Infrastruktur, Kontrollzentrum und Bodenstationsnetzwerk, nimmt eine wichtige Rolle ein und trägt einen großen Teil zum Aufwand und zur Zuverlässigkeit einer Mission bei. Der letzte Teil dieses Kapitels beschreibt anhand der europäischen Beteiligung an der Internationalen Raumstation ISS die Besonderheiten des Betriebs bei der bemannten Raumfahrt.

6.1 Satellitenbetrieb

Manfred Warhaut und *Paolo Ferri*

Der Betrieb von Satelliten und Sonden bedarf einer langjährigen intensiven Vorbereitung. So wird bereits Jahre vor einem geplanten Start damit begonnen, die Betriebsteams aufzubauen und das Bodensegment zu entwickeln sowie für den operationellen Einsatz zu konfigurieren.

6.1.1 Prinzipien und Vorgehensweise

Missionsvorbereitung, Planung und Durchführung sind im Allgemeinen unabhängig vom Missionstyp. Alle Missionsbetriebsaktivitäten werden anhand von Prozeduren durchgeführt, die in einem Dokument, dem **Flugbetriebsplan,** zusammengefasst sind. Das Flugbetriebsteam erstellt dieses auf der Basis von Projektvorgaben der Satellitenhersteller und der Nutzer (oft Wissenschaftler). Die Betriebsvorschriften basieren auf Benutzerhandbüchern und Datenbanken.

Der Satellitenbetrieb während der aktiven Missionsphasen wird für die Mehrzahl der Missionen im **Offline-Modus** durchgeführt. Alle Aktivitäten sind im Voraus geplant, und die Anweisungen (Telekommandos) werden zum Satelliten gesendet, oft mit einem Zeitstempel (Timetag) für eine Ausführung zu einem bestimmten Zeitpunkt. Die empfangenen

Daten (Telemetrie) werden in kritischen Missionsphasen und zur Behebung größerer Satellitenfehler in Echtzeit ausgewertet, aber wenn möglich zu normalen Arbeitszeiten im Nachhinein analysiert. Interventionen in Echtzeit sollten aber immer mit nicht zu langem Zeitverzug möglich sein, um das Satellitenverhalten kurzfristig beeinflussen zu können.

Die **Funkkontakte** zwischen dem Kontrollzentrum und dem Satelliten sind bei den meisten Missionen nicht kontinuierlich. Sie werden hauptsächlich zum Vorprogrammieren von autonomen Betriebsfunktionen des Satelliten benutzt sowie zum Herunterladen der Daten für die nachfolgende Datenanalyse. Der Satellit wird meist so konfiguriert, dass die größte Bandbreite dem Download der bereits an Bord gespeicherten Telemetriedaten zugewiesen wird. Zur Satellitenüberwachung in Echtzeit ist eine limitierte Datenrate für die Housekeeping-Daten ausreichend. Eventuelle Satelliten- oder Sonden-Anomalien werden am Boden in Abhängigkeit der Kontakte nur zeitverzögert erfasst, mindestens mit der Signallaufzeit Satellit-Erde, bei interplanetaren Sonden bis zu einer Größenordnung von einem halben Tag.

Die Betriebsvorschriften einzelner Satellitennutzlastelemente werden von den Wissenschaftlern und Ingenieuren definiert, die diese Instrumente entwickelt haben.

Die **Nutzlastbetriebsabläufe** werden bereits vor der Mission gemäß den wissenschaftlichen Anforderungen geplant und erstellt, wobei Einschränkungen seitens des Satelliten und des Bodensystems zu berücksichtigen sind. Die geplanten Abläufe werden zudem vom Hauptauftragnehmer für den Bau des Satelliten analysiert und überprüft. Dabei sind oft auch Betriebsphasen eingeplant, in denen der Nutzlast keine oder nur geringe Bodenunterstützung gegeben wird, d. h., die Instrumente bleiben deaktiviert oder verbleiben in einem autonomen Modus.

Im Routinebetrieb werden möglichst alle Aktivitäten vorab geplant. Man stützt sich für die Satellitensicherheit sowie die Kontrolle des Missionsfortschritts auf die genaue Analyse der empfangenen Telemetriedaten. Dies ist nur mit einem hohen **Autonomiegrad** der Satellitensubsysteme und der Instrumente möglich. In jedem Fall müssen die Datengenerierung und -erfassung an Bord des Satelliten auch im Fall eines ersten Fehlverhaltens aufrechterhalten werden. Im Fall eines zweiten Fehlers wird dann autonom der Nutzlastbetrieb unterbrochen und der Satellit in einen gesicherten definierten Zustand gebracht.

Die Einflussnahme vom Boden erfolgt im Fehlerfall in der Regel erst nach der bordautonomen Intervention des Satelliten, natürlich abhängig von der Missionsphase. Das Flugbetriebsteam erfasst dann die Informationen zur Analyse des Fehlverhaltens und die bereits erfolgten autonomen Aktionen an Bord. Die Satellitensubsysteme oder Instrumente werden dann so konfiguriert, dass der Normalbetrieb wieder aufgenommen werden kann.

Der Betrieb wird sowohl für die Satellitensysteme als auch für die Nutzlast nur unter genauester Einhaltung der getesteten Ablaufprozesse und Prozeduren des Flugbetriebsplans durchgeführt. Änderungen von Prozeduren oder Zeitabläufen werden nur unter Konfigurationskontrolle vorgenommen und der Flugbetriebsplan entsprechend

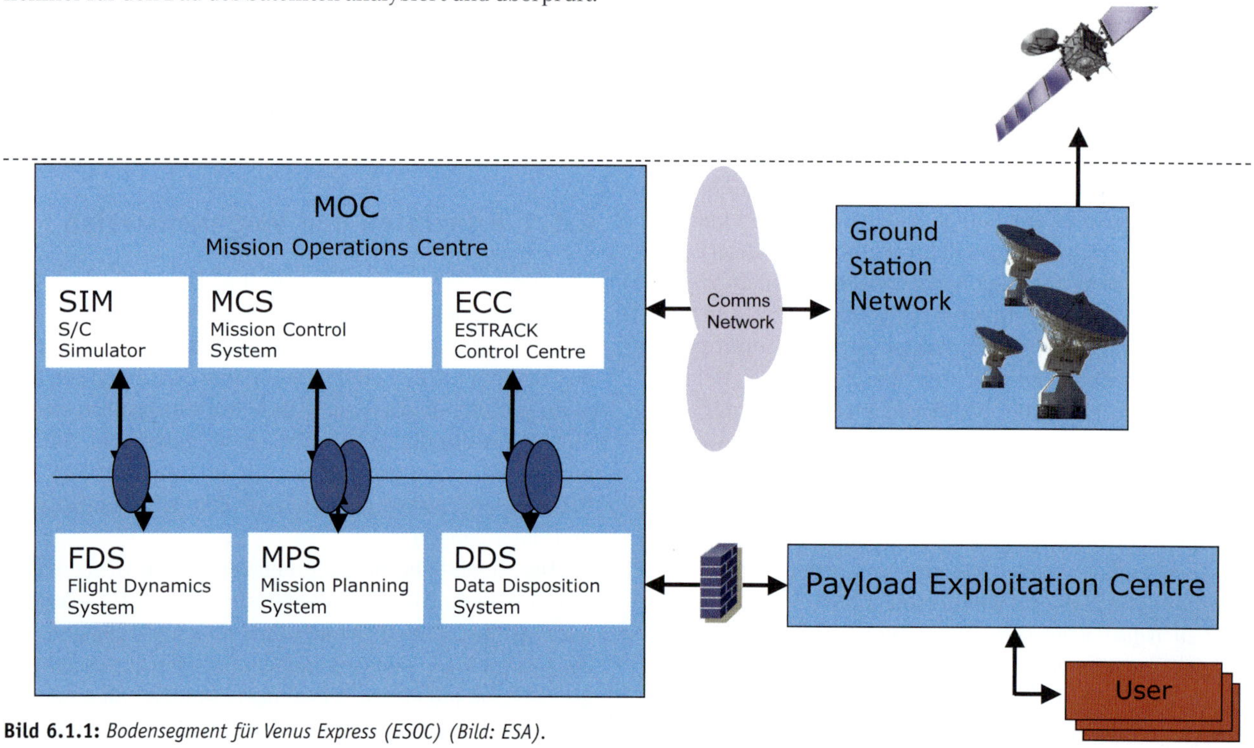

Bild 6.1.1: *Bodensegment für Venus Express (ESOC) (Bild: ESA).*

überarbeitet. Dies schließt die formelle Genehmigung durch alle Verantwortlichen ein, die meistens an den Leiter des Flugbetriebsteams delegiert wird.

Die Nutzlastdaten werden im Allgemeinen nicht im Kontrollzentrum verarbeitet. Deswegen muss die Information, die das Kontrollzentrum im Nominal- und Fehlerfall zur Missionskontrolle benötigt, in den Housekeeping-Daten enthalten sein. Die entsprechende **Datenstruktur** wird einem speziellen Schnittstellen-Dokument, dem Space-to-Ground Interface Document, definiert.

Das Kontrollzentrum hat jederzeit die Möglichkeit, ein Instrument abzuschalten, falls der Verdacht einer negativen Einflussnahme auf andere Instrumente oder den Satelliten selbst besteht oder das Erreichen der Missionsziele gefährdet ist.

Nach Abschluss jeder Missionsphase erstellt das Flugkontrollteam einen Bericht, der die durchgeführten Aktivitäten zusammenfasst.

Ein typisches Bodensegment für den Satellitenbetrieb im ESOC (European Space Operations Centre) ist in Bild 6.1.1 dargestellt.

6.1.2 Missionstypen

Abhängig von der Missionszielsetzung werden verschiedene Erdumlaufbahnen bzw. Flugbahnen ausgewählt, damit die Anforderungen bezüglich Datenerfassung, -übertragung, -verarbeitung und -verteilung möglichst optimal erfüllt werden können.

6.1.2.1 Satelliten im niedrigen Erdorbit

Die Missionen im niedrigen Erdorbit mit einer typischen Umlaufzeit von 90 Minuten sind durch kurze Bodenkontaktzeiten von etwa 10 Minuten gekennzeichnet. Das erfordert einen hohen Grad von **Automatisierung** der Aktivitäten zur Konfiguration der Bodenstation, des Satelliten sowie der Übertragung zum Boden. Das Nutzlastdatenvolumen ist oft sehr groß (MByte bis GByte) und wird z. B. zum Erfassen und zur **Übertragung von Bildern** benötigt. Moderne Erdbeobachtungssatelliten in niedrigen Umlaufbahnen benötigen typischerweise pro Tag 1–2 Kontakte mit einer Bodenstation für die Überwachung und Kontrolle im Rou-

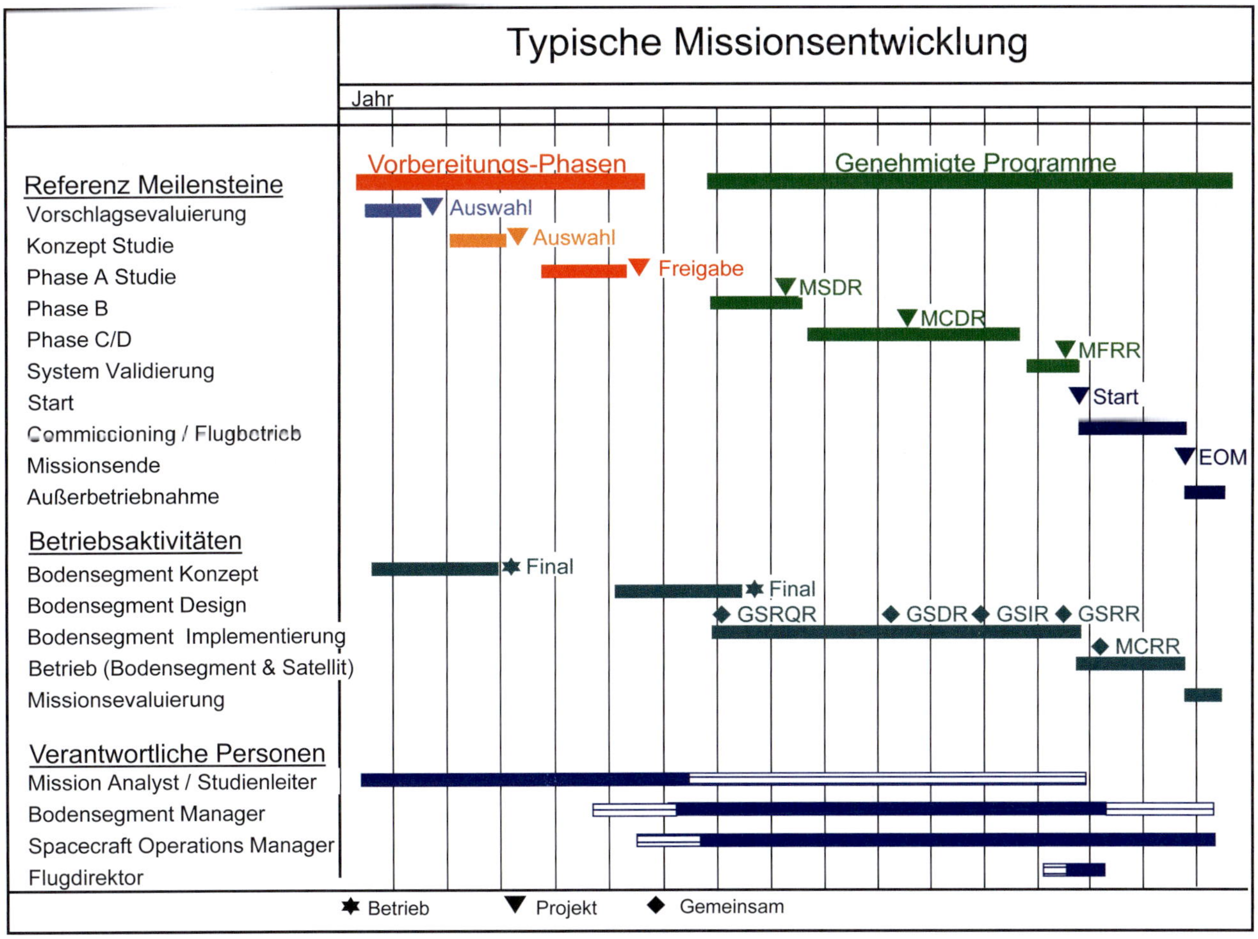

Bild 6.1.2: *Typische Missionsphasen aus der Sicht des Missionsbetriebs (Bild: ESA).*

tinebetrieb. Die Übertragung der Nutzlastdaten hingegen wird mit vielen zusätzlichen Bodenstationen realisiert, die weltweit verteilt sind, wobei ein spezieller Empfangsmodus und ein Übertragungsfrequenzband zugewiesen werden (zurzeit typischerweise im X-Band, aber die Nutzung von höheren Übertragungsfrequenzen hat bereits begonnen). Inter-orbit links mit geostationären Satelliten werden mehr und mehr genutzt und finden in diesem Fall oft bereits mittels optischer Übertragung statt.

6.1.2.2 Satelliten im hochelliptischen Orbit

Diese Umlaufbahnen mit Umlaufzeiten von 12, 24, 48 oder 72 Stunden werden bevorzugt von Satelliten zur **Beobachtung und Erforschung** unserer Milchstraße oder anderer Galaxien in verschiedenen Spektralbereichen (Röntgen, Gamma, Ultraviolett) genutzt. In diesen mehrstündigen Umlaufbahnen sind die Satelliten die meiste Zeit in großer Entfernung von der Erde und haben eine unbeeinträchtigte Sicht auf die Himmelssphäre. Dadurch und in Kombination mit zwei Bodenstationen können lange Kontaktzeiten über den größten Teil der Umlaufbahn erreicht werden. Die Datenübertragungsraten liegen im kbit/s- bis Mbit/s-Bereich, und wegen der längeren Kontaktzeiten kann die Satellitenkontrolle oft im Echtzeitbetrieb erfolgen.

6.1.2.3 Navigationssatelliten im mittleren Erdorbit

Navigationsaufgaben werden mittels Satellitenkonstellationen unterstützt, die sich typischerweise in kreisförmigen Erdumlaufbahnen in einer Höhe von ca. 19 000 km bis 24 000 km befinden. Die Umlaufbahnen über 2 000 km und unterhalb der geostationären Bahn werden als Mittlerer Erdorbit (Medium Earth Orbit, MEO) bezeichnet. Konstellationen zur Navigation können auch eine Mischung aus MEO und GEO Satelliten beinhalten. Der Zweck der Konstellationen zur Navigation ist es sicherzustellen, dass zu jeder Zeit jeder Ort auf der Erde mindestens von 4 Satelliten gleichzeitig sichtbar ist, um den Empfangsstationen auf der Erde genügend Informationen geben zu können, damit eine präzise Ortsbestimmung möglich ist.

Der Missionsbetrieb dieser Art von Satelliten erfolgt vorwiegend „offline". Ein Netzwerk von Bodenstationen übernimmt typischerweise einmal pro Tag die Aufgabe, für eine relativ kurze Zeitdauer Kontakt mit den einzelnen Satelliten der Konstellation aufzunehmen. Hierbei wird der Status des Satelliten verifiziert und routinemäßige Kontrollanweisungen werden zum Satelliten gesendet zur nachfolgenden „offline" Ausführung.

Die Komplexität und Kritikalität im Flugbetrieb dieser Missionstypen besteht darin, die Konstellationen, die oft aus 2–3 Dutzend Satelliten bestehen, betriebsbereit aufrecht zu erhalten. Die zur Kontrolle und Steuerung der einzelnen Satelliten notwendigen Aufgaben, insbesondere für die Behebung von Anomalien oder Verbesserungen der Konfiguration der gesamten Konstellation parallel zur geforderten Dienstleistung, bedeuten eine große Herausforderung und bedürfen sorgfältiger Planung und Zuweisung der Ressourcen.

6.1.2.4 Geostationäre Satelliten

Die geostationäre Bahn in einer Höhe von 35 800 km und somit einer 24-stündigen Umlaufzeit wird fast ausschließlich von **Telekommunikations- und Wettersatelliten** benutzt. Die kontinuierliche quasi-stationäre Position über einem vorherbestimmten Gebiet ermöglicht direkte und permanente Datenübertragung, die Verteilung von Radio- und Fernsehprogrammen sowie von Bildern im optischen und Infrarot-Bereich und Messdaten für meteorologische Anwendungen. Die Zuweisung der Position im geostationären Orbit und der Sende- und Empfangsfrequenzen erfolgt durch die International Telecommunication Union (ITU) mit Sitz in Genf. Jeder geostationäre Satellit fliegt in einer imaginären würfelförmigen Box mit einer Kantenlänge von ca. 100 km. Korrekturmanöver zur Positionshaltung finden ca. alle 2 Wochen statt. Fliegt mehr als ein Satellit in einer Box, sind erhöhte Abstimmungs- und Kontrollaktivitäten erforderlich.

6.1.2.5 Sonden in den Lagrange-Punkten L1/L2

Neuerdings werden Astronomiemissionen in einer **Umlaufbahn am Lagrange-Punkt** L1 (der Sonne zugewandt) oder L2 (der Sonne abgewandt) in einer Entfernung von ca. 1,5 Millionen Kilometer von der Erde durchgeführt. In diesen Umlaufbahnen behält der Satellit das ganze Jahr über seine gleiche, relative Position zur Sonne und Erde, was L2 ideal für astronomische Teleskope und L1 ideal für Sonnen-Observatorien und für Weltraumwetter-Anwendungen macht. Verglichen mit den traditionellen, hochelliptischen Bahnen, zeichnen sich diese Umlaufbahnen durch geringe Temperaturunterschiede und geringe Strahlenbelastung aus. Das Durchlaufen des Van-Allen-Strahlungsgürtels wird vermieden. Die Kontaktzeiten der Bodenstationen, die Datenübertragungsraten und die Missionskontrollkonzepte dieser Sonden ähneln sehr denen für Satelliten in hochelliptischen Bahnen.

6.1.2.6 Interplanetare Sonden

Interplanetare Missionen dienen zur Erforschung von Planeten, Monden, Asteroiden und Kometen in unserem Sonnensystem. Aufgrund der großen Entfernung von der Erde bewegen sich die Satelliten relativ zu den Bodenstationen sehr langsam im Weltraum. Die Dauer der Kontakte mit der Bodenstation wird von der Erdrotation bestimmt, was lange tägliche Kontaktzeiten von 8 bis 14 Stunden ermöglicht, abhängig von der Jahreszeit und der Position der

Sonde im Weltraum. Die Kontaktzeiten werden meistens zum Empfang der Daten im **Playback-Modus** und zur Konfiguration von neuen, zukünftigen Betriebsabläufen benutzt. Die Datenübertragungsraten sind klein (bit/s - kbit/s) und das Signal erreicht die Erde erst nach Minuten bis Stunden, proportional zur Entfernung der Sonde zur Erde. Des Weiteren kann es aufgrund der Geometrie zwischen Satellit - Planet - Sonne zu Okkultationsphasen von mehreren Tagen oder sogar Wochen kommen, in denen keine Kommunikation mit der Sonde möglich ist.

6.1.3 Vorbereitungsaktivitäten

Dieses Kapitel beschreibt die Aktivitäten, die zur Vorbereitung einer komplexen Mission notwendig sind, wie z. B. einer Wissenschaftsmission. Diese Missionen sind normalerweise auf eine sehr spezielle Zielordnung ausgerichtet und deswegen müssen alle Aktivitäten für jede Mission neu erarbeitet und wiederholt werden. Für einfachere, sich wiederholende Anwendungs-Missionen (z. B. Missionen aus dem Bereich der Telekommunikation, Navigation, Erdbeobachtung) können die Vorbereitungsaktivitäten vereinfacht werden, da sie extensiven Gebrauch von bereits vorhandenen Systemen (space/ground) und Prozeduren machen.

Bereits mit Beginn der Definition eines neuen Raumfahrtprojekts werden, ausgehend von den Ideen und Konzepten der Nutzer, die Aufgaben und Anforderungen des Satellitenbetriebs berücksichtigt. In diesen frühen Projektphasen wird die Durchführbarkeit eines Projekts aus technischer und wissenschaftlicher Sicht analysiert und festgestellt. Dies geschieht meist einige Jahre vor dem geplanten Starttermin. In dieser ersten Studienphase (**Assessment Study**) werden die Missionsanforderungen und Bedingungen hinsichtlich folgender Aspekte untersucht:

- Auswahl der Erdumlaufbahn bzw. der Flugbahn,
- Satellitenkonfiguration,
- Nutzlast und Satellitensubsysteme,
- Start- und Missionsablauf,
- Bodenbetriebseinrichtungen sowie
- Missionsbetriebskonzepte.

Nach Abschluss dieser Untersuchungen werden die Ergebnisse, die auch Alternativkonzepte einschließen sollen, in einem Studienbericht festgehalten.

Die Aufgaben in der nachfolgenden **Phase-A-Studie** beinhalten eine Analyse der allgemeinen Anforderungen hinsichtlich der Missionskontrolle und der Betriebseinrichtungen für alle Missionsphasen. Die Missionsphasen können in die Launch and Early Orbit Phase (LEOP), die Commissioning und In-Orbit Test Phase, den Routinebetrieb sowie die Außerbetriebnahme unterteilt werden. Zusätzlich gibt es, abhängig vom Missionstyp und Profil, spezielle Missionsphasen. Zum Beispiel haben interplanetare Missionen eine „cruise-phase“ sowie verschiedene kritische Phasen beim Planetenvorbeiflug, dem Eintritt in die Umlaufbahn am Zielobjekt und der Landung. In der Studie werden u. a. die Bereiche Datenerfassung, -übertragung, -verarbeitung und -verteilung, Navigation und Flugdynamik, Bodenstationen, Kommunikationsnetzwerke berücksichtigt. Des Weiteren wird ein kohärentes Konzept zur Wartung der Flug- und der Bodensoftware und der Betriebsanlagen erstellt. Der bereits aus vorangegangenen Studienphasen entstandene Studienbericht wird weiter detailliert, ergänzt, und die zugehörigen Kosten werden abgeschätzt.

Projekte, deren Durchführung formal genehmigt ist, werden typischerweise in den nachfolgenden Projektphasen umgesetzt (siehe auch Kapitel 2):

- Phase B: Definition,
- Phase C: Entwicklung und Implementierung,
- Phase D: Test, Training und Simulation,
- Phase E: Start und Betrieb,
- Phase F: Außerbetriebnahme.

Die Verantwortung für die Leitung und Durchführung der Mission wird dem Projektleiter für den Missionsbetrieb übertragen, der in kritischen Missionsphasen auch die Funktion des Flugdirektors wahrnehmen kann. Die Verantwortung für den Routinebetrieb obliegt dem Leiter des Flugkontrollteams.

Eine typische **Missionsentwicklung** für ein wissenschaftliches Projekt ist in Bild 6.1.2 dargestellt.

6.1.3.1 Missionsanalysen und Systemstudien

Im Zusammenhang mit den Satellitenbetriebsaufgaben werden folgende Missionsanalysen und Systemstudien durchgeführt:

- Analysen der Startfenster,
- Evaluierung der Anforderungen und Einschränkungen an die **Erdumlaufbahnen** bzw. **Flugbahnen** unter Berücksichtigung von Eklipsen, Kontaktzeiten der Bodenstationen, Bahnmanövern, Nutzlastbetriebsanforderungen und deren Zeitabläufen,
- **Missionsprofile** und Erstellung der Manöveranforderungen und Manöverstrategien,
- alternative Umlaufbahn- oder Flugbahnkonzepte,
- **Kovarianz-Analyse** der Bahn- und Lage-Parameter,
- Kontaktzeiten der Bodenstationen,
- Anforderungen und Einschränkungen bezüglich des **Nutzlastbetriebs.**

Die Ergebnisse werden in einem konsolidierten Bericht zur Missionsanalyse und in zugehörigen Studienberichten dokumentiert. Des Weiteren werden Anforderungen an die Trägerrakete definiert sowie Besprechungen und Verhandlungen mit den Trägerraketen-Verantwortlichen unterstützt.

6.1.3.2 Implementierung

Die Implementierung der Missionsanforderungen umfasst Aufgaben in den Bereichen Missionsanalyse, Management der Bodenbetriebseinrichtungen, Projektkontrolle, Flugdynamik, Datenverarbeitung, Simulatoren, Kommunikation, Computerhardware-Beschaffung, Netzwerkbetrieb, Missionskontrolle und Ingenieuraufgaben für Bodenstationen. In dem **Implementierungsplan** sind diese Aufgaben genauer detailliert, wie z. B. Systemdefinition, Missionsplanung, Erarbeitung und Kontrolle von Nutzeranforderungen, Beschaffungsmaßnahmen für Bodenbetriebseinrichtungen, Entwurf, Entwicklung und Bau/Erweiterung von Bodenbetriebsanlagen sowie deren Test, Validierung und Abnahme, Definition eines Betriebskonzepts und alle Vorbereitungsaufgaben für den Missionsbetrieb.

In dieser Phase können noch operationelle Anforderungen an den Satellitenhersteller eingebracht werden, was in speziellen Dokumenten festgehalten wird. Der Projektfortschritt wird in dieser Phase durch mehrere Projektüberprüfungen verfolgt.

6.1.3.3 Test und Validierung

Mit Ausnahme von einigen spezifischen Tests beginnen die Aktivitäten zu Test und Validierung der Bodenbetriebseinrichtungen auf Systemebene etwa zwei Jahre vor dem Start der Mission. Die Tests umfassen Hochfrequenz (englisch: radio frequency, RF)-Kompatibilitätstests, Tests der Kontrollzentrumssoftware, Missionsablauftests sowie Systemvalidierungstests. Die verschiedenen Komponenten der Bodenbetriebseinrichtungen werden Abnahmetests ausgesetzt, bevor sie nach abgeschlossener Integration im Zusammenspiel getestet werden. Ein Software-Simulator, der dem Satelliten und den Bodenstationen entspricht, wird zur Verifikation der Missionskontrollsystemsoftware und zum Training des Flugkontrollpersonals unterstützend eingesetzt.

6

a) RF-Kompatibilitätstests

Zur Feststellung und Bestätigung der **Kompatibilität** des **Satelliten** mit den **Bodenstationen** wird bereits zwei Jahre vor dem Start ein Test durchgeführt. Dazu wird ein Ingenieurmodell des Satellitensenders und -empfängers bereitgestellt, das weitgehend dem Flugmodell entspricht. Es erlaubt, die Sende- und Empfangsfunktionen in allen vorgesehenen Frequenzbereichen und Übertragungsraten zu testen und deren Leistungsmerkmale festzustellen. Dieser Test wird mit einer Referenzbodenstation durchgeführt, die für alle in der Mission vorgesehenen Bodenstationen repräsentativ ist. Zur Sicherstellung der Kompatibilität mit von Partnern bereitgestellten Bodenstationen ist ebenfalls ein entsprechender Test vorzunehmen.

b) Validierung der Kontrollzentrums- und der Flugsoftware

Die Verantwortung für die Entwicklung der **Flugsoftware** (Satellit und Nutzlast) liegt beim Hauptauftragnehmer bzw. beim Instrumentbereitsteller. Das Kontrollzentrum übernimmt dann aber die Wartung von Flugsoftware für Satelliten mit langer Missionsdauer. Dies erfordert die vollständige Lieferung der Flugsoftware. Die Software-Entwicklungsumgebung für die Flugsoftware wird im Kontrollzentrum zur Generierung von Software-patch-Kommandos benutzt. Etwa 12 Monate vor dem Start werden gezielt Kurse und Präsentationen abgehalten, um das Spezialwissen der Software-Entwickler an das Personal im Kontrollzentrum weiterzugeben. Zu diesem Zeitpunkt wird auch die **Software-Umgebung** im Kontrollzentrum integriert und das **Software-Wartungskonzept** abschließend verifiziert. Weitere Softwarelieferungen werden unter strikte Konfigurationskontrolle gestellt und schließen die Zertifizierung erfolgreicher Tests und eine formale Abnahme seitens des Projektes ein. Der Hauptauftragnehmer unterstützt im Kontrollzentrum mit fachkundigem Personal die Wartung der Software in den kritischen Missionsphasen nach dem Start, später zur Problembehebung im Routinebetrieb nur noch auf Anforderung. Die Entwicklung, Test und Zertifizierung der Experiment- und Instrumentensoftware liegt in der Verantwortung der entsprechenden Instrumentenbetreiber.

c) Missionsablauftests

Zur Verifikation der Durchführbarkeit ausgewählter Missionsszenarien wird ein Missionsablauftest durchgeführt. Auf der Basis eines Missionsablaufs, der typische Satelliten- und Nutzlastbetriebsaktivitäten beinhaltet, werden Kommandosequenzen für Satellitensubsysteme und Nutzlast definiert, in den Onboard-Computer geladen und zusammen mit typischen Bodenstations-Betriebsaktivitäten ausgeführt. Der Missionsablauftest sollte möglichst früh im Projektverlauf als Teil der **Satellitennutzlast-Funktionstests** durchgeführt werden, und/oder während der integrierten Satellitentests, z. B. dem Thermal-Vakuum-Test. Die Testdauer beträgt etwa jeweils einen Tag und das Flugkontrollteam beteiligt sich an der Definition von repräsentativen Missionsszenarien.

d) Systemvalidierungstests

Für die Gesamtsystem-Validierung wird das Flugmodell des Satelliten für „Online-Tests" im „Closed-loop-Modus" mit den Bodenbetriebseinrichtungen und der Flugsoftware bereitgestellt. Diese Tests beinhalten das **Kommandieren** des Satelliten durch das Kontrollzentrum, **Datenübertragungstests** zwischen Satellit und Kontrollzentrum sowie die **Verarbeitung der Telemetriedaten** in Echtzeit im Kontrollzentrum parallel zur Verarbeitung in der Satellitentestanlage. Die Verbindung des Kontrollzentrums mit dem Satelliten wird über Kommunikationsleitungen hergestellt, die der Verbindung zur Bodenstation während des Missionsbetriebs entsprechen. Der Telemetrie- und Kommandodatenverkehr kann vom Satellitenintegrationsteam vor Ort eingesehen werden.

Etwa 9 Monate vor dem Start überprüft ein zweiter Systemvalidierungstest die **Verbindung Satellit – Kontrollzentrum – Missionskontrollsoftware – Satellitenbetriebspersonal.** Dies schließt das Testen der endgültigen Flugsoftware ein. Etwa 2 bis 3 Monate vor dem Start findet ein dritter System-Validationstest statt, um das Zusammenspiel aller integrierten Bodenbetriebseinrichtungen mit dem Satelliten am Startplatz zu testen. Die Ergebnisse stellen die Bereitschaft des Kontrollzentrums und der zugehörigen Einrichtungen vor dem Start fest und werden bei der endgültigen Startfreigabe in Betracht gezogen. Die Testprozeduren werden in Zusammenarbeit mit dem Satellitenhersteller und den Wissenschaftlern überprüft und freigegeben. Diese unterstützen diese Tests auch mit qualifiziertem Personal.

Heutzutage erfordert die steigende Nutzung und Komplexität von On-board Software mehr und mehr Zeit für die „End-to-End"-Systemvalidierung. Um den bereits extensiven und zeitkritischen Integrationsablauf der Satelliten nicht zu beeinträchtigen, werden die Systemvalidierungstests für Softwarefunktionen oft am repräsentativen Ingenieursmodell ausgeführt anstatt an der Satelliten-Flughardware.

e) **Validierung des Systembetriebs**

Die Validierung des Systembetriebs zielt darauf ab, eine Vielzahl von **operationellen Szenarien „End-to-End"** zu durchlaufen, um die Missionsunterstützungsbereitschaft der gesamten Bodenbetriebseinrichtungen festzustellen. Dazu wird eine Reihe standardisierter und missionsspezifischer Tests durchgeführt, wie z. B. der End-to-End-Test der Kommandierfähigkeit, der Routinebetriebstest, Fehlerfälle der Betriebseinrichtungen im Routinebetrieb sowie der LEOP-Belastungstest und Fehlerfälle.

Zusätzlich sind eine Reihe **missionsspezifischer Tests** vorgesehen, z. B. Tests zur Recovery des Satelliten aus dem Safemode entsprechend der Prozeduren, die auf der Basis vom Satellitenhersteller erstellt wurden. So wird auch die Verbindung für den Datenzugriff der Nutzer getestet, um die Möglichkeit und Kompatibilität der physikalischen und logischen Verbindung und der zugehörigen Anwendungen (Datentransferanforderung, Transfermechanismen, Kommandierfähigkeit) zu verifizieren. Dieser Test, der etwa 10 Monate vor dem Start erfolgt, kann gleichzeitig mit mehreren Nutzern auf der Basis von operationellen Szenarien durchgeführt werden, einschließlich der Messungen von Signallaufzeiten und/oder Zeitmessungen für Datentransfers. Dieser Test wird etwa 6 Monate vor dem Start wiederholt, wobei die Nutzer vor Ort im Kontrollzentrum sind. Falls eine Verteilung der Satellitendaten an die Nutzer auf einem festen Medium (DVD) gefordert ist, werden bei Tests die Produktion, Datenformate und Strukturen überprüft. Ein Interface-Test Kontrollzentrum (Nutzerzentrum) verifiziert die Funktionalität und die Prozeduren, die zur Generierung von konsolidierten Nutzeranforderungen an den Satellitenbetrieb notwendig sind, um entsprechende Kommandosequenzen an den Satelliten zu senden. Des Weiteren werden alle Schnittstellen getestet und verifiziert, die im Nutzer-Kontrollzentrum-Interface-Dokument definiert sind. Falls die Benutzung externer Betriebseinrichtungen (Bodenstationen) vorgesehen ist, werden die entsprechenden Interfaces und Funktionen getestet. Dabei werden der Empfang von Telemetriedaten, die Kommandierfähigkeit und der Transfer von Bahn- und Lagedaten für alle relevanten Missionsphasen geprüft.

6.1.3.4 Training und Simulationen

Dem Kontrollzentrum wird meist ein **Systemsimulator** bereitgestellt, der für das nominale Satellitenbetriebsverhalten repräsentativ ist sowie eine Reihe von ausgewählten Fehlerfällen simulieren kann. Er wird zu mehreren Zwecken eingesetzt. Die für die jeweilige Mission entwickelte und konfigurierte **Missionsbetriebssoftware,** speziell für die Verarbeitung der Telemetriedaten und Kommandos und das Einrichten der operationellen Datenbanken, kann mit dem Simulator unabhängig von der Entwicklerseite getestet werden. Zum anderen nutzt man den Simulator zum bestmöglichen **Training des Betriebspersonals.** In die Simulationen können nominale Betriebsabläufe, aber auch Satellitenfehlfunktionen eingespeist werden.

Um eine formale Systemabnahme zu erreichen, dient der Simulator auch als Werkzeug zur abschließenden **Validierung der Missionsbetriebsprozeduren.** Das Simulationsprogramm konzentriert sich im Wesentlichen auf Aktivitäten in der LEOP, in der Commissioning und In-Orbit Test Phase sowie auf kritische Bahnmanöver, wobei wichtige Sequenzen auch nach dem Start wiederholt werden (z. B. für kritische Manöver bei Planetenvorbeiflügen oder Einschuss in Planetenumlaufbahnen). Die Tests für den Nachweis der Missionsbereitschaft sollen die gesamte Bodeninfrastruktur für den Missionsbetrieb im Nominalfall und Fehlerfall verifizieren sowie den operationellen Status der Bodenbetriebseinrichtungen und Kommunikationsschnittstellen feststellen. Diese Tests sind erweiterte Datenübertragungstests mit zusätzlichen Datenverarbeitungs- und Darstellungsanforderungen und/oder spezielle Leistungstests. Sie beginnen etwa 2 Monate vor dem Start.

Um die Betriebssicherheit weiter zu verbessern, werden die Satellitenhersteller und die Nutzlastexperten vor dem Start und in der LEOP noch mit eingebunden. Aber auch bei Notfällen in späteren Betriebsphasen ist diese Unterstützung erwünscht, oft auch gefordert.

6.1.4 Missionsphasen

6.1.4.1 LEOP-Betrieb

Die LEOP-Missionsphase **(Launch and Early Orbit Phase)** dauert typischerweise 3 bis 10 Tage, beginnt wenige Stunden vor dem Start und endet mit dem Beginn der Commissioning und In-Orbit Test Phase. Die Startunterstützung beginnt ca. 8 Stunden vor dem Start und beinhaltet abschließende Datenübertragungstests mit den auf den Einsatz wartenden Bodenstationen. Zwischen dem Satelliten an der Startrampe und dem Kontrollzentrum werden in den letzten Stunden vor dem Start die aktuellen Zustandsdaten ausgetauscht. Dies erlaubt die endgültige Freigabe des Satellitenstarts seitens des Kontrollzentrums, ungefähr 30 Minuten vor dem Start.

Nach dem Start wird der Satellit in der vorgesehenen Erdumlaufbahn oder auf einer interplanetaren Bahn ausgesetzt. Zu diesem Zeitpunkt, abhängig vom Missionstyp und Trajektorie typischerweise zwischen 20–120 Minuten nach dem Start, löst die Trägerrakete die Separation des Satelliten aus. Sobald der Satellit die Separation bestätigt, wird automatisch eine Sequenz von ersten Konfigurationsaktivitäten gestartet. In der folgenden ersten Stunde des Alleinflugs erfolgen die Herstellung der **Manövrierfähigkeit** des Satelliten, die Ausrichtung zur Sonne, ggf. die Entfaltung der **Sonnenpaneele** und der Aufbau des **Kommunikationskontakts** mit den Bodenstationen. Es ist unabdinglich, eine Bodenstation auszuwählen, die aufgrund der geographischen Lage die Kontaktaufnahme mit dem Satelliten im entsprechenden Radiofrequenzband so nah wie möglich am Separationspunkt von der Trägerrakete

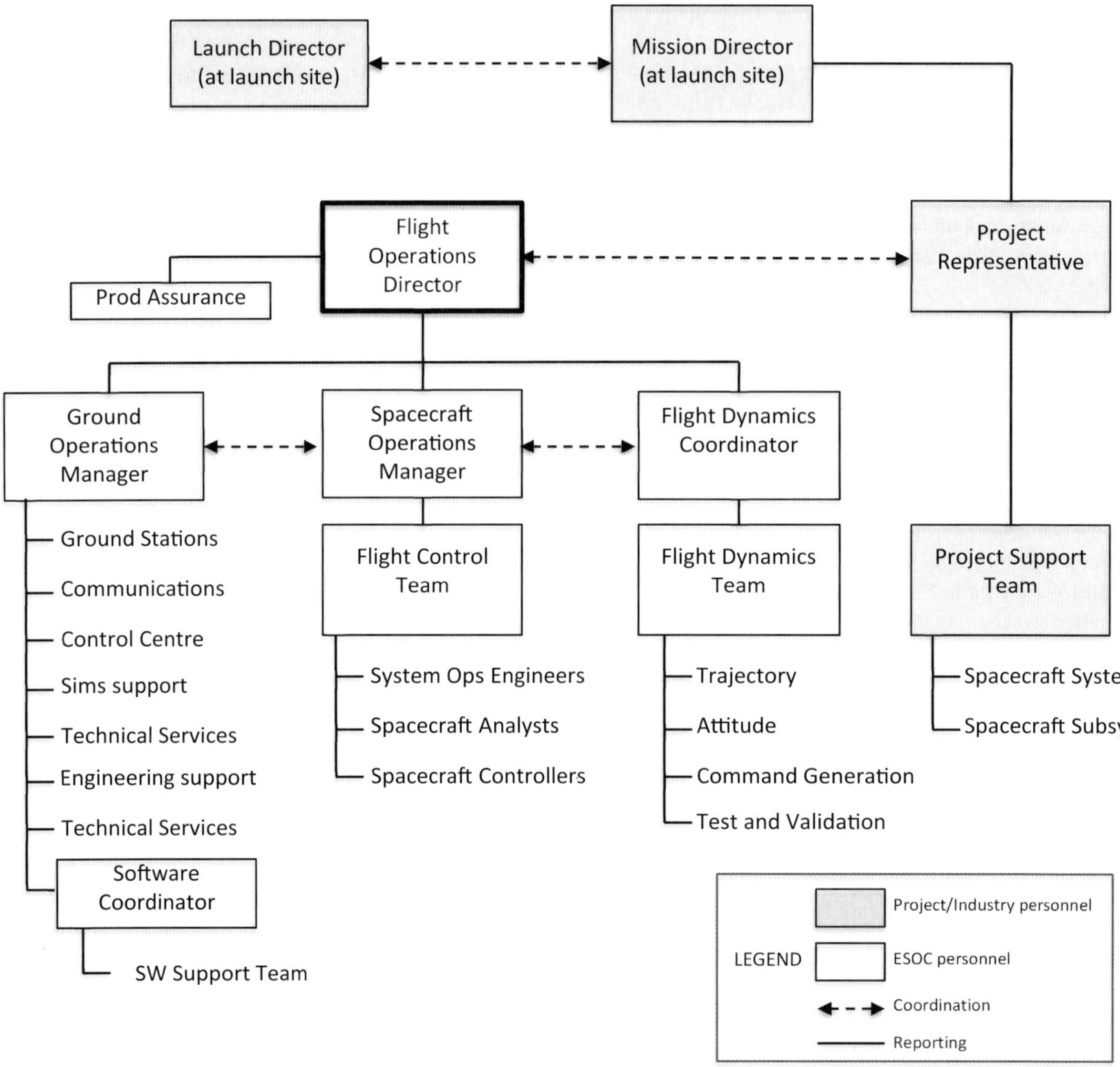

Bild 6.1.3: *Typisches LEOP-Missionsbetriebsteam im ESOC (Bild: ESA).*

erlaubt. Idealerweise sollte die Bodenstation bereits Signale empfangen, sobald der Sender des Satelliten angeschaltet ist. Nachdem die automatischen Aktivitäten beendet sind und das Kontrollzentrum den Kontakt zum Satelliten über die Bodenstationen sichergestellt hat, übernimmt das Flugkontrollteam die Verantwortung für alle weiteren Schritte bis zur abschließenden Konfiguration des Satelliten im All. Zu den Aufgaben gehören nun die Konfiguration des satelliteneigenen **Datenverarbeitungs- und Lageregelungssystems** sowie das Aktivieren der wichtigsten Satellitenfunktionen. Parallel dazu werden auf der Basis von Präzisions-Messungen eine hochgenaue Bestimmung der Flugbahn durchgeführt und gegebenenfalls Korrekturmanöver berechnet und ausgeführt.

Der LEOP-Betrieb wird primär von einem **Hauptkontrollraum** aus geführt. Im Hauptkontrollraum arbeiten der Flugdirektor, ein Repräsentant des Auftraggebers, der Leiter des Flugbetriebsteams mit seinem Team, der Leiter der Bodenbetriebseinrichtungen und der Softwarekoordinator. In anderen Kontrollräumen unterstützen Spezialisten das Kontrollzentrums- und das Bodenstationsnetzwerk, oft gleichzeitig für mehrere Missionen. Im Flugdynamik-Kontrollraum analysieren Spezialisten das dynamische Verhalten des Satelliten und berechnen die Kommandos zur Bahn- und Lagekorrektur. Die Experten des Satellitenherstellers und die Projektwissenschaftler finden in einem weiteren Kontrollraum Platz und können direkt mit dem Kontrollzentrumsbetriebsteam bei wichtigen Phasen oder bei Anomalien kommunizieren. Alle Kontrollräume haben eine standardmäßige Konsoleneinrichtung mit Sprechfunk, mit alphanumerischer und grafischer Anzeige der Telemetriedaten und der Kommandogabe sowie mit Anzeige der aktuellen Position des Satelliten in seiner Flugbahn.

In der LEOP wird mit mehreren Bodenstationen angestrebt, bei geostationären Satelliten einen möglichst ununterbrochenen, bei Satelliten in der niedrigen Erdumlaufbahn einen möglichst regelmäßigen **Kontakt zu den Satelliten** herzustellen. Alle Bodenbetriebseinrichtungen sind oft mehrfach redundant ausgelegt, und die Kommunikationsleitungen sind über alternative Wege mit dem Kontrollzentrum verbunden.

Traditionell untersteht das gesamte Missionsbetriebsteam während der LEOP dem Flugdirektor. Eine im ESOC typische **Organisationsstruktur** ist in Bild 6.1.3 dargestellt. Das Missionsbetriebsteam kann die Missionsanforderungen im Schichtbetrieb abdecken und ist so auf unregelmäßige Aktivitäten eingestellt.

6.1.4.2 Commissioning und In-Orbit Test Phase

Die Commissioning und In-Orbit Test Phase beginnt nach Abschluss der LEOP-Aktivitäten. In dieser Missionsphase werden – falls notwendig – nochmals Bahn- und Lagekorrekturmanöver durchgeführt. Diese Phase dient jedoch hauptsächlich der Inbetriebnahme und der Überprüfung der **Nutzlast,** der **Kalibrierung** der Instrumente und der abschließenden Überprüfung, ob die Leistungsmerkmale des gesamten Systems den Anforderungen entsprechen. Dazu werden u. a. das Zusammenspiel der Nutzlast mit den Satellitensubsystemen getestet und Interferenzmessungen der Nutzlastelemente untereinander bzw. mit Satellitensubsystemen vorgenommen. Diejenigen Subsysteme, die nicht unmittelbar im LEOP-Betrieb eingeschaltet und getestet wurden, werden in dieser Phase erstmals überprüft.

Für die Verbindung zwischen Satellit und Bodenstation werden nun oft andere **Satellitenantennen** eingesetzt, die eine höhere Datenübertragungsrate gewährleisten. Zur Inbetriebnahme der Nutzlast und zur Durchführung von Experimenten sind nun auch die Nutzlastspezialisten und Wissenschaftler im Kontrollzentrum, um die Funktionstüchtigkeit zu testen. Die zur Verfügung stehenden Missionsprodukte sind in Kapitel 6.1.5.4 erläutert.

Die **Nutzlastelemente** werden in verschiedenen operationellen und Kalibrierungssequenzen betrieben, um nach Auswertung der Messergebnisse die korrekte Funktion zu bestätigen. Kritische Aktivitäten, z. B. das Anschalten von Hochspannung, werden in dieser Missionsphase möglichst mit Bodenkontakt durchgeführt, um eine Überwachung des Satelliten in Echtzeit zu ermöglichen und um sich eine Eingriffsmöglichkeit zu erhalten. Die Details der Commissioning- und In-Orbit-Test-Aktivitäten sind weitgehend im Flugbetriebsplan definiert.

Die **Kontrollzentrumsaktivitäten** werden oft schon in dem für den späteren Betrieb vorgesehenen missionsspezifischen Kontrollraum geführt. Er besteht aus einer kleineren Anzahl von Satellitenkontrollkonsolen (typischerweise 3 bis 4 Konsolen) sowie Computern zur Kontrolle des Kommunikationsnetzwerks und der Bodenstationen und zum Zugriff auf alle Offline-Hilfsdaten (Datenverteilung, Datenbank, Simulator).

Oft wird noch ein spezieller Kontrollraum für Wissenschaftler zur Überwachung ihrer Instrumente bereitgestellt. Sie haben dort Zugriff auf ihre Telemetriedaten und können Kommandoanforderungen an das Flugbetriebsteam erteilen. In der Commissioning und In-Orbit Test Phase wird meist nur eine Bodenstation benutzt, und zwar diejenige, die für den Routinebetrieb vorgesehen ist. Zu Beginn der Commissioning und In-Orbit Test Phase liegt die Verantwortung für die Durchführung aller Missionsbetriebsaktivitäten beim Leiter des Missionsbetriebsteams. Der Betrieb des Bodenstationsnetzwerks erfolgt im Rahmen des Multimissionsbetriebs durch das Personal im zugehörigen Kontrollraum. Die Unterstützung durch die Experten der Flugdynamik sowie die Wartung der generischen Kontrollzentrumshardware und -software erfolgen zu normalen Arbeitszeiten, für Anomalien ist aber eine Rufbereitschaft eingerichtet. Variable Bodenkontaktzeiten werden vom Flugkontrollteam möglichst im Einklang mit dem Schichtplan unterstützt. Dabei wird eine Strategie verfolgt, die zunehmend auf der Nutzung der Timetag-Kommandos basiert. Diese Satellitenprogrammierung erlaubt es, die vorgesehenen Satellitenaktivitäten zum richtigen Zeitpunkt unabhängig von Bodenstationskontakten auszuführen.

6.1.4.3 Routinebetrieb

Die Routinebetriebsphase wird den Missionsanforderungen angepasst und hat eine extrem unterschiedliche Dauer. Kleinere Technologie-Satelliten sind normalerweise geplant für eine Missionsdauer von mindestens 1 Jahr, Erdbeobachtungssatelliten 5 Jahre, Telekommunikationssatelliten für 15 Jahre. Interplanetare Missionen können Jahrzehnte dauern. Die Erfahrung zeigt, dass die Missionsdauer oft beträchtlich verlängert werden kann. In dieser Phase werden die verschiedenen **Missionsziele** verfolgt, die in einem **Missionsplan** festgehalten sind, der von den Nutzern und Wissenschaftlern definiert wurde. Dieser Plan enthält vollständige Anweisungen und Regeln für den Nutzlastbetrieb und gegebenenfalls für die Auswahl der Bahn- und Lagestrategien. Dieser Plan wird mit Hilfe von spezieller Software im Missionsplanungszyklus weiter detailliert und in operationelle Betriebsabläufe umgesetzt. Der Routinebetrieb wird auf der Basis von Nutzlastanforderungen von einem fest zugewiesenen missionsspezifischen Kontrollraum aus durchgeführt. Der Betrieb des Bodenstations- und Kommunikationsnetzwerks erfolgt von einem Kontrollraum aus für mehrere Missionen.

Das **Missionsbetriebsteam,** das im Vergleich zu vorangegangenen Missionsphasen bereits stark reduziert wurde, führt die Betriebsaktivitäten auf einer täglichen Basis im Schichtbetrieb durch. Die Satelliten-Subsystemexperten des Missionskontrollteams analysieren zu normalen Arbeitszeiten das Satellitenverhalten, die Wissenschaftler ihre Instrumente. Über Rufbereitschaften ist gewährleistet, dass bei Anomalien eine schnelle Unterstützung des Schichtbetriebsteams möglich ist. Es gibt nun auch keine Anforderungen mehr, die die Anwesenheit von Experten der Satellitenhersteller und der Nutzlast im Kontrollzentrum erforderlich machen. Sollte sich aber bei größeren Anomalien ein Bedarf des Kontrollzentrums für zusätzliche Unterstützung durch diese Experten ergeben, so ist dies im Allgemeinen auch vertraglich geregelt. Die Anforderungen an die Flugdynamikexperten und die allgemeine Wartung der Kontrollzentrumssysteme sind dieselben wie in der Commissioning und In-Orbit Test Phase.

Aufgrund des zunehmenden Weltraumschrotts in niedrigen Erdumlaufbahnen (300 ... 800 km) sind bei Satelliten in erdnahen Umlaufbahnen vermehrt Ausweichmanöver notwendig. Entsprechende Kollisionswarnungen werden fast täglich untersucht, und bei zu geringem Abstand und hoher Kollisionswahrscheinlichkeit (größer als 10^{-4}) werden Manöver zur Bahnänderung des Satelliten vorgenommen, falls dies der Satellit ermöglicht, was normalerweise der Fall ist.

Beim Auftreten eines größeren **Fehlverhaltens** seitens der Trägerrakete oder des Satelliten, das das Erreichen der vorgesehenen Missionsziele auf der Basis der vorhandenen Betriebseinrichtungen und Missionsplanung undurchführbar macht, wird die ursprüngliche Mission beendet und gegebenenfalls neu definiert. In diesem besonderen Fall **(Recovery)** werden unter der Leitung des Missionsdirektors und des Flugdirektors Notfallprozeduren entwickelt. Falls möglich, wird eine neue Mission definiert, wobei zusätzliche oder neue Betriebseinrichtungen und Prozeduren für diese neue Mission spezifiziert und implementiert werden müssen. Ein überarbeiteter Flugbetriebsplan, der neue Prozeduren unter Berücksichtigung des aktuellen Satellitenstatus beinhaltet, wird nunmehr zum Betrieb der neuen Mission verwendet. Dabei wird insbesondere die Sicherheit des Satelliten berücksichtigt, um den Erfolg der neu definierten Mission zu gewährleisten.

6.1.4.4 Außerbetriebnahme und De-Orbiting

Die **Lebensdauer** eines Satelliten ist meistens begrenzt durch die zur Verfügung stehenden Ressourcen wie z. B. Treibstoff, Batterien, Lebensdauer von Sender/Empfänger. Aufgrund der zunehmenden **Weltraumschrott-Problematik** sind sowohl für erdnahe als auch geostationäre Satelliten Vorschriften in Vorbereitung, die eine kontrollierte Außerbetriebnahme einschließlich eines De-Orbitings vorsehen. Erdnahe Satelliten werden dazu zurück in die Erdatmosphäre abgesenkt, wobei der Satellit durch die Reibungshitze verglüht.

Satelliten in niedrigen Umlaufbahnen werden so gesteuert, dass ihr Wiedereintritt in die Erdatmosphäre innerhalb von maximal 25 Jahren sichergestellt ist. Sobald diese Steuerung initiiert ist, wird auch der Satellit so weit abgeschaltet, dass das Explosionsrisiko für die Subsysteme wie z. B. Batterien, Treibstoff vor dem Wiedereintritt minimiert ist und somit das Entstehen einer neuen Weltraumschrottwolke vermieden wird. Geostationäre Satelliten werden zum Ende ihrer Lebensdauer von verantwortungsvollen Kontrollzentren in eine 300 km höhere als die geostationäre Umlaufbahn, den sogenannten **Friedhofsorbit,** manövriert, um somit Platz für neue geostationäre Satelliten zu machen. Die Außerbetriebnahme selbst schließt das Abschalten der Nutzlast ein. Das Flugbetriebsteam archiviert danach die Software und Dokumentation und verfasst einen Schlussbericht, der die wesentlichen Merkmale, Erfahrungen und auch die Gesamtkosten der Mission enthält.

6

6.1.5 Aufgaben des Missionsbetriebs

6.1.5.1 Analyse des Satellitenverhaltens

Die **Telemetriedaten** des Satelliten werden routinemäßig überwacht. Die Datenanalysen erlauben oft bereits vorab das Erkennen von Trends und möglichen kritischen Bereichen.

6.1.5.2 Bearbeitung von Anomalien

Das Missionsbetriebsteam erstellt bei Bedarf einen formalen **Anomaliebericht,** der alle operationellen Fehler oder Anomalien des Bodenbetriebssystems, des Satelliten und der Nutzlast festhält. Der Missionsleiter fordert gegebenenfalls detaillierte Untersuchungen und Analysen vom Satellitenhersteller an, um die Anomalien genauer zu erklären, einen entsprechenden Bericht zu verfassen und eine Vorgehensweise zur Behebung und Vermeidung der Anomalien vorzuschlagen.

Nach Erhalt eines Anomalieberichts wird der Leiter des Missionsbetriebsteams eine unmittelbare Fehleranalyse veranlassen, zusammen mit einer Umsetzung und Validierung einer eventuellen **Korrekturmaßnahme.** Nach Abschluss der Analyse und Umsetzung der Korrekturmaßnahmen verteilt der Leiter des Missionsbetriebsteams einen Abschlussbericht. Alle Anomalieberichte werden in einer Datenbank gespeichert und sind für alle Projektbeteiligten mit dem aktuellen Status jederzeit einsehbar.

6.1.5.3 Satellitenbetrieb

Die Aktivitäten des Satellitenbetriebs sind abhängig von den Missionsphasen und der Schwierigkeit der Betriebsaufgaben. Während der **Kontaktzeiten** der Bodenstationen empfängt das Kontrollzentrum die Telemetriedaten aller Satellitensubsysteme und der Nutzlast. Die in der bodenkontaktlosen Zeit im Satelliten aufgezeichneten Daten werden mit einer höheren Datenrate zur Bodenstation übertragen. Alle **Telemetriedaten** werden sofort nach dem Empfang genauer mithilfe spezieller Software analysiert. Hierzu gehören die Kalibrierung und Anzeige von ausgewählten Telemetrieparametern, der Vergleich von analogen oder digitalen Telemetrieparametern mit vorgegebenen Grenzwerten oder erwarteten Werten. Im Falle des Abweichens vom definierten Grenzwert wird ein hör- oder sichtbarer Alarm ausgelöst. Zudem werden abgeleitete Parameter auf der Basis einer Reihe von empfangenen Telemetriedaten des Satelliten berechnet, um eine schnelle Diagnose des Gesamtstatus des Satelliten zu erhalten und mögliche Anomalien zu identifizieren.

Das Betriebspersonal wertet die im Kontrollzentrum empfangenen und verarbeiteten Informationen aus und überprüft den **Satellitenstatus** aufgrund der Telemetriedaten. Die Reaktion auf Alarmanzeigen erfolgt auf der Basis von vorgegebenen Notfallprozeduren. Spezialistenunterstützung kann jederzeit während oder außerhalb der Bodenstationskontaktzeit abgerufen werden, falls die Beurteilung von Situationen nicht durch existierende Prozeduren abgedeckt ist. Abgesehen von den Überwachungsaufgaben erfordert ein Satellit eine regelmäßige **Kommandierung,** um seine Funktionstüchtigkeit zu erhalten und die geplanten Betriebsaufgaben durchzuführen. Typische Kommandos, die zum Satelliten gesendet werden müssen, sind z. B. das Anschalten des Senders für den Kontakt mit den Bodenstationen und die Konfiguration der Telemetriedaten-Übertragung, das Starten und Beenden der Übertragung der im Satelliten gespeicherten Telemetriedaten, die Durchführung von Lagemanövern, die Aufrechterhaltung der Satellitenbahn oder die Korrektur der Bahnrichtung, die periodische oder jahreszeitenabhängige Kalibrierung und Konfigurierung der Sensoren sowie periodische Tests der Satellitensubsysteme und der Nutzlast.

Die Anzahl der **manuell** vom Satellitenoperator durchzuführenden Kommandogaben während der Bodenstationskontaktzeit wird **minimiert,** um das Risiko von Bedienungsfehlern zu reduzieren. Die meisten der erforderlichen Kontrollaufgaben sind im Voraus geplant und bereits in das Kommandosystem geladen. Die resultierenden Kommandosequenzen werden während des Funkkontakts an den Satelliten gesendet, entweder zur unmittelbaren Ausführung oder zu einer später vorgesehenen Ausführung im Satelliten. Die Übertragung der Telemetriedaten während der Bodenstationskontaktzeit erfolgt meist kontinuierlich über mehrere Minuten bei erdnahen Missionen, mehrere Stunden bei interplanetaren Missionen oder permanent bei geostationären Satelliten. Dagegen nimmt das Senden von Kommandos immer nur einen relativ geringen Zeitraum in Anspruch.

6.1.5.4 Datenerfassung und -verteilung

a) Datenzugriff

Während der gesamten Missionsphase sind die jeweils jüngsten Daten im Kontrollzentrum über ein **Datenzugriffssystem** elektronisch abrufbereit. Telemetriedaten des Satelliten und der Nutzlast werden als Rohdaten, d. h. mit zugehöriger Zeitinformation, individuell auf logischen Files entsprechend der Applikations-ID (Prozess-Kennziffer und Datentyp) bereitgestellt. Hilfsdaten werden im Kontrollzentrum generiert und enthalten Informationen, die zur Unterstützung der Datenverarbeitung und -analyse und auch zur Missionsplanung und Anforderung zur Kommandogenerierung benötigt werden. Die Daten werden je nach Typ/Art in verschiedenen Dateien gespeichert. Das Verzeichnis des Datenzugriffssystems enthält eine Auflistung aller verfügbaren Daten und die jeweils zugehörige Zeitinformation. Das Datenzugriffssystem verarbeitet die Daten nahezu in Echtzeit und ermöglicht den Zugriff auf Anfrage, d. h. die Nutzer sind für das Herstellen der elektronischen Kommunikationsverbindung und die Initialisierung der Übertragung der Daten verantwortlich.

Der Zugriff auf das Datenzugriffssystem ist sowohl im Kontrollzentrum als auch von entfernten Nutzereinrichtungen möglich. Der **Datenzugriff** ist auf autorisierte Nutzer beschränkt und obliegt unter Umständen zusätzlichen Vereinbarungen bzgl. der Geheimhaltung. Alle Daten werden während der gesamten Missionsdauer permanent zugriffsbereit gehalten. Der elektronische Datentransfer erfordert kompatible Netzwerkfunktionen, FTP- und TCP/IP-Protokolle. Die Nutzer sind selbst für die entsprechenden Endgeräte und die Verfügbarkeit der öffentlichen Kommunikationsleitungen verantwortlich.

Ein **Interface Control Document** für den Datenzugriff und die Bereitstellung definiert diese Schnittstellen. Dieses Dokument wird mit allen Nutzern abgestimmt und als formale Datenlieferung unter Konfigurationskontrolle gestellt. Des Weiteren beschreibt es die Formatierung der gelieferten Daten in ausreichendem Detail, um Nutzern den sicheren Datenempfang zu ermöglichen.

b) Handhabung der Kommandoanforderungen

Zusätzlich erlaubt das Datenzugriffssystem den Empfang und die Weiterleitung von abgestimmten **Kommandoanforderungen** seitens des Nutzerzentrums an das Kontrollzentrum. Dies ist wichtig für die Missionsplanung während des Routinebetriebs. Das Datenzugriffssystem unterstützt die Identifizierung und Autorisierung von Kommandoanforderungen. Nach erfolgreicher Überprüfung kann das Kontrollzentrum die entsprechenden Kommandoanforderungen im Missionsplanungssystem berücksichtigen.

c) Kritische Nutzlastbetriebsaufgaben

Im speziellen Kontrollraum für die Nutzer und Wissenschaftler wird dieser Datenzugriff auf Telemetriedaten, die Generierung von Kommandoanforderungen und die elektronische Kommunikation mit Außenstehenden (z. B. über Internet) ermöglicht. Der Zugang zum Datenzugriffssystem ist mit den Zugriffsmöglichkeiten außerhalb des Kontrollzentrums identisch.

d) Datenarchivierung

Unverarbeitete Telemetrie-Rohdaten und Hilfsdaten werden im Kontrollzentrum während aller Missionsphasen auf dem Langzeitarchiv zugriffsbereit gehalten, das über ein Datenzugriffssystem erreichbar ist.

e) Formate zur Datenlieferung

Jede Anforderung an das Datenzugriffssystem zur Lieferung der Daten wird durch eine Übertragung eines Datenblocks beantwortet, der drei Hauptbereiche abdeckt: Zunächst eine **Bestätigung**, einschließlich Anforderungsdetails und Status, dann einen **Katalogeintrag**, aus dem die Details der angeforderten Daten ersichtlich sind (z. B. Experiment, Datum, Zeit) und schließlich die angeforderten **Daten** selbst.

Ein einfaches Verpacken in **Standard Formatted Data Units** wird entsprechend der Empfehlungen des Consultative Committee for Space Data Systems (CCSDS) angewandt. Abgesehen davon, dass dieses einen guten Mechanismus zur Handhabung von angeforderten Daten variabler Länge erlaubt, gibt dieser Standard auch Bearbeitungshilfen zur Beschreibung der Anwenderdaten. Sowohl die Lieferung der Daten über das Datenzugriffssystem als auch die Auslieferung archivierter Daten erfolgt in diesem Standard.

f) Wiedererlangen der Daten

Unter Berücksichtigung der erzielbaren Übertragungsraten zwischen Satellit und Bodenstation wird der Empfang der **Nutzer-Wissenschaftsdaten** möglichst maximiert. Detaillierte Anforderungen an das zu erreichende Datenvolumen werden sowohl für einzelne Experimente als auch für die Gesamtnutzlast festgelegt, wobei für entsprechende Randbedingungen und Einschränkungen Regeln definiert sind. In Übereinstimmung mit diesem Ziel wird eine Strategie für den Nutzlastbetrieb aufgestellt und in einem Plan festgehalten, der für die jeweiligen Missionsphasen Anwendung findet.

6.1.5.5 Missionsplanung

In einem typischen Szenario zur Missionsplanung stellen die Nutzer zu festen Terminen und mit festen Ablaufszeiten die Betriebsanforderungen an das Nutzerzentrum. Dieses integriert wiederum die verschiedenen einzelnen Anforderungen in eine konsolidierte Anforderung an das Kontrollzentrum. Dort wird die Anforderung hinsichtlich Einschränkungen seitens der Mission, der Umgebung und der Ressourcen überprüft. Ein wichtiges Element der Planungsaktivitäten ist das Erstellen eines Zeitablaufs für die Benutzung der Bodenstationen, abhängig von der Sichtbarkeit des Satelliten und den Missionsanforderungen (insbesondere die Häufigkeit der Zeitfenster für die Übertragung der Kommandos und die Empfangszeiten für das geforderte Volumen der Nutzlastdaten). Im Falle von erdnahen Missionen ist die Benutzung von inter-orbit Kommunikationsverbindungen ein integraler Bestandteil der Planungsaktivitäten und muss mit der Planung des Relay-Satelliten synchronisiert und abgestimmt werden. Für den Routinebetrieb sind die Ablaufplanung der Satellitenlagemanöver und die jahreszeitlichen Schwankungen wie Eklipsen, Okkultationen oder Entfernung zur Erde wichtige Randbedingungen, die bei der Nutzlastbetriebsplanung zu berücksichtigen sind.

6.1.5.6 Flugdynamik

Der Satellitenbetrieb hinsichtlich der Satellitenbahn und -lage wird unter dem Begriff **Flugdynamik** zusammengefasst. Zur Überwachung der Satellitenlage werden die Telemetriedaten ausgewertet, die von den Lagesensoren, Gyroskopen, Sternsensoren, Sonnensensoren, Erdsensoren geliefert werden. Diese erlauben eine präzise **Lagebestimmung** sowie eine Aussage über die Funktionstüchtigkeit und Kalibrierung der zugehörigen Sensoren und Elemente. Die Lagebestimmung schließt die Kommandogenerierung für das Lageregelungssystem des Satelliten ein, insbesondere dessen Triebwerksdüsen und Steuermechanismen, um in speziellen Manövern die Lage zu korrigieren und neu auszurichten.

Die **Bahnbestimmung** des Satelliten erfolgt durch Analyse von radiometrischen Daten, die von den Bodenstationen geliefert werden. Die **Radiofrequenzsignale** während der jeweiligen Bodenstationskontakte werden analysiert und die Satellitenbahn fortwährend neu berechnet und mit der erwarteten Bahn verglichen. Abhängig vom Missionstyp können Genauigkeiten von Bruchteilen von mm/s in der Bestimmung der Geschwindigkeit erreicht und die Position in der Größenordnung Meter oder Kilometer bestimmt werden. Für die spezielle Bahnbestimmung von interplanetaren Missionen, die an Körpern im Sonnensystem wie Kometen und Asteroiden vorbeifliegen müssen, deren Position nicht genau genug bekannt ist, ist die Radiofrequenzmethode nicht ausreichend. Es werden hier deshalb andere Hilfsmethoden wie die optische Navigation benutzt. Diese Methode benutzt **Bilder von Himmelskörpern,** die von Kameras an Bord der Satellitensonde aufgenommen werden. Nach Analyse mehrerer solcher Bildsequenzen werden die relative Position und die Geschwindigkeit mit hoher Genauigkeit bestimmt. Für Satelliten in der Erdumlaufbahn ist die Benutzung eines Navigationsempfängers an Bord (wie z. B. GPS, Galileo oder ähnlicher globaler Navigationssysteme) mittlerweile Standard. Die Funktionen des Flugdynamiksystems am Boden haben dies in Betracht zu ziehen und als Bodenreferenz und periodisches Ersatzsystem zu agieren.

Falls die gemessene Bahn von der geplanten Bahn entscheidend abweicht, müssen **Korrekturmanöver** eingeplant werden, die mit den satelliteneigenen Triebwerken durchgeführt werden. Bahnkorrekturmanöver sind auch zu bestimmten Zeiten während der Mission notwendig. Nach dem Start eines Satelliten muss beispielsweise ausgehend von der Bahn nach der Trennung des Satelliten von der Trägerrakete die gewünschte Umlaufbahn oder die Bahn von interplanetaren Sonden erreicht werden. In all diesen Fällen sind Bahnmanöver erforderlich, und es ist die Aufgabe der Flugdynamik, diese Manöver zu optimieren, die Parameter für die Triebwerksbrennzeiten zu berechnen und entsprechende Kommandos zu generieren, die an den Satelliten gesendet werden. Die Ergebnisse der **Flugdynamikberechnungen** werden auch für den Routinebetrieb benötigt. Dies schließt die Vorhersage von grundlegenden Missionsbetriebsparmetern ein, wie z. B. Beginn und Ende der Bodenstationskontaktzeiten (AOS und LOS) und Eklipsen sowie die Bahnparameter, um die Bodenantennen auf die Satellitenüberflüge ausrichten zu können.

Weitere Aufgaben der Flugdynamik sind die Analyse und Überwachung des speziellen dynamischen Verhaltens des Satelliten, wie Schwingungen langer Masten, das Nutationsverhalten und Ermittlung der Rotationsgeschwindigkeit für spinstabilisierte Satelliten, die Berechnung des Treibstoffverbrauchs und des verbleibenden Treibstoffs sowie die daraus resultierende Schwerpunktsverlagerung.

6.1.5.7 Vermeidung von Kollisionen (Collision Avoidance)

Aufgrund der zunehmenden Anzahl von Weltraumschrott in der Erdumlaufbahn ist die für die jederzeitige Vermeidung von Kollisionen im Weltall, ein „24/7 Collision Avoidance Service“ für alle Satelliten in der erdnahen Umlaufbahn unabdinglich geworden (und im Allgemeinen auch für alle Satelliten in der Erdumlaufbahn, obgleich weniger zeitkritisch).

Europäische und amerikanische Satelliten nutzen den Service des USAF Strategic Command (USSTRATCOM), das eine Datenbank für alle Objekte in der Erdumlaufbahn bis zu einer Größe von wenigen Zentimetern erstellt hat und pflegt. Indem man sich für diesen Service registriert und regelmäßig die Positionsdaten der eigenen Satelliten bereitstellt, kann man im Gegenzug sogenannte „Conjunction Messages“ erhalten, die über das potenzielle Risiko einer Kollision mit allen in der Datenbank erfassten Objekte informieren, die in der nahen Zukunft (typischerweise 3 Tage) möglich sein könnte. Auf der Basis dieser Informationen stellt der „Collision Avoidance Service“ des Satellitenbetreibers dem Flugkontrollteam die notwendigen Mindestabstände bereit und die Wahrscheinlichkeit einer Kollision.

Falls entschieden wird, dass das Kollisionsrisiko zu groß ist, berechnet das Flugdynamik-Team ein Manöver zur Vermeidung der Kollision und das Manöver wird implementiert. Die Frequenz und Häufigkeit dieser Kollisionswarnungen nimmt zu. Gemäß unserer Erfahrung müssen für erdnahe Satelliten mittlerweile hunderte dieser Warnungen pro Jahr analysiert werden, für ein Dutzend entsprechende Ausweichmanöver geplant und davon einige implementiert werden.

6.1.6 Satellitenbetrieb von kommerziellen Konstellationsmissionen

Die Kommerzialisierung von Raumfahrtaktivitäten nimmt sehr schnell zu und führt zu signifikanten Kosteneinsparungen beim Bau der Satelliten, für die eine große Anzahl identischer, standardisierter Plattformen zum Einsatz kommt. Insbesondere die Pläne zum Einsatz von „Mega-Konstellationen" (Hunderte bis Tausende von identischen Satelliten für die Kommunikation oder Erdbeobachtung) werden diesen Prozess beeinflussen und noch weiter beschleunigen.

Der Satellitenbetrieb für diese Art von Missionen wird auf der Basis des enormen Kostendrucks anderen Ansätzen und Prinzipien folgen als die in diesem Kapitel beschriebenen. Es ist klar, dass Mega-Konstellationen in Serienfertigung produziert werden und dies wird die Vorbereitungszeit für Betriebsaufgaben stark reduzieren, die Mehrzahl der Tests am Boden wird eliminiert (dank der Standardisierung der Plattformen) und das Satellitenbetriebskonzept wird revolutioniert. Einmal im Weltall, werden die Satelliten nicht mehr individuell betreut und betrieben, sondern die Betriebsabläufe autonom an Bord ausgeführt, wobei das Kontrollzentrum nur dann eingreift, wenn der Satellitenbetrieb unterbrochen ist oder Korrekturen der Umlaufbahn vorgenommen werden müssen.

Noch ist es zu früh, den benötigten Aufwand und die Beteiligung des Kontrollzentrums für den Betrieb von Mega-Konstellationen vorauszusagen. Es ist aber klar, dass dieser minimal sein muss, und der Verlust einzelner Satelliten ist als „kleineres Problem" zu akzeptieren. Es wird auch nur ein übergeordnetes Missionskontrollsystem implementiert, wobei die Notwendigkeit in den Betriebsablauf einzugreifen reduziert wird auf jene Fälle, wenn Ressourcen oder Redundanzen unter ein definiertes Wertniveau fallen. Mega-Konstellationen benötigen auch einen anderen Ansatz bezüglich der Vermeidung von Kollisionen in der Umlaufbahn sowie für das Management des Weltraumschrotts. Eine Reihe von neuen Fragestellungen und Problemen erfordern fundamental andere und neue Denkweisen und Lösungsansätze. Ihr Erfolg oder Misserfolg wird sich erst in einigen Jahrzehnten beurteilen lassen.

6

6.2 Kontrollzentrum

Rolf Kozlowski und *Michael Geyer*

Dieser Abschnitt bezieht sich in den Details auf das Deutsche Raumfahrtkontrollzentrum (German Space Operations Center, GSOC) des DLR in Oberpfaffenhofen bei München. Dieses Kontrollzentrum unterscheidet sich von sonstigen Kontrollzentren insofern, als hier in einem Multimissionsumfeld sowohl bemannte als auch unbemannte Missionen sowie Satellitenmissionen im erdnahen Orbit (LEO), bis hin zum geostationären Orbit (GEO) betreut werden. Allgemein gültige Informationen können aber auch auf Kontrollzentren in aller Welt bezogen werden.

Ein Kontrollzentrum besteht in der Regel aus einem oder mehreren Kontrollräumen, einer Reihe von Hardwarekomponenten, Kommunikationsverbindungen und einer Anzahl von Softwarekomponenten. Für wichtige Missionen ist oft auch ein Backup-Kontrollzentrum vorhanden, wie zum Beispiel für das Columbus Kontrollzentrum.

6.2.1 Kontrollräume

6.2.1.1 Überblick

Kontrollräume sind die Visitenkarte der Kontrollzentren. Doch wie sind sie entstanden? In den Anfängen der Raumfahrt gab es zunächst die Notwendigkeit, teure Spezialhard- und Software in entsprechenden Räumen zusammenzuführen. Die Arbeitsplätze der Ingenieure, Techniker und Wissenschaftler waren nahe der Hardware angeordnet, komplexe Netzwerke im heutigen Sinne waren unbekannt. Darüber hinaus ließen sich derart eingerichtete Räume auch aus Sicherheitsgesichtspunkten besser betreuen und ganz nebenbei wurde so auch der Teamgedanke gefördert. Der Wunsch, die Raumfahrt auch der Öffentlichkeit nahezubringen, förderte sehr schnell auch die öffentlichkeitswirksame Einrichtung der Kontrollräume. Wer könnte die Übertragungen aus den NASA-Kontrollräumen zu Zeiten der Apollo-Flüge vergessen?

Heute werden in den Kontrollräumen weitgehend **Standardprodukte** anstelle von speziell für die Raumfahrt entwickelter Hard- und Software eingesetzt. Die **Netzwerktechnologie** erlaubt verteilte und redundante Lösungsansätze, d. h. Überwachungs- und Steuerfunktionen können räumlich oder gar örtlich verteilt angeordnet werden. Die **Sicherheitsanforderungen** sind viel strenger geworden, um das Eindringen nicht autorisierter Nutzer zu verhindern. Die Anforderungen an Ergonomie und Bedienerfreundlichkeit werden stärker beachtet und sind wichtige Kriterien beim Design eines Kontrollraums. Geblieben ist, dass gerade in den wichtigen Missionsphasen das eingesetzte Personal nur als Team die anspruchsvollen

Bild 6.2.1: *Klassisches Kontrollraumlayout mit fester Zuordnung von Positionen zu Konsolen (Bild: DLR).*

Bild 6.2.2: *Kontrollraum im GSOC (Bild: DLR).*

Aufgaben bewältigen kann und dass durch die verstärkte Präsenz der Medien der Anspruch an die Außendarstellung weiter gewachsen ist.

Ein Kontrollzentrum stellt unterschiedliche Typen von Kontrollräumen bereit. Ein klassischer Kontrollraum mit fester Zuordnung von Positionen zu Konsolen ist in Bild 6.2.1 gezeigt. Die am häufigsten in der Öffentlichkeit gezeigten Kontrollräume beherbergen den Missionsbetrieb **(Mission Operations)**, siehe Bild 6.2.2. Hier arbeiten die Experten für die verschiedenen Subsysteme des betreuten Raumfahrzeugs, zusammen mit dem Flugdirektor und den Vertretern des Auftraggebers und des Satellitenherstellers. Je nach Mission sind diese Räume für Wochen, Monate oder auch, wie im Falle der Internationalen Raumstation, für viele Jahre im Einsatz.

6.2.1.1.1 Klassische Kontrollräume

Missionskontrollräume sind in der Regel mit zahlreichen Konsolen in Standardausrüstung ausgestattet (siehe Bild 6.2.3). Zur Standardausrüstung einer Konsole gehören zwei bis drei Workstations mit je ein bis zwei Monitoren, eine Station des digitalen Sprachkommunikationssystems

Bild 6.2.3: *Typisches Layout einer Standard Konsole (Bild: DLR).*

(siehe Kapitel 6.2.2.2) sowie ein Telefon. Spezialfälle der Missionskontrollräume sind Simulationskontrollräume und Systemkontrollräume. In den Simulationskontrollräumen werden die missionsspezifischen Simulationen vorbereitet, die Simulatoren konfiguriert und letztendlich erfolgt hier auch die Steuerung der Simulation, inklusive dem Einspielen von realitätsnahen Szenarien wie etwa Systemfehlern auf dem Satelliten. Die Aufgabe der Systemkontrollräume ist es, die gesamten technischen Einrichtungen und Subsysteme des Kontrollzentrums zu überwachen, zu konfigurieren und zu steuern. Hier werden im Falle von Fehlern an den Rechnersystemen oder Kommunikationsverbindungen in Echtzeit Ersatzsysteme aktiviert, damit der Betrieb ohne Störung weiter geführt werden kann.

Außerdem findet man in den Missionskontrollräumen Großbildleinwände und großflächige Videomonitore zur Darstellung von Informationen von allgemeinem Interesse.

Neben den Missionsbetriebsräumen werden noch weitere Räume **(Backrooms)** für die Missionsunterstützung konfiguriert und bereitgestellt. Eine Kategorie dieser Spezialräume sind die Räume für die Experten der Flugdynamik. Zum einen sind diese Räume mit Workstations ausgestattet, die an den Rechenanlagen des Kontrollzentrums betrieben werden können, zum anderen stellen diese Räume ausreichend Platz zur Verfügung, um den Teams Diskussionen und Ausarbeitungen zu ermöglichen, die im zentralen Missionskontrollraum als störend empfunden werden würden. Diese Experten betreuen nicht nur eine Mission, sie stellen ihr Fachwissen allen Projekten zur Verfügung.

6.2.1.1.2 Virtuelle Kontrollräume

In der Vergangenheit gab es für jedes Raumfahrtprojekt einen eigenen Kontrollraum, mit jeweils dedizierter, auf das Projekt angepasster und konfigurierter Hard- und Software. Üblicherweise wurden die einzelnen Konsolen entsprechend der Projekte und deren Rollen konfiguriert und damit festgelegt. So wurden für die meisten Konsolen zwei bis drei PCs und mehrere Monitore installiert. Ein typischer Aufbau

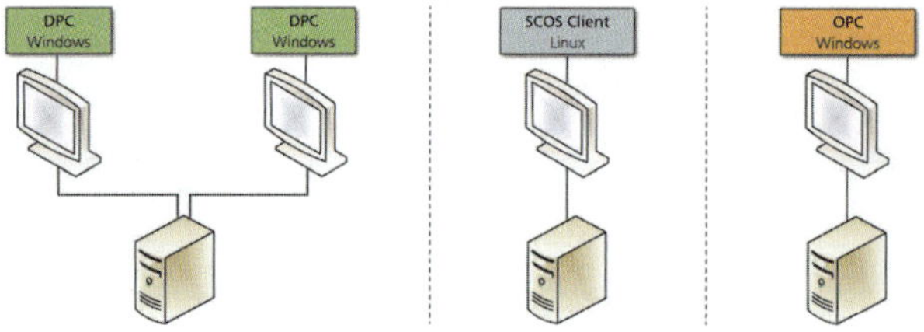

Bild 6.2.4: *Klassische Ausstattung einer Konsole (Bild: DLR).*

bestand etwa aus drei PCs etwa für die Funktionen DPC (Display PC), OPC (Büroarbeitsplatzrechner) und SCOS PC (Kommandierungsrechner), siehe Bild 6.2.4. Aufgrund der Sicherheitsanforderungen war es notwendig, die einzelnen Rechner an unterschiedliche Netze anzuschließen. Dies bedeutete, dass die Konfiguration sehr zeitaufwändig war und zudem diverse Arbeiten direkt im Kontrollraum erfolgen mussten. Zudem war ein gravierender Nachteil, dass durch die dedizierte Konfiguration eines Kontrollraums für ein Projekt, dieser Kontrollraum für jegliche andere Nutzung blockiert war. Dies war insbesondere für den Kontrollraum K1, aus dem die Satellitenstarts (LEOPs) durchgeführt wurden, sehr ineffizient, da damit der größte GSOC Kontrollraum jeweils für einen Zeitraum von 2–4 Jahren für andere Projekte nicht nutzbar war.

Durch die Technologie der Virtualisierung entstand die Idee, die Konfigurationsarbeiten vom Kontrollraum in den Serverraum zu verlegen und gleichzeitig mehrere Projektinstanzen auf den Konsolen den Betriebsingenieuren und -schichten zur Verfügung zu stellen.

So wurde 2014 begonnen, den Kontrollraum K1 auf einen virtuellen Kontrollraum umzurüsten, um parallel mehrere Satellitenmissionen in verschiedenen Projektphasen aus dem gleichen Kontrollraum zu unterstützen. Seit 2017 ist dieses Konzept für mehrere Kontrollräume in Betrieb (siehe Bild 6.2.5) und es können flexibel die Ressourcen für viele Satellitenmissionen gleichzeitig genutzt werden. So ist es beispielsweise möglich, für ein Projekt den anstehenden Satellitenstart vorzubereiten und im gleichen Zeitraum den Kontrollraum für die ersten Simulationen oder Prozedurvalidierungen zu nutzen. Dazu war es notwendig, die Ressource Kontrollraum auf Konsolenarbeitsplätze zu erweitern und diese für alle Projekte zu verwalten. Dies bedeutet, dass die effektive Nutzung von Konsolen und Kontrollräumen durch vorheriges Absprechen, Reservieren und Zuweisen erfolgt. Somit konnte vermieden werden, dass neue Kontrollräume geschaffen werden mussten, da bestehende Hardware mehrfach genutzt werden konnte.

Neben der höheren Effizienz ist ein weiterer Vorteil, dass die Installation und Konfiguration nunmehr zentral und einmalig für alle Konsolen erfolgt, da sich die Projektrechner im Serverbereich befinden und sich die Konsolen nur noch an die Projektserver verbinden. Somit wurde die Anzahl der möglich nutzbaren Konsolen vervielfacht, bei einem vergleichbaren Aufwand einer vorherigen Kontrollrauminstallation. Tabelle 6.2.1 bietet einen Vergleich der Konsolenausstattung von klassischen und virtuellen Konsolen.

6

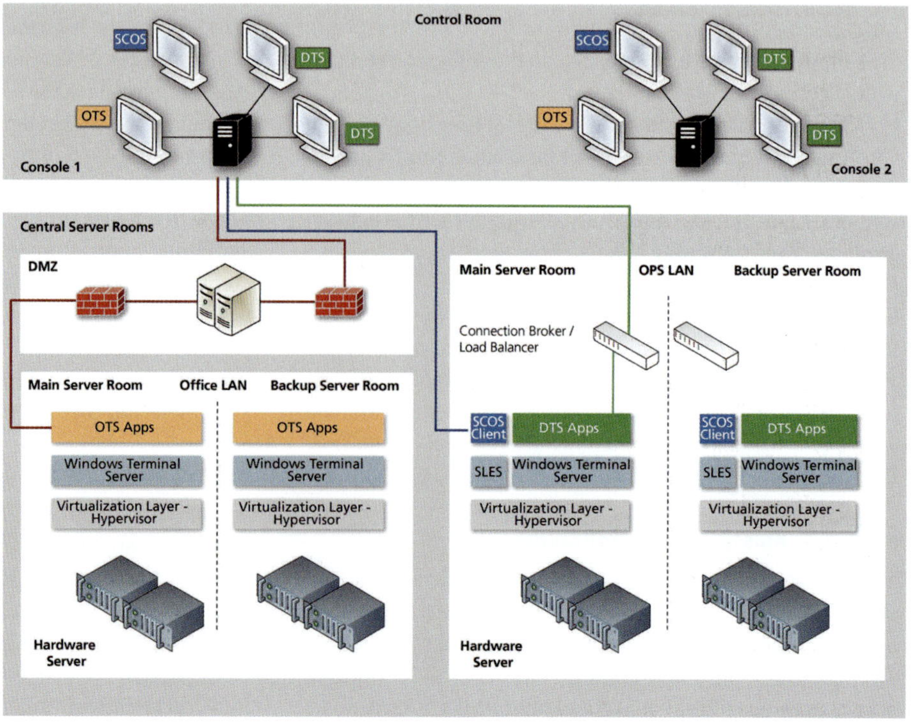

Bild 6.2.5: *Implementierung des virtuellen Kontrollraums. Anwendungen werden auf einer redundanten Server Infrastruktur gehostet, auf die einzelne Clients zugreifen (Bild DLR).*

Tabelle 6.2.1: *Konsolenausstattung klassischer (links) und virtueller (rechts) Kontrollraumkonsolen*

Col-CC (K3, K4, K11, GOCR, BUGOR)	Multi-Mission (K1, K2, K2a, K5, K6, K8, K9)
3 workstations with client software (Connected to OPS LAN, OPS Support LAN and OFFICE LAN respectively)	1 workstation
3–5 screens (1–2 to OPS WS, 1–2 to OPS Support WS, 1 to OFFICE WS)	3–4 screens
1–2 Voice keysets (2 headset outlets each)	1 Voice keyset (2 headset outlets)
1 footswitch	1 footswitch
1–2 keyboards/mice	1 keyboard/mouse
1 telephone	1 telephone
1–2 seats	1–2 seats
1–2 card reader	–

6.2.2 Hardwarekomponenten

Ein Kontrollzentrum beherbergt eine Vielzahl von Rechnersystemen, die den verschiedensten Aufgaben dienen. In einem mittelgroßen Kontrollzentrum wie dem GSOC sind weit über tausend Rechner untergebracht.

6.2.2.1 Rechner- und Netzwerkarchitektur

Das **Datennetzwerk** ist aus Standardprodukten der industriellen Netzwerktechnik aufgebaut. Es wird dabei hoher Wert auf die Ausfallsicherheit gelegt. Deswegen wird bereits bei den Standardprodukten darauf geachtet, dass kritische Komponenten gedoppelt werden, sodass im Falle eines Hardwarefehlers automatisch auf die bereit stehende Ersatzkomponente zugegriffen werden kann. Die Nutzer und Rechnersysteme sind über Glasfaserstrecken angebunden. Aufgrund der Tatsache, dass die Anforderungen der Raumfahrt an die IT bei Weitem nicht so stark angestiegen sind wie die Entwicklung der IT-Systeme selbst, bietet sich die Virtualisierung als Lösung für den Raumflugbetrieb an, da hier die Flexibilität und Konsolidierung optimal genutzt werden kann.

Bei den **Betriebssystemen** kam man über Prozessrechner-Systeme, RMX, VMS und Unix inzwischen zu Linux und MS Windows. Systeme unter Linux laufen primär in den Netzwerk- und Prozessierungsbereichen. MS Windows basierte Software wird noch bei den Display-Rechnern in den Kontrollräumen und Büro-PCs eingesetzt.

6.2.2.2 Sprachkommunikationssystem

Ein wesentliches Werkzeug der Kommunikation zwischen den Experten einer Mission ist die Sprache. Verbunden

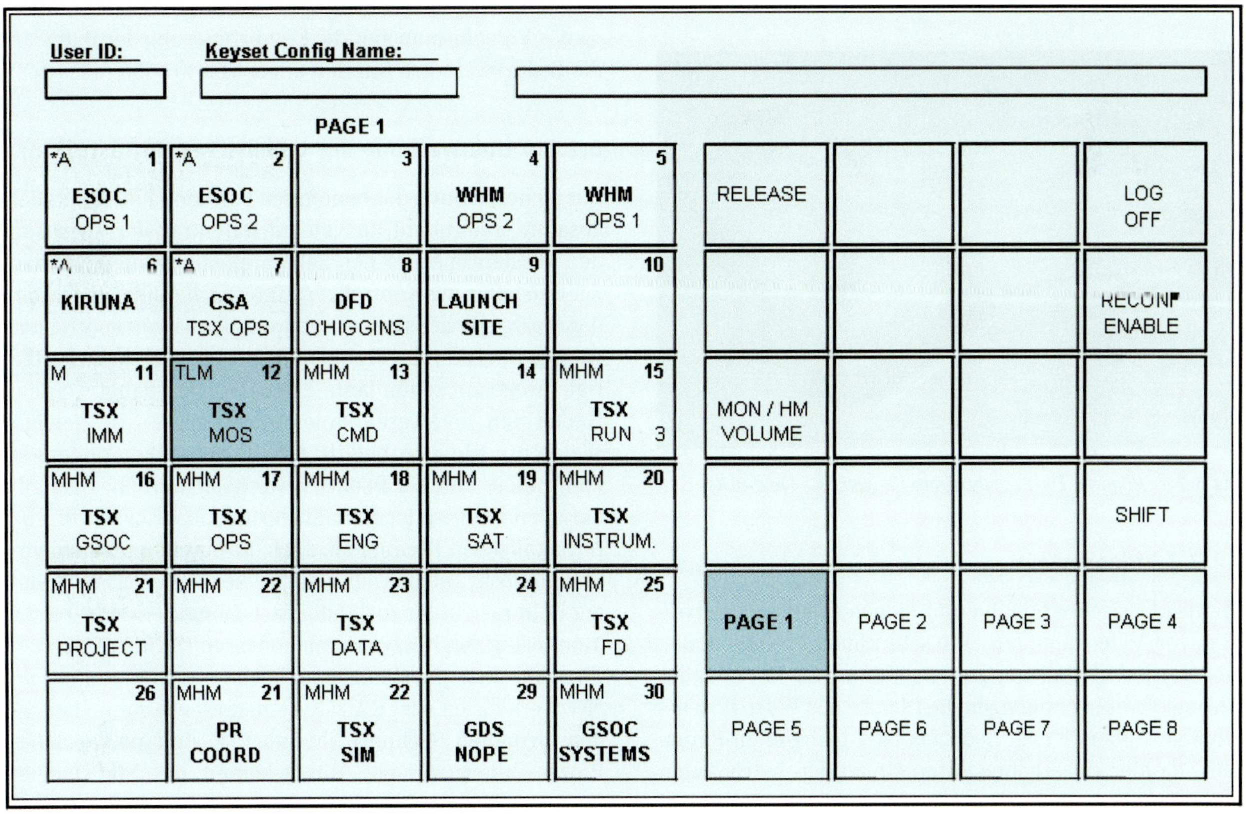

Bild 6.2.6: *Typisches Layout einer Sprechendstelle. Der Bildschirm (Touch Screen) dient als bidirektionale Schnittstelle (Bild: DLR).*

6

durch eine digitale **Konferenzanlage**, können über Endstellen innerhalb und außerhalb des Kontrollzentrums Teilnehmer zu funktionsorientierten Konferenzen zusammengeschaltet werden. An solchen Konferenzen können sowohl im Kontrollraum nebeneinander sitzende Personen als auch externe Kontrollzentren und Bodenstationen teilnehmen. Ebenso können externe Kunden, wie etwa Wissenschaftler und Betreuer von Experimenten oder auch Astronauten an Bord der Internationalen Raumstation in das System integriert werden. Endstellen sind frei konfigurierbar und können in beliebig viele Konferenzen nur hörend oder hörend und sprechend eingebunden werden (siehe Bild 6.2.6). Der digitale Konferenzknoten erlaubt zusätzlich die Sprachaufnahme der einzelnen Konferenzen und auf Anforderung deren zeitversetzte Wiedergabe.

Während bestehende Sprachvermittlungssysteme auf der Technologie von Vermittlungssystemen basieren und einen hohen Anteil an Spezialhard- und Software besitzen, setzt sich immer mehr die Kommunikation über IT-Netze durch, in denen die Sprache digitalisiert über Kommunikationsnetze verteilt wird. Am GSOC wird ein System entwickelt, das auf offenen, standardisierten Lösungen basiert (siehe www.openvocs.org). So können etwa für die Benutzerschnittstelle handelsübliche Smartphones oder Tablets verwendet werden (siehe Bild 6.2.7).

Das Openvocs Sprachvermittlungssystem verbindet verteilte Teams mit Hilfe eines rollenbasierten Zugriffsmechanismus über Standard-Webschnittstellen.

Bild 6.2.7: *Mögliche Ein/Ausgabegeräte für openvocs (Bild DLR).*

6.2.2.3 Videosystem

Für die klassischen Satellitenmissionen spielt die Übertragung von Videodaten nur eine sehr untergeordnete Rolle. Hier werden oftmals nur zum Satellitenstart für TV- oder Internet-Liveübertragungen die Dienste des Videosystems benötigt. Anders ist der Bedarf bei der bemannten Raumfahrt, da hier ein erhöhtes Interesse an den Astronauten während der gesamten Betriebsphase besteht. Dies wird erkennbar, wenn bei Führungen im Kontrollzentrum auf den Videoprojektoren Astronauten zu sehen sind, die zeitgleich in der Raumstation schweben. Wie wichtig dieses System für die Faszination Raumfahrt ist, kann man dann häufig in den Augen der Schulkinder, die das GSOC besuchen, ablesen. Aber nicht nur für die Öffentlichkeit, sondern auch für Experimentatoren oder Live-Interviews, ist die Übertragung von Videodaten von großem Interesse. War zunächst eine grobkörnige Auflösung ausreichend, wird auch hier, ähnlich zum privaten Haushalt, der Ruf nach höheren Auflösungen immer wichtiger und das System wird sukzessiv auf die neueren, aktuellen Übertragungsstandards angepasst. Limitierende Faktoren beim Ausbau des Videosystems sind hier zum einen die Kosten der technischen Umsetzung, zum anderen aber auch die Übertragungsbandbreite von der Raumstation bis hin zum Columbus Kontrollzentrum.

Das Videosystem gilt im Kontrollzentrum nicht als lebensnotwendiges Subsystem, ist aber dennoch, gerade wegen der öffentlichen Wirksamkeit, ein wichtiges System. Die Videos, die von der Raumstation und dem Columbusmodul übertragen werden, müssen im Kontrollzentrum empfangen werden, teilweise umkodiert und dann an die Nutzer und Interessenten verteilt werden. Diese können beispielsweise TV-Sender, Universitäten, Experimentatoren oder andere Kontrollzentren sein. Auch ist eine Sicherung der Videodaten notwendig, da Kunden oftmals später eine Kopie einer Videoübertragung erhalten möchten. Ebenso ist hier häufig eine Umkonfiguration der Daten notwendig, da das Videoformat oder die Komprimierung der Daten an die Bedürfnisse des Kunden angepasst werden müssen.

6.2.2.4 Überwachung der technischen Infrastruktur

Zur Sicherstellung der benötigten Funktionalität muss der gesamte, redundant ausgelegte Datentransfer zwischen den missionsspezifischen Softwarekomponenten und den Schnittstellen des Kontrollzentrums nach Außen, insbesondere zu dem Bodenstationsnetzwerk permanent kontrolliert werden. Im Falle von Problemen und Ausfällen müssen die Datenwege auf redundante Zweige umgeschaltet werden. Neben den Netzwerkkomponenten müssen in gleicher Weise die übrigen beteiligten Hardwarekomponenten kontrolliert und bei Bedarf gewechselt werden. Dies gilt auf allen Ebenen der Virtualisierung, also sowohl für die physikalischen Rechner als auch die darauf laufenden virtuellen Hosts. Die Betriebsgruppe, die für die Verfügbarkeit der IT-Infrastruktur zuständig ist, benötigt also ein direktes Monitoring von Netzwerkkomponenten (Switches, Router, Firewalls etc.), physikalischen Rechnern (CPU, Status von Netzwerkkarten oder RAID-Systemen) sowie darauf laufenden virtuellen Rechnern (Memory, Festplattenkapazität, Prozess-Informationen). Hinzu kommt, dass die Quellen für diese Informationen über mehrere Netzwerkbereiche hinweg verteilt sind.

Insbesondere die letzte Randbedingung, das Kontroll-System mit Proxies über Netzwerkgrenzen hinweg betreiben zu müssen, können kommerziell oder frei verfügbare Netzwerkmonitoring Tools in der Regel nicht erfüllen. Daher wurde am GSOC eine Monitoring- und Kontroll-Software (NEMO) entwickelt, die speziell auf diese Anforderungen zugeschnitten ist. Mit ihr können die Informationen auf den verschiedenen technischen Ebenen abgegriffen und innerhalb eines einheitlichen Systems im Gesamtkontext bewertet und dargestellt werden. Je nach Anwendung wird die gesamte Systeminformation dabei unterschiedlich zur Anzeige gebracht. Operatoren bewerten das System funktional auf einer summarischen Ebene (Bild 6.2.8 oben), Administratoren haben Zugriff auf die kompletten Detailinformationen aller Komponenten (Bild 6.2.8 unten). Eine weitere, für den 24/7 Betrieb wichtige Eigenschaft von NEMO ist die Möglichkeiten, Raumfluganwendungen selbst zu überwachen und zu steuern. So können etwa Dienste eines Servers neu gestartet oder gestoppt werden, wenn etwa Neukonfigurationen durchgeführt wurden oder es Probleme mit der Anwendung gibt.

Neben der Überwachung des Systems bietet NEMO außerdem die Möglichkeit, die eingebundenen Komponenten zu kommandieren. Auch dies kann wiederum auf verschiedenen Hierarchieebenen erfolgen: Administratoren können einzelne Parameter direkt konfigurieren, während für Operatoren ausschließlich vordefinierte Abläufe (sogenannte Workflows) zur Umschaltung ganzer Prozessketten zur Verfügung stehen, inklusive Prüfungen von Vorbedingungen und Verifikation der kommandierten Schaltbefehle.

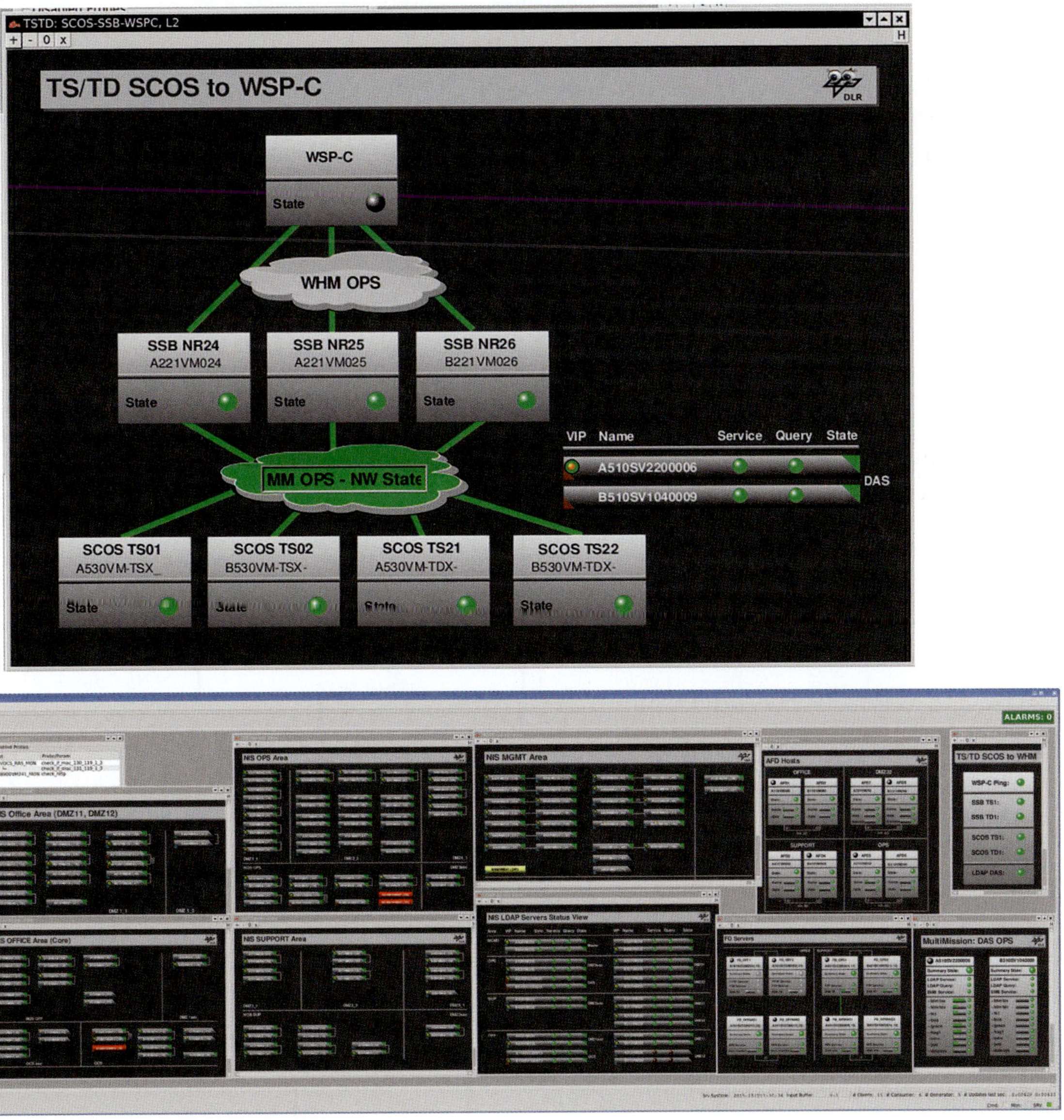

Bild 6.2.8: *Monitoring- und Kontroll-Software (NEMO).*

6.2.2.5 Strom- und Klimaversorgung

Neben der Kommunikation mit der Außenwelt ist die Stromversorgung eines der wichtigsten Unterstützungssysteme eines Kontrollzentrums. Ein typischer Ansatz zur sicheren Stromversorgung wird im Folgenden dargestellt. Alle für den Betrieb notwendigen Anlagen sind über eine **unterbrechungsfreie Stromversorgung** abgesichert (Bild 6.2.9). Die Verbraucher elektrischer Energie werden aus einer „Online-Anlage" gespeist, die ihrerseits die Energie aus einem Akkumulatorensatz bezieht, der ständig aus dem Netz nachgeladen wird. Damit können Netzausfälle von bis zu 10 Minuten ebenso wie kurzzeitige Spannungseinbrüche (Netzflackern) abgedeckt werden. Spätestens 30 Sekunden nach einem Ausfall des Stromversorgungsnetzes wird automatisch eine **dieselgestützte Netzersatzanlage** gestartet. Diese Anlage ist dauerlauffähig und kann lange Netzausfälle, nur begrenzt durch den Vorrat (und Nachschub) an Dieseltreibstoff, überbrücken. Dies ist speziell bei großflächigen, lang anhaltenden Netzausfällen von Belang. Die normale Netzversorgung erfolgt über zwei getrennte Zugänge zum Netz des lokalen Energieversorgungsunternehmens (EVU). Alle Anlagen sind mit entsprechenden Redundanzen versehen.

Ähnlich wichtig ist die Rolle einer zentralen und hochverfügbaren Klimatisierung der wichtigen Betriebskomponenten. Am GSOC sind die Rechnerräume und Kontrollräume klimatisiert. Da bei einem Ausfall der Klimaleistung die Temperatur in den Betriebsräumen sehr schnell ansteigt und die IT Systeme ausgeschaltet werden müssen, ist es zwingend, dass auch diese Komponenten gegen Ausfälle gesichert werden und bautechnische Ersatzsysteme zur Verfügung stehen, damit ein wärmebedingter Ausfall vermieden wird. Am GSOC existieren ein redundantes Klimasystem sowie für den Notfall mobile Klimaanlagen, die bei Bedarf eingesetzt werden können.

6.2.2.6 Zugangskontrolle und IT-Sicherheit

Obwohl sich Kontrollzentren in der Regel auf bereits durch den **Werkschutz** überwachtem Gelände befinden, ist eine zusätzliche, gestufte Absicherung des Zugangs zu den betrieblichen Anlagen und Räumen erforderlich. Neben der visuellen Absicherung durch zusätzliches Wachpersonal, insbesondere eingesetzt während wichtiger Hochaktivitätsphasen, wird hier mit **elektronischen Ausweisen** gearbeitet. Kritische Räume sind zusätzlich mit Videoüberwachung ausgestattet. Die Räume des Kontrollzentrums sind, je nach ihrer Verwendung, in Sicherheitszonen eingeteilt und die Ausweise in Kombination ermöglichen nur den erlaubten Zutritt in die entsprechenden Räume.

Die **IT-Sicherheit** ist ein komplexes Thema. Sie ist sehr speziell auf eine Betriebsumgebung und die jeweilige Missionsart zuzuschneiden. Zunächst werden mehrstufige **Firewall- und Proxy-Systeme** eingesetzt. Die Netzwerke sind in mehrere Sicherheitsbereiche aufgeteilt. Der „Operations-Bereich" ist im Innersten dieser Sicherheitsbereiche angeordnet und nach Projekten bzw. Teilprojekten geteilt. Der Zugang zu den Systemen ist durch das Passwort geschützt und über das in der IT-Welt bekannte **Lightweight Directory Access Protocol (LDAP)** abgesichert. LDAP ist ein Netzwerkprotokoll, in dem die Rollen und Rechte der Nutzer verwaltet und zugewiesen werden und das somit für jeden Nutzer den Zugang zu Informationen eines Dienstes

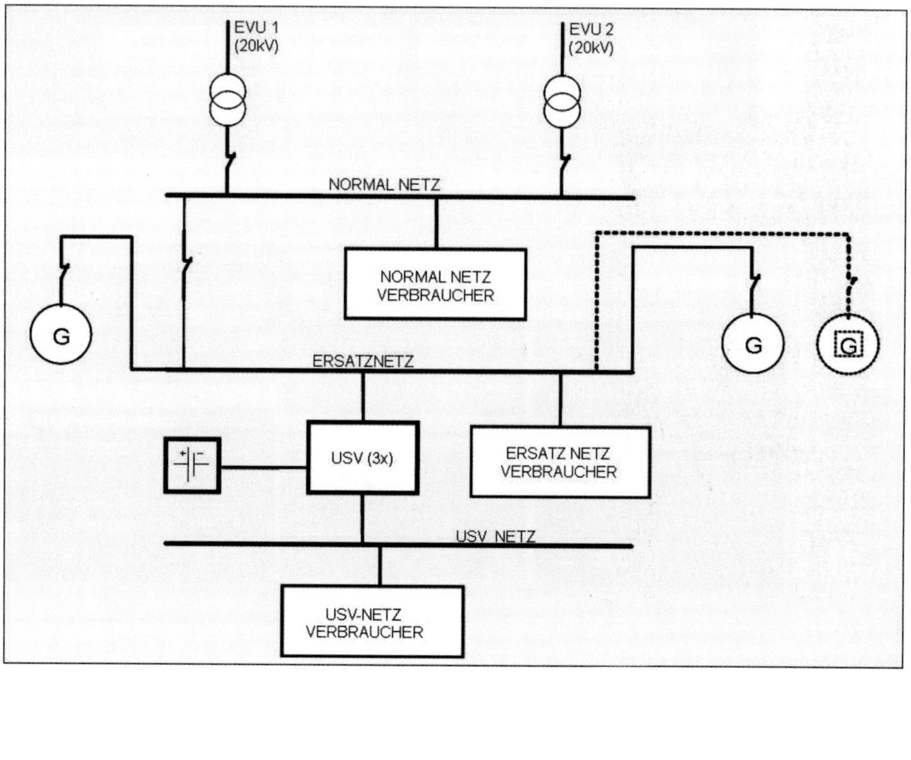

Bild 6.2.9: *Unterbrechungsfreie Stromversorgung. Regular Power Grid User sind z. B. alle Büros, die UPS Power Grid User sind die Server-Räume und Kontrollräume (Bild: DLR).*

erlaubt. Der Zugang zu Arbeitsstationen kann zusätzlich über Karten- und Fingerabdruckleser abgesichert werden.

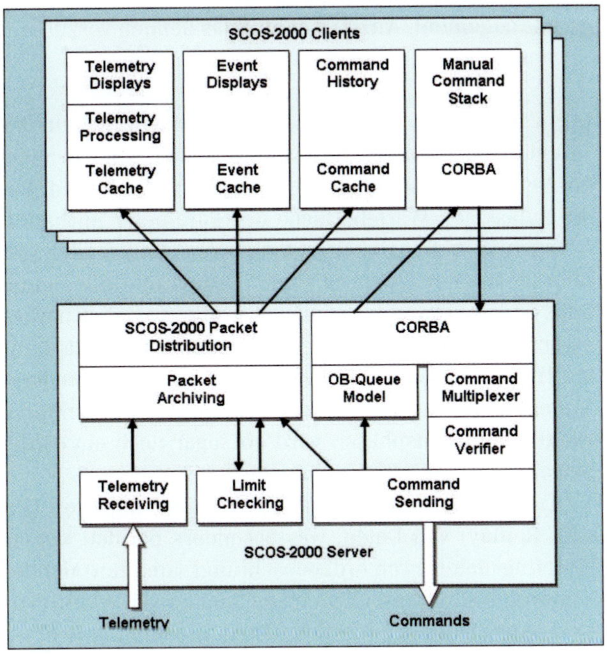

Bild 6.2.10: *SCOS-2000 System-Architektur (Bild: DLR).*

6.2.3 Softwarekomponenten

In einem Kontrollzentrum werden viele speziell für den operationellen Einsatz entwickelte Softwaresysteme ein- gesetzt. Die Wichtigsten sind im Nachfolgenden beschrieben.

6.2.3.1 Telemetrie- und Kommandosystem

Das Kernelement für die Satellitensteuerung und -überwachung ist das Telemetrie- und Kommandosystem. In früheren Zeiten als getrennte Softwarewerkzeuge implementiert und eingesetzt, haben sich seit 1995 integrierte Softwaresysteme durchgesetzt, die beide Aufgaben simultan abwickeln können. Ein Beispiel ist das von der ESA entwickelte SCOS 2000 (Bild 6.2.10), das als Basis für verschiedene kompatible Entwicklungszweige in Industrie und bei Raumfahrtagenturen dient, wie das DLR/GECCOS-System (Bild 6.2.11). Weltweit gibt es weitere entsprechende kommerzielle oder proprietäre Systeme die bei Raumfahrtagenturen und kommerziellen Betreibern etabliert sind. Die Verwendung standardisierter Systeme erleichtert den Austausch und die Validierung von Telemetrie- und Telekommandodatenbanken zwischen Betriebszentren und mit Satellitenherstellern.

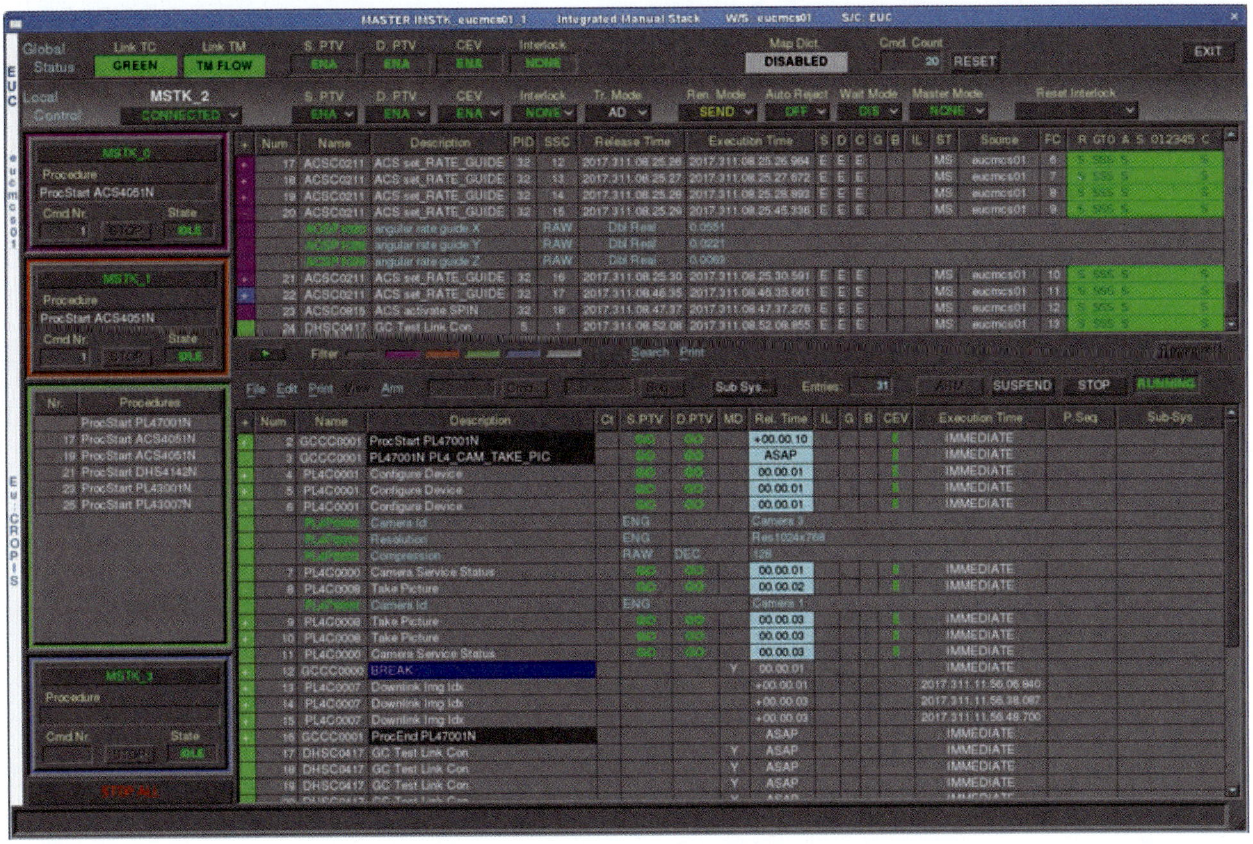

Bild 6.2.11: *DLR/GECCOS Kommando-System (Bild: DLR). Basierend auf SCOS-2000. Im unteren Bereich sind vorbereitete Kommandos gelistet, im oberen Bereich sind die Status bereits gesendeter Kommandos zu sehen.*

Flugprozeduren-Skripte erlauben die Ausführung von komplexen Kommandofolgen ähnlich einer Programmiersprache und sind oft an verbreitete Datenstrukturen wie XML oder Skriptsprachen angelehnt. Das Senden von Flugprozeduren oder Kommandos wird bei modernen Kommandierungssystemen entweder als interne Funktion oder als extern beigestellte Applikation verwirklicht (Bild 6.2.12).

Allen Gesamtsystemen gemeinsam sind die folgenden Fähigkeiten:

- **Prozessierung** und Archivierung der Telemetrie-Daten,Verteilung der prozessierten Daten an Nutzer innerhalb und außerhalb des Kontrollzentrums,
- **Flagging** und Alarmierung bei Grenzwertüberschreitung einzelner Telemetrie-Parameter oder Summen-Alarme,
- **Kommandierung in Echtzeit** sowie Senden von Kommandos, die zu einem späteren festgelegten Zeitpunkt ausgeführt werden (Time-Tagged)
- **Automatisiertes Senden von Kommandos,** z. B. getrieben von Bodenstationskontakten, Ergebnissen der Missionsplanung oder in Abhängigkeit von Telemetrie-Werten
- Ausführung von **Flugprozeduren** und Senden der daraus resultierenden Kommandos,
- Log-Funktion für die gesendeten Kommandos,
- **Management/Anzeige** der für das Senden vorzubereitenden Kommandos

Die Vorschriften, wie Kommandos zu verpacken und Telemetrie-Parameter zu entpacken sind, sind in einer speziellen Missionsdatenbank definiert. Auch sind dort die zulässigen Wertebereiche der Parameter enthalten, oft auch in Abhängigkeit von Missionsphasen oder vom übergeordneten Zustand einer Baugruppe oder eines Subsystems. Um eine möglichst große Ausfallsicherheit zu erreichen, laufen im Allgemeinen zwei Systeme parallel (**Hot Backup**) und ein Umschalten auf das redundante System ist in weniger als einer Minute sichergestellt. Für wichtige Missionsphasen wird oft sogar noch ein drittes System bereitgestellt (**Cold Backup**).

Das System erlaubt auch ein **Wiedereinspielen (Recall, Replay)** von Daten, was besonders bei den kurzen Überflug- dauern von Erdbeobachtungssatelliten oder den längeren kontaktlosen Zeiten von Sonden von Wichtigkeit ist. Ebenso ist es erforderlich, Daten, die nicht in Echtzeit

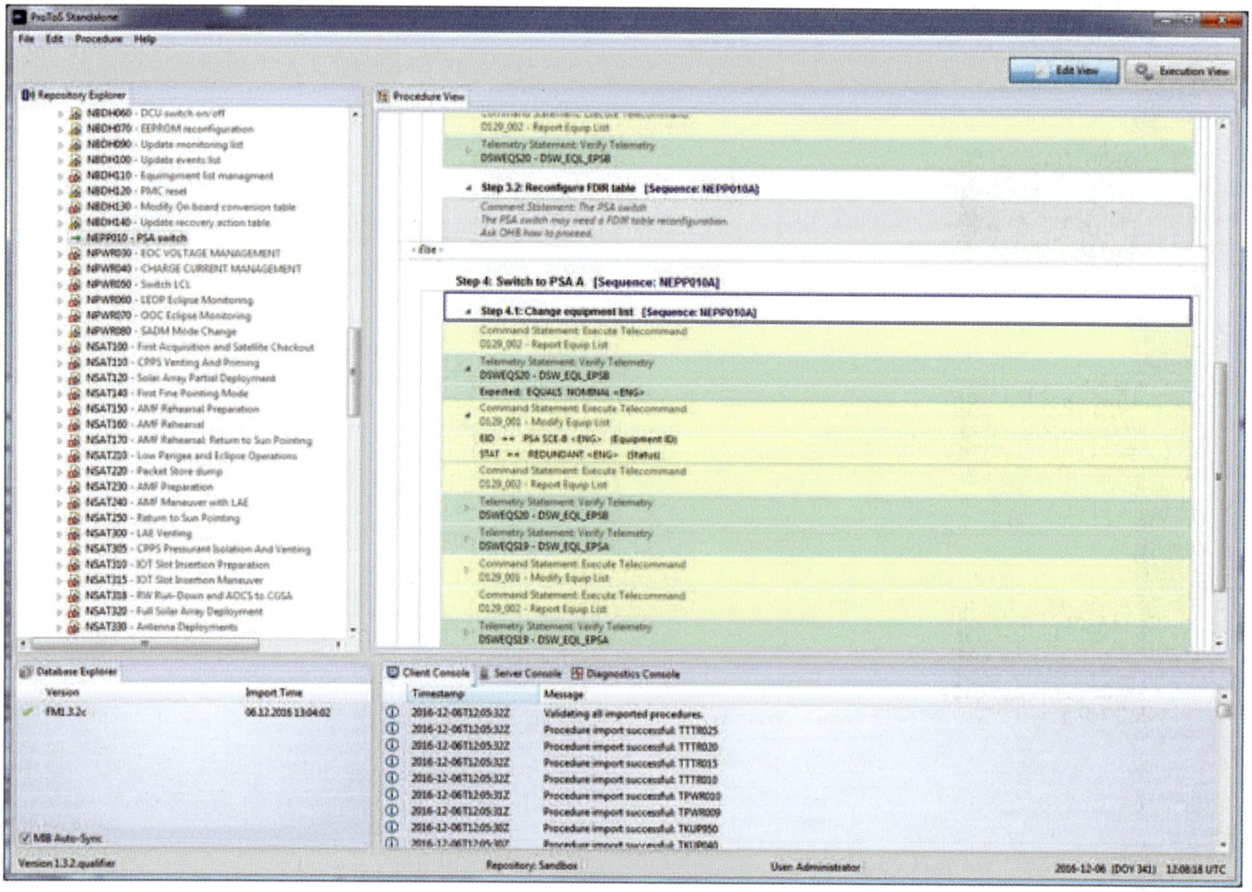

Bild 6.2.12: *Editieren und Ausführen von Flugprozeduren mittels der Applikation ProToS (Bild: DLR).*

empfangen werden, sondern aus dem Datenspeicher der Sonde oder des Satelliten während des Kontaktes mit höherer Datenrate ausgelesen werden, zu prozessieren und oft auch mit höherer Abspielgeschwindigkeit anzuzeigen. Die meisten Telemetrie- und Kommandosysteme unterstützen die entsprechend der CCSDS-Empfehlungen (Consultative Committee for Space Data Systems) standardisierten Telemetrie- und Kommandopaketformate und die Packet Utilization Standards (PUS) der ESA. Die typische Konfiguration ist ein verteiltes System, d. h. verteilt auf ein Netzwerk von Workstations, es kann aber auch in einer Minimalkonfiguration als Einzelplatzlösung für einfache Missionen oder für Test- und Trainingszwecke betrieben werden (Bild 6.2.10).

Betrieb von Satellitenflotten oder -konstellationen kann durch Telemetrie- und Kommandosysteme gewährleistet werden, deren Missionsdatenbanken intrinsisch die gleichzeitige Verwaltung verschiedener Satelliten erlauben, wie neue Versionen von SCOS-2000, oder durch den Aufbau eines „System of Systems", also einer Kombination verschiedener Systeme, die wiederum selbst durch ein übergeordnetes System kontrolliert werden können.

6.2.3.2 Display-System

Die Telemetrie- und Kommandosysteme haben nicht immer eine Nutzerschnittstelle, die leicht und intuitiv zu bedienen ist. Deshalb und wegen des unvermeidlichen Einsatzes verschiedener oft durch andere Projektpartner vorgegebener Prozessierungswerkzeuge setzt man noch eine zusätzliche Benutzeroberfläche für die Anzeige der Telemetrie ein. Im GSOC wird das Display-System SATMON (Bild 6.2.13) genutzt, welches eine besonders intuitive Möglichkeit bietet, sich Daten in verschiedenster Art und Weise darstellen zu lassen. Dazu gehört zunächst die standardmäßige alphanumerische Anzeige in Tabellenform, die Linienplotfunktion

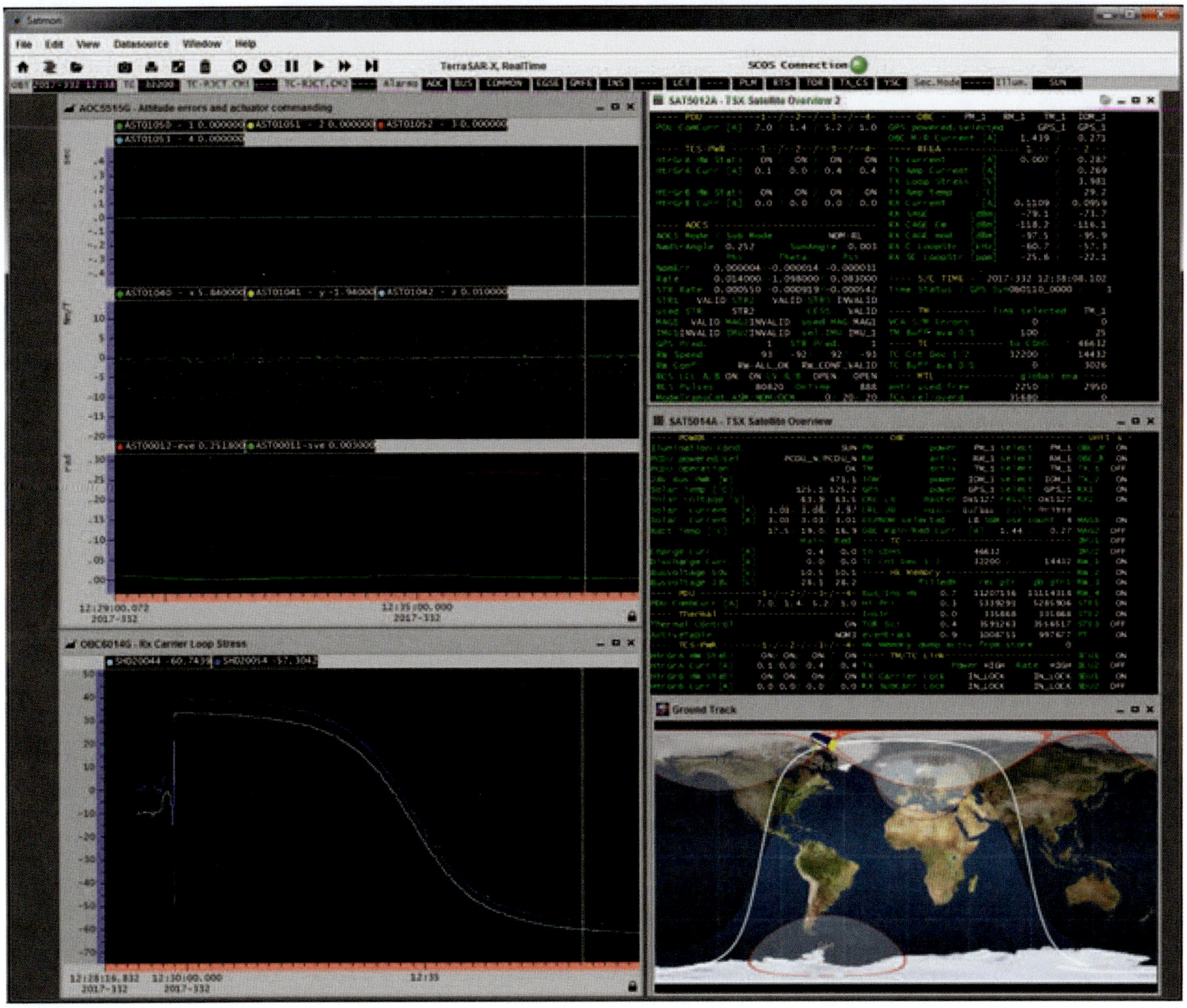

Bild 6.2.13: *Display-System SATMON (Bild: DLR).*

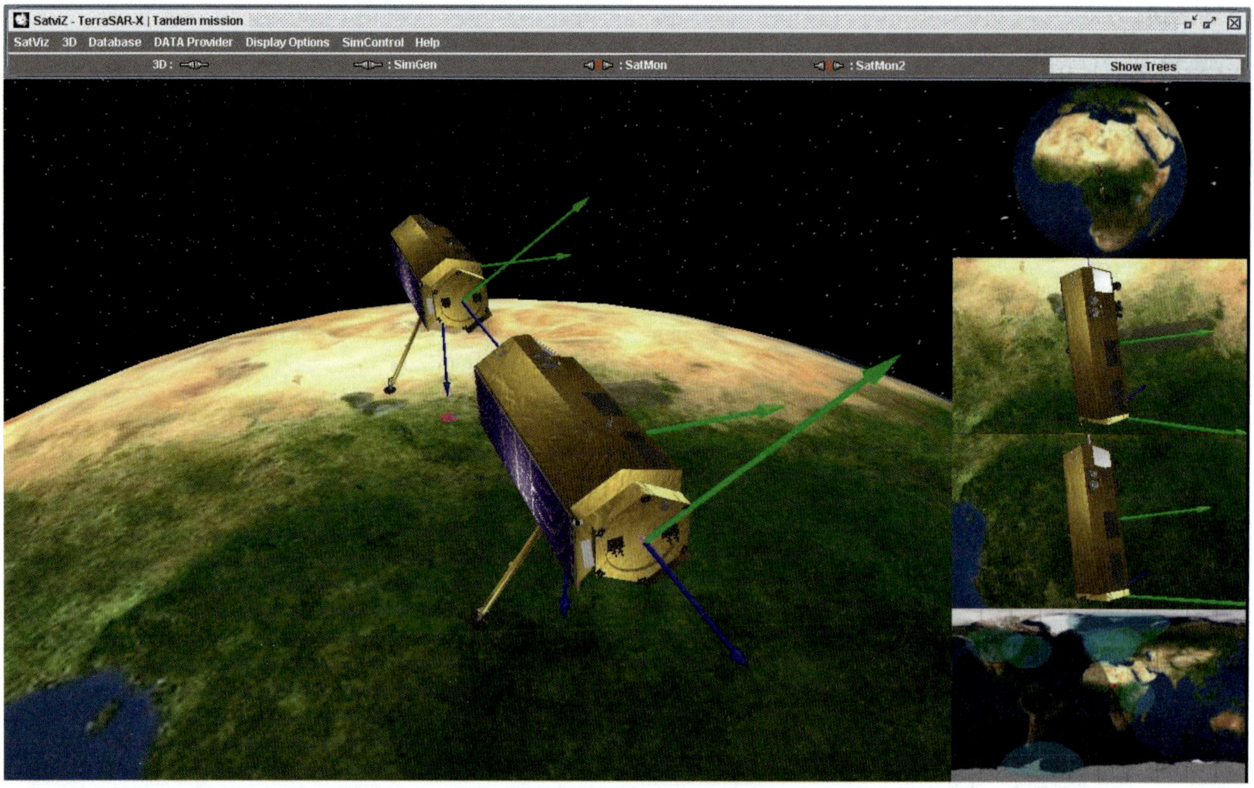

Bild 6.2.14: *3D-Display-System SatViz (Bild: DLR).*

mit der grafischen Darstellung der Messwerte, aus der sich dann leichter Reaktionen und Trends vorhersagen lassen. Zusätzlich kann auch eine Symbolplot-Darstellung von Subsystemen und Baugruppen angezeigt werden, mit der die Werte im graphischen Zusammenhang mit anderen Parametern erkennbar sind.

6

Besondere Merkmale dieser Software sind einerseits die Flexibilität, an verschiedenartige Telemetrie-Systeme angeschlossen zu werden, sowie die Fähigkeit, Daten anderer Quellen, wie z. B. von separaten Systemen prozessierten Offline-Telemetrie-Date (Daten, die von niedrigfliegenden Satelliten im Orbit gespeichert werden und gesammelt bei einem Stationskontakt an den Boden gesendet werden), mit zu integrieren und anzuzeigen. Andererseits bietet sie eine Anzeige der Telemetrie auch über Internet, grafische Drag-and-drop-Konfiguration des Displayseiten-Layouts, Hyperlinks zwischen den Displayseiten, zusätzliche Datenbank-Information der Parameter durch automatische Pop-ups, Derived Parameters, Limit Checking, Local Data Archiving and Replay. Die Inhalte der Displayseiten werden mit der Fenstergröße angepasst.

Diese Displayclients ermöglichen den Systemingenieuren direkten, sicheren Zugriff auf Echtzeit- und Archivdaten auch außerhalb der geschützten Kontrollraumumgebung.

Echtzeit- und archivierte Telemetrie-Werte werden genutzt, um **3D-Darstellungen des Satelliten und Animationen seines Verhaltens** zu generieren. Im GSOC wird nur für ausgewählte Projekte Visualisierungssoftware eingesetzt, die auf 3D-Modellen der Raumfahrzeuge und der einzelnen Komponenten basiert (Bild 6.2.14).

Die Besonderheit liegt nun darin, dass je nach Zustand und Wert der vom Telemetrie-System prozessierten und von SATMON bereitgestellten Telemetrie die aktuelle Satelliten-Konfiguration an einem Arbeitsplatz oder als Großbild im Kontrollraum präsentiert werden kann. Dies bietet in bestimmten Fällen den Betriebsteams eine weitere Hilfe z. B. für die klare Visualisierung der aktuellen Lage des Satelliten bei Bahnmanövern.

6.2.3.3 Missionsplanungssystem

Um die detaillierte Missionsablaufplanung vorzubereiten, werden in vielen Fällen **Softwarewerkzeuge** eingesetzt, die helfen, die zahlreichen Anforderungen zu erfüllen, ohne dabei die Randbedingungen zu verletzen.

Die im GSOC dafür eingesetzte Planungssoftware besteht aus vier Hauptkomponenten: einer relationalen Datenbank, einem grafischen Editor, einem automatischen Planer sowie einem Web-Interface.

Die **Datenbank** ist das Kernstück des Missionsplanungssystems. In ihr werden sämtliche Informationen und Parameter zur Beschreibung gespeichert. Ebenso werden in der Datenbank die erzeugten Pläne abgelegt.

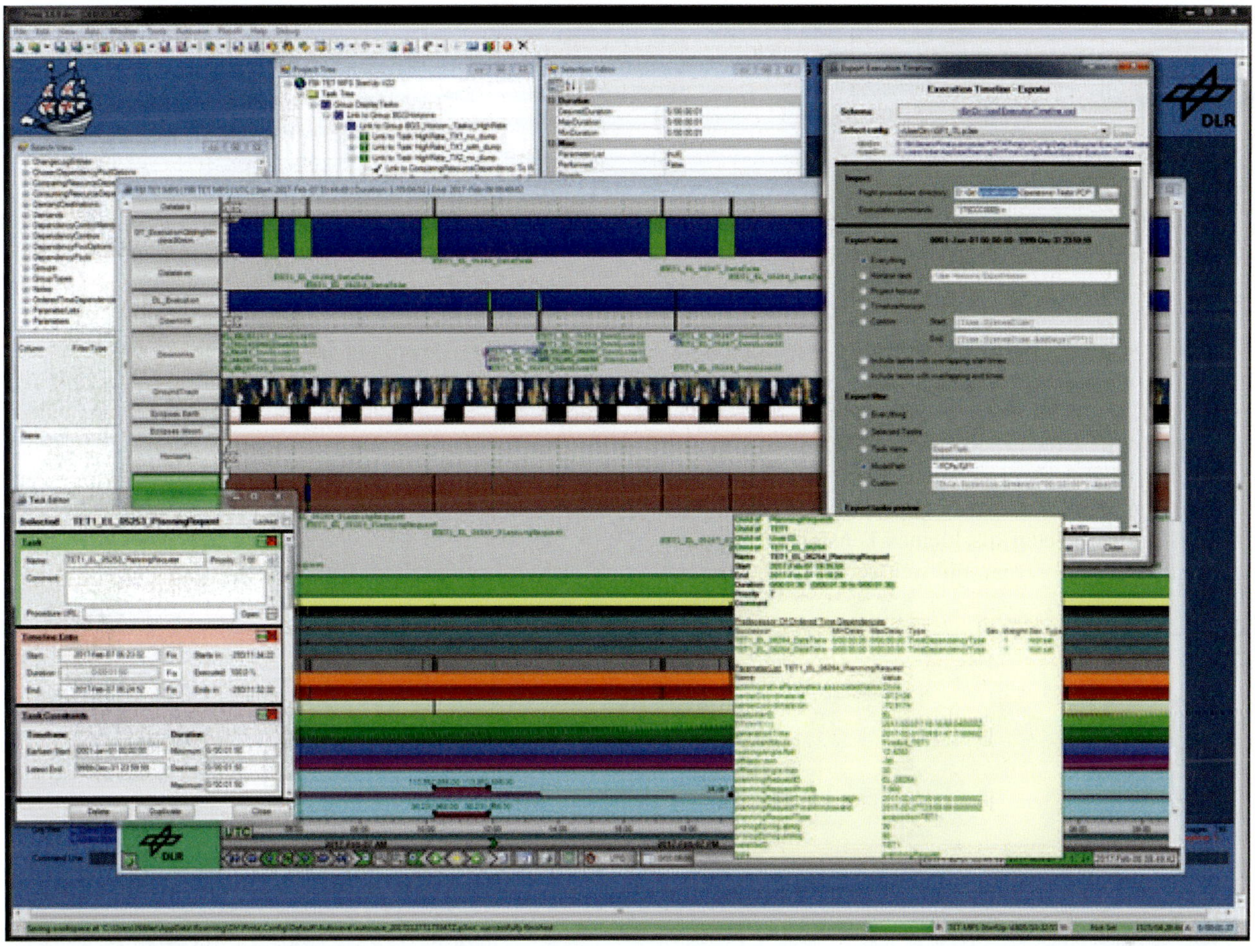

Bild 6.2.15: *Grafische Oberfläche eines Missionsplanungssystems (Bild: DLR).*

Der **grafische** Editor gibt vielerlei Möglichkeiten, Aufgaben in einer intuitiven Art und Weise zu definieren, zu verknüpfen und zu verschieben. Dieser Editor verschafft einen Gesamtüberblick und kann auch alle Detailinformationen darstellen. Eigene Bildschirmformate können individuell im Online-Betrieb erstellt werden (Bild 6.2.15).

Aufgabe des automatischen Planers ist die Erzeugung eines konfliktfreien Planes. Alle Interdependenzen zwischen den Aufgaben sowie Einschränkungen von allen Ressourcen des Satelliten als auch ggf. der Bodensysteme oder des einzusetzenden Personals werden berücksichtigt. Die zugrunde liegenden Algorithmen kommen aus der **Constraint-Satisfaction-Problem-Theorie (CSP)**. Diese erlaubt eine Lösungsfindung für komplexe Probleme in einer angemessenen Rechenzeit. Die Algorithmen lassen sich an Benutzeranforderungen anpassen. Damit kann die Planungssoftware in den unterschiedlichsten Bereichen und für die verschiedensten Anwendungen eingesetzt werden. Aufgaben lassen sich hierarchisch in Ebenen modellieren. Die unterste Ebene ist dabei diejenige, welche die Ressourcen verbraucht. Unterschiedliche Typen von Ressourcen können definiert werden.

Sobald der Planer der Überzeugung ist, dass sein Plan realisiert werden soll, kann er diesen auch über das Web publizieren. Autorisierte Benutzer haben sofort über das **Web-Interface** Zugang zum aktualisierten Ablaufplan. Die „Timeline" ist das Ergebnis des Planungsprozesses. Sie enthält genau definierte Ausführungszeiten für jede auszuführende Aktivität und damit eine der machbaren und konfliktfreien Lösungen für die gestellte Aufgabe. Sie präsentiert aber gleichzeitig auch weitere optionale Möglichkeiten der Ressourcennutzung und zeigt alle möglichen Verfügbarkeiten von Ressourcen, Randbedingungen und Zeitabhängigkeiten, die zur ausgewählten Lösung führten. Oft wird in Verbindung mit der Telemetrie- und Kommandodatenbank eine entsprechende Datei mit den zu ladenden Kommandos bereitgestellt. Der Gesamtprozess von der Stellung des Auftrags (Planning Request) über die Planung bis zur Erstellung der auf dem Satelliten ausführbaren Timeline ist für dedizierte Missionen vollautomatisiert (Bild 6.2.16).

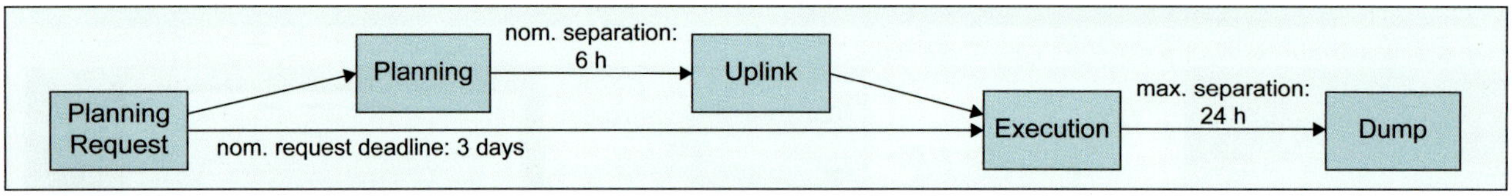

Bild 6.2.16: *Beispiel für einen vollautomatischen Planungsprozess (Bild: DLR).*

6.2.3.4 Unterstützungssoftware

Für den Betrieb im Kontrollzentrum wird noch weitere Software eingesetzt. So sind zunächst die Anzeigeprogramme für die Uhren zu nennen. Man arbeitet in der Raumfahrt zwar eigentlich immer nach der UTC (Coordinated Universal Time, früher Greenwich Mean Time, GMT), es ist aber dennoch gut zu wissen, welche Ortszeit der Partner auf der anderen Seite des Globus gerade hat. Auf bestimmten Großbildschirmen oder als kleines Fenster an den Konsolenbildschirmen werden die weltweiten Ortszeiten der beteiligten Partner angezeigt. Hinzu kommen bestimmte Event-Zeitanzeigen, so z. B. für den Countdown vor dem Start oder die Mission Elapsed Time (MET) nach dem Start.

Oft werden diese Angaben zusammen mit einer **Anzeige der aktuellen Position** auf den Satelliten-Umlaufbahnen dargestellt (siehe Bild 6.2.17). Aus diesen kann man auch erkennen, ob und wann der Satellit im Sonnenlicht fliegt und wann die nächsten Funkkontakte (Acquisition of Signal bzw. Loss of Signal, AOS und LOS) zu erwarten sind.

Ein Intranet-Portal wie das OpsWeb des GSOC stellt Projektdokumentation, Datenbanken, Datenprodukte, Pla-

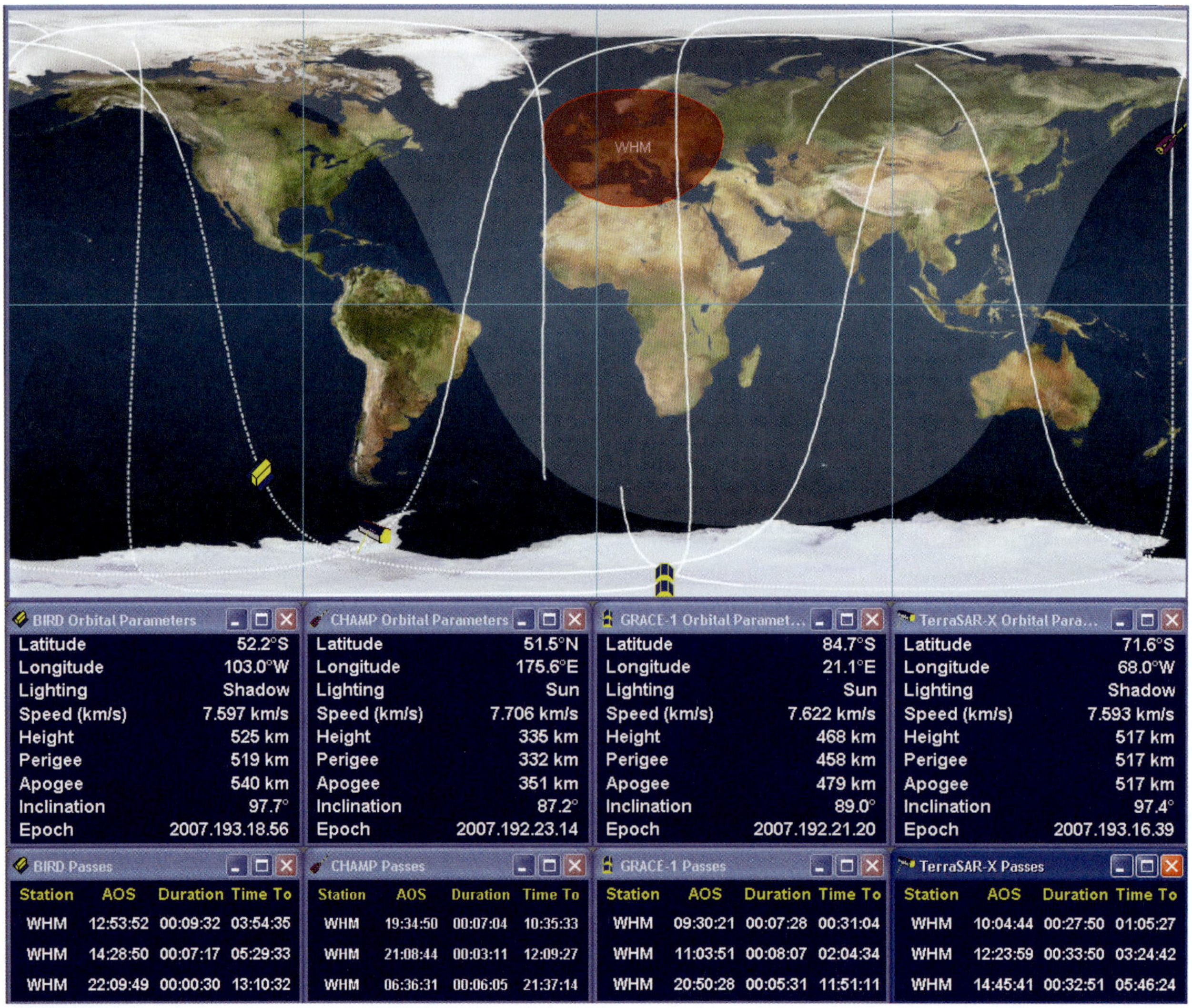

Bild 6.2.17: *Anzeige der Umlaufbahnen (Bild: DLR).*

nungsergebnisse und andere notwendigen Informationen wie z. B. Personaleinsatzpläne unter einer gemeinsamen Benutzeroberfläche zur Verfügung.

Die bereitzustellende Information wird vom Betriebsteam selbst im Rahmen der Missionsvorbereitung sukzessive aufgebaut und validiert.

6.2.4 Kommunikationsverbindungen

Jedes Kontrollzentrum verfügt über Kommunikationsnetzwerke, zum einen lokale Netzwerke (LAN) aber auch Verbindungen zu externen Stellen (WAN), wie etwa zu den Bodenstationen, zu anderen Kontrollzentren oder auch zu Nutzerzentren.

Waren bis zur Jahrtausendwende oftmals proprietäre Technologien und Produkte weit verbreitet, so sind inzwischen nahezu überall Standard Hard- und Softwarekomponenten („Commercial Off the Shelf") die Basis der Kontrollzentrumstechnologien. Neben dem erheblichen Preisvorteil ist ebenfalls ein großer Vorteil, dass durch standardisierte und weit verfügbare Schnittstellen eine Anbindung an externe Partner erheblich schneller und sicherer realisiert werden kann als wenn – wie früher üblich – erst Zwischenrechner, sog. Schnittstellen-Gateways, entwickelt, installiert und verifiziert werden müssen.

6.2.4.1 Lokale Netzwerke

Die lokalen Netzwerke basieren im GSOC auf dem Ethernetstandard. Die Netze werden prinzipiell redundant ausgelegt, sodass die operationellen Serverdienste redundant angebunden werden. Dies hat neben der höheren Verfügbarkeit auch den betrieblichen Vorteil, dass mit einer mehrfachen hardwaretechnischen Redundanz Wartungsarbeiten auch im laufenden Betrieb durchgeführt werden können, ohne dass der Betrieb unterbrochen werden muss. So können an einem redundanten Strang beispielsweise neue Hardware oder Softwareversionen installiert werden, während das alte System weiter den Betrieb übernimmt. Erst wenn das erneuerte System getestet und abgenommen wurde, erfolgt ein Umschalten.

Das GSOC Netzwerk NIS (Network Information Subsystem) ist die Grundlage für alle unterstützten Missionen. Die Gebäudeverkabelung besteht aus Glasfaserkabeln, lediglich die direkte Anbindung der Arbeitsplatzrechner erfolgt über Kupferverkabelung. Die Server sind größtenteils ebenfalls über Glasfaserkabel angebunden.

NIS unterstützt mehrere lokale Netze, die unterschiedliche Anforderungen bezüglich Verfügbarkeit und Sicherheit bieten. Diese Netze werden durch Firewalls und Demilitarisierte Zonen (DMZ) voneinander getrennt, sodass keine direkte Kommunikationsverbindung zwischen den Netzen besteht. Die wichtigsten Netze am GSOC sind (siehe auch Bild 6.2.18):

- Operations (OPS) LAN für Telemetrie- und Telekommando Daten
- Operations Support LAN für alle anderen operationellen Daten
- Office LAN zur Benutzung in den Büros und für den Internet Zugang
- Management LAN (zum Administrieren der Netzwerke; in Bild 6.2.18 nicht dargestellt)
- Gast und Firmennetze, die auf individueller Basis zur Verfügung gestellt werden

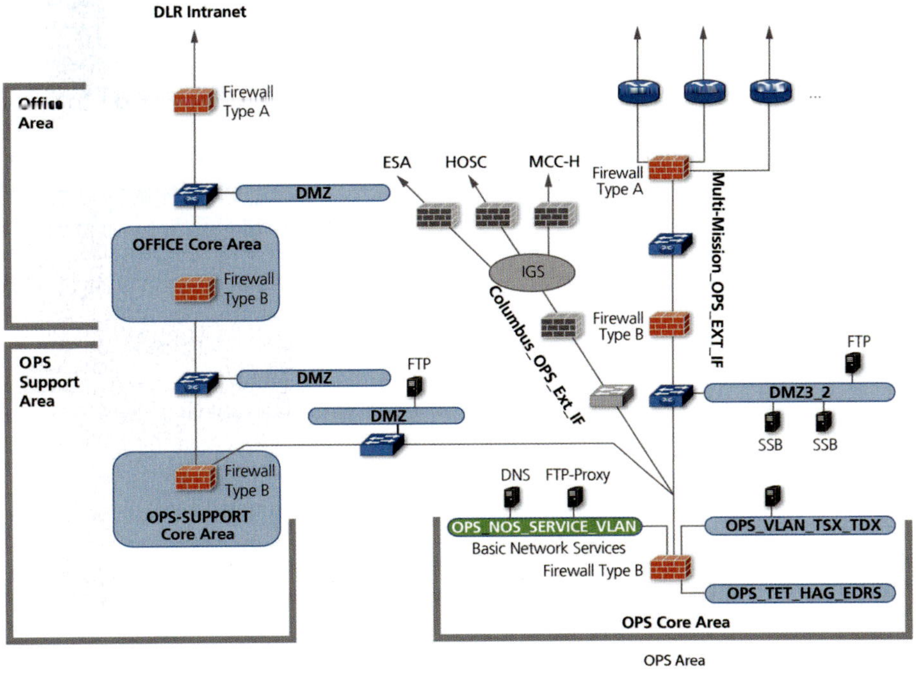

Bild 6.2.18: *Schematischer Überblick über die Netzwerk Infrastruktur am GSOC, Oberpfaffenhofen (Bild: DLR).*

- Die Netze Ops, Ops Support und Office basieren auf einer modernen, redundanten Layer 3 Architektur. Diese Plattform wurde aufgebaut, um alle aktuellen Raumflugmissionen, aber auch die zukünftigen Projekte zu unterstützen. Deswegen wurde auf eine dynamische und flexible Verwendbarkeit der Installationsbasis geachtet.

6.2.4.2 Externe Netzwerkverbindungen

Aufgrund der hohen Kritikalität der Raumfahrtprojekte und der Tatsache, dass viele Aktionen vom Boden an den Satelliten ununterbrochen zu erfolgen haben, ist ein ausfallsicheres Netz von und zu den externen Partnern von hoher Wichtigkeit. Deswegen wurden und werden für diesen Zweck immer noch direkte Punkt-zu-Punkt-Verbindungen präferiert. Da diese jedoch einen sehr hohen Kostenfaktor darstellen und der Kostendruck auf Raumfahrtmissionen immer höher wird, setzen sich auch hier immer mehr kostengünstigere, Internetprotokoll-basierte Technologien durch. Diese sind zum einen das MPLS (Multiprotocol Label Switching), das einen verbindungsorientierten Dienst anbietet, bei dem auch die Verbindungsgüte mit dem Dienstleister verhandelt werden kann. Weiterhin werden immer mehr auch Internetverbindungen genutzt, die über Verschlüsselung (VPN Virtual Private Networks) sicherheitstechnisch abgesichert werden. Hier besteht keine Zusage an die Übertragungsqualität und Verfügbarkeit mehr, da die Dienstleistung potenziell über eine Vielzahl von Netzherstellern erfolgen kann. Hier müssen die Projekte selbst dafür Sorge tragen, ob sie dieses Risiko eingehen können und wollen und ob sie auf der anderen Seite die Finanzierung für die höhere Verbindungsqualität tragen können.

6.2.4.3 Ad-hoc Netzwerke

Im Raumfahrtbereich ist es zu bestimmten Projektphasen notwendig, ad-hoc Netzwerke zur Verfügung zu stellen. Ein Beispiel wäre der Satellitenstart, die sog. Launch and Early Orbit Phase (LEOP). Hier werden, basierend auf den Anforderungen der Flugdynamik, weltweit Antennen in das bestehende Netz integriert, um für diese kritische Phase eine möglichst optimale Abdeckung und damit Kommunikation zum Satelliten zu erhalten. Hierbei ist das LEOP Netzwerk für geostationäre Satelliten erheblich komplexer als das für polare Erdbeobachtungssatelliten, da hier für den Zeitraum des Transferorbits (TOSS Transfer Orbit Support Service) viele Antennen benötigt werden, um eine permanente und redundante Überwachung des Satelliten zu gewährleisten. Wenn das Projekt für hochkritische Phasen, wie etwa Bahnmanövern, eine redundante Abdeckung benötigt, erhöht dies zusätzlich die Komplexität des Netzwerks.

6.3 Bodenstationsnetzwerk

Martin Häusler und *Klaus Wiedemann*

6.3.1 Aufgaben einer Bodenstation

Grundsätzlich erfolgt die Kommunikation zwischen einem Kontrollzentrum (Raumfahrzeugkontrolle bzw. Nutzlastkontrolle) und einem Raumfahrzeug über eine Bodenstation. Die Nachrichtenübermittlung zwischen Boden und Bord erfolgt hierbei mithilfe von hochfrequenten Signalen.

6.3.1.1 Übertragung vom Boden zum Raumfahrzeug (Uplink)

Dazu moduliert die Bodenstation die vom Kontrollzentrum empfangenen (heute ausschließlich digitalen) Nachrichten auf einen **hochfrequenten Träger.** In der Aufwärtsrichtung werden die Kommandos für die Satellitenplattform und für die Nutzlast, die Signale für die Entfernungsmessung zum Raumfahrzeug sowie bei Kommunikationssatelliten die Telekommunikationsdaten der Nutzer von der Bodenstation zum Raumfahrzeug übertragen. Dazu wird das im Takt der Nachricht modulierte Trägersignal nach entsprechender Verstärkung über eine für die jeweilige Trägerfrequenz geeignete **Antenne** zum Raumfahrzeug abgestrahlt.

6.3.1.2 Übertragung vom Raumfahrzeug zum Boden (Downlink)

Die Bodenstation empfängt im Allgemeinen mit derselben Antenne, mit der sie sendet, die hochfrequenten Signale vom Raumfahrzeug. Damit sich Sende- und Empfangssignale nicht gegenseitig stören, haben die Frequenzen in Auf- und Abwärtsrichtung einen entsprechend großen Abstand zueinander. In der Abwärtsrichtung werden Informationen über das Verhalten und den Zustand des Raumfahrzeugs **(Housekeeping-Daten),** die Konfigurations- und Messdaten der Nutzlast **(Payload-Daten),** die Signale für die Entfernungsmessung zum Raumfahrzeug **(Ranging)** sowie bei Kommunikationssatelliten die zu empfangenden **Telekommunikationsdaten** vom Raumfahrzeug zum Boden übertragen. Die mit der Bodenstationsantenne empfangenen hochfrequenten Signale werden mit rauscharmen Vorverstärkern **(Low Noise Amplifier)** auf ein höheres Leistungsniveau gebracht und anschließend in eine niedrigere Zwischenfrequenzlage (Intermediate Frequency) umgesetzt. Hier kann die weitere Signalverarbeitung, im Wesentlichen die Filterung und **Demodulation** der empfangenen Signale, leichter durchgeführt werden. Heute werden die analogen Signale meist in digital kodierte Signale gewandelt (Analog-Digital-Konverter) und anschließend durch Prozessierung in speziellen digitalen Elektronikbausteinen

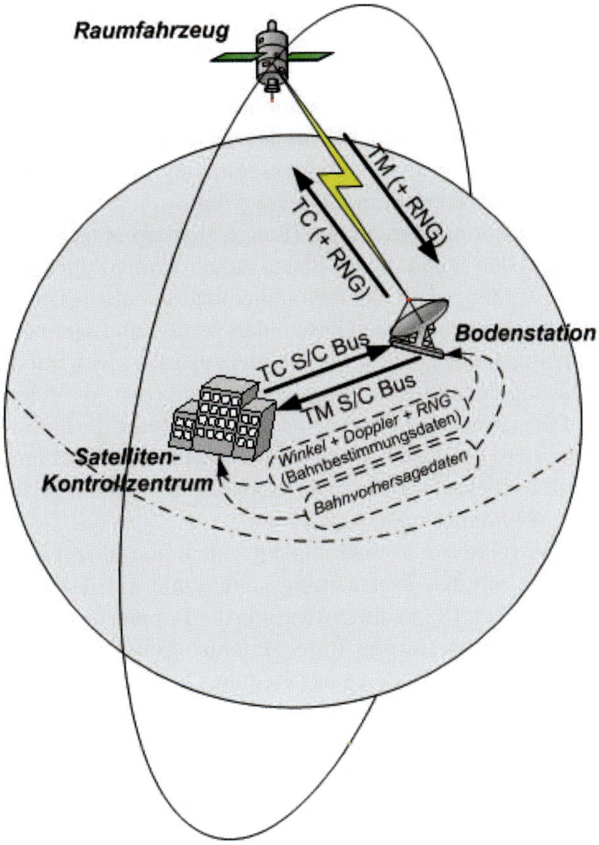

Bild 6.3.1: *Raumfahrzeug-Steuerung (Bild: DLR).*

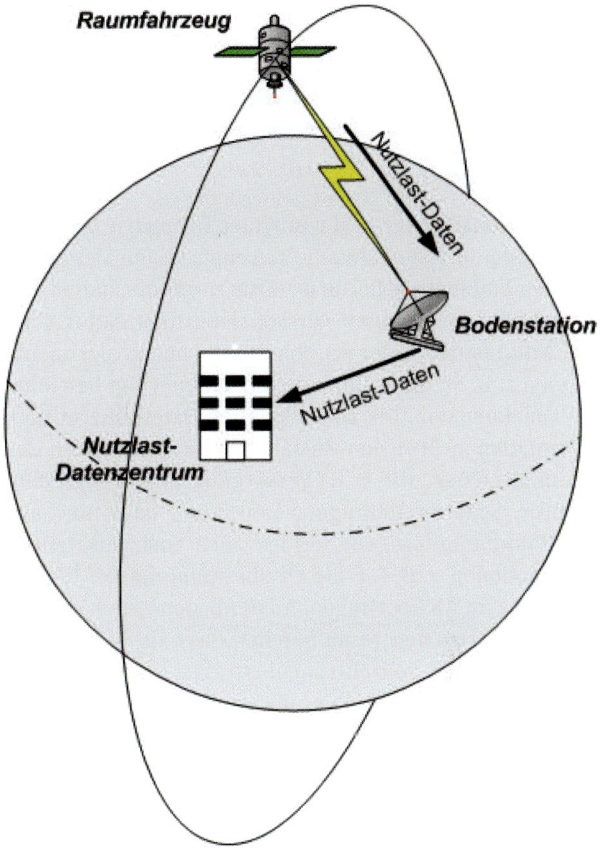

Bild 6.3.2: *Erderkundung (Remote Sensing) (Quelle: DLR).*

(Digital Signal Processor) weiterverarbeitet. Bei Datenraten unter 1 Mbit/s werden auch Softwareprozesse für die Signalverarbeitung angewendet. Nach der Demodulation steht die im Raumfahrzeug gesendete Nachricht nun wieder in ihrer ursprünglichen Form zur Verfügung. Die Qualität dieser Nachricht ist aufgrund von Leistungsdefiziten in der Übertragungsstrecke Bord–Boden nicht ausreichend für eine fehlerfreie Übertragung zum Kontrollzentrum. Dies liegt an der geringen Sendeleistung wegen Beschränkungen bei Stromversorgung, Leistungsverstärkern und Größe der Antenne. Eine aufwendige **Aufbereitung** durch Filterungs-, Synchronisations- und Fehlerkorrekturmechanismen ist deshalb notwendig, damit die Daten in Form von digitalen Nachrichtenpaketen über Kommunikationsverbindungen zum Kontrollzentrum übertragen werden können. Die einzusetzende Kommunikationsarchitektur ist prinzipiell unterschiedlich für die verschiedenen Einsatzbereiche.

Zwischen Kontrollzentrum und Bodenstation werden die Telemetrie- und Telekommando-(TM/TC-)Daten in Echtzeit (Realtime) übertragen. Die Navigationsdaten, wie Richtungs-, Entfernungs- und Geschwindigkeitsdaten von der Bodenstation an das Kontrollzentrum, und die Bahnvorhersagedaten vom Kontrollzentrum an die Bodenstation werden hingegen zeitversetzt (Offline) übertragen.

Erderkundungssatelliten werden im Allgemeinen so vorprogrammiert, dass sie ihre gespeicherten Nutzdaten beim Überflug einer Empfangsstation automatisch übertragen. Es ist also seitens der Bodenstation kein Uplink zum Satelliten erforderlich.

Kommunikationssatelliten verfügen über **Transponder**, die die vom Boden empfangenen Signale in der Frequenz umsetzen und nach Verstärkung wieder in die zu

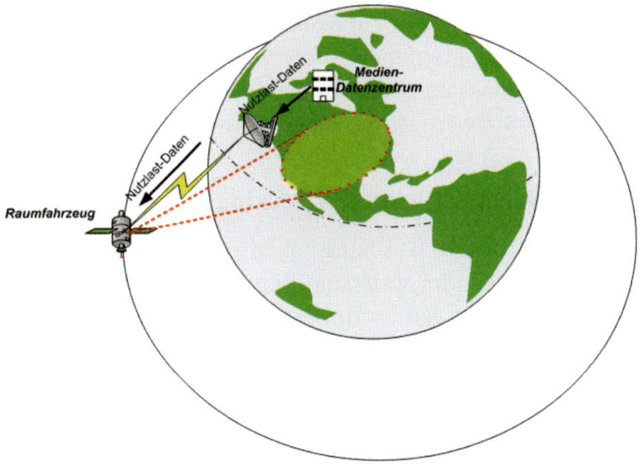

Bild 6.3.3: *Kommunikationssatelliten (Bild: DLR).*

versorgenden Zonen im Sichtbarkeitsbereich des Satelliten abstrahlen. Die zu versorgenden Zonen können großräumig (z. B. USA-weit: Global Beam) oder eingegrenzt (Spot Beam) sein.

6.3.1.3 Telemetrie

In der Raumfahrt versteht man unter Telemetrie die Übertragung der im Raumfahrzeug aufgenommenen Messwerte zu einer Empfangsstelle auf der Erde, der Bodenstation. Die Telemetriedaten können verschiedenartiger Natur sein. Die **Nutzlastdaten** der wissenschaftlichen Experimente können z. B. Sensor-, Bild- oder Radardaten von bestimmten Objekten sein. Die **Housekeeping-Daten** übermitteln Informationen über den Zustand und das Verhalten des Raumfahrzeugs, wie z. B. Versorgungsspannung, Temperatur, Schalterstellungen, Tankinhalt oder die Lage des Raumfahrzeugs. Oft werden auch noch zusätzliche Informationen z. B. für die Ortsbestimmung des Raumfahrzeugs im All übertragen. An der Bodenstation werden die Telemetriedaten so aufbereitet, dass sie in digitalen Paketen zum Kontrollzentrum übertragen werden können. Aus Gründen der Datensicherung werden die empfangenen Telemetriedaten meist an der Bodenstation für einige Wochen, im Kontrollzentrum dann für längere Zeit, zumindest für die gesamte Missionsdauer, archiviert.

6.3.1.4 Telekommando

Die Raumfahrzeuge erhalten ihre Anweisungen vom Boden per Telekommando. Mit Hilfe von Telekommandos werden Schaltanweisungen für die Konfiguration des Raumfahrzeugs und dessen Nutzlast zum Raumfahrzeug übermittelt. Zudem werden in Abhängigkeit der Stationseinsatzplanung die Ein- und Ausschaltzeiten der Telemetrie-Übertragung im Satelliten vorprogrammiert. Das **Kommandieren** des Raumfahrzeugs ist zum einen erforderlich, um autonome Systeme im Satelliten zu konfigurieren. Zum anderen erfordern komplexe Bahnmanöver mit den satelliteneigenen Triebwerken direktes Kommandieren einzelner Aktionen. Die modernen Satelliten und Sonden erlauben inzwischen auch ein Neuprogrammieren oder Verbessern der Onboard-Software, sodass immer öfter eine Übertragung von neuer Programm-Software eingeplant werden muss (SW-Upload).

6.3.1.5 Bahnbestimmung (Tracking)

Unter dem Begriff Tracking ist in der Raumfahrt alles inbegriffen, was im weitesten Sinne mit der Verfolgung von Raumfahrzeugen zu tun hat, also alle Verfahren zur **Bahnvermessung** sowie alle Verfahren zur Verfolgung von Raumfahrzeugen auf ihrer Umlaufbahn mithilfe von steuerbaren Antennen. Zur Messung der aktuellen Umlaufbahn von Raumfahrzeugen werden verschiedene Verfahren angewandt.

Bei der **Winkelmessung (Angle Measurement)** können Winkelinformationen, bezogen auf den Standort der Bodenstation, gewonnen werden. Dies geschieht bei Satelliten im niedrigen Erdorbit mithilfe von speziellen Antennen (Autotracking-Antennen mit Monopuls- bzw. Conical-Scan-Feeds), bei geostationären Satelliten mit speziellen Optimierungsverfahren (Step Tracking).

Entfernungsmessungen (Range Measurement) bezogen auf den Standort der Bodenstation können durchgeführt werden, wenn das Raumfahrzeug über einen Transponder (Transmitter und Responder) verfügt und damit die empfangenen Signale zum Absender zurückschickt. Durch Messung der zeitlichen Verzögerung zwischen Absenden und Rückempfang der gesendeten Signale kann die Entfernung zwischen Bodenstation und Raumfahrzeug bestimmt werden. Dieses Verfahren wird sowohl bei Satelliten als auch bei Raumsonden angewandt.

Die relative Geschwindigkeit von Raumfahrzeugen, bezogen auf den Beobachtungsstandpunkt auf der Erde (Bodenstation) kann durch Messung der **Dopplerfrequenz-Verschiebung (Range Rate Measurement)** zwischen gesendeter und empfangener Frequenz bestimmt werden. Auch bei diesem Messverfahren ist ein Transponder an Bord des Raumfahrzeugs erforderlich, in diesem Fall ein spezieller kohärenter Transponder, bei dem der Zusammenhang zwischen empfangener und gesendeter Frequenz und Phase genau bekannt ist. Die Geschwindigkeitsmessung wird bei Erdbeobachtungssatelliten und bei Raumsonden angewandt sowie bei geostationären Satelliten, solange sich diese im Transferorbit befinden.

Die Bestimmung der Position des Raumfahrzeugs kann auch durch die Nutzung von **Navigationssatelliten** erfolgen. Das funktioniert jedoch nur, wenn die Bahn des Satelliten einen guten Empfang von Signalen der Navigationssatelliten erlaubt. Bei Satelliten im LEO ist dies der Fall. Durch Übertragung dieser Daten kann auf eine Bahnvermessung vom Boden aus weitgehend verzichtet werden (s. auch Kapitel 7.3).

6.3.2 Standortauswahl für eine Bodenstation

Die Standortwahl von Antennen ist entscheidend für eine spätere störungsfreie Funktion einer Bodenstation. Es gibt verschiedene Aspekte, die bei der Standortwahl berücksichtigt werden sollen. So sind Terrain und Platzbedarf von Antennen, die Bodenbeschaffenheit, die Anbindung an Infrastruktur sowie mögliche RF-Interferenzen zu nennen. Wie wichtig diese Punkte der Standortwahl sind, hängt auch von der Aufgabe der Bodenstation ab. Will man nur geostationäre Satelliten betreiben, hat man andere Anforderungen als bei Satelliten im LEO, die nur für ca. 10 Minuten im Sichtbarkeitsbereich der Bodenstation liegen.

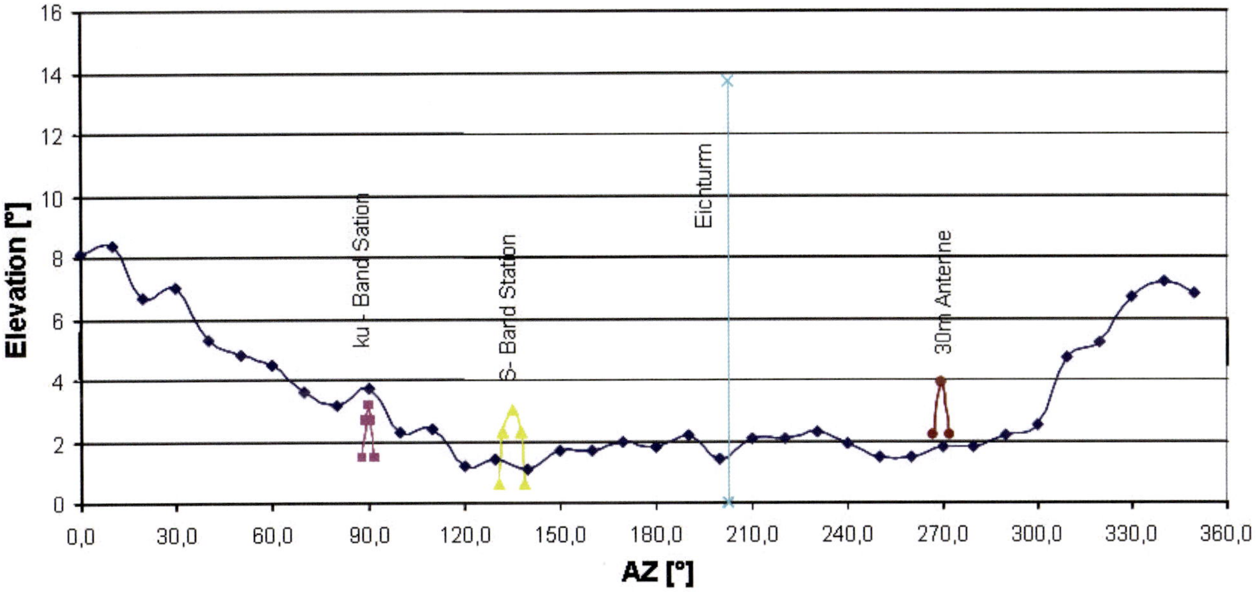

Bild 6.3.4: *Horizontdiagramm einer Antenne (Bild: DLR).*

Es ist auch wichtig zu wissen, ab welcher **Elevation** man einen Satellitenbetrieb unterstützen kann. Nahe liegende Hügel und Berge schatten zwar eventuell weit entfernt befindliche Störquellen ab, verkürzen aber die Kontaktzeiten wegen der eingeschränkten minimalen Elevation. Daher sollte für jede Antenne einer Bodenstation ein **Horizontdiagramm** erstellt werden. Ein Beispiel für ein Horizontdiagramm wird in Bild 6.3.4 gezeigt.

Man sieht hier, wie das umliegende Terrain den Horizont beeinflusst. Zwischen 120° und 300° Azimut kann man erwarten, dass die Verbindung zu einem Satelliten störungsfrei bis zu einer Elevation von etwas über 2° funktioniert, abgesehen von Hindernissen die über den Horizont ragen. Unter 2° Elevation wird kein Satellitenbetrieb möglich sein. Beim Betrieb mit niedrig umfliegenden Satelliten wird eine möglichst uneingeschränkte Sichtbarkeit zum gesamten Himmel gefordert. Dies bedeutet natürlich, dass Hindernisse relativ weit entfernt sein müssen und der Platzbedarf für die Antennen sehr groß ist. In dem Bild sind auch einige Hindernisse eingezeichnet, welche für einen Betrieb berücksichtigt werden sollten. Etwa bei 200° Azimut befindet sich ein hoher Eichturm (bis Elevation ca. 14°), der im Diagramm als Linie dargestellt ist. Sicherlich wird er den Betrieb stören, jedoch ist nicht in jedem Fall ein nennenswerter Verlust zu erwarten.

Es folgt ein rechnerisches Betrachtungsbeispiel für eine solche Situation: Eine Antenne hat einen Durchmesser von 11 m und somit ein Fläche von ca. 95 m^2. Im Nahfeld kann man diese Fläche als Leistungsverteilung sehen, in der die Leistung zylindrisch von der Antenne abgestrahlt wird. Der Eichturm wird in erster Näherung als Fläche betrachtet und soll eine Kantenlänge von 0,7 m haben. Damit würde der Turm also ca. 0,7 m × 11,0 m = 7,7 m^2 abschatten. Das bedeutet, dass 91,9 % der Leistung dann letztendlich abgestrahlt werden. Daraus folgt wiederum, dass mit einer Dämpfung von ca. 0,4 dB zu rechnen ist. Somit wird man keinen Linkverlust bei ausreichenden Reserven erwarten können.

Für einen Betrieb mit Kommunikationssatelliten kann es unter Umständen ausreichen, wenn man nur zu bestimmten geostationären Satelliten eine gute **Sichtbarkeit** hat oder maximal eine Sichtbarkeit zur gesamten geostationären Satellitenbahn gewährleistet. Das bedeutet, dass hinter einer Antenne durchaus ein Gebäude oder Hindernis sein darf. Dafür hat man jedoch oft den Wunsch, mehrere Antennen bzw. Satellitenverbindungen gleichzeitig zu betreiben, was bedeutet, dass man die Antennen relativ dicht zueinander aufstellen muss, wenn man nicht zu viel Platz beanspruchen will. Kann man die Antennen nebeneinander (Ost/West-Richtung) oder übereinander anordnen, so stören sich die Antennen nicht gegenseitig. Ist dies nicht möglich, so ist eine weitere Alternative, die Antennen hintereinander (Nord/Süd-Richtung) anzuordnen. Dabei ergibt sich die Frage, wie weit die Antennen auseinander stehen müssen, damit ein ungestörter Betrieb gewährleistet ist.

Einige Antennenhersteller empfehlen, die Antennen beim Betrieb von geostationären Satelliten so weit auseinander zu positionieren, dass eine Antenne mit einem Winkelabstand von 15° bei maximaler Elevation über eine davor stehende Antenne hinwegsehen kann (siehe Bild 6.3.5). Ein Grund, warum man einen ausreichenden Winkelabstand einhalten sollte, ist das Auftreten von passiver Intermodulation (PIM).

Ein weiterer Aspekt für die Standortwahl könnte die **Bodenbeschaffenheit** sein. In Küstengebieten findet man häufig sandige Böden, welche eine sehr aufwendige Grün-

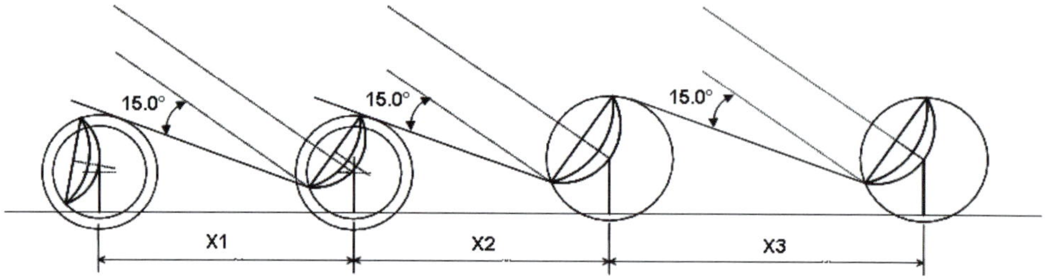

Bild 6.3.5: *Abstand von Antennen in Nord/Süd-Richtung (Bild: DLR).*

dung der Fundamente bedeuten. Auch bei lehmigen Böden ist ein erhöhter Aufwand für die Gründung der Antennenfundamente erforderlich. Meist wird vom Antennenhersteller eine erforderliche Bodenpressung angegeben. In jedem Fall ist es ratsam, ein Bodengutachten erstellen zu lassen, um die nötigen baulichen Maßnahmen für eine stabile Gründung der Antennenfundamente zu gewährleisten. Dies ist umso wichtiger, wenn man die Antennen für eine Satellitenbahnbestimmung einsetzen möchte. Dabei sind Differenzsetzungen der Fundamente das größte Problem.

Es ist von Vorteil, wenn man auf eine günstige **Infrastrukturanbindung** der Bodenstation zurückgreifen kann. Die Erreichbarkeit der Station für Personen ist eventuell ein großer Kostenfaktor beim Unterhalt von Bodenstationen. Wasser, Abwasser, Telefon und Stromversorgung sind zu berücksichtigen. Auf eine gute Datenanbindung ist zu achten, da inzwischen hohe Datenraten gefordert werden. Eine nahe liegende Besiedelung durch Städte bietet meistens den Vorteil einer guten Infrastrukturanbindung, hat jedoch auch Nachteile. So können unbekannte **HF-Störquellen** den Satellitenbetrieb beeinträchtigen. Andere Betreiber von HF-Einrichtungen wie Mobilfunk oder andere Telekommunikationseinrichtungen können bei Zulassungen von zukünftigen Betriebsfrequenzen den Betrieb der Bodenstation einschränken.

6.3.3 Bodenstationskomponenten für erdumlaufende Satelliten

Alle Bodenstationen haben einen ähnlichen Aufbau und verfügen über typische Komponenten, mit denen eine Verbindung zu einem Satelliten aufgebaut werden kann. In Bild 6.3.6 ist ein **Blockschaltbild einer Satellitenbodenstation** dargestellt.

Alle Signale werden von der Antenne empfangen oder abgesendet, d. h., es gibt einen Empfangspfad und einen Sendepfad. Im Englischen spricht man von Downlink (D/L) und Uplink (U/L).

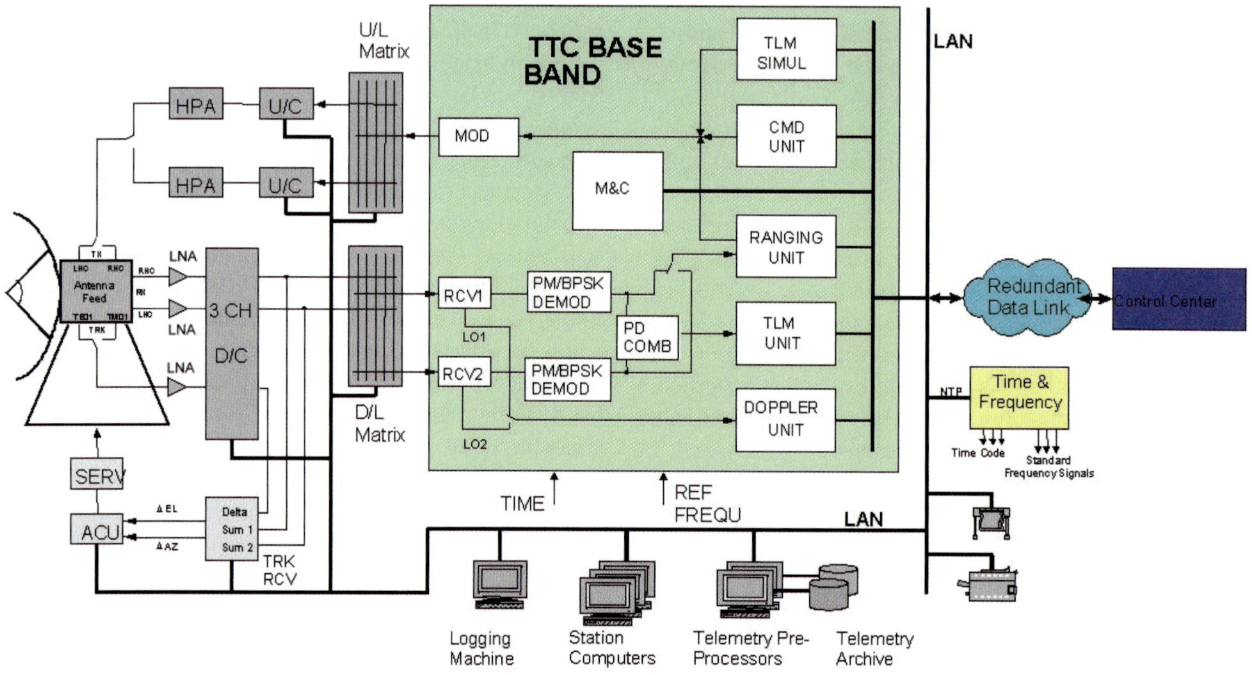

Bild 6.3.6: *Blockschaltbild einer Bodenstation (mit Monopuls-Tracking-System) für erdumlaufende Satelliten (Bild: DLR).*

6.3.3.1 Empfangspfad (Downlink)

In Bild 6.3.6 erkennt man drei Empfangspfade mit je einem rauscharmen Vorverstärkter (LNA), welche zu einem **3-Kanal-Down-Converter (3 CH D/C)** geführt werden. Im Down-Converter wird die empfangene Frequenz umgesetzt in eine niedrigere Zwischenfrequenz und dann über eine D/L-Matrix zu einem Basis-Band-Gerät (TTC Baseband) weitergeleitet. Da man immer dieselbe Zwischenfrequenz benutzt, kann man verschiedene Antennen bzw. verschiedene Empfangsfrequenzen von Antennen mit demselben **Basisband-Gerät** bearbeiten. Das Basisband-Gerät digitalisiert das Signal und erzeugt einen Bitstrom, welcher über das Netzwerk (LAN) weiter zu einem Telemetrie-Prozessor geführt wird und dort weiter verarbeitet werden kann.

6.3.3.2 Sendepfad (Uplink)

In der Gegenrichtung werden Kommandos zum Satelliten befördert. Ein Stationscomputer sendet über das Netzwerk (LAN) die Daten zum Basisband-Gerät. Das Basisband-Gerät moduliert die Daten auf einen Träger, womit man ein Sendesignal erzeugt. Das vom Basisband-Gerät erzeugte Sendesignal ist auf einer ähnlichen Zwischenfrequenz wie das Empfangssignal und kann nun weiter zu einer Antenne geleitet werden. Bevor es jedoch gesendet wird, muss das Signal von der Zwischenfrequenzebene auf die endgültige Sendefrequenz angehoben werden **(Up-Converter, U/C)**. Bevor es zur Antenne gelangt, wird das Signal in der Leistung um ein Vielfaches verstärkt und kann dann von der Antenne abgestrahlt werden. Durch Schaltmatrizen (U/L-Matrix, D/L-Matrix) werden im Empfangs- und Sendepfad die Antennen mit einem Basisband-Gerät verbunden. Dies ergibt die Möglichkeit, verschiedene Basisband-Geräte mit einer Antenne zu verbinden, was bei großen Bodenstationen oft gewünscht ist.

6.3.3.3 Nachführung einer Antenne

Es gibt im Wesentlichen drei verschiedene Arten von Nachführungssystemen für Antennen.

Das **Monopuls-Tracking-System** erzeugt verschiedene Signale im Hohlleiternetzwerk hinter der Antenne (Feed System), welche ausgekoppelt werden und in einem gewissen Bereich proportional zur Fehlstellung der Antenne sind. Sogenannte Ablagespannungen werden generiert, welche zur Antennensteuerung (ACU) geführt werden und dort zur automatischen Nachführung der Antenne benutzt werden.

Neben dem Monopuls-Feed gibt es auch das **Conical-Scan-Feed.** Das Feed-System wird mechanisch bewegt und beschreibt ein konisches Gebilde, dabei wird ein amplitudenmoduliertes Signal erzeugt und für die Nachführung ausgewertet.

Eine weitere Art der Antennennachführung ist die **Step-Track-Methode,** welche hauptsächlich für feste Antennensysteme (GEO-Satelliten) benutzt wird. Dabei wird die Antenne mechanisch um kleine Winkelwerte nach links und rechts (Azimut) bewegt und ein Optimum für die Positionierung berechnet. Genauso wird auch in der Elevationsebene verfahren, sodass man die Antenne letztendlich auf den Satelliten ausrichten kann.

6.3.3.4 Rauscharmer Vorverstärker (LNA)

Der erste Verstärker nach einer Antenne ist sehr wichtig, man nennt ihn **Low Noise Amplifier (LNA).** Er muss das sehr schwache Empfangssignal in der Leistung verstärken und sollte so wenig wie möglich an Rauschleistung hinzufügen. Die wichtigste Kenngröße eines LNA ist seine Rauschzahl. Sie definiert das Verhältnis von Signal-Rauschleistung am Eingang eines Verstärkers zur Signal-Rauschleistung am Ausgang eines Verstärkers. Der LNA sollte möglichst ohne lange Verbindungsleitungen und weitere zwischengeschaltete Komponenten direkt an der Antenne angeschlossen werden. Jeder weitere Verlust zwischen Antenne und LNA verringert den Signal-Rauschabstand.

6.3.3.5 Endverstärker (HPA)

Um das geforderte Linkbudget im Uplink von der Bodenstation zum Satelliten zu erfüllen, sind in der Regel zur Verstärkung des Sendesignals ein oder mehrere **High Power Amplifier (HPA)** erforderlich. Diese Verstärker übernehmen die Aufgabe, aus dem Signal des Up-Converters einen genügend großen Signalpegel zu erzeugen, um eine fehlerfreie Kommandierung des Satelliten zu ermöglichen. Die rechnerische Verstärkerleistung steht in Korrespondenz mit dem Antennengewinn, der durch Bauform und Durchmesser der Antenne bestimmt wird. Ausschlaggebend ist die **Equivalent Isotropic Radiated Power (EIRP)** der Bodenstationsantenne, in der sich sämtliche Faktoren widerspiegeln. Es gibt verschiedene Realisierungskonzepte für den HPA: TWT-Amplifier, Klystron-Amplifier und den Solid State Power Amplifier. Im Folgenden werden die Unterschiede, Vor- und Nachteile der drei Leistungsverstärkerarten kurz beleuchtet.

Die **TWT-Amplifier (Travelling Wave Tube oder Wanderfeldröhre)** sind die gebräuchlichsten Leistungsverstärker für Raumfahrtanwendungen. In fast jedem Satelliten werden diese Verstärkertypen als Downlink-Verstärker für die Strecke vom Satellit zur Bodenstation verwendet. Die Verstärkerröhre benötigt lediglich eine Heizspannung für die Kathodenheizung und eine Hochspannung von mehreren kV zur Beschleunigung des Elektronenstrahls. Durch den geringen Peripherieaufwand zum Betrieb der Röhre ergibt sich die hohe Zuverlässigkeit des Systems, die in Satelliten benötigt wird. TWT-Amplifier zeichnen sich außerdem durch einen hohen Wirkungsgrad aus, der bei dem begrenzten Powerbudget des Satelliten zwingend erforderlich ist. Zudem sind die Wanderfeldröhren relativ breitbandige Systeme (etwa eine Oktave), die keinerlei Abstimmung in ihrem spezifizierten Frequenzbereich benötigen. Aus diesen Gründen werden sie auch in Bodenstationen für die Verstärkung des Uplink-Signals verwendet, da sowohl Frequency-Tuning als auch mechanische Wartungsarbeiten der TWT-Amplifier entfallen. Ein Nachteil ist die mit dem Alterungsprozess abbauende Kathode, die somit eine Reduzierung der Leistung über die Lebensdauer bewirkt. Die Ausgangsleistung dieser Verstärkertypen bewegt sich im Bereich einiger Watt bis mehrerer tausend Watt. Selbst in sehr hohen Frequenzbändern wie dem K-Band (18–26,5 GHz) können noch TWT mit beachtlicher Leistung verwendet werden.

Das **Klystron** arbeitet ähnlich der TWT und kann ebenso als evakuierte Röhre mit Kathode, Anode und Kollektor verstanden werden. Der Unterschied zur TWT ist allerdings, dass bei Klystronen die Frequenzbestimmung mittels Tuning Cavitys vorgenommen werden muss. Dies bedeutet, dass der Elektronenstrahl, der in dem Klystron erzeugt wird, mechanisch durch die Veränderung der Abstimmkammern (Tuning) beeinflusst werden muss. Durch eine Verjüngung bzw. Vergrößerung der Kammern wird der Elektronenstrahl auf die Mittenfrequenz (Resonanz) getrimmt. Vier bis fünf solcher Kammern werden bei Klystronen verwendet, um eine homogene Durchlasskurve zu erreichen. Die Bandbreite der Abstimmung ist wiederum von der Verstärkung und der benötigten Ausgangsleistung abhängig. Eine große Bandbreite verringert den Verstärkungsfaktor und somit die maximale Ausgangsleistung und umgekehrt. Der Hauptvorteil dieser HPA ist die verfügbare RF-Power. Klystronverstärker werden zum einen im gepulsten Betrieb für Radaranwendungen, zum anderen aber auch für Kommunikationszwecke mit großen Signalpegeln verwendet. Ein sinnvoller Einsatz dieser Systeme ergibt sich demnach, wenn die geforderte Leistung mittels TWT nicht mehr erreichbar ist. Hierbei handelt es sich um einige kW bis mehrere hundert kW Sendeleistung. Klystronverstärker werden sowohl für niedrige als auch für höchste Frequenzbänder angeboten. Ein erhöhter Serviceaufwand für Wartung und Abstimmung der Klystrone darf aber nicht außer Acht gelassen werden. Der etwas schlechtere Wirkungsgrad gegenüber den TWT, aber im Gegenzug die höhere Ausgangsleistung erfordert hierbei ausgeklügelte Kühlsysteme (u. a. Wasserkühlung) für die Klystron-Amplifier.

Die modernste Art, RF zu verstärken, sind die **Solid State Power Amplifier (SSPA).** Durch die stetige Weiterentwicklung in der Halbleitertechnik ist es mittlerweile möglich, auch im GHz-Bereich Transistorverstärker mit akzeptablem Wirkungsgrad zu realisieren. Allerdings steigt der Stromverbrauch exponentiell mit der Frequenz. Im S-Band (2 ... 4 GHz) werden momentan mehrere hundert Watt mit GaAs-Halbleitern erreicht, bei einem Wirkungsgrad von 30–40 %. Die Ausgangsleistung könnte theoretisch durch parallel betriebene RF-Endstufen beliebig erhöht werden, dazu muss die Laufzeitdifferenz der Signale aber null sein, was einen enormen Abgleichaufwand mit sich bringt. Mit Power Combinern können Endstufen dennoch zusammengeschaltet werden, um die Leistung zu erhöhen. Diese haben aber eine relativ große Einfügedämpfung, die wiederum in Abhängigkeit von der Frequenz und der Leistung variiert und bis zu 1 dB betragen kann, teilweise sogar noch mehr. Aus diesen Problemen ergibt sich, dass bei höheren Frequenzen bzw. größeren Leistungen SSPA gegenüber herkömmlichen TWT bzw. Klystronen immer noch deutlich unterlegen sind. Ein Vorteil dieser Verstärkerart ist aber die sehr kurze Reaktionszeit. Im Gegensatz zu Röhrenverstärkern, bei denen die Kathode mehrere Minuten vorgeheizt werden muss, benötigen Halbleiterverstärker keine Aufheizphase und können nach wenigen Sekunden mit voller Leistung betrieben werden.

Die **Anbindung der HPA zum Feed-System** der Antenne muss mit möglichst wenigen Verlusten geschehen. Bei hohen Leistungen werden üblicherweise Hohlleitersysteme verwendet, die verlustarm und verträglich gegenüber sehr großen Leistungen sind. Um Spannungsüberschläge in den Hohlleitern zu verhindern, z. B. durch Kondensat im Leiter, müssen diese mit Überdruck mit Stickstoff bzw. entfeuchteter Luft gefüllt werden. Der Montageaufwand und die Kosten der Hohlleitersysteme sind bei großen Leistungen und hohen Frequenzen zwingend erforderlich. Mittlere Leistungen, vor allem auf kurzen Wegen, werden aber immer noch mit Koaxialkabeln angebunden. Die flexiblere Leitungsgestaltung und die geringeren Kosten sind hierbei Vorteile, die die etwas schlechtere Durchgangsdämpfung ausgleichen.

6.3.3.6 Frequenzumsetzer

Up- und Down-Converter sind Frequenzumsetzer und bilden das Bindeglied zwischen den Basisband-Geräten und dem High Power Amplifier (HPA) bzw. dem rauscharmen Vorverstärker (LNA).

Der **Up-Converter** setzt das modulierte Zwischenfrequenzsignal des Basisband-Gerätes in die geforderte Sendefrequenz um. Er besteht im Wesentlichen aus einem Frequenzumsetzer, einem Synthesizer und einem Leistungsverstärker. Die Frequenzumsetzung erfolgt üblicherweise in zwei Stufen (Dual Conversion), um Störungen durch Intermodulationsfrequenzen zu verhindern. Die Mischsignale werden mit digitalen Synthesizern erzeugt und durch temperaturstabilisierte Quarzoszillatoren oder eine externe Stationsreferenzfrequenz synchronisiert. Das Sendesignal wird anschließend mit einem Bandpass-Filter gefiltert und in einem Leistungsverstärker auf den für den nachfolgenden High Power Amplifier erforderlichen Pegel verstärkt.

Der **Down-Converter** hat die Aufgabe, das von den rauscharmen Vorverstärkern kommende Empfangssignal in ein für die Basisband-Geräte geeignetes Zwischenfrequenzsignal umzusetzen. Je nach verwendetem Feed-System kommen ein- oder mehrkanalige Converter zum Einsatz. Ein mehrkanaliger Converter wird in Empfangssystemen eingesetzt, bei denen ein Combiner und/oder ein Autotracking-System verwendet werden. Die Grundbausteine des Down-Converters sind, ähnlich wie beim Up-Converter, ein Frequenzumsetzer und Synthesizer.

Das Eingangssignal wird zunächst mit einem Bandpass-Filter gefiltert, dann verstärkt und dem Frequenzumsetzer zugeführt. Die Frequenzumsetzung erfolgt auch hier üblicherweise in zwei Stufen (Dual Conversion), um störende Einflüsse durch Intermodulationsprodukte zu minimieren. Das auf die Zwischenfrequenz umgesetzte Signal durchläuft einen weiteren Bandpass-Filter und steht dann als Eingangssignal für die nachgeschalteten Basisband-Geräte zur Verfügung.

6.3.3.7 Basisband-Geräte

Das Basisband-Gerät (z. B. CORTEX) kann man als das Herzstück einer Bodenstation bezeichnen. Ein Basisband-Gerät beinhaltet folgende Funktionsblöcke: Telekommando-System, Uplink-Modulator, Empfänger, Combiner, Telemetrie-System, Doppler-Messsystem, Ranging-Messsystem, Simulator und Datenspeicher.

Als modernes Basisband-Gerät ist zunächst einmal ein leistungsfähiger **Industrie-PC** ausreichend, der mit speziellen Ein- und Ausgabe-Karten für **Up- und Downlink** ausgestattet ist. Diese Ein- und Ausgabe-Karten für Up- und Downlink bilden die Schnittstelle zwischen den analogen Zwischenfrequenzsignalen (z. B. 70 MHz) und der digitalen PC-Welt. Das vom Down-Converter kommende Downlink-Signal wird in einem hochauflösenden Analog-Digital-Wandler umgesetzt und steht dann zur digitalen Weiterverarbeitung zur Verfügung. In umgekehrter Richtung wird das digital erzeugte Uplink-Signal in einem Digital-Analog-Wandler umgesetzt und zum Up-Converter weitergeleitet. Um die erforderliche zeitgenaue Formatierung von Daten zu gewährleisten, verfügt das Basisband-Gerät über eine **Zeitcodeleser-Karte,** welche extern mit einer hochgenauen Stationszeit versorgt werden kann. Alle im Basisband-Gerät erzeugten Frequenzen können ebenfalls extern mit einer hochgenauen Stationsreferenzfrequenz synchronisiert werden. Für Monitoring und Control sowie zur Datenübertragung ist eine Netzwerkanbindung (z. B. Ethernet) vorgesehen.

Im **Telekommando-System** wird die vom Kontrollzentrum gesendete oder lokal erzeugte Kommandoinformation in ein vordefiniertes Protokoll umgesetzt. Es wird festgelegt, ob die Kommandierung im Start-Stop-Betrieb (d. h. nach jedem Kommando wird die Modulation wieder ausgeschaltet) oder im Idle-Mode (d. h. zwischen den Kommandos wird eine Idle-Sequenz gesendet, die den Bit-Synchronisierer des Satelliten im Lock hält) erfolgen soll.

Im **Uplink-Modulator** wird die vom Up-Converter benötigte Zwischenfrequenz mit der entsprechenden Ausgangsleistung erzeugt und die Modulationsart festgelegt. Übliche Modulationsarten im Uplink sind FM, PM und BPSK. Ebenfalls einstellbar sind der Modulationsindex für Phasenmodulation (PM) und der Frequenzhub bei Frequenzmodulation (FM). Als Eingangssignal für den Modulator stehen verschiedene Quellen zur Verfügung: intern, das Telekommando-System (TC), das Ranging-Messsystem (RNG) und der Simulator (SIM). Für „nicht-Standard-Modulationsarten" steht noch ein externer Modulationseingang (AUX) zur Verfügung. Als weitere Option verfügt der Uplink-Modulator über einen Sweep-Generator, um bei Satelliten mit PLL-Empfängern eine Synchronisation mit dem Uplink-Signal zu erzielen. Einstellbare Parameter sind der Sweep-Bereich und die Sweep-Rate.

Das vom Down-Converter kommende Zwischenfrequenzsignal gelangt zum Empfängereingang. Die Empfangsfrequenz wird eingestellt und der Suchbereich festgelegt. Entsprechend dem zu erwartenden Signal-Rauschabstand wird eine geeignete **Loop-Filter-Bandbreite** eingestellt. Im Empfänger unterscheidet man zunächst zwischen zwei Modi, dem Video-Mode und dem PCM-Mode. Der **Video-Mode** wird zum Empfang von frequenz- und phasenmodulierten Signalen verwendet. Eine typische Anwendung ist die Übertragung von Housekeeping-Daten mit niedriger Datenrate und Bandbreite. Zur Übertragung von hohen Datenraten mit hoher Bandbreite, wie sie bei der Übermittlung von Sensorsignalen (z. B. optische Sensoren, Magnetometer, Radarsensoren usw.) anfallen, wird meist der **PCM-Mode** verwendet, übliche Modulationsverfahren sind hierbei BPSK, QPSK, OQPSK oder PCM/PM.

Das von einem Satelliten abgestrahlte Downlink-Signal ist entweder linear polarisiert (vertikal oder horizontal) oder zirkular polarisiert (rechts oder linkszirkular). Aufgrund von verschiedensten externen Einflüssen wird das Signal jedoch nicht nur in der bevorzugten Polarisation abgestrahlt, sondern auch zum Teil in der anderen. Um an der Bodenstation ein Signal mit dem maximal möglichen Signal-Rausch-Abstand zu empfangen, setzt man einen **Combiner** ein. Dabei werden mit der Antenne beide Polarisationsrichtungen gleichzeitig erfasst, in Down-Convertern auf die Zwischenfrequenz umgesetzt und mit zwei Empfängern empfangen. Der nachgeschaltete Combiner leitet nun entweder das bessere Signal an das nachfolgende Telemetrie-System weiter oder kombiniert die beiden Eingangssignale. Durch den Einsatz eines Combiners kann das Signal-Rausch-Abstand um bis zu 2,5 dB verbessert werden.

Die dem Empfänger bzw. Combiner nachfolgende Baugruppe ist das **Telemetrie-System.** Hier geschieht die **Demodulation** des Signals (PM, FM, BPSK, QPSK, OQPSK oder PCM/PM). Anschließend wird das demodulierte Signal im Bit-Synchronisierer auf die PCM-Codierung (z. B. BP-L/M/S, NRZ-L/M/S) überprüft und mit der voreingestellten Bitrate synchronisiert. Falls das Signal codiert ist, durchläuft es nun den entsprechenden Decoder. Gebräuchliche Codierverfahren sind Viterbi, Reed-Solomon, Scrambling und Kombinationen von diesen Verfahren. Das bitsynchronisierte und eventuell decodierte Signal wird nun im Rahmen-Synchronisierer auf das Vorhandensein des korrekten Sync-Wortes und die voreingestellte Rahmenlänge hin überprüft, hier kann auch ein CRC-Check vorgenommen werden. Die so aufbereiteten und mit einem hochgenauen Zeitstempel versehenen Datenrahmen können nun auf einem internen Datenträger zur späteren Weiterverarbeitung gespeichert werden oder über die Datenschnittstelle, in Realtime, zum Kontrollzentrum übertragen werden.

Das **Doppler-Messsystem** ist Bestandteil des Empfängers. Die Empfangsfrequenz wird permanent gemessen und in eine Doppler-Rate umgerechnet. Die Doppler-Rate gibt die relative Geschwindigkeit des Satelliten wieder und wird zusammen mit der durch eine Ranging-Messung ermittelten Entfernung zur Bahnbestimmung verwendet.

Das **Ranging-Messsystem** besteht aus dem Ranging-Modulator und dem Demodulator. Es können verschiedene Ranging-Standards eingestellt werden. Mögliche Tone-Ranging-Standards sind ESA, ESA-like oder INMARSAT. ESA-Code-Ranging ist ebenfalls ein möglicher Standard. Entsprechend dem gewählten Standard werden die Major- und Minor-Töne sowie das Amplitudenverhältnis der Töne, bzw. beim Code-Ranging die Code-Länge, eingestellt. Die Eingabe der minimalen und maximalen Entfernung zum Satelliten ist notwendig, um Mehrdeutigkeiten bei der Entfernungsmessung zu vermeiden.

6

Vor der eigentlichen Ranging-Messung wird eine **Kalibriermessung** zur Bestimmung der Stationslaufzeit durchgeführt. Dabei wird das im Basisband-Gerät erzeugte Ranging-Signal im Uplink-Modulator moduliert, das Zwischenfrequenzsignal im Up-Converter auf die gewünschte Sendefrequenz umgesetzt, vom Leistungsverstärker auf die geforderte Ausgangsleistung verstärkt und über die Antenne abgestrahlt. Die Antenne ist bei der Kalibrierung nicht auf einen Satelliten ausgerichtet, sondern befindet sich in Zenit-Stellung, d. h., der Elevationswinkel beträgt 90 Grad. In einem in der Antenne angebrachten Mischer, dem sogenannten Reflektiv-Converter, wird das abgestrahlte Sendesignal auf die Empfangsfrequenz umgesetzt und in das Speisehorn reflektiert. Das so empfangene Signal wird nun im Vorverstärker verstärkt, im Down-Converter auf die Zwischenfrequenz umgesetzt, im Empfänger des Basisbandgerätes synchronisiert und im Ranging-Demodulator demoduliert. Im Ranging-Messsystem wird nun die Laufzeit des Signals gemessen. Diese Stationslaufzeit wird später bei der Berechnung der Entfernung zwischen Bodenstation und Satelliten berücksichtigt.

Der Signalfluss bei der eigentlichen **Ranging-Messung** ist der gleiche wie bei der Kalibrier-Messung beschrieben, nur der Reflektiv-Converter ist nicht eingeschaltet und die Antenne ist auf den Satelliten ausgerichtet. Der zu vermessende Satellit muss außerdem in den Ranging-Mode geschaltet sein, d. h., das vom Satellitenempfänger empfangene Ranging-Signal wird, zusätzlich zu den Telemetriedaten, dem Downlink-Signal aufmoduliert und wieder ausgesendet. Im Ranging-System wird nun wieder die Laufzeit des Signals gemessen. Zieht man von der so gemessenen gesamten Signallaufzeit die Stationslaufzeit und die vom Satellitenhersteller ermittelte Signallaufzeit im Satelliten ab, lässt sich daraus die Entfernung zwischen Bodenstation und Satellit errechnen.

Der **Simulator** dient der Überprüfung des Empfangs- und Telemetrie-Systems. Der Uplink-Modulator-Ausgang wird dabei über ein geeignetes Dämpfungsglied mit dem Empfänger-Eingang verbunden. Der Simulator wird so konfiguriert, dass Rahmenlänge, Sync-Wort, Codierung, Bitrate, Modulationsart, Modulationsindex und Empfangsfrequenz den Einstellungen im Empfangs- und Telemetrie-System entsprechen. Der Dateninhalt der Rahmen kann aus vorher in Realtime aufgezeichneten Daten bestehen oder man benutzt im Simulator erzeugte Pseudo-Random-Daten.

6.3.3.8 Zeit- und Referenzfrequenz-Anlagen

Aus den Signalen des amerikanischen GPS (Global Positioning System) kann man neben einer genauen Zeitinformation auch Referenzfrequenzen ableiten. Diese Technik hat sich als ein Standard zur Gewinnung von **Zeit- und Frequenzinformation** entwickelt und wird häufig in der Satellitentechnik angewendet. Eine genaue Zeitinformation wird für den Empfang von Telemetriedaten, das Senden von Kommandos (Time Tagged Commands), die Antennensteuerung sowie die Messungen für die Bahnbestimmung benötigt. Basisband-Geräte sowie Up- und Down-Converter werden üblicherweise mit Referenzfrequenzen versorgt.

Ein GPS-Empfänger bereitet das empfangene **Zeitsignal** auf und generiert die einzelnen Zeitcodes (NASA36, IRIG-B, 1PP), welche dann über eine weitere Einheit vervielfacht und in der Bodenstation verteilt werden können. Des Weiteren ist im GPS-Empfänger ein Oszillator integriert, welcher die Basis für eine **Referenzfrequenz** bildet. Üblicherweise werden verschiedene Referenzfrequenzen erzeugt (1 MHz, 5 MHz, 10 MHz) und verteilt.

6.3.3.9 Datennetzwerk

Das Datennetzwerk einer Bodenstation sollte aus mehreren physikalisch voneinander getrennten **Local Area**

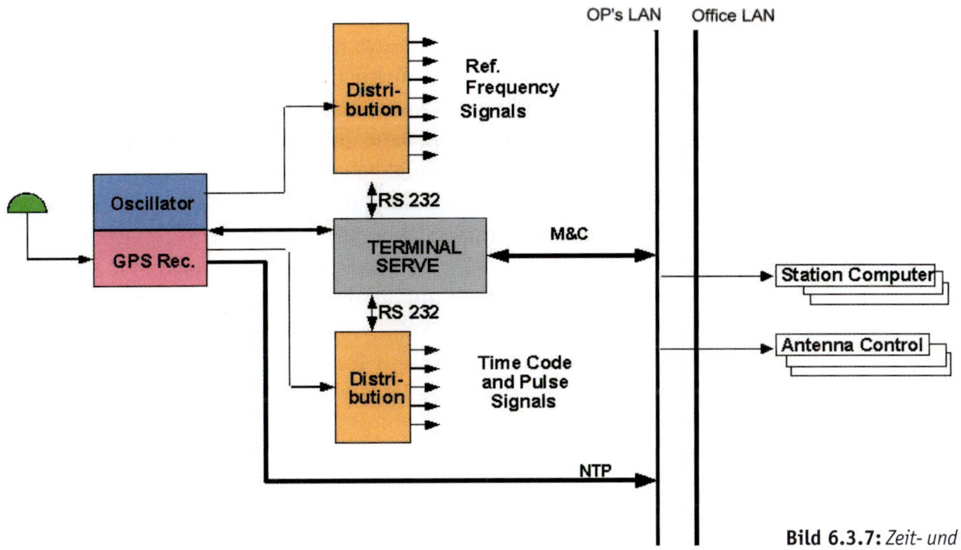

Bild 6.3.7: *Zeit- und Frequenzanlage mit GPS (Bild: DLR).*

Networks (LAN) bestehen. Durch eine strukturierte Verkabelung innerhalb der einzelnen Gebäude kann jedes dieser LAN and Patch Panels auf beliebige RJ45-Anschlussdosen in den Räumen eines Gebäudes geschaltet werden. Die Verbindungen zwischen den Gebäuden und den Antennen erfolgt getrennt für jedes LAN, z. B. über multimode 50/125-µm-Lichtwellenleiterverbindungen, abhängig von den zu überbrückenden Entfernungen (Gigabit Links). Als Bodenstationsbetreiber ergeben sich mehrere Netzwerk-Bereiche, bei denen es sinnvoll ist, sie physikalisch zu trennen. Der Hauptgrund für die Trennung von Netzwerken ist die geforderte Sicherheit, welche für einzelne Bereiche sehr wichtig ist. Grundsätzlich könnte man die folgenden drei Bereiche einrichten.

Das **operationelle System (OPS-LAN),** in dem alle Geräte und Subsysteme, welche zum Betrieb einer Satelliten-Bodenstation erforderlich sind, vernetzt sind, wie z. B. Antennensteuerung, Sender, Empfänger, Up-, Down-Converter usw. Stationsrechner steuern die einzelnen Antennenanlagen und ihre Subsysteme. Über redundante Standleitungen ist das OPS-LAN über Router und Firewalls mit dem Kontrollzentrum verbunden. Telemetrie-, Kommando- und Bahndaten werden über diese Verbindung ausgetauscht. Als Übertragungsprotokoll wird TCP/IP verwendet. Ein NTP-Server (Network Time Protokoll) stellt im OPS-LAN eine GPS-synchronisierte UTP-Zeitbasis für alle Clients zur Verfügung.

Im **Office Communication System (OCS)** sind die Bürocomputer aller Mitarbeiter der Bodenstation vernetzt. File- und Printserver ermöglichen den Datenaustausch innerhalb definierter Arbeitsgruppen. Über eine separate Standleitung ist das OCS der Bodenstation mit dem OCS des Kontrollzentrums über Router und Firewalls verbunden. Damit wird den Mitarbeitern der Bodenstation der Zugriff auf die Fileserver des Kontrollzentrums ermöglicht. Die Zugänge ins Internet sowie zu Mailservern sind ebenfalls über diese Verbindung realisiert. Virenscanner und Firewalls sichern die Datenwege.

Im **External System (EXS)** wird der Zugriff von externen Auftraggebern auf Subsysteme einer Antennenanlage ermöglicht. Das Kontrollzentrum kann über eine temporär angemietete Standleitung oder über ISDN eingebunden werden und somit einzelne Subsysteme einer Antennenanlage, wie z. B. ein CORTEX-System, eigenverantwortlich betreiben. Diese Subsysteme werden während der mit dem externen Auftraggeber vereinbarten Passagen aus dem OPS-LAN abgetrennt und in das EXS integriert.

Alle Komponenten der drei Datennetzwerke (Switches, Router, Firewalls usw.) können über ein virtuelles Management-Netzwerk konfiguriert werden. Jeder einzelne Anschluss sollte zu überwachen sein, damit Fehler im Netzwerk schnell erkannt und beseitigt werden.

6.3.4 Link-Designaspekte

Die Auslegung und Dimensionierung der Übertragungsstrecke wird individuell für den anstehenden Dienst durchgeführt. Sie unterscheidet sich wesentlich für ortsfeste und mobile Anwendungen und insbesondere für die verlangte Übertragungsrate und die Dienstverfügbarkeitsanforderung. Die **physikalische Verfügbarkeit** der Übertragung hängt ab vom verwendeten Frequenzspektrum und von der klimatischen Zone, in der sie stattfinden soll. Dies betrifft sowohl die Strecke Boden – Satellit als auch Satellit – Boden.

Das **Link** – die Funkverbindung zweier Punkte über einen oder mehrere Satelliten – ist die Gesamtstrecke von der sendenden Erdfunkstelle zum Satelliten (Uplink), gegebenenfalls von diesem zu einem oder weiteren Satelliten im Orbit (über Inter-Satellite-Links), und zurück zur empfangenden Erdfunkstelle (Downlink). Es beinhaltet nicht die Zubringerstrecken zwischen dem terrestrischen Nutzer und den Erdfunkstellen. Der Übergabepunkt ist in der Erdfunkstelle am Kanalcodiergeräteeingang bzw. -ausgang (Channel Codec Input/Output).

Für die erfolgreiche Übertragung über diese extreme Funkstrecke müssen Sendeleistung und Rauschleistung auf jeder Teilstrecke so dimensioniert werden, dass für die resultierende Gesamtübertragung die gewünschte Signalqualität und -verfügbarkeit garantiert ist.

Die **Signalverfügbarkeit** p wird in Prozent der Zeit im schlechtesten Monat des Jahres ausgedrückt; der Prozentanteil der Zeit entspricht den folgenden Ausfallszeiten:

p = 98,0 % → 14,6 Stunden/Monat,
p = 99,0 % → 7,3 Stunden/Monat,
p = 99,9 % → 43,8 Minuten/Monat,
p = 99,99 % → 4,38 Minuten/Monat,
p = 99,999 % → 26,3 Sekunden/Monat.

Geplante Auszeiten, z. B. der Bodenstation, für Wartung etc. werden so organisiert, dass sie nicht zu Ausfallzeiten des jeweiligen Dienstes führen.

Für die Auslegung der Übertragung – das **Link-Design** – muss ein geeigneter Frequenzbereich gefunden werden und eine für die vorgegebenen Satellitenparameter hinreichende Bodenstations-Antennengröße bestimmt werden, sodass die abgestrahlte Leistung auf dem Uplink im Verbund mit der Empfangsgüte auf dem Downlink – in Anwesenheit von Funkstörung – zu der geforderten Übertragungsqualität führt.

Die wesentlichen Größen und Parameter der Übertragungsstrecke und die Bestimmung der Streckenbilanz werden im Folgenden erläutert.

6

6.3.4.1 Frequenzbereiche

Für den Funksektor ist das **Frequenzspektrum** von 7 kHz bis 1 000 GHz reguliert, wobei die Regulierer hier keine Bandbezeichnungen verwenden, wohl aber die Industrie (und das Institute of Electrical and Electronics Engineers, IEEE, USA), der militärische Sektor z. B. in Deutschland sowie die NATO im Besonderen.

Keines der Systeme deckt den gesamten Frequenzbereich bis 1 000 GHz ab. Die Militär-Stufung (D) ist logisch, aber unpraktisch, da die sehr verschiedenen Frequenzbereiche Ku-Band (10 ... 19 GHz) und Ka-Band (19 ... 36 GHz) beide in ihren SHF-Bereich (3 ... 30 GHz) fallen und so nicht unterschieden werden können. Dieses Problem löst man oft, indem man für das 20- ... 30-GHz-Band die (falsche) Bezeichnung EHF verwendet. Vorsicht ist auch bei der Abkürzung HF geboten, die bei Übersetzungen der Vokabel *Hochfrequenz* ins Englische (in Deutschland) oft verwendet wird, *Hochfrequenz* heißt im Englischen nicht *High Frequency* – das ist dort die Kurzwelle (3 ... 30 MHz) –, sondern *Radio Frequency*. Die NATO-Bezeichnungen sind insofern sehr unglücklich, weil sie dieselben Buchstaben verwenden wie die Industrie (IEEE), was insbesondere bei L-Band und C-Band zu Verwechslungen führt, nur das K-Band ist in etwa gleich.

Die **Auswahl** eines für eine gegebene Anwendung geeigneten **Frequenzbereichs** hängt von der Art des Dienstes und der Verfügbarkeit von Satellitenkapazität ab, wenn man sich diese auf einem gängigen System anmietet. Für raumfahrttechnische Anwendungen (Raumfahrtbetrieb, Kommunikation und Rundfunk (TV), Erkundung, Forschung und Amateurfunk) sind 20 **Funkdienste (ITU)** definiert.

Das für die Übertragung von Kommunikation jeder Art über Satelliten funkrechtlich zugelassene elektromagnetische Spektrum ist im Wesentlichen in die in Tabelle 6.3.1 ausgewiesenen Frequenzbänder und Dienstkategorien unterteilt.

Die **Frequenzbandzuweisungen** sind in die drei in Bild 6.3.8 gezeigten Verwaltungsregionen der ITU unterteilt: Europa, Afrika und GUS (Region 1), der amerikanische Kontinent (Region 2) und der Rest der Welt (Region 3).

Die Zuweisung von Frequenzspektren zu diesen Diensten erfolgt und wird verwaltet von der internationalen Fernmeldebehörde **International Telecommunications Union** (ITU) der Vereinten Nationen mit Sitz in Genf. Die ITU versucht, Funkregulierungen global zu harmonisieren, was nicht immer gelingt (und auch nicht in jedem Fall notwendig ist). Man hat deshalb die drei in Bild 6.3.8 gezeigten **Regionen der Welt** definiert.

Die Welt in drei Regionen zu partitionieren, ist eine pragmatische Lösung des Problems der universellen Regelung: Was in Asien vorteilhaft ist, muss nicht in Europa optimal sein.

Die Orbitpositionen der Satelliten und die von ihnen bedienten Funkdienste werden in der ITU-R mit Hilfe der **Radio Regulations (RR)** behandelt. Sie haben gemäß Artikel 4 der Konvention ausdrücklich rechtsverbindenden Charakter für die Mitgliedsstaaten.

Die ITU-R veranstaltet etwa alle drei Jahre eine Weltfunkkonferenz[1], in der die Mitgliedsstaaten das Prozedere festlegen, die Frequenzen zu verteilen, zu regulieren und zu verwalten. Das Verteilen geschieht wie folgt:

- Zuweisung **(Allocation)** von Frequenzen an Dienste,
- Zuteilung **(Assignment)** von Frequenzen an Betreiber oder Nutzer,
- Zuordnung **(Allotment)** von Frequenzen an sich entwickelnde Länder oder Dienste.

---

[1] WRC, *World Radiocommunications Conference*; 1967, 1971, 1977, 1979, 1979 (Mammut-Konferenz von 12 Wochen; dann 13 Jahre Unterbrechung), 1992, 1995, 1997, 2000, 2003, 2007, 2012, 2015.

Industrie (IEEE)		Militär (D)		Militär (NATO)	
I-Band	0 … 0,2 GHz	ELF	30 Hz … 3 kHz	A-Band	0 … 0,25 GHz
G-Band	0,2 … 0,25 GHz	VLF	3 … 30 kHz	B-Band	0,25 … 0,5 GHz
P-Band	0,25 … 0,5 GHz	LF	30 … 300 kHz	C-Band	0,5 … 1,0 GHz
L-Band	0,5 … 2 GHz	MF	0,3 … 3 MHz	D-Band	1,0 … 2,0 GHz
S-Band	2 … 3 GHz	HF	3 … 30 MHz	E-Band	2,0 … 3,0 GHz
C-Band	3 … 7 GHz	VHF	30 … 300 MHz	F-Band	3,0 … 4,0 GHz
X-Band	7 … 10 GHz	UHF	0,3 … 3 GHz	G-Band	4,0 … 6,0 GHz
Ku-Band	10 … 19 GHz			H-Band	6,0 … 8,0 GHz
Ka-Band	19 … 36 GHz	SHF	3 … 30 GHz	I-Band	8 … 10 GHz
Q-Band	36 … 46 GHz			J-Band	10 … 20 GHz
V-Band	46 … 56 GHz			K-Band	20 … 40 GHz
		EHF	30 … 300 GHz	L-Band	40 … 60 GHz
W-Band	56 … 111 GHz			M-Band	60 … 100 GHz

Tabelle 6.3.1: *Frequenzbandbezeichnungen.*

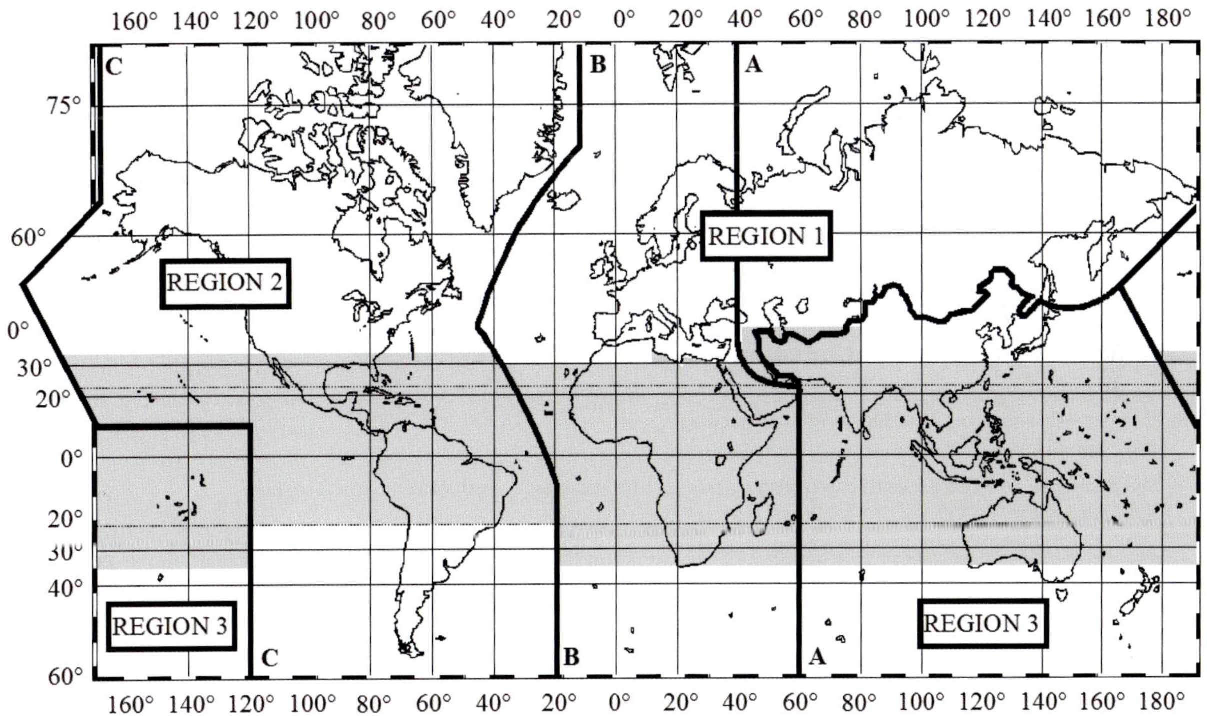

Bild 6.3.8: *Verwaltungsregionen der ITU (Bild: Dodel).*

ITU-Anmeldungen werden über die designierten nationalen Behörden getätigt – in Deutschland die Bundesnetzagentur für Elektrizität, Gas, Telekommunikation, Post und Eisenbahnen (BNetzA; ehemals Regulierungsbehörde für Telekommunikation und Post – RegTP) im BMWA, Bonn.

Die EU beginnt schrittweise, eine europäische Institution der Frequenzverwaltung aufzubauen.

6.3.4.2 Antennengröße

Die Größe der Sende- und Empfangsantenne ist von entscheidender Bedeutung für die Übertragung, jedoch in beiden Fällen, Senden und Empfangen, nicht allein bestimmend. Sendeseitig ist die bestimmende Größe das **Produkt aus Sendeleistung und Antennengewinn (EIRP),** und empfangsseitig ist der Quotient von Antennengewinn und

Tabelle 6.3.2: *ITU-Satellitenfunkdienste.*

RR	Originaltitel	Deutsch	Abk.
1.21	Fixed-satellite Service inkl. Feeder Links for Other Space Radiocommunication Services	fester Funkdienst über Satelliten inkl. Intersatellitenlinks	FSS
1.22	Inter-satellite Service	Intersatellitenlinks	ISL
1.23	Space Operation Service: Spacecraft Tracking, Telemetry and Telecommand	Weltraumfernwirkfunkdienst	SOS
1.25	Mobile-satellite Service Feeder Links	beweglicher Funkdienst über Satelliten inkl. Speiselinks	MSS
1.27	Land mobile-Satellite Service	beweglicher Landfunkdienst über Satelliten	L-MSS
1.29	Maritime mobile-Satellite Service with Ships; Survival Craft and EPIRBs	Seefunk- und Seenotfunkdienst über Satelliten	M-MSS
1.35	Aeronautical mobile-Satellite Communications with Aircraft, Survival Craft and EPIRBs	Flugfunk- und Flugnotfunkdienst über Satelliten	A-MSS
1.36	Aeronautical mobile-satellite (Route) Raio for Safety and Regularity of Flights on Civil Air Routes	Flugfunkdienst Linienflüge über Satelliten	A-MSS (R)
1.37	Aeronautical mobile-Satellite (off-route) Communications for Flight Coordination outside Civil Air Routes	Flugfunkdienst off route über Satelliten	A-MSS (OR)
1.39	Broadcasting-satellite Service, for direct Reception	Rundfunkdienst über Satelliten	BSS
1.41	Radiodetermination-satellite Service inkl. Feeder Links	Ortungsfunkdienst über Satelliten inkl. Speiselinks	
1.43	Radionavigation-satellite Service inkl. Feeder Links	Navigationsfunkdienst über Satelliten inkl. Speiselinks	RNSS
1.45	Maritime Radionavigation-satellite Service; Stations on Ships	Seenavigationsfunkdienst über Satelliten inkl. Speiselinks	
1.47	Aeronautical Radionavigation-satellite Service, Stations on Aircraft	Flugnavigationsfunkdienst über Satelliten inkl. Speiselinks	
1.49	Radiolocation-satellite Service used for Radiolocation inkl. Feeder Links	Nichtnavigatorischer Ortungsdienst über Satelliten inkl. Speiselinks	
1.51	Earth exploration-satellite Service between Earth Stations and Space Stations inkl. Feeder Links	Erderkundungsfunkdienst über Satelliten inkl. Speiselinks	EES
1.52	Meteorological-satellite Service for Earth Exploration	Wetterfunkdienst über Satelliten	
1.54	Standard Frequency and Time Signal-satellite Service to transmit Frequencies and Time Signals of high Precision inkl. Feeder Links	Normalfrequenz- und Zeitzeichenfunkdienst über Satelliten	SFS
1.55	Space Research Service for scientific or technological Research Purposes	Weltraumforschungsfunkdienst über Satelliten	SRS
1.57	Amateur-satellite Service Radiocommunications using Earth Satellites	Amateurfunkdienst über Satelliten	ASS

Empfängerrauschtemperatur (g/t bzw. in dB transformiert, G–T), die **Güte** (der Gütefaktor) des Empfangssystems, relevant. Wenn diese Größen in Großbuchstaben angegeben werden, bedeutet dies, dass sie in dB-Werten ausgedrückt sind, wie folgt:

$$X = 10 \cdot \log(x) \quad \text{in dB} \tag{6.3.2}$$

Die Transformation in dB ist sinnvoll, da insbesondere auch bei der Freiraumdämpfung und der Boltzmann-Konstante k bzw. K (die für die Bestimmung der Rauschleistung benötigt wird), die physikalischen Zahlen schwer handhabbar sind.

$$k = 1{,}38 \cdot 10^{-23}\ \text{J/K}$$

oder mit $K = 10\log(k)$

$$K = -228{,}6\ \text{dBJ/K} \quad (\text{J} = \text{Joule} = \text{Ws}).$$

Die Rechnung mit dB-Zahlen – klar unterschieden in Großbuchstaben für die Werte in dB und Kleinbuchstaben für die physikalischen Einheiten – ist in der Fernmeldetechnik üblich, weil weniger fehleranfällig.

Die Antenne für die elektromagnetische Abstrahlung oder den Empfang wirkt wie die Linse in der Optik. Je größer die Antenne, desto schärfer die Strahlbündelung, desto größer die Gewinnzahl der Antenne. Dabei ist die „Größe" der Antenne das Verhältnis ihrer Abmessung (bei kreisförmigen Antennen ihres Durchmessers d beziehungsweise Radius r) zur Wellenlänge λ des Signals, das sie sendet oder empfängt.

Die **Gewinnzahl** G ist

$$G = 10\log(\mu \cdot 4\pi^2 \cdot r^2 / \lambda^2) \quad \text{in dBi} \tag{6.3.3}$$

μ Flächenwirkungsgrad des Reflektors

oder näherungsweise

$$G = 20 \cdot \log(2\pi r / \lambda) \quad \text{in dBi} \tag{6.3.4}$$

Die **Maßeinheit dBi** bedeutet dB Antennengewinn relativ zur isotropen Rundumstrahlung mit 0 dBi Antennengewinn.

6.3.4.3 Abgestrahlte Leistung EIRP

Bei der elektrischen Sendeleistung P gilt es zwei Dinge zu beachten:

- den Arbeitspunkt des Verstärkers **(Operating Point)**; wird der Sendeverstärker nicht in der Sättigung betrieben, ist der Vorhalt zur Sättigung **(Output Backoff; BO)** von der Sättigungsleistung abzuziehen;
- die **Zuführungsverluste** V von Verstärkerausgang bis Antenneneingang sind zu berücksichtigen (zum Teil, je nach Weglänge zwischen Verstärker und Antenne, bis zu V = 1 dB oder 2 dB).

Damit erhält man die **äquivalent zu isotropisch abgestrahlte Leistung (Equivalent to Isotropic Radiated Power):**

$$EIRP = P - BO - V + G \quad \text{(dBW)} \tag{6.3.5}$$

Es wird deutlich, dass zur Erzeugung einer gewissen abgestrahlten Leistung *EIRP* neben (oder vor) der Erhöhung der elektrischen Sendeleistung P ein angemessener Antennengewinn G eingesetzt werden kann. (Der beste Hochfrequenzverstärker ist die Antenne!) Im Gegensatz zum Verstärker benötigt die Antenne keine elektrische Leistung im Betrieb und insbesondere altert sie nicht in dem Maße, wie dies Hochfrequenzverstärker nach einer gewissen Anzahl von Betriebsstunden tun.

Die bestimmende sendeseitige Größe ist die *EIRP*, und sie kann nach Belieben aus elektrischer Sendeleistung und Antennengewinn zusammengefügt werden.

Schließlich konzentriert sich die größere Antenne schärfer auf den Zielsatelliten, verursacht also weniger Störung in dem oder den Nachbarsatelliten und wird empfangseitig weniger von dem oder den Nachbarsatelliten, die heute im Orbit immer dichter gesetzt werden, gestört.

6.3.4.4 Empfangsgüte G–T[2]

Die empfangseitige **Systemrauschtemperatur** t_{rec} der Bodenstation oder eines Terminals ist die Summe des sogenannten Himmelsrauschens t_{sky}, das die in den Himmel schauende Antenne empfängt, und des Rauschens t_{sys} des Empfangssystems von Verstärkern:

$$t_{rec} = t_{sky} + t_{sys} \tag{6.3.6}$$

Das Himmelsrauschen t_{sky} wird mit etwa 40 K angenommen; die **Rauschtemperatur** t_{sys} des Empfangssystems (der Kette von Verstärkern) setzt sich wie folgt zusammen:

$$t_{sys} = t_{hl} + \frac{t_{LNA}}{g_{hl}} + \frac{t_{amp}}{g_{hl} \cdot g_{LNA}} + \frac{t_{next}}{g_{hl} \cdot g_{LNA} \cdot g_{amp}} + \ldots \tag{6.3.7}$$

t_{hl} Rauschtemperatur des Leiters (Hohlleiters) zwischen Antenne und erstem Verstärker,
t_{LNA} Rauschtemperatur des ersten Empfangsverstärkers, einem sogenannten rauscharmen Vorverstärker (Low Noise Amplifier; LNA),
g_{hl} Gewinn des Hohlleiters, also einer Zahl < 1,
t_{amp} Rauschtemperatur,
g_{LNA} Gewinn des ersten Empfangsverstärkers,
t_{next} Rauschtemperatur des nächsten Verstärkers in der Empfangskette,
g_{amp} Gewinn des zweiten Empfangsverstärkers.

Ein Hohlleiter hat z. B. 0,4 dB Verlust pro laufendem Meter. Die **Verlustzahl** l_{hl} ist dann (für z. B. 0,4 dB):

$$l_{hl} = 10^{0,4/10} = 10^{0,04} = 1{,}10$$

Die **Gewinnzahl** g_{hl} ist

$$g_{hl} = 1 / l_{hl} = 0{,}91$$

die **äquivalente Rauschtemperatur** t_{hl} dieser Komponente ist gegeben durch

$$t_{hl} = (1 - 1/l_{hl})\, t_0$$

wobei t_0 die Umgebungstemperatur der Komponente ist, typischerweise t_0 = 290 K, sodass t_{hl} = 26,1 K.

Die restlichen Parameter können für eine Bodenstation mittlerer Größe die folgenden Werte annehmen:

t_{LNA} = 40 K,
t_{amp} = 600 K,
g_{LNA} = 100 (G_{hl} = 20 dB),
t_{next} = 600 K,
g_{amp} = 1 000 (30 dB).

2 Zur Unterscheidung zwischen linearer und logarithmischer Darstellung von Parametern, wurden in diesem Kapitel Klein- und Großbuchstaben verwendet. Kleinbuchstaben bedeuten eine lineare Darstellung, Großbuchstaben zeigen an, dass dieser Parameter in einem Logarithmischen Maß benutzt wird.

Damit ergibt sich für das Empfangsystem

$$t_{sys} = 26{,}1\,\text{K} + 40\,\text{K}/0{,}91 + 600\,\text{K}/(0{,}91 \cdot 100)$$
$$+\,600\,\text{K}/(0{,}91 \cdot 100 \cdot 1000) + \ldots$$
$$= (26{,}1 + 44{,}0 + 6{,}6 + 0{,}0066)\,\text{K} = 76{,}7\,\text{K}$$

und für das Gesamtsystem

$$t_{rec} = t_{sky} + t_{sys} = 40\,\text{K} + 76{,}7\,\text{K} = 116{,}7\,\text{K oder } 20{,}7\,\text{dBK}.$$

Die **Güte (der Gütefaktor)** der Bodenstation, die einen Antennengewinn von z. B. 48,0 dBi hat, wird zu

$$G - T = (48{,}0 - 20{,}7)\,\text{dBi/K} = 27{,}3\,\text{dBi/K}.$$

6.3.4.5 Antennenausrichtung

Die elektromagnetische Antenne fokussiert, wie auch die optische Linse, umso schärfer, je größer ihre Abmessungen relativ zur verwendeten Wellenlänge sind. Diese **Fokussierung** ist eine Bündelung der Abstrahlung, deren Intensität relativ zum nichtbündelnden Rundumstrahler (dem isotopischen Strahler) angegeben wird.

Die Abstrahlintensität der Antenne nennt man den **Gewinnfaktor** G. In Richtung der maximalen Fokussierung, der Strahlachse, gilt für den Gewinnfaktor als Funktion der Größe der Antenne und der Wellenlänge λ

$$G = G_0 = 4\,\pi \cdot A / \lambda^2 = 4\,\pi \cdot A \cdot f^2 / c^2 \qquad (6.3.8)$$

A Apertur der Antenne (der Kreisfläche bei kreisförmigen Antennen)
f Frequenz ($f = c/\lambda$)

Die keulenförmige Form der Strahlcharakteristik in der Strahlachse nennt man die **Hauptkeule.** Hier gilt die Parabelgleichung für den Verlauf des Antennengewinnfaktors:

$$y = y_0 - p\,(x/x_0)^2, \quad \text{also}$$

$$G = G_0 - 3\,[\theta/(\theta_0/2)]^2\ \text{dB} \qquad (6.3.9)$$

Außerhalb der Hauptkeule ist der Gewinn oben begrenzt durch die Näherungsformel

$$G = 29 - 25 \cdot \log(\theta) \quad \text{in dBi} \qquad (6.3.10)$$

Für Ablagewinkel von der Strahlachse

$$\theta > \pm 36{,}3° \quad \text{gilt} \quad G = -10\,\text{dBi}$$

Eine typische **Strahlcharakteristik** einer hoch bündelnden Antenne ist in Bild 6.3.9 gezeigt.

Kleinere Bodenstationsantennen können fest (starr) auf den Satelliten ausgerichtet sein, solange die tägliche Bewegung des Satelliten in der Halbwertsbreite der Antennenhauptkeule bleibt. Für mittelgroße Antennen (z. B. größer als 2 Meter im Ku-Band) bietet sich die **programmierte Nachführung** an. In Kenntnis der deterministischen Bewegung des Satelliten wird die Ausrichtung auf den Satelliten vorherbestimmt und in die Nachführung der Antenne programmiert. Die Alternative zur programmierten Nachführung der Antenne ist die **leistungsabhängige Nachführung (Step Track).** Es wird die Leistung einer empfangenen Satellitenbake über z. B. 15 Sekunden akkumuliert gemessen, die Antenne dann ein Zehntel Grad nach rechts oder links bewegt und die Messung wiederholt. Verbessert sich der Wert, geht es weiter in dieser Richtung, und umgekehrt. Im darauf folgenden Zeitintervall wird nach oben und unten variiert und so die Antenne stets auf den Satelliten ausgerichtet (dies wird so z. B. bei INMARSAT Ship Terminals gemacht).

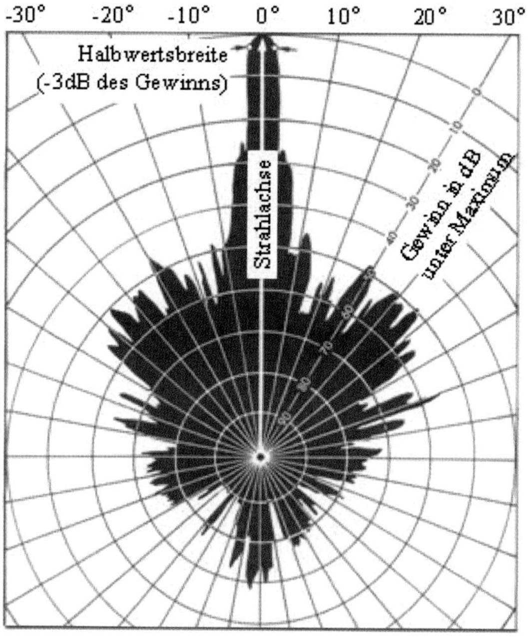

Bild 6.3.9: *Abstrahlcharakteristik einer hoch bündelnden Antenne (Bild: Dodel).*

Eine sehr präzise **Ausrichtung** insbesondere größerer Antennen ist gängig; hier wird das Satellitensignal – ein Puls – von mindestens drei Empfangssystemen verwertet (das Monopuls-System). Mit zwei (der drei) in der Horizontalen angeordneten Empfangssystemen vermisst man die Phasenlage der empfangenen Signale und kann so die Missweisung in der Horizontalen bestimmen, und mit zwei (der drei) in der Vertikalen angeordneten Empfangssysteme lässt sich die Missweisung der Antenne in der Vertikalen bestimmen und korrigieren. Da das Prinzip auf der scharfen Bündelung einer Antenne für den Empfang eines Satellitensignals fußt, ist es nicht umgekehrt für die Ausrichtung einer Satellitenantenne verwendbar, da diese die Signale von mehr als einer Bodenstation empfängt.

6.3.4.6 Funkfelddispersion und Regendämpfung

Die Schwächung des elektromagnetischen Signals zwischen Sender und Empfänger beruht auf der Dispersion, der Dämpfung durch die trockene Atmosphäre und der Dämpfung bei Regen.

a) Freiraumdispersion

Die von einer Quelle in den Raum abgestrahlte elektromagnetische Leistung verteilt sich gleichmäßig auf der Kugeloberfläche, deren Zentrum die Quelle und deren Radius die Entfernung zur Quelle ist: Die Leistung dispergiert von der Punktquelle auf die Kugeloberfläche um den Faktor:

$$fd = (4\,\pi \cdot d \cdot f\,/\,c)^2 \qquad (6.3.11)$$

In dB ist diese **Freiraumdispersion (free space attenuation)**

$$FD = 10 \cdot \log(4\,\pi \cdot d \cdot f\,/\,c)^2 = 20 \cdot \log(d \cdot f) + 92{,}44\ \text{dB}$$

d in km, *f* in GHz

Der Unterschied der Freiraum-Dispersion *FD* zwischen einem geostationären Satelliten und dem Nadir bzw. dem Rand der Erde ist:

$$FD_{\text{edge of earth}} = FD_{\text{nadir}} + 1{,}4\ \text{dB} \qquad (6.3.12)$$

b) Atmosphärendämpfung

Die Dämpfung der (trockenen) Atmosphäre *AD* addiert sich zu der Freiraumdispersion. Typische Werte für Frequenzen von 1 bis 30 GHz sind in der Tabelle zusammengefasst.

Tabelle 6.3.3: *Atmosphärische Dämpfung für höhere Frequenzen.*

Elevation	1 GHz (dB)	4 GHz (dB)	6 GHz (dB)	11 GHz (dB)	14 GHz (dB)	20 GHz (dB)	30 GHz (dB)	45 GHz (dB)
0°	0,61	1,54	1,90	3,02	4,67	14,74		
1°	0,60	1,53	1,87	2,79	4,01	9,01	13,25	
5°	0,22	0,55	0,67	0,99	1,42	3,25	4,63	7,01
10°	0,11	0,29	0,35	0,52	0,74	1,70	2,42	2,91
15°	0,08	0,19	0,24	0,35	0,50	1,15	1,63	1,73
25°	0,05	0,12	0,15	0,21	0,31	0,71	1,01	1,43
45°	0,03	0,07	0,09	0,13	0,18	0,41	0,59	0,73
60°	0,02	0,06	0,07	0,11	0,15	0,42	0,49	0,64
90°	0,02	0,05	0,06	0,09	0,13	0,30	0,42	0,59

c) Regendämpfung

Die Dämpfung durch Regen in der Atmosphäre addiert sich zu Freiraumdispersion und Atmosphärendämpfung. Bild 6.3.10 zeigt den prinzipiellen Anstieg der Regendämpfung für steigende Frequenz.

In Bild 6.3.10 ist auch die **ionosphärische Störung** der Ausbreitung gezeigt, die für kleiner werdende Frequenzen

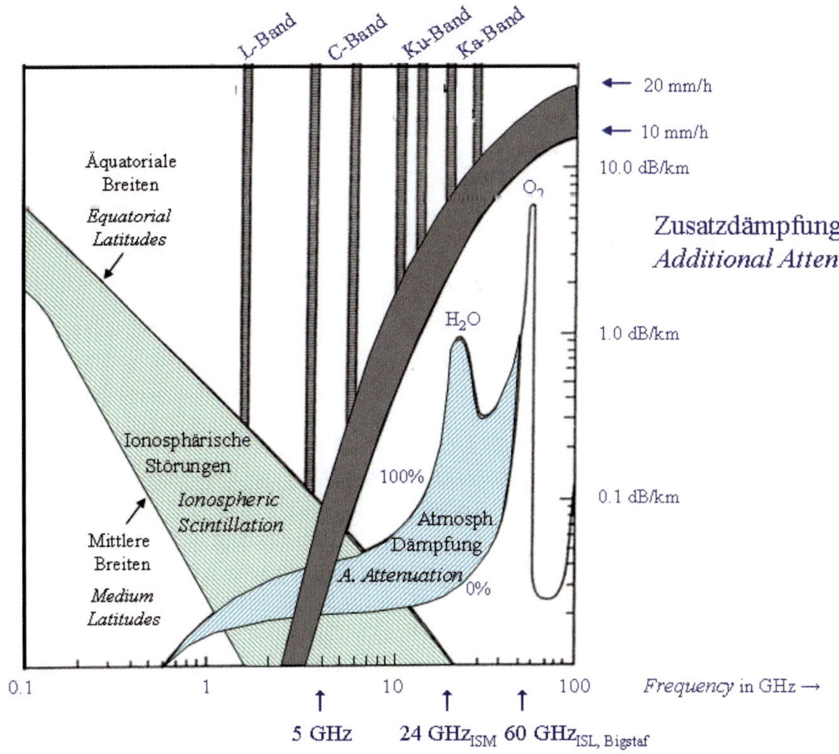

Bild 6.3.10: *Ionosphärische Störungen, atmosphärische Dämpfung und Regendämpfung in Abhängigkeit von der Frequenz (Bild: Messerschmid).*

ansteigt, während die Regendämpfung für größer werdende Frequenzen ansteigt; das Minimum zwischen den beiden liegt bei 5 GHz. Lokale Maxima der Dämpfung sind bei 24 GHz, der molekularen Dämpfung des Wasserstoffs und bei 60 GHz, der molekularen Dämpfung des Sauerstoffs. Wichtig ist, dass der Anstieg der Regendämpfung bei ca. 100 GHz abflacht - sie nimmt für Frequenzen über 100 GHz nicht weiter zu.

d) Pathloss
Die Summe von Freiraumdispersion, atmosphärischer Dämpfung und Regendämpfung wird in der Größe **Pathloss** *PL* zusammengefasst:

$$PL = FD + AD + RD + LM \qquad (6.3.13)$$

LM geeignete Link-Marge (mindestens 1 dB).

e) *G–T*-Degradation bei Regen
Da in die Güte *G–T* der Antenne der Bodenstation die Umgebungsrauschtemperatur t_{sky} eingeht und diese bei Regen höher ist als bei klarem Himmel, **degradiert** die Güte um den Betrag $\Delta g/t$:

$$\Delta g / t = [t_{sys} + t_{sky}\,(1 - 10^{-AA/10})] / t_{sys} \qquad (6.3.14)$$

AA = Additional Attenuation: Regendämpfung (in dB),
t_{sys} Rauschtemperatur des Systems (in K),
t_{sky} = 40 K

Da die Übertragung regensicher sein soll, muss die (trockene) Güte der Antenne um diesen Faktor korrigiert werden.

6

6.3.4.7 Störleistung

Die gegenseitige **Verträglichkeit von Funksystemen** und insbesondere von Satellitensystemen ist durch nationale und internationale ITU-Vorschriften sichergestellt. Dort sind die relevanten Satelliten- und Bodenstationsparameter festgelegt und die Störpegelberechnung definiert. Die Gefahren der gegenseitigen Funkstörung sind in Bild 6.3.11 dargestellt:

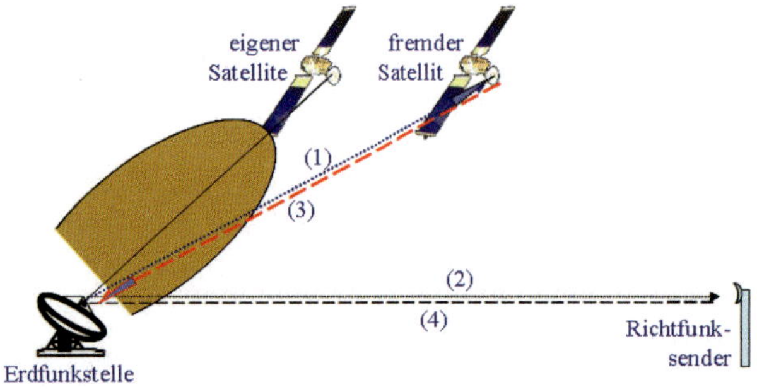

Bild 6.3.11: *Die prinzipiellen Störfälle Erdfunkstelle/Satellit/Richtfunk (Bild: Dodel).*

1. die Erdfunkstelle stört einen benachbarten Satelliten,
2. die Erdfunkstelle stört eine terrestrische Richtfunkstrecke,
3. die Erdfunkstelle kann durch einen Satelliten gestört werden,
4. die Erdfunkstelle kann durch eine terrestrische Richtfunkstrecke gestört werden.

Mit der eigenen Signalleistung *C* und der durch das Nachbarsystem verursachten Störleistung *I*, beide in dBW, ist das **Träger-Störleistungsverhältnis** gegeben durch

$$\begin{aligned} C{-}I &= EIRP_{fremder\_sat} - EIRP_{eigener\_sat} \\ &\quad - \Delta G_{sat}(\varphi) - \Delta G_{erdfust}(\phi) \\ &= EIRP_{fremde\_erdfust} - EIRP_{eigene\_erdfust} \\ &\quad - \Delta G_{erdfust}(\varphi) - \Delta G_{sat}(\phi) \end{aligned} \qquad (6.3.15)$$

und es muss z. B. $C{-}I > 35$ dB für einen Störer bzw. $C{-}I > 30$ dB für die Summe der Störfälle sein. Neue Systeme werden nur zugelassen, wenn sie nachweisbar keine Störung der vorhandenen verursachen (das Prinzip der „Non Interference“ im Verbund mit der „First Come, First Served“-Regel).

Die Bestimmung der Störung ist im RR Appendix 29 der ITU Radio Regulations festgehalten. Man kann die Leistung *I* entweder auf die eigene Trägerleistung *C* beziehen, also z. B. $C{-}I > 35$ dB (trägerbezogen), oder auf die eigene Rauschleistung *N* (rauschleistungsbezogen). Das erste Konzept ist die *C–I*-Methode, das zweite die $\Delta t/t$-Methode.

a) Die $\Delta t/t < 6$-%-Methode
Der Nachteil der *C–I*-Betrachtung der Störung ist, dass sie außer Acht lässt, wie gut oder schlecht das gestörte *C–N* ist. Ist es relativ hoch (> 10 dB), spürt der Träger die Störung empfindlich, und es ist sinnvoll, $C{-}I > 30$ dB zu fordern. Ist es relativ niedrig ($C{-}N < 10$ dB), ist der Träger stark verrauscht und spürt die Störung weniger. Es ist nicht sinnvoll, pauschal $C{-}I > 30$ dB zu verlangen. Also bezieht man das Verhältnis *C–I* auf das Träger-Rauschleistungsverhältnis *C–N* des gestörten Trägers und verlangt

$$(C{-}I) - (C{-}N) > 12{,}2\,\text{dB}$$

Das **Träger-zu-Störer-Verhältnis** muss 12,2 dB besser als das **Träger-zu-Rausch-Verhältnis** sein; der Störer degradiert das Träger-zu-Rausch-Verhältnis um < 0,25 dB.

Kürzt man die Trägerleistung *C*, so erhält man $N{-}I > 12{,}2$ dB (*N* ist das thermische Rauschen, *I* die Störleistung). Kürzt man im Verhältnis *N–I* die Bandbreite *B* und *K* (wobei $n = t \cdot b \cdot k$), so erhält man $T - T_i$ bzw. für $T_i \equiv \Delta T$ die Störung, auch $T - \Delta T > 12{,}2$ dB bzw.

$$t / \Delta t > 16{,}7 \quad \text{oder} \quad \Delta t / t < 6\,\%$$

Die Störleistung ist nicht auf die Trägerleistung bezogen, sondern auf die eigene Rauschleistung. Diesem $\Delta t/t < 6$ % entspricht für ein $C–I$ = 30 dB das Träger-Rauschleistungsverhältnis $C–N$ = 17,8 dB, ein relativ hoher Wert. Typische $C–N$ bei digitaler Übertragung mit Fehlerschutzcodierung liegen bei 5 bis 10 dB.

Der Bezug der Störleistung auf das thermische Rauschen des gestörten Trägers macht die Störpegelberechnung unabhängig von der **Fehlerkorrektur** auf der gestörten Übertragung. Wird z. B. ein Fehlerkorrekturcode eingesetzt und das $C–N$ der Übertragung um z. B. 5 dB reduziert, ändert diese Codierung nicht das thermische Rauschen N (bzw. T) der Strecke, sondern reduziert nur die benötigte Trägerleistung C.

Die $C–I$ > 35 dB-Methode würde hier dem Störer 5 dB mehr Störleistung zugestehen. Dies wäre nicht im Sinne dessen, der den Codieraufwand betreibt. Die $\Delta t/t < 6$ %-Methode kann also ohne Berücksichtigung eventueller Codierung angewandt werden, da sie auf die durch die Codierung nicht veränderte Rauschtemperatur T bezogen ist.

Es ist also $\Sigma\, \Delta t/t < 0{,}06$ bzw. < 6 % oder < 0,25 dB. Zu beachten in diesem Zusammenhang ist: die 6 %-Störung gilt pro Störfall! Wenn zehn Störer auf das Opfer einwirken, wird die Gesamtstörung 60 %, sodass Rauschen plus Störung 160 % (oder 10 · log(1,60) = 2,2 dB) des Rauschens werden.

b) Uplink und Downlink

Bei seriellen Strecken (Uplink und Downlink) werden die **Einzelverhältnisse** $\Delta t/t$ wie Trägerrauschleistungsverhältnisse zusammengefasst, also

$$\sum \Delta t / t = \Delta t_{\text{auf}} / t_{\text{auf}} + \Delta t_{\text{ab}} / t_{\text{ab}} \qquad (6.3.16)$$

Das Störungs-Rauschverhältnis des Uplinks wird zum Störungs-Rauschverhältnis des Downlinks hinzugefügt.

c) Die Störleistung

Für die Störpegelberechnung werden sowohl die **Trägerleistung** C (in dBW) als auch die **spektrale Leistungsdichte** C_0 (in dBW/Hz) verwendet. Für die Störpegelbestimmung nimmt man den Wert von C_0 im Zentrum des Spektrums, wo er um den Faktor F höher ist, als es der Gleichverteilung über die Bandbreite b entspräche. Es gilt

$$C_0 = C - 10 \cdot \log(b) - F \qquad (6.3.17)$$

wobei der Faktor F für Frequenzmodulation z. B. 8,5 dB sein kann. Für PSK ist F kleiner, da der digital modulierte Träger über den größeren Teil der Bandbreite B eine Leistungsdichte nahe der Höchstleistung aufweist.

Für Träger-Rauschverhältnisse $C–N$ < 17,8 dB erlaubt die Forderung $\Sigma\, \Delta t/t < 6$ % höhere Störleistungspegel (eine erweiterte Koexistenz unter Störbedingung) als die $C–I$ > 30 dB-Pauschalmethode, ohne dabei die gestörte Übertragung unzumutbar zu beeinträchtigen.

Für die Forderung $C–N$ > 17,8 dB würde $\Sigma\, \Delta t/t < 6$ % niedrigere Störleistungsverhältnisse als die $C–I$ > 30 dB-Methode verlangen. Solche $C–N$-Werte kommen aber kaum vor.

Die $\Delta t/t$-Methode adaptiert besser an das $C–N$ der gestörten Übertragung als z. B. eine Pauschalforderung $C–I$ > 30 dB, wie sie in der analogen Übertragung verwendet wurde.

d) Die Berechnung

Die **Trägerleistung-zu-Störpegelverhältnisse** $C–I$ (in dB) werden wie folgt bestimmt:

$$\begin{aligned} C - I_{\text{d}} = {} & P_{\text{si}} + G_{\text{sti}} + G_{\text{esi}} - L_{\text{di}} \\ & - [P_{\text{sj}} + G_{\text{stj}}(\theta_{\text{ji}}) + G_{\text{eri}}(\theta_{\text{ji}}) - L_{\text{dj}}] \quad \text{in dB} \end{aligned} \qquad (6.3.18)$$

P Sendeleistung in dBW,
G Antennengewinn = 29 – 25 · log(θ) in dB und θ in Grad,
L Freiraumdispersion in dB,
e Erdfunkstelle (Bodenstation),
s Satellit,
u Uplink,
d Downlink,
r Empfang,
i gestörtes System,
t Senden,
j Störer.

Das **Summen-Trägerleistung-zu-Störpegelverhältnis** ist

$$\frac{c}{i_{\text{total}}} = \frac{1}{\dfrac{i_{\text{up}}}{c} + \dfrac{i_{\text{down}}}{c}} \qquad (6.3.19)$$

und $C–I = 10 \cdot \log(c)$ in dB.

Bei vergleichbaren Strecken ist $L_{\text{ui}} = L_{\text{uj}}$ und bei vergleichbaren Sendeleistungen $P_{\text{ei}} = P_{\text{ej}}$, sodass mit z. B. 3°-Winkelseparierung G = 29 – 25 log(θ) = 20,1 dB und nicht diskriminierender Satellitenantenne (sie empfängt den Störer mit dem gleichen Gewinn G wie das Opfer) gilt:

$$\begin{aligned} C–I_{\text{u}} &= G_{\text{eti}} + G_{\text{rsi}} - G_{\text{etj}}(\theta_{\text{ju}}) - G_{\text{sri}}(\theta_{\text{ji}}) \\ &= 40{,}0 + 33{,}5 - 20{,}1 - 33{,}5 = 19{,}9 \text{ dB.} \end{aligned}$$

Bei vergleichbaren Auf- und Abwärtsstrecken ist $C–I_{\text{d}}$ = 19,9 dB und $C–I_{\text{total}}$ = 16,9 dB. Mit je einem Nachbarn zur Rechten und zur Linken mit vergleichbaren Leistungspegeln ist die Summe in diesem Fall $C–I_{\text{total}}$ = 13,9 dB.

Es könnte noch schlechter ausfallen: Mit einem Störpegel von 6 % des eigenen thermischen Rauschens wird das $C–I$ = 12,2 dB pro Strecke und Störer, also 9,2 dB Uplink und Downlink zusammen, und 10 · log(n) dB weniger, wenn n Störer gleichzeitig arbeiten.

Die ersten Satellitensysteme sind heute **störungsbegrenzt** – die Störleistung auf dem Hochfrequenzträger

6

erreicht oder übersteigt die Leistung des thermischen Rauschens plus der Intermodulation.

Die Streckenbilanz mit dem thermischen Rauschen und der Intermodulation wird im Folgenden beschrieben.

6.3.4.8 Die Streckenbilanz

Die **Signalpegel** einer Übertragung müssen so ausgelegt sein, dass die gewünschte **Signalqualität** garantiert wird. Dabei ist weder die Rauschleistung n noch die Trägerleistung c an sich relevant, sondern vielmehr das **Verhältnis** der beiden, c/n bzw. in dB: $C\text{–}N$

$$\begin{aligned} &\text{wobei } C = 10 \cdot \log(c) && \text{in dBW} \quad (\text{bzw. } c = 10^{0{,}1 \cdot C} \text{ in W}) \\ &\text{und } \quad N = 10 \cdot \log(n) && \text{in dBW} \quad (\text{bzw. } n = 10^{0{,}1 \cdot N} \text{ in W}) \\ &\qquad\quad = T + K + B && \text{in dBW, die Rauschleistung nach Johnson} \\ &\qquad\quad = N_0 + B \end{aligned}$$

T Rauschtemperatur in dBK,
K Boltzmann-Konstante = –228,6 dBJ/K
N_0 Rauschleistungsdichte in dBW/Hz
B Bandbreite der Übertragung in dBHz

Die folgenden **Verbundgrößen** sind hilfreich:

- $C\text{–}N = C - N$ in dB, bzw. $c/n = 10^{0{,}1 \cdot C/N}$: Träger-Rauschleistungsverhältnis in der HF,
- $EIRP = P + G - V$ in dBW, die Equivalent to Isotropic Radiated Power,
- $PL = FD + AD + RD$ in dB, die konglomeraten Übertragungsverluste,
- $G\text{–}T = G - T$ in dBi/K, die Güte des Empfangssystems.

Damit ist nun:

$$\underset{[\text{dB}]}{C\text{–}N} = \underset{[\text{dBW}]}{EIRP} - \underset{[\text{dB}]}{PL} + \underset{[\text{dBi/K}]}{G\text{–}T} - \underset{[\text{dBWs/K}]}{K} - \underset{[\text{dBHz}]}{B} \qquad (6.3.20)$$

bzw.

$$\underset{[\text{dB}]}{C\text{–}N_0} = \underset{[\text{dBW}]}{EIRP} - \underset{[\text{dB}]}{PL} + \underset{[\text{dBi/K}]}{G\text{–}T} - \underset{[\text{dBWs/K}]}{K} \qquad (6.3.21)$$

Das ist das Haben der Bilanz. Das Soll ergibt sich aus der Energie pro Bit E_b relativ zur Rauschleistungsdichte N_0, die für die Übertragung nötig ist, um eine geforderte **Übertragungsqualität,** ausgedrückt in der Bitfehlerrate (Bit Error Rate, BER) von z. B. 10^{-5}, zu garantieren. Damit ergibt sich:

$$\begin{aligned} C\text{–}N_0 &= E_b + \text{Bitrate} - N_0 - CG + IM \qquad (6.3.22) \\ &= E_b - N_0 + \text{Bitrate} - CG + IM \\ &= \underset{[\text{dB}]}{E_b - N_0} + \underset{[\text{dBHz}]}{10 \cdot \log(\text{bitrate})} - \underset{[\text{dB}]}{CG} + \underset{[\text{dB}]}{IM} \end{aligned}$$

CG Codiergewinn, der in Abzug gebracht wird,
IM Implementierungsmarge, die hinzugefügt wird

In der **Bilanz** muss sein

$$C\text{–}N_{0,\text{haben}} \geq C\text{–}N_{0,\text{soll}}$$

a) Die Gesamtstrecke über Satellit

Die **Rauschbeiträge der gesamten Strecke** über Satellit beinhalten das thermische Rauschen n_{uplink} des Uplinks, die Funkstörung i_{uplink} auf dem Uplink, das Intermodulationsrauschen n_{intermd} im Satellitentransponder, das thermische Rauschen n_{downlink} des Downlinks und die Funkstörungen i_{downlink} des Downlinks (Satellitenquellen und terrestrische Störquellen).

Zur Ermittlung der Summe dieser Beiträge müssen die Rauschleistungen, bezogen auf die Trägerleistung, addiert werden:

$$\begin{aligned} n_{\text{haben}} / c = n_{\text{uplink}} / c + i_{\text{uplink}} / c + n_{\text{intermd}} / c \qquad (6.3.23) \\ + n_{\text{downlink}} / c + i_{\text{downlink}} / c \end{aligned}$$

Nach Ermittlung von n_{haben} / c lässt sich $c_{\text{haben}} / n = 1 / (n_{\text{haben}} / c)$ bilden und dann

$$C\text{–}N_{\text{haben}} = 10 \cdot \log(c_{\text{haben}} / n) \quad \text{in dB} \qquad (6.3.24)$$

b) Die Streckenreserve

Damit kommt man zu

$$C\text{–}N_{0,\text{haben}} = C\text{–}N_{0,\text{soll}} + R \qquad (6.3.25)$$

R Streckenreserve (sollte mindestens = 1 dB sein)

6.3.5 Bodenstationsbetrieb

Damit eine Bodenstation als Verbindungsglied zwischen Kontrollzentrum und Raumfahrzeug fungieren kann, muss diese gesteuert und überwacht werden. Dies geschieht mit Hilfe eines **Steuerungs- und Überwachungssystems (Monitoring and Control System),** das von **Operatoren** bedient wird. Operatoren konfigurieren die Bodenstation, stellen eine Verbindung zu einem Raumfahrzeug her und halten diese anhand definierter Prozeduren. Der Ablauf solch einer Verbindung hängt von den Eigenschaften der Bodenstation, des Raumfahrzeugs und von dessen Bahn (LEO, GEO, Deep-Space, LEOP) ab.

6.3.5.1 Steuerungs- und Kontrollsystem

Mit einem **Monitoring and Control System (M&C-System)** werden die operationell einzusetzenden Systeme einer Bodenstation konfiguriert und der aktuelle Zustand überwacht. Um einen sicheren Betrieb und schnelle Reaktionszeiten zu gewährleisten, wird auf folgende Eigenschaften eines M&C-Systems besonderer Wert gelegt:

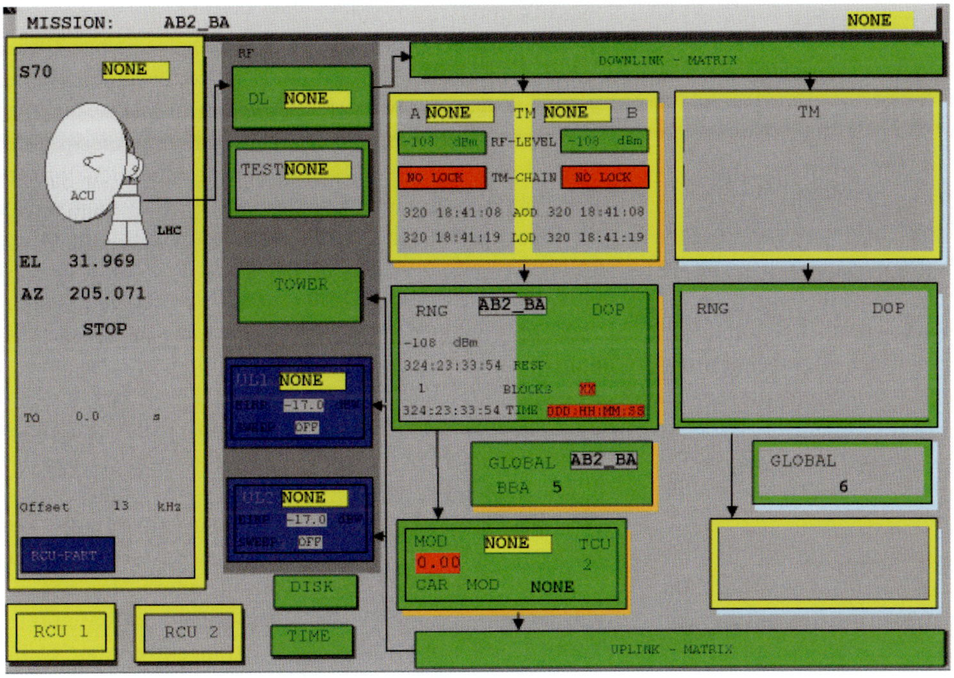

Bild 6.3.12: *M&C-System in der Bodenstation (Bild: DLR).*

- klare Struktur und logische Detailebenen (siehe Beispiel unten),
- Informationen durch Farbcodierung und akustische Signale (vor allem für den Fehlerfall!),
- wichtige Parameter, die die Linkgüte beschreiben, wie Antennen-Empfangssignalstärke AGC und Azimut/Elevationsablagen, werden angezeigt,
- kurze Aktualisierungsraten der Visualisierung des M&C-Systems,
- Logging der Steuerungseingaben und Geräteantworten,
- stabiles Rechner-System.

6.3.5.2 Operationelle Durchführung einer Passage

Die operationelle Durchführung einer Passage beginnt mit einem Eintrag im **Schedule.** Das Schedule ist das Auftragsbuch für die Bodenstation. In diesem ist aufgeführt, in welchem Zeitabschnitt mit welcher Antenne welche Mission zu unterstützen ist. Grundsätzlich geschieht jede Aktion während einer Passage anhand vorgegebener Prozeduren. Jede Aktion/jedes Ereignis wird geloggt (festgehalten). Die Operatoren stehen während einer Passage in ständigem Kontakt mit dem Kontrollzentrum.

Die operationelle Durchführung einer Passage gliedert sich in drei Teile:

a) Pre-Pass (Passagenvorbereitung)

Hier muss die Bodenstation auf die bevorstehende Passage vorbereitet werden. Dazu werden alle benötigten Systeme und Geräte für die Passage konfiguriert und die aktuellen Bahndaten geladen. Mit dem **Datenflusstest (DFT)** wird anhand simulierter Telemetriedaten die Konfiguration der Station im Downlink-Pfad überprüft. Mit einem **Kommandotest** wird die korrekte Konfiguration des Uplink-Pfades überprüft. Als letztes wird rechtzeitig vor dem erwarteten Überflug die **Antenne** an der richtigen Stelle positioniert.

b) Pass (Durchführung der Passage)

Die Antenne kann während der Passage in verschiedenen Modi, dem Auto-Track, dem Predict-Track oder dem Step-Track, **nachgeführt** werden. Nach der Akquisition des Satellitensignals kann die **Verbindung zum Satelliten** (eventuell sweep) aufgebaut werden. Die Daten (Kommandos) können nun zum Raumfahrzeug gesendet werden, und gleichzeitig können die Telemetriedaten empfangen werden. Hochratige Nutzdaten werden in der Bodenstation zwischengespeichert, um sie nach der Passage an das Kontrollzentrum oder die eigentlichen Nutzer zu versenden. Die Navigationsdaten (Winkelwerte, Dopplerdaten, Rangingdaten) werden je nach Anforderung und Möglichkeit gespeichert. Ein planmäßiges Ende der Passage erfolgt zum vorausberechneten Kontaktende, manchmal allerdings auch zwangsläufig, wenn das Raumfahrzeugsignal nicht mehr im Lock gehalten werden kann.

c) Post-Pass (Nachbearbeitung einer Passage)

Nach der Passage wird die Antenne in eine definierte **Ruheposition** gefahren. Die aufgezeichneten Nutzdaten und Navigationsdaten werden versendet. Schließlich werden ein **Post-Pass-Report** mit allen wichtigen Eckdaten der Passage und im Fehlerfall ein Fehlerreport erstellt.

6.4 Betrieb für bemannte Missionen

Dieter Sabath und *Thomas Kuch*

Der Betrieb von bemannten Missionen bietet gegenüber unbemannten Missionen einen entscheidenden Vorteil: Man kann ein Experiment genau beobachten, unmittelbar und gezielt eingreifen und außergewöhnliche Situationen flexibel lösen. Allerdings erfordert die Anwesenheit von Personen an Bord deutlich erhöhte **Sicherheitsvorkehrungen** und damit längere Vorbereitungszeiten, mehr Redundanzen, aufwendigere Überprüfungsrunden für Dokumente und Werkzeuge sowie reduzierte Flexibilität bei kurzfristigen Änderungen.

Weltweit konzentriert sich die bemannte Raumfahrt in erster Linie auf die Internationale Raumstation (International Space Station, ISS), die seit 1998 in der Umlaufbahn und seit 2000 permanent bemannt ist. Der überwiegende Teil der Raumstationsmodule wurde mit dem US Space Shuttle zur ISS gebracht (siehe Tabelle 6.4.2). Seit der Einstellung der Space-Shuttle-Flüge Mitte 2011 erfolgt der Transport der Astronauten mit der russischen Sojus-Kapsel. Nachdem NASA (National Aeronautics and Space Administration) bereits seit 2011 unbemannte Raumtransporter (Dragon von Space X und Cygnus von Orbital-ATK) für die Versorgung der ISS einsetzt, plant sie ab 2019 wieder selbst Astronauten zur ISS zu fliegen. Dazu werden zwei bemannte Raumfahrzeuge entwickelt: zum einen CST-100 Starliner von Boeing und zum anderen Crew Dragon von SpaceX. Beide Raumkapseln sollen in den kommenden Jahren regelmäßig Astronauten von und zur ISS transportieren.

Europa nutzt seit 2000 die **Internationale Raumstation** für bemannte Raumfahrtaktivitäten. Mit dem Andocken des europäischen **Columbus-Moduls** an die ISS im Februar 2008 übernahm die ESA die Verantwortung für dessen Betrieb an der Raumstation. Das Columbus-Kontrollzentrum (Col-CC), das im Auftrag der ESA vom Deutschen Raumfahrtkontrollzentrum im DLR Oberpfaffenhofen betrieben wird, aktiviert, steuert und überwacht seither das Columbus-Modul.

Dabei arbeitet das **Columbus-Kontrollzentrum** zusammen mit Nutzerzentren (User Support and Operations Centers, USOC) in 7 europäischen Ländern, den technischen Unterstützungszentren für das Columbus-Modul in Bremen und Turin sowie den Kontrollzentren der NASA am Johnson Space Center (JSC) in Houston, Texas, und am Marshall Space Flight Center (MSFC) in Huntsville, Alabama, dem ZUP (Zentr Upravlenija Poljotami – Центр Управления Полетами, Flugkontrollzentrum) in Moskau und dem Space Station Integration and Promotion Center (SSIPC) in Tsukuba (Japan) (siehe Bild 6.4.1).

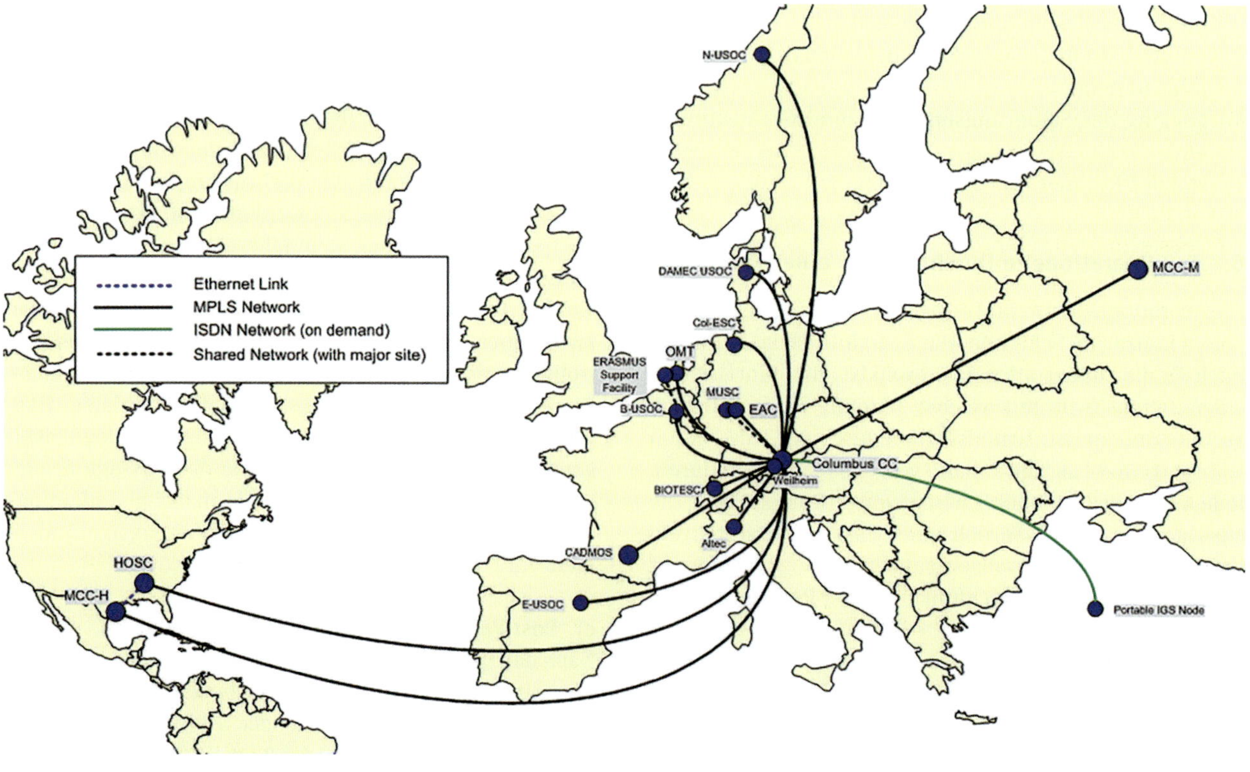

Bild 6.4.1: *Das europäische Bodenkommunikationssystem (Bild: DLR).*

Die europäischen **Nutzerzentren** (siehe Bild 6.4.1 und Tabelle 6.4.4) sind für die Durchführung der Experimente im Columbus-Modul oder in den anderen ISS-Modulen zuständig. Das NASA-Kontrollzentrum in Houston ist für das US-Segment der ISS sowie für den Betrieb der gesamten ISS verantwortlich, das zweite NASA-Kontrollzentrum in Huntsville für den Betrieb der US-Experimente, das ZUP für den Betrieb des russischen Segments der ISS und das SSIPC für den Betrieb des japanischen Moduls.

6.4.1 Vorbereitung

Aufgrund der hohen Verantwortung für die Besatzung an Bord eines bemannten Raumfahrzeugs oder einer Raumstation muss eine bemannte Mission umfassend und detailliert vorbereitet werden. Zudem werden bemannte Missionen wegen der hohen Komplexität und der damit verbundenen hohen Kosten oft in **internationaler Zusammenarbeit** geplant und durchgeführt, sodass – im Gegensatz zu den meisten Satellitenmissionen – eine Vielzahl von Schnittstellen zwischen den Partnern zu beachten und zu gestalten ist. Dafür sind internationale Projekte meistens langlebiger als nationale; ein Beispiel dafür ist das nationale Constellation Programm der NASA, das mittlerweile eingestellt und durch das multilaterale SLS und Orion Programm ersetzt wurde. Das ISS-Programm hingegen wurde inzwischen von allen Internationalen Partnern bis 2024 verlängert und eine weitere Verlängerung bis 2028 oder sogar länger ist angedacht.

Unabhängig vom Ziel der Mission müssen in der Vorbereitungsphase das **Betriebskonzept**, die **Abläufe** und die Software-**Werkzeuge (Tools)** festgelegt, erstellt, weiterentwickelt, getestet und freigegeben werden. Dies geschieht teilweise parallel zur Entwicklung der Flughardware, wobei eine enge Verknüpfung der Entwicklungs- und der Betriebsteams von Vorteil ist, z. B. die Einbeziehung von erfahrenen Flugkontrolleuren in Teilbereichen der Entwicklung sowie die Aufnahme von Entwicklungsingenieuren in das Betriebsteam. Damit können zum einen schon bei der Entwicklung betriebsrelevante Aspekte berücksichtigt werden und zum anderen die Erfahrungen der Entwicklungsingenieure an die Betriebsteams weitergegeben werden.

Dieser Ansatz wird bei der Columbus-Betriebsvorbereitung verfolgt. Zudem profitieren die Betriebsteams vom Wissen der amerikanischen und russischen Kollegen, die über langjährige Erfahrungen beim Betrieb bemannter Missionen verfügen. Der Betrieb des Columbus-Moduls erfolgt vom Columbus-Kontrollzentrum aus. Es übernimmt dabei drei Hauptaufgaben: erstens die Überwachung der **Orbitalsysteme** (vor allem des Columbus-Moduls), zweitens die Koordination der ESA-**Experimente und -Nutzlasten** auf der ISS, drittens den Betrieb der **Bodenkommunikationsinfrastruktur** mit Kommunikationsleitungen zu allen Partnern. Für die beiden ersten Aufgaben stehen dem Flugbetriebsteam neben zwei regulären Kontrollräumen ein Planungsraum sowie mehrere Nutzerräume zur Verfügung. Es gibt auch einen Backup-Kontrollraum in einem separaten Gebäude, der zur Fortsetzung des Betriebs bei einem Systemausfall dient. Ein Kontrollraum (siehe Bild 6.4.2) wird jeweils für die Missionsvorbereitung genutzt, während der andere für die Betriebsdurchführung eingesetzt wird. Die Kontrollräume sind mit bis zu 11 Konsolen ausgestattet, die dem Flugbetriebsteam direkten Zugriff auf die Zustandsparameter des Columbus-Moduls sowie auf Daten und Videokanäle der Internationalen Raumstation ermöglichen.

Bild 6.4.2: *Der Columbus-Hauptkontrollraum K4 im GSOC in Oberpfaffenhofen (Bild: DLR).*

Das **Flugbetriebsteam** setzt sich aus mehreren Flugbetriebsingenieuren mit klar abgegrenzten Aufgabenbereichen zusammen. Diese sogenannten Positionen werden während der Mission von einem Flugdirektor koordiniert, der für den Betrieb im Kontrollraum verantwortlich ist. Dazu sammelt er die Informationen von den relevanten Mitgliedern des Flugbetriebsteams im Kontrollraum und entscheidet über das weitere Vorgehen. Der Flugdirektor hält den Kontakt zu den Flugdirektoren in Houston und Moskau, zum Bodenbetriebsteam am Columbus-Kontrollzentrum und informiert die ESA-Manager über alle Vorgänge im Columbus-Modul. Außerdem spricht er sich bei Arbeiten der Raumstationsbesatzung mit den verantwortlichen Raumfahrtmedizinern (siehe Kapitel 6.4.2.2) ab.

Die wichtigsten **Positionen im Kontrollraum** des Columbus-Kontrollzentrums sind in Tabelle 6.4.1 beschrieben. In den letzten Jahren wurden aufgrund von Effizienzsteigerungen, aber auch zur Kostenreduzierung die Anzahl der Positionen Schritt für Schritt reduziert. Es gibt deshalb nur noch 2 Positionen, die rund um die Uhr im Dreischichtbetrieb besetzt sind: die Flight Director Position (Col-FD) und die STRATOS Position. Die Konsolen stehen auch für die zentrale Aufgabe des Flugbetriebsteams, die Kommandierung des Columbus-Moduls, zur Verfügung.

6

Tabelle 6.4.1: *Positionen des Flugbetriebsteams.*

Position	Aufgabe
Columbus Flight Director (Col-FD)	Gesamtverantwortung für den Columbus-Betrieb Leitung des Betriebs im Kontrollraum In engem Kontakt mit dem ISS Flight-Director in Houston
STRATOS	Überwachung und Kommandierung des Lebenserhaltungssystems, der Stromversorgung und der Kühlung Verantwortlich für das Datenverarbeitungssystem Überwachung und Kommandierung der Datenübertragung von der ISS
EPIC/COMET	Verantwortlich für alle Planungsaktivitäten sowie Koordinierung der Payload-Aktivitäten während der Vorbereitungsphase
European Communicator (Eurocom)	Kommunikation mit der ISS-Besatzung für die europäischen Subsysteme und Experimente
Columbus On-Orbit Stowage and Maintenance Officer (COSMO)	Führt die Inventarlisten und ist verantwortlich für die mechanischen Aktivitäten im Columbus Modul Überwachung des Plug-In-Plans für die elektrischen Anschlüsse

Durch die Überwachung und Kommandierung vom Boden wird die Besatzung der Raumstation entlastet. Ziel ist es, einen großen Teil der Arbeiten an Bord vom Boden aus zu steuern und somit die wertvolle Arbeitszeit der Astronauten so effektiv wie möglich zu nutzen. Damit können sich die Astronauten überwiegend der Durchführung der Experimente sowie speziellen Wartungsaufgaben der Raumstation widmen, die nicht vom Boden aus übernommen werden können.

Die Flugbetriebsteams in den Kontrollzentren sind bei ihrer Arbeit auf die Zusammenarbeit mit den Bodenbetriebsteams angewiesen, die sich um die Kommunikationsleitungen und die Konfiguration der Subsysteme kümmern. Das Bodenbetriebsteam am Col-CC (siehe Kapitel 6.4.2) unterstützt ebenfalls rund um die Uhr von einem eigenen Kontrollraum aus alle bemannten Missionen der ESA und hält den Kontakt zu den Bodenbetriebsteams der europäischen Nutzerzentren sowie der Internationalen Partner.

6.4.1.1 Entwicklung der Softwarewerkzeuge

Die Software**werkzeuge (Tools)** des Flugbetriebsteams setzen sich aus Prozeduren, Arbeitsabläufen, Dokumenten, Telemetrie-Anzeigen und Unterstützungssoftware zusammen, die entweder vom Flugbetriebsteam selbst oder in enger Abstimmung mit den Flugkontrolleuren erstellt werden.

Die Überwachung und die Kommandierung des Columbus-Moduls erfolgen mithilfe eines **Telemetrie- und Kommandosystems**, das die Daten des Moduls aufbereitet und diese dem Flugbetriebsingenieur in Form von grafischen und alphanumerischen Anzeigen präsentiert. Die Konfiguration dieser Anzeigen wird vom Flugbetriebsteam selbst vorgenommen und aufgrund von Erfahrungen aus Simulationen und aus dem laufenden Betrieb kontinuierlich aktualisiert. Außerdem werden die Anzeigen an Software-Änderungen am Boden und an Bord von Columbus angepasst. Bild 6.4.3 zeigt das Beispiel einer alphanumerischen Parameterdarstellung mit simulierten **Zustandsdaten** des Columbus-Moduls.

Diese Parameter umfassen unter anderem Temperatur, Druck, Luftfeuchtigkeit und Luftzusammensetzung im Columbus-Modul sowie die Stromversorgung, Kühlung und den Zustand der Datenverbindungen. Sie dienen in erster Linie zur Überwachung des Columbus-Moduls und müssen daher vom Flugbetriebsteam kontinuierlich beobachtet werden. Zur Vereinfachung dieser Aufgabe und zur Erhöhung

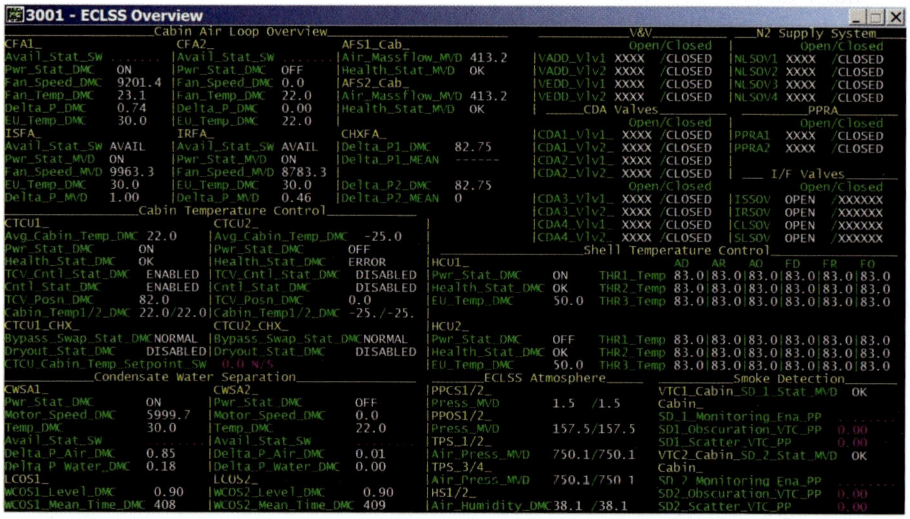

Bild 6.4.3: *Alphanumerische Anzeige ausgewählter Parameter des Columbus-Moduls (Bild: DLR).*

der Zuverlässigkeit bei der Fehlererkennung werden die Parameter mit Ober- bzw. Untergrenzen (Limits) verknüpft, bei deren Überschreitung entweder erhöhte Aufmerksamkeit (Caution) vom Flugkontrolleur verlangt wird oder eine Warnung übermittelt wird. Dies geschieht durch Änderung der Farbcodierung auf der Anzeige des entsprechenden Parameters (gelb für erhöhte Aufmerksamkeit und rot für Warnung). Bei schwerwiegenderen Fehlern wird automatisch das raumstationsweite **Caution and Warning System** aktiviert, das auch die Astronauten auf eine Unregelmäßigkeit oder einen Fehler aufmerksam macht.

Neben den Parameteranzeigen stehen den Flugkontrolleuren auch grafische Anzeigen zur Verfügung, so zum Beispiel über die aktuelle Position der ISS auf ihrer Umlaufbahn um die Erde (siehe Bild 6.4.4) oder die aktuelle Lage der Raumstation in Bezug auf ihre Umlaufbahn. Auch Beginn und Ende der nächsten **Kommunikationsmöglichkeiten** mit der ISS (siehe Kapitel 6.4.2), der Arbeitsplan der Astronauten und Kosmonauten sowie eine Liste der aktuell aufgetretenen Cautions and Warnings werden dargestellt.

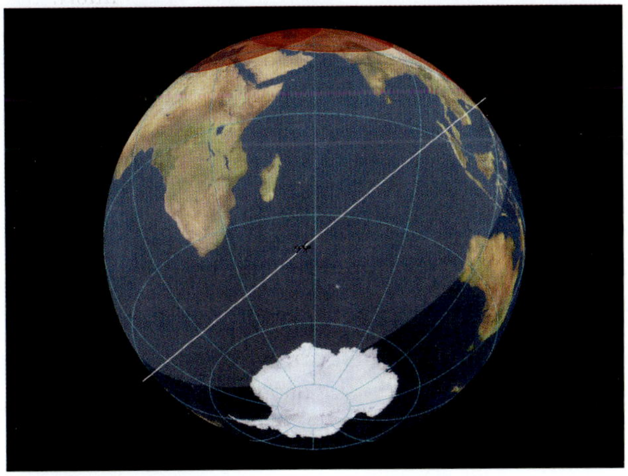

Bild 6.4.4: *Anzeige der ISS-Umlaufbahn (Bild: DLR).*

Die Ablaufprozeduren für den Betrieb des Kontrollzentrums, für die Kommunikation zwischen den einzelnen Flugbetriebsingenieuren sowie zwischen den verschiedenen Kontrollzentren werden in mehreren **Dokumenten** festgelegt. Die Dokumente werden von dem Flugbetriebsteam und dem Bodenbetriebsteam zusammen mit den europäischen und internationalen Partnern erstellt und die darin enthaltenen Ablaufprozeduren in Simulationen erprobt. Um die Betriebssicherheit der Produkte und der Dokumente zu überprüfen, werden diese in mehreren Schritten validiert. Dazu wird der Einsatz der Prozeduren, der Werkzeuge und der in den Dokumenten festgelegten Betriebsaufläufe schrittweise verifiziert, d. h. in Tests und in Simulationen benutzt, wodurch sie auf etwaige Unregelmäßigkeiten und Fehler geprüft werden. Nach erfolgreicher Überprüfung können die Produkte und Werkzeuge im Betrieb eingesetzt werden.

6.4.1.2 Training, Simulationen und Zertifizierung

Nicht nur die Werkzeuge und Dokumente müssen vor dem Einsatz im Betrieb überprüft werden, auch das Personal an den Konsolen muss einen **Trainings- und Zertifizierungsprozess** durchlaufen, um für die Arbeit an der Konsole zugelassen zu werden. Der genaue Ablauf ist in den jeweiligen Kontrollzentren unterschiedlich geregelt, am Columbus-Kontrollzentrum ist er folgendermaßen festgelegt:

Im **Grundlagentraining** werden die Bedienung und der Einsatz der Werkzeuge trainiert, die bei der Arbeit an der Konsole benötigt werden, z. B. das Sprach- und Kommunikationssystem sowie das Überwachungs- und Kommandosystem. Außerdem muss das neue Teammitglied Kurse über die Betriebsabläufe im Kontrollzentrum, über das Columbus-Modul, seine Nutzlasten und über die gesamte ISS besuchen.

Nachdem der künftige Flugbetriebsingenieur diesen ersten Schritt absolviert und in einer Reihe von Tests sein Wissen gezeigt hat, erhält er die Erlaubnis, an **Simulationen** teilzunehmen. Dabei wird mithilfe eines Computers das Verhalten des Columbus-Moduls simuliert und die Reaktion der Subsysteme auf die Kommandos des Flugbetriebsteams auf den Bildschirmen dargestellt. Ziel dieser Simulationen ist es, die Zusammenarbeit zwischen den einzelnen Positionen im Kontrollraum (siehe Tabelle 6.4.1) sowie mit den anderen europäischen Zentren unter möglichst realistischen Bedingungen zu üben, aber auch das Team mit möglichen Fehlerfällen zu konfrontieren. Dabei werden die Reaktionen und die Fehlerbehebung des Teams sowie jedes einzelnen Mitglieds beobachtet und bewertet. Im zweiten Schritt muss das zukünftige Teammitglied seine erworbenen Kenntnisse in Simulationen mit den NASA-Kontrollzentren unter Beweis stellen. Den Abschluss dieser Ausbildungsphase bildet die **Evaluierungssimulation**, in der der Trainee zeigen muss, dass er seine Aufgaben an der Konsole in Zusammenarbeit mit dem Flugbetriebsteam erfüllt und auf etwaige Fehlerfälle richtig reagiert.

Nach dem Nachweis seiner Fähigkeiten in den Simulationen, muss er das notwendige Wissen in einer abschließenden Prüfung vor einer Gruppe erfahrener Flugbetriebsingenieure zeigen. Als letzter Schritt vor der Zulassung zur Konsolenarbeit, der sog. **Zertifizierung**, arbeitet er in mehreren Schichten unter Aufsicht eines erfahrenen Kollegen im Flugbetriebsteam mit, um nachzuweisen, dass er die kompletten Aufgaben eines Flugbetriebsingenieurs auch im Echtzeit-Betrieb erfüllen kann.

6.4.1.3 Abstimmung der Schnittstellen zu den internationalen Partnern

Eine der wichtigsten Aufgaben bei der Vorbereitung einer Mission auf der Internationalen Raumstation ist die Abstimmung zwischen den internationalen Partnern. Das Columbus-Modul bildet zusammen mit Modulen der anderen Raumstationspartner den zentralen bewohnbaren Teil der ISS. Dabei sind zumindest die am US-Segment angedockten Elemente untereinander und von den Versorgungseinrichtungen der ISS (Strom, Luft, Kühlung und Kommunikationsleitungen) abhängig. Deshalb müssen die **Schnittstellen** zu den notwendigen Subsystemen der Raumstation sowie der angrenzenden Module genau abgestimmt werden. Dies ist zum einen bereits in der Entwicklungsphase der Module geschehen, wobei alle mechanischen, elektrischen, hydraulischen und Datenschnittstellen festgelegt wurden. Zum anderen existieren Betriebsschnittstellen, die zwischen den Flugbetriebsteams in Houston, Moskau, Tsukuba (Japan) und Oberpfaffenhofen vereinbart werden.

Dazu wurden schon mehrere Jahre vor dem Start **gemeinsame Foren** für die Flugbetriebsteams eingerichtet, in denen das gemeinsame Vorgehen für das Andocken, die Aktivierung und Inbetriebnahme sowie den Dauerbetrieb abgestimmt wird. Dabei werden die Abläufe in gemeinsam erstellten Prozeduren festgelegt, Zugang zu den notwendigen Werkzeugen (Web-Seiten, Dokumente, Software-Tools) der jeweils anderen Teams gewährt sowie die Zusammenarbeit in gemeinsamen Simulationen geübt (siehe Kapitel 6.4.1.2). Die Vorbereitung des Columbus-Starts und dessen Aktivierung wurde seit 2001 unter dem Namen **EJOP (European Joint Operations Panel)** mit den ISS-Flugbetriebsteams aus Houston und Oberpfaffenhofen durchgeführt. Im letzten Jahr vor dem Start wurden diese Teams noch um die Space-Shuttle-Flugbetriebsteams, Vertreter der Astronauten-Teams sowie, falls notwendig, durch die Teams der anderen internationalen Partner (z. B. Japan für das Kibo-Modul) ergänzt. Seit dem Start von Columbus werden die EJOPs in erster Linie per Telefon durchgeführt, mit ca. einer Besprechung pro Jahr in Houston oder Oberpfaffenhofen.

6.4.1.4 Planung der Aktivitäten

Da die Arbeitszeit der Astronauten an Bord der ISS und damit die verfügbare Zeit für die Durchführung der Experimente beschränkt und zudem sehr teuer ist, muss gewährleistet sein, dass alle Arbeiten an Bord der ISS und die Aktivitäten am Boden im Detail vorgeplant und abgestimmt sind. Diese Pläne zu erstellen ist die Aufgabe der Planungsteams in Europa und bei den internationalen Partnern.

Die Planung für die Internationale Raumstation erfolgt in Abschnitten von ca. einem halben Jahr, einem sogenannten **Doppel-Increment** (siehe Tabelle 6.4.3). Ein Doppel-Increment setzt sich aus einem **Increment** von 2 Monaten und einem Increment von 4 Monaten Dauer zusammen. Jedes Increment beginnt mit dem Abdocken der vorhergehenden Mannschaft von der ISS und endet mit dem Abdocken der aktuellen Mannschaft.

In der ersten Phase wird ein **Übersichtsplan (On-Orbit Summary, OOS)** erstellt, der alle Arbeiten für dieses Increment erfasst und eine ungefähre Abfolge der Arbeiten im Verlauf der sechs Monate beschreibt (siehe Bild 6.4.5). Dadurch wird sichergestellt, dass die Arbeitszeit der Astronauten und Kosmonauten ausreicht und alle notwendigen Ressourcen verfügbar sind, um die geplanten Arbeiten zu erledigen, dass alle Werkzeuge, Hilfsmittel, Experimente und Verbrauchsmaterialien an Bord sind oder rechtzeitig geliefert werden und dass die Teams am Boden und auf der ISS für die Aufgaben trainiert sind.

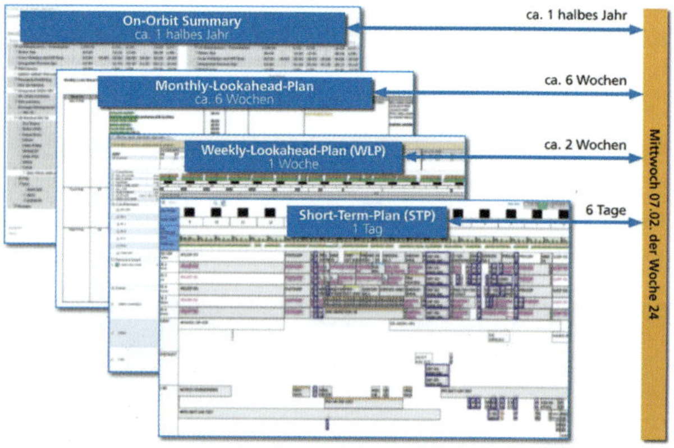

Bild 6.4.5: *Planungsschritte im Übersichts-, Wochen- und Tagesplan (Bild: DLR).*

Als zweiter Schritt werden ca. 6 Wochen vor der Durchführung die ESA-Aktivitäten auf der ISS in den Monatsplan aufgenommen (Monthly Look-Ahead Plan, MLP). Der MLP ist als Überblick der Aktivitäten der nächsten Wochen gedacht und berücksichtigt alle Änderungen wie Startverschiebungen oder Wechsel in der Reihenfolge der Experimente seit der Erstellung des OOS vor Beginn eines Increments.

Im nächsten Schritt wird ca. 2 Wochen im Voraus ein **Wochenplan (Weekly Look-Ahead Plan, WLP)** erstellt, der detailliert die Arbeiten für jeden Tag dieser Woche mit den jeweils benötigten Hilfsmitteln und den notwendigen Arbeitsabläufen beschreibt. Damit können sich die Teams am Boden und im Orbit schon auf die kommenden Aufgaben vorbereiten und aufeinander abstimmen. Auch wichtige Wartungsarbeiten am Boden, die den Betrieb beeinflussen können, werden in den WLP aufgenommen.

Der letzte Planungsschritt ist die Erstellung eines **Tagesplans (On-Orbit Short Term Plan, OSTP)**, der jeweils eine Woche im Voraus erstellt wird. Dieser Plan beschreibt minutiös den Arbeitsablauf der Besatzung an Bord der ISS und der Teams am Boden für den kommenden Tag sowie alle Hilfsmittel und Prozeduren einschließlich aller Änderungen, die seit Erstellung des Wochenplans eingebracht wurden. Dieser Plan wird am Abend vorher mit den Astronauten durchgesprochen und am Tag darauf möglichst exakt abgearbeitet. Bei etwaigen Änderungen durch Fehler bei der Experimentdurchführung, bei defekten oder fehlenden Hilfsmitteln sowie anderen ungeplanten Vorkommnissen auf der Raumstation wird der Ablaufplan von den Teams am Boden und auf der ISS angepasst. Die verschobenen Arbeiten werden vom Planungsteam auf den nächsten freien Zeitraum im Terminplan umgeplant.

6.4.2 Die ISS-Kommunikationsinfrastruktur

Die **Sprach-, Daten und Videoverbindungen** zur Internationalen Raumstation beruhen auf zwei unabhängigen Systemen, die zum einen von der NASA und zum anderen von Roskosmos unterhalten werden. Die NASA betreibt dazu das Tracking and Data Relay Satellite System (TDRSS), das mit nur einer Bodenstation eine fast kontinuierliche Verbindung zur ISS erlaubt (siehe Bild 6.4.6). Die Hauptkommunikationsverbindung zur ISS auf US-Seite läuft damit vom Kontrollzentrum in Houston über die US-Bodenstation in White Sands, New Mexico, zu den TDRSS-Satelliten in der geostationären Umlaufbahn (in ca. 36 000 km Bahnhöhe) und von dort zur Internationalen Raumstation in der niedrigen Erdumlaufbahn. Die Daten-, Sprach- und Videoleitungen nehmen von der ISS denselben Weg zurück bis in das jeweilige Kontrollzentrum.

Im Gegensatz dazu stehen dem russischen Kontrollzentrum fünf Bodenstationen von der Ostsee bis zum Pazifik zur Verfügung, die im günstigsten Fall eine kontinuierliche Verbindung von mehr als 20 Minuten ermöglichen. Da das russische Flugbetriebsteam keine eigenen Satellitenverbindungen zur ISS unterhält, kann es außerhalb der ISS-Überflüge über Russland auch das US-Kommunikationssystem benutzen.

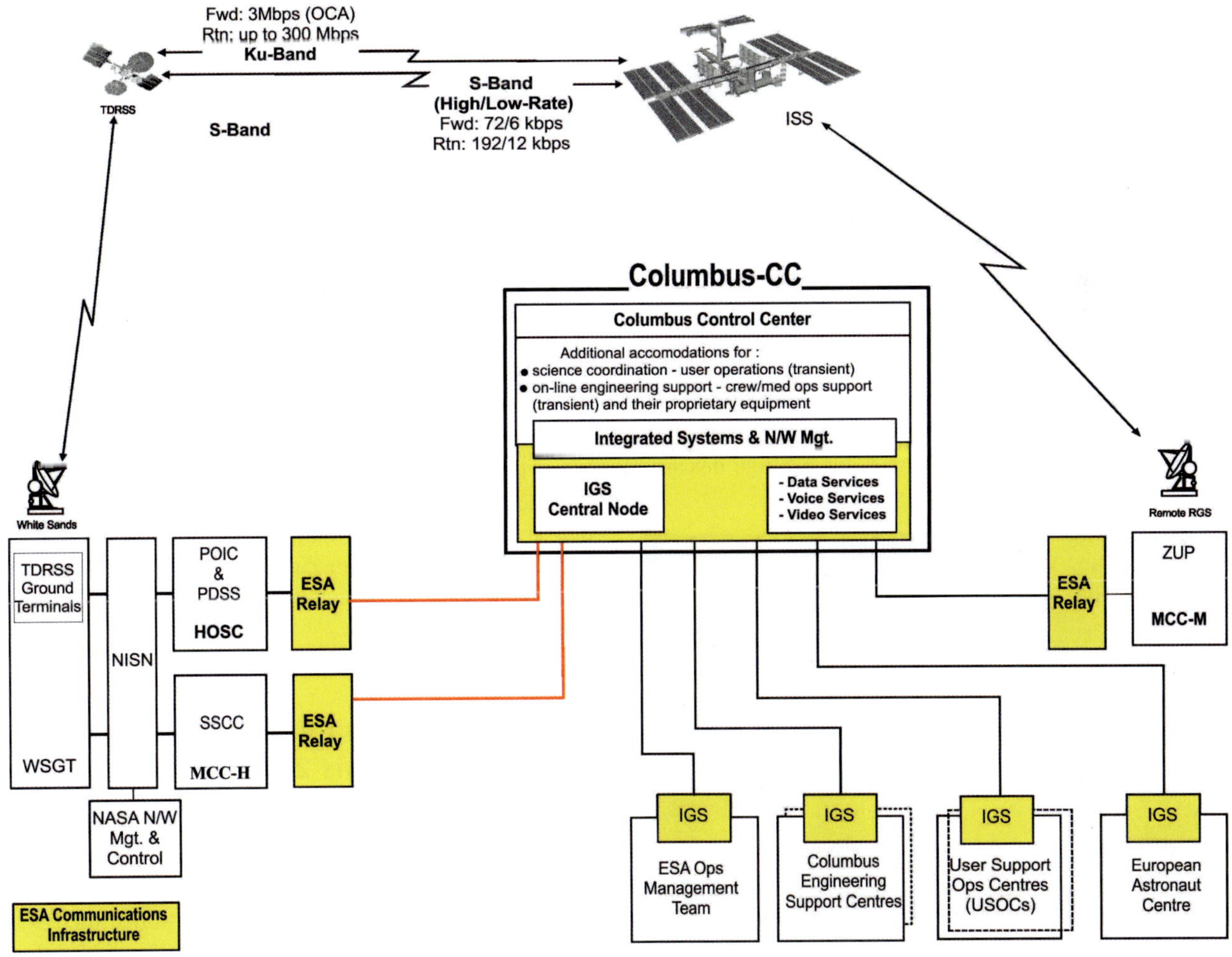

Bild 6.4.6: *Kommunikationsverbindungen zur ISS (Bild: DLR).*

6

6.4.2.1 Betrieb der europäischen Kommunikationsinfrastruktur

Das europäische **Kommunikationsnetzwerk IGS** (Bild 6.4.6) verbindet das Columbus-Kontrollzentrum mit den Kontrollzentren der Internationalen Partner in Houston, Huntsville und in Moskau. Da das Columbus-Kontrollzentrum keine Antennen zur direkten Kommunikation mit der ISS einsetzt, sind diese Leitungen jeweils doppelt vorhanden, um bei Ausfall einer Leitung sofort auf die Ersatzleitung umschalten zu können. Die Hauptkommunikationsverbindung zur ISS und zum Columbus-Modul läuft vom Col-CC über das Kontrollzentrum in Houston und dann über das US-Kommunikationssystem zur ISS. Die Daten-, Sprach- und Videoleitungen nehmen von der ISS denselben Weg zurück bis in das Columbus-Kontrollzentrum. Die Experimentdaten hingegen werden über das Kontrollzentrum in Huntsville an das Col-CC geschickt.

Da die gesamte Kommunikation mit der ISS, alle Kommandos und auch die Sprechkontakte mit den Astronauten über dieses Netzwerk erfolgen, sind hohe **Zuverlässigkeit und Sicherheit** erforderlich. Diese wichtige Aufgabe wird vom Bodenbetriebsteam am Columbus-Kontrollzentrum wahrgenommen. Der Ground Controller am Col-CC konfiguriert, betreibt und wartet im 24-Stunden-Betrieb das Kommunikationsnetzwerk und hält den Kontakt zu den Ground Controllern bei den Internationalen Partnern und den europäischen Nutzer- und Unterstützungszentren. Er schaltet und überwacht die Leitungen für die Daten-, Sprach- und Videoverbindungen, informiert das Flugbetriebsteam über den Zustand der Kommunikationsleitungen und leitet gegebenenfalls Maßnahmen zur Fehlerbehebung im Kommunikationsnetzwerk und bei der Bodeninfrastruktur ein. Meist wird der Ground Controller bei der Durchführung dieser Aufgaben von einem System Controller unterstützt, der vor allem die Col-CC-internen Subsysteme betreut.

Neben den **System- und Experimentdaten** aus dem Columbus-Modul wurden während der 5 Flüge des **Automated Transfer Vehicle (ATV) von 2008 bis 2015** auch die **ATV-Flugdaten** über die Bodeninfrastruktur des Columbus-Kontrollzentrums zum ATV-Kontrollzentrum (ATV-CC) geleitet (Bild 6.4.7). Das ATV war das europäische Versorgungsfahrzeug für die ISS, das mit der Ariane 5 vom europäischen Weltraumbahnhof in Kourou gestartet wurde. Das ATV konnte bis zu 10 Tonnen an Versorgungsgütern (Lebensmittel, Sauerstoff, Stickstoff, Wasser und Treibstoff) und Experimenten zur Internationalen Raumstation bringen.

Bild 6.4.7: *Automated Transfer Vehicle beim Anflug an die ISS (Bild: NASA).*

6.4.2.2 Verbindung zu den Nutzerzentren, zum EAC und zu den ESCs

Die europäischen Nutzerzentren, USOC – User Support and Operation Center (siehe Tabelle 6.4.4), sind wie die Unterstützungszentren (Engineering Support Center, ESC) über das **europäische Kommunikationsnetzwerk** an das Columbus-Kontrollzentrum (siehe Bild 6.4.1) angeschlossen. Dies erlaubt den Wissenschaftlern in den USOCs den Zugriff auf **Sprach-, Video- und Datenverbindungen** von und zur ISS. Die Nutzerzentren kommandieren nach Freigabe durch das Columbus-Kontrollzentrum die Nutzlasten und überwachen den Ablauf der Experimente mit Hilfe der über das Kommunikationsnetzwerk gelieferten Daten. Das Bodenkommunikationsnetzwerk ist dafür ausgelegt, auch die hohen Datenraten bis zu 32 Mbit/s zu übertragen, die beim Betrieb mancher Experimente oder bei gleichzeitiger Übertragung mehrerer Experimentergebnisse auftreten. Manche Experimente werden von zwei oder mehreren Nutzerzentren gemeinsam betrieben. Da die Nutzerzentren nicht direkt miteinander verbunden sind, läuft die komplette Kommunikation zwischen den Zentren über das Col-CC.

Beim Aufenthalt eines europäischen Astronauten an Bord der ISS liegt die Verantwortung für die **Gesundheit des Astronauten** beim EAC in Köln. Da sowohl die vertraulichen Daten über den Gesundheitszustand des Astronauten als auch die Sprachkanäle für die Gespräche zwischen den Ärzten und dem Astronauten dem besonderen Datenschutz unterliegen, ist der Zugriff auf diese Daten auf den Astronauten an Bord der ISS und die Mediziner am EAC beschränkt.

6.4.3 Der Betrieb des Columbus-Moduls von 2008 bis 2018

Seit Februar 2008 betreibt das Columbus-Kontrollzentrum das Columbus-Modul an der Internationalen Raumstation ISS. Neben dem Systembetrieb des Columbus-Moduls ist das Col-CC auch für die Koordination des Nutzlastbetriebs in Columbus und der ESA-Nutzlasten in anderen Modulen der ISS zuständig. Außerdem werden die ESA-Astronauten

Bild 6.4.8: *Alexander Gerst bei seinem Außenbordeinsatz im Oktober 2014 (Bild: NASA).*

an Bord der ISS vom Flugbetriebsteam in Oberpfaffenhofen betreut.

Wie in Kapitel 6.4.1.4 beschrieben, werden die ISS-Aktivitäten in sogenannten Increments abgearbeitet, die an den Aufenthalt der Raumstationsmannschaften auf der ISS gekoppelt sind. Planung und Durchführung der Arbeiten erfolgen in sogenannten Doppel-Increments von ca. 6 Monaten Dauer. Bis 2009 wurde mit Einzel-Incrementen von 6 Monaten Dauer gearbeitet. Die Leitung der ISS Besatzung obliegt dem ISS Commander, der im Normalfall für ein Increment diese Aufgabe übernimmt. Bis Frühjahr 2009 (einschließlich Increment 18) bestand die ISS Kernbesatzung aus 3 Astronauten bzw. Kosmonauten. Seit dem Increment 19/20 sind im Regelfall 6 Astronauten bzw. Kosmonauten an Bord der ISS.

Das Flugbetriebsteam am Col-CC ist seit Increment 16 am Betrieb der Raumstation beteiligt, beginnend mit dem Flug des Columbus-Moduls zur ISS am 7. Februar 2008 (siehe Tabelle 6.4.2). Somit hat das Flugbetriebsteam mit einer großen Anzahl von Astronauten an Bord der ISS zusammengearbeitet, darunter 11 ESA-Astronauten. Eine Übersicht interessanter Aktivitäten der ersten 10 Jahre ist in Tabelle 6.4.3 zu finden.

Ein besonderes Ereignis in jedem Increment sind die Außenbordeinsätze der Astronauten. Obwohl das Columbus-Kontrollzentrum bei den EVAs (Extravehicular Activities) nur eine Nebenrolle spielt, gilt die Aufmerksamkeit den Astronauten bei ihrem schwierigen Einsatz. Das betrifft in besonderem Maße den Außenbordeinsatz eines ESA-Astronauten. Rund die Hälfte der ESA-Astronauten waren bei ihrem Aufenthalt auf der ISS auch an einer EVA beteiligt. Unter anderem nahm Alexander Gerst im Rahmen seiner „bluedot" Mission am 7. Oktober 2014 (siehe Bild 6.4.8) zusammen mit Reid Wiseman bei einem Außenbordeinsatz teil.

Im Rahmen seiner zweiten Mission „horizons" von Juni bis Dezember 2018 führte Alexander Gerst eine große Anzahl von Experimenten durch und installierte unter anderem neue Subsysteme für EML (Electro-Magnetic Levitator). Während Increment 57 von Oktober bis Dezember 2018 übernahm er auch die Aufgabe des ISS Commanders.

6.4.4 Systembetrieb eines ISS-Moduls

Obwohl der eigentliche Zweck der Internationalen Raumstation die Forschung in der Schwerelosigkeit ist, muss ein beträchtlicher Teil der Arbeitszeit für die Aufrechterhaltung der Lebens- und Arbeitsumgebung der Astronauten aufgewendet werden. Von den sechs Astronauten bzw. Kosmonauten an Bord der ISS im Jahr 2018 sind drei vorwiegend mit **Wartungs- und Reparaturarbeiten** an der Raumstation beschäftigt, während die anderen Besatzungsmitglieder überwiegend für die Durchführung von Experimenten zur Verfügung stehen.

Die ISS-Besatzung und die Teams in den Kontrollzentren sind zusammen dafür zuständig, die Raumstation betriebsfähig zu halten. In den Kontrollzentren arbeiten rund um die Uhr Flugbetriebsteams, die sich um die Raumstationselemente unter ihrer Verantwortung kümmern. Dabei muss sichergestellt werden, dass die Module korrekt arbeiten und die notwendigen Wartungsarbeiten rechtzeitig eingeleitet werden. Darüber hinaus muss gewährleistet werden, dass sich die Umgebungsbedingungen für die Astronauten im erlaubten Bereich befinden und der Nutzlastbetrieb läuft.

Tabelle 6.4.2: *Bauelemente der ISS.*

Modul	Beschreibung	Flug	Startdatum	Länge (m)	Æ (m)	Masse (kg)
Zarja – Functional Cargo Block (FGB)	Russisches Fracht- und Kontrollmodul	1A/R – PROTON-K	20.11.1998	12,60	4,10	19 323
Unity – Node 1	Verbindungsknoten	2A – STS-88	04.12.1998	5,49	4,57	11 612
Zwesda	Wohnmodul	1R – PROTON-K	12.07.2000	13,10	4,15	19 050
Z1 – Integrated Truss Zenit 1	Gitterstruktur	3A – STS-92	11.10.2000	4,90	4,20	8 755
P6 – Integrated Truss Portside 6	Gitterstruktur und Solarmodul	4A – STS-97	30.11.2000	73,20	10,70	15 900
Destiny	Labormodul der USA	5A – STS-98	17.02.2001	8,53	4,27	14 515
Canadarm2	Kanadischer Robotergreifarm	6A – STS-100	19.04.2001	17,60	0,35	4 899
Quest – Joint Airlock	Luftschleuse	7A – STS-104	12.07.2001	5,50	4,00	6 064
Pirs – Docking Compartment 1	Andockmodul und Luftschleuse	4R – Sojus-U	14.08.2001	4,10	2,60	3 900
S0 – Integrated Truss Starboard 0	Gitterstruktur	8A – STS-110	08.04.2002	13,40	4,60	13 970
S1 – Integrated Truss Starboard 1	Gitterstruktur	9A – STS-112	07.10.2002	13,70	3,90	12 598
P1 – Integrated Truss Portside 1	Gitterstruktur	11A – STS-113	23.11.2002	13,70	3,90	12 598
P3/4 – Integrated Truss Portside 3/4	Gitterstruktur und Solarmodul	12A – STS-115	28.08.2006	73,20	10,70	15 900
P5 – Integrated Truss Portside 5	Gitterstruktur	12A.1 – STS-116	14.12.2006	13,70	3,90	12 598
S3/4 – Integrated Truss Starboard 3/4	Gitterstruktur und Solarmodul	13A – STS-117	22.02.2007	73,20	10,70	15 900
S5 – Integrated Truss Starboard 5	Gitterstruktur	13A.1 – STS-118	11.06.2007	13,70	3,90	12 598
Node 2	Verbindungsknoten (Fertigung in Europa)	10A – STS-120	23.10.2007	6,10	4,20	13 608
Columbus	Europäisches Labormodul	1E – STS-122	07.02.2008	6,87	4,49	19 300
Experiment Logistics Module (ELM) und Dextre	Unter Druck stehender Teil des Japanese Experiment Module (JEM) Kibo und zweiarmiger, kanadischer Roboter	1J/A – STS-123	11.03.2008	3,90	4,40	4 200
Pressurized Module (PM)	Teil des japanischen JEM Kibo	1J – STS-124	31.05.2008	11,20	4,40	15 900
S6 Truss	Solarmodul	15A – STS-119	16.03.2009	73,20	10,70	15 900
Exposed Facility (EF)	Teil des japanischen JEM Kibo	2J/A – STS-127	16.07.2009	5,20	5,10	4 100
MRM-2	Russisches Mini-Research Modul 2 – Poisk	5R	10.11.2009	4,9	2,6	3 800
Node 3 und Cupola	Verbindungsknoten und Aussichtsmodul der USA (beide in Europa gefertigt)	20A – STS-130	08.02.2010	1,50	2,95	1 880
ISS Rassvet MRM-1	Russisches Mini-Research Modul 1	ULF4 – STS-132	14.05.2010	6,0	2,35	5 075
ISS PMM	Permanent Multipurpose Module	ULF5 – STS-133	24.02.2011	6,70	4,57	12 860
Multipurpose Laboratory Module (MLM) mit dem European Robotic Arm (ERA)	Russisches Fracht- und Labormodul und europäischer Roboterarm	3R – PROTON-M	geplant 2019	13,00	4,10	20 300

Tabelle 6.4.3: *Chronik des Columbus-Betriebs von 2008–2018.*

Increment	Jahr	Highlight
Increment 16	2007/2008	Andocken und Aktivierung des Columbus-Moduls mit ESA Astronauten Hans Schlegel und Leopold Eyhart
Increment 17	2008	Columbus Software-Aktualisierung „Cycle 11" sowie Einbau zusätzlicher NASA-Nutzlastschränke „Microgravity Science Glovebox und Express Rack 3
Increment 18	2008/2009	Columbus Software-Aktualisierung „Cycle 12"
Increment 19/20	2009	Erste 6 Personen-Crew auf der ISS mit ESA-Astronaut Frank de Winne
Increment 21/22	2009/2010	ESA-Astronaut Frank de Winne ist ISS Commander in Increment 21
Increment 23/24	2010	Installation des Nutzlastschranks MARES (Muscle Atrophy Research in Space)
Increment 25/26	2010/2011	Austausch des Wasserventils „WOOV 8" und Installation des Geoflow-Experiments durch ESA-Astronaut Paolo Nespoli
Increment 27/28	2011	Neues Kommunikationssystem am Col-CC
Increment 29/30	2011/2012	Columbus Software-Aktualisierung „Cycle 13" mit ESA-Astronaut Andre Kuipers
Increment 31/32	2012	Durchführung des Geoflow-Experiments
Increment 33/34	2012/2013	Austausch des Wasserventils „WOOV 7" (Water-On-Off Valve)
Increment 35/36	2013	Austausch der Wasserpumpe im Columbus Modul durch ESA-Astronaut Luca Parmitano
Increment 37/38	2013/2014	Columbus Software-Aktualisierung „Cycle 14"
Increment 39/40	2014	Installation des EML (Electro-Magnetic Levitator) durch ESA-Astronaut Alexander Gerst
Increment 41/42	2014/2015	ESA-Experiment „Airway Monitoring" in der ISS-Luftschleuse mit ESA-Astronautin Samatha Cristoforetti
Increment 43/44	2015	Testphase des zusätzlichen Kommandierungssystems MPCC (Multi-Purpose Computer and Communication) mit ESA-Astronaut Andreas Mogensen
Increment 45/46	2015/2016	Einsatz der neuen NASA Planungssoftware „OPTIMIS"
Increment 47/48	2016	Meteron/Subvis Experiment durchgeführt mit ESA-Astronaut Timothy Peake
Increment 49/50	2016/2017	Austausch des Columbus CWSA (Condensate Water Separator Assembly) durch ESA-Astronaut Thomas Pesquet
Increment 51/52	2017	Columbus Software-Aktualisierung „Cycle 14.1" mit ESA-Astronaut Thomas Pesquet
Increment 53/54	2017/2018	ESA-Astronaut Paolo Nespoli führt den letzten Experimentlauf von MARES/Sarcolab durch
Increment 55/56	2018	ESA Astronaut Alexander Gerst installiert und betreibt das Experiment GRIP/GRASP
Increment 57/58	2018/2019	ESA-Astronaut Alexander Gerst ist ISS Commander in Increment 57

6.4.4.1 Systembetrieb des Columbus Moduls

Die Hauptaufgaben des Flugbetriebsteams im Columbus-Kontrollzentrum seit dem Andocken des Columbus-Moduls sind die Kommandierung und Überwachung des Columbus-Moduls, das im Bild 6.4.9 dargestellt ist.

Das Flugbetriebsteam, das seit der Inbetriebnahme des Columbus-Moduls im Februar 2008 jeden Tag 24 Stunden im Dreischichtbetrieb arbeitet, muss dabei sicherstellen, dass das **Lebenserhaltungssystem** des Columbus-Moduls korrekt arbeitet, die **Stromversorgung** intakt ist und für die Versorgung der Subsysteme und Experimente ausreicht, die **Wärmeabfuhr** durch die Kühlleitungen gewährleistet ist sowie die **Daten-, Video- und Audioverbindungen** geschaltet sind. Falls Unregelmäßigkeiten oder Fehler auftreten, muss das Team Gegenmaßnahmen ergreifen und die Fehlerbeschreibung an das Engineering Support Team (EST) zur Analyse weiterreichen.

Bild 6.4.9: *Columbus-Modul am Knoten 2 der ISS (Bild: NASA).*

Das **Engineering Support Team** umfasst Experten der Herstellerfirmen der verschiedenen Subsysteme des Columbus-Moduls. Die Mitglieder des EST befinden sich in den Engineering Support Center (ESC) in Bremen und Turin; nur während spezieller Aktivitäten, z. B. einem Software-Update des Columbus-Moduls, unterstützen die EST-Mitglieder das Flugbetriebsteam zeitweise direkt am Col-CC. Sie werden vom Flugbetriebsteam über etwaige Fehler im Modul in Kenntnis gesetzt und mit den dazugehörigen Daten versorgt. Das Engineering Support Team analysiert die Fehler, versucht sie auf den Bodensimulatoren zu reproduzieren und gibt einen Lösungsansatz an das Flugbetriebsteam zurück. Die Flugbetriebsingenieure führen dann die empfohlenen Maßnahmen durch, um die volle Funktionsfähigkeit des Columbus-Moduls wieder herzustellen.

6.4.4.2 Lebenserhaltungssystem

Das Columbus-Modul bildet zusammen mit Modulen der anderen Raumstationspartner den zentralen bewohnbaren Teil der ISS und muss deshalb **Umgebungsbedingungen** zur Verfügung stellen, die für die Astronauten ohne Raumanzug akzeptabel sind. Zwar verfügt das Modul weder über eine eigene Stromversorgung noch über Sauerstoffvorräte und entsprechende Entsorgungseinrichtungen – dies geschieht über andere ISS-Module –, doch ist das Flugbetriebsteam für die Sicherstellung der Umgebungsbedingungen innerhalb des Moduls verantwortlich. Die STRATOS-Position (siehe Tabelle 6.4.1) überwacht deshalb kontinuierlich das Lebenserhaltungssystem und achtet darauf, dass die Umgebungsbedingungen im Modul richtig eingestellt sind. Dazu müssen sowohl die Luftzufuhr und die Luftabfuhr als auch die Luftumwälzung durch Ventilatoren sichergestellt sowie der Sauerstoff-, der CO_2- und der Wasserdampfgehalt im zulässigen Bereich gehalten werden.

Zu den Aufgaben der STRATOS-Position gehören auch die regelmäßige Wartung des Lebenserhaltungssystems zusammen mit der ISS-Besatzung sowie die Umschaltung auf redundante Systeme im Fehlerfall. Weiterhin zählen dazu die Überwachung und Wartung der Rauchmelder.

6.4.4.3 Stromversorgung und Temperaturregelung

Die Raumstationsmodule werden durch zwei **unabhängige Stromkreise** versorgt, die die elektrische Energie von den Solarzellen bzw. den Batterien in der Schattenphase an die einzelnen Module weiterleiten. Deshalb ist eine enge Zusammenarbeit zwischen den verantwortlichen Positionen in allen Kontrollzentren notwendig, da ein erhöhter Bedarf in einem Modul bzw. ein Teilausfall des Stromversorgungssystems alle Module betreffen kann.

Für die Überwachung der Stromversorgung innerhalb des Columbus-Moduls und die Abstimmung mit den anderen ISS-Partnern ist am Col-CC ebenfalls die STRATOS-Position verantwortlich. Der Flugbetriebsingenieur muss darauf achten, dass einerseits die Subsysteme und die Nutzlasten die geforderte Energie erhalten, andererseits aber die maximal zugestandene Stromverbrauchsmenge nicht überschritten wird. Da ein großer Teil der Energie in Wärme umgesetzt wird, müssen die Experimente und die Subsysteme durch einen **Wasserkreislauf gekühlt** werden. Die Wärme wird über Wärmetauscher und dann über Radiatoren an der Außenseite der ISS in den Weltraum abgestrahlt. Der Flugbetriebsingenieur an der STRATOS-Position muss sicherstellen, dass immer eine von zwei Wasserpumpen läuft und kein Leck in den Leitungen vorhanden ist. Im Fehlerfall muss auf das redundante System umgeschaltet werden oder bei einem Totalausfall der Kühlung der überwiegende Teil der Subsysteme und alle Experimente abgeschaltet werden.

6.4.4.4 Daten- und Kommunikationssystem

Die Daten der Subsysteme und der Nutzlasten werden von dem **Data Management System (DMS)** an Bord des Columbus-Moduls gesammelt, in Paketen zusammengestellt und dann wie in Kapitel 6.4.2 beschrieben zum Columbus-Kontrollzentrum übermittelt (siehe Kapitel 6.4.2 und Bild 6.4.1). Die STRATOS-Position ist für die Kommandierung und die Überwachung des DMS zuständig und hat damit die Aufgabe, die Zusammenstellung der Daten im Columbus-Modul zu überwachen.

Die Weiterleitung der Daten vom Columbus-Modul über die NASA- und ESA-Kommunikationsleitungen sowie die Bereitstellung von Video-Verbindungen liegen ebenfalls im Aufgabenbereich des **STRATOS-Flugbetriebsingenieurs**. Außerdem ist er für die korrekte Auswahl der Datenpakete mit den darin enthaltenen Parametern verantwortlich, da aufgrund von Bandbreitenbeschränkungen nicht alle Parameter des Columbus-Moduls gleichzeitig zum Boden weitergeleitet werden können. Das Flugbetriebsteam wählt deshalb für die jeweilige Aufgabenstellung die geeigneten Pakete mit vordefinierten Parametern aus, die von der STRATOS-Position eingestellt werden.

6.4.5 Koordination des Nutzlastbetriebs auf der ISS

Neben dem Systembetrieb ist die Koordination der Nutzlastaktivitäten eine der Hauptaufgaben der Kontrollzentren der Internationalen Partner. Wie erläutert, ist bei der NASA das **Payload Operations and Integration Center (POIC)** am Marshall Space Flight Center (MSFC) in Huntsville, für die Nutzlastkoordinierung zuständig. Das POIC koordiniert den gesamten Nutzlastbetrieb im US-Teil der Raumstation sowie die amerikanischen Experimentschränke, die in andere Raumstations-Module eingebaut sind. Das POIC stimmt sich dabei eng mit dem Space Station Control Center (SSCC) am Johnson Space Center in Houston ab, das für den Gesamtbetriebsablauf der ISS verantwortlich und damit für alle Verbindungen (Strom, Wasser, Daten, Video und Kommunikation) innerhalb aller anderen ISS-Module zuständig ist.

Für die **russischen Experimente** auf der Raumstation ist - wie für den Systembetrieb - das ZUP in Moskau verantwortlich. Im Gegensatz dazu ist die Nutzung der **europäischen ISS-Infrastruktur** dezentral aufgebaut mit dem Col-CC im Zentrum und inzwischen sieben Nutzerzentren (User Support and Operations Center, USOCs) in verschiedenen europäischen Ländern (siehe Tabelle 6.4.4). Bild 6.4.10 zeigt den Kontrollraum des deutschen Nutzerzentrum MUSC (Microgravity User Support Center) im DLR Köln, das für mehrere Nutzlastschränke in Columbus verantwortlich ist. Dem Columbus-Kontrollzentrum fällt dabei die Aufgabe zu, den Ablauf der Experimentdurchführung im Columbus-Modul mit den Nutzerzentren und den Kontrollzentren der Internationalen Partner abzustimmen.

Tabelle 6.4.4: *Die europäischen Nutzerzentren.*

USOC	Ort	Hauptaufgabe
BIOTESC	Zürich, Schweiz	Kubik
B-USOC	Brüssel, Belgien	Atmosphere-Space Interaction Monitor (ASIM), Fluid Science Laboratory (FSL)
CADMOS	Toulouse, Frankreich	European Physiology Modules (EPM), MARES
DAMEC	Odense, Dänemark	Flywheel, P-PFS
E-USOC	Madrid, Spanien	Geoflow
MUSC	Köln, Deutschland	Biological Science Laboratory (Biolab), Material Science Lab (MSL), European Drawer Rack (EDR)
N-USOC	Trondheim, Norwegen	Vessel-ID, EMCS

Bild 6.4.10: *Kontrollraum des MUSC in Köln (Bild: DLR).*

Da der **Ablaufplan** für die Nutzung der ISS gemeinsam von allen Partnern erstellt wird (siehe Kapitel 6.4.1.4), ist eine enge Abstimmung bei der Durchführung der Experimente sowie die rechtzeitige Bereitstellung der notwendigen Ressourcen (Strom, Wasser, Daten, Video und Kommunikation) erforderlich. Erst wenn die Freigabe für die entsprechenden Arbeitsmittel von allen beteiligten Kontrollzentren erteilt wurde und sie operationell einsatzfähig sind, kann der Nutzlastbetrieb beginnen.

6.4.5.1 Nutzlastkoordinierung am Col-CC

Am Columbus-Kontrollzentrum sind zwei Positionen (siehe Tabelle 6.4.1) für die gesamte Koordination des Experimentbetriebs verantwortlich: das EPIC-Team während der Vorbereitung und die Col-FD Position bei der Durchführung. Das Flugbetriebsteam hält daher engen Kontakt zu den Flugbetriebsingenieuren am POIC und stimmt den Ablauf der Experimente ab. Die notwendigen Verbindungen für Kommunikation, Daten und Video sowie die erforderlichen Ressourcen innerhalb von Columbus werden von der STRATOS-Position (siehe Tabelle 6.4.1) zusammen mit ihren NASA-Kollegen eingerichtet und überwacht, da der überwiegende Teil der Schnittstellen sowohl auf der System- als auch auf der Nutzlastseite mit den Kontrollzentren in Houston und Huntsville besteht.

6.4.5.2 Koordination mit den europäischen Nutzerzentren

Die europäischen Nutzerzentren sind die Anlaufstelle für Wissenschaftler, die Experimente auf der Internationalen Raumstation durchführen wollen. Wie in Tabelle 6.4.4 beschrieben, sind einige Nutzerzentren für komplette Experimentschränke (Racks) bzw. Außennutzlasten des Columbus-Moduls verantwortlich, während andere Nutzerzentren einzelne Experimente in den Nutzlastschränken betreuen, Experimente im amerikanischen oder russischen Teil der Raumstation durchführen oder andere Nutzerzentren dabei unterstützen.

Die **Nutzerzentren** unterstützen die **Wissenschaftler** bei der Vorbereitung der Experimente für den Transport zur ISS und bei deren Durchführung auf der Raumstation. Außerdem stellen sie den Wissenschaftlern einen Arbeitsplatz zur Überwachung und Kommandierung ihrer Experimente zur Verfügung oder halten Kommunikationsverbindungen zu den Instituten der Experimentatoren bereit. Die Kommandos der Nutzerzentren werden über das Bodenkommunikationsnetzwerk (siehe Kapitel 6.4.2) an das Columbus-Kontrollzentrum weitergeleitet und von dort aus über die Kontrollzentren der Internationalen Partner an

Bild 6.4.11: *Endausbauzustand der ISS im Jahr 2011 (Bild: NASA).*

die Experimente auf der ISS übermittelt. Auf dem gleichen Weg werden die Experimentdaten an die Nutzerzentren und die Wissenschaftler übertragen. Speicherung und Auswertung der Daten erfolgen durch die Wissenschaftler in den Nutzerzentren oder an den Universitäten und Forschungsinstituten.

6

6.4.5.3 Koordination mit der ESA

Als einer der fünf Internationalen Partner der ISS ist die ESA für den europäischen Beitrag zur Internationalen Raumstation verantwortlich und wählt die europäischen Experimente aus, die auf der Raumstation durchgeführt werden. Die ESA beauftragt die europäischen Nutzerzentren und das Col-CC mit der Durchführung der Experimente bzw. mit dem Betrieb des Columbus-Moduls. Bei der Vorbereitung einer Mission oder eines Increments gibt die ESA die Anforderungen und die Experimente vor, die in diesem Zeitraum durchgeführt werden sollen. Die ESA führt auch die Verhandlungen mit den Internationalen Partnern zur Abstimmung der Arbeiten auf der ISS und zum Abschluss von Verträgen über den Transport von Astronauten und Nutzlasten zur und von der ISS. Während des Betriebs steht das Flugbetriebsteam in ständigem Kontakt mit den Missionsverantwortlichen der ESA, um im Falle von unvorhergesehenen Ereignissen oder beim Setzen von Prioritäten Rücksprache mit den ESA-Verantwortlichen zu halten. Die ESA nimmt zudem einige Funktionen im laufenden Betrieb durch eigene Teams wahr: Die **Raumfahrtmediziner** der ESA überwachen zusammen mit ihren Kollegen bei den Internationalen Partnern die Gesundheit der Astronauten und stellen das notwendige Trainingsprogramm zusammen, um z. B. den Muskelabbau der Astronauten in der Schwerelosigkeit zu minimieren. Außerdem stellt die ESA die sogenannten Eurocoms (siehe Tabelle 6.4.1), die für die Kommunikation mit den ESA-Astronauten an Bord der ISS zuständig sind.

6.4.6 Ausblick

Seit Ende 2016 haben alle Internationalen Partner der ISS, d. h. NASA (USA), Roskosmos (Russland), ESA (Europa), JAXA (Japan) und CSA (Kanada), zugestimmt, den Betrieb der ISS bis 2024 zu verlängern. Es gibt bereits Bestrebungen, die Betriebsdauer bis 2028 oder sogar darüber hinaus zu verlängern, um die Vorteile der ISS für die Forschung im Weltraum möglichst lange nutzen zu können. Auch das Columbus-Modul ist bislang in einem guten Zustand, was einen Betrieb über einen langen Zeitraum erwarten lässt. Das Columbus-Kontrollzentrum ist gut aufgestellt, den Betrieb von Columbus und der ISS über die nächsten Jahre durchzuführen sowie die Astronauten und Kosmonauten auf der ISS zu unterstützen.

Literatur

[6.4.1] *Uhlig, T.; Nitsch, A.; Kehr, J.:* Wie Columbus fliegen lernte. München: Carl Hanser Verlag, 2010.

[6.4.2] *Uhlig, T.; Sellmaier, F.; Schmidhuber, M.:* Spacecraft Operations, Wien, Springer-Verlag, 2015.

7 Raumfahrtnutzung

Berndt Feuerbacher

Die Nutzung der Raumfahrt für wissenschaftliche oder wirtschaftliche Zwecke war schon bei den frühen Pionieren der Raumfahrt-Technologien ein wesentliches Ziel ihrer Arbeiten. Dies ist unabhängig davon, dass bei der Entwicklung der Raketentechnik zweifellos militärische Überlegungen entscheidend im Vordergrund standen.

Die frühe Phase der Raumfahrt in der zweiten Hälfte des zwanzigsten Jahrhunderts war vom Technologie-Wettrennen der Supermächte USA und Sowjetunion geprägt. Dadurch wurden enorme öffentliche Mittel für demonstrative Raumfahrtprojekte freigesetzt. Auch während dieser Zeiten wurden Nutzungsaspekte, insbesondere wissenschaftlicher Art, stets betont und mit der entsprechenden Priorität versehen.

Sputnik-1, der erste künstliche Satellit, wurde am 4. Oktober 1957 mit einer Nutzlast gestartet, die nur aus einem Sender bestand. Dieser hatte keine andere Funktion als die, seine Existenz im Orbit zu demonstrieren – mit damals sensationellem Erfolg. Bereits der erste Satellit der USA, der im Januar 1958 gestartete Explorer 1, hatte als wissenschaftliche Nutzlast einen durch James van Allen entworfenen Geigerzähler an Bord. Seine Messungen führten, trotz unerwarteter Sättigung des Detektors, zur Entdeckung der nach van Allen benannten Strahlungsgürtel und bildeten die Grundlage für die Erforschung der irdischen Magnetosphäre.

Überblick

Bis in die 1970er Jahre waren ausschließlich die USA und die Sowjetunion in der Lage, Satelliten oder Menschen in den Weltraum zu transportieren. Europa begann 1962 mit der Entwicklung eigener Transportsysteme, um einen unabhängigen Zugang zum Weltraum zu sichern, was zu der heutigen Ariane-Raketenfamilie führte. Seit 2003 ist China der dritte Staat, der die Fähigkeit hat, Astronauten in den Weltraum zu starten. Bis zum Jahr 2017 haben außerdem noch 12 Staaten eigene Weltraum-Transportsysteme entwickelt (Bild 7.0.1).

Sehr viel größer ist der Kreis der Staaten, die den Weltraum mit Satelliten und Sonden ohne nationale Transportmöglichkeiten nutzen. Mehr als 70 Länder haben eigene Satelliten in einer Umlaufbahn, eine Zahl, die durch die aktuelle Kleinsatellitenentwicklung und kommerzielle Weltraumaktivitäten schnell wächst. Das United Nations

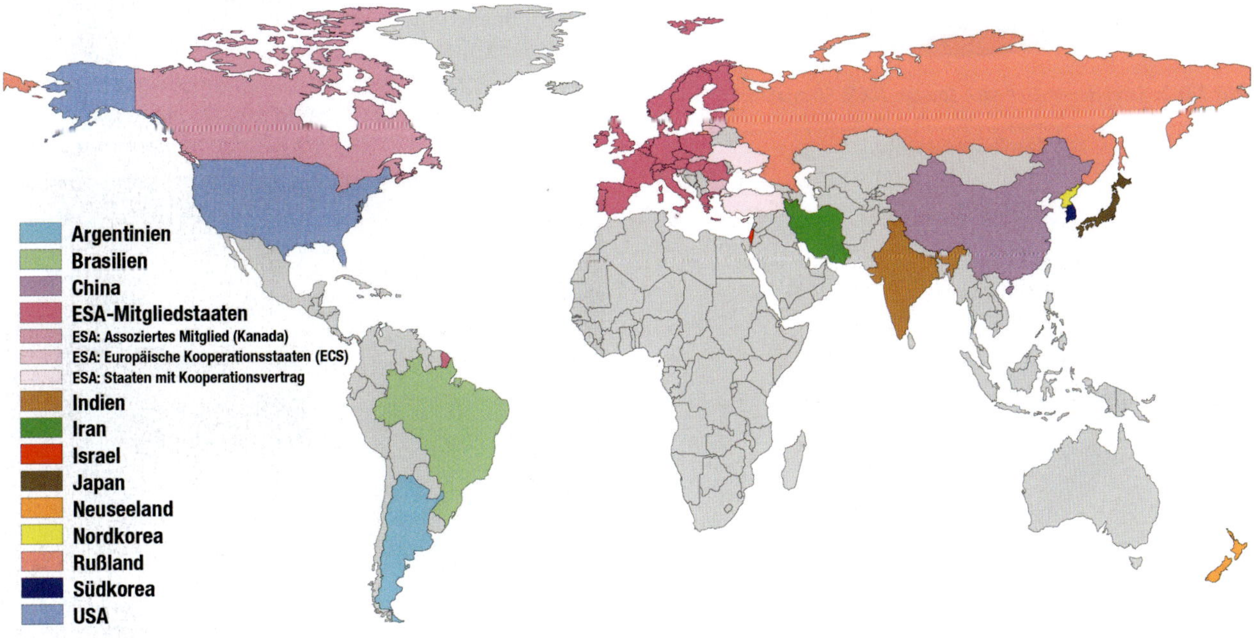

Bild 7.0.1: *Staaten, die über eigene, raumfahrttaugliche Trägerraketen verfügen (Quelle: Wikipedia, Stichjahr 2017).*

Committee on Peaceful Use of Outer Space (UN-COPUOS), ein internationales Forum für weltrauminteressierte Staaten, zählt mit 84 Mitgliedern zu den größten Komitees der Vereinten Nationen.

Ende 2017 befanden sich 4 635 Satelliten in Umlaufbahnen um die Erde. Von diesen waren 1 738 operationell, das heißt, sie wurden aktiv von Bodenstationen gesteuert und sendeten Daten zur Erde. Das Spektrum der hauptsächlichen Nutzer zeigt Bild 7.0.2. Der militärische Anteil, früher dominierend, ist auf etwa ein Fünftel aller Satelliten geschrumpft. Am schnellsten wächst der Sektor der kommerziellen Nutzung, der beinahe die Hälfte umfasst. Staatliche Nutzung besteht aus öffentlich finanzierten Aktivitäten der Daseinsvorsorge wie Wettersatelliten, Navigationssystemen oder Ortungs- und Rettungsdiensten. Im zivilen Sektor sind Satelliten zusammengefasst, die der Forschung und Ausbildung dienen und hauptsächlich durch Universitäten und Forschungsinstitute gefördert werden. Einen Überblick über die Nutzungsarten der aktiven Satelliten gibt Bild 7.0.3. Kommunikationssatelliten, zu dieser Zeit noch größtenteils im geostationären Orbit positioniert, sind mit 43 % der stärkste Bereich, der auch kommerziell intensiv genutzt wird. Erdbeobachtung hat Schwerpunkte in der öffentlichen Vorsorge sowie im kommerziellen Sektor.

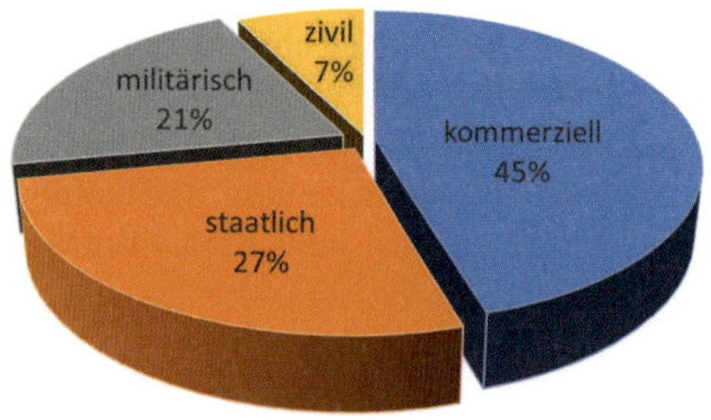

Bild 7.0.2: *Satelliten-Nutzer nach Sparten (UCS, Stichjahr 2017).*

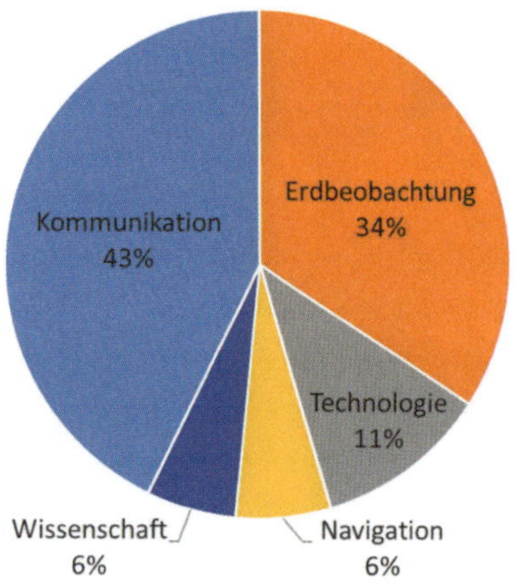

Bild 7.0.3: *Satelliten-Nutzung nach Fachgebieten (Pixalytics, Stichjahr 2017).*

Technologie- und Demonstrationsmissionen haben vielfältige Betreiber, dazu gehören das Militär, staatliche Agenturen, Universitäten und kommerzielle Unternehmen. Navigationskonstellationen, entstanden aus militärischen Erfordernissen, dienen heute hauptsächlich zivilen Zwecken und werden von mehreren Staaten in nationaler Regie betrieben. Wissenschaftliche Missionen werden von nationalen Weltraumagenturen, Universitäten und Forschungsinstituten durchgeführt. Seit von privaten Firmen kommerzielle Raketen erfolgreich gestartet wurden, rückt eine deutliche Reduktion der Kosten für den Transport in den Weltraum in greifbare Nähe. Die Startkosten für ein Kilogramm Nutzlast stagnierten für lange Zeit zwischen 10 000 $ und 30 000 $. Seit dem erfolgreichen Start der teilweise wiederverwendbaren Rakete Falcon Heavy der Firma SpaceX im Februar 2018 besteht die Hoffnung, dass sich das Preisniveau um bis zu einem Faktor 10 senken lässt. Dies würde zu einer massiven Ausweitung des Spektrums der kommerziellen Weltraumnutzer führen. Eine erhebliche Anzahl von Unternehmen ist entstanden, die Aktivitäten im All angekündigt haben. Dazu gehören touristische Angebote auf suborbitalen und orbitalen Bahnen oder auf dem Mond, Kommunikationsdienste, Energiegewinnung aus dem Weltraum oder Ressourcengewinnung auf dem Mond und von Asteroiden.

Erdbeobachtung

Der Blick aus der Umlaufbahn zurück auf unsere Erde hat nicht nur bei den Astronauten, die dies erleben durften, tiefe Eindrücke hinterlassen (Bild 7.0.4). Die Bilder, die uns unseren Heimatplaneten aus einer neuen Perspektive zeigen, haben dazu beigetragen, Paradigmen der Menschheit zu ändern und ein neues Verständnis der irdischen Umwelt zu verankern. Immer weiter verbesserte Kameras liefern Bilder der Erdoberfläche mit erstaunlicher Detailauflösung bis in den Dezimeterbereich. Durch Angebote wie „Google Earth" sind einige der Ergebnisse für jedermann leicht

Bild 7.0.4: *Die iberische Halbinsel mit Spanien und Portugal, aufgenommen aus der ISS bei einem nächtlichen Überflug. Der helle Bereich nahe der Mitte ist die Stadt Madrid (NASA).*

7

zugänglich und zum Allgemeingut geworden. Weniger bekannt ist die heutzutage in hyperspektraler Auflösung mögliche Differenzierung, die den Informationsgehalt enorm erweitert und in vielen Bereichen operationell genutzt wird. Die Methoden der Radarbeobachtung, die bei Tag und Nacht, auch durch Wolkenbedeckung, detaillierte Abbildungen der Erdoberfläche liefern, haben zu neuartigen, vielseitig nutzbaren Anwendungen geführt.

Wetterkarten und -voraussagen aus Satellitendaten sind ein Teil der modernen Nachrichtenkultur. Wetterprognosen über Zeiträume von bis zu zwei Wochen sind ohne meteorologische Satelliten undenkbar. Aber auch der Blick auf die Atmosphäre aus der Umlaufbahn liefert neue Erkenntnisse, unter anderem weil so unsere Gashülle in der Richtung von kleinster zu größerer Dichte beobachtet wird, was Messungen mit besserer Auflösung erlaubt. Zusammen mit dem globalen Überblick können so auch klimatische Effekte erfasst und Ursachen für Veränderungen erkannt werden. Ein Beispiel ist die Entdeckung des Ozonlochs, durch die mit einer weltweiten Ächtung der Fluorchlorkohlenwasserstoffe eine Umkehr der anthropogenen Einflüsse auf die Atmosphäre eingeleitet werden konnte.

Kommunikation

Schon früh in der Raumfahrtgeschichte konnte die Kommunikation für kommerzielle Anwendungen genutzt werden. Die geostationäre Umlaufbahn ist dabei besonders wertvoll, weil von dort Übertragung zu stationären Empfangsanlagen über einen großen räumlichen Bereich am Boden möglich ist. Rundfunk- und vor allem Fernsehübertragungen über Satellit erwiesen sich als ökonomisch so interessant, dass sie dem Endnutzer kostenfrei angeboten werden.

Die Satellitenkommunikation konnte zunächst auf dem Markt der interkontinentalen Telefonie die damals unzureichende Kabeltechnik verdrängen, wurde dann aber von der Glasfasertechnik, zumindest in der Verbindung zwischen Ballungsgebieten, wieder überholt. Für die Raumfahrt interessante Märkte blieben aber in den flächenhaften Schwellenländern und in dünn besiedelten Gebieten. Satellitengestützte mobile Kommunikation konzentrierte sich zunächst auf maritime und Luftfahrtanwendungen.

Geostationäre Kommunikationsanwendungen sind beschränkt durch die Signallaufzeit (Latenz), die mindestens 240 ms beträgt. Hin- und Rückweg summieren sich daher zu etwa einer halben Sekunde Verzögerung. Für Fernsehübertragungen ist das kein Problem, aber störend für andere Anwendungen wie z. B. Telefonie. Niedrigere Bahnhöhen sind hier günstiger, erfordern aber Konstellationen aus mehreren Satelliten, um eine globale Abdeckung zu erreichen, und meist auch nachführbare Antennen an den Bodenstationen. In den 1980er Jahren wurden Kommunikationskonstellationen mit bis zu 70 Satelliten im mittleren Erdorbit eingerichtet, die sich aber ökonomisch nicht durchsetzen konnten.

Der Bedarf an Breitbandkommunikation mit geringer Latenz steigt kontinuierlich, insbesondere für schnelle Internetverbindungen auch in Schwellenländern und in dünn besiedelten Regionen. Dies führt zur Planung von Konstellationen mit mehreren tausend Satelliten in niedrigen Umlaufbahnen, welche die Latenz auf 10 ms reduzieren. Durch Kommunikationsverbindungen zwischen den einzelnen Satelliten können kleine und einfache Empfangsstationen eingesetzt werden, sodass solche Systeme weltweit die Kommunikation revolutionieren könnten.

Navigation

Zeitmessung war schon immer der wichtigste Beitrag zur Ortsbestimmung in der Navigation. Segelschiffe navigierten früher nach den Sternen, wobei sie die geographische Breite relativ leicht bestimmen konnten. Zur Festlegung des Längengrads benötigen sie aber wegen der Erddrehung eine gute Zeitmessung. Dieses Problem konnte erst im 18. Jahrhundert mit Schiffschronometern gelöst werden. Satellitennavigation beruht auch heute auf der exakten Zeitmessung durch Atomuhren im Weltraum, die es möglich macht, durch Bestimmung der Signallaufzeit zwischen dem Boden und mindestens vier Satelliten eine genaue Ortung durchzuführen.

Das Global Positioning System (GPS) der USA entstand auf der Basis militärischer Anforderungen in den 1980er Jahren. Es besteht aus 24 Satelliten auf 6 Bahnen in 20 200 km Höhe. Für die Öffentlichkeit war zunächst nur ein Dienst verfügbar, der künstlich so verschlechtert wurde, dass die Ortungsgenauigkeit auf 100 m begrenzt war. Seit der Aufhebung dieser Beschränkung im Jahr 2000 ist eine Genauigkeit von 10 m verfügbar, was zu einer explosionsartigen Zunahme kommerzieller und wissenschaftlicher Anwendungen führte.

Auch die damalige Sowjetunion entwickelte ein militärisches Navigationssystem unter dem Namen GLONASS, das auf ähnlicher Technik wie GPS beruht und 1983 betriebsbereit erklärt wurde. Ein rein ziviles Navigationssystem baut die Europäische Union unter dem Namen Galileo auf (Bild 7.0.5). Obwohl noch nicht alle 30 Satelliten im Orbit waren, wurde es 2016 für die Öffentlichkeit freigeschaltet. China hat mit Beidou ein nationales Navigationssystem erstellt, das seit 2012 für regionale Navigation freigegeben wurde und ab 2020 global verfügbar sein wird.

Alle Satelliten-Navigationssysteme wurden ursprünglich für Anwendungen auf der Erde, auf dem Wasser oder in der Luft entworfen. In den letzten Jahren werden diese Systeme zunehmend auch für Anwendungen im Weltraum genutzt. Arbeitsgruppen der UN und der Europäischen Union arbeiten spezifische Anforderungen für Raumfahrtanwendungen aus, die in zukünftigen Generationen von GNSS-Satelliten umgesetzt werden.

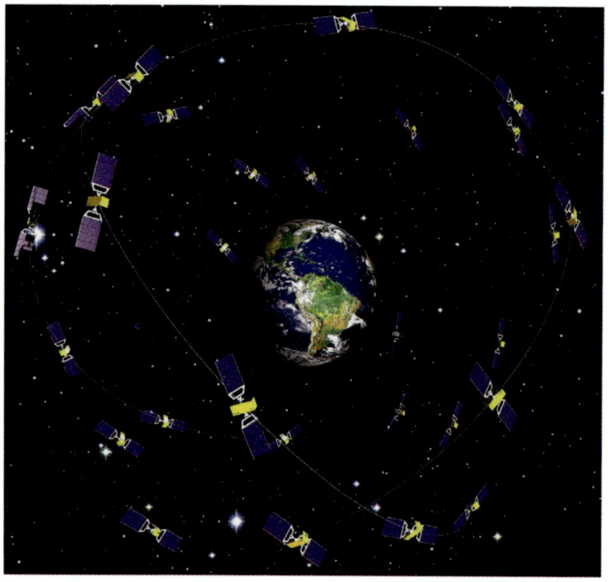

Bild 7.0.5: *Die Bahnen der Galileo-Konstellation, des europäischen Satelliten-Navigationssystems (DLR).*

Weltraumastronomie und Planetenmissionen

Die irdische Atmosphäre, die für das menschliche Auge vollständig durchsichtig erscheint, ist nur in kleinen Ausschnitten des elektromagnetischen Spektrums wirklich transparent, nämlich im sichtbaren Licht und im Bereich der Radiowellen (Bild 7.0.6). Von einem Beobachtungsplatz außerhalb der Atmosphäre werden also große Spektralbereiche erschlossen, die von Instrumenten auf der Erdoberfläche gar nicht oder nur sehr eingeschränkt zugänglich sind. Durch die Weltraumastronomie wurden nicht nur Entdeckungen in großer Zahl ermöglicht, mit ihrer Hilfe konnte auch unser kosmologisches Weltbild neu definiert werden.

Kosmische Strahlung findet sich am extrem energiereichen Ende des elektromagnetischen Spektrums. Abbildende Techniken sind hier nicht möglich, die Informationen aus den Tiefen des Universums werden mit Messmethoden der Elementarteilchenphysik gewonnen. Im Röntgenbereich werden hochenergetische kosmische Quellen wir Quasare, Pulsare oder Schwarze Löcher über Optiken in streifender Reflexion abgebildet und spektral vermessen. Heiße junge Sterne oder Überreste von Supernovae werden im ultravioletten Licht untersucht. Auf der langwelligen Seite des sichtbaren Spektrums schließt sich der Infrarotbereich an. Dessen Strahlen durchdringen staubreiche Regionen im Universum und erlauben die Beobachtung von kalten Objekten und Prozessen wie Sterngeburten. Im Mikrowellenbereich ist zwar die irdische Atmosphäre weitgehend transparent. Für die Vermessung der kosmischen Mikrowellen-Hintergrundstrahlung waren aber dennoch Satelliteninstrumente notwendig, da erst kleinste Fluktuationen, durch die Atmosphäre hindurch unmessbar, die so entscheidenden Informationen lieferten, mit denen unser heutiges kosmologisches Modell des Urknalls bestätigt wurde.

Auch im sichtbaren Licht, das die Atmosphäre weitgehend ungehindert durchdringt, bringt die Raumfahrt Vorteile. Das Hubble-Weltraumteleskop hat mit seinen faszinierenden Bildern und spektroskopischen Messungen unser Weltbild verändert.

Alle Planeten, viele Monde und kleinere Körper in unserem Sonnensystem konnten durch Vorbeiflüge von Raumsonden detailliert beobachtet und vermessen werden. Weitergehende Informationen erhält man durch Landemis-

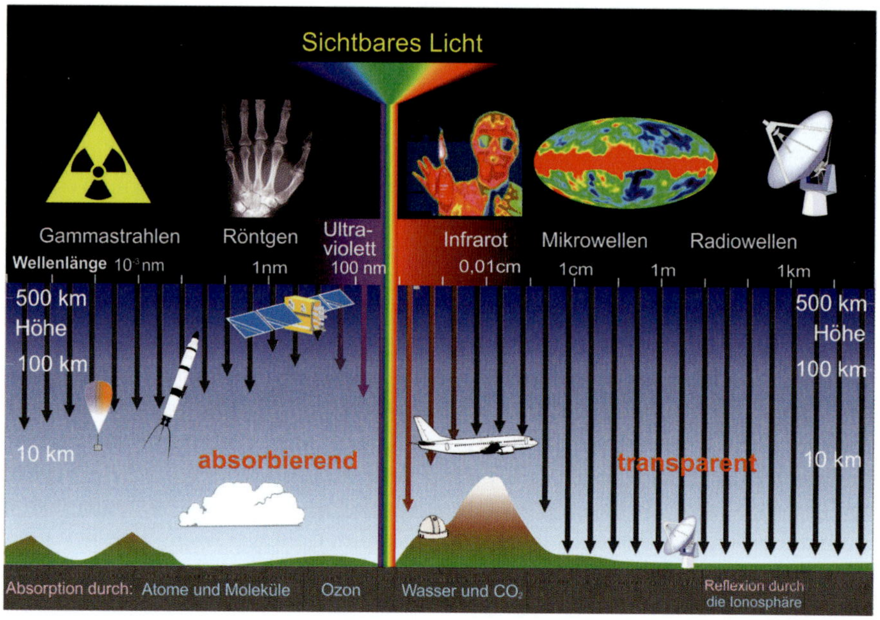

Bild 7.0.6: *Die Absorption des elektromagnetischen Spektrums durch die Erdatmosphäre.*

sionen, die eine in-situ Untersuchung und manchmal sogar eine Probenrückführung zur Erde ermöglichen. Der Mond ist der einzige Körper, der bisher von Menschen besucht und von dem Probenmaterial in erheblichen Mengen zur Erde gebracht wurde. Pläne einer internationalen Kooperation zur bemannten Exploration des Mars werden von der International Space Exploration Coordination Group (ISECG), einer Zusammenarbeit von 15 nationalen Raumfahrtagenturen, gemeinsam erarbeitet.

Seit im Jahr 1995 der erste extrasolare Planet identifiziert wurde, der um einen sonnenähnlichen Stern kreist, hat die Suche nach Planeten außerhalb des Sonnensystems große Fortschritte gemacht. Inzwischen wurden etwa 5 000 Exoplaneten gefunden, von denen drei Viertel bestätigt werden konnten. Fast tausend davon sind erdähnliche Planeten mit einer festen, gesteinsartigen Oberfläche.

Wissenschaftliche Projekte machen sich auch die enormen Dimensionen des Weltraums in vielfältiger Weise zunutze. Interferometrie mit extrem langer Basis (Very Long Baseline Interferometry VLBI) ermöglicht räumliche Auflösungen im Universum, die auf andere Weise nicht darstellbar sind. Das gigantische Projekt „Laser Interferometer Space Antenna (LISA)“, das aus drei Sonden im Abstand von je 2,5 Millionen Kilometern besteht und durch die Messung von Gravitationswellen ein neuartiges Fenster zur Beobachtung unseres Universums eröffnet, hat die ESA zum Start im Jahr 2034 geplant.

Materialwissenschaften

Die Gravitation ist im Weltraum allgegenwärtig. Sie besteht aus der Überlagerung der Gravitationsfelder aller vorhandener Massen im Universum. Sie kann weder abgeschirmt noch abgeschaltet werden. Das Schwerefeld der Erde hat in der Höhe stabiler erdnaher Umlaufbahnen noch Werte um 90 % dessen auf der Erdoberfläche. Die Schwerelosigkeit im Weltraum entsteht durch Kompensation des verbleibenden Gravitationseinflusses durch die Trägheitskräfte der Bahnbewegung, die im Falle einer kreisförmigen Umlaufbahn mit der Zentrifugalkraft zusammenfallen.

Die Mikrogravitation im Weltraum hat schon in den frühen Stadien der Raumfahrt Interesse erweckt. Am Boden können vergleichbare Bedingungen nur durch Falltürme, Parabelflüge oder suborbitale Raketenflüge erreicht werden, mit Einschränkungen bei der Experimentierzeit und der Qualität der Schwerereduktion. Unter Bedingungen der Schwerelosigkeit verschwindet die Wirkung der Sedimentation, der Konvektion und des hydrostatischen Drucks, was insbesondere bei Untersuchungen an Prozessen, bei denen mindestens eine flüssige Komponente auftritt, zu neuartigen Bedingungen führt.

Phasenübergänge sind daher ein wichtiges Untersuchungsgebiet in der Mikrogravitation. Hierzu gehören Erstarrungsvorgänge, unter anderem Kristallzucht oder dendritische Erstarrung von Legierungen, die zu industriellen Anwendungen auf der Erde führen. Die Beobachtung kritischer Phänomene unter Schwerelosigkeit hat wichtige neue Erkenntnisse gebracht. Auch Forschung an weicher Materie wie Kolloiden, Aerosolen oder Schüttungen unter Mikrogravitationsbedingungen führt zu neuartigen Ergebnissen. Ein Spezialgebiet ist dabei das Studium komplexer Plasmen, die als makroskopisches Modell mikroskopischer Prozesse erstaunliche Einsichten liefern.

Experimente unter Schwerelosigkeit an freifliegenden und somit behälterlosen Proben erlaubt die Messung thermophysikalischer Parameter, die unter irdischen Bedingungen nicht zugänglich sind. So wird auch die Erstarrung von Materialien aus dem metastabilen unterkühlten Zustand möglich, die zu neuartigen Materialeigenschaften führt.

Neue Impulse zur Forschung unter Mikrogravitation kommen aus dem Bereich der Quantensysteme. Hier wechselwirken Atome, die auf Temperaturen von Nanokelvin abgekühlt wurden, mit Laserlicht und bilden die Grundlage für Quantensensoren höchster Präzision. Die Zeitdauer der Licht-Atom-Wechselwirkung ist für die Präzision der Messung ausschlaggebend. Unter Schwerkrafteinwirkung fallen die Atome aus der Messzone heraus, daher kann die Messgenauigkeit unter Bedingungen der Schwerelosigkeit gesteigert werden. Quantensensoren wie Atominterferometer oder hochgenaue Zeitstandards werden in der Grundlagenforschung sowie für hochentwickelte Anwendungsaufgaben eingesetzt.

Das in Europa gebaute Weltraumlabor Spacelab (Bild 7.0.7) war schwerpunktmäßig für wissenschaftliche Forschungsaufgaben unter Nutzung der orbitalen Schwerelosigkeit ausgerüstet. Es war mit 25 Missionen die am häufigsten geflogene Nutzlast des Space Shuttle und bildete die Grundlage für die Entwicklung und die Nutzung der Internationalen Raumstation. Das daraus entwickelte europäische Columbus-Modul ist seit 2008 an der ISS angekoppelt und wird erfolgreich für Forschung unter Mikrogravitation eingesetzt.

Bild 7.0.7: *Spacelab, das europäische Weltraumlabor, wurde bei 25 Missionen im Raum eingesetzt. Astronaut Ulrich Walter demonstriert die Schwerelosigkeit während der D-2-Mission 1993 (DLR).*

Weltraummedizin

Schon in den 1950er Jahren entstand der Wissenschaftszweig der Weltraummedizin. Die Untersuchungen konzentrierten sich dabei auf die damals völlig unbekannten Reaktionen des menschlichen Körpers auf die besonderen Bedingungen der Raumfahrt, wie der Beschleunigung beim Raketenstart, der Schwerelosigkeit oder hoher Strahlenbelastung. Heute wissen wir, dass Astronauten lange Zeit im Weltall verbringen und nach der Rückkehr gesund weiterleben können.

Aus den ersten Erfahrungen entwickelte sich eine Forschungsrichtung, die den Einfluss der Schwerelosigkeit auf den menschlichen Organismus nicht nur im Hinblick auf die Erhaltung der Gesundheit des Astronauten, sondern auch für eine Verbesserung der Gesundheitsversorgung auf der Erde zum Ziel hatte (Bild 7.0.8). Die physiologischen Einflüsse längerer Aufenthalte im Weltraum, beispielsweise auf der ISS, wurden sorgfältig beobachtet und Gegenmaßnahmen ausgearbeitet. Hierzu gehören der Verlust an Muskelmasse, kardiovaskuläre Veränderungen, Verringerung der Knochendichte, Schlaf- und Gleichgewichtsstörungen oder Schwächung des Immunsystems. Unter ähnlichen Symptomen leiden auch ältere Menschen, so dass die für die Raumfahrt entwickelten Therapien dazu beitragen, die Probleme einer alternden Gesellschaft zu lösen.

Zukünftig verschieben sich die Schwerpunkte der Weltraummedizin auf Langzeit-Missionen im tiefen Raum mit Aufenthaltsdauern von Jahren. Bisherige Erfahrungen beschränken sich auf die Einsätze während der Apollo-Missionen auf dem Mond und längere Verweildauern auf erdnahen Umlaufbahnen, wo die ISS ein hervorragendes Forschungspotenzial liefert. Völlig neue Anforderungen in medizinischer und psychologischer Hinsicht stellen Langzeitaufenthalte auf dem Mond, auf lunaren Umlaufbahnen und bemannte Missionen zum Mars dar.

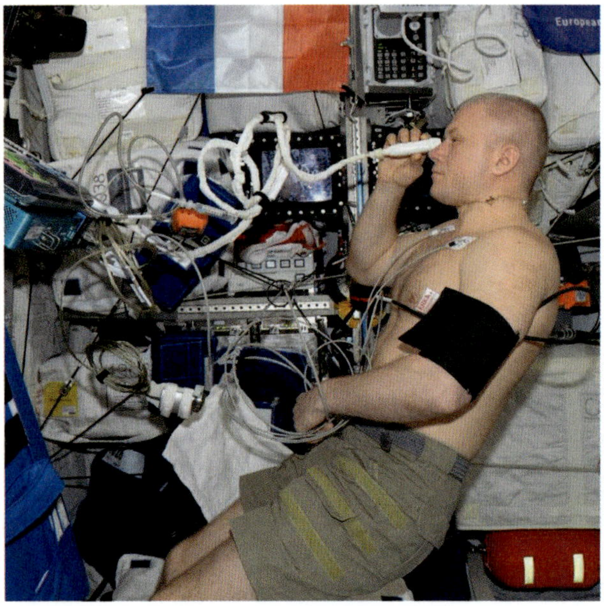

Bild 7.0.8: *Astronauten sind ihre eigenen Versuchskaninchen. Hier misst der Kosmonaut Oleg Nowizki während ISS-Expedition 33 seinen Augeninnendruck (ESA/NASA).*

Gravitationsbiologie

Die Schwerkraft ist ein wichtiger Umweltfaktor für alle Lebewesen, vom Einzeller über Pflanzen bis zum Säugetier. Im Gegensatz zu allen anderen Einflüssen ist die Schwerkraft auf der Erde immer vorhanden und zeigt stets in dieselbe Richtung. Daher ist die Möglichkeit, die Gravitationswirkung im All für längere Zeiträume auszuschalten, für die Biologie ein interessantes Forschungsmittel. Sie erlaubt, Mechanismen der Schwerkraftwahrnehmung und die Wirkung auf Lebensvorgänge zu entschlüsseln.

Es konnte gezeigt werden, dass selbst einzellige Mikroorganismen oben und unten unterscheiden können. Pflanzen können Schwerkraft detektieren und nutzen dies zur Ausrichtung ihres Wachstums. Experimente an Tieren im Weltraum liefern biomedizinisch relevante Ergebnisse und geben Informationen zu Anpassungsmechanismen. Auch die Überlebensfähigkeit von Organismen im Weltraum, ein Schlüsselelement bei der Frage nach der Herkunft des Lebens auf unserem Planeten, wird durch Experimente überprüft, in denen Sporen von Bakterien, Flechten und Pilzen den Umgebungsbedingungen des Weltraums ausgesetzt werden. Lebenserhaltungssysteme für Langzeitflüge von Astronauten jenseits erdnaher Umlaufbahnen beruhen auf biologischen Systemen, deren Funktionalität und Überlebensfähigkeit unter Weltraumbedingungen erforscht wird.

Technologie und Robotik

Weltraumnutzung erfordert technologische Entwicklungen, die meist sehr anspruchsvoll sind und unter irdischen Bedingungen schwierig oder gar nicht getestet werden können. Daher ist es oft notwendig, Test- und Verifikationsaufgaben in speziellen Missionen durchzuführen. Beispiele sind die GIOVE-Satelliten als Vorläufer der Galileo-Navigationskonstellation oder die Mission LISA-Pathfinder für die Erprobung der Präzisions-Interferometrie des LISA-Projekts zur Vermessung von Gravitationswellen. Technologiesatelliten werden auch entwickelt, um aktive Raumfahrtsysteme zu warten, zu unterstützen, um Ressourcen zu ergänzen, Flugbahnen anzupassen oder um Weltraumschrott zu entfernen.

Eine zunehmend wichtige Rolle spielt die Robotik in der Raumfahrt. Hier werden flexibel nutzbare Geräte entwickelt, die den Menschen im Weltraum unterstützen oder selbstständig Aufgaben durchführen können. Für gefährliche oder sich monoton wiederholende Aufgaben sind robotische Systeme besonders geeignet und können dort auch menschliche Aktion ersetzen. Mit künstlicher Intelligenz ausgestattet agieren Roboter weitgehend autonom und führen komplexe Aufgaben durch, beispielsweise auf der

Oberfläche von Planeten, wo die Signallaufzeit eine Echtzeitinteraktion von der Erde verhindert. Immer mehr setzt sich auch das Konzept der Partnerschaft zwischen Roboter und Mensch durch (Bild 7.0.9). Menschen auf der Erde oder Astronauten im Weltraum können robotische Systeme aus der Ferne steuern und durch Rückkopplungs-Konzepte Telepräsenz verwirklichen, die den Aktionsradius von Menschen enorm erweitern. Die Arbeitsteilung zwischen Mensch und Maschine erhöht die Effizienz von Astronauten im Raum oder auf der Oberfläche fremder Himmelskörper.

Bild 7.0.9: *Astronaut Alexander Gerst mit dem freifliegenden robotischen Assistenten CIMON (Crew Interactive MObile companioN), der ihn auf der ISS während der Horizons-Mission 2018 begleitet (DLR).*

7.1 Erdbeobachtung

Stefan Dech, Claudia Künzer, Erhard Diedrich und *Gunter Schreier*

Die Erdbeobachtung stellt eine wichtige Anwendung der Raumfahrt dar und war bereits in den frühen Jahren der Raumfahrt ein Hauptziel der Nutzung. Bekannt geworden sind die Versuche der Vereinigten Staaten von 1959, militärische Aufklärung mit Fotosatelliten über der Sowjetunion durchzuführen (Webb 2000). Die Verbesserung der Wettervorhersagen auf der Basis der Beobachtung des Wettergeschehens vom Weltraum aus ist heute jedem Bürger eine Selbstverständlichkeit geworden, und selbst hochauflösende Szenen der Erde werden von einer großen Anzahl unterschiedlichster Anwender im Internet genutzt.

7.1.1 Kategorien der Anwendung der Erdbeobachtung

Wetterbeobachtung und Zustand der Atmosphäre

Die Beobachtung des aktuellen **Wetterzustands** aus dem Weltraum gehört zu den ältesten Anwendungen der Satellitentechnologie. Der US-amerikanische Satellit VANGUARD-2 (Start 1959) hat im Rahmen des Internationalen Geophysikalischen Jahres (IGY) die Rückstrahlung des Sonnenlichtes von der Erde und den Wolken (Albedo) gemessen und stellte damit eines der ersten Systeme zur Beobachtung von Wetter- und Klimaparametern dar. 1960 lieferte dann der US-Satellit TIROS die ersten S/W-Bilder mittels einer Videokamera. Schon das Nachfolgesystem schloss den Infrarotbereich des Spektrums in seine Beobachtungen mit ein. Wetter- und Umweltsatelliten im niedrigen, polar umlaufenden Orbit wurden 1970 mit der Satellitenserie der US-Wetterbehörde NOAA fortgesetzt. Mit ihrem **Advanced Very High Resolution Radiometer** (AVHRR; hier mit ca. 1 km geometrischer Auflösung am Boden) stellt die **NOAA-Serie** der Wetter- und Umweltsatelliten noch immer die Basis für die Kartierung vieler Atmosphären-, Boden- und Wasserparameter (z. B. Vegetationsindex, Boden- und Wasseroberflächentemperatur) auf globaler und täglicher Basis dar. Die MODIS Instrumente (Moderate Resolution Imaging Spectroradiometer) der beiden NASA Satelliten Terra und Aqua liefern seit 2002 globale Daten mit 300 m Auflösung in 36 Spektralkanälen sowie seit 2011 der Suomi-Satellit mit dem Hauptinstrument VIIRS (Visible Infrared Imaging Radiometer Suite) mit 22 Spektralkanälen. 2006 ergänzt der Satellit MetOp der Europäischen Wettersatellitenagentur (EUMETSAT) diese Flotte und fügt weitere Fähigkeiten hinzu, insbesondere durch die Messungen von **Spurengasen** in der Atmosphäre. Solche Spurengase, wie Ozon, NO_x, SO_x und weitere, können von polar umlaufenden Satelliten vor allem durch Spektrometer (GOME, SCIAMACHY auf den Satelliten ERS, ENVISAT und MetOp) global gemessen werden. Messungen vor allem der „Treibhausgase" über viele Jahre hinweg stellen wichtige Parameter zur Analyse und Prognose globaler Klimaveränderungen dar.

Eine fast permanente Beobachtung des Wetters an bestimmten Stellen der Erde aus dem Weltraum erlauben **geostationäre Wettersatelliten.** Seit dem Start des US-Satelliten GOES-A im Jahre 1975 sind mittlerweile weitere geostationäre Wettersatelliten dazugekommen. Derzeit (2018) betreiben die USA/NOAA (GOES), Europa/EUMETSAT (MSG, MTG), Japan (GMES, MTSat), Indien (INSAT, MetSat), Russland (GOMS), China (FY-2, FY-4) und Korea (Geo-KompSat) geostationäre Wettersatelliten, deren Daten im Takt von bis zu 15 Minuten jeweils eine Ansicht der gesamten Hemisphäre mit einer Auflösung von ca. 1 km bis zu 300 m (im Nadir) liefern.

Neben den von nationalen Wetterdiensten und zunehmend auch privaten Anbietern erzeugten Klima- und Wetterdaten werden alle Daten in internationalen Datenzentren zu einem Gesamtbild zusammengeführt. In Europa ist das **Zentrum für mittelfristige Wettervorhersage (ECMWF)** in Reading, westlich von London, eines der Zentren, die aus den Satellitendaten und Atmosphärenmodellen immer besser werdende Langfristprognosen für das Wetter erstellen. Für den Flugverkehr sind auch die **Volcanic Ash Advisory Center** (VAAC) wichtig, die mithilfe von Wettersatellitendaten die Behinderungen des Flugverkehrs durch Vulkanasche in der Atmosphäre vorhersagen sollen.

Umweltbeobachtung

Die Beobachtung der Veränderung der **Landoberfläche,** vor allem aber der **Vegetation** und ihrer land- und forstwirtschaftlichen Nutzung, steht seit Anfang der 1970er-Jahre im Blickpunkt des Interesses der Nutzung von Fernerkundungsdaten. Lieferten die bisherigen Wettersatelliten Bilder mit einer täglichen Abdeckung gesamter Kontinente in grober geometrischer Auflösung, begann mit dem Start des **Earth Resources Technology Satellite** (später umbenannt in **LANDSAT-1**) im Jahre 1972 die Ära der Kartierung der Umwelt und ihrer Ressourcen. Der Multi Spectral Scanner (MSS) aus der Serie der LANDSAT-Satelliten lieferte eine Bodenauflösung von 80 m in vier Spektralkanälen. Zehn Jahre später wurde dieser auf LANDSAT-4 durch den Thematic Mapper (TM) mit einer Bodenauflösung von 30 m in 6 Spektralkanälen (plus einem Thermalkanal mit 120 m Auflösung) ergänzt.

Russische Systeme und später vor allem das französische **SPOT-Programm** ergänzten die Möglichkeit, in hoher geometrischer und multispektraler Auflösung regelmäßig große Teile der Erdoberfläche aus dem Weltraum zu betrachten. Ende der 1990er-Jahre gesellten sich indische, chinesische und zunehmend auch auf kommerzieller Basis betriebene Satellitensysteme zu dieser Beobachtungsflotte.

Mit dem Landsat-8 (Start 2013) haben die USA die Serie der LANDSAT-Satelliten fortgesetzt. Seit 2015 liefern die Sentinel-2a/b-Satelliten des europäischen Copernicus-Programms ebenfalls multispektrale Daten der gesamten Erdoberfläche in 10 m Auflösung. Zunehmend agieren auch kommerzielle Satellitenbetreiber in diesem Bereich. Durch Flotten von mehreren Satelliten garantieren sie zumeist eine höhere Wiederholrate der Aufnahmen und meistens eine höhere geometrische Auflösung.

Das deutsche **RAPIDEYE-System** (nun Teil der Firma Planet) war hier seit 2008 mit seinen fünf Satelliten und einer geometrischen Auflösung von 6,5 m einer der Vorreiter. Mittlerweile liefern mehrere kommerzielle Firmen multispektrale Daten mit täglicher Abdeckung und Auflösungen besser als 5 m. Weitere Firmen sind angetreten, hier die Frequenz der Abdeckung und die geometrische Auflösung durch neue Satellitenflotten zu erhöhen.

Bild 7.1.1: *Der Sentinel-3a Satellit nimmt am 9. Februar 2018 die Küste vor Spanien auf. Deutlich sind die Rauchfahnen der Schiffe zu erkennen (Bild: Europäische Kommission/ESA Copernicus 2018).*

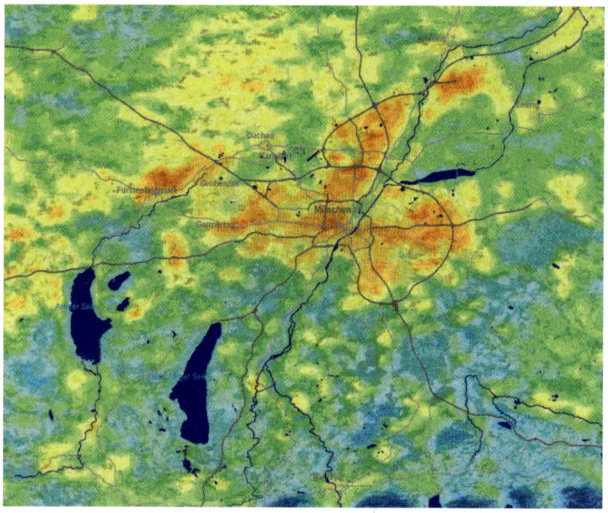

Bild 7.1.2: *Thermalkartierung München: Datenbasis: Landsat-7/ETM+; NOAA-17/AVHRR/LST, 25. Juli 2006 (Bild: Deutsches Fernerkundungsdatenzentrum des DLR, Oberpfaffenhofen).*

Zu den Anwendungen der Daten solcher Systeme gehören seit Beginn der Verfügbarkeit der LANDSAT-Satelliten Abschätzungen der **Biomasse**, sowohl der natürlichen Vegetation als auch im landwirtschaftlichen Bereich.

Die Artenvielfalt der Vegetation, deren Vitalität, offenliegende Boden- und Gesteinsarten sowie die Landnahme durch den Menschen beschreiben weitere Anwendungen der Fernerkundung. Untersuchungen der Änderung dieser Landnutzung (Change Detection) bilden heute unter anderem das Rückgrat für den Nachweis globaler Veränderungen [7.1.2].

Da diese Daten seit Anfang der 1970er-Jahre zur Verfügung stehen – zumeist sehr kostengünstig oder im Falle von Landsat und Sentinel kostenfrei – bilden diese mittlerweile die Grundlage vieler nationaler und internationaler

Umweltkartierungsprogramme. Das seit Mitte der 1980er Jahre laufende Programm der Europäischen Kommission CORINE (Coordinated Information on the European Environment) nutzte solche Daten zur regelmäßigen Erfassung der Landnutzung in Europa. Dieses wird nun durch die Europäischen Copernicus-Dienste und durch die Nutzung der Sentinel-Daten abgelöst.

Die Agenturen der Vereinten Nationen setzen solche Daten ein, um gezielt Maßnahmen zur Entwicklungshilfe sowie zur Landnahme durch den Menschen zu beobachten. Der Schwund der Wälder, aber auch deren Wiederaufforstung, steht dabei im Fokus der Diskussion um das Management des globalen CO_2-Haushalts. Treiber sind hierbei auch die nachhaltigen Entwicklungsziele der Vereinten Nationen (Sustainable Development Goals). Die Erreichung vieler der dort festgeschriebenen Ziele kann nur durch eine Beobachtung aus dem Weltraum kontrolliert, oder z. T. erst ermöglicht werden.

Für die detaillierte Erfassung kleinräumiger Veränderungen in landwirtschaftlichen Gebieten oder bei der Ausbreitung von Städten ist eine höhere geometrische Auflösung notwendig. Viele der neuen – vor allem kommerziellen Systeme – liefern solche Daten. Um noch genauer die Arten der Vegetation und ihren Zustand sowie geologische Strukturen erfassen zu können, bedarf es einer besseren **spektralen Auflösung**. Neben den multispektralen Messgeräten (mit bis zu 13 Kanälen, z. B. bei Sentinel-2) sind deshalb hyperspektrale Sensoren mit über 200 Spektralkanälen erforderlich. Zu den geplanten hyperspektralen Systemen gehört der deutsche EnMAP, der italienische Prisma und die DESIS auf der Internationalen Raumstation (ISS). Letzteres ist ab Ende 2018 einsatzbereit.

Beobachtung geophysikalischer Parameter

Zählt man das Magnetfeld dazu, können erste geophysikalische Parameter der Erde in-situ (direkt vor Ort) schon Hunderttausende von Kilometern von der Erde entfernt gemessen werden. Satelliten bewegen sich jedoch auf sehr viel niedrigeren Umlaufbahnen und werden dort den verschiedensten physikalischen Einflüssen und Feldern ausgesetzt. Schon der erste US-amerikanische Satellit überhaupt (EXPLORER 1, 1958) hat mit seinen einfachen Strahlungsmessgeräten zur Entdeckung des Van-Allen-Gürtels geführt.

Magnetometer zur Vermessung des **Erdmagnetfelds** wurden seitdem auf einer Vielzahl von Satelliten mitgeführt. Einige Satelliten, darunter auch der deutsche CHAMP, tragen ein solches Magnetometer. In ihrer Orbitgeometrie, speziell auf diese Aufgabe abgestimmt, vermisst die ESA-Mission SWARM ab 2013 die inneren und äußeren Komponenten des Erdmagnetfeldes.

Ein für globale und regionale geophysikalische Phänomene, darunter auch globale Klimaindikatoren, wichtiges Feld wird durch die **Gravitation** beschrieben. Massen und Massenbewegungen im Erdinneren und auf der Erdoberfläche deformieren das sog. Geoid, die Fläche gleicher Schwere. Eine der größten Deformationen ist in Südindien zu erkennen. Die Abweichung von einem regelmäßigen Ellipsoid beträgt hier ca. 110 m (Bild 7.1.3).

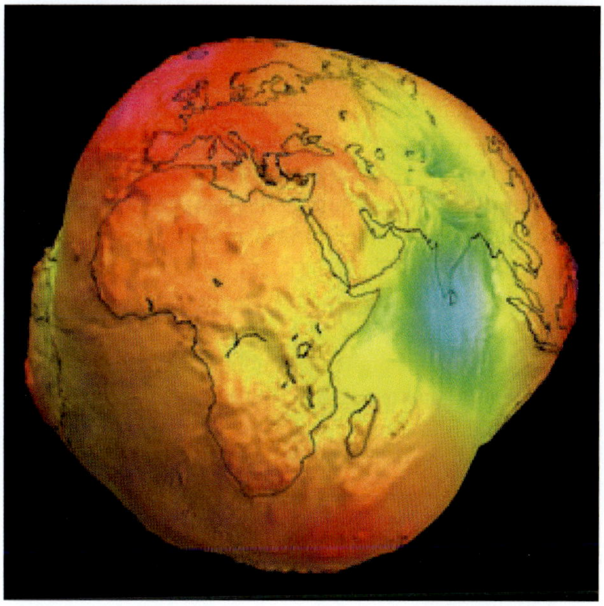

Bild 7.1.3: *Daten der Satelliten CHAMP und GRACE flossen in das Geoidmodell „EIGEN-CG01C" ein. Das Geoid ist eine Bezugsfläche im Schwerefeld der Erde zur Vermessung und Beschreibung der so genannten Erdfigur (Bild: GFZ Potsdam).*

Da sich die Bahnen von Erdsatelliten nach dem lokalen Schwerefeld ausrichten, erzeugen kleine Änderungen des Schwerefelds auch minimale Änderungen der Satellitenbahn. Die hochgenaue Vermessung der Satellitenbahn (Orbitografie) ist also der Schlüssel zur Berechnung des Schwerefelds. Als Messmethode steht hierfür z. B. das **Laser-Tracking** zur Verfügung. Am Satelliten befestigte Reflektoren spiegeln vom Boden ausgesandte Laserimpulse wieder zurück. Ein globales Netzwerk von Satellite-Laser-Tracking-Stationen (SLR) führt solche Messungen durch.

Der Doppelsatellit GRACE (Gravity Recovery And Climate Experiment, Start 2002) nutzte die differentielle Änderung des Abstands der im niedrigen Orbit und in Konstellation fliegenden Satelliten zur Bestimmung kleinster Änderung des Schwerefelds. Seit 2018 verbessert die Mission GRACE FO diese globalen Messungen. Die genaue Kenntnis des Schwerefelds geht umgekehrt auch wieder in die Berechnung von Satellitenbahnen ein.

Die hochgenaue Lagebestimmung und damit die genaue Verortung von Bildpunkten am Boden bei optischen Satelliten ist somit auch der Schwerefeldmessung zu verdanken. Aber auch klimatische Veränderungen, wie der El-Niño-Effekt im Pazifischen Ozean, pausen sich als differentielle Änderung des Schwerefelds durch. Damit sind diese durch die Methoden der Satellitengeodäsie nachweisbar.

Kartierung der Landoberfläche

Die Umsetzung von bildhaften Darstellungen der Erdoberfläche in korrekte kartografische Daten wird **Photogrammetrie** (auch: Luftbildmessung) genannt. Getrieben von national-planerischem, aber auch militärischem Bedarf und unterstützt von der Entwicklung von Flugzeugen und verbesserter Kameratechnik und Filmmaterial, entwickelte sich die Photogrammetrie Anfang des 20. Jahrhunderts. Diese analogen Aufnahmen wurden mittels optisch-mechanischer Verfahren in Karten umgesetzt. Stereo-optische Aufnahmen dienen dabei zur Vermessung der Höhe der Topografie und von Objekten.

Die ersten **Erdvermessungssysteme** aus dem Weltraum basierten auch auf dem Prinzip der analogen Kameras und der nachfolgenden photogrammetrischen Auswertung. (z. B. Metric Camera auf der Shuttle-Mission 1983). Die ersten zivilen elektronischen Systeme verfügten mit einer geometrischen Auflösung von 80 m (LANDSAT-1, 1972) und 30 m (LANDSAT-4, 1982) noch nicht über die geometrische Präzision, um Karten mit einem kleineren Maßstab anzufertigen. Feinere Strukturen wie Straßen sind damit schwer zu erkennen. Außerdem erlauben diese Sensoren keine stereo-optische Schrägsicht auf die Erde. Dies änderte sich erst mit dem Start der französischen SPOT-1-Satelliten im Jahre 1986. Die **geometrische Auflösung** von 10 m und die Schwenkbarkeit der Blickrichtung des Sensors erlaubten erstmals die Erstellung **dreidimensionaler topografischer Karten** kleineren Maßstabes. Zudem konnte das bislang analoge photogrammetrische Verfahren auf neue digitale Algorithmen und Verfahren umgestellt werden.

Mit dem Fall des eisernen Vorhangs wurden auch geometrische Auflösungen besser als 10 m der zivilen Nutzung zugänglich gemacht. Neben ersten russischen Daten markierte der Start des zivilen US-Satelliten IKONOS-2 im Jahre 1999 den Beginn einer neuen Ära höchstauflösender optischer Satelliten mit einer Auflösung von besser als 1 m.

Die **Sensoren** dieser Satelliten sind ganz auf den Zweck der schnellen Kartierung zugeschnitten. Die hohe geometrische Auflösung wird zumeist nur in einem panchromatischen Kanal (S/W-Bild) erreicht. Wenige weitere Kanäle mit einer etwas schlechteren geometrischen Auflösung lassen die Darstellung als Falschfarbenbild zu. Wichtig für die Anwendung als Kartengrundlage ist auch die **Genauigkeit der Lageregelung** des Sensors bzw. des Satelliten. Komplexe Regelsysteme lassen sowohl die schnelle als auch die präzise Ausrichtung zumeist des gesamten Satelliten zu. Auch gewährleistet eine Vielzahl von Orbit- und Lagebestimmungssensoren die Bestimmung der Lage eines Bildpunktes auf der Erde bis auf wenige Meter genau. Eine weitere Verbesserung in dem Meter- und Sub-Meterbereich kann nur durch Verknüpfen mit bekannten terrestrischen Zielen („Passpunkten“), wie z. B. Straßenkreuzungen, erreicht werden. Die schnelle Änderung der Ausrichtung einiger Satelliten erlaubt es auch, eine Szene nochmals aus einer anderen Schrägsicht zu betrachten und somit ein Stereopaar zur dreidimensionalen Analyse zu erhalten. Werden an Bord eines Satelliten gleich zwei Kameras mit unterschiedlicher Ausrichtung verwendet, so können solche stereo-optischen Aufnahmen permanent angefertigt werden. Dies ist z. B. mit den Satelliten der indischen CARTOSAT-Serie möglich.

Neben der Erstellung und Nachführung topografischer Karten erlaubt die spektrale Information dieser Satelliten

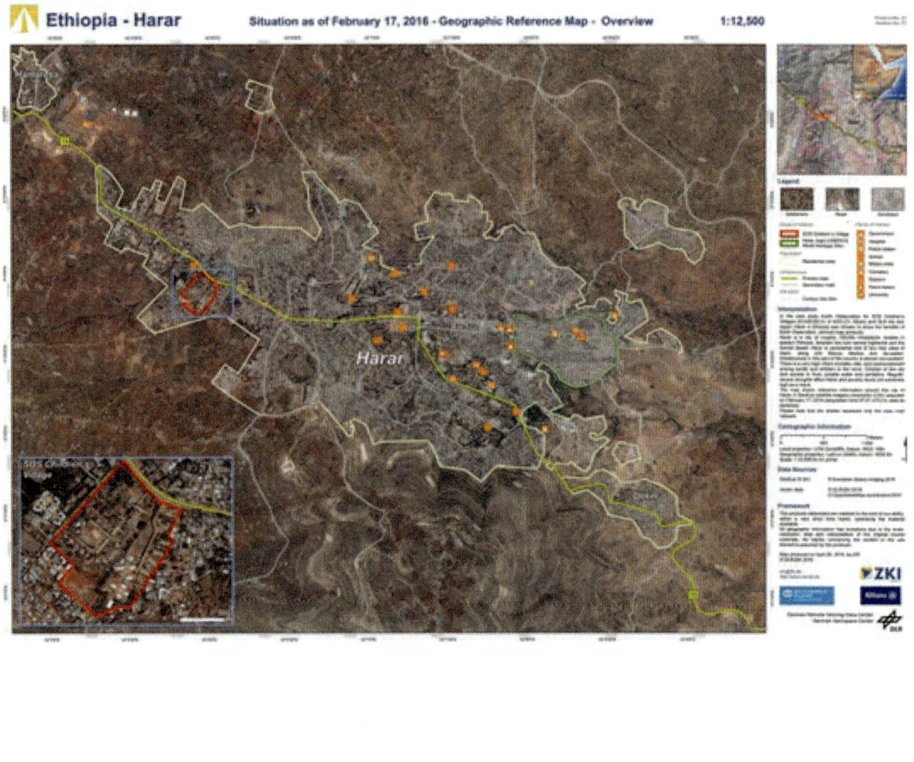

Bild 7.1.4: *Thematische Satellitenbildkarte zur Situation des SOS Kinderdorfs in Harar, Äthiopien; Datenquelle: GeoEye (Bild: DLR-DFD, ZKI/EUSI).*

auch eine detaillierte **thematische Kartierung.** Im zivilen Bereich werden somit planerische Grundlagen für Großbauwerke gelegt, neue Straßen für Navigationssysteme oder das Containeraufkommen in Häfen erfasst. Hochauflösende Kartierungen der Feldfrüchte erlauben der Europäischen Kommission die Kontrolle von Subventionen für die Landwirtschaft und den Vereinten Nationen den Nachweis von illegalem Drogenanbau und Aktivitäten im Nuklearbereich.

Eine schnelle Kartierung mittels hochauflösender Satellitendaten unterstützt auch zunehmend Aktionen der humanitären Hilfe in Krisengebieten und nach Naturkatastrophen.

Durch den Vergleich mit älteren Daten können aktuelle Daten die Zerstörung (Bild 7.1.4) von Infrastrukturen nach einem Erdbeben oder das Ausmaß der Überflutung aufzeigen. Wegen der Dringlichkeit solcher Informationen und ihrer Unabhängigkeit von Wolken und Tageszeiten werden **geometrisch hochauflösende Radarsysteme** (z. B. TerraSAR-X, COSMO-SKYMED) hier immer mehr und insbesondere bei Flutkatastrophen eingesetzt. In Deutschland hat das Zentrum für satellitenbasierte Kriseninformation (ZKI) des DLR die Aufgabe der schnellen Kartierung bei Naturkatastrophen übernommen. Dabei ist das ZKI in europäische und internationale Programme (z. B. Charter on Space and Major Disasters) eingebunden.

Beobachtung der Ozeane

Über zwei Drittel der Erdoberfläche werden von Ozeanen eingenommen. Die Ozeane gehören zu den wichtigsten Faktoren im aktuellen Wettergeschehen und in der langfristigen Entwicklung des Klimas. Direkte Messungen von Parametern über den Zustand der Oberfläche der Ozeane können wegen der enormen Größe und Tiefe („Verankerung von Bojen") nur punktuell vorgenommen werden. Erdbeobachtungssatelliten liefern daher wichtige Aussagen über solche Parameter. Satellitenbasierte Messmethoden für Ozeanparameter decken fast die gesamte Bandbreite der derzeitigen von Satelliten aus realisierbaren Verfahren ab.

Im **optischen Bereich** kartieren schmalbandige Radio- und Spektrometer in mehreren Spektralkanälen die Wasseroberfläche. Dabei ist reines Wasser nur in dem Wellenlängenbereich zwischen 400 nm und 750 nm „durchsichtbar". In diesem Bereich können Schwebstoffe (Sedimente), Chlorophyll (Plankton, Algen) und weitere organische und anorganische Inhaltsstoffe in Meeres- und Binnengewässern gemessen werden (Bild 7.1.5). Im **thermischen Bereich** wird die Oberflächentemperatur der Meere („Sea Surface Temperature", SST) gemessen. Dabei kommt es in der Kartierung der Ozeane zumeist auf eine globale und tägliche Abdeckung an. Optische Sensoren haben deshalb eine große Streifenbreite bei geringerer geometrischer Auflösung (1 270 km bei 300 m Auflösung in 21 Spektralkanälen bei bei OLCI auf Sentinel-3).

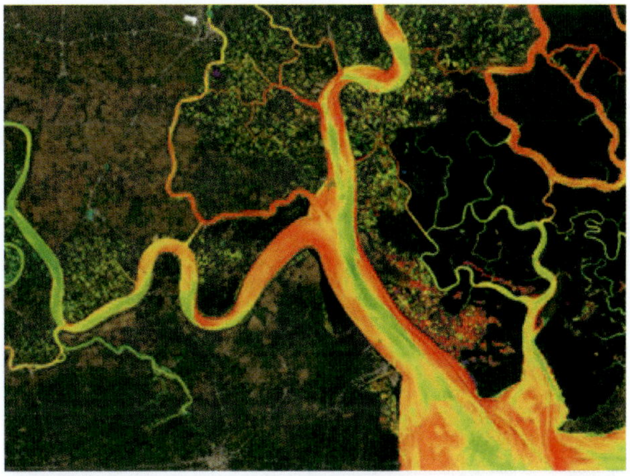

Bild 7.1.5: *Ansicht des UNESCO World Water Quality Portals. Wassertrübung des Mekong Deltas. Sentinel-2 Daten, 2018 (Bild: Fa. Eomap).*

Radarsensoren vermessen als Altimeter die **Topografie der Meere.** Die US/französische Mission TOPEX/POSEIDON kann somit Höhenunterschiede von 4 ... 5 cm vermessen. Meeresströmungen („Golfstrom") und Oberflächenwinde lassen sich somit abschätzen. In Europa werden diese Messungen mit dem JASON-Satellitensystem seit 2008 fortgeführt und sind als Sentinel-6 (Start 2020) Teil des Europäischen Copernicus Programms.

Aktive **abbildende Radarsensoren (Synthetic Aperture Radar = SAR)** wurden seit 1978 (SEASAT, USA) eingesetzt, primär um die Oberfläche der Ozeane und der polaren Eisflächen zu kartieren. Da Wasser für Mikrowellen wie ein Spiegel wirkt, pausen sich regelmäßige Wellenmuster auch noch in den synthetisierten SAR-Bildern durch. Die Muster lassen Rückschlüsse auf die Wellenhöhe, die Wellenrichtung und die Geschwindigkeit des Windes an der Oberfläche zu. Anwendung finden solche Analysen z. B. in der optimalen Positionierung von Wind-Farmen im Off-Shore-Bereich, in der Auffindung von Ölflocken (über die Dämpfung der Oberflächenwellen) auf den Meeren oder der Abschätzung der Wassertiefe im Küstenbereich.

Insbesondere mit den europäischen SAR Missionen (ERS-1/-2 und ENVISAT) und dem kanadischen Radarsat-1 wurden neben den traditionellen Ozean-, Eis- und Meeresanwendungen auch verstärkt die Nutzung von weltraumgestützten SAR-Systemen für Landanwendungen betrieben. Verbunden mit der Messung von oberflächennahen Gewässern ist hier z. B. die Kartierung von Überschwemmungen, aber auch die von Reisfeldern zu nennen.

Für weitere Anwendungen musste man jedoch die Wellenlänge im Radar C-Band (3,75–7,5 cm) der bisherigen Missionen um kürzere Wellenlängen im X-Band (2,4–3,75 cm) und längere Wellenlängen im L-Band (15–30 cm) erweitern. Insbesondere mit dem X-Band und neuen „phased array" Antennen konnten hiermit auch höhere geometrische Auflösungen erreicht werden. Die deutsche

X-Band SAR-Mission TerraSAR-X (2007) erreicht somit im besonderen „staring spotlight“ Modus eine Auflösung von bis zu 25 cm (Bild 7.1.6). X-Band SAR Missionen anderer Nationen (z. B. Cosmo-Skymed, Italien; Kompsat-5, Korea; PAZ, Spanien) erzielen ähnliche Werte. Entsprechend werden diese Daten auch für sicherheitsrelevante Anwendungen eingesetzt.

Bild 7.1.6: *Staring Spotlight Aufnahme des SAR Satelliten TerraSAR-X vom DLR Forschungszentrum Oberpfaffenhofen (Bild: DLR).*

Durch die Verschneidung der kohärenten Mikrowellensignale kann man aus der Phasendifferenz bzw. Interferenz zweier SAR-Messungen Rückschlüsse auf die rückstreuende Topographie oder deren Veränderung ziehen. Diese Methode der SAR-Interferometrie wurde erstmals mit den europäischen Missionen ERS-1/-2 demonstriert. Dabei lieferten zwei zeitlich auseinanderliegede Überflüge die jeweiligen zu interferierenden Signale. Mit der Shuttle Radar Topography Mission (SRTM, 2000) konnten erstmalig zwei Antennen, positioniert in der Ladebucht des Space Shuttles und an einem von dort ausgefahrenen Mast, diese Messungen zeitgleich vornehmen. Ergebnis der Mission war ein aus den Radardaten generiertes digitales Geländemodell. Bei der deutschen Mission TanDEM-X wurde dem schon im Orbit befindlichen TerraSAR-X Satelliten 2010 ein fast baugleicher Satellit beigestellt. Beide Satelliten fliegen in einer Helix-Orbit-Konfirguration, die es erlaubt, den notwendigen Abstand der Antennen für bi-statische interferometrische Messungen herzustellen. Mit dieser Konfiguration konnte ein globales Höhenmodell (WorldDEM) nach einigen Jahren Missionsbetrieb erstellt werden. Beide Satelliten fliegen noch (2018) in der Tandem-Konfiguration und testen u. a. weitere innovative Bildgebungsverfahren aus. Mittels neuer Methoden sollen bei hoher Auflösung auch große Bereiche der Erdoberfläche durch die deutsche Tandem-L Mission, bestehend aus zwei Satelliten, erfasst werden. Dies ermöglicht die interferometrische Kartierung der gesamten Erde innerhalb einer Woche. Diese Mission ist für Mitte der 2020er Jahre geplant.

Sicherheitsrelevante und militärische Anwendungen
Die Systeme, Technologien und Methoden der Kartografie mittels Satelliten sind zumeist aus militärischen Programmen entlehnt. Die ersten photogrammetrischen Kameras auf Satelliten flogen als streng geheime Missionen der USA und der ehemaligen UdSSR. Als erste **militärische Aufklärungsmission** der Amerikaner startete am 18. August 1960 der DISCOVERER-14-Satellit. Der belichtete **analoge Film** wurde in einer Kapsel abgeworfen und von Spezialflugzeugen in der Luft aufgefangen. Die erreichte geometrische Auflösung betrug ca. 5 ... 10 m. Wegen des zumeist niedrigen Orbits und des Verbrauchs an Filmmaterial hatten diese Missionen keine lange Lebensdauer. Das gesamte Programm – genannt CORONA – flog bis 1972 ca. 95 Missionen. Das Konzept des analogen Films mit dem Abwurf der Filmkapsel wurde ab Mitte der 1970er-Jahre durch vollelektronische Systeme abgelöst. Mittlerweile sind die damals gewonnenen über 800 000 Aufnahmen digitalisiert und der Öffentlichkeit zugänglich (https://lta.cr.usgs.gov/declass_1).

Auch die frühere Sowjetunion betrieb Aufklärungssatelliten. Der 1962 gestartete ZENIT-2 besaß schon getrennte Objektive, um sechs verschiedene Spektralkanäle aufzunehmen. Die von Carl Zeiss, Jena, gebaute Kamera zeichnete diese Kanäle auf verschiedenen Filmen mit 70 mm Breite und 120 m Länge auf, die ebenfalls mit Kapseln abgeworfen wurden.

Über die aktuellen Aufklärungssysteme des Militärs sind naturgemäß keine detaillierten Angaben bekannt. Die neueste Generation der US-Aufklärungssatelliten im optischen Bereich soll jedoch **geometrische Auflösungen kleiner als 10 cm** erreichen. Mittels geostationärer Datenrelaissatelliten stehen diese Aufnahmen auch in Echtzeit und wahrscheinlich zeitweise als Videofolge zur Verfügung. Die technische Auslegung und Größe dieser Satelliten ist dabei mit dem Hubble Space Telescope zu vergleichen. Mit genügend Treibstoff an Bord sind diese Satelliten auch in der Lage, während ihrer Lebensdauer die Inklination und Höhe ihres Orbits zu ändern, um bestimmte Ziele auf der Erde früher oder öfter zu erreichen. Die vom US National Reconnaissance Office (NRO) betriebenen Satelliten werden als **Keyhole** („Schlüsselloch“) bezeichnet.

Wegen der nicht gegebenen **Allwetterfähigkeit** der optischen Systeme benötigen sicherheitsrelevante Anwendungen tag-, nacht- und allwetterfähige aktive Radarsysteme (SAR = Synthetic Aperture Radar). Einige solcher Satelliten werden als klassifizierte Aufklärungssysteme betrieben. So betreibt die Bundeswehr seit 2007 das aus 4 Satelliten bestehende X-Band SAR-System SARLupe. Dies soll ab 2018 durch das neue SARah-System abgelöst werden. Ebenso betreiben u. a. Italien, Japan, China, Indien und Korea SAR Systeme, die größtenteils nur den nationalen Behörden zur Verfügung stehen.

Als Ergebnis der Arbeiten an der SPOT-Serie der Erdbeobachtungssatelliten startete Frankreich in Europa als erste

Nation mit dem Betrieb von nur dem Militär zur Verfügung stehenden optischen Aufklärungssatelliten (HELIOS-1 und -2, Start 1995/2004). Mit dem System Composante Spatiale Optique (CSO) wird die Serie der höchstauflösenden französischen Aufklärungssatelliten fortgesetzt. Bilaterale Vereinbarungen ermöglichen den Austausch dieser Daten zwischen nationalen Sicherheitsdiensten.

Im zivilen bzw. dual-use Bereich wird seit 2011 das französische System PLEIADES mit zwei Satelliten und einer geometrischen Auflösung von ca. 50 cm betrieben. Die Daten stehen sowohl dem Militär als auch der zivilen kommerziellen Nutzung zur Verfügung. Mit den vier Satelliten des Pleiades-NEO soll diese Auflösung und die Wiederholrate der Abdeckung ab 2020 nochmals verbessert werden.

US-amerikanische kommerzielle Systeme waren bislang die Marktführer in dem Bereich der höchstaufgelösten optischen Satellitendaten. Angefangen mit den Systemen IKONOS (1999) repräsentieren die aktuellen Systeme WorldView-3 und WorldView-4 mit 30 cm Auflösung den Standard. Weitere Systeme mit nochmals verbesserter Auflösung und vor allem mehr Satelliten sollen folgen (z. B. WorldView Legion, ab 2010). Diese Satellitensysteme werden hauptsächlich durch Kunden aus dem sicherheitspolitischen und militärischen Bereich finanziert. Zunehmend interessieren sich aber auch der Handel und global agierende Firmen mit strategischen Interessen an solchen „Aufklärungsdaten". Per Dekret der US-Regierung ist die geometrische Auflösung solcher Systeme für den zivilen Bereich derzeit auf 25 cm beschränkt. Dies gilt für alle in den USA zugelassenen Systeme sowie Systeme anderer Nationen, die Bauteile aus den USA verwenden.

Diese „traditionellen" Systeme verwenden Bauteile und Verfahren, die zumeist in militärischen Programmen entwickelt wurden. Sie setzen auf große Satellitenbusse und eine lange Lebensdauer. Neue Firmen sind hier mit Technologien aus dem zivilen Bereich und mit kleineren, günstigeren Satellitenbussen angetreten, in diesem Markt präsent zu sein. Meist finanziert durch privates Risikokapital starten diese „NEW SPACE" Firmen zumeist eine Flotte von Klein- und Kleinstsatelliten und erreichen hier auch Auflösungen besser als 1 m. Durch neue Sensoren ist auch die Erzeugung kleiner Video-Sequenzen aus dem Orbit möglich.

7.1.2 Anwendung der Erdbeobachtung am Beispiel der Fernerkundung globaler Schneeflächen und ihrer Dynamiken

Schneeflächen bedecken im Winter bis zu 50 % der Nördlichen Hemisphäre (Lemke et al. 2007). Die Abflussregime der meisten Flusssysteme Nordamerikas, Europas, Russlands, Zentralasiens und der an das Tibetplateau angeschlossenen Regionen sind dominiert von Schneeschmelze (Barnett et al. 2005), die die Landwirtschaft, Energiegewinnung aus Wasserkraft, das Grundwasser und das Auftreten von Naturkatastrophen beeinflusst. Der globale Strahlungshaushalt, Flora und Fauna sowie der Tourismus sind ebenfalls von den Schneeflächen abhängig. Da sich der Klimawandel auf Dauer, Beginn und Ende der Schneebedeckung auswirkt und auch die anfallenden Schneemassen dadurch betroffen sind, ist es notwendig, nicht nur aktuelle Schneebedingungen zu quantifizieren, sondern auch mögliche Trends und Entwicklungen zukünftiger Schneeverhältnisse abzuschätzen. Schneebedeckung gehört zu den „Essentiellen Klimavariablen" (ECV, WMO & GCOS, 2011) und wurde vom IPCC und dem UNEP als besonders kritische Klimakomponente identifiziert (Barry et al. 2007). Ein detailliertes Monitoring ist deshalb unerlässlich, wofür sich Fernerkundungsdaten mittelaufgelöster Sensoren dank ihrer flächendeckenden Verfügbarkeit und täglicher Abdeckung besonders gut eignen.

Schneeflächen zeichnen sich durch eine hohe Reflektion im sichtbaren Bereich des elektromagnetischen Spektrums aus, während ein Großteil der einfallenden Strahlung im kurzwelligen Infrarotbereich absorbiert wird. Diese Eigenschaft kann ausgenutzt werden, um Schneeflächen zu erkennen und von anderen Parametern der Landbedeckung zu trennen. Zu diesem Zweck wurde der Normalized Difference Snow Index (NDSI) entwickelt (Hall et al. 1995, Crane & Anderson 1984):

$$\mathrm{NDSI} = \frac{R_{\mathrm{vis}} - R_{\mathrm{SWIR}}}{R_{\mathrm{vis}} + R_{\mathrm{SWIR}}} \qquad (7.1.1)$$

SWIR kurzwelliger Infrarot-Kanal
R_{vis} Reflektion im sichtbaren Bereich
NDSI Normalized Difference Snow Index

Ein NDSI-Wert größer als 0,4 ist in der Regel bereits ein guter Indikator für die Schneebedeckung. Um eine Verwechslung mit Wasser- und Waldflächen zu vermeiden, sollte die Reflektion im sichtbaren Bereich über 10 % liegen (Klein et al. 1998; Dietz et al. 2012). Bild 7.1.7 zeigt am Beispiel einer Landsat Szene vom 17. August 2015, wie Schneeflächen mit Hilfe des NDSI klassifiziert und von Wolken getrennt werden können. Die in Bild 7.1.8 vergrößerte Region beinhaltet bewölkte Bereiche, die sich im Echtfarbenkomposit kaum von Schneeflächen trennen lassen. In Bild 7.1.9 wird der im Vergleich zum Schnee deutlich niedrigere NDSI Wert der Wolkenflächen erkennbar, der schließlich zu einer erfolgreichen Trennung von Wolken und Schnee führt (Bild 7.1.10).

Die Qualität der Klassifikation kann durch unterschiedliche Faktoren beeinflusst werden: geringe Schneehöhen, Vegetationsbedeckung (vor allem Waldflächen), Topographie, und nicht zuletzt die Wolkenbedeckung können die

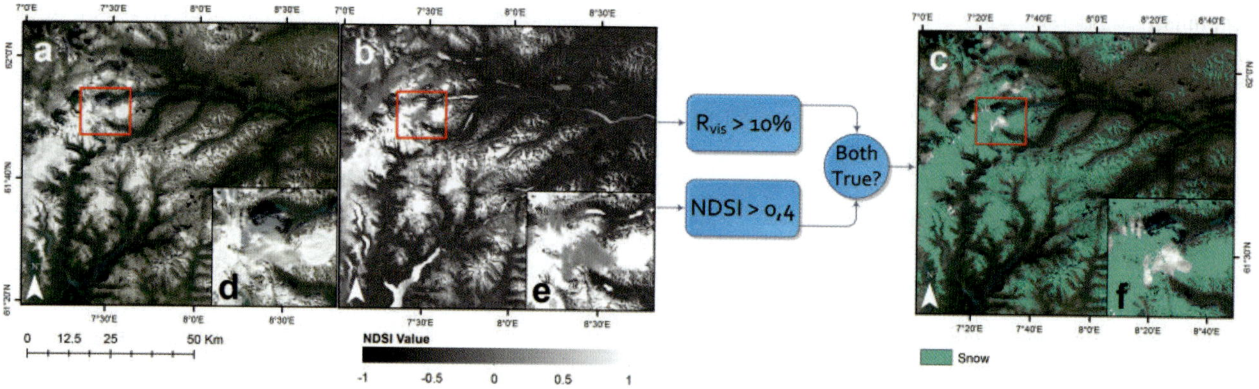

Bild 7.1.7: *Klassifizierung von Schneeflächen in einer Landsat 8 Szene (Path 200, Row 17) vom 17. August 2015. a) Echtfarbenkomposit, b) NDSI, c) Echtfarbenkomposit mit klassifizierten Schneeflächen. Die Details in d), e) und f) zeigen die erfolgreiche Trennung von Wolken und Schnee.*

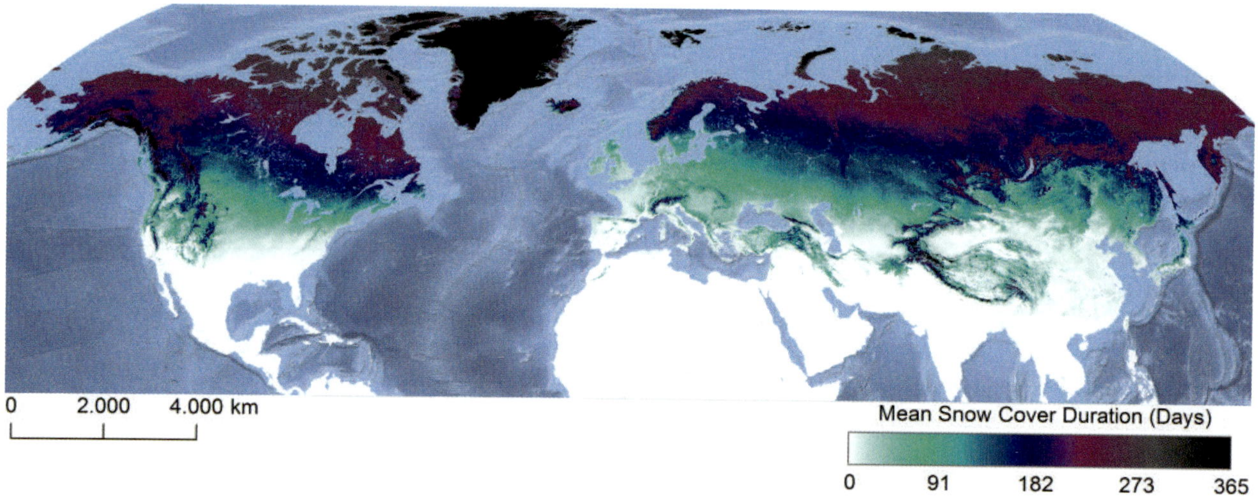

Bild 7.1.8: *Mittlere Schneebedeckungsdauer für die Jahre 2000–2017, basierend auf dem DLR Global SnowPack.*

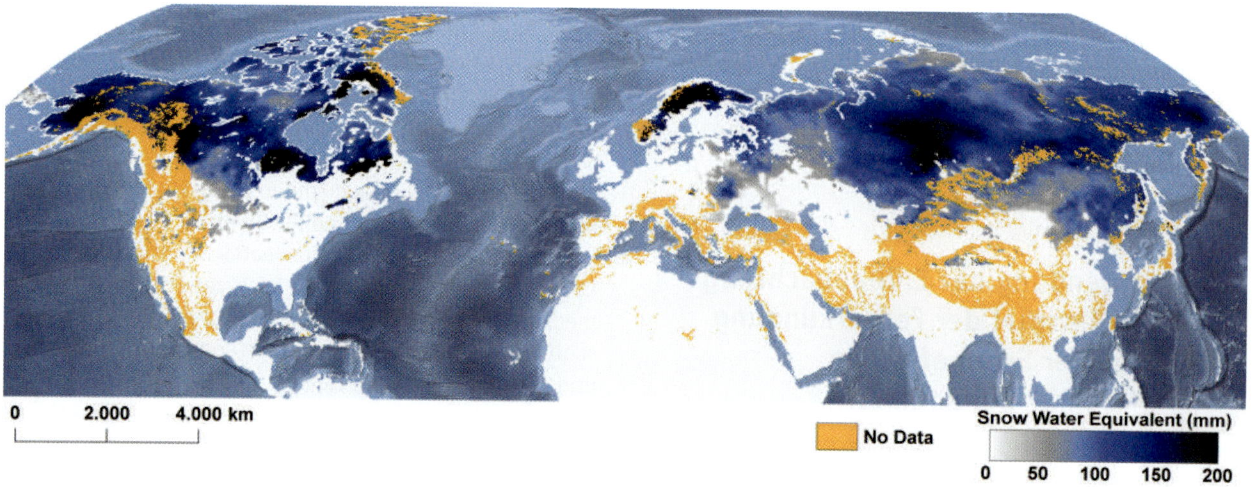

Bild 7.1.9: *ESA GlobSnow SWE Produkt, basierend auf passiven Mikrowellendaten für den 1. Januar 2013.*

7

Ergebnisse beeinträchtigen. Vor allem die teils extensive Wolkenbedeckung macht eine kontinuierliche Beobachtung von Schneeflächen und ihren Dynamiken schwierig. Der Anteil wolkenbedeckter Tage kann in nördlichen Breiten 60 % und mehr betragen. Um schneebedeckte Flächen unterhalb der Wolkendecke abzuschätzen, können verschiedene Methoden angewendet werden: die Kombination mehrerer zur Verfügung stehenden Satellitenobservationen des betreffenenden Kalendertages, zeitliche Filter, die mehrere aufeinanderfolgende Tage berücksichtigen oder die Verschneidung mit einem Geländemodell sind verbreitete Schritte. Die ersten beiden Methoden nutzen die hohe räumliche Dynamik der Wolken aus. Wolken verändern ihre Position im Laufe eines oder mehrerer Tage, sodass ein zu einem bestimmten Satellitenüberflug wolkenbedeckter Bereich zu einem späteren Zeitpunkt frei von Wolken sein kann. Die Kombination unterschiedlicher Aufnahmen eines oder mehrerer Tage kann den Einfluss der Bewölkung auf die Klassifikation demnach reduzieren. Je größer das zur Interpolation gewählte zeitliche Fenster ist, desto höher ist die Wahrscheinlichkeit, dass ein Pixel zu einem dieser Zeitpunkte wolkenfrei ist. Die Qualität der Schneeklassifikation kann allerdings vor allem in Perioden hoher Schneedynamik reduziert werden. Bei der Verschneidung mit einem Geländemodell wird der Temperaturgradient innerhalb der Troposphäre ausgenutzt: mit steigender Höhe sinkt die Temperatur (im Schnitt 0,6 °C pro 100 Meter). Dieser Gradient wirkt sich auf die Schneebedeckung aus und kann helfen, Schneegrenzen im Gebirge anhand der Geländehöhe zu identifizieren und wolkenbedeckte Bereiche entsprechend der Höhe zu klassifizieren.

Das am DLR entwickelte „Global SnowPack" (Dietz et al. 2015) ist ein auf diesen Prozessierungsschritten basierendes Produkt. Mittelaufgelöste Daten unterschiedlicher Sensoren sowie das vom National Snow and Ice Data Center (NSIDC) bereitgestellte Schneeprodukt MOD10A1 fließen als Ausgangsdaten in das GSP ein. Durch Bewölkung, Polarnacht oder fehlende Observationen ausgelöste Datenlücken werden durch tägliche und zeitliche Interpolation sowie durch die Verschneidung mit einem Geländemodell aufgefüllt. Die so aufbereiteten täglichen Schneeklassifikationen sind nach der Prozessierung frei von Datenlücken und global verfügbar. Sie können herangezogen werden, um Produkte wie die Schneebedeckungsdauer innerhalb eines beliebigen Zeitraumes oder die über viele Jahre gemittelten Schneebedeckungsverhältnisse einer Region abzuleiten. Bild 7.1.8 zeigt die globale, mittlere Schneebedeckungsdauer für den Zeitraum 2000–2017, basierend auf dem Global SnowPack.

Vergleiche einzelner Jahre mit den in Bild 7.1.8 dargestellten Verhältnissen können Aufschluss über ungewöhnliche Schneeverhältnisse liefern. So hat eine vergleichsweise kurze Schneebedeckungsdauer möglicherweise Einfluss auf die Wasserverfügbarkeit innerhalb einer Region. Vegetation und Landwirtschaft können ebenso betroffen sein wie der Wintertourismus. Auch die Geschwindigkeit, mit der Schneeflächen schmelzen, kann anhand der täglichen Daten erfasst und analysiert werden. Schmelzen große Bereiche innerhalb kurzer Zeit, kann das Überschwemmungen nach sich ziehen. Auch das Management von Stauseen kann beeinflusst werden. Lange Zeitreihen globaler Schneeinformationen können zudem dazu verwendet werden, durch den Klimawandel ausgelöste langfristige Veränderungen zu quantifizieren oder Trends zu erkennen.

Multispektrale Daten eignen sich hervorragend, Schneeflächen mit hoher Genauigkeit zu erkennen und Produkte hoher räumlicher und zeitlicher Auflösung zu prozessieren. Es kann, basierend auf diesen Daten, aber keine Aussage zu den existierenden Schneehöhen getroffen werden – ein essentieller Faktor in der Bestimmung von im Schnee gespeicherten Wassers. Um diese zusätzliche Information zu erhalten, können Daten passiver Mikrowellensensoren ausgewertet werden. Diese Sensoren messen die kontinuierlich von der Erde emittierte Mikrowellenstrahlung (Brightness Temperature; TB) in verschiedenen Frequenzbereichen. Schneebedeckte Bereiche dämpfen die emittierte Mikrowellenstrahlung in Frequenzbereichen, deren Wellenlänge der Größe der Schneekristalle entspricht (Chang et al. 1987). Andere Frequenzbereiche werden nicht beeinflusst. Mögliche Sensoren für die Ableitung von im Schnee vorhandenem Schneewasseräquivalent (SWE) beeinhalten den Special Sensor Microwave/Image (SSM/I), Scanning Microwave Radiometer (SMMR) und den Advanced Microwave Scanning Radiometer – Earth Observing System (AMSR-E).

Die Differenz der von diesen Sensoren gemessenen TB im 18 GHz und 37 GHz Bereich ist eine Möglichkeit, das SWE abzuschätzen. Falls verfügbar, sind Frequenzen im Bereich um 10 GHz besser geeignet als 18 GHz, da das Signal im höherfrequenten Bereich durch besonders mächtige Schneedecken beeinflusst werden kann, was die Messungen negativ beeinflusst (Kelly 2009). Bild 7.1.9 zeigt das vom ESA Globsnow Projekt (Luojus et al. 2013) bereitgestellte SWE Produkt für den 1. Januar 2013.

In Bild 7.1.9 werden einige Probleme der für das SWE Produkt herangezogenen passiven Mikrowellendaten deutlich: die Auflösung ist mit 25 km pro Pixel erheblich gröber als es bei der in Bild 7.1.8 dargestellten Schneebedeckungsdauer basierend auf Multispektraldaten der Fall ist. Die in Bild 7.1.9 als „No Data" markierten Bereiche stellen ein weiteres Problem dar: in komplexem Terrain mit ausgeprägter Topographie sind die SWE-Werte nicht verlässlich. Da aber gerade die Gebirgsregionen hinsichtlich Schneebedeckung sehr wichtig sind, fallen die Datenlücken besonders schwer ins Gewicht. Zusätzlich sollte der Schnee möglichst trocken sein, um ihn sicher zu erkennen. Ein Vorteil der passiven Mikrowellendaten ist hingegen ihre Unabhängigkeit von Bewölkung und Dunkelheit.

Aktuell stattfindende Entwicklungen zielen auf die Ableitung von Schneeparametern, basierend auf Fernerkundungsdaten aus dem Copernicus-Programm, auf die Verbesserung der Bestimmung des SWE und auf die bessere Erkennung von Schneeflächen in Radar-Daten bzw. die Kombination aktiver und passiver Sensordaten.

7.1.3 Anwendung der Erdbeobachtung am Beispiel der Feldfruchtkartierung

Mit Hilfe der Erdbeobachtung können landwirtschaftliche Praktiken für große Gebiete flächendeckend kartiert werden (Begue et al. 2018). Informationen, wann, wo und in welcher Menge bestimmte Feldfrüchte angebaut werden, sind für eine Reihe von Anwendern auf nationaler und internationaler Ebene hoch relevant, beispielweise für Ministerien und Behörden, Versicherungen sowie für Logistik- und Handelsunternehmen. Feldfruchtkartierungen bilden eine wichtige Grundlage für Produktionsstatistiken sowie Ernte- und Risikoprognosen und können somit beispielweise zu Wirtschaftlichkeitsanalysen und zur Abschätzung der Ernährungssicherheit beitragen. Des Weiteren machen flächendeckende Feldfruchtkartierungen landwirtschaftliche Subventionszahlungen nachvollziehbar und zeigen Landnutzungstrends auf – beispielsweise hin zu Bioenergieanbau, Bewässerung oder investitionsintensiven Sonderkulturen. Raum-zeitliche Informationen zu Feldfrüchten finden Eingang in zahlreiche wissenschaftliche Modelle und ermöglichen so, den Einfluss der landwirtschaftlichen Nutzung auf Hydrologie, Nährstoffkreislauf oder Bodenerosion zu ermitteln.

Zur Kartierung von Feldfrüchten eignen sich insbesondere Satellitendaten mit einer hohen räumlichen Auflösung. Diese sollten – abhängig von den typischen Schlaggrößen (durchschnittliche Größe von Feldern, die ein Landwirt besitzt) der Untersuchungsregion – eine Bodenauflösung von mindestens 10–30 m aufweisen, um Mischpixeleffekte an Anbaugrenzen zu minimieren und eine möglichst genaue Erfassung der Feldflächen zu ermöglichen. Um die Kartierung auf Feldebene zu verbessern, werden zusätzlich zu den Satellitendaten häufig auch Feldstücks- oder Schlaggrenzen (Grenze zwischen Parzellen/Feldern) im Vektorformat herangezogen. Hierbei können die Satellitendaten zunächst pixelbasiert klassifiziert und dann mit Feldpolygonen verschnitten werden, um eine homogene Identifikation auf Feldebene zu erreichen. Alternative, objektbasierte Klassifikationsansätze integrieren die Spektralinformation einzelner Feldpolygone und berechnen daraus statistische Maßzahlen, um die Feldfrucht schließlich direkt auf Feldebene zu kartieren. Sind Vektordaten zu Feldstücks- oder Schlaggrenzen für ein Untersuchungsgebiet nicht vorhanden, können diese auch über eine Segmentierung der Satellitenbilddaten erzeugt werden.

Neben guten räumlichen Auflösungseigenschaften sollten Satellitendaten für die Feldfruchtkartierung auch Saat-, Wachstums- und Erntephasen der Anbaufrüchte idealerwiese mit mehreren Aufnahmen abdecken. Durch die Auswertung von Satellitenbild-Zeitreihen kann so die Tatsache genutzt werden, dass sich Landnutzungstypen insbesondere durch das zeitlich unterschiedliche Eintreten und die typischen spektralen Veränderungen ihrer Wachstumsphasen (Phänologie) unterscheiden lassen (Knauer et al. 2017). Das zeitliche Eintreten der wichtigsten landwirtschaftlichen Bearbeitungs- und Wachstumsphasen wird in der Regel mit Hilfe von Anbaukalendern (Bild 7.1.10) bestimmt. Diese geben einen Überblick über Phasen, zu denen bestimmte Feldfrüchte gut voneinander trennbar oder, aufgrund ähnlicher Phänologie, kaum unterscheidbar sind. Anbaukalender sind somit ein häufig genutztes Hilfsmittel für die Planung von multitemporalen Feldfruchtkartierungen.

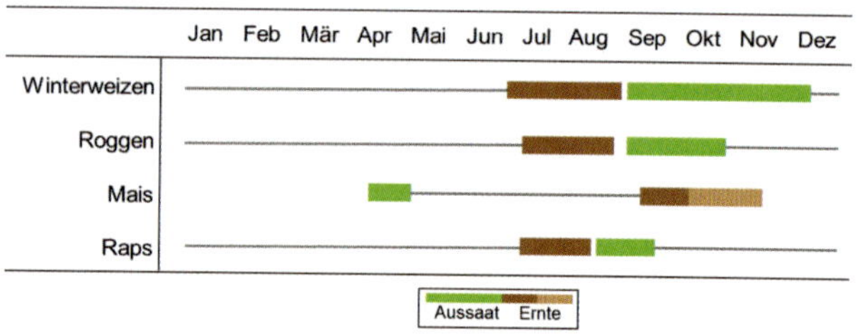

Bild 7.1.10: *Beispielhafter Anbaukalender für eine Region in Mitteleuropa.*

Optische Sensoren, die die für die Feldfruchtkartierung notwendige hohe räumliche und gleichzeitig hohe zeitliche Auflösung bieten, sind beispielsweise Sentinel-2, RapidEye, Spot oder Landsat. Neben den Spektralkanälen werden im optischen Bereich häufig auch Vegetationsindizes eingesetzt, die Informationen über Photosyntheseaktivität, Dichte und Zustand der Anbaufrüchte liefern. Typische Beispiele für solche Vegetationsindizes sind etwa der Enhanced Vegetation Index (EVI), der Normalized Difference Vegetation Index (NDVI), der (Modified) Soil Adjusted Vegetation Index ((M)SAVI) oder Chlorophyll- und Red-Edge-Indizes.

Neben optischen Sensoren können auch Radarsatelliten zur Feldfruchtkartierung eingesetzt werden (Geetha, Karegowda, 2016). Diese liefern – anders als optische Daten – auch in bewölkten Situationen Informationen zur Landoberfläche und sind somit vor allem in Regionen, in denen die Wachstumsphase von Feldfrüchten in regenreichen Jahreszeiten liegt, von großer Bedeutung. Radardaten können zwar nicht die Vitalität der Vegetation erfassen, die Radarrückstreuung gibt jedoch Informationen zur Struktur und Höhe der Vegetationsdecke. Hierbei kommen insbesondere polarimetrische und interferometrische SAR-Verfahren zum Einsatz. Auch bei den Radardaten sind

Sensoren mit einer hohen räumlichen und gleichzeitig hohen zeitlichen Auflösung und einer großen flächenmäßigen Abdeckung notwendig. Da derartige Sensoren in der Vergangenheit nicht zur Verfügung standen, wurden erste Versuche zur Feldfruchtkartierung vor allem mit gröberen Daten oder Daten geringer räumlicher bzw. zeitlicher Abdeckung durchgeführt (z. B. Radarsat, ASAR, TerraSAR-X). Seit 2014 bieten jedoch Sentinel-1-Zeitreihen mit einer hohen zeitlichen Frequenz, einer räumlichen Auflösung von 5–20 m und einer globalen Abdeckung neue Möglichkeiten in diesem Bereich.

Im Zuge neuester Sensorentwicklungen hat sich heute die globale Verfügbarkeit von kostenfreien, hochaufgelösten Zeitreihendaten optischer und SAR-Sensoren deutlich verbessert. So besteht die Möglichkeit, die spezifischen und teilweise komplementären Stärken der beiden Sensortypen in synergistischen Auswerteverfahren zu kombinieren (z. B. Sonobe et al. 2017). Hierbei können die optischen und radarbasierten Informationen einerseits auf Datenebene fusioniert (pixel fusion) und dann in einem Klassifikationsverfahren gemeinsam ausgewertet werden. Andere Ansätze leiten dagegen aus den unterschiedlichen Datenquellen separate Informationslayer ab und kombinieren diese dann zu einem finalen Klassifikationsergebnis (decision fusion).

Feldfruchtkartierungen werden häufig mit Hilfe von Machine Learning Verfahren durchgeführt. Wichtige Klassifikationsansätze sind hierbei etwa Support Vector Machine, Random Forest und Neural Network Verfahren. Auch Deep Learning Ansätze (z. B. Convolutional Neural Networks, Deep Belief Networks) spielen eine immer wichtigere Rolle bei der Klassifikation von großen multitemporalen und Multisensor-Daten. Überwachte Klassifikationsverfahren benötigen hierbei jedoch immer auch so genannte Trainingsdaten oder Lernbeispiele, um die Klassifikationsmodelle zu erstellen. Hierunter versteht man Informationen zur tatsächlich angebauten Feldfrucht, die für eine repräsentative Stichprobe des Untersuchungsgebietes und aller Feldfruchttypen vorliegen muss. Hierfür können detailliert erhobene in-situ Daten, aber auch existierende Datenbanken oder Informationen aus crowd sourcing Aktivitäten genutzt werden (Mack et al. 2017).

Die Genauigkeit von Feldfruchtkartierungen wird in der Regel, wie in der Landbedeckungs- und Landnutzungskartierung üblich, über Konfusionsmatrizen und Genauigkeitsmaße wie die Gesamtgenauigkeit, die klassenspezifische user's und producer's accuracy, den F-Score oder den Kappa-Koeffizienten quantifiziert (Congalton, 2008). Hierfür werden Validierungsdaten benötigt, die ähnlich wie die oben genannten Trainingsdaten, Informationen zur tatsächlich angebauten Feldfrucht für eine repräsentative Auswahl an Punkten innerhalb des Untersuchungsgebiets liefern. Die Validierungsdaten sollten für eine zuverlässige Genauigkeitsabschätzung unabhängig von den Trainingsdaten sein.

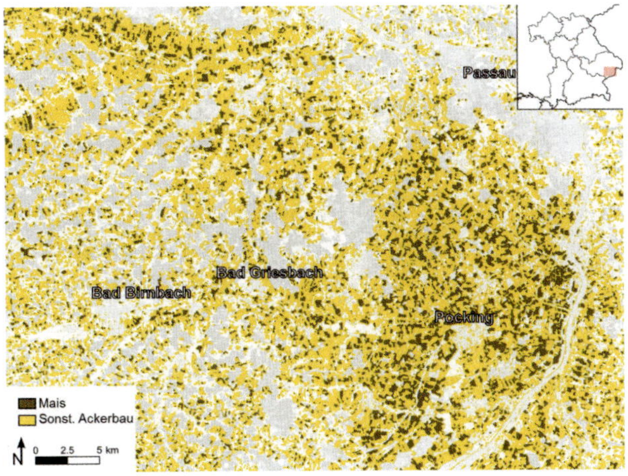

Bild 7.1.11: *Maiskartierung in Niederbayern, basierend auf multitemporalen Landsat-Daten für das Jahr 2015.*

Bei der Evaluierung von fernerkundungsbasierten Klassifikationen zeigen sich immer auch gewisse Fehler mit unterschiedlichen Ursachen. Bei der Feldfruchtkartierung können die Fehlerquellen einerseits darin liegen, dass sich Anbaufrüchte mit einer ähnlichen phänologischen Entwicklung nur schwer unterscheiden lassen (Forkuor et al. 2014). Aber auch dateninhärente Aspekte sind als Fehlerquelle zu berücksichtigen. Schwierigkeiten treten beispielsweise auf, wenn wichtige phänologische Zeitpunkte vom Sensor nicht aufgezeichnet wurden. Zudem sind die ausgewerteten spektralen Informationen und Radarsignale nicht ausschließlich von der Vegetationsbedeckung sondern auch von anderen Faktoren wie beispielsweise der Bodenfeuchte oder der Beobachtungsgeometrie abhängig. Bei besonders dichter Vegetationsdecke können Sättigungseffekte eintreten, so dass eine weitere Zunahme der Vegetationsbedeckung oder -aktivität durch das Fernerkundungssignal nicht mehr erfasst werden kann. Hierbei handelt es sich um Fehlerquellen, die in den Auswerteverfahren nicht immer vollständig eliminiert werden können und somit bei der weiteren Analyse der Klassifikationsergebnisse berücksichtigt werden müssen.

Die Vorteile der fernerkundungsbasierten Feldfruchtkartierung liegen vor allem in der Möglichkeit, auch für große Regionen flächendeckende und konsistente Informationen zur Anbausituation zu generieren. Insbesondere die dichten Zeitreihen der Copernicus-Satellitendaten bieten heute die Möglichkeit, auch langfristige landwirtschaftliche Veränderungen mit einer hohen Detailschärfte zu beobachten und zu quantifizieren. Sie stellen somit eine wertvolle Ergänzung zu detaillierten landwirtschaftlichen Statistiken dar und schaffen auch für datenarme und schwer zugängliche Regionen der Erde quantitative Informationen zur landwirtschaftlichen Nutzung.

7.1.4 Anwendung der Erdbeobachtung zum Monitoring von Aquakultur in Küstenzonen

Die Aquakultur ist weltweit von wachsender Bedeutung, was sich in einer stetig steigenden Nachfrage und Produktion von Aquakulturprodukten zeigt. Insbesondere in Küstenzonen ist Aquakultur im globalen Maßstab von hoher Brisanz. Weltweit stieg die Produktion von Aquakultur von 1982 bis 2012 von 5,56 auf 66,6 Mio. Tonnen. Mit einer jährlichen Zuwachsrate von 8,6 % ist Aquakultur der am schnellsten wachsende Sektor in der globalen Nahrungsmittelwirtschaft (Allison 2011, UN 2011). Bereits heute stammen fast 50 % aller Speisefische aus Aquakulturen. Der größte Teil davon, mit nahezu 90 %, wird in Asien produziert. Ursachen für die gestiegene Nachfrage nach Fisch, Garnelen und anderen aquatischen Nahrungsmitteln liegen in der wachsenden Bevölkerung und einem veränderten Konsumverhalten. Der durchschnittliche jährliche Fischkonsum pro Kopf hat sich seit den 1960er Jahren von 10 kg auf 19 kg beinahe verdoppelt (FAO 2014). In manchen Regionen, so beispielsweise im Mekong-Delta in Vietnam, wechseln viele Bauern von der traditionellen Landwirtschaft zur Aquakultur, da ihnen die Fischzucht ein höheres Einkommen ermöglicht (Ottinger et al. 2016a). Die Ausweitung der Aquakultur bringt in vielen Regionen erhebliche Umweltverschmutzung mit weitreichenden sozialen und ökonomischen Folgen mit sich. Der Einsatz von Düngemitteln, Antibiotika und Pestiziden und die Einleitung von Abwässern führen zu einer erheblichen Belastung der Umwelt und sind Hauptursachen für den Verlust natürlicher Küstenökosysteme (Ottinger et al. 2016b).

Die Auswertung von Erdbeobachtungsdaten ermöglicht eine großflächige Erfassung und Quantifizierung von Aquakulturflächen sowie die langfristige Beobachtung ihrer Entwicklung und der damit einhergehenden Umweltveränderungen. Satellitensensoren ermöglichen eine großflächige und wiederholte Betrachtung der Landoberfläche. Verschiedene Oberflächenbedeckungen und -eigenschaften können auf Basis der Fernerkundungsdaten abgeleitet werden. Dies ermöglicht auch die Detektion von Aquakulturflächen sowie deren räumlicher Verteilung und die Analyse zeitlicher Veränderungen. Aquakulturteiche zeigen sich im Satellitenbild zumeist als rechteckige Flächen, die über die Anzuchtphase kontinuierlich wasserbedeckt sind (Ottinger et al. 2016a). Bild 7.1.12 zeigt drei Beispiele, wie Aquakulturflächen typischerweise in optischen Satellitenbildern in Erscheinung treten.

Von der Vielzahl an Erdbeobachtungssensoren eignen sich für die Anwendung zur Aquakultur-Kartierung, insbesondere hochauflösende optische Daten sowie Radardaten. Eine hohe räumliche Auflösung der Bilddaten ermöglicht die Erfassung von linearen Strukturen, wie z. B. Deiche um Aquakulturbecken, sowie die Abgrenzung von Aquakulturteichen. Beispielsweise sind mittels TerraSAR-X Bilddaten mit einer räumlichen Auflösung von 8,25 m selbst kleine Aquakulturflächen klar erkennbar (Ottinger et al. 2016a). Radardaten aktiver Fernerkundungssensoren haben den Vorteil, dass sie unabhängig vom Sonnenlicht Daten erfassen und auch Wolken durchdringen können. Dies erlaubt eine kontinuierliche Erfassung der Landoberfläche auch in stark durch Wolkenbedeckung beeinflussten tropischen Regionen.

Ein modernes Verfahren zur Detektion von Aquakulturflächen setzt insbesondere auf die Auswertung von Satellitendaten-Zeitreihen. In der Studie von Ottinger et al. (2017) werden Sentinel-1-Zeitreihen für eine großflächige Analyse der Aquakultur in Küstenregionen verwendet. Für die Erkennung von Aquakulturflächen können dabei sowohl die Rückstreuintensität der Radardaten als auch Größe und Formparameter der Flächen herangezogen werden (Bild 7.1.13). Durch die Einbeziehung von Formparametern wird eine Unterscheidung von künstlich angelegten, meist rechteckigen Teichen und natürlichen Wasserflächen ermöglicht. Die Verwendung einer Zeitserie von Satellitendaten ist aus zweierlei Hinsicht von Vorteil. Zum einen ermöglicht die Zeitserie die Beobachtung der zeitlichen Entwicklung und Dauer der Wasserbedeckung. Zum anderen können auf Basis von Zeitseriendaten gemittelte Datenprodukte erstellt werden, die sich durch eine höhere Detailerkennbarkeit in den Radardaten auszeichnen (Ottinger et al. 2017).

Shrimp ponds, Vietnam — Shrimp ponds, Thailand — Fish farms, China

Bild 7.1.12: *Erscheinungsbild verschiedener Aquakultur-Anbausysteme in optischen Satellitendaten. Datenquelle: Google Earth.*

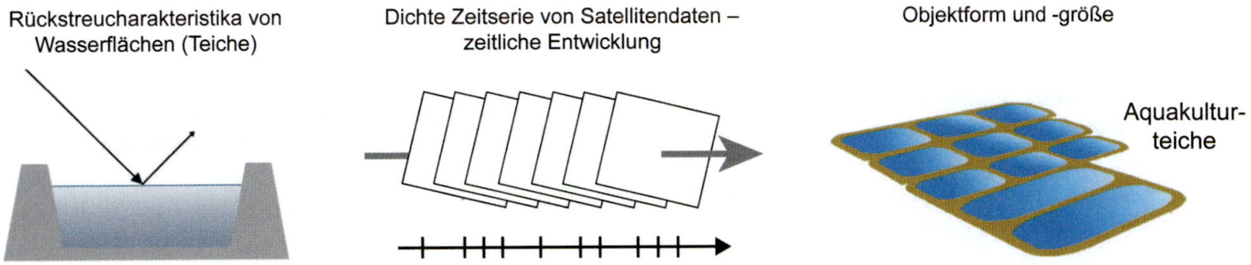

Bild 7.1.13: *Veranschaulichung wichtiger Parameter, die für die Ableitung von Aquakulturflächen auf Basis von Sentinel-1-Zeitserien herangezogen werden können.*

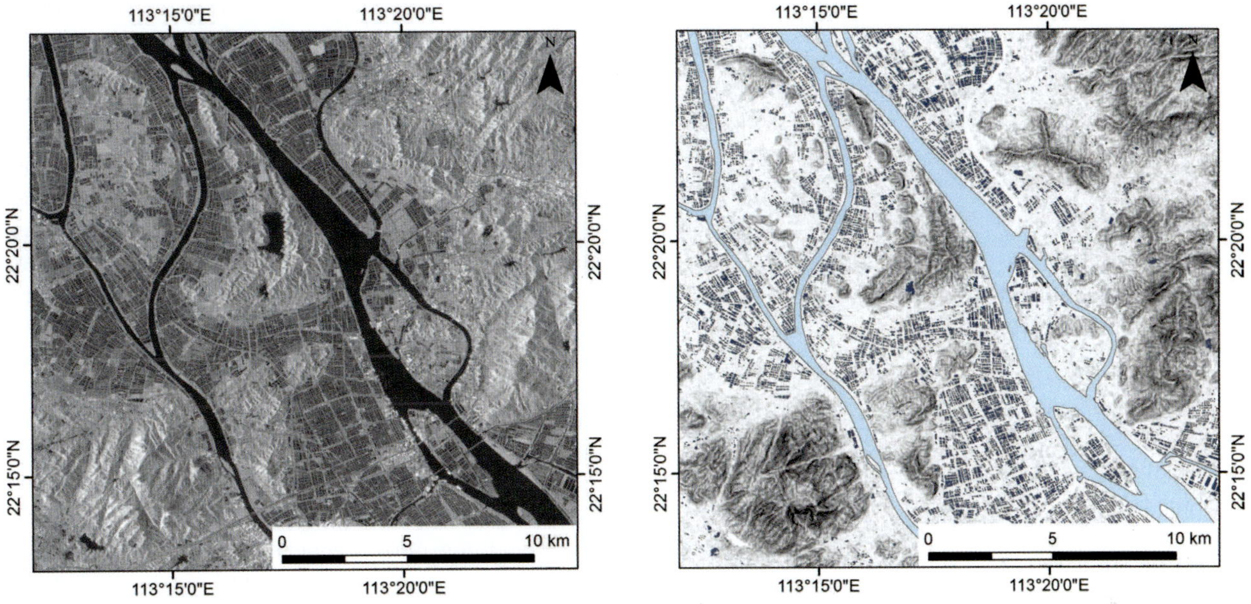

Bild 7.1.14: *Kartierung von Aquakulturflächen im Pearl River Delta, Guangdong Provinz, China. Die Kartierung basiert auf Sentinel-1-Zeitseriendaten (S1 GRDH IW, VH-Polarisation, Daten von 2015 und 2016).*

Ein Beispiel für eine Kartierung von Aquakulturflächen zeigt Bild 7.1.14. Der dargestellte Ausschnitt zeigt ein Gebiet im Pearl River Delta, Guangdong Provinz, China. Die Kartierung wurde auf Basis von Sentinel-1-Zeitseriendaten nach dem Verfahren von Ottinger et al. (2017) erstellt. Die hellblauen Flächen im rechten Kartenausschnitt zeigen die detektierten Wasserflächen. Aufgrund der hohen räumlichen Auflösung der verwendeten Satellitendaten können einzelne Aquakulturteiche abgegrenzt und kartiert werden. Das räumliche Muster und die Verteilung der Aquakulturflächen sind deutlich erkennbar.

Die Anwendung der Erdbeobachtung für das Monitoring von Aquakulturflächen in Küstenregionen ermöglicht eine quantitative Auswertung der räumlichen Ausdehnung, Verteilung und Entwicklung von Aquakulturflächen weltweit. Diese Informationen sind von entscheidender Bedeutung für ein nachhaltiges Land- und Wassermanagement in Küstenregionen.

7.1.5 Elemente von Erdbeobachtungsmissionen

Die **Anforderungen** an Missionen der Erdbeobachtung werden sowohl von der Nutzer- als auch von der Systemseite gestellt. Es ist eine zentrale Aufgabe während der Definitions- und Auslegungsphase von Erdbeobachtungsmissionen, beide Anforderungen abzugleichen und ein möglichst abgestimmtes Missionskonzept zu erarbeiten.

Für den Nutzer sind es in erster Linie Anforderungen, die eine spätere Anwendung der Sensordaten der Mission betreffen [7.1.2], während das Anliegen der Systemseite die technische Umsetzung dieser Anforderungen, den Satelliten und seine Subsysteme, das Bodensegment sowie die spätere Missionsdurchführung betrifft. Die Anforderungen lassen sich in vier zentrale Gruppen unterteilen.

7.1.5.1 Beobachtungsprofile

Das Interesse des Nutzers von Erdbeobachtungsdaten liegt in vielen Fällen darin, Zugang zu **Beobachtungsgebieten** zu haben, die über die gesamte Erdoberfläche verteilt sein können. Dabei konzentriert sich seine Anwendung zumeist auf eine Überwachung von großflächigen Gebieten, um z. B. die Entwicklung von Versteppungs- oder Wüstengebieten zu verfolgen, den jährlichen Vegetationszyklus zu beobachten oder die Veränderung der Eiskappen an den Polen zu überwachen. Genauso häufig jedoch liegt das Nutzerinteresse in sehr detaillierten Informationen über ausgewählte kleinräumige Flächen, wie es urbane Räume darstellen, oder in einzelnen Objekten wie Flugplätzen oder sogar Gebäuden. Diese Anforderungen haben einen direkten Einfluss auf das Missionsprofil, die Auslegung von Bahn- und Aufnahmesystem und die spätere Datenprozessierung. Entsprechend dem **Beobachtungsprofil** ergeben sich unterschiedliche Anforderungen an den Orbit, den Sensor und den operationellen Einsatz.

7.1.5.2 Typische Bahnen von Erdbeobachtungssatelliten

Generell eignen sich für Erdbeobachtungsmissionen sowohl geostationäre als auch zirkulare oder gar elliptische erdnahe Bahnen. Letztere werden jedoch nur für sehr spezielle Beobachtungsprofile, wie z. B. bei Aufklärungsmissionen, angewendet.

Geostationäre Bahn

Die geostationäre Bahn dient derzeit vornehmlich der permanenten und großflächigen **Beobachtung der Erdoberfläche** und ihrer **Atmosphäre** in Anwendungen für **Meteorologie, Klimatologie und Umwelt.** Satelliten in dieser Bahn verfügen über eine permanente Beobachtungsmöglichkeit eines großen Teils der Erde; drei Satelliten, gleichmäßig auf äquatorialen Positionen verteilt, stellen eine permanente Beobachtungskonstellation für mehr als 90 % der Erdoberfläche sicher. Nicht erfasst werden können jedoch die Bereiche der Pole. Durch ihre kontinuierliche Beobachtungsmöglichkeit und ihren festen Bezug zur Erdoberfläche können auch dynamische Prozesse der Atmosphäre, z. B. Wolkenformationen, Starkwindereignisse wie Wirbelstürme sowie Massenbewegungen, z. B. von Wüstensand, sehr gut erfasst und beobachtet werden. Infolge des großen Abstands von der Erdoberfläche ist jedoch die **räumliche Auflösung** der optischen Sensoren auf etwa einen Kilometer **begrenzt** und es sind relativ lange Sensor-Integrationszeiten notwendig. Typische Vertreter dieser Satelliten sind die geostationären Wettersatelliten wie z. B. die Serie der METEOSAT oder GOES-Satelliten.

7

Erdnahe zirkulare Bahn

Dieser Bahntyp wird vorwiegend für Anwendungen mit **mittlerer bis sehr hoher geometrischer Auflösung** von Objekten auf der Erdoberfläche benutzt. Die Satelliten nutzen einen Korridor von ca. 430 ... 930 km Bahnhöhe und umkreisen die Erde mit einer Periode von 90 ... 110 min und damit zwischen 13- und 15-mal pro Tag. Die Beobachtung der Erdoberfläche erfolgt damit nicht mehr kontinuierlich wie bei den geostationären Satelliten, sondern in täglichen Überflügen über das Beobachtungsgebiet. Die Anzahl der Überflüge und damit die **tägliche Beobachtungsdauer** sowie die **Kontaktzeit** mit einer Bodenstation sind begrenzt und hängen von der geografischen Lage ab. Die Kontaktzeit beträgt maximal 15 Minuten während eines direkten Überflugs. Die bevorzugte Ausrichtung der zirkularen Bahn erfolgt über die Pole, weil durch die Drehung der Erde unter der Ebene der Satellitenbahn eine Aufnahme der gesamten Erdoberfläche in zyklischen Abständen möglich gemacht wird. Wichtiger Sonderfall dieser Bahnausrichtung ist der sogenannte **sonnensynchrone Orbit.** Durch geeignete Auswahl von Bahnhöhe und Inklination der Bahn (ca. 98°) wird erreicht, dass die Präzession der Bahn genau eine Umdrehung im Jahr beträgt. Dadurch bleibt die Orientierung der Bahn gegenüber der Sonne gleich, und es wird erreicht, dass ein Ort auf der Erdoberfläche täglich zur gleichen lokalen Ortszeit überflogen wird, wodurch der Beleuchtungswinkel der Sonne konstant bleibt. Es entstehen daher für optische Satelliten täglich vergleichbare Beobachtungsbedingungen des Aufnahmeorts. Einige Radarsatelliten nutzen ebenfalls die sonnensynchrone Bahn, indem sie an der Tag-Nacht-Grenze (**Dusk-dawn Orbit**) entlangfliegen und den Erdschatten nicht passieren. Dadurch können sie ihre Solargeneratoren kontinuierlich der Beleuchtung durch die Sonne aussetzen und somit den Ladezustand der Batterien günstig erhalten.

Die geforderte hohe räumliche Auflösung wird jedoch nur durch eine begrenzte Abtastbreite des Sensors, die sog. **Schwadbreite** um die Fußspur am Boden, möglich. Typische Schwadbreiten sind 20 ... 185 km bei Landbeobachtungssystemen (SPOT, IRS, LANDSAT) und 10 ... 21 km bei Systemen mit der Fähigkeit zur Objekterkennung (IKONOS, QUICKBIRD, WORLVIEW-1 bis WORLDVIEW-4, Pleiades Satelliten Serie). Durch die Aneinanderreihung nebeneinanderliegender Abtaststreifen ergibt sich eine vollständige Abbildung der Erdoberfläche innerhalb eines Beobachtungszyklus. Bahnmechanisch ist dazu eine nicht ganzzahlige tägliche Wiederholrate, ein sog. **Floating Orbit,** notwendig, die zu einem kontinuierlichen Versatz aufeinanderfolgender Bodenspuren führt. Im Gegensatz dazu steht eine ganzzahlige Wiederholrate (**Frozen Orbit**), die ein festes tägliches Wiederholmuster hervorruft. Die notwendige Zeitspanne bis zur vollständigen Abbildung der Erdoberfläche wird **Wiederholzyklus** genannt und beschreibt die Zeit bis zur Wiederholung der Bodenspur.

Im Gegensatz dazu liefert die **Revisit Time** eine Aussage über die notwendige Zeit, bis ein Ort auf der Erde wieder aufgenommen werden kann. Da diese Zeit bestimmt wird von der geografischen Breite des Aufnahmeorts und der Möglichkeit moderner Satellitensysteme, bis 60° seitlich von der Nadirspur zu schwenken, ist die Revisit Time stets kleiner als der Wiederholzyklus.

7.1.5.3 On Board Data Handling

Moderne Erdbeobachtungssensoren generieren Datenraten und Volumina, die sehr hohe Anforderungen an die Behandlung und Übertragung der Daten zum Boden stellen. **Spitzendatenraten** von mehreren Gb/s sind bei modernen Erdbeobachtungssensoren keine Ausnahme und können in dieser Form nicht direkt zum Boden übertragen werden, da die dazu notwendigen Übertragungsbandbreiten nicht zur Verfügung stehen. Eine **Kompression** der rohen Sensordaten und ihre Zwischenspeicherung in sog. **Solid-State-Mass-Memories** (SSMM) an Bord der Satelliten ist aus diesem Grund unumgänglich. Häufig schließt die Bearbeitung der Daten auch noch ihre **Verschlüsselung** aus Gründen des Schutzes vor unauthorisiertem Zugriff ein. Die **Übertragung** der Daten vom Satelliten zum Boden erfolgt aus dem SSMM in dem dafür reservierten Übertragungsband X-Band (8,025 ... 8,4 GHz) mit einer maximalen Datenrate von derzeit maximal 800 Mbit/s bis 1 200 Mbit/s. Die verfügbare **Bandbreite** ist heute noch ausreichend für eine Datenübertragung der meisten Erdbeobachtungssatelliten. Es werden deshalb bandbreiteneffektive Modulationsverfahren (z. B. bei den Sentinel-Satelliten des Copernicus Programmes) und/oder Mehrfachpolarisation (z. B. bei WORLDVIEW-4) in der Datenübertragung ausgenutzt. Ebenso wird zunehmend der Transfer der Daten über geostationäre Kommunikationssatelliten durchgeführt. Hierzu wird in der Intersatelliten-Kommunikation auch die Datenübertragung per Laser angewendet (z. B. im European Data Relay-Satellite System EDRS). Diese Übertragungstechnik unterstützt z. B. auch Satelliten des Copernicus Programmes (Sentinel-1- und Sentinel-2-Missionen). Zukünftige geplante Systeme erfordern jedoch auch neue Technologien der Übertragung, wie das Ausweichen auf neue Transmissionsbänder. Insbesondere die Nutzung des Ka-Bandes bei Frequenzen von 25,5 bis 27,5 GHz ist für künftige Satellitenmissionen vorgesehen. In diesem Frequenzband stehen 1 500 MHz Bandbreite zur Verfügung und es können nach derzeitigem Stand der Technik bis zu ca. 3 Gbit/s übertragen werden.

7.1.5.4 Nutzlast-Bodensegmente

Die notwendige Verbindung zwischen dem Aufnahmesystem an Bord von Erdbeobachtungssatelliten und dem Nutzer der Sensordaten am Boden wird durch das sog. Nutzlast-Bodensegment gebildet. In ihm sind diejenigen Funktionalitäten und Dienste zusammengefasst, die notwendig sind, um den Nutzer mit der von ihm ausgewählten Information zu versorgen und die es ihm ermöglichen, seine spezifische Anwendung auszuführen. Es beinhaltet die Funktionalität der Platzierung von Aufträgen durch den Nutzer ebenso wie die Aufnahmeplanung bis hin zum Empfang der Sensordaten, ihrer Verarbeitung und Archivierung und der Verteilung der Information an den Nutzer. Mit Hilfe des Nutzlastbodensegments wird also die Erdbeobachtungsmission im Sinne der wissenschaftlichen, service-orientierten oder kommerziellen Nutzung in Wert gesetzt.

Die **technische Struktur** des Nutzlast-Bodensegments unterscheidet sich stark vom Segment für den Flug- oder Missionsbetrieb, das verantwortlich ist für die Satellitenplattform, die Missionsplanung und den Sensorbetrieb. Es bestehen jedoch umfangreiche **Schnittstellen** zwischen beiden Einrichtungen auf der Ebene der Missionsplanung und der Betriebsabwicklung. Während es noch gewisse Gemeinsamkeiten in den technischen Elementen wie in der terrestrischen Kommunikation, den Bodenstationen, den Datenbanken und -archiven gibt, sind die Hauptunterschiede in der Behandlung der Sensorströme mit **Datenraten und Datenvolumen** zu finden, die diejenigen des Missionsbetriebs häufig um mehrere Größenordnungen übersteigen. Heutige Sensorsysteme der Erdbeobachtungssatelliten erzeugen häufig ca. 500 GByte bis einige 1 000 GByte an Daten täglich. Es sind Systeme in der Planung (z. B. die US-Indische Mission NISAR oder auch künftige deutsche Radarmissionen), die tägliche Datenmengen im Multi-TByte-Bereich produzieren. Dies ist eine besondere Herausforderung für den Empfang der Sensordaten (s. a. vorigen Abschnitt), aber beeinflusst auch die gesamte Auslegung des Nutzlastbodensegments. Bodenstationsnetzwerke, hohe Bandbreiten in der terrestrischen Datenübertragung, die Anwendung von Methoden im Bereich der High Performance Data Analytics (HPDA) für die Datenverarbeitung und spezielle Ausprägung des Nutzerzugriffs auf die Produkte sind die Konsequenz daraus. Die Funktionen und Dienste ermöglichen immer häufiger den **Datenzugang in naher Echtzeit** und haben als Zielsetzung, Eingangsprodukte für die Erstellung von geophysikalischen oder erdbezogenen Analysen zu erstellen. Im Gegensatz dazu können häufig neue physikalische Erkenntnisse nur durch eine vollständige **Reprozessierung von Datensätzen** langer Beobachtungszeiträume mit neuen Algorithmen erzielt werden. Als markantes Beispiel kann die Entdeckung des Ozonlochs über der südpolaren Atmosphäre genannt werden, das zwar schon mit den ersten Aufnahmen des CCSZ-Sensors an Bord des NIMBUS-Satelliten registriert wurde, aber erst viel später durch eine komplette Reprozessierung mit einem neuen Algorithmus erkannt wurde. Bei den heutigen Datenmengen sind solche Reprozessierungsaufgaben nur noch mit

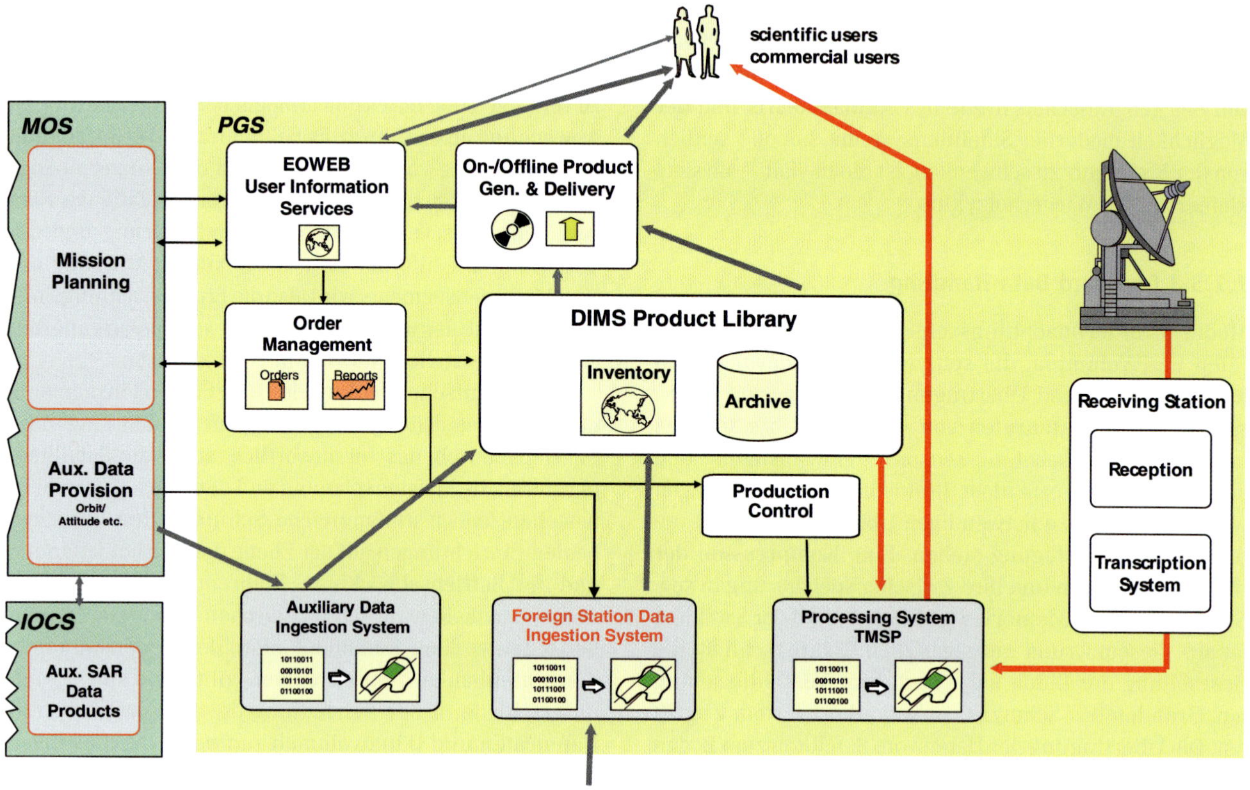

Bild 7.1.15: *Struktur eines Multi-Missions-Bodensegments (Bild: DLR).*

hochperformantem Archivzugriff und entsprechender Prozessierungsinfrastruktur durchführbar.

Die Einrichtung und insbesondere die ständige Anpassung eines Nutzlast-Bodensegments an die aktuellen Anforderungen stellen einen wesentlichen Schritt beim Aufbau von **Erdbeobachtungskapazität** dar. Sowohl die zeitgerechte Verfügbarkeit des Nutzlastbodensegments für eine neue Erdbeobachtungsmission als auch die langfristige Kontinuität in allen Funktionen, sind wesentliche Voraussetzungen für die Anwendung von satellitengestützter Erdbeobachtung. Dies betrifft Anwendungen in unmittelbarem, aktuellem Interesse, wie die Informationsbereitstellung in Katastrophenfällen, ebenso die Beurteilung von Daten zu langfristigen Veränderungen, z. B. der Vegetation oder urbaner Räume. So ist die Haltung und Pflege von **großen Datenarchiven** unterschiedlicher Datenquellen eine zentrale Aufgabe von Nutzlast-Bodensegmenten, die in Europa von mehreren Datenzentren in Zusammenarbeit mit der ESA seit mehreren Jahren gemeinsam erfüllt wird.

Die Historie der Nutzlast-Bodensegmente vollzieht sich in gleicher Weise wie die Historie der Erdbeobachtung und den jeweils verfügbaren Technologien. Zunächst wurden auf einem „Einzelmissions-Konzept" beruhende Systeme aufgebaut (Landsat, SPOT, ENVISAT, IKONOS). Die steigende Anzahl von Missionen unterschiedlicher Ausrichtung und die zwingende Notwendigkeit, zwischen ihnen „interoperabel" zu agieren, reduzierte Ressourcen sowie die Notwendigkeit, im Rahmen des europäischen GMES-Programms ein europäisch übergreifendes dezentrales Bodensegment einzurichten, leiteten die Entwicklung von sog. **Multi-Missions-Bodensegmenten** ein. Typische Vertreter hierfür sind die Nutzlastbodensegmente des DLR für nationale Missionen wie TerraSAR-X, TanDEM-X oder EnMAP (Bild 7.1.15). Die heutigen Entwicklungen sind zum einen getrieben von den oben erwähnten hohen Datenmengen oder im Kontrastprogramm hierzu, von Flotten von Kleinsatelliten („New Space"), aber auch gleichzeitig von der Einbeziehung neuer informationstechnischer Entwicklungen, wie dem Cloud Computing. Die dennoch in funktionaler Weise gleich zu beschreibenden Elemente, wie Datenempfang, Datenprozessierung und -archivierung sowie Datenzugriff und -verteilung von Nutzlast-Bodensegmenten und deren technische Entwicklung werden in den nachfolgenden Abschnitten näher erläutert.

Datenempfang mit Bodenstationsnetzwerken und moderne Übertragungskonzepte

Moderne Sensoren von Erdbeobachtungssatelliten generieren Datenraten und -mengen, die die früheren einfachen Lösungen beim Datenempfang mit einfacher, robuster Übertragungstechnik und i. A. einer dedizierten Bodenstation überfordern. Der Datenempfang stellt derzeit einen

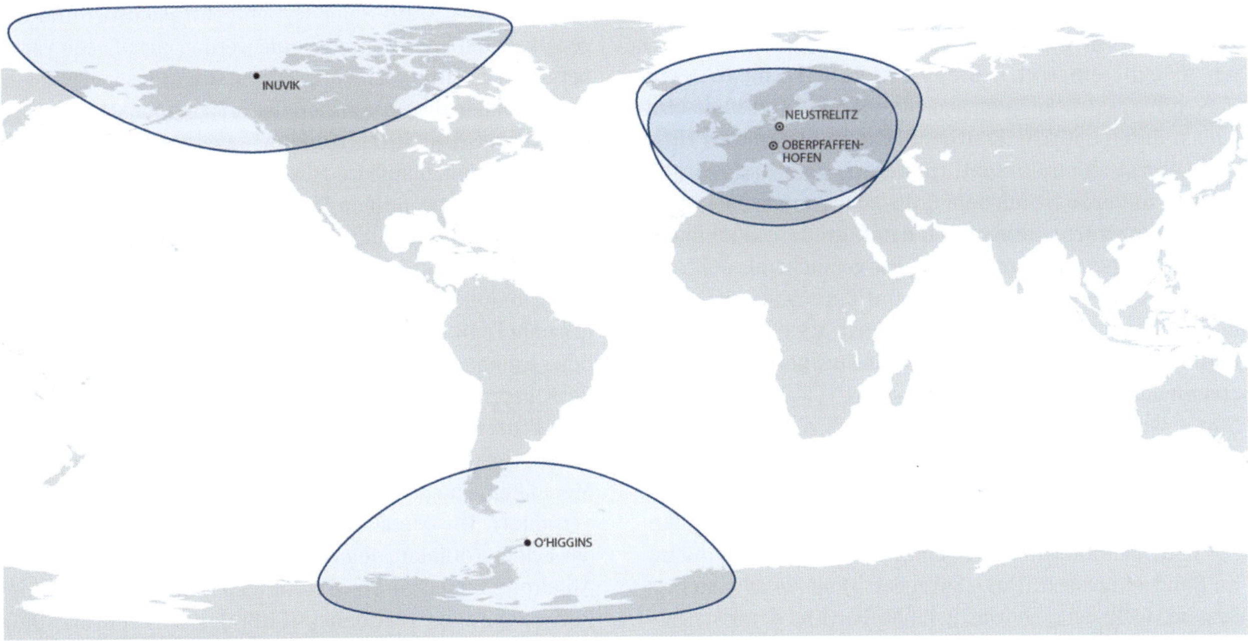

Bild 7.1.16: *Stationsnetzwerk des DFD (Bild: DLR).*

ernsthaften Engpass und Kostentreiber für die wirkungsvolle Nutzung von Erdbeobachtungsdaten dar. Die Daten entstehen im Sensor mit Raten, die häufig jenseits der im Übertragungsband (X-Band, 8,025 ... 8,4 GHz oder Ka-Band, 25,5 ... 27 GHz) zur Verfügung stehenden Bandbreite liegen. Die Sensordaten werden deshalb im Satelliten zwischengespeichert, gegebenenfalls komprimiert und mit reduzierter Datenrate zur Erde gesendet. Das anfallende Datenvolumen, die begrenzt zur Verfügung stehenden Kontaktzeiten sowie eine gewünschte geringe Latenzzeit zwischen Datenaufnahme und Datenübertragung zu den Bodenstationen bedingen hohe Anforderungen. Der Aufbau von internationalen **Bodenstationsnetzwerken** ist daher von großer Bedeutung für Erdbeobachtungsmissionen. Dabei kann man zwei Einsatzszenarien für Bodenstationen unterscheiden. Die echtzeit-orientierten Bodenstationen, auch **Direct-Access-Station** genannt, wie sie z. B. in den regionalen Betriebszentren für die WORLDVIEW-Satelliten konzipiert sind, haben die Aufgabe, den unmittelbaren Datenzugriff in den Regionen ihrer Aufstellung sicherzustellen und eine zeitoptimierte Datenverarbeitung und Anwendung zu ermöglichen. Im Gegensatz dazu haben **polare Daten-Dumping-Stationen** durch ihre bevorzugte Lage an beiden Polen und die daraus folgenden häufigen Überflüge die Aufgabe, den Transfer global aufgenommener und gespeicherter Daten zu zentralen Datenzentren mittels terrestrischer oder satellitengestützter Kommunikationsmethoden sicherzustellen. Die Koordination und der automatisierte Betrieb von international verteilten Stationsnetzwerken stellt deshalb eine Herausforderung bei der Durchführung von Erdbeobachtungsmissionen dar.

Nationale Einrichtungen (NASA, CNES oder DLR) unterhalten solche Bodenstationsnetzwerke und sie kooperieren dabei mit privatwirtschaftlich organisierten Betreibern von Bodenstationen. Das Deutsche Fernerkundungs-Datenzentrum (DFD) des DLR betreibt derzeit ein Stationsnetzwerk zur Unterstützung von nationalen und europäischen Missionen (Bild 7.1.16), das durch zusätzliche Partnerstationen den jeweiligen Missionsanforderungen angepasst wird.

Der Engpass in der Datenübertragung kann nur durch entweder höhere Datenraten oder längere Kommunikationszeiten (Bodenstationsnetzwerke) beseitigt werden. Höhere Datenraten erfordern höhere Bandbreiten. Deshalb wird gegenwärtig die Übertragung der Daten in höheren Frequenzbändern, vornehmlich im Ka-band (25,5 ... 27 GHz), wegen der dort zur Verfügung stehenden deutlich höheren Bandbreite, erprobt und vorbereitet. Im Gegensatz zur Datenübertragung bei niedrigeren Frequenzen (X-Band), wo die Streuung des Signals in der Atmosphäre nahezu vernachlässigbar ist, tritt im Ka-Band bereits eine signifikante Streuung in der Atmosphäre auf. Dies kann bei ungünstigen atmosphärischen Bedingungen (starker Regen, Schneefall oder Gewitter) zum Signalverlust und somit zum Datenverlust führen. Diesem potentenziellen Datenverlust muss mit neuartigen Betriebskonzepten, die ein flexibles Daten-Dumping vorsehen, entgegengewirkt werden.

Abgesehen von Bodenstationsnetzwerken kann eine längere Kommunikationszeit mit dem Satelliten durch die Übertragung der Daten vom Erdbeobachtungssatelliten zu einem geostationären Kommunikationssatelliten erzielt werden. Dieses Verfahren wurde z. B. mit einer Mikrowellenverbindung von dem Erdbeobachtungssatelliten ENVISAT zum geostationären Kommunikationssatelliten Artemis eingesetzt. Eine deutlich leistungsfähigere Verbindungsstrecke zum geostationären Satelliten wird jedoch durch optische Freiraumkommunikation mit Hilfe von Laserstrahlen erreicht. Es werden somit sowohl die Kontaktzeiten zwischen dem Erdbeobachtungssensor und dem Datenzentrum erhöht und damit größere Datenmengen mit kurzer Latenzzeit zugreifbar gemacht, als auch die Übertragungsstrecke gegen Störeinflüsse gesichert. Eine Erprobung und erfolgreiche Demonstration dieses Verfahrens erfolgte mit der geostationären Alphasat-Nutzlast „Technology Demonstrator Payload #1" (TDP1) des DLR. Damit wurden erstmalig Nutzlastdaten von Sentinel-Satelliten des Copernicus Programms erfolgreich über den geostationären Satelliten zur Bodenstation übertragen. Für die Verbindungsstrecke vom geostationären Satelliten zur Bodenstation wird die hochfrequente Übertragung im Ka-Band eingesetzt. Das „European Data Relay Satellite System" EDRS ist gegenwärtig im Aufbau und der erste geostationäre Satellit dieses Programmes, EDRS-A, unterstützt das Copernicus Programm bereits in operationeller Weise.

Datenmanagement

Die an den Bodenstationen empfangenen Rohdaten des Senors müssen mit Funktionen des Datenmanagements im Nutzlast-Bodensegment sichergestellt und aufbereitet werden. In ihm sind die Dienste

- Bestimmung der Datenqualität und Erzeugung beschreibender **Metadaten**,
- **Archivierung und Katalogisierung** von empfangenen Rohdaten und aus ihnen abgeleiteten Informationsprodukten,
- **Auftragsmanagement** und die Verteilung der angeforderten Erdbeobachtungsprodukte an den Nutzer,
- **Online-Zugang via Internet** zu existierenden Datensätzen wie auch die Beauftragung noch aufzunehmender neuer Datensätze,
- **Überwachung und Steuerung** der weitgehend automatisch und mit hoher Zuverlässigkeit ablaufenden Prozesse

zu einer übergreifenden und umfassenden Funktionalität zusammengefasst. Der Multi-Missionsansatz unterteilt dabei das System in missionsunabhängige, universal verwendbare Kernelemente, wie z. B. die Datenbibliothek sowie in missionsspezifische Elemente, wie z. B. die Sensordatenprozessoren.

Prozessierung und multifunktionale Plattformen zur Missionsauswertung

Innerhalb des Nutzlast-Bodensegments werden Prozessierungssysteme zur Umsetzung von Rohdaten in **höherwertige Informationsprodukte** eingesetzt. Entsprechend dem Sensor (SAR-, Multi- oder Hyperspektralsensor) und der gewünschten Verarbeitungsstufe werden spezifische Verarbeitungsalgorithmen benutzt. Diese sog. (Sensor-)Prozessoren werden in die Gesamtheit der informationstechnischen Umgebung des Nutzlastbodensegments integriert. Die Prozessierungabläufe und die Datenflüsse müssen gesteuert und die notwendigen Ressourcen zugewiesen werden. Zu den Ressourcen für die Prozessierung gehört nicht nur die nötige Rechenleistung, es sind auch Online-Speicher, performanter Archivzugriff oder die Daten selbst in die gesamte Logik der Abläufe mit einzubeziehen. Unterschiedliche Kategorien von Prozessabläufen beeinflussen diese Ressourcenverfügbarkeit im Bodensegment. So werden mit dem Prozessablauf **„Ingestion"** die Rohdaten von eigenen oder externen Bodenstationen erfasst und zugehörige Metadaten, entsprechend den Anforderungen des Archivs, extrahiert. Die Metadaten umfassen z. B. die Ermittlung der Eckkoordinaten, des Wolkenbedeckungsgrads oder die Ableitung typischer Verarbeitungsparameter wie z. B. der Pulse Repetition Frequency (PRF) des SAR-Sensors. Dem systematischen Datenfluss steht der **nutzergetriebene Prozessablauf** gegenüber.

Mehr und mehr kommt es bei der Datenprozessierung zu komplexen Szenarien. So müssen z. B. für die Erstellung eines digitalen Höhenmodells Daten geographisch/regional angeordnet zur Prozessierung zur Verfügung stehen, die jedoch in längeren Zeiträumen von Monaten bis Jahren vom Satelliten aufgenommen wurden. Dabei stellt bei den derzeitigen Datenmengen jeglicher Datentransfer z. B. von der Bodenstation zur Prozessierung oder vom Archiv zur Prozessierung ein Performance-Problem dar. Dies förderte die Idee und Entwicklung von Plattformen, die eine Gruppierung der Funktionalitäten wie Hardware-Bereitstellung („Infrastructure as a Service", IaaS), Prozessierung, online Datenhaltung, Nutzermanagement, Datenzugriff und nutzerorientierte Tools enthalten kann. Diese Plattformen werden gegenwärtig in sehr unterschiedlicher Ausprägung mit unterschiedlicher Betonung und Gewichtung der Funktionalitäten aufgebaut und unter dem Begriff „Exploitation"-Plattformen geführt, da sie dem Zwecke der nutzerorientierten Missionsauswertung dienen. Beispiele finden sich als thematische Plattformen („Thematic Exploitation Platform") für die Auswertung der Daten des Copernicus Programms oder auch missionsbezogene Plattformen. Zur Plattform-Architektur gehört auch die Möglichkeit für den Nutzer, seinen eigenen Algorithmus zur Datenauswertung dort hin zu bringen und auf dem bestehenden Datenbestand seine, von ihm erwünschten Ergebnisse, erzeugen zu können. In Bild 7.1.17 ist die Grundidee solcher Plattformen schematisch dargestellt. Diese Plattformen haben Auswirkungen auf die Architektur des Nutzlastbodensegments. Es wird deutlich mehr die Prozessierung denn die Archivierung ins Zentrum des Bodensegments gestellt.

7

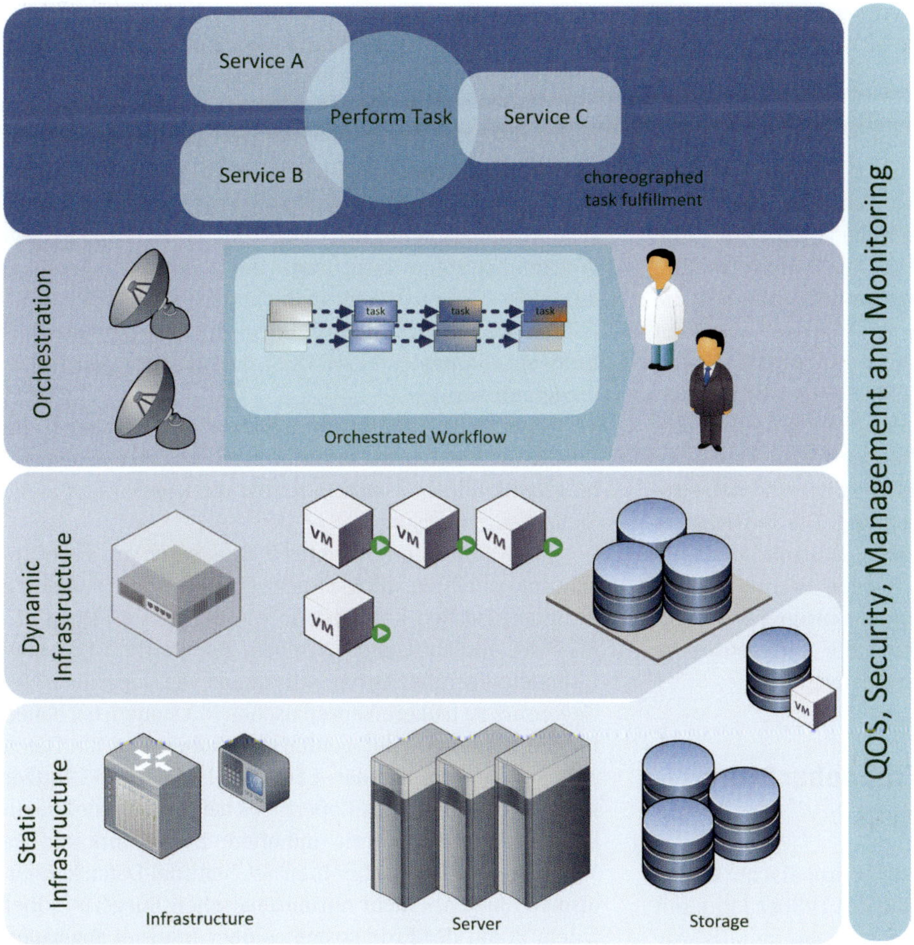

Bild 7.1.17: *Elemente und Funktionen von „Exploiration" Plattformen.*

Datenbibliothek

Die langfristige Sicherung der Nutzlasten ist eine zentrale Aufgabe des Nutzlastbodensegments. Dies geschieht mittels **Archivierungs- und Katalogisierungssystemen**. In ihnen werden alle empfangenen Rohdaten und fallweise auch die abgeleiteten höherwertigen Datenprodukte zur Langzeiterhaltung abgelegt, verwaltet und ein komfortabler Zugang zur Kataloginformation sowie zu den Datensätzen eingerichtet. Die Kataloginformation, die jedes einzelne Produkt beschreibt, wird in Datenbanken verwaltet und ermöglicht so eine effektive Suche, verbunden mit einem schnellen Zugriff auf Millionen von Einzelinformationen. Die Bildinformation hingegen wird in automatisierten Archiven, bestehend aus Festplattensystemen für den Nahe-Echtzeit-Zugriff, verbunden mit robotgesteuerten Hintergrund-Magnetbandarchiven, gespeichert. Durch diese abgestufte Vorgehensweise wird erreicht, dass im Nahe-Echtzeit-Zugriff keine Verzögerungen durch den Zugriff auf die Magnetbänder entstehen (Bild 7.1.18).

Bild 7.1.18: *Robotgesteuertes Datenarchiv des DFD (Bild: DLR).*

Nutzer-Informationsdienste und Produktverteilung

Neben den beschriebenen „Exploitation" Plattformen bleiben **Online-Zugangsdienste** sowie die Online-Produktverteilung für den Nutzer von Bedeutung. Diese ermöglichen zumeist über ein Web-Portal den Zugang zum Produkt- und Datenkatalog sowie unterstützenden Hilfsfunktionen („guides"). Suchvorgänge, gekoppelt mit Visualisierungselementen, ermöglichen einen einfachen Zugang zu Übersichtsbildern (Browse Images) und zu detaillierten Parametern bis hin zum Transfer von vollständigen Szenen. Gleichzeitig wird das **Ordermanagementsystem** veranlasst, den Bestell- und Auslieferungsprozess zu organisieren sowie Bestellrechte und Nutzerprofil abzugleichen. Die Verteilung von Daten- und Informationsprodukten an ein breites Spektrum von Nutzern und Anwendern (von individuellen Wissenschaftlern bis hin zu Organisationen, die eigene Service- und Verteilsegmente betreiben), reflektiert die Vielfalt von Anforderungen, die an die Datenverteilung gestellt werden. **Komplexe Verteildienste** erlauben die Auslieferung von Einzelprodukten, von Mehrfachprodukten unterschiedlicher Missionen bis hin zur Massenlieferung von Datensätzen, die mehrere Jahre Beobachtungszeit umfassen. Die Verteilung von Datensätzen in **naher Echtzeit** über terrestrische oder satellitengestützte Netzwerke gewinnt darüber hinaus speziell für den Zivil- und Katastrophenschutz immer mehr an Bedeutung. Die Einrichtung von Liefermechanismen in effektiver Echtzeit sowie die Generierungen von nutzerspezifischen Produkten wie Zeitserien, Mosaiken oder Geoinformationen in OGC-kompatiblem Format unterstützen die nachgeordnete Inwertsetzung der Erdbeobachtungsdaten.

7.1.6 Das Europäische Erdbeobachtungsprogramm Copernicus

Die Europäischen Staaten und die Europäische Raumfahrtagentur (ESA) sind seit Anfang der 1980er Jahre mit eigenen Systemen aktiv in der Erdbeobachtung tätig. Nationale Missionen, wie das französische SPOT-Programm mit seinen optischen Satelliten und die deutsch/italienische Kooperation mit der NASA bei Radarsystemen auf dem Space Shuttle, waren Leitprojekte für die Entwicklung eigener Technologien und der globalen Bereitstellung von Erdbeobachtungsdaten. Diese wurden erfolgreich in nationale Nachfolgemissionen umgesetzt (SPOT, Pleiades, TerraSAR-X/TanDEM-X und CosmoSkymed). Dies geschah zum Teil über öffentlich/private Partnerschaften mit der Industrie, die mit der Kommerzialisierung der Daten und Dienste dieser Missionen betraut wurden.

7

Mit den „Earth Remote Sensing" Missions-1 & -2 (ERS-1/2; 1991, 1995), gefolgt von der ENVISAT Mission (2002) ergänzte die ESA die nationalen Missionen durch multi-sensorale Satellitensysteme, speziell, um Informationen für die Beobachtung der Umwelt, der Atmosphäre und der Ozeane zu gewinnen. Der Status der ESA als Forschungs- und Entwicklungsagentur setzte aber der langjährigen Fortsetzung dieser Missionen enge Grenzen. Im Gegensatz dazu betreibt die Europäische Organisation für meteorologische Satelliten EUMETSAT (gegründet 1986) eine Vielzahl von geostationären und polar umlaufenden Wettersatelliten mit dem Mandat und der langfristigen Finanzierung ihrer Mitgliedsstaaten.

Anfang der 1990er Jahre begann deshalb die Diskussion, die Europäische Kommission für ein langfristiges, operationelles Erdbeobachtungsprogramm zu gewinnen. Auf einer europäischen Konferenz in Baveno, Italien, wurde 1998 die Idee eines Programms für das „Global Monitoring of Environment and Security" (GMES) geboren. Mit den Verträgen von Lissabon wurde 2007 die Europäische Kommission mit der Umsetzung einer Europäischen Weltraumstrategie beauftragt. Die wichtigsten Projekte dieser Strategie sind ein unabhängiges Europäisches Satellitennavigationssystem (Galileo) und ein Europäisches Erdbeobachtungssystem (GMES), das später in Copernicus umgetauft wurde.

Copernicus umfasst die wesentlichen Elemente, um Europa unabhängig in der Erdbeobachtung zu machen und langfristig mit Informationen über die Umwelt und zivile Sicherheit zu versorgen.

Das **Raumsegment** umfasst eine Serie von Erdbeobachtungssatelliten, die Sentinels. Diese werden im Auftrag der Europäischen Kommission von der ESA und von EUMETSAT beschafft und betrieben. Tabelle 7.1.1 gibt eine Übersicht über die Sentinel-Missionen von Copernicus. Im Gegensatz zu früheren europäischen Missionen, bei denen für die Nutzung Schutzgebühren erhoben und die Daten z. T. auf Medien (Bänder, CD-ROM, DVD) an die Nutzer geschickt wurden, setzt Copernicus bei den Sentinel-Daten konsequent auf eine freie und offene Datenpolitk und die Verteilung der Daten über Internet. Sentinel-Daten können also von jedem – nicht nur europäischen Bürgern – über jedem Punkt der Erde kostenlos über Internet abgerufen werden.Werden eine höhere geometrische Auflösung, andere Aufnahmetechnologien und schnellere Verfügbarkeit benötigt, werden die Daten der Sentinels durch Daten von kommerziellen Missionen ergänzt (contributing missions). Diese werden vom Copernicus Programm hinzugekauft. Sie werden insbesondere für die operationellen Copernicus Dienste zur zivilen Sicherheit eingesetzt.

Das Copernicus System umfasst auch die Bodeninfrastruktur zum Empfang, Verarbeitung, Archivierung und Verteilung der Daten (Payload Data Ground Segment, PDGS) sowie die Missionskontrolle bei ESA und EUMETSAT. Das DLR ist seit 2014 im Bodensegment mit dem Betrieb der Prozessierungs- und Archivierungszentren (PAC) für Sentinel-1, Sentinel-3/OLCI und Sentinel-5 Precursor beauftragt.

Die Copernicus **Geoinformationsdienste** sorgen dafür, dass aus den Sentinel-Daten aktuelle und themengerechte Geoinformationen für europäische Behörden und die Zivilgesellschaft erzeugt werden. Momentan bestehen 6 solcher Copernicus-Dienste: Zustand der Atmosphäre, Beobachtung der Ozeane & Meere, Monitoring der Landoberfläche, Informationen zum Klimawandel, schnelle Kartierung bei Naturkatastrophen und zivile Sicherheit. Die Kommission hat europäische Einrichtungen – wie z. B. die Europäische Umweltbehörde EEA für das Landmonitoring – mit der

Tabelle 7.1.1: *Die Sentinel-Missionen des europäischen Copernicus Programms.*

	Mission/Start/Hauptinstrumente	Anwendungsgebiete
	Sentinel-1/2014 C-Band Synthetic Aperture Radar (SAR); 5 m–40 m Auflösung	Ozean- und Eis-Monitoring, maritime Beobachtung, Schiffs- und Öldetektion, Bodenfeuchte, Bodenbewegung (Interferometrie)
	Sentinel-2/2015 MSI (Multi Spectral Instrument) 13 Spektralbänder 10 m, 20 m und 60 m räumliche Auflösung	Europäische flächendeckende, hochauflösende superspektral Mission für die Datenkontinuität bei der Landbeobachtung
	Sentinel-3/2016 OLCI (Ocean and Land Colour Instrument); 21 Spektralbänder bei 300 m Auflösung SLSTR (Sea and Land Surface Temperature Radiometer)	Europäische globale Land- und Ozean-Mission, Globale Abdeckung alle 2 Tage, für Meeres- und Landbeobachtung
	Sentinel-4/2022 (geostationär) UVN Instrument: hochauflösendes Spektrometer (305–400 nm) (400–500 nm) (750–775 nm) 8 km räumliche Auflösung	Kontinuierliche Beobachtung der atmosphärischen Spurengase über Europa (geostationär). Spurengase wie O_3, NO_2, SO_2, HCHO, Aerosole mit hoher zeitlicher Auflösung (~ 1 Stunde)
	Sentinel-5 Precursor/2017 UV-VIS-NIR-SWIR TROPOMI Spektralbereich: 270–495 nm, 710–775 nm, 2 305–2 385 nm Bodenauflösung: $7 \times 3{,}5$ km^2	Dediziertes globales Monitoring der Atmosphäre und ihrer Spurengase mit hoher geometrischer Auflösung. Spurengase wie O_3, NO_2, SO_2, HCHO, Aerosole, Vorläufermission für Sentinel-5
	Sentinel-5/2021 Hochauflösendes Spektrometer Spektralbereich 270–370 nm, 370–500, 685–773 nm, 1 590–1 675 & 2 305–2 385 nm Bodenauflösung: $7 \times 3{,}5$ km^2	Dediziertes globales Monitoring der Atmosphäre und ihrer Spurengase mit hoher geometrischer Auflösung, Spurengase wie O_3, NO_2, SO_2, HCHO, Aerosole
	Sentinel-6/2020 Poseidon-4 (SAR Radar Altimeter) AMR-C (Climate-quality microwave radiometer)	Kontinuität in der hochpräzisen Vermessung der Meeresoberflächentopographie zur Erhebung von Daten für Klimawandel und Umweltveränderungen

7

Durchführung der Dienste betraut. Die Erzeugung der Produkte selbst wird zumeist an industrielle Konsortien vergeben.

Die **In-Situ** Komponente von Copernicus versorgt die Informationsdienste mit Datenerhebungen von boden- und luftgestützten Sensoren sowie mit grundlegenden geographischen und kartographischen Daten. Zunehmend gewinnen hier auch von Bürgern selbt erhobene Daten („Citizen Science, Crowd Sourcing") und Informationen aus dem Internet an Bedeutung.

Copernicus hat vor allem zum Ziel, die Nutzung von Erdbeobachtungsdaten durch Wissenschaft, Behörden und Industrie in den Mitgliedsländern zu fördern. Die bislang nicht gekannten Datenmengen von mehreren PetaByte pro Sentinel und Jahr können dabei nur durch den Einsatz neuer Informationstechnologien und großen Rechnerparks bewältigt werden. Neben Internetfirmen wie Google und Amazon bauen auch nationale Copernicus-Portale und europäische Konsortien solche web-basierten Informationsstrukturen auf, in denen nicht die Daten zu den Nutzern gehen, sondern die Nutzer ihre Produkte auf der per Internet angeschlossenen Infrastruktur („Cloud Processing") rechnen. Als Beispiel seien hier das Deutsche Copernicus-Portal CODE-DE (www.code-de.org) und die europäischen Internetportale DIAS (Data and Information Access System) genannt.

Die erste Generation der Sentinel-Satelliten besteht aus jeweils vier fast identischen Satelliten pro Sentinel-Serie, die jeweils in einer Zweier-Konstellation die Kontinuität bis Anfang der 2030er Jahre gewährleisten sollen. Um Lücken in der Beobachtungsfähigkeit des Sentinel-Systems zu schließen, sind für Mitte der 2020er-Jahre Sentinel-Erweiterungsmissionen geplant. Sie sollen das Beobachtungsspektrum hinsichtlich eines globalen CO_2-Monitorings, Hyperspektralfähigkeiten, thermaler Beobachtungsfähigkeit und weiterer Radar-Bänder erweitern. Diese Missionen werden dann auch die Definition der nachfolgenden Sentinel-Satelliten („Sentinel-Extension") nach 2030 mit beeinflussen. Aktuelle Informationen zu Copernicus gibt es auf dem Web unter www.copernicus.eu.

Literatur

Allison, E. H.: Fisheries, Poverty and Food Security. TheWorldFish Center, Penang, p. 62. Working Paper 2011-65, 2011.

Barnett, T. P.; Adam, J. C.; Lettenmaier, D. P.: Potential impacts of a warming climate on water availability in snow-dominated regions. Nature 2005, 438, 303–309.

Barry, R. G.; Armstrong, R.; Callaghan, T.; Cherry, J.; Gearheard, S.; Nolin, A.; Russel, D.; Zaeckler, C.: Global Outlook for Ice & Snow; Programme, U. N. E. (Ed.); United Nations Environment Programme: Herfordshire, 2007.

Bégué, A.; Arvor, D.; Bellon, B.; Betbeder, J.; de Abelleyra, D.; P. D. Ferraz, R.; Lebourgeois, V.; Lelong, C.; Simões, M.; R. Verón, S.: Remote Sensing and Cropping Practices: A Review. Remote Sens. 2018, 10, 99.

Chang, A. T. C.; Foster, J. L.; Hall, D. K.: Nimbus-7 smmr derived global snow cover parameters. Ann. Glaciol. 1987, 9, 39–44.

Congalton, R.G; Green, K.: Assessing the Accuracy of Remotely Sensed Data: Principles and Practices, CRC Press, 2008.

Crane, R. G.; Anderson, M. R.: Satellite discrimination of snow/cloud surfaces. Int. J. Remote Sens. 1984, 5, 213–223.

Dech, S.: Looking down our Earth. In: *Feuerbacher, B.; Stoewer, H.:* Utilization of Space, Today and Tomorrow. Heidelberg: Springer Verlag, 2006.

Dietz, A. J.; Kuenzer, C.; Dech, S.: Global SnowPack: a new set of snow cover parameters for studying status and dynamics of the planetary snow cover extent. Remote Sens. Lett. 2015, 6, 844–853.

Dietz, A. J.; Kuenzer, C.; Gessner, U.; Dech, S.: Remote sensing of snow – a review of available methods. Int. J. Remote Sens. 2012, 33, 4094–4134.

FAO: The State of World Fisheries and Aquaculture 2014. Rome, 2014.

Forcada, E.; Kohlhammer, G.; Casgrain, C.; Lavergne, Y.; Tuozzi, A.; Schreier, G.; Winterholer, M.: European Earth Observation ground segment Coordination. Valencia: International Astronautical Congress, October 2006.

Forkuor, G.; Conrad, C.; Thiel, M.; Ullmann, T.; Zoungrana, E.: Integration of Optical and Synthetic Aperture Radar Imagery for Improving Crop Mapping in Northwestern Benin, West Africa. Remote Sens. 2014, 6, 6472–6499.

Geetha, M.; Karegowda, A. G.: Crop Mapping using SAR Imagery: A Review. International Journal of Advanced Research in Computer Science 7(7), 47–52, 2016.

Hall, D. K.; Riggs, G. A.; Salomonson, V. V.: Development of Methods for Mapping Global Snow Cover Using Moderate Resolution Imaging Spectroradiometer Data. Remote Sens. Environ. 1995, 54, 127–140.

Jasani, B.; Peasaresi, M.; Schneiderbauer, S.; Zeug, G.: Remote Sensing from Space – Supporting International Peace and Security; ISBN 978-1-4020-8483-6, Springer, 2009.

Kelly, R.: The AMSR-E Snow Depth Algorithm: Description and Initial Results. J. Remote Sens. Soc. Japan 2009, 29, 307–317.

Klein, A. G.; Hall, D. K.; Riggs, G. A.: Improving snow cover mapping in forests through the use of a canopy reflectance model. Hydrol. Process. 1998, 12, 1723–1744.

Knauer, K.; Gessner, U.; Fensholt, R.; Forkuor, G.; Kuenzer, C.: Monitoring Agricultural Expansion in Burkina Faso over 14 Years with 30 m Resolution Time Series: The Role of Population Growth and Implications for the Environment. Remote Sens. 2017, 9, 132.

Kramer, H.: Observation of the Earth and its Environment. 4th Edition. Heidelberg: Springer Verlag, 2002.

Kuenzer, C.; Dech, S.; Wagner, W.: Remote Sensing Time Series – Revealing Land Surface Dynamics; ISBN 978-3-319-15966-9, Springer 2015.

Lemke, P.; Ren, J.; Alley, R. B.; Allison, I.; Carrasco, J.; Flato, G.; Fujii, Y.; Kaser, G.; Mote, P.; Thomas, R. H.; Zhang, T.: Observations: Changes in Snow, Ice and Frozen Ground. In Climate Change 2007: The Physical Science Basis. Contributions of Working Group 1 to the Fourth Assessment Report of the Intergovernmental Panel on Climate Change; *Solomon, S.; Qin, D.; Manning, M.; Chen, Z.; Marquis, M. C.; Averyt, K.; Tignor, M.; Miller, H. L. (Eds.);* Cambridge, U.K and New York, USA, 2007; pp. 337–383.

Luojus, K. P.; Pulliainen, J. T.; Takala, M.; Kangwa, M.Smolander, T.: GlobSnow-2 Product User Guide; 2013.

Mack, B.; Leinenkugel, P.; Kuenzer, C.; Dech, S.: „A Semi-Automated Approach for the Generation of a New Land Use and Land Cover Product for Germany Based on Landsat Time-Series and Lucas in-Situ Data." Remote Sensing Letters 8 (3): 244–253, 2017.

Norris, P.: Spies in the Sky – Surveillance Satellites in War and Peace, ISBN 978-0-387-71672-5, Springer New York, 2008.

Ottinger, M.; Vo, T. Q.; Kuenzer, C.: Aquakultur im Mekong Delta. Geogr. Rundsch. 2016, 2, 24–30, 2016a.

Ottinger, M.; Clauss, K.; Kuenzer, C.: Aquaculture: Relevance, distribution, impacts and spatial. Assessments – A review. Ocean Coast. Manag., 119, 244–266, 2016b.

Ottinger, M.; Clauss, K.; Kuenzer, C.: Large-Scale Assessment of Coastal Aquaculture Ponds with Sentinel-1 Time Series Data. Remote Sensing, 9, 440; doi: 10.3390/rs9050440, 2017.

Rei Sonobe; Yuki Yamaya; Hiroshi Tani; Xiufeng Wang; Nobuyuki Kobayashi; Kan-ichiro Mochizuki: Assessing the suitability of data from Sentinel-1A and 2A for crop classification. GIScience & Remote Sensing 54(6), 918–938, 2017.

Schreier, G.; Dech, S.: High resolution earth observation satellites and services in the next decade – a European perspective. Acta Astronautica, 57 (2–8), S. 520–533, 2005.

SpaceTec Partners: NewSpace – Geschäftsmodelle an der Schnittstelle von Raumfahrt und digitaler Wirtschaft; Studie im Auftrag des Bundesministeriums für Wirtschaft und Technologie (BMWi); 2016.

Taubenböck, H.; Dech, S.: Fernerkundung im urbanen Raum; ISBN 978-3-534-23481-3; Wissenschaftliche Buchgesellschaft Darmstadt, 2010.

Webb, A.: Corona: America's first spy satellites. Top-secret reconnaissance mission shrouded in secrecy for 19 years under guise of medical research. Public Affairs Space & Missile Times, Vol. 14, No. 33, 2000.

Wessel, B. et al.: Accuracy Assessment of the Global TanDEM-X Digital Elevation Model with GPS Data. ISPRS Journal of Photogrammetry and Remote Sensing, Seiten 1–12. ISSN 0924-2716 Elsevier, 2018.

WMO; GCOS: Systematic Observation Requirements For Satellite-Based Data Products for Climate – 2011 Update; GCOS – 154.; WMO GCOS: Geneva, Switzerland, 2011.

7.2 Kommunikation

Hans Dodel, Sabrina Eberle und Christoph Marquardt

Der Einsatz der Raumfahrt für die Kommunikation war in den ersten dreißig Jahren (1957 bis 1987) von hohem Nutzen in einer Welt, in der die terrestrischen Kommunikationsinfrastrukturen selbst in Europa noch im Aufbau waren. Sie war die kommerziell lukrativste Anwendung der Raumfahrt und gleichzeitig von höchstem Alltagsnutzen und betriebswirtschaftlichem Vorteil für die Teilnehmer.

Dann reiften die terrestrischen Systeme einschließlich der transozeanischen Tiefseekabel. Gleichzeitig wuchs der Bedarf der Menschen an einer großen Anzahl von **Fernsehprogrammen,** sodass der Satellit hier die existierenden terrestrischen Füllsender und Kabelanlagen mit ihrer begrenzten Zahl von Programmkanälen rasch ablöste.

Schon zehn Jahre vor dieser Wende hin zum Satellitenfernsehen begann der **satellitengestützte Mobilfunk,** zunächst im maritimen Bereich, dann auch im aeronautischen Sektor und zu Lande, wobei der Landverkehr dann die beiden anderen Anwendungen – mit der ungleich größeren Zahl von Landfahrzeugen im Vergleich zu Schiffen und Flugzeugen – weit hinter sich ließ.

7.2.1 Der Anfang – Sputnik

Bis 1963 war die Satellitentechnik sowohl in der Sowjetunion als auch in den USA ausschließlich militärische Geheimsache. Dann erst verfügte Präsident John F. Kennedy mit dem **Communications Act of 1963,** dass sie zum Wohl und in Fürsorge für die Menschen weltweit eingesetzt werde (wie dies in der Verfassung der USA mit dem hehren Ziel der „Pursuit of Happiness", dem „Anrecht des Bürgers auf Glück", als Grundrecht verankert ist).

Präsident Kennedy verfügte, dass eine internationale Betreibergesellschaft eingerichtet wurde, mit der Aufgabe, zukünftig weltweite Satellitenkommunikation anzubieten und daran auch Nationen teilhaben zu lassen, die zunächst nicht dafür bezahlen können. Ganz gezielt sollte eine Firma gegründet und mit dem Aufbau dieser internationalen Betreibergesellschaft beauftragt werden.

7.2.1.1 Der Einstieg – COMSAT

Die 1963 privatwirtschaftlich begründete Firma COMSAT (Communications Satellite Corporation, Washington) wurde von der Regierung der USA mit einem Startkapital von 300 Mio. US-$ ausgestattet. Sie hat damit innerhalb von zehn Jahren das **International Telecommunications Satellite Consortium (INTELSAT)** auf den eigenständigen Weg gebracht. Bis heute bietet INTELSAT (inzwischen eine börsennotierte Firma und der weltgrößte Satelliten-Betreiber) weltumspannende Kommunikation zu erschwinglichen Kosten an.

7.2.1.2 Der Mobilfunk – MARISAT

Seit 1973 begann COMSAT in einem zweiten Schritt die **maritime Satellitenkommunikation.** Sie hat dann 30 Monate nach Programmbeginn den ersten MARISAT-Satelliten gestartet und noch 1976 das weltweite MARISAT-Satellitensystem für die Kommunikation im maritimen Bereich in Betrieb genommen. Für den internationalen Betrieb hat COMSAT dann ein zweites internationales Konsortium, die **International Maritime Satellite Organisation (INMARSAT, London)** begründet. INMARSAT übernahm 1983 die Satelliten und den Betrieb von COMSAT und führt diese bis heute selbständig und erfolgreich weiter. Sie wurden um den aeronautischen und insbesondere den landmobilen Sektor erweitert.

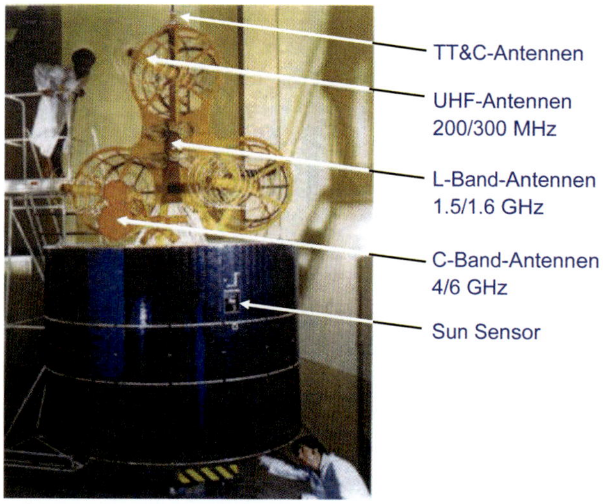

Bild 7.2.1: *Der MARISAT-Satellit mit seinen UHF- und L-Band-Antennen auf dem zylinderförmigen Körper, der zur Lagestabilisierung rotiert, mit der Rotationsachse parallel zur Erdachse und den Antennen entdrallt auf die Erde gerichtet (Bild: COMSAT).*

Das Bild 7.2.1 zeigt den MARISAT-Satelliten, einen rotationsstabilisierten Körper (die Rotationsachse ist parallel zur Erdachse) mit der entdrallten Antennenanordnung, die stets auf die Erde ausgerichtet ist.

7.2.1.3 Das nationale MOLNIJA-Programm

Die Sowjetunion baute in dieser Zeit mit den umlaufenden MOLNIJA-Satelliten eine optimale Bedeckung ihres großen, elf Zeitzonen überdeckenden Territoriums auf. Der Nachteil von umlaufenden Satelliten - die vielen Bodenantennen müssen 24 Stunden pro Tag nachgeführt werden - war nicht von Belang, da es außer den staatlichen wenig private Erdfunkstellen gab. Das Satellitensystem war, trotz der Begründung der **INTERSPUTNIK-Organisation** mit Sitz in Moskau und dem Mandat der kostenfreien Beistellung von Satellitenübertragung für die kommunistischen Bruder-Nationen, von verschwindendem Alltagsnutzen für die Zivilbevölkerung.

Später wurde dann die **GORIZONT-Flotte** von geostationären Satelliten mit größerer Kapazität (im C-Band) aufgebaut. Diese leitete den Übergang von den globalen Systemen zu regionalen und nationalen Satellitenfernmeldenetzen ein.

7.2.1.4 Nationale Satellitennetze

Eines der ersten nationalen öffentlichen Netze - nach den militärischen der USA und der Sowjetunion - wurde 1976 in **Indonesien** aufgebaut (dem Reich der 14 000 Inseln), fast zeitgleich mit dem **ANIK-System in Kanada** (dem sich über mehr als 5 000 km erstreckenden, dünn besiedelten Norden des amerikanischen Kontinents).

In der gleichen Zeit ging ARABSAT im **arabischen Sprachraum** auf Sendung, mit Fernmeldediensten und auch mit Fernsehübertragungen.

Danach (erst) kamen die nationalen Systeme in den **USA.** Wichtig war ein System von RCA mit den damals modernsten Satelliten, das auch Alaska bediente. Dann gab es noch weitere regionale Systeme für Interessenszonen. Für die Abdeckung der **Europäischen Gemeinschaft** wurde das EUTELSAT-System (European Telecommunications Satellite Organisation) geschaffen.

Hervorzuheben ist, dass in einer Zeit, in der die nationalen terrestrischen staatlichen Telefonsysteme noch analog und damit übertragungsbegrenzt waren (mit **Datenübertragungsraten** von maximal 64 kb/s) dieses Satellitensystem bereits Mb/s-Dienste zwischen z. B. Skandinavien und der iberischen Halbinsel etc. angeboten hat.

Das Versagen des deutschen Fernsehsatelliten TV-Sat bot dann der Fa. Societe Européenne des Satellites (SES, Luxembourg) die Chance, mit dem System **ASTRA** die **flächendeckend-paneuropäische Fernsehversorgung** aufzunehmen, ein Dienst, auf den dann später auch die EUTELSAT überging. Heute ist die satellitengestützte Fernsehversorgung in Europa nicht mehr wegzudenken.

7.2.2 Die Satellitenkommunikationsdienste

Satellitensysteme werden abhängig von Nutzeranforderungen nach wirtschaftlichen und politischen Gesichtspunkten definiert. So entstehen Systemlösungen, die sich in Bahnhöhe und Bahngeometrie, Design der Satelliten und Größe der Satellitenflotten unterscheiden.

Weltweit gibt es heute mehr als einhundert Satellitenbetreiber im Kommunikationsgeschäft mit ortsfesten Telefondiensten und Datenübertragung, Mobilfunk, Fernsehen und Hörfunk [7.2.1], also in den Bereichen:

- Fixed Satellite Services, FSS,
- Mobile Satellite Services, MSS,
- Broadcast Satellite Services, BSS.

Von den insgesamt 20 Satellitenfunkdiensten (siehe Tabelle 6.3.2) sind diese drei Kategorien die gewinnträchtigsten.

Die überwiegende Mehrheit dieser Satelliten fliegt im **geostationären Erdgürtel** (Geostationary Earth Orbit; GEO, siehe Kapitel 2.2), seit Anbeginn der kommerziellen Raumfahrt 1965 mit INTELSAT-1.

Die offizielle Bezeichnung für die geostationäre Bahn ist GeoStationary Orbit (GSO) und für alle anderen Non GeoStationary Orbit (NGSO).

Diese Satelliten sind mit ihren Antennen während des Umlaufes auf die Erde ausgerichtet. Die **Solarpanels** müssen aber zur maximalen Aufnahme der Sonnenenergie (siehe Bild 7.2.2) stets lotrecht zur Sonneneinstrahlung stehen.

7

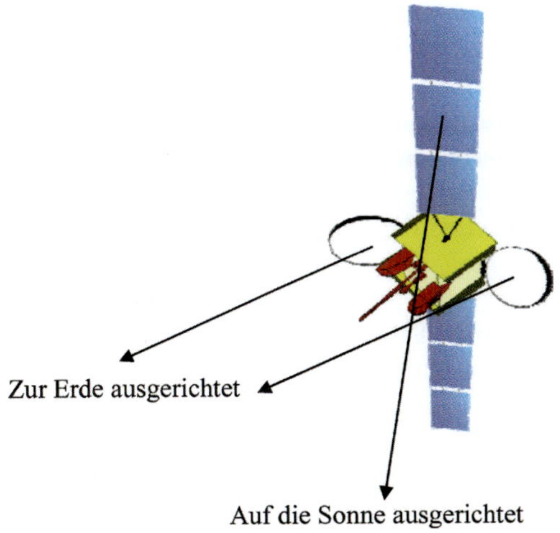

Bild 7.2.2: *Ein Kommunikationssatellit, in dessen Körper drei Schwungräder in den drei Koordinatenachsen seine Lage stabilisieren [7.2.3].*

Hierzu werden sie in der z-Achse so angebracht, dass sie relativ zum Satellitenkörper einmal pro Tag um ihre Achse rotieren können (die z-Achse des Satelliten ist parallel zur Erdachse). Die aufgenommene elektrische Leistung wird über Schleifringe (Bearing And Power Transfer Assembly, BAPTA) in den Satellitenkörper übertragen.

Die Antennen müssen auf 0,1° genau (und zukünftig bei noch höheren Frequenzen und noch größeren Antennen noch präziser) auf die Zielgebiete ausgerichtet sein.

7.2.2.1 MOLNIJA-Satelliten und -Bahnen

Die namhafte Ausnahme von der Regel, dass kommerziell erfolgreiche Satellitensysteme im GEO fliegen, sind die oben schon erwähnten MOLNIJA-Satelliten in Russland. Um das sich über elf Zeitzonen erstreckende Land geostationär zu bedienen, würden mindestens drei Satelliten benötigt (nur zwei würden eine Region im zentralen Norden aussparen). Die hoch-elliptisch umlaufenden MOLNIJA-Satelliten (sie heißen wie ihre Bahnen und auch die Raketen, mit denen sie eingeschossen werden) fliegen 63,43° relativ zur Äquatorialebene geneigt („inkliniert“) in einer relativ stabilen Bahn. Die MOLNIJA-Bahnen sind so ausgelegt, dass die Satelliten eine lange Verweilzeit über Russland (Apogäum) und eine kurze Überflugzeit über dem Südpol (Perigäum) haben. Auch über Nordsibirien erlauben diese MOLNIJA-Satelliten nahezu vertikale Blickwinkel zwischen den Bodenstationen und den Satelliten (anstatt des streifenden Blickwinkels zu einem GEO-Satelliten, falls er überhaupt in Sicht ist).

Eine MOLNIJA-Bahn wird für den satellitengestützten Abonnenten-Hörfunk (Pay Radio) in den USA benutzt, das SIRIUS-System. In einer 24-Stunden-Bahn mit nur zwei Satelliten steht immer einer (während seiner langen Verweilzeit im Apogäum) über den USA.

7.2.2.2 Lokale Dienste und die Last Mile

Weitere nationale Satelliten werden in den USA für zum Teil sehr lokale Anwendungen eingesetzt, wie zum Beispiel zur Versorgung der entlegenen Nationalparks mit Internet, sodass der Urlauber dort auch in den Ferien im Grünen nicht auf das Internet verzichten muss.

Die topologisch kurioseste, aber dennoch sehr aktuelle Anwendung von geostationären Satelliten (deren Kernattribut es ist, große geografische Regionen bedecken zu können), ist die Anbindung der Teilnehmer an das terrestrische Netz, die **Last Mile** vom Vermittlungskasten in der Nachbarschaft (im Dorf) zum Haus. Insbesondere in Nordamerika, wo die Last Mile ein paar Kilometer lang sein kann und der Nutzer heute eine Gb/s-Übertragung verlangt, ist die Satellitenverbindung schneller installiert und außerdem kostengünstiger als das Verlegen eines für diese Übertragungsraten geeigneten Erdkabels [7.2.4].

7.2.3 Die Tiefflieger

Die Tiefflieger im **Low Earth Orbit (LEO)** waren zu Beginn der Raumfahrttechnik nie im kommerziellen Gebrauch, da es zum einen einer großen **Anzahl von Satelliten** für eine geografische Überdeckung bedarf und zum anderen zwei bis drei **Bodenantennen** pro Erdfunkstelle für einen ununterbrochenen Dienst benötigt werden. Eine Antenne begleitet den untergehenden Satelliten, zum Beispiel im Westen, die zweite ist auf den aufgehenden ausgerichtet, im Osten, während die dritte als „Späher“ das Firmament nach einem möglicherweise geeigneteren Satelliten absucht, der höher steht, weniger von Gebäuden abgeschattet wird oder bessere Kapazität frei hat.

Während klassischerweise **Kommunikationssatelliten** so hoch wie möglich – vorzugsweise geostationär – fliegen, damit sie die größtmögliche Region bedienen (42,6 % der Erde aus dem GEO), haben **Erderkundungs- und Aufklärungssatelliten** tiefe Bahnen, um die Auflösung des erzeugten Bildmaterials zu maximieren. Eine Ausnahme ergab sich in der Zeit des Kalten Krieges als Antwort auf die Frage, wie man einen (militärischen) Satelliten unverwundbar macht: Ein Satellit kann nicht unverletzbar gemacht werden; man kann aber so viele Satelliten starten und betreiben, dass es für den Gegner technisch und insbesondere betriebswirtschaftlich zu aufwendig wird, sie alle abzuschießen. Im militärischen Bereich gelten also große Konstellationen niedrig fliegender Satelliten als weniger verwundbar als geostationäre Kommunikationssatelliten.

Die aktuellen Entwicklungen sehr großer, erdnaher Konstellationen zeigen, dass der LEO auch für den kommerziellen Markt interessant geworden ist.

Dies führte (im Programm Star Wars/Brilliant Pebbles) zur Konzeption mit Hunderten tieffliegender Satelliten.

Noch während der Designphase wurde die Satellitenzahl auf nur 77, später dann auf 66 reduziert – eine immer noch hohe Anzahl, obwohl der Ausgangsanspruch der Unverletzbarkeit der Flotte inzwischen keine Systemanforderung mehr war.

Hieraus entstanden in den USA die Kommunikationssysteme IRIDIUM, GlobalStar und OrbComm. Sie gesellten sich dem von der INMARSAT definierten ICO hinzu. Alle vier gingen 2000 vorhersehbarerweise in die Insolvenz, aus dem sich IRIDIUM, GlobalStar und OrbComm mit Hilfe von staatlichen Aufträgen der USA erholen konnten.

Obwohl das Konzept, mit einer hohen Anzahl an Tieffliegern, Kommunikation anzubieten, in der Vergangenheit nicht aufging, geht der neueste Trend in diese Richtung. Systeme wie O3b oder OneWeb sind gerade im Aufbau und versuchen, eine globale Internetanbindung zu schaffen. OneWeb allein baut ein System aus 900 Satelliten, die auf ca. 1 200 km Höhe betrieben werden sollen. Der Vorteil dieses Mal ist, dass durch viele finanzstarke Investoren die monetären Randbedingungen günstig sind, Systeme in dieser Größe zu realisieren. Außerdem ist der Konkurrenzkampf groß, da es im Moment viele Vorhaben parallel gibt und so der Erfolgsdruck für den Einzelnen steigt. Die Wahrscheinlichkeit, dass mindestens eins der Systeme realisiert wird, ist also höher als bei den vergangenen Initiativen.

Die Idee, die schon bei Teledesic in den 1990ern zur Gründung führte, den Teil der Welt, der mangels ausreichender Infrastruktur nicht an das Internet angebunden ist, durch Satellitensysteme zu versorgen, ist ein lobenswertes Ziel. Die Realisierung mit LEOs bietet allerdings sowohl Vor- als auch Nachteile.

Bild 7.2.3 zeigt die **Fußspuren (Footprints)** der **Iridium-Satellitenkonstellation** von tieffliegenden Satelliten.

Bild 7.2.4 zeigt die Footprints der **GlobalStar-Konstellation** von umlaufenden Satelliten. Während bei IRIDIUM, das auf der sehr niedrigen Flughöhe von 790 km in Polarbahnen fliegt, die größte Satellitendichte an den Erdpolen ist und in den weltweit am dichtesten besiedelten Gebieten bei ca. 45° nördlicher Breite nur ein einziger Satellit in Sicht ist (dessen Ausfall zu einer Nichtverfügbarkeit des Dienstes führt), sind die in 1 414 km Höhe, in inklinierten Bahnen fliegenden GlobalStar-Satelliten da am dichtesten, wo die Erdbevölkerung ist; hier sind bis zu vier Satelliten in Sicht, sodass der Ausfall einer Flugeinheit kein Loch reißen würde.

Die Vor- und Nachteile von Satelliten im GEO und LEO werden im Folgenden anhand verschiedener Punkte zusammengestellt:

Einschussaufwand: Circa 50 % des Aufwandes für den Einschuss in den GEO entstehen während der ersten 10 000 m nach dem Start; der höhere Einzelaufwand für einen GEO wird durch die hohe Anzahl an Satelliten, die im LEO benötigt werden, nicht aufgewogen.

Frequenznutzung: Die effiziente Nutzung des begrenzten Frequenzspektrums erfolgt durch die Bildung von Einzelzellen am Boden, wobei in der jeweils übernächsten Zelle das Frequenzband wieder verwendet werden kann.

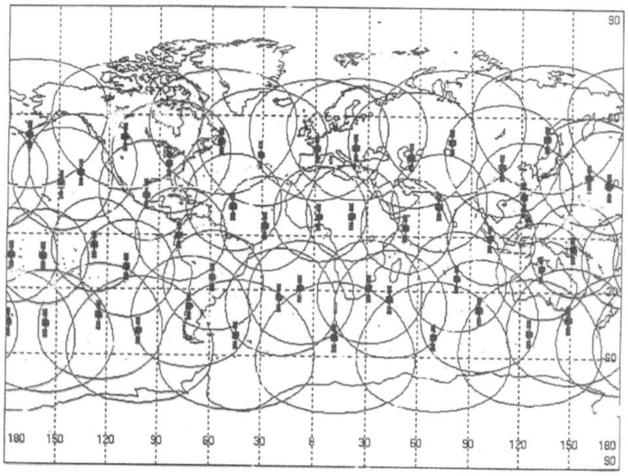

Bild 7.2.4: *Die Footprints der GlobalStar-Satelliten.*

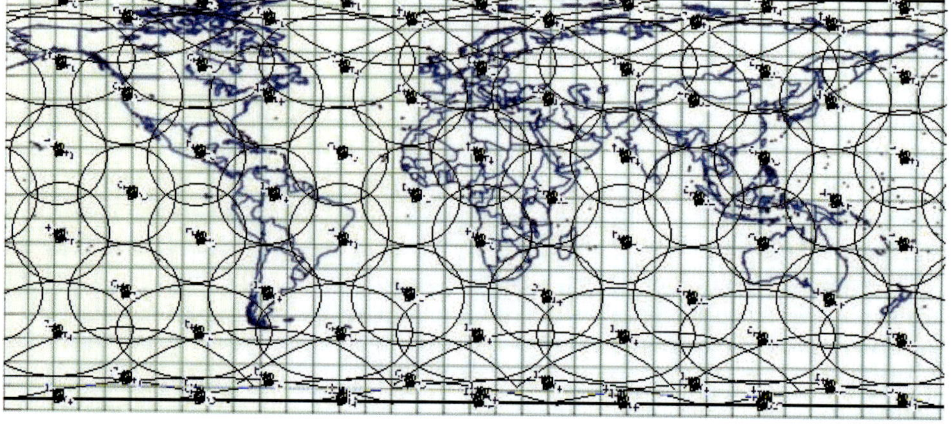

Bild 7.2.3: *Die Footprints der Iridium-Konstellation.*

7

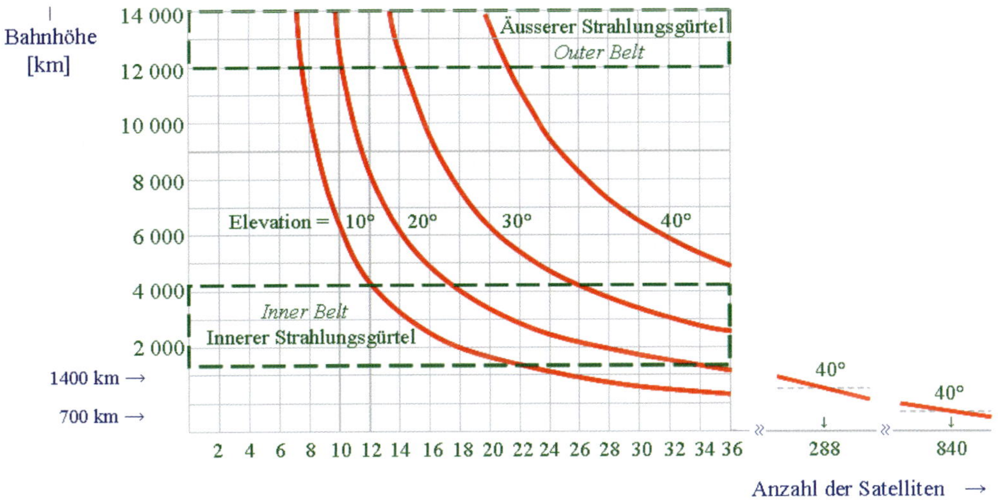

Bild 7.2.5: *Die Zahl der Satelliten als Funktion des Elevationswinkels gegen die Flughöhe.*

Die Spektrumsnutzung ist also umso effizienter, je kleiner diese Zellen auf der Erde sind.

Die vom geostationären INMARSAT-4 auf die Erdoberfläche projizierten Zellen sind so klein wie die des tief fliegenden GlobalStars; auch hier bieten die Tiefflieger somit keinen Systemvorteil.

Kommunikationsdienste müssen heute global und durchgehend verfügbar sein, um sich auf dem Markt behaupten zu können. Hierzu muss, wenn man niedrige Umlaufbahnen wählt, eine große Zahl von Satelliten gestartet und betrieben werden. Bild 7.2.5 zeigt die Zahl der notwendigen Satelliten für einen gegebenen minimalen Erhebungswinkel (Minimum Elevation Angle) des Nutzers zum Satelliten in Bezug auf die gewählte Flughöhe des Satelliten (siehe auch Kapitel 2.2).

Das Bild veranschaulicht zum Beispiel den Fall, dass man in nur 700 km Höhe fliegt, dem Nutzer aber Erhebungswinkel von mindestens 40° garantieren muss, damit er auch im urbanen Umfeld gute Chancen hat, einen Satelliten zu sehen. Dies führt zu einer Zahl von 840 geforderten Satelliten: das nicht finanzierbare, ursprüngliche TeleDesic-System.

Die markierten horizontalen Balken in Bild 7.2.5 stellen den inneren und äußeren Van-Allen-Strahlungsgürtel dar, in denen man aus funk- und gerätetechnischen Gründen nicht fliegen sollte. Praktikable **Flughöhen** sind damit unter 2 000 km (die LEOs), zwischen 6 000 und 10 000 km (die ICOs) und über dem äußeren Van-Allen-Gürtel, für Navigationssatelliten bei 20 000 km.

7.2.4 Satelliten in mittlerer Flughöhe

Der Wunsch, die große Zahl von Satelliten, die in den LEO-Systemen nötig ist, zu reduzieren, führte zu Systemvorschlägen mit Konstellationen in **Intermediate Altitude Circular Orbits (ICO),** von der Firma ICO (das ICO-System) und der Firma TRW (das Odyssey-System). Die ICO-Bahnen sind etwa 10 000 km hoch (anstatt 700 bis 1 400 km bei den LEO-Konstellationen). Mit zwei Bahnebenen mit je fünf Satelliten oder drei Bahnebenen à drei Satelliten wird auch eine **globale Abdeckung** erreicht, einschließlich der Erdpole. Die Signallaufzeit hin und zurück ist mit weniger als 70 ms noch nahezu vernachlässigbar (unter der Voraussetzung, dass in den Satelliten keine Signalverarbeitung oder bordseitige Vermittlung stattfindet).

Aber, wie beim Betrieb in den LEOs, müssen die **Nutzerantennen,** anstatt stationär auf den Satelliten ausgerichtet zu bleiben, so gebaut und betrieben werden, dass sie stets den umlaufenden Satelliten nachfahren. Ein zusätzlicher Aufwand ist eine zweite Antenne pro Terminal, die auf den aufgehenden Satelliten gerichtet ist, während die erste Antenne noch mit dem untergehenden Satelliten arbeitet. Damit kann ein (fast) unterbrechungsfreier Dienst erreicht werden.

Dazu muss noch die (möglichst) verlustfreie Übergabe **(Hand Over)** des Signals von dem untergehenden Satelliten an den aufgehenden gehandhabt werden, und dies mehrmals täglich.

Für die allgemeine Kommunikation und insbesondere für die Abstrahlung von Fernsehprogrammen sind ICO nicht die geeignetsten Bahnen.

7.2.5 Satelliten in höheren Bahnen

Auf der doppelten Flughöhe der ICOs arbeiten Satelliten in ebenfalls zirkularen **Medium altitude Earth Orbits (MEO)** in höheren Bahnen. Das GPS/NAVSTAR der US-Streitkräfte und das GLONASS der russischen Streitkräfte fliegen auf 20 000 km, das europäische Galileo bei etwa 24 000 km und das chinesische COMPASS- (bzw. BeiDou-) System auf ca. 21 000 km [7.2.5].

Auf dieser Flughöhe ist der Durchmesser der **Bodenzelle,** die der Satellit sieht, ca. 20 000 km, knapp 40 % der Erdoberfläche. Es würden im Limit also sechs Satelliten benötigt, um an jedem Punkt der Erde stets mindestens einen verfügbar zu haben. Wählt man 18 Satelliten, so sind immer mindestens drei in Sicht, sodass für die Positionsbestimmung eine Triangulierung durchgeführt werden kann.

Ein Beispiel für ein Kommunikationssystem im MEO ist die Konstellation O3b. Das werden 20 Satelliten auf knapp 8 000 km Höhe sein, die Menschen in strukturschwachen Gebieten Internet und Kommunikationsdienste bereitstellen.

7.2.6 Satelliten in hochinklinierten Bahnen

Die hochinklinierten elliptischen Bahnen (**Highly inclined Elliptical Orbits, HEO,** oft auch fälschlich als Highly Elliptical Orbits interpretiert), eignen sich prinzipiell für die Kommunikation; die bekanntesten Beispiele sind das oben erwähnte **MOLNIJA-System** für Telefonie und Daten (in Russland seit 1965) und das System SIRIUS für Hörfunk, einschließlich Musik, mit Darstellung bewegter Bilder (USA, seit 2000).

Die hohe Inklination erlaubt die Bedeckung sehr nördlicher Regionen (siehe Bild 7.2.6); in der Kulmination sieht MOLNIJA nicht nur den Nordpol, sondern auf der anderen Seite der Erde bis nach New York.

Die Inklination von 63,43° garantiert eine stabile Bahn mit minimalem Bedarf an operationeller Nachregelung.

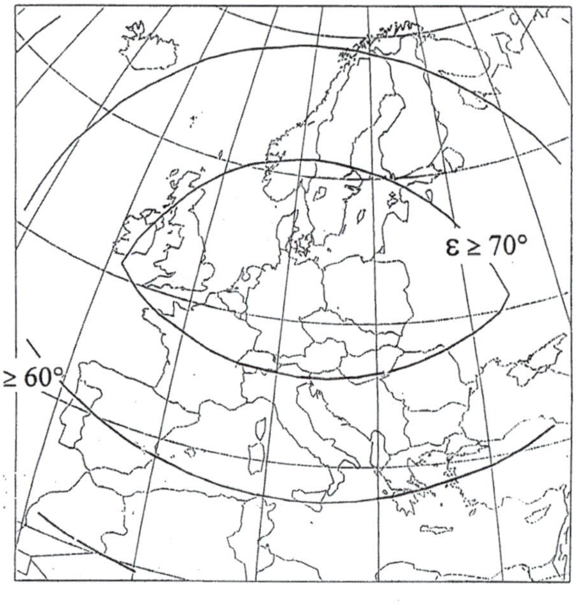

Bild 7.2.6: *Der Elevationswinkel ε zum Satelliten im HEO auch in nördlichen Breiten.*

Mit dem 24-Stunden-Umlauf reichen zwei (in der Bahn gleich verteilte) Satelliten aus, um immer einen über dem Zielgebiet zu haben.

HEO können mit beliebiger **Umlaufdauer** betrieben werden. Mit dem 12-Stunden-Umlauf werden zwei nördliche Kulminationen gebildet. **Globale HEO-Konstellationen** mit zum Beispiel drei Kulminationspunkten über Europa, den USA und Japan/China (siehe Bild 7.2.7) könnten wohl 90 % der Erdbevölkerung bedienen.

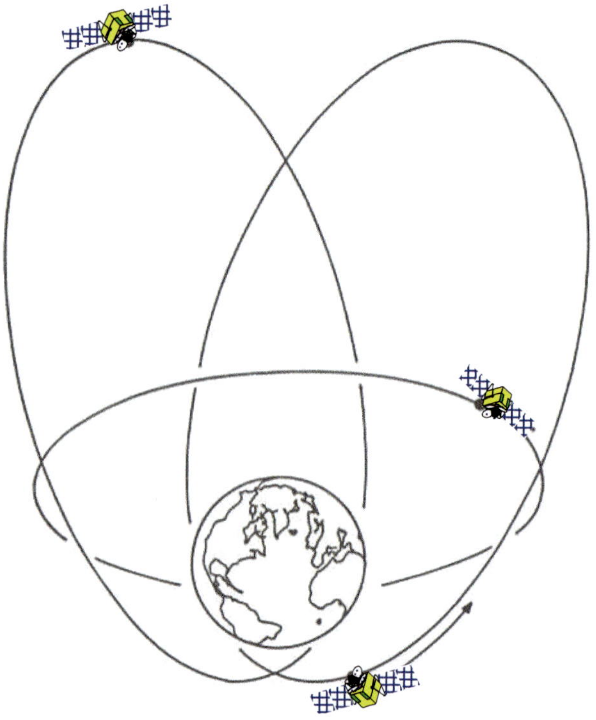

Bild 7.2.7: *Drei HEOs in drei um 120° versetzten Bahnebenen.*

7.2.7 Satelliten in inklinierten, geosynchronen Bahnen

Eine für die Kommunikation bedingt geeignete, aber dennoch sehr zukunftsträchtige Umlaufbahn ist die inklinierte geosynchrone Umlaufbahn (**Inclined Geo-Synchroneous Orbit; IGSO).**

Die **Geo-Synchronität** bedeutet, dass auch im IGSO der Erdumlauf eines Flugkörpers 23 Stunden, 54 Minuten und 6 Sekunden (der Sternentag) beträgt, sodass der Satellit stets auf dem gleichen Längengrad steht.

Die **Inklination** bedeutet, dass die IGSO-Bahnebene gegenüber der Äquatorialebene geneigt (inkliniert) ist; der Satellit durchläuft auf dieser geneigten, sich drehenden Bahnebene während eines Tages relativ zur Erde eine Nord-Süd-Bewegung. (So wie ein Fahrgast auf der gekippten Drehscheibe im Vergnügungspark relativ zum festen Boden eine Auf-ab-Bewegung erfährt.)

Der Hub der Nord-Süd-Bewegung beträgt den doppelten Wert der Inklination. IGSOs geringer Inklination sind eine natürliche Erscheinung im geostationären Erdorbit: Die relativ zur Äquatorialebene asymmetrische Anziehungskraft des Mondes, die auf einen Satelliten in der geostationären Bahn wirkt, drückt dessen Kreisbahn aus der Horizontalen und kippt sie (inkliniert sie) um 0,8° pro Jahr, unter Erhalt der Umlaufdauer (23 Stunden, 54 Minuten und 6 Sekunden).

Wird er nicht bahnkorrigiert, so baut ein Satellit eine wachsende Inklination auf, die jedoch auf ca. 17,5° begrenzt ist. Aber auch mit dieser Inklination fliegend sieht ein Satellit die Erdpole einmal täglich, hinreichend lange, um Kommunikation mit Forschungsstationen dort durchzuführen.

Für die **Flächenbedeckung** nördlicher Regionen, auch mit größeren Einfallswinkeln, müssen größere Inklinationen für die IGSOs eingeschossen werden; die Satelliten werden nicht von äquatorialen Einschussrampen (wie Kourou, weniger als 5° Breite), sondern von nördlicher gelegenen gestartet (z. B. Plesetsk, ca. 63,43° nördliche Breite).

Bei drei oder mehr in einem IGSO platzierten Satelliten ist immer einer in der nördlichen Kulminationsschleife. Wenn der Längengrad des IGSO auf Europa gelegt ist, fliegt dieser Satellit also über Zentraleuropa und bietet den Nutzern dort nahezu **vertikale Blickwinkel** (Elevation Angles), im Gegensatz zu den weniger als 30° Elevation, die wir zum GEO haben. Dies ist eine wesentliche Voraussetzung für die Kommunikation im Allgemeinen und ganz speziell im urbanen Umfeld.

Bild 7.2.8 zeigt die IGSO-Bahnen, mit denen mit nur fünf Satelliten die gesamte Erde einschließlich der Pole allzeit bedeckt werden kann.

Der Nutzen des IGSO für die Kommunikation beruht auf den hohen Elevationswinkeln auch in nördlichen Regionen, die die Kommunikation auch aus Häuserschluchten ermöglichen, die keine Sicht zum GEO haben.

Noch relevanter ist aber die Eigenschaft des IGSO, das im geostationären Erdorbit genutzte **Frequenzspektrum wiederverwenden** zu können, ohne gegenseitige Funkstörung. Die dort verwendeten Frequenzen können in der nördlichen und noch einmal in der südlichen Kulmination des IGSO genutzt werden; es findet eine Verdreifachung des nutzbaren Spektrums statt.

Die orbitale **Kommunikationskapazität** wird durch den IGSO verdreifacht.

Diese Eigenschaft überragt alle anderen Gesichtspunkte: Das verfügbare Spektrum in der geostationären Umlaufbahn wird heute so erschöpfend genutzt, dass es praktisch unmöglich ist, noch weitere geostationäre Satelliten zur Versorgung der Ballungsgebiete der Erde anzumelden und zu betreiben.

Es sind derzeit ca. **500 kommerzielle Kommunikationssatelliten** im GEO im Wirkbetrieb oder für diesen rechtskräftig angemeldet. Dazu kommen militärische Kommunikationssatelliten und Satelliten in meteorologischen Diensten, in der zivilen Erdbeobachtung und in der militärischen Aufklärung.

Für größere Datenraten, Internet-Downloads und die Übertragung von breitbandigen bewegten Bildern von unbemannten Flugdrohnen, die über geostationäre Satelliten zu den Kontrollzentren geführt werden, sind allerdings größere Bodenantennen notwendig.

Im Vergleich zum Einsatz von GEO-Satelliten muss für den Betrieb mit Satelliten im IGSO die **Bodenantenne** entweder so klein sein, dass sie den Satelliten bei dessen Durchlauf der Kulminationsschleife in der Sende- und Empfangskeule der Antennencharakteristik hat. Oder aber, bei Antennen größerer Apertur, müssen diese dynamisch nachgeführt werden. Allerdings ist hier eine einzige Antenne pro Bodenterminal hinreichend (im Gegensatz zu den zwei oder drei Antennen bei der oben beschriebenen umlaufenden Konstellation), da der aufgehende und der untergehende Satellit auf dem gleichen Längengrad umlaufen, sich also zum Zeitpunkt der Signalübergabe begegnen, sodass eine einfache Übergabe (Hand Over) an dieser Stelle mit nur einer Antenne möglich ist.

Für Antennen größerer Aperturen, deren Strahlachsen den Satelliten nachgeführt werden müssen, bieten sich

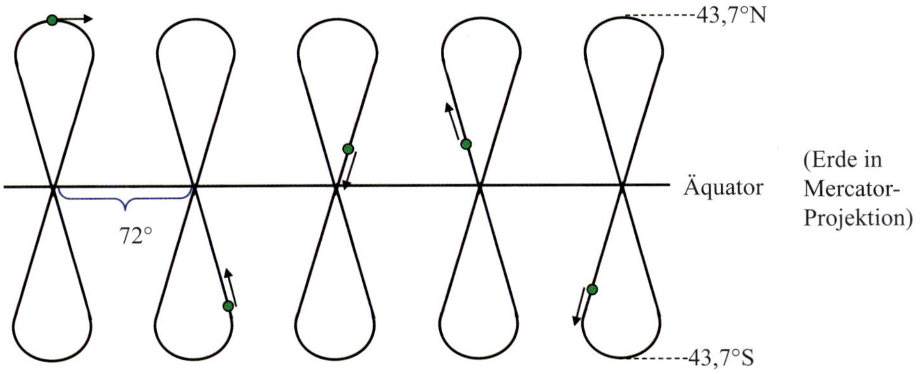

Bild 7.2.8: *Fünf Satelliten in IGSO-Bahnen für die globale Bedeckung, einschließlich der Pole, in fünf Bahnebenen, 43,7° inkliniert, 216° versetzt, Minimum-Nutzer-Elevation 12,3°.*

7

heute zeitgemäße Antennenarchitekturen an. Es wird statt parabolförmiger Schüsseln aus Blech eine Anordnung von Einzelstrahlern verwendet, die in Amplitude und Phase so angesteuert werden, dass sie eine Strahlbündelung in die Zielrichtung genieren und dies ohne mechanisch bewegliche Teile – die sogenannte **Phased Array Antenna.**

Die Richtwirkung – und damit die für die Übertragung sehr wichtige Antennengewinnzahl – von Phased Array Antennas ist identisch zu der von Parabolschüsseln gleicher Apertur und gleicher Betriebsfrequenz. Da die Phased Array Antenna aus Halbleiterelementen besteht, hat sie das Potenzial, beliebig kostengünstig zu werden, wenn diese Antennen zukünftig in entsprechenden Stückzahlen produziert werden.

7.2.8 Satelliten in polaren Bahnen

Für die **Kommunikationsdienste** (ortsfeste oder mobile Fernmeldetechnik und Fernsehabstrahlung) sind polare Erdorbits ungeeignet und betriebswirtschaftlich schädlich, da sie die größte Satellitendichte (und damit Systemkosten) an den Erdpolen produzieren, wo es keine Nutzer für die Kommunikationsdienste gibt, und im Gegenzug dort, wo die größte Nutzerdichte (Bevölkerungsdichte) auf der Erdoberfläche ist, eine vergleichsweise dünne Satellitendichte aufweisen.

7.2.9 Stratosphärenplattformen

Schon vor dem Beginn der Raumfahrt hat man Flugkörper als Relais für die Kommunikation, insbesondere auch für die Fernsehabstrahlung, eingesetzt (Ohio, USA, 1955). Dies wird bis heute in Sonderfällen so gehandhabt, sodass ein Seitenblick auf diese **Stratosphärensatelliten** angebracht ist. Es gibt für die Kommunikation mit hochfliegenden Relais (High Altitude Platforms, HAPs) inzwischen auch eigene Frequenzbandzuweisungen in der Funkfrequenzordnung.

7

Als **High Altitude Platforms** werden sowohl Flugzeuge als auch Zeppeline eingesetzt, weniger Ballons, da sich diese, im Gegensatz zu Flugzeugen und Zeppelinen, gegen die in der oberen Atmosphäre vorherrschenden Jet Streams nicht stationär halten können.

Der Vorteil von **Flugzeugen** ist es, relativ mühelos gegen die Jet Streams ihre Position über Grund halten zu können – eine unabdingbare Voraussetzung für Kommunikationsdienste – außerdem können sie kurzfristig auf Position und auch wieder zum Boden gebracht werden, für Wartung und Betankung.

Der Vorteil von **Zeppelinen** ist es, dass sie ihre Höhe ohne Treibstoffaufwand halten können; aber auch sie werden von den Jet Streams mitgenommen und müssen dagegen vorhalten. Dabei ist aber der Einsatz von Treibstoff praktisch ausgeschlossen, da es zu aufwendig wäre, diesen zum Flugkörper hoch zu bringen oder den Zeppelin zur Betankung zur Erde zu bringen.

Vielleicht gibt es eines Tages wirtschaftliche und so leistungsfähige Akkumulatoren, dass sie die während der Sonnenstunden aufgenommene elektrische Leistung speichern können, um den Zeppelin damit während der Nachtstunden auf Position halten zu können.

Für die **Bedeckung** eines Gebietes der Größe der Bundesrepublik Deutschland wäre eine Flughöhe von ca. 20 000 m, also oberhalb des aeronautisch genutzten Luftraums, nötig und hinreichend. Für die Bedeckung größerer Gebiete und Regionen müsste eine Flotte mehrerer Zeppeline gleichzeitig eingesetzt werden.

In jedem Fall müsste eine HAP in der Stratosphäre aber ihre **Position** über Grund präzise einhalten, auch während der Nachtstunden, um die Kommunikation auch mit höheren Bitraten und damit mit größeren, scharf bündelnden Antennen zu ermöglichen, ohne dass diese nachgeführt werden müssen.

Wenn diese Grundvoraussetzung erfüllt wird, sind die HAPs für die Fernmeldetechnik ein Relais der Wahl, da die Fernmeldetechnik in erster Linie ein regionales Geschäft ist (man telefoniert öfter mit jemanden im gleichen Landkreis als mit jemanden auf der anderen Seite der Erde). Eben dieses Bedarfsprofil könnten die HAPs gut bedienen und damit jene Vehikel entlasten, die die globale Telekommunikation bedienen.

7.2.10 Die Fernmeldedienste Little – Big – Mega

Im Kontext der Satellitenkommunikation werden die Vokabeln **Little, Big, Super und Mega** verwendet – was verbirgt sich dahinter [7.2.6]?

7.2.10.1 Little Services

Dienste kleiner und kleinster Datenrate **(Short Message Services)** werden auch als Little Services (Little LEO Services) bezeichnet. Satelliten in diesem Dienst fliegen typischerweise kreisförmige, inklinierte Bahnen niedriger Bahnhöhe (LEO), und sie speichern die Daten an Bord. Die Daten werden dann demoduliert, sodass der Adressteil gelesen werden kann. Beim Überflug des Adressaten werden die Daten dann zurückgesendet. Alternativ können bei manchen dieser Little-LEO-Systeme die Nutzer ihre Daten auch selbst aus dem Satellitenspeicher herunterladen.

Selbst wenn die Satelliten die Daten unmittelbar nach Erkennung der Adresse sofort wieder absetzen, ist die Übertragung **nicht synchron,** sie wäre also nicht tauglich für Sprachverkehr, sondern ist nur für Datenübertragung geeignet (**Data Only**). Hinzu kommt, dass die verwendeten Frequenzbänder im UHF-Bereich derart mit den verschiedensten Diensten überbelegt sind, dass es tagsüber bis zu 15 Minuten dauern kann, bis das Nutzerterminal eine Botschaft absetzen kann – es ist also nicht echtzeitfähig.

Neben den Little LEOs für die Little Services werden Daten auch kleinen Umfangs auch über **geostationäre Satellitensysteme** wie EUTELSAT (EutelTracks, im Ku-Band) und über INMARSAT (Standard C und Standard D, im L-Band) kostengünstig, zuverlässig und ohne Wartezeiten bis zur Absendung vermittelt.

7.2.10.2 Big Services

Diese Dienstart hebt sich von den Little Services in der **Bitrate** ab, mit den Big Services (Big LEO Services) können auch **Sprache und Daten** mit ISDN-Geschwindigkeit übertragen werden. Der Begriff wird so nur im Zusammenhang mit umlaufenden, tieffliegenden Satelliten verwendet – natürlich werden die geostationären Kommunikationssatelliten seit Anbeginn auch für die Übertragung von Sprache und Daten eingesetzt.

Die beiden bekanntesten Big-LEO-Systeme sind GlobalStar und IRIDIUM, wobei IRIDIUM zusätzlich auch Little LEO Services betreibt. Es ist ein **paketvermittelndes Netzwerk,** das sich eignet, auch kleinste Pakete von Daten zu vermitteln, während GlobalStar ein **leitungsvermittelndes Netzwerk** ist. Dort wäre es nicht wirtschaftlich, einen Sprechkreis aufzubauen. Dies würde einen Aufwand mehrerer Pakete bedeuten, nur um dann die Hälfte des Sprechkreises, die Verbindung von A nach B, für die Übertragung eines einzigen Nutzpaketes zu verwenden.

7.2.10.3 Super Services

Neben den normalen Telefondiensten über geostationäre Satelliten und den Big LEO Services in Konstellationen von Satelliten wird der Terminus Super Services dann gebraucht, wenn Telefondienste über geostationäre Satelliten **direkt mit dem Mobiltelefon** geführt werden. Dieser Super Service wurde im Jahr 2000 mit dem geostationären Thuraya-Satelliten erfolgreich eingeführt, zeitgleich mit der Insolvenz der Big-LEO-Systeme GlobalStar und IRIDIUM. Auch INMARSAT bietet inzwischen den Super Service an.

7.2.10.4 Mega Services

Auf der Skala von Little (kleinste Bitraten) über Big und Super (sprachfähige Datenraten) führt Mega zu **Bitraten im Mega-Bit/Sekunde-Bereich.** Auch für diesen Dienst gab es Vorschläge auf der Basis von umlaufenden Satelliten: TeleDesic (TeleDesic Inc.), Celestri (Motorola Corp.) und SkyBridge (Alcatel Espace).

TeleDesic versprach eine Transferrate zum Nutzer von bis zu 1,5 GB/s. Dazu sollten ursprünglich 840 Satelliten, später reduziert auf nur 288, in erdnahen kreisförmigen Bahnen geflogen werden. Da Bitraten dieser Größenordnung den Betrieb gerichteter **Bodenantennen** einer größeren Apertur benötigen, hätte der Nutzer mindestens zwei solcher (nachführbarer) Antennen betreiben müssen, ein merklicher Investitions- und Betriebsaufwand.

Keines dieser Mega-LEO-Systeme wurde realisiert. Mega Services über geostationäre Satelliten werden weiterhin in sämtlichen Kommunikationssatellitensystemen angeboten und betrieben.

7.2.10.5 New Space

New Space ist der Begriff, der hauptsächlich für die relativ neuen Bewegungen im Raumfahrtbereich verwendet wird. Er bezieht sich auf die Privatisierung von verschiedenen Bereichen, angefangen vom Zugang zum Weltall durch Start von Raketen bis hin zum Betrieb von ganzen Missionen. Diese Initiativen gehen von der privaten Raumfahrtindustrie aus und folgen keinen politischen Umständen oder behördlichen Vorgaben, sondern sind auf die Ziele des privaten Unternehmens ausgelegt. Diese Ziele können entweder sozioökonomischer oder rein finanzieller Natur sein, oder im besten Fall eine Kombination aus beidem. In jedem Fall kommen in diesem Rahmen neue Technologien zum Einsatz, wie z. B. die Wiederverwendung von Raketen und Teilen davon durch neue Herangehensweisen, wie es SpaceX gezeigt hat, als auch die Idee der Besiedelung des Mars. Ein anderer Aspekt des New Space sind die Superkonstellationen von LEOs, die eine weltweite Kommunikation mit Tieffliegern ermöglichen sollen.

Ein Beispiel hierfür ist OneWeb, eine Firma mit finanzstarken Gründern wie Greg Wyler oder Richard Branson und ebenso einflussreichen Investoren wie Airbus, Virgin, Intelsat und Hughes. Das Ziel ist, für jeden auf der Welt Internet verfügbar zu machen. Hierfür sollen hunderte von Kleinsatelliten in den erdnahen Orbit gebracht werden, die in einer Fabrik vom Fließband laufen werden.

Weitere Beispiele sind O3b mit SES und Google im Hintergrund und die Konstellation Starlink von SpaceX. Auch hier ist der zahlungskräftige Hintergrund vorhanden. SpaceX geht sogar noch einen Schritt weiter und will nicht nur auf der Erde überall schnelles Internet verfügbar machen, sondern plant solch ein Satellitensystem auch auf dem Mars, damit, sobald der rote Planet besiedelt wird, auch Kommunikation über diese Satelliten möglich ist.

7.2.11 Der Transponder

Die typische **Übertragungsbandbreite** von 1 GHz (500 MHz in jeder der beiden Polarisationen; 4,2 GHz bei

ASTRA) wird im Satelliten nicht an einem Stück extrem breitbandig reflektiert, sondern in **Frequenzanteile** von meistens 40 MHz unterteilt, und diese werden individuell bearbeitet. Die **Umsetzer (Repeater)**, die einen 40-MHz-Bandanteil in der Frequenz umsetzen und verstärkt wieder aussenden, nennt man **Transponder**. Sie transponieren die auf der Aufwärtsstrecke verwendete Frequenz zu der auf der Abwärtsstrecke verwendeten.

Die Unterteilung des aktiv verwendeten Spektrums in Transponder war zu Beginn der Satellitentechnik notwendig, weil die Sendeleistung, die für die Abstrahlung der gesamten Bandbreite notwendig ist, technisch nicht verfügbar war. Selbst heute noch, da die Satellitensendeleistung verfügbar wäre, werden Transponder eingesetzt, weil sie flexibel einzelne Antennen für vorgegebene Bedeckungszonen bedienen können (was mit einem en-bloc-Umsetzer nicht möglich wäre). Satelliten, die in den Frequenzbändern C-, Ku- und Ka-Band senden, mit – in der Summe – 100 Transpondern, sind heute Stand der Technik.

Stand der Technik sind heute auch Nutzlasten, die flexibel sind in der Bandbreite, der Leistung und der Service-Region auf der Erde.

7.2.11.1 Variable Transponder-Sendeleistungen

Will man die Sendeleistung eines Transponders im Flug auch ohne veränderbare Ausgangsleistung der Sendeverstärker ändern, so ist die einfachste Art der Vorhalt zusätzlicher **Verstärker:** Transpondern, die potenziell den Bedarf an höherer Leistung haben, werden Verstärker parallel zugeschaltet. Dies ist im Betrieb vom Boden aus flexibel machbar.

Die **Parallelschaltung von Sendeverstärkern** geht auf die ersten Kommunikationssatelliten INTELSAT I und INTELSAT II zurück. Die 1964 verfügbaren Verstärker mit 6 W Ausgangsleistung in der Sättigung, die so nur im Einzelträgerbetrieb verfügbar war, führten zu einer Nutzlast mit zwei Transpondern mit dieser Leistung. Mehrträgerbetrieb im Transponder war nicht möglich. Es konnte mit dieser Nutzlast ein einziger Hochfrequenzträger von A nach B und ein zweiter von B nach A übertragen werden.

7

Die Notwendigkeit des **Vielträgerbetriebs** führte bei INTELSAT II zur Reduzierung der Zahl der Transponder von zwei auf einen; dieser hatte aber vier dieser 6-W-Verstärker parallel geschaltet zu Verfügung. Damit konnte dieser Transponder im Mehrträgerbetrieb gefahren werden, im Allgemeinen mit einem Dutzend Hochfrequenzträgern von bis zu sechs Erdfunkstellen in sechs Ländern (National Gateways).

Der Hersteller dieser Satelliten hat in der Folge bis in die letzten Jahre die Parallelschaltung von Verstärkern in den Satelliten realisiert – ein geringer Aufwand von großem Nutzen, denn wenn Verstärker im Satelliten ausfallen, können für die Parallelschaltung vorgesehene Verstärker den Betrieb aufrecht erhalten. Ein Transponder mit nur einem Verstärker ist nützlicher als ein Transponder ohne Verstärker.

7.2.11.2 Multi-Mode Tubes

Die zweite Möglichkeit, die Transponder-Sendeleistung variabel auszulegen, ist, die Verstärker so zu bauen, dass sie in zwei oder drei **Leistungsstufen** gefahren werden können. Natürlich kann jeder Verstärker mit niedriger Ausgangsleistung betrieben werden, indem man ihn mit geringer Eingangsleistung ansteuert. Ein Satellitenverstärker benötigt für diesen Betrieb aber trotzdem die gleiche volle Leistungsversorgung wie wenn er in der Sättigung betrieben würde.

Ein Bi-Mode- oder Tri-Mode-Verstärker kann auf zwei oder drei Leistungsstufen gefahren werden, in denen er dann nur die Hälfte oder ein bzw. zwei Drittel der vollen Leistungsversorgung benötigt.

Der Einsatz von Tri-Mode-Verstärkern geht auf die ersten **Mobilfunksatelliten MARISAT** 1976 zurück. Mit anfänglich einer langsam wachsenden Anzahl von Teilnehmern, die die volle Kapazität des Satelliten ineffizient nutzten, ergab sich im MARISAT-Programm die Möglichkeit, Kapazität an die US-Regierung zu vermieten. Dieser Auftrag umfasste die einmalige Anforderung einer mit zunehmender Zeit rückläufigen Übertragungskapazität.

In der ersten Betriebsphase wurde die Kapazität für die US-Regierung auf 90 % der Gesamtkapazität gefahren und der Transponder für den kommerziellen Seefunk und Landfunk auf 10 % gehalten. In den Folgephasen wurde die Kapazität für die Regierung auf 70 % reduziert und die kommerzielle Übertragung auf 30 % erweitert. Schließlich wurde später die kommerzielle Kapazität weiter auf 60 % hochgefahren. Damit konnte eine natürliche Ramp-Up-Function eines neuen Dienstes für den kommerziellen Sektor erzielt werden, einmalig in der Geschichte der Kommunikationssatelliten.

Effiziente Bi-Mode- und Tri-Mode-Wanderfeldröhren-Verstärker werden auch in Europa hergestellt und sind heute Bestandteil moderner Satellitennutzlasten.

7.2.11.3 Variable Transponder-Bandbreite

Mit dem Einsatz von **digitalen Bandpassfiltern** ist es möglich geworden, die Transponder-Bandbreite im Orbit und während der Betriebsmission zu verändern. Der Idealfall, dass sämtliche 40-MHz-Transponder gleichmäßig belegt und ausgelastet sind, trifft in der Praxis nie zu. Immer gibt es einzelne Transponder, die unterbelegt sind, und andere, für die es mehr Verkehr gibt, als sie transportieren können.

Mit Transpondern, deren Bandbreite auch im Orbit veränderbar ist, kann dem aktuellen **Verkehrsaufkommen** entsprochen werden. Es werden keine Transponder mit ungenutzter, aber Rauschleistung aufnehmender Bandbreite betrieben, und kein Verkehr wird wegen Vollbelegung eines Transponders abgewiesen.

Die zusätzliche Leistung, die ein Transponder benötigt, dessen Bandbreite vergrößert wurde, kann durch Parallelschaltung von Sendeverstärkern oder durch den Einsatz von Multi-Mode-Verstärkern beigestellt werden. Auf die gleiche Weise wird sie in den Transpondern, deren Bandbreite verkehrsanpassend reduziert wurde, zurückgenommen.

7.2.11.4 Intelligente Antennen

Hand in Hand mit den im Orbit einstellbaren Transponderbandbreiten und -sendeleistungen gehen die im Orbit rekonfigurierbaren Antennen **(Smart Antennas).** Sehr oft ändert sich das Verkehrsprofil für einen Kommunikationssatelliten während der Mission, insbesondere bei Missionsdauern von 15 bis 20 Jahren, wie sie heute technisch möglich sind und auch genutzt werden.

Selbst bei moderaten Missionsdauern von zehn Jahren kann dies passieren. Ein Beispiel ist DFS-Kopernikus in Deutschland, dessen Empfangs- und Sendeantennen für die Bedeckung der Bundesrepublik in den 80er-Jahren maßgeschneidert wurden und für den sich die Service-Region dann 1990 merklich änderte (die er nicht gut bedienen konnte).

Einfache kreis- oder ellipsenförmige Fußspuren **(Service Regions)** am Boden können mit kreis- oder ellipsenförmigen Satellitenantennen erzeugt werden; sie sind aber eher die Ausnahme der Anforderungen. Meist sind die topologischen Anforderungen eher unregelmäßig bis geografisch bizarr. Um diese Anforderungen dann zu erfüllen, bedarf es geeigneter Satellitenantennen, und hier bieten sich mindestens drei Architekturen an:

Gängig sind **passive Reflektorantennen,** in deren Fokus eine große Zahl aktiver Einzelspeiseelemente angeordnet ist, die sich vom Boden aus so ansteuern lassen, dass als Ergebnis ihrer Konfiguration beliebige Fußspuren generiert werden.

Eine weitere Möglichkeit sind passive Reflektorantennen, in deren Fokus eine Phased Array Antenna angesetzt ist. Auch sie lassen sich vom Boden aus so ansteuern, dass beliebige Fußspuren generiert werden.

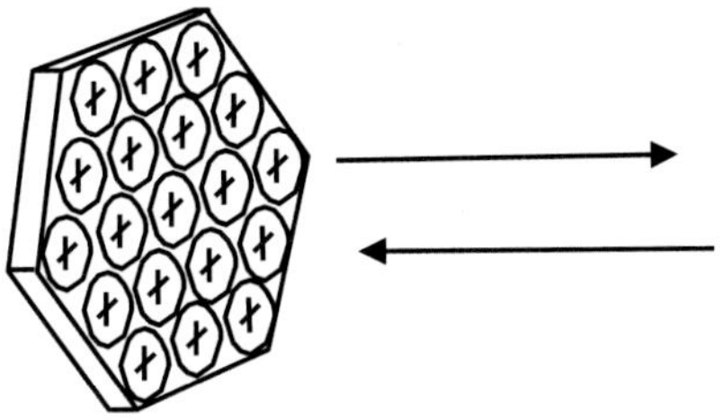

Bild 7.2.9: *Die planare Phased Array Antenna, die auch konform ausgebildet sein kann und mehrere Satelliten gleichzeitig empfangen und ansenden kann.*

Phased Array Antennas werden unter anderem auf GlobalStar und IRIDIUM geflogen.

Auch am Boden sind intelligente Antennen unersetzbar, z. B. am Vehikel: die Phased Array, die auf dem Autodach foliendünn konform aufgetragen wird und mehrere Satelliten dynamisch verfolgt, ohne den c_W-Wert des Vehikels zu beeinträchtigen. Für die Verfolgung mehrerer Satelliten mit Parabolantennen wären mehrere Antennen notwendig, die weder auf Autos, geschweige denn auf Flugzeugen montiert werden können.

7.2.11.5 Störerausblendende Satellitenantennen

Zivile Kommunikationssatelliten werden zunehmend unabsichtlich, aber auch absichtlich gestört, militärische Kommunikationssatelliten werden schon immer gegen absichtliche Störer geschützt. Die oben erwähnten Phased Array Antennas können nicht nur bizarre Fußspuren am Boden maßschneidern, sondern auch einen oder mehrere auf den Satelliten gerichtete Störer ausblenden **(Uplink Nulling)** und sind deshalb bei militärischen Kommunikationssatelliten seit Jahren als Stand der Technik im praktischen Einsatz.

7.2.11.6 Multiple Zellen bildende Antennen

In der Satellitenkommunikation verwendet man, wie im zellularen Mobilfunk am Boden, mehrere Einzelzellen anstatt einer Einzelausleuchtung, die die gesamte Fußspur (Coverage Area) überdeckt. Der Grund ist in beiden Fällen der gleiche: Man kann die in einer Zelle verwendete Frequenzbandbreite in der jeweils übernächsten Zelle wiederverwenden. Diese **Frequenzwiederverwendung** ist unabdingbar notwendig, um dem ständig wachsenden Kommunikationsverkehrsaufkommen mit dem physikalisch begrenzten, nicht mit wachsenden Frequenzspektrum entsprechen zu können.

Wenn man in einer wabenförmigen Zellularstruktur jeder Zelle 1/3 der Gesamtbandbreite zuteilt und n Zellen betreibt, vergrößert man das real nutzbare Frequenzband um den Faktor $n/3$. Mit ca. 200 Zellen bei Thuraya oder INMARSAT-4 führt dies pro 1-MHz Spektrum zu 67 MHz an nutzbarer Bandbreite.

7.2.11.7 Bordseitige Verarbeitung und Vermittlung

Spätestens bei Satellitennutzlasten, die mit Vielzellenantennen arbeiten, stellt sich das Problem der **Vermittlung zwischen den Zellen.** Die Verbindung sämtlicher Zellen untereinander (die Teilnehmer in jeder Zelle können mit Partnern in der gleichen Zelle, aber auch in jeder beliebigen anderen Zelle, verbunden werden) verlangt für n Zellen $n \cdot (n-1)/2$ Verbindungen. In konventionellen Technologien würde diese Anforderung zur Installation von $2 \cdot n \cdot (n - 1)/2$ Transpondern führen (für jede Verbindung werden zwei Transponder benötigt, einer von A nach B und einer von B zurück nach A), plus n Transponder für den Intra-Zellen-Verkehr, also in der Summe n^2 Transponder.

Anstatt zum Beispiel bei $n = 200$ Zellen dann $n^2 =$ 40 000 Transponder zu installieren und zu betreiben (praktisch unmöglich), setzt man einen Prozessor in die Nutzlast, den **On-Board Processor (OBP),** der diese Vermittlungsfunktion übernimmt (On-Board Switching, OBS).

Die **Vermittlungskontrolle** kann am Boden stattfinden (die Netzkontrolle am Boden dirigiert den bordseitigen Prozessor) oder auch an Bord; hierfür muss der Prozessor die Nachrichten demodulieren, um in ihrem Basisband die gewünschte Adresse lesen zu können. Die bordseitige Entscheidung ist technisch möglich, und sie spart Zeit und Übertragungskapazität. Das Signal muss nicht vom Sender über den Satelliten zur Bodenkontrollstation und nach deren Entscheidung und Anweisung zurück zum Satelliten gehen, sondern kann direkt zum Adressaten geleitet werden.

Die Demodulation des Signals im Satelliten bietet den weiteren Vorteil, dass damit eine Fehlerkorrektur des Signals im Satelliten durchgeführt werden kann, bei der die auf der Aufwärtsstrecke entstandenen Fehler korrigiert werden, sodass das wieder abgesetzte Signal fehlerfrei auf die Abwärtsstrecke geht.

Des Weiteren kann das Signal im Satelliten einer anderen, für die Abwärtsstrecke optimalen Modulation unterzogen werden, was meist in militärischen Satelliten geschieht.

Neben dem großen Vorteil, anstelle von z. B. 40 000 Transpondern nur einen Signalprozessor installieren zu müssen, hat der Betrieb dieses Prozessors noch weitere wesentliche **Systemvorteile:** Wenn innerhalb der Transponder-Architektur in einer Zelle am Boden wenig oder kein Verkehr ist, bleibt der dieser Zelle zugeteilte Transponder ungenutzt. Weder seine Bandbreite noch seine Leistung kann einem anderen Transponder übergeben werden, der gerade überbeansprucht wird – dieser muss den Mehrverkehr abweisen.

Der Prozessor verarbeitet dagegen den Gesamtverkehr, so heterogen er auch über die Zellen verteilt sein mag, in Echtzeit und ohne Mehrverkehrsabweisung.

7.2.11.8 Nutzlasten mit multiplen Frequenzbändern

Von den im Kapitel 6.4.2 aufgezeigten, für die Satellitenkommunikation zugewiesenen Frequenzbändern in den Bereichen P-, L-, S-, C-, X-, Ku-, Ka-, Q-, V- und W-Band werden in gängigen nationalen Kommunikationssatelliten im Mittel vier Bänder genutzt, z. B. C- und Ku-Band für die zivile Kommunikation bzw. (im oberen Ku-Band) für Broadcast, und X- und Ka-Band für die militärischen Fernmeldedienste, L- und S-Band für die Mobilkommunikation und Ku- und Ka-Band für die ortsfesten kommerziellen Anwendungen.

Meistens sorgen Querverbindungen zwischen diesen Bändern **(Cross Strappings)** in der Nutzlast für betriebstechnische Flexibilität. Zumindest das bandbreitenbegrenzte P-Band wird man quer verbinden, sodass man von der heimischen Ankerstation im Ku- oder Ka-Band zum und vom Satelliten geht und im (wenige Sprachkanäle breiten) P-Band von und zum Teilnehmer.

7.2.12 Die Übertragungstechnik

In der Satellitenkommunikation werden die gleichen Modulationsverfahren wie in der terrestrischen verwendet, vorzugsweise Phasenabtastverfahren **(Phase Shift Keying Modulation)** mit 4 (QPSK) und 16 (APSK) Phasenzuständen.

Die QPSK-Modulation ($M = 4$ mit 2 Bit/Symbol) benötigt 0,8 Hz/bit Bandbreite – 1 MB/s nehmen 0,8 MHz Bandbreite ein; das 16-APSK-Verfahren ($M = 16$ mit 4 Bit/Symbol) nimmt 0,4 MHz pro MB/s ein, einschließlich Rate 3/4 Trellis Coding und Trägerschutzabstand.

Stand der Technik ist, dass Modulationsgeräte den Grad der Modulation während der laufenden Übertragung der Qualität des Kanals anpassen (DVB-S2 Standard, **Self Adjusting Modulation Techniques**). Solange der Übertragungskanal die nominelle Qualität hält, modulieren die Modems 16APSK; reduziert sich die Kanalqualität zum Beispiel meteorologisch bedingt, verringert das Modem den Grad der Modulation etwa auf QPSK. Damit wird die Übertragung doppelt so robust, wenngleich halb so schnell – denn langsamere fehlerfreie Übertragung ist besser als schnelle fehlerbehaftete.

Auch bei der **Kanalcodierung** sind in der Satellitenkommunikation heute Geräte mit adaptiven Code-Raten im Einsatz. Verschlechtert sich der Kanal und erhöht sich die Bitfehlerrate, reduziert das Codier/Decodier-Gerät die Code-Rate von z. B. 3/4 (jedes vierte Bit ist ein Code-Bit) auf 1/2 (jedes zweite Bit ist ein Code-Bit). Damit wird die Übertragung verlangsamt, aber die Fehlerrate verkleinert.

Die dritte Möglichkeit, die Übertragung trotz Kanalschwierigkeiten nach der Reduzierung der Modulation und der Erhöhung des Codierschutzes aufrechtzuerhalten, ist die Reduzierung der Trägerbelegung im Satellitentransponder – der Lastabwurf. Wenn die Situation dies fordert und man die Übertragung eines von zwei Hochfrequenzträgern temporär unterbricht, kann man die dadurch frei werdende Sendeleistung dem anderen Hochfrequenzträger zuteilen, sodass der, nun mit der doppelten Sendeleistung ausgestattet, bessere Chancen hat, seine Soll-Qualität aufrechtzuerhalten **(Threat Adaptive Off-Loading).**

7

Des Weiteren könnte man die durch die Unterbrechung des einen Hochfrequenzträgers frei gewordene Bandbreite nutzen, um den verbleibenden Träger zusätzlich mit Rate 1/2 zu codieren und damit einen weiteren Fehlerschutz zu erreichen.

7.2.13 Die Zugriffstechnik

Wie können viele Nutzer auf die eine Ressource, den Kommunikationssatelliten, zugreifen? Das Naheliegende ist das zeitliche Nacheinander, einer nach dem anderen (Vielfachzugriff im Zeitbereich; **Time Division Multiple Access, TDMA**). Die Nutzer können aber auch auf verschiedenen Frequenzen gleichzeitig arbeiten, so wie im Radio die Sender auf jeweils eigenen Frequenzen senden (Vielfachzugriff im Frequenzbereich; **Frequency Division Multiple Access, FDMA**). Drittens können mehrere Übertragungen (leistungs- und bandbreitenaufwendig) so codiert werden, dass sie auf der gleichen Frequenz überlagert werden können (Vielfachzugriff im Codebereich; **Code Division Multiple Access, CDMA**); in Kenntnis der gewählten Codierung kann der Empfänger das an ihn gerichtete Signal aus der Summe aller Signale empfangsseitig herausfiltern.

Time Division Multiple Access (TDMA) ist aus heutiger Sicht mit Abstand das Vielfachzugriffsverfahren der Wahl, das die höchste Satellitenübertragungsrate pro Frequenznutzung erzielt.

7.2.14 Frequenzbereiche über dem elektromagnetischen Spektrum

Das für die Satellitenkommunikation funkrechtlich zugewiesene **Frequenzspektrum** von 7 kHz bis 1 000 GHz wird zunehmend genutzt, heute bis in den Bereich von 100 GHz. Abgesehen von der verfügbaren Technik in diesen Frequenzlagen ist die **Ausbreitung in der Atmosphäre** in der Höchstfrequenz ein begrenzender Faktor.

Interessanterweise wird die Ausbreitung in der Atmosphäre aber bei Frequenzen über 100 GHz nicht zunehmend schwieriger, die Regendämpfung stagniert mehr oder weniger, sodass man dann auch in den Bereichen des **infraroten und sichtbaren Lichtes** arbeiten kann. Der große Vorteil dort ist, dass die **Laser-Verbindungen** ungleich größere Bandbreiten ermöglichen, sodass auch ungleich höhere Datenmengen pro Zeiteinheit übertragen werden können. Für die Satellitentechnik ist vor allem von Vorteil, dass die Laser-Links ungleich weniger elektrische Leistung pro gesendetem Bit benötigen.

Diese Giga-Übertragungen sind bei Laser-Frequenzen mit vergleichsweise **kleinen Antennen** (die hier Teleskope heißen) möglich, ein weiterer Systemvorteil. Allerdings sind diese kleinen Teleskope extrem zielgerichtet – sie treffen einen Punkt auf der Erde mit einem Öffnungswinkel von 1/1 000°, also ca. 300 m Durchmesser am Boden, nicht einmal ein ganzes Stadtgebiet.

Um verstreute Nutzer in einer Stadt oder einem noch größeren Gebiet zu erreichen, gibt es zwei Möglichkeiten: Die **terrestrische Vernetzung,** bei der das Giga-Bit-Link von einer Ankerstation empfangen wird und terrestrisch zu den Zieladressen weitergeleitet wird, und (zweitens) die **Phased Array Antenna am Satelliten,** die eine große Zahl von Laser-Links von verteilten Stationen empfangen und abstrahlen kann. Erste Phased Array Antennas im Laser-Frequenzbereich gibt es schon. Diese Antennen müssen eine hinreichend große Anzahl von Strahlen bilden, um eine größere Nutzergruppe bedienen zu können, da jedes Laser-Link typischerweise nur einen Nutzer bedient.

Die ersten, sehr breitbandigen Laser-Links (bei Wellenlängen von 1,55 μm) von der geostationären Umlaufbahn zur Erde sind in Betrieb; die weitere Entwicklung dieser Technik in der Satellitenkommunikation nimmt einen raschen Aufschwung. Große Schritte wurden gerade in den letzten Jahren getan, mit

- deutlich leistungsfähigeren Sendern,
- kohärenter Modulation und
- der Fähigkeit, den Betrieb auch in die Sonne schauend aufrechterhalten zu können.

40-Gbit/s-Übertragungen vom GEO zum Boden wurden in den USA erfolgreich erprobt. Schon eine kleine Anzahl solcher Links entspricht einer Bandbreite, die im elektromagnetischen Spektrum zwischen 1 und 100 GHz gar nicht verfügbar ist.

Die neueste Generation der Laser Links ist das LCT (Laser Communication Terminal). Dies ist eine deutsche Entwicklung und wurde zum ersten Mal auf dem deutschen Satelliten TerraSAR-X geflogen und wird inzwischen in der zweiten Generation auf dem Satelliten EDRS-A verwendet. Es arbeitet im Infrarotbereich mit 1 064 nm Wellenlänge des Lasers und BPSK-Modulation. Es ist koheränt homodyn, d. h. es hat die Lichtwellenlänge selbst als Trägerfrequenz, was extrem hohe Übertragungsraten erlaubt.

7.2.15 Die Entsorgung von Satelliten

Ein großes Problem der Raumfahrt ist die Entsorgung von Kommunikationssatelliten am Ende ihrer Mission, aufgrund ihrer raschen Verbreitung ist es von besonderer Bedeutung. Während LEOs durch die Restatmosphäre, die bis ca. 500 km Flughöhe reicht, mit der Zeit ausgebremst werden und irgendwann dann beim Wiedereintritt in die Erdatmosphäre verglühen, verbleiben ICOs und GEOs nach Ende ihrer Mission auf lange Zeit in ihrer Bahn und versperren damit nicht nur den Nachfolgern die Orbitposition, sondern kollidieren schlimmstenfalls mit ihnen.

Auch die häufig praktizierte Anhebung von GEO-Satelliten über den GEO hinaus ist längst keine Lösung mehr, weil mehr und mehr Satelliten im angehobenen Orbit kollidieren und 50 % der dadurch entstehenden Debris (Bruchstücke) auf Satelliten im GEO treffen. Es muss dringend eine Standardprozedur zur Entsorgung der Satelliten nach Ende der Mission gefunden werden.

7.2.16 Ausblick für die Satellitenkommunikation

Die Satellitenkommunikation war in den letzten 50 Jahren das geldverdienende Arbeitspferd der Raumfahrt und wird es sicherlich für mindestens die nächsten 50 Jahre bleiben. Wernher von Braun sagte einmal, wenn der Rest der Raumfahrt ein Budget von wenigstens 5 % dessen bekommt, was die Satellitenkommunikation umsetzt, geht es weiter mit der Raumfahrt in der Welt; diese Hoffnung wurde bis heute erfüllt.

Die **ortsfeste Satellitenkommunikation** wird weiterhin überall dort unersetzbar sein, wo es darum geht, schnell breitbandige Übertragung verfügbar zu machen und auch wieder abzubauen. Daneben wird der **Thin Route Traffic** lange nicht durch eine Glasfaser ersetzt werden.

Rundfunkausstrahlung (Broadcast) von Audio und Fernsehen wird noch lange über Satellit deutlich kostengünstiger erfolgen als über terrestrische Füllsender oder Verkabelung. Die Füllsender in Deutschland kosten pro Jahr mehr als die Beschaffung eines Satelliten, der TV-Programme fünfzehn Jahre lang abstrahlt. Ein solcher Satellit bedient dann ganz Europa, insbesondere aber 100 % Deutschlands, das die Füllsender mit ihrer Flächendeckung < 95 % nicht schaffen.

Ein großflächiger **Mobilfunk** zu Landfahrzeugen, Schiffen und Flugzeugen, zuverlässig und mit hinreichenden Bitraten, kann terrestrisch nicht realisiert werden – es wird niemand jemals eine Glasfaser irgendeiner Bitrate zum Flugzeug legen.

Hierzu sind Satelliten mit 40 m × 40 m großen Antennen (ETS-8) im Orbit; es werden 40 GB/s schnelle Prozessoren für On-Board Processing and Switching geflogen. Seit INTELSAT-8 (1997) werden 20 Jahre Missionsdauer realisiert (das muss man sich vor dem Hintergrund von Kraftfahrzeugen auf der Erde veranschaulichen: 20 Jahre voll funktionsfähig, ohne Kundendienst oder Reparatur), mit bis zu 10 t Satellitenmasse und 20 kW elektrischer Primärleistung, noch am Ende der Mission.

Man beherrscht seit langem die Kolozierung (Kopositionierung) von bis zu zehn Satelliten und kann damit z. B. viele hundert Fernsehprogramme von einer Orbitposition abstrahlen, für den Empfang mit Pizza-kleinen (40 cm) Heimempfangsanlagen. Insbesondere aber vermitteln diese Satelliten Sprache und Daten mit MB/s-Geschwindigkeiten vom geostationären Orbit direkt in die Mobiltelefone der Nutzer, und zwar flächendeckend auch in Regionen, die, mit terrestrischen Sendemasten ausgerüstet, sich nicht rechnen und über den Ozeanen [7.2.7].

Eine weitere Aufgabe der nächsten Jahre wird darin bestehen, die Datensicherheit zu gewährleisten. Hier werden zur Zeit neue Verfahren der Kryptografie entwickelt, die einen langfristigen Schutz sensibler Daten sicherstellen können. Als Beispiel sei die Quantenkryptografie genannt. Bei der Weiterentwicklung dieser Technik haben Europa, aber insbesondere auch China, eine wichtige Rolle übernommen.

7.2.17 Kryptografie

Die Sicherheit in der modernen Informationsgesellschaft basiert zu einem großen Teil auf kryptografischen Verfahren. Was einst als Anwendung für militärische Projekte entwickelt wurde, ist heutzutage Grundlage vieler Systeme und allgegenwärtig. In einer vernetzten Welt mit Datenübertragung über satellitengestützte und terrestrische Kommunikationssysteme ist ein geeigneter Datenschutz realistischerweise nur mit Verschlüsselung zu erreichen. Der Schutz der Daten muss dabei auch jenseits von Regierungsgeheimnissen teilweise sehr langfristig erfolgen, beispielsweise bei Banken und insbesondere im Gesundheitssektor, bei dem mit Zeiträumen von vielen Jahrzehnten geplant werden muss. Jenseits vom Schutz von Daten basiert auch der Schutz der kritischen Infrastruktur (z. B. Kommunikationsnetzwerke, Energie- und Wasserversorgung) auf kryptografischen Verfahren. Ein Versagen dieser Verfahren würde diese Infrastruktur Manipulationen und mutwilligen Zerstörungen aussetzen. Gerade im Bereich der Infrastruktur werden teure Investitionen langfristig getätigt, d. h. auch die Sicherheitsaspekte müssen schon bei der Planung der Systeme genauso langfristig sichergestellt werden. Neben Infrastruktur am Boden ist auch die Sicherheit der Infrastruktur im Weltraum kritisch (z. B. Navigationssysteme). Die hohen Anforderungen in der Entwicklung der Raumfahrtsysteme, die langen Entwicklungs- und Laufzeiten, verbunden mit der Tatsache, dass ein Austausch von Hardware keine Option ist, machen diese Infrastruktur besonders anfällig für Bedrohungen im Sicherheitsbereich.

7.2.17.1 Klassische kryptografische Verfahren

Die derzeit eingesetzten kryptografischen Verfahren basieren auf mathematischen Problemen, deren Lösung als besonders schwierig angenommen wird. Diese Verfahren haben in den letzten Jahrzehnten dazu geführt, dass Verschlüsselung bis hin in den persönlichen Bereich erfolgreich eingesetzt wird. Seit den neunziger Jahren des letzten Jahrhunderts weiß man allerdings, dass eine wichtige Klasse dieser bisherigen Verfahren (die sog. asymmetrische Verschlüsselung) ganz konkret von neuen Entwicklungen bedroht wird. Während die mathematischen Probleme (z. B. Primzahlfaktorenzerlegung), auf denen diese Verfahren beruhen, mit klassischen Rechnern selbst auf Jahrzehnte hinaus höchstwahrscheinlich nicht effizient gelöst werden können, wurden mit dem Konzept eines Quantencomputers auch neuartige Quantenalgorithmen entwickelt, die diese mathematischen Probleme in realistischer Zeit lösen können. Der Quantencomputer macht dies möglich, da er losgelöst ist von der klassischen Rechnerarchitektur und Eigenschaften der Quantenphysik ausnutzt, die es z. B. erlauben, sehr viele Zustände gleichzeitig in einem Quantenteilchen zu erfassen. Die Entwicklung eines solchen Quantencomputers ist eine große Herausforderung, da die nötigen Quantenteilchen genau kontrolliert werden müssen und sehr empfindlich gegenüber äußeren Wechselwirkungen reagieren. Während der Quantencomputer deswegen anfangs noch eher konzeptionell und in der Grundlagenforschung gesehen wurde, haben experimentelle Fortschritte im letzten Jahrzehnt eine Realisierung wahrscheinlicher werden lassen. Getrieben wird diese Entwicklung auch von signifikanten privaten und staatlichen Investitionen weltweit, da mit Quantencomputern auch andere schwierige Problemstellungen (beispielsweise in der Chemie und Materialphysik) angegangen werden können.

Eine Bedrohung durch Quantencomputer wurde deswegen inzwischen als ernstzunehmende Gefahr für die bisher eingesetzten Verschlüsselungsmethoden erkannt. Damit verbunden ist die Umstellung auf kryptografische Verfahren, die als „quantensicher“ gelten. Der Zeitraum für diese Umstellung hängt von der Entwicklung der Quantencomputer ab, aber auch von Bedrohungen der bisherigen Verfahren durch Entdeckungen neuer mathematischer Methoden.

Die Entwicklung des Quantencomputers ist nicht kurzfristig, aber mittel- und langfristig als Bedrohung wahrzunehmen. Ein wichtiger Aspekt ist dabei, dass verschlüsselte klassische Informationen im Internet abgegriffen, zwischengespeichert und auch im Nachhinein entschlüsselt werden können. Das heißt, die garantierten Zeiträume für Datensicherheit müssen von dem Bedrohungszeitraum abgezogen werden (d. h. Daten, die jetzt verschlüsselt übertragen werden und 20 Jahre sicher gelten sollen, würden durch einen Quantencomputer, der erst in 15 Jahren verfügbar sein würde, schon heute bedroht). Bezüglich kritischer Infrastruktur ist zu berücksichtigen, dass eine Umstellung auf quantensichere Methoden mit erheblichem Zeitaufwand für Entwicklung, Zertifizierung und Installation verbunden ist. Eine Entwicklung eines Quantencomputers wird in einigen Szenarien schon in 10 bis 15 Jahren mit einer signifikanten Wahrscheinlichkeit angegeben. Insbesondere in Bereichen mit langen Entwicklungszyklen und Betriebsdauern, wie in der Raumfahrttechnik, sollte diese Bedrohung auch für die Anwendung von kryptografischen Verfahren in Kommandierung und Steuerung der Infrastruktur berücksichtigt werden.

Als quantensichere Verfahren kommen dabei zwei Entwicklungen in Frage. Zunächst werden neuartige kryptografische Algorithmen, sog. „post-quantum“-Algorithmen entwickelt, die auf mathematischen Problemen basieren, die so gewählt sind, dass sie mit den bisher bekannten Quantencomputeralgorithmen nicht gebrochen werden können. Der Vorteil dieser Verfahren liegt darin, dass sie prinzipiell in Software implementiert werden können (die Anforderungen an die Rechner-Ressourcen können dabei im Vergleich zu bisherigen Algorithmen aber steigen), allerdings sind sie nicht gegen neuartige, zukünftige Quantencomputeralgorithmen gesichert.

Einen anderen Weg wählt die Quantenkryptografie [7.2.8], [7.2.9]. Dort basiert die Sicherheit der Verschlüsselung nicht auf der angenommenen Schwierigkeit von mathematischen Problemen, sondern allein auf den Gesetzen der Quantenphysik.

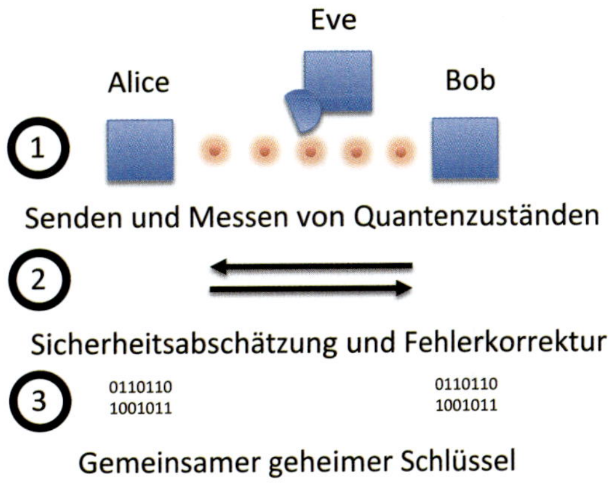

Bild 7.2.10: *Grundprinzip der Quantenschlüsselverteilung. (1) Zwischen zwei Parteien (Alice und Bob) werden Quantenzustände ausgetauscht und vermessen. Eine dritte Partei Eve versucht, diese Quantenzustände ebenfalls zu messen. (2) Alice und Bob führen mit Hilfe ihres Wissens über die Quantenzustände und den Messungen eine Sicherheitsabschätzung durch und können so den Informationsgehalt einer Messung von Eve eingrenzen. Eine Fehlerkorrektur der Messergebnisse und eine Reduzierung der Information um den maximalen Informationsgewinn durch Eve, erzeugt einen geheimen gemeinsamen Schlüssel, der für die Verschlüsselung von Daten verwendet werden kann.*

7.2.17.2 Grundlage der Quantenkryptografie

Grundlage für die Quantenkryptografie ist die einzig nachweisbar sichere Verschlüsselungsmethode, das sogenannte one-time-pad-Verfahren. Hierbei wird eine Nachricht zwischen zwei Parteien mit einem geheimen Schlüssel verschlüsselt, der allerdings genau so lang sein muss wie die Nachricht selber und nur exakt ein einziges Mal verwendet werden darf. Die Sicherheit der Kryptografie kann also auf das Problem der Verteilung eines geheimen Schlüssels reduziert werden.

Genau hier setzt die Quantenkryptografie an. Dabei wird eine sehr grundlegende Eigenschaft der Quantenphysik ausgenutzt, nämlich die Tatsache, dass Quantenzustände im allgemeinen Fall nicht exakt kopiert werden können. Die Quantenphysik bedingt sogar, dass jede Messung an einem Quantenteilchen dieses in seinen Eigenschaften beeinflussen kann. In der Quantenkryptografie werden deswegen Quantenteilchen zwischen zwei Parteien versendet. Ein Abhörer müsste eine Messung an diesem Teilchen durchführen, was unweigerlich dessen Eigenschaften ändern würde. Der Empfänger des Teilchens könnte diese Änderungen durch seine eigenen Messwerte statistisch nachweisen. Ein Abhörer kann also durch fundamentale Prinzipien der Quantenphysik nachgewiesen werden. Die beiden Parteien können (falls kein Abhörer detektiert wurde) die Eigenschaften der Quantenteilchen und ihre Messergebnisse nutzen, um daraus einen geheimen Schlüssel zu erzeugen, den nur sie kennen.

Man spricht hier auch von Quantenschlüsselverteilung (englisch: quantum key distribution – QKD). Die Annahmen an den Abhörer können dabei sehr groß sein, ihm werden alle physikalisch erlaubten Techniken zugestanden.

Die Quantenkryptografie benötigt keine Annahmen der Schwierigkeit von mathematischen Problemen und gilt deshalb auch als langfristig sicher. Die Quantenkryptografie ist sicher gegenüber allen zukünftigen, neuartigen Quantencomputeralgorithmen oder Entdeckungen in der Mathematik. Es ist allerdings zu erwähnen, dass – wie bei allen sicherheitsrelevanten Systemen – darauf geachtet werden muss, dass bei den Implementierungen keine Fehler gemacht werden.

7.2.17.3 Realisierung der Quantenkryptografie

Das Prinzip der Quantenkryptografie wurde inzwischen schon in sehr verschiedenen Varianten gezeigt und es wurden verschiedene Protokolle entwickelt. Bei den zu übertragenden Teilchen bieten sich Lichtteilchen als geeignet an, da sie wenig mit ihrer Umgebung wechselwirken und deswegen ihre empfindlichen Quanteneigenschaften nicht so schnell verlieren. Mikrowellen- und Radiofrequenzen gelten als nicht geeignet, da die thermische Anregung (Schwarzkörperstrahlung) in diesem Bereich quantenlimitierte Messungen erschweren.

Für optische Glasfaserverbindungen sind kommerzielle Geräte erhältlich, die allerdings in ihrer Reichweite auf höchstens einige 100 km limitiert sind. Die empfindlichen Quantenteilchen werden durch die Verluste in der Glasfaser so weit abgeschwächt, bis ein sicherer Nachweis eines Abhörers statistisch nicht mehr möglich ist.

Klassische Verstärker beeinflussen die Quantenteilchen und können ebenfalls nicht eingesetzt werden. Sogenannte Quantenrepeater könnten beliebige Quantenteilchen verteilen, benötigen allerdings eine komplexe Quantentechnologie, die noch entwickelt werden muss.

Satelliten können als geeignete Lösung dienen, um größere Distanzen in der Quantenkryptografie zu überbrücken. Der Vorteil liegt in der Skalierung der Verluste.

Während die Absorption in Glasfasern exponentiell mit der Entfernung skaliert, propagiert Licht im Weltraum jenseits der (relativ dünnen) Atmosphäre im absorptionsfreien Vakuum. Zu berücksichtigen ist hierbei die Beugung der Lichtstrahlen, da bei den langen Distanzen zwischen Satelliten oder Satellit und Bodenstation, üblicherweise auch bei optischen Frequenzen, nicht der gesamte Lichtstrahl von Teleskopen aufgesammelt werden kann. Diese Verluste skalieren aber nur quadratisch. Der „Umweg" über den Weltraum erzeugt also bei langen Entfernungen wesentlich weniger Verlust.

In der Quantenschlüsselverteilung kann man zwischen zwei Szenarien unterscheiden, bei denen dem Satelliten entweder vertraut wird oder nicht. Vertraut man dem Satelliten oder dem Satellitenbetreiber, dann erfolgt ein zeitlich versetzter Schlüsselaustausch zwischen zwei entfernten Orten auf der Erde. Zunächst wird ein geheimer Schlüssel zwischen Ort A und dem Satelliten erzeugt, danach ein geheimer Schlüssel zwischen Ort B und dem Satelliten. Der Satellit erzeugt anschließend eine **Exklusiv-Oder-Kombination** zwischen beiden Schlüsseln und kommuniziert sie zu den Orten. Diese Kommunikation kann öffentlich erfolgen, da außer dem Satellit nur der jeweilige Partnerort den Schlüssel des anderen Ortes wieder nach einer nochmaligen **Exklusiv-Oder-Operation** mit seinem eigenen Schlüssel erhält.

Bei diesem Verfahren können sehr effiziente Quantenschlüsselverteilungsprotokolle eingesetzt werden, die auf Quellen von stark abgeschwächten Laserpulsen basieren. Insbesondere bei einem Sender der Quantenzustände am Satelliten kann so auf bewährte Technologie gesetzt werden.

Bei einem anderen Verfahren wird auf einem Satelliten eine Quelle von besonderen Quantenzuständen eingesetzt, sogenannten verschränkten Zuständen. Dies können Quellen sein, die zwei Lichtteilchen emittieren, deren Quanteneigenschaften sehr stark korreliert sind. In diesem Verfahren werden die beiden Lichtstrahlen gleichzeitig zu den beiden Orten gesendet. Die Empfänger in den Orten überprüfen die Korrelationen der Quantenzustände und können so Abhörer ausschließen. Da die quantenmechanischen Messergebnisse an den Orten zwar korreliert, aber zufällig sind, hat der Satellit keine Kenntnis des geheimen Schlüssels. Man muss einem Satellitenbetreiber also nicht vertrauen. Der Nachteil des Verfahrens liegt darin, dass der Satellit zwei Orte gleichzeitig optisch erreichen muss und die Verluste zu beiden Orten multiplikativ in die finale Rate der Korrelationen eingehen. Technologisch ist dieses

Verfahren anspruchsvoller und geeignete Quellen, die den stärkeren Einfluss der Verluste mit hohen Repetitionsraten ausgleichen können, müssen noch entwickelt werden.

Es ist wichtig anzumerken, dass die Quantenschlüsselverteilung keinen Echtzeitcharakter hat. Die erzeugten Schlüssel können in einem Puffer für die Anwendung mit klassischer Kommunikation zwischengespeichert werden. Das heißt, negative Einflüsse durch Wetterbedingungen können so zu einem großen Teil ausgeglichen werden.

Erste Konzepte zur Quantenkryptografie mit Satelliten wurden schon in den 1990er Jahren vorgeschlagen und immer weiter verfeinert. Die ESA hat in den frühen 2000er Jahren einige Studien hierzu gefördert, die auch Boden-Boden-Demonstrationen beinhalteten, die die prinzipielle Machbarkeit unter sehr hohen Verlusten und dem Einfluss atmosphärischer Fluktuationen zeigten. Ein guter Überblick über die weltweiten Anstrengungen, Quantenkryptografie mit Satelliten zu entwickeln, findet man in [7.2.10].

2017 und 2018 wurden bahnbrechende Demonstrationen zur Quantenkommunikation im Weltraum mit Hilfe des hierfür in China entwickelten Micius-Satelliten demonstriert. Die Experimente mit dem LEO-Satelliten haben gezeigt, dass eine Quantenschlüsselverteilung über große Distanzen mit stark abgeschwächten Laserpulsen technisch machbar ist [7.2.11]. Dabei wurden auch zum ersten Mal Nutzdaten mit Partnern in Österreich und China mit Hilfe von quantenkryptografisch generierten Schlüsseln verschlüsselt [7.2.12]. Zusätzlich hat die Mission auch Experimente mit Bedeutung für die Grundlagenphysik demonstriert, z. B. der erste Bell-Test (der Nachweis der starken Quantenkorrelationen) über Entfernungen, die so nur über einen Satelliten überbrückt werden können [7.2.13]. Auch Quantenkommunikationsprotokolle, die über die Quantenkryptografie hinausgehen, z. B. das verlustfreie Übertragen von Quantenzuständen (Quantenteleportation), konnten gezeigt werden.

7.2.17.4 Ausblick für die Quantenkryptografie

Die chinesischen Experimente haben deutlich gezeigt, dass eine technologische Realisierung von Quantenschlüsselverteilung über große Distanzen, mit Hilfe von Satelliten, machbar ist. Als nächste Schritte müssen nun die Technologien weiter entwickelt werden, so dass Satellitennetzwerke aufgebaut werden können, die ökonomisch betrieben werden können. Mit Hilfe dieser Netzwerke kann dann zunächst die kritische Infrastruktur sowohl am Boden als auch im Weltraum abgesichert werden. Weltweit existieren private und staatliche Initiativen, die das zum Ziel haben.

Langfristig ist das Ziel, weltweit auch beliebige Quantenzustände zu übertragen, mit denen z. B. Quantencomputer verbunden werden können. Bei all diesen Entwicklungen profitiert die Quantenkommunikation von den Entwicklungen der klassischen optischen Satellitenkommunikation.

Literatur

[7.2.1] *Morgan, W. L.:* Communications Satellite Handbook. New York: Wiley Interscience Publications, 1998.

[7.2.2] Via Satellite. Monatlich erscheinendes Fachjournal, Rockville, Maryland, USA: Phillips Business Information, Inc., 2007.

[7.2.3] *Pritchard, W.; Sciulli, J.:* Satellite Communication Systems Engineering. Englewood Cliffs, N. J.: Prentice-Hall, Inc., 1996.

[7.2.4] *Lutz, E.; Werner, M.; Jahn, A.:* Satellite Systems for Personal and Broadband Communications. Berlin, Heidelberg: Springer Verlag, 2000.

[7.2.5] *Dodel, H.; Häupler, D.:* Satellitennavigation – Galileo, GPS, GLONASS, Integrierte Verfahren. Berlin: Springer Verlag, 2009.

[7.2.6] *Dodel, H.; Eberle, S.:* Satellitenkommunikation. Ständiger Lehrgang DK2.08 der Carl Cranz Gesellschaft für technisch-wissenschaftliche Weiterbildung. Oberpfaffenhofen, 2007.

[7.2.7] *Dodel, H.; Eberle, S.:* Satellitenkommunikation. Berlin, Heidelberg: Springer Verlag, 2007.

[7.2.8] *Bennett, C. H.; Brassard, G.:* „Quantum cryptography: Public key distribution and coin tossing“, International Conference on Computer System and Signal Processing, IEEE, pp. 175–179, 1984.

[7.2.9] *Scarani, V. et al.:* The security of practical quantum key distribution, Rev. Mod. Phys. 81, 1301 (2009).

[7.2.10] *Bedington, R.; Arrazola, J. M.; Ling, A.:* Progress in satellite quantum key distribution, Npj Quantum Information 3, 30 (2017).

[7.2.11] *Sheng-Kai Liao et al.:* Satellite-to-ground quantum key distribution, Nature 549, 43–47 (2017).

[7.2.12] *Sheng-Kai Liao et al.:* Satellite-Relayed Intercontinental Quantum Network, Phys. Rev. Lett. 120, 030501 (2018).

[7.2.13] *Juan Yin et al.:* Satellite-based entanglement distribution over 1 200 kilometers, Science , 356, pp. 1 140–1 144 (2017).

7.3 Navigation

Werner Enderle

7.3.1 Historischer Rückblick

Die Frage, wie komme ich von A nach B, ist so alt wie die Menschheit selbst, aber es scheint so, als ob diese Aufgabe von den damaligen Menschen intuitiv gelöst wurde. Denn, wann oder wo genau das Konzept der Navigation entwickelt wurde, ist nicht ganz klar. Es scheint jedoch eine geschichtliche Tendenz zu geben, die davon ausgeht, dass das Konzept der Navigation vor über 6 000 Jahren in mehreren Gebieten unserer Erde sehr zeitnah, quasi parallel entwickelt wurde und zuerst in der Seefahrt und später auch auf dem Land eingesetzt wurde.

7.3.1.1 Navigation

Was aber heißt Navigation eigentlich, oder besser, was genau sollte man darunter verstehen? Es gibt verschiedene Definitionen für den Begriff der Navigation. Schlägt man z. B. im Duden online Wörterbuch nach, so erfährt man, dass Navigation seine Herkunft aus dem lateinischen hat und man darunter die Gesamtheit der Maßnahmen zur Bestimmung des Standortes und zur Einhaltung des gewählten Kurses für Schiffe, sowie für Luft-und Raumfahrzeuge, zu verstehen hat. Interessanterweise werden Landfahrzeuge nicht ausdrücklich erwähnt, aber selbstverständlich beinhaltet Navigation auch diese Anwendungen.

Im Rahmen dieses Kapitels soll jedoch eine andere Definition von Navigation ihre Anwendung finden:
Navigation ist das Konzept, um von einem Ausgangsort A zu einem vordefinierten Zielort B unter Anwendung einer bestimmten Strategie zu gelangen.

Um Navigation gemäß obiger Definition realisieren zu können, müssen folgende Informationen bekannt und/oder berechenbar sein:

- Ausgangsort A und Ausgangsgeschwindigkeit zum Startzeitpunkt
- Zielort B
- Ort und Geschwindigkeit zu jedem Zeitpunkt der Reise
- Strategie, wie ich von Ort A nach Ort B gelangen möchte (z. B. kürzeste Strecke für Autoanwendungen, treibstoffoptimale Route für Luftfahrtanwendungen, zeitoptimale Trajektorie für Raumfahrtanwendungen)

Man benötigt zur Navigation entsprechende Sensoren, um Messungen durchführen zu können und auch Aktuatoren, die es einem erlauben, einen direkten Einfluss auf das Fahrzeug und dessen Verhalten auszuüben. Von elementarer Bedeutung für die Navigation war und ist dabei die Ermittlung der korrekten Zeit. So z. B. revolutionierte die von John Harrison im Jahre 1762 entwickelte, seetüchtige Uhr mit der Bezeichnung H4 (siehe Bild 7.3.1) die Möglichkeit, auf dem Ozean über lange Strecken zu navigieren.

Bild 7.3.1: *Die von John Harris entwickelten seetüchtigen Uhren H1 (1736) und H4 (1761) (Quelle: 7.3.14).*

Basierend auf den in der jeweiligen Epoche zur Verfügung stehenden Technologien entwickelte sich im Laufe der Zeit eine Vielzahl von grundlegenden Methoden zur Navigation. Im Nachfolgenden seien nur einige genannt, wie z. B. terrestrische- und Sichtnavigation (z. B. durch Eigenschaften der Erde, des Erdmagnetfelds oder des Erdgravitationsfelds), Astronavigation (Winkelmessungen zu bekannten Sternen), Trägheitsnavigation (Verwendung der Massenträgheit eines Körpers), Schallnavigation (Ausbreitung und Eigenschaften von Schallwellen), Funknavigation (Ausbreitung und Eigenschaften von elektromagnetischen Wellen), Optimal- oder Multisensornavigation (Kombination von verschiedenen Messtechniken und Methoden). Die hier verwendete Einteilung basiert auf den Grundlagen und den messtechnischen Hilfsmitteln, auch andere Ordnungssysteme sind möglich.

7.3.1.2 Satellitennavigation

Die Satellitennavigation ist eine spezielle Form der Funknavigation, bei der die zur Navigation verwendeten Signale – Radiowellen – von Satelliten abgestrahlt werden, die sich in einer Umlaufbahn um die Erde befinden. Seit Ende der 1950er Jahre wurden die ersten Konzepte für Satellitensysteme zur Navigation entwickelt. Im Jahre 1964 begann der Betrieb des US-amerikanischen Systems TRANSIT (5 Satelliten, die zwei unterschiedliche Frequenzen aussendeten). Mit TRANSIT konnte man die eigene Position basierend auf dem Dopplereffekt bestimmen. Das Nachfolgesystem – genannt Global Positioning System/NAVSTAR – wurde im Dezember 1973 genehmigt und der erste Test-Satellit wurde im Februar 1978 gestartet. Zentrale Elemente von GPS waren zum einen die Nutzung von Atomuhren (diese Technologie wurde im Rahmen des TIMATION Programms vom Naval Research Laboratory entwickelt) und zum anderen die Pseudo Random Noise (PRN) Signalstruktur, die von der US Air Force im Rahmen des Programms 621B entwickelt wurde. Aus der Vereinigung der Kerntechnologien dieser konkurrierenden Programme zu einem Konzept entstand das letztendlich realisierte GPS. Besonders interessant ist hierbei, dass sich die damals vorhergesagte Gesamtanzahl von GPS-Empfängern auf ca. 27.000 Stück mit einem Preis unter 10.000 US$ pro Stück belief.

Bei der Satellitennavigation sind hochpräzise Atomuhren von zentraler Bedeutung. Aus diesem Grund spielen nachfolgend aufgeführte Meilensteine eine wichtige Rolle die Beschreibung des Doppler-Effekts (1842), die Allgemeine Relativitätstheorie (1915), die erste Atomuhr (1949), der erste künstliche Satellit-Sputnik (1957) und der erste kommerziell verfügbare Mikroprozessor (1971). Einen Überblick über die Entwicklung der Genauigkeiten von Atomuhren im Verlauf der Zeit ist in Bild 7.3.2 gegeben.

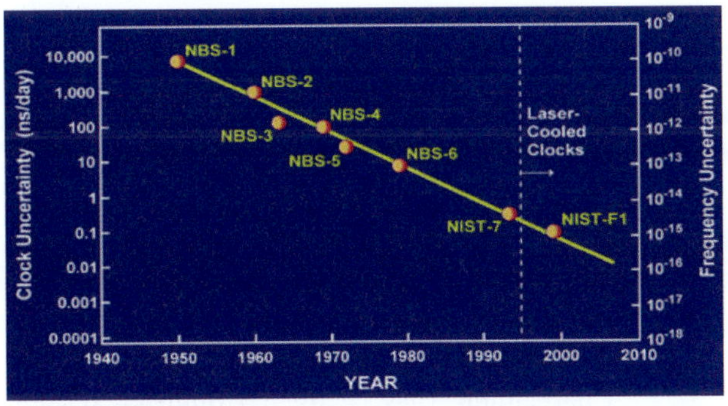

Bild 7.3.2: *Entwicklungsverlauf der Genauigkeit von Atomuhren (Quelle https://en.wikipedia.org/wiki/Atomic_clock#/media/File:Clock_accuracy.jpg).*

7.3.1.3 Satellitennavigation für Raumfahrtanwendungen

Die Navigation von Raumfahrzeugen, basierend auf der Satellitennavigation, ist eine Anwendung mit einer relativ langen Entwicklungszeit, die aber speziell in den letzten Jahren rasant an Bedeutung gewonnen hat und für die Zukunft das Potential besitzt, diesen gesamten Anwendungsbereich zu revolutionieren. Der erste GPS-Empfänger auf einem Raumfahrzeug wurde 1982 in den Satelliten Landsat4 eingebaut. Es konnte in diesem Zusammenhang nachgewiesen werden, dass trotz einer geringen Anzahl von verfügbaren GPS-Satelliten (6 waren in Betrieb) das Konzept funktionierte. Der erste zivile Satellit, der GPS-Signale in einer Bahnhöhe oberhalb der GPS-Konstellation empfangen hat, war 1997 der deutsche Satellit EQUATOR-S. Dies war auch der erste zivile Satellit, der den Nachweis erbrachte, dass GPS-Signale in der ersten Antennen-Nebenkeule empfangen werden können. Die ersten Positionsbestimmungen für ein Raumfahrzeug, basierend auf GPS-Galileo L5-E5a Messungen, wurden im Juli 2010 durchgeführt und entstanden im Rahmen eines gemeinsamen ESA-NASA Projekts an Bord der Internationalen Raumstation (ISS). Der primäre Anwendungsbereich eines globalen Navigationssatellitensystems (Global Navigation Satellite System – GNSS) für die Raumfahrt liegt im Low Earth Orbit (LEO, Bahnhöhen bis ca. 3 000 km). Darüber hinaus gewinnen Anwendungen im geostationären Orbit – GEO (ca. 36 000 km Bahnhöhe), sowie in hochexzentrischen Bahnen (Bahnhöhen über 36 000 km) durch neue Missionskonzepte immer mehr an Bedeutung.

Im Kontext der Satellitennavigation für Raumfahrtanwendungen ist es wichtig zu verstehen, dass es bei allen GNSS-Systemen erst für die nächste Satellitengeneration explizite Anforderungen hinsichtlich der Anwendungen für die Raumfahrt bestehen. Es gibt im Rahmen des von der UN geleiteten International Committee on GNSS (ICG) eine Arbeitsgruppe, die sich mit exakt diesem Thema beschäftigt. Diese Arbeitsgruppe wird von allen GNSS-Eigentümern

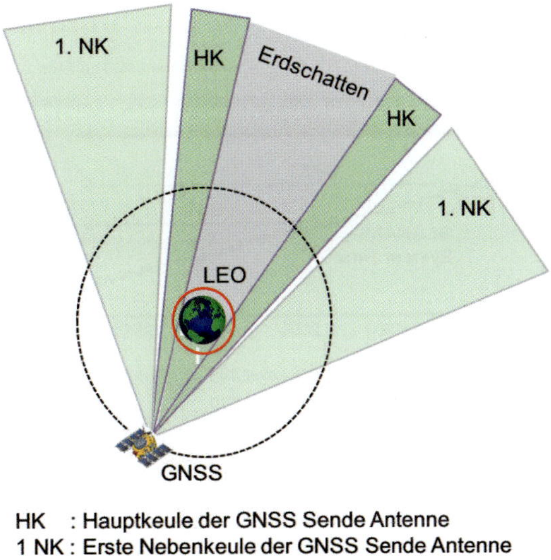

Bild 7.3.3: *Prinzipielle Situation der Nutzbarkeit von GNSS-Signalen für Raumfahrtanwendungen.*

unterstützt. In diesem Zusammenhang hat auch die Europäische Kommission (EC) sowie auch die Europäische Raumfahrt Agentur (ESA) entsprechende Studien initiiert, um für die nächste Generation von Galileo-Satelliten spezifische Anforderungen für Raumfahrtanwendungen zu entwickeln.

7.3.2 Referenzsysteme

Jegliche Positions- und Zeitinformation, die im Rahmen einer GNSS-Berechnung generiert wird, bezieht sich auf eine geodätische und eine Zeitreferenz. Für jedes GNSS besteht eine individuelle Realisierung dieser Referenzsysteme. Dies bedeutet, dass die Informationen, die in den Signalen der GNSS-Satelliten übertragen werden, exakt gemäß den Anleitungen in den Signaldokumenten, den Signal-In-Space Interface Control Documents (SIS-ICD) [7.3.1] und den darin vorgegebenen mathematischen Algorithmen zu bearbeiten sind, um entsprechende Position, Geschwindigkeit und Zeitinformation konsistent in den jeweiligen Referenzsystemen zu erhalten.

Die Referenzsysteme spielen eine entscheidende Rolle im Zusammenhang mit der gemeinsamen- und gleichzeitigen Nutzung der verschieden GNSS (Interoperabilität), um eine Verbesserung der Navigationsleistung zu erzielen.

7.3.2.1 Zeitreferenz

Es gibt verschiedene Zeitskalen, die im Zusammenhang von Satellitennavigation von Bedeutung sind. Bild 7.3.4 gibt einen prinzipiellen Überblick über die Zusammenhänge der relevanten Zeitskalen.

7

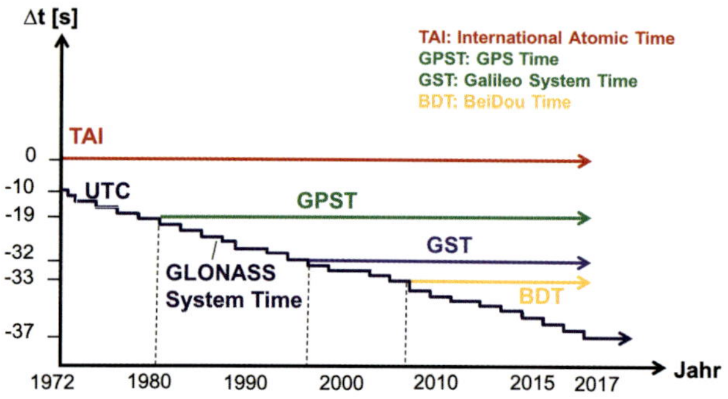

Bild 7.3.4: *Prinzipieller Überblick über die Zusammenhänge der Zeitskalen UTC, TAI und den GNSS-Systemzeiten.*

Die relevanten Zeitskalen sind:

- Die Internationale Atomzeit – TAI. TAI ist eine kontinuierliche und stabile Zeitskala, die auf einem atomaren Zeitnormal, der SI-Sekunde basiert. TAI wird in Paris von BIPM (Bureau International des Poids et Mesures) unter Verwendung von Messungen von über 200 global verteilten Atomuhren berechnet. Die Messdaten der Atomuhren stammen von über 50 nationalen Zeitlaboratorien.
- Universal Time – UT1: Die Universal Time ist eine universelle Zeitskala, die die gemessene Erdrotation widerspiegelt. Die Universal Time ist die mittlere Sonnenzeit und bezieht sich auf den Nullmeridian in Greenwich, England. Sie wird durch astronomische Beobachtungen ermittelt. UT1 ist die Universal Time, bei der die Polschwankungen berücksichtigt werden.
- Coordinated Universal Time – UTC: UTC ist definiert durch die Empfehlung (Recommendation ITU-R TF.460-6) der International Telecommunications Union (ITU) und basiert auf der Internationalen Atomzeit TAI. UTC ist die Zeitskala, die weltweit verwendet wird, um technische und wissenschaftliche Aktivitäten zu koordinieren. UTC stellt einen Kompromiss dar zwischen hochgenauer Atomzeit und der sich verlangsamenden Erdrotation und der damit einhergehenden mittleren Sonnenzeit auf der Erde. UTC unterscheidet sich von TAI durch eine ganzzahlige Anzahl von Sekunden (Leap Seconds) in der Art, dass immer gilt: UT1-UTC < 0.9 s. Die sogenannten Leap Seconds werden in unregelmäßigen Abständen eingeführt, die Entscheidung darüber unterliegt dem International Earth Rotation Service (IERS) und wird mit einer entsprechend langen Vorlaufzeit angekündigt. UTC wird basierend auf Messungen von Atomuhren, die global verteilt sind, berechnet. UTC ist eine post facto verfügbare Zeit, d. h. dass UTC nicht in nahezu Echtzeit zur Verfügung steht.
- GNSS-Systemzeiten: Jedes GNSS hat eine eigene Realisierung der Referenz-Zeit.
  - GPS Time – GPST: GPST ist eine kontinuierliche Zeitskala (keine Berücksichtigung der Leap Seconds), die vom GPS-Bodenkontrollsegment, basierend auf einem Ensemble von mehreren Atomuhren, berechnet wird. GPST ist in Echtzeit verfügbar und ist mit UTC (USNO) synchronisiert. Die in der GPS-Navigationsnachricht enthaltenen Informationen erlauben dem Nutzer auch eine Berechnung von UTC. Zukünftig sollen in der GPS-Navigationsnachricht auch Informationen enthalten sein, die es einem Nutzer ermöglichen, die Zeitdifferenz zwischen GPST und anderen GNSS-Systemzeiten zu berechnen. Dies ist für die Interoperabilität zwischen GPS und anderen GNSS sehr wichtig.
  - Galileo System Time – GST: GST ist eine kontinuierliche Zeitskala (keine Berücksichtigung der Leap Seconds), die gegen TAI gesteuert wird und vom Galileo Bodensegment (Ground Mission Segment – GMS), basierend auf Messungen einer Anzahl von Atomuhren, berechnet wird. GST ist in Echtzeit verfügbar. Die in der Galileo-Navigationsnachricht enthaltenen Informationen erlauben dem Nutzer eine Berechnung von UTC mit einer Genauigkeit besser als 30ns. Darüber hinaus enthält die Galileo-Navigationsnachricht auch Informationen, die es einem Nutzer ermöglichen, die Zeitdifferenz zwischen GST und GPST zu berechnen. Dieser Galileo-GPS Time Offset wird GGTO genannt und ist für die Interoperabilität zwischen Galileo und GPS sehr wichtig.
  - GLONASS Time – GLONASST: GLONASST ist keine kontinuierliche Zeitskala. GLONASST wird, basierend auf einem Ensemble von mehreren Atomuhren, berechnet und gegenüber UTC (SU) gesteuert. Dies bedeutet, dass GLONASST in Echtzeit verfügbar ist und mit einer gewissen Genauigkeit UTC direkt folgt.
  - BeiDou Time – BDT: BDT ist eine kontinuierliche Zeitskala (keine Berücksichtigung der Leap Seconds), die vom BDS Bodenkontroll-Segment (Master Control Station), basierend auf einem Ensemble von mehreren Atomuhren, berechnet wird. BDT ist in Echtzeit verfügbar und gegen UTC (BSNC) gesteuert. Die in der GPS-Navigationsnachricht enthaltenen Informationen erlauben dem Nutzer auch eine Berechnung von UTC.

7.3.2.2 Geodätische Referenz

Ein Referenzsystem wird benötigt, damit Positionen, die ausgedrückt durch Koordinaten, eindeutig in dem festgelegten Referenzsystem definiert werden können. Zu diesem Zweck werden Referenzsysteme theoretisch definiert. Das heißt, es werden Modelle unter Verwendung von Geometrie, physikalischer Konstanten und mathematischer Algorithmen definiert. Die physikalische Realisierung eines Referenzsystems wird Referenzrahmen genannt. Im Falle von GNSS werden alle Positionen von GNSS Nutzern sowie alle Informationen hinsichtlich der GNSS-Satellitenbahnen in Bezug zu einem terrestrischen Referenzrahmen angegeben.

Der International Terrestrial Reference Frame – ITRF [7.3.2] spielt im Kontext von GNSS eine wichtige Rolle. Im Jahre 1991 wurde das International Terrestrial Reference System – ITRS bei der Generalversammlung der International Union of Geodesy and Geophysics in Wien als globales Referenzsystem der Geodäsie verabschiedet. Die physikalische Realisierung des ITRS erfolgt über die Vermessung von sich auf der Erde befindenden, global verteilten Referenzstationen und deren geozentrischen, kartesischen Positionskoordinaten sowie deren Geschwindigkeiten in Verbindung mit der Angabe einer Referenzepoche. Die letzte Version des ITRF, ITRF2014 wurde im Januar 2016 veröffentlicht.

Alle GNSS haben als gemeinsame Referenz den ITRF, was sehr positiv ist. Jedoch hat jedes GNSS eine eigene Realisierung des terrestrischen Referenzrahmens. Dies resultiert aus der Anwendung unterschiedlicher physikalischer Konstanten (z. B. der Gravitationskonstanten), geometrischen Werten sowie der Nutzung unterschiedlicher Sensorstationen. Es wird zwar versucht, die Unterschiede zum ITRF so klein wie möglich zu halten, aber sie existieren und haben einen direkten Einfluss auf die erzielbaren Positionsgenauigkeiten der Nutzer für ein einzelnes GNSS sowie auf die Interoperabilität der unterschiedlichen Systeme.

Für GPS wird als Terrestrial Reference Frame in seiner neusten Version der WGS 84 (G1762) verwendet. GLONASS verwendet den PZ-90.11, der am 1. Januar 2014 eingeführt wurde. Der Terrestrial Reference Frame für BDS heißt BDCS, der für Galileo verwendete heißt in seiner letzten Realisierung GTRF17v02 und wird seit März 2017 verwendet. Am Beispiel von Galileo soll hier auf die Realisierung des Terrestrischen Reference Frame eingegangen werden.

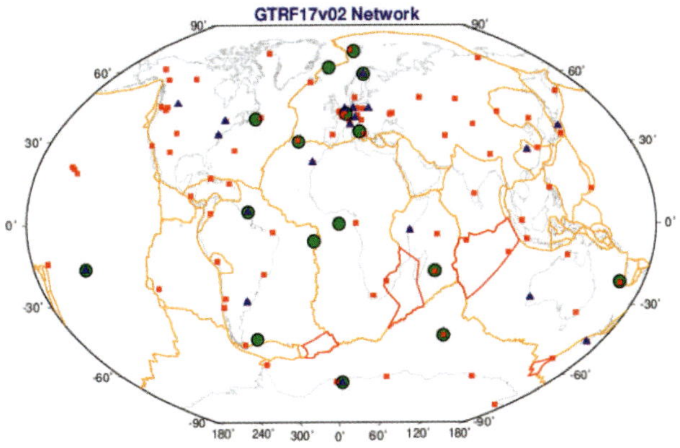

Bild 7.3.5: *Globales Sensorstations-Netzwerk, das für die Generierung des Galileo Terrestrial Reference Frame – GTRF17v02 verwendet wurde [7.3.3]. Die roten Rechtecke stellen ITFT7IGS Stationen dar. Die grünen Kreise die Galileo Sensorstationen (GSS). Die blauen Dreiecke die Galileo Experiment Sensorstationen (GESS).*

Der GTRF17v02 ist mit dem ITRF2014 über die Auswertung von 83 IGS Stationen verbunden, die ITRF auch für die Generierung des ITRF2014 verwendete. Insgesamt wurden 129 Sensorstationen als Referenzpunkte verwendet. Der GTRF17v02 ist präzise am ITRF2014 ausgerichtet, um eine möglichst optimale Realisierung des ITRF zu gewährleisten. Für Galileo existiert hinsichtlich des Terrestrischen Reference Frame die Forderung, dass die dreidimensionale Abweichung (2σ) des GTRF gegenüber dem ITRF kleiner sein muss als 3 cm. GTRF17v02 weicht gegenwärtig gegenüber ITRF2014 um ca. 5 mm (3D, 2σ) ab, eine exzellente Übereinstimmung. Nachfolgend ist sowohl das Globale Sensor Stations-Netzwerk als auch das Geschwindigkeitsfeld der Sensorstationen dargestellt.

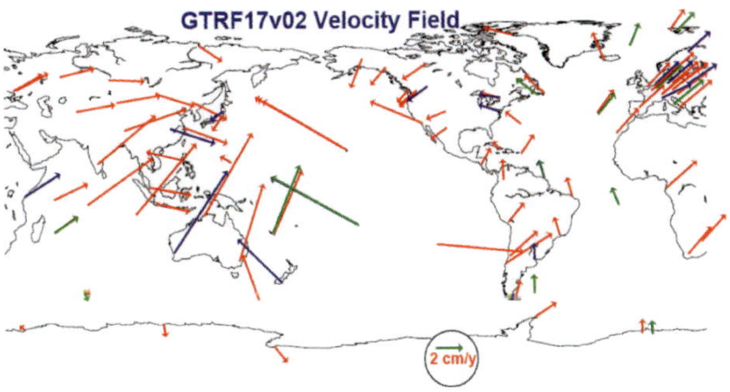

Bild 7.3.6: *Geschwindigkeitsfeld des Globalen Sensorstations-Netzwerks, das für die Generierung des Galileo Terrestrial Reference Frame – GTRF17v02 verwendet wurde [7.3.3].*

7.3.3 Prinzip der Satellitennavigation

Das grundlegende Prinzip bei der Satellitennavigation ist für alle GNSS identisch und besteht in der hochpräzisen Messung der Zeit $\tau = t_{Rx} - t_{Sat}$ (7.3.1), die ein Radiosignal benötigt, um von der Sendeantenne eines Navigationssatelliten zur Empfangsantenne eines Nutzers zu gelangen (siehe Bild 7.3.7).

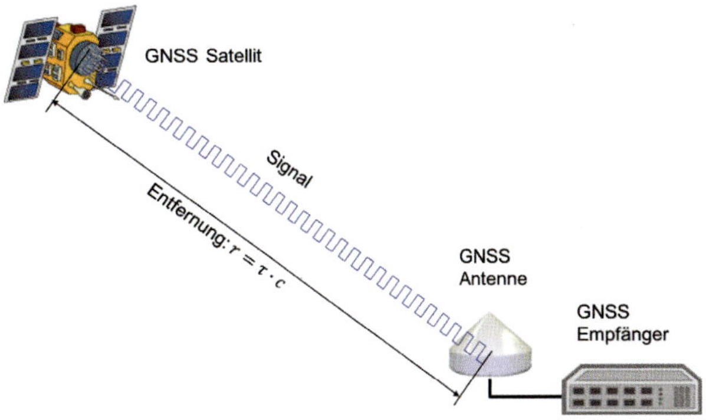

Bild 7.3.7: *Prinzip der Entfernungsmessung zwischen der Sendeantenne auf einem GNSS-Satelliten und einer GNSS Empfangsantenne eines Empfängers, basierend auf einem Radiosignal.*

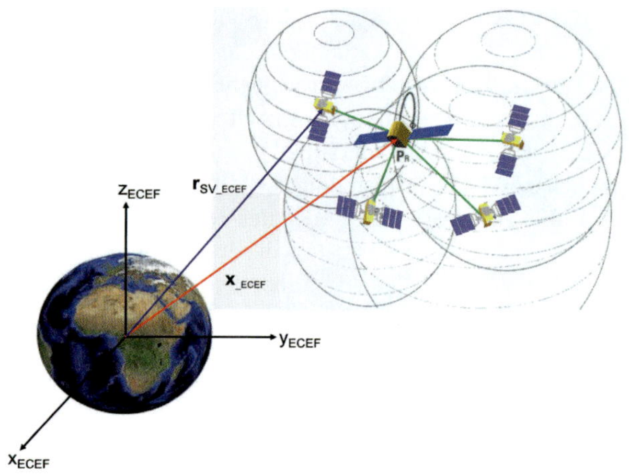

Bild 7.3.8: *Prinzip der Positionsbestimmung, basierend auf Satellitennavigations-Beobachtungen für einen Nutzersatelliten.*

Aufgrund der Tatsache, dass sich die Radiosignale mit Lichtgeschwindigkeit c ausbreiten, ist es möglich, die Entfernung r zwischen einem Navigationssatelliten und einem Nutzer gemäß der Formel $r = c \cdot \tau$ (7.3.2) zu berechnen. Da man nun zwar die Entfernung zwischen Navigationssatelliten und Nutzer kennt, aber nicht die Richtung, stellt die Entfernung den Radius r einer Kugel dar, in deren Mitte sich der Navigationssatellit befindet (siehe Bild 7.3.8).

Damit die Position des Nutzer-Empfängers aus den Entfernungsmessungen zwischen seiner Empfangsantenne und den empfangenen Signalen der Navigationssatellitenantennen berechnet werden kann, benötigt man den Empfang von Signalen von mindestens vier Navigationssatelliten zur gleichen Zeit. Diese Anzahl ergibt sich aus der Anzahl der unbekannten Parameter, die es zu bestimmen gilt. Dies sind die Komponenten des Vektors x_{ECEF} (x, y, z) für die Position und ein Uhrenfehler $\mathrm{d}T_{\text{Rx}}$ in dem Empfänger des Nutzers. Letzterer resultiert daraus, dass in einem Empfänger aus Kostengründen keine teure Atomuhr eingebaut wird und sich somit ein Fehler zwischen der GNSS-Systemzeit und der Empfänger-Uhr ergibt. Diese vier Kugeln mit unterschiedlichen Radien schneiden sich nun und einer dieser Schnittpunkte ist die Position des Nutzer-Empfängers (siehe Bild 7.3.8).

Damit das beschriebene Grundprinzip der Satellitennavigation angewendet werden kann, bedarf es der Erfüllung einiger Grundvoraussetzungen:

- An Bord der Navigationssatelliten befinden sich sehr hochwertige, frequenzstabile Atomuhren, die miteinander synchronisiert sind und es dadurch ermöglichen, exakte Zeitsignale an die Nutzer zu versenden.
- In den Navigationssignalen der Satelliten, der sogenannten *Navigation Message*, befinden sich Informationen (siehe SIS-ICDs), die es den Nutzern ermöglichen, die genaue Position der Navigationssatelliten, basierend auf vorgegebenen, mathematischen Algorithmen, mit einer gewissen Genauigkeit im entsprechenden Zeit- und Geodätischen-Referenzsystem zu berechnen. Des Weiteren sind in diesen Informationen auch Parameter enthalten, um die GNSS-Satellitenuhren gegenüber der jeweiligen Systemzeit zu korrigieren.
- Ein Nutzer-Empfänger muss in der Lage sein, die Informationen der Navigationssatelliten entsprechend der offiziellen Dokumente (SIS-ICD) zu empfangen und auch verwerten zu können.

7.3.4 Satelliten-Navigationssysteme

Gegenwärtig gibt es mehrere globale und regionale Satelliten-Navigationssysteme, die entweder bereits operationell sind oder sich derzeit im Aufbau befinden. Einen generellen Überblick über den Status der GNSS soll die folgende Tabelle geben.

Im Zusammenhang mit Tabelle 7.3.1 ist es wichtig zu verstehen, dass die darin enthaltenen Werte für die Anzahl der Navigationssatelliten pro Konstellation [7.3.1] sich durchaus von der realen, sich im All befindenden Anzahl unterscheiden können. Die in der Tabelle 7.3.1 angeführte Anzahl bezieht sich auf die nominelle Konstellation. Diese ist die Basis für die Definition der Leistung eines GNSS, wie z. B. Anzahl der sichtbaren Satelliten, Genauigkeit der Positionsbestimmung, Verfügbarkeit usw. Dies bedeutet wiederum, dass die nominelle Konstellation auch als Grundlage für die Validierung des GNSS herangezogen wird. Um nun sicherzustellen, dass die Leistungsanforderungen des GNSS gegenüber dem Nutzer auch erreicht werden können, werden zusätzlich sogenannte Ersatzsatelliten eingesetzt. Bei GPS z. B. ist die nominelle Anzahl der Satelliten in der GPS Konstellation im Januar 2018 mit 24 angegeben. In der Realität befinden sich jedoch mehr GPS Satelliten im All und die tatsächlich erzielte Leistung für den Nutzer wird durch 31 operationelle GPS Satelliten erbracht. Für Galileo wird die nominelle Konstellation aus 24 Galileo Satelliten und bis zu 6 aktiven Ersatzsatelliten bestehen.

Ein weiterer wichtiger Aspekt im Kontext von GNSS ist, dass alle Systeme außer Galileo vom Militär des jeweiligen Landes betrieben werden. Der Betrieb des europäischen Galileo wird hingegen von einem zivilen, kommerziellen Betreiber durchgeführt. Des Weiteren ist zu vermerken, dass alle globalen Satelliten-Navigationssysteme sowohl für zivile als auch für militärische bzw. staatshoheitliche Zwecke verwendet werden. (*Dual Use*).

Tabelle 7.3.1: *Prinzipieller Überblick – Status GNSS*
Atomuhren: RB = Rubidium, CS = Cäsium, PHM = Passive Hydrogen Maser, RAFS = Rubidium Atomic Frequency Standard, HMAC = Hydrogen Maser Atomic Clock.

System Name	Nation	Abdeckung	Status	Anzahl Frequenzen/ Anzahl Signale	Anzahl Satelliten (nominal)/ Anzahl Bahnebenen	Große Halbachse (km)	Inklination (°)	Typ der Atomuhren an Bord der Navigationssatelliten	Kommentare
GPS	USA	Global	In Betrieb	3/4	24/6	26 560	55.0	RB und/oder CS	
GLONASS	Russland	Global	In Betrieb	2/6	24/3	25 510	64.8	CS	
Galileo	Europäische Union	Global	In Betrieb	5/10	24/3	29 600	56.0	RAFS und PHM	Initial Services: 2016 Final Services: 2020
BDS	China	Global	In Betrieb (Regional) Im Aufbau (Global)	3/5	MEO: 24/3 IGSO: 3/3 GEO: 3/1	27 906 42 164 42 164	55.0 55.0 0.0	RB oder HMAC	Initial Services Global: 2018 Final Services Global: 2020
QZSS	Japan	Regional (Japan)	Im Aufbau	4/7	HEO: 3/3 GEO: 1/1	42 164 42 164	40.0 0.0	RB	Services geplant: 2018
NavIC	Indien	Regional (Indien)	Im Aufbau	2/2	GSO: 4/1 GEO: 3/1	42 164 42 164	29.0 0.0	RB	Services geplant: 2018

7.3.5 Prinzipielle Architektur von Satelliten-Navigationssystemen

Die Architektur aller globalen und regionalen Satelliten-Navigationssysteme ist prinzipiell identisch [7.3.1]. Sie besteht dabei aus den drei Segmenten:

- Raumsegment,
- Bodensegment,
- Nutzersegment.

Diese sind in Bild 7.3.9 dargestellt und werden in den folgenden Abschnitt noch näher erläutert.

7.3.5.1 Raumsegment

Das Raumsegment eines Satelliten-Navigations-Systems besteht aus der Gesamtanzahl der operationellen Navigationssatelliten, die sich in den vordefinierten Sektoren einer Umlaufbahn bewegen, um somit die Konstellation zu bilden. Die wesentlichen Bahn- und Konstellationsparameter sind in Tabelle 7.3.1 aufgelistet. Von besonderem Interesse ist hierbei, dass von den vier globalen Satelliten-Navigationssystemen nur eines, nämlich GPS, sechs Bahnebenen als Basis hat, während die anderen (Galileo, GLONASS und BDS) auf drei Bahnebenen beruhen. Die Höhe der jeweiligen fast kreisförmigen Satellitenbahnen ist jedoch für jedes GNSS unterschiedlich.

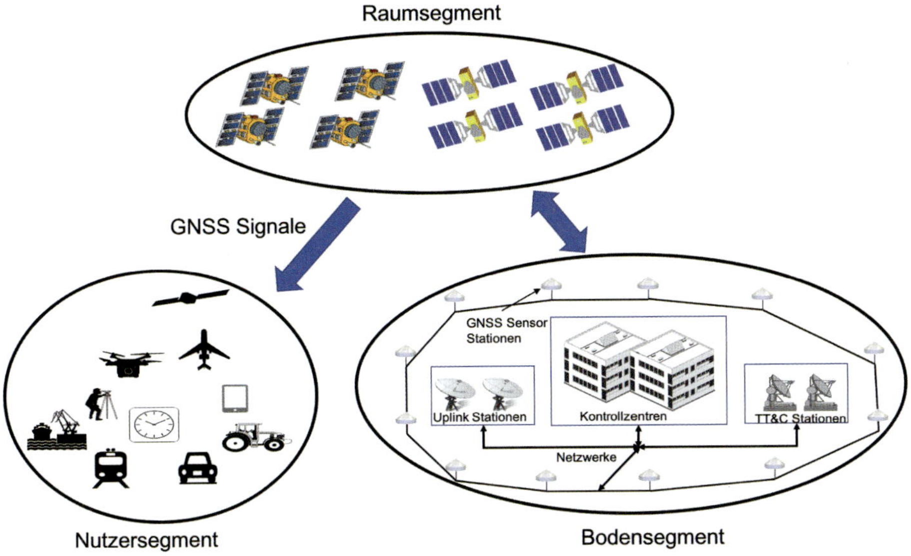

Bild 7.3.9: *Prinzipielle Architektur von Satelliten-Navigationssystemen.*

7

Die Raumsegmente der einzelnen GNSS werden aus Navigationssatelliten gebildet, die aus unterschiedlichen Satelliten-Typen bestehen (z. B. GPS-Satelliten-Typen GPS IIR, GPS IIF). Dieser Ansatz ermöglicht den Einsatz unterschiedlicher Technologien auf den Satelliten und dadurch eine kontinuierliche Evolution, sowohl bei der Leistung als auch im Spektrum der für die Nutzer angebotenen Dienste.

7.3.5.2 Bodensegment

Das Bodensegment besteht im Wesentlichen aus den folgenden Elementen:

- Kontrollzentren (aus Redundanzgründen zwei)
- Globales GNSS-Sensorstations-Netz
- Globales Bodenstations-Netzwerk zur Steuerung der Satelliten (Telemetrie, Tracking & Control Stations – TTC)
- Globales Bodenstations-Netzwerk zum Senden der Navigations-Informationen von den Kontrollzentren zu den Navigationssatelliten

Unabhängig davon, dass sich jedes der GNSS in der Implementierung der einzelnen Funktionen und Aufgaben im Bodensegment unterscheidet, können die prinzipiellen Funktionen und Aufgaben wie folgt zusammengefasst werden:

- Betrieb, kontinuierliche Überwachung und Wartung aller Anlagen und Systeme entweder am Boden oder im All, die zum jeweiligen Globalen Satelliten-Navigationssystem gehören.
- Berechnung der Satellitenbahnen sowie der Uhrenfehler in den Satelliten und in den Bodenstationen, basierend auf den Daten der global verteilten GNSS-Sensorstationen.
- Berechnung aller Parameter, die in der Navigationsnachricht der jeweiligen Satellitensignale enthalten sind und an die Nutzer gesendet werden. Dazu gehören die Parameter, die es einem Nutzer erlauben die Position des Navigationssatelliten, von dem das Signal empfangen wird, mit einer gewissen Genauigkeit zu berechnen. Dieser spezielle Satz von Parametern wird Ephemeriden genannt. Ein weiter Satz von Parametern erlaubt es dem Nutzer, die Positionen sämtlicher sich in Betrieb befindenden Navigationssatelliten einer Konstellation zu berechnen, jedoch mit einer reduzierten Genauigkeit im Vergleich zu den Ephemeriden. Dieser Satz von Parametern wird Almanach genannt. Darüber hinaus gibt es weitere Parameter, wie z. B. Parameter zur Korrektur der Satellitenuhr des Satelliten, von dem das Signal empfangen wurde. Zusätzlich enthält die Navigationsnachricht Parameter zur Berechnung der UTC-Zeit, atmosphärische Korrekturdaten, Zustandsinformationen des Satelliten etc.
- Generierung und Übermittlung der individuellen Navigationsnachrichten für den jeweiligen GNSS-Satelliten über das globale Bodenstations-Netzwerk zum Senden der Navigationsinformationen.
- Kontrolle und Steuerung sowohl jedes einzelnen Satelliten, als auch des gesamten Raumsegments über das globale Bodenstations-Netzwerk.
- Durchführung sämtlicher Planungsaktivitäten hinsichtlich Missions- und Satellitenkontrollbetrieb.
- Kontinuierliche Überwachung der Qualität und des Leistungsniveaus der Dienste für die Nutzer.
- Management von Schnittstellen und Austausch von Informationen mit Institutionen, die außerhalb des Perimeters des jeweiligen GNSS liegen. Beispiele hierfür sind bei allen GNSS die Schnittstellen zu speziellen Institutionen, die entweder essentielle Daten oder aber essentielle Produkte und Dienste wie Zeit- und geodätische Referenz liefern.
- Aufbereitung und Bereitstellung von Information über den Status des entsprechenden GNSS.

7.3.5.3 Nutzersegment

Unter dem Nutzersegment versteht man die Gesamtheit aller Nutzer, die mit einem entsprechenden Empfänger (inklusive Antenne) ausgerüstet und in der Lage sind, die Navigationssignale eines oder mehrerer Satelliten-Navigationssysteme zu empfangen und gemäß den Vorgaben des jeweiligen Systems so zu bearbeiten, dass es die Bestimmung der Position, der Geschwindigkeit der Nutzer und der exakten Zeit ermöglicht.

GNSS und GNSS-Anwendungen haben Einzug in das tägliche Leben gehalten und die Verfügbarkeit von GNSS überall und zu jeder Zeit wird inzwischen als selbstverständlich betrachtet. GNSS-Anwendungen hatten in den letzten Jahren Wachstumsraten in 2-stelligen Prozentbereichen und die Prognosen für die Zukunft gehen weiter von einer positiven Entwicklung aus. Tabelle 7.3.2 soll, basierend auf [7.3.4], einen groben Überblick über das weite Spektrum der GNSS Anwendungen gegeben.

Im Kontext des GNSS-Nutzersegments muss festgehalten werden, dass sich ein allgemein besseres Verständnis im Verlauf der Zeit entwickelt hat. Dies ermöglicht wiederum, dass GNSS in vielen innovativen Technologieentwicklungen als Wegbereiter verstanden wird. Dieser Trend wird durch die zukünftigen Möglichkeiten, die GNSS durch multi-Konstellationen, multi-Frequenzen, multi-Signale und Interoperabilität zur Verfügung stellt, weiter verstärkt werden. Schaut man sich nur einige Themen an, die für die Zukunft (global gesehen) von Bedeutung sind, wie z. B. Internet of Things, Big Data, Mobile Health, Augmented Reality, Smart Cities oder Multimodal Logistics, so erkennt man, welche zentrale Rolle das GNSS-Nutzersegment in Zukunft spielen wird. Es sollte an dieser Stelle auch vermerkt werden, dass GNSS in vielen Ländern bereits als kritische Infrastruktur deklariert wurde.

7

Tabelle 7.3.2: *Spektrum der Nutzeranwendungen.*

Massenmarkt	• Positionsbezogene Dienstleistungen (Location Based Services – LBS) • Straßenverkehr, maritime Anwendungen, private Luftfahrt (VFR), Zugverkehr • Sport und Freizeit • Soziale Netzwerke
Personal, Flotten, Verkehr und Asset Management	• Positionsbezogene Dienstleistungen (LBS) • Straßenverkehr, Zugverkehr und Agrarwirtschaft
Haftungsrelevante Anwendungen	• Straßenverkehr (Straßengebühren, Versicherungen) • Positionsbezogene Dienstleistungen (LBS – Zahlungen mit Smartphone) • Maritime Anwendungen (Fischerei, Hafen-Management)
Sicherheitsrelevante Anwendungen	• Zivile Luftfahrt, Drohnen • Straßenverkehr, positionsbezogene Dienstleistungen (LBS) – Notruf • Zugverkehr, Maritime Anwendungen
Hochgenaue Anwendungen	• Agrar- und Forstwirtschaft • Maritimer Bereich (Öl, Gas) • Vermessung • Autonomes Fahren
Zeit- und Synchronisations-Anwendungen	• Verfügbarkeit von hochgenauer Zeit • Synchronisation (Dienstleistungen im Finanzbereich, Energie und Kommunikation)

7.3.6 Frequenzen, Signale und Dienste

Satellitennavigation basiert darauf, dass Signale mit Informationen von den Navigationssatelliten ausgesendet werden und diese Signale dann von entsprechend ausgerüsteten Nutzern zur Positionsbestimmung, bzw. zur Navigation verwendet werden können. Die Signale werden dadurch erzeugt, dass Daten auf Trägerfrequenzen moduliert werden.

7.3.6.1 Überblick Frequenzen und Signale für alle Satelliten-Navigationssysteme

Die Verfügbarkeit von Frequenzen für Satelliten-Navigationssysteme ist von essentieller Bedeutung, da diese Ressource nur sehr beschränkt verfügbar ist. Die Frequenzen müssen von jedem Satelliten-Navigationssystem bei der International Telecommunication Union (ITU) beantragt und dann, in vorab festgesetzten Verfahren, im Rahmen eines Internationalen Einverständnisses vergeben werden. Dabei dürfen die bereits bestehenden Systeme nicht von den neu hinzukommenden in ihrer Funktionalität oder Leistung in irgendeiner Art und Weise beeinträchtigt werden. Einen generellen Überblick über die verwendeten Frequenzen ist in Bild 7.3.10 und Tabelle 7.3.3 gegeben.

Die Generierung von GNSS-Signalen basiert gegenwärtig auf zwei Konzepten. Das eine Verfahren wird Code Division Multiple Access (CDMA) genannt und wird von allen Systemen außer GLONASS verwendet. Dieses Verfahren ermöglicht die gleichzeitige Übertragung verschiedener Datenströme auf einem Frequenzbereich. GLONASS verwendet im Gegensatz dazu ein Verfahren, das Frequency Division Multiple Access (FDMA) genannt wird, und das ermöglicht, mehrere Signale auf mehrere Träger verteilt gleichzeitig übertragen zu können. Es sollte jedoch erwähnt werden, dass GLONASS für die nächste Generation von Navigationssatelliten zusätzlich zu dem FDMA-Verfahren auch CDMA einsetzen wird. Da die meisten CDMA-Verfahren verwenden, werden diese etwas näher erläutert. Die technische Realisierung erfolgt dadurch, dass die Informationen in Form von Daten und sogenannten PRN-Codes auf die für das jeweilige Satelliten-Navigationssystem verfügbaren Trägerfrequenzen moduliert werden. In Bild 7.3.11 wird dieses Konzept der Signalgenerierung für die Trägerfrequenz L1 für GPS prinzipiell dargestellt.

7.3.6.2 Dienste

Die Dienste der Satelliten-Navigationssysteme [7.3.1] setzten sich entweder aus einem oder mehreren Signalen zusammen. Dies bedeutet, dass jedes System eine eindeutige Definition für jeden seiner Dienste und der damit verbundenen Frequenz und Signale herausgibt. In Tabelle 7.3.3 wird ein genereller Überblick über den Zusammenhang zwischen Frequenzen, Signalen und Diensten gegeben. Die Anzahl der zur Verfügung stehenden Signale pro individuellem System ist schon sehr hoch. Sollte der Nutzer in multi-GNSS denken, dann steigt diese Anzahl noch einmal signifikant an. Damit geht jedoch auch eine Steigerung der Komplexität einher, die es bei der Bearbeitung der unterschiedlichen Signale zu berücksichtigen gilt. Für die Zukunft wird es immer wichtiger, als Nutzer genau zu wissen, welche konkreten Anforderungen an die Navigationsanwendung zu stellen sind, um sich adäquate GNSS-Geräte zu besorgen. Alle Satelliten-Navigationssysteme definieren ihre Leistung primär über die Dienste. Dies bedeutet, dass es im Falle der Verwendung von multi-GNSS sehr wichtig ist zu verstehen, wie dieser Mix aus Signalen sich konkret auf die Bearbeitung der Daten und somit letztendlich auf die Positionsgenauigkeit auswirkt. Das Ziel bei multi-GNSS Nutzung sollte in jedem Fall eine Verbesserung der erzielbaren Genauigkeiten für eine bestimmte Anwendung sein.

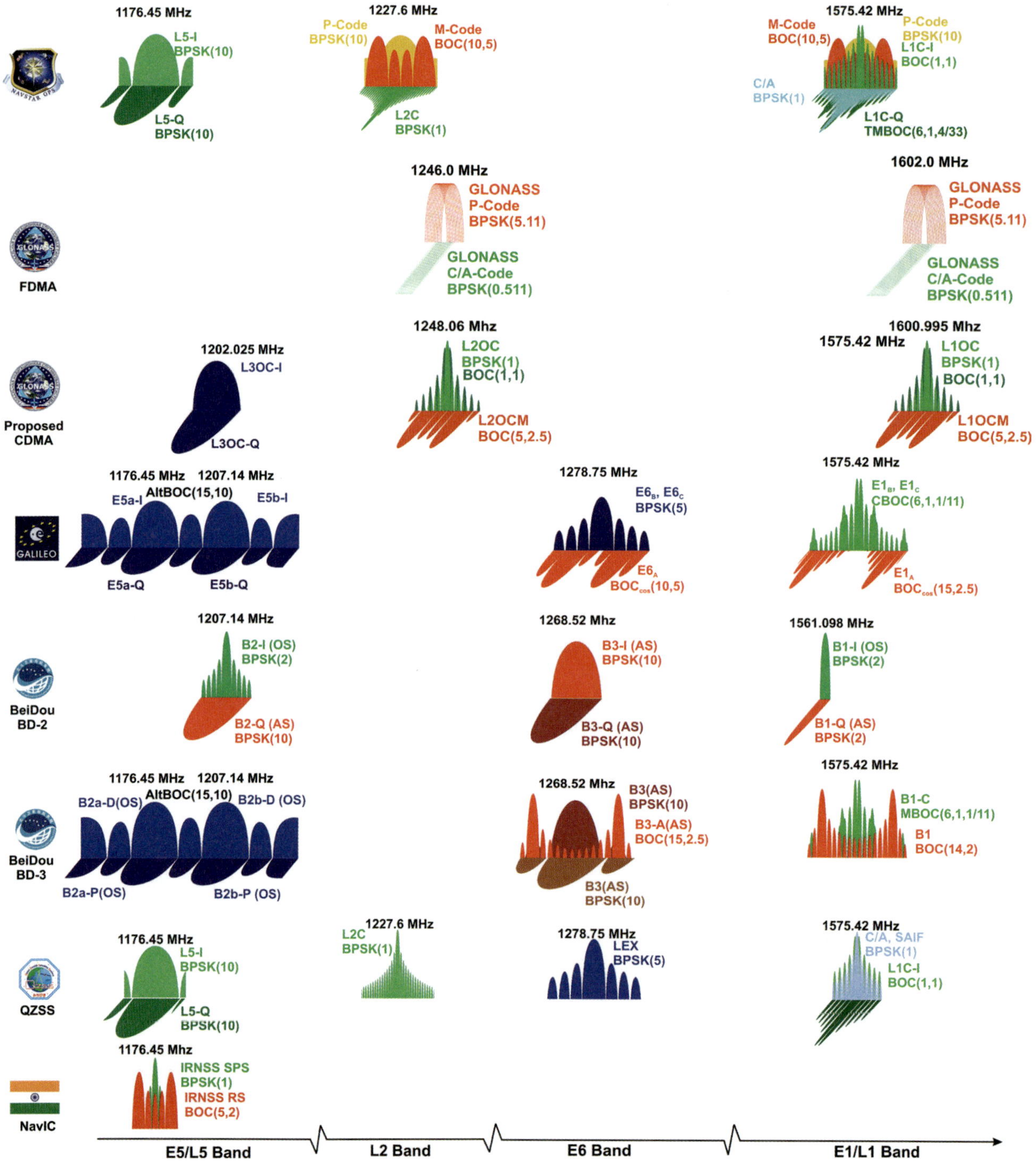

Bild 7.3.10: *Auf diesem Bild sind sämtliche Frequenzen und Signale für alle globalen und regionalen Satelliten-Navigationssysteme dargestellt. Hierbei wird ersichtlich, welche Frequenzen und zugehörige Signale problematisch im Hinblick auf Interferenzen zwischen den unterschiedlichen GNSS sein können (Bild: ESA Navipedia [7.3.5]).*

7

Tabelle 7.3.3: *Überblick über Zusammenhang zwischen Frequenzen, Signalen und Diensten der jeweiligen Satelliten-Navigationssysteme.*

System	Frequenz MHz	Signal	Modulation	Daten SPS	Dienst
GPS	1575,420	L1 C/A-Code	BPSK(1)	50	Standard Positioning Service (SPS), Offener Dienst
		L1 P(Y)-Code	BPSK(10)	50, Verschlüsselt	Precise Positioning Service (PPS), Autorisierte Nutzer
		L1C-I	BOC(1,1)	CNAV-2	Ziviles GPS-Signal für höhere Genauigkeit, Offener Dienst
		L1C-Q	TMBOC(6,1,4/33)		Ziviles GPS-Signal für Internationale Kooperation, Offener Dienst
		L1 M-Code	BOC(10,5)	Verschlüsselt	Autorisierte Nutzer
	1227,600	L2 P(Y)-Code	BPSK(10)	Verschlüsselt	Precise Positioning Service (PPS), Autorisierte Nutzer
		L2C	BPSK(1)	CMAV	Ziviles GPS-Signal für höhere Genauigkeit, Offener Dienst
		L2 M-Code	BOC(10,5)	Verschlüsselt	Autorisierte Nutzer
	1176,450	L5-I	BPSK(10)	1000, CNAV	Aviation Safety of Life
		L5-Q	BPSK(10)	Pilot	Aviation Safety of Life
GLONASS	1602,000	L1 C/A-Code	BPSK(0.511)	50	Offener Dienst
		L1 P-Code	BPSK(5.11)	Verschlüsselt	Autorisierte Nutzer
	1246,000	L2 C/A Code	BPSK(0.511)	50	Offener Dienst
		L2 P-Code	BPSK(5.11)	Verschlüsselt	Autorisierte Nutzer
	1600,995	L1SC		Data	Offener Dienst
		L1OCd	TDM	500	Offener Dienst
		L1OCp	BOC(1,1)	Pilot	Offener Dienst
	1248,060	L2SC		Data	Offener Dienst
		L2OCp	BOC(1,1)	Pilot	Offener Dienst
		L2CSI	TDM	50	Offener Dienst
	1202,025	L3OCd	BPSK(10)	Data	Offener Dienst
		L3OCp	BPSK(10)	Pilot	Offener Dienst
Galileo	1575,420	E1A	BOC(15,2.5)	Verschlüsselt	Autorisierte Nutzer (PRS)
		E1B	CBOC(6,1,1/11)	250, I/NAV	Offener Dienst (OS)
		E1C	CBOC(6,1,1/11)	Pilot	Offener Dienst (OS)
	1278,750	E6A	BOC(10,5)	Verschlüsselt	Autorisierte Nutzer (PRS)
		E6B	BPSK(5)	1000, CNAV	Kommerzieller Dienst (CS)
		E6C	BPSK(5)	Pilot	Kommerzieller Dienst (CS)
	1207,140	E5b-I	BPSK(10)	250, I/NAV	Offener Dienst (OS)
		E5b-Q	BPSK(10)	Pilot	Offener Dienst (OS)
	1191,795	E5-I	AltBOC(15,10)		Offener Dienst (OS)
		E5-Q	AltBOC(15,10)		Offener Dienst (OS)
	1176,450	E5a-I	BPSK(10)	50, F/NAV	Offener Dienst (OS)
		E5a-Q	BPSK(10)	Pilot	Offener Dienst (OS)
BDS	1575,420	B1C_data	BOC(1,1)	100, B-CNAV1	Offener Dienst
		B1C_pilot	QMBOC(6,1,4/33)	Pilot	Offener Dienst
	1561,098	B1-I	QPSK	50, D1 NAV	Offener Dienst
		B1-Q	QPSK	500, D2 NAV	Offener Dienst
	1268,520	B3	BPSK(10)		Autorisierte Nutzer
		B3A	BOC(15,2.5)		Autorisierte Nutzer
		B3-I	BPSK(10)		Offener Dienst
		B3-Q	BPSK(10)		Autorisierte Nutzer

Tabelle 7.3.3: *(Fortsetzung) Überblick über Zusammenhang zwischen Frequenzen, Signalen und Diensten der jeweiligen Satelliten-Navigationssysteme.*

System	Frequenz MHz	Signal	Modulation	Daten SPS	Dienst
	1 207,140	B2b-D	AltBOC(15,10)		Offener Dienst
		B2b-P	AltBOC(15,10)		Offener Dienst
		B2-I	QPSK	50, D1 NAV	Offener Dienst
		B2-Q	QPSK	500, D2 NAV	Offener Dienst
	1 176,450	B2a_data	BPSK(10)	200, B-CNAV2	Offener Dienst
		B2a_pilot	BPSK(10)	Pilot	Offener Dienst
QZSS	1 575,420	L1 C/A	BPSK(1)	LNAV	PNT Dienst
		L1C	BOC(1,1)/TMBOC		PNT Dienst
		L1C	BOC	100, CNAV2	PNT Dienst
		L1S (L1SAIF)		250 bps	Messaging Service, Disaster- und Krisen-Management
	1 278,750	L6 (LEX)		2 000 bps	Hochgenauer Dienst (CLAS)
	1 227,600	L2C	BPSK(1)	25, CNAV	PNT Dienst
	1 176,450	L5-I	BPSK(10)	50, CNAV	PNT Dienst
		L5-Q	BPSK(10)		PNT Dienst
NavIC	1 176,450	SPS-L5	BPSK(1)	50	Standard Positioning Service (SPS), Offener Dienst
		RS-L5	BOC(5,2)	Verschlüsselt	Restricted Service (RS), Autorisierte Nutzer

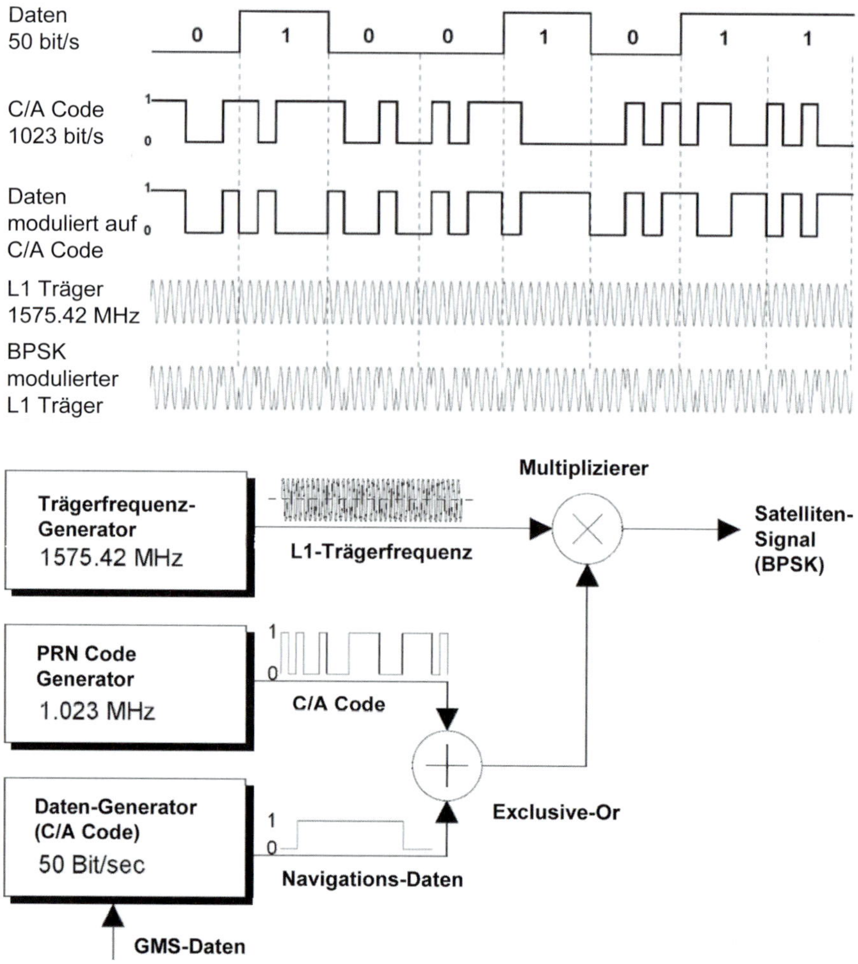

Bild 7.3.11: *Konzept der Signalgenerierung von GNSS-Signalen.*

7.3.6.3 Galileo-Dienste

Im Folgenden soll kurz auf die Dienste bei Galileo eingegangen werden. Diese Betrachtung soll auch dazu beitragen, ein besseres Verständnis für Tabelle 7.3.3 zu erzeugen. Zunächst einmal muss verstanden werden, dass ein generelles Konzept für Galileo-Dienste definiert wurde. Die Werte für die Leistungsparameter, die für die unterschiedlichen Galileo-Dienste existieren, sind jedoch abhängig vom Grad des Aufbaus und Betriebs des Gesamtsystems. Aus diesem Grund hat die Europäische Kommission (EC) die Einführung von Galileo-Diensten in zwei Phasen geplant. Die erste Phase wurde im Dezember 2016 mit der Deklaration der Galileo Initialen Dienste (Initial Services) erreicht. Die zweite Phase, die Galileo Finalen Dienste (Final Services), sollen nach Fertigstellung des vollständigen Aufbaus von Galileo und einer entsprechenden Validierung des operationellen Systems im Jahr 2020 bekannt gegeben werden. Zu diesem Zeitpunkt müssen dann alle Leistungsparameter, die für die Galileo Dienste spezifiziert wurden, zumindest erreicht werden, aber im Normalfall sollten sie jedoch besser sein als die Spezifikationen. Es sind folgende Galileo-Dienste vorgesehen:

- Open Service (OS) – Offener Dienst,
- Public Regulated Service (PRS) – Zugang nur für autorisierte Nutzer,
- Commercial Service (CS) – Kommerzieller Dienst,
- Search and Rescue Service (SAR) – Rettungsdienst.

In Tabelle 7.3.4 werden die Galileo-Dienste und die zugehörigen Signale dargestellt. SAR wird hier nicht berücksichtigt, OS wird gemäß dem Galileo OS Dienst Definitions-Dokument [7.3.6] betrachtet.

7.3.7 GNSS-Empfänger

GNSS-Empfänger sind für das Nutzersegment von zentraler Bedeutung. Die Vielfalt der GNSS-Anwendungen gehen einher mit signifikant steigenden Anforderungen an die Empfänger und deren Leistungsfähigkeit. Die Evolution der GNSS-Empfänger wird auch sehr stark von technologischen Fortschritten in anderen Gebieten beeinflusst. Hierbei sind besonders die Bereiche der Leistungsfähigkeit von Mikroprozessoren, digitale Signalverarbeitung oder Atomuhren auf einem Chip zu nennen. In diesem Kontext ist die rasante Entwicklung, die es in den letzten Jahren auf dem Gebiet der GNSS-Empfängerentwicklung zu verzeichnen gibt, nicht verwunderlich. Im Besonderen ist hier das Konzept des Software-Radios hervorzuheben.

Hierbei wird versucht, zu einem möglichst frühen Zeitpunkt, also so nahe wie möglich an der GNSS-Antenne, das analoge GNSS-Signal in ein digitales GNSS-Signal umzuwandeln, um es dann zu bearbeiten. Dieses Konzept hat Vor- und Nachteile, aber es gibt einen klaren Trend in diese Richtung zu verzeichnen.

7.3.7.1 Architektur und prinzipielle Funktionsweise eines GNSS-Empfängers

Die prinzipielle Architektur eines GNSS-Empfängers ist in Bild 7.3.12 dargestellt.

Die Hauptkomponenten sind dabei:

- GNSS-Antenne mit Vorverstärker und Kabeln mit entsprechender Qualität
- Hochfrequenzteil für Signalidentifizierung und Signalverarbeitung
- Analog-Digital-Konverter

Tabelle 7.3.4: *Galileo-Dienste und dazu verwendete Frequenzen und Signale*
SF – Single Frequency: Nutzer, die nur Signale auf einer Frequenz verwenden
DF – Double Frequency: Nutzer, die Signale auf zwei Frequenzen verwenden.

Dienst	Beschreibung	Spezifikationen für Dienst Umfang	Nutzer	Signale
OS	Für jeden Nutzer frei und kostenlos zugänglich	• Entfernungsmessung (Ranging) • Positionsbestimmung (nur bei Finalen Diensten definiert, nicht bei Initialen Diensten) • UTC Zeit Bestimmung	SF	• E1 (B/C) • E5a (I/Q) • E5b (I/Q)
			DF	• E1 (B/C) – E5a (I/Q) • E1 (B/C) – E5b (I/Q)
PRS	Begrenzt auf Nutzer, die von den Regierungen eines jeweiligen EU-Mitgliedslandes zur Nutzung autorisiert wurden	Spezifikation ist nur autorisierten Nutzern zugänglich	–	• E1A • E6A
CS	Stellt zusätzlich zu OS eine weitere Frequenz mit einem Signal hoher Datenrate zur Verfügung, das für einen hochgenauen Service genutzt werden kann. Weiterhin soll der CS eine Authentifizierung beinhalten.	Im März 2018 verkündete die EC, dass ein kostenloser Service für Korrekturdaten entwickelt wird, der es einem Nutzer erlaubt, hochgenaue Positionsbestimmungen zu erhalten. Zusätzlich soll ein Service zur Authentifizierung angeboten werden, der jedoch nicht kostenfrei zur Verfügung gestellt werden soll.	–	• E6 (B/C)

7

- Mikroprozessor für Datenerfassung, digitale Signalverarbeitung, Kontrolle/Steuerung des Empfängers und Generierung der PVT Lösung
- Interface zur Kommunikation mit Nutzer (Bedienungsfeld, Display, Datenspeicherung etc.)
- Oszillator als Referenzuhr für den Empfänger
- Stromversorgung

Die prinzipielle Funktionsweise eines GNSS-Empfängers kann wie folgt beschrieben werden.

1. Akquisition des GNSS-Signals, bestehend aus den folgenden Aktivitäten
   - Akquisition der Frequenz
   - Korrelation der Codephase im GNSS-Signal, oder mit anderen Worten - Suchprozedur durch Vergleich der empfangenen Codephasen mit im Empfänger generierter Codephase
2. Tracking - Kontinuierliche Nachverfolgung und Verbesserung der Werte für die Frequenz und die Codephase (Tracking der Code - und Trägerphasen).
3. Entschlüsselung der Navigationsdaten. Im Falle einer stabilen Nachverfolgung können nach Wegnahme der Code- und Trägerphase von dem Signal die Navigationsdaten entschlüsselt werden. Dazu muss in der Navigationsnachricht eine bestimmte Stelle gefunden werden (Beginn eines Subframes), die es einem erlaubt, den Aussende-Zeitpunkt des Signals am Navigationssatelliten zu ermitteln. Die Navigationsdaten müssen vollständig entschlüsselt werden.
4. Berechnung der Pseudo-Entfernung zwischen der Sendeantenne an Bord des Navigationssatelliten und der Empfangsantenne des Nutzers, basierend auf der Kenntnis des Aussende-Zeitpunkts am Navigationssatelliten und dem Zeitpunkt des Signalempfangs an der Nutzerantenne.
5. Berechnung der Positionen der Navigationssatelliten unter Verwendung der Ephemeriden für die jeweiligen Navigationssatelliten und Anwendung der in den entsprechenden Dokumenten (SIS-ICD) vorgeschrieben Algorithmen.
6. Berechnung der Nutzerposition bei bekannter Position der Navigationssatelliten und entsprechenden Messungen im Empfänger.

7.3.7.2 GNSS-Empfänger – Raumfahrtspezifische Aspekte

Die Verwendung eines GNSS-Empfängers auf einem Raumfahrzeug im Weltraum unterscheidet sich in einigen Aspekten sehr stark von der Verwendung auf der Erde, See oder in der Luft. Einige der wesentlichsten Aspekte sind dabei:

- Dopplerverschiebung aufgrund der hohen relativen Geschwindigkeiten zwischen GNSS-Satelliten und Nutzersatellit. Von besonderer Bedeutung ist der Dopplereffekt in hochexzentrischen Orbits. Eine Kompensation dieses Effekts kann durch Einsatz von Orbit-Propagatoren an Bord eines Nutzersatelliten erzielt werden. Diese Vorhersagen können dann verwendet werden, um die Dopplerverschiebungen bei der Korrelation der GNSS-Signale in den Regelkreisen zum Signal-Tracking zu korrigieren.
- Hohe Dynamik in Form von Beschleunigungen, z. B. bei Anwendungen für Forschungsraketen. Hier müssen die Regelkreise zum Signal Tracking entsprechend entworfen werden, um diese kompensieren zu können.
- Empfang von sehr schwachen Signalen bei GNSS-Empfängern, die sich auf Satelliten im GEO oder auf hochexzentrischen Bahnen befinden
- Im Weltall ist der GNSS-Empfänger hochenergetischer Weltraumstrahlung ausgesetzt, die die elektronischen Komponenten schädigen oder gar zerstören kann. Aus diesem Grund müssen entsprechende Materialien verwendet oder der Empfänger muss entsprechend geschützt werden. Diese Maßnahmen können sehr kostenintensiv sein. Die Strahlung ist unter anderem abhängig von der Bahnhöhe des Nutzersatelliten.
- Hohe Anforderungen an die Verarbeitung des GNSS-Empfängers, da während der Aufstiegsphase der Trägerrakete eine sehr starke und hochfrequente Vibration

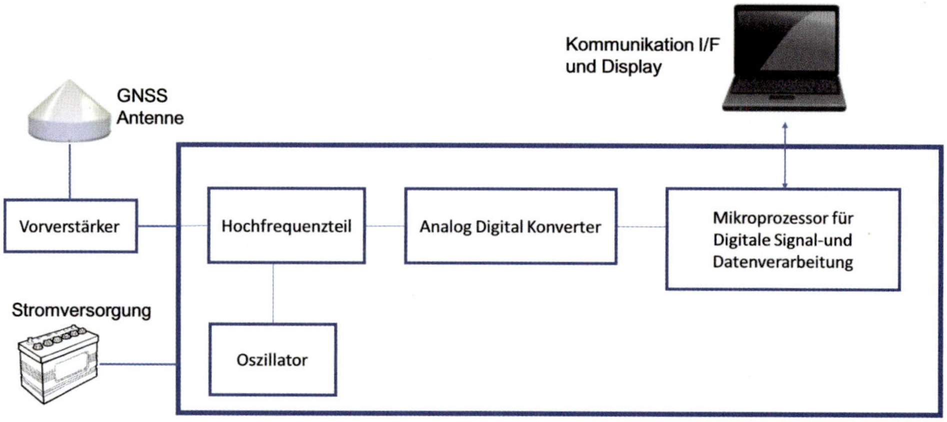

Bild 7.3.12: *Prinzipielle Architektur eines GNSS-Empfängers.*

auftreten kann, die die Bauteile bzw. die Verbindungen (z. B. Lötstellen) zerstören kann.

- Anbringung der Antennen auf dem Nutzersatelliten so, dass die signaltechnische Sichtbarkeit für den Nutzersatelliten maximiert wird. Dabei gilt es auch, Mehrwegeeffekte minimal zu halten oder gänzlich zu vermeiden.

7.3.8 GNSS-Beobachtungen

Die wesentlichsten Messungen, die in einem GNSS-Empfänger getätigt werden, sind:

- Codephasen-Messung
- Trägerphasen-Messung
- Doppler-Messung
- Signal-Rausch-Verhältnis.

Abhängig von den Anwendungen und den entsprechenden Empfängern werden entweder alle oder nur bestimmte Messungen zur Positionsbestimmung verwendet. Die Konzepte zur Messung von GNSS-Codephasen und Trägerphasen sind in den Bildern 7.3.13 und 7.3.14 exemplarisch dargestellt. Die Doppler-Messungen können zur direkten Berechnung der Geschwindigkeit und die Messung des Signal-Rausch-Verhältnisses zur Detektion und Abschätzung von Mehrwegeeffekten verwendet werden. Beide Messungen sind nur der Vollständigkeit wegen erwähnt und sollen nachfolgend nicht weiter betrachtet werden.

7.3.8.1 Code- und Trägerphasen-Beobachtungen

Die Beobachtungsgleichungen lassen sich in Abhängigkeit der Anwendung formulieren. Dies bedeutet, dass für hochgenaue Anwendungen eine detailliertere Modellierung verwendet werden muss, um die entsprechenden Effekte zu berücksichtigen. Im Kontext dieses Buchkapitels soll eine Modellierung verwendet werden, die nur die wichtigsten Effekte berücksichtigt und dazu dienen soll, das generelle Konzept zu erläutern. Aus Gründen der Vereinfachung wird auch die Abhängigkeit der Beobachtungen von der Zeit nicht explizit dargestellt. Die Beobachtungsgleichung für GNSS Codephasen-Messungen lässt sich somit formulieren als:

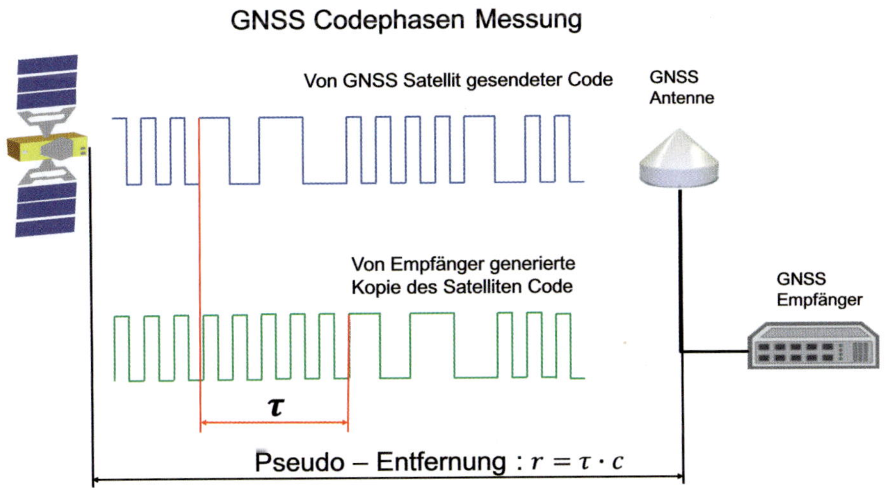

Bild 7.3.13: *Konzept der GNSS Codephasen-Messung in einem Empfänger.*

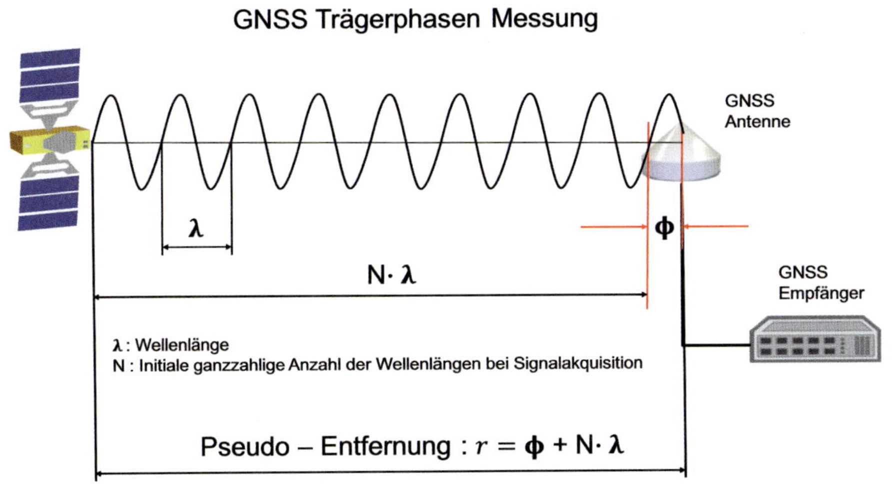

Bild 7.3.14: *Konzept der GNSS Trägerphasen-Messung in einem Empfänger.*

$$PR_{\text{Rx,freq,sig}}^{\text{sat}} = \rho_{\text{Rx}}^{\text{sat}} + c\left(\text{d}T_{\text{Rx}} - \text{d}t^{\text{sat}}\right) + \text{d}ion_{\text{Rx,freq}}^{\text{sat}} + \text{d}trop_{\text{Rx}}^{\text{sat}} + \varepsilon_{\text{Rx,freq,sig}}^{\text{sat}} \tag{7.3.3}$$

Äquivalent lässt sich die Beobachtungsgleichung der GNSS Trägerphasen-Messungen darstellen als:

$$\Phi_{\text{Rx,freq,sig}}^{\text{sat}} = \rho_{\text{Rx}}^{\text{sat}} + c\left(\text{d}T_{\text{Rx}} - \text{d}t^{\text{sat}}\right) - \text{d}ion_{\text{Rx,freq}}^{\text{sat}} + \text{d}trop_{\text{Rx}}^{\text{sat}} + \varepsilon_{\text{Rx,freq,sig}}^{\text{sat}} + \lambda \cdot N_{\text{Rx,freq}}^{\text{sat}} \tag{7.3.4}$$

Hierbei sind:

sat:	Index für GNSS-Satellit
Rx:	Index für Empfänger
freq:	Index für Frequenz
sig:	Index für Signal
$PR_{\text{Rx,freq,sig}}^{\text{sat}}$:	Pseudo-Entfernung durch Codephasen-Messung in m
$\Phi_{\text{Rx,freq,sig}}^{\text{sat}}$:	Pseudo-Entfernung durch Trägerphasen-Messung in m
$\rho_{\text{Rx}}^{\text{sat}}$:	geometrische Entfernung in m zwischen GNSS-Satellit (Phasenzentrum der Aussende-Antenne) und Nutzer (Phasenzentrum der Empfangsantenne)
c:	Lichtgeschwindigkeit im Vakuum in m/s
$\text{d}T_{\text{Rx}}$:	Uhrenfehler des Empfängers gegenüber einer GNSS-Systemzeit in s
$\text{d}t^{\text{sat}}$:	Uhrenfehler der GNSS-Satellitenuhr gegenüber der jeweiligen GNSS-Systemzeit in s
$\text{d}ion_{\text{Rx,freq}}^{\text{sat}}$:	Signallaufzeitfehler durch den Effekt der Ionosphäre in m
$\text{d}trop_{\text{Rx}}^{\text{sat}}$:	Signallaufzeitfehler durch den Effekt der Troposphäre in m
$\varepsilon_{\text{Rx,freq,sig}}^{\text{sat}}$:	Restfehler in m, in dem alle Effekte enthalten sind, die nicht in der Beobachtungsgleichung berücksichtigt wurden
λ:	Wellenlänge der Trägerphase eines Signals in m
$N_{\text{Rx,freq}}^{\text{sat}}$:	Initiale ganzzahlige Mehrdeutigkeiten – Anzahl der Wellenlängen zum Zeitpunkt der Signalakquisition im Empfänger

7.3.8.2 Fehlereinflüsse auf die Beobachtungen

Es gibt verschiedene Fehlereinflüsse [7.3.7], die sich auf die Messungen eines jeden Satelliten- Navigationssystems auswirken. Diese werden hinsichtlich ihrer Auswirkungen auf die Entfernungsmessung betrachtet und aus diesem Grund auf die Richtung der Schrägentfernung zwischen GNSS-Navigationssatellit und Nutzer projiziert. Diese Projektion wird User Equivalent Range Error – UERE genannt. Die wesentlichsten Fehlereinflüsse können in die folgenden Anteile gegliedert werden:

- Satellit
- Signalausbreitung
- Empfänger

Diese sind abhängig von der Zeit, von der Relativgeometrie zwischen GNSS-Navigationssatelliten und Nutzer, Umgebungsbedingungen zum Zeitpunkt der Messung, Dynamik des Nutzers sowie der Funktionalität und Qualität des Empfängers.

Im Falle von Galileo wurde für den Open Service eine Einteilung des UEREs derart gemacht, dass er sich zusammensetzt aus einem Teil, der Signal-In-Space Ranging Error – SISE genannt wird und die Anteile der Signalgeneration, Navigationsnachricht, Uhren- und Ephemeriden Fehler umfasst, und einem Teil, der User Equipment Error – UEE genannt wird und alle anderen Fehlereinflüsse umfasst, die nicht der direkten Kontrolle des Galileo Systems unterliegen. In Galileo erfolgt die Berechnung des UERE gemäß der Gleichung:

$$\text{UERE} = \sqrt{\text{SISE}^2 + \text{UEE}^2} \tag{7.3.5}$$

Die wesentlichsten Fehlereinflüsse auf eine Galileo-Messung sind in Tabelle 7.3.5, gemäß Referenz [7.3.6] wiedergegeben. Dabei werden hier beispielhaft folgende Nutzer betrachtet:

- Nutzer 1, der sich in einer ländlichen Umgebung befindet, einen Empfänger mit nur einer Frequenz (E1) benutzt und sich zu Fuß fortbewegt
- Nutzer 2, der sich in einer ländlichen Umgebung befindet, einen Empfänger mit zwei Frequenzen (E1-E5a) benutzt und sich mit dem Auto fortbewegt

Tabelle 7.3.5: *Fehlereinflüsse auf GNSS-Messungen am Beispiel von Galileo.*

Fehler Quelle	Fehler für Nutzer 1	Fehler für Nutzer 2
Signal-In-Space-Error (SISE)	0,67 m	0,67
Restfehler Ionosphäre	6,00 m bei 5 Grad Elevation 3,00 m bei 90 Grad Elevation	0,08 m bei 5 Grad Elevation 0,03 m bei 90 Grad Elevation
Restfehler Troposphäre	1,35 m bei 5 Grad Elevation 0,14 m bei 90 Grad Elevation	1,35 m bei 5 Grad Elevation 0,14 m bei 90 Grad Elevation
Rauschen, Interferenzen, Mehrwegeeffekt	0,35 m bei 5 Grad Elevation 0,23 m bei 90 Grad Elevation	0,46 m bei 5 Grad Elevation 0,13 m bei 90 Grad Elevation
Mehrwegeeffekt Bias Fehler	0,59 m	0,19 m
Satellit BGD Fehler	0,30 m	0,00 m
Code-Carrier Ionosphäre Divergenz Fehler	0,30 m	0,00 m
Gesamtfehler (1-Sigma)	6,26 m bei 5 Grad Elevation 3,10 m bei 90 Grad Elevation	1,59 m bei 5 Grad Elevation 0,72 m bei 90 Grad Elevation

Im Verlauf der Zeit wurden verschiedene mathematische Methoden entwickelt, um Fehler entweder zu reduzieren oder gänzlich zu eliminieren. Hierzu gehören z. B. die Bildung von Differenzen von Beobachtungen zwischen Empfängern und GNSS-Satelliten, um gemeinsame Fehlereinflüsse zu eliminieren. Eine andere Methode ist die Bildung von Linearkombinationen zwischen Beobachtungen. Es gibt auch alternative Ansätze [7.3.8], die die GNSS-Beobachtungen undifferenziert und ohne Anwendung von Linearkombinationen bearbeiten. Diese Methoden haben im Besonderen ihre Stärke bei der Bearbeitung von multi-GNSS-Beobachtungen unter Verwendung aller verfügbaren Frequenzen und Signale und ermöglichen eine physikalisch realistischere Betrachtung der GNSS-Beobachtungen. All diese Methoden haben ihre spezifischen Vorteile bei bestimmten Anwendungen. Zusätzlich zu den mathematischen Methoden hat sich die gesamte GNSS-Technologie, d. h. Empfänger und Antennen, extrem stark weiterentwickelt und dies wiederum ermöglicht die Entwicklung neuer Methoden, um die GNSS-Beobachtungen weiter zu verbessern.

7.3.8.3 Ionosphärenfreie Linearkombination

Da alle globalen Satelliten-Navigationssysteme frei verfügbare Dienste, basierend auf zwei unterschiedlichen Frequenzen entweder bereits zur Verfügung stellen oder aber es in naher Zukunft tun werden, soll hier auf die ionosphärenfreie Linearkombination von Beobachtungen eingegangen werden. Die Ionosphäre ist für die meisten Nutzer der größte Fehlereinfluss (unter Vernachlässigung der Mehrwegeeffekte). Durch die Nutzung von zwei unterschiedlichen Frequenzen mit entsprechender Separation ist es möglich, eine Linearkombination derart zu formulieren, dass die Ionosphäre in ihrer ersten Ordnung eliminiert wird. Exemplarisch soll dies für eine Galileo ionosphärenfreie Linearkombination unter Verwendung der Signale E1 und E5a (siehe Galileo OS) gezeigt werden. Die sich daraus ergebende Beobachtungsgleichung für Codephasen lässt sich wie folgt darstellen:

$$PR_{\mathrm{Rx_{IF}}}^{\mathrm{sat}} = \frac{f_{\mathrm{E1}}^2}{f_{\mathrm{E1}}^2 - f_{\mathrm{E5a}}^2} PR_{\mathrm{Rx_{E1}}}^{\mathrm{sat}} - \frac{f_{\mathrm{E5a}}^2}{f_{\mathrm{E1}}^2 - f_{\mathrm{E5a}}^2} PR_{\mathrm{Rx_{E5a}}}^{\mathrm{sat}} \qquad (7.3.6)$$

Weiterhin kann gezeigt werden, dass gilt:

$$PR_{\mathrm{Rx_{IF}}}^{\mathrm{sat}} = \rho_{\mathrm{Rx}}^{\mathrm{sat}} + c\left(\mathrm{d}T_{\mathrm{Rx}} - \mathrm{d}t^{\mathrm{sat}}\right) + \mathrm{d}trop_{\mathrm{Rx}}^{\mathrm{sat}} + \varepsilon_{\mathrm{Rx,freq,sig}}^{\mathrm{sat}} \qquad (7.3.7)$$

Die ionosphärenfreie Linearkombination für Codephasen-Beobachtungen kann für eine große Anzahl von zwei Frequenz-Anwendungen als Basis für die Positionsbestimmung angewendet werden.

7.3.9 Anwendungen

Die Bandbreite der GNSS-Anwendungen ist sehr groß und täglich werden neue Ideen entwickelt (siehe [7.3.4]). Wie bereits im Unterkapitel Nutzersegment (siehe 7.3.5.3) dargestellt, kann der globale GNSS-Markt in verschiedene Segmente unterteilt werden. Nachfolgend sollen einige Anwendungen etwas näher betrachtet werden.

7.3.9.1 Terrestrische Anwendungen

Die Dynamik im Bereich der Neuentwicklungen von GNSS-Anwendungen ist enorm. Gegenwärtig gibt es eine ständig wachsende Anzahl von GNSS-Anwendungen und dies in den verschiedensten Marktsegmenten. Aus diesem Grund wird nur auf einige wenige Anwendungsbereiche eingegangen, die aus Sicht des Autors eine gewisse strategische Relevanz besitzen. Hierzu zählen z. B. GNSS-Anwendungen in den Bereichen Automobile, Züge, maritime Anwendungen und positionsbezogene Dienstleistungen.

Automobile und Straßenverkehr

Die Nutzung von GNSS zur Navigation, sei es für den privaten Fahrer oder im Rahmen von Logistik und Flotten-Management, ist sehr stark verbreitet. Betrachtet man den jährlichen Zuwachs an Verkehr, dann wird die Notwendigkeit für ein verbessertes Verkehrsmanagement in der Zukunft offenbar. GNSS spielt in diesem Rahmen eine zentrale Rolle und wird eines der wichtigsten Elemente sein, wenn es um Fahrer-Assistenzsysteme und autonomes Fahren geht.

Züge – Schienenverkehr

GNSS wird in diesem Bereich eingesetzt, um zunächst die Position der einzelnen Waggons und Züge zu kennen, um dadurch eine entsprechende Einsatzplanung (Fleet Management) durchführen zu können. In Zukunft wird ein verstärkter Einsatz bei der Steuerung von Zügen und der autonomen Führung von Zügen erwartet. Darüber hinaus spielt die Nutzung von GNSS zur verbesserten Information der Passagiere eine wichtige Rolle. Insgesamt trägt GNSS zur Steigerung der Sicherheit beim Schienenverkehr bei.

Maritime Anwendungen

Die Anwendungen von GNSS im maritimen Bereich sind vielfältig. So ist z. B. die Anzahl der Nutzer, die GNSS zur Navigation von privaten Schiffen/Yachten benutzen, enorm gestiegen. Die kommerzielle Schifffahrt verwendet in einem sehr hohen Masse GNSS zur Abdeckung sämtlicher Aufgaben der Navigation. Es gilt auch zu beachten, dass Schiffe ab einer bestimmten Größe dazu verpflichtet sind, ihre Position regelmäßig zu melden. Darüber hinaus wird GNSS sehr stark in der Logistik und im Betrieb von Hafen-Infrastruktur verwendet. Nicht zu vernachlässigen ist auch die Nutzung von GNSS im Rahmen von Verlegen von Seekabeln oder dem Bau von maritimen Konstruktionen. Eine weitere Nutzung ist die Überwachung von Fischerbooten und anderen Schiffen, um bestimmte maritime Gebiete zu schützen.

Positionsbezogene Dienstleistungen (LBS)
Dieser Markt wird durch die Anwendungen in Smartphones ständig erweitert. Sie reichen gemäß [7.3.4] von Navigation, positionsbezogener Werbung, Anwendungen im Notfall, Management von Arbeitenden zur Produktionssteigerung, Anwendungen im Sport für Amateure und Profis zur Leistungsüberwachung und taktischen Schulung, Überwachung im Alten- und Gesundheitsbereich über den schnell wachsenden Gamingbereich bis hin zu den sozialen Netzwerken.

7.3.9.2 Raumfahrtanwendungen

Die Anwendungen von GNSS als Sensor auf Raumfahrzeugen beschränken sich nicht nur auf die Aspekte der Navigation (Position, Geschwindigkeit und Zeit), sondern werden auch für wissenschaftliche Zwecke (z. B. Atmosphärenforschung) oder im Rahmen des Betriebs (z. B. als Zeitreferenz) dieser Raumfahrzeuge eingesetzt. Die weitaus größte Anzahl der Nutzergeräte befindet sich im LEO und wird meistens zur Bestimmung der Position verwendet. Die Nutzer haben hier sehr gute Empfangsbedingungen hinsichtlich Relativ-Geometrie zwischen GNSS-Satelliten und Nutzer sowie der Signalstärke der GNSS-Signale. Aufgrund der stark gesunkenen Preise für Empfänger sind diese Geräte auch sehr begehrt für Anwendungen auf Kleinsatelliten und CUBSATs (Dimension 10 cm × 10 cm × 10 cm $L \times B \times H$). Man kann sagen, dass GNSS-Empfänger auf Satelliten im LEO heutzutage als Standardausrüstung zu betrachten sind. Ein weiterer, sprunghafter Anstieg der Anzahl der GNSS-Nutzer im LEO wird durch die geplanten Mega-Satellitenkonstellationen zu erwarten sein. Es gibt mehrere Betreiber solcher Konstellationen, die primär zur Kommunikation genutzt werden und bis ca. 2020 betriebsbereit sein sollen. Einige dieser sollen aus bis zu 4 000 Satelliten pro Konstellation bestehen.

Low Earth Orbit – LEO
Das bereits bestehende technische Potenzial eines GNSS-Empfängers, installiert auf einem Raumfahrzeug, ist enorm. Ein entsprechend ausgerüsteter GNSS-Empfänger (z. B. Empfänger mit vier Antennen), korrekt auf einem Raumfahrzeug angebracht, erlaubt es dem Nutzer, den gesamten flugdynamischen Zustand (Position, Geschwindigkeit, Lagewinkel und Drehrate der Lagewinkel) eines Raumfahrzeugs zu einer Epoche bestimmen zu können. Dies ist mit keinem anderen Sensor möglich. Ein Beispiel zur gegenwärtigen Verwendung von GPS Empfängern zur hochgenauen Bahnbestimmung (Precise Orbit Determination – POD) von Satelliten im LEO (z. B. der Sentinel-Satelliten) ist in Bild 7.3.15 dargestellt und zeigt die erzielte, sehr gute Genauigkeit (im cm-Bereich), die dabei bereits unter Verwendung von GPS (alleine) erreicht werden kann.

Betrachtet man auch noch die neu hinzukommende Möglichkeit der Nutzung von vollständig kompatiblem multi-GNSS bei Raumfahrtanwendungen, dann ergibt sich daraus zusätzlich eine Vielzahl von neuen Möglichkeiten der Anwendungen. Dies ist die Grundvoraussetzung dafür, dass GNSS nicht nur im LEO genutzt werden kann, sondern auch in MEO, GTO, GEO, HEO und sogar auf Flugbahnen zum Mond und Mars. Dieser neue Nutzungsraum wird GNSS Space Service Volume (GNSS SSV) genannt.

GNSS Space Service Volume – SSV [7.3.10], [7.3.11], [7.3.12]
Wie bereits erwähnt, wird es durch Nutzung der vollständig kompatiblen (interoperablen) multi-GNSS-Signale möglich, den gegenwärtigen Nutzungsraum signifikant zu erwei-

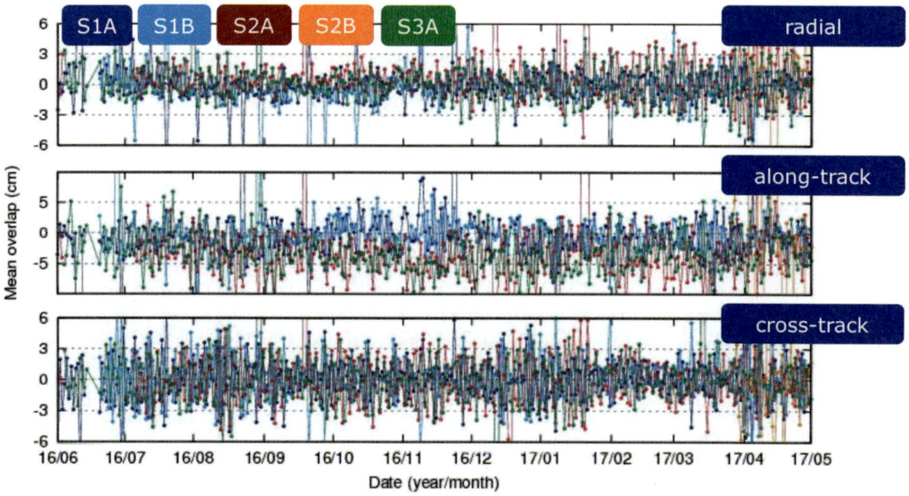

Bild 7.3.15: *Ergebnisse der hochgenauen Bahnbestimmung und deren Konsistenz über einen Zeitraum von ca. einem Jahr für die Sentinel-Satelliten S1A, S1B, S2A, S2B und S3A [7.3.9] (vgl. Bild 7.1.19).*

tern und darüber hinaus komplett neue Anwendungen zu entwickeln. Denn gegenwärtig ist kein einzelnes GNSS in der Lage, den GNSS SSV allein für den GEO abzudecken. Alle GNSS zusammen ermöglichen aber eine permanente Positionslösung (mindestens vier GNSS-Satelliten gleichzeitig sichtbar). Jedoch ist die vollständige Kompatibilität der GNSS-Signale nur ein Aspekt, ein weiteres wichtiges Element für GNSS SSV ist die Änderung des Designs der

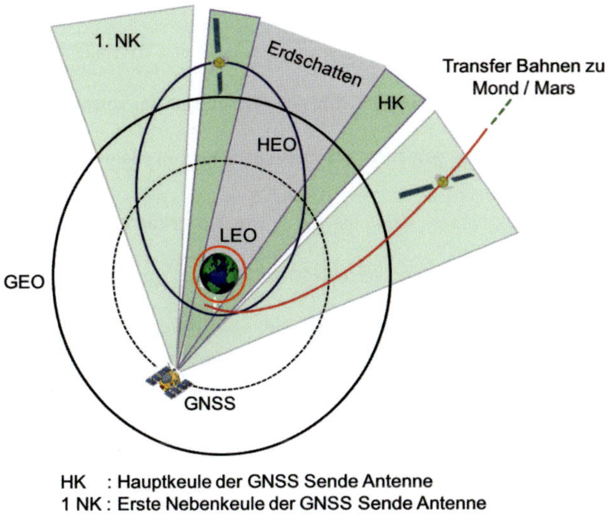

Bild 7.3.16: *GNSS Space Service Volume (GNSS SSV) – Verfügbarkeit von GNSS-Signalen für Nutzer in unterschiedlichen Bahnhöhen.*

Sendeantenne an Bord der Navigationssatelliten. GPS hat hierfür sogar dedizierte Spezifikationen vorgelegt. Speziell die Änderung der ersten Nebenkeule der Sendeantenne auf den GPS Block IIR und IIR-M hat einen signifikanten Einfluss auf die Verfügbarkeit der Signale im GNSS SSV. Das prinzipielle Nutzerkonzept des GNSS SSV wird in Bild 7.3.16 dargestellt, Bild 7.3.17 zeigt das veränderte Design der GPS-Sendeantennen für einige GPS Block II Satelliten.

Diese neuen Möglichkeiten sind nicht nur für wissenschaftliche Missionen von Interesse, sondern sie schaffen auch Potenzial für kommerzielle Missionen. So z. B. ist der GNSS SSV nutzbar für eine Bahnanhebung eines Kommunikationssatelliten von LEO in den GEO unter Verwendung eines permanent arbeitenden elektrischen Antriebs. Solch eine Strategie würde mit einer deutlichen Kostenreduktion hinsichtlich der benötigten Trägerrakete einhergehen.

Die Vorteile für einen GNSS-SSV-Nutzer sind vielfältig und können in mehrere Kategorien eingeteilt werden, wie z. B. Navigationsleistung, Wegbereiter für neue Typen von Missionen und betriebliche Aspekte, wie Flexibilität und Robustheit der betrieblichen Verfügbarkeit. Tabelle 7.3.6 gibt einen Überblick über einige der wichtigsten Elemente dieser Kategorien.

Die Bilder 7.3.18 und 7.3.19 zeigen eindrücklich das neue Potenzial durch die Nutzung eines vollständig kompatiblen GNSS SSV. Bild 7.3.18 zeigt die Verfügbarkeit von GNSS-Signalen für einen Nutzer im GEO. Das Ergebnis der

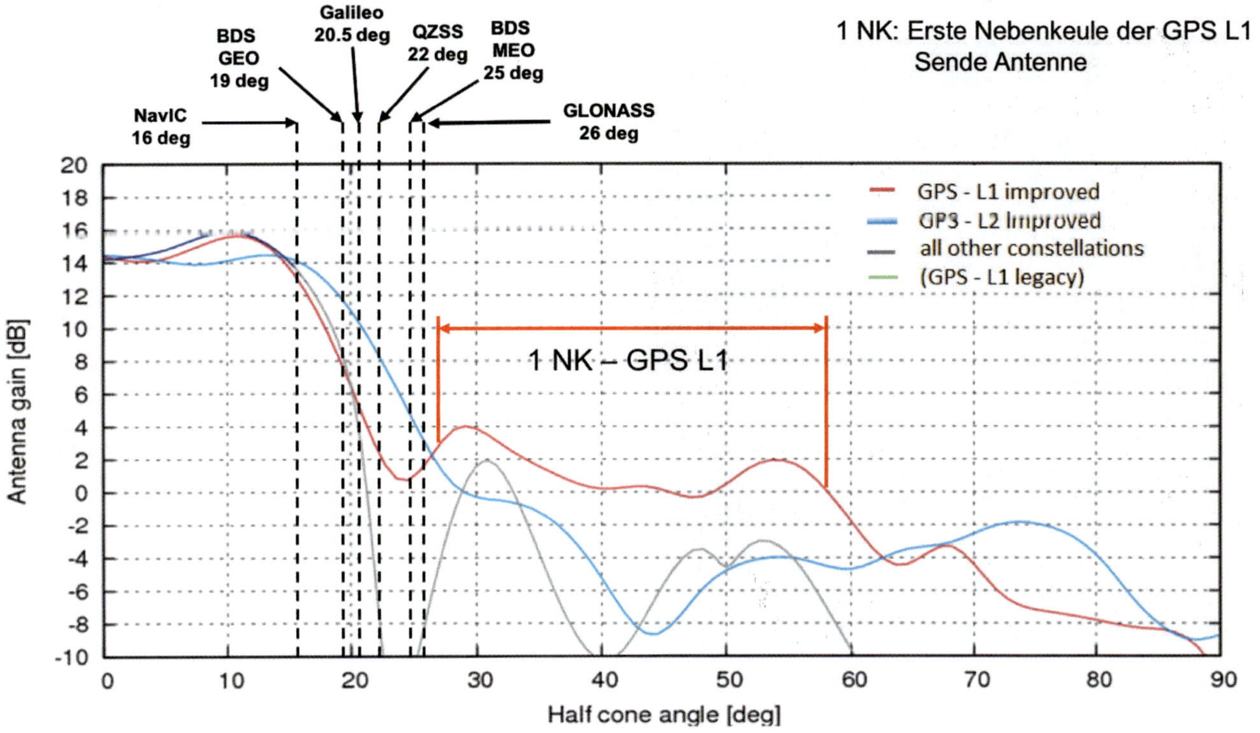

Bild 7.3.17: *GPS-Satellitenantennen Schema [7.3.13] für die GPS Block IIR und IIR-M und Frequenzen L1 und L2.*

Tabelle 7.3.6: *Kategorien für Vorteile von GNSS SSV Nutzern.*

Kategorie	Elemente
Navigationsleistung	• Signifikante Erhöhung der verfügbaren GNSS-Signale, die es erlaubt, eine permanente kinematische Positionsbestimmung für einen Nutzer im GEO durchzuführen • Stark verbesserte Relativ-Geometrie zwischen Nutzer und GNSS-Satelliten, die zu einer deutlichen Steigerung bei der Positionsgenauigkeit führt (Precision Formation Flying – PFF) • Ermöglicht die Entwicklung neuer Konzepte und Algorithmen bei der Positionsbestimmung • Ermöglicht eine hochgenaue Bahnbestimmung in nahezu Echtzeit an Bord des Nutzersatelliten • Ermöglicht die Entwicklung von neuen Konzepten zur 3-Achsen Lagebestimmung des Nutzersatelliten basierend auf GNSS-Messungen
Wegbereiter für neue Typen von Missionen	• Ermöglicht neuartige Konzepte für Wetterbeobachtungen • Entwicklung neuer Algorithmen für hochpräzise Relativnavigation für Satelliten-Formationen und Konstellationen • Autonome Navigation für Missionen in Mondumlaufbahnen • Co-Positionierung von deutlich mehr GEO-Satelliten in einer GEO-Positions-Box (sehr interessant für kommerzielle GEO Betreiber) • Entwicklung neuer Empfängergenerationen zur Bestimmung des gesamten Zustands des Satelliten (Bahn- und Lagebestimmung)
Betriebliche Aspekte	• Neuartige Betriebskonzepte mit stark reduzierten Bodenaktivitäten durch die verfügbare Autonomie an Bord des Nutzersatelliten • Verbesserung der Robustheit des Satellitenbetriebs durch Nutzung von verschiedenen GNSS und somit Erhöhung der Redundanz für Navigation • Reduzierung der Bodenstations-Kontaktzeiten und somit Senkung der Missionskosten • Vereinfachung der Missionsarchitektur und Potenzial für Standardisierung des Navigationskonzepts für Missionen in LEO, GEO und darüber hinaus

Simulation verdeutlicht, dass eine permanente kinematische Positionsbestimmung an Bord des Nutzersatelliten im GEO realisierbar wäre. Das heißt, dass während des gesamten Simulationsintervalls von 14 Tagen eine 100 %-ige Sichtbarkeit von 4 oder mehr GNSS-Satelliten zu jedem Zeitpunkt gegeben war.

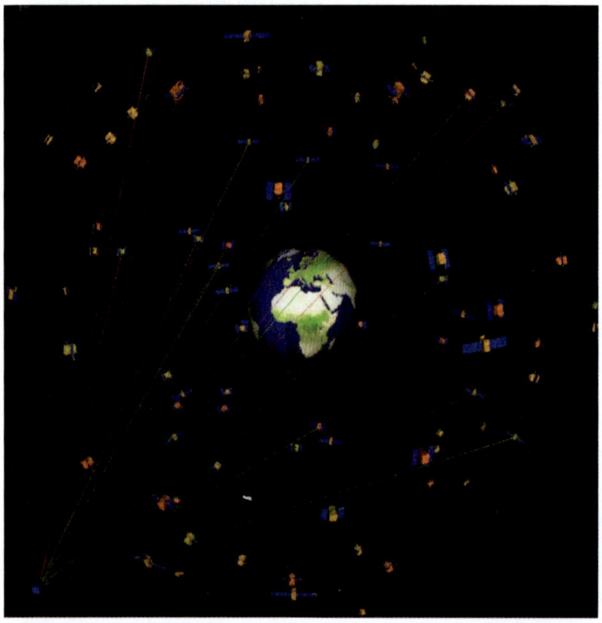

Bild 7.3.18: *Simulation zur Sichtbarkeits-Analyse für einen Satelliten im GEO unter Verwendung von Signalen aller GNSS und der Annahme, dass ein entsprechender Empfänger in der Lage ist, die GNSS-Signale bei einem Signal-Rauschverhältnis von 10 dBHz zu akquirieren (Bild: ePOSNAV UG).*

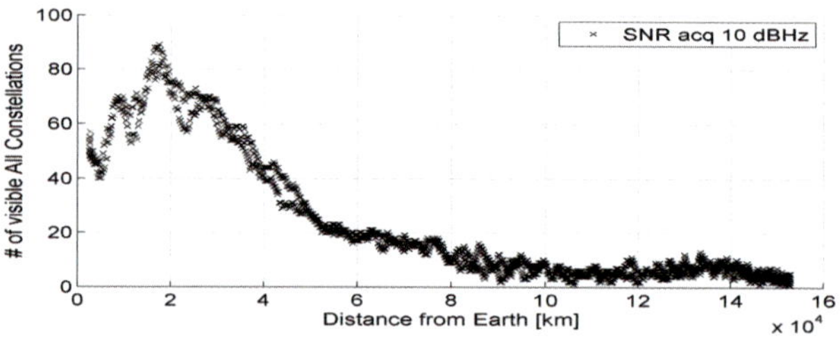

Bild 7.3.19: *Ergebnis einer Simulation zur Sichtbarkeits-Analyse für einen Nutzersatelliten in einem hoch elliptischen Orbit unter Verwendung von Signalen aller GNSS und der Annahme, dass ein entsprechender Empfänger in der Lage ist, die GNSS-Signale bei einem Signal-Rauschverhältnis von 10 dBHz zu akquirieren.*

Die Ergebnisse, die in Bild 7.3.19 dargestellt sind, entstammen einer Untersuchung, in der anhand einer hochexzentrischen Bahn analysiert wurde, in welchem Maße die bestehenden GNSS genützt werden können, um Missionen zum Mond und Mars zu unterstützen. Die dargestellten Ergebnisse bestätigen, dass die bestehenden GNSS tatsächlich zur Unterstützung der Navigation für Transferbahnen zum Mond und Mars verwendet werden können.

Konzept der Positionsbestimmung eines Satelliten im LEO basierend auf Galileo- und GPS-Daten

Die Positionsbestimmung eines Satelliten unterscheidet sich im Prinzip nicht von der eines Nutzers auf der Erde. Es sind jedoch einige Unterschiede zu beachten, die im Kapitel 7.3.7.2 angesprochen wurden. Es kann auch gesagt werden, dass die auf GPS-Messungen basierte Positionsbestimmung eines Nutzersatelliten, der sich in einem

Low Earth Orbit befindet, als üblich betrachtet wird, falls die Anforderungen an die Genauigkeiten moderat (im m Bereich) sind. Sind die Anforderungen an die Genauigkeit der Position jedoch sehr hoch oder soll die Positionsbestimmung auf multi-GNSS-Messungen basieren, so stellt dies eine sehr große Herausforderung dar.

Um die generelle Vorgehensweise für die Positionsbestimmung eines Satelliten unter Verwendung von GPS- und Galileo-Beobachtungen zu erläutern, sollen im Folgenden die wesentlichsten Gleichungen dargestellt werden. Es gibt verschiedene Methoden, die für die Positionsbestimmung eines Satelliten herangezogen werden können. Im Rahmen dieses Kapitels soll eine kinematische Standardmethode betrachtet werden. D. h., für die Positionsbestimmung des Satelliten werden keinerlei Kräfte in Betracht gezogen, die auf den Satelliten einwirken, sondern die Positionsbestimmung wird nur unter Verwendung von Galileo- und GPS-Messungen erfolgen, die auf zwei Frequenzen E1/L1 und E5a/L5 zur Verfügung stehen. Es werden ausschließlich Codephasen-Messungen betrachtet.

Alle Berechnungen werden in einem erdfesten Koordinatensystem durchgeführt, dessen Ursprung sich im Mittelpunkt der Erde befindet. Die Fundamentalebene des Systems ist die Äquatorebene der Erde, die +x-Achse zeigt vom Mittelpunkt der Erde in Richtung des Greenwich-Meridians in der Äquatorebene, die +z-Achse zum Nordpol und die +y-Achse komplettiert das Rechtssystem von ECEF. Dieses Koordinatensystem ist mit dem von Galileo und GPS kompatibel, die zur Berechnung der Positionen der Navigationssatelliten unter Verwendung der jeweiligen Ephemeriden, die über die Signale der Navigationssatelliten - Navigation Message - an die Nutzer gesendet werden. Die Ausgangssituation zur Positionsbestimmung eines Satelliten ist in Bild 7.3.20 dargestellt.

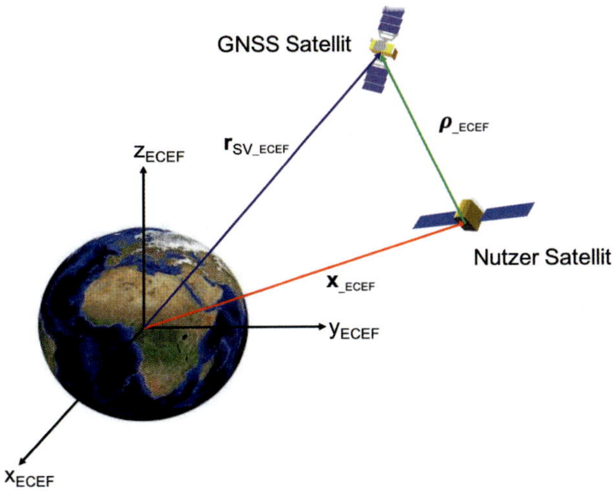

Bild 7.3.20: *Ausgangssituation zur Positionsbestimmung eines Satelliten.*

Die fundamentale Gleichung der auf GNSS-Messungen basierenden Navigation kann gemäß Bild 7.3.20 in folgender Form bezüglich des erdfesten ECEF Koordinatensystem ausgedrückt werden:

$$\boldsymbol{r}_{\mathrm{SV}_{\mathrm{ECEF}}} = \boldsymbol{x}_{\mathrm{ECEF}} + \boldsymbol{\rho}_{\mathrm{ECEF}} \tag{7.3.7}$$

$$\text{mit:}\quad \boldsymbol{r}_{\mathrm{SV}_{\mathrm{ECEF}}} = \left(r_{\mathrm{sv}_x}, r_{\mathrm{sv}_y}, r_{\mathrm{sv}_z}\right)^T_{\mathrm{ECEF}} \tag{7.3.8}$$

$$\text{und}\quad \boldsymbol{x}_{\mathrm{ECEF}} = \left(x, y, z\right)^T_{\mathrm{ECEF}} \tag{7.3.9}$$

Die gesuchten Koordinaten des Nutzersatelliten sind in der geometrischen Entfernung ρ zwischen GNSS-Satellit und Nutzer enthalten. Um nun ρ als Funktion der Nutzerkoordinaten darzustellen, kann die Gleichung (7.3.7) unter Anwendung von (7.3.8) und (7.3.9) wie folgt umgeformt werden:

$$\boldsymbol{\rho}_{\mathrm{ECEF}} = \boldsymbol{r}_{\mathrm{SV}_{\mathrm{ECEF}}} - \boldsymbol{x}_{\mathrm{ECEF}} \tag{7.3.10}$$

$$\rho^2 = \left(\boldsymbol{r}_{\mathrm{SV}_{\mathrm{ECEF}}} - \boldsymbol{x}_{\mathrm{ECEF}}\right)^2 \tag{7.3.11}$$

$$\rho = \sqrt{\left(\boldsymbol{r}_{\mathrm{SV}_{\mathrm{ECEF}}} - \boldsymbol{x}_{\mathrm{ECEF}}\right)^2} \tag{7.3.12}$$

$$\rho = \sqrt{\left(r_{\mathrm{sv}_x} - x\right)^2 + \left(r_{\mathrm{sv}_y} - y\right)^2 + \left(r_{\mathrm{sv}_z} - z\right)^2} \tag{7.3.13}$$

Wird nun Gleichung (7.3.13) für die geometrische Entfernung zwischen GNSS-Satellit und Nutzersatellit in die Beobachtungsgleichung für Codephasen (Kapitel 7.3.8.1) eingesetzt, so ergibt sich:

$$\begin{aligned} PR^{\mathrm{sat}}_{\mathrm{Rx,freq,sig}} = &\sqrt{\left(r_{\mathrm{sv}_x} - x\right)^2 + \left(r_{\mathrm{sv}_y} - y\right)^2 + \left(r_{\mathrm{sv}_z} - z\right)^2} \\ &+ c\left(\mathrm{d}T_{\mathrm{Rx}} - \mathrm{d}t^{\mathrm{sat}}\right) + \mathrm{d}ion^{\mathrm{sat}}_{\mathrm{Rx,freq}} \\ &+ \mathrm{d}trop^{\mathrm{sat}}_{\mathrm{Rx}} + \varepsilon^{\mathrm{sat}}_{\mathrm{Rx,freq,sig}} \end{aligned} \tag{7.3.14}$$

Nutzt man nun die Verfügbarkeit von zwei Frequenzen, so kann man unter Verwendung von (7.3.7) und (7.3.14) die Beobachtungsgleichung für eine ionosphärenfreien Codephasen-Messung erhalten. Diese kann wiedergegeben werden als:

$$\begin{aligned} PR^{\mathrm{sat}}_{\mathrm{Rx}_{\mathrm{IF}}} = &\sqrt{\left(r_{\mathrm{sv}_x} - x\right)^2 + \left(r_{\mathrm{sv}_y} - y\right)^2 + \left(r_{\mathrm{sv}_z} - z\right)^2} \\ &+ c\left(\mathrm{d}T_{\mathrm{Rx}} - \mathrm{d}t^{\mathrm{sat}}\right) + \mathrm{d}trop^{\mathrm{sat}}_{\mathrm{Rx}} + \varepsilon^{\mathrm{sat}}_{\mathrm{Rx,freq,sig}} \end{aligned} \tag{7.3.15}$$

Durch die in der Navigationsnachricht enthaltenen Informationen kann der Uhrenfehler der jeweiligen GNSS-Satelliten dt^{sat} berechnet werden. Weiterhin ist es möglich, die Laufzeitverzögerung aufgrund der Troposphäre anhand eines im SIS-ICD [7.3.1] spezifizierten Modells zu berechnen.

Im Falle der Anwendung auf einem Satelliten entfällt dieser Term allerdings gänzlich, da der Troposphären-Effekt nur bis zu einer Höhe von ca. 11 km über der Erdoberfläche einen Einfluss hat. Im Anwendungsfall auf einem Satelliten ergibt sich (7.3.15) schließlich zu:

$$PR_{\mathrm{Rx_{IF}}}^{\mathrm{sat}} = \sqrt{\left(r_{\mathrm{sv}_x} - x\right)^2 + \left(r_{\mathrm{sv}_y} - y\right)^2 + \left(r_{\mathrm{sv}_z} - z\right)^2} + c\,\mathrm{d}T_{\mathrm{Rx}} + \varepsilon_{\mathrm{Rx,freq,sig}}^{\mathrm{sat}} \tag{7.3.16}$$

Die Berechnung der GNSS-Satelliten Positionen r_{sv_x}, r_{sv_y} und r_{sv_z} in (7.3.16) erfolgt durch die in der Navigationsnachricht enthaltenen Ephemeriden (Parameter zur Bahnberechnung) für das jeweilige Satelliten-Navigations-System und den vorgegebenen Algorithmen, die in dem zutreffenden SIS-ICD [7.3.1] spezifiziert sind. Zu beachten ist hierbei, dass für GPS, Galileo und BDS die Satellitenbahnen analytisch berechnet werden. Bei GLONASS hingegen wird die Satellitenbahn durch eine numerische Integration berechnet.

Die in (7.3.16) zu bestimmenden Unbekannten sind die drei Koordinaten des Nutzers x, y und z, sowie der Uhrenfehler $c\,\mathrm{d}T_{\mathrm{Rx}}$ des Empfängers. Diese vier Unbekannten können nun, wie in Kapitel 7.3.3 (siehe Bild 7.3.8) beschrieben, berechnet werden. Gleichung (7.3.16) gilt jedoch nur für die Nutzung von nur einem Satelliten-Navigationssystem. Möchte man die Signale von mehr als einem GNSS verwenden, dann muss noch berücksichtigt werden, dass jedes der GNSS seine eigene Systemzeit und seinen eigenen geodätischen Referenzrahmen benutzt. Für die Unterschiede hinsichtlich der geodätischen Referenzrahmen kann im Rahmen dieses Kapitels die Annahme getroffen werden, dass dieser Einfluss vernachlässigbar klein sei. Die Unterschiede hinsichtlich der GNSS-Systemzeiten sind jedoch nicht vernachlässigbar klein. Dies bedeutet, dass für multi-GNSS-Beobachtungen die Gleichung (7.3.16) entsprechend erweitert werden muss. Im Nachfolgenden sollen jedoch, zum Zwecke der Demonstration, nur Galileo und GPS berücksichtigt werden. Die Zeitdifferenz zwischen der GPS-Systemzeit (GPST) und der Galileo-Systemzeit (GST) wird durch den Term Δt ausgedrückt. Für Gleichung (7.3.16) ergibt sich unter Berücksichtigung von Δt:

$$PR_{\mathrm{Rx_{IF}}}^{\mathrm{sat}} = \sqrt{\left(r_{\mathrm{sv}_x} - x\right)^2 + \left(r_{\mathrm{sv}_y} - y\right)^2 + \left(r_{\mathrm{sv}_z} - z\right)^2} + c\,\mathrm{d}T_{\mathrm{Rx}} + \Delta t + \varepsilon_{\mathrm{Rx,freq,sig}}^{\mathrm{sat}} \tag{7.3.17}$$

Da die Funktion $PR_{\mathrm{Rx_{IF}}}^{\mathrm{sat}}\left(x, y, z, c\,\mathrm{d}T_{\mathrm{Rx}}, \Delta t\right)$ bezüglich der Unbekannten x, y und z nicht linear ist, muss eine Linearisierung dieser Funktion durchgeführt werden. Die Linearisierung der ionsophärenfreien Codephasen-Beobachtung erfolgt durch eine Taylorreihe um einen bekannten Schätzort X_0 und lautet:

$$PR_{\mathrm{Rx_{IF}}}^{\mathrm{sat}}\left(x, y, z, c\,\mathrm{d}T_{\mathrm{Rx}}, \Delta t\right) = PR_{\mathrm{Rx_{IF}}}^{\mathrm{sat}}\Big|_0 + \frac{\partial PR_{\mathrm{Rx_{IF}}}^{\mathrm{sat}}}{\partial x}\Big|_0 \Delta x + \frac{\partial PR_{\mathrm{Rx_{IF}}}^{\mathrm{sat}}}{\partial y}\Big|_0 \Delta y + \frac{\partial PR_{\mathrm{Rx_{IF}}}^{\mathrm{sat}}}{\partial z}\Big|_0 \Delta z + \frac{\partial PR_{\mathrm{Rx_{IF}}}^{\mathrm{sat}}}{\partial c\,\mathrm{d}T_{\mathrm{Rx}}}\Big|_0 \Delta c\,\mathrm{d}T_{\mathrm{Rx}} + \frac{\partial PR_{\mathrm{Rx_{IF}}}^{\mathrm{sat}}}{\partial \Delta t}\Big|_0 \Delta\Delta t \tag{7.3.18}$$

Die partiellen Ableitungen in (7.3.18) ergeben sich zu:

$$\frac{\partial PR_{\mathrm{Rx_{IF}}}^{\mathrm{sat}}\left(x, y, z, c\,\mathrm{d}T_{\mathrm{Rx}}, \Delta t\right)}{\partial x} = -\frac{r_{\mathrm{sv}_x} - x}{\sqrt{\left(r_{\mathrm{sv}_x} - x\right)^2 + \left(r_{\mathrm{sv}_y} - y\right)^2 + \left(r_{\mathrm{sv}_z} - z\right)^2}} \tag{7.3.19}$$

$$\frac{\partial PR_{\mathrm{Rx_{IF}}}^{\mathrm{sat}}\left(x, y, z, c\,\mathrm{d}T_{\mathrm{Rx}}, \Delta t\right)}{\partial y} = -\frac{r_{\mathrm{sv}_y} - y}{\sqrt{\left(r_{\mathrm{sv}_x} - x\right)^2 + \left(r_{\mathrm{sv}_y} - y\right)^2 + \left(r_{\mathrm{sv}_z} - z\right)^2}} \tag{7.3.20}$$

$$\frac{\partial PR_{\mathrm{Rx_{IF}}}^{\mathrm{sat}}\left(x, y, z, c\,\mathrm{d}T_{\mathrm{Rx}}, \Delta t\right)}{\partial z} = -\frac{r_{\mathrm{sv}_z} - z}{\sqrt{\left(r_{\mathrm{sv}_x} - x\right)^2 + \left(r_{\mathrm{sv}_y} - y\right)^2 + \left(r_{\mathrm{sv}_z} - z\right)^2}} \tag{7.3.21}$$

$$\frac{\partial PR_{\mathrm{Rx_{IF}}}^{\mathrm{sat}}\left(x, y, z, c\,\mathrm{d}T_{\mathrm{Rx}}, \Delta t\right)}{\partial c\,\mathrm{d}T_{\mathrm{Rx}}} = 1 \tag{7.3.22}$$

Für den Term Δt gilt:

$$\Delta t = \begin{cases} \mathrm{GPST} - \mathrm{GST} \\ \mathrm{GST} - \mathrm{GPST} \end{cases} \tag{7.3.23}$$

Das heißt, dass abhängig von der Wahl der Referenz für die Systemzeit, sich ein anderer Wert für die partielle Ableitung ergibt. Es gilt:

$$\frac{\partial PR_{\mathrm{Rx_{IF}}}^{\mathrm{sat}}\left(x, y, z, c\,\mathrm{d}T_{\mathrm{Rx}}, \Delta t\right)}{\partial \Delta t} = \begin{cases} 0, \text{ wenn Referenz} \\ 1, \text{ wenn nicht Referenz} \end{cases} \tag{7.3.24}$$

Der Vektor $\Delta\boldsymbol{X}$, der die zu bestimmenden Unbekannten der linearisierten Beobachtungsgleichung enthält, ist dann:

$$\Delta\boldsymbol{X} = \left(\Delta x, \Delta y, \Delta z, \Delta c\,\mathrm{d}T_{\mathrm{Rx}}, \Delta t\right)^T \tag{7.3.25}$$

Die Positionsbestimmung des Nutzersatelliten basierend auf multi-GNSS Codephasen-Messungen erfolgt im Kontext dieses Kapitels durch die Methode der kleinsten Fehlerquadrate. Der Beobachtungsvektor *PR*, der die ionosphärenfreie Codephasen-Beobachtungen von Galileo und GPS enthält, kann dargestellt werden als:

$$\boldsymbol{PR} = \begin{pmatrix} \boldsymbol{PR}_{\mathrm{IF_{GAL}}}^{\mathrm{sat}} \\ \boldsymbol{PR}_{\mathrm{IF_{GPS}}}^{\mathrm{sat}} \end{pmatrix} \tag{7.3.26}$$

oder explizit

$$\boldsymbol{PR} = \begin{pmatrix} PR_{\mathrm{IF_{GAL}}}^{1} \\ \vdots \\ PR_{\mathrm{IF_{GAL}}}^{n} \\ PR_{\mathrm{IF_{GPS}}}^{1} \\ \vdots \\ PR_{\mathrm{IF_{GPS}}}^{n} \end{pmatrix} \tag{7.3.27}$$

Der Vektor $\boldsymbol{l}$, der die Differenz zwischen den im Empfänger gemessenen Codephasen und den an dem Schätzort berechneten Beobachtungen enthält, ergibt sich zu:

$$\boldsymbol{l} = \boldsymbol{PR}_{\mathrm{meas}} - \boldsymbol{PR}_{\mathrm{calc_0}} \tag{7.3.28}$$

Für die Designmatrix, die die partiellen Ableitungen des Beobachtungsvektors nach dem Vektor mit den Unbekannten enthält, erhält man:

$$\boldsymbol{H} = \left.\frac{\partial \boldsymbol{PR}}{\partial \Delta \boldsymbol{X}}\right|_0 = \begin{pmatrix} \frac{PR_{\mathrm{IF_{GAL}}}^{1}}{\partial x} & \frac{PR_{\mathrm{IF_{GAL}}}^{1}}{\partial y} & \frac{PR_{\mathrm{IF_{GAL}}}^{1}}{\partial z} & \frac{PR_{\mathrm{IF_{GAL}}}^{1}}{\partial c\,\mathrm{d}T_{Rx}} & \frac{PR_{\mathrm{IF_{GAL}}}^{1}}{\partial \Delta t} \\ \vdots & \vdots & \vdots & \vdots & \vdots \\ \frac{PR_{\mathrm{IF_{GAL}}}^{n}}{\partial x} & \frac{PR_{\mathrm{IF_{GAL}}}^{n}}{\partial y} & \frac{PR_{\mathrm{IF_{GAL}}}^{n}}{\partial z} & \frac{PR_{\mathrm{IF_{GAL}}}^{n}}{\partial c\,\mathrm{d}T_{Rx}} & \frac{PR_{\mathrm{IF_{GAL}}}^{n}}{\partial \Delta t} \\ \frac{PR_{\mathrm{IF_{GPS}}}^{1}}{\partial x} & \frac{PR_{\mathrm{IF_{GPS}}}^{1}}{\partial y} & \frac{PR_{\mathrm{IF_{GPS}}}^{1}}{\partial z} & \frac{PR_{\mathrm{IF_{GPS}}}^{1}}{\partial c\,\mathrm{d}T_{Rx}} & \frac{PR_{\mathrm{IF_{GPS}}}^{1}}{\partial \Delta t} \\ \vdots & \vdots & \vdots & \vdots & \vdots \\ \frac{PR_{\mathrm{IF_{GPS}}}^{n}}{\partial x} & \frac{PR_{\mathrm{IF_{GPS}}}^{n}}{\partial y} & \frac{PR_{\mathrm{IF_{GPS}}}^{n}}{\partial z} & \frac{PR_{\mathrm{IF_{GPS}}}^{n}}{\partial c\,\mathrm{d}T_{Rx}} & \frac{PR_{\mathrm{IF_{GPS}}}^{n}}{\partial \Delta t} \end{pmatrix} \tag{7.3.29}$$

Die Lösung der Normalengleichung ergibt sich zu:

$$\Delta \boldsymbol{X} = \left(\boldsymbol{H}^T \boldsymbol{H}\right)^{-1} \cdot \boldsymbol{H}^T \boldsymbol{l} \tag{7.3.30}$$

Die Lösung von (7.3.30) erhält man durch einen iterativen Prozess, bei dem mit dem Schätzort $\boldsymbol{X}_0$ gestartet wird und so lange iteriert wird, bis sich $\Delta\boldsymbol{X}$ nur noch sehr geringfügig ändert. Die finale Positionslösung ergibt sich dann gemäß:

$$\boldsymbol{X} = \boldsymbol{X}_0 + \Delta \boldsymbol{X} \tag{7.3.31}$$

Beispielrechnung – Positionsbestimmung eines Nutzersatelliten in einem LEO

Um nun die Gleichungen (7.3.7) bis (7.3.31) anhand eines konkreten Beispiels mit entsprechenden Zahlenwerten anzuwenden, sind in der nachfolgenden Tabelle 7.3.7 die simulierten Werte für eine Beispielrechnung zur Positionsbestimmung eines Nutzersatelliten in einem Low Earth Orbit (Höhe der Satellitenbahn ca. 500 km) basierend auf ionosphärenfreien Codephase-Messungen von Galileo und GPS angegeben. Als Referenzzeit wurde die Galileo-Systemzeit verwendet.

Bei dieser Beispielrechnung sollte beachtet werden, dass nicht die Genauigkeit der Positionsbestimmung im Vordergrund steht, sondern die Anwendung der Gleichungen zur Positionsbestimmung eines Satelliten unter Nutzung von Galileo- und GPS-Messungen, also eine multi-GNSS Anwendung. Besonderes Augenmerk sollte auf die Festlegung der Referenz-Systemzeit gelegt werden und deren Einfluss auf die partiellen Ableitungen der Design-Matrix.

7.3.10 Zusammenfassung und Ausblick

Zum Abschluss dieses Kapitels werden die wesentlichsten Aspekte noch einmal zusammengefasst und durch einen Ausblick auf die Zukunft der Satellitennavigation ergänzt:

- Das gesamte Gebiet der Satellitennavigation befindet sich am Rande einer Erneuerung und damit eines starken Aufschwungs. Existierende Systeme werden modernisiert, neue Systeme befinden sich in der Entwicklung und werden bis ca. 2020 voll betriebsbereit sein.
- Zukünftig werden mehr Frequenzen für alle GNSS genutzt und es werden neue Signale mit stark verbesserter Leistung gegenüber den bisherigen Signalen zur Verfügung stehen.
- Die gleichzeitige und gemeinsame Nutzung aller verfügbaren GNSS-Frequenzen und Signale (Interoperabilität) wird eine signifikante Steigerung hinsichtlich der Leistungsparameter, wie z. B. Verfügbarkeit der Signale und Genauigkeit der Positionsbestimmung, bewirken.
- Die Vielzahl von Frequenzen und die neuen GNSS-Signale erlauben die Entwicklung neuer Methoden und Algorithmen zur Positionsbestimmung und auch zur Navigation. Diese Tendenz wird durch technologische Weiterentwicklungen, vor allem in den Bereichen der Computer-Technologien und Atomuhren am Boden und an Bord von Satelliten, weiter gefördert.
- Galileo befindet sich auf einem sehr guten Weg. Die neuen Signale und Dienste erlauben die Entwicklung von innovativen GNSS-Anwendungen. Die Systemleistung kann insgesamt als sehr positiv bezeichnet werden. Es ist auch klar, dass die betriebliche Robustheit weiter ausgebaut werden muss und dass dies eine gewisse Zeit in Anspruch nehmen wird.

Tabelle 7.3.7: *Werte für eine Beispielrechnung zur Positionsbestimmung eines Nutzersatelliten in einem LEO.*

Beschreibung	Werte für Beispielrechnung		
Referenz Position des Nutzersatelliten $x_{ref_{ECEF}}$ Alle Werte in m	x: 3877451.184	y: 112278.041	z: −5678414.390
Initialer Schätzort des Nutzersatelliten $x_{0_{ECEF}}$ Alle Werte in m	x: 3877501.184 $\Delta c\ dT_{Rx}$: 0.0	y: 112268.041 $\Delta\Delta t$: 6.0	z: −5678354.390
Anzahl der sichtbaren Satelliten	GPS: 7	GAL: 8	GPS + GAL: 15
Position der GPS Satelliten im ECEF System in m	X	Y	Z
	14775515.960	−19237486.593	−10819887.639
	−2009358.528	−16849805.099	−20433141.639
	24608111.933	9540896.321	−2979740.805
	15140855.626	6303062.711	−20892405.849
	23308745.650	−6717333.454	−10818804.845
	3640498.917	17217014.163	−19894419.362
	−15312212.747	−1421627.760	−21655988.689
Position der GAL Satelliten im ECEF System in m	X	Y	Z
	−1398758.125	−18018073.526	−23442285.183
	17607886.176	−20859068.179	−11445953.504
	7317481.188	−25527196.977	−13075355.295
	15722788.883	−7505553.971	−23929245.743
	14917900.089	14912740.758	−20765708.573
	26163716.623	13810256.391	−940735.562
	12546726.704	19863786.900	−18004384.231
	−8419965.555	14281380.443	−24521308.799
PR_IF Messungen in m	GPS	GAL	
	22795086.109	25924951.925	
	23239379.805	25721328.002	
	22933424.787	26905969.963	
	19916215.302	23052900.762	
	21228339.739	23844740.355	
	22242368.100	26584917.404	
	25017572.763	24843670.635	
		26590310.124	
Geschätzter Zustandsvektor X. Alle Werte in m	x: 3877452.029 $\Delta c\ dT_{Rx}$: 13.204	y: 112278.073 $\Delta\Delta t$: −12.432	z: −5678415.750
Positionsfehler in m	x: 0.845	y: 0.032	z: −1.360
Betrag des Positionsfehlers in m	1.602		
Geometriefaktor – PDOP	1.346		

- Die Komplexität des GNSS-Equipment, speziell der GNSS-Empfänger und Antennen steigt. GNSS-Software-Empfänger sind immer mehr im Kommen und stellen eine Flexibilität zur Verfügung, die elementar für die Entwicklung neuer GNSS-Anwendungen ist.
- Die Märkte für GNSS-Anwendungen wachsen seit ca. 10 Jahren in einem zweistelligen Prozentbereich, mit steigender Tendenz.
- GNSS ist ein Bestandteil unseres täglichen Lebens geworden und damit einhergehend besteht auch eine Abhängigkeit von dieser Infrastruktur, die in der Zukunft noch zunehmen wird.
- GNSS ist in vielen Bereichen die Grundlage von kritischer Infrastruktur und bedarf deshalb eines besonderen Schutzes. GNSS muss in Zukunft robuster und sicherer gemacht werden, um zu verhindern, dass die Nutzung von GNSS derart manipuliert werden kann, dass Schäden entstehen.
- Im Zusammenhang mit der Raumfahrt kann gesagt werden, dass das Konzept – GNSS Space Service Volume sich zwar erst am Anfang befindet, aber es bereits jetzt das Potenzial aufweist, die Raumfahrt nachhaltig zu verändern. Dies reicht von den Anwendungen im LEO bis zur Unterstützung von Transferbahnen zum Mond und Mars. In jedem Fall wird durch GNSS SSV die Möglichkeit geschaffen, den Grad der Bord-Autonomie von Raumfahrzeugen signifikant zu steigern, so dass völlig neue Typen von Raumfahrtmissionen definiert werden können und dadurch wiederum die Notwendigkeit entsteht, neue Betriebsszenarien für zukünftige Missionen zu entwickeln.

Abschließend lässt sich sagen, dass sich die Satellitennavigation in einer sehr spannenden Phase befindet, die ein riesiges Potenzial für zukünftige Weiterentwicklung bereitstellt.

Literatur

[7.3.1] https://www.gsc-europa.eu/system/files/galileo_documents/Galileo-OS-SIS-ICD.pdf
https://www.gps.gov/technical/icwg/
http://russianspacesystems.ru/wp-content/uploads/2016/08/ICD-GLONASS-CDMA-L1.-Edition-1.0-2016.pdf
http://en.beidou.gov.cn
http://qzss.go.jp
https://www.isro.gov.in/irnss-programme

[7.3.2] http://itrf.ign.fr/ITRF_solutions/2014/

[7.3.3] *Enderle, W. et al.:* Galileo Terrestrial Reference Frame (GTRF) - Status. ICG12 Meeting, 2017 December 2-6, Kyoto, Japan, 2017.

[7.3.4] https://www.gsa.europa.eu/market/market-report

[7.3.5] http://www.navipedia.net

[7.3.6] https://www.gsc-europa.eu/system/files/galileo_documents/Galileo-OS-SDD.pdf

[7.3.7] *Misra, P.; Enge, P.:* Global Positioning System, Signals, Measurements and Performance. 2nd Edition. Ganga-Jamuna Press, 2006.

[7.3.8] *Schoenemann, E.:* Analysis of GNSS raw observations in standalone and (global) network PPP solutions. Dr. Ing. Dissertation at Technical University of Darmstadt, October 2013, Darmstadt, Germany.

[7.3.9] *Otten, M.; Boomkamp, H.; Springer, T.; Enderle, W.:* Sentinel orbit performance monitoring. Sentinel Quality Working Group Meeting #5, 2017 May 8-9, Darmstadt, Germany.

[7.3.10] *Bauer, F. H.:* Space Service Volume Update. 17th Providers Forum. International Committee for GNSS. Sochi, Russian Federation, Nov. 2016.

[7.3.11] *Enderle, W.* (on behalf of the ICG WG-B): Status of Activities on Interoperable GNSS Space Service Volume, Munich Satellite Navigation Summit 2017, Munich, Germany, 16 March 2017.

[7.3.12] *Bauer, F. H.; Parker, J. J. K.; Welch, B.; Enderle, W.:* Developing a Robust, Interoperable GNSS Space Service Volume (SSV) for the Global Space User Community. ION International Technical Meeting. Monterey, CA. Jan. 2017.

[7.3.13] *Marquise, W.:* The GPS Block IIR/II-RM Antenna Panel Pattern. LockheedMartin Corporation, 2014, USA.

[7.3.14] *Bridgman, R.:* Erfindungen und Entdeckungen vom Faustkeil bis zur Gentechnik. Verlag Dorling Kindersley, 2007.

7.4 Weltraumastronomie und Planetenmissionen

Stephan Ulamec

Früh begannen die Menschen, sich mit der **Natur der Himmelskörper** zu befassen, die Raumfahrt erschließt dafür ganz neue Möglichkeiten. Seit Beginn des Raumfahrtzeitalters haben daher die Erforschung des Weltraums und die Exploration einen hohen Stellenwert.

Sind astronomische Beobachtungen von der Erde aus nur möglich in jenen **Wellenlängenbereichen,** für die die Atmosphäre transparent ist, so gilt diese Einschränkung nicht mehr für Satelliten, die einen Teleskopbetrieb oberhalb der störenden atmosphärischen Einflüsse ermöglichen. Dies betrifft Röntgen-, Gamma-, UV- und Infrarotastronomie. Aber auch im sichtbaren Bereich stört die Atmosphäre; ein Grund, warum z. B. mit dem Hubble Space Telescope (HST) bessere Beobachtungen möglich sind als mit (z. T. viel größeren) Teleskopen vom Boden aus.

Der zweite Aspekt der Weltraumastronomie ist die **Erkundung unseres Sonnensystems.** Seit den 1960er-Jahren wurden die Planeten unseres Sonnensystems von Raumsonden „besucht“, zunächst durch Vorbeiflüge, später durch Orbiter und Landegeräte. Eine besondere Rolle kommt dabei der Erforschung des (Erd-)Mondes zu.

7.4.1 Astronomiemissionen

Das Bild 7.4.1 zeigt die **Opazität** (1/Transmissionsgrad) der Erdatmosphäre als Funktion der Wellenlänge. So sind Beobachtungen im sichtbaren Bereich (deshalb „sehen“ wir in diesem Bereich), im nahen UV- und IR- sowie im Radiowellenbereich von der Erde aus möglich; die Spektren der höherenergetischen Strahlung sowie des (niederenergetischen) Infrarots verschließen sich aber unseren Beobachtungen und konnten erst von Satelliten „entdeckt“ werden.

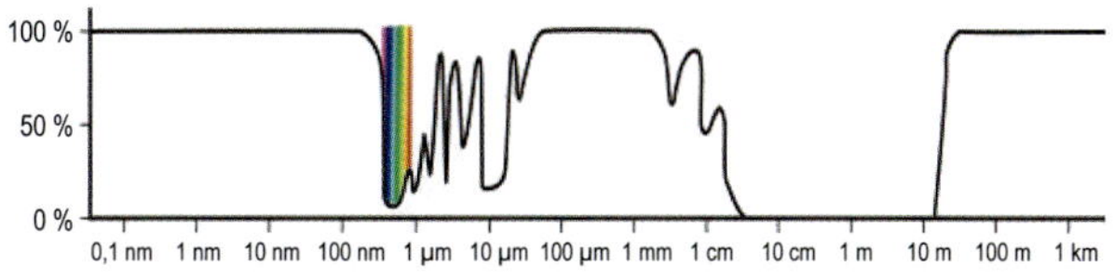

Bild 7.4.1: *Opazität der irdischen Atmosphäre als Funktion der Wellenlänge (Bild: NASA).*

7.4.1.1 Röntgensatelliten

Im Bereich der Röntgenstrahlung werden besonders Objekte und Ereignisse im Weltraum sichtbar, die mit hoher Aktivität und großen Energien verbunden sind. Es handelt sich z. B. um die Endprodukte der Sternentwicklung, wie Supernovae und Schwarze Löcher, oder um aktive Galaxien und Quasare. Die Röntgenstrahlung entsteht beispielsweise durch die Beschleunigung sehr schneller Elektronen in starken Magnetfeldern und unter extrem hohen Temperaturen. Diese treten häufig in stellaren und galaktischen Explosionen und Kollisionen auf. So konnten mit satellitengestützten Röntgenbeobachtungen die komplizierten Mechanismen und die charakteristischen Phasen von Sternexplosionen detailliert beschrieben werden.

Der erste Satellit, der **kosmische Röntgenstrahlung** entdeckte, war 1960 **OSO-3** (Orbiting Solar Observatory). OSO-3 war eigentlich ausgelegt, um die Sonne zu beobachten, detektierte aber auch die diffuse kosmische Röntgenstrahlung.

Die erste Mission, die dediziert nach kosmischen Röntgenquellen suchte, war **Uhuru,** gestartet 1970. Uhuru lieferte die erste Röntgenkarte des Himmels im Energiebereich zwischen 2 und 20 keV.

Viele Missionen folgten. Exemplarisch seien hier ROSAT und XMM-Newton kurz erwähnt.

ROSAT (Röntgen-Satellit) war eine deutsch-amerikanisch-britische Kooperation, wurde im Juni 1990 gestartet und war für 9 Jahre, bis Februar 1999, in Betrieb. Die Empfindlichkeit der Sensoren war etwa 1 000-mal höher als z. B. bei Uhuru. Die Nutzlast bestand aus einem Teleskop, das wahlweise mit einem Proportionalzähler (PSPC, Position Sensitive Proportional Counter) und einem abbildenden Instrument (HRI, High Resolution Imager) kombiniert werden konnte, sowie einer Weitwinkelkamera.

Insgesamt etwa 150 000 Röntgenquellen wurden kartiert, Supernova-Überreste, Galaxiecluster, Neutronensterne etc. näher untersucht.

XMM-Newton (X-Ray Multi-Mirror), eine Mission der europäischen Weltraumorganisation ESA, wurde 1999 gestartet und hatte zunächst eine Nominallaufzeit von 10 Jahren. Erstmals werden optische und Röntgenbeobachtungen kombiniert. XMM zeichnet sich durch hohe Sensitivität aus; der abgedeckte Energiebereich der drei Röntgenteleskope reicht von 0,1 bis 15 keV.

Bild 7.4.2 zeigt XMM in der Integrationshalle in ESTEC.

Das NASA Röntgenteleskop „Chandra X-ray Observatory“, benannt nach dem indischen Astronomen Subrahmanyan Chandrasekhar, hat eine ähnliche Aufgabenstellung wie XMM-Newton. Letzteres hat jedoch eine größere Sammelfläche für einfallende Strahlung und daher eine höhere Empfindlichkeit, während Chandra eine bessere Abbildungsqualität besitzt.

Mit der jüngsten Generation von orbitalen Röntgenteleskopen strebt man vor allem ein höheres räumliches und spektrales Auflösungsvermögen an. Basierend auf den Daten der seit fast 20 Jahren laufenden ESA-Mission XMM-Newton konnte ein umfangreicher Katalog von Röntgenquellen am Himmel erstellt werden. Ein weiterer wichtiger Aspekt ist das Studium der Veränderungen der Röntgenquellen über Zeiträume von Jahren und Jahrzehnten.

Bild 7.4.2: *XMM im Integrationsraum (Bild: ESA/D. Parker).*

2019 soll die „Spectrum Röntgen Gamma“ Mission (SRG) gestartet werden, ein russischer Satellit, auf dem neben dem ART-XC Instrument zur Detektion kosmischer Gamma-Ausbrüche auch eROSITA, ein Röntgenteleskop, das unter der Leitung des Max Planck Instituts in Garching entwickelt worden ist, im Lagrangepunkt L2 betrieben werden.

Es ist Ziel von eROSITA, eine vollständige Himmelsdurchmusterung im mittleren Röntgenbereich durchzuführen. Ein besonderer Schwerpunkt liegt in der Beobachtung heißen, intergalaktischen Mediums von zehntausenden Galaxiehaufen, der systematischen Untersuchung von verdunkelten Schwarzen Löchern und der Untersuchung von Röntgenquellen in unserer Galaxie.

2028 plant die ESA, das Advanced Telescope for High-ENergy Astrophysics – Athena, zu starten.

7.4.1.2 Gamma-Astronomie

Die äußerst energiereiche Gammastrahlung und die sie aussendenden Objekte werden mit noch energieintensiveren kosmischen Ereignissen assoziiert als jene der Röntgenastronomie. Die Untersuchung von Gammablitzen (Gamma-Bursts), deren Ursprung u. a. mit den Explosionen von sehr massereichen Sternen und Schwarzen Löchern in Zusammenhang gebracht wird, ist ein noch junges, aber bereits stark ausdifferenziertes Forschungsfeld. Das Aufleuchten von Gammablitzen dauert nur einige Sekunden oder Minuten. In diesem Zeitraum strahlt der Gammablitz mit mehr als der gemeinsamen Strahlungsleistung aller anderen Gammaquellen am Himmel. Gammastrahlung entsteht auch in Kollisionen von Gaswolken, die sich fast mit Lichtgeschwindigkeit bewegen. Dies kann bei der Abstoßung von Gashüllen in Sternexplosionen oder als Folge der Kollision von Galaxien geschehen. Auch einzelne Galaxien mit extrem hoher Sternentstehungsrate und die aktiven Bereiche um die großen Schwarzen Löcher, wie sie in den Zentren von Galaxien auftreten, sind häufig untersuchte Gammaquellen.

Der erste Satellit zur Untersuchung hochenergetischer Strahlung war **EXPLORER 11,** gestartet 1961. Die Wissenschaftler konnten damals 22 (!) Gammateilchen identifizieren. Spätere Satelliten in den 60er- und 70er-Jahren (in erster Linie gedacht, um Atombombentests zu detektieren) lieferten unter anderem erste Hinweise auf das oben erwähnte Phänomen der Gamma-Bursts.

1991 startete die NASA das **Compton Gamma Ray Observatory,** das bis 2000 in Betrieb war. Compton konnte mit seiner 17 Tonnen schweren Nutzlast (bis dahin die schwerste je gestartete Astronomie-Nutzlast) mit vier unterschiedlichen Instrumenten den Energiebereich bis 30 GeV abdecken.

Seit 2002 ist das europäische Gamma Ray Observatorium **Integral** im Orbit. Integral untersucht die energiereichsten und exotischsten Phänomene im Universum, wie z. B. Supernovae, Neutronensterne, Schwarze Löcher, Gamma-Bursts oder aktive Galaxiekerne. Gamma-, Röntgen- und optische Beobachtungen werden dabei kombiniert.

7.4.1.3 Infrarot-Satelliten

Seit den 1970er-Jahren gibt es Überlegungen, auch den Bereich des Infrarots (der von der Erdatmosphäre absorbiert wird) mit Satellitenobservatorien zu untersuchen. Eine besondere Herausforderung bei solchen Missionen ist die Tatsache, dass die Sensoren gekühlt werden müssen.

1983 wurde **IRAS** (Infrared Astronomical Satellite), eine Kooperation zwischen den USA, den Niederlanden und Großbritannien, gestartet. Das Teleskop war in ein Dewar-Gefäß integriert und wurde mit flüssigem Helium gekühlt.

Die Mission dauerte etwa 10 Monate (bis der Heliumvorrat aufgebraucht war); 96 % des Himmels wurden mehrmals abgebildet, über eine halbe Million IR-Quellen detektiert. Auch wurde zum ersten Mal der Kern unserer Milchstraße abgebildet.

1995 wurde von der ESA das **europäische Infrarot Observatorium (ISO)** gestartet, das in einem weiteren Wellenlängebereich (2,5 ... 240 μm) und mit etwa tausendfacher Empfindlichkeit im Vergleich zu IRAS zweieinhalb Jahre den infraroten Himmel beobachtete. ISO entdeckte

Bild 7.4.3: *ISO – Infrared Science Observatory (Bild: ESA).*

z. B. Eis im interstellaren Staub und Kohlenwasserstoffe in planetaren Nebeln. Bild 7.4.3 zeigt eine künstlerische Darstellung von ISO.

Mit der Mission **Herschel** der ESA (früher: FIRST) wurde ein Teleskop in den Orbit gebracht, das alle anderen bislang gestarteten Weltraumteleskope hinsichtlich des Durchmessers übertrifft. Herschel deckt den Wellenlängenbereich zwischen fernem IR und sub-Millimeter ab (80 ... 670 μm). Seit dem Start im Jahr 2009 wurden mit dem Teleskop insbesondere Objekte in der Umgebung kosmischer Staub- und Molekülwolken untersucht, deren physikalische und chemische Vielfalt die Erwartungen übertroffen hat. Ein weiterer Schwerpunkt ist die Beobachtung der Entstehung und der frühen Entwicklung von Sternen und der zugehörigen Gas- und Staubregionen mit bisher unerreichter Auflösung und Empfindlichkeit. Eine Besonderheit der Infrarot-Astronomie ist die Beobachtung von Objekten mit hoher Rotverschiebung, die durch die kosmische Expansion verursacht wird. Es handelt sich um sehr weit entfernte bzw. sehr alte Objekte. Ihre Eigenschaften lassen Rückschlüsse auf Zustände und Prozesse kurz nach der Entstehung des Universums zu. Aktive galaktische Kerne und die mit ihnen assoziierten Schwarzen Löcher haben sich ebenfalls zu einem weiten Forschungsfeld der Infrarot-Astronomie entwickelt. Immer mehr an Bedeutung gewinnen auch hochauflösende Infrarot-Beobachtungen der Planeten, ihrer Monde und Ringe sowie von Kometen und Asteroiden. Dabei lässt sich durch Analyse der spektralen Absorptionen im Infrarotbereich immer genauer auf die Zusammensetzung und die Struktur der sie aussendenden bzw. reflektierenden Oberflächen und Partikel schließen.

Interessant sind bei planetaren Infrarot-Beobachtungen beispielsweise Veränderungen über Jahre und Jahrzehnte und der Nachweis organischer Verbindungen.

Planck (gleichzeitig mit Herschel 2009 mit einer Ariane 5 gestartet) erstellte die bislang genaueste Karte der kosmischen Hintergrundstrahlung (etwa 2,7 K) und bestätigte das kosmologische Standardmodell.

Der erste Satellit, der diesen extrem langwelligen Infrarotbereich erforschte, war **COBE** (Cosmic Background Explorer), gestartet von der NASA 1989. Theorien zum Urknall konnten bestätigt werden, die Hintergrundstrahlung variiert nur minimal (2,725 K ± 0,002 K). Als Nachfolgemission kartierte WMAP-Wilkinson von 2001 bis 2010 die Hintergrundstrahlung mit deutlich besserer Auflösung.

7.4.1.4 Hubble Space Telescope (HST) und Nachfolger

Das Hubble Space Telescope (benannt nach dem amerikanischen Astronomen Edwin Hubble) muss hier im Besonderen erwähnt werden, da es unserem Verständnis des Universums und der Himmelskörper einen wesentlichen Fortschritt gebracht hat.

Während Teleskope am Erdboden stets in ihren Beobachtungen von **atmosphärischen Störungen** („Seeing“) sowie zum Teil auch von Streulicht gestört werden, entfällt dieses Problem vom All aus. Hubble konnte daher Bilder von vorher nie erreichter Qualität zur Erde senden.

Neben den vielen Entdeckungen und Beobachtungen, die mit Hubble gemacht werden konnten, können hier nur einige erwähnt werden:

- Das **Alter des Universums** konnte relativ genau mit 13,7 Milliarden Jahren bestimmt werden,
- **protoplanetare Scheiben** (Planetensysteme in der Frühphase ihrer Entstehung) konnten abgebildet werden,
- **Supernova-Explosionen,** unerwartete Strukturen wurden detektiert,
- **alte Galaxien** wurden beobachtet, die sozusagen einen Blick in die Frühzeit des Universums erlauben,
- die Physik der **Schwarzen Löcher** bekam wertvolle Daten,
- die Beschleunigung der **Expansion des Universums** wurde gemessen und die Existenz dunkler Energie nachgewiesen.

Die erste Idee, ein Teleskop in den Weltraum zu schießen, hatte bereits Hermann Oberth 1923. Seit 1969 gibt es das NASA-Projekt „Large Space Telescope“, der Start des Hubble Space Telescopes (HST) war schließlich für 1986 geplant. Wegen der Shuttle-Katastrophe im selben Jahr verzögerte sich der Start allerdings bis zum April 1990.

Fünf Instrumente waren an Bord:

- Wide Field/Planctary Camera,
- High Resolution Spectrograph,
- Faint Object Camera (ESA-Beitrag),
- Faint Object Spectrograph,
- High Speed Photometer.

Wegen Problemen mit der **Optik** waren die Bilder, die Hubble zur Erde sandte, zunächst nicht so scharf wie erwartet.

Im Rahmen einer Hubble-Service-Mission 1993 konnte das Problem durch den Einsatz eines Korrekturlinsensystems (COSTAR) behoben werden.

Weitere Service-Missionen fanden 1997, 1999 und 2002 statt. Eine letzte solche Mission wurde im Mai 2009 erfolgreich durchgeführt.

Bild 7.4.4 zeigt die Astronauten Jim Newman und Mike Massimino beim Entfernen der Faint Object Camera (FOC), um Platz für die Advanced Camera for Surveys (ACS) zu machen. Die Aktivität fand im März 2002 statt.

Das Hubble-Teleskop ist ein Cassegrain-Reflektor. Der Primärspiegel hat einen Durchmesser von 2,4 m und eine Brennweite von 57,6 m. Das gesamte Teleskop wiegt 11,6 t und ist über 13 m lang.

Bild 7.4.4: *Die Astronauten Newman und Massimino beim Entfernen der FOC vom Hubble Space Telescope (7. März 2002) (Bild: NASA).*

7

Hubble befindet sich auf einem zirkularen Orbit, 590 km über der Erdoberfläche. Die Inklination beträgt 28,5° (geografische Breite des Kennedy Space Centers).

Als Nachfolger für Hubble ist das James Webb Space Telescope (JWST) vorgesehen. Es soll 2021 mit einer Ariane 5 gestartet und im Lagrange Punkt L2 positioniert werden.

Der Hauptspiegel hat einen Durchmesser von 6,5 m und besteht aus 18 Segmenten. Das JWST wird im infraroten Spektralbereich arbeiten (Wellenlängen zwischen 0,6 und 28 μm) und besitzt ein aufwändiges Sonnenschild, um Spiegel und Sensoren zu kühlen.

Die Startmasse des Teleskops beträgt etwa 6 200 kg. Aufgrund der Größe (der Sonnenschild ist 21,2 × 14,2 m^2 groß) muss das JWST mittels komplizierter Mechanismen in den Tagen nach dem Start entfaltet werden. Bild 7.4.5 zeigt eine künstlerische Darstellung des Teleskops im Einsatz.

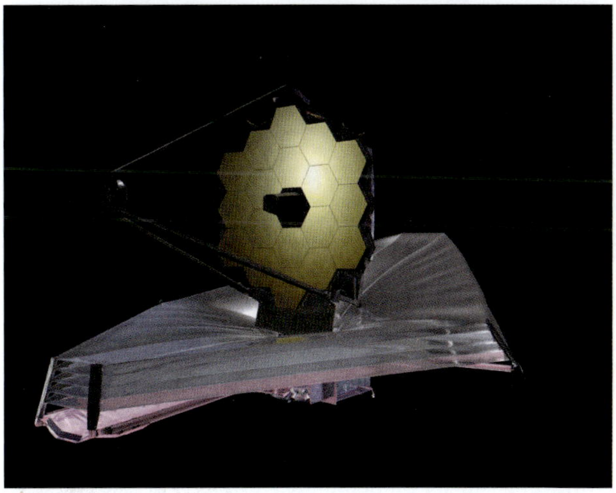

Bild 7.4.5: *Künstlerische Darstellung des James Webb Space Telescopes (Bild: NASA).*

7.4.1.5 Die Suche nach Exoplaneten

Die Suche nach Planeten außerhalb unseres eigenen Planetensystems entwickelt sich nach den Anfangserfolgen zum Ende des 20. Jahrhunderts rasch weiter. Neue Weltraumteleskope werden zunehmend für diese Aufgabe konzipiert. Damit rücken auch die Entdeckung von erdähnlichen Planeten und die genauere Charakterisierung ihrer physikalischen und chemischen Eigenschaften näher. Die Durchführung von weltraumgestützten Beobachtungen in Missionen wie Hubble, Spitzer und Kepler sowie in der französisch-europäischen Mission **Corot** (Start: 2006) haben zu immer neuen Entdeckungen von Exoplaneten geführt. (2018 sind etwa 3 800 Exoplaneten entdeckt und bestätigt.) Der fotometrische Nachweis von Exoplaneten basiert auf der Messung von Helligkeitsänderungen durch die sich ändernde Beziehung zwischen einem Exoplaneten und seinem Zentralstern (periodische Verdunklungen). Darüber hinaus verwendet man spektrale Signaturen, die durch den Doppler-Effekt hervor gerufen werden, und astrometrische Methoden, also die durch einen Planeten bewirkten seitlichen Auslenkungen eines Zentralsterns. Die Bedeutung der Astrometrie nimmt immer mehr zu, da immer genauere Positionsbestimmungen möglich werden. Mit der ESA-Mission **Gaia**, die Positionsgenauigkeiten im Bereich von Millionstel Bogensekunden anstrebt, werden Tausende weitere Exoplaneten gefunden werden. Während die Fotometrie Informationen über die Größe des Exoplaneten erlaubt, kann man durch die Messung der Bewegung des Zentralgestirns (Doppler, Astrometrie) deren Masse bestimmen. Eine Kombination beider Methoden soll mit der ESA Mission **Plato** zusammen mit Teleskopen auf der Erde eine Charakterisierung extrasolarer Planetensysteme erlauben. Neben den physikalischen Eigenschaften der Exoplaneten ist vor allem ihr Vorkommen in der sog. **habitablen Zone** um einen Zentralstern von besonderem Interesse. In dieser Zone liegen Bedingungen vor, die Entstehung und Entwicklung von Leben möglich erscheinen lassen.

Bild 7.4.6: *Aufnahme des Hubble Space Telescopes von V838 Monocerotis, einem Stern im Sternbild Einhorn, sowie der ihn umgebenden Staubwolke, durch einen Ausbruch hell erleuchtet (Bild: NASA, ESA, STScl).*

7.4.1.6 Messung von Gravitationswellen

Einen völlig neuen Zugang zu astronomischen Beobachtungen verspricht die Messung von Gravitationswellen. Diese möchte man mit Hilfe der Laser Interferometer Space Antenna (LISA) Mission detektieren. Drei Satelliten, die ein Dreieck von etwa 2,5 Millionen Kilometer Seitenlänge bilden und der Erde in etwa 70 Millionen Kilometern Dis-

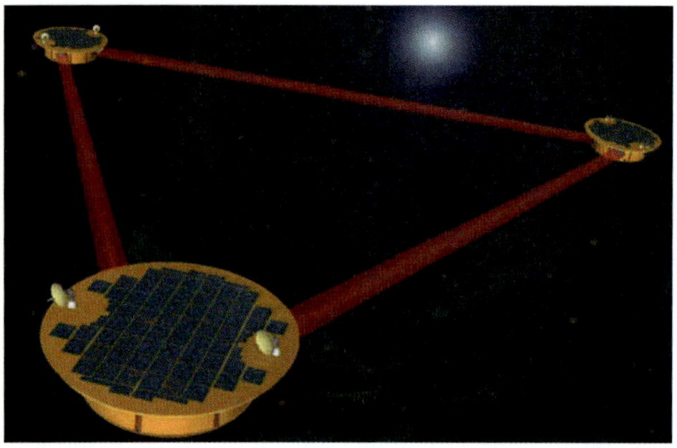

Bild 7.4.7: *Konzept der drei LISA-Satelliten (Bild: NASA/ESA/Airbus).*

tanz um die Sonne folgen, erlauben durch höchstgenaue, interferometrische Abstandsmessung und Bestimmung der Relativbewegung zueinander, die Detektion von Gravitationswellen (Bild 7.4.7). Der Relativabstand zwischen den Satelliten muss dazu mit einer Genauigkeit von 10 Picometern (!) gemessen werden! Um die dazu notwendige Technologie zu testen, wurde 2015 die LISA Pathfinder Mission gestartet und erfolgreich durchgeführt.

Gravitationswellen werden durch beschleunigte Massen (z. B. Supernova-Explosionen oder rotierende Doppelsternsysteme) ausgelöst und breiten sich mit Lichtgeschwindigkeit durch die Raumzeit aus. Ihre Existenz wurde 1916 von A. Einstein vorhergesagt, konnte jedoch erst 2015 mit der LIGO (Laser Interferometer Gravitational-Wave Observatory/Laser-Interferometer)-Versuchsanordnung, einem Interferometer zwischen zwei Observatorien in Hanford (Washington) und Livingston (Louisiana), durch „Beobachtung" eines kollabierenden Systems zweier Schwarzer Löcher nachgewiesen werden (Nobelpreis 2017).

LISA soll im Frequenzbereich zwischen 0,1 mHz und 1 Hz die größte Empfindlichkeit haben und sich damit deutlich von den auf der Erde installierten Detektoren, wie z. B. LIGO, unterscheiden, mit denen nur wesentlich höhere Frequenzen untersucht werden können.

7.4.2 Mondmissionen

Als logischer erster Schritt der Erkundung unseres Sonnensystems wurden robotische Missionen zum Erdmond geplant.

Auf den uralten Menschheitstraum „zum Mond zu fliegen" und diverse literarische Vorgaben sei hier nicht näher eingegangen. Die ersten konkreten Versuche, einen Raumflugkörper zum Mond zu schicken, waren wohl Pioneer 0 (eine geplante Orbitermission der NASA) bzw. eine sowjetische Luna-Sonde (wahrscheinlich als Impaktor geplant), die beide 1958 durch Fehlstarts scheiterten.

Bild 7.4.8: *Lunik 3 (Bild: Lavochkin/NASA).*

Im März 1959 wurde schließlich die nur etwa 6 kg schwere **Pioneer 4** gestartet, die erfolgreich am Mond vorbeiflog und Strahlungsdaten zur Erde funkte.

Die erste Sonde, die auf dem Mond aufschlug, war **Lunik 2,** gestartet im September 1959.

Im selben Jahr gelang mit **Lunik 3** ein großer Triumph für die sowjetische Raumfahrt durch den Erhalt der ersten Bilder von der Rückseite des Mondes. Ein Film wurde fotochemisch belichtet, an Bord der Sonde entwickelt, fixiert, schließlich eingescannt und die Daten dann zur Erde übertragen. Bild 7.4.8 zeigt Lunik 3.

Die erste **weiche Landung** auf dem Mond gelang mit **Luna 9** (Bild 7.4.9) im Februar 1966. Die 99 kg schwere Sonde übertrug Panoramabilder des Landegebietes.

Die NASA verwendete drei Typen von robotischen Raumsonden zur Vorbereitung der **bemannten Apollo-Missionen:**

Ranger (1961–1965):
Impaktoren, die bis kurz vor dem Aufprall Daten zur Erde sendeten. Erfolgreich waren Ranger 7, 8 und 9; Bilder mit einer Auflösung bis 0,5 m wurden gewonnen.

Lunar Orbiter (1966–1967):
Insgesamt 5 erfolgreiche Orbitermissionen, in deren Rahmen 99 % der Mondoberfläche mit einer Auflösung von < 60 m kartiert worden sind.

Bild 7.4.9: *Luna 9 mit ausgeklappten Paneelen (Bild: Lavochkin/NASA).*

Surveyor (1966–1968):
Landermissionen zur Vorbereitung für Apollo. Bild 7.4.10 zeigt Astronaut Charles Conrad bei der Inspektion von Surveyor 3. Apollo 12 ist nur etwa 180 m entfernt vom Surveyor-Landeplatz gelandet.

Unter den robotischen Missionen sollten noch **Luna 16, 20 und 24** (1970, 1972 und 1976) erwähnt werden, die erfolgreich Mondproben zur Erde zurückbrachten.

Luna 17 und 21 beinhalteten den Einsatz der Mondrover **Lunochod 1 bzw. 2** (1970 und 1973). Die Rover wurden von der Erde aus über die Kameras an Bord in Echtzeit gesteuert. Durch ein aufwendiges Thermalsystem und radioaktive Polonium-Heizelemente konnten die Lunochodi die Mondnacht überstehen.

Jüngere Mondmissionen beschränken sich weitgehend auf Orbiter: Muses-A (Japan, 1990), Clementine (NASA, 1994), Lunar Prospector (NASA, 1998), SMART 1 (ESA, 2003), Kaguya (Japan, 2007), Chang'e 1 und 2 (China 2007 und 2010), Chandrayaan-1 (Indien, 2008) und LRO (Lunar Reconnaissance Orbiter, NASA, 2009). Chang'e 3 (China, 2013) war seit Luna 24 (UdSSR, 1976) der erste Mondlander; die Mission beinhaltete auch einen Rover, Yutu. LCROSS (Lunar Crater Observation and Sensing Satellite, NASA, 2009) schlug 2009 in der Nähe des Südpols auf, um die Detektion von Wasser zu ermöglichen. Die Mission GRAIL beinhaltete zwei Orbiter zur genauen Bestimmung des lunaren Schwerefelds. Zahlreiche weitere Mondmissionen sind im Rahmen der weltweiten Space Exploration Initiative geplant. Auch gibt es Pläne, bemannt zum Mond zurückzukehren. Dies wird vermutlich in Schritten geschehen, zunächst ohne Landung. Zum Transport der Astro-

Bild 7.4.10: *Astronaut Conrad bei Surveyor 3 (Bild: NASA).*

7

Bild 7.4.11: *Lunar Module von Apollo 14 in Fra Mauro (Bild: NASA).*

Tabelle 7.4.1: *Apollo-Mondmissionen.*

	Apollo 8	Apollo 10	Apollo 11	Apollo 12	Apollo 13	Apollo 14	Apollo 15	Apollo 16	Apollo 17
Start	21.12.1968	18.05.1968	16.07.1969	14.11.1969	11.04.1970	31.01.1971	26.07.1971	16.04.1972	07.12.1972
Dauer am Mond			21 h 36 min	31 h 31 min		33 h 30 min	66 h 55 min	71 h 2 min	75 h
Dauer EVAs			2 h 31 min 1 EVA	7 h 46 min 2 EVAs		9 h 22 min 2 EVAs	18 h 33 min 3 EVAs	20 h 14 min 3 EVAs	22 h 4 min 3 EVAs
Zurückgebrachtes Mondmaterial			22 kg	34 kg		43 kg	77 kg	98 kg	117 kg
Landegebiet			Mare Tranquillitatis	Oceanus Procellarum		Fra Mauro	Hadleysche Rille	Descartes	Taurus-Littrow
Bemerkung	Erste bemannte Mondmission	Test für die Mondlandung	Erste bemannte Mondlandung		Mission abgebrochen				letzte Apollo Mondmission

nauten ist die von der NASA neu entwickelte Orionkapsel vorgesehen. Europa wird dazu ein auf der Technologie des ATV basierendes Service-Modul (ESM) beistellen, das unter anderem Wasser, Sauerstoff und Energie für die Orionkapsel während des Fluges zur Verfügung stellen soll. Ein erster, unbemannter Testflug (Exploration Mission 1) findet voraussichtlich 2020 statt.

Apollo

Den Höhepunkt der Mondexploration stellen die bemannten Apollo-Missionen dar. Insgesamt 6 Landungen (Apollo 11, 12, 14, 15, 16 und 17) sowie drei bemannte Mondvorbeiflüge (Apollo 8, 10 und 13) wurden zwischen 1968 und 1972 durchgeführt (Bild 7.4.11 und Bild 7.4.12).

Tabelle 7.4.1 listet die Missionen und Landegebiete auf. Abgesehen davon, dass hunderte Kilogramm Mondmaterial zur Erde zurückgebracht wurden, konnten die Astronauten zahlreiche Instrumente am Mond platzieren. Diese sog. **ALSEPs** (Apollo Lunar Surface Experiment Packages) enthielten neben einer Radionuklidbatterie und einer Zentralstation auch Seismometer, Magnetometer, Ionendetektoren, Sonden zur Messung des Wärmeflusses, Laserreflektoren (die jetzt noch benutzt werden) und andere Experimente. Die Stationen haben jahrelang wertvolle Daten geliefert, sind jedoch seit 1977 abgeschaltet.

Die mit Saturnraketen gestarteten Apollo-Raumschiffe bestanden aus der Kommandoeinheit, die drei Astronauten Platz bot, der Serviceeinheit und dem Lunar Module, der eigentlichen Landefähre. Die drei Komponenten zusammen wogen etwa 50 Tonnen.

Bild 7.4.12: *Apollo Service Module und Command Module (Apollo 15) (Bild: NASA).*

Unser Verständnis des Systems Erde – Mond hat sich seit Auswertung der wissenschaftlichen Ergebnisse der Apollo-Missionen sehr stark verbessert. Man geht heute davon aus, dass der Mond durch den Einschlag eines marsgroßen Körpers auf die Ur-Erde entstanden ist. Details dieses Ereignisses sind aber nach wie vor nicht ganz geklärt. Wie ist der Mond aufgebaut? Wie kommt es zu den großen Unterschieden zwischen Vorder- und Rückseite? Die Untersuchung des inneren Aufbaus, der geochemischen Zusammensetzung und des Regoliths (in dem sich z. B. der Sonnenwind gesammelt hat) gehören zu den Herausforderungen neuerer Mondmissionen.

7.4.3 Planetenmissionen

Um unseren Heimatplaneten besser verstehen zu können, ist es besonders aufschlussreich, die Vorgänge, wie wir sie auf der Erde beobachten, mit jenen auf anderen Planeten zu vergleichen. Dies lässt zum einen Rückschlüsse auf die Entstehung und Entwicklung des Sonnensystems sowie auf die Entstehung von Leben zu, erlaubt aber auch Einblicke in andere Bereiche, wie Klimaforschung, Atmosphärenphysik oder Geologie.

So sind die Klimata auf Venus und Erde – trotz vieler Ähnlichkeiten der beiden Planeten – grundlegend verschieden, in erster Linie weil durch die fehlende Plattentektonik auf der Venus das Kohlendioxid in der Atmosphäre nicht abgebaut werden konnte. Die Entdeckung von Signaturen von Leben auf dem Mars (nach denen z. B. in der ExoMars-Mission gesucht werden soll) würde unser Verständnis zur Entstehung des Lebens auf der Erde immens erweitern (Bild 7.4.13). Der Vergleich der Magnetosphären von Merkur, Erde und Jupiter (sowie die Tatsache, dass eine solche bei der Venus fehlt) lässt uns die physikalischen Vorgänge, die zu einem planetaren Magnetfeld führen, besser verstehen. Untersuchungen der kleinen Körper im Sonnensystem, Asteroiden und Kometen, erlauben uns einen Blick in die Frühzeit des Sonnensystems, bevor sich die großen, differenzierten Körper (Planeten und große Monde) gebildet haben.

Früh begann man darüber nachzudenken, Raumsonden nicht nur Richtung Mond, sondern auch zu Mars und Venus zu schicken, eine Herausforderung aufgrund der großen Entfernungen. Im Kapitel 7.4.5 werden die technologischen Aspekte interplanetarer Missionen angesprochen.

Nach anfänglichen Fehlversuchen gelang mit dem **Venusvorbeiflug** von **Mariner 2** (NASA) im Dezember 1962 die erste erfolgreiche Mission zu einem anderen Planeten. Durch die Mariner-Daten erkannte man die retrograde Rotation der Venus, die hohe Temperatur und den hohen Druck sowie die Zusammensetzung der Atmosphäre (hauptsächlich CO_2). Auch das Fehlen eines Magnetfeldes wurde erkannt.

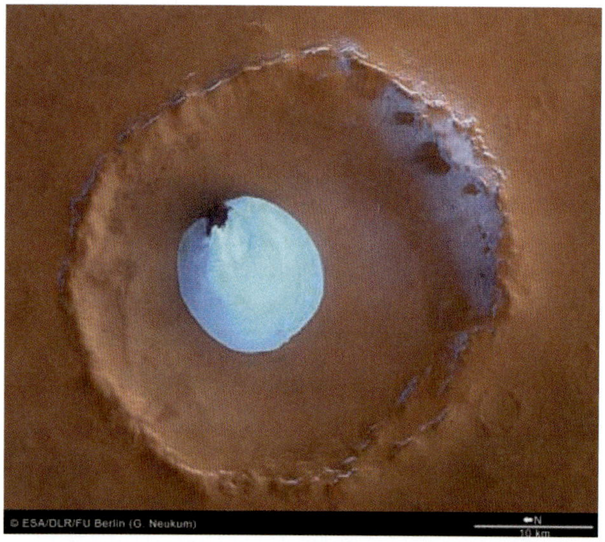

Bild 7.4.13: *Marskrater, aufgenommen mit der hochauflösenden Kamera (HRSC) von MarsExpress. Im Zentralbereich des etwa 35 km breiten und 2 km tiefen Kraters sieht man die Ablagerung von Wassereis (Bild: ESA, DLR, FU Berlin).*

Bild 7.4.14: *Mariner 2 (Bild: NASA).*

Bild 7.4.14 zeigt eine Darstellung von Mariner 2. Die Sonde Mariner 4, die auf Basis des Mariner-2-Busses konzipiert war, jedoch z. B. größere Solarpanels hatte, sendete schließlich die ersten Daten von einem **Vorbeiflug am Mars** (1965). Tabelle 7.4.2 listet ausgewählte Missionen zu Planeten und kleinen Körpern des Sonnensystems auf.

Einige der Sonden, die in Tabelle 7.4.2 aufgelistet sind (z. T. wegen ihrer historischen Bedeutung), sollen nun im Bezug auf raumfahrttechnische Aspekte etwas näher beschrieben werden:

Viking

Die beiden identischen Viking-Sonden bestanden aus je einem Orbiter und einem Landegerät. Die wissenschaftlichen Ziele waren in erster Linie die **Kartierung der Marsoberfläche,** Bestimmung der Zusammensetzung und der physikalischen Eigenschaften der **Atmosphäre** und des **Marsbodens** sowie die Suche nach **Lebensspuren.**

Die Sonden, einschließlich Orbiter, Lander und Treibstoff, hatten eine Masse von etwa 3 500 kg. Die Trockenmasse der Orbiter betrug 900 kg, die der Lander 600 kg.

Die **Orbiter** wurden in elliptische Orbits geschossen (mit einem Hydrazin/N_2O_4-Triebwerk mit 1 300 N Schub). Sie waren dreiachs-stabilisiert und generierten den elektrischen Strom aus vier Solarpanels (15 m^2; etwa 620 W im Marsorbit).

Bild 7.4.15 zeigt Viking in Cruise-Konfiguration.

Bild 7.4.15: *Viking in Cruise-Konfiguration; der Lander befindet sich in dem weißen Behälter im Bild unten (Bild: NASA).*

Die **Lander** bestanden aus einer Aluminiumstruktur und standen auf 3 Beinen. Sie wurden vor der Landung (nach dem Abtrennen des Fallschirms) mit drosselbaren (280 bis 2 670 N) Hydrazintriebwerken gebremst.

Strom wurde von zwei Radiothermalgeneratoren (RTGs, auf Basis von Plutonium-238), die je 30 W (4,4 V) an Leistung lieferten, zur Verfügung gestellt. Um höheren Leistungsbedarf abdecken zu können, waren zusätzlich wiederaufladbare NiCd-Batterien an Bord.

Bild 7.4.16 zeigt ein Modell des Landegeräts und Bild 7.4.17 ein vom Viking-1-Lander gewonnenes Bild von der Oberfläche des Mars (Chryse Planitia).

Die **Kommunikation** mit der Erde erfolgte direkt über S-Band bzw. ein UHF-Transpondersystem.

Die **Nutzlast** der Lander bestand aus je 12 wissenschaftlichen Experimenten (mit einer Gesamtmasse von 91 kg).

Der Viking-2-Lander beendete den Betrieb im April 1980, Viking 1 im November 1982; insgesamt wurden etwa 1 400 Bilder übertragen, daneben meteorologische Daten und chemische Analysen von der Marsoberfläche.

Tabelle 7.4.2: *Ausgewählte Missionen zur Erforschung des Sonnensystems.*

	Missionstyp	Startdatum	Bemerkung
Mariner 2	Venus-Vorbeiflug	Aug. 1962	Erste erfolgreiche Mission zu einem anderen Planeten
Mariner 4	Mars-Vorbeiflug	Nov. 1964	Erster erfolgreicher Mars-Vorbeiflug
Venera 4	Venus-Atmosphärensonde	Juni 1967	Erste Atmosphärenkapsel auf der Venus, operationell bis 25 km Höhe
Venera 7	Venus-Lander	Aug. 1970	Erster Planeten-Lander; sendete bis 23 min nach der Landung
Mariner 9	Mars-Orbiter	Mai 1971	Erster Mars-Orbiter, etwa ein Jahr in Betrieb; globale Kartierung
Mars 3	Mars Orbiter/Lander	Mai 1971	Erste weiche Landung auf Mars (Datenübertragung endete nach 20 sec)
Pioneer 10	Jupiter-Vorbeiflug	März 1972	Erster Jupiter-Vorbeiflug, Signale wurden bis 2003 empfangen
Pioneer 11	Jupiter-Vorbeiflug, Saturn-Vorbeiflug	April 1973	Schwestersonde von Pioneer 10; 1979 erster Saturn-Vorbeiflug
Mariner 10	Merkur-Vorbeiflug	Nov. 1973	1 Venus- und 3 Merkur-Vorbeiflüge
Helios 1 **Helios 2**	Sonnen-Orbiter	Dez. 1974 Jan. 1976	In-situ-Daten aus Sonnennähe (< 0,3 AU)
Viking 1 **Viking 2**	Mars-Lander und Orbiter	Aug. 1975 Sep. 1975	Überaus erfolgreiche Marsmission, jahrelanger Betrieb; u. a. Tausende Fotos; Suche nach Lebensspuren
Venera 9 **Venera 10**	Venus-Lander und Orbiter	Juni 1975 Juni 1975	Fotos der Venusoberfläche übertragen
Voyager 2	Vorbeiflüge an Jupiter, Saturn, Uranus und Neptun	Aug. 1977	Überaus erfolgreiche Mission; prägend für unser Verständnis der großen Planeten und des äußeren Sonnensystems
Voyager 1	Vorbeiflüge an Jupiter und Saturn	Sep. 1977	
Vega 1 **Vega 2**	Vorbeiflug am Komet Halley; Venus-Lander und Ballon	Dez. 1984 Dez. 1984	Erste Bilder eines Kometenkerns, erfolgreiche Venus-Lander und Ballons
Giotto	Vorbeiflug am Komet Halley	Juli 1985	Naher Vorbeiflug an dem Kometen Halley (und Giacobini-Zinner)
Magellan	Venus-Orbiter	Mai 1989	Radarkarte der Venus
Galileo	Jupiter-Orbiter, Atmosphärensonde	Okt. 1989	Erster Jupiter-Orbiter, Atmosphärensonde; überaus erfolgreich
Ulysses	Heliosphären-Orbiter	Okt. 1990	Bahn führt über Sonnenpole
SOHO	Sonnenbeobachtungssonde	Dez. 1995	Beobachtet Sonne vom Lagrange-Punkt aus; noch in Betrieb
Mars Pathfinder/ Sojourner	Mars Lander/Rover	Dez. 1996	Erster erfolgreicher Marsrover
Cassini-Huygens	Saturn-Orbiter Titan-Atmosphärensonde/Lander	Okt. 1997	Saturn-Orbiter Atmosphärensonde zum Saturnmond Titan; u. a. Bild nach Landung übertragen
Deep Space 1	Asteroiden- und Kometen-Vorbeiflug	Okt. 1998	Vorbeiflüge an Braille und Borelly; erfolgreicher Einsatz eines Ionenantriebs
Stardust	Kometen-Vorbeiflug und Proben-Rückkehrkapsel	Feb. 1999	Kometenstaub aus der Koma zur Erde zurückgebracht (Komet 81P/Wild 2)
Hayabusa	Asteroiden-Rückkehrmission	Mai 2003	Rendezvous mit dem Asteroiden Itokawa (2005) und Probennahme, Rückkehrkapsel zur Erde im Juli 2010
Mars Express	Mars-Orbiter	Juni 2003	Verbesserte Kartierung, chemische Fernerkundungsanalyse
Spirit (MER-A) **Opportunity (MER-B)**	Mars-Rover	Juni 2003 Juli 2003	Überaus erfolgreiche Rovermission am Mars; noch in Betrieb
Rosetta	Kometen-Orbiter und -Lander	März 2004	Rendezvous mit Komet 67P/Churyumov-Gerasimenko 2014. Erste Landung auf einem Kometen durch Philae.
Messenger	Merkur Orbiter	Aug. 2004	Erster Merkurorbiter
Deep Impact	Kometen-Vorbeiflugsonde und Impakttor	Jan. 2005	Impakt auf Komet 9P/Tempel 1; Untersuchung des Auswurfmaterials
MRO	Mars-Orbiter	Aug. 2005	Mars Reconnaissance Orbiter
New Horizons	Pluto-Vorbeiflug	Jan. 2006	Vorbeiflug an Pluto 2015; Vorbeiflug an weiteren Kuiper-Gürtel-Objekten geplant für 2019
DAWN	Asteroiden Orbiter	Sept. 2007	Im Orbit um Asteroiden Vesta (2011–2012) und Ceres (seit 2015)
Juno	Jupiter Orbiter	Aug. 2011	Jupiter Orbiter mit Solargenerator
Mars Science Laboratory (MSL), Curiosity	Mars Rover	Nov. 2011	Großer mit „Sky-Crane" gelandeter Rover
Hayabusa 2	Asteroiden Rückkehrmission (im Flug)	Dez. 2014	Erreichte Asteroid Ryugu 2018; erfolgreiches Absetzen der MINERVA und MASCOT Lander; Erd-Wiedereintritt der Rückkehrkapsel für 2020 geplant
OSIRIS-REx	Asteroiden Rückkehrmission (im Flug)	Sept. 2016	Erreicht Asteroid Bennu Dezember 2018; Erd-Wiedereintritt 2023
InSight	Mars Lander	Mai 2018	Landung (Nov. 2018) und Aussetzen eines Seismometers und eines Wärmeflusssensors auf Mars
BepiColombo	Merkur Orbiter	Okt. 2018	Zwei Merkur Orbiter; Ankunft 2025

Bild 7.4.16: *Viking Lander (Modell) (Bild: NASA).*

Bild 7.4.17: *Aufnahme der Marsoberfläche von Viking 1 (Bild: NASA).*

Bild 7.4.18: *Künstlerische Darstellung des Spirit bzw. Opportunity Rovers (Bild: NASA).*

Mars Rover

Nach den überaus erfolgreichen Viking Lander-Missionen, wurde schnell klar, dass ein nächster Schritt in der Erforschung des Mars Mobilität erfordert. So war z. B. kein Stein in der erreichbaren Nähe des Viking-Greifarms, obwohl die Untersuchung eines solchen wissenschaftlich für einige Aspekte viel interessanter gewesen wäre als die von Regolith. Interessant waren auch russisch-sowjetische Studien zu einem „Marsochod", mit sechs individuell ansteuerbaren, keulenförmigen Rädern. Marsochod wurde später von NASA/JPL weiterentwickelt, ist jedoch nie über den Status eines Prototypen für Feldversuche hinausgekommen.

Ein erster Schritt in die Richtung begrenzter Mobilität war der Rover „Sojourner" an Bord der Mars Pathfinder-Mission. Das kleine, ca. 11,5 kg schwere, sechsrädrige, mit Solarzellen betriebene Gefährt war mit einem Alpha-Röntgen Fluoreszenzspektrometer (APXS) und einer Kamera ausgerüstet und 85 Tage auf dem Mars in Betrieb. Die Pathfinder-Mission war jedoch nur der Test für die anspruchsvolleren NASA Mars Exploration Rover (MER), „Spirit" und „Opportunity", die 2004 erfolgreich im Gusev Krater bzw. im Meridiani Planum mit Hilfe eines Airbag-basierten Landesystems abgesetzt werden konnten (Bild 7.4.18). Das Landeszenario ist in Kapitel 7.4.5.3 bzw. Bild 7.4.33 skizziert. Wissenschaftliches Hauptziel war die Suche nach Spuren früheren flüssigen Wassers. Die Sonden hatten jeweils eine Startmasse von etwa einer Tonne, die Rover selbst eine Masse von je 185 kg.

Die angestrebte Missionsdauer auf der Marsoberfläche von 90 Tagen konnte bei weitem überschritten werden. Opportunity war nach einer zurückgelegten Strecke von etwa 45 km und 14 Jahren im Einsatz bis 2018 im Perseverance Valley in Betrieb (letztes Signal von Juni 2018, vor einem großen Staubsturm). Auch Spirit funktionierte viel länger als geplant, die letzten Funksignale wurden März 2010 zur Erde geschickt. Ein Grund für die lange Lebensdauer der Rover war die Tatsache, dass die Solargeneratoren von Zeit zu Zeit durch Windhosen („dust devils") von Staub gereinigt worden sind. Staubablagerungen auf den Solarzellen und die damit verbundene Verminderung der zur Verfügung stehenden elektrischen Leistung war bei der Missionsplanung die befürchtete Haupteinschränkung der Lebensdauer.

Zu den wichtigsten Resultaten von Spirit und Opportunity zählen klare Hinweise auf (flüssiges) Wasser und einen in seiner Frühzeit „feuchten“ Mars. Dazu gehört die Entdeckung von Lehmsedimenten, Gipseinschlüssen oder hämatithaltigen Kügelchen, die sich nur in säurehaltigem Wasser bilden können (sie erhielten den Spitznamen „blueberries“/„Heidelbeeren“).

Der nächste Schritt in der mobilen Erkundung des Mars war ein deutlich größerer Rover, das Mars Science Laboratory (MSL), später „Curiosity“ getauft. Um den etwa 900 kg schweren Rover zur Oberfläche zu bringen, wurde ein völlig neues Landekonzept, der sogenannte „Sky-Crane“ entwickelt (siehe Bild 7.4.19). Die Landung fand im August 2012 statt, Curiosity ist seitdem in Betrieb und hat inzwischen (2018), von einer RTG betrieben, etwa 18 km auf der Marsoberfläche im Gebiet des Gale-Kraters zurückgelegt.

Bild 7.4.19: *Curiosity-Landeszenario mit „Sky-Crane“ (Bild: NASA/JPL).*

Zur Nutzlast von Curiosity zählen zehn wissenschaftliche Instrumente, insgesamt 17 Kameras, ein Laser zum Verdampfen von Gesteinsmaterial und ein Bohrer zur Probennahme. Bild 7.4.20 zeigt die drei Generationen von JPL/NASA Mars Rovern nebeneinander: Sojourner, MER und MSL.

Die nächste Rovermission der NASA soll 2020 starten und in erster Linie astrobiologische und geologische Fragestellungen klären.

Auf europäischer Seite ist geplant, 2020 einen Rover mit einer Nutzlast, spezialisiert auf die Detektion möglicher Spuren früheren Lebens, zu starten. Mit dabei ist ein Bohrer, der Proben aus bis zu 2 m Tiefe nehmen kann. Der Rover ist Teil des gemeinsamen ESA-Roskosmos-Projekts **„ExoMars“**, zu dem auch der Trace Gas Orbiter (TGO, 2016 erfolgreich in den Mars Orbit geschossen) sowie ein Lande- und Atmosphäreneintritts-Demonstrator („Schiaparelli“, schlug 2016 unsanft auf der Marsoberfläche auf) gehören.

Bild 7.4.20: *Vergleich von Mars Science Laboratory (Curiosity), Mars Exploration Rover (Spirit, Opportunity) und Mars Pathfinder (Sojourner) anhand von drei Testrovern bei JPL (Bild: JPL/NASA).*

Der allererste Mars-Rover, PROP-M, ein 4,5 kg schwerer „Geh-Roboter“, erreichte bereits 1971 als Teil der Nutzlast der sowjetischen Mars 3-Mission die Oberfläche des Mars. Allerdings kam er wegen des frühzeitigen Abbruchs des Funkkontakts der Landesonde zur Erde nicht zum Einsatz.

Voyager

Stellvertretend für Missionen zur Erforschung der **Riesenplaneten,** also für Sonden, die sich weit von der Sonne entfernen, seien hier die Voyager-Sonden kurz beschrieben.

Das Projekt war ein großer Erfolg. Unser Verständnis von Jupiter, Saturn sowie Uranus und Neptun (die seit den Voyager 2 Vorbeiflügen 1986 und 1989 von keiner Raumsonde mehr besucht worden sind) wurde maßgeblich durch die Voyager-Resultate geprägt.

Viele der auf Voyager eingesetzten Technologien wurden dann auch für die größeren Sonden Galileo (Jupiter-Orbiter) und Cassini (Saturn-Orbiter) wiederverwendet.

Voyager 1 und 2 sind baugleiche Schwestersonden, deren primäre wissenschaftliche Ziele die Erforschung der Systeme von **Jupiter** und **Saturn** (Atmosphäre, Magnetosphäre, Monde und Ringstrukturen) waren. Wegen der speziellen Anordnung der Planeten konnte Voyager 2 nach dem Vorbeiflug am Saturn weiter zu **Uranus** und dann weiter zu **Neptun** gelenkt werden (siehe Bild 7.4.21).

Die **Hauptstruktur** jeder Sonde bestand aus einem zehneckigen Bus (47 cm hoch, Durchmesser 178 cm). Zur Kommunikation mit der Erde dienten eine Parabolantenne mit 3,66 m Durchmesser und ein S-Band-System (Uplink) sowie ein X-Band-System (Downlink, 160 bit/s).

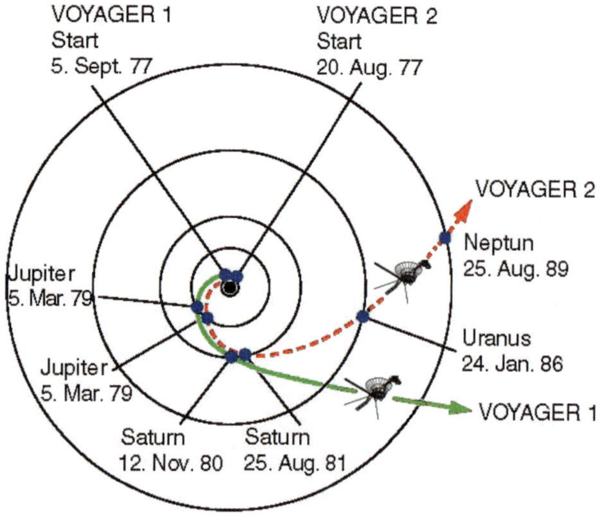

Bild 7.4.21: *Trajektorien der beiden Voyager-Sonden (Bild: NASA).*

Aufgrund der großen Distanz zur Sonne (bei Saturn ist die Sonneneinstrahlung nur 1/100 im Vergleich zur Erde) konnten keine Solarzellen zur Energieerzeugung verwendet werden. **Strom** wurde daher von drei **RTGs** (auf der Basis von Plutonium-238) gewonnen. Diese lieferten ursprünglich 470 W (30 V). 2006 war die gelieferte Leistung immerhin noch 290 W (die Halbwertszeit von Pu-238 beträgt etwa 88 Jahre!). Bild 7.4.22 zeigt eine grafische Darstellung der Voyager-Raumsonde.

Bild 7.4.22: *Voyager (Bild: NASA).*

Zur Zeit der Drucklegung dieses Buches (2018) befanden sich Voyager 1 etwa 143 AE (Astronomische Einheiten: 1 AE entspricht der Distanz Sonne zu Erde; $\approx 15 \cdot 10^7$ km) und Voyager 2 etwa 119 AE von der Sonne entfernt; beide sind noch bedingt funktionstüchtig und senden Daten zur Erde.

Im Dezember 2004 konnte Voyager 1 den **Termination Shock** registrieren, 2012 die Heliopause, die Grenzschicht zwischen der Einflusssphäre der Sonne und dem interstellaren Medium. Voyager 2 erreichte den Termination Shock 2007.

Cassini-Huygens

Cassini-Huygens ist eine gemeinsame Mission von NASA, ESA und ASI zur Erforschung des Saturnsystems. Cassini (Saturnorbiter) wurde 1997 zusammen mit der von der ESA entwickelten Huygens-Sonde (Titan-Atmosphärenkapsel) gestartet und war mit einer Gesamtmasse von etwa 5 650 kg die schwerste interplanetare Raumsonde, die je gebaut wurde. Nach zwei Swingby-Manövern an Venus und je einem an Erde und Jupiter wurde Cassini 2004 in einen Orbit um Saturn eingeschossen.

2005 wurde Huygens vom Mutterschiff getrennt und tauchte in die Atmosphäre von Titan, dem größten Saturnmond ein. Für etwa zweieinhalb Stunden wurden Atmosphärendaten gesammelt, Huygens überlebte auch die Landung und sendete unter anderem Bilder von der Oberfläche.

Die Titanatmosphäre besteht hauptsächlich aus Stickstoff, enthält aber auch Methan, das zum Teil in große Seen aus flüssigem Methan-Ethan-Gemisch abregnet.

Der Cassini-Orbiter untersuchte Saturn, dessen Ringsystem, die Monde und die Plasmaumgebung bis zu seinem kontrollierten Absturz in die Saturnatmosphäre im September 2017. Die von Wolken und Dunst verdeckte Oberfläche Titans wurde bei Vorbeiflügen mittels Radar kartiert. Beim Mond Enceladus wurden Gasfontänen festgestellt, die auf flüssiges Wasser im Inneren hindeuten und diesen Mond als exobiologisch interessanten Ort identifizieren. Die Dynamik der Ringe sowie die Saturnatmosphäre und -magnetosphäre konnten über viele Jahre hinweg detailliert beobachtet werden.

Die Sonde war etwa 6,8 m hoch, zur Stromversorgung dienten drei RTG, die zum Ende der Mission noch etwa 630 W elektrischer Leistung lieferten. Die Kommunikation zur Erde wurde über eine Parabolantenne mit 4 m Durchmesser, die abwechselnd auch für das Radar genutzt werden konnte, durchgeführt. Für Bahnmanöver wurden Hydrazin-Triebwerke genutzt, die Sonde hatte beim Start insgesamt über 3 Tonnen Treibstoff an Bord.

Die Huygenssonde hatte eine Gesamtmasse von 320 kg (einschließlich des Hitzeschilds für den Atmosphäreneintritt). Die Stromversorgung wurde über Lithium-SO_2-Primärbatterien durchgeführt, die Datenkommunikation zur Erde wurde über die Muttersonde gesendet. Es ist bemerkenswert, dass der Träger des Huygens-Transmittersignals auch direkt auf der Erde detektiert werden konnte und mittels Dopplermessungen zur Bestimmung der Windgeschwindigkeit auf Titan genutzt wurde. Nach dem Atmosphäreneintritt stieg Huygens an drei verschieden großen, sequenziell geöffneten Fallschirmen bis zur Oberfläche ab, von wo die Sonde noch für weitere etwa eine Stunde und 10 Minuten Daten zu Cassini sendete.

Bild 7.4.23 zeigt eine künstlerische Darstellung von Cassini kurz nach Abtrennung von Huygens.

Bild 7.4.23: *Cassini und Huygens mit Titan im Hintergrund (© NASA).*

Bild 7.4.24: *Saturn.*

Venera (7 bis 14)
Die sowjetischen Venera-Sonden zur **Venus** bestanden aus Venus-Orbitern und Landeeinheiten. Die erste weiche Landung auf der Venus gelang mit Venera 7 im Dezember 1970.

Venera 9 und 10 landeten im Oktober 1975 und lieferten die ersten Bilder von der Venusoberfläche.

Durch ein **Kühlsystem** war es möglich, bis 53 min bzw. 65 min nach der Landung noch Daten zur Erde zu senden (die Atmosphärentemperatur an der Landestelle wurde mit 485 °C gemessen bei 90 bar Druck). Bild 7.4.27 zeigt den Venera-9-Lander.

Die Venera-9/10-Orbiter wurden als Daten-Relais für die Lander sowie für Atmosphärenbeobachtungen genutzt.

Die Startmasse von Orbiter und Lander zusammen war je etwa 5 Tonnen, die Masse der Eintrittssonde (einschließlich Hitzeschild) 1 560 kg und die Masse der eigentlichen Landeeinheit 660 kg.

Tabelle 7.4.3 listet einige Daten der Venera-Landermissionen auf.

Vega 1 und 2 kombinierten **Vorbeiflüge am Kometen Halley** mit anschließender Venusmission. Zusätzlich zu den Orbitern und Landegeräten kamen auch zwei Ballons zum Einsatz.

Helios
Helios, wenngleich keine Mission zu einem Planeten, ist vom technologischen Standpunkt wegen der großen Herausforderung an das **Thermaldesign** interessant. Helios 1 und 2 wurden in Deutschland gefertigt und mit einer deutsch-amerikanischen Nutzlast von Cape Canaveral gestartet. Die Sonden kreisen innerhalb der **Merkurbahn** um die Sonne (0,29 AE, < 45 Millionen km).

Bild 7.4.25: *Huygens Eintritt (links) und Bild von Titanoberfläche (rechts).*

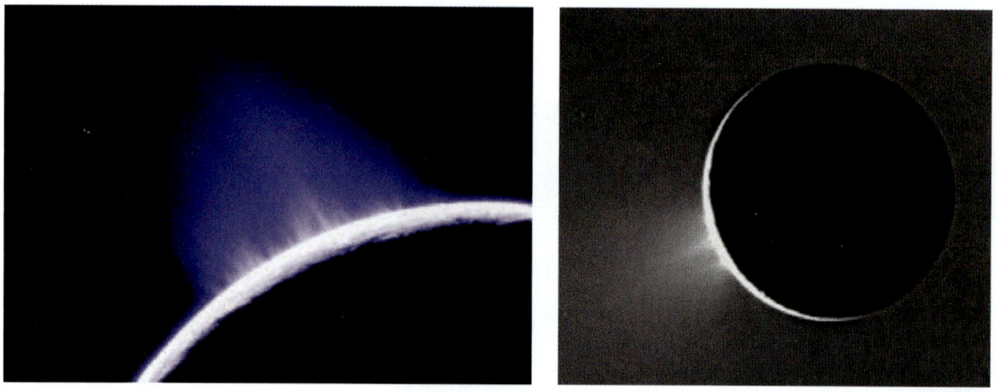

Bild 7.4.26: *Gasfontänen auf Enceladus.*

Bild 7.4.27: *Venera-9-Landegerät (Bild: Lavochkin/NASA).*

Tabelle 7.4.3: *Venera-Landermissionen.*

	Jahr	Startmasse [kg]	Betriebszeit auf Venus-Oberfläche
Venera 7	1970	1 180	23 min
Venera 8	1972	1 184	50 min
Venera 9	1975	4 936	53 min
Venera 10	1975	5 033	63 min
Venera 11	1978	4 540	95 min
Venera 12	1978	4 540	110 min
Venera 13	1981	4 363	127 min
Venera 14	1981	4 715	57 min
Vega 1	1984	4 920	56 min
Vega 2	1984	4 920	57 min

Helios 1 und 2 waren baugleiche Schwestersonden. Beide waren spinstabilisiert. Die charakteristische Spulenform wurde gewählt, um relativ zur Einstrahlfläche eine große Abstrahlfläche zu erhalten. Die Seiten waren abwechselnd mit Solarzellen und Spiegeln (SSM, Second Surface Mirrors) belegt. Bild 7.4.28 zeigt Helios bei der Testvorbereitung.

Beide Sonden funktionierten für viele Jahre und lieferten wertvolle Daten zur Sonnenphysik.

Bild 7.4.28: *Helios (Bild: MBB).*

7

Rosetta

Rosetta ist eine Mission der ESA zur genauen Untersuchung des aktiven Kometenkerns 67 P/Churyumov-Gerasimenko. Da Kometen aus nahezu unverändertem Material aus der Entstehungszeit des Sonnensystems bestehen, ist deren Untersuchung ein Schlüssel zum Verständnis der Geschichte unseres Planetensystems. Auch in Bezug auf die Entstehung des Lebens sind Kometen von Interesse, da sie organisches Material zur Erde gebracht haben.

Rosetta wurde im März 2004 gestartet und erreichte nach einer zehnjährigen Cruise-Phase und insgesamt drei Erd-Swingby- und einem Mars-Swingby-Manövern im August 2014 den Zielkometen. Die lange Flugphase war eine der technischen Herausforderungen der Mission. Mithilfe einer Navigationskamera konnte der Komet beim Anflug genau lokalisiert werden, sodass schließlich ein Rendezvous und sogar das Einschwenken in einen Orbit möglich waren.

Erst nach dem Rendezvous konnte der Komet charakterisiert, kartiert und ein Landeplatz für den Lander „Philae" identifiziert werden.

Dieses Rendezvous fand in einer Entfernung von über 4 AE zur Sonne statt; Rosetta konnte dennoch ohne radioaktive Heizer auskommen, benötigte aber sehr große Solarpanele (insgesamt 64 m^2) und spezielle Solarzellen, die bei niedriger Sonneneinstrahlung hohe Effizienz haben. Die etwa 3 000 kg schwere Sonde (etwa die Hälfte davon war Treibstoff) hatte insgesamt elf wissenschaftliche Experimente an Bord, um den Kometen aus dem Orbit zu untersuchen sowie den 97 kg schweren Lander, der im November 2014 in 3 AE Entfernung zur Sonne aus einer Distanz von etwa 22 km erfolgreich abgesetzt worden ist.

Es war geplant, dass Philae sich unmittelbar nach dem Auftreffen auf der Oberfläche mit Harpunen verankern würde. Die Harpunen haben jedoch nicht gezündet, entsprechend ist Philae abgeprallt und erst nach einem etwa 1 km weiten „Sprung" in einem nicht geplanten Gebiet endgültig gelandet. Philae konnte für etwa 64 Stunden nach der Abtrennung vom Orbiter wissenschaftliche Daten sammeln und zur Erde funken. Dann waren die Batterien erschöpft. Da der endgültige Landeplatz nur mäßig von der Sonne beschienen wurde, war ein unmittelbares Aufladen der Batterien nicht möglich. Erst etwa 7 Monate nach der Landung, im Juni 2015, Komet und Lander waren der Sonne dann wesentlich näher, wurden erneut Signale von Philae empfangen. Der Lander hat daraufhin „Housekeeping"-Daten übertragen, eine Programmierung für weitere wissenschaftliche Messungen war allerdings nicht mehr möglich.

Rosetta und Philae haben bedeutende Erkenntnisse über Kometen geliefert. So wurden z. B. eine reiche organische, präbiotische Chemie identifiziert und mit den Kameras Morphologie und Dynamik der Oberfläche und der Koma charakterisiert. Churyumov-Gerasimenko ist wahrscheinlich ein sogenannter „Contact Binary" (bestehend aus zwei sich berührenden Einzelkörpern) und hat eine Dichte von nur etwa 530 kg/m^3.

Die Muttersonde Rosetta wurde nach über zwei Jahren Erforschung des Kometen im September 2016 kontrolliert zum Absturz gebracht.

Bild 7.4.29 zeigt Rosetta beim Mars-Vorbeiflug (künstlerische Darstellung), Bild 7.4.30 den Lander während der Thermaltests in der Vakuumkammer. Bild 7.4.31 zeigt ein Bild der Orbiter Osiris-Kamera, auf dem Philae am endgültigen Landeort zu sehen ist.

Bild 7.4.29: *Rosetta während des Mars-Swingby-Manövers (künstlerische Darstellung) (Bild: ESA).*

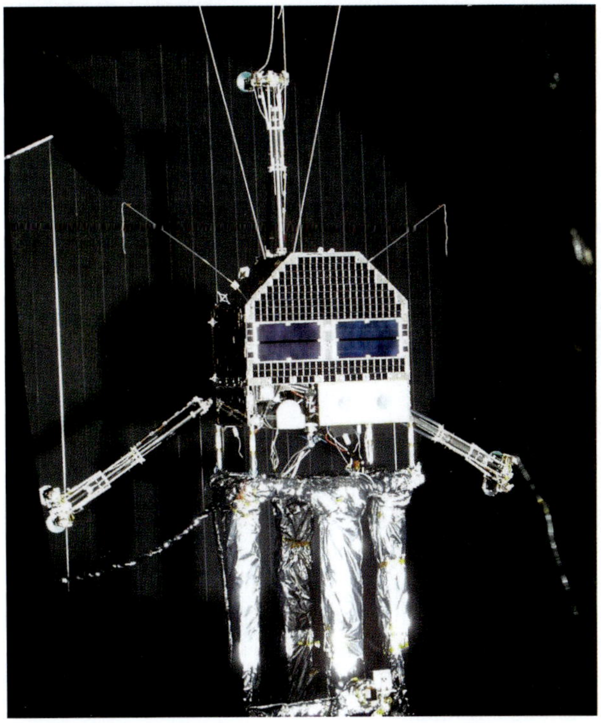

Bild 7.4.30: *Rosetta-Lander Philae während Thermaltests (Bild: DLR/ESA).*

Bild 7.4.31: *Philae am endgültigen Landeort (Aufnahme mit der Orbiter Osiris-Kamera).*

7.4.4 Bahndynamik interplanetarer Raumsonden

Die Missionsplanung für Raumsonden, die den Erdorbit verlassen, erfordert Überlegungen, die über die Missionsanalyse von Erdsatelliten hinausgehen. Daher werden hier einige Aspekte zur Bahndynamik für interplanetare Sonden erläutert.

7.4.4.1 Interplanetarer Transfer

Um eine Sonde auf eine interplanetare Bahn zu bringen, muss zunächst das Schwerefeld der Erde überwunden werden, die Sonde also auf eine Geschwindigkeit größer als die **Fluchtgeschwindigkeit** beschleunigt werden. Nimmt man als Ausgangspunkt einen zirkularen Parkorbit in etwa 320 km Höhe an (Szenario, wie z. B. bei Mars Express; gestartet mit Sojus Fregat; Orbitgeschwindigkeit 7,7 km/s) ist noch eine Beschleunigung um mindestens weitere 3,2 km/s notwendig, um die Fluchtgeschwindigkeit von 10,9 km/s zu erreichen.

Um nun zu einem anderen Planeten zu gelangen, muss die Sonde auf eine Bahn um die Sonne gebracht werden, bei der (im energetisch günstigsten Fall) **Aphel und Perihel** bei Erde bzw. Ziel liegen. Solch eine **Transferbahn,** bei der Start und Ankunft genau gegenüber der Sonne liegen, nennt man **Hohmann-Transfer.**

Tabelle 7.4.4 listet die notwendigen Geschwindigkeiten für Bahnen von der Erde zu Planeten auf bzw. die Geschwindigkeit relativ zum Planeten beim Vorbeiflug. In Spalte 2 ist die Geschwindigkeitsänderung angegeben, die man benötigt, um vom Orbit der Erde um die Sonne auf einer Hohmann-Bahn zum Orbit des jeweiligen Planeten zu gelangen (negative Zahlen bedeuten eine Abbremsung); in Spalte 3 die Geschwindigkeit, mit der man relativ zum Zielplaneten diesen erreicht und in Spalte 4 die Transferzeit in Jahren.

Tabelle 7.4.4: *Geschwindigkeiten für Hohmann-Transferbahnen (Erläuterungen im Text).*

	Start [km/s]	Ankunft [km/s]	Flugzeit [a]
Merkur	−7,5	9,6	0,3
Venus	−2,5	2,7	0,4
Mars	2,9	−2,7	0,7
Jupiter	8,8	−5,6	2,7
Saturn	9,6	−5,4	6,0

Da, wie erwähnt, Start und Ankunft etwa 180° entfernt im Sonnenorbit liegen, müssen Erde und Zielkörper zum Zeitpunkt des Starts in der richtigen Position sein. Folglich ergeben sich bestimmte **Startfenster.** Gute Startmöglichkeiten für Flüge von der Erde zum Mars gibt es alle 2,13 Jahre und von der Erde zur Venus alle 1,6 Jahre. (Der Vollständigkeit halber sei hier auch die Möglichkeit eines Transfers über 540° erwähnt. Dies eröffnet zusätzliche Startfenster, verlängert jedoch die Flugzeit.) Durch die Inklination und Exzentrizität der Planetenbahnen sind nicht alle Startfenster energetisch gleich günstig.

7.4.4.2 Orbit- und Rendezvousmissionen

Soll die Raumsonde bei der Ankunft in einen Orbit um den Zielkörper gebracht werden, so muss die **Ankunftsgeschwindigkeit** (siehe Tabelle 7.4.4) reduziert werden. Die dazu notwendige **Geschwindigkeitsänderung** Δv ist in Gleichung 7.4.1 gegeben (mit der Fluchtgeschwindigkeit v_f und der Ankunftsgeschwindigkeit v_a)

$$\Delta v = \sqrt{(v_f^2 + v_a^2)} - v_f \qquad (7.4.1)$$

Es ist folglich günstig, dieses Manöver nahe am Zielkörper durchzuführen. So ist also z. B. die Einschussgeschwindigkeit beim Mars, in 300 km Höhe, 680 m/s

$$\Delta v = \sqrt{(4{,}81^2 + 2{,}65^2)} - 4{,}81 = 0{,}68\,.$$

Nach dem Einschuss ist in der Regel eine **Anpassung des Orbits** (z. B. Zirkularisierung) notwendig. Wie in Kapitel 7.4.5 näher erläutert, kann das Abbremsen durch sanftes Eintauchen in die Atmosphäre **(Aerobreaking)** unterstützt werden.

7

7.4.4.3 Swing-by-Manöver

Um die mit Triebwerken durchzuführenden Geschwindigkeitsänderungen bei interplanetaren Missionen zu reduzieren, können sogenannte Swing-by-Manöver (**Gravity Assist**) durchgeführt werden.

Die Sonde fliegt durch das **Gravitationsfeld** eines Planeten, wobei es zu einer **Übertragung des Impulses** aus der Bewegung des Planeten um die Sonne kommt. Bewegt sich der Planet auf seiner Bahn um die Sonne relativ zur Sonde von dieser weg, gewinnt diese kinetische Energie (bzw. umgekehrt).

Ohne Gravity Assist wären viele interplanetare Missionen nicht möglich. So wurden z. B. für Rosetta vier Swing-by-Manöver (Erde-Mars-Erde-Erde) benötigt. Die dadurch gewonnene Geschwindigkeitsänderung betrug in Summe etwa 19 km/s!

Sind für eine Mission eine oder mehrere Swing-by-Manöver notwendig, werden die möglichen **Startfenster** seltener; die beteiligten Planeten müssen ja alle in der passenden Konfiguration zueinander stehen. So ist z. B. eine Mission zu Saturn mit Swing-by beim Jupiter nur etwa alle 20 Jahre möglich. Eine Situation wie für Voyager 2 (Jupiter, Saturn, Uranus und Neptun) kommt gar nur alle 176 Jahre vor.

7.4.5 Schlüsseltechnologien für Planetenmissionen

Abschließend seien einige der Schlüsseltechnologien erwähnt, die besondere Bedeutung für interplanetare Missionen haben.

7.4.5.1 Thermalsystem für extreme Umgebungsbedingungen

Da die Missionen im Sonnensystem naturgemäß in einem weiten Bereich heliozentrischer Entfernung betrieben werden, ist das **Thermaldesign** häufig eine besondere Herausforderung.

Es wird meistens auf Technologien zurückgegriffen, die auch für Satelliten im Erdorbit zur Anwendung kommen (Isolation, Radiatoren, Heat-Pipes, geschickt gewähltes Verhältnis von Absorption zu Emission (α/ε) der Oberflächen), diese aber an die besonderen thermischen Bedingungen angepasst.

Missionen, die sich weit von der Sonne entfernen oder die lange ohne Sonnenlicht überleben müssen (Mondnacht), sind im Allgemeinen auf die Nutzung von **radioaktiven Heizelementen** (RHUs, Radioisotope Heater Units) angewiesen. Durch den radioaktiven Zerfall entsteht Wärme. Ein Gramm Plutonium-238 liefert etwa 0,5 W thermische Leistung. Zusammen mit einem **Thermoelektrischen Generator** (TEG), der den Seebeck-Effekt ausnutzt, kann so auch elektrischer Strom gewonnen werden. Man spricht dann von **Radiothermal Generators** (RTGs).

Aufgrund der hohen Toxizität des Plutoniums sind Starts von Sonden, die dieses Material enthalten, aufwendig bezüglich der notwendigen Sicherheitsmaßnahmen und politisch nicht unproblematisch.

Häufig werden an die **thermische Isolierung** interplanetarer Sonden besondere Anforderungen gestellt. Typischerweise wird dafür Mehrschichtisolierung (**MLI, Multi Layer Insulation**) verwendet. Diese besteht aus zahlreichen (typischerweise etwa 10) Schichten verspiegelter Kunststofffolien (z. B. Aluminium auf Kapton®), die (im Vakuum) wie eine „mehrwandige Thermoskanne“ funktionieren. Unter Atmosphärenbedingungen (etwa bei Mars- oder Venus-Landern) muss auf andere Methoden zurückgegriffen werden; z. B. auf **Aerogele**, die eine sehr niedrige Wärmeleitfähigkeit besitzen.

Stellt die hohe **Energieeinstrahlung** Probleme dar (direkt von der Sonne oder als Rückstreuung, z. B. der Venus), so nutzt man für die Sondenoberfläche manchmal beschichtete Spiegel (**SSM, Second Surface Mirrors**) mit hohem Reflexionskoeffizienten im sichtbaren Bereich und hohem Emissionskoeffizienten im Infrarot.

7.4.5.2 Radiothermal Generators RTGs

Wie oben erwähnt, kann mittels Seebeck-Effekts die im radioaktiven Material entstehende Wärme zusammen mit einem Radiator genutzt werden, um elektrischen Strom zu erzeugen.

Solche Systeme werden notwendig für Missionen jenseits der Jupiterbahn, wo Solarzellen nicht mehr sinnvoll sind.

Manche Halbleiter (z. B. Bi_2Te_3) eignen sich besonders, bei gegebenen möglichst hohen Temperaturgradienten elektrische Spannung zu generieren. Ein RTG besteht also aus dem **Heizelement** (typischerweise Plutonium-238 als Oxid), dem **thermoelektrischen Generator** (TEG) und einem **Radiator** für die kalte Seite.

RTGs wurden z. B. für Pioneer 10/11, Voyager, die Viking Lander, Ulysses, Galileo, Cassini, New Horizons und für von Apollo zum Mond gebrachte Langzeitexperimente verwendet. Auch der Marsrover Curiosity benutzt einen RTG zusammen mit chemischen Batterien. Bild 7.4.32 zeigt einen RTG von Voyager.

Bild 7.4.32: *Voyager-RTG beim Test (Bild: NASA).*

7.4.5.3 Landesysteme

Eine besondere Kategorie von Planetenmissionen sind solche, die **Landegeräte** vorsehen. Prinzipiell muss man unterscheiden zwischen der Landung auf atmosphärelosen Körpern (z. B. Erdmond), solchen mit Atmosphäre (Mars, Venus, Titan) und kleinen Körpern (Asteroiden und Kometen).

Bei letzteren kann durch die **geringe Gravitation** die Auftreffgeschwindigkeit niedrig gewählt werden. Hohe Impaktenergie sowie Landeschock sind folglich nicht so problematisch wie bei einer Landung auf Planeten oder großen Monden. Schwierig gestalten sich dafür die Berechnung und Navigation des Abstieges sowie die Vermeidung eines Abprallens. Der kleine (ca. 10 kg) Lander MASCOT wurde von Hayabusa 2 aus einer Höhe von etwa 50 m über der Oberfläche des Asteroiden Ryugu abgesetzt. Er fiel ohne Lagekontrolle und konnte sich auf der Oberfläche autonom aufrichten.

Bei der Landung auf einem **Körper mit Atmosphäre** kann durch diese mit einem Eintrittsschild und einem Fallschirm gebremst werden **(Aerobreaking)**. Das konkrete Szenario hängt von Dichte und Druck der Atmosphäre (der Bodendruck auf Mars beträgt etwa 10 mbar, auf der Venus 90 bar und auf dem Titan 1,6 bar) sowie deren Zusammensetzung und der Skalenhöhe ab.

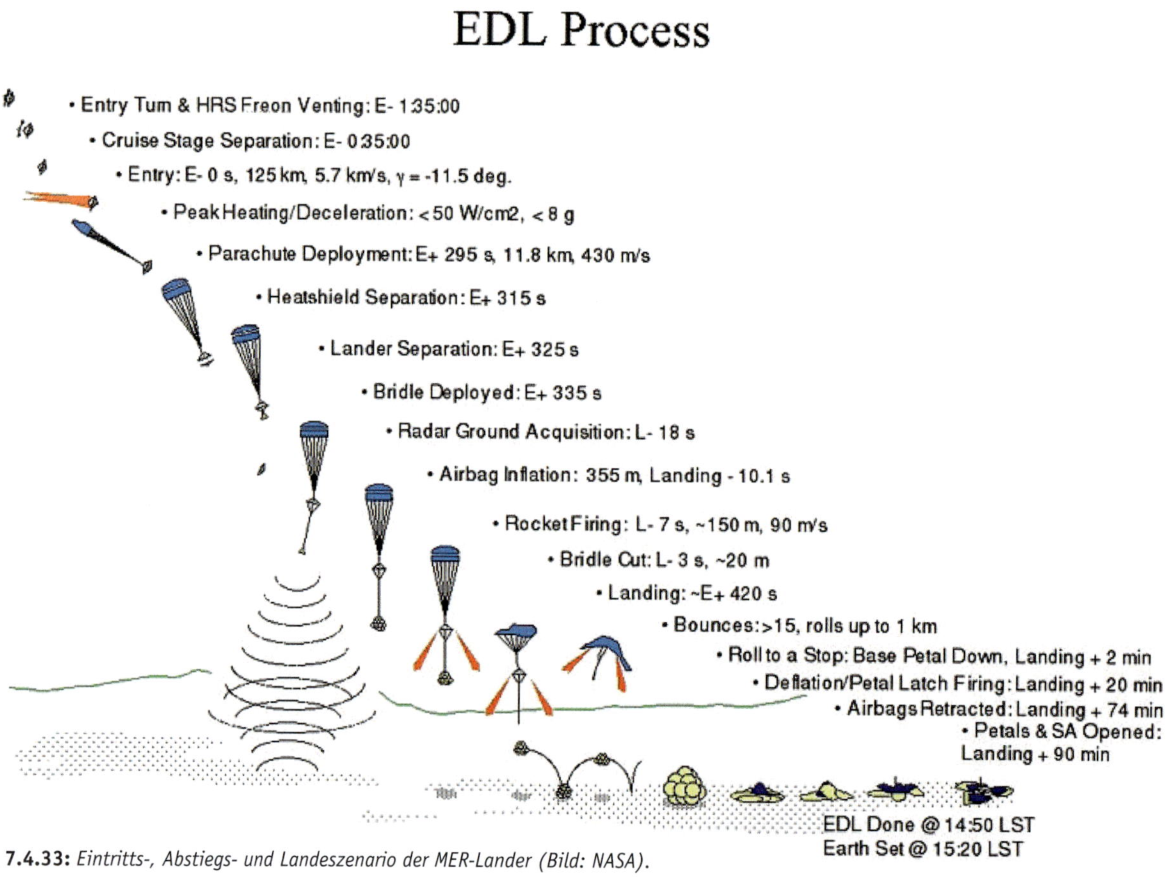

Bild 7.4.33: *Eintritts-, Abstiegs- und Landeszenario der MER-Lander (Bild: NASA).*

Eine Landung auf atmosphärelosen (großen) Körpern setzt **Bremsraketen** voraus, was stets zu einem ungünstigen Gewichtsverhältnis von Sonde zu Nutzlast führt. Dies betrifft Landungen auf dem Mond, aber auch z. B. auf Merkur oder Europa (wofür es konkrete Pläne gab).

Die **Landung** selbst wird entweder **kontrolliert** und typischerweise auf Landebeinen (z. B. Surveyor, Viking) oder einer Landeplattform (z. B. Venera) durchgeführt oder mit einem **Airbag-System,** das den gesamten Lander beim Auftreffen einhüllt. Nach Loslösen der Airbags muss sich die Sonde bei solchen Konzepten in der Regel selbst aufrichten (z. B. Luna 9, Mars-Pathfinder, MER). Der NASA Curiosity Rover wurde auf Mars mithilfe eines sogenannten „Sky-Cranes" abgesetzt.

Für eine kontrollierte Landung werden meist **drosselbare Triebwerke und Altimeter** verwendet.

7.4.5.4 Kommunikationssysteme für große Distanzen

Da interplanetare Sonden sich wesentlich weiter von der Erde entfernen als Satelliten, ist die Kommunikation entsprechend anspruchsvoller.

Ein ganz entscheidender Parameter beim Betrieb solcher Missionen ist die **Signallaufzeit,** also die Zeit, die eine Licht- bzw. Radiowelle benötigt, um von der Erde zur Sonde (und umgekehrt) zu gelangen. Die Lichtgeschwindigkeit beträgt etwa $3 \cdot 10^8$ m/s, das heißt, die Signallaufzeit zu einer Sonde in 1 AE Entfernung beträgt acht Minuten. Vom Saturn beträgt die Signallaufzeit also bereits bis zu 1,5 Stunden!

Kommandos (wie auch Daten) kommen folglich erst mit erheblicher Verzögerung an, was ein höheres Maß an **Autonomie** und automatischer Fehlererkennung und -behebung der Sonden notwendig macht.

Um überhaupt über so weite Distanzen kommunizieren zu können, muss man Kompromisse bei der **Datenrate** machen bzw. relativ **große Parabolantennen** an den Raumsonden vorsehen sowie große und empfindliche Bodenstationen auf der Erde benutzen. Die ESA verwendet für die Telemetrie mit interplanetaren Sonden die 35-m-Antennen in New Norcia (Australien), Malargüe (Argentinien) und Cebreros (Spanien) (siehe Bild 7.4.34), die NASA das Deep Space Network (DSN) mit 35-m- und 70-m-Bodenantennen.

Zur Kommunikation wird heute meist das **X-Band** genutzt (häufig mit einem Backup-System im **S-Band**). In Zukunft wird die Nutzung des **Ka-Bandes** immer häufiger zum Einsatz kommen.

Die Raumsonden haben **High-Gain-Antennen** zur Datenübertragung sowie Antennen mit breiter Abstrahlcharakteristik, um auch im Falle schlechter Ausrichtung zur Erde (oder sogar unkontrollierten Trudelns) Kontakt herstellen zu können und im Notfall die Mission so zu retten.

Bild 7.4.34: *ESA-Bodenstation in Cebreros/Spanien (Bild: ESA).*

Tabelle 7.4.5: *Die am meisten verwendeten Frequenzbänder zur Kommunikation mit Raumsonden.*

Band	Frequenzbereich
S-Band	2,7 ... 3,5 GHz
X-Band	8 ... 12,5 GHz
Ka-Band	26,5 ... 40 GHz

Planetare Lander verwenden häufig einen Orbiter als Relaisstation (z. B. im Nominalfall die Mars Exploration Rover oder der Rosetta-Lander von der Kometenoberfläche).

7.4.5.5 Navigation

Die Navigation eines Raumflugkörpers beinhaltet zwei Aspekte:

- die Bestimmung der Position und des Geschwindigkeitsvektors und
- die **Steuerung** der Sonde durch Zünden der Triebwerke.

Ähnlich wie bei der Kommunikation können für interplanetare Missionen die selben Methoden wie bei Erdsatelliten angewendet werden, die große Distanz zur Erde macht die Aufgabe jedoch anspruchsvoller.

Explizit erwähnt seien hier noch sogenannte **Orbit-Insertion-Manöver,** bei denen eine Raumsonde vom Anflug zu einem Planeten in dessen Umlaufbahn geschossen wird (siehe Kapitel 7.4.4). Um Treibstoff für das Erreichen des gewünschten Orbits zu sparen, nutzt man manchmal die Reibung der hohen Atmosphäre zum Bremsen (Aerobreaking, z. B. bei der Mars Global Surveyor Mission).

Literatur

[7.4.1] *Lindberg Christensen, L.; Fosbury, R.:* Hubble. 15 Jahre Entdeckungsreise. Wiley, 2006.

[7.4.2] *Schlegel, E.:* The Restless Universe; Understanding X-ray Astronomy. Oxford, Oxford University Press, 2002.

[7.4.3] *Cesarsky, C.; Salama, A. (Hrsg.):* ISO Science Legacy. A Compact Review of ISO Major Achievements. Reprinted from Space Science Reviews Journal, V. 119/1-4. Heidelberg, Springer Verlag, 2006.

[7.4.4] http://nssdc.gsfc.nasa.gov/: Informationen zu fast allen Astronomie- und Planetenmissionen.

[7.4.5] http://www.esa.int/esaSC/index.html: Internetseite zu den ESA-Missionen.

[7.4.6] http://www.russianspaceweb.com/: Internetseite mit Informationen zu russischen und sowjetischen Missionen.

[7.4.7] *Ball, A. et al.:* Planetary Landers and Entry Probes. Cambridge: Cambridge University Press, 2007.

[7.4.8] Scientific Results of the Viking Project. Journal of Geophysical Research, Special Issue, Vol. 82, No. 28, 1977.

[7.4.9] *Glassmeier, K.-H. et al.:* The Rosetta Mission: Flying towards the Origin of the Solar System. Space Sci. Rev. 128, 2007. (Special Issue mit vielen Artikeln zu Rosetta-Instrumenten).

[7.4.10] *Evans, B.:* NASA's Voyager Missions: Exploring the Outer Solar System and Beyond. Heidelberg: Springer Verlag, 2003.

[7.4.11] *Stone, E. et al.:* Voyager 1 Explores the Termination Shock Region and the Heliosheath Beyond. Science 309 (5743), 2017, 2005.

[7.4.12] *Squires, S.:* Roving Mars: Spirit, Opportunity, and the Exploration of the Red Planet. Hyperion, 2005.

[7.4.13] *Breuer, D.; Johnson, T.; Spohn, T.:* Encyclopedia of the Solar System. 3rd Edition. Elsevier Science Publishing Co. Inc., 2014.

[7.4.14] *Surkov, V.:* Exploration of Terrestrial Planets from Spacecraft: Instrumentation, Investigation, Interpretation. 2. Auflage. John Wiley & Sons Inc., 1997.

[7.4.15] *Harland, D.:* Exploring the Moon: The Apollo Expeditions. Heidelberg: Springer Verlag, 1999.

[7.4.16] *Lakdawalla, E.:* The Design and Engineering of Curiosity: How the Mars Rover Performs Its Job. Springer 2018.

[7.4.17] *Meltzer, M.:* The Cassini-Huygens Visit to Saturn: An Historic Mission to the Ringed Planet. Springer 2015.

[7.4.18] *Ulamec, S. et al.:* Rosetta Lander – Landing and operations on comet 67P/Churyumov-Gerasimenko. In: Acta Astron. 125, (2016) 80–91.

[7.4.19] *Dambeck, T.:* Planetenwelten: In den Tiefen des Sonnensystems. Franckh Kosmos Verlag 2017.

[7.4.20] https://exoplanetarchive.ipac.caltech.edu: Internetseite mit Liste aller entdeckten Exoplaneten.

[7.4.21] *Möhlmann, D.; Ulamec, S.:* Raumsonde Rosetta. Die abenteuerliche Reise zum unbekannten Kometen. Kosmos Verlag 2014.

7

7.5 Materialwissenschaften

Ivan Egry, Claus Lämmerzahl und *Lorenz Ratke*

Der Begriff „Materialwissenschaften" hat im deutschen Sprachraum keine lange Tradition. Er ist die Übersetzung des im Angelsächsischen gebräuchlichen Ausdrucks „materials science". Inhaltlich umfasst er sowohl die Festkörperphysik als auch die Werkstoffkunde, also die Beschäftigung mit der Materie im festen, flüssigen und gasförmigen Zustand sowohl unter Aspekten der physikalischen Grundlagenforschung als auch im Hinblick auf die Anwendung als Werkstoff.

Das Interesse der Materialwissenschaftler an der Nutzung der Raumfahrt für ihre eigene Forschung beruht zum überwiegenden, fast ausschließlichen Teil auf der Möglichkeit, Experimente unter reduzierter Schwerkraft – **Mikrogravitation** – durchführen zu können, wie sie auf Raumflugkörpern im Orbit realisiert ist. Deshalb wird den eigentlich themenspezifischen Abschnitten ein Abschnitt über Entstehung und Wirkung der Mikrogravitation vorangestellt.

Schließlich findet sich am Ende des Kapitels eine Diskussion über die auf der Raumstation ISS und anderen Trägern eingesetzten Experimentieranlagen, **Nutzlasten** im raumfahrttechnischen Sinne, mit deren Hilfe solche Experimente durchgeführt werden können.

7.5.1 Mikrogravitation

7.5.1.1 Entstehung

Die Schwerkraft, Gravitation, ist eine der fundamentalen Kräfte in unserem Universum. Wie die elektrostatische Coulomb-Kraft ist sie langreichweitig. Während elektrische und magnetische Felder nur eine Kraft auf Körper mit Ladung oder magnetischem Moment ausüben, wirkt die Schwerkraft auf alle Objekte, einschließlich Licht. Sie verdankt ihren Namen der Tatsache, dass sie im Rahmen der Newtonschen Beschreibung nur mit der schweren Masse wechselwirkt, im Gegensatz zur trägen Masse eines Körpers, die den Widerstand gegen Bewegungsänderungen beschreibt. Experimente zeigen mit höchster Genauigkeit die Gleichheit von schwerer und träger Masse, was einer der Grundpfeiler der Allgemeinen Relativitätstheorie ist.

Die Langreichweitigkeit der Schwerkraft hat zur Folge, dass das durch die Erde erzeugte Gravitationsfeld weit in den Weltraum hinausreicht. So beträgt die Erdanziehungskraft zum Beispiel in Höhe der Internationalen Raumstation ISS immer noch etwa 90 % ihres auf der Erdoberfläche geltenden Wertes. Auf der ISS herrscht also nicht deshalb Schwerelosigkeit, weil es dort kein Gravitationsfeld gibt.

Das Phänomen der anscheinenden Schwerelosigkeit ist dynamischen Ursprungs und hat mit dem Bezugssystem zu tun, von dem aus die Bewegung anderer Körper beobachtet wird. Sollten wir uns in einem Fahrstuhl befinden, dessen Tragseile gerissen sind und der sich im freien Fall befindet, könnten wir, sofern wir abgebrüht genug sind, einen mitgebrachten Körper fallen lassen und feststellen, dass er sich relativ zu uns nicht bewegt, er ist für uns „schwerelos". Ein von außen zuschauender Beobachter würde hingegen feststellen, dass sowohl wir als auch der losgelassene Körper sich unter Wirkung der Erdanziehung im freien Fall befinden. Im Rahmen der klassischen Physik befindet sich der von außen zuschauende Beobachter in einem Inertialsystem, wir hingegen in einem zum Inertialsystem beschleunigten Bezugssystem. Die Newtonschen Gesetze der klassischen Mechanik gelten nur in einem Inertialsystem. Damit die Gesetze der Mechanik auch in einem beschleunigten Bezugssystem noch gelten, müssen wir eine zusätzliche Kraft postulieren, die die wirkende Schwerkraft gerade aufhebt, damit unsere Beobachtung des ruhenden Körpers mit der aus dem Newtonschen Axiom folgenden Kräftefreiheit im Einklang ist. Diese Kraft heißt **Scheinkraft** F_s und ist der Beschleunigung des Bezugssystems relativ zum Inertialsystem umgekehrt proportional:

$$F_s = -m\,\ddot{s} \qquad (7.5.1)$$

Mit Hilfe dieser Scheinkraft kann man die Bewegungsgleichung eines Massenpunkts m im beschleunigten Bezugssystem mit den Koordinaten r' wie folgt schreiben:

$$m\,\ddot{r}' = m\,\ddot{r} + F_s \qquad (7.5.2)$$

r Koordinaten des Massenpunkts im Inertialsystem.

Im Beispiel des frei fallenden Fahrstuhls ist $\ddot{r} = -g$ und $\ddot{s} = -g$. Durch Einsetzen in die Gleichung (7.5.2) folgt schließlich $m\,\ddot{r}' = 0$

Die Gleichung (7.5.2) bildet die Grundlage für die Beschreibung des Phänomens der Schwerelosigkeit. Sie gilt sowohl im Fall einer linearen Beschleunigung, wie z. B. im Fallturm des ZARM in Bremen, als auch für die Schwerelosigkeit während eines Parabelflugs und für Raumflugkörper im Orbit um die Erde wie die ISS. Es bleibt, darauf hinzuweisen, dass für die Scheinkraft die Beschleunigung, nicht die Geschwindigkeit entscheidend ist. Deswegen beginnt die Schwerelosigkeitsphase während eines Parabelflugs bereits während der ansteigenden Flanke der Parabel und deswegen hat ZARM vor einiger Zeit den Katapultstart statt des Abwurfs eingeführt und somit die Dauer der Schwerelosigkeitsphase verdoppelt.

Im Falle einer Kreisbeschleunigung nimmt die Scheinkraft die Form einer **Zentrifugalkraft** an; mit ihrer Hilfe lassen sich die Vorgänge auf einer sich im Orbit befindenden Experimentplattform am einfachsten beschreiben.

Für einen Massenpunkt m, der im Abstand R mit der Winkelgeschwindigkeit ω die Erde umkreist, hat die Zentrifugalkraft den Betrag

$$F_z = m\,\omega^2 R \qquad (7.5.3)$$

Diese muss die Erdanziehung kompensieren, die durch

$$F_g = -\frac{\gamma\,M\,m}{R^2} \qquad (7.5.4)$$

gegeben ist, wobei γ die Gravitationskonstante und M die Erdmasse ist. Im Gleichgewicht beider Kräfte erhält man:

$$\omega^2 R^3 = \gamma\,M = \text{const.} \qquad (7.5.5)$$

was nichts anderes als das dritte Keplersche Gesetz darstellt. Es besagt, dass sich die Quadrate der Umlaufzeiten ($T = 2\,\pi\,/\,\omega$) wie die Kuben der Radien verhalten.

Durch Betrachtung der beiden Gleichungen (7.5.3) und (7.5.4) wird auch klar, dass Schwerelosigkeit nur für einen Massenpunkt gelten kann. Für einen ausgedehnten Körper, wie z. B. die Raumstation, kompensieren sich beide Kräfte nur entlang einer Linie, die näherungsweise der Trajektorie des Schwerpunkts der Raumstation entspricht[1]. Entfernt man sich in einer Ebene senkrecht zur Flugrichtung vom Schwerpunkt, so ist die Kompensation nicht vollständig, und man erfährt eine **Restbeschleunigung,** „Mikrogravitation". In einer Höhe von 300 km vom Erdboden beträgt diese Restbeschleunigung etwa $0{,}3 \cdot 10^{-6}\, g_0\, \text{m}^{-1}$ in radialer und $0{,}1 \cdot 10^{-6}\, g_0\, \text{m}^{-1}$ in lateraler Richtung, wobei g_0 der Wert der Schwerebeschleunigung auf der Erdoberfläche ist ($g_0 = 9{,}81\ \text{m s}^{-2}$).

Zusätzlich zu dem oben beschriebenen Effekt gibt es noch weitere störende Einflüsse, die zu unvermeidbaren Restbeschleunigungen führen. Da ist zum einen der Luftwiderstand des Raumflugkörpers, der in dieser Höhe noch nicht vernachlässigbar ist. Er hängt von der Dichte der Restatmosphäre, der angeströmten Querschnittsfläche und vom Widerstandsbeiwert ab. Für die ISS führt dies zu einer Restbeschleunigung in der Ordnung von $10^{-6}\, g_0$. Es gibt dedizierte Experimentierplattformen, die diesen Effekt durch einen Kaltgasantrieb ausgleichen.

Neben diesen im Wesentlichen zeitunabhängigen Störungen gibt es auch **dynamische Effekte,** die zu einer zeitabhängigen Restbeschleunigung führen. In diese Kategorie fallen das Zünden der Lageregelungstriebwerke sowie alle beweglichen Teile, inklusive der Astronauten, die auf Grund des Newtonschen Axioms „actio = reactio" eine Impulsänderung des Raumschiffs bewirken. Diese Störungen können eine Amplitude von $10^{-3}\, g_0$, zum Teil

[1] Für kompakte Körper, wie z. B. die ISS, ist dies eine sehr gute Näherung. Für ausgedehnte Körper, wie z. B. Fesselsatelliten, ist eine genauere Diskussion erforderlich.

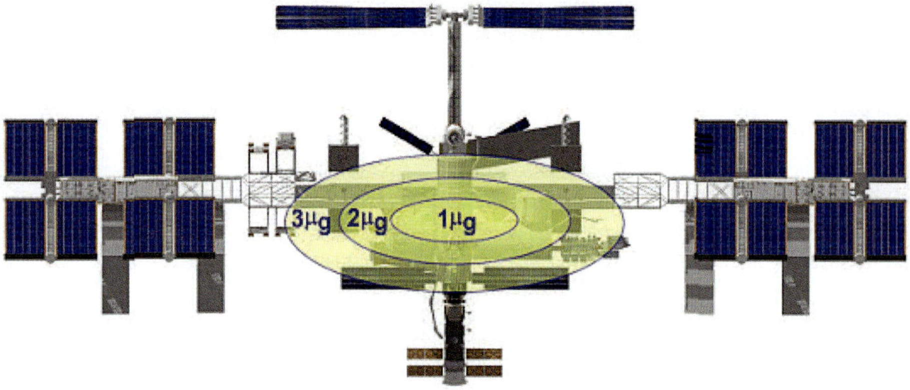

Bild 7.5.1: *Linien gleicher Restbeschleunigung auf der ISS, Sicht gegen Flugrichtung (Bild: ESA).*

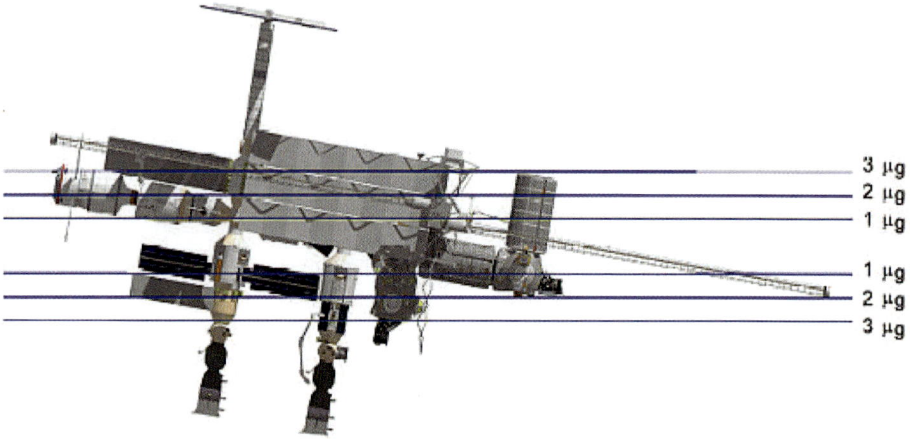

Bild 7.5.2: *Linien gleicher Restbeschleunigung auf der ISS, Sicht quer zur Flugrichtung (Bild: ESA).*

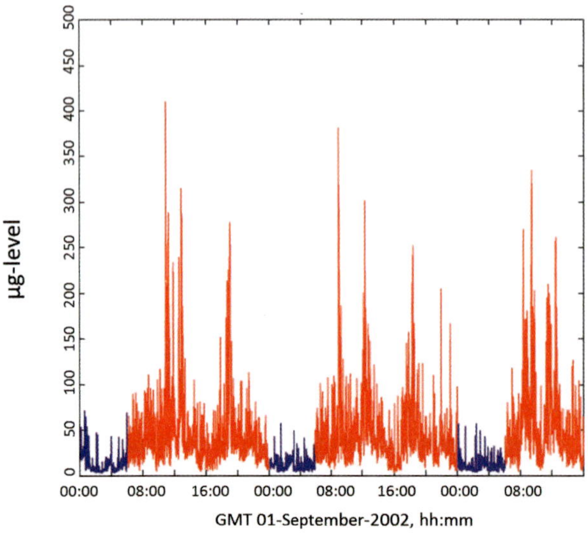

Bild 7.5.3: *Werte der Restbeschleunigung auf der ISS während Arbeitsphasen (rot) und Schlafphasen (blau) der Astronauten (Bild: NASA).*

sogar darüber, erreichen. Es ist daher wichtig, bei der Konstruktion von Subsystemen darauf zu achten, dass diese Störungen minimiert werden. Darüber hinaus kann man versuchen, die experimentellen Nutzlasten durch eine aktive Dämpfung vom Rest des Raumschiffs zu isolieren. Dieser Weg wird in der ISS durch Einsatz des sogenannten ARIS-Systems beschritten. Schließlich kann man die verbliebenen unvermeidlichen Störungen durch geschickte Planung („time lining") zeitlich so anordnen, dass sie die Experimente nicht stören.

Den Einfluss der Astronauten auf die herrschende Mikrogravitation auf der ISS hat die NASA untersucht, indem sie den Wert der Restbeschleunigung über Tage gemessen und mit dem Schlafrhythmus der Astronauten verglichen hat. In dem für die Experimente besonders sensiblen Frequenzbereich zwischen 0 und 6 Hz herscht in der Schlafphase der Astronauten im Mittel ein Mikrogravitationsniveau von etwa 30 μg ($3 \cdot 10^{-5}\, g_0$), während in der aktiven Phase das Niveau etwa 300 μg, also in etwa das Zehnfache, beträgt (Bild 7.5.3).

7.5.1.2 Auswirkung

Nachdem nun das Zustandekommen der Mikrogravitation geklärt ist, bleibt die Frage zu diskutieren, warum materialwissenschaftliche Experimente von der Mikrogravitationsumgebung profitieren und welche zeitunabhängigen und zeitabhängigen Restbeschleunigungen sie tolerieren können.

Zunächst einmal ist klar, dass der Einfluss der Schwerkraft auf einen ruhenden Festkörper vernachlässigbar ist.

Seine innere Struktur und äußere Gestalt sind im Wesentlichen durch Coulomb-Kräfte bestimmt. Dies gilt sowohl für kovalent als auch für ionisch und metallisch gebundene Systeme. Der Einfluss der Schwerkraft auf Gase äußert sich z. B. in der **barometrischen Höhenformel.** Allerdings sind die thermischen Fluktuationen in Gasen in der Regel so stark, dass sie auf kleinen Distanzen (und für kurze Zeiten) den Einfluss der Schwerkraft überdecken. Am empfindlichsten reagiert die flüssige Phase auf Schwerkrafteinflüsse. Das liegt daran, dass sie, im Gegensatz zum Festkörper, eine **freie Oberfläche** besitzt und **keine Scherkräfte** aufnehmen kann. Daher befassen sich die meisten materialwissenschaftlichen Experimente unter Mikrogravitationsbedingungen mit der flüssigen und – zum geringeren Teil – mit der Gasphase.

In der Schwerelosigkeit gibt es weder unten und oben noch schwer und leicht. Ein schwereloser Flüssigkeitstropfen verharrt in seiner Lage und zerfließt nicht; man braucht daher keinen Behälter, um ihn zu lagern. Im Einzelnen führt Schwerelosigkeit dazu, dass folgende physikalische Effekte in der fluiden Phase[2] nicht mehr auftreten:

- Auftrieb,
- Sedimentation,
- Konvektion.

Unter Auftrieb versteht man das Aufsteigen der leichteren Komponente eines Flüssigkeitsgemischs, unter Sedimentation das Absinken der schwereren Komponente. Konvektion bzw. genauer Auftriebskonvektion ist eine geschlossene Flüssigkeitsströmung, die durch das Zusammenwirken von Temperatur- und Dichtegradient zustande kommt. (Es gibt noch andere Konvektionsarten, die später diskutiert werden.)

Die Abwesenheit dieser Effekte ermöglicht es, Phänomene zu untersuchen, die normalerweise von ihnen überlagert werden.

Wie empfindlich einzelne Experimente auf Mikrogravitationsstörungen sind bzw. welchen Mikrogravitationspegel sie tolerieren können, muss von Fall zu Fall diskutiert werden. Eine überschlägige Abschätzung der zulässigen Amplitude $g(\omega)$ der Störung als Funktion ihrer Frequenz ist jedoch mit Hilfe der **Navier-Stokes-Gleichung** möglich, die das makroskopische Verhalten fluider Systeme im Rahmen der Hydrodynamik beschreibt. Unter Annahme zulässiger Temperaturschwankungen δT erhält man:

$$g(\omega) = \frac{\delta T}{\nabla T} \frac{\rho / L}{\nabla \rho} \sqrt{\omega^2 + (\nu / L^2)^2} \sqrt{\omega^2 + (\kappa / L^2)^2} \qquad (7.5.6)$$

ω Kreisfrequenz der Störung,
∇T Temperaturgradient,
$\nabla \rho$ Dichtegradient,
ν kinematische Viskosität,
κ thermische Diffusivität,
L typische Systemlänge.

[2] In der Thermodynamik fasst man die flüssige und die Gasphase unter dem Begriff „fluide Phase" zusammen.

So grob diese Abschätzung auch ist, so bildet sie doch im Wesentlichen die Grundlage der **Spezifikation für die ISS,** die lautet ($\omega = 2\pi f$):

$$g(f) = \begin{cases} 1{,}6 \cdot 10^{-6}\, g_0 & 0{,}01 < f < 0{,}1 \text{ Hz} \\ f \cdot 16 \cdot 10^{-6}\, g_0 & 0{,}1 < f < 100 \text{ Hz} \\ 1600 \cdot 10^{-6}\, g_0 & 100 < f < 300 \text{ Hz} \end{cases} \qquad (7.5.7)$$

Experimente, die außerhalb dieser Spezifikation liegen, sollten sinnvollerweise nicht auf der ISS durchgeführt werden. Für sie sind dezidierte – unbemannte – Experimentplattformen erforderlich. Bereits die Astronautenaktivität verletzt den zulässigen Grenzwert unterhalb 6 Hz.

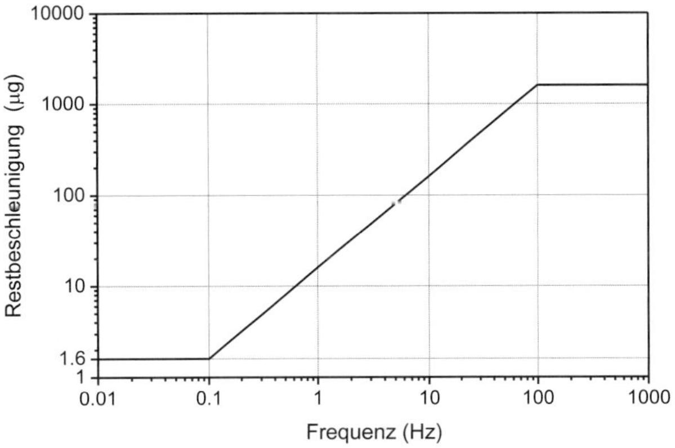

Bild 7.5.4: *Zugelassene Mikrogravitationsstörungen auf der ISS (Bild: I. Egry).*

Im Folgenden sollen die materialwissenschaftlichen Experimentklassen im Detail diskutiert werden, die von Mikrogravitationsbedingungen profitieren.

7.5.2 Kritische Phänomene

Materie kann in verschiedenen Aggregatzuständen, Phasen, vorliegen. Durch Änderung externer thermodynamischer Zustandsvariablen wie z. B. Druck und Temperatur kann man ein solches System von einer in eine andere Phase überführen. Diesen Vorgang nennt man **Phasenübergang.** Beispiele sind der Übergang von der festen in die flüssige Phase (Schmelzen), von der flüssigen in die Gasphase (Verdampfen), von einer geordneten in eine ungeordnete Festkörperphase, von einem magnetischen in einen unmagnetischen Zustand usw. Nach Ehrenfest kann man Phasenübergänge danach klassifizieren, welche thermodynamischen Größen sich beim Phasenübergang unstetig verhalten. Bei einem **Phasenübergang 1. Ordnung** sind dies die thermodynamischen Größen selbst, zum Beispiel die Dichte beim Phasenübergang fest – flüssig. Bei einem **Phasenübergang 2. Ordnung** sind die Größen selbst stetig, aber ihre Ableitungen divergieren. Zum Beispiel ändert sich die Magnetisierung beim ferromagnetischen Phasenübergang stetig (von null auf einen endlichen Wert), aber die Suszeptibilität, $\chi = \partial M / \partial H$, divergiert als Funktion der Temperatur. Phasenübergänge 2. Ordnung sind durch einen **kritischen Punkt** im Zustandsraum charakterisiert. Nur wenn alle Zustandsvariablen ihren kritischen Wert annehmen, handelt es sich um einen Phasenübergang 2. Ordnung. Für ein fluides System ist der kritische Punkt durch die kritische Temperatur T_c und die kritische Dichte ρ_c definiert.

Wie sich nun einzelne thermodynamische Größen und ihre Ableitungen in der Nähe eines kritischen Punktes verhalten, lässt sich durch sogenannte **kritische Exponenten** beschreiben: Sei A eine solche Größe und $\tau = \frac{T - T_c}{T_c}$ die dimensionslose Temperatur, so ist der entsprechende kritische Exponent α wie folgt definiert:

$$A = \tau^{\alpha}\Big|_{\tau \to 0} \qquad (7.5.8)$$

Die kritischen Exponenten beschreiben nicht nur das Verhalten einzelner Größen bei Annäherung an den kritischen Punkt, es bestehen darüber hinaus Zusammenhänge zwischen den einzelnen kritischen Exponenten, die sogenannten **Skalengesetze.** Für den Beweis dieser Skalengesetze im Rahmen der Renormierungsgruppentheorie erhielt K. Wilson im Jahre 1982 den Nobelpreis.

Der Wert der einzelnen kritischen Exponenten ist theoretisch sehr schwierig zu berechnen. Unterschiedliche Theorien liefern unterschiedliche Werte. Es ist auch nicht klar, wie dicht man an den kritischen Punkt herangehen muss, damit Gleichung (7.5.8) tatsächlich gilt, und welchen Einfluss eine endliche Systemgröße hat. Daher ist die experimentelle Bestimmung dieser Exponenten enorm wichtig. Unter terrestrischen Bedingungen ergibt sich für fluide Systeme eine Schwierigkeit: Während man die kritische Temperatur im Prinzip beliebig genau einstellen kann, ist dies für die Dichte nicht möglich. Wegen der Schwerkraft wird die Dichte am Boden des Behälters immer höher sein als am oberen Ende, und die kritische Dichte wird sich nur in einer unendlich dünnen Schicht senkrecht zur Schwerkraft einstellen. Das Volumen des Fluids, das sich am kritischen Punkt befindet, ist also im Vergleich zum Gesamtvolumen verschwindend klein, und das erwartete kritische Verhalten wird vom unkritischen Verhalten des Restsystems überlagert. Hier schafft die Mikrogravitation Abhilfe: Eine **Dichteschichtung** findet nicht statt, und das Gesamtvolumen kann den kritischen Wert der Dichte annehmen.

Experimente zu kritischen Phänomenen sind unter Mikrogravitation durchgeführt worden und weitere sind in Planung. So wurde z. B. die spezifische Wärme $c_p = \left(\frac{\partial Q}{\partial T}\right)_p$ von SF_6 gemessen. Die spezifische Wärme zeigt nur eine sehr schwache (logarithmische) Singularität; daher ist ihr kritischer Exponent fast null und mit konventionellen Methoden nur schwer messbar (Bild 7.5.5).

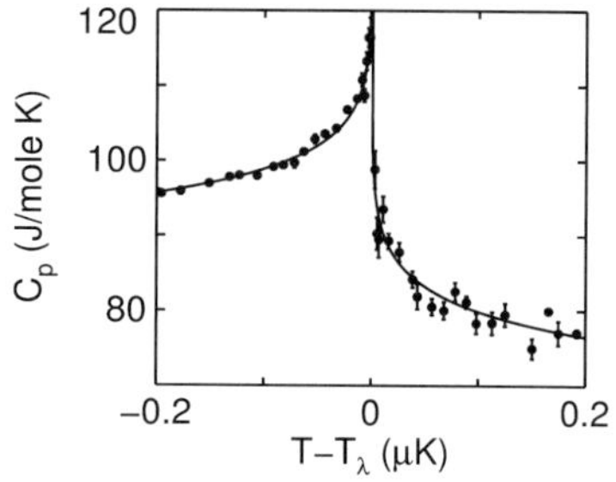

Bild 7.5.5: *Spezifische Wärme von ^{4}He in der Nähe des λ-Übergangs (Bild: J. Lipa, Stanford).*

7.5.3 Quantensysteme

Quantensysteme sind Systeme, in denen die Quantennatur der Materie essenziell zum Tragen kommt, was sich z. B. darin äußert, dass Licht wie ein Teilchen wirken kann und Atome wie Wellen auftreten können. Der konzeptionelle Vorteil der Quantenmechanik liegt darin, dass Atome aus Elementarteilchen zusammengesetzt sind, die immer und überall gleich sind. Daher sind auch die Atome überall gleich und somit auch die aus den Gesetzen der Quantenmechanik folgenden Energieniveaus und Energieübergänge. Gerade diese Energieübergänge werden genutzt, um Licht einer bestimmten Frequenz zu erzeugen, oder die Bewegung von Atomen mittels Laserlicht zu manipulieren. Die Strahlung zu speziellen Energieübergängen dient auch zur Definition der Sekunde: eine Sekunde ist das 9 192 631 770fache der Periodendauer des Übergangs zwischen den beiden Hyperfeinstrukturniveaus des Grundzustandes von ^{133}Cs-Atomen. Durch die Wechselwirkung mit Strahlung können Impulse auf die Atome übertragen werden, was die Grundlage der **Laserkühlung** und **Atominterferometrie** darstellt.

Da die Atome überall gleich sind, kann man auch überall dieselbe Zeiteinheit definieren. Aus denselben Gründen kann man auch überall identische Atominterferometer bauen und darauf basierend Gravimeter, Gradiometer, Akzelerometer, Gyroskope und andere **Quantensensoren.** Das ganze Gebiet der Laserphysik und der Wechselwirkung zwischen Laser und Atomen nennt man Quantenoptik.

Diese Quantensensoren werden z. B. in der Grundlagenforschung eingesetzt. So kann man mit ihnen kleinste Kräfte messen und damit nach möglichen Verletzungen des **Äquivalenzprinzips** suchen. Auch die **Feinstrukturkonstante** kann damit sehr genau ausgemessen werden.

Praktische Anwendungen der Quantenoptik sind neben den genannten Uhren und Quantensensoren auch die Quantenkryptographie, Quantencomputer sowie die Metrologie. In der **Metrologie** versucht man aktuell, alle Einheiten mit Hilfe von Quantensystemen zu realisieren, um Prototypen wie z. B. das Kilogramm zu ersetzen. Dazu werden fundamentale Naturkonstanten wie die Lichtgeschwindigkeit, das Plancksche Wirkungsquantum, die Boltzmann-Konstante und die Avogadro-Konstante per definitionem und daher mit beliebiger Genauigkeit festgelegt, was einen enormen konzeptionellen Vorteil bietet. All diese praktischen Anwendungen der Quantenoptik nennt man auch Quantentechnologie bzw. **Quantum Engineering**.

7.5.3.1 Ultrakalte Atome

Der grundlegende Zugang zur Quantentechnologie besteht in der genauen Manipulation von Atomen. Sie gelingt umso gezielter und genauer, je ruhiger diese sind, d. h. je kälter sie sind. Ultrakalte Atome mit ganzzahligem Spin bilden bei Temperaturen im Bereich von nK (nanoKelvin) und darunter ein **Bose-Einstein-Kondensat** (BEC). In einem solchen BEC befinden sich alle Atome im gleichen quantenmechanischen Zustand, d. h. sie sind kohärent. Mit solchen Atomen als Quelle kann man hochpräzise Atominterferometer bauen, mit denen man kleinste Kräfte detektieren kann. Dabei skaliert die Präzision der Interferometer mit dem Quadrat der Zeitdauer, die die Atome innerhalb der Interferometer verbringen. Bei Experimenten im Erdlabor fallen die Atome aber innerhalb einer zehntel Sekunde aus dem Interferometer und sind damit für die Interferometrie verloren. Für eine längere Verweilzeit der Atome im Interferometer muss also das Interferometer mit den Atomen mitfallen. Das bedeutet, dass man Atominterferometer in Schwerelosigkeit betreiben muss. So können Atominterferometer ihr volles Potenzial bei der Detektion kleinster Kräfte entfalten.

Bose-Einstein-Kondensate

Der erste Schritt zu hochpräzisen Quantensensoren mit langen Verweilzeiten der Atome im Interferometer mit den dazugehörigen kleinen Geschwindigkeiten der Atome liegt darin, ultrakalte Atome in Form eines BECs zu erzeugen. Kalte Atome haben eine niedrige kinetische Energie, sind also langsam. Atome sollen möglichst lange Zeit durch das Interferometer fliegen. Das geht nur, wenn diese eine Geschwindigkeit von weniger als 1 cm/s besitzen (Atome bei Zimmertemperatur haben eine Geschwindigkeit in der Größenordnung km/s).

Um ein BEC zu erzeugen, muss man Atome in einem räumlich eng begrenzten Gebiet, in einer sogenannten **Atomfalle**, lokalisieren. Da die Atome elektrisch neutral sind, nutzt man ihre elektrischen oder magnetischen Dipole. Durch eine geeignete Wechselwirkung dieser Dipole mit elektrischen und magnetischen Feldern, z. B. Laserfeldern, können die Atome eingefangen werden. Typische Fallen sind

- magneto-optische Fallen (magneto-optical trap, MOT),
- optische Dipolfallen,
- magnetische Fallen
- elektrische Fallen.

Die MOT und Dipolfallen sind die am häufigsten verwendeten Atomfallen.

Hat man nun in einer solchen Falle eine Anzahl von bis zu 10^{11} Atomen gefangen, so werden diese so weit wie möglich mittels Laserlicht heruntergekühlt. Damit erreicht man Temperaturen im μK-Bereich, wobei die Atome in der Falle eine der Temperatur entsprechende Geschwindigkeitsverteilung besitzen. Damit kann noch kein BEC erzeugt werden. Es gibt immer noch zu viele Atome, die zu heiß sind und eine zu große Geschwindigkeit besitzen. Die Lösung besteht nun darin, die Falle so weit zu öffnen, dass nur die ganz kalten Atome in der Falle bleiben. Diese bilden dann ein BEC, wenn eine kritische Temperatur T_c unterschritten wird, gegeben durch

$$T_c \sim \frac{h^2}{2\pi m k_B} \rho^{2/3} \qquad (7.5.9)$$

Dabei ist $\rho = N/V$ die Teilchendichte, h die Plancksche Konstante und k_B die Boltzmann Konstante. m ist die Masse der Atome. Im Experiment ist T_c in der Größenordnung von nK bei Fallen mit einem Durchmesser in der Größenordnung von Millimetern.

Atominterferometrie

Die Quantenmechanik besagt, dass nicht nur Licht, sondern auch Teilchen wie Neutronen, Protonen und Elektronen das Phänomen der **Interferenz** zeigen. Das trifft auch auf zusammengesetzte Systeme wie Atome und Moleküle zu – auch auf sehr große Moleküle wie z. B. das C_{60}-Molekül.

Das bekannteste Interferometer ist der Doppelspalt. Dabei fliegen von einer Quelle kommend Photonen, Neutronen, Elektronen, Atome oder Moleküle auf eine Wand mit zwei kleinen Spalten. Hinter dem Doppelspalt plaziert man in genügendem Abstand eine zweite Wand. Wenn ein Photon oder Teilchen durch den Doppelspalt gelangt, wird auf dem zweiten Schirm angezeigt, dass es dort aufgetroffen ist. Bei einem einzelnen Photon oder Teilchen kann man nicht vorhersagen, wo diese auf dem zweiten Schirm auftreffen. Bei einer großen Anzahl von Photonen oder Teilchen bildet sich aber ein Interferenzmuster heraus.

Es gibt nun weitere Typen von Interferometern, die jedoch das Grundprinzip des Doppelspalts beibehalten. Beim **Mach-Zehnder-Interferometer** wird der einlaufende Strahl in einem halbdurchlässigen Spiegel, dem Strahlteiler, aufgeteilt. Die beiden Teilstrahlen werden durch Spiegel abgelenkt und in einem zweiten halbdurchlässigen Spiegel,

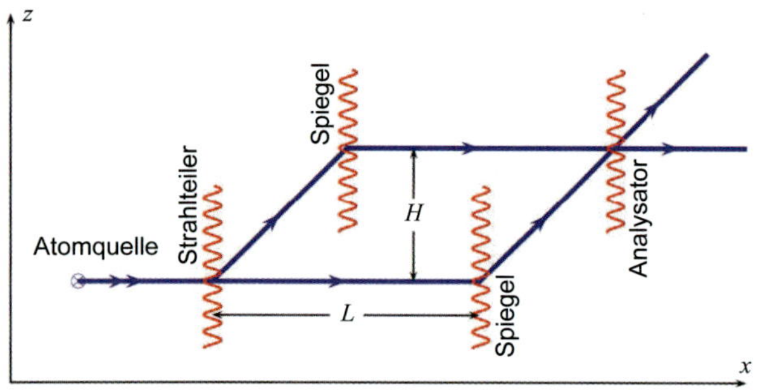

Bild 7.5.6: *Mach-Zehnder Interferometer. Die Atomtrajektorien sind blau und die Laser als rote Wellenlinien gezeichnet. L ist die Länge und H die Höhe des Interferometers (Bild: C. Lämmerzahl, Bremen).*

dem Analysator, zur Interferenz gebracht. Dabei verlassen zwei Strahlen den letzten Spiegel, die komplementäre Interferenzmuster zeigen. Die Intensitäten der beiden Teilstrahlen ergeben addiert immer Eins.

Bei den Atominterferometern werden die optischen Elemente wie die Spiegel oder die halbdurchlässigen Spiegel durch Laserstrahlen ersetzt. Dabei werden die Laserstrahlen so eingestellt, dass diese einen bestimmten Rückstoß auf die Atome übertragen, wobei die Atome, die effektiv ein Zweiniveausystem darstellen, auch in einen angeregten Zustand übergehen. Das bedeutet, dass die eingezeichneten horizontalen Trajektorien von Atomen im Grundzustand durchlaufen werden, während die „schrägen" Trajektorien angeregten Zuständen entsprechen. Nach der Überlagerung beider Zustände im Analysator wird die Intensität der angeregten Zustände gemessen, meist mittels Fluoreszenzstrahlung.

Wenn das Interferometer einer Beschleunigung $\vec{g}$ ausgesetzt ist, dann erhält man als gemessene Intensität am Analysator

$$I = \frac{1}{2}(1+\cos\delta\phi), \quad \delta\phi = \vec{k}\cdot\vec{g}\,T^2 \tag{7.5.10}$$

wobei T die Laufzeit der Atome entlang des horizontalen Weges ist und $\vec{k}$ der Wellenvektor des Laserlichts.

Die Phasenverschiebung $\delta\phi$ skaliert mit dem Quadrat der Zeit T. Im Labor kann diese Zeit nur ca. 0,1 Sekunden sein, weil danach die Atome aus dem Interferometer fallen und für das Experiment verloren sind. Damit T größer sein kann, muss das Interferometer mit den Atomen mitfallen. Daher ist es notwendig, hochgenaue Messungen kleinster Kräfte im freien Fall, d. h. in der Schwerelosigkeit bzw. in einer Mikrogravitationsumgebung durchzuführen.

7.5.3.2 Anwendungen

Von den vielen Anwendungen der Atominterferometrie werden kurz einige aus der Grundlagenphysik beschrieben und auch einige praktische Anwendungen vorgestellt.

Atominterferometrie in der Grundlagenphysik

Ein erstes Beispiel ist der Test des Äquivalenzprinzips, einer der Grundpfeiler der Allgemeinen Relativitätstheorie. Am einfachsten lässt sich eine Verletzung des Äquivalenzprinzips im Rahmen der Newtonschen Mechanik als Ungleichheit von träger und schwerer Masse m_t und m_s formulieren. Damit ergibt sich die modifizierte Phasenverschiebung

$$\delta\phi = \frac{m_s}{m_t}\vec{k}\cdot\vec{g}\,T^2 \tag{7.5.11}$$

Führt man also im Gravitationsfeld der Erde atominterferometrische Freifallversuche durch, kann man untersuchen, ob die Phasenverschiebung von der Atomsorte abhängt. Die bisher besten Tests ergaben, dass das Äquivalenzprinzip auf der Ebene der Quantenmechanik bis auf 10^{-9} gültig ist. Diese Experimente wurden bisher noch nicht unter Mikrogravitationsbedingungen durchgeführt. Die entsprechende Technologie wird zur Zeit entwickelt, so dass verbesserte atominterferometrische Tests des Äquivalenzprinzips in naher Zukunft zu erwarten sind. Ein großer Vorteil der Atominterferometrie bei solchen Experimenten ist, dass die Testmassen eindeutig definiert sind. Eine Schwierigkeit bei klassischen Experimenten liegt in der präzisen Fertigung der Testmassen, speziell in deren Homogenität und damit in der Kenntnis der Lage des Schwerpunktes.

In einer Modifikation desselben Versuchs plaziert man eine größere Masse M einmal unter und einmal über dem Interferometer. Im ersten Fall wird die Erdanziehung etwas größer sein, im zweiten Fall etwas kleiner. Der Unterschied in der Beschleunigung beträgt $\delta g = 2G\frac{M}{a}$, wobei a der Abstand der Masse M vom Atominterferometer (der obere und untere Abstand sei gleich) und G die Gravitationskonstante ist. Mit der atominterferometrischen Messung von $g+\delta g$ und $g-\delta g$ kann man die Gravitationskonstante bestimmen. Auch hierbei würde eine Messung unter Mikrogravitation weitere Verbesserungen bringen.

Ein weiteres großes Thema in der heutigen Grundlagenphysik ist die Suche nach einer **Quantengravitation**. Es ist zu erwarten, dass ihre Existenz kleinste Modifikationen von Bewegungsgleichungen nach sich zieht (z. B. Fünfte Kraft). Alle solche Modifikationen beeinflussen natürlich die Phasenverschiebung, so dass Atominterferometrie ein wichtiges Instrument bei der Suche nach potenziellen Effekten der Quantengravitation ist.

Praktische Anwendungen der Atominterferometrie

Eine wichtige zukünftige praktische Anwendung der Atominterferometrie ist die **Geodäsie**. In diesem Fall wird ein Atominterferometer über die Erdoberfläche bewegt und dabei die Änderung der Erdbeschleunigung gemessen. Daraus kann man sich das Erdgravitationsfeld und dessen zeitliche Änderungen ableiten. Der Vorteil bei atominterferometrischen Gravimetern besteht darin, dass diese schnell einsetzbar sind und keine Kalibrierung benötigen. Dieses Messprinzip lässt sich auch auf Satelliten anwenden, wobei hierbei die Vorteile der Mikrogravitation im Satelliten genauere Messungen möglich machen. Darüber hinaus eignen sich Atominterferometer auch als Inertialsensoren (Beschleunigungsmesser und Gyroskope).

7.5.3.3 Experimente im Fallturm und auf der ISS

Im Fallturm Bremen wurde im Rahmen einer Kooperation mit Arbeitsgruppen aus Hannover, Hamburg, Berlin, Ulm, Darmstadt und Bremen das erste frei fallende BEC erzeugt. Schlüsselkomponente für die Experimente ist ein Atomchip, der als atomare Falle dient. Mit dieser Technologie wurden schon über 600 Abwürfe im Fallturm durchgeführt und dabei ein 1 mm großes BEC erzeugt. Die kohärente Aufspaltung des BECs und seine nachfolgende Interferenz wurden nachgewiesen und Gradiometrie realisiert.

Dabei wird bei einem Abwurf innerhalb von 4,7 Sekunden ein BEC erzeugt. Zunächst wird die MOT aktiviert. Dann werden die Atome in eine sog. „Ioffe-Pritchard“-Falle überführt, aus der heraus das BEC nach ca. 1 Sekunde erzeugt wird. Danach wird ein delta kick cooling (DKC) durchgeführt zur besseren Kollimation der ansonsten

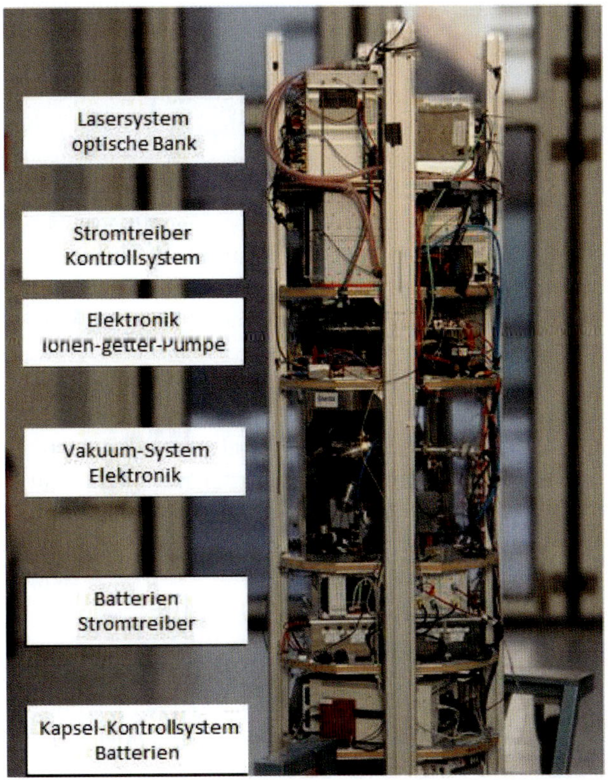

Bild 7.5.7: *Fallkapsel mit dem Experimentaufbau, wie sie im Bremer Fallturm zur Erzeugung eines BEC eingesetzt wurde (Bild: C. Lämmerzahl, Bremen).*

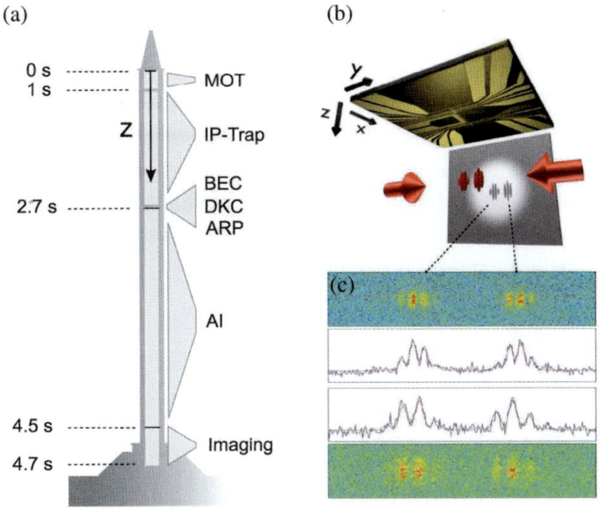

Bild 7.5.8: *Zeitlicher Ablauf des Abwurfs (a), Atomchip (b) und nachgewiesenes Interferenzmuster (c) (Bild: C. Lämmerzahl, Bremen).*

auseinanderfliegenden und sich verdünnenden Atomwolke. Vor der Atominterferometrie (AI) wird noch eine sogenannte Adiabatic Rapid Passage (ARP) durchlaufen, die die Atome in einen magnetfeldinsensitiven Zustand bringt, was wegen der im Fallturm und auch im Weltraum vorhandenen magnetischen Störfelder notwendig ist. In der letzten Sekunde des Experimentablaufs wird dann die Interferometrie durchgeführt, deren Interferenzbild unter dem Atomchip zu sehen ist.

Basierend auf dieser Technologieentwicklung wurde im Januar 2017 zum ersten Mal ein BEC im Weltraum an Bord einer suborbitalen Rakete erzeugt. Die nächsten Pläne sehen vor, ein BEC auf der ISS herzustellen und damit Versuche durchzuführen. Dafür soll das Cold Atom Lab (CAL) der NASA zur Verfügung stehen, in das ein Experimentmodul aus der erprobten Fallturm-Technologie eingesetzt werden soll.

7.5.4 Fluidphysik

7.5.4.1 Statik

Naturgemäß ist das **Verhalten von Flüssigkeiten** unter den Bedingungen der reduzierten Schwerkraft eines der zentralen Themen der materialwissenschaftlichen Forschung unter Mikrogravitation. Dabei geht es zunächst um die Frage der **Gleichgewichtsform** von Flüssigkeitsvolumina und ihrer Stabilität. Hierbei tritt die Schwerkraft in Konkurrenz zur **Oberflächenspannung:** Während letztere versucht, die Oberfläche eines Körpers (relativ zu seinem Volumen) minimal zu halten und daher gekrümmte Oberflächen bevorzugt, versucht das Volumen der Flüssigkeit, seine potenzielle Energie im Schwerefeld zu minimieren, was zur Ausbildung ebener, den Äquipotenzialflächen des Schwerefeldes angepasster Oberflächen führt. Die tatsächliche Form der Oberfläche ergibt sich aus dem Kompromiss zwischen diesen beiden widerstreitenden Prinzipien. Sie kann mit den Mitteln der Differenzialgeometrie berechnet werden. Qualitativ lassen sich diese Effekte mit Hilfe der **Kapillarlänge** diskutieren, die das Verhältnis von Oberflächenenergie zur potenziellen Energie im (konstanten) Gravitationsfeld beschreibt:

$$L_K = \sqrt{\frac{\gamma}{\rho\, g}} \qquad (7.5.12)$$

γ Oberflächenspannung,
ρ Dichte,
g die Erdbeschleunigung.

Ist die Kapillarlänge klein gegen eine typische Systemdimension, überwiegt der gravitative Einfluss, und man hat mit ebenen Oberflächen zu rechnen. Ist sie groß, überwiegt der Einfluss der Oberflächenspannung, und es kommt zu gekrümmten Oberflächen.

Eine interessante Fragestellung ist die nach der **Stabilität** verschiedener Flüssigkeitsformen. Besonders intensiv wurde die Stabilität von Flüssigkeitsbrücken, die zwischen zwei konzentrischen Scheiben eingefasst sind, untersucht. Unter schwerefreien Bedingungen, d. h. für unendlich große Kapillarlänge, sagt die Theorie den Zusammenbruch der Flüssigkeitsbrücke voraus, sobald der Abstand der Stempel ihren Umfang überschreitet. Diese sogenannte Laplace-Instabilität lässt sich in ihrer reinen Form nur unter Mikrogravitation untersuchen.

7.5.4.2 Dynamik

Neben diesen statischen Effekten sind dynamische Phänomene Gegenstand der hydrodynamischen Untersuchungen unter Mikrogravitation, hier vor allem die **Konvektion.** Wie bereits weiter oben angedeutet, kommt die Auftriebskonvektion durch das Zusammenwirken von Temperaturgradienten und Schwerkraft zustande. Die meisten Körper dehnen sich bei Erwärmung aus, d. h., sie besitzen einen positiven thermischen Ausdehnungskoeffizienten. Das führt dazu, dass wärmere Flüssigkeit im Schwerefeld nach oben steigt. Wird also eine Flüssigkeit von unten erwärmt (wie z. B. durch eine Herdplatte), kommt es bei Überschreitung eines kritischen Werts des Temperaturgradienten zu einer Strömung, der **Auftriebskonvektion.** Die Geometrie der Konvektionsrollen hängt von der Geometrie des Gesamtsystems ab und ändert sich mit zunehmendem Temperaturgradienten, bis schließlich der Übergang zur turbulenten Strömung stattfindet. Die charakteristische Größe zur Beschreibung der Auftriebskonvektion ist die dimensionslose **Rayleigh-Zahl:**

$$Ra = \frac{\beta\, \rho\, g\, |\nabla T|}{\kappa\, \eta}\, d^4 \qquad (7.5.13)$$

β thermischer Ausdehnungskoeffizient,
∇T Temperaturgradient,
κ Temperaturleitfähigkeit,
η Viskosität,
d typische Systemlänge.

Überschreitet die Rayleigh-Zahl bei instabiler Schichtung einen kritischen Wert, Ra_c, setzt Konvektion ein.

Bei stabiler Schichtung (Heizung von oben) tritt keine Konvektion ein. Bei einem radialen Temperaturgradienten (senkrecht zur Richtung der Schwerkraft) setzt die Konvektion bei beliebig kleinem Temperaturgradienten ein, die kritische Rayleigh-Zahl ist für diese Konfiguration Null. Da in der Rayleigh-Zahl der Wert der Gravitationsbeschleunigung vorkommt, lässt sich durch seine Variation der Schwellwert für das Einsetzen der Auftriebskonvektion verändern und der Stabilitätsbereich der instabilen Schichtung unter Mikrogravitation beträchtlich erhöhen.

Konvektion ist ein sehr effizienter Mechanismus für den Masse- und Wärmetransport in Flüssigkeiten. Nur wenn sie unterdrückt wird, ist es möglich, andere, schwächere Effekte zu studieren, die sonst von der Auftriebskonvektion überdeckt sind. Ein solcher Effekt ist die **Marangoni-Konvektion,** die zwar schon Anfang des 20. Jahrhunderts bekannt war, ihre Renaissance aber erst durch die materialwissenschaftlichen Experimente unter Schwerelosigkeit erlebte. Im Gegensatz zur Auftriebskonvektion hat sie ihren Ursprung nicht in der Temperaturabhängigkeit der Dichte, sondern in der Temperaturabhängigkeit der Oberflächenspannung[3]. In der Regel steigt die Oberflächenspannung mit sinkender Temperatur, daher versucht die Oberfläche sich an kalten Stellen stärker zu krümmen als an warmen, wo die Kapillarlänge kleiner ist. Dies führt zu einer Strömung entlang der Oberfläche von warm nach kalt. Wegen der Massenerhaltung muss diese Strömung im Innern der Flüssigkeit ausgeglichen werden, sodass sich wieder Konvektionsrollen ausbilden. Die Marangoni-Konvektion ist schwerkraftunabhängig. Da sie die gleiche Erscheinungsform wie die Auftriebskonvektion hat, kann sie am besten studiert werden, wenn man letztere ausschaltet, d. h. durch Reduzierung der Schwerkraft die kritische Rayleigh-Zahl unterschreitet.

7.5.4.3 Verbrennung

Neben Flüssigkeiten sind auch andere fluide Systeme unter Mikrogravitation untersucht worden. Ein aktives Feld

[3] Genauer gesagt, in der Ortsabhängigkeit der Oberflächenspannung, die sowohl durch Temperatur- als auch durch Konzentrationsgradienten entlang der Oberfläche hervorgerufen sein kann.

ist die **Verbrennungsforschung.** In einer gewöhnlichen Flamme, aber auch bei der Verbrennung von Treibstoffgemischen in Motoren, ist die Konvektion der wesentliche Mechanismus für Stoff- und Wärmetransport. Daneben spielen aber auch **Diffusionsprozesse** eine wichtige Rolle, die nur bei Unterdrückung der Konvektion studiert werden können. So war zunächst nicht klar, ob eine Flamme auch unter Mikrogravitationsbedingungen brennen kann, d. h. ob die Diffusionsprozesse ausreichen, um die Flamme mit Sauerstoff zu versorgen und die Verbrennungsprodukte, wie z. B. Ruß, abzutransportieren. In der Tat brennt eine Kerze unter Mikrogravitation mit einer bläulichen, kugelförmigen Flamme.

Bild 7.5.9: *Vergleich der Flammenformen einer Kerze unter Mikrogravitation (links) und unter normaler Schwerkraft rechts (Bild: NASA).*

Ein erstaunliches Ergebnis der Untersuchungen auf der Raumstation war die Erkenntnis, dass Tröpfchen verschiedener n-Alkane auch nach Verlöschen der Flamme mit niedrigerer Temperatur und Brennrate weiterbrennen; dieses Phänomen ist unter dem Namen **„Cool Flame“** bekannt.

Verbrennungsforschung unter Mikrogravitation hat nicht nur Aspekte der Grundlagen- und der angewandten Forschung zur Verbesserung des Wirkungsgrades zum Gegenstand, auch Sicherheitsaspekte der Brandbekämpfung in einem Raumfahrzeug, etwa der Raumstation, spielen eine Rolle. Daher fördert die NASA, und zum Teil auch die japanische Weltraumagentur JAXA, ein umfangreiches Experimentalprogramm sowohl zum Studium der Verbrennung von (einfachen) Kohlenwasserstoffen als Modellsysteme für Treibstoffe (Advanced Combustion Microgravity Experiment, ACME) als auch zur Untersuchung von Feuerlöschoptionen fester und flüssiger Stoffe (Flame Extinguishment Experiment, FLEX, Burning and Suppression of Solids, BASS).

7.5.4.4 Weiche Materie

Zu den fluiden Systemen muss man auch andere Formen der weichen Materie zählen: Kolloide, granulare Medien, **Aerogele**, **Aerosole**, komplexe Plasmen, kalte Atome etc. Auch sie sind Gegenstand der materialwissenschaftlichen Forschung unter Mikrogravitationsbedingungen.

Granulare Materie ist im Grunde etwas ganz Alltägliches: Sand zum Beispiel oder Schüttgüter aller Art (Mehl, Kaffee, Salz, Zucker, Erbsen, Bohnen). Sie besteht aus einzelnen Körnern, die nur wenige Mikrometer groß sein können, aber auch mehrere Zentimeter. Schüttgüter, oder allgemeiner granulare Materialien, zeigen vielfältiges Verhalten: sie können starr und elastisch wie ein Festkörper sein, sie können sich wie eine Flüssigkeit benehmen (Ausgießen, Treibsand) oder einem Gas ähneln (Staubsturm). Das vielfältige Verhalten von granularer Materie wird durch zwei ganz einfache Mechanismen bestimmt: der Schwerkraft, oder anders formuliert der Dichte, und der Reibung zwischen den Körnern an ihren Kontaktpunkten. Wenn granulare Materialien in eine Form geschüttet werden, entsteht zunächst eine lose dichte Packung, die man durch Rütteln und Schütteln weiter verdichten kann. Sie werden dann steif und fest sein, so dass sie belastet werden können wie ein Festkörper. Körner mit geringer Reibung lassen sich durch eine einfache Scherung bewegen: sie fließen wie eine Flüssigkeit. Bei noch geringerer Dichte verhalten sie sich wie ein Gas. Allerdings muss man auf der Erde entsprechend viel Energie hinzufügen, denn statt Molekülen oder Atomen sind die Gasteilchen hier makroskopische Objekte. Nur wenn die Teilchen extrem klein sind (Staub im Bereich weniger Mikrometer) können sie sich länger in der Luft halten, sonst sinken sie in Bruchteilen einer Sekunde zu Boden. Das macht den Einfluss der Schwerkraft deutlich: Nur unter Schwerelosigkeit lassen sich granulare Gase ideal untersuchen. In den letzten zehn Jahren wurden Experimente im Parabelflug und auf ballistischen Raketen mit ersten Ergebnissen erprobt und für die ISS weiterentwickelt. Das zentrale Problem zur Erzeugung eines granularen Gases ist, dass man die Bewegung der Körner mechanisch anregen muss. Was bei molekularen Gasen die Temperatur der Wände von selbst erledigt (bei jedem Wandstoß wird Wärmeenergie in kinetische Energie umgesetzt), ist bei Granulaten schwierig. Wenn man ein granulares Gas unter Schwerelosigkeit untersuchen möchte, muss man die Körner so anregen, dass sie sich in einem Probenvolumen möglichst gleichmäßig verteilen. Führt man solche Experimente durch, indem man die Wände des Behälters bewegt, erhält man unter Schwerelosigkeit ein einfaches Resultat: alle Körner sammeln sich in der Behältermitte. Der Impulsübertrag an den Wänden reicht für eine gleichmäßige Verteilung der Körner nicht aus. Ein Ausweg hier sind magnetische Körner, die im gesamten Volumen über alternierende Magnetfelder angeregt wer-

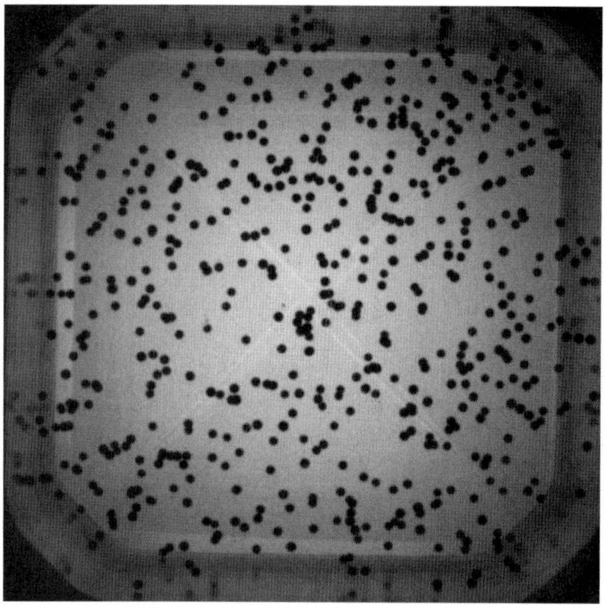

Bild 7.5.10: *Magnetische Kugeln, die unter Schwerelosigkeit im Parabelflug homogen verteilt sind (Bild: DLR-MP).*

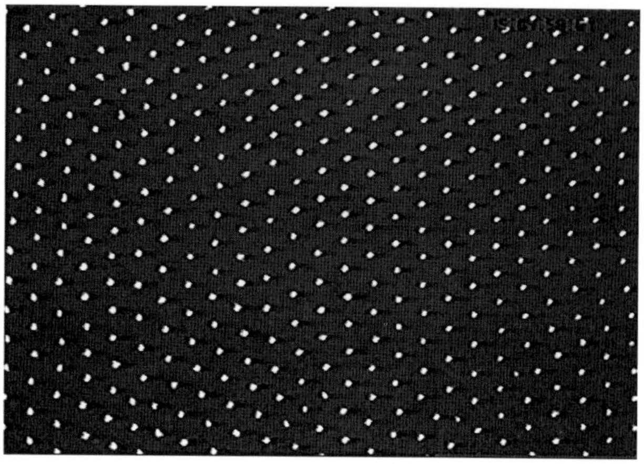

Bild 7.5.11: *Ein (fast) perfekter Plasmakristall in der Aufsicht (Bild: MPE Garching).*

den können. Dadurch ist es gelungen, homogen verteilte granulare Gase zu erzeugen.

Der sogenannte **Plasmakristall** ist ein spektakuläres Ergebnis der Erforschung weicher Materie unter Mikrogravitationsbedingungen. Ein komplexes oder staubiges Plasma besteht aus einem ionisierten Gas, in dem sich Teilchen mit Größen bis etwa 100 µm befinden. Diese Mikroteilchen werden von den Ionen und Elektronen des Plasmas getroffen und laden sich dabei negativ auf. (Da die Elektronen in einem Plasma eine wesentlich größere Geschwindigkeit besitzen als die Ionen, treffen diese häufiger auf die Staubteilchen, so dass sie eine negative Ladung von einigen tausend Elektronenladungen aufweisen.) Diese Ladungen werden durch die positiven beweglichen Ladungsträger im Plasma, also die Ionen, teilweise abgeschirmt. Dennoch stoßen sich die negativ geladenen Staubteilchen gegenseitig ab. Das komplexe Plasma kann, je nach Wahl der Plasmaparameter, verschiedene Zustände annehmen. Am spektakulärsten war die Entdeckung eines kristallinen Zustands: alle Teilchen ordnen sich auf einem Gitter an. Durch Änderung der Plasmaparameter (z. B. Gasdichte) kann man den Kristall in einen flüssigen Zustand überführen oder auch die Teilchen sich völlig regellos auf ballistischen Bahnen bewegen lassen, wie in einem Gas. Auf der Erde werden die Staubteilchen im elektrischen Feld der sogenannten Plasmarandschicht in Schwebe gehalten (levitiert), da sie ansonsten unter Einwirkung der Gravitation auf den Boden der Plasmakammer fallen würden. Trotz der Levitation lassen sich auf der Erde meist nur wenige Staublagen stabilisieren. Deswegen werden Experimente unter Schwerelosigkeit, z. B. bei Parabelflügen oder auf der Internationalen Raumstation durchgeführt. So war das Plasmakristall-Experiment des Max-Planck-Instituts in Garching das erste physikalische Experiment auf der ISS überhaupt. Mittlerweile gibt es zahlreiche Varianten von Plasmakammern für die Internationale Raumstation, mit denen eine 3D-Darstellung der Dynamik in Echtzeit möglich ist. Es wurden zahlreiche Entdeckungen gemacht, die Einblicke in die Physik staubiger Plasmen, die überall im Universum vorkommen, gestatten.

7.5.5 Erstarrung

Unter Erstarrung versteht man den Phasenübergang (1. Ordnung) vom flüssigen in den festen Zustand. Sie ist von großer technologischer Bedeutung, da die meisten Werkstoffe aus der flüssigen Phase gewonnen werden. In der Halbleiterindustrie und der Optoelektronik kommt es darauf an, möglichst perfekte Einkristalle aus der Schmelze bzw. gelegentlich aus der Gasphase zu gewinnen. In diesem Zusammenhang spricht man von **Kristallzucht.** Viele metallische Halbzeuge und Produkte werden gegossen; die Erstarrung von Metallen ist daher ein wichtiges Thema.

Bei der Erstarrung kommt es darauf an, dass die Schmelze vor der fest-flüssig-Phasengrenze, der **Erstarrungsfront,** möglichst homogen ist, denn jede Inhomogenität vor der Erstarrungsfront wird in den Festkörper eingebaut. Dies betrifft sowohl Temperatur- als auch Konzentrationsgradienten. Bei Anwesenheit von Konvektionsrollen, seien sie stationär oder zeitabhängig, ist diese Homogenität nicht mehr gewährleistet. Perfekte Einkristalle lassen sich am besten unter rein diffusiven Bedingungen, d. h. unter Abwesenheit jedweder Strömung, ziehen. Hierzu bietet die Mikrogravitation optimale Bedingungen.

7.5.5.1 Kristallzucht

Kristalle wachsen nur, wenn eine treibende Kraft vorhanden ist, d. h. ein Temperatur- und/oder Konzentrationsgradient anliegt. Unter Mikrogravitationsbedingungen lässt sich aber die Rayleigh-Zahl unter ihren kritischen Wert drücken, sodass diese Gradienten nicht zur Ausbildung von Konvektion führen. Allerdings müssen bei der konvektionsfreien Kristallzucht auch freie Oberflächen vermieden werden, da sonst die Marangoni-Konvektion unvermeidbar wäre. Beim **Zonenschmelzen,** einer in der Halbleiterkristallzucht üblichen Methode, ist dies aber nicht der Fall. Bei diesem Verfahren wird ein polykristalliner, zylindrischer Rohling durch eine schmale Heizzone gezogen, aufgeschmolzen und rekristallisiert. In der Heizzone entsteht eine freie flüssige Oberfläche, die zur Marangoni-Konvektion führt. Daher ist es wichtig, alternative Kristallzuchtverfahren zu entwickeln, die eine freie Oberfläche vermeiden.

Ein Spezialfall der Kristallzucht unter Mikrogravitationsbedingungen ist die **Proteinkristallzucht.** Große Proteineinkristalle werden zur Strukturanalyse mittels Neutronenstreuung benötigt. Die Struktur von Proteinkristallen ist ziemlich kompliziert, d. h., die Einheitszelle, aus der der Kristall aufgebaut ist, ist relativ groß. Unter terrestrischen Bedingungen verformt sich der Proteinkristall während seiner Entstehung unter seinem eigenen Gewicht, und der für die Strukturuntersuchung erforderliche periodische Aufbau ist gestört.

7.5.5.2 Gerichtete Erstarrung

Für die sogenannte gerichtete Erstarrung, bei der die Erstarrungsfront sich durch einen aufgeprägten Temperaturgradienten in eine vorgegebene Richtung bewegt, hat sich das **Bridgman-Verfahren** durchgesetzt. Hier befindet sich das polykristalline Material in einer Kartusche, die sich relativ zu zwei Heizern, die ein lineares Temperaturprofil erzeugen, bewegt. Die Erstarrungsfront befindet sich dort, wo die Temperatur gerade dem Schmelzpunkt des Materials entspricht. Die optimale Anordnung ist das vertikale Bridgman-Verfahren, bei dem der Temperaturgradient antiparallel zur Schwerkraft ist, also eine stabile Schichtung vorliegt. Könnte man radiale Temperaturgradienten vermeiden, wäre diese Anordnung selbst unter terrestrischen Bedingungen konvektionsfrei. Hat man es aber mit Legierungen zu tun, spielen neben dem Temperaturgradienten auch Konzentrationsgradienten eine Rolle. In diesem Fall muss man die Analyse der Auftriebskonvektion um die Konzentrationsabhängigkeit der Dichte erweitern. Neben der thermischen Ausdehnung $\partial\rho/\partial T$ spielt nun auch die Konzentrationsabhängigkeit der Dichte $\partial\rho/\partial c$ eine Rolle. Haben die beiden Ableitungen entgegengesetztes Vorzeichen, ist eine stabile Schichtung nicht möglich, und es kommt zur thermosolutalen (Auftriebs-)Konvektion. Abhilfe schafft hier nur noch die Mikrogravitation.

7.5.5.3 Metalle

Im Vordergrund des Interesses sind grundlegende Fragestellungen der Erstarrung von Legierungen. Legierungen bestehen aus mindestens zwei Komponenten wie zum Beispiel Al-Si, Fe-C, Cu-Co, Cu-Sn und zeigen bei gerichteter Erstarrung immer ein sogenanntes dendritisches Muster: Die Kristallisationsfront, die sich in eine Schmelze hineinbewegt, bleibt nicht eben, sondern wird instabil und bildet ein tannenbaumartiges Muster, Dendriten[4], aus. Dendriten bestehen aus einem kegelförmigen Stamm und Seitenarmen, die den Ästen des Tannenbaums ähneln. Erstarrt zum Beispiel eine Al-Si-Legierung, bilden sich dabei aluminiumreiche Dendriten aus. Zwischen diesen lagert sich eine eutektische Schmelze ein. Eutektisch heißt, dass die siliziumreiche Schmelze gemeinsam mit Aluminium in Form von Siliziumplatten mit Al-reichen Schichten bei einer festen Temperatur erstarrt.

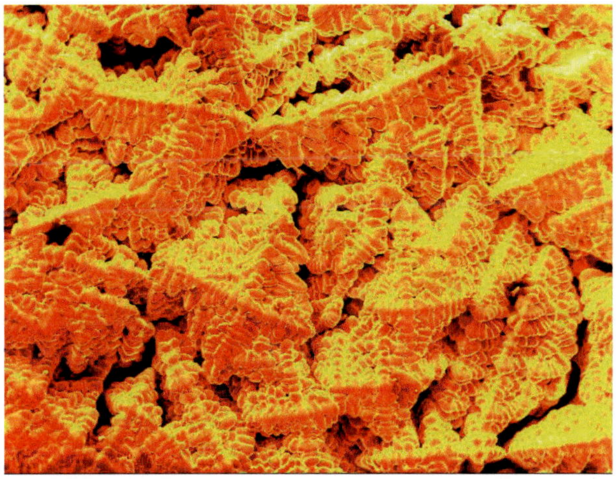

Bild 7.5.12: *Schliffbild einer dendritisch erstarrten Al-Ag-Cu-Legierung (Bild: DLR).*

Schmelzen und Erstarren, allgemeiner Gießen von Legierungen, beinhaltet zwangsweise Strömungen. Wie aber wirken sich solche Strömungen auf das Gefüge von Gussteilen aus, da sie immer auch den Stoff- und Wärmetransport verändern, meist beschleunigen? Verändern sie die Form von Dendriten und Dendritennetzwerken? Führen sie zu einer inhomogenen Verteilung der Legierungskomponenten im Gussteil? Solche und andere Fragen lassen sich durch Experimente auf der Erde nur zum Teil beantworten, da man den Vergleichsfall „strömungsfreies Erstarren" nicht herstellen kann. Das geht nur unter Schwerelosigkeit. Dementsprechend wird an der Erstarrung von Legierungen seit den ersten Experimentiermöglichkeiten unter Schwerelosigkeit geforscht. Für die Nutzung der ISS-Anlagen (s. Kapitel 7.5.6) haben sich internationale Teams gebildet, die sich den Fragestellungen der Entstehung von

4 Dendrit: baumartiges Gebilde, von δενδρον = Baum.

Dendriten und Dendritennetzwerken unter Schwerelosigkeit bei sehr kontrollierten Bedingungen des Stoff- und Wärmetransports widmen. Neu hinzugekommen ist die experimentelle Möglichkeit, künstlich Strömungsmuster zu erzeugen, deren Stärke und Form durch rotierende Magnetfelder kontrolliert werden kann. Verbunden mit Serienexperimenten auf der ISS erhält man Eindrücke der Wirkung von Strömungen auf die Erstarrung von Legierungen. Eine Musterlegierung, die vielfältig im Leichtbau (Motorenguss, Getriebe) eingesetzt wird, besteht aus Aluminium und Silizium und etwas Eisen und Mangan. Bei Experimenten auf TEXUS, MAXUS[5] und der ISS wurde der Unterschied zwischen strömungsfreien Bedingungen und kontrollierter Strömung untersucht. Die Ergebnisse haben verblüfft.

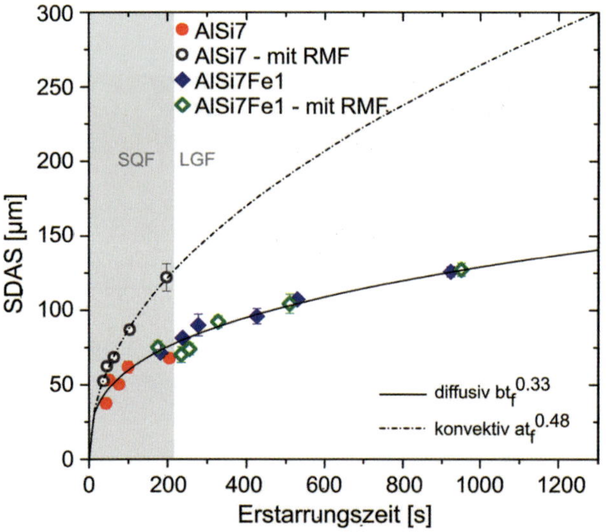

Bild 7.5.13: *Abstand der Sekundärdendriten (SDAS) in Abhängigkeit von der Erstarrungszeit t in Al-Si-Fe-Legierungen mit und ohne rotierendes Magnetfeld (RMF) (Bild: DLR-MP).*

Während eine reine Zweistofflegierung aus Al und Si zeigt, dass unter rein diffusiven, strömungsfreien Bedingungen der Abstand der Dendritenseitenarme proportional zur Kubikwurzel der Erstarrungszeit anwächst und bei Einstellung von kontrollierten Strömungen wie die Wurzel derselben, bewirkt das Zulegieren von nur etwas Eisen, dass die Strömungen nicht mehr ins Dendritennetzwerk eindringen können und sich ein Gefüge ausbildet, als wäre es strömungsfrei erstarrt. Dieses Ergebnis hat unmittelbare Bedeutung für viele technische Legierungen und Gießereiprozesse.

Unter den metallischen Systemen nehmen die sogenannten **Monotektika** eine Sonderrolle ein. Darunter versteht man Systeme, die in der flüssigen Phase eine Mischungslücke aufweisen, d. h. für bestimmte Temperaturen und Konzentrationen zwei untereinander nicht mischbare flüssige Phasen ausbilden. Ein prominentes Beispiel ist Al-Pb. Solche Systeme sind prinzipiell von beträchtlichem technischen Interesse. Wenn es gelingt, die beiden nicht mischbaren flüssigen Phasen fein zu dispergieren und in diesem Zustand zu erstarren, kann man auf diese Art und Weise einen idealen, selbstschmierenden **Lagerwerkstoff** herstellen, wobei die harte Phase die Lagerung und die weiche die Schmierung übernimmt. Auf der Erde ist dies natürlich nicht möglich, weil die beiden entmischten Phasen eine ihrer Dichte entsprechende Schichtung annehmen, d. h., das schwere Blei sinkt nach unten und das leichte Aluminium schwimmt oben. Es bestand die Hoffnung, dass unter Bedingungen der Mikrogravitation dieser Effekt nicht eintreten würde und sich eine feine Dispersion herstellen ließe. Wie im Falle der Marangoni-Konvektion ist aber wieder die Oberflächenspannung der Spielverderber. Eine feine **Dispersion** aus flüssigen Tropfen der einen Komponente in der flüssigen Matrix der anderen Komponente besitzt eine große innere Oberfläche, die wegen der nicht verschwindenden Grenzflächenenergie zwischen den beiden Flüssigkeiten einen Beitrag zur Gesamtenergie des Systems leistet. Durch **Koagulation** vieler kleiner Tropfen zu einem großen kann diese Energie abgesenkt werden. Daher besteht die Gleichgewichtskonfiguration aus einem großen Flüssigkeitstropfen, der von der zweiten Flüssigkeit umhüllt ist. Welche der beiden Flüssigkeiten innen bzw. außen ist, hängt davon ab, welche von beiden den Behälter besser benetzt. Eine Möglichkeit, diesen unerwünschten Endzustand zu vermeiden, besteht darin, die entmischte Schmelze abzuschrecken, bevor die Koagulation einsetzt.

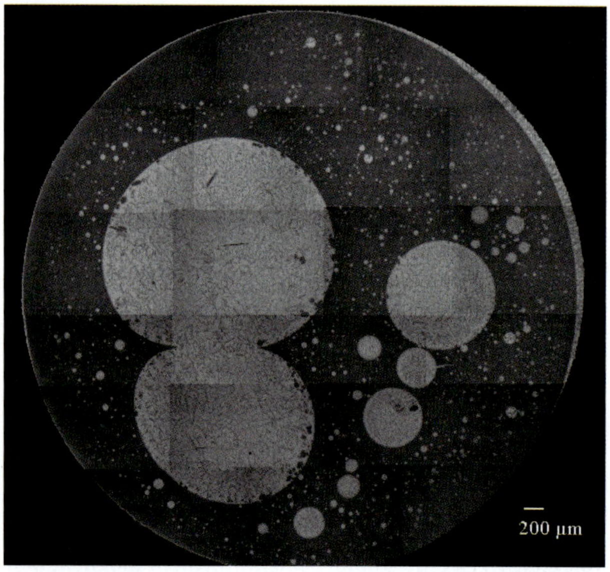

Bild 7.5.14: *Schliffbild einer fast vollständig entmischten CuCo-Legierung. Helle Bereiche sind kupferreich, dunkle kobaltreich (Bild: DLR).*

5 TEXUS: Technologische Experimente unter Schwerelosigkeit, MAXUS: Materialwissenschaftliche Experimente unter Schwerelosigkeit

7.5.5.4 Unterkühlung

Die bisher diskutierten Fälle betrafen die Erstarrung in der Nähe des thermodynamischen Gleichgewichts. Da aber die Erstarrung ein Phasenübergang 1. Ordnung ist, benötigt die Entstehung der festen Phase einen kritischen Keim. Wenn es gelingt, diese **Keimbildung** zu unterdrücken oder zumindest zu verzögern, ist es möglich, die Schmelze unter ihren Gefrierpunkt abzukühlen, ohne dass sie erstarrt: Es kommt zur **Unterkühlung.** Dieser metastabile Zustand der unterkühlten Schmelze und ihre Erstarrung sind ein weiteres, faszinierendes Gebiet der materialwissenschaftlichen Forschung unter Mikrogravitation. Hier kommt es zunächst darauf an, den unterkühlten Zustand zu erreichen und für eine gewisse Zeit zu erhalten. Dazu muss die Keimbildungsrate reduziert werden. Neben der unvermeidlichen homogenen Keimbildung, die intrinsisch jedem System innewohnt, ist meist die sogenannte heterogene Keimbildung verantwortlich für das Einleiten der Erstarrung. Als heterogene Keime fungieren Verunreinigungen und kristalline Strukturen, wie sie sich zum Beispiel an Tiegelwänden befinden. Obwohl die Zahl der heterogenen Keime in einer Schmelze viel niedriger als die der homogenen ist, dominiert die heterogene Keimbildung die Auslösung der Erstarrung. Um die Unterkühlung, die unterkühlte Schmelze und ihre Erstarrung zu studieren, haben sich daher **tiegelfreie Verfahren** bewährt, bei der die Schmelze ohne materiellen Kontakt mit einem Tiegel positioniert und prozessiert wird. Das **Schwebeschmelzen,** auch elektromagnetische Levitation genannt, ist ein solches Verfahren. Hier werden metallisch leitende Proben durch ein hochfrequentes, räumlich inhomogenes elektromagnetisches Feld in der Schwebe gehalten und aufgeschmolzen. Dabei dient die Lorentz-Kraft als Levitationskraft und die ohmschen Verluste der in der Probe induzierten Wirbelströme als Heizung. Dieses Verfahren wird routinemäßig unter terrestrischen Bedingungen eingesetzt und erlaubt Unterkühlungen von mehreren hundert Grad über lange Zeiträume (Minuten bis Stunden). In Folge magnetohydrodynamischer Wechselwirkungen führen die induzierten Ströme auch zur Konvektion und teilweise auch zur turbulenten Strömung in der Probe. Unter Mikrogravitationsbedingungen lässt sich das Positionierfeld reduzieren, weil es die Probe nicht mehr levitieren, sondern nur noch gegen die herrschenden Restbeschleunigungen stabilisieren muss. Dadurch lassen sich auch die Strömungen in der Probe weitgehend reduzieren.

Eine unterkühlte Schmelze ist weit von ihrem Gleichgewichtszustand entfernt; ihre Erstarrung erfolgt daher mit zunehmender Unterkühlung mit immer größerer Geschwindigkeit. Für die genaue funktionale Abhängigkeit der Erstarrungsgeschwindigkeit von der Unterkühlung gibt es unterschiedliche theoretische Vorhersagen. Zur experimentellen Überprüfung ist die Realisierung einer konvektionsfreien unterkühlten Schmelze erforderlich, wie sie im Idealfall nur unter Mikrogravitation gelingt.

Hat die Erstarrung einer unterkühlten Schmelze bereits eingesetzt, befindet sich das System in einem paradoxen Zustand: Der erstarrte Festkörper ist wärmer als die ihn umgebende Schmelze. Der Festkörper möchte diese Wärme an die Schmelze abgeben, um mit ihr ins Gleichgewicht zu kommen. Dies gelingt am besten, wenn er seine Grenzfläche mit der Schmelze, die Erstarrungsfront, vergrößert. Es kommt zur **morphologischen Instabilität,** d. h., es bilden sich zunächst gewellte Grenzflächen und schließlich **Dendriten** aus. Dendriten sind fraktale Strukturen mit einer sehr großen Oberfläche. Ihre Form und ihr Wachstum können theoretisch berechnet werden. Für den Vergleich mit dem Experiment ist es wichtig, dass Konvektion entweder unterdrückt oder ihr Einfluss rechnerisch berücksichtigt wird.

Ein weiteres Merkmal der Erstarrung aus der unterkühlten Schmelze ist die Tatsache, dass das Phasendiagramm, das die Existenzbereiche der festen und flüssigen Gleichgewichtsphasen beschreibt, nicht mehr gilt. Bei der Nichtgleichgewichtserstarrung können metastabile Festkörperphasen entstehen, wenn ihre Wachstumsgeschwindigkeit höher als die der entsprechenden Gleichgewichtsphase ist. Durch diese **Phasenselektion** können Festkörper mit anderen Eigenschaften hergestellt werden als bei der Gleichgewichtserstarrung. Ein Extremfall ist die glasartige Erstarrung, bei der die flüssige Phase amorph, d. h. ohne zu kristallisieren, erstarrt.

7.5.6 Thermophysik

In diesem Überblick soll diskutiert werden, wie die Umgebungsbedingung der reduzierten Schwerkraft für die präzise Messung der thermophysikalischen Eigenschaften von Flüssigkeiten genutzt werden kann. In manchen Fällen sind die Messungen nur unter Mikrogravitation möglich, in anderen verbessern Messungen unter Mikrogravitation die Genauigkeit.

Im einzelnen wird die Messung folgender Größen diskutiert:

- Dichte ρ,
- spezifische Wärme c_p,
- Viskosität η,
- Oberflächenspannung γ,
- elektrische Leitfähigkeit σ,
- Wärmeleitfähigkeit λ,
- Diffusion D,
- Soret-Koeffizient S.

Experimente unter Mikrogravitation sind an einer großen Zahl verschiedener Materialien unter unterschiedlichen Bedingungen durchgeführt worden. Dazu gehören wässrige

Lösungen, Schmelzen oxidischer Gläser, Hochtemperatursalzschmelzen, kritische und überkritische Fluide, flüssige Halbleiter und Metalle. Dieses Kapitel konzentriert sich auf flüssige Metalle und Halbleiter, hauptsächlich wegen ihrer technologischen Bedeutung.

7.5.6.1 Messungen in Kartuschen

Wärmeleitfähigkeit

Die Wärmeleitfähigkeit von InSb wurde während eines Flugs einer Höhenforschungsrakete im Rahmen der TEXUS-24-Mission mit Hilfe der **Transient-hot-wire-Methode** gemessen. Dabei wird durch einen dünnen Draht, der im Zentrum eines (in diesem Fall mit InSb gefüllten) Zylinders sitzt, ein kurzer Stromimpuls geschickt. Auf der Zylinderwand wird die Temperaturerhöhung als Funktion der Zeit gemessen. Falls die Wärme nur durch Wärmeleitung übertragen wird, lässt sich aus dem Signal die Wärmeleitfähigkeit wie folgt berechnen:

$$\lambda = \frac{Q}{2\pi} \cdot \frac{\mathrm{d}(\Delta T)}{\mathrm{d}(\ln t)} \tag{7.5.14}$$

Q freigesetzte Wärmemenge.

Der Vorteil des Verfahrens liegt darin, dass konvektive Beiträge zum Wärmetransport sich als Abweichung von der Linearität des Quotienten $\mathrm{d}(\Delta T)/\mathrm{d}(\ln t)$ bemerkbar machen. Unter Mikrogravitationsbedingungen ist der gesamte Bereich linear, sodass sich obiger Quotient mit großer Genauigkeit bestimmen lässt.

Selbst- und Interdiffusion

Bringt man zwei Metalle unterschiedlicher Zusammensetzung in Kontakt und erwärmt diesen Verbund auf hohe Temperaturen, beobachtet man, dass sich die Konzentrationen in beiden Metallen im Laufe der Zeit ausgleichen. Im Endzustand wird ein Stück Metall erzeugt, dass eine einheitliche Zusammensetzung aufweist. Ursache hierfür sind Diffusionsvorgänge. Der Konzentrationsgradient ∇c erzeugt eine Teilchenstromdichte j_c. Beide sind proportional zueinander. Die Proportionalitätskonstante wird Diffusionskonstante D genannt. Das 1. Ficksche Gesetz für Lösungen aus zwei Atomsorten lautet:

$$j_c = -D\,\nabla c \tag{7.5.15}$$

Wenn man statt zweier Metallstücke unterschiedlicher chemischer Zusammensetzung zwei Stücke gleicher Art verbindet, aber in einem ein anderes Isotop desselben Metalls verwendet, beobachtet man ebenfalls, dass die Isotope in dem Materialstück diffundieren, bis sie gleichverteilt sind. Diesen Prozess nennt man Selbstdiffusion, während der Vorgang der Diffusion fremder Atome in einer Legierung Interdiffusion bzw. Fremddiffusion heißt. Für Festkörper ist das beschriebene Experiment einfach durchzuführen, während es für Schmelzen schwierig ist. Einerseits müssen zwei ursprünglich feste Materialien an einer Fläche verbunden werden, dann muss das Probenstück zuerst aufgeschmolzen und anschliessend zur Untersuchung wieder erstarrt werden. Im schmelzflüssigen Zustand erzeugen alle Arten von Konvektionen einen zusätzlichen Stofftransport, der durch das Ficksche Gesetz nicht erfasst wird. Messungen der Diffusionskonstante bei Anwesenheit von konvektiven Strömungen liefern daher Ergebnisse, die bis zu 100 % vom wahren Wert abweichen können. Darüber hinaus ist auch die theoretische Beschreibung von Diffusionsprozessen in Flüssigkeiten kompliziert. Die grundlegende Frage ist, ob die Diffusion in Schmelzen ein aktivierter oder ein kollektiver Prozess ist. Ein aktivierter Prozess würde zu einer exponentiellen Temperaturabhängigkeit führen, während kollektive Prozesse sich durch ein Potenzgesetz manifestieren würden. Während die ersten Weltraumexperimente auf den Spacelab-Missionen FSLP, D1 und D2 eine quadratische Temperaturabhängigkeit der Selbst- und Interdiffusion mehrerer flüssiger Metalle, wie z. B. Sn, Pb, In, Sb fanden, haben neuere Experimente auf der Erde und im Weltraum eine exponentielle Temperaturabhängigkeit über einen weiten Temperaturbereich nachgewiesen. Eine abschliessende Klärung dieser spannenden Frage steht noch aus.

Soret-Effekt

Die Transportgleichungen der linearen irreversiblen Thermodynamik sagen voraus, dass es auch nichtdiagonale **Onsagerkoeffizienten** gibt, die Massenströme j_c mit Temperaturgradienten, ∇T, verknüpfen.

Dieser Effekt heißt **Thermodiffusion**. Um ihn zu beschreiben, muss das Ficksche Gesetz (Gleichung (7.5.15)) um einen entsprechenden Term erweitert werden:

$$j_c = -D_c\,\nabla c - D_T\,c\,(1-c)\,\nabla T \tag{7.5.16}$$

mit den beiden Diffusionskonstanten D_c und D_T. Der Soret-Koeffizient S ist definiert als der Quotient dieser beiden Größen:

$$S = \frac{D_T}{D_c}$$

Für das System Kobalt-in-Zinn wurde während der Spacelab-Missionen FSLP und D1 dieser Koeffizient bestimmt. Auch auf der Raumstation ISS ist die Bestimmung des Soret-Koeffizienten, insbesondere für mehrkomponentige Lösungen, ein aktuelles Forschungsgebiet. Im Gegensatz zu terrestrischen Messungen, bei denen die Konvektion den sich ausbildenden Konzentrationsgradienten wieder zerstört, ist der Soret-Effekt im Mikrogravitationsexperiment deutlich erkennbar, und der Soret-Koeffizient lässt sich mit großer Genauigkeit bestimmen.

7.5.6.2 Behälterfreie Experimente

Die berührungslose Messung thermophysikalischer Eigenschaften elektrisch leitender Materialien unter Schwerelosigkeit wurde ermöglicht durch den Bau und den Einsatz der Schwebeschmelzanlage **TEMPUS** (Tiegelfreies Elektro-Magnetisches Prozessieren Unter Schwerelosigkeit). Dadurch, dass unter Schwerelosigkeit nur geringe Haltekräfte aufgebracht werden müssen, kann der schädliche Einfluss des Levitationsfeldes auf Präzisionsmessungen minimiert werden. Im Einzelnen bietet TEMPUS folgende Vorteile:

- geringer Wärmeeintrag:
  ⇒ kein Kühlgas erforderlich, also Vermeidung von Verunreinigungen,
- minimaler magnetischer Druck:
  ⇒ sphärische Probenform,
- geringe Rühreffekte:
  ⇒ laminare Strömung.

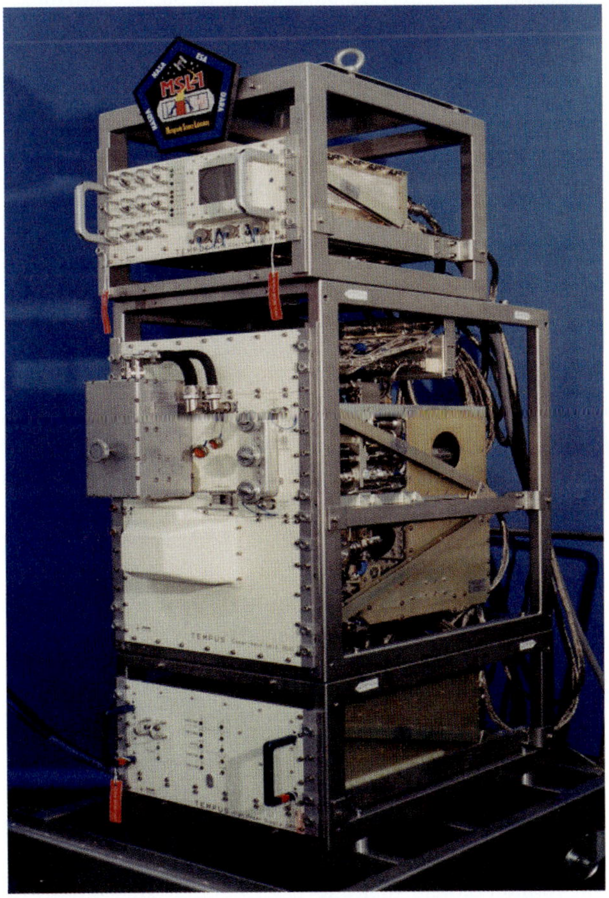

Bild 7.5.15: *Das Flugmodell von TEMPUS vor der Integration (Bild: EADS).*

TEMPUS wurde zuerst auf den beiden Spacelab-Missionen IML-2 (1994) und MSL-1, MSL-1R (1997) eingesetzt. Inzwischen gibt es entsprechende Levitationsöfen auch für den Einsatz auf Parabelflügen und für Höhenforschungsraketen. Die Weiterentwicklung von TEMPUS, die elektromagnetische Levitationsanlage MSL-EML, kommt auf der ISS zum Einsatz. Im Folgenden werden berührungsfreie Verfahren zur Messung verschiedener thermophysikalischer Parameter vorgestellt.

Oberflächenspannung und Viskosität

Ein kräftefrei schwebender Flüssigkeitstropfen führt um seine kugelförmige Gleichgewichtsform **Oberflächenschwingungen** aus. Die Rückstellkraft für diese Schwingungen liefert die Oberflächenspannung γ. Aufgrund der Viskosität η der Flüssigkeit sind diese Schwingungen gedämpft.

Der Zusammenhang zwischen Kreisfrequenz ω und Oberflächenspannung γ ist durch folgende Formel gegeben:

$$\omega^2 = \frac{32\,\pi\,\gamma}{3\,m} \tag{7.5.17}$$

während die Dämpfung Γ mit der Viskosität η wie folgt verknüpft ist:

$$\Gamma = \frac{20\,\pi\,R_0\,\eta}{3\,m} \tag{7.5.18}$$

In obigen Formeln ist m die Masse des Tropfens. Die Anwendbarkeit dieser Formeln ist auf Weltraumexperimente beschränkt, wo die Voraussetzung des kräftefreien Tropfens gut erfüllt ist. Das starke Levitationsfeld, das bei terrestrischen Experimenten erforderlich ist, führt zu einer Deformation des Tropfens und zu einer Aufspaltung und Verschiebung der angegebenen Frequenz. Werden diese Effekte nicht berücksichtigt, führen sie bei terrestrischen Experimenten zu fehlerhaften Ergebnissen. Unter Mikrogravitationsbedingungen ist dieses Verfahren zur Messung der Oberflächenspannung zum ersten Mal während der IML-2 Mission an einer kongruent schmelzenden $Au_{56}Cu_{44}$-Legierung erfolgreich eingesetzt worden. Seitdem sind auf der ISS und auf Parabelflugmissionen zahlreiche Metalle und Legierungen vermessen worden, und das Verfahren hat sich als Vergleichsstandard für terrestrische Messungen etabliert.

Die Viskosität ist ein Maß für die innere Reibung, die Zähigkeit einer Flüssigkeit. Sie ist eng verwandt mit der Diffusion und ist ihr im Wesentlichen umgekehrt proportional. Der quantitative Zusammenhang wird durch die **Stokes-Einstein Beziehung** gegeben:

$$D\eta = \frac{k_B\,T}{6\,\pi\,r} \tag{7.5.19}$$

In obiger Gleichung ist k_B die Boltzmannkonstante, T die absolute Temperatur und r ein (effektiver) atomarer Radius. Man erwartet also einen exponentiellen Anstieg der Viskosität mit fallender Temperatur. Allerdings wird die allgemeine Gültigkeit der Stokes-Einstein-Beziehung – auch aufgrund der oben erwähnten Weltraumexperimente- neuerdings angezweifelt.

Die Viskosität lässt sich berührungsfrei auf der Erde nicht messen, weil das Levitationsfeld turbulente Strömungen in der Probe erzeugt, die die Dämpfung der Oberflächenschwingungen aufgrund der Viskosität überlagern. Hingegen ist es unter Mikrogravitationsbedingungen möglich, die Viskosität aus der Dämpfung der Oberflächenschwingungen zu bestimmen. Zum Beispiel wurden Experimente an der eutektischen Legierung $Pd_{76}Cu_6Si_{18}$ während der MSL-1 Mission erfolgreich durchgeführt und die exponentielle Temperaturabhängigkeit bestätigt.

Elektrische Leitfähigkeit

Das Messverfahren beruht auf der Tatsache, dass der levitierte Tropfen Teil des Schwingkreises ist, der die Levitationsspule mit Strom versorgt. Eine Leitfähigkeitsänderung der Probe führt infolgedessen zu einer **Impedanzänderung** des Schwingkreises, die sich durch Änderung des effektiven Widerstandes U_0 / I_0 und durch eine Phasenverschiebung ϕ bemerkbar macht. Diese Größen sind messbar. Der Zusammenhang zur Leitfähigkeit ist durch folgende Formel gegeben:

$$\sqrt{\frac{2}{\omega \sigma \mu_0}} = \frac{R_0}{2}\left[1 - \sqrt{1 - A\left(\frac{I_0}{U_0}\cos\phi - B\right)}\right] \qquad (7.5.20)$$

Dabei ist ω die Frequenz des Schwingkreises, μ_0 die magnetische Permeabilitätskonstante, R_0 der Radius der Probe, und A, B sind Konstanten. Dieser einfache Zusammenhang gilt nur für sphärische Proben in einem homogenen Magnetfeld, was die Anwendbarkeit dieser Methode auf Experimente unter Mikrogravitation beschränkt. Während der MSL-1-Mission wurde auf diese Weise erstmalig die elektrische Leitfähigkeit einer unterkühlten $Co_{80}Pd_{20}$-Schmelze bestimmt. Auf der ISS wurde mit dem gleichen Verfahren die elektrische Leitfähigkeit einer NiZr-Legierung gemessen.

Dichte und thermische Ausdehnung

Bei bekannter Masse lässt sich die Dichte einer Probe aus einer Volumenmessung bestimmen. Unter Mikrogravitationsbedingungen sind flüssige Tropfen im Mittel sphärisch, sodass sich die Volumenbestimmung auf die Messung des Probenradius reduziert. Mit Hilfe dieses Verfahrens wurde auf der MSL-1 Mission eine glasbildende Zirkonbasislegierung (ZrCuNiAlCo) vermessen, während auf der ISS systematische Messungen des Legierungssystems Si-Ge durchgeführt werden. Besonders interessant ist dabei die Frage, ob diese Systeme im unterkühlten Zustand einen flüssig-flüssig Phasenübergang zeigen.

Spezifische Wärme

Mit Hilfe der **Modulationskalorimetrie** lässt sich an levitierten Proben die spezifische Wärme c_p messen. Voraussetzung ist, dass die Wärmebilanz genau bekannt ist. Das heißt, dass man Wärmezufuhr und Wärmeabfuhr präzise messen muss. Die Wärmezufuhr hängt mit dem Wirkungsgrad der induktiven Heizung der Probe zusammen und lässt sich im Zusammenhang mit der Messung der elektrischen Leitfähigkeit bestimmen. Die Wärmeverluste der Probe sind bekannt, wenn das Experiment unter UHV-Bedingungen durchgeführt wird, sodass nur Strahlungsverluste auftreten. Unter diesen Bedingungen erhält man folgende Beziehung zwischen der Modulationsamplitude der Heizleistung ΔP und der Temperaturschwankung ΔT:

$$\Delta P / \Delta T = \omega\, c_p, \qquad (7.5.21)$$

wobei ω die Modulationsfrequenz ist. Wie bereits früher ausgeführt, muss die Probe bei terrestrischen Experimenten konvektiv mit Gas gekühlt werden, sodass zusätzliche, unbekannte Wärmeverluste entstehen. Daher kann dieses Verfahren nur unter Mikrogravitationsbedingungen eingesetzt werden. Auf der ISS wurde so zum Beispiel die spezifische Wärme einer unterkühlten CuZr-Legierung und der glasbildenden Legierung Vit106a™ bestimmt.

7.5.7 Nutzlasten

Die oben beschriebenen Experimente benötigen zu ihrer Durchführung Experimentanlagen, die für das Raumfahrzeug die eigentliche Nutzlast darstellen, derentwegen es gebaut und eingesetzt wird. Solche Experimentanlagen sind in der Regel wegen der hohen Herstellungskosten **Mehrzweckanlagen**, das heißt, sie werden für verschiedene Experimente und von verschiedenen Experimentatoren benutzt. Diese Mehrzweckanlagen werden meist von der Raumfahrtindustrie gebaut, Eigenbauten wissenschaftlicher Institute sind die Ausnahme.

Die Nutzlasten sind an ihre jeweiligen Träger bzw. Missionen angepasst: Für materialwissenschaftliche Experimente gibt es Nutzlasten für Parabelflugmissionen, Höhenforschungsraketenmissionen und bemannte orbitale Missionen wie Spacelab und ISS. Von Höhenforschungsraketen machen verschiedene Programme Gebrauch, insbesondere das deutsche TEXUS-Programm, aber auch MAXUS, MAPHEUS und MASER. Die dabei eingesetzten Höhenforschungsraketen sind ausführlich im Kapitel 3.6.2.3 diskutiert. Es handelt sich durchweg um suborbitale Missionsprofile. Auftraggeber für den Bau dieser Nutzlasten sind die großen Raumfahrtagenturen

NASA, ESA, DLR und JAXA. Auf dem Gebiet der Nutzung der Mikrogravitation hat das DLR ein besonders aktives Programm, während die NASA den Bau von Nutzlasten auf diesem Gebiet bereits vor Jahren eingestellt hat.

Eine Experimentanlage besteht im Wesentlichen aus folgenden Teilen:

- Prozesskammer,
- Anregungsmechanismen,
- Sensorik,
- Peripherie:
  - Stromversorgung,
  - Elektronik,
  - Datenmanagement.

In der Prozesskammer laufen die Experimente unter definierten Umgebungsbedingungen ab, d. h., Temperatur und Atmosphäre (Vakuum, Edelgas etc.) sind festgelegt. Verschiedene Anregungsmechanismen setzen den zu untersuchenden Prozess in Gang, der von verschiedenen Sensoren diagnostiziert wird. Hierzu gehören z. B. Temperaturfühler und optische Systeme wie Videokameras. Die Experimentsteuerung erfolgt entweder durch die Astronauten, interaktiv vom Boden **(Telescience)** oder automatisiert. Die gewonnenen Daten werden entweder an Bord gespeichert oder in Echtzeit oder zeitversetzt an den Boden weitergeleitet.

Jede Nutzlast besitzt zum Trägersystem verschiedene Schnittstellen:

- Struktur,
- Stromversorgung,
- Kühlung,
- Gas/Vakuum,
- analoge Daten,
- digitale Daten.

Materialwissenschaftliche Nutzlasten sind in der Regel Öfen oder Systeme zum Manipulieren fluider Systeme bei Raumtemperatur. Öfen stellen hohe Anforderungen an Stromversorgung und Kühlung, während die Untersuchung fluider Systeme meistens einen hohen Durchsatz digitaler Videodaten erzeugt.

Im Folgenden werden einige der wichtigsten materialwissenschaftlichen Nutzlasten für die ISS diskutiert.

Microgravity Science Glovebox (MSG)

Die MSG wurde 2002 zur ISS gebracht und ist seitdem in Betrieb. Sie ist ein Handschuhkasten mit einem Arbeitsvolumen von 255 Litern, der über eine Schleuse verfügt. Sie kann mit Inertgas (Stickstoff) geflutet oder evakuiert werden und verfügt über 4 Videokameras. Die MSG bietet optimale Arbeitsbedingungen für kleinere autonome Nutzlasten, deren Betrieb eine kontrollierte Umgebung voraussetzt. Unter anderem wurden Experimente zum Soret-Effekt in der MSG durchgeführt.

Bild 7.5.16: *Microgravity Science Glovebox mit integrierter Kammer für Verbrennungsexperimente (Bild: NASA).*

European Drawer Rack (EDR)

Das EDR bietet die Infrastruktur für kleinere Nutzlasten, die kein eigenes Rack benötigen. Diese werden in Schubladen (Drawers) oder Schließfächern (Lockers) untergebracht. Das EDR bietet 5 × 280 W + 1 × 600 W an elektrischer Leistung für die einzelnen Nutzlasten und übernimmt sowohl die digitale Datenübertragung als auch die der Videodaten.

Bild 7.5.17: *European Drawer Rack mit integriertem MSL-EML und Alexander Gerst (Bild: NASA/ESA).*

Darüber hinaus stellt es auch eine Kühlleistung bis maximal 2 200 W zur Verfügung. Im EDR akkommodiert waren zum Beispiel das Experimentmodul FASTER (Facility for Absorption and Surface Tension on European Rack), die PCDF (Protein Crystallisation Diagnostic Facility) und auch der MSL-EML (Materials Science Laboratory - Electro-Magnetic Levitator).

Materials Science Laboratory (MSL)
Das MSL ist das Arbeitspferd für die materialwissenschaftlichen Experimente auf der ISS. Es besteht aus einem Doppelrack und ist im amerikanischen Destiny-Modul installiert. Wegen seiner Größe war es auf das Space Shuttle als Transportfahrzeug angewiesen. Das MSL bietet die nötige Infrastruktur (Strom, Kühlung, Datentransfer etc.) für verschiedene Öfen, die als Einschub in den MSL konzipiert sind. Derzeit gibt es 2 Ofenmodule:

- Low Gradient Furnace(LGF) und
- Solidification and Quenching Furnace (SQF).

Die Proben für beide Öfen befinden sich in Kartuschen, die auch die erforderliche Diagnostik (Thermoelemente etc.) beherbergen. Für den Transport von der und zur ISS werden die Kartuschen in Schutzbehälter verpackt. Sie wiegen einige Kilogramm und müssen bei der Missionsplanung entsprechend berücksichtigt werden.

Der LGF ist ein Ofen für Schmelz- und Erstarrungsexperimente, die entweder isothermale Bedingungen oder nur niedrige Temperaturgradienten benötigen (< 3 K/mm). Er besteht aus zwei durch eine adiabatische Zone getrennte Heizzonen.

Der SQF ist ein Gradientenofen für die gerichtete Erstarrung. Auch er ist widerstandsbeheizt, verfügt aber über eine wassergekühlte Zone und einen Ring aus Flüssigmetall, der Temperaturgradienten bis etwa 6 K/mm ermöglicht.

Darüber hinaus verfügt der MSL über eine Abschreckvorrichtung, die Proben mit maximal 100 mm/s von der heißen in die kalte Zone verfahren kann, um das bei der Erstarrung entstandene Gefüge einzufrieren und spätere Festkörperumwandlungen zu vermeiden. Beide Anlagen verfügen über ein Spulensystem, mit der rotierende Magnetfelder erzeugt werden können, die die Schmelze rühren. Die Maximaltemperatur für beide Öfen beträgt 1 673 K.

Programmatisch zum MSL gehörend, aber physikalisch eine selbständige Einheit, ist der MSL-EML (Electro-Magnetic Levitator). Der EML ist eine elektromagnetische Levitationsanlage zum behälterfreien Prozessieren von metallischen Schmelzen. Er ist aus der von Deutschland gebauten TEMPUS-Anlage hervorgegangen, die erfolgreich in drei Spacelab-Missionen eingesetzt wurde. Ursprünglich als Rack-Anlage für COLUMBUS konzipiert, ist der EML später in Module zerlegt worden, die in das European Drawer Rack (EDR) integriert werden können. Dadurch war es möglich, die Anlage mit dem ATV zur ISS zu transportieren. Diese Maßnahme wurde erforderlich, weil zum Zeitpunkt der Fertigstellung des EML (2011) die Space Shuttles als Transportmittel nicht mehr zur Verfügung standen.

Bild 7.5.18: *Engineering Modul des MSL (Materials Science Laboratory) (Bild: ESA).*

Der EML verfügt über ein für den Einsatz unter Mikrogravitationsbedingungen optimiertes Spulensystem, das einerseits die Positionierung und Heizung voneinander entkoppelt, andererseits einen hohen Wirkungsgrad sowohl bezüglich induktiver Heizung als auch bezüglich der Positionierkraft besitzt. Die maximale Leistungsaufnahme des EML beträgt 2 500 W, womit Probentemperaturen von etwa 2 300 K erreicht werden können. Die Proben befinden sich in Probenhaltern, die einen eventuellen Kontakt der flüssigen Probe mit den Levitationsspulen verhindern. 17 Proben samt Probenhaltern sind in einem Probenkarussell untergebracht. Sie werden nach erfolgter Prozessierung in einem speziellen Container zur Erde zurückgebracht. Die Gesamtmasse beträgt 5 kg, was je Probe eine zu transportierende Masse von etwa 0,3 kg ergibt. Der Probentransport erfolgt entweder unter Vakuum oder unter Schutzgasatmosphäre.

Neben der hohen Leistungsaufnahme erzeugt der Betrieb vom EML auch hohe Datenraten, insbesondere Videodaten. Diese sind zum einen zur Prozesskontrolle in Echtzeit[6] am Boden erforderlich, sie stellen aber auch die für die wissenschaftliche Auswertung erforderlichen Daten dar.

Fluid Science Laboratory (FSL)

Das FSL ermöglicht es, Experimente an Flüssigkeiten bei Raumtemperatur durchzuführen. Das Flüssigkeitsvolumen kann bis zu 1 000 cm^3 betragen und befindet sich in einem Experimenteinschub, der typischerweise 30 kg wiegt. Das FSL verfügt über eine Vielzahl optischer Diagnosesysteme, zum Beispiel über hochauflösende Hochgeschwindigkeitsvideokameras in 2 Richtungen, Schlierenoptik, Interferometrie und Holografie. Unter anderem wurde das GEOFLOW Experiment im FSL durchgeführt, das die Konvektionsflüsse im Inneren der Erde simuliert.

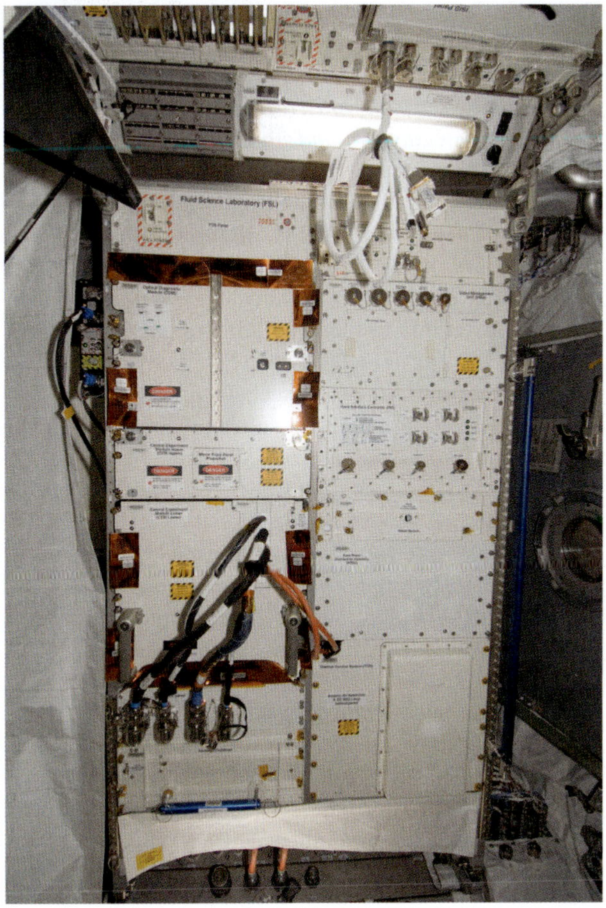

Bild 7.5.19: *Fluid Science Laboratory (Bild: ESA).*

[6] Tatsächlich beträgt die Laufzeit eines Videosignals vom EML zum Kontrollzentrum etwa 5 s.

Combustion Integrated Rack (CIR)

Der Vollständigkeit halber soll schliesslich noch auf das Combustion Integrated Rack eingegangen werden. Es ist Teil des amerikanischen Fluids and Combustion Facility (FCF), das im Destiny-Modul der ISS steht. Im CIR finden die meisten Experimente zur Verbrennung statt. Es besteht aus einer 100 Liter großen Brennkammer, optischen Diagnosesystemen, einem Gaschromatographen und verschiedenen Gasbehältern zur Kontrolle der Experimentumgebung.

Bild 7.5.20: *Blick in das Innere des Combustion Integrated Rack (CIR) (Bild: NASA).*

Literatur

DLR, ESA und NASA unterhalten ausführliche Websites zu den Experimenten und Nutzlasten auf der ISS.

Als Einstieg sind folgende Links empfehlenswert:

http://www.dlr.de/dlr/desktopdefault.aspx/tabid-10337/
http://www.esa.int/Our_Activities/Human_Spaceflight/Columbus
https://www.nasa.gov/mission_pages/station/research/facilities/index.html
https://www.nasa.gov/mission_pages/station/research/experiments/experiments_hardware.html#Physical_Science

[7.5.1] *Feuerbacher, B.; Hamacher, H.; Naumann, R. (Hrsg.):* Materials Sciences in Space. Heidelberg: Springer-Verlag, 1986.

[7.5.2] *Walter, H. (Hrsg.):* Fluid Sciences and Materials Sciences in Space. Heidelberg: Springer-Verlag, 1987.

[7.5.3] *Ratke, L.; Walter, H.; Feuerbacher, B. (Hrsg.):* Materials and Fluids under Low Gravity. Heidelberg: Springer-Verlag, 1996.

[7.5.4] *Keller, M.; Sahm, P. (Hrsg.):* Bilanzsymposium Forschung unter Weltraumbedingungen. Aachen: WPF/RWTH Aachen, 2000.

[7.5.5] *Seibert, G. (Hrsg.):* A World without Gravity. Noordwijk: ESA SP-1251, 2001.

[7.5.6] *Lämmerzahl, C.; Dittus, H.:* Fundamental Physics on the ISS. General Relativity and Gravitation, 36, 3, 2004 (Special Issue).

[7.5.7] *Feuerbacher, B.; Stoewer, H. (Hrsg.):* Utilization of Space. Heidelberg: Springer-Verlag, 2006.

[7.5.8] *Bárczy, P.; Roósz, A. (Hrsg.):* Solidification and Gravity I–IV. Trans Tech Publications, 1991–2006.
[7.5.9] *Hofmeister, W.; Rogers, J.; Singh, N.; Marsh, S.; Vorhees, P.:* Solidification 1999, TMS, Warrendale, 1999.
[7.5.10] *Neigut, J. (Hrsg.):* Research in Space 2017 and beyond, NASA, 2017.
[7.5.11] *Enz, T.; Steinbach, S.; Simicic, D.; Kasperovich, G.; Ratke, L.:* First Experiments Using the Materials Science Laboratory on Board the International Space Station, Microgravity Sci. Technol. 23 (2011) 345.
[7.5.12] *Sondermann, E.; Neumann, C.; Kargl, F.; Meyer, A.:* Compact high-temperature shear-cell furnace for in-situ interdiffusion measurements., High Temperatures-High Pressures, 42 (2013) 23.
[7.5.13] *Egry, I.:* Thermophysical Property Measurements in Microgravity: Chances and Challenges, Int. J. Thermophysics, 24, (2003), 1313.
[7.5.14] *Barmatz, M.; Hahn, I.; Lipa, J.; Duncan, R.:* Critical phenomena in microgravity: Past, present, and future, Rev. Mod. Phys. 79, (2007), 1.

7.6 Weltraummedizin

Hanns-Christian Gunga, Oliver Opatz, Mathias Steinach, Dorothee Grevers, Karl August Kirsch und *Andreas Werner*

Langzeitmissionen ins All sind aus operationeller und medizinisch-physiologischer Sicht im Wesentlichen durch folgende Eigenschaften charakterisiert:

a) Dauer des Fluges,
b) große Autonomie der Mission,
c) unterschiedliche Gravitationsbelastungen (Hyper-g während Start und Landung, Schwerelosigkeit während des interplanetaren Transits, Hypo-g beim Aufenthalt auf dem Mond oder Mars, artifizielle g-Belastungen),
d) psycho-physiologische und -soziale Probleme,
e) kosmische Strahlung und
f) hypomagnetische Umwelt.

Diese außergewöhnlichen natürlichen und artifiziellen Umweltbedingungen bei einem Langzeitflug ins All in einem Raumschiff oder auf einer Mond-/Marsbasis können medizinisch-physiologische, anatomische, biomechanische und psycho-soziale Veränderungen hervorrufen und den Organismus in vielschichtiger Weise nachhaltig beeinflussen. Hierzu gehören sowohl die Leistungsfähigkeit, Gesundheit und das allgemeine Wohlbefinden („wellbeing“) des Astronauten (Geschmack- und Tastsinne, Reaktionszeiten, grob- und feinmotorische Bewegungsabläufe, Muskelkraft etc.) als auch die Crew-Sicherheit, das Gesundheitsmanagement und die Trainingsprogramme. Insbesondere gilt es bei Langzeitflügen ins All zu berücksichtigen, dass auch nur scheinbar marginale medizinisch-physiologische oder psychologisch-soziale Veränderungen im Rahmen von Kurzzeitflügen bei Langzeitmissionen ins All zu pathologischen Problemen auswachsen und den Erfolg einer ganzen Mission gefährden können.

7.6.1 Medizin im Weltraum

In der zweiten Auflage dieses Handbuchs wurden die Probleme des Aufenthalts des Menschen im Weltraum bereits umfassend und ausführlich auf dem damaligen Stand des Wissens dargestellt, wobei besonderer Wert auf die technologischen Probleme gelegt wurde. In dieser Hinsicht kann der Beitrag immer noch als eine wertvolle Referenz angesehen werden, sodass man sich hier auf die neuesten Entwicklungen konzentrieren kann. Damals hat man die ISS als den vorläufigen Endpunkt der vorhersehbaren Entwicklung der Raumfahrt angenommen. Aus heutiger Sicht müssten diese Planungen um die Probleme bei einer **permanenten Besiedlung des Mondes** und bei einer **bemannten Mission zum Mars** ergänzt werden (*„Moon Village is not a single project, nor a fixed plan with a defined time table. It's a vision for an open architecture and an international community initiative.“* Jan Woerner, ESA Director, Ministerial Council 2016). Dabei müssen Aufenthaltsdauern im Weltraum von Jahren ins Auge gefasst werden, was erhebliche, z. T. ganz neue, Anforderungen stellt. Eine Herausforderung ist auch der finanzielle Aufwand: Augenblickliche Kostenschätzungen gehen von mindestens 100 Milliarden US-Dollar aus. Neben der Lösung der technischen Schwierigkeiten wären sorgfältige Kosten-Nutzen-Abschätzungen notwendig, um die Öffentlichkeit vom Sinn solcher Unternehmungen zu überzeugen. Kosten-Nutzen-Analysen für bemannte Weltraumaktivitäten sind meist negativ. Der Sinn solcher Analysen für wissenschaftliche Missionen ist fraglich. Die Hubble-Reparaturen sind ein gutes Beispiel für den Einsatz des Menschen. In Kapitel 7.8 heißt es: „So lagen die Kosten der vier mit Astronauten durchgeführten Reparaturen des Hubble-Weltraumteleskops um das 20fache höher als die Originalkosten“. Das Hubble-Teleskop wurde 1990 im Weltraum positioniert, musste aber bereits nach drei Jahren von Astronauten im Außenbordeinsatz nachjustiert werden, um einen optischen Fehler zu beheben. 1998, 2002 und 2009 wurde es erneut von Menschenhand gewartet. Dieses Beispiel mag verdeutlichen, wie wichtig die Präsenz des Menschen im Weltraum ist. In diesem Kapitel soll besonders auf die Problematik extrem **langandauernder bemannter Missionen** eingegangen werden, die über die ISS hinausgehen.

Wie man Bild 7.6.1 entnehmen kann, liegt eine besonders solide Datenbasis für die ersten ca. 30 Tage eines Aufenthalts im All vor. Wir wissen inzwischen aus zahlreichen Untersuchungen, wie sich die physiologischen Abläufe in dieser Phase vollziehen, zum Beispiel im **Herz-Kreislauf-System** und im **Salz-Wasserhaushalt.** Danach stellt sich nach etwa sechs Wochen ein stabiles Gleichgewicht ein

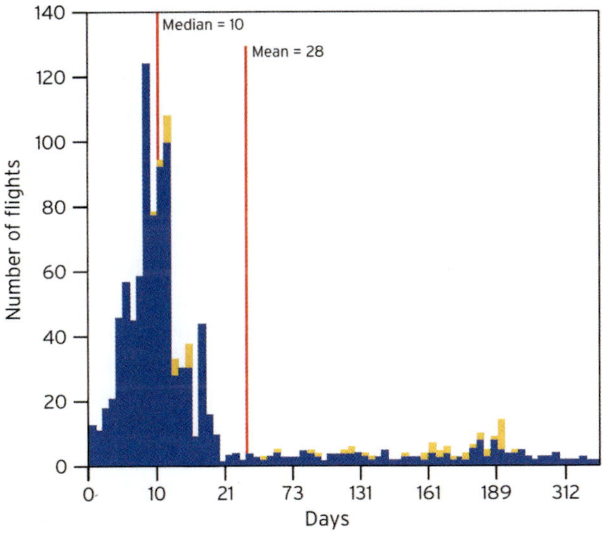

Bild 7.6.1: *Häufigkeit bemannter Raumflüge ins All und deren zeitliche Dauer. Man beachte das weitgehende Fehlen von Langzeitflügen. Der Median der Raumflüge liegt bei nur 10 Tagen (Bild: Clément 2003).*

(Bild 7.6.2). Allerdings wissen wir aufgrund der spärlichen Datenlage über das **Muskel- und Skelettsystem** bei einem Langzeitaufenthalt noch relativ wenig, obgleich dies bei einem ultralangen Aufenthalt des Menschen im All sicherlich eine überragende Rolle spielen dürfte. Ähnliches gilt für die Langzeiteffekte erhöhter **Strahlenexposition** im All. Auch müssen Zeitgang und Ausmaß der Erholung von dieser Strahlenbelastung und die Veränderungen an anderen Organsystemen des Menschen nach **Wiedereintritt in das Schwerefeld** der Erde als offene Probleme angesehen werden. Nicht zuletzt ist damit zu rechnen, dass bei Langzeitflügen ins All psycho-physiologische Probleme und interpersonelle Konflikte ein wachsendes Problem darstellen. Eine Vielzahl von **Stressoren** wirken auf den Menschen ein; dazu gehören zum einen Isolation, Beengtsein, Reizverarmung oder Reizüberflutung, Bewegungsarmut, Abhängigkeit von technischen Systemen und mangelnder Komfort, zum anderen individuelle (fehlende Privatsphäre, Trennung von der Familie, Stressbewältigung, Motivation etc.) und interpersonelle Konflikte (Territorial- und Dominanzverhalten, Gruppenstruktur, Gruppendenken, Gruppendynamik), außerdem die Nivellierung zirkadianer, zirkalunarer und annulärer endogener Rhythmen. Diese Veränderungen sind bei einem Langzeitflug ins All

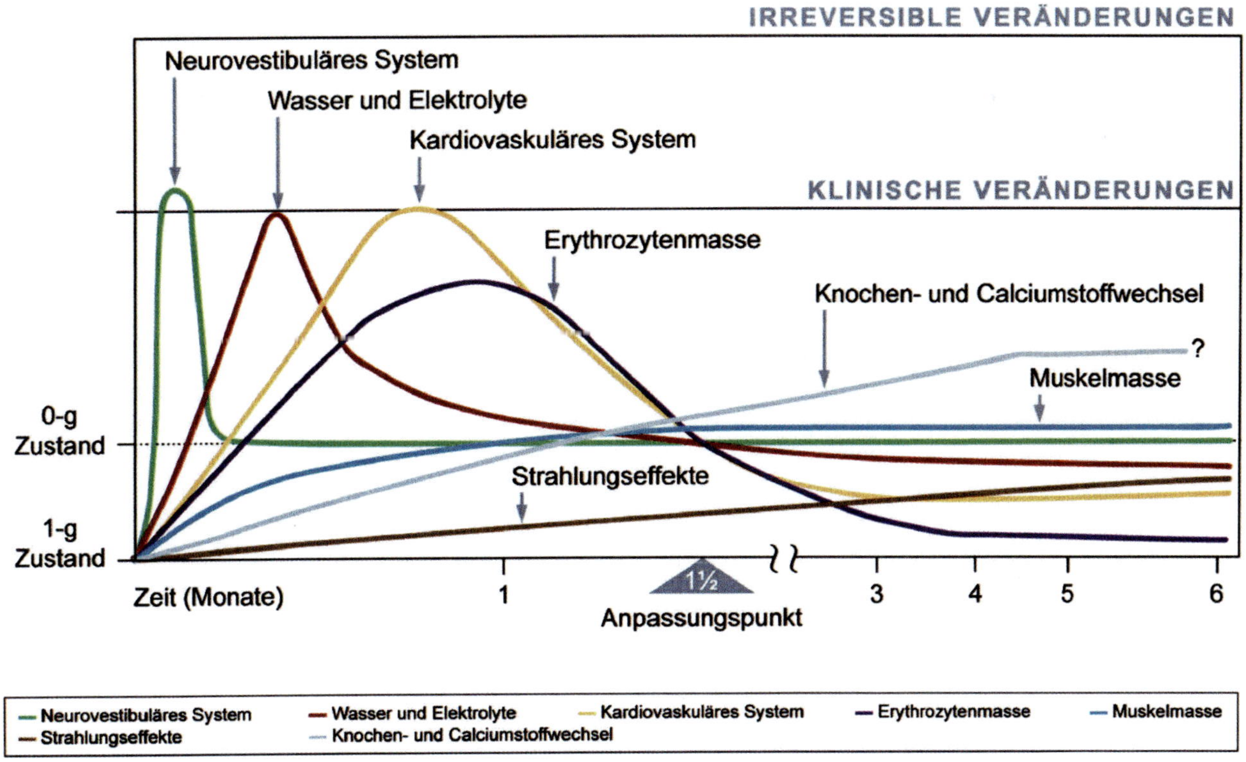

Bild 7.6.2: *Zeitlicher Verlauf der physiologischen Veränderungen während der Anpassung an die Schwerelosigkeit. Der 1-g-Zustand stellt den physiologischen Status unter Erdbedingungen dar. Der 0-g-Zustand beschreibt eine völlige physiologische Anpassung an Weltraumbedingungen, die so wahrscheinlich nur von im Weltraum Geborenen erlangt werden könnte. Ein Astronaut benötigt durchschnittlich 6 Wochen, um den Anpassungspunkt zu erreichen, an dem eine zumindest teilweise Anpassung an die neue Umgebung erfolgt ist (Bild: Nicogossian).*

gepaart mit einem Gefühl zunehmender Gleichförmigkeit (Monotonie) je länger der Raumflug dauert. Alle genannten Faktoren tragen dazu bei, dass ein Langzeitflug ins All auch nach jahrelangem Training für den Astronauten eine außergewöhnliche Belastung darstellt, die über seinen irdischen Erfahrungshorizont weit hinausgeht.

7.6.2 Missionsszenarien

Die bemannte Exploration des Weltraums erfordert es, die Gesundheit und Leistungsfähigkeit des Menschen bei unterschiedlichen Missionsszenarien zu gewährleisten:

1. im erdnahen Raum (ISS, Low Earth Orbit - LEO),
2. während eines interplanetaren Raumflugs (Transit),
3. auf dem Mond und
4. auf dem Mars.

Aufgrund dieser Szenarien lassen sich folgende, die Mission grundlegend beeinflussende Parameter identifizieren, die es bei den verschiedenen Missionen in unterschiedlichem Ausmaß zu berücksichtigen gilt:

a) **Entfernung** von der Erde,
b) unterschiedlich auftretende **g-Kräfte** (10^{-6} g im LEO, 0 g während eines interplanetaren Transits, 0,16 g auf dem Mond, 0,38 g auf dem Mars) sowie
c) die vermutliche **Dauer** einer Mission.

Diese Missionsszenarien führen zu unterschiedlichen Belastungsprofilen im Hinblick auf Gesundheit, Sicherheit und das Wohlbefinden der Crew. Darüber hinaus beeinflussen sie entscheidend die operationelle Planung und technologische Fragestellungen bis hin zur Konstruktion und Gestaltung entsprechender Raumschiffe bzw. planetarer Raumstationen (Habitat) [7.6.1], [7.6.2]. Generell nehmen Autonomie, Gefährdungs- und Gesundheitsprobleme von Szenario 1 zu Szenario 4 substantiell zu, weil

1. ein **Echtzeit-Telekommunikationssystem** mit zunehmender Entfernung von der Erde mehr und mehr ineffizient wird. Bei Szenario 4 (Mars) hat man z. B. eine Zeitverzögerung von 40 Minuten, sodass ein zeitgerechter Dialog zwischen der Crew auf dem Mars und der Bodenstation auf der Erde kaum zu führen ist;
2. eine **Evakuierung** von Astronauten bei einem Notfall im LEO noch innerhalb von 24 Stunden möglich ist (Sojus-Kapsel), sich dies vom Mond in einem Zeitraum von einigen Tagen/Wochen realisieren ließe, eine entsprechend zeitnahe Evakuierung aber nahezu unmöglich ist in den Szenarien 3 (Transit) und 4 (Mars) und deshalb diese Szenarien den höchsten Grad an Autonomie erfordern und
3. schließlich sich das **Strahlungsrisiko** bei den Szenarien 2 bis 4 substantiell erhöht, wenn keine entsprechenden Maßnahmen zur Abschirmung getroffen werden.

7.6.3 Erfahrungshorizont

Bislang sind ca. **580 Menschen im All** gewesen, weit überwiegend männliche Astronauten, der Anteil der weiblichen beträgt weiterhin nur ca. 10 %. Letzterem Umstand ist geschuldet, dass man in Deutschland daran denkt, mit finanzieller Unterstützung von privaten Investoren eine deutsche Astronautin in den kommenden Jahren für eine Kurzzeitmission ins All zu schicken (*ZEIT* online, 1. März 2017). Die kumulative Flugzeit beträgt mittlerweile (2018) mehr als 100 Jahre. Die Häufigkeit bemannter Raumflüge ins All und deren zeitliche Dauer (Bild 7.6.1) weist allerdings auf den bemerkenswerten Sachverhalt hin, dass der Median der Flugdauer bei nur 10 Tagen liegt. Bis 2003 hatten nur ca. 40 Astronauten Flugerfahrungen von über 6 Monaten und ganze 4 Personen waren länger als ein Jahr im All [7.6.3]. Den Rekord des längsten kontinuierlichen Aufenthalts hält immer noch der russische Arzt Dr. Waleri Poljakow mit einem Raumflug von **437 Tagen** auf der MIR-Station in den Jahren 1994 bis 1995. Auch bei den kumulativen Rekorden führen die russischen Kosmonauten Poljakow (679 Tage, 2 Flüge) und Sergei Awdejew (748 Tage, 3 Flüge). Die Erfahrungen aus dem All werden – was häufig weniger Beachtung findet – immer auch durch **terrestrische Begleitstudien** ergänzt. Diese sind stets ein wesentlicher Bestandteil der Raumfahrtmedizin gewesen, und es ist davon auszugehen, dass ihre Bedeutung für die Planung und Durchführung von Langzeitflügen ins All mit aller Wahrscheinlichkeit in Zukunft noch zunehmen wird.

Es ist an dieser Stelle hervorzuheben, dass die europäische Raumfahrtbehörde (ESA) sich bereits frühzeitig mit den vielschichtigen **medizinisch-physiologischen, psycho-sozialen und technischen Problemen**, die bei einem Langzeitaufenthalt des Menschen im All eine Rolle spielen könnten, auseinandergesetzt hat. In eigenen Studien, auf speziellen Meetings und in zahlreichen Technologischen Reports wurde dieses Thema eingehend behandelt [7.6.4], [7.6.5], [7.6.6], [7.6.7]. Man spricht in diesem Zusammenhang auch vom **Faktor Mensch** (human factor), den es bei bemannten Missionen zu berücksichtigen gilt. Der Definition nach sind Studien zum Faktor Mensch ein interdisziplinäres Forschungsgebiet, das Erkenntnisse aus Medizin, Physiologie, Psychologie, Soziologie, Biomechanik, Ingenieurswissenschaften und anderen Disziplinen integriert und durch **Habitability-Studien** ergänzt. Diese Studien beschäftigen sich mit den Fähigkeiten und Leistungsgrenzen des Menschen. Sie dienen dazu, Geräte (Ergonomie), Maschinen, Systeme, Arbeitsabläufe, Aufgaben und Umwelten so zu gestalten, dass diese unter Ruhe-, Arbeits- und Erholungsbedingungen möglichst sicher, komfortabel und effektiv für den Menschen sind. Weil die notwendigen Informationen nicht allein durch theoretische Überlegungen hinreichend erfasst und bearbeitet werden können, hat z. B. die ESA bereits vor Jahren die interdisziplinäre SIMIS-Arbeitsgruppe (Simulation Mission Study Group) eingerichtet. Die Aufgabe dieser Arbeitsgruppe bestand darin, **Simulationseinrichtungen** (Tauchkammern, Submarine-Stationen, Bunker etc.) oder andere sehr einsame Plätze auf der Erde zu identifizieren, in denen Menschen in Kleingruppen zusammenleben, um diese Lebensräume zur Simulation von Langzeitflügen ins All heranzuziehen. Es zeigte sich, dass Polarstationen, untermeerische Forschungsstationen, hyper- und hypobare Kammern, Bed-rest-Einrichtungen, U-Boote, Immersionsanlagen, Parabelflüge und Mock-ups (Habitability Test Bed) hierfür als sinnvolle analoge Umwelten dienen können. In der Zwischenzeit wurden durch die ESA zahlreiche **Isolations- und Beengtheitsstudien** durchgeführt, und es liegen die Ergebnisse aus den Simulationsstudien in verschiedenen Einrichtungen mit unterschiedlicher Crew-Zusammensetzung und Crew-Größe vor. Sie geben weitreichende Empfehlungen zur Planung und Durchführung von Langzeitmissionen (MARS500) aus medizinischer, psychologischer und technischer Sicht [7.6.4], [7.6.5], [7.6.6], [7.6.7]. Diese terrestrischen Simulationsstudien werden auch in Zukunft eine wesentliche Ergänzung aller Raumfahrtmissionen sein. Es ist erstaunlich, dass gerade zum Problemkreis der Isolation und der Beengtheit aus der klinischen Medizin kaum Daten vorhanden sind, obgleich doch z. B. bei Langzeit-Immobilisation (Frakturen) ähnliche Probleme auftreten. Ein aktuelles Beispiel für die klinische Bedeutung der Ergebnisse derartiger Simulationsstudien sind die Befunde von Heer [7.6.8] und Titze [7.6.9], die nachweisen konnten, dass der Körper Natrium osmotisch inaktiv speichern kann. Dies hat einen völlig neuen Blick auf die Volkskrankheit Bluthochdruck (Hypertonie) gegeben. Wichtig war, dass die diskrete Retention von Salz erst nach Beobachtungsreihen von drei bis acht Wochen auffällig wurde. Kurzzeitbeobachtungen über drei bis fünf Tage können diese Effekte nicht sichtbar machen. In der Zwischenzeit konnte experimentell gesichert werden, dass die Oberflächengewebe (Kutis und Subkutis) bei der osmotisch inaktiven Speicherung von Natrium eine zentrale Rolle spielen. Ferner werden seit Jahren, wie oben ausgeführt, Probleme der Isolation und des Beengtseins in der Raumfahrtmedizin intensiv beforscht und bringen Ergebnisse, die ohne Weiteres auf klinische Probleme übertragen werden können, wenn man bedenkt, dass nahezu 50 % unserer Bevölkerung in den hochentwickelten Ländern in Ein-Personen-Haushalten leben, sei es erzwungenermaßen (Erkrankung) oder freiwillig (Single-Dasein). Auch hier ist die medizinische, physiologische Raumfahrtforschung am Menschen ein Schrittmacher, um die dabei auftretenden physiologischen Erscheinungen und pathophysiologischen Veränderungen zu beschreiben. Ferner wird ein **Methodenrepertoire** aus der Raumfahrt zur Verfügung gestellt, das zu einem späteren Zeitpunkt in der klinischen Medizin seine praktische Anwendung findet, wie nicht-invasive Techniken, telemetrische Übertragung sowie zeitgleiche Datenanalyseprogramme.

7.6.4 Umweltparameter

In Tabelle 7.6.1 sind eine Reihe von **Lebenserhaltungssystemen im Weltraum** (LES) zusammengestellt, die bislang auf der Erde entwickelt und nur z. T. unter Schwerelosigkeit getestet wurden. Alle diese Systeme haben eine protektive Komponente, indem sie z. B. CO_2 beseitigen und O_2 produzieren [7.6.10]. Gleichzeitig haben sie eine Lebenserhaltungskomponente, da sie energiereiche Substrate zum Verzehr liefern sollen. Wie bereits aus den Namensgebungen in der Tabelle 7.6.1 hervorgeht, sind sie je nach dem Zweck, den sie im All erfüllen sollen, in ihrem Aufbau unterschiedlich.

Tabelle 7.6.1: *Lebenserhaltungssysteme im Weltraum.*

CEBAS	Closed Equiliberated Biological Aquatic System
BLSS	Bioregenerative Life Support System
ARS	Atmosphere Revitalization Subsystems
ECLSS	Environmental Control and Life Support System (Shuttle)
ECLS	Environmental Control System
CELSS	Controlled Ecological Life Support Systems
CEEF	Closed Ecology Experiment Facility

Regenerative Lebenserhaltungssysteme (BLSS) sind, wenn sie ihren Zweck erfüllen sollen, auf die fotosynthetische Aktivität grüner Pflanzen angewiesen, die CO_2 und Wasser unter der Nutzung von Lichtenergie in Kohlenhydrate und Sauerstoff umwandeln und dabei chemische Energie liefern. Um voll wirksam zu sein, muss neben ausreichenden Konzentrationen von CO_2 und O_2 in der Umgebungsluft und passendem Feuchtigkeitsgehalt, Temperatur und Barometerdruck auch Licht von geeigneter Wellenlänge vorhanden sein, was insgesamt im All Schwierigkeiten bereitet. Auch müssen bei den Pflanzen zirkadiane und saisonale Zeitgeber berücksichtigt werden. Die Kulturen in diesen künstlichen Systemen sind meist als Monokulturen angelegt, sodass den Pflanzen ein natürliches „soziales" Umfeld (Biotop) fehlt, was, wie aus terrestrischer Erfahrung hinreichend bekannt, Risiken in sich birgt.

Das Fehlen der Gravitation ist der größte Nachteil, denn alle bislang entwickelten Systeme verwenden gravitrope Landpflanzen. Diese aber gedeihen unter Schwerelosigkeit schlecht oder gar nicht und bringen keine essbaren Früchte hervor. Vermutlich ist hierfür die fehlende thermische Konvektion um die Pflanzen herum unter Schwerelosigkeit verantwortlich. Deshalb wurde u. a. das CEBAS-System entwickelt, das im aquatischen Milieu und unter Verwendung nicht-gravitoper Pflanzen Biomasse produziert und neben pflanzlichem Material auch tierisches Eiweiß liefern kann [7.6.10]. Trotz aller beschriebenen Probleme müssen solche Systeme weiterentwickelt werden, bis befriedigende Lösungen erreicht sind. In sich **völlig geschlossene Systeme,** die abgeerntet werden können, wird man wahrscheinlich in absehbarer Zeit nicht bauen können, meist muss an einer Stelle entweder dem System etwas zugeführt oder an anderer Stelle etwas beseitigt werden. Die Systeme sind also **halboffen;** dies kostet Energie. Allerdings könnte man energiesparende Konzepte entwickeln. Aus der Sicht des Humanphysiologen und -mediziners muss an dieser Stelle angemerkt werden, dass z. B. bei Langzeitaufenthalten eine größere Variation von Produzenten von Energie und eiweißhaltiger Nahrung erreicht werden muss, um einer gewissen Monotonie im Nahrungsangebot vorzubeugen. Ansonsten sind auf Dauer Mangel- und Unterernährung nicht zu vermeiden.

7.6.5 Medizinisch-physiologische Probleme beim Aufenthalt im All

Verschiedene Autoren [7.6.3], [7.6.11], [7.6.12] haben die wesentlichen medizinisch-physiologischen Erfahrungen, Probleme und Gefahren im Zuge von amerikanischen und russischen Kurz- und Langzeitflügen ins All sowie bei terrestrischen Simulationsmodellen, die in den letzten 30 Jahren gemacht wurden, zusammengefasst. Danach ergibt sich, dass bei Planung, Konstruktion und Durchführung von Missionen ins All u. a. mit folgenden **medizinischen Problemen** zu rechnen ist: Verlust von Appetit (Anorexia), Übelkeit (Space Motion Sickness), Erschöpfung, Schlaflosigkeit, Dehydration, trockene und entzündete Haut, muskulo-skeletale Schmerzen im Bereich des Rückens, der Beine und Füße, Infekte des Respirationstraktes, kardiovaskuläre Probleme inkl. Arrhythmien, Kopfschmerzen, Diarrhoen, Verstopfung, Barotraumata (Bildung freier Gasblasen in Blut und Gewebe mit entsprechenden Embolien, Glieder- und Gelenkschmerzen, „bends“), chemisch bedingte Lungenentzündungen durch ausgiebige, langandauernde extravehikulare Aktivitäten (EVA), sensorische Missempfindungen, Seborrhoe, allergische Reaktionen, Pilzinfektionen, dentale Erkrankungen bis hin zur Inhalation von Fremdkörpern. Ganz besonderen Raum nehmen in den Zusammenstellungen von Billica et al. [7.6.11] und Clément [7.6.3] die **psychologischen Probleme** ein, die die mentale Leistungsfähigkeit, Konzentrationsfähigkeit, psychische Stabilität und Belastbarkeit der Astronauten herabsetzen (Asthenia, Stress, Angst, Gereiztheit, Depression etc.). Das ganze Spektrum der möglichen Probleme ist vermutlich noch gar nicht erfasst. Comet [7.6.7] hat die folgenden **Forschungsfelder** identifiziert, die in Zukunft unbedingt noch weiterer Forschung bedürfen, bevor der Mensch einen Flug zum Mars mit einer Dauer von 500 bis zu 1 000 Tagen ins Auge fassen kann. Hierzu zählen u. a. das Verhalten des Herz-Kreislauf-, Immun-, Muskel- und Knochensystems, die Ernährung unter vollständiger Schwerelosigkeit (0 ... 0,1 g), unterschiedliche g-Belastungen (1/10 g, 3/10 g, 5/10 g, 8/10 g), toxikologische und pharmako-kinetische Studien unter Schwerelosigkeit, Studien zum Auftreten von Nierensteinen aufgrund des beschleunigten Knochenabbaus im All, die Dynamik von Heilungsprozessen sowie die Forschungen zum Einfluss unterschiedlicher artifizieller Schwerkraft auf den menschlichen, tierischen und pflanzlichen Organismus.

7.6.5.1 Veränderungen der Körperzusammensetzung

Flüssigkeiten und Elektrolyte, fettfreie Körpermasse, Fett- und Knochenmasse unterliegen in den ersten sechs Wochen umfangreichen Änderungen unter simulierten terrestrischen (Isolationsstudien) und realen Schwerelosigkeitsbedingungen [7.6.13], [7.6.14]. Biochemische Ausrüstung und Technologie sollten an Bord verfügbar sein, um diese Veränderungen in der Körperzusammensetzung zu erfassen. Falls Änderungen auftreten sollten, sind diese Daten wichtig, um eine spezielle Behandlung zu entwerfen und einzuleiten, wie z. B. als Gegenmaßnahme im Fall eines fortschreitenden Verlustes der Knochenmasse während eines Raumfluges das verstärkte Training auf der Vibrationsplatte oder Trainingsübungen mit dem Schwungradergometer.

7.6.5.2 Kardio-vaskuläres System

Das kardio-vaskuläre System unterliegt raschen Veränderungen während des Aufenthaltes im LEO, was durch mehrere Studien zu Kurzzeit- (Shuttle-) und Langzeitaufenthalten in Skylab und MIR belegt ist [7.6.15], [7.6.16]. Es treten **Flüssigkeitsverschiebungen** in Richtung Kopf auf (Bild 7.6.3) [7.6.17], [7.6.18], [7.6.19]. Dies führt zu einem Flüssigkeitsverlust in den unteren Extremitäten von etwa 2 l und senkt das **Plasmavolumen** bei den Astronauten um bis zu 20 % [7.6.15], [7.6.20], [7.6.21]. Außerdem ist die Produktion von **roten Blutzellen** während der ersten Wochen im Weltraum deutlich vermindert, da die Erythropoietinproduktion und -freisetzung aus den Nieren reduziert ist [7.6.22], [7.6.23]. Das verminderte Plasmavolumen und die verminderte rote Blutzellmasse – letztere ist entscheidend für die Sauerstofftransportkapazität – schwächen die maximale Trainingskapazität des Astronauten besonders nach der Landung. Darüber hinaus könnten das verringerte Plasmavolumen sowie eine veränderte **sympathische Nervenrezeptordichte** oder -rezeptorschwelle in den Blutgefäßen und dem Herzen eine Schlüsselrolle bei der orthostatischen Überempfindlichkeit spielen. Weiterhin führen die Volumenverlagerungen entlang der Körperachse

7

aus der unteren in die obere Körperhälfte zu erkennbaren Veränderungen in der **Wärmeabgabe über die Haut,** die vermutlich den Wärmehaushalt des Menschen insgesamt unter Schwerelosigkeit beeinträchtigen. Hierfür sprechen neueste Daten aus entsprechenden humanphysiologischen Experimenten im Rahmen von Parabelflügen (Bild 7.6.3). Unter terrestrischen Bedingungen tragen Kopf und Hals zu über 30 % zum Wärmeaustausch zwischen Körper und Umgebung bei. Bei erzwungener Konvektion durch die Belüftung im Raumschiff oder auf der ISS könnte die Wärmeabgabe über diesen Teil des Körpers noch wesentlich höher ausfallen. Hierfür spricht auch die empirische Erfahrung zahlreicher Astronauten, die über kühle bis kalte Extremitäten berichten, sodass einige Astronauten Socken an den Füßen tragen, obwohl die Raumtemperatur verhältnismäßig hoch ist (ISS ca. 29 °C).

Neueste Untersuchungen unter dem Namen *Thermolab* an Astronauten bei Langzeitflügen (6 Monate) ins All [7.6.53] bestätigen diese Vermutung. Letztere legen den Schluss nahe, dass es beim Menschen zu einer Beeinträchtigung des Wärmehaushalts und der Temperaturregulation unter simulierten und realen Mikro-g Bedingungen kommt, wie dies eben schon früher von anderen Autoren aus verschiedenen Gründen angenommen wurde [7.6.38], [7.6.42], [7.6.48], [7.6.52]. Insbesondere die Studienergebnisse von Stahn et al. [7.6.53] zeigten, dass während einer physischen Belastung die produzierten Wärmemengen nicht adäquat abgeführt werden konnten. Dieser Befund unter Mikro-g lässt sich neben dem Fehlen eines konvektiven Wärmetransports physiologisch durch eine erhöhte Temperaturschwelle sowohl für die Vasodilatation der Hautgefäße [7.6.37], [7.6.42], [7.6.48] als auch für die Aktivierung der cholinergen Schweißdrüsen [7.6.48] erklären. Ferner dürfte die eingangs erwähnte Flüssigkeitsumverteilung entlang der Körperachse („fluid shift") unter simulierten (Kopftieflage) und realen Mikro-g Bedingungen eine Rolle spielen [7.6.36], [7.6.45]. Außerdem könnten bei Langzeitaufenthalten im All auch Veränderungen im zirkadianen Rhythmus der Körperkerntemperatur auftreten [7.6.46]. Um die Fragestellung detailliert terrestrisch studieren zu können, haben sich in den letzten Jahren fünf Simulationsmodelle etabliert: Bettruhe-Studien (bed rest studies) in horizontaler und Kopftieflage, trockene/feuchte Immersion und Parabelflüge. Allerdings sind alle diese Modelle nur eingeschränkt in der Lage, die komplexen Bedingungen unter realer Schwerelosigkeit im All zu simulieren, so dass in der Regel immer nur einzelne Aspekte der jeweiligen Anpassungsvorgänge studiert werden können. Dies gilt insbesondere für die Untersuchungen zur Thermoregulation des Menschen [7.6.40], [7.6.49]. Obgleich mehrere theoretische Studien und persönliche Erfahrungsberichte von Astronauten/Kosmonauten zeigen [7.6.40], [7.6.49],

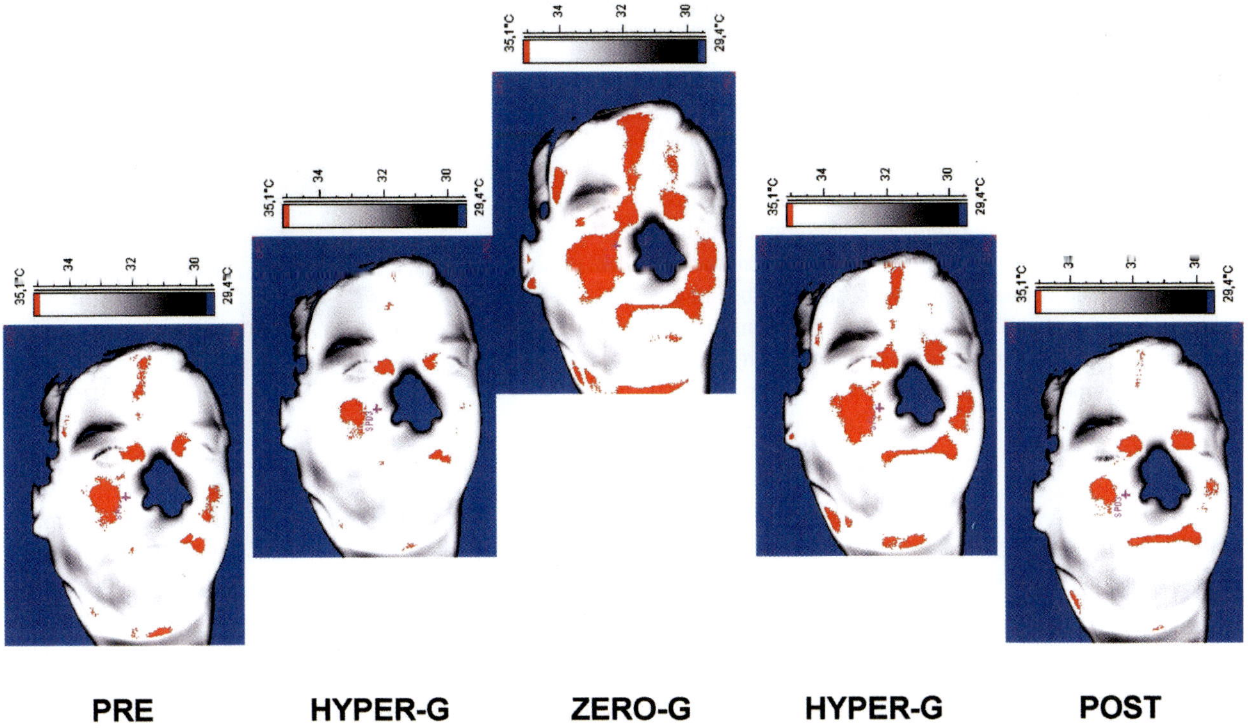

Bild 7.6.3: *Infrarotaufnahmen der Hauttemperaturen am Kopf (männlicher Proband, 20 Jahre alt) in den verschiedenen Phasen eines Parabelfluges während der 8. Parabelflugkampagne des DLR im Jahr 2006. Deutlich sichtbar ist die schnelle Dynamik der Hauttemperaturänderungen, die durch den fluid-shift entlang der Körperachse hervorgerufen wird und unter Schwerelosigkeit eine markant erhöhte Wärmeabgabe nach sich zieht (Bild: DLR).*

7

dass Veränderungen im Wärmehaushalt und der Temperaturregulation auftreten und diese von den Astronauten/Kosmonauten insbesondere bei körperlicher Arbeit als subjektiv unangenehm und belastend empfunden werden, sind dennoch systematische Untersuchungen unter realen Mikro-g Bedingungen im All zu diesem Thema bislang die Ausnahme. Die Thermoregulation unter Bettruhe- bzw. Kopftieflage-Bedingungen hingegen ist wesentlich besser untersucht und hierzu können zahlreiche experimentelle Studien mit unterschiedlicher Studiendauer in der Literatur Auskunft geben [7.6.41], [7.6.43], [7.6.37], [7.6.42], [7.6.44], [7.6.39], [7.6.47], [7.6.38], [7.6.51], [7.6.48], [7.6.52]. Schließlich untersuchten Stahn et al. [7.6.53] in einer mehrjährigen Studie an 11 Astronauten die Veränderung der Körperkerntemperatur unter körperlicher Belastung vor, während und nach einem Langzeitaufenthalt auf der ISS. Es zeigte sich, dass während des Langzeitaufenthaltes im All i) überraschenderweise die Ruhewerte der Körperkerntemperatur vor Beginn der Belastung im Mittel 0,7 °C über den gemessenen Körperkerntemperaturen vor dem Flug lagen, ii) nach einer kurzfristigen ergometrischen Belastung auf der ISS die Körperkerntemperaturen vereinzelt bei den Astronauten deutlich über 40 °C angestiegen sind und iii), dass der Abfall der Körperkerntemperatur nach körperlicher Belastung unter Mikro-g-Bedingungen deutlich verlangsamt war. Nach dem Flug waren die thermoregulatorischen Anpassungsreaktionen auf eine kurzfristige ergometrische Belastung erst 30 Tage nach Rückkehr wieder annähernd auf das Kontrollniveau vor dem Flug zurückgekehrt. Zusammenfassend kann man festhalten, dass weitergehende Studien auf dem Gebiet der kardio-vaskulären (z. B. Flüssigkeitsverlagerungen „fluid shifts", Veränderungen im Hirndruck im Rahmen des VIIP-Syndrom „Visual Impairment and Intracranial Pressure Syndroms") und thermoregulatorischen Anpassungen im All dringend notwendig erscheinen, da bislang i) die Mechanismen der kardio-vaskulären Anpassungen bei thermischem Stress im All, insbesondere bei physischen Belastungen (z. B. Training), noch nicht hinreichend erforscht sind, ii) Messungen zur zirkadianen Rhythmik der Körperkerntemperatur beim Menschen in Schwerelosigkeit nahezu vollständig fehlen und iii) bei entsprechenden Veränderungen im Rahmen von Langzeitaufenthalten im All sowohl negative Rückwirkungen auf die generelle Leistungsfähigkeit als auch das Wohlbefinden der Astronauten nicht auszuschließen sind, wie dies erst kürzlich veröffentlichte Ergebnisse zum Hirndruck von Roberts et al. [7.6.50] auch nahelegen.

7.6.5.3 Muskel- und Skelettsystem

Sowohl die Muskulatur als auch das Skelettsystem benötigen einen ausreichenden Stimulus in Form mechanischer Beanspruchung („Strain"), um ihre Struktur aufrecht zu erhalten. Unter den Bedingungen der Schwerelosigkeit sinkt diese Beanspruchung auf ein Minimum. Bereits nach kurzer Zeit im Weltraum ist eine **Muskelatrophie** zu verzeichnen, einhergehend mit strukturellen und funktionellen Veränderungen der Muskulatur sowie einer negativen Stickstoffbilanz. Diese Atrophie ist besonders ausgeprägt in der Haltungsmuskulatur, welche den Körper gegen die Schwerkraft stützt. Ohne Anwendung von Gegenmaßnahmen verlieren Astronauten bis zu 20 % ihrer Muskelmasse bei einer kurzen Mission und bis zu 50 % während Langzeitmissionen [7.6.3]. Dieser Verlust ist stärker in den Gruppen der Extensoren als der Flexoren. Unter anderem aus diesem Grund haben russische Weltraummediziner den sogenannten „Pinguin Suit" für Langzeitaufenthalte im All entwickelt (Bild 7.6.4). Die Beinmuskulatur zeigt den deutlichsten Verlust, da sich die Astronauten hauptsächlich mit Hilfe der Arme durch die neue Umgebung bewegen. Zusammen mit den Veränderungen des neurovestibulären und des kardiovaskulären Systems, wie Schwindel und Orthostase, führt der Verlust an Stärke und Kraftausdauer zu einer erheblichen Leistungseinschränkung des Astronauten bei seiner Rückkehr in eine Umgebung mit Gravitation – was bei einer Landung auf dem Mars den Fortgang der Mission behindern könnte.

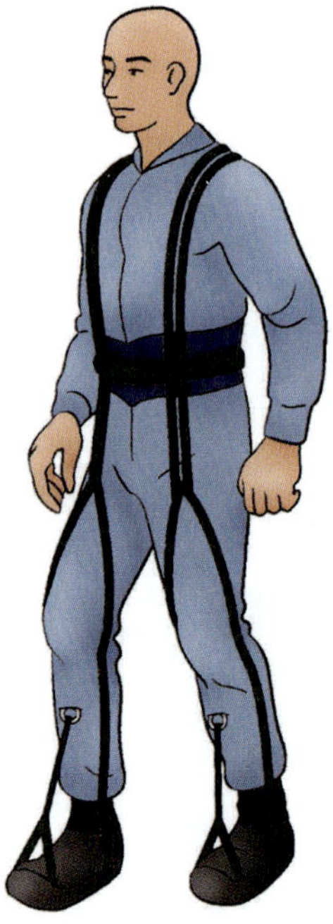

Bild 7.6.4: *Die russische Entwicklung des „Pinguin Suit" zur Stärkung der Muskulatur von Astronauten/Kosmonauten bei Langzeitflügen ins All.*

Eng an die Veränderungen der Muskulatur sind auch die des Skelettsystems geknüpft. Ohne eine adäquate Beanspruchung kommt es zu einem Ungleichgewicht zwischen Knochenauf- und -abbau mit einem globalen **Verlust an Knochenmasse** von durchschnittlich 1 bis 3 % pro Monat.

In Arealen mit besonders geringem Stress nimmt die Knochendichte um bis zu 10 % ab [7.6.3]. Der Verlust an Knochenmasse äußert sich in einer Hypercalciurie. Obwohl neben einem erhöhten Kalziumspiegel im Urin auch noch andere Faktoren maßgeblich sind (pH-Wert, Harnsäure, Oxalat), besteht das erhöhte Risiko einer **Steinbildung in den ableitenden Harnwegen** [7.6.3], [7.6.15]. Der Knochenabbau stellt mit dem einhergehenden verstärkten Risiko für Frakturen, insbesondere an den unteren Extremitäten, und der möglichen Harnsteinbildung eine ernste Gefahr für die Gesundheit der Astronauten und den Erfolg einer Mission dar. Dem muss mit entsprechenden Gegenmaßnahmen begegnet werden.

7.6.5.4 Sinnessysteme

Die Integration der visuellen, vestibulären und kinästhetischen Reize ermöglicht die Orientierung im Raum. Die einzelnen Systeme sind untereinander verbunden. So führen propriozeptive und visuelle Informationen zum vestibulären System und von dort wieder zurück zur unwillkürlichen Steuerung der Augenbewegungen. Das Ausbleiben des Gravitationsreizes führt zu einer **Inkongruenz der Informationen** der Bogengänge, die unabhängig von Gravitation nur auf Positionsveränderung reagieren, und der Beschleunigungsinformation von Sacculus und Utriculus. Die Diskrepanz dieser Informationen mit den kinästhetischen und visuellen Signalen kann zur sog. **Weltraumkrankheit** (Space Motion Sickness) führen, die sich in unterschiedlicher Ausprägung durch Schwindelgefühl, Übelkeit oder Brechreiz äußert [7.6.15], [7.6.24]. Nach einer Anpassungsphase von wenigen Tagen sistieren die Symptome zwar, können jedoch nach Rückkehr in die 1-g-Umgebung wieder auftreten.

Einige Astronauten haben von Problemen bei der **Nahsicht** berichtet, was an Flüssigkeitsverschiebungen („fluid shifts") in Richtung Kopf liegen kann und vermutlich Änderungen des intra-okulären Drucks („intraocular pressure syndrome") nach sich zieht, was wiederum bei Langzeitexposition im All zu Veränderungen der Form des Augapfels und der Linse führt [7.6.3].

Durch die verschiedenen permanenten Geräuschquellen an Bord eines Raumschiffes (Motoren, Experimente, Klimaanlage) liegt die **Geräuschbelastung** bei Werten von 60 bis 100 dB [7.6.3], was neben Stress auch das Risiko für Schwerhörigkeit mit sich bringt und entsprechenden Gehörschutz erforderlich macht.

7.6.5.5 Ernährung

Bei der Nahrung und Ernährung gibt es zahlreiche Dinge zu beachten: Die Speisen müssen lange haltbar sein (Monate bis Jahre), Getränke sind pulverisiert, Gerichte gefriergetrocknet. Erst an Bord fügt man dann Wasser hinzu und durchmischt die Nahrung. Manche Gerichte werden extrem erhitzt, um sie haltbar zu machen. Es gilt vor allem, eine **Lebensmittelvergiftung** zu verhindern, die insbesondere bei einem interplanetaren Flug die gesamte Crew in eine lebensbedrohliche Situation bringen könnte. Es hat sich in den letzten Jahren insbesondere bei Langzeitaufenthalten auf der MIR-Station und der ISS gezeigt, dass Astronauten „Special Event Meals" lieben, um der **Monotonie** etwas entgegenzusetzen, zu der die äußeren Umstände führen [7.6.3]. Deshalb muss über Geschmack und selbst über die Art der Verpackung nachgedacht werden. Selbstverständlich müssen Nährwert, Gehalt an Spurenelementen etc. genauestens bekannt sein und in ausreichender Weise zur Verfügung stehen. Allzu salzige Speisen sind zu vermeiden, da dies einem beschleunigten Abbau von Kalzium aus dem Knochen Vorschub leistet, der sowieso schon durch die Schwerelosigkeit beschleunigt ist.

Bei der NASA kennt man zur Zeit ca. 150 Menüs, und auf der ISS kommen nochmals ca. 150 andere Menüs von russischer Seite hinzu, demnach stehen den Astronauten ca. 300 verschiedene Menüvariationen zur Verfügung. Alkohol ist verboten. Täglich gliedert sich das Tagesmenü in 4 Abschnitte, Frühstück, Mittagessen, Abendessen und einen Snack. Allerdings ist der Verzehr von Keksen mit Problemen behaftet, da Krümel in der Schwerelosigkeit nicht leicht zu beseitigen sind und unangenehme Folgen zeigen können: Krümel im Auge, in anderen Körperöffnungen, Beeinträchtigungen von technischen oder wissenschaftlichen Geräten. Kohlensäurehaltige Getränke sind ebenfalls zu vermeiden, da sie zu unangenehmen Blähungen bzw. zum Eruktieren (lat. Begriff für Rülpsen) führen können. Letzteres kann in der Schwerelosigkeit ggf. auch zu spontanem Erbrechen führen.

Bei den Gewürzen zeigen die Astronauten/Kosmonauten eine deutliche Präferenz für stark gewürzte, scharfe Speisen. Dies könnte unter anderem an der Flüssigkeitsverlagerung entlang der Körperachse unter Schwerelosigkeit liegen, da die Mundschleimhäute und die Zunge geschwollen, ödematös, sind. Außerdem ist die Nahrungsverteilung im Mundraum aufgrund der Schwerelosigkeit verändert, was wiederum eine veränderte **Geruchswahrnehmung** nach sich zieht. Alle diese Faktoren zusammen genommen mögen schon hinreichend zeigen, dass die Ernährung unter Schwerelosigkeit – insbesondere für Langzeitflüge – ein nicht zu unterschätzendes Problem darstellt. Es ist bereits aus Isolationsstudien gut belegt, dass eine ausgewogene, abwechselungsreiche Ernährung ein entscheidender Faktor für das allgemeine psycho-physiologische Wohlbefinden des Astronauten ist, wobei auch dem gemeinsamen Essen der gesamten Crew eine besondere Rolle im täglichen Ablauf zufällt (soziale Komponente des Essens), unabhängig von der Energiezufuhr und dem Geschmack [7.6.3], [7.6.15], [7.6.25].

Energetisch hat sich gezeigt, dass sich der **Kalorienbedarf** unter Schwerelosigkeit bei den Astronauten erstaunlicherweise kaum vom Kalorienbedarf unter 1-g-Bedingungen unterscheidet. Dies könnte zum einen darauf zurückzuführen sein, dass in der Schwerelosigkeit durch tägliches Muskeltraining als Gegenmaßnahme (Countermeasure) zum Muskel- und Knochenabbau im All ein erhöhter Energiebedarf entsteht. Auch die Wärmeabgabe unter Schwerelosigkeit ist verändert bzw. gesteigert. Zum anderen könnten eine veränderte Verdauung (Resorption) und ein veränderter Geschmack eine Rolle hierbei spielen [7.6.26], [7.6.27].

7.6.5.6 Strahlung

Neben den Auswirkungen der Schwerelosigkeit und den psychosozialen Problemen des Aufenthalts im Weltraum stellt die Strahlungsexposition einen der limitierenden Faktoren für Langzeitmissionen dar, vor allem im Hinblick auf die sich derzeit in Planung befindenden Explorationsmissionen zum Mond und später auch zum Mars [7.6.54], [7.6.55]. Das Strahlungsfeld im erdnahen Orbit (Low Earth Orbit = LEO) ist mit keinem Strahlungsfeld natürlichen oder künstlichen Ursprungs auf der Erde vergleichbar und besteht aus der galaktischen kosmischen Strahlung (GCR), Protonen und Elektronen aus den Strahlungsgürteln (Van Allen Belts) der Erde und hochenergetischen Protonen, die von der Sonne im Rahmen von solaren Teilchenereignissen (SPE) emittiert werden. Moduliert werden diese Parameter durch den 11-jährigen Sonnenzyklus. Die galaktisch kosmische Strahlung besteht zum größten Teil aus ionisiertem Wasserstoff, Helium und schweren Ionen bis zu Urankernen mit sehr hoher biologischer Wirksamkeit und mit Energien bis zu 1 020 eV (Elektronenvolt). Die Protonen und Elektronen in den Strahlungsgürteln der Erde haben Energien von bis zu 600 MeV (Protonen) und 7 MeV (Elektronen). Die Protonen eines solaren Teilchenereignisses können in Abhängigkeit des Ereignisses, Energien von einigen 100 MeV bis zu GeV besitzen [7.6.56], [7.6.57]. Durch die Wechselwirkung dieses komplexen primären Strahlungsfelds mit der Hülle der Raumstation wird ein „Sekundärstrahlungsfeld" erzeugt, das unter anderem auch einen großen Anteil von hochenergetischen, biologisch sehr wirksamen Neutronen enthält. Auf der Erde sind wir durch das Erdmagnetfeld und durch unsere Atmosphäre, die einer 10 Meter hohen Wassersäule entspricht (1 000 g/cm^2), gegen das primäre Strahlungsfeld abgeschirmt. Die Abschirmung eines Raumschiffs liegt im Bereich von 5 bis 20 cm Wassersäule (5 bis 20 g/cm^2), während die Abschirmung des Raumanzugs eines Astronauten bei einem Weltraumspaziergang auf durchschnittlich 1 cm Wassersäule (1 g/cm^2) schrumpft.

Wenn wir uns nun auf Explorationsmissionen außerhalb des Erdmagnetfelds – auf dem Weg zum Mond, zu erdnahen Asteroiden oder auch zum Mars – bewegen, sind es die zwei Primärquellen der Strahlung die galaktisch kosmische Strahlung und die – in Abhängigkeit des Sonnenzyklus – vorhandenen solaren Teilchenereignisse, die für die Strahleneffekte (deterministisch und stochastisch) im Menschen verantwortlich sind. Somit lassen sich die Auswirkungen der Strahlung auf den menschlichen Körper in diese zwei Kategorien, die Kurzzeit- (deterministischen) Effekte und die Langzeit- (stochastischen) Effekte einteilen. Grundlage für beide ist die Bildung hochreaktiver freier Radikale durch die Strahlenwirkung, die dann an den Zellbestandteilen, insbesondere an der DNA und anderen Kontrollmolekülen, zu Schäden führen können. Die Kurzzeiteffekte, auch bekannt als akute Effekte oder Strahlenkrankheit, beinhalten Symptome wie Übelkeit, Erbrechen, Diarrhoe, verminderte Blutzellzahl und bei sehr hohen Dosen Blutungen bis hin zum Tod. Solare Teilchenereignisse sind die Quelle der Kurzzeiteffekte im Weltraum. In ihrem Orbit ist die Internationale Raumstation (ISS) durch das Erdmagnetfeld so gut abgeschirmt, dass die Wahrscheinlichkeit für diese akuten Effekte durch ein solares Teilchenereignis eher gering ist, wobei die Astronauten sehr wohl beim Auftreten eines solchen Ereignisses in besser abgeschirmten Bereichen der Raumstation Schutz suchen. Somit beschäftigt sich der Strahlenschutz an Bord der Raumstation hauptsächlich mit den Langzeiteffekten – sprich genetischen Effekten und der möglichen Krebsinduktion. Langzeiteffekte betreffen die DNA, die durch Strahlenschädigung zu unkontrolliertem Zellwachstum und letztlich zu Krebs führen kann, falls Kompensationsmechanismen wie Apoptose (programmierter Zelltod) oder DNA-Reparatur (p-53-Mechanismus mit prämitotischer Pause und Wiederherstellung) nicht greifen. Die Langzeitexposition durch galaktisch kosmische Strahlung stellt hier die Quelle von Langzeiteffekten, wie die mögliche Erhöhung des Krebsrisikos dar [7.6.58].

Die Strahlungsmessung mit dezidierten Messgeräten im Weltraum begann schon während der ersten Mercury Missionen der NASA [7.6.59] und wird mit unterschiedlichen aktiven und passiven Strahlungsmessgeräten auf der Internationalen Raumstation fortgesetzt [7.6.60]. Die dabei gemessene Dosisgröße ist einerseits die absorbierte Dosis (D), die die Energiedeposition von ionsierender Strahlung im Gewebe darstellt. Die Einheit hierfür ist das Gray (1 Gray = 1 J/kg). Um die unterschiedlichen biologischen Wirkungen der einzelnen Strahlenarten in Betracht zu ziehen, wird für Anwendungen im Weltraum der dimensionslose Qualitätsfaktor (Q) verwendet. Die Multiplikation von D mit Q erbringt die Äquivalentdosis (H) mit ihrer Einheit Sievert (Sv). Die Äquivalentdosis H stellt somit die biologisch relevante Dosis dar.

Die jährliche Exposition durch natürliche Strahlenquellen auf der Erde beträgt im Durchschnitt 2,4 mSv/Jahr – mit einem Anteil der kosmischen Strahlung von

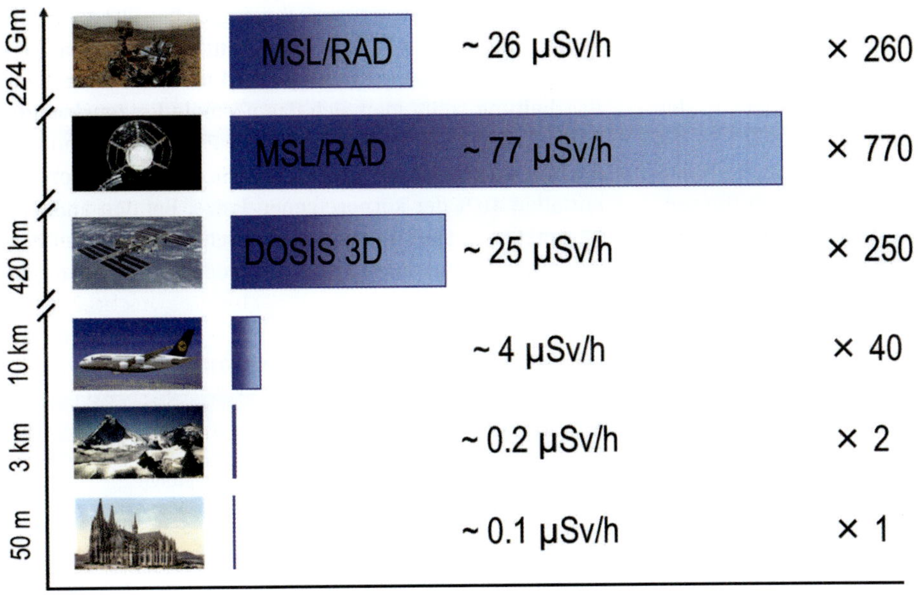

Bild 7.6.5: *Die Variation der Strahlungsdosis von der Erde bis zum Mars (Daten von der ISS [7.6.63], beim Flug zum Mars [7.6.64], auf der Oberfläche des Mars [7.6.65]; Bild: DLR).*

0,3 mSv/Jahr [7.6.62]. Im Vergleich dazu zeigt Bild 7.6.5 die gemittelte gemessene Dosis in µSv/Stunde (µSv/h] auf der Erdoberfläche (Köln), auf hohen Bergen, in Reiseflughöhen, auf der Raumstation [7.6.63], auf dem Flug zum Mars im interplanetaren Raum [7.6.64] sowie auf der Oberfläche des Mars [7.6.65]. Die Dosiswerte von der Erdoberfläche steigen mit zunehmender Höhe aufgrund der fallenden Abschirmung der Erdatmosphäre. Auf der Raumstation liegt der Messwert schon um rund 250-fach über dem Anteil der Dosis der kosmischen Strahlung auf der Erde, während er auf dem Flug zum Mars noch weiter ansteigt und auf der Oberfläche des Mars Werte erreicht, die denen der ISS gleichen. Grund hierfür ist auch die – wenn auch geringe – Atmosphäre des Mars.

Für die Astronauten wird vor allem eine Mission zum Mars eine Herausforderung im Sinne des Strahlenschutzes darstellen, da, basierend auf den derzeitigen Messungen, die Grenzwerte für stochastische Strahleneffekte, die derzeit nur für LEO gelten [7.6.66], bei einem 3-jährigen Flug zum Mars überschritten werden könnten. Die Kurzeiteffekte – induziert durch ein solares Teilchenereignis – können mit passender Abschirmung des Raumschiffs bzw. durch die Einrichtung eines „Storm Shelters" vermieden werden.

7.6.6 Psycho-physiologische Probleme beim Aufenthalt im All

7.6.6.1 Biorhythmen

Im Weltraum ist der Mensch weitgehend von den physikalischen und sozialen Umweltfaktoren gelöst, die normalerweise seine Biorhythmen bestimmen. Der terrestrische Tag-Nacht-Wechsel wird durch eine künstliche Beleuchtungsregelung im Raumschiff nachempfunden, auch die täglichen Schwankungen der Umwelttemperatur werden künstlich aufrechterhalten, um nur einige Faktoren hier zu nennen. Die **sozialen Faktoren,** die von Familie, dem Arbeitsleben und dem Freundeskreis ausgehen, entfallen. Die **endogene Biorhythmik** muss weitgehend dem zuvor festgelegten Arbeits- und Ruherhythmus der Mission angepasst werden. Dabei sollten die Schlafdauer und die Schlafqualität so optimiert werden, dass die Leistungsbereitschaft und das subjektive Wohlbefinden erhalten bleiben. Allerdings bedingt die Notwendigkeit, den **Tagesablauf** mehr oder minder straff zu organisieren, dass die individuellen Bedürfnisse den Bedürfnissen der Gruppe angepasst werden müssen, und dies während der Dauer einer gesamten Mission. Nachteilige Folgen werden nicht ausbleiben, weil über längere Zeit gesehen der psychologische Status und die Arbeitskapazität starken Schwankungen unterliegen. In dieser Hinsicht unterscheiden sich die Beobachtungen bei terrestrischen Isolationsstudien wenig von den russischen Erfahrungen bei Langzeitmissionen [7.6.4]. Der Tagesablauf während der russischen Isolationsexperimente sieht dabei folgendermaßen aus: Arbeitszeit 9 bis 17 Uhr, Ruhephase 17 bis 23 Uhr, Schlafzeit 23 bis 7 Uhr, Aufstehphase 7 bis 9 Uhr, täglich werden 4 Mahlzeiten eingenommen. Für eine individuell stark abweichende Gestaltung bleibt danach vermutlich wenig Raum. Die Messungen von Aktivitätsmustern mit Hilfe von Akzelerometern während einer vierwöchigen Isolationsstudie der ESA ergaben an Werktagen relativ ähnliche Werte bei allen sechs Probanden [7.6.6]. Die Messungen am Wochenende zeigten, wie zu erwarten, stärker individuell geprägte Verhaltensmuster. Besonders die Schlafverteilung unterlag größeren Abweichungen von den üblichen Wochentagsmustern. Allerdings sollte die starre Regulierung des Tagesablaufs dazu führen, dass dem natürlichen Schlafbedürfnis stattgegeben wird, das auch am Tage besonders in der Phase nach dem Essen (post-prandial) ausgeprägt ist. Es ist bekannt, dass erzwungene, künstlich verlängerte Wachzeiten die kognitiven Fähigkeiten negativ beeinflussen. Dies sollte bei Langzeitmissionen unbedingt vermieden werden. Allerdings gibt es kein generelles Schema, das auf die Situation im Weltraum angewandt werden könnte. Die Bedingungen der Isolation und die Dauer der jeweiligen Mission beeinflussen den Schlaf-Wachrhythmus sowie die Kognition der Astronauten. Nach russischen Erfahrungen zeigte sich, dass nach einer anfänglichen, 14 Tage dauernden Anpassungsphase eine weitere Missionsphase folgt, in der eine komplette Adaptation bis ca. zum 90. Tag erfolgt. Danach sind Schlafstörungen zu erwarten, die Aktivität der Besatzungsmitglieder lässt nach und eine Einengung des Interessenspektrums ist zu beobachten. Erhöhte Erregbarkeit und Müdigkeit machen sich bemerkbar. Da diese Vorgänge sowohl bei terrestrischen Isolationsstudien als auch im Weltraum gefunden wurden, ist die Rolle der **Schwerelosigkeit** schwer auszumachen. Im Augenblick weiß man nicht, wie Schwerelosigkeit auf die Prozesse der Biorhythmik auf zellulärer und molekularer Ebene einwirkt und welche Folgen dies auf das gesamte System hat. Hier wären in Zukunft entsprechende Experimente angezeigt [7.6.30].

7.6.6.2 Isolation und Beengtsein

Im Rahmen ihrer Beschäftigung mit den physiologischen Konsequenzen bei Langzeitaufenthalten im All waren die Mediziner gezwungen, sich mit den Problemen der Isolation, des Alleinseins, der Einsamkeit und des Beengtseins zu befassen [7.6.31]. **Beengtsein** ist oft verknüpft mit **Bewegungsmangel,** was im Abschnitt über Gegenmaßnahmen, aber auch hier eine große Rolle spielt. Isolation und Beengtsein (IB) ist aber nicht allein ein auf den Weltraum beschränktes Problem, sondern es geht dabei um Tatsachen, die alltäglich in unseren Gesellschaften zu beobachten sind. In den Großstädten im westlichen Europa leben bereits nahezu 50 % der Bewohner in Einzelhaushalten, entweder durch freiwilligen Entschluss (Single-Dasein vorwiegend bei jüngeren Menschen) oder durch äußere Umstände wie beim frühen Tod des Lebenspartners. Die zunehmende Langlebigkeit verstärkt diesen Trend. Um die physiologischen Auswirkungen dieser veränderten Umweltsituation zu erfassen, mussten neue, **nicht-invasive Techniken für eine kontinuierliche Datenaufnahme** entwickelt werden. Diese sollten geringen Energieverbrauch haben, beim Tragen nicht stören und leicht für den Laien zu handhaben sein. Durch das kontinuierliche Ableiten von Signalen fallen große Datenmengen an, die nur mithilfe von modernen Informationstechnologien bewältigt werden können. Besonderer Wert ist hierbei auf Zeitreihenanalysen zu legen. Bei der Datenaufnahme und deren nachfolgender Bearbeitung sollte man sich das normale **Reizspektrum,** das auf der Erde herrscht (Tabelle 7.6.2), vor Augen halten. Entfällt beispielsweise im Weltraum die Gravitation, so entfallen 40 % der körpereigenen Reize. Bei den anderen Parametern Schall, Geruch und Geschmack sind bei den beengten Räumlichkeiten keine großen Variationen zu erwarten.

Tabelle 7.6.2: *Das normale, auf der Erde herrschende Reizspektrum.*

Reizparameter	% Anteil am Gesamtspektrum (hypothetisch)
1. Gravitation	40 % Propriozeptoren (Haut, Muskel, Gelenke)
2. Licht	30 % Augen
3. Schall	10 % Ohren
4. Geruch, Geschmack	10 % Nase, Mund
5. Temperatur	10 % Haut, ZNS

Das enge Zusammenleben bedingt immer Rücksichtnahme auf den anderen; nicht was allen am meisten gefällt, sondern was alle am wenigsten stört, wird gesucht. Dies zwingt zu einer Nivellierung und **Monotonie.** Unter Isolation und Beengtheit kommt es daher zur Reizverminderung oder Reizverarmung. Dies kann im günstigen Fall zur Entspannung und dann zur Erholung führen, zumal wenn man zuvor in einer reizüberfluteten Umwelt gelebt hat. Ist der Reizentzug, z. B. beim Langzeitaufenthalt im All unvermeidlich, kommt es zunächst zu einer leichten **Dekonditionierung** (Bild 7.6.6). Dieser kann durch die aufgezeichneten Gegenmaßnahmen psychologischer und sozialer Unterstützung im erdnahen Raum (z. B. Telefonkontakt

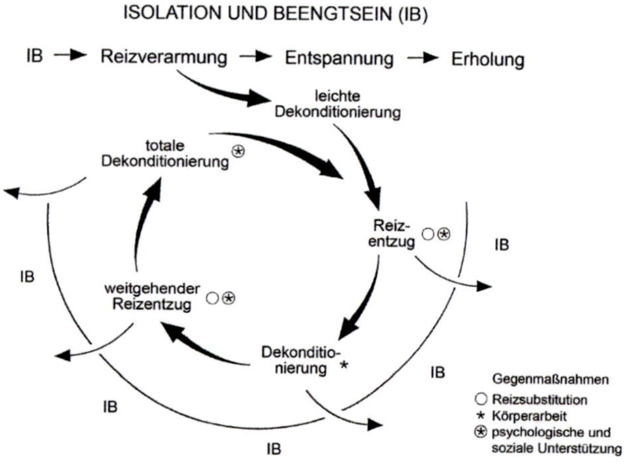

Bild 7.6.6: *Reizverarmung, Reizentzug und der circulus vitiosus, dem es mit entsprechenden Gegenmaßnahmen beim Langzeitflug ins All zu entrinnen gilt (Bild: Kirsch, 2007).*

7

mit der Familie) entgegengewirkt werden [7.6.31]. Eine physikalische Stimulation könnte z. B. durch thermische Reize in der ansonsten thermisch monotonen Umgebung vermittelt werden. Diese **Reizsubstitutionsmaßnahmen** sind in der monotonen Umgebung unbedingt erforderlich, um aus dem aufgezeichneten Teufelskreis auszubrechen, der in totaler Dekonditionierung endet. Dieser Zustand kann dazu führen, dass man sich nicht mehr an terrestrische Bedingungen anpassen kann. Eine solche Reizsubstitution hilft nicht nur, die Belastungen im All erträglich zu machen, sondern verbessert auch die Re-Adaptation an die terrestrischen Bedingungen. Unter Einbeziehung der unter Weltraumbedingungen gemachten Erfahrungen sollte man die Rehabilitationsmaßnahmen auf der Erde, z. B. nach längeren Behinderungen und Erkrankungen, überprüfen. Nicht zu unterschätzen sind die Auswirkungen eines eingeschränkten **sozialen Spektrums.** Die Besatzung besteht im besten Fall aus 4 bis 8 Mitgliedern, die untereinander harmonieren müssen. Die Kommunikation innerhalb einer solchen Gruppe während einer Mission kann starken Schwankungen unterworfen sein, wie auf Bild 7.6.7 exemplarisch zu erkennen ist. Aufgezeichnet wurde die Anzahl der mündlichen Kontaktaufnahmen untereinander während des gemeinsamen Essens während einer 28-tägigen Isolation. Am 2. Tag erkennt man, dass die Kommunikation der Person D mit dem Commander C dominant ist, die anderen Mitglieder sind nahezu ausgeschlossen. Am Ende der Mission (26. Tag) ist jedoch die Person D während der Mahlzeit total isoliert. Diese soziale Isolation innerhalb der Gruppe kann somatische Folgen haben, die es zu vermeiden gilt [7.6.32]. Eine Möglichkeit zur Vereinzelung könnte auch an modernen Computerspielen liegen, denen jeder für sich allein in einer anderen Ecke des Raumschiffs nachgehen kann. Man sitzt in der Freizeit Rücken an Rücken, ohne zu kommunizieren. Kompetitive Gemeinschaftsspiele können einer solchen Entwicklung entgegenwirken. Hier hat die Crew Auswahl eine große Aufgabe, nämlich das richtige Team zusammenzustellen: Nur so können die Besatzungen auf Dauer ihre Aufgabe erfüllen.

Zusammenfassend lässt sich heute feststellen, dass eine Vielzahl von Parametern den **Gruppenzusammenhalt** und

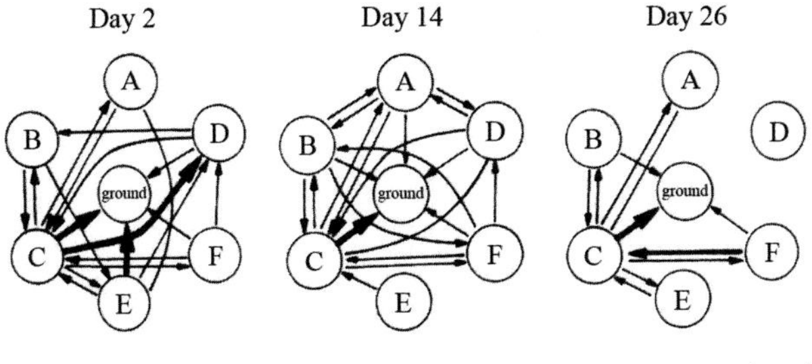

Bild 7.6.7: *Kommunikationsnetzwerke an den Tagen 2, 14, 26 während Isolation (Bild: modifiziert nach [7.6.32]).*

die Leistungsfähigkeit (**performance**) einer Mannschaft beeinflussen: Kultureller Hintergrund, Führungsstärke des ausgewählten Commanders, Geschlecht, Alter, emotionale Stabilität, Fachwissen, Kooperationsbereitschaft, um nur einige zu nennen [7.6.3], [7.6.15]. Alle diese Faktoren gilt es zu berücksichtigen, wenn eine Crew für einen Langzeitaufenthalt zusammengestellt werden soll. Leistungsphysiologische Parameter spielen sichtlich auch eine Rolle, aber nicht unbedingt eine übergeordnete, wenn bestimmte basale leistungsphysiologische Parameter erfüllt sind (mindestens durchschnittlich gut trainiert). Hier kommt der Psychologie in der Auswahl der geeigneten Daten eine besondere Rolle zu.

7.6.7 Gegenmaßnahmen

Zunächst muss darauf hingewiesen werden, dass es sich bei den bislang beobachteten physiologischen Veränderungen unter Schwerelosigkeit um **adäquate Adaptationen** an die Umwelt All handelt. Bis zu 14 Monate hat der russische Kosmonaut Poljakow in der russischen Raumstation MIR gelebt. Physiologisch-medizinische Probleme treten meist erst dann zutage, wenn die Astronauten wieder einer erhöhten Schwerkraft, sei es auf der Erde oder in Zukunft auf dem Mond oder Mars ausgesetzt sind. Da aber hier, insbesondere bei extra-vehikulären Aktivitäten im Rahmen einer Mission, eine physische Fitness *conditio sine qua non* ist, gilt es durch entsprechende Gegenmaßnahmen insbesondere die Funktionsfähigkeit des **Herz-Kreislauf-**, des **Skelett-** und des **Muskelsystems** zu erhalten, auch im Hinblick darauf, dass eine medizinische Versorgung bei Missionen zum Mond oder Mars allein schon aus operationellen Gründen immer nur begrenzt möglich sein wird. Für die Präsenz im LEO (Low Earth Orbit) gelten andere Gesetzmäßigkeiten, da im medizinischen Notfall ein Astronaut/Kosmonaut relativ rasch zur Erde evakuiert werden könnte (Rettungskapsel, Notabstieg), eine Möglichkeit, die bei Mond- und erst recht bei Mars-Missionen so nicht besteht.

Zu den **Gegenmaßnahmen** im engeren Sinne zählt man nun all jene Anwendungen oder therapeutischen Maßnahmen, die dazu dienen, das physische, psychische und geistige Wohlbefinden und die Gesundheit des Astronauten vor, während und nach einem Raumflug zu gewährleisten bzw. wiederherzustellen. Möglich sind physikalische, biochemische, chemische, pharmazeutische, biologische oder psychologische Maßnahmen. Tabelle 7.6.3 gibt einen Überblick über diese verschiedenen Möglichkeiten. In der Vorbereitungsphase eines Raumfluges zählen hierzu u. a. die **Crew-Auswahl** („select in"), um eine möglichst effiziente Crew zu gewährleisten, bei dem geringsten Risiko inter-individueller Konflikte. Physische und psychische Trainingsprogramme sind bereitzustellen, für eine erforderliche physische Fitness und hohe, kontinuierliche geis-

Tabelle 7.6.3: *Maßnahmen zur Verhütung der Dekonditionierung im Weltraum.*

Physikalische Methoden	Körperarbeit	Ernährungskontrolle	Pharmakologische Unterstützung	Umweltkontrolle
Kontrolle der Blutvolumenverteilung	Verminderung des Muskelabbaues	Bilanzausgleich		Stressvermeidung Stressbewältigung
LBNP	Ergometer	Salz-Wasseraufnahme	Verdauungsenzyme	Optimierung des Tagesablaufes
g-Anzug	Laufband		Pankreasenzyme	
Blutdruckmanschette	Pinguinanzug	Energieaufnahme		Psychologische Unterstützung
Elektrostimulation	Expanderarbeit			

Künstliche Gravitation

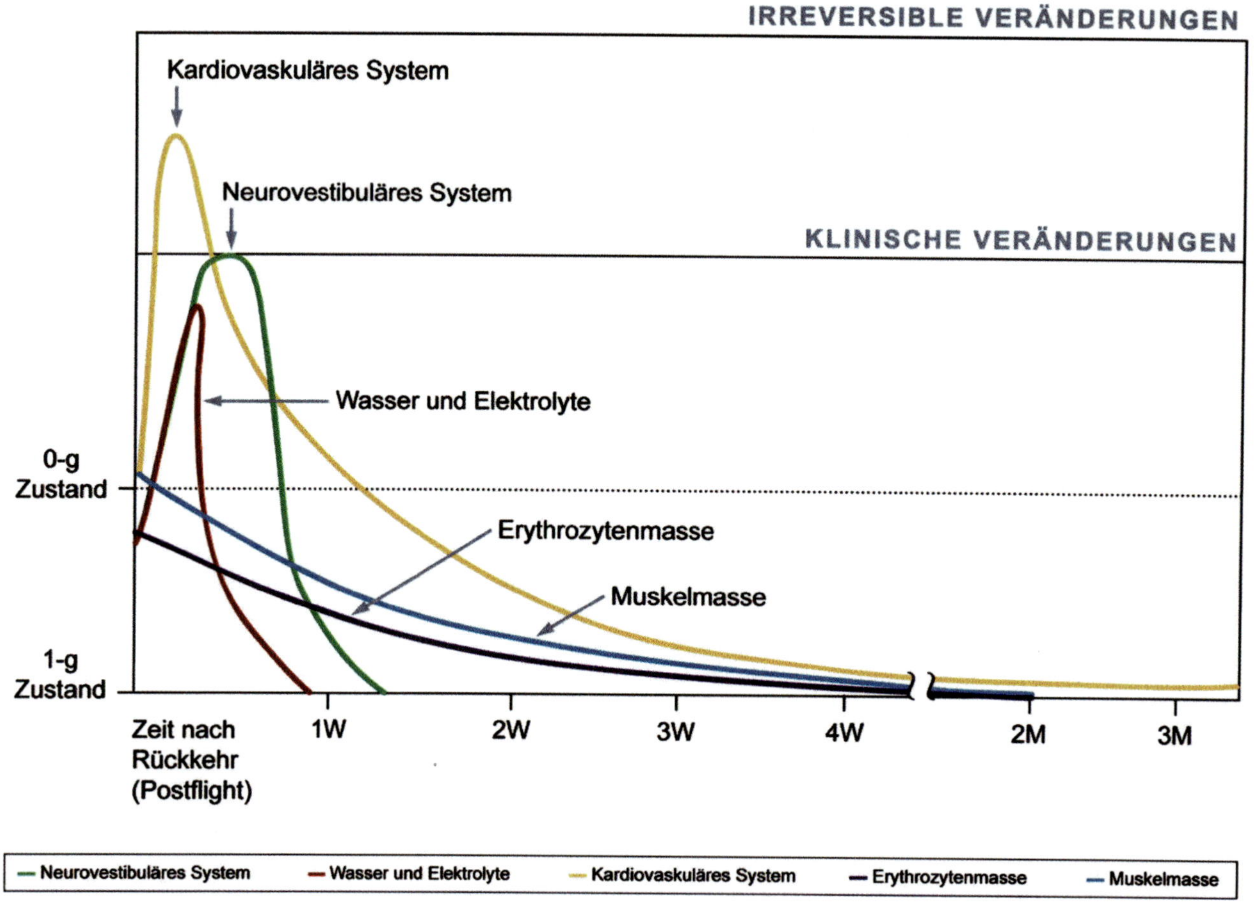

Bild 7.6.8: *Zeitlicher Verlauf der physiologischen Veränderungen während der Rück-Anpassung an die Zustände auf der Erde. Gezeigt sind die Veränderungen von Körpersystemen, deren Rück-Anpassung nur unwesentlich von der Dauer des Aufenthalts im Weltraum abhängt. Die Anpassungskurve des Kalziumstoffwechsels fehlt, da adäquate Daten noch nicht vorlagen (Bild: Nicogossian).*

tige Leistungsfähigkeit und Aufmerksamkeit ist zu sorgen, bis hin zu Programmen, die den Organismus auf veränderte zirkadiane Rhythmen vorbereiten. Während eines Raumfluges liegt der Schwerpunkt der Gegenmaßnahmen auf der Bereitstellung und Einhaltung eines mehrstündigen **Trainingsprogramms** mit Hilfe von speziell entwickelten Trainingsmethoden wie z. B. Laufband, „fly wheel", Rudergeräte, „pinguin suit", Vibrationsplatten etc. Nach der Rückkehr aus dem All sind dann entsprechend intensive psycho-physiologische Trainingsprogramme erforderlich, um die Astronauten an die irdische Umwelt einschließlich des sozialen Umfeldes wieder zu gewöhnen („post flight disorders"). Es hat sich gezeigt, dass diese **post-flight-Phase** bis zur Herstellung der Ausgangswerte vor einem Raumflug ungefähr genauso viel Zeit benötigt wie der Raumflug selbst (Bild 7.6.8). Ausgenommen hiervon sind in physiologischer Hinsicht die Veränderungen im **Knochenstoffwechsel,** der nach dem augenblicklichen Wissenstand nicht vollständig auf die Ausgangswerte zurückgeführt werden kann.

7.6.7.1 Kardio-vaskuläres System

Um eine **orthostatische Überempfindlichkeit** und **physische Dekonditionierung** der Astronauten während ihres Aufenthaltes im All zu vermeiden [7.6.33], [7.6.34], sollten die folgenden Geräte für tägliche Trainingseinheiten im All zur Verfügung stehen: Fahrradergometer, Laufband, Rudergerät (neben anderen) und in Zukunft vielleicht auch Kurzarmzentrifugen, die eine Flüssigkeitsverschiebung in die unteren Extremitäten ermöglichen (Bild 7.6.9). Die unterschiedlichen Übungsgeräte sind nicht nur aus physiologischer Sicht notwendig, sondern auch unter psychologischen Gesichtspunkten, insbesondere um das Aufkommen von Langeweile bei den Astronauten zu vermeiden. Während der Trainingseinheiten sollte sichergestellt sein, dass grundlegende kardio-vaskuläre und pulmonale Daten nicht-invasiv überwacht, gespeichert und analysiert werden können (V_{O_2max}, Herzfrequenz, Blutdruck, Atemfrequenz, Haut- und Körperkerntemperatur, Sauerstoffsättigung etc.). Vor der Landung sollte die Möglichkeit für die Astronauten bestehen, Flüssigkeit zu sich zu nehmen, um das **Plasmavolumen** zu erhöhen. Diese Art von Flüssigkeitsauffüllung kann auch noch durchgeführt werden, wenn **orthostatische Intoleranz** aufgetreten ist. Für diese Art der Behandlung müssen leicht zu handhabende Vorrichtungen für venöse Infusionen sowie Plasmavolumenerhöhung in der Notfallausrüstung vorhanden sein, und die Astronauten müssen in die Technik der intravenösen Infusion eingewiesen werden. Während der kritischen Phase des Wiedereintritts werden **Anti-Gravity-Suits** verwendet, die durch Druckapplikation an den Beinen den Blutfluss in den Oberkörper unterstützen, zusätzlich kommen waagerecht gestellte Sitze zum Einsatz [7.6.15]. Trotz dieser Gegenmaßnahmen bleibt die orthostatische Intoleranz ein weitgehend ungelöstes klinisches und missionsrelevantes Problem.

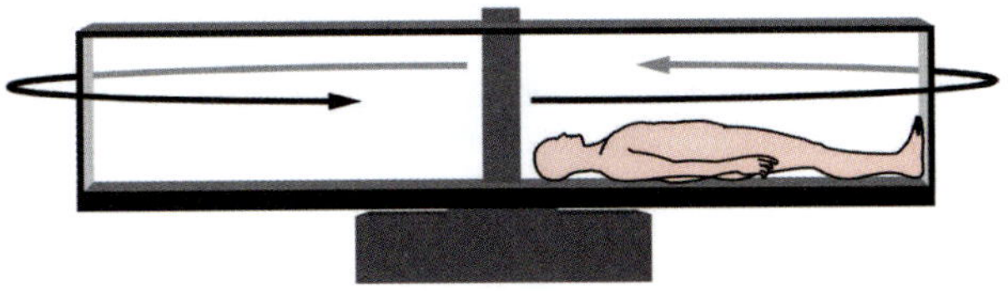

Bild 7.6.9: *Aufbau einer Kurzarmzentrifuge zum Training des kardio-vaskulären Systems bei Langzeitflügen ins All.*

7.6.7.2 Muskel- und Skelettsystem

Krafttraining zum Erhalt der körperlichen Stärke und der Knochenmasse bildet den zweiten Pfeiler körperlichen Trainings, unmittelbarer Hintergrund ist hier auch z. B. der Erhalt der Handkraft für Arbeiten außerhalb des Raumschiffs [7.6.3], [7.6.15], [7.6.24], [7.6.35]. Neben verschiedenen Riemen- und Zugsystemen zum Widerstandstraining können auch die bereits erwähnten Verfahren des kardio-vaskulären Trainings verwendet werden, wie z. B. Rudergeräte oder ein Laufband, bei dem der Trainierende mit höherer Kraft über Gurtsysteme an das Gerät gezogen wird („High-Impact-Training" zum Erhalt der Knochenstruktur). Es hat sich gezeigt, dass bereits geringgradige **Vibrationen** einen ausreichend großen Reiz zur Aufrechterhaltung der Knochenmasse darstellen. Die Applikation von Vibrationen während des Fluges könnte die derzeitigen langwierigen Trainingsregimes verkürzen helfen. Pharmakologische Ansätze zum Erhalt der Muskulatur und des Skelettsystems sind die Gabe von Aminosäuren zur Stimulation der Proteinsynthese und von Biphosphonaten zur Verringerung eines globalen Kalziumverlustes und zum Erhalt der Knochendichte.

7.6.7.3 Neuro-sensorisches System

Durch den Wegfall des Gravitationsreizes im All werden die Informationen des visuellen, vestibulären und kinästhetischen Systems inkompatibel, was zu der sog. **Weltraumkrankheit** führen kann [7.6.15], [7.6.24]. Die Symptome wie Schwindel, Übelkeit und Erbrechen sistieren zwar nach einigen Tagen, treten jedoch bei einem Eintritt in eine Gravitationsumgebung oft wieder auf, was die Durchführung einer Mission auf dem Mars behindern könnte. Leider unterliegen Art und Ausprägung der Symptome großen **inter- und intraindividuellen Unterschieden** und stehen oft in Diskrepanz zu Beobachtungen aus Experimenten auf der Erde, was eine Anfälligkeit für die Weltraumkrankheit schwer voraussagen lässt. Individuen mit hoher Toleranz gegenüber Bewegung, Be- und Entschleunigung auszuwählen, brachte nicht das gewünschte Ergebnis. Die Anwendung von Biofeedback und autogenem Training konnte einige der Symptome lindern helfen. Auch **Pharmaka** (z. B. Promethazin) können eine Verminderung der Schwere der Weltraumkrankheit bewirken, führen jedoch auch zu einer Verschlechterung der Leistungsfähigkeit (z. B. hinsichtlich Reaktionszeit und Mustererkennung) und können Schlaf und allgemeine Stimmung negativ beeinflussen.

7.6.7.4 Strahlenschutz

Die Auswahl der Crew-Mitglieder hinsichtlich möglichst geringer Veränderungen in bestimmten, als onkogen bekannten Genloki sowie die Gewinnung und Asservierung von **Knochenmark** als Regenerationsmöglichkeit können bereits vor dem Flug als Gegenmaßnahmen zur Vermeidung maligner Erkrankungen eingesetzt werden. Als **pharmakologischer Strahlenschutz** stehen Radikalfänger sowie neuartige radioprotektive Wirkstoffe (z. B. an DNS bindendes WR-33278) zur Verfügung. Proteaseinhibitoren und Wirkstoffe wie Dimethylsulfoxid (DMSO) können die Umwandlung einer bereits strahlengeschädigten Zelle in einen kanzerösen Zellcluster verhindern. Diese Entwicklung gibt Anlass zur Hoffnung, auch auf pharmakologische Weise Lösungsansätze gegen Strahlungsgefahren zu entwickeln.

Auf technischer Seite stellt die **Schutzhülle** des Raumschiffs die Hauptabwehrmaßnahme dar. Da das Gros der Gefährdung von hochenergetischen solaren Partikeln ausgeht, die sich mit Sub-Lichtgeschwindigkeit bewegen, könnte ein **satellitengestütztes Frühwarnsystem** eingesetzt werden. Im Falle eines solaren Ereignisses (Eruption, Sonnenwind) würde dieses erkannt und an die Crew an Bord des Raumschiffes übermittelt werden, was dieser die nötige Zeit zum Aufsuchen eines besonders abgeschirmten Bereiches gewähren würde [7.6.28], [7.6.29].

Ein neuer technischer Ansatz wäre der Einsatz einer **magnetischen Deflektoreinrichtung,** welche solare Partikel vom Raumflugkörper ablenkt. Neue supraleitende Magnetspulen, die keiner Tiefstkühlung mehr bedürfen, zeigten erfolgsversprechende Resultate und sind finanziell erschwinglich. Jedoch liegen noch keine Langzeitdaten bzgl. der Effekte von vergleichbaren Magnetfeldern auf menschliches Gewebe vor.

7.6.7.5 Individuelle Datenbasis für Astronauten

Die in den vorangehenden Kapiteln dargestellten Veränderungen zeigen, dass Zeitverlauf und Grad der Anpassung der Astronauten (z. B. neurovestibuläres System, Flüssigkeiten und Elektrolyte, kardio-vaskuläres System, rote Blutzellen, Knochen- und Kalziumstoffwechsel, fettfreie Körpermasse) großen persönlichen Schwankungen unterworfen sind [7.6.3], [7.6.15]. Es ist unerlässlich, diese Veränderungen bei jedem einzelnen Astronauten so vollständig und lange wie möglich vor (Basisdaten), während und nach dem Aufenthalt im All zu bestimmen und zu überwachen. Diese Daten sind zum Beispiel für die Festlegung von Richtlinien für Trainingsprogramme entscheidend, um kardio-vaskulärer Dekonditionierung entgegenzuwirken, ebenso würden diese Daten in einem Notfall gebraucht.

7.6.8 Ausblick

Weltraummedizinische Forschung ist gekennzeichnet durch innovative wissenschaftliche Ansätze und neuartige technologische Umsetzungen, sie besitzt als ein scheinbar sehr exotisches, spezielles Fachgebiet eine häufig unterschätzte enge **klinische Anbindung.** Das heißt praktisch, dass Fragestellungen der Höhen-, Klima-, Tauch-, Sport- und Arbeitsmedizin, aber auch der Rehabilitation bis hin zur Isolationsforschung hier bearbeitet werden (Osteoporose, Herz-Kreislauferkrankungen, Gegenmaßnahmen/Trainingsprogramme etc.). Damit greift die weltraummedizinische Forschung weit über den engeren Rahmen der Weltraumphysiologie und Weltraummedizin hinaus. **Terrestrische Simulationsstudien** mit ihren speziellen, teilweise einzigartigen Simulationsmodellen und -anlagen (bed rest, Kopftieflage, Isolation und Immersion), sind hervorragend dazu geeignet, transdisziplinäre humanphysiologische Fragestellungen mit großer Tiefe und wissenschaftlicher Breite zu bearbeiten. Gleichzeitig ermöglichen derartige Studien, frühzeitig **wissenschaftlichen Nachwuchs** an dieses Fachgebiet heranzuführen und für das Fachgebiet zu gewinnen, um eine kontinuierliche, nationale Forschung sicherzustellen. Dieses Problem sollte bei den üblicherweise ultralangen Planungszeiten in der Raumfahrt nicht unterschätzt werden. Ansonsten riskiert Deutschland, seine raumfahrtmedizinische Expertise, insbesondere in der integrativen Herz-Kreislaufphysiologie und Vestibularforschung, in Zukunft zu verlieren und aus den internationalen wissenschaftlichen Netzwerken (ESA) zu fallen. Aus wissenschaftlichen und technologisch-wirtschaftlichen Gründen muss deshalb weltraummedizinische und weltraumphysiologische Forschung als ein integraler, unverzichtbarer Bestandteil deutscher Raumfahrtpolitik auch in Zukunft angesehen werden.

Literatur

[7.6.1] *Messerschmid, E.; Bertrand, R.:* Space Stations. Heidelberg: Springer-Verlag, 1999.

[7.6.2] *Harland, D. M.:* The MIR Space Station. In: *Mason, J. (Ed.).:* Wiley-Praxis Series in Space Science and Technology. Chichester: John Wiley & Sons, 1997.

[7.6.3] *Clément, G.:* Fundamentals of space medicine. Space technology library, 2001.

[7.6.4] *Gushin, V. I.; Kholin, S. F.; Ivanovsky, Y. R.:* Soviet Psychophysiological Investigations of Simulated Isolation: Some Results and Prospects. In: *Bonting, S. L. (Ed.):* Space Biology and Medicine. Greenwich Connecticut: Jai Press Inc.,1993.

[7.6.5] *Maillet, A.; Normand, S.; Gunga, H.-C.; Allevard, A. M.; Cottet-Emard; Kihm, E.; Strollo, F.; Pachiaudi, C.; Kirsch, K.; Bizollon, C. A.; Gauquelin, G.; Gharib, C.*: Hormonal, Water Balance, and Electrolyte Changes During Sixty-Day Confinement. In: *Bonting, S. L. (Eds.):* Space Biology and Medicine. Greenwich Connecticut: Jai Press Inc.,1996.

[7.6.6] *Tobler, I.; Borbély, A.:* Twenty-Four Hour Rhythm of Rest/Activity and Sleep/Wakefulness: Comparison of Subjective and Objective Measures. In: *Bonting, S. L. (Ed.):* Space Biology and Medicine. Greenwich Connecticut: Jai Press Inc.,1993.

[7.6.7] *Comet, B.:* Limiting factors for human health and performance: microgravity and reduced gravity. In Study on the survivability and adaptation of humans to long-duration interplanetary and planetary environments; Technical Note 2: Critical assessments of the limiting factors for human health and performance and recommendation of countermeasures. HUMEX-TN-002, 2001.

[7.6.8] *Heer, M.; Baisch, F.; Kropp, J.; Gerzer, R.; Drummer, C.:* High Dietary Sodium Chloride Consumption May not Induce Body Fluid Retention in Humans. Am. J. Physiol. Renal. Physiol. 278 (2004), S. 585–595.

[7.6.9] *Titze, J.; Maillet, A.; Lang, R.; Gunga, H.-C.; Johannes, B.; Gauquelin-Koch, G.; Kihm, E.; Larina, I.; Gharib, C.; Kirsch, K.:* Long-term sodium balance in humans in a terrestrial space station simulation study. American Journal of Kidney Diseases 40 (2002), S. 508–516.

[7.6.10] *Blüm, V.:* Künstliche Ökosysteme und Raumfahrt. In: *Rahmann, H.; Kirsch, K. (Hrsg.):* Mensch – Leben – Schwerkraft – Kosmos. Stuttgart: Günter Heimbach Verlag, 2001.

[7.6.11] *Billica, R. D.; Simmons, S. C.; Mathes, K. L.; McKinley, B. A.; Chuang, C. C.; Wear, M. L.; Hamm P. B.:* Perception of the medical risk of spaceflight. Aviation Space and Environmental Medicine 67 (1996), S. 467–473.

[7.6.12] Acta Physiologica Scandinavica 144, 604, 1992.

[7.6.13] *Morey-Holton, E. R.; Whalen, R. T.; Arnaud, S. B.; van der Meulen, M. C.:* The Skeleton and its Adaptation to Gravity. In: *Fregly, M. J.; Blatteis, C. M. (Eds.):* Handbook of Physiology. Sec.4: Environmental Physiology, Vol. I. New York, Oxford: Oxford University Press, 1996.

[7.6.14] *Gunga, H.-C.; Kirsch, K.; Röcker, L.; Maillet, A.; Gharib, C.:* Body Weight and Body Composition During Sixty Days of Isolation. In: *Bonting, S. L. (Ed.):* Space Biology and Medicine. Greenwich Connecticut: Jai Press Inc.,1996.

[7.6.15] *Nicogossian, A.; Leach Huntoon, C.; Pool, S. L.:* Space physiology and medicine. 2. Auflage. Philadelphia: Lea & Febiger, 1989.

[7.6.16] *Blomquist, C. G.:* SLS-1 Final Report: Cardiovascular Adaptation to Zero Gravity. Dallas, TX: University of Texas Southwestern Medical Center, 1994.

[7.6.17] *Thornton, W. E.; Hedge, V.; Coleman, E.; Uri, J. J.; More, T. P.:* Changes in leg volume during microgravity simulation. Aviation, Space, and Environmental Medicine 63 (1992), S. 789–794.

[7.6.18] *Smith, J. J.; Ebert, T.:* General Response to Orthostatic Stress. In: *Smith, J. J. (Ed.):* Circulatory Response to the Upright Posture. Boca Raton Florida: CRP Press Inc., 1990.

[7.6.19] *Watenpaugh, D. E.; Hargens, A. R.:* The cardiovascular System in Microgravity. In: *Fregly, M. J.; Blatteis, C. M. (Eds.):* Handbook of Physiology. Sec.4: Environmental Physiology, Vol. I. New York, Oxford: Oxford University Press, 1996.

[7.6.20] *Hinghofer-Szalkay, H. C.; Moore, D.:* Some Comments on Biological Aspects of Life Support Systems. In: *Moore, D.; Bie, P.; Oser, H. (Eds.):* Biological and Medical Research in Space. ESA publication. Heidelberg: Springer Verlag, 1996.

[7.6.21] *Aubert, A. E.; Beckers, F.; Verheyden, B.:* Cardiovascular function and basics of physiology in microgravity. Acta Cardiol 60 (2005) 2, S. 129–151.

[7.6.22] *Alfrey, C. P.; Udden, M. M.; Leach-Huntoon, C.; Driscol, T.; Pickett, M. H.:* Control of red blood cell mass in spaceflight. J. Appl. Physiol. 81 (1996), S. 98–104.

[7.6.23] *Gunga, H.-C.; Kirsch, K.; Baartz, F.; Maillet, A.; Gharib, C.; Nalishiti, W.; Rich, I.; Röcker, L.:* Erythropoietin under real and simulated microgravity conditions in humans. J. Appl. Physiol. 81 (1996), S. 761–773.

[7.6.24] *Edgerton v., R.; Roy, R. R.:* Neuromuscular Adaptations to Actual and Simulated Spaceflight. In: *Fregly, M. J.; Blatteis, C. M. (Eds.):* Handbook of Physiology. Sec.4: Environmental Physiology, Vol. I. New York, Oxford: Oxford University Press, 1996.

[7.6.25] Süddeutsche Zeitung Nr. 271, S. 13 vom 24. November 2006.

[7.6.26] *Stein, T. P.; Leskiw, R. J.; Schluter, M. D.; Hoyt, R. W.; Lane, K. W.; Gretebeck, R. E.:* Energy expenditure and balance during spaceflight on the space shuttle. Am. J. Physiol. Regul. Integr. Comp. Physiol. 276 (1999a) 6, S. R1739-R1748.

[7.6.27] *Stein, T. P.; Leskiw, R. J.; Schulter, M. D.; Donaldson, M. R.; Larina, I.:* Protein kinetics during and after long-duration spaceflight on MIR. Am. J. Physiol. Endocrinol. Metab. 276 (1999b) 6, S. E1014-E1021.

[7.6.28] *Nelsen, G. A.:* Radiation in Microgravity. In: *Fregly, M. J.; Blatteis, C. M. (Eds.):* Handbook of Physiology. Sec.4: Environmental Physiology, Vol. II. New York, Oxford: Oxford University Press, 1996.

[7.6.29] *Kiefer, J.; Schenk-Meuser, K.; Kost, M.:* Radiation Biology. In: *Moore, D.; Bie, P.; Oser, H. (Hrsg.):* Biological and Medical Research in Space. ESA publication, Heidelberg: Springer Verlag, 1996.

[7.6.30] *Moore, D.; Cogoli, A.:* Gravitational and space biology at the cellular level. In: *Moore, D.; Bie, P.; Oser, H. (Hrsg.):* Biological and Medical Research in Space. ESA publication. Heidelberg: Springer Verlag, 1996.

[7.6.31] *Holland, A. W.:* NASA Investigations of Isolated and Confined Environment. In: *Bonting, S. L. (Ed.):* Space Biology and Medicine. Greenwich Connecticut: Jai Press Inc.,1993.

[7.6.32] *Bergan, T.; Sandal, G.; Warncke, M.; Ursin, H.; Værnes, J. R.:* Group Functioning and Communication. In: *Bonting S. L. (Ed.):* Space Biology and Medicine. Greenwich, Connecticut: Jai Press Inc.,1993.

[7.6.33] *Fortney, S. M.; Schneider, V. S.; Greenleaf, J. E.:* The Physiology of Bed Rest. In: *Fregly, M. J.; Blatteis, C. M. (Eds.):* Handbook of Physiology. Sec.4: Environmental Physiology, Vol. II. New York, Oxford: Oxford University Press, 1996.

[7.6.34] *Frey, M. A. B.; Charles, J. B.; Houston D. E.:* Weightlessness and Response to Orthostatic Stress. In: *Smith, J. J. (Ed.):* Circulatory Response to the Upright Posture. Boca Raton Florida: CRP Press Inc., 1990.

[7.6.35] *Oganov, V. S.; Schneider, V.:* Skeletal system. Space Biology and Medicine 3 (1996) S. 247–266.

[7.6.36] *Arbeille, P.; Gauquelin, G.; Pottier, J. M.; Pourcelot, L.; Güell, A.; Gharib, C.:* Results of a 4-week head-down tilt with and without LBNP countermeasure: II. Cardiac and peripheral hemodynamics – Comparison with a 25-day spaceflight, 1992.

[7.6.37] *Crandall, C. G. et al.:* Altered thermoregulatory responses after 15 days of head-down tilt. J Appl Physiol 77 (1994) 1 863–1 867.

[7.6.38] *Crandall, C. G. Crandall, C. G.; Shibasaki, M.; Wilson, T. E.; Cui, J.; Levine, B. D.:* Prolonged head-down tilt exposure reduces maximal cutaneous vasodilator and sweating capacity in humans. J Appl Physiol 94 (2003) 2 330–2 336.

[7.6.39] *Cui, J.; Iwase, S.; Mano, T.; Niimi, Y.; Fu, Q.; Michikami, D.; Atsuta, S.; Kamiya, A.; Ushui, H.:* Body temperature and skin blood flow during a 14-day bed-rest in a head-down tilt position in humans. J Gravit Physiol 7 (2000), S. 133–134.

[7.6.40] *Fortney, S. M.; Mikhaylov, V.; Lee, S. M.; Kobzev, Y.; Gonzalez, R. R.; Greenleaf, Body, J. E.:* Body temperature and thermoregulation during submaximal exercise after 115-day spaceflight. Aviat Space Environ Med 69 (1998) 137–141.

[7.6.41] *Greenleaf, J. E.; Reese, R. D.:* Exercise thermoregulation after 14 days of bed rest. J Appl Physiol 48 (1980) 72–78.

[7.6.42] *Greenleaf, J. E. et al.:* Exercise thermoregulation after 6 h of chair rest, 6 degrees head-down bed-rest, and water immersion deconditioning in men. Eur J Appl Physiol Occup Physiol 72 (1996) 303–309.

[7.6.43] *Gunga, H.-C.; Maillet, A.; Kirsch, K.; Röcker, L.; Gharib, C.; Vaernes, R.:* European isolation and confinement study - Water and salt turnover. In: *Bonting, S. L. (Ed.):* Advances in Space Biology and Medicine 3 (1993), 185–200.

[7.6.44] *Kirsch, K. A.; Mendez-Gil, A.; Koralewski, B.; Johannes, B.; Bünsch, B.; Gunga, H.-C.:* Probleme der Thermoregulation während simulierter Schwerelosigkeit. Thermomed 15 (1999) 11–25.

[7.6.45] *Kirsch, K. A.; Kirsch, K.; Baartz, F. J.; Gunga, H. C.; Rocker, L.:* Fluid shifts into and out of superficial tissues under microgravity and terrestrial conditions, 1993.

[7.6.46] *Manzey, D.:* Limiting factors for human health and performance: psychological issues. In: HUMEX-Technical Note (TN)-002. Study on the survivability and adaptation of humans to long-duration interplanetary and planetary environments, Chapter 5 (2001) 1–45.

[7.6.47] *Michikami, D. Michikami, D.; Kamiya, A.; Fu, Q.; Niimi, Y.; Iwase, S.; Mano, T.; Suzumura, A.:* Effect of simulated microgravity exposure on thermoregulatory control of sweating. Environ Med 45 (2001) 58–61.

[7.6.48] *Michikami, D. Michikami, D.; Kamiya, A.; Fu, Q.; Iwase, S.; Mano, T.; Sunagawa, K.:* Attenuated thermoregulatory sweating and cutaneous vasodilation after 14-day bed rest in humans. J Appl Physiol 96 (2004) 107–114.

[7.6.49] *Polyakov, V. V.; Lacota, N. G.; Gundel, A.:* Human thermohomeostasis onboard „Mir" and simulated mikrogravity studies. Acta Astronaut 49 (2001) 137–143.

[7.6.50] *Roberts, D. R.; Albrecht, M. H.; Collins, H. R.; Asemani, D.; Chatterjee, A. R.; Spampinato, M. V.; Xun Zhu, X.; Chimowitz, M. I.; Antonucci, M. U.:* Effects of Spaceflight on Astronaut Brain Structure as Indicated on MRI. N Engl J Med 377 (2017) 1746–1753.

[7.6.51] *Shibasaki, M.; Shibasaki, M.; Wilson, T. E.; Cui, J.; Levine, B. D.; Crandall, C. G.:* Exercise throughout 6 degrees head-down tilt bed rest preserves thermoregulatory responses. J Appl Physiol 95 (2003) 1 817–1 823.

[7.6.52] *Smorawinski, J.; Smorawinski, J.; Mlynarczyk, C.; Ziemba, A. W.; Mikulski, T.; Cybulski, G.; Grucza, R.; Nazar, K.; Kaciuba-Uscilko, H.; Greenleaf, J. E.:* Exercise training and 3-day head down bed rest deconditioning: exercise thermoregulation. J Physiol Pharmacol. 56 (2005) 101–110.

[7.6.53] *Stahn, A.; Werner, A.; Opatz, O.; Maggioni, M.; Steinach, M.; Weller von Ahlefeld, V.; Moore, A.; Crucian, B.; Smith, S.; Zwart, S.; Schlabs, T.; Mendt, S.; Trippel, T.; Koralewski, E.; Koch, J.; Choukèr, A.; Reitz, G.; Shang, P.; Röcker, L.; Kirsch, K.; Gunga, H.-C.:* Increased core body temperature in astronauts during long-duration space missions. Nature Scientific Reports 2017; DOI; org:10.1038/s41598-017-15560-w.

[7.6.54] *Setlow, R. B.:* The hazards of space travel, EMBO Rep. 4, p. 1 013–1 016, 2003.

[7.6.55] *Durante, M.; Cucinotta, F.:* Physical basis of radiation protection in space travel, Review of Modern Physics, 83(4), p. 1 245, 2011.

[7.6.56] *Reitz, G.:* Characteristic of the Radiation Field in Low Earth Orbit and in Deep Space, Zeitschrift für Medizinische Physik, 18 (4), p. 233–243, 2008.

[7.6.57] *Nelson, G. A.:* Space radiation and human exposure, a primer. Radiat. Res., 185, 349–358, 2016, DOI: 10.1667/RR14311.1

[7.6.58] Cucinotta, F.; Durante, M.: Cancer risk from exposure to galactic cosmic rays: implications for space exploration by human beings Lancet Oncol 2006; 7: 431–435.

[7.6.59] *Warren, C. S.; Gill, W. L.:* Radiation dosimetry aboard the spacecraft of the eight Mercury-Atlas mission (MA-8), NASA TN D-1862, U.S. Govt. Printing Office, Washington, DC, 1964.

[7.6.60] *Narici, L.; Berger, T.; Matthiä, D.; Reitz, G.:* Radiation measurements performed with active detectors relevant for human space exploration. Front. Oncol., 5, 273, 2015, DOI: 10.3389/fonc.2015.00273.

[7.6.61] ICRP. 1990 Recommendations of the international commission on radiological protection. ICRP Publication 60. Ann. ICRP, 21 (1–3), 1–201, 1991.

[7.6.62] United Nations Scientific Committee on the Effects of Atomic Radiation: Sources and Effects of Ionizing Radiation. UNSCEAR 2000 Report to the General Assembly, UNSCEAR, Vienna, 2000.

[7.6.63] Berger, T.; Burmeister, S.; Matthiä, D.; Przybyla, B.; Reitz, G.; Bilski, P.; Hajek, M.; Sihver, L.; Szabo, J.; Ambrozova, I.; Vanhavere, F.; Gaza, R.; Semones, E.; Yukihara, E. G.; Benton, E. R.; Uchihori, Y.; Kodaira, S.; Kitamura, H.; Boehme, M.: DOSIS & DOSIS 3D: Radiation measurements with the DOSTEL instruments onboard the Columbus Laboratory of the ISS in the years 2009 – 2016. J. Space Weather Space Clim., 7, A08, 2017, http://dx.doi.org/10.1051/swsc/2017005.

[7.6.64] *Zeitlin, C.; Hassler, D. M.; Cucinotta, F. A.; Ehresmann, B.; Wimmer-Schweingruber, R. F.; Brinza, D. E. et al.:* Measurements of energetic particle radiation in transit to mars on the mars science laboratory. Science, 340 (2013), 1 080–1 084. https://doi.org/10.1126/science.1235989.

[7.6.65] *Hassler, D. M.; Zeitlin, C.; Wimmer-Schweingruber, R. F.; Ehresmann, B.; Rafkin, S.; Eigenbrode, J. L. et al.:* Mars' surface radiation environment measured with the Mars Science Laboratory's Curiosity rover. Science, 343 (2014), p. 1244797. https://doi.org/10.1126/science.1244797.

[7.6.66] NASA: NASA SPACE Flight Human-System Standard Volume 1, Revision A: Crew Health, NASA-STD-3001, Vol 1, Rev A; NASA Technical Standards, 2014. https://www.nasa.gov/hhp/standards.

7.7 Biologie

Ruth Hemmersbach, Jens Hauslage, Ralf Anken und *Donat-P. Häder*

Der Weltraum mit Experimentiermöglichkeiten im erdnahen Orbit und in Zukunft bei interplanetaren Reisen konfrontiert Lebewesen mit harschen, bis dahin meist nie erfahrenen Umweltbedingungen. Um den Einfluss und das Risiko von erhöhter Strahlung unterschiedlichsten Ursprungs, Vakuum, veränderten Magnetfeldern, extremen Temperaturen und Schwerelosigkeit oder Startbeschleunigungen auf verschiedene biologische Systeme zu untersuchen und zu verstehen, haben sich verschiedenen Subdisziplinen in der Biologie gebildet: die Gravitations-,

Strahlen- und Exo- bzw. Astrobiologie. Interessante Fragen nach dem Ursprung, der Verbreitung, Überlebensmöglichkeiten und der Zukunft des Lebens im Universum können durch innovative neue Forschungsmöglichkeiten erkundet werden.

7.7.1 Gravitationsbiologie

Die Schwerkraft ist einer der wichtigsten Umweltfaktoren, den Organismen zur räumlichen Orientierung und Anpassung an ihre Umwelt nutzen. Im Gegensatz zu allen anderen Umweltfaktoren, wie zum Beispiel Licht, Temperatur und Strahlung ist die Schwerkraft immer in Richtung und Stärke konstant. Mechanismen zur Wahrnehmung der Schwerkraft haben sich früh in der Evolution biologischer Systeme entwickelt. Insbesondere Experimente in realer Mikrogravitation, ermöglicht im Fallturm, bei Parabelflügen, auf Höhenforschungsraketen, Space Shuttle Missionen, Satelliten und der ISS, in Kombination mit Experimenten am Boden in „simulierter Schwerelosigkeit" wie auch unter erhöhten Schwerkraftbedingungen, haben zu unserem heutigen Verständnis der Schwerkraftwahrnehmung und Signalverarbeitung bis hin zu Schwerkraftantworten, sowie Anpassungsmöglichkeiten an neue Umweltbedingungen von biologischen Systemen beigetragen. Die komplexen Experimentszenarien im Weltraum, in Kombination mit Experimenten am Boden, erfordern ein enges Zusammenspiel von Wissenschaftlern und Ingenieuren. Eine Experimentidee in ein Flugexperiment umzusetzen, unter Beachtung der Rahmenbedingungen wie z. B. bemannt oder unbemannt, Notwendigkeit von Lebenserhaltungssystemen für Langzeitexperimente, Online-Analysen, hoher Grad an Automatisierung, geringe Probenvolumina, verändertes Misch- und Sedimentationsverhalten in Schwerelosigkeit, stellt eine gemeinsame Herausforderung für Gravitationsbiologen und Raumfahrtingenieure dar. Am Ende steht das Ziel, eine wissenschaftliche Fragestellung erfolgreich zu lösen.

7.7.1.1 Methoden der Gravitationsbiologie

Zur optimalen Vorbereitung von Weltraumexperimenten ist es wichtig, z. B. schwerkraftabhängige Reaktionszeiten und sensitive Entwicklungsfenster von Organismen möglichst vor einem aufwändigen Weltraumexperiment abschätzen zu können. Hierzu bietet sich Biologen ein breites Experimentspektrum. Bis zu einem gewissen Grad kann Schwerelosigkeit (Mikrogravitation) am Boden simuliert werden. Dabei wird versucht, einen Zustand herzustellen, in dem das Lebewesen seine Orientierung in Bezug auf die Richtung des Gravitationsvektors „verliert". Nun kann die Gravitation nicht einfach ausgeschaltet, wohl aber die Richtung ihrer Wirkung randomisiert und unter optimalen Simulationsbedingungen aufgehoben werden. Diese Situation erreicht man, indem eine Probe um eine horizontale Achse senkrecht zur Richtung des Schwerkraftvektors gedreht wird. Dies ist das Prinzip des sogenannten 2D-Klinostaten [7.7.1-3] (Bild 7.7.1).

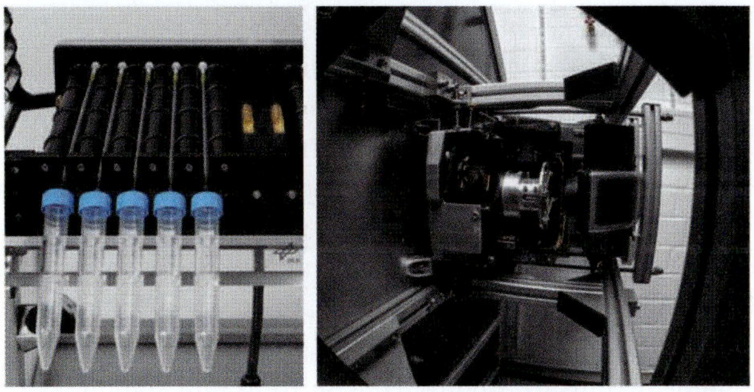

Bild 7.7.1: *Klinostaten zur Simulation von Schwerelosigkeit. Klinostat für Pipetten mit Zellsuspensionen: Durch einen Kippmechanismus können die drehenden Pipetten bei Versuchsende in die Auffangbehältnisse mit Fixierungsflüssigkeit transferiert werden (Design Jens Hauslage, DLR, Köln). Live Cell Imaging Mikroskop als schnelldrehender Klinostat (Design Kai Waßer, DLR, Köln). Die Rotationsachse verläuft jeweils senkrecht zum Gravitationsvektor.*

Mehrere Parameter müssen berücksichtigt werden, um eine Simulation möglichst optimal zu gestalten: aus physikalischer Sicht Drehgeschwindigkeit, geringer Durchmesser zur Vermeidung von Zentrifugalbeschleunigungen und aus biologischer Sicht Reaktionszeit und Schwellenwerte für die Reizwahrnehmung. Unter Hinzunahme einer zweiten Rotationsachse wird aus einem 2D-Klinostaten ein 3D-Klinostat, der je nach Betriebsmodus auch als „Random Positioning Machine (RPM)" bezeichnet wird. Hierbei werden Richtung und Geschwindigkeiten nach einem Algorithmus randomisiert. Zellkulturen können bei Rotation ähnliche morphologische Strukturen ausbilden, wie sie auch im Weltraum beobachtet wurden. Beispielsweise schließen sich Tumorzellen zu Aggregaten (Sphäroiden), Knorpelzellen zu Knorpelgewebe zusammen und ermöglichen dabei grundlegende Untersuchungen zum Mechanismus ihrer Entstehung bis hin zum Tissue Engineering (Gewebezüchtung) [7.7.4]. Dennoch muss man bei der Interpretation vorsichtig bleiben und potenzielle Nebeneffekte ausschließen, die nicht durch Änderung des Gravitationseinflusses entstehen. Deutliche Unterschiede im Hinblick auf induzierte Scherkräfte und hydrodynamische Effekte zeigten Hauslage et al. [7.7.5] in verschiedenen Bodenanlagen, indem sie Dinoflagellaten, *Pyrocystis noctiluca*, in simulierter Schwerelosigkeit exponierten. Bei mechanischer Stimulation reagiert dieser Biosensor durch Emission von biolumineszentem Licht, das als Photonen mittels Photomultiplier quantifiziert werden kann und in der Natur als Meeresleuchten zu bewundern ist. Während bei konstanter und schneller (60 UpM) Rotation um eine Achse (2D-Klinostat) keine Signale zu messen waren, kam es beim Drehen um zwei Achsen mit randomisierter Geschwindigkeit und Richtungswechseln (3D-Klinostat/RPM) zu einem starken Anstieg emittierter Photonen, der mit der erhöhten mechanischen Stimulation der Dinoflagellaten korreliert. Als nächstes gilt, ihr Verhalten in realer Schwerelosigkeit zu prüfen und so die Simulation zu validieren.

Erhöhte Beschleunigungen lassen sich relativ einfach auf der Erde mit Zentrifugen erzeugen [7.7.6]. Dies ist ein alternativer Weg, um Erkenntnisse zum Schwerkrafteinfluss auf biologische Systeme und der daraus resultierenden Signalverarbeitung zu erhalten. Zentrifugen im Weltraum erlauben die stufenweise Änderung der Beschleunigungskräfte zwischen „0 g“ und 1 g. Dadurch können Schwellenwerte von Schwerkraftantworten ermittelt werden. Weiterhin sind Zentrifugen für 1 g Referenzexperimente im Einsatz, wodurch die im Weltraum kombinierten Wirkungen von Mikrogravitation und Strahlung separiert werden kann. Spezielle Zentrifugen wurden für die Lösung gravitationsbiologischer und humanmedizinischer Fragestellungen konzipiert. Sie kommen zum Einsatz, um Startbeschleunigungen oder Beschleunigungsprofile, wie sie bei Parabelflügen auftreten, zu testen, weiterhin für die Entwicklung von Trainingsmaßnahmen gegen Muskel- und Knochenabbau, die bei Immobilisation und Langzeitaufenthalt von Menschen in Mikrogravitation auftreten.

Magnetische Levitation, die in der Materialphysik zum Untersuchen von Schwerelosigkeitseffekten erfolgreich zum Einsatz kommt, ist für biologische Experimente nicht geeignet. Die wirkenden Magnetkräfte haben durch die diamagnetischen Eigenschaften biologischer Systeme einen starken Einfluss auf das Verhalten und die Physiologie exponierter Lebewesen und überlagern damit Gravitationseffekte, wie z. B. bei den Einzellern *Paramecium* und *Euglena* gezeigt wurde [7.7.7].

Plattformen, die reale Mikrogravitation erzeugen, weisen unterschiedliche Charakteristika sowohl in Bezug auf Dauer und Güte der Mikrogravitation als auch bezüglich von Beschleunigungsphasen vor Beginn der Mikrogravitationsphase auf. Für Untersuchungen der ersten, sehr schnellen Reaktionen im Sekundenbereich eignet sich besonders der Fallturm, Parabelflüge für wiederholte Gravi-Stimulationen und Testung von Hardware, Höhenforschungsraketen mit konstanter Mikrogravitationszeit im Minutenbereich für weiterreichende Untersuchungen. Eine Raumstation wie die ISS ermöglicht es, den langfristigen Einfluss der Mikrogravitation auf die Entwicklung von Lebewesen auch im Rahmen von Mehrgenerationenexperimenten zu untersuchen, so z. B. in der Laboreinheit Biolab (Bild 7.7.2). Im Idealfall können diese Möglichkeiten mit ihren jeweiligen Charakteristiken ergänzend genutzt werden, wie in Bild 7.7.3 dargestellt.

Bild 7.7.2: *Biolab – eine Laboreinheit im europäischen Columbus-Labor auf der ISS für Untersuchungen an kleinen Pflanzen, Tieren, Gewebe und Zellen, hier mit dem ESA-Astronauten Alexander Gerst, Blue-Dot-Mission 2014 (Foto: ESA, NASA).*

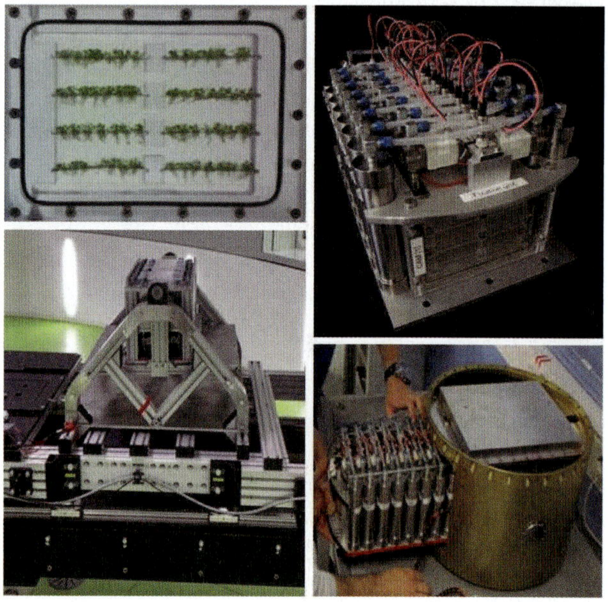

Bild 7.7.3: *Experimentszenarien am Boden und im Weltraum. Das Beispielsexperiment Arabidomics demonstriert, dass die enge Interaktion von Biologen und Technikern/Ingenieuren unerlässlich ist. Ein Teil der Arbeiten und Entwicklungen wurden von Studenten durchgeführt. Experimentkammer mit jeweils 8 Netzen mit Arabidopsis-Pflanzen. Experiment-Hardware für 20 Probenkammern und Spritzen mit Fixierlösung (Mark Görög, Bachelorarbeit, FH Aachen), eingesetzt auf einer Kurzarmzentrifuge (DLR, Köln) oder im Parabelflug oder aber in einem Modultopf zur Exposition im Fallturm (ZARM, Bremen) oder der Höhenforschungsrakete Mapheus 5 (DLR). Die Pflanzen wurden zu verschiedenen Zeiten chemisch fixiert und am Boden mit omics-Technologien untersucht.*

7.7.1.2 Pflanzen nutzen die Schwerkraft zur Ausrichtung ihres Wachstums

Die Stämme von Bäumen wachsen vertikal in den Himmel (auch wenn sie auf einem steilen Abhang stehen) und die Wurzeln senkrecht in die Erde. Und das macht Sinn:

Bild 7.7.4: *Bäume wachsen senkrecht nach oben (auch auf einem Steilhang) und die Wurzeln senkrecht in die Erde.*

Bild 7.7.5: *Wenn eine Pflanze horizontal gelegt wird, krümmen sich der Spross nach oben (negativer Gravitropismus) und die Wurzel nach unten (positiver Gravitropismus).*

Die Stämme exponieren die Blätter zum Sonnenlicht und die Wurzeln sollen die Bäume im Erdreich verankern sowie Wasser und Nährstoffe aufnehmen (Bild 7.7.4).

Ist also das Licht für die Orientierung verantwortlich? Tatsächlich krümmen sich – besonders jüngere – Pflanzen auf der Fensterbank zum Licht (Phototropismus). Allerdings lässt sich diese Hypothese relativ einfach widerlegen: Wenn man eine Pflanze horizontal exponiert, krümmt sich der Spross nach oben und die Wurzeln nach unten und das auch im vollständigen Dunkeln (Bild 7.7.5), was darauf hindeutet, dass die Pflanzen die Schwerkraft detektieren. Das konnte unter Schwerelosigkeitsbedingungen bestätigt werden: Die Sprosse der im Weltall keimenden Samen wuchsen entsprechend der Ausrichtung der Embryonen im Samen, und die ist genetisch determiniert. Wurzeln, die unter Schwerelosigkeit auf einem Space Shuttle angezogen wurden, reagierten stärker auf kleine Beschleunigungen als 1 g-Kontrollen auf der Erde [7.7.8].

Die Orientierung von Pflanzen im Schwerefeld der Erde ist besonders gut an dem Modellsystem *Arabidopsis* erforscht worden. Zahlreiche Untersuchungen wurden unter Schwerelosigkeit in Falltürmen, während Parabelflügen in Flugzeugen, auf Forschungsraketen, Satelliten, im Space Shuttle und auf der ISS durchgeführt, um die molekularen, zellulären und physiologischen Mechanismen der Graviperzeption aufzuklären. Zusätzlich sind zahlreiche Untersuchungen unter simulierter Schwerelosigkeit in Klinostaten und unter erhöhter Schwerkraft auf Zentrifugen durchgeführt worden. Hypothesen wurden entwickelt, wie die Schwerkraft von Pflanzen perzipiert wird, die sich in zwei Gruppen einteilen lassen.

Entweder drücken schwere Zellorganellen (Statolithen) oder aber das Cytoplasma der Zellen als Ganzes auf einen Rezeptor, woraufhin eine Signalkaskade aktiviert wird [7.7.9]. In der Wurzelspitze von *Arabidopsis* gibt es im Zentrum eine Gruppe von Zellen in der Wurzelhaube, die als Columella bezeichnet wird. Darin finden sich Stärkekörner (Amyloplasten mit einer Dichte von 1,44 kg/m^3), die unter Schwereeinfluss auf ein darunter liegendes Membransystem (Endoplasmatisches Retikulum, ER) sedimentieren können, wo der Gravirezeptor vermutet wird. Die mechanische Entfernung der Wurzelhaube resultiert in dem Verlust des Gravitropismus. Mutanten mit kleinen oder fehlenden Amyloplasten in den Columellazellen zeigen einen schwachen oder gar keinen Gravitropismus. Dass der Druck der Amyloplasten auf das ER tatsächlich die Graviperzeption auslöst, zeigen Experimente, bei denen die Amyloplasten mit Hilfe eines Magnetfeldes zur Seite ausgelenkt wurden, während die Wurzel nicht aus der Vertikalen gedreht wurde. Dabei krümmen sich die Wurzeln in Richtung auf das Magnetfeld und die Sprosse davon weg [7.7.10].

Es wird postuliert, dass die sedimentierenden Amyloplasten mechanosensitive Kanäle in dem darunter liegenden ER aktivieren, die einen Ionenstrom (Ca^{2+}?) erlauben, der sich als Änderung des Membranpotenzials messen lässt [7.7.11]. Hinzu kommen weitere Botenstoffe (secondary messenger) wie Inositol-3-Phosphat (InsP3), Protonen und Calmodulin [7.7.12]. Genauere Analysen sollten Parabelflüge in naher Zukunft erbringen.

Die sichtbare Reaktion auf die Perzeption des Schwereizes erfolgt nicht in der Wurzelspitze, sondern in der weiter oben liegenden Wachstumszone der Pflanze. Daher muss das physikalische Signal verstärkt, in ein biochemisches umgewandelt und über mehrere Zellreihen übertragen werden. Das erfolgt durch das Pflanzenhormon Auxin, das gezielt von Zelle zu Zelle durch eine Reihe von sog. PIN (PIN-formed) Proteinen weitergeleitet wird. Im Fall einer horizontal liegenden Wurzel erfolgt so ein verstärktes Wachstum auf der oben liegenden Flanke und folglich die Krümmung nach unten. Der Auxingradient wird aber nicht durch den Schwereeiz ausgelöst, sondern ist permanent etabliert, wie Versuche auf der ISS gezeigt haben, während die Verteilung von Cytokinin, einem anderen Phytohormon, durch die Schwerkraft gesteuert wird [7.7.13].

Chara ist eine hochentwickelte Süßwasseralge, die als Parallelstufe zur Evolution der höheren Pflanzen angesehen wird. Ihre Morphologie erlaubt es, grundlegende Schwerkraftmechanismen zu untersuchen. *Chara* bildet einzellige wurzelähnliche Strukturen, sog. Rhizoide, die sich nach der Schwerkraft ausrichten. Wenn man sie horizontal positioniert, krümmen sie sich senkrecht nach unten. In Schwerelosigkeit an Bord eines Space Shuttles wachsen sie in zufällige Richtungen. In den Rhizoiden befinden sich mehrere 1–2 µm große Vakuolen, die mit $BaSO_4$ Kristallen gefüllt sind und als Statolithen fungieren. Diese sedimentieren aber nicht bis in die Rhizoidspitze, sondern werden von Aktin-Myosin-Mikrofilamenten gehalten [7.7.14]. Dadurch wird ein dynamischer Abstand von 10–35 µm zur Wurzelspitze eingehalten. Werden die Aktin-Mikrofilamente durch Inhibitoren zerstört, fallen die Statolithen in die Spitze und unter realer Schwerelosigkeit während eines TEXUS-Fluges (Höhenforschungsrakete), wie auch in simulierter Schwerelosigkeit, ziehen die Aktinfilamente sie sogar weiter nach oben [7.7.15]. Diese Experimente zeigen die wichtige Rolle des Cytoskeletts, das wir in allen Zelltypen finden, um der Sedimentation von Zellorganellen entgegenzuwirken, Organellen zu positionieren und dabei auch einen gravitationsabhängigen Spannungszustand einzunehmen. Bringt man die Rhizoide in eine horizontale Position, fallen die Statolithen wie an einem Pendel hängend auf die untere Zellwand und werden von weiteren Aktinfilamenten auf spezifische gravisensitive Zonen der Plasmamembran geleitet. Um ein Schwerkraftsignal und eine gravitrope Reaktion auszulösen, ist nicht der Druck der Statolithen auf den Gravirezeptor notwendig, sondern nur der Kontakt. Dies wurde in Parabelflugexperimenten nachgewiesen, bei denen die Statolithen in der 22 s langen µg Phase schwerelos sind; hier genügt der Kontakt, um eine Krümmungsreaktion zu bewirken [7.7.16]. Statolithen können also nur eine Wachstumsreaktion induzieren, wenn sie die Membran berühren. Wenn auch die molekulare Natur des Gravirezeptors bei *Chara* noch nicht bekannt ist, wird eine Signaltransduktionskette angeschaltet, die letztlich eine Änderung der Wachstumsrichtung bewirkt, wie durch Experimente auf Höhenforschungsraketen, im Space Shuttle und unter simulierter Schwerelosigkeit gezeigt werden konnte [7.7.16].

7.7.1.3 Tierexperimente im Weltraum liefern biomedizinisch relevante Erkenntnisse

Um die Frage zu beantworten, ob der Mensch (Langzeit-) Schwerelosigkeit überleben kann, wurden zunächst Tiere Weltraumbedingungen ausgesetzt, da sie dem Menschen physiologisch sehr nahe stehen. Ausgewählte Beispiele werden im Folgenden dargestellt. Fruchtfliegen waren die ersten Tiere, die im Jahr 1947 ins All flogen [7.7.17] und den 419 Sekunden dauernden Flug auf einer V2-Rakete mit einer Maximalhöhe von 109 Kilometern schadlos überstanden. 1949 absolvierte der Rhesusaffe Albert II als erster Primat einen ähnlich kurzen Raumflug auf einer modifizierten V2-Rakete bis auf eine Höhe von 134 Kilometern. Er starb beim Aufprall der Kapsel aufgrund einer Fehlfunktion des Bremsfallschirms. In den folgenden Jahren wurden seitens der USA zahlreiche weitere Tests mit Affen verschiedener Arten und auch Mäusen unternommen, teilweise mit Fehlschlägen durch das Versagen der Lebenserhaltungssysteme oder der Bremsfallschirme. Die ersten höheren Tiere, die unbeschadet einen Raumflug überstanden, waren zwei weibliche Mischlingshunde, die 1951 an Bord einer sowjetischen R-1 Rakete flogen (zur Übersicht: [7.7.18]). Am 2. Oktober 1957 erreichte der russische Sputnik 1 Satellit den erdnahen Orbit und umkreiste fast drei Monate lang die Erde. Sputnik 2 folgte im selben Jahr mit der Hündin „Laika" an Bord. Erstmals wurden biomedizinische Daten zur Erde übertragen, die zeigten, dass ein Säugetier grundsätzlich die Bedingungen während eines Raketenstarts, den Eintritt in den Orbit sowie die dann herrschende Schwerelosigkeit zumindest einige Stunden lang ohne massive Beeinträchtigungen physiologischer Parameter überstehen kann [7.7.19]. Allerdings starb Laika aufgrund eines technischen Defekts etwa fünf Stunden nach dem Start an Überhitzung [7.7.18]. Ihre Rückkehr zur Erde war allerdings ohnehin nicht geplant, da die nötige Technologie noch nicht zur Verfügung stand. Der Russe Juri Gagarin absolvierte als erster Mensch am 12. April 1961 erfolgreich einen kurzen Orbitalflug. Heute wissen wir, dass Menschen auch über einen längeren Zeitraum die Schwerelosigkeit überstehen können (Kapitel 7.6), und es existieren wirksame Lebenserhaltungssysteme und Rückkehrmechanismen.

Durch den Einsatz verschiedener Tierarten konnten unterschiedliche Fragestellungen untersucht werden, wie z. B. die Toleranz gegenüber außerplanmäßig auftretenden Temperaturextremen und damit den Grenzen des Lebens generell. So überlebten Fadenwürmer (*Caenorhabditis elegans*, Nematoda) den Absturz der Raumfähre Columbia

[7.7.20], Bärtierchen (Tardigrada) können als Dauerstadium sogar unmittelbar Weltraumbedingungen ausgesetzt werden und überleben (zur Übersicht: [7.7.21]).

Ratten und Mäuse zeigen weltraumbedingte physiologische Anpassungsmechanismen wie sie auch bei Astronauten auftreten können, z. B. Knochenabbau und Reduktion von Muskelmasse sowie auch eine Schwächung des Immunsystems. Die zugrundeliegenden Mechanismen aber lassen sich bei Tieren teilweise einfacher erforschen als beim Menschen bzw. erlauben invasive Maßnahmen. So wurden 1998 im Rahmen der Neurolab-Mission einfache chirurgische Eingriffe bei Ratten vorgenommen [7.7.22]. Ein Experiment mit besonders robusten Mäusen, das auf der 30-tägigen BION M-1 Mission 2013 flog, zeigte Anpassungen kardiovaskulärer, muskuloskeletaler sowie sensorimotorischer und neurophysiologischer Systeme an Langzeit-Schwerelosigkeit (zur Übersicht: [7.7.23]). Sehr zum Verständnis der Wirkungen von Schwerelosigkeit auf menschliche Organsysteme hat ein Experiment japanischer Wissenschaftler [7.7.24] beigetragen, im Zuge dessen Mäuse an Bord der Internationalen Raumstation etwa 35 Tage lang erfolgreich gehalten wurden. Nach Rückkehr zeigten die Versuchstiere eine geringere Knochendichte und Abbau von Muskulatur, die bei den 1g-Flugkontrollen, die parallel auf einer Zentrifuge exponiert wurden, nicht zu beobachten waren. Es gilt nun die zugrundeliegenden Mechanismen zu verstehen und Gegenmaßnahmen zu entwickeln.

Mehrgenerationenexperimente unter verringerter Schwerkraft bilden die Grundlage für die Entwicklung komplexer bioregenerativer Lebenserhaltungssysteme für einen Daueraufenthalt von Menschen im All oder in lunaren und planetaren Basen. Die Kenntnis der Individualentwicklung von Wirbeltieren unter Schwerelosigkeit ist hierbei von großer Bedeutung, da sich z. B. Fische als Frischprotein-Nahrungsquelle und damit als trophische Zwischenstufe eignen.

Es wurden tierartspezifische Defekte in der embryonalen Entwicklung beschrieben, allerdings erfolgte dabei keine Separierung zum Einfluss von Mikrogravitation gegenüber Strahlung [7.7.25]. Auch eine Limitierung der Möglichkeiten der Hardware oder von Lebenserhaltungssystemen ist als Ursache nicht auszuschließen. Folglich sind Kontrollexperimente zur Interpretation der Ergebnisse sehr wichtig. Ein Experiment mit Krallenfröschen (*Xenopus laevis*) belegte, dass eine Befruchtung von Froscheiern im Weltraum prinzipiell erfolgreich verlaufen kann und überlebensfähige Embryonen entstehen. Die beobachteten Abnormitäten im Körperbau wurden als Anpassung an die Schwerelosigkeit interpretiert und nicht als krankhafte Aberration [7.7.26]. Untersuchungen auf der russischen Raumstation MIR zeigten Defekte im Neuraltubus bei der Embryonalentwicklung von Amphibien (*Pleurodeles waltl*) (Urodela). Negative Einflüsse von Weltraumbedingungen auf die Entwicklung von Säugetieren waren an befruchteten Mäuseembryonen (Space Shuttle Columbia, Mission STS-80) zu verzeichnen [7.7.27]. Im Rahmen der IML-2 (International Microgravity Laboratory) Shuttle-Mission 1994 konnte gezeigt werden, dass sich Fische (Japanischer Reisfisch Medaka, *Oryzias latipes*) unter Schwerelosigkeit paaren können und die Befruchtung von Eiern erfolgt (zur Übersicht: [7.7.28]). Die Embryonen entwickelten sich normal und adulte Fische pflanzten sich auch nach deren Raumflug auf der Erde erfolgreich fort. Anders erging es Wachteln an Bord der russischen MIR-Station [7.7.29]. Die Embryogenese befruchteter Eier verlief normal, aber der Schlupferfolg war beeinträchtigt, und die geschlüpften Jungtiere hatten erhebliche Orientierungsschwierigkeiten, fanden ihr Futter nicht und wurden in der Folge von den Kosmonauten versorgt. Weiterführende Experimente sind nötig, um die Rolle der Gravitation bzw. ihres Fehlens auf die Entwicklung und Anpassungsfähigkeit von Tieren zu verstehen. Zum weiteren Erkenntnisgewinn dienen Experimente an Zellkulturen, für Entwicklungsaspekte vor allem an Stammzellen [7.7.30–31].

Es stellt sich die Frage: Benötigt ein Wirbeltier Schwerkraft, um den eigentlichen Sensor (Vestibularsystem im Innenohr) und die nötigen Verarbeitungszentren im Hirn auszubilden? Prinzipiell nein, wie an Experimenten mit Fischen gezeigt wurde [7.7.28]. Dennoch existieren offensichtlich schwerkraftsensitive Zeitfenster in der Entwicklung, in dem z. B. Buntbarschlarven der Art *Oreochromis mossambicus* bei Schwerkraftentzug die normale Ausbildung eines gewissen Reflexes (reversibel) verhindert wird, der in Zusammenhang mit einer stabilen visuellen Wahrnehmung bei Kopfbewegungen steht (zur Übersicht: [7.7.32]). Auch passt sich das Wachstum von Schweresteinchen (Otolithen) bei Fischen, die den Reiz einer Beschleunigung und damit auch der Schwerkraft auf ein sensorisches Epithel übertragen, an die herrschende Schwereumgebung an. Sie wachsen unter erhöhter Gravitation in einer Zentrifuge langsamer, bei Schwerelosigkeit schneller als unter normaler Erdschwerkraft. Detailuntersuchungen haben gezeigt, dass der Biomineralisationsprozess dieser Schweresteinchen neuronal gesteuert wird. Überdies konnte an Fischen die schon zuvor aufgestellte These bestätigt werden, dass offensichtlich asymmetrische (links gegenüber rechts ungleich ausgebildete) Otolithen die See-, Reise- und Raumkrankheit verursachen (Art *Oreochromis mossambicus*) [7.7.33].

7.7.1.4 Zellbiologie – auch einzellige Mikroorganismen können oben von unten unterscheiden

Genauso wie höhere Pflanzen wissen einzellige Mikroorganismen wie die grünen Flagellaten (einzellige Algen) *Euglena gracilis* und Wimpertierchen (Ciliaten) wie *Paramecium biaurelia* sehr präzise, wo oben und unten ist [7.7.34].

Ihre Schwimmbahnen weichen nur wenige Grad von der Senkrechten ab, wenn sie nach oben schwimmen: Da die Bewegung entgegengesetzt zur Richtung des Gravitationsvektors erfolgt, wird die Orientierung als negative Gravitaxis bezeichnet. In frühen Experimenten auf TEXUS-Raketen konnte nachgewiesen werden, dass die beobachtete Orientierung von Flagellaten und Ciliaten tatsächlich durch die Schwerkraft erfolgt und nicht etwa durch das Magnetfeld der Erde oder chemische Gradienten von Sauerstoff oder Kohlendioxid [7.7.35]. Wie können diese nur 100–200 μm langen Einzeller die Schwerkraft detektieren? Zu Beginn der langen und hitzigen Diskussion war die Antwort der Physiker sehr einfach: mit Hilfe des Bojenprinzips, wie hier am Beispiel von *Euglena* erläutert. Wenn das Hinterende schwerer ist als das Vorderende, richtet sich die Zelle in der Wassersäule aus und die am Vorderende ansetzende Geißel zieht sie nach oben. Diese Theorie hat aber gleich mehrere Haken: Junge Zellen schwimmen kurz nach der Teilung genauso präzise nach unten (positive Gravitaxis) und im flüssigen Stickstoff abgetötete Zellen werden nicht passiv in der Wassersäule ausgerichtet, sondern zeigen eine zufällige Orientierung. Durch UV-Strahlung, erhöhte Salinität oder geringe Konzentrationen von Schwermetallen kann man experimentell die Richtung der Gravitaxis sogar umkehren, ohne dass die Geometrie der Zelle verändert wird [7.7.36].

Statolithen zur Graviperzeption findet man nach heutigem Kenntnisstand bei Einzellern nur in Ausnahmefällen. So haben die Ciliaten der Gattung *Loxodes* nach ihrem Entdecker benannte Müllersche Organellen. Sie bezeichnen eine Vakuole, in die ein Stab aus Mikrotubuli hineinragt, an deren Spitze sich ein schweres Körperchen aus $BaSO_4$ (mit einem spezifischen Gewicht von 4,4 kg/m^3) befindet [7.7.37]. Bewegungen des Einzellers verändern die Auslenkung des Stabs, der wiederum über eine Signalkette eine Kurskorrektur der Zelle veranlasst, bis sie wieder senkrecht ausgerichtet ist. Zerstört man die Verbindung zwischen Stiel und dem Körperchen durch einen Laserschnitt, funktioniert die Gravitaxis nicht mehr [7.7.38] und weist die Funktion der Müllerschen Organellen als zelluläre Gravirezeptoren nach.

7

Einzeller ohne solch komplexe intrazelluläre Gravirezeptoren haben Alternativen entwickelt. So kann der gesamte plasmatische Zellinhalt ein höheres spezifisches Gewicht haben als das umgebende Medium und damit einen Gravirezeptor in der Zellmembran aktivieren. Das spezifische Gewicht der Zelle bei *Euglena* ist etwa 1,05 kg/m^3, bei *Paramecium caudatum* 1,04 kg/m^3 [7.7.39] und bei *Loxodes striatus* 1,03 kg/m^3. Daraus kann man die winzigen Kräfte berechnen, die auf den Gravirezeptor wirken: Bei *Euglena* sind das 0,49–1,23 pN, bei *Loxodes* 0,47–1,1 pN und bei dem deutlich größeren *Paramecium* 128 pN [7.7.40].

Bei TEXUS-Flügen beträgt die Restbeschleunigung während der μg-Phase 10^{-3}–10^{-4} g. Darauf reagieren Flagellaten und Ciliaten nicht, also muss der Schwellenwert für die Perzeption höher sein. Um diese Schwelle zu bestimmen, wurden Experimente während der IML-2 Mission auf dem Space Shuttle Columbia durchgeführt. Die Bewegungen und Orientierungen der Organismen wurden in einem niedertourigen Zentrifugenmikroskop (NiZeMi) bei steigenden Beschleunigungen zwischen 0 und 1,5 g untersucht. Dabei ergab sich ein Schwellenwert bei *Euglena* von ≤ 0,16 g und eine Sättigung wurde bei 0,64 g erreicht [7.7.41]. *Paramecium* zeigte einen ähnlichen Schwellenwert zwischen 0,16 und 0,3 g [7.7.42]. Eine genauere Untersuchung in Zentrifugen auf TEXUS und MAXUS zeigte einen Schwellenwert von ≤ 0,12 g für *Euglena* [7.7.43] und ≤ 0,15 g für *Loxodes* [7.7.44].

Wie kann ein biologischer Gravirezeptor aussehen, der auf solch kleine Kräfte anspricht? Bei allen Organismen von Bakterien bis zum Menschen wurden mechanosensitive Kanäle gefunden, membran-gebundene Proteine, die sich auf mechanischen Druck hin öffnen und passiv Ionen entlang eines vorher aktiv aufgebauten Gradienten in die Zelle fließen lassen [7.7.45]. In erdgebundenen und in Raumfahrtexperimenten, vor allem auf Parabelflügen (A300 Zero-G) sowie auf Höhenforschungsraketen-Missionen [7.7.46], konnten Elemente der komplexen Signaltransduktionskette identifiziert werden. So konnte durch molekularbiologische Untersuchungen gezeigt werden, dass das membran-gebundene Protein bei *Euglena* ein transient receptor potential (TRP) Kanal ist, durch den bei Aktivierung Ca^{2+} Ionen einströmen [7.7.47]. Dieser Einstrom lässt sich durch Fluoreszenzfarbstoffe wie Calcium Crimson sichtbar machen [7.7.48] und durch Applikation von Gadolinium blockieren. Die einströmenden Ca^{2+} Ionen ändern das Membranpotenzial der Zellen [7.7.49]. Wenn man das Potential durch Zugabe von Triphenylmethylphosphonium Ionen ($TPMP^+$) zerstört, wird auch die Gravitaxis unterdrückt. Eine membran-gebundene Pumpe, die Ca^{2+} wiederum aus der Zelle befördert, lässt sich durch Vanadat ausbremsen. Ebenso kann man den Ionengradienten durch einen künstlich eingebauten Bypass (Calcimycin) zerstören. Alle diese Manipulationen unterbinden die gravitaktische Orientierung der Euglenen [7.7.50]. Die bei der Aktivierung des Gravirezeptors einströmenden Ca^{2+} Ionen binden bei *Euglena* an eines der in der Zelle gefundenen Calmoduline, die universelle Schlüsselproteine bei vielen Organismen sind. Das für die Gravitaxis spezifische Calmodulin aktiviert seinerseits ein Enzym (Adenylyl Cyclase), das ATP (die universelle Energiewährung der Zelle) in cAMP (cyclisches Adenosinmonophosphat) umwandelt, das bei vielen Organismen als Botenstoff für Bewegungen und Entwicklungsreaktionen nachgewiesen wurde [7.7.51]. Auf TEXUS-36 wurden *Euglena*-Zellen auf einer Zentrifuge nach unterschiedlichen Zeiten in Mikrogravitation und bei verschiedenen Beschleunigungen chemisch fixiert. Die Untersuchung der Zellen nach der

Landung zeigte, dass cAMP erst ab einer Beschleunigung oberhalb des Schwellenwertes gebildet wird und dass Gadolinium (ein Blocker von mechanosensitiven Kanälen) die cAMP Synthese unterdrückt [7.7.52]. Der finale Schritt in der Signaltransduktionskette der Gravitaxis ist die Aktivierung eines weiteren spezifischen Enzyms (Phosphokinase A), von dem angenommen wird, dass es Proteine in der Geißel der Zelle phosphoryliert, was letztendlich zu einer Änderung des Geißelschlages und damit zu einer Kursänderung der Zelle führt [7.7.53]. Diese Hypothese wurde durch viele molekularbiologische Experimente und Versuche mit spezifischen Inhibitoren verifiziert.

7.7.1.5 Humane Zellen

Es stellt sich die Frage, ob und wenn ja, wie die Zellen unseres Körpers auf veränderte Gravitationsbedingungen reagieren. Dies ist auch im Interesse translationaler Forschung „Mensch – Zelle", da veränderte Zellfunktionen eine Ursache bei Muskel- und Knochenabbau, Herzatrophie, Dysfunktionen des Immunsystems, wie bei Astronauten beschrieben [7.7.54], eine Rolle spielen können. Wichtig ist auch die Klärung, welchen Einfluss Gravitation auf die Differenzierung von Stammzellen und das Verhalten von Krebszellen hat. Es häufen sich Befunde, dass unter veränderten Gravitationsbedingungen differenzierte Signalwege und das Cytoskelett in Zellen verändert werden und Gene spezifisch aktiviert oder de-aktiviert werden, wobei auch einige Änderungen kurzfristiger Natur sind und eine Adaptation an die neuen Umweltbedingungen erfolgen kann. Auch zeigen sich Zelltyp-spezifische Änderungen. Durch neue technische Entwicklungen, wie Live Cell Imaging auf den Bodenanlagen z. B. als schnelldrehendes Klinostatenmikroskop (Bild 7.7.1) oder auf einer Zentrifuge, wie auch im Flugexperiment, werden neue Einblicke in die dynamischen Vorgänge und Zeitverläufe in Zellen unter veränderten Gravitationsbedingungen gewonnen [7.7.55].

Die Beispiele in diesem Kapitel zeigen, dass eine Masse bei der Schwerkraftperzeption physikalische und energetische Anforderungen erfüllen muss, um ein Signal zu induzieren. Ein „Statolith" muss schwerer als das umgebende Cytoplasma sein und somit unter 1 g Bedingungen sedimentieren. Dabei sollte seine potenzielle Energie über dem thermischen Rauschen, der Brownschen Molekularbewegung liegen, die bei der Sedimentation überwunden werden muss. Daraus ergeben sich Schlussfolgerungen zu Dichtedifferenzen und Größe oder Dichte von Partikeln [7.7.56], die eine physiologische Schwerkraftantwort ermöglichen, wobei z. B. Bakterien auf Grund ihrer geringen Größe ausgeschlossen wurden [7.7.57]. Aktuelle Ergebnisse aber zeigen, dass Gravitationsänderungen bereits die Fluidität von Lipidmembranen verändern, untersucht in dem Experiment MemEx auf Mapheus 6 und 7 (Bild 7.7.6).

Bild 7.7.6: *Das Experimentmodul MemEX zur Untersuchung der Membranfluidität in Schwerelosigkeit, erfolgreich geflogen auf den DLR Höhenforschungsraketen Mapheus 6 und 7.*

Dieser Befund liefert eine neue Sichtweise auf energetische Aspekte und könnte einen grundlegenden Mechanismus für die zelluläre Wahrnehmung der Schwerkraft liefern. Zukünftige Forschung setzt hier an, gerade auch im Hinblick auf pharmakologische Konsequenzen, wie der potenziellen Aufnahme und damit Wirkung von Medikamenten bei Raumflügen [7.7.58].

7.7.2 Interplanetares Leben

Ist das Leben auf der Erde in einer Ursuppe entstanden oder kam es mit einem Meteoriten von einem anderen Planeten (Lithopanspermie Hypothese)? Um zu untersuchen, ob Lebewesen den Transport z. B. im Inneren von Meteoriten überleben können, wurde auf der Außenseite mehrerer russischer Foton Satelliten die BIOPAN Facility angebracht. Nachdem der Satellit von einer Sojuz-Rakete in seinen Orbit gebracht wurde, öffnete sich die „Pfanne", wodurch eine Vielzahl von biologischen Proben den Bedingungen des Weltalls ausgesetzt wurde: Vakuum, kurzwellige UV-Strahlung und ionisierende Strahlung. Die Lebewesen waren z. B. Sporen von Bakterien, Flechten und Pilzen [7.7.59]. Ein subminiaturisiertes Radiometer hat während der gesamten Mission die Solarstrahlung in vier Kanälen und die ionisierende Strahlung in 256 Kanälen gemessen und aufgezeichnet [7.7.60]. Nach der Mission wurde die Überlebensrate der Organismen bestimmt.

Für einen längeren Aufenthalt von bis zu 18 Monaten unter Weltraumbedingungen wurden mehrere EXPOSE-Anlagen außerhalb der ISS angebracht, auf denen je 12 biologische Probenbehälter auf einer schwenkbaren Plattform in künstlichen Meteoriten exponiert wurden [7.7.61]. Dazu wurden Lebensformen ausgewählt, die unter extremen Bedingungen wie in der Antarktis oder den Salzwüsten überleben können. Mit einem Radiometer wurden die solare UV-Strahlung und die ionisierende Strahlung protokolliert [7.7.62].

Wenn Menschen auf bemannten Raumflügen z. B. zum Mars fliegen wollen, brauchen die Astronauten große Mengen an Nahrung, Sauerstoff und Wasser für den mehrjährigen interplanetaren Flug. Außerdem muss das ausgeatmete Kohlendioxid aus der Atemluft entfernt werden. Wasser wird bereits heute auf der ISS aus Abwasser und der Luft recycelt [7.7.63].

Um Kohlendioxid und Sauerstoff zu recyceln, werden zurzeit bioregenerative Lebenserhaltungssysteme entwickelt und getestet. Dabei nehmen photosynthetische Organismen (Mikroorganismen oder Pflanzen) das ausgeatmete CO_2 auf und fixieren es in Form organischen Materials (Zucker). Gleichzeitig produzieren sie Sauerstoff aus der Spaltung von Wasser. In mehreren FOTON-Missionen wurden Aquarien installiert (Aquacells), in denen photosynthetische Flagellaten produzierten, *Euglena gracilis*, unter LED Beleuchtung Sauerstoff produzieren [7.7.64]. Dieser wurde über semipermeable Membranröhren in ein zoologisches Kompartiment geleitet, in dem larvale Fische (*Oreochromis mossambicus*) die Rolle der Astronauten übernahmen. Neben den physikalischen und chemischen Daten wurden auch die Bewegungen und Orientierungen der Flagellaten und Fische auf Video aufgenommen. In der folgenden Mission (OmegaHab) wurde zwischen den beiden Tanks ein bakterieller Biofilm installiert, der das von den Fischen ausgeschiedene Ammonium in Nitrat umwandelt, das von den Euglenen als Mineraldünger verwendet werden kann. In anderen Lebenserhaltungssystemen wurden Krebse (*Hyalella azteca*), Schnecken (*Biomphalaria*) und höhere Pflanzen (*Ceratophyllum* oder *Wolffia*) in Satelliten und auf der ISS [7.7.65] eingesetzt.

Ein noch komplexeres bioregeneratives Lebenserhaltungssystem ist das Melissa Projekt, an dem 30 Organisationen aus Europa und Kanada, unter der Federführung der ESA, zusammen arbeiten. Das System besteht aus vier Bioreaktoren und einem Kompartiment für höhere Pflanzen. Die Bakterien *Nitrobacter* und *Nitrosomonas* sind für den Stickstoffkreislauf zuständig, das Cyanobakterium *Spirulina* soll als Nahrungsquelle und Sauerstofflieferant genutzt werden. CO_2 und Harnstoff werden recycelt und Sauerstoff, Wasser und Nahrung produziert [7.7.66].

Für 2018 ist der Start der Eu:CROPIS Mission geplant, bei der Minitomaten in einem Kompaktsatelliten unter reduzierten Schwerebedingungen (je 6 Monate 0,16 g wie auf dem Mond und 0,38 g wie auf dem Mars) keimen und wachsen sollen. Dabei soll Urin in einem Filter, bestehend aus Lavablöcken, in denen Mikroorganismen leben, in mineralischen Dünger für die Tomaten umgewandelt werden. Sauerstoff wird auch in diesem System von dem photosynthetischen Flagellaten *Euglena* produziert werden.

Die hier geschilderten exemplarischen Experimente liefern wertvolle Erkenntnisse, wie biologische Systeme – von der Zelle bis zum Menschen – das Fehlen der Schwerkraft bewältigen können, gerade auch im Hinblick auf langfristige orbitale, lunare und interplanetare Missionen.

Literatur

[7.7.1] *Briegleb, W.:* Some qualitative and quantitative aspects of the fast-rotating clinostat as a research tool. ASGSB Bulletin 5 (1992), S. 23–30.

[7.7.2] *Klaus, D. M.; Todd, P.; Schatz, A.:* Functional weightlessness during clinorotation of cell suspensions. Advances in Space Research 21 (1998), S. 1 315–1 318.

[7.7.3] *Herranz, R.; Anken, R.; Boonstra, J.; Braun, M.; Christianen, P. C.; de Geest, M.; Hauslage, J.; Hilbig, R.; Hill, R. J.; Lebert, M.:* Ground-based facilities for simulation of microgravity: organism-specific recommendations for their use, and recommended terminology. Astrobiology 13 (2013), S. 1–17.

[7.7.4] *Grimm, D.; Wehland, M.; Pietsch, J.; Aleshcheva, G.; Wise, P.; van Loon, J.; Ulbrich, C.; Magnusson, N. E.; Infanger, M.; Bauer, J.:* Growing tissues in real and simulated microgravity: new methods for tissue engineering. Tissue Engineering Part B: Reviews 20 (2014), S. 555–566.

[7.7.5] *Hauslage, J.; Cevik, V.; Hemmersbach, R.: Pyrocystis noctiluca* represents an excellent bioassay for shear forces induced in ground-based microgravity simulators (clinostat and random positioning machine). NPJ Microgravity 3 (2017), S. 12.

[7.7.6] *Frett, T.; Petrat, G.; van Loon, J. J.; Hemmersbach, R.; Anken, R.:* Hypergravity facilities in the ESA ground-based facility program-current research activities and future tasks. Microgravity Science and Technology 28 (2016), S. 205–214.

[7.7.7] *Hemmersbach, R.; Becker, E.; Stockem, W.:* Influence of extremely low frequency electromagnetic fields on the swimming behavior of ciliates. Bioelectromagnetics 18 (1997), S. 491–498.

[7.7.8] *Perbal, G.; Lefranc, A.; Jeune, B.; Driss-Ecole, D.:* Mechanotransduction in root gravity sensing cells. Physiologia Plantarum 120 (2004), S. 303–311.

[7.7.9] *Palmieri, M.; Kiss, J. Z.:* The role of plastids in gravitropism. In: *Wiese, R. R.; Hoober, J. K. (Ed.):* The Structure and Function of Plastids 23: Dordrecht: Springer, 2007.

[7.7.10] *Kuznetsov, O. A.; Hasenstein, K. H.:* Magnetophoretic induction of curvature in coleoptiles and hypocotyls. Journal of Experimental Botany 48 (1997), S. 1 951–1 957.

[7.7.11] *Behrens, H. M.; Gradmann, D.; Sievers, A.:* Membrane-potenial responses following gravistimulation in roots of *Lepidium sativum* L. Planta 163 (1985), S. 463–472.

[7.7.12] *Vanneste, S.; Friml, J.:* Calcium: the missing link in auxin action. Plants 2 (2013), S. 650–675.

[7.7.13] *Ferl, R. J.; Paul, A.-L.:* The effect of spaceflight on the gravity-sensing auxin gradient of roots: GFP reporter gene microscopy on orbit. npj Microgravity 2 (2016), S. 15 023.

[7.7.14] *Braun, M.:* Gravitropism in tip-growing cells. Planta 203 (1997), S. 11–19.

[7.7.15] *Krause, L.; Braun, M.; Hauslage, J.; Hemmersbach, R.:* Analysis of statoliths displacement in *Chara* rhizoids for validating the microgravity-simulation quality of clinorotation modes. Microgravity Science Technology 30 (2018), S. 229–236.

[7.7.16] *Limbach, C.; Hauslage, J.; Schäfer, C.; Braun, M.:* How to activate a plant gravireceptor. Early mechanisms of gravity sensing studied in characean rhizoids during parabolic flights. Plant Physiology 139 (2005), S. 1 030–1 040.

[7.4.17] *Beischer, D. E.; Fregly, A. R.:* Animals and man in space. A chronology and annotated bibliography through the year 1960. from http://dspace.rubicon-foundation.org/xmlui/handle/123456789/9288, 1962.

[7.7.18] *Grigor'ev, A.; Il'in, E.:* Animals in space. Herald of the Russian Academy of Sciences 77 (2007), S. 541–549.

[7.7.19] *Morey-Holton, E.; Hill, E.; Souza, K.:* Animals and spaceflight: from survival to understanding. Journal of Musculoskeletal and Neuronal Interactions 7 (2007), S. 17.

[7.7.20] *Szewczyk, N. J.; Mancinelli, R. L.; McLamb, W.; Reed, D.; Blumberg, B. S.; Conley, C. A.: Caenorhabditis elegans* survives atmospheric breakup of STS-107, space shuttle Columbia. Astrobiology 5 (2005), S. 690–705.

[7.7.21] *Guidetti, R.; Rizzo, A. M.; Altiero, T.; Rebecchi, L.:* What can we learn from the toughest animals of the Earth? Water bears (tardigrades) as multicellular model organisms in order to perform scientific preparations for lunar exploration. Planetary and Space Science 74 (2012), S. 97–102.

[7.7.22] *Campbell, M. R.; Williams, D. R.; Buckey, J. C.; Kirkpatrick, A. W.:* Animal surgery during spaceflight on the Neurolab Shuttle mission. Aviation, Space, and Environmental Medicine 76 (2005), S. 589–593.

[7.7.23] *Andreev-Andrievskiy, A.; Popova, A.; Boyle, R.; Alberts, J.; Shenkman, B.; Vinogradova, O.; Dolgov, O.; Anokhin, K.; Tsvirkun, D.; Soldatov, P.:* Mice in Bion-M 1 space mission: training and selection. PloS one 9 (2014), S. e104830.

[7.7.24] *Shiba, D.; Mizuno, H.; Yumoto, A.; Shimomura, M.; Kobayashi, H.; Morita, H.; Shimbo, M.; Hamada, M.; Kudo, T.; Shinohara, M.:* Development of new experimental platform 'MARS'–Multiple Artificial-gravity Research System–to elucidate the impacts of micro/partial gravity on mice. Scientific Reports 7 (2017), S. 10837.

[7.7.25] *Crawford-Young, S. J.:* Effects of microgravity on cell cytoskeleton and embryogenesis. International Journal of Developmental Biology 50 (2003), S. 183–191.

[7.7.26] *Black, S.; Larkin, K.; Jacqmotte, N.; Wassersug, R.; Pronych, S.; Souza, K.:* Regulative development of *Xenopus laevis* in microgravity. Advances in Space Research 17 (1996), S. 209–217.

[7.7.27] *Gualandris-Parisot, L.; Husson, D.; Foulquier, F.; Kan, P.; Davet, J.; Aimar, C.; Dournon, C.; Duprat, A.: Pleurodeles waltl,* amphibian, Urodele, is a suitable biological model for embryological and physiological space experiments on a vertebrate. Advances in Space Research 28 (2001), S. 569–578.

[7.7.28] *Ijiri, K.:* Life-cycle experiments of medaka fish aboard the international space station. Advances in Space Biology and Medicine 9 (2003), S. 201–216.

[7.7.29] *Jones, T.:* Gravity and the ontogeny of animals. The Physiologist 35 (1992), S. 77–78.

[7.7.30] *Shinde, V.; Brungs, S.; Henry, M.; Wegener, L.; Nemade, H.; Rotshteyn, T.; Acharya, A.; Baumstark-Khan, C.; Hellweg, C. E.; Hescheler, J.:* Simulated microgravity modulates differentiation processes of embryonic stem cells. Cellular Physiology and Biochemistry 38 (2016), S. 1483–1499.

[7.7.31] *Acharya, A.; Brungs, S.; Henry, M.; Rotshteyn, T.; Singh Yaduvanshi, N.; Wegener, L.; Jentzsch, S.; Hescheler, J.; Hemmersbach, R.; Boeuf, H.:* Modulation of differentiation processes in murine embryonic stem cells exposed to parabolic flight-induced acute hypergravity and microgravity. Stem Cells and Development (2018), S. 838–847.

[7.7.32] *Horn, E. R.:* Development of Vestibular Systems in Altered Gravity. In: *Romand, R.; Varela-Nieto, I. (Ed.):* Development of Auditory and Vestibular Systems: Amsterdam: Elsevier, 2014.

[7.7.33] *Hilbig, R.; Anken, R.:* Impact of micro-and hypergravity on neurovestibular issues of fish. In: *Hilbig, R.; Gollhofer, A.; Bock, O.; Manzey, D. (Ed.):* Sensory Motor and Behavioral Research in Space: Heidelberg: Springer, 2017.

[7.7.34] *Lebert, M.; Häder, D.-P.:* How *Euglena* tells up from down. Nature 379 (1996), S. 590.

[7.7.35] *Häder, D.-P.; Vogel, K.; Schäfer, J.:* Responses of the photosynthetic flagellate, *Euglena gracilis*, to microgravity. Applied Microgravity Technology 3 (1990), S. 110–116.

[7.7.36] *Richter, P.; Börnig, A.; Streb, C.; Ntefidou, M.; Lebert, M.; Häder, D.-P.:* Effects of increased salinity on gravitaxis in *Euglena gracilis*. Journal of Plant Physiology 160 (2003), S. 651–656.

[7.7.37] *Fenchel, T.; Finlay, B. J.:* The structure and function of Müller vesicles in loxodid ciliates. Journal of Protozoology 33 (1986), S. 69–76.

[7.7.38] *Hemmersbach-Krause, R.; Briegleb, W.:* Gravitational effects on *Paramecium* and *Loxodes*. Physiologist 35 (1992), S. 23–26.

[7.7.39] *Krause, M.:* Elektrophysiologie, Mechanosensitivität und Schwerkraftbeantwortung von *Bursaria truncatella*. Diploma thesis, Fakultät für Biologie der Ruhr-Universität Bochum.1999.

[7.7.40] *Häder, D.-P.; Hemmersbach, R.; Lebert, M.:* Gravity and the Behavior of Unicellular Organisms. Cambridge, New York, Melbourne, Madrid, Cape Town, Singapore, Sao Paulo: Cambridge Univ. Press, 2005.

[7.7.41] *Häder, D.-P.; Rosum, A.; Schäfer, J.; Hemmersbach, R.:* Graviperception in the flagellate *Euglena gracilis* during a shuttle space flight. Journal of Biotechnology 47 (1996), S. 261–269.

[7.7.42] *Hemmersbach, R.; Voormanns, R.; Briegleb, W.; Rieder, N.; Häder, D.-P.:* Influence of accelerations on the spatial orientation of *Loxodes* and *Paramecium*. Journal of Biotechnology 47 (1996), S. 271–278.

[7.7.43] *Häder, D.-P.; Porst, M.; Tahedl, H.; Richter, P.; Lebert, M.:* Gravitactic orientation in the flagellate *Euglena gracilis*. Microgravity Science and Technology 10 (1997), S. 53–57.

[7.7.44] *Hemmersbach, R.; Voormanns, R.; Bromeis, B.; Schmidt, N.; Rabien, H.; Ivanova, K.:* Comparative studies of the graviresponses of *Paramecium* and *Loxodes*. Advances in Space Research 21 (1998), S. 1285–1289.

[7.7.45] *Häder, D.-P.; Hemmersbach, R.:* Gravitaxis in *Euglena*. In: *Schwartzbach, S.; Shigeoka, S. (Ed.): Euglena*: Biochemistry, Cell and Molecular Biology: Cham: Springer, 2017.

[7.7.46] *Richter, P. R.; Schuster, M.; Wagner, H.; Lebert, M.; Häder, D.-P.:* Physiological parameters of gravitaxis in the flagellate *Euglena gracilis* obtained during a parabolic flight campaign. Journal of Plant Physiology 159 (2002), S. 181–190.

[7.7.47] *Häder, D.-P.; Richter, P.; Schuster, M.; Daiker, V.; Lebert, M.:* Molecular analysis of the graviperception signal transduction in the flagellate *Euglena gracilis*: involvement of a transient receptor potential-like channel and a calmodulin. Advances in Space Research 43 (2009), S. 1179–1184.

[7.7.48] *Häder, D.-P.; Lebert, M.:* Graviperception and gravitaxis in algae. Advances in Space Research 27 (2001), S. 861–870.

[7.7.49] *Richter, P. R.; Schuster, M.; Meyer, I.; Lebert, M.; Häder, D.-P.:* Indications for acceleration-dependent changes of membrane potential in the flagellate *Euglena gracilis*. Protoplasma 229 (2006), S. 101–108.

[7.7.50] *Lebert, M.; Richter, P.; Häder, D.-P.:* Signal perception and transduction of gravitaxis in the flagellate *Euglena gracilis*. Journal of Plant Physiology 150 (1997), S. 685–690.

[7.7.51] *Lebert, M.; Porst, M.; Häder, D.-P.:* Circadian rhythm of gravitaxis in *Euglena gracilis*. Journal of Plant Physiology 155 (1999), S. 344–349.

[7.7.52] *Tahedl, H.; Richter, P.; Lebert, M.; Häder, D.-P.:* cAMP is involved in gravitaxis signal transduction of *Euglena gracilis*. Microgravity Science and Technology 11 (1998), S. 173–178.

[7.7.53] *Daiker, V.; Häder, D.-P.; Richter, P. R.; Lebert, M.:* The involvement of a protein kinase in phototaxis and gravitaxis of *Euglena gracilis*. Planta 233 (2011), S. 1 055–1 062.

[7.7.54] *White, R. J.; Averner, M.:* Humans in space. Nature 409 (2001), S. 1 115.

[7.7.55] *Häder, D.-P.; Braun, M.; Grimm, D.; Hemmersbach, R.:* Gravireceptors in eukaryotes–a comparison of case studies on the cellular level. npj Micrograviy 3 (2017), S. 13.

[7.7.56] *Todd, P.:* Gravity-dependent phenomena at the scale of the single cell. ASGSB Bulletin 2 (1989), S. 95–113.

[7.7.57] *Klaus, D.:* Space microbiology: microgravity and microorganisms. In: *Britton, D. (Ed.):* Encyclopedia of Environmental Microbiology: New York: J. Wiley and Sons, 2002.

[7.7.58] *Kohn, F.; Hauslage, J.; Hanke, W.:* Membrane fluidity changes, a basic mechanism of interaction of gravity with cells? Microgravity Science and Technology 29 (2017), S. 337–342.

[7.7.59] *De la Torre Noetzel, R.; Sancho, L.; Pintado, A.; Rettberg, P.; Rabbow, E.; Panitz, C.; Deutschmann, U.; Reina, M.; Horneck, G.:* BIOPAN experiment LICHENS on the Foton M2 mission: pre-flight verification tests of the *Rhizocarpon geographicum*-granite ecosystem. Advances in Space Research 40 (2007), S. 1 665–1 671.

[7.7.60] *Häder, D.-P.; Richter, P.; Schuster, M.; Dachev, T.; Tomov, B.; Georgiev, P.; Matviichuk, Y.:* R3D-B2 – Measurement of ionizing and solar radiation in open space in the BIOPAN 5 facility outside the FOTON M2 satellite. Advances in Space Research 43 (2009), S. 1 200–1 211.

[7.7.61] *Horneck, G.; Wynn-Williams, D. D.; Mancinelli, R. L.; Cadet, J.; Munakata, N.; Ronto, G.; Edwards, H. G. M.; Hock, B.; Wänke, H.; Reitz, G.; Dachev, T.; Häder, D.-P.; Brioullett, C.:* Biological experiments on the expose facility of the International Space Station. In: *(Ed.):* Proceedings of the 2nd European Symposium on the Utilisation of the International Space Station, ESTEC, Noordwijk, The Netherlands, 16–18 Nov. 1998 (ESA SP-433), 1999.

[7.7.62] *Dachev, T.; Horneck, G.; Häder, D.-P.; Schuster, M.; Lebert, M.:* EXPOSE-R cosmic radiation time profile. International Journal of Astrobiology 14 (2015), S. 17–25.

[7.7.63] *Barta, D. J.:* Getting Out of Orbit: Water Recycling Requirements and Technology Needs for Long Duration Missions Away from Earth. *Nasa Technical Reports Server.* Washington: NASA, 2017.

[7.7.64] *Häder, D.-P.; Richter, P. R.; Strauch, S. M.; Schuster, M.:* Aquacells – flagellates under long-term microgravity and potential usage for life support systems. Microgravity – Science and Technology 18 (2006), S. 210–214.

[7.7.65] *Li, X.; Richter, P. R.; Hao, Z.; An, Y.; Wang, G.; Li, D.; Liu, Y.; Strauch, S. M.; Schuster, M.; Haag, F. W.:* Operation of an enclosed aquatic ecosystem in the Shenzhou-8 mission. Acta Astronautica 134 (2017), S. 17–22.

[7.7.66] *Lasseur, C.; Brunet, J.; De Weever, H.; Dixon, M.; Dussap, G.; Godia, F.; Leys, N.; Mergeay, M.; Van Der Straeten, D.:* MELiSSA: the European project of closed life support system. Gravitational and Space Research 23 (2010), S. 3–12.

7

7.8 Robotik

Gerhard Hirzinger, Klaus Landzettel,
Gerhard Grunwald, Heike Benninghoff,
Clemens Kaiser und *Frank Kirchner*

Technologisch ausgerichtete Raumfahrtmissionen werden genutzt, um Technologien für die Raumfahrt selbst zu erproben, weiterzuentwickeln und für eine spätere wissenschaftliche oder kommerzielle Nutzung zu qualifizieren. Diese Missionen setzen zumeist anspruchsvolle neue Konzepte ein. Die Vorbereitung der Missionen hat in vielen Fällen einen weiteren positiven Einfluss auf die Entwicklung am Boden, **Spin-off** genannt.

Beispiele für technologisch ausgerichtete Satellitenmissionen werden an anderer Stelle, insbesondere im Kapitel 8.5 „Mikrosatelliten", gegeben. So dient der Satellit BIRD zur Erprobung zahlreicher neuer Ansätze im Bereich Infrarot-Sensorik, Lageregelung, Autonavigation und On-Bord-Software. Auch die ersten Galileo-Navigationssatelliten, GIOVE A und B, fallen in diese Kategorie.

In diesem Abschnitt sollen zwei Beispiele näher beleuchtet werden, die **Raumfahrt-Robotik** (Kapitel 7.8.1) und das **On-Orbit Servicing** (Kapitel 7.8.2). Es ist nicht möglich, eine vollständige Betrachtung aller technologisch ausgerichteten Raumfahrtmissionen zu geben, dagegen können exemplarische Anwendungen einen Einblick in die typischen Aspekte der jeweiligen Technologien geben. Beide Bereiche sind in ihrer Relevanz für zukünftige Raumfahrtmissionen so groß, dass eine genauere Betrachtung im Rahmen dieses Buches angebracht ist.

7.8.1 Raumfahrt-Robotik

Den Menschen in den Weltraum zu transportieren, ihn dort am Leben zu erhalten und wieder sicher zur Erde zurückzubringen, erfordert einen riesigen Aufwand, der sich naturgemäß auch in den Kosten niederschlägt. Letztlich liegt das daran, dass der Mensch eine Entwicklungsgeschichte von einigen hunderttausend Jahren hinter sich hat, in denen er sich optimal an die Lebensbedingungen auf der Erde angepasst hat. Es wird ihm auf absehbare Zeit nicht gelingen, sich an die lebensfeindlichen Bedingungen des Weltraums zu gewöhnen – daher der gewaltige Aufwand für die entsprechenden **Lebenserhaltungssysteme** einschließlich der teuren Raumanzüge. Die hohen Kosten entstehen auch dadurch, dass die Anforderungen an die Zuverlässigkeit des Gesamtsystems wesentlich höher sind als für unbemannte Missionen.

Anders ist es mit der **Robotik.** Sie ist gerade etwas mehr als 60 Jahre alt und lässt sich in kurzer Zeit und mit vergleichsweise geringem Aufwand an die Weltraumbedingungen anpassen. In Verbindung mit leistungsfähigen Fernsteuer- und Telepräsenztechniken tritt auch die gelegentlich hochstilisierte Frage in den Hintergrund, wann Roboter wirklich intelligent werden und autonom arbeiten können. Wenn man einmal die Grundkonzepte des „verlängerten Arms im All" verstanden und realisiert hat, dann kann man in einer Mission völlig flexibel zwischen allen Graden der **Autonomieverteilung** („shared autonomy") zwischen dem Operateur am Boden und dem Roboter im All variieren, bis hin zu dem nach jeweiligem Stand der Technik höchstmöglichen Autonomie-Level an Bord des Raumfahrzeugs. Das derart charakterisierte Agieren im Weltraum durch Fernsteuerung von der Erde aus stellt mit der deutlich fortschreitenden Roboter-Technologieentwicklung eine ständig kostengünstiger werdende Alternative zur bemannten Raumfahrt dar. Sie wird aber auch dadurch noch wesentlich attraktiver, dass es möglich wird, durch sog. **Telepräsenz-Konzepte** vielen Menschen am Boden das realistische Gefühl zu vermitteln, als wären sie „vor Ort" im Weltraum; bisher war dieses Gefühl einigen wenigen Astronauten vorbehalten. In den letzten Jahren wurden diese technischen Entwicklungen weitergeführt, um sie dem Astronauten an Bord eines Raumschiffs zur Steuerung von Robotern zur Verfügung zu stellen. Die Roboter selbst befinden sich auf dem Mond oder Mars. Insofern werden die Fernsteuer- und Telepräsenztechniken auch in die umgekehrte Richtung eingesetzt.

Es stellt sich dann natürlich sofort die Frage, was Roboter im Weltraum leisten sollten und welche Steuerungstechnik geeignet ist.

Wie bei jedem technischen System können auch bei Raumflugsystemen Probleme auftreten, die das System selbst, seine Nachbarn, die Astronauten auf der ISS oder die Bevölkerung auf der Erde gefährden, sodass der Mensch mit **Reparaturen** helfend eingreifen sollte. Bei Problemen auf der ISS müssen die Astronauten selbst versuchen, diese zu beheben, gegebenenfalls durch Außenbordeinsätze, die Geschicklichkeit, intensives vorheriges Training und enorme körperliche Anstrengungen erfordern. Noch problematischer und teurer wird es, wenn man daran denkt, Astronauten zu fehlerhaften Satelliten im LEO (Low Earth Orbit) zu schicken. Die Kosten hierfür liegen um ein Vielfaches höher als die der ursprünglichen Mission. So lagen die Kosten der vier mit Astronauten durchgeführten Reparaturen des Hubble-Weltraumteleskops um das 20-Fache höher als die Orginalkosten. Zurzeit sind von keiner raumfahrenden Nation Raumfahrtsysteme oberhalb von ca. 500 km Bahnhöhe mit Astronauten erreichbar und damit von jeglicher Reparatur ausgeschlossen. Dies gilt insbesondere für die immer auch ökonomisch interessanter werdende Wartung und Reparatur geostationärer Satelliten.

Satelliten, bestückt mit Roboterarmen, die von der Erde aus ferngesteuert werden, sind in naher Zukunft in der Lage, diese Aufgaben zu übernehmen. Die von der DARPA und der amerikanischen Raumfahrtfirma Space Systems/Loral (SSL) kofinanzierte Mission Robotic Servicing of Geosynchronous Satellites (RSGS) wird in 2021 mit zwei Roboterarmen prototypische Servicing-Aufgaben durchführen.

Bisher gibt es keine Möglichkeit, von der Erde aus kostengünstig im Weltraum zu agieren, um z. B. über ferngesteuerte Roboter ein Objekt einzufangen und gezielt in den Atlantik oder Pazifik abstürzen zu lassen. Diese – etwas frei übersetzt – Aktive Müllentsorgung (Active Debris Removal) wird zurzeit intensiv vorangetrieben. Generell fallen die bisher genannten Aufgaben unter den Begriff **Servicing** im Weltraum, siehe Kapitel 7.8.2. Das Europäische Parlament hat bereits 2003 dazu aufgerufen, dass Europa sich auf diesem Gebiet eine internationale Spitzenstellung erarbeiten möge. Der Begriff **Exploration** hingegen ist vor allem mit der Erforschung der Planeten und des Sonnensystems verbunden. In der Regel ist hier die Robotik eine kostengünstige Alternative zu rein bemannten Raumfahrtmissionen.

Fahrzeuge (Rover), mit Roboterarmen ausgestattet, können autonom oder von der Erde aus kommandiert Gesteinsproben sammeln, diese analysieren oder den Aufenthalt von Menschen auf entfernten Planeten vorbereiten. Die Art und Weise der **Fernsteuerung** hängt ganz wesentlich von den zur Verfügung stehenden **Datenverbindungen** und Signallaufzeiten ab. Ein Roboter auf dem Mars müsste weitestgehend autonom arbeiten. Der Bediener auf der Erde kann hier nur Ziele definieren, die das System vor Ort selbständig erreichen muss. Eine direkte Fernsteuerung ist wegen der hohen Signallaufzeiten (ca. 6 bis 44 Minuten, je nach Entfernung Erde – Mars) nicht möglich. Diese hohen Signallaufzeiten erfordern, dass das Robotersystem selbstständig navigiert, Objekte erkennt und weiß, wie diese Objekte gegriffen und gehandhabt werden. Für den Fall bemannter Raumfahrtmissionen werden Szenarien diskutiert, in denen die Astronauten aus dem Orbiter heraus die auf dem Planeten befindlichen Roboter direkt (telepräsent) steuern.

Bei Datenverbindungen mit relativ kurzen Signallaufzeiten (< 0,5 s) hingegen kann die oben erwähnte **Telepräsenz-Steuerung** zum Einsatz kommen. Bei dieser sehr leistungsfähigen Betriebsart wird der Bediener an der Bodenstation bzw. Astronaut mittels der dargebotenen Informationen, wie Stereobild, Kräfte und Momente, in die Lage versetzt, so zu handeln, als würde er selbst an dem entfernten Ort arbeiten.

Glücklicherweise ist die „0,5-Sekunden-Kontrollschleifenzeit-Grenze" bei allen Robotiksystemen im Erdorbit bei entsprechender (heute noch nicht allgemein verfügbarer) **Kommunikationsinfrastruktur** einhaltbar. Diese Grenze ist vor allem dann gegeben, wenn man **haptische Rückkopplung** benötigt, also Kräfte aus der Entfernung spüren und gezielt kommandieren möchte. Im **visuellen Kanal** hingegen ist der Mensch in der Lage, Totzeiten bis zu einer

Sekunde noch einigermaßen zu beherrschen. Befindet sich das Robotiksystem im niedrigen Orbit (LEO) und gibt man sich nicht mit der kurzen Überflugzeit von typisch 7 bis 8 Minuten zufrieden (wobei dann die Signallaufzeiten im Bereich von 20 ms liegen), summiert sich die Laufzeit zu einem geostationären Satelliten, von dort zum niedrig (z. B. 300 km) fliegenden Robotersatelliten, von dort über eine automatisch nachgeführte Antenne wieder zum geostationären Satelliten und zur Bodenstation. Kontaktzeiten von 40 Minuten sind dann nichts Ungewöhnliches und die Kontrollschleifenzeit liegt dann im Bereich der genannten halben Sekunde.

Satellitenreparaturen und Wartungsarbeiten im GEO sind in diesem sehr leistungsfähigen Telepräsenzbetrieb sogar noch leichter möglich, denn die Signallaufzeiten bei permanenter Verbindungsdauer betragen hier nur etwa 0,25 Sekunden (Bild 7.8.1).

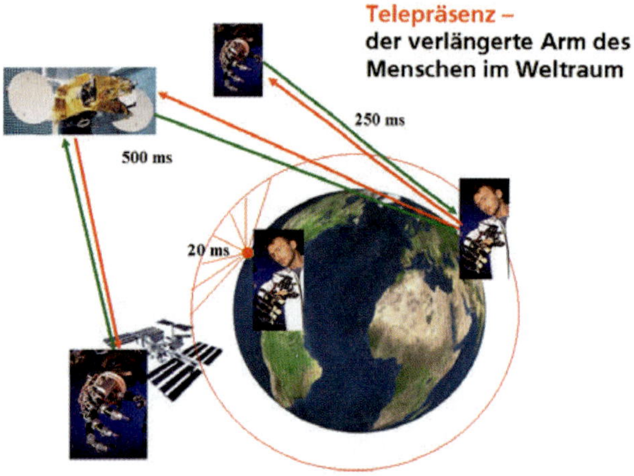

Bild 7.8.1: *Die minimale „Roundtrip-Signallaufzeit" zu Robotern im LEO beträgt 0,5 s, zu Robotern im GEO 0,25 s.*

7.8.1.1 Manipulatoren im Erdorbit

Die bisher operationell im Weltraum eingesetzten künstlichen Arme werden i. Allg. als Manipulatoren bezeichnet und ähneln eher Kränen, die von den Astronauten aus wenigen Metern Entfernung ferngesteuert werden (daher auch der Begriff **Telemanipulatoren**). Der erste spektakuläre und erfolgreiche Manipulator im Weltraum war das **Shuttle Remote Manipulator System SRMS,** von Kanada entwickelt und 1981 erstmals in der Cargo Bay eines Space Shuttles im Weltraum geflogen. Der ca. 15 m lange Arm flog immer wieder mit dem Shuttle in den Orbit zum Aussetzen und Einholen von reparaturbedürftigen Satelliten und Systemen (wie auch dem Hubble-Teleskop), oft aber auch als bewegliche Stütze für Astronauten im freien Weltraum (Bild 7.8.2).

Der 6-gelenkige Arm hat so gut wie keine sensoriell gestützte Autonomie und wird nach wie vor ausschließlich von den Astronauten über zwei Joysticks gesteuert (einer

Bild 7.8.2: *Der Shuttle-Arm bewegt einen Astronauten (Bild: NASA).*

für die Translationen, einer für die Rotation des Endeffektors). Diese **Steuerung** verlangt erhebliches Training, weil der lange Arm stark hin- und herschwingt, wenn er bewegt wird, wobei die verursachenden Elastizitäten weitgehend in den Gelenken konzentriert sind. Nach der COLUMBIA-Katastrophe wurde der Arm mit Instrumenten ausgestattet, die es erlaubten, den Shuttle bzgl. äußerer Beschädigungen zu inspizieren. Die Nachfolgegeneration dieses Arms ist der sog. Canadarm II auf der Raumstation ISS, auch als SSRMS (Space Station Remote Manipulator System) bezeichnet.

Dieser 17 m lange Hauptarm wurde später noch durch zwei kleinere, ca. 3 m lange Arme **(DEXTRE)** ergänzt (Bild 7.8.3). Der Hauptarm kann auf einer mobilen Schienenplattform längs der Raumstation fahren. Da er aber völlig symmetrisch aufgebaut ist, kann er auch entlang der Station „klettern", indem er laufend das „Fußende" zur „Hand" macht und umkehrt. Auch dieser Arm ist vor allem zum Hieven schwerer Lasten gedacht, z. B. zum Austausch der Akkusysteme der Solargeneratoren. Eine seiner spektakulären Aktionen war das Herausholen der schweren Raumstations-Luftschleuse aus der Cargo Bay des Shuttles und ihre Befestigung an der Raumstation (Bild 7.8.4). Dabei standen 2 Astronauten 6 Stunden an den Joysticks – im Grunde eine Vergeudung der wertvollen Astronautenzeit, weil man derartige Vorgänge am Boden perfekt planen, überwachen und fernsteuern oder fernprogrammieren kann. Dies haben die weiter hinten beschriebenen Raumfahrt-Robotik-Experimente eindeutig gezeigt.

Bild 7.8.3: *Canadarm2 mit Dextre (Bild: CSA).*

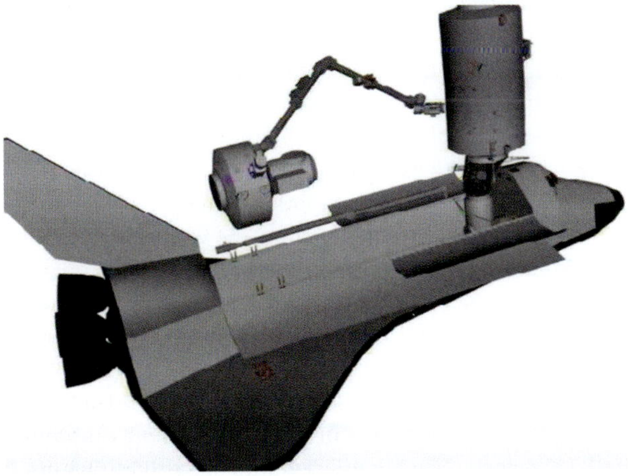

Bild 7.8.4: *Airlock-Montage mit dem ISS-Arm (Bild: DLR).*

Bild 7.8.5: *Teil-Ansicht der Raumstation mit ERA-Arm (Bild: ESA).*

Der Canadarm wurde durch den japanischen JEM-SRMS-Arm mit ca. 10 m Länge am japanischen Experiment-Modul JEM (Kibo) ergänzt. Bei Bedarf kann an seinem Ende ein 2 m langer Arm zur Feinmanipulation angedockt werden, sodass das Gesamtsystem dann 2 × 6, also 12 Bewegungsfreiheitsgrade besitzt (die Robotik spricht hier von **Macro-Micromanipulation**). Für 2019 ist außerdem noch geplant, den europäischen ca. 11 m langen ERA-Arm gemeinsam mit dem russischen Forschungsmodul *Multipurpose Laboratory Module* (MLM) zur ISS zu transportieren (oben in Bild 7.8.5).

7.8.1.2 Erste Technologie-Experimente auf dem Weg zum teilautonomen Service-Roboter im Weltraum

Bereits in den 80er-Jahren hatte die NASA die Entwicklung eines zumindest **teilautonomen,** freifliegenden 3-armigen Robot-Systems, u. a. zur Bedienung von Experimenten in der Schwerelosigkeit, vorangetrieben (Bild 7.8.6).

Bild 7.8.6: *Konzeption des Flight-Telerobotics-Servicers FTS der NASA, 3-armiges Robot-System (Bild: NASA).*

Aus heutiger Sicht muss man sagen, dass die Zeit dafür noch nicht reif war; dementsprechend musste die NASA diese spektakuläre Entwicklung eines Flight-Telerobotics-Servicers nach einigen Jahren abbrechen.

Der erste von der Erde aus ferngesteuerte, **teilautonom arbeitende Weltraumroboter ROTEX** wurde vom DLR 1993 als Experiment der Spacelab-Mission D2 erfolgreich erprobt. Der kleine ROTEX-Arm mit 6 Gelenken war eingesperrt in ein Rack des Spacelab und musste prototypische Arbeiten verrichten wie

- Lösen und Umsetzen von Bajonett-Verschlüssen,
- Zusammenbau von würfelförmigen Gitterstrukturen,
- Einfangen eines kleinen, freifliegenden Objekts (Würfel mit abgeflachten Ecken).

7

Bild 7.8.7: *ROTEX (Bilder: DLR).*

Demonstriert wurde eine Vielfalt an Betriebsarten, wie sie heute noch gleichermaßen relevant sind:

- **direkte Fernsteuerung** mit einer Steuerkugel (die später zum Massenprodukt Space Mouse wurde); wegen der langen Signallaufzeiten von 5 bis 7 Sekunden (Mehrfachwege zu geostationären Relais-Satelliten) war dazu prädikative 3D-Computergrafik erforderlich,
- **Shared Control** (bzw. Shared Autonomy), was bedeutet, dass vom Operateur am Boden oder Bord die Kommandos (auch bei direkter Steuerung) nur als Grobkommandos interpretiert und vom Roboter über seine lokale Sensorik selbständig verfeinert werden. Wesentliche Grundlage dafür war die multisensorielle Greifertechnologie; insgesamt enthielt der Zweibackengreifer 16 Sensoren, darunter 2 sich ergänzende Kraft-Momenten-Sensor-Konzepte, 9 Laser-Entfernungsmesser, taktile Sensoren und Stereokameras,
- **„aufgabenorientierte“ Fernprogrammierung** und Umprogrammierung von der Erde mit Ausführung der „Tasks“ an Bord zu vorgebbaren Zeiten. Auch hier spielte die multisensorielle „Intelligenz“ und das Vorzeigen der Aufgabe in der virtuellen Welt eine wichtige Rolle.

Das spektakulärste Experiment bei ROTEX war sicher das automatische Einfangen eines in der Schwerelosigkeit taumelnden Würfelchens, weil dafür die Bilder aus dem Greifer zur Erde geschickt wurden, dort ein Bewegungsmodell geschätzt wurde (mit Prädiktion über die nächsten 6 Sekunden) und darauf basierend die vorausberechneten Greifkommandos hochgeschickt wurden.

Kurz danach begannen im DLR-Labor Experimente zum Studium der sog. **dynamischen Interaktion** eines auf einem Trägersatelliten stehenden Robot-Arms (Bild 7.8.9, unten), der einen anderen schwerelos schwebenden Körper (z. B. einen reparaturbedürftigen Satelliten) einfangen soll. Labortechnisch simuliert wurde diese Situation mit 2 Industrierobotern. Schon damals war klar, dass die großen Nachrichtensatelliten eigentlich nichts hatten, an dem man sie zuverlässig greifen könnte, außer dem sogenannten Apogäumsmotor, das ist die Schubdüse, die sie in den geostationären Orbit bringt. So entstand das Konzept eines **Einfangwerkzeugs (Capture Tool),** das mit kleinen Kameras, radialen Laser-Entfernungsmessern und Kraftsensorik erlaubt, sensorgeführt konzentrisch in die Düse einzutauchen und schließlich über einen Spreizmechanismus am Ende des Capture Tools den Satelliten zu ergreifen (siehe auch Kapitel 7.8.1.7).

Nach diesem Einfangvorgang müsste der „Reparatur-Roboter“ über einen einfachen Klammermechanismus den Satelliten festhalten und sich mit dem dann wieder freigesetzten Arm ein Werkzeug holen, um zu reparieren.

Den Anstoß zur Entwicklung dieses Capture Tools gab Ende der 80er-Jahre die fehlgeschlagene TV-Sat1-Mission, bei der sich ein Solarpanel nicht öffnete. Robotisches

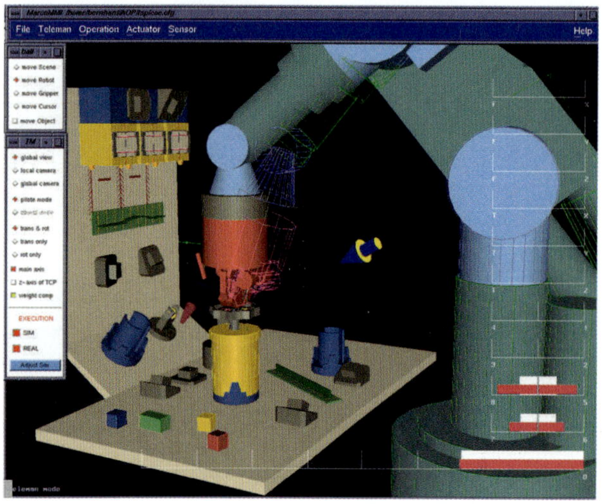

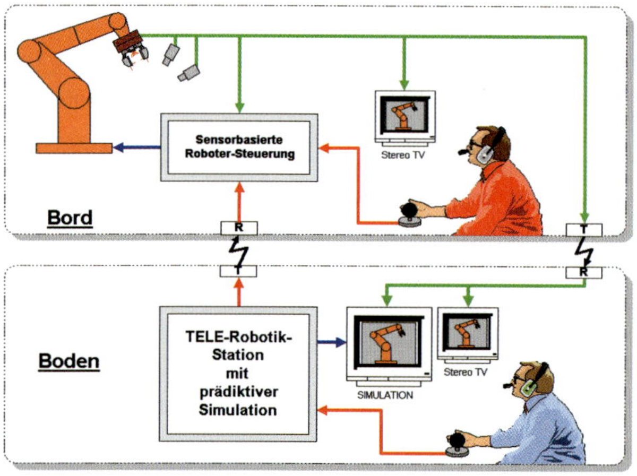

Bild 7.8.8: *Prädiktive (vorausschauende) Computersimulation.*

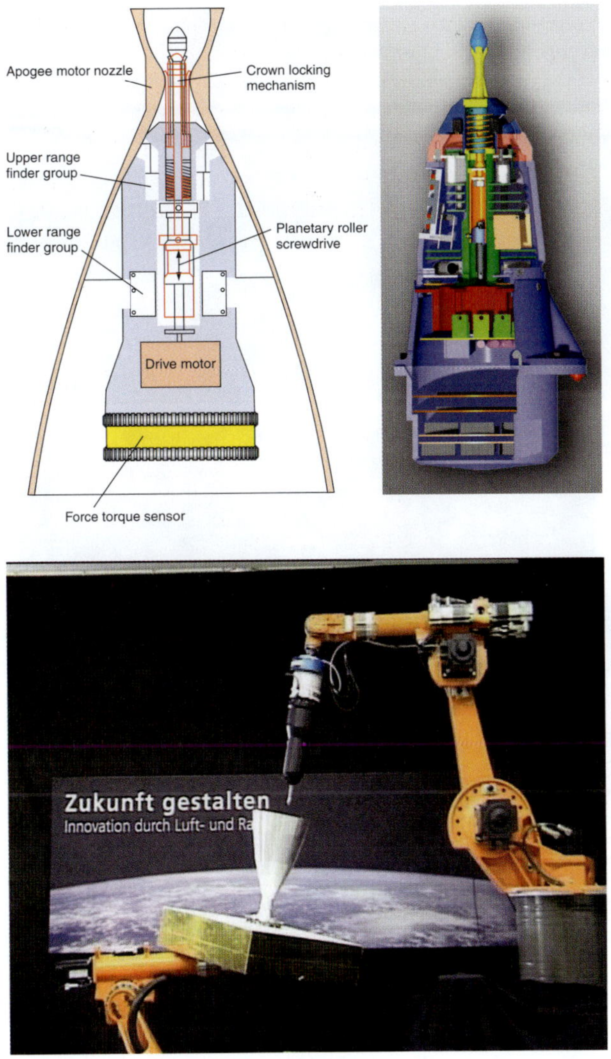

Bild 7.8.9: *Der Laborsimulator: „Capturing"-Technologie (unten) und das erste Capture Tool (oben, links) sowie die aktuelle Version (oben, rechts) (Bilder: DLR).*

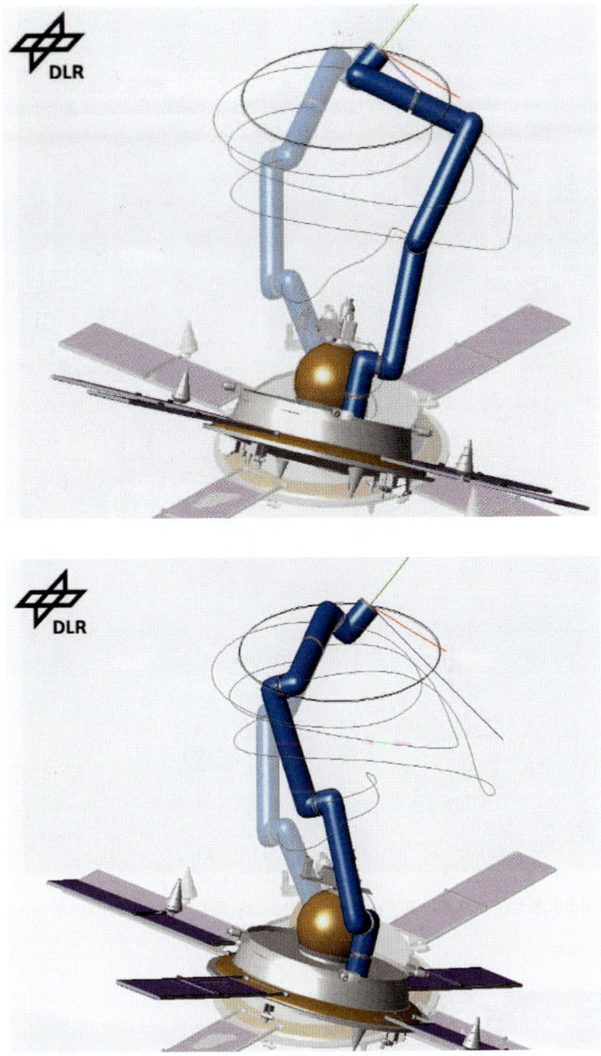

Bild 7.8.10: *Ein kinematisch redundanter Weltraumroboter kann bei gleicher, z. B. kreisförmiger Handbewegung seinen Satelliten unterschiedlich auslenken (Bilder: DLR).*

Anfliegen und Durchschneiden der Halteklammern mit einer Metallschere hätte den Satelliten funktionsfähig gemacht. Obgleich schon eine Schere zum Aufschneiden der Titanklammern entwickelt war, die die Entfaltung des Solarpanels blockierten, kam die Reparatur-Mission nicht zustande. Ende 2006 hat sich aber praktisch das gleiche Problem beim zunächst groß gefeierten chinesischen Nachrichtensatelliten XINNUO 2 wiederholt. Auch seine Panels öffneten sich nicht ganz, er musste aufgegeben werden. Wieder hätte die besagte Schere gereicht, um ihn zu reparieren – ein weiteres Beispiel für die Bedeutung des orbitalen robotischen Servicings von der Erde aus.

Entscheidend für eine solche Einfangaktion ist, dass man – wie angedeutet – die **Rückstoß-Effekte** beherrscht, die ein bewegter Arm auf seinen Trägersatelliten ausübt, entweder indem man sie mathematisch vorausberechnet oder gezielt über Drallräder (zur Kompensation der Rotationen) oder Kaltgasdüsen (der Translationen) kompensiert. Mit solchen **Dynamik-Effekten** freifliegender Roboter inkl. den sog. Nullraumbewegungen bei kinematischer Redundanz (7 oder mehr Bewegungsfreiheitsgrade) befasst sich auch heute noch eine Reihe führender Robot-Dynamiker. Bild 7.8.10 zeigt, dass ein 7-Gelenk-Roboter, der mit der Hand immer den gleichen Kreis im Raum beschreibt, seinen Trägersatelliten dabei unterschiedlich auslenkt, je nachdem, wie sich seine Einzelgelenke bewegt haben (was bei besagter Redundanz nicht eindeutig festgelegt ist).

Bald ergab sich die Gelegenheit, die dynamische Interaktion im Weltraum zu erproben. Die japanische Raumfahrtorganisation NASDA (heute JAXA) hatte 1997 den ersten **freifliegenden Weltraumroboter** im Rahmen der ETS-VII-Mission in den Weltraum geschickt, wo er über

Bild 7.8.11: *ETS-VII: Der erste freifliegende Roboter im Weltraum mit GETEX als deutsche Beteiligung (Bilder: JAXA/DLR).*

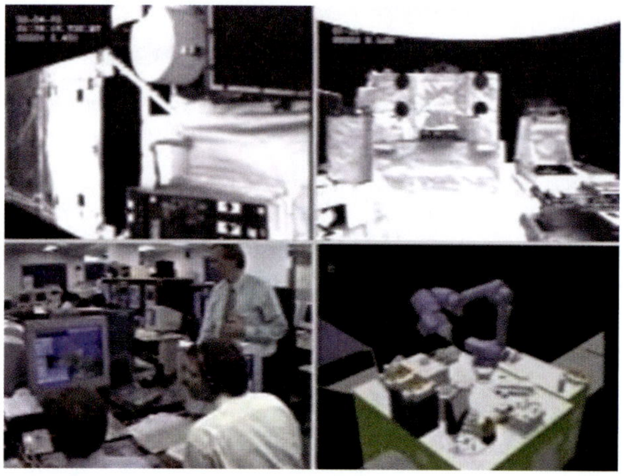

Bild 7.8.12: *Bilder von der DLR-Telerobotikstation in Tsukuba (links unten) und aus dem Weltraum (Bilder: DLR).*

2 Jahre auf einem Trägersatelliten „stehend" einwandfrei funktionierte. Über das deutsch-japanische Kooperationsprojekt wurde er von Tsukuba aus auch von deutschen Forschungspartnern unter Führung des DLR-Instituts ferngesteuert.

Dieser Roboter sollte dann mit seinem Trägersatelliten an einem gleichzeitig gestarteten Zielsatelliten andocken und auf seinem eigenen Taskboard bzw. am angedockten Zielsatelliten Montageaufgaben u. Ä. durchführen. Im Rahmen der deutschen Beteiligung GETEX (mit DLR und Uni Dortmund) wurden zwei Hauptziele verfolgt:

- die Demonstration der gegenüber ROTEX schon erheblich verbesserten aufgabenorientierten, sensor- (hier insbesondere video-) gestützten **Fernprogrammierung** und
- die Beherrschung der **Dynamik-Interaktion;** dazu wurde die auf Drallrädern basierende Lageregelung des Trägersatelliten abgeschaltet und der Satellit durch Armbewegungen (sog. Schwimmbewegungen) gezielt ausgelenkt. Es brauchte danach noch 2 Jahre intensiver Forschungsarbeit, bis die Abweichungen zwischen erwarteter und gemessener Satellitenauslenkung geklärt waren; Einflussgrößen wie die Trägheitsparameter (nicht genau bekannt wegen des nicht genau bekannten Resttreibstoffs und seiner Position im Tank) können inzwischen im Flug quasi on-line mitgeschätzt werden.

7.8.1.3 Weitere Technologieentwicklungen und -experimente

Die jetzt noch bestehenden technologischen Lücken konnten Anfang 2005 mit der Installation des **ROKVISS-Experiments** im Außenbereich der Raumstation geschlossen werden. ROKVISS (**RO**boter **K**omponenten **V**erifikation auf der **I**nternationalen Raumstation **ISS**) hat einerseits die Raumflugqualifikation der drehmomentgeregelten Leichtbau-Robotik-Gelenke des DLR nachgewiesen, andererseits erstmals die Leistungsfähigkeit der sog. Telepräsenz-Steuerung im realen Missionsbetrieb demonstriert. Beide Aspekte seien im Folgenden etwas näher beleuchtet.

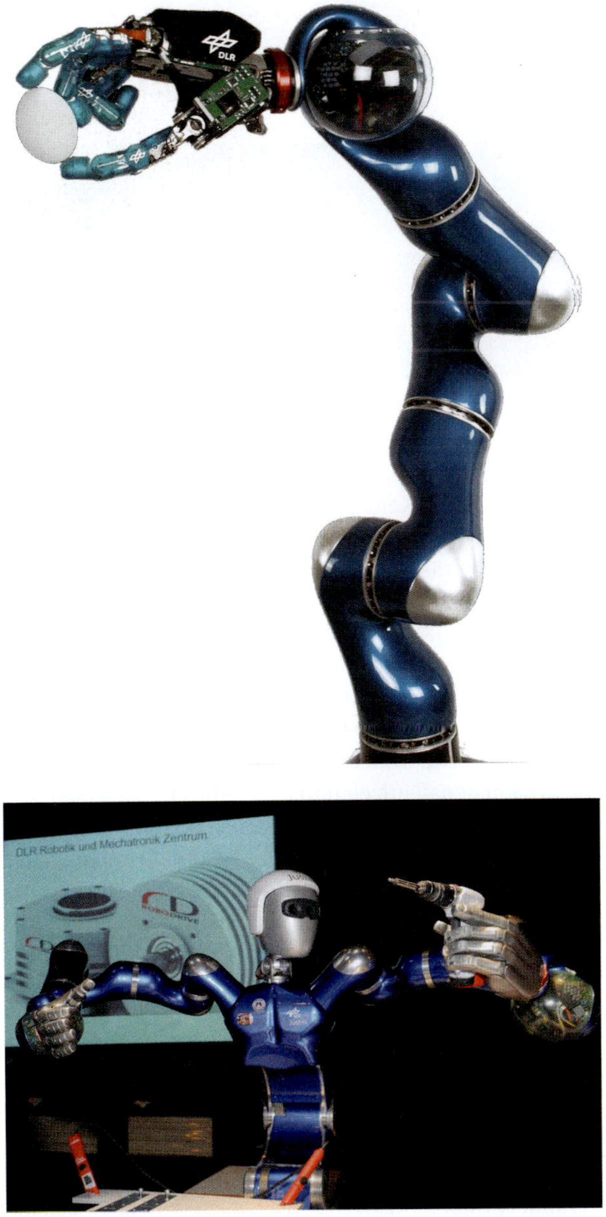

Bild 7.8.13: *Ein- und zweiarmige DLR-Leichtbauroboter mit mehrfingrigen Händen als Grundlage künftiger Robonauten (Bilder: DLR).*

Mit der Raumfahrt als Triebfeder für **Leichtbau und Energie-Effizienz** wurden die neuen Antriebsmotoren Robodrive mit drastisch reduziertem Gewicht und Verlustleistung entwickelt. In Verbindung mit innovativer Drehmomentensensorik in jedem Gelenk entstand ein ganz neuer Typ von Robotern, die sich wegen ihrer feinfühligen „soft-robotics"-Eigenschaften und ihrer kinematischen Redundanz (7 Gelenke) besonders gut für die direkte Interaktion mit dem Menschen eignen und daher als Grundlagen künftiger „Robonauten" betrachtet werden (Bild 7.8.13). Es sind die ersten elektromechanischen Arme, die erheblich mehr als ihr Eigengewicht (13 kg) tragen können – im Weltraum ist zwar das maximale Lastgewicht nicht das zentrale Thema, wohl aber wegen der Startkosten das Eigengewicht und wegen der Beschleunigung von Last-Massen natürlich auch die ausübbaren Kräfte.

Diese Gelenkeinheiten wurden für ROKVISS derart modifiziert, dass sie den realen Weltraumbedingungen standhalten.

Umgebungsbedingungen, wie Sonneneinstrahlung auf einer Seite und Weltraumkälte auf der anderen, erhöhte Lagerreibung durch Vakuum sowie die Gefährdung elektronischer Komponenten durch radioaktive Strahlung haben in der Tat das Design des kleinen ROKVISS-Roboters wesentlich beeinflusst. Alle wärmeerzeugenden Bauteile mussten wärmeleitend mit der Außenhülle verbunden werden. Eine **Schutzschaltung (Latch-up Protection)** verhindert die Zerstörung der Elektronik durch ionisierende Strahlung. Diese Schaltung überwacht den Strom, der von einzelnen elektronischen Bauteilen (DSPs, FPGAs und Memorybausteinen) gezogen wird. Bei einem Treffer durch Protonen steigt der Stromverbrauch dieser Bauteile blitzschnell an. Die Überwachungsschaltung schaltet dann die Stromversorgung der betroffenen Gelenkelektronik ab und beseitigt gleichzeitig die in Kondensatoren auf den Platinen gespeicherte Ladung. Nach einer Wartezeit von etwa 2 ms wird die Versorgung wieder eingeschaltet, und der Betrieb kann fortgesetzt werden.

Bild 7.8.14: *ROKVISS auf der ISS (Bild: DLR).*

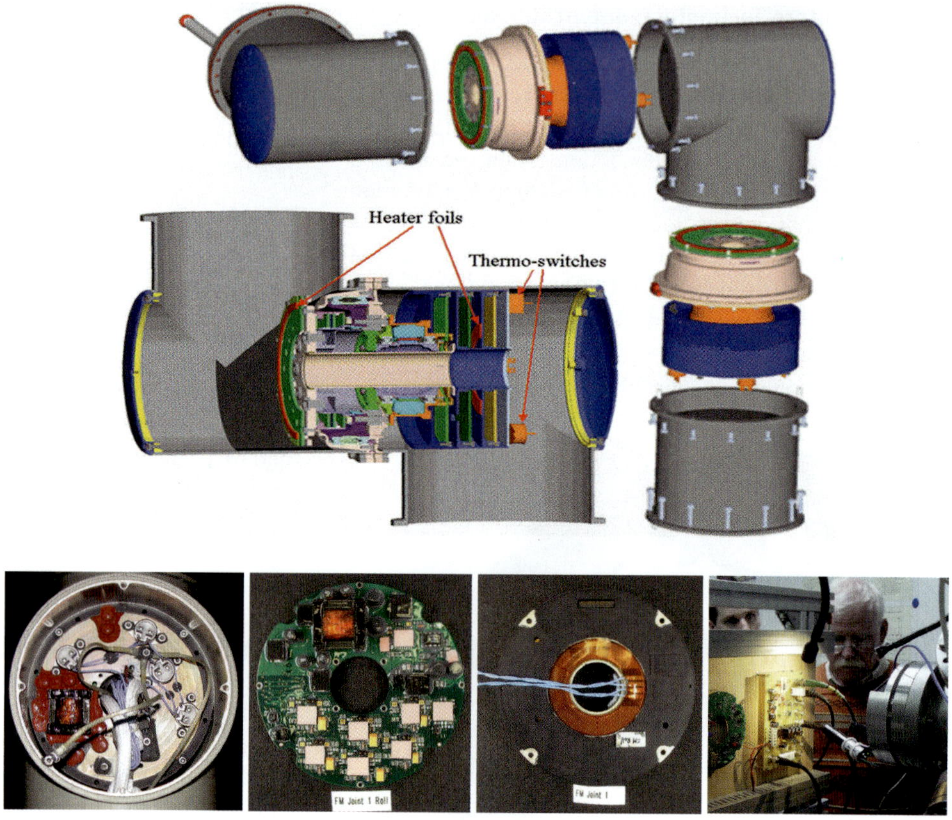

Bild 7.8.15: *ROKVISS mit 2 Leichtbaugelenken und innovativer Latch-up-Elektronik (Bilder: DLR).*

Während des Betriebs der Gelenke überprüft eine spezielle **Überwachungssoftware** die laufende Betriebssoftware und deren Parameter. Falls Veränderungen durch externe Einflüsse (Strahlung) festgestellt werden, werden die betroffenen Stellen automatisch repariert. Diese beiden Schutzmechanismen haben den problemlosen Betrieb von ROKVISS sichergestellt.

In den **ROKVISS-Gelenkelektroniken** werden elektronische Standardbauteile mit erweitertem Temperaturbereich (–45 °C bis +85 °C) eingesetzt, die etwa sechs- bis achtmal billiger sind als raumfahrtqualifizierte Bauteile. Eine Ausnahme stellt hier allerdings die Latch-up-Schutzschaltung dar, die aus strahlungstoleranten Komponenten aufgebaut wurde.

ROKVISS verfügt über eine eigene **S-Band-Kommunikationseinheit** und ist damit weitgehend unabhängig von den Datenübertragungssystemen der ISS. Mit dieser direkten Funkverbindung können ROKVISS-Telepräsenzexperimente während des Überflugs der ISS über die Bodenstation des DLR in Weilheim direkt gesteuert werden. Die Kontaktzeiten betragen hierbei, je nach Orbit, bis zu 8 Minuten. Der Roboter im Weltraum empfängt seine Bewegungskommandos vom Bediener am Boden. Ein kraftreflektierender Joystick dient dem Bediener als **haptisches Eingabegerät.** Die Kontaktkräfte, die während der Interaktion des Roboters mit seiner Umgebung auftreten, werden auf den Joystick am Boden übertragen. Gleichzeitig werden auch die Bilder der Stereo-Kamera an der Bodenstation dargestellt. Der Bediener beobachtet und spürt die Interaktion: Er fühlt sich also telepräsent. Die Telepräsenz stellt jedoch höchste Ansprüche an die **Datenübertragungsstrecken** bezüglich Laufzeitschwankung (Jitter) und Gesamtdatenlaufzeit. So sollte die Daten-Taktrate mindestens bei 500 Hertz liegen und die Gesamtdatenlaufzeit – wie eingangs erläutert – weniger als 500 Millisekunden betragen. Messungen während der ROKVISS-Experimentdurchführung haben gezeigt, dass die Gesamtsignallaufzeit unter 20 Millisekunden liegt. Das ist wesentlich besser als ursprünglich erwartet und stellt damit ein absolutes Novum in der Raumfahrtrobotik dar.

Im März 2005 ging das Experiment in Betrieb und lieferte wertvolle Messdaten über das Verhalten der Gelenke im freien Weltraum und zur Leistungsfähigkeit des Telepräsenzbetriebs.

Über das gemessene Drehmoment, die Gelenkposition am Getriebeausgang und den aufgenommenen Motorstrom (Bild 7.8.16) lässt sich die **Reibung im Antriebsstrang** ermitteln. Festgestellt wurde ein Anstieg der Getriebereibung um etwa 50 % gegenüber den Messungen direkt vor dem Start, danach hat sie sich dann aber nicht mehr wesentlich verändert (Bild 7.8.19). Das lässt vermuten, dass sich die Eigenschaften des weltraumtauglichen Schmiermittels (herkömmliche Schmiermittel würden im Vakuum ver-

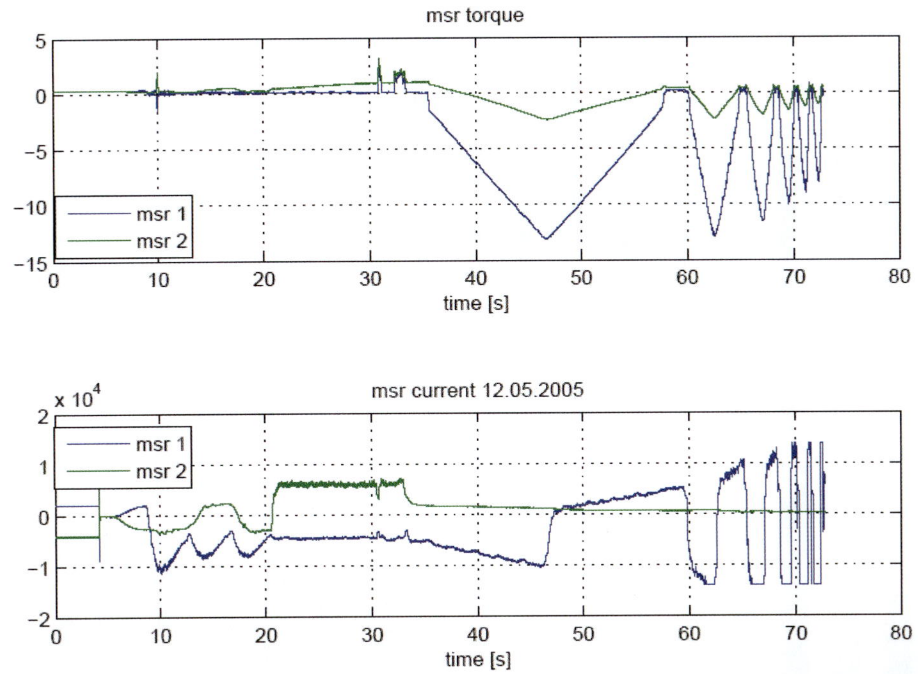

Bild 7.8.16: *Messdaten über das Verhalten der Gelenke (Bild: DLR).*

dampfen) durch die Umgebungsbedingungen des freien Weltraums veränderten, aber dann einen stabilen Betriebszustand erreicht hatten.

Die **Laufzeit** des ROKVISS-Experiments war ursprünglich auf ein Jahr angesetzt. Nachdem aber das Manipulatorsystem nach dieser Zeit noch hervorragend funktionierte, wurde diese sehr erfolgreich verlaufene Mission schrittweise bis November 2010 verlängert.

In der Kooperation zwischen dem DLR, dem Institut für Robotik and Kybernetik in St. Petersburg sowie RKK Energia in Moskau wurde vereinbart, die beiden Gelenke zur genauen Untersuchung zur Erde zurückzuholen. Die ROKVISS Gelenkeinheiten wurden von Kosmonauten demontiert und in einer Sojuskapsel im Frühjahr 2011 zur Erde zurückgebracht. Erste Tests im DLR-Labor zeigten, dass das Verhalten der Gelenke nach 5½ Jahren Betrieb im freien Weltraum keine Veränderungen im Vergleich zu den, vor der Mission durchgeführten, Messungen aufweist.

Die Reibwerte erreichten im DLR-Labor die gleichen Werte, wie sie kurz vor dem Start in Baikonur gemessen wurden. Bei anschließenden Tests der Anlage in einer Thermal-Vakuumkammer stiegen die Reibwerte innerhalb kurzer Zeit wieder deutlich an, was die ursprünglich vermutete Veränderung der Eigenschaften des verwendeten Schmiermittels (Braycote 601) unter Weltraumbedingungen und den damit verbundenen Anstieg der Getriebereibung bestätigte. Weitere Analysen zeigten, dass die verwendeten Elektronikkomponenten sowie die Lager und Getriebe den langen Betrieb im All problemlos überstanden hatten. Auch die verwendeten Kleber, der Sicherungslack und die Wärmeleitpaste zeigten keine negativen Veränderungen.

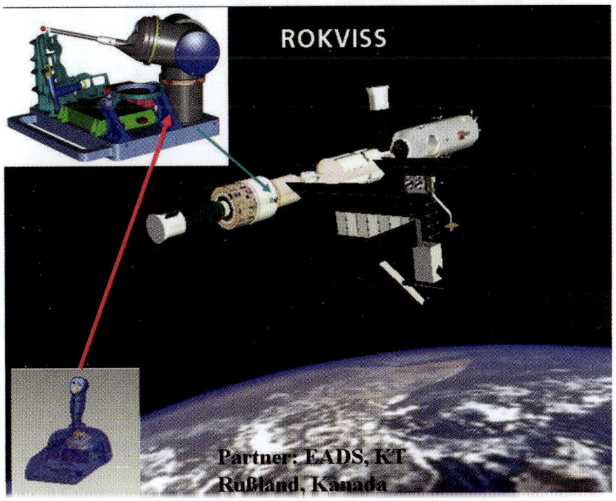

Bild 7.8.17: *ROKVISS auf der ISS (Bild: DLR).*

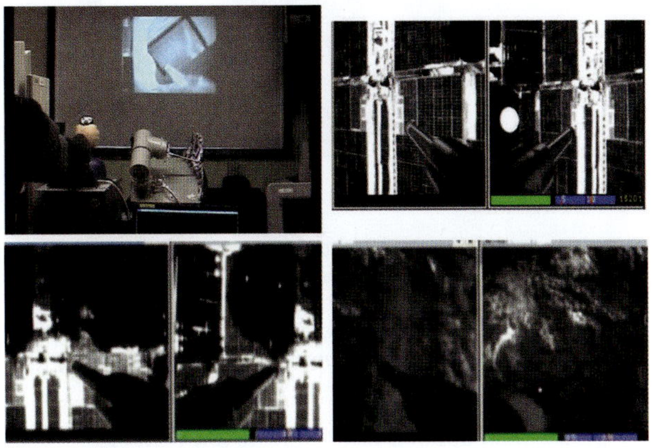

Bild 7.8.18: *Die Telepräsenz-Steuerung (links oben) und die Kamerabilder (Stereo) des ROKVISS-Arms (Bilder: DLR).*

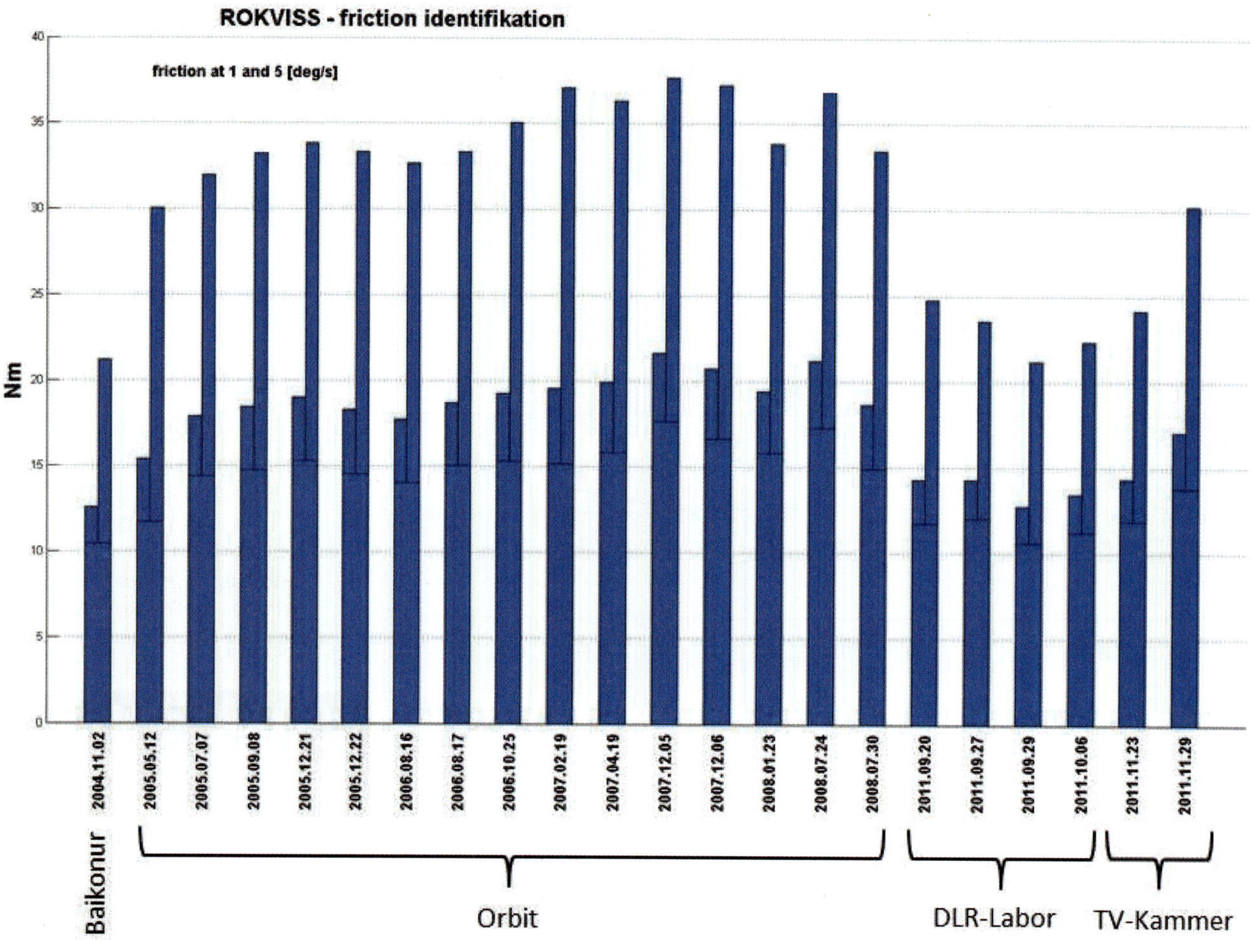

Bild 7.8.19: *Das Reibverhalten vor, während und nach dem Betrieb im Weltraum (Bild: DLR).*

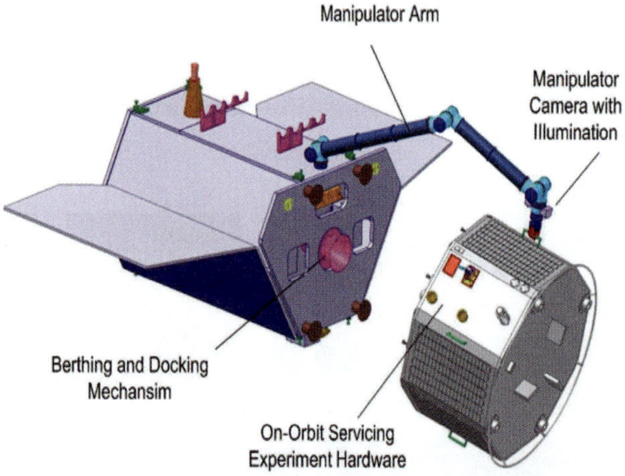

Bild 7.8.20: *Der DEOS Servicer (links) ergreift mittels Manipulatorarm einen außer Kontrolle geratenen Satelliten (rechts) (Bild: DLR).*

Aufbauend auf den Erfahrungen von ROKVISS wurde bereits 2007 begonnen, einen 7-achsigen, drehmomentgeregelten Manipulator für die Deutsche Orbitale Servicing Mission (DEOS) zu konzipieren. Ziel der Mission war es, einen Servicingsatelliten zu entwickeln, der in der Lage ist, an einen ausgedienten, taumelnden Satelliten im LEO heranzufliegen und diesen mittels Manipulatorarm zu greifen. Am gegriffenen Satelliten sollten repräsentative Wartungsaufgaben demonstriert werden, bevor der Satellitenverbund in dichtere Atmosphärenschichten abgesenkt und anschließend durch einen Bremsschub gezielt zum Absturz/Verglühen gebracht werden sollte. Dieses sehr anpruchsvolle Projekt wurde leider aus budgetären Gründen im Jahr 2014 gestoppt.

Das DLR Institut für Robotik und Mechatronik setzte die Entwicklung des Roboterarms fort. Zu dieser Zeit zeichnete sich bereits ein weltweites Interesse an raumfahrtgeeigneten, geschickten Robotern zum Warten und Reparieren geostationärer Satelliten ab. Ebenso setzten die Weltraumszenarien der Post-ISS-Ära die Verfügbarkeit solcher Robotersysteme voraus. Aufgrund dieser geänderten Missionszenarien wurde auch das Roboterdesign etwas abgeändert. Der neue Roboter CAESAR (Compliant Assistance and Exploration SpAce Robot) ist für den Einsatz

Bild 7.8.21: *Der nachgiebige Assistenz- und Explorationsraumfahrtroboter CAESAR (Bild: DLR).*

Bild 7.8.22: *Der erste kraftreflektierende Handcontroller des JPL (Bild: JPL).*

Bild 7.8.23: *Der Kosmonaut Oleg Kononenko mit dem Kontur-2-Joystick im russischen Segment der ISS (Bild: DLR).*

im GEO und für die sichere direkte Kooperation zwischen Astronaut und Roboter konzipiert. Er kann auch für planetare Missionen verwendet werden (Bild 7.8.21).

An dieser Stelle sei noch einmal auf die **Direkt-Fernsteuerung** eingegangen. Weil ein Robot-Greifer 6 Bewegungs-Freiheitsgrade im Raum hat, eignet sich die für ROTEX entwickelte **Steuerkugel** (heute Space Ball/Space Mouse) gut zur intuitiven Mensch-Roboter-Interaktion in 6 Raumfahrtfreiheitsgraden. Realisiert wird normalerweise eine **Geschwindigkeitssteuerung,** die kleinen Auslenkungen der Steuerkugel werden proportional in kommandierte Geschwindigkeiten umgesetzt, aber auch eine Kraft- bzw. Momentenvorgabe ist nach diesem Konzept möglich, weil man ja die Steifigkeit des Steuergeräts kennt. Auch Joystick-Auslenkungen werden meist als Geschwindigkeitskommandos interpretiert, wirklich intuitiv steuert man damit aber nur 2 Freiheitsgrade. Motorisiert man einen solchen Joystick mit 2 kleinen Aktuatoren, dann kann man dem Benutzer wie bei ROKVISS entsprechende Kräfte am entfernten Roboter (Slave) in die Hand zurückkoppeln. Will man aber in 6 Freiheitsgraden mit Kraftrückkopplung steuern, so benötigt man einen kraftreflektierenden Handcontroller mit wenigstens 6 aktuierten Gelenken, also letztlich einen kleinen drehmomentengeregelten Roboter (Master). Master und Slave können völlig unterschiedliche Kinematiken haben. Erste raumfahrtrelevante Konzepte dieser Art wurden in den 80er-Jahren am JPL in Pasadena entwickelt, kamen aber bei der NASA bisher nicht zum Einsatz (Bild 7.8.22).

Ein kraftreflektierender Joystick mit zwei Freiheitsgraden wurde vom DLR Institut für Robotik und Mechatronik entwickelt. Gemeinsam mit den russischen Partnern vom Institut für Robotik and Kybernetik in St. Petersburg sowie RKK Energia in Moskau wurden mit diesem Joystick durch Kosmonauten von der ISS aus Robotersysteme auf der Erde telepräsent gesteuert (2015). Darüber hinaus lieferte das Experiment KONTUR ergonomische Erkenntnisse darüber, wie das Konzept der Kraftrückkopplung in der Schwerelosigkeit sinnvoll als Steuerungssystem eingesetzt werden kann (Bild 7.8.23).

Die ESA hat in dem Projekt METERON ebenfalls mit einem kraftreflektierenden Handcontroller (1dof) und zusätzlich einem TouchPad einen Roboter vom Columbus-Modul der ISS aus gesteuert (2015). Für die ESA ist dies ein Zwischenschritt hin zu **Exoskelett-Techniken**. Will man Roboterarme mit künstlichen Händen besonders intuitiv und effizient fernsteuern, dann bietet sich eine **Exoskelett-/** Daten-Handschuh-Kombination an. Hier ist dann der ganze menschliche Arm in die Steuerung und Kraftrückkopplung eingebunden (Bild 7.8.24). Damit ließen sich freifliegende Robonauten nach Bild 7.8.25 intuitiv fernsteuern, wie sie vermutlich künftig im orbitalen Servicing zum Einsatz kommen (siehe auch Kapitel 7.8.2).

Auch die NASA entwickelt zweiarmige humanoide Oberkörper als Basis künftiger Robonauten (Bild 7.8.26).

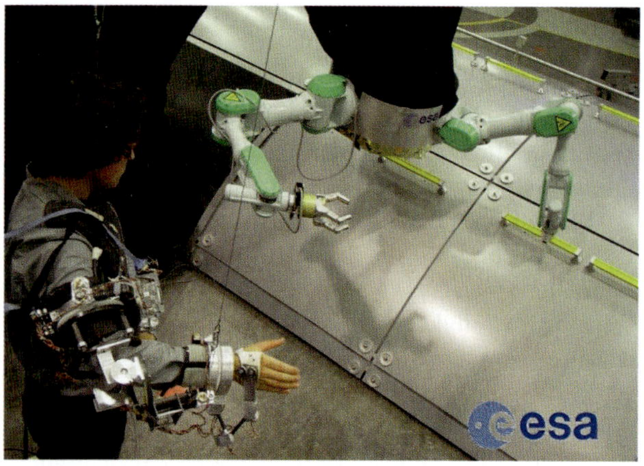

Bild 7.8.24: *Exoskelett der ESA (Bild: ESA).*

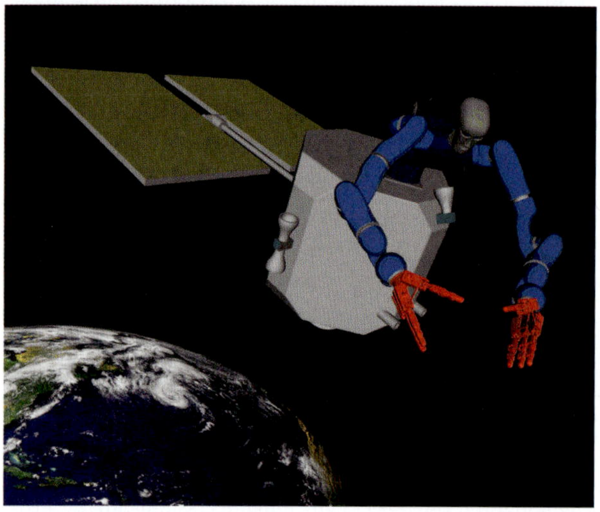

Bild 7.8.25: *DLR-Konzept „Freifliegender Robonaut“ (Bild: DLR).*

Bild 7.8.26: *Der NASA-Robonaut (Bild: NASA).*

7.8.1.4 Landermissionen zur Exploration des Weltraums

Die Erfolge der unbemannten Missionen der letzten 25 Jahre zu den Planeten und anderen Himmelskörpern sind bemerkenswert und zu absoluten Highlights der Raumfahrt geworden. Besondere Herausforderungen stellen sich natürlich dann, wenn Sonden nicht nur an Himmelskörpern vorbeifliegen oder sie umrunden (sog. **Orbiter**), sondern wenn ein sog. **Lander** (also ein Landesystem) sich absetzt und auf die Oberfläche niedergeht und insbesondere wenn sich nach der Landung ein mobiles System (auf Rädern i. Allg. als **Rover** bezeichnet) auf den Weg macht, um die Umgebung zu erkunden. Die weltweit ersten Systeme dieser Art waren die russischen Mondfahrzeuge Lunochod 1 (1970) und Lunochod 2 (1973).

Letzteres legte immerhin 37 km auf dem Mond zurück. Die 8-rädrigen Systeme (mit einem neunten Rad zur Bewegungsmessung, Odometrie) wurden aufgrund der relativ

Bild 7.8.27: *Mondfahrzeuge Lunochod 1 (oben) und Lunochod 2 (unten) (Bilder: NASA, [7.8.7]).*

geringen Signallaufzeit von ca. 2 s per **Teleoperation** über Stereo-Bilder ferngesteuert, benutzt wurden dabei Elementarkommandos wie „drehen", „weiter", „stop", „rückwärts" und mehrere Bodenoperatoren, die unterschiedliche Hierarchie-Level repräsentierten (wie Fahrer, Navigator, Bahn-Planer, Commander etc.).

Eine solche Fernsteuerung funktioniert auf dem **Mars** wegen der Signallaufzeiten von 15 min nicht mehr. Inzwischen hat die NASA bzw. das JPL in Pasadena eine große Erfahrung mit teilautonomen Planetenrovern, insbesondere mit **Mars-Rovern.** Der Rover SOJOURNER als Kernelement der Mars-Pathfinder-Mission 1997 war das erste autonome Fahrzeug, das über einen Planeten fuhr. Er nutzte die Stereo-Kamera auf dem Lande-Mast, deren Bilder am Boden zur Planung von groben Weg-Punkten durch die Boden-Operateure dienten. SOJOURNER hatte ein Gefahrendetektions- und Kollisions-Vermeidungssystem, mit dem er sich sicher durch ein Geröllfeld von einem kommandierten Wegpunkt zum nächsten bewegen konnte. Mit speziellen Spektrometern untersuchte er ein Dutzend markanter Felsbrocken.

Der SOJOURNER-Erfolg führte sofort zur Entscheidung, 2003 eine Zwillings-Mission MER (Mars Exploration Rovers) mit den beiden Rovern SPIRIT und OPPORTUNITY durchzuführen (Bild 7.8.30).

Diese beiden Mars-Rover fahren seit 2004 über die Mars-Oberfläche, schon viel länger als ursprünglich geplant. Seit März 2010 besteht kein Funkkontakt mehr zu SPIRIT, OPPORTUNITY ist derzeit noch aktiv und hatte bis zum Januar 2018 insgesamt 45 km Wegstrecke zurückgelegt. Es sind die ersten Mars-Rover, die einen Roboter-Arm (5 Freiheitsgrade) mitführen, der Instrumente und Kameras bewegen kann. Über Kontaktsensoren vermeiden diese Arme den Aufbau zerstörerischer Krafteinwirkungen aus der Umgebung. Die Wegpunkt-Generierung erfolgt ähnlich wie bei SOJOURNER am Boden, aber nicht mehr nur abhängig von einem stationären Lander-Kamera-System.

Das MARS SCIENCE LABORATORY (MSL) wurde am 26. November 2011 in Cape Canaveral, Florida mit dem Ziel gestartet, den Mars hinsichtlich seiner vergangenen und aktuellen Biosphäre zu untersuchen. Der Rover CURIOSITY mit einer Masse von etwa 900 kg ist das bisher schwerste Fahrzeug das jemals zum Mars geschickt wurde. Am 6. August 2012 konnte CURIOSITY von einem „Sky Crane" (Bild 7.8.31) sanft auf dem Boden des Gale-Craters abgesetzt werden. Der Rover ist mit Instrumenten zur Untersuchung von Gestein, Atmosphäre und Strahlung ausgerüstet. Neben einer großen Anzahl unterschiedlicher Spektrografen kommen noch Kameras und andere meteorologische Instrumente zum Einsatz. Die Energieversorgung des Rovers wird durch Radionuklidbatterien sichergestellt, die im Gegensatz zu Solarpanelen wetterunbhängig sind. Mehr als 400 Wissenschaftler nehmen weltweit an der Mission teil.

Bild 7.8.28: *Mars-Rover SOJOURNER (Bild: NASA).*

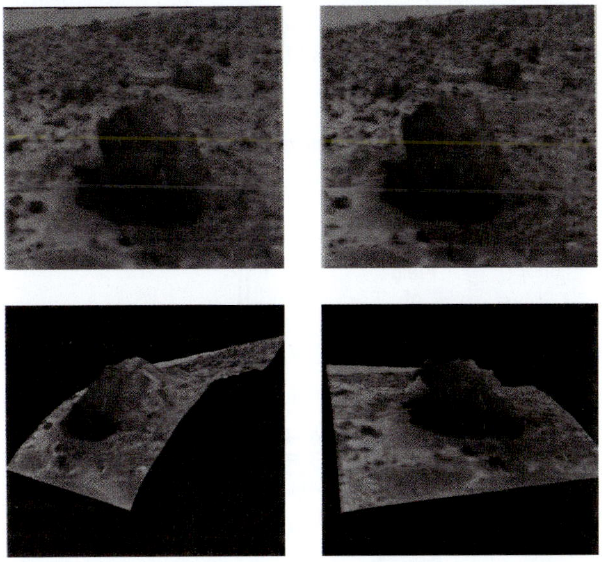

Bild 7.8.29: *Neuronale Netze generieren aus den Stereo-Bildern von einem YOGI-Stein ein 3D-Modell (Bild: JPL).*

Bild 7.8.30: *Mars-Rover SPIRIT (Bild: JPL).*

Bild 7.8.31: *Der Sky Crane setzt CURIOSITY sanft auf der Marsoberfläche ab (Bild NASA.*

Ende Februar 2018 hatte CURIOSITY bereits mehr als 18 km auf der Marsoberfläche zurückgelegt.

Auch in Russland waren schon vor Jahren neuere Mars-Rover-Konzepte entwickelt worden, die bisher allerdings nicht zum Einsatz kamen (Bild 7.8.32).

Bild 7.8.32: *Russisches Rover-Konzept mit 6 kegelförmigen Rädern (Bild: VINI Transmash).*

Der große Erfolg der MER-Mission wird die Entsendung von **Sample-Return-Rovern** zum Mars sicher beflügeln. Solche Rover sammeln Gesteinsbrocken, damit sie später zur Erde zurückgeflogen werden. Geplant sind solche Missionen seit einigen Jahren.

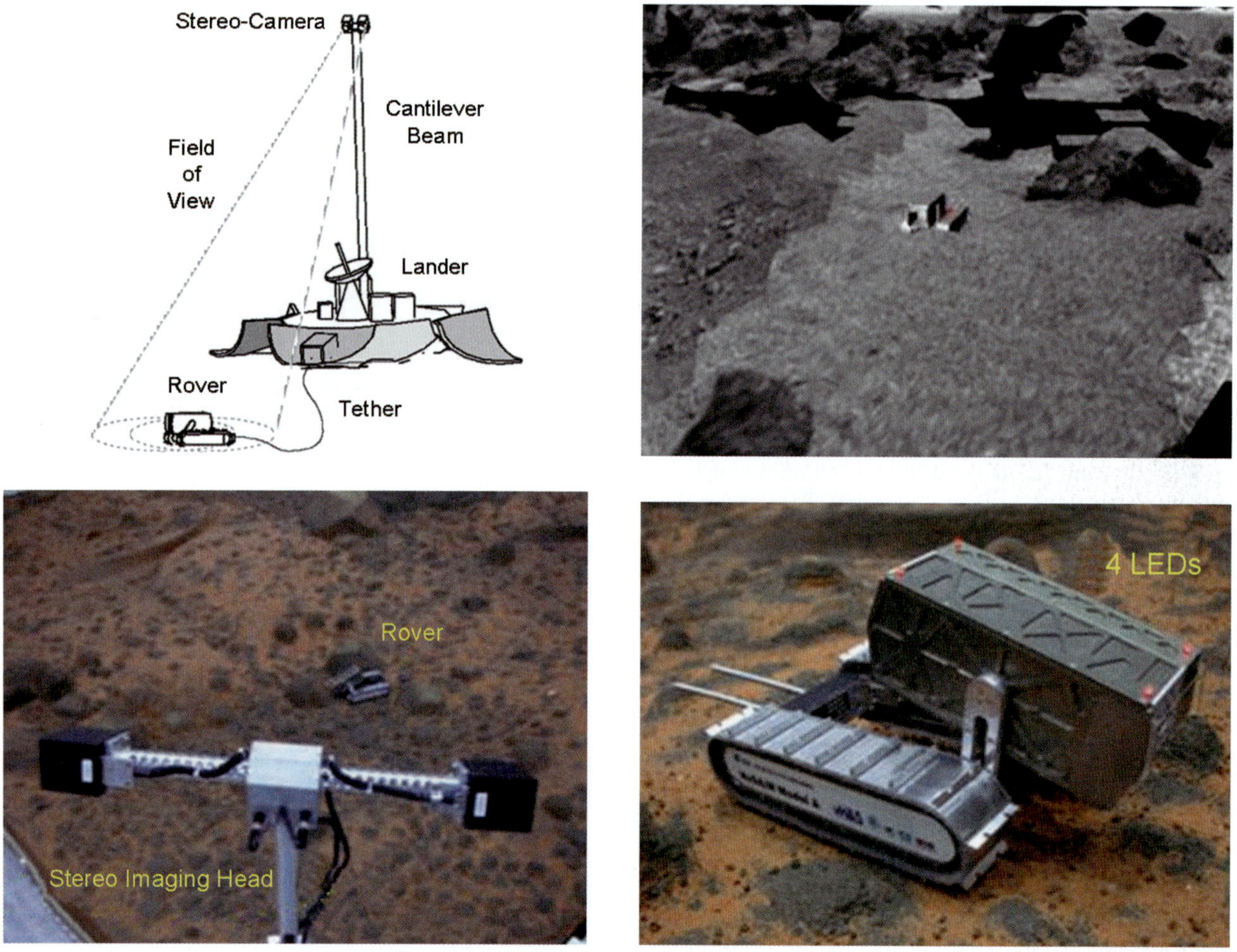

Bild 7.8.33: *Ein vom DLR-Institut für die ESA entwickeltes Rover-Navigationssystem auf der Basis einer Stereo-Kamera auf dem Lander (Bilder: DLR).*

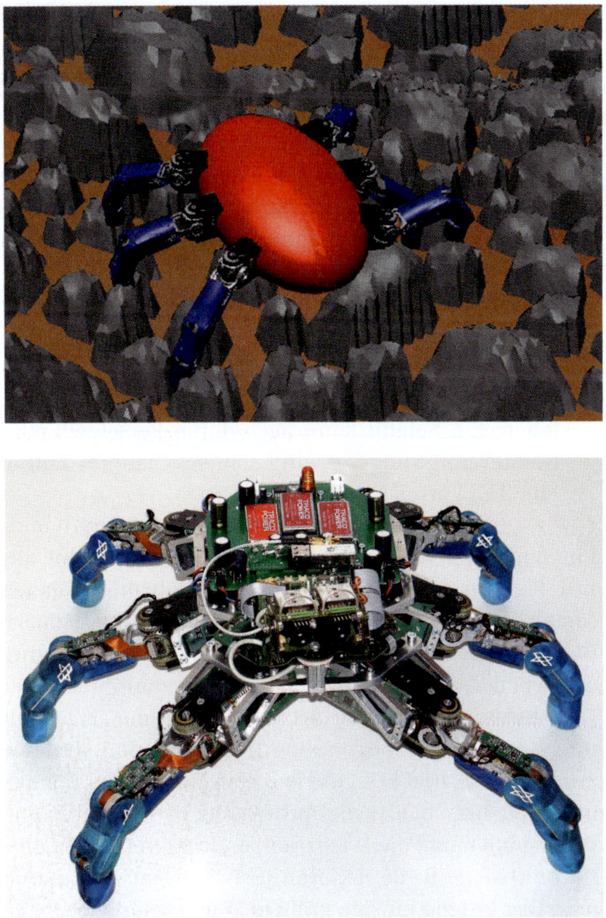

Bild 7.8.34: *„Krabbelkäfer": Simulation und Realität (Bilder: DLR).*

Bild 7.8.35: *3D-Geländemodell vom Mars, mit der HRSC-Kamera (oben) und „semiglobal matching" aufgenommen (Bild: DLR).*

Gegenüber den NASA-Projekten nehmen sich die Planungen der europäischen Raumfahrtbehörde ESA relativ bescheiden aus. Die für 2020 geplante EXOMARS-Mission sieht einen Rover vor, der z. B. den bei der NASA entwickelten MER-Rovern ähneln könnte. Vom DLR wurde im Rahmen einer ESA-Studie ein Lander-basiertes Navigationssystem mit winzigen LEDs auf dem Rover entwickelt (Bild 7.8.33).

Als Alternative zu radgetriebenen Rovern dürften für die Exploration auf Himmelskörpern auch **Laufmaschinen** wie der am DLR entwickelte „Krabbelkäfer" (Bild 7.8.34) von Interesse sein, vielleicht ist sogar die Kombination aus Rädern und Beinen die optimale, weil vielseitigste Konfiguration.

Auch bei den **Algorithmen zur 3D-Weltmodellierung** aus Stereobildern kann die Robotik große Fortschritte nachweisen. Sie eignen sich sogar zur 3D-Oberflächenmodellierung mit einer Orbiter-Kamera wie der erfolgreichen HRSC-Stereo-Zeilenkamera des DLR, die im Rahmen der Mars-Express-Mission seit einigen Jahren um den Mars kreist und diesen erstmalig dreidimensional mit einer räumlichen Auflösung von 10 bis 20 m modelliert (Bild 7.8.35).

Robotiker machen kein Hehl daraus, dass ihre **Zukunftsvision für die Marsexploration** etwa so aussieht wie in Bild 7.8.36 dargestellt, mit mobilen Robotern, die Gesteinsproben aufsammeln und vor Ort analysieren können und die vielleicht sogar Echtzeit-Stereobilder in bisher unbekannter Bandbreite zur Erde übertragen, sodass sich statt einiger weniger Astronauten unzählige Menschen auf der Erde in Stereoprojektionshallen „telepräsent" auf den Mars versetzt fühlen können.

Bild 7.8.36: *Torso auf Marsfahrzeug (Bild: DLR).*

Nicht unerwähnt bleiben soll, dass kompetente Institutionen wie das JPL auch an den Einsatz **langsam fliegender Plattformen,** d. h. autonomer Luftschiffe, auf Objekten wie dem Saturn-Mond Titan denken. Und schließlich sind in letzter Zeit auch wieder **Mondmissionen** in den Mittelpunkt des Interesses gerückt. Der Aufbau und Betrieb von dauerhaft eingerichteten Stationen wird auch dort sicher nicht ohne robotische Unterstützung vor sich gehen.

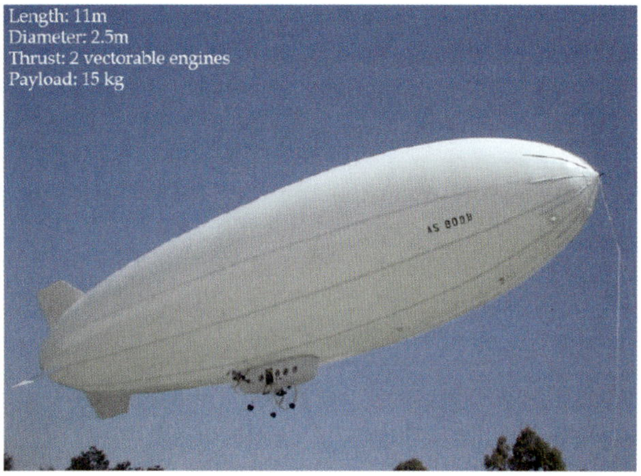

Bild 7.8.37: *JPL-Arbeiten an einem autonomen planetaren Luftschiff (Bild: JPL).*

7.8.1.5 On-Orbit Servicing

On-Orbit Servicing (OOS) – die Bereitstellung von Serviceleistungen im Weltraum – ist ein Schlüsselelement zur weiteren Erschließung des Weltraums und zu Aufbau und Wartung der hierzu notwendigen Infrastruktur der Raumfahrt. Es kann die Betriebskosten für heutige unbemannte Raumflugkörper, wie z. B. Navigationssatelliten oder geostationäre Kommunikationssatelliten, erheblich reduzieren. In der bemannten Raumfahrt ist dieses Element bereits ein wichtiger Bestandteil – auch unterstützt durch handgesteuerte Robotikelemente – und wird in der Regel durch die Astronauten selbst durchgeführt. In der unbemannten Raumfahrt bedeutet dies aber den Einsatz von Robotern mit einem hohen Grad von Autonomie. Dieser in Zukunft an Wichtigkeit und Notwendigkeit zunehmende Aspekt der unbemannten Raumfahrt soll in diesem Kapitel betrachtet werden.

Die **Wartung** von Satelliten im Orbit beinhaltet sämtliche Aspekte der Systemteile-Montage sowie Geräteinstandhaltung (sowohl präventiv als auch korrigierend), die Nachlieferung von Verbrauchsgütern sowie Verbesserung und Reparatur. Der Lebenszyklus einer Raumfahrtmission kann in drei Hauptsegmente unterteilt werden, in jedem Segment treten bestimmte Fehler typischerweise auf:

1. Der Fall, dass die Nutzlast von der **Startrakete** aufgrund eines Versagens einer Stufe nicht in den gewünschten Ziel- oder Transferorbit gebracht werden kann, zieht einen eventuellen Bedarf einer Orbitkorrektur nach sich. In den meisten Fällen kann der Satellit dies nicht aus eigener Kraft bewerkstelligen, sodass hier ein Orbittransferfahrzeug Unterstützung leisten könnte.
2. Die Phase **„Missionsbeginn“** beinhaltet mindestens das In-Orbit-Checkout, kann sich aber auch 6 bis 12 Monate in die Betriebsphase hinein verlängern. Eine Fehlermeldung bei dem sogenannten Begin of Life (BOL) kann auf eine notwendige Reparatur hindeuten, z. B. das nachträgliche Entriegeln des Ausfahrmechanismus eines Sonnensegels oder Reflektors.
3. Die Phase des **Missionsendes** kann – muss aber nicht – mit dem Ende der geplanten Lebensdauer zusammenfallen. Ein Satellit kann auch durch Verschleiß oder Geräteveralterung vorzeitig sein sogenanntes End of Life (EOL) erreichen.

Ein typisches **Wartungsprofil** hängt in der Regel mit BOL-Fehlern zusammen, was eine Gefährdung der gesamten Mission zur Folge haben kann. Bei EOL-Fehlern (Altersschwäche) interessiert meist die Verlängerung der Lebensdauer über EOL hinaus, z. B. zum Zwecke der Dienstleistungserhaltung des Satelliten. Planmäßige Wartungsvorgänge benötigen eine Instandhaltungsstrategie zwischen BOL und EOL, wie z. B. den Modul- oder Komponentenaustausch oder die Aufwertung bzw. Nachrüstung von Modulen und die Wiederaufbereitung von Funktionsflächen wie z. B. Reflektoren, Sonnensegel, Radiatoren usw. Das bislang einzige größere Wartungsprogramm an einem unbemannten Satelliten wurde mit erheblichem finanziellem Aufwand von Astronauten durchgeführt: Die Reparatur- und Wartungsmissionen für das Weltraumteleskop Hubble mit Hilfe des Space Shuttles.

Zunehmend wird On-Orbit Servicing mit der Thematik Weltraumschrott unter dem Stichwort Vorbeugung und Entsorgung in Verbindung gebracht. Die stetige Zunahme von Weltraumschrott sowohl im LEO als auch im GEO verlangt in Zukunft nach spezifischen Fähigkeiten der Bergung großer Objekte (wie ausgediente Satelliten oder ausgebrannte Oberstufen).

7.8.1.6 Eigenschaften und Optionen

Die Wartung und Reparatur durch Robotikelemente im Weltraum beinhaltet bestimmte grundlegende Anforderungen: Zugang zur Umlaufbahn des Zielobjekts, orbitales Manövrieren sowie Wartungsvorgänge aus unmittelbarer Nähe.

Eine Wartung wird vorwiegend durch den Austausch von modularen Komponenten zur Reparatur, Instandhaltung und Aufwertung durchgeführt. Die Unterbringung von sämtlichen austauschbaren Komponenten in einem einzigen austauschbaren Modul verringert sowohl die Wartungskomplexität als auch die Wartungskosten.

Die **Modularisierung** bietet einen zusätzlichen Vorteil: Die Komplexität ist direkt abhängig von der Zahl der aktiven Schnittstellen zwischen den Systemkomponenten. Man kann die typischen Servicemissionen in drei Hauptkategorien einteilen, die in weitere Unterkategorien unterteilt werden können, und die erforderlichen Robotikfähigkeiten für das jeweilige Einsatzgebiet ableiten:

1. **Inspektion:** Erfassen und Sammeln von Daten des Zielsatelliten. Diese Aufgabe erfordert lediglich die Fähigkeit, um den Zielsatelliten herumzufliegen, und entsprechende visuelle Sensorik:
   a) **Ferninspektion:** Fehlerdiagnose durch Beobachtung des Zielsatelliten aus einem gewissen Abstand,
   b) **Nahinspektion:** Abtastung des Zielsatelliten mit unterschiedlicher Sensorik,
2. **Bewegung:** Bewegungsübertragung auf den Zielsatelliten, wofür Andockfähigkeiten erforderlich sind. Diese Aufgaben beziehen sich auf die Übernahme der Bahn- und Lagekontrolle bzw. Bahn- und Positionsänderung. Der Servicesatellit muss deshalb über entsprechende Antriebs- und Lageregelungsfähigkeiten verfügen:
   a) **Transfer in einen anderen Orbit:** Diese Aufgabe beinhaltet den Transfer eines gestrandeten Zielsatelliten in seinen ursprünglich geplanten Betriebsorbit oder eine spätere Änderung des Betriebsorbits, falls die bisherige Position durch einen neu- oder höherwertigen Satellit ersetzt werden soll,
   b) **Transfer aus dem Orbit:** Diese Aufgabe beinhaltet den Transfer des Zielsatelliten in den sogenannten Graveyard-Orbit bzw. in einen Wiedereintrittsorbit für die bewusste Zerstörung und damit Entsorgung in der Erdatmosphäre,
   c) **Bergung und Rettung:** Diese Aufgabe beinhaltet den Transfer des Zielsatelliten zu einem anderen Raumfahrzeug oder den nicht-destruktiven Wiedereintritt,
3. **Bedienung:** Hier ist die gezielte Steuerung von Subsystemen bzw. ein Eingriff erforderlich, was weitere Schnittstellen zwischen Ziel- und Servicesatellit notwendig macht:
   a) **Wartung und Check-out:** Versorgung des Zielsatelliten mit Verbrauchsgütern (Flüssigkeiten, Treibstoff) sowie Reinigung, Oberflächenerneuerung oder Dekontamination,
   b) **Reparatur:** Diagnose und Fehlerbehebung von Modulausfällen der Sonnensegel, Gyroskope, Antennen usw.,
   c) **Nachrüstung:** Verbesserung durch Austausch leistungsfähigerer Module,
   d) **angedockte Inspektion:** Fehlerdiagnose durch physische Abfragung des Zielsatelliten über elektrische Anschlüsse.

Tabelle 7.8.1: *Übersicht der Wartungsarbeiten.*

Wartungsart	Nachfrage	
	Notfall	Planmäßig
Ferninspektion	●	●
Angedockte Inspektion	●	●
Transfer in einen anderen Orbit	●	
Transfer aus einem anderen Orbit	●	●
Rettung	●	●
Instandhaltung		●
Reparatur	●	
Nachrüstung		●

Diese Aufgaben können alle im gesamten Satelliten-Lebenszyklus nötig werden. Davon ausgenommen sind für die BOL-Phase Instandhaltung und Nachrüstung und für die EOL-Phase Transfer in einen anderen Orbit und Reparatur.

7.8.1.7 Serviceaufgaben im Orbit

Es gibt eine natürliche **Hierarchie der Aufgaben,** die vom Servicesatelliten durchgeführt werden können, nach ihrer steigenden Komplexität. **Inspektion** beinhaltet die Untersuchung der im Orbit befindlichen Objekte in Bezug auf Schadenermittlung und Fehlerberichterstattung über den von außen sichtbaren Zustand des Zielsatelliten. Hierfür ist die Technologie des **hochgenauen Manövrierens** notwendig. Bei größeren Entfernungen im km-Bereich wird eventuell mit absoluter Navigation gearbeitet, in allen anderen Fällen zieht man aus Sicherheitsgründen das genauere Manövrieren mit relativer Navigation zum Zielobjekt vor, wobei Lage und Orientierung vom Servicesatelliten mittels geeigneter Sensorik erfasst werden müssen.

Um die nächsten Stufen des OOS durchzuführen, müssen Servicesatellit und Zielsatellit fest miteinander verbunden werden. Für den Fall, dass der Zielsatellit bereits eine dafür vorgesehene elektromechanische Schnittstelle hat, ist nur ein reines **Rendezvous- und Dockingmanöver** notwendig. Neben der bereits im Falle einer Ferninspektion erwähnten Navigationsfähigkeit, ist insbesondere beim Andocken eine relative **Positionsbestimmung** mit hoher Genauigkeit notwendig. Dies kann durch exakte Entfernungsmessungen durchgeführt werden, idealerweise aber mittels optischer Sensoren und entsprechender Bildverarbeitungsverfahren. Ob ein Dockingvorgang automatisch oder von der Erde gesteuert durchgeführt werden kann, hängt im Wesentlichen von den Kommunikationsmöglichkeiten von und zu dem Servicesatelliten ab.

Zielsatelliten können eine **kontrollierte Lage** und einen kontrollierten Zustand haben, was durch ein noch funktionierendes Lageregelungssystem gewährleistet wird. Dies erfordert einen deutlich geringeren Aufwand bei der Zielobjektverfolgung und insbesondere beim Docken.

Ein abgeschalteter Satellit kann sich in einer einachsigen Rotationsbewegung um die Längsachse befinden (typischer Zustand nach der sogenannten Passivierung) oder gar in einer freien Taumelbewegung. In beiden Fällen liegen die Anforderungen an die Manövrier-, Navigations- und Dockingfähigkeiten des Servicesatelliten entsprechend hoch. In der Regel werden solche Objekte nur in Notfällen angeflogen, um geborgen zu werden oder einen gezielten Atmosphärenwiedereintritt einzuleiten.

Die **angedockte Inspektion** ist die Grundlage für den Zugang zum Inneren des Raumfahrzeugs für eine Zustands- und Fehlerdiagnose. Die Zielsatelliten sind bislang in der Regel passiv und für einen Satellitenservice nicht mit entsprechenden Schnittstellen ausgerüstet. Es gibt mittlerweile Untersuchungen, aktive Schnittstellen an unbemannten Raumfahrzeugen vorzusehen, um Verbindungen unterschiedlichster Art zwischen Zielobjekt und Servicesatellit für Serviceaufgaben durchführen zu können.

Die nächste Komplexitätsstufe im OOS stellt die **Lebensdauerverlängerung** von geostationären Satelliten dar. Kommunikationssatelliten, deren Treibstoffvorrat zur Neige geht, können von einem Servicesatelliten angeflogen und mithilfe eines universellen Einfangwerkzeugs - z. B. das vom DLR-Institut für Robotik und Mechatronik entwickelte multisensorielle Capture Tool (Bild 7.8.9) - an der, an jedem Satelliten vorhandenen, Apogäumsdüse angedockt und dann noch jahrelang **bahn- und lagestabilisiert** werden. Die Herausforderung besteht hierbei nicht nur in dem Andock- und Koppelvorgang selbst, sondern vor allem in dem operationellen Szenario. Für ein gekoppeltes System aus zwei Körpern mit einem gemeinsamen Masseschwerpunkt außerhalb des Servicesatelliten, muss die Bahn- und Lageregelung ausschließlich mit den Triebwerken des Servicesatelliten durchgeführt werden. Dazu muss dieser in der Lage sein, den Schubvektor auf den gemeinsamen Masseschwerpunkt auszurichten. Bei jedem Korrekturmanöver entstehen allerdings gekoppelte Effekte und Verluste (Bild 7.8.38), die über einen kompletten Orbit in Summe geschickt kompensiert werden müssen.

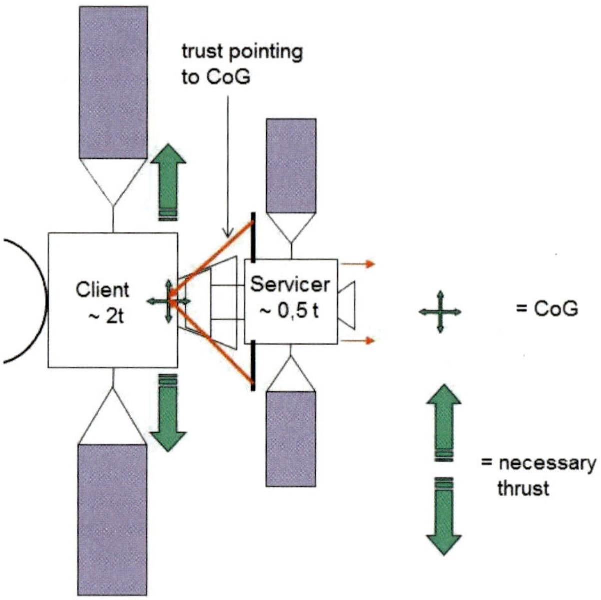

Bild 7.8.38: *Korrekturmanöver des gekoppelten Systems (Bild: DLR).*

Von allen bislang und auch im weiteren Verlauf aufgezählten Arten des OOS ist das **Andocken** an Telekommunikationssatelliten bei EOL und die Übernahme der Lageregelung für mehrere Jahre zum Erhalt der gewinnbringenden Telekommunikations-Serviceleistungen der wirtschaftlich interessanteste Anwendungsfall. An zweiter Stelle ist die **Bergung** von gestrandeten neuen Telekommunikationssatelliten zu nennen, die aufgrund eines Versagens der Raketenoberstufe oder des eigenen Apogäumsmotors ihren Zielorbit nicht selbst erreichen können. Eine solche Rettung macht aber nur Sinn, wenn diese in der Regel hochwertigen Satelliten für einen Betrag deutlich unterhalb der ansonsten fälligen Versicherungssumme durch einen Servicesatelliten in ihren Zielorbit gebracht werden können.

Der nächste Schritt in der OOS-Hierarchie setzt einige Veränderungen im Satellitendesign selbst voraus. Um tiefergehende robotische Servicearbeiten durchführen zu

7

Tabelle 7.8.2: *Klassifizierung der unterschiedlichen Arten von On-Orbit Servicing.*

Klasse	Beobachtung	Bewegung	Manipulation
Wartungsleistung	• Ferninspektion	• Transfer in einen anderen Orbit • Transfer aus einem Orbit • Rettung	• Instandhaltung • Nachrüstung, Reparatur • angedockte Inspektion
Nutzen	• Statusinformation	• Betrieb • Anfälligkeit • orbitaler Slot • Wiederverwendbarkeit	• erweiterter Betrieb • verbesserte Funktion und Leistung • Information
Wert	• niedriger Wert • niedrige Kosten des Multiklienten	• mittlerer Wert	• hoher Wert
Häufigkeit	• große Häufigkeit	• mittlere Häufigkeit	• niedrige Häufigkeit

können, müssen die einzelnen Systemkomponenten mit standardisierten Schnittstellen ausgestattet werden. Dabei sind viele Schnittstellenarten vorzusehen, wie elektrisch, mechanisch, thermisch, und auch solche für Flüssigkeiten und Gase. Insbesondere das **Betanken** von Raumfahrzeugen im Orbit ist der wohl lukrativste Punkt im genannten Szenario, da er den Zielsatelliten wieder voll funktionsfähig macht, der Servicesatellit nicht gebunden ist und nach der Betankung andere Aufgaben auch an anderen Zielobjekten durchführen kann.

Neben dem Schließen von Verbindungen ist der **Austausch von Modulen** zum Ersatz oder zur Aufwertung von Subsystemen das wohl letzte Glied in der bisher skizzierten Kette. Die Lebensdauer eines Satelliten ist nicht nur durch den Treibstoffvorrat und -verbrauch definiert, sondern auch durch die Lebensdauer seiner Subsysteme. Werden solche Subsysteme im Satelliten künftig derart integriert, dass sie von außen zugänglich sind, könnten sie durch einen Roboterarm ausgetauscht werden. Als Beispiele zu nennen sind Dralläder und Gyroskope, die aufgrund ihrer mechanischen Natur einem Verschleiß unterliegen, oder sogar der Austausch der Präzisionsuhren an Bord der Galileo-Satelliten nach einer bestimmten Zeit, um sie auf den technisch neuesten Stand zu bringen und die Genauigkeit der Signale zu erhöhen.

Für die Post-ISS-Ära werden weltweit neue Großmissionen für die Erforschung des Weltalls entworfen. Das von der NASA vorgeschlagene und von ROSCOSMOS unterstützte Lunar Orbital Platform-Gateway (Bild 7.8.39) ist eine cislunare Variante der ISS. Die ersten Konzepte hierzu sehen eine im Verhältnis zur ISS kleinere Station vor, die als Zwischenstation für bemannte Missionen zum Mond oder zum Mars dient. Auf ihr sollen die dafür nötigen Technologien erprobt werden. Sie wird nicht permanent von Astronauten bewohnt sein. Weitere in der Diskussion befindliche Konzepte sind der vom DLR vorgeschlagene Orbital Hub oder das von der ESA favorisierte Moon Village.

Bild 7.8.39: *Lunar Orbital Platform-Gateway (Bild: Boeing).*

Alle diese Konzepte befinden sich erst am Anfang der Diskussion. Allen gemein ist jedoch, dass sie sich intensiv auf den Einsatz von Robotertechnologien zum Aufbau der Stationen abstützen. Diese Robotischen Systeme sollen die großen Strukturen und Instrumente, die nicht in einem Stück gestartet und auch nicht als ein entfaltbares Stück in den Orbit gebracht werden können, vor Ort zusammenbauen. Darüber hinaus sollen sie die Stationen entsprechend inspizieren und warten. Diese Operationen sollen teil-autonom von der Station selbst oder von der Erde aus gesteuert durchgeführt werden.

7.8.1.8 Bisherige und geplante Missionsbeispiele

Im Folgenden soll ein Überblick über bisherige und zukünftige Missionen gegeben werden, die Serviceaufgaben im All beinhalten. Diese Übersicht erhebt keinen Anspruch auf Vollständigkeit, ist jedoch hinlänglich repräsentativ.

a) SNAP-1

Einer der ersten europäischen Servicesatelliten, der nur die Aufgabe der Inspektion wahrgenommen hat, war der britische SNAP-1. Dieser **Nanosatellit,** entworfen und gebaut von Surrey Satellite Technology Ltd., ist ein sehr kleiner, aber voll funktionsfähiger, weil umfassend agiler **Inspektionssatellit,** der mittels einer Kamera in der Lage war, ein Objekt von mehreren Seiten zu inspizieren. SNAP-1 wurde im Jahre 2000 gestartet und machte erfolgreich Nahaufnahmen des russischen Satelliten NADESHDA sowie mit deutlich höherer Distanz von dem chinesischen Satelliten TSINGHUA-1. Diese Mission diente auch zur Demonstration der Nanosatellitentechnologie von Surrey und war mit einem relativ niedrigen Budget ausgestattet.

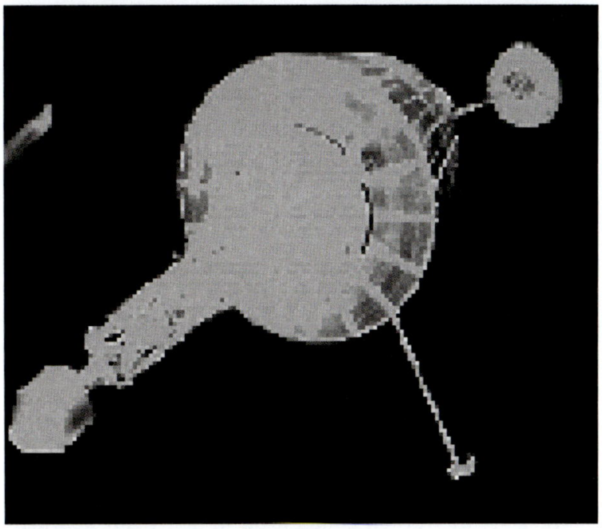

Bild 7.8.40: *Schnappschuss des russischen Satelliten NADESHDA, aufgenommen von SNAP-1 (Bild: Surrey Space Centre).*

Solche frei fliegenden **Inspektionssysteme** wurden insbesondere auch für die Internationale Raumstation angedacht, was eine sehr interessante und sicherlich hilfreiche Anwendung wäre. Bislang wurde aber noch keiner der Pläne realisiert, da neben der mangelnden budgetären Unterstützung vor allem die Risiken eines solchen Systems, eventuell mit der Station zu kollidieren, bislang nicht vollständig ausgeräumt werden konnten, und somit die Sicherheit für die Station und ihre Besatzung weiterhin Vorrang hat.

b) ETS-VII

Die japanische ETS-VII-Mission (Engineering Test Satellite) im Jahre 1997 ist die bis dato komplexeste erfolgreich absolvierte **Technologiedemonstration einer Servicemission** [7.8.1]. Die Mission unter Federführung der japanischen Raumfahrtagentur NASDA (jetzt JAXA) wurde in einer Umlaufbahn von 550 km Höhe durchgeführt. Der Servicesatellit namens ORIHIME hatte ein Gewicht von 2,5 t; der Zielsatellit mit einem Gewicht von 0,4 t trug den Namen HIKOBOSHI. Der Manipulatorarm hatte eine Länge von 2 m sowie sechs Freiheitsgrade. Mithilfe der vorhandenen unterschiedlichen Robotiktechnologien wurden grundlegende Aufgaben erprobt, wie autonomes RVD mit einem Zielsatelliten, Steuerung des Manipulatorarms über Teleoperation sowie Kraftrückkopplungskontrolle.

Deutschland beteiligte sich mit dem GETEX-Experiment an der ETS-VII-Mission, siehe Kapitel 7.8.1.2.

Bild 7.8.41: *ETS-VII (Bild: NASDA).*

c) ORBITAL EXPRESS

ORBITAL EXPRESS ist ein von der amerikanischen DARPA (Defense Advanced Research Projects Agency) finanziertes Projekt zur Demonstration einer **Wiederbetankung** eines Militärsatelliten im All sowie des **Austausches bestimmter Komponenten** und der Durchführung von **Reparaturarbeiten** mittels eines Manipulatorarms nach einem erfolgreichen Dockingmanöver [7.8.2]. Die Mission wurde im März 2007 gestartet. ASTRO als Servicesatellit und NextSat als Zielsatellit wurden gemeinsam in den Orbit gebracht und dort getrennt, um dann die eigentliche Technologiedemonstration, beginnend mit einem RVD, zu starten.

Bild 7.8.42: *ORBITAL EXPRESS (Bild: DARPA/Boeing).*

Dieses mit großem Aufwand vorbereitete Projekt stellt ein komplettes On-Orbit-Servicing-Szenario dar und ist somit ein Meilensteinprojekt in der Raumfahrtgeschichte. Insbesondere das **Schließen von Verbindungen** unterschiedlichster Art (mechanisch, thermisch, elektrisch, RF, Flüssigkeiten, Gase) stellt zusätzlich zu den ohnehin schon anspruchsvollen Aufgaben des RVD und der Steuerung des Manipulatorarms eine enorme Herausforderung dar.

d) Kommerzielle On-Orbit Service-Missionen

Mit dem Aufkommen neuer, vor allem aus dem Silicon Valley stammender Firmen in der Raumfahrtindustrie ist das Interesse der Betreiber von Kommunikationssatelliten an Maßnahmen zur Laufzeitverlängerung ihrer Systeme stark gestiegen. Orbital ATK wird voraussichtlich Ende 2018/Beginn 2019 seine erste On-Orbit Servicing-Mission mit dem Mission Extension Vehicle-1 (MEV-1) starten (Bild 7.8.43).

Bild 7.8.43: *Mission Extension Vehicle MEV-1 (© 2018 Orbital ATK, Inc).*

Ziel ist es, an einen funktionsfähigen, geostationären Satelliten der Firma Intelsat anzudocken. Anschließend soll das MEV-1 für fünf Jahre die Antriebs- und Lageregelung für den Verbund übernehmen, um den Kommunikationssatelliten weiter betreiben zu können. Danach wird dieser in einen sicheren geostationären Warteraum (graveyard) verschoben und das MEV-1 dockt an einen anderen zu versorgenden Kommunikationssatelliten an.

Einen vergleichbaren Service für kleinere Satelliten bietet die Firma Effective Space mit ihrem System SPACE DRONE™ (Bild 7.8.44) an. Auch hier wird über einen Dockingmechanismus die Verbindung mit dem Zielsatelliten hergestellt. Die beiden ersten Kundenstarts sind für 2020 angekündigt.

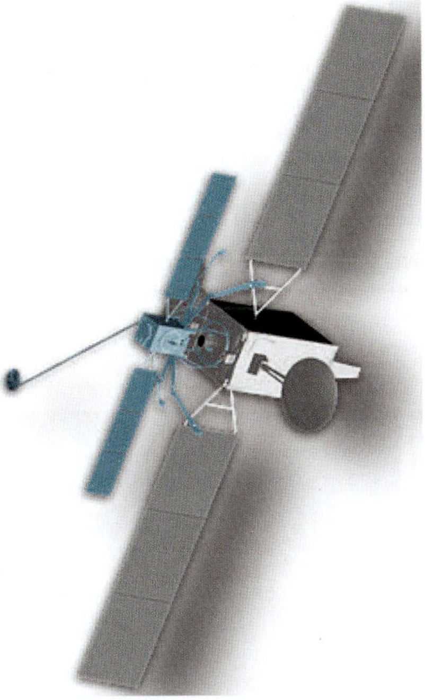

Bild 7.8.44: *SPACE DRONE (©Effective Space Solutions Limited).*

Eine über eine reine Laufzeitverlängerung hinausgehende NASA-Mission ist Restore-L (Bild 7.8.45). Der robotische Servicesatellit ist mit allen Werkzeugen, Technologien und Techniken ausgestattet, um die Laufzeit eines erdnahen Satelliten zu verlängern. Während der Mission wird Restore-L an den Zielsatelliten heranfliegen, ihn mit einem Roboterarm greifen, anschließend betanken und ihn an die gewünschte neue Position verschieben. Die Betankung kann auch an Satelliten durchgeführt werden, die ursprünglich gar nicht für diesen Service entworfen wurden. Die Erprobungsmission ist für 2020 geplant.

Die technologisch anspruchvollste robotische Mission ist Robotic Servicing of Geosynchronous Satellites (RSGS), deren Start für 2022 geplant ist. Es handelt sich dabei um eine gemeinschaftlich finanzierte Mission durch die DARPA, die private Firma SSL (ehemals MDA) und dem

Bild 7.8.45: *Artist's concept of Restore-L. (Credit: NASA).*

weltgrößten Kommunikationssatelliten Betreiber SES. Der Servicesatellit ist mit zwei Robotersystemen mit je sieben Freiheitsgraden ausgestattet. Hinzu kommen eine Vielzahl unterschiedlichster Servicetools sowie die vom DLR beigestellte SPACEHAND. In einer ersten Phase werden alle Technologien und Systeme intensiv geprüft und getestet. Ziel ist es, den Reifegrad und die Leistung in der realen geostationären Umgebung zu verifizieren. In einer zweiten Phase (ca. 1 Jahr) wird das System von der DARPA für orbitalen Service an militärischen Satelliten übernommen. Anschließend wird RSGS für kommerzielle Dienste eingesetzt.

7.8.1.9 Test und Simulation von On-Orbit Servicing Szenarien

Test und Verifikation sind in der Raumfahrt bei der Vorbereitung von Missionen von großer Bedeutung, insbesondere bei neuartigen Klassen von Missionen wie On Orbit Servicing-Missionen oder anderen robotischen Missionen. Dies gilt auch bei Nahbereichsoperationen aller Art, die hochgenaues Manövrieren erfordern, wie beispielsweise autonomer Formationsflug.

Solche Missionen stellen wie in den vorherigen Abschnitten erläutert sehr hohe Anforderungen an den Service-Satelliten dar. Um schwerwiegende Kollisionen zu vermeiden, muss insbesondere der Rendezvous- und Docking-Vorgang in der Vorbereitung einer On-Orbit Servicing-Mission durch umfangreiche Simulationen in einer möglichst realitätsnahen Testumgebung getestet werden.

Dafür wurde die robotische Testanlage EPOS (European Proximity Operations Simulator) 2.0 am DLR entwickelt [7.8.8]. EPOS ist eine Anlage bestehend aus zwei Industrierobotern mit jeweils sechs Achsen, die es erlaubt, den finalen Anflug des Service-Satelliten an den Kundensatelliten unter sehr realistischen Bedingungen zu simulieren.

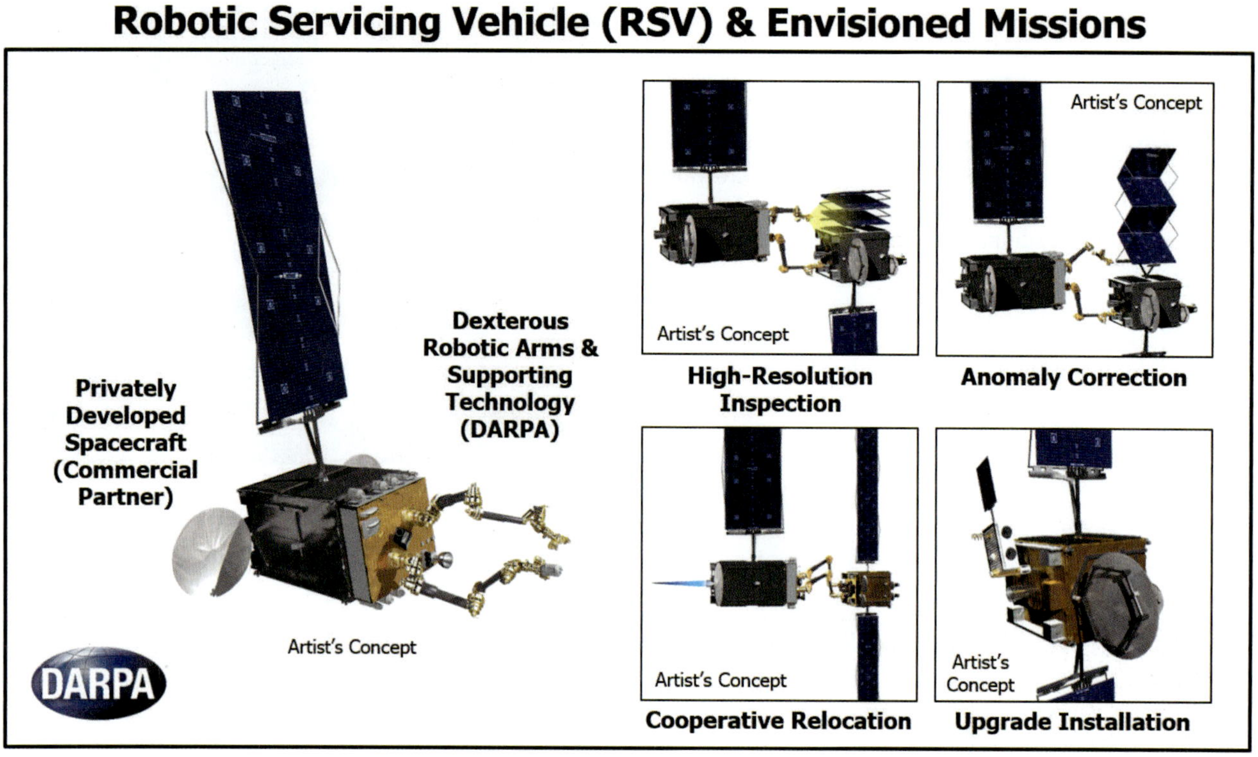

Bild 7.8.46: *Robotic Servicing Vehicel (RSV).*

Bild 7.8.47: *EPOS 2.0 Test- und Simulationsanlage – Roboter mit verschiedenen Satellitenaufbauten, Beleuchtungs- und Hintergrundbedingungen (Bild: DLR).*

7

Bild 7.8.47 gibt einen Eindruck von verschiedenen Szenarien, die sich mit der Anlage darstellen lassen.

Einer der zwei sechsachsigen Roboter der EPOS-Anlage trägt dabei die äußere Hülle eines Kundensatelliten, der zur Lebensdauerverlängerung (Reparatur- oder Wartungsarbeiten) oder zum sicheren Entfernen aus seiner Umlaufbahn angeflogen und eingefangen werden soll. Auch unkontrollierte Bewegungen wie Taumelbewegungen können realistisch dargestellt werden. Der zweite, ebenfalls sechsachsige Roboter simuliert die dynamische Bewegung des Servicesatelliten. Er befindet sich dazu auf einer 25 m langen, linear verfahrbaren Schiene, womit sich die letzten 25 m des Rendezvous- und Dockingvorgangs im 1:1 Modell simulieren lassen. Der Roboter trägt hierzu die zu testenden Hardwarekomponenten wie z. B. optische Sensoren für die Relativnavigation.

Bei Tests von optischen Sensoren wie Kamerasystemen sind möglichst realistische Beleuchtungsbedingungen von großer Bedeutung, um wirklichkeitsnahe Sensordaten erzeugen zu können. Als sogenannter „Sonnensimulator" dient ein sehr leistungsstarker Scheinwerfer (12 kW), dessen Lichtspektrum im sichtbaren Bereich dem Sonnenspektrum ähnlich ist. Es lassen sich Tests mit verschiedenen Bestrahlungsrichtungen durchführen, um so alle in der Realität auftretenden Fälle (u. a. Beleuchtung aus verschiedenen Richtungen) simulieren zu können.

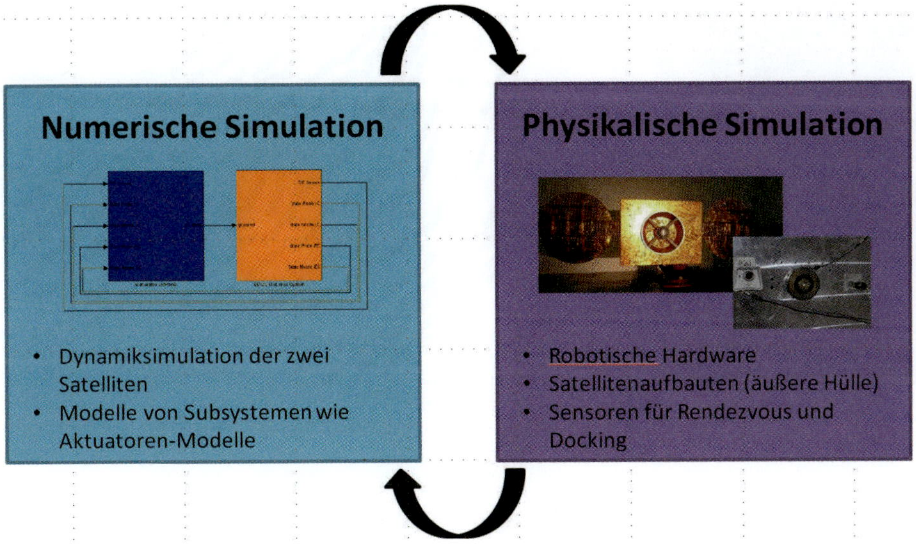

Bild 7.8.48: *Beispielhaftes Simulationskonzept (hybride Simulation) für Rendezvous und Docking Simulationen auf der EPOS-Anlage (Bild: DLR).*

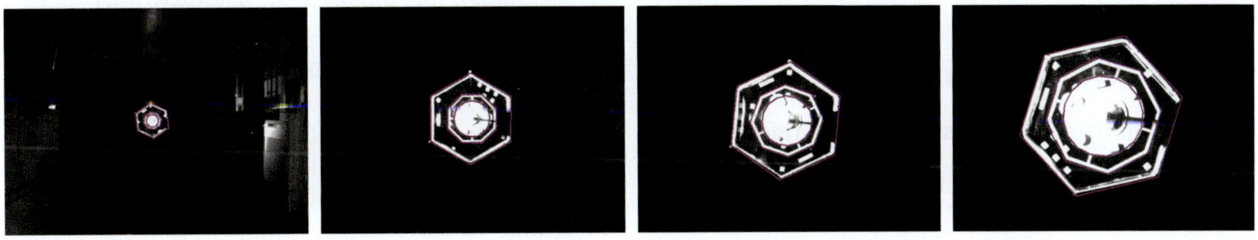

Bild 7.8.49: *Bilder einer CCD-Kamera (montiert auf einem der EPOS-Roboter) während eines Anflugs an einen Zielsatelliten (simuliert durch den zweiten Roboter) und Ergebnis der Bildverarbeitung (gefundene Kanten des Satelliten, magenta-farbig markiert) (Bild: DLR).*

Ein typisches Simulationsszenario verdeutlicht Bild 7.8.48, eine sogenannte hybride Simulation. Dabei wird ein Teil numerisch in Software simuliert, wie die Simulation der Dynamik der beiden Satelliten in ihrer Umlaufbahn (Lösung von Bewegungsgleichungen für Position und Orientierung) oder Modelle von Satellitenaktuatoren. Die berechnete Position und Orientierung wird an die Roboter der EPOS-Anlage (physikalischer Part) geschickt. Die Roboter bewegen sich gemäß der Positions- und Lagekommandos in Echtzeit. Die zu testenden optischen Sensoren generieren während der Simulation Bild- und Sensordaten, die wiederum prozessiert werden, sodass der Service-Satellit sicher und geregelt an den Kundensatelliten anfliegen kann. Regelungskommandos werden anschließend wieder an die numerische Simulation zurückgeführt.

Neben reinen Sensorik-Tests lassen sich daher auch vollständige Navigations- und Regelungssysteme sowie diverse Funktionalitäten auf dem On-Board Computer des Service-Satelliten testen, wie z. B. rechenintensive Bildverarbeitungs- und Schätzalgorithmen.

Beispielbilder aufgenommen mit einer monokularen CCD-Kamera sowie das Ergebnis einer Bildverarbeitung sind in Bild 7.8.49 zu sehen.

Neben klassischen Kamerasystemen lassen sich auch aktive Sensoren wie LiDAR (Light Detection and Ranging)-Sensoren oder PMD (Photonic-Mixer-Device)-Kameras testen und in Simulationen einbinden. Bild 7.8.50 zeigt eine Aufnahme eines scannenden LiDAR-Systems. Lichtimpulse werden vom Sensor ausgesandt, am Zielobjekt reflektiert und wieder detektiert. Durch die Lichtlaufzeit der Signale können Entfernungen zu jedem Punkt der in der Abbildung dargestellten 3D-Punktewolke gemessen werden.

Ferner ist die Anlage eingebunden in eine sogenannte End-to-End-Simulation, bei der das Raumsegment einer On-Orbit Servicing-Mission simuliert wird und das Bodensegment wie für eine reale Mission aufgebaut wurde [7.8.9]. Es lassen sich Passagen mit Kontakten zwischen Boden und Service-Satellit simulieren. Von Konsolen in einem Kontrollraum im Deutschen Raumfahrtkontrollzentrum können Kommandos an den Service-Satelliten geschickt werden, wie z. B. ein Kommando bis zu einem Haltepunkt bei 1 m Abstand anzufliegen. Der Aufbau und das Simulationskonzept werden auch für Telepräsenz-Tests genutzt. Die Idee der End-to-End-Simulation ist eine vollständige Simulation des Anflugs und des Greifens eines Kundensatelliten, bei der nicht nur Subkomponenten wie einzelne Sensoren,

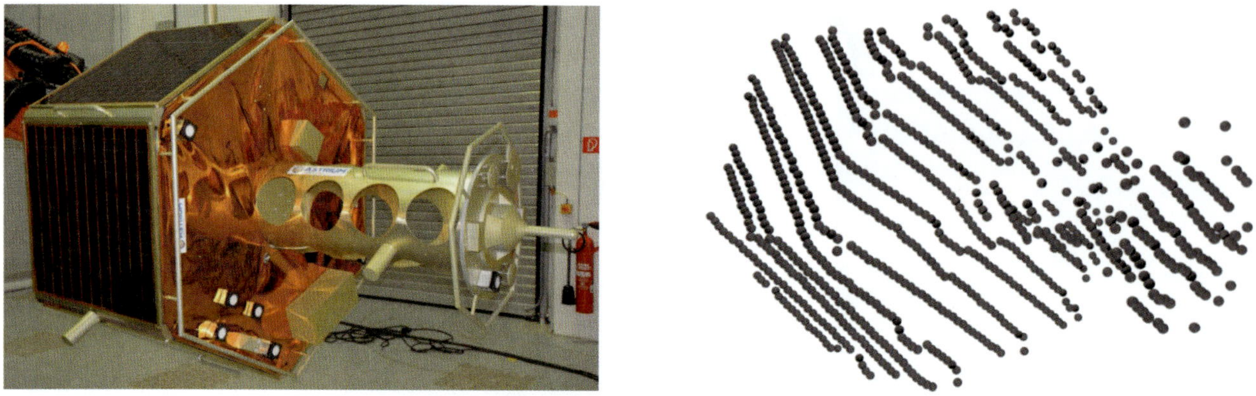

Bild 7.8.50: *Beispiel einer Messung mit einem LiDAR (Light Detection And Ranging)-Sensor (links: Roboter mit Satellitenmodell, rechts: 3D-Punktewolke, generiert durch das scannende LiDAR) (Bild: DLR).*

sondern ein Gesamtsystem inklusive der Interaktionen zwischen Bodensystem und Raumsystem (den beiden „Enden" der Kommunikationsstrecke) getestet werden.

7.8.2 Robotik und Künstliche Intelligenz

7.8.2.1 Definition der Künstlichen Intelligenz

Der Begriff ‚Künstliche Intelligenz' (KI) wird zurzeit intensiv diskutiert. Es empfiehlt sich daher, vorab einmal zu umreißen, wie dieses Arbeitsgebiet wissenschaftlich einzuordnen ist. Bild 7.8.51 verdeutlicht dies in anschaulicher Art und Weise. Hierbei fällt zunächst auf, dass KI durchaus kein monothematisches Feld ist, sondern vielmehr Bezüge zu sehr heterogenen Wissenschaftsgebieten aufweist.

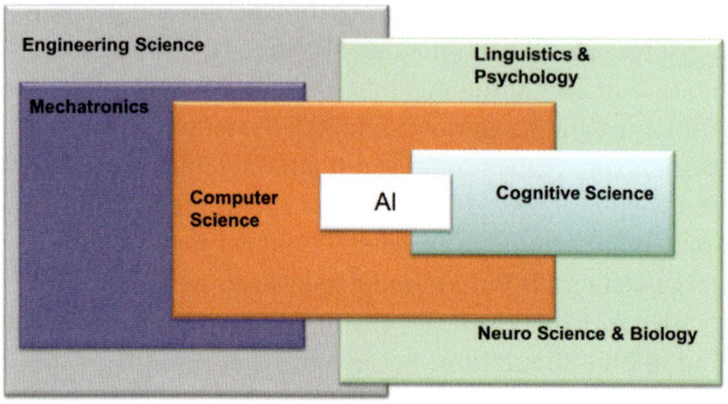

Bild 7.8.51: *Einordnung der ‚Künstlichen Intelligenz' in die angrenzenden Forschungsfelder (Grafik: DFKI GmbH).*

So wird der Bezug zur Ingenieurswissenschaft häufig unterschlagen und die KI als reines ‚Software-Thema' beschrieben – dies ist die größte Fehleinschätzung überhaupt. Dazu sei auf die Schrift von Alan Turing aus dem Jahre 1948[7] (veröffentlicht 1974) verwiesen, in welcher der Begriff ‚Intelligent Machinery' eingeführt wird und in der einer der bedeutendsten Mathematiker des 20. Jahrhunderts auf seine Erkenntnis hinweist, dass Intelligenz in Maschinen nur durch einen iterativen Lernprozess approximiert werden kann. Wobei dieser Prozess – wenn er erfolgreich sein soll – innerhalb eines physischen Systems (Roboter) ablaufen muss, welches in einer komplexen und fortwährenden Interaktion mit seiner Umwelt steht. An dieser Stelle sei zudem daran erinnert, dass es Turing selbst war, der durch die Einführung einer theoretischen Maschine, der sogenannten Turing-Maschine, die Grundlagen der Berechenbarkeit formuliert hat und damit die bis heute gültigen Grundlagen (und Grenzen!) der Informatik definiert hat.

Der Bau und die Entwicklung dieser komplexen physischen Systeme sind nicht nur als ein Input in die Informatik zu sehen, welche die Systeme nutzt, um ‚Intelligenz' zu erschaffen. Darüber hinaus stellen sie eine bidirektionale Abbildung dar, bei der die Erkenntnisse der Informatiker aus ihren Experimenten zur Intelligenz auf Maschinen in das Design und den Bau dieser Maschinen rückwirken. Auf diese Weise wurde in den vergangenen Jahrzehnten das Feld der Mechatronik überhaupt erst mitbegründet. Auch die Linguistik und selbstverständlich die Biologie sowie speziell die Neurobiologie und die Psychologie sind wissenschaftliche Felder, die Grundlagen für die Computerwissenschaften gelegt haben. An dieser Stelle sei auf den berühmten Linguisten Noam Chomsky verwiesen, der durch die nach ihm benannte Chomsky-Hierarchie die Grundlagen für moderne formale ‚Programmier'-Sprachen gelegt hat. Die genannten Fachgebiete bieten weiterhin Konzepte an, die den Informatikern Möglichkeiten aufzeigen, wie der erwähnte iterative Lernprozess überhaupt implementiert und in technischen Systemen umgesetzt werden kann.

---

7 Siehe http://www.alanturing.net/intelligent_machinery/ mit dem originalen Faksimile.

7.8.2.2 Künstliche Intelligenz in der Raumfahrt

Zukünftige Raumfahrtmissionen werden in zunehmendem Maße auf Methoden der KI angewiesen sein. Dies gilt insbesondere für planetare Erkundungsmissionen, aber auch für orbitale Missionen. Der Grund dafür liegt in der steigenden Komplexität der Missionen bei beschränkten Zeit- und Kostenbudgets. Bei Explorationsmissionen werden die rein beobachtenden Rover, die ihre Messungen durch berührungsfreie Aufnahme von Daten zumeist optischer Messinstrumente vornehmen, zu handelnden Akteuren. Sie nehmen bei der wissenschaftlichen Erkundung - beispielsweise von Mars, Mond, Asteroiden oder Kometen - direkte Beprobungen durch aktives Aufnehmen von Sediment oder durch Bohrungen in die Tiefe vor.

Dieser Rollenwechsel stellt einen dramatischen Fortschritt in der robotischen Erkundung fremder Himmelskörper dar, denn es müssen nun eine Vielzahl von Operationen der Wahrnehmung, der Handlungsplanung sowie der Handlungsausführung vollzogen werden, die jede für sich ein gewisses Maß an kognitiver Leistung erfordern. Eine reine Fernsteuerung der Systeme ist dabei aus verschiedensten Gründen nicht mehr möglich. Zum einen macht die verzögerte Kommunikation zu weit entfernten Himmelskörpern ein Fernsteuern von Handlungen -beispielsweise das Bewegen eines Armes oder das Greifen eines Objekts - unmöglich, zum anderen sind aber auch die Anforderungen an die Missionen in einem Maße gewachsen, dass das reine Zeitbudget ein ferngesteuertes Arbeiten unrentabel macht. Statt auf die Ausführung eines Greifbefehls zu einem Marsrover 20 Minuten (im besten Fall) warten zu müssen, könnte der Rover bei autonomer Arbeit in der gleichen Zeit dutzende von Greifaufgaben erledigen. Eine ähnliche Entwicklung haben wir bereits bei den eher passiven (im Sinne der Datenaufnahme durch berührungsfreies Messen) Rovern der Marsexplorationen beobachten können.

Bild 7.8.52 stellt die durchschnittliche Geschwindigkeit der vergangenen und zukünftigen Marsmissionen bzw. die der dabei eingesetzten Rover dar (blaue Kurve). Die zunehmende Autonomie der Systeme durch KI-basierte Navigationsverfahren führt zu einer deutlich steigenden Zahl von zurückgelegten Metern pro Marstag, wenn man die Missionstage, an denen der Rover tatsächlich bewegt wurde (grüne und rote Kurve), zugrunde legt. Offensichtlich steigt durch die erhöhte Autonomie die zurückgelegte Strecke in der nominalen Missionszeit beträchtlich an, was zu einer deutlich gesteigerten Abdeckung der wissenschaftlichen Erkundung und der Aussagekraft der Daten führt.

Obgleich die in Bild 7.8.52 dargestellten Systeme zum Teil schon über Greifmechanismen verfügen, die jedoch quasi ferngesteuert agieren, werden noch weiter in der Zukunft liegende Systeme dank voll- oder teilautonomer Probenentnahme die Missionszeiten deutlich besser ausnutzen

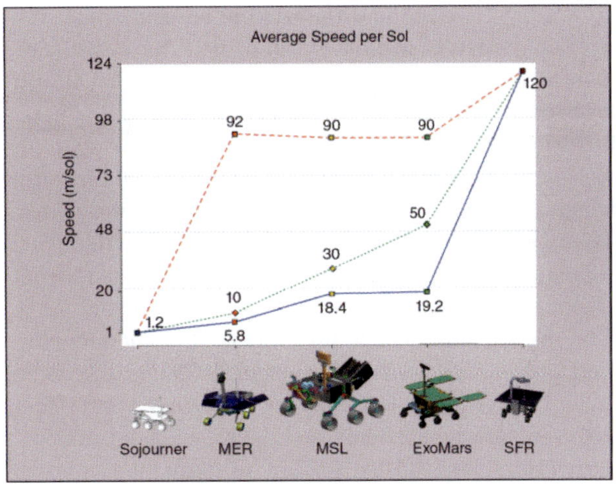

Bild 7.8.52: *Die Geschwindigkeit planetarer Rover wird durch Autonomie deutlich gesteigert. Die blaue Linie zeigt die durchschnittliche Bewegung des Rovers über alle Marstage; die rote und die grüne Kurve zeigen nur die Tage, an denen der Rover bewegt wurde und stellen den maximalen Mittelwert bzw. die nominale mittlere Strecke dar. (Grafik: DFKI GmbH).*

Bild 7.8.53: *Das Robotersystem SherpaTT bei der autonomen Durchführung von Infrastrukturmontage und Probenaufnahme mit Hilfe von modularen Nutzlastmodulen beim Feldtest in einer Wüstengegend in Utah, USA (Foto: DFKI GmbH).*

und den wissenschaftlichen ‚Return' pro eingesetztem Dollar oder Euro beträchtlich steigern (siehe Bild 7.8.53). Dabei wird eine Vielzahl von Methoden und Algorithmen der KI und des maschinellen Lernens, als Teilgebiet der KI, zum Einsatz kommen. Selbst Prozesse, von denen man annimmt, sie wären dem Menschen - speziell den wissenschaftlichen Experimentatoren, die auf der Erde verbleiben - vorbehalten, können dabei automatisiert werden. Ein Beispiel hierfür ist die Erkennung von wissenschaftlich interessanten Gebieten für eine Probenentnahme durch automatisierte und KI-basierte Analyse von Bilddaten mittels sogenannter ‚Deep Learning'-Verfahren [7.8.10], die sich in hervorragender Weise gerade bei der Erkennung spezieller Eigenschaften in Bildern bewährt haben.

So werden Texturen und Oberflächenbeschaffenheit von Arealen in Bilddaten, die z. B. auf frühere Wasservorkommen hinweisen – und deshalb interessante Areale für Probenentnahmen sind –, automatisch sowie mit höherer Präzision und in höherer Quantität erkennbar sein, als dies durch menschliche Operateure möglich ist. Ein gutes Beispiel dafür sind automatisierte Verfahren, die mittels ‚Deep Learning' auf hochauflösenden Gewebeaufnahmen von Patienten Anzeichen von Krebserkrankungen besser erkennen als geschulte Spezialisten (siehe auch [7.8.11]. Sind interessante Gebiete für Probenentnahmen identifiziert worden, werden die autonomen Navigationsverfahren in der Lage sein, den Rover völlig selbstständig und sicher in das entsprechende Gebiet zu steuern, um dann autonom die vielversprechendsten Proben zu entnehmen und zu analysieren.

Ein Einwand, welcher der rein robotischen Erkundung entgegengebracht werden kann, ist der, dass die heutigen Rover nicht in der Lage sind, in extrem schwieriges – aber wissenschaftlich hochinteressantes – Gelände vorzudringen, zum Beispiel Gelände, in dem ggf. sogar Klettern notwendig wird. Doch auch hier kann man entgegnen, dass die wissenschaftliche Forschung und Entwicklung (F&E) bereits Systeme untersucht und im Prototypenstadium erprobt, die durch eine komplexe Kinematik – teilweise bis hin zur humanoiden Morphologie – in der Lage sind, extrem schwieriges Gelände zu bewältigen.

In der Zukunft werden diese Systeme weiter erforscht und verbessert werden, wobei tatsächlich weniger die Erstellung der physischen Roboterkinematik – der Arme, Beine und Hände – die Herausforderung darstellt. Diese liegt vielmehr in der Regelung und Steuerung dieser hoch komplexen Kinematiken – gerade in extrem schwierigem Gelände, da hier aufwendige Regelungsalgorithmen notwendig sind, welche zudem mit einer kognitiven Umfeldwahrnehmung einhergehen müssen (siehe Bild 7.8.54 und Bild 7.8.55).

Bild 7.8.54: *Der kinematisch komplexe, sechsbeinige Roboter CREX nutzt bei der Fortbewegung in einer Lavaröhre auf Lanzarote Methoden zur Umwelterkennung, modellbasierten Bewegungsplanung und reaktiven Steuerung (Foto: DFKI GmbH).*

Die Erfolge, die auf dem Gebiet der Verarbeitung von Bilddaten mittels sogenannter ‚Deep Learnig'-Verfahren erzielt wurden, weisen jedoch auch in diesem Bereich in die Richtung einer effizienten Lösung. So werden bereits heute – allerdings terrestrisch – komplexe Humanoid-Systeme in ‚Search and Rescue'-Szenarien erprobt bzw. als robotische Assistenzsysteme in sogenannten hybriden Teams (Menschen und Roboter) in der Produktion von Konsumgütern wie Autos, Flugzeugen oder Handys erprobt.

Diese Arbeiten sind die Grundlage für zwei weitere Gebiete der Erforschung und Entwicklung von KI-basierten Raumfahrtsystemen. Das eine Gebiet ist das der Entwicklung dezentraler, skalierbarer Computerhardware, um die immer höheren Anforderungen an die Rechenleistung der Roboter abzubilden, die durch Verfahren wie ‚Deep Learning' zum Einsatz kommen. Hier muss sich die Raumfahrttechnologie von der terrestrischen Lösung abkoppeln und eigene Wege gehen, die jedoch im Umkehrschluss wiederum großes terrestrisches Potential entwickeln können. Gemeint sind die terrestrisch vorherrschenden, auf Grafikkarten basierten GPUs, die ursprünglich aus der Spieleentwicklung kommen und besonders gut für die Bearbeitung von Bilddaten geeignet sind [7.8.12].

Bild 7.8.55: *Der hominide Roboter Charlie in einer aufrecht stehenden Position in der künstlichen Kraterumgebung der Weltraumexplorationshalle des DFKI in Bremen (Foto: DFKI GmbH).*

Diese Systeme haben für den Einsatz unter Raumfahrtbedingungen den Nachteil, dass sie als meist monolithische Karten nicht für platz- und energiebeschränkte Roboter geeignet sind sowie als zentrale Karten die dezentrale kinematische Struktur der Roboter schlecht abbilden können. Eine vielversprechende Alternative sind sogenannte Datenflussrechnersysteme, die relativ einfache CPUs – meist auf der Basis von FPGAs – in einem Netzwerk mit hohem Datendurchsatz verbinden und mittels einer modularen Softwarestruktur massive Parallelität implementieren. Dabei sind sie jedoch deutlich energieeffizienter und durch die redundante Netzwerkstruktur auch fehlertoleranter als zentrale High Performance-Lösungen.

Werden all diese Entwicklungen den Einsatz von menschlichen Forschern unnötig machen? Die Antwort ist nein, denn so sehr die Algorithmen auch bestimmte Teilgebiete der menschlichen Kognition abbilden können und so sehr auch die kinematische Struktur der Roboter diese zu einer komplexen Interaktion mit einer ebenso komplexen Umwelt ertüchtigen wird, so wenig werden diese Systeme echte menschliche Intelligenz in all ihren Facetten abbilden oder simulieren können. Insofern werden sie jedoch ein hervorragendes Vorauskommando sein, das den Weg für den Menschen ebnet und schließlich als Assistenz des Menschen die Erforschung möglich macht.

Dies führt zum Feld der Mensch-Roboter-Interaktion, welche in zunehmendem Maße nicht nur für die kooperative Erforschung des Weltraums immer wichtiger werden wird, sondern auch bereits in der terrestrischen Anwendung erste Erprobungen durchläuft. Bei der Interaktion zwischen Mensch und Maschine wird es insbesondere bei schwierigen und belastenden Raumfahrtmissionen darauf ankommen, dass der Roboter zum echten Assistenten des Menschen wird und nicht eine zusätzliche Belastung für den Menschen ist. Deswegen müssen zunehmend Verfahren der Analyse und Erkennung der menschlichen Intention erforscht werden (siehe Bild 7.8.56), die über unterschiedliche Kanäle und Modalitäten die Absichten und Intentionen, Gefühlslagen, Stimmungen und Zustände des Menschen erfassen und in die Handlungsplanung bzw. in die Handlungsoptimierung [7.8.13] des Roboters einbezogen und integriert werden.

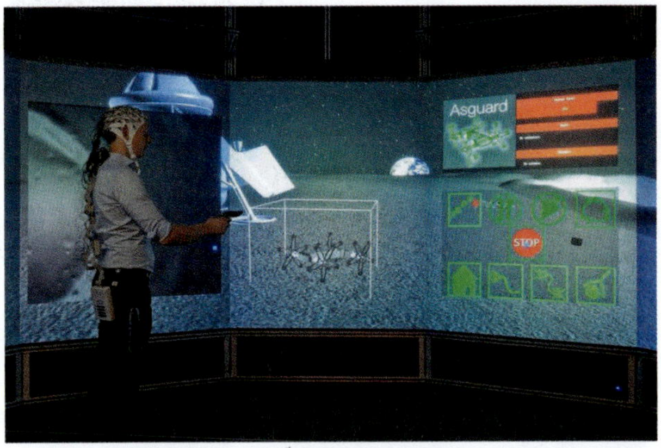

Bild 7.8.56: *Anwendung von adaptivem Brain Reading (aBR) mittels EEG, zur ablenkungsfreien Beobachtung und Unterstützung des Operators, während dieser ein Multi-Robotersystem kommandiert (Foto: DFKI GmbH).*

Literatur

[7.8.1] *Oda, M.; Inaba, N.:* Demonstration Mission of a Satellite Servicing System. Proc. of the 5th Int. Symposium on Artificial Intelligent Robotics & Automation in Space, ESA SP-440, pp. 221–216.

[7.8.2] Satellites hopes ride on ORBITAL EXPRESS. Aerospace America, February 2007, p. 30.

[7.8.3] SUMO wrestles satellites into new orbits. Aerospace America, February 2006, p. 26.

[7.8.4] *Reintsema, D.; Sommer, B.:* DEOS. i-SAIRAS 2010, Sapporo, Japan, 29.8.–1.9.2010.

[7.8.5] *Kaiser, C.; Eilertsen, B.; Bellido, E.; del Cura, J.-M.; Kugelberg, J.:* On-Orbit Servicing of a Geostationary Satellite Fleet: OLEV as a Novel Concept for Future Telecommunications Services. Proc. of the 60th IAC, Daejea, Rep. of Korea, 12.–16.10.2009.

[7.8.6] *Kaiser, C.; Hofmann, P.; Landzettel, K.; Erb, S.:* The Docking Payload of the ORS Orbital Life Extension Vehicle. ESTEC, Noordwijk, Netherlands: Proc. of the 9th ESA Workshop on Advanced Space Technologies for Robotics and Automation, 28.–30.11.2006.

[7.8.7] *Horn, J.; Reball, S. (Hrsg.):* Moderne Technik von A bis Z. Leipzig/Köln: Fachbuchverlag/Verlag TÜV Rheinland, 1991.

[7.8.8] *Benninghoff, H.; Rems, F.; Risse, E.-A.; Mietner, C.:* European Proximity Operations Simulator 2.0 (EPOS) – A Robotic-Based Rendezvous and Docking Simulator. Journal of Large-Scale Research Facilities, 3, A107, 2017.

[7.8.9] *Benninghoff, H.; Rems, F.; Risse, E.-A.; Brunner, B.; Stelzer, M.; Krenn, R.; Reiner, M.; Stangl, C.; Gnat, M.:* End-to-End Simulation and Verification of GNC and Robotic Systems Considering Both Space Segment and Ground Segment. CEAS Space Journal, 2018.

[7.8.10] *Nielsen, M. A.:* Neural Networks and Deep Learning. Kapitel 6. Determination Press, 2015. Retrieved from http://neuralnetworksanddeeplearning.com/chap6.html. Dezember 2, 2017.

[7.8.11] *Nag, P.:* Google's Deep Learning AI project diagnoses cancer faster than pathologists. Retrieved from http://www.ibtimes.sg/googles-deep-learning-ai-project-diagnoses-cancer-faster-pathologists-8092. March 5, 2017.

[7.8.12] *CADnetwork GmbH:* Deep Learning GPU Server und Workstations. Retrieved from https://www.cadnetwork.de/de/produkte/deep-learning?gclid=EAIaIQobChMI5b65g46j2QIVEbobCh07DQetEAAYASAAEgJhO_D_BwE. February 14, 2018.

[7.8.13] *Kim, S.-K.; Kirchner, E. A.; Stefes, A.; Kirchner, F.:* Intrinsic interactive reinforcement learning – Using error-related potentials for real world human-robot interaction. In: Nature, Scientific Reports, Volume 7, Article Number: 17562, pp. 1–16. December 14, 2017.

8 Konfiguration/Entwurf eines Raumflugkörpers

Klaus Brieß

Ein Raumflugkörper stellt nur ein Element des komplexen Systems einer Raumflugmission dar. Der Entwurf eines Raumflugkörpers hängt sehr eng mit dem Entwurf der gesamten Raumflugmission zusammen, d. h. mit dem Entwurf aller Elemente einer Raumflugmission und ihrer Wechselwirkungen. Ein **Satellit zur Erdfernerkundung** z. B. kann nur dann entworfen werden, wenn die Instrumentierung (hängt wiederum vom Orbit, vom Betriebskonzept und den geplanten Zielen ab), die Bodenstationen, die Kontaktzeiten, die Kommunikationsarchitektur, die Prozessierungskette, das Nutzungskonzept, das Startelement und das Missionskonzept definiert sind.

Andererseits hängt der Entwurf dieser Elemente wiederum sehr eng mit dem Entwurf des Raumelements zusammen. Die Elemente können ohne ein erstes Grundkonzept des Raumflugkörpers nicht entworfen werden. Kapitel 8.1 zeigt, dass die erste Idee zu einem Raumflugkörper eigentlich schon in der Missionsidee beschrieben wird. Ausgehend von der Missionsidee werden dann **Missionsziele** definiert und die Randbedingungen der Mission herausgearbeitet.

Aus den Missionszielen sind funktionelle und operationelle Anforderungen für den Entwurf der Mission abzuleiten. Diese Anforderungen sollten für alle Elemente einer Raumflugmission möglichst so definiert werden, dass eine Lösung noch nicht vorweggenommen wird. Diese sorgfältige Trennung von Anforderungsdefinition und Lösungskonzept ermöglicht es, in einem nächsten Schritt des Entwurfsprozesses verschiedene Lösungsvarianten eventuell für jedes Missionselement abzuleiten.

Aus der Kombination der verschiedenen Varianten für jedes Missionselement im Entwurfsprozess ergeben sich so ganz unterschiedliche **Missionskonzepte**, die anhand bestimmter Kriterien, unter anderem auch der Passfähigkeit zu den Randbedingungen der Mission, miteinander verglichen und aus der übergeordneten Sicht des Missionsentwurfs gegeneinander abgewogen werden. Ein so entwickeltes Missionskonzept kann in einer ersten Phase der Missionsentwicklung durchaus noch aus zwei oder drei verschiedenen Varianten bestehen, die alle die Missionsanforderungen unter den gegebenen Randbedingungen erfüllen, aber jeweils Vor- und Nachteile auf unterschiedlichen Gebieten haben. Erst in einer folgenden Missionsentwicklungsphase, der sogenannten **Definitionsphase**, wird das Gesamtsystem definiert und werden alle Missionselemente und die Missionsarchitektur festgelegt.

Schon im Entwurf der Raumflugmission werden Missionselemente zu **Segmenten** gruppiert. Was sind typische Segmente und wodurch ist eine Missionsarchitektur gekennzeichnet? Was ist ein Missionskonzept? Diese Fragen werden im Kapitel 8.1 am Beispiel einer Satellitenmission beantwortet, dort wird auch die Entwicklung eines Missionskonzepts und einer Missionsarchitektur erläutert. Der Entwicklungsprozess wird in Teilschritten dargestellt, die an einem Beispiel aus der Praxis, der Entwicklung der **Kleinsatellitenmission BIRD** des DLR, näher erläutert werden.

Eine Raumflugmission besteht aus mehreren **Missionselementen** (Kapitel 8.1). Bei näherer Betrachtung der einzelnen Elemente erweisen sich diese jedoch als komplexe Systeme, die einschließlich ihrer Wechselwirkungen nach bestimmten Regeln zu entwerfen, zu entwickeln, zu fertigen, zu integrieren und zu verifizieren sind. Der **Entwurf** und die **Integration** komplexer Raumfahrtsysteme werden am Beispiel eines Raumflugkörpers im Kapitel 8.2 behandelt. Nach der Bestimmung des Systembegriffs folgen der Entwurfsprozess und die Prinzipien des Systementwurfs. Dabei wird auf das feste Ablaufschema und die typische zeitliche Gliederung der Tätigkeiten beim Entwurf und der Umsetzung einer Raumflugmission eingegangen. Die unterschiedlichen Entwurfsphilosophien „design to objectives“ und „design-to-cost“ und ihre Konsequenzen werden erläutert. Nach einem Kapitel zur **Systemintegration** wird auf die Verifikation von Raumfahrtsystemen näher eingegangen. Typische Modelle eines Raumflugkörpers, ihr Repräsentationsgrad und ihre Verwendung sowie die drei typischen Modellphilosophien werden erklärt.

Eine Besonderheit des Raumflugkörpers besteht darin, dass er für den Einsatz unter besonderen Umweltbedingungen entwickelt und gebaut wird. Das sind einerseits die Umweltbedingungen am Einsatzort Weltraum, wie Gravitation/Mikrogravitation, Vakuum, elektromagnetische Strahlung der Erde und der Sonne, Magnetfeld, Plasma, ionisierende Strahlung, Restatmosphäre. Andererseits stellen die Umweltbedingungen während des Raketenstarts ebenso eine erhebliche Belastung für den Raumflugkörper dar. Im Vorfeld der Missionsdurchführung müssen **Umweltsimulationen** und Tests auf der Erde den Nachweis erbringen, dass der Raumflugkörper den erwarteten Belastungen standhält und für den Start und den Weltraumeinsatz qualifiziert ist. Die Bedeutung der Umweltsimulation, die Sequenz von Umwelttests, Kenngrößen, Testeinrichtungen und die wichtigsten Tests werden im Einzelnen in Kapitel 8.3 beschrieben.

Der Entwurf und die Konfiguration von Raumflugkörpern unterscheiden sich nicht nur durch die Aufgabenstellungen, sondern sie sind auch je nach Satellitenklasse in ihrer Ausführung ganz verschieden. In den Kapiteln 8.4 bis 8.7 werden Systementwürfe von ganz unterschiedlichen Satelliten vorgestellt. Kapitel 8.4 behandelt den Systementwurf am Beispiel eines CUBESAT-Satelliten. Das ist ein standardisierter Picosatellit, der eine Gesamtmasse von maximal 1 kg aufweist. CUBESATs werden erst seit wenigen Jahren entwickelt und gebaut, fast ausschließlich von Universitäten. Sie sind klein, kompakt und zeichnen sich durch sehr geringe Kosten und kurze Entwicklungszeiten aus. Sie dienen der Technologieerprobung und der Ausbildung und können bestimmte „Wissenschaftsnischen“ füllen.

In Kapitel 8.5 wird das Systemdesign des Forschungssatelliten BIRD, der sowohl wissenschaftliche als auch technologische Ziele erfüllt, vorgestellt. Der Satellit zählt aufgrund seiner Masse von 92 kg zur Klasse der **Mikrosatelliten** und wurde streng nach der „Design-to-cost“-Philosophie entworfen und gebaut.

Das Systemdesign eines operationellen Satelliten wird im Kapitel 8.6 am Beispiel des Galileo-Satelliten dargestellt. Von der Masse her zählt er zur Klasse der konventionellen Satelliten, von der Technologie jedoch zu den fortgeschrittenen und besonders zuverlässigen Systemen.

Der Systementwurf und das Betriebskonzept von modernen Radarsatelliten, wie TerraSAR-X, und von Satelliten, die Erdbeobachtungsziele im Formationsflug verfolgen können (TerraSAR-X und TanDEM-X), werden im Kapitel 8.7 erläutert.

In der Beschreibung des Systemdesigns dieser sehr verschiedenen Raumflugkörper, vom CUBESAT über Mikrosatellit und konventionelle Satelliten bis zum Formationsflug, werden die Elemente der jeweiligen Mission, die Missionsarchitektur, der Entwurf des Raumflugkörpers und die notwendigen Modelle und Modellphilosophien näher erläutert. Unterschiede und Gemeinsamkeiten werden sichtbar gemacht und sollen für den Entwurf neuer Raumflugkörper für verschiedene Anwendungen in allen „Gewichtsklassen“ Anregungen geben und Erfahrungen vermitteln.

8.1 Missionskonzept und Missionsarchitektur

Klaus Brieß

8.1.1 Die Elemente einer Raumflugmission

Für die Entwicklung des Konzepts und der Architektur einer Raumflugmission sind ganz verschiedene Systeme, Bereiche und ihre Wechselwirkungen zu planen. Jede Raumfahrtmission kann ganz grob in **Elemente der Raumflugmission** eingeteilt werden, die die Hauptbestandteile einer Mission bilden. Die Missionselemente variieren etwas in Abhängigkeit von dem Charakter der Raumflugmission und sie werden auch durch verschiedene Raumfahrtorganisationen und -einrichtungen teilweise unterschiedlich definiert. Die meisten Elemente werden jedoch bei allen Missionen gleichermaßen benötigt. Die Missionselemente sind am Beispiel einer Satellitenmission in Bild 8.1.1 dargestellt.

Die Anordnung dieser Missionselemente und ihre Wechselwirkungen miteinander charakterisieren die **Architektur einer Raumflugmission.** Die Hauptelemente einer Raumflugmission werden nachfolgend erläutert:

8.1.1.1 Das Missionsziel

Das **Missionsziel** beinhaltet den Grund bzw. den Zweck der Raumflugmission, den Gegenstand bzw. das Subjekt der Mission und den Nutzen der Mission. Das Missionsziel kann z. B. im operationellen Betrieb eines Wetterbeobachtungssatelliten für Wetterdienst-Organisationen liegen oder in der Erforschung von Phänomenen auf der Erdoberfläche oder im Weltall für wissenschaftliche Institute und Einrichtungen oder anderes. Der **Missionsgegenstand** wäre in diesem Fall z. B. die Erdoberfläche oder das Weltall.

8.1.1.2 Das Missionskonzept

Das **Missionskonzept** umfasst die Entwicklung, den Bau und Test, die Implementierung, den Betrieb und das Entsorgungskonzept der Raumflugmission. Es beinhaltet folgende Teilkonzepte:

- ein Konzept zur Erreichung, Umsetzung und Nutzung bzw. Verwertung des Missionsziels,
- ein technisches Konzept zur Ausführung der Mission mit allen Missionselementen,
- ein Missionsbetriebskonzept,
- ein Management-Konzept,
- einen groben Zeitplan,
- einen groben Kostenplan und
- ein Finanzierungskonzept.

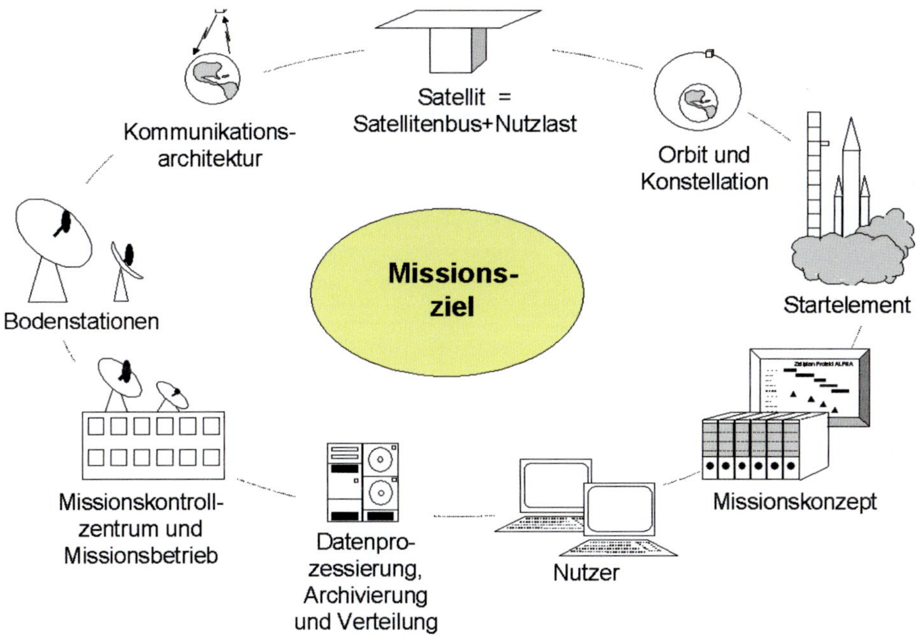

Bild 8.1.1: *Die Elemente einer Satellitenmission.*

In einigen Darstellungen wird das Missionskonzept nicht zu den Elementen einer Mission gezählt, sondern separat betrachtet. Das hat in der Darstellung den Vorteil, dass nur technische Elemente behandelt werden.

8.1.1.3 Das Startelement

Das **Startelement** ist das Raumtransportsystem, das den Transport des Raumelements von der Erde in den Weltraum durchführt. Es besteht aus dem eigentlichen Raumfahrtzeug, der Rakete einschließlich Oberstufen zum Transport des Raumfahrzeugs im Weltraum, dem Startplatz (Ort), der Startanlage mit Startrampe, Integrationsgebäuden, Startkontrollzentrum und technischen Anlagen zur Bodenunterstützung der Nutzlast und der Rakete in der Startvorbereitungsphase sowie während des Starts. Zum Startelement gehört außerdem die Startstrategie: ein dedizierter Einzelstart oder ein Doppelstart (geteilter Start) oder ein Mitstart mit einer Hauptnutzlast als Zusatznutzlast in den Orbit der Hauptnutzlast (sogenannter „piggyback"-Start). Die letztgenannte Möglichkeit ist nur für Kleinsatelliten bis ca. 150 kg offen und hat den Vorteil geringer Startkosten (ca. 15 000 bis 20 000 € pro kg Nutzlastmasse), da die Kosten des eigentlichen Raketenstarts im Wesentlichen durch die Hauptnutzlast getragen werden. Der Hauptnachteil besteht darin, dass der Orbit nicht frei wählbar ist, sondern durch die Hauptnutzlast bestimmt wird. Bei der Festlegung des Startelements sind neben den möglichen Einschussparametern und Einschusstoleranzen auch andere technische Parameter zu beachten: die Umweltbedingungen für die Nutzlast am Startplatz und insbesondere während des Starts, aber auch geometrische Anforderungen an die Nutzlast, wie z. B. Grundfläche und -form sowie maximale Abmaße, außerdem andere mechanische Anforderungen wie Masseparameter und Schnittstellen-Anforderungen von mechanischen, thermischen, elektrischen, elektromagnetischen und Informations-Schnittstellen zwischen Nutzlast und Raketenoberstufe. Weitere wichtige Parameter des Startelements sind der Zugang zu bzw. die Verbindung mit der integrierten Nutzlast und die Umweltbedingungen für die integrierte Nutzlast am Startplatz.

8.1.1.4 Orbit und Konstellation

Der **Orbit** ist die Ellipsen- oder Kreisbahn um die Erde, in der sich das Raumelement, hier der Satellit, periodisch bewegt. Orbits können anhand ihrer Hauptparameter in verschiedene Typen eingeteilt werden, z. B. in

LEO Low Earth Orbit – niederer Erdorbit,
MEO Medium Earth Orbit – mittlerer Erdorbit,
GEO Geosynchronous Earth Orbit – geosynchroner Erdorbit,
HEO High Elliptical Earth Orbit – hochelliptischer Erdorbit, auch Molnija-Orbit genannt.

Einige charakteristische Kennwerte zu den Orbittypen sind in Tabelle 8.1.1 aufgeführt.

Bei einer Unterteilung der Orbits nach ihrer Funktion können unterschieden werden:

- **Einschussorbit,** der Orbit, in dem der Satellit von der Oberstufe getrennt wird,
- **Parkorbit,** in dem der Raumflugkörper temporär „geparkt" wird, bevor er in den Zielorbit manövriert wird,

Tabelle 8.1.1: *Typen von Erdorbits und charakteristische Kennwerte.*

	LEO	MEO	GEO	HEO
Mittlere Höhe (in km)	300 ... 1000	6000 ... 25000	35786	500 ... 36000
Inklination (in °)	0 ... 99	beliebig	0	63,44
Umlaufzeit (in h)	ca. 1,5	ca. 5 ... 12	24	12
Kontaktzeiten	ca. 10 min	2 ... 4 h	24 h	11 h
Nutzung	diverse	GNSS, Kommunikation	Kommunikation, Erdbeobachtung	Kommunikation

- **Transferorbit** oder -orbitsegment, in dem das Raumfahrzeug von einem Orbit in einen Zielorbit transferiert wird, z. B. ist der **Geotransferorbit** (GTO) eine **Hohmann-Bahn,** auf der ein Satellit von einem niederen Erdorbit in den geosynchronen Orbit (GSO) gebracht wird,
- **Zielorbit,** in dem das Raumfahrzeug sein Missionsziel erfüllt bzw. der Orbit, in den das Raumfahrzeug hineinbewegt werden soll,
- **Friedhofsorbit,** in den das Raumfahrzeug nach Abschluss der Mission (Außerdienststellung) bewegt wird und verbleibt. So muss jeder Satellit im GEO nach seiner Außerdienststellung den GEO verlassen und den mehrere 100 km weiter entfernten Friedhofsorbit erreichen.

Eine **Satellitenkonstellation** ist eine örtlich versetzte Anordnung mehrerer Satelliten in gleichen oder unterschiedlichen Orbits zur Erfüllung des gleichen Missionsziels. Eine Konstellation gleicher Satelliten wird im Weltraum implementiert, um die örtliche und zeitliche Überdeckung der Erde mit den Nutzlasten deutlich zu erhöhen. Satellitenkonstellationen werden für die Kommunikation (Beispiel Iridium), für die Erdbeobachtung (Beispiele: RapidEye, Desaster Monitoring Constellation), für die Navigation (Beispiele: GPS, GLONASS, Galileo) und für andere Aufgaben (z. B. militärische Aufgaben) eingesetzt. Werden mehrere Satelliten im etwa gleichen Orbit für die Erfüllung einer Missionsaufgabe in relativ geringem Abstand zueinander positioniert, nennt man die Anordnung **Satellitenformation, Satelliten-Formationsflug** oder **Satelliten-Cluster.**

8

8.1.1.5 Das Raumelement

Das **Raumelement** ist das zentrale Element zur Verwirklichung des Missionsziels mit Hilfe einer Raumflugmission. Es ist ein einzelner Raumflugkörper oder eine Anordnung von mehreren Raumflugkörpern zu einer Konstellation oder Formation. Der Raumflugkörper kann ein Space Shuttle, eine Wiedereintrittskapsel, das Modul einer Raumstation, die Raumstation selbst, eine Raumsonde oder ein Satellit sein. In Bild 8.1.1 besteht das Raumelement aus einem Satelliten. Unter einem **Satelliten** soll hier ein künstlicher unbemannter Himmelskörper verstanden werden, der die Erde umrundet. Im Unterschied dazu wird ein künstlicher unbemannter Raumflugkörper, der die ellipsenförmige Erdbahn verlässt, **Raumsonde** genannt. Ein Satellit besteht aus einem Satellitenbus und der Nutzlast. Der **Satellitenbus** beinhaltet alle Subsysteme, die zur Versorgung und zum Betrieb der Nutzlast (und des Satellitenbusses selbst) im Weltraum notwendig sind. Der Satellitenbus hält die Nutzlast mechanisch stabil in der gewünschten Ausrichtung zum Bus, er transportiert die Nutzlast in den Zielorbit und gewährleistet die Einhaltung der gewünschten Orbitposition, er hält den gesamten Satelliten in einer oder mehreren definierten Lagen, führt erforderliche Lagemanöver durch, sichert die Energieversorgung und regelt den Wärmehaushalt, gewährleistet den Empfang, die Dekodierung und Ausführung von Kommandos, organisiert die Erfassung, Zwischenspeicherung und Sendung von Status- und sonstigen Zustandsinformationen (Telemetriedaten) der Subsysteme und der Nutzlast sowie der Nutzlastdaten. Die **Nutzlast** eines Satelliten dient der Erfüllung der Missionsaufgabe. Die Nutzlast kann ein wissenschaftliches Instrument, ein Instrumentenkomplex für Forschungszwecke, ein System von Transpondern zur Nachrichtenübertragung, ein Wetterinstrument zur operationellen Wetterbeobachtung oder anderes sein.

8.1.1.6 Die Kommunikationsarchitektur

Die **Kommunikationsarchitektur** beschreibt die Art und Weise der Kommunikation zwischen dem Raumelement und dem Boden und die Anordnung aller dafür notwendigen Elemente. Die Kommunikationsarchitektur einer Mission kann unterschiedliche Kommunikationsarten auf verschiedenen Informationswegen einschließen, z. B. Sprachkommunikation im UHF-Frequenzband, Videokommunikation im S-Band, Telemetriedaten und Telekommandos im S-Band und Instrumentierungsdaten im X-Band. Die Kommunikationsarchitektur beschreibt den Zusammenhang aller für die Mission notwendigen Elemente und Kommunikationssysteme. Die wesentlichen Missionselemente, die in der Kommunikationsarchitektur angeordnet werden, sind das Raumelement, die Bodenstationen, das Missionskontrollzentrum und das Missionsbetriebskonzept. Zwischen den Elementen werden die Kommando-, Telemetrie- und sonstigen Daten bzw. Informationsströme dargestellt.

Die Kommunikationsarchitektur kann nach verschiedenen Kriterien festgelegt werden, z. B. nach der Satelliten-Boden-Geometrie oder nach der Funktion. So kann anhand der Datenverteilung grundsätzlich zwischen einer Punkt-zu-Punkt-Verbindungsarchitektur oder einer Rundsendungsarchitektur unterschieden werden.

Bei einer **Punkt-zu-Punkt-Architektur** werden die Daten, Telemetriewerte und Kommandos direkt oder per Relaissatellit zwischen dem Raumelement und einer Bodenstation ausgetauscht.

Die **Rundsendungsarchitektur** ist durch eine Verteilung von Daten, Telemetriewerten oder Kommandos zu vielen Empfängern gekennzeichnet, die direkt oder per Relaissatellit erreicht werden. Der Sender kann eine Bodenstation oder ein Satellit sein, die Empfänger können mehrere Satelliten oder viele Bodenstationen sein.

Punkt-zu-Punkt-Verbindungsarchitektur oder Rundsendungsarchitektur ist eine grobe Einteilung, die nach der konkreten Funktion detaillierter definiert werden muss. So kann jeweils in Verbindung mit einer der beiden genannten Hauptarchitekturen weiter unterschieden werden in:

- **Store-and-forward-Communication** (an-Bord-Datenspeicherung): Daten von Bodenstation(en) werden durch das Raumelement aufgenommen, zwischengespeichert und an andere Bodenstation(en) wieder abgesendet (in Form von Rundsendungen oder als Punkt-zu-Punkt-Verbindung),
- **Telemetrie- und Kommando-Kommunikation:** Die Telemetriewerte des Raumelements werden direkt oder über einen Relaissatelliten zu einer einzelnen Bodenstation (Punkt-zu-Punkt) oder zu vielen Bodenstationen (Rundsendung) gesendet, die Kommandos in umgekehrter Richtung von einer Bodenstation zu einem (Punkt-zu-Punkt) oder vielen Satelliten (Rundsendung),
- **Datensammelarchitektur:** Bodendaten werden per Sensoren oder Kommunikationstechnik vom Satelliten aufgenommen und direkt oder per Relaissatellit an eine bestimmte Bodenstation gesendet (Punkt-zu-Punkt) oder per Rundsendung im Empfangsbereich verteilt,
- **Datenübertragungsarchitektur:** ein Relaissatellit überträgt Daten von einer Bodenstation oder von einem Satelliten zu einer Bodenstation (Punkt-zu-Punkt) oder zu vielen Bodenstationen (Rundsendung).

8.1.1.7 Satelliten-Bodenstationen

Die **Satelliten-Bodenstationen** beinhalten die Sende- und Empfangstechnik am Boden zur Kommunikation mit dem Satelliten. Die Bodenstation besteht aus den Komponenten:

- **steuerbare Antenne** zum Empfangen von Telemetriedaten und Nutzlastdaten und gegebenenfalls auch zum Senden von Kommandos,
- **Antennensteuerung** zur Ausrichtung und Nachführung der Richtantenne zum Satelliten; die Nachführung der Antenne zur Satellitenbewegung kann programmgesteuert oder empfangsgesteuert („auto-track“) je nach der Empfangsfeldstärke erfolgen,
- **Antennen-Feed** mit dem Hochfrequenzteil des Empfängers bzw. Senders einschließlich eines Niedrigrauschverstärkers (Low Noise Amplifier, LNA) und/oder eines Down-Converters zum Heruntersetzen des Hochfrequenz-Empfangssignals in eine Zwischenfrequenz zur Übertragung zur Empfängereinheit,
- **Empfängereinheit** mit Demodulator und gegebenenfalls bei digitalen Signalen mit Bitsynchronizer und Framesynchronizer zum „Einrasten“ der Bitfolge und zur Erkennung der Übertragungsrahmen (Frames),
- **Sendeeinheit** mit Hochfrequenzgenerator, Modulator und Hochfrequenz-Leistungsverstärker.

Bei Verwendung von mehr als einer Bodenstation für eine Raumflugmission wird meist eine Bodenstation als **Hauptbodenstation** (Prime Ground Station) genutzt und weitere Bodenstationen als Nebenstellen (Secondary Ground Stations). Die Hauptbodenstation sichert dabei komplett den Betrieb und die Kontrolle des Satelliten im Nominalfall. Es ist üblich, dass die Kommandierung in diesem Fall nur über die Hauptbodenstation durchgeführt wird. Die weiteren Bodenstationen dienen dem Empfang von Telemetriedaten und sonstigen Sensordaten oder dem Betrieb von Kommunikationsverbindungen bei entsprechender Missionsaufgabe. Die Bodenstationen sind über ein Netzwerk mit dem Missionskontrollzentrum oder auch untereinander verbunden. Das Netzwerk kann die Internet-Verbindung sein oder es kann aus separaten Standleitungen bestehen, die angemietet werden.

8.1.1.8 Missionskontrollzentrum und Missionsbetrieb

Das **Missionskontrollzentrum** ist die Zentrale zur Planung und Durchführung des Missionsbetriebs. Das Missions- bzw. **Raumflugkontrollzentrum** ist die technische Einrichtung zur Überwachung und Steuerung des Raumelements in Raum und Zeit und der zugehörigen Bodenelemente und Ressourcen. Es sichert die Verbindung mit dem Raumflugkörper über die Bodenstation bzw. über das Bodenstationsnetzwerk im Auftrag und Sinne des Nutzers bzw. Missionsbetreibers. Das Missionskontrollzentrum einer Satellitenmission kann mit dem **Satellitenkontrollzentrum** identisch sein, das alle Subsysteme eines Satelliten überwacht und kommandiert sowie den Satellitenbus in Raum und Zeit kontrolliert und betreibt. Das dritte erforderliche Element zur Kontrolle einer Satellitenmission ist ein **Nutzlastkontrollzentrum.** Es erfüllt die gleichen Aufgaben wie das Satellitenkontrollzentrum, nur auf die Nutzlast bezogen. Es kann ebenfalls in das Missionskontrollzentrum integriert werden, aber auch vom Satelliten- und Missionskontrollzentrum örtlich getrennt sein. Ein integriertes Missionskontrollzentrum, zu dem auch das Satelliten- und das Nutzlastkontrollzentrum gehören, besteht aus folgenden Hauptkomponenten:

- **Kommandosystem:** ein datenbankgestütztes System aller Kommandos und Kommandoparameter mit Mensch-Maschine-Schnittstelle zur Missionssteuerung (Satellit einschließlich Nutzlast),
- **Telemetriesystem:** ein datenbankgestütztes System aller Telemetriewerte mit automatischen Checks und Grenzwertüberwachungen sowie mit Mensch-Maschine-Schnittstellen zur Missionsüberwachung und -kontrolle für den Satelliten einschließlich der Nutzlast,
- **Archivsystem** zur Speicherung aller empfangenen Telemetriewerte und gegebenen Kommandosequenzen,
- **Offline-Analysesystem** zur systematischen Auswertung und Analyse von historischen Telemetriewerten nach vorgewählten Kriterien, zur Durchführung von Trendanalysen über Komponenten, Subsysteme und Nutzlast,
- **Datenübertragungssystem** zur Sicherung der Verbindung mit allen Bodenstationen,
- **Missionsplanungssystem:** ein System zur Erfassung operativer Nutzeranforderungen und zur Planung des Missionsbetriebs entsprechend der Nutzerforderungen und unter aktuellen Randbedingungen (z. B. Sichtverhältnisse für optische Sensoren, Überflugparameter, Energiehaushalt, freie an-Bord-Speicherkapazität, nächste Bodenkontaktdaten usw.).

Der **Missionsbetrieb**, der durch das Raumflugkontrollzentrum durchgeführt wird, umfasst folgende Teilaufgaben:

- **Missionsplanung,** d. h. Tätigkeiten zur Erfassung der Anforderungen der Nutzer, zur Zeitplanung für den Betrieb der Bodenstation(en), Erstellung der Kommandofiles, Unterstützung von Sonderanforderungen, Berechnung von Orbitdaten und Ephemeriden, Betrieb und Nutzung der Verbindungen, Auslastungsanalyse,
- **Betrieb des Raumflugkörpers,** d. h. Kommandierung des Raumfahrzeugs, Überwachung der Subsysteme, Nutzlastmanagement, Betrieb der Aufzeichnungsinstrumente, Beseitigung von Anomalien, Trendanalyse zum Raumfahrzeug,
- **Ausbildung und Training des Betriebspersonals,** d. h. Entwicklung eines Trainingskurses, Training am Simulator, Training am Raumfahrzeug und laufende Weiterbildung,
- **wissenschaftlich-technische Unterstützung** des Entwicklers des Raumelements, insbesondere in den Teilaktivitäten Konstruktion und Test, Planung der Orbit-Manöver, Management der Subsysteme, Nutzlast-Management, Energie-Management, Beseitigung von Anomalien, Betreuung der Flug-Software, Betreuung des Simulators (wenn vorhanden), Pflege der Datenbank der Bodenstation, Trendanalysen zum Raumfahrzeug.

8.1.1.9 Datenprozessierung, Archivierung und Verteilung

Raumflugmissionen, in denen wissenschaftliche, operationelle oder hoheitliche Daten erzeugt bzw. gesammelt werden, benötigen technische Einrichtungen zur systematischen Verarbeitung der Daten und zu ihrer Speicherung, die sogenannten **Processing and Archiving Facilities (PAFs),** sowie technische Wege der Datenverteilung. Diese technischen Einrichtungen werden zweckmäßigerweise zentralisiert, sie können auch mit einer Bodenstation in direkter Verbindung stehen. Der oder die Nutzer erhalten die Daten von dem Datenverarbeitungszentrum in einem bestimmten standardisierten Grad der Verarbeitung. Man spricht vom **Level** der Datenprozessierung.

8.1.1.10 Nutzer

Der oder die **Nutzer** der Mission bestimmt bzw. bestimmen die eigentliche Auslegung und Durchführung der Mission innerhalb vorgegebener Randbedingungen durch die Finanzierung. Nutzer von Raumflugmissionen haben oft unterschiedliche Interessen. Entsprechend ihrer gesellschaftlichen Rolle und Interessenlage können Nutzer in folgende Kategorien eingeteilt werden:

- wissenschaftliche Nutzer,
- private Nutzer (z. B. Kommunikationsfirmen),
- Dienstanbieter (z. B. Wetterdienste),
- nicht-private industrielle Nutzer (z. B. halbstaatliche Unternehmen),
- hoheitliche Nutzer (Behörden, Administrationen),
- militärische Nutzer,
- Universitäten und Bildungseinrichtungen.

8

8.1.2 Die Segmente einer Raumflugmission

Es ist üblich, Elemente, die in einem engeren funktionalen Zusammenhang stehen, zu einem Segment zusammenzufassen. Die Raumflugmission wird dann in einige wenige Segmente zergliedert, mit deren Hilfe die komplexen Zusammenhänge einer Raumflugmission einfacher dargestellt werden können. In [8.1.1] werden ganz allgemein vier **Segmente einer Satellitenmission** angesprochen:

- das **Programmsegment,** das Management, Projektkoordination, Produktsicherung, Schnittstellen, Organisation und Ressourcenplanung einschließt,
- das **Startsegment,** das die Startrakete, Serviceleistungen und die notwendige Infrastruktur umfasst,
- das **Raumsegment,** das die Entwicklung aller Komponenten des Raumfahrzeugs, Nutzlast und System-Engineering und Tests einschließt und
- das **Bodensegment,** welches die Infrastruktur am Boden, die Ausrüstung, Hard- und Software zur Verbindung der Kontrollzentren mit dem Raumfahrzeug und die Datenprozessierungs- und Archivierungstechnik umfasst.

Diese allgemeine Einteilung wird je nach Mission modifiziert. Die Art der Segmentierung hängt sehr stark vom Charakter der Mission ab.

Zum Beispiel werden bei den Satellitennavigationssystemen GPS, GLONASS und Galileo die Missionen ganz grob in drei Segmente untergliedert. Die **Segmente eines globalen Satellitennavigationssystems** sind:

- das **Raumsegment** mit den Navigationssatelliten in ihrer festen Konstellation,
- das **Kontrollsegment**, das den Erhalt und Betrieb des Systems gewährleistet und
- das **Nutzersegment**, das aus den verschiedensten Nutzern der Navigationssignale besteht.

Das Startelement (Raumtransportsystem) wird in dieser Segmentierung der Mission vernachlässigt, da die Segmentierung unter funktionalen Aspekten aus dem Blickwinkel des Nutzers vorgenommen wurde. Das Startsegment wird jedoch „nur" zur Implementierung benötigt und steht deshalb für den Nutzer nicht in direktem Zusammenhang mit der Funktion.

Eine andere Segmentierung wird bei Erdbeobachtungsmissionen vorgenommen. Die typischen **Segmente einer Erdbeobachtungsmission** sind:

- das **Raumsegment,** der oder die Satelliten in ihren Orbits,
- das **Bodensegment,** hierzu zählen die gesamte Infrastruktur und das Personal, das zum Betrieb der Mission erforderlich ist; das Bodensegment besteht aus den folgenden Hauptkomponenten: eine oder mehrere Bodenstationen, Raumflugkontrollzentrum, Missionsbetriebseinrichtungen und Bodendatensystem, das die Elemente Bodenstationen, Missionskontrolle einschließlich Satelliten- und Nutzlastkontrolle und Datenprozessierung verbindet; die Kommunikation mit dem Satelliten kann je nach Missionsanforderungen und Randbedingungen in ganz unterschiedlichen Kommunikationsarchitekturen gewährleistet werden,
- das **Service-Segment,** das den Nutzer einschließt, wie es z. B. im ESA-GMES-Programm definiert ist; es besteht aus den Komponenten der Bodendatenverarbeitung, Datenarchivierung und Datenverteilung (den sogenannten Processing and Archiving Facilities – PAFs) und den Nutzern mit ihrem technischen Equipment,
- das **Startsegment,** das teilweise separat erwähnt wird; es beinhaltet die Startstrategie, das Startfahrzeug, den Startplatz, die Startvorbereitung und die Startkampagne einschließlich der notwendigen Infrastruktur, wie z. B. Check-out-Räume, Unterkünfte, Kommunikationsmöglichkeiten u. a.

Das Programmsegment wird üblicherweise nicht als separates Segment einer Raumflugmission ausgewiesen, obwohl es ebenfalls ein wichtiges Element der Mission darstellt. Es umfasst die Missionszielsetzung, das Missionsprogramm, die Randbedingungen der Mission, die Qualitätsphilosophie, den technischen Plan, den Management- und Zeitplan, den Kosten- und Finanzierungsplan sowie andere Referenzdokumente (Anforderungsdokumente, Nutzungsplan etc.).

8.1.3 Die Missionsarchitektur

Die **Architektur einer Raumflugmission** stellt das Zusammenwirken der Hauptelemente einer Raumflugmission dar. In Bild 8.1.2 ist dieses Zusammenwirken am Beispiel der Mission BIRD dargestellt. BIRD ist eine Kleinsatellitenmission des Deutschen Zentrums für Luft- und Raumfahrt e. V. zur Weltraumerprobung neuer Technologien und zur Fernerkundung von Feuer aus dem Weltraum [8.1.2]. Die Mission wurde ausschließlich mit dem nationalen Bodensegment durchgeführt.

Die in Bild 8.1.2 dargestellte Architektur zeigt die unterschiedliche Wechselwirkung des Raumsegmentes mit dem Bodensegment. Über der DLR-Bodenstation Neustrelitz werden Daten gesendet, ohne Kommandomöglichkeit in Richtung Satellit, da diese Bodenstation eine reine Empfangsstation ist. Dafür findet die systematische Prozessierung und Archivierung der Nutzlastdaten ebenfalls in Neustrelitz statt (im Bild nicht dargestellt). Das DLR-Missionskontrollzentrum in Oberpfaffenhofen betreibt den Satelliten mit Hilfe der DLR-Satellitenbodenstation Weilheim.

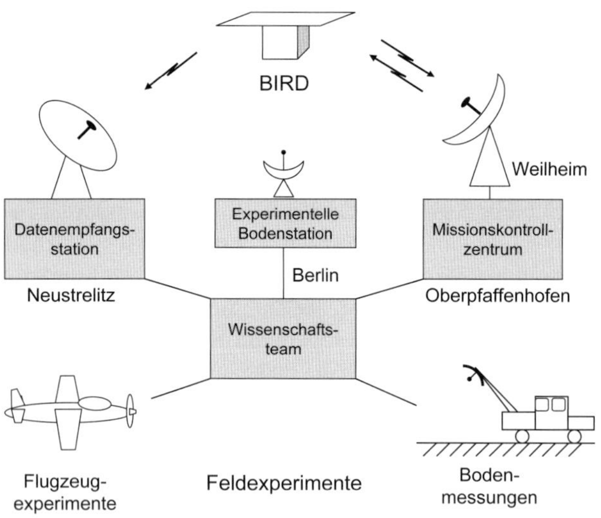

Bild 8.1.2: *Missionsarchitektur der BIRD-Mission.*

Sie besitzt sowohl Empfangs- als auch Sendemöglichkeiten (Pfeile in beiden Richtungen). Nutzer ist hier ein Wissenschaftsteam, das im DLR-Standort Berlin-Adlershof koordiniert wird. Dieses (internationale) Wissenschaftlerteam organisiert Feuerexperimente und Überflüge mit Flugzeug und Satellit zur Datenvalidierung sowie Bodenmessungen beim Satellitenüberflug. Eine experimentelle Bodenstation in Berlin-Adlershof demonstriert die Möglichkeit einer Frühwarnung mit einer zugeschnittenen kostengünstigen Satellitenempfangsstation, die irgendwo in der Welt rasch aufgebaut werden könnte.

8.1.4 Entwicklung eines Missionskonzepts und einer Missionsarchitektur

Das **Missionskonzept** bzw. die **Missionsarchitektur** zeigt, wie die Elemente einer Raumflugmission zur Erfüllung des Missionsziels zusammenwirken. In der Entwicklung und Planung dieser Wechselwirkungen, d. h. des Konzepts einer Raumflugmission, wird schrittweise vorgegangen. Dies soll nachfolgend am Beispiel einer Satellitenmission dargestellt werden. Die Definition der Schrittfolge erfolgt in Anlehnung an [8.1.3] und wird an einem Beispiel näher erläutert.

8

8.1.4.1 Die Missionsidee

Am Anfang einer Raumfahrtmission und so auch einer Satellitenmission steht eine **Missionsidee.** Diese wird in nur wenigen Sätzen formuliert. Drei Kernaussagen sollte die Formulierung der Missionsidee enthalten:

- die Motivation für die Mission, d. h. den Hintergrund bzw. die Ausgangssituation,
- die eigentliche Missionsidee, d. h. das Zusammenwirken der Missionselemente und
- den Nutzen sowie die Nutzergruppe.

Die Missionsidee sollte für jedermann klar und verständlich dargestellt werden.

Beispiel für eine Missionsidee:
Da Vegetationsfeuer einen wachsenden Einfluss auf die Ökosysteme Wald und Savanne sowie auf die Atmosphäre und das Klima haben, ist die globale Erfassung und Vermessung von Feuerparametern in Raum und Zeit von steigender Bedeutung. Ein dediziertes Satellitensystem mit globaler Abdeckung zur täglichen Erfassung und Vermessung von Feuerdaten in betroffenen Gebieten unterstützt die tägliche Lageinformation für das Feuermanagement bei Großfeuern und die Abschätzung der Auswirkungen des Feuers durch Wissenschaftler, Behörden, Organisationen und Versicherungen.

Ein solches System kann auch bei anderen Hochtemperaturereignissen wie z. B. Vulkanaktivitäten wichtige Daten für Wissenschaftler und Behörden liefern.

8.1.4.2 Formulierung der Missionsziele

In der Missionsidee sind bereits die Ziele der Mission allgemein verständlich enthalten. Diese werden in einem nächsten Schritt detailliert und präzisiert. Der Anspruch an die Formulierung der **Missionsziele** besteht nun vor allen anderen Dingen in der präzisen Formulierung der Ziele. Die Formulierung der Zielstellung muss nicht mehr den Anspruch nach Allgemeinverständlichkeit erfüllen. Wichtig ist jetzt, dass der oder die Auftraggeber, die Missionsentwickler, die Missionsbetreiber und die Nutzer ein gemeinsames Verständnis von den Zielen der Mission haben. Sind nicht alle Oberziele der Mission von gleich großer Bedeutung für den Erfolg der Mission, dann ist es in der Zielformulierung sinnvoll, eine flache Hierarchie, bestehend aus zwei oder maximal drei Prioritätsstufen, in den Zielen einzuführen (z. B. Einteilung in erstrangige und zweitrangige Missionsziele). Das Konzept einer Raumflugmission wird aus den Anforderungen und Randbedingungen abgeleitet. Diese werden aus den Zielstellungen hergeleitet.

Beispiel für die Formulierung einer Missionszielstellung (in Anlehnung an [8.1.2]):

Erstrangige (primäre) Missionsziele:
- Test und Weltraumdemonstration einer neuen Generation von Infrarot-Sensoren mit einem adaptiven Dynamikbereich für die Erdfernerkundung,
- Entdeckung und wissenschaftliche Untersuchung von Hochtemperaturereignissen aus dem Weltraum wie Vegetationsfeuer, Vulkanaktivitäten und Kohleflözbrände,

- Test und Demonstration neuer Kleinsatellitentechnologien.

Zweitrangige (sekundäre) Missionsziele:

- Test und Demonstration einer an-Bord-Klassifikation der Daten mit einem künstlichen neuronalen Netzwerk-Klassifikator,
- Test und Demonstration einer experimentellen Bodenstation für den Direktempfang der Daten beim Endnutzer.

8.1.4.3 Definition des Nutzerbedarfs

Nach der Formulierung der Missionsziele wird der Bedarf der Nutzer an der Erfüllung der Zielstellungen identifiziert. Nutzer können ganz grob in drei unterschiedliche Gruppen eingeteilt werden, die aber auch gemeinsam eine Mission nutzen können: wissenschaftliche Nutzer, kommerzielle Nutzer und hoheitliche Nutzer. Der Bedarf wissenschaftlicher Nutzer kann durch Missionsausschreibungen oder durch Aufrufe zu einer Missionsbeteiligung gut erfasst werden. Der Bedarf kommerzieller Nutzer kann auch durch Ausschreibungen erfasst werden. Oft sind aber Nutzerbefragungen mit vorbereiteten Fragebögen und Nutzerkonferenzen besser geeignet, den Nutzen einer Mission für kommerzielle Zwecke zu erfassen. Diese Methoden sind auch sehr geeignet, um den Bedarf hoheitlicher Nutzer festzustellen und zu quantifizieren. Eine detaillierte Analyse des Nutzerbedarfs kann zu Modifikationen der Ziele führen. Wurden die Ziele mit dem Nutzerbedarf in Übereinstimmung gebracht und gegebenenfalls präzisiert, können die Missionsanforderungen abgeleitet werden.

8.1.4.4 Definition der Missionsanforderungen und Randbedingungen

Die Missionsanforderungen gliedern sich in funktionale und operationelle Anforderungen. **Funktionale Missionsanforderungen** beschreiben die Aufgaben und wesentlichen Leistungsparameter, die zur Erreichung des Missionsziels notwendig sind. Die **operationellen Missionsanforderungen** beschreiben den Betrieb des Systems zur Erfüllung der Missionsaufgabe und die Wechselwirkungen zwischen dem Betrieb und den Nutzern.

Die funktionalen Anforderungen lassen sich aus den Missionszielstellungen ableiten, man kann sie entsprechend der Segmente gliedern.

Funktionale Anforderungen an das Raumsegment

Die funktionalen Anforderungen an das Raumsegment gliedern sich in funktionale Anforderungen an die Nutzlast und funktionale Anforderungen an die Nutzlastträgerplattform, in der Regel den Satellitenbus. Nutzlasten können sein: Fernerkundungsinstrumente (für die wissenschaftliche oder operationelle Beobachtung von Land, Wasser, Atmosphäre, Eis, Monden, Planeten), wissenschaftliche Instrumente für in-situ-Messungen (Strahlung, elektrische oder/und magnetische Felder, Teilchen u. a.), Kommunikationssysteme (Transponder), Satellitennavigationsnutzlasten, militärische Nutzlasten. Ein Beispiel für die Formulierung von funktionalen Anforderungen an eine Nutzlast zur Erdbeobachtung ist in Tabelle 8.1.2 gegeben. Nicht in der Tabelle genannt, aber noch zu erwähnen, sind sonstige Forderungen, wie z. B. Stereo-Fähigkeit, unterschiedliche Blickwinkel, ganzzahliges Verhältnis der Bodenpixelgrößen und anderes, sofern zutreffend.

Aus der Missionszielstellung und dem Nutzerbedarf lassen sich auch schon erste funktionale Anforderungen an den Satellitenbus ableiten. Entsprechend den nachfolgenden allgemeinen Anforderungen lassen sich die Busanforderungen quantifizieren. Der Satellitenbus muss die Nutzlast

- in die Zielbahn(-en) bringen, geforderte Bahnmanöver durchführen und für die Dauer der Missionszeit die geplanten Positionen/Bahnen halten,
- mechanisch stabil aufnehmen, unabhängig von äußeren und inneren Störungen (Temperaturwechsel, Vibrationen u. a.),

Tabelle 8.1.2: *Beispiel für einige funktionale Anforderungen an ein Fernerkundungssensorsystem (Auszug aus [8.1.2]).*

Aufgabe	Spektrale Anforderungen	Radiometrische Anforderungen	Geometrische Anforderungen	
			Bodenpixelgröße	Schwadbreite
Feuererkennung	3,4 … 4,2 µm, 8,5 … 9,3 µm, 1 VIS/NIR	im Infrarot: DR > 2000 Auflösung: 12 bit Sättigung: T > 1300 K	> 300 m	> 100 km
Echtzeitwolkendetektion	min. 3 VIS/NIR-Kanäle + 1 TIR	DR > 1000 Auflösung: 7 bit	< 1 km	> 100 km
Test der an-Bord-Klassif.	3,4 … 4,2 µm, 8,5 … 9,3 µm, 1 oder 2 VIS/NIR	Auflösung: 7 bit (VIS/NIR) 12 bit (IR)	100 m … 300 m	klein

VIS/NIR sichtbares Licht/nahes Infrarot, IR Infrarot,
TIR Thermales Infrarot, DR Dynamikbereich, T Temperatur, K Kelvin

- in die geforderten Richtungen mit der notwendigen Genauigkeit ausrichten und halten bzw. unerlaubte Blickrichtungen (z. B. Teleskop blickt in die Sonne) verhindern,
- mit Energie versorgen.

Er muss außerdem:
- die Temperatur in den erlaubten Bereichen halten,
- die Nutzlast elektrisch ansteuern (per Telekommando) und die Nutzlastdaten entsorgen (falls die Nutzlast ein Instrument oder Datensammelsystem ist),
- Zustandsdaten des Nutzlastsystems (Telemetriedaten) aufnehmen und übertragen.

Zu den funktionalen Anforderungen an die Nutzlast und den Satellitenbus gehören außerdem geforderte zeitliche und örtliche Überdeckungen der Zielgebiete, Betriebsarten der Nutzlast und des Satelliten, die Kommunikation mit dem Bodensegment sowie Datenverarbeitungsalgorithmen oder Datenprodukte aus Nutzlastdaten.

Die funktionalen Anforderungen an den Satellitenbus sollten möglichst frühzeitig in Parametern ausgedrückt werden.

Operationelle Anforderungen

Die **operationellen Anforderungen** an ein Missionskonzept betreffen sowohl das Raum- als auch das Bodensegment. Sie ergeben sich aus den Missionszielen, dem für die Zielstellung notwendigen Orbit, dem Grobkonzept des Raumsegments und den Randbedingungen der Mission. Eine entscheidende Randbedingung für die Ableitung der operationellen Anforderungen kann z. B. in der vorgeschriebenen Nutzung ausschließlich nationaler Bodenstationen bestehen.

Wichtige Parameter zur Formulierung operationeller Anforderungen sind:

- geplante Lebensdauer im Orbit (Betriebszeit),
  Beispiel: 3 Jahre,
- Grad der Verfügbarkeit während des Betriebs,
  Beispiel: 95 % in 1 Jahr Betriebszeit,
- geforderter Orbit,
  Beispiel:
  - kreisförmig in 500 ... 800 km Höhe,
  - Inklination: sonnensynchron,
  - Äquatorschnittzeit: 10:30 Uhr Ortszeit,
- gefordertes Missionskontrollzentrum,
  Beispiel: Deutsches Raumfahrt-Kontrollzentrum (German Space Operations Center - GSOC),
- Bodenstationen für den Betrieb,
  Beispiel: ausschließliche Nutzung der nationalen Hauptbodenstation für den Betrieb,
- maximale Dauer des programmgesteuerten Betriebs des Raumsegments,
  Beispiel:
  - Dauer des Programmbetriebs ohne Bodenkontakt: 3 Tage,
  - Dauer des Überlebens ohne Bodenkontakt: gleich geplante Lebensdauer,
- Grad der Autonomie des Raumsegments,
  Beispiel:
  - volle Autonomie des Satelliten im Safe-Mode,
  - Teilautonomie im Normalbetriebsmode,
- Notwendige Bodenbetriebsaktivitäten:
  Beispiel:
  - Zusammenstellung und Sendung von Kommandosequenzen für mindestens 3 Folgetage,
  - Erlösung aus dem Safe-Mode, falls eingetreten.

Funktionale Anforderungen an das Bodensegment

Die funktionalen Anforderungen an das Bodensegment ergeben sich aus den Missionszielen, den Anforderungen an den Satelliten und den genannten operationellen Anforderungen an den Betrieb.

Die funktionalen Anforderungen an den Betrieb werden durch folgende Charakteristika näher beschrieben:

- Kommunikationsarchitektur,
  Beispiel: store-and-foreward,
- Bodenstationskonzept,
  Beispiel: eine Prime-Bodenstation übernimmt die bidirektionale Verbindung (Sendung der Telekommandierung und Telemetrie-Empfang), mehrere unterstützende Bodenstationen empfangen Telemetrie- und Nutzlastdaten und senden die Telemetrie zum Missionskontrollzentrum,
- Kontaktzeiten mit den Bodenstationen,
- Datenprozessierung und Archivierung,
- Datenverteilung.

Neben den bisher genannten funktionalen und operationellen Anforderungen an die Mission sind die Randbedingungen für den Missionsentwurf zu beachten.

Randbedingungen

Randbedingungen für den Missionsentwurf sind verschiedene äußere Vorgaben für die Umsetzung der Mission. Im Unterschied zu den Anforderungen ergeben sie sich nicht aus den Missionszielen, sondern aus der sonstigen ökonomischen, politischen, strategischen und physikalischen Umwelt. Randbedingungen sind sehr vielfältig und müssen sorgfältig von den Anforderungen getrennt werden. Randbedingungen können z. B. sein:

8

- die vorgegebene Entwicklungszeit der Mission,
- die vorgegebene Betriebslebensdauer,
- eine feste Kostenobergrenze,
- das Finanzierungsmodell,
- die Kooperation mit nationalen, europäischen (z. B. ESA) oder internationalen Partnern,
- die Nutzungsmöglichkeit von Bodenstationen,
- Kompatibilität mit Bodenstationen,
- Vorgaben in der Einbeziehung nationaler Unternehmen, Einrichtungen oder Technologien,
- die Umweltbedingungen im Weltraum im geplanten Missionsbetriebszeitraum, insbesondere bezüglich des 11-jährigen Sonnenzyklus.

Mit der sorgfältigen Formulierung der Anforderungen und Randbedingungen der Mission sind die wesentlichen Voraussetzungen für den Missionsentwurf geschaffen. Die nächsten Schritte sind auf den eigentlichen Entwurf der Mission gerichtet.

8.1.4.5 Grobkonzepte der Mission und alternative Missionsarchitekturen

Unter Beachtung der Randbedingungen werden verschiedene Grobkonzepte zur Erfüllung der Mission entwickelt. Wie bereits erläutert, zeigen diese Konzepte Unterschiede in den Missionselementen oder/und im Zusammenwirken der Missionselemente. Das unterschiedliche Zusammenwirken der Elemente, z. B. zwischen dem Raumelement und den Bodenstationen, führt zu unterschiedlichen Missionsarchitekturen. Allen ist gemeinsam, dass mit ihnen das Missionsziel unter den gegebenen Randbedingungen erfüllt werden kann. Sind die Randbedingungen sehr eng begrenzend, kann möglicherweise keine alternative Missionsarchitektur für die Missionsaufgabe gefunden werden, und es ist nur eine Lösung möglich.

8.1.4.6 Identifizierung der Systemtreiber

Systemtreiber sind Missionsparameter, die die Leistungsfähigkeit der Mission, die Kosten, das Risiko und den Zeitplan der Mission entscheidend bestimmen und welche der Nutzer oder der Entwickler der Mission beeinflussen kann (keine Randbedingungen). Sie sind zu identifizieren und zu benennen.

8.1.4.7 Beschreibung der ausgewählten Missionsarchitektur

Stehen verschiedene Missionsarchitekturen zur Auswahl, sind die Kriterien zur Auswahl zu benennen, und es ist die Vorzugslösung zu beschreiben. Dabei ist das Zusammenwirken aller Missionselemente zur Erfüllung des Missionsziels eindeutig darzustellen.

8.1.4.8 Identifikation der kritischen Anforderungen

In jeder Raumflugmission gibt es bestimmte Anforderungen, die erheblich mehr als andere Forderungen das Missionskonzept und die Missionsarchitektur bestimmen. Diese kritischen Anforderungen bestimmen zumeist wesentlich die Systemtreiber. Einige Schlüsselfragen zur Ermittlung der kritischen Anforderungen sind:

- Welche Anforderungen bestimmen maßgeblich den Systementwurf und welche sind am schwierigsten zu erfüllen?
- Welche Genauigkeiten sind wofür erforderlich und zu welchen Kosten?
- Welche Betriebsanforderungen bestimmen den Systementwurf und woraus ergeben sie sich?

8.1.4.9 Missionsanalyse und Bewertung, Missionsnutzen

Das ausgewählte Missionskonzept ist bezüglich der Erfüllung der Missionsziele ausführlich zu analysieren. Mit Hilfe von Simulationswerkzeugen sollte der Grad der Erfüllung der Anforderungen dargestellt werden und, wenn sinnvoll, anhand von Gütekriterien und Effektivitätsmaßen der mit der Mission zu erwartende Nutzen aufgezeigt werden.

8.1.4.10 Beschreibung des Missionskonzepts

Ergebnisse der Missionsanalyse können zu einer Modifikation der Anforderungen und des bisher gewählten Missionskonzepts führen. Nach der durchgeführten Missionsanalyse wird unter Einbeziehung der Ergebnisse das entsprechende Missionskonzept beschrieben und hinsichtlich des zu erwartenden Nutzens bewertet.

Literatur

[8.1.1] IAA Position Papers; Subcommittee on Small Satellites: The Case for Small Satellites. Acta Astronautica Vol. 31, S. 103–144. Pergamon Press Ltd., 1993.

[8.1.2] *Brieß, K.; Lorenz, E.:* Systematic Image Processing of the Small Satellite Mission BIRD. Proc. of 49th Internat. Scientific Colloquium, Ilmenau, 27.–30.09.2004.

[8.1.3] *Larson, W. J.; Wertz, J. R. (Eds.):* Space Mission Analysis and Design. 3rd Edition. El Segundo, California: Microcosm Press und Dordrecht: Kluwer Academic Publishers, 1999.

8

8.2 Systementwurf und Systemintegration

Klaus Brieß

8.2.1 Der Systementwurf eines Raumfahrtsystems

8.2.1.1 Der Systembegriff

Ein **Raumfahrtsystem** ist eine komplexe Einheit von Elementen, die zur Erfüllung von definierten Funktionen im Raumfahrtbereich zusammenwirken. **Komplexität** bedeutet eine hohe Elementvielfalt und/oder eine Vielfalt an Beziehungen und Verknüpfungen zwischen den Elementen. Die Elemente wiederum lassen sich ebenfalls in weitere Bestandteile auf einer höheren Detailebene zergliedern. Im Raumfahrtbereich hat sich bezüglich der Gliederungsebenen die Hardware-Nomenklatur aus Tabelle 8.2.1 durchgesetzt.

Tabelle 8.2.1: *Systemgliederung in der Raumfahrt.*

Systemebene	Erläuterungen und Beispiel
System	komplexe Anordnung von Elementen einer Raumflugmission, zum Beispiel ein Segment (Raumsegment, Bodensegment u. Ä.)
Element	komplettes Raumfahrtsystem, bestehend aus mehreren Subsystemen, z. B. komplexes Instrument, Satellit, Rakete, Bodensystem
Subsystem	Gesamtheit der Komponenten und Bauteile, die ein Funktionssubsystem bilden, z. B. Struktur und Mechanismen, Thermalkontrollsystem, Energieversorgung, Lageregelung
Komponente (Gerät)	komplette Funktionseinheit, wie z. B. Batterie, Sternkamera, Antrieb, Empfänger, Antenne
Bauteil (oder Material)	Bauteile, wie z. B. Schaltkreise, Schrauben, Kabel, Leiterkarten, Gehäuse, Stecker, Werkstoffe

Der Systembegriff wird im Raumfahrtbereich mehrfach verwendet. So bildet z. B. die Verknüpfung aller Subsysteme eines Satelliten den Satellitenbus. Die Tätigkeit der Verknüpfung der Nutzlast mit dem Satellitenbus wird oft als „Systemintegration" bezeichnet, da dadurch das System „Satellit" gebildet wird. Mehrere Satelliten, die im Orbit zur Erfüllung einer Missionsaufgabe zusammenwirken, bilden ein **Satellitensystem.** Dies kann auch als das Raumsegment der Mission bezeichnet werden. Wirken mehrere verschiedene Bodenelemente einer Raumflugmission zusammen, werden sie auch als **Bodensystem** bezeichnet. Die integrierten Stufen einer Trägerrakete zusammen bilden das **Raumtransportsystem.** Der Begriff „System" wird also auch für Elemente einer Raumflugmission verwendet.

8

8.2.1.2 Der Entwurfsprozess

Im Entwurfsprozess von Systemen einer Raumflugmission geht man von den Anforderungen und Randbedingungen aus und entwirft in einem ersten Designschritt das System, bestehend aus den Missionselementen. Im nächstfolgenden Schritt werden die Elemente entworfen, dann die Subsysteme und Komponenten. Den Systementwurfsverlauf kann man sich „spiralförmig" im Detaillierungsgrad immer feiner werdend vorstellen, wobei im Entwicklungsprozess auch eine Umkehrung stattfindet, um die entwickelte Lösung bezüglich der Eckparameter und Anforderungen zu bewerten. Diesen Prozess nennt man **Systemanalyse.**

Im Entwurfsprozess sind folgende **Prinzipien des Systementwurfs** zu beachten:

- **Vom Groben zum Detail:** Der Entwurf des Raumfahrtsystems beginnt auf der Systemebene und geht dann über die Elemente, die Subsysteme der Elemente, die Komponenten der Subsysteme bis zur Bauteilebene in mehren Schritten und über mehrere Projektphasen. Das System ist gegen die Umwelt abzugrenzen, und auf jeder Ebene sind die Schnittstellen klar zu definieren.
- **Denken in Varianten:** Auf jeder Systemebene sollen aus der Übersicht heraus möglichst mehrere Entwürfe und Varianten erarbeitet und bewertet werden, um aus Systemsicht die bezüglich der Anforderungen und Randbedingungen optimale Lösung zu finden.
- **Zeitliche Gliederung in Phasen:** Der Entwurf eines Raumfahrtsystems wird in zeitliche Phasen gegliedert, analog zur inhaltlichen Gliederung vom Groben zum Detail. Bei der Systementwicklung in zeitlichen Teiletappen wird die Detailtiefe schrittweise erhöht. Die zeitliche Phasengliederung sollte in etwa an die Lebensphasen des Systems angepasst sein.
- **Systementwurf nach einem festen Grundschema:** Der Systementwurf soll nach einem festen Grundschema durchgeführt werden. Die Hauptschritte sind: Missionsidee, Situationsanalyse (Bedarf, Anforderungen, Randbedingungen), Zieldefinition, Entwurf der Missionselemente in Varianten, Analyse und Bewertung der Varianten, Entscheidung, Beschreibung des Missionskonzepts. Das Grundschema des Entwurfs auf Systemebene ist in Kapitel 8.1 ausführlicher dargelegt und erläutert.

Im Allgemeinen gibt es im Systementwurfsprozess einer Raumflugmission aufeinanderfolgende Tätigkeiten, die durch formale Abschlussprozeduren beendet werden. In Anlehnung an [8.2.1] werden die Tätigkeiten wie folgt definiert.

1. **Missions-/funktionsbezogene Tätigkeiten:** Sie beinhalten die Spezifizierung der geforderten Mission und Funktionen. Den formalen Abschluss dieser Tätigkeiten bildet das **vorläufige Anforderungsreview (Prelimina-**

ry Requirements Review, PRR), das die Machbarkeit nachweist und zur **Funktions-Bezugskonfiguration** führt. Dieser Zustand wird als Funktionszustand bezeichnet. Das System kann noch in mehreren Varianten vorliegen.

2. **Anforderungsbezogene Tätigkeiten:** Die Anforderungen für die Mission, an die Systeme und Elemente sowie an die Schnittstellen zwischen ihnen werden bestimmt und bewertet. Den Abschluss dieser Tätigkeiten bildet ein **vorläufiges Design-Review (Preliminary Design Review, PDR)**, das zur **Entwicklungsbezugskonfiguration** des Systems oder Elements mit Festlegung der verifizierbaren Anforderungen führt. Dieser Zustand wird als „spezifizierter Zustand" bezeichnet.
3. **Definitions- und begründungsbezogene Tätigkeiten:** Im Anschluss an ein **Systemanforderungsreview (System Requirements Review, SRR)**, bei dem die Systemspezifikation genehmigt wurde, beginnt die Definition und eindeutige Identifizierung des Systems anhand von Datensätzen, Zeichnungen und anderen technischen Unterlagen. Sie bilden die Voraussetzung für die Entwicklung, Fertigung, Integration, den Betrieb und gegebenenfalls die Instandhaltung des Systems bzw. der Elemente. Die Unterlagen zur eindeutigen Definition des Systems bzw. Elements (z. B. Satellit) werden in einem **vorläufigen Design-Review (Preliminary Design Review, PDR)** analysiert und begutachtet. Anschließend werden die technischen Unterlagen noch weiter verfeinert und im Detaillierungsgrad bis zur Komponentenebene ausgearbeitet. Der Systementwurf wird mit detaillierten Analysen, Vergleichsbewertungen oder Designberichten begründet und mit einem **kritischen Design-Review (CDR)** abgeschlossen.
4. **Verifikationsbezogene Tätigkeiten:** Nach der Definition des Basisstandes der Entwicklungsbezugskonfiguration (siehe 2.) werden die Aufbau-, Test- und Qualifikationsbedingungen sowie die Fertigungs-, Integrations- und Verifikationsmethoden und -mittel für das System bzw. die Elemente festgelegt. Die Verifikation beinhaltet Analysen, den Test von Entwicklungsmodellen auf allen Ebenen und die Qualifikation. Der **Qualifikationsprozess** umfasst die theoretische und experimentelle Nachweisführung dafür, dass das System bzw. Element im definierten Zustand die festgelegten Anforderungen erfüllt und herstellbar ist. Der Qualifikationsprozess muss auch die Produktionsmethoden und -mittel qualifizieren. Den formalen Beginn der Testtätigkeiten auf Systemebene bildet ein **Testbereitschaftsreview (Test Readiness Review, TRR)**, den Abschluss dieser Tätigkeiten bildet ein **Qualifikationsreview (Qualification Review, QR)**, das zum „qualifizierten Zustand" des Systems oder Elements führt.
5. **Produktionsbezogene Tätigkeiten:** Die Fertigung bzw. Produktion beginnt nach dem **kritischen Design-Review (Critical Design Review, CDR)**, in dem die Herstellungsunterlagen in Übereinstimmung mit dem kontrollierten Basisstand überprüft wurden. Die Produktion umfasst sämtliche Aufgaben, die die Herstellung, Integration und Verifikation der zur Auslieferung an den Anwender bestimmten Systeme und Elemente ermöglichen. Bauzustand und Testergebnisse werden für jedes Muster in einem **Abnahme-Review (System Acceptance Review, AR)** dokumentiert. Der Auftraggeber bestätigt, dass das Muster des fertiggestellten Systems bzw. Elements der Bezugskonfiguration entspricht. Dieser Zustand wird als **„abgenommener Zustand"** bezeichnet. Das Abnahme-Review kann auch in Form eines **Auslieferungs-Reviews (Preshipment Review, PSR)** oder **Flugbereitschaftsreviews (Flight Readiness Review, FRR)** durchgeführt werden.
6. **Betriebsbezogene Tätigkeiten:** Diese Tätigkeiten beziehen sich auf jedes der verschiedenen Muster des Systems oder Elements im Einsatz, die vom Betreiber kontrolliert und gewartet werden, der auch die Lebenslaufakten (Log Books) der einzelnen Muster führt. Während dieser betriebsbezogenen Tätigkeiten kann sich das System unter verschiedenen Ist-Zustandskonfigurationen weiterentwickeln. Bei Satelliten, Trägerraketen und anderen komplexen Elementen werden vor dem Start und zu Beginn dieser betriebsbezogenen Tätigkeiten ein **Betriebsbereitschaftsreview (Operational Readiness Review, ORR), ein Flugbereitschaftsreview (Flight Readiness Review, FRR)** und ein **Startbereitschaftsreview (Launch Readiness Review, LRR)** abgehalten. Nach dem Start und der Separation erfolgen für das Raumelement die Inbetriebnahme im Weltraum, Flugqualifikations- und -abnahmetests des Systems; Messungen und Bewertung von Leistungsparametern und des erreichten Betriebsniveaus sowie die Qualifikation und Abnahme des Systems im Flug. Diese Inbetriebnahme-Phase (**Commissioning Phase**) wird formal mit einem **Flugqualifikationsreview (Flight Qualification Review, FQR)** abgeschlossen.
7. **Entsorgungstätigkeiten:** Die Entsorgungstätigkeiten umfassen alle Vorgänge vom Ende der Lebensdauer bis zur endgültigen Entsorgung des Systems, z. B. durch gezielten Wiedereintritt oder Entsorgung in den Friedhofsorbit. Diese Phase wird in der Regel während der Betriebsphase des Systems vorbereitet. Sie ist für das jeweilige System spezifisch.

Der Zusammenhang zwischen den oben genannten Tätigkeiten, den Phasen eines Raumfahrtprojekts und der Verknüpfung mit den formalen Abschlussprozeduren (Meilensteine) in der Entwicklung einer Raumflugmission ist in Bild 8.2.1 dargestellt. Dies ist ein Zeitplanschema, wie es für Raumfahrtprojekte typisch ist.

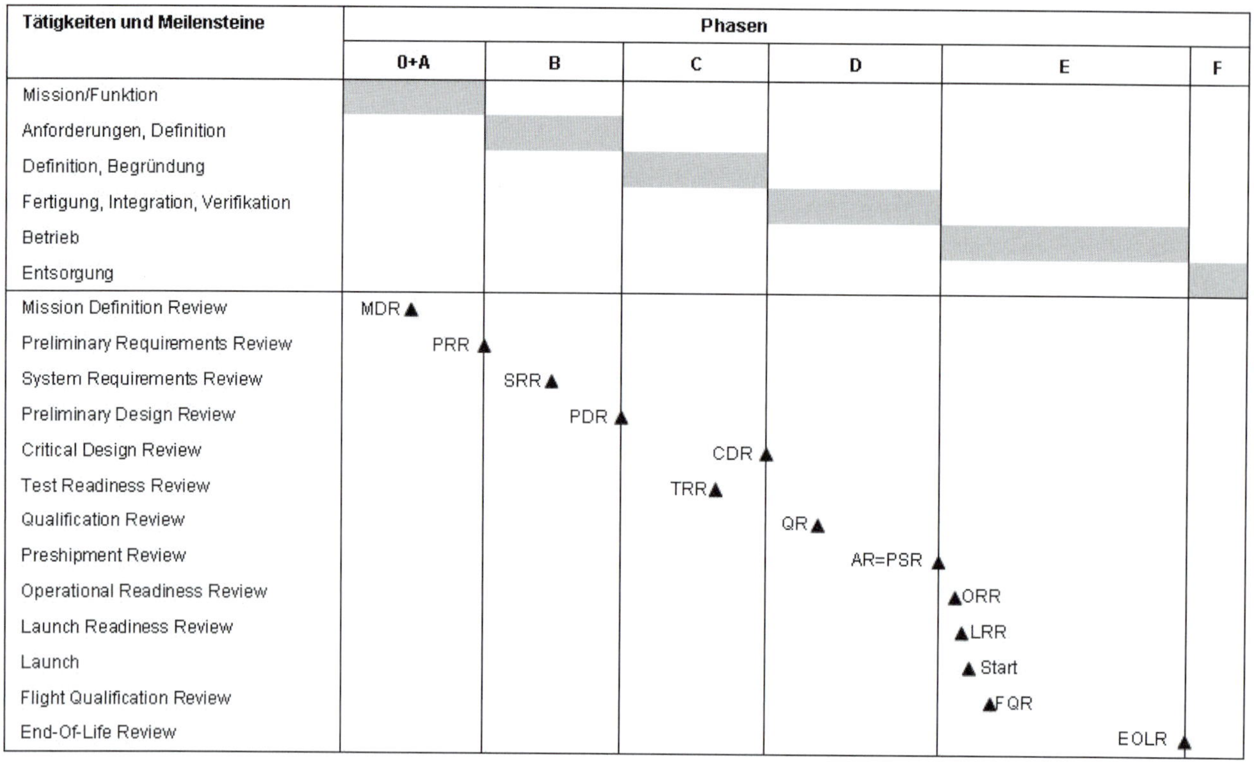

Bild 8.2.1: *Entwurf der zeitlichen Gliederung der Tätigkeiten (Phasen) und formalen Review-Prozeduren in einem typischen Raumfahrtprojekt (in Anlehnung an [8.2.1]).*

8.2.1.3 Die Entwurfsphilosophie

Dem Systementwurf einer Raumflugmission liegt eine Entwurfsphilosophie zugrunde. Man unterscheidet zwei grundsätzlich verschiedene Entwurfsphilosophien:

- Design-to-objectives (zieloptimaler Entwurf),
- Design-to-cost (Entwurf nach Kosten).

Der Entwurf eines Raumfahrtsystems erfolgt nach einer der beiden Philosophien, d. h., er ist entweder vorrangig auf die volle Erfüllung der wissenschaftlichen, geschäftlichen, hoheitlichen oder sonstigen Zielstellungen ausgelegt oder die erstrangige Anforderung im Systementwurf ist in jedem Fall die Einhaltung einer Kostenobergrenze.

Design-to-objectives

Die Entwurfsphilosophie **Design-to-objectives** wird bei wissenschaftlichen Missionen oft auch **Design-to-science** genannt. Im Mittelpunkt des Entwurfs nach dieser Philosophie steht die Erfüllung der Missionsaufgabe ohne Abstriche. Der Entwurf aller Elemente bzw. Segmente der Raumfahrtmission ist konsequent auf die Erfüllung der wissenschaftlichen, operationellen, kommerziellen oder militärischen Aufgaben ausgerichtet. Die Erfüllung der definierten Missionsaufgaben hat Vorrang vor der Einhaltung von Kostengrenzen. Das bedeutet jedoch nicht, dass Kosten keine Rolle spielen, sondern nur, dass sich aus den Zielen und der geplanten Umsetzung in Form eines begründeten Missionskonzepts die Kostenplanung ergibt. Dieser Kostenplanung muss dann ein entsprechender Finanzierungsplan gegenübergestellt werden. Werden im Laufe der Missionsentwicklung und -durchführung in begründeten Fällen die zuvor sorgfältig geplanten Zeit- und Kostenpläne überschritten, werden Möglichkeiten der Aufstockung der finanziellen, personellen oder/und technischen Ressourcen zur weiteren Umsetzung der Mission geprüft und ausgeschöpft. Abstriche in der Zielsetzung oder im Erfüllungsgrad der gesetzten Ziele sind weitestgehend nicht akzeptabel.

Der Entwurfsprozess entsprechend der Design-to-science-Philosophie ist am Beispiel einer Kleinsatellitenmission in Bild 8.2.2 schematisch dargestellt. Aus der Missionsidee werden die Missionsziele und die Randbedingungen zur Durchführung der Mission entwickelt. Dabei kann ein Kostenrahmen eine Randbedingung darstellen, die bei der Auswahl zwischen mehreren Varianten eines Missionskonzepts berücksichtigt wird, wie im Bild z. B. bei der Auswahl des Startelements, eines typischen Kostentreibers einer Raumfahrtmission. Aber den eigentlichen Entwurfsprozess der Mission bestimmen die Missionsziele und davon abgeleitet die funktionellen und operationellen Anforderungen an die Mission. Im Bild 8.2.2 ist der

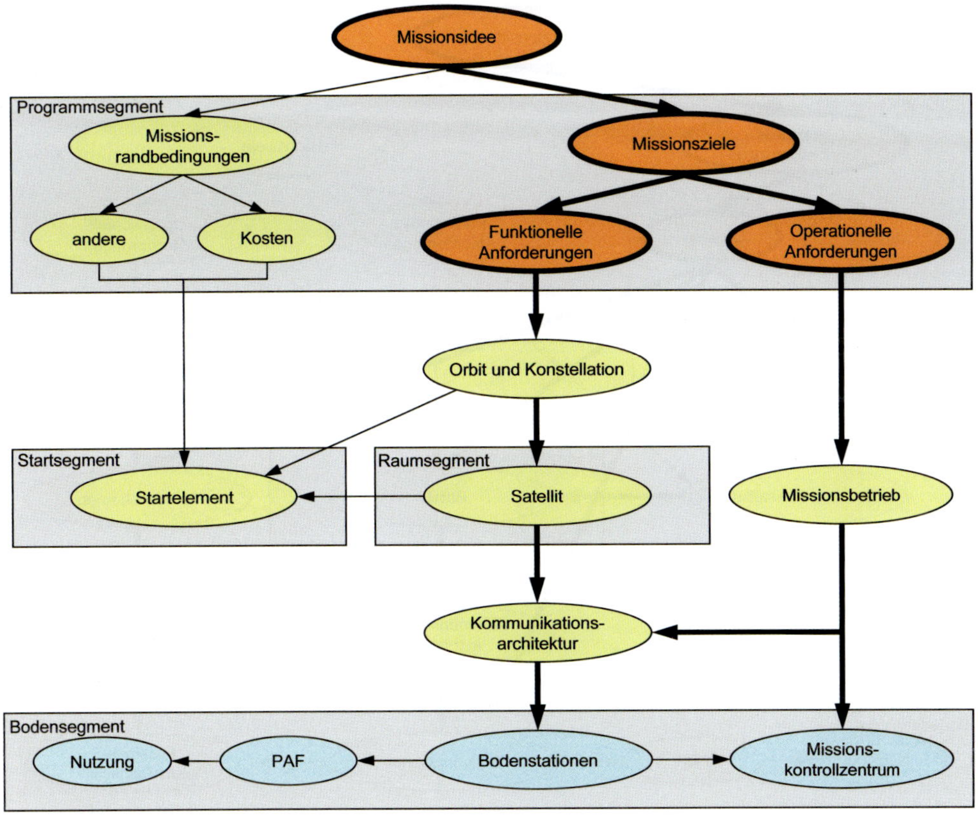

Bild 8.2.2: *Systementwurfsschema entsprechend der Entwurfsphilosophie „Design-to-objective". Der Hauptfluss im Entwurfsprozess ist durch dicke Pfeile markiert. PAF bedeutet Processing and Archiving Facilities.*

bestimmende Entwurfsfluss durch dicke Pfeile markiert. Einzig allein aus den funktionellen und operationellen Anforderungen heraus werden alle Elemente der Satellitenmission bestimmt. In dem Beispiel folgen der Orbit und die Notwendigkeit bzw. Ausführung einer Satellitenkonstellation allein aus den funktionellen Anforderungen. Kosten, die aus der Orbitauswahl folgen, sind zweitrangig. Das Raumsegment, d. h. der oder die Satelliten einschließlich ihrer Nutzlasten, ergibt sich aus den funktionellen Anforderungen und dem optimalen Orbit. Die operationellen Anforderungen bestimmen den Missionsbetrieb, die Kosten sind auch hier nicht die entscheidende Kenngröße. Aus dem Betriebskonzept, das definiert, wie häufig z. B. der Satellit kontaktiert werden muss, wie oft er Daten entsorgen oder mit Kommandosequenzen geladen werden muss und in welchem zeitlichen Abstand er überwacht werden muss, ergibt sich die Kommunikationsarchitektur, daraus das Bodenstationskonzept und die Missionskontrolle.

Design-to-cost

Die Entwurfsphilosophie **Design-to-cost,** auch **Design-to-budget** genannt, macht die Einhaltung einer Kostenobergrenze zu dem entscheidenden Kriterium für den Entwurf, die Entwicklung und die Durchführung der Mission. Nach dieser Philosophie steht die Erfüllung der Missionsaufgabe zwar auch im Mittelpunkt des Entwurfs, aber nicht ohne Abstriche und vor allem nicht um jeden Preis. Der Entwurf aller Elemente bzw. Segmente der Raumfahrtmission ist auch hier auf die Erfüllung der wissenschaftlichen, operationellen, kommerziellen oder militärischen Aufgaben ausgerichtet, aber nur, soweit es in dem vorgegebenen Kostenrahmen möglich ist. Ist eine Mission in einem gegebenen Kostenrahmen nicht realisierbar, ist anhand der identifizierten Entwurfstreiber die Zielstellung zu prüfen und gegebenenfalls zu modifizieren oder einzuschränken. Ist beides nicht möglich, kann die Mission so nicht realisiert werden.

Die gegebene Kostenobergrenze bestimmt von Anfang an den Entwurf aller Elemente bzw. Segmente der Mission. In Bild 8.2.3 ist der Entwurfsprozess entsprechend der Design-to-cost-Philosophie schematisch dargestellt. Der Entwurf der Missionselemente wird entscheidend durch Kostengrenzen bestimmt. So kann z. B. das Betriebskonzept nicht erstrangig nach den operationellen Anforderungen entworfen werden. Das kann z. B. eine eingeschränkte Bodenunterstützung der Mission zur Folge haben. Bei der Definition des Startelements spielen die Kosten eine ganz besondere Rolle, da das Startelement üblicherweise ein Kostentreiber der Mission ist. Es ergibt sich die Frage nach der möglichen Startstrategie: Kann es ein dedizierter (eigener) Start in den Wunschorbit sein, oder teilt man sich die Startkosten mit einem Partner und schließt bei

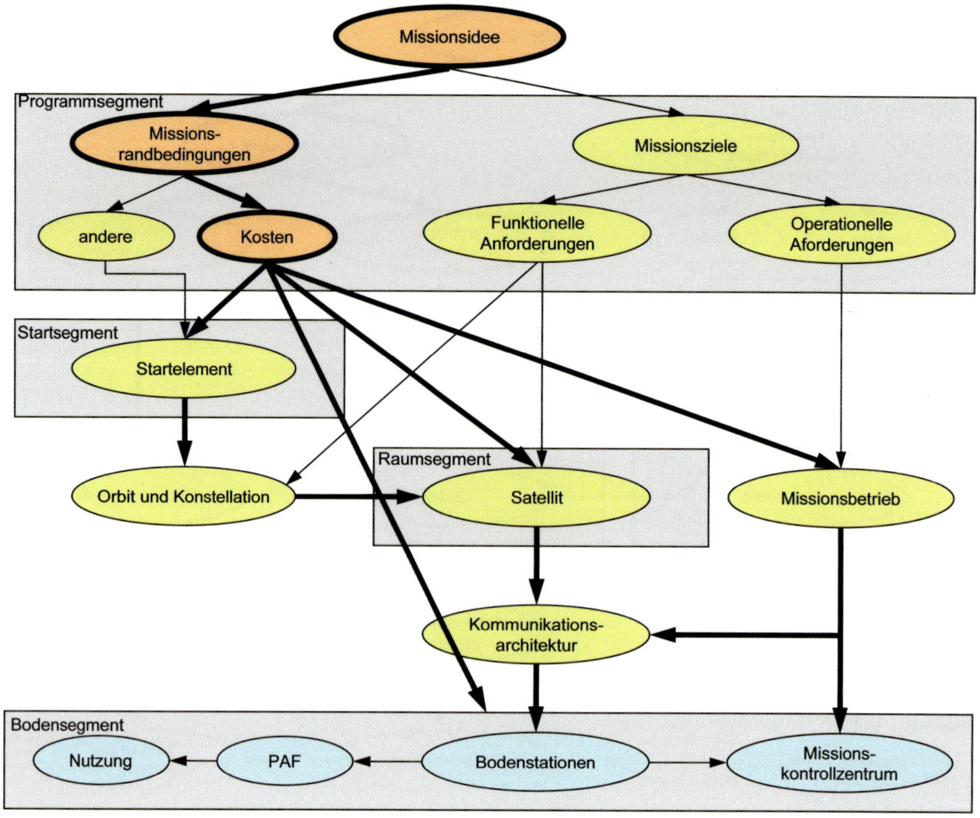

Bild 8.2.3: *Systementwurfsschema entsprechend der Entwurfsphilosophie „Design-to-cost". Der Hauptfluss im Entwurfsprozess ist durch dicke Pfeile markiert. PAF bedeutet Processing and Archiving Facilities.*

der Orbitauswahl einen Kompromiss (shared launch), oder kann man aus Kostengründen nur als Zusatznutzlast (auxillary payload) irgendwo mitstarten (piggyback launch)? Die Antwort bestimmt dann auch in erster Linie den Orbit und das Raumsegment sowie daraus abgeleitet die anderen Elemente.

8.2.2 Die Systemintegration

8.2.2.1 Der Prozess der Systemintegration

Die **Systemintegration** ist der Prozess der Montage und Verknüpfung von Subsystemen und Komponenten zu einem Raumfahrtsystem im Sinne eines Missionselements. Üblicherweise wird der Prozess der Verknüpfung des Satellitenbusses mit der Nutzlast Systemintegration genannt. Bei hoch-integrierten Systemen, bei denen die Nutzlast nicht mit einem fertigen Satellitenbus zusammengefügt wird, sondern der Bus „um die Nutzlast herum" gebaut wird, wird dieser Prozess der Integration der Subsysteme und der Nutzlast insgesamt als Systemintegration bezeichnet. Der Prozess der Systemintegration ist individuell auf jeden Satelliten zugeschnitten und kann deshalb hier nicht allgemeingültig beschrieben werden. Typisch für den Prozess der Systemintegration sind folgende Merkmale:

- Die Subsystem- und Nutzlastentwicklung sind im Wesentlichen abgeschlossen. Alle notwendigen Komponenten, Materialien, Werkzeuge und Hilfsmittel zur Systemintegration sind vorhanden oder die Lieferung ist rechtzeitig und verbindlich zum Zeitpunkt der Integration zugesagt.
- Für die Systemintegration sind Hilfseinrichtungen zur Handhabung und zur Prüfung notwendig. Diese werden separat entwickelt und stehen rechtzeitig zur Verfügung.
- Die Systemintegration findet in einem separaten Integrationsraum statt, dessen Zutritt geregelt ist.
- Die Schritte der Systemintegration und die notwendigen Tests zur Systemverifikation sind in einem Ablaufplan genau spezifiziert.
- Der Integrationsprozess ist in Abschnitte eingeteilt, die mit einer Prüfung bzw. einem Test des Systemzustands abgeschlossen werden. Dieser Prozess wird **Systemverifikation** genannt. So wird z. B. nach der Integration des Energieversorgungssystems das System verifiziert oder werden nach der Integration des Bordrechners alle bis dahin integrierten und angeschlossenen Komponenten auf Verbindung mit dem Bordrechner geprüft.
- Alle Schritte der Systemintegration werden in einem Begleitdokument niedergelegt. (Wer hat was wann integriert und wie geprüft?)

8

Bei der Festlegung der Reihenfolge der Integration sind zwei Gesichtspunkte entscheidend:

- die Funktion und
- die Zugriffsmöglichkeit.

Davon ausgehend ergibt sich eine allgemeine Reihenfolge: Die mechanische Grundstruktur wird als erstes unter Nutzung der mechanischen Bodenhilfseinrichtungen aufgebaut. Dabei werden je nach Zugriffsmöglichkeit auch Komponenten des Thermalkontrollsystems integriert (Wärmeleiter, Radiatoren u. a.). Bei einem Satelliten mit Antriebssystem werden in der Regel dann die Hauptkomponenten des Antriebssystems (Triebwerke, Düsen, Tanks, Ventile, Leitungen usw.) mechanisch integriert. Danach werden die Verkabelung und je nach Zugriffsmöglichkeit weitere Komponenten (Endgeräte) integriert. Das Energieversorgungssystem sollte aus funktioneller Sicht als erstes elektrisches Subsystem integriert werden, dann der Bordrechner, anschließend die Komponenten des Lageregelungssystems und des Kommunikationssubsystems. Je nach Zugriff wird die Nutzlast integriert. Zwischendurch werden elektrische Tests mit der elektrischen Bodenhilfseinrichtung durchgeführt. Ist eine optische Nutzlast integriert, kann auch mithilfe einer optischen Bodenhilfseinrichtung die Nutzlast im integrierten Zustand verifiziert werden. Wie bereits gesagt, kann dieser Ablauf im konkreten Fall auch anders aussehen, er wird auf den konkreten Satelliten bzw. das Raumfahrtsystem genau zugeschnitten. In jedem Fall sind zur Systemintegration sogenannte Bodenhilfseinrichtungen und Testeinrichtungen notwendig.

8.2.2.2 Integrations- und Testeinrichtungen

Die Systemintegration findet in einem Integrationsraum unter genau definierten Umweltbedingungen statt. Solche Umweltbedingungen sind z. B. Temperaturbereich, relative Luftfeuchte, Vibrationen, EMC Bedingungen, Staubklasse u. a. Ein Maß für die Staub- bzw. Teilchendichte in der Luft ist die **Staubklasse** bzw. die **Reinraumklasse**. Die **Reinraumklasse** gibt die Zahl der Staubteilchen mit einem Durchmesser $\geq 0{,}5\ \mu m$ pro ft^3 Luft an (1 ft = 1 foot = 30,48 cm). Ob ein Reinraum als Integrationsraum notwendig ist, muss im Einzelfall entschieden werden. Ein **Reinraum** ist ein Raum, in dem die Kontamination unter Kontrolle gehalten wird. Für Kleinsatellitenprojekte, in denen nicht besondere Arbeiten an optischen Oberflächen, unverkappten elektronischen Schaltkreisen oder optischen Sensoren vorgenommen werden, genügt zumeist die Einhaltung folgender typischer Laborbedingungen:

- Temperatur: 20 °C ± 5 °C,
- relative Luftfeuchte: 50 %,
- Staubpartikel in typischen Stadtkonzentrationen, d. h. Partikel < 5 µm schweben in der Luft (Rauch, Asche, Staub).

Typisch für einen Reinraum, in dem technische Einrichtungen kontinuierlich für die Luftreinheit sorgen, ist die Reinraumklasse 100 000. Für einen Satellitenintegrationsreinraum kann auch die Klasse 10 000 gefordert sein. Für Universitätssatelliten genügt in der Regel die Reinraumklasse 200 000, das entspricht einem sauberen Laborraum ohne Technik zur Zwangsbelüftung und Luftreinigung.

Für Tests während oder nach der Systemintegration ist der Zugriff auf folgende Einrichtungen bzw. Anlagen je nach Bedarf erforderlich:

- Messeinrichtung für die Masse-Eigenschaften,
- Vibrationstestanlage,
- Akustiktestkammer (nach Bedarf),
- Thermalkammer,
- Vakuumkammer (oder Thermal-Vakuum-Kammer),
- EMC-Test-Einrichtungen (je nach Bedarf),
- Magnetfeld-Messkammer (je nach Bedarf),
- Lageregelungsteststand (nach Bedarf),
- Bodenstation für Kompatibilitätstests.

8.2.2.3 Bodenhilfseinrichtungen

Für den Integrationsprozess sind Hilfseinrichtungen notwendig, die die Bewegung des Raumfahrtsystems, den Zugriff von allen Seiten, die Verkabelung, die elektrische Stimulierung und Testung und bei Bedarf auch die optische Stimulation und Testung ermöglichen. Die notwendigen Bodenhilfseinrichtungen auf Systemebene sind im Folgenden genannt.

- **Mechanische Bodenhilfseinrichtung MGSE:** Die MGSE (Mechanical Ground Support Equipment) erlaubt das Anheben, Halten, Drehen, Transportieren und sonstiges Bewegen des Systems während der Systemintegration. Es erlaubt den Zugriff von allen Seiten. Die MGSE muss für die Anwendungen verifiziert sein. Die MGSE besteht in der Regel aus mehren Teilen wie z. B. Drehstand, Systemaufnahmeeinheit, Kran, Gabelstapler, Betankungseinheit, Kühleinheit, Gas-Spüleinheit u. a.
- **Transportcontainer:** Der Transportcontainer stellt eine besondere mechanische Bodenhilfseinrichtung dar, die zum sicheren Transport des Raumfahrtsystems vom Integrationsort zu Testeinrichtungen und zum Raketenstartplatz dient. Er ist ein hermetisch geschlossener Container, mit Befestigungen für das Raumfahrtsystem, mit Stoßdämpfungseinrichtungen, mit Shock-Recorder und Feuchtigkeitsabsorber. Er sollte nach Verschluss mit Stickstoff gespült werden können.
- **Elektrische Bodenhilfseinrichtung EGSE:** Die EGSE (Electrical Ground Support Equipment) dient der Anregung und dem Test aller elektromechanischen und elektronischen Komponenten und Subsysteme des Raumfahrzeugs. Sie versorgt Baugruppen und das System mit elektrischen Spannungen, erlaubt die

Generierung von Testsignalen und Testkommandosequenzen, empfängt Daten des Testobjekts, zeichnet diese auf und bringt sie zur Anzeige. Sie dient der kompletten elektrischen Verifikation und erlaubt die volle Kontrolle über das Raumfahrtsystem, z. B. einen Transponder, ein Instrument oder einen Satellit. Die EGSE ist per Kabelverbindung über vorgesehene elektrische Schnittstellen und technologische Stecker mit dem Raumfahrtsystem verbunden. Eine Satelliten-EGSE sollte außerdem per Funk mit dem Satelliten kommunizieren können.

- **Optische Bodenhilfseinrichtung OGSE:** Die OGSE (Optical Ground Support Equipment) dient der optischen Stimulierung und der Aufnahme und Aufzeichnung von Daten optischer Instrumente im Labor oder/und am Startplatz. Die Labor-OGSE dient der Aufnahme von geometrischen, radiometrischen und spektralen Kalibrationsdaten der optischen Instrumente und wird im Bedarfsfall auch für die Vermessung weiterer wichtiger Parameter (Polarisationsempfindlichkeit, Streulichtunterdrückung u. a.) ausgelegt. Zusätzlich kann die Mitnahme robuster und einfacher OGSE-Geräte zum Startplatz erforderlich sein, um mögliche Veränderungen während des Transports zu prüfen.

8.2.3 Die Systemverifikation

Wie bereits unter 8.2.2 ausgeführt, steht die Systemintegration in einem ganz engen Zusammenhang mit der Systemverifikation. Die Integration ist eigentlich erst beendet, wenn auch die Verifikation abgeschlossen ist.

8.2.3.1 Die Ziele der Verifikation

Verifikation ist der Nachweis, dass das Raumfahrtsystem die gestellten Anforderungen in Übereinstimmung mit dem geforderten Projektlebenszyklus erfüllt [8.2.2]. Der Nachweis erfolgt durch den Lieferanten des Produkts.

Die Ziele der Verifikation bestehen nach [8.2.2] in der Qualifikation des Entwurfs, dem Nachweis, dass das Produkt mit dem qualifizierten Entwurf übereinstimmt, frei von Fertigungsfehlern ist und für die Nutzung akzeptiert wird, der Bestätigung, dass das Raumfahrtsystem und Betriebspersonal (einschließlich Tools, Prozeduren und Ressourcen) in der Lage ist, die Missionsanforderungen zu erfüllen und der Bestätigung der Leistungsparameter des Raumfahrtprodukts.

8

8.2.3.2 Phasen der Verifikation

Der Verifikationsprozess wird in aufeinanderfolgenden Verifikationsphasen entsprechend dem Lebenszyklusdasein eines Raumfahrtprojekts durchgeführt. Die klassischen Verifikationsphasen sind entsprechend ECSS-E-10-02A (1998) [8.2.2] folgende:

Qualifikation: Das Ziel besteht in der Demonstration, dass das Design alle Anforderungen einschließlich Reserven (margins) erfüllt. Das Qualifikationsobjekt muss dem „full flight design" und dem „flight standard" komplett entsprechen (z. B. QM, FM, PFM). Der Nachweis erfolgt durch Tests an den entsprechenden Mustern und Testanregungen, die deutlich höher als die Akzeptanzanregungen sind und die länger bzw. öfter angewandt werden.

Akzeptanz: Das Ziel dieser Verifikationsphase besteht in der Demonstration, dass das Produkt frei von Fertigungsdefekten und Integrationsfehlern ist und dass es für die operationelle Nutzung vorbereitet ist. Der Nachweis erfolgt durch Tests mit Anregungen, die etwas höher sind als die vorgegebenen bzw. zu erwartenden Belastungen.

Verifikation vor dem Start: Das Ziel der Pre-Launch-Verifikationsphase besteht in dem Nachweis, dass das Produkt für den Raketenstart und den Beginn des Weltraumbetriebs geeignet ist. Der Nachweis erfolgt durch Tests und Analysen.

Verifikation im Orbit: Das Ziel der In-Orbit-Verifikationsphase besteht in dem Nachweis, dass das Produkt für den Einsatz unter realen Weltraumbedingungen, die nicht am Boden simuliert werden können, geeignet ist. Der Nachweis erfolgt durch In-orbit-Tests in Ergänzung zu Bodentests.

Verifikation nach der Landung: Das Ziel der Post-Landing-Verifikationsphase besteht in dem Nachweis ausgewählter Funktionen und dem Produktzustand nach Abschluss der Mission und von Konsequenzen von möglichen In-orbit-Anomalien. Dies gilt natürlich nur für Wiedereintrittssysteme.

8.2.3.3 Methoden der Verifikation

Die Verifikation wird nach [8.2.2] durch eine oder mehrere der folgenden vier Methoden durchgeführt.

Test: Der Test ist eine Methode der Verifikation von Anforderungen durch Messung von Produkteigenschaften oder -funktionen unter verschiedenen simulierten Umgebungsbedingungen. Der Test kann die Demonstration von qualitativen Betriebseigenschaften und Anforderungen einschließen. Man kann folgende Testarten unterscheiden:

- **Entwicklungstest** zur Untersuchung von Neuentwicklungen und zur Demonstration der Eignung von neuen Entwurfskonzepten.
- **Qualifikationstest** zur Demonstration und zum Nachweis der Flugeignung des Designs bzw. der Konstruktion für die geforderte Start- und Weltraumumgebung durch Tests eines einzelnen Musters im Flugstandard mit erhöhten Testanregungen und höherer Einwirkdauer.

- **Akzeptanztest** zum Nachweis, dass das Flugmuster alle Anforderungen erfüllt und frei von Fertigungsfehlern ist, erfolgt durch Test des Flugmusters mit leicht erhöhten Testanregungen (gegenüber den geforderten).
- **Analyse-Validierungs-Test** zur Gewinnung von Daten in definierten Testumgebungen zur Validierung (Bestätigung) oder Verbesserung der mathematischen Analysemodelle durch Test von Modellen im Flugstandard mit niedrigen Testanregungen und verkürzten Einwirkdauern.

Analyse: Methode der Verifikation von Anforderungen durch theoretische oder empirische Bewertung der Eigenschaften mit akzeptierten Techniken. Solche Analysetechniken sind systematische Analyse, statistische Analyse, qualitative Analyse, Modellierung und Simulation, Verifikation durch Ähnlichkeit (mit einem anderen bereits verifizierten Produkt).

Design-Review: Methode der Verifikation durch Validierung von Daten oder wenn geprüfte Entwurfsberichte, technische Beschreibungen oder Pläne eindeutig zeigen, dass die Anforderungen erfüllt werden.

Inspektion: Die Inspektion ist eine Methode der Verifikation, die durch den sichtbaren Nachweis von physikalischen Eigenschaften des zu verifizierenden Objekts gekennzeichnet ist. Die Inspektion soll die Übereinstimmung der inspizierten Hardware oder Software mit der entsprechenden Dokumentation feststellen (z. B. Testreports, Protokolle).

8.2.3.4 Ebenen der Verifikation

Die Verifikation wird auf allen Ebenen der Raumfahrt-Hardware in der Reihenfolge entsprechend Tabelle 8.2.1 durchgeführt.

Tabelle 8.2.1: *Systemebene und Verifikationsmethoden.*

Systemebene	Vorherrschende Verifikationsmethoden
Bauteil	Prüfung, Inspektion
Komponente	Prüfung, Inspektion, teilweise Test
Subsystem	Analyse, Test, Inspektion, Review
Element	Analyse, Test, Inspektion, Review
System	Analyse, Test, Inspektion, Review

8.2.3.5 Modelle zur Verifikation

Die Verifikation von Raumfahrtsystemen wird an verschiedenen Modellen durchgeführt. Die Anzahl der Modelle (vom Systemlevel zu niedrigeren Levels) wird optimiert bezüglich Kosten, Risiko und Verifikationsumfang.

Attrappe (Mock-up, MU): Eine Attrappe dient zur Schnittstellen-Optimierung und -Kontrolle, zur Integrationsprozessvalidierung, Akkommodationskontrolle, Architektur-Analyse, Human-factor-Beurteilung und Bewertung von Betriebsprozeduren. Sie repräsentiert die geometrische Konfiguration, Layouts und Schnittstellen. Sie wird eingesetzt für Parabelflug, Human-factor-Beurteilung im Pool-Test, Training von Astronauten u. a.

Entwicklungsmodell DM (Development Model): Modell zur Entwicklungsunterstützung und Bestätigung der Machbarkeit des Entwurfs. Es repräsentiert die ausgewählten, zu testenden Funktionen, z. B. mechanische, elektrische, thermale oder sonstige Funktionen (Regelungen, Steuerungen, Software usw.). Größe, Form und Schnittstellen müssen nicht unbedingt repräsentativ sein. Es wird eingesetzt für Entwicklungstests auf allen Verifikationsebenen, aber vor allem auf Komponentenebene.

Integrationsmodell IM (Integration Model): Modell für funktionale und Schnittstellen-Tests zur Fehlermode-Analyse, Software-Entwicklung und zur Validierung von Prozeduren. Es repräsentiert die volle Funktionalität in der Hardware und Software, wird aber nur mit kommerziellen Bauteilen realisiert. Fehlende Komponenten werden simuliert. Teilweise wird es auch „elektrisches Modell" genannt. Es wird auf allen Verifikationsebenen eingesetzt.

„Suitcase"-Modell: Modell zur vollständigen Simulation des Kommunikationssystems für Kompatibilitätstests mit allen vorgesehenen Bodenstationen, für Schnittstellentests und für Fehlermode-Analysen. Es repräsentiert die volle Funktionalität des HF-Teils des Kommunikationssystems (Sender, Empfänger) des Flugmusters in allen Parametern und beinhaltet alle notwendigen funktionalen Simulationen, wie z. B. Dekoder, Transponder. Kommerzielle Bauteile sind erlaubt. Es wird für Qualifikationstests und Kompatibilitätstests mit dem Bodensegment auf Komponenten und Systemebene eingesetzt.

Strukturmodell SM (Structural Model): Modell zur Qualifikation der Struktur und Validierung des Finite-Elemente-Modells (FEM) der Struktur. Es repräsentiert den Flugstandard hinsichtlich der strukturellen Parameter, ist aber aus Struktur-Dummies aufgebaut. Es wird für Qualifikationstests eingesetzt.

Thermalmodell TM (Thermal Model): Modell zur Qualifikation des Thermaldesigns und zur Validierung des Thermal-Mathematischen Modells. Es repräsentiert den Flugstandard hinsichtlich der thermalen Parameter und Eigenschaften und besteht aus Thermal-Dummies. Es wird auf Subsystemebene (Thermalkontrollsystem) und teilweise auf Systemebene für Qualifikationstests eingesetzt.

Struktur-Thermal-Modell STM: zusammengefasstes Modell aus Struktur- und Wärmemustern (Dummies), das die Aufgaben des SM und TM erfüllt. Es wird auf Systemebene für Qualifikationstests eingesetzt.

Ingenieurmodell EM (Engineering Model): Modell zur Qualifikation der Funktionalität, zum Nachweis der Ausfallsicherheit und Überprüfung wesentlicher Parameter.

Es bildet mit handelsüblichen Bauteilen die elektrischen Funktionen ab und ist in flugtypischer Form aufgebaut. Es repräsentiert das Flugdesign ohne Redundanzen und Hi-rel-Teile. Es wird auf allen Systemebenen für Teilfunktions-Qualifikationstests eingesetzt.

Qualifikationsmodell QM (Qualification Model): Modell zur Qualifikation des Designs der Komponenten oder des Subsystems eines Raumfahrtsystems. Es repräsentiert das volle Flugdesign und den Flugstandard. Es wird auf Komponentenebene und Subsystemebene für Qualifikationstests eingesetzt.

Ingenieur-Qualifikationsmodell EQM (Engineering Qualification Model): Modell zur funktionellen Qualifikation des Designs und der Schnittstellen sowie zum Nachweis der elektromagnetischen Kompatibilität (EMC). Es repräsentiert das vollständige Flugdesign, mit Ausnahme von Hi-rel-Teilen, die durch MIL-Teile des gleichen Herstellers ersetzt werden können. Es wird auf allen Systemebenen für Funktions-Qualifikationstests eingesetzt.

Flugmuster FM (Flight Model): Muster für den Flugeinsatz. Es repräsentiert das vollständige Flugdesign und den Flugstandard. Das Flugmuster wird auf allen Systemebenen gebaut. Es wird nur auf Akzeptanzlevel getestet.

Protoflugmuster PFM (Protoflight Model): Modell für den Flugeinsatz und für die Qualifikation des Designs. Es repräsentiert das volle Flugdesign und den Flugstandard und wird auf allen Systemebenen eingesetzt. Das Protoflugmuster erfährt die Qualifikationstests und wird danach für den Raumflug eingesetzt.

Flugersatzmuster FS (Flight Spare): Reservemuster für den Flugeinsatz, das dem vollen Flugdesign und Flugstandard entspricht. Es wird auf Komponentenebene oder für die Nutzlast eingesetzt. Das Flugersatzmuster erfährt nur die Akzeptanztests.

Weitere Modelle: Neben den genannten Modellen werden je nach Bedarf weitere Modelle zur Systemverifikation gebaut und eingesetzt, wie z. B. funktionsorientierte Modelle zur Qualifikation gegen die funktionalen Anforderungen oder Simulatoren zur Validierung von Betriebskonzepten und zum Training des Betriebspersonals oder Massemodelle zur Verifikation der Masseeigenschaften usw.

8.2.3.6 Modellphilosophien

Die Anzahl und Art der verwendeten Modelle zur Systemverifikation hängt von der gewählten Modellphilosophie ab. Diese wird durch die Missionsanforderungen und Randbedingungen (Kosten, Risiko) bestimmt. Generell können folgende drei Modellphilosophien unterschieden werden [8.2.2].

Prototyp-Philosophie: Modellphilosophie, die durch eine extensive Nutzung der verschiedenen Modelle zur Systemverifikation gekennzeichnet ist. (Merke: Verwendung vieler Prototypen). Dadurch wird das technische Risiko weitestgehend minimiert. Diese Philosophie wird deshalb bei neuen und/oder sehr komplexen Systemen, interplanetaren Raumflugmissionen, besonderen Anforderungen an die Mission angewendet. Der Hauptnachteil dieser Philosophie besteht in den hohen Gesamtkosten, die aus der Entwicklung, dem Bau und der Nutzung der Vielzahl der Modelle resultieren.

Protoflug-Philosophie: Die Protoflugphilosophie ist durch die Verwendung eines einzigen Modells (Protoflugmodell) gekennzeichnet, das nach der Protoflug-Qualifikation und den Akzeptanz-Tests fliegt. Die Kosten werden durch den Bau eines einzigen Modells somit auf ein Minimum reduziert. Um das Risiko in akzeptablen Grenzen zu halten, ist diese Philosophie nur für Systeme ohne kritische Technologien und unter weitestgehender Verwendung von bereits qualifizierter Hardware anzuwenden.

Hybridphilosophie: Die Hybridphilosophie stellt einen Kompromiss zwischen der Prototyp- und der Protoflug-Philosophie dar. Es werden die Vorteile beider Philosophien genutzt. Man versucht, auch bei neuen und komplexen Systemen mit so wenig Modellen wie möglich auszukommen und trotzdem das Risiko in überschaubaren Grenzen zu halten. Es wird ein Protoflugmodell gebaut, das nach einer reduzierten Protoflugqualifikation im Weltraum geflogen wird. Besonders kritische Technologien oder Bereiche werden jedoch zuvor an separaten Qualifikationsmodellen auf Qualifikationslevel getestet. Deshalb werden in diesen Bereichen am Protoflugmodell nur Abnahmentests (Akzeptanztests) durchgeführt. Wird z. B. die Struktur an einem Struktur-Thermal-Modell bereits auf Qualifikationslevel getestet, wird bei den Strukturtests das Protoflugmodell nur auf Akzeptanzlevel getestet, wie es sonst bei einem Flugmuster üblich ist.

8.2.3.7 Die Hardwarematrix

Die Hardwarematrix stellt zeilenweise und nach Subsystemen geordnet alle notwendigen Komponenten des Raumflugsystems dar. In den Spalten werden alle notwendigen Modelle jeder Komponente eingetragen, nachdem die Modellphilosophie festgelegt wurde. Eine Klassifizierung bezüglich der Reife bzw. des Qualifikationsstatus der Komponenten erleichtert die Festlegung der erforderlichen Modelle entsprechend der Verifikationsanforderung. Der Qualifikationsstatus wird in vier Klassen eingeteilt und mit A bis D gekennzeichnet. Dabei soll A bedeuten: bereits qualifizierte handelsübliche Baugruppe, keine weitere Qualifikation notwendig. B bedeutet: kleinere Abweichungen machen eine Delta-Qualifikation erforderlich, C: größere Abweichungen erfordern eine Delta- oder volle Qualifikation und D bedeutet: neu entwickelte oder umfangreich umgestaltete Baugruppe, volles Qualifikationsprogramm notwendig. Tabelle 8.2.2 zeigt einen Ausschnitt aus einer Hardwarematrix eines Satelliten als Beispiel.

8

Tabelle 8.2.2: *Auszug aus der Hardwarematrix eines Satelliten (Beispiel).*

Subsystem/Instrument	Q.-status	DM	STM	EM	FM
Struktur	D		1		1
Thermalkontrolle	D		1		1
Energieversorgung					
Energieregelungseinheit	A		1*	1	1
Batterieladeeinheit	B		1*	1	1
Batterieregelungseinheit	C	1	1*	1**	1
Energieverteilung	D	1	1*	1**	1***
Batterie	A		2*	2	2

* Dummy, ** EQM, *** PFM.

Tabelle 8.2.3: *Auszug aus der Verifikationsmatrix eines Satelliten (Beispiel).*

Anforderungskategorie	System	Modell	Komponente
Struktur			
Mechanisch-dynamisch	T, A	T, A	T, A
Mechanismen & Pyro	T, A	T, A	A, R, I, T
Thermalkontrolle			
Thermalkontrollsystem	A, T	A, T	A, T
Energieversorgung			
Energiegeneration	A, R, I, T	A, T	A, I, T
Energieversorgung	A, R, I, T	A, T	A, R, I, T

A: Analyse, T: Test, I: Inspektion, R: Review des Designs.

8.2.3.8 Die Verifikationsmatrix

Die Strategie der Verifikation des Systems in den unterschiedlichen Anforderungskategorien wird in der Verifikationsmatrix festgelegt. Sie stellt zeilenweise unterschiedliche Anforderungskategorien dar, spaltenweise werden die verschiedenen Systemebenen (System, Systemmodell, Komponente) dargestellt. In den Matrixfeldern werden die anzuwendenden Verifikationsmethoden eingetragen.

Literatur

[8.2.1] ECSS-M-30A: Space Project Management – Project Phasing and Planning. Noordwijk, 1996.

[8.2.2] ECSS-E-10-02A: Space Engineering – Verification. Noordwijk, 1998.

8.3 Umweltsimulation und Testkonzepte

Ralf Baumgartl, Christian Henjes, Ulf Hülsenbusch, Anton Grillenbeck, Holger Kügler, Wilfried Ley und *Alf Schneider*

8.3.1 Wesen und Bedeutung der Umweltsimulation

Die beiden Begriffe Umweltsimulation und Funktionsprüfung spielen für viele **Entwicklungs- und Abnahmeversuche** (d. h. „Tests") für Raumfahrtgeräte die zentrale Rolle. Mittels Umweltsimulation werden die zum Teil extremen Umweltbedingungen, wie sie während des Starts oder bei der Erfüllung einer Mission auftreten, als äußere Bedingung für eine Prüfung bereitgestellt, näherungsweise simuliert oder mit direkter Einwirkung auf das Raumfahrtgerät aufgebracht.

Als **Umweltbedingungen** sind alle natürlichen oder künstlich erzeugten Umgebungen zu verstehen, die auf ein Raumfahrtgerät im operativen Lebenszyklus einwirken können. Als wichtigste – aber nicht ausschließliche – Umwelteinwirkungen oder -bedingungen seien hier genannt:

- **mechanisch:** statische, dynamische und aerodynamische Lasten, Vibration und Schock,
- **thermisch:** Vakuum, innere und äußere thermische Quellen und Senken,
- **elektromagnetisch:** technisch erzeugte oder natürliche, zum Teil hochenergetische Vorgänge und Magnetfelder,
- **besondere Umwelteinwirkungen und -bedingungen:** Plasma, Mikrogravitation, Einschlag von Mikrometeoriten, erdnaher oder interplanetarer Raum, spezielle Orbitbedingungen (z. B. Strahlungsgürtel um Jupiter) oder extraterrestrische Bedingungen (z. B. Marsoberfläche).

Diese unterschiedlichen Umweltbedingungen werden wegen ihrer Komplexität in den entsprechenden Testvorhaben vorzugsweise getrennt voneinander betrachtet. Eine Kombination wird nur dann erwogen, wenn dies die operativen Bedingungen zwingend erfordern (z. B. für die Simulation der thermischen und mechanischen Umweltbedingungen beim Eintritt in eine Atmosphäre oder für das Verhalten von Antrieben während des Aufstiegs in der Atmosphäre).

Die **Funktionsprüfungen** beziehen sich auf den Nachweis des einwandfreien operativen Verhaltens von einem Raumfahrtgerät während seiner Nutzungsphase. Es liegt auf der Hand, dass eine große Mannigfaltigkeit an Funktionsprüfungen existiert, weshalb in Abgrenzung zu anderen Teilen dieses Buches der Fokus in diesem Kapitel auf die Umweltsimulation, teilweise in Verbindung mit einer Funktionsprüfung, gelegt wird. Ein sachlicher Grund für diese

Abgrenzung liegt darin, dass **Umweltsimulationstests** in der Raumfahrttechnik generell als Standard für Entwicklungs- und Abnahmeversuche verstanden und eingesetzt werden. Sie erfordern einen hohen anlagentechnischen Aufwand und werden meist ausschließlich in darauf spezialisierten Testanlagen durchgeführt. Zu dieser Rubrik werden ebenfalls die experimentellen Untersuchungen und Messungen zur Bestimmung physikalisch-technischer Eigenschaften von einem Raumfahrtgerät gezählt, die für dessen Funktion gerade im Hinblick auf die Umweltbedingungen von großer Bedeutung sind. Beispiele für letzteres bilden die dynamischen Eigenschaften (Starrkörper- und modale Eigenschaften).

Das Ziel von Umweltsimulationstests im Rahmen von Entwicklungs- und Abnahmeversuchen liegt darin, bereits am Boden die Zuverlässigkeit des Raumfahrtgerätes unter den erwarteten Umwelteinwirkungen zweifelsfrei zu zeigen, beziehungsweise nachzuweisen, dass die erforderlichen Betriebsbedingungen des Raumfahrtgeräts unter den Umwelteinwirkungen in den vorgesehenen Toleranzen gehalten werden, auch über die gesamte Missionsdauer gesehen. Im folgenden Kapitel wird noch gezeigt, wie Prüfungen und Umweltsimulationstests nicht nur am Ende der Montagephase, sondern auch während der gesamten Entwicklung von einem Raumfahrtgerät systematisch geplant und durchgeführt werden, um einen lückenlosen Nachweis der **Raumfahrttauglichkeit** zu führen.

Der Nachweis der Tauglichkeit wird üblicherweise auf zwei Ebenen geführt: **Qualifikation** (Qualification) und **Abnahme** (Acceptance). Diese beiden Ebenen unterscheiden sich sowohl im Umfang der durchzuführenden Testmaßnahmen als auch in ihrer Testintensität.

Qualifikationstest: Formeller experimenteller Nachweis, dass die Umsetzung des Entwurfs und die dabei verwendeten Herstellverfahren zu einem Raumfahrtgerät geführt haben, das die Spezifikation erfüllt. Die dabei angewendeten Testanforderungen übertreffen mit einem anzuwendenden Sicherheitsfaktor die entsprechenden Fluganforderungen auch dann, wenn alle Toleranzen in der ungünstigsten Kombination zusammentreffen.

Abnahmetest: Formeller experimenteller Nachweis, dass das Raumfahrtgerät fehlerfrei ist und unter den erwarteten maximalen Fluganforderungen ohne Beeinträchtigung oder Minderung seine Funktion erfüllt.

Für die Planung und die Durchführung von Umwelttests für die Raumfahrt haben sich Standards etabliert. Als wichtigste für den Bereich der ESA sind zu nennen die ECSS-E-ST-10-03C (Space Engineering – Testing) und die ECSS-E-ST-10-02C (Space Engineering – Verification), [8.3.1] und [8.3.2], und für den Bereich der NASA die Standards der Reihen NASA-STD-7000 [8.3.4]. Diese Standards verstehen sich als Grundlage für Verifikations- und Testprogramme und sind grundsätzlich offen für Anpassungen, d. h. **„Tailoring“** an neue Missionsanforderungen oder technologische Entwicklungen, die den Testaufwand im Einzelfall erhöhen oder verringern können.

Um den Stellenwert der Umwelttests zu veranschaulichen, ist im Zusammenhang mit dem Tailoring auf einige wesentliche Erkenntnisse und Entwicklungen zu verweisen:

a) Über den Erfolg eines Raumfahrtprogramms entscheidet nicht nur die erfolgreiche Anwendung von Standards, entscheidend ist vielmehr, dass das für Raumfahrtanwendungen gebaute Gerät unter den zutreffenden Bedingungen getestet wird und dass das so verifizierte Gerät dann so wie verifiziert benutzt wird. Oder kurz: „Test what you fly, fly what you test“. Einige misslungene Raumfahrtprojekte der Ära „Faster, better, cheaper“ haben dies gelehrt.
b) Mittlerweile existiert eine Vielzahl von erfolgreichen, aber auch weniger erfolgreichen Raumfahrtprojekten. Eine objektive Bestandsaufnahme im Rahmen des ESA-geförderten Projekts MAT€D [8.3.5] führt zu interessanten Aussagen hinsichtlich der Effektivität von Tests und hinsichtlich der Fehleridentifikation für unterschiedlichste Raumfahrtprojekte. Hieraus lässt sich statistisch gesehen eine Begründung für die Durchführung von Tests ableiten, um Risiken zu vermindern. Eine detaillierte Darstellung dieser Ergebnisse sprengt allerdings den Rahmen des Buches, weshalb auf die Literatur verwiesen wird.
c) Neben den rein technischen Aspekten von Tests oder von Umweltsimulationstests im Speziellen, bilden in der arbeitsteiligen Produktion von Raumfahrtgeräten die Qualifikationstests oder Abnahmetests die Grundlage für die Abnahme der vertraglichen Leistungen.

In Kapitel 8.2 wurde die Verifikationsmatrix dargestellt. Diese bildet die Grundlage für die Umweltsimulations- und Funktionstests, indem daraus eine **Testmatrix** abgeleitet wird, in der die Art der Tests und die speziellen Testanforderungen im Detail beschrieben werden. Die Ausarbeitung der Testanforderungen mündet schließlich in einen **Testplan** für einen Test oder eine Reihe von durchzuführenden Tests. Im Testplan sind die Testziele, die Testmethoden, die Konfiguration des zu testenden Raumfahrtgeräts, die relevanten (Umwelt-)Bedingungen oder externe Lasten, die zu untersuchenden Funktionszustände, die zu beachtenden Sicherheitsregeln im Umgang mit dem Prüfobjekt und die zu messenden physikalischen oder elektrischen Parameter der Umgebung und des Prüfobjekts bis ins Detail genau festgelegt. Daneben sind auch die Kriterien genannt, nach denen der Erfolg oder Nichterfolg eines Tests beurteilt werden wird. Die Vorgaben des Testplans werden für jeden Einzeltest dann in einer **Testprozedur** umgesetzt, in der Form einer ausführbaren Schritt-für-Schritt-Anweisung für die Applikation der Messungen, für die einzustellenden Parameter an den Test- und Messanlagen sowie für den Testablauf selbst.

Die Abfolge von Tests im Testplan wird dabei von zwei Prinzipien geleitet: Zum einen soll die Reihenfolge der zu prüfenden Umweltbedingungen und Funktionszustände möglichst so realisiert werden, wie diese auch in der Nutzungsphase auftreten, zum anderen sollen Fehler und potenzielle Probleme möglichst frühzeitig im Testprogramm erkannt werden können.

Um Letzteres zu gewährleisten, gehört zu jeder Testphilosophie eine **Modellphilosophie,** die eine Festlegung und Zuordnung von physikalischen Testobjekten zu den unterschiedlichen Tests trifft. Das Ziel jeder Modellphilosophie ist, wie in Kapitel 8.2 beschrieben, das Finden einer optimalen Zuordnung von Eigenschaften und der Anzahl von Testobjekten zu den verschiedenen Tests, um eine ausreichend hohe Zuverlässigkeit der Produktverifikation innerhalb eines kürzesten Planungszeitraums und unter vernünftiger Abwägung von Kosten und Risiken zu gewährleisten.

8.3.2 Verifikationsplanung und Kosteneinfluss

Die **Verifikations- und Testplanung** für ein Raumfahrtprojekt ist ein ebenso aufwendiger Prozess wie die Konzeption und Realisierung des Raumfahrtgeräts selbst. Zudem ist dieser Prozess in hohem Maße abhängig von den Festlegungen in den vorhergehenden Phasen. Dies muss bei der Gesamtprojektplanung unbedingt berücksichtigt werden, um spätere Folgekosten durch Umplanung etc. zu vermeiden. Darüber hinaus haben folgende Grundsätze in einem **Qualifikations- und Abnahmetestprogramm** herausragende Bedeutung:

a) Etablierung und präzise Anwendung von akzeptierten Standards,
b) umfassende und vollständige Planung und Dokumentation aller Maßnahmen und Aktivitäten,
c) Kommunikation und Zusammenarbeit auf der Basis klar definierter Verantwortlichkeiten,
d) akkurate Dokumentation von Inspektionen, die Identifikation sämtlicher Abweichungen oder Defizite, Einleitung und Verfolgung der Korrekturmaßnahmen,
e) Etablierung von Prozessen zur kontinuierlichen Verbesserung der Verfahren und Methoden.

Eine empfohlene und in der Praxis bewährte Testreihenfolge ist im Bild 8.3.1 dargestellt. Die dargestellte Testreihenfolge ist aus [8.3.1] abgeleitet.

Diese **Testsequenz** ist wie folgt begründet:

1. Die Belastungen werden auf den Prüfling in **derselben Reihenfolge** aufgebracht, wie sie auch beim Start mit einer Rakete auftreten, d. h. erst die mechanischen Lasten, gefolgt von der thermischen Belastung und abschließend die elektromagnetische Belastung.

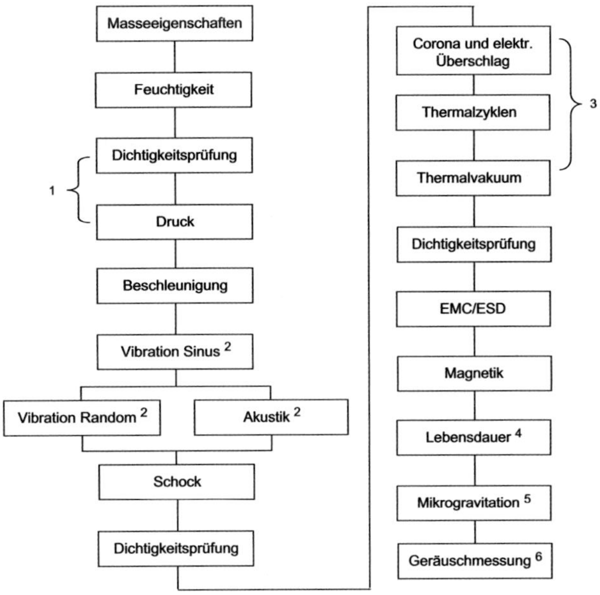

Hinweis:
1 Diese Tests können kombiniert werden.
2 Bei größeren Strukturen sollte der Random-Anteil durch einen Akustiktest abgedeckt werden. Wenn Vibration Random durchgeführt wird, sollte dies gleichzeitig in jeder Achse mit Vibration Sinus durchgeführt werden.
3 Diese Tests können kombiniert werden.
4 Zur Vollständigkeit, kann auch an separatem Equipment durchgeführt werden.
5 Für Mikrogravitationsanwendungen.
6 Nur für bemannte Raumfahrt.

Bild 8.3.1: *Typische Testsequenz (nach [8.3.1]).*

2. Auch mit **Kostengesichtspunkten** kann diese Testsequenz begründet werden. Bei den thermischen Tests fallen wesentlich höhere Kosten an als bei den mechanischen Tests. Wenn aufgrund der mechanischen Tests Reparaturen notwendig sind, so sind nur diese zu wiederholen, nicht aber die wesentlich kostenintensiveren thermischen Tests.
3. Wenn alle mechanischen Tests in einer Sequenz durchgeführt werden, profitiert das Projekt von **Synergien,** die sich bzgl. Zeit und Kosten auswirken. Dieselben Messsensoren können für alle mechanischen Tests verwendet werden. Es ist nicht notwendig, die Sensoren mehrfach zu entfernen und neu zu installieren. Dies ist z. B. notwendig, um das Ausgasen der Sensoren, Kleber, Kabel und damit Kontamination während der Thermal-Vakuumtests zu vermeiden. Auch wenn der Thermal-Balance- und der Thermal-Vakuumtest in einer Sequenz durchgeführt werden, entfällt die doppelte und besonders aufwendige Testvorbereitung.
4. Für den **Vibrationstest** ist es sehr hilfreich, die genauen Masseeigenschaften wie Masse und Schwerpunktslage zu kennen. Daher sollte die Bestimmung der Masseeigenschaften zu Beginn durchgeführt werden. In der Praxis zeigt es sich allerdings, dass die Bestimmung der Masseeigenschaften auch häufig genutzt wird, um die

8

gesamte Testkampagne zu optimieren und Wartezeiten bzgl. Anlagenverfügbarkeit zu überbrücken.

5. Die **magnetischen Messungen** sollten am Ende der Testkampagne durchgeführt werden, um eine Veränderung der magnetischen Eigenschaften durch nachfolgende Tests zu verhindern. So kann z. B. durch Vibrationstests aufgrund der elektrodynamischen Vibrationsanlagen, bei denen während des Tests große Magnetfelder auftreten, der Prüfling hinsichtlich seiner magnetischen Eigenschaften verändert werden.

Zusammenfassend wird deutlich, dass eine gut geplante **Testkampagne** wichtig ist für den Erfolg des Projekts, d. h. Gewährleistung der Funktionstauglichkeit und damit Missionserfolg, Einhalten des Zeitplans und Einhaltung des Kostenbudgets.

8.3.3 Mechanische Tests

Raumfahrtgeräte jeder Art unterliegen in ihrer Nutzungsphase vielfältigen **mechanischen Beanspruchungen.** Dies gilt immer zu Beginn jeder Mission, d. h. beim Start, in vielen Fällen auch im Verlauf der Mission bei Bahn- oder Lagekontrollmanövern sowie Trennvorgängen. Bei einigen Missionen sind auch Atmosphäreneintritt und Landung im Hinblick auf die mechanische Beanspruchung zu betrachten.

In der Startphase treten neben den statischen Beschleunigungskräften und aerodynamischen Lasten die durch den Antrieb und den Aufstieg in der Atmosphäre angeregten Schwingungen und Vibrationen im Startgerät auf. Auch der hohe Schalldruckpegel beim Start (Bodenreflexion) und die während der transsonischen Flugphase auftretenden aerodynamischen Effekte führen zu flächenhaft verteilten Druckwechselfeldern auf den Oberflächen der Raumfahrtstrukturen. Ähnliche Belastungen treten auch beim Atmosphäreneintritt auf, wobei zusätzlich erhebliche Temperaturbelastungen überlagert werden. Daneben führen das Zünden von Antrieben, pyrotechnisch erzeugte Trenn- und Auslösevorgänge sowie Landevorgänge zu kurzeitigen Schockbeanspruchungen.

Die Tauglichkeit von Raumfahrtgeräten in Bezug auf diese mechanischen Lasten wird in spezifischen Vibrations-, Akustik-, Schock- und statischen Tests im Rahmen von Qualifikationstests und/oder Abnahmetests überprüft.

Darüber hinaus ist für alle dynamischen Vorgänge im Raumfahrtgerät oder während der Mission (z. B. bei der Lageregelung und Flugsteuerung) die Kenntnis der relevanten strukturmechanischen Eigenschaften wie **Resonanzverhalten** und **Massenträgheitsmomente** von herausragender Bedeutung. Diese Eigenschaften werden mit mathematischen Modellen berechnet. Vor deren Nutzung ist es erforderlich, die Tauglichkeit dieser mathematischen Modelle durch Experimente zu verifizieren. Zu diesen Eigenschaftsuntersuchungen gehören der Modaltest und die Messung der physikalischen Masseeigenschaften. Diese Untersuchungen werden an Strukturmodellen (Modaltest) oder Flugmodellen (Masseeigenschaften) durchgeführt.

Bevor auf die mechanischen Tests im Detail eingegangen wird, werden die mechanischen Lasten hinsichtlich ihres zeitlichen Verhaltens und ihrer Relevanz während einer Mission noch klassifiziert:

Quasi-statische Belastungen treten vorwiegend bei Start, Bahnmanövern und Atmosphäreneintritt auf. Sie werden hervorgerufen durch die Antriebssysteme, aerodynamische Lasten und Trägheitskräfte. Sie ändern sich mit der Zeit relativ langsam und erzeugen im Verhältnis kleine Strukturantworten.

Kurzeitige (transiente) und stoßartige Belastungen treten auf bei raschen Änderungen sonst stationärer Zustände (z. B. Schubauf- und -abbau in Antrieben), Trennvorgängen und der Landung. Sie können kurzzeitig zu sehr hohen Strukturantworten führen (Schock).

Quasi-harmonische Belastungen treten vorwiegend auf bei transienter harmonischer Anregung (infolge Antriebssysteminstabilität) von Struktur-Resonanzfrequenzen oder bei der Selbsterregung gekoppelter dynamischer Systeme durch Rückkopplung (z. B. POGO-Effekt). Sie können über mehrere Sekunden andauern und hohe Strukturantworten in der Resonanz erzeugen.

Zufallserregte Belastungen treten bei allen aerodynamischen und verbrennungstechnischen Abläufen auf, solange diese aktiv sind. Ihr Eintrag in die Struktur erfolgt entweder durch Körperschall oder Luftschall. Die Strukturantworten können bei resonanter Anregung sehr hoch sein.

8.3.3.1 Vibrationstests

Vibrationstests dienen der Simulation von dynamischen mechanischen Belastungen.

Die auftretenden Schwingungen erstrecken sich über einen **Frequenzbereich** von 1 bis 2 000 Hz und haben dabei unterschiedlichen Charakter:

- transient oder quasi-harmonisch im niedrigen Frequenzbereich (1 bis 100 Hz),
- zufallsverteilt, rauschförmig im hohen Frequenzbereich (20 bis 2 000 Hz).

Aufgrund des breiten Frequenzspektrums sind Vibrationslasten sowohl für Hauptstrukturen, Subsysteme als auch für Komponenten kritisch.

Die Ziele eines Vibrationstests sind:

- Nachweis der Widerstandsfähigkeit gegen die auftretenden dynamischen Lasten,
- Ermittlung der Vibrationslasten für Komponenten bei Systemtests.

Darüber hinaus erlaubt ein Vibrationstest auch in eingeschränktem Maß die Ableitung des Modalverhaltens eines Prüflings aus den Vibrationsmessdaten.

In Anlehnung an den Charakter der bei Raumfahrtanwendungen auftretenden dynamischen mechanischen Lasten werden beim Vibrationstest zwei unterschiedliche Anregungsarten verwendet:

- **sinusförmige Anregung** und
- **rauschförmige Anregung (Random).**

Bei der Sinusanregung wird eine oszillierende Bewegung mit sinusförmigem Zeitverlauf erzeugt, deren Frequenz und Amplitude sich zeitlich im Rahmen eines vorgegebenen Spektrums verändern. Das typische Zeitsignal zeigt Bild 8.3.2.

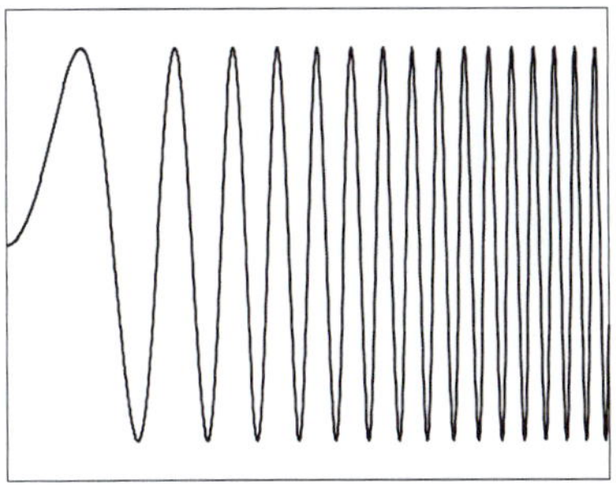

Bild 8.3.2: *Zeitsignal-Sinustest.*

Die **Amplitude der Vibrationslast** wird in der Regel als Beschleunigung spezifiziert, kann aber auch als Schwinggeschwindigkeit oder Schwingweg angegeben werden. Die Zusammenhänge für die sinusförmige Bewegung lauten:

- Schwingweg:
  $x = x_0 \sin(\omega t)$
- Geschwindigkeit:
  $v = v_0 \cos(\omega t)$ mit $v_0 = x_0\, \omega$
- Beschleunigung:
  $a = -a_0 \sin(\omega t)$ mit $a_0 = v_0\, \omega = x_0\, \omega^2$

Die **Frequenzänderung** erfolgt exponentiell. In gleichen Zeitabschnitten wird jeweils eine Oktave im Frequenzbereich durchlaufen. Die erforderlichen Parameter zur Spezifikation eines **Sinustests** sind in Tabelle 8.3.1 zusammengefasst.

Tabelle 8.3.1: *Spezifikation Sinustest.*

Parameter	Beispiel
Frequenzbereich	5 ... 100 Hz
Amplitudenspektrum	5 ... 15 Hz: ± 10 mm 15 ... 100 Hz: 100 m/s^2
Frequenzänderung	2 oct/min

Bei der stationären rauschförmigen Anregung handelt es sich um eine statistisch verteilte zufällige Anregung, die, über einen bestimmten Zeitraum gemittelt, ein Spektrum im Frequenzbereich erfüllt.

Wesentlicher Parameter ist, wie beim Sinustest, die Schwingbeschleunigung. Bild 8.3.3 zeigt den Beschleunigungs-Zeitverlauf eines Rauschsignals.

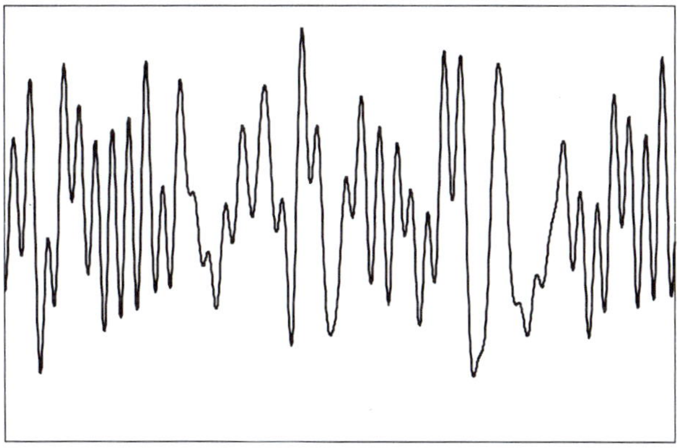

Bild 8.3.3: *Zeitsignal-Rauschtest.*

Mit den Formeln für normalverteilte Signale ergeben sich die charakteristischen Parameter für **Rauschtests:**

- Effektivbeschleunigung:

$$a_{\mathrm{RMS}} = \sqrt{\lim_{T\to\infty} \frac{1}{T} \int_0^T a^2(t)\,\mathrm{d}t} \qquad (8.3.1)$$

- Maximalbeschleunigung:

$$a_{\max} = 3\, a_{\mathrm{RMS}} \qquad (8.3.2)$$

Obwohl die maximal auftretende Beschleunigung eines normalverteilten Signals theoretisch nicht beschränkt ist, wird für die Realisierung im Test eine Grenze von 3 a_{RMS} (bzw. 3 σ) angewandt.

Die Definition eines **Rausch-Anregungsspektrums** erfolgt im Frequenzbereich. Als Parameter wird die spektrale Leistungsdichte der Beschleunigung (auch als **PSD, „Power Spectral Density“** bezeichnet) angegeben:

- Spektrale Leistungsdichte (Power Spectral Density):

$$\mathrm{PSD}(f) = \frac{\mathrm{d}a^2_{\mathrm{RMS}}(f)}{\mathrm{d}f} \qquad (8.3.3)$$

PSD(f) in [(m/s^2)^2/Hz oder m^2/s^3].

Die erforderlichen Parameter zur Spezifikation eines Rauschtests sind in Tabelle 8.3.2 zusammengefasst.

Rauschförmige mechanische Lasten können auch im Rahmen von Akustiktests simuliert werden.

8

Tabelle 8.3.2: *Spezifikation Rauschtest.*

Parameter	Beispiel
Frequenzbereich	20 … 2000 Hz
PSD-Spektrum	20 … 100 Hz: + 6 dB/oct 100 … 1000 Hz: 10 m^2/s^3 1000 … 2000 Hz: – 6 dB/oct
Effektivbeschleunigung	120 $(m/s^2)_{RMS}$
Testdauer	180 s

Die Spezifikationen für Vibrationstests bei Raumfahrtanwendungen finden sich in den Handbüchern der verschiedenen Trägersysteme und sind aus Messungen sowie durch dynamische Analysen abgeleitet.

Die Anregungsform beim Vibrationstest ist die Basisanregung (Fußpunktanregung). Ein Prüfling wird auf einer steifen Auflage (Vibrationstisch) befestigt, über die die Vibrationsanregung übertragen wird.

Als Funktionsprinzipien finden hydraulische und elektrodynamische **Vibrationsanlagen** Anwendung. Tabelle 8.3.3 stellt die wesentlichen Charakteristika der beiden Anlagentypen gegenüber.

Tabelle 8.3.3: *Vergleich hydraulische elektrodynamische Anregung.*

Parameter	Hydraulisch	Elektrodynamisch
Frequenzbereich	1 … 100 Hz	5 … 2000 Hz
Schwingweg	± 70 mm	± 10 … 20 mm
Beschleunigung	70 m/s^2	1000 m/s^2
Anregung	sechs Freiheitsgrade	einachsig

Vor allem aufgrund der höheren erreichbaren Beschleunigungen und des realisierbaren Testfrequenzbereichs bis 2000 Hz hat sich das elektrodynamische Anregungsprinzip durchgesetzt.

Für große Strukturen mit niedrigen Eigenfrequenzen erweist sich die hydraulische Anregung mit ihren Vorteilen im niederfrequenten Bereich und der Möglichkeit, in sechs Freiheitsgraden anzuregen, aber als wichtige Option.

8

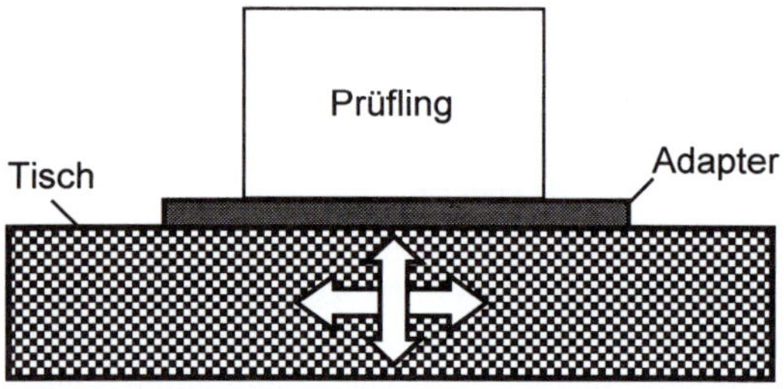

Bild 8.3.4: *Basisanregung.*

Beim Vibrationstest wird ein Prüfling mittels eines **Testadapters** starr an den Tisch der Vibrationsanlage angebunden. Vibrationsanlage und Testadapter sollen im Testfrequenzbereich keine Eigenfrequenzen und keine Beschleunigungsanteile quer zur Anregungsrichtung aufweisen.

Die definierten Vibrationslasten werden unmittelbar neben den Befestigungspunkten eines Prüflings mit einem oder mehreren **Kontroll-Beschleunigungssensoren** ermittelt. Bei Verwendung von mehreren Kontrollaufnehmern wird das Regelsignal durch Maximalwert- oder Mittelwertbildung aus den einzelnen Signalen generiert. Der prinzipielle Testaufbau ist in Bild 8.3.5 dargestellt.

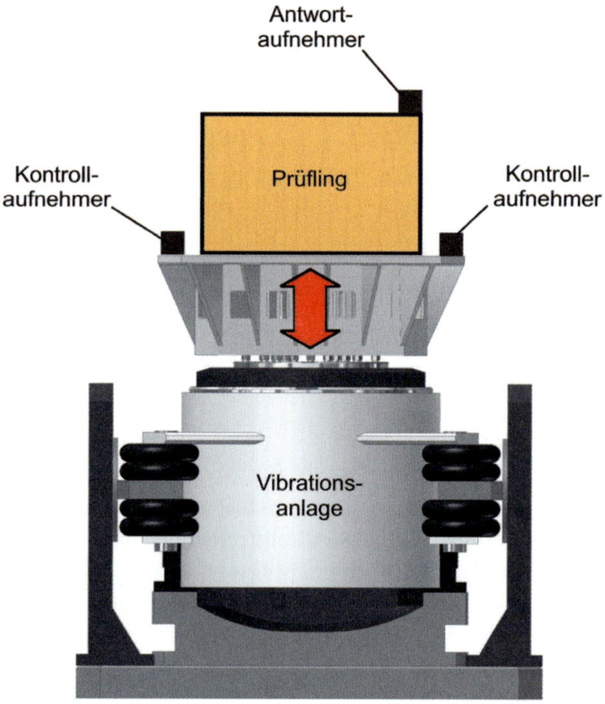

Bild 8.3.5: *Aufbau Vibrationstest (Bild: IABG).*

Die Vibrationslasten werden nacheinander entlang den drei senkrecht zueinander stehenden Hauptachsen in den Prüfling eingeleitet.

Aufgrund der hohen **mechanischen Belastungen** beim Vibrationstest ist die Sicherheit des Prüflings von besonderer Relevanz. Um diese sicherzustellen, werden im Rahmen eines Vibrationstests mehrere unterschiedliche Testläufe durchgeführt:

- **Adapterlauf:**
  Testlauf ohne Prüfling zur Ermittlung der dynamischen Eigenschaften von Adapter und Vibrationsanlage,
- **Resonanzsuchlauf:**
  Sinustest mit niedrigem Pegel zur Ermittlung der dynamischen Eigenschaften des Prüflings vor dem

Belastungstest und zum Überprüfen der mechanischen Integrität des Prüflings nach der Belastung,

- **Zwischenläufe:**
  Tests mit höheren Pegeln zur Überprüfung der Linearität der Prüflingseigenschaften,
- **Qualifikationsläufe:**
  Tests mit den spezifizierten Lasten.

Eine typische Sinustestsequenz lautet:

1. Adapterlauf,
2. Resonanzsuchlauf,
3. Zwischenlauf Sinus (50 %),
4. Qualifikation Sinus,
5. Resonanzsuchlauf.

Das Prüflingsverhalten wird beim Vibrationstest mit den gängigen Sensortypen für mechanische Belastungen (Beschleunigungsaufnehmer, Dehnmessstreifen, Kraftmessdosen, Wegaufnehmer) ermittelt. Im Rahmen der Sicherheitsmaßnahmen können für kritische Messstellen Limitierungs- oder Testabbruchkriterien definiert werden. Beim Abbruchkriterium wird ein Testlauf automatisch bei Erreichen des Kriteriums gestoppt. Beim Limitierungskriterium wird bei Erreichen des Kriteriums die Vibrationslast automatisch reduziert (so genanntes **„Notching"**).

Die Ergebnisse eines Vibrationstests werden in der Regel als Spektren (Beschleunigung über der Frequenz und PSD (Power Spectral Density) über der Frequenz) bereitgestellt:

- **Kontrollspektren** für die Einleitung,
- **Antwortspektren** am Prüfling.

Darüber hinaus ist eine Auswertung aller aufgezeichneten Signale auch als Zeitsignal oder Übertragungsfunktion möglich.

Ein Vibrationstest wird als bestanden akzeptiert, wenn die aufgebrachte Vibrationslast der Spezifikation entspricht, der Prüfling keine mechanischen Veränderungen aufweist und die sich an den Test anschließende Funktionsprüfung erfolgreich ist.

8.3.3.2 Akustik

Mit dem **Schallbelastungstest** wird die Tauglichkeit eines Raumfahrtgeräts nachgewiesen, die beim Start herrschenden Schalldrücke unbeschadet zu überstehen. Darüber hinaus wird der Schallbelastungstest wegen seiner breitbandigen Rauschanregung häufig als Abnahmetest eingesetzt, um noch unentdeckte herstellungsbedingte Fehler (**Workmanship**) aufzudecken.

Der Schallbelastungstest ergänzt den Vibrationstest hinsichtlich der mechanischen Lasten im mittleren und hohen Frequenzbereich. Die Schalldruckwechselfelder wirken flächenhaft verteilt auf die Oberfläche von Prüfobjekten ein und bewirken insbesondere bei flächigen Strukturen mit geringer Masse (z. B. Antennenreflektoren und Solargeneratoren) erhebliche Strukturantworten von bis zu 200 bis 300 g_{rms}, was die Bedeutung des Schallbelastungstests für solche Strukturen unterstreicht.

Wichtige Forderungen an das **Schallfeld** sind Diffusität und Homogenität (d. h., die Schalldruckverteilung ist statistisch gesehen von der Einfallsrichtung unabhängig) sowie die Möglichkeit, das **Schalldruckspektrum** an die Gegebenheiten der verschiedenen Startgeräte anzupassen. Für jedes Startgerät gibt es deshalb ein spezielles Prüfspektrum. Dieses Spektrum, ausgedrückt in **Schalldruckpegeln** in dB (SPL: Sound Pressure Level), wird entweder in Terzbändern oder, wie in Tabelle 8.3.4 gezeigt, in Oktavbändern angeben.

Tabelle 8.3.4: *1/1-Oktav-Schalltestspektrum.*

1/1-Oktavband Mittenfrequenz [Hz]	SPL Qualifikation [dB]	SPL Abnahme [dB]
31,5	132	129
63	137	134
125	140	136
250	143	140
500	139	136
1000	138	135
2000	131	128
OASPL	145,7	142,7

Eine weitere Kenngröße des Schallfelds ist der **Gesamtschalldruckpegel (OASPL:** Overall Sound Pressure Level), welcher sich aus den Terz- oder Oktavpegeln wie folgt bestimmt:

$$OASPL = 10 \log \sum_i 10 \exp\left(\frac{1}{10} SPL_i\right) \tag{8.3.4}$$

Für Raumfahrtgeräte betragen die Qualifikationsschalldruckpegel 143 bis 148 dB (OASPL), die Abnahmeschalldruckpegel liegen um 3 dB darunter. Für die Simulation beim Atmosphäreneintritt werden Schalldruckpegel bis zu 170 dB (OASPL) benötigt.

Die Vorgabe von Toleranzbändern erleichtert das Einstellen der Spektren, da Schallfelder statistische Schwankungen aufweisen.

Der Ablauf eines Schallbelastungstests ist die Aufeinanderfolge von je einem Test mit niedrigem Pegel (**Low Level,** –8 bis –6 dB), dem Abnahmepegel (**Acceptance,** –3 dB), gegebenenfalls dem Qualifikationspegel (**Qualification,** 0 dB) und einer Wiederholung mit niedrigem Pegel (**Post Low Level).** Die Strukturantworten der Prüfobjekte in Form von **Dichtespektren (PSD: Power Spectral Density)** aus den beiden Tests mit niedrigem Pegel werden miteinander verglichen, um Hinweise auf eventuelle strukturelle Veränderungen aufzufinden, die eine Schädigung anzeigen können. Die Strukturantworten aus den Abnahme- und Qualifikationspegeln werden mit den Auslegungspegeln der einzelnen Komponenten des Raumfahrtgeräts verglichen und so deren Tauglichkeit unter dieser Schallbelastung überprüft. Diese Überprüfung ist nach wie vor von besonderer Bedeutung, weil die theoretische Vorhersage von Strukturlasten infolge von Schalldruck auf statistischen und empirischen Methoden beruht, deren Annahmen erst im Test letztendlich verifiziert werden können.

Für die Durchführung von Schallbelastungstests mit den geforderten hohen Schalldruckpegeln ist ein spezieller **Hallraum** erforderlich. Hallräume sind schallhart ausgelegt und zeichnen sich durch lange Nachhallzeiten aus. Lange Nachhallzeiten sind erwünscht, da diese den erforderlichen Energieaufwand zur Erzeugung der Schalldruckpegel verringern. Die Hallräume für Raumfahrtanwendungen verfügen üblicherweise über ein Volumen von 1 100 bis 1 600 m^3. Der Grund dafür liegt darin, dass akustische Energie in einem Hallraum nur aufgebaut werden kann, wenn sich stehende akustische Wellen ausbilden können, d. h. die akustischen Schwingungsformen des Mediums im Hallraum angeregt werden. Die größte Dimension des Hallraums definiert deshalb die Wellenlänge mit der kleinstmöglichen Frequenz einer stehenden Welle. Die Forderung nach einer ersten Frequenz bei etwa 20 Hz definiert somit die maximale Dimension des Hallraums. Ferner erfordert die hohe Homogenität des diffusen Schallfelds eine hohe Dichte von individuellen akustischen Schwingungsformen im Hallraum, deren Überlagerung für ein relativ homogenes und diffuses Schallfeld sorgt.

Die **akustische Energie** wird mit pneumatischen Generatoren erzeugt, in denen Druckluft (oder gasförmiger Stickstoff) durch ein elektrodynamisch angetriebenes Gitter geleitet wird. Das rasche Schließen und Öffnen des Gitters mit einem angepassten Rauschspektrum bewirkt Druckpulsationen im Luftstrom, die über Exponentialhörner in den Hallraum geleitet werden und dort die geforderten Schallspektren erzeugen.

Zur **spektralen Gestaltung** des Schallfelds wird das Schallfeld im Hallraum mit 6 bis 8 Kontrollmikrofonen gemessen. Deren gemitteltes Spektrum wird mit dem Sollspektrum verglichen und das Ansteuerspektrum für den pneumatischen Generator bei Abweichungen entsprechend angepasst. Der in großen Hallräumen maximal realisierbare maximale Schalldruckpegel beträgt etwa 153 bis 160 dB (OASPL). Für höhere Schalldruckpegel werden deshalb kleinere Hallräume oder Progressivwellenkanäle mit kleinen Prüfquerschnitten von etwa 1 m^2 verwendet. In einem Progressivwellenkanal herrscht ein fortschreitendes Schallfeld.

8.3.3.3 Schock

Schocktests dienen der Simulation von kurzzeitigen stoßartigen (meist transienten) mechanischen Belastungen. Die Schocklasten werden beim Start eines Trägers durch die Zündung der Antriebssysteme sowie vor allem durch die pyrotechnische Aktivierung von Auslösemechanismen (Stufentrennung, Trennung der Nutzlastverkleidung oder Satellitenfreisetzung) generiert. Diese Art von mechanischer Belastung ist durch hohe Beschleunigungen (bis 100 000 m/s^2) bei sehr kurzer Einwirkdauer (10 bis 20 ms) charakterisiert und damit weniger für Hauptstrukturen als für elektronische, feinmechanische und optische Komponenten relevant.

Die Ziele eines Schocktests sind:

- Nachweis der Widerstandsfähigkeit gegen die auftretenden Schocklasten,
- Ermittlung der Schocklasten für Komponenten bei Systemtests.

Schocklasten können durch den zugehörigen Beschleunigungs-Zeit-Verlauf oder in der Frequenzdarstellung, dem sogenannten **Schockspektrum** (auch Shock Response Spectrum **SRS**) definiert werden.

Bild 8.3.6 zeigt den für Raumfahrtanwendungen typischen Zeitverlauf eines pyrotechnisch aktivierten Schocks.

Diese transiente, zufällige Anregung lässt sich im Zeitverlauf nur schwer mathematisch beschreiben. Daher

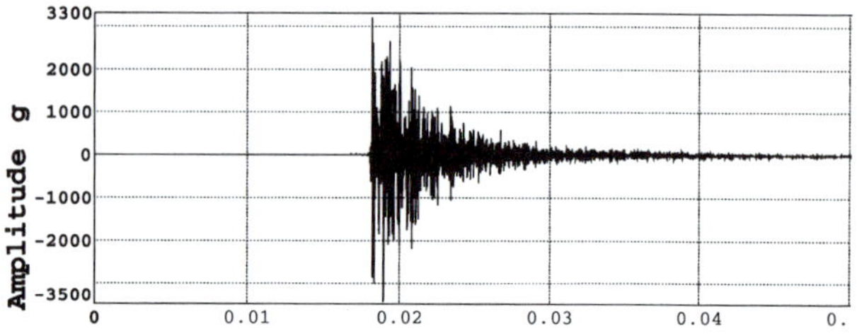

Bild 8.3.6: *Zeitverlauf Pyroschock.*

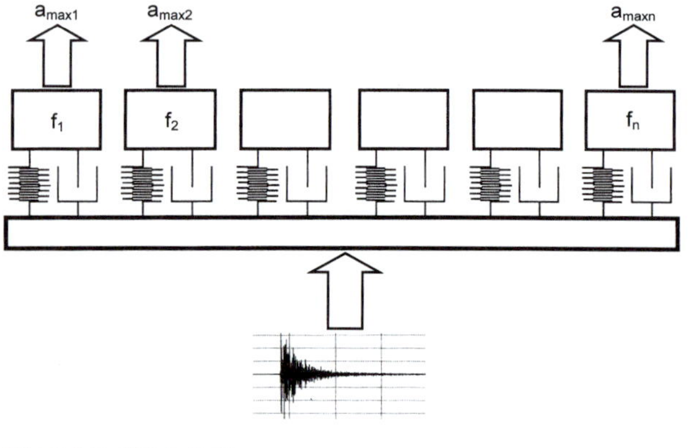

Bild 8.3.7: *SRS-Definition.*

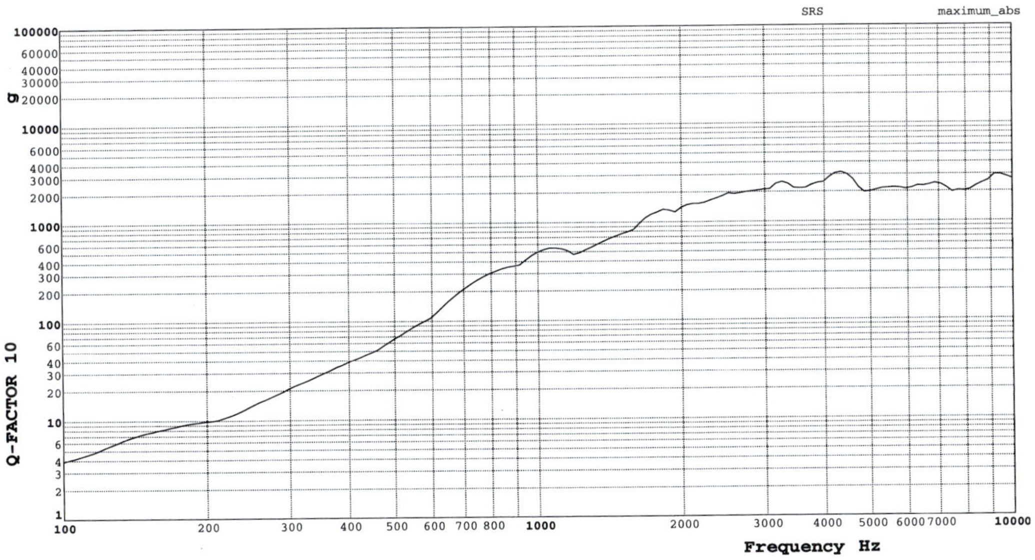

Bild 8.3.8: *Pyroschock-Spektrum.*

findet die Frequenzdarstellung im Schockspektrum häufiger Anwendung.

Ein Schockspektrum definiert die maximalen Beschleunigungsantworten von dynamischen „Ein-Freiheitsgrad-Systemen" unterschiedlicher Resonanzfrequenz bei Anregung durch ein Schockereignis (vgl. Bild 8.3.7).

Als Dämpfung wird in der Regel ein Wert von 5 % (Q = 10) verwendet.

Das typische **Pyroschock-Spektrum** ist in doppelt-logarithmischer Darstellung durch einen steilen Anstieg (ca. 9 ... 12 dB/oct) und ein ebenes Plateau charakterisiert und in Bild 8.3.8 dargestellt.

Spezifikationen für Schocktests bei Raumfahrtanwendungen finden sich in den Handbüchern der verschiedenen Trägersysteme und sind aus Messungen sowie durch dynamische Analyse abgeleitet.

Tabelle 8.3.5 zeigt die erforderlichen Parameter für die Spezifikation von Schocktests.

Tabelle 8.3.5: *Schockspezifikation.*

Parameter	Beispiel
SRS-Spektrum	100 ... 2 000 Hz: + 9 dB/oct 2 000 ... 10 000 Hz: 30 000 m/s^2
Dämpfung	Q = 10 (5 %)
Anzahl	3 Schocks pro Achse ($X/Y/Z$)

Gelegentlich finden auch noch Spezifikationen mit stoßförmigen Schocklasten **(Halbsinus-Schock)** Anwendung. Diese sind allerdings zur Simulation von **transienten Belastungen** nicht geeignet.

Die Simulation von Schocks bei Raumfahrtanwendungen erfolgt entweder pyrotechnisch oder mechanisch.

Bei der **pyrotechnischen Simulation** werden sowohl die eigentlichen Zündmechanismen wie z. B. das „Clamp Band" eines Trägers als auch standardisierte pyrotechnische Aufbauten, sogenannte „Shock Generating Units", herangezogen. Eine typische Anwendung hierfür ist der „SHOGUN-Test", den Arianespace für Satellitenhersteller zur Ariane-5-Schocklastverifizierung anbietet.

Die **pyrotechnische Schocksimulation** wird aufgrund des hohen Aufwands hauptsächlich bei Systemtests genutzt. Ihre Durchführung ist durch die erforderlichen Sicherheitsmaßnahmen und die notwendige Koordination zwischen Schockerzeugung und Datenerfassung charakterisiert.

Für die mechanische Simulation von transienten Schocklasten werden elektrodynamische Vibratoren und sogenannte **Ringing-Plate-Testaufbauten** verwendet. Die kostengünstigeren Testvarianten finden vor allem bei Komponententests Anwendung.

Da bei elektrodynamischen Vibratoren die maximal erreichbare Beschleunigung auf ca. 7 500 m/s^2 (SRS) und der Frequenzbereich auf 2 000 Hz limitiert sind, ist der Ringing-Plate-Ansatz für Pyroschock-Simulationen besser geeignet. Der typische Testaufbau ist in Bild 8.3.9 dargestellt.

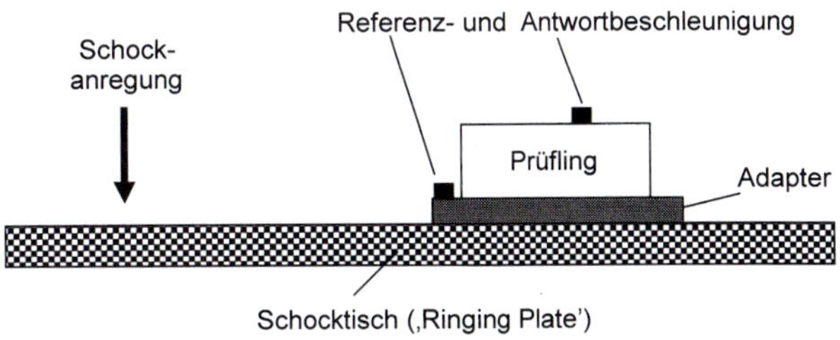

Bild 8.3.9: *Ringing-Plate-Aufbau.*

8

Die **Generierung des Schocks** kann auf unterschiedliche Arten erfolgen, z. B. durch Pendelschlag, pneumatisch oder auch pyrotechnisch.

Die **Testdurchführung** teilt sich in zwei Phasen. Im Rahmen von Vortests, für die an Stelle des Prüflings ein Massendummy zum Einsatz kommt, wird durch Variation der Anlagentestparameter der geforderte Schock am Prüflingsinterface eingestellt. Im zweiten Teil wird der Prüfling mit den vorher definierten Parametern getestet.

Beim Schocktest werden vor allem Beschleunigungen betrachtet und ermittelt:

- **Referenzbeschleunigung** an der betrachteten Schnittstelle,
- **Antwortbeschleunigungen** am Prüfling.

Die aufgezeichneten Daten werden als Zeitverläufe und Schockspektren bereitgestellt.

Ein Schocktest wird als bestanden akzeptiert, wenn die aufgebrachte Schocklast der Spezifikation entspricht und der Prüfling die an den Test anschließende Funktionsprüfung besteht.

8.3.3.4 Modaltest

Der Modaltest (Modal Survey Test) bzw. die Modalanalyse wird zur Bestimmung der **dynamischen Eigenschaften** von Strukturen eingesetzt, mit dem Ziel, die Schwingungseigenschaften in dem für die Missionserfordernisse relevanten Frequenzbereich in Form der **modalen Parameter** zu ermitteln, d. h. der natürlichen Frequenzen und der zugehörigen modalen Dämpfungsfaktoren, der Schwingungsformen sowie der generalisierten und der effektiven Massen. Der relevante Frequenzbereich für ein Raumfahrtgerät erstreckt sich dabei von 60 bis 150 Hz. Die modalen Parameter werden regelmäßig dazu verwendet, die mathematischen dynamischen Modelle der Strukturen zu verifizieren und diese Modelle gegebenenfalls so anzupassen, dass eine ausreichende Übereinstimmung zwischen realer Struktur und analytischem Modell entsteht **(Model Update).**

Ein Modaltest an einem Raumfahrtgerät wird normalerweise dann durchgeführt, wenn für die Fluglastenberechung in den Start- oder Landekonfigurationen validierte mathematische Modelle benötigt werden oder spezielle dynamische Anforderungen an das Raumfahrtgerät gestellt werden (z. B. Frequenzuntergrenzen für bestimmte Schwingungsformen mit hoher effektiver Masse dürfen nicht unterschritten werden).

Als repräsentative Beispiele sind die Modaltests an sämtlichen Ariane-Hauptbaugruppen, dem Space Shuttle, sämtlichen Space-Shuttle-Nutzlasten und allen Nutzlasten mit großer Masse zu nennen.

Es wird die **Bewegungsgleichung** des diskreten Massensystems in der Form

$$\boldsymbol{M}\,\ddot{\boldsymbol{x}} + \boldsymbol{F}_\mathrm{D} + \boldsymbol{K}\,\boldsymbol{x} = \boldsymbol{p} \tag{8.3.5}$$

betrachtet. $\boldsymbol{M}$ und $\boldsymbol{K}$ sind die Massen- bzw. die Steifigkeitsmatrix, $\boldsymbol{x}$ der Vektor der Verschiebungs-Freiheitsgrade (in der Testpraxis sind dies die gemessenen Strukturantworten) und $\boldsymbol{p}$ der Vektor der äußeren Kraftanregung. Die Dämpfungskräfte $\boldsymbol{F}_\mathrm{D}$ werden entweder mit dem einfachsten linearen viskosen Ansatz $\boldsymbol{F}_\mathrm{D} = \boldsymbol{D}\,\dot{\boldsymbol{x}}$ oder dem strukturellen Dämpfungsansatz $\boldsymbol{F}_\mathrm{D} = i\,\boldsymbol{D}\,\boldsymbol{x}$ beschrieben. Beide Ansätze beschreiben das reale Dämpfungsverhalten einer Struktur nur angenähert, weil dieses nur bedingt einen linearen Ansatz erfüllt und zudem verschiedene Dämpfungsarten gleichzeitig wirken. Deshalb ist es vollkommen ausreichend, im Weiteren den formal einfacheren strukturellen Dämpfungsansatz zu verwenden.

Zur Bestimmung der modalen Parameter gibt es prinzipiell zwei unterschiedliche Vorgehensweisen:

Phasenresonanzverfahren: Mit lokal an der Struktur verteilten Schwingerregern werden in einem sogenannten **Standschwingversuch** die einzelnen modalen Schwingungsformen der Struktur gezielt angeregt, sodass die modalen Parameter jeder Schwingungsform isoliert von allen anderen direkt gemessen werden können. Hierzu wird eine harmonische Anregung mit einem reell gehaltenen Kraftvektor auf die Struktur aufgebracht. Dieser wird in Frequenz und Verteilung so angepasst, dass die Struktur in Resonanz schwingt und die Struktur annähernd um 90 Grad phasenverschoben zur Anregung antwortet, d. h., bei angepasstem Kraftvektor sind die reellen Strukturantworten (näherungsweise) null. Für diese Bedingung erhält man aus der Bewegungsgleichung nach ihrer Zerlegung in den Real- und den Imaginärteil

$$[-\omega^2 \boldsymbol{M} + \boldsymbol{K}]\cdot \boldsymbol{x}^\mathrm{re} - \boldsymbol{D}\cdot \boldsymbol{x}^\mathrm{im} = \boldsymbol{p} \tag{8.3.6}$$

$$[-\omega^2 \boldsymbol{M} + \boldsymbol{K}]\cdot \boldsymbol{x}^\mathrm{im} + \boldsymbol{D}\cdot \boldsymbol{x}^\mathrm{re} = 0$$

die Bedingungen, dass die Anregungsenergie gerade der Dämpfung das Gleichgewicht hält und die Struktur in der nunmehr isolierten Schwingungsform mit ihrer ungedämpften Resonanzfrequenz schwingt:

$$-\boldsymbol{D}\cdot \boldsymbol{x}^\mathrm{im} = \boldsymbol{p};\quad \boldsymbol{x}^\mathrm{re} = 0 \tag{8.3.7}$$

$$[-\omega^2 \boldsymbol{M} + \boldsymbol{K}]\cdot \boldsymbol{x}^\mathrm{im} = 0$$

Damit sind die Eigenfrequenz ω_r und der Schwingungsformvektor $\boldsymbol{\Psi}_r = \boldsymbol{n}(\omega_r)$ der direkten Messung zugänglich. Die **modale strukturelle Dämpfung** g_r folgt durch die Analyse der Resonanzkurve, die sich bei der Variation der Frequenz des angepassten Kraftvektors um die Resonanzfrequenz ergibt. Die **modale Masse** m_r ergibt sich rein algebraisch aus der eingeleiteten Energie und mit einem geeigneten Normierungsfaktor n_r aus:

$$m_r = \frac{1}{g_r\, n_r} \cdot \boldsymbol{x}_r^T\, \boldsymbol{p}_r . \tag{8.3.8}$$

Zur Ermittlung der modalen und der effektiven Massen sind demnach die Anregungskräfte und die Interfacekräfte an den Lagerstellen zu messen.

Phasentrennungsverfahren: Die Strukturantworten lassen sich durch Linearkombination aller modalen Schwingungsformen Ψ_r darstellen:

$$x(\omega) = \sum_{r=1}^{N} \frac{\Psi_r^T\, \boldsymbol{p}}{m_r} \, \frac{\Psi_r}{(\omega_r^2 - \omega^2) + i\, \eta_r\, \omega_r^2} ; \tag{8.3.9}$$

Im Sinne der kleinsten Fehlerquadrate erfolgt die Extraktion der modalen Parameter aus den gemessenen Strukturantworten mittels mathematischer Anpassung der Elementarlösung des entsprechenden linearen gedämpften Oszillators, sodass mit den extrahierten modalen Parametern die gemessenen Strukturantworten rekonstruiert werden können.

Der Begriff der **Modalanalyse** umfasst dabei lediglich den Teilaspekt der rechnerischen Extraktion der modalen Parameter aus bereits gemessenen Strukturantworten. Im Gegensatz dazu beinhaltet der Begriff des Modaltests grundsätzlich auch den speziellen experimentellen Aufwand zur Gewinnung der benötigten Strukturantworten in einem Standschwingversuch.

Die detaillierte Vorgehensweise bei Modaltests und den eingesetzten Phasentrennungsverfahren sind sehr mannigfaltig, aber sehr gut im Schrifttum dokumentiert, sodass hier auf die einschlägigen Monografien verwiesen werden kann, z. B. [8.3.6].

Dies lässt Raum für eine Diskussion der **zweckmäßigsten Vorgehensweise** bei der Bestimmung der modalen Parameter von Raumfahrtstrukturen.

Wie soeben erläutert, ist es prinzipiell möglich (mit gewissen Einschränkungen), eine Modalanalyse auch mit **Strukturantworten aus mechanischen Umweltsimulationstests,** insbesondere mit denen aus einem Vibrationstest, durchzuführen. Aus Zeit- und Kostengründen wird in der Tat oft auf einen Modaltest verzichtet, und es werden die Strukturantworten aus einem Vibrationstest genutzt, um modale Parameter zu ermitteln. Die Frage nach der geeigneten Vorgehensweise zur Ermittlung der modalen Parameter kann nicht allein aus der Kostensicht beantwortet werden, sondern auch die Genauigkeitsanforderungen an die modalen Ergebnisse aus der Sicht ihrer Zweckbestimmung müssen dabei beachtet werden. Der Zusammenhang zwischen Testaufwand und Ergebnisqualität ist in Bild 8.3.10 dargestellt.

Benötigt man lediglich eine Modellverifikation hinsichtlich der Eigenfrequenzen und der Schwingungsformen sowie die Bestimmung der modalen Dämpfung, so genügen einfache Mittel zur Messung der Strukturantworten (z. B. Hammerschlaganregung) oder Strukturantworten aus einem Vibrationstest für eine Modalanalyse. Ist allerdings die exakte Verifikation und eventuell der Abgleich eines mathematischen dynamischen Modells gefordert, dann wird ein dezidierter Modaltest erforderlich sein. Dabei wird der klassische Standschwingversuch mit einem Phasenresonanzverfahren stets die exakteren Ergebnisse liefern als eine Mehrpunktrauschanregung mit nachfolgender Modalanalyse der gemessenen Übertragungsfunktionen.

Die Gründe, die die hohe **Genauigkeit** und den Umfang der **Modalergebnisse** eines Modaltests günstig beeinflussen, sind nachfolgend genannt:

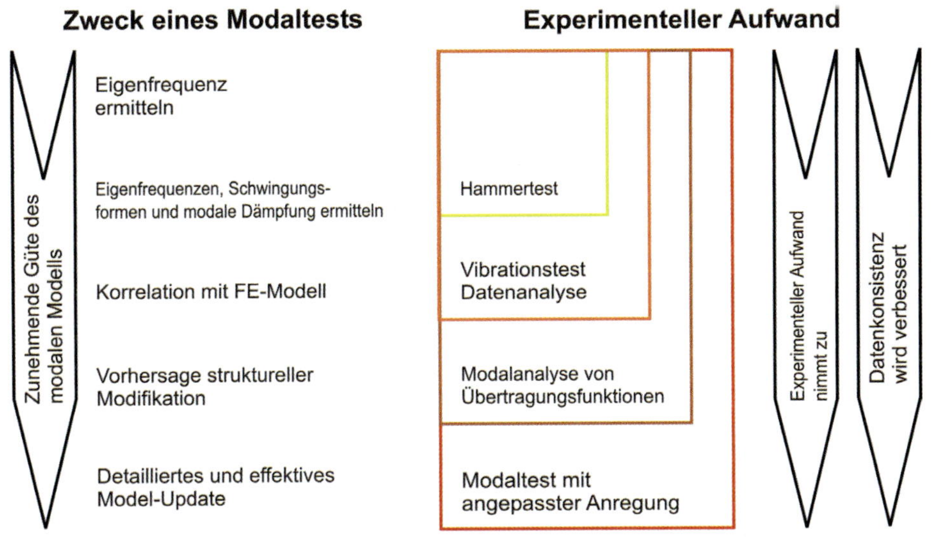

Bild 8.3.10: *Zusammenhang zwischen der Qualität eines Modaltests und dem erforderlichen Aufwand.*

a) Bei einem Standschwingversuch lassen sich sämtliche Parameter klar messen oder bestimmen (eingeleitete Kräfte, Verhalten an den Einspannstellen, Separation der Starrkörperformen – sofern vorhanden – von den elastischen Formen, Prüfung der Struktur auf lineares Verhalten).
b) Die modalen Parameter werden im eingeschwungenen Zustand der Struktur bestimmt.
c) Während des Modaltests sind jederzeit Qualitätskontrollen der modalen Ergebnisse und ein erster Vergleich mit den vorhergesagten Ergebnissen des mathematischen Modells durchführbar. Dies ermöglicht es während des Tests, etwaigen Unklarheiten mit experimentellen Mitteln auf die Spur zu kommen.
d) Fehlergrenzen lassen sich aufgrund der guten Datenbasis für die Hauptmoden gut bestimmen und angeben.

Demgegenüber besitzt die **Modalanalyse von Vibrationsdaten** folgende Nachteile:
a) Die Testparameter sind für eine exakte Modalanalyse nicht direkt, schwer oder gar nicht zugänglich. Beispiele hierzu sind die Geschwindigkeit des Gleitsinus bei einem Vibrationstest, der ein vollständiges Einschwingen der Struktur nicht zulässt, und die mögliche Interaktion von Vibrationstisch und Kontrollsystem mit dem dynamischen Verhalten des Testobjekts. Diese Effekte können nur zum Teil rechnerisch korrigiert werden und erfordern unter Umständen die Einbeziehung des dynamischen Tischmodells in die Analyse des Prüfobjekts.
b) Die Anregungskräfte zwischen Tisch und Prüfkörper sind nur mit speziellen Kraftmesseinrichtungen zu ermitteln. Ist dies nicht möglich, dann sind modale und effektive Massen experimentell nicht bestimmbar, es sei denn, das mathematische Modell wird dazu benutzt.
c) Selbst wenn die Anregungskräfte zwischen dem Tisch und dem Prüfobjekt mit Kraftmesseinrichtungen gemessen werden, beschreiben die daraus ableitbaren Übertragungsfunktionen das dynamische Verhalten des freien Systems. Die Rückrechnung der modalen Eigenschaften auf die normalerweise geforderte starre Einspannung erfordert wiederum Modellannahmen.
d) Die methodisch einwandfreie Trennung von frequenzmäßig eng benachbarten Schwingungsformen ist ausgeschlossen, weil die hierzu notwendigen orthogonalen Anregungskraftvektoren fehlen.
e) Eine Abschätzung der Fehlerschranken für die modalen Ergebnisse ist schwierig und führt teilweise auf hohe Fehlerspannen für die modalen Parameter.

Dennoch hat sich in der Praxis die Modalanalyse von Vibrationsdaten als kostengünstiges Übersichtsverfahren bewährt, weshalb die Verbesserung der Genauigkeit weiterhin Gegenstand der Forschung ist.

8

Die **Korrelation** der modalen Testergebnisse mit den Modellergebnissen wird mittels der nachfolgenden **Orthogonalitätsbeziehungen der Schwingungsformen** durchgeführt:

$$\boldsymbol{A}_{rs} = \boldsymbol{\Psi}_r^T \boldsymbol{M} \boldsymbol{\Psi}_s = \begin{cases} 0 & \text{für } s \neq r \\ m_r \text{ (real)} & \text{für } s = r \end{cases} \tag{8.3.10}$$

Dies setzt für einen Modaltest eine dezidierte analytische Vorbereitung (d. h. dynamische Modellrechnungen) voraus, um die für den Modellabgleich erforderlichen Zielmoden zu identifizieren, den dazu passenden Messplan zu entwerfen (Beobachtbarkeit der relevanten Schwingungsformen) und um die kondensierte Massenmatrix und Eigenvektoren für die Korrelation der Modaltestergebnisse mit dem dynamischen Modell vorzubereiten. Die Praxis des Modaltests hat vielfach gezeigt, dass eine gründliche Testvorbereitung – vor allem die Testvorhersage mit einem analytischen Modell – ganz entscheidend zum Erreichen der Ziele eines Modaltests beiträgt.

8.3.3.5 Masseeigenschaften

Die Bestimmung der **Masseeigenschaften** dient der exakten experimentellen Ermittlung aller dynamischen Eigenschaften des starren Körpers wie Masse, Lage des Schwerpunkts, Massenträgheits- und **Deviationsmomente** sowie Lage der **Hauptträgheitsachsen.** Diese Informationen dienen zur Bestätigung der rechnerischen Massenbilanz, die durch die vielen Komponenten eines Raumfahrtgeräts einen großen Aufwand und Sorgfalt erfordert und daher der experimentellen Überprüfung bedarf.

Die Bewegung des starren Körpers wird beschrieben durch das Newtonsche Grundgesetz in der Form: $\boldsymbol{M}\,\ddot{\boldsymbol{x}} = \boldsymbol{p}$ mit dem Vektor der Starrkörperverschiebungen und -drehungen $\boldsymbol{x}^T = \{x \;\; y \;\; z \;\; \phi_x \;\; \phi_y \;\; \phi_z\}$ und dem Vektor der äußeren Kräfte und Momente: $\boldsymbol{p}^T = \{F_x \;\; F_y \;\; F_z \;\; M_x \;\; M_y \;\; M_z\}$. Die dazugehörige **Massenmatrix** besitzt 10 voneinander unabhängige Elemente:

$$\boldsymbol{M} = \begin{bmatrix} m & 0 & 0 & 0 & m z_c & -m y_c \\ 0 & m & 0 & -m z_c & 0 & m x_c \\ 0 & 0 & m & m y_c & -m x_c & 0 \\ 0 & -m z_c & m y_c & J_{xx} & J_{xy} & J_{xz} \\ m y_c & 0 & -m x_c & J_{xy} & J_{yy} & J_{yz} \\ -m y_c & m x_c & 0 & J_{xz} & J_{yz} & J_{zz} \end{bmatrix}.$$

Die Bestimmung der Masseeigenschaften wird zumeist an den Flugeinheiten durchgeführt, um für den Start und vor allem für die Lageregelung während der Mission die Reaktion des Fluggeräts infolge der Antriebskräfte exakt vorhersagen zu können. Aus diesem Grund werden an die Ermittlung der Masseeigenschaften höchste **Genauigkeitsanforderungen** gestellt. Die typischen Genauigkeitsanforderungen sind besser als 0,5 % für die Masse, besser als 1 mm für den Schwerpunkt und besser als 2 bis 5 % für die Massenträgheitsmomente, je nach Achsenlage.

Die direkte Ermittlung aller Masseparameter aus dem Newtonschen Grundgesetz mittels Kraft- und Beschleunigungsmessungen ist zu ungenau, weshalb hochpräzise Massewaagen, Schwerpunktswaagen und zur Ermittlung der Masseträgheit Torsionspendelmaschinen eingesetzt werden.

Das praktische Problem besteht darin, den Schwerpunkt oder die Achsen des Raumfahrtgeräts in die entsprechende Lage zur Prüfanlage zu bringen. Bild 8.3.11 zeigt den Messaufbau zur Ermittlung des Schwerpunkts in der Hochachse des Satelliten beziehungsweise zur Messung der Massenträgheitsmomente um dessen Querachsen.

Bild 8.3.11: *Bestimmung von Schwerpunktshöhe und Massenträgheitsmoment um eine Querachse (Bild: IABG).*

Aus diesem Grund werden neuerdings verallgemeinerte **Torsionspendelmaschinen** eingesetzt, die die Anzahl der mechanischen Umspannarbeiten verringert. Das Funktionsprinzip der verallgemeinerten Torsionspendelmaschine ist in Bild 8.3.12 veranschaulicht. Auf dieser Anlage kann das Raumfahrtgerät horizontal verschoben und um seine Hoch- und um eine Querachse gedreht werden.

In die Torsionspendelmaschine ist eine **Schwerpunktswaage** integriert. Damit ergeben sich die folgenden Arbeitsschritte:

a) Ermittlung der Masse auf einer separaten Waage,
b) Ermittlung der lateralen Schwerpunktskoordinaten und des Massenträgheitsmoments um die Hochachse bei vertikaler Ausrichtung des Prüfkörpers auf der Anlage,

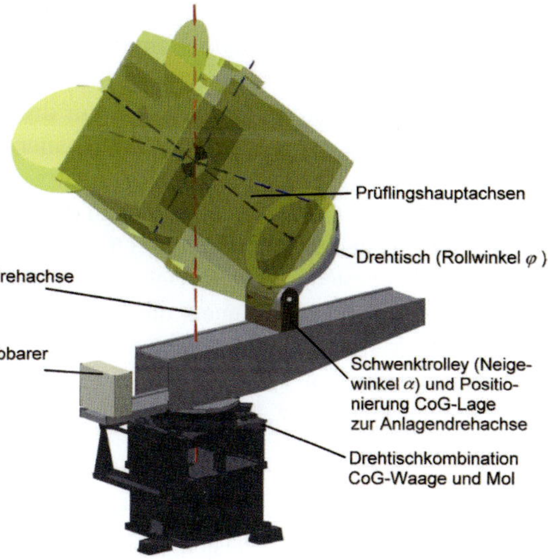

Bild 8.3.12: *Prinzip der verallgemeinerten Torsionspendelmaschine (Bild: ABG).*

c) die Lage des Schwerpunkts in der Hochachse wird durch das Torsionspendel ermittelt. Dazu wird die Prüfkörperachse geneigt und schrittweise horizontal verschoben. Liegt der Schwerpunkt über der Drehachse des Torsionspendels, dann wird der Steiner-Anteil im Trägheitsmoment zu Null, und die Torsionspendelfrequenz erreicht ein Maximum,
d) nun wird der Schwerpunkt stets über der Torsionspendelachse gehalten. Durch Drehen des Prüfkörpers lässt sich das Massenträgheitsmoment Θ um den Schwerpunkt entlang unterschiedlicher Drehachsen messen. Aus der bekannten Lage der Drehachsen zur Geometrie des Prüfkörpers lassen sich die Koeffizienten A bis F angeben und mit einer Reihe von Messungen ein überbestimmtes Gleichungssystem zur Berechnung der **Massenträgheitsmomente** J_{xx} bis J_{xz} gemäß folgender Gleichung aufbauen:

$$\Theta = A\,J_{xx} + B\,J_{yy} + C\,J_{zz} + D\,J_{xy} + E\,J_{xz} + F\,J_{yz}$$

8.3.4 Weltraumsimulationstests

Im Rahmen des Verifikationsprozesses werden Satelliten umfangreichen **Thermal-Vakuumtests** unterzogen, um die Eigenschaften und das Verhalten unter den Umgebungsbedingungen im Weltraum zu testen. Im Gegensatz zu den mechanischen Tests, die wesentlich die Belastungen des Satelliten während der Startphase verifizieren, wird ein Satellit in thermischen Tests für den späteren Einsatz im Weltraum qualifiziert.

Die **Weltraumbedingungen**, die auch in Thermal-Vakuumtests nachgebildet werden, sind die Druckverhältnisse in hohen Umlaufbahnen, der kalte Weltraumhintergrund sowie Strahlungsquellen (Sonnenstrahlung,

Albedo- und Erdeigenstrahlung) mit ihren entsprechenden Wirkungen auf den **Thermalhaushalt** eines Satelliten. Das Vakuum im Weltraum mit großen freien Weglängen bewirkt hier, dass ein Wärmeaustausch nur durch Strahlung erfolgt, während die Sonnenstrahlung einerseits und der kalte Weltraumhintergrund andererseits zu hohen Bestrahlungsgradienten mit entsprechend großen Temperaturunterschieden auf dem Satelliten führen.

Ein Satellit besteht aus einer Vielzahl von Materialien, Komponenten und Subsystemen, die alle in bestimmten Temperaturgrenzen gehalten werden müssen, um eine einwandfreie Funktion zu gewährleisten (z. B. Elektronikbaugruppen) oder um z. B. Materialveränderungen und -verformungen an Strukturteilen (z. B. Antennen) zu verhindern.

Um die Einhaltung dieser Temperaturgrenzen für alle Missionsphasen zu gewährleisten, kann eine Vielzahl von passiven und aktiven Maßnahmen eingesetzt werden, angefangen von ausgewählten Oberflächen (schwarz, weiß, metallisch etc.) mit definierten Absorptions- und Reflexionseigenschaften (α/ε-Werte) über Mehrschichtschutzfolien (Multi-Layer Insulation, MLI) bis hin zu Wärmeleitbändern und Wärmeleitrohren (Heat Pipes) und aktiv temperaturgeregelten Heizern. Die Summe aller Temperaturkontrollmaßnahmen wird i. Allg. als **Thermalkontroll-Untersystem (Thermal Control Subsystem, TCS)** bezeichnet, obwohl es nicht als eigenständiges Subsystem wie etwa der Satellitenbus oder ein Antennenreflektor behandelt werden kann.

Die Auslegung des TCS erfolgte früher überwiegend durch experimentelle Auslegung, heute kann ein Großteil der Auslegung mit **Thermal-Simulationsrechnungen** durchgeführt werden. Aufgrund der heute verfügbaren Rechenkapazität sind aufwendige Simulationen mit tausenden Knotenpunkten kein Problem mehr, die Herausforderung liegt vielmehr in der genauen Beschreibung aller thermisch relevanten, physikalischen Eigenschaften (α/ε-Werte, thermische Massen etc.) und deren Wechselwirkung. Auch die Randbedingungen (Boundary Conditions), die das thermische Verhalten an Grenzflächen und Übergängen (Interfaces) zu benachbarten Komponenten definieren, sind für eine Simulationsrechnung so exakt wie möglich zu definieren.

8

8.3.4.1 Thermal Balance Tests

Es ist eine wichtige Aufgabe eines Thermal-Vakuumtests (hier speziell des thermischen Gleichgewichtstests), gemessene Daten für spezifische Belastungsfälle bereitzustellen. Mit den Daten kann dann das erstellte **Thermalmodell** eines Satelliten verifiziert und optimiert werden. Meist ist es hier nicht erforderlich, alle infrage kommenden Lastfälle einer Mission wirklich im Test zu überprüfen, es reichen in der Regel einige möglichst repräsentative (extreme) Fälle aus. Kann dann das so angepasste Thermalmodell die gemessenen Fälle korrekt simulieren, können auch weitere Lastfälle berechnet werden.

Die **Testdurchführung** erfolgt in der Regel mit kalter Thermalwand-Temperatur (gekühlt mit flüssigem Stickstoff) bei Temperaturen < –180 °C zur Simulation des Weltraumhintergrunds. Die einzelnen Missionsphasen werden durch entsprechende Solarsimulation oder beheizte Thermalplatten (Albedo- und Erdeigenstrahlung-Simulation) dargestellt. Das sich einstellende Temperaturgleichgewicht am Satelliten nach einer Stabilisierungsphase wird vermessen.

8.3.4.2 Bakeout-Test

Eine weitere wichtige Aufgabe von Thermal-Vakuumtests ist der Test von Baugruppen (Solar-Panels, Elektronikeinheiten, Antennen, etc.). Hier steht die Qualifizierung für den Einsatz im Weltraum im Vordergrund. Jedes wesentliche Bauteil, das einmal an einem Satelliten in den Orbit fliegen soll, wird zuvor in sogenannten **Bakeout-Tests** dem Vakuum ausgesetzt, um **Ausgasung** in dem Temperaturbereich zu ermöglichen, in dem die Baugruppe später eingesetzt wird.

Hierbei wird der Prüfling unter Vakuum auf Temperaturen erhitzt, die über der späteren Einsatztemperatur liegen. Der typische Temperaturbereich liegt dabei bei +80 °C bis ca. +150 °C, je nach Komponenten und späterer Missionsumgebung. Der Prüfling wird dieser Umgebung für mindestens 24 h ausgesetzt, teilweise auch deutlich länger.

Hierdurch wird sichergestellt, dass ein großer Teil der eingelagerten ausgasfähigen Produkte (Kohlenwasserstoffe, Silikone, Ester, Wasser etc.) aus der Produktion bereits am Boden ausgast und nicht später den Satelliten kontaminieren kann. Da die Fluggeschwindigkeit des Satelliten in seiner Umlaufbahn in der Größenordnung der **Teilchengeschwindigkeit** bei einem Totaldruck < 10^{-5} mbar liegt – der Satellit ist u. U. sogar schneller – können sich ausgasende Komponenten nicht vom Satelliten entfernen. Sie fliegen vielmehr in einer Wolke mit dem Satelliten mit und kondensieren an kalten Stellen wieder aus. Dies ist ein großes Problem z. B. für optische Komponenten oder Solarzellen, die durch auskondensiertes Material beschlagen und ausfallen können.

8.3.4.3 Thermal-Vakuumtest

Bakeout-Tests werden oft mit **Thermal-Vakuum-Zyklentests** (TV- oder TVC-Tests) kombiniert. Hierbei werden die Komponenten oder der gesamte Satellit unter Vakuum mehreren **Temperaturzyklen** ausgesetzt. Die Anzahl der Zyklen sowie die Temperaturgrenzen für die Heiß- und Kalttemperatur sind dabei missionsabhängig festzulegen, übliche Grenzen können für die Kalttemperatur bei –100 °C bis –180 °C liegen. Die Heißtemperaturen der Zyklen liegen meist im Bereich zwischen +80 °C und +130 °C. Für besondere Missionen werden auch Heißtemperaturen bis zu +200 °C benötigt, die dann in speziell dafür ausgelegten TV-Kammern realisiert werden.

Das **Temperieren** des Prüflings erfolgt entweder über den Wärmeaustausch mit der Thermalwand der TV-Kammer per Strahlung oder vereinzelt über den direkten Wärmeaustausch mit einer temperierten Platte (Thermalplatte), auf die der Prüfling montiert ist.

Insbesondere große Prüflinge oder solche, deren thermische Eigenschaften nur eine schlechte Temperierung über Strahlung zulassen, benötigen in TVC-Tests lange Testzeiten (und damit hohe Kosten). Teilweise sind es nur bestimmte Teile eines Prüflings – z. B. metallische Einsätze in Kohlefaserverbund-Antennen – die die Testzeiten verlängern.

Für bestimmte Bereiche eines Prüflings können andere Maximal- oder Minimaltemperaturen vorgeschrieben sein als für den sonstigen Prüfling. So kann es z. B. sein, dass Hohlleiter auf einem Antennentower eine höhere maximale Temperatur erreichen müssen als der Antennenreflektor selbst. Es ist auch möglich, dass bestimmte Antennenkomponenten im Kaltfall nicht so abkühlen dürfen wie der Reflektor selbst.

In beiden Fällen sind im Testaufbau zusätzliche **Heizelemente** vorzusehen, die gegenüber der allgemeinen Temperierung über die Thermalwand der TV-Kammer eine lokale Aufheizung auf eine andere Temperatur erlauben. Hier werden Infrarot-Strahler oder auch direkt applizierte elektrische Heizelemente eingesetzt. Die Konzeption eines TV-Tests entsprechend den Anforderungen des Kunden ist eine der wesentlichen Aufgaben eines Testzentrums.

8.3.4.4 Thermal-Zyklentest

Kann zum thermischen Zyklieren auf das Vakuum verzichtet werden, lassen sich die Testzeiten und damit die Kosten des Tests deutlich reduzieren. In einem Thermal-Zyklen-Test (**TC-Test** oder **APTC-Test**) in einer APTC-Kammer – APTC steht für Ambient Pressure Thermal Cycling – wird eine trockene Stickstoff-Gasatmosphäre unter atmosphärischem Druck erhitzt bzw. gekühlt und der Prüfling so durch Konvektion sehr schnell umtemperiert. Da der Gasstrom zusätzlich mit **niedriger Strömungsgeschwindigkeit** (ca. 1 bis 3 m/s) in der Kammer zirkuliert, sind hier Umsteuergradienten von 5 bis > 30 °C/min möglich, die Prüflingsmasse beeinflusst dabei maßgeblich die erreichbaren Testzeiten.

Eine unterschiedliche Temperierung einzelner Prüflingsbereiche ist hier nicht möglich, dies ist ein Umstand, der in der Testkonzeption zu berücksichtigen ist.

Ein APTC-Test wird in der Regel mit einem Bakeout-Test oder einem TV-Zyklus kombiniert, damit der Prüfling zumindest zeitweise dem Vakuum ausgesetzt wird, um den Ausgasungsprozess zu beschleunigen.

8.3.4.5 OSTC-Test

Solarpanels werden zum Abschluss der Fertigung einer besonderen Testart unterzogen, dem „On Stage Thermal Cycling Test“, **OSTC-Test.**

Hier wird ein Solarpanel einer **Temperaturwechsel-Belastung** ausgesetzt, die den späteren Einsatz in einem erdnahen Orbit simuliert. Ein Solarpanel wird im Orbit mit der Zellseite in Richtung Sonne ausgerichtet, die Rückseite „sieht“ daher den kalten Weltraumhintergrund. Dies führt zu hohen Temperaturgradienten durch das relativ dünne Panel hindurch. Auf der Umlaufbahn um die Erde wird die Sonneneinstrahlung zusätzlich durch das periodische Eintreten in den Erdschatten unterbrochen.

Um dieses **Belastungsprofil** im Test zu simulieren und ein Solar-Array zu qualifizieren, wird die Thermalkammer zunächst mit flüssigem Stickstoff auf Temperaturen von unter –180 °C abgekühlt. Eine auf die Zellseite des Solarpanels ausgerichtete starke Infrarot-Strahlungseinheit heizt die Zellseite dann periodisch auf die geforderte Qualifikationstemperatur auf. Mit einer Strahlungsdichte von bis zu 8 kW/m^2 kann so ein Solarpanel in weniger als 30 min zellseitig von –170 °C auf +130 °C aufgeheizt werden. Nach dem Abschalten der Infrarot-Anlage kühlt das Panel dann wieder ab, was, in Abhängigkeit von der geforderten minimalen Temperatur, bis zu 7 Stunden (Abkühlung auf –175 °C) dauern kann.

Die Zyklen werden mit vorhergehenden **Tempering-Phasen** kombiniert, in denen der Prüfling zunächst unter Atmosphäre, dann unter Vakuum stufenweise aufgeheizt wird. Mögliche Fabrikationsfehler werden nach einem derartigen Test z. B. durch abgeplatzte Solarzellen, Strukturrisse, unerwünschte Verfärbungen oder Ablösungen des Panel-Substrates erkennbar.

8.3.4.6 Thermoelastischer Verformungstest

An Antennenreflektoren werden im Weltraum besondere **geometrische Anforderungen** gestellt. Reflektoren werden je nach zu bestrahlender Empfangsregion spezifisch geformt, um möglichst gut regionalen Grenzen (Länder, Kontinente) folgen zu können. Die Form darf sich auch unter thermischer Belastung oder nach Ausgasung nicht verändern, es müssen hier Grenzen der Formstabilität von wenigen Mikrometern eingehalten werden. Diese Formstabilität wird mithilfe optischer Vermessungsmethoden mittels einer hochpräzisen kalibrierten Kamera (digitale Fotogrammetrie, Videogrammetrie) in der TV-Kammer nachgewiesen. Dieser Test wird auch als **Thermal Distortion Test** (TD-Test) bezeichnet.

Die Prüflingsoberfläche wird mit einem Raster aus **optischen Messmarken** (retro-reflektierende Targets) bestückt, deren 3D-Position ausgewertet wird. Mithilfe codierter Targets können alle Punkte durch digitale Bildverarbeitung identifiziert und der Prozess automatisiert werden.

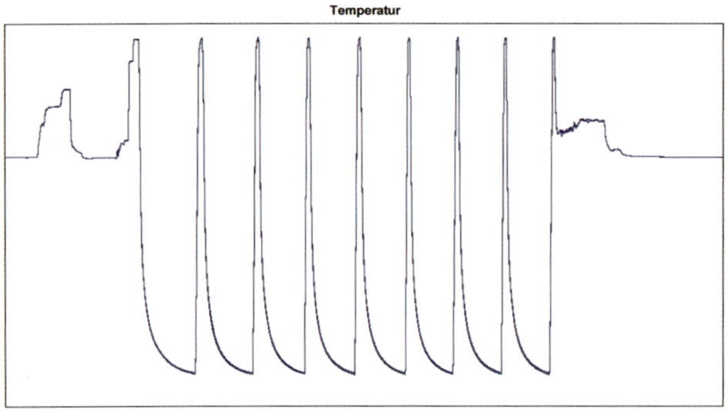

Bild 8.3.13: *Temperaturverlauf eines typischen TV-Zyklentests.*

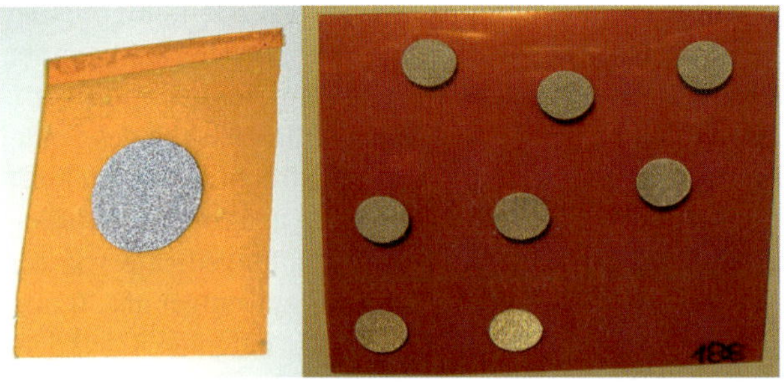

Bild 8.3.14: *Target auf Schutzfolie, Code-Target für TV-Kammer (Bild: GDV).*

Bild 8.3.15: *Einbau eines mit Targets präparierten Reflektors in die Kammer (Bild: IABG).*

Der Reflektor/Prüfling wird während des Testprogramms aus verschiedenen Blickwinkeln mehrfach mit einer Messkamera (mit Ring-Blitz) aufgenommen. Über die räumliche 3D-Triangulation wird die aktuelle Position der Messpunkte am Objekt berechnet (Prinzip „Bündelausgleichung"). Eine hohe Messgenauigkeit wird dabei durch präzise Bildmessung (RMS < 0,3 µm), optimale Strahlen-Schnittwinkel und hohe Überbestimmung der Beobachtungen erreicht.

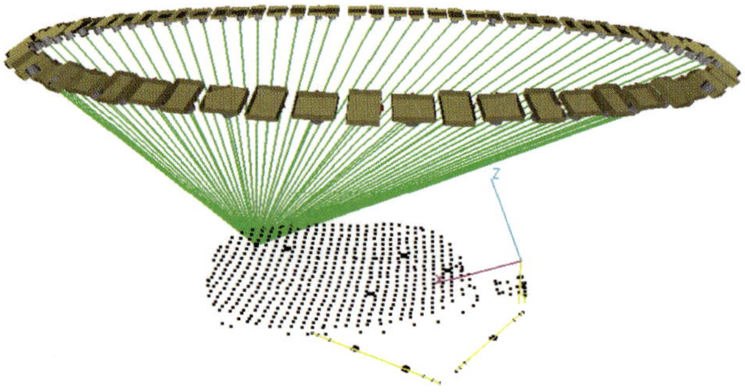

Bild 8.3.16: *Aufnahme-Konfiguration für einen Reflektor (72 Kamerapositionen/Messbilder) (Bild: GDV).*

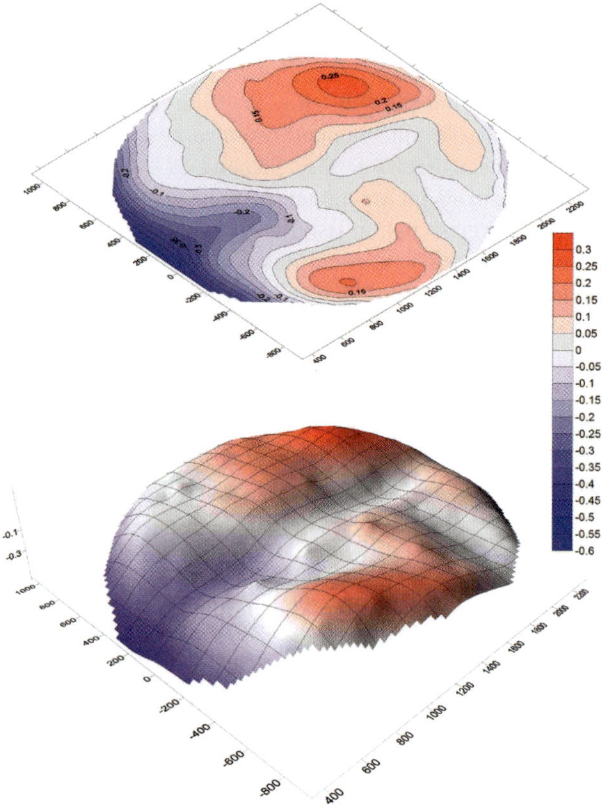

Bild 8.3.17: *Beispiel einer grafischen Auswertung (Deformationsanalyse) (Bild: GDV).*

Im Rahmen eines **thermoelastischen Verformungstests** wird die Oberfläche eines Prüflings unter folgenden Umgebungsbedingungen vermessen:

1. Umgebungsdruck und -temperatur,
2. Vakuum, Umgebungstemperatur,
3. Vakuum, tiefe Prüftemperatur,
4. Vakuum, hohe Prüftemperatur,
5. Vakuum, Umgebungstemperatur,
6. Umgebungsdruck und -temperatur.

Aus dem Vergleich der Verformungen bei Umgebungstemperatur vor und nach dem Test können Rückschlüsse über bleibende **Verformungen,** bedingt durch Ausgasung, gezogen werden. Die Verformungen bei maximaler und minimaler Temperatur kennzeichnen die Spannweite der thermoelastischen Verformung des Prüflings.

8.3.4.7 Testanlagen

Komplexe **Weltraumsimulationsanlagen** oder einfache **Thermal-Vakuum-Testanlagen** können im Detail sehr unterschiedlich konzipiert und ausgeführt sein. Allen gemeinsam ist jedoch die Erfüllung der Grundforderungen zum Test von Raumfahrt-Komponenten, die Simulation von:

- Vakuum,
- Kältehintergrundstrahlung,
- Solarstrahlung,
- Erdeigenstrahlung und Albedostrahlung etc.,
- hohen Temperaturen.

Eine typische TV-Testanlage wird in Bild 8.3.18 gezeigt, die dort angebrachten Nummerierungen werden im Folgenden erläutert: Die Hauptkomponenten sind der **Vakuumkessel** aus Edelstahl mit angeschlossenem Vakuumsystem und eine geschwärzte Thermalwand im Inneren des Vakuumkessels ⑤, die von einem thermischen System betrieben wird. Der Prüfling kann so dem Vakuum ausgesetzt und über die Thermalwand geheizt oder gekühlt werden. Diese Grundvoraussetzung erfüllt jede TV-Testanlage. Für Weltraumsimulationstests wird zusätzlich ein **Sonnensimulator** benötigt. Über eine Projektionsoptik, bestehend aus einem Integrator-Linsensystem ② und einem Kollimatorspiegel ③, wird das Licht von Xenon-Hochdrucklampen ① zunächst durch ein Quarzfenster in die Kammer und dann in die Testebene ④ gelenkt, sodass die natürliche Kollimation und Intensität des Sonnenlichtes simuliert wird. Die Ausrichtung des Satelliten zur „Sonne" erfolgt mit einem **Bewegungssimulator.** Er erlaubt eine Orientierung des Satelliten mit einer oder mehrerer Achsen.

Die wichtigste zu erfassende Messgröße in der Weltraumsimulation ist die **Temperatur** des Prüflings. Der Prüfling wird dazu mit bis zu 1 000 Thermoelementen bestückt, deren Werte in zeitlichen Abständen von 10 s bis 1 min aufgezeichnet werden.

Das Vakuumsystem

Die vakuumtechnischen Anforderungen ergeben sich aus der Forderung, dass der Wärmetransport durch vorhandene Gase gegenüber dem Wärmeaustausch durch Strahlung vernachlässigbar sein soll. Man setzt dabei voraus, dass die mittlere freie Weglänge der Moleküle groß ist im Vergleich zu den Abständen der im Wärmeaustausch stehenden Flächen. Diese Bedingung wird im Allgemeinen gut für **Kammerdrücke** $< 1{,}3 \cdot 10^{-5}$ mbar (oder einfacher 10^{-5} mbar) erfüllt. Dieser Druck wird daher als typisches Anforderungskriterium in Thermal-Vakuumtests definiert.

Die Auslegung des Vakuumsystems sollte auf einen Arbeitsdruck erfolgen, der unter 10^{-6} mbar liegt, wobei man Ausgasraten der Anlage und der Prüflinge mit berücksichtigen muss.

In Weltraumsimulationsanlagen kommen überwiegend **Kryopumpen und ölfreie Turbomolekularpumpen** zum Einsatz, um das geforderte Vakuum zu erzeugen. Mit diesem Pumpentyp ist sichergestellt, dass keine Kontamination von Kammer oder Prüfling durch Pumpenöle auftreten kann. Da Kryopumpen ohne bewegliche Teile auskommen – der Pumpeffekt wird einzig durch Festfrieren der zu pumpenden Gase an kalten Flächen erreicht – und sie ein hohes Saugvermögen im Hochvakuum aufweisen, eignen sie sich besonders für große Versuchskammern. Die Kryopumpen können über separate Vakuumschieber vom Testvolumen getrennt werden, um sie auch während des laufenden Tests

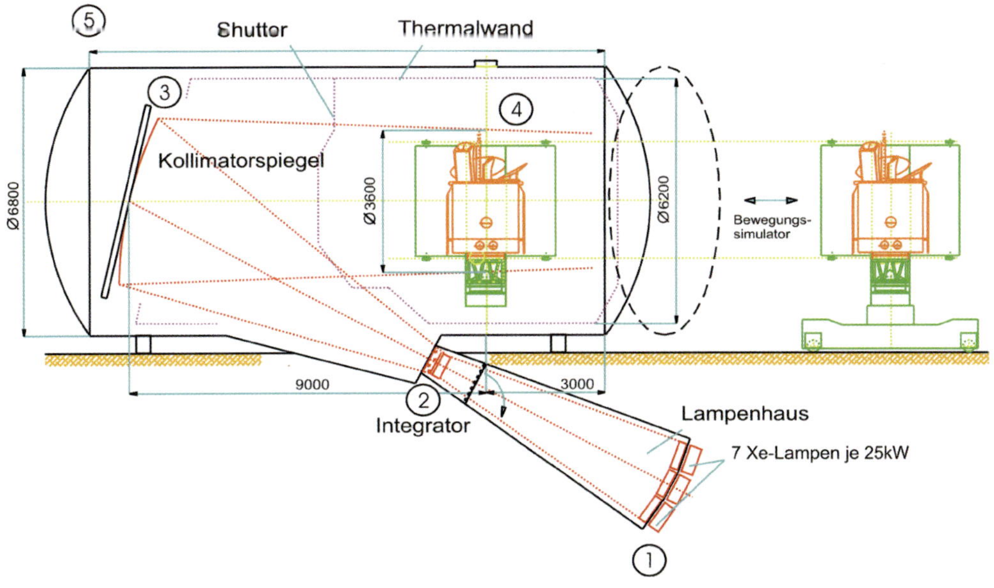

Bild 8.3.18: *Skizze einer Weltraumsimulationsanlage (Bild: IABG).*

zu entsättigen. Kleinere Kammern kommen oft nur mit Turbomolekularpumpen aus. Da Hochvakuumpumpen erst ab einem Mindestdruck unter 10^{-1} mbar einsetzbar sind, wird der Vakuumkessel zu Beginn mit einer mechanischen Pumpe (z. B. Roots-Pumpe) vorevakuiert.

Das Thermalsystem

Als Arbeitsmedium für das Thermalsystem dient in der Regel **flüssiger Stickstoff** zur Kühlung der geschwärzten Thermalwände auf Temperaturen von 80 K bis 100 K. Die Simulationsfehler, die aufgrund der gegenüber tatsächlichen 2,7 K Hintergrundtemperatur erhöhten Temperatur entstehen, sind in der Regel klein und können in der Simulation berücksichtigt werden.

Die Versorgung mit flüssigem Stickstoff erfolgt aus fest installierten Tankanlagen mit Druckregelungen, die einen Arbeitsdruck zwischen 1 und 5 bar ermöglichen.

Zum Anwärmen der Kammer und insbesondere zum thermischen Zyklieren sind **Gaserhitzer** erforderlich, die den Stickstoffstrom auf die geforderte Prüftemperatur erwärmen. Der Gasstrom wird dazu in einem geschlossenen System zykliert und über elektrische Heizer und Wärmetauscher konditioniert. Die Leistungsfähigkeit des Thermalsystems wird dabei einerseits durch die erreichbaren Aufheiz- bzw. Abkühlgeschwindigkeiten, andererseits aber auch durch die erreichbare Gleichförmigkeit der Temperaturverteilung auf den Thermalwänden definiert. Besondere Aufmerksamkeit ist hier den **Thermalwandsegmenten** gewidmet. Diese Flächen sollen den kalten Weltraumhintergrund simulieren und sind daher mit einem raumfahrttauglichen schwarzen Lack beschichtet, der einen hohen Absorptionsfaktor (z. B. $\alpha = 0{,}95$) und hohen Emissionsfaktor ($\varepsilon > 0{,}9$) aufweist. Auch die Führung der Stickstoffkanäle ist ein wichtiges Leistungsmerkmal des Thermalsystems. Einerseits muss sowohl flüssiger als auch gasförmiger Stickstoff möglichst gleichförmig alle Thermalwandsegmente temperieren, andererseits dürfen keine Gasreservoirs in den Segmenten stehen, wenn die Kammer im Flüssigstickstoff-Modus betrieben wird, was große Temperaturgradienten zur Folge hätte.

Die Sonnensimulation

Die Sonnenintensität in erdnahen Umlaufbahnen beträgt 1 367 W/m^2 (Solarkonstante, SC) bei einer Kollimation von etwa 32 Bogenminuten. Die Solarsimulatoren in den großen europäischen Testzentren können Lichtintensitäten bis ca. 1 900 W/m^2 (1,4 SC) in der Testebene erzeugen. Hierbei wird ein Kollimationswinkel von ±2° erreicht. Dieser Wert ist ausreichend, um Fehler aufgrund von Schattenbildungen zu vermeiden. Weitere typische **Anforderungsgrößen** an eine Sonnensimulation sind natürlich die Gleichverteilung in der Testebene (z. B. < 4 %), aber auch im definierten Testvolumen (z. B. < 5 %), die zeitliche Stabilität der Lichtquelle und die spektrale Verteilung des Lichts selbst. Diese ist wesentlich durch die verwendeten Lampen definiert. Die üblicherweise verwendeten Xenon-Hochdrucklampen mit einer elektrischen Leistungsaufnahme von 20 bis 25 kW pro Lampe bilden das **Sonnenlichtspektrum** ausreichend gut ab. Einzig die im Xenon-Spektrum herausragenden **Xenon-Peaks** sind im natürlichen Sonnenspektrum nicht enthalten. In der Solarsimulation begnügt man sich im Allgemeinen damit, die Gesamtintensität entsprechend nachzubilden. Die Xenon-Peaks haben aber z. B. Einfluss auf die Leistungsabgabe von Solarzellen, da hier spektrale Effekte eine Rolle spielen. So erzeugen mit Xenon-Licht beleuchtete Solarzellen 22 bis 26 % mehr elektrische Leitung als bei Beleuchtung mit Sonnenlicht gleicher Gesamtintensität.

Die Sonnensimulationsanlage eines großen Testzentrums besteht aus drei **optischen Komponenten,** der Lichtquelle, einer Integrationsoptik und dem Kollimationsspiegel. Je nach Größe der beleuchteten Fläche in der Testebene (hier sind Durchmesser von 3 bis 6 m in Europa installiert) werden zwischen 7 und 20 **Xenon-Hochdrucklampen** benötigt, um die geforderte Beleuchtungsstärke zu erreichen, wobei Ausfallreserven zu berücksichtigen sind. Jede Lampe wird individuell über Leistungsstufen versorgt und über Kühlsysteme gekühlt. Auch im **Integrator-Linsensystem** spielt Kühlung eine wesentliche Rolle. Das Licht der Xenon-Lampen wird hier im Brennpunkt durch ein Linsensystem geführt, das sich ohne Kühlung stark erhitzen würde. Die konstruktive Schwierigkeit liegt hier im Design eines optisch hochtransparenten Linsensystems mit integrierten Kühlleitungen für jede Einzellinse.

Die auffälligste Komponente des Sonnensimulators ist der große **Kollimatorspiegel,** der das Licht vom Integrator in die Testebene lenkt. Er besteht aus einer Vielzahl einzeln justierbarer und gekühlter Spiegelsegmente. Jedes einzelne Segment wird über eine komplexe Prozedur so ausgerichtet, dass die definierte Gleichverteilung und Geometrie in der Testebene erreicht wird.

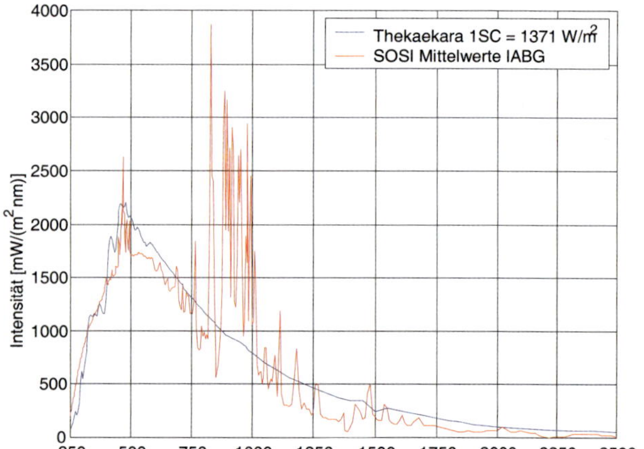

Bild 8.3.19: *Vergleich des Sonnenspektrums nach Thekaekara mit der spektralen Verteilung des IABG-Sonnensimulators (Bild: IABG).*

Die Temperierung des Kollimatorspiegels hat noch eine weitere wichtige Aufgabe: Der Kollimatorspiegel ist auch bei abgeschalteter Sonnensimulation vom Satelliten sichtbar, wenn er nicht über stickstoffgekühlte Shutter abgeschirmt wird. Für den Satelliten stellt er damit eine Wärmequelle mit völlig anderen optischen Eigenschaften als die schwarzen Thermalwände dar. Dies ist z. B. in Simulationen zu berücksichtigen. Um den Spiegel selbst gegen Kontamination durch Auskondensation von Ausgasungsprodukten zu schützen, wird er auch während der Anwärmphase zu Testende immer auf einer höheren Temperatur gehalten als die Thermalwand. Die Kühlung und Temperierung der einzelnen Spiegelsegmente erfolgt meistens über einen separaten Stickstoffkreis des Thermalsystems.

Der Bewegungssimulator
Der Bewegungssimulator stellt die Schnittstelle zwischen Satellit und Testanlage dar. Er hat die Aufgabe, den Satelliten, der über einem Testadapter am Spinantrieb des Bewegungssimulators befestigt ist, in die gewünschte **Orientierung** zur Sonnenrichtung oder zur Schwerkraftrichtung zu bringen. Hierbei können Bahnwinkel um ±180°, der Spin um 360° variiert werden. Um **Spinstabilisierung** zu simulieren, kann der Spin auch mit mehreren Umdrehungen pro Minute konstant drehen. Alle Messsignale (z. B. 500 Temperaturmessstellen) und Versorgungsleitungen von und zum Satelliten werden dabei über entsprechende Schleifringsysteme geführt. Der Bewegungssimulator positioniert hier, zusätzlich zur Satellitenmasse von bis zu 5 t, den eigenen Arm von ca. 20 t mit einer Positioniergenauigkeit von wenigen hundertstel Grad. Dabei ist die Eigenverformung des Bewegungssimulators aufgrund des Schwerkrafteinflusses so gering wie möglich zu halten. Er ist dementsprechend mechanisch steif auszulegen. Eine hohe Positioniergenauigkeit ist auch notwendig, um die Funktion von Heat Pipes und die Entfaltung von Antennen am Satelliten testen zu können. Da diese Komponenten für den Betrieb in der Schwerelosigkeit ausgelegt sind, ist eine Orientierung zum Schwerkraftvektor der Erde erforderlich.

Thermisch sollte der Bewegungssimulator möglichst unauffällig sein, er ist daher mit einer Thermalwand verkleidet und wird mit der Kammerthermalwand temperiert. Da alle Antriebs- und Steuerungseinrichtungen des Bewegungssimulators selbst unter atmosphärischen Bedingungen mit ausreichend Kühlung betrieben werden müssen, ist der komplette innere Teil des Bewegungssimulators mit einer Luftspülung bei ca. 1 bar Druck konditioniert. Hohe Anforderungen werden daher auch an die **Dichtigkeit** der vielen beweglichen Gelenke und Achsen gestellt, die Kontakt zum Vakuum der Testkammer haben. Die Summe der Anforderungen an den Bewegungssimulator macht diesen sicher zu den konstruktiv anspruchsvollsten Komponenten einer Weltraumsimulationsanlage.

8.3.5 EMV und Magnetik

8.3.5.1 Elektromagnetische Verträglichkeit

Elektronische und elektromechanische Komponenten erfüllen vielfältige komplexe Funktionen, ohne die kein Raumfahrtsystem auskommt. Neben den geplanten elektrischen Nutzsignalen werden aber auch oft ungewollte Störsignale ausgesendet, die andere Baugruppen oder Subsysteme in ihrer Funktion beeinträchtigen können. Zusätzlich sind meistens auch starke hochfrequente **elektromagnetische Felder** im Spiel, die die Kommunikation mit der Bodenstation gewährleisten, Telemetriedaten übertragen oder Radarsignaturen messen. Beim Thema Elektromagnetische Verträglichkeit bzw. Kompatibilität (**EMV** oder **EMC**) geht es um den Konflikt „stören und gestört werden". Um die Verträglichkeit sicherzustellen, ist es Aufgabe der EMV einerseits, die unerwünschten **Störaussendungen (Emissions)** unter einem vorgegebenen Grenzwert zu halten und andererseits bis zu einem bestimmten Grad die Immunität gegen Störungen bzw. Signale von außen **(Susceptibility)** zu gewährleisten. Je größer der Abstand zwischen Störaussendung und Immunität, desto größer sind die Reserven für die Verträglichkeit. Diese beiden Größen werden mit verschiedenen Prüfmethoden in einem EMV-Labor ermittelt.

Störgrößen und deren Ausbreitung
Als typische Störer sind Baugruppen bekannt, die mit Takt- und Schaltfrequenzen arbeiten (DC/DC-Wandler, Computerbaugruppen). Die Leistungselektronik mit schnellen Schaltern (pulsbreitengesteuerte Aktuatoren oder Motoren) ist ebenfalls als Störquelle bekannt. Steile Schaltflanken und große Ströme erzeugen Spektren bis zu hohen Frequenzen. Schaltvorgänge im elektrischen Versorgungssystem betreffen alle angeschlossenen Unterbaugruppen. **Hochfrequente Störsignale** können sich über die weitläufigen Verbindungen ausbreiten **(Conducted Emission)** und entweder direkt vom Gehäuse oder von Kabeln als Feld bzw. Welle abgestrahlt werden **(Radiated Emission).** Als Störquellen treten auch natürliche Effekte auf, wie z. B. die **Entladung statischer Elektrizität (ESD)** oder ein Blitzeinschlag in die Trägerrakete kurz vor dem Start **(Lightning).**

Bei der Immunitätsbetrachtung gilt es, alle Komponenten und Systeme hinsichtlich ihrer Anfälligkeit als sogenannte **Störsenke** zu beurteilen. Erfahrungsgemäß gelten beispielsweise Baugruppen zur Verarbeitung kleiner analoger Signale (Sensorik, Messtechnik, wissenschaftliche Experimente) als besonders anfällig gegen äußere Einflüsse. Überall dort, wo Schnittstellen nach außen geführt werden und in den Bereich von Sendeantennen gelangen, ist besondere Vorsicht geboten. Bei Immunitätsprüfungen werden sowohl leitungsgebundene **(Conducted Susceptibility)** als auch strahlungsgebundene Prüfverfahren **(Radiated Susceptibility)** angewandt.

EMV-Analyse und Vorgehensweise

Ziel der Analyse ist die Festlegung von Anforderungen an das System und die Unterbaugruppen, um die elektromagnetische Verträglichkeit zu gewährleisten. Die Anforderungen werden in einer Spezifikation zusammen mit anderen Anforderungen aus der Mechanik oder Weltraumsimulation zusammengestellt. Üblicherweise beginnt man mit der Bestandsaufnahme der äußeren hochfrequenten Felder **(Extra-EMV),** wobei sowohl die eigenen Einrichtungen als auch die des Trägers berücksichtigt werden müssen. Von diesen werden unter Einbeziehung der Schirmwirkungen durch die äußere Hülle das mögliche „Bedrohungsszenario" abgeleitet und die **Immunitätspegel** bestimmt. Umgekehrt werden ausgehend von den inneren Komponenten und der Abstrahlung nach außen die Grenzwerte für die Störaussendung der Unterbaugruppen festgelegt.

Für die Verträglichkeit der Unterbaugruppen untereinander **(Intra-EMV)** sind im Wesentlichen die Ausbreitungsmechanismen über Leitungen verantwortlich. Hier gilt es, Signale genauer zu analysieren und bezüglich des Aufwands für die Reduzierung der Störaussendungen und der Erhöhung der Störfestigkeit einen vernünftigen Kompromiss zu finden. Dieser Vorgang erfolgt meist iterativ unter Zuhilfenahme von Erfahrungswerten.

Bild 8.3.20: *Der Satellit EQUATOR-S in der EMV-Kammer (Bild: IABG).*

EMV-Prüfverfahren und Prüfeinrichtungen

Wie oben bereits ausgeführt, lassen sich die Verfahren unterteilen in Conducted und Radiated Emission und Conducted und Radiated Susceptibility. In der Physik lässt sich jedes zeitabhängige Signal sowohl durch eine Funktion im Frequenzbereich beschreiben als auch durch eine Funktion im Zeitbereich. Von beiden Methoden wird bei EMV-Prüfverfahren Gebrauch gemacht.

Zu allen Prüfverfahren gehören individuelle **Koppeleinrichtungen (Transducer).** Sie stellen die Verbindung zwischen der auszukoppelnden oder einzukoppelnden Größe und dem Messgerät her. Viele Transducer besitzen frequenzabhängige Koppelfaktoren, deren Werte regelmäßig kalibriert werden müssen und die bei der Umrechnung der Größen berücksichtigt werden.

Die zentrale Prüfeinrichtung eines EMV-Labors ist die Schirmkammer (Bild 8.3.20). Ausgehend von der Tatsache, dass unser Umfeld flächendeckend versorgt wird mit Diensten aller Art (z. B. Rundfunk, Fernsehen, Mobilfunk), die sich alle der hochfrequenten Signalübermittlung bedienen, muss sichergestellt sein, dass diese Signale bei einer EMV-Prüfung nicht präsent sind. Hierzu wird das zu prüfende Objekt in eine Schirmkammer gebracht. Diese besteht aus einem elektrisch dichten Blechraum, der keine Einstrahlung zulässt. So kann man sicher sein, dass die bei der EMV-Prüfung gemessenen Signale wirklich vom Prüfling kommen und nicht von der Umwelt. Bei guten Kammern werden **Schirmdämpfungsmaße** von über 100 dB bis in den Bereich über 18 GHz erreicht. Voraussetzung hierfür ist die Filterung aller Versorgungs- und Kommunikationsleitungen.

Die Prüfmethode **Radiated Susceptibility** arbeitet mit gestrahlten elektromagnetischen Feldern. Die metallischen Oberflächen der Schirmkammer würden ohne zusätzliche Maßnahmen die elektromagnetischen Wellen reflektieren, wodurch stehende Wellen mit Feldmaxima und -minima entstehen würden. Diese Feldverteilung entspricht nicht der des freien Raumes und würde eine Prüfung verfälschen. Um die Wandreflexionen zu unterdrücken, sind die Innenseiten der Schirmkammer mit Absorbern belegt. Diese absorbieren die Strahlung und wandeln sie in Wärme um. Elektrisch gesehen herrschen dann die Bedingungen eines unendlich weiten Raumes und damit eine homogene Feldverteilung.

Die **thermische Leistungsfähigkeit von Absorbern** ist begrenzt. Diese Eigenschaft muss bei einer Risikoanalyse berücksichtigt werden und kommt immer dann zum Tragen, wenn starke hochfrequente Quellen des Prüfobjekts eingeschaltet werden (z. B. die Radarantenne oder die Kommunikationsantenne eines Satelliten).

8.3.5.2 Magnetik (Magnetische Reinheit)

Häufig besteht insbesondere für wissenschaftliche Satelliten die Notwendigkeit, missionskritische Komponenten, wie zum Beispiel an Bord befindliche Magnetometer, vor künstlichen, durch den Satelliten und seine Komponenten erzeugten magnetischen DC-Feldern zu schützen.

Dies wird typischerweise mit einem sogenannten **magnetischem Reinheitsprogramm** (Magnetic Cleanliness Programme) zur Minimierung der magnetischen Quellen an Bord eines Satelliten unter Verwendung der folgenden Strategie sichergestellt:

1. wo immer möglich: Vermeidung der Verwendung ferromagnetischen Materials,
2. so früh wie möglich: Identifikation magnetischer Quellen,
3. Charakterisierung aller identifizierten magnetischen Quellen durch Messungen und Modellierung ihres magnetischen Verhaltens,
4. Erstellung eines magnetischen Modells des Satelliten auf der Basis der charakterisierten Quellen,
5. nach Fertigung des Satelliten Messung und Berechnung des Einflusses aller magnetischer Quellen auf die Instrumentierung,
6. falls notwendig: Versuch, das Magnetfeld am Ort der Instrumente durch Kompensation zu minimieren.

Um **magnetische Effekte** eines Satelliten oder seiner Komponenten charakterisieren zu können, ist eine Trennung von hart- und weichmagnetischen Effekten notwendig. Während hartmagnetische Effekte direkt auf die Komponente zurückgeführt werden können, werden weichmagnetische Effekte vom Hintergrundmagnetfeld der Erde auf die Komponente induziert. Eine spezielle Testumgebung erlaubt es, die Komponente in einer magnetisch kompensierten Umgebung zu messen und so die magnetischen Bedingungen des Weltraums am Boden zu simulieren. Als Teil der ESA-koordinierten Testanlagen betreibt die IABG die **Magnetfeld-Simulationsanlage** MFSA, die die komplette Testumgebung zur Charakterisierung von Komponenten und kompletten Satelliten im Rahmen eines magnetischen Reinheitsprogramms zur Verfügung stellt.

Bild 8.3.21 zeigt den Aufbau einer solchen Anlage schematisch. Die Anordnung der Helmholtz-Spulen der Anlage erlaubt es, im Inneren der Anlage einen magnetfeldfreien Bereich zu erzeugen.

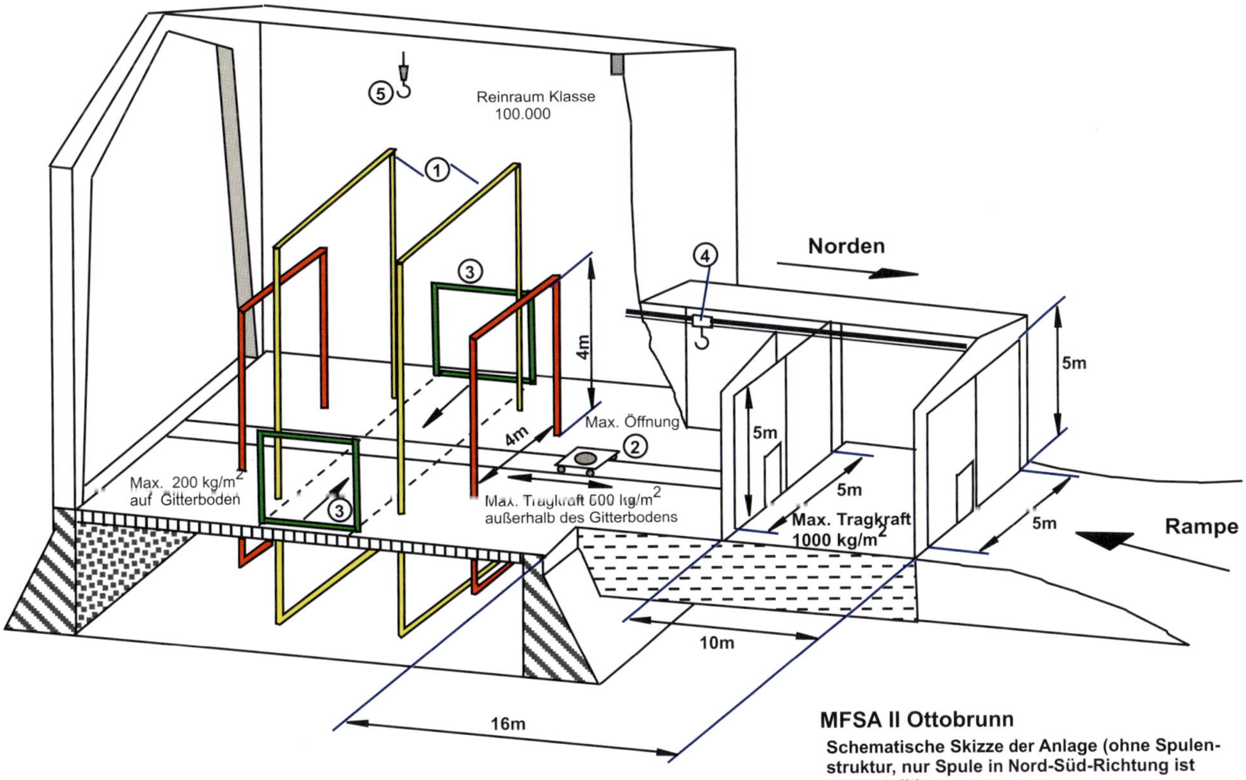

Bild 8.3.21: *Magnetfeld-Simulationsanlage (Bild: IABG).*

Magnetisches Reinheitsprogramm

Fast alle magnetischen Feldexperimente an Bord von Satelliten leiden an der „Kontamination" von vom Satelliten erzeugten DC- oder niederfrequenten Magnetfeldern. Diese Aufgabenstellung ist im Allgemeinen unter der Bezeichnung „magnetisches Reinheitsproblem" **(Magnetic Cleanliness Problem MC)** bekannt. Es muss darauf hingewiesen werden, dass das von Satelliten-Subsystemen produzierte magnetische Rauschen von DC bis zu einigen 10 Hertz nicht in Standard-EMV- (EMC) oder magnetischen Überprüfungsplänen (Magnetic Verification Plan) erfasst wird, die typischerweise ab 50 Hertz beginnen. Das EMV-Programm berücksichtigt auch nicht möglicherweise magnetisierte Elemente der Struktur und des Kabelbaums (Harness), die eine „DC-Verschmutzung" der Messwerte des Magnetometers verursachen können. Deshalb und weil andere Messtechniken als in der EMV angewendet werden, muss ein spezieller Plan zur Untersuchung von DC bis zu niedriger Frequenz angewendet werden.

Magnetische Reinheitsprogramme wurden zum Beispiel in den Satellitenprojekten GIOTTO, CLUSTER und CASSINI-HUYGENS sowie CHAMP durchgeführt. Dabei wird zunächst ein Ziel spezifiziert (zum Beispiel 0,25 nT maximales magnetisches Störfeld am Ort des äußeren Magnetometers) und basierend auf diesem Ziel dann ein **tolerierbares magnetisches Moment** für jede Einzelkomponente definiert. Die Berechnung der magnetischen Modelle wird dabei grundlegend von dem Postulat getrieben, dass eine gegebene **statische Magnetfeldkonfiguration** ($\boldsymbol{B}_\mathrm{S}$) um ein Testobjekt adäquat durch eine diskrete Anzahl ($i = 1, \ldots, N$) von Dipolen ($\boldsymbol{M}_i$) mit Momenten in einer Entfernung ($\boldsymbol{r}_i$) vom Testobjekt beschrieben werden kann. In vektorieller Schreibweise:

$$\boldsymbol{B}_\mathrm{S} = \frac{\mu_0}{4\pi} \sum_{i=1}^{N} \left(3\,\frac{\boldsymbol{r}_i\,[\boldsymbol{M}_i\,\boldsymbol{r}_i]}{\|\boldsymbol{r}_i\|^5} - \frac{\boldsymbol{M}_i}{\|\boldsymbol{r}_i\|^3} \right) \qquad (8.3.11)$$

Wird das Magnetfeld um das Testobjekt herum möglichst dicht abgetastet, kann mittels dieser Messungen ein **mathematisches Modell** erstellt werden, bei dem die Differenz zwischen dem mit Modellannahmen vorhergesagten Feldern und den gemessenen Feldern minimal ist.

Deshalb beinhaltet der magnetische Kontrollplan sogenannte **Rotationsmessungen** einer jeden Komponente. Im Rahmen dieser Messungen wird das Magnetfeld jeweils mit einer zu charakterisierenden Komponente abgetastet. Dazu wird die Komponente auf einen Drehtisch platziert und um ihre vertikale Achse in einer Ebene horizontal gedreht. Dann wird, basierend auf diesen Messungen, ein mathematisches **Multi-Dipol-Modell** berechnet, das die bestmögliche Anpassung der Messwerte an ein Dipol- oder Multipol-Modell repräsentiert. Die Resultate dieser Messungen, kombiniert mit der Vorinformation der Lage und Orientierung der Komponenten im Satelliten, werden dazu benutzt, ein sogenanntes Systemmodell aufzubauen. Dieses Modell gibt Informationen, wie stark jede einzelne Komponente das Magnetfeld am Ort des Satellitenmagnetometers verschmutzt und ob und inwieweit die Eigenkompensation verschiedener Komponenten die Verschmutzung senkt. Damit liegen auch Informationen vor, ob eine Kompensation des Magnetfelds am Orte des Satellitenmagnetometers durchgeführt wird oder nicht.

Das **Systemmodell** kann nur eine Abschätzung der erwarteten Felder liefern, da es weder in der Lage ist, magnetische Beeinflussungen einzelner Komponenten untereinander zu beschreiben, noch mit absoluter Sicherheit gesagt werden kann, dass alle magnetisch relevanten Komponenten erfasst wurden. Deshalb erfolgt im **Systemtest,** bei dem der gesamte Satellit untersucht wird, eine Verifizierung des Systemmodells durch eine Messung. Ab diesem Zeitpunkt beginnt eine magnetische Überwachung des Satelliten, die mittels dicht am Satelliten platzierter Magnetometer die Kontrolle der magnetischen Umweltbedingungen während der weiteren Integration bis zum Start des Satelliten sicherstellt. Diese Magnetometer sind so konfiguriert, dass bei Überschreitung festgesetzter Grenzen des magnetischen Umgebungsfelds Alarm ausgelöst wird.

8.3.6 Spezielle Umwelttests und Funktionstests

8.3.6.1 Spezielle Umwelttests

Missionsbedingt kann es notwendig sein, spezielle Umwelttests durchzuführen, um die besonderen Missionsbedingungen mit abzudecken. Nachfolgend werden einige Beispiele aus aktuellen Projekten beschrieben.

- **Mikrovibrationen**
  Die Schwerelosigkeit bietet hervorragende Voraussetzungen zum Beispiel für die Untersuchung neuer Technologien in der Materialforschung oder der Erkundung der Erde mit höchstpräzisen Instrumenten. Aktuelle Beispiele sind die Materialforschungen auf der ISS und die Erforschung des Schwerefelds der Erde mit dem Projekt GOCE. Diese Missionen verlangen die Abwesenheit von **störenden Beschleunigungen** in Höhe von einigen milli-*g* bis hinunter zum mikro-*g* Bereich. Mit der Zeit musste man erkennen, dass die **Ursachen für Mikrovibrationen** vielfältiger Natur sein können. Abgesehen von den aktiven Elementen an Bord eines Raumfahrzeugs (Mechanismen und Lageregelungseinrichtungen, bemannte Besatzung) sind vor allem sämtliche passiven Komponenten, z. B. Satellitenbus, Solar Array oder Antennen, infolge thermischer Beanspruchung geneigt, durch spontanes Lösen thermischer Verspannung Mikrovibrationen auszulösen. Selbst die thermisch bedingten Ausgleichsbewegungen der Iso-

lationsfolien (MLI, Multi Layer Insulation) können bereits Mikrovibrationen in störendem Ausmaß erzeugen. Um diese Mikrovibrationen in den Griff zu bekommen und vor einer Mission abschätzen zu können, werden in der Entwurfsphase **Mikrovibrationsbudgets** definiert und bis auf die Ausrüstungsebene (Equipment) heruntergebrochen. Auf dieser Basis werden im Zuge der Qualifikationsmaßnahmen sogenannte **Mikrovibrationsuntersuchungen** durchgeführt, um das operative Vibrationsverhalten festzustellen. Zur Zeit gibt es im Wesentlichen drei verschiedene Untersuchungsmethoden:

- **Direkte Messung der Interfacekräfte (Direct Interface Force Method, DIFM):** Das Gerät wird auf einem seismischen Block fest eingespannt, wobei an den Einspannstellen Kraftmesseinrichtungen eingebaut werden. Damit können im niedrigen Frequenzbereich (typischerweise 0,01 Hz bis einige 10 Hz) die durch den Gerätebetrieb erzeugten Kräfte am Interface direkt abgelesen werden. Diese Interfacekräfte können dann direkt dazu benutzt werden, um die störenden Vibrationen auf das Gesamtsystem abzuschätzen.
- **Indirekte Messung der Interfacekräfte (Indirect Interface Force Method, IIFM):** Bei höheren Frequenzen können die Interfaces nicht mehr als starr angesehen werden. Daher werden die zu untersuchenden Geräte frei-frei aufgehängt und die Spektren der Interfacebeschleunigungen gemessen. Um wiederum auf die Interfacekräfte zu schließen, werden die Übertragungsfunktionen an den Interfacepunkten experimentell ermittelt und mit den gemessenen Beschleunigungsspektren in Kraftspektren umgerechnet. Der Frequenzbereich dieser Methode erstreckt sich von einigen 10 Hz bis zu 500 Hz, manchmal bis in den kHz-Bereich.
- **Thermische Mikrovibrationstests** finden im Zusammenhang mit der Auswahl geeigneter MLI-Folien zunehmend Interesse. Hierzu werden Folienprüfkörper in der Größe von bis zu einem Quadratmeter auf eine Platte mit bekannten Eigenfrequenzen appliziert. Diese Vorrichtung wird in einer Thermal-Vakuumkammer tieffrequent aufgehängt und Weltraumbedingungen ausgesetzt. Mittels Infrarotstrahlern werden thermische Profile auf die Folien aufgeprägt und deren Verhalten sowohl optisch als auch mit sehr empfindlichen Beschleunigungsgebern auf der Platte registriert. Die thermisch induzierten Bewegungen der MLI regen Eigenresonanzen der Platte an und geben somit einen Einblick in die Aktivität der MLI-Folie. Die für diese Untersuchungen erforderliche Dichte der Hintergrundbeschleunigungen sollte $1 \cdot 10^{-12}\, g^2/\text{Hz}$ nicht überschreiten.

- Spezielle optische Vermessung der **Längensausdehnung** von Kamerastrukturen: Für Kamerastrukturen, wie sie für Erdbeobachtungssatelliten verwendet werden, sind wesentliche Leistungsparameter die möglichst niedrigen Ausdehnungskoeffizienten. Eine Veränderung der Strukturlänge aufgrund von Temperaturunterschieden beeinflusst die Brennweite und damit die Qualität der Bilder. Um die Längenausdehnung einer Struktur zu bestimmen, werden während eines Thermal-Vakuumtests hochgenaue **optische Vermessungen** der Struktur vorgenommen. Die zu erreichende Messgenauigkeit ist in der Regel $\leq \pm 2{,}8\ \mu\text{m}$. Um diese hohe Messgenauigkeit während des Thermal-Vakuumtests zu erreichen, ist es notwendig, jegliche Störungen im weiterem Umfeld der Anlage zu eliminieren, d. h. Bewegungen von Massen durch Pumpen, Klimaanlagen, Motoren, Luftbewegungen, Personen etc.

8.3.6.2 Funktionstests

Funktionstests werden durchgeführt, um die einwandfreie Funktion des jeweiligen Systems oder mehrerer Systeme gemeinsam zu verifizieren. Hierbei gibt es eine große Bandbreite von Funktionstests, die missionsbedingt variieren und besonderen Bedürfnissen angepasst werden können. Die Funktionstests lassen sich prinzipiell in drei Kategorien einteilen:

a) Eigenständig durchgeführte Funktionstests

Bei den eigenständig durchgeführten Funktionstests handelt es sich in der Regel um sehr komplexe und aufwendige Tests, die unabhängig von den Umweltsimulationstests durchgeführt werden. Nachfolgend sind einige Beispiele gegeben:

- **Compact Test Range** (CPTR)
  In einer CPTR, wie sie von ASTRIUM in Ottobrunn betrieben wird, können die **Antennen** eines kompletten, mit der Nutzlast (Payload) integrierten Satelliten einem **Performancetest** unterzogen werden. Die Abstrahleigenschaften von Antennen, im Besonderen die von großen Reflektoren, werden üblicherweise für das Fernfeld spezifiziert. Da diese Eigenschaften bei kurzen Messentfernungen nicht präzise genug nachgewiesen werden können, wird mithilfe einer CPTR mit einem oder mehreren Umlenkspiegeln auf kurze Entfernung ein homogenes Feld erzeugt, das von seinen Eigenschaften her einem Fernfeld entspricht. Damit ist es dann möglich, die **hochfrequenten Eigenschaften** der Antenne, wie den Gewinn, die Halbwertsbreite, die Nebenkeulenunterdrückung und die Polarisationsreinheit auf kurze Entfernung zu bestimmen. Für die geplante Ausleuchtung von Konturen, beispielsweise zur Versorgung von Ländern oder Kontinenten mit Fernseh-

signalen, bilden die o. a. Parameter die Grundlage für das Antennendesign.

- **Abbrandversuch am Feststoffbooster**
  Abbrandversuche werden durchgeführt, um die **Funktion eines Boosters** ebenso zu verifizieren wie die **Betriebsparameter** (Schub, Abbrandinnendruck, Abbrandgeschwindigkeit, Temperaturverhalten während und nach dem Abbrand, Düsensteuerung). Diese Versuche sind sehr aufwendig, da sie **Prüfstande** benötigen, die zum einen die enormen Schubkräfte aufnehmen können (z. B. Booster Ariane 5), andererseits es auch erlauben, die Einspannbedingungen wie im Flug zu realisieren. Darüber hinaus verläuft ein Boostertest mit einem vergleichbaren Aufwand wie ein richtiger Start. Neben der Funktion des Boosters interessieren bei einem solchen Abbrandversuch auch weitere Parameter des Boosters wie Vibrationsverhalten (das sich während des Abbrands wegen des Massenstroms ständig verändert) und die Interfacekräfte an den Anschlussstellen zur Zentralstufe. Für die europäischen Träger befinden sich entsprechende Prüfstände in Colleferro (I) und in Kourou.
- **Launch Rehearsal**
  Diese Überprüfung findet wenige Tage vor einem Start statt und umfasst sämtliche Funktionen, die zu einem Start benötigt werden. Im Prinzip ist dies das Durchfahren einer gesamten Startsequenz ohne tatsächlichen Start und dient der Validierung aller Funktionen und Vorbereitungsmaßnahmen des Trägers, der Nutzlast und des Bodensegments. Damit können eventuelle Störungen im Vorfeld erkannt und noch behoben werden.
- **Triebwerksprüfstände**
  Auf Triebwerksprüfständen können **chemische Triebwerke** betrieben werden, um die Funktion, die Brenndauer sowie den erreichten Schub zu verifizieren. Die Größe der Prüfstände richtet sich nach der Triebwerksgröße und reicht – aus europäischer Sicht – von einigen Newton bis hin zu den Großtriebwerken der Ariane 6. Die wichtigsten Prüfstände in Europa betreiben das DLR in Lampoldshausen (D) und die Fa. ArianeGroup in Vernon (F).
- **Separationstests**
  Bei einem Startvorgang und dem Beginn einer Mission werden mehrere **Trennungsvorgänge** ausgeführt (Stufentrennung, Abwurf der Nutzlast-Fairing, Aussetzen der Nutzlast, Entfaltung der Solargeneratoren, u. a. m.). Stand der Technik ist es, diese mit **Pyrotechnik** zu initiieren, damit eine hohe Präzision und Dosierung gewährleistet ist. Bei diesen Separationsvorgängen ist es besonders wichtig, dass die Trennung einwandfrei und gleichförmig funktioniert und die abgetrennten Teile nicht mit dem verbleibenden System kollidieren. Dies wird in sogenannten Separationstests validiert.

Bild 8.3.22: *Separationstest an der ESC-A-Oberstufe der Ariane 5 (Bild: IABG).*

- **Kommunikationstests** zwischen Satellit und der Bodenstation
  Nachdem der Satellit im Orbit ausgesetzt wurde, ist es essentiell, dass die Kommunikation zwischen dem Satelliten und der Bodenstation funktioniert und der Satellit auf alle Kommandos der Bodenstation wie gefordert reagiert. Dieser Kommunikationstest wird z. B. sehr häufig im Rahmen der Testkampagne (nach den Umweltsimulationstests und vor der Abreise zum Startplatz) durchgeführt. Hierzu wird der Satellit mit der Bodenstation verbunden, und es wird eine Reihe von Tests durchgeführt.

b) Funktionstests während der Umweltsimulationstests

Hierbei werden die betreffenden Systeme unter den jeweiligen Umgebungsbedingungen verifiziert. Nachfolgend sind einige Beispiele angegeben:

- **Funktionstests der Elektronik:** Während des Thermal-Vakuumtests werden Elektronik-Systeme, aber auch ein ganzer Satellit einem Funktionstest unterzogen, um die einwandfreie Funktion bei allen Betriebszuständen zu verifizieren. Hierzu werden verschiedene Temperaturbereiche angefahren und dann Funktionstests durchgeführt.

8

- **Deploymenttests** von Antennen und Booms: Die Ausklappmechanismen von Antennen, Reflektoren und Booms werden unter Hochvakuum und Tieftemperaturen im Rahmen eines Thermal-Vakuumtests verifiziert.
- Inbetriebnahme der **Lageregelung:** Ionentriebwerke, aber auch Gas-Lageregelungssysteme werden während der Thermal-Vakuumtests betrieben, um die Funktion unter Hochvakuum und Tieftemperaturen zu verifizieren.

c) **Funktionstests nach einem Umweltsimulationstests**
Hierbei werden die Systeme, nachdem sie den jeweiligen Umgebungsbedingungen ausgesetzt waren, verifiziert. Nachfolgend sind einige Beispiele angegeben:

- **Funktionstests der Elektronik:** Nach durchgeführten Vibrations- oder Akustiktestläufen werden Funktionstests durchgeführt, um sicherzustellen, dass durch die mechanische Belastung keine Beschädigung der Elektronik aufgetreten ist.
- **Deployment-Tests** von Antennen, Booms und Solargenerator: Nach durchgeführten Vibrations- oder Akustiktestläufen werden die Ausklappmechanismen ausgelöst, um zu verifizieren, dass durch die mechanischen Lasten keine Schädigung der Mechanik aufgetreten ist.

8.3.7 Künftige Entwicklung

Die Errichtung von **Testanlagen/Testhäusern** wurde in Europa mit Beginn der Raumfahrt, d. h. in den 60er-Jahren, begonnen. Bisher hat sich am Wesen der Umweltsimulation nicht viel geändert, da die Umgebungsbedingungen (Vibration, Schallbelastung, elektromagnetische Strahlung, Hochvakuum, Solare Strahlung und Weltraumhintergrundtemperatur) eines Satelliten im Wesentlichen unverändert sind. Die Umgebungsbedingungen variieren nur geringfügig missionsbedingt, und nur besondere Missionen, z. B. zur Sonne oder zu sonnennahen Planeten wie Merkur, erfordern besondere Maßnahmen.

Veränderungen in der Raumfahrt gibt es aufgrund der **Leistungssteigerungen** der Raketen. Im Lauf der Jahre haben die Gesamtmasse und die Dimensionen der Satelliten erheblich zugenommen. Hierdurch begründet ist es notwendig, die Testanlagen inkl. Infrastruktur kontinuierlich den Bedürfnissen anzupassen. Auch die Entwicklungsdauer eines Satelliten hat sich erheblich reduziert.

Die Anlagen müssen deshalb

- die steigenden Volumina und Massen der Satelliten beherbergen können,
- bei steigenden Massen noch die geforderten Beschleunigungen erreichen,
- bzgl. Strahlungsflächen und -intensitäten die Anforderungen erfüllen,
- mit der steigenden Anzahl von Messkanälen aufgrund der größeren Dimensionen der Prüflinge kompatibel sein,
- flexibel, schnell und kostengünstig einsatzbereit sein.

Es ist zu erwarten, dass sich dieser Trend in der Zukunft fortsetzt. Allerdings ist ebenfalls zu erwarten, dass die Simulation von Tests weiterhin zunehmen wird.

Die **Simulationstechniken,** aber auch die theoretischen Modelle der Raumflugkörper (z. B. durch mehrfache Verwendung von Satellitenbussen) sowie die Rechnerkapazitäten werden stetig verbessert. Dabei ist jede Simulation auch fehlerbehaftet, und dies kann in der Regel nur mittels Tests festgestellt werden, ebenso wie Herstellungsfehler. Die verbesserten theoretischen Modelle und bereits im Vorfeld simulierte Tests sind wichtig, um Tests effizient durchzuführen zu können und um die erzielten Ergebnisse zügig zu verstehen.

Weitere wesentliche Anforderungen an Testhäuser sind:

- Testhäuser sollten herstellerunabhängig sein, um gegenüber den Testergebnissen und den Kunden unbefangen und neutral zu sein. Die Unabhängigkeit garantiert auch den vertrauensvollen Umgang mit gewonnenen Informationen wie Testergebnissen und technischen Details, z. B. Zeichnungen.
- Testhäuser müssen gewähren, dass alle Kunden und Projekte gleich behandelt werden und nicht aufgrund von Firmengröße und/oder Projektgröße bevorzugt werden.
- Von Raumfahrttestzentren wird erwartet, dass sie unter wirtschaftlichen und kommerziellen Gesichtspunkten betrieben werden, bei rückgängigen Budgets für Projekte und Infrastruktur. Erschwerend kommt hinzu, dass ein Raumfahrttestzentrum aus sehr wartungsintensiven Anlagen besteht, die im Wesentlichen Einzelanfertigungen sind.

Literatur

[8.3.1] European Cooperation for Space Standardization (ECSS): Space Engineering – Testing (ECSS-E-ST-10-03A). ESA-ESTEC.

[8.3.2] European Cooperation for Space Standardization (ECSS): Space Engineering – Verification (ECSS-E-ST-10-02C). ESA-ESTEC.

[8.3.3] European Cooperation for Space Standardization (ECSS): Space Engineering – Space Environment (ECSS-E-ST-10-04C). ESA-ESTEC.

[8.3.4] NASA: Payload Test Requirements (NASA-STD-7002), web: standards.nasa.gov.

[8.3.5] *Messidoro, P. et al.:* Final results of the Model and test Effectiveness Study (MAT€D). 4th S.E.T. Symposium, Liege, June 2001, web: mated.esa.int.

[8.3.6] *Maia, N. M. M. et al.:* Theoretical and Experimental Modal Analysis. Baldock: Research Studies Press Ltd., Baldock.

8.4 Systemdesign am Beispiel CUBESAT

Artur Scholz, Hakan Kayal und *Wilfried Ley*

8.4.1 Einleitung

Die Masse von Satelliten spielt in der Raumfahrt eine wichtige Rolle, da sie sich unmittelbar auf die Startkosten auswirkt, die einen wesentlichen Anteil der Gesamtkosten von Raumfahrtmissionen ausmachen. Im Bereich der interplanetaren Missionen ist die Massenreduktion von größter Bedeutung, da die eigentliche Nutzlastmasse besonders gering und damit sehr wertvoll ist. Eine Möglichkeit, die Kosten zu senken, ist die Miniaturisierung. Je leichter und kleiner Satelliten gebaut werden können, desto kostengünstiger können Anwendungen mit Hilfe von Satellitenmissionen durchgeführt werden. Eine interessante Entwicklung in Richtung Miniaturisierung ist der Einsatz von **Picosatelliten.** Basierend auf der Arbeit von zwei amerikanischen Universitäten (Stanford University und California Polytechnic State University) existiert seit 1999 ein Standard für Picosatelliten, den sog. **CubeSat.** CubeSat sind Kleinsatelliten mit einer maximalen Masse von ca. 1 kg und Abmessungen von ca. $10 \times 10 \times 10\ cm^3$. Der Standard basiert auf der Spezifikation des Auswurfmechanismus, dem sog. P-POD, was auch eine Kombination von zwei, drei oder mehr CubeSat zulässt, wodurch die Nutzlastkapazität entsprechend gesteigert werden kann. Solche mehrfachen CubeSat werden üblicherweise mit einem vorangestellten „U“ wie „unit“ bezeichnet. Ein 12-U CubeSat ist also ein 12-Facher CubeSat. Mittlerweile sind vielfache CubeSat's sehr weit verbreitet und eine größere Anzahl von Firmen hat sich auf die Vermarktung von Komponenten oder ganzen CubeSat's spezialisiert. Da vielfache CubeSat heute Massen in der Größenordnung von bis zu 20 kg aufweisen können fallen sie häufig gleichzeitig in die Kategorie der Nanosatelliten. Dazu passende Startgelegenheiten, wie beispielsweise mit der neuen Electron Trägerrakete, die auf CubeSat zugeschnitten ist, werden vermehrt angeboten. Bild 8.4.1 zeigt das Ingenieurmodell eines dreifachen CubeSat. Mit dem gestiegenen Reifegrad dieser Satellitenklasse ist auch die Palette von möglichen Anwendungen, darunter auch kommerziellen, rasant gewachsen.

Eine besondere Rolle spielt dabei die Lageregelung. Eine definierte Ausrichtung ist für viele Anwendungen, wie z. B. Erdbeobachtung oder Astronomie, von größter Bedeutung, da sonst das Ziel der Aufnahme verfehlt werden würde.

Um die Lage im Raum regeln zu können, sind Sensoren notwendig, mit deren Hilfe zunächst die aktuelle Lage bestimmt werden muss. Die meisten von größeren Satelliten bekannten Lageregelungssensoren wie Sternsensoren,

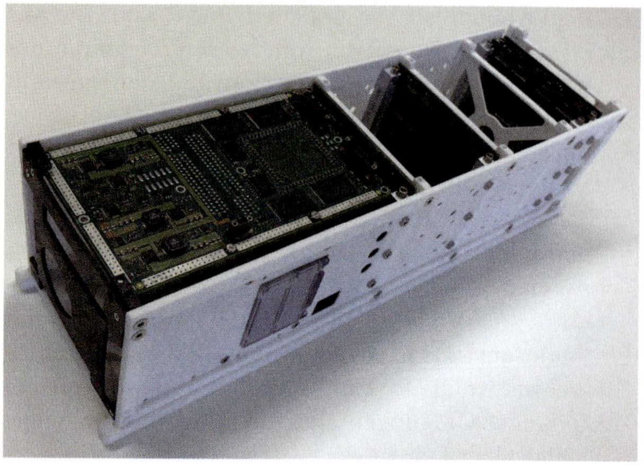

Bild 8.4.1: *Ingenieurmodell eines 3U CubeSat (Bild: Universität Würzburg).*

Sonnensensoren, Gyros oder Erdsensoren können aber nicht in CubeSat verwendet werden. Viele dieser Sensoren sind zu groß, zu schwer und verbrauchen zu viel Energie. Ähnlich ist es bei den Aktuatoren für die Lageregelung. Es gab allerdings im Zuge der Verbreitung der CubeSat weltweit zahlreiche Neuentwicklungen CubeSatim Bereich der Sensoren und Aktuatoren, die mit den genannten Beschränkungen kompatibel sind, sodass mittlerweile auch anspruchsvollere Missionen möglich sind.

Ein weiterer Engpass beim Design von Pico- und Nanosatelliten betrifft die Kommunikation. Viele Anwendungen, wie z. B. die Erdbeobachtung, erfordern die Aufnahme und damit auch die Übertragung von größeren Datenmengen zur Bodenstation. Derzeit werden für die Kommunikation mit einfachen CubeSat oft Frequenzbänder wie das UHF- bzw. VHF-Band benutzt, die nur eine sehr geringe Übertragungsrate im Bereich von 1,2 kBit/s bis 9,6 kBit/s zulassen. Damit ist eine Übertragung von größeren Bilddaten sehr zeitintensiv und macht eine entsprechende Anwendung praktisch unmöglich.

Allerdings ist auch in diesem Bereich in den letzten Jahren ein signifikanter Zuwachs an Kommunkationskomponenten zu verzeichnen, die häufig im S-Band deutlich höhere Übertragungsraten in der Größenordnung von mindestens mehreren hundert kbits pro Sekunde ermöglichen.

Ein beachtlicher Vorteil der **Miniaturisierung von Komponenten** für CubeSat ist deren potenzieller Nutzen für größere Satelliten, wie z. B. **Nanosatelliten.** So können miniaturisierte S-Band-Sender auch in Nanosatelliten eingesetzt werden und leisten einen erheblichen Beitrag zur Maximierung der Nutzlastkapazität. Gleiches gilt selbstverständlich für andere Komponenten wie z. B. die Sensoren der Lageregelung. Die dadurch entstehende Kapazitätssteigerung kann dann beispielsweise für größere Optiken genutzt werden, wodurch Nanosatelliten Aufgaben übernehmen können, die zuvor bei nur mit höheren Kosten verbundenen Kleinsatellitenmissionen möglich waren.

8

Die Anwendungsmöglichkeiten von Pico- und Nanosatelliten, die heute häufig einfach nur CubeSat genannt werden, werden sich durch den Einsatz von geeigneten Komponenten weiter verbessern. Besonders Erfolg versprechende Anwendungen liegen aufgrund der geringen Startkosten in der Nutzung von **Satellitenkonstellationen** oder -formationen. Dabei können z. B. mehrere Satelliten zeitgleich an verschiedenen Orten im Orbit Messungen durchführen und bieten somit die Möglichkeit, ein orbitales Sensornetzwerk aufzubauen. Erdbeobachtung, Beobachtung von astronomischen Objekten oder Weltraumwetter sind dabei einige potenzielle Arbeitsfelder. Damit entstehen viel dichtere Messmöglichkeiten, als es mit größeren Satelliten (aus finanziellen Gründen) möglich wäre. Vorstellbar ist hierbei der Einsatz von identischen oder verschiedenen Nutzlasten in den jeweiligen Satelliten der Konstellation, was gezielt auch zur Erhöhung der Redundanz des Gesamtsystems beitragen kann. Darüber hinaus ist in fernerer Zukunft auch die Kombination der Instrumente auf verschiedenen Satelliten zu einer verteilten Apertur denkbar.

Ein weiteres Anwendungsgebiet ist der Einsatz von CubeSat in der **Exploration des Sonnensystems.** Diese können von größeren Sonden, z. B. in der Umlaufbahn des Zielplaneten, ausgesetzt werden, um die Aufgaben der Sonde oder eines bodengestützten Instruments, wie z. B. eines Rovers, zu unterstützen.

Weiterhin ist der Einsatz von CubeSat als Plattform für die kostengünstige **Weltraumerprobung** von miniaturisierten Komponenten möglich, die, wie eingangs erwähnt, eine immer wichtigere Rolle spielt. Miniaturisierte Komponenten können mit Hilfe von CubeSat in geringen Zeitabständen und zu erheblich geringeren Kosten im Weltraum verifiziert werden.

8.4.2 Missionskonzepte und -szenarien

Eine typische CubeSat-Mission umfasst, wie andere Satellitenmissionen auch, die folgenden wichtigen Missionselemente:

- Missionsziel,
- Nutzlast,
- Satellitenbus,
- Orbit bzw. Trajektorie,
- Startrakete,
- Bodensegment.

Es bestehen viele Parallelen zu größeren Satellitenprojekten bezüglich der Systematik und der Aufgaben der einzelnen Missionselemente. Jedoch muss deren Umfang den gegebenen Randbedingen angepasst werden. Dies bedeutet in den meisten bisherigen Fällen (CubeSat-Entwicklungen an Universitäten und Instituten), dass ein streng limitiertes Budget, ein knapper Zeitrahmen und zudem oft noch wenig erfahrenes Personal zur Verfügung stehen. Der erste Schritt bei der Etablierung einer CubeSat-Satellitenmission ist also die Absteckung des zeitlichen Rahmens, des finanziellen Umfangs sowie die technische Beschreibung des Missionsziels.

8.4.2.1 Missionsziel

Das Missionsziel ist definiert als der Ertrag, den man sich von der Durchführung der Mission verspricht. Bei kommerziellen und wissenschaftlichen Vorhaben ist das Missionsziel meist sehr klar formuliert. Bei kleineren CubeSat-Missionen, insbesondere von Universitäten, die bisher noch nicht aktiv in der Raumfahrt tätig waren, geht es manchmal auch nur darum, einen CubeSat zu bauen und ins All zu schießen, unter dem reinen Aspekt der Technologiedemonstration.

Natürlich ist die Auswahl an möglichen Missionszielen eingegrenzt durch die verfügbaren Technologien (und deren Miniaturisierung), die in einem CubeSat untergebracht werden können. So sind z. B. keine Bildaufnahmen mit Auflösungen im Meterbereich zu erwarten. Jedoch machen sich durch die Tatsache, dass CubeSats in großer Stückzahl gebaut und gestartet werden können, viele neue Felder auf. Planet Labs etwa betreibt eine ganze Armada von CubeSats, die damit von allen Regionen der Erde innerhalb weniger Tage Bilder aufnehmen können. Ein anderes Beispiel ist das QB50 Projekt (Leitung durch das Von Karman Institut in Belgien), das in-situ Messungen der Atmosphäre durchführte und dazu dutzende CubeSats, gebaut an verschiedenen Universitäten, Mitte 2017 in einen niedrigen Erdorbit brachte.

8.4.2.2 Nutzlast

Die Nutzlast, auch **Payload** genannt, steht in direkter Beziehung zum Missionsziel, denn erst mit ihr wird es möglich, dieses zu erreichen. Meistens handelt es sich hierbei um ein bestimmtes Instrument bzw. einen Sensor, der Daten generiert, die für die wissenschaftliche Mission des Satelliten essentiell sind. Die starken Einschränkungen bezüglich Masse, Volumen und Stromversorgung reduzieren die Auswahl verfügbarer Instrumente enorm, weswegen CubeSat bisher kaum von wissenschaftlichen Organisationen als Alternative in Betracht bezogen werden. Auch in der Entwicklung **miniaturisierter Messinstrumente** steckt also noch immer großer Bedarf.

Handelt es sich jedoch um eine pure Technologiedemonstrationsmission, dann ist die jeweilige zu testende Komponente die Nutzlast, wobei dies eine Subsystemkomponente, ein Subsystem oder gar der Satellit selbst sein kann. Eine einfache Abgrenzung zwischen Nutzlast und Satellitenbus ist dann nicht gegeben.

8.4.2.3 Satellitenbus

Um das Missionsziel zu erreichen, bedarf es der Nutzlast, und um die Nutzlast sicher im Weltall zu betreiben, bedarf es des Satellitenbusses. Zu den Aufgaben des Busses zählen die mechanische Integration der Payload, die Datenkommunikation mit dem Bodensegment, die Regulierung des Thermalhaushalts, die Lagekontrolle sowie die Steuerung des Satelliten und weitere Aufgaben, die im Kapitel 8.4.4 Systementwurf, beschrieben werden.

8.4.2.4 Orbit

Bisher kommen meist **niedrige Erdorbits** (300 ... 800 km) für den Betrieb von CubeSat in Frage. Dies hat mehrere Gründe. Zum einen steigt der Energiebedarf des Kommunikationssystems für eine verlässliche Datenübertragung mit zunehmender Orbithöhe beträchtlich an. Das ist mit den bisherigen Energiesystemen für einfache CubeSat nicht realisierbar. Zum Anderen sind hohe Orbits auch anspruchsvoller in Bezug auf Strahlungsbelastung, Thermalhaushalt und Energiemanagement. Nicht zuletzt ist ein Low Earth Orbit (LEO) auch die preislich günstigere Variante.

Für die Auswahl eines geeigneten Orbits sind das Missionsziel und der Satellitenbetrieb ausschlaggebende Kriterien. Ein **sonnensynchroner Orbit** kann beispielsweise dem Energie- und Thermalhaushalt entscheidend zuträglich sein und bietet zudem eine nahezu globale Abdeckung des Satellitensichtfeldes. Ein **äquatorialer Orbit** hingegen ist für die Lageregelung mit Permanentmagneten geeigneter, da dort ein nahezu homogenes Magnetfeld vorherrscht.

8.4.2.5 Startrakete

Um in den Orbit zu gelangen, bedarf es einer geeigneten Startmöglichkeit. Im Grunde kann ein CubeSat mit fast jeder modernen Startrakete ins Weltall befördert werden, da die für CUBESATs vorgeschriebenen **Vibrationstests** (und damit dessen Qualifikation für einen Mitflug) fast das gesamte Spektrum an Launchern abdecken. Dedizierte Launches von CubeSats sind zwar in Planung (z. B. Rocket Lab), bisher aber noch extrem selten (z.B. Launch der Electron Rakete am 21. Januar 2018 mit 3 CubeSat). Stattdessen werden CubeSat als zusätzliche Nutzlast (sogenannter „piggy-back" Launch) beim Start größeren Missionen mit an die Oberstufe mittels Deployment-Containern befestigt und dann von dort ausgestoßen. Die ersten Launches wurden mit ehemaligen russischen Interkontinentalraketen (DNEPR und ROCKOT) durchgeführt. Mittlerweile werden kommerzielle Raketen benutzt, wie z. B. Atlas, PSLV, und Falcon.

Eine Alternative zum direkten Aussetzen der CubeSat von der Raketenoberstufe gibt es zudem: nämlich die Internationale Raumstation. Nanoracks ist der führende Anbieter und betreibt ein Deployment-System auf der ISS, von welchem aus CubeSat in einen Orbit knapp unterhalb der ISS ausgesetzt werden können. Die CubeSat werden dazu über die routinemäßigen Versorgungsflüge zuerst zur ISS gebracht und dann von dort zu gegebener Zeit mittels des Deployers ausgeschossen.

8.4.2.6 Bodensegment

Das Bodensegment umfasst die terrestrische Infrastruktur und das Personal, das für den ordnungsgemäßen Betrieb des Satelliten zuständig ist. Der Aufbau und Betrieb einer eigenen Bodenstation für Amateurfunk bewegt sich im erschwinglichen finanziellen Rahmen für Privatpersonen und Universitäten. Insbesondere gibt es Bestrebungen und Entwicklungen, die auch den Empfang von Satellitendaten immer einfacher und kostengünstiger machen. Zum einen sind dies „Software Defined Radios" (SDR), die es zulassen, ein sehr breites Spektrum an Radiofrequenzen zu empfangen. Hier ist z. B. der FUNcube Dongle und das LimeSDR (von Lime microsystems) zu nennen, der eine preiswerte Alternative zu den teuren Amateurfunkradios darstellen. Aber auch komplette Antennenanlagen können heutzutage günstig gebaut werden. Ein komplett quelloffenes Projekt hierzu ist beispielsweise SatNOGS (initiiert von der Libre Space Foundation).

8.4.3 Anforderungen

Die Popularität von CubeSat ist insbesondere auf die standardisierte Schnittstelle zum Launcher (Startrakete) zurückzuführen, namentlich dem **P-POD** (Poly Picosatellite Orbital Deployer). Durch die Vorgaben, die in diesem Standard definiert wurden, wird eine weitestgehende Entkopplung des Satelliten von dessen Integration in die Startrakete ermöglicht. Somit kann mit dem Bau des Satelliten schon begonnen werden, noch bevor eine konkrete Startmöglichkeit terminlich und finanziell fixiert wurde. Die Entwickler von CubeSat haben sich hierzu an einige strikte Vorgaben zu halten.

Unter anderem sind dies für jeden CubeSat:

- Die Struktur ist ein Würfel mit Abmessungen von ca. 100 mm × 100 mm × 100 mm,
- anodisierte Kanten mit 113,5 mm Länge als Auflageflächen für den Auswurf des Satelliten,
- Gesamtmasse nicht über 1,3 kg pro Cube,
- keine pyrotechnischen Elemente,
- Einbau eines „Transmitter-Shutdown"-Kommandos, um den Transmitter vom Boden aus abschalten zu können
- und weitere Vorschriften, um ein reibungsloses Zusammenspiel mit dem P-POD und weiteren sich darin befindende CubeSat zu gewährleisten.

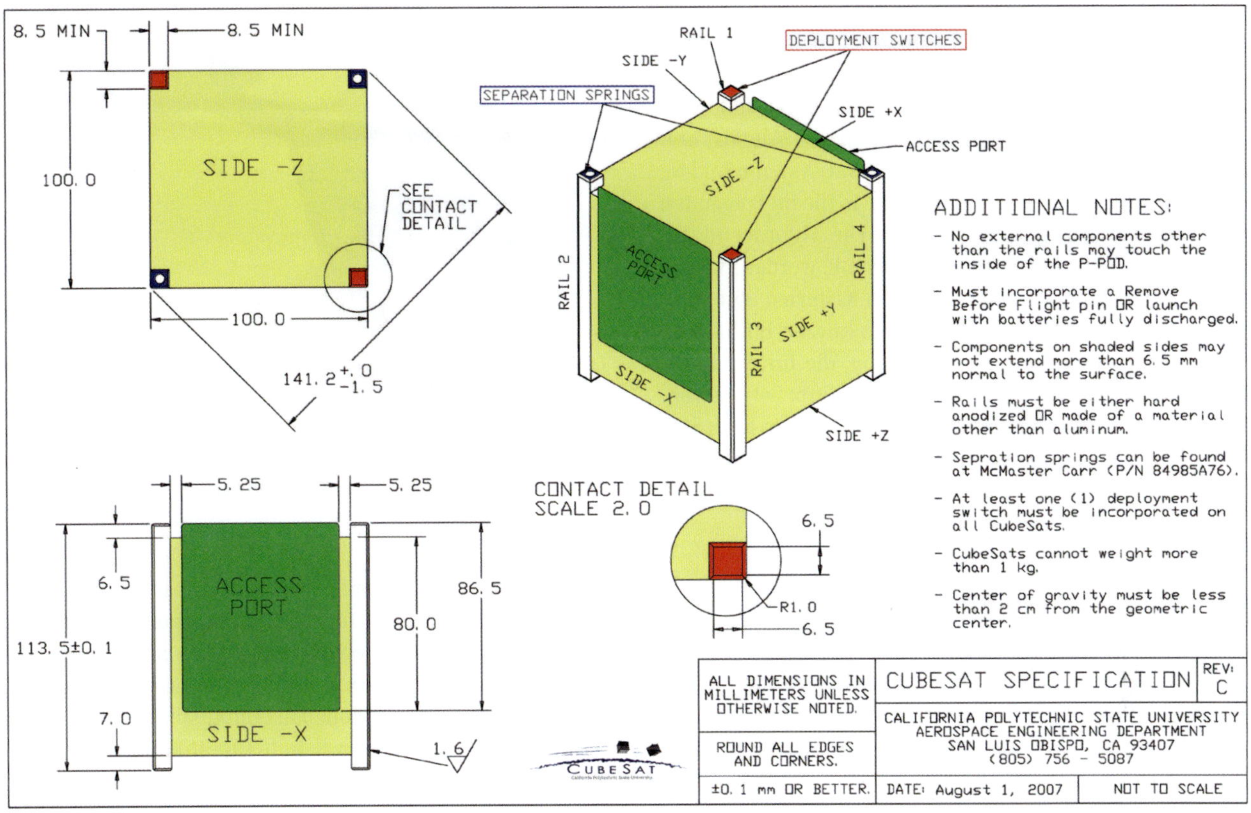

Bild 8.4.2: *CubeSat-Spezifikation (Bild: California Polytechnic State University).*

Die CubeSat-Spezifikation wurde auch dahingehend erweitert, dass die Zusammenfassung von zwei, drei oder mehr CubeSat-Volumen zu sogenannten Double-, Triple- oder n-Unit-Cubes möglich ist. Die einzelnen Vorgaben zu der Spezifikation ändern sich von Zeit zu Zeit und werden in der Regel erweitert. Für ein konkretes Projekt ist vor allem die Einhaltung der Spezifikation des konkret ausgewählten Auswurfcontainers von großer Bedeutung. Auch diese können, je nach Hersteller, geringfügig variieren.

Zusätzlich zu den oben genannten Vorgaben wird auch verlangt, dass der CubeSat entsprechenden **Vibrations- und Thermaltests** ausgesetzt werden muss, um sicherzustellen, dass er keine Gefahr für andere CubeSat innerhalb des Auswurfcontainers sowie für den Hauptsatelliten an Bord der Startrakete darstellt. Der wichtige Aspekt hierbei ist die Minimierung jeglicher Risiken, die aus der Mitnahme von CubeSat für die Hauptnutzlast der Rakete resultieren könnten.

Den CubeSat-Entwicklern bleibt es dann selbst überlassen, inwieweit sie durch **terrestrische Tests** die Funktionalität des Satelliten im All gewährleisten möchten.

8.4.4 Systementwurf und Subsysteme

Abgesehen von den gegebenen Vorschriften, die ein CubeSat einzuhalten hat, ist es dem Entwicklerteam freigestellt, wie es den Satelliten konstruiert. Mit anderen Worten gesagt: Mögen sich viele CubeSat vielleicht rein äußerlich ziemlich ähneln, im Inneren jedoch stecken das individuelle Know-how und die unterschiedliche Herangehensweise der Entwickler.

Eine weitere große Gemeinsamkeit haben CubeSat jedoch alle – nämlich die fast ausschließliche Verwendung von handelsüblich erhältlichen Elektronikbauteilen (Commercial off the Shelf, **COTS**). Dies dient in erster Linie dem Zweck der Einsparung von Projektgeldern, da raumfahrtqualifizierte Bauteile meist astronomisch teuer sind. Ein positiver Nebeneffekt ist, dass diese COTS-Produkte meist auch eine bessere Leistung, bezogen auf Gewicht und Stromverbrauch, haben als ihre raumfahrtqualifizierten Alternativen. Denn letztere müssen ja erst durch Tests bzw. entsprechendes Design weltraumtauglich gemacht werden, das einige Zeit in Anspruch nimmt. Wenn sie dann auf den Markt kommen, sind die verwendeten Chips eigentlich schon wieder veraltet. Allerdings ist die Raumfahrtbranche sehr konservativ und greift darum fast immer auf solche Produkte zurück. CubeSat können also genau dies für sich

8

zum Vorteil machen; nämlich die Einbindung aktuellster Hardwareentwicklungen bei Inkaufnahme höheren Risikos.

Beim **Entwurf** des Satelliten geht man zweckmäßigerweise so vor, dass der Satellitenbus um die Nutzlast herumgebaut wird. Dies gilt in dem Sinne, dass die Nutzlast und das Missionsziel die Vorgaben für die Subsysteme bilden. Die Subsysteme werden üblicherweise in die im Folgenden beschriebenen Kategorien eingeteilt. Die Anforderungen, die an jedes einzelne Subsystem gestellt werden, lassen sich direkt aus den beiden genannten Kriterien ableiten.

Die folgenden Kapitel sollen einen kurzen Einblick in die Methoden und Technologien geben, die für die Realisierung der einzelnen Subsysteme eines CubeSat Verwendung finden. Es werden die zugrunde liegenden Konzepte vorgestellt und Ausblicke auf zukünftige Entwicklungen gegeben. In dem gegebenen Rahmen kann dies natürlich nur knapp und unvollständig dargestellt werden.

Bild 8.4.3: *Prototyp eines Mikroreaktionsradsystems für CubeSat (Bild: Universität Würzburg).*

8.4.4.1 Lageregelungssystem

Die einfachste Form der Beeinflussung der Lage des CubeSat besteht in der Verwendung von **Permanentmagneten.** Damit wird der Satellit in seiner Lage stabilisiert, wodurch schnelle Rotationsbewegungen verhindert werden können. Eine gezielte Lageregelung ist damit aber nicht möglich. Eine Steigerung dazu bilden Lageregelungssysteme, die **Magnetspulen** als Aktuator zur Lageregelung verwenden. Die Lageinformation wird dabei grob mit Hilfe eines Magnetometers oder mit Hilfe der Solarzellenströme ermittelt. Die erreichbare Genauigkeit ist hierbei äußerst gering.

Es gibt allerdings bereits Komponenten, die darauf abzielen, eine höhere Genauigkeit mit Hilfe von miniaturisierten Sensoren und Aktuatoren wie z. B. Picoreaktionsräder oder miniaturisierte Sensoren zu erreichen. Bild 8.4.3 zeigt ein solches System aus Mikroreaktionsrädern zusammen mit der Steuerungselektronik.

Die Komplexität eines voll ausgebauten Lageregelungssystems eines CubeSat (z. B. dreiachsenstabilisiert) unterscheidet sich nicht wesentlich von größeren Satelliten. Es gelten die gleichen Anforderungen an den Funktionsumfang. Lediglich bei der Redundanz und der Zuverlässigkeit müssen u. U. Abstriche gemacht werden, um den Kostenrahmen einhalten zu können. Dafür ist es aber denkbar, mehrere CUBESATs zu bauen, womit eine funktionale Redundanz auf Systemebene erreicht werden kann.

8.4.4.2 Antriebssystem

Auch **Mikroantriebssysteme,** die sich für die Anwendung in einem CubeSat eignen, werden vermehrt entwickelt oder sind schon verfügbar. Zwei verschiedene Verfahren kommen dabei zum Einsatz: **chemische Antriebe** und **elektrische Antriebe.** In die erstgenannte Kategorie fallen beispielsweise Kaltgasantriebe oder auch Schubdüsen, die heißen Wasserdampf ausstoßen. Diese Antriebe ermöglichen kurze, aber starke Schübe (im Vergleich zu den elektrischen Antrieben) und eignen sich deswegen besser für die Lageregelung. Elektrische Antriebe dagegen nutzen Elektronen bzw. Ionen als Impulsträger und bieten geringen, aber konstanten Schub. Damit könnte sichergestellt werden, dass der CubeSat nach einer definierten Zeit zum Ende seiner Mission wieder in die Erdatmosphäre eintaucht und verglüht. Eine andere Möglichkeit wäre es, den Satelliten über Spiralorbits immer weiter weg von der Erde zu bewegen, um ihn schließlich in einen Mondorbit eintreten zu lassen.

8.4.4.3 Kommunikationssystem

Um mit dem Satelliten zu kommunizieren, muss dieser in der Lage sein, Kommandos zu empfangen und Daten zu senden. Da Computersysteme mit **binären Signalen** arbeiten, eine Radiokommunikation aber über **elektromagnetische Wellen** vonstattengeht, muss eine ganze Reihe von Komponenten in dem Kommunikationslink zum Einsatz kommen. Im Folgenden wird exemplarisch verdeutlicht, wie Daten vom CubeSat zur Erde gefunkt werden. Hauptsächlich beschränkt sich diese Diskussion auf den Amateurfunkbereich, da die Registrierung einer eigenen Frequenz mit hohen Verwaltungsaufgaben und Kosten verbunden ist.

An Bord des Satelliten werden die Daten (Messdaten, Statusinformationen etc.) vom Computersystem in ein bestimmtes Format gebracht und bei größeren Datenmengen in einzelne Pakete aufgeteilt. Das **AX.25-Protokoll** wird oft dafür benutzt, da es unter Funkamateuren weit verbreitet ist. Allerdings gibt es wesentlich robustere Protokolle, allen voran die Space-Link-Services-Protokolle Hyperlink „https://public.ccsds.org/Publications/SLS.aspx“ der CCSDS (Consultative Committee for Space Data Systems).

Grundsätzlich steht es auch frei, ein eigenes Protokoll zu definieren. Dann werden diese binären Daten über ein Modem in ein niederfrequentes Basissignal umgewandelt. Oftmals wird hierzu die langsame AFSK-1200-bps-Modulierung genutzt, die allerdings von vielen Bodenstationen demoduliert werden kann. Für eine niedrigere Bitfehlerrate empfehlen sich MSK, PSK und eine Reihe anderer Modulationen mit höherer Baudrate. Das Basissignal wird dann als nächstes mittels eines Transmitters auf eine Trägerfrequenz aufmoduliert. Dies geschieht hauptsächlich durch FM-Modulation, indem kommerzielle Transceiver für den Einsatz im CubeSat genutzt werden. Schlussendlich wird das Signal dann als elektromagnetische Welle über die Antennen abgestrahlt. Zur Auswahl stehen diverse Stabantennen, aber auch Patch-Antennen.

Der Upload von Kommandos geschieht prinzipiell sehr ähnlich. Jedoch hat man auf der Erde den Vorteil, dass wesentlich mehr Leistung zum Senden zur Verfügung steht. Andererseits macht der Datenstrom zum Satelliten (Kommandos) nur einen Bruchteil dessen aus, was an Daten zur Erde gefunkt werden muss. Deshalb kommt es hier eher auf größtmögliche Zuverlässigkeit als auf hohe Datenraten an. Eine Möglichkeit ist es, per DTMF-Töne die Befehle an den Satelliten zu senden (natürlich wieder über eine hohe Trägerfrequenz).

Fast alle CubeSat senden zudem eine periodische **Bake** aus, die als Information die Kennung des Satelliten sowie prägnante Statusinformationen enthält. Diese werden meist als Morsecode über sogenanntes **OOK (on-off-keying)**, also das Ein- und Ausschalten einer Trägerfrequenz, übermittelt.

8.4.4.4 Energieversorgungssystem

Die bisher einzige nutzbare Energiequelle für CubeSat stellt die Umwandlung der Sonnenstrahlung durch Solarzellen dar. Da aufgrund der geringen Abmessungen eines CubeSat sehr wenig Fläche zur Anbringung von Zellen zur Verfügung steht, muss die Energieumwandlung mit möglichst hohem Wirkungsgrad realisiert werden. Neuartige Entwicklungen **(Multi-Junction-GaAs-Solarzellen)** werden deshalb den Silizumzellen vorgezogen, auch wenn letztere um Größenordnungen günstiger und einfacher zu beschaffen sind.

Wenn der Satellit auch in der Erdschattenphase aktiv sein soll, was meist schon allein deshalb erwünscht ist, um den aktuellen Systemzustand und temporäre Daten nicht zu verlieren, muss ein Akkumulator als Energiespeicher mit eingeplant werden. Auch hier wird aufgrund ihrer hohen Energiedichte vorzugsweise zu modernen **Lithium-Ionen-Akkus** gegriffen. Integraler Bestandteil der Energiebilanzierung des Satelliten muss es sein, während der Sonnenphase mindestens so viel an überschüssiger Energie mit den Solarzellen zu produzieren (die als Ladestrom in die Akkus fließt), dass diese nach Abzug aller Verluste zur Überbrückung der Schattenphase ausreicht.

Ein weiteres Element des Energieversorgungssystems ist die Aufbereitung und Verteilung der elektrischen Leistung. Mit Gleichstromwandlern (Hochsetzer und Tiefsetzer) wird die von den Solarzellen bzw. den Akkus kommende Spannung auf die **Satellitenbusspannung**(en) transformiert. Üblich sind hier 3,3 und 5 Volt, die sich als Standardwerte für Versorgungsspannungen der meisten ICs durchgesetzt haben. Über Schaltbausteine (Transistoren) kann ermöglicht werden, dass wahlweise einzelne Lasten (bzw. ganze Subsysteme) gezielt abgeschaltet werden können. Dies kann z. B. zum Reset von Mikrocontrollern genutzt werden oder um den Satelliten in einen Energiesparmodus zu versetzten.

8.4.4.5 Kommando- und Datenverarbeitungssystem

Den Kern der digitalen Prozess- und Datenverarbeitung bildet der **Hauptcomputer** des Satelliten. In einigen Fällen besitzt ein CubeSat mehrere verteilte Computersysteme, die einzelne, gezielte Unteraufgaben ausführen. Aber alle High-level-Informationen und Kommandos laufen auch hier über einen zentralen Hauptcomputer, einen Mikrocontroller, manchmal auch ein FPGA. Die Auswahl einer geeigneten MCU (Micro-Control-Unit) ist ziemlich willkürlich, denn durch die Flexibilität moderner MCUs kommt eine Vielzahl von Derivaten der etablierten Hersteller infrage. Gängige Architekturen sind PICs, AVR und ARM Prozessoren. Wichtig ist natürlich, dass der Controller die benötigten Schnittstellen unterstützt und genügend I/O-Pins zur Verfügung stellt. Zu den benötigten Schnittstellen zählen insbesonders Busschnittstellen, z. B. UART, SPI, I2C und CAN. Besonders der I2C-Bus wird sehr häufig in CubeSat eingesetzt. Dieser hat jedoch den großen Nachteil, dass der gesamte Bus lahmgelegt werden kann, wenn ihn auch nur ein einziger Knoten (Busteilnehmer) blockiert. Daher empfiehlt sich besonders für den kritischen System-Bus eine robustere Technologie, wie z. B. CAN. Über diesen System-Bus können dann die Controller miteinander kommunizieren sowie Komponenten auslesen und ansteuern. Neben der Umsetzung der von der Bodenstation erhaltenen Kommandos muss das Computersystem auch die anfallenden Daten einsammeln und abspeichern. Temporäre Daten können hierbei in SRAM-Bausteinen gehalten werden, für langfristiges Abspeichern (und auch bei großen Datenmengen) eignen sich Flash-Speicher. Letztere behalten ihre Informationen auch im abgeschalteten Zustand. Allerdings sind diese der Weltraumstrahlung ausgesetzt, und daher sollten entsprechende Sicherheitsmaßnahmen (Fehlerbeseitigungscodes) mit eingebaut werden.

8.4.4.6 Thermalsystem

In einem typischen niedrigen Erdorbit mit etwa 60-minütiger Sonnenphase und 30-minütiger Schattenphase ist ein CubeSat extremen **Temperaturschwankungen** ausgesetzt. In der Eklipse ist der Satellit fast vollständig dem Weltraumhintergrund (ca. -270 °C) ausgesetzt, während in der Sonnenphase ungefiltert eine Solarkonstante an Energie auf ihn trifft, die zusätzlich noch von der Atmosphäre bzw. der Erde reflektiert wird (Albedo). Als Daumenregel (bestätigt durch Messungen von CubeSat) kann man dennoch davon ausgehen, dass sich im Inneren des CubeSat die Temperaturen nur von -20 bis +20 °C bewegen. Auf den Außenseiten muss man aber bei direkter Bestrahlung mit ca. 80 °C rechnen. Trotz der noch weitestgehend moderaten Temperaturen im Inneren des Satelliten (sie werden von allen Bauteilen, die für industrielle Temperaturen ausgelegt sind, problemlos überstanden) gibt es einige Komponenten, die besonderer Maßnahmen bedürfen. Dies können z. B. ein Messinstrument oder der Akkumulator sein, die gewisse Temperaturen auf keinen Fall unterschreiten dürfen. Um eine Unterkühlung dieser Komponenten zu verhindern, reicht es meist nicht aus, nur passive Methoden (Farbe, Oberflächenbeschaffenheit etc.) anzuwenden. In diesen Fällen muss aktiv geheizt werden. Dazu eignen sich Heizfolien, die als gezielte lokale Wärmequellen dienen. Da diese einen relativ hohen Stromverbrauch haben, sollte mittels gründlicher Thermalanalyse eine optimale Konfiguration und Platzierung der Bauteile bestimmt werden, sodass deren Einschaltdauer möglichst kurz gehalten wird.

8.4.4.7 Struktur und Mechanismen

Wie eingangs erwähnt, richtet sich die äußere Struktur nach der **CubeSat-Spezifikation.** Zusätzlich werden Vorgaben zum sog. **Access Port,** der als Zugangsöffnung zum Satelliten dient und zum **„Remove-before-Flight-Pin"** gemacht, womit die Energieversorgung des Satelliten scharf gemacht werden kann.

Die eigentliche Herausforderung beim Design eines CubeSat liegt in der Gestaltung von **Mechanismen.** Die engen Vorgaben der äußeren Strukturabmessungen lassen keine größeren Bauteile auf der Oberfläche zu. Externe Bauteile dürfen max. 6 mm über die Strukturkante hinausragen, damit sie nicht die Innenwände des P-PODs berühren können. Mechanismen, z. B. zum Ausklappen von Antennen oder Solarpanels, müssen mit dieser Einschränkung auskommen.

Bedingt durch die kleinen Abmessungen kann auch die innere Struktur des CubeSat sehr eng verflochten sein. Es reicht meist nicht, einfach nur die Komponenten, wie z. B. für die Lageregelung, zu verkleinern und dann (etwa in der Box-Bauweise) zusammenzubauen. Vielmehr kann es aus Platzgründen notwendig sein, z. B. Funktionen, die üblicherweise in einer Box untergebracht werden, auf verschiedene Ebenen des CubeSat zu verteilen. Die Integration und Montage sowie die Verkabelung des Systems können daher aus konstruktiver Sicht eine Herausforderung darstellen.

Die CubeSat-Spezifikation lässt die Verlängerung eines einfachen CubeSat zu einem doppelten oder dreifachen System zu. Diese Möglichkeit wird genutzt, um mehr Raum für die Baugruppen zu erhalten und die Energiekapazität zu erhöhen.

8.4.5 Modellphilosophie

Der Weg zum endgültigen Flugmodell des CubeSat führt zweckmäßigerweise über verschiedene Testmodelle, die von Projektphase zu Projektphase immer ausgereifter werden. Im Einzelnen sind dies funktionelle Prototypen, Ingenieurmodelle, Qualifikationsmodelle und schließlich das Flugmodell. Aus zeitlichen und finanziellen Gründen wird das Ingenieurmodell oft mit dem Qualifikationsmodell zusammengefasst, wie auch im Folgenden beschrieben. Eine Zusammenfassung von Ingenieurmodell, Qualifikationsmodell und Flugmodell - sprich der Aufbau, Test und Launch des Ingenieurmodells - ist dagegen nicht sehr sinnvoll, da aufgrund unzureichender Kenntnisse das Ingenieurmodell oft noch größerer Nachbesserungen bedarf.

8.4.5.1 Prototypen

Die Prototypen sind also die ersten Schritte zur Verifikation der Satellitenfunktionalität. Es geht hierbei hauptsächlich darum, die Funktionalität des Entwurfs einzelner neuer Komponenten bzw. Baugruppen zu überprüfen.

Wenn z. B. eine bestimmte Batterie als Energiespeicher für den Satelliten ausgewählt und diese nie zuvor im Weltraum eingesetzt bzw. dafür qualifiziert wurde, so muss sie zunächst gründlich durchgetestet werden. Im genannten Fall wird man sie also dem Langzeitvakuum aussetzen und dabei etliche Lade- und Entladezyklen fahren. Der Satellit wird dann später in der AIT-Phase im zusammengebauten Zustand extremen Tests unterworfen. Deshalb muss in dieser frühen Phase der Entwicklung verifiziert werden, dass die kritischen Bauteile diese Tests auch überstehen werden. Ganz besonders wichtig ist neben dem Ausschluss des Bauteilversagens, bedingt durch die Weltraumbedingungen, natürlich auch die Bestätigung, dass die Entwürfe der einzelnen Systeme ihre jeweiligen Aufgabenstellungen funktionell erfüllen.

Hierzu werden u. a. von den einzelnen elektrischen Baugruppen sogenannte **Breadboards** aufgebaut. Diese werden dann gemäß dem Black-Box-Prinzip mit den nötigen Inputs (Strom, Daten, Messwerte etc.) versorgt und die Ausgabewerte gemessen. Selbst Schaltpläne, die von IC-Herstellern für ihre Bauteile entworfen wurden, soll-

8

Bild 8.4.4: *Magnetometer im Prototypenstadium (COMPASS-1, Bild: FH Aachen).*

ten zuerst in so einem Verfahren aufgebaut und getestet werden. Die Prototypen der einzelnen Bauteilgruppen können dann sukzessiv miteinander verknüpft werden, um schließlich die Funktionalität auf Subsystemebene zu überprüfen. Der Test auf Systemebene findet dann in der AIT-Phase statt.

8.4.5.2 Ingenieurmodell

Nach dem erfolgreichen Abschluss der Prototypentests, dessen Resultate dann im **Critical Design Review (CDR)** diskutiert werden, geht die Entwicklungsphase über in den Aufbau des Ingenieurmodells **(Engineering Model, EM).** Alle Entwürfe und Schnittstellen werden dann „eingefroren", d. h., es werden keine Änderungen mehr am Design vorgenommen, sofern sie nicht unbedingt notwendig sind. Wie eingangs erwähnt, soll das EM im Hinblick auf das spätere Flugmodell (Flight Model, FM) entworfen werden. Dazu muss sich dieses an die mechanischen und elektrischen Vorgaben für das FM halten.

8.4.5.3 Flugmodell

Im besten Fall wäre das EM tatsächlich als Flugmodell tauglich, real tauchen aber besonders während der Qualifikationstests noch Diskrepanzen auf, die behoben werden müssen. Die Testanforderungen werden im folgenden Abschnitt AIT behandelt. An dieser Stelle sei nur erwähnt, dass bei erfolgreichem Abschluss der EM-Tests das Flugmodell aufgebaut werden kann. Dem voraus geht ein **Qualification Review (QR)**, in welchem die evtl. nötigen Modifikationen von EM nach FM analysiert und festgelegt werden.

Die Modellphilosophie des Picosatelliten BeeSat sieht beispielsweise die folgenden Modelle vor:

- SM Structure Model,
- RTM Radio Link Test Model,
- EQM Engineering Qualification Model,
- FM Flight Model.

Die jeweiligen Satellitenmodelle werden unterschiedlichen Tests unterzogen, die in der nachfolgenden Tabelle 8.4.1 angegeben sind.

Tabelle 8.4.1: *BeeSat-Verifikation auf Systemebene.*

	SM	RTM	EQM	FM
Elektrische Funktionstests, Performance-Tests		x	x	x
Nutzlastsystemtests			x	x
Physikalische Eigenschaften	x		x	x
Gleitsinus-Vibrationstest (Resonanzsuche)	x		x	x
Vibrationstest mit Zufallsanregung	x		x	x
Sinusvibrationstest (quasi-statische Last)	x		x	x
Thermal-Zyklustest			x	x
Thermal-Vakuumtest			x	x
Thermal-Balancetest			x	x
Antennen-Entfaltungstest	x	x	x	x
Antennenfeldvermessung		x		
Kompatibilitätstest		x	x	
Eject-Test (Auswurftest)	x		x	x
Missionsbetriebstests	x	x	x	x
Software-up-load-Tests			x	x
End-to-End-Systemtests			x	x

Das **Strukturmodell (SM)** wird neben den in der Tabelle 8.4.1 genannten Tests auch zur Verifikation des Montagekonzepts und zur Überprüfung der Kabelwege benutzt. Das **Radia-Link-Test-Model (RTM)** wird primär zur Vermessung der Antennencharakteristiken im Zusammenhang mit der konkreten Struktur des Satelliten genutzt. Dies ist wichtig, da die Gesamtfläche des Satelliten sehr gering ist und damit starke Wechselwirkungen zwischen der Struktur und den Antenneneigenschaften zu erwarten sind. Das kombinierte **Ingenieur- und Qualifikationsmodell (EQM)** durchläuft alle Qualifikationstests. Die Testergebnisse können helfen, gegebenenfalls erkannte Mängel beim Flugmodell (FM) entsprechend zu korrigieren. Das EQM wird nach dem Einschuss des Satelliten in den Orbit weiter im Labor betrieben, um es bei Bedarf als Referenzsystem für Diagnosezwecke am Boden zu nutzen. So ist z. B. das EQM meistens sehr gut geeignet, um neue Softwareversionen des Bordcomputers auszutesten, bevor sie zum FM geschickt werden.

8.4.6 AIT (Assembly, Integration and Testing)

Die Phase **„Zusammenbau, Integration und Verifikationstests“** (englisch: Assembly, Integration and Testing) markiert den wohl kritischsten Abschnitt in der Entwicklung des Satelliten. An dieser Stelle muss sich zeigen, dass nicht nur die einzelnen Komponenten und Subsysteme für sich selbst funktionieren, sondern dass das Zusammenspiel im integrierten Zustand problemlos abläuft. Die im Vorfeld definierten Schnittstellen für Hardware und Software müssen nun auf Herz und Nieren getestet werden, sodass jegliche Fehler (wie z. B. dass sich der Programmcode in einer Dauerschleife aufhängt) lokalisiert und beseitigt werden. Die Simulationen des Missionsablaufs (Senden der Kommandos, Empfang der Daten etc.) soll rigoros durchexerziert werden, da auch bei gründlichst definierten Schnittstellen und Software-Flowcharts immer unbedachte Faktoren auftreten können, die erst im integrierten Zustand zutage treten.

8.4.6.1 Integration

Wenn dann alle Subsysteme und Bauteile entworfen, entwickelt und aufgebaut wurden, geht es darum, diese zusammenzubauen. Äußerst hilfreich ist es, dafür im Vorfeld eine Prozedur zu schreiben, in welcher der Zusammenbau Schritt für Schritt erläutert wird. Dazu kann man sich des CAD-Modells bedienen, wobei man auch hier nie die realen Umgebungsbedingungen (Zugänglichkeit von Schrauben, Reihenfolge des Zusammenbaus usw.) aus den Augen verlieren darf. Der Zusammenbau selbst soll dann möglichst unter **Reinraumbedingungen** erfolgen. Er dauert bei CubeSat bei gründlicher Vorbereitung und Planung nur einige wenige Stunden, im Gegensatz zu Großsatelliten, bei denen für diese Phase mehrere Wochen eingeplant werden müssen. Es ist zudem sinnvoll, diesen Vorgang ausführlich zu dokumentieren (mit Fotos). Nach der Integration kann dann über den Access Port (oder auch direkt über Funk) auf den Satelliten zugegriffen werden, um Messdaten abzurufen und einzelne Systemfunktionen zu testen. Wenn also soweit sichergestellt wurde, dass der CubeSat ordnungsgemäß funktioniert, dann kann zu den Weltraumumgebungstests übergegangen werden.

Das Ziel der im Folgenden beschriebenen Tests ist einerseits die Qualifikation des Satelliten für die Mitnahme in einer Trägerrakete (es soll hierbei gewährleistet werden, dass der Satellit keine Gefahr für andere Nutzlasten an Bord der Rakete darstellt und in einwandfreiem Zustand in seinen Orbit gebracht werden kann) und dessen Überlebensfähigkeit unter den extremen Bedingungen in seiner Erdumlaufbahn.

8.4.6.2 Vibrationstests

Vibrationstests simulieren die **mechanischen Lasten,** die während des **Raketenflugs** auf den Satelliten ausgeübt werden. Da beim Bau eines CubeSat, wie erwähnt, oft noch keine konkreten Abmachungen bezüglich der Startmöglichkeit getroffen wurden (die Launchverhandlungen werden meist erst nach dem Abschluss des Qualification Review in Angriff genommen), sollte man also ein Vibrationsprofil zugrunde legen, das die Lasten möglichst vieler Launchraketen abdeckt. Als Beispiel sei hierzu das von der Universität Toronto vorgebene Profil für den NSL-4-Launch in Bild 8.4.5 dargestellt. Um die Bedingungen, die beim Launch vorherrschen, möglichst realistisch wiederzugeben, wird der CubeSat in einem Test-POD untergebracht (ähnlich dem P-POD-Launchbehälter), der wiederum an dem Vibrationstisch befestigt wird. Für alle drei Achsen werden dann die Randomprofile durchgefahren, wobei die Belastungswerte für das EM gegenüber dem FM um den Faktor 1,5 vergrößert werden. Sinustests jeweils vor und nach den einzelnen Tests geben zusätzlich Hinweise auf strukturelle Veränderungen am Satelliten.

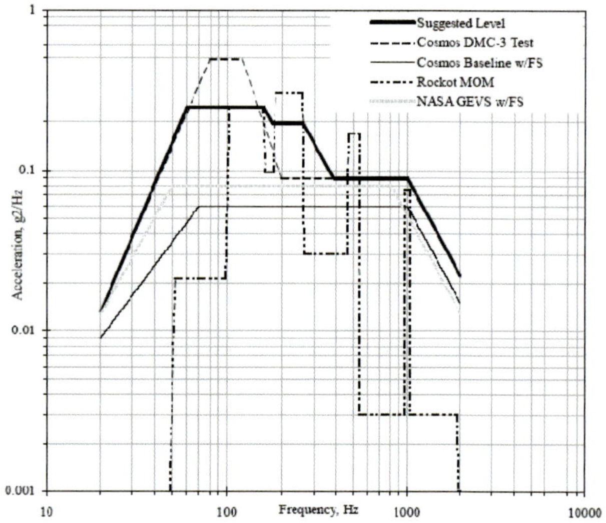

Bild 8.4.5: *Vibrationsprofil (Mit freundlicher Genehmigung der University of Toronto Institute for Aerospace Studies).*

8.4.6.3 Thermal-Vakuumtests

Mit den Thermal-Vakuumtests soll dann der Aufenhalt des Satelliten im Orbit möglichst realistisch simuliert werden. Diese Tests sind meist sehr teuer, da eine Reihe von **Weltraumumgebungsfaktoren** aufwendig nachgebildet werden müssen. Dies beginnt mit der **Solarstrahlung,** die durch einen Sonnensimulator mit einer Xenon-Lampe erzeugt wird. Dieser muss so eingestellt sein, dass er eine Solarkonstante an Leistung auf den CubeSat abgeben kann. Der kalte Weltraumhintergrund wird dann meist durch gekühlte, schwarze Wände dargestellt. Zusätzlich muss natürlich auch **Vakuum** erzeugt werden. Auch hier sind die geringen Abmessungen eines CubeSat vorteilhaft. Eine Vakuumkammer in dieser Größenordnung bewegt sich im erschwinglichen finanziellen Rahmen, ebenso Xenon-Lichtquellen. Der **Kältehintergrund** bereitet da schon mehr Aufwand. Allerdings kann bei entsprechender Umgestaltung der Thermalanalyse auch eine Entkopplung der Tests realisiert werden. Wenn der „Weltraumhintergund" also auf Zimmertemperatur liegt, dann muss dies in die Thermalanalyse vorher mit einfließen. Es können dann trotzdem konkrete Aussagen über Temperaturverläufe und Wärmespitzen getroffen und diese auf die Situation im Orbit umgerechnet werden. Ein weiteres einfaches Mittel, um besonders die Temperaturbeständigkeit des Satelliten zu testen, ist die Verwendung von Thermalöfen. Diese können unter Atmosphäre Minusgrade bis hin zu hohen Temperaturen zyklisch durchfahren und damit den CubeSat extremen Temperaturschwankungen aussetzen.

8.4.7 Betriebsaspekte und Bodensegment

Der Betrieb eines CubeSat unterscheidet sich nicht grundsätzlich vom Betrieb eines größeren Satelliten. Prinzipiell sind auch bei CubeSat alle Aspekte zu berücksichtigen, die von größeren Satellitenklassen bekannt sind. Dazu gehören die Missionsplanung und der Missionsbetrieb mit allen erforderlichen Elementen.

Ein wichtiger Bestandteil der Missionsplanung ist die Vorhersage der Sichtbarkeiten des Satelliten von der Bodenstation aus. Im Rahmen von CubeSat-Projekten ist es dazu derzeit üblich, Programme zu nutzen, die als Freeware oder Shareware erhältlich sind. Diese benötigen zur Berechnung der Bahn die sog. **Two Line Elements (TLE).** TLEs sind Bahndaten von Satelliten und anderen Objekten, die die Erde umkreisen. Diese Daten werden vom amerikanischen NORAD (North American Aerospace Defense Command) in einem zweizeiligen Textformat zur Verfügung gestellt. Die Genauigkeit der Daten reicht für die Antennennachführung der Bodenstationen aus. Aufgrund der Kontaktzeiten mit der Bodenstation oder anderen Punkten auf der Erde können die erforderlichen Aktionen an Bord des Satelliten, wie z. B. Einschaltzeitpunkt von Sendern oder Kameras, geplant werden. Die Planung an sich wird meist mit einfachen Mitteln in tabellarischer Form vorgenommen.

Der Missionsbetrieb kann über eine oder mehrere Bodenstationen und ein Missionskontrollzentrum durchgeführt werden (siehe Bild 8.4.6). Im einfachsten Fall wird zur Steuerung des CubeSat nur die Bodenstation eingesetzt, in der auch die Planungs- und Betriebsaufgaben integriert sind.

Bei der Bodenstation kommen Geräte zum Einsatz, die sich im Amateurfunk über Satelliten bewährt haben. Die typische Ausstattung besteht demnach aus folgenden Komponenten:

- Yagi-Antennen,
- Sende- und Empfangsverstärker,
- Blitzschutz,
- Antennenrotor,
- Antennensteuerungselektronik,
- Computer zur Steuerung der Antenne inkl. Bahnverfolgungssoftware,
- Transceiver für das UHF/VHF-Band,
- Terminal Node Controller (TNC),
- Computer zum Empfang der Daten und Senden von Kommandos.

In den meisten Fällen wird das **AX.25-Protokoll** zur Datenübertragung gewählt. Der Vorteil dieses Protokolls liegt in der großen Verbreitung unter Amateurfunkbetreibern, wodurch auf eine große Anzahl von Hard- und Softwarepaketen zurückgegriffen werden kann. Die Verbindung

Bild 8.4.6: *Missionskontrollzentrum der Universität Würzburg (Bild: Universität Würzburg).*

zwischen Computer und Transceiver wird über das TNC hergestellt. Das TNC enthält ein Modem, das durch einen Mikrocontroller gesteuert wird und die zeitkritischen Aufgaben übernimmt. Die Kosten einer solchen Bodenstation liegen im Bereich von einigen Tausend Euro, wodurch es besonders für Universitäten erschwinglich ist.

Literatur

[8.4.1] California Polytechnic State University, Aerospace Engineering Department: CubeSat Design Specification, Revision B. San Luis Obispo, Kalifornien, 2004.

[8.4.2] *Wertz, J. R.; Larson, W. J.:* Space Mission Analysis and Design. 3rd edition, Space Technology Library, Microcosm Press; 1999.

[8.4.3] *Sandau, R. (Ed.):* International Study on Cost-Effective Earth Observation Missions. Leiden, The Netherlands: A. A. Balkema Publishers, a member of Taylor & Francis Group, 2006.

8.5 Systemdesign am Beispiel Mikrosatellit

Wolfgang Bärwald und *Klaus Brieß*

8.5.1 Entwurfsphilosophie für Mikrosatelliten

Satelliten kann man anhand ihrer Gesamtmasse in Klassen einteilen. Grob kann man konventionelle und Kleinsatelliten unterscheiden. Die **Kleinsatelliten** können bezüglich ihrer Masse noch weiter unterteilt werden in Mini-, Mikro-, Nano- und Picosatelliten. Es gibt dazu bisher keine international einheitliche Definition, aber die Einteilung aus Tabelle 8.5.1 ist weit verbreitet.

Tabelle 8.5.1: *Satellitenklassifizierung an Hand der Masse.*

Satellitenklasse	Masse
Konventioneller Satellit	> 500 kg
Minisatellit	100 ... 500 kg
Mikrosatellit	10 ... 100 kg
Nanosatellit	1 ... 10 kg
Picosatellit	0,1 ... 1 kg

Zu Beginn des Raumfahrtzeitalters wurden hauptsächlich Kleinsatelliten ins All geschickt. Dies war in erster Linie auf die begrenzten Startkapazitäten zurückzuführen. Später dann wurden sowohl die Raketen als auch die Satelliten größer. Heute nun befinden sich zahlreiche hochkomplexe große Satellitenmissionen im All. Moderne Technologien ermöglichen es, diese großen Missionen durch Kleinsatellitenmissionen zu ergänzen. Mit Kleinsatelliten können neue Technologien und Methoden erforscht und getestet und auf diese Weise neue Experimente und Technologien für Großmissionen entwickelt werden. Die Vorzüge der Kleinsatelliten liegen auf der Hand, wie z. B.

- geringe Budgetanforderungen,
- kurze Entwicklungs- und Herstellungszeiten,
- Vielzahl dedizierter Missionsziele,
- kleinere Nutzergemeinschaften,
- mögliche Implementierung neuer Technologien mit höherem Risiko.

Die Anforderungen an Kleinsatelliten sind hoch gesteckt: Sie müssen hohe Leistungsansprüche erfüllen und unter anspruchsvollen Randbedingungen (geringe Masse, geringes Volumen, geringer Leistungsumsatz und kleines Budget) entwickelt werden. Neben allen anderen Aspekten ist der Kostenaspekt der wichtigste Treiber für Kleinsatellitenmissionen. Üblicherweise entfällt der Hauptanteil an den Gesamtmissionskosten auf das Raumfahrzeug (ohne Nutzersegment). Die Startkosten, ca. 20 bis 50 % der Gesamtkosten, rangieren an zweiter Stelle, gefolgt von den Kosten für Bodensegment und Betrieb (bis zu 15 %) [8.5.1].

Bei der Klasseneinteilung nach der Masse ist zu beachten, dass die Klassengrenzen unscharf sind. So kann z. B. ein 120 kg leichter Satellit auch noch als Mikrosatellit bezeichnet werden. Ein entscheidendes Merkmal der Klasse der **Mikrosatelliten** ist die **Piggyback-Startstrategie**. Mikrosatelliten können grundsätzlich als Sekundärnutzlasten zusammen mit einer Hauptnutzlast in den Orbit mitgenommen werden. Das ist der hauptsächliche Unterschied zu den Minisatelliten, die einen Mehrfachstart mit geteilten Startkosten oder einen eigenen Start benötigen. Auch hier gilt jedoch kein starres Schema. So starteten z. B. die Nanosatelliten der TU Berlin (TUBSAT-N) mit einer dedizierten U-Boot-Rakete in den Orbit, oder mehrere Mikrosatelliten starteten bereits öfter mit einer eigenen Rakete.

Die typische Design-Philosophie für Mikrosatelliten ist die Design-to-cost-Philosophie. Für alle bekannten Mikrosatellitenprojekte waren die Kosten ein ganz entscheidender Faktor für die Systemauslegung. Das Überschreiten der geplanten Kostengrenzen stellt bei Mikrosatellitenmissionen üblicherweise sofort die gesamte Mission infrage. Auch das unterscheidet sie von Minisatellitenmissionen oder von vielen konventionellen Satellitenmissionen.

Im Folgenden soll das typische Systemdesign für eine Mikrosatellitenmission am Beispiel der Mikrosatellitenmission BIRD des Deutschen Zentrums für Luft- und Raumfahrt dargestellt werden, die 2001 erfolgreich in den niederen Erdorbit gestartet ist.

8.5.2 Design der Missionselemente der Mikrosatellitenmission BIRD

8.5.2.1 Motivation und Missionsziel

Feuer üben einen immer größeren Einfluss auf das Ökosystem der Erde aus. Sie beeinflussen die Chemie der Atmosphäre, den irdischen Treibhauseffekt (durch kohlenstoffhaltige Gas- und Aerosolemissionen) und tragen zum Klimawandel bei. Die Nachfrage nach exakten Angaben über Ausdehnung und Intensität von Vegetationsfeuern und vulkanischen Aktivitäten wächst weltweit, sowohl im Hinblick auf das Erkennen und Bekämpfen von Katastrophen als auch mit Blick auf klimaverändernde Wirkungen der Feuer. Der Einfluss ist jedoch noch ungenügend erforscht, da nur unzureichende Messdaten im globalen Maßstab zur Verfügung stehen. Bisher gab es keine Sensorik im Erdorbit, die auf Feuerfernerkundung zugeschnitten ist. In zukünftigen Erdbeobachtungsmissionen wird eine neue Generation von gekühlten Infrarotsensoren eine wichtige Rolle spielen. Um Temperatur, Intensität und Ausdehnung von Bränden und vulkanischen Aktivitäten aus dem Weltraum zu messen, benötigt man zwei überlagerte bildhafte Strahlungsmessungen in den Infrarotbereichen bei 4 und 10 µm Wellenlänge. Die zur Fernmessung benutzten Infrarot-Bildsensoren dürfen bei Temperaturen ausgedehnter Feuer von 1 000 °C nicht „übersteuern“, und müssen gleichzeitig die Temperaturen der „kalten“ Umgebung des Feuers mit 0,5 °C auflösen.

Die BIRD-Mission (Bispectral Infrared Detection) beantwortet zahlreiche technologische und wissenschaftlich-methodische Fragen, die mit dem Betrieb von gekühlten Infrarotsensoren im Weltraum verknüpft sind. Ein weiteres primäres Missionsziel ist die Untersuchung von Vegetationsfeuern aus dem All mit Hilfe dieser Infrarotsensoren. Neue Betriebskonzepte und neue Methoden der Datengewinnung über Hotspots werden durch die BIRD-Mission demonstriert. Die BIRD-Mission ist eine Kleinsatellitenmission mit technologischen und wissenschaftlichen Zielen. Die Ziele sind in Kapitel 8.1.4.2 zusammengefasst.

8.5.2.2 Das Missionskonzept

Die BIRD-Mission wurde durch das Deutsche Zentrum für Luft- und Raumfahrt e. V. finanziert und realisiert. Kleine und mittelständische Unternehmen sowie nationale Forschungseinrichtungen trugen mit Eigenmitteln zum Missionserfolg bei. Strikte Kostengrenzen, höchst anspruchsvolle Missionsziele und der Einsatz neuester Technologien führten auch im Programmsegment zu neuen Wegen. Die neuen Technologien lassen sich in einer Design-to-cost-Philosophie nur realisieren, wenn die Bauelementekosten niedrig sind. Um das damit verbundene höhere Risiko zu reduzieren, wurden folgende Maßnahmen getroffen:

- Überlastentwurf (und Unterlastbetrieb),
- ein extensives Redundanzkonzept,
- eine angepasste Hybrid-Modellphilosophie auf Systemebene (2½-Modellphilosophie: STM ⇒ EM, FM),
- ein zugeschnittenes Qualitätsmanagementsystem nach ISO 9000 ff., ECSS, DLR-QMS, inklusive Audit- und Alertsystem, protokollierte Fertigung u. a.,
- ein Risiko-Managementsystem: Risikoanalysen und Risikobewertungen, z. B. nach MIL-STD-882D u. a.

Für die konzipierte Entwurfslebensdauer von 1 Jahr wurde in der Auswahl der elektrischen, elektromechanischen und elektronischen Bauteile (EEE-Bauteile) eine gemischte Strategie gewählt, die besagt, dass grundsätzlich Industrietypen eingesetzt werden, außer dort, wo Analysen (z. B. FMECA) und Risikobewertungen Schwachpunkte bezüglich der Zuverlässigkeit aufzeigten. Hier wurden die wesentlich teureren MIL-qualifizierten Bauteile verwendet. So konnten sowohl die Kosten als auch die Risiken für die geplante Entwurfslebensdauer von 1 Jahr im Orbit niedrig gehalten werden. Für insgesamt ca. 15 Mio. € wurde BIRD in nur 5 Jahren entwickelt, gebaut, getestet und in den Orbit gebracht. Die für 1 Jahr geplante Betriebsdauer ist um das Vielfache mit Erfolg überschritten.

8.5.2.3 Das Startelement

Um der Design-to-cost-Philosophie gerecht zu werden, wird für die Mission eine Mitstartstrategie verfolgt. Das Satellitendesign muss daher an verschiedene Orbittypen und Raketenanforderungen adaptierbar sein. Obwohl die gekühlten Infrarotsensoren der Nutzlast einen hohen Energieverbrauch haben, muss der Satellit klein und leicht gehalten werden.

Der Mikrosatellit muss kompatibel zu den Mitstartadaptern verschiedener Raketen wie Kosmos, PSLV, Dnepr, Ariane (A.S.A.P.), Zenit u. a. sein. Das bedeutet, dass die Dimensionen des Satelliten in etwa unter 500 × 500 × 800 mm^3 und das Gesamtgewicht unter 100 kg liegen müssen. Wichtig ist, die Grundfläche nicht wesentlich zu überschreiten, da der Platz auf dem Startadapter begrenzt ist. Eine weitere wichtige Forderung ist, dass der Satellit ohne großen Zusatzaufwand an die verschiedenen genannten Mitstartmöglichkeiten mechanisch-konstruktiv anpassbar ist, z. B. über spezielle Adapter, und auch für den Mitstart mit den genannten Raketen weitestgehend qualifiziert wurde.

8.5.2.4 Orbit und Konstellation

Die Zielstellung der Mission kann mit einem einzelnen Satelliten im niederen Erdorbit erfüllt werden. Entsprechend der Designphilosophie ist es nicht möglich, den Orbit nach dem wissenschaftlichen bzw. dem operationellen Optimum zu definieren, sondern es kommt darauf an, die entscheidenden Orbitparameter zu definieren, nach denen eine oder besser mehrere geeignete Mitstartgelegenheiten im geplanten Startjahr 2001 identifiziert werden können. Die erstrangigen Orbitparameter sind (bei einem nur gering elliptischen Orbit) die mittlere Höhe und die Inklination des Orbits.

Für die abbildende BIRD-Mission wird die Orbithöhe hauptsächlich bestimmt durch

- die Entwurfslebensdauer der Mission im Orbit und die Höhenabnahme infolge atmosphärischer Reibung (unteres Höhenlimit),
- die geforderte geometrische und radiometrische Auflösung sowie das optische Design (oberes Höhenlimit).

Die folgenden möglichen Orbithöhen wurden für eine näherungsweise Kreisbahn definiert:

- gewünschte Orbithöhe = 450 ... 650 km,
- maximale Orbithöhe = 850 km.

Die Inklination beeinflusst verschiedene wichtige Missionsparameter wie die örtliche und zeitliche Überdeckung, Wiederholrate, die Lichtverhältnisse des Ziels (Ortszeit), Regression des aufsteigenden Knotens, Bodenkontakte usw. Bei BIRD sind verschiedene Orbitinklinationen möglich. Die obere Grenze stellt die wünschenswerte sonnensynchrone Inklination dar, und die untere Grenze des Inklinationswinkels wird durch die Forderung der Abdeckung des deutschen Bodensegments bestimmt. So ist die mögliche Orbitinklination i wie folgt definiert:

$$53° \leq i \leq 99°.$$

Alle anderen Orbitparameter (z. B. Äquatorschnittzeit, Rektaszension des aufsteigenden Knotens, Exzentrizität usw.) können durch den Mitstarter nicht gefordert werden.

8.5.2.5 Das Raumsegment

Das Raumelement ist der Mikrosatellit BIRD. Er besteht aus der Nutzlast und dem Satellitenbus. Eine Übersicht zu den Eckparametern des BIRD-Raumelements liefert Tabelle 8.5.2.

Tabelle 8.5.2: *Eckparameter des BIRD-Satelliten.*

Parameter	Wert
Satellitenmasse (gesamt)	92 kg
Nutzlastmasse	30 kg
Leistungsverbrauch Mittel/Spitze	60 W/210 W
Stabilisierung	3-Achsen-Stabilisierung
Kommunikation	S-Band, 2 Mbps
An-Bord-Massenspeicher	2 × 1 Gbit
Geplante Lebensdauer im Orbit	1 Jahr

Die Nutzlast des Raumelements ergibt sich aus den geometrischen, radiometrischen, spektralen und sonstigen Anforderungen, die von den Zielstellungen der Mission abgeleitet wurden. Einige grundsätzliche Anforderungen sind in Tabelle 8.1.1 im Kapitel 8.1.4 zusammengefasst. Die BIRD-Nutzlast zur Erfüllung dieser Anforderungen unter Kleinsatellitenbedingungen besteht aus den Hauptkomponenten

- Bi-spektrales Infrarotsensor-System zur Erkennung von heißen Wärmequellen,
- optoelektronischer Weitwinkel-Stereoscanner WAOSS-B,
- Datenverarbeitungssystem mit 1-Gbit-Massenspeicher,
- künstlicher Neuronaler-Netzwerk-Klassifikator.

Einige grundsätzliche Parameter des Nutzlast-Sensorsystems sind in Tabelle 8.5.3 zusammengefasst. Aus den Nutzlastanforderungen, den operationellen Anforderungen und den Sensorsystemparametern ergeben sich mehrere Anforderungen an den Satellitenbus. Für das BIRD-Satellitendesign wurden die wissenschaftlichen Instrumente (Tabelle 8.5.3) und einige Komponenten der Satelliten-

Tabelle 8.5.3: *Übersicht zum BIRD-Sensorsystem.*

	WAOSS-B	MIR	TIR
Wellenlänge	600 ... 670 nm 40 ... 900 nm	3,4 ... 4,2 µm	8,5 ... 9,3 µm
Brennweite	21,65 mm	46,39 mm	46,39 mm
Gesichtsfeld	50°	19°	19°
Blendenzahl	2,8	2,0	2,0
Detektor	CCD-Zeilen	CdHgTe-Arrays	CdHgTe-Arrays
Detektorkühlung	passiv, 20 °C	Stirling, 80 K	Stirling, 80 K
Pixelgröße (in µm × µm)	7 × 7	30 × 30	30 × 30
Pixelzahl	3 × 2884 genutzt	2 × 512, im Versatz	2 × 512, im Versatz
Quantisierung	11 bit	14 bit	14 bit
Bodenpixelgröße[1]	185 m	370 m	370 m
GSD[1]	185 m	185 m	185 m
Schwadbreite[1]	533 km	190 km	190 km
Leistungsaufnahme	18 W	42 W + 90 W Kühlleistung	
Masse	8,4 kg	8,7 kg Kamerakopf + 5,8 kg Elektronik	

[1] Orbithöhe = 572 km
WAOSS-B Wide Angle Optoelectronic Stereo Scanner
MIR Medium Wave Infrared Sensor
TIR Thermal Infrared Sensor
GSD Ground Sample Distance = Abtastabstand

sensorik in einer konstruktiven Einheit, dem Nutzlastsegment, zusammengefasst. Das ermöglicht die mechanisch-dynamische, thermische und auch prozesstechnische Entkopplung vom Satellitenbus und dadurch zeitoptimale parallele Entwicklungsabläufe. Die Instrumentenplattform, ein Multi-Sandwich mit Karbonfaserhalbzeugen als Basis, bietet neben der thermo-optischen Stabilität eine einfach zu integrierende Schnittstelle zum Satellitenbus.

Mit den wissenschaftlichen Instrumenten, Sternensensoren und der Magnetfeldsonde ist das Nutzlastsegment konstruktiv autonom. Das Nutzlastsegment wird im Labor mithilfe einer umfangreichen Optischen Bodenhilfseinrichtung (OGSE) komplett geometrisch und radiometrisch kalibriert und danach in einer weit fortgeschrittenen Integrationsphase mit dem separat montierten und geprüften Satellitenbus-Körper zu einem Satellitensystem integriert. Nutzlastsegment und Satellitenbus-Grundkörper bilden den kubischen Satellitenkörper in hoch-kompakter Bauweise, an dem zwei entfaltbare Solararrays montiert sind.

Aus den Missionsrandbedingungen bestand die Grundforderung, dass die Missionsziele im Rahmen einer Mikrosatelliten-Mission erreicht werden müssen, d. h. mit einem Satelliten der 100-kg-Klasse, der gemeinsam mit einem größeren Satelliten in den Orbit „mitgenommen" werden kann. Dies stellte hohe Anforderungen an den Satellitenbus, die mit einer Reihe innovativer technologischer Lösungen in einem engen Kostenrahmen erfüllt wurden. Wesentliche Merkmale des BIRD-Satellitenbusses sind:

- Mikrosatellitenstruktur mit hoher mechanischer Stabilität in Kompaktbauweise, die an verschiedene Mitstart-Plattformen anpassbar ist,
- Weltraumqualifikation der Struktur für mehrere unterschiedliche Mitstartmöglichkeiten (Kosmos, PSLV, Dnepr, u. a.),
- Masseverhältnis Bus : Nutzlast = 64 kg : 30 kg,
- hoher Spitzenleistungsumsatz von 200 W für ca. 10 bis 20 min bei einem mittleren Leistungsumsatz von ca. 60 W,
- modernes passives Thermalkontrollsystem mit Radiatoren, Wärmerohren, Temperaturfühler und Notheizer,
- neu entwickelter Hochleistungsbordrechner (4-fache Ausführung) mit integriertem Latch-up-Schutz und Fehlererkennungs- und -korrektursystem,
- Lageregelung im Zustandsraum mit neu entwickelten Präzisionsdrallrädern und neu entwickelter Sternkamera,
- hochgenaues An-Bord-Navigationssystem auf der Basis von GPS-Daten und An-Bord-Orbitschätzung (10-m-Genauigkeit nachgewiesen),
- S-Band-Kommunikation in hoher (2 Mbps) und niedriger Bitrate für Kommando- und Datenübertragung,
- redundantes An-Bord-Datensystem für die Nutzlast mit 1-Gbit-Massenspeicher.

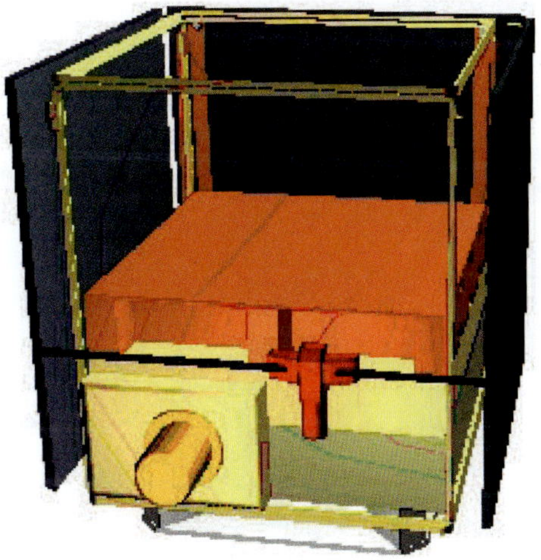

Bild 8.5.1: *BIRD-Satellitenbus als Kompaktsatellit in Kubusform, bestehend aus 3 Segmenten: austauschbares Nutzlastsegment (freier Raum), Elektroniksegment (rot), Dienstsegment (gelber quaderförmiger Grundkörper) (Bild: DLR).*

Die konstruktive Lösung ist ein **Kompaktsatellit** in Kubusform, dessen Grundkörper aus drei Segmenten besteht (Bild 8.5.1): ein Dienstsegment, das satellitentypische Baugruppen wie Batterien, die Reaktionsräder, das Intertiale Messsystem u. a. enthält, ein Elektroniksegment, das die meisten elektronischen Baugruppen des Satellitenbusses und das Nutzlastdatensystem enthält, und eine austauschbare Nutzlastplattform mit der Instrumentierung. Der Begriff „Kompaktsatellit" drückt die hohe Integrationsdichte aller Komponenten des Satelliten innerhalb der primären Struktur aus, unabhängig von ihrer Subsystemzuordnung. Dies ist eine bei Mikrosatelliten sehr verbreitete Bauweise. Im Unterschied dazu kann ein **Satellit in Box-Bauweise** konstruiert werden, die durch eine örtliche Verteilung von konstruktiv in Boxen zusammengefassten Baugruppen gekennzeichnet ist, z. B. Elektronik-Box, Telemetrie-Box, Nutzlast-Box usw.

Im BIRD-Satellitenbus stecken zahlreiche Innovationen, die erst mit der Mission unter Weltraumbedingungen ausgetestet werden konnten. Der gesamte Satellit einschließlich integrierter Nutzlastplattform ist in Bild 8.5.2 in Flugkonfiguration dargestellt. In Tabelle 8.5.4 sind die charakteristischen Komponenten der Subsysteme in der Übersicht dargestellt.

Seit Inbetriebnahme arbeitet der gesamte Satellit erfolgreich und demonstriert die Leistungsfähigkeit der neuen Technologien. Mehrere neue Technologien wurden in Komponenten der Lageregelung eingesetzt, da dieses Subsystem ganz entscheidend die Leistungsfähigkeit von Fernerkundungssatelliten mitbestimmt. Um die hohen Anforderungen an die Lageregelung und Navigation mit speziellen Komponenten und Baugruppen zu erfüllen, die für Mikrosatelliten zugeschnitten sind, wurden im

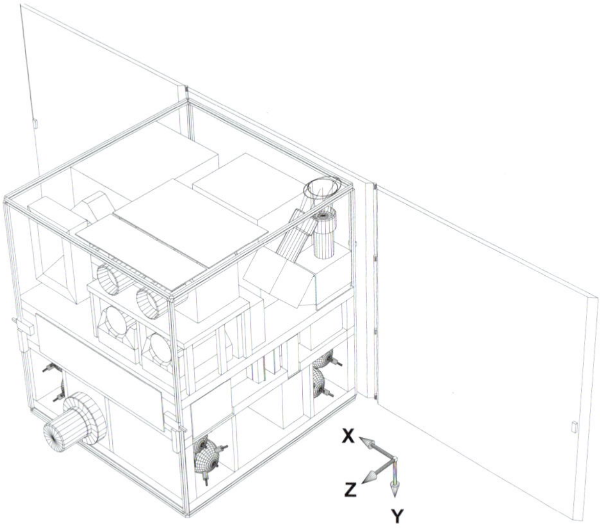

Bild 8.5.2: *BIRD in Flugkonfiguration (Bild: DLR).*

Tabelle 8.5.4: *Übersicht zum BIRD-Satellitenbus.*

Subsystem	Komponenten
Lageregelungs-system (ACS)	2 Sternsensoren (Genauigkeit: 10″), dreiachsiges Gyroskopsystem (Genauigkeit: 2,7″), Magnetometer, GPS-Empfänger, 4 Reaktionsräder (max. Drehimpuls > 0,2 N m s), 3 Magnetspulen (max. 3 Am^2); ACS-Computer = Bordcomputer
Bordcomputer (OBDH)	Prozessor 80C517 (Power PC), 512 kByte dual port RAM
Telemetrie und Telekommandierung	Haupt- und Not-Antenne für S-Band (2 dBic max.), Antennenumschalter, 2 S-Band-Empfänger, 2 S-Band-Sender (BPSK, max. 5 W RF-power), PCM-Kodierer
Struktur und Mechanismen	Grundplatte, Elektronikplatte der Nutzlastplattform, Rahmen, Verbindungselemente, Entfaltungsmechanismus, Auswurfmechanismus
Energiesystem und Kabel	Stromerzeugung: 3 Solarpanels mit Si-high-η-Zellen; Energiespeicher: 8 NiH_2-Zellen mit 12 Ah; Shunt-Laderegelung, direkter Energietransfer, Energieverteilung: ungeregelter 20-V-Bus
Thermal-Kontrollsystem	Vielschichtisolierung (MLI), Infrarotsystem-Radiator, Satellitenradiator, Wärmerohre, Wärmeleiter

Rahmen der BIRD-Mission eine Vielzahl von technischen Neuentwicklungen durchgeführt.

Die Anforderungen an das Lageregelungssystem werden im Wesentlichen durch die Satellitenbetriebsarten und durch den Nutzlastbetrieb bestimmt. Sie sind in Tabelle 8.5.5 für den Erdbeobachtungsmode dargestellt.

Tabelle 8.5.5: *Anforderungen an die Navigation und Lageregelung von BIRD im Erdbeobachtungsmode.*

	Anforderungen
Orbitbestimmung	
Position im Orbit in jeder Achse	100 m
Zeit	20 ms
Lagebestimmung	
Messgenauigkeit	0,1 mrad ≈ 0,2 arcmin
Nutzlast- und Antennenblickrichtung	Erde, nadir, Weltraum, Mond
Lageregelung	
Ausrichtgenauigkeit in jeder Achse	± 2 mrad ≈ 7 arcmin (3 σ)
Lagestabilität (Jitter)	5 arcmin/s
Drehrate	1,0°/s
Driftrate	1°/h, 5° max.
Drehbereich je Achse	±180°

Die eingesetzten Komponenten zur Realisierung der Lageregelung und An-Bord-Navigation sind aus dem Blockschaltbild in Bild 8.5.3 zu entnehmen.

Folgende Komponenten wurden komplett neu entwickelt: die gesamte Lageregelungssoftware, die Sternsensoren, die Magnetspulen, die Magnetspulenansteuerung, die Reaktionsräder einschließlich interner Hard- und Software zur Steuerung und der Bordrechner, auf dem die Lageregelungssoftware läuft. Um das technische Risiko bei der Vielzahl von Neuentwicklungen zu begrenzen, wurde folgende Entwicklungsphilosophie festgelegt:

- intensive Entwicklungs- und Qualifikationstests auf Komponentenebene,
- redundante Ausführung aller kritischen Baugruppen bzw. Komponenten.

Dabei kann die Redundanz auch funktioneller Art sein. So bilden z. B. die Sternsensoren zusammen mit dem Gyroskop ein 2-aus-3-redundantes Lagesensorsystem. Der 3-Achsen-Magnetfeldsensor ergänzt das redundante System um eine weitere Notfallvariante, dann aber mit deutlich eingeschränkter Leistungsfähigkeit. Die hochgenauen Reaktionsräder sind heiß redundant ausgeführt: Obwohl nur 3 für die volle Präzision in allen Achsen genügen, sind im Nominalfall alle 4 Räder in Betrieb. Die Magnetspulen dienen der Entsättigung der Drallräder und sind jeweils einfach kalt redundant ausgeführt. Im Notfall könnte aber auch die Lagestabilisierung – mit einer deutlich eingeschränkten Leistungsfähigkeit – bis zu einem gewissen Grad nur mit den Magnetspulen als Aktuatoren durchgeführt werden. Das Navigationspaket beinhaltet einen im DLR (GSOC) entwickelten An-Bord-Orbit-Propagator [8.5.2], der durch Stützstellen von GPS-Empfängern an die

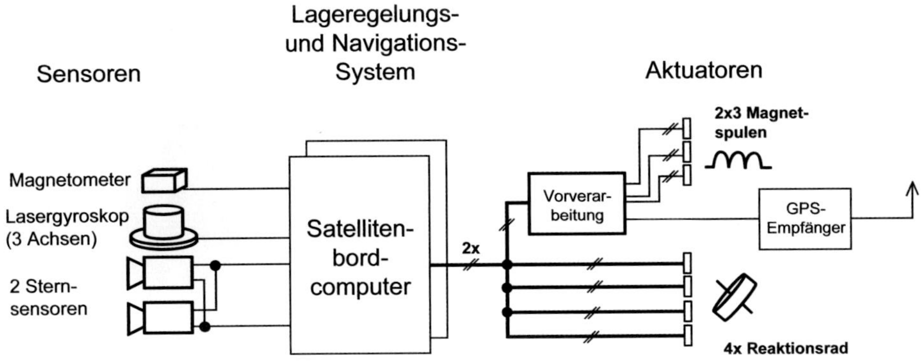

Bild 8.5.3: *Blockschaltbild der Lageregelung von BIRD.*

aktuellen Positionsparameter angepasst wird. Fällt der GPS-Empfänger aus, kann der Orbit-Propagator vom Boden aus mit den notwendigen Stützwerten versorgt werden. Dabei verringert sich jedoch die Genauigkeit in Abhängigkeit von den Möglichkeiten der Aktualisierung. Die eigentliche Lageregelungssoftware läuft auf dem Bordrechner, der nach dem Master-Slave-Prinzip mit einem zweiten Bordrechner verbunden ist. Ein Ausfall des Masters wird durch den Slave, der den Master permanent überwacht, erkannt, und in diesem Fall übernimmt der Slave die volle Funktion.

8.5.2.6 Kommunikationsarchitektur

Die Kommunikation zwischen dem Bodensegment und dem BIRD-Satelliten ist im Nominalbetrieb grundsätzlich als Punkt-zu-Punkt-Verbindungsarchitektur mit dem nationalen Bodensegment ausgelegt. Der BIRD-Satellit bietet mit seinem internen Datenspeicher für eine 10 min dauernde Messsequenz die Möglichkeit der Store-and-Foreward-Communication. Das bedeutet, dass von einem beliebigen Punkt auf der Erde Bild-Daten aufgenommen, gespeichert und beim nächsten Überflug über die deutsche Bodenstation gesendet werden können. Simultane Bild-Aufnahme und Datensendung, z. B. über Europa, ist ebenfalls möglich. Bild 8.1.2 im Kapitel 8.1 zeigt die Missionsarchitektur einschließlich der Kommunikationsarchitektur. Die Kommandierung des Satelliten läuft ausschließlich über das Deutsche Raumfahrt-Kontrollzentrum des DLR in Oberpfaffenhofen und die DLR-Bodenstation Weilheim. Der Empfang der Daten wird im Routinebetrieb über die DLR-Bodenstationen Weilheim und Neustrelitz durchgeführt. In Neustrelitz werden die empfangenen Telemetriedaten dekommutiert und zur weiteren Verarbeitung in das Missionskontrollzentrum nach Oberpfaffenhofen geschickt. Die empfangenen wissenschaftlichen Daten werden in Neustrelitz systematisch prozessiert und archiviert.

8.5.2.7 Satelliten-Bodenstationen

Wie bereits in Kapitel 8.5.2.6 beschrieben, wird der Routine-Betrieb über die beiden Satellitenbodenstationen des DLR in Weilheim (Hauptbodenstation) und Neustrelitz durchgeführt. Zusätzlich wurde eine experimentelle Bodenstation im DLR-Standort Berlin-Adlershof aufgebaut. Diese Bodenstation ist ein Demonstrator für den Direktempfang von BIRD-Daten durch einen regionalen/lokalen Nutzer irgendwo in der Welt. Sie besteht aus einer kleinen steuerbaren Antenne (2,40 m) und der entsprechenden Empfangs- und Verarbeitungstechnik. Sie ist zugeschnitten auf den Bedarf eines regionalen Nutzers, der ohne Verzug die Satellitendaten auswerten möchte. Die experimentelle Bodenstation besteht aus nur wenigen Komponenten, die transportabel sind und ohne besonders großen Aufwand zu einem beliebigen Empfangspunkt auf der Erde gebracht werden können, um dort schnell zu einer Empfangsstation für den Endnutzer der Daten (z. B. einen Feuermanager) aufgebaut und betrieben zu werden.

Zusätzlich können Partner-Bodenstationen in die Punkt-zu-Punkt-Verbindungsarchitektur aufgenommen werden. Dies wurde zeitweilig mit der ESA und der argentinischen Raumfahrtorganisation CONAE durchgeführt, die direkt ohne Verzug BIRD-Daten über ihr Empfangsgebiet erhalten haben und so nach ca. 20 min die ersten prozessierten Feuerdatenprodukte erstellen konnten.

Für die kritische Phase der Erstakquisition des Satelliten wurden außerdem zusätzlich Bodenstationen in Kiruna (ESA) und Fairbanks/Alaska (Prioranet) einbezogen, um in der frühen Orbitphase im 1½-Stunden-Takt Daten vom Satelliten zu empfangen und ihn so besser zu kontrollieren. Nach dem ersten Tag wurde die aktive Unterstützung in eine Bereitschaft für den Notfall umgewandelt.

8.5.2.8 Missionskontrollzentrum und Missionsbetrieb

Das Missionskontrollzentrum der BIRD-Mission befindet sich im Deutschen Raumfahrt-Kontrollzentrum des DLR in Oberpfaffenhofen. Der Nutzer richtet seine Aufnahmewünsche an das Wissenschaftsteam oder direkt per Internetschnittstelle an das Planungstool der Mission. Die Aufnahmewünsche werden im Wissenschaftsteam koordiniert und die technischen Möglichkeiten der Aufnahmesequenzen

(Energiestatus des Satelliten, freie Speicherkapazität, sonstige Randbedingungen) mit dem Missionskontrollzentrum abgestimmt. Im Falle der Mikrosatellitenmission BIRD ist das Missionskontrollzentrum gleichzeitig auch Satellitenkontrollzentrum und Nutzlastkontrollzentrum. Für kompakte Kleinsatelliten ist eine Konzentration der Aufgaben vorteilhaft und ressourcensparend.

Der Missionsbetrieb des BIRD-Satelliten ist ein recht komplexer Vorgang, da der Satellit eine Reihe von Limitierungen aufweist. So kann der Satellit nicht kontinuierlich alle Instrumente betreiben, sondern nur für eine Messzeit von 10 Minuten und auch nicht in jedem Orbit. Das hängt mit dem für Mikrosatelliten ungewöhnlich hohen Spitzenleistungsverbrauch von ca. 200 W im Erdbeobachtungsmode mit gleichzeitigem Senden der Daten zusammen. Mikrosatelliten können im Mittel nur ca. 20 bis max. 60 W bereitstellen. Da BIRD ein experimenteller Satellit ist, der keinen kontinuierlichen Beobachtungsbetrieb vorsieht, wird die Beobachtungszeit auf 10 min begrenzt. Die entsprechende Streifenlänge am Boden von ca. 4 000 km ist für die experimentelle Erdbeobachtung völlig ausreichend. Die Energie wird für die 20 Minuten Vorkühlzeit der IR-Sensoren und die nachfolgenden 10 Minuten Messzeit (Erdbeobachtungsmode) hauptsächlich aus den Bordbatterien entnommen. Anschließend richtet sich der Satellit so aus, dass die Solararrays senkrecht zur Sonne stehen und die entnommene Energie möglichst schnell wieder nachgeladen wird. Bild 8.5.4 zeigt die Betriebsarten des BIRD-Satelliten im Orbit. Die Grundbetriebsart besteht in dem Sonnen-Mode (SPF - Sun Pointing Fix im Bild 8.5.4), in dem die Solararrays senkrecht zur Sonne zeigen und der Satellit sich inertial ausgerichtet im Orbit bewegt. Diese Lage nimmt der Satellit auch im Auto Acquisition Mode (AAM) ein, indem er die Sonne selbständig sucht und die Solararrays darauf ausrichtet. Das entspricht auch der Lage im sogenannten Safe-Mode. Die grobe Nadir-Ausrichtung des Nutzlastsegments bzw. der Hauptantenne des Satelliten wird zum Bodenkontakt und zur Datensendung eingesetzt. Der Erdbeobachtungsmode (EPM - Earth Pointing Mode) verlangt eine präzise Ausrichtung, wie sie in Tabelle 8.5.5 beschrieben ist. Neben diesen Hauptbetriebsarten kann der Satellit auch eine Borddatenprozessierung durchführen, die als technologisches Experiment bereits an Bord High-level-Datenprodukte erzeugt. Außerdem werden auch Erdbeobachtungsaufnahmen (EPM) während der Nacht durchgeführt. Von Zeit zu Zeit wird der Satellit für geometrische und radiometrische Kalibrationszwecke in Richtung Tiefraum oder Mond ausgerichtet (IPG - Inertial Pointing Mode). Größere Lageänderungen bzw. Mode-Übergänge werden mit Large Angle Manœuvres umgesetzt. Die reine Dämpfung von Taumelbewegungen, wie sie z. B. nach der Separation von der Oberstufe vorkommen, wird im Damping Mode durchgeführt. Im Suspend Mode sind fast alle Komponenten der Lageregelung ausgeschaltet.

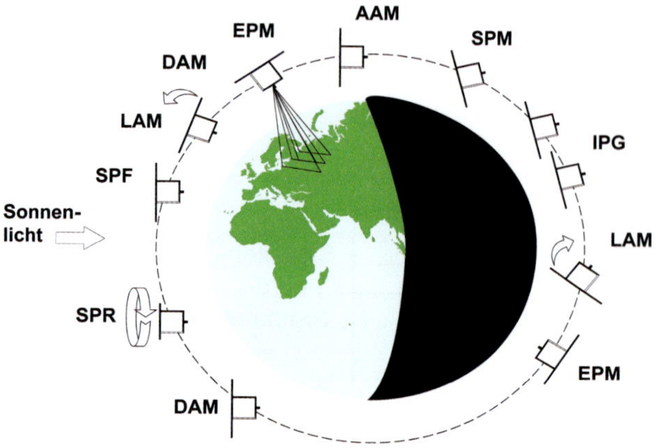

Bild 8.5.4: *Satellitenbetriebsarten.*
AAM – Auto Acquisition Mode, DAM – Damping Mode,
LAM – Large Angle Manœuvre, SPF – Sun Pointing Fix,
SPR – Sun Pointing Rotate, EPM – Earth Pointing Mode,
IPG – Inertial Pointing Mode, SPM – Suspend Mode.

8.5.2.9 Datenprozessierung, Archivierung und Verteilung

Die Prozessierung, Archivierung und Verteilung der BIRD-Nutzlastdaten wird unmittelbar nach Empfang durch die DLR-Bodenstation Neustrelitz ausgeführt. Vom Wissenschaftsteam werden die Algorithmen für die systematische Prozessierung bereitgestellt. Diese werden im Prozessierungszentrum implementiert, getestet und nach jedem Empfang ausgeführt. Die Rohdaten und die Datenprodukte werden in ein Archivsystem gespeichert und bei Abruf von dort zur Verfügung gestellt. Die Stufen der Datenverarbeitung in der BIRD-Mission entsprechen dem internationalen Standard des „Committee on Earth Observation Satellites (CEOS)“. Sie sind in [8.5.2] erläutert und in Tabelle 8.5.6

Tabelle 8.5.6: *Level der systematischen Datenprozessierung in BIRD nach [8.5.2].*

Stufe	Datentyp
Level 0	Instrument/Nutzlast-Rohdaten in Kombination mit Satellitentelemetriedaten und sonstigen notwendigen Daten, Kommunikationsrahmen/header sind entfernt
Level 1A	Dekomprimierte Einzelsensor-Rohdaten in voller Raum-Zeit-Auflösung mit beigefügten Zusatzdaten: • Instrumentzustandsdaten (housekeeping data), • radiometrische und geometrische Kalibrationskoeffizienten, • Georeferenzierungsdaten (Ephemeriden), • sonstige Zusatzinformationen
Level 1B	Radiometrisch und geometrisch prozessierte Level-1A-Sensordaten in physikalischen Einheiten, d. h. radiometrisch und geometrisch kalibrierte Sensordaten
Level 2	Interpretierte geophysikalische Parameter, z. B. Oberflächentemperaturen, Vegetationsindizes, Wolkenparameter u. Ä.

8

dargestellt. In der BIRD-Mission erhalten je nach Bedarf wissenschaftliche Partner Daten in allen gezeigten Stufen. Insbesondere für den operationellen Betrieb im Feldexperiment, z. B. bei einem Großfeuer in Europa, waren Level-2-Daten (Feuerdatenprodukte) sehr nützlich.

8.5.2.10 Nutzer

Die Nutzer der BIRD-Mission sind Wissenschaftler unterschiedlicher Fachrichtungen. Eine größere Nutzergruppe besteht aus Feuerökologen und internationalen Wissenschaftlern, die sich mit der Feuerfernerkundung von Vegetationsfeuern auseinandersetzen, wie z. B. das Global Fire Monitoring Center in Freiburg/Breisgau. Aber auch Vulkanologen und Geowissenschaftler, die sich mit Kohleflözbränden beschäftigen, gehören dazu sowie in eingeschränktem Maße Administratoren und Feuermanager. Eine andere große Nutzergruppe sind Ingenieurwissenschaftler, die an der Fernerkundungsinstrumentierung im infraroten Wellenlängenbereich arbeiten, und diverse Ingenieurwissenschaftler, die moderne Technologien für Mikrosatellitenapplikationen untersuchen und entwickeln. Diese Nutzer kommen aus nationalen Forschungseinrichtungen (DLR, Fraunhofer-Gesellschaft), Universitäten, der ESA und mehreren kleinen und mittelständischen Unternehmen, die mit eigenen Beiträgen zum Erfolg der BIRD-Mission beigetragen haben.

8.5.3 Systemintegration und Systemverifikation

Die **Systemintegration** des Flugmodells des BIRD-Satelliten bestand in den Hauptschritten in der Integration der Nutzlastplattform mit allen darauf integrierten und kalibrierten Instrumenten einschließlich des Satellitenbusses und der anschließenden MLI-Anpassung sowie der Integration der sekundären Struktur, d. h. der drei Solararrays auf ihren Trägerrahmen. Für die Systemintegration war ein **Reinraum** der Staubklasse 200 000 ausreichend, da im Prozess der Systemintegration keine für Staub hochempfindlichen Oberflächen offenlagen. Dennoch wurde ein übliches Reinraumregime, das durch Reinraumkleidung, Betretens- und Verhaltensordnung gekennzeichnet ist, eingehalten, jedoch keine technisch aufwendige Zwangsbelüftung und Reinigung gefordert.

Eine entscheidende Rolle in der Einhaltung von Kostengrenzen spielt die Modellphilosophie. Für das BIRD-Raumelement wurde eine Hybridphilosophie gewählt, die sowohl dem hohen Innovationsgrad als auch den hohen Qualitätsansprüchen gerecht wurde. Auf Komponentenebene gab es sehr unterschiedliche Reifegrade der Baugruppen und dementsprechend sehr individuelle Modellphilosophien.

Tabelle 8.5.7: *Hardwarematrix des BIRD-Satelliten [8.5.3].*

	STM	EM	PFM
Unterkasten	(F)	D?	F
Oberkasten	(F)	– **	F
Launch Adapter	F	–	F
Solararrays	D*	–	F
MLI	TM	–	F
Kabel	D*	EEM	F
ACS Dralläder	TM	4 EQM	4 F
Magnetspule	2 × 3 F	–	2 × 3 F
Sternsensor	TM	1 EQM	2 F
Gyroscope	TM	F	F
TT & C	2 TM	1 EEM	2 F
Bordrechner	TM	EM	FM
Power-Batterie	TM	EEM	8 FM
PCU	TM	EM	
PDU	TM	EM	
TCS	TM	–	F
Kommandoblock	TM	EM	F
WAOSS TM	QM	F	
IR-System	TM	–	F
PDH	TM	EM	F
Payload Platform	F	–	F

F Flight Standard
D Dummy (mech.)
TM Thermal Model
EEM Electrical Engineering Model
EQM Engineering Qualification Model
* nicht voll repräsentativ für FM
** nur Seitenwände von PFM
STM Struktur-Thermal-Modell
EM Ingenieurmodell
PFM Protoflugmodell

Dies kommt in der **Hardwarematrix** vom 28.01.2000 [8.5.3] in Tabelle 8.5.7 zum Ausdruck.

Auf Systemebene gab es entsprechend der gewählten Hybridphilosophie folgende Modelle.

Massemodell (MM)
Das Massemodell wurde für die Qualifikation eines eigenen Separationsmechanismus gebaut, der später jedoch nicht zum Einsatz kam. Das Massemodell musste vor dem Start zum Startplatz geliefert werden, für den Fall der Nichtlieferung des Flugmusters.

Bild 8.5.5: *Struktur-Thermal-Modell des BIRD-Satelliten vor der Weltraumsimulationskammer für die Thermal-Vakuumtests (Bild: DLR).*

Bild 8.5.6: *Ingenieurmodell des BIRD-Satellitenbusses (Bild: DLR).*

Struktur-Thermal-Modell (STM)

Es wurde ein Struktur-Thermal-Modell (STM) des BIRD-Satelliten entwickelt (Bild 8.5.5), um das mechanisch-dynamische und thermale Verhalten des Satelliten im Vergleich zu den Finite-Elemente-Analysen und Thermalanalysen zu erfassen und die mathematischen Modelle zu verbessern. Außerdem wurde es benutzt, um die Satellitenstruktur, die Mechanismen und das Thermalkontrollsystem für den Start und den Weltraumeinsatz zu qualifizieren. Im März 1999 wurde die Integration abgeschlossen. Die Tests in der Thermal-Vakuumkammer, in den Integrationslaboren und an den Vibrationstestanlagen (Qualifikationslevel) wurden erfolgreich im Mai 1999 abgeschlossen. Das Struktur-Thermal-Modell wurde außerdem im Jahr 2000 integriert auf dem Strukturmodell der indischen Oberstufe für Vibrationstests auf Qualifikationslevel genutzt.

Ingenieurmodell (EM)

Nach der Durchführung aller notwendigen Struktur- und Thermaltests zur Qualifikation der Konstruktion und des Thermaldesigns wurde aus Kostengründen das STM teilweise deintegriert und zu einem Ingenieurmodell des Satelliten umgebaut. Das **Ingenieurmodell** beinhaltet alle wesentlichen elektrischen, elektromechanischen und elektronischen Baugruppen des Satelliten annähernd in Flugkonfiguration, aber nicht in Flugmusterqualität. Es dient dem Nachweis aller elektrischen, elektromechanischen und elektronischen Funktionen sowie der Verifikation des Zusammenwirkens der Hardware mit der Software. Um die Flugkonfiguration der Baugruppen möglichst original abzubilden, wurden die Strukturelemente des STMs zum Aufbau des Ingenieurmodells des Satellitenbusses genutzt (siehe Bild 8.5.6). Die Nutzlast wurde aus Kostengründen nicht als Ingenieurmodell ausgeführt, sondern nur als Flugmuster. Die Qualifikation der Nutzlasten wurde individuell auf Komponenten-Level durchgeführt.

Protoflugmodell (PFM)

Das Protoflugmodell des Satelliten wird zur Missionsdurchführung in den Orbit gebracht. Das Modell wurde zuvor mit Protoflug-Testpegel, d. h. Qualifikationspegel, aber mit verkürzter Dauer mechanisch-dynamisch getestet. Ein nachfolgender Funktionstest schließt die Tests ab.

Weitere Modelle

Für bestimmte Aspekte der Qualitätssicherung und Verifikation des Systems wurden weitere spezielle Modelle gebaut.

Zur Flugerprobung des innovativen Infrarotsensorsystems und der experimentellen Erprobung spezieller Datenanalysemethoden (z. B. Dozier-Methode) wurde ein **experimentelles Infrarot-Flugzeugsystem (Airborne Simulator)** gebaut, das nur funktionell dem Satellitensensorsystem ähnelt. Damit wurden in der Vorstartphase, aber auch während des Routinebetriebs der Satellitenmission wertvolle Erkenntnisse gesammelt sowie Ergebnisse verifiziert.

Die drei BIRD-Instrumente (WAOSS-B und 2 Infrarot-Instrumente) müssen ihre Sichtlinien bei allen thermalen Schwankungen gegeneinander stabil halten (weniger als 1 mrad). Um diese Stabilität der Instrumente experimentell nachzuweisen und um das Wärmeverhalten der Nutzlastplattform unter verschiedenen Orbitbedingungen zu analysieren, wurde der Nutzlastbetrieb mithilfe eines **Struktur-Thermal-Modells der Nutzlast,** das später in das Struktur-Thermal-Modell des Satelliten integriert wurde, über eine Woche lang in der Thermal-Vakuumkammer simuliert.

Ein weiteres notwendiges Modell des BIRD-Satelliten ist das sogenannte **Suitcase-Modell.** Wie in Kapitel 8.2.3 beschrieben, wird es für die Kompatibilitätstests mit den vorgesehenen Bodenstationen benötigt. Es muss für den Transport zu allen Bodenstationen möglichst klein sein,

8

aber bezüglich der HF-Baugruppen und der Ansteuerung und Modulation voll mit dem Flugmuster kompatibel.

Da die Lageregelung für das Überleben und die Leistungsfähigkeit des BIRD-Satelliten eine entscheidende Rolle spielt, wurden zur Verifikation der Lageregelungs-Software ein Software-Simulationspaket entwickelt und ein Luftlagertisch mit einem Satellitenmodell mit allen wesentlichen Komponenten der Lageregelung aufgebaut.

Bild 8.5.7: *Suitcase-Modell des BIRD-Satelliten und Antennen-Feed einer S-Band-Bodenstation. Abgebildet sind Sender, Empfänger, Antennenweiche und Antennenmodell (im Vordergrund), Bordrechner mit Modulator und Schalterbaugruppe/Stromversorgung (im Hintergrund) und Antennen-Feed (rechts) (Bild: DLR).*

Tabelle 8.5.8: *BIRD-Verifikation auf Systemebene.*

	STM	EM	PFM
Elektrische Funktionstests, Performance-Tests	x	x	x
Instrumententests	x		x
Nutzlastdatensystemtests			x
Physikalische Eigenschaften	x		x
Gleitsinus-Vibrationstest (Resonanzsuche)	x		x
Vibrationstest mit Zufallsanregung	x		x
Sinusvibrationstest (quasi-statische Last)	x		x
Thermal-Zyklustest	x		x
Thermal-Vakuumtest	x		x
Thermal-Balancetest	x		x
Solarpanel-Entfaltungstest	x		x
Match-Mate-Test			x
Missionsbetriebstests	x	x	x
Software-upload-Tests		x	x
End-to-End-Systemtests			x

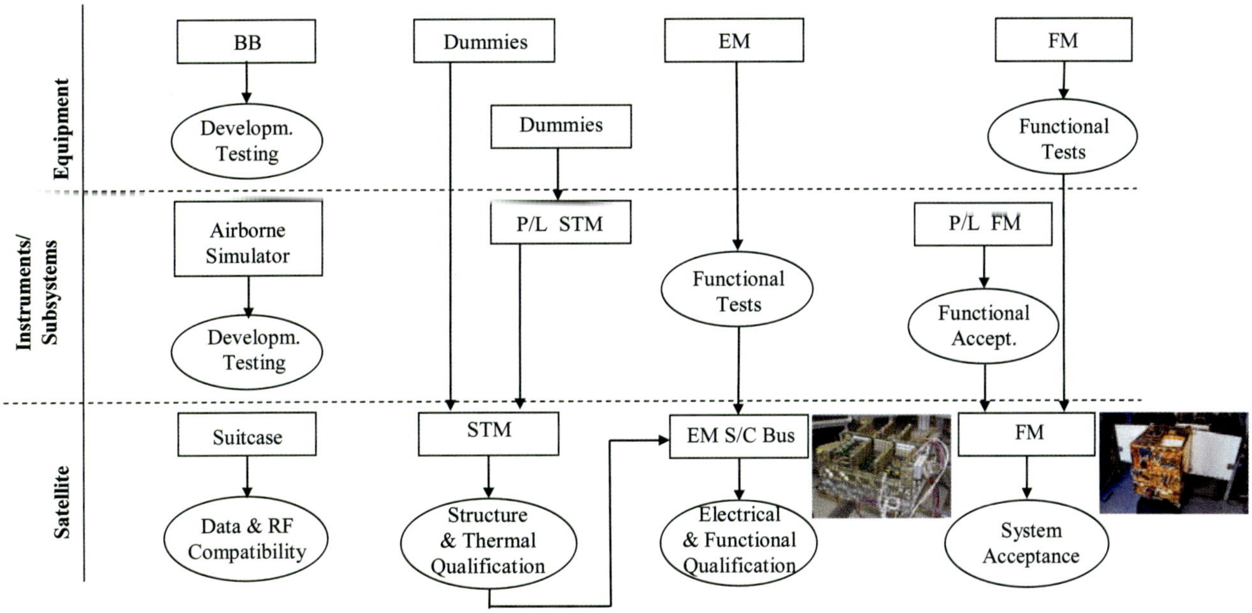

Bild 8.5.8: *Hybrid-Modellphilosophie des Mikrosatelliten BIRD.*
BB – Entwicklungsmodell von Komponenten (Breadboards), EM – Ingenieurmodell, FM – Flugmodell, STM – Struktur-Thermal-Modell, P/L – Nutzlast (Payload), S/C – Satellit (Spacecraft), RF – Hochfrequenz (Radio frequency), Equipment – Komponentenebene, Instruments/Subsystems – Instrumenten- bzw. Subsystemebene, Satellite – Satellitensystemebene.

So wurde **Hardware-in-the-Loop-Simulation der Lageregelung** mit der Flugsoftware und folgenden Komponenten möglich: Empfänger, Demodulator, Bordrechner, Dreiachsen-Gyroskop, 4 Reaktionsräder, 2 × 3 Magnetspulen, Sonnensensoren. So konnte der experimentelle Nachweis folgender überlebenswichtiger Funktionen geführt werden:

- 3-Achsen-Stabilisierung,
- Ausrichtung der Solararrays zur Sonne,
- Halten der Solararrays in Richtung Sonnenvektor (Regelung),
- definierter Schwenk des Satelliten,
- Entsättigung der Drallräder mit Hilfe des Magnetfelds der Erde.

Die Nutzung der Modelle auf Systemebene zur Verifikation wird in Tabelle 8.5.8 dargestellt.

Eine Übersicht zur gesamten Hybrid-Modellphilosophie in der BIRD-Mission wird in Bild 8.5.8 gegeben. Dabei werden die Zusammenhänge der Modelle auf den drei Ebenen Komponente - Subsystem -System dargestellt. Die Rechtecke stellen die Modelle dar und die Ellipsen die jeweiligen Aktivitäten. Da das Struktur-Thermal-Modell des Satelliten nach Abschluss der Qualifikation der Struktur und des Thermalkontrollsystems deintegriert wurde, um anschließend im Ingenieurmodell des Satellitenbusses als Baugruppe teilweise wiederverwendet zu werden, spricht man von der 2½-Modellphilosophie. Diese Modellphilosophie bot ein Höchstmaß an Qualifikation auf Systemebene bei vergleichsweise geringen Kosten und stellt für ein Mikrosatellitenprojekt mit hohem Innovationsgrad und hohen Qualitätsansprüchen bei starken Kostenlimitierungen eine zugeschnittene Philosophie dar. In vergleichbaren Projekten sollten die erhöhten Risiken und die entscheidenden Systemtreiber für die Qualifikation identifiziert werden, um eine zugeschnittene Modellphilosophie zu definieren.

Literatur

[8.5.1] IAA Position Papers; Subcommittee on Small Satellites: The Case for Small Satellites. Acta Astronautica Vol. 31, S. 103–144. Pergamon Press Ltd., 1993.

[8.5.2] *Brieß, K.; Lorenz, E.:* Systematic Image Processing of the Small Satellite Mission BIRD. Proc. of 49th Internat. Scientific Colloquium, Ilmenau, 27.–30.09.2004.

[8.5.3] BIRD, Technical Note. Interne Projektdokumentation, unveröffentlicht, 28.01.2000.

8

8.6 Galileo Satelliten

Kristian Pauly

Dieses Kapitel wird nun als ein weiteres Beispiel die Satelliten der Navigationskonstellation Galileo betrachten.

8.6.1 Hintergrund, Missionsbeschreibung

Galileo stellt das europäische Pendant zu den Systemen GPS (USA), GLONASS (ehemals Sowjetunion, heute Russland), und dem sich ebenfalls gerade im Aufbau befindenden Beidou/Kompass (China) dar. Der Auftraggeber für Galileo ist die Europäische Kommission, die für die Beschaffung des Systems auf die Expertise der europäischen Weltraumbehörde ESA zurückgreift. Für die Navigationssysteme EGNOS und Galileo wurde auch eine eigene, dedizierte europäische Behörde gegründet (GSA, Hauptquartier in Prag).

In allen oben genannten Konstellationen ist das Missionsziel ein globales Satellitensystem zur präzisen dreidimensionalen Ortsbestimmung (Längengrad, Breitengrad, Höhe) und Zeitangabe an jedem Punkt auf der Erdoberfläche (und bis in Höhen von einigen Tausend Kilometern). Damit können z. B. auch Satelliten auf tieferen Umlaufbahnen und Flugzeuge das System verlässlich nutzen. Das erklärte Ziel der Galileo-Konstellation ist dabei ein dediziert „unabhängiges und europäisch kontrolliertes Navigationssystem, das eine Anzahl von garantierten Serviceleistungen für seine Nutzer anbietet“. Dazu stellt die Galileo-Konstellation eine Reihe verschiedener Navigationssignale zur Verfügung:

- Öffentliches Signal („Open Service“): kostenloses System für die breite Bevölkerung (also z. B. Navigationsgerät im Fahrzeug/Smartphone)
- Kommerzielles Signal („Commercial Service“): kostenpflichtig mit zusätzlichen Leistungen (weltweit verfügbarer Datenverteildienst, der navigationsbezogene Informationen z. B. für den Güter- und Warenverkehr beinhaltet)
- Verschlüsseltes Signal für Nutzer im öffentlichen Auftrag (Behörden und Organisationen mit Sicherheitsaufgaben wie Feuerwehr, Polizei, usw.) („Public Regulated Service“ - PRS)

Die erreichte Positionsgenauigkeit wurde mit den bereits gestarteten Satelliten ermittelt. Die folgende Abbildung zeigt die statistische Auswertung des Positionsfehlers in horizontaler und vertikaler Richtung für den Monat September 2017.

Wie aus Bild 8.6.1 ersichtlich, ist der Fehler in 95 % der Fälle kleiner als 2,33 Meter horizontal und 4,03 vertikal. Das Signal der Galileo-Konstellation ist dabei frequenzkom-

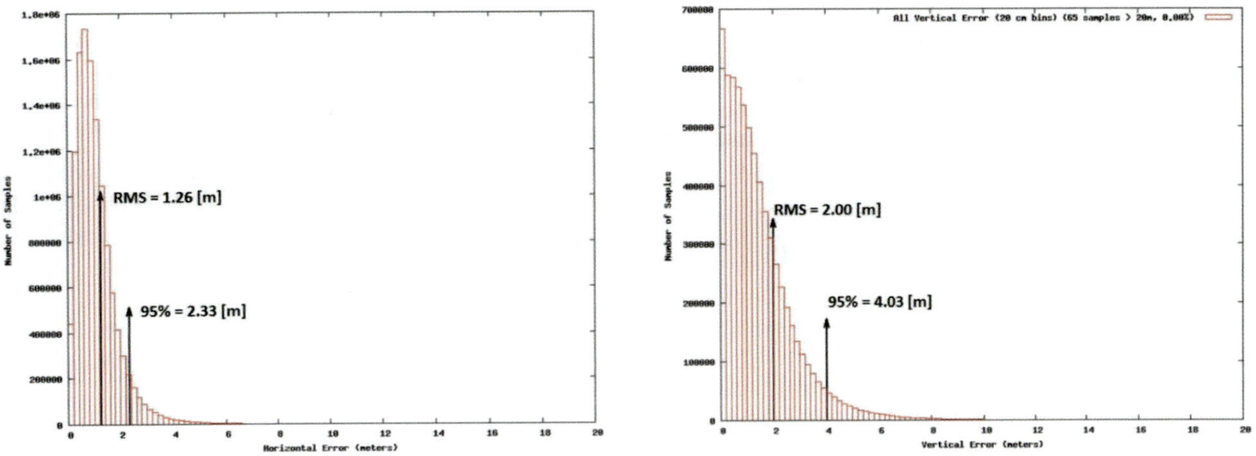

Bild 8.6.1: *Galileo-Positionsfehler in Metern in horizontaler (rechts) und vertikaler (links) Richtung*

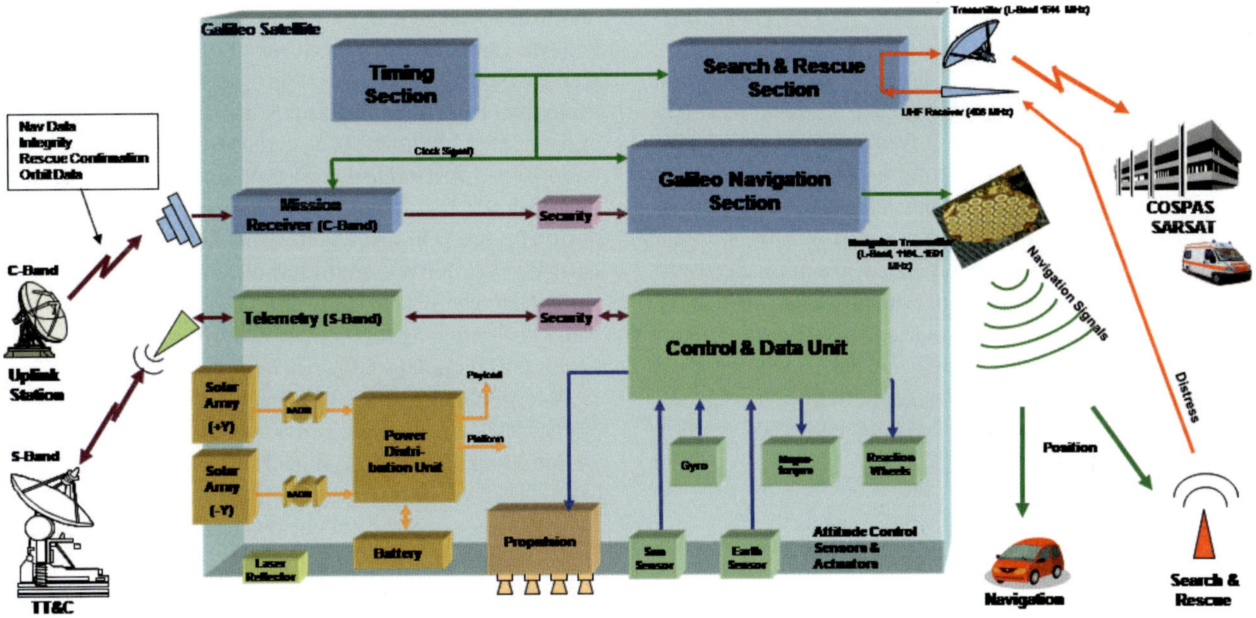

Bild 8.6.2: *Schnittstellen der Galileo-Satelliten*

patibel mit den anderen oben genannten Navigationssystemen, sodass ohne großen baulichen Aufwand in ein und demselben Endgerät auch mehrere Konstellationen bzw. deren jeweiliges öffentliches Signal zur Positionsbestimmung herangezogen werden kann, was selbstverständlich die Positionsgenauigkeit und insbesondere die Verfügbarkeit stark erhöht. Das vollständige Galileo-Raumsegment besteht aus 24 bis 27 aktiven Satelliten. Je ein Drittel der Satelliten bewegt sich dabei gleich verteilt auf einer von drei mit 56° gegen den Äquator geneigten (inklinierten) Bahnebenen. Deren aufsteigende Knotenpunkte (Rektaszensionen) sind zu der Äquatorfläche um jeweils 120° versetzt, wodurch sich eine Konstellation aus möglichst gleichmäßig verteilten Satelliten rund um die Erde ergibt (eine sogenannte „Walker"-Konstellation). Auf jeder Bahn befindet sich in einer Parkposition mindestens ein zusätzlicher Reservesatellit in dauernder Bereitschaft (Endstufen abgeschaltet), der im Falle des Ausfalls eines der nominalen Satelliten an dessen Stelle treten und seine Funktion zeitnah übernehmen kann. Dieses Manöver muss innerhalb von wenigen Stunden bis einigen Tagen geschehen (abhängig vom Abstand von Park- und Ausfallposition). Neben der Hauptnutzlast befinden sich auch drei Sekundärnutzlasten an Bord (Transponder für Notrufsignale, Laser Retro-Reflektor, Strahlungssensor), die im Kapitel 8.6.3.5 näher beschrieben werden.

Mit einem Bahnradius von 29 600 km kreisen die Galileo-Satelliten in einem mittleren Erdorbit („Medium Earth Orbit" – MEO). Diese Bahnhöhe stellt einen Kompromiss dar, und zwar zwischen

- der Anzahl der Satelliten (niedrigere Bahnen würden eine höhere Anzahl von Satelliten erfordern, damit erdgebundene Nutzer immer genügend Satelliten im Sichtbereich haben) und
- der Größe/Komplexität des Sendesystems andererseits (höhere Bahnen würden größere Antennen bzw. größere Sendeleistungen erfordern).

Der Nachteil der gewählten Bahn besteht in den daraus resultierenden Herausforderungen in Punkto Strahlungsfestigkeit der Komponenten, da in dieser Bahnhöhe die Strahlungsumgebung extrem hart ist. Daher musste in der Entwicklungsphase insbesondere auch auf die Auswahl geeigneter Elektronikkomponenten geachtet werden.

Die folgende Abbildung gibt einen Überblick über das Gesamtsystem, in dem das Raumsegment (also die Satelliten, innerhalb des Kastens in der Bildmitte) über verschiedene Schnittstellen mit dem Bodensegment bzw. dem Nutzer kommunizieren.

Die ersten Studien von Galileo wurden bereits in den Neunziger Jahren durchgeführt. Die nötigen Funkfrequenzen wurden durch Giove-A (gestartet 2005) rechtlich gesichert, da nicht genutzte Funkfrequenzen an die International Telecommunication Union (eine Unterorganisation der Vereinten Nationen) zurückgegeben werden müssen. Notwendige kritische Technologien wurden an Bord der vier IOV (In Orbit Verification) Satelliten (gestartet 2011 und 2012) im Orbit erprobt. Das eigentliche Raumsegment von Galileo wird gebildet durch die FOC Satelliten (Full Operational Capability). Die Vertragsunterschrift von FOC fand 2010 statt, der erste Start 2014. Bis Ende 2017 wurden insgesamt 18 FOC Satelliten gestartet.

8.6.2 Entwicklungsprozess

Der Entwicklungsprozess der Galileo FOC (Full Operational Capability) Satelliten folgt im Wesentlichen dem sogenannten „V-Modell" der Ingenieurstechnik (siehe Bild 8.6.3).

Die linke Seite des V-Modells besteht in der Analyse der Kundenanforderungen und dem Herunterbrechen der Anforderungen auf darunterliegende Level („Top-Down"). Dementsprechend beginnt der Entwurfs- und Entwicklungsprozess mit der Analyse und dem Herunterbrechen der Kundenanforderungen (im Falle von Galileo der Raumsegment-Anforderungskatalog der ESA) in entsprechende detaillierte Spezifikationen auf Satelliten, Subsystem und Geräteniveau.

Im Entwicklungsprozess gab es im Vergleich zu anderen, typischen Raumfahrtmissionen bei Galileo einige Unterschiede bzw. Besonderheiten, auf die im Folgenden eingegangen wird.

Zum einen ist da die Tatsache, dass im Vorfeld der Entwicklung der FOC-Satelliten wichtige Technologien an Bord der dediziert für diesen Zweck vorgesehenen IOV-Satelliten (In Orbit Validation) getestet und verifiziert wurden. Um den straffen Zeitplan der FOC Satellitenentwicklung zu halten, war es wichtig, diese kritischen und erprobten Geräte an Bord nicht weiter zu verändern, da dies unweigerlich zu Projektverzögerungen geführt hätte. In diesen Fällen gab es daher auch „Bottom Up" Spezifikation, d. h., dass die Anforderungen auf Geräteebene unverändert gehalten wurden und dass (im Vergleich zu IOV) verschärfte Kundenanforderungen bei FOC auf andere Weise im Satellitensystem befriedigt werden mussten, ohne diese kritischen Geräte zu verändern. Vor diesem Hintergrund wurde in diesen Fällen vom klassischen Ansatz (beschrieben durch das V-Modell) bewusst und dediziert abgewichen.

Der größte Unterschied zu anderen Raumfahrtprojekten ist die große Anzahl der zu bauenden Satelliten (bislang 34 Satelliten alleine für Galileo FOC). Dem wird durch die besondere Betonung der (Serien-)Produktionsaspekte Rechnung getragen, welche auf der rechten Seite der folgenden Grafik aufgelistet werden.

Wie aus Bild 8.6.4 ersichtlich, findet der Übergang von der Entwicklungsphase zur Produktionsphase mit dem erfolgreichen Abschließen aller Satelliten-level Tests auf dem Satelliten Ingenieursmodell (engl. kurz „Sat EM"),

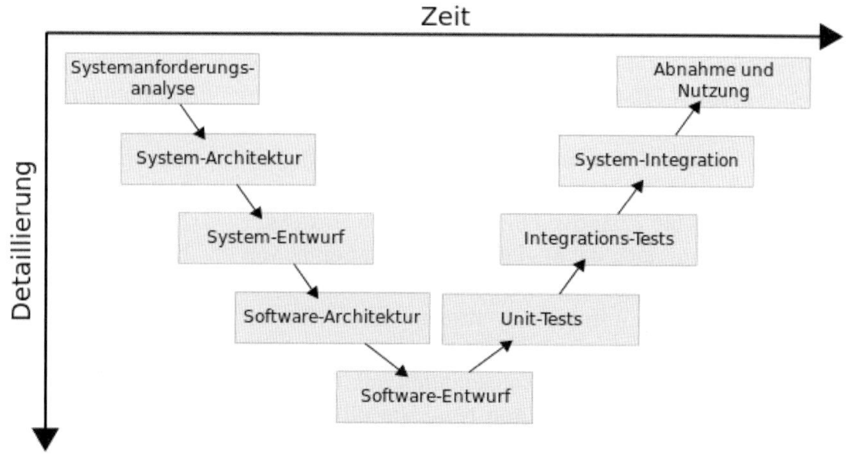

Bild 8.6.3: *Entwicklungsgrundlage V-Modell (Quelle: https://de.wikipedia.org/wiki/Datei:V-Modell.svg)*

die vonnöten sind, um zu zeigen, dass das Satellitendesign allen gestellten Anforderungen entsprechen kann, statt. Ohne diese Gewissheit kann ansonsten das Risiko der Aufnahme der Flugmodell-Serienproduktion nicht eingegangen werden, da ein Abbruch oder Verzögerung der Produktion z. B. aufgrund von Designänderungen extrem kostspielig ist. Die Entwicklungsphase endet also mit einem „eingefrorenen“ Satellitendesign, welches den Serienproduktionsstart ermöglicht.

Die Zeitdauer für die Entwicklung des Satelliten sowie der Produktionsstraße war im Vergleich zu anderen Raumfahrtprojekten in dieser Größenordnung bei Galileo außerordentlich kurz (Vertragsunterschrift 2010, Erststart 2014). Um die harten Anforderungen bezüglich Entwicklungszeitplan und Produktionskadenz einhalten zu können, wurden durch den Hauptauftragnehmer mehrere Mittel eingesetzt:

- Concurrent Engineering, kombiniert mit frühen Entwicklungsmodellen („Development Models“): der FOC-Hauptauftragnehmer einigte sich mit seinen Zulieferern auf die frühe Lieferung von Ingenieursmodellen der kritischen Einheiten, insbesondere in den Bereichen Bordcomputer, Kryptoeinheit und Thermalkontrolle. Damit wurden frühe Entwicklungsmodelle ermöglicht, die einerseits eine frühe Erprobung von Software ermöglichten und andererseits für die beiden besonders anspruchsvollen Thermalkontrollzonen im Satelliten frühe „Proof of Concept“ – Thermaltests ermöglichten. Ziel dieser Maßnahmen war die Risikominimierung.
- Verzicht auf die Nutzung neuester Solid State Power Amplifier (SSPA) Technologie, stattdessen ältere Wanderfeldröhren mit höherer elektrischer Effizienz, um das Risiko von Problemen im Nutzlast- bzw. Thermalbereich zu minimieren.
- Gemeinsamer Entwurf und Entwicklung für Struktur, Thermalkontrolle und Verkabelung für Nutzlast und Plattform aus einer Hand.
- Versionierung der Software: Einige der Funktionen der Software werden erst später benötigt. Daher bietet sich eine Beschleunigung der Entwicklungsdauer für die erste Flugsoftware an, indem man diese Funktionen für die erste Flugsoftware ausklammert. Die Flugsoftware mit dem vollen Funktionsumfang wird dann im Orbit vom Boden aus nachgeladen.
- Frühe und tiefgehende Koordinierung zwischen Satellitenentwicklungs- und Satellitenproduktionsteams

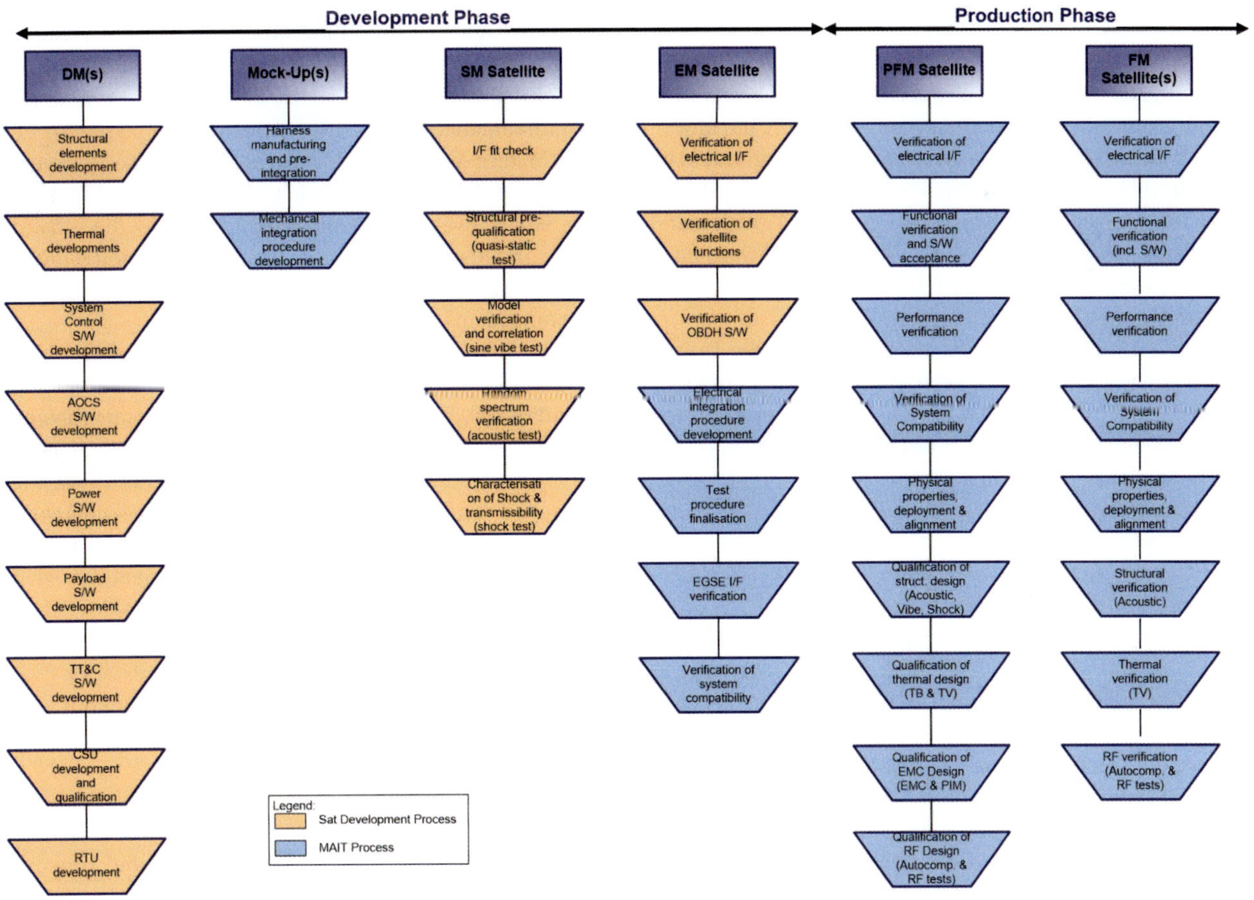

Bild 8.6.4: *Entwicklungsmodelle*

- Modularisierung des Satelliten, um die Parallelisierung von Produktionsaktivitäten zu ermöglichen, um so eine zeitliche Beschleunigung zu erreichen (Details siehe Kapitel 8.6.5).
- Gute Zugänglichkeit in das Innere des Satelliten durch drei klappbare Seitenpanele sowie drei abnehmbare Zugangspanele. Die Zugänglichkeit kann zeitnah gewährleistet werden und ist auch zu späteren Zeitpunkten der Satellitenintegration noch gewährleistet.

Weitere Aspekte der Satellitenproduktion und des Testprogramms werden im Kapitel 8.6.5 erläutert.

Parallel zu den oben genannten Aktivitäten der Entwurf- und Entwicklungsphase müssen zudem weitere Tätigkeiten ausgeführt werden, so zum Beispiel die fortwährende Identifizierung und Verfolgung von Projektrisiken. Zu jedem identifizierten Risiko müssen zeitnah geeignete Mitigationsmethoden identifiziert und deren Wirksamkeit begutachtet werden. Des Weiteren muss ein Qualitätssicherungsplan entworfen werden und die zugehörigen Prozeduren während der gesamten Projektdauer eingehalten werden. Die Qualität des Endprodukts muss ferner durch regelmäßige Inaugenscheinnahme und Reviews verifiziert werden. Zudem muss ein Ansatz für die Sicherheitsmargen definiert werden, der in Abhängigkeit von der Projektphase eine angemessene Aufteilung von Margen für Masse, Stromverbrauch, etc. auf die verschiedenen Subsysteme vorsieht. Ziel ist es dabei, sowohl zu optimistische als auch unnötig konservative Annahmen zu vermeiden, die unweigerlich zu suboptimalen Entwurfsentscheidungen führen würden. Ein weiterer wichtiger Schritt ist die Erstellung des FDIR Konzeptes (FDIR = Fault Detection, Isolation and Recovery), also eine Reihe von an Bord in Hardware und/oder Software implementierter Algorithmen, die autonome Reaktionen auf Fehler definieren.

Diese Tätigkeiten werden flankiert durch die Durchführung einer ganzen Reihe von in der Entwurfs- und Entwicklungsphase immer detaillierter werdenden Analysen verschiedener technischer Teilaspekte wie

- Bahnanalysen
- Schattenanalysen
- ΔV Bedarfsanalysen
- Strahlungsanalyse
- Zuverlässigkeitsanalysen
- Fehleranalyse (Ausfallarten, Effekte, Kritikalität)

Eines der Ergebnisse der Entwurfs- und Entwicklungsphase ist, nach Herunterbrechen der Kundenanforderungen und Abwägung von Implementierungsalternativen, die Definition von Phasen und Modi.

Phasen sind gebunden an den zeitlichen Ablauf des Satellitenbetriebs über seine Gesamtlebensdauer; so handelt es sich z. B. bei der Inbetriebnahme, dem Nominalbetrieb und der Außerdienststellung um (Missions-)Phasen. Die wesentlichen Satellitenphasen sind Inbetriebnahme, Normalbetrieb, Sonderbetrieb (z. B. Betrieb als Reservesatellit, zur Bahnkorrektur), Außerbetriebnahme.

Modi hingegen werden charakterisiert durch bestimmte Eigenschaften und Verhaltensregeln. Der Lageregelungs-Normalmodus z. B. würde zu seiner Ausrichtungsbestimmung (neben Kreisel und Sonnensensoren) den Erdsensor zu Rate ziehen, während der Sonnenakquisitionsmodus den Erdsensor nicht zur Lagebestimmung heranziehen würde. Bild 8.6.5 links gibt einen Überblick über die Satellitenmodi. Als Beispiel für die Modi eines Subsystems findet sich in der rechten Abbildung ein Überblick über die Lageregelungsmodi.

Wie aus der linken Abbildung ersichtlich, existieren zwei Satellitenmodi: Nominalmodus und Safe Mode. Beim Satelliten Safe Mode handelt es sich um einen Modus, bei dem der Satellit aufgrund von identifizierten Problemen Zweifel an einer ordnungsgemäßen, nominalen Ausführung der Software hegt. Die Ursache hierfür kann dabei sowohl in der Software selbst als auch in einem Hardwarefehler begründet sein. In diesem Fall versuchen die im Bordcomputer implementierten Algorithmen das Überleben des Satelliten zu sichern und Schäden am Satelliten zu verhindern. Dieser Betriebsmodus kann auch zur Fehlersuche verwendet werden und in Fällen, in dem Probleme an Bord nur mit signifikantem Eingreifen des Betriebspersonals vom Boden aus gelöst werden können.

In der Regel befindet sich der Satellit allerdings im Nominalmodus, der in Abwesenheit von Anlässen für den Safe Mode gewählt wird. In diesem Modus befindet sich der Satellit im fehlerfreien Betrieb – oder in Fällen, in denen der Satellit zwar einen Fehler identifiziert hat, die Software aber für den entsprechenden Fehlerfall vorbereitet ist und die Ausführung der entsprechenden Fehlermitigation erwartungsgemäß verläuft.

Die Betriebsmodi des Lageregelungssystems (siehe Bild 8.6.5 rechts) sind Initialisierungsmodus, Sonnenakquisitionsmodus, Erdakquisitionsmodus, Nominalmodus, Bahnkorrekturmodus, Intermediärer Safe Mode, Ultimativer Safe Mode. Der Überblick zeigt auch die Übergänge zwischen den einzelnen Modi. So erfolgt die Kommandierung hin zu einem Safe Mode in der Regel autonom durch FDIR, während die Kommandierung aus einem Safe Mode heraus nur vom Boden aus durch Telekommandos erfolgt, nachdem sichergestellt wurde, dass keine Gefahr für den Satelliten besteht.

Thematisch verwandt mit den Betriebsmodi der Lageregelung sind die Ausrichtungsziele des Satelliten. Der Daseinszweck der Satelliten ist die Übertragung von Navigationssignalen zur Erde. Daher ist das Hauptausrichtungsziel des Satelliten der Erdmittelpunkt. Wie Bild 8.6.6 zeigt, befinden sich Navigations-, SAR-, und C-Band Antennen alle auf der $+z$ Seite des Satelliten. Mit der Ausrichtung seiner $+z$ Achse zum Erdmittelpunkt im Lageregelungs-

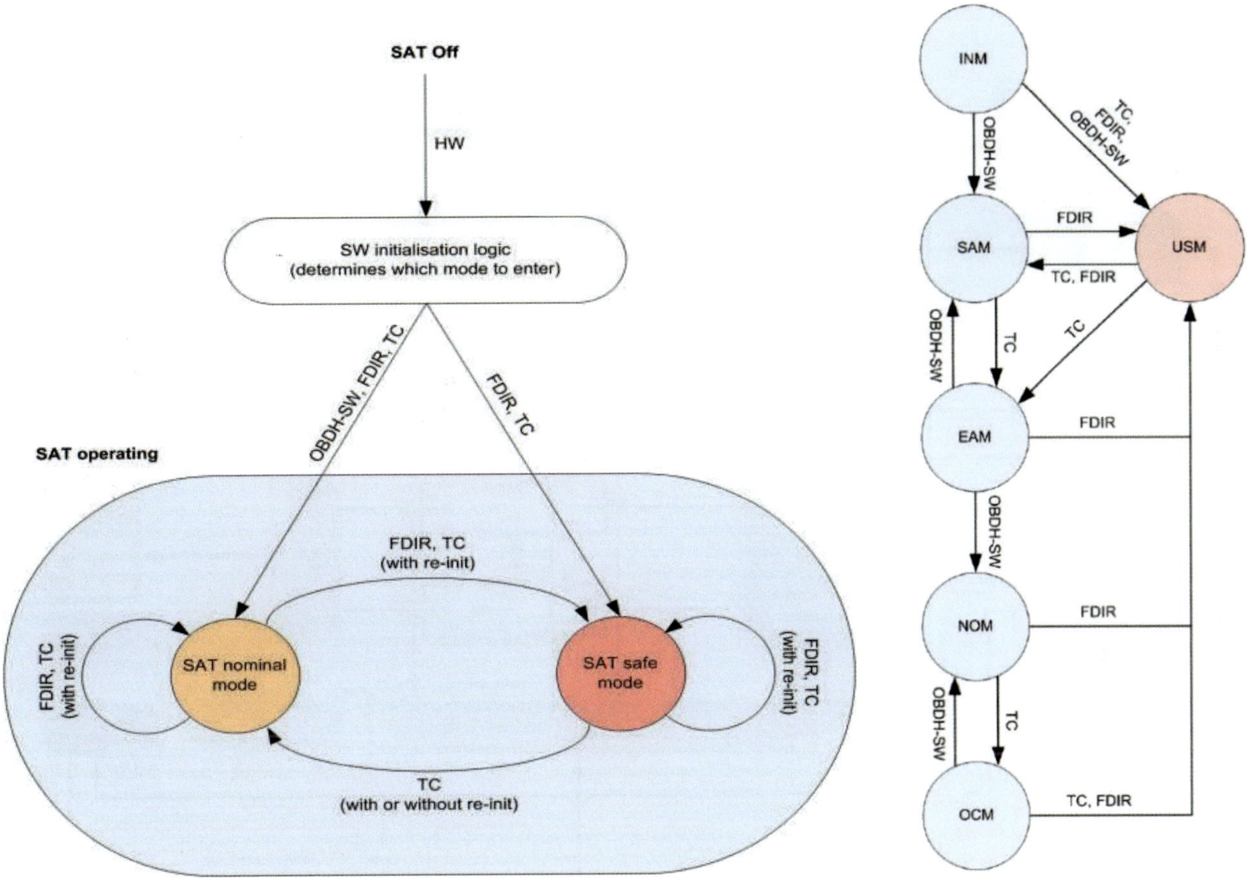

Bild 8.6.5: *Satellitenmodi (links) und Lageregelungsmodi (rechts)*

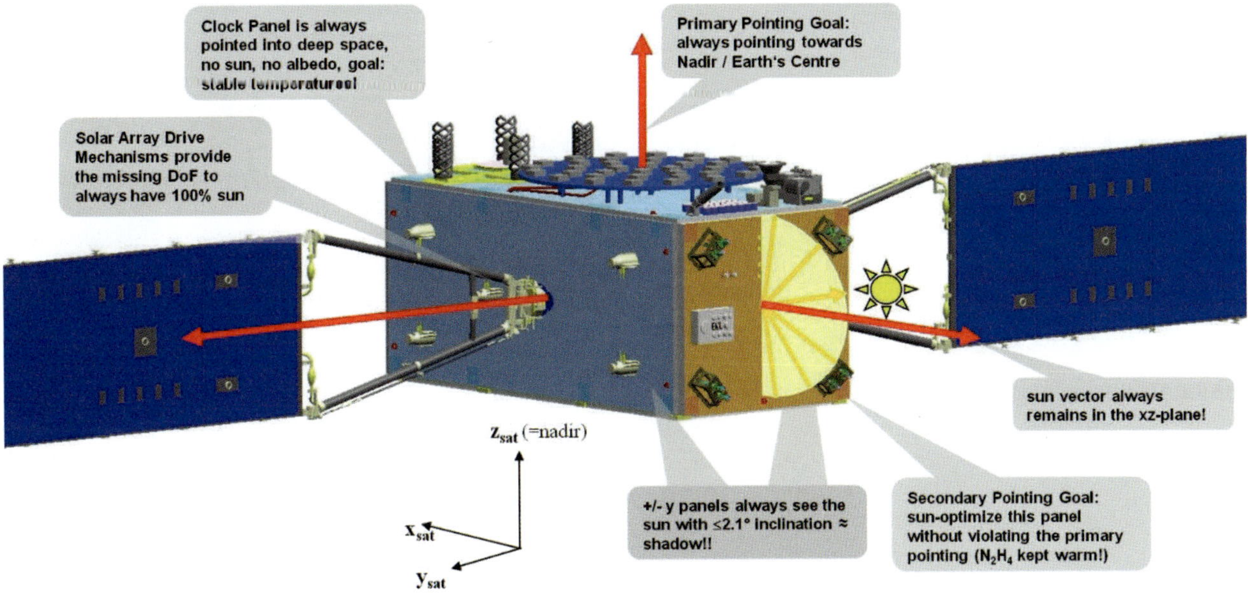

Bild 8.6.6: *Ausrichtung des Satelliten*

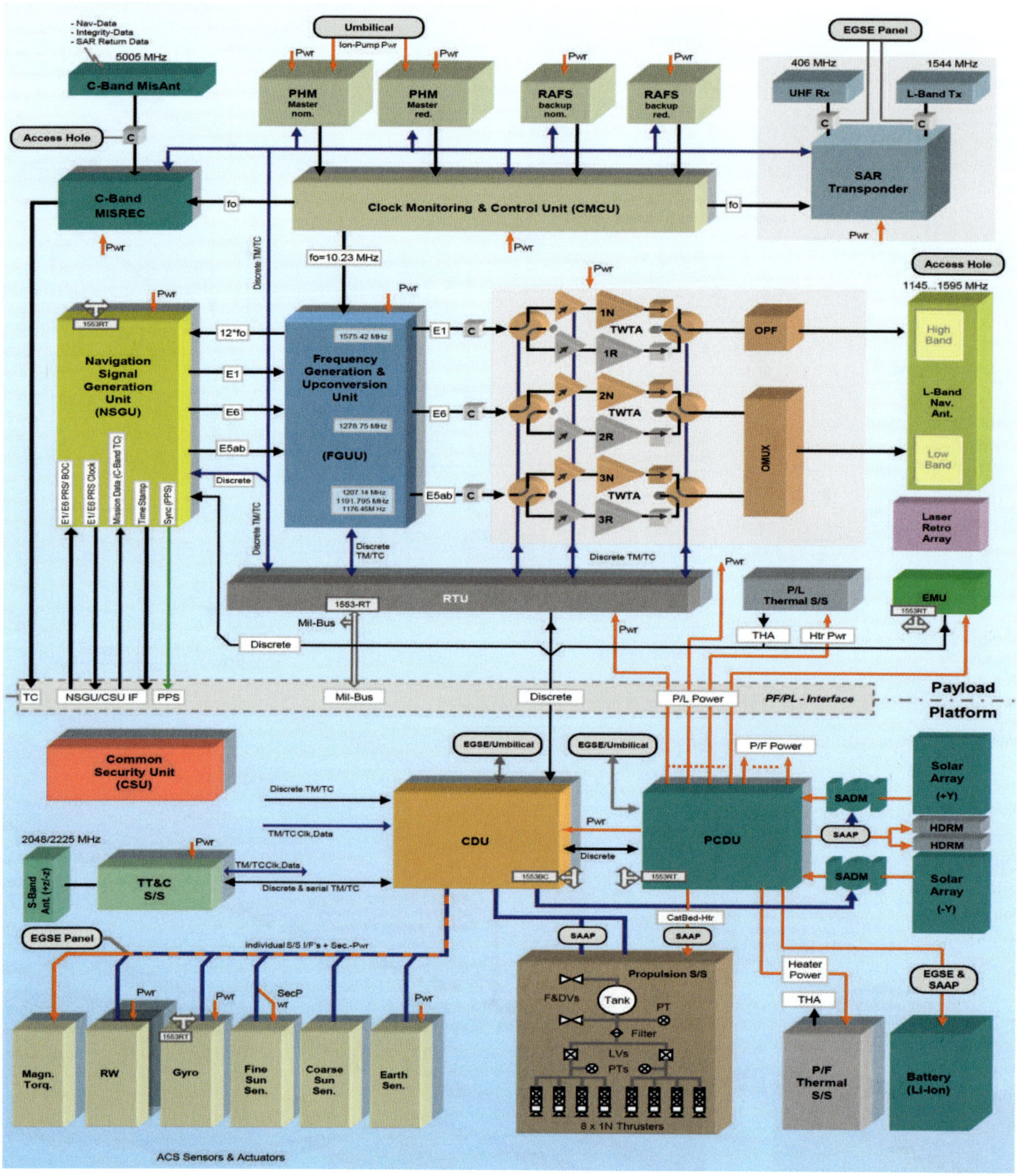

Bild 8.6.7: *Satelliten Blockschaltbild*

8

Nominalmodus stellt der Satellit also sicher, dass die von ihm ausgehenden Signale immer in die richtige Richtung abgestrahlt werden. Diese Ausrichtung fixiert den Satelliten in 2 Drehfreiheitsgeraden, lässt aber die Drehung um die *z*-Achse als Freiheitsgrad offen.

Dieser Freiheitsgrad wird nun genutzt, um die Stromerzeugung der Solarpanele zu optimieren. Der Satellit nutzt den verbliebenen Freiheitsgrad, um seine $-x$ Seite möglichst zur Sonne als Sekundärausrichtungsziel auszurichten. Diese Ausrichtung hat zudem den Vorteil, dass das auf der gegenüberliegenden Seite liegende Panel ständig im Schatten verbleibt. Da die Atomuhren extrem temperatursensitiv sind, bietet es sich an, diese auf der Innenseite dieses thermal sehr stabilen Panels anzubringen. Durch die Rotation der Solarflügel-Stellmotoren um die *y*-Achse können die Solarpanele genau zur Sonne hin ausgerichtet werden, was (außerhalb von Eklipsen) zu jedem Zeitpunkt eine maximale Stromproduktion sicherstellt.

Bild 8.6.7 gibt einen Überblick über das Satellitenblockschaltbild (Nutzlast in der oberen Hälfte, Satellitenbus in der unteren Hälfte), das auch das Verständnis der nunmehr folgenden Subsystem-Erläuterung erleichtern soll.

8.6.3 Nutzlast

Die Nutzlast erfüllt den Zweck der Galileo-Satelliten, also insbesondere die Erzeugung und Aussendung von Navigationssignalen. Die Nutzlast ist unterteilt in

- Hauptnutzlast (Navigationssignal) und
- Nebennutzlasten (Search- and Rescue, Laser Retro-Reflektor, Environmental Measurement Unit).

Die Hauptnutzlast der Galileo-Satelliten erfüllt die Übermittlung von Navigationssignalen. Sie ist unterteilt in folgende Subsysteme:

- Atomuhren
- Missions-/Navigationsdaten Uplink
- Signalgenerierung
- Signalverstärkung

Sowohl Haupt- als auch Nebennutzlasten werden in den folgenden Kapiteln näher erläutert.

8.6.3.1 Atomuhren

Wie aus dem Blockschaltbild (Bild 8.6.7) ersichtlich, beinhaltet die Nutzlast der Galileo-Satelliten im Kern vier Atomuhren. Die primären Uhren an Bord sind zwei passive Wasserstoff-Maser (PHM), während die beiden sekundären Uhren Rubidiumuhren (RAFS) sind. Während die Rubidium-Technologie bereits auf GPS-Satelliten zum Einsatz gekommen ist, stellen die Wasserstoff-Maser an Bord ein Novum in der Raumfahrt dar. Diese Uhren erzeugen ein Taktsignal höchster Präzision und wurden im Auftrag der Europäischen Raumfahrtagentur ESA entwickelt.

Dieses Subsystem besteht in Summe aus den folgenden Einheiten:

Tabelle 8.6.1: *Bordgeräte des Atomuhren-Subsystems*

Gerät	Beschreibung
Passive Hydrogen Maser (PHM)	Die Maser-Uhr ist die primäre 10 MHz Taktfrequenz für die Navigationsnutzlast. Bei einem Ausfall der Primäruhr stehen die anderen Uhren an Bord als Rückfallposition heiß- bzw. kaltredundant bereit.
Rubidium Atomic Frequency Standard (RAFS)	Die Rubidiumuhren sind die sekundäre 10 MHz Taktgeber für die Navigationsnutzlast. Die Langzeitstabilität dieser Uhren ist nicht so gut wie die der Maseruhren, aber dafür verfügt die Rubidiumtechnologie über weitaus größere Flight Heritage. Eine der Rubidiumuhren wird in heißer Redundanz zur PHM Primäruhr betrieben, die zweite ist dazu in kalter Redundanz.
Clock Monitoring and Control Unit (CMCU)	Die CMCU verarbeitet die Taktung der Maser- bzw. Rubidiumuhren und verarbeitet sie zur Satelliten-Referenzfrequenz. Alle Frequenzen in der Navigationsnutzlast sind Vielfache dieser Referenzfrequenz. Die CMCU ist in sich redundant.

8.6.3.2 Missions-/Navigationsdaten Uplink

Das Missions-/Navigationsdaten-Uplink-Subsystem ist verantwortlich für den Empfang von Navigations-, Integritäts- und externen Daten, die vom Bodensegment zum Satelliten gesendet werden. Da diese Daten verschlüsselt sind, ist dieses Subsystem (genau genommen die Kryptoeinheit darin), verantwortlich für die Entschlüsselung und Weiterleitung an die Signalgenerierung (siehe Kapitel 8.6.3.3). Zusätzlich dazu übernimmt die Kryptoeinheit auch die Erzeugung der PRN Codes für das PRS Signal.

Das Missionsdaten-Uplink Subsystem setzt sich aus den folgenden Einheiten zusammen:

Tabelle 8.6.2: *Geräte des Missions-/Navigationsdaten-Uplink-Subsystems*

Gerät	Beschreibung
C-Band MISsion ANTenna (MISANT)	Diese rechtsdrehend zirkular polarisierte Antenne arbeitet im C-Band und dient nur dem Empfang von Daten.
MISsion RECeiver (MISREC)	Der Missionsdatenempfänger empfängt die Navigationsdaten im C-Band und demoduliert bis zu sechs gleichzeitige CDMA Signale auf derselben Frequenz. Dieser Empfänger verfügt über eine interne Redundanz.
Common Security Unit (CSU)	Die Krypto-Einheit erfüllt sowohl Funktionen für die Nutzlast als auch für die Plattform. Für die Nutzlast authentifiziert die CSU die empfangenen Missionsdaten und sendet sie an die NSGU weiter. Die CSU ist intern redundant.

8.6.3.3 Signalgenerierung

Das Signalgenerierungs-Subsystem generiert die Navigationssignale, die als Daten auf dem Wege des Navigationsdaten-Uplink empfangen worden sind. Vor der Versendung über das Signalverstärkungs-Subsystem (siehe Kapitel 8.6.3.4) erfolgt noch die Aufwärtskonvertierung der Signale auf die finalen L-Band Frequenzen.

Das Signalgenerierungs-Subsystem setzt sich aus den folgenden Einheiten zusammen.

Tabelle 8.6.3: *Bordgeräte der Signalgenerierung*

Gerät	Beschreibung
Remote Terminal Unit (RTU)	Die RTU stellt die Telemetrie- und Telekommandierungs-Schnittstelle zwischen den Nutzlastgeräten und dem MILBUS dar. Die RTU ist intern redundant ausgelegt und einige der darin enthaltenen Funktionen sind intern kreuzverschaltet redundant.
Navigation Signal Generation Unit (NSGU)	• Die NSGU verarbeitet die weitergeleiteten Navigationsdaten. Sie erzeugt die sogenannten Spreizsequenzen (für das offene und das kommerzielle Signal) und generiert die Pulsform. Im Falle des PRS Signals werden die Spreizsequenzen von der CSU generiert. • Die binären Signalkomponenten der Navigationssignale werden dann moduliert, um die drei geforderten Signale mit konstanten Einhüllenden zu generieren: ALTBOC im Falle des E5 Signals, BPKS und BOCc Interplex im Falle des E6 Signals und schließlich ein Interplex aus CBOC und BOCc im Falle des L1 Signals. Die Modulation der E5, E6 und L1 Signale geschieht mittels Look-Up Tabellen. Die NSGU erzeugt die IF-Signale. Die NSGU ist intern redundant.
Frequency Generation and Up-conversion Unit (FGUU)	• Die Frequenzgenerierungs- und Aufwärtskonvertierungseinheit verarbeitet den Referenztakt der CMCU zu einem 122,76 MHz Uhreneingangssignal für die NSGU. • Die FGUU erledigt die Aufwärtskonvertierung der von der NSGU übermittelten Navigationssignal-Basisband zu den jeweiligen Ausgangsfrequenzen: das ALTBOC modulierte Signal erfährt dabei eine Aufwärtskonvertierung auf die E5 Bandmittenfrequenz (1 191,795 MHz), das BOCc Interplex-modulierte Signal wird auf die E6 Bandmittenfrequenz (1 278,75 MHz) konvertiert, während das CBOC Interplex modulierte Signal auf die L1 Bandmittenfrequenz (1 575,42 MHz) konvertiert wird. Im Anschluss daran filtert die FGUU die E5, E6 und L1 Signale, um ein für die Signalverstärkung taugliches Eingangssignal zu erzielen. Die FGUU ist intern redundant ausgelegt und einige der darin enthaltenen Funktionen sind intern kreuzverschaltet redundant.

8.6.3.4 Signalverstärkung

Die letzten Schritte der Navigationssignalemission übernimmt das Signalverstärkungs-Subsystem. Es ist verantwortlich für die Verstärkung der L-Band Signale, es filtert die Signale und sendet diese schließlich über die Navigationsantenne des Satelliten aus. Letztere sorgt für eine sogenannte Isoflux-Verteilung für Empfängereinheiten auf der Erde. Isoflux bedeutet, dass die durch die Erdkrümmung variierende Entfernung vom Empfänger zum Satelliten durch das Antennenpattern ausgeglichen wird und dem Empfänger unabhängig von der geographischen Lage eine nahezu konstante Empfangsleistung zur Verfügung steht.

Das Signalverstärkungs-Subsystem setzt sich aus folgenden Unterkomponenten zusammen:

Tabelle 8.6.4: *Bordgeräte der Signalverstärkung*

Gerät	Beschreibung
Travelling Wave Tube Amplifier (TWTA)	Die Wanderfeldröhren verstärken die modulierten Navigationssignale, um die für das ausgesandte Navigationssignal vorgeschriebene Signalstärke zu erreichen. Für jedes der drei Signalbänder (L1, E5, E6) stehen zu diesem Zweck jeweils zwei kalt redundant betriebene Röhren zur Verfügung.
Channel Amplifier (CHAMP)	Die Kanalverstärker agieren als Vorverstärker vor den Wanderfeldröhren. Sie stellen sicher, dass die Signalstärke am Eingang der nachgeschalteten Wanderfeldröhren auf dem richtigen Niveau ist, um am Ausgang die vorgeschriebene Sendestärke zu erreichen. Der Betriebspunkt der Wanderfeldröhren ist durch Verstellen der CHAMP Verstärkung in 1 dB Schritten einstellbar. Diese Einstellung geschieht durch Telekommandos.
L1 OutPut Filter (NAVOFILT)	Der Ausgangsfilter am Ende der HF-Kette ist für das L1 Band dediziert und ist ein Bandpassfilter mit einem zusätzlichen Tiefpassfilter. Er entfernt spektral unerwünschte Komponenten, die unter anderem durch die nichtlineare Verstärkung in der Wanderfeldröhre generiert werden.
E5/E6 Output MUltipleXer (NAVOMUX)	Der Ausgangsmultiplexer am Ende der HF-Kette der E5/E6 Bänder besteht aus einem Bandpassfilter, gefolgt von einem Tiefpassfilter für jeden Kanal und einem Diplexer. Der NAVOMUX filtert unerwünschte spektrale Komponenten, die durch die nichtlineare Verstärkung in den Wanderfeldröhren verursacht werden. Er kombiniert die beiden Signale in einem HF-Pfad und leitet diese dann an den Eingang der Navigationsantenne.
L band NAVigation ANTenna (NAVANT)	Die Navigationsantenne ist ein im L-Band emittierendes Phased Array. Die einzelnen Elemente der Antenne („Patches") sind auf einem Substrat montiert, um die spezifizierte Isoflux-Sendecharakteristik zu erreichen. Die Antenne sendet die Navigationssignale an die Nutzer. Die Antenne hat zwei Eingänge, einen Eingang für das L1 Signal und einen Eingang für das obengenannte im NAVOMUX kombinierte E5/E6 Signal.

8.6.3.5 Sekundärnutzlasten

Als wichtiges Element des weltweiten Such- und Rettungsdienstes („Search and Rescue“ – SAR) der internationalen Hilfsorganisation COSPAS-SARSAT zur Luft- und Seerettung stellt das Galileo-System ein weltweit flächendeckendes Netz von Notfunktranspondern an Bord der Galileo-Satelliten zur Verfügung. Diese **SAR Transponder** empfangen auf dem besonders für Notrufe zugewiesenen Frequenzbereich zwischen 406,0 und 406,1 MHz und strahlen alle empfangenen Signale linear wieder auf dem ebenso geschützten Downlink-Frequenzbereich zwischen 1 544,05 und 1 544,75 MHz ab. Die Empfangsstationen im Funknetz der Hilfsorganisation empfangen den Notruf und veranlassen über das Navigationssignal eine gezielte Rückmeldung an das rufende Notfunkgerät, mit einer Empfangsbestätigung und einem kurzen Hinweis auf die gegebenenfalls eingeleiteten Rettungsmaßnahmen. Die kurzen Rückmeldungen erscheinen als Teil der Navigationsnachricht. Die SAR-Empfangsantenne ist ein Array von sechs Helix-Antennen, die auf einer leitenden Bodenplatte montiert sind, in deren Mitte sich die L-Band Sendeantenne befindet (wie in Bild 8.6.11 links oben dargestellt). In Summe aller Elemente ergibt sich eine rechtsdrehend-zirkular polarisierte Empfangsantenne. Die Sendeantenne hingegen ist linksdrehend-zirkular polarisiert. Die empfangene Bandbreite kann über den gesamten Bereich 100 kHz oder in zwei Teilbereichen (50 kHz) gefiltert auf dem Downlink linear wieder abgestrahlt werden. Neben dem Empfang von Notfunksignalen moderner Geräte, die ihre Position mit Hilfe des Galileo-Navigationssignals selbst bestimmen, ermöglicht die lineare Frequenzumsetzung auch die Peilung älterer Notfunksender. Deren Position kann durch die Phasenbeziehung des Sendesignals, das von mehreren Satelliten empfangenen wird, bestimmt werden. Bild 8.6.8 zeigt eine Karte mit einer Übersicht über die COSPAS-SARSAT Notrufe aus dem Jahr 2016 im Bereich Nord-Norwegen.

Des Weiteren befinden sich auf dem erdzugewandten Nadir-Panel des Satelliten passive **Laser-Retroreflektoren** zur hochpräzisen Bahnbestimmung. Diese Reflektoren reflektieren den eintreffenden Strahl exakt in die Eingangsrichtung zurück. Da die geforderte Genauigkeit der Entfernungsmessung zwischen Satellit und Empfänger in der Größenordnung von einem Meter liegt, der Satellit aber (bedingt durch das nicht-ideale Schwerefeld der Erde) um einige Meter in seiner Bahnhöhe schwankt, ist eine permanente Bahnvermessung notwendig. Die Laser-Methode ist (neben der Funkvermessung im L- bzw. S-Band) eine dritte Möglichkeit zur Bahnbestimmung der Galileo-Satelliten, die allerdings stark von der Bewölkung über der Laser-Bodenstation abhängt. Mit entsprechender Auswahl und Anzahl der Laser-Stationen kann jedoch die Sichtbarkeitshäufigkeit verbessert werden.

Einige der Galileo-Satelliten haben eine Beobachtungseinheit an Bord (**„Environmental Monitoring Unit“** – EMU), die die Strahlungsumgebung der Erde untersucht (insbesondere schwere Ionen/elektromagnetische Strahlung). Ziel ist die Langzeit-Erforschung der Strahlungsgürtel und des Einflusses der Sonnenaktivität über den Verlauf des Sonnenzyklus. Um keinen Effekt auf die Massen- und Massenträgheitsbudgets der anderen Satelliten in Kauf zu nehmen, werden auf diesen Satelliten an der Stelle der EMU stattdessen eine Metallattrappe mit gleichen Abmessungen und gleichen mechanischen Eigenschaften installiert und geflogen.

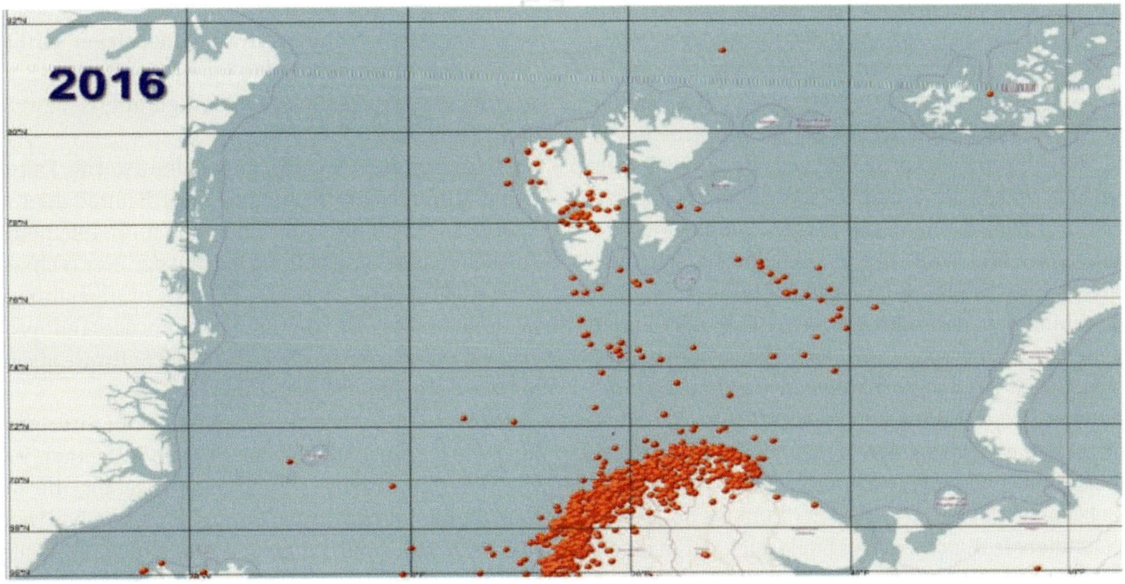

Bild 8.6.8: *Search and Rescue Alarmmeldungen in Nord-Norwegen 2016 (Quelle: Redningstjenesten Norge)*

8

Die EMU kann auch bei der Analyse von Strahlungseinwirkungen auf die Elektronik an Bord und Systemperformanz helfen.

8.6.4 Satellitenbus

Die in den vorangegangenen Kapiteln dargelegte Nutzlast erfüllt den Zweck des Satelliten, im Fall von Galileo die Erzeugung und Aussendung der Navigationssignale. Um die Nutzlast aber in die Lage zu versetzen, dieses zu bewerkstelligen, müssen jedoch viele weitere Unterstützungsfunktionen gewährleistet bleiben. So müssen alle Teile des Satelliten innerhalb ihrer jeweils zulässigen Temperaturgrenzen gehalten bleiben. Allen elektrischen Verbrauchern muss ausreichend Energie zur Verfügung gestellt werden und das auch, wenn der Satellit sich gerade im Erd- bzw. Mondschatten befindet. Der Satellit muss massive Startlasten aushalten können und über eine ausreichende mechanische Steifigkeit verfügen. Des Weiteren muss die Ausrichtung des Satelliten stabil sein. Der Satellit muss in der Lage sein, seine Bahn mit eigenen Mitteln zu modifizieren, und die Kommandierung all dieser Unterstützungsfunktionen erfordert eine Funkverbindung in einem gesonderten Frequenzband mit Hilfe eines Bordcomputers mit geeigneter Software. All diese Funktionen werden durch den Satellitenbus (auch Plattform genannt) zur Verfügung gestellt. Neben der Nutzlast stellt er das zweite Element des Satelliten dar. In den folgenden Unterkapiteln werden die Subsysteme der Plattform nun näher erläutert.

8.6.4.1 Struktur und Strukturanalyse

Auch der Strukturentwurf beginnt mit der Analyse der Kunden- bzw. Trägerraketenanforderungen. Diese umfassen Lasten, die die Struktur während Integration, Tests, Transport, Start und im Orbit erfährt. Wie bereits in Kapitel 8.6.2 erläutert, ist ein wichtiges Ziel des Satellitenentwurfs die Ermöglichung von parallelem Arbeiten in den frühen Integrationsphasen. Um diese Parallelisierung zu erreichen, wurde der Satellit sowie die dazugehörige Struktur in sieben weitgehend eigenständige Module aufgeteilt (siehe Bild 8.6.9), die jeweils eine separat integrierbare und verifizierbare Einheit bilden. Diese mit den jeweiligen Modulen verbundenen Aktivitäten können an verschiedenen Standorten parallel ausgeführt werden. Auf der $-z$ Seite wird der Satellit jeweils an vier Punkten mit der Satelliten-Tragestruktur der Trägerraketen-Oberstufe verbunden. In dieser Ebene wird der Satellit dann auch im Orbit abgetrennt und weggestoßen. Die größten mechanischen Belastungen treten an diesen vier Punkten auf, daher ist die Satellitenstruktur an dieser Stelle auch durch einen Tragrahmen speziell verstärkt. Der Treibstofftank ist mit Streben befestigt. Diese Streben sind mit besonders steifen Stellen in der Primärstruktur des Satelliten verbunden, da der Tank mit seiner Masse von über 90 kg im gefüllten Zustand erhebliche dynamische Kräfte aufbringt. Im Inneren des Satelliten nimmt eine Anordnung von weiteren Strukturpanelen die Scherkräfte auf und versteift den Satelliten auf diese Weise weiter. Um möglichst früh im Projektablauf sicherzustellen, dass das Verhalten der Primärstruktur den Modellvorhersagen der Strukturanalyse entspricht und damit den Anforderungen genügt, wurde ein Strukturmodell integriert und getestet. Details zu den zugehörigen Tests finden sich im Kapitel 8.6.5.

8.6.4.2 Datenverarbeitung

Der Bordrechner führt mittels der Software die folgenden Systemkontrollfunktionen aus:

- Schnittstelle zur Nutzlast
- Betriebsdatenmanagement und Datenverarbeitung
- Verarbeitung von Telemetrie und Telekommandos
- Management der Energieversorgung
- Lageregelungsalgorithmen
- Thermalkontrolle
- FDIR (Fault Detection, Isolation and Recovery)

Die Software (insbesondere die Telemetrie/Telekommando-Schnittstelle) basiert auf dem sogenannten Packet Utilisation Standard Services. Der Bordrechner ist ein klassischer, intern redundanter Computer, der verschiedene Funktionen erfüllt: Der Rechnerkern konvertiert aus dem regulierten 50 Volt-Bus des Satelliten die internen heiß- und kalt-redundanten Sekundärspannungsversorgungen. Der Prozessor ist auf 20 MHz getaktet, was einer Rechenleistung von ca. 14 DMIPS entspricht. Der Prozessor greift auf ein EEPROM Softwarespeicher und einem EDAC-geschützen SRAM für die Ausführung zu. Neben einem heiß-redundanten internen Massenspeicher enthält die CDU zudem einen heiß-redundanten geschützten Speicher, welcher essenzielle Satellitenkonfigurations- bzw. Statusdaten speichert.

Der Bordrechner verfügt über eine externe, kalt-redundante MilBus Schnittstelle mit einer Bruttodatenrate von 1 Mbit/s. Neben den Funktionalitäten für Telemetrie und Telekommandoverarbeitung verfügt der Bordrechner auch über eine Hardware-basierte Rekonfigurationsfunktionalität, welche auf Befehl des Bordrechners oder imitiert durch externe Systemalarme ohne Zutun der Software ausgewählte Hardware an Bord rekonfigurieren kann.

Neben dem Rechnerkern verfügt der Bordrechner auch über eine Eingabe-/Ausgabe-Sektion mit einer Vielzahl von diskreten und seriellen Schnittstellen, die ihn zur Kommunikation mit den anderen Geräten an Bord befähigt.

Die Sende- und Empfangsdatenströme des Satelliten sind zur Abwehr von Angreifern verschlüsselt. Die Ent- bzw. Verschlüsselung erfolgt in einer dedizierten Kryptoeinheit.

8

Weitere Einzelheiten zu dieser Einheit können aufgrund geltender Geheimnisschutzrichtlinien nicht dargelegt werden.

Um den harten Anforderungen bezüglich der Strahlungsumgebung zu genügen, werden in den elektronischen Geräten an Bord generell spezielle strahlungsgehärtete Komponenten verwendet. Wo dies allein nicht ausreicht, werden auch Abschirmmaßnahmen durch Metallwände mit hoher Dichte eingesetzt. Wegen der erheblichen Massenzuwächse können allerdings so nur besonders gefährdete Teile geschützt werden. Daher versucht man, in der Planungsphase insbesondere durch die Anordnung der Geräte an Bord Strahlungsschutz zu optimieren, indem man anfälligere Einheiten hinter strahlungshärteren Einheiten an Bord „versteckt".

8.6.4.3 Telemetrie und Telekommando

Das Telemetrie und Telekommando Subsystem erfüllt die folgenden Funktionen:

- Kommandierung: Empfang und Demodulierung der Uplink-Trägerfrequenz und Übermittlung der Telekommandos an den Bordcomputer.
- Telemetrie: Übermittlung der vom Bordcomputer eingehenden Telemetriedaten, gegebenenfalls Zwischenträgererzeugung und Aufmodulierung auf die Downlink Trägerfrequenz, Verstärkung und Übermittlung an die Bodenstation.
- Entfernungsmessung: Zurückübermittelung der vom Boden gesendeten Signale über den Downlink. Dieses Downlink-Signal wird am Boden dann Dopplervermessen.

Diese Funktionen ermöglichen die Kommandierung, Überwachung und Bahnvermessung der Satelliten durch die beiden Galileo-Kontrollzentren. Dies geschieht in einer von der ITU zugeteilten Frequenz im S Band (2.2 GHz) Dabei werden sowohl die Zustände der Plattformsubsysteme (zuständig: Kontrollzentrum Oberpfaffenhofen bei München), als auch die der Nutzlast (zuständig: Kontrollzentrum Fucino bei Rom) überwacht und gesteuert. Für die ersten Tage nach dem Start werden die Satelliten aus den Kontrollzentren in Darmstadt und Toulouse kommandiert.

Die TMTC Funksignale werden über zwei an gegenüberliegenden Ecken des Satelliten positionierten Helixantennen gesendet bzw. empfangen, die mit einem Transceiver verbunden sind. Im Uplink erfolgt im Transceiver zunächst die Demodulation des mit 2 kbps BPSK-phasenmodulierten und mit NRZ-L kanalcodierten Kommandosignals, gefolgt von der Dekodierung der BCH-Blockcode kodierten Kommandodaten. Im Downlink gelangen die Telemetrie-Signale mit einer Bitrate von 20 kbps (NRZ-L-codiert) und QPSK-phasenmoduliert auf die gleichen Antennen. Die Anordnung der beiden Sende-/Empfangsantennen führt in der Summe zu einer Rundstrahlcharakteristik, die die Kommunikation mit und Kontrolle durch die Bodenstationen unter allen operationellen (und gegebenenfalls auch abnormalen Ausrichtungen bzw. Drehraten des Satelliten) ermöglichen. Die Telemetrieübertragung ist durch einen Reed-Solomon-Faltungscode gegen einzelne Bitfehler geschützt. Alle verwendeten Kodierungen optimieren die Übertragungssicherheit in beiden Übertragungsrichtungen. Sie ermöglichen die Entdeckung und automatische Korrektur einzelner Bitfehler auf den Empfangsseiten. Die Funkstrecke kann in beiden Richtungen wahlweise entweder im ESA-Standard-Mode oder in PN-Modulation mit Spektrumsspreizung betrieben werden.

Die Sende- und Empfangsdatenströme sind zur Abwehr von Angreifern verschlüsselt (siehe auch Kapitel 8.6.4.2).

8.6.4.4 Energieversorgung

Die Energieversorgung des Satelliten erfolgt über zwei Solargeneratoren. Diese haben zu Missionsbeginn eine Leistung von 2 300 W, am Ende ihrer zwölfjährigen Lebensdauer noch 1 900 W. Schattenzeiten (Erd- bzw. Mondschatten) und Missionsphasen, bei denen unter Umständen kein solarer Ladestrom verfügbar ist (z. B. Bahnmanöver), werden mittels an Bord befindlicher Lithium-Ionen Akkumulatoren überbrückt. Der Auslegungsfall für den Akkumulator ist einerseits zu Beginn der Mission die Transferphase bis zur Trennung von der Oberstufe, zum anderen ein kombinierter Erde-/Mondschatten, der statistisch zwar nur einmal in der Lebensdauer des Satelliten auftritt, im schlechtesten Fall aber bis zu zwei Stunden andauern kann.

Während der Transferphase liefern die Solargeneratoren kaum Energie, da sie noch nicht ausgefaltet sind und der Satellit noch nicht zur Sonne ausgerichtet werden kann. Während dieser Phase wird die Lageregelung durch die Oberstufe gewährleistet; eine langsame Rotation um die Längsachse führt dazu, dass sowohl beim Einschuss mit Ariane 5 als auch beim Einschuss mit Fregat alle Satelliten abwechselnd Sonne und Schatten ausgesetzt werden und so die Vermeidung von Überhitzung bzw. Unterkühlung der einzelnen Units vermieden wird. Diese Rotation wird treffend als „Barbecue" Mode bezeichnet. Während dieser Phase sind die Satelliten komplett ausgeschaltet und nur ein spezielles autonomes Heizsystem ist zu diesem Zeitpunkt aktiv (siehe Kapitel 8.6.4.5). Dieses System stellt sicher, dass unter allen Umständen alle Geräte an Bord des Satelliten ihre Mindesttemperaturen bis zur Separation von der Oberstufe nicht unterschreiten. Zu diesem Zeitpunkt wird das autonome Heizsystem deaktiviert, der Bordcomputer gestartet und das nominale Thermalkontrollsystem übernimmt. Um sicherzustellen, dass der Satellit sicher bei der Separation (und ***nur*** bei der Separation) hochfährt, verfügt das System über redundante Trennstecker, die das Hochfahren verhindern, solange Satelliten und Oberstufe noch verbunden sind. Die Ausrichtung der Solarpanele erfolgt jeweils mit einem Stellmotor mit Schleifringen („Solar Array Drive Module“ – SADM), über den sämtliche im Solarpanel gewonnene Energie fließt und eine Feinjustierung zur Sonne hin ermöglicht.

Das zentrale Element der Energieversorgung ist die Stromversorgungseinheit („Power Control and Distribution Unit“ – PCDU). Das Zusammenspiel von Solarpanelen, Akkumulatoren und PCDU stellt die Versorgung aller Verbraucher mit elektrischer Energie in Form einer 50 V Gleichspannung sicher. Ausnahmen bilden einige Geräte (wie z. B. die Triebwerksventile), die stattdessen mit einer sekundären Gleichspannung von 28 V versorgt werden. Das Bordnetz zur Stromversorgung ist sternförmig strukturiert. Feste Stromleitungen sind durch aktive Sicherungen geschützt, die nach einem etwaigen kurzzeitigen Kurzschluss selber wieder in die Nominalposition zurückspringen. Zusätzlich sind die Leitungen durch von der Bodenstation aus kommandierbare Sicherungen geschützt, die die Trennung von Verbindungen in Fällen von irreparablen also permanenten Kurzschlüssen ermöglichen.

Für Tests am Boden kann der Satellit auch von Extern mit Energie versorgt werden.

8.6.4.5 Thermalkontrolle

Zentrale Aufgabe des Thermalkontroll-Subsystems ist die Einhaltung der zulässigen Temperaturbereiche für alle Teile des Satelliten über die gesamte Mission und in allen Betriebsmodi. Diese Aufgabe wird insbesondere durch zwei Teilaspekte erschwert. Zum einen erfordern zentrale Elemente der Nutzlast (Maseruhren) eine extrem gleichförmige Temperatur – während des Nutzlastbetriebs müssen deren Temperaturänderungen unterhalb von ±0.75 °C *pro Tag* bleiben. Um diese Anforderung zu erfüllen, muss eine gute thermische Entkopplung dieser Geräte vom Rest des Satelliten erreicht werden. Zum anderen sind die größten Energieverbraucher und Wärmedissipatoren baulich auf relativ engem Raum an Bord konzentriert, was die Ableitung der Wärme zu einem anspruchsvollen Problem macht. Sie strahlen so viel Energie ab, dass sie auf Wärmerohre (engl. Heat Pipes) platziert werden müssen, die die Abwärme auf eine große Radiatorfläche verteilen, da es ansonsten zu einer Überhitzung kommen könnte. Diese Maßnahme verbessert die Verteilung der Abwärme über die jeweilige Radiatorfläche und erhöht so die abstrahlbare Wärmeleistung.

In der Entwicklungsphase wurde die Funktionstüchtigkeit dieser Bereiche früh in dedizierten Entwicklungsmodellen getestet und überprüft, wie bereits im Kapitel 8.6.2 beschrieben.

Die generell einfachste Art der Temperaturkontrolle bedient sich der Oberflächeneigenschaften. Geräte, die in matt-schwarzer Farbe gestrichen sind, unterscheiden sich in ihrem thermischen Verhalten von Geräten, die ihre blanke metallische Oberfläche behalten haben. Das thermische Verhalten aller Elemente des Satelliten wird während der Entwicklung für alle Missionsphasen und Modes mittels speziell dafür entwickelten Softwarewerkzeugen (ESARAD/ESATAN) simuliert. Ziel ist es, den Energie- bzw. Leistungsbedarf für die Thermalkontrolle zu minimieren, ohne die zulässigen Temperaturbereiche zu verlassen. Allerdings genügt dieser Ansatz nicht in allen Bereichen.

Alle Geräte müssen einzeln ihre Funktionsfähigkeit unter den gegebenen Umweltbedingungen durch Tests nachweisen. So verfügen die hochempfindlichen Atomuhren an Bord über eine eigene, besonders kontrollierte Thermalzone, geschützt mit Mehrlagen-Isolationsfolie (MLI). Auf diese Weise (und im Zusammenspiel mit anderen baulichen Maßnahmen) werden zum Beispiel die Atomuhren vom Rest des Satelliten thermisch isoliert. Außerdem sind sie thermal isoliert auf der Innenseite des +x Panels montiert, das während des nominellen Betriebs aufgrund des Ausrichtungsalgorithmus der Lageregelung (siehe Bild 8.6.6) nie die Sonne sieht. MLI kommt immer dort zum Einsatz, wo die Wärmeübertragung aus dem Satelliten heraus bzw. innerhalb des Satelliten verringert werden muss. An Stellen des Satelliten, die in der Regel als Radiatoren verwendet werden, bei denen aber zumindest zeitweise Sonneneinstrahlung nicht ausgeschlossen werden kann, werden sogenannte optische Solarreflektoren platziert.

An den Stellen, an denen die oben genannten passiven Thermalkontrollmechanismen alleine die Einhaltung der zulässigen Temperaturen nicht oder nicht bei allen Betriebsmodi sicherstellen können, kommen Heizer zum Einsatz. Diese wandeln elektrische Energie in Wärme um und können so gezielt bestimmte Bereiche bzw. Geräte an Bord heizen. Um den Energiebedarf des Thermalsubsystems jedoch nicht ausufern zu lassen, gilt es, diese Heizer und die damit verbundene Heizleistung möglichst sparsam einzusetzen. Dieses kann durch geeignete Gruppierung der Geräte und deren Anordnung erreicht werden. Die Heizer der Galileo FOC Satelliten sind zumeist softwaregesteuert. Da die Satelliten bei ihrem Flug auf der Trägerrakete jedoch elektrisch deaktiviert sind, kommt während des Aufstiegs ein rein Hardware-gesteuertes gesondertes Heizsystem zum Einsatz. Es ist bereits im Vorfeld des Starts aktiv und wird bei der Separierung der Satelliten im Aussetzorbit deaktiviert, kurz bevor der hochfahrende Bordrechner die Kontrolle des normalen Heizsystems übernimmt.

Da die Satellitenorbits sich im Van-Allen-Gürtel befinden, werden nicht nur die elektronischen Geräte an Bord hochenergetischen Partikelkonzentrationen bzw. einer starken Strahlung ausgesetzt. Auch die Oberflächeneigenschaften (und damit Emission und Absorption) werden beeinträchtigt. Die Änderung dieser Eigenschaften muss über die geplante Lebensdauer simuliert werden, um sicherzustellen, dass auch zum Ende der Mission die eingesetzten geeigneten Materialien ihre jeweilige Thermalfunktion noch ausreichend erfüllen können.

8.6.4.6 Antriebssystem

Bei geostationären Telekommunikationssatelliten ist es von entscheidender Bedeutung, während der nominellen Betriebsphase zu jeder Zeit innerhalb eines eng definierten Volumens auf der 24-Stunden Bahn zu bleiben. Nur so kann die Notwendigkeit einer Antennennachführung auf der Erde vermieden werden. Für Navigationssatelliten auf einer mittelhohen Erdumlaufbahn (MEO) hingegen stellt sich diese Anforderung nicht. Vielmehr ist hier der entscheidende Punkt, dass die Satelliten über die gesamte Missionsdauer mehr oder weniger „gleichverteilt" bleiben, um die durchschnittliche Verfügbarkeit zu maximieren, sprich alle Satelliten des Systems müssen nach der Kommissionierung auf ihrer jeweiligen Orbitposition in gleichem Abstand gehalten werden, um durch die geometrische Gleichverteilung weltweit gleiche Positionierungsgenauigkeit zu erhalten. Daher sind Bahnmanöver bei Galileo deutlich seltener nötig als etwa bei geostationären Satelliten. Nachdem das Systemdesign Direkteinschüsse durch den Launcher in die Nähe der endgültigen Umlaufbahn vorsieht, müssen die Satelliten für keine größeren Bahnmanöver ausgelegt sein. Die Triebwerke und der Treibstoffvorrat sind deshalb nur für kleinere Bahnkorrekturen in der Größenordnung von 170 m/s ausgelegt. Dieser delta-V Bedarf ergibt sich aus den Anforderungen für einen Reserve-Satelliten, der nicht nur alle Manöver ausführen muss, die auch ein Normalsatellit ausführen muss, sondern obendrein auch noch zusätzliche Manöver, die ihn im Bedarfsfalle in kurzer Zeit aus seiner Parkposition an die Stelle des zu ersetzenden Satelliten bringt. Da es im Sinne der Kosteneffizienz aber nicht dienlich ist, zwei verschiedene Satellitenvarianten zu entwickeln (Reserve Satellit versus Normalsatellit), müssen alle Satelliten dieselbe höhere Anforderung an den ΔV Bedarf erfüllen. Dies führt z. B. dazu, dass Normalsatelliten mit mehr Treibstoff gestartet werden, als sie eigentlich im Laufe ihrer Mission benötigen.

Der oben genannte ΔV Bedarf erlaubt es, statt eines komplizierten Zweistoffantriebssystem das weitaus günstigere und simplere Einstoff-Antriebssystem zu nutzen. Die Implementierung dieser Antriebsvariante besteht aus einem Blowdown-Tank und vier 1 N Triebwerken (siehe auch Bild 8.6.7 unten). Für den Fehlerfall steht ein zweiter identischer Antriebsstrang zur Verfügung. Eine Durchmischung aus dem Druckgas Helium und dem Treibstoff Hydrazin wird durch eine Kunststoffmembran im Treibstofftank vermieden. Das Hydrazin gelangt durch Edelstahlleitungen über computergesteuerte Ventile und Filter in die Triebwerke. Mit einem besonders markierten Entsicherungsstecker (safe/arm) an der Außenwand des Satelliten aktiviert man das Hauptventil während der Separation von der Oberstufe. Diese Sicherungsmaßnahme verhindert während der Startkampagnen das irrtümliche Zünden der Triebwerke. Für Testzwecke, wenn eine Ersatzflüssigkeit anstelle des extrem giftigen Treibstoffs Hydrazin verwendet wird, oder auch im Falle eines Startabbruchs, kann der Tankinhalt über dedizierte Abflussventile ausgeleitet werden.

Um den besonderen Anforderungen an die Modularität und Flexibilität Rechnung zu tragen (siehe Kapitel 8.6.2), werden alle Elemente des Antriebsmoduls auf ein Panel installiert (Bild 8.6.11). Das Antriebssystem ist also nicht – wie im Satellitenbau in der Regel üblich – über den gesamten Satelliten verteilt. Dies Art ermöglicht auch den späten Einbau/Ausbau bzw. Austausch im Integrationsablauf.

Im Rahmen der Entwicklung wird mittels Analysen vorab sichergestellt, dass während der Brennmanöver des Satelliten die ausströmenden Triebwerksabgase weder die Solarpanele noch das Sichtfeld der optischen Sensoren an Bord negativ beeinträchtigen.

8.6.4.7 Lageregelung

Das Satellitendesign sieht für den Normalbetrieb eine permanente Ausrichtung der Antenne (*z*-Achse) zum Erdmittelpunkt hin („Nadir-Pointing") vor. Um dies sicherzustellen, verfügt der Satellit über eine ganze Reihe von Sensoren und Aktuatoren. Die Ermittlung der Ausrichtung erfolgt über zwei Erdsensoren, Sonnensensoren (16 grob, 2 fein) und zwei Laserkreisel, jeweils inklusive einfacher Redundanz. Die Änderung der Ausrichtung erfolgt in der Regel mittels Reaktionsrädern (drei plus eine Redundanz in tetraedrischer Ausrichtung), welche mittels zweier senkrecht zueinander positionierender Magnetspulen entdrallt werden können. Für die verschiedenen Betriebszustände verfügt der Satellit über eine Reihe von autonom ausführbaren Algorithmen. Hierzu zählen zum Beispiel die Akquisition von Sonnen- und Erdausrichtung sowie die Erfassung von Notfällen und die Reaktion darauf. Damit werden der Satellit und seine Subsysteme in einen vordefinierten Zustand (Lage) gebracht, auch ohne Intervention der Bodenstationen. Dabei versucht der Satellit immer, den negativen Einfluss auf die Mission so gering wie möglich zu halten. Im Fehlerfall ist die autonome Reaktion des Satelliten zunächst einmal dahingehend, die Erdausrichtung beizubehalten. Nur wenn dies nicht gelingt, springt die autonome Fehlerbehandlung zu einer Sonnenausrichtung. Selbst im Falle schwerer Havarien an Bord kann dieser Zustand mit wenigen Bordmitteln eine stabile Energieerzeugung und ein stabiles Thermalverhalten oberhalb der Mindesttemperaturen der Bordgeräte zur Verfügung stellen und so Reaktionszeit für die Operateure am Boden gewinnen. Ein weltweites Netz von Bodenstationen ist verfügbar, so dass zu jedem Zeitpunkt zeitnah eine Funkverbindung zu jedem Satelliten hergestellt werden kann.

8.6.5 Serienfertigung und Testkampagne

Wie bei jedem anderen Satellitenprojekt muss auch die Produktion sorgfältig erdacht und durchgeführt werden. Die Anforderung an die Serienfertigung bei Galileo FOC ist verglichen mit anderen Raumfahrtprojekten ungewöhnlich. Zum einen ist die Gesamtanzahl der zu fertigenden Satelliten mit über 30 vergleichsweise hoch. Zum anderen ist die Fertigungskadenz mit einer Satellitenfertigstellung alle 6 Wochen extrem anspruchsvoll. Dementsprechend hat der Aspekt der Fertigung, die dieses ermöglicht, einen höheren Anspruch und höhere Bedeutung als in anderen Raumfahrtprojekten.

Vor diesem Hintergrund wurde bei Galileo FOC schon von Anfang an großes Augenmerk auf die Wechselbeziehung von Satellitenentwurf einerseits und Serienfertigung andererseits gelegt. Am integrierten Satelliten ist die maximale Anzahl parallelisierbarer Aktivitäten bzw. Arbeitsabläufe rein physisch begrenzt, da nicht beliebig viel Personal auf dem eng begrenzten Raum arbeiten kann ohne sich gegenseitig zu behindern (Bild 8.6.10). Daher muss man, um das Ziel der Beschleunigung von Integration, Fertigung und Test zu erreichen, das Augenmerk insbesondere auf die Phasen davor legen. Ein Mittel zur Beschleunigung ist das Aufteilen der frühen Satellitenintegration und -Testaktivitäten in sogenannte Satellitenmodule. Anstatt einen Satelliten an einer Stelle Stück für Stück zu integrieren wird diese Phase auf bis zu sieben Orte verteilt nämlich (siehe auch Bild 8.6.9):

- Uhrenmodul
- Nutzlastkernmodul
- Antennenmodul
- Zentralmodul
- Plattform-Kernmodul
- Antriebsmodul
- Energieerzeugungsmodul

In den frühen Phasen der Satellitenintegration ermöglicht diese Aufteilung eine maximale Parallelisierung der Aktivitäten. Die ersten drei Module werden dann im Ablauf der Integration zur Nutzlast verbunden, die verbleibenden vier Module werden zur Plattform.

Die Umsetzung dieses Integrationsansatzes folgt nicht wie gewöhnlich in Raumfahrtprojekten an einem festen Ort, sondern ist in Anlehnung an die Serienproduktion in anderen Bereichen des Maschinenbaus in Produktionsinseln organisiert. Die Integrations- und Testaktivitäten finden auf insgesamt über zehn verschiedenen Inseln statt. Jede Insel führt dabei jeweils dieselben Aktivitäten aus. Spätestens alle 6 Wochen rücken alle Satelliten jeweils eine Insel weiter. Für den Fall, dass auf einer Produktionsinsel Probleme auftreten, die ein Weiterrücken auf die nach-

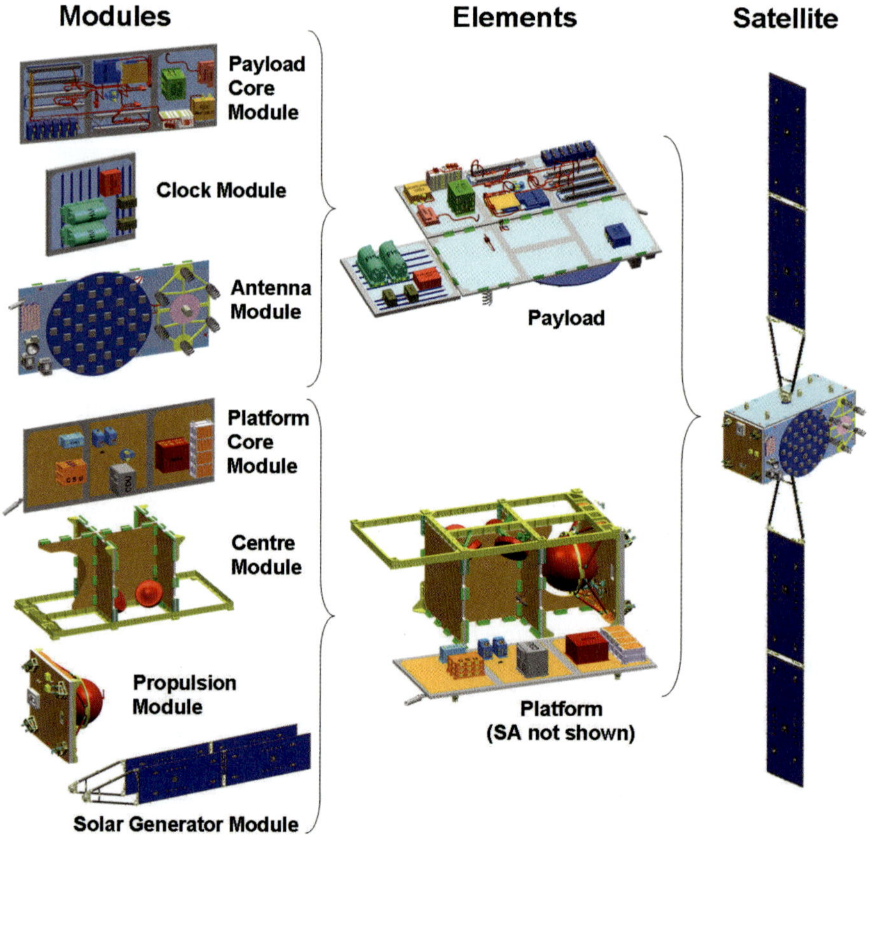

Bild 8.6.9: *Unterteilung des Galileo-Satelliten in Module*

Bild 8.6.10: *Mechanische Integration auf Modulebene (im Bild: Plattform-Kernmodul)*

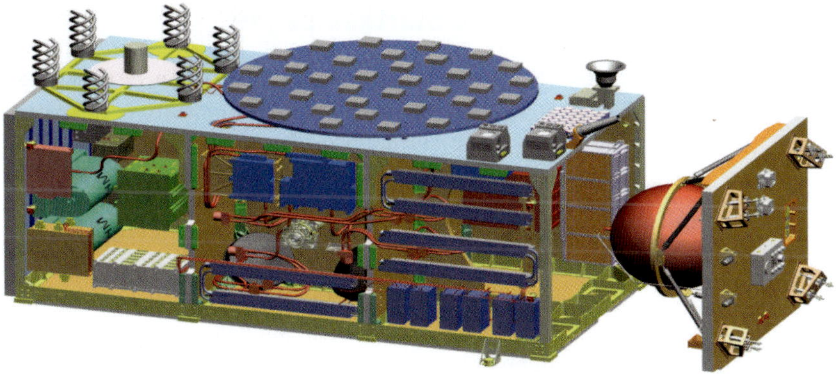

Bild 8.6.11: *„Plug & Play" Antriebsmodul (rechts)*

folgende Insel innerhalb dieses Zeitrahmens unmöglich machen, steht eine dedizierte Rückfall-Insel zur Verfügung; hier kann das Problem gelöst werden, ohne dass dadurch die Fertigungsstraße blockiert wird. Sobald das Problem behoben ist, wird der Satellit wieder in den nominellen Fertigungsablauf zurückgeführt.

Wie bereits im Kapitel 8.6.2 erläutert, ist der Aspekt der Zugänglichkeit auch in späten Phasen der Integration von großer Wichtigkeit. Negative Auswirkungen auf oder gar ein Blockieren der Fertigungsstraße muss tunlichst vermieden werden. So kann z. B. auch das Antriebsmodul zu einem späteren Zeitpunkt als Ganzes demontiert bzw. integriert werden, wie aus Bild 8.6.11 ersichtlich. In klassischen Satellitenprojekten ist das Antriebssystem hingegen in der Regel über den gesamten Satelliten verteilt.

Dieser in parallele Stränge aufgeteilte Fertigungs- und Testansatz erlaubt einen hohen Grad an Flexibilität auch gegenüber unvorhergesehenen Problemen. Das Management der Fertigungs- und Testteams koordiniert den zeitlichen Ablauf und passt wenn nötig die Reihenfolge der Tätigkeiten und damit die jeweiligen kritischen Pfade an, um den vorgegebenen Termin für die Satellitenqualifikation bzw. Abnahme halten zu können. Die Qualifikation setzt das erfolgreiche Erreichen der folgenden Meilensteine voraus:

- Funktionsnachweis der Basis-Software und der damit ausgeführten Geräte- und Systembefehle des Gesamtsystems (TMTC, Lageregelung, usw.),
- Verifizierung sämtlicher von der Satellitenspezifikation geforderten Leistungsdaten unter allen ebenso spezifizierten Umweltbedingungen (Plattform und Nutzlast),
- Einhalten der Belastungsgrenzen für Schock, Vibration, und Akustik. Da für Galileo FOC mit Ariane und Sojus verschiedene Trägerraketen in Frage kommen, ist ein Testprogramm erforderlich, das alle der möglichen Belastungen abdeckt, da ein und derselbe Satellitenentwurf mit beiden Trägern kompatibel sein soll.
- Einhalten der zulässigen Mindest- und Höchsttemperaturen in allen Teilen des Satelliten in allen Betriebszuständen,
- Nachweis der elektromagnetischen Verträglichkeit des Satelliten und seiner Subsysteme,
- Nachweis der elektromagnetischen Verträglichkeit des Satelliten mit der Trägerrakete/Oberstufe,
- Nachweis der geforderten Strahlungsfestigkeit der verbauten elektronischen Geräte an Bord,
- Nachweis der Systemschnittstellen zum Bodensegment.

Die Qualifikation dient der Bestätigung des Satellitenentwurfs. In der Regel werden bei Raumfahrtprojekten die verschiedenen Teilaspekte der Qualifikation auf dem ersten Satelliten einer Produktionsreihe getestet. Aufgrund der hohen Produktionskadenz konnte bei Galileo FOC das Qualifikationsprogramm auf mehrere Satelliten verteilt und dadurch parallelisiert werden. Auf diese Weise war es möglich, die Gesamtdauer der Qualifikation weiter zu verkürzen. Ist der Satellitenentwurf durch die Qualifikation erst einmal verifiziert, reduziert sich bei den Folgesatelliten der Fokus der Testkampagnen auf die Ausführungsqualität.

Tabelle 8.6.5: *Überblick über den Testansatz*

Test	SM	EM	PFM	FM n
Schnittstellentest		x	x	X
Funktionsüberprüfung nach Einbau		x	x	X
Funktions- und Leistungstest		x	x	X
Ausführlicher Funktions- und Leistungstest			x	X
Entfaltungstest			x	X
Überprüfung der Ausrichtung			x	X
Fit Check			x	(x)
Kurzer Funktionstest		x	x	X
Kurzer Funktions- und Leistungstest		x	x	X
Systemvalidierungstest		x	x	X
End-to-End Test		x	x	X
Polaritätstest			x	X
Mechanische Eigenschaften (Masse, Schwerpunkt)			x	X
Statischer & Quasi-statischer Test	x			
Vibrationstest (Random)	x		P	
Vibration Tests (Sinus)	x		P	
Schock-Übertragungstest	x			
Schock- & Separationstest			x	
Akustiktest	x		P	A
Thermal Balance Test			P	
Thermal-Vakuum Test			P	A
Test auf elektromagnetische Verträglichkeit (conducted)		x		
Test auf elektromagnetische Verträglichkeit (radiated)			x	(x)
Passive Intermodulation			x	(x)
Antennenkopplungs-Test			x	X
Auto-Kompatibilitäts-Test			x	X
Überprüfen der Antennenintegrität			x	X
Antenna Range Test			x	

A Acceptance Level
P Proto-flight Level

Die Flugzulassung gilt für alle Folgesatelliten unter der Voraussetzung, dass Fertigungsbedingungen, -prozesse und -anlagen unverändert bleiben. Vor diesem Hintergrund kann für die Folgesatelliten der Umfang der Testaktivitäten reduziert werden, wie Tabelle 8.6.5 verdeutlicht.

Die Tabelle gibt einen Eindruck von dem großen Aufwand, der betrieben wird, um sicherzustellen, dass die Satelliten im Orbit einwandfrei funktionieren.

Im Falle von Änderungen am Satelliten wird je nach Umfang und möglichen Auswirkungen entweder teilweise oder auch vollständig nachqualifiziert. Änderungen und deren Notwendigkeiten müssen immer auch unter den Rahmenbedingungen von Kosten und Termin im Verhältnis zum Nutzen gesehen werden.

8.6.6 Interface zur Trägerrakete und Startkampagne

Wie im vorangegangen Kapitel beschrieben, ist die Kadenz von sechs Wochen in der Fertigung eine große Herausforderung. Diese Fertigungskadenz ist jedoch nur sinnvoll, wenn die Satelliten nach Abschluss aller Fertigungs- und Testaktivitäten dann auch zügig in ihre Umlaufbahn gestartet werden können. Um dies zu ermöglichen, sieht das Lastenheft für die Satelliten vor, dass diese auf verschiedenen Trägerraketen gestartet werden können, nämlich in Paaren (je zwei Satelliten) auf Sojus-Fregat und je vier Satelliten auf Ariane 5 ES.

Die Umweltlasten sind für die erwähnten Trägerraketen jeweils unterschiedlich, daher sehen die Satelliten in den Umwelttests eine „Einhüllende" der beiden Anforderungen, wie im folgenden Bild ersichtlich.

Für den Akustiktest ist die linke Hälfte (bis ca. 200 dB) durch die Ariane vorgegeben, darüber durch die Sojus-Fregat. Diese Anforderung der Kompatibilität mit zwei (bzw. drei) Trägerraketentypen macht die Entwicklung natürlich generell nicht einfacher, allerdings ermöglicht sie es der ESA, selbst im Falle einer Nichtverfügbarkeit eines Trägers, weitere Satelliten mittels eines alternativen Trägers in den Orbit zu bringen. So wurden bis Ende 2017 von den ersten 18 Galileo FOC Satelliten 10 durch Sojusstarts und 8 durch Arianestarts in den Orbit gebracht. Spätere Galileo FOC Satelliten könnten auch auf Ariane 6 gestartet werden.

Die Startkampagne für die Galileo-Satelliten beginnt noch vor der Ankunft der Satelliten in Französisch-Guyana mit dem Aufbau der nötigen Testgerätschaften. Nach dem Entladen der Satelliten aus dem Transportflugzeug werden diese per LKW zum Startzentrum gebracht. Dort folgt dann in Reinraumumgebung das Ausladen aus dem Transportcontainer (siehe Bild 8.6.14).

Während des Transports (also sowohl im Flugzeug als auch am Boden) müssen alle bzgl. der Anforderungen an die Umgebungsbedingungen eingehalten werden.

Bild 8.6.12: *Sojus Startkonfiguration (links) und Ariane Startkonfiguration (rechts)*

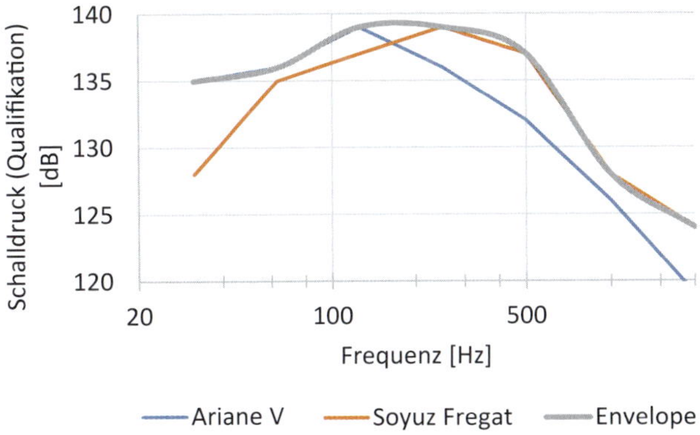

Bild 8.6.13: *Akustiklasten – Envelope*

Bild 8.6.14: *Transport-Container außen und innen*

Bild 8.6.15: *Betankung und Finalisierung der Satelliten (Quelle: CNES)*

Daher sind die Satellitentransportcontainer sowohl mit Luftreinigungs-, als auch mit Temperaturkontroll- und Schockdämpfungssystemen ausgerüstet. Die entsprechenden Umgebungsvariablen werden durchgängig kontrolliert und aufgezeichnet.

Nach erfolgtem Entladen der Satelliten werden diese auf etwaige Transportschäden überprüft. Im Anschluss daran folgt der sogenannte Fit-Check. Dabei wird überprüft, ob die Satelliten ordnungsgemäß auf den Startadapter ihrer Trägerrakete integrierbar sind. Es folgen Funktionstests, die sicherstellen, dass der Satellit auch nach dem Transport noch die gestellten Anforderungen bzgl. der Funktionen erfüllt. Während der letzten Aktivitäten werden dann die finalen Flugparameter, Flugsoftware und Flugschlüssel eingebracht. Vor der nachfolgenden Betankung werden die Satelliten das letzte Mal auf dem Boden ausgeschaltet, das nächste Anschalten danach ist dann im Orbit nach der Separation. Während andere Satelliten die ständige Beobachtung bzgl. laufender Bordcomputer bis zum Start und während des Aufstiegs erfordert, ist dies bei Galileo FOC nicht nötig; hier müssen nur die Temperaturen innerhalb der vorgeschriebenen Grenzen gehalten werden. Dies geschieht autonom und Hardware-gesteuert, also ohne das Zutun von Software.

Nach dem Ausschalten der Satelliten erfolgen Tankbedruckungstest und Betankung. Da der Treibstoff Hydrazin hochgiftig ist, erfolgt die Betankung im Vollschutzanzug (siehe Bild 8.6.15, links). Mit der finalen Installation der Satelliten auf dem Startadapter (Bild 8.6.15, rechts) werden die Satelliten auch formell übergeben und die weiteren Aktivitäten erfolgen unter der Verantwortung von Arianespace und CNES.

8.6.7 Inbetriebnahme im Orbit

Der Start der Satelliten stellt den mechanisch anspruchsvollsten Teil des Satellitenlebens dar. Die Triebwerke der Startrakete erzeugen immense Kräfte für die Beschleunigung der Nutzlast und Akustiklasten – also Lärm, Vibrationen, Schocklasten – durch Stufentrennungen und Satellitenseparation. Auch der Luftdruck nimmt während der ersten Minuten des Aufstiegs rapide ab, daher muss z. B. durch ausreichend dimensionierte und positionierte Ausströmöffnungen in den Außenwänden sichergestellt werden, dass die austretende Luft keine der Mehrlagen-Thermal-Isolierungsfolie (englisch „MLI") abreißt und dass es durch resultierende dynamische Druckunterschiede zu strukturellen Beschädigungen kommt.

Aufgrund des Bahnradius der Galileo-Satelliten (knapp 30 000 km) dauert der Aufstieg ca. 4 Stunden. Im Aussetzorbit werden die Satelliten dann paarweise in entgegengesetzte Richtungen seitwärts vom Startadapter separiert. Im Vorfeld müssen dazu Analysen mit dem Launch Provider durchgeführt werden, die sicherstellen, dass es nach der Separierung nicht zu Annäherungen bzw. Kollisionen zwischen den Satelliten bzw. zwischen Satelliten und Oberstufe kommt und dass sich die Startrakete und die Satelliten auch nicht anderweitig in die Quere kommen, z. B. durch elektromagnetische Unverträglichkeiten, Abgase oder Ausgasungen. Die Oberstufe verbleibt im Orbit der Separation, während sich die Satelliten aus eigener Kraft noch in einem ca. 300 km höheren oder niedrigeren Orbit bewegen. Dieses dient der Sicherheit, um auch über viele Jahrzehnte hinweg sicherzustellen, dass ausgediente Oberstufen nicht die Bahn operationeller Satelliten kreuzen.

Die Satellitenaktivitäten, die in den der Separation folgenden 40 Minuten stattfinden, sind vollständig automatisiert und haben zum Ziel,

- den Satelliten in eine stabile Ausrichtung zur Sonne zu bringen,
- die Solarpanele zu entfalten und auf die Sonne auszurichten, um das Laden der Batterien zu ermöglichen,
- ein thermales Gleichgewicht zu ermöglichen (Satellit weder zu heiß noch zu kalt),
- auf etwaig auftretende Fehlerfälle autonom zu reagieren, um das Überleben des Satelliten zu sichern, und
- die Funkverbindung zur Bodenstation zu etablieren.

Diese Aktivitäten müssen alle autonom und innerhalb einer begrenzten Zeit ausgeführt werden. Autonom, da aufgrund der Satellitenbewegung nach der Separation („Tumbling") nicht davon ausgegangen werden kann, dass die Bodenstation sofort die Kommandierung übernehmen kann. Die zeitliche Begrenzung hingegen ergibt sich aus der Tatsache, dass die Energieversorgung des Satelliten aus den Batterien erfolgt, solange der Satellit nicht zur Sonne ausgerichtet ist und seine Solarpanele entfaltet hat; die Akkumulatoren verfügen aber nur über eine begrenzte Kapazität (in vielen Fällen ist diese Phase im Satellitenleben der treibende Faktor für die Batteriegröße). Sind die oben erwähnten Aktivitäten jedoch erfolgreich absolviert, so hat das Bedienpersonal am Boden in der Regel mehr Zeit, etwaig auftretende Probleme zu analysieren, zu verstehen und zu lösen.

Sobald die Funkverbindung zum Satelliten etabliert ist, hat das Bedienpersonal am Boden auch die Möglichkeit, in die autonom an Bord laufende Initialisierungssequenz einzugreifen, falls es dies als notwendig erachtet.

Aufgrund der Kritikalität der Aktivitäten in den ersten Tagen im Orbit („Early Operations") wird das Bedienpersonal verstärkt durch ein Team von Vertretern der Herstellerfirma. Da diese Ingenieure an der Entwicklung des Satelliten beteiligt waren, können sie auch in unvorhersehbaren Szenarien Lösungen finden. So führte zum Beispiel beim ersten Galileo FOC Start eine eingefrorene Treibstoffleitung in der Fregat Oberstufe dazu, dass die Satelliten in einem falschen Orbit ausgesetzt wurden. Dennoch konnten die beiden Satelliten stabilisiert werden und sind bis heute in Betrieb.

Im Anschluss an die Inbetriebnahme erfolgt die „In-Orbit Validierung", die zum Ziel hat, sämtliche Systeme an Bord auf Funktionstüchtigkeit hin zu überprüfen und die Güte der ausgestrahlten Navigationssignale zu quantifizieren.

Diese Phase wird gefolgt von der regulären Betriebsphase, die sich über zwölf Jahre erstreckt. Die letzte Phase des Satellitenlebens folgt im Anschluss daran: in der sogenannten Entsorgungsphase (engl. „Disposal Phase") werden die ausgedienten Satelliten – ähnlich wie ihre jeweilige Oberstufe zwölf Jahre zuvor – in eine sogenannte Friedhofsbahn verschoben, um sicherzustellen, dass diese den noch im Einsatz befindenden Satelliten und kommenden Navigationssystem-Generationen über viele Jahrzehnte nicht in die Quere kommen. Ist diese Friedhofsbahn erreicht, wird der Satellit mit einer speziell dafür vorbereiteten Software außer Betrieb genommen, die den Satelliten sicher deaktiviert.

8.7 Die Radarsatelliten TerraSAR-X und TanDEM-X

Ralf Zimmermann, David Miller, Dieter Ulrich und *Fabian Schiemenz*

Die deutschen Radarsatelliten TerraSAR-X (TSX) und TanDEM-X (TDX) wurden am 15. Juni 2007 und am 21. Juni 2010 gestartet. Sie sind die Produkte einer kontinuierlichen Entwicklungskette in der Radartechnologie des DLR und der deutschen Industrie (im Wesentlichen der ASTRIUM GmbH[1] in Friedrichshafen).

Angefangen hat die Entwicklungskette mit einer passiven C-Band-Antenne auf dem Satelliten ERS-1 Anfang der 1990er-Jahre und setzte sich über das X-SAR-Instrument (geflogen 1994 auf dem amerikanischen Space Shuttle) und die Shuttle Radar Topographic Mission (SRTM) im Jahr 2000 fort. Die in der SRTM demonstrierten Möglichkeiten der operationellen Flexibilität, der verbesserten Bildauflösung und die topografischen Informationen des ersten Raumfahrt-Interferometers bestätigten das Potenzial satellitengestützter X-Band-Radarsysteme. Ein in den 1990er-Jahren entwickelter Technologie-Demonstrator (DESA) einer Active Phased Array-SAR-Antenne bildet den Grundstein der heutigen TSX/TDX-Radarantennen. Die Zwillingssatelliten TSX und TDX sind ein weiterer Schritt in der Entwicklung verbesserter Leistung, flexibler Nutzungskonzepte und einer Vielzahl unterschiedlicher Radaranwendungen.

Die Lebens- und damit Missionsdauer jedes einzelnen Satelliten beträgt etwa 5 bis 7 Jahre. Für den gemeinsamen Betrieb beider Satelliten sind knapp 3 Jahre erforderlich, um das Missionsziel eines globalen Höhenmodells der Erde zu erreichen. Aktuelle Radaraufnahmen der Satelliten sind auf der Internetseite von Airbus Intelligence www.intelligence-airbusds.com zu finden.

[1] Heute: Airbus Defence and Space GmbH.

8.7.1 Projektorganisation

TerraSAR-X ist das erste deutsche Raumfahrtprojekt, das in einer PPP-(public private partnership)Organisation durchgeführt wurde. Neben der öffentlichen Finanzierung durch das DLR hat die Firma ASTRIUM einen signifikanten finanziellen Beitrag zu den Entwicklungskosten erbracht. Als Konsequenz daraus hat das DLR das wissenschaftliche Nutzungsrecht der TSX-Datenprodukte, während ASTRIUM die kommerzielle Nutzung betreibt. Für die Vermarktung der TSX-Daten wurde die Infoterra GmbH[2], eine 100%ige Tochter der ASTRIUM GmbH, gegründet. Infoterra vertreibt die TSX-Datenprodukte weltweit - natürlich im Rahmen des Satellitendatensicherheitsgesetzes (SatDSiG) unter der Kontrolle des Bundesamtes für Wirtschaft und Ausfuhrkontrolle (BAFA).

Ein wichtiger Vorteil des PPP ist die Bündelung der Interessen und damit auch der Budgets, um aus den unterschiedlichen Interessen der Partner gemeinsamen und individuellen Nutzen zu ziehen. Dabei hat ASTRIUM den Satelliten entwickelt und gebaut, während das DLR das Bodensegment und die Organisation und Durchführung des Missionsbetriebes übernommen hat. Das PPP-Konzept wurde in der Entwicklung des Zwillingssatelliten TanDEM-X unter den gleichen Rahmenbedingungen fortgesetzt.

8.7.2 Missionskonzept

Ziel der TerraSAR-X-Mission ist die wetter- und tageszeitunabhängige Erdbeobachtung mittels eines X-Band-SAR (synthetic aperture radar) für eine Vielzahl von wissenschaftlichen Anwendungen in den Bereichen Hydrologie, Geologie, Klimatologie, Ozeanografie, Umwelt und Katastrophenbeobachtung. Ein besonderer Schwerpunkt liegt durch den Verbund beider Satelliten ab Mitte 2010 in der Erstellung eines weltweiten, einheitlichen **Höhenmodells** (DEM - digital elevation model) von bisher nicht verfügbarer Auflösung. Das zu erstellende Höhenmodell wird die gesamte Oberfläche der Landmasse der Erde (150 Millionen km^2) in einem 12-m-Raster mit einer Höhenauflösung von kleiner als 2 m erfassen. Ein in dieser Art erzeugter grenzüberschreitend durchgängiger und hochpräziser Datensatz wird damit erstmalig verfügbar sein.

TSX umkreist die Erde in einem sonnensynchronen Orbit in 514 km Höhe mit einer Wiederholzeit der exakt gleichen Bodenspur von 11 Tagen. Dieser Orbit wurde als beste Möglichkeit für die gewählte Radarleistung, die möglichen Wiederholzyklen sowie die Reaktionszeit auf dringliche Aufnahmewünsche gewählt.

Beide Satelliten unterstützen im singulären Betrieb drei **Hauptbetriebsarten**: Spotlight, StripMap und ScanSAR, deren wesentliche Eigenschaften Bild 8.7.1 zeigt.

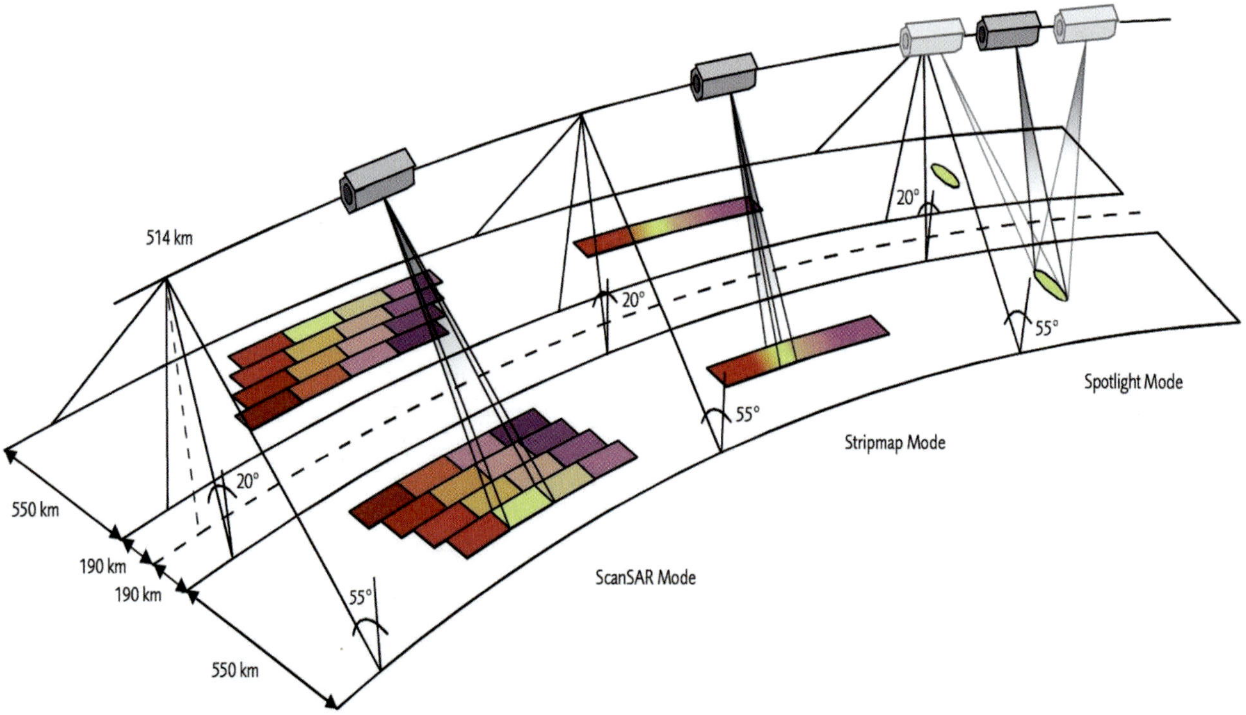

Bild 8.7.1: *Betriebsarten der TerraSAR-X- und TanDEM-X-Satelliten (Bild ASTRIUM).*

[2] Heute: Airbus Defence and Space GmbH.

Alle drei Betriebsarten sind sowohl im nominalen **Right Looking Mode** als auch im **Left Looking Mode**, auch **Sun Side Looking** genannt, möglich. Bei letzterer wird der Satellit für eine begrenzte Zeit 67,6° um seine Rollachse gedreht, weil damit auch sonst nicht erreichbare Ziele erfasst werden können.

Die Betriebsarten unterscheiden sich durch die Größe der aufgenommenen Fläche und die dabei erreichbare Auflösung (Tabelle 8.7.1).

Tabelle 8.7.1: *Übersicht über die Betriebsarten.*

	Spotlight Mode	StripMap Mode	ScanSAR Mode
Ground Resolution			
Across Track	1 m	3 m	16 m
Along Track	1 m	3 m	16 m
Product Coverage (Along × Across)	5 km × 10 km	< 1 500 km × 30 km	< 1 500 km × 100 km
Access Range (Full Performance)	20 … 55° 2 × 463 km	20 … 45° 2 × 287 km	20 … 45° 2 × 287 km
Access Range (Data Collection)	15 … 60° 2 × 622 km	15 … 60° 2 × 622 km	20 … 60° 2 × 577 km
Sensitivity (NESZ) typical	−20 dB	−22 dB	−21 dB

Der Satellit TSX ist im nominellen Betrieb für eine akkumulierte Radarbetriebszeit von etwa 3 Minuten pro Orbit ausgelegt und erlaubt darüber hinaus auch 2 bis 3 Orbits pro Tag mit längerer Betriebsdauer. Nach einer längeren Betriebsdauer wird in der Regel ein Orbit zum Abkühlen der Radarantenne gebraucht.

Im bisherigen Betrieb des TSX hat sich gezeigt, dass der Satellit leistungsfähiger ist als in seiner Spezifikation gefordert und unter den meisten Randbedingungen eine Dauerleistung von 5 min je Orbit erbracht werden kann. Die typischen Betriebszeiten pro Radaraufnahme je nach Modus sind:

- SpotLight: ≈ 4 s (10 × 10 km ... 5 × 7 km),
- StripMap: ≈ 8 s (30 × 50 km; erweiterbar bis 1 650 km),
- ScanSAR: ≈ 22 s (100 × 150 km; erweiterbar bis 1 650 km).

Daraus folgt unter der Annahme von etwa 5 min Betriebszeit eine Aufnahmekapazität je nach Modus von:

- SpotLight: ≈ 80 Aufnahmen pro Orbit,
- StripMap: ≈ 40 Aufnahmen pro Orbit,
- ScanSAR: ≈ 15 Aufnahmen pro Orbit.

Zur Erzeugung der Radarbilder für die Generierung des vorher erwähnten Höhenmodells (DEM) fliegen die Satelliten in einem **Formationsflug**, bei dem sie sich relativ zueinander umkreisen (Bild 8.7.2). Die Bahnen der Satelliten sind so gewählt, dass an den Polen die Höhe unterschiedlich ist (Variation in der Exzentrizität) und am Äquator eine seitliche Separation erfolgt (Variation in der Bahnneigung). Dadurch werden Kollisionen bei einer engen Formation vermieden (e-i-Vektor-Separation).

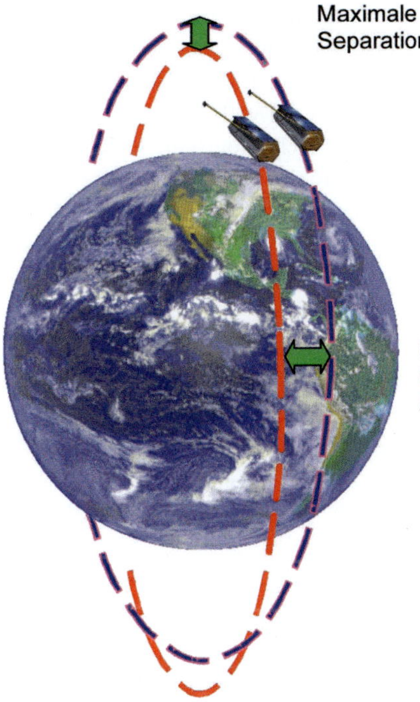

Bild 8.7.2: *Satellitenbahnen (Bild: DLR).*

Operationell werden die Satelliten dann im bistatischen Modus betrieben. Dabei sendet jeweils nur ein Satellit, aber beide Satelliten empfangen die reflektierten Radarechos. Die so ermöglichte Radarinterferometrie erlaubt die Berechnung des Höhenmodells der Erde (Bild 8.7.3).

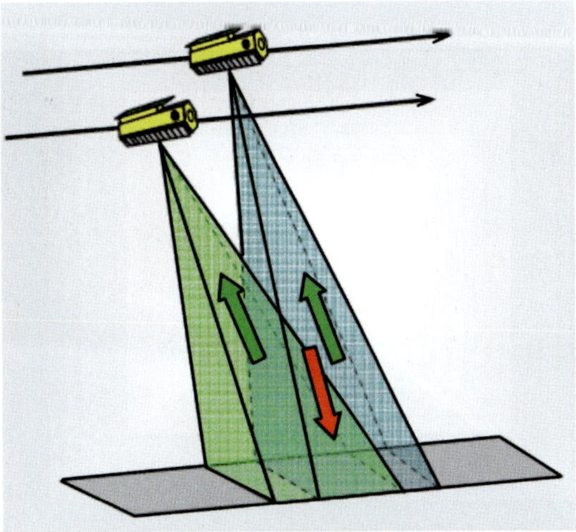

Bild 8.7.3: *Aufnahmekonzept der Radarinterferometrie mit TerraSAR-X und TanDEM-X (Bild: ASTRIUM).*

8

8.7.3 Das Terra-SAR-X- und TanDEM-X-Raumsegment

8.7.3.1 Satellitenkonzept

Die technologischen Grundlagen des TerraSAR-X- und TanDEM-X-Satellitenkonzepts wurden zum einen mit der Radar-Erfahrung der erfolgreichen Space-Shuttle-Missionen X-SAR und SRTM und zum anderen bei der Entwicklung kosteneffizienter und zuverlässiger Satellitenbusse der Low Earth Orbit-(LEO)Satelliten CHAMP und GRACE gelegt. Zusätzlich führte das DLR technologische Studien durch, die zur Reduzierung des Risikos bei der Einführung der neuen SAR-Technologie eine unerlässliche Rolle spielten. Auf der Basis dieser reichen Erfahrungen war es möglich, ein effizientes Design zu realisieren, das einen exzellenten Kosten-Nutzen-Faktor liefert.

Das Design wurde für den Einsatz im LEO optimiert (charakteristische Bahndaten siehe Tabelle 8.7.2) und ist dank seiner kompakten Form und der relativ geringen Masse mit einer großen Auswahl von Trägersystemen kompatibel.

Die sechseckige Form des Satelliten passt genau zur typischen Form der Nutzlastverkleidung einer Rakete.

Tabelle 8.7.2: *Charakteristische Bahndaten der Satelliten.*

Orbit-Parameter	Wert
Orbit-Typ	Sonnensynchron
Wiederholungszeitraum pro Orbit	11 Tage/167 Umläufe
Umläufe pro Tag	15 2/11
Orbithöhe	514 km
Inklination (Neigungswinkel gegen den Äquator)	97,44°
Lokale Zeit am aufsteigenden Knoten	18:00 Uhr

Bild 8.7.4: *TerraSAR-X-/TanDEM-X-Satellit (Bild: ASTRIUM).*

Die Mehrzahl der elektronischen Bauteile ist auf der Außenseite der Grundstruktur des Sechsecks angebracht und erlaubt dadurch einen einfachen Zugang während der Integration und Tests. Der Satellit ist 4 880 mm hoch und hat eine maximale Breite von 2 400 mm. In der nominalen Fluglage beträgt der Off-Nadir-Winkel der SAR-Antenne 33,8°. Der Einsatz der leichten CFRP-(Carbon-Fibre Reinforced Plastic/kohlenstofffaserverstärkter Kunststoff) Technologie in der Satellitenstruktur und der SAR-Antenne führt zu einer geringen Gesamtmasse von etwa 1 350 kg (inklusive 78 kg Treibstoff). Alle Systeme sind fehlertolerant ausgelegt, und die prognostizierte Zuverlässigkeit nach 5,5 Jahren nominaler Missionslaufzeit beträgt 80 %.

8.7.3.2 Satellitenbus

Die Hauptaufgaben des Satellitenbusses sind, das SAR-Instrument ausreichend mit Energie zu versorgen, die Radarantenne hochgenau auf die Erde auszurichten, einen stabilen Orbit aufrechtzuerhalten, für adäquate Thermalbedingungen zu sorgen sowie die Kommunikation mit dem Boden sicherzustellen.

Der **On-Board-Computer** arbeitet mit einem Prozessormodul, das auf dem ERC21-MCM basiert (die hochintegrierte Chip-Modul-Weiterentwicklung des strahlungstoleranten 32-bit-SPARC-V7-Mikroprozessors) und mehr als 10 Millionen Instruktionen pro Sekunde an Rechenleistung bietet.

Die **Energieerzeugung** wird durch ein 5,25 m^2 großes GaAs-Solar-Array gewährleistet. Die gewonnene elektrische Energie wird in einer 108-Ah-Li-Ionen-Batterie gespeichert und über ein Hauptbussystem (50 V DC) verteilt. Unter den schlechtesten anzunehmenden saisonalen Umständen und der Annahme eines Solar-Array-String-Fehlers ist die verfügbare Energie am Ende der Missionszeit immer noch ausreichend, um den Nominalbetrieb des SAR-Instruments mit 170 s pro Orbit im Durchschnitt mit etwa 10 % Reserve durchzuführen.

Da jedoch, von einem kleinen Zeitraum um die Sommersonnenwende, in dem Schattenphasen mit einer maximalen Dauer von 22,4 min auftreten, abgesehen, das Solar-Array ständig zur Sonne zeigt, ist elektrische Energie typischerweise reichlich vorhanden, sodass SAR-Aufnahmen von mehr als 10 min pro Orbit möglich sind.

Hochpräzise **Lageregelung** und **Lagebestimmung** des Satelliten wird mithilfe von Sternsensoren erreicht, die nahe an der SAR-Antennenfläche montiert sind, sodass die geforderte Genauigkeit der Antennenausrichtung von 65 Bogensekunden erreicht wird. Die Lageregelung folgt dem neuartigen Zero-Doppler-Steering-Gesetz, das vom DLR entwickelt wurde und nahezu dopplerfreie Radaraufnahmen über den gesamten Orbit ermöglicht. Ein in Tetraederanordnung montierter Satz von vier Reaktionsrädern dient zur Lageregelung und ermöglicht die Rotation in die sog. Sun Side Looking-(SSL)Ausrichtung, wobei die Radarantenne zur linken Seite in Richtung Sonne ausgerichtet wird. Dies wird genutzt, um die Aufnahme von bestimmten Bildzielen aus anderen Einfallswinkeln oder in kürzeren Zeitabständen zu ermöglichen. Um die SAR-Antenne in diese SSL-Richtung auszurichten, ist eine Drehung des gesamten Satelliten um 67,6° nötig, die in weniger als 180 s erreicht wird.

Der Satelliten-Bus ist mit einem Monopropellant Hydrazin-Antriebssystem mit acht 1-N-Triebwerken ausgestattet, das für Bahnkorrekturen und zur Lageregelung im sog. **Attitude Safe Mode** eingesetzt wird. Insgesamt 78 kg Treibstoff ermöglichen eine Geschwindigkeitserhöhung Δv von 105 m/s, ausreichend für annähernd 10 Jahre Betrieb. Neben der reinen Orbithaltung ermöglicht dies, den Satelliten in einem 250 m engen Korridor um den Referenzorbit zu halten und damit über die gesamte Lebenszeit SAR-Interferometrie zu betreiben. Das System zur Lage- und Bahnregelung wird durch Sensoren zur Bestimmung der Erd- und Sonnenrichtung (Coarse Earth and Sun Sensor, CESS), der Drehrate (Gyro) sowie durch Magnetfeldrichtungssensoren (Magnetometer) komplettiert. Der Attitude Safe Mode wird bei TerraSAR-X typischerweise mit den Hydrazindüsen geregelt. In der TanDEM-X-Mission wird zusätzlich ein neu entwickelter Safemode-Regler eingesetzt, der ausschließlich mit Magnettorquern als Aktuatoren auskommt. Damit lässt sich die Lage zwar nicht mehr so schnell und genau regeln, wie es mit den Düsen möglich wäre, allerdings – und das ist für die Sicherheit der TanDEM-Konstellation wichtig – arbeiten Magnettorquer kräftefrei und haben dadurch keinen störenden Einfluss auf die Orbitformation.

Die **Thermalkontrolle** wird durch eine Kombination von Isolationsfolien (Multi-Layer Insulation – MLI), wärmeabstrahlenden Flächen und geregelten Heizern sichergestellt. Diese Kombination garantiert unabhängig von der jahreszeitlich bedingten Änderung des Sonneneinstrahlwinkels, des Satellitenmodus und der Satellitenausrichtung stabile Temperaturbedingungen für alle Komponenten. Alle für den Betrieb essenziellen Radarelemente im Satellitenbus werden mit Folienheizern mit < 1 K Varianz konditioniert.

Die Kommandierung des Satelliten erfolgt verschlüsselt über ein S-Band-System. Die Telemetrieparameter des Satelliten werden im gleichen Frequenzband an die Bodenstation gesendet. Das S-Band-System arbeitet mit Datenraten von 4 kbps für die Kommandierung, 32 kbps für Echtzeit House Keeping (HK) Telemetrie Downlink und 1 Mbps für den Downlink der im HK-Speicher zwischengespeicherten Daten. Die Radar-Nutzdaten werden mit einem X-Band-System mit einer Netto-Datenrate von 270 Mbps zum Boden übermittelt. Die X-Band-Downlink-Antenne ist auf einem 3,3 m langen Ausleger montiert, um Störungen mit dem X-Band-SAR-Instrument zu verhindern. Dieses Konzept ermöglicht zeitgleich SAR-Betrieb und Datenübermittlung zum Boden.

Die Komponenten des Satellitenbusses sind generell redundant vorhanden, um bei einem einzelnen Fehler den weiteren Betrieb zu gewährleisten. Kritische Komponenten werden „heiß redundant" (ständig aktiviert) betrieben, sodass im Fehlerfall eine schnelle Reaktion zur Fehlerbehebung stattfinden kann.

8.7.3.3 SAR-Instrument

Das charakteristische Merkmal von TerraSAR-X ist das fortschrittliche hochauflösende X-Band Synthetic Aperture Radar (SAR), das auf einer aktiven Richtungssteuerung der Antenne beruht. Die festgelegten Leistungsparameter für jede der drei SAR-Betriebsarten Spotlight, StripMap und ScanSAR sind in Tabelle 8.7.1 zusammengefasst.

Die Mittelfrequenz des Radars liegt bei 9,65 GHz, was einer Wellenlänge von etwa 3 cm entspricht, die Bandbreite ist bis zu einem Maximum von 300 MHz wählbar. Die gesamte Radarantenne ist etwa 4 800 mm lang, 800 mm breit und 150 mm tief. Sie kann in zwei Polarisationen (H – horizontal – und V – vertikal) betrieben werden und besteht aus 12 Panels mit jeweils 32 Hohlleiter-Schlitzstrahlern. Jeder dieser Strahler ist mit einem Transmit/Receive Module (TRM) ausgestattet. Die komplette SAR-Antenne besteht damit insgesamt aus 384 TRMs. Bild 8.7.5 zeigt einen einzelnen Strahler (geklebtes Paar H & V geschlitzter Hohlleiter mit ihrem TRM), Bild 8.7.6 ein integriertes Antennen-Panel (Array mit 32 aktiven Strahlern inklusive Signalleitungsnetzwerk und Inverter).

Die Strahlschwenkungsfähigkeit ist ±0,75° in Flugrichtung (Azimut) und ±20° quer zur Flugrichtung (Elevation). Ein hocheffizientes Thermalkonditionierungssystem garantiert niedrige Temperaturgradienten über die gesamte Antennenoberseite und trotz der hohen Leistung der Antenne einen niedrigen Aufheizungsgradienten. Durch dieses System sind bis zu 10 min lange durchgängige Aufnahmen möglich, ohne die Antenne zu überhitzen. Für die Strahlereinheiten wird eine fortschrittliche CRFP-Technologie

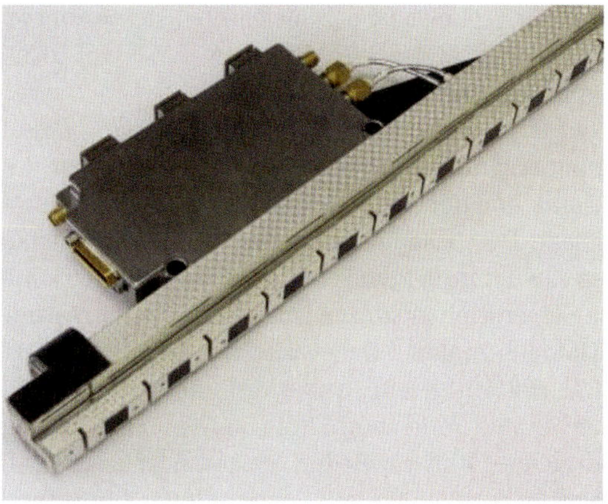

Bild 8.7.5: *Einzelner Hohlleiter-Schlitzstrahler (Bild: ASTRIUM).*

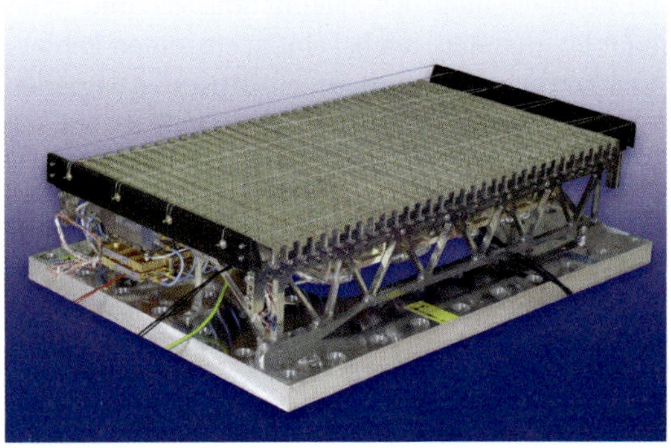

Bild 8.7.6: *Integriertes Antennen-Panel (Bild: ASTRIUM).*

genutzt, die im Verbund mit der fixen Montage von Antennenstruktur und Satellitenstruktur thermo-mechanische Deformierungen der Antenne fast vollständig verhindert.

Die TRMs werden von einem AC-Versorgungsbussystem betrieben, das die Spannungsversorgung (50 V Gleichspannung) des Satellitenbusses in 115 V/30 kHz Wechselspannung umwandelt. Die Wechselspannung wird dann an jedes Antennen-Panel weitergeleitet, wo sie wiederum umgewandelt und gleichgerichtet wird, um die TRMs zu versorgen. Die Radarantenne ist mit einer zentralen Steuerelektronik versehen, die jedes TRM mithilfe eines Datenbussystems mit Informationen über die Einstellungen von Amplitude, Phase und Polarisierung für jeden einzelnen Radarpuls versorgt. Dank eines freiprogrammierbaren Frequenzmodulators kann eine große Auswahl von Pulsformen und Bandbreiten eingestellt werden. Ein aufwendiges Kalibrierungsnetzwerk, das über alle RF-Datenwege zu den TRMs führt, fungiert als essenzieller Grundbaustein für die Signalkalibrierung während des Betriebs im Orbit. Die in den Radaraufnahmen erzeugten SAR-Daten können in Echtzeit mit einem BAQ-Schema (block adaptive quantiser) in einem auswählbaren Kompressionsverhältnis (8 : 6,8 : 4,8 : 3 oder 8 : 2) komprimiert werden. Anschließend werden die Daten im Halbleitermassenspeicher (Solid State Mass Memory – SSMM) mit 256 Gbit Speicherkapazität gespeichert. Dank neuer Technologie der Speicherbausteine konnte die Speicherkapazität des SSMM für TanDEM-X auf 512 Gbit verdoppelt werden.

Die Elektronikkomponenten für den Empfang, die Übermittlung und die Kalibrierung der Signalwege der Radarelektronik und der Antenne sind durchgehend redundant ausgelegt. Das bedeutet, dass zwei voll funktionsfähige Ketten existieren, die gleichzeitig aktiviert werden können. Dieser Operationsmodus wird **Dual Receive Antenna**-(DRA)Modus genannt. Dabei wird die Antenne elektrisch in zwei Hälften geteilt, wobei die Radarechos von den beiden Azimut-Antennenhälften individuell empfangen, aufgezeichnet und am Boden ausgewertet werden. Dies ermöglicht unter anderem die sog. **Along Track Interferometry** (ATI) und vollpolarimetrische Datenerfassung.

Das SAR-Design enthält ein internes Kalibrierungsschema, nach dem gesendete Signale direkt in einen Receiver geleitet werden, um die Überwachung der Amplituden/Phasen während der Operation zu ermöglichen. Diese Maßnahme produziert Leistungsdaten des Instruments, die bei der Prozessierung am Boden für radiometrische und/oder Phasenkorrekturen der Bilddaten genutzt werden können.

8.7.3.4 Tracking, Occultation und Ranging Equipment

Das **Tracking, Occultation und Ranging Equipment** TOR wurde vom GeoForschungszentrum Potsdam, Deutschland, und dem Center for Space Research der Universität Texas in Austin, USA, mit finanzieller Unterstützung des DLR/BMBF gebaut.

TOR besteht aus dem Zwei-Frequenz-GPS-Empfänger IGOR (Integrated Global Navigation Solution System & Occultation Receiver), einem Okkultationsantennen-Set sowie einem Laser-Retroreflektor (LRR). IGOR ist eine Weiterentwicklung des schon mehrfach eingesetzten BlackJack-Empfängers. Die GPS-Daten, die man durch IGOR erhält, sind die Grundlage für den präzisen Orbitvermessungsprozess (Precise Orbit Determination) am Boden. Die tatsächlich geflogene Orbitbahn wird mit einer Positionsgenauigkeit von < 2 m innerhalb von weniger als 24 h nach Erhalt der IGOR-Daten für die SAR-Bildverarbeitung und Lokalisierung verfügbar.

Ein weiteres Missionsziel von TOR ist es, Daten zu atmosphärischen und ionosphärischen Veränderungen von GPS-Signalen mit IGOR zu sammeln, die zur Verbesserung von numerischen Wettermodellen und für Klimastudien verwendet werden. Das LRR ist ein passives optisches Bauteil, das eine genaue Bahnbestimmung mithilfe von Laserstrahlen vom Boden aus ermöglicht. Unterstützt wird dieses System von einem weltweiten Netzwerk von Laser-Tracking-Stationen des International Laser Ranging Service (ILRS). Das LRR-System erlaubt die Orbitvermessung mit einer Genauigkeit im Zentimeterbereich und wird hauptsächlich genutzt, um unabhängig die Qualität der GPS-Orbitvermessungsdaten des Satelliten zu bewerten.

8.7.3.5 Laser Communication Terminal

Für TerraSAR-X wurde das Laser Communication Terminal (LCT) als zusätzliches Nutzlastexperiment entwickelt. Finanziert durch das DLR und das BMBF (Bundesministerium für Bildung und Forschung), wurde es unter der Leitung des Hauptauftragnehmers TESAT mit wichtigen Beiträgen von ASTRIUM und Zeiss Optronik gebaut. Das Hauptziel des LCT-Experiments ist der Nachweis der Realisierbarkeit einer laserbasierenden Kommunikation zwischen Satelliten in verschiedenen Orbits mit einer hohen Datenrate. Durch die erfolgreiche Kommunikation mit einem Gegenterminal auf dem US-amerikanischen Militärsatelliten NFIRE wurde dieses Ziel erreicht.

8.7.3.6 Unterschiede zwischen TerraSAR-X und TanDEM-X

Der Vorschlag für die TanDEM-X-Mission entstand während der Entwicklung des TerraSAR-X-Satelliten. Die TanDEM-X-Mission ist eine parallele Operation mit einem zweiten, nahezu baugleichen Satelliten, der in enger Formation zum ersten Satelliten fliegt. Dabei sendet ein Satellit die Radarsignale aus, und beide Satelliten empfangen die Echos an einer leicht unterschiedlichen Position. Dadurch werden interferometrische Radardaten gesammelt, die genutzt werden, um ein digitales Höhenmodell der kompletten Landmasse der Erde zu erstellen. Um den synchronen Betrieb beider Radarsatelliten zu ermöglichen, wurde ein kleiner Ausbau des SAR-Designs auf TerraSAR-X notwendig. Für den Bus beschränkte man sich auf Softwareänderungen bei TerraSAR-X und einige wenige Hardwareerweiterungen auf TanDEM-X, um den Formationsflug beider Satelliten zu ermöglichen. Die Unterschiede zwischen TanDEM-X und TerraSAR-X zeigt Bild 8.7.7.

Auf TanDEM-X ist ein zusätzliches Stickstoff-Kaltgas-Antriebssystem untergebracht. Dieses Kaltgassystem liefert kleinere Impulse als das Hydrazin-System und unterstützt den Formationsflug durch feine Bahnregelung des TanDEM-X-Satelliten.

Das TerraSAR-X-Instrument ist mit zusätzlichen Systemen ausgestattet, die für den bistatischen Betrieb beider Satelliten notwendig sind. Die Synchronisierung wird durch den Austausch von Radarimpulsen zwischen den beiden Satelliten ermöglicht – sog. Sync-Pulse. Sechs Hornantennen auf jedem Satelliten liefern eine fast vollständige Richtungsabdeckung (Bild 8.7.8). Die roten Kegel symbolisieren die Ausrichtung der jeweiligen Hornantennen. Ihre Anordnung auf dem Satellit wurde hauptsächlich durch das verfügbare Volumen in der Nutzlastverkleidung der Rakete bestimmt.

Für die Erstellung von DEM-Daten ist es notwendig, dass sich die Satelliten bei ihrem Formationsflug bis auf etwa 300 m nähern. Das birgt das Risiko der Kollision der Satelliten und das Risiko der gegenseitigen Beleuchtung mit den Radarstrahlen der Antennen. Deshalb wurden Mechanismen entwickelt und implementiert, um die Satelliten vor diesen Risiken zu schützen:

a) Ein zusätzlicher **Sicherheitsmodus** (safe mode) nutzt nur die Magnettorquer, um Änderungen der Orbitparameter (wie beim Einsatz der Hydrazintriebwerke) zu vermeiden, die zum Risiko einer Kollision führen könnten.
b) Im bistatischen Betrieb der Satelliten gibt es eine **Ausschlusslogik**, die das Senden jeweils einer der beiden SAR-Antennen unterdrückt. Außerdem wird für bestimmte relative Orbitpositionen der Satelliten zueinander ebenfalls die Radaremission blockiert, falls die Gefahr der gegenseitigen Beleuchtung besteht.

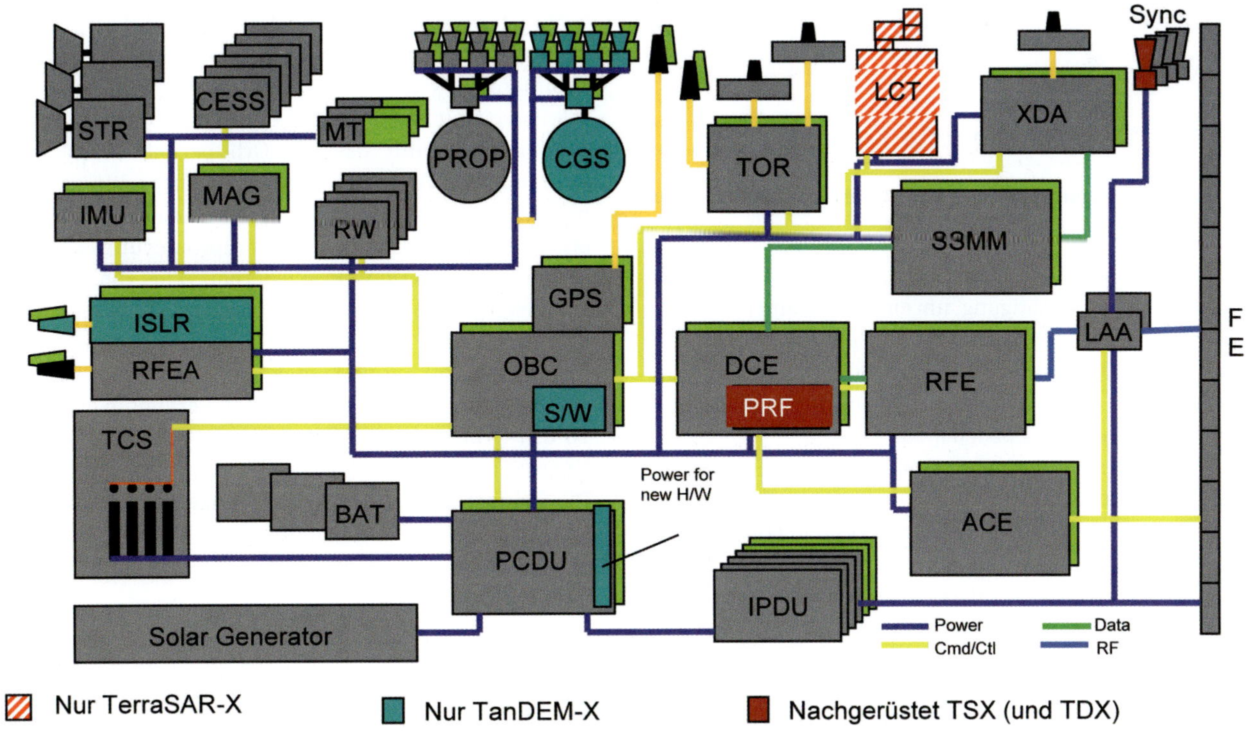

Bild 8.7.7: *Schematische Darstellung der Unterschiede zwischen TerraSAR-X und TanDEM-X (Bild: ASTRIUM).*

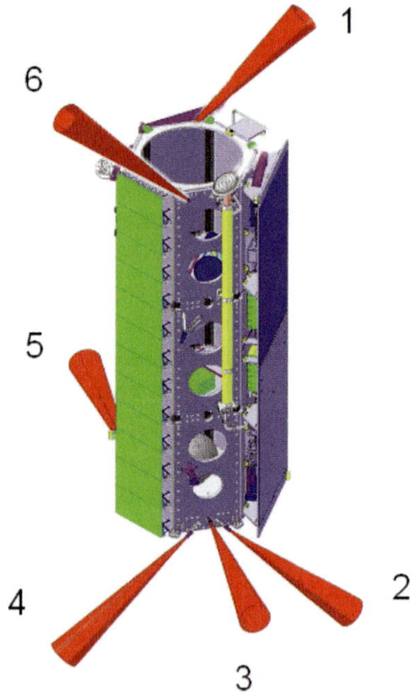

Bild 8.7.8: *Anordnung der Hornantennen für den Austausch von Radarimpulsen zur Synchronisierung (Bild: ASTRIUM).*

Diese gegenseitige Beleuchtung könnte durch die hohe Leistung der Antenne und den geringen Abstand der Satelliten zu Schäden an dem angestrahlten Satelliten führen.

c) Außerdem ist ein zusätzlicher S-Band-Empfänger auf TanDEM-X untergebracht. Dieser ermöglicht es TanDEM-X, die TerraSAR-X-Telemetriedaten zu empfangen.

8.7.4 Das operationelle Konzept

8.7.4.1 Auswahl und Festlegung der Orbitparameter

Bei der Definition der TerraSAR-X-Mission fanden eine Reihe von teils widersprüchlichen, teils einschränkenden Faktoren Berücksichtigung, um eine insgesamt optimierte Mission zu erreichen. Dazu gehörten neben der Orbithöhe und Inklination und der damit verbundenen Auswahl einer Trägerrakete auch die Orbitlokalzeit und der Wiederholzyklus (repeat cycle) der Bodenspur.

Aus der grundlegenden Anforderung, möglichst die gesamte Erdoberfläche zu überstreichen, ergibt sich konsequenterweise, dass nur ein polarer Orbit in Frage kommt. Die hohe elektrische Leistungsanforderung der aktiven Radarantenne lässt sich dabei am besten mit einem **sonnensynchronen Orbit** entlang der Tag-Nacht-Linie erfüllen. Die Sonneneinstrahlrichtung auf den Satelliten ändert sich hierbei nur durch die jahreszeitliche Variation des Sonnenstandes. Die Eklipsen beschränken sich – je nach gewählten Orbitparametern – auf die Zeit um die Sonnenwende (Sommer oder Winter). Dadurch kann auf ein aufklappbares und drehbares Sonnensegel verzichtet und stattdessen ein fest an den Satellitenkörper montiertes **Sonnenkollektor-Panel** eingesetzt werden. Der sonnensynchrone Orbit ermöglicht ferner eine optimale Anbringung und Ausrichtung der Sternsensoren auf der kalten Schattenseite des Satelliten. Des Weiteren erleichtert diese Orbitauswahl auch die Auslegung des Thermalsystems, da immer genügend Radiatorfläche zur Abstrahlung überschüssiger Wärme in den kalten Weltraum zeigt.

Die aus Budgetgründen infrage kommenden Trägerraketen sind in der Lage, einen etwa 1,5 t schweren Satelliten in einen polaren Orbit mit etwa 500 km Höhe zu transportieren. Größere Orbithöhen hätten den Vorteil, dass durch die geringere Restatmosphäre weniger Manöver zur Einhaltung der Orbithöhe notwendig wären. Insgesamt würde die Auslegung der Antennen- und Satellitenparameter dann allerdings einen größeren und schwereren Satelliten und damit deutlich leistungsstärkere und teurere Trägerraketen erfordern. Insgesamt gesehen ist die Auslegung des TerraSAR-X-Systems eine gelungene Optimierung zwischen Radarbetrieb, Radarleistungsklasse und vorhandenen technologischen Möglichkeiten, verbunden mit relativ moderaten Anforderungen an die Satellitenplattform, die sich größtenteils mit bereits raumfahrtqualifizierten Komponenten erfüllen lassen, und der Kompatibilität zu mehreren Trägerraketen der unteren bis mittleren Leistungsklasse.

Ausgehend von den bis dahin festgelegten grundlegenden Missions- bzw. Orbitparametern wurden weitere Optimierungen und Festlegungen durchgeführt. Besonders wichtig für die Mission ist die Festlegung des sog. **„repeat cycles"** (Wiederholzyklus). Durch geeignete Wahl der Orbitparameter lässt sich die Wiederholrate der mittleren Bodenspur des Satelliten einstellen. Diese Parameter werden so gewählt, dass die Orbitperiode (Umlaufzeit) ein rationaler Teil eines Tages ist. Gleichzeitig soll eine möglichst gleichmäßige Überdeckung der Erdoberfläche erreicht werden. Nach einigen Optimierungsschritten wurde für TerraSAR-X ein Wiederholzyklus von 11 Tagen, entsprechend 167 Umläufen, festgelegt. Dies entspricht demnach 15 2/11 Umläufen pro Tag bei einer Höhe von 514 km am Äquator und einer Inklination von 97,44°.

Der Einschuss in die Umlaufbahn erfolgt in einen sog. **18-Uhr-Orbit**, d. h., die Uhrzeit auf der Bodenspur ist beim Überqueren des Äquators in Richtung Norden 18 Uhr. Die für TerraSAR-X ausgewählte Rakete DNEPR erreicht von ihrem Startplatz Baikonur den geforderten Orbit nur in Südrichtung. Deshalb findet der Start in den frühen Morgenstunden statt.

Eine weitere Anforderung an den Orbit und hier speziell an dessen Einhaltung ergibt sich aus dem Missionsziel, SAR-Interferometrie zu betreiben. Dazu werden zwei SAR-Aufnahmen der gleichen Szene aus leicht unterschiedlichen Orbitpositionen benötigt. Für TerraSAR-X wurde deshalb festgelegt, dass sich die Umlaufbahnen verschiedener Wiederholzyklen innerhalb eines Schlauches von nicht mehr als 250 m um einen gedachten Referenzorbit bewegen sollen. Eine autonome und quasi kontinuierliche Orbitkontrolle wurde schon zu Beginn der Definitionsphase aus technologischen und Kostengründen ausgeschlossen. Mit dem eingesetzten bewährten Hydrazin-Antriebssystem müssen in regelmäßigen Abständen – je nach Sonnenaktivität zwischen 1 Tag und 2 Wochen – kleine Manöver zum Anheben des Orbits durchgeführt werden. Zusätzlich finden in größeren Abständen auch Korrekturen der Inklination statt. Um die Anzahl der Manöver und damit auch den erforderlichen Treibstoffbedarf klein zu halten, ist es notwendig, die Manöver möglichst exakt beim Erreichen der Schlauchgrenzen und mit höchster Genauigkeit durchzuführen. Dazu werden die Modelle der Schubdüsen in der Flugdynamiksimulation ständig der aktuellen, über die Orbitbestimmung gemessenen Ausführgenauigkeit der Manöver angepasst, um den Schublevel in der Planung zu berücksichtigen, der sich durch den abnehmenden Tankdruck im Laufe der Mission verringert. Des Weiteren werden auch kleinste systematische Abweichungen (z. B. kleinste Abweichungen der Schubvektorrichtung – alignment offsets) in den Manöverberechnungen berücksichtigt. Der Referenzorbit selbst ist so gewählt, dass die Abweichungen des realen Orbits, bedingt durch Gravitationseffekte und andere Störungen, möglichst gering ausfallen und keine zusätzlichen Manöver erfordern.

Für die TanDEM-X-Mission, bei der die beiden Satelliten TerraSAR-X und TanDEM-X in einem engen Formationsflug dem Referenzorbit folgen (Bild 8.7.9), ergeben sich weitere, höchst anspruchsvolle Anforderungen. Die Konstellation wird in einer sog. **Helix-Formation** betrieben, bei der sich TanDEM-X relativ zu seinem Partnersatelliten in einer Helix mit Orbitfrequenz bewegt.

Die Größe und die Phase der Helix legen die Basislinie für die bistatischen Aufnahmen fest, die im Laufe der TanDEM-X-Mission mehrmals verändert wird. Der Abstand der beiden Satelliten beträgt dabei zwischen 250 m und mehreren Kilometern. Die Orbitparameter sind entsprechend der Methode der „**e-i-Vektor-Separation**“ so gewählt, dass sich im Falle eines Nichteingreifens der Bodenkontrolle ein kollisionsfreies Auseinanderdriften der beiden Satelliten ergibt. Es versteht sich von selbst, dass sämtliche Manöver zur Einhaltung des Referenzorbits zeitgleich von beiden Satelliten durchgeführt werden müssen. Besondere Aufmerksamkeit wurde auf die Reduzierung der Wahrscheinlichkeit einer Kollision in Fehlerfällen, z. B. bei der Nichtausführung eines Orbitmanövers auf einem der beiden Satelliten, gelegt. Die Kontrolle der Helix-Formation kann sowohl vom Boden als auch vom bordeigenen „**TanDEM Autonomous Formation Flight**“-Algorithmus (TAFF) durchgeführt werden. Die kleinsten Korrekturmanöver nutzen in beiden Fällen das bei TanDEM-X gegenüber TerraSAR-X zusätzlich vorhandene Kaltgas-Antriebssystem. Die Definition des Referenzorbits und der Helix-Parameter ermöglicht, verbunden mit der nahezu perfekten Ausführung der Kontrolle der realen Umlaufbahnen, eine A-priori-Planung der zur DEM-Erzeugung notwendigen Radaraufnahmen der Erdoberfläche für den gesamten Missionszeitraum.

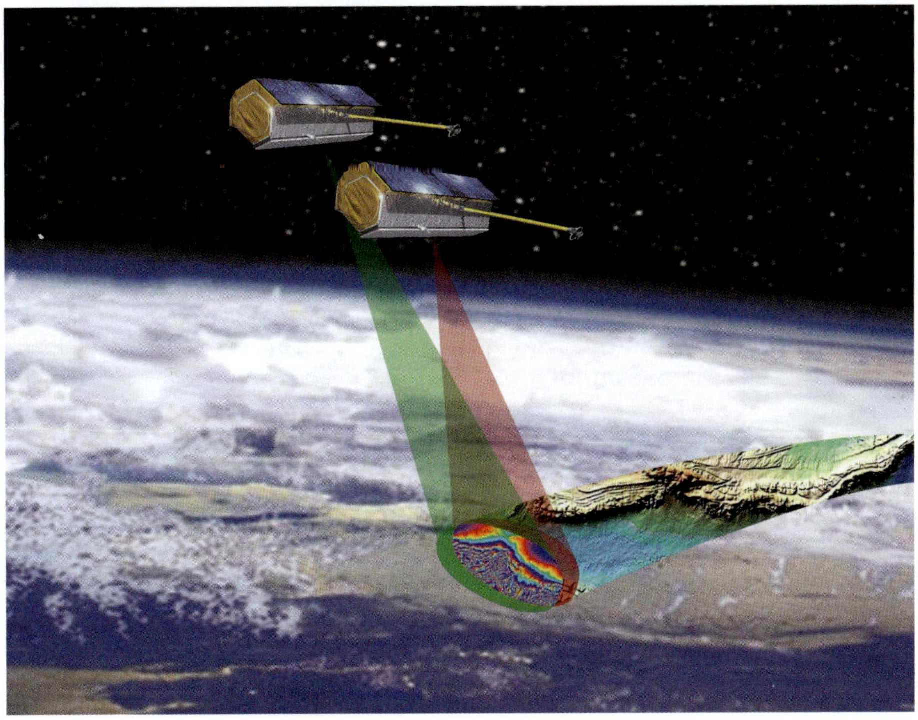

Bild 8.7.9: *Formationsflug von TerraSAR-X und TanDEM-X (Bild: ASTRIUM).*

8

8.7.4.2 Bodensegment und Missionsbetrieb

Das Bodensegment stellt die notwendige Infrastruktur für den Betrieb des Satelliten und die Erzeugung, Bearbeitung und Verteilung der SAR-Daten und -Produkte bereit. Entsprechend der im PPP-Vertrag festgelegten Nutzung gliedert sich das Bodensegment in das vom DLR bereitgestellte Bodensegment, das wissenschaftliche Nutzersegment und das kommerzielle Vermarktungs- und Servicesegment der ASTRIUM-Tochter Infoterra.

Das DLR Bodensegment (Bild 8.7.10) besteht aus drei wesentlichen Gruppen, die von verschiedenen Organisationseinheiten (Instituten) des DLR entwickelt wurden und betrieben werden:

1. dem Missionsbetrieb (MOS), zur Steuerung und Kontrolle der Mission und des Satelliten
2. dem Instrument Betriebs- und Kalibrierungssegment (IOCS)
3. dem Nutzlastbodensegment (PGS), das für den Empfang, die Prozessierung, Archivierung und Verteilung der Radar Daten verantwortlich zeichnet.

Der nominale Missionsbetrieb für TerraSAR-X nutzt im Wesentlichen die Bodenstationen des DLR in Weilheim (für die Satelliten-Kommandierung und zur Satelliten-Überwachungstelemetrie im S-Band) und Neustrelitz (zum Empfang der Radarnutzdaten im X-Band). Diese Bodenstationen haben aufgrund ihrer geografischen Lage je zwischen 3 und 5 Kontakte am Tag. Während der Erstinbetriebnahme nach dem Start sowie in Maintenance-Phasen werden zusätzliche Bodenstationen aus internationalen Netzwerken hinzugeschaltet, die hauptsächlich in polaren Regionen liegen und dadurch bei nahezu jedem Umlauf einen Kontakt mit dem Satelliten ermöglichen. Für die TanDEM-X-Mission werden auch für den Nominalbetrieb weitere Stationen eingesetzt, um die anfallende Datenmenge an den Boden zu senden. Die Dauer der Kontaktzeiten zum Empfang der Radardaten stellt eine der begrenzenden Systemgrößen für die Anzahl der möglichen Radaraufnahmen dar. Durch den Einsatz von mehreren weltweit verteilten Nutzer-Bodenstationen, sog. **Direct Access Customer**-(DAC)Bodenstationen, die im Wesentlichen für kommerzielle Kunden der Infoterra aufgebaut werden, kann hier eine Kapazitätssteigerung bei gleichzeitig schnellerer Zugriffszeit erzielt werden.

Weitere einschränkende Parameter für den Radarbetrieb sind die Energieversorgung sowie der Thermalhaushalt des Satelliten. Obwohl TerraSAR-X auf einer sonnensynchronen Umlaufbahn fliegt und nahezu immer elektrische Energie aus den Solarzellen gewonnen wird,

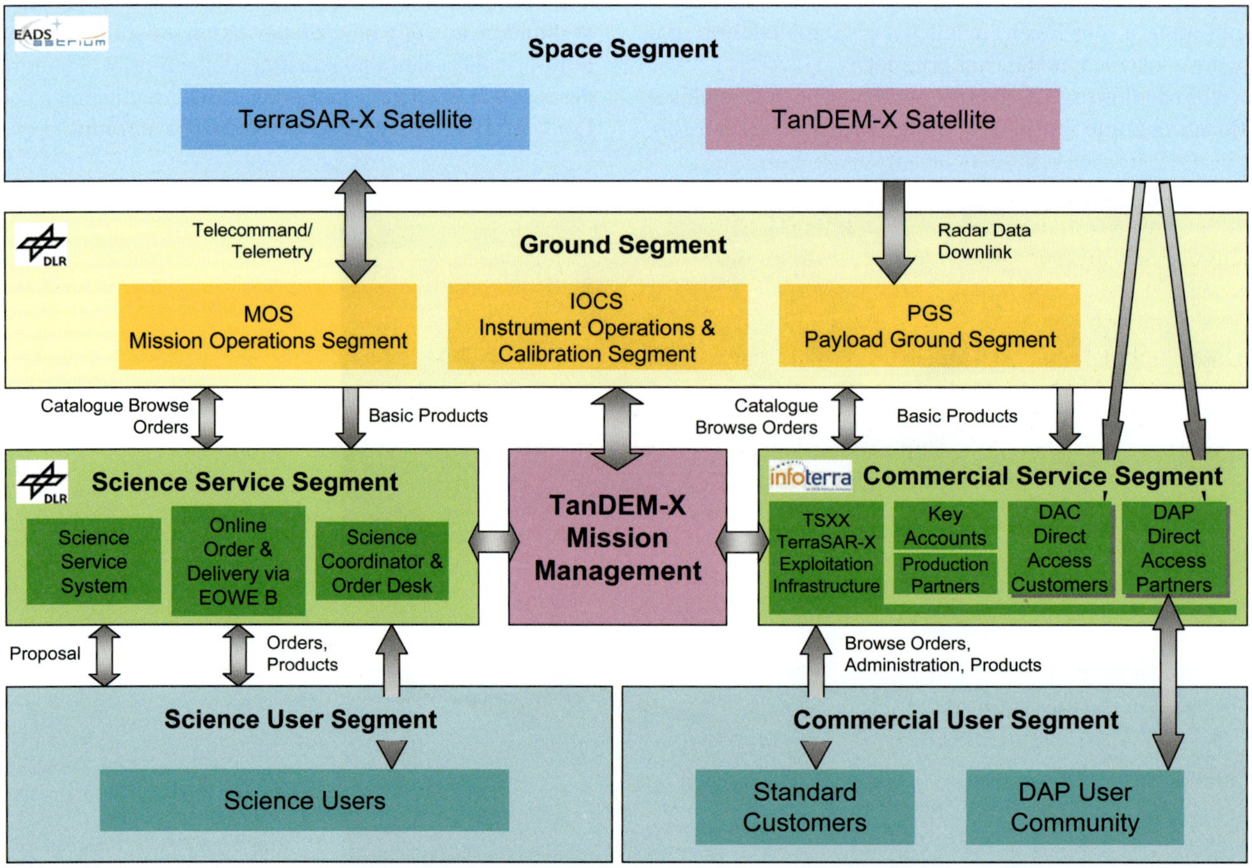

Bild 8.7.10: *Übersicht über das Bodensegment (Bild: ASTRIUM).*

8

wird aufgrund der hohen Leistungsaufnahme des Radarinstruments bei jeder Radaraufnahme ein großer Teil der Energie aus den bordeigenen Batterien entnommen. Dadurch ist nur eine begrenzte Aufnahmedauer von im Mittel etwa 3 Minuten pro Umlauf möglich, wobei Ausnahmen unter Berücksichtigung der tatsächlichen Ressourcen gegeben sind. Gleichzeitig wird bei jeder Radaraufnahme ein Teil der Energie in Wärme umgesetzt, sodass nach einer längeren Radaraufnahme bzw. einer Sequenz von Radaraufnahmen eine Abkühlzeit vorgesehen werden muss.

Verantwortlich für den effektiven Einsatz der verfügbaren Aufnahmekapazität ist das **Missionsplanungssystem** (MPS). Um den Anforderungen für einen kontinuierlichen kostenoptimierten Nominalbetrieb zu genügen, wurde das MPS als vollständig automatisiertes System implementiert. Neben den Routineaufgaben für den Satellitenbetrieb – im Wesentlichen das Ein- und Ausschalten der Transmitter für die Bodenkontakte und das Kommandieren der Telemetriedumps über den Bodenstationen – ist die Hauptaufgabe des MPS die Entgegennahme von Anforderungen für SAR-Aufnahmen, die Generierung der notwendigen SAR-Kommandos, das Planen einzelner SAR-Aufnahmen in eine Instrumentsequenz, das Verwalten der Speicherkapazität und der Daten-Files sowie deren Verschlüsselung und nicht zuletzt die Erzeugung der Kommandos zum Senden der aufgezeichneten Daten-Files an die Bodenstation.

Zweimal am Tag, jeweils vor dem ersten von zwei aufeinander folgenden Bodenkontakten, wird eine Kommandosequenz (Timeline) erstellt, die die zeitgesteuerten Kommandos an den Satelliten und speziell an das Radarinstrument für die nächsten 2 bis 3 Tage beinhaltet. Die Kommandosequenz wird schon während der Planung auf Vollständigkeit und Kompatibilität mit den Satellitenressourcen überprüft. Insgesamt überprüft das automatische System nahezu 100 Randbedingungen, wobei aus der Erfahrung von TerraSAR-X, neben der offensichtlichen Einschränkung einer zeitgleichen Ausführung von Aufnahmen, die Speicherkapazität und die Überschreitung der maximalen Aufnahmezeit pro Umlauf die häufigsten Gründe für das Nichtberücksichtigen einer Aufnahme sind.

Das MPS ist in der Lage, auch kurzfristige Aufnahmeanfragen entgegenzunehmen und in eine bestehende Sequenz einzubauen. Dazu ist es unter Umständen notwendig, geplante Aufnahmen, die z. B. eine niedrigere Priorität haben, wieder herauszunehmen. Diese werden dann für den nächsten Wiederholzyklus erneut eingeplant. Notwendige Manöver zur Bahnkorrektur, die automatisch im Flugdynamiksystem berechnet und festgelegt werden, haben wegen der Forderung nach Einhaltung des Referenzorbits ebenfalls Priorität gegenüber eingeplanten Radaraufnahmen und verdrängen diese gegebenenfalls aus der Timeline.

Für den Einsatz des Missionsplanungssystems in der TanDEM-X-Mission ergeben sich höchst anspruchsvolle Erweiterungen. Alle Aufnahmen, die im bistatischen Modus zur DEM-Erzeugung notwendig sind, müssen zeitgleich in beiden Satelliten zur Ausführung kommen. Daneben werden die „normalen" TerraSAR-X-Aufnahmen je nach freien Kapazitäten auf die beiden Satelliten verteilt, sodass es für TerraSAR-X-Anwendungen zu keinerlei Einschränkung kommt. Außerdem werden weitere Kommandos für den Formationsflug und die dafür notwendigen Sicherheitsmaßnahmen benötigt, z. B. um sicherzustellen, dass die Manöver auf beiden Satelliten ausgeführt werden und beide Satelliten in ihrem Nominalmodus sind und nicht durch automatische Sicherheitsüberwachung (FDIR) in einen Safe Mode kommandiert wurden.

Neben der automatischen Planung und Erzeugung der Kommandosequenzen steht eine Multimission-Operator-Mannschaft rund um die Uhr bereit, um während der Bodenkontakte den Status des Satelliten zu überprüfen und das Senden der Kommandofiles zu überwachen. Beim Auftreten von Schwierigkeiten oder unerwarteten Statusinformationen kann das Operator-Team im Kontrollzentrum jederzeit über ein Rufbereitschaftssystem telefonisch auf Experten zurückgreifen, um notwendige Maßnahmen sofort oder spätestens innerhalb des nächsten Umlaufs einleiten zu können.

8.7.5 Inbetriebnahme

Nach dem Start des Satelliten TerraSAR-X im Juni 2007 und seiner 3-jährigen erfolgreichen Solomission wurden mit dem Start des Zwillingssatelliten TanDEM-X am 21.06.2010 die spannendsten Phasen der gemeinsamen Mission, der Formationsflug und der bistatische Radarbetrieb, begonnen.

Folgende Phasen werden dabei durchlaufen:

- die Start- und frühe Orbitphase (LEOP, launch and early orbit phase),
- die monostatische Radarinbetriebnahme (mono-static commissioning),
- der Übergang zum Formationsflug,
- die bistatische Radarinbetriebnahme (bi-static commissioning).

In der LEOP-Phase, die mit der Trennung des Satelliten von der Raketenoberstufe beginnt, schaltet sich der Satellit selbstständig ein und fährt die lebensnotwendigen Systeme hoch (Energieversorgung, Computer, Kommunikation, Lageregelung). Die erste automatische Sequenz misst mittels einfacher Sensorik Lage und Rotationsgeschwindigkeiten, die durch die Trennung von der Rakete verursacht wurden. Dann werden mit den Hydrazintriebwerken die Rotationen abgebaut und der Satellit lagerichtig ausgerichtet. Über den sukzessiven Test der Satellitenbussysteme erfolgt dann der Übergang zu höheren Betriebsmodi (u. a. Navigation

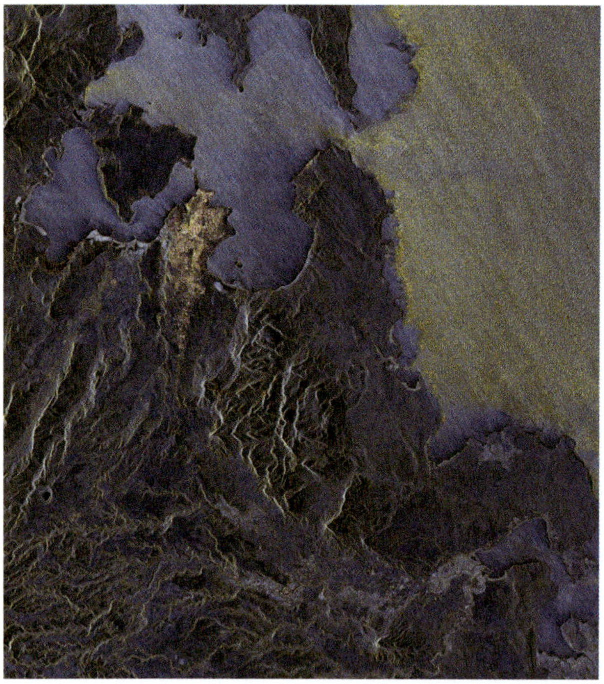

Bild 8.7.11: *TDX-Aufnahme von Madagaskar (Bild: DLR).*

per GPS und Sternsensoren). Sobald der Bus erfolgreich funktioniert, folgt die schrittweise Inbetriebnahme des Radarinstruments.

Für TanDEM-X hat diese erste Phase weniger als 1 Woche gedauert. Die ersten Radaraufnahmen waren bereits nach einer Rekordzeit von nur 3½ Tagen verfügbar (Bild 8.7.11).

In der monostatischen Inbetriebnahme wird das Instrument über verschiedenen Erdoberflächen und fest vermessenen Testobjekten in allen Betriebsmodi kalibriert. Aufgrund der Vielzahl der erforderlichen Aufnahmen dauert diese Phase fast 3 Monate, ist aber im Vergleich zu der gleichen Phase vom TerraSAR-X mit 5 Monaten sehr effizient geplant und durchgeführt. Für TanDEM-X wurde nachgewiesen, dass auch dieser Satellit die hervorragenden Leistungswerte vonTerraSAR-X erreicht. In der Testphase sind die Orbits beider Satelliten identisch, sie fliegen mit einem Abstand von 20 km hintereinander her.

Beide Satelliten werden außerdem mit speziellen Tests auf den nun folgenden Übergang zum engen Formationsflug vorbereitet.

In einer ca. 3-tägigen Driftphase holt TanDEM-X den Satelliten TerraSAR-X ein und wird über mehrere Manöver in die Helix für den Formationsflug gesteuert. In dieser Helix umkreisen sich die Satelliten mit einem Abstand von weniger als 400 m. Während der Annäherung konnte dann erstmals die Kommunikation zwischen den Satelliten beobachtet und getestet werden.

Damit bildet das Satellitenpaar das erste frei fliegende Radarinterferometer, das parallele Aufnahmen (bistatisch) der Erdoberfläche zur gleichen Zeit erlaubt (im Gegensatz zu bisher generierten interferometrischen Aufnahmen aus verschiedenen, zeitlich auseinanderliegenden Überflügen) (Bild 8.7.12).

In der folgenden bistatischen Inbetriebnahme werden dann die Radarinstrumente beider Satelliten miteinander getestet. Diese Phase dauert ebenfalls 3 Monate und ist 6 Monate nach dem Start des TanDEM-X mit der Überleitung in die operationelle Phase beendet.

In der operationellen Phase werden nun innerhalb von ca. 2½ Jahren die Daten für ein hochgenaues Höhenmodell (DEM – Digital Elevation Model) der gesamten Erdoberfläche erfasst (Bild 8.7.13). Parallel zu dem dafür notwendigen

Bild 8.7.13: *Höhenmodell des Vulkans Ätna (Bild: DLR/Infoterra).*

8

Bild 8.7.12: *Vulkan Ätna an der Ostküste Siziliens – eine der ersten bistatischen Aufnahmen (Bild: DLR).*

bistatischen Betrieb wird auch der bisherige monostatische Betrieb, nun verteilt auf beide Satelliten, störungsfrei weiterlaufen können.

8.7.6 Missionsprodukte

Hauptprodukte der TerraSAR-X Mission sind hochwertige, monostatische Radaraufnahmen für wissenschaftliche und kommerzielle Zwecke. Die Daten stammen von beiden Satelliten, da sowohl TerraSAR-X, als auch TanDEM-X dieselben Polarisationsebenen und Betriebsmodi unterstützen. Aus der TanDEM-X Mission entstand ein dreidimensionales Abbild unserer Erde. Dieses digitale Höhenmodell umfasst die gesamte Landmasse unseres Planeten (rund 150 Millionen Quadratkilometer) und ist seit 05. Oktober 2016 kommerziell verfügbar.

Vor der flächendeckenden Verfügbarkeit des digitalen Höhenmodells existierten für große Teile der Erde lediglich grobe und lückenhafte Modelle aus unterschiedlichen Datenquellen. Diese Lücke konnte durch die TanDEM-X Mission geschlossen werden. Bild 8.7.14 demonstriert die überragende Qualität des Datensatzes gegenüber den frei verfügbaren Daten der SRTM30 Mission für ein Gebiet in Arkansas, USA.

Die Genauigkeit der Daten beträgt 2 m relativ (Pixel zu Pixel) und 4 m absolut (horizontale und vertikale Unsicherheit) in einem 12 × 12 m Raster. Zum Vergleich: die SRTM Daten liegen in einem 30 × 30 m Raster vor, das eine absolute Genauigkeit von 16 m vertikal, 20 m horizontal und 10 m relativ aufweist.

Neben dem Betrieb der Satelliten ist das DLR ebenfalls für die Datenakquise, interferometrische Prozessierung und wissenschaftliche Nutzung verantwortlich. Airbus Intelligence übernimmt die Kommerzialisierung und stellt auf Basis der DLR Grunddaten drei kommerzielle WorldDEM-Produkte bereit: WorldDEMcore, WorldDEMTM und WorldDEM DTM (Bild 8.7.15 und 8.7.16).

WorldDEM$_{core}$ ist ein digitales Oberflächenmodell der Erde, das Gebäude und Vegetation beinhaltet. Es besitzt noch radarspezifische Artefakte. Das WorldDEM™ wird aus WorldDEM$_{core}$ abgeleitet und garantiert hydrologische Konsistenz (zum Beispiel durch Glätten von Wasseroberflächen und Editierten von Küstenlinien). Durch das Entfernen von Vegetation und von Menschen geschaffenen Objekten wird aus dem digitalen Oberflächenmodell das digitale Geländemodell errechnet. Dieses modelliert die bloße Erdoberfläche. Während WorldDEM™ besonders für Sicherheitsmissionen, die Verteidigungsindustrie, sowie Öl- und Gasanwendungen ideal ist, eignet sich das digitale Terrainmodell besonders für Kartierungszwecke und Geländeanalysen.

Die Aufnahme der bistatischen TanDEM-X Daten begann nach der Commisioning-Phase im Dezember 2010

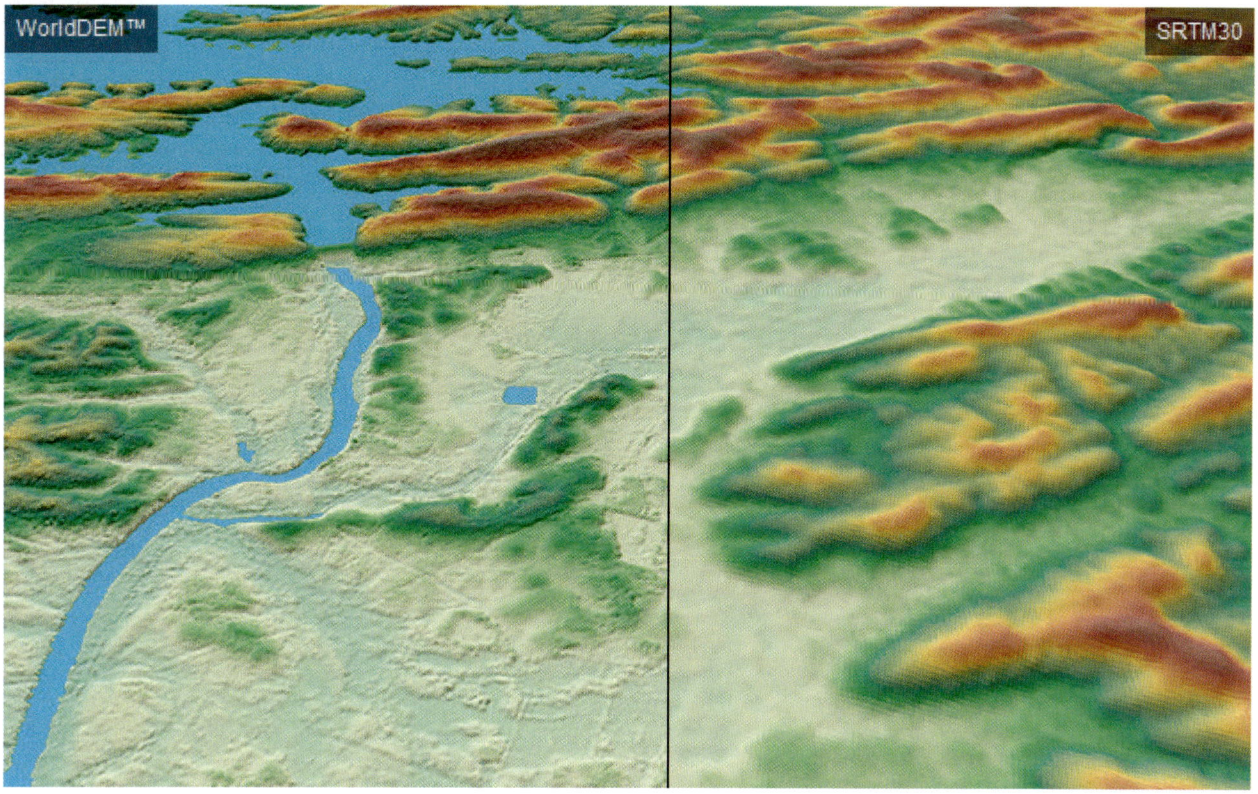

Bild 8.7.14: *Gegenüberstellung der Datenqualität von WorldDEM™ und STRM30 anhand einer beispielhaften Szenerie in Arkansas, USA.*

8

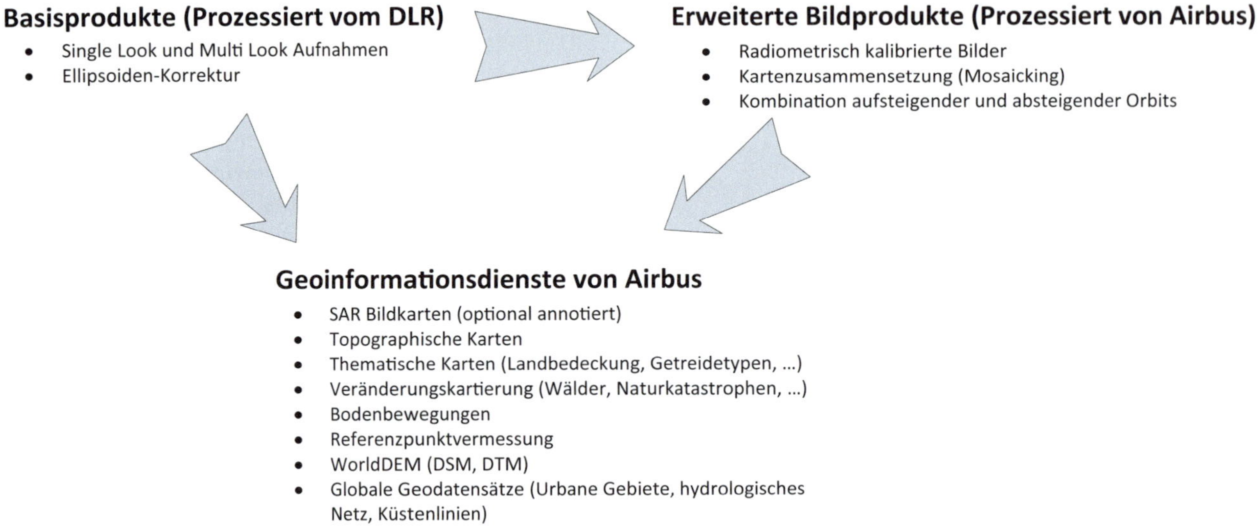

Bild 8.7.15: *Geoinformationsdienste von Airbus*

Bild 8.7.16: *Kommerzielle WorldDEM-Produkte von Airbus.*

und dauerte bis Mitte 2014 an. Das DLR begann die kontinuierliche und blockweise Datenverarbeitung für das flächendeckende Höhenmodell im Dezember 2013 und konnte diese Mitte 2016 abschließen. Sobald die Prozessierung eines Blocks abgeschlossen war, wurde dieser von Airbus dem Markt zur Verfügung gestellt.

8.7.7 Satellitenzustand und Ausblick

TerraSAR-X feierte am 15.06.2017 das zehnjährige Jubiläum im All. Gut eine Woche später konnte auch der siebte „Geburtstag“ von TanDEM-X gefeiert werden. Obwohl beide Satelliten für eine operationelle Phase von 5 Jahren ausgelegt waren, sind sie noch immer in bestem Zustand. Bis auf eine defekte Sternkamera auf TanDEM-X liegen lediglich nominelle Degradationserscheinungen vor. Auch die Vorräte der nicht-erneuerbaren Ressourcen liegen weit über den prognostizierten Werten. Sowohl das Hydrazin als auch der Batteriezustand auf beiden Satelliten setzen aktuell kein absehbares Limit für den Missionsbetrieb. Dies gibt Raum für weitere wissenschaftliche und kommerzielle Anwendungen, die unter anderem in den sekundären Missionszielen definiert sind. Zu diesen zählen neben der Erprobung innovativer SAR-Techniken auch die Auflösung des digitalen Höhenmodells über die Zeit („ChangeDEM“). Weitere Ideen sind ein Formationsflug mit noch geringerer Basislänge, sowie kundenspezifische und experimentelle DEMs mit großer interferometrischer Basislänge.

Literatur

[8.7.1] IEEE Transactions on Geoscience and Remote Sensing: Special Issue on TerraSAR-X: Mission, Calibration, and First Results; February 2010; volume 48, number 2.

[8.7.2] http://www.dlr.de/dlr/desktopdefault.aspx/tabid-10081/151_read-19509/#/gallery/24516.

9 Management von Raumfahrtprojekten

Wilfried Ley

Der Prozess des Managements von Raumfahrtprojekten muss die erfolgreiche Abwicklung eines Projekts gewährleisten, d. h., die Projektziele

- Technik,
- Kosten,
- Zeit

müssen erreicht werden [9.0.1].

Hierbei wird ein Projekt folgendermaßen charakterisiert [9.0.2]:

- einmaliger, damit azyklischer Ablauf,
- definierbarer Anfangs- und Endzeitpunkt,
- klare Aufgabenstellung und Zielsetzung,
- Beteiligung mehrerer Mitarbeiter, Arbeitsgruppen, Unternehmen und Institutionen,
- große Komplexität.

Dem Projektleiter soll es durch die in den folgenden Kapiteln:

9.1 Projektmanagement
9.2 Qualitätsmanagement
9.3 Kostenmanagement
9.4 Raumfahrtrecht

beschriebenen Vorgehensweisen ermöglicht werden, die geforderten Projektziele im gesamten Lebenszyklus für die wesentlichen Elemente unter der jeweiligen Berücksichtigung des Risikomanagements zu erreichen. Diese wesentlichen Elemente sind:

- Projektstrukturen:
  - Koordination von Technik, Administration, Dokumentation und Finanzen,
  - Zuständigkeiten und Verantwortlichkeiten,
  - Planung, Zeitkalkulation, Kostenkalkulation und -überwachung,
- Projektorganisation:
  - Erstellung von Projektmanagementplänen,
- Projektphase und -planung:
  - Erarbeitung von Meilensteinplänen zur Kontrolle des Projektfortschritts,
- Konfigurationsmanagement:
  - Feststellung, Beschreibung und Steuerung der technischen Systembeschreibung innerhalb des Lebenszyklus,
- Informations-/Dokumentationsmanagement:
  - Bereitstellung aller benötigten Informationen,
- Kostenmanagement:
  - optimaler Einsatz des Personals aller Einrichtungen, Materialien und Finanzen,
- Zeitplanmanagement:
  - Aufstellung von Meilensteinplänen und deren kontinuierliche Überwachung.

Die Fehler werden nach vorher festgelegten Kriterien in Klassen eingeordnet, um eine qualitative Bemessungsgrundlage in einer möglichst wiederholbaren Form [9.0.2] zu haben.

Klasse 1: Katastrophal

- Fehler, die zum Verlust von Menschenleben führen oder die sehr schwere Verletzungen oder andere lebensbedrohende Gesundheitsschäden verursachen,
- Fehler, die zum Verlust des Raumfahrzeugs führen.

Klasse 2: Kritisch

- Fehler, die Verletzungen oder Gesundheitsschäden bei Beteiligten verursachen, sodass zwar keine unmittelbare Gefahr besteht, jedoch ärztliche Versorgung unabdingbar wird,
- Fehler, die zu einer wesentlichen Beeinträchtigung der Missionsziele führen.

Klasse 3: Bedeutend

- Fehler, die nur zu leichten Verletzungen oder nur leichten, vorübergehenden Gesundheitsbeeinträchtigungen ohne Einfluss auf die Einsatzfähigkeit der Betroffenen führen,
- Fehler, die die Missionsziele nur geringfügig beeinträchtigen.

Klasse 4: Unbedeutend

- alle anderen Fehler.

Fehlermöglichkeiten mit katastrophalen und kritischen Auswirkungen (Klassen 1 und 2) sind gravierend, und es muss sofort verbessernd (z. B. durch Redundanzen) eingegriffen werden.

Das abschließende Kapitel über Weltraumrecht gewährt einen Überblick mit praktischen Hinweisen zu bestehenden Rechtsfragen, deren Berücksichtigung von Beginn an gewährleistet sein muss, da die Konzeption einer Weltraummission auch von Rechtsfragen beeinflusst wird.

Literatur

[9.0.1] *ECSS-M-00A:* European Cooperation for Space Standardization, Raumfahrt-Projektmanagement. DLR, Qualitäts- und Produktsicherung, Nationales ECSS-Sekretariat.

[9.0.2] *Hallmann, W.; Ley, W.:* Handbuch der Raumfahrttechnik, Kapitel 2.1.4, 4. Auflage. München: Carl Hanser Verlag, 2011.

[9.0.3] *Böckstiegel, K.-H.:* „Project 2001" – Legal Framework for the Commercial Use of Outer Space. Schriften zum Luft- und Weltraumrecht; Bd. 16. Köln, Carl Heymann Verlag, 2002.

9.1 Projektmanagement in der Raumfahrt

Joachim Klein

Dieses Kapitel soll einen Überblick über Projektmanagementaufgaben und deren Methoden geben, die bei der Realisierung von Raumfahrtprojekten bzw. -programmen anfallen und angewendet werden.

Dabei werden auf der Basis der in der Raumfahrttechnik üblichen charakteristischen Merkmale und Vorgehensweisen die Besonderheiten herausgearbeitet, die eine besondere Beachtung finden sollten, um ein Raumfahrtprojekt oder -programm erfolgreich durchführen zu können.

Während in den vorhergehenden Kapiteln dieses Buches die prinzipielle Machbarkeit, die charakteristischen Besonderheiten der verwendeten Technik und die zugrunde liegende Physik erläutert wurden, mit denen Raumfahrttechnik überhaupt erst machbar ist, beschäftigt sich dieses Kapitel mit der Methodik seiner Realisierung und der Steuerung und Überwachung der Aufgaben, die durch die verschiedenen involvierten Interessensparteien anfallen.

Um den Zielsetzungen dieses Buches gerecht zu werden, kann hier nur ein generischer Überblick zur Thematik gegeben werden, der mit typischen Anwendungsfällen und Praxisbeispielen untermauert wird.

9.1.1 Projektmanagement

9.1.1.1 Rückblick

Ohne auf Errungenschaften vorgeschichtlicher Zeit und des Altertums detailliert einzugehen, sollen hier jedoch einige wenige uns bekannte und überlieferte Großvorhaben die Würdigung erhalten, die im Rahmen dieses Artikels von Interesse sind.

Erinnert sei an den legendären Turmbau zu Babel, den Aufbau der Pyramiden zu Gizeh, den Bau der Chinesischen Mauer und Kirchenbauten, um nur wenige Projekte zu nennen.

Allen diesen Vorhaben ist gemeinsam:

- der starke und unermüdliche politische Wille,
- die Schwierigkeit und Komplexität der Aufgabenstellung,
- die Abwicklung über große Zeiträume, über Jahrzehnte und sogar Jahrhunderte.

Selbst mit unseren heutigen Kenntnissen und Maßstäben ist der investierte Aufwand der damaligen Erbauer für die Koordination sowie die Beherrschung der Prozesse mehr als bemerkenswert; er ist einmalig, heute stellenweise sogar noch unbekannt.

Die Entwicklung der Raumfahrttechnik mit dem Beginn des Raumfahrtzeitalters in den fünfziger und sechziger Jahren des letzten Jahrhunderts weist durchaus ähnliche Merkmale auf.

Am Beispiel des Apollo-Programms soll dies dargestellt werden. Wichtige Punkte waren:

- politische Ziele im Kalten Krieg der USA gegen die UdSSR
- Komplexität und Schwierigkeit der Aufgabenstellung einer bemannter Mission zum Mond,
- interdisziplinäre und interkulturelle Zusammenarbeit,

aber auch im Gegensatz zu früher

- knappe zeitliche Vorgaben,
- strengste Anforderungen an die Sicherheit zum Schutz menschlichen Lebens und seiner Gesundheit,
- geringe bzw. beherrschbare Risiken bei der Ausführung.

Aus den dabei gewonnenen Erfahrungen der einzelnen Programme, für die stellvertretend das Apollo-Programm hier angeführt wird, aus deren Erfolg, aber auch Misserfolg, wird deutlich, dass derartige Vorhaben nur durch gezielte Koordinierung möglich sind und erfolgreich durchgeführt werden können.

„Qualität wird nicht zufällig erzielt.
Es ist immer ein Ergebnis intensiven Nachdenkens"
John Ruskin (1819–1900), Englischer Philosoph

Nichts wurde seitdem dem Zufall überlassen.

Alle Aufgaben und Prozesse, die für die Realisierung eines Raumfahrtprojekts oder -programms notwendig sind, wurden in den letzten Jahren systematisch erarbeitet oder entwickelt.

Die jetzige Raumfahrtindustrie kann infolgedessen zunehmend auf einen breiten Erfahrungsschatz zurückgreifen, der in einzelnen internationalen, aber auch branchen- oder firmeninternen Standards dokumentiert ist.

Während im Allgemeinen der Erfolg bei den frühen Missionen in der Raumfahrt mehr an inhaltlichen und technischen Werten orientiert war, wird der Erfolg heute mehr und mehr gemessen an seinem Nutzen und den angefallenen Kosten.

Die Aufgabenstellung verlagert sich von der Abwicklung und Koordinierung von **Entwicklungsvorhaben** mehr zu wirtschaftlich orientierten Realisierungsvorhaben, der **Herstellung eines Wirtschaftgutes** auf der Basis von bekannten und qualifizierten Prozessen und Methoden.

Damit soll vor allem auch deutlich gemacht werden, dass die Erwartungen an ein Raumfahrtvorhaben nicht nur die Erfüllung von technischen und wissenschaftlichen Anforderungen sind. Bei knapper werdenden Mitteln von öffentlichen Haushalten und Bedarfsträgern, Agenturen und Institutionen sind die Wirtschaftlichkeit des Vorhabens und die Abwicklung des Vorhabens im vorgegebenen Kosten- und Zeitrahmen eine essentielle Anforderung.

Erfolg, aber auch Misserfolg eines Projekts/Programms wird heute weniger der Technik zugeschrieben, sondern mehr dem Management des Vorhabens. Tatsächlich sind viele gescheiterte Projekte auf falsche **Management-Entscheidungen** zurückzuführen, weniger auf die Machbarkeit der verwendeten Technik.

Der Konflikt wird deutlich am Beispiel der 4-CLUSTER-Satelliten, die nach erfolgreicher Herstellung und Qualifizierung mit dem ersten Launch der ARIANE 5 in den vorgesehenen Orbit gebracht werden sollten.

Zwar scheiterte die Rakete durch technische Mängel, aber aus Sicht der öffentlichen Meinung war der Misserfolg primär der Fehlentscheidung des Managements zuzuschreiben, den Launch mittels einer neu entwickelten und nicht vollständig qualifizierten Rakete durchzuführen.

Im Umkehrschluss bestimmen daher Erfolgsfaktoren eines Projektmanagements den Ausgang eines Projekts.

Was sind also die **Erfolgsfaktoren** eines erfolgreichen Projektmanagements und was seine Aufgabenstellungen?

Diese Fragestellungen sollen in den nächsten Kapiteln besprochen und diskutiert werden. Sie haben einen Schwerpunkt in der Raumfahrttechnik, sind aber auch allgemeingültig und anwendbar für Projekte und Programme aus anderen fachlichen und technischen Gebieten mit unterschiedlicher Wertigkeit und Umfang.

9.1.1.2 Einführung

Mit diesem historischen Rückblick können daher Projekt-Vorhaben benannt werden, wie sie in der Raumfahrttechnik üblich sind und die u. a. gekennzeichnet sind durch

- Einmaligkeit der Durchführung,
- zeitliche Befristung,
- begrenzte Ressourcen,
- politische Zielsetzungen,
- risikobehaftete Prozesse,
- interkulturelle und multikulturelle Kooperationen,
- interdisziplinäre Aufgaben sowie
- hohe Komplexität der Aufgabenstellungen.

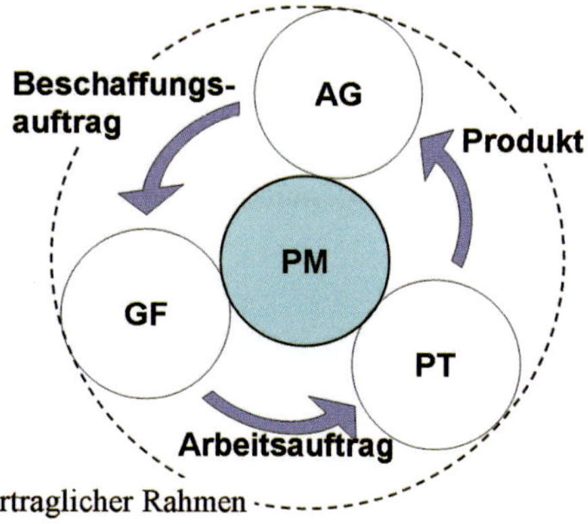

Bild 9.1.1: *Rollenverständnis des Projektmanagements.*

Das Projektmanagement, das mit der Abwicklung eines Raumfahrtprojekts betraut wird, sieht sich dabei einem **Spannungsfeld** gegenüber, das mit Bild 9.1.1 beschrieben werden kann.

Hierbei hat das Projektmanagement (PM) Schnittstellen zu allen Projektbeteiligten eines Projektvorhabens, insbesondere

- zum **Auftraggeber (AG),** der über vertragliche Forderungen eine Beschaffungsmaßnahme eines Produkts steuert,
- zur **Geschäftsführung (GF),** der mit der Beschaffung beauftragten Organisation,
- zu den **Arbeitsgruppen/Projektteam (PT),** die von der GF zur Herstellung und Auslieferung des Produkts an den AG beauftragt und eingesetzt werden.

Das Projektmanagement sieht sich dabei vielfältigen Interessen der einzelnen Projektbeteiligten gegenüber, denen es in allen Belangen gerecht werden muss, um das durch den Beschaffungsvertrag definierte Projektziel erfüllen zu können.

Diese vordergründig triviale Beziehungskonstellation beinhaltet vielfältige Aufgabenstellungen und Interessen der einzelnen Projektbeteiligten zur Erreichung des Projektzieles innerhalb des vertraglichen Rahmens.

Die Schnittstellen des Projektmanagements gegenüber den Projektbeteiligten charakterisieren das Anforderungsprofil des Projektmanagers. Es ist im Wesentlichen dreigeteilt und beinhaltet Fähigkeiten und Kompetenzen auf folgenden Gebieten:

- fachlich, thematisch, produktspezifisch **(Technische Kompetenz),**
- Managementwissen, Methodik, Prozessverständnis **(Methodenkompetenz),**
- Umgang mit Menschen, Führungsstil, Kommunikationsverhalten (**Sozialkompetenz).**

Nur die Ausgewogenheit dieser drei Kompetenzbereiche im Verhalten gegenüber allen Projektbeteiligten gewährleistet

Tabelle 9.1.1: *Aufgaben und Interessen der Projektpartner.*

	Projektaufgaben Vertraglicher Rahmen	Interessen
AG	• Vertragspartner • Festlegung der Anforderungen • Bereitstellung ausreichender finanzieller Ressourcen • Projektüberwachung und Fortschrittskontrolle • Bestätigung des Projektfortschrittes • Freigabe von Zwischenergebnissen • Prüfung von Dokumenten und Erstellung von RIDs • Leistung von Zahlungen • Abnahme des Produkts	• qualitativ hochwertiges Produkt • reibungsfreie Abwicklung • Minimierung der Aufwendungen
GF	• Vertragspartner • Zusicherung über Ressourcen (Personal, Material) • Beauftragung des Projektteams • Autorisierung des Projektmanagers	• Beherrschung der Projektrisiken • gewinnreiche bzw. verlustfreie Projektabwicklung
PT	• Abwicklung der Projektaufgabe • Einhaltung der Projektvorgaben	• gesicherte langfristige Beschäftigung • Zufriedenheit bei der Bearbeitung
PM	• Management des Projekts • Auslieferung des Produkts	• harmonische Projektabwicklung

die notwendige Balance aller Interessen und trägt zu einer erfolgreichen Projektdurchführung bei.

Was sind die einzelnen Interessen? Was sind die **Aufgaben der Projektbeteiligten?**

Ein grober generischer Überblick dazu ist in Tabelle 9.1.1 gegeben.

Bemerkenswert hierbei ist, dass die Aufgaben der Projektbeteiligten durch den vertraglichen Rahmen einerseits definiert sind und andererseits sich dabei nahtlos ergänzen.

Die Interessen der einzelnen Parteien können jedoch durchaus gegensätzlich zueinander stehen und einen Projektablauf z. T. erheblich beeinflussen und stören. Als Beispiele können herangezogen werden:

- auf der Auftraggeberseite (AG) der Wunsch, das Produkt in bester Qualität (oder mehr) bei minimalen finanziellen und zeitlichen Aufwendungen zu erhalten,
- auf der Auftragnehmerseite (GF) der Wunsch, den Gewinn bei der Projektabwicklung zu maximieren,
- auf der Seite des Projektteams (PT) der Wunsch einer möglichst langfristigen Auslastung innerhalb der Projektabwicklung.

Sicherlich sind die hier aufgelisteten Beispiele unvollständig und unpräzise. Sie zeigen jedoch die Notwendigkeit ihrer Berücksichtigung durch das Projektmanagement für eine erfolgreiche Projektdurchführung.

Während schwerpunktmäßig die **Sozialkompetenz** des Projektmanagers zum Tragen kommt, um die einzelnen und berechtigten Interessen der Projektpartner mit zu beachten, ist seine **technische und methodische Kompetenz** ausschlaggebend zur erfolgreichen Abwicklung des ihm übertragenen Projekts zur Zufriedenheit aller Projektpartner.

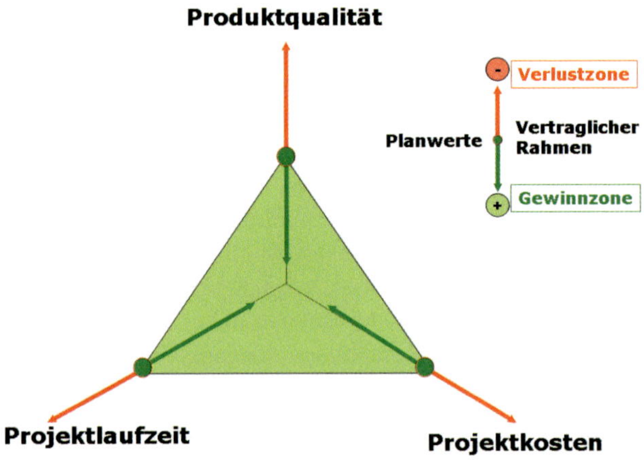

Bild 9.1.2: *Erfolgsdreieck des Projektmanagements.*

Die Qualität des zu liefernden Produkts hängt durch die Vorgaben des Beschaffungsvertrages unmittelbar von der Projektlaufzeit und den Projektkosten ab (siehe Bild 9.1.2).

Die Sicherstellung des hier symbolisierten Gleichgewichts zwischen den drei **Erfolgsfaktoren** Produktqualität, Projektlaufzeit und Projektkosten zählt zu den Kernaufgaben des Projektmanagers. Die Darstellung soll auch verdeutlichen, dass jede Änderung eines Parameters unmittelbar zur Veränderung der anderen Parameter führt und damit den Erfolg eines Projekts gegenüber seiner ursprünglichen Planung infrage stellt.

Bild 9.1.3 zeigt die Auswirkungen auf die Kosten und Laufzeit nach einer (angenommenen) notwendig gewordenen Qualitätsverbesserung des Produkts.

Als Konsequenz ist ebenso auch mit Störungen der Beziehungen der beteiligten Projektpartner zu rechnen, wie sie in Bild 9.1.4 dargestellt sind.

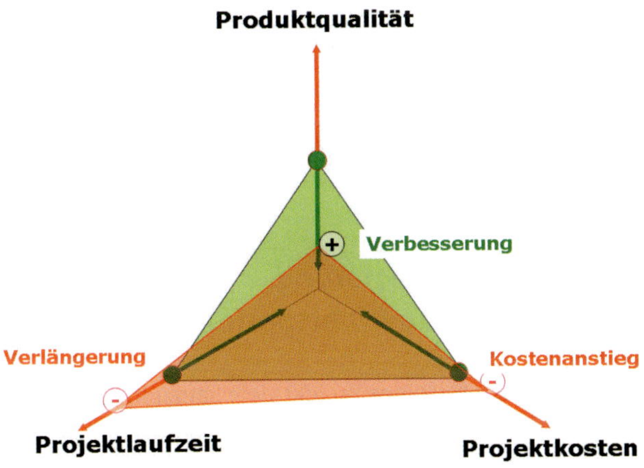

Bild 9.1.3: *Auswirkungen durch Verbesserung der Produktqualität.*

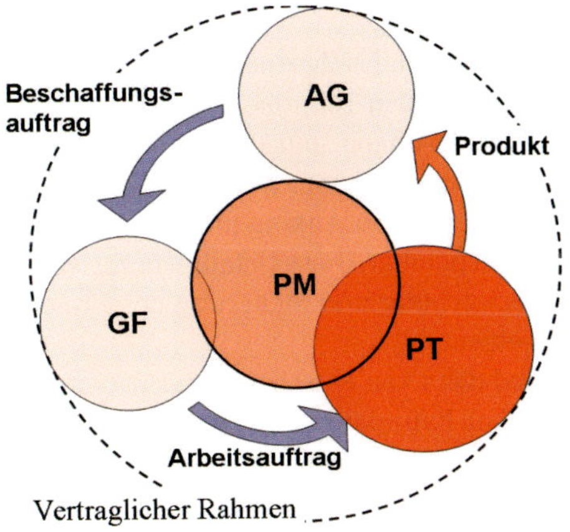

Bild 9.1.4: *Beziehungsstörungen zwischen den Projektbeteiligten.*

Die Ursachen der hier beispielhaft angesprochenen Störungen sind vielfältig und wechselwirken miteinander bzw. hängen voneinander ab. Ihre Auswirkungen jedoch beeinflussen immer (meist negativ) den Projekterfolg.

In diesem Sinne wird Projektmanagement auch verstanden als Gesamtheit von Führungsaufgaben für die erfolgreiche Abwicklung von Projekten.

Die Verantwortung, die dem Projektmanagement dabei zufällt, erklärt den Reiz, aber auch die Herausforderungen der Aufgabe.

In der Realität sind Projekte oft gekennzeichnet durch ihre komplexen Strukturen und vielschichtigen Problem- und Aufgabenstellungen, verbunden mit der Gefahr, dass schlechte Teillösungen oder geringfügige Änderungen essentielle Folgeprobleme initiieren.

Projektmanagement muss daher zunehmend den Systemgedanken und systemtechnische Zusammenhänge berücksichtigen.

„Das Denken in Systemen, der ganzheitliche Blick, ist ein wirksamer Ansatz, der im Projektmanagement verinnerlicht ist" und der unterstützt wird vom **System-Engineering-Management** als einer ergänzenden Teildisziplin zur Abwehr von diesbezüglichen Projektrisiken [9.1.3].

Die traditionell dem Projektmanagement zugeordneten Aufgabenstellungen werden bei größeren Projektvorhaben dem **Systemingenieur** zugesprochen, der damit alle technischen Ingenieurdisziplinen und Fähigkeiten in einen einheitlichen, teamorientierten und strukturierten Prozess integriert und damit den Projektmanager ergänzt und unterstützt.

In Bild 9.1.5 wird das Kompetenzprofil eines Projektmanagements in Abhängigkeit der Projektgröße oder des Projektumfangs qualitativ aufgezeigt.

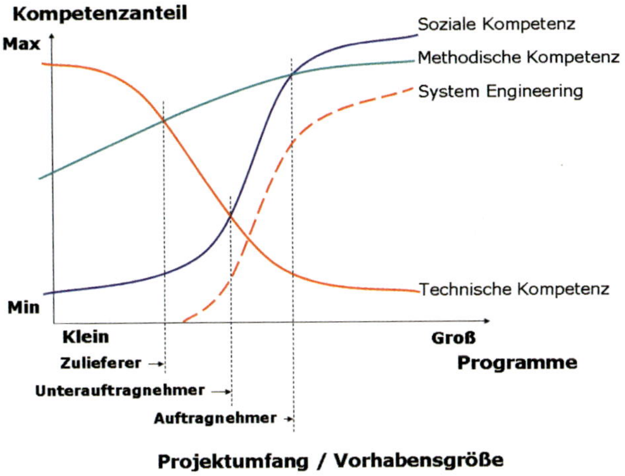

Bild 9.1.5: *Kompetenzprofil des Projektmanagements.*

Die Darstellung soll zeigen, welche Fähigkeiten und Kompetenzen ein Projektmanagement haben sollte, um die einzelnen Projektaufgaben als Lieferant, als Unterauftragnehmer oder als Hauptauftragnehmer eines (Raumfahrt-)Vorhabens erfolgreich bearbeiten zu können.

Während bei kleineren Aufgabenstellungen (z. B. als Lieferant einer Komponente) das Projektmanagement eine hohe technische Kompetenz besitzen muss, steht diese Kompetenz bei größeren Vorhaben nicht mehr im Vordergrund, u. a. auch wegen der Einbindung und Integration eines Systemingenieurs im Rahmen eines eigenständigen Arbeitspaketes.

Im Gegensatz dazu müssen die Anforderungen an die soziale Kompetenz und die entsprechenden Aufgabenstellungen mit wachsender Größe und Komplexität des Vorhabens zunehmen.

„Das Ganze ist mehr als die Summe seiner Teile"
Aristoteles, (384–322 v. Chr.)

Dieser Leitsatz prägt die wesentlichen Zielsetzungen des Projektmanagements:

- Die Herstellung komplexer Produkte erfordert das Zusammenwirken unterschiedlicher Organisationen mit der gemeinsamen Zielsetzung: Bereitstellung eines Raumfahrt-Produkts, das die Erfordernisse des Kunden unter bestimmten Kosten- und Zeitplanvorgaben erfüllt.
- Dazu sind technische Tätigkeiten, personelle Kapazitäten und finanzielle Mittel strukturiert zu organisieren und zu koordinieren.
- Das Projektmanagement umfasst die Festlegung, Umsetzung und Ausführung solcher Maßnahmen einschließlich der Verifizierung, dass die erzielten Ergebnisse den Erwartungen entsprechen.
- Das Projektmanagement erfordert eingehende Überlegungen darüber, was verwirklicht werden soll, wobei alle für die künftige Ausgestaltung nötigen Schritte zu planen und die zur Ausführung erforderlichen Mittel zu beschaffen sind.
- Am wichtigsten ist jedoch die Auseinandersetzung mit den Realitäten, Problemen, Verzögerungen, Veränderungen, Hindernissen und Möglichkeiten, die sich im Laufe eines Projekts ergeben.

Diese Ziele sind am wirkungsvollsten zu erreichen, wenn das Handeln und Wirken des Projektmanagements [9.1.1] in Bezug zu den Projektbeteiligten durch folgende Eigenschaften gleichermaßen dominiert ist:

- **Transparenz** und **Offenheit** sowie
- **Verbindlichkeit** der Lieferungen und Absprachen.

Allgemein deckt Projektmanagement spezifische Tätigkeits- und Wissensfelder [9.1.1] ab, die den einzelnen Kompetenzgebieten des Projektmanagers zugeschrieben werden können (siehe Tabelle 9.1.2).

Tabelle 9.1.2: *Wissensfelder des Projektmanagements.*

Kompetenz	Beispiele
Methodische Kompetenz	• Risikomanagement • Beschaffungsmanagement • Terminmanagement • Kostenmanagement • Integrationsmanagement
Technische Kompetenz	• Qualitätsmanagement • Umfangsmanagement
Soziale Kompetenz	• Personalmanagement • Kommunikationsmanagement

Die hier aufgelisteten Wissensfelder runden das Anforderungsprofil des Projektmanagements ab und werden in den nächsten Kapiteln eingehend beschrieben, soweit sie für ein Raumfahrtprojekt notwendig bzw. charakteristisch sind. Der Schwerpunkt der Detaillierung wird hierbei auf den Wissensfeldern der methodischen Kompetenz liegen.

9

Die Wissensfelder, die der technischen Kompetenz zugeschrieben werden, sind projektspezifisch und orientieren sich inhaltlich an den einzelnen Kapiteln dieses Buches.

Die Wissensfelder der Sozialkompetenz werden im Rahmen dieses Buches lediglich gestreift.

9.1.2 Charakterisierung eines Raumfahrtprojekts

Die Erfolgsfaktoren eines Projekts wie Laufzeit, Kostenaufwand und Qualität sind grundsätzlich abhängig von der geforderten Aufgabenstellung, der Größe oder Komplexität eines Vorhabens.

Dabei sind Laufzeiten von wenigen Wochen bis mehreren Jahren mit entsprechenden Projektaufwendungen und Kosten denkbar.

Essentiell für den Erfolg eines Raumfahrtprojekts oder eines untergeordneten Teilprojekts ist die genaue Definition der Anforderungen und der daraus resultierenden Zieldefinition für die eigene Aufgabenstellung. Erst jetzt ist der Ablauf zwischen Anfang und Ende des Vorhabens erkennbar und planbar. Diese Detailplanung ist Grundlage für die Überwachung und Steuerung des Projekts durch das Management.

Dies wird dann von entscheidender Bedeutung, wenn, wie üblich bei Raumfahrtprojekten, mehrere Parteien, Organisationen oder Firmen einbezogen sind und geführt werden müssen.

Die Praxis zeigt, dass oft entsprechende Planungsaufwendungen minimiert oder sogar vernachlässigt werden sollen. Als Begründung dazu wird oft genannt, dass insbesondere bei kleineren Projekten die Betreffenden „schon wissen, was sie tun" und bei größeren Projekten die „Planungsunsicherheiten wegen zu erwartender Änderungen im Projekt noch zu groß sind."

Daher muss aus wirtschaftlichen Gründen der Aufwand für Managementleistungen angepasst werden. Dies bedeutet einerseits eine differenzierte Erwartung an die Kompetenzen des Projektmanagements (siehe auch Bild 9.1.5) und andererseits eine Berücksichtigung der Aufgaben (siehe Kapitel 9.1.4) hinsichtlich ihres Umfangs und der Bearbeitungstiefe.

Lösbar ist der Konflikt zwischen Notwendigkeit der Planung und notwendigen Anpassungsmaßnahmen nur durch eine systematische, schrittweise Vorgehensweise, die auf den spezifischen Eigenschaften des Raumfahrtprojekts oder des herzustellenden Raumfahrtprodukts beruht.

Empfehlenswert ist hierbei, die Sicht auf das Projekt von der Arbeitsebene und die Planung und deren Anpassung nach dem sogenannten **„top-down-approach"** durchzuführen, unter Berücksichtigung des spezifischen **Lebenszyklus** des Produkts.

Zum besseren Verständnis wird hier ein zusammenhängendes Projekt betrachtet, von der Ideenfindung bis hin zur Nutzung des Projektzieles oder des Produkts.

Dabei spielt die Natur des Projekts eine wichtige Rolle, die sich entweder als **Entwicklungsvorhaben** und als reines **Beschaffungsvorhaben** differenzieren lässt.

Während Beschaffungsprojekte im Allgemeinen auf der Anwendung kommerzieller Richtlinien und etablierter qualifizierter Prozesse mit ausreichender Erfahrung beruhen, können Entwicklungsvorhaben weiterreichende Arbeitsschritte und Aufwendungen erfordern.

Kommerziell orientierten Projekten wird im Allgemeinen die Beschaffung von Kommunikationssatelliten, von Bodensegmenten und deren Betrieb zugeordnet.

Entwicklungsprojekte sind meist die Entwicklung und Herstellung von Satelliten mit neuer Technik oder neuen Aufgabenstellungen.

Insbesondere hierbei ist die **Modellphilosophie,** die u. a. die Anzahl der herzustellenden Modelle sowie den Umfang der Verifikationsmaßnahmen bestimmt, ein Kompromiss zwischen Aufwendungen/Kosten und vertretbaren Risiken.

Kommerzielle Beschaffungen können grundsätzlich existierende Risiken eher akzeptieren, zugunsten eines geringeren zu investierenden Aufwands.

Der prinzipielle Zusammenhang zwischen Aufwand und Risiko ist in Bild 9.1.6 dargestellt.

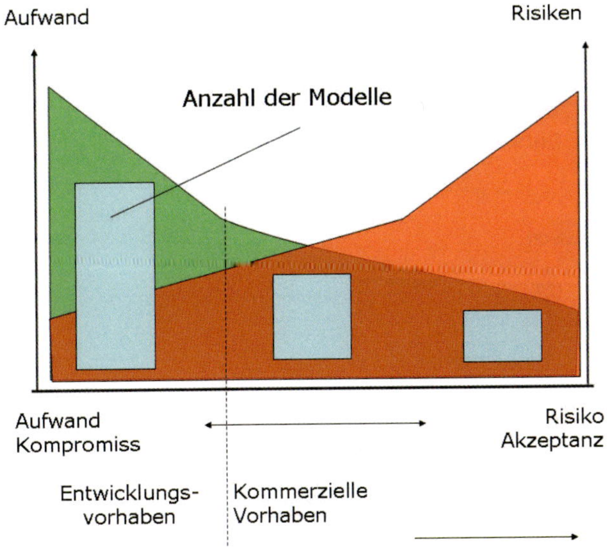

Bild 9.1.6: *Aufwand-Risiko Beziehung.*

9.1.2.1 Prozesse in der Raumfahrttechnik

Alle Prozesse, die zwischen Ideenfindung und Betrieb bzw. Nutzung des Produkts existieren, unterliegen einer einheitlichen Logik, die in Bild 9.1.7 schematisch dargestellt und als Systemansatz zu bewerten ist.

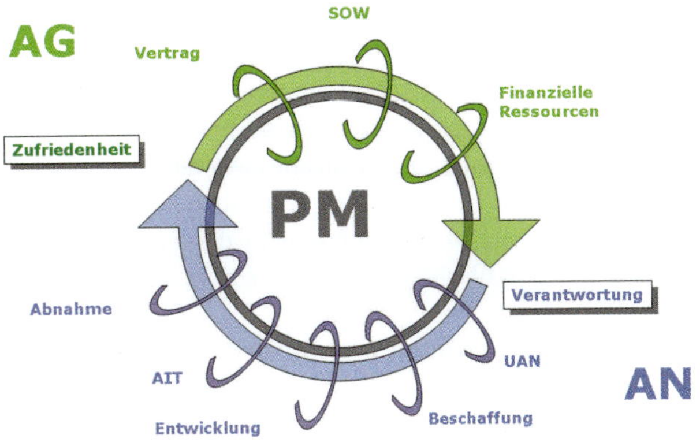

Bild 9.1.7: *Qualitätsorientiertes Prozessverständnis.*

Es bedarf dabei jeweils einer auftraggebenden Partei (AG), die (vertragliche) Regelungen, technische Anweisungen (SOW), ausreichende finanzielle Ressourcen und damit eine Projektverantwortung der den Auftrag ausführenden Partei (AN) übergibt; dieses Projekt kann am Ende der Wertschöpfungskette zur Zufriedenheit des AG von ihm abgenommen werden. Die Beteiligten können externe, aber auch interne Partner sein, die die einzelnen Rollen wahrnehmen. Dieses Verständnis, das modernen Qualitätsmanagementsystemen entstammt und eine Ausgewogenheit von Interessen innerhalb von erfolgreichen Projekten sicherstellen soll, ist aus mehreren Gründen von Bedeutung.

- **Die Mitverantwortung des Auftraggebers**
  Der AG muss seine Erwartungen und Anforderungen möglichst eindeutig definieren und ausreichende finanzielle Ressourcen zur Verfügung stellen.
  Dies klingt zunächst banal und selbstverständlich, ist jedoch bei falscher Festlegung und Vorgabe meist Anlass von Streitigkeiten bzw. sogar rechtlichen Auseinandersetzungen.
  Nicht selten führen diesbezügliche Mängel zum Abbruch eines Projekts und können sogar zum Konkurs des Vertragspartners führen. In jedem Fall wird es eine Auswirkung auf die Qualität des gewünschten Produkts haben und damit auf die Zufriedenheit des Auftraggebers.
  Der Auftraggeber muss deshalb in allen Projektphasen Hilfestellung geben, um die gesetzten Ziele zu erreichen, den Fortschritt sowie Teilergebnisse prüfen und das Projektergebnis oder Produkt bei positiver Beurteilung abnehmen. Damit verbundene Zahlungen müssen leistungsbezogen und zeitnah gezahlt werden.

- **Die Verantwortung des Auftragnehmers**
  Das Management des Auftragnehmers muss die Aufgabenstellungen sorgfältig gegen interne Richtlinien prüfen und durch den Vertrag bestätigen, dass sie im

Zeit- und Kostenrahmen durchführbar sind. Dabei muss es gewährleisten, dass die entsprechenden Ressourcen zur Aufgabenbearbeitung zur Verfügung stehen und die internen Qualitätsstandards Anwendung finden.
Nicht selten führt ein davon abweichendes Verständnis und Vorgehen zu massiven persönlichen Divergenzen der Parteien zueinander und in der Folge zu einer qualitativ schlechten Projektdurchführung.

- **Die Geschlossenheit und Integrität aller einzelnen Teilprozesse**
  Das Gesamtvorhaben besteht aus mehreren Teilprozessen, die in sich geschlossen bearbeitet und abgeschlossen werden. Alle Teilprozesse müssen sich ergänzen und das übergeordnete Projektziel erfüllen. Etwaige Prozessverantwortliche und -werkzeuge müssen dem Projektmanager im vollen Umfang zur Verfügung stehen bzw. ihn unterstützen.
  Teilprozesse müssen im Rahmen von **Reviews** und **Meilensteinen** geprüft oder abgenommen werden.
  Abweichungen von diesem Verständnis führen in aller Regel zu Mehrbelastungen und zu Ressourcen- und Kostenproblemen. Übergeordnete Zusammenhänge werden dabei nicht erkannt, mit dem Risiko, aneinander vorbei zu arbeiten.

- **Der Wertschöpfungsprozess**
  Die Wertschöpfung muss klar definiert und formuliert sein. Es muss sichergestellt werden, dass das Produkt oder der Service am Ende seiner Wertschöpfung in allen Phasen seines Lebenszyklus den Anforderungen entspricht und durch den Auftraggeber abgenommen werden kann.
  Ein falsches oder unzureichendes Verständnis führt oft zu Fehlentwicklungen mit entsprechenden Auswirkungen auf Zeit und Kosten. Ein „Überdesign" auf Grund von eigenen (Wert-)Vorstellungen ist dabei nicht selten Realität.

- **Die Zufriedenheit des Auftraggebers**
  Die Zufriedenheit wird erreicht, wenn primär die Aufgaben den gestellten Zielen entsprechend und planungsgemäß bearbeitet werden und das Projektergebnis den Anforderungen entspricht sowie sekundär die Erwartungen und Zielsetzungen des Auftraggebers (siehe auch Tabelle 9.1.3) erfüllt werden.
  Der Auftragnehmer muss dazu seine Prozesse systematisch planen und transparent durch offene Kommunikation abwickeln.
  Dieser Aspekt ist von besonderer Bedeutung, da Ursachen „schlecht" verlaufender Projekte sich oft zurückführen lassen auf ein unzureichendes Verständnis davon, wie die Zufriedenheit des Auftraggebers erreicht werden kann.

- **Die Gesamtaufgabe des Projektmanagements**
  Das Projektmanagement muss sich als zentrale Ansprechstelle sehen, die gleichermaßen den gesamten Wertschöpfungsprozess verfolgt und überwacht. Sein Handeln muss pro-aktiv und motivierend und im Konfliktfall moderierend und verbindlich sein.
  Die Hauptaufgabe ist die Übernahme der Projektverantwortung, die vertragskonforme Abwicklung und die vollständige Übergabe an den Auftraggeber.
  Damit sind alle Aufgabenfelder des Projektmanagements angesprochen, die bei unzureichender Beachtung zu erheblichen finanziellen Problemen des Projekts und zu Image-Verlusten des Unternehmens sowie der beteiligten Personen führen können.

Erst die Beachtung dieses als geschlossen zu bezeichnenden Prozessverständnisses ergibt für alle Projektbeteiligten eine klassische „WIN-WIN"-Situation.

Insgesamt ist es der Alltag vieler in Raumfahrtprojekte involvierter Behörden, Institutionen und Unternehmen, dass die wichtigsten Prozesse im Rahmen von etablierten **Qualitätsmanagementsystemen** (z. B. nach ISO 9001, ISO EN 9100 oder ECSS) geregelt und überwacht sind.

Sie finden Anwendung im **Lebenszyklus eines Raumfahrtprojekts,** in seinen einzelnen Phasen, die nachfolgend aufgeführt sind:

- Konzeption,
- Definition und Beauftragung,
- Entwurf und Entwicklung,
- Fertigung und Inbetriebnahme,
- Abnahme,
- Betrieb und
- Entsorgung.

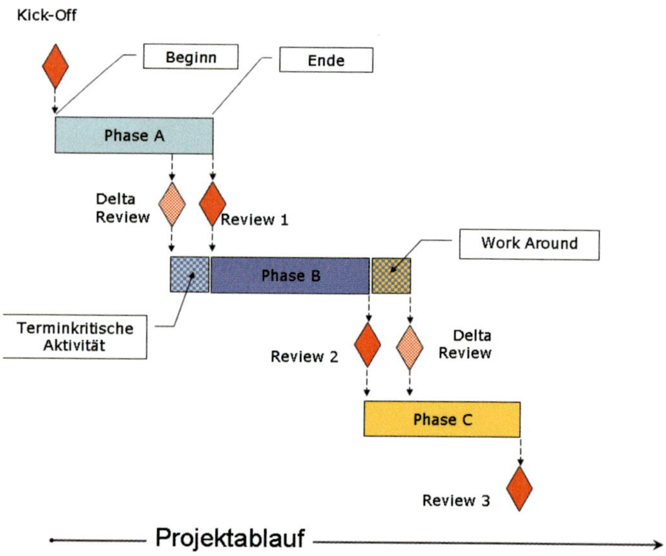

Bild 9.1.8: *Phasenüberlappung.*

Dies gilt gleichermaßen für einzelne Komponenten oder Untersysteme, die zu einem System zusammengebaut und integriert werden. Aus wirtschaftlichen Gründen zwingt dieser Systemansatz, Phasenüberlappungen und „Work Around"-Lösungen zuzulassen (Bild 9.1.8).

Zu beachten ist dabei, wie später noch detailliert erläutert wird, dass alle Phasen durch ein Review freigegeben bzw. abgeschlossen werden. Sogenannte Delta-Reviews können dabei dazwischen geschoben werden und sind inhaltlich den Systemreviews untergeordnet.

Anmerkung:
Im Unterschied zum Projektzyklus ist der **Lebenszyklus eines Raumfahrtprodukts** nach [9.1.5] dabei auf den Zeitraum nach seiner Abnahme bis hin zu seiner Entsorgung beschränkt und beinhaltet

- den Transport zum Startplatz,
- die startvorbereitenden Tests,
- die Integration auf den Launcher,
- den Start in den vorgesehenen Orbit,
- den Betrieb im Orbit sowie
- die Entsorgung durch „Re-entry"-Maßnahmen oder Positionierung im „Graveyard-Orbit".

Diese zunächst allgemein gehaltenen Darlegungen zu einzelnen Prozessen und Phasenabläufen eines Projekts werden in der Raumfahrtindustrie durch zwei verschiedene Varianten realisiert, die sich konzeptionell ähnlich sind, inhaltlich aber aufgrund unterschiedlicher Rahmenbedingungen voneinander abgrenzen.

9.1.2.2 Realisierungsphasen der ESA

Die Europäische Raumfahrtagentur (ESA) hat für die Planung und Abwicklung von Raumfahrtprogrammen und -projekten ein „Standardsystem" entwickelt, das für alle europäischen Vorhaben der ESA anzuwenden ist. Die Standards der „European Cooperation For Space Standardization" (ECSS) haben internationale Anerkennung und sind vergleichbar mit der Mil-Std-Serie der NASA. Sie basieren auf dem Vorläuferregelwerk der ESA (PSS-Standards) und sind in drei Bereiche eingeteilt (Bild 9.1.9):

- die Engineeringstandards (E-Serie),
- die Produktsicherungsstandards (Q-Serie) und
- die Managementstandards (M-Serie).

Die ECSS-Serie umfasst dabei drei Detaillierungsebenen (Level):

Level 1 Politik und Zielsetzungen
Diese Standards definieren die Strategie für die spezifische Disziplin. Sie spezifizieren globale Anforderungen für die spezifische Disziplin und definieren die Schnittstellen zu den Level-2-Standards.

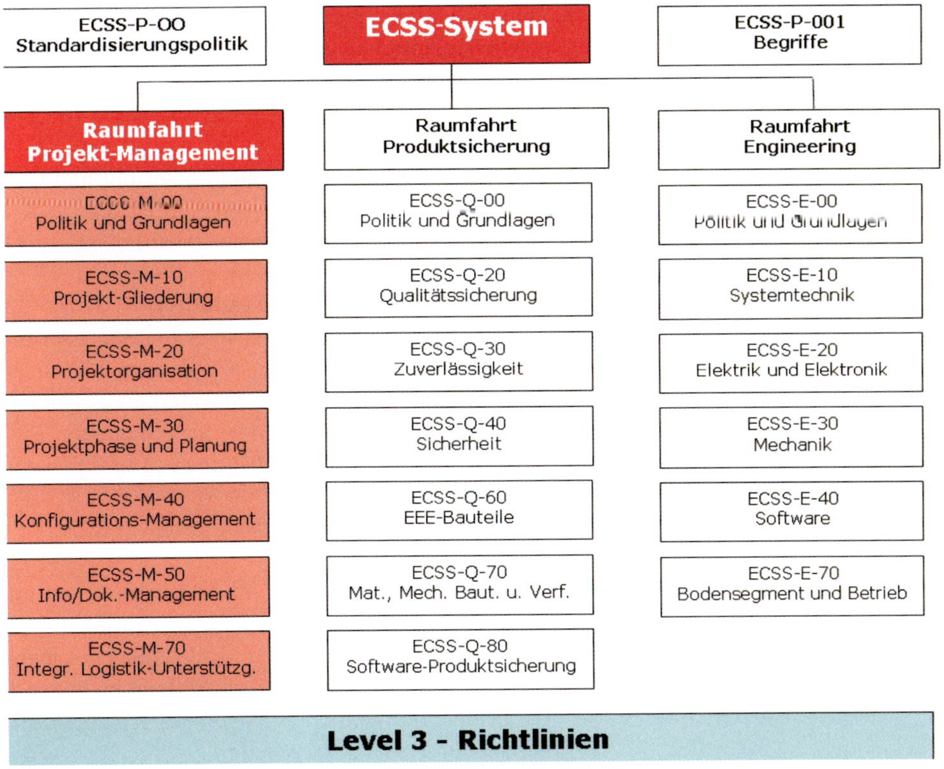

Bild 9.1.9: *Übersicht über die ECSS-Standards.*

Level 2 Was zu tun ist – erwarteter Output
Diese Standards definieren die Anforderungen (Ziele und Funktionen) für alle Aspekte innerhalb der spezifischen Disziplinen (Projektorganisation, Qualitätssicherung und System-Engineering).

Level 3 Wie es zu tun ist (Hilfestellung)
Diese Standards definieren die Methoden und Verfahren und geben Empfehlungen, um die Anforderungen aus den Level-2-Standards zu erreichen.

Anmerkung:
Level-3-Standards werden im Rahmen dieses Kapitels nicht behandelt.

Die Serie der Managementstandards definiert die Anforderungen an das Projektmanagement und beschreibt damit die Vorgehensweise eines Raumfahrtprojekts. Soweit relevant und sinnvoll, wird sie nachstehend beschrieben.

- **Level-1-Standard:**

ECSS-M-00 **Projektmanagement**
Basis-Grundsätze des Projektmanagements und Integration mit anderen PA-Anforderungen und technischen Elementen in allen Programmphasen von der Angebotsaufforderung bis zur Inbetriebnahme.

- **Level-2-Standards:**

ECSS-M-10 **Projektstruktur**
Definiert Grundsätze für Erarbeitung, Gebrauch und Anpassung von Projektstrukturen und deren Implementierung in ein Projekt.

ECSS-M-20 **Projektorganisation**
Regeln für industrielle Programmorganisation, Kundenorganisation und interne/externe Schnittstellen.
Beispiel: Programmorganisation in Bezug zu Verantwortlichkeiten und dem Grad der Teilnahme

ECSS-M-30 **Projektphasen und -planung**
Definiert Grundsätze und Anforderungen, die beobachtet und überwacht werden sollen.

ECSS-M-40 **Konfigurationsmanagement**
Festlegung aller Regeln für ein Konfigurationsmanagement: Identifikation, Überwachung; Statusfeststellung, Verifikation und Pflege für Hardware, Software sowie alle Dokumentation.

ECSS-M-50 **Informations-/ Dokumentationsmanagement**
Anforderung für Informations- und Dokumentationsmanagement-Systeme bezüglich Richtigkeit, Vollständigkeit, Verfügbarkeit, Erreichbarkeit, Sicherheit, Übereinstimmung, Berichtswesen, etc.

ECSS-M-60 **Kosten- und Zeitmanagement**
Kosten, Termin-(Zeit-)Planung und Überwachung

ECSS-M-70 **Integrierte logistische Unterstützung**
Organisation und Management von ILS-Aktivitäten innerhalb eines Projekts, Beziehung und Einbettung in Programmmanagement, logistische Unterstützungsanalyse.

Ein Überblick über die einzelnen Projektphasen, wie sie in [9.1.6] beschrieben sind, ist in Bild 9.1.10 gegeben.

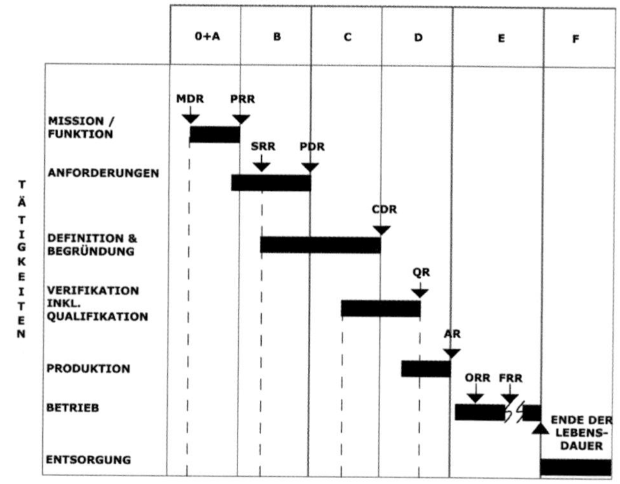

Bild 9.1.10: *Projektphasen nach ECSS-M-30 [9.1.6]*

Jede Phase wird dabei von entsprechenden **Reviews** abgeschlossen, in denen durch das **Reviewboard** die erbrachten Projektleistungen der Phase bestätigt werden, entsprechende Folgemaßnahmen definiert und die Freigabe zur Weiterführung der nächsten Phase gegeben wird.

Phase 0	**Missionsanalyse**
Ziel	Missionsanalyse zur Identifizierung und Charakterisierung der geplanten Mission
Review	Mission Definition Review (MDR)

Phase A	**Durchführbarkeit (Feasibility)**
Ziel	Fertigstellung der Missionscharakterisierung und konzeptionelle Ausarbeitung von Lösungsvorschlägen und von notwendigen Erfordernissen, Erarbeitung von verschiedenen Systemkonzepten, Ausarbeitung von funktionalen Anforderungen
Review	Preliminary Requirement Review (PRR)

Während Phase 0 und Phase A im Allgemeinen von unabhängigen oder wissenschaftlichen Institutionen und Organisationen erarbeitet werden, wird seitens des meist öffentlichen Auftraggebers die nachfolgende Phase B bereits an den Hauptauftragnehmer des konzeptionell ausgearbeiteten Projekts vergeben.

Phase B	**Definitionsphase (Preliminary Definition)**
Ziel Teil 1	Vordefinition des Vorhabens und des Produkts mit Auswahl technischer Lösungen für das gewählte Systemkonzept, das im PRR ausgewählt wurde
Review	System Requirement Review (SRR)
Ziel Teil 2	Weitere Detaillierung, Auswahl und Festlegungen von Methoden, Ressourcen und Produkten inklusive Aufwandsabschätzung und Durchführungsplanung
Review	Preliminary Definition Review (PDR)

Informationen zum Beauftragungsprozess werden in Kapitel 9.1.6.1 gegeben.

Auf der Basis von Zwischenergebnissen der Phase B, die im SRR bestätigt werden, wird der Hauptauftragnehmer vertraglich beauftragt, die Folgephasen durchzuführen.

Anmerkung:
Zeitlich gesehen findet damit das PDR schon in der Entwurfsphase (Phase C) statt (Phasenüberlappung).

Phase C	**Entwurfsphase (Detailed Definition)**
Ziel	Detaillierte Untersuchung der gewählten Realisierungslösung sowie Herstellung und Qualifizierung von repräsentativen Elementen, Bestätigung der Machbarkeit zur Erfüllung der Forderungen
Review	Critical Design Review (CDR)

Phase D	**Produktionsphase (MAIT-Phase)**
MAIT:	Manufacturing, Assembly, Integration, Testing
Ziel	Beschaffung der Komponenten, Herstellung des ersten Modells (Qualifikationsmodell) zur Qualifikation des gewählten Designs, Verifikation der Herstellmethoden
Review	Qualification Review (QR)
Ziel	Herstellung der ersten Flugeinheit auf der Basis der Ergebnisse des Qualifikationsmodells, Verifikation der ordnungsgemäßen Herstellung, Nachweis der Funktionstüchtigkeit und Betriebsbereitschaft, Freigabe zum Transport zum Launchplatz
Review	Acceptance Review (AR)

Anmerkung:
Der Beschaffungsprozess sowie die Komponentenentwicklung beginnt bereits in der Phase C. Ergebnisse von Komponenten und Qualifikationsmaßnahmen werden beim CDR auf Systemebene mit geprüft.

Phase E	**Betriebsphase (LEOP und Operation Phase)**
LEOP:	Launch and Early Operation Phase
Ziel Teil 1	Nachweis der Funktionsfähigkeit des Gesamtsystems (Satellit und Bodensegment)
Review	Operational Readiness Review (ORR)
Ziel Teil 2	Vorbereitung und Durchführung der Startkampagne, Freigabe zum Launch
Review	Flight Readiness Review (FRR)
Ziel Teil 3	Inbetriebnahme des Satelliten und des Gesamtsystems, Betrieb und Nutzung

Phase F	**Entsorgungsphase (Disposal Phase)**
Ziel	Feststellung des Endes der Lebensdauer, Abschaltung des Gesamtsystems, Ende der Betriebsphase

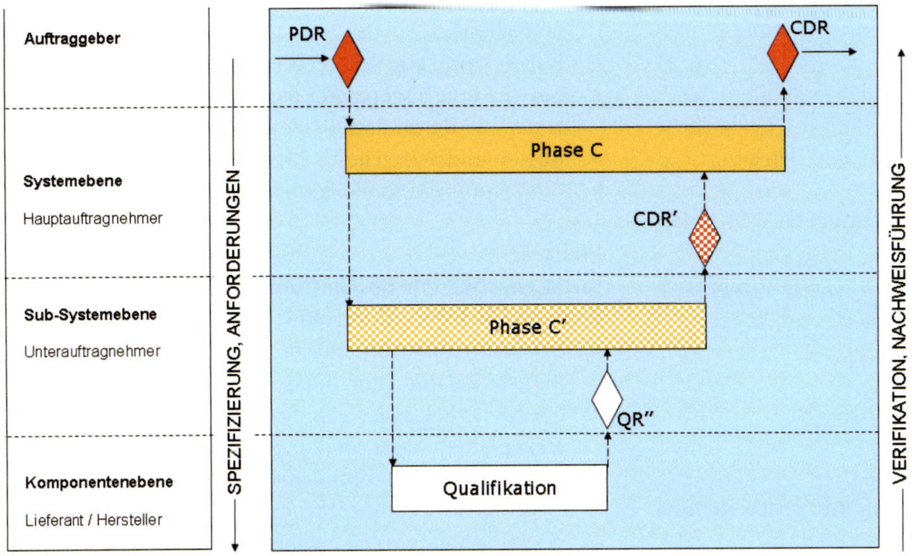

Bild 9.1.11: *Verantwortungshierarchie.*

Der dargestellte Ablauf der Phasen gilt natürlich ebenso für die beteiligten Unterauftragnehmer (UAN), die, wie im Beispiel von Bild 9.1.11 gezeigt, den Arbeiten auf Systemebene des Hauptauftragnehmers (HAN) untergeordnet sind **(Top-Down-Approach).**

Die Verantwortung zur Durchführung von Reviews zur Prüfung von erbrachten Leistungen liegt beim jeweiligen Auftraggeber. Der Auftragnehmer erbringt hierbei die geforderten Leistungsnachweise.

Damit wird gewährleistet, dass der Auftraggeber der jeweils höheren Ebene den Status der Entwicklung verantwortlich prüft und das Ergebnis freigibt.

Mit der Freigabe bestätigt der Auftraggeber den erzielten Projektfortschritt und übernimmt eine formal rechtliche Mitverantwortung für die gelieferte Leistung.

Oft ist hiermit die Zahlungsplanung verknüpft, die bei positivem Reviewergebnis durch den Auftraggeber freigegeben und geleistet wird.

Anwendung findet der ESA-Ansatz bei allen Raumfahrtvorhaben der ESA und der öffentlichen Auftraggeber, insbesondere dann, wenn der Schwerpunkt auf der Entwicklung liegt.

Anzumerken ist, dass das skizzierte Vorgehen an Projekterfordernisse in Bezug auf Technik, Risiko, Sicherheit und Wirtschaftlichkeit angepasst werden kann **(tailoring)** [9.1.7].

9.1.2.3 Kommerzieller Beschaffungsansatz

Obwohl es kaum noch reine Entwicklungsprojekte gibt, die nicht unter einem starken wirtschaftlichen Druck stehen, ist die Abwicklung eines kommerziellen Raumfahrtprojekts verschieden von Vorhaben, bei denen „Entwicklung", z. B. von neuen Methoden, von neuen, komplexen und wissenschaftlichen Aufgabenstellungen oder politische Ambitionen im Vordergrund der Risiko- und Kosten-Nutzen-Analyse stehen.

Typische Merkmale kommerzieller Raumfahrtprogramme sind:

- hohe Wirtschaftlichkeit des Produkts (Satelliten) durch seine Nutzung,
- geringste Risiken für Entwicklung und Betrieb.

Daraus lassen sich untergeordnete Parameter und Anforderungen an das System ableiten:

- Das System muss versicherbar sein gegen alle Einflüsse des Lebenszyklus eines Satelliten,
- große Betriebslebensdauer,
- große Zuverlässigkeit,
- geringe Kosten bei hohem Nutzungsgrad.

Dies bedeutet für den Hersteller:

- eine (möglichst) breite Erfahrung und große Kompetenz,
- eine kurze Entwicklungszeit nach Beauftragung bis zur In-Orbit-Lieferung,
- alle Komponenten und Prozesse müssen qualifiziert sein und über eine breite Einsatzerfahrung **(Heritage)** verfügen,
- die Akzeptanz harter Vertragsstrafen bei Abweichungen von der Qualität und der Lieferzeit.

Ein weiteres Merkmal eines kommerziellen Programms ist oft die unzureichende oder fehlende Kompetenz des Auftraggebers zu projektspezifischen Besonderheiten, insbesondere zur Satellitentechnik. Um das Gleichgewicht zu einem professionellen Hersteller zu wahren und seiner Verantwortung an ein eigenes Management gerecht zu werden, integriert er unabhängige Experten **(Consultance)** in sein Team, die mit ihm zusammen das Programm überwachen **(Monitoring)** und steuern **(Controlling).** Zudem agiert der Auftraggeber im Rahmen seines Geschäftsmodells meist nur als Dienstleister **(Service-Provider)** und stellt die Satelliten- oder Systemkapazität seiner Klientel zur Verfügung.

Daher ist es nicht verwunderlich, dass aus der Sicht des Service-Providers und seiner Klientel die Bereitstellung und Inbetriebnahme eines Satelliten mit seinen entsprechenden Bodenstationen zur Steuerung und Nutzung eine reine Beschaffungsmaßnahme darstellt, die als wesentlicher Bestandteil des anvisierten Geschäftsmodells zu bewerten ist.

Die Abwicklung des resultierenden Beschaffungsprojekts unterscheidet sich daher konzeptionell vom Phasenablauf eines Entwicklungsvorhabens nach ESA. Aus der Sicht des Auftraggebers besteht sie aus 5 Phasen bis zur Übernahme des Gesamtsystems und seiner Nutzung.

Phase 1:
Durchführbarkeits-/Wirtschaftlichkeits-Untersuchung (Feasibility Study)

- Untersuchung existierender Technik und des Marktpotenzials,
- Entwicklung eines Geschäftsmodells,
- Entwicklung angepasster technologischer Lösungskonzepte und deren Randbedingungen,
- Kosten und Wirtschaftlichkeitskonzepte,
- Bewertung von Risikofaktoren.

Phase 2:
Initialisierung der Beschaffungsmaßnahme
Request For Information (RFI) Phase

- Erstellung einer Beschreibung der geplanten Beschaffungsmaßnahme durch das Auftraggeberteam,
- Interessenbekundungen der Industrie zur Teilnahme an geplanter Ausschreibung mit
  - ersten Kosten- und Zeitschätzungen,
  - groben Systembeschreibungen,
  - Informationen zu Erfahrung und Kompetenz,

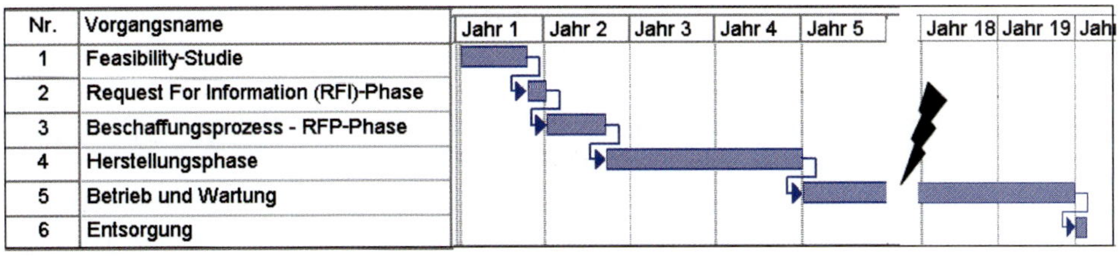

Bild 9.1.12: *Typischer Realisierungsablauf eines kommerziellen Satellitensystems.*

- Entwicklung bzw. Validierung von Bewertungsprozessen und -software, die bei der Bewertung und Auswahl der Angebote verwendet werden sollen,
- Bewertung der RFIs der einzelnen Anbieter.

Phase 3:
Einleitung der Beschaffungsmaßnahme mit Erstellung von Ausschreibungsunterlagen
Request For Proposal (RFP) Phase
Siehe dazu Kapitel 9.1.6.1.

Phase 4:
Herstellprozess
Procurement Phase

- Herstellung der beauftragten Produkte durch den Hauptauftragnehmer,
- Überwachung und Kontrolle des Herstellprozesses durch den Auftraggeber zur Minimierung von Risiken,
- Abnahme und In-Orbit-Lieferung des Satelliten,
- Abnahme und Inbetriebnahme des Gesamtsystems.

Hier ist anzumerken, dass die Herstellung nach herstellerinternen Prozeduren erfolgt, die oft auf ECSS-Standards basieren (vergleiche dazu Kapitel 9.1.2.2).

Phase 5:
Betrieb und Service
Operation and Service Phase

- Übernahme und Inbetriebnahme des Gesamtsystems,
- Betrieb und Wartung des Gesamtsystems zur Sicherstellung der Leistung für den Endkunden.

Beim Beschaffungsvorhaben übernimmt der Auftraggeber erst nach der In-Orbit-Inbetriebnahme die vertragliche Leistung; entweder das Satellitensystem, das er selbst betreibt, oder die funktionale Leistung des Gesamtsystems.

Im ersten Fall werden die erbrachten Leistungen des Auftragnehmers, gemessen am Projektfortschritt der Herstellphase, durch den Auftraggeber zu bestimmten Zahlungsmeilensteinen bezahlt.

Im zweiten Fall tritt der Auftragnehmer als Service-Provider auf, der die geforderten Satellitenleistungen nach der Systemlieferung und -inbetriebnahme im Rahmen von Dienstleistungsvereinbarungen (**Service Level Agreements**, SLA), dem Auftraggeber über die vertragliche Betriebslaufzeit zur Verfügung stellt.

Die Entscheidung, welche der skizzierten Vertragsvarianten zum Tragen kommt, ist ausschließlich wirtschaftlich getrieben.

In diesem Zusammenhang sei auf das Beschaffungsverfahren der Bundeswehr für militärische Leistungen und Güter verwiesen, das **Customer Product Management (CPM).** Der Verweis ist von Bedeutung, da die Raumfahrtvorhaben der Bundeswehr diesem Standardverfahren folgen. Hier sind zu nennen

- die **SAR-Lupe,** ein Satellitenverbund von fünf Aufklärungssatelliten sowie
- der **SATCOM-Bw-Verbund,** bestehend aus zwei Kommunikationssatelliten.

Der CPM-Ansatz (Bild 9.1.13) sieht dabei die Herstellung eines „Demonstrators" vor, anhand dessen die funktionalen Anforderungen nachgewiesen und abgenommen werden können.

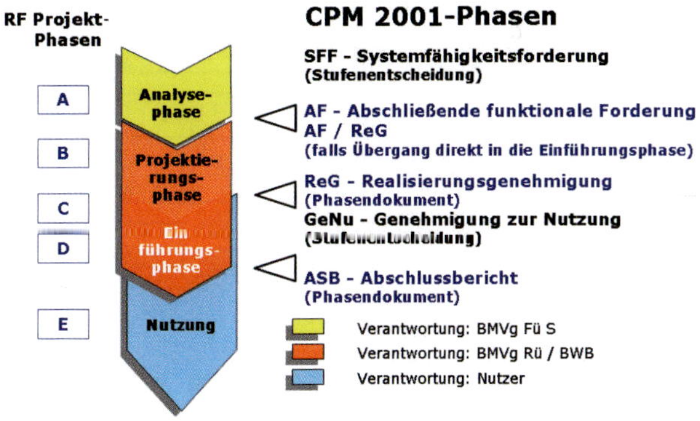

Bild 9.1.13: *Customer Product Management.*

9.1.3 Projektmanagement-Disziplinen

9.1.3.1 Planung

Der Schwerpunkt der Projektplanung liegt bei der Ausarbeitung des Managementplans bzw. des Projekthandbuches (siehe Kapitel 9.1.5.1 bzw. Kapitel 9.1.5.2). Basierend auf dem spezifizierten Produktbaum, den im Unternehmen etablierten Prozessen und den zur Verfügung stehenden

9

Ressourcen und Fähigkeiten, muss eine Aufgaben-, Termin- und Kostenplanung ausgearbeitet werden, mit der die Zielsetzung des Vorhabens erreicht werden kann. Dabei muss das Projektmanagement schwerpunktmäßig folgende Punkte bearbeiten.

Projektstrukturplan (Aufgabenplan)

Die Aufgabe eines Projektstrukturplans (PSP, **Work Breakdown Structure**) ist die Gliederung des Projekts in sinnvolle Arbeitspakete, beteiligte Unternehmen, Realisierungsphasen oder Baugruppen. Auf der Basis des PSP, dessen Umfang abhängig ist von der Komplexität eines Vorhabens, können detaillierte Kosten- und Zeitplanungen ausgearbeitet werden, die im Angebot bereits dargestellt werden.

Ein typischer PSP eines Satellitenprojekts ist in Bild 9.1.14 dargestellt. Jeder einzelne Block repräsentiert eine spezifische Aufgabe (Arbeitspaket), die durch einen Verantwortlichen durchzuführen ist. Weitere Unterteilungen sind möglich, wenn klare und genaue Abgrenzungen zu anderen Aufgabengebieten möglich und sinnvoll sind.

Zur genauen Festlegung und Beschreibung der einzelnen Aufgaben sollte eine einheitliche Form benutzt werden, wie sie in Bild 9.1.15 am Beispiel eines Projektmanagers auszugsweise dargestellt ist.

Die Qualität eines PSP und einer Arbeitspaketbeschreibung kann festgelegt werden am Detaillierungs- und Vollständigkeitsgrad sowie durch Klarheit der Angaben insbesondere zu

- den Zielsetzungen des Arbeitspakets,
- den benötigten Voraussetzungen oder Abhängigkeiten (Input),
- den zu leistenden Arbeiten und Aufgaben und
- einer detaillierten Festlegung der Leistung.

Eine schlechte und unzureichende Arbeitspaketbeschreibung liefert oft Anlass zu „Streitereien“ mit dem Auftraggeber oder anderen Projektbeteiligten, da diese zur Beschreibung der Lieferleistungen Bestandteil des Vertrags zwischen den Parteien werden.

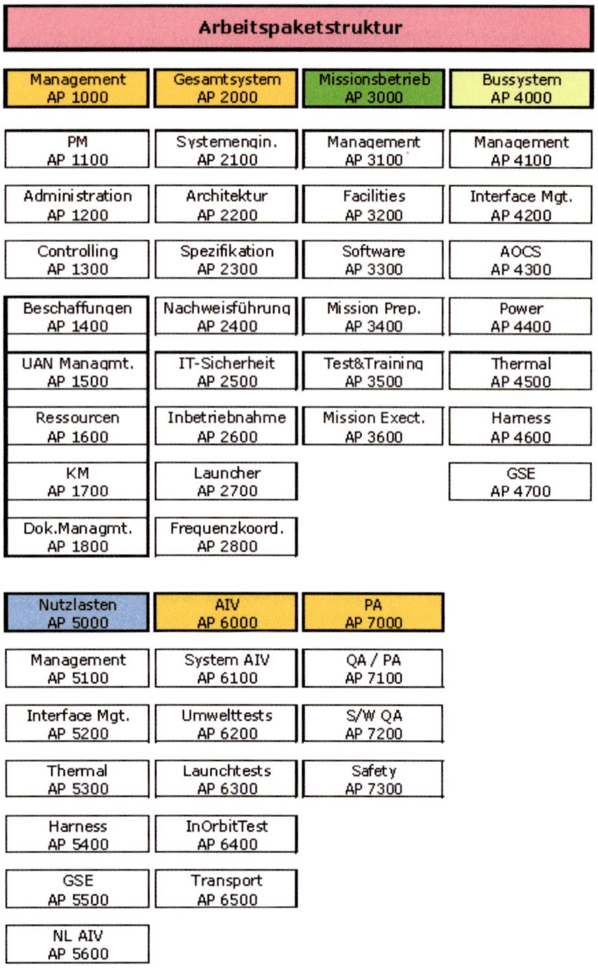

Bild 9.1.14: *Projektstrukturplan eines Satellitenprojekts.*

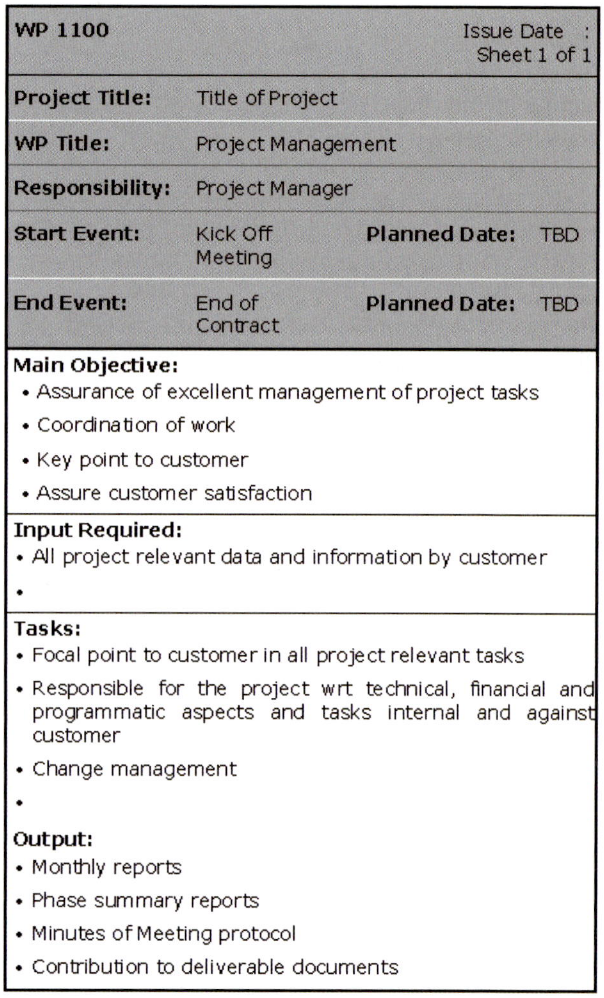

WP 1100		Issue Date : Sheet 1 of 1	
Project Title:	Title of Project		
WP Title:	Project Management		
Responsibility:	Project Manager		
Start Event:	Kick Off Meeting	**Planned Date:**	TBD
End Event:	End of Contract	**Planned Date:**	TBD

Main Objective:
- Assurance of excellent management of project tasks
- Coordination of work
- Key point to customer
- Assure customer satisfaction

Input Required:
- All project relevant data and information by customer
-

Tasks:
- Focal point to customer in all project relevant tasks
- Responsible for the project wrt technical, financial and programmatic aspects and tasks internal and against customer
- Change management
-

Output:
- Monthly reports
- Phase summary reports
- Minutes of Meeting protocol
- Contribution to deliverable documents

Bild 9.1.15: *Arbeitspaketbeschreibung.*

Nicht zuletzt wegen der Qualität eines PSP sind damit Rückschlüsse auf die Kompetenz, Erfahrung und Professionalität eines Projektmanagements möglich.

Zeit- und Kostenplanung

Nach der systematischen Strukturierung aller definierten Aufgaben zur Herstellung des Produktbaumes sind folgende Schritte zur Erstellung einer vollständigen Planung notwendig:

- Zusammenstellung aller Arbeiten (Prozesse) und Verknüpfung entsprechend der Ablauflogik,
- Festlegung der geschätzten Realisierungszeit für jede Arbeit,
- Festlegung der benötigten Arbeitszeit pro Arbeitsschritt,
- Zuordnung zu Ressourcen (den verantwortlichen Teammitgliedern) der einzelnen Arbeiten,
- Festlegung von Kostenelementen pro Arbeitsschritt.

Bei der Verwendung eines geeigneten Software-Planungstools sind als Ergebnis eine Vielzahl von Grafiken, Tabellen und Diagrammen darstellbar, die es ermöglichen, effektiv die kritischen, projektrelevanten Parameter für Planung und Überwachung darzustellen. Stellvertretend dafür ist in Bild 9.1.16 ein Ausschnitt der Ablaufplanung eines Satellitenprojekts dargestellt. Interessant ist hierbei die Möglichkeit, einzelne Arbeitsschritte übergeordneten Sammelvorgängen zuzuordnen und durch Festlegung von Endterminen den kritischen Pfad zu ermitteln.

Bild 9.1.17 zeigt exemplarisch die geplante Auslastung, hier des Projektmanagers, über die Projektlaufzeit.

Bei ergebnisorientierter Anwendung und Prüfung der Planungsangaben und Umsetzungsschritte kann Fehlentwicklungen rechtzeitig entgegengewirkt werden.

Die Effizienz und der Nutzen derartiger Planungsarbeiten erhöhen sich durch Berücksichtigung weiterer Projektanforderungen:

- Festlegung von Reviewereignissen (siehe Reviewplanung),
- Festlegung von Meilensteinen (siehe Meinsteinplanung),
- Zuordnung von Dokumenten,
- Einbindung von untergeordneten Projektstruktur-Plänen (z. B. von Unterauftragnehmern).

Der sogenannte Masterplan stellt die oberste Ebene aller Aufgaben und Prozesse dar. Er enthält alle verbindlichen Liefertermine und dient als Basis der Projektverfolgung.

Reviewplanung

Reviews dienen der industrieinternen Programmkoordination und der Kontrolle des erzielten Projektfortschritts durch den Auftraggeber und sind weitgehend mit dem Zahlungsplan gekoppelt.

Der Auftragnehmer ist verpflichtet, zu allen projektbezogenen Reviews den AG bzw. von ihm beauftragte Dritte rechtzeitig einzuladen. Im begründeten Fall hat der AG das Recht, ein geplantes Review zeitlich zu verschieben. Gründe können u. a. die unvollständige oder verspätete Übergabe von Review-relevanter Dokumentation (z. B. **Review Data Package**) sein.

Reviews ergänzen die Meilensteinplanung und finden Anwendung auf allen Ebenen des Projekts und zwischen allen Projektpartnern.

Alle Reviews werden als **Reviewprozess** (siehe Kapitel 9.1.6.2) angesehen.

Meilensteinplanung

Als Meilensteine werden Ereignisse im Rahmen des AIV-Programms gesehen und identifiziert, die die Qualität einer Arbeit (eines Prozesses) durch geeignete Verifikationsmaßnahmen sicherstellen. Hierbei wird unterschieden zwischen dem sogenannten

- **Key Inspection Point** (KIP)
  z. B. für Maßnahmen wie Prüfungen, Inspektionen und Kontrollen, die durch Vertreter der Qualitätssicherung standardmäßig nach Abschluss einer Arbeitssequenz durchgeführt werden und dem
- **Mandatory Inspection Point** (MIP)
  z. B. für Prüfung von kritischen Maßnahmen in Hinblick auf die weitere Fortführung der AIV-Maßnahmen. Wichtig dabei ist die Einbeziehung des Auftraggebers, der den Erfolg der Prüfung im Rahmen seiner Mitwirkungspflicht bestätigt.

KIPs und MIPs werden bei der Planung der AIV-Aktivitäten vom Verantwortlichen mit Unterstützung des PA-Verantwortlichen geplant.

Abnahmeplanung

Die Abnahmeplanung eines Lieferprodukts oder einer Leistung erfolgt auf der Basis der vertraglich spezifizierten Anforderungsdokumentation und wird durch ein entsprechendes Nachweisdokument, das **Verification Control Document (VCD)**, unterstützt.

Das VCD, das vom Systemingenieur oder Projektmanager des Hauptauftragnehmers erstellt und geführt wird, enthält alle technischen Anforderungen mit Festlegungen sowie Vorgaben, wie diese durch geeignete Verifikationsmaßnahmen erfüllt und nachgewiesen werden sollen. Typische Nachweismethoden sind

- Ähnlichkeitsprüfung (Similarity),
- Analyse,
- Designprüfung (Review of Design),
- Simulation,
- Inspektion,
- Test.

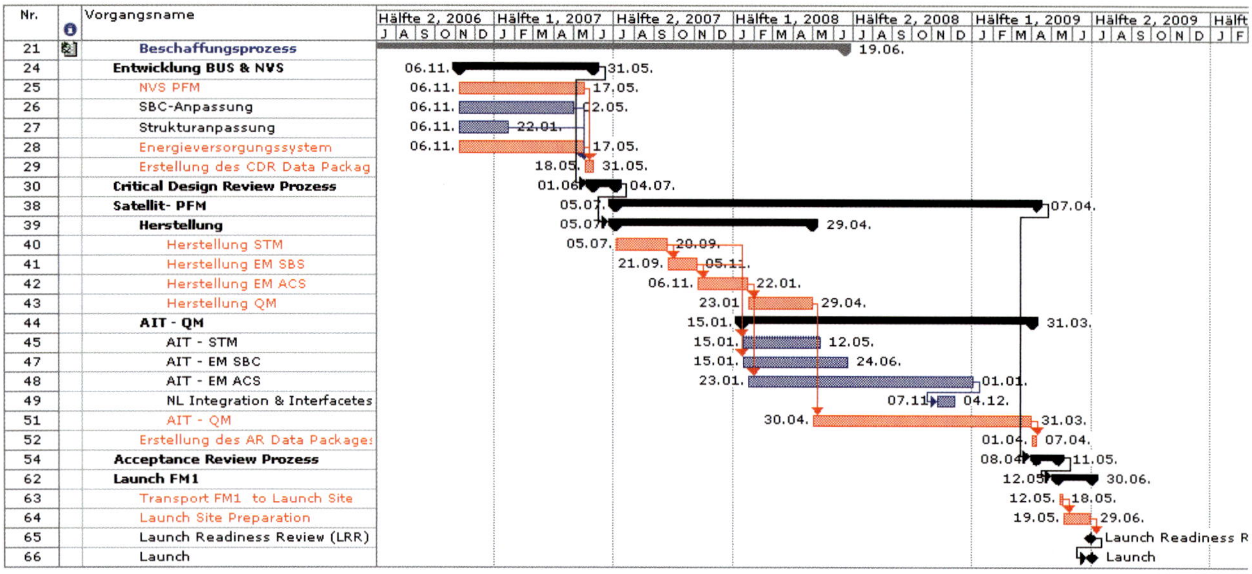

Bild 9.1.16: *Zeitplan.*

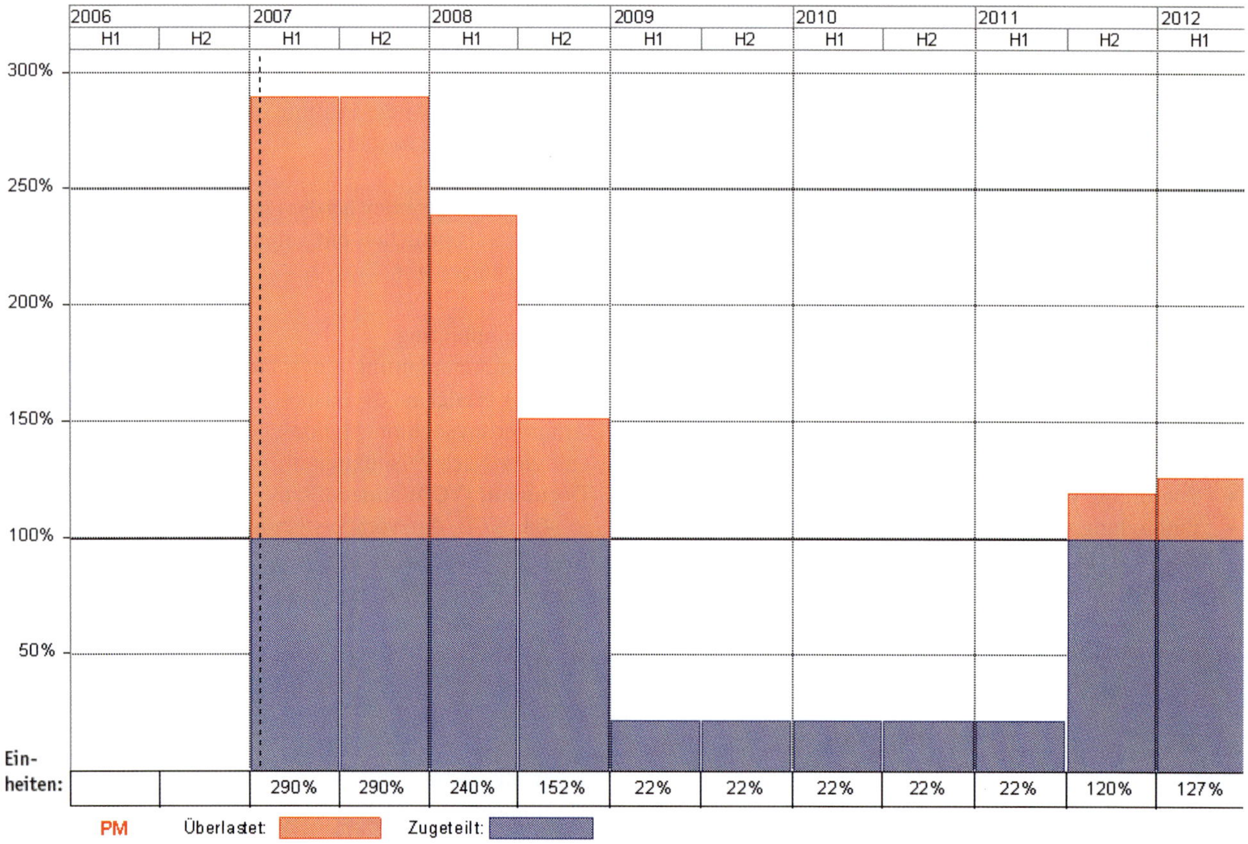

Bild 9.1.17: *Ressourcenauslastung.*

Tabelle 9.1.3: *Acceptance Data Package.*

COVER SHEET AND TABLE OF CONTENTS
CHANGE RECORD AND DISTRIBUTION LIST
STATEMENT OF COMPLIANCE
DELIVERED ITEMS DATA:
• LIST OF DELIVERED ITEMS
• PACKAGING/HANDLING TRANSPORT AND STORAGE DATA SHEET
• SHIPPING DOCUMENTS
CERTIFICATES
C.I.D.L./AS BUILT CONFIGURATION LIST
NOTES AND COMMENTS
HISTORICAL RECORD
OPERATING TIME/CYCLES RECORD
CONNECTOR MATE-DEMATE RECORD
AGE/LIMITED LIFE ITEMS:
• LIMITED LIFE ITEMS LIST
• LIMITED LIFE RECORD
• AGE SENSITIVE ITEMS RECORD
MISSING ITEMS LIST
TEMPORARILY INSTALLED ITEMS RECORD
LOOSE DELIVERED ITEMS LIST
NON CONFORMANCE LIST AND COPIES OF ALL MAJOR NCRs
RFW LIST AND COPIES OF ALL RFWs
RFD LIST AND COPIES OF ALL RFDs
ECP/CCN LIST AND COPIES OF ALL ECPs/CCNs
NON STANDARD CALIBRATION ITEMS LIST
SAFETY DATA PACKAGE
TEST PLAN
PROCEDURES
TEST REPORTS
INSPECTION REPORTS
OPEN WORK/OPEN TEST/DEFERRED WORK
MASS AND POWER BUDGET RECORDS:
MASS BUDGET RECORD SHEET
ELECTRICAL CONSUMPTION BUDGET RECORD SHEET
OPERATION AND MAINTENANCE MANUAL
TOP ASSEMBLY DRAWINGS, INTERFACE DRAWINGS
PHOTOS
PACKING, UNPACKING, HANDLING, STORAGE AND TRANSPORTATION PROCEDURES
PRESSURE VESSEL DATA:
• LIMITED LIFE PRESSURE VESSEL ITEMS LIST
• PRESSURE OPERATING TIME/CYCLES RECORD
PYROTECHNIC, RADIOACTIVE AND LASER ITEMS DATA LIST
TRR/QR/AR/DR MINUTES
INTERFACE DESCRIPTION
DESIGN DESCRIPTION

Die Erfüllung der Nachweisforderungen wird durch Angaben von Referenzen zu entsprechenden Ergebnisdokumenten für jeden Forderungseintrag dokumentiert und nachgewiesen.

Über dieses VCD hinaus wird für jede Abnahme eines Lieferprodukts vom jeweiligen Auftragnehmer eine Abnahmedokumentation, das **Acceptance Data Package (ADP)** oder **End Item Data Package (EIDP)** erarbeitet und zusammengestellt, die dem Auftraggeber zur Bewertung rechtzeitig zum Abnahmereview übergeben wird. Siehe hierzu auch den Abschnitt „Reviewplanung".

In Tabelle 9.1.3 ist ein typisches ADP zusammengestellt, wie es für die Lieferung eines Raumfahrtprodukts als Bestandteil der Lieferung üblich ist.

9.1.3.2 Projektführung

Obwohl im Rahmen dieses Kapitels „Führung" eine nur untergeordnete Rolle zu haben scheint, ist sie jedoch in der Praxis von essentieller Bedeutung und oft Ursache von Problemen und Misserfolgen.

Insbesondere große Projekte stellen kleine, in sich geschlossene Organisationseinheiten dar, in der jedes Teammitglied ein klar definiertes Ziel und eine Aufgabenstellung hat und darüber hinaus seine Identität finden kann; außerhalb der „Masse" und für einen begrenzten Zeitraum.

Der Führungsanspruch des Projektmanagers wird gerechtfertig durch die Ernennung und Zuteilung von Kompetenzen und Vollmachten durch die Geschäftsführung seiner Organisation und basiert auf den Zielsetzungen, das Projekt in alleiniger und voller Verantwortung zu führen und abzuwickeln.

Es wird ersichtlich, dass im Rahmen des Mandats des Projektmanagers folgende persönliche Eigenschaften einen Beitrag zum Projekterfolg leisten:

- Identifikation mit den Projektzielen,
- Durchsetzungskraft,
- Entschlossenheit,
- Fähigkeit zur Teamarbeit,
- Fähigkeit der Motivation,
- Moderationsfähigkeiten,
- Loyalität,
- Fairness und Offenheit,
- Kommunikationsverhalten,
- Abstraktions- und analytische Fähigkeiten,
- Ausdrucks- und Vortragsfähigkeiten,
- Selbstkritik und „Lernfähigkeit",
- Belastbarkeit.

Welche der Fähigkeiten in welcher Form und in welchem Umfang zum Tragen kommen, hängt im Wesentlichen von der Art des Projekts, seiner Kritikalität, seiner Größe und Komplexität und auch von den beteiligten Personen und Institutionen ab.

Ein verlorengegangenes Vertrauen gegenüber Projektpartnern aufgrund von unzureichenden Fähigkeiten in den oben angeführten Punkten wird oft als „schlechte Managementleistung“ bewertet und ist schwer zurückzugewinnen.

9.1.3.3 Projekt-Controlling

Eine wesentliche Aufgabe des Projektmanagers ist die Überwachung und Steuerung des Projektvorhabens **(Controlling).**

Ziel ist die Feststellung der aktuellen Projektparameter und -eigenschaften im Vergleich zu den Planungsvorgaben sowie die Analyse der Abweichungen und Konsequenzen zur Ermittlung von präventiven Korrekturmaßnahmen.

Im Mittelpunkt des Controllings steht die Entwicklung

- der Kostenelemente,
- der Technik,
- der geforderten Qualität,
- der Terminplanung (Zeitplan).

Die Ergebnisse der Analysen werden im internen Statusbericht zusammengefasst und beim internen Projektreview der Leitung oder, wenn gefordert, dem Auftraggeber vorgelegt.

9.1.3.4 Kommunikation und Reporting

Ein wesentliches Instrument eines effektiven und erfolgreichen Projektmanagements ist die Kommunikation mit allen Projektbeteiligten (siehe Bild 9.1.1). Die Inhalte sowie der Umfang des notwendigen Kommunikationsaufwands orientieren sich an den Aufgaben und Interessen der Projektpartner (siehe Tabelle 9.1.1).

Diese Managementaufgabe sollte auf keinen Fall unterschätzt werden, da schlechte Kommunikation Misstrauen und Unzufriedenheit generiert und immer zu schlechten Projektergebnissen führt.

Zum Portfolio eines erfolgreichen Projektmanagements gehören die nachfolgend genannten Aufgabenstellungen, die sich wegen der teils divergenten Interessenlage unterscheiden.

Schnittstelle zum Projektteam

- Regelmäßige Teambesprechungen,
- Aktueller und vollständiger Austausch von Informationen,
- Positives und negatives Feedback,
- Problembeschreibungen,
- Übersichtliche Tätigkeitsanforderungen,
- Klare und eindeutige Aufgabenstellungen,
- Auslastung, aber keine Dauerüberlastung.

Schnittstelle zur Geschäftsführung

Zielführend ist eine regelmäßige und formalisierte Durchführung von Projektreviews mit Angaben zu

- Ressourcenauslastung,
- Kapazitäten,
- Risiken,
- Problemen,
- Qualität,
- Kosten,
- Zeitplanung.

Üblich hierbei ist die Ausarbeitung von Statusberichten in Abhängigkeit von Projektumfang oder -risiken auf wöchentlicher oder monatlicher Basis.

Schnittstelle zum Auftraggeber

Ähnlich wie zur Geschäftsführung sollte das Projektmanagement, soweit dies noch nicht vertraglich geregelt ist, eine regelmäßige Statusberichterstattung vorschlagen und etablieren. Hierbei sollten folgende Informationen stichpunktartig beschrieben werden:

- Projektfortschritt (mit den wichtigsten Ergebnissen des vergangenen Berichtszeitraumes),
- geplante Projektaktivitäten im Folgezeitraum bis zum nächsten Bericht,
- bisher vereinbarte Abweichungen von den funktionellen Forderungen und Spezifikationen,
- identifizierte Problemfelder und Risiken,
- Qualitätsstatus,
- aktueller Zeitplan, mit Abarbeitungsstand,
- Sachstand zum Mittelabfluss mit Prognose,
- Technische Budget-, Controlling- und Terminlisten.

Darüber hinaus ist es zielführend, regelmäßig mit dem Auftraggeber zu kommunizieren und ihn unmittelbar über alle Vorkommnisse offen und transparent zu unterrichten.

Weiterhin wird empfohlen, alle Daten und Informationen auf einem beiderseitig zugänglichen Server zu speichern, sodass der Auftraggeber jederzeit alle erarbeiteten Dokumente lesen und bewerten kann. Als Beispiel sei hier der Master Schedule genannt, der im Rahmen des Zwischenberichts wegen seiner Größe und seines Umfangs nur auf Top-Level oder Gesamtsystemebene dargestellt wird. Der detaillierte und vollständige Zeitplan sollte dagegen zeitnah gepflegt und immer einsehbar sein.

9.1.4 Projektmanagement-Hilfsmittel

9.1.4.1 Organisationsformen

Unternehmen und Organisationen mit wachsender Mitarbeiterzahl sind vielfach und notwendigerweise nach der Spezialisierung ihrer Aufgaben und ihren Funktionen strukturiert.

Bild 9.1.18 zeigt ein typisches Beispiel einer **Linienorganisation.**

Aufgrund des interdisziplinären Charakters von Projekten ist die Bildung und Führung eines Projektteams besonders schwierig. Die Zusammenarbeit und Kontrolle ist insbesondere im Konfliktfall schwierig, da der Entscheidungsweg und der Abstimmungsprozess umständlich und langwierig sind. Derartige Organisationsformen neigen zu Bürokratie und Ineffizienz und sind für größere und komplexere Projekte ungeeignet.

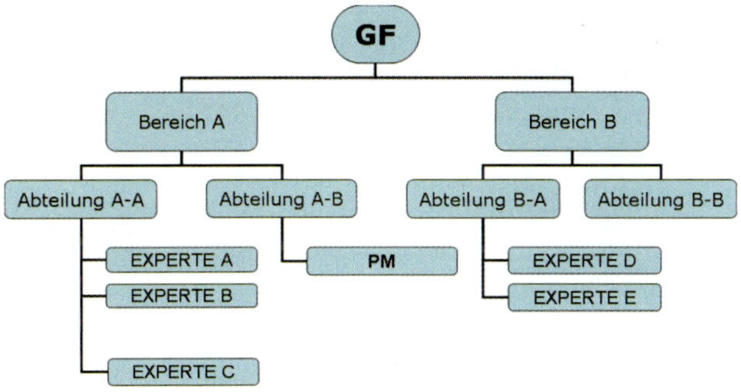

Bild 9.1.18: *Linienorganisation.*

Für Vorhaben mit Anforderungen an Flexibilität und systemtechnische Strukturen wird die Etablierung einer **Matrixorganisation** (Bild 9.1.19) empfohlen.

Hierbei wird von der Leitung ein Projektteam zusammengestellt und dem Projektmanager unterstellt. Wesentlich sind hierbei die vollständige Übernahme der Projektverantwortung und die direkte Zuordnung zur Geschäftsleitung.

Mit den damit zugeteilten Vollmachten kann der Projektmanager eine spezifische, auf das Vorhaben abgestimmte **Projektorganisation** aufbauen und steuern. Siehe als Beispiel Bild 9.1.20 eines Satellitenprojekts.

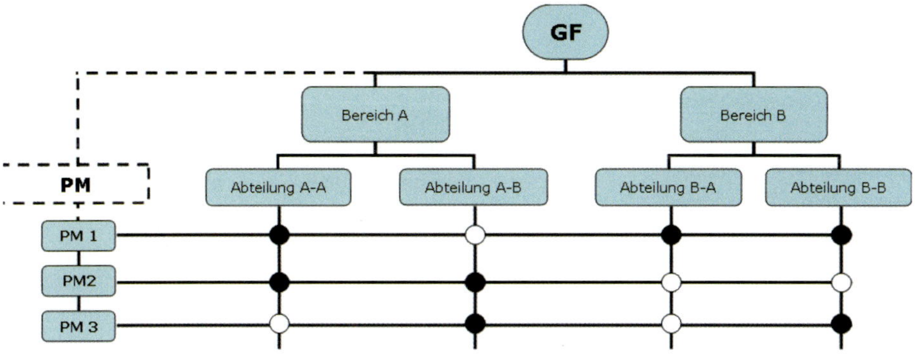

Bild 9.1.19: *Matrixorganisation.*

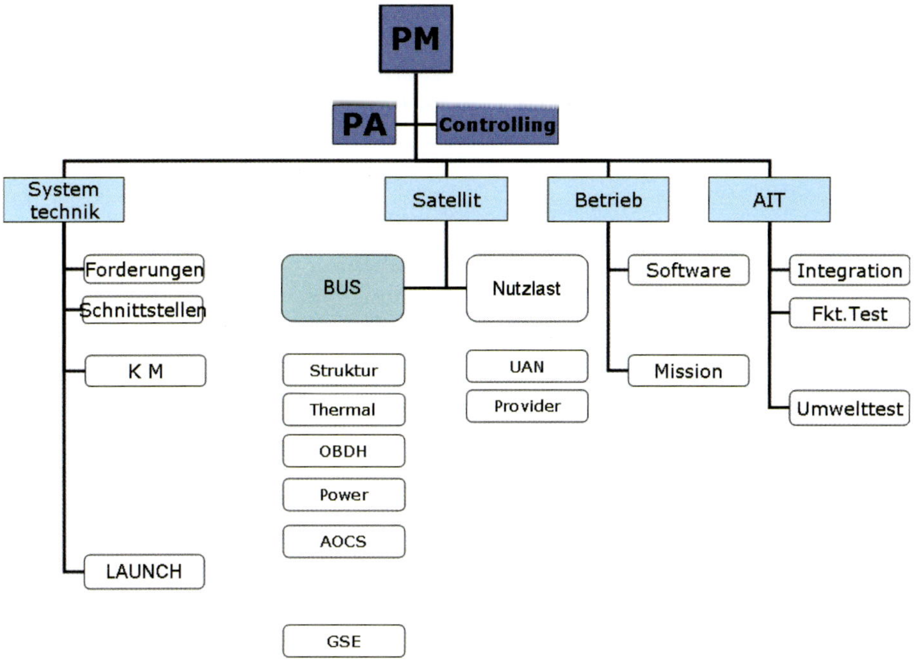

Bild 9.1.20: *Projektorganisation.*

9.1.4.2 Modellphilosophie

Die Modellphilosophie entwickelt sich aus der Vorhabens-Programmatik und den spezifischen Missionsanforderungen. Bei Projekten, die dem ESA-Ansatz folgen, wird die Modellphilosophie konzeptionell bereits in der Phase A angelegt und im Rahmen der Phase B finalisiert. Die möglichen Varianten einer Modellphilosophie basieren auf Kosten-, Nutzen- (Qualität-) und Risikobetrachtungen und definieren neben den zu **realisierenden Modellarten** ebenso das **Einsatzspektrum** der einzelnen Modelle, den notwendigen **Testumfang** und die **Testtiefe.** Siehe hierzu auch Bild 9.1.6 und Kapitel 8.3.2.

Obwohl die Modellphilosophie vom technischen Engineering entwickelt wird, unterstützt der Projektmanager den Entscheidungsprozess zur Auswahl der optimalen Modellphilosophie. Erst damit steht der Umfang der Modelle und Prozesse fest, die von der Planung berücksichtigt werden müssen.

Bei Beschaffungsvorhaben mit geringem Entwicklungsrisiko werden, aus Kostengründen und wegen der großen Erfahrung des Herstellers, häufig ausschließlich Nutzungseinheiten bzw. **Flugmodelle** gebaut und auf den Einsatz von Prototypen oder Qualifikationsmodellen verzichtet.

Für den Aufbau einer Projektplanung ist jedoch auch noch von Bedeutung, dass selbst in einem Flugmodell eines Satelliten auch Komponenten zum Einsatz kommen können, die nicht auf dem Markt als qualifiziertes Standardmodell zu beschaffen sind, sondern eigens für das Vorhaben entwickelt werden müssen.

9.1.4.3 Risikomanagement

Durch das Risikomanagement sollen Risiken vor und während des Projekts frühzeitig identifiziert und analysiert werden, um durch geeignete und rechtzeitige Gegenmaßnahmen (Prävention) deren Eintreten zu verhindern oder den möglichen Schaden zu begrenzen. Dabei muss das Augenmerk auf den wesentlichen Risiken liegen, die den Erfolg des Projekts gefährden könnten.

Ziel ist auch, durch Risikomanagement eine realistische Termin-, Kosten- und Personalplanung im Projekt zu erreichen.

Risiken werden in einer **Risikomatrix** erfasst und mit stichpunktartigen Informationen und Einschätzungen zu folgenden Punkten erstellt:

- **Risikobeschreibung**
  Beschreibung des Risikos im Hinblick auf Kosten, Zeit und Qualitätsforderungen,
- **Ursache**
  Auflistung aller möglichen Ursachen, die das Risikoszenario auslösen können,
- **Beschreibung der Auswirkung**
  Auflistung der Auswirkungen und Konsequenzen für den Projekterfolg, insbesondere zu Kosten,
- **Wahrscheinlichkeit (1–100 %)**
  Einschätzung der Eintrittswahrscheinlichkeit des Risikos,
- **Auswirkung (1–10)**
  Einschätzung der Auswirkung auf der Basis von definierten Kriterien,
- **Risikokritikalität**
  wird ermittelt aus dem Produkt von Risikoeintrittswahrscheinlichkeit und Auswirkung,
- **Recovery Indikator (Zeit in Monaten)**
  Einschätzung der Zeit, in der mögliche Probleme korrigiert werden können, zur Bestimmung der Korrekturkosten,
- **Risk Owner**
  Festlegung des Verantwortlichen, der zur Beherrschung der Risikomaßnahmen durch den Projektmanager festgelegt wird,
- **Technical Mitigation**
  Beschreibung von präventiven fachlichen und technischen Maßnahmen zur Risikovermeidung,
- **Contractual Mitigation**
  Beschreibung von vertraglichen Maßnahmen zur Vermeidung von Risiken,
- **Contingency**
  Beschreibung von Maßnahmen, die im Risikoeintrittsfall zu treffen sind.

Alle Maßnahmen müssen durch das Projektmanagement regelmäßig überwacht werden und im Rahmen von regelmäßigen Fortschrittsberichten gegenüber der Geschäftsführung dargelegt und begründet werden.

9.1.4.4 Kosten- und Zeitplanung

Zur Planung, Überwachung und Steuerung des Projekts muss eine **Zeitplanung** durch den Hauptauftragnehmer ausgearbeitet werden, in der alle für die Durchführung des Vorhabens relevanten Maßnahmen, Arbeitsschritte und Meilensteine integriert sind, soweit diese für die Verfolgung der Vorhaben auf Systemebene nötig und sinnvoll erscheinen. In diesem Sinne stellt der Zeitplan eine Umsetzung der **Arbeitspaketbeschreibungen als Prozesse** dar. Zu den integrierten Positionen gehören dabei auch die Aktivitäten von Unterauftragnehmern.

Zur effektiven Projektverfolgung sollte jeder Prozess, der aus mehreren Einzelprozessschritten besteht, folgende Informationen erfassen und darstellen:

- Bezeichnung des Prozessschrittes (Aufgabe),
- Arbeitspaketnummer,
- Verantwortlichkeiten (Name der Person, Organisation),
- Kennung von Meilensteinen (Reviews, MIPs und KIPs),
- Kostenanteile (Festkosten, variable Kosten, Reisekosten etc.),
- Zeitdauer mit Angaben zum Projektbeginn und zu Einschränkungsterminen,
- Arbeitsaufwand,
- Zuordnung zu Ressourcen (Ressourcenplanung),
- Dokumentenkennzeichnung (falls ein Dokument im Rahmen der Aktivität erzeugt wird).

Von Bedeutung hierbei sind folgende Aspekte:

- Alle **Teilprozesse** sind in sich geschlossen und folgen einer projekttypischen allgemeinen Struktur mit folgenden Inhalten:
  - Übernahme der Aufgabe (z. B. KIP, Prüfung),
  - Bearbeitung der Aufgabe,
  - Prüfung der erledigten Aufgabe,
  - Lieferung/Übergabe an den nächsten (Teil-)Prozess;
- die **Verknüpfung** aller Prozesse miteinander erfolgt entsprechend der Arbeitsstruktur.

Erst wenn die skizzierten Anforderungen erfüllt sind, können die **Planungsaufgaben** effektiv durchgeführt werden. Dazu gehören, um nur die wichtigsten zu nennen,

- Aufbau und Pflege eines Masterplans,
- kritische Pfad-Analyse,
- Darstellung von Projektberichten (Kostenübersicht, Ressourceneinsatz, Ressourcenverbrauch, Status),
- Darstellung als Gantt-Diagramm,
- Darstellung als Pert-Diagramm,
- Change-Management.

Sinnvoll ist dabei die Verwendung einer geeigneten **Software** zur Projektplanung und -steuerung von Projekten, die mittlerweile auf dem Markt als etablierter Standard zu beziehen ist.

Wegen der Dimension der Projektplanung sollte der Projektzeitplan zur effektiven Verfolgung des Projekts allen Projektpartnern aktuell zugänglich sein (z. B. auf einem gemeinsamen Projektserver).

Bei umfassenden Raumfahrtprojekten können durchaus mehrere Tausend Einzelprozesse oder Aktivitäten notwendig sein, um das Projektziel zu erreichen, sodass alleine deswegen (durch die wachsende **Komplexität**) das Gesamtprojekt in Teilprojekte aufgeteilt werden sollte, die in geeigneter Weise miteinander verknüpft werden (siehe Bild 9.1.21).

Zwecks besserer Handhabbarkeit der Terminplanung und zur Sicherstellung seiner Funktionalität dienen folgende Vorgaben als Basis für dessen Implementierung:

- Übersichtlichkeit der einzelnen Prozesse,
- vergleichbarer Detaillierungsgrad,
- produkt- und prozessorientierte Strukturierung der Planung,
- Integration aller Meilensteine, die zur Selbstkontrolle geeignet sind,
- Integration von Meilensteinen, die zur Überwachung der UANs und Lieferanten geeignet sind,
- farbliche Codierung zentraler Meilensteine,
- Verknüpfung einzelner Arbeitsschritte innerhalb des übergeordneten Blocks; Minimierung der Verknüpfungen über verschiedene Blöcke.

Die Pflege des Zeitplans sollte vom Projektmanagement durchgeführt bzw. von ihm koordiniert werden, sodass eine Überwachung des Arbeitsfortschritts zeitnah inhärent gegeben und sichergestellt ist.

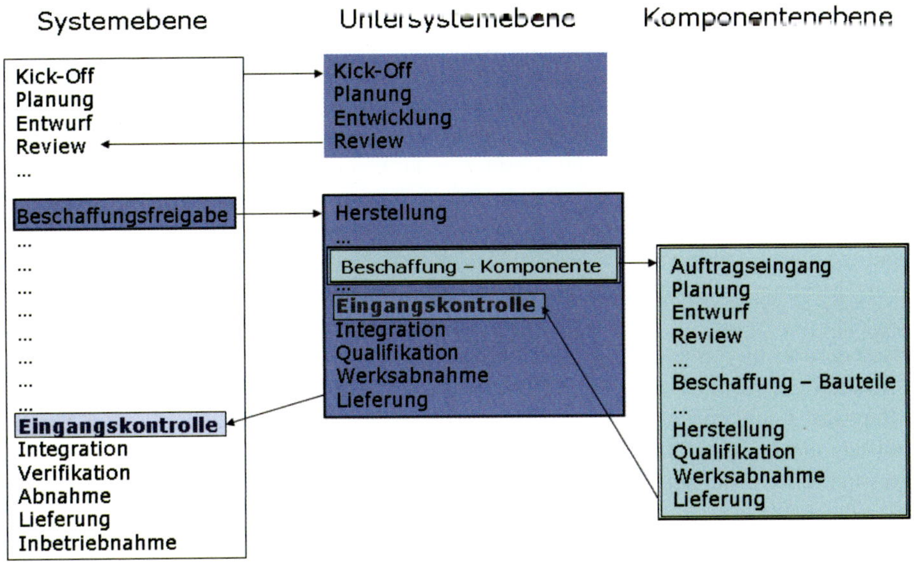

Bild 9.1.21: *Zeitplansystematik.*

Der **Aktualisierungszeitraum** sowie der Detaillierungsgrad der Planung sollten dabei mit dem Projektfortschritt zunehmen.

In der Anfangsphase eines Projekts ist ein Zyklus von 2 Monaten sicherlich adäquat und ausreichend. Bei weiterem Projektfortschritt oder bei kritischen Aktivitäten kann eine Aktualisierung im wöchentlichen Turnus durchaus als angemessener Zeitraum für ein starkes Zeitmanagement dienlich sein.

Der Projektzeitplan wird den Notwendigkeiten angepasst und ggf. auch nur für ein Untersystem oder für einen Teilprozess erstellt.

9.1.4.5 Qualitätsmanagement-Aspekte

Das Qualitätsmanagement nimmt eine präventive und korrigierende Rolle ein, um eine hohe Projektqualität (Verlässlichkeit der Projektumsetzung) sowie auch eine hohe Produktqualität im Hinblick auf seine Leistungsfähigkeit und sein Missionsziel zu erreichen.

Zur Anwendung kommen Normen und Standards aus der Raumfahrt **(ECCS)**, Industrie **(ISO)** und **Inhouse-Standards.**

Die Anwendung von Inhouse-Standards soll bewirken, dass optimierte und erprobte sowie ggf. zertifizierte Prozesse der am Projekt beteiligten Unternehmen das Erreichen der Vorhabensziele sicherstellen.

Der Umfang von Qualitätssicherungsmaßnahmen kann an technische und programmatische Risiken des Vorhabens, Kosten- und Zeitvorgaben sowie Erfahrungen aus früheren Vorhaben (Tailoring) angepasst werden, um effizient und ergebnisorientiert vorzugehen.

Als Managementaufgabe wird hierbei die Etablierung einer **Qualitätssicherung** oder **Produktsicherung** gesehen, die unabhängig von den Realisierungsprozessen agiert und dem Projektmanagement berichtspflichtig ist.

9.1.4.6 Konfigurationsmanagement

Ziel des Konfigurationsmanagements ist es, den Grad der Erfüllung von Leistungs-, Funktions- und physischen Anforderungen zu dokumentieren und diesbezüglich volle Transparenz herzustellen. Software, Hardware, Zeichnungen und Dokumente werden mit ihrem jeweiligen Änderungsstand archiviert und dokumentiert, sodass jederzeit ein Überblick über die aktuelle Konfiguration (as-build-Status) vorhanden ist.

Konfigurationsmanagement erfasst darüber hinaus den Produktbaum und identifiziert mittels der **Configuration Item Data List (CIDL)** die gesamte Hardware und Software.

Konfigurationsmanagement wird üblicherweise als Unterstützungsprozess im Rahmen von Qualitätsmanagementsystemen (z. B. nach ISO 9001 oder EN 9100) eines Unternehmens gesteuert.

9.1.4.7 Logistik

Zur Unterstützung eines wirtschaftlichen Betriebs mit möglichst geringen Lebenswegkosten können Grundzüge des Verfahrens **Integrated Logistic Support (ILS)/Logistic Support Analysis (LSA)** bereits in den vorbetrieblichen Phasen angewendet werden. Dies gilt insbesondere zur Unterstützung der Wirtschaftlichkeit und **Interoperabilität** von mehreren Missionen.

Das genau zu verfolgende Mengengerüst basiert auf dem Produktbaum und soll im Kostenplan aufgelistet werden. Zu den wichtigsten Kostenelementen gehören die nachfolgenden Elemente.

- Raumsegment (Neubeschaffungen):
  - Satellitenplattform,
  - Compound der Nutzlasten,
  - Tests und Analysen,
  - Orbittransfer,
- Bodensegment:
  - Infrastruktur (nur anteilige Miete),
  - technische Ausstattung (anteilige Miete sowie Neubeschaffungen),
  - Betrieb (anteilige Miete),
  - Ground Support Equipment,
- Programm-Management, u. a.:
  - Projekt- und Qualitätsmanagement,
  - Beschaffungen, Einkauf,
- Entsorgung/Stilllegung zu allen o. g. Punkten,
- Personal und Ausbildung,
- Wartung und Ersatzteilbevorratung,
- Hardware- und Software-Anpassungen.

Insbesondere bei Forderungen zu Reparaturzeiten **Mean Time For Repair** (MTFR) müssen die Kostenelemente entsprechend analysiert und bemessen werden.

Betriebsmodelle fordern für ausgewählte Komponenten und Leistungen sowohl des Raumsegments als auch des Bodensegments (Personal, Ausbildung) ein **ILS-Konzept** und dessen standardisierte Anwendung für die Mission.

Ein derartiges Konzept sollte Aussagen treffen zu:

- logistischen Forderungen (Konstruktion, Zuverlässigkeit, Materialerhaltbarkeit),
- Materialerhaltung (Konzept, Materialerhaltungsstufen wenn relevant, Werkzeugausstattung) und Materialbewirtschaftung,
- SWPÄ (Softwarepflege und -änderung),
- Lagerung, Konservierung, Verpackung, Kennzeichnung (insbesondere von Long Lead Items),
- Katalogisierung,
- Ausbildung und Ausbildungsmittel.

9.1.4.8 IT-Sicherheit und Geheimhaltung

IT-Sicherheit hat das Ziel, die Verarbeitung, Speicherung und Kommunikation von Informationen so zu gestalten, dass die Vertraulichkeit, Integrität, Verfügbarkeit und Authentizität der Informationen in ausreichendem Maße sichergestellt sind.

Die **Vertraulichkeit** von Daten bedeutet, dass Informationen über bzw. Daten zum Betrieb ausschließlich den Personen oder Organisationen zugänglich gemacht werden dürfen, die zum Erhalt der Daten berechtigt sind.

Unter dem Begriff **Integrität** wird die Bewahrung von Daten vor Beeinträchtigungen und Manipulationen verstanden.

Zur Sicherstellung der Vertraulichkeit von Daten müssen unterschiedliche Maßnahmen durchgeführt werden, die sich in vier Maßnahmenkategorien einteilen lassen und beispielhaft beschrieben sind.

Technische Maßnahmen
- Verschluss des Satelliten im Transportcontainer für den Transport zum Startplatz,
- Verschlüsselung der Datenübertragung,
- Sichere Speicherung auf gesicherten Datenträgern,
- Installation und Betrieb von Firewalls zur Sicherung gegen unbefugtes Eindringen sowie Datenmanipulation oder -löschung,
- Verwendung von Kryptoeinheiten,
- Authentisierung durch Passwortabfrage.

Organisatorische Maßnahmen
- Festlegung von Zuständigkeiten und Befugnissen des Betriebspersonals für das Bodensegment,
- Vollständige Nachweisführung von Korrektur-, Installations- und Wartungsarbeiten von Hardware und Software.

Infrastrukturelle Maßnahmen
- Einrichtung von gesicherten Bereichen mit gesicherter Zutrittskontrolle ggf. in Abhängigkeit von spezifischen Betriebsphasen.

Personelle Maßnahmen
- Überprüfung des Personals,
- Vertraulichkeitsvereinbarungen mit beteiligtem Personal zur Absicherung, dass keine als „VERTRAULICH" eingestuften Daten an nicht befugte Personen weitergegeben werden.

Der Aufwand der skizzierten Maßnahmen ist abhängig von der Forderungslage und von der Projektgröße und wird im Bedarfsfall im Rahmen eines IT-Sicherheitskonzeptes definiert und durch das Projektmanagement rechtzeitig in das Vorhaben integriert und eingeführt.

9.1.4.9 Personen- und Gütersicherheit

Nationale, aber auch internationale Gesetzgebung und Regularien verlangen eine besondere Berücksichtigung sicherheitsrelevanter Aspekte im Zuge einer Projektrealisierung.

Sicherheit bezieht sich primär auf **Personensicherheit** in Bezug auf Verletzung oder Tod, aber auch auf **Schaden am Satelliten** und assoziierten, untergeordneten Subsystemen und Komponenten.

Sicherheitsaspekte müssen systematisch analysiert werden und sind zu berücksichtigen für den gesamten AIT-Prozess sowie für die Lebenszyklusphasen des Satelliten.

Das Sicherheitsprogramm für die Mission besteht mindestens aus folgenden Aktivitäten:
- Festlegung von sicherheitsrelevanten Anforderungen im Rahmen eines **PA & S-Plans,**
- Durchführung einer angepassten **Sicherheitsanalyse.**

Die Maßnahmen berücksichtigen den kompletten Produktbaum, insbesondere Arbeiten am Satelliten sowie die Benutzung von Handlingsausrüstungen **(Ground Support Equipment, GSE)** und Transportmitteln.

Für Arbeiten am Launchpad werden die dort anzuwendenden Sicherheitsregularien berücksichtigt.

Die Sicherheitsanalyse wird am Anfang des Realisierungsvorhabens mit der Zielsetzung durchgeführt, entsprechende Auswirkungen noch rechtzeitig in das Design und in die Prozesse einfließen zu lassen.

Typische sicherheitsrelevante Aspekte sind:
- Kollision,
- Kontamination,
- elektrischer Schock,
- Explosion,
- Feuer,
- Verletzung oder Krankheit,
- Temperatur- und Druck-Extreme,
- Sturz,
- Schnittverletzung.

Auf der Basis der Sicherheitsanalyse und der identifizierten Schwachstellen werden spezifische Sicherheitsprozeduren entwickelt, die vom Sicherheitsverantwortlichen eingeführt und überwacht werden.

9.1.5 Projektmanagement-Dokumentation

9.1.5.1 Managementplan

Der Managementplan ist Bestandteil der Planungsarbeiten (siehe Bild 9.1.22), die in der Phase A eines Raumfahrtvorhabens nach dem ESA-Vorgehen zu leisten sind.

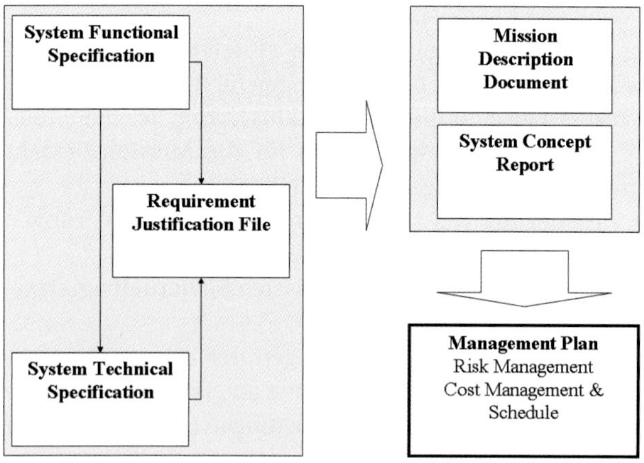

Bild 9.1.22: *Phase-A-Planungsdokumentation.*

Die Phase der Spezifikations- und Konzeptfindung mündet in die Aufstellung eines Managementplans, der die strukturellen und methodischen Ansätze ableitbarer Prozesse definiert und beschreibt, mit denen die Ziele des Vorhabens hinsichtlich der technischen Umsetzung, der Kosten und der Zeitplanung erfolgreich erreicht werden können.

Der Inhalt ist derart aufgebaut, dass im weiteren Verlauf des Vorhabens, insbesondere bis zum Kick-Off der Realisierungsphase (Phase C und D), Überarbeitungen leicht möglich sind bzw. in ein Projekthandbuch (siehe Kapitel 9.1.5.2) überführt werden können.

Erst mit diesem Meilenstein muss der Managementplan inhaltlich und in einer für das Vorhaben verbindlichen Form voll fertiggestellt sein.

Tabelle 9.1.4 zeigt die Struktur eines Managementplans.

Bestandteil der Planungsarbeiten ist die Zusammenstellung und Charakterisierung der Lieferdokumente. Tabelle 9.1.5 zeigt auszugsweise und unvollständig eine Zusammenstellung von Lieferdokumenten und Lieferzeiten.

Die hier dargestellte Auflistung von Lieferdokumenten ist als unvollständiges Beispiel anzusehen. Die detaillierte Ausarbeitung muss im Rahmen der Managementplanung bei Projekten nach dem ESA-Vorgehen am Ende der Phase B zum PRR vorgelegt werden.

Tabelle 9.1.4: *Struktur des Managementplans.*

1.	**EINFÜHRUNG**
1.1	ALLGEMEINES
1.2	ZIELSETZUNG
1.3	GÜLTIGKEIT
1.4	ANWENDUNGSBEREICH
1.5	COMPLIANCE
2.	**DOKUMENTE**
2.1	ANZUWENDENDE DOKUMENTE
2.2	REFERENZDOKUMENTE
2.3	NORMATIVE DOKUMENTE
3.	**DEFINITIONEN**
4.	**VORHABENSBESCHREIBUNG**
4.1	ALLGEMEINES
4.2	ZIELSETZUNG DES VORHABENS
4.3	MISSIONSÜBERBLICK
4.4	TECHNISCHE BESCHREIBUNG
4.4.1	PRINZIPIELLER AUFBAU DES SATELLITEN
4.4.2	TECHNISCHER AUFBAU DES BUSSES
4.4.3	TECHNISCHER AUFBAU DER NUTZLAST
4.4.5	FUNKTIONSBAUM
4.4.6	PRODUKTBAUM
5.	**RISIKOMANAGEMENT**
5.1	EINLEITUNG
5.2	IDENTIFIZIERTE RISIKEN
6.	**PROJEKTORGANISATION UND -MANAGEMENT**
6.1	PROJEKTORGANISATION UND AUFGABENSTELLUNGEN
6.2	PROJEKTMANAGEMENT
6.3	ARBEITSPAKETSTRUKTURPLANUNG
6.4	MIP/KIP PLANUNG
6.5	PROJEKTPLANUNG UND REVIEWS
6.6	ABNAHME DES GESAMTSYSTEMS
6.6.1	ALLGEMEINES
6.6.2	ABNAHMEKRITERIEN
6.6.3	NICHTERFÜLLUNG VON ANFORDERUNGEN & ZIELEN
6.6.4	ENDABNAHME
6.7	WERKZEUGE DES PROJEKTMANAGEMENTS
7.	**QUALITÄTSMANAGEMENT**
7.1	KONFIGURATIONSMANAGEMENT
7.2	DOKUMENTENMANAGEMENT
7.3	REPORTING
7.3.1	STATUSBERICHTE
7.3.2	ABSCHLUSSBERICHT
8.	**ZEITPLANUNG**
8.1	ALLGEMEINES
8.2	VORGEHEN
8.3	STRUKTUR DES MASTER SCHEDULES
9.	**KOSTENPLANUNG**
9.1	ALLGEMEINES
9.2	DEFINITIONEN/ABKÜRZUNGEN
9.3	KALKULATION UND PLANUNG DER KOSTEN
9.4	KOSTENKONTROLLE UND REPORTING DER KOSTEN

Tabelle 9.1.5: *Dokumentenliste für ESA-Projekte.*

Lieferdokumentation	MDR	PRR	SRR	PDR	CDR
System Functional Specification	D	F			
System Technical Specification	D	F			
Justification File	D	F			
System Concept Report	F				
Mission Description Document	D	F			
Management Plan	**D**	**F**	**U**	**U**	
Technical Specification		D	F		
PA-Plan			D	F	U
Design Definition File		D	F		
Design Justification File		D	F		
Interface Requirements Document			D	F	
Configuration Management Plan			D	F	
Dokument Management Prozedur			D	F	
Analysen				D	F
Spezifikationen					F
AIT-Plan				D	F

Erläuterung:
Dokumentenstatus: D = Draft, F = Final, U = Update

9.1.5.2 Projekthandbuch

Ein Projekthandbuch sollte vom Auftragnehmer erstellt werden, insbesondere dann, wenn eine detaillierte Managementplanung, wie sie z. B. in Kapitel 9.1.5.1 beschrieben ist, nicht oder nur unzureichend vorliegt.

Dies gilt insbesondere für standardisierte Beschaffungsvorhaben, die nicht nach der ESA-Vorgehensweise realisiert werden.

Die Zielsetzung des Projekthandbuchs ist die vollständige Darstellung und Beschreibung von Rollen, Verantwortlichkeiten und Aufgaben aller Projektbeteiligten sowie die Festlegung von Kommunikations-, Controlling- und Abnahmeprozessen. Tabelle 9.1.6 zeigt eine angemessene Struktur des Projekthandbuchs.

Es ist anzumerken, dass die Ausarbeitung eines Managementplans oder eines Projekthandbuchs oft als unliebsame, störende und zeitaufwendige Arbeit empfunden wird, deren Nutzen aber im Laufe der Vorhabensabwicklung erst zum Tragen kommt. Eine gut strukturierte und ausgearbeitete Planung fördert das Gesamtverständnis aller Projektpartner und unterstützt damit wesentlich den Aufbau des notwendigen Vertrauensverhältnisses zueinander, das unerlässlich für eine erfolgreiche Bearbeitung eines Projekts ist.

Tabelle 9.1.6: *Struktur des Projekthandbuchs.*

1.	**ALLGEMEIN**
1.1	EINFÜHRUNG
1.2	ZIELSETZUNG
1.3	FESTLEGUNGEN
1.4	EINSTUFUNG
2.	**REFERENZEN**
2.1	ANZUWENDENDE DOKUMENTATION
2.2	MITGELTENDE DOKUMENTATION
2.3	REFERENZDOKUMENTATION
3.	**PROJEKTMANAGEMENT**
3.1	VERANTWORTLICHKEITEN
3.1.1	FUNKTIONEN
3.1.2	ARBEITSPAKETE
3.2	KOMMUNIKATION
3.3	MANAGEMENT-MEETING
3.4	SCHNITTSTELLEN
3.5	TERMINPLANUNG
3.6	RISIKEN
3.6.1	TECHNISCHE RISIKEN
3.6.2	PROGRAMMATISCHE RISIKEN
4.	**QUALITÄTSMANAGEMENT**
4.1	DOKUMENTENMANAGEMENT
4.1.1	DOKUMENTENARTEN
4.1.2	DOKUMENTENPRÜFUNG UND FREIGABE
4.1.3	ARCHIVIERUNG
4.2	CONTROLLING
4.2.1	METHODIK
4.2.2	CONTROLLING-TOOL
4.3	BERATERFUNKTIONEN
4.4	REPORTING
4.4.1	STATUSBERICHTE
4.4.2	QUARTALSBERICHTE
4.5	PROBLEMBEHANDLUNG
4.5.1	KRITERIEN
4.5.2	ESKALATIONSPRINZIPIEN
5.	**ABNAHMEN**
5.1	ABBRUCHMEILENSTEINE
5.2	SYSTEMABNAHME

9.1.6 Auftraggeber-Auftragnehmer-Beziehung

Ein erfolgreiches Projekt ist wesentlich geprägt durch eine positive Beziehung zwischen Auftraggeber und Auftragnehmer. Dabei sind, wie oben bereits angesprochen, das Vertrauensverhältnis der Partnerschaft einerseits und das gemeinsame Verständnis von Anforderungen und Kernprozessen zur Realisierung andererseits von entscheidender Bedeutung.

9.1.6.1 Beschaffungsvorgang

Die Beschaffungsmaßnahme (Phase 3, Kapitel 9.1.2.3) wird initiiert nach Auswertung der RFI-Phase und besteht aus folgenden Arbeitsschritten:

- Erstellung von Ausschreibungsunterlagen (Request-For-Proposal-Phase, RFP) durch den Auftraggeber, oft mit Unterstützung unabhängiger Experten **(Consultant),**

9

LETTER TO BIDDERS

ATTACHMENTS TO RFP LETTER TO BIDDER

VOLUME 01: INSTRUCTIONS TO BIDDERS
VOLUME 02: STATEMENT OF WORK
VOLUME 03: SATELLITE FUNCTIONAL SPECIFICATION
VOLUME 04: SATELLITE TEST PLAN
VOLUME 05: CIVIL GROUND SEGMENT FUNCTIONAL SPECIFICATION
VOLUME 06: MANAGEMENT SEGMENT FUNCTIONAL SPECIFICATION
VOLUME 07: SIGNAL AND LINK DESIGN
VOLUME 08: SYSTEM OPERATIONS SUPPORT REQUIREMENTS
VOLUME 09: PM/QA REQUIREMENTS
VOLUME 10: CIVIL FSRS
VOLUME 11: PRO-FORMA AGREEMENT
VOLUME 12: EVALUATION CRITERIA
VOLUME 13: LEGACY SYSTEMS
VOLUME 14: MIGRATION PLAN
VOLUME 15: ABBREVIATIONS

Bild 9.1.23: *RFP eines Beschaffungsvorhabens.*

- Ausarbeitung von Angeboten durch die Industrie auf der Basis der RFP-Dokumentation,
- Bewertung der Angebote durch den Auftraggeber mit Unterstützung der Experten,
- Auswahl des besten Angebots nach spezifischen Auswerteverfahren,
- Vertragsverhandlung mit dem zukünftigen Hauptauftragnehmer (HAN).

Verträge zwischen AG und HAN werden auf der Basis der RFP-Dokumentation geschlossen, weitgehend mit einem Festkosten-Preis **(Firm Fixed Price)**. Im Falle von Dienstleistungen (Service-Vertrag) werden sogenannte „Service Level Agreements" (SLA) vertraglich geregelt, die Vertragsstrafen und deren Konditionen enthalten, wenn die zugesicherte Leistung teilweise oder gar nicht erbracht wird. Derartige Betriebsrisiken werden im Rahmen eines Versicherungskonzepts abgedeckt.

9.1.6.2 Reviewprozess

Reviews sind wesentliche Managementmaßnahmen, um eine erbrachte Leistung eines Auftragnehmers einer genauen Prüfung durch den Auftraggeber oder von ihm benannten Experten im Rahmen eines **Reviewboards** zu unterziehen. Ziel eines Reviews ist dabei die Bestätigung **(approval)** oder Abnahme **(acceptance)**, siehe Kapitel 9.1.6.3, von erbrachter Leistung, gemessen an den Anforderungen und auf der Basis der gelieferten Reviewdokumentation. Im Falle der Bestätigung kann der zurückliegende Phasenabschnitt als erfüllt angesehen und die Autorisierung für die Fortführung gegeben werden (siehe Bild 9.1.24).

Identifizierte Abweichungen oder Verbesserungsvorschläge werden mittels eines „Review Identified Discrepancy"-Reports (RID) durch den Prüfer dokumentiert und dem Auftragnehmer zur weiteren Bearbeitung und Nachverfolgung vorgelegt.

Projekte, die nach dem ESA-Vorgehen gesteuert werden, zeichnen sich durch einen systematischen und umfassenden Reviewprozess aus, der aus folgenden Teilprozessen besteht:

- Zusendung der Reviewdokumente (**Review Data Package**) zum AG,
- Review der Reviewdokumentation (2 bis 3 Wochen),
- Präsentation der Reviewergebnisse beim AG,
- Ausarbeitung von RIDs durch Reviewteam des AGs (ca. 7 bis 10 Tage),
- Beantwortung der RIDs durch HAN (ca. 5 bis 10 Tage),
- Reviewpräsentation mit Bewertung der RIDs (2 Tage),
- Zusammenfassende Bewertung des Review-Datenpaketes durch den AG.

Bei konsequenter Anwendung dieses Vorgehens ist nicht selten mit einem Zeitaufwand von mindestens 4 bis 5 Wochen zu rechnen, bis die offizielle Bestätigung zur Weiterführung durch den Auftraggeber gegeben wird.

Bei Raumfahrtprojekten mit stärkerer wirtschaftlicher Ausrichtung wird der Reviewprozess stark verkürzt:

- Zusendung der Reviewdokumente zum AG ca. 2 Wochen vor Reviewtermin,
- Review der Reviewdokumentation (2 Wochen) und Erstellung von RIDs durch den AG,
- Präsentation der Reviewdokumentation und des Projektstatus beim AG mit Entgegennahme der RIDs,
- Verbesserung der Review-Dokumentation und Beantwortung der RIDs durch HAN (ca. 5 bis 10 Tage).

Die Weiterführung wird hier bereits beim Review unter der Maßnahme gegeben, dass alle in RIDs identifizierten Verbesserungen im festgelegten Zeitrahmen durchgeführt werden.

Review Identified Discrepancy (RID)

- Identifikation des Prüfungsgegenstands
- Angabe der Bezugsdokumentation
- Darstellung und Beschreibung der Abweichung
- Beschreibung der Auswirkung
- Empfehlungen
- Beschreibung der Maßnahmen durch den Auftragnehmer
- Bewertung der definierten Maßnahmen
- Abschließende Prüfung, ob geplante Maßnahmen erfüllt wurden.

Alle Reviewtermine sind vertraglich definiert und werden den beteiligten Projektpartnern gegenüber rechtzeitig (mindestens 4 Wochen im Voraus) bestätigt. Eine Tagesordnung und die Liste der Teilnehmer werden rechtzeitig (mindestens 2 Wochen im Voraus) an den Teilnehmerkreis verteilt, sodass Änderungswünsche der Projektpartner ggf. noch beachtet werden können.

Reviews müssen alle durch ein Besprechungsprotokoll dokumentiert werden, das von Vertretern der beteiligten Parteien verbindlich unterschrieben wird. Besprechungsprotokolle können im Konfliktfall als Beweisdokument herangezogen werden.

9.1.6.3 Abnahmen

Abnahmen sollten grundsätzlich im Rahmen von Reviews erfolgen. Bei kleineren Projekten wird darauf oft aus Zeitgründen verzichtet; nicht weniger oft mit der Konsequenz unsystematischer und unvollständiger Abwicklung.

Abnahmen im Rahmen eines Reviewprozesses können nur nachvollziehbar und erfolgreich vorgenommen werden, wenn die Zielsetzungen der Abnahme und Abnahmekriterien eindeutig definiert sind. Sind diese nicht vorhanden, müssen im Vorfeld des Reviews die Zielsetzungen mit dem AG abgestimmt werden. Siehe hierzu auch Bild 9.1.24.

Im Erfolgsfall wird mit dem Review die zurückliegende Phase abgeschlossen und die entsprechende Zahlung der abgenommenen Leistung eingeleitet.

Durch die Abnahme bestätigt der AG im Rahmen seiner Mitverantwortung, dass der Gegenstand der Abnahme seinen Anforderungen entspricht. Der HAN bestätigt, dass alle seine erbrachten Leistungen mit den vertraglichen Forderungen übereinstimmen.

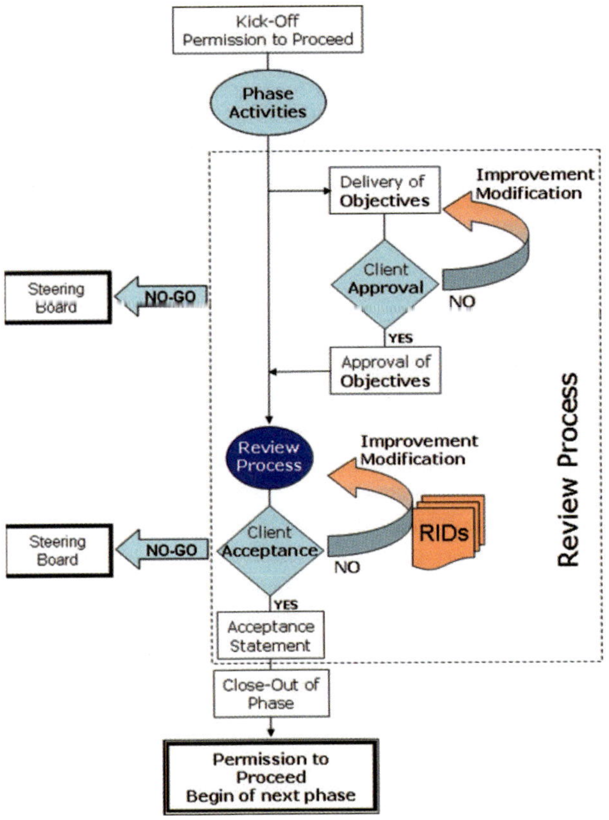

Bild 9.1.24: *Abnahmestrategie.*

Abnahmekriterien

Die Abnahme erfolgt gegenüber der technischen Spezifikation mittels des **Verification Control Dokuments (VCD),** das während der Realisierungsphase kontinuierlich gepflegt und fortgeschrieben wird.

Im VCD ist für jede technische Anforderung und Spezifikation dargelegt, auf welche Weise und zu welchem Meilenstein (MIP) die einzelnen spezifizierten Werte nachgewiesen werden.

Andere spezifische Kriterien (z. B. Lieferzeitpunkt, Status von NCRs, Waivers) sind vertraglich geregelt und zu berücksichtigen. Abweichungen zu Abnahmekriterien und -umfang sind durch eine **Contract Change Note (CCN)** zu dokumentieren und dem AG zur Bewertung und Autorisierung vorzulegen.

Nichterfüllung von Anforderungen und Zielen (Non-Conformances)

Ein Abbruch eines Prozesses, Vorgangs, Tests oder Betriebs kann vorgenommen werden, unter Einbeziehung der jeweils verantwortlich zuständigen Instanz oder Person, wenn ein eingetretenes oder identifiziertes Risiko einen maßgeblichen Einfluss oder Schaden auf folgende Punkte hat:

- Projektziele,
- Missionsziele,
- Kosten und Terminplanung,
- Vertrag,
- Umwelt,
- Gesundheit und Leben von Menschen.

Zu jedem eingetretenen Vorfall ist ein **Nonconformance Report (NCR)** zu erstellen. Vertragliche Belange werden schriftlich adressiert.

9.1.6.4 Endabnahme

Je nach Projektsituation und Eigentumsverhältnissen findet die Endabnahme entweder nach erfolgreicher Inbetriebnahme statt oder am Ende der Betriebszeit, wenn der Betrieb mit zum Umfang der zu liefernden Leistungen gehört.

Das Projekt gilt damit als abgenommen, wenn

- die vertragsvereinbarten Arbeiten korrekt und vollständig ausgeführt wurden,
- die Spezifikation und Missionsbeschreibungen erfüllt worden sind,
- alle vertragsvereinbarten Lieferungen (Dokumentationen, Testergebnisse, Zeichnungen) ausgeliefert wurden (Nichterfüllung von vertraglichen Forderungen muss der Vertrag regeln. Hierbei kommt die Contract Change Note (CCN) als Instrument zur Anwendung),
- die notwendige Sichtung und Inspektion der Dokumente ohne Beanstandung durchgeführt wurden.

9

9.1.7 Orientierung

Eine kritische Analyse von Projekten (auch von abgeschlossenen) zeigt häufig im Rahmen von **„Lessons Learned“** mögliche Missstände:

- Die Projektziele sind teilweise verfehlt.
- Die Kosten und Zeitbudgets sind überschritten.
- Die Qualität ist unzureichend.
- Die Teammitarbeiter waren völlig überlastet.
- Der Kunde ist unzufrieden.

Die Vermeidung dieser Missstände ist durch systematische und zielorientierte Arbeitsweise einerseits und andererseits durch konsequentes und kundenorientiertes Auftreten möglich. Das PM ist ergebnisorientiert und erfolgreich, wenn die Ziele in Bezug auf die technische Leistung sowie den Kosten- und Zeitplan erreicht sind und der Kunde somit zufrieden ist. Dies erfordert die Verwirklichung von Managementprozessen durch Anwendung geeigneter Methoden, um durch Planung, Organisation, Leistungsüberwachung, Ergebnisbewertung, Einführung von Abhilfemaßnahmen oder Änderungen die Gesamtziele zu erreichen.

Dabei spielt neben der fachlichen und methodischen gerade auch die soziale Kompetenz des Projektmanagers eine wesentliche Rolle.

- PM scheitert eher am Fehlverhalten als an der Methodik.
- Fehler werden hartnäckig wiederholt, gefolgt von dem Vorsatz, es im nächsten Projekt besser zu machen.

Während die fachliche Kompetenz oft Voraussetzung für die Übertragung einer Projektmanagement-Verantwortung ist, wird im Gegensatz dazu häufig weniger Wert auf die methodische und soziale Kompetenz gelegt.

Literatur

[9.1.1] *Wikipedia, freie Enzyklopädie*, „Schlagwort-Suchbegriff“, Dezember 2006.

[9.1.2] *Zollondoz, H. D.:* Lexikon Qualitätsmanagement, Handbuch des Modernen Managements auf der Basis des Qualitätsmanagements. München, Wien: R. Oldenburg Verlag, 2001.

[9.1.3] *Saynisch, M.:* Konfigurationsmanagement. Düsseldorf: Verlag TÜV Rheinland, 1984.

[9.1.4] *Madauss, B.:* Handbuch Projektmanagement. 4. Auflage. Stuttgart: Verlag C. E. Poeschel, 1991.

[9.1.5] ECSS-E-10-02A, Space Engineering, Verification, November 1998.

[9.1.6] ECSS-M-30A, Space Project Management, Project phasing and planning, 19. April 1996.

[9.1.7] ECSS-M-00-02A, Space Project Management, Tailoring of space standards, 25. April 2000.

[9.1.8] Customer Product Management (CPM), Verfahrensbestimmungen für die Bedarfsermittlung und Bedarfsdeckung in der Bundeswehr, Erlass vom 24. Mai 2004.

9

9.2 Qualitätsmanagement

Volker Böhm und *Frank Pellowski*

Modernes industrielles Qualitätsmanagement, mit Serienfertigungen in hohen Stückzahlen und statisch überprüfbaren Prozessen, wie sie auch durchwegs in der zivilen und Teilen der militärischen Luftfahrt üblich sind, unterscheidet sich in vielen Punkten von der Einzelstückfertigung/Prototypenbau und Kleinserienproduktion der modernen Raumfahrt - Beispiele, SARLupe (5 Satelliten), Galileo (24 Satelliten).

Aus diesem Grund greift das Qualitätsmanagement im Bereich Raumfahrt noch auf eine Vielzahl von diskreten Produktionskontrollen zurück, ohne die eine Gewährleistung der hohen Ansprüche an Zuverlässigkeit und Qualität der Endprodukte, seien es nun wissenschaftliche Telescope wie (XMM-Newton, Hubble, ISO, SOHO, IRIS, Planck-Herschel) oder robotische Systeme zur Planetenerkundung wie CURIOSITY Mars Rover, nicht möglich wären.

Für die Herstellung von Raumfahrtprodukten über Entwicklung, Bau, Integration und Qualifikation wird vom Auftraggeber (DLR, ESA oder NASA), ein **normenkonformes, zertifiziertes** und in die jeweilige Unternehmensstruktur integriertes Qualitätsmanagementsystem vorausgesetzt. Hierdurch wird sichergestellt, dass einheitliche Standards definiert sind, um „Qualität“ mess- und vergleichbar zu machen. Eine Ausrichtung eines Qualitätsmanagementsystems im Rahmen der EN 9100 bietet hierbei folgende Ziele:

- Sicherstellung der Wettbewerbsfähigkeit durch ein effektives, prozessbasiertes Qualitätsmanagementsystem
- kontinuierliche Verbesserung der definierten Prozesse (Abläufe)
- systematische Bewertung, Planung und Umsetzung der Verbesserungen.

Die Entwicklung und Pflege eines solchen Systems ist eine gesamtbetriebliche Aufgabe, die an allen Kernprozessen ansetzt, für die das Qualitätsmanagement verantwortlich ist. Hierfür benötigt es eine ausreichende Unabhängigkeit, um seine Aufsichtsfunktion neutral und objektiv durchführen zu können. In der Regel wird dies durch Ausweisung als Stabstelle oder Querschnittsfunktion in der Unternehmensstruktur dargestellt. Das Q-Management ist in einer solchen Organisation der Unternehmensleitung direkt unterstellt und ihr gegenüber berichtspflichtig.

Zur Sicherstellung einer kontinuierlichen Produktqualität und Fehlerprävention werden etablierte Methoden und Verfahren angewandt, um frühzeitig Schwachstellen zu erkennen, zum Beispiel durch Risikoanalysen und kontinuierliche Prozessverbesserungen. Weiterhin werden einmal aufgetretene Fehler systematisch ausgewertet und daraus für die Zukunft Präventivmaßnahmen abgeleitet.

Als Methoden dienen hierzu die bekannte Prozess FMEA, sowie die Festlegung von Verbesserungsmaßnahmen (FRACAS). Nur so kann die Kundenzufriedenheit sichergestellt werden.

Qualität lässt sich nicht diktieren, sondern ist das Ergebnis des Zusammenspiels aller an der Produkterstellung beteiligten Mitarbeiter. Dies setzt eine hohe Eigenverantwortung *aller* Mitarbeiter voraus, um die Beurteilung ihrer Arbeiten und die Durchsetzung korrigierender Maßnahmen sicherstellen zu können.

Die **Effektivität** eines Qualitätsmanagementsystems setzt eine Analyse und effektive Gestaltung der Ablauforganisation des Unternehmens voraus. Bei seiner Etablierung müssen die Informationsflüsse, Mitarbeiterbeziehungen und Arbeitsbedingungen genauestens berücksichtigt werden. Erst dann sollte die Aufbauorganisation mit den disziplinarischen Verantwortungen und Mitarbeiterkompetenzen bestimmt werden.

Die einzelnen Aufgaben und Verantwortlichkeiten werden im weiteren Verlauf dieses Beitrags im Rahmen der folgenden Begriffsbeschreibungen benannt.

9.2.1 Begriffe

Qualitätsmanagement, Qualitätssicherung und Produktsicherung sind Begriffe, die häufig gleichzeitig verwendet werden, jedoch unterschiedliche Aufgaben beschreiben.

a) Qualitätsmanagement

Qualitätsmanagement (QM) bezeichnet alle organisatorischen Maßnahmen, die der Verbesserung der Prozessqualität, der Leistungen und damit den Produkten jeglicher Art dienen. Der Begriff Leistungen umfasst im QM die Dienstleistungen, geht aber über den üblichen Begriff hinaus und betrifft vor allem die innerorganisatorischen Leistungen. Qualitätsmanagement ist eine Kernaufgabe des Managements.

Das Qualitätsmanagement ist verantwortlich für:

- **Umsetzung der Qualitätspolitik** des Unternehmens in Projekte und Produkte,
- **Kontrolle der Firmenprozesse,** Handbücher und Verfahrensanweisungen,
- **Zertifizierungen, Qualifizierungen** von Einrichtungen und Personal,
- Bestimmung von **Kennzahlen** und Ermittlung der **Kundenzufriedenheit,**
- **Lieferantenauditierungen** und -bewertungen, Qualitätssicherungsvereinbarungen,
- **interne Auditierungen** und Pflege der technischen **Prozessqualifikationen,**
- **Aufrechterhaltung der Qualität** von Anlagen und Einrichtungen,
- Bereitstellung von **Normen und Standards,**
- Etablierung von **Qualitätsregelkreisen,**
- Implementierung des qualitätsbezogenen **Risikomanagements.**

b) Qualitätssicherung

Die Qualitätssicherung umfasst als Bestandteil des Qualitätsmanagements alle organisatorischen und technischen Maßnahmen, die vorbereitend, begleitend und prüfend der Schaffung und Erhaltung einer definierten Qualität eines Produkts oder einer Dienstleistung dienen

Die Qualitätssicherung überwacht den gesamten Hardware- und Software-Lebenszyklus während der Produkterstellung. Hierzu gehört die Sicherstellung der Rückverfolgbarkeit von Entwicklung, Produktion und Qualifikation eines Produkts inklusive der zugehörigen Produktdokumentation bis zur formellen Abnahme und Lieferung an den Kunden.

Weitere Aufgaben betreffen die Auswahl und die Genehmigung von Herstellern und Lieferanten, die Behandlung von Abweichungen und Mängeln sowie das Änderungs- und Fehlermanagement.

Die Qualitätssicherung ist verantwortlich für:

- Planung der **qualitätssichernden Maßnahmen** zu den Produkterstellungsprozessen,
- Bestimmung und Einhaltung von **Qualitätsstandards** der Produkte,
- Umsetzung von Qualitätsanforderungen in **Pflichten- und Lastenhefte,**
- Erstellung von produktbezogenen **Qualitätsplänen** und **Arbeitsanweisungen,**
- **Bereitstellung** von produktbezogenen **Anlagen und Geräten,**
- **Verifikation** der produktbezogenen **Kundenanforderungen,**
- Durchführung von **Qualitätskontrollen,** Abnahmen und Zertifizierung,
- Erstellung der produktspezifischen **Qualitätsdokumentation.**

Die Qualitätssicherung für ein Produkt wird wie folgt implementiert:

Planung von Qualität

Die Planung von Qualität impliziert die Bestimmung der Qualitätsziele für ein Produkt und die Maßnahmen zur ständigen Messung dieser Qualitätsziele (analytische QS). Die Planung wird ergänzt durch präventive Maßnahmen zur Aufrechterhaltung der Qualität (konstruktive QS). Die Planung erfordert die

- Darstellung und Wirkung der produktspezifischen Prozesse,
- Festlegung von Abfolge und Wechselwirkung der Prozesse untereinander,
- Überwachung, Messung und Analyse der Prozesse,

- Maßnahmen zur ständigen Verbesserung der Prozesse,
- Sicherstellung von Ressourcen und Informationen.

Sicherung von Qualität
Die Messung der Produktqualität erfolgt anhand der in der Planung festgelegten Messgrößen oder Kennzahlen. Durch Analysen der Messungen sollen Maßnahmen zur Verbesserung der konstruktiven QS abgeleitet werden.

Steuerung von Qualität
Die Steuerung der Qualität regelt die Bereitstellung von Ressourcen (Mitarbeiter und Material) auf der Basis von Planung und Qualitätsmessungen.

Kontrolle von Qualität
Die Kontrolle der Qualität erfolgt durch vereinheitlichte Beurteilungsverfahren, die Auswertung von Kennzahlen (siehe Kapitel 9.2.2.3) ist dabei ein Verfahren, welches jedoch quantifizierbare Prozess-Kennzahlen voraussetzt. Sie setzt die Formalisierung von Verfahrensanweisungen und Dokumenten bis hin zur Vorgabe von Dokumentformaten voraus. Dieses ist nicht als Bürokratisierung der Qualitätssicherung zu verstehen, sondern soll die Objektivität der Qualitätssicherungsprozesse garantieren.

c) **Produktsicherung**
Die raumfahrtspezifische Qualitätssicherung wird als Produktsicherung (PS) bezeichnet.

Sie setzt die allgemeine Qualitätssicherung in **raumfahrtspezifische Prozesse zur Produkterstellung** um. Diese Prozesse orientieren sich an den Vorgaben der üblichen Raumfahrtkunden, wie ESA, NASA, DLR, RKK, sowie den großen Start- und Betreiberorganisationen wie z. B. ARIANESPACE, COSMOS, METEOSAT, SES, ASTRA. Die Produktsicherung unterstützt das Projektmanagement bei der Lenkung im Rahmen des Produktlebenszyklusses und kontrolliert die Produkterstellung auf der Grundlage von technischen und programmatischen Anforderungen der Raumfahrtkunden, sowie aufgrund von Erfahrungen aus vorausgegangenen Raumfahrtmissionen und Projekten (Lessons Learned).

Die Aufgaben der raumfahrtspezifischen Produktsicherung gehen über die der allgemeinen Qualitätssicherung hinaus und erfordern demzufolge eine eigene aufgabenorientierte Organisationsstruktur (Bild 9.2.2).

9.2.2 Anforderungen und Vorgaben

9.2.2.1 Anforderungen

Die Anforderungen an ein Qualitätsmanagement ergeben sich aus der Interpretation der Anforderungen einer oder mehrerer Normen wie der DIN EN ISO 9001, EN ISO 9100, AQAP 2110 etc. Hinzu kommen kundenspezifische Anforderungen, technologische Anforderungen an Prozesse, sowie direkte oder indirekte behördliche Auflagen und Gesetze der Länder und Kommunen, in denen das Produkt zum Einsatz kommen soll. Die kundenspezifischen Anforderungen der wichtigsten Raumfahrtagenturen sind in Kapitel 9.2.6.3 benannt.

9.2.2.2 Qualitätspolitik und Qualitätsziele

Die Qualitätspolitik bezeichnet die Werte, die im Unternehmen umgesetzt werden sollen. In der Qualitätspolitik werden die Ziele und Werte des Unternehmens beschrieben und qualitätsorientierte Akzente gesetzt, die somit die Bedeutung der Qualität im Unternehmen unterstreicht, wie z. B. die Verpflichtung zum kontinuierlichen Verbesserungsprozess (KVP), oder das ständiges Streben nach Kundenorientierung.

Um die Qualität auf hohem Niveau halten und ständig weiter verbessern zu können, werden durch die Unternehmensleitung üblicherweise folgende Qualitätsziele definiert:

- **Optimale Kundenzufriedenheit,** verbunden mit einem partnerschaftlichen Verhalten,
- **Fehlervermeidung vor Fehlerkorrektur** (Anstreben der Null-Fehler-Marke).

Qualitätspolitik und Qualitätsziele sollten im jährlichen Geschäftsplan eindeutig definiert, in Form von Kennzahlen vorgegeben und auf allen Ebenen des Unternehmens kommuniziert werden.

9.2.2.3 Qualitätskennzahlen

Qualitätskennzahlen sind statistische Kennzahlen zur Bewertung der Qualität. Sie messen die Leistung und Qualität eines Prozesses, eines Produkts oder einer Dienstleistung. Qualitätskennzahlen dienen bei Prozessen, Produkten oder Leistungen insbesondere zur:

- Erlangung von objektiven Informationen
- Steuerung, insbesondere zur Festlegung von IST- und SOLL-Zuständen, sowie der Kenntlichmachung von Abweichungen
- Standortbestimmung und Erfolgsmessung bei der Erreichung der Prozessziele

Bei der Beurteilung von Kennzahlen ist die Komplexität und somit die Vergleichbarkeit der Produkte untereinander zu beachten. So sollte der Vergleich nur einheitlich innerhalb von Systemen, Untersystemen, Baugruppen oder Komponenten erfolgen.

Zur Überprüfung der Qualitätsziele können unternehmensspezifische Kenngrößen (Kennzahlen) aus den in Tabelle 9.2.1 genannten Bereichen herangezogen werden.

Messbare Kenngröße	Auswertbare Eingaben
Kaufmännischer Bereich	
Gesamtleistung	Gesamtumsatz und sonstige betriebliche Erträge
Auftragsbestand	Zahl aller bestätigten Aufträge zu abgegebenen Angeboten
Personalaufwand	Personalbestand zu Auftragsbestand
Produktivität	Zahl der produktiven Personalstunden zu Gemeinkosten
Betriebliche Aufwendungen	Investitionsquote
EBIT	Operatives Ergebnis
Cashflow	Bareingänge, Zahlungen
Qualitätsmanagement	
Kundenzufriedenheit	Reklamationen und Kundenbeschwerden
Produktkonformität	Zahl der Abweichungen, Abnahmebestätigungen
Termintreue pro Projekt	Soll-Ist-Vergleich von Zeitplanung und Meilensteinen
Lieferantenbewertung	Zahl der Wareneingangs-Rückweisungen, Auditierungsquoten
Mängelberichte	Zahl der Mängelrügen, Wartungsaufwände, Nachbesserungsquoten
Zertifizierungen	Zahl der Haupt- und Nebenabweichungen, Gültigkeiten
Fertigungsbereich	
Prozessfähigkeit	Prozessauditierungen versus Prozesszertifizierungen
Ausfallquote	Material- und Bauteilefehler, Rückweisungen, Alertstatus

Tabelle 9.2.1: *Qualitätskenngrößen aus verschiedenen Unternehmensbereichen.*

Zusätzlich können ausgesuchte Daten einzelner Projekte hinzugezogen werden:

- monatliche Kosten-/Budgetkontrollen für jede Projektabteilung,
- monatliche Aufwandskontrollen, Stundenabfluss über Arbeitsaufträge, Zielerfüllungsgrad der Arbeitspakete,
- Auswertung von Störmeldungen, Abweichungen, Vorbeugemaßnahmen,
- Auswertung von Abweichungen spezifizierter Kundenanforderungen,
- Auswertung der Fehlerraten vor und nach Prozessverbesserungen.

Mit dem **Benchmarking** kann ein Leistungsvergleich innerhalb vergleichbarer Gruppen wie Unternehmen, Produkten, Prozessen, Methodiken oder Dienstleistungen erfolgen. Hierzu eignen sich Vergleiche innerhalb dieser Gruppen bezüglich:

- Kundenzufriedenheit,
- Kosten,
- Zeit,
- Qualität.

Voraussetzung sind nahezu identische und skalierbare Rahmenbedingungen wie:

- genaue Projektabgrenzung,
- exakte zeitliche Projektplanung,
- Einhaltung der definierten bzw. vorgegebenen Qualitätsstandards,
- Einhaltung der Budgetvorgaben.

Die Beurteilung aller genannten Kenngrößen muss in diesem vorgegebenen Rahmen erfolgen. So bezieht sich üblicherweise die Beurteilung der kaufmännischen Größen auf ein Geschäftsjahr, die Beurteilung der Qualität auf ein Projekt und die Beurteilung der Fertigung auf ein Produkt. Die Auswertung aller Kennzahlen liefert Informationen über die Eignung des Qualitätsmanagementsystems und seine Wirksamkeit im Unternehmen sowie Informationen zur Erfüllung der vorgegebenen Qualitätspolitik.

9.2.2.4 Kundenzufriedenheit

Die Kundenzufriedenheit ist ein wesentlicher Faktor zur Bewertung der Leistungsfähigkeit des QM Systems und damit erstrangiges Unternehmensziel.

Die Kundenzufriedenheit sollte in regelmäßigen Abständen durch Befragungen der wichtigsten Kunden ermittelt werden, um Informationen zu folgenden Punkten zu erheben:

- Lieferpünktlichkeit (on time delivery),
- Produktkonformität (on quality delivery),
- Reklamationen,
- Kundenbeschwerden.

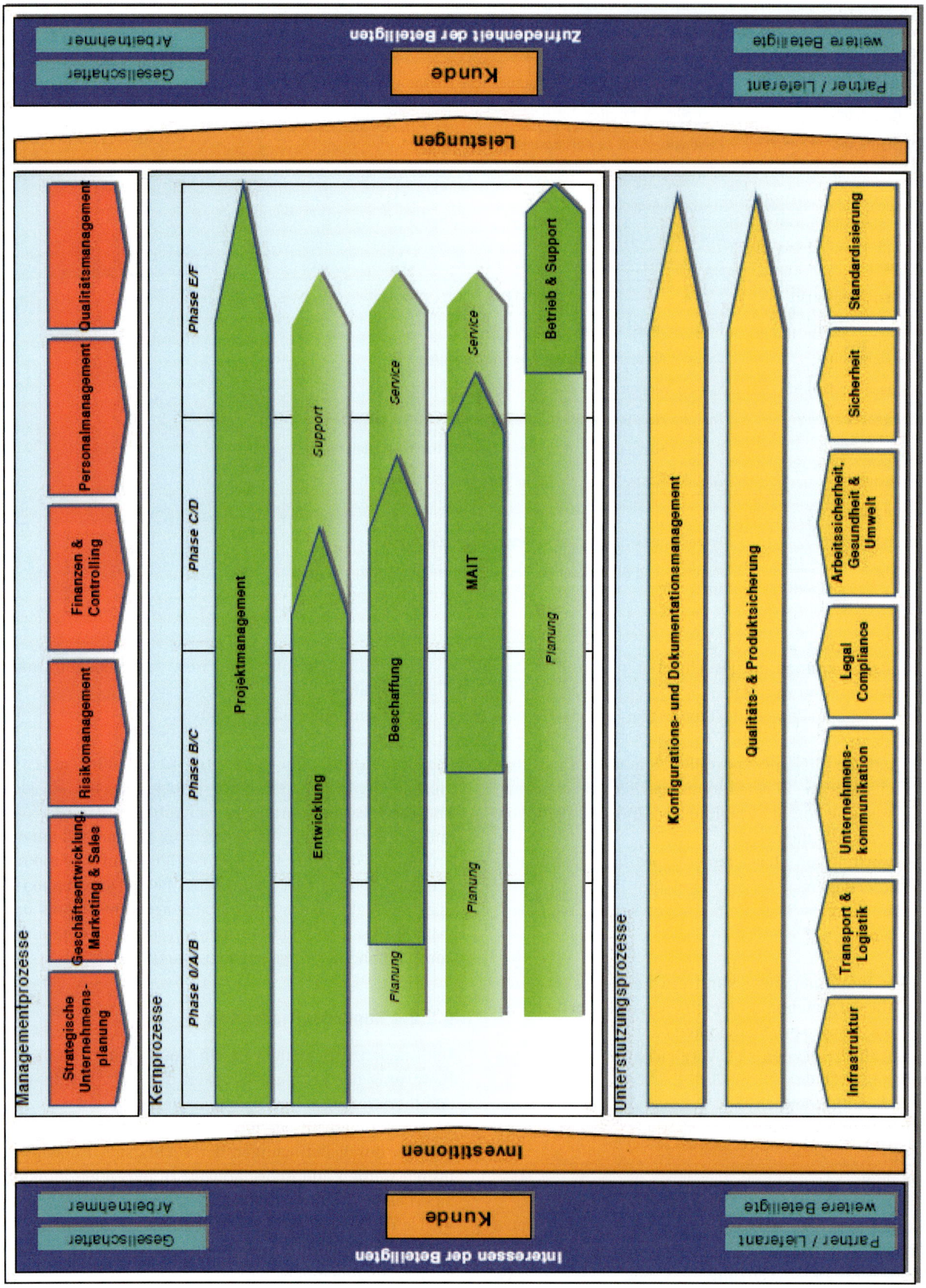

Bild 9.2.1: *Die Kernprozesse.*

9.2.2.5 Handbuch

Die Anforderungen an ein Qualitätsmanagementsystem müssen in Vorgaben für das Unternehmen umgesetzt werden. In Übereinstimmung mit den allgemeinen Forderungen der ISO-Normenreihe werden alle zur Erbringung der erforderlichen Leistungsvereinbarung benötigten betrieblichen Prozesse berücksichtigt und beschrieben.

Durch die Ausrichtung an den firmenbezogenen, primären Prozessabläufen ist sichergestellt, dass sich die Wertschöpfung stärker an den Kundenanforderungen orientiert und nicht an abteilungsspezifischen Interessen. Dafür werden mit Hilfe einer Prozesslandkarte alle für das Unternehmen notwendige Prozesse bestimmt, beschrieben, umgesetzt, überwacht und kontinuierlich verbessert. In der Regel werden folgende Prozesse adressiert (siehe Bild 9.2.1):

1. Managementprozesse,
2. Kernprozesse:
    - Projektmanagement,
    - Vorentwicklung/Entwicklung,
    - Beschaffung,
    - Fertigung,
    - Betrieb & Support,
    - Unterstützungsprozesse.

9.2.2.6 Verfahrensanweisungen, Arbeitsanweisungen

Die Beschreibung der Prozesse erfolgt mittels Verfahrensanweisungen (VA), die von den Prozessverantwortlichen, i. d. R. den Bereichsleitern und Fachvorgesetzten, erstellt und gepflegt werden. Die Verfahrensanweisungen haben allgemeine Gültigkeit für alle Produkte des Unternehmens.

Weitergehende **produktspezifische Prozesse** z. B. für spezielle Arbeitsabläufe oder Qualifikationen werden in detaillierten Arbeitsanweisungen (AA) beschrieben.

Die Überwachung aller Prozesse, auch die an externe Stellen ausgegliederten Prozesse, erfolgt durch das Qualitätsmanagement.

9.2.3 Managementprozesse

Die Hauptaufgabe der Managementprozesse sind die Steuerung der Kernprozesse (wertschöpfenden Prozesse) und die Führung und Strukturierung der Rollen und Aufgaben innerhalb einer Organisation. Mit Hilfe der Managementprozesse werden Führungsaufgaben unter Beachtung des unternehmenspolitischen Rahmens und im Hinblick auf die vordefinierten Organisationsziele umgesetzt. Unter Berücksichtigung der Interessen des Unternehmens sowie externer Parteien werden Teilziele festgelegt und auf einzelne Unternehmensbereiche verteilt, als auch Maßnahmen zum Erreichen dieser Ziele ausgearbeitet. Hauptfunktionen der Managementprozesse liegen demnach in der Auslösung, Steuerung und Überwachung der Kern- sowie Unterstützungsprozesse. Er stellt eine Sicht auf die Geschäftsprozesse eines Unternehmens dar, die sich in Kernprozesse und unterstützende Prozesse gliedern.

9.2.4 Die Kernprozesse

Neben den Management- und Unterstützungsprozessen sind die raumfahrtspezifischen Kernprozesse eines Unternehmens im Bild 9.2.1 dargestellt.

9.2.4.1 Angebot

Die Anforderungen an ein Produkt werden durch den Auftraggeber in **Projektspezifikationen** oder **Lastenheften** (Statement Of Work) beschrieben. Hierin sind alle technischen und zeitlichen Vorgaben, Anforderungen, Richtlinien und Qualitätsmerkmale, nach denen das Produkt entwickelt und verifiziert werden soll, sowie Vorgaben zur Projektdurchführung enthalten.

Diese Anforderungen werden gemäß Verfahrensanweisung geprüft und in ein Angebot umgesetzt.

Von besonderer Bedeutung ist die Bestimmung der **Modellphilosophie** zur Produktentwicklung bzw. Produkterstellung. Diese hat einen direkten Einfluss auf die Qualifikationsplanung, die Beschaffungsplanung und die Materialkosten. Es sind deshalb bereits in der Angebotsphase die Bauteilestandards für die unterschiedlichen Modelle sowie die daraus resultierenden Beschaffungszeiten zu prüfen. Sind diese nicht durch den Projektzeitplan abgedeckt, muss mit dem Kunden über alternative Beschaffungsquellen verhandelt werden.

Bei Software-Entwicklungen (firmenintern oder -extern) ist zu beachten, dass vor der Implementierung bzw. Applikation geeignete Qualifikationen und Abnahmen vorgesehen werden. Insbesondere ist zu prüfen, ob die für die Entwicklung und Herstellung eventuell erforderlichen SW-Testgeräte und Tools durch den im Vertrag genannten Kostenrahmen abgedeckt sind.

9.2.4.2 Entwicklung

Die Produktentwicklung wird in einem Entwicklungsplan beschrieben, der die Abfolge von Modellentwicklungen, Beschaffungs- und Produktionsprozessen, Qualifikationsstrategien und Abnahmekriterien bestimmt.

Vor Beginn der Entwicklungsphase ist sicherzustellen, dass alle Kundenanforderungen, wie z. B. die Design- und Betriebsanforderungen für das System, alle Untersysteme, Baugruppen und Komponenten spezifiziert und dokumentiert sind. Um die Rückverfolgbarkeit der Entwicklung sicherzustellen, wird das Produkt in funktionelle Konfigurationseinheiten aufgeteilt und in einem Produktbaum dargestellt.

In Abhängigkeit von der Produktart werden die Entwicklungsaufgaben nach den Ingenieurdisziplinen Struktur und Mechanik, Elektrik und Elektronik, Thermal, Lageregelung, Software usw. in Arbeitspaketen beschrieben. Die Produktsicherung unterstützt und kontrolliert die Entwicklung gemäß den im Produktsicherungsplan beschriebenen Aufgaben. In einem Verifikationsplan werden die Verifikationsmethoden für die spezifizierten Anforderungen und die zugeordneten Modelle beschrieben.

9.2.4.3 Beschaffung

Die Produktsicherung unterstützt das Projektteam in der Beschaffungsplanung in Übereinstimmung mit den geforderten Qualitätsstandards und der Selektion von geeigneten Lieferanten. Hierbei liegt der Schwerpunkt auf der Sicherstellung der auftragsrelevanten Qualitätsanforderungen und Merkmale, sowie einer phasen- und situationsgerechten Steuerung und Kontrolle des Unterauftragnehmers. Abhängig von der Komplexität und Kritikalität der zu liefernden Produkte kann hierbei auch eine Überwachung in tiefere Ebenen der Lieferantenkaskade notwendig sein.

Lieferantenbewertung

Lieferanten werden nach den Qualitätskriterien ausgewählt, die an das Produkt gestellt werden. In der Regel geschieht dies durch Auswahl aus bestehenden Lieferantenlisten (Lieferantenverzeichnis) des Unternehmens welche den Freigabestatus der Lieferanten dokumentiert, oder es geschieht aufgrund ganz bestimmter individueller und damit projektspezifischer technologischer Anforderungen. Bei der Auswahl und Bewertung von Lieferanten sind folgende Kriterien zu beachten:

- Kritikalität des Produkts
- Qualifikation/Zulassung des Lieferanten
- Heritage
- Lieferperformance aus früheren Aufträgen (Qualität/Preis/Zeit)
- Qualitätsfähigkeit des Lieferanten
- Lieferzeiten
- Bestehende Risiken beim Lieferanten (Personal, Qualifikation, etc.)

Bei der Einbindung von Unterauftragnehmern werden qualifizierte Fertiger und Zulieferer im Sinne dieser Auftraggeberanforderungen und der ISO-Normenreihe bevorzugt. Es ist darauf zu achten, dass alle Beschlüsse und Abmachungen ausreichend dokumentiert sind, um eine Rückverfolgbarkeit sicherzustellen.

Bestehen Zweifel an der Qualifikation eines Lieferanten oder ist er unbekannt, ist ein **Hersteller- oder Lieferanten-Audit** durch das Qualitätsmanagement durchzuführen, dessen Ergebnisse auf Wunsch dem Kunden/Auftraggeber mitzuteilen sind. Auditierungen müssen vor der Vergabe von Fertigungsaufträgen durchgeführt werden.

Das Qualitätsmanagement der Lieferanten ist dabei auf Übereinstimmung mit den allgemeinen Forderungen der ISO-Normenreihe, den Forderungen des Produkts oder den Forderungen eines speziellen Prozesses zu überprüfen. Entsprechend werden die Auditierungen als Qualitätsaudit, Produktaudit oder Prozessaudit benannt.

Die Auditierung wird durch das Qualitätsmanagement geleitet und ggfs. durch Fachabteilungen vor der Auftragsvergabe durchgeführt. Die Aufzeichnungen der Audits werden vom Qualitätsmanagement archiviert und die Ergebnisse in die Lieferantenliste eingepflegt.

Die Auditierung ist stets projektbezogen und bei erneuter Auftragsvergabe zu wiederholen. Die Aufzeichnungen der Audits werden beim Qualitätsmanagement gesammelt, und die akzeptierten Lieferanten werden in eine Liste der bevorzugten Hersteller und Lieferanten aufgenommen.

Um die Lieferqualität von kritischen Lieferanten zu gewährleisten, können Korrektur- oder Verbesserungsmaßnahmen definiert werden, deren zeit- und qualitätsgerechte Umsetzung beim Lieferanten zu überwachen ist. Ist der Lieferant nicht in der Lage, mittels Korrekturmaßnahmen eine Erfüllung der Qualitätsanforderungen zu gewährleisten, ist er in der Lieferantenliste zu sperren. Falls das nicht möglich ist, ist eine Intensivierung der Kontroll- und Prüfaktivitäten im Projekt vorzunehmen.

Zur Prüfung der Übereinstimmung muss der Lieferant bei Lieferung ein Übereinstimmungszertifikat (Certificate Of Conformance, COC) oder ein Abnahmezertifikat (Lieferzertifikat, Werkszeugnis nach EN 10204-2.2, Abnahmeprüfzeugnis nach EN 10204-3.2) beistellen.

9.2.4.4 Fertigung (MAIT)

Eine kontrollierte Fertigung setzt eine Fertigungsplanung sowie eine nachgeordnete Fertigungslenkung voraus. Unter Fertigungsplanung versteht man die Ablauf- und Aufgabenplanung aller zur Herstellung eines Produkts erforderlichen Tätigkeiten, wie die Arbeitsvorbereitung, Fertigungsvorbereitung, Integrations- und Prüfplanung. Die **Fertigungsplanung** erfolgt durch den Fertigungsplaner, unterstützt durch den Systemingenieur und die Produktsicherung.

Um die Qualität der Fertigungsprozesse sicherzustellen, sind folgende Voraussetzungen zu erfüllen:

- Planung und Festlegung von Produktionsprozessen,
- Instandhaltung von Produktionseinrichtungen,
- Arbeitsumgebung,
- Anweisungen erstellen und anwenden (z. B. Arbeits- und Prüfanweisungen),
- Personalqualifikation.

9

Jeder einzelne Prozess, wie z. B. NDI-Inspektion (Non Destructive Inspection) oder Funktionstest, wird in einer nachgeordneten Fertigungsvorschrift oder Testprozedur mit Angabe von Hilfsgeräten, Material, Personal u. a. beschrieben. Die Durchführung des Prozesses wird in einem Report dokumentiert und von der Produktsicherung verifiziert.

Die **Fertigungslenkung** kontrolliert die Fertigung vor Ort nach kundenspezifischen, technologischen und qualitätsbezogenen Kriterien. In Abstimmung mit den Fachabteilungen, der Produktsicherung und der Projektleitung werden, entsprechend der geforderten Qualität, geeignete Hersteller, Prozesse und Testeinrichtungen ausgewählt.

Alle zur Integration und Qualifikation erforderlichen Schritte und Prozesse werden in Plänen und Ablaufdiagrammen erfasst. Zu erfüllende Anforderungen, Inspektionen und Abnahmen werden identifiziert, aufgeplant und in einem Prüfplan dokumentiert. Integration und Tests von Raumfahrtprodukten erfolgen ausschließlich in einer spezifizierten und kontrollierten Umgebung (Labore oder Reinräume).

9.2.4.5 Betrieb und Support

Für den Betrieb einer Satellitenmission sind die genaue Umsetzung der wissenschaftlichen Anforderungen sowie eine optimale Betreuung des Instruments erforderlich. Erst dann können Messdaten mit hoher Qualität erzeugt werden. Hierzu trägt eine enge Zusammenarbeit zwischen Wissenschaftlern und Betriebspersonal bei.

Die Vertragspartner installieren die Funktionen der Betriebsunterstützung (Operations Support) an hierfür zuvor ausgewählten Einrichtungen. In enger Zusammenarbeit zwischen den Partnern werden während des Betriebs alle Aufgaben wahrgenommen, die für eine erfolgreiche Umsetzung der Mission nötig sind. Hierzu zählen:

- *Missionsplanung*
  Ausgehend von den spezifizierten Missionsszenarien sind die übergeordneten Planungsdokumente zu erstellen, aufgrund derer der Betreiber die genauen Zeitpläne für das operationelle (Mess)Programm ableiten kann. Diese sind wiederum mit den Vorgaben abzugleichen.
- *Instrumentkonfiguration*
  Basierend auf der zu Beginn des Routinebetriebs definierten „Final Flight Configuration" wird eine Master-Version für die an Bord gespeicherten Messfunktionen unterhalten. Daraus wurden bei Bedarf Kommandoinhalte erzeugt, die über die Kontrollstation zum Instrument geschickt werden. Konfigurationskontrollierte Mechanismen erlaubten die Anpassung des Instrumentzustands an geänderte missionstechnische Anforderungen.
- *Langzeitüberwachung*
  Regelmäßig werden Telemetrie und Daten ausgewertet. Dadurch kann der Zustand wichtiger Instrumentsubsysteme analysiert werden. Dies erlaubt, rechtzeitig Veränderungen am Instrument, z. B. Alterungseffekte oder sich allmählich anbahnender Anomalien, zu erkennen und notfalls korrigierend einzugreifen.

9.2.5 Unterstützungsprozesse

Unterstützungsprozesse dienen einem reibungslosen Ablauf der Wertschöpfungsprozesse, tragen jedoch nicht direkt zur Wertschöpfung eines Unternehmens bei. Hinter diesen Prozessen stehen Kernprozess begleitende Aufgaben, die sich überwiegend mit den administrativen und formalen Aspekten vor, während und nach der Produktentstehungsphase befassen, bzw. die notwendige Infrastruktur bereitstellen.

9.2.6 Die Organisation des Qualitätsmanagements

Aufgrund der normenseitig geforderten organisatorischen Unabhängigkeit des Qualitätsmanagements und dessen Leiters wird das Qualitätsmanagement als integraler Bestandteil der Qualitätsorganisation zugeordnet.

9.2.7 Produktsicherung (PS)

Projekte zeichnen sich unter anderem durch ihre zeitlich begrenzte und einmalige Aufgabenstellung aus. Hieraus resultiert die Notwendigkeit, für jedes Projekt die notwendigen qualitätssichernden Maßnahmen zu bestimmen, planen, koordinieren und zu dokumentieren.

Die Aufgaben der Produktsicherung ergeben sich aus der allgemeinen Qualitätssicherung und den raumfahrtspezifischen Anforderungen des Kunden.

Die wichtigsten disziplinübergreifenden Grundsatzaufgaben der Produktsicherung sind:

- Definition und Aufrechterhaltung der PA Standards in Übereinstimmung mit den Kundenanforderungen.
- Zentraler Ansprechpartner für alle qualitätsrelevanten Angelegenheiten für den Kunden/Zulieferer.
- Unterstützung des Projektrisikomanagements mittels Abschätzung, Verhütung und Steuerung der technischen Risiken innerhalb der Projektvorgaben.
- Sicherstellung der Einhaltung der geforderten PA-Anforderungen und Qualitätsstandards bei Unterauftragnehmern.
- Planung und Management von Qualitätsaktivitäten entsprechend den projektspezifischen Anforderungen.

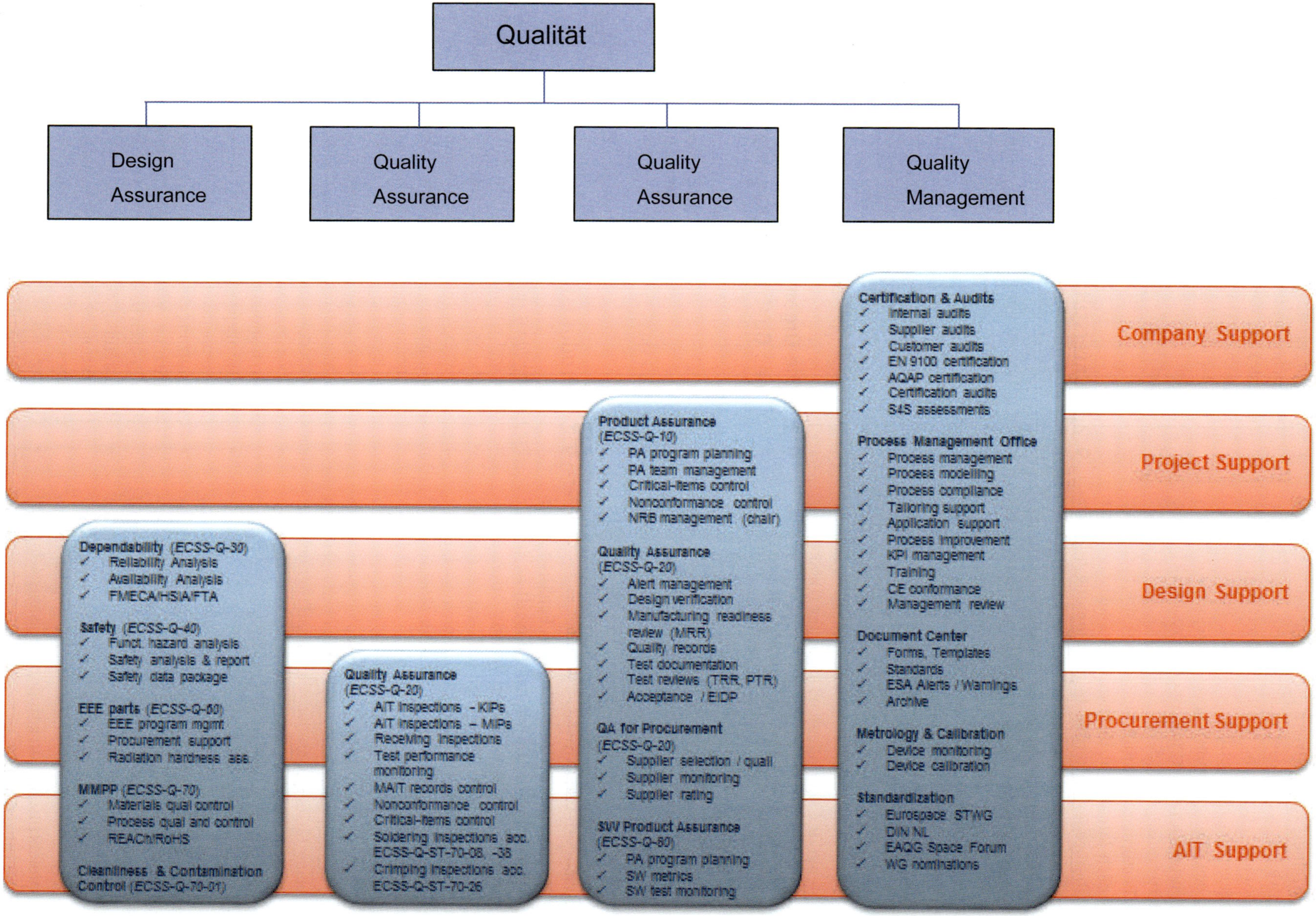

Bild 9.2.2: *Zuordnung der Produktsicherungsaufgaben.*

- Überprüfung und Freigabe der Projektdokumentation (Pläne, TNs, Zeichnungen, etc.).
- Planung und Leitung von PA-Meilensteinen: EQSRs, MRRs, TRRs, PTRs, und QRs.
- Unterstützung bei der Planung und der Durchführung von SRRs, PDRs, CDRs, MPCBs, PCBs, IRRs, TRBs, ARs und DRBs.
- Erstellung eines Projektauditplans und Unterstützung des Auditors bei Projektaudits.
- Implementierung und Kontrolle des Störmeldewesens.
- Organisation und Leitung von bzw. Teilnahme an Projekt NRBs.
- Koordination von Experten (DA/QA) zur Unterstützung der PA-Projektaufgaben innerhalb der Matrixorganisation.
- Management der Unterauftragnehmer hinsichtlich Definition, Umsetzung und Überwachung der PA-Anforderungen und Aufgaben.
- Erstellung der vertraglich definierten PA Dokumente.

Für einen vollständigen Produktlebenszyklus (alle Hauptprozesse) stellt sich die prozentuale Verteilung der in der Organisation beschriebenen Fachaufgaben wie in den folgenden Abschnitten beschrieben dar (Erfahrungsmittel).

9.2.7.1 Design Assurance

Seit 2009 fordert die Europäische Raumfahrtorganisation ESA von allen Entwicklungsbetrieben, die komplette Systeme (Nutzlast oder Satellitenbus) entwickeln und bauen wollen, eine Zertifizierung nach ISO 9100 (Qualitätsmanagement - Anforderungen an Organisationen der Luftfahrt, Raumfahrt und Verteidigung). Der Fachbegriff „Design Assurance" kommt nicht originär aus der Raumfahrt, sondern war im Bereich der Luftfahrt - siehe hierzu auch EASA und FAA Anforderungen - beheimatet.

Eine mögliche Definition, die erklärt, was unter dem Prozess des Design Assurance zu verstehen ist, ist folgende:

Design Assurance ist ein formaler, systematischer Prozess, der den Designaufwand anfangs steigert, wobei jedoch erreicht wird, daß das Endprodukt mit einer höheren Wahrscheinlichkeit die gestellten Missions- und Konstruktionsanforderungen erfüllt. Das Ziel der Design Assurance Aktivitäten ist eine unabhängige Überprüfung eines kompletten Designs, von den Konstruktionsunterlagen, über Beschaffung, die Fertigung, allen Funktions- und Umwelttests, bis zur Bedienung (Operation) durch den Kunden und, gegebenenfalls, eine anfallende oder aber geplante Wartung.

Somit begleitet Design Assurance, als ganz wesentlicher Prozess, eine Entwicklung von der Idee (Konzeptentwurf, Phase A/B) über die physikalische Entstehung (Fertigung, Phase C/D), durch alle für die Verifikation und Validierung notwendigen Integrations- und Teststufen (AIT) bis hin zum Einsatz (Mission Operation, Phase E).

Der Zusammenhang zwischen allen Facetten des Design Assurance und der europäischen Normen- bzw. Anforderungsfamilie, den ECSS Standards, geben die folgenden „Fragen an ein Design" wieder:

- Wird das Produkt über den geplanten Nutzungszeitraum zuverlässig und sicher funktionieren und auch wartbar sein? → ECSS-Q-ST-30C ff. ECSS-Q-ST-40C ff.
- Wurden für das Design die richtigen Materialien und Prozesse ausgewählt und sind diese ausreichend für die Mission qualifiziert? → ECSS-Q-ST-70C ff.
- Entsprechen elektronische und elektromechanische Bauteile (EEE) den Missionsanforderungen unter allen Umwelteinflüssen insbesondere auch den Anforderungen zu Festigkeit gegenüber radioaktiver Strahlung von Sonne und dem Galaktischen Hintergrund? → ECSS-Q-ST-60C ff.
- Erfüllt das Produkt die Reinheitsanforderungen für die geplante Mission im Weltraum oder auf einem entfernten Planeten, zum Beispiel dem Mars oder Titan? → ECSS-Q-ST-70-71C ff.

Hiermit sind auch gleich die im Design Assurance notwendigen Spezialisten aus den Bereichen

a) Zuverlässigkeit und System-Sicherheit (Dependability & Safety oder auch RAMS),
b) Materialkunde und Fertigungsprozesstechnik (MMPP, Materials Mechanical Parts and Processes),
c) Elektronische Bauteile und Strahlung (EEE Parts & RHA Radiation Hardness Assurance)
d) Cleanliness

benannt.

Zwischen diesen einzelnen Spezialdisziplinen gibt es mehrfach Überschneidungen, das aber der Komplexität des Raumfahrtzeugs, der wissenschaftlichen Satellitenmission oder der Planetenerkundung geschuldet ist. Dies macht den besonderen Reiz des Design Assurance für Ingenieure aus, zeigt aber auch die Wichtigkeit der Tätigkeit im Rahmen eines erfolgreichen Produktlebenszyklus.

9.2.7.2 Zuverlässigkeit (Reliability)

Zuverlässigkeit wird nach der DIN 40041 als Fähigkeit einer Betrachtungseinheit definiert, innerhalb der vorgegebenen Grenzen den durch den Verwendungszweck bedingten Forderungen zu genügen. Der Zuverlässigkeit ist damit keine eindeutige physikalische Messgröße, die einer einfachen direkten Messung zugänglich wäre, zugeordnet. Unmittelbar quantitativ bestimmbar sind jedoch Zuverlässigkeitskenngrößen wie Ausfallrate, Überlebenswahrscheinlichkeit oder Ausfallwahrscheinlichkeit.

Mit der mathematisch, analytischen Sicherstellung relevanter, technischer Eigenschaften eines Produkts oder Designentwurfs in puncto Lebensdauer, Ausfall- und Fehlertoleranz, und dem experimentellen Nachweis der Lebensdauerparameter durch Zuverlässigkeitstests (Burn-in, Run-in, Lifetime Test), befasst man sich im „Dependability Bereich“ des Design Assurance; englisch auch Reliability Assurance & Engineering genannt.

Faszinierend Komplex: Reliability Engineering

Systeme und Subsysteme sind prinzipiell komplexe Elemente, die verschiedenste Ingenieurdisziplinen – Mechanik, Elektronik, Optik, Elektromechanik und Mechanismen kombinieren.

Die analytische Nachweisführung geht von einer Anforderungs-Spezifikation an das System aus (Was ist gefordert?), und untersucht systematisch, auf der Basis der Designunterlagen (Zeichnungen, Stromläufe, Schaltpläne, Stücklisten, etc.), den Konzeptentwurf, die anfangs vorläufige, in späteren Projektphasen, die endgültige Konstruktion.

Als Methoden oder Werkzeuge (engl. Tools) der technischen Zuverlässigkeit werden Wahrscheinlichkeitsrechnungen zum erwarteten Ausfallverhalten erstellt. In der frühen Phase eines Konzeptentwurfs wird über abstrakte Blockdiagramme die funktional logische Architektur des Systems abgebildet. Boolesche Algebra, gemeinsam mit Stochastik und Kombinatorik, werden eingesetzt, um von der Systemebene herab (Top-Down) den einzelnen Subsystemen und Komponenten eines komplexen Satelliten Zuverlässigkeits-Kennzahlen zuzuordnen. Die Methode, englisch kurz Reliability Allocation genannt, ist seit den 40er-Jahren des letzten Jahrhunderts mathematisch ausgearbeitet (der Leser sei hier auf die Arbeiten von Robert Lusser und Erich Pieruschka verwiesen).

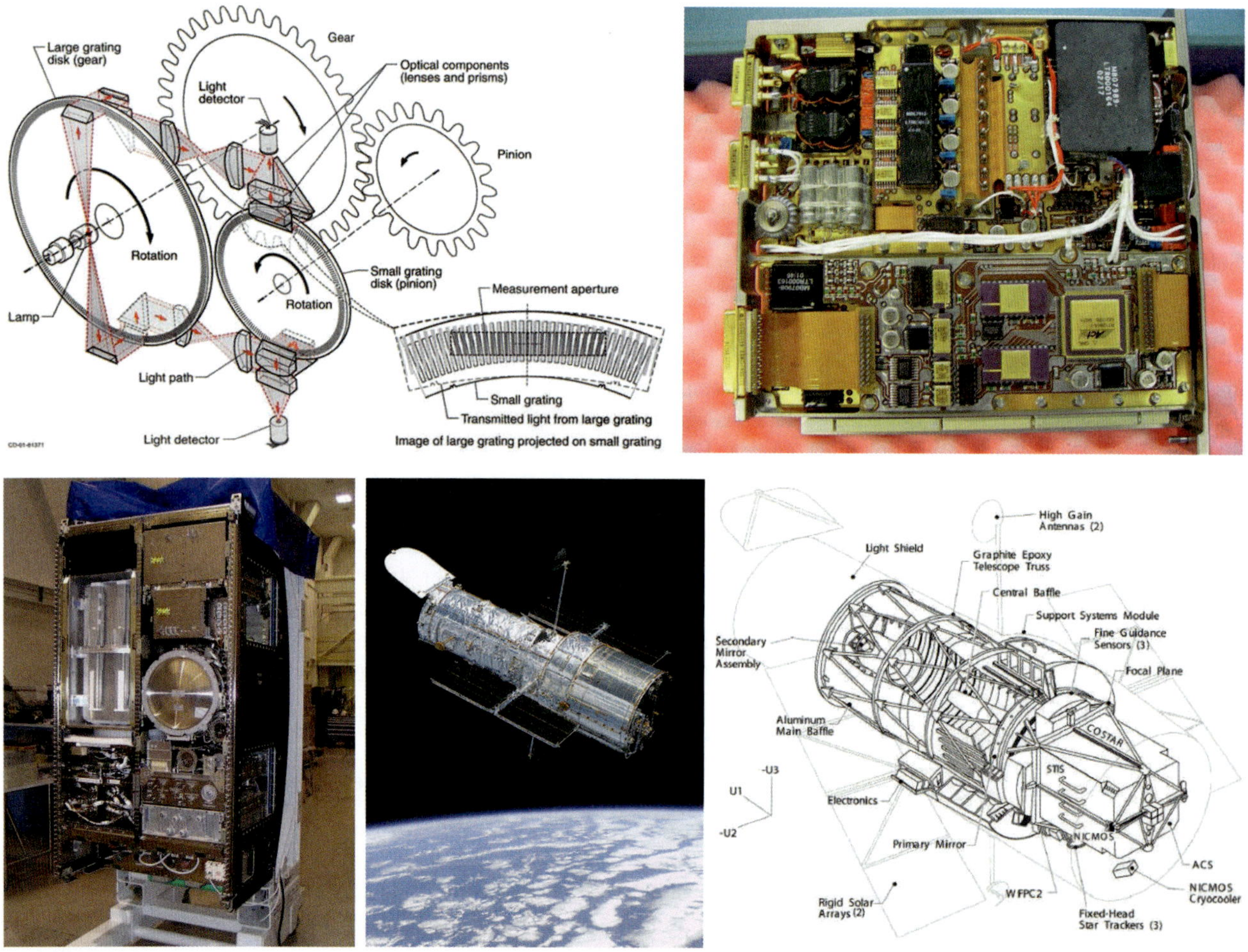

Bild 9.2.3: *Faszinierend Komplex: Reliability Engineering.*
Links oben: Schema einer Transmissions-Fehler-Messapparatur; der optische Lichtweg durch das optische Detektions-System.
Rechts oben: Power-Converter Elektronik.
Links unten: Das komplett integrierte materialwissenschaftliche Labor (MSL) im ISS Rack.
Mitte und rechts unten: das Space Telescope Hubble.

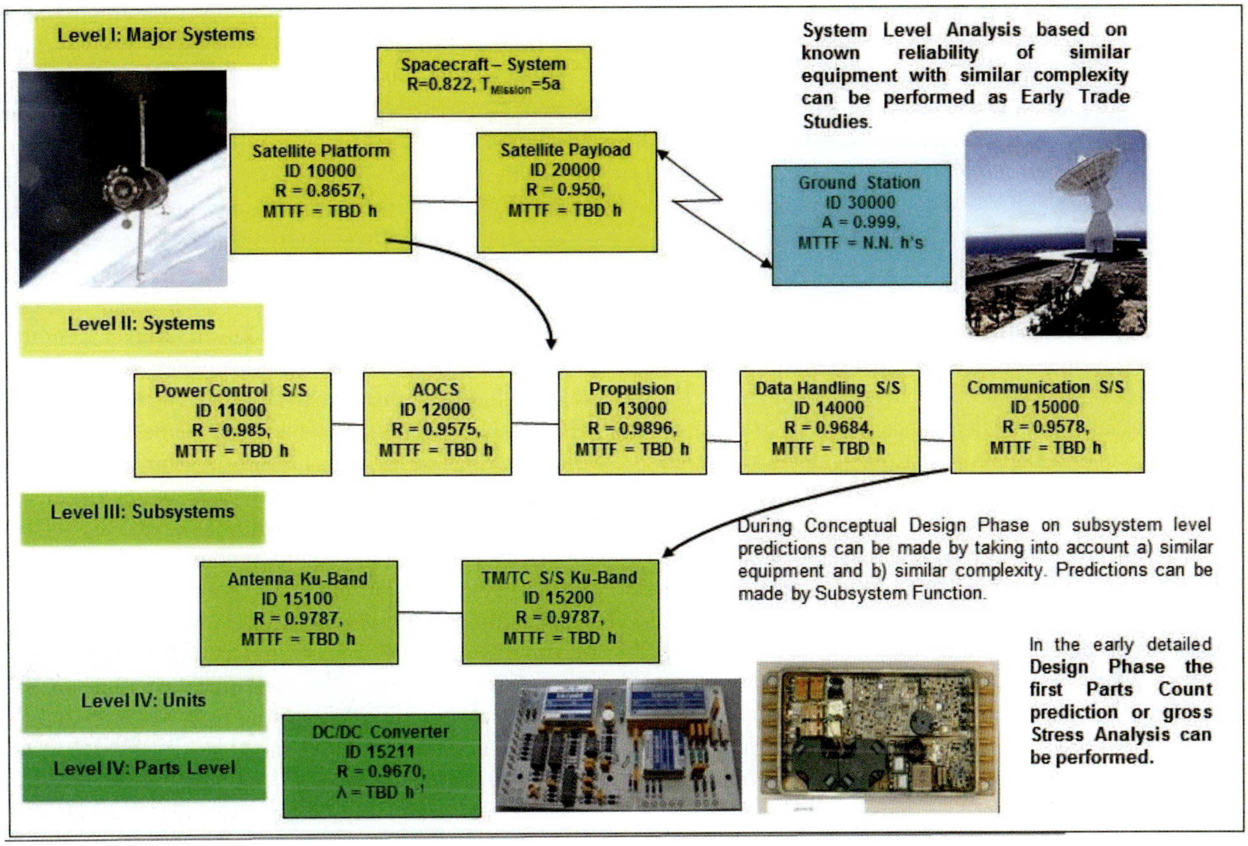

Bild 9.2.4: *Reliability Block Diagramm der Bodenstation*

Von abstrakten Blöcken und deren funktionaler Verknüpfung gelangt man zu einer Zuverlässigkeitsfunktion mehr oder minder komplexe Zuverlässigkeitsfunktion $R(t)$, welche die Einzelnen Funktionsblöcke eines Systems und ihre kausale Verkettung enthält. Solche Blockdiagramme können simpel sein, wie im Falle eines nicht-redundanten Systems aus n hintereinandergeschalteten Einheiten, wie es nachfolgend auf der Top Ebene eines Satelliten gezeigt ist

$$R_S = R_{Power} \cdot R_{AOCS} \cdot R_{Propulsion} \cdot R_{DHS} \cdot R_{COM}$$

Das Blockdiagramm kann aber auch mehr oder minder komplex werden, wenn zum Beispiel redundante Subsysteme und andere „funktionale Verzweigungen“ eingeführt werden. Für den nachfolgend gezeigten einfachen „Majority-Voter“ nimmt die Zuverlässigkeitsfunktion folgende Gestalt an:

$$R_{Voter} = R_{Comparator} \cdot \left(R_A \cdot R_B + R_A \cdot R_C + R_B \cdot R_C - 2 \cdot R_A \cdot R_B \cdot R_C\right)$$

Die oben gezeigte Funktion gibt die Überlebenswahrscheinlichkeit des Systems als Funktion seiner Subsysteme wieder, wobei die Funktionalitäten gleichzeitig erbracht werden, alle Einheiten A, B, C und der Comparator arbeiten zum gleichen Zeitpunkt. Die Ausfall- oder Überlebens-

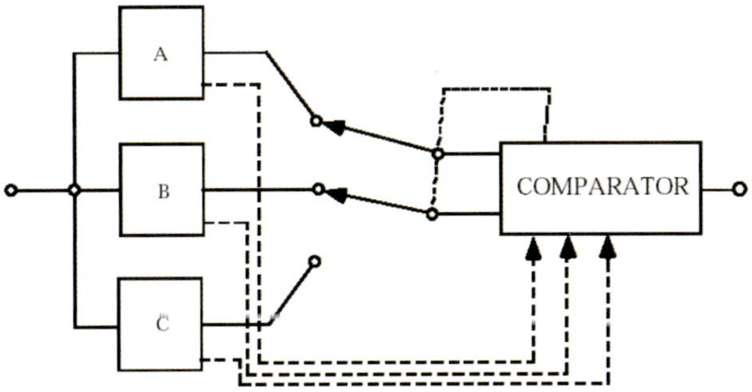

Bild 9.2.5: *Reliability Block Diagramm eines Majority-Voting Schaltkreises*

funktion wird jedoch deutlich komplizierter, wenn man auch noch die zeitliche Komponente variiert. Dann sind die funktionalen Zusammenhänge nur noch mit Hilfe der Kombinatorik und Integralrechnung zu erschließen.

Das Design Assurance berechnet nicht nur derartige Zusammenhänge, sondern stellt als Forderung an die Zuverlässigkeit und Ausfallsicherheit eines Systems auch Redundanz als eine der Grundforderungen der Fehlertoleranz auf.

Unter Redundanz wird eine Duplizierung oder beliebige Vervielfachung einer bereits im Systementwurf enthaltenen Funktionalität bezeichnet. Es wird durch die Einführung redundanter Komponenten und deren geschickter

Verknüpfung erreicht, dass ein System auch bei Ausfällen in Unter- oder Subsystemen noch die geforderte Funktion erfüllt, weil beim Ausfall einer Einheit „A" die redundante Einheit „A_{red}" eingesprungen ist.

Je nachdem wo und wie man die Redundanz in einem System implementiert, unterscheidet man simple Bauteileredundanz oder Geräteredundanz, Majoritätsredundanz, funktionale und sequenzielle Redundanz. Die Redundanz kann „heiß" d. h. läuft im Betrieb parallel mit oder „kalt" d. h. ist solange ausgeschaltet, bis der Ausfall der Haupteinheit eintritt, sein. Die Umsetzung in die technische Realisierung ist eine anspruchsvolle Ingenieursaufgabe.

Derartige Design Assurance Tätigkeiten sind in der frühen Designphase eines Systems angesiedelt, da ihre spätere Einführung zu erheblichen Änderungen an einer Systemrealisierung und damit zu besonderes hohen Kosten führt.

Ist die Konstruktion bereits fortgeschritten, sodass zu einer Überprüfung des Entwurfs (englisch Design Review PDR/CDR) Schaltpläne und Stücklisten vorliegen, so wird von Unten nach Oben (Bottom-up) der Entwurf analysiert, in welchem Umfang die Anforderungen der Zuverlässigkeit erfüllt sind oder auch nicht. Die Methode wird englisch Reliability Prediction genannt.

Bei einer „Prediction" werden die Ausfallraten und Ausfallwahrscheinlichkeiten einzelner Einheiten und Komponenten, wie zum Beispiel elektronischer Bauteile, auf der Basis von Felddaten aus Referenzdatenbanken entnommen. Das MIL-HDBK-217 „Reliability Prediction of Electronic Equipment" ist wohl das bekannteste Referenzwerk, die ECSS-Q-ST-30-08C existiert bei der europäischen Raumfahrtorganisation ESA, aber auch Standards/Datenbanken aus der Industrie wie Bellcore, IAEA-TECDOC-930, Bellcore TR-332, Telcordia SR-332, IEC 62380 werden verwendet, wenn man insbesondere „Industrie-Designs" vergleichen muss.

Für mechanische Systeme, wie Mechanismen oder Motoren mit Getrieben, ist das grundlegende Verständnis von Aufbau, Aufgabe und Wirkung notwendig, um zu verstehen, welches Teilsystem wie unzuverlässig ausgelegt ist, beziehungsweise die höchste Ausfallwahrscheinlichkeit hat. Der amerikanische Standard NSWC-98 „Handbook of Reliability Prediction Procedures for Mechanical Equipment" ist hier eine hervorragende Quelle für Fehlerraten und Ausfall-Modi.

Ziel der Zuverlässigkeitsanalysen ist die Sicherstellung einer erfolgreichen Mission durch Optimierung des Systems im Rahmen aller vorgegebenen technischen und finanziellen Auflagen.

Die Zuverlässigkeitssicherung ist ein kontinuierlicher und iterativer Prozess während des gesamten Lebenszyklus des Projekts unter Anwendung von quantitativen und qualitativen Ansätzen, mit dem Ziel:

- sicherzustellen, dass die Funktionsfähigkeits-, Verfügbarkeits- und Instandhaltbarkeitsziele erreicht werden,
- alle technischen Risiken im Zusammenhang mit Funktionserfordernissen festzustellen, die zu einer Nichterfüllung von Funktionsfähigkeits-, Verfügbarkeits- und Instandhaltbarkeitsanforderungen führen können,
- die diesbezügliche Risikobewertung vorzunehmen,
- Reduzierungs- und Überwachungsmaßnahmen als Teil des am Projekt angewandten Risikomanagementprozesses festzulegen.

Zu den Aufgaben im Bereich der Zuverlässigkeit gehören die qualitative **Bestimmung** fehlerbedingter Ausfälle sowie die quantitative Vorhersage der **Eintrittswahrscheinlichkeit** derselben. Hierzu ist eine eingehende Design- und **Funktionsanalyse** für jedes Element des Produktbaums in Form einer Produkt-FMECA erforderlich, unterstützt durch die Ergebnisse einer numerischen Zuverlässigkeitsanalyse. Auf der Basis der daraus resultierenden Risikobewertung können Redundanzkonzepte abgeleitet und Kontrollmaßnahmen für systeminhärente „Single-Point-Fehler" sowie Konzepte für die vorbeugende und korrektive Instandhaltung entwickelt werden. Zuverlässigkeitskritische Elemente (Critical Items) aus anderen Analysen wie Sicherheits-, Fehlerbaum-, Operations- und Strukturanalysen sind in die Betrachtung einzubeziehen.

Die wesentlichen Hauptaufgaben sind:

- Analyse der bzgl. der Einhaltung der Zuverlässigkeitsanforderungen an das Gesamtsystem und daraus abgeleitet die der Subsysteme,
- Erstellung von quantitativen Zuverlässigkeitsanalysen
- Erstellung von Fehler- und Ausfallanalysen (Produkt- und Prozess-FMECA) (bottom up),
- Erstellen von Fehlerbaumanalysen (top-down),
- Erstellen von Parts-Count- und Parts-Stress-Analysen für elektronische Schaltkreise,
- Erstellung von Duty-Cycle- und Worst-Case-Analysen,
- Erstellung von Hardware-/Software-Interaction-Analysen (HSIA),
- Evaluierung von Redundanzkonzepten und Einzelfehlern (Single-Point-Fehler).

9.2.7.3 Verfügbarkeit (Availability)

Generell wird unter dem Begriff der Verfügbarkeit der Zeitraum verstanden, zu dem ein System (Raum und Bodensegment) dem Kunden gemäß vertraglich spezifiziertem Leistungsumfang zur Verfügung steht.

Die Analyse des Systems ermittelt quantitative Zeitintervalle für den operativen Betrieb, sowie Zeiten für Wartung oder Reparatur unter Berücksichtigung der gesamten logistischen Kette.

Die Ergebnisse werden herangezogen zur:

- Optimierung des Systemkonzepts in Bezug auf Design, Betrieb und Instandhaltung,

- Verifikation der Einhaltung der Verfügbarkeitsanforderungen,
- Bereitstellung von Vorgaben zur Veranschlagung der Gesamtbetriebskosten des Systems.

Outage-Analysen identifizieren Nichtverfügbarkeitszustände. Das Analysenergebnis umfasst eine Liste aller identifizierten möglichen Nichtverfügbarkeitszustände (wie im Programm festgelegt), ihrer Ursachen, Eintrittswahrscheinlichkeit und Dauer. Anstelle der Wahrscheinlichkeiten für die Nichtverfügbarkeitszustände können auch Fehlerraten, die im Zusammenhang mit den Nichtverfügbarkeitszuständen stehen, angegeben werden. Außerdem müssen in der Analyse die Mittel zur Auffindung der Nichtverfügbarkeitszustände sowie die Methoden zu deren Beseitigung identifiziert werden.

9.2.7.4 Wartbarkeit (Maintainability)

Die Wartungskonzepte in der bemannten Raumfahrt unterscheiden sich grundsätzlich von den Wartungskonzepten für die unbemannte Raumfahrt, z. B. für Satelliten. Zu den Aufgaben im Bereich der Wartbarkeit gehört die Erstellung von **Wartbarkeitsanalysen** und Wartungskonzepten, die in einen Wartungsplan für das Produkt überführt werden müssen. Die Aufgaben der Produktsicherung sind hier hauptsächlich unterstützend aber beschränken sich nicht allein auf die Prüfung von Sicherheitsaspekten oder die Freigabe von Prozeduren und Verfahren, die zur Durchführung der Wartungsaktivitäten erstellt werden müssen. Insbesondere liefern Zuverlässigkeits- und Verfügbarkeitsanalysen wesentliche Informationen zu Dauer, Kosten und Konsequenzen einer Wartung.

Wesentliche Aufgaben sind:

- Identifizierung von Limited Life Items,
- Untersuchungen zur Zugänglichkeit für die Wartung (bemannte Raumfahrt),
- Entwicklung von Reparatur- und Wartungskonzepten in Zusammenarbeit mit AIT,
- Untersuchungen zur Ersatzteilverfügbarkeit und -beschaffung (Logistikplanung),
- Erstellen von Duty-Cycle-Analysen.

9.2.7.5 Sicherheit (Safety)

Zum Aufgabenbereich Safety gehört die Bestimmung der Sicherheitsanforderungen an ein Raumfahrtprodukt, die Erstellung von zugehörigen Sicherheitsanalysen, die Umsetzung der Anforderungen in dem Produkt, sowie die Kontrolle der korrekten und vollständigen Implementierung aller notwendigen Sicherheitsmaßnahmen im Design.

Grundlage für ein Sicherheitsprogramm sind die Anforderungen der ESA, NASA oder der jeweiligen Betreiber der Startanlagen.

Die Hauptaufgabe für den verantwortlichen Sicherheitsingenieur besteht in der Erstellung einer belastbaren **Sicherheitsdokumentation** unter Berücksichtigung des unterschiedlichen Gefahrenpotenzials für bemannte und unbemannte Raumfahrtsysteme oder Bodensysteme.

Die wesentlichen Aufgaben sind:

- Identifikation von Sicherheitsanforderungen für Material, Personal und Funktionen,
- Erstellung von Sicherheitsanalysen mit Gefahrenreports
  - in der Entwurfsphase: Preliminary-Hazard-Analysen (PHA),
  - in der Realisierungsphase: Subsystem-/System-Hazard-Analysen (SHA),
  - für die Betriebsphase: operationelle Hazard-Analysen (OHA),
- Implementierungskontrolle der Kontrollmaßnahmen in Design und Operationen,
- Bestimmung von Kontrollen für Restrisiken.

Die funktionellen und die operationellen Sicherheitsanalysen dienen zur Kontrolle sicherheitskritischer Funktionen/Operationen, der Ermittlung von Fehlerfortpflanzung und der Bestimmung von Sicherheitsfaktoren und Kontrollmaßnahmen. Sie müssen sowohl die produktbezogenen Anforderungen im Einsatz als auch die landestypischen und gesetzlichen Bestimmungen, die Industriesicherheit und den Strahlenschutz berücksichtigen.

9.2.7.6 Material und Prozesssicherung

Zu den Aufgaben in diesem Bereich gehören die Definition von **Qualitätsstandards** für Teile, Materialien und Fertigungsverfahren eines Raumfahrtprodukts unter Berücksichtigung seiner Lebensdauer, der im Einsatz zu erwartenden Umweltbedingungen sowie der möglichen Gefährdungspotenziale.

Die Auswahl, Kontrolle und Abnahme metallischer und nichtmetallischer Materialien sowie die damit verbundenen Produktions- und Prüfverfahren sind für jedes Konstruktionsteil detailliert nachzuweisen und zu planen. Hierzu werden Herstellungsverfahren, Materialeigenschaften und Gefährdungspotenziale untersucht, um daraus Abnahmeverfahren zu bestimmen und Kontrollen für die Vermeidung von oder Degradation durch Kontamination, Ausgasen, Brennbarkeit, Strahlung, Korrosion usw. zu definieren. Die wesentlichen Aufgaben sind:

- Erstellung und Umsetzung von Anforderungen und Standards für Materialien und Prozesse, einschließlich der Überwachung der Einhaltung in den Projekten,
- Bewertung von Materialien und verwendeter Veredlungsschritte zur Sicherstellung der Verträglichkeit mit den projektspezifischen Anforderungen,
- Training, Qualifikation und Freigabe von Prozessen und Schulung von Personal,

- Durchführung von Material- und Bauteilequalifikationen, Materialprüfungen,
- Definition passender Test und Prüfverfahren zur Bewertung der Materialien und Prozesse,
- Identifikation, Qualifikation und Kontrolle von neuen Technologien oder kritischen Fertigungsprozessen.

9.2.7.7 Elektrische, elektronische und elektromechanische (EEE) Bauteile

Zu den Aufgaben in diesem Bereich gehören die Definition von Anforderungen und Standards für alle elektrischen, elektronischen und elektromechanischen Bauteile eines Raumfahrtprodukts unter Berücksichtigung seiner Lebensdauer, der im Einsatz zu erwartenden Umweltbedingungen sowie der möglichen Gefährdungspotenziale.

Die Aktivitäten umfassen auch alle Beschaffungsaktivitäten innerhalb eines Projekts. Die wesentlichen Aufgaben sind:

- Bestimmung der Qualitätsstandards für EEE-Bauteile nach internationalen Standards,
- Kompatibilitätsprüfung der ausgewählten Bauteilestandards mit der jeweiligen Anwendung,
- Beschaffungsplanung von vorgeschriebenen Bezugsquellen der Raumfahrtagenturen/Kunden,
- Identifizierung von Lieferbeschränkungen, Ausfuhrbeschränkungen, Long Lead Items usw.,
- Bestimmung der Anforderungen an die Strahlungsfestigkeit,
- Bestimmung der De-Rating-Grenzwerte nach Standards der Raumfahrtagenturen und Berechnung,
- Bestimmung der EMC-Klassen für Verkabelungen und Stecker,
- Bestimmung der Erdungskonzepte und HF-Schirmkonzepte,
- Bestimmung der Platinenauslegung nach Standards der Raumfahrtagenturen.

Das Qualifikationsverfahren ist in jedem Fall mit dem Kunden abzustimmen.

9.2.7.8 Qualitätssicherung

Die Qualitätssicherung unterstützt die Fertigungs-, Integrations- und Testaktivitäten in der Realisierungsphase eines Produkts und trägt durch ihre Tätigkeit dazu bei, dass die Raumfahrtprodukte den Kundenanforderungen gerecht werden. Auf Grundlage des ECSS-Standards Q-ST-20C ergeben sich folgende Aufgaben:

- Integrationsbegleitende Inspektionen,
- Mandatory Inspection Points – MIPs,
- Key Inspection Points - KIPs,
- Wareneingangs- und Warenausgangsprüfung,
- Test Performance Monitoring,
- MAIT Records Control,
- Spezielle Inspektionen für Löt-/Crimpprozesse.

9.2.7.9 Software-Qualitätssicherung

Die Software Product Assurance definiert Anforderungen, um sicherzustellen, dass entwickelte oder wiederverwendete Software- und Softwaredienste in ihren Betriebsumgebungen ordnungsgemäß und sicher funktionieren. Dies beinhaltet auch Anforderungen für die Entwicklung von Software, die kein Liefergegenstand ist, aber die Qualität des von einem Weltraumsystem bereitgestellten lieferbaren Produkts oder Dienstes beeinträchtigt (beispielsweise Test- und Verifizierungssoftware).

Die Software-Qualitätssicherung umfasst wie bei der Hardware den gesamten Bereich der internen Designüberprüfungen auf Implementierung der Kundenanforderungen bis hin zu Prüfungen, Kontrollen und Abnahmen in der Realisierungsphase eines Produkts. Anders als bei der Hardware wird die Qualitätssicherung hier als eine Gemeinschaftsaufgabe von Software-Entwicklern und der Produktsicherung verstanden. Die Entwicklung, Qualifikation, Implementierung und Validierung von Software erfolgt bevorzugt nach dem projektbezogenen **Vorhabensmodell** (V-Modell) oder dem **allgemeinen Phasenmodell** in Anlehnung an die Projektphasen des ESA-Standards ECSS-Q-80B „Software Product Assurance“. Die Phasen sollten in einem eigenen Software-Handbuch und mitgeltenden Verfahrensanweisungen sowie einem eigenen Produktsicherungsplan wie folgt beschrieben sein:

Phase 1: Software-Spezifizierung,
Phase 2: Software-Funktionsanalyse (Architektur),
Phase 3: Software-Design (detailliertes Design),
Phase 4: Software-Implementierung (Simulation),
Phase 5: Software-Integration (in Ziel-Hardware),
Phase 6: Software-Tests,
Phase 7: Software-Abnahme,
Phase 8: Software-Wartung.

Der Ablauf der Projektphasen mit den zugehörigen Projekt- und Qualitätssicherungsaktivitäten ist in Bild 9.2.6 beispielhaft dargestellt.

Die wesentlichen Aufgaben der Software-Qualitätssicherung sind:

- Sicherstellung der Rückverfolgbarkeit des Entwicklungs- und Herstellungsprozesses,
- Freigabe der Software-Entwicklungstools und kommerzieller Software,
- Überwachung des Störmeldeverfahrens und des Änderungswesens,
- Begleitung von Software-Tests,
- Prüfung und Freigabe von Prüfprozeduren und Prüfberichten,
- Freigabe und Abnahme der Software-Versionen.

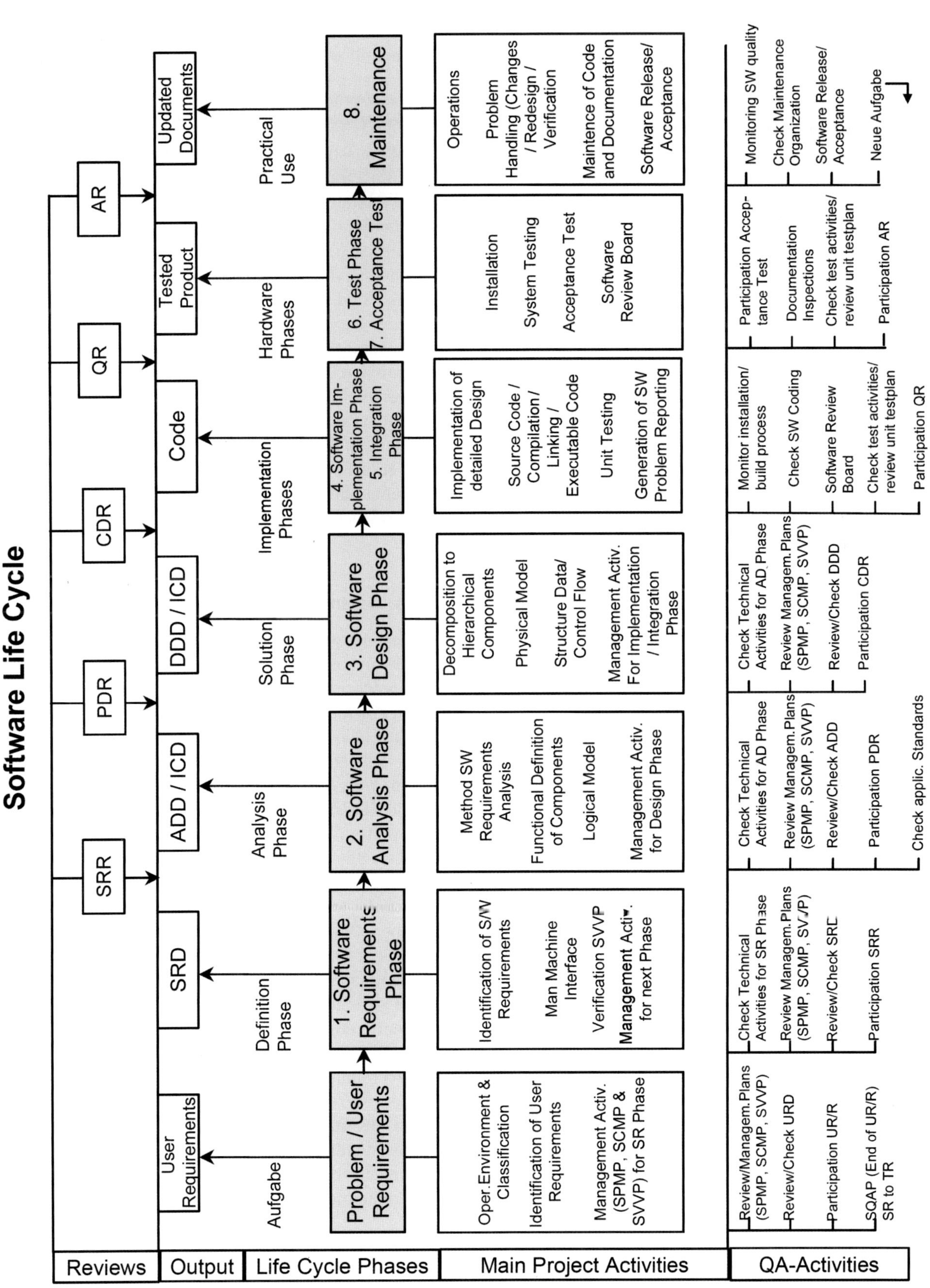

Bild 9.2.6: *Software-Lebenszyklus.*

9

9.2.8 Produktsicherung im Projekt

Die Produktsicherungsaufgaben in einem Projekt leiten sich aus den Kundenanforderungen im **Lastenheft** bzw. **Statement Of Work** (SOW) ab. Hier werden neben den technischen Produktanforderungen auch die Anforderungen an die Qualitätsstandards, die Modellphilosophie, der Umfang der Produkterstellung und die zu liefernde Produktdokumentation bestimmt. Die Produktsicherungsaufgaben werden den Projektprozessen zugeordnet und in einem Produktsicherungsplan beschrieben.

9.2.8.1 Projektphasen

Die Projektphasen sind ähnlich strukturiert wie die allgemeingültigen Hauptprozesse des Unternehmens. Die Projektphasen sind auftragsbezogen weiter detailliert und ergeben in der Aneinanderreihung den groben Projektablauf. Die Projektphasen entsprechen in der Regel auch dem Aufbau der Projektorganisation und erlauben somit die Zuordnung von detaillierten Projektelementen und Arbeitspaketbeschreibungen.

Je nach Art des Projekts (Entwicklungsprojekt, Fertigungsprojekt oder nur Testaufgaben) kommen alle oder nur einzelne Phasen zur Anwendung. Diese weiter zu detaillieren, ist Aufgabe der Projektleitung mithilfe von Projekt-Entwicklungsplänen.

9.2.8.2 Projektnahtstellen

Eine effektive Produktsicherung ist auf die Zusammenarbeit mit anderen Organisationseinheiten des Unternehmens bzw. Projekts zwingend angewiesen. Die technischen und administrativen Nahtstellen ergeben sich im Wesentlichen aus den Arbeitspaketbeschreibungen des Produkts, den gemeinsamen Durchführungen von Projektreviews und der gemeinsam zu erstellenden Projektdokumentation. Diese sind Nahtstellen zu:

- Projektleitung,
- Konfigurationsmanagement,
- Entwicklungsabteilungen,
- Materialwirtschaft und Beschaffung,
- Integration und Test,
- Cost-Controlling.

9.2.8.3 Produktbaum (Product Tree)

Der Produktbaum ist nach ECSS M-10 die Aufgliederung des Systems in aufeinanderfolgende Ebenen von Hardware- und Software-Teilprodukten auf der Basis der identifizierten Funktionen.

Der „Produkt"-Ansatz führt zur Aufgliederung des Systems (d. h. welches die vorgesehenen Funktionen erfüllt) in Hardware- und/oder Software-Elemente.

Er definiert die Basis für die Arbeitsaufgliederungsstruktur und wird zwischen den Beteiligten vor der Geschäftsvereinbarung niedergelegt und im Zuge der Geschäftsvereinbarung als Grundlage ausgearbeitet.

Die Erstellung des Produktbaums beginnt, nachdem die Funktionsstruktur des Endprodukts festgestellt wurde.

Die im Produktbaum zu identifizierenden Produkte müssen mindestens umfassen:

- Einheiten, die der Kundenkonfigurationsüberwachung unterliegen,
- Einheiten, die Gegenstand einer Technischen Spezifikation sind.

Jeder Lieferant muss dann den Produktbaum auf seiner Ebene mit den Produkten ergänzen, die in seinem Verantwortungsbereich liegen. Ziel ist die Festlegung der Struktur des Systems nach seinen Bestandteilen (Komponenten, Subsystemen, Geräten, Baugruppen usw.).

Die erste Ebene des Produktbaums (und ggf. noch weitere Ebenen) muss vom Kunden festgelegt werden.

Die restlichen Ebenen werden vom Lieferanten entwickelt.

9.2.8.4 Lasten- und Pflichtenheft

Üblicherweise werden alle Produktanforderungen vom Auftraggeber in einem Lastenheft, dem **„Statement Of Work"** (SOW), beschrieben. Hierauf antwortet der Auftragnehmer mit dem Pflichtenheft, der Spezifikation und mitgeltenden Arbeitspaketbeschreibungen. Alle Kundenanforderungen müssen vollständig in Spezifikationen dokumentiert sein. Sie dienen als vertraglich verpflichtende und zu verifizierende Vorgaben und sind am Projektende als erfüllt nachzuweisen.

In den **Spezifikationen** sind sowohl die funktionellen Anforderungen als auch die Betriebsanforderungen, Umweltanforderungen, Bauteilestandards und Modelle anzugeben. Die Anforderungen müssen allen Ebenen des Systems, der Untersysteme und Komponenten zugeordnet und in Unterspezifikationen vertraglich festgelegt werden. Jegliche Abweichungen zu den Anforderungen sind zu dokumentieren und mit den Vertragspartnern schriftlich zu vereinbaren. Nicht zu vergessen sind Spezifikationen zur Beschreibung der Anforderungen an die Nahtstellen zwischen einzelnen Untersystemen, dem System, der Nutzlast oder in der bemannten Raumfahrt dem Menschen.

Unvollständige, unklare oder sich widersprechende Anforderungen werden direkt mit dem Auftraggeber geklärt und dokumentiert.

9.2.8.5 Auswahl Qualitätsstandards

Die Auswahl der Qualitätsstandards orientiert sich vorrangig an den funktionellen Anforderungen, den Umwelt- sowie Betriebsanforderungen und der Lebensdauer. Hierbei ist grundsätzlich zwischen der bemannten Raumfahrt und der unbemannten Raumfahrt und den davon abhängigen Wartungsszenarien zu unterscheiden. Die Qualitätsstandards richten sich ebenfalls nach der verwendeten Modellphilosophie, den projektierten Zuverlässigkeitsanforderungen und den zu deren Sicherstellung verwendeten Redundanzkonzepten.

So kann bei ausreichend verfügbaren Redundanzen auf einen niedrigeren Qualitätsstandard von Bauteilen zurückgegriffen werden, wohingegen bei unzureichend verfügbaren Redundanzen der Bauteilestandard höher anzusetzen ist. Die ausgewählten Qualitätsstandards sind von der Produktsicherung für alle Materialien und Komponenten zu prüfen, in Listen zu dokumentieren und mit dem Kunden freizugeben.

9.2.8.6 Modellphilosophie

Von besonderer Bedeutung ist die Bestimmung der Modellphilosophie zur Produktentwicklung bzw. Produkterstellung. Diese hat einen direkten Einfluss auf Qualifikationsplanung, Beschaffungsplanung und Materialkosten. Es sind deshalb bereits in der Angebotsphase die Bauteilestandards für die unterschiedlichen Modelle sowie die daraus resultierenden Beschaffungszeiten zu prüfen. Sind diese nicht durch den Projektzeitplan abgedeckt, muss mit dem Kunden über alternative Beschaffungsquellen verhandelt werden.

a) E(Q)M und FM

Das Risikopotenzial wird bei Verwendung eines **Entwicklungs- oder Qualifikationsmodells** E(Q)M bewusst eingegangen. Dieses Modell ist vollständig repräsentativ für das FM, wobei die Bauteilequalität nicht dem operationellen Standard entsprechen muss. Die Hi-Rel-Teile müssen jedoch vom für das FM ausgewählten Hersteller geordert werden. Das Modell dient somit ausschließlich der funktionellen Qualifikation, dem Aufdecken von Schwachstellen und ihrer Behebung, sowie der Umweltqualifikation. Änderungen und Verbesserungen sind zu jedem Zeitpunkt möglich; die endgültige Konfiguration wird erst nach Beendigung der Systemtests festgeschrieben.

Um verwertbare und auf das spätere **Flugmodell** (FM) übertragbare Aussagen zu erhalten, muss das E(Q)M in „form, fit and function" mit dem FM übereinstimmen oder umgekehrt: Das FM muss dem E(Q)M folgen.

Das zum Einsatz kommende Flugmodell ist somit ein Nachbau des qualifizierten E(Q)M, wobei der wesentliche Unterschied in der Verwendung der elektronischen Bauteile nach Flugstandard besteht.

Wie in Bild 9.2.7 dargestellt, bestehen sehr geringe Risiken während der Subsystemtests und Umwelttests, da für das FM nur die geringeren Abnahmelasten, nicht aber die hohen Qualifikationslasten aufgebracht werden. Eine leichte Risikoerhöhung besteht während des Gesamtfunktionstests nach der Systemintegration. Dieses Restrisiko lässt sich jedoch auch durch mehr Modelle nicht signifikant verringern.

b) PFM

Typisch für den Bau eines **Protoflight-Modells** (PFM), ist die sofortige Verwendung aller Bauteile nach Flugstandard ohne vorheriges E(Q)M. Dadurch lässt sich der Risikoverlauf auf Element- und Komponentenebene sehr gering halten. Voraussetzung ist allerdings, dass alle Untersysteme bereits eine separate Umweltqualifikation durchlaufen haben. Das Hauptrisiko zeigt sich nun auf der Subsystemebene, wo erstmalig ein Funktionsnachweis im Zusammenspiel aller Elemente zu erbringen ist. Da wegen des fehlenden E(Q)M keine Erfahrungen eines Vormodells vorliegen, steigt das Risiko weiter bis zum Systemtest.

Zusätzliche Nachteile sind:

- sich wiederholende Tätigkeitsabläufe an demselben Modell,
- Qualifikations- und Abnahmetätigkeiten sind mit dem FM durchzuführen,
- Ersatzteile für die Integration,
- Erschwerte Fehleranalyse im Betrieb.

Das Gesamtentwicklungsrisiko liegt insgesamt jedoch deutlich über dem Risikoverlauf des FM.

9.2.8.7 Projektmeilensteine

Die Überprüfung des Produktlebenszyklus ist vertraglich geregelt und erfolgt zu definierten Meilensteinen. Umfang und Zielsetzung der Überprüfung werden vom Kunden vorgegeben und sind im Projektplan und Qualitätsplan/ Produktsicherungsplan zu beschreiben. Die Projektmeilensteine teilen das Projekt in Einzelprüfungen auf, mit denen der jeweils folgende Projektabschnitt formell vom Kunden freigegeben wird.

Tabelle 9.2.2: *Projektmeilensteine.*

Abkürzung	Bezeichnung	Erläuterung
RR	Requirements Review	Definition der Anforderungen mittels Spezifikationen
PDR	Preliminary Design Review	Ende der Entwurfsphase, Nachweis der Funktionalitäten
CDR	Critical Design Review	Ende des detaillierten Designs und Freigabe der Fertigung
QR	Qualification Review	Ende der Qualifikations- und Umwelttests
AR	Acceptance Review	Abnahme des Flugmodells und Gesamtdokumentation
FRR	Flight Readiness Review	Freigabe zur Lieferung an die Startorganisation
LRR	Launch Readiness Review	Freigabe des Starts

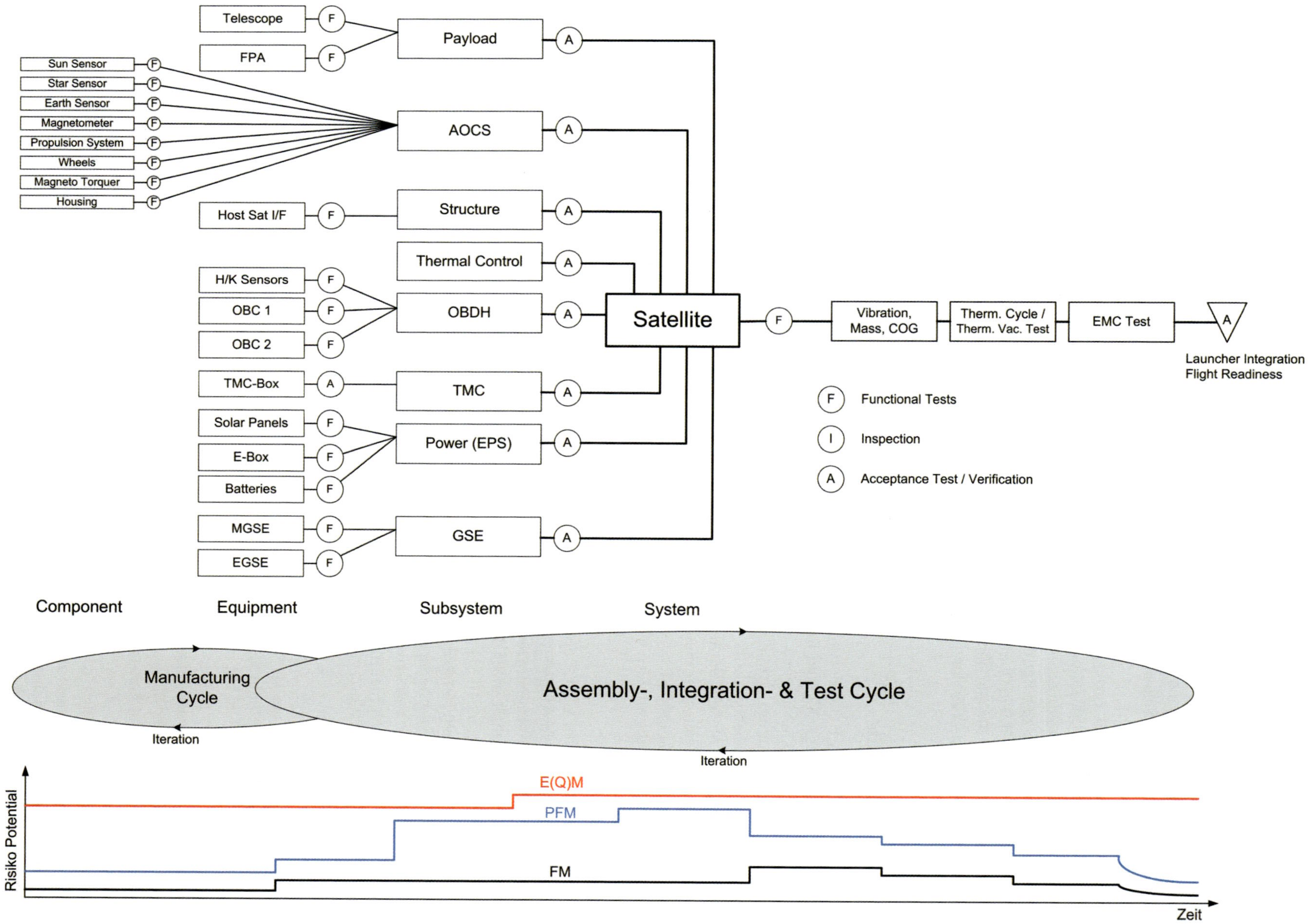

Bild 9.2.7: *Schematisierter Integrationsablauf eines Satelliten mit Zuordnung des Risikopotenzials in Abhängigkeit vom Modell.*

Bild 9.2.8: *Typische Abfolge der Projektphasen.*

9.2.9 Planung der Produktsicherung im Projekt

Die Planung der Produktsicherung soll eine frühzeitige Bestimmung der PS-Aufgaben ermöglichen, die im Rahmen einer Produktrealisierung durchgeführt werden müssen. Die Planung muss frühzeitig – möglichst bereits in der Angebotsphase – erfolgen, um die erforderlichen Aufwendungen bzgl. Personalqualifizierungen, Ressourcenbeistellungen und Kosten ermitteln zu können. Dem auf der Basis der Projektphasen (Bild 9.2.8) erstellten **Projektstrukturplan (Work Breakdown Structure)** werden alle PS-Aktivitäten und einzusetzende PS-Methoden zugeordnet und, wie alle anderen Projektaufgaben, in einer oder mehreren Arbeitspaketbeschreibungen (work package descriptions) beschrieben.

Die Planung der Produktsicherung im Projekt erfolgt in zwei Schritten: der zeitlichen Zuordnung der qualitätssichernden Maßnahmen zum Projektverlauf und der programmatisch-technischen Aufgabenbeschreibung mittels eines Produktsicherungsplans. Voraussetzung ist, dass neben allen Kundenanforderungen der genaue Projektzeitplan, die Qualifikationsstrategie (Modellphilosophie) und der geforderte Dokumentationsaufwand bekannt sind.

Die Ermittlung und Zuordnung der anteiligen PS-Fachaufgaben und der PS-Aufwendungen werden erleichtert durch die Aufteilung der Produkterstellungskosten in:

- Hardwarekosten: Bauteile- und Beschaffungskosten, Hilfs- und Prüfgeräte, Tools,
- Softwarekosten: Simulatoren, Tools,
- Arbeitskosten: einmalige für die Entwicklung (non-recurring cost) und wiederkehrende z. B. für Nachbauten (recurring cost),
- Qualifikationskosten: interne/externe Testanlagen, Ersatzteile,
- Arbeitsmittel: Computer, Dokumentation, Präsentationen.

Die einzelnen PS-Aufwendungen können so den einzelnen Projekt-Arbeitspaketen leichter zugeordnet werden Die Gesamtaufwendungen aller PS-Aufgaben bewegen sich zwischen 4 und 10 % der gesamten Projektauftragskosten in Abhängigkeit von der Produktart (Studie, unbemannte/ bemannte Raumfahrtprodukte), dem Entwicklungsrisiko, den Qualitätsanforderungen, der Qualifikationsstrategie und Modellphilosophie sowie der Fertigungstiefe.

9.2.9.1 Planungsvoraussetzungen

Zur Planung der PS-Aufgaben sind eine eindeutige Produktbeschreibung, deren Reifegrad (TRL) und die Identifizierung aller Produktelemente über den Produktbaum für das System, die Untersysteme, Baugruppen und Komponenten erforderlich. Für die Planung der Aufgaben sind folgende Informationen notwendig:

- Managementanforderungen, Organisationsstruktur (Hauptauftragnehmer-Unterauftragnehmer),
- Kundenanforderungen, HW- und SW-Standards,
- Dauer des operativen Betriebs,
- Modelle (Raumsegment, Bodensegment, Bodenhilfsgerät),
- Einsatzbedingungen, Betriebsbedingungen,
- Startgerät, Projektzeitplan,
- Kostenlimit,
- Exportbeschränkungen,
- Dokumentationsforderungen.

9.2.9.2 Produktsicherungsplan

Der Produktsicherungsplan (PS-Plan) beschreibt die zur Erfüllung der vertraglich gestellten Leistungsanforderungen (Requirements)durchzuführenden Aufgaben und ist für das jeweilige Projekt anwendbar. Den Maßstab für die notwendige Produktsicherung bilden die europäischen Raumfahrtstandards (ECSS) und zusätzlich kann der Produktsicherungsplan in unternehmensinternen Verfahrensanweisungen formuliert werden.

Der PS-Plan muss in Übereinstimmung mit den Arbeitspaketbeschreibungen folgende Inhalte darstellen:

- Anwendbarkeit und Wirkungsumfang,
- Referenzen der Kundenanforderungen und Rahmenanforderungen,
- Organisation der Produktsicherung und Bestimmung der Verantwortlichkeiten,
- Produktsicherungsdisziplinen und Beschreibung der Fachaufgaben,
- Nahtstellen zum Projekt, zu Kunden und Unterauftragnehmern,
- Beschreibung der Unterauftragnehmer- und Lieferantenkontrolle,
- Berichtspflicht, Berichtsinhalte und Projektmeilensteine,
- Beschreibung der Beschaffungsplanung,
- Beschreibung des Änderungs- und Fehlermanagements,

- Beschreibung der Konfigurationskontrolle,
- Bestimmung von Umfang und Form der zu liefernden Qualitätsdokumentation.

Der PS-Plan muss eindeutig die Anwendbarkeit auf die Produktmodelle sowie die zugehörigen Equipments und Testgeräte (GSE) darstellen. Im PS-Plan wird dem Kunden/Auftraggeber ein freier Zugang zu den Projektbereichen zugesichert. Er regelt sowohl die Kommunikation mit dem Kunden als auch die Berichtsinhalte zum Projektfortschritt und den Status der Abweichungen und Korrekturen, den aktuellen Status, die Durchführung von Projektmeilensteinen und Produktabnahmen.

Da der PS-Plan als Vertragsdokument eingestuft wird, sind die darin beschriebenen Qualitätsstandards, die zu liefernde Qualitätsdokumentation sowie die Kontrolle von Unterauftragnehmern und Lieferanten bindend.

Bei Programmen oder Großprojekten mit mehreren beteiligten Lieferanten oder Unterauftragnehmern ist deren Einbindung mit einer Compliance Matrix zu den Vertragsanforderungen zu bestätigen.

9.2.10 Risikomanagement

Das Risikomanagement (RM) in Raumfahrtprojekten wird nach den Grundsätzen des **Gesetzes zur Kontrolle und Transparenz im Unternehmensbereich** (KonTraG)sowie der Anforderungen gemäß ECSS-M-003A für alle Firmenprozesse ausgeführt

Hierin sind in Ergänzung der Anforderungen nach ECSS-M-00 Grundsätze für und Anforderungen an das integrierte Risikomanagement für Raumfahrtprojekte festgelegt. Weiterhin wird beschrieben, was zur Umsetzung einer projektintegrierten Risikomanagementpolitik von jedem Projektbeteiligten auf allen Ebenen, d. h. den Kunden, Lieferanten oder Zulieferern der ersten Ebene oder Vorlieferanten, verlangt wird.

Die ECSS-Norm enthält eine Zusammenfassung aller Elemente des Risikomanagementprozesses, der in vier Schritte und neun Aufgaben unterteilt wird, wobei die Durchführung des Prozesses an die projektspezifischen Bedingungen angepasst werden kann.

Der Risikomanagementprozess erfordert den Informationsaustausch zwischen sämtlichen Projektbereichen und liefert eine Übersicht über die Risiken, die entsprechend ihrer Kritikalität für das Projekt eingestuft werden; diese Risiken sind nach den Regeln zu überwachen und zu steuern, die für den jeweiligen Bereich festgelegt sind.

Der Anwendungsbereich dieser Norm erstreckt sich auf sämtliche Phasen von Raumfahrtprojekten. Eine Definition von Projektphasen befindet sich in ECSS-M-30.

Im Kontext eines spezifischen Projektumfeldes sollten die in dieser Norm festgelegten Anforderungen an die profilspezifischen Anforderungen oder die Umstände eines bestimmten Projekts angepasst werden.

Mittels der Anpassungen (oder Tailoring) ist ein Verfahren definiert, bei dem einzelne Anforderungen in Spezifikationen, Normen und ähnlichen Dokumenten bewertet und für ein bestimmtes Projekt durch Auswahl oder in Ausnahmefällen durch Modifikation bestehender oder Hinzufügen neuer Anforderungen anwendbar gemacht werden.

Die Risikopolitik des Unternehmens stellt sicher, dass eine regelmäßige Risikoinventur und Bewertung geschäftsbezogener Risiken und allgemeiner Bestandsrisiken durchgeführt wird. Mit Hilfe von Frühwarnindikatoren und Schwellwerten für die Hauptprozesse der Firma sollen Risiken erkannt und bewertet werden. Hierzu können auch die messbaren Qualitätsziele herangezogen werden.

Das Risikomanagement soll sicherstellen, dass geeignete Kontrollprozesse definiert und Korrekturmaßnahmen bestimmt werden, mit dem Ziel, ein Risiko zu vermeiden oder es zu reduzieren, bevor es eintritt.

Ein Risiko ist jedes Ereignis, das mit einer gewissen Eintrittswahrscheinlichkeit einen negativen Einfluss auf das Produkt oder die Produkteigenschaften hat. Ein Risiko ist auch jedes zukünftige Ereignis, dessen Auswirkung beim Eintreten zum gegenwärtigen Zeitpunkt noch nicht bekannt ist. Dies gilt insbesondere für die Ermittlung von auftragsbezogenen Risiken.

9.2.11 Lessons Learned

Qualitätspolitik, Qualitätsziele, Datenanalysen, Korrektur- und Vorbeugemaßnahmen sind einer dauernden Prüfung zu unterziehen, um die Wirksamkeit des Qualitätsmanagementsystems sicherzustellen.

Zur Vermeidung des Wiederauftretens von Fehlern sind Projektdurchführungen und Produktentwicklungen systematisch zu analysieren. Die Projektleitungen sollten aufgefordert werden, Berichte über besondere Vorkommnisse, Häufung von Produktfehlern oder Managementfehlern zu erstellen. Es ist dann zu prüfen, ob diese Fehler einmalig entstanden sind, z. B. durch fehlerhafte Werkzeuge oder Prüfmittel, oder ob ihre Ursache systematischer Natur ist. In diesem Fall sind Maßnahmen zur Behebung der fehlerauslösenden Ursachen zu treffen, um ein Wiederauftreten zu vermeiden.

Die gewonnenen Erkenntnisse (Lessons Learned) sollten allen Mitarbeitern des Unternehmens, die an der Produkterstellung beteiligt sind, zur Verfügung gestellt werden.

9.2.12 Zusammenfassung

Das **zertifizierte Qualitätsmanagement** bildet die Grundlage für die Qualitätssicherung bzw. die raumfahrtspezifische

Produktsicherung innerhalb der Unternehmensorganisation.

Die allgemeingültigen Verfahren und Prozesse des Qualitätsmanagements sind in Handbüchern und Verfahrensanweisungen beschrieben und werden in raumfahrtspezifische **Produktsicherungspläne** übertragen.

Die Qualitätsanforderungen sind wie alle Projektanforderungen zu verifizieren und zu dokumentieren.

Literatur

[9.2.1] DIN EN ISO 9100: Qualitätsmanagementsysteme, Forderungen. Berlin: Beuth-Verlag, 2000.

[9.2.2] DIN EN 9100: Luft- und Raumfahrt Qualitätsmanagementsysteme. Berlin: Beuth-Verlag, 2003.

[9.2.3] AQAP 2110: NATO Quality Assurance for design, development and production. Koblenz: Bundesamt für Wehrtechnik und Beschaffung, 2003.

[9.2.4] Konzepte und Methoden für die Gestaltung des Produktplanungsprozesses. FQS-DGQ-Band 96-07, Band II. Frankfurt a. M.: Deutsche Gesellschaft für Qualität, 1997.

[9.2.5] MIL, Military Standards. Columbus, Ohio: Defense Supply Center Columbus. www.dscc.dla.mil/Programs/MilSpec/.

[9.2.6] AECMA, European Association of Aerospace Industries. www.aecma.org.

[9.2.7] ECSS, European Coordination for Space Standardization. Noordwijk, www.ecss.nl.

[9.2.8] ECSS-M-00: Management for Space Products. Noordwijk: ECSS, European Coordination for Space Standardization. www.ecss.nl.

[9.2.9] ECSS-E-00: Engineering for Space Products. Noordwijk: ECSS, European Coordination for Space Standardization. www.ecss.nl.

[9.2.10] ECSS-Q-00: Product Assurance for Space Products. Noordwijk: ECSS, European Coordination for Space Standardization. www.ecss.nl.

[9.2.11] ECSS-Q-80B: Software Product Assurance. Noordwijk: ECSS, European Coordination for Space Standardization. www.ecss.nl.

[9.2.12] FED STD-209: Federal Standard for Airborne Particulate Cleanliness Classes in Cleanrooms & Clean Zones. Ontario, Kanada: MIL-Standards.com. http://store.mil-standards.com/.

[9.2.13] NASA-STD: NASA Standards. http://pspr-pub.jsc.nasa.gov.

[9.2.14] NSTS: National Space Transportation System (NASA). http://pspr-pub.jsc.nasa.gov.

[9.2.15] NHB: NASA Handbook (Quality and Safety). http://pspr-pub.jsc.nasa.gov.

[9.2.16] SSP: Space Station Programme (Quality and Safety). Bremen: OHB-System.

[9.2.17] DLR-RF-PS-001: Product Assurance & Safety Requirements for DLR-Space Projects. Köln: Deutsches Zentrum für Luft- und Raumfahrt. www.dlr.de.

[9.2.18] DLR-RF-PS-002: Product Assurance & Safety Requirements for DLR-Space Projects (Document Requirement Definition, DRD). Köln: Deutsches Zentrum für Luft- und Raumfahrt. www.dlr.de.

[9.2.19] HB-001-OHB: OHB-Technology „Managementprozesse". Bremen, OHB-System.

[9.2.20] HB-001-SYS: OHB-System „Hauptprozesse Raumfahrt". Bremen, OHB-System.

9.3 Kostenmanagement

Torsten Bieler und Sven Abitzsch

9.3.1 Einleitung

Kostenmanagement (KM), auch als **strategische Kostenrechnung** definiert, umfasst die Gesamtheit aller Maßnahmen zur Planung, Abschätzung, Budgetierung und Kontrolle von Kosten, die der Beeinflussung der Kostenstruktur, des Kostenverhaltens sowie des Kostenniveaus dienen.

Die frühe Kenntnis des Ressourcenbedarfs und des zur Verfügung stehenden Budgets ist Voraussetzung zur effizienten Einflussnahme auf das Produkt und dessen Kosten. Dazu ist eine frühzeitige Begutachtung von Zahlungsplänen, aktuellen Ausgaben und Risiken sicherzustellen. Ein gut eingeführtes Kostenmanagement erleichtert zudem die Vorhersage von Abweichungen und die Definition und Implementierung von Korrekturmaßnahmen zur Vermeidung von Kostensteigerungen. Mit der Vorhersage von Zahlungsströmen erleichtert es die Budgetplanung und richtet den Blick auf eingegangene Zahlungsverpflichtungen.

Im Hinblick auf Produktperformance und Kosteneffizienz haben Kosten als unabhängiger Designparameter einen erheblichen Effekt. Gesamtkosten, Kostenverläufe sowie potenzielle Risiken und Chancen spielen in den Entscheidungsfindungsprozessen auf taktischer und strategischer Ebene eine wesentliche Rolle.

9.3.2 Zielsetzung

Mit Hilfe des Kostenmanagements wird eine effektive und vorausschauende Projektkontrolle ermöglicht. Es etabliert die allgemeine Planungsbasis für Arbeiten und Ausgaben über den Projektverlauf mit deren Aufteilung zwischen den Projektbeteiligten. Dadurch werden eine eindeutige Grundlage und ein gemeinsames Verständnis über Kosten- und Arbeitsaufwand in einem Projekt geschaffen. Wegen der starken Korrelation von Kosten- und Zeitplanung muss das Kosten- und Zeitplanmanagement eines Projekts häufig integriert durchgeführt werden.

Die Hauptziele im Kostenmanagement variieren mit dem Projektlebenszyklus und können dann wie folgt definiert werden:

- In der Projektplanungsphase: Planung aller Beschaffungsvorgänge, Ressourcen und Ausgaben im Projekt sowie deren Optimierung im Hinblick auf die zeitliche Abfolge.
- In der Projektdurchführungsphase: Hervorhebung von Kostenabweichungen (Soll-Ist-Vergleich) im Projektverlauf und prompte Empfehlung geeigneter Korrekturmaßnahmen mit dem Ziel, das Projekt im vorgegebenen Zeit- und Kostenrahmen abzuschließen.

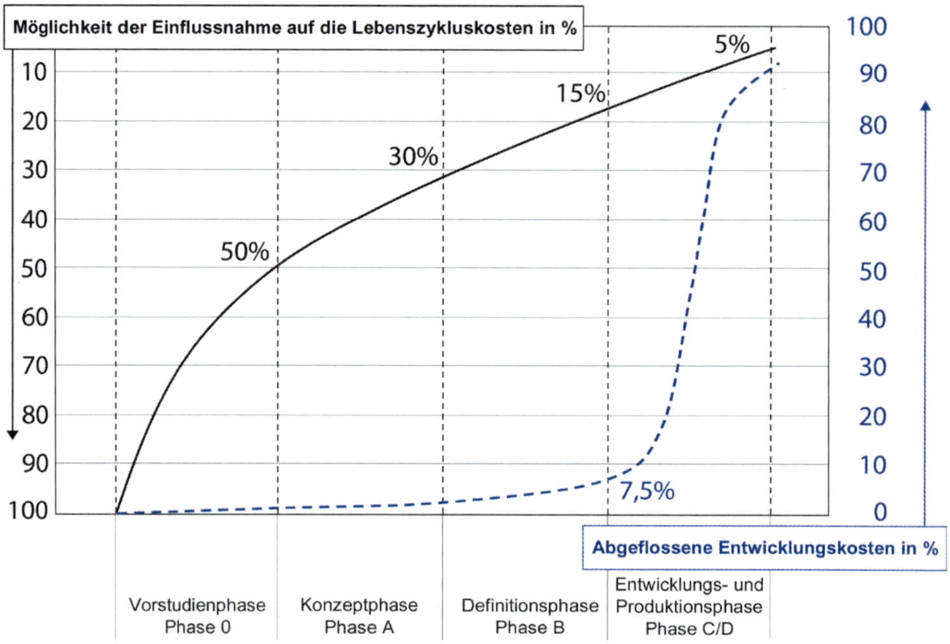

Bild 9.3.1: *Lebenszykluskosten über den Projektverlauf.*

Darüber hinaus sollen diese Ziele in einer proaktiven (vorausschauenden) Weise erreicht werden, um negative Kostentrends im Projektverlauf möglichst frühzeitig zu neutralisieren.

Die Wichtigkeit dieser Zielsetzung wird besonders deutlich, wenn man sich den typischen Kostenverlauf im Lebenszyklus eines Raumfahrtprojekts vor Augen führt **(Lebenszykluskosten).** Wie Bild 9.3.1 zeigt, werden demnach bereits in der Vorstudienphase (Phase 0) und Konzeptphase (Phase A) – und damit weit vor der eigentlichen Entwicklungsphase C/D – die späteren Projektgesamtkosten weitestgehend festgelegt. Die Möglichkeit zur Einflussnahme auf die Gesamtkosten nimmt bis zum Beginn der Entwicklung rapide ab. Korrekturen nach der Entwicklungsphase sind nur begrenzt möglich und führen häufig zu signifikanten Kostensteigerungen und Zeitverzug.

Dem Kostenmanagement kommt daher seine größte Bedeutung am Anfang eines Projekts in dessen Konzeptionsphase zu, da hier die Beeinflussung des späteren Kostenverlaufs am effektivsten möglich ist.

Kostenmanagement ist Kostengestaltung und nicht Kostenverwaltung.

Die Aufgabe des Kostenmanagements ist damit als eine Ingenieuraufgabe anzusehen und findet in der Disziplin des **Kosteningenieurwesens (cost engineering)** seine Entsprechung. Demgegenüber ist das Kostenmanagement in der Projektdurchführung als Unterstützungsfunktion des Projektmanagements anzusehen und wird dort typischerweise von Projektingenieuren oder Projektcontrollern übernommen. Wie noch nachfolgend erläutert werden wird, ist auch für diesen Aufgabenbereich fundiertes Ingenieurwissen erforderlich; speziell zur Ermittlung des eigentlichen Projektfortschritts, aber auch zur Identifikation und Analyse von alternativen Projektlösungen.

9.3.3 Kostenmanagementprozess

Gemäß ECSS-M-60 [9.3.1] umfasst die Aufgabe des Kostenmanagements insbesondere folgende Aktivitäten:

- Kostenschätzung und -planung (cost estimating and planning),
- Kostenkontrolle (cost control),
- Kostenbericht (cost reporting).

Dabei sind folgende Strukturen zur Durchführung dieser Aktivitäten erforderlich:

- Projektstrukturplan (Work Breakdown Structure – WBS),
- Kostenstruktur (Cost Breakdown Structure – CBS),
- Zuständigkeitsmatrix (Business Agreement Structure – BAS),
- geografische Aufteilung (Country/Company Structure – CCS)[1].

Die generelle Funktion des Kostenmanagements und seine Einbindung in den Projektablauf zeigen die Bilder 9.3.2 und 9.3.3.

[1] Speziell im ESA-Kontext wichtig, da hier Vorgaben zur geografischen Aufteilung der Kosten unter den Mitgliedsstaaten einzuhalten sind. Für Nicht-ESA-Projekte eventuell entbehrlich.

9

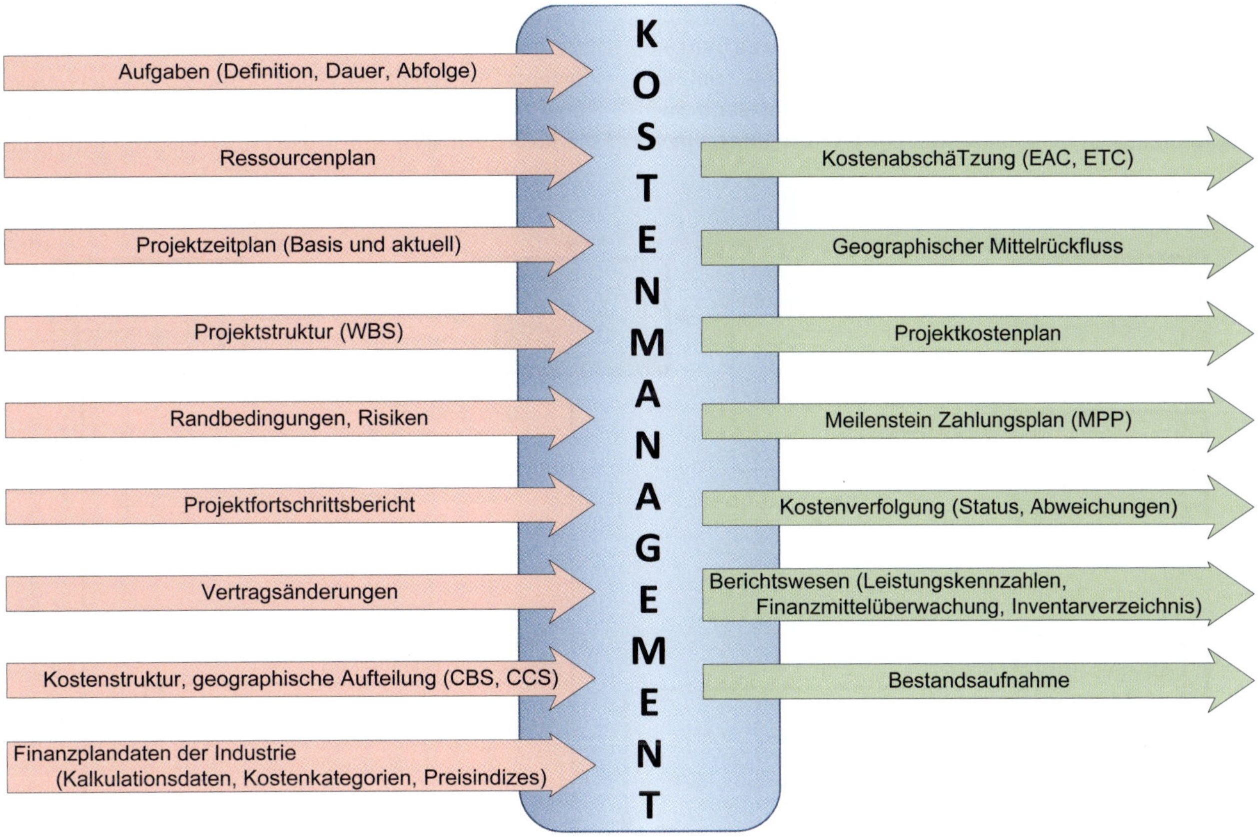

Bild 9.3.2: *Funktion des Kostenmanagements im Überblick.*

9.3.3.1 Prozessüberblick

Wie alle Managementaufgaben verwendet auch das Kostenmanagement einen zyklischen Ansatz. Zunächst werden erste Analysen/Schätzungen der potenziellen Projektkosten zur Missionsanalyse und Machbarkeitsstudie (Phase 0 und A) benötigt. Hierbei kommen zumeist parametrische Systemkostenmodelle zum Einsatz. Im weiteren Verlauf des Projekts werden genauere Kostenschätzungen – auf Subsystem- oder Bauelementebene – verlangt. Durch die nun verfügbaren, detaillierteren Projektinformationen können verfeinerte Kostenschätzungsverfahren angewendet werden. Typischerweise kommen dabei stärker analytische Methoden infrage. Die Anzahl der Kosteniterationen hängt dann im Wesentlichen von der Änderungsrate der Projektdefinition ab. Normalerweise wird zu jedem großen Projektreview ein Update der Kostenschätzung verlangt.

9.3.3.2 Einbettung in den Projektmanagementzyklus

Ein Teil des für das Kostenmanagement benötigten Inputs lässt sich aus der Termin- und Zeitplanung, wie im Kapitel 9.1 beschrieben, herleiten.

Darunter fallen insbesondere:

- Definition der Aufgaben mit deren Dauer und Abfolge,
- Projektzeitplan (sowohl in seiner ursprünglichen Basisversion als auch spätere aktualisierte Fassungen),
- Ressourcenplanung.

Zusammen mit den Finanzplandaten der Industrie liefert das **Projektcontrolling** bedeutende Informationen für das Kostenmanagement. Hierunter fallen die Berichte sowohl zu Vertragsänderungen und deren evtl. Mehrkosten als auch zum Projektfortschritt mit seinen aktuellen Kosten.

Die für die einzelnen Aufgaben bzw. Bauelemente erstellten **Kostenschätzungen** werden entsprechend dem Projektstrukturplan und Projektzeitplan eingeordnet. Hieraus ergibt sich der Projektkostenplan, der das zeitliche Kostenprofil eines Projekts darstellt. Gegebenenfalls kann, in Kombination mit der Landeszugehörigkeit der Auftragnehmer, der geografische Mittelrückfluss geplant werden.

Projektkostenplan und geografischer Mittelrückfluss bilden zudem die Basis für die spätere **Kostenkontrolle.** Sie dokumentieren die Sollvorgaben der Kostenflüsse, die im weiteren Projektverlauf mit den aktuellen Kosten verglichen werden. Durch diesen Vergleich lassen sich der genaue Projektstatus mit eventuellen Abweichungen erkennen und die Effizienz des Projekts analysieren. Es werden Leistungskennzahlen abgeleitet, die dann zur Abschätzung der Gesamtkosten bei Fertigstellung eines Projekts verwendet werden.

Alle diese Berichte und Analysen sind notwendige Informationen für ein systematisches und erfolgreiches Kostenmanagement im Projekt. Bild 9.3.3 liefert einen detaillierten Einblick, wie diese Berichte und Analysen des Kostenmanagements in den Projektmanagementzyklus eingebettet sind.

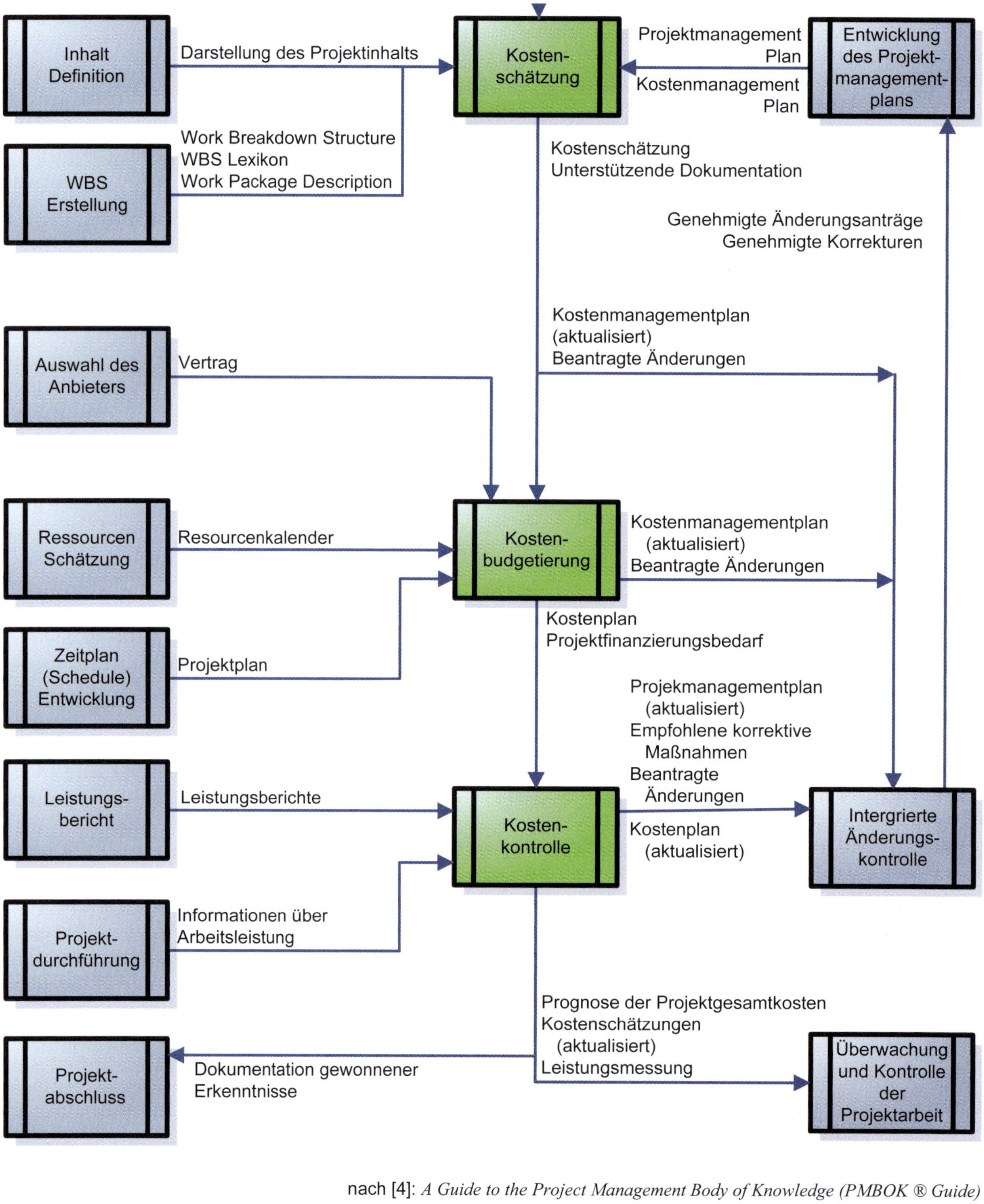

Bild 9.3.3: *Kostenmanagementprozess im Überblick (nach [9.3.4]).*

9.3.4 Aufgabenfelder im Kostenmanagement

9.3.4.1 Kostenschätzung

In der Verantwortung für komplexe Hightech-Programme mit einem hohem Anteil an Neuentwicklungen spiegelt sich die Bedeutung des Kosten- und Finanzaspekts und speziell die damit verbundene Problematik der Abschätzung, Beurteilung und Kontrolle der Projektkosten wider. Kosten und deren Entwicklung sind während des gesamten Lebenszyklus von großer Wichtigkeit, spielen jedoch eine Hauptrolle, wenn es um Abwägungen unterschiedlicher Optionen, Kosten-/Technik-Trade-Offs, Budgeterstellung, Erstellung und Evaluierung von Preisangeboten, Vorbereitung von Vertragsverhandlungen oder Auswirkungen von Designänderungen geht.

Vor dem Hintergrund der fortschreitenden Konzentration in der Raumfahrt-Industrie werden unabhängige **Kostenschätzungen (Cost Estimates)** tendenziell immer bedeutender. Bereits heute führt mangelnde Konkurrenz dazu, dass ein Auftraggeber vielfach nur ein einziges Angebot auf seine Ausschreibung erhält. Mangels Alternative hat der Auftraggeber dann nur sehr eingeschränkte Möglichkeiten zu prüfen, inwieweit die angebotenen Leistungen und Preise gerechtfertigt sind. Eine unabhängige Kostenschätzung kann hier helfen und über die Einführung von Zielpreisen (target pricing) eine gute Basis für Preisvergleiche ergeben (sog. **benchmarking**). Über diese Methode erhält man eine „zweite" Meinung, die eine bessere Ausgangsposition für anstehende Verhandlungen bietet. Folglich wird die unabhängige Kostenschätzung zur Gründung einer **virtuellen Konkurrenzsituation** immer häufiger eingesetzt.

Für die Kostenschätzung sind alle **Kostenelemente** mit ihren Einflussparametern zu identifizieren. Die geforderten Kostenelemente sind je nach Branche und abzuschätzendem Gegenstand unterschiedlich. Für Raumfahrtsysteme sind typischerweise die in Tabelle 9.3.1 aufgeführten Elemente und deren Einflussparameter zu berücksichtigen.

Tabelle 9.3.1: *Typische Kostenelemente und deren Einflussfaktoren für Raumfahrtsysteme.*

Kostenelement	Einflussparameter
Equipment	Technologie, repräsentative Parameter, Modellphilosophie etc.
Projektbüro	Aufwand für Entwurf, Management, Qualitäts- und Produktsicherung
Integration, Test	Aufwand für Zusammenbau, Verifizierung, Qualifikation (MAIT) etc.
GSE	Maschinen, Werkzeuge, Vorrichtungen, Fertigungshilfsmittel etc.
Spezielle Aktivitäten	spezielle Tests (Kryogensysteme), Planetary Protection
Startkosten	Startvorbereitung und -integration, Trägersystem
Operation, Betrieb	Betriebskosten, Betriebskonzept, Bodensegment
Kostenrisiko	technische, programmatische, politische Projektrisiken
Beschaffungswesen	Geo-Return, Beschaffungspolitik, Marktsituation

Erfordernisse (Input)

Bevor mit einer Kostenschätzung und der Auswahl der geeigneten Methode begonnen werden kann, muss sichergestellt sein, dass die bestmöglichen Informationen für jedes abzuschätzende Element zur Verfügung stehen.

Eine gut ausgestattete **Datenbank** ist Grundvoraussetzung für die meisten Aktivitäten zur Kostenschätzung. Ein solches Datenbanksystem enthält Kostendaten, zusammen mit den entsprechenden technischen und programmatischen Informationen. Als Datenquelle dienen normalerweise Angebotsangaben oder auch durchgeführte Marktstudien. Des Weiteren können historische Projektdaten herangezogen werden, wenn für jedes WBS-Element eine klare Auflistung und Erläuterung aller letztendlichen Preisänderungen zur Verfügung steht.

Zum besseren Verständnis des Referenzprojekts können ferner Informationen gespeichert sein, die ggf. in den Abschätzungsprozess mit einfließen, wie z. B. Hintergründe zur industriepolitischen Situation zur Zeit des Referenzprojekts.

Zur weiteren Vorarbeit muss der Projektstrukturplan auf die im Projekt durchzuführenden Arbeiten analysiert werden. Außerdem wird geprüft, ob eventuell Aufgaben übersehen oder mehrfach aufgeführt wurden.

Auch müssen alle **kostentreibenden Parameter** identifiziert werden, da diese bei der Wahl der geeigneten Kostenschätzungsmethode und der anzuwendenden Kostenmodelle eine wesentliche Rolle spielen.

Einige wichtige Dokumente, die zur Kostenschätzung und während des Projektverlaufs zur Kostenkontrolle herangezogen werden, sind hier, auf ECSS basierend, näher erklärt.

Beginnend mit den funktionalen Anforderungen in Form einer Funktionsstruktur **(Function Tree – FT)** folgt die **Projektstruktur (Project Breakdown Structure – PBS)** direkt aus den Anforderungen des Kunden. Eine PBS bildet die Basis eines allgemeinen Verständnisses zwischen den verschiedenen, an einem Projekt mitwirkenden Gruppen in Bezug auf Definitionen einzelner Elemente sowie auf die zugeordneten Aufgaben und Mittel. Des Weiteren werden sowohl Verantwortlichkeiten innerhalb der Organisationen als auch Koordinierung und Optimierung der benötigten Mittel und Arbeitsschritte ausgewiesen.

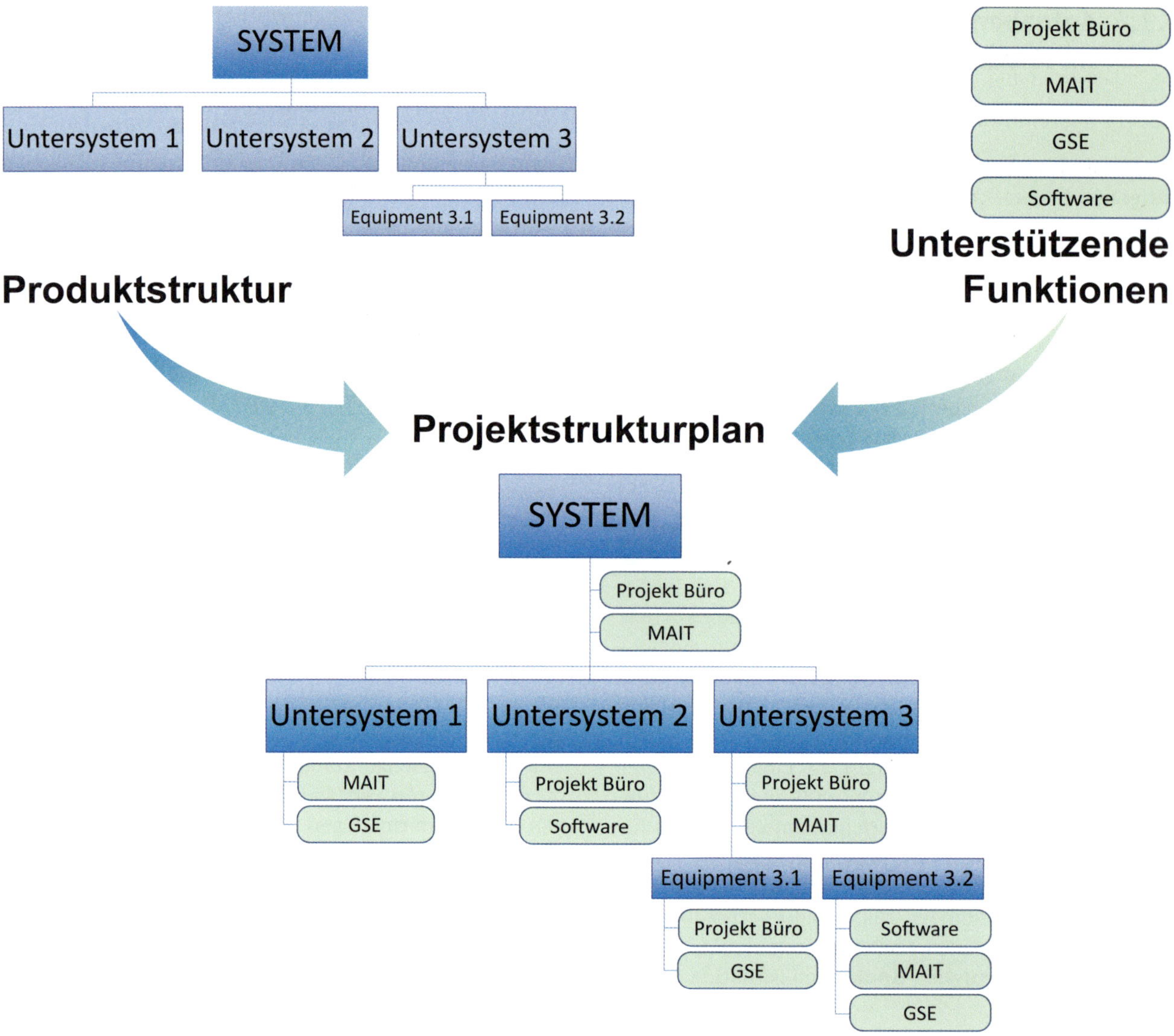

Bild 9.3.4: *Beispiel zur Erstellung eines Projektstrukturplans.*

Die im weiteren Verlauf erarbeitete **Produktstruktur (Product Tree – PT)** enthält detaillierte Definitionen der einzelnen Systemelemente.

Wie in Bild 9.3.4 dargestellt, folgt durch die Beschreibung der zur Entwicklung und Produktion notwendigen Arbeitsprozesse der Projektstrukturplan **(Work Breakdown Structure – WBS).**

Projektstrukturplan (WBS)

Der Projektstrukturplan als effektives Projektmanagementwerkzeug dient sowohl dem Auftraggeber als auch dem Auftragnehmer bei der Erledigung ihrer Geschäftsverpflichtungen, indem er den Rahmen zur Regelung, Planung und Kontrolle von Kosten, Zeitplan und technischen Inhalten liefert.

Das Projekt wird in handhabbare Arbeitspakete **(Work Packages – WP)** unterteilt, die nach Art der durchzuführenden Arbeiten organisiert sind. Alle zu erledigenden Handlungen und Leistungen werden hierbei mit steigendem Detaillierungsgrad identifiziert. Eine WBS wird aus dem Product Tree hergeleitet, indem die einzelnen Elemente mit spezifischen **unterstützenden Funktionen (Support Functions)** des Auftragsnehmers erweitert werden (siehe Bild 9.3.4). Support Functions sind alle die Aktivitäten, welche notwendig sind, um das Endprodukt zu produzieren (z. B. Projektmanagement, Ingenieurwesen oder Produktsicherung). Es soll hier herausgestellt werden, dass ein Endprodukt sowohl eine Entwicklung, Hardware (z. B. Flugmodelle) als auch ein Service (z. B. Operationskontrolle) sein kann.

Arbeitspaketbeschreibung (WPD)

In engem Zusammenhang mit der WBS steht die Arbeitspaketbeschreibung **(Work Package Description – WPD)**. Dieses Verzeichnis beinhaltet Spezifikationen für jedes einzelne Arbeitspaket, den zugehörigen individuellen Code und Titel sowie genau definierte Arbeitsinhalte, Lieferumfänge und vorgesehene Ergebnisse. Folgende Informationen müssen nach ECSS-M-10 [9.3.2] angesprochen werden:

- Titel des Arbeitspakets,
- eindeutige Identifizierung des Arbeitspakets (für jede Projektphase) nach den geltenden Identifizierungsregeln,
- Lieferant oder Einheit, der/die für die Ausführung des Arbeitspakets zuständig ist,
- Name der verantwortlichen Person,
- Land des Lieferanten (bei Vorliegen politisch-wirtschaftlicher Randbedingungen),
- Produkt, dem die Aufgaben des Arbeitspakets zugeordnet sind,
- Projektphase,
- allgemeine Beschreibung der Arbeitspaketziele,
- detaillierte Beschreibung der Aufgaben mit Angabe der Kostenkategorien (siehe ECSS-M-60) [9.3.1] und der Aufgabentypen (produkttypische, aufwandtypische, zuteilungstypische Aufgaben),
- Liste der zur Aufgabenerfüllung notwendigen Vorgaben,
- Verknüpfungen mit anderen Aufgaben, die zum Aufbau des Planungsnetzwerks nach ECSS-M-60 [9.3.1] erforderlich sind,
- Liste der Auflagen, Anforderungen, Standards, Vorschriften,
- Beschreibung der erwarteten Ergebnisse,
- Liste der zu liefernden Einheiten,
- Identifizierung des Startereignisses einschließlich Datum,
- Identifizierung des Abschlussereignisses einschließlich Datum.

Ebenso sollten explizit ausgeschlossene Aufgaben erwähnt werden.

Kostenstruktur (Cost Breakdown Structure – CBS)

Die CBS definiert Kostenkategorien zur Strukturierung aller Kosten eines Projekts und legt einen einheitlichen Rahmen für die Kostenmanagement-Aktivitäten aller Projektbeteiligten fest. Geplante Endkosten für jedes Arbeitspaket sind in Kostenkategorien (z. B. Arbeit, Material, Untervertrag) aufgeteilt. Sämtliche Auftragnehmer weisen des Weiteren für jede Kostenkategorie eine Unterscheidung in direkte Kosten (Arbeit, Einrichtungen usw.) und indirekte Kosten (Gemeinkosten) aus.

Zuständigkeitsmatrix (Business Agreement Structure – BAS)

Die Zuständigkeitsmatrix legt Verantwortlichkeiten und Beziehungen zwischen den verschiedenen Vertragspartnern fest, indem Arbeitspakete innerhalb der WBS in Bezug gesetzt werden. Mit Hilfe der BAS können vertragliche Verantwortlichkeiten, Schnittstellendefinitionen sowie ggf. die **geografische Aufteilung (Country/Company Structure – CCS)** einfach überprüft und verfolgt werden.

Der Kostenmanagementprozess wird erheblich vereinfacht, da alle Auswirkungen eventueller Modifizierungen (z. B. Verbindlichkeiten, finanziell, technisch, Zeitplan) auf allen Ebenen der Vertragshierarchie genau untersucht und beurteilt werden können. Im Kontext internationaler Projekte sind die geografische Aufteilung und somit der **Mittelrückfluss (Geographical Return)** von besonderer Bedeutung. Welche Arbeiten in welchem Land durchgeführt werden und welche Beziehungen und geschäftlichen Abkommen zwischen den jeweiligen Firmen bestehen, zeigt die Country/Company Structure (CCS).

Risk Register

Im **Risikoregister (Risk Register)** sind die identifizierten Risiken eines Projekts aufgelistet und gemäß ihrer Auswirkung (Produkt aus Eintreffwahrscheinlichkeit und potenzieller Konsequenz) geordnet. Das Wissen über Projektrisiken mit ihren potenziellen Auswirkungen auf Projektkosten und Zeitplan ist für das Kostenmanagement von großer Bedeutung, da hierüber das Kostenrisiko eines Projekts spezifiziert und eine Sicherheitsreserve für das Projektbudget ermittelt werden. Als Beispiel zur Bestimmung der Auswirkung eines Projektrisikos soll das Testversagen eines Satellitenbauteils dienen.

Als Konsequenz des fehlerhaften Bauteils kommt es zum geänderten Entwurf, einer entsprechenden Neufertigung, Integration und Testwiederholung. Nach Expertenschätzung beträgt der damit verbundene Mehraufwand 200.000 € und bedingt 4 Monate Zeitverzug. Wird nun die Eintreffwahrscheinlichkeit für dieses Risiko mit 50 % angenommen, dann ergäbe sich ein Kostenrisiko von 100.000 € und ein potenzieller Zeitverzug von 2 Monaten für diese Aufgabe. Während das Kostenrisiko direkt für die Bildung einer entsprechenden Kostenreserve herangezogen werden kann, lässt sich die Auswirkung eines Zeitplanrisikos auf das Gesamtprojekt erst mithilfe geeigneter Projektplanungssoftware analysieren. Denn hierbei spielen noch eingebaute Pufferzeiten im Zeitplan und Möglichkeiten zu Parallelarbeiten eine Rolle.

In den vergangenen 10–15 Jahren hat sich hierfür mit dem **Risikomanagement (Risk Management)** eine spezielle Funktion herausgebildet, die sich der systematischen Identifizierung und Analyse von Projektrisiken und Möglichkeiten zu deren Minderung widmet. Es ist mittlerweile integraler Bestandteil des Projektmanagements und mit dem Kostenmanagement eng verknüpft.

Typische Risiken mit besonderer Bedeutung für das Kostenmanagement sind beispielsweise programmatische Randbedingungen (z. B. begrenzt verfügbare Entwicklungszeit bei Wissenschaftsmissionen, um eine günstige/seltene Himmelskonstellation zu nutzen), der Einsatz neuer Technologien, nicht ausreichend getestete Subsysteme bzw. Software, Geo-Return-Bedingungen (z. B. Risiken durch die Beteiligung neuer unerfahrener Firmen um die Geo-Return Balance zu gewährleisten).

Projektschedule

Kostenmanagement und das Schedulemanagement sind eng miteinander in der Aufgabe verbunden, einen Netzwerkplan aus der WBS zu entwickeln, indem alle Aktivitäten mit ihren logischen Zusammenhängen in zeitlicher Abfolge miteinander verknüpft werden. Zur besseren Übersicht werden Meilensteine im Zeitplan eingeführt, die beispielsweise Anfangs- und Enddatum der Projektphasen bestimmen oder geforderte Designüberprüfungen definieren. Das Herausarbeiten des kritischen Pfads unterstützt das vorausschauende Entwickeln geeigneter korrigierender Maßnahmen.

Generell wird der Projektzeitplan in Balkendiagrammen oder Gantt-Diagrammen dargestellt. Hierbei ist jede Aktivität durch einen Balken verkörpert, dessen Länge der Dauer der Aktivität entspricht. Verbindungen zwischen den Balken sind durch Pfeile illustriert. Siehe als Beispiel Bild 9.1.16.

Wirtschaftliche Bedingungen (Economic Conditions)

Hierunter versteht man die Festlegung des Zeitpunkts, auf den sich alle finanziellen Angaben beziehen sollen, es handelt sich also um eine Normierung. Diese Festlegung ist für die spätere Berechnung von Inflationskosten wichtig. Die Angabe erfolgt typischerweise in der Form: e. c. Monat-Jahr (z. B. e. c. Jan-2018).

Technologiereife (TRL)

Als Gradmesser der Technologiereife dienen **Technology Readiness Level (TRL),** durch die beispielsweise festgelegt werden kann:

- inwieweit Technologien, Materialien, Geräte usw. entwickelt sind und zur Verfügung stehen,
- welche Qualifikationstests bereits durchgeführt wurden und welche noch durchzuführen sind,
- wie der zu erwartende Zeitplan aussehen könnte,
- in welcher Größenordnung Modifikationen zu erwarten sind.

Vor diesem Hintergrund werden TRLs zur Einschätzung potenzieller Kosten- und Zeitplanrisiken ebenso herangezogen wie auch zur Plausibilitätsüberprüfung von Kostenschätzungen. Die gemeinhin üblichen TRL-Definitionen basieren auf dem White Paper der NASA aus dem Jahre 1995 [9.3.5].

Anforderungsliste für die Kostenschätzung

Um alle die oben genannten Angaben für den Kostenschätzungsprozess bereitzustellen, werden diese Inputs als zu liefernde Informationen **(Deliverables)** im Ausschreibungsverfahren in der Anforderungsliste festgelegt.

In dem Prozess zur Wahl der geeigneten Kostenschätzungsmethode bilden alle bisher angeführten Daten und Informationen die wesentliche Grundlage. Sowohl Auswahl als auch Konstruktion von Kostenmodellen sind abhängig von grundlegenden Annahmen, der Beschaffung von entsprechenden Eingabedaten, der aktuellen und abzuschätzenden Projektphase/n sowie geeigneter Referenzen. Solche Referenzen sind in speziellen Datenbanken gespeichert und beinhalten relevante technische und programmatische Informationen sowie eine entsprechende Unterteilung der Kosten.

Unterschiedliche **Kostenschätzmethoden und -modelle** sind im Nachfolgenden beschrieben.

Methoden/Modelle

Es gibt unterschiedliche Ansätze und Methoden zur Kostenschätzung und -beurteilung, deren Auswahl nach Abwägung der Vor- und Nachteile unter den gegebenen Umständen erfolgt. Die am besten geeigneten Methoden werden unter den folgenden Gesichtspunkten bestimmt:

- Art der zu beurteilenden oder abzuschätzenden Tätigkeit,
- Erfahrungsgrad der Organisation in Bezug auf die durchzuführende Tätigkeit oder des zu entwickelnden Systems,
- eventuell möglicher Bezug auf eine schon durchgeführte Tätigkeit,
- Verfügbarkeit und Zuverlässigkeit von Designinformationen,
- die für die Abschätzung zur Verfügung stehende Zeit.

Weitere Auswahlaspekte sind das Projektstadium, in dem die Abschätzung ausgeführt wird, und besondere Anforderungen an die Kostendetaillierung. Normalerweise werden unterschiedliche Methoden angewendet, um letztendlich einen Plausibilitätscheck der Resultate zu ermöglichen. Die geläufigsten Techniken zur Abschätzung und Beurteilung von Kosten sind:

Expertenabschätzung

Diese Methode dient zur groben und schnellen Einschätzung der zu erwartenden Kostengrößenordung einer Tätigkeit. Die Anwendung ist normalerweise auf spezielle Bereiche beschränkt und impliziert Expertenbeurteilung sowie große Vertrautheit mit der behandelten Tätigkeit.

Eine über den Daumen gepeilte Abschätzung wird wahrscheinlich letztendlich nicht sonderlich zufriedenstellend sein, kann sich jedoch unter bestimmten Umständen wegen der schnellen zur Verfügung stehenden Abschätzung als ausreichend herausstellen.

Analytische (bottom-up) Kostenschätzung
Mit dieser Methode werden detaillierte Abschätzungen auf relativ niedriger WP-Ebene der WBS ermittelt. Eine analytische Methode ist mit Zeitplanung und Ressourcenvergabe stark verknüpft und sowohl zeitaufwendig als auch teuer. Voraussetzungen sind eine gute Kenntnis und ein angemessenes Definitionsniveau der abzuschätzenden Aktivität.

Unabhängig von der notwendigen Zeit und dem involvierten Aufwand kann die scheinbare Genauigkeit, die der Prozess impliziert, zum Problem werden. Toleranzen für jedes Element führen eventuell zu exzessiven Sicherheitsreserven, die unrealistisch hohe Abschätzungen der Gesamtkosten zur Folge haben können.

Analogie
Voraussetzung für diese wahrscheinlich am häufigsten gebrauchte Methode ist eine genaue Kenntnis vergleichbarer früherer Aktivitäten, Elemente oder Systeme. Die damit verbundenen historischen Daten werden als Referenz herangezogen, um die Kosten für den aktuellen Posten zu ermitteln. Es hängt deshalb wesentlich von der Ausführlichkeit und Genauigkeit der vorhandenen Informationen ab, inwieweit technische, programmatische oder wirtschaftliche Unterschiede zwischen Referenz und abzuschätzendem Element identifiziert werden und zur Normalisierung der Datenbasis herangezogen werden können. Auch müssen jegliche Kostentrends und Umstände, die zu unterschiedlichen Kosten führen könnten, berücksichtigt werden.

Wettbewerbsangebot
Wo immer es vorgesehen ist, eine Tätigkeit an Unterauftragnehmer zu vergeben, sind bindende Angebote des Zulieferers die wahrscheinlich bestmögliche Abschätzung. Jedoch sollte sich der Kunde immer die Möglichkeit offenhalten, die Kosten der vorgesehenen Arbeiten selbst abzuschätzen und zu analysieren. Dies gilt insbesondere für den Fall geringen oder keines wirklichen Wettbewerbs oder wo immer eine große Wahrscheinlichkeit für spätere, kundeninitiierte Änderungen existiert.

Parametrische Analyse
Die parametrische Analyse bringt die genaue Untersuchung von Kosten, programmatischen und technischen Informationen mit sich. Sie ermöglicht das Erkennen von Kostentreibern (cost driver) und die Entwicklung von Kostenmodellen. Der Ansatz setzt im Wesentlichen Stundensätze, Aufwand von Arbeitskräften und das Produkt beschreibende Parameter in Beziehung. Solche Beziehungen führen zu Regressionsformeln, die als **Cost Estimating Relationsships (CERs)** bekannt sind. CERs können in ihrer mathematischen Natur einfache Relationen bis hin zu hochkomplexen Gleichungen beschreiben. Sie können immer dann erstellt werden, wenn eine ausreichende Datenmenge zur Verfügung steht. Typischerweise werden CERs für bestimmte Technologien mit den dafür repräsentativen Parametern (wie z. B. Masse oder Oberflächengröße) sowie der Modellphilosophie entwickelt. Als Beispiel für eine einfache CER dient die folgende Gleichung:

$$\text{Kosten} = a \cdot P^b \cdot n$$

Hierbei sind a und b Parameter, die durch statistische Analysen von Kostenreferenzdaten ermittelt werden. Der technische Parameter sei hier P, z. B. die Masse. n könnte die Anzahl der zu entwickelnden Modelle sein.

Parametrische Kostenmodelle werden entweder in einer Organisation intern z. B. zur Analyse eigener Daten entwickelt oder aber extern, als kommerzielle Modelle, am Markt erworben. Für den Fall kommerziell entwickelter Modelle ist eine Kalibrierung mit speziellen Referenzdaten der Organisation von erheblicher Wichtigkeit. Derweil solche Modelle potenziell signifikante Entwicklungskosten oder Aufwendungen für Lizenzen mit sich bringen, bergen sie ebenso eine Reihe von Vorteilen wie das Erstellen von Abschätzungen und Bewertungen in relativ kurzer Zeit und zu geringen Kosten.

Verschiedene Methoden für unterschiedliche Kostenelemente können miteinander kombiniert und zu speziellen Kostenmodellen, z. B. für optische Instrumente, weiterentwickelt werden. Solche Modelle können dann allgemeine Entwurfsparameter wie Blendenöffnungsmaße, Wellenlängen oder den Teleskoptyp mit speziellen Parametern wie Masse oder Entwicklungsaufwand kombinieren.

Generell sollte das Folgende bei jeder Methode und jedem Modell beachtet werden:

- Anwendungsgrenze des Modells,
- Sensitivität bestimmter Parameter,
- Vertrags- und Wirtschaftsbedingungen,
- Einfluss des industriellen Konsortiums,
- Bedarf einer Plausibilitätsprüfung der Ergebnisse,
- beste Möglichkeit der Verwendung von Modellresultaten.

Ergebnisse (Output)
Letztendlich dienen Kostenschätzungen sowohl dem Auftraggeber als auch dem Auftragnehmer als gemeinsame Verständnisbasis. Kostenschätzungen als quantitative Beurteilungen der wahrscheinlichsten Projektkosten können in zusammengefasster oder detaillierter Form präsentiert werden. Wie in Tabelle 9.3.1 beschrieben, umfasst die Kostenschätzung unterschiedliche Kostenkategorien wie etwa Arbeit, Materialien, Baugruppen, Service, Einrichtungen,

Informationstechnologien, aber auch spezielle Kategorien wie Inflationszuteilung oder Reserven. Umfang und Art unterstützender Zusatzinformationen unterscheiden sich nach Anforderungen und Typus des Anwendungsbereichs. Unabhängig vom Detaillierungsgrad sollte die unterstützende Dokumentation ein klares, professionelles und komplettes Bild darüber geben, wie die Kostenschätzung hergeleitet wurde. Die die Kostenschätzung unterstützende Dokumentation sollte Folgendes beinhalten:

- Beschreibung des Projektinhalts,
- Beschreibung der gemachten Annahmen,
- Beschreibung, wie die Kostenschätzung entwickelt wurde,
- Kostenrisikoanalyse,
- Abwägungsanalysen (Trade-Offs),
- Beschreibung der Randbedingungen,
- Definition des Kostenschätzungsprozesses, d. h. der Art und Weise, wie der Kostenschätzungsprozess in der Organisation und gegenüber den Unterauftragnehmern implementiert ist.

9.3.4.2 Kostenbudgetierung (Kostenplanung)

Kostenbudgetierung, oder auch Kostenplanung, ist die Aggregation der Kostenschätzungen für die einzelnen Arbeitspakete bzw. Aktivitäten mit dem Ziel, einen allgemein verbindlichen Kostenplan zu erstellen **(Cost Baseline).**

Erfordernisse (Input)

Für einen erfolgreichen Prozess der Kostenplanung sind folgende Informationen bzw. Inputs bereitzustellen:

- Projektstrukturplan (Work Breakdown Structure – WBS),
- Arbeitspaketbeschreibung (Work Package Description – WPD),
- Kostenschätzungen (Vorgänge, Baugruppen, Arbeitspakete, Material, etc.),
- Dokumentation aller Annahmen zur Kostenschätzung (zugrunde liegende Hypothese),
- Projektterminplan (project schedule),
- Verfügbarkeit von Ressourcen (Ressourcenkalender, Finanzplanung, Kostenlimits),
- Vertragsinformationen über externe Leistungen (Preise, Produkte).

Methoden

Der Kostenplanungsprozess lässt sich im Wesentlichen in die folgenden drei Schritte aufgliedern:

a) **Aggregation der Kostenschätzungen:** Zuordnung der abgeschätzten Einzelkosten zu Arbeitspaketen und deren anschließende Aggregation auf höhere Ebenen der WBS. Im Ergebnis erhält man schließlich die Projektgesamtkosten und deren zeitlichen Verlauf **(Kostenprofil).**

b) **Bildung einer Reserve:** Die Analyse des **Kostenrisikos** findet im Budget seine Entsprechung durch Bildung einer **Managementreserve.** Diese Reserve ist als ein spezielles Budget für potenzielle, aber ungeplante Änderungen zu betrachten. Sie ist kein integraler Bestandteil des Kostenplans. Der Gesamtbetrag des analysierten Kostenrisikos wird entsprechend den Verursachern (Risikoquellen) hierarchisch auf die verschiedenen Organisationsebenen eines Projekts aufgeteilt. Nur der Betrag, der direkt dem Projekt zugeordnet werden kann (z. B. Entwicklungsrisiko, Planungsrisiko), wird als Managementreserve berücksichtigt. Risiken des Projektumfelds (z. B. Politik- und Marktrisiko) und Risiken der höheren Gewalt werden üblicherweise als Unternehmensrisiko behandelt und der höchsten Organisationsebene (z. B. Körperschaft, Gesamtunternehmen, Agency) zugeordnet.

c) **Glättung des Kostenprofils:** Das ursprüngliche Kostenprofil muss an die zeitliche Verfügbarkeit der Finanzmittel angepasst werden. Dazu kann bereits eine Finanzplanung mit Vorgabe jährlicher Limits existieren. Ohne eine solche Vorgabe sollte standardmäßig ein s-förmiges Profil der kumulierten Kosten gewählt werden. In jedem Fall ist ein gleichmäßiger Kostenverlauf mit minimalen zeitlichen Schwankungen wünschenswert, da dies erfahrungsgemäß einen reibungslosen Projektablauf begünstigt. Um diese Forderungen zu erfüllen, werden im Allgemeinen eine Verschiebung von Aktivitäten und eine Entkopplung der Zahlungsströme vom Projektkostenverlauf erforderlich sein. Solche Umplanung hat natürlich auch wieder einen Einfluss auf die ursprünglichen Annahmen zur Kostenplanung und kann insbesondere zu neuen Konflikten (Ressourcenverfügbarkeit, Meilensteine) führen. Es handelt sich hierbei also um einen iterativen Prozess, an dessen Ende der **Kostenplan** (Cost Baseline) steht.

Ergebnisse (Output)

Ergebnisse der Kostenplanung sind:

- **Kostenplan (Cost Baseline):** zeitlicher Verlauf der geplanten Kosten (Plankostenbasis). Dieser bildet die Referenz zur Messung des Projektfortschritts und bei der Kostenkontrolle.
- **Finanzierungsplan:** notwendige Finanzierungsschritte gemäß der Plankostenbasis. Er enthält Termin und Betrag der Projekteinnahmen zur Deckung der Gesamtkosten (inkl. der Managementreserve).
- **Änderungsanforderungen:** Die Kostenplanung kann Änderungen am ursprünglichen Projektplan erforderlich machen. Solche Änderungswünsche sind zu prüfen und bei Akzeptanz in den entsprechenden Managementplänen zu dokumentieren (Änderungswesen).

9.3.4.3 Kostenkontrolle

Im weitesten Sinne ist Kostenkontrolle das positive Beeinflussen von Faktoren, die Kostenabweichungen (Kostensteigerungen) verursachen. Zudem wird hierunter auch die Kontrolle aller Änderungen am genehmigten Kostenplan verstanden. Die Methodik der Kostenkontrolle hängt dabei wesentlich vom vertraglich vereinbarten Preistyp ab. Generell unterscheidet man hierbei, ob für ein Produkt bzw. Projekt ein **Festpreisvertrag (Fixed Price Contract)** oder ein Vertrag mit **Kostenerstattung (Cost Reimbursement Contract)** vereinbart wurde.

Im Falle eines Festpreisvertrags wird das zu liefernde Produkt exakt definiert und ein Preis – inklusive aller Margen für Gewinn, Inflation und Risiken – festgelegt. Eine Änderung dieses Preises kann danach nur im gegenseitigen Einvernehmen über eine **Vertragsänderung (Contract Change Note – CCN)** stattfinden. Solch eine CCN kann von jeder der Vertragsparteien initiiert werden. Die jeweilig andere Seite muss dem CCN dann nach Prüfung zustimmen. Dies ist der gängige Vertrags- und Preistyp für Raumfahrtprojekte in Europa.

Bei einem Vertrag mit Kostenerstattung wird für jedes einzelne Arbeitspaket ein Arbeits- und Kostenvolumen geplant und im Kostenplan verbindlich festgelegt. Dabei werden alle Kostenelemente (z. B. Stundensätze und Materialkosten) und Arbeitsaufwände (z. B. Arbeitsstunden für Entwicklungsaufwand, Fertigung, Integration, Test, etc.) detailliert dokumentiert und den einzelnen geplanten Aufgaben des Arbeitspakets zugeordnet. Zusammen mit dem detaillierten Projektzeitplan ergibt sich so ein Projektkostenprofil, das Grundlage für die spätere Projektverfolgung darstellt. Dabei werden Inflation und Kostenrisiko für das Gesamtprojekt im Allgemeinen vom Auftraggeber getragen. Die Bezahlung des Auftragnehmers findet gemäß dem Projektfortschritt statt, wobei der Gewinn nicht über eine Marge, sondern als separate **(Erfolgs-)Prämie** vereinbart wird. Sollten Änderungen notwendig werden, dann können diese relativ einfach über eine Änderungsabsprache – ohne dass es dazu einer Vertragsänderung bedarf – vorgenommen und der Kostenplan entsprechend aktualisiert werden. Typische Änderungsanlässe sind z. B. Mehraufwand bei der Arbeitsausführung infolge unvorhergesehener höherer Komplexität, Produktänderungen und Zusatzleistungen, die vom Auftraggeber beauftragt werden. Dem relativ leichten und schnellen Änderungswesen steht hier allerdings eine strenge Kostenaufsicht durch den Auftraggeber gegenüber, die einen vergleichsweise höheren Aufwand im Berichtswesen des Auftragnehmers und einen höheren Ressourcenbedarf im Projektmanagement des Auftraggebers erfordert. Die dabei verursachten höheren Projektmanagementkosten zahlen sich aber meistens durch einen viel präziseren Überblick des Projektfortschritts aus und erlauben damit gleichzeitig eine viel genauere Kostenkontrolle. Diese Vertragsform ist der Regelfall bei US-Raumfahrtprojekten. Allerdings findet diese Form auch in Europa ihre Anwendung und zwar immer dann, wenn eine genaue Definition des Projektinhalts bzw. des Produkts nur schwer möglich ist, also insbesondere in der Technologieentwicklung oder bei sog. Stand-der-Technik-Projekten.

Erfordernisse (Input)
Für beide Vertrags- und Preistypen werden folgende Inputs benötigt:

- Kostenplan (Cost Baseline),
- Finanzierungsplan,
- Projektfortschrittsberichte: Dokumentation des Arbeitsfortschritts und Berichte über Abweichungen vom Projektterminplan,
- Projektmanagementplan (legt Verantwortung, Prozesse und Umfang im Kontrollwesen fest).

Bei Projekten auf Festpreisvertrag sind noch erforderlich:

- Zahlungsplan (Zahlungsmeilensteine),
- dokumentierte Vertragsänderungen (CCNs).

Speziell für Projekte auf Kostenerstattungsbasis sind zusätzlich folgende Informationen zur Kostenkontrolle notwendig:

- genehmigte Änderungen am Kostenplan, Vertrag, Projektumfang, Terminplan oder Kostenmanagementplan gemäß Änderungswesen,
- Leistungsberichte (Effizienzinformation) über Status und Kosten der sich in Ausführung befindlichen Arbeitspakete. Dazu gehören insbesondere:
  - Fertigstellungsgrad der vereinbarten Arbeitsergebnisse,
  - autorisierte und angefallene Kosten, den jeweiligen Arbeitsfortschritt betreffend,
  - Abschätzung der Kosten bis zur Fertigstellung,
  - prozentualer physikalischer Fertigstellungsgrad geplanter Aktivitäten.

Methoden
Eine allgemein anerkannte Lebensweisheit sagt: „Zeit ist Geld". Auf das Projektmanagement bezogen, lässt sich daraus in etwa folgender Grundsatz formulieren, „ein gutes Zeitplanmanagement ist Grundvoraussetzung für eine erfolgreiche Kostenkontrolle im Projekt". Das wird einleuchtend, wenn man sich den sog. Marching Army Effekt eines gestarteten Projekts vor Augen führt. Hierunter ist der Sachverhalt zu verstehen, dass ein einmal aufgebautes Projektteam eine gewisse Massenträgheit aufweist und nicht einfach gestoppt oder kurzfristig umdirigiert werden kann, wenn es irgendwo im Projekt Verzögerungen gibt. Die Mitarbeiter, insbesondere in den angeschlossenen Partnerunternehmen, stehen weiterhin zur Verfügung

und müssen bezahlt werden, auch wenn sie momentan keine zielführende Aufgabe ausführen können. Die damit verbundenen Kosten können sich schnell zu signifikanten Beträgen summieren und evtl. vorhandene Kostenreserven im Projekt sprengen. Damit kommt der Zeitplankontrolle die Schlüsselrolle in der Projektkostenkontrolle zu und dies gilt gleichermaßen für beide Vertragsarten – Festpreis oder Kostenerstattung. Ausgehend von den USA, hat sich in der Projektmanagementpraxis dazu eine Methode durchgesetzt, die die drei Projektvariablen (Umfang, Kosten und Zeitplan) zueinander in Beziehung setzt und damit eine integrierte Kontrolle von Projektfortschritt und -kosten ermöglicht. Diese Methode wird **Earned-Value-Management** genannt, was sich ins Deutsche übersetzt, am besten mit **Fertigstellungswertanalyse** umschreiben lässt.

Im Earned-Value-Management kommt der Bestimmung des Fertigstellungsgrads eine Schlüsselrolle zu. Er ist Ausdruck der aktuell erledigten Arbeit in einer Betrachtungseinheit (z. B. einem Arbeitspaket) und wird üblicherweise in Prozent erledigter Arbeit angegeben. Dies ist einleuchtend und erscheint zunächst einfach. Die Beurteilung der erledigten Arbeit selbst ist allerdings überhaupt nicht trivial und führt oft zu unterschiedlichen Einschätzungen zwischen Auftraggeber und Auftragnehmer. Das Grundproblem hierbei liegt in den häufig subjektiven Beurteilungskriterien. So kommt es z. B. nicht selten vor, dass eine Art gefühlter Fertigstellungsgrad angegeben wird, der mit dem tatsächlichen Fortschritt nur sehr wenig gemein hat. Wir kennen das alle aus dem Privatleben: Nach dem Fortgang von Renovierungsarbeiten gefragt, tendieren wir anfangs dazu, den Fortschritt zu überschätzen.

Es ist also unerlässlich, die Beurteilung des Fertigstellungsgrads an messbare und nachprüfbare **Projektereignisse** bzw. **Produktmerkmale** zu knüpfen. Als guter Ansatz dazu hat sich in der Raumfahrt die Kopplung des Fertigstellungsgrads an die physische Lieferung/Fertigstellung von Dokumenten und Entwicklungsmodellen herausgebildet. Dazu wird vorab zwischen Auftraggeber und Auftragnehmer ein Prozentwert der Fertigstellung für jedes dieser Ereignisse vereinbart (z. B. 10 % bei Lieferung des Strukturmodells, 85 % bei Lieferung des Prototyps, 100 % bei Unterzeichnung des Testreports).

Dass eine detaillierte Kostenkontrolle auch für Festpreisverträge notwendig ist, soll nachfolgend verdeutlicht werden. Die landläufige Meinung zu Festpreisverträgen ist, dass hierüber der Gesamtpreis des Projekts festgelegt ist, der Auftragnehmer das gesamte Kostenrisiko trägt und signifikante Kostensteigerungen somit nicht eintreten können. In der Realität ist dies aber zumeist nicht der Fall. Genau genommen wird der Vertragspreis eines Projekts hierbei ja nur auf der Basis exakt definierter Bedingungen festgelegt, in der Regel ein spezifiziertes Produkt und ein Zeitplan.

Speziell in Raumfahrtprojekten können diese Vorgaben oft nicht durchgängig eingehalten werden. Probleme im Entwicklungsprozess und notwendig werdende technische Anpassungen führen zu Änderungswünschen, die dann mit Hilfe des Instruments der Vertragsänderung (CCN) umgesetzt werden müssen. Auch Schwierigkeiten des Auftragnehmers können auf Kosten und Zeitplan derartig durchschlagen, dass eine Vertragsanpassung notwendig wird. Solche CCN beinhalten in der Regel Kostensteigerungen, die zur Erreichung der Entwicklungsziele akzeptiert werden müssen. Eine generelle Ablehnung solcher Kostensteigerungen wäre also kontraproduktiv, da sie das Projektziel gefährden würde. Im Raumfahrtbereich mit seinen sehr starken wechselseitigen Abhängigkeiten zwischen Auftraggeber und Auftragnehmer ist dieser Sachverhalt häufig anzutreffen.

Fazit: Auch ein Festpreisvertrag schützt nicht vor Preiserhöhungen in einem Projekt. Dies erklärt, warum auch hier eine systematische Kostenkontrolle notwendig ist.

a) Kostenkontrolle in Festpreisverträgen

Bei Festpreisverträgen werden Zahlungen an Meilensteine des Projektfortschritts gekoppelt, die sogenannten Zahlungsmeilensteine. Typischerweise werden dazu die Projektreviews (SRR, PDR, CDR etc.) genutzt, die den Abschluss einer Projektphase und den Übergang zur nächsten charakterisieren. Daneben können aber auch andere Projektereignisse, wie z. B. die Fertigstellung von Entwicklungsmodellen oder erfolgreiche Testkampagnen, als Zahlungsmeilenstein herangezogen werden. Basierend auf dem Kostenplan können jedem dieser Meilensteine Plankosten zugeordnet werden. Diese werden eventuell noch ergänzt durch vorzeitig fällige Kosten für die Beschaffung von Teilen mit langer Lieferzeit (long-lead-items). Die Hauptaufgabe der Kostenkontrolle besteht dann im Wesentlichen darin, die Übereinstimmung des Fertigstellungsgrads (bzw. der -qualität) im Projekt mit dem vereinbarten Volumen der Zahlungsmeilensteine zu prüfen. Sollte es hierbei zu Abweichungen kommen, dann sind geeignete Korrekturmaßnahmen vorzubereiten und einzuleiten. Daneben sind Vertragsänderungen kostenmäßig zu beurteilen, der Kostenplan entsprechend zu aktualisieren und die daraus resultierenden geänderten Projektgesamtkosten an den Projektmanager zu berichten.

b) Kostenkontrolle in Verträgen mit Kostenerstattung

Bei dieser Vertragsart bekommt der Auftragnehmer seine angefallenen Kosten zeitnah erstattet. Dies birgt prinzipiell die Gefahr, dass bei geringer Effizienz des Auftragnehmers eine Schere zwischen Leistung und verursachten Kosten klafft. Darüber hinaus reagieren bei dieser Vertragsart die Projektfertigstellungskosten sehr viel empfindlicher auf Effizienzschwankungen, da sich Überzahlungen am Anfang eines Projekts sehr schnell aufkumulieren können. Die Kostenkontrolle muss daher Abweichungen vom Kostenplan frühzeitig erkennen, Gründe identifizieren, das Ausmaß quantifizieren und beurteilen, ob Korrekturmaßnahmen erforderlich werden.

Bei Verträgen mit Kostenerstattung lässt sich die o. g. Methode der **Fertigstellungswertanalyse (Earned-Value-Analyse)** als bewährtes Verfahren zur Kostenkontrolle am besten einsetzen. Denn diese Vertragsart weist bereits die für die Methode notwendige Festlegung von Kostenbasis (Kosten pro Aufgabe) und Projektkostenverlauf (Kosten pro Zeiteinheit) als Planwerte auf. Die Fertigstellungswertanalyse hat das Ziel, den Wert der erbrachten Leistungen zu einem bestimmten Projektzeitpunkt (Stichtag) zu bestimmen, um so Zeit, Aufwand und Ergebnis integriert beurteilen zu können. Hierbei werden zum Stichtag die drei Komponenten „verstrichene Zeit", „verrichtete Arbeit" und „verursachte Kosten" unabhängig voneinander analysiert und Plan- mit Ist-Daten in Beziehung gesetzt. Der **Fertigstellungswert** (*FW*) definiert sich dabei als der dem Fertigstellungsgrad (*FGR*) entsprechende Anteil der geplanten Gesamtkosten einer Betrachtungseinheit (Aktivität, Arbeitspaket, Projekt):

Fertigstellungswert (*FW*) =
geplante Gesamtkosten × Fertigstellungsgrad (*FGR*)

Es handelt sich hierbei um eine Methode zur **Leistungsmessung (Performance Measurement),** die auf einzelne Aktivitäten oder ganze Arbeitspakete angewendet werden kann. Zur Kostenkontrolle eines Vertrags/Projekts mit Kostenerstattung werden für ausgewählte Elemente des Projektstrukturplans **(Kontrollarbeitspakete)** zu den Stichtagen folgende Kostenwerte ermittelt:

- **geplanter Fertigstellungswert** (*PK*) zum Stichtag (Plankosten zum Stichtag → Kostenplan),
- Fertigstellungswert (*FW*) zum Stichtag (Plankosten für die aktuell fertiggestellte Arbeit = verdienter Wert, earned value),
- aktuelle Ist-Kosten (*AIK*) zum Stichtag (aufgelaufene Kosten für die aktuell fertiggestellte Arbeit).

Mithilfe dieser drei Werte ist es dann möglich, die Zeit- und Kosteneffizienz in einem Projekt zu bestimmen:

- Kosteneffizienzfaktor (*KEF*) = *FW/AIK*,
- Zeitplaneffizienzfaktor (*ZEF*) = *FW/PK*.

Diese Effizienzkennziffern, in Verbindung mit den geplanten Projektgesamtkosten (*PGK*), dienen schließlich dazu, die voraussichtlichen Gesamtkosten und die Gesamtkostenabweichung bei Fertigstellung des Projekts vorherzusagen:

- Voraussichtliche **Gesamtkosten bei Fertigstellung** (*SGK*) = *PGK* × *AIK* / *FW*,
- Voraussichtliche Gesamtkostenabweichung bei Fertigstellung (*GKA*) = *PGK* - *SGK*.

Am besten lässt sich diese Methode an einem konkreten Beispiel verstehen:

Beispiel: Ein Projekt hat geplante Gesamtkosten in Höhe von 10 Mio € und einen Zeitplan von 10 Monaten.

Der Einfachheit halber wird ein lineares Kostenprofil mit Ausgaben von 1 Mio € monatlich angenommen.

Nach 2 Monaten ist der Stichtag und der Projektingenieur stellt fest, dass 5 % der Projektarbeit fertiggestellt wurden und dafür aktuell 1 Mio € an Kosten aufgelaufen sind.

Lösung zum Stichtag:
PGK = 10 Mio €
FGR = 5 %
PK = 2 M € (1 Mio € × 2 Monate)
FW = PGK × FGR = 10 Mio € · 5 % = 0,5 Mio €
AIK = 1 Mio €
KEF = FW/AIK = 0,5 Mio €/1 Mio € = 0,5
(d. h. für 1 € aufgelaufene Kosten wurde Arbeit im Wert von nur 0,5 € erstellt, i. a. W. 100 % Kostenüberschreitung)
ZEF = FW/PK = 0,5 Mio €/2 Mio € = 0,25
(d. h. von 1 € geplanter Arbeit wurden nur 0,25 € erzielt i. a. W. 75 % Zeitplanverzug)
SGK = PGK/KEF = 10 Mio €/0,5 = 20 Mio € voraussichtliche Projektgesamtkosten

Voraussichtliche Projektdauer
= geplante Projektdauer/ZEF
= 10 Monate/0,25 = 40 Monate

Dieses Projekt wird bis zur Fertigstellung 20 Mio € Kosten und 40 Monate Gesamtdauer aufweisen, wenn es mit der gleichen Effizienz weitergeführt wird.

Diese Vorhersagen werden zu den Stichtagen periodisch erneuert (z. B. monatlich) und erlauben damit eine exzellente Aussage über den Leistungstrend im Projekt. Der ursprünglich geplante Kostenverlauf (Cost Baseline) gegenüber dem tatsächlichen Kostenverlauf (aktuelle Kosten) sowie dem prognostizierten Kostenverlauf bietet eine transparente Darstellung der Mehrkosten, die ohne Korrekturmaßnahmen mit hoher Wahrscheinlichkeit eintreten würden.

Der Verlauf der aktuellen Fertigstellungswerte (verdienter Wert) macht deutlich, wie sich die Effizienz im Projekt entwickelt und wann die gesamte Leistung bzw. Fertigstellung voraussichtlich erwartet werden kann (Terminverzug). Um den Projektstatus übersichtlich darzustellen, werden diese Zusammenhänge grafisch in Form kumulativer Kostenkurven über den Projektzeitraum aufgetragen (siehe dazu Bild 9.3.5).

Der Schlüssel zum Erfolg dieser Kostenkontrollmethode ist die fundierte Projektfortschrittsberichterstattung mit der Klärung folgender Fragen:

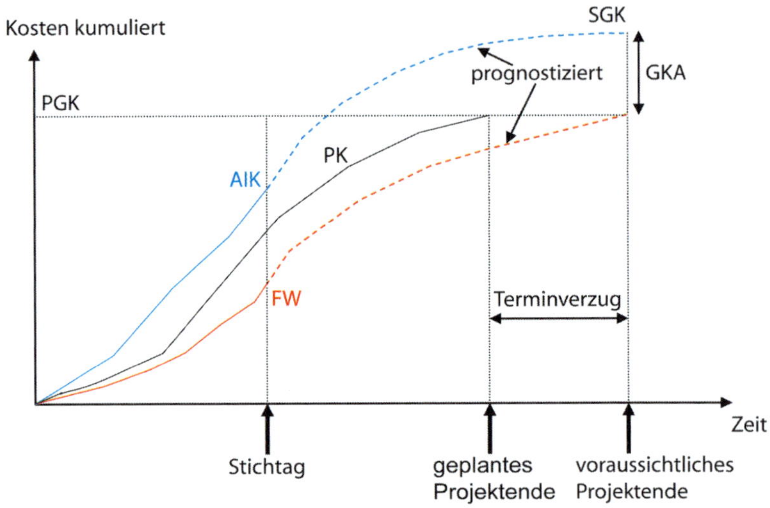

Bild 9.3.5: *Earned-Value-Analyse.*

- Welche Ergebnisse waren geplant?
- Welcher Aufwand war dafür geplant?
- Sind die geplanten Ergebnisse realisiert?
- Welcher Aufwand ist dafür angefallen?
- Welcher Aufwand hätte für die realisierten Ergebnisse anfallen dürfen (→ Fertigstellungswert)?

Ergebnisse (Output)
Als Ergebnis des Kostenkontrollprozesses erhält man folgende Informationen:

- Modifikation der ursprünglichen Kostenschätzungen und ihrer unterstützenden Dokumentation,
- Modifikation des Kostenplans (Cost Baseline) (im Falle genehmigter Budgetänderungen),
- Leistungsindikatoren für ausgewählte Elemente des Projektstrukturplans (insbesondere Effizienzfaktoren für die Kontrollarbeitspakete),
- Status des Projektfortschritts (Fertigstellungsgrad der Kontrollarbeitspakete und des Gesamtprojekts),
- Vorhersage der voraussichtlichen Projektkosten bei Fertigstellung (SGK),
- Vorhersage des voraussichtlichen Fertigstellungstermins,
- Empfehlungen von Korrekturmaßnahmen zur Effizienzsteigerung (Budgetänderungen, Reallokation von Ressourcen, Reorganisation des Projektplans, Verschiebung von Vorgängen),
- Modifikation des Projektmanagementplans (Organisationsänderungen),
- Dokumentation von „Lessons Learned“ (Analyse von Ursachen für Kostenabweichungen und deren Dokumentation).

9.3.5 Close-out

Am Ende des Kostenmanagementprozesses steht der **Projektabschluss,** das sog. Projekt-Close-out mit dem Ziel, gesammelte Erfahrungswerte für zukünftige Projekte zu dokumentieren und gewonnene Erkenntnisse verfügbar zu machen. Diese Phase des Kostenmanagements sollte auf keinen Fall vernachlässigt oder unterschätzt werden, da hierdurch Managementprozesse sowie eingesetzte Methoden und Modelle verifiziert, kalibriert und weiterentwickelt werden können. Deswegen ist das Sammeln und Dokumentieren von Rückmeldungen und Erkenntnissen in allen Projektphasen von großer Bedeutung.

Nach dem Projektabschluss liegt also die Aufgabe des Kostenmanagements darin, die wahren Fertigstellungskosten mit den anfänglichen Schätzungen und Budgetvorgaben zu vergleichen. Sollten sich hierbei größere Unterschiede herauskristallisieren, ist eine Diskrepanzanalyse zu den Gründen durchzuführen. Die hierbei gewonnenen Erkenntnisse werden zur Verbesserung der Kostenschätzverfahren herangezogen. In diesem Zusammenhang ist eine kontinuierliche Kalibrierung der Kostenmodelle mit aktuellen Daten und deren Hintergrundinformationen besonders wichtig.

Bei Diskrepanzanalysen ist zwischen Abweichungen aufgrund mangelnder Modellgenauigkeit und aufgrund geänderter Rahmenbedingungen zu unterscheiden. Der Hauptgrund für Abweichungen zwischen Budget und Fertigstellungskosten liegt häufig am geänderten Projektinhalt. Diese Änderungen können generell einen zufälligen oder systematischen Ursprung haben. Zufällige Ereignisse sind z. B. Materialversagen bei Tests, Unfälle oder Ausfall eines Zulieferers. Quellen für systematische Abweichungen sind beispielsweise Markttrends, politische Vorgaben oder unterschätzte Systemkomplexität. Letztere sind systematisch als Lessons Learned zu dokumentieren und zu kommunizieren.

9.3.6 Ausblick

9.3.6.1 Virtueller Wettbewerb

Wegen des aktuellen Trends in der Raumfahrtindustrie zur Konglomeration rückt das Marktelement der Konkurrenz immer weiter in den Hintergrund. Daraus resultiert zunehmend eine Situation, in der es nur noch einen Anbieter gibt. Ein gut eingeführtes Kostenmanagement mit gut ausgebildeten Fähigkeiten zur Kostenschätzung kann helfen, diesen Quasi-Monopolsituationen zu begegnen. Die Grundüberlegung dabei ist, den Monopolisten mit der eigenen Kostenschätzung zu konfrontieren, um damit einen Preiswettbewerb zu initiieren. Man spricht dann von einem virtuellen Wettbewerb.

9.3.6.2 Electronic B2B

Im Zuge des B2B-Angebotswesens (Business to Business) gewinnt das Kostenmanagement, insbesondere parametrische Kostenschätzverfahren, zunehmend an Bedeutung.

Wenn zwischen Auftragnehmer und -geber Kostenmodelle harmonisiert und standardisiert sind, können Angebote in Echtzeit evaluiert werden. Mit anderen Worten, die Preisfindung wird auf objektive physikalische Entwurfparameter (Masse, Schub, Datenrate etc.) gestellt, wodurch fruchtlose Diskussionen, z. B. über Arbeitsstundenaufwand, vermieden werden können.

Ein solches System bietet auch die Grundlage für die Einführung eines elektronischen Bieterportals in der Raumfahrt, wie es bereits in der Automobilindustrie implementiert ist.

Literatur

[9.3.1] ECSS-M-ST-10C Rev. 1: Space Project Management – Project Planning and Implementation. Noordwijk: ECSS Secretariat, März 2009.

[9.3.2] ECSS-M-ST-60C: Space Project Management – Cost and Schedule Management. Noordwijk: ECSS Secretariat, Juli 2008.

[9.3.3] ECSS-Q-00A: Space Product Assurance. Noordwijk: ESA Publications Division, April 1996.

[9.3.4] A Guide to the Project Management Body of Knowledge (PMBOK ® Guide). Third Edition. PMI, USA, 2004.

[9.3.5] *Mankins, J. C.:* Technology Readiness Levels – A White Paper. NASA, USA: Advanced Concepts Office, Office of Space Access and Technology, April 1995.

[9.3.6] *Greves, D.; Joumier, H.:* What is Cost Engineering and Why is it Important? Noordwijk: ESA Bulletin 115, ESA Publications Division, August 2003.

9.4 Raumfahrtrecht

Michael Gerhard

Rechtsfragen sind bei jeder Raumfahrtmission zu berücksichtigen. Sie stellen sich nicht nur im Nachhinein, wenn Unregelmäßigkeiten und Meinungsverschiedenheiten auftreten. Rechtsfragen können auch die Konzeption einer Mission beeinflussen und sind daher von Beginn an zu berücksichtigen.

Anders als in vielen anderen Rechtsgebieten liegen die Wurzeln des Raumfahrtrechts im Völkerrecht, d. h. insbesondere in Rechtsregeln, die das Verhalten von Staaten untereinander und von internationalen Staatengemeinschaften regeln. Auch wenn das Völkerrecht sich grundsätzlich nicht an den Einzelnen wendet, ist seine Kenntnis hilfreich für das Verständnis, warum für Raumfahrtmissionen Genehmigungen erforderlich sind und mit welchem Inhalt Verträge zwischen den Beteiligten einer Raumfahrtmission geschlossen werden sollten. Das Raumfahrt-Völkerrecht soll daher unter 9.4.1 im Überblick dargestellt werden.

Unter 9.4.2 werden anschließend die Rechtsregeln dargestellt, die der Einzelne unmittelbar zu beachten hat. Hier werden sowohl solche aufgeführt, die den allgemeinen Missionsbetrieb betreffen als auch solche, die einzelne Raumfahrtnutzungen berühren.

Abschließend wird unter 9.4.3 auf die Raumfahrtpolitik der Europäischen Raumfahrtorganisation und der Europäischen Union eingegangen.

9.4.1 Grundlagen des Raumfahrtrechts

Das Raumfahrtrecht hat seine Grundlagen im Völkerrecht. 104 Staaten haben in einem grundlegenden Vertrag vereinbart, dass kein Staat sich den Weltraum „aneignen" kann. In Konsequenz dessen ist der Weltraum (wie die Hohe See und die Antarktis) internationales Territorium; kein Staat kann Souveränitätsrechte beanspruchen; kein nationales Recht findet Anwendung, wenn dies nicht durch das Völkerrecht, also aufgrund der Vereinbarung der Staaten, zugelassen oder angeordnet ist.

Eine herausragende Rolle im Weltraum-Völkerrecht nehmen die völkerrechtlichen Verträge ein, welche im Rahmen des Weltraumausschusses der **Vereinten Nationen** entwickelt und den Staaten zur Zeichnung vorgelegt worden sind. Daneben gibt es aber noch andere Staatenvereinbarungen, die auf die Raumfahrt anzuwenden sind.

9.4.1.1 Internationales Raumfahrtrecht der Vereinten Nationen

Der Weltraumausschuss der Vereinten Nationen hat seit 1962 fünf Weltraumverträge erarbeitet [9.4.1], die bis heute in unterschiedlichem Ausmaß von den Staaten gezeichnet und ratifiziert worden sind:

- Weltraumvertrag (104 Ratifikationen und 25 Zeichnungen),
- Rettungsübereinkommen (96 Ratifikationen und 23 Zeichnungen),
- Weltraumhaftungsübereinkommen (95 Ratifikationen und 19 Zeichnungen),
- Weltraumregistrierungsübereinkommen (64 Ratifikationen, 3 Zeichnungen), und
- Mondvertrag (17 Ratifikationen und 4 Zeichnungen).

Die Bundesrepublik Deutschland hat diese Verträge mit Ausnahme des Mondvertrags ratifiziert.

Die Generalversammlung der Vereinten Nationen hat darüber hinaus fünf Deklarationen und Rechtsprinzipien zur Nutzung des Weltraums sowie viele Resolutionen zur internationalen Kooperation bei der friedlichen Nutzung des Weltraums verabschiedet.

a) Die Weltraumfreiheit und ihre Grenzen

Der wichtigste Vertrag ist der Vertrag über die Grundsätze zur Regelung der Tätigkeiten von Staaten bei der Erforschung und Nutzung des Weltraums einschließlich des Mondes und anderer Himmelskörper vom 27. Januar 1967 **(Weltraumvertrag).**

In Art. I (2) des Weltraumvertrags ist die Weltraumfreiheit statuiert. Die Nutzung des Weltraums durch die Staaten soll frei und ohne Diskriminierung auf der Basis der Gleichheit und im Einklang mit dem internationalen Recht erfolgen. Die Grenze dieser Weltraumfreiheit wird durch Art. II des Weltraumvertrags gezogen: Der Weltraum ist frei von jeder nationalen Aneignung durch die Beanspruchung von Souveränität, Nutzung, Besetzung oder einer nationalen Aneignung auf andere Art.

Im Spannungsfeld dieser beiden Normen setzt der Weltraumvertrag **Verhaltenspflichten** an die Staaten: Die Nutzung und Erforschung des Weltraums soll insbesondere erfolgen:

- zum Wohl und im Interesse aller Staaten,
- in Übereinstimmung mit dem internationalen Recht, insbesondere der Charta der Vereinten Nationen,
- unter Ausschluss von Kern- und Massenvernichtungswaffen,
- friedlich,
- unter Rücksichtnahme auf die Nutzung und Erforschung des Weltraums durch andere Staaten,
- unter Vermeidung schädlicher Verunreinigung des Weltraums und
- bei gegenseitiger Gewährung von Zugangsrechten zu Stationen, Installationen, Equipment und Raumfahrzeugen.

Dabei wird eine Beistandspflicht für Astronauten und eine Rückgabepflicht von wieder eingetretenen Weltraumgegenständen begründet [9.4.3], [9.4.4].

b) Die Verantwortung des Staates für Aktivitäten im Weltraum

In Art. VI des Weltraumvertrags übernehmen die Staaten die **Verantwortung** für nationale Aktivitäten im Weltraum. Dies gilt unabhängig davon, ob es sich um eine staatliche oder nichtstaatliche Aktivität handelt. Die Verantwortung soll sicherstellen, dass alle nationalen Aktivitäten im Einklang mit dem Weltraumvertrag erfolgen, d. h. insbesondere die dargestellten Verhaltenspflichten beachtet werden. Während dies für staatliche Aktivitäten durch interne Richtlinien der Regierung einschließlich angegliederter Raumfahrtagenturen gewährleistet ist, muss es für private und universitäre Aktivitäten gesondert erfolgen. Daher haben sich die Staaten durch Art. VI (2) des Weltraumvertrags verpflichtet, solche nichtstaatlichen Aktivitäten im Weltraum zu genehmigen und ständig zu beaufsichtigen. Als Konsequenz dessen haben derzeit etwa ein Dutzend Staaten sogenannte nationale Weltraumgesetze erlassen, die insbesondere die durch Art. VI (2) des Weltraumvertrags geforderte Genehmigung einführen, siehe Kapitel 9.4.2.1.

c) Die Registrierung von Weltraumgegenständen

Mit dem Übereinkommen über die **Registrierung** von in den Weltraum gestarteten Gegenständen vom 14. Januar 1975 **(Weltraumregistrierungsübereinkommen)** wird ein zweistufiges Registrierungssystem für Weltraumgegenstände aufgebaut [9.4.6], [9.4.7], [9.4.8]:

Art. II des Weltraumregistrierungsübereinkommens verpflichtet die Staaten, ein **nationales Register** über Weltraumgegenstände zu schaffen und dort jeweils die Weltraumgegenstände einzutragen, für die der Staat Startstaat ist. **Startstaat** ist ein Staat, wenn er einen Weltraumgegenstand gestartet hat oder den Start hat durchführen lassen oder wenn ein Weltraumgegenstand von seinem Territorium oder seiner Anlage gestartet worden ist, vgl. Art. I (a) des Weltraumregistrierungsübereinkommens. Sind zwei oder mehr Staaten Startstaat eines Weltraumgegenstands, so müssen sich diese Staaten darüber verständigen, wer von ihnen den Weltraumgegenstand in sein Register einträgt, Art. II (2) des Weltraumregistrierungsübereinkommens. Es kann für einen Weltraumgegenstand stets nur einen registrierenden Startstaat geben. Nur diesen treffen die noch zu beschreibenden Rechtsfolgen (Information des Generalsekretärs, fortbestehende Hoheitsgewalt und Kontrolle über den Weltraumgegenstand). Ist ein privates Unternehmen, eine Universität oder eine Forschungseinrichtung Betreiber des Weltraumgegenstands, so muss der (Start-) Staat rechtzeitig Informationen über den geplanten Start erhalten, um mit möglichen anderen Startstaaten eine solche Vereinbarung abschließen zu können.

Art. IV des Weltraumregistrierungsübereinkommens verpflichtet den registrierenden Startstaat, die folgenden Informationen über die registrierten Weltraumgegenstände sobald als möglich an den Generalsekretär der Vereinten Nationen weiterzugeben: Name des Startstaates oder der Startstaaten; eine geeignete Bezeichnung des Gegenstands oder seine Registernummer; das Datum und das Hoheitsgebiet oder den Ort des Starts; die grundlegenden Parameter der Umlaufbahn (einschließlich Umlaufzeit, Bahnneigung, Apogäum und Perigäum) und die allgemeine Funktion des Gegenstands [9.4.10], [9.4.11]. Der Generalsekretär der Vereinten Nationen, unterstützt durch das Weltraumbüro (United Nations Office for Outer Space Affairs), trägt diese Informationen in ein von ihm zu führendes **internationales Register** über Weltraumgegenstände ein [9.4.12].

Während der Inhalt des internationalen Registers über die Informationspflichten des Art. IV des Weltraumregistrierungsübereinkommens festgelegt ist, besagt Art. II (3) desselben Übereinkommens, dass der Inhalt des nationalen Registers durch den registrierenden Startstaat festgelegt werden soll. Es liegt nahe, das nationale Register als Eingangsstelle zur Sammlung der Informationen zu nutzen, die an den Generalsekretär der Vereinten Nationen weitergegeben werden müssen. Darüber hinausgehende Informationen (z. B. Name des Betreibers, Masse-Dichte-Verhältnis etc.) können aber ebenfalls eingetragen werden.

Schließlich bestimmt Art. VIII (1) des Weltraumvertrags, dass ein Staat, der einen Weltraumgegenstand in sein nationales Register eingetragen hat, die **Hoheitsgewalt und Kontrolle** über diesen Gegenstand behält – auch wenn sich der Gegenstand dann im hoheitsfreien Gebiet „Weltraum" befindet. Damit ist sichergestellt, dass nationale Gesetze in Bezug auf den Weltraumgegenstand anwendbar sind [9.4.13].

d) Die Haftung des Staates für Schäden durch Weltraumgegenstände

Mit Art. VII des Weltraumvertrags übernehmen die Staaten die **Haftung** für Schäden, die anderen Staaten oder deren Staatsangehörigen oder -zugehörigen durch einen Weltraumgegenstand zugefügt werden [9.4.14], [9.4.15]. Art. VII des Weltraumvertrags wurde mit der Absicht verfasst, im Schadensfall dem Geschädigten stets mindestens einen haftenden Staat als Schuldner gegenüberzustellen [9.4.17]. Daher knüpft die Haftung nicht an die (Mit-) Verursachung des Staates beim schadenauslösenden Ereignis an. Die Haftung wird vielmehr dadurch begründet, dass der Staat am Start beteiligt war, d. h. einen Beitrag dazu geleistet hat, dass der Gegenstand in den Weltraum gebracht wurde **(Startstaat).** Hierzu genügt bereits, dass ein Staat eine Aktivität, die mit diesem Weltraumgegenstand durchgeführt wird, genehmigt hat oder hätte genehmigen müssen [9.4.18]. Dies hat für den Staat die Konsequenz, dass er auch haftet, wenn ein Schaden durch eine private Tätigkeit verursacht wird. Der Staat muss daher sicherstellen, dass er von allen Raumfahrtaktivitäten, die von seinem Territorium ausgehen oder von seinen Staatsangehörigen bzw. -zugehörigen durchgeführt werden, Kenntnis hat. Bestenfalls wird er diese auf deren Sicherheit prüfen, genehmigen und beaufsichtigen. Zugleich muss er sich durch Gesetz eine Rückgriffsmöglichkeit gegen den Verursacher des Schadens schaffen; denn die Haftung nach Art. VII des Weltraumvertrags ist lediglich als zusätzliche Haftung zur unmittelbaren Haftung des Schädigers gedacht.

Die Anknüpfung der Haftung an die Beteiligung am Start hat zur Folge, dass ein Staat nach dem Weltraum-Völkerrecht gegenüber dem Geschädigten immer in der Haftung bleibt. Der Staat, von dessen Territorium ein ausländischer Satellit gestartet wird, haftet auch für einen Schaden, den dieser Satellit Jahre später verursacht. Der Staat, der einen Satelliten in den ersten Jahren betrieben hat und diesen dann an einen anderen Staat oder ein ausländisches Unternehmen verkauft, haftet auch dann, wenn der Satellit nach dem Verkauf einen Schaden verursacht. Diese auf den ersten Blick ungerechten Ergebnisse können durch **Vereinbarung zwischen den beteiligten Staaten** ausgeglichen werden [9.4.19], [9.4.20]. Haftet der Staat für ein privates Unternehmen, so ist der Staat wiederum darauf angewiesen, rechtzeitig von dem beabsichtigten Verkauf Kenntnis zu erlangen, um anschließend mit den beteiligten Staaten eine entsprechende Vereinbarung abschließen zu können.

Die durch Art. VII des Weltraumvertrags begründete Haftung wird durch das Übereinkommen über die völkerrechtliche Haftung für Schäden durch Weltraumgegenstände vom 29. März 1972 (Weltraumhaftungsübereinkommen) erweitert und spezifiziert.

So wird die noch in Art. VII des Weltraumvertrags statuierte absolute (verschuldensunabhängige) Haftung für Vertragsstaaten des Weltraumhaftungsübereinkommens teilweise relativiert: Nur für Schäden auf der Erdoberfläche oder an Flugzeugen im Flug (also bei Schäden in der Start- oder Wiedereintrittsphase) gilt nach Art. II des Weltraumhaftungsübereinkommens die absolute Haftung. Wenn der Schaden an einem anderen Weltraumgegenstand (oder an Personen oder Eigentum an Bord eines solchen) – kurz: im Weltraum – entsteht, so ist für die Begründung der Haftung nach Art. III des Weltraumhaftungsübereinkommens auch ein Verschulden des Staates oder der Personen, für die der Staat verantwortlich ist, erforderlich.

Art. XI (2) des Weltraumhaftungsübereinkommens stellt klar, dass der Haftungsanspruch gegen den Staat aus Art. II–IV dieses Übereinkommens neben den normalen zivilrechtlichen Ansprüchen des Geschädigten gegen den Schädiger stehen. Der Geschädigte kann sich demnach aussuchen, ob er gegen den Schädiger oder gegen den Staat auf Schadenersatz vorgeht. Wenn sich der Geschädigte für einen der beiden Wege entschieden hat, ist der andere ausgeschlossen.

Da es sich um ein völkerrechtliches Übereinkommen handelt und durch den Haftungsanspruch unbeteiligte Dritte vor Schäden durch die Raumfahrt geschützt werden sollen, schließt Art. VII des Weltraumhaftungsübereinkommens konsequenterweise Ansprüche von Staatsangehörigen und -zugehörigen des Startstaates und Ansprüche von solchen Personen aus, die am Start oder Betrieb des Weltraumgegenstands beteiligt sind. Diese sind auf nationales Schadenersatzrecht oder auf vertragliche Ansprüche angewiesen.

Typischerweise wird es für einen Weltraumgegenstand mehrere haftende Staaten geben. Dies ist bedingt durch die in Art. VII des Weltraumvertrags begründete und in Art. I (c) des Weltraumhaftungsübereinkommens wiederholte Anknüpfung der Haftung an die Beteiligung des Staates am Start: Der Staat muss den Gegenstand selbst gestartet oder den Start durchgeführt haben oder der Gegenstand muss von seinem Territorium oder seiner Anlage gestartet worden sein. Trifft eines der Kriterien zu, so ist der Staat Startstaat. Schon beim Start eines beispielsweise deutschen staatlichen Satelliten von Kourou (französisches Überseedepartement und damit französisches Territorium) sind Deutschland und Frankreich Startstaaten dieses Satelliten. Die Anzahl der Startstaaten erhöht sich bei internationalen Kooperationen entsprechend. Das Weltraumhaftungsübereinkommen hat diese Situation gesehen und bestimmt in Art. V, dass in diesem Fall alle Startstaaten gemeinsam haften. Ein geschädigter Staat kann sich an irgendeinen der Startstaaten wenden und den vollen Schaden ersetzt verlangen. Dieser Startstaat muss sich dann intern mit den anderen Startstaaten über eine Rückzahlung auseinandersetzen. Die Startstaaten sollten daher bereits vor dem Start eines Gegenstands eine Vereinbarung über die interne Haftungsverteilung treffen, Art. V (2) des Haftungsübereinkommens. Ist der Weltraumgegenstand Teil einer privaten Aktivität im Weltraum, muss der Staat wiederum sicherstellen, dass er rechtzeitig Kenntnis erhält, um eine solche Vereinbarung schließen zu können.

Der Haftungsanspruch gegen die Startstaaten aus Art. VII des Weltraumvertrags oder Art. II–IV des Weltraumhaftungsübereinkommens kann nur durch einen Staat geltend gemacht werden. Sind Personen oder Unternehmen geschädigt, so müssen diese sich an ihren Heimatstaat wenden, der dann den Haftungsanspruch für sie geltend macht. Innerhalb eines Jahres nach Schadenseintritt oder Identifizierung des Startstaates oder der Startstaaten muss der Schaden auf diplomatischem Weg geltend gemacht werden. Kommt es innerhalb eines weiteren Jahres nach Geltendmachung des Anspruchs nicht zu einer Zahlung, so müssen die betroffenen Staaten eine Schiedskommission einrichten. Diese besteht aus jeweils einem Mitglied des anspruchstellenden Staates und des Startstaates. Bei mehreren Startstaaten müssen diese sich auf ein Mitglied einigen. Das dritte Mitglied, welches den Vorsitz führt, wird von beiden Seiten im Konsens benannt. Wird kein Konsens gefunden, ernennt der Generalsekretär der Vereinten Nationen den Vorsitzenden. Entscheidungen werden durch einfache Mehrheit getroffen. Gegen die Entscheidung der Schiedskommission gibt es keine Rechtsmittel.

e) Sonstiges Weltraumrecht der Vereinten Nationen im Überblick

Bislang wurden die drei wichtigsten Verträge der Vereinten Nationen in Bezug auf Raumfahrt behandelt: Der Weltraumvertrag, das Weltraumregistrierungsübereinkommen und das Weltraumhaftungsübereinkommen.

Das Übereinkommen über die Rettung und Rückführung von Raumfahrern sowie die Rückgabe von in den Weltraum gestarteten Gegenständen vom 22. April 1968 (**Rettungsübereinkommen**) war bislang von geringer praktischer Relevanz. Es verpflichtet einen Staat zunächst, jede Not- oder unbeabsichtigte Landung von Raumfahrern und das Auffinden von wieder eingetretenen Weltraumgegenständen in seinem Hoheitsgebiet oder in internationalem Territorium (auf Hoher See oder in der Antarktis) der Startbehörde und dem Generalsekretär der Vereinten Nationen anzuzeigen. Danach muss der Staat den Raumfahrern Hilfe leisten und diese an die Startbehörde übergeben. Wieder eingetretene Weltraumgegenstände sind zu bergen und der Startbehörde zu übergeben. Besteht die Annahme, dass von einem wieder eingetretenen Gegenstand eine Gefahr ausgeht, können die betroffenen Staaten dies der Startbehörde anzeigen; die Startbehörde muss dann Maßnahmen ergreifen, um die Gefahr zu eliminieren.

Der fünfte Vertrag fällt in seiner praktischen Bedeutung bereits wegen seiner geringen Akzeptanz deutlich ab. Während die vorgenannten Verträge einen sehr hohen Ratifizierungsstand haben und damit für viele Staaten verbindlich sind, betreiben nur zwei der 17 Staaten, die das Übereinkommen zur Regelung der Tätigkeit von Staaten auf dem Mond und anderen Himmelskörpern vom 18. Dezember 1979 (**Mondvertrag**) ratifiziert haben, tatsächlich Raumfahrt. Hintergrund für den geringen Ratifikationsstand ist im Wesentlichen Art. 11 (1) des Mondvertrags, in dem der Mond und andere Himmelskörper des Sonnensystems und deren Bodenschätze zum „gemeinsamen Erbe der Menschheit“ erklärt werden. Die Bedeutung dieses Satzes, z. B. für die Nutzung von Ressourcen des Mondes, ist stark umstritten [9.4.21]. Jedenfalls haben sich die (17) Staaten verpflichtet, eine internationale Ordnung zur Regelung der Ausbeutung der Naturschätze des Mondes zu schaffen, sobald sich die praktische Möglichkeit einer solchen Ausbeutung abzeichnet, Art. 11 (5). Die wissenschaftliche Nutzung des Mondes wird durch den Mondvertrag aber ausdrücklich zugelassen, Art. 6.

Zusätzlich zu den fünf bislang dargestellten völkerrechtlichen Verträgen, die vom Weltraumausschuss der Vereinten Nationen erarbeitet und anschließend von Staaten ratifiziert worden sind, hat der Weltraumausschuss auch fünf **Deklarationen** erarbeitet. Diese Deklarationen sind keine völkerrechtlichen Verträge, durch die sich Staaten binden, sondern Willensäußerung der (Generalversammlung der) Vereinten Nationen mit Leitliniencharakter [9.4.22].

Es handelt sich um
- eine Deklaration über die Grundsätze zur Regelung von Aktivitäten von Staaten bei der Erforschung und Nutzung des Weltraums vom 13. Dezember 1963, die inhaltlich knapp drei Jahre später durch den Weltraumvertrag ersetzt worden ist,
- eine Entschließung über Prinzipien zur Nutzung künstlicher Erdsatelliten für **direkte Fernsehübertragung** durch Staaten vom 10. Dezember 1982, die die direkte Ausstrahlung von Sendungen über Satellit in ein anderes (im Ausleuchtungsgebiet des Satelliten liegendes benachbartes) Land nicht von einer vorherigen Zustimmung dieses Landes abhängig macht (freier Informationsfluss),
- Prinzipien zur **Fernerkundung** der Erde aus dem Weltraum vom 3. Dezember 1986, die auch die Erkundung fremder Territorien ohne vorherige Zustimmung des beobachteten Staates zulässt – diesem Staat aber ein nicht-diskriminierendes Zugangsrecht zu den Daten zu vernünftigen Kosten gewährt,
- Prinzipien bezüglich der Nutzung von **nuklearen Energiequellen** im Weltraum vom 14. Dezember 1992, die eingeschränkt die Notwendigkeit der Nutzung von nuklearen Energiequellen im Weltraum anerkennen und Sicherheitsanforderungen stellen, und
- eine Deklaration über die internationale Zusammenarbeit bei der Erforschung und Nutzung des Weltraums vom 13. Dezember 1996, die internationale Kooperationen im Interesse und zum Vorteil aller Länder, unabhängig von deren wirtschaftlichen, sozialen oder wissenschaftlichen Entwicklungsstand anmahnt, ohne ein Teilhaberecht zu begründen [9.4.23].

Darüber hinaus erlässt die Generalversammlung der Vereinten Nationen regelmäßig Resolutionen. Die in diesem Zusammenhang wichtigsten Resolutionen sind:
- eine Resolution über die Anwendung des Konzepts des „Startstaats“ vom 10. Dezember 2004, die Empfehlungen zum Umgang mit dem Startstaat-Begriff angesichts zunehmender privater Weltraumaktivitäten gibt [9.4.24],
- Empfehlungen zur Verbesserung der Praxis von Staaten und internationalen zwischenstaatlichen Organisationen bei der Registrierung von Weltraumgegenständen vom 10. Januar 2008,
- eine Resolution zur Bekräftigung der Richtlinien zur Verringerung des Weltraummülls vom 22. Dezember 2007, und
- eine Resolution über Empfehlungen für nationale Weltraumgesetze vom 11. Dezember 2013.

Auf einige dieser Dokumente wird bei der Darstellung der rechtlichen Begleitung der Mission eingegangen.

9.4.1.2 Sonstiges internationales Raumfahrtrecht

Verträge über oder in Bezug auf den Weltraum sind nicht nur in den Vereinten Nationen entstanden. Zahlreiche andere internationale und zwischenstaatliche Organisationen haben solche erarbeitet.

Bereits 1961 wurde die Internationale Fernmeldeunion (International Telecommunication Union, ITU) vom Weltraumausschuss der Vereinten Nationen aufgefordert, die Radiokommunikation mit und durch Satelliten zu regeln. In der Folge wurden der Verfassungsvertrag der ITU und die VO-Funk erweitert, verschiedene Satellitendienste definiert und einzelnen Frequenzbereichen zugewiesen [9.4.25], [9.4.26]. Da das Verfahren zu der Übertragung von Nutzungsrechten an Orbitpositionen und Frequenzen von der ITU auf die Mitgliedsstaaten eng mit dem Verfahren verbunden ist, durch das die Mitgliedstaaten diese Nutzungsrechte an den einzelnen Satellitenbetreiber weitergeben, wird dieses unter 9.4.2.1. dargestellt.

Ebenfalls im Bereich der Telekommunikationsdienstleistungen ist die Welthandelsorganisation aktiv geworden. Sie legte 1997 im Rahmen des General Agreement on Trade in Services einen Annex zur Liberalisierung des Handels mit Telekommunikationsdienstleistungen auf. Diese umfasst auch die Öffnung der Märkte für Satellitenkommunikationsdienstleistungen.

Im Bereich der Satellitennavigation sind die Internationale Zivilluftfahrtorganisation und die Internationale Seeschifffahrtsorganisation aktiv. Die Weltmeteorologieorganisation regelt Fragen des Zugangs zu Daten von Meteorologiesatelliten.

Übergreifende Fragen im Zusammenhang mit Aspekten des geistigen Eigentums im Weltraum werden auch von der World Intellectual Property Organization diskutiert. Die Internationale Atomenergiebehörde erarbeitet Standards für den Einsatz von nuklearen Energiequellen an Bord von Satelliten und die Internationale Organisation für Normung sowie die European Cooperation for Space Standardization erarbeiten Standardisierungen für Raumfahrttechnologie. Die Vereinfachung der Finanzierung von Weltraumaktivitäten hat die UNIDROIT-Konvention über Sicherungsrechte an beweglichen Ausrüstungsgegenständen und das dazugehörige Protokoll über Weltraumvermögenswerte zum Ziel.

Die Organisation der Vereinten Nationen für Erziehung, Wissenschaft und Kultur hat ethische Aspekte der Nutzung des Weltraums erarbeitet.

Zwischenstaatliche Abkommen existieren für den Bau und die Nutzung der Internationalen Raumstation [9.4.29] oder zum Betrieb von Satellitenkommunikationssystemen (ITSO und IMSO) und von Meteorologiesatelliten (EUTELSAT und ARABSAT).

Raumfahrt hat häufig eine militärische Komponente. Einige Aspekte sind unmittelbar in den bislang dargestellten Verträgen geregelt, wie etwa die Frage der friedlichen Nutzung von Kernenergie oder das Verbot von Kern- und Massenvernichtungswaffen. Berücksichtigt werden müssen aber auch mittelbar auf Raumfahrt anwendbare völkerrechtliche Verträge, beispielsweise das Abkommen über die Notifizierung von landgestützten Interkontinentalraketen oder der Vertrag zum Verbot von Nuklearwaffentests in der Atmosphäre, im Weltraum und unter Wasser sowie der Vertrag zum umfassenden Verbot von Nuklearversuchen. Hingewiesen sein sollte auch auf die (freiwillige) Vereinbarung von Staaten über Trägertechnologieregime, MTCR [9.4.30].

Schließlich gibt es zahlreiche bi- und multilaterale Verträge, angefangen von allgemeinen Abkommen über wissenschaftlich-technische Zusammenarbeit, über die Regelung von Spezialgebieten bis hin zu konkreten Kooperationsmissionen [9.4.31].

9.4.2 Rechtliche Begleitung der Mission

Bereits bei der Konzeption der Mission sind zahlreiche Rechtsfragen zu berücksichtigen. Im Folgenden soll dargestellt werden, welche staatlichen Genehmigungen je nach Missionsgestaltung gegebenenfalls erforderlich werden und wie diese einzuholen sind, wann und wie eine Registrierung eines Weltraumgegenstands erforderlich ist, es sollen einige besondere Vertragsbeziehungen beleuchtet und Haftungsrisiken skizziert werden. Ohne Anspruch auf Vollständigkeit soll das Kapitel eine Checkliste mit praktischen Hilfestellungen darstellen.

9.4.2.1 Erforderliche staatliche Genehmigungen

a) Frequenzzuteilung

Zur Kommandierung eines Satelliten sowie zur Übertragung von Daten zwischen einem Satelliten und verbundenen Nutzlastbodenstationen ist ein Satellitenbetreiber auf die Nutzung von Frequenzen in bestimmten Frequenzbereichen (z. B. C- oder Ku-Band) angewiesen. Da die nutzbaren Frequenzen aus technischen Gründen begrenzt sind, bedarf es einer **Koordinierung** der verschiedenen Nutzungen.

Eine solche Koordinierung erfolgt auf zwei Ebenen: Zunächst muss die Nutzung der Frequenz durch die Bodenstationen auf nationaler Ebene koordiniert werden. Aber auch die Nutzung der Frequenzen im Weltraum bedarf einer – internationalen – Koordinierung und Übertragung an den Nutzer. Die Koordinierung der Frequenznutzung im Weltraum wird im nachfolgenden Unterkapitel beschrieben.

Die Nutzung der Frequenzen durch die Erdfunkstellen bedarf der vorherigen **Zuteilung** durch die **Bundesnetzagentur.** Das Verfahren der Frequenzzuteilung ist in § 55 des Telekommunikationsgesetzes geregelt.

Für bloße Empfangsantennen von Satellitenfunk und die Nutzung von Satellitenempfängern oder -sendern mit kleinen Antennen (VSATs) besteht typischerweise bereits eine Allgemeinzuteilung. Diese können ohne ein vorheriges Zuteilungsverfahren aufgebaut und genutzt werden. Kleine Satelliten, z. B. CubeSats, können auch über die für den Amateurfunk zugelassenen Frequenzen gesteuert werden. Ansonsten ist im Zusammenhang mit der Kommandierung eines Satelliten oder der Übertragung von Daten an eine Nutzlastbodenstation aber regelmäßig eine Einzelzuteilung erforderlich.

Der Antrag auf Frequenzzuteilung ist an die Bundesnetzagentur zu stellen. In dem Antrag auf solch eine Einzelzuteilung sind die Dienstleistung oder Art des Netzes oder der Technologie und das Gebiet zu bezeichnen, in dem die Frequenznutzung erfolgen soll. Der Betreiber muss seine Eignung zur effektiven und störungsfreien Frequenznutzung darlegen. Antragsunterlagen der Bundesnetzagentur sind im Internet abrufbar [9.4.32].

Die Zuteilung der Frequenzen für Erdfunkstellen für den Satellitenfunk erfolgt, wenn die Frequenzen im **Frequenznutzungsplan** ausgewiesen und verfügbar sind. Daneben muss die Nutzung mit anderen Frequenznutzungen verträglich sowie effizient und störungsfrei sein.

Die Frequenzzuteilung ist gebührenpflichtig. Nach der Frequenzgebührenverordnung können zwischen 68 und 1 000 € von der Bundesnetzagentur verlangt werden. Daneben fallen jährliche Beiträge nach der Frequenzschutzbeitragsverordnung an.

Der Bundesnetzagentur sind Beginn und Beendigung der Frequenznutzung gesondert unverzüglich anzuzeigen. Auch Änderungen in den persönlichen Verhältnissen des Betreibers (Änderung von Name oder Anschrift, Änderung der Eigentumsverhältnisse) sind anzuzeigen.

Da Erdfunkstellen häufig von Dritten betrieben werden, muss derjenige, der eine Frequenzzuteilung für eine Erdfunkstelle erhalten hat, nicht identisch mit dem Betreiber des Satellitensystems und damit dem Inhaber der im Folgenden darzustellenden Orbit- und Frequenznutzungsrechte sein. Das Zusammenwirken von Weltraum- und Bodensegment wird in solchen Fällen vertraglich geregelt, vgl. Kapitel 9.4.2.3.

b) Übertragung von Orbitposition und Frequenznutzungsrecht

Die Frequenzzuteilung nach § 55 des Telekommunikationsgesetzes betrifft die Frequenznutzung durch Erdfunkstellen. Ist eine Frequenznutzung im Weltraum, z. B. zur Kommandierung eines Satelliten, erforderlich, so ist daneben eine besondere Regelung zu beachten: Dem Betreiber des Satellitensystems muss das Nutzungsrecht an der Frequenz sowie an der zugeordneten Orbitposition durch die **Bundesnetzagentur** zur Ausübung übertragen werden. Eine besondere Regelung ist notwendig, da die Frequenznutzung durch Satelliten eine internationale Koordinierung voraussetzt, die nach den völkerrechtlichen Regelungen der **ITU** erfolgt [9.4.33].

Das Verfahren zur **Übertragung von Orbit- und Frequenznutzungsrechten** an den Betreiber eines Satellitensystems regelt § 56 des Telekommunikationsgesetzes i. V. m. der Verfügung 8/2005 der Bundesnetzagentur [9.4.34].

Der Betreiber eines Satellitensystems mit Sitz in Deutschland ist gehalten, der Bundesnetzagentur bereits frühzeitig Satellitenprojekte anzuzeigen. Falls die internationale Anmeldung des Satellitensystems bei der ITU nicht über die Bundesnetzagentur erfolgen soll, ist ein Nachweis über die Einleitung des Verfahrens über einen anderen Mitgliedstaat der ITU vorzulegen.

Der Betreiber hat dann die beabsichtigte Inbetriebnahme des Satellitensystems ein Jahr vor dem geplanten Start anzukündigen und dabei zu erläutern, welche Maßnahmen bei der Realisierung und welche Konzepte beim Betrieb des Satellitensystems verfolgt werden.

Die Bundesnetzagentur meldet die gewünschte Frequenz- und Orbitposition bei der **ITU** mit dem Ziel an, dass das Nutzungsrecht an Orbitposition und Frequenzen auf die Bundesrepublik Deutschland übertragen wird. Erst nachdem dies erfolgt ist, also nach Abschluss des Verfahrens bei der ITU, kann die Bundesnetzagentur dem privaten Satellitenbetreiber das Nutzungsrecht zur Ausübung überlassen.

Damit die Bundesnetzagentur eine Anmeldung bei der ITU vornimmt, ist ein Antrag des Satellitenbetreibers bei der Bundesnetzagentur erforderlich. Der Antrag muss Angaben zum Antragsteller, Ausführungen zu dem öffentlichen Interesse an der Anmeldung, Ausführungen zur Sicherstellung der Koordinierung, eine Verpflichtung zur Einhaltung der Regularien der ITU, den Nachweis über ein Treuhandkonto oder eine Bankbürgschaft für die zu erwartende Gebühr der ITU und ein Nutzungskonzept enthalten. Zudem sind technische Grunddaten des geplanten Systems anzugeben, insbesondere der vorgesehene Frequenzbereich, die Orbitposition und die geplante Ausleuchtzone.

Die Anmeldung wird vom zuständigen Funkbüro der ITU in einem Rundschreiben als Vorausveröffentlichung publiziert. Die Vorausveröffentlichung bietet allen ITU-Mitgliedstaaten die Gelegenheit, potenzielle Beeinträchtigungen eigener Frequenznutzungen frühzeitig zu erkennen und den Bedarf an einer Nutzungskoordinierung abzuschätzen. Frühestens sechs Monate nach der Vorausveröffentlichung erfolgt über das Funkbüro die Koordinierungsveröffentlichung. Diese enthält eine genaue technische Beschreibung des geplanten Satellitensystems. Könnte die Frequenznutzung für andere (bestehende oder geplante) Frequenznutzungen Störungen verursachen, so können die betroffenen Mitgliedstaaten (ggf. im Namen ihrer Staatsangehörigen oder -zugehörigen) Einspruch bei der ITU gegen die angemeldete Frequenznutzung erheben.

Die ITU sammelt die Einsprüche anderer Mitgliedstaaten gegen die von der Bundesnetzagentur angemeldeten Satellitensysteme und gibt sie an die Bundesnetzagentur weiter. Die Bundesnetzagentur muss nun mit diesen Mitgliedstaaten Gespräche führen. In deren Rahmen müssen die verschiedenen, möglicherweise kollidierenden Frequenznutzungen koordiniert werden. Die Bundesnetzagentur überträgt die Verantwortung für die Durchführung der **Koordinierung** auf den deutschen Satellitenbetreiber, der die Übertragung des Frequenznutzungsrechts bei der Bundesnetzagentur beantragt hat. Denn nur er kann die Auswirkung des Koordinierungsergebnisses auf das Design und den operationellen Betrieb des Satellitensystems und die wirtschaftlichen Aspekte abwägen. Die Bundesnetzagentur unterstützt ihn aber insoweit, als er aufgrund seines privatrechtlichen Status nicht zur Durchführung solcher Aktivitäten berechtigt ist (z. B. beim förmlichen Schriftwechsel mit anderen Mitgliedstaaten). Sie prüft die vom Antragsteller vorgelegten Unterlagen auf die Konformität mit ITU-Regularien und hinsichtlich der Beeinträchtigung von öffentlichen Interessen.

Praktische Schwierigkeiten entstehen nicht nur dadurch, dass der Koordinierungsprozess mehrere Monate, manchmal sogar Jahre, in Anspruch nehmen kann. Auch sind die technischen Grunddaten des geplanten Systems gegebenenfalls anzupassen, um eine Verträglichkeit mit anderen Satellitensystemen zu erzielen und die Koordinierung abzuschließen. Dies erfordert häufig eine flexible Missionsplanung.

Wird die Koordinierung erfolgreich abgeschlossen, so notifiziert die Bundesnetzagentur die Ergebnisse der Koordinierung und die endgültige technische Beschreibung des Satellitensystems bei der ITU. Auch hier muss der deutsche Satellitenbetreiber die Bundesnetzagentur unterstützen.

Das Funkbüro der ITU trägt das geplante Satellitensystem anschließend in das internationale **Hauptfrequenzregister** ein. Mit der Eintragung in das Hauptfrequenzregister erhält die Frequenznutzung eine völkerrechtlich geschützte Rechtsposition, welche durch die anderen Mitgliedstaaten der ITU (und deren Staatsangehörige und -zugehörige) zu beachten ist. Die Bundesrepublik hat mit der Eintragung ein Orbit- und Frequenznutzungsrecht erhalten.

Das geschilderte Verfahren unterscheidet sich, je nachdem, ob es sich um ein geostationäres oder umlaufendes System handelt.

Der deutsche Satellitenbetreiber kann nun bei der Bundesnetzagentur einen Antrag stellen, dass diese Nutzungsrechte der Bundesrepublik ihm zur Ausübung überlassen werden. Der Antrag muss mindestens drei Monate vor dem geplanten Start des Satelliten erfolgen. Die Überlassung der Nutzungsrechte zur Ausübung ist eine Nutzungserlaubnis, vergleichbar mit der Zuteilung von Frequenzen für Erdfunkstellen.

Voraussetzung der Übertragung ist, dass die Frequenzen und Orbitpositionen verfügbar sind, die Verträglichkeit mit anderen Frequenznutzungen sowie anderen Anmeldungen von Satellitensystemen gegeben ist und öffentliche Interessen nicht beeinträchtigt sind. Der Antragsteller muss nachweisen, dass Orbitposition und Frequenzen tatsächlich genutzt werden. Er muss nachweisen, dass die Konstruktion der Funkstellen an Bord des Satelliten Störungen verhindert, dass er die tatsächliche Verfügungsgewalt über das Raumsegment besitzt und über fachkundiges Personal verfügt. Auch muss der Antragsteller den ordnungsgemäßen Betrieb des Satellitensystems sicherstellen.

Startverschiebungen sind der Bundesnetzagentur umgehend mitzuteilen. Die Frequenzanmeldung verfällt unwiderruflich, wenn der Start nicht innerhalb von sieben Jahren nach der Anmeldung bei der ITU erfolgt. Umgehend nach dem Start ist die Bundesnetzagentur über den Startverlauf und die tatsächlichen Orbitparameter zu unterrichten, und die Registrierung des Weltraumgegenstands ist zu veranlassen.

Die Überlassung der Nutzungsrechte zur Ausübung erfolgt befristet auf die erwartete Lebensdauer des Satellitensystems. Die technischen Betriebsbestimmungen zu Frequenztoleranzen, Pegel der Aussendung, über Vorkehrungen zur Einstellung des Funkbetriebs sowie zur Einhaltung von Orbitposition und Antennenausrichtung sind zu beachten. Beim Auftreten von Störungen anderer Satellitensysteme oder fremder Funkdienste, die durch die Nichteinhaltung hervorgerufen werden, kann die Bundesnetzagentur Betriebseinschränkungen bzw. ein Betriebsverbot aussprechen oder die Übertragung der Orbit- und Frequenznutzungsrechte widerrufen.

Der Betrieb des Satelliten, für den die Nutzungsrechte überlassen werden, ist so einzurichten, dass für Bahnmanöver zur Außerbetriebnahme genügend Reserven verbleiben. Die Bundesnetzagentur kann betriebliche Vorgaben zur Umsetzung internationaler Standards zur Vermeidung von Weltraummüll machen.

Sowohl die Anmeldung eines Satellitensystems bei der ITU als auch die nationale Übertragung der deutschen Orbit- und Frequenznutzungsrechte ist kostenpflichtig. Neben der Gebühr nach der Frequenzgebührenverordnung zwischen 500 und 3 500 € und einem zusätzlichen jährlichen Beitrag sind vom Antragsteller auch die Kosten des ITU-Verfahrens in Höhe von 570 CHF für die Vorausveröffentlichung, 5 560 bis 33 467 CHF für die Koordinierung und 15 910 bis 57 920 CHF für die Notifikation (unmittelbar an die ITU) zu zahlen.

c) Ausfuhrgenehmigung für Raumfahrttechnik

Jedes private Unternehmen (so wie jede Forschungseinrichtung und Universität), das Güter oder Technologie ausführt, muss einen Ausfuhrverantwortlichen bestimmen, der ein Mitglied des Vorstands oder der Geschäftsführung ist. Der Ausfuhrverantwortliche hat die Aufgabe, das Unternehmen so zu organisieren, dass die Ausfuhrvorschriften eingehalten werden. Er muss hierzu geeignetes Personal auswählen, überwachen und auf dessen Weiterbildung achten. Er trägt insoweit eine persönliche Verantwortung.

Verboten sind der Export von **Kriegswaffen,** der Export von wirtschaftlichen Ressourcen (Waren, Geld, Dienstleistungen, Wissen) an Personen, Organisationen oder Unternehmen, die auf der **EU-Terroristenliste** gelistet sind, sowie der Export in Länder, gegen die ein entsprechendes **Embargo** besteht.

Sollen **Waffen,** Munition oder Rüstungsgüter, die in der Ausfuhrliste (Teil I, Abschnitt A) gelistet sind, in einen anderen Staat (auch einen Mitgliedstaat der Europäischen Union) verbracht werden, so ist hierfür eine Genehmigung erforderlich. Dies ist in der täglichen Praxis von Raumfahrtunternehmen weniger relevant.

Bedeutsamer ist die Genehmigungspflicht für Raumfahrttechnik, bei der es sich um Güter (einschließlich Datenverarbeitungsprogramme und Technologie) handelt, die sowohl für zivile als auch für militärische Zwecke verwendet werden können **(Dual-use-Güter und -Technologie).** Bedingt durch fehlende Startanlagen in Deutschland muss in Deutschland hergestellte oder zusammengebaute Raumfahrttechnik typischerweise ausgeführt werden. Ob es sich dabei um Dual-use-Güter oder Dual-use-Technologie handelt, ist abschließend in der **Ausfuhrliste** (Verordnung (EG) Nr. 428/2009, Anhang I) aufgezählt. Hierzu zählen sowohl Kommunikationstechnologie (Kategorie 5 der Liste), optische Sensoren und Radarsysteme (Kategorie 6 der Liste), Antriebssysteme, Trägerraketen und besonders konstruierte Bauteile, Systeme und Strukturbauteile für Trägerraketen, Trägerraketenantriebssysteme, Höhenforschungsraketen und Wiedereintrittsfahrzeuge (Kategorie 9 der Liste), wenn jeweils die in der Liste genannten technischen Spezifikationen der einzelnen Kategorien gegeben sind [9.4.35].

Zu beachten ist, dass die Liste nicht nur Technikprodukte (jeweils in der Unterkategorie A: Systeme, Ausrüstung und Bestandteile), sondern auch **Technologie** (jeweils in der Unterkategorie E) umfasst. Technologie ist spezifisches technisches Wissen, das für die Entwicklung, Herstellung oder Verwendung eines Produkts nötig ist. Das technische Wissen wird in der Form von technischen Unterlagen verkörpert, z. B. Pläne, Diagramme, Modelle, Formeln, Tabellen, Konstruktionspläne in Schriftform oder auf anderen Medien aufgezeichnet. Das technische Wissen kann aber auch durch technische Unterstützung ausgeführt werden, z. B. durch Unterweisung, Schulung, Arbeitshilfe oder Beratungsdienste. Es kann auch durch die Weitergabe von technischen Unterlagen gegeben sein. In der Praxis relevant sind die Versuche von Staatsangehörigen außerhalb der Europäischen Union, auf Messen oder Kongressen persönlichen Kontakt zu knüpfen; genauso kann technisches Wissen in Forschungs- und Entwicklungsvorhaben mit Unternehmen, Universitäten oder Forschungseinrichtungen außerhalb der Europäischen Union, in Trainings- und Ausbildungsprogrammen sowie beim Austausch von Wissenschaftlern, Doktoranden, Studenten, Ingenieuren und Professoren ausgeführt werden. Beachtet werden sollte ebenso, dass technische Unterlagen bei Abschluss von Versicherungsverträgen relevant sein könnten. Wird das technische Wissen dagegen im Rahmen von Angebotsverfahren ausgeführt, besteht eine Befreiung von der Genehmigungspflicht.

Ob eine Genehmigung für die Ausfuhr von Dual-use-Gütern und -Technologie beantragt werden muss, richtet sich ausschließlich danach, ob die auszuführende Raumfahrttechnik in der Ausfuhrliste aufgeführt ist. Dies gilt unabhängig davon, in welches Land die Raumfahrttechnik ausgeführt wird. Lediglich wenn eine Verbringung in einen Mitgliedsstaat der Europäischen Union erfolgt, ist eine Genehmigung nicht erforderlich. Ausnahmsweise kann eine Genehmigungspflicht auch für ein nicht gelistetes Gut bestehen, wenn derjenige, der es ausführen möchte, Anhaltspunkte dafür hat, dass dieses Gut für eine **militärische Endverwendung,** für ABC-Waffen oder Flugkörper für solche Waffen oder für kerntechnische Zwecke bestimmt ist.

Wer ein gelistetes Gut ausführen möchte, sollte rechtzeitig eine Voranfrage beim **Bundesamt für Wirtschaft und Ausfuhrkontrolle** (BAFA) stellen. Hier kann geklärt werden, ob eine Genehmigungspflicht besteht und ob eine Genehmigung grundsätzlich erteilt werden kann.

Die Genehmigung ist beim BAFA zu beantragen. Rechtsgrundlage ist die **Verordnung (EG) Nr. 428/2009** des Rates vom 5. Mai 2009 über eine Gemeinschaftsregelung für die Kontrolle der Ausfuhr, die Verbringung, die Vermittlung und die Durchfuhr von Gütern mit doppeltem Verwendungszweck. Diese Verordnung gilt unmittelbar als deutsches Gesetz. Einige wenige darüber hinausgehende nationale Beschränkungen für Dual-use-Güter und -Technologie erfolgen zusätzlich durch die §§ 7 ff. des Außenwirtschaftsgesetzes.

Die Antragsunterlagen sind im Internet abrufbar [9.4.37]. Dem Antrag beizufügen sind technische Unterlagen, z. B. Prospekte und Datenblätter, die eine technische Beurteilung des Gutes oder der Technologie zulassen. Es sollte grundsätzlich auch eine staatliche oder private Endverbleibserklärung des Kunden beigefügt werden. Das BAFA prüft dann (ggf. unter Einbeziehung des Bundesministeriums für Wirtschaft und Technologie und des Auswärtigen Amts), ob durch die Ausfuhr im Einzelfall internationale Verpflichtungen und Bindungen oder **nationale Sicherheits- oder außenpolitische Interessen** gefährdet werden.

Spezielle Genehmigungsvoraussetzungen und -verfahren bestehen für die Ausfuhr von Gütern in ein Embargoland (zurzeit Ägypten und Armenien (A), Aserbaidschan, Bosnien und Burundi (C), China, DR Kongo, Elfenbeinküste, Eritrea, Guinea, Haiti, Irak, Iran, Jemen (L), Libanon, Libyen, Mali, Myanmar, Nordkorea, Russland, Simbabwe, Somalia, Sudan, Südsudan und Syrien, Tunesien und Ukraine (W), Weißrussland, Zentralafrikanische Republik).

Das Genehmigungsverfahren dauert zwei Wochen bis drei Monate, in schwierigen Fällen, insbesondere wenn ein Embargoland betroffen ist, auch bis zu 12 Monate.

Verstöße gegen die Ausfuhrvorschriften können mit einer Geldbuße von bis zu 500 000 € oder mit einer Haftstrafe von bis zu fünf, in schweren Fällen bis zu zehn Jahren geahndet werden.

Neben den deutschen und europäischen Ausfuhrvorschriften ist in der Raumfahrt faktisch auch immer **US-amerikanisches Exportkontrollrecht** von Bedeutung. In vielen Bereichen ist die US-amerikanische Raumfahrtindustrie dominant, einige Bauteile können nur in den USA hergestellt werden.

Die Bedeutung besteht nicht nur mittelbar dadurch, dass US-amerikanische Firmen eine Exportgenehmigung beim Department of State benötigen, wenn sie Güter nach Deutschland ausführen wollen. Das Department of State knüpft auch Bedingungen an den Re-Export dieser Güter (und dem damit im Zusammenhang stehenden Wissen), d. h., wenn die aus den USA stammenden Güter von Deutschland aus in einen weiteren Staat ausgeführt werden sollen. Dies ist schon dann der Fall, wenn ein US-amerikanisches Bauteil aus den USA importiert und in Deutschland in einen Satelliten eingebaut wird und der Satellit dann zu seinem Startplatz, beispielsweise in Kourou oder Kasachstan, gebracht wird. Der Re-Export US-amerikanischer Güter ist zwar kein Verstoß gegen deutsches Recht, und US-amerikanisches Recht kann in Deutschland nicht angewendet oder durchgesetzt werden. Jedoch kann mittelbarer (wirtschaftlicher) Druck durch die Aufnahme in schwarze Listen aufgebaut und dem deutschen Unternehmen zukünftig die Zusammenarbeit mit US-amerikanischer Industrie erheblich erschwert werden. Bei der (ursprünglichen) Exportgenehmigung aus den USA heraus sollten daher den zuständigen Behörden stets Angaben darüber gemacht werden, in welche Staaten die Güter (auch als mittlerweile verarbeitetes Teil, beispielsweise in einem Satelliten) weiter exportiert werden sollen [9.4.38], [9.4.39].

d) Start- und Betriebsgenehmigung

Die Staaten, die den Weltraumvertrag ratifiziert haben, haben sich alle verpflichtet, nationale Verfahren aufzustellen, nach denen sie nichtstaatliche Aktivitäten im Weltraum genehmigen und beaufsichtigen, Art. VI (2) des Weltraumvertrags. Eine Tätigkeit ist „nichtstaatlich", wenn sie von einem privaten Unternehmen, einer Forschungseinrichtung oder Universität vorgenommen wird. Eine Tätigkeit im Weltraum ist in jedem Fall der Betrieb und die Kontrolle eines Satelliten, einer Sonde, einer Plattform oder Raumstation. Die Staatenpraxis zeigt aber, dass auch eine Tätigkeit, die nur teilweise im Weltraum stattfindet, aber darauf ausgerichtet ist, den Weltraum zu erforschen oder zu nutzen, eine Tätigkeit „im" Weltraum ist: umfasst sind danach auch Startaktivitäten. Nach überwiegender Auffassung nicht umfasst sind Höhenforschungsraketen. Ob auch Suborbitalflüge erfasst sind, ist umstritten.

Dementsprechend muss ein Staat spätestens dann ein **Genehmigungsverfahren** aufgestellt haben, wenn der erste Satellit beispielsweise von einem privaten Unternehmen oder einer Universität betrieben wird. Ein solches Genehmigungsverfahren kann im Zusammenhang mit bereits vorhandenen Verwaltungsverfahren umgesetzt werden, beispielsweise als Nebenbestimmung zu einer finanziellen Unterstützung des Staates (Zuwendung) zu der Tätigkeit. Es kann auch Teil einer vertraglichen Regelung des Staates mit dem Betreiber sein, beispielsweise im Zusammenhang mit einer staatlichen Beauftragung oder einer Public Private Partnership. Empfohlen wird allerdings die Schaffung einer eigenen gesetzlichen Regelung, beispielsweise in Form eines sogenannten **nationalen Weltraumgesetzes** [9.4.39a]. Denn dies ist gerade auch aus Sicht des privaten Unternehmens oder der Universität transparenter und trägt zu größerer Rechtssicherheit bei.

In Deutschland gibt es kein Gesetz, welches die Genehmigung von Aktivitäten im Weltraum regelt. Da es aber bereits private deutsche Unternehmen gab, die Startdienstleistungen von einer ausländischen Startanlage anbieten, sowie private deutsche Unternehmen und deutsche Universitäten, die Satelliten betreiben, muss der Staat in einer der anderen dargestellten Weisen die Aktivität genehmigen. Hier lässt sich allerdings kein einheitlich darstellbares Vorgehen feststellen.

Aus den völkerrechtlichen Verpflichtungen, die Deutschland mit dem Weltraumvertrag eingegangen ist, sowie aus einer Analyse bestehender ausländischer Gesetze lässt sich aber folgender Inhalt einer Genehmigung (im Rahmen eines bald zu schaffenden Gesetzes oder auf andere Weise) ableiten:

Zum einen muss durch die **Genehmigung** sichergestellt werden, dass das private Unternehmen, die Forschungseinrichtung oder Universität sich an dieselben Verhaltenspflichten hält, an die auch der Staat gebunden ist; zum anderen muss die Genehmigung die Sicherheit der Aktivität prüfen, um Schäden und Haftungsfälle zu vermeiden.

Die Pflicht zur Übertragung der **Verhaltenspflichten** im Weltraum auf private Unternehmer ist ausdrücklich in Art. VI (1) des Weltraumvertrags geregelt. Der Staat ist dafür verantwortlich, dass auch nichtstaatliche Aktivitäten im Weltraum im Einklang mit dem Weltraumvertrag erfolgen. Auch diese müssen die Verhaltenspflichten beachten, die das Spannungsfeld zwischen Weltraumfreiheit und Aneignungsverbot ausfüllen. Diese sind unter 9.4.1.1 ausgeführt.

Die Pflicht zur Prüfung der **Sicherheit** einer Aktivität zur Vermeidung von Schäden und Haftungsfällen hat zunächst einen ordnungspolitischen und gesellschaftlichen Charakter. Aber Deutschland hat auch ein starkes Eigeninteresse an der Vermeidung von Schäden bei der Durchführung einer Aktivität im Weltraum. Denn die Bundesrepublik Deutschland haftet als Startstaat nach Art. VII des Weltraumvertrags sowie nach dem Weltraumhaftungsübereinkommen für Schäden, die Dritten durch einen Weltraumgegenstand zugefügt werden. Dies gilt auch dann, wenn Deutschland nicht bei der Schadenverursachung (beispielsweise Kollision eines privaten Satelliten mit einem anderen Satelliten infolge fehlender Treibstoffvorräte nach Betriebsende) beteiligt war; denn die Haftung knüpft allein an ein Mitwirken im Augenblick des Starts (zu Beginn der Mission) an. Diese Haftung besteht in voller Höhe und neben einem Schadenersatzanspruch, den der Geschädigte unmittelbar gegen den Schädiger hat (vgl. hierzu oben 9.4.1.1). Zur Vermeidung solcher Schäden wird im Rahmen einer Genehmigung die **Zuverlässigkeit** des Betreibers, seine **Fachkunde** und **Leistungsfähigkeit** zur Durchführung der Aktivität geprüft werden. Daneben wird der Staat die **technische Sicherheit** prüfen (beispielsweise in Anlehnung an technische Standards wie ISO, DIN oder ECSS). Schließlich wird vielfach das Vorhandensein einer **Haftpflichtversicherung** gegen Schäden unbeteiligter Dritter (also nicht des eigenen Personals, des eigenen Eigentums oder des Personals oder Eigentums von Vertragspartnern) zur Voraussetzung dafür gemacht, dass eine Aktivität im Weltraum durchgeführt werden darf.

Die Genehmigungspflicht hat für den Staat neben diesen beiden Aspekten, die den Inhalt der Genehmigung darstellen, noch einen dritten Aspekt. Dieser betrifft, ähnlich dem zweiten Aspekt, ein Eigeninteresse des Staates. Wenn ein Staat über einen Antrag auf Genehmigung einer Weltraumaktivität erfährt, dass er für einen Weltraumgegenstand (beispielsweise einen Satellit), mit dem die Aktivität durchgeführt wird, Startstaat ist, so sollte er mit anderen Startstaaten eine Vereinbarung treffen, wie die Startstaaten in einem Haftungsfall intern die Schadenersatzverpflichtung untereinander aufteilen wollen, vgl. Kapitel 9.4.1.1.

Deutschland muss eine deutsche Aktivität nicht nur (am Anfang) genehmigen, sondern auch während der gesamten Missionszeit beaufsichtigen. Im Rahmen des Gesetzes oder auf andere Weise muss der Staat den Betreiber eines Satelliten verpflichten, regelmäßig oder bei Auftreten von Unregelmäßigkeiten die Aufsichtsbehörde zu informieren. Er muss sich gegenüber dem Betreiber das Recht verschaffen, Auskunft zu verlangen oder die Betriebsräume zu betreten, um Untersuchungen vorzunehmen. Ohne eine Rechtsgrundlage könnte der Betreiber dies verhindern. Schließlich kann (nur in einem Gesetz) an die Nichteinholung einer Genehmigung oder an einen Verstoß gegen Bestimmungen aus der Genehmigung ein Bußgeld oder eine Geld- oder Haftstrafe geknüpft werden.

Eine Sonderfrage der **Aufsicht** ist es, dass der Staat eine Informationspflicht einrichten sollte, wenn der Satellit (mit dem eine Weltraumaktivität unternommen wird) an einen ausländischen Betreiber verkauft werden soll. Denn wenn der Staat für diesen Satellit (haftender) Startstaat ist, so bleibt er dies auch nach dem Verkauf. Denn die Haftung des Staates knüpft ausschließlich an die Beteiligung des Staates im Augenblick des Starts an. Verursacht der neue, ausländische Betreiber einen Schaden, haftet Deutschland weiter – ohne dass er den ausländischen Betreiber beaufsichtigen kann. Der ursprüngliche Startstaat Deutschland wird daher versuchen müssen, mit dem für den neuen Betreiber zuständigen Staat eine Vereinbarung zu treffen, nach der der neue Staat die Haftung (im Innenverhältnis) übernimmt.

Im Zuge zunehmender internationaler Kooperationen in der Raumfahrt und berücksichtigend, dass ein deutscher Betreiber eines Satelliten stets von einer ausländischen Startanlage starten muss, sollten von einem solchen Betreiber eines geplanten Satellitensystems auch ausländische Genehmigungsverfahren, insbesondere bestehende Weltraumgesetze in Augenschein genommen werden. Auch wenn man nicht selbst einen Antrag auf Genehmigung zum Start oder Betrieb eines Satelliten stellen muss, so kann es die Missionsplanung beeinflussen, welchen Regelungen die ausländischen Kooperations- oder Vertragspartner unterliegen.

Förmliche ausländische Gesetze bestehen derzeit z. B. in [9.4.40], [9.4.41]:

- Australien (Space Activities Act, 1998 as amended, Space Activities Regulations, 2001),
- Belgien (Law on the activities of launching, flight operations or guidance of space objects, 2005),
- Brasilien (Administrative Edict No. 27, 2001),
- Frankreich (Law of space activities, 2008),
- Hongkong (Outer Space Ordinance, 1999),
- Niederlande (Law in corporating rules concerning space activities and the establishment of a registry of space objects, 2007),
- Norwegen (Act on Launching Objects from Norwegian Territory etc. into Outer Space, 1969),
- Russland (Law about Space Activity, 1996 as amended; Statute No. 403 Licensing Space Operations, 2006),
- Schweden (Act on Space Activities, 1982; Decree on Space Activities, 1982),
- Südafrika (Space Affairs Act, 1993 as amended),
- Südkorea (Space Exploration Promotion Act, 2005),
- Ukraine (Ordinance on Space Activity, 1996 as amended; Decree No. 798 on Licensing Private Entities undertaking Space Activities),
- USA (49 USC 701 Commercial Space Launch Activities; CFR 14 III 400 Commercial Space Transportation),
- Vereinigtes Königreich von Großbritannien (Outer Space Act, 1986).

Von folgenden Staaten ist bekannt, dass sie ein ähnliches Gesetz planen oder bereits Gesetzentwürfe haben: Italien, Indonesien, Indien, Luxemburg, Malaysia, Mexiko und Polen.

Abschließend sei darauf hingewiesen, dass die Genehmigung und Aufsicht einer Weltraumaktivität Anlass und Kern der oben genannten nationalen Weltraumgesetze sind. Viele Staaten haben damit aber auch die Registrierung von Weltraumgegenständen und spezifische Haftungsregelungen verbunden, insbesondere eine Rückgriffshaftung des nach Art. VII des Weltraumvertrags schadenersatzpflichtigen Staates gegen den Verursacher eines Schadens. Diese Aspekte werden unten (9.4.2.2 und 9.4.2.4) gesondert behandelt.

e) Genehmigungen für Raumfahrzeuge als Luftfahrzeuge

Solange es in Deutschland an einem Gesetz über Start- und Betriebsgenehmigungen für Weltraumaktivitäten mangelt, sollte immer ein Blick auf die luftrechtlichen Gesetze geworfen werden. Denn der Gesetzgeber hat in § 1 Absatz 2 des **Luftverkehrsgesetzes** ansatzweise die Voraussetzungen geschaffen, auch Raumfahrt regeln zu können: Raumfahrzeuge, Raketen und ähnliche Flugkörper gelten als Luftfahrzeuge, solange sie sich im Luftraum befinden.

Damit ist eine Grundlage dafür geschaffen, dass die Vorschriften des Luftverkehrsgesetzes, der Luftverkehrs-Ordnung, der Luftverkehrs-Zulassungs-Ordnung sowie die in Deutschland unmittelbar geltenden Verordnungen der EU Anwendung finden, welche Regelungen für Luftfahrzeuge aufstellen.

Allerdings gilt die **Fiktion** des § 1 Absatz 2 des Luftverkehrsgesetzes nur, solange sich die Raumfahrzeuge, Raketen und ähnliche Flugkörper im (deutschen) Luftraum befinden. Der Luftraum endet in einer Höhe zwischen 83 und 100 km, je nachdem, ob man zur Abgrenzung von Luft- und Weltraum einen technisch-physikalischen Ansatz (die sog. Kármán-Linie, die beschreibt, wo die Luft einen Gegenstand noch tragen kann bzw. wo ein Gegenstand bereits eine Umlaufbahn beschreiben kann) oder einen regulativen Ansatz (gesetzte Grenze bei 100 km) verfolgt. Da es aber weder in Deutschland noch in benachbarten Ländern Startanlagen gibt, wird diese Regelung kaum zur Anwendung kommen.

f) Anzeige gewerblicher Telekommunikationsnetze

Sollen über ein Satellitensystem **Telekommunikationsdienste** für die Öffentlichkeit erbracht werden, so ist neben der oben dargestellten Frequenzzuteilung und Übertragung der Orbit- und Frequenznutzungsrechte auch die Aufnahme des Betriebs eines solchen Netzes anzuzeigen. Die Anzeige erfolgt nach § 6 des Telekommunikationsgesetzes gegenüber der **Bundesnetzagentur.**

Die Anzeige muss die Angaben enthalten, die für die Identifizierung des Betreibers oder Anbieters erforderlich sind. Es handelt sich dabei insbesondere um die Handelsregisternummer, die Anschrift, die Kurzbeschreibung des Netzes oder Dienstes sowie den voraussichtlichen Termin für die Aufnahme der Tätigkeit.

g) Genehmigung zum Betrieb eines hochwertigen Erdfernerkundungssystems

Der **Betreiber eines hochwertigen Erdfernerkundungssystems** bedarf nach dem Satellitendatensicherheitsgesetz einer Genehmigung [9.4.43]. Ein Erdfernerkundungssystem ist hochwertig, wenn das System technisch in der Lage ist, Daten zu erzeugen, die einen besonders hohen Informationsgehalt haben. Dieser Informationsgehalt bestimmt sich nicht nur nach der geometrischen **Auflösung** der Daten, sondern auch nach der spektralen Abdeckung, der Anzahl der Spektralkanäle und der spektralen Auflösung, der radiometrischen und zeitlichen Auflösung sowie bei Mikrowellen- oder Radarsensoren nach den Polarisationsmerkmalen und der Phasengeschichte. Die genauen Grenzwerte werden in einer Rechtsverordnung bestimmt.

Der Betreiber eines solchen Systems muss vor dem Start eines Satelliten einen Genehmigungsantrag beim **Bundesamt für Wirtschaft und Ausfuhrkontrolle** (BAFA) stellen. Das BAFA prüft, ob vom Betrieb des Systems eine Gefährdung der **Sicherheits- und außenpolitischen Interessen** Deutschlands ausgeht. Dazu werden die Zuverlässigkeit des Betreibers und die Sicherheit des Betriebs geprüft. Das Satellitensystem selbst muss dazu drei technische Voraussetzungen erfüllen: Der Kommandierungs-Uplink muss in Deutschland erzeugt und gegen unbefugten Zugriff Dritter (z. B. durch Authentisierung) gesichert werden. Von welcher Bodenstation der Kommandierungs-Uplink in der Folge an den Satelliten gesendet wird, ist dann unerheblich. Weiterhin muss der Daten-Downlink gegen unbefugte Einsichtnahme Dritter (z. B. durch Verschlüsselung) gesichert sein. Schließlich müssen die Kontrollbodenstationen und Nutzlastbodenstationen technisch-organisatorisch so gesichert sein, dass lediglich befugte Personen Zugang zu den Kommandierungsanlagen und Empfangs- und Prozessierungsanlagen haben. Personen, die Zugang zu diesen Anlagen haben, müssen sicherheitsüberprüft sein.

Das BAFA wird bei der Prüfung unter anderem vom Bundesamt für Sicherheit in der Informationstechnik unterstützt.

Das Gesetz sieht auch eine Gebührenpflicht vor. Die Höhe der Gebühr ist in einer Rechtsverordnung festgelegt.

h) Zulassung als Anbieter von Erdfernerkundungsdaten

Weiterhin sieht das Gesetz vor, dass derjenige, welcher Daten oder Datenprodukte eines hochwertigen Erdfernerkundungssystems verbreiten will, zuvor vom BAFA als Datenanbieter zugelassen werden muss.

Datenanbieter ist derjenige, der erstmals die Daten oder Datenprodukte an Kunden weitergibt. Auch der Betreiber des Erdfernerkundungssystems kann Datenanbieter sein, wenn er selbst die Daten nicht ausschließlich an einen zugelassenen Anbieter, sondern an Kunden weitergibt. Der Normalfall dürfte jedoch sein, dass der Betreiber die Nutzungsrechte an den Geoinformationsdaten umfassend an einen Händler überträgt, der die Verbreitung der Daten übernimmt. Dann ist nur dieser Datenanbieter und bedarf einer Zulassung.

Das BAFA prüft bei der Erteilung der **Zulassung zum Datenanbieter** (ebenso wie beim Betreiber eines hochwertigen Erdfernerkundungssystems), ob dieser selbst keine Gefährdung für die **Sicherheits- und außenpolitischen Interessen** der Bundesrepublik Deutschland darstellt und die sichere Verbreitung der Daten möglich ist. Hierzu muss der Datenanbieter zuverlässig sein, er muss entsprechend dem Betreiber des Satellitensystems Zutritts- und Zugangskontrollen einführen und die Daten bis zur Verbreitung, z. B. durch Verschlüsselung, sichern.

Ein Datenhändler ist jedoch nicht verpflichtet, sich um eine Zulassung als Anbieter zu bemühen. Er kann auch darauf verzichten und hat dann nach dem Gesetz lediglich die Stellung eines Kunden. Folge dessen ist, dass er die Daten nur nach Prüfung der Sensitivität seiner Anfrage und ggf. einer Erlaubnis durch das BAFA erhalten kann. Dies ist im nachfolgenden Unterkapitel beschrieben.

i) Erlaubnis zur Verbreitung von Erdfernerkundungsdaten

Neben der Genehmigung zum Betrieb eines hochwertigen Erdfernerkundungssystems und der Zulassung als Datenanbieter sieht das Satellitendatensicherheitsgesetz eine Erlaubnispflicht für die **Verbreitung von Erdfernerkundungsdaten** vor. Verbreitung ist das In-Verkehr-Bringen oder Zugänglichmachen der Daten eines hochwertigen Erdfernerkundungssystems.

Zunächst muss jeder zugelassene Datenanbieter, der Daten oder Datenprodukte eines hochwertigen Erdfernerkundungssystems an eine Person verbreiten möchte, die nicht selbst zugelassener Datenanbieter ist, eine **Sensitivitätsprüfung** in Bezug auf die konkrete Anfrage durchführen. Die Sensitivitätsprüfung stellt fest, ob durch die beabsichtigte Verbreitung der Daten die Möglichkeit einer Gefährdung der **Sicherheits- und außenpolitischen Interessen** Deutschlands gegeben ist. Kriterien hierbei sind ausschließlich

- der technische Informationsgehalt der angefragten Daten,
- das auf den Daten dargestellte Zielgebiet,
- der Zeitpunkt der Erzeugung der Daten sowie der Zeitraum zwischen der Erzeugung der Daten und deren Verbreitung und
- die Bodenstation, an die die Daten gesendet werden sollen.

Dabei sind die Person des Kunden sowie die Personen, die mit den Daten zukünftig in Kontakt kommen sollen, zu berücksichtigen. Die Prüfung erfolgt anhand von im Gesetz und in der Rechtsverordnung fest vorgegebenen Kriterien, die durch den Datenanbieter automatisiert prüfbar sind.

Ergibt die Prüfung keine Möglichkeit der Gefährdung von Sicherheitsinteressen der Bundesrepublik Deutschland, so kann der Datenanbieter die Daten vorbehaltlos verbreiten. Ergibt die Prüfung dagegen eine Möglichkeit der Gefährdung von Sicherheitsinteressen, so muss der Datenanbieter die Verbreitung der Daten ablehnen oder beim **BAFA** eine **Erlaubnis** beantragen. In diesem Fall prüft das BAFA, ob die Gefährdung nicht nur möglich ist, sondern auch im konkreten Einzelfall besteht. Die Prüfung soll zügig erfolgen, möglichst innerhalb eines Monats. Viele Anträge zur Einzelfallprüfung werden aber in deutlich kürzerer Zeit entschieden werden können. Entscheidungskriterien sind einzig die Gefährdung von Sicherheitsinteressen, das friedliche Zusammenleben der Völker und der Schutz der auswärtigen Beziehungen der Bundesrepublik Deutschland.

Vergleichbare gesetzliche Regelungen gibt es in den USA [9.4.44] und in Kanada [9.4.45], [9.4.45a], [9.4.46]. Nur in diesen beiden Staaten gibt es zurzeit ähnlich hochwertige Erdfernerkundungssysteme, die nicht ausschließlich militärisch verwendet werden.

j) Sonderfall: Staatliche Zuwendungen zu Raumfahrtmissionen

Keine Genehmigung, aber doch eine Rechtsbeziehung zu einer staatlichen Stelle, ist die **Zuwendung.** Eine Zuwendung ist eine Subvention, die im Rahmen des deutschen Raumfahrtprogramms [9.4.47] für Vorhaben mit großem staatlichem Interesse bewilligt wird, welche ohne die Zuwendung nicht durchgeführt werden könnten. Rechtsgrundlage sind die §§ 23, 44 der Bundeshaushaltsordnung.

Zuwendungen werden in der Regel als **Projektförderung** gewährt und müssen grundsätzlich nicht zurückgezahlt werden. Ein Vorhaben der Grundlagenforschung kann vollständig, eine industrielle Forschung bis zu 50 % und vorwettbewerbliche Entwicklung bis zu 25 % gefördert werden. Die Europäische Kommission gestattet Zuschläge z. B. für kleine und mittlere Unternehmen oder für Verbundprojekte.

Wer an einer Zuwendung interessiert ist, kann sich von der Raumfahrt-Agentur im **Deutschen Zentrum für Luft- und Raumfahrt** individuell über die Förderaussichten beraten lassen und anschließend einen Antrag auf Bewilligung einer Zuwendung stellen. Neben der Vorhabensbeschreibung ist einem Antrag insbesondere auch ein Gesamtfinanzierungsplan bzw. eine Gesamtvorkalkulation beizufügen.

Die Raumfahrt-Agentur entscheidet im Auftrag des Bundesministeriums für Wirtschaft und Technologie über die Anträge auf Basis der Bonität des Antragsstellers in Bezug auf seinen Eigenanteil, die Zuwendungsfähigkeit der beantragten Kosten bzw. Ausgaben und der Machbarkeit des Vorhabens. Voraussetzung ist auch, dass mit der Durchführung des Vorhabens noch nicht begonnen worden ist.

Die Raumfahrt-Agentur begleitet das Vorhaben durch verschiedene Maßnahmen: Sie vergleicht den aktuellen Vorhabensstand mit der ursprünglichen Arbeits-, Zeit- und Ausgaben- bzw. Kostenplanung und bewertet die jährliche Fortschreibung des Verwertungsplans. Weiterhin überwacht und prüft sie die zweckentsprechende Verwendung der Zuwendung. Der Zuwendungsempfänger hat dazu regelmäßig Zwischennachweise und am Ende einen abschließenden Nachweis über die Verwendung der Zuwendung vorzulegen. Die Raumfahrt-Agentur muss dabei untersuchen, ob das mit der Zuwendung beabsichtigte Ziel voraussichtlich erreicht wird bzw. erreicht worden ist.

Unveränderbarer Teil des Zuwendungsbescheids sind die Nebenbestimmungen. Für Zuwendungen auf Ausgabenbasis bestehen allgemeine Nebenbestimmungen für Zuwendungen zur Projektförderung (ANBest-P) und besondere Nebenbestimmungen (BNBest-BMBF 98). Für Zuwendungen auf Kostenbasis bestehen besondere Nebenbestimmungen (NKBF 98). Inhalt der allgemeinen Nebenbestimmungen ist der Hinweis auf die wirtschaftliche und sparsame Verwendung der Zuwendung und Anforderungen an die Verwendung der Zuwendung. Sie verpflichten den Zuwendungsempfänger – wenn der Gesamtbetrag der Zuwendung mehr als 100 000 € beträgt – bei der Vergabe von Aufträgen zur Erfüllung des Vorhabens wie ein öffentlicher Auftraggeber zu handeln, d. h. in der Regel Aufträge öffentlich auszuschreiben. Die besonderen Nebenbestimmungen machen weitere Vorgaben. Eine der entscheidendsten Bestimmungen ist dabei die Festlegung, dass Ergebnisse, z. B. Erfindungen, die aus dem Vorhaben resultieren, dem Zuwendungsempfänger gehören und er ein ausschließliches Nutzungsrecht hat. Da das Vorhaben aber auch mit öffentlichen Mitteln gefördert wurde, muss der Zuwendungsempfänger das Ergebnis zur Innovation nutzen und entsprechend einem mit der Raumfahrt-Agentur abgestimmten Verwertungsplan verwerten. Gewerbliche Schutzrechte, z. B. Patente, müssen angemeldet werden. Dabei ist darauf zu achten, dass dies vor einer Veröffentlichung erfolgt. Denn sonst sind die Ergebnisse nicht mehr neu und nicht mehr schutzfähig.

9.4.2.2 Registrierung von Weltraumgegenständen

Gegenstände, die in eine Erdumlaufbahn oder darüber hinaus gestartet werden, sind in ein nationales **Register** einzutragen. Hierzu haben sich die Staaten verpflichtet, vgl. 9.4.1.1.

Die Bundesrepublik Deutschland hat ein entsprechendes Register geschaffen. Es befindet sich im Annex zur Luftfahrzeugrolle und wird vom **Luftfahrt-Bundesamt** (LBA) geführt. Mit Stand Oktober 2017 waren hierin 55 Weltraumgegenstände eingetragen.

Die Eintragung staatlicher Weltraumgegenstände erfolgt auf Eigeninitiative des LBA oder auf Hinweis des Auswärtigen Amts oder der Raumfahrt-Agentur im Deutschen Zentrum für Luft- und Raumfahrt. Die Eintragung privater Weltraumgegenstände erfolgt bislang nach freiwilliger Meldung des Eigentümers bzw. Betreibers. Eine förmliche Meldepflicht oder eine Pflicht zur Eintragung durch das LBA von Amts wegen besteht nicht: Rechtsgrundlage für die Eintragung von Luftfahrzeugen in die Luftfahrzeugrolle ist § 3 des Luftverkehrsgesetzes in Verbindung mit § 14 der Luftverkehrs-Zulassungs-Ordnung. Hier sind Raumfahrzeuge nicht (auch nicht über die Fiktion des § 1 Absatz 2 des Luftverkehrsgesetzes) benannt.

Auch der „Verpflichtung" zur Eintragung des Weltraumgegenstands gemäß der Verfügung 8/2005 der Bundesnetzagentur, die mit der Übertragung der Nutzungsrechte an der Orbitposition und den Frequenzen entsteht, kann lediglich als Hinweis angesehen werden. Denn die Verfügung stellt keine förmliche Rechtsgrundlage dar.

Aufgrund der unter 9.4.1.1 dargestellten Auswirkungen der nationalen Registrierung wird aber dennoch angeraten, bis zur Schaffung einer förmlichen Meldepflicht eine freiwillige Meldung an das LBA vorzunehmen.

Gemeldet werden sollten Weltraumgegenstände, für die die Bundesrepublik Deutschland Startstaat ist. Ein Weltraumgegenstand ist ein Gegenstand, der zur Erforschung oder Nutzung des Weltraums gestartet worden ist oder bestimmt ist, dies zu tun [9.4.48], [9.4.49]. Da der Gegenstand mindestens eine Erdumlaufbahn erreichen muss, fallen hierunter typischerweise Satelliten, Plattformen, Sonden und in einer Umlaufbahn verbleibende Oberstufen. Nicht umfasst sind Höhenforschungsraketen und Suborbitalflieger.

Die Bundesrepublik Deutschland ist auch für nicht staatlich betriebene Gegenstände Startstaat, wenn sie den Start des Gegenstands hat durchführen lassen oder wenn der Gegenstand von deutschem Territorium oder einer deutschen Anlage gestartet worden ist. Da es in Deutschland keine Startanlagen gibt und die Bundesrepublik keine Startanlage außerhalb Deutschlands besitzt, ist allein das Kriterium „den Start durchführen lassen" relevant. Dies wurde unter 9.4.1.1 bereits ausgelegt: Es ist erfüllt, wenn die Bundesrepublik eine Aktivität, die mit dem Gegenstand vorgenommen wird, genehmigt hat oder hätte genehmigen müssen (oder wenn die Bundesrepublik Deutschland einen sonstigen Beitrag, etwa finanzieller Art, geleistet hat, ein Vertrag über Bau und/oder Betrieb mit dem Eigentümer oder Betreiber geschlossen hat oder ein wissenschaftliches oder anderes Interesse besteht). Der Begriff ist also sehr weit zu verstehen. Ein guter Anhaltspunkt ist, dass Eigentümer oder Betreiber ein deutscher Staatsangehöriger, ein deutsches Unternehmen, eine Universität oder Forschungseinrichtung ist.

Das deutsche Register enthält lediglich die Informationen, die auch in das internationale Register einzutragen sind. Es sollten dem LBA daher gemeldet werden: am Betrieb des Gegenstands beteiligte ausländische Staaten oder Unternehmen (zur Bestimmung, ob andere Startstaaten existieren); eine gegebenenfalls bestehende geeignete Bezeichnung des Gegenstands (z. B. der Name des Satelliten); das Datum und das Hoheitsgebiet oder den Ort des Starts; die grundlegenden Parameter der Umlaufbahn (einschließlich Umlaufzeit, Bahnneigung, Apogäum und Perigäum); eine Beschreibung der allgemeinen Funktion des Gegenstands.

Da das LBA eine Eintragung erst nach dem Start vornimmt, reicht eine Meldung nach Start. Empfohlen wird aber eine informatorische Benachrichtigung bereits vor dem Start. Denn da es in Deutschland keine Startanlage gibt, wird es für jeden „deutschen" Weltraumgegenstand typischerweise noch mindestens einen weiteren Startstaat geben, nämlich den Staat, von dessen Territorium der Start erfolgte. Das LBA muss dann, idealerweise im Benehmen mit dem Auswärtigen Amt, eine Vereinbarung mit diesen Staaten schließen. Gegenstand der **Vereinbarung** muss die Klärung der Frage sein, ob die Bundesrepublik Deutschland oder einer der **anderen Startstaaten** den Weltraumgegenstand in sein nationales Register einträgt, vgl. oben 9.4.1.1. Erst wenn diese Vereinbarung abgeschlossen ist und die Bundesrepublik Deutschland als den Startstaat ausweist, der den Weltraumgegenstand registrieren soll, trägt das LBA den Weltraumgegenstand in den Annex zur Luftfahrzeugrolle ein.

Das deutsche Register ist nicht öffentlich; es kann nur auf Antrag unter Angabe von Gründen eingesehen werden. Verschiedene ausländische Register sind aber im Internet zugänglich [9.4.50], [9.4.52].

Nach der Eintragung informiert das LBA das Auswärtige Amt über die Eintragung und übermittelt die eingetragenen Informationen. Das Auswärtige Amt teilt dann dem Generalsekretär der Vereinten Nationen mit, dass die Bundesrepublik Deutschland der registrierende Startstaat für diesen Weltraumgegenstand ist, und übermittelt die eingetragenen Informationen weiter. Der UN-Generalsekretär (unterstützt durch das Weltraumbüro der Vereinten Nationen) trägt den Weltraumgegenstand in das internationale Register ein, vgl. oben 9.4.1.1.

9.4.2.3 Vertragliche Gestaltung der Mission

Die Durchführung einer Raumfahrtmission bedingt den Abschluss einer Vielzahl von Verträgen. Die Notwendigkeit, Inhalt und Ausgestaltung solcher Verträge ist einzelfallabhängig und wird bestimmt durch verschiedene Faktoren; beispielsweise welche Teile der Mission selbst durchgeführt werden können und ob man Betreiber eines Satellitensystems, Startdienstleister, Hersteller von Satelliten oder Betreiber einer Bodenkontrollstation ist. In der Folge sollen einige Vertragsbeziehungen aus der Sicht des Betreibers bzw. Eigentümers eines Satellitensystems dargestellt werden; da die Vertragsparteien in ihren Vereinbarungen weitestgehend frei sind, werden Empfehlungen abgegeben, wie der Inhalt eines solchen Vertrags aussehen kann.

a) Herstellung des Weltraumgegenstands

Kern eines jeden Vertrags über die (Entwicklung und) Herstellung eines Weltraumgegenstands ist die genaue Vereinbarung über die vom Hersteller übernommene **Leistungspflicht.** Diese wird zumeist in einer sehr langen technischen Beschreibung erfolgen und typischerweise dem Vertrag angelegt. Die Vertragsparteien dürfen aber nicht übersehen, dass die Beschreibung dieser Leistungspflicht ein wesentlicher Teil des Vertrags ist, der nicht vollständig in Anlagen verschoben werden kann. Die wesentlichen Aspekte sind daher im Vertrag selbst zu regeln, lediglich die (technischen) Details sind in einer Anlage beizufügen. Für viele technische Beschreibungen auch von Bauteilen in der Raumfahrt existieren normierte Standards, auf die zur Qualitätssicherung vielfach Bezug genommen werden sollte. Von Bedeutung sind insbesondere DIN-, CEN-, ISO- und ECSS-Normen; einige wenige Raumfahrtstandards bestehen auch über die AECMA. Solche Standards sind keine Gesetze und gelten nicht automatisch. Sie müssen von den Vertragsparteien in Bezug genommen werden. Für ECSS-Normen gilt weitestgehend eine Selbstverpflichtung der Industrie, jedenfalls soweit diese Mitglied des Verbands Eurospace ist. Die Standards dienen nicht nur der Qualitätssicherung, sondern auch der operativen Integrität und Kompatibilität.

Im Gegenzug zur Leistungspflicht des Herstellers wird sich der Besteller zur Zahlung einer Summe Geld verpflichten. Hier sollten nicht nur die Höhe, sondern auch die Art der Vergütung (z. B. Festpreis oder Kostenerstattung) und die Zahlungsbedingungen (termin- oder erfolgsabhängige Meilensteine) vereinbart werden [9.4.53]. Der Auftraggeber sollte den Fortschritt des Auftrags durch technische Reviews begleiten.

Ob der Hersteller seine Leistungspflicht erfüllt hat, bemisst sich nach der beschriebenen Leistungsvereinbarung. Wichtig ist dabei, dass aus der Beschreibung hervorgeht, ob der Hersteller lediglich eine Dienstleistung oder die Übergabe eines Produkts erbringen soll. Denn falls eine Dienstleistung erbracht werden soll, schuldet der Hersteller lediglich die Erbringung der Leistung und ein Bemühen um einen Erfolg. Dies wird der Fall sein, wenn die Neuentwicklung von Technik, beispielsweise eines neuen Satellitenbustyps, einen großen Teil der Leistungspflicht ausmacht. Falls die Übergabe des Produkts vereinbart ist, muss der Hersteller genau diesen Erfolg bringen. Ein Bemühen reicht nicht mehr aus. Eine solche Vereinbarung erfolgt etwa, wenn ein am Markt gängiges Produkt hergestellt werden soll, beispielsweise ein gängiger Bustyp mit normalen Instrumenten bestückt übergeben werden soll. Wie entscheidend dieser Vertragsteil ist, zeigt sich daran, dass, sobald der Hersteller seine Vertragspflicht erfüllt hat (z. B. das Bemühen, einen neuen Bustypen herzustellen), der Vertrag erfüllt ist. Der Besteller kann keine Nachbesserung und keinen Schadenersatz verlangen.

Gibt der Hersteller über die reine Leistungsbeschreibung hinaus eine Garantie ab, die Leistung zu erbringen, so sollte er sich bewusst sein, dass er damit ein erhöhtes Risiko eingeht. Bei Nichterfüllung der Pflicht treffen ihn Schadenersatzforderungen, auch wenn er die Nichterfüllung nicht zu verschulden hat.

Da es im Bereich der Forschung und Entwicklung von Raumfahrttechnologie leicht zu Zeitverzögerungen kommen kann, sollten die Vertragsparteien von Beginn an Vereinbarungen treffen, die die Leistung in Phasen aufteilt. Solche Phasen ermöglichen eine flexible Anpassung des Vertrags.

Verträge, gerade im Bereich der Forschung und Entwicklung, sollten eine **Geheimhaltungsvereinbarung** enthalten. Denn die Vertragsparteien müssen für eine beide Seiten zufriedenstellende Erfüllung des Vertrags viele Informationen austauschen. Die Geheimhaltungsvereinbarung sollte aber befristet werden. In Ausnahmefällen kann sie an eine Vertragsstrafe geknüpft werden.

Eine ausführliche Vereinbarung sollte weiterhin darüber erfolgen, welche der Vertragsparteien welche **Rechte am Ergebnis** eines Vorhabens (z. B. Erfindungen, Quellcode, Prototyp, Erkenntnisse, Lizenzen, Know-how) hat.

Der Vertrag wird zu ergänzen sein mit allgemeinen vertraglichen Regelungen über Kündigungsrechte, Streitschlichtung, Gerichtsstand etc.

Da zwischen Kontaktaufnahme und Vertragsschluss ein erheblicher Zeitraum liegen kann und inzwischen bereits

Inhalte der geplanten Zusammenarbeit besprochen, ggf. Investitionen getroffen und Know-how offengelegt wird, sollten die (zukünftigen) Vertragsparteien überlegen, ob sie einen Vorvertrag in Form einer Absichtserklärung, eines Memorandum of Understanding, eines Optionsvertrags oder einer reinen Geheimhaltungsvereinbarung abschließen.

b) Sonderfall: Auftrag vom Deutschen Zentrum für Luft- und Raumfahrt

Eine Sonderkonstellation ist gegeben, wenn die Herstellung eines Weltraumgegenstands im **Auftrag der Raumfahrt-Agentur** im Deutschen Zentrum für Luft- und Raumfahrt erfolgt. Hier gelten Standard-Vertragsbedingungen und das Haushaltsrecht.

Nach § 55 der Bundeshaushaltsordnung sind solche Verträge durch die Raumfahrt-Agentur öffentlich auszuschreiben. Sie hat hierzu nach den Vorschriften des Haushalts- und Wettbewerbsrechts die richtige Vergabeart zu wählen und eine **öffentliche Ausschreibung,** eine beschränkte Ausschreibung, eine freihändige Vergabe (bei Lieferungen unterhalb des festgelegten Schwellenwerts) oder ein offenes, nichtoffenes oder Verhandlungsverfahren (oberhalb des jeweiligen Schwellenwerts) durchzuführen. Unabhängig von dem zu wählenden Verfahren ist eine detaillierte Leistungsbeschreibung anzufertigen, anhand derer der Bieter sein Angebot ausrichten kann. Der an einem Auftrag Interessierte sollte Tageszeitungen, amtliche Veröffentlichungsblätter, Fachzeitschriften und das Supplement zum Amtsblatt der Europäischen Gemeinschaft verfolgen. Denn hierin sind die beabsichtigten Vergaben bekanntzumachen. Teilweise kann der Auftraggeber anstelle der Bekanntmachung in diesen Medien auch unmittelbar potenzielle Bewerber anschreiben und um Angebote bitten. Dann ist aber im Vorfeld häufig ein Teilnahmewettbewerb durchzuführen, zu dem in den genannten Medien aufgerufen wird. Der Bieter muss die Angebotsfrist beachten, denn es handelt sich um harte Ausschlussfristen. Nach der Prüfung der eingegangenen Angebote wird durch eine Kommission dem wirtschaftlichsten Angebot der Zuschlag erteilt. Die Wirtschaftlichkeit bemisst sich nach festen, im Vorfeld festgelegten Kriterien mit zugeordneten Gewichtungsfaktoren, die dem Bieter vorab bekannt gegeben werden. Sie bestimmt sich nicht allein nach dem niedrigsten Preis.

Der Anbieter, der das wirtschaftlichste Angebot abgegeben und daher den Zuschlag erhalten hat, schließt in der Folge einen Vertrag mit der Raumfahrt-Agentur im Deutschen Zentrum für Luft- und Raumfahrt. Es wird sich häufig um einen **Forschungs- und Entwicklungsvertrag** handeln (das ist dann der Fall, wenn der Auftrag über 25 % Forschungs- und Entwicklungsanteil beinhaltet).

Inhalt eines solchen Vertrags ist neben einer ausführlichen Beschreibung des Vorhabens und der Ausführungsfrist die Vereinbarung der Vergütung. Abhängig vom Auftragnehmer erfolgt die Vergütung auf Kostenbasis oder auf Ausgabenbasis: Hat der Auftragnehmer eine Kostenrechnung (das betrifft insbesondere die gewerbliche Wirtschaft, aber auch die Fraunhofer-Gesellschaft und die Helmholtz-Gemeinschaft), so wird das Vorhaben auf Kostenbasis vergütet. Hat der Auftragnehmer keine Kostenrechnung (das betrifft Hochschulen und Forschungseinrichtungen, z. B. die Max-Planck-Gesellschaft), so werden Vorhaben auf Ausgabenbasis vergütet, d. h., Ausgaben müssen durch Einzelbeleg darstellbar sein. Bei Vorhaben auf Kostenbasis wird in vielen Fällen zwangsläufig der (angebotene) Marktpreis zu vereinbaren sein. Nur wenn eine freihändige Vergabe oder eine Vergabe im Verhandlungsverfahren für ein Vorhaben auf Kostenbasis erfolgt, kann ein Selbstkostenfestpreis oder ein Selbstkostenerstattungspreis gewählt werden. Beim Marktpreis und beim Selbstkostenfestpreis trägt der Auftragnehmer das Risiko von eventuellen Mehrkosten, beim Selbstkostenerstattungspreis trägt der Auftragnehmer nur das Risiko von eventuellem Mehraufwand. Bei Vorhaben auf Ausgabenbasis wird anstelle des Marktpreises und des Selbstkostenfestpreises ein Festpreis vereinbart; anstelle des Selbstkostenerstattungspreises ein Ausgabenerstattungspreis.

Inhalt des Vertrags ist des Weiteren die Beachtung der ECSS-Qualitätsstandards. Während diese für die Industrie nur eine Selbstverpflichtung sind bzw. durch vertragliche Inbezugnahme verpflichtend gemacht werden können, ist die Raumfahrt-Agentur als staatliche Stelle bei der Durchführung ihrer nationalen Programme an diese Qualitätsstandards gebunden. Sie muss diese in der Folge auch an ihre Auftragnehmer weitergeben. Der Vertrag sieht schließlich Kündigungs- und Rücktrittsrechte des Auftraggebers und sonstige allgemeine Vereinbarungen vor.

Für einen Forschungs- und Entwicklungsvertrag auf der Basis eines Selbstkostenerstattungspreises hat das Bundesministerium für Bildung und Forschung darüber hinaus Allgemeine Vertragsbestimmungen (BEBF 98) erarbeitet. Diese Allgemeinen Vertragsbestimmungen werden auch im Bundesministerium für Wirtschaft und Technologie in dem Förderbereich des nationalen Raumfahrtprogramms angewendet. Bei Ausgabenerstattungspreisen gelten diese Vertragsbestimmungen analog, bei (Selbstkosten-)Festpreisen eingeschränkt. Die Bestimmungen regeln Rechtsfragen, die generell auf jeden Forschungs- und Entwicklungsvertrag Anwendung finden sollen und in der Regel nicht mit dem Auftragnehmer zu verhandeln sind. Sie gelten zusätzlich zu dem Forschungs- und Entwicklungsvertrag. Die Einbeziehung der BEBF 98 ist im Forschungs- und Entwicklungsvertrag ausdrücklich zu vereinbaren. In den BEBF 98 ist die Art und Weise beschrieben, nach der der Auftragnehmer das Forschungs- und Entwicklungsvorhaben durchzuführen hat. Beschrieben werden die abrechenbaren Kosten und die Durchführung der Abrechnung und

Zahlung selbst. Der Auftraggeber behält sich das Recht auf eine Preisprüfung vor. Es werden Regelungen vorgegeben, nach denen der Auftragnehmer selbst Unterauftragnehmer in das Forschungs- und Entwicklungsvorhaben einbinden kann. Es werden Berichtspflichten aufgestellt. Die Rechte an dem Ergebnis der Forschungs- und Entwicklungstätigkeit, d. h. Erkenntnisse, Erfindungen oder entwickelte Gegenstände, gehören dem Auftraggeber. Der Auftragnehmer kann aber einen Verwertungsplan vorlegen und gegen Zahlung einer Vergütung diese Ergebnisse verwerten. Erfinden Arbeitnehmer des Auftragnehmers bei der Durchführung der Forschungs- und Entwicklungstätigkeit, so hat der Auftragnehmer diese Erfindungen in Anspruch zu nehmen und (vor einer Veröffentlichung) zum Patent anzumelden. Nach einer Patentanmeldung sind die Ergebnisse des Forschungs- und Entwicklungsvorhabens durch den Auftragnehmer zu veröffentlichen. Der Auftraggeber nimmt das Forschungs- und Entwicklungsergebnis ab und fertigt zusammen mit dem Auftragnehmer eine Schlussniederschrift an, in die auch eventuelle Mängel aufzunehmen sind. Der Auftragnehmer übernimmt für zwölf Monate ab der Schlussniederschrift die Gewähr für die Einhaltung der anerkannten Regeln der Technik, die Güte des Materials, die fachmännische und gute Ausführung der Arbeit und das Vorliegen von im Forschungs- und Entwicklungsvertrag zugesicherten Eigenschaften.

c) Sonderfall: Kooperationsvertrag mit dem Deutschen Zentrum für Luft- und Raumfahrt

Während beim Forschungs- und Entwicklungsvertrag ein konkreter Eigenbedarf des Bundes an dem Ergebnis der Forschungs- und Entwicklungstätigkeit besteht, kann es Vorhaben geben, an denen nicht nur die Bundesrepublik Deutschland, sondern auch ein Privatunternehmen ein gesteigertes Interesse hat. Die Raumfahrt-Agentur im Deutschen Zentrum für Luft- und Raumfahrt wird dann keinen Forschungs- und Entwicklungsvertrag mit diesem Unternehmen abschließen. Der von den beiden Parteien gewählte Vertragstyp wird vielmehr ein Kooperationsvertrag **(Public Private Partnership)** sein [9.4.54]. Public Private Partnerships sind im Deutschen Raumfahrtprogramm ausdrücklich als angestrebte Maßnahme erwähnt. Sie wurden in der Vergangenheit von der Raumfahrt-Agentur im Wesentlichen bei den großen Erdbeobachtungsmissionen gewählt.

Das Interesse beider Parteien an dem Vorhaben spiegelt sich auch in den Vertragsbestimmungen wider. Auch hier sind der Vertragsgegenstand so genau wie möglich (typischerweise wiederum mit den technischen Details in einer Anlage zum Vertrag) festzulegen und die Aufgaben der beiden Vertragsparteien zur Erreichung des gemeinsamen Ziels zu definieren. Damit wird zugleich festgelegt, welche Partei welches Risiko bei Nichterreichen des gemeinsamen Projektziels trägt. Während bei einem klassischen Forschungs- und Entwicklungsvorhaben die Rechte am Ergebnis des Vorhabens beim Auftraggeber liegen (Austausch von Geld gegen Leistung), gibt es bei einem Kooperationsvertrag keine Auftraggeber-Auftragnehmer-Konstellation. Das bedeutet aber, dass die Parteien sich darüber einigen müssen, wer die Eigentumsrechte am Ergebnis bekommt und wem (ausschließliche oder nicht-ausschließliche) Nutzungsrechte zustehen und wie mit Erfindungen umgegangen wird. Auch in einem Kooperationsvertrag wird es zu einem Austausch von Geldleistungen kommen. Deren Gestaltung wird ebenfalls festzulegen sein. Da den Vertragsparteien Schäden bei der Durchführung des Vertrags entstehen können, sollten die Vertragsparteien eine Vorschrift über Haftung vereinbaren. Bei Forschungsvorhaben hat es sich in der Raumfahrt eingebürgert, dass die beiden Parteien häufig einen gegenseitigen Haftungsverzicht (cross-waiver of liability) vereinbaren. Das bedeutet, keine der beiden Vertragsparteien wird die andere Vertragspartei auf Zahlung der ihr entstandenen Schäden in Anspruch nehmen. Der Haftungsverzicht muss in Deutschland aber auf fahrlässiges und leichtfertiges Zufügen der Schäden begrenzt sein. Für vorsätzliches oder grob fahrlässiges Handeln kann vor Entstehung des Schadens nicht generell auf Ansprüche verzichtet werden. Mit einem solchen gegenseitigen Haftungsverzicht werden die Risiken der Vertragsparteien aus der Aufgabenzuweisung deutlich begrenzt. Schließlich sind auch in einem Kooperationsvertrag generelle Bestimmungen über Vertraulichkeit, Veröffentlichungen, Kündigungsmöglichkeiten und Streitschlichtung zu treffen.

d) Start des Weltraumgegenstands

Unverzichtbare Voraussetzung für die Aufnahme des Betriebs eines Satelliten oder einer Sonde ist es, dass diese in den Weltraum gestartet werden. Diese Transportleistung kann auf dem kommerziellen Markt eingekauft werden.

Vertragsparteien eines **Startdienstleistungsvertrags** werden in der Regel der Startdienstleister und der Betreiber bzw. Eigentümer des zu startenden Gegenstands sein. Der Betreiber des zu startenden Gegenstands kann allerdings auch seinen oben beschriebenen Vertrag mit dem Hersteller eines Satelliten so ausgestalten, dass der Hersteller nicht nur den Bau des Satelliten, sondern auch dessen Positionierung im Orbit schuldet (**delivery-in-orbit** oder turnkey). In diesem Fall werden der Startdienstleister und der Hersteller des zu startenden Gegenstands Vertragsparteien des Startdienstleistungsvertrags sein.

Der wesentliche Inhalt eines Startdienstleistungsvertrags [9.4.55] ist es, eine für beide Parteien tragbare **Zuweisung des Risikos** zu finden, welches durch einen Fehlstart oder eine falsche Positionierung des Satelliten besteht. Hierzu gibt es in einem Startdienstleistungsvertrag ein Geflecht an Bestimmungen, die im Zusammenhang gelesen werden müssen.

Bedeutsam ist zunächst die Ausgestaltung der Verpflichtungen der Vertragsparteien: Während sich der Betreiber bzw. Eigentümer des zu startenden Gegenstands zur Zahlung einer bestimmten Summe Geld verpflichtet (zurzeit etwa 10 000 bis 20 000 US-$ pro zu startendem Kilogramm, abhängig von der zu nutzenden Startrakete), verpflichtet sich der Startdienstleister zum Start des Gegenstands. In dem Vertrag ist genau zu bestimmen, was „Start" bedeutet, d. h. wann der Startdienstleister seine vertraglichen Verpflichtungen erfüllt hat. Dies ist bedeutsam, da ab diesem Zeitpunkt nicht mehr der Startdienstleister, sondern wieder der Betreiber bzw. Eigentümer das Risiko eines Fehlstarts oder einer falschen Positionierung trägt. Hier sind die Vertragsparteien frei zu vereinbaren, dass bereits mit dem Abheben der Rakete der Startdienstleister seine vertraglichen Pflichten erfüllt hat. Alternativ kann beispielsweise das Erreichen des Orbits, die erfolgreiche Positionierung, der erfolgreiche Abschluss des Testbetriebs oder die vollständige Inbetriebnahme des Satelliten vereinbart werden.

Liegt das Risiko für das Erreichen der vereinbarten Leistung (beispielsweise Positionierung) insoweit nun beim Startdienstleister, so wird dieses Risiko häufig in zweifacher Weise etwas eingeschränkt. Zunächst findet sich in den allermeisten Startdienstleistungsverträgen eine sogenannte **Best-effort-Klausel.** Hiernach schuldet der Startdienstleister nicht den Erfolg der vereinbarten Leistung; er hat lediglich alle Anstrengungen zu unternehmen, dass dieser Erfolg eintritt. In Ausnahmefällen, etwa wenn wiederholt derselbe Satellitenbustyp mit der gleichen Startrakete startet, besteht Verhandlungsmasse, dass ein Erfolg geschuldet sein kann. Enthält der Startdienstleistungsvertrag keine solche Klausel, wird sich aus dem Gesetz allerdings zumeist nur ein Bemühen des Startdienstleisters geschuldet. Die zweite Einschränkung erfährt die Risikozuweisung durch einen gegenseitigen Haftungsverzicht der Vertragsparteien (sogenannter **cross-waiver of liability**). Der Startdienstleister trägt die auf seiner Seite entstandenen Schäden (insbesondere an der Startrakete), der Betreiber bzw. Eigentümer die auf seiner Seite entstandenen Schäden (insbesondere am zu startenden Gegenstand). Diese Regelung ist grundsätzlich unabhängig davon, wer von beiden für das Nichterreichen der geschuldeten Leistung verantwortlich ist; sollte einer Seite aber ein Verschulden oder eine grobe Fahrlässigkeit nachzuweisen sein, so kann der cross-waiver unanwendbar sein.

Im Ergebnis trägt der Startdienstleister im Rahmen eines typischen Startdienstleistungsvertrags demnach das Risiko, dass er nicht alle Anstrengungen unternimmt, die zum Erreichen der vertraglich geschuldeten Leistung führen. Entstehen hierdurch Schäden, so trägt er die eigenen Schäden und die Schäden unbeteiligter Dritter, nicht aber die Schäden des Betreibers bzw. Eigentümers (also insbesondere eines möglicherweise zerstörten oder falsch positionierten Satelliten).

Diese Risikoverteilung ist im Vergleich zu herkömmlichen Transportverträgen (z. B. die Beauftragung eines Spediteurs auf der Straße) zu Lasten des Betreibers bzw. Eigentümers des zu startenden Gegenstands verschoben. Dies ist einerseits dem erhöhten Risiko eines Fehlstarts geschuldet, zum anderen der Tatsache, dass ein Satellitenbustyp stets individuell in die Startrakete integriert werden muss. Der Betreiber bzw. Eigentümer hat aber an anderen Stellen des Vertrags die Möglichkeit, dass durch diese Risikoverteilung auf seiner Seite verbleibende Risiko zu minimieren. Er kann mit dem Startdienstleister im Fall eines Fehlstarts einen kostenlosen Wiederholungsstart vereinbaren. So trägt er zwar die Kosten eines Nachbaus des Satelliten, muss aber nicht ein zweites Mal die Kosten für einen Start aufbringen. Der Betreiber bzw. Eigentümer sollte das Risiko eines Fehlstarts zudem durch die Vereinbarung von technischen Reviews, Abnahme- und Freigabeverfahren sowie die Beteiligung von eigenen Mitarbeitern in der Startvorbereitung minimieren.

Das dann noch auf beiden Seiten verbleibende Risiko kann durch den Abschluss von Versicherungen weiter begrenzt werden.

Neben diesen Bestimmungen zur Risikoverteilung enthält ein Startdienstleistungsvertrag typischerweise die folgenden Elemente: Um ein gemeinsames Verständnis von im Vertrag verwendeten Begriffen zu erreichen, sollten vertragsspezifische Definitionen (z. B. Fehlstart, Teilausfall, Totalausfall) vereinbart werden. Startzeitplan, Startfenster und Startzeitpunkt sollten genauso festgelegt werden wie Zahlungsbedingungen (beispielsweise Meilensteine, geknüpft an den Fortschritt der geschuldeten Startdienstleistung) und Regelungen zu einer möglichen Startverschiebung. Die Vertragsparteien müssen sich auch darüber verständigen, wer von beiden erforderliche behördliche Genehmigungen (Ausfuhr- und Einfuhrgenehmigungen, Starterlaubnis, Frequenzanmeldung, Registrierung der ggf. in einer Umlaufbahn verbleibenden Oberstufe und Registrierung des zu startenden Gegenstands) einholt. Verbunden werden sollte hiermit eine Information über den abgeschlossenen Vertrag an die (haftenden) Startstaaten. Weiterhin findet sich in Startdienstleistungsverträgen häufig eine klarstellende Regelung, dass die Eigentumsverhältnisse an dem zu startenden Gegenstand nicht durch die Integration in die Startrakete berührt werden. Häufig sind auch Fragen geistigen Eigentums und Know-hows zu regeln. Vielfach findet sich eine Vertraulichkeitsvereinbarung. Nicht fehlen sollte schließlich eine Vereinbarung über Kündigungsrechte, etwa ein Kündigungsrecht für den Satellitenbetreiber bzw. Eigentümer des zu startenden Gegenstands für den Fall, dass der Typ Startrakete, mit der der Gegenstand gestartet werden soll, bei einem vorherigen Start Unregelmäßigkeiten oder Fehler aufweist.

e) Betrieb des Weltraumgegenstands

Während der Betriebsphase ist missionsabhängig eine Vielzahl von Vertragsbeziehungen möglich. Drei sollen an dieser Stelle beispielhaft hervorgehoben werden.

Will oder kann der Betreiber die Befehlsfolgen für **Telemetrie, Tracking and Command** (TT&C) nicht selbst absetzen, so kann er sich einer fremden Bodenstation bedienen. Dies wird häufig bei der Positionierung eines Satelliten gemacht. Denn hier reicht vielfach das Sichtfeld der für die Mission festgesetzten (zentralen) Bodenkontrollstation nicht aus. Möglich ist auch eine Vertragsbeziehung zu Bodenstationen, die (Nutzlast-)Daten des Satelliten empfangen. Dies wird dann erforderlich, wenn der Datenspeicher an Bord des Satelliten begrenzt ist. Diese Gestaltung wird vielfach bei Erdfernerkundungsmissionen gewählt. Innerhalb dieser Verträge muss neben den Leistungsbeziehungen (Absetzen der Befehlsfolgen oder Empfang von Daten auf der einen, Geldleistung auf der anderen Seite) der Umgang mit den Befehlsfolgen (Authentifizierung) und den Daten (Verschlüsselung) geregelt werden. Es muss eine Risikovorsorge getroffen werden, wenn die vertraglichen Bodenstationen ausfallen. Und es sollte vereinbart werden, welcher Vertragspartner die erforderlichen Frequenzzuteilungen beantragt.

Hat der Betreiber mit der Mission den **Verkauf von Produkten oder Dienstleistungen** (Erdbeobachtungsdaten, Navigationssignale, Telekommunikationsleistungen) im Blick, so werden Nutzerverträge abzuschließen sein. Hier muss der Betreiber auf eine präzise Beschreibung seiner Leistungspflichten achten. Denn wenn diese nicht wie im Vertrag beschrieben erfüllt werden, stehen dem Nutzer Gewährleistungs- oder Haftungsansprüche zu. Für einige Dienstleistungen mag ein vertraglicher Haftungsausschluss vereinbar sein, so beispielsweise, wenn ohne oder gegen geringes Entgelt Navigationsleistungen erbracht werden und diese Signale vorübergehend nicht zur Verfügung stehen. Gerade im Bereich der Navigation ist auf mögliche Folgeschäden der Nutzer zu achten, die durch den Ausfall des Signals entstehen können. Entstehen beim Betrieb Produkte, beispielsweise Erdbeobachtungsdaten, so sind Vereinbarungen über Nutzungsrechte an diesen zu treffen.

Nutzt der Betreiber nicht alle Nutzlasten des Satelliten selbst, so können Verträge auch über den Mitflug von fremden Nutzlasten oder die Nutzung von Nutzlasten durch Dritte abgeschlossen werden. Relevant wird dies beispielsweise im Bereich der Telekommunikationssatelliten. Ein Betreiber mag ein Interesse nur an einem Teil der Transponder haben und kann einige Transponder zur Verfügung stellen. Dies kann ein Finanzierungselement der Mission darstellen. Bei den Transpondern wird typischerweise ein **Miet- oder Leasingvertrag** geschlossen werden. Die Vereinbarung sollte die Festlegung enthalten, unter welchen Bedingungen der Mieter bzw. Leasingnehmer seine Transponder selbständig steuern oder auf das Telemetrie, Tracking and Command des Betreibers Einfluss nehmen kann, um seinerseits adäquate Dienstleistungen mit den Transpondern erbringen zu können. Die genaue Beschreibung der geleasten Transponder in Abgrenzung zu den Transpondern des Betreibers ist einer der wichtigen Vertragsbestandteile. Fällt im Laufe der Mission ein Transponder aus, so sollte klar sein, ob es sich um einen solchen des Betreibers oder einen geleasten Transponder handelt. Entsprechend sind Vereinbarungen über das Ausfallrisiko zu treffen.

f) Versicherung der Mission

Die Versicherungswirtschaft bietet mittlerweile auch für Raumfahrtmissionen eine breite Möglichkeit der **Versicherung** an. Die Beteiligten an einer Raumfahrtmission haben in der Regel die Wahl, ob sie verbleibende technische und kommerzielle Risiken durch den Abschluss einer Versicherung decken oder eigene Rücklagen bilden (sogenannte **Selbstversicherung**). Allerdings gibt es einen Risikobereich, in dem der Abschluss einer Versicherung verpflichtend sein kann: Einige nationale Gesetze sehen Haftpflichtversicherungen gegen Schäden von an der Raumfahrtmission nicht beteiligten Dritten vor.

Die Pflicht zum Abschluss einer solchen Versicherung besteht in Deutschland zurzeit nicht. Allerdings können auch ausländische Gesetze, in denen eine solche Pflicht begründet ist, auf deutsche Staatsangehörige oder -zugehörige Anwendung finden. Wenn ein deutscher Satellit beispielsweise von den USA, Russland oder Australien gestartet werden soll, so muss der Start einschließlich der Nutzlast gegen Schäden Dritter versichert sein. Bei einem Ariane-Start gilt das Gleiche. Wird ein deutscher Satellit von einem US-Amerikaner, Russen oder einem Staatsangehörigen des Vereinigten Königreichs betrieben, so sind die durch den Betrieb entstandenen Schäden Dritter mit einer **Haftpflichtversicherung** zu decken. Für die USA gilt eine maximale Deckungssumme von umgerechnet etwa 415 Millionen € (oder der maximal zu erwartende Schaden), für Australien umgerechnet etwa 450 Millionen € (mindestens aber der maximal zu erwartende Schaden), für Russland umgerechnet 80 bis 250 Millionen € und für das Vereinigte Königreich umgerechnet etwa 145 Millionen €. Ähnliche Regelungen bestehen in der Ukraine, Südafrika, Hongkong, Brasilien und Belgien.

Alle anderen Versicherungen können freiwillig abgeschlossen werden. Versicherbar sind heute nahezu alle Teile einer Raumfahrtmission: eigene Schäden, Schäden, welche bei Vertragspartnern auftreten oder Schäden bei unbeteiligten Dritten. Versicherbar sind Schäden, die bei der Herstellung, beim Transport, bei der Integration, beim Start, bei der Positionierung und beim Betrieb auftreten (die Wiedereintrittsphase ist zum Teil versicherbar, genauso der „Betrieb" von Weltraumschrott). Versicherbar sind technische Fehler, Betriebsverzögerungen und Einkommensverluste. Im Versicherungsvertrag müssen die

Vertragsparteien das versicherte Ereignis bestimmen. Dazu ist festzulegen, wann die Vertragsparteien von einem Totalverlust (dieser kann schon bei einem Betriebsausfall von 51 % gegeben sein), einem Teilverlust und einem Betriebsausfall ausgehen. Es ist festzuschreiben, ob einige Risiken (z. B. höhere Gewalt) von der Deckung ausgeschlossen sind. Bedeutsam ist die Festlegung der Deckungssumme, d. h. des Betrags, der im Versicherungsfall zur Auszahlung kommt, und die hierfür vom Versicherten zu leistenden Versicherungsprämien. Diese beiden Werte sind angesichts eines (zurzeit) sehr unbeständigen Weltraum-Versicherungsmarktes stark zeit- und einzelfallabhängig. Die Vertragsparteien werden sich auch über den versicherten Zeitraum einigen. Derzeit ist eine maximale Dauer von 12 Monaten, mit Verlängerungsmöglichkeit, üblich.

Wer Interesse an dem Abschluss einer Versicherung hat, sollte genau prüfen, welche **Risiken** in seiner Person verbleiben. Hat beispielsweise der Betreiber die Herstellung eines Satelliten in Auftrag gegeben, so ist der Hersteller verpflichtet, den Satelliten wie im Vertrag beschrieben zu liefern. Schäden hierbei sind im Risikobereich des Herstellers. Hat der Betreiber einen Startdienstleistungsvertrag geschlossen, liegt das Risiko des Starts beim Startdienstleister; dieser wird sich versichern. Allerdings ist, wie oben gesehen, genau darauf zu achten, wann der Startdienstleister seine Pflicht erfüllt hat. Ist dies etwa schon mit dem Abheben der Startrakete der Fall, sollte der Betreiber die Positionierung versichern. Ist ein gegenseitiger Haftungsverzicht im Startdienstleistungsvertrag vereinbart, so sollte der Betreiber eigene Schäden auch beim Start versichern.

Die Verhandlung eines ausgewogenen und angemessenen Versicherungsvertrags ist stark einzelfallabhängig [9.4.56], [9.4.57].

Für die Kalkulation des zu versichernden Risikos und damit für die Kalkulation der Versicherungsprämien sind dem Versicherer viele technische Details über den Satelliten und seine Nutzlasten oder über die Startrakete mitzuteilen. Befindet sich der Versicherer im Ausland, so ist vor der Weitergabe derartiger Informationen zu prüfen, ob sie ein in der Ausfuhrliste gelistetes Gut betreffen. Denn es könnte sich um einen genehmigungspflichtigen Technologietransfer handeln (siehe Kapitel 9.4.2.1c).

g) Finanzierung einer Weltraummission

Der Betreiber eines Satelliten muss viel Kapital einsetzen, bevor er dass erste Mal Einnahmen (beispielsweise durch Telekommunikationsdienstleistung oder den Verkauf von Fernerkundungsdaten) verzeichnen kann: Der Satellit wird in der Regel durch ein beauftragtes Unternehmen hergestellt, durch einen Startdienstleister gestartet und ggf. durch eine beauftragte Bodenstation kommandiert. All dies erfolgt gegen Bezahlung.

Ist Eigenkapital zu Beginn der Raumfahrtmission nicht in ausreichendem Maß vorhanden, wird der Betreiber eines Satelliten Verträge abschließen, um die Finanzierung durch Dritte zu ermöglichen. Dies kann eine Vereinbarung mit dem Hersteller des Satelliten über einen **Eigentumsvorbehalt sein:** Die Bezahlung der Herstellung erfolgt in Raten, der Satellit wird nach Fertigstellung an den Betreiber zur Nutzung übergeben, aber der Hersteller bleibt solange Eigentümer, bis die letzte Rate gezahlt ist. Dies kann auch eine **Leasing-Vereinbarung** mit einer Bank sein: Die Bank erwirbt den Satelliten für den Betreiber vom Hersteller und wird Eigentümer, gegen Zahlung von Leasingraten überträgt sie ein Nutzungsrecht an den Betreiber. Und dies kann schließlich ein **Kreditvertrag** mit einer Bank sein. In einem Kreditvertrag lässt sich eine Bank typischerweise ein Bündel an Sicherheiten für die Auszahlung des Kreditbetrags (Projektfinanzierung) geben. Hierzu gehört insbesondere eine Vereinbarung, nach der der Betreiber der Bank das Eigentum an dem Satelliten überträgt, von der Bank aber das Recht erhält, den Satelliten weiter zu nutzen (Sicherungsübereignung). Daneben kann der Betreiber in dem Kreditvertrag aber auch Gesellschaftsanteile an die Bank verpfänden oder die Rechte aus Verträgen (z. B. Nutzungsrechte am TT&C, Eintrittsrechte in den Startdienstleistungsvertrag, Versicherungen, Lizenzrechte oder Kundenverträge) an die Bank abtreten [9.4.58].

Für den Fall, dass der Betreiber seine (Rück-)Zahlung nicht erfüllt, kann der Kapitalgeber auf diese Sicherheiten zurückgreifen: Beim Kreditvertrag kann die Bank die Rechte aus den Verträgen oder die gepfändeten Gesellschaftsanteile weiter veräußern. Sie ist Eigentümer des Satelliten, und das Recht des Betreibers, diesen nutzen zu können, erlischt. Die Bank kann den Satelliten entweder verkaufen oder einem anderen Betreiber zur Nutzung überlassen. Im Fall des Eigentumsvorbehalts kann der Hersteller bei Nichtrückzahlung von der Vereinbarung des Eigentumsvorbehalts zurücktreten; im Fall des Leasings kann die Bank den Leasingvertrag kündigen. Der Hersteller oder die Bank können auch hier das Nutzungsrecht an dem Satelliten an einen Dritten übertragen oder den Satelliten verkaufen.

Die Bank oder der Hersteller des Satelliten, die das Eigentum an dem Satelliten als Sicherheit haben, müssen in dem Sicherheitsvertrag eine Besonderheit berücksichtigen: Die Voraussetzungen für und die Durchführung der Ausübung der **Sicherungsrechte** (d. h. beispielsweise der Verkauf des Satelliten) richten sich nach dem Gesetz. Diese gesetzlichen Regelungen sind durch Vertrag nicht abänderbar. Bei beweglichen Gütern, wie dies ein Satellit ist, kommt für die Bank eine Erschwernis hinzu: Es finden die gesetzlichen Regelungen des Staates Anwendung, in dem sich der besicherte Gegenstand in dem Augenblick befindet, in dem der Sicherungsfall eintritt, d. h. der Betreiber seine (Rück-)Zahlungspflicht nicht mehr erfüllt. Die Bank oder der Hersteller wird zur Kalkulation seines Risikos bei der Verwertung daher bereits im Kreditvertrag oder bei der

Vereinbarung eines Eigentumsvorbehaltes vom Betreiber Informationen verlangen, in welchen Staaten sich der Satellit während Herstellung und Transport bis zur Integration am Startplatz befinden wird.

Interpretationsmöglichkeiten bestehen bei der Frage, welches (nationale) Recht Anwendung findet, wenn sich der Satellit bereits im Weltraum befindet. Der Weltraum ist internationales Territorium, Art. II des Weltraumvertrags, d. h. frei von nationalen Rechten. Zum Teil wird argumentiert, es finde das Recht des Staates Anwendung, in dem der Satellit als Weltraumgegenstand registriert ist. Der Registerstaat übe nach Art. VIII des Weltraumvertrags Hoheitsgewalt und Kontrolle über den Gegenstand aus; dies beinhalte auch die Anwendung des nationalen Rechts auf den Gegenstand. Zum Teil wird argumentiert, es finde das Recht des Staates Anwendung, in dem sich die Kontrollbodenstation des Satelliten befindet [9.4.59].

Diese Rechtsunsicherheit könnte mittelfristig durch die Verabschiedung eines völkerrechtlichen Vertrags beseitigt werden. Die **UNIDROIT**-Konvention über Sicherungsrechte an beweglichen Ausrüstungsgegenständen und das dazugehörige Protokoll über Weltraumvermögenswerte sehen ein einheitliches internationales Sicherungsrecht an Weltraumvermögenswerten vor [9.4.60.], [9.4.60a], [9.4.60b]. Dieses tritt neben die nationalen Sicherungsrechte und gibt der Bank oder dem Hersteller eines Satelliten, der einem Betreiber durch einen Eigentumsvorbehalt, durch Leasing oder durch eine Sicherungsvereinbarung eine Finanzierung gibt, die Gewissheit, dass er voraussehen kann, welche Rechtsvorschriften Anwendung finden, unabhängig davon, wo sich der Satellit gerade befindet. Das Protokoll über Weltraumvermögenswerte ist derzeit mangels ausreichender Zeichnungen aber noch nicht in Kraft getreten.

9.4.2.4 Haftungsrisiken

Die Durchführung einer Raumfahrtmission birgt Haftungsrisiken, deren sich jeder Akteur bewusst sein sollte. Die Haftungsrisiken sind bei der Missionsplanung zu berücksichtigen; es ist zu überlegen, welche Haftungsrisiken versichert werden sollen.

Raumfahrtmissionen unterliegen zunächst Haftungsrisiken wie jede andere Tätigkeit auch. Es gibt darüber hinaus aber einige haftungsrechtliche Besonderheiten, die beachtet werden müssen.

Jede Raumfahrtmission unterliegt zunächst den typischen Haftungsrisiken aus dem Vertrag und aus dem Gesetz. Erfüllt ein Vertragspartner seine **Verpflichtungen aus dem Vertrag** nicht, nicht rechtzeitig, nicht vollständig oder nicht richtig, so stehen der anderen Vertragspartei unter anderem auch Schadenersatzansprüche zu. Wird bei der Durchführung einer Raumfahrtmission ein unbeteiligter **Dritter geschädigt,** so kann dieser unmittelbar aus dem Gesetz Schadenersatz (aus unerlaubter Handlung) verlangen. Egal ob der Schadenersatzanspruch aus dem Vertrag oder aus dem Gesetz entsteht, in jedem Fall ist dem anspruchsberechtigten Vertragspartner bzw. Geschädigten der Nachteil auszugleichen, der durch die Vertragsverletzung oder die unerlaubte Handlung entstanden ist. Das heißt, es muss der Zustand hergestellt werden, der ohne das schädigende Ereignis vorliegen würde. Dieser Ausgleich kann in Form von Reparatur erfolgen. Typischerweise wird es sich aber um **Geldersatz** handeln.

Haftungsansprüche aus dem Vertrag können durch die Vertragsparteien teilweise durch Vereinbarung ausgeschlossen werden. Ein gegenseitiger Haftungsverzicht **(cross-waiver of liability)** für Schäden, die nicht durch Vorsatz oder grobe Fahrlässigkeit der anderen Vertragspartei entstanden sind, ist im Bereich der Forschung und der Entwicklung üblich.

Haftungsansprüche aus dem Vertrag bestehen grundsätzlich nur, wenn der Schädiger die Entstehung des Schadens verschuldet hat, das heißt vorsätzlich oder fahrlässig herbeigeführt hat. Im Gesetz kann aber festgelegt werden, dass ein Verschulden entbehrlich ist. Es handelt sich dann um eine **Gefährdungshaftung.** Der Schädiger haftet ohne Verschulden, allein bei Herbeiführung eines Schadens, weil er eine Aktivität vornimmt, die als gefährlich erachtet wird. Das bedeutet ein erhöhtes Haftungsrisiko: Der Geschädigte muss dem Verursacher des Schadens kein Verschulden nachweisen. Eine derartige Gefährdungshaftung existiert in Deutschland beispielsweise für den Betrieb eines Luftfahrzeugs, § 33 Luftverkehrsgesetz, nicht aber für die Raumfahrt. Andere Staaten haben hingegen den Start einer Rakete und den Wiedereintritt eines Weltraumgegenstandes in die Erdatmosphäre als eine derartig gefährliche Tätigkeit eingestuft und eine Gefährdungshaftung etabliert. Hintergrund ist, dass auch nach Völkerrecht eine solche Gefährdungshaftung der Startstaaten eines Weltraumgegenstands besteht, Art. II des Haftungsübereinkommens.

Raumfahrtmissionen sind vielfach international. In diesen Fällen kann die Frage nach der anwendbaren Rechtsordnung auftreten. Ein Vertrag sollte in solchen Fällen eine Regelung über das anwendbare Recht haben. Ist dies nicht der Fall, so gilt das Recht des Staates, in dem die charakteristische Vertragsleistung erbracht wird (z. B. Start des Satelliten). Wird im Rahmen einer Raumfahrtmission ein unbeteiligter Dritter geschädigt und liegt ein internationaler Sachverhalt vor, so besteht kein vergleichbares Wahlrecht. Es gilt das Recht des Ortes, an dem der Schaden entstanden ist.

Eine haftungsrechtliche Besonderheit besteht bei der Haftung für Schäden, die unbeteiligten Dritten durch einen Weltraumgegenstand entstehen. Der Geschädigte kann nach dem oben Gesagten unmittelbar den Schädiger aus unerlaubter Handlung auf Schadenersatz in Anspruch nehmen. Daneben besteht aber auch der völkerrechtliche Anspruch gegen die Startstaaten aus Art. VII des Weltraumvertrags bzw. den Art. II–IV des Haftungsübereinkommens. Damit hat der Geschädigte ein Wahlrecht, ob er den Schädiger oder den (Start-)Staat in Anspruch nimmt. Die Haftung der Startstaaten knüpft aber nicht an die Schadensverursachung an. Haftungsauslösendes Moment ist allein die Beteiligung am Start des Weltraumgegenstands. Die völkerrechtliche Haftung besteht auch dann, wenn der Schaden Jahre später beim Betrieb oder beim Wiedereintritt in die Erdatmosphäre entsteht oder allein vom Betreiber verursacht wurde. Wählt der Geschädigte einen der Startstaaten aus, ihm den Schaden zu ersetzen, so hat der Staat ggf. ein Interesse daran, den ihm durch die Zahlung des Schadenersatzes selbst entstandenen Schaden zumindest teilweise gegenüber dem tatsächlichen Verursacher geltend zu machen. Hierfür benötigt der Staat aber eine gesetzliche Grundlage. Eine solche besteht in einigen Staaten (z. B. Russische Föderation, USA, Vereinigtes Königreich, Australien). Die meisten Staaten, die eine solche Rückgriffsgrundlage schaffen, begrenzen den Rückgriff allerdings in der Höhe, beispielsweise auf die Summe einer verpflichtend abzuschließenden Versicherung gegen Schäden Dritter. Damit wird die Aktivität nicht nur versicherbar gemacht, die Begrenzung des Rückgriffs wirkt auch wirtschaftsfördernd. In Deutschland besteht derzeit keine gesetzliche Grundlage für einen Haftungsrückgriff.

Die völkerrechtliche Besonderheit, dass auch die Startstaaten für Schäden Dritter haften, kann sich für den Einzelnen also positiv auswirken. Nach den typischen Haftungsansprüchen haftet er dem Geschädigten in voller Höhe. Wendet sich der Geschädigte aber an einen der Startstaaten, so kann dieser unter Umständen zwar gegen den Schädiger **Rückgriff** nehmen. Aber da dieser Rückgriff in vielen Staaten der Höhe nach begrenzt ist, teilen sich Schädiger und Staat den Schaden. Der Einzelne haftet nicht mehr in voller Höhe.

Eine weitere haftungsrechtliche Besonderheit ist die Behandlung von **Weltraumschrott.** Weltraumschrott sind von Menschen gefertigte Gegenstände, die sich im Weltraum bewegen, jedoch ihre Funktion der Nutzung und Erforschung dauerhaft verloren haben. Es kann sich auch um ehemalige Teile eines Gegenstands handeln, der der Erforschung und Nutzung des Weltraums diente. Zur Vermeidung und Verminderung des Weltraumschrotts gibt es mittlerweile viele Ansätze. Eine herausgehobene Rolle spielt dabei das Inter-Agency Debris Coordination Committee. Bei den Regelungen, die hier entwickelt worden sind, handelt es sich um technische Standards. Die Generalversammlung der Vereinten Nationen hat im Jahre 2007 allerdings eine Resolution verabschiedet, in der sie diese Standards befürwortet und bekräftigt.

Kommt es trotz aller Versuche zur Vermeidung und Verringerung von Weltraumschrott doch zu einem Schaden, so stellt sich auch hier die Frage der Haftung. Diese endet nämlich nicht mit der Betriebsaufgabe. Auch der Weltraumschrott ist ein Gegenstand, der zur Erforschung und Nutzung des Weltraums gestartet worden ist. Die Startstaaten haften unabhängig davon, ob der Gegenstand betrieben wird oder nicht. Entscheidend ist allein die Beteiligung der Startstaaten im Moment des Starts. Kommt es zu einem Wiedereintritt des Weltraumschrotts in die Erdatmosphäre, so haften die Startstaaten sogar verschuldensunabhängig. Entsteht ein Schaden im Weltraum, so ist zwar ein Verschulden erforderlich. Doch kann die vorsätzliche oder fahrlässige Nichtbefolgung von Standards zur Vermeidung oder Verringerung von Weltraumschrott ein solches Verschulden darstellen.

Genauso besteht auch die unmittelbare Haftung des (Nicht-Mehr-)Betreibers für Schäden fort. Wenn der ehemalige Betreiber eines Weltraumgegenstands es unterlassen hat, Maßnahmen zu treffen, die einen Schaden Dritter ausschließen (z. B. sicherer Wiedereintritt in die Erdatmosphäre oder Verbringung in einen Friedhofsorbit), so kann dies, wenn es vorsätzlich oder fahrlässig passierte, zu einer Haftung führen.

Wer von der Bundesnetzagentur ein Nutzungsrecht an einer Orbitposition und einer Frequenz übertragen bekommen hat, wird von der Bundesnetzagentur darauf hingewiesen, dass die Lebensdauer von Satelliten so einzurichten ist, dass für Bahnmanöver zur Außerbetriebnahme genügend Treibstoffreserven verbleiben. Insbesondere geostationäre Satelliten sollen auf eine sichere Friedhofsbahn wechseln oder Wiedereintritts-Szenarien vorbereiten, vgl. 3.7 der Verfügung 8/2005 der Bundesnetzagentur.

9.4.3 Raumfahrt in der Zuständigkeit von ESA und EU

Raumfahrt in Europa war noch nie eine ausschließlich nationale, bi- oder trilaterale Angelegenheit. Raumfahrt hat schon immer einen europäischen Aspekt. Dieser europäische Aspekt ist auch für den einzelnen Unternehmer, die einzelne Universität oder die einzelne Forschungseinrichtung relevant. Wenn die europäischen Staaten in der Europäischen Raumfahrtorganisation ESA oder in der Europäischen Union politisch-programmatische Entscheidungen treffen, wie die Raumfahrt mittelfristig aussehen soll, so ist damit auch vorgegeben, in welchen Schwerpunkten eine Universität oder eine Forschungseinrichtung sich um finanzielle Unterstützung bewerben kann. Genauso ist für kommerzielle Unternehmen vorgezeichnet, in welchen Bereichen mittelfristig mit Aufträgen der ESA oder der EU zu rechnen ist. Ein Blick in diese europäisch-politischen Entscheidungen ist daher genauso zu empfehlen wie die Kenntnis des nationalen Raumfahrtprogramms der Bundesregierung.

Da ESA und EU eine sehr unterschiedliche Historie haben, mittlerweile aber beide Spieler in der Raumfahrt sind, sollen die wesentlichen politisch-programmatischen Entscheidungen kurz dargelegt werden.

Die wichtigsten Entscheidungen der **ESA** werden im Rat auf Ministerebene getroffen, der alle zwei bis vier Jahre stattfindet. Hier treffen die ESA-Mitgliedsstaaten die politischen Entscheidungen und Grundprinzipien der Raumfahrtpolitik der ESA und entscheiden über die Höhe der verschiedenen ESA-Programme. Durch das im ESA-Verfahren etablierte Rückflussprinzip legen die Staaten mit ihrer Zeichnungshöhe zugleich auch fest, wie viele Aufträge von der ESA-Exekutive an die Unternehmen, Universitäten und Forschungseinrichtungen dieses Staates zur Durchführung der Programme vergeben werden.

Die wichtigsten Entscheidungen der **Europäischen Union** werden vom Rat und der Europäischen Kommission getroffen. Im Bereich der Raumfahrt ist eines der politisch wichtigsten Dokumente derzeit die Europäische Raumfahrtstrategie von 2016. Die Kernthemen sind die optimale Nutzung von Weltraumdaten für die Gesellschaft und für die Wirtschaft, die Förderung einer wettbewerbsfähigen und innovativen Raumfahrtbranche, die Sicherung der strategischen Unabhängigkeit und die Stärkung der globalen Rolle Europas in der Raumfahrt. Bedeutsam ist auch das **Forschungsrahmenprogramm der Kommission Horizont 2020**. Hierin sind die Bereiche spezifiziert, in denen in den nächsten Jahren Forschungsaufträge vergeben werden.

Seit dem Inkrafttreten des Vertrags von Lissabon ist die Europäische Union neben den Mitgliedsstaaten zuständig, im Bereich der Raumfahrt Maßnahmen zu treffen und Programme zu erstellen und durchzuführen, siehe Artikel 3(3) und 189 des Vertrages über die Arbeitsweise der Europäischen Union. Das bedeutet allerdings noch nicht dass EU-Gesetze in diesem Bereich erlassen werden.

Trotz unterschiedlicher Historie, verschiedener Aufgaben, nahezu gegensätzlicher Industriepolitik und eines inkohärenten Kreises an Mitgliedstaaten hat sich die Zusammenarbeit der ESA und der EU in der Raumfahrt in den vergangenen Jahren verstärkt [9.4.61]. Hierzu bedurfte es einer Entscheidung sowohl des ESA-Rates als auch des Rates der Europäischen Union. In der Folge formalisierten beide ihre Zusammenarbeit durch eine gemeinsame Resolution der beiden Räte zu einer europäischen Raumfahrtpolitik und durch ein **Rahmenabkommen** zur Zusammenarbeit. Im Rahmenabkommen ist vereinbart, dass jede Seite weiterhin nach den eigenen internen Regeln arbeitet, dass aber eine Kooperation erfolgt bei Wissenschaft, Technologie, Erdfernerkundung, Navigation, Kommunikation, bemannter Raumfahrt und Mikrogravitation und Starttraketen. Praktisch nimmt die EU an dem optionalen Programm der ESA in Galileo teil. Galileo ist das erste große Projekt einer Zusammenarbeit. Weitere wichtige Projekte sind GMES, Copernikus und die Erweiterung von EGNOS. Schließlich haben ESA und Europäische Union mittlerweile gemeinsam eine europäische Raumfahrtpolitik erarbeitet. In der Umsetzung der Zusammenarbeit wurde ein **Space Council** geschaffen.

Literatur

[9.4.1] *von Kries, W.; Schmidt-Tedd, B.; Schrogl, K.-U.:* Gründzüge des Raumfahrtrechts. München: Verlag C. H. Beck, 2002.

[9.4.2] *Hobe, S.; Schmidt-Tedd, B; Schrogl, K.-U; Goh, G. (Hrsg):* Cologne Commentary on Space Law (Vol. 1). Köln: Carl Heymanns Verlag, 2009.

[9.4.3] *Bueckling, A.:* Der Weltraumvertrag. Köln: Carl Heymanns Verlag KG, 1980.

[9.4.4] *Creola, P.:* Raumfahrt und Völkerrecht. Zürich: Polygraphischer Verlag, 1970.

[9.4.5] *Gerhard, M.:* Art. VI. In *Hobe, S.; Schmidt-Tedd, B; Schrogl, K.-U; Goh, G. (Hrsg):* Cologne Commentary on Space Law (Vol. 1). Köln: Carl Heymanns Verlag, 2009, S. 103–125.

[9.4.6] *Hobe, S.; Schmidt-Tedd, B.; Schrogl, K.-U. (Hrsg.):* Current Issues in the Registration of Space Objects. Proceedings of Project 2001 Plus Workshop. Köln: Deutsches Zentrum für Luft- und Raumfahrt, 2005.

[9.4.7] *Lafferranderie, G.:* Jurisdiction and Control of Space Objects and the Case of an International Intergovernmental Organization (ESA). In: Zeitschrift für Luft- und Weltraumrecht (2005), S. 228–242.

[9.4.8] *Schmidt-Tedd, B.; Gerhard, M.:* Registration of Space Objects: Which are the Advantages for States Resulting from Registration? In: *Benkö, M.; Schrogl, K.-U. (Hrsg.):* Space Law: Current Problems and Perspectives for Future Regulation. Utrecht: Eleven International Publishing, 2005, S. 121–140.

[9.4.9] *Schmidt-Tedd, B.; Mick, S.: Art. VIII.* In *Hobe, S.; Schmidt-Tedd, B.; Schrogl, K.-U.; Goh, G. (Hrsg):* Cologne Commentary on Space Law (Vol. 1). Köln: Carl Heymanns Verlag, 2009, S. 150–156.

[9.4.10] United Nations: Practice of States and international organizations in registering space objects. UN Doc. A/AC.105/C.2/L.255.

[9.4.11] *Rodrigues, N.:* The United Nations Register of Objects Launched into Outer Space. In: *Hobe S.; Schmidt-Tedd, B.; Schrogl, K.-U. (Hrsg.):* Current Issues in the Registration of Space Objects, Proceedings of Project 2001 Plus Workshop. Köln: Deutsches Zentrum für Luft- und Raumfahrt, 2005, S. 25–35.

[9.4.12] *United Nations:* Online Index of Objects launched into Outer Space: http://www.unoosa.org/oosa/en/spaceobjectregister/index.html.

[9.4.13] *Bittlinger, H.:* Hoheitsgewalt und Kontrolle im Weltraum. Köln: Carl Heymanns Verlag, 1988.

[9.4.14] *Bueckling, A.:* Das Übereinkommen vom 29.3.1972 über die völkerrechtliche Haftung für Schäden durch Weltraumgegenstände. In: Versicherungsrecht (1977), S. 389–396.

[9.4.15] *Malanczuk, P.:* Haftung. In: *Böckstiegel, K. H.:* Handbuch des Weltraumrechts. Köln: Carl Heymanns Verlag, 1991, S. 755–803.

[9.4.16] *Kerrest, A.; Smith, L. J.: Art. VII.* In: *Hobe, S.; Schmidt-Tedd, B.; Schrogl, K.-U; Goh, G. (Hrsg):* Cologne Commentary on Space Law (Vol. 1). Köln: Carl Heymanns Verlag, 2009, S. 126–145.

[9.4.17] *Wins, E.:* Weltraumhaftung im Völkerrecht. Berlin: Duncker und Humblot, 2001, S. 62–65.

[9.4.18] *Gerhard, M.:* Nationale Weltraumgesetzgebung. Köln: Carl Heymanns Verlag KG 2002, S. 126–129.

[9.4.19] United Nations: Resolution 59/115 zur Anwendung des Konzeptes des „Startstaates“ vom 10. Dezember 2004.

[9.4.20] *Gerhard, M.*: Transfer of operation and control with respect to space objects – Problems of Responsibility and Liability of States. In: Zeitschrift für Luft- und Weltraumrecht (2002), S. 571–581.

[9.4.21] *Lee, R. J.*: Creating an International regime for property rights under the moon agreement. In: IISL Proceedings of the 42nd Colloquium on the law of outer space (1999), S. 409–418.

[9.4.22] *Kimminich, O.; Hobe S.*: Einführung in das Völkerrecht. 7. Auflage. Tübingen, Basel: Francke, 2000. S.189–190.

[9.4.23] *Benkö, M.; Schrogl, K.-U.*: The UN Committee on the Peaceful Uses of Outer Space: Adoption of a Declaration on „Space Benefits“. In: Zeitschrift für Luft- und Weltraumrecht (1997), S. 228–248.

[9.4.24] *Benkö, M.; Schrogl, K.-U.*: The UN Committee on the Peaceful Uses of Outer Space Adoption of a Resolution on Application on the Concept of the “Launching State” and Other Recent Developments. In: Zeitschrift für Luft- und Weltraumrecht (2005), S. 58–72.

[9.4.25] *Baumann, I.*: Das internationale Recht der Satellitenkommunikation: Frankfurt a. M.: Peter Lang, 2005, S. 267–330.

[9.4.26] *Tegge, A.*: Die Internationale Telekommunikations-Union. Baden-Baden: Nomos 1994.

[9.4.29] *Nagel, K.-F.*: Das neue Regulierungsübereinkommen über die Internationale Raumstation. In: Zeitschrift für Luft- und Weltraumrecht (1998), S. 143–149.

[9.4.30] *Bourbonniere, M.*: National-Security Law in Outer Space: The Interface of Exploration and Security. In: Journal of Air Law and Commerce (2005), S. 3–62.

[9.4.31] *Böckstiegel, K. H.; Benkö, M.; Hobe, S.*: Space Law: Basic Legal Documents. Instalment 9. Utrecht: Eleven International Publishing, 2004.

[9.4.32] *Bundesnetzagentur:* Anträge und Ausfüllhinweise. https://www.bundesnetzagentur.de/DE/Sachgebiete/Telekommunikation/Unternehmen_Institutionen/Frequenzen/SpezielleAnwendungen/Satellitenfunk/satellit-node.html.

[9.4.33] *Baumann I.*: Das internationale Recht der Satellitenkommunikation. Frankfurt a. M.: Peter Lang, 2005.

[9.4.34] *Baumann, I.; Gerhard, M.*: Neuregelung des Verfahrens zur Anmeldung eines Satellitensystems bei der ITU und zur Übertragung deutscher Orbit- und Frequenznutzungsrechte. In: Zeitschrift für Luft- und Weltraumrecht (2006), S. 87–99.

[9.4.35] *Creydt, M.*: US-Exportrecht und Satellitenindustrie. In: Zeitschrift für Außenwirtschaft in Recht und Praxis (2002), S. 453–457.

[9.4.36] *Bundesamt für Wirtschaft und Außenhandel:* Ausfuhrliste: http://www.bafa.de/DE/Aussenwirtschaft/Ausfuhrkontrolle/Gueterlisten/gueterlisten_node.html.

[9.4.37] *Bundesamt für Wirtschaft und Ausfuhrkontrolle:* Formulare. http://www.bafa.de/DE/Aussenwirtschaft/Ausfuhrkontrolle/Antragsstellung/antragsstellung_node.html.

[9.4.38] *Cloppenburg, J.*: Jüngste Entwicklungen im U.S.-amerikanischen Außenwirtschaftsrecht – Die Regulierung von Hochtechnologieexporten und ihr Einfluss auf die betroffenen Wirtschaftszweige am Beispiel der amerikanischen Satellitenindustrie. In: Zeitschrift für Luft- und Weltraumrecht (2001), S. 510–525.

[9.4.39] *von Kries, W.; Schmidt-Tedd, B.; Schrogl, K.-U.*: Gründzüge des Raumfahrtrechts. München: Verlag C. H. Beck 2002, S. 93–101.

[9.4.39a] *Gerhard, M.; Reutzel, I.*: Law realted to space transportation and spaceports. In: *Jahku, R.; Dempsey, P.*: Routledge Handbook of Space Law. London:Routledge 2017, S. 268–287.

[9.4.40] *Gerhard, M.;* Nationale Weltraumgesetzgebung. Köln: Carl Heymanns Verlag, 2002.

[9.4.41] *Gerhard, M.*: Art. VI. In *Hobe, S.; Schmidt-Tedd, B.; Schrogl, K.-U; Goh, G. (Hrsg)*: Cologne Commentary on Space Law (Vol. 1). Köln: Carl Heymanns Verlag, 2009, S. 120–122.

[9.4.43] *Gerhard, M.; Schmidt-Tedd, B.; Kroymann, M.*:. Ein Gesetz für die Raumfahrt – Das neue Satellitendatensicherheitsgesetz. Zeitschrift für Luft- und Weltraumrecht 2007, S. 40–54.

[9.4.44] *Department of Commerce:* Licensing of Private Remote Sensing Systems, 15 CFR 960. http://www.bafa.de/DE/Aussenwirtschaft/Ausfuhrkontrolle/Antragsstellung/antragsstellung_node.html/.

[9.4.45] *Government of Canada:* Remote Sensing Space Systems Act. http://laws-lois.justice.gc.ca/eng/acts/R-5.4/.

[9.4.45a] *Jakhu, R. S.*: Independent review of the Remote Sensing Space Systems Act. international.gc.ca/arms.../2017_review_of_remote_sensing_space_systems_act.pdf.

[9.4.46] *Stojak, M. L.*: Regulatory Framework for Commercial Remote Sensing Satellite Systems. In: IISL Proceedings of the 47th colloquium on the law of outer space (2004), IAC-04-IISL.1.02.

[9.4.47] *Bundesministerium für Wirtschaft und Energie:* Für eine zukunftsfähige deutsche Raumfahrt – die Raumfahrtstrategie der Bundesregierung, 2012. https://www.bmwi.de/.../zukunftsfaehige-deutsche-raumfahrt.html.

[9.4.48] *Heymer, W.*: Einige Gedanken zur Entwicklung des Begriffs Weltraumgegenstand. In: Zeitschrift für Luft- und Weltraumrecht (1973), S. 71–80.

[9.4.49] *Hintz, M.*: Weltraumgegenstände. In: *Böckstiegel, K. H.*: Handbuch des Weltraumrechts. Köln: Carl Heymanns Verlag, 1991, S. 157–203.

[9.4.50] *UK.gov:* UK Registry of Space Objects. https://www.gov.uk/government/publications/uk-registry-outer-space-objects.

[9.4.52] *Space and Advanced Technology:* US Space Objects Registry. https://www.state.gov/e/oes/sat/.

[9.4.53] *Schmeißer, N.; Zirkel, Markus P.*: Forschungs- und Entwicklungsverträge – Rechtliche Einordnung und vertragliche Gestaltung. In: Monatszeitschrift für Deutsches Recht (2003), S. 849–853.

[9.4.54] *Späth, L.; Michels, G.; Schily, K.*: Private Public Partnership – Die Privatwirtschaft als Sponsor öffentlicher Interessen. München: Droemer, 1998.

[9.4.55] *Knittelmayer, N.*: Der kommerzielle Startdienstleistungsvertrag. Baden-Baden: Nomos, 1998.

[9.4.56] *Gaubert, C.; Moysan, S.*: L'assurance spatial. In : Revue Française de Droit Aériene et Spatial (2003), S. 249–265.

[9.4.57] *Moysan, S.*: The Insurance Point of View. In: *Hobe, S.; Schmidt-Tedd, B.; Schrogl, K.-U.; Gerhard, M.; Moll, K. (Hrsg.)*: Towards a Harmonised Approach for National Space Legislation in Europe. Köln: Deutsches Zentrum für Luft- und Raumfahrt, 2004, S. 113–117.

[9.4.58] *Höpfl, M.*: Rechtsrahmen für die wirtschaftliche Nutzung des Weltraumes durch Privatunternehmen. Würzburg: Ergon Verlag, 2003.

[9.4.59] *Creydt, M.*: Die Besicherung von Weltraumvermögenswerten – Ein neues einheitliches internationales Sicherungsrecht und dessen Vergleich zum U.S.-amerikanischen Mobiliarsicherungsrecht. Frankfurt a. M.: Peter Lang, 2007.

[9.4.60] *Larsen, P. B.*: Future Protocol on Security Interests in Space Assets. In: Journal of Air Law and Commerce (2002), S. 1 071–1 105.

[9.4.60a] *Sundahl, M.*: The Cape Town Convention; its application to space assests and relation to the law of outer space. Leiden: Martinus Nijhoff Publishers 2013.

[9.4.60b] *Bollweg, H.-G.; Gerhard M.:* Sicherungsrechte an Luftfahrtausrüstung und Weltraumeigentum – Die Entwürfe einer UNIDROIT/ICAO-Konvention über internationale Sicherungsrechte an beweglicher Ausrüstung und der Protokolle über Luftfahrtausrüstung und Weltraumeigentum. In: Zeitschrift für Luft- und Weltraumrecht (2001), S. 373–396.

[9.4.61] *Hobe, S.; Kunzmann, K; Reuter, T.:* Forschungsbereicht ESA – EU, Rechtliche Rahmenbedingungen einer zukünftigen kohärenten Struktur der europäischen Raumfahrt. Berlin: Lit Verlag, 2006.

[9.4.62] *Gerhard, M.:* Raumfahrtrecht. Handbuch der Raumfahrttechnik, 4. Auflage (2011), S. 777–801.

Abkürzungsverzeichnis

AA	Arbeitsanweisungen
AAM	Auto Acquisition Mode
ACRV	Assured Crew Return Vehicle
ACS	Atmosphere Control and Supply
ACS	Attitude Control System
ACT	ATV Crew Trainer
ACU	Antenna Control Unit
AD	Atmosphärendämpfung
ADN	Ammonium Dinitramide
ADP	Acceptance Data Package
AD-Wandler	Analog-Digital-Wandler
AE	Approach Ellipsoide
AE	Astronomische Einheit
AF	Abschließende funktionale Forderung
AFSK	Audio Frequency Shift Keying
AG	Auftraggeber
AGC	Automatic Gain Control
AI	Approach Initiation
AIAA	American Institute of Aeronautics and Astronautics (Reston, VA)
AIK	Aktuelle Ist-Kosten
AIT	Assembly, Integration and Testing
AIV	Assembly, Integration, Validation
AKM	Apogee Kick Motor
ALSEP	Apollo Lunar Surface Experiment Package
ALU	Arithmetic Logic Unit
AM	Amplitudenmodulation
AMTEC	Alkali-Metall-Thermo-Electric-Converter
AN	Auftragnehmer
AO	Announcement of Opportunity
AOCS	Attitude and Orbit Control System
AOS	Acquisition of Signal
AP	Arbeitspaket
APDS	Androgenous Peripheral Docking System
APM	Attached Pressurised Module
APS	Active Pixel Sensor
APSK	Asymmetric Phase Shift Keying
AR	Acceptance Review
ARD	Atmospheric Re-entry Demonstrator
ARES	Sauerstoffrückgewinnungssystem
ASI	Agenzia Spaziale Italiana, italienische Raumfahrtagentur (Rom)
ASS	Amateur-Satellite Service
AST	American Segment Trainer
ASTM	American Society for Testing and Materials
ASTRA	Geostationäre Satellitenfamilie der SES Global S. A.
ATB	Avionics Test Bed
ATD	Astronauten-Trainings-Datenbank
ATI	Along Track Interferometry
ATM	Asynchronous Transfer Mode
ATV	Automated Transfer Vehicle
ATV-CC	ATV-Kontrollzentrum
AU	Astronomical Unit
AZ	Azimuth
B2B	Business to Business
BAPTA	Bearing and Power Transfer Assembly
BAS	Business Agreement Structure
BB	Breadboard (Entwicklungsmodell von Komponenten)
BCC	Battery Charge Control
BCDR	Battery Charge and Discharge Regulator
BCH	zyklischer fehlerkorrigierender Code (Bose-Chaudhuri-Hocquenghem-Code)
BCR	Batterieladeregler
BDC Motor	Brushless DC Motor
BDLI	Bundesverband der deutschen Luft- und Raumfahrtindustrie e. V. (Berlin)
BDR	Batterie-Entladeregler
BEM	Boundary Element Method
BER	Bit Error Rate
BFSK	Binary Frequency Shift Keying
BIMP	Bureau International des Poids et Measures
BioLab	Biological Laboratory
BIRD	Bi-spectral Infrared Detection
BLSS	Biological Life Support System
BNetzA	Bundes-Netz-Agentur
BNSC	British National Space Centre (London)
BOL	Begin of Life
BOS	Behörden und Organisationen mit Sicherheitsaufgaben
BOSS	BIRD Operating System
BPSK	Binary Phase Shift Keying
BS	Batteriesimulator
BSS	Broadcasting Satellite Service
BZ	Brennstoffzelle
C/C	Carbon/Carbon compounds
C/SiC	Siliziumcarbidmatrix
CAD	Computer Aided Design
CAM	Collision Avoidance Maneuvre
CAN Bus	Controller Area Network (Datenbussystem)
CBM	Common Berthing Mechanism
CBS	Cost Breakdown Structure
CCB	Common Core Booster
CCD	Charged Coupled Device
CCIR	Comité Consultatif International des Radiocommunication (Washington, D. C.)
CCN	Contract Change Note
CCS	Country/Company Structure
CCSDS	Consultative Committee for Space Data Systems (Washington, D. C.)
CCTV	Closed Circuit Television System
CDMA	Code Division Multiple Access
CDR	Critical Design Review
CDR	Commander
CDRA	Carbon Dioxide Removal Assembly
CEAS	Confederation of European Aerospace Societies (Brüssel)
CELSS	Controlled Ecological Life Support System

CEOS	Committee on Earth Observation Satellites
CER	Cost-Estimation-Relationship
CESS	Coarse Earth and Sun Sensor
CF	Capacity Fading
CFD	Computational Fluid Dynamics
CFK	kohlenstofffaserverstärkter Kunststoff
CFRP	Carbon-Fibre Reinforced Plastic
CGP	Common Grounding Point
CHAMP	CHAllenging Microsatellite Payload for Geophysical Research and Application
CHX	Condensing Heat Exchanger
CI	Configuration Item
CIDL	Configuration Item Data List
CL	Capacity Length, Zyklen-Lebensdauer
CMC	Ceramic Matric Composite
CMCF	Central Monitoring and Control Facility
CMD	Command
CME	Coronal Mass Ejections
CMG	Control Momentum Gyro
CNES	Centre Nationale d'Etudes Spatiales
COAS	Crew Optical Alignment Sight
COC	Certificate of Conformance
Col-CC	Columbus Control Centre
COL-MU	Columbus Mock-Up
COL-TRE	Columbus Trainer Europe
COL-TRU	Columbus Trainer US
COMMS	Communications
CORINE	Coordinated Information on the European Environment
COSMO	Columbus On-Orbit Stowage and Maintenance Officer
COSPAR	Committee on Space Research
COTS	Commercial Off The Shelf
CPLD	Complex Programmable Logic Device
CPM	Customer Product Management
CPTR	Compact Test Range
CPU	Central Processing Unit
CPV	Common Pressure Vessel
CQRM	Crew Qualification and Responsibility Matrix
CR	Commissioning Review
CRC	Cyclic Redundancy Code
CS	Commercial Service
CSA/ASC	Canadian Space Agency/Agence Spatiale Canadienne
CSG	Centre Spatial Guyanais
CSIM	Constellation Simulator
CVCM	Collected Volatile Condensable Material
CVD	Chemical Vapour Deposition
CVS	Concurrent Versions System
CWSA	Condensate Water Separator Assembly
D/C	Down-Converter
D/L	Down-Link
DAC	Direct Access Customer
DAM	Damping Mode
DARA	Deutsche Agentur für Raumfahrtangelegenheiten (heute: DLR)
DARPA	Defense Advanced Research Projects Agency
DART	Demonstrator for Autonomous Rendezvous Technology
DBS	Direct Broadcast Satellite
DC	Direct Current, Gleichstrom
DDS	Data Disposition System
DEM	Digital Elevation Model
DET	Direkter Energietransfer
DFD	Deutsches Fernerkundungsdatenzentrum
DFG	Deutsche Forschungsgemeinschaft
DFT	Data Flow Test
DGLR	Deutsche Gesellschaft für Luft- und Raumfahrt – Lilienthal-Oberth
DHS	Data Handling System
DIODE	DORIS Empfängerintegriertes Echtzeitnavigationssystem
DIPS	Dynamic Isotope Power System
DLR	Deutsches Zentrum für Luft- und Raumfahrt e. V.
DM	Development Model
DMS	Data Management System
DMS/Comms	Data Management System Engineer/ Communications Officer
DOD	Depth of Discharge
DORIS	Doppler Orbitography and Radiopositioning Integrated by Satellite
DPSB	Delta Pressure Sensor Block
DPSK	Differential Phase Shift Keying
DR	Dynamikbereich
DRA	Dual Receive Antenna
DRD	Documents Requirements Definition
DSM	Docking and Storage Module
DSMC	Direct Simulation Monte Carlo Method
DSN	Deep Space Network
DSP	Digital Signal Processor
DSPG	Distributed Single Point Grounding
DTMF	Dual Tone Multi Frequency (Tonwahlverfahren)
EAC	European Astronaut Center – Europäisches Astronauten-Zentrum
EADS	European Aeronautic Defence and Space Company
EAV	Energieaufbereitung und -verteilung
EBIT	Wirtschaftliches Betriebsergebnis (operatives Ergebnis)
EC	European Community
ECA	Ariane-5-Oberstufe für 10 t Nutzlast
ECLS	Environmental Control and Life Support
ECS	European Communication Satellite
ECSS	European Corporation for Space Standardization
EDAC/EDC	Error Detection and Correction
EDI	External Data Interface
EDR	European Drawer Rack
EEE	Elektrische, elektronische und elektromechanische Bauteile
EEM	Electrical Engineering Model
EESS	Earth Exploration Satellite Service
EGSE	Electrical Ground Support Equipment
EHF	Extremely High Frequency
EIDP	End Item Data Package
EIRP	Equivalent Isotropic Radiated Power
EJOP	European Joint Operations Panel

EL	Elevation
ELF	Extremely Low Frequency
ELV	Expendable Launch Vehicles
EM	Engineering Model
EMC	Electro-Magnetic Compatibility
EMCS	European Modular Cultivation System
EMI	Electro-Magnetic Interference
EMK	Elektromotorische Kraft
EML	Electro-Magnetic Levitator
EMU	Extravehicular Mobility Unit (Raumanzug)
EMV	Elektromagnetische Verträglichkeit
EOL	End of Life
EOS	Earth Observation System
EPDS	Electrical Power Distribution System
EPIRB	Emergency Position Indicating Radio Beacon
EPM	Earth Pointing Mode
EPM	European Physiological Module
EPROM	Erasable Programmable Read Only Memory
EPS	Electrical Power (Sub)system
EQM	Engineering Qualification Model
ERA	European Robotic Arm (ISS)
ERIS	External Regional Integrity Services
ESA	European Space Agency (Paris)
ESATAN	Thermisches Software Paket
ESC	Engineering Support Center
ESD	Entladung statischer Elektrizität
ESO	European Southern Observatory
ESOC	European Space Operations Centre
ESRIN	European Space Research Institute
EST	Engineering Support Team
ESTEC	European Space Research & Technology Centre
ESTRACK	European Space Tracking and Telemetry Network
ETC	European Transport Carrier
ETRF	European Terrestrial Reference Frame
ETS	Engineering Test Satellite
EUMETSAT	European Organization for the Exploitation of Meteorological Satellites
Eurocom	European Communicator
EUTELSAT	European Telecommunications Satellite Organization
EVA	Extra Vehicular Activity (Außenbordeinsatz)
EVI	Enhanced Vegetation Index
EVS	Elektrisches Energieversorgungssystem
FACS	Front Attitude Control System
FAE	Fixed Alkaline Electrolysis
FASTER	Facility for Absorption and Surface Tension on European Rack
FCL	Fold-back Current Limiter
FD	Flight Dynamics
FD	Flight Director
FDF	Flight Dynamics Facility
FDIR	Fault Detection, Isolation and Recovery
FDM	Finite-Differenzen-Methode
FDMA	Frequency Division Multiple Access
FDS	Flight Dynamics System
FE	Flight Engineer
FE	Finite Elemente
FEEP	Feldemissionstriebwerk
FEM	Finite-Elemente-Methode
FFP	Firm Fixed Price
FGB	Functional Cargo Block (Sarja), russisches Modul der ISS
FGR	Fertigstellungsgrad
FLPP	Future Launcher Preparatory Program
FM	Flugmodell
FM	Frequenzmodulation
FMECA	Failure Mode Effects and Criticality Analysis
FML	Fibre Metal Laminates
FOC	Full Operational Capability
FOG	Faseroptischer Kreisel
FOV	Field of View
FPGA	Field Programmable Gate Array
FQR	Flight Qualification Review
FRR	Flight Readiness Review
FS	Flight Spare
FSK	Frequency Shift Keying
FSL	Fluid Science Laboratory
FSS	Fixed Satellite Service
FT	Function Tree
FTP	File Transfer Protocol
FTS	Flight Telerobotics Services
FW	Fertigstellungswert
GACF	Ground Assets Control Facility
GCC	Ground Control Centre
GCR	Galactic Cosmic Ray
GCS	Ground Control Segment (Galileo)
GCTC	Gagarin Cosmonaut Training Center
GDDN	Global Distribution Data Network
GEO	Geostationärer Orbit
GEOSS	Global Earth Observation System of Systems
GF	Geschäftsführung
GG	Gravitationsgradient
GKA	Voraussichtliche Gesamtkostenabweichung bei Fertigstellung
GLAS	Geoscience Laser Altimetry System
GLONASS	Globalnaja Nawigazionnaja Sputnikowaja Sistema (Global Navigation Satellite System, Russland)
GMES	Global Monitoring for Environment and Security
GMS	Ground Mission Segment (Galileo)
GMSK	Gaussian Minimum Shift Keying
GMT	Greenwich Mean Time
GNC	Guidance, Navigation & Control (Flugführungssystem)
GNSS	Global Navigation Satellite System
GPHS	General Purpose Heat Source
GPS	Global Positioning System
GPST	GPS-Zeit
GQF	Gradient Furnace with Quenching
GRSP	Geodetic Reference Service Provider
GSD	Ground Sample Distance
GSDR	Ground Segment Design Review
GSE	Ground Support Equipment
GSIR	Ground Segment Implementation Review

GSO	Geo-Stationary Orbit
GSOC	German Space Operations Center, Deutsches Raumfahrt-Kontrollzentrum
GSRQR	Ground Segment Requirement Review
GSRR	Ground Segment Readiness Review
GSS	Galileo Sensor Stations
GST	Galileo System Time
G-T	Empfangsgüte einer Antenne
GTO	Geostationärer Transferorbit
GTRF	Galileo Terrestrial Reference Frame
H/W	Hardware
HAN	Hauptauftragnehmer
HAN	Hyroxylammonium-Nitrat
HAP	High Altitude Platforms
HCF	High Cycle Fatigue
HCU	Heater Control Unit
HDL	Hardware Description Language
HEO	Highly Elliptical Orbit
HEPA	High Efficiency Particle Filter
HET	Hall-Effect-Triebwerk
HF	Hochfrequenz
HILT	Hardware in the Loop Test
HK	House Keeping
HOSC	Huntsville Operations Support Center
HPA	High Power Amplifier
HRG	Hemisphärischer Resonator
HRSC	High Resolution Stereo Camera
HSIA	Hardware/Software Interaction Analyse
HST	Hubble Space Telescope
HTO	Horizontal Take-Off
HTP	High Test Peroxide
HTV	H-2 Transfer Vehicle (Japanisches Versorgungsfahrzeug für die ISS)
I/O-Interface	Input/Output-Interface
IABG	Industrieanlagen-Betriebsgesellschaft mbH
IAF	Internationale Astronautische Föderation
IB	Isolation und Beengtsein
IC	Integrated Circuit
ICO	Intermediate Altitude Circular Orbit
IDAS	Integriertes Datenerfassungssystem
IEEE	Institute of Electrical and Electronics Engineers
IERS	International Earth Rotation Service
IFHX	Interface Heat Exchanger
IGRF	International Geomagnetic Reference Field
IGS	Internationaler GNSS Dienst
IGS	Interconnecting Ground Sub-network
IGSO	Inclined Geo-Synchroneous Orbit
ILRS	International Laser Ranging Service
ILS	Integrated Logistic Support
IM	Integration Model
IMS	Ionenmobilitätsspektrometer
IMS	Inventory Management System
IMU	Inertial Measurement Unit
IMV	Inter Modular Ventilation
INMARSAT	International Maritime Satellite (Organization)
INTELSAT	International Telecommunications Satellite Consortium

IODE	Issue of Data Ephemeris
IOT	In-Orbit-Testing
IOV	In-Orbit Validation
IPF	Integrity Processing Facility
IPG	Inertial Pointing Mode
IPS	Instrument Pointing System
IPV	Individual Pressure Vessel
IR	Infrarot
ISD	Instructional System Development
ISDN	Integrated Services Digital Network
ISL	Inter-Satellite Link
ISO	Internationales Normen-System
ISP	Spezifischer Impuls
ISPR	International Standard Payload Rack
ISRO	Indian Space Research Organisation
ISS	International Space Station
IST	Integrated System Test
ISY	International Space Year
IT	Information Technology
ITCB	International Training Control Board
ITRF	International Terrestrial Reference Frame
ITU	International Telecommunications Union (Genf)
JAXA	Japan Aerospace Exploration Agency
JEM	Japanese Experiment Module (Kibo)
JGM	Joint Gravity Model
JOS	Japanese Onboard System
JPL	Jet Propulsion Laboratory
JSC	Johnson Space Center
KMF	Key Management Facility
KOS	Keep Out Sphere
KR	Knotenrechner
KSC	Kennedy Space Center
L1/L2	Lagrange-Punkte
LAI	Leaf Area Index
LAM	Large Angle Manoeuvre
LAN	Local Area Network
LBA	Luftfahrt-Bundesamt
LCF	Low Cycle Fatigue
LCL	Latching Current Limiter
LCOS	Liquid Crystal on Silicon
LCT	Laser Communication Terminal
LDAP	Lightweight Directory Access Protocol
LEO	Low Earth Orbit
LEOP	Launch and Early Orbit Phase
LES	Lebenserhaltungssystem
LET	Linear Energy Transfer
LF	Low Frequency
LF	Loop Frequency
LGF	Low Gradient Furnace
LH_2	Liquid Hydrogen
LHCP	Left Hand Circular Polarized
LHP	Loop Heat Pipes
LIB	Lithium-Ionen-Batterie
LIDAR	Light Detection And Ranging
LISA	Laser Interferometer Space Antenna
LLI	Long Lead Items

LM	Link-Margin
LNA	Low Noise Amplifier, rauscharmer Vorverstärker
LOC	Lines of Code
LORAN	Long Range Navigation
LOS	Line of Sight
LOS	Loss of Signal
LOX	Flüssiger Sauerstoff, LO_2
LRR	Laser-Retroreflektor
LRR	Launch Readiness Review
LSR	Life Support Rack
LT	Low Temperature
LUT	Look-Up Table
LVDS	Low Voltage Differential Signaling
M & C-System	Management & Control System
MAIT	Manufacturing Assembly, Integration, Testing
MCA	Multi-Constituent Analyzer
MCC	Mission Control Centre
MCC-H	Mission Control Center Houston
MCC-M	Mission Control Center Moscow
MCDR	Mission Critical Design Review
MCOP	Multilateral Crew Operations Panel
MCRR	Mission Commissioning Results Review
MCS	Master Control Station
MCU	Micro Control Unit
MDDN	Mission Data Dissemination Network
MDR	Mission Definition Review
MECO	Mechanical Configuration
MEO	Medium Altitude Earth Orbit
MER	Mars Exploration Rover
MET	Mission Elapsed Time
MF	Medium Frequency
MFSA	Magnetfeld-Simulationsanlage
MGF	Message Generation Facility
MGSE	Mechanical Ground Support Equipment
MHD	Magneto-Hydro-Dynamik
MIL	Military Standard
MIP	Mandatory Inspection Point
MIR	„Frieden" – ehemalige russische Raumstation
MISO	Master In Slave Out
MKMF	Mission Key Management Facility
MLI	Multi Layer Insulation
MLM	Mnogozelewoi laboratorny modul, russisches Modul der ISS
MM	Massemodell
MMC	Metal Matrix Composites
MMH	Monomethylhydrazin
MMI	Mensch-Maschine-Interface
MMU	Memory Management Unit
MMU	Manned Maneuvering Unit
MON	Mixed Oxides of Nitrogen
MORABA	Mobile Raketenbasis
MoS	Margins of Safety
MOSI	Master Out Slave In
MPD	Magnetoplasmadynamisches Triebwerk
MPG	Max-Planck-Gesellschaft
MPLM	Multi Purpose Logistics Module
MPP	Maximum Power Point
MPPT	Maximum Power Point Tracking
MPS	Mission Planning System
MRT	Mission Readiness Test
MSDR	Mission System Definition Review
MSF	Mission Support Facility
MSFC	Marshall Space Flight Centre
MSG	Microgravity Science Glovebox
MSG	Meteosat Second Generation
MSK	Minimum Shift Keying
MSL/EML	Materials Science Laboratory/Electromagnetic Levitator
MSS	Mobile-Satellite Service
MSU	Monitoring and Safety Unit
MT	Moderate Temperature
MTCR	Missile Technology Control Regime
MTFR	Mean Time for Repair
MU	Mockup
MUCF	Mission and Uplink Control Facility
MUSC	Microgravity User Support Center
NAG	Naval Astronautics Group
NASA	National Aeronautics and Space Administration
NASA-STD	NASA-Standard
NASDA	National Space Development Agency
NASTRAN	Nasa Structural Analysis System
NBF	Neutral Buoyancy Facility
NC	Normally Closed
NCB	Nickel-Cadmium-Battery
NCR	Nonconformance Report
NDVI	Normalized Difference Vegetation Index
NEA	Non-Explosive Actuator
NGSO	NonGeoStationary Orbit
NHB	Nickel-Wasserstoff-Batterie
NHB	NASA Handbook (Quality and Safety)
NIR	Nahes Infrarot
NO	Normally Open
NOAA	National Oceanic & Atmospheric Administration
NORAD	North American Aerospace Defense Command
NRZ	Non Return to Zero
NSGU	Navigation Signal Generator Unit
NSTS	National Space Transportation System (NASA)
NTO	Nitrogen Tetroxide
NTP	Network Time Protokoll
OBC	On-Board-Computer
OBDH	On-Board Data Handling
OBP	On-Board Processor
OBS	On-Board Switching
OBSM	On-Board Software Maintenance
OC	Operations Coordinator
OC/COP	Operations Coordinator/Columbus Operations Planner
OCS	Office Communication System
OCS	Orbit Control System
OD&TS	Orbit Determination & Time Synchronisation
OGC	US Office of Global Communication
OGSE	Optical Ground Support Equipment
OHA	Operationelle Hazard-Analyse
OHB	Orbitale Hochtechnologie Bremen

OLEV	Orbital Life Extension Vehicle
OOK	On-Off Keying
OOS	On Orbit Summary
OOS	On Orbit Servicing
OPF	Operations Preparation Facility
OPS	Operations
OQPSK	Offset Quadrature-Phase Shift Keying
ORC	Organischer Rankine-Prozess
ORR	Operational Readiness Review
ORU	Orbital Replacement Unit
OS	Open Service
OSPF	Orbit and Synchronisation Processing Facility
OSR	Optical Surface Reflector
OST	Oberflächenspannungstank
OSTC	On Stage Thermal Cycling Test
OSTP	On-Orbit Short Term Plan
OTS	Off The Shelf
P/L	Payload
PA	Product Assurance
PA & S	Product Assurance and Safety
PAF	Processing and Archiving Facility
PAL	Programmable Array Logic
PBS	Project Breakdown Structure
PC	Personal Computer
PCA	Pressure Control Assembly
PCDF	Protein Crystallisation Diagnostic Facility
PCDU	Power Control and Distribution Unit
PCM	Puls Code Modulation
PCS	Portable Crew Station
PDE	Propulsion Drive Electronic
PDR	Preliminary Design Review
PEEK	Polyetheretherketon
PEM	Proton Exchange Membrane
PEO	Polarer Erd-Orbit
PER	Packet Error Rate
PFM	Protoflight Model
PGK	Projektgesamtkosten
PHA	Preliminary Hazard Analyse
PHM	Passive Wasserstoff-Maser
PI	Principal Investigator
PIA	Propellant Isolation Assembly
PIM	Passive Intermodulation
PL	Pathloss
PLA	Programmable Logic Array
PLL	Phase Lock Loop
PLT	Pilot
PM	Projektmanagement
PM	Phasenmodulation
PM	Pressurized Module
PMD	Propellant Management Device
PMP	Parts, Materials and Processes
POCC	Payload Operations Control Center
POIC	Payload Operations and Integration Center
P-POD	Poly Picosatellite Orbital Deployer
PPP	Public-Private-Partnership
PPR	Propellant Refillable Reservoir
PPT	Pulsed Plasma Thruster
PRF	Pulse Repetition Frequency
PRN	Pseudo-Random-Noise
PRR	Preliminary Requirements Review
PRR	Propellant Refillable Reservoir
PRS	Public Regulated Service
PS	Produktsicherung
PSD	Power Spectral Density
PSK	Phase Shift Keying
PSLV	Polar Satellite Launch Vehicle
PSP	Produktsicherungsplan
PSP	Projektstrukturplan
PSR	Preshipment Review
PT	Product Tree
PT	Projektteam
PTB	Physikalisch-Technische Bundesanstalt
PTC	Positive Temperature Coefficient Thermistor
PTF	Precise Time Facility
PTFE	Polytetrafluorethylen
PUS	Packed Utilization Standard
PV	Pyrotechnisches Ventil
PVA	fotovoltaische Solarzellen-Anordnung
PVD	Physical Vapor Deposition
PVE	fotovoltaische Energiequelle
PVT	Druck-Volumen-Temperatur-Methode
PWM	Pulsbreiten-gesteuerte Gleichspannungswandlung
PWS	Portable Workstation
QM	Qualification Model
QM	Qualitätsmanagement
QMA	Qualitäts-Management-Anweisungen
QPSK	Quadrature Phase Shift Keying
QR	Qualification Review
QS	Qualitätssicherung
QSP	Qualitätsstrukturplan
QSV	Qualitätssicherungs-Vereinbarung
R & D	Research and Development
RAFS	Rubidium Atomic Frequency Standard
RAM	Random Access Memory
RAMS	Reliability, Availability, Maintainability, Safety
RC	Widerstands-Kondensator-Tiefpass-Filter
RCS	Reaktionskontrollsystem
RCV	Receiver
RF	Radiofrequency
RFI	Request for Information
RFP	Request for Proposal
RFW	Request for Waiver
RHCP	Right Hand Circular Polarized
RHU	Radioisotope Heater Unit
RID	Review Identified Discrepancy
RIT	Radiofrequenz-Ionen-Triebwerk
RLG	Ring Laser Gyro
RLV	Reusable Launch Vehicles
RM	Risikomanagement
RMS	Root Mean Square
RNSS	Radionavigation-Satellite Service
ROKVISS	ROboter Komponenten Verifikation auf der Internationalen Raumstation ISS
ROM	Read Only Memory

ROS	Russian On-Orbit Segment
RR	Requirements Review
RS	Request for Standardization
RSA	Russian Space Agency
RST	Raumfahrt und Systemtechnik GmbH
RTG	Radioisotope Thermoelectric Generator
RTM	Resin Transfer Moulding
RTM	Radio Link Test Model
RVD	RendezVous und Docking
RX	Receive
S/C	Spacecraft
S/S	System
S/W	Software
SA	Solar Array
SAA	Südatlantische Anomalie
SADM	Solar Array Drive Mechanism
SAR	Search and Rescue
SAR	Solar Array Regulator
SAR	Synthetic Aperture Radar
SAS	Space Adaption Syndrome
SAVI	Soil Adjusted Vegetation Index
SCA	Solar Cell Assembly
SCCF	Spacecraft & Constellation Control Facility
SCL	Serial Clock
SCOS	Spacecraft Control & Operation System
SCPF	Satellite Constellation Planning Facility
SCR	Solar Cosmic Radiation
SCUBA	Self Contained Underwater Breathing Apparatus
SD	Solardynamik
SDA	Serial Data
SDDN	Satellite Data Distribution Network
SDHS	Site Data Handling Set
SE	Systems Engineering
S-EDDN	External Data Distribution Network
SEE	Single Event Effect
SEL	Single Event Latchup
SES	Societé Européenne des Satellites
SEU	Single Event Upset
SFOG	Sauerstoffkerzen
SFS	Standard Frequency and time Signal-Satellite Service
SG	Solargenerator
SGK	Gesamtkosten bei Fertigstellung
SGP Model	Simplified General Perturbations Model
SHA	Subsystem/System Hazard Analyse
SHF	Super High Frequency
SHOGUN	SHOck Generating Units
SIMIS	Simulation Mission Study Group
SISA	Signal In Space Accuracy
SISMA	Signal In Space Monitoring Accuracy
SK	Solarkonstante
SL	Spacelab
SLA	Service Level Agreement
SLR	Satellite Laser Ranging
SM	Structural Model
SMS	Satellite Media (Message) Services
SNAP	System for Nucelar Auxiliary Power
SOC	System on Chip
SOC	State-Of-Charge
SoL	Safety of Life
SOS	Space Operation Service
SOW	Statement of Work
SPDM	Special Purpose Dexterous Manipulator
SPE	Solar Particle Events
SPF	Service Products Facility
SPI	Serial Peripheral Interface
SPL	Sound Pressure Level
SPM	Suspend Mode
SPT	Stationary Plasma Thruster
SPV	Single Pressure Vessel
SR	Space Research Service
SR	Shunt Regler
SRAM	Static Random Access Memory
SRM	Solid Rocket Motor
SRMS	Shuttle Remote Manipulator System
SRR	System Requirements Review
SRS	Space Research Service
SRS	Schockspektrum
SRTM	Shuttle Radar Topographic Mission
SS	Sonnenintensität zur Sommersonnenwende
SSC	Swedish Space Corporation
SSCC	Space Station Control Center
SSDS	Self Supplied Diving System
SSM	Second Surface Mirrors
SSO	Sonnensynchrone Bahn
SSP	Space Station Programme
SSPA	Solid State Power Amplifier
SSPC	Solid-State Power Controller
SSRMS	Space Station Remote Manipulating System
SST	Sea Surface Temperature
SSTF	Space Station Training Facility
SSTL	Surrey Satellite Technology Ltd.
SSTO	Single Stage to Orbit
STM	Struktur-Thermal-Modell
STS	Space Transportation System
SVF	Software Validation Facility
SVT	System Validation Test
S/W	Software
SWPÄ	Softwarepflege und -änderung
SWT	Science Working Team
TAFF	TanDEM Autonomous Formation Flight
TAI	Internationale Atomzeit
TC	Telecommand
TCP/IP	Transmission Control Protocol/Internet Protocol
TCS	Thermo Control System
TCS	Trajectory Control Sensor
TCV	Temperaturregulierventil
TDMA	Time Division Multiple Access
TDRSS	Tracking and Data Relay Satellite System
TD-Test	Thermal Distorsion Test
TEMPUS	Tiegelfreies Elektro-Magnetisches Prozessieren Unter Schwerelosigkeit
TEXUS	Technologische EXperimente Unter Schwerelosigkeit

TID	Total Ionising Dose
TIR	Thermales Infrarot
TK	Temperaturkoeffizient
TLE	Two-line Elements
TLM	Telemetry
TM	Thermal Model
TM	Telemetry
TM	Thematic Mapper
TM/TC	Telemetry/Telekommando-Subsystem
TMF	Thruster Management Function
TML	Total Mass Loss
TNC	Terminal Node Controller
TOR	Tracking, Occultation und Ranging Equipment
TQM	Total Quality Management
TQVS	Training, Qualification and Verification System
TRL	Technology Readiness Level
TRM	Transmit/Receive Module
TRR	Technology Readiness Review
TSP	Time Reference Service Provider
TT&C	Telemetry, Tracking & Command
TTCF	Telemetry, Tracking and Control Facilities
TVC-Tests	Thermal-Vakuum-Zyklentests
TV-Test	Thermal Vakuum-Test
TWSTFT	Two Way Satellite Time and Frequency Transfer
TWT	Travelling Wave Tube
TWTA	Travelling Waver Tube Amplifier
TX	Transmit
U/C	Up-Converter
U/L	Up-Link
UAN	Unterauftragnehmer
UDMH	Unsymmetrisches Dimethylhydrazin
UHF	Ultra High Frequency
UHV	Ultrahochvakuum
UKW	Ultra-Kurz-Welle
ULS	Up-Link-Station
UNCOPUOS	United Nations Committee on the Peaceful Uses of Outer Space
UNIDROIT	Internationales Sicherungsrecht an Weltraumvermögenswerten
UPS	Unified Propulsion System
USOC	User Support and Operations Centre
USOS	US Onboard System
USSPACECOM	US Space Command (CO)
USV	Unterbrechungsfreie Strom-Versorgung
UT	Weltzeit
UV	Ultraviolett
V/T-Methode	Spannung-Temperatur-Methode
VA	Verfahrensanweisungen
VAAC	Volcanic Ash Advisory Center
VCD	Verification Control Document
VDI	Verein Deutscher Ingenieure
VHF	Very High Frequency
ViAS	Video Archive System
VIS	Sichtbares Licht
VLAN	Virtual Local Area Network
VLBI	Very Long Baseline Interferometry
VLF	Very Low Frequency
VOA	Volatile Organic Analyser
VOC	Volatile Organic Compound
VoCS	Voice Communication System
VSOC	Venus Express Science Operations Centre
VTO	Vertical Take-Off
WBS	Work Breakdown Structure
WDE	Wheel Drive Elektronic
WFSV	Water Flow Selection Valve
WGS	World Geodetic System
WLP	Weekly Look-Ahead Plan
WMF	Water Modulating Valve
WMO	World Meteorological Organization
WOOV	Water On-Off Valve
WP	Work Package
WPA	Water Pump Assembly
WPD	Work Package Description
WRC	World Radiocommunications Conference
WS	Sonnenintensität zur Wintersonnenwende
WSGT	White Sands Ground Terminal
WTSB	Wet Temperature Sensor Block
WVR	Water Vapour Regained
XDA	X-Band Downlink Assembly
XPD	Cross Polarization Discrimination
Z/F-Filter	Bandpass-Filter (Zwischenfrequenz)
ZARM	Zentrum für Angewandte Raumfahrttechnologie und Mikrogravitation
ZUP	Zentr Upravlenija Poljotami, Flugkontrollzentrum

Symbolverzeichnis

a	Beschleunigung
a	Durchlassdämpfung
a	große Halbachse
a	mittlerer Bahnradius Satellit
a	relativer Frequenzfehler/Frequenzdrift
a	Schallgeschwindigkeit
a	Störbeschleunigung
a_{ij}	Runga-Kutta-Koeffizienten
a_{MAX}	Maximalbeschleunigung eines Signals
a_{RMS}	Effektivbeschleunigung eines Signals
A	Apertur
A	Azimut
A	Fläche, Querschnittsfläche
$\boldsymbol{A}$	Lagematrix
A, a	kritischer Exponent
A_{a}	Austrittsquerschnitt Düse
A_{b}	Abbrandfläche
AA	Regendämpfung
AD	Dämpfung der Atmosphäre
AE	Astronomische Einheit
b	kleine Halbachse
b	Empfangsuhrenbias
b_i	Runga-Kutta Koeffizienten
B	Bandbreite
$\boldsymbol{B}$	Flussdichtevektor des Erdmagnetfeldes
B	umgebendes Magnetfeld
B_{s}	statisches Magnetfeld
c	Ausströmgeschwindigkeit
c	Lichtgeschwindigkeit
c	spezifische Wärmekapazität
$\overline{c}$	mittlere thermische Geschwindigkeit
c_0	Lichtgeschwindigkeit im Vakuum
c^*	charakteristische Geschwindigkeit
c_i	Massenbruch von Spezies i
c_i	Runga-Kutta Koeffizienten
c_p	spezifische Wärmekapazität bei konstantem Druck
c_V	spezifische Wärmekapazität bei konstantem Volumen
C	Trägerleistung
C_{D}	Widerstandsbeiwert/Drag-Koeffizient
C_{f}	Wandschubspannungskoeffizient
C_{F}	Schubbeiwert
C_{l}	Auftriebsbeiwert
C_{nm}	sphärische Koeffizienten, Gravitationsfeldkoeffizient
C_p	Druckbeiwert
C_{R}	Strahlungsdruckkoeffizient

d	Dicke; Abstand der Punkte
d	Kabeldämpfung
d	Tage seit Mittag 1. Januar 2000
d	typische Systemlänge
d_{s}	spezifischer Durchmesser
D	Antennendurchmesser
D	Damköhler-Zahl, Widerstand
D	Dämpfungskonstante
D	Diffusionskoeffizient
D	Driftrate
D	Durchmesser
D	Strahlendosis
$\boldsymbol{D}$	Vektor des Dipolmomentes
D_{e}	Äquivalenzdosis
e	Exzentrizitätsvektor
e	spezifische Energie
$e_{\mathrm{A,IR,S}}$	Sicht- oder Konfigurationsfaktoren
$\boldsymbol{e}_{\mathrm{Sonne}}$	Einheitsvektor Erde – Sonne
$\boldsymbol{e}_{x,y,z}$	Einheitsvektoren
E	Energie
E	Erwartungswert
E	exzentrische Anomalie
$\boldsymbol{E}$	Transformationsmatrix
E_0	Startwert
E_{i}	Anomalie
E_{strahl}	Leistungsdichte der Gasstrahlung
$\boldsymbol{f}$	Ableitung des Zustandsvektors
f	Frequenz
f_{Cycle}	Zyklenlebensdauer
f_{P}	Plasmafrequenz
f_0	Frequenzabstand der Seitenbänder
f_{T}	Trägerfrequenz
F	Fläche
F	Gravitationskraft
F	Partikelfluss
F	Schubkraft
F_1, F_2	Brennpunkte
F_{B}	Magnetfeldkraft
F_{D}	Dämpfungskräfte
F_{g}	Erdanziehungskraft (Gravitationskraft)
F_{L}	Lorentz-Kraft
F_{N}	Normalkraft
F_{R}	Reibungskraft
F_{S}	Scheinkraft
F_{T}	Trägheitskraft
F_{z}	Zentrifugalkraft
F_{z}	Zentripetalkraft
FD, fd	Freiraumdispersion

g Erdbeschleunigung
g_0 Schwerebeschleunigung auf der Erdoberfläche
g modellierte Messung
G Gewinn/Direktivität der Antenne
G Gütezahl
G universelle Gravitationskonstante

h Höhe
h modellierte Messung
h Plancksches Wirkungsquantum
h Schrittweite
h_{ct} thermische Kontaktleitfähigkeit
H Drehimpuls
H Höhe
$\boldsymbol{H}$ Jacobi-Matrix

i Inklination/Bahnneigung
$\boldsymbol{i}$ Inklinationsvektor
I elektrische Stromstärke
I Impuls
I Leistung
I Massenträgheitsmoment
I_0 Stromstärke
I_{sp} spezifischer Impuls

j_c Massenstrom
J Impulsstromverhältnis
J Kostenfunktion
J Trägerfrequenz
J_n, J_{nm} Gravitationsfeldkoeffizienten
$J_{xx} \dots J_{zz}$ Massenträgheitsmomente

k Boltzmann-Konstante
k Formfaktor
k Isentropenexponent
k Ladefaktor
k_i Ableitungen (Runga-Kutta-Verfahren)
K Kalman-Gain
K Knoten
$\boldsymbol{K}$ Steifigkeitsmatrix
K Wärmekapazität
K_p geomagnetischer Index
$K_{p,i,d}$ Reglerparameter für PID Regler
Kn Knudsen-Zahl

l GF-Leitwert
l mittlere geografische Länge
l_{el} elektrische Länge
L Auftrieb
L typische Systemlänge
L Verlust
L Wärmeleitung
$L1 \dots L5$ Lagrange-Punkte (Librationspunkte)
L_k Kapillarlänge

m Masse (des Raumfahrzeugs, Satelliten)
m Masse des Teilchens
$\dot{m}$ Massenstrom
m_r modale Masse
M (Dreh-/Stör-)Moment
M Erdmasse
M Mach-Zahl
M Masse des Zentralkörpers
$\boldsymbol{M}$ Massenmatrix
M mittlere Anomalie – durchschnittlicher Winkel
M Molekulargewicht
M_D Drehmomentvektor
M_{grav} Gravitationsmoment
M_i Dipolmoment
M_s Masse störender Körper

n Anzahl der Einschläge
n Winkelgeschwindigkeit
n_e Elektronendichte
n_{opt} optimale Stufenzahl der Rakete
n_r Normierungsfaktor
n_s spezifische Drehzahl
N Anzahl zu erwartender Partikel
N mittlere thermische Rauschleistung
N_E Eklipsenanzahl
Nu Nusselt-Zahl

p Bahnparameter
p Druck
p Impuls
$\boldsymbol{p}$ Kräftemodellparameter
p Signalverfügbarkeit
$\boldsymbol{p}$ Vektor der äußeren Kraftanwendung
p Wahrscheinlichkeit
p_a Druck an der Düse
p_{dyn} dynamischer Druck
p_{stat} statischer Druck
p_{t2} Pitotdruck, Staudruck hinter senkrechtem Stoß
P Antennendiagramm
$\boldsymbol{P}$ Kovarianzmatrix
P Leistung
P Primärbusleistung
P Sendeleistung
P_0 Druck
P_{nm} Legendre-Polynom erster Art
Pr Prandtl-Zahl

q Drehoperation
q Ladung
q Quaternionen
q Wärmefluss
Q Prozessrauschen
Q Wärmemenge

r	Abstand (vom Erdmittelpunkt)
r	Abstand der Massenschwerpunkte
r	Bahnradius
$\mathbf{r}$	Ortsvektor zum Massenelement
r	Position des Satelliten in geozentrischem System
$\mathbf{r}$	Positionsvektor
$\dot{r}$	Geschwindigkeitsvekor
$\ddot{r}$	Beschleunigungsvektor
r_i	Entfernung vom Testobjekt
r_s	geozentrischer Ortsvektor des störenden Körpers
R	Abstand der Massenschwerpunkte
R	allgemeine Gaskonstante
R	Koordinaten der Bodenstation
R	maximale fehlerfreie Datenrate
R	Radius
R	Respirationsindex
R	Stationskoordinaten
R	Widerstand
R_0	Radius der Probe
R_S	aktueller Abstand Erde - Sonne
R_S	Radius der Sonne
$\mathbf{R}_{x,y,z}$	Matrizen
Ra	Rayleigh-Zahl
RC	Zeitkonstante
Re	Reynolds-Zahl
s	Ortskoordinate
s	topozentrischer Positionsvektor
s, s_O, s_N, s_Z	Satellitenposition im topozentrischen Koordinatensystem; Ost, Nord, Zenit
S	Entropie
S	Oberfläche
S	Referenzfläche
$\mathbf{S}$	Sensivitätsmatrix
S	Signalleistung
S	solare Flussdichte
S	Soret-Koeffizient
S/N	Signal-Rausch-Verhältnis
S_{nm}	harmonische Koeffizienten, Gravitationsfeldkoeffizienten
S_s	solare Energieflussdichte
S_s^{total}	aufsummierte Energieflussdichte
Sc	Schmidt-Zahl
SK	Solarkonstante
St	Stanton-Zahl
t	Messepoche
t	Zeit
t_0	Anfangszeitpunkt
t_{ae}	Eklipsendauer
$t_{rec,sys,sky}$	Systemrauschtemperatur
T	Periodendauer eines Signals
T	Strahlungstemperatur
T	Temperatur
T	Umlaufzeit
T_b	Temperatur der Brennkammer
T_c	kritische Temperatur
T_{eff}	effektive Strahlungstemperatur
T_H	Hintergrundtemperatur
T_{WG}	Wandtemperatur
u	Argument der Breite
u	Reglerausgang in der Zeitdomäne
u	Umfangsgeschwindigkeit
u_a	Geschwindigkeit der Gase
U	Gravitationspotenzial
$\mathbf{U}$	zeitabhängige Transformation vom inertialen ins erdfeste System
U_0	Spannung
U_{oc}	Arbeitspunktspannung
v	Geschwindigkeit
v_R	mittlere Orbitalgeschwindigkeit
$\mathbf{v}_{rel}$	Geschwindigkeitsvekor
V	Geschwindigkeit
V	Potenzial
V	Volumen
V_{ab}	Abbrandgeschwindigkeit
w	Massenflussdichte
$\mathbf{W}$	Gewichtsmatrix/Gewichtskraft
x	Schwingweg
$\mathbf{x}$	Vektor der Schätzparameter
$\mathbf{x}$	Vektor der Verschiebungsfreiheitsgrade
x, x_{ef}	Koordinaten in Äquatorebene
x, y, z	kartesische Koordinaten
$\hat{x}, \hat{y}$	kartesische Koordinaten in der Bahnebene
$\mathbf{x}_{R,B}$	Vektor im Referenz-, Körpersystem
$\mathbf{y}(t)$	Zustandsvektor
y, y_{ef}	Koordinaten in Äquatorebene
Y	spezifische Stutzenarbeit
z	Messwert
z	skalare Messung
$\mathbf{z}$	Vektor der Beobachtungen
z, z_{ef}	Erdachse
Z	Kompressibilitätsfaktor

Griechische Symbole

♈	Frühlingspunkt
∂	partielle Ableitung
∇	Gradient
α	Drehwinkel
α	Referenzachse Ellipsoid
α	Rektaszension
α	solares Absorptionsvermögen
α_λ	absorbierte Strahlung (Wellenlänge)
β	Modulationsindex
β	Reflexionsvermögen
β	thermischer Ausdehnungskoeffizient
γ	Adiabatenexponent
γ	Gravitationskonstante
γ	Oberflächenspannung
γ	spektrale Rauschleistungsdichte
γ	Transmissionsvermögen
Γ	Dämpfung
δ	Winkel zwischen Oberfläche und Anströmung
Δ	Änderung
ε	Elevationswinkel
ε	Emissivität
ε	Fehlersignal (Lageabweichung)
ε	Reflektivität
ε	Verhältnis Düsenhals zu Düsenende
ε_λ	emittierte Strahlung (Wellenlänge)
η	Viskosität
η	Wirkungsgrad
Θ	Azimut
Θ	Flugbahnwinkel
Θ	Sternzeit
κ	Temperaturleitfähigkeit
κ	thermische Diffusivität
κ	Verdampfungswärme
λ	geografische Länge
λ	mittlere freie Weglänge
λ	Wärmeleitfähigkeit
λ	Wellenlänge der Strahlung
λ_{max}	Wellenlänge, bei maximaler Energieflussdichte
μ	dynamische Viskosität
μ	Reibwert, Reibungszahl
μ_0	Dipolmoment
μ_0	magnetische Permeabilität
ν	kinematische Viskosität
ν	wahre Anomalie
ρ	Dichte
ρ_c	kritische Dichte
σ	elektrische Leitfähigkeit
σ	Energieflussdichte
σ	Oberflächenspannung
σ	Standardabweichung
σ	Stefan-Boltzmann-Konstante
τ	dimensionslose Temperatur
τ	Oberflächenspannung
φ	Durchflussziffer
φ	geografische Breite
φ	Lagewinkel
φ	Öffnungswinkel
φ	Phasenverschiebung
Φ	Elevation
Φ	Strahlungsfluss
$\boldsymbol{\Phi}$	Übertragungsmatrix
χ	Suszeptibilität
Ψ	Druckziffer
Ψ_r	Schwingungsformvektor
ω	Argument des Perigäums
ω	Kreisfrequenz, Modulationsfrequenz, Winkelgeschwindigkeit
ω_r	Eigenfrequenz
Ω	Rektaszension des aufsteigenden Knotens

Sachwortverzeichnis

L

M

Q

R

T

U

X

Y

Z

Motive der Kapitel-Auftaktbilder

Frontispiz: Der Astronaut Alexander Gerst grüßt während der Mission blue dot aus der Beobachtungskuppel Cupola der Internationalen Raumstation (Bild: ESA).

Seite 30 (vor Kapitel 1): In der Geschichte der Raumfahrt war die 1. Mondlandung während der Apollo-11-Mission ein herausragendes Ereignis. Hier kehrt das Landemodul (Lunar Module) „Eagle" nach der Landung zum Mond-Orbiter (Command and Service Module) „Columbia" zurück. Das Bild wurde vom Piloten Michael Collins vor dem Andocken am 21. Juli 1969 um 21:34:00 UT aufgenommen (Apollo 11, AS11-44-6642) (Bild: NASA).

Seite 66 (vor Kapitel 2): Die DLR-Satelliten TET und BIROS enthalten hochsensible Infrarotdetektoren zur Feuererkennung und Technologie-Experimente zur Vorbereitung zukünftiger Satellitenmissionen (Bild: DLR).

Seite 140 (vor Kapitel 3): Die ARIANE 5 Rakete, hier beim Start, ist seit 1996 das Arbeitspferd für europäische wissenschaftliche Missionen und im weltweiten kommerziellen Einsatz.

Seite 234 (vor Kapitel 4): Der im Oktober 2017 gestartete Sentinel 5P Satellit ist Teil der Copernicus Flotte der ESA. Er dient zur Detektion von Spurengasen, die die Atmosphäre verunreinigen. Das Bild zeigt den Satelliten kurz vor dem Start. Nach der Montage auf der russischen Rockot Rakete wird die Ladebucht der Rakete (Fairing) geschlossen (Bild: ESA).

Seite 418 (vor Kapitel 5): Zur Vorbereitung auf Einsätze an der Außenseite der Raumstation, auch Weltraumspaziergänge genannt, führt hier Alexander Gerst ein Training unter Wasser aus. Der Auftrieb im Wasser kompensiert das Gewicht des Astronauten mit seiner Ausrüstung und erlaubt so die Simulation der Verhältnisse unter Schwerelosigkeit (Bild: ESA).

Seite 478 (vor Kapitel 6): S-Band Antenne mit 30 m Spiegeldurchmesser der DLR-Bodenstation in Weilheim (Bild: DLR)

Seite 540 (vor Kapitel 7): Radaraufnahme der Inseln Sylt, Föhr und Amrum durch den Satelliten TerraSAR-X (Bild: DLR).

Seite 704 (vor Kapitel 8): Zur Qualifikation eines Satelliten ist ein umfangreiches Testprogramm erforderlich. Das Bild zeigt einen EMC-Test des Satelliten TET (Bild: DLR).

Seite 804 (vor Kapitel 9): Die Raumstation ISS wird in internationaler Kooperation betrieben und genutzt. Die Hauptpartner sind die USA, Russland, Europa, Kanada und Japan (Bild: ESA).

Seite 892 (vor Abkürzungsverzeichnis): Balkenspiralgalaxie NGC 1672 im Sternbild Schwertfisch, 60 Millionen Lichtjahre von der Erde entfernt, aufgenommen mit dem Hubble-Weltraumteleskop (Bild: NASA/ESA).